本书由系统与进化植物学国家重点实验室
专项经费资助出版

Supported by State Key Laboratory of Systematic and
Evolutionary Botany, Institute of Botany,
Chinese Academy of Sciences

掇菁撷芳

王文采院士论文增编

《王文采院士论文增编》编委会　编

山东科学技术出版社
·济南·

图书在版编目（CIP）数据

摄菁撷芳：王文采院士论文增编：汉、英 /《王文采院士论文增编》编委会编 . -- 济南：山东科学技术出版社 , 2022.6
ISBN 978-7-5723-1218-2

Ⅰ . ①掇…　Ⅱ . ①王…　Ⅲ . ①植物学－文集－汉、英　Ⅳ . ① Q94-53

中国版本图书馆 CIP 数据核字 (2022) 第 063856 号

掇菁撷芳——王文采院士论文增编
DUOJINGXIEFANG WANGWENCAI YUANSHI LUNWEN ZENGBIAN

责任编辑：陈　昕　张　琳　庞　婕

主管单位：山东出版传媒股份有限公司
出 版 者：山东科学技术出版社
地址：济南市市中区舜耕路 517 号
邮编：250003　电话：（0531）82098088
网址：www.lkj.com.cn
电子邮件：sdkj@sdcbcm.com
发 行 者：山东科学技术出版社
地址：济南市市中区舜耕路 517 号
邮编：250003　电话：（0531）82098067
印 刷 者：山东临沂新华印刷物流集团有限责任公司
地址：山东省临沂市高新技术产业开发区新华路东段
邮编：276017　电话：（0539）2925659

规格： 大 16 开（215 mm × 278 mm）
印张： 59.75　**字数：** 1500 千
版次： 2022 年 6 月第 1 版　**印次：** 2022 年 6 月第 1 次印刷
定价： 598.00 元

生命不息
進化無窮

内容简介

本书以论文集的形式，整理汇编了王文采院士 2011–2022 年作为第一作者发表的 77 篇论文，并收录 5 篇《王文采院士论文集》（2011 年版）中遗漏的论文。

本书收录的论文，是王文采院士耄耋鲐背之年的学术成果，编委会在保留原文内容的基础上进行重新编校整理，并由相关专家核对后，结集出版。本书是毛茛科和荨麻科等被子植物关键类群的经典分类学研究的重要参考文献，是植物分类学、植物系统学和药用植物学等众多领域研究人员的案头资料，也是我国生态保护和可持续发展国家战略的重要科学依据。

2016 年 6 月 5 日时值 90 岁寿诞摄于寓所
（张志耘 供图）

王文采院士介绍

王文采 中国科学院院士，中国科学院植物研究所终身荣誉研究员，著名植物分类学家。1926 年出生于山东济南，原籍山东掖县（今莱州市），自 1950 年调入中国科学院植物研究所至今，一直投身于植物分类学、植物系统学和植物地理学的研究工作。王文采院士在半个多世纪的潜心治学中，学术成果不断涌现，作为国际上享有重要声誉的植物分类学家，对被子植物中的一些重要类群和关键类群，如毛茛科、苦苣苔科、荨麻科和紫草科等进行了深入的分类学与系统学研究，共发现 28 个新属，约 1 370 个新种，新组合 242 个，新等级（族、系、组等）303 个，建立了翠雀属、唐松草属、铁线莲属、银莲花属、楼梯草属和赤车属等类群的新分类系统；修订了石蝴蝶属、唇柱苣苔属、微孔草属、后蕊苣苔属、吊石苣苔属的分类系统；根据 96 个科植物分布区的分析，提出了 16 个间断分布式样和 3 条迁移路线，同时提出“中国云贵高原一带可能是被子植物的发展早期在此形成了发展中心”的重要推断；他主持编研的《中国高等植物图鉴》及《中国高等植物科属检索表》和作为主要完成人之一的《中国植物志》的编研，分别于 1987 年和 2009 年荣获国家自然科学一等奖。

第六十八卷
1963
中国植物志
第二卷
1959
58.862
808

2013 年 4 月 25 日摄于中国科学院植物研究所图书馆
（孙英宝 供图）

上、下：工作留影
2013 年 4 月 25 日摄于中国科学院植物研究所植物标本馆（PE）
（孙英宝 供图）

工作留影
2017 年 12 月 5 日摄于中国科学院植物研究所植物标本馆（PE）
（陈静 供图）

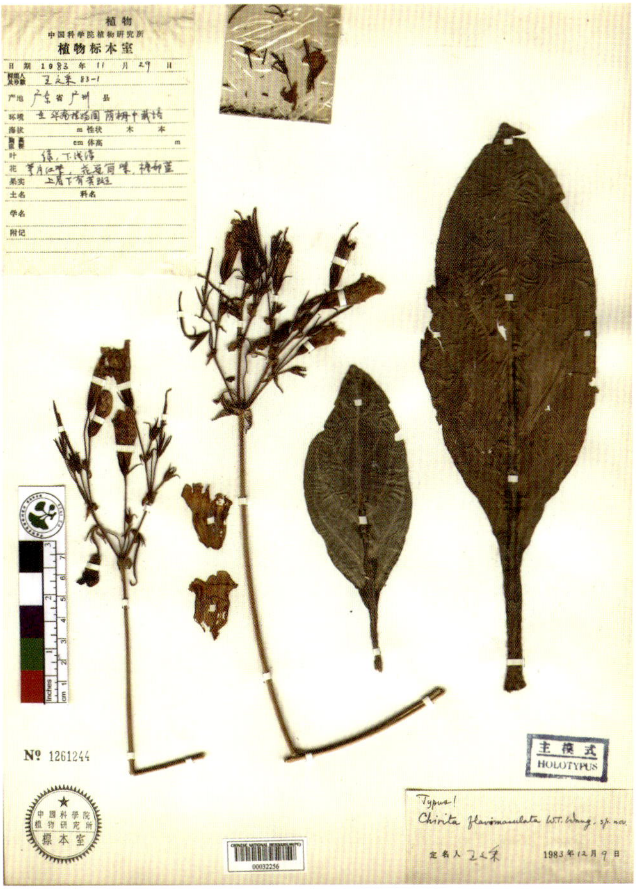

1983 年，王文采院士采集并发表的黄斑唇柱苣苔 *Chirita flavimaculata* 模式标本

1950 年，王文采院士采集的第一份植物标本独根草 *Oresitrophe rupifraga*

王文采院士发表论文时亲自绘制的植物科学画插图

序 一

PREFACE BY CHEN YI-YU

光阴似箭，转眼王文采院士今年 96 岁了。记得我在 2011 年出版的《王文采院士论文集》中曾应邀作序，直至今日，已然又过去了十余年。在这期间，王先生继续对毛茛科 Ranunculaceae、紫草科 Boraginaceae 和荨麻科 Urticaceae 等植物类群开展研究，在发表了多个新类群的同时，还全面修订了中国唐松草属 *Thalictrum*、翠雀属 *Delphinium* 和楼梯草属 *Elatostema* 等多个分类学上的疑难类群，陆续发表了 70 余篇学术论文。尤其他在一眼失明的情况下，仍笔耕不辍，新著叠出，令人敬佩万分。为弘扬老一辈科学家敬业奉献精神，也为汇总王先生丰富的学术成果，近期，中国科学院植物研究所系统与进化植物学国家重点实验室组织了 20 余位科研人员汇编了《掇菁撷芳——王文采院士论文增编》。编委会邀我再次作序，有感于王先生高尚品德和杰出贡献，我感到非常荣幸，义不容辞。

王文采院士青年时期被我国植物分类学创始人胡先骕先生选中，从北京师范大学介绍到当时的中国科学院植物分类研究所（现植物研究所）工作，至今已七十余载。王先生可以说是我国植物分类学界承前启后式的人物，他的学术思想活跃且独立，研究博采众家之长，不断揭示新的植物类群并指出具体生物类群所具有性状的演化趋势。王先生一生的科研工作取得了丰硕的成果，由他主持编研的《中国高等植物图鉴》及《中国高等植物科属检索表》于 1987 年获国家自然科学一等奖。2009 年，王先生作为主要获奖人之一的《中国植物志》的编研荣获国家自然科学奖一等奖。能两次获得国家自然科学一等奖桂冠的科学家，可谓凤毛麟角。

王先生在研究中涉及大量的植物类群，85 岁高龄之后仍然坚持每周两天到标本馆工作，对中国毛茛科和荨麻科等类群的研究取得显著成就。虽然王先生年事已高，但他对植物分类学研究的兴趣没有丝毫减少，揭示物种真谛已然成为他研究中的最大动力。他坚持以平常心对植物类群的分类和系统演化关系作出研究和判断，在被子植物原始类群毛茛科的研究中，对该科绝大多数属种的系统修订奠定了他世界公认的权威地位，研究成果成为全世界研究这些类群的专家学者手头最重要的参考文献。近年来，王先生修订了楼梯草属、唐松草属、银莲花属 *Anemone* 和翠雀属等属的分类系统，体现了相关类群研究的国际先进水平。上述研究成果，不仅对具体类群研究具有重要意义，而且对我国植物分类学的发展起到了积极推动作用，提升了我国在植物分类学领域的国际影响力。

笺草释木七十载，王先生在植物分类学与植物地理学领域做出卓越研究贡献的同时，提携后学，培养了一代又一代的科研工作者，薪火相传。《掇菁撷芳——王文采院士论文增编》与《王文采院士论文集》汇总了王先生植物分类学的研究成果，为国内外学术同行在巨人肩头更进一步的研究提供了极大的方便，同时也为后人系统研究整理王先生的学术思想提供了最宝贵的文献资料。

兴之所至，乐为之序，我对本书出版表示由衷的祝贺。

中国科学院院士

2022 年 4 月

序 二

PREFACE BY HSIAO PEI-KEN

《王文采院士论文集》（上、下卷）于 2011 年出版后的十余年来，王先生仍笔耕不辍，出版了《中国楼梯草属植物》《中国唐松草属植物》等研究专著，并对翠雀属 *Delphinium*、银莲花属 *Anemone* 和赤车属 *Pellionia* 等大类群做了分类修订，又发表几十篇论文。系统与进化植物学国家重点实验室组织相关科研人员将王先生近年发表的论文编为《掇菁撷芳——王文采院士论文增编》并邀我作序。王先生于我亦师亦友，不由得感慨良多。

1953 年，我自厦门大学生物系毕业，分配至中央卫生研究院药学系工作，参与了第一次全国中药普查，采得大量植物标本，曾到中国科学院植物研究所标本馆（PE）查阅标本，遂与王文采先生相识。当时王先生正在编著《中国植物志 · 毛茛科》，也常来我们药学系查阅标本，交流增多。药学系改名为中国医学科学院药物研究所后，1961 年我去西藏调查，采了不少乌头属 *Aconitum* 和唐松草属 *Thalictrum* 标本，王先生借去研究并鉴定，为我的藏药研究奠定了基础。后药物研究所派我到植物研究所学习植物分类学，使第一次中药资源普查的标本得以正确鉴定，也使我有幸参加《中国植物志 · 毛茛科》的编著，并以“中国植物志毛茛科升麻族和耧斗菜族植物的研究”为研究课题。在陆谟克堂的标本室中，与王先生朝夕相处，每天沉浸在标本研究中，解剖和观察各个分类群的各种性状，反复思考它们间的系统学关系。我在研究中发现扁果草属 *Isopyrum* 的标本中，有一类标本仅有两个蓇葖果，如倒写的“人”字形，与扁果草属的性状明显不同。与王先生讨论此性状后，确定这是一个新属——人字果属 *Dichocarpum*，并立即发表于《植物分类学报》中。几十年后，人字果属被确认是毛茛科中的一个好属。多年后，王先生回忆此事说：“将我作为此属名的第一作者，对我的过分尊重，使我深为感动和感激。”可见王先生的谦虚与人格高尚。

在植物研究所工作的这段时间，是我人生中的一段美好时光。我们共发表了新属 1 个，新种 7 个，新变种 2 个和新组合 13 个，还在相关学术期刊上发表论文 5 篇，并完成了《中国植物志》第 27 卷的编著工作，算是交上了一份满意的答卷。我也可以独立开展植物分类与系统学研究，这为我以后提出的《药用亲缘学》（Pharmacophylogeny）奠定了良好基础。

在半个多世纪的学术交往中，我发现王先生品格高贵而平和、谦逊而淡泊名利。王先生曾因主持《中国高等植物图鉴》及《中国高等植物科属检索表》以及作为主要完成人的《中国植物志》的编研，两次荣获国家自然科学一等奖。耄耋之年的他，仍然每周两天，搭乘植物研究所的班车，到植物研究所标本馆研究标本，还自嘲地说，“这是‘两天打鱼，三天晒网’”。这种乐观、坚韧的精神和时代的责任感，使他攀登上一座又一座学术高峰。新时代中，他的宏愿及梦想是：“要基于全球植物编目和统一标准下重新审视中国植物，要开展全球视野下的类群修订。”因此，他热切期望年轻的中国植物分类学者立足本土、放眼世界，对世界植物要有我们的发言权。

《掇菁撷芳——王文采院士论文增编》即将印行，先生 10 年间修订和发表的论文涉及近百个类群，也是对分类学界崇尚的“原本山川，极命草木”精神的最好诠释吧。

向王先生致以最热烈的祝贺！愿先生学术常青！

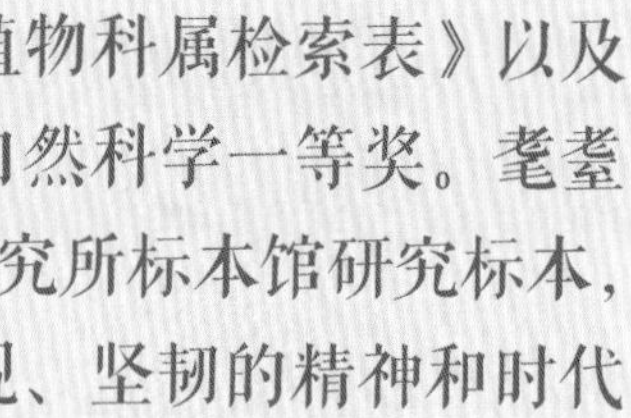

中国工程院院士

中国医学科学院药用植物研究所名誉所长

2022 年 4 月

自 序*

PREFACE BY WANG WEN-TSAI

九六杂感

“光阴似箭，日月如梭”形容时间快速流逝，恰当无比，不知不觉间，我早已过鲐背之年。回首看去，一方面感到人生短促，从1950年投入植物分类学研究以来至今，只不过搞了有限几个科、属；再一方面，又感到自己的经历还是颇为丰富，经历了军阀战乱末期、抗日战争、解放战争、新中国建立、“反右”“文革”各个政治运动以及改革开放。能平安度过种种战乱、动荡，活到九十多岁，算是幸运了。

我这一生碰到一些宝贵机遇，首先是遇到两位好老师。1947年，我进入大学三年级，植物分类学一课由北平研究院植物所林镕教授担任，林老学识渊博，教学经验丰富，擅长植物学绘图，讲课时一面讲，一面将有关科的花、果等重要特征在黑板上绘出，使学生容易了解、掌握。1948年4—6月，林老师带我们全班同学先后到天坛、玉泉山、香山进行野外实习，他采起开花的植物，讲述其科、属特征。在野外我看到多种多样的花构造，一下子引起了我的兴趣，之后，在假日和同学或独自一人到北京山区采集标本，解剖花并绘图，逐渐下定决心：选择植物分类学作为自己终生从事的专业。

---

* **编者按：** 编委会在整理出版本书期间，王文采院士由于身体原因，不能作序，甚是遗憾。经编委会讨论同意，决定以2011年出版的《王文采院士论文集》中“八十杂感”为基础，稍作整理，经王先生审核同意后，作为本书自序。全体编委会成员恭祝王文采院士学术常青。

1949年夏，我在北京师范大学生物学系毕业后，留系任助教。这时，胡先骕教授从内地返回北京，继续担任北京师范大学的兼职教授，当他了解我对植物分类学有兴趣的情况后，主动找我协助他编写一部《中国植物图鉴》。不久，胡老听说我在系中人事关系上遇到麻烦，又主动提出介绍我到中国科学院植物研究所。这样，在1950年3月，我由北京师范大学调到了植物研究所。所以，我能有机会搞植物分类学研究，还要感谢林老引领我进入这门学科的门槛，要感谢胡老的热心提携，能遇到两位恩师，是我此生的最大幸运。由于能到植物研究所工作，我还有幸认识了我国植物分类学的奠基人：钱崇澍、胡先骕、陈焕镛、刘慎谔、秦仁昌等教授。

从1950年起到1989年，根据所、室制订的研究计划，我先后参加各考察队到北京、河北、广西、江西、云南、四川、湖南等省区的山地工作，有幸见到了我国从热带到温带的丰富、复杂的植物区系，并有幸研究了毛茛科Ranunculaceae、荨麻科Urticaceae、紫草科Boraginaceae、苦苣苔科Gesneriaceae等科的一些复杂的属，看到这些属在我国西南部和南部发生的强烈变化，以及花构造的高度多样性等，使我眼界大开。这里我想指出，上述地区的复杂植物区系和复杂的属，在北温带其他地区是无法找到的。

此外，我幸运地赶上了改革开放，1990—2001年，在我接近和进入古稀之年之际，有幸得到机会出国访问了英国Kew植物园、法国显花植物所、俄罗斯科学院科马洛夫植物所、日内瓦植物所、美国哈佛大学等十几个欧美著名植物标本馆，令我大开眼界。在这些访问中，我研究了这些标本馆收藏的世界各大洲的毛茛科铁线莲属*Clematis*植物标本，看到了此属的一些重要演化趋势，这时，才有可能提出此属的一新分类系统。

在另外一方面，我一生中也有不少遗憾，主要是中学阶段没好好读书，荒废了不少宝贵光阴。在1939年夏季，我从北京厂桥小学毕业，考入了邻近的著名北京第四中学。在初中开始时，我还努力学习，但在1941年夏季之后发生了变化，在这年暑假中，我家邻居一位东北大学生，其叔父是国民党军官，不知怎么让日本人知道了，一天清晨，一群日本特务将其抓走，在狱中受到种种酷刑，一个月后释放出来。我母亲了解到有关情况，十分害怕，决定我高中毕业后不入大学，并开始托人为我找工作，在 1944 年终于有一家坐落于北京西交民巷的银号同意录用。那时我在沦陷的北京，不了解共产党抗战的情况，而国民党早已败退到西南，不知何时能赶走日本鬼，感到前途迷茫，情绪低落，学习竟松懈下来。当得知被那家银号录用后，我曾到该银号看过，那时，我了解搞银号工作，就要搞投机倒把，我搞不来。另一方面，想到早年我父亲因做买卖失败而自尽的教训，我决定不到那个银号工作，在说服了母亲之后，于 1945 年高中毕业仓促地考入北京师范大学生物学系。不久，日本宣告无条件投降，抗日战争胜利结束，大学一年级开始。这时，心情舒畅，但是想到中学学业荒废，又感到十分懊悔，于是全力投入学习，再不敢怠慢。中学的许多功课没有学好，这对我以后的学习、工作都产生不好影响，并且难于弥补，因而造成遗憾。此外，在研究工作上的一些缺陷也造成遗憾，如近年来一些同事发现我过去工作的一些错误，归并了一些我发表的新种等，说明我的工作缺乏严谨。再如，我对新兴起的分子系统学等新事物疏于学习，以致不了解近年来这些方面做出的成果。而在此时期，我的体力逐渐衰退，已到了研究生涯即将结束之时，无力来修正或弥补这些缺陷。至于从 1996 年进行的铁线莲属修订，已完成此属 15 组中的 12 组，剩下的 3 组无力完成了。

近期，在中国科学院植物研究所的大力支持下，系统与进化植物学国家重点实验室组织相关科研人员把我近十年发表的论文集成《掇菁撷芳——王文采院士论文增编》，并在《王文采院士论文集》中“八十杂感”的基础上，整理了这篇自序。文集编辑工作有不小的工作量，须花费很多时间，对此，我谨向他们表示衷心感谢。同时希望在该书出版后，请读者对拙作给予批评指正。

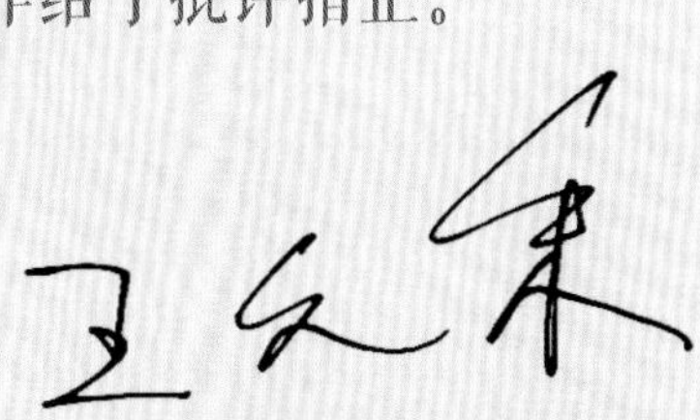

2006 年 6 月初稿

2022 年 4 月修订

王文采院士与夫人程嘉珍女士金婚合影
2002 年 3 月 31 日摄于景山公园

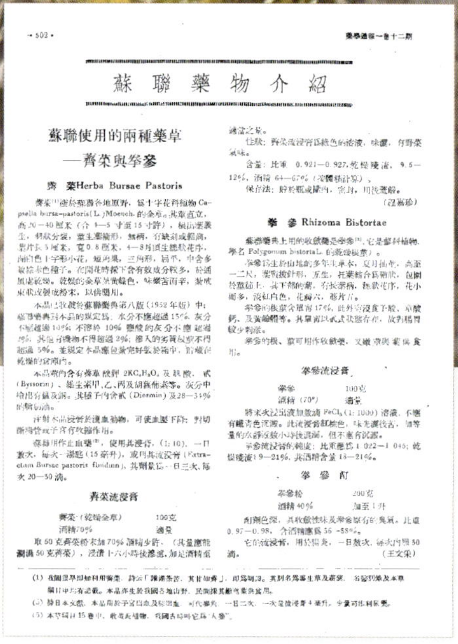

· 502 ·　　　　　　　　　　　　　　　　藥學通報一卷十二期

蘇 聯 藥 物 介 紹

蘇聯使用的兩種藥草
——薺菜與拳參

薺 菜 Herba Bursae Pastoris

（汪嘉珍）

拳 參 Rhizoma Bistortae

拳參流浸膏

拳參	100克
酒精（70°）	適量

拳參酊

（王文采）

薺菜流浸膏

1953 年，王文采院士与夫人程嘉珍女士合作发表的论文《苏联药物介绍》书影

前　言

FOREWORD

中国疆域辽阔，跨越了除寒带以外的所有气候带，西有高原，东临大海，植物区系极为丰富多样。自18世纪开始，便有西方学者来华采集植物标本，20世纪初，中国学者们也开始进行植物学研究，由王文采院士作为主要完成人之一的《中国植物志》126卷册的正式出版，是中国植物分类学研究的里程碑。作为中国植物分类学百年历史中承前启后的老一辈著名专家学者，王文采院士70多年来，一直致力于植物分类学和植物地理学的研究，对毛茛科 Ranunculaceae、苦苣苔科 Gesneriaceae、紫草科 Boraginaceae、荨麻科 Urticaceae、十字花科 Cruciferae、虎耳草科 Saxifragaceae、葡萄科 Vitaceae、樟科 Lauraceae、金丝桃科 Hypericaceae 和山龙眼科 Proteaceae 等有重要科学意义和经济价值的植物类群进行了深入的研究，澄清了不少长期遗留下来的混乱名称和错误鉴定，发现了大量植物新类群，尤其是对毛茛科、苦苣苔科和荨麻科中演化关系非常复杂的大属，如铁线莲属 *Clematis*、翠雀花属 *Delphinium*、银莲花属 *Anemone*、唇柱苣苔属 *Chirita* 和楼梯草属 *Elatostema*，建立了新的分类系统或做出重要修订。植物分类学是一门研究植物性状演化趋势、综合多学科证据对植物进行分类和命名、建立自然分类系统等内容的植物学分支学科。其最重要的两个研究基础是植物标本与文献，而植物分类学文献多散在各学术期刊中，难于查找。汇编出版分类学文献，可以为植物分类学学科发展提供重要参考资料，发挥植物分类学的重要基础作用，为人类认识、保护和可持续利用植物资源提供重要科学依据，也是编委会汇编本书的目的与初心。

2011年王文采院士时年八十有五，众弟子组织出版了《王文采院士论文集》(上、下卷)，其中收录了王先生独立发表和作为第一作者发表的论文174篇。此时他的右眼患上眼底黄斑病变致失明，其后10年间，王文采院士继续伏案著书立说，又陆续撰写发表了77篇*论文，

*注：《中国翠雀花属修订》《被子植物分类系统选介》两文均分为两部分见刊，统计时，两部分作为1篇进行统计。

并出版了《中国楼梯草属植物》《中国唐松草属植物》两本专著。2018年，王文采院士左眼也发现视物模糊，在视物不便的情况下，依然借助放大镜完成了中国翠雀花属的修订研究。2021年初，王先生由于身体不适住院疗养，在疗养过程中，还关注着学科的最新发展，“我们现在，只是万里长征走完了第一步，还有大量工作要深入去做”。

2022年初，在从事植物分类学工作的数位同仁倡议下，大家自发开始整理王先生2011—2022年间发表的论文。2022年3月，在中国科学院植物研究所领导和系统与进化植物学国家重点实验室领导的大力支持下，成立了《王文采院士论文增编》编委会，正式启动该书的编辑和出版工作。经反复讨论，编委会一致同意在完整保留原刊论文内容的基础上，由王文采院士家乡的山东科学技术出版社重新录入排版，原刊中使用的英、俄、拉丁等不同语种，全部按照原文录入，对一些明显的排印错误，由编委会认真查证手稿，并经相关专家充分讨论后进行了修订。在整理过程中，发现了5篇王先生作为第一作者的论文并未收入2011年出版的《王文采院士论文集》中，本书补录进去。

汇编工作即将完成之际，幸得陈竺院士题写贺词，丁仲礼院士挥毫题签，陈宜瑜院士和肖培根院士作序，康乐院士题跋。墨香犹存，编委会得到各位专家领导的热切关心，深受鼓舞，倍感荣幸，在此向一直关心支持本书出版的各位专家领导们表示最诚挚的谢意！

本书得到中国科学院植物研究所系统与进化植物学国家重点实验室专项经费资助出版；在前期的论文整理工作中，范东帅和王含等同仁给予了无私帮助；编辑出版过程中，承蒙洪德元、韩兴国、汪小全和葛颂等领导和专家的指导和大力支持；并得到David Boufford、冯旻、李恒、艾铁民、顾红雅、向秋云、靳晓白、高继民、陈静、周远政、余丽珍、汪远、梁燕、张宁、王静、靳婉青、谢丹、李敏、薛艳莉和李小春等各界人士的热情相助，山东科学技术出版社陈昕等编辑辛勤的工作。在此，编委会向为本书出版提供过帮助的所有单位与各界同仁表示真诚的感谢。

收集编辑王先生论文的过程是我们了解学习他学术成果的过程，更是我们学习他热爱祖国、热爱科学、淡泊名利的高贵品格的契机。王文采院士论文著述内容极其丰富，但囿于汇编时间紧张，加之水平有限，难免存在不足与不妥，深望各位专家和读者不吝赐正。

《王文采院士论文增编》编委会代表所有关心王文采院士的领导、专家和同仁，恭祝王文采院士生命之树常青，学术之路常新！

《王文采院士论文增编》编委会

2022年4月

目　录

2011 年

2012 年

2013 年

2014 年

2015 年

2016年

2017 年

2018 年

2019 年

2020 年

2021 年

2022 年

补遗

2011年

应恢复赤车属头序赤车组和头序赤车

Pellionia sect. *Elatostematopsis* and *P. cephaloidea* should be restored

在20世纪70年代中期，在研究我国荨麻科赤车属（*Pellionia*）植物的过程中，看到一采自湖南衡山的此属植物标本（湖南博物馆 s. n.），是一多分枝半灌木的开花枝条，只具雌花序，其叶呈狭卵形或狭椭圆形，边缘有少数小齿，具三出脉，在体态上与赤车组（sect. *Pellionia*）的蔓赤车（*P. scabra* Benth.）甚为相似，但其雌花序却大不相同，不是蔓赤车的密集的聚伞花序，而是与楼梯草属（*Elatostema*）雌花序相同的雌有限头状花序（determinate capitulum；Wang，2009）：其雌头状花序单生，稀成对生于叶腋，近无梗或具短梗；花序托长方形或近圆形，长达2 mm，宽达1.8 mm，或直径为1.5 mm，4浅裂或4深裂，无毛；在花序托背面生有5–10枚苞片，苞片呈三角形或正三角形，长0.5–0.6 mm，宽0.4–0.8 mm，边缘有稀疏短柔毛；花序托边缘总苞的苞片多数，极密集，呈狭三角形或条形，长0.5–0.6 mm，宽0.1–0.25 mm，近无毛或疏被短缘毛；花序托腹面生有密集的雌花和小苞片，小苞片膜质，半透明，呈三角形或条状三角形，长0.6–1 mm，无毛，白色，较大的小苞片上部呈淡褐色，或绿色，边缘被短毛。雌花具短粗梗：花被片5，稍不等大，近等长，扁平，卵形或狭卵形，长约0.38 mm，无角状突起，在背面顶端之下有1–4根长0.1–0.25 mm半透明的毛[在此种的原始描述中，错误地描述雌花被片中有2–3枚呈船形，将雌花被片背面近顶端的毛误称为角状突起。而在蔓赤车（*P. scabra*），雌花的4–5枚花被片明显不等大，2–3枚较大，呈船型，背面顶端稍下通常有长角状突起，其他的花被片较小，扁平，无角状突起（见图1：H）]。那时，有关赤车属重要文献（Weddell，1869；Schörter & Winkler，1936；Hutchinson，1968）均称其雌花序为密集的聚伞花序，还未见有呈头状花序的报道。据此，我遂将此具雌头状花序的进化新种命名为 *Pellionia cephaloidea*（此种加词意为“头状”），同时根据它建立赤车属一新的进化单种组 sect. *Elatostematopsis*（意为与楼梯草属 *Elatostema* 相似）。如上所述，*P. cephaloidea* 与 *P. scabra* 在体态方面甚为相似，但在雌花序和雌花构造方面存在重要的区别，可能此二种起源自同一灭绝的祖先。

P. cephaloidea 于1980年被发表后，不料于2002年10月连同 sect. *Elatostematopsis* 一起被归并为异名（林祁等，2002），归并者在文中称“2002年4月，笔者再次到衡山，对2001年所调查的居群进行观察，此时正值蔓赤车的始花期，通过对蔓赤车不同居群或同一居群的不同植株进行观察，在新鲜状况下可见雌花序仍然存在分枝，无花序托，但压干后的幼雌花序由于干缩而貌似头状，呈球形或方形。因此，笔者从头序赤车的模式标本上取下一较大的雌花序，并与前人研究过的另2个雌花序（作为头序赤车发表时所观察的雌花序）一同浸泡，数天后花序软化展开，将其置于体式显微镜下进行观察，发现其花序亦具分枝而无花序托。至此，证实头序赤车的模式标本就是采自蔓赤车幼雌花序时期的植株。”最近，我

原文刊登于《广西植物》31(1): 1–4, 2011。
致谢：蒙孙英宝先生为本文绘图，并协助浸泡花序等工作，作者谨表示衷心感谢。

再对头序赤车的模式标本进行研究，从标本上取下两个头状花序（本文图 1 的 B，D 二图系根据此二花序绘出），在 2010 年 11 月 16 日放入盛有自来水的一个小瓶中浸泡，到同年 12 月 14 日取出，经过 28 d，此二头状花序均未分解（其实，即使分解，也不能否定花序为头状花序的事实）。此外，我在中国科学院植物研究所标本馆中装存蔓赤车（*Pellionia scabra*）标本的夹子中看到也是采自湖南衡山的头序赤车的第二个标本（夏江林 59），此标本也只具雌头状花序，其较小叶具三出脉，较大叶具半离基三出脉。我根据上述二号标本对头序赤车的原始描述做了上面的修改和补充，同时再次请画家根据模式标本进行绘图（图 1：A−G）。这样的描述和绘图工作，其实在 20 世纪 70 年代末，我都已做过，但是，那次的雌花序描述和图都比较简略，雌花的描述有错误。我在这次研究完之后和在第一次研究之后一样，对采自衡山的“湖南博物馆 s. n.”和“夏江林 59”二标本的具有花序托和总苞的雌头状花序的客观事实深信不疑，对此二标本所代表的赤车属进化种头序赤车的存在深信不疑，由此认为上述归并理由不能否定头序赤车的雌头状花序存在的客观事实，认为对二分类群作出的归并是错误的，因此，现于本文中将头序赤车（*Pellionia cephaloidea*）和头序赤车组（*Pelloinia* sect. *Elatostematopsis*）二分类群予以回复。

赤车属 Pellionia Gaudich.

头序赤车组

Sect. **Elatostematopsis** W. T. Wang in Bull. Bot. Lab. N−E. Forest. Inst. 6: 64. 1980; et in Fl. Reip. Pop. Sin. 23(2): 185. 1995. Type: *P. cephaloidea* W. T. Wang

Pellionia sect. *Pellionia sensu* Q. Lin, L. D. Duan & M. H. Li in Acta Phytotax. Sin. 40(5): 478, 2002.

A sect. *Pelloinia* inflorescentiis pistillatis capitatis receptacula et involucre gerentibus praeclarediffert. Folia trinervia vel triplinervia. Floris pistillati tepala 5, leviter inaequalia, subequilonga, omnia plana et haud corniculata.

One species, endemic to Heng Shan(衡山), Hunan Province.

头序赤车　图 1：A−G

Pellionia cephaloidea W. T. Wang in l. c., pl. 1: 7−9. 1980; et in l. c., pl. 38: 1−3.1995; B. G. Li in Fl. Hunan 2: 291. 2000. Holotype: Hunan: HengShan, 1925-06-08, Hunan Museum s. n. (PE).

P. scabra auct. non Benth.: Q. Lin, L. D. Duan & M. H. Li in l. c. 2002, p. p. quoadsyn. *P. cehaloidea* W. T. Wang et ejus nominis holotypum; Q. Lin et al. in Fl. China 5: 24. 2003, p. p. quoad syn. *P. cephaloidea* W. T. Wang tantum.

Ad descr. orig. emend.: Folia minora trinervia,majora semitriplinervia. Capitula pistillata plerumque singulariter raro binatim axillaria, subsessiliavel breviter pedunculata; receptaculum rectangularevel suborbiculare, usque ad 2 mm longum et 1.8 mm latum, vel. ca.1.5 mm in diam., 4-lobatum vel 4-partitum, glabrum, dorso bracteis 5−10 triangularibus vel deltoideis 0.5−0.6 mm longis 0.4−0.8 mm latis sparse ciliolatis praeditum, ventre multiflorum; bracteae involucrales numerosae, densissi-mae, anguste triangulares vel lineares, 0.5−0.6 mm longae, 0.1−0.25 mm latae, subglabrae velsparse ciliolatae; bracteolae membranaceae, semihyalinae, triangulares vel anguste triangulares, 0.6−1 mm longae, glabrae, albidae, majores superne brunneolae, vel virides, ciliolatae. Flos pistillatus breviter crasseque pedicellatus: tepala 5, leviter inaequalia, subaequilonga, ovata vel anguste ovata, ca. 0.38 mm longa, basi connata, dorso leviter sub apice 1−4-pileata,

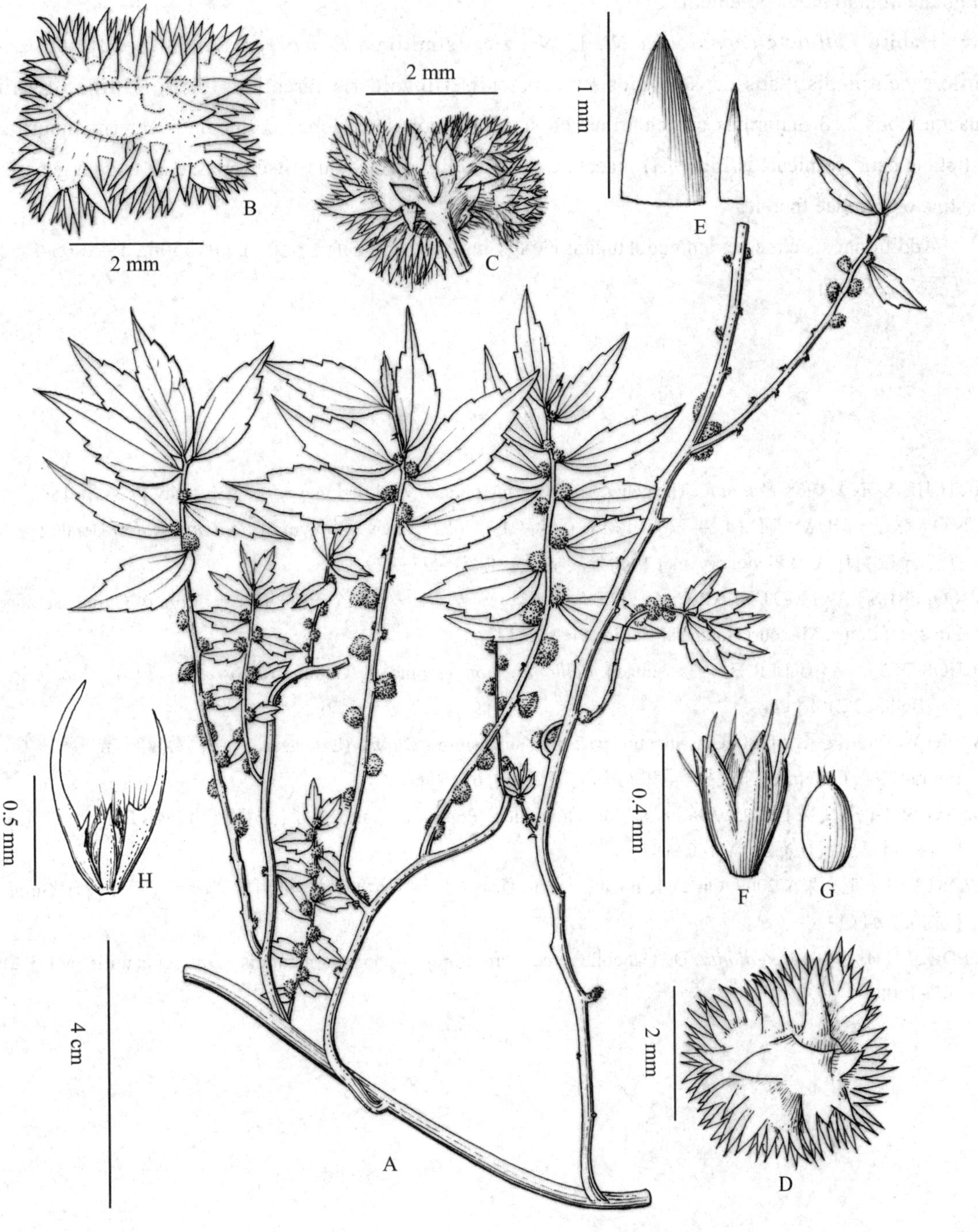

图 1　A–G. **头序赤车**　A. 花枝；B–D. 雌头状花序，自下面观；E. 2 小苞片；F. 雌花，G. 雌蕊。　H. **蔓赤车**　H. 雌花。

Fig. 1　A–G. ***Pellionia cephalloidea***　A. Flowering branch; B–D. Pistillate capitula, seen from beneath; E. Two pistillate braceteoles; F. Pistillate flower; G. Pistil.　H. ***Pellionia scabra***　H. Pistillate flower.

pileolis 0.1−0.25 mm longis subhyalinis; pistillum ca. 0.3 mm longum, ovario ovoideo ca. 0.26 mm longo, stigmate minuto breviter penicillato.

Habitu *Pellionia cephaloidea* W. T. Wang est simillima *P. scabrae* Benth. (sect. *Pellionia*), quae inflorescentiis pistillatis dense cymosis receptaculiset involucris carentibus, floris pistillati tepalis valde inaequalibus 2−3 majoribus navicularibus dorso leviter sub apice longe corniculatis ceteris minoribus planis ellipticis haud corniculatis(Fig.1: H) praeclare distinguitur. Species duae hae fortasse ex eodem generis auctore exstincto oriundae fuerunt.

Additional specimen examined. Hunan: Heng Shan, Yubanqiao(玉板桥), alt. 350m, 1996-03-14, J. L. Xia (夏江林) 59(PE)。

参 考 文 献

HUTCHINSON J, 1968. *Pellionia*. The genera of flowering plants [M]. London: Oxford university Press, 2: 184.

LIN Q (林祁), DUAN L D (段林东), LI M H (李明红), 2002. A new synonym of *Pellionia scabra* Benth. (蔓赤车的一个新异名) [J]. Acta Phytotax. Sin. (植物分类学报), 40(5): 477−479.

LIN Q, FRIIS I, WILMOT-DEAR C M, 2003. *Pellionia* [M] // WU Z Y, RAVEN P H, eds. Flora of China. Beijing: Science Press; St. Louis: Missouri Botanical Garden Press, 5:122−127.

SCHÖRTER H, WINKLER H, 1936. subgen. *Pellionia*. Monographie der Gattung *Elatostema* s. I [M]. Repert Sp Nov Reg Veg Beih, 83(2): 1−174.

WANG W T (王文采), 1980. Classificatio specierum sinensium *Pellionae*(Urticaeeae) (中国荨麻科赤车属分类) [J]. Bull Bot Lab N-E Fore Inst (东北林学院植物研究室汇刊), 6: 45−66.

WANG W T (王文采), 1995. *Pellionia*. Flora Republicae Popularis Sinicae (中国植物志) [M]. Beijing(北京): Science Press (科学出版社), 23(2): 160−187.

WANG W T (王文采), 2009. On some botanic terms Ⅲ [关于一些植物学术语的中译等问题(三)] [J]. Guihaia (广西植物), 29(1):1−6.

WEDDELL H A, 1869. *Pellionia*. De Candolle A(ed). Prodrumus systematis naturalis regni vegetabilis [M]. Paris, 16(1): 165−170.

云南东南部楼梯草属二新种

Two new species of *Elatostema* (Urticaceae) from southeastern Yunnan

近年来，同事兰科专家金效华博士对云南植物区系进行了广泛、深入的考察，采集到大量植物标本。2010 年初，我从他于 2008 年在贡山采集的标本中发现了新种厚苞楼梯草 *Elatostema apicicrassum* W. T. Wang (王文采，2010)。最近，从他于 2009 年在云南东南部采集的标本中发现了楼梯草属又二新种，现在本文中发表。

楼梯草属 Elatostema Forst.

黄连山楼梯草　图 1：H–J

Elatostema huanglianshanicum W. T. Wang, sp. nov. (Sect. *Elatostema* ser. *Cuspidata* W. T. Wang) Fig. 1: H–J.

Species nova haec est affinis *E. balansae* Gagnep., quod caulibus glabris vel apice sparse puberulis, foliis subtus glabris vel sparse puberulis plerumque semitriplinervibus, bracteis involucralibus pistillatis depresse ovatis inconspicuis omnibus apice corniculatis differt.

Herba perennis. Caules 30–50 cm alti, supra medium dense antrorseque strigosi, inferne longitudinaliter vadoseque 4-sulcati, cystolithis minutis densis notati, simplices, 7–11-foliati. Folia breviter petiolata vel sessilia; laminae papyraceae, oblique ellipticae vel oblique angusteque obovatae, (1.4–) 4.6–10.8 cm longae, (0.6) 2.6–4 cm latae, apice acuminatae, acuminibus margine utrinque minute 2–4-denticulatis, basi oblique cuneatae vel latere latiore subauriculatae, margine denticulatae, supra sparsissime strigosae vel glabrae, subtus ad nervos basales et laterales dense strigosae, trinerves, nervis lateralibus 3–4-jugis supra planis subtus prominulis, cystolithis densis conspicuis bacilliformibus 0.2–0.5 mm longis; petioli usque ad 2 mm longi; stipulae anguste lanceolatae vel lineares, 5–6 mm longae, glabrae, virides. Capitula staminata ignota. Capitula pistillata singulariter axillaria; pedunculus ca. 1 mm longus, puberulus; receptaculum rectangulare, ca. 8 mm longum, 5.5 mm latum, medio constrictum, depresse puberulum; bracteae involucrales ca. 12, deltoideae vel triangulares, ca. 1 mm longae, 0.8–1.8 mm latae, ciliatae, plerumque haud corniculatae, 1–2 majores apice corniculatae, cornibus 0.6 mm longis; bracteolae numerosae, denae, membranaceae, semihyalinae, oblancoelatae vel anguste lineares, 1–1.5 mm longae, superne ciliatae. Achenia brunneola, ovoidea, ca. 0.5 mm longa, longitudinaliter 6-costata; staminodia 3, obtrapezoideo-quadrata, ca. 0.1 mm longa, glabra.

多年生草本。茎高 30–50 cm，中部以上密被向前展的糙伏毛，下部具 4 条浅纵沟和密集小钟乳体，不分枝，具 7–11 叶。叶具短柄或无柄；叶片纸质，斜椭圆形或斜狭倒卵形，长 (1.4–)4.6–10.8 cm，宽

原文刊登于《广西植物》31(2): 143–147, 2011。
致谢：深切感谢孙英宝先生为本文绘图。

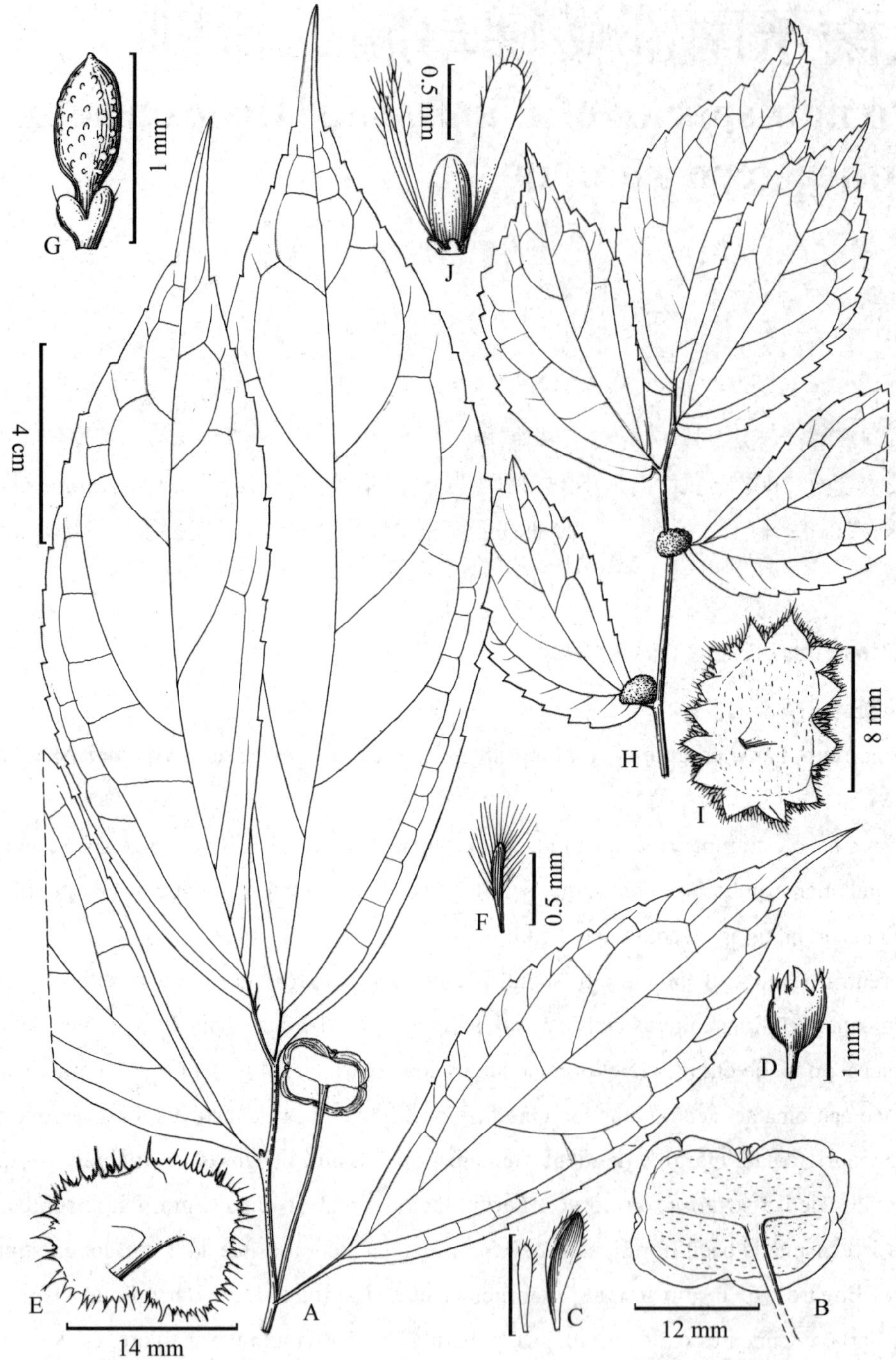

图 1　A–G. **腺点楼梯草**　A. 雄茎上部；B. 雄头状花序下面观；C. 雄小苞片；D. 雄花蕾；E. 雌头状花序；F. 雌小苞片；G. 瘦果和退化雄蕊。　H–J. **黄连山楼梯草**　H. 雌株上部；I. 雌头状花序，下面观；J. 雌小苞片和瘦果。（孙英宝绘图）

Fig. 1　A–G. **Elatostema adennophorum**　A. upper part of flowering staminate stem; B. staminate capitulum, seen from beneath; C. staminate bracteoles; D. staminate flower bud; E. pistillate capitulum, seen from beneath; F. pistillate bracteole; G. achene and staminodes.　H–J. **Elatostema huanglianshanicum**　H. upper part of flowering pistillate stem; I. pistillate capitulum, seen from beneath; J. pistillate bracteoles and achene. (Drawn by Y. B. Sun)

(0.6−)2.6−4 cm，顶端渐尖（尖头每侧有 2−4 小齿），基部斜楔形或在宽侧近耳形，边缘有小牙齿，上面被极疏糙伏毛或无毛，下面基出脉和侧脉上密被糙伏毛，具三出脉，侧脉 3−4 对，上面平，下面微隆起，钟乳体密，明显，杆状，长 0.2−0.5 mm；叶柄长达 2 mm；托叶狭倒披针形或条形，长 5−6 mm，无毛，绿色。雌头状花序单独腋生；花序梗长约 1 mm，有短柔毛；花序托长方形，长约 8 mm，宽 5.5 mm，在中部缢缩，被贴伏短柔毛；总苞片约 12，正三角形或三角形，长约 1 mm，宽 0.8−1.8 mm，被缘毛，多无角状突起，1−2 枚较大者顶端有角状突起（突起长 0.6 mm）；小苞片多数，密，膜质，半透明，倒披针形或狭条形，长 1−1.5 mm，上部被缘毛。瘦果淡褐色，卵球形，长约 0.5 mm，有 6 条纵肋；退化雄蕊 3，倒梯状方形，长约 0.1 mm，无毛。

云南 (Yunnan)：绿春 (Lüchun)，黄连山 (Huanglian Shan)，骑马坝 (Qimaba)，马玉桥 (Mayuqiao)，alt. 1 500 m, 2009-06-25，金效华，刘冰，刘博，权旭，苏俊霞，钟轶 (Jin Xiao-hua，Liu Bing，Liu Bo，Quan Xu，Su Jun-xia，Zhong Yi) 168 (holotype, PE)，169 (PE)。

本种在亲缘关系方面接近华南楼梯草 *E. balansae* Gagnep.，但本种的茎中部以上和叶下面基出脉和侧脉都密被糙伏毛，叶具三出脉，雌头状花序总苞片明显，呈正三角形或三角形，多数无突起，只 1−2 枚较大者在顶端具角状突起而不同。在华南楼梯草，茎无毛或顶端疏被短柔毛，叶下面无毛或疏被短柔毛，多具半离基三出脉，雌头状花序总苞片不明显，呈扁卵形，所有总苞片在顶端均具角状突起（王文采，1995）。

腺点楼梯草　图 1：A−G

Elatostema adennophorum W. T. Wang, sp. nov. (Sect. *Elatostema* ser. *Dissecta* W. T. Wang)　Fig. 1: A−G

Ob folia semitriplinervia, capitula staminata longe pedunculata receptaculis discoideis praedita et achenia tuberculata species nova haec ad Sect. *Elatostema* ser. *Dissecta* W. T. Wang pertinet, et est affinis hujus seriei monotypicae *E. dissecto* Wedd., quod foliorum cystolithis majoribus 0.3−0.7 mm longis, petiolis brevioribus usque ad 0.5 mm longis, capitulorum staminatorum receptaculis minoribus usque ad 10 mm longis haud glandulosis, bracteis involucra- libus staminatis numerosis triangularibus, bracteolis staminatis glabris, bracteis involucralibus pistillatis haud corniculatis, bracteolis pistillatis semihyalinis albidis sparse breviterque ciliatis abhorret; ob habitum, folia semitriplinervia, capitulorum staminatorum receptacula rectangularia, capitulorum pistillatorum bracteas involucrales numerosas apice longe corniculatas et achenia tuberculata ea est etiam similis *E. atroviridi* W. T. Wang [sect. *Elatostema* ser. *Atroviridia* W. T. Wang (Wang, 2011)], quod caulibus prope apicem sparse puberulis, foliis supra sparse strigosis subtus ad nervos puberulis, capitulis staminatis involucris carentibus, eorum pedunculis brevioribus usque ad 1.5 cm longis, eorum receptaculis haud glandulosis, bracteolis pistillatis semihyalinis albidis breviter ciliatis praeclare distinguitur.

Herba perennis, dioecia. Caules 35−100 cm alti (e collectoribus), supra basin ca. 3 mm crassi, glabri, longitudinaliter tenuiterque 6-sulcati, ramose. Folia breviter petiolata, glabra; laminae herbaceae, oblongae vel oblanceolato-oblongae, (1−4.5−) 9−21 cm longae, (0.5−2−) 3−6 cm latae, apice longe acuminatae, acuminibus integris, basi oblique cuneatae vel latere latiore late cuneatae vel subrotundatae, margine supra basin denticulatae vel crenatae, semitriplinerves, nervis lateralibus 3−4-jugis supra planis subtus leviter prominulis, cystolithis densis leviter conspicuis bacilliformibus 0.1−0.25 mm longis; petioli 1−6 mm longi; stipulae tenuiter subulatae vel anguste lineares, 2−15 mm longae, virides. Capitula staminata singulariter axillaria, longe pedunculata; pedunculus 4−10 cm longus, glaber; receptaculum rectangulare, 15−27 mm longum, 10−17 mm latum medio constrictum, glabrum, dense glanduloso-punctulatum; bracteae involucrales ca. 8, depresse ovatae vel transverse lineares, 1.8−2 mm longae, 5.5−10 mm latae, apice truncato- rotundatae vel truncatae, glabrae; bracteolae numerosae, densissimae, membranaceae, semihyalinae, albidae, anguste obovatae vel spathulatae, 2−3 mm longae, superne ciliatae. Alabastra staminata breviter pedicellata, subglobosa, ca. 1 mm in diam., apice breviter 4-corniculata et pauce pilosa. Capicula pistillata singulariter axillaria; pedunculus ca. 5 mm longus, glaber; receptaculum irregulariter rectangulare, 6−12 mm longum, 5−9 mm latum, glabrum; bracteae involucrales ca. 60, triangulares vel deltoideae, 0.3−1 mm longae, 0.2−2 mm latae, margine ciliatae, apice longe corniculatae, cornibus 0.5−1.5 mm longis; bracteolae numerosae, densissimae, virides, lineari-oblanceolatae, 0.3−0.6 mm longae, dense longeque ciliatae, ciliis 0.3−0.5 mm longis. Achenia brunneola, suboblonga, ca. 0.8 mm longa, dense tuberculata, basi angustata; staminodia 3, late obovoidea, ca. 0.2 mm longa, dorso pilis unicis vel binatis tecta.

多年生草本，雌雄异株。茎高 35−100 cm，基部之上粗约 3 mm，无毛，有 6 条细纵沟，分枝。叶有短柄，无毛；叶片草质，长圆形或倒披针状长圆形，长 (1−4.5−)9−21 cm，宽 (0.5−2−)3−6 cm，顶端长渐尖（尖头全缘），基部斜楔形或在宽侧宽楔形或圆形，边缘在基部之上具小牙齿或浅钝齿，具半离基三出脉，侧脉 3−4 对，上面平，下面微隆起，钟乳体密，稍明显，杆状，长 0.1−0.25 mm；叶柄长 1−6 mm；托叶细钻形或狭条形，长 2−15 mm；绿色。雄头状花序单生叶腋，具长梗；花序梗长 4−10 cm，无毛；花序托长方形，长 15−27 mm，宽 10−17 mm，中部缢缩，无毛，有密集小腺点；总苞片约 8，扁卵形或横条形，长 1.8−2 mm，宽 5.5−10 mm，顶端截状圆形或截形，无毛；小苞片多数，密集，膜质，半透明，白色，狭倒卵形或匙形，长 2−3 mm，上部被缘毛。雄花蕾具短梗，近球形，直径约 1 mm，顶端有 4 短角状突起，并被少数毛。雌头状花序单生叶腋；花序梗长约 5 mm，无毛；花序托不规则长方形，长 6−12 mm，宽 3−9 mm，无毛；总苞片约 60，三角形或正三角形，长 0.3−1 mm，宽 0.2−2 mm，被缘毛，顶端具角状突起 (突起长 0.5−1.5 mm)；小苞片多数，密集，绿色，条状披针形，长 0.3−0.6 mm，密被长缘毛 (毛长 0.3−0.5 mm)。瘦果淡褐色，近长圆形，长约 0.8 mm，有密瘤状突起，基部变狭；退化雄蕊 3，宽倒卵球形，长约 0.2 mm，背面有 1−2 根毛。

云南 (Yunnan)：马关 (Maguan)，古林箐 (Gulinqing)，alt. 576 m，植株高 35−100 cm，2009-07-04，金效华，刘冰，刘博，权旭，苏俊霞，钟轶 (Jin Xiao-hua，Liu Bing，Liu Bo，Quan Xu，Su Jun-xia，Zhong Yi) 704 (♂，holotype，PE)，703 (♂，PE)，705 (♀, PE)。

根据本种的叶具半离基三出脉、雄头状花序具长花序梗和盘状花序托、瘦果具瘤状突起等特征，本种应隶属于骤尖楼梯草组的单种系盘托楼梯草系 sect. *Elatostema* ser. *Dissecta* W. T. Wang (王文采，2011) 与此系的盘托楼梯草 (*E. dissectum* Wedd.) 的区别在于：叶的钟乳体较小，长 0.1−0.25 mm，叶柄较长，长 1−6 mm，雄头状花序的花序托较大，长 15−27 mm，有密集的腺点 [在我国楼梯草属 234 种 (王文采，2011) 中，只有本种的雄花序托具腺体]，其雄总苞片约 8 枚，呈扁卵形或横条形，雄小苞片被缘毛，雌总苞片顶端具长角状突起，雌小苞片绿色，不半透明，密被长缘毛。在盘托楼梯草，叶的钟乳体较大，长 0.3−0.7 mm, 叶柄较短，长达 0.5 mm, 雄头状花序的花序托较小，长达 10 mm，不具腺体，其雄总苞片多数，呈三角形，雄小苞片无毛，雌总苞片不具角状突起，雌小苞片半透明，白色，疏被短缘毛 (王文采，1995)。

此外，本种在体态、叶的脉序、雄头状花序形状、雌头状花序的总苞苞片多数、顶端具长角状突起、瘦果具瘤状突起等方面，与骤尖楼梯草组深绿楼梯草系 ser. *Atroviridia* W. T. Wang（王文采，2011）的深绿楼梯草 (*E. atroiride* W. T. Wang) 相似，但是本种的茎和叶均无毛，雄头状花序具由 8 枚苞片形成的总苞，其花序梗较长（长 4–10 cm），其花序托有密集的腺点，雌小苞片绿色，不半透明，密被长缘毛而不同。在深绿楼梯草，茎顶端被短柔毛，叶上面疏被糙伏毛，下面脉上被短柔毛，雄头状花序不具总苞，其花序梗较短，长达 1.5 cm，其花序托不具腺体，雌小苞片半透明，呈白色，疏被短缘毛（王文采，1995)。

参 考 文 献

王文采, 1995. *Elatostema*. 中国植物志 [M]. 北京 : 科学出版社 , 23(2): 187–317.

WANG W T (王文采), 2010. Notes on the genus *Elatostema* (Urticaceae) (楼梯草属研究随记) [J]. Guihaia (广西植物), 30(6): 713–727.

WANG W T (王文采), 2011. Nova classificatio specierum sinicarum *Elatostematis* (Urticaceae) (中国荨麻科楼梯草属新分类) [J]. Guihaia (广西植物), 待刊 .

甘南铁线莲，甘肃毛茛科一新种 *

Clematis austrogansuensis, a new species of Ranunculaceae from Gansu

王文采　李良千

中国科学院植物研究所标本馆于 2007 年 5 月派队到甘肃文县白水江流域进行植物区系考察，采集到大量植物标本，最近我们在鉴定毛茛科标本的过程中发现铁线莲属一新种，现在本文发表。

甘南铁线莲　图 1

Clematis austrogansuensis W. T. Wang & L. Q. Li, sp. nov. (sect. *Clematis* ser. Rectae Prantl) (Fig. 1)

Species nova haec est affinis *C. shensiensi* W. T. Wang, quae ramulis hornotinis et foliolis subtusdense puberulis, cymis axillaribus 3–7-floris, an-theris apice apiculatis differt. Liana lignosa. Ramulus hornotinus circ. 30 cmlongus, basi circ. 3 mm crassus, longitudinaliter vadoseque 10-sulcatae, ad nodos sparse puberulus, alibi glaber. Folia opposita, 5-foliolatim, pinnata; foliola papyracea, ovata vel anguste ovata, 4.2–6 cm longa, 1.7–3.2 cm lata, apice acuta vel acuminata, basi subcordata, margine integra, utrinque propebasin tantum sparse puberula, alibi glabra, costa media supra plana subtus prominula, petiolulis 5–15 mm longis sparse puberulis; petioli 5.8–6 cm longi, basi apiceque sparse puberuli vel subglabri. Cymae axillares 1-florae;pedunculi 6–6.5 cm longi, superne sparse puberuli; bracteae 1–2, petiolatae, glabrae, laminis anguste ovatis 1.2–2.5 cm longis apice acutiusculis, petiolis 3–9 mm longis. Cyma terminalis laxe 5-flora; pedunculus circ. 11 cm longus, subglaber; bracteae oppositae, foliacaea, petiolatae, circ. 10 cm longae, 3-foliolatae; pedicelli 2–5.7 cm longi, superne puberuli, nudi vel 1-bracteolati, bracteolis lanceolato-linearibus circ. 3 mm longis puberulis. Flos circ. 4 cm in diam.; sepal 4, alba, anguste ovata, circ. 1.5 cm longa, 6 mm lata, intus glabra, extus superne dense inferne sparse adpresse puberula, margine albo-velutina; stamina numerosa, 8–9 mm longa, glabra, filamentis linearibus 3.5–4.5 mm longis, antheris linearibus 3–4 mm longis apice obtusis; carpella circ. 15, subulata, 6–7 mm longa, puberula.

木质藤本。当年生小枝长约 30 cm，基部粗约 3 mm，有 10 条浅纵沟，在节上疏被短柔毛，其他部分无毛。叶对生，为具 5 小叶的羽状复叶；小叶纸质，卵形或狭卵形，长 4.2–6 cm，宽 1.7–3.2 cm，顶端急尖或渐尖，基部浅心形，边缘全缘，两面只在近基部处疏被短柔毛，其他部分无毛；叶柄长 5.8–6 cm，基部和顶端疏被短柔毛或近无毛。腋生聚伞花序具 1 花；花序梗长 6–6.5 cm，上部疏被短柔毛；苞片 1–2，具柄，无毛，叶片狭卵形，长 1.2–2.5 cm，顶端微尖，叶柄长 3–9 mm。顶生聚伞花序有稀疏 5 花；花序梗长约 11 cm，近无毛；苞片对生，叶状，具柄，长约 10 cm，有 3 小叶；花梗长 2–5.7 cm，上部被短柔毛，

* 基金项目：国家自然科学基金 (30870146) [Supported by the National Natural Science Foundation of China(30870146)]
原文刊登于《广西植物》31(3): 285–287, 2011。
致谢：蒙孙英宝先生为本文绘图，在此表示衷心的感谢。

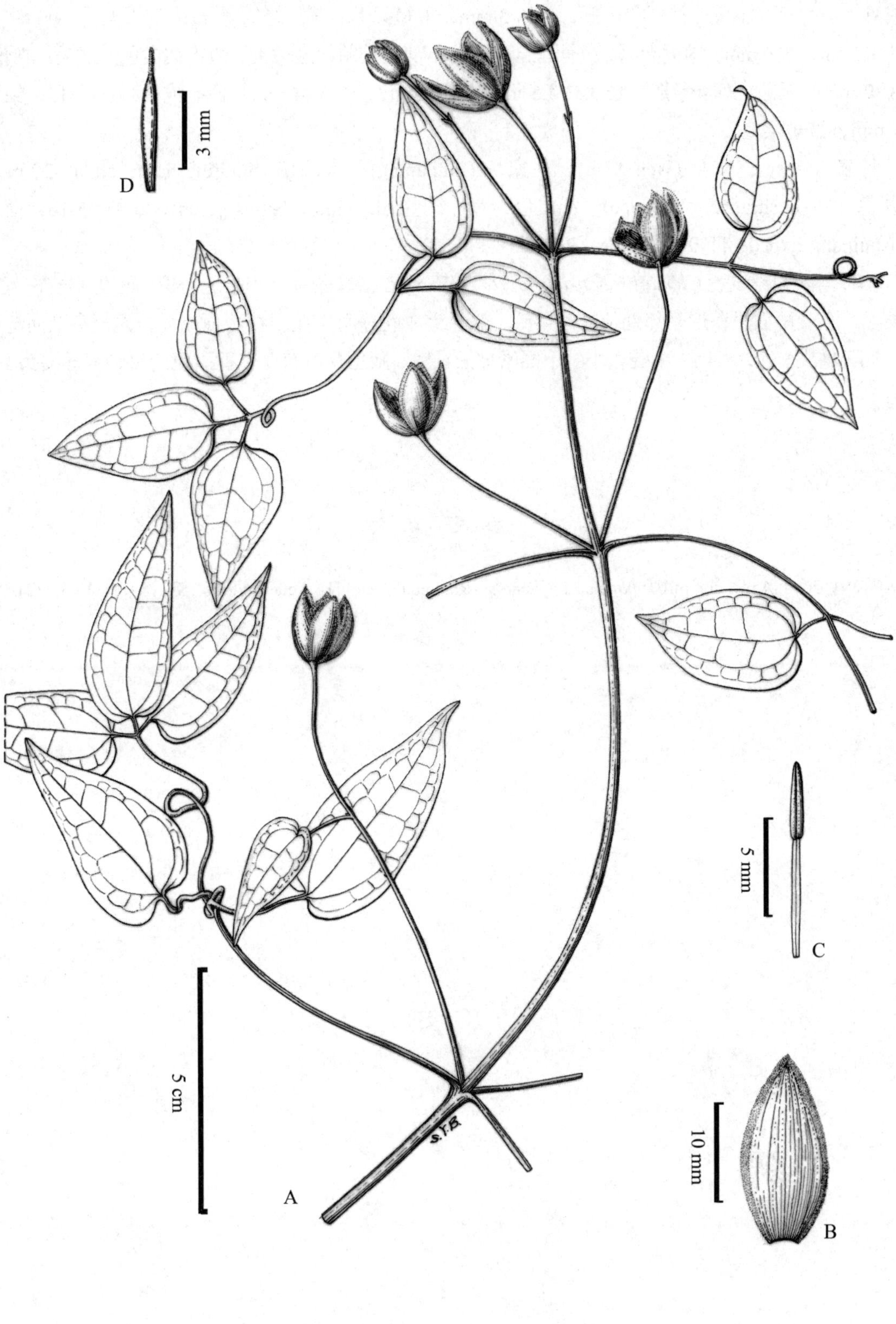

图 1　**甘南铁线莲**　A. 开花枝；B. 萼片（背面）；C. 雄蕊；D. 心皮。

Fig. 1　**Clematis austrogansuensis** W. T. Wang & L. Q. Li　A. Flowering branch; B. Sepal, abaxial surface; C. Stamen; D. Carpel.

裸或具 1 小苞片，小苞片披针状条形，长约 3 mm，被短柔毛。花直径约 4 cm；萼片 4，白色，狭卵形，长约 1.5 cm，宽 6 mm，内面无毛，外面上部密被、下部疏被贴伏短柔毛，边缘被白色短绒毛；雄蕊多数，长 8−9 mm，无毛，花丝条形，长 3.5−4.5 mm，花药条形，长 3−4 mm，顶端钝；心皮约 15，钻形，长 6−7 mm，被短柔毛。

甘肃 (Gansu)：文县 (Wen Xian)，刘家坪 (Liujiaping)，水晶山 (Shuijingshan)，alt. 1 420 m，山坡路边灌丛中 (in shrubbery on slope)，花白色，苞片绿色 (fl. White，bracts green)，2007-05-16，白水江队 (Baishuijiang Exped.) 4490 (holoptpe，PE)。

本种与陕西铁线莲 *Clematis shensiensis* W. T. Wang 在亲缘关系上相接近，但当年生小枝在节上疏被短柔毛，小叶两面只在近基部处疏被短柔毛，腋生聚伞花序有 1 花，花药顶端钝，无短尖头而与后者不同。在陕西铁线莲，当年生小枝和小叶下面密被短柔毛，腋生花序有 3−7 花，花药顶端有短尖头（Wang，2003）。

参 考 文 献

WANG W T, 2003. A revision of *Clematis* sect. *Clematis* (Ranunculaceae) [J]. Acta Phytotax. Sin., 41(1): 1−62; (2): 97−172.

云南高黎贡山荨麻科楼梯草属六新种 *

Six new species of *Elatostema* (Urticaceae) from Gaoligong Shan, Yunnan

今年 1 月中旬，美国加利福尼亚州科学院 Bruce Bartholomew 博士寄来他和中国科学院昆明植物研究所李恒教授近 20 年来在云南高黎贡山采集的丰富荨麻科植物标本，托我鉴定，在鉴定过程中发现该科楼梯草属 6 新种，现在本文发表。

楼梯草属 *Elatostema* J. R. et G. Forst.

组 1. 小叶楼体草组 Sect. *Weddellia* (H. Schörter) W. T. Wang

1. 三茎楼梯草　图 1

Elatostema tricaule W. T. Wang, sp. nov.　Fig. 1

Species nova haec est fortasse affinis *E. asterocephalo* W. T. Wang, quod lamina folii cystolithos gerenti, latere latiore nervis lateralibus 2 praetita, basi subauriculata, capitulo pistillato bracteis pluribus usque 50 anguste triangularibus apice breviter corniculatis praedito praeclare distingiutur.

Herba perennis parva. Tuber subglobosum, circ. 1.5 cm in diam. Caules 3 fasciculati, circ. 15 cm alti, supra basin 1.2−1.8 mm crassi, glabri, simplices vel 2-ramosi. Folia brevissime petiolata velsessilia, glabra; laminae papyraceae, oblique angusteque ellipticae vel oblique rhombicae, 1−5.2 cm longae, 0. 6−2 cm latae, cystolithis carentes, apice acuminatae, raro longe acuminatae, basi oblique cuneatae, margine supra basin dentatae, trinerves vel semitriplinerves, nervis lateralibus laminae in latere angustiore 2, in latere latiore 3−4, supra planis subtus prominulis; petioli 0.6−1 mm longi; stipulae subulatae, 1−1.8 mm longae, 0.15 mm latae. Capitula pistillata parva, binatim axillaria, sessilia;receptaculum suborbiculare, circ. 0.8 mm in diam., glabrum; bracteae circ. 15, praeter eam minorem anguste triangularem 0.4 mm longam apice acutiusculam plerumque lineares, 0. 6−0.8 mm longae, 0.2−0.4 mm latae, apice subtruncatae, glabrae; bracteolae densae, virides, anguste spathula-to-lineares, 1−1.2 mm longae, prope apicem ciliolatae. Flos pistillatus longe pedicellatus: tepala inconspicua; pistillum circ. 0.5 mm longum, ovario anguste ellipsoideo 0.4 mm longo, stigmate subgloboso 0.1 mm longo. Achenia brunnea, subellipsoidea, circ. 0.6 mm longa, longitudinaliter 6-costata.

多年生小草本。块茎近球形，直径 1.5 cm。茎 3 条丛生，高约 15 cm，基部之上粗 1.2−1.8 mm，无毛，不分枝或有 2 分枝。叶具极短柄或无柄，无毛；叶片纸质，斜狭椭圆形或斜菱形，长 1−5.2 cm，宽 0.6−2 cm，顶端渐尖，稀长渐尖，基部斜楔形，边缘在基部之上具牙齿，钟乳体不存在，三出脉或半离基三出脉，侧脉在狭侧 2 条，在宽侧 3−4 条，上面平，下面稍隆起；叶柄长 0.6−1 mm；托叶钻形，长 1−1.8 mm，

* 基金项目：国家自然科学基金（30870146）。
原文刊登于《植物分类与资源学报》33(2): 145−156, 2011。
致谢：蒙 Bruce Bartholomew 博士借阅标本和惠赠副份标本，苏志云教授审阅全文，并修改拉丁描述，孙英宝先生为本文绘图。

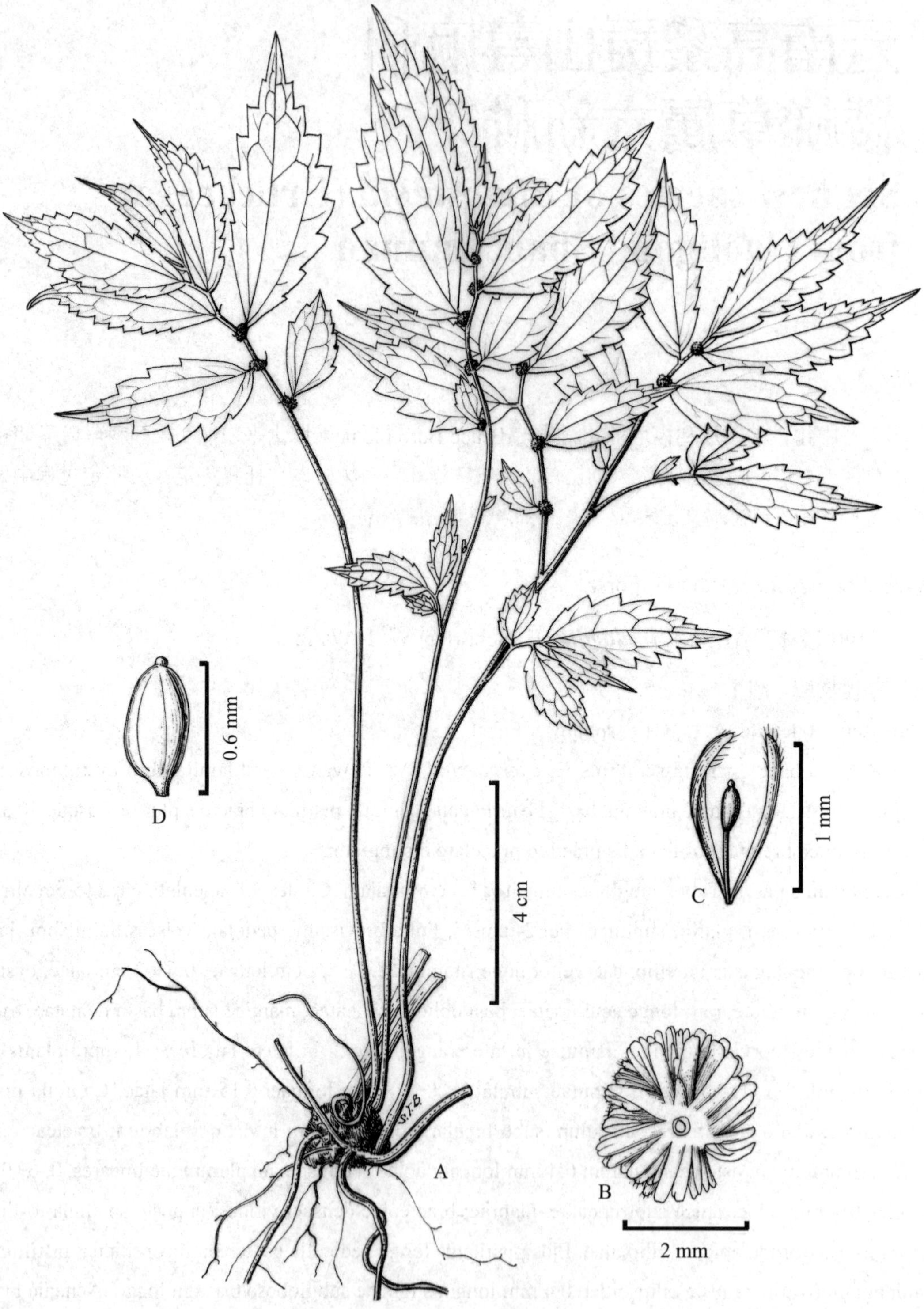

图 1　**三茎楼梯草**　A. 植株全形；B. 雌头状花序；C. 雌小苞片和雌花；D. 瘦果。

Fig. 1　**Elatostema tricaule** W. T. Wang　A. Habit; B. Pistillate capitulum; C. Pistillate bracteoles and pistillate flower; D. Achene. (from holotype)

宽 0.15 mm。雌头状花序小，成对腋生，无梗；花序托近圆形，直径约 0.8 mm，无毛；苞片约 15 枚，多呈条形，长 0.6−0.8 mm，宽 0.2−0.4 mm，顶端近截形，只 1 枚苞片狭三角形，长 0.4 mm，顶端微尖，无毛；小苞片密集，绿色，狭匙状条形，长 1−1.2 mm，近顶端被短缘毛。雌花具长梗：花被片不明显；雌蕊长约 0.5 mm，子房狭椭圆球形，长 0.4 mm，柱头近球形，长 0.1 mm。瘦果褐色，近椭圆球形，长约 0.6 mm，有 6 条纵肋。

云南：Tengchong (腾冲)：Ruidian. Yunfeng Cun (云峰村). Yunfeng Shan (云峰山), along trail from Yunfeng Si to base of mountain on N side of the moist valley directly E of Yunfeng Si, ca. 8.6 direct km SSW of Ruidian, 25°22′48.1″ N, 98°24′59.1″ E, elev. 2 010 m; subtropical evergreen broad-leaved forest undisturbed, dominated by *Lithocarpus* and *Schima* with scattered *Pinus* on dryer slopes; herb. common, growing under forest in moist shady area, in humus on granite; 3 June 2006. Gaoligong Shan Biodiversity Survey 30000 (♀, holotype, CAS)。

本种可能与星序楼梯草 *E. asterocephalun* W. T. Wang 有亲缘关系，但叶片在基部斜楔形，无钟乳体，宽侧侧脉 3−4 条，雌头状花序的苞片较少，约 15 枚，呈条形，顶端无突起而明显不同。在星序楼梯草，叶片宽侧基部近耳形，有杆状钟乳体，宽侧侧脉 2 条，雌头状花序的苞片较多，达 50 枚，呈狭三角形，顶端有短角状突起（Wang，1995）。

2. 少叶楼梯草　图 2

Elatostema paucifolium W. T. Wang, sp. nov.　Fig. 2

Species nova haec est fortasse affinis *E. coriaceifolio* W. T. Wang, quod caulibus e parte infera ad apicem 11−20-foliatis, foliorum laminis margine supra medium pauce denticulatis glabris, capitulo pistillato singulariter axillari, ejus bracteis triangularibus dorso saepe cristatis brunneo-striolatis facile recedit.

Herba perennis parva. Caules aliquot fasciculati, 18−24 cm alti, supra basin circ. 1.5 mm crassi, inferne vel prope basin ad nodos radicantes, glabri, saepe inferne longe 1−2-ramosi, cum ramis prope apicem 2−5-foliati. Folia sessilia, papyracea, oblique elliptica vel oblique rhombica, 0.8−3.3 cm longa, 0.5−1.3 cm lata, apice acuminata vel acuta, basi oblique cuneata, margine supra basin dentata, supra sparse puberula, pilis circ. 0.2 mm longis, cito glabrescentia, subtus glabra, semitriplinervia, nervis lateralibus 2-jugatis utrinque planis, cystolithis sparsis inconspicuis bacilliformibus 0.1−0.3 mm longis; stipulae subulatae, 1.5−2 mm longae, 0.2 mm latae, glabrae. Capitula pistillata parva, binatim ad foliorum axillas vel infra folia ad nodos nudos crescentia, sessilia; receptaculum late rectangulare, circ. 3 mm longum, 1.6 mm latum, glabrum; bracteae circ. 7, inaequales, late ovatae vel ovatae, 0.6−0.8 mm longae, 0.5−1.5 mm latae glabrae, eae majores apice breviter crasseque corniculatae, cornibus 0.2−0.3 mm longis; bracteolae densae, semihyalinae, cuneato-lineares, circ. 0.8 mm lingae, glabrae, apice rotundato-truncatae. Achenia brunnea, anguste ovoidea, circ. 0.7 mm longa, longitudinaliter 5-costata, stigmatibus persistentibus minutis subglobosis.

多年生小草本。茎数条丛生，高 18−24 cm，基部之上粗约 1.5 mm，下部或近基部在节上生根，无毛，常在下部有 1−2 长分枝，与枝在近顶端有 2−5 叶。叶无柄，纸质，斜椭圆形或斜菱形，长 0.8−33.3 cm，宽 0.5−1.3 cm，顶端渐尖或急尖，基部斜楔形，边缘在基部之上有牙齿，上面疏被短柔毛(毛长约 0.2 mm)，很快变无毛，下面无毛，钟乳体稀疏，不明显，杆状，长 0.1−0.3 mm，半离基三出脉，侧脉 2 对，两面

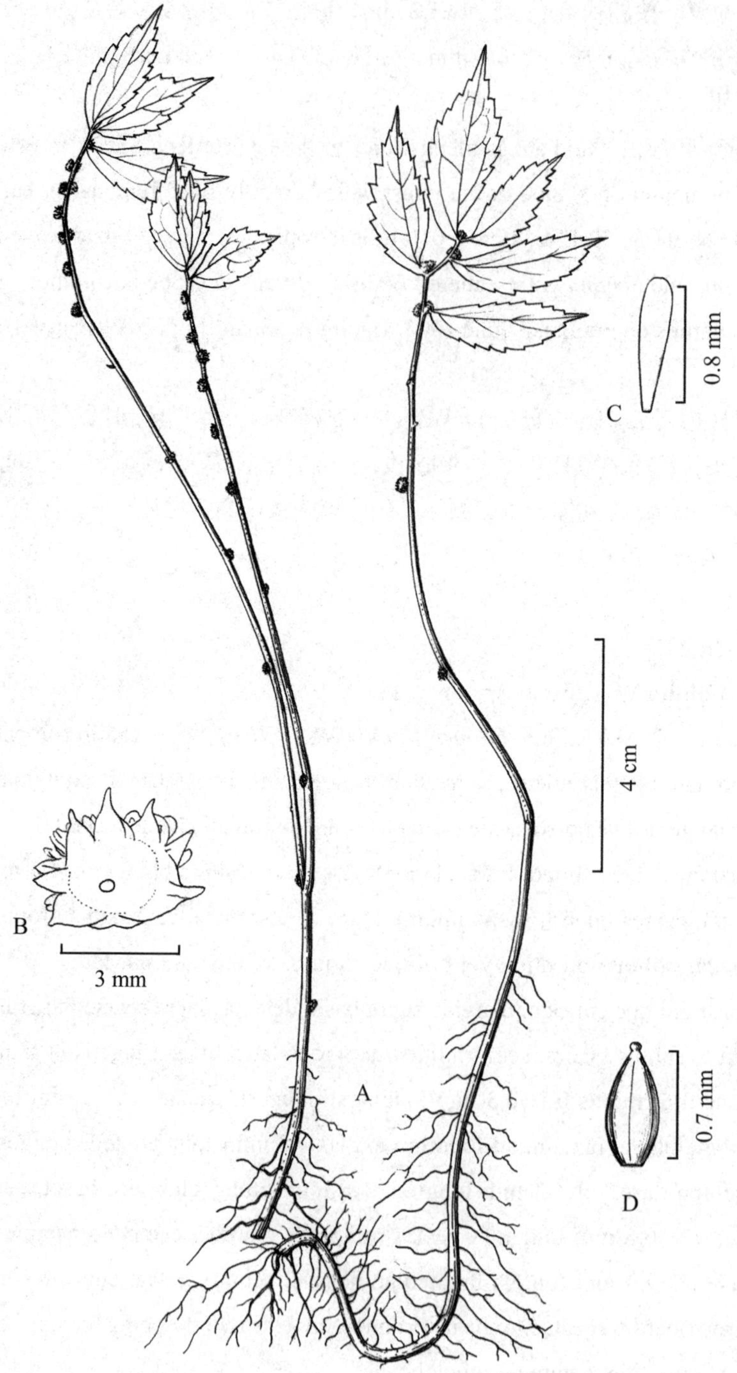

图 2　**少叶楼梯草**　A. 植株全形；B. 雌头状花序；C. 雌小苞片；D. 瘦果。

Fig. 2　**Elatostema paucifolium** W. T. Wang　A. Habit; B. Pistillate capitulum; C. Pistillate bracteole; D. Achene.

平；托叶钻形，长 1.5–2 mm，宽 0.2 mm，无毛。雌头状花序小，成对生于叶腋或生于叶下无叶的节上，无梗；花序托宽长方形，长约 3 mm，宽 1.6 mm，无毛；苞片约 7 枚，不等大，宽卵形或卵形，长 0.6–0.8 mm，宽 0.5–1.5 mm，较大苞片顶端具短而粗的角状突起（突起长 0.2–0.3 mm），无毛；小苞片密集，半透明，楔状条形，长约 0.8 mm，无毛，顶端圆截形。瘦果褐色，狭卵球形，长约 0.7 mm，有 5 条纵肋；宿存柱头小，近球形。

云南：Lushui Xian（泸水县）, Wancaoping, N of Pianma（片马）on the W side of Gaoligong Shan near the Myanmar border, 26°1′38″ N, 98°37′43″ E, elev. 1 950–2 050 m; disturbed secondary broad-leaved evergreen forest and riparian vegetation in small valley; perennial herb, growing on a steep bank by stream; flowers pale green; 12 October 1998. Li Heng, Bruce Bartholomew & Dao Zhi-lin 10272 (♀, holotype, CAS)。

本种可能与革叶楼梯草 *E. coriaceifolium* W. T. Wang 有亲缘关系，但茎在近顶部只有 2–5 枚叶，叶片边缘从基础之上到近顶端有较多牙齿，上面最初有短柔毛，以后变无毛，雌头状花序成对生叶腋或叶下的无叶节上，苞片宽卵形或卵形，无鸡冠状突起，无褐色细条纹而明显不同。在革叶楼梯草，茎自下部至顶端有 11–20 枚叶，叶片边缘在中部之上有少数小牙齿，两面无毛，雌头状花序单生叶腋，苞片三角形，背面常有鸡冠状突起，并有褐色细条纹（Wang，1993）。

3. 指序楼梯草　图 3

Elatostema dactylocephalum W. T. Wang, sp. nov.　Fig. 3

Species nova insignis capituli pistillati bracteis involucralibus bracteolisque plus minusve carnosis,linearibus apice obtusis, superne intense viridibus et leviter incrassatis a speciebus sinenibus cognitis bacteis complanatis, ecarnosis, triangularibus, ovatis vel late ovatis apice acutis, bracteolis membranaceis albidis semihyalinis, linearibus, oblanceolatis vel spathulatis saepe ciliates praeditis bene distincta.

Herba perennis. Caules circ. 30 cm alti, supra basin 2–3 mm crassi, glabri, simplices, 7–9-foliati. Folia sessilia, membranacea vel tenuiter papyracea, oblique longeque elliptica vel oblique elliptica,1.5–10.5 cm longa, 1–2.8 cm lata, apice acuminata, raro acuta, basi oblique cuneata, margine praeter partem tertiam inferam integram denticulate vel crenata, glabra semitriplinervia, nervis lateralibus laminae in latere angustiore 2, in latere latiore 3, utrinque planis, cystolithis inconspicuis densis bacilliformibus 0.1–0.25 mm longis; stipulae anguste subulato-lineares, 4–5 mm longae, circ. 0. 4 mm latae, apice pungentes. Capitula pistillata binatim axillaria, sessilia; receptaculum late suboblongum, circ. 2.4 mm longum, 1.5 mm latum, glabrum; bracteae circ. 12, virides, leviter carnosae,inaequales, lineares vel triangulari-lineares, 0.5–1.8 mm longae, 0.3–0.4 mm latae, apice obtusae, superne intense virides et leviter incrassatae, glabrae; bracteolae circ. 30, virides, plus minusve carnosae,oblanceolato-lineares vel lineares, 0.4–1.2 mm longae, circ. 0.2 mm latae, apice obtusae, superne intense virides et leviter incrassatae, glabrae. Flos pistillatus breviter pedicellatus; tepala inconspicua; pistillum circ. 0.65 mm longum, ovario viridulo anguste ellipsoideo 0. 35 mm longo, stigmate albo penicillato 0. 3 mm longo, pilis densis.

多年生草本。茎高约 30 cm，基部之上粗 2–3 mm，无毛，不分枝，有 7–9 叶。叶无柄，膜质或薄纸质，斜长椭圆形或斜椭圆形，长 1.5–10.5 cm，宽 1–2.8 cm，顶端渐尖，稀急尖，基部斜楔形，边缘下部 1/3 部分全缘，其上具小牙齿或浅钝齿，无毛，钟乳体不明显，密集，杆状，长 0.1–0.25 mm，半离基三出脉，

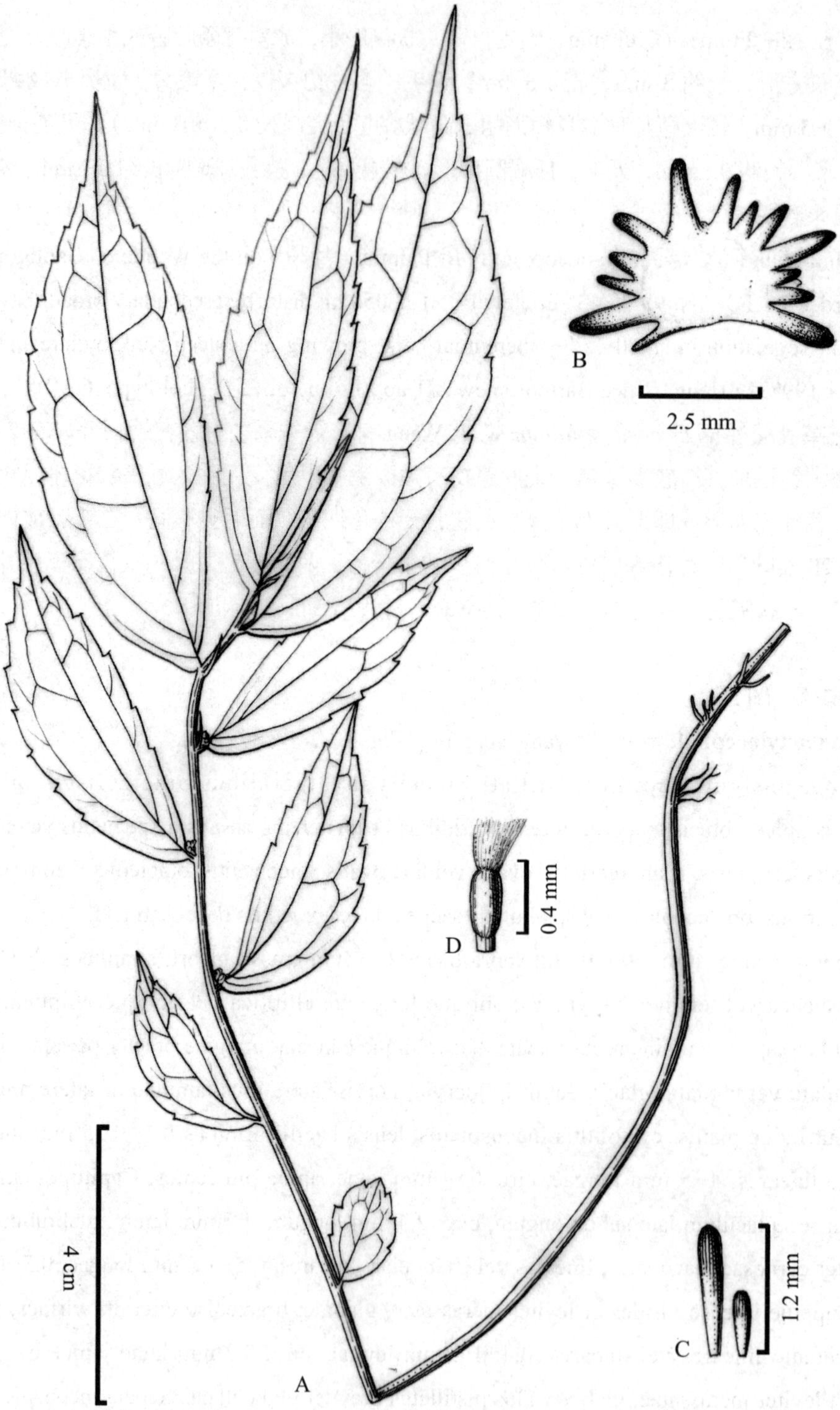

图 3　**指序楼梯草**　A. 植株全形；B. 雌头状花序；C. 雌小苞片；D. 雌花。

Fig. 3　**Elatostema dactylocephalum** W. T. Wang　A. Habit; B. Pistillate capitulum; C. Pistillate bracteoles; D. Pistillate flower.

侧脉在狭侧2条，在宽侧3条，两面平；托叶狭钻状条形，长4−5 mm，宽约0.4 mm，顶端锐尖。雌头状花序成对腋生，无梗；花序托近宽长圆形，长约2.4 mm，宽1.5 mm，无毛；苞片约12枚，绿色，稍肉质，不等大，条形或三角状条形，长0.5−1.8 mm，宽0.3−0.4 mm，顶端钝，上部深绿色，同时稍变粗，无毛；小苞片约30枚，绿色，多少肉质，倒披针状条形或条形，长0.4−1.2 mm，宽约0.2 mm，顶端钝，上部深绿色，同时稍变粗，无毛。雌花具短梗：花被片不明显；雌蕊长约0.65 mm，子房淡绿色，狭椭圆球形，长0.35 mm，柱头白色，画笔头状，长0.3 mm，毛密集。

Yunnan (云南): Longling Xian (龙陵县), Zhen-an Zhen (镇安镇), vicinity of Wei-ming Qiao, ca. 5 km E of Nanokang Yakou on the new road from Baoshan (保山) to Tengchong (腾冲), E side of Gaoligong Shan, 24°48′48″ N, 98°46′58″ E; elev. 2 016 m; subtropical evergreen broad-lesved forest, disturbed by felling; herb 30−40 cm tall, frequent, growing along stream in forest shade; fowers green; 25 May 2005, Gaoligong Shan Biodiversity Survey 23678 (holotype, PE; isotype, CAS, not seen)。

本种的雌头状花序的总苞苞片和小苞片均多少肉质，绿色，狭长，呈条形，上部深绿色并多少变粗，这些特征在楼体草属中甚为罕见，根据这些特征可与我国楼梯草属其它种相区别。在我国的近170种(Wang，1993，1997，2003，2006，2010；Wang和Wei，2007，2008；Lin等，2003；Lin和Duan，2008；Wei和Wang，2009a，b，c)中，雌头状花序的总苞苞片均扁平，不为肉质，多数呈三角形、卵形或宽卵形，顶端急尖；雌小苞片也均扁平，不为肉质，质地为薄膜质，白色，半透明，多呈条形、倒披针形或匙形，常被缘毛(Wang，2010)。

组2. 骤尖楼梯草组 Sect. *Elatostema*

4. 片马楼梯草　图4

Elatostema pianmaense W. T. Wang, sp. nov.　Fig. 4

Species nova haec est fortasse affinis *E. subcuspidato* W. T. Wang, quod foliis trinervibus, capituli pistillati bracteis minimis inconspicuis, earum projecturis apicalibus lanceolato-linearbus 1.2−2 mm longis 0.3−1 mm latis bracteis multo majoribus, bracteolis pistillatis majoribus apice corniculatis praeclare distinguitur.

Herba perennis, tota siccitate plus minusve nigrescens. Caulis ascendens, circ. 56 cm altus, supra basin 4 mm crassus, longitudinaliter vadoseque 5-sulcatus, superne sparse hirtellus, simplex. Folia brevissime petiolata vel subsessilia; laminae papyraceae, oblique obovatae vel oblique angusteque ellipticae, 7.8−12 cm longae, 2.8−4.5 cm latae, apice acuminatae, basi lateris angutioris cuneatae, basi lateris latioris rotundato-obtusae, margine supra basin dentatae, supra sparse strigosae, subtus ad nervos hirtellae, semitriplinerves, nervis lateralibus laminae in latere angustiore 2−3, in latere latiore 3−4 supra planis subtus prominulis, cystolithis densis inconspicuis bacilliformibus 0.1−0.25 mm longis; petioli usque ad 3 mm longi, hirtelli; stipulae albidae, lanceolato-lineares, 9−14 mm longae, 2.2−2.5 mm latae, nervo atrobrunneo praeditae, supra glabrae, subtus ad nervum hirtellae, brunneo-lineolatae. Capitula pistillata binatim axillaria; pedunculus robustus, circ. 2 mm longus, glaber; receptaculum suborbiculare, circ. 3.5 mm in diam., glabrum; bracteae circ. 15, inaequales, late ovatae,triangulares vel anguste triangulares, circ. 1 mm longae, 0.4−1 mm latae, ciliatae, paucae apice breviter corniculatae, cornibus 0.3−0.5 mm longis; bracteolae densae, virides, anguste lineares, 0.5−2 mm longae, superne ciliatae. Achenia brunnea, ellipsoidea, circ. 0.6 mm longa, longitudinaliter 5-costata.

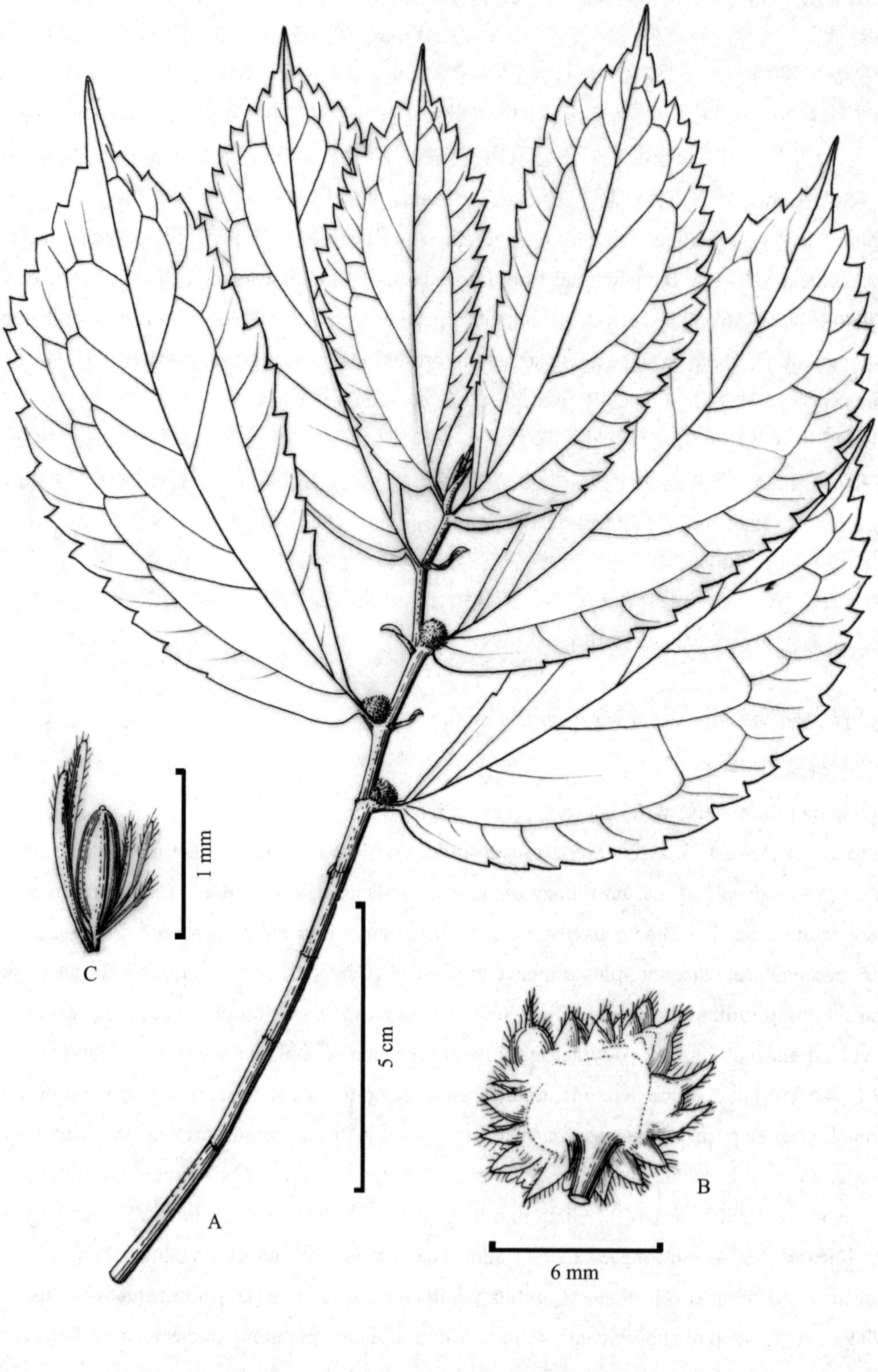

图 4　**片马楼梯草**　A. 开花茎上部；B. 雌头状花序；C. 雌小苞片和瘦果。

Fig. 4　**Elatostema pianmaense** W. T. Wang　A. Upper part of flowering stem; B. Pistillate capitulum; C. Pistillate bracteoles and achene.

多年生草本，干时整个植物多少变黑色。茎渐升，高约 56 cm，基部之上粗 4 mm，有 5 条浅纵沟，上部疏被短硬毛，不分枝。叶具极短柄或近无柄；叶片纸质，斜倒卵形或斜狭椭圆形，长 7.8−12 cm，宽 2.8−4.5 cm，顶端渐尖，基部在狭侧楔形，在宽侧圆钝，边缘在基部之上具牙齿，上面疏被糙伏毛，下面脉上被短硬毛，钟乳体密，不明显，杆状，长 0.1−0.25 mm，半离基三出脉，侧脉在狭侧 2−3 条，在宽侧 3−4 条，上面平，下面稍隆起；叶柄长达 3 mm，被短硬毛；托叶白色，披针状条形，长 9−14 mm，宽 2.2−2.5 mm，具 1 条暗褐色脉，上面无毛，下面脉上被短硬毛，有褐色短线纹。雌头状花序成对腋生；花序梗粗壮，长约 2 mm，无毛；花序托近圆形，直径约 3.5 mm，无毛；苞片约 15 枚，不等大，宽卵形，三角形或狭三角形，长约 1 mm，宽 0.4−1 mm，有缘毛，少数苞片顶端据角状突起 (突起长 0.3−0.5 mm)；小苞片密集，绿色，狭条形，长 0.5−2 mm，上部有缘毛。瘦果褐色，椭圆球形，长约 0.6 mm，有 5 条纵肋。

云南：Lushui Xian (泸水县), Pianma Xiang (片马乡), vicinity of Ganhe, ca. 12 km N of Pianma on the road to Ganfeng, W side of Gaoligong Shan, 26°3′43″ N, 98°37′9″ E, elev. 2 057 m; subtropical evergreen broad-leaved forest, disturbed by clearing; herb 30−60 cm tall, growing by river bank in loam on limestone, frequent; flowers white; 13 May 2005, Gaoligong Shan Biodiversity Survey 24077 (♀, holotype, PE; isotype, CAS not seen)。

本种可能与拟骤尖楼梯草 *E. subcuspidatum* W. T. Wang 有亲缘关系，但叶具半离基三出脉，雌头状花序的苞片正常发育，明显，长约 1 mm，少数苞片的顶生角状突起比苞片小，长 0.3−0.5 mm，雌小苞片无任何突起而不同。在拟骤尖楼梯草，叶具三出脉，雌头状花序的苞片极小，不明显，而其等的顶生突起呈披针状条形，长 1.2−2 mm，宽 0.3−1 mm，远比苞片大，雌小苞片中较大者顶端有角状突起（Wang, 1995）。

5. 茨开楼梯草　图 5

Elatostema cikaiense W. T. Wang, sp. nov.　Fig. 5

Species nova haec est arcte affinis *E. pachycerati* W. T. Wang, quod foliorum laminis subtus glabris, nervis lateralibus subtus prominulis, capituli staminati receptaculo cystolithis carenti, ejus bracteis paucioribus circ. 6 uniseriatis omnibus apice crasse corniculatis, capituli pistillati bracteis etiam paucioribus circ. 6, acheniis longitudinaliter 9-costatis recedit.

Herba perennis, dioecia. Caules 42−46 cm alti, supra basin 3−4 mm crassi, glabri, longitudinaliter vadoseque 4-sulcati, simplices vel breviter 2-ramosi. Folia breviter petiolata vel sessilia; laminae papyraceae, oblique angusteque ellipticae vel oblique angusteque obovatae, 6.5−14.5 cm longae, 2.5−5 cm latae, apice cuspidatae vel longe acuminatae, basi latere angustiore cuneatae basi lateris latioris rotundatae vel subauriculatae, margine supra basin grosse dentatae, supra sparse strigosae, subtus ad nervos sparse hirtellae, semitriplinerves, nervis lateralibus laminae in latere angustiore 2−3, in latere latiore 3−4, supra planis subtus prominentibus, cystolithis densis conspicuis bacilliformibus 0.2−0.5 mmlongis; petioli usque ad 4 mm longi, glabri; stipulae membranaceae, albidae, semihyalinae, lanceolato-lineares, circ. 11 mm longae, 2. 8 mm latae, apice obtusae, glabrae, inconspicue 1-nerves, cystolithis bacillifomibus 0.25 mm longis secus nervum medianum dispersis. Capitula staminata magna, singulariter axillaria; pedunculus robustus, 2−7 mm longus, glaber; receptaculum

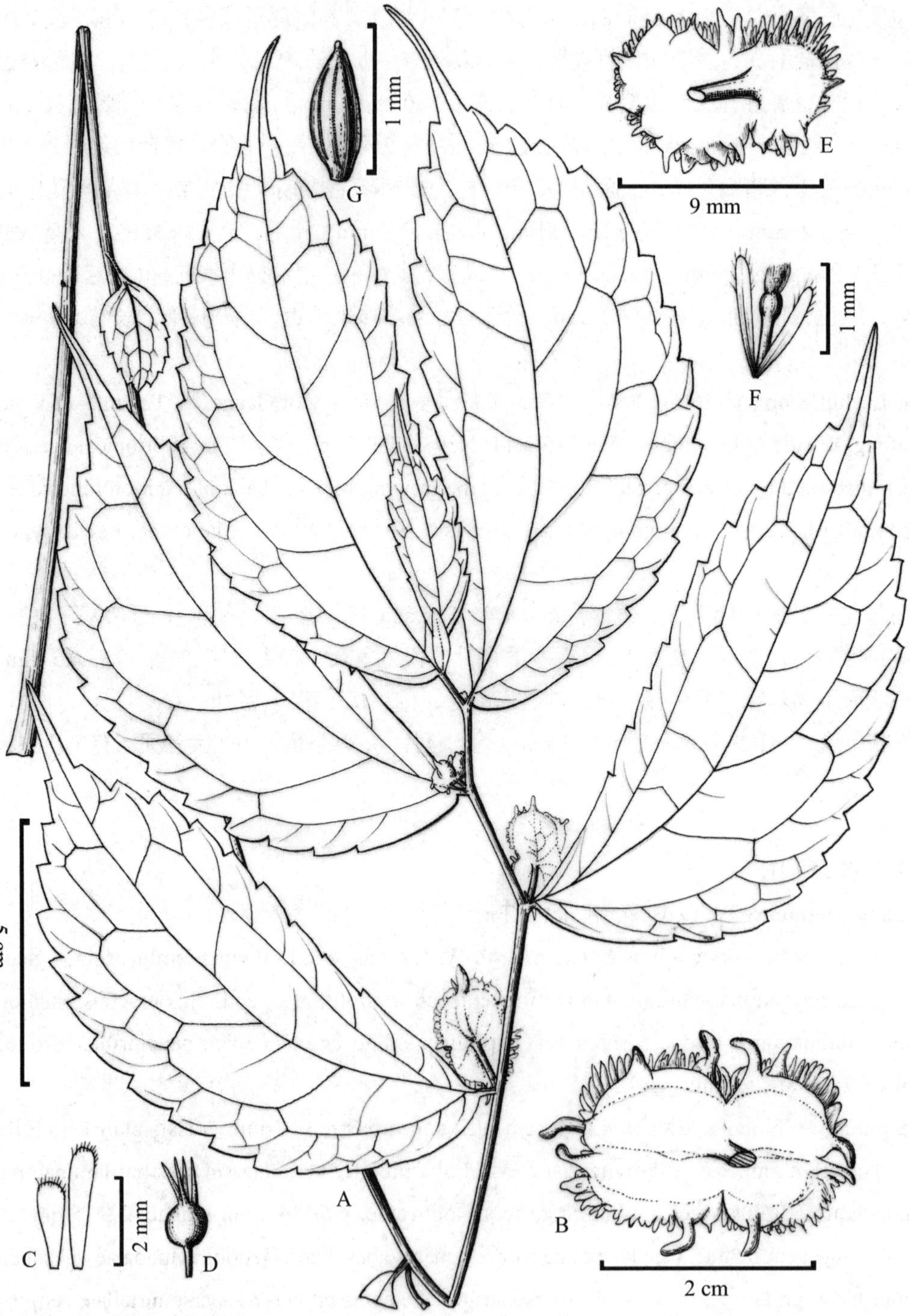

图5 **茨开楼梯草** A. 开花雄茎；B. 雄头状花序；C. 雄小苞片；D. 雄花蕾；E. 雌头状花序；F. 雌小苞片和雌花；G. 瘦果。

Fig. 5 **Elatostema cikaiense** W. T. Wang A. Flowering staminate stem; B. Staminate capitulum; C. Staminate bracteoles; D. Staminate flower bud; E. Pistillate capitulum; F. Pistillate bracetoles and pistillate flower; G. Achene.

oblongum, 7.4−18 mm longum, 8−11 mm latum, glabrum, cystolithis bacilliformibus 0.1−0. 3 mm longis praeditum; bracteae 2-seriatae, glabrae, eae externae circ. 8, depresse deltoideae, circ. 1.5 mm longae, 4 mm latae, apice cristatae, cristis 4−5 mm longis, eae internae circ. 12, deltoideae, circ. 0.5 mm longae, 1−1.5 mm latae, apice crasse corniculatae, cornibus circ. 1.2 mm longis; bracteolae densissimae, semihyalinae, cuneato-lineares, 2−3 mm longae, 0.8−1 mm latae,apice truncatae et ciliolatae. Alabastra staminate pedicellata, subglobosa, circ. 1.2 mm in diam.,apice longe 4-corniculata, glabra. Capitula pistillata singulariter axillaria; pedunculus 2 mm longus; receptaculum suboblongum, circ. 7 mm longum, 2.5−4 mm latum, glabrum; bracteae circ. 14, deltoideae, glabrae circ. 1 mm longae, 0.8 mm latae,apice crasse corniculatae, cornibus 0.5−0.8 mm longis; bracteolae densae, semihyalinae, anguste oblanceolatae, 1−1.5 mm longae, apice ciliolatae. Flos pistillatus pedicellatus: tepala inconspicua; pistillum circ. 0.7 mm longum, ovario late ellipsoideo 0.35 mm longo, stigmate penicillato 0.35 mm longo. Achenia brunnea, anguste ellipsoideo-ovoidea, circ. 0.8 mm longa, longitudinaliter 6-costata.

多年生草本，雌雄异株。茎高 42−46 cm，基部之上粗 3−4 mm，无毛，有 4 条浅纵沟，不分枝或有 2 条短分枝。叶具短柄或无柄；叶片纸质，斜狭椭圆形或斜狭倒卵形，长 6.5−14.5 cm，宽 2.5−5 cm，顶端骤尖或长渐尖，基部在狭侧楔形，在宽侧圆形或近耳形，边缘基部之上有粗牙齿，上面疏被糙伏毛，下面脉上疏被短硬毛，钟乳体密，明显，杆状，长 0.2−0.5 mm，半离基三出脉，侧脉在狭侧 2−3 条，在宽侧 3−4 条，上面平，下面隆起；叶柄长达 4 mm，无毛；托叶膜质，白色，半透明，披针状条形，长约 11 mm，宽 2.8 mm，在顶端钝，无毛，有 1 条不明显脉，沿脉散布长 0.25 mm 的杆状钟乳体。雄头状花序大，单生叶腋；花序梗粗壮，长 2−7 mm，无毛；花序托长圆形，长 7.4−18 mm，宽 8−11 mm，无毛，具长 0.1−0.3 mm 的杆状钟乳体；苞片 2 层，无毛，外层苞片约 8 枚，扁正三角形，长约 1.5 mm，宽 4 mm，顶端有鸡冠状突起（突起长 4−5 mm），内层苞片约 12 枚，正三角形，长约 0.5 mm，宽 1−1.5 mm，顶端有粗角状突起（突起长约 1.2 mm）；小苞片极密，半透明，楔状条形，长 2−3 mm，宽 0.8−1 mm，顶端截形，被短缘毛。雄花蕾具梗，近球形，直径约 1.2 mm，顶端有 4 条长角状突起，无毛。雌头状花序单生叶腋；花序梗长 2 mm；花序托近长圆形，长约 7 mm，宽 2.5−4 mm，无毛；苞片约 14 枚，正三角形，长约 1 mm，宽 0.8 mm，顶端有粗角状突起（突起长 0.5−0.8 mm），无毛；小苞片密，半透明，狭倒披针形，长 1−1.5 mm，顶端有短缘毛。雌花具梗：花被片不明显；雌蕊长约 0.7 mm，子房宽椭圆球形，长 0.35 mm，柱头画笔头状，长 0.35 mm。瘦果褐色，狭椭圆球状卵球形，长约 0.8 mm，有 6 条纵肋。

云南：Gongshan Xian (贡山县), Cikai Zhen (茨开镇), E side of Gaoligong Shan, W of Gongshan and E of Qiqi along the Pula he in the vicinity of Qiqi Bridge, 27°43′23″ N, 98°35′13″ E, elev. 1 850 m; broad-leaved evergreen forest with scattered Taiwania; rhizomatous perennial herb, growing on steep moist slope in shade; flowers white; 10 July 2000; Li Heng, Bruce Bartholomew, Philip Thomas, Peter Fritsch, Dao Zhi-ling, Wang Zhong-lan & Li Rong 12217 (♂, holotype, CAS). Same locality, about 41 km from Gongshan on the road to Kangdang, E side of Gaoligong Shan, 27°47′23″ N, 98°31′42″ E; elev. 2 940 m; subtropical evergreen broad-leaved forest; herb 50−80 cm tall, rare; flowers green; 21 September 2002; Gaoligong Shan Biodiversity Survey 15388 (♀, CAS)。

本种在亲缘关系上与粗角楼梯草 *E. pachyceras* W. T. Wang 很相近，但叶片下面脉上被短硬毛，侧脉下面明显隆起，雄头状花序的花序托有钟乳体，其苞片较多，约 20 枚，排成二层，外层苞片顶端有鸡冠状突起，雌头状花序的苞片也较多，约 14 枚，瘦果有 6 条纵肋而不同。在粗角楼梯草，叶片下面无毛，侧脉下面稍隆起，雄头状花序的花序托无钟乳体，其苞片较少，约6枚，排成一层，所有苞片顶端均有粗角状突起，雌头状花序的苞片也较少，约6枚，瘦果有9条纵肋（Wang，1995）。

6. 拟宽叶楼梯草　图6

Elatostema pseudoplatyphyllum W. T. Wang, sp. nov.　Fig. 6

Species nova haec est arcte affinis *E. platyphyllo* Wedd., quod foliorum laminis supra glabris, eorum auriculis majoribus usque ad 14 mm longis, capituli staminati bracteis valde diminutis inconspicuis depresse latissimeque ovatis vix 0.2 mm longis, bracteolis ciliatis statim differt, et fortasse e specie nova hac oriundum est.

Herba perennis. Caules circ. 40 cm alti, basi circ. 5 mm crassi, glabri, longitudinaliter vadoseque 4-sulcati, simplices, interdum breviter pauceque ramosi. Folia breviter petiolata; laminae papyraceae, oblique ellipticae, 10−25 cm longae, 4.5−9.5 cm latae, apice acuminatae, acuminibus margine denticulatis, basi latere angustiore cuneatae eo latiore auriculatae, auriculis 5−10 mm longis, margine supra basin dentatae, supra strigosae, subtus glabrae, semitriplinerves, nervis lateralibus laminae latere angustiore 2−3 in latere latiore 3−5, supra planis vel leviter impressis subtus prominulis, cystolithis densis parvis breviter bacilliformibus 0.1−0.2 mm longis; petioli 2−5 longi, glabri; stipulae viridulae, anguste lanceolatae, 12−22 mm longae, 2−2.5 mm latae, glabrae, 1-nerves. Capitula staminata juvenalia binatim axillaria; pedunculus robustus, 2−3 mm longus, glaber; receptaculum oblongum, circ. 8 mm longum, 5 mm latum, medio 2-lobatum, glabrum; bracteae 6, biseriatae, glabrae, eae externae 2, oppositae, depresse semiorbiculares, 2−3 mm longae, 4.5−6.2 mm latae, eae internae 4, fere semiorbiculares, 2.8−3 mm longae, 5−5.5 mm latae, apice emarginatae; bracteolae densissimae, semihyalinae, cuneato-lineares, 1.6−2 mm longae, apice interdum cucullatae, glabrae, in parte centrali longitudinaliter dense brunneo- striatae. Flores staminati perjuvenales.

多年生草本。茎高约40 cm，基部粗约5 mm，有4条浅纵沟，不分枝，有时有少数短分枝。叶有短柄；叶片纸质，斜椭圆形，长10−25 cm，宽4.5−9.5 cm，顶端渐尖（渐尖头边缘有小牙齿），基部在狭侧楔形，在宽侧耳形（耳垂部分长5−10 mm），边缘在基部之上有牙齿，上面被糙伏毛，下面无毛，钟乳体密，小，杆状，长0.1−0.2 mm，半离基三出脉，侧脉在狭侧2−3条，在宽侧3−5条，上面平或稍下凹陷，下面稍隆起；叶柄长2−5 mm，无毛；托叶狭披针形，长12−22 mm，宽2−2.5 mm，无毛，有1脉。幼雄头状花序成对腋生；花序梗粗壮，长约2 mm，无毛；花序托长圆形，长约8 mm，宽5 mm，中央2浅裂，无毛；苞片6枚，排列成二层，无毛，外层苞片2枚，对生，扁半圆形，长2−3 mm，宽4.5−6.2 mm，内层苞片4，近半圆形，长2.8−3 mm，宽5−5.5 mm，顶端微凹；小苞片极密，半透明，楔状条形，长1.6−2 mm，顶端有时呈兜状，无毛，中央有密集褐色纵条纹。雄花尚幼。

云南：Gongshan Xian（贡山县），Dulongjiang Xiang（独龙江乡），in the vicinity of Maku（马库），southern region of the Dulong Jiang valley on the W side of the Dulong Jiang, elev. 1 350 m; 17 December 1990; Dulong Jiang Investigation Team 1158 (♂, holotype, CAS). Same locality, in the vicinity of Bapo（巴 坡）, on the E side of the Dulong Jiang, elev. 1370 m; 15 November 1990; Dulong Jiang Investigation Team 301 (♂, CAS). Same locality, in the vicinity of Mabidang, ca. 5 km N of（巴坡）on the E side of the Dulong Jiang, elev. 1 350m; 16 November 1990; Dulong Jiang Investigation Team 456 (♂, CAS)。

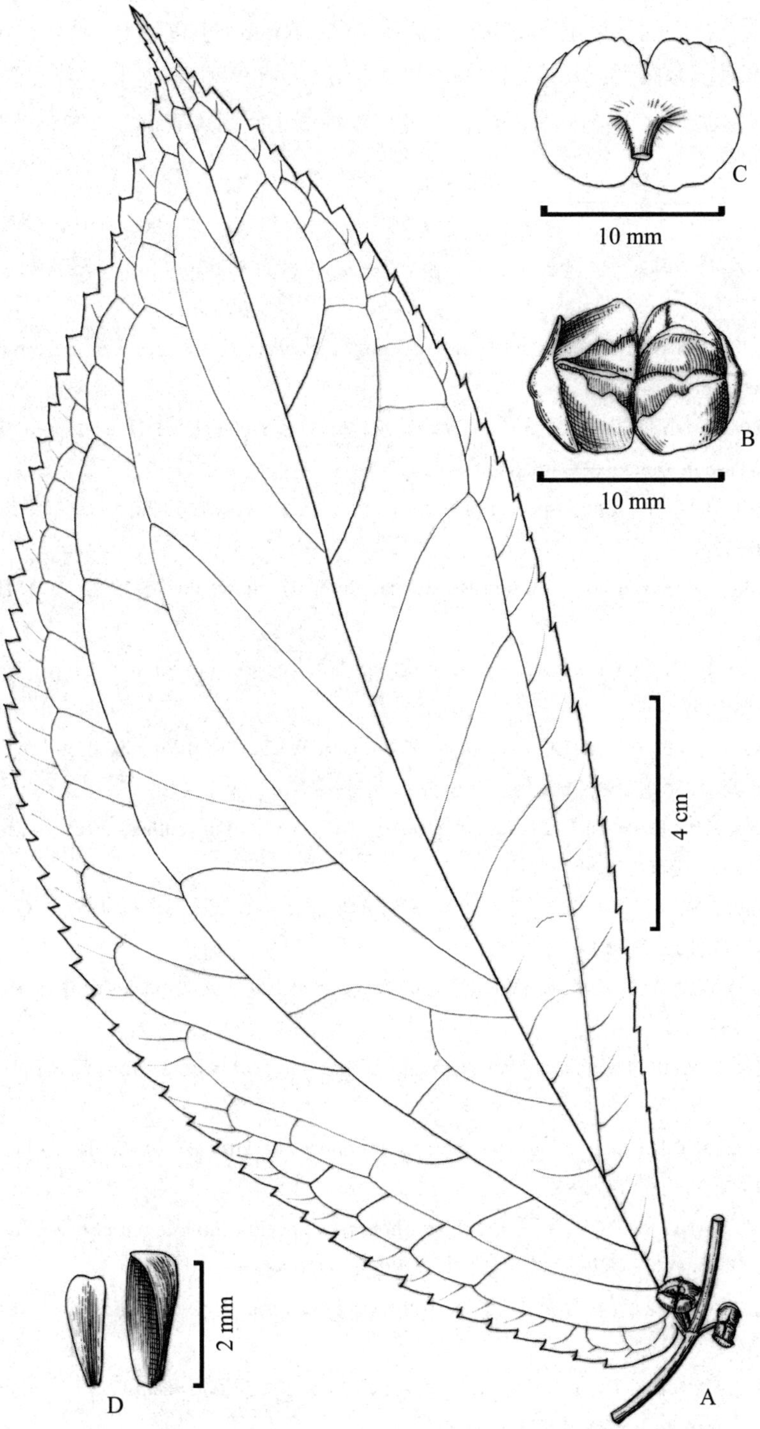

图 6　**拟宽叶楼梯草**　A. 一叶及二腋生雄头状花序；B. 雄头状花序（上面观）；C. 同 B（下面观）；D. 二雄小苞片。

Fig. 6　***Elatostema pseudoplatyphyllum*** W. T. Wang　A. A leaf and two axillary staminate capitula; B. Staminate capitulum, seen from above; C. The same as B, seen from beneath; D. Two staminate bracteoles.

本种在亲缘关系上很接近宽叶楼梯草 *E. platyphyllum* Wedd.，但叶片上面被糙伏毛，耳垂部分较小，长 5–10 mm，雄头状花序的苞片正常发育，半圆形，长 2–3 mm，小苞片无毛，可以区别。在宽叶楼梯草，叶片上面无毛，耳垂部分较大，长达 14 mm，雄头状花序的苞片强烈缩小，不明显，极宽扁卵形，长不到 0.2 mm，小苞片有缘毛，而与本种不同，可能自本种衍生而出（Wang，1995）。

参考文献

LIN Q, DUAN L D, 2008. Two new species and a new series of *Elatostema* (Urticaceae) from China [J]. Botanical Journal of the Linnean Society, 158: 674–680.

LIN Q, FRIIS I, WILMOT-DEAR C M, 2003. *Elatostema* [M] // WU Z Y, RAVEN P H, eds. Flora of China. Beijing: Science Press; St. Louis: Missouri Botanical Garden Press, 5: 127–163.

WANG W T (王文采), 1993. Four new species of *Elatostema* (Urticaceae) from China [J]. Acta Phytotax. Sin. (植物分类学报), 31(2): 170–175.

WANG W T (王文采), 1995. *Elatostema*. Flora Republicae Popularis Sinicae (中国植物志) [M]. Beijing: Science Press 23(2): 187–317.

WANG W T (王文采), 1997. Two new species of *Elatostema* (Urticaceae) from Yunnan, China [J]. Acta Phytotax. Sin. (植物分类学报), 35(5): 457–460.

WANG W T (王文采), 2003. Notes on *Elatostema* Forst. (Urticaceae) from Yunnan Province [J]. Bulletin of Botanical Research (植物研究), 23(3): 258–260.

WANG W T (王文采), 2006. Notes on *Pellionia* and *Elatostema* (Urticaceae) in southeastern Yunnan [J]. Bulletin of Botanical Research (植物研究), 26(1): 15–24.

WANG W T (王文采), WEI Y G (韦毅刚), 2007. Five new species of *Elatostema* J. R. et G. Forst. (Urticaceae) from Guangxi, China [J]. Guihaia (广西植物), 28(1): 1–3.

WANG W T (王文采), WEI Y G (韦毅刚), 2008. *Elatostema duyunense*, a new species of Urticaceae from Guizhou, China [J]. Guihaia (广西植物), 28(1): 1–3.

WANG W T (王文采), 2010. New taxa of *Pellionia* and *Elatostema* (Urticaceae) from China [J]. Guihaia (广西植物), 30(1):1–12.

WANG W T (王文采), 2010. The morphology of the bracts in *Elatostema* (Urticaceae) and the evolutionary trends in them [J]. Guihaia (广西植物), 36 (6): 571–583.

WEI Y G (韦毅刚), WANG W T (王文采), 2009a. Three new species and one variety of *Elatostema* J. R. & G. Forst. (Urticaceae) from Guangxi [J]. Guihaia (广西植物), 29(2): 143–148.

WEI Y G (韦毅刚), WANG W T (王文采), 2009b. Notes on *Elatostema* J. R. et G. Forst. (Urticaceae) from Guangxi [J]. Guihaia (广西植物), 29(6): 711–718.

WEI Y G (韦毅刚), WANG W T (王文采), 2009c. A new species of *Elatostema* (Urticaceae) from Guangxi Province, China [J]. Harvard Papers in Botany, 14(2): 183–185.

2012年

四川铁线莲属二新种 *

Two new species of *Clematis* (Ranunculaceae) from Sichuan

王文采　李良千

中国科学院植物研究所标本馆于2010年秋季派队到四川东南部古蔺县进行植物区系考察，采集到大量植物标本，最近我们在鉴定其中毛茛科标本的过程中发现铁线莲属二新种，现在本文发表。

铁线莲属 Clematis L.

黄荆铁线莲　图1：A−B

Clematis huangjingensis W. T. Wang & L. Q. Li, sp. nov. (sect. *Clematis* subsect. *Clematis*) Fig. 1: A−B

Species nova haec est affinis et foliorum forma simillima *C. chingii* W. T. Wang, quae foliolis supra strigosis interdum trilobatis, inflorescentiis paniculatis multi-floris, stylis persistentibus circ. 4 cm longis facile differt.

Liana lignosa. Caulis brunneo-purpureus, circ. 2.5 mm crassus, longitudinaliter vadoseque 8-sulcatus, dense adpresseque puberulus. Folia opposita, 5-foliolatim pinnata, 17−22 cm longa; foliola petiolulata, petiolulis (2−)10−22 mm longis cum petiolis et rhachibus dense adpresseque puberulis, lanminis papyraceis anguste ovatis vel ellipticis 6−9 cm longis 3.8−5 cm latis apice acumiantis vel acutis basi rotundatis vel rotundato-truncatis margine utroque latere 1−3(−6) -dentatis supra glabris subtus puberulis, nervis basalibus tribus utrinque planis; petioli circ. 5 cm longi. Cymae axillares, 1-florae; pedunculi fructiferi 2.5−3 cm longi, cum bracteis et pedicellis adpresse puberuli; bracteae oppositae, anguste ovatae, circ. 2 mm longae; pedicelli fructiferi circ. 1.5 cm longi. Flores ignoti. Achenia siccitate nigra, anguste obovoidea, circ. 3.5 mm longa, 2 mm lata, pilosa, stylis persistentibus albo-plumosis circ. 2.6 cm longis.

木质藤本。茎褐紫色，粗约2.5 mm，有8条浅纵沟，密被贴伏短柔毛。叶对生，为具5小叶的羽状复叶，长17−22 cm；小叶具柄；小叶柄长(2−)10−22 mm，与叶柄和叶轴均密被贴伏短柔毛；小叶片纸质，狭卵形或椭圆形，长6−9 cm，宽3.8−5 cm，顶端渐尖或急尖，基部圆形或圆截形，边缘每侧有1−3(−6)枚牙齿，上面无毛，下面被短柔毛，基出脉3条，两面平；叶柄长约5 cm。聚伞花序腋生，具1花；花序梗果期长2.5−3 cm，与苞片和花梗均被贴伏短柔毛；苞片对生，狭卵形，长约2 mm；花梗果期长约1.5 cm，瘦果干时黑色，狭倒卵球形，长约3.5 mm，宽约2 mm，被疏柔毛；宿存花柱羽毛状，长约2.6 cm，毛白色。

四川(Sichuan)：古蔺县(Gulin Xian)，黄荆乡(Huangjing Xiang)，四来桥至黑熊沟(from Silaiqiao to Heixionggou)，28°11′70″N，105°47′17″E, alt. 1 338−1 513 m, 常绿阔叶林下(in evergreen broad-leaved forest)，宿存花柱白色，2010-09-08，PE-古蔺考察队(Gulin Expedition of PE) 1003 (holotype，PE)。

* 基金项目：国家自然科学基金(30870146)[Supported by the National Natural Science Foundation of China(30870146)]
原文刊登于《广西植物》32(1): 1−4, 2012。
致谢：孙英宝先生为本文绘图，谨表示深切感谢。

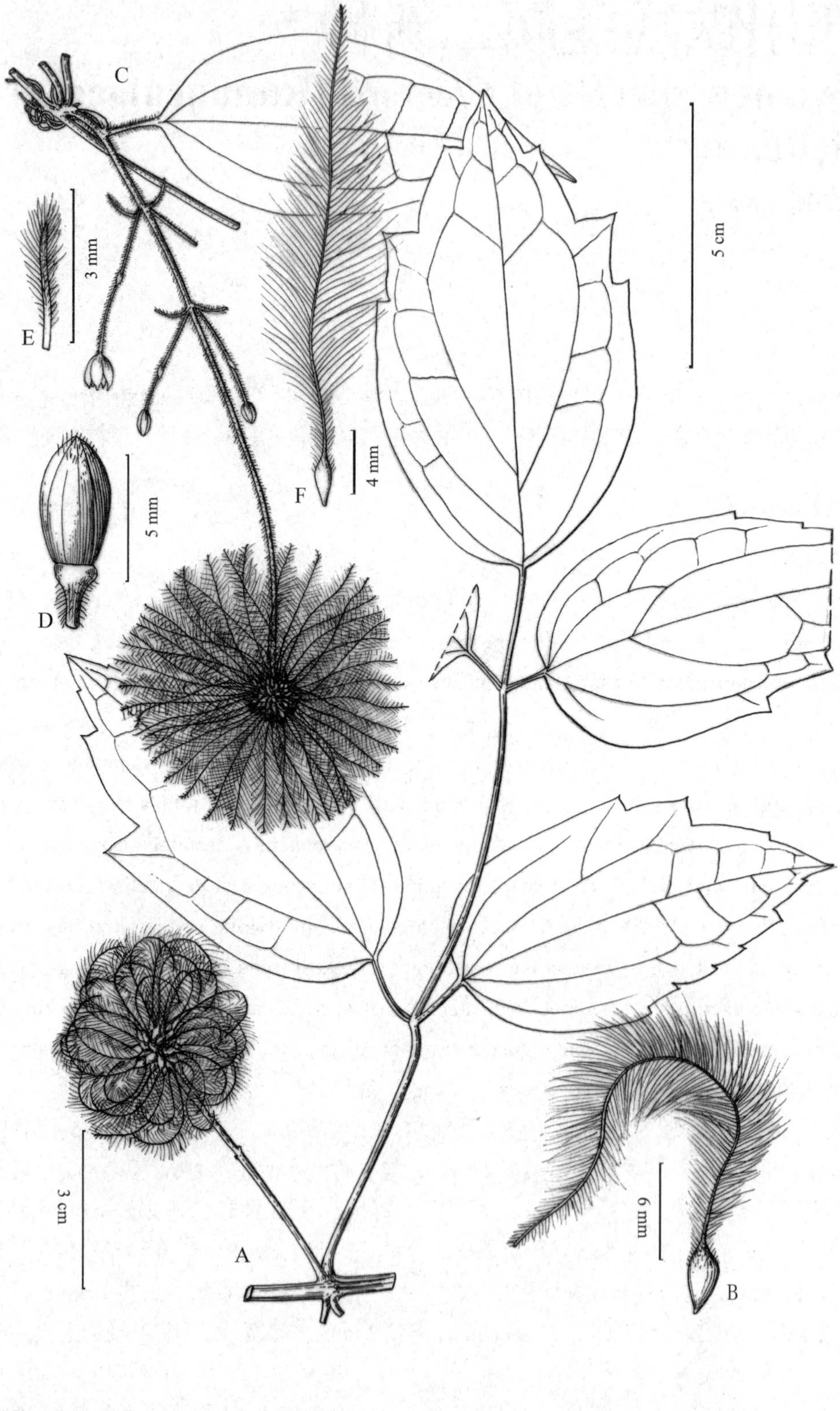

图1　A–B. **黄荆铁线莲**　A. 叶和腋生果序；B. 瘦果。　C–F. **古蔺铁线莲**　C. 叶和腋生果序，花蕾；E. 幼雄蕊；F. 瘦果。

Fig. 1　A–B. **Clematis huangjingensis**　A. Leaf and axillary fruiting inflorescence; B. Achene.

C–F. **Clematis gulinensis**　C. Leaf and axillary fruiting inflorescence; D. Flower bud; E. Young stamen; F. Achene.

本种与两广铁线莲（*Clematis chingii* W. T. Wang）有亲缘关系，在小叶形状方面极为相似，但本种的小叶上面无毛，不分裂，聚伞花序只有 1 花，瘦果宿存花柱较短，长约 2.6 cm 而不同。在两广铁线莲，小叶上面被糙伏毛，有时三浅裂，花序圆锥状，具多数花，瘦果宿存花柱长约 4 cm (Wang，2003) 。

古蔺铁线莲　图 1：C−F

Clemaits gulinensis W. T. Wang & L. Q. Li, sp. nov. (sect. *Viorna* (Reichb.) Prantl subsect. *Connatae* Koehne) Fig. 1: C−F

Species nova haec est affinis *C. henryi* Oliv., quae foliis saepe lanceolatis margine minute denticulatis subtus ad nervos sparse puberulis, nervis basalibus 3−5(−7), petiolis 2−6.5 cm longis, cymis vulgo 1-floris ubi 5-floris haud racemiformibus, antheris glabris praeclare recedit.

Liana lignosa. Caulis atro-purpureus, 1−1.4 mm crassus, longitudinaliter 4- vel 6-angulatus, sparse patuleque puberulus, glabrescens. Folia opposita, simplicia; laminae tenuiter coriaceae, ovatae vel anguste ovatae, 4.8−8 cm longae, 1.8−3.6 cm latae, apice acuminatae, basi rotundatae vel late cuneatae, margine integrae, supra glabrae, subtus dense puberulae, trinerves, nervis basalibus supra planis subtus leviter prominulis; petioli 0.6−1.2 cm longi, cum pedunculis dense patuleque puberuli. Cymae axillares, nunc 1−3-florae, nunc 5-florae et racemiformes; pedunculi 7−15 mm longi; bracteae oppositae, anguste lanceolato-lineares, 2−6.5 mm longae, puberulae; pedicelli 0.5−5 cm longi, puberuli, terminales haud bracteolati, axillares 2-bracteolati; bracteolae oppositae, anguste lineares vel subulatae, 2−3 mm longae, puberulae. Alabastrum ovoideum, circ. 5 mm longum; sepala 4, valvata, coriacea, elliptico-ovata, intus glabra, extus prope apicem sparse puberula, margine velutina; stamina juvenalia linearia, circ. 3 mm longa, infra medium pubescentia, supra medium antheras includentia dense villosa; carpella perjuvenalia, minuta, circ. 1 mm longa. Achenia bilaterliter compressa, anguste obovata, circ. 3.2 mm longa, 1.5 mm lata, sparse pilosa, stylis persistentibus albo-plumosis circ. 3 cm longis.

木质藤本。茎黑紫色，粗 1−1.4 mm，有 4 或 6 纵棱，疏被开展短柔毛，变无毛。叶对生，为单叶；叶片薄革质，卵形或狭卵形，长 4.8−8 cm，宽 1.8−3.6 cm，顶端渐尖，基部圆形或宽楔形，边缘全缘，上面无毛，下面密被短柔毛，具三出脉，基出脉上面平，下面稍隆起；叶柄长 0.6−1.2 cm，与花序梗均密被开展短柔毛。聚伞花序腋生，有时据 1−3 花，有时具 5 花，并呈总状花序状；花序梗长 7−15 mm；苞片对生，狭披针状条形，长 2−6.5 mm，被短柔毛；花梗长 0.5−5 cm，被短柔毛，顶生者无小苞片，侧生者具 2 小苞片；小苞片对生，狭条形或钻形，长 2−3 mm，被短柔毛。花蕾卵球形，长约 5 mm；萼片 4，镊合状排列，革质，椭圆状卵形，内面无毛，外面近顶端疏被短柔毛，边缘有短绒毛；雄蕊幼，条形，长约 3 mm，中部以下被柔毛，中部以上包括花药密被长柔毛；心皮尚极幼，极小，长约 1 mm。瘦果两侧扁，狭倒卵形，长约 3.2 mm，宽 1.5 mm，被疏毛；宿存花柱羽毛状，长约 3 cm，毛白色。

四川 (Sichuan)：古蔺县 (Gulin Xian)，黄荆乡 (Huangjing Xiang)，28°16′25″N，105°48′34″E，alt. 1 100−1 580 m，山谷林中 (under forests in valley)，2010-09-05，PE-古蔺考察队 (Gulin Expedirion of PE) 0662 (holotype，PE)。

本种在亲缘关系方面接近单叶铁线莲（*Clematis henryi* Oliv.），但叶卵形，边缘全缘，下面密被短柔毛，基出脉 3 条，叶柄较短，长 0.6−1.2 cm，聚伞花序有 5 花时呈总状花序状，花药密被长柔毛而可区别。在单叶铁线莲，叶通常披针形，边缘有小齿，下面只在脉上被疏柔毛，基出脉 3−5(−7) 条，叶柄长 2−6.5 cm，聚伞花序通常有 1 花，当具 5 花时，不呈总状花序状，花药无毛 (Fang, 1980) 。

参 考 文 献

FANG M Y, 1980. *Clematis* sect. *Viorna.* Flora Republicae Popularis Sinicae [M]. Beijing: Science Press, 28: 88−133.

WANG W T, 2003. A revision of *Clematis* sect. *Clematis* (Ranunculaceae) [J]. Acta Phytotax. Sin., 41(1): 1−62, (2): 97−172.

WANG W T (王文采), LI L Q (李良千), 2005. A new system of classification of the genus *Clematis* (Ranunculaceae) (铁线莲属一新分类系统) [J]. Acta Phytotax. Sin. (植物分类学报), 43(5): 431−488.

云南楼梯草属二新系和八新种

Two new series and eight new species of *Elatostema* (Urticaceae) from Yunnan

楼梯草属 Elatostema J. R. & G. Forster

组 1. 小叶楼梯草组 Sect. **Weddellia** (H. Schröter) W. T. Wang in Acta Phytotax. Sin. 17(1): 107. 1979.

系 1. 拟小叶楼梯草系 Ser. **Parvioida** W. T. Wang, ser. nov.

Series nova haec est affinis E. *Parvis* W. T. Wang, a qua acheniis longitudinaliter costatis et inter costas tuberculatis differ. Folia semi-triplinervia. Capitula pistillata sessilia, receptaculis parvis inconspicuis.

Type: *E. parvioides* W. T. Wang.

Species 1, occurring in southeastern Yunnan.

本系与小叶楼梯草系 ser. *Parva* 相近缘，与后者的区别在于本系的瘦果具纵肋，并在纵肋之间具瘤状突起。在小叶楼梯草系，瘦果只具纵肋，无瘤状突起（Wang, 1995）。

拟小叶楼梯草　图 1： A–D

Elatostema parvioides W. T. Wang, sp. nov. Fig. 1: A–D.

Perennial herbs. Stems ca. 32 cm tall, near base ca. 1 mm thick, above densely antrorsely strigillose (with hairs 0.2 mm long), from below to above shortly 5-branched, with branches 2.5–4 cm long. Leaves shortly petiolate or sessile; blades papery, obliquely oblong or obliquely elliptic, [(0.5–)1.5–6] cm × [(0.4–)1–2.5] cm, apex acute or shortly acuminate, base obliquely cuneate or obliquely rounded, margin denticulate; surfaces adaxially glabrous, abaxially on nerves densely strigillose; venation semi-triplinerved, with 3–4 pairs of secondary nerves; cystoliths conspicuous, dense, bacilliform, 0.2–0.7 mm long; petioles 0–3 mm long; stipules green, narrow-ovate or lanceolate, (2–3.2) mm × (0.3–0.9) mm, glabrous. Staminate capitula unknown. Pistillate capitula singly axillary, 1.5–3 mm in diam., sessile; receptacle small, inconspicuous; bracts ca. 10, linear, ca. 1 mm × 0.3 mm, densely ciliate; bracteoles dense, above green, below semi-hyaline, linear, (0.5–1.2) mm × 0.15 mm, apex densely ciliate. Pistillate flower shortly pedicellate: tepals absent; ovary narrow-ellipsoidal, ca. 0.3 mm long; stigma subglobose, ca. 0.1 mm in diam. Achenes brownish, ovoid, ca. 0.6 mm × 0.3 mm, longitudinally 6-ribbed and between ribs tuberculate.

云南 (Yunnan)：个旧 (Gejiu)，曼耗 (Manhao)，沙珠底 (Shazhudi)，alt. 850 m，under forest in limestone hill，2002-09-06，税玉民等 (Y. M. Shui *et al.*) 15930 (holotype，PE)。

原文刊登于《广西植物》32(4): 427–435, 2012。
致谢：孙英宝先生为本文绘图，谨表深切感谢。

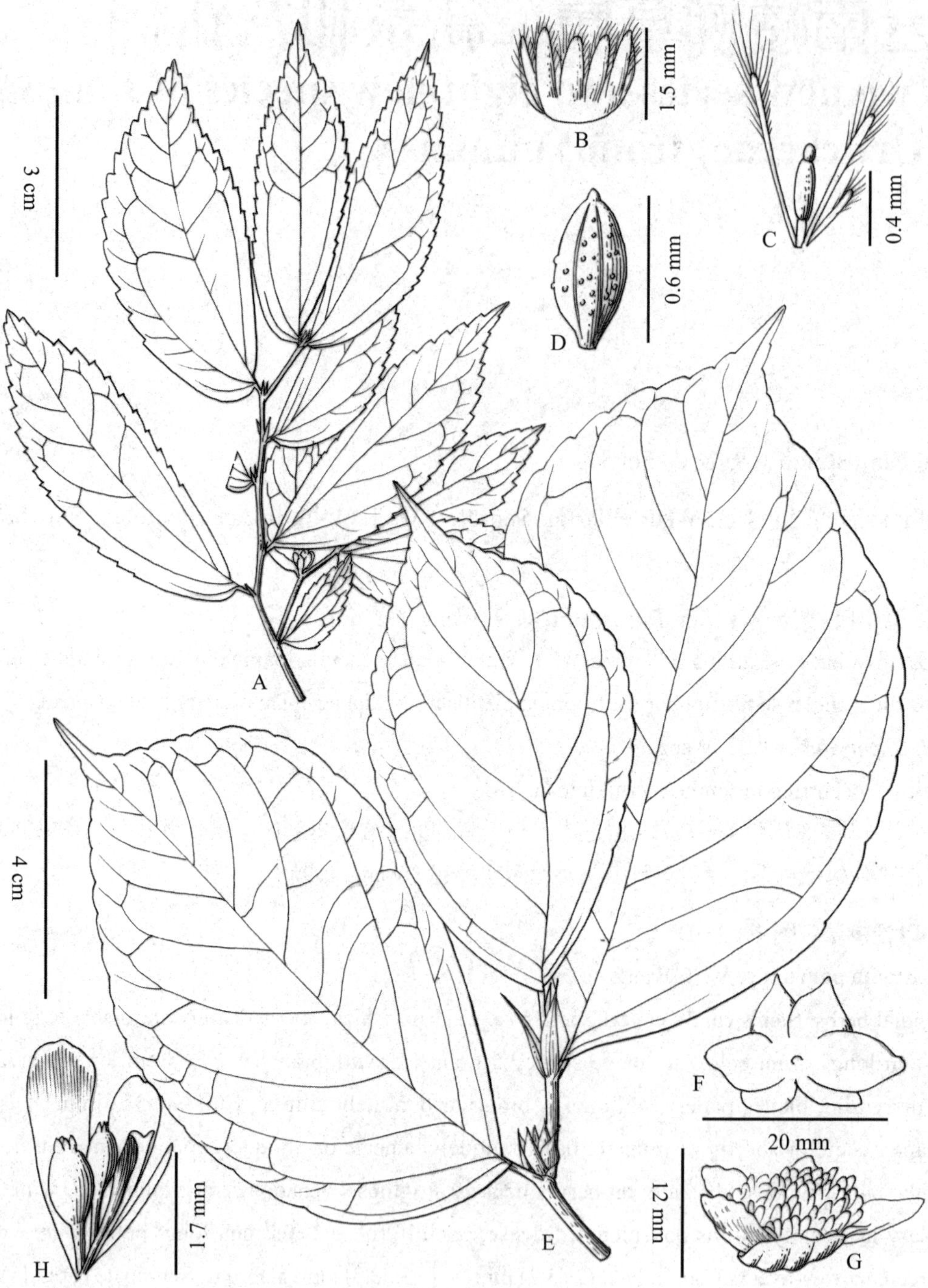

图 1　A–D. **拟小叶楼梯草**　A. 开花茎顶部；B. 雌头状花序；C. 雌小苞片和雌花；D. 瘦果。
E–H. **光苞楼梯草**　E. 开花茎顶部；F. 雄头状花序（下面观）；G. 雄头状花序（侧上面观）；
H. 雄小苞片和 2 雄花蕾。（据模式标本）

Fig. 1　A–D. **Elatostema parvioides**　A. Apical part of flowering stem; B. Pistillate capitulum; C. Pistillate bracteoles and pistillate flower; D. Achene.

E–H. **E. glabribracteum**　E. Apical part of flowering stem; F. Staminate capitulum, seen from beneath; G. The same as，seen from over side; H. Four staminate bracteoles and two staminate flowers. (from holotype)

系 2. 浅齿楼梯草系 Ser. **Crenata** W. T. Wang in Bull. Bot. Lab. N.-E. Forest. Inst. 7: 58. 1980.

光苞楼梯草 图 1：E–H

Elatostema glabribracteum W. T. Wang, sp. nov. Fig. 1: E–H.

Species nova haec est affinis *C. crenato* W. T. Wang, quod foliis oblique oblongis, eorum cystolithis majoribus 0.5–1 mm longis, bracteis staminatis dorso longitudinaliter 1-costatis et apice corniculatis differt (Wang, 1995).

Small subshrubs, turning black after drying. Stems ascending, ca. 45 cm long, near base ca. 8 mm thick, below prostrate and rooting, glabrous, simple. Leaves shortly petiolate, glabrous; blades papery, obliquely elliptic or obliquely obovate, (9–16) cm × (3–8.5) cm, apex acuminate (acumen margins entire), base obliquely cuneate, margin above the middle repand or crenate; venation pinnate, with 9–10 pairs of secondary nerves; cystoliths inconspicuous, slightly dense, bacilliform, 0.1–0.5 mm long; petioles 4–7 mm long; stipules narrow-lanceolate, (7–17) mm × (1.5–2.5) mm, glabrous. Staminate capitula singly axillary, ca. 2 cm long, sessile; receptacle small, inconspicuous; bracts 6, 2-seriate, glabrous, outer bracts 2, opposite, larger, ovate, ca. 9 mm × 7 mm, apex obtuse, inner bracts 4, obliquely broadly ovate, (6–7) mm × 5 mm; bracteoles dense, brownish, semi-hyaline, oblanceolate or linear, rarely oblanceolate-navicular with cucullate apex and short horn-like projection, (1.5–3) mm × (0.2–1) mm, glabrous. Staminate flower buds ellipsoidal, ca. 1 mm long, glabrous, apex shortly 4-corniculate; fruiting pedicels ca. 0.7 mm long, glabrous. *Pistillate capitula* unknown.

云南 (Yunnan)：马关 (Maguan)，古林箐 (Gulinqing)，花鱼洞 (Huayudong)，under rain forest in limestone hill，2002-10-17，税玉民，陈文红，盛家舒 (Y. M. Shui, W. H. Chen & J. S. Sheng) 30803 (holotype, PE)。

本种与浅齿楼梯草 *E. crenatum* W. T. Wang 在亲缘关系上相近，与后者的区别：叶椭圆形或倒卵形，叶的钟乳体较小，长 0.1–0.5 mm，雄苞片无纵肋和角状突起。在浅齿楼梯草，叶呈长圆形，叶的钟乳体较大，长 0.5–1 mm，雄苞片背面有 1 条纵肋，顶端有角状突起 (Wang, 1995)。

白托叶楼梯草 图 2：A–C

Elatostema albistipulum W. T. Wang, sp. nov. Fig. 2: A–C.

Species nova haec est affinis *E. bijiangensi* W. T. Wang, quod caulibus prope apicem puberulis, foliis supra strigillosis subtus ad nervos puberulis, stipulis minoribus 8 mm longis 0.4 mm latis, pedunculis pistillatis apice haud 1-bracteatis facile distinguitur (Wang, 1995).

Perennial herbs. Stems ca. 40 cm tall, near base ca. 5 mm thick, glabrous, simple, longitudinally shallowly 4-sulcate. Leaves shortly petiolate or sessile, glabrous; blades papery, obliquely oblanceolate or obliquely narrow-elliptic, (7–13) cm × (2.2–3.5) cm, apex long acuminate (acumen margin below few-denticulate), base obliquely cuneate, margin at leaf narrow side below entire, above and at broad side denticulate; venation pinnate, with 7–10 pairs of secondary nerves; cystoliths inconspicuous, slightly dense, short-bacilliform or punctiform, 0.05–0.1 mm long; petioles 0–2 mm long; stipules membranous, white, linear-lanceolate, (14–17) mm × (3–4) mm, glabrous, 1-nerved. Staminate capitula unknown. Pistellate capitula singly axillary, ca. 3 mm in diam.; peduncle robust, ca. 0.3 mm long, glabrous, at apex 1-bracteate (bract membranous, white, broad-triangular, ca.

1 mm × 0.8 mm, sparsely ciliolate); receptacle ca. 1 mm in diam., glabrous; bracts ca. 20, narrow-triangular or sublinear, (0.8−1) mm × (0.2−0.4) mm, sparsely ciliolate; bracteoles dense, membranous, greenish, linear, 0.6−1.2 mm long, glabrous. Pistillate flower: pedicel ca. 0.3 mm long, glabrous; tepals 3, narrow-linear, 0.3 mm long, glabrous; ovary ellipsoidal, 0.4 mm long; stigma penicillate, 0.25 mm long.

云南 (Yunnan)：马关 (Maguan)，古林箐 (Gulinqing)，老房子 (Laofangzi)，under everygreen broad-leaved forest in limestone hill，2002-10-11，税玉民，陈文红，盛家舒 (Y. M. Shui, W. H. Chen & J. S. Sheng) 31199 (holotype, PE)。

本种与碧江楼梯草 *E. bijiangense* W. T. Wang 近缘，与后者的区别在于本种的茎和叶无毛，托叶较大，雌花序梗顶端有 1 苞片。在碧江楼梯草，茎近顶端被短柔毛，叶上面被短糙伏毛，下面脉上被短柔毛，托叶较小，长 8 mm，雌花序梗无苞片（Wang, 1995）。

组 2. 骤尖楼梯草组 Sect. **Elatostema**

系 1. 龙州楼梯草系 Ser. **Lungzhouensia** W. T. Wang in Fu *et al*. Paper Collection of W. T. Wang 2: 1148. 2012.

狭苞楼梯草　图 2：D−G

Elatostema angustibracteum W. T. Wang, sp. nov. Fig. 2: D−G.

Species nova haec ab *E. lungzhouensi* W. T. Wang differt caulibus retrorse strigillosis, foliis subtus ad nervos strigillosis trinervibus, capituli pistillati bracteis pluribus ca. 20 anguste triangularibus. In *E. lungzhouensi*, caules glabri, folia glabra et semi-triplinervia, et capituli pistillati bracteae inconspicuae vel paucae, depresse triangulares. Habitu species nova *E. balansae* Gagnep. (Sect. *Elatostema* ser. *Cuspidata* W. T. Wang) simillima est, quod caulibus glabris vel subglabris, bracteis pistillatis depresse deltoideis apice crasse corniculatis, acheniis tantum longitudinaliter costatis haud tuberculatis valde differt (Wang, 1995).

Perennial herbs. Stems ca. 35 cm tall, near base ca. 2 mm thick, above densely retrorsely strigillose (hairs 0.1 mm long), simple. Leaves shortly petiolate or sessile; blades papery, obliquely narrow-elliptic, (8−13) cm × (3.5−5) cm, apex acuminate (acumen margin denticulate), base cuneate at narrow side and rounded or subauriculate at broad side, margin denticulate; surfaces adaxially glabrous, abaxially on nerves strigillose; venation trinerved, with 3 pairs of secondary nerves; cystoliths conspicuous, dense, bacilliform, 0.1−0.3 mm long; petioles 0−3.5 mm long; stipules greenish, narrow-triangular, ca. 7 mm × (1.2−1.5) mm, glabrous, 1−2-green-nerved. Staminate capitula unknown. Pistillate capitula singly axillary, ca. 4 mm in diam.; penduncle ca. 1.5 mm long, glabrous; receptacle elliptic, ca. 3.5 mm × 2.5 mm, glabrous; bracts ca. 20, narrow-triangular, ca. 0.8 mm × (0.2−0.3) mm, subglabrous; bracteoles dense, semi-hyaline, linear, 0.7−1 mm long, above ciliate. Achenes brownish, ellipsoidal, ca. 0.5 mm × 0.3 mm, longitudinally 7-ribbed and between ribs tuberculate.

云南 (Yunnan)：个旧 (Gejiu)，曼耗 (Manhao)，沙珠底 (Shazhudi)，alt. 300−400 m，under rain forest in valley，2002-09-07，税玉民等 (Y. M. Shui *et al.*) 15967 (holotype, PE)。

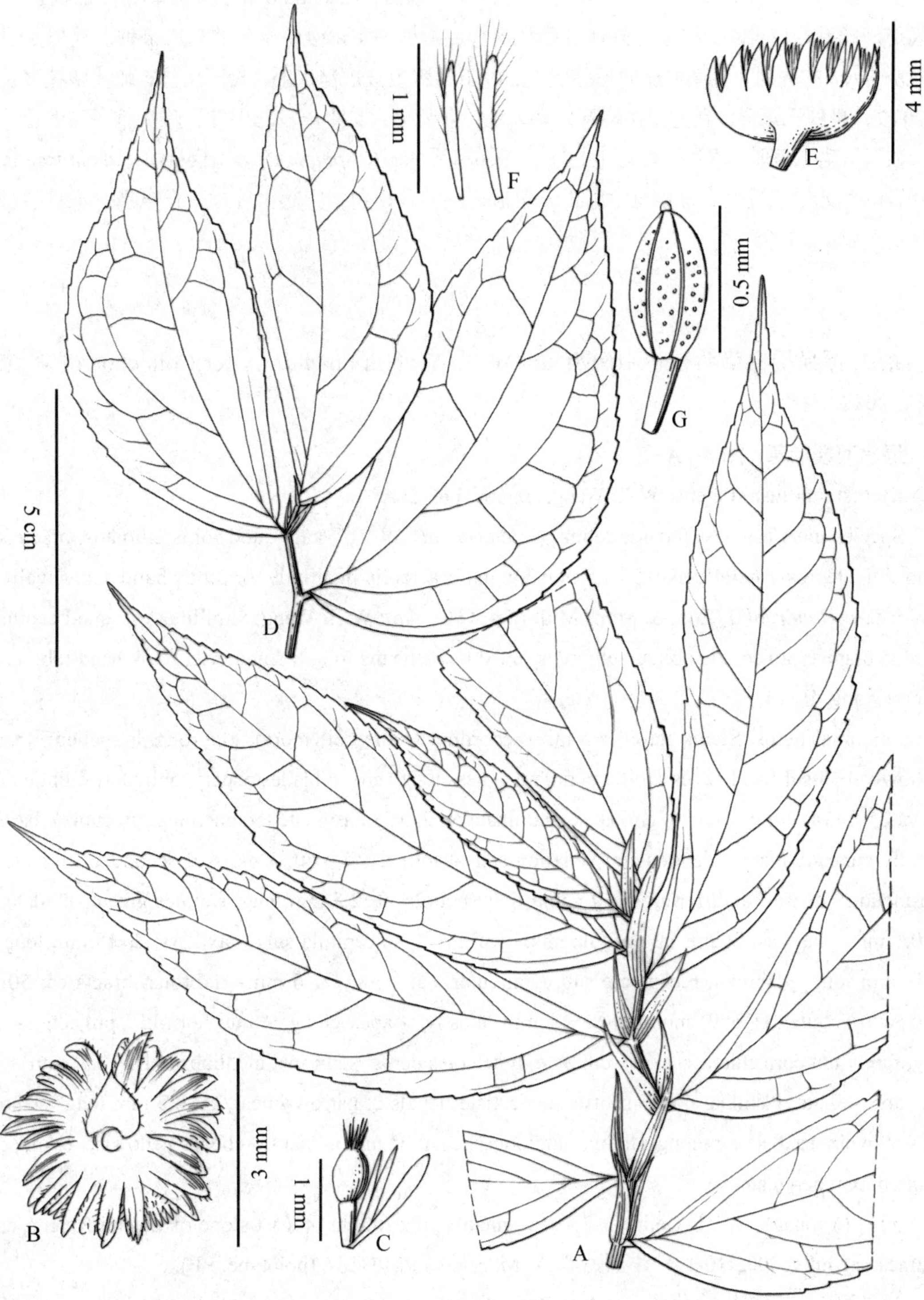

图 2　A–C. **白托叶楼梯草**　A. 开花茎顶部；B. 雌头状花序；C. 小苞片和雌花。
D–G. **狭苞楼梯草**　D. 开花茎顶部；E. 果序；F. 雌小苞片；G. 瘦果。（据模式标本）

Fig. 2　A–C. **Elatostema albistipulum**　A. Apical part of flowering stem; B. Pistillate capitulum; C. Pistillate bracteoles and pistillate flower.　D–G. **E. angustibracteum**　D. Apical part of flowering stem; E. Infructescence; F. Pistillate bracteoles; G. Achene. (from holotype)

龙州楼梯草系 ser. *Lungzhouensia* 与骤尖楼梯草系 ser. *Cuspidata*（瘦果只具纵肋）相近缘，与后者的区别是此系的瘦果除具纵肋之外还具瘤状突起。本种是龙州楼梯草系的第二个种，其与龙州楼梯草 *E. lungzhouense* 的区别为其茎被反曲短糙伏毛，叶下面脉上被短糙伏毛，具三出脉，雌头状花序苞片较多，约 20 枚，呈狭三角形。在龙州楼梯草，茎无毛，叶无毛，具半离基三出脉，雌头状花序的苞片不明显，或少数，呈扁三角形。本种在体态上与骤尖楼梯草系 Ser. *Cuspidata* 的华南楼梯草 *E. balansae* 极为相似，但后者的茎无毛或近无毛，雌苞片扁正三角形，顶端具粗角状突起，瘦果只具纵肋，不具瘤状突起而明显区别（Wang, 1995）。

系 2. 深绿楼梯草系 Ser. **Atroviridia** W. T. Wang in Fu *et al.* Paper Collection of W. T. Wang **2**: **1149**. **2012**.

绿水河楼梯草　图 3：A–E

Elatostema lushuiheense W. T. Wang, sp. nov. Fig. 3: A–E.

Species nova haec est fortasse affinis *E. leiocephalo* W. T. Wang, quod foliis ciliolatis, bracteis pistillatis minoribus depresse deltoideis 0.2–0.5 mm longis, bracteolis pistillatis viridibus haud semi-hyalinis recedit. Habitu *E. cyrtandrifolio* (Zoll. & Mor.) Miq. (Ser. *Cuspidata* W. T. Wang) simillima est, quod capituli pistillati bracteis 6 apice projecturis oblique ellipticis praeditis, acheniis longitudinaliter costatis haud tuberculatis valde differt (Wang, 1995).

Perennial herbs. Stems ca. 70 cm tall (according to the collectors), glabrous, branched, longitudinally shallowly 4–6-sulcate. Leaves shortly petiolate or sessile, glabrous; blades papery, obliquely elliptic or obliquely obovate, (4–14) cm × (1.5–6) cm, apex acuminate or shortly cuspidate (acumen margin entire), base obliquely broadly cuneate, margin denticulate; venation semi-triplinerved, with 3 pairs of secondary nerves; cystoliths conspicuous, dense, bacilliform, 0.1–0.3 mm long; petioles 0–2.5 mm long; stipules green, subulate, ca. 2 mm × 0.1 mm, glabrous. Staminate capitula unknown. Pistillate capitula singly axillary, 7–15 mm long; peduncle ca. 4 mm long, glabrous; receptacle subrectangular, ca. 9 mm × 6 mm, glabrous; bracts ca. 50, greenish, narrrow-triangular, (1.2–2) mm × (0.5–1) mm, mostly at apex elongate into horn-like projections 0.5–2 mm long, rarely not corniculate, sparsely ciliolate; bracteoles dense, semi-hyaline, linear, (1.2–2.5) mm × (0.1–0.3) mm, apex ciliate. Pistillate flower shortly pedicellate: tepals 2, narrow-linear, ca. 0.2 mm long, glabrous; ovary narrow-ovoid, ca. 0.45 mm long; stigma subglobose, ca. 0.05 mm in diam. Achenes yellowish, ovoid, ca. 0.8 mm × 0.5 mm, tuberculate.

云南 (Yunnan)：个旧 (Gejiu)，曼耗 (Manhao)，alt. 700 m, on east slope of Lushui River，under forest in limestone hill，2002-10-16，税玉民等 (Y. M. Shui *et al.*) 14216 (holotype, PE)。

本种可能与深绿楼梯草系 ser. *Atroviridia* 中的光序楼梯草 *E. leiocephalum* 相近缘，与后者的区别：本种的叶无毛，雌苞片较大，狭三角形，雌小苞片白色，半透明。在光序楼梯草，叶有短缘毛，雌苞片很小，扁正三角形，长 0.2–0.5 mm, 雌小苞片呈绿色，不半透明。本种在体态上与骤尖楼梯草系 ser. *Cuspidata* 的锐齿楼梯草 *E. cyrtandrifolium* 极为相似，但后者的雌头状花序只有 6 枚苞片，苞片顶端具斜椭圆形片状突起，瘦果具 6 条细纵肋，不具瘤状突起，而与本种明显不同（Wang，1995）。

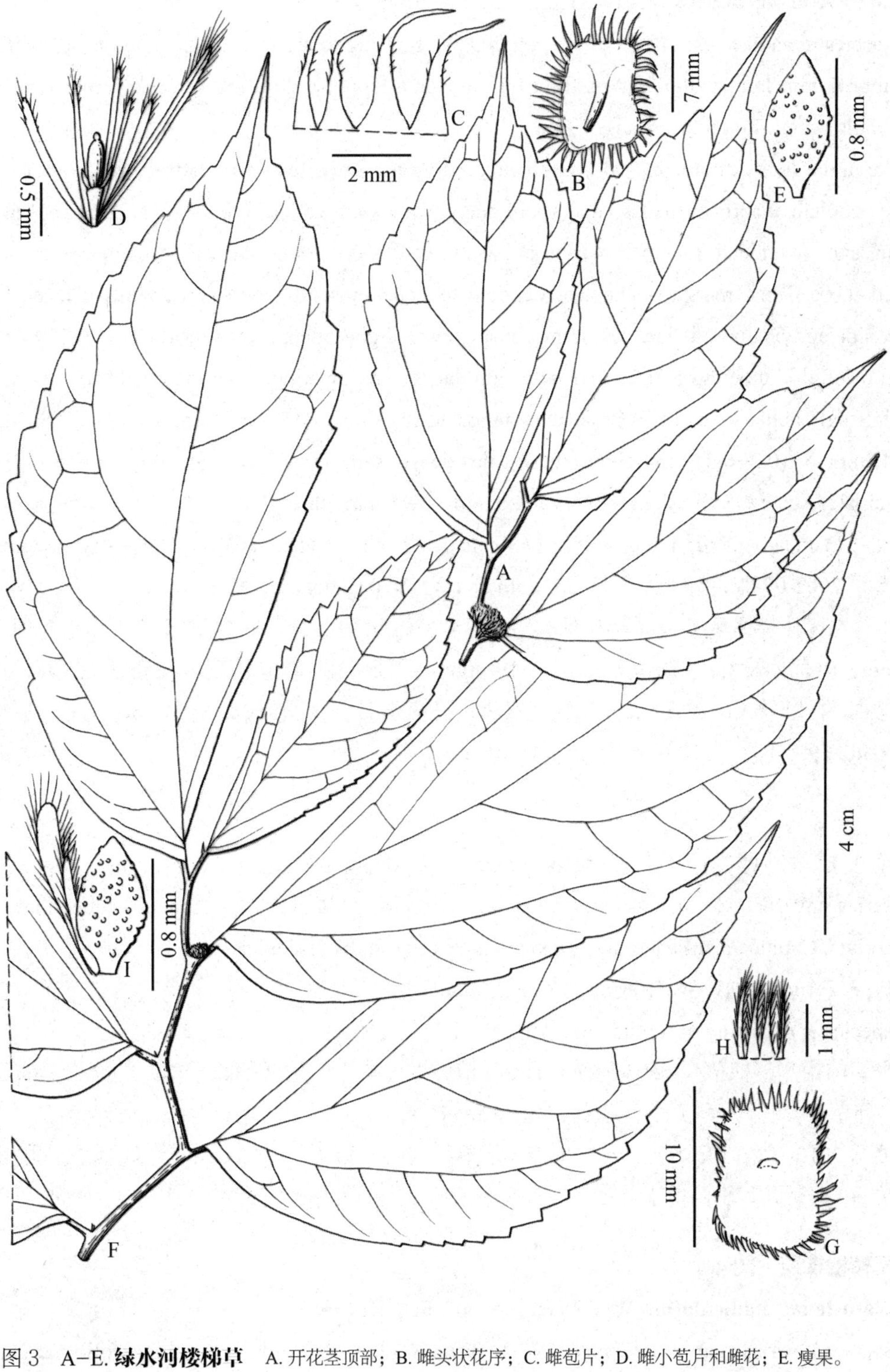

图 3　A−E. **绿水河楼梯草**　A. 开花茎顶部；B. 雌头状花序；C. 雌苞片；D. 雌小苞片和雌花；E. 瘦果。
F−I. **之曲楼梯草**　F. 开花茎顶部；G. 果序；H. 雌苞片；I. 雌小苞片和瘦果。（据模式标本）

Fig. 3　A−E. **Elatostema lushuiheense**　A. Apical part of flowering stem; B. Pistillate capitulum; C. Pistillate bracts; D. Pistillate bracteoles and pistillate flower; E. aAchene.　F−I. **E. flexuosum**　F. Apical part of flowering stem; G. Infructescence; H. Pistillate bracts; I. Two pistillate bracteoles and achene. (from holotype)

之曲楼梯草 图 3：F−I

Elatostema flexuosum W. T. Wang, sp. nov. Fig. 3: F−I.

Species nova haec est affinis ***E. leiocephalo*** W. T. Wang, quod caulibus superne haud fractiflexis, stipulis majoribus 5 mm longis, bracteis pistillatis minoribus depresse deltoideis 0.2−0.5 mm longis apice longe corniculatis bene distinguitur (Wang, 1995).

Perennial herbs. Stems ca. 50 cm tall (according to the collectors), glabrous, near apex zigzag. Leaves shortly petiolate, glabrous; blades papery, obliquely narrow-obovate or elliptic, [(4−)8.5−16] cm × [(2.5−)3−5.5] cm, apex acuminate (acumen margin at base at each side 1-dentibulate), base cuneate at narrow side and rounded at broad side, margin dentate and denticulate; venation semi-triplinerved, with secondary nerves 4 at leaf narrow side and 6 at broad side; cystoliths conspicuous, slightly dense, bacilliform, 0.1−0.25 mm long; petioles 2−6 mm long; stipules greenish, narrow-triangular, ca. 2 mm long. Staminate capitula unknown. Pistillate capitula singly axillary, sessile; receptacle rectangular, ca. 7 mm × 5 mm, glabrous; bracts ca. 50, green, linear, (1−1.4) mm × (0.2−0.3) mm, ciliate; bracteoles dense, semi-hyaline, linear, (0.6−1) mm × (0.1−0.3) mm, above ciliate. Achenes yellowish, ovoid, ca. 0.8 mm × 0.5 mm, tubeculate.

云南 (Yunnan)：个旧 (Gejiu)，曼耗 (Manhao)，沙珠底 (Shazhudi)，alt. 300−400 m，under rain forest in valley，2002-09-07，税玉民等 (Y. M. Shui *et al.*) 15970 (holotype，PE)。

本种与光序楼梯草 *E. leiocephalum* 近缘，与后者的区别：本种的茎的上部之字形弯曲，托叶较小，长 2 mm，雌苞片较大，狭三角形，长 1−1.4 mm，无任何突起，被缘毛。在光序楼梯草，茎上部不呈之字形弯曲，托叶较大，长 5 mm，雌苞片很小，呈扁正三角形，长 0.2−0.5 mm，无毛，顶端有长角状突起（Wang, 1995）。

系 3. 麻栗坡楼梯草系 ser. **Malipoensia** W. T. Wang & Zeng Y. Wu, ser. nov.

Series nova haec est affinis ser. *Nanchuanensibus* W. T. Wang, a qua acheniis tubecrulatis differt. Folia penninerivia. Capitula pistillata breviter pedunculata, rceptaculis discoideis.

Type: *E. malipoense* W. T. Wang & Zeng Y. Wu.

Species 3, occurring in southeastern Yunnan.

本系与南川楼梯草系 ser. *Nanchuanensia* 相近缘，与后者的区别在于本系的瘦果具瘤状突起；而在南川楼梯草系，瘦果具纵肋，无瘤状突起 (Wang, 1995)。

根据 2010 年采自麻栗坡一号标本描述的麻栗坡楼梯草 *E. malipoense* 是本系被发现的第一个种 (Wu 等 , 2011)，最近从税玉民博士近年来在云南东南部采集的大量植物标本中又发现了 2 种，现在本文发表。

尾苞楼梯草 图 4：A−E

Elatostema caudiculatum W. T. Wang, sp. nov. Fig. 4: A−E.

Species nova haec ab *E. malipoensi* W. T. Wang & Zeng Y. Wu differt caulibus foliisque glabris, foliorum nervis secundariis 4-jugis, stipulis majoribus 3−10 mm longis, capituli pistillati bracteis paucioribus ca. 30 anguste triangularibus apice longe graciliterque caudatis sed haud corniculatis. In *E. malipoensi*, caules puberuli, folia utrinque strigillosa, eorum nervi secundarii 5−7-jugi, stipulae minores 0.1−0.2 mm longae, et capituli pistillati bracteae plures, ca. 75, depresse deltoideae, apice corniculatae. (Wu *et al.* 2011)

Perennial herbs. Stems ca. 60 cm tall (according to the collectors), glabrous, branched, above longitudinally shallowly 6-sulcate. Leaves shortly petiolate or sessile, glabrous; blades thinly papery, obliquely oblong, oblanceolate or narrow-elliptic, (8−17) cm × (3.5−6) cm, apex acuminate or long acuminate (acumen margin entire), base obliquely cuneate, margin at leaf narrow side below the middle entire and above the middle and at broad side denticulate or crenate; venation pinnate, with 4 pairs of scondary nerves; cystoliths slightly conspicuous, dense, bacilliform, 0.1−0.25 mm long; petioles 0−5 mm long; stipules green, narrow-linear or subulate, (3−10) mm × (0.3−1) mm. Staminate capitula unknown. Pistillate capitula singly axillary, 5−15 mm long; peduncle 1−2 mm long, glabrous; receptacle squared or quadrilateral, up to 10 mm × 5 mm, glabrous; bracts ca. 30, narrow-triangular or linear-triangular, (1−3) mm × (0.3−1) mm, densely ciliate, apex thin caudate or long attenuate; bracteoles dense, above green, linear, 0.4−1 mm long, densely long ciliate, with hairs 0.4−0.5 mm long. Achenes brownish, ovoid, ca. 0.7 mm × 0.4 mm, multi-tuberculate; fruiting pedicels ca. 0.7 mm long, glabrous; persistent tepals subsquared, ca. 0.3 mm long.

云南 (Yunnan)：马关 (Maguan)，古林箐 (Gulinqing)，花鱼洞 (Huayudong)，under forest in valley，2002-10-08，税玉民，陈文红，盛家舒 (Y. M. Shui，W. H. Chen & J. S. Sheng) 30910 (holotype，PE)。

本种与麻栗坡楼梯草 *E. malipoense* 的区别在于：本种的茎和叶均无毛，叶的次级脉 4 对，托叶较大，长 3−10 mm，雌头状花序的苞片较少，约 30 枚，狭三角形，顶端细长尾状，但并未形成角状突起。在麻栗坡楼梯草，茎被短柔毛，叶两面被短糙伏毛，叶的次级脉为 5- 7 对，托叶较小，长 0.1−0.2 mm，雌头状花序的苞片较多，约 75 枚，呈扁正三角形，顶端具角状突起 (Wu 等，2011) 。

长被楼梯草　图 4：F−I

Elatostema longitepalum W. T. Wang, sp. nov. Fig. 4: F−I.

Species nova haec ab *E. malipoensi* W. T. Wang & Zeng Y. Wu caulibus glabris, foliorum laminis utrinque glabris vel tantum supra sparse strigosis et cystolithis carentibus, involucro pistillato ex bracteis paucioribus ca. 12 glabris haud corniculatis constante, flore pistillato tepalis 2−3 subulato-linearibus 1.5−2.4 mm longis longitudine ovarium 4−6-plo superantibus et stigmate depresse globoso praedito statim abhorret. In *E. malipoensi*, caules puberuli, laminae foliorum utrinque strigillosae et cystolithis densis praeditae, involucrum pistillatum ex bracteis pluribus (ca. 75) ciliatis et dorso puberulis constans, et flos pistillatus tepalis carens et stigmate penicillato praeditus. (Wu *et al.*, 2011)

Perennial herbs. Stems ca. 20 cm tall, near base ca. 2 mm thick, glabrous, simple. Leaves sessile or subsessile; blades papery, obliquely narrow-obovate or obliquely oblong, (6−11) cm × (1.8−4) cm, apex long acuminate (acumen margin at base 1-denticulate at each side), base cuneate at narrow side and auriculate at broad side, margin denticulate; surfaces adaxially sparsely strigose or glabrous, abaxially glabrous; venation pinnate, with secondary nerves 5 et leaf narrow side and 6−8 at broad side; cystoliths absent; stipules subulate, ca. 2 mm long, glabrous. Staminate capitula unknown. Pistillate capitula singly axillary, ca. 4 mm in diam., with dense, numerous flowers; peduncle ca. 2.2 mm long, glabrous; bracts ca. 12, with receptacle turning black after drying, narrow-triangular, (1−1.2) mm × 0.5 mm, glabrous; bracteoles white, semi-hyaline, narrow-linear, ca.

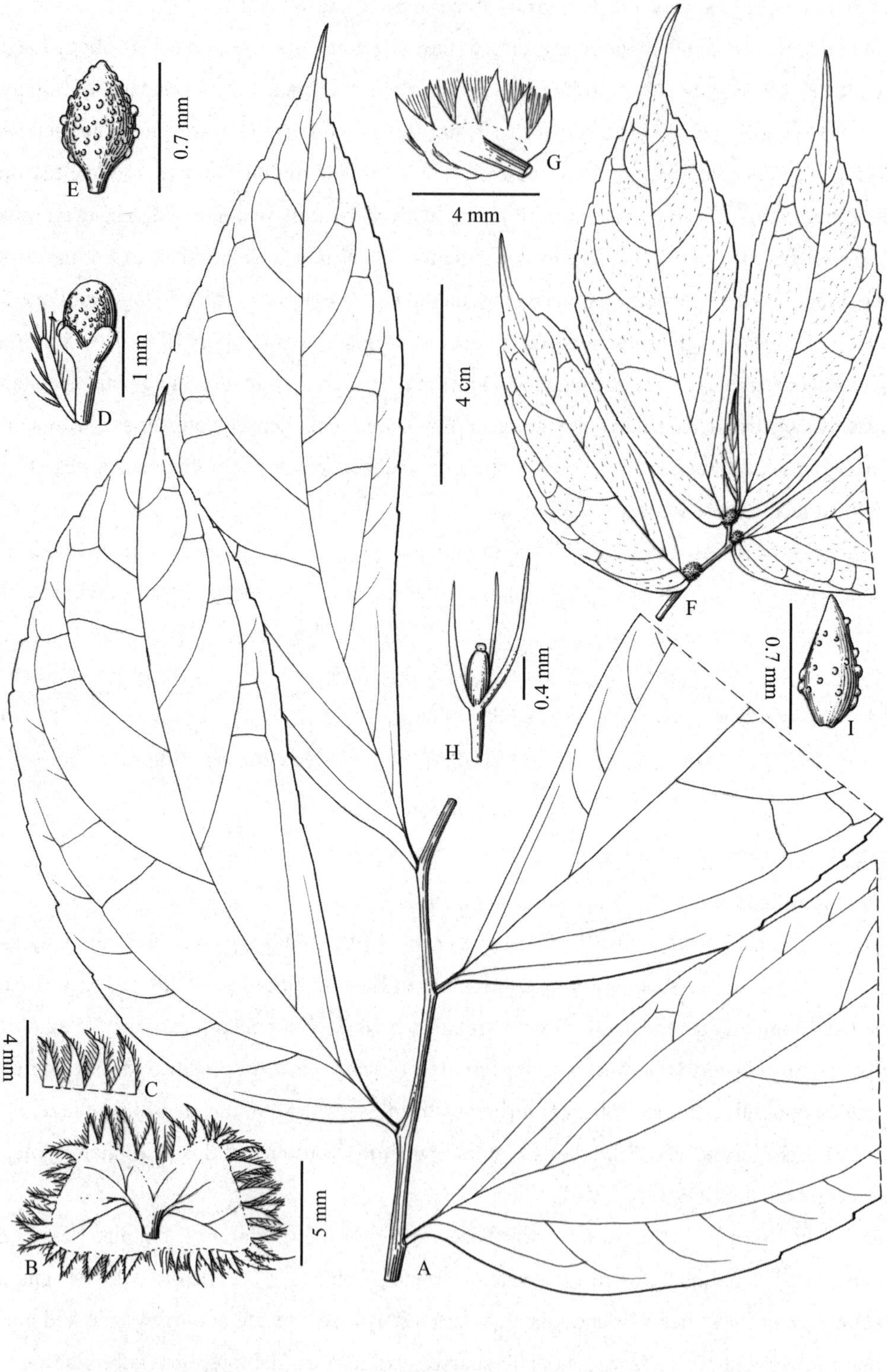

图 4　A–E. **尾苞楼梯草**　A. 茎上部；B. 果序；C. 雌苞片；D. 雌小苞片和幼果；E. 瘦果。

F–I. **长被楼梯草**　F. 开花茎顶部；G. 雌头状花序；H. 雌花；I. 瘦果。（据模式标本）

Fig. 4 A–E. **Elatostema caudiculatum**　A. Upper part of stem; B. Infructescence; C. Pistillate bracts; D. Piatillate bracteole and young achene; E. Achene.　F–I. **E. longitepalum**　F. Apical part of flowering stem; G. Pistillate capitulum; H. Pistillate flower; I. achene. (from holotype)

0.5 mm long, glabrous. Pistillate flower: pedicel ca. 0.4 mm long, glabrous; tepals 2−3, semi-hyaline, subulate-linear, (1.5−2.4) mm × (0.15−0.2) mm, glabrous; ovary narrow-ellipsoidal, ca. 0.4 mm long; stigma appressed-globose, ca. 0.15 mm in diam. Achenes dark-brown, narrow-ovoid, ca. 0.7 mm long, tuberculate.

云南 (Yunnan)：绿春 (Lüchun)，水文站 (Hydrological station)，alt. 1 600−1 700 m，河滩 (bottom land)，2006-03-12，税玉民，陈文红等 (Y. M. Shui, W. H. Chen *et al.*) 70367 (holotype, PE)。

本种与麻栗坡楼梯草 *E. malipoense* 的区别在于本种的茎无毛，叶片两面无毛或只在上面疏被糙伏毛，无钟乳体，雌总苞的苞片较少，约 12 枚，无毛，不具角状突起，雌花的花被片 2−3 枚，钻状条形，长 1.5−2.4 mm，比子房长 4−6 倍，柱头扁球形。在麻栗坡楼梯草，茎被短柔毛，叶片两面有短糙伏毛，有密集的钟乳体，雌总苞的苞片较多，约 75 枚，有缘毛，背面被短柔毛，雌花无花被片，柱头呈画笔头状 (Wu 等 , 2011) 。

正如过去有关专著的楼梯草属形态描述 (Weddell, 1869; Hutchinson, 1967) 关于雌花的记载，在我国此属的二百余种中，多数种的雌花无花被片，如有花被片时，则花被片比子房短，而本种雌花的花被片的长度超过子房的长度有 4−6 倍之多，是一非常罕见的现象。

参 考 文 献

HUTCHINSON J, 1967. *Elatostema* [M] // The genera of flowering plants. Oxford: Clarendon Press, 2: 184.

WANG W T (王文采), 1995. *Elatostema* [M] // Flora Reipublicae Popularis Sinicae (中国植物志). Beijing (北京): Science Press (科学出版社), 23(2): 160−317.

WANG W T (王文采), 2012. Nova classificatio specierum sinicarum *Elatostematis* (Urticaceae) [M] // FU D Z (eds.). Paper Collection of W. T. Wang. Beijing: Higher Education Press, 2: 1061−1178.

WEDDELL H A, 1869. *Elatostema* [M] // A. P. de Candolle (ed.). Prodrumus systematis naturalis regni vegetabilis. Paris, 16(1): 171−191.

WU Z Y, WANG W T, WANG H, et al., 2011. Two new species of *Elatostema* (Urticaceae) from southeast Yunnan, China [J]. Phytokeys, 7: 57−62.

楼梯草属四新种和一新变种

Four new species and one variety of *Elatostema* (Urticaceae) from China

最近，在鉴定我国荨麻科楼梯草属植物标本的过程中，发现了此属的 4 新种和 1 新变种，现在本文发表。

楼梯草属 ***Elatostema*** J. R. & G. Forster

1. 小叶楼梯草组 Sect. *Weddellia* (H. Schröter) W. T. Wang

1.1 浅齿楼梯草系 Ser. *Crenata* W. T. Wang

维西楼梯草（变种）　图 1：E−H

Elatostema bijiangense var. **weixiense** W. T. Wang, var. nov.

A var. *bijiangensi* differt caulibus e basi ad apicem hirtellis, capitulo pistillato sessili, ejus receptaculo subquadrato 8 mm longo et lato 4-lobulato, ejus bracteis involucralibus circ. 30 albidis centro longitudinaliter late 1-viridi-striatis inaequalibus 8 majoribus depresse late ovatis circ. 0.8 mm longis 1.5 mm latis apice corniculatis, cornibus 0.8−1 mm longis, 22 ceteris minoribus late triangularibus circ. 0.8 mm longis 0.3−0.4 mm latis apice acutis vel apiculatis.

本变种与模式变种的区别：茎自基部到顶端被短硬毛；雌头状花序无梗，花序托近方形，长和宽均为 8 mm，苞片约 30，白色，在中央有 1 绿色宽条纹，不等大，8 枚较大，扁宽卵形，长约 0.8 mm，宽 1.5 mm，顶端有长 0.8−1 mm 的角状突起，其他 22 枚较小，宽三角形，长约 0.8mm，宽 0.4−0.5 mm，顶端急尖或小尖头。在模式变种 var. *bijiangense*，茎在顶部疏被短柔毛，其他部分无毛，雌头状花序有长 1.2 mm 的花序梗，花序托较小，椭圆形，长 5 mm，宽 4 mm，苞片约 20，白色，无绿条纹，近等大，狭三角形，少数三角形，长 0.6−1.4mm，宽 0.1−0.4mm，顶端锐尖，无突起，只有 1 枚顶端有 1 角状突起（王文采，1995；并见本文图 1：E−H）。

云南（Yunnan）：维西（Weixi），白济风（Baijifeng），西宕瓦（Xidangwa），海拔 1 800m，江边灌丛下湿地(in damp places under shrubberies on river bank)，1981-07-09，植物所横断山调查队(Hengduan Shan Exped. Bot. Inst. ）1209（holotype, PE）。

原文刊登于《植物分类与资源学报》34(2): 137−144, 2012。
致谢：蒙孙英宝先生为本文绘图。

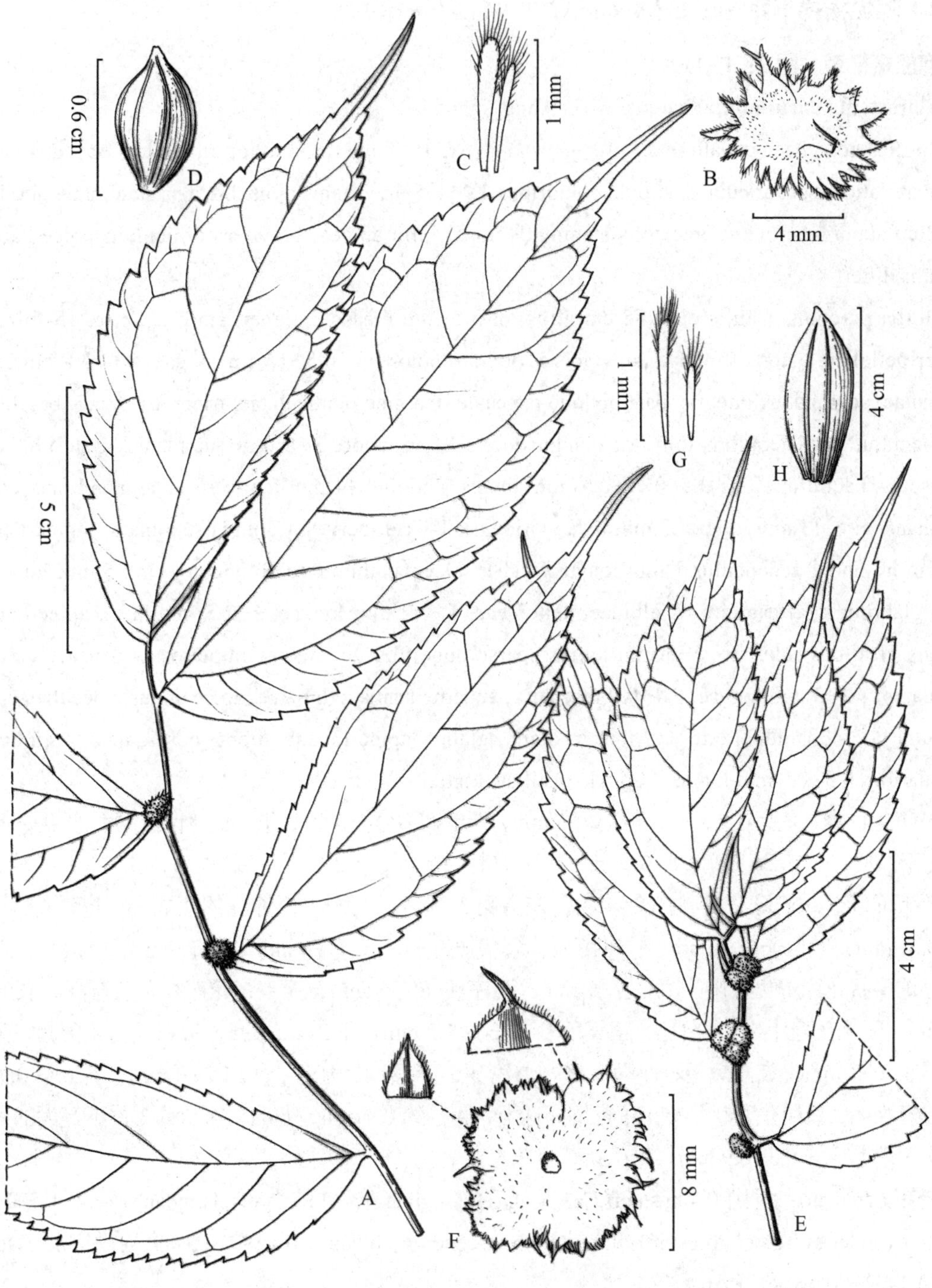

图 1　A–D. **碧江楼梯草模式变种**　A. 开花茎上部；B. 雌头状花序；C. 小苞片；D. 瘦果。
E–H. **维西楼梯草**　E. 开花茎上部；F. 雌头状花序；G. 小苞片；H. 瘦果。

Fig. 1　A–D. ***Elatostema bijiangense*** **var.** ***bijiangense***　A. Upper part of flowering stem; B. Pistillate capitulum; C. Bracteoles; D. Achene.　E–H. ***E. bijiangense*** **var.** ***weixiense***　E. Upper part of flowering stem; F. Pistillate capitulum; G. Bracteoles; H. Achene.

2. 骤尖楼梯草组 Sect. *Elatostema*

2.1 骤尖楼梯草系 Ser. *Cuspidata* W. T. Wang

兜船楼梯草 图 2：F−K

Elatostema cucullatonaviculare W. T. Wang, sp. nov.

Species nova haec est affinis *E. pseudcuspidato* W. T. Wang, quod foliorum laminis obovatis vel ellipticis basi latere latiore subauriculatis, stipulis minoribus 3.4−8.5 mm longis albis, bracteis staminatis pluribus 16 per capitulum staminatum cum bracteolis staminatis dorso infra apicem breviter corniculatis apice haud anguste cucullatis differt.

Herba perennis. Caulis circ. 55 cm altus, basi 5 mm crassus, glaber, simplex, circ. 15-foliatus. Folia breviter petiolata, glabra; laminae papyraceae, oblique oblongae, 6.5−16 cm longae, 1.6−3.8 cm latae, apice acuminatae, acuminibus integris, basi oblique cuneatae, margine denticulatae, trinerves, nervis basalibus subtus prominentibus, eis lateralibus folii latere angustiore 1−4 eo latiore 3−5 utrinque planis, cystolithis conspicuis densiusculis bacilliformibus 0.1−0.4(−0.5) mm longis; petioli 1−4 mm longi; stipulae membranaceae, lineari-lanceolatae, circ. 13 mm longae, 2 mm latae, viridulae, 1-viridi-nerves. Capitula staminata singulariter axillaria, 7−9 mm in diam.; pedunculus 1 mm longus, glaber; receptaculum late oblongum, circ. 5 mm longum, 4 mm latum, glabrum; bracteae circ. 7, albidae, deltoideae, 1−1.2 mm longae, 2−2.5 mm latae, apice corniculatae, cornibus viridibus subulatis 1−3 mm longis sparse puberulis; bracteolae numerosae, densae, semihyalinae, naviculares, 1.2−3 mm longae, 0.4−0.9 mm latae, superne sparse ciliolatae, apice anguste cucullatae. Alabastra staminata late obovoidea, circ. 0.9 mm in diam., glabra, apice inaequaliter 3-corniculata, cornibus anguste triangularibus 0.3−0.9 mm longis. Capitula pistillata ingota.

多年生草本。茎高约 55 cm，基部粗 5 mm，无毛，不分枝，约有 15 叶。叶具短柄，无毛；叶片纸质，斜长圆形，长 6.5–16 cm，宽 1.6–3.8 cm，顶端渐尖（渐尖头全缘），基部斜楔形，边缘有小牙齿，三出脉，基出脉下面隆起，侧脉在叶狭侧 2–4 条，在宽侧 3–5 条，两面平，钟乳体明显，稍密，杆状，长 0.1–0.4(−0.5) mm；叶柄长 1−4 mm；托叶膜质，条状披针形，长约 13 mm，宽 2 mm，淡绿色，有 1 条绿色中脉。雄头状花序单生叶腋，直径 7−9 mm；花序梗长约 1 mm，无毛；花序托宽长圆形，长约 5 mm，宽 4 mm，无毛；苞片约 7，白色，正三角形，长 1−1.2 mm，宽 2−2.5 mm，顶端具角状突起，突起绿色，钻形，长 1−3 mm，疏被短毛；小苞片多数，密集，半透明，船形，长 1.2−3 mm，宽 0.4−0.9 mm，上部疏被短缘毛，顶端狭兜状。雄花蕾宽倒卵球形，直径约 0.9 mm，无毛，顶端具 3 枚不等大的角状突起，突起狭三角形，长 0.3−0.9 mm。雌头状花序未见。

云南 (Yunnan)：贡山 (Gongshan)，独龙江 (Dulongjiang)，铁郎当 (Tielangdang)，alt. 1 500 m，山谷常绿林中 (under evergreen forest in valley)，herbs ascending，80 cm tall，1991-03-09，独龙江队 (Dulongjiang Exped.) 4402 (holotype，PE)。

本种与假骤尖楼梯草 (*E. pseudocuspidatum* W. T. Wang) 近缘，区别在于本种的叶片为长圆形，基部斜楔形，托叶较大，长约 13 mm，淡绿色，每雄头状花序的苞片较少，为 7 枚，顶端具角状突起，雄小苞片顶端狭兜状。在假骤尖楼梯草，叶片倒卵形或椭圆形，基部宽侧近耳形，托叶较小，长 3.4−8.5 mm，呈白色，每雄头状花序的苞片较多，约 16 枚，与雄小苞片均在背面顶端之下有角状突起，顶端不为狭兜状（王文采，1995）。

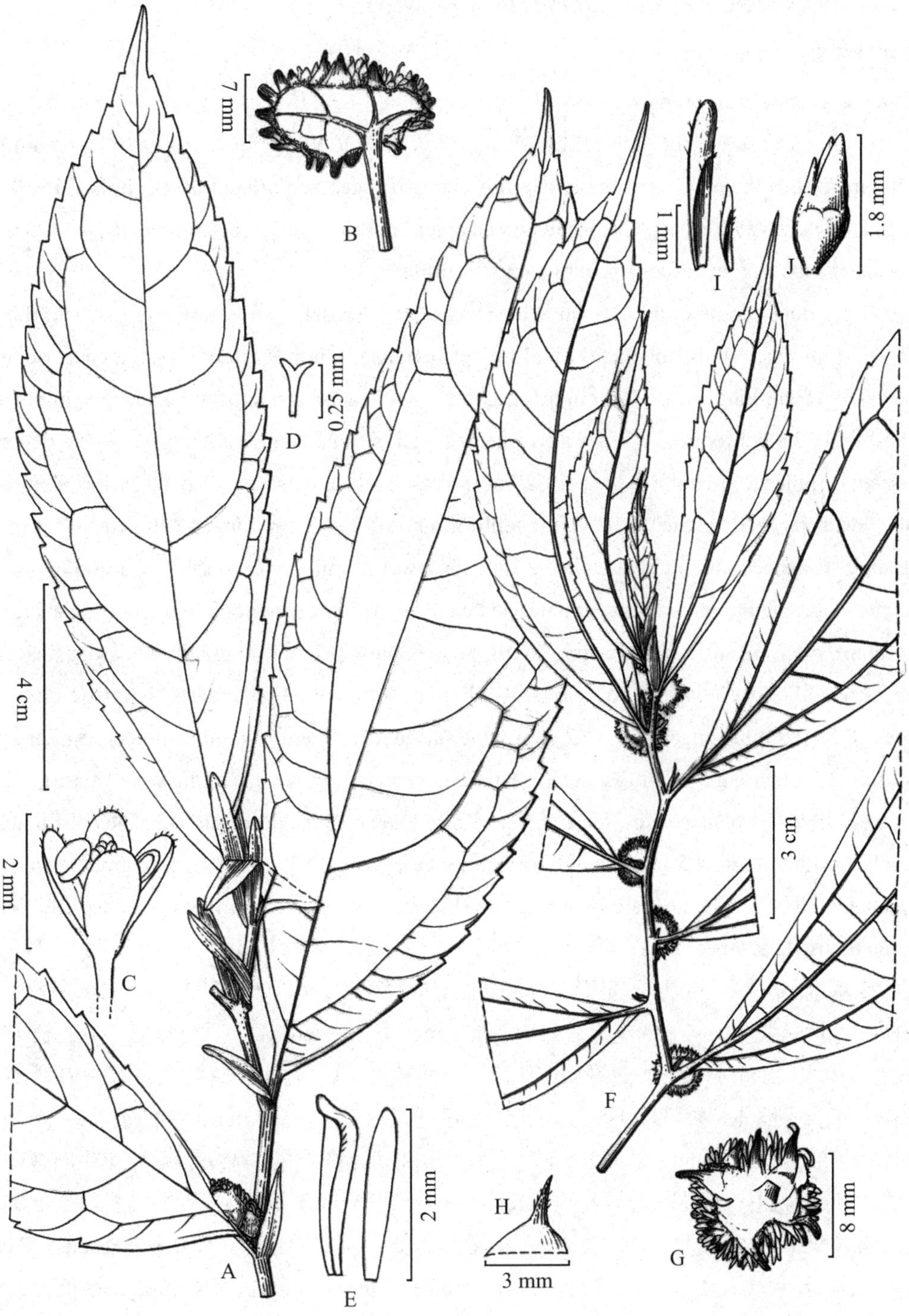

图 2　A–E. **福贡楼梯草**　A. 开花茎上部；B. 雄头状花序；C. 雄花；D. 退化雌蕊；E. 小苞片。
F–J. **兜船楼梯草**　F. 开花茎上部；G. 雄头状花序；H. 苞片；I. 小苞片；J. 雄花蕾。

Fig. 2　A–E. **Elatostema fugongense**　A. Upper part of flowering stem; B. Staminate capitulum; C. Staminate flower; D. Pistillode; E. Bracteoles. (from holotype)　F–J. **E. cucullatonaviculare**　F. Upper part of flowering stem; G. Staminate capitulum; H. Bract; I. Bracteoles; J. Staminate flower bud.

2.2 南川楼梯草系 Ser. *Nanchuanensia* W. T. Wang

罗氏楼梯草 图 3

Elatostema luoi W. T. Wang, sp. nov.

Species nova haec est fortasse affinis *E. tenuifolio* W. T. Wang, quod foliis apice acuminatis, eorum cystolithis majoribus 0.3−0.5 mm longis, capituli pistillati receptaculo haud diviso pilis 0.15−0.7 mm longis obtecto, bracteis sese valde redactis inconspicuis sed apice conspicue longeque corniculatis, cornibus usque ad 2.5 mm longis, acheniis tantum costatis haud tuberculatis differt.

Herba perennis. Caulis circ. 35 cm altus, basi 3 mm crassus, superne hirtellus, simplex vel inferne breviter 1−2-ramosus, 10−14-foliatus. Folia breviter petiolata; laminae tenuiter papyraceae, oblique longeque ellipticae, 6.5−17 cm longae, 2.6−4.6 cm latae, apice cuspidatae, cuspidibus anguste triangularibus vel lineari-triangularibus 1−2.8 cm longis 2−6 mm latis integris, basi oblique cuneatae, margine argute dentatae, utrinque sparsissime strigulosae, penninerves, nervis lateralibus latere angustiore 3−5 eo latiore 4−6 inconspicuis, cystolithis inconspicuis densiusculis breviter bacilliformibus 0.1−0.2 mm longis; petioli 1.5−7 mm longi, glabri; stipulae anguste lanceolato- lineares, circ. 2 mm longae, 0.2 mm latae, glabrae. Capitula staminata ignota. Capitula pistillata singulariter axillaria, breviter pedunculata; pedunculus circ. 2 mm longus, glaber; receptaculum subquadratum, circ. 8 mm longum, 5 mm latum, pilis minutis 0.1 mm longis hyalinis densiuscule obtectum, e centro nervis aliquot radiatim abeuntibus, 4-lobatum, lobis apice rotundatis; bracteae circ. 22, depresse deltoideae, 0.5−0.8 mm longae, 0.5−1.2 mm latae, albidae vel centro virides, apice corniculatae, cornibus viridibus 0.8−1.2 mm longis puberulis, dorso saepe 2−3-costatae; bracteolae numerosae, densae, membranaceae, semihyalinae, albidae, oblanceolato- lineares, 0.5−1 mm longae, apice dense ciliatae. Flos pistillatus subsessilis: tepala nulla; pistillum circ. 4.5 mm longum, ovario longe ovoideo 0.35 mm longo, stigmate penicillato 0.1 mm longo. Achenia albo-luteola, anguste ovoidea, circ. 0.8 mm longa, 0.35 mm lata, inconspicue longitudinaliter tenuiterque 6-costata et tuberculata.

多年生草本。茎高约 35 cm，基部粗 3 mm，上部被短硬毛，不分枝或下部有 1−2 短分枝，有 1−14 叶。叶具短柄；叶片薄纸质，斜长椭圆形，长 6.5−17 cm，宽 2.6−4.6 cm，顶端骤尖（尖头长 1−2.8 cm，宽 2−6 mm，全缘），基部斜楔形，边缘具锐牙齿，两面被极疏短糙伏毛，羽状脉，侧脉在叶狭侧 3−5 条，在宽侧 4−6 条，不明显，钟乳体不明显，稍密，短杆状，长 0.1−0.2 mm，叶柄长 1.5−7 mm，无毛；托叶狭披针状条形，长约 2 mm，宽 0.2 mm，无毛。雄头状花序未见。雌头状花序单生叶腋，具短梗；花序梗长约 2 mm，无毛；花序托近长方形，长约 8 mm，宽 5 mm，稍密被透明长约 0.1 mm 的短毛，自中央有数脉辐射状展出，4 浅裂，裂片顶端圆形；苞片约 22，扁正三角形，长 0.5−0.8 mm，宽 0.5−1.2 mm，白色或中央绿色，顶端有角状突起，突起绿色，长 0.8−1.2 mm，有短毛，背面常有 2−3 条肋；小苞片多数，密集，膜质，半透明，白色，倒披针状条形，长 0.5−1 mm，顶端密被缘毛。雌花近无梗：花被片不存在；雌蕊长约 0.45 mm，子房长卵球形，长 0.35 mm，柱头画笔头状，长 0.1 mm。瘦果白黄色，狭卵球形，长约 0.8 mm，有 6 条不明显细纵肋，并有瘤状突起。花期 9−10 月。

湖南（Hunan）：新宁（Xinning），崀山（Langshan），船板山（Chuanbanshan），海拔 600 m，林下石上（on rocks under forest），花黄绿色（fls. yellow-green），2011-10-12，罗仲春（Z. C. Luo）2623 (holotype，PE)。

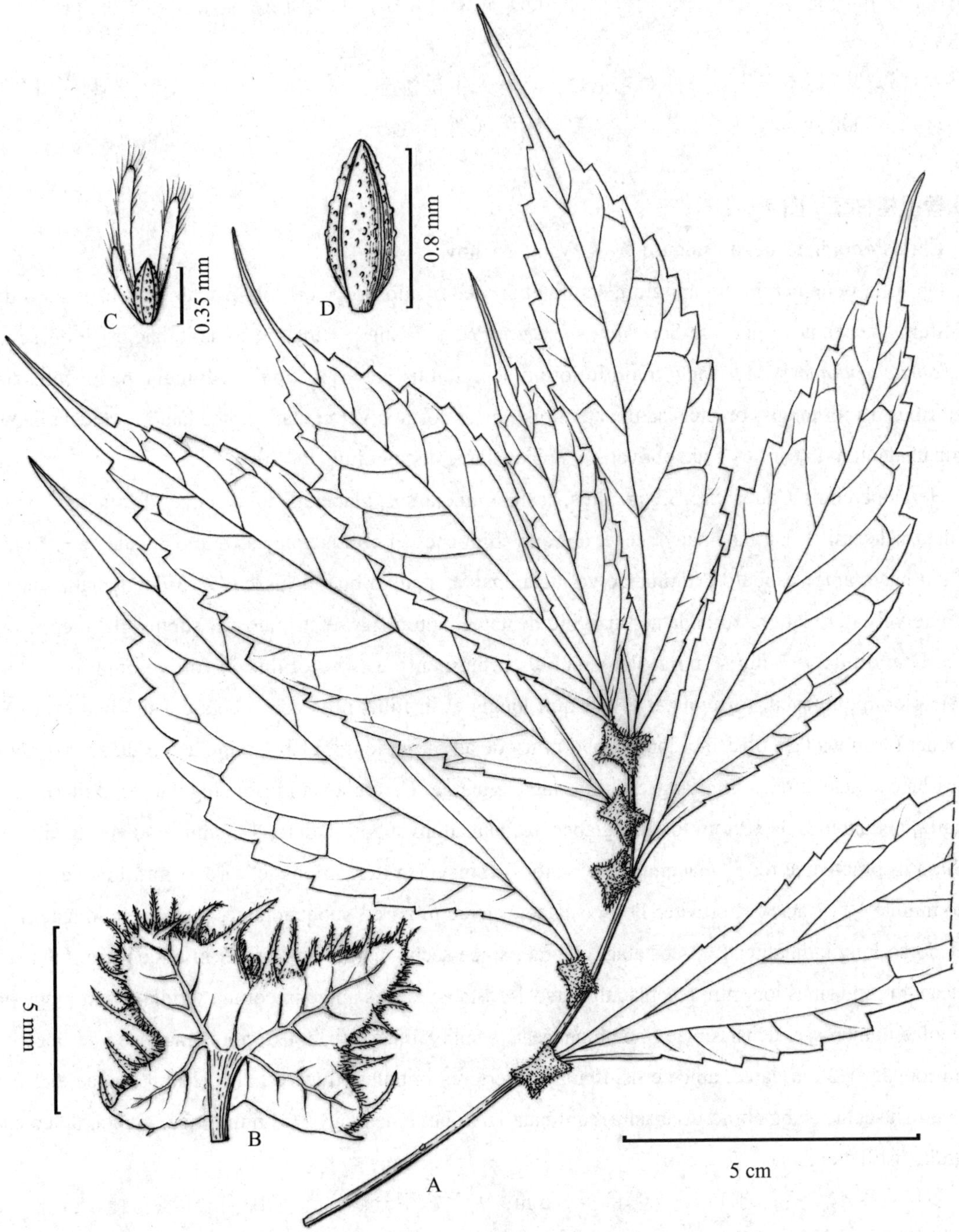

图 3　**罗氏楼梯草**　A. 开花茎上部；B. 雌头状花序；C. 雌花和小苞片；D. 瘦果。

Fig. 3　**Elatostema luoi**　A. Upper part of flowering stem; B. Pistillate capitulum; C. Pistillate flower and three bracteoles; D. Achene.

本种可能与薄叶楼梯草 (*E. tenuifolium* W. T. Wang) 有亲缘关系，但后者的叶在顶端渐尖，其钟乳体较大，长 0.3–0.5 mm，雌头状花序的花序托不分裂，其上的毛长 0.15–0.7 mm，雌苞片本身强烈退化，不明显，其角状突起却发育良好，长达 2.5 mm，瘦果具纵肋，不具瘤状突起，可与本种区别。（王文采，1995）。

本种以模式标本采集者罗仲春先生命名。罗先生是新宁县林学家，多年来对新宁县植物区系进行了深入研究，2008 年，与其子罗毅波教授编著出版《新宁植物》。

异晶楼梯草　图 4

Elatostema heterogrammicum W. T. Wang, sp. nov.

Ob folia penninervia et capitulum staminatum pedunculo brevi vel longiusculo et receptaculo discoideo praeditum species nova haec ad Ser. *Nanchuanensia* W. T. Wang pertinet, et in serie hac est fortasse affinis *E. pseudobrachyodonto* W. T. Wang, quod foliorum acuminibus integris, stipulis ciliolatis, pedunculis staminatis brevioribus 3 mm longis, bracteis staminatis dorso haud costatis vel cristatis apice haud corniculatis, bracteolis staminatis tantum linearibus haud obovatis et apice ciliatis distinguitur.

Herba perennis. Caulis circ. 35 cm altus, basi 3 mm crassus, glaber, simplex, circ. 10-foliatus. Folia breviter petiolata vel sessilia; laminae papyraceae, oblique ellipticae vel oblique angusteque obovatae, 6–17 cm longae, 2–7 cm latae, apice caudato-acuminatae vel acuminatae, acuminibus utrinsecus 2–3-denticulatis, basi oblique cuneatae vel latere latiore rotundatae, margine dentatae, supra sparse strigulosae, subtus glabrae, penninerves, nervis lateralibus 4–7-jugis supra planis subtus prominentibus, cystolithis in foliis nonnullis inconspicuis sparsis plerumque bacilliformibus 0.1–0.3 mm longis et in foliis aliis conspicuis densissimis bacilliformibus vel punctiformibus 0.1–0.15 mm longis; petioli usque ad 5 mm longi, glabri; stipulae viridulae, membranaceae, lineari-lanceolatae, circ. 7 mm langae, 2 mm latae, glabrae. Capitula staminata singulariter axillaria, 7–11 mm in diam.; pedunculus 3–10 mm longus, glaber; receptaculum suborbiculare, 4–7 mm in diam., glabrum, medio 2-lobatum; bracteae circ. 8, inaequales, 2 majores transversaliter oblongae, circ. 3 mm longae, 5 mm latae, dorso minute 1-cristatae vel breviter 1–2-costatae, ceterae minores, subquadratae, circ. 3 mm longae, 1–3.5 mm latae, dorso longitudinaliter 2–3-costatae, glabrae, apice secus marginem atratae, in aliquot capitulis staminatis bracteae 4 prope sinus loborum receptaculi dorso 1-costatae, costis apice in cornua viridia 2 mm longa projectis; bracteolae numerosae, densissimae, membranaceae, semihyalinae, albae, exteriores magnae late obovatae, circ. 3 mm longae, 1.2 mm latae, apice erosiusculae, interiores minores, lineares, circ. 2 mm longae, 0.3 mm latae, apice erosiusculae, subglabrae. Alabastra staminata late obovoidea, circ. 1.8 mm longa, glabra, apice cuspidata. Capitula pistillata ignota.

多年生草本。茎高约 35 cm，基部粗 3 mm，无毛，不分枝，约有 10 叶。叶具短柄或无柄；叶片纸质，斜椭圆形或斜狭倒卵形，长 6–17 cm，宽 2–7 cm，顶端尾状渐尖或渐尖（尖头每侧有 2–3 小齿），基部斜楔形或宽侧圆形，边缘具牙齿，上面疏被短糙伏毛，下面无毛，羽状脉，侧脉 4–7 对，上面平，下面隆起，钟乳体在一些叶不明显，稀疏，杆状，长 0.1–0.3 mm，在另一些叶则明显，极密，杆状或点状，长 0.1–0.15 mm；叶柄长达 5 mm，无毛；托叶淡绿色，膜质，条状披针形，长约 7 mm，宽 2 mm，无毛。雄头状花序单生叶腋，直径 7–11 mm；花序梗长 3–10 mm，无毛；花序托近圆形，直径 4–7 mm，无毛，

图 4　**异晶楼梯草**　A. 开花茎上部；B. 雄头状花序；C. 小苞片；D. 雄花蕾；E. 雄头状花序。

Fig. 4　**Elatostema heterogrammicum**　A. Upper part of flowering stem; B. Staminate capitulum; C. Bracteoles; D. Staminate flower bud (from holotype); E. Staminate capitulum.

中部 2 浅裂；苞片约 8，不等大，较大的 2 枚横长圆形，长约 3 mm，宽 5 mm，背面有 1 小鸡冠状突起或 1−2 条短肋，其他 6 枚较小，近方形，长约 3 mm，宽 1−3.5 mm，背面有 3−5 条纵肋，无毛，顶端边缘呈黑色，在另一些雄花序的花序托的裂片弯缺的 4 枚苞片背面有 1 条纵肋，肋顶端突出成长 2 mm 的绿色角状突起；小苞片多数，极密，膜质，半透明，白色，外方的小苞片大，宽倒卵形，长约 3 mm，宽 1.2 mm，顶端啮蚀状，内方的小苞片较小，条形，长约 2 mm，宽 0.3 mm，顶端啮蚀状，近无毛。雄花蕾宽倒卵球形，长约 1.8 mm，无毛，顶端骤尖。雌头状花序未见。花期 7 月。

云南（Yunnan）：漾濞（Yangbi），平坡（Pingpo），马尾水（Maweishui），海拔 2 000 m，林下（under forest），花粉色（fls. pinkish），2009-07-14，金效华，刘冰等（X. H. Jin, Bing Liu *et al.*）1258 (holotype, PE)。

本种可能与隆林楼梯草 (*E. pseudobrachyodontum* W. T. Wang) 有亲缘关系，但后者叶的顶端尖头全缘，托叶有短缘毛，雄花序梗较短，长 3 mm，雄苞片无任何突起，小苞片条形，不呈倒卵形，顶端有短柔毛，而与本种不同（王文采，1995）。

2.3 疏毛楼梯草系 Ser. *Albopilosa* W. T. Wang

福贡楼梯草　图 2：A−E

Elatostema fugongense W. T. Wang, sp. nov.

Species nova haec est affinis *E. wenxianensi* W. T. Wang, quod foliorum laminis minoribus usque ad 11.5 cm longis et ad 3.5 cm latis supra strigulosis subtus puberulis, stipulis minoribus subulatis 2−2.8 mm longis, pedunculo staminato longiore 14−18 mm longo, bracteis paucioribus tantum 6 dorso nec costatis nec corniculatis facile recedit.

Herba perennis. Caulis circ. 1 m altus (e collectoribus), superne circ. 3 mm crassus, glaber. Folia breviter petiolata, glabra; laminae papyraceae, 10−19.5 cm longae, 3−6.5 mm latae, apice acuminatae vel cuspidatae, cuspidibus 5−10 mm longis integris, basi oblique cuneatae, margine denticulatae, penninerves, nervis lateralibus circ. 6-jugis utrinque planis, cystolithis conspicuis vel obscuris densiusculis bacilliformibus 0.1−0.4 mm longis; petioli 3−4.5 mm longi; stipulae membranaceae, lanceolato-oblongae, 1.8−2.5 cm longae, 4−6 mm latae, brunneolae, secus costam mediam viridi-suffusae. Capitula staminata singulariter axillaria; pedunculus complanatus, linearis, circ. 12 mm longus, 2 mm latus, glaber; receptaculum longe ellipticum, circ. 14 mm longum, 6 mm latum, glabrum; bracteae 2-seriatae, deltoideae, glabrae, eae exteriores circ. 5, 1.5−2.2 mm longae, 3−5 mm latae, dorso 1-costatae, costis apice in cornua brevia crassa 0.6−2 mm longa projectis, eae interiores circ. 10, minores, 1.5−1.8 mm longae, 2 mm latae, apice breviter carasseque corniculatae, cornibus 0.6−1.2 mm longis; bracteolae densae, circ. 2 mm longae, semihyalinae, vel naviculares, 1 mm latae, prope apicem brevissime ciliolatae, vel planae, 0.3 mm latae, glabrae. Flos staminatus: pedicellus circ. 2.2 mm longus, glaber; tepala 4, late oblonga, circ. 2 mm longa, 1 mm lata, basi connata, apice rotundata, ciliolata; stamina 4; pistillodium 0.25 mm longum, apice furcatum.

多年生草本。茎高约 1 m，上部粗约 3 mm，无毛。叶具短柄，无毛；叶片纸质，斜长圆形，长 10−19.5 cm，宽 3−6.5 cm，顶端渐尖或骤尖（尖头长 5−10 mm，全缘），基部斜楔形，边缘具小牙齿，羽状脉，侧脉约 6 对，两面平，钟乳体明显或不明显，稍密，杆状，长 0.1−0.4 mm；叶柄长 3−4.5 mm；托叶膜质，披针状长圆形，长 1.8–2.5 cm，宽 4–6 mm，淡褐色，沿纤细中脉带绿色。雄头状花序单生叶腋；花序梗扁平，条形，长约 12 mm，宽约 2 mm，无毛；花序托长椭圆形，长约 14 mm，宽 6 mm，无毛；苞片 2 层，正三角形，无毛，外层苞片约 5 枚，长 1.5–2.2 mm，宽 3–5 mm，背面有 1 条纵肋，肋顶端突出成长 0.6–2 mm 的短而粗的角状突起，内层苞片约 10，较小，长 1.5–1.8 mm，宽约 2 mm，顶端有长 0.6–1.2 mm 的短而粗的角状突起；小苞片密集，长约 2 mm，半透明，或为船型，宽 1 mm，近顶端有极短缘毛，或平，条形，宽 0.3 mm，无毛。雄花：花梗长 2.2 mm，无毛；花被片 4，宽长圆形，长约 2 mm，宽 1 mm，基部合生，顶端圆形，被极短缘毛；雄蕊 4；退化雌蕊长 0.25 mm，顶端分叉。

云南 (Yunnan)：福贡 (Fugong)，鹿马登 (Lumadeng)，碧罗雪山西坡 (western slope of Biluo Snow Range)，alt. 2 200 m，山谷沟边 (by stream in valley)，1982-05-28，青藏队 (Qinghai-Xizhang Exped.) 6958 (holotype，PE)。

本种与文县楼梯草 (*E. wenxianense* W. T. Wang) 近缘，但本种的叶片较大，长达 19.5 cm，宽达 6.5 cm，无毛，托叶较大，披针状长圆形，长达 2.5 cm，雄花序梗较短，长 12 mm，雄苞片较多，约 15 枚，背面具纵肋，顶端有短而粗的角状突起而与后者区别。在文县楼梯草，叶片较小，长达 11.5 cm，宽达 3.5 mm，上面被短糙伏毛，下面被短柔毛，托叶较小，钻形，长 2–2.8 mm，雄花序梗较长，长 14–18 mm，雄苞片较少，6 枚，不具肋，也不具角状突起（王文采，1995）。

参考文献

王文采, 1995. *Elatostema.* 中国植物志 [M]. 北京: 科学出版社, 23(2): 187–317.

Five new species of *Elatostema* (Utricaceae) from China

楼梯草属五新种

Elatostema wugangense W. T. Wang, sp. nov.

武冈楼梯草 (S2-1. Fig. 1)

(Sect. *Weddellia* (H. Schörter) W. T. Wang ser. *Parva* W. T. Wang)

Type: China. Hunan: Wugang (武冈), Zhaomianshan (照面山), alt. 1 300 m, by stream in valley, 1987-08-08, *Wugang Tree Farm 1112* (holotype, PE).

Latin diagnosis: Species nova haec est arcte affinis *E. sinensi* H. Schörter, quod foliorum laminis subtus ad nervos puberulis, cystolithis majoribus usque ad 0.5 mm longis, bracteis staminatis saepe corniculatis haud costatis, bracteolis staminatis oblongis vel linearibus haud navicularibus, flore staminato 5-mero differt.

Morphological description: Perennial herbs. Stems flaccid, ca. 30 cm tall, below 2 mm thick, near apex retrorse, brown, hirtellous, simple. Leaves short-petiolate or sessile; blade thin-papery, obliquely elliptic, (1.6–7) cm × (1–3) cm, apex acuminate, rarely acute, base at leaf narrow side cuneate and at broad side subauriculate or rounded, margin dentate; surfaces adaxially sparsely strigose, abaxially glabrous; venation semi-triplinerved or subpenninerved, with 4–5 pairs of secondary nerves; cystoliths slightly dense, bacilliform, 0.1–0.3 mm long; petioles up to 3 mm long, glabrous; stipules membranous, white, lanceolato-linear, (3–4) mm × (0.6–1) mm, glabrous. Reduced leaves small, lanceolate-linear or elliptic, (2–4.5) mm × (0.8–1) mm, entire, or narrow-obovate, 4 mm × 2.2 mm, 3-lobulate, glabrous. Staminate capitula in pairs, axillary, (3–)5 mm in diam.; peduncle ca. 1.8 mm long, glabrous; receptacle inconspicuous; bracts 6, white, unequal in size, broad-ovate or rectangular, (2–2.6) mm × (1.2–2.2) mm, in larger ones, abaxially above 1–3-green-ribbed, subglabrous; bracteoles dense, membranous, navicular, (2–3) mm × (1.5–2) mm, abaxially on midrib puberulent or subglabrous. Staminate flower buds short-pedicellate, globose, ca. 0.8 mm in diam., glabrous, apex 4-corniculate. Pistillate capitula unknown.

This species is closely related to *Elatostema sinense* H. Schörter, but differs in its glabrous abaxial surface of leaf blade, smaller cystoliths, not corniculate but often ribbed staminate bracts, navicular staminate bracteoles, and 4-merous staminate flower. In *E. sinense*, the abaxial surface of leaf blade is puberulent on nerves, the cystoliths are larger, up to 0.5 mm long, the staminate bracts often corniculate and not ribbed, the staminate bracteoles are oblong or linear, not navicular, and the staminate flower is 5-merous. (Wang, 1995)

原文刊登于 *Journal of systematics and Evolution*. 50(6): 574–576, 2012。
Acknowledgements I am grateful to Mr. Y. B. Sun for making the beautiful drawings.

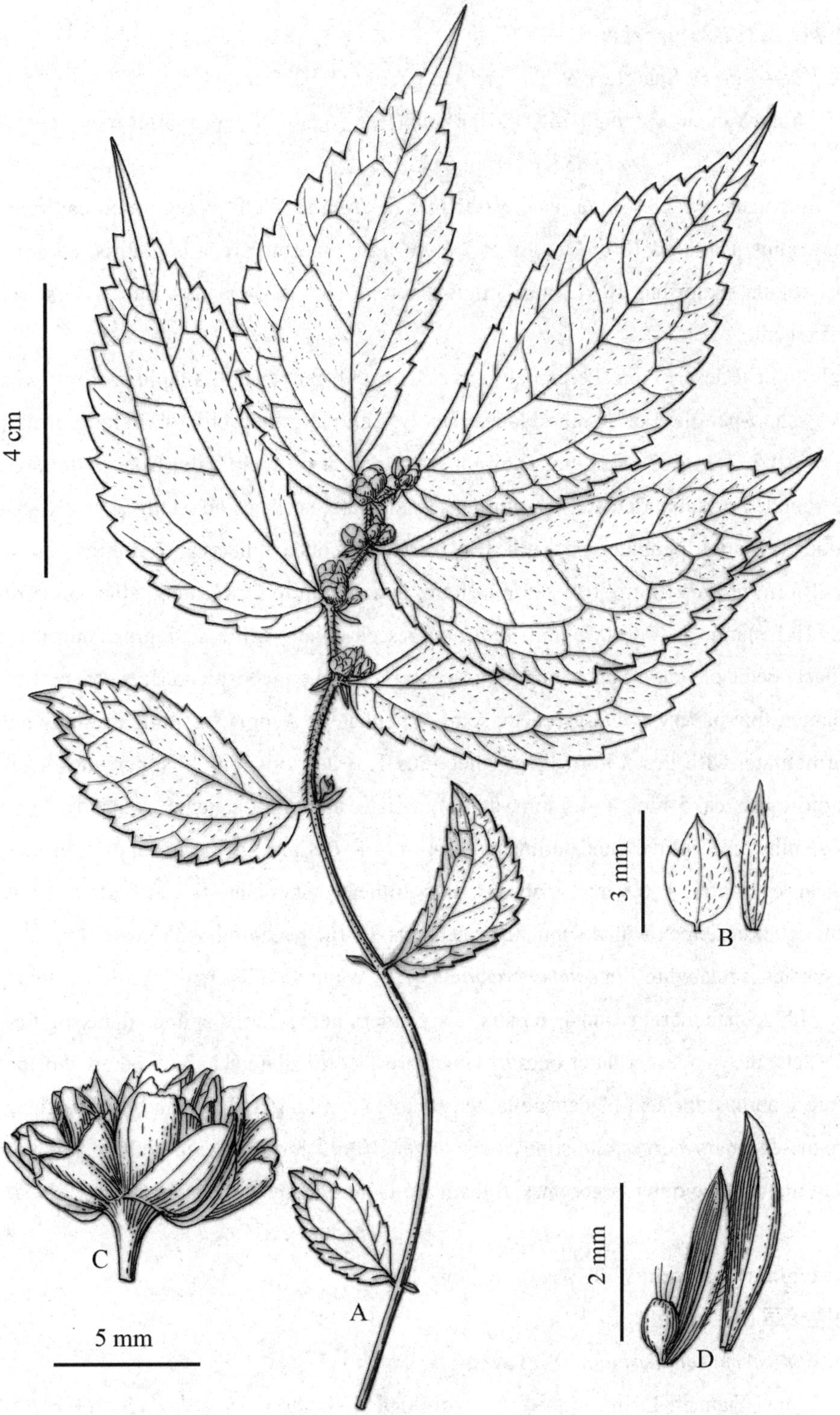

Fig. 1 **Elatostema wugangense** W. T. Wang A. Upper part of flowering stema; B. Two reduced leaves; C. Staminate capitulum; D. Two staminate bracteoles and staminate flower bud. (from holotype)

Elatostema tenuibracteatum W. T. Wang, sp. nov.

薄苞楼梯草 (S2-2. Fig. 2: A–D)

(Sect. *Weddellia* (H. Schörter) W. T. Wang ser. *Crenata* W. T. Wang)

Type: China. Yunnan: Funing (富宁), Ban-loun(板仑), alt. 700 m, foot of rocky hill, feeble herb, locally abundant, 1940-04-11, *C. W. Wang 88328* (holotype, PE).

Latin diagnosis: Species nova haec est affinis *E. crenato* W. T. Wang, quod caulibus glabris, foliorum laminis majoribus usque ad 18 cm longis et 7.5 cm latis margine crenatis glabris, earum nervis secondariis 9–10-jugis, stipulis majoribus 10–12 mm longis glabris, bracteis staminatis glabris 2 externis majoribus apice corniculatis recedit.

Morphological description: Perennial herbs. Stems ca. 20 cm tall, simple, villous, with hairs 0.5–2 mm long. Leaves short-petiolate or sessile; blades papery, obliquely long elliptic, oblong or elliptic, [(1–3–)5.5–10.5] cm × [(0.5–1.5–)2.5–3.5] cm, apex long acuminate or acuminate, base obliquely cuneate or at leaf broad side rounded or subauriculate, margin densely dentate; surfaces adaxially sparsely strigose, abaxially on nerves villous; venation penninerved, with 4–6 pairs of secondary nerves; cystoliths obscure or conspicuous, dense, bacilliform or punctiform, 0.1–0.5 mm long; petioles up to 2 mm long; stipules narrow-ovate or linear-lanceolate, (1–1.3) mm × (0.6–0.7) mm, above appressed-ciliate, white, with green midribs. Staminate capitula singly axillary; peduncle ca. 4.5 mm long, pubescent; receptacle inconspicuous; bracts 6, 2-seriate, 2 outer ones opposite, larger, thin-papery, white-greenish, semi-orbicular, ca. 4 mm × 7 mm, abaxially pubescent and below apex 1-corniculate, with green horn-like projections 1.5–2.2 mm long, 4 inner ones smaller, membranous, white, deltoid-ovate, ca. 5 mm × 4.5 mm, densely ciliate, apex thin-caudate, abaxially on one stria pubescent; bracteoles semihyaline, white, cuneate-linear, ca. 4 mm × 0.8 mm, glabrous, apex truncate. Staminate flower, cuneate-linear, ca. 4 mm × 0.8 mm, glabrous, apex truncate. Staminate flower buds pedicellate, globose, ca. 1 mm in diam., glabrous, apex with 4 subulate projections. Pistillate capitula unknown.

This species is related to *Elatostema crenatum* W. T. Wang, but differs in its villous stems, smaller and hairy leaf blades with dentate margins and 4–6 pairs of secondary nerves, smaller and ciliate stipules, and its pubescent staminate bracts, the two larger outer ones of which are 1-corniculate abaxially below the apex. In *E. crenatum*, the stems are glabrous, the leaf blades are larger, up to 18 cm long and 7.5 cm broad, with crenate margins and 9–10 pairs of secondary nerves, the stipules are larger, 10–12 mm long and glabrous, and the staminate bracts are glabrous, and the two outer larger ones of them are 1-corniculate at the apex (Wang, 1995).

Elatostema tricostatum W. T. Wang, sp. nov.

三肋楼梯草 (S2-2. Fig. 2: E–J)

(Sect. *Elatostema* ser. *Cuspidata* W. T. Wang)

Type: China. Yunnan: Lüchun (绿春), Hydrological station (水文站), alt. 1600–1700 m, in evergreen broad-leaved forest on slope, 2006-02-18, *Y. M. Shui, W. H. Chen et al. 70007* (holotype, PE).

Latin diagnosis: Species nova haec est arcte affinis *E. balansae* Gagnep., quod folii nervis secundariis pauciorbibus 3–4-jugis, stipulis minoribus 5–10 mm longis, bracteis staminatis internis dorso haud costatis,

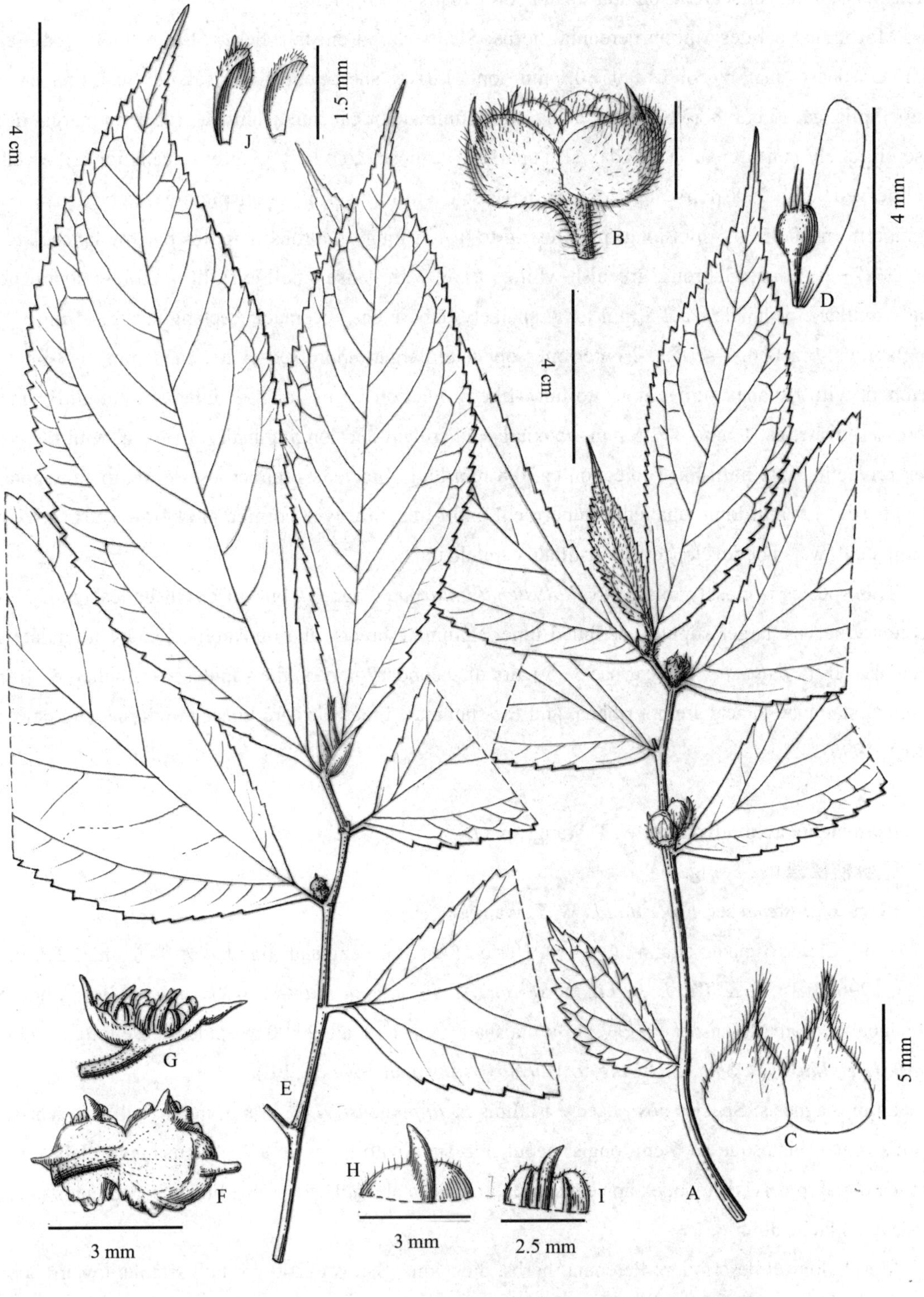

Fig. 2 A–D. **Elatostema tenuibracteatum** W. T. Wang A. Upper part of flowering stem; B. Staminate capitum; C. Two inner staminate bracts; D. Staminate bracteole and staminate flower bud (from holotype).

E–J. **Elatostema tricostatum** W. T. Wang E. Upper part of flowering stem; F. Staminate capitulum (lower view); G. The same as F (lateral view); H. Outer staminate bract; I. Inner staminate bract; J. Two staminate bracteoles. (from holotype)

bracteolis staminatis linearibus omnibus haud corniculatis distinguitur.

Morphological description:Perennial herbs. Stems ca. 44 cm tall, below 4 mm thick, glabrous, simple, with very dense small cystoliths 0.05–0.1 mm long. Leaves short-petiolate or sessile; blades papery, obliquely long elliptic, ca. 13 cm × (3.5–5) cm, apex long acuminate or caudate-acuminate (acumen margin denticulate), base obliquely cuneate; surfaces adaxially sparsely strigose, abaxially glabrous; venation trinerved or semi-triplinerved, with 7–8 pairs of secondary nerves; cystoliths slightly conspicuous, very dense, bacilliform or punctiform, 0.05–0.5 mm long; petioles up to 4 mm long, glabrous; stipules narrow-lanceolate, (12–14) mm × (2–2.5) mm, glabrous, greenish-white, below with dense small cystoliths. Young staminate capitula singly axillary; peduncle ca. 2.5 mm long, sparsely puberulent; receptacle rectangular, ca. 4 mm × 2.5 mm, subglabrous; bracts 6, 2-seriate, 2 outer ones opposite, larger, appressed-ovate, ca. 1 mm × 3 mm, abaxially 1-ribbed, with rib apex projecting into horn-like projection 1 mm long, 4 inner ones slightly smaller, also appressed-ovate, ca. 1 mm × 2.5 mm, abaxially puberulent and longitudinally 3-ribbed, with the central rib's apex projecting into horn-like projection ca. 0.8 mm long; bracteoles numerous, dense, membranous, broadly obovate, ca. 1.5 mm long, abaxially puberulent and often shortly 1-corniculate below apex, apex cucullate. Staminate flowers not developed yet. Pistillate capitula unknown.

This species is closely related to *Elatostema balansae* Gagnep., but differs in its leaf with 7–8 pairs of secondary nerves, larger stipules, 3-ribbed inner staminate bracts, and obovate, often 1-corniculate staminate bracteoles. In *E. balansae*, the leaf has 3–5 pairs of secondary nerves, the stipules are smaller, 5–10 mm long, the inner staminate bracts are not ribbed, and the staminate bracteoles are linear in outline, and not corniculate (Wang, 1995).

Elatostema actinodromum W. T. Wang, sp. nov.

辐脉楼梯草 (S2-3. Fig. 3)

(Sect. *Elatostema* ser. *Procridioida* W. T. Wang)

Type: China. Yunnan: Jinping (金平), He-tou (河头), Feng-shui-ling (风水岭), alt. 2 200 m, in dense forest, 1996-10-16, *S. K. Wu, L. H. Liu, Y. M. Shui, Y. P. Yang, J. Murata, S. Akiyama 4310* (♂, holotype, PE); same locality, from Ma-an-di (马鞍底) to Wutaishan (五台山), alt. 2 500 m, under dense forest, 1996-09-30, *S. K. Wu, L. H. Liu, Y. M. Shui, Y. P. Yang, J. Murata, S. Akiyama 3694* (♀, PE).

Latin diagnosis: Species nova haec est affinis *E. jinpingensi* W. T. Wang, quod caulibus glabris, foliorum laminis minoribus usque ad 6 cm longis, pedunculo staminato longiore 9.2–12 cm longo glabro, receptaculo staminato glabro nervis aliquot ex apice pedunculi radiatim abientibus carente, bracteis staminatis omnibus haud corniculatis facile differt.

Morphological description: Perennial herbs, dioecious. Stems ca. 40 cm tall, simple, toward apex densely spreading-puberulent, with hairs 0.2–0.25 mm long. Leaves short-petiollate or sessile; blade papery, obliquely elliptic or oblong, (7–12) cm × (2.6–5) cm, apex acuminate, base at leaf broad side rounded or subauriculate, margin dentate; surfaces adaxially glabrous or sparsely strigose, abaxially on nerves puberulent; venation semi-triplinerved, with 3–4 pairs of secondary nerves; cystoliths inconspicuous, dense or sparse, bacilliform, 0.1–

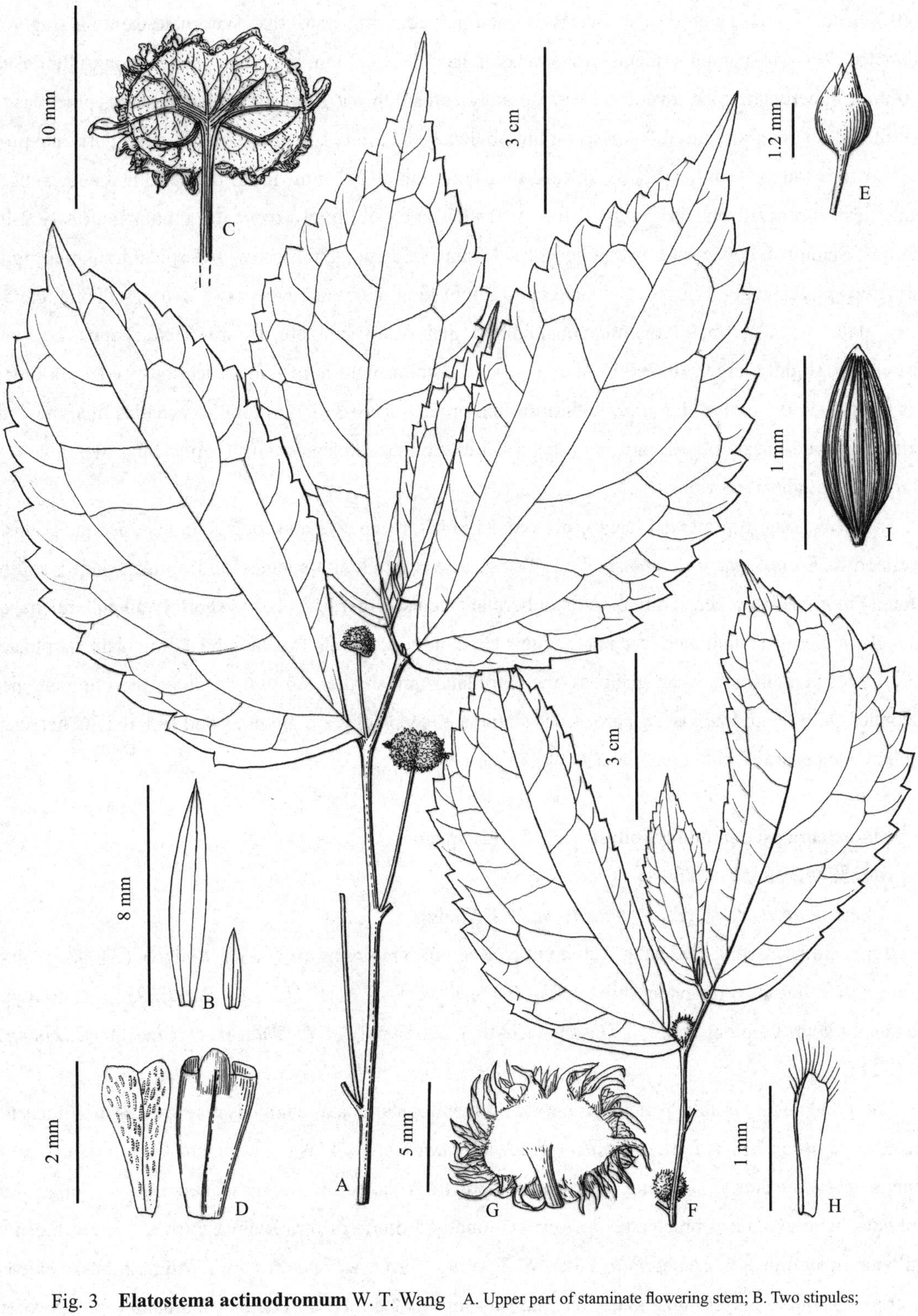

Fig. 3 **Elatostema actinodromum** W. T. Wang A. Upper part of staminate flowering stem; B. Two stipules; C. Staminate capitulum; D. Two staminate bracteoles; E. Staminate flower bud (from holotype); F. Upper part of pistillate flowering stem; G. Pistillate capitulum; H. Pistillate bracteole; I. Achene. (from paratype)

0.2(−0.4) mm long; petioles up to 3 mm long; stipules membranous, lanceolate or linear-lanceolate, (2−8) mm × (0.7−2) mm broad, glabrous, white, 1−2-green-nerved, with cystoliths. Staminate capitula singly axillary; peduncle 1.5−4 cm long, puberulent, with spreading hairs 0.1−0.2 mm long; receptacle oblong-elliptic, ca. 9 mm × 6 mm, puberulent, with several nerves radiately spreading out from the peduncle apex; bracts ca. 18, two opposite ones strongly reduced themselves, but obviously 1-corniculate at apex with green horn-like projections 1.2−1.5 mm long, the other bracts deltoid or triangular, 0.3−1 mm long, above thickened, subglabrous; bracteoles obtrapeziform, ca. 2 mm × (1−1.5) mm, apex obliquely truncate, inconspicuously 2-lobulate, glabrous. Staminate flower buds subglobose, ca. 1.2 mm in diam., glabrous, with 3 apical triangular projections. Pistillate capitula singly axillary; peduncle ca. 3.5 mm long, glabrous; receptacle oblong-elleptic, ca. 5 mm × 4 mm, glabrous; bracts ca. 30, membranous, deltoid, glabrous or ciliolate, 1-corniculate at apex, 2-seriate, outer ones ca. 16, slightly larger, (0.6−0.8) mm × (0.7−1.2) mm, with horn-like projections 1−1.8 mm long, inner ones ca. 14, ca. 0.6 mm × 0.6 mm, with horn-like projections 0.8−1 mm long; bracteoles membranous, semi-hyaline, cuneate-linear, ca. 1.2 mm long, apex densely ciliate. Achenes dark-purple, long ovoid, ca. 1 mm × 0.3 mm, longitudinally 8-ribbed.

In having semi-triplinerved leaves, discoid staminate receptacle and long staminate peduncle, this species is related to *Elatostema jinpingense* W. T. Wang, also an endemic species of Jinping County, southeastern Yunnan Province. However, it differs in its puberulent stems, larger leaf blades, shorter and puberulent staminate peduncle, puberulent staminate receptacle with radiate nerves, and its two larger 1-corniculate staminate bracts. In *E. jinpingenae*, the stems are glabrous, the leaf blades are smaller, up to 6 cm long, the staminate peduncles are longer, 9.2−12 cm long, and glabrous, the staminate receptacles are glabrous and lack rediate nerves, and the staminate bracts are all not corniculate(Wang, 1995).

Elatostema pseudooblongifolium W. T. Wang, sp. nov.

拟长圆楼梯草 (S2-4. Fig. 4)

(Sect. *Elatostema* ser. *Nanchuanenseia* W. T. Wang)

Type: China. Guangxi Zhuang Autonomous Region: Ning-ming (宁 明), Longrui (龙 瑞), alt. 180 m, in forest in valley of a limestone hill, 2003-09-14, *Y. M. Shui & W. H. Chen B2003-031* (♂, holotype, PE); Longzhou (龙州), Jinlong (金龙), Gaoshan (高山), 2005-05-11, *Y. M. Shui, W. H. Chen, M. D. Zhang B2005-202* (♀, PE).

Latin diagnosis: Ob folia penninervia et inflorescentias staminatas capitatas receptaculis discoideis praeditas species nova haec ad Sect. *Elatoastematem* ser. *Nanchuanensia* W. T. Wang pertinent, et in serie hac est fortasse affinis *E. pseudoficoidi* W. T. Wang, quod foliis supra strigosis, eorum nervis secundariis 9−11-jugis, involucro staminato bene evoluto 4-bracteato, floribus staminatis 5-meris differ; etiam habitu et structura capitularum pistillatarum simillima *E. oblongifolio* Fu ex W. T. Wang (Sect. *Pellionioides* W. T. Wang, fortasse ex eo evoluta est, et ab eo foliorum cystolithis majoribus 0.2−0.4 mm longis, invlorescentiis staminatis capitatis receptaculis discoideis praeditis, et acheniis costatis et tuberculatis valde recedit.

Morphological description: Perennial herbs, dioecious. Stems 30−42 cm tall, near base ca. 3 mm thick,

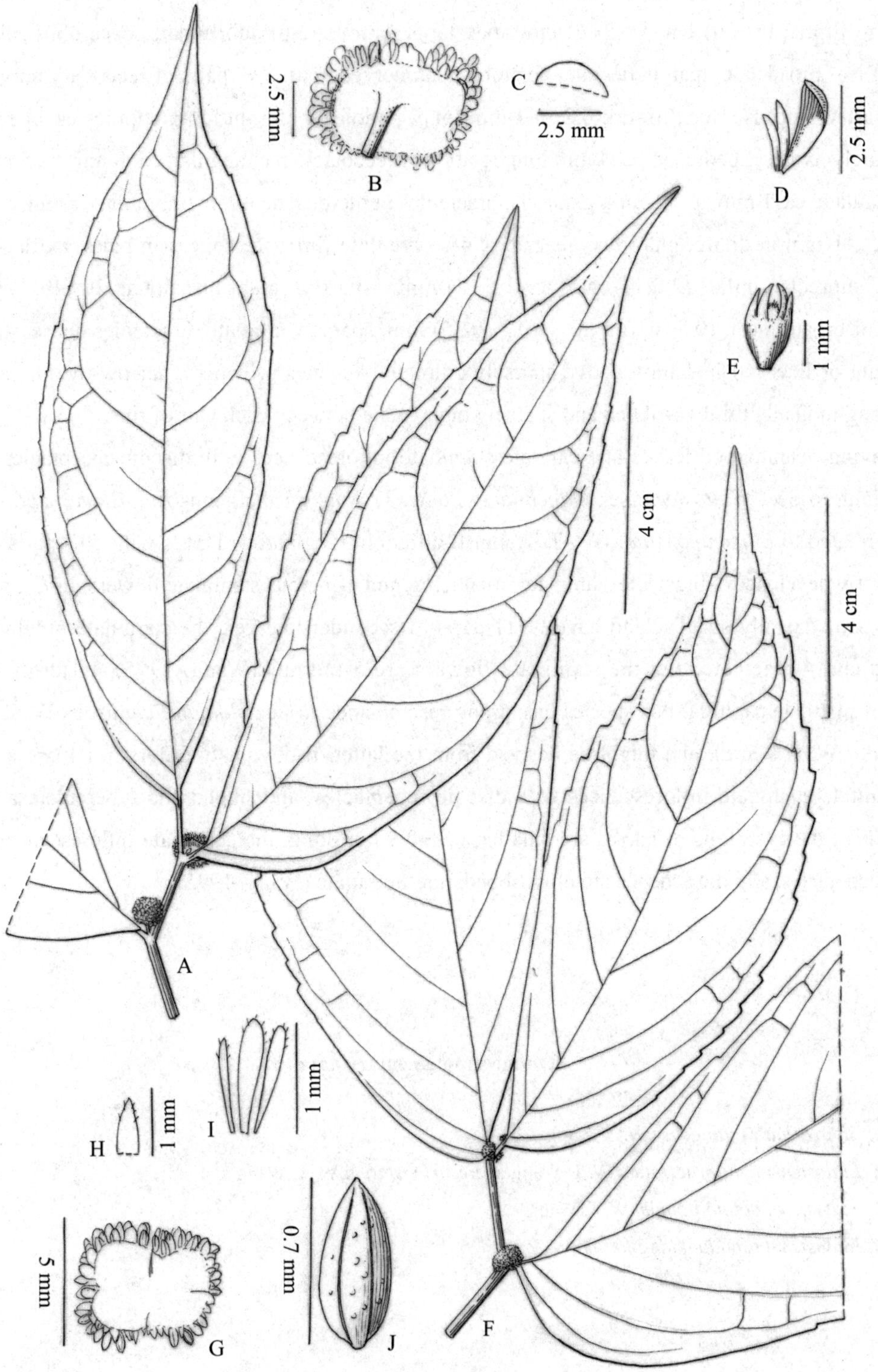

Fig. 4 **Elatostema pseudooblongifolium** W. T. Wang A. Upper part of staminate flowering stem; B. Staminate capitulum; C. Staminate bract; D. Staminate bracteoles; E. Staminate flower bud (from holotype); F. Upper part of pistillate stem; G. Infructescence; H. Pistillate bract; I. Pistillate bracteoles; J. Achene. (from paratype)

glabrous, simple. Leaves shortly petiolate or sessile, glabrous; blades papery, obliquely oblong, narrow-obovate or elliptic, (5−20) cm × (2−6) cm, apex long acuminate or subcaudate, base obliquely cuneate or rounded at leaf broad side, margin dentate; venation penninerved, with 5−7 pairs of secondary nerves; cystoliths conspicuous, very dense, bacilliform, 0.2−0.4 mm long; petioles 1−5 mm long; stipules caduceus; Staminate capitula singly axillary; peduncle ca. 4 mm long, glabrous; receptacle rect angular, ca. 8 mm × 5 mm, glabrous; bract 1, lunulate, ca. 1 mm × 2.5 mm, glabrous; bracteoles numerous, dense, membranous, semihyaline, narrow-obovate, ca. 1 mm in diam., glabrous, near apex 4-corniculate. Infructescences in pairs, axillary, subsessile; receptacle subrectan gular, (2.5−4) mm × (1.5−3) mm, 4-partite, glabrous; bracts 20−40, white, narrow-triangular or broad-linear, (0.5−0.8) mm × (0.2−0.35) mm, sparsely ciliolate; bracteoles dense, white, narrow-oblanceolate or linear, 0.7−1 mm, above sparsely ciliolate. Achenes brownish, narrow-ovoid, ca. 0.7 mm × 0.4 mm, longitudinally thinly 6-ribbed and sparsely tuberculate between each pair of ribs.

In having penninerved leaves and capitate staminate inflorescences with discoid receptacles, this species should belong to Sect. *Elatostema* ser. *Nanchuanensia* W. T. Wang in the genus *Elatostema*, and in this series, it may be related to *E. pseudoficoides* W. T. Wang. It differs in its glabrous leaves with 5−7 paris of secondary nerves, poorly developed 1-bracteate staminate involucres, and 4-merous staminate flowers. In *E. pseudoficoides*, the leaves are adaxially strigose and have 9−11 paris of secondary nerves, the staminate involucres are well developed and 4-bracteate, and the staminate flowers are 5-merous (Wang, 1995). In terms of habit and structure of pistillate capitula, this species has strong resemblance to *E. oblongifolium* Fu ex W. T. Wang (Sect. *Pellionioides* W. T. Wang), and might be derived from the latter. It obviously differs in its larger cystoliths of leaves, capitate staminate inflorescences with discoid receptacles, and ribbed and tuberculate achenes. In *E. oblongifolium*, the cystoliths of leaves are smaller, 0.1−0.2 mm long, the staminate inflorescences are cymose and lack receptacles, and the achenes are only ribbed, not tuberulate (Wang, 1995).

Online supplementary data

S2-1. Fig. 1. *Elatostema wugangense* W. T. Wang.

S2-2. Fig. 2. *Elatostema tenuibracteatum* W. T. Wang and *E. tricostatum* W. T. Wang.

S2-3. Fig. 3. *Elatostema actinodromum* W. T. Wang.

S2-4. Fig. 4. *Elatostema pseudooblongifolium* W. T. Wang

2013年

华西南毛茛科六新种和二新变种

Six new species and two new varieties of Ranunculaceae from Southwest China

今年春季，哈佛大学 D. E. Boufford 博士寄来一批近年采自西藏东部和四川西部的毛茛科植物标本托我鉴定，从中发现翠雀属 2 新种和 1 新变种以及银莲花属草玉梅的一个新变种。今年夏季，同事杨永博士、刘冰博士等到西藏东部进行植物区系考察，也将采集的毛茛科植物标本托我鉴定，从中发现唐松草属和银莲花属各 1 新种，以及毛茛属 2 新种。

长苞翠雀花　图 1

Delphinium longibracteolatum W. T. Wang, sp. nov. Fig. 1

(Sect. *Elatopsis* Huth)

Species nova haec est affinis *D. densifloro* Duthie ex Huth, quod foliorum laminis basi profunde cordatis, pedicellis supra medium 2-bracteolatis, bracteolis minoribus linearibus ca. 1.5 cm longis 1−2 mm latis densiuscule pubescentibus et ciliatis, calcari sepalino conico sepalis multo breviore, staminodiorum limbis ventre dense longeque barbatis facile distinguitur.

Perennial herbs. Stems ca. 50 cm tall, below 6 mm thick, sparsely puberulous, simple, 1-leaved. Basal leaves ca. 4, long petiolate; blades papery, subsemi-orbicular, (7−10) cm × (12−16.8) cm, 3-lobed, apex rounded-truncate, base subtruncate, central lobe small, ovate, 3−3.5 cm long, with upper margins lobulate or incised and dentate, lateral lobes larger, obliquely flabellate, unequally 2−3-lobed, with upper margins incised and dentate; surfaces glabrous or abaxially near base on nerves with sparse hairs; petioles 8−17 cm long, sparsely spreading-pubescent. Terminal raceme ca. 20 cm long, below loosely above densely flowered; bracts greenish-white, blue-nerved, shortly petiolate, lanceolate, (2−3) cm × (0.45−0.6) cm, glabrous or sparsely pubescent; rhachis sparsely spreading-pubescent; pedicels 0.8−2.5 cm long, sparsely spreading-pubescent or subglabrous, near apex 2-bracteolate; bracteoles similar to bracts, narrow-lanceolate or linear-lanceolate, (1.4−2.4) cm × (0.2−0.4) cm, glabrous or with few hairs. Flower ca. 3 cm long: Sepals abaxially greenish-white, purple-nerved, adaxially dark purple (according to the collectors), entirely glabrous, abaxially sparsely pubescent, upper sepal elliptic-ovate, ca. 1.5 cm × 0.7 cm, spur conical-subulate or subulate, 1.3−1.4 cm long, with base 4−4.5 mm thick, lateral sepals ovate-oblong, ca. 1.6 cm × 0.6 cm, lower sepals lanceolate, ca. 1.4 cm × (0.3−0.5) cm. Petals black, glabrous, 2-lobulate at apex. Staminodes black; limbs ovate, ca. 7 mm long, adaxially and abaxially glabrous, unequally 2-lobulate, near apex sparsely ciliate; claws as long as limbs, above base minutely 1-appendiculate. Stamens ca. 1 cm long, glabrous; filaments lanceolate-linear, ca. 8 mm long; anthers black,

原文刊登于《广西植物》33(5)：579−587, 2013。
致谢：蒙 D. E. Boufford 博士惠赠珍贵标本，杨永博士，刘冰博士提供标本，孙英宝先生绘图，谨表示深切感谢。

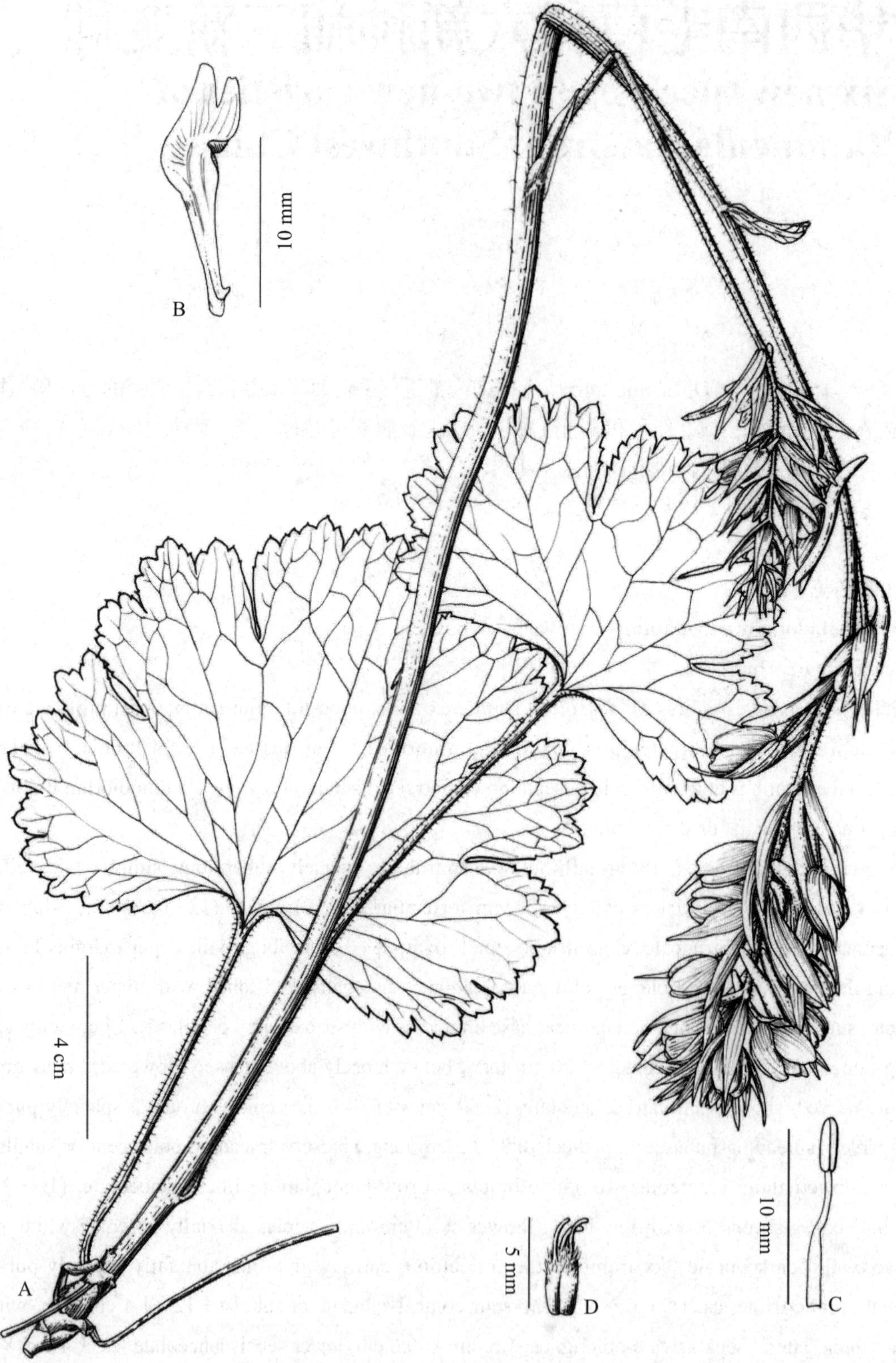

图 1　**长苞翠雀花**　A. 开花茎；B. 退化雄蕊；C. 雄蕊；D. 3 枚心皮。

Fig. 1　**Delphinium longibracteolatum** A. Habit; B. Staminode; C. Stamen; D. Three carpels.

oblong, ca. 1.2 mm long. Carpels 3; ovaries oblong, ca. 5 mm long, densely puberulous; steyles 1.5 mm long, glabrous.

Tibet: Jiangda County. Narrow gorge and rocky slopes ca. 6 km E in a straight line from the center of the city of Jiangda. 31°30′19″N, 98°17′22″E; 4 400−4 800 m. *Kobresia* meadow giving way to slopes with dwarf (<5 m tall) *Potentilla fruticosa* and *Caragana*, then rocky slope and rocky ridge. On slope at base of shrubs of *Caragana*. Tepals outside pale greenish white with purple venation, inside dark purple. August 4, 2009. D. E. Boufford, B. Bartholomew, D. A. Eaton, X. H. Li, R. H. Lee, B. Xu, J. P. Yue, J. W. Zhang & X. X. Zhu no. 41846 (holotype, PE; isotype, GH, not seen).

本种在亲缘关系上稍接近密花翠雀花（*D. densiflorum* Duthie ex Huth），与后者的区别在于本种的叶片基部近截形，花梗顶端生 2 小苞片，小苞片较大，狭披针形，近无毛，萼距近钻形，退化雄蕊腹面无毛。在密花翠雀花，叶片基部深心形，花梗在中部之上生 2 小苞片，小苞片较小，条形，长约 1.5 mm，宽 1−2 mm，稍密被柔毛和缘毛，萼距筒状圆锥形，基部粗 5−6 mm，退化雄蕊腹面被长髯毛 (Munz，1967；Wang, 1979)。

左贡翠雀花　图 2：A−E

Delphinium zuogongense W. T. Wang, sp. nov. Fig. 2: A−E.

(Sect. *Delphinastrum* DC.)

Species nova haec est affinis *D. umbroso* Hand.-Mazz., quod caulibus retrorse strigillosis, inflorescentiis racemosis, rhachidibus dense albo-strigillosis et patule luteolo-glanduloso-puberulis, floribus majoribus, sepalis 8.5−15 mm longis, calcari sepalino 20−40 mm longo, carpellorum ovariis pilosis differt.

Perennial herbs. Stems ca. 80 cm tall, below ca. 7 mm thick, glabrous. Lower cauline leaves long petiolate; blades papery, pentagonal, (4−5.8) cm × (8−9) cm, 3-parted nearly to base, base deeply cordate, central lobe narrow-rhombic, 1.8−2 cm broad, with acute apex and lobulate and dentate upper margins, lateral lobes larger, obliquely flabellate, unequally 2-parted; surfaces adaxially appressed-puberulous, abaxially on nerves puberulous; petioles 7−12 cm long, sparsely spreading-pubescent or subglabrous. Panicle terminal, ca. 34 cm × 15 cm, abunding in flowers; bracts shortly petiolate, lower bracts foliaceous, ca. 3 cm long, 3-parted to 3-sect, upper bracts narrow-lanceolate, 1−1.8 cm long; rhachis below glabrous, near apex densely yellowish-glandular-puberulous; pedicels 1−4 cm long, near apex 2-bracteolate and densely yellowish-glandular- puberulous; bracteoles 2−5 mm remote from flower, linear or narrow-linear, (4−7) cm × (0.2−0.4) mm, subglabrous. Flower small, ca. 2 cm long: Sepals purple (according to the collectors), adaxially glabrous, abaxially yellowish-glandular-puberulous, upper sepal ovate, 7−10 mm long, spur subulate, 1.1−1.3 cm long, arcuate-decurved, with base 3−4 mm thick, lateral sepals narrow-obovate-oblong, 7−9 mm long, lower sepals as long as lateral sepals, narrow-obovate or narrow-oblanceolate. Petals glabrous, apex entire. Staminodes 2; limbs deep blue, quadrate-ovate, ca. 4 mm long, unequally 2-lobed, sparsely ciliolate, adaxially above base white-barbate; claws as long as limbs, glabrous, above base minutely 1-appendiculate. Stamens ca. 5 mm long, glabrous; filaments lanceolate-linear, ca. 4 mm long; anthers black, oblong, 1 mm long. Carpels 3, ca. 3 mm long, glabrous.

Tibet: Zuogong County. S of Zuogong City along the Yu Qu (Yu River) Y 563. Along small tributary,

图 2　A–E. **左贡翠雀花**　A. 中部茎生叶；B. 顶生圆锥花序；C. 退化雄蕊；D. 雄蕊；E. 3 枚心皮。
F–G. **光果拟螺距翠雀花**　F. 中部茎生叶；G. 花。

Fig. 2　A–E. **Delphinium zuogongense**　A. Middle cauline leaf; B. Terminal panicle; C. Staminode; D. Stamen; E. Three carpels.　F–G. **D. bulleyanum** var. **leiogynum**　F. Middle cauline leaf; G. Flower.

29°29′40″N. 97°56′38″E; 4 000−4 100 m. Deforested ravine along small stream (originally *Picea* forest), with *Rhododendron*, *Ribes*, *Juniperus*. *Abies* forest and beside road. Tepals purple. 18 July 2009. D. E. Boufford, B. Bartholomew, D. A. Eaton, X. H. Li, R. H. Ree, B. Xu, T. P. Yue, J. W. Zhang & X. X. Zhu no. 40721 (holotype, PE; isotype, GH, not seen).

本种接近阴地翠雀花 *D. umbrosum* Hand.-Mazz.，与后者的区别在于本种的茎无毛，花序圆锥状，花序轴下部无毛，花较小，萼片长 7−10 mm，萼距长 11−13 mm，心皮无毛。在阴地翠雀花，茎被反曲短糙伏毛，花序总状，花序轴全部密被白色短伏毛和黄色开展短腺毛，花较大，萼片长 8.5-15 mm，萼距长 20−24 mm，心皮子房被疏柔毛 (Munz，1967；Wang，1979)。

光果拟螺距翠雀花　图 2：F−G

Delphinium bulleyanum Diels var. **leiogynum** W. T. Wang, var. nov. Fig. 2: F−G.

(Sect. *Delphinastrum* DC.)

A var. *bulleyano* differt carpellis glabris.

Sichuan: Danba County: SE of the city of Danba on road (highway 303) to Daofu and Kangding at Dingguo Shan. 30°36′40″ N, 101°45′22″ E; 2 800−2 950 m. Remnant *Tsuga* forest with scattered *Picea* and *Abies* and shrubs and small trees of *Malus*, *Salix* and *Betula* and shrubs of *Rosa*. Open areas and at edge of forest. Herbs, ca. 1 m tall, flowers blunish purple. Scattered throughout. 24 July 2007. D. E. Boufford, K. Fujikawa, S. L. Kelley, R. H. Ree, B. Xu, J. W. Zhang, T. C. Zhang & W. D. Zhu no. 38028 (holotype, PE; isotype, GH, not seen).

本种与模式变种的区别在于心皮无毛。在模式变种，心皮的子房被柔毛 (Munz，1967；Wang，1979)。

美花唐松草　图 3：A−E

Thalictrum callianthum W. T. Wang, sp. nov. Fig. 3: A−E.

Species nova haec est affinis *T. delavayi* Franch., quod foliolis majoribus usque ad 3 cm longis 2−2.5 cm latis, sepalis minoribus usque ad 9(−12) mm longis, antheris oblongis, stylis ovariis multo brevioribus sub fructu apice haud hamatis, acheniis ad suturas dorsales ventralesque anguste alatis differt.

Perennil herbs. Stems ca. 1.5 m tall, glabrous, branched. Middle cauline leaves short petiolate, 3−4-ternately compound, glabrous; blades deltoid or triangular in outline, 16−18 cm long, 22−25 cm broad; leaflets numerous, thin papery, terminal leaflets broad-obovate, 7−10 mm long, 5−9 mm broad, 3-lobed, apex long apiculate, lateral leaflets obliquely ovate, obliquely quadrate or obliquely narrow-obovate, 4−9 mm long, 3−9 mm broad, 3-lobulate or undivided, apex acute; petioles ca. 5 cm long, base brown-vaginate. Terminal thyrse ca. 30 cm long, ca. 30-flowered, glabrous; bracts foliaceous, 2.5−7 cm long; pedicels slender, 2−4.5 cm long. Flower 2−3 cm in diam., beautiful; sepals 4(5), purple (according to the collectors), spreading, long elliptic or narrow-ovate, 11−16 mm long, 5−10 mm broad, glabrous, apex mucronate; stamens 22−28, 5−8.5 mm long, glabrous, filaments filiform, anthers yellow, narrow. linear, 1.5−2 mm long, apex apiculate; carpels 10−15, glabrous, ovaries green, elliptic, ca. 1 mm long, styles slender, dark-blue, ca. 1 mm long, stigmas yellow, narrow-linear, 0.8−1 mm long, basal stipes 0.5–0.8 mm long. Achenes flattened, sublunate, ca. 5 mm long, 1.5–2 mm broad, glabrous, on each side prominently and longitudinally 1–3-nerved, basal stipes ca. 1 mm long, persistent styles 2–2.2 mm long, apex hooked.

西藏 (Tibet)：米林 (Milin)，派区 (Paiqu)，格噶村 (Gega village)，alt. 3 400 m，灌丛中 (in shrubbery)，植物高 1.5 m (pl. 1.5 m tall)，花紫色 (fls. purple)，2012-08-01，杨永，刘冰，林秦文，赖阳均，冯涛 (Y. Yang，B. Liou，Q. W. Lin，Y. J. Lai & T. Feng) 471 (holotype，PE)。

本种与偏翅唐松草（*T. delavayi* Franch.）近缘，与后者的区别在于本种叶的小叶较小，长 4–10 mm，宽 3–9 mm，萼片较大，长 11–16 mm，花药狭条形，花柱细长，与子房等长，果期伸长后顶端呈钩状弯曲，瘦果无翅。在偏翅唐松草，小叶较大，长达 3 cm，宽达 2–2.5 cm，萼片较小，长达 9(–12) mm，花药长圆形，花柱比子房短数倍，果期顶端不弯曲，瘦果沿背缝线和腹缝线具狭翅（王文采，1979）。

在 1991、2001 年我分别到瑞典乌普萨拉和瑞士日内瓦访问时，曾在二地的植物园中看到栽培有特产我国云南、四川的偏翅唐松草，本种的花比偏翅唐松草的花还要大，呈紫色，也更加美丽，值得引种作为观赏植物。

米林银莲花　图 3：F–K

Anemone milinensis W. T. Wang, sp. nov. Fig. 3: F–K.

Species nova haec est affinis A. *rivulari* Buch.-Ham. ex DC., quae foliis utrinque strigosis, floribus pluribus in cymam compositam bis vel ter ramosam dispositis, bracteis petiolatis, floris sepalis albis pluribus (6–)7–8(–10) elliptico-obovatis dorso sparse pubescentibus apice dense puberulis facile recedit.

Perennial herbs. Rhizome unknown. Basal leaves several, long petiolate, glabrous; blades papery, deltoid or orbicular-ovate, 1.2–1.5 cm long, 1.7–2.6 cm broad, 3-sect, base deep-cordate, central segment broad-ovate, ca. 1.5 cm broad, 3-parted, partitions with 2–3 ultimate ovate lobules, lateral segments obliquely flabellate, unequally 3-parted; petioles 9–13.5 cm long. Scape 12–16 cm tall, glabrous; involucre consisting of 3 sessile bracts, which are 1.1–1.3 cm long, 2–3-fid, with lobes narrow-triangular or sublinear, entire or 3-lobulate. Flower solitary, terminal, or 2 flowers arranged in a terminal simple monochasium; pedicels 1–12 mm long, glabrous; sepals 5, dilutely blue-purple (according to the collectors), broad-obovate, ca. 6 mm long, 4–4.5 mm broad, glabrous, apex rounded or subtruncate; stamens ca. 18, glabrous, filaments white, linear, 1–2 mm long, anthers dark-blue, narrow-oblong, 1.2–1.5 mm long; carpels ca. 16, glabrous, ovaries green, narrow-oblong, 1–2 mm long, 1-ovulate, styles 0.5–1 mm long, apex hooked.

西藏 (Tibet)：米林 (Milin)，派区 (Paiqu)，多雄拉山 (Duoxionglashan)，alt. 4 200 m，高山草地 (alpine meadow)，花淡蓝紫色 (fls. dilutely blue-purple)，2012-07-30，杨永，刘冰，林秦文，赖阳均，冯涛 (Y. Yang，B. Liou，Q. W. Lin，Y. J. Lai & T. Feng) 319 (holotype，PE)。

本种与草玉梅（A. *rivularis* Buch.-Ham. ex DC.）近缘，与后者的区别在于本种的叶无毛，花单朵顶生或 2 朵组成一顶生简单单歧聚伞花序，苞片无柄，花的萼片淡蓝紫色，5 枚，宽倒卵形，无毛。在草玉梅，叶两面被糙伏毛，花较多，组成 2–3 回分枝的复杂聚伞花序，苞片具柄，花的萼片白色，较多，(6–)7–8(–10) 枚，椭圆形状倒卵形，背面疏被柔毛，顶端密被短柔毛（王文采，1980）。

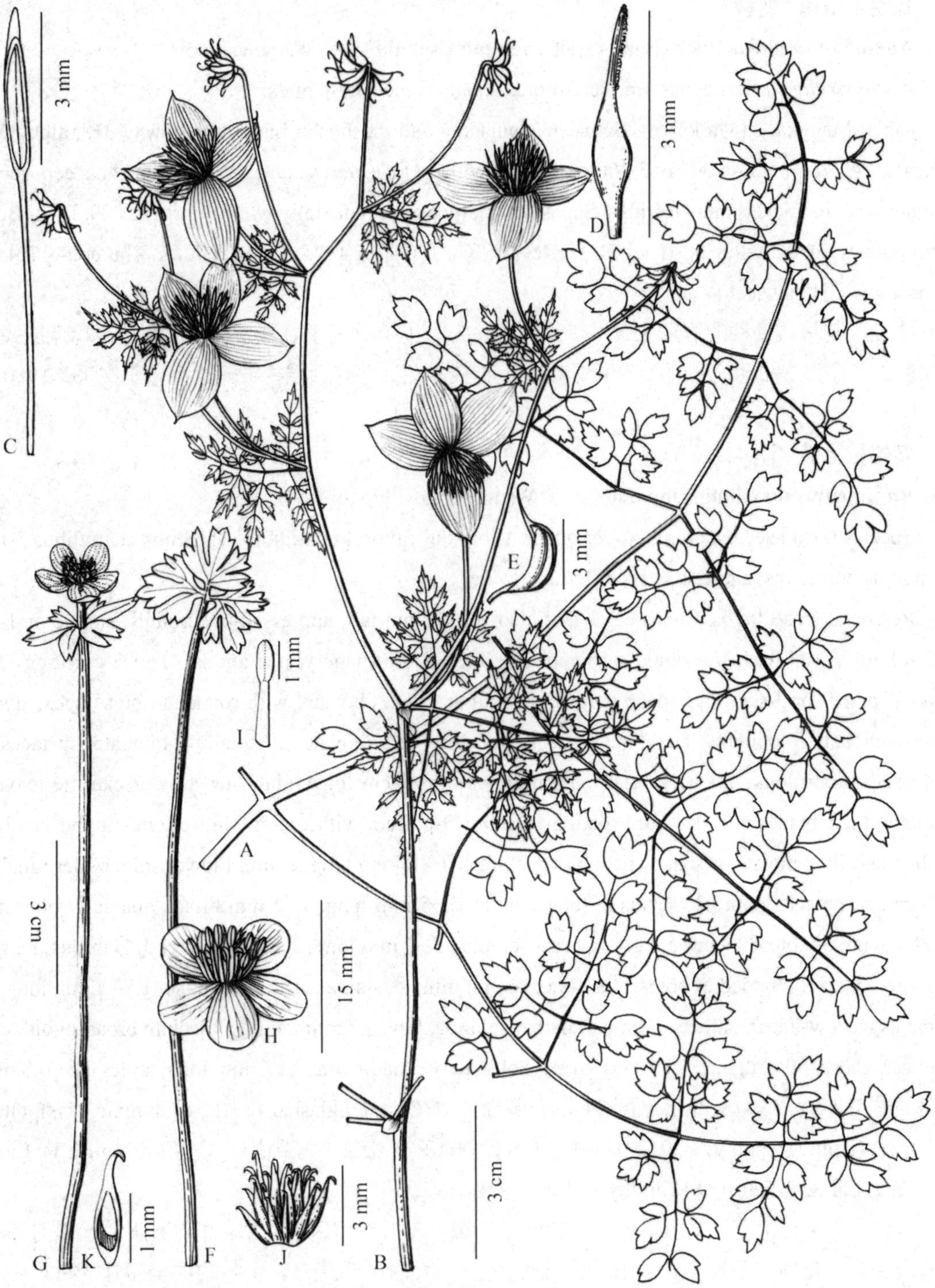

图 3　A–E. **美花唐松草**　A. 茎中部叶；B. 聚伞圆锥花序；C. 雄蕊；D. 心皮；E. 瘦果。
F–K. **米林银莲花**　F. 基生叶；G. 花葶；H. 花；I. 雄蕊；J. 雌蕊群；K. 心皮纵切面。

Fig. 3　A–E. ***Thalictrum callianthum***　A. Middle cauline leaf; B. Thyrsi; C. Stamen; D. Carpel; E. Achene.
F–K. ***Anemone milinensis***　F. Basal leaf; G. Scape; H. Flower; I. Stamen; J. Gynoecium;
K. Longitudinal section of carpel.

疏毛草玉梅（变种）

Anemone rivularis Buch.-Ham. ex DC. var. **pilosisepala** W. T. Wang, var. nov.

A var. *rivulari* differt cyma simplici 3-flora, sepalis apice sparse pilosis.

Tibet: Mangkang (Markham). Between Mangkang and the Jinsha Jiang on highway 318, along Xi Qiu (Xi River). 29°43′78″N, 98°46′37″ E; 3 300 m. Ravine with dwarf *Quercus* and mixed shrubs on steep, rocky slopes. Among rocks in thickets and clearings. Sepals abaxially purple, adaxially white. 16 July 2009. D. E. Boufford, B. Bartholomew, D. A. Eaton, X. H. Li, R. H. Ree, B. Xu, J. P. Yue, J. W. Zhang & X. X. Zhu no. 40614 (holotype, PE; isotype, GH, not seen).

本变种与模式变种的区别在于本变种的花序为简单聚伞花序，具3朵花，萼片顶端疏被柔毛。在模式变种，花序为2–3回分枝的复杂聚伞花序，具较多花，萼片顶端密被短柔毛（王文采，1980）。

多雄拉毛茛　图4：A–D

Ranunculus duoxionglashanicus W. T. Wang, sp. nov. Fig. 4: A–D.

Species nova haec est affinis *R. petrogeito* Ulbr., qui foliorum basalium segmentis centralibus 3-fidis, floris staminibus numerosis, antheris luteis differt.

Perennial small herbs. Stems ca. 3 fascicled, 12–18 cm tall, appressed-puberulous, simple or 1-branched, 1–2-foliate. Basal leaves several, long petiolate; blades thin-papery, pentagonal, 1–1.2 cm long, ca. 1.8 cm broad, 3-parted or 3-sect, base deep-cordate, central segment obovate, with rounded-obtuse apex, undivided or inconspicuously 3-lobulate, lateral segments obliquely broad-obovate, unequally 2-lobulate; surfaces adaxially appressed-puberulous, abaxially glabrous; petioles 6.5–9 cm long, glabrous. Lower cauline leaves shortly petiolate, their blades 1.3–1.8 cm broad, 3-lobed or 3-parted, with oblong entire lobes; upper cauline leaves smaller, shortly petiolate or subsessile, oblong-elliptic, 1–1.4 cm long, entire. Flower solitary, terminal, 7–8 mm in diam.; receptacle glabrous; sepals 5, long elliptic, 3–5 mm long, 1–2 mm broad, abaxially pubescent, apex slightly acute or obtuse; petals 5, yellow, broad-elliptic, 3–4 mm long, 2–2.8 mm broad, glabrous, longitudinally 3–5-nerved, apex rounded or obtuse, basal nectary pit minute; stamens ca. 10, whitish, 1.8–2 mm long, glabrous, filaments narrow-linear, anthers oblong or narrow-oblong, 0.6–0.7 mm long; gynoecium broad-ovoid, ca. 3.2 mm long; carpels ca. 50, flattened, glabrous, ovaries obliquely broad-ovate, ca. 1 mm long, styles 0.6–0.8 mm long.

西藏(Tibet): 米林(Milin), 派区(Paiqu), 多雄拉山(Duoxionglashan), 山口 (mountain pass), alt. 4200 m, 高山草地 (alpine meadow)，2012-07-30，杨永，刘冰，林秦文，赖阳均，冯涛 (Y. Yang，B. Liou，Q. W. Lin，Y. J. Lai & T. Feng) 281 (holotype, PE)。

本种与太白山毛茛（*R. petrogeiton* Ulbr.）近缘，与后者的区别为本种的基生叶中全裂片不分裂或不明显微3裂，花的雄蕊较少，约10枚，呈白色。在太白山毛茛，基生叶的中全裂片3裂近中部，花的雄蕊多数，花药黄色（Wang & Gilbert，2001）。

十蕊毛茛　图4：E–I

Ranunculus decandrus W. T. Wang, sp. nov. Fig. 4: E–I.

Ob petala oblonga et carpella glabra species nova haec est affinis *R. micronivali* Hand.-Mazz., qui caulibus

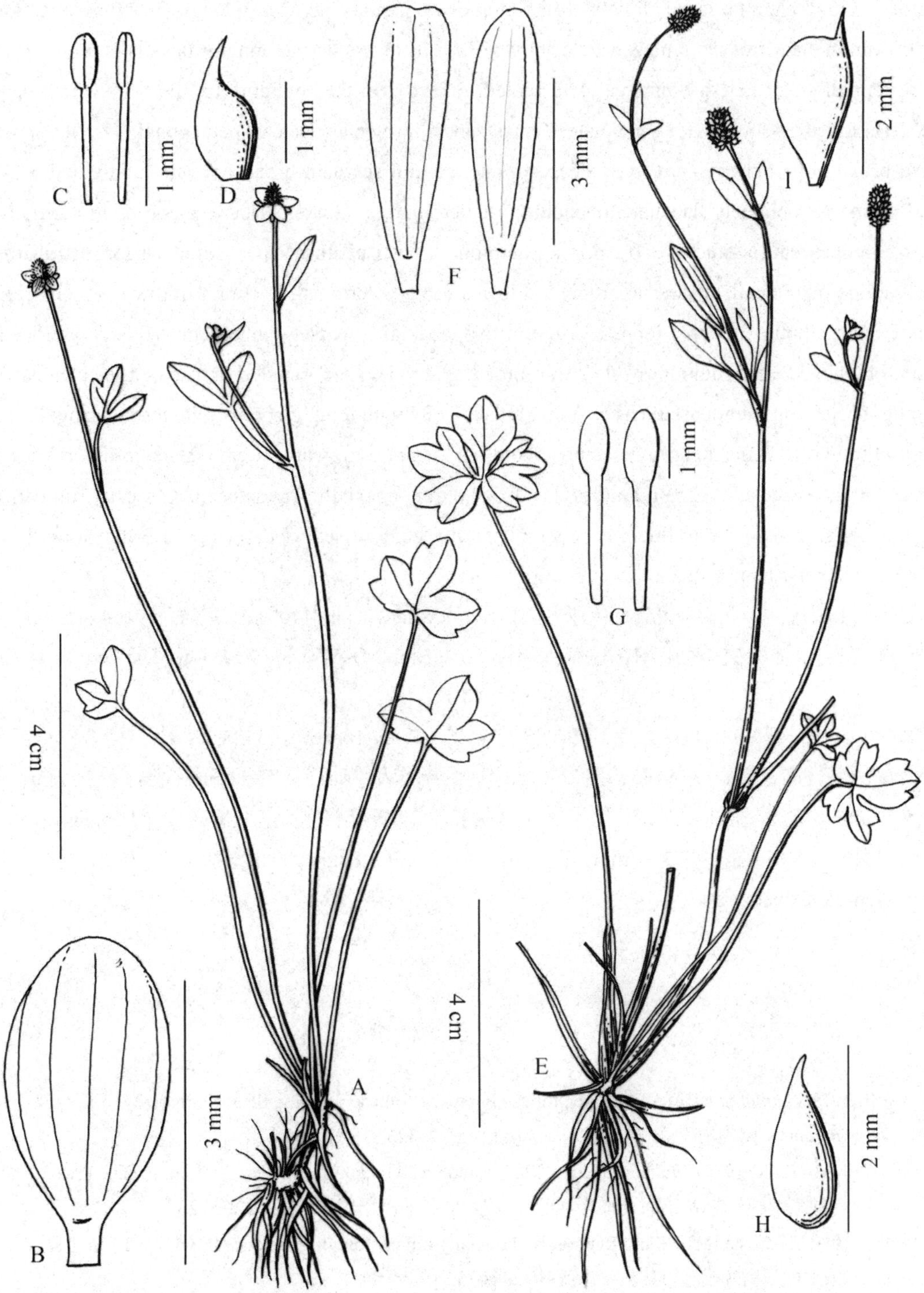

图 4　A–D. **多雄拉毛茛**　A. 植株全形；B. 花瓣；C. 2 雄蕊；D. 心皮。　E–I. **十蕊毛茛**　E. 植株全形；F. 2 花瓣；G. 2 雄蕊；H. 心皮；I. 瘦果。

Fig. 4　A–D. **Ranunculus duoxionglashanicus**　A. Habit; B. Petal; C. Two stamens; D. Carpel.
E–I. **R. Decandrus**　E. Habit; F. Two petals; G. Two stamens; H. Carpel; I. Achene.

humillimis 0.6−5 cm altis saepe efoliatis, foliis minoribus, laminis 1.8−5 mm longis 3−7 mm latis, flore minore 0.6−0.8 mm in diametro, staminibus paucioribus 3−7, stylis ovariis leviter longioribus distinguitur.

Perennial small herbs. Stems ca. 4 fascicled, 6.5−18 cm tall, puberulous, 1−2-branched, occasionally simple. Basal leaves several, long petiolate; blades papery, orbicular-ovate or pentagonal, 0.5−1.5 cm long, 1.1−2.5 cm broad, 3-parted or 3-sect, base deep cordate, central segment broad-obovate, undivided or 3-lobulate, lateral segmemts obliquely flabellate, unequally 2-lobed, margin ciliate; surfaces glabrous or adaxially sparsely appressed-pubescent; petioles 3−10 cm long, glabrous. Lower cauline leaves slightly short petiolate, 3-parted; upper cauline ones small, subsessile, 3-lobed. Flower solitary, terminal, 7−9 mm in diam.; receptacle glabrous; sepals 5, long elliptic, 2−4 mm long, 1−2 mm broad, abaxially sparsely pubescent; petals 5, yellow, oblong or cuneate-oblong, 3.2−5.5 mm long, 1.4−2 mm broad, glabrous, apex rounded-obtuse or truncate, claws 0.5−0.8 mm long, nectary pit minute; stamens ca. 10, whitish, 3−3.2 mm long, glabrous, filaments narrow-linear, anthers oblong-elliptic, ca. 1 mm long; gynoecium ovoid, ca. 5 mm long; carpels ca. 60, glabrous, ovaries flattened, obliquely broad-ovate, ca. 1.2 mm long, styles 0.3−0.6 mm, abaxially stigmatose. Aggregate fruit narrow-ovoid, ca. 8 mm long, at base 5 mm thick; achenes bilaterally compressed, obovoid, ca. 1.2 mm long, 1 mm broad, glabrous, with persistent styles ca. 0.5 mm long.

西藏 (Tibet)：林芝 (Linzhi)，色季拉山 (Sejila Shan)，alt. 4400 m，流石滩 (on screes)，2012-08-05，杨永，刘冰，林秦文，赖阳均，冯涛 (Y. Yang，B. Liou，Q. W. Lin，Y. J. Lai & T. Feng) 644 (holotype，PE)。

本种的花瓣长圆形，心皮无毛，而与窄瓣毛茛（*R. micronivalis* Hand.-Mazz.）相近，与后者的区别在于本种的茎较高，高 6.5−18 cm，具 2−3 叶，基生叶较大，叶片长 5−15 mm，宽 11−25 mm，花较大，直径 7−9 mm，雄蕊约 10 枚，花柱比子房短 2−4 倍。在窄瓣毛茛，茎低矮，高 0.6−5 mm，常无叶，叶较小，叶片长 1.8−5 mm，宽 3−7 mm，花较小，直径 0.6−0.8 mm，雄蕊较少，3−7 枚，花柱长度稍超过子房（Wang & Gilbert，2001）。

参 考 文 献

WANG W T, 1979. *Delphinium* [M] // Flora Republicae Popularis Sinicae. Beijing: Science Press, 27: 326−462. [王文采, 1979. *Delphinium* [M] // 中国植物志. 北京: 科学出版社, 27: 326−462.]

WANG W T, WANG S X, 1979. *Thalictrum* [M] // Flora Republicae Popularis Sinicae. Beijing: Science Press, 27: 552−592. [王文采, 王蜀秀, 1979. *Thalictrum* [M] // 中国植物志. 北京: 科学出版社, 27: 552−592.]

WANG W T, 1980. *Anemone* [M] // Flora Republicae Popularis Sinicae. Beijing: Science Press, 28: 1−56. [王文采, 1980. *Anemone* [M] // 中国植物志. 北京: 科学出版社, 28: 1−56.]

MUNZ P A, 1967−1968. A synopsis of the Asian species of *Delphinium*, sensu stricto [J]. J Arnold Arbore, 48: 249−302, 476−545; 49: 73−166, 233−259.

WANG W T, GILBERT M G, 2001. *Ranunculus* [M] // WU C Y, RAVEN P H (eds). Flora of China. Beijing: Science Press; St. Louis: Missouri Botanical Garden Press, 6: 391−431.

圆盔乌头，陕西毛茛科一新种

Aconitum rotundocassideum, a new species of Ranunculaceae from Shaanxi

圆盔乌头 新种（图 1）

Aconitum rotundocassideum W. T. Wang, sp. nov. Fig. 1(Sect. *Aconitum* Ser. *Volubilia* Steinb.)

Ob habitum et sepalum superum galeiformem species nova haec est arcte affinis *A. crassicauli* W. T. Wang endemico in Gongshan, Provinciae Yunnan, quod floribus 5–10 in racemum dispositis, pedicellis rectis haud arcuatis, sepalo supero majore naviculari-galeiformi ca. 2 cm alto obscuro-nervi et conspicue rostrato, ejus margine infero ca. 1.6 cm longo, sepalis lateralibus majoribus 1.5 cm longis 1.2 cm latis, staminum filamentis haud 2-denticulatis facile differt. Habitu ea est etiam similis *A. hemsleyano* Pritz., quod floribus vulgo 2–6 in racemum dispositis, sepalo supero majore alte galeiformi 2–2.4 cm alto apice rotundato praeclare recedit.

Tubers obconic, ca. 1.5 cm long, 1 cm in diam. Stem twining, near base ca. 9 mm in diam., subglabrous, many-branched; branches slender, 30–45 cm long, ca. 2 mm in diam., sparsely appressed-puberulous, often purple-tinged. Leaves petiolate; blades papery, pentagonal, 4.5–6.8 cm long, 6.5–8 cm broad, at base cordate, to 5–7 mm above base 3-parted, central lobe rhombic, 2.8–4 cm broad, at apex acuminate, 3-fid, with margins incised-denticulate, lateral lobes obliquely broad-flabellate, unequally 2-fid; surfaces adaxially and abaxially sparsely appressed-puberulous; petioles 2.5–3.5 cm long, with peduncles retrorsely appressed-puberulous. Panicles axillary, ca. 8 cm long, usually consisting of 3 small racemes; peduncles 3.5–5 cm long; rachises glabrous; bracts foliaceous. Racemes 2–4 cm long, usually 3-flowered; bracts linear, 0.6–1.5 cm long. unequally 2-fid or undivided; pedicel slender, usually arcuate, 0.5–1.5 cm long, glabrous, near base 2-bracteolate; bracteoles narrow-linear, 3–5 mm long, glabrous. Sepals red, abaxially sparsely appressed-puberulous, conspicuously longitudinally nerved; upper sepal rounded- galeiform or subglobose, ca. 1.7 cm high, at apex truncate-rounded, shortly clawed, not beaked, adaxially glabrous, lower margin ca. 1.1 cm long, slightly concave; lateral sepals obliquely broad-obovate, ca. 1 cm long, 9 mm broad, adaxially sparsely and shortly sericeous, ciliate; lower sepals oblong-navicular, ca. 9 mm long, 2.2 mm broad, adaxially sparsely puberulous. Petals glabrous; claws ca. 8 mm long; limbs 7 mm long; lips 3.5 mm long, near apex reflexed, at apex emarginate; spurs incurved, 2 mm long. Stamens glabrous; filaments ca. 3.5 mm long, below winged, and 2-denticulate; anthers ca. 1 mm long. Carpels 3, ca. 3.5 mm long, glabrous.

原文刊登于《植物科学学报》31(6): 533–535, 2013。
致谢：蒙孙英宝先生为本文绘图，谨表示深切感谢。

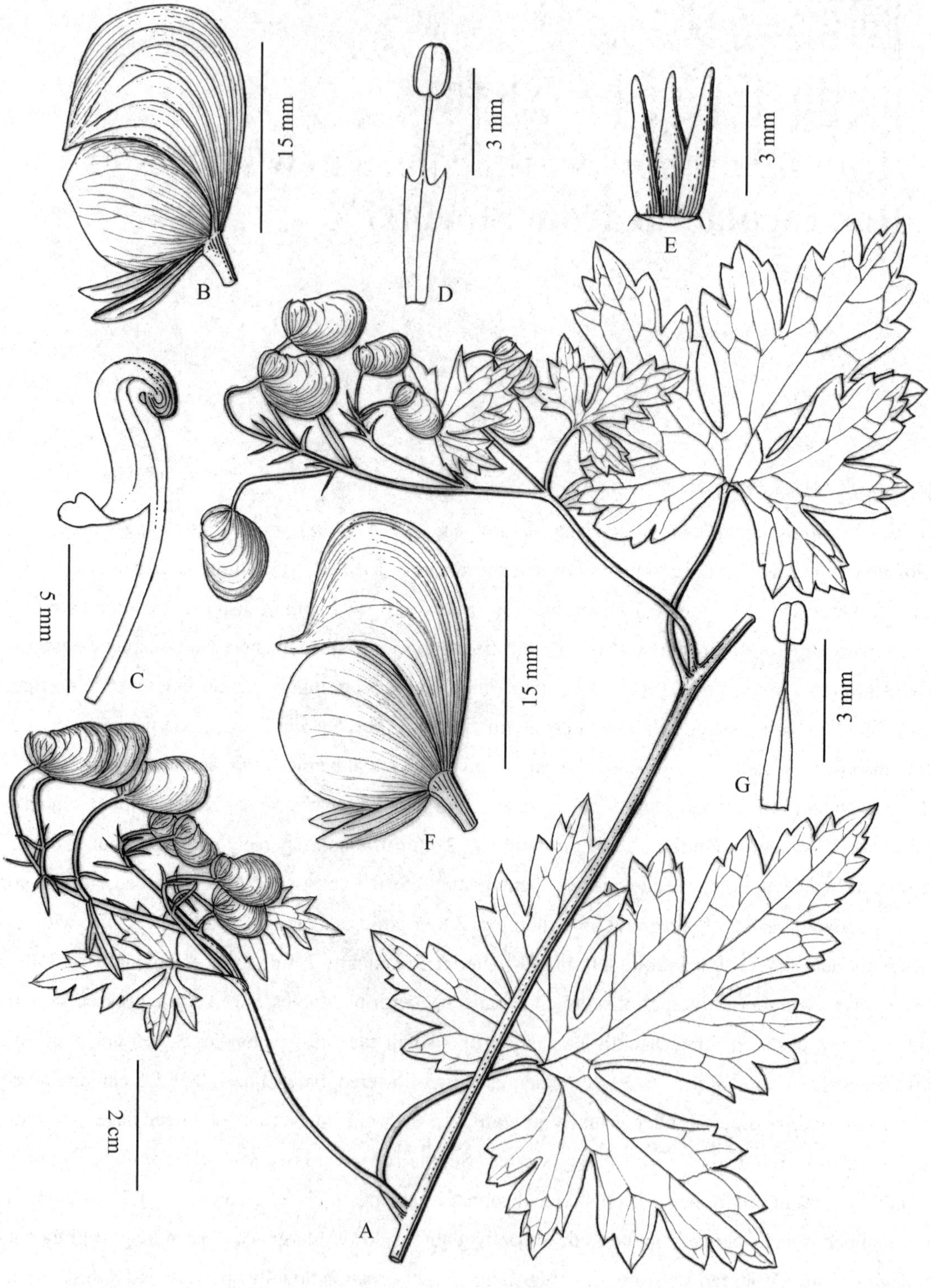

图 1　A−E. **圆盔乌头**　A. 开花枝一部分；B. 花；C. 花瓣；D. 雄蕊；
E. 雌蕊群，由 3 心皮组成。　F−G. **粗茎乌头**　F. 花；G. 雄蕊。

Fig. 1 A−E. ***Aconitum rotundocassideum***　A. Part of flowering branch; B. Flower; C. Petal; D. Stamen;
E. Gynoecium, consisting of three carpels.　F−G. ***A. crassicaule***　F. Flower; G. Stamen.

块根倒圆锥形，长约 1.5 cm，直径 1 cm。茎缠绕，近基部直径约 9 mm，近无毛，多分枝；枝纤细，长 30−45 cm，直径约 2 mm，疏被贴伏短柔毛，常带紫色。叶具柄；叶片纸质，五角形，长 4.5−6.8 cm，宽 6.5−8 cm，基部心形，3 深裂至距基部 5−7 cm 处，中央裂片菱形，宽 2.8−4 cm，顶端渐尖，3 中裂，边缘具缺刻和小牙齿，侧裂片斜宽扇形，不等 2 中裂，两面疏被贴伏短柔毛；叶柄长 2.5−3.5 cm，与花序梗均被反曲短柔毛。圆锥花序腋生，长约 8 cm，通常具 3 小总状花序；花序梗长 3.5−5 cm；轴无毛；苞片叶状。总状花序长 2−4 cm，通常具 3 朵花；苞片条形，长 0.6−1.5 cm，不等 2 中裂或不分裂；花梗纤细，通常弓状弯曲，长 0.5−1.5 cm，无毛，近基部具 2 小苞片；小苞片狭条形，长 3−5 mm，无毛。萼片红色，外面疏被贴伏短柔毛，有明显纵脉；上萼片圆盔形或近球形，高约 1.7 cm，顶端截状圆形，具短爪，内面无毛，下缘长约 1.1 cm，稍凹；侧萼片斜宽倒卵形，长约 1 cm，宽 9mm，内面疏被短绢毛，还具缘毛；下萼片长圆状船形，长约 9 mm，宽 2.2 mm，内面疏被短柔毛。花瓣无毛；爪长约 8 mm；瓣片长 7 mm；唇长 3.5 mm，近顶端反折，顶端微凹；距向内弯曲，长 2 mm。雄蕊无毛；花丝长约 3.5 mm，下部具翅，并具 2 小齿；花药长约 1 mm。心皮 3，长约 3.5 mm，无毛。

陕西 (Shaanxi)：周至 Zhouzhi County, Houzhizi, south slope of Taibai Shan, alt. 2 700 m, in forests, herb perennial, fls. red, 1999-09-10, Zhu, Chen, Xu & Wang no. 1992 (holotype, PE)。

由于具有相似的体态和盔形上萼片，本种与特产云南贡山的粗茎乌头 *Aconitum crassicaule* W. T. Wang 在亲缘关系上很相近，与后者的区别在于本种的花组成由 3 个具 3 花的小总状花序形成的圆锥花序，花梗通常弓状弯曲，上萼片较小，呈圆盔形或近球形，具明显脉，无喙，其下缘长约 1.1 cm，侧萼片较小，长 1 cm，宽 9 mm，雄蕊花丝具 2 小齿。粗茎乌头，花 5−10 朵组成总状花序，花梗直，上萼片较大，船状盔形，高约 2 cm，有不明显脉和明显的喙，其下缘长 1.6 cm，侧萼片也较大，长 1.5 cm，宽 1.2 cm，雄蕊花丝不具 2 小齿。在体态方面本种与瓜叶乌头 *A. hemsleyanum* Pritz. 相似，但本种的花较小，组成圆锥花序，上萼片较小，圆盔形，高约 1.7 cm，顶端截状圆形而与后者相区别。瓜叶乌头，花较大，通常 2−6 朵组成总状花序，上萼片较大，高盔形，高 2−2.4 cm，顶端圆形 [1]。

参 考 文 献

[1] 王文采. *Aconitum* [M] // 中国植物志: 第 27 卷. 北京: 科学出版社, 1979: 113−326.

迁西乌头，河北毛茛科一新种

Aconitum qianxiense, a new species of Ranunculaceae from Hebei

迁西乌头　图 1

Aconitum qianxiense W. T. Wang, sp. nov.

(Subg. *Aconitum*)

Ob formam foliorum et floris species nova haec est similis *A. carmichaeli* Debx., quod tuberibus haud ramosis, caulibus robustis usque ad 150 cm altis rectis puberulis, foliis majoribus 9−15 cm latis plerumque trisectis utrinque puberulis, floribus in racemum dispositis, pedicellis sepalisque extus puberulis, carpellorum ovariis puberulis raro glabris valde differt.

Tubers 2, carrot-shaped, 2.5−4 cm long, near apex ca. 7 mm across, below bifurcate-branched. Stem slender, ca. 19 cm tall, at base 1.2 mm across, glabrous, smooth, zigzag, ca. 8-leaved. Leaves petiolate, glabrous; blades thinly coriaceous, pentagonal, 2.1−3.3 cm long, 3−6.4 cm broad, at base deep-cordate or open-cordate, to 1−4 mm above base 3-parted or 3-sect, central segment broad- rhombic, obovate-rhombic or broad-oblanceolate, 1.7−3.3 cm long, 0.8−2.8 cm broad, at apex acute, 3-lobed, 3-dentate or subentire, lateral segments obliquely flabellate, unequally 2-lobed or 2-parted, with lobes 1−2-denticulate; petioles slender, 1.2−4.5 cm long. Flower solitary, terminal; bracts 2, opposite, shortly petiolate, leaf-like, ca. 8 mm broad; pedicel slender, ca. 4.6 cm long, 0.9 mm across, glabrous, smooth, above base 2-bracteolate; bracteoles sessile, lanceolate-linear, ca. 3.5 mm long, 0.6 mm broad, glabrous. Sepals purple, outside glabrous; upper sepal high galeate, ca. 1.7 cm high, shortly clawed and beaked, within glabrous, lower margin concave, ca. 1.3 cm long; lateral sepals obliquely broad-obovate, ca. 1.5 cm long, 1.4 cm broad, within sparsely sericeous; lower sepals slightly unequal in size, narrow-obovate, 1.1−1.3 cm long, 5−6 mm broad, at apex subtruncate, within sparsely sericeous. Petals (damaged by insects) glabrous; claws ca. 1.2 cm long; limbs linear, ca. 7 mm long, 2 mm broad; lips ligulate, ca. 3.5 mm long; spurs unknown. Stamens glabrous; filaments filiform, ca. 5 mm long, near base broadened; anthers subquadrate, ca. 0.8 mm long, 1 mm broad. Carpels 4, 4−4.5 mm long, glabrous.

块根 2，胡萝卜形，长 2.5−4 cm，近顶端粗约 7mm，下部二叉状分枝。茎纤细，高约 19 cm，基部粗约 1.2 mm，无毛，光滑，之字形弯曲，约有 8 叶。叶具柄，无毛；叶片薄革质，五角形，长 2.1−3.3 cm，宽 3−6.4 cm，基部深心形或开展心形，3 深裂至基部之上 1−4 mm 处或 3 全裂，中央一回裂片宽菱形，倒卵状菱形或宽倒披针形，长 1.7−3.3 cm，宽 0.8−2.8 cm，在顶端急尖，3 浅裂，具 3 牙齿或近全缘，

原文刊登于《植物研究》33(6)：641−643，2013。
致谢：深切感谢孙英宝先生为本文绘图。

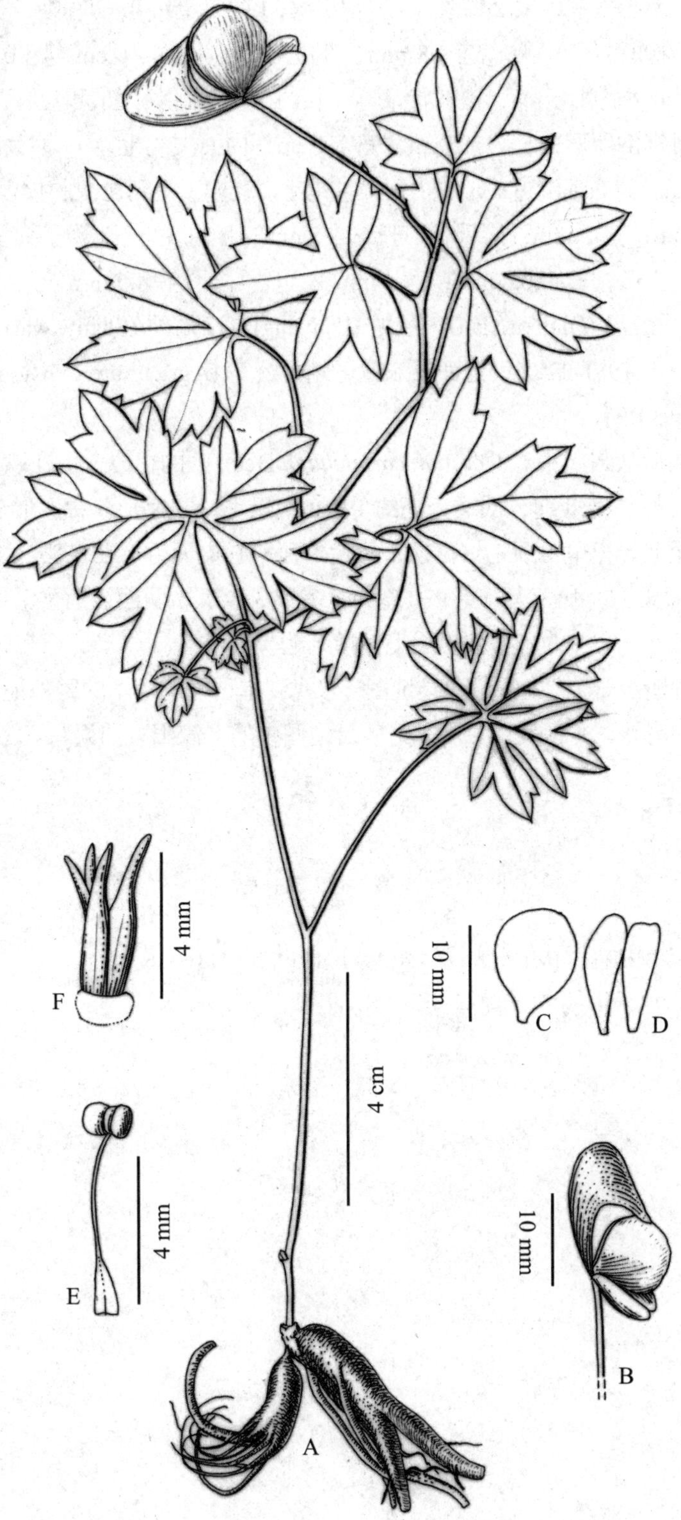

图 1　**迁西乌头**　A. 植株全形；B. 花；C. 侧萼片；D. 2 下萼片；E. 雄蕊；F. 雌蕊群，包含 4 枚心皮。

Fig. 1　**Aconitum qianxiense**　A. Habit; B. Flower; C. Lateral sepal; D. Two lower sepals; E. Stamen; F. Gynoecium，consisting of four carpels.

侧一回裂片斜扇形，不等2浅裂或2深裂，二回裂片有1–2小齿；叶柄纤细，长1.2–4.5 cm。花单朵顶生；苞片2，对生，具短柄，叶状，宽约8 mm；花梗纤细，长约4.6 cm，粗0.9 mm，无毛，光滑，在基部之上有2小苞片；小苞片无柄，披针状条形，长约1.7 cm，具短爪和短喙，内面无毛，下面凹，长约1.3 cm，侧萼片斜宽倒卵形，长约1.5 cm，宽1.4 cm，内面被绢毛，下萼片稍不等大，狭倒卵形，长1.1–1.3 cm，宽5–6 mm，在顶端近截形，内面疏被绢毛。花瓣（受到昆虫的损害）无毛；爪长约1.2 cm；瓣片条形，长约7 mm，宽2 mm，唇舌状，长约3.5 mm；距未见。雄蕊无毛；花丝丝形，长约5 mm，近基部变宽；花药近方形，长约0.8 mm，宽1 mm。心皮4，长4–4.5 mm，无毛。

河北(Hebei)：迁西县(Qianxi Xian)，兰阳(Lanyang)，山峪外(Shanyuwai)，羊角石(Yangjiaoshi)，花紫色(flower purple)，1981-09-03，迁西县农业区划办公室(Agriculture division office of Qianxi Xian)无号(sine num., holotype, PE)。

本种的叶和花的形状与乌头（*Aconitum carmichaeli* Debx.）的相似，但在以下特征与后者明显不同：本种的块根二叉状分枝，茎纤细，低矮，高约19 cm，无毛，之字形弯曲，叶较小，宽达6.4 cm，3深裂或3全裂，两面无毛，花单朵顶生，花梗，萼片外面和心皮无毛。在乌头，块根不分裂，茎粗壮，高达150 cm，直，被短柔毛，叶较大，宽9–15 cm，多数3全裂，两面被短柔毛，花组成总状花序，花梗和萼片外面均被短柔毛，心皮的子房被短柔毛，稀无毛[1]。

我查阅《河北省地图册》[2]中的迁西县地图，未找到本种模式标本的野外记录中记载的“兰阳”“山峪外”和“羊角石”诸地，并怀疑“兰阳”可能是地图中的“滦阳”的误写。

参考文献

[1] 王文采. *Aconitum*. 中国植物志[M]. 北京: 科学出版社, 1979, 27: 113–326。
[2] 杜秀荣. 河北省地图册[M]. 北京: 中国地图出版社, 2013。

柔毛赤车，广西荨麻科一新种

Pellionia mollissima, a new species of Urticaceae from Guangxi

柔毛赤车　图1

Pellionia mollissima W. T. Wang, sp. nov. Fig. 1.

Species nova haec acheniis longitudinaliter lineolatis et minutissime tuberculatis insignis est, secundum fructus characterem hunc a speciebus omnbus ceteris generis *Pellioniae* diffeet, etiam foliis utrinque densissime puberulis a speciebus sinensibus ceteris generis hujus recedit.

Perennial herbs, turns black when drying. Stems ca. 65 cm tall, near base 6 mm across, above densely puberulous (with hairs 0.2 mm long), below glabrous and longitudinally shallowly 10-sulcate. Leaves sessile; blades thin papery, obliquely oblandeolate or long elliptic, 13−17 cm long, 2−4.8 cm broad, apex long acuminate, base at leaf narrow side long attenuate and at broad side obtuse or auriculate, margin denticulate; surfaces adaxially and abaxially very densely puberulous (with hairs 0.2−0.5 mm long); venation semi-triplinerved, with lateral nerves 3 at leaf narrow side, 5 at broad side; cystoliths dense, bacilliform, 0.2−0.5 mm long; stipules membranous, narrow-lanceolate or linear, 9−11.5 mm long, 2−2.8 mm broad, abaxially puberulous. Staminate cymes unknown. Infructescences singly axillary, small, ca. 3 mm long and broad, sessile, below from base very shortly 4-branched; bracts sessile, ovate, narrow-ovate or narrow-lanceolate, 0.5−0.6 mm long, 0.2−0.35 mm broad, brown, glabrous, apex acute or attenuate. Pistillate flower 5-merous, not seen; persistent tepals 5, lanceolate-linear or narrow-lanceolate, 0.7−1.5 long, 0.3−0.4 mm broad, brown, at the middle part dark-brown, glabrous, apex acute. Achenes bilaterally compressed, biconvex, broad-elliptic, ca. 1 mm long, 0.6 mm broad, longitudinaly lineolate and very minutely tuberculate, brown, apex with white membranous remnants of stigma ca. 0.2 mm long.

多年生草本，当干燥时变为黑色。茎高约 65 cm，近基部粗 6 mm，上部密被短柔毛（毛长 0.2 mm），下部无毛并具 10 条浅纵沟。叶无柄；叶片薄纸质，斜倒披针形或长椭圆形，长 13−17 cm，宽 2−4.8 cm，顶端长渐尖，基部狭侧长渐狭，宽侧钝或耳形，边缘具小牙齿，两面极密被短柔毛（毛长 0.2−0.5 mm），半离基三出脉，侧脉在叶狭侧 3 条，在宽侧 5 条，钟乳体密集，杆状，长 0.2−0.5 mm；托叶膜质，狭披针形或条形，长 9−11.5 mm，宽 2−2.8 mm，背面被短柔毛。雄聚伞花序未见。雌聚伞花序单生叶腋，小，长和宽均为 3 mm，无梗，下部自基部起有 4 条很短分枝；苞片无柄，卵形、狭卵形或狭披针形，长 0.5−0.6 mm，宽 0.2−0.35 mm，褐色，无毛，顶端急尖或渐狭。雌花五基数，未见；宿存花被片 5，

原文刊登于《广西植物》34(1): 1−3, 2014。
致谢：孙英宝先生为本文绘图，深表感谢。

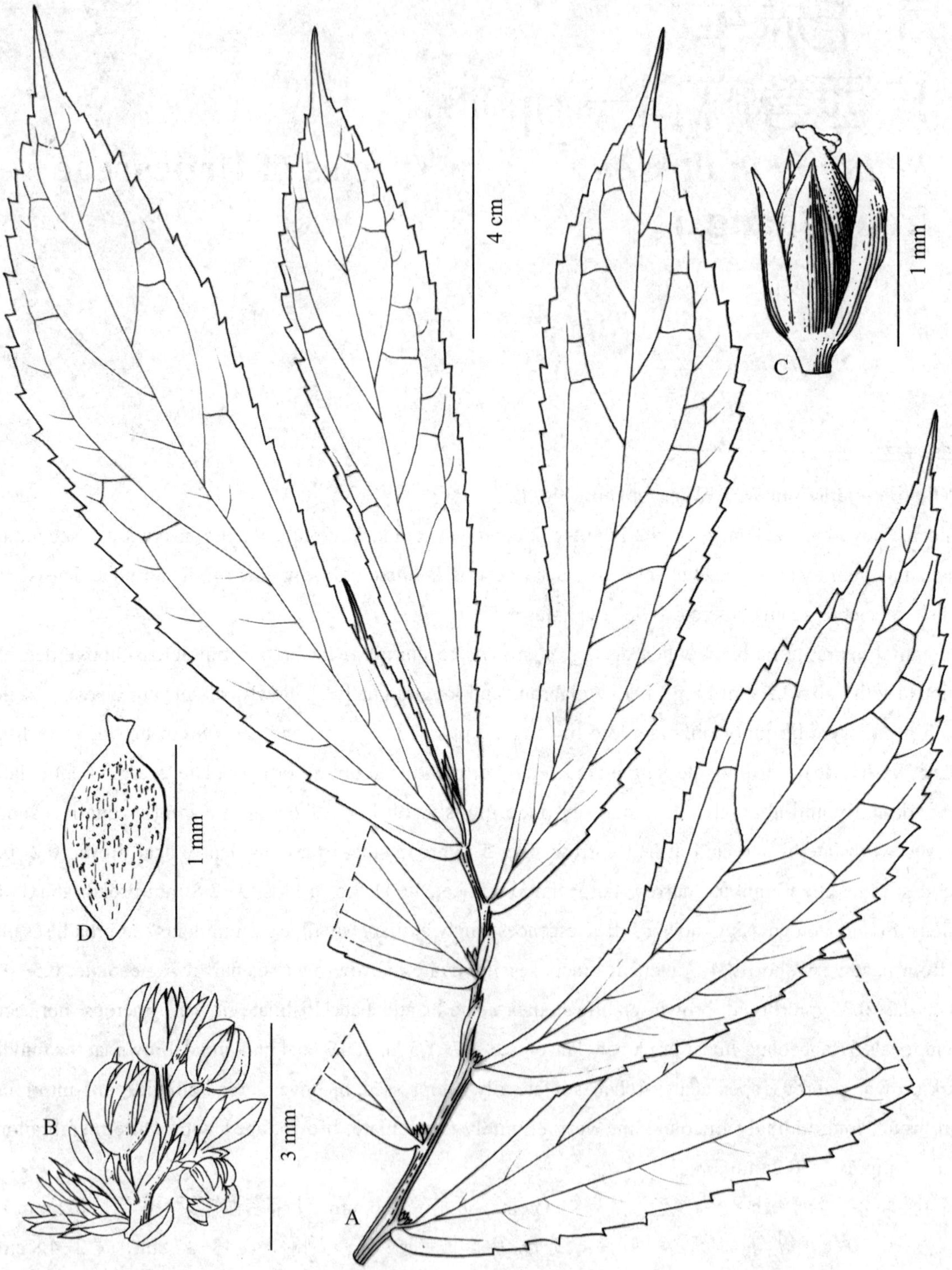

图 1　**柔毛赤车**　A. 雌茎上部；B. 果序；C. 宿存花被片和瘦果；D. 瘦果。（来自模式标本）

Fig. 1　**Pellionia mollissima**　A. Upper part of pistillate stem; B. Infructescence; C. Persistent tepals and achene; D. Achene. (from holotype)

披针状条形或狭披针形，长 0.7−1.5 mm，宽 0.3−0.4 mm，褐色，中央暗褐色，无毛，顶端急尖。瘦果两侧扁，双凸，宽卵圆形，长约 1 mm，宽 0.6 mm，具纵列短线纹和极小瘤状突起，褐色，顶端具长约 0.2 mm 的柱头膜质残遗部分。

广西 (Guangxi)：龙州 (Longzhou)，金龙 (Jinlong)，alt. 250 m, 石灰岩山林中 (under forest in limestone hill), 2003-09-15, 税玉民，陈文红 (Y. M. Shui & W. H. Chen) B2003-038 (holotype, PE)。

本种的突出特征是瘦果具纵列短线纹和小瘤状突起，据此特征即可与赤车属的其他所有种相区别；在此属其他种，瘦果通常具瘤状突起，在少数种光滑或具不规则条纹 (marmorate) 或短线纹 (lineolate) (Schröter, 1936；王文采，1995)。此外，本种的另一特征是叶两面均密被短柔毛，据此一特征即可与我国赤车属的其他所有种相区别；在我国此属其他种，叶两面均有多少稀疏的毛，或只上面或只下面有毛，或两面均无毛 (王文采，1995) 。

参 考 文 献

王文采, 1995. *Pellionia* [M] // 中国植物志. 北京: 科学出版社, 23(2): 160−187.

SCHRÖTER H, WINKLER H, 1936. *Elatostema* subgen. *Pellionia* [M] // Monographie der Gattung *Elatostema* s. 1. Repert. Sp. Nov. Regn. Veg Beih, 83(2): 2−92.

东川铁线莲，云南毛茛科一新种

Clematis dongchuanensis, a new species of Ranunculaceae from Yunnan

东川铁线莲　图 1

Clematis dongchuanensis W. T. Wang, sp. nov. Fig. 1.

sect. *Viorna* (Reichb.) Prantl subsect. *Connatae* Koehne

Ob folia simplicia, sepala erecta, et staminum filamenta antherasque omnino puberulas species nova haec est affinis *C. repenti* Finet & Gagnep., quae foliis simplicibus vel folii ternati foliolis ellipticis indivisis basi late cuneatis vel rotundatis raro subcordatis margine sparse denticulatis vel integris, cymis axillaribus 1-floris, sepalis dorso glabris, antheris apice apiculatis facile differt.

Woody vine. Stem 1–2 m long (according to the collector); branchlets slender, ca. 1 mm across, sparsely puberulous. Leaves opposite, simple; blades papery, cordate-ovate or pentagonal- ovate, 9–12 cm long, 4–6.5 cm broad, apex acuminate, base cordate, 3-lobed; central lobe larger, ovate, 6–8 cm long, with margin unequally coarsely dentate, lateral lobes smaller, obliquely flabellate, unequally 2-lobulate, with margin unequally coarsely dentate; surfaces adaxially sparsely strigillose, abaxially appressed-pubescent; venation trinerved, with nerves nearly flat; petioles 4–6.5 cm long, sparsely puberulous. Dichotomous cyme terminal (?), ca. 15 cm broad, three times branched, ca. 12-flowered; peduncle ca. 7 cm long, subglabrous; bracts 2 opposite, lanceolate-linear, ca. 8 mm long, 1 mm broad, abaxially sparsely pubescent, base decurrent and auriculate; branches and pedicels glabrous; bracts of branches opposite, linear, 2.5–5.8 mm long, puberulous; pedicels 0.35–6.5 cm long. Flower slightly pendulous: Calyx broadly campanulate; sepals 4, erect, yellow-green (according to the collector), oblong-ovate, 13–15 mm long, 5–6 mm broad, adaxially and abaxially densely appressed-puberulous, apex obtuse, margin above velutinous. Stamens ca. 50, 11–13.2 mm long; filaments narrow-linear, 9–10 mm long, ca. 0.4 mm broad, densely puberulous, longitudinally 1-nerved; anthers linear, 2.2–2.8 mm long, 0.4 mm broad, abaxially puberulous, apex obtuse. Carpels ca. 40, ca. 9 mm long; ovaries ca. 1 mm long, appressed-pubescent; styles slender, ca. 8 mm long, below densely long sericeous (with hairs 2–4.5 mm long), above densely sericeous-pubescent (with hairs 0.5–1 mm long), apex slightly thickened.

木质藤本。茎长 1–2 m（据采集者）；小枝细，粗约 1 mm，疏被短柔毛。叶对生，为单叶；叶片纸质，心状卵形或五角状卵形，长 9–12 cm，宽 4–6.5 cm，顶端渐尖，基部心形，3 浅裂，中央裂片较长，卵形，长 6–8 cm，边缘有不等大的粗牙齿，侧裂片较小，斜扇形，不等微 2 裂，边缘有不等大的粗牙齿，

原文刊登于《广西植物》34(3)：287–289, 2014。
致谢：深切感谢孙英宝先生为本文绘图。

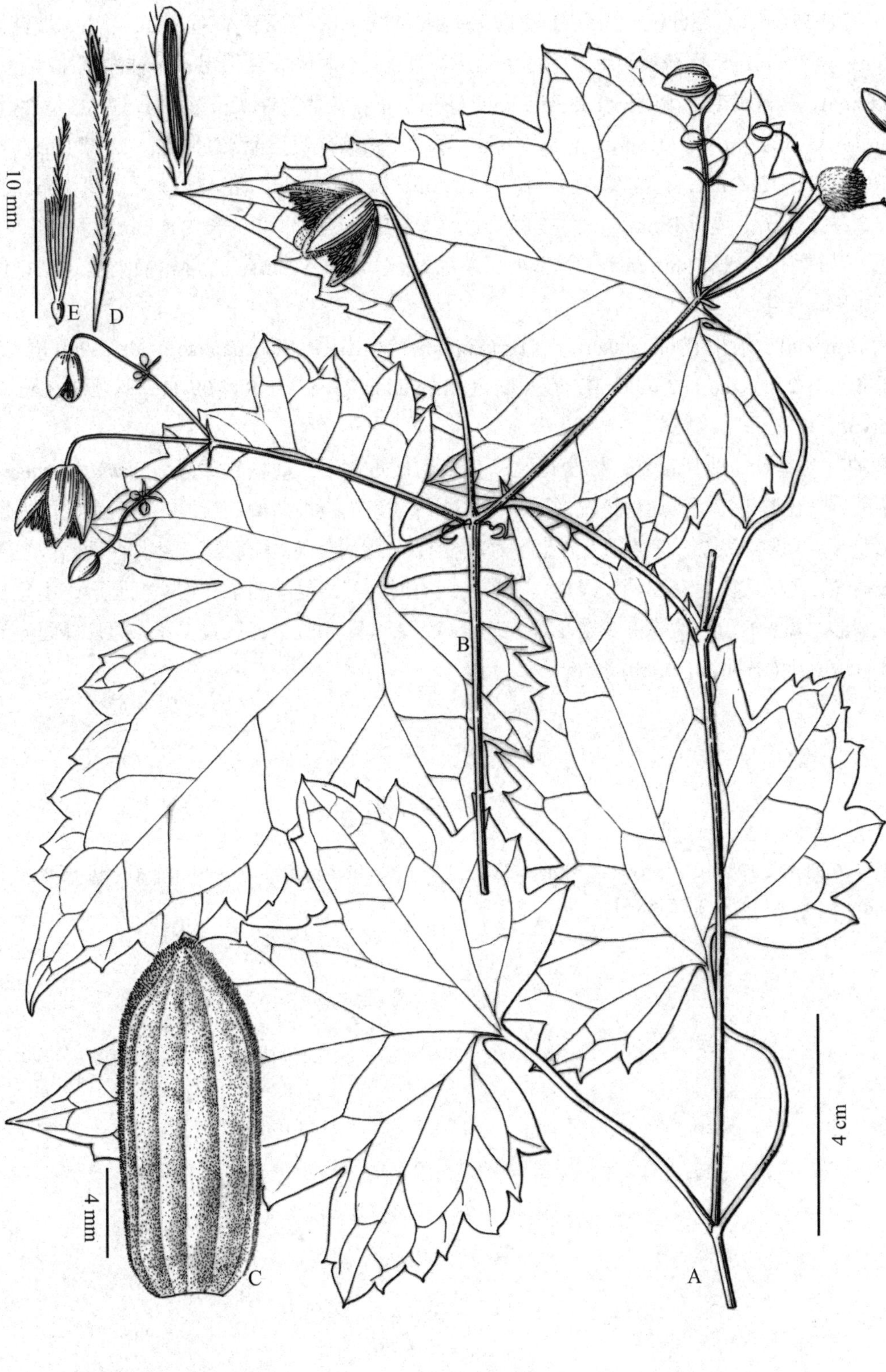

图 1　**东川铁线莲**　A. 部分枝条；B. 聚散花序；C. 萼片（背面观）；D. 雄蕊；E. 心皮。（孙英宝绘图）

Fig. 1　***Clematis dongchuanensis***　A. Part of a branch; B. Cyme; C. Sepal (dorsal view); D. Stamen; E. Carpel. (Drawn by Y. B. Sun)

上面疏被短糙伏毛，下面被贴伏柔毛，三出脉，脉近平；叶柄长 4−6.5 cm，疏被短柔毛。二歧聚伞花序顶生 (?)，宽约 15 cm，三回分枝，约有 12 花；花序梗长约 7 cm，近无毛；苞片 2，对生，披针状条形，长约 8 mm，宽 1 mm，下面疏被柔毛，基部下延，呈耳状；分枝和花梗无毛；分枝的苞片对生，条形，长 2.5−5.8 mm，被短柔毛；花梗长 0.35−6.5 cm。花稍下垂：花萼宽钟状；萼片 4，直立，黄绿色 (据采集者)，长圆状卵形，长 13−15 mm，宽 5−6 mm，两面密被贴伏短柔毛，顶端顿，边缘上部被短绒毛。雄蕊约 50，长 11−13.2 mm；花丝狭条形，长 9−10 mm，宽约 0.4 mm，密被短柔毛，具 1 条纵脉；花药条形，长 2.2−2.8 mm，宽 0.4 mm，背面被短柔毛，顶端钝。心皮约 40，长约 9 mm；子房约 1 mm，被贴伏柔毛；花柱细长，长约 8 mm，下部密被长绢毛 (毛长 2−4.5 mm)，上部密被绢状柔毛 (毛长 0.5−1 mm)，顶端稍变粗。

云南 (Yunnan)：东川 (Dongchuan)，因民 (Yinmin)，小山脑 (Xiaoshannao)，alt. 2 290 m，崖边 (by cliff)，藤本长 1−2 m (vine 1−2 m long)，花黄绿色 (fls. yellow-green)，1984-09-11，蓝顺彬 (Lan Shun-bin) 217 (holotype，PE)。

本种的叶为单叶，萼片直立，雄蕊花丝和花药均被短柔毛，曲柄铁线莲 (*Clematis repens* Finet & Gagnep.) 也具上述形态特征，这种情况说明本种在亲缘关系上接近曲柄铁线莲，与后者的区别是本种的叶呈心状卵形，3 浅裂，边缘有粗牙齿，花序为具约 12 朵花的二歧聚伞花序，萼片两面密被短柔毛，雄蕊花药顶端钝，无短尖头。在曲柄铁线莲，其单叶或有时为三出复叶的小叶均呈椭圆形，不分裂，基部宽楔形或圆形，稀浅心形，边缘具少数小牙齿或全缘，聚伞花序腋生，只具 1 花，萼片外面无毛，雄蕊花药顶端有短尖头 (方明渊，1980) 。

参 考 文 献

FANG M Y (方明渊), 1980. *Clematis* sect. *Viorna*. [M] // Flora Reipublicae Popularis Sinicae (中国植物志). Beijing: Science Press (科学出版社), 28: 88−133.

黄绒铁线莲，墨西哥毛茛科一新种

Clematis flavidonitida, a new species of Ranunculaceae from Mexico

Clematis flavidonitida W. T. Wang, sp. nov. Fig. 1.

[Sect. *Aspidanthera* Spach subsect. *Dioicae* (Prantl) W. T. Wang]

Species nova haec est arcte affinis *C. grossae* Benth., quae follis 5-foliolatim pinnatis vel ternatis, foliolis majoribus plerumque cordatis vel late ovatis usque ad 8.5 cm longis et latis margine grosse dentatis dorso vulgo dense albo-sericeis differt.

Woody vine. Branch 3 mm across, shallowly longitudinally 6-sulcate, densely yellowish-puberulous. Leaves opposite, pinnate, 5-foliolate, 8−10 cm long; leaflets petiolulate, papery, ovate, 3.5−4.6 cm long, 2−3 cm broad, at apex acuminate or acute, at base truncate-rounded, at margin 3−5-denticulate per side, undivided or 3-lobulate, adaxially dense appressed-pubescent, abaxially yellowish-sericeous-velutinous; basal nerves slightly impressed adaxially, flat abaxially; petioles 3−5.5 cm long, with leaf rhachis densely yellowish-puberulous. Staminate thyrses singly axillary, 7−9.5 cm long, 4.5−5 cm broad, many-flowered, with uppermost umbellate nodes, peduncles 2.5−3.5 cm long, with rhachis and pedicels densely yellowish-puberulous; bracts opposite, orbicular-ovate or broadly ovate, 0.9−1.4 cm long, 1−1.5 cm broad, at apex obtuse or rounded,inconspicuously 3-lobulate,adaxially puberulous, abaxially yellowish-serceous-velutinous. Staminate flower 1−1.2 cm in diam.: pedecel 1−1.2 cm long; sepals 4, white, oblanceolate, or narrowly obovate, 6−8 mm long, 2−2.8 mm broad, at apex obtuse, adaxially below sparsely above densely puberulous, abaxially entirely densely appressed-puberulous, along margin narrowly velutionus; stamans numerous, 2.5−6 mm long, glabrous, with narrowly linear filaments and oblong or narrowly oblong anthers 0.8−1.2 mm long.

Mecico: Carretera Morelia a Pátzcuaro, ca 3 km al 0 de Tiripetio; matorral de Yucca, alt. 2 100 m. Bejuco herbáceo dioico. Flor masculine blanca. Ocasional. 23 Oct. 1981. David H. Lorence 3769 (♂, holotype, PE).

This species is closely related to *C. grossa* Benth., and from the latter differs in its 5-foliolately pinnate leaves; and in its ovate leaflets which are smaller, 3.5−4.6 cm long, 2−3 cm broad, at margin denticulate, and abaxially densely yellowish-sericeous-velutinous. In *C. grossa*, the leaves are both 5-foliolately pinnate and ternate, and the leaflets are larger, usually cordate or broadly ovate, up to 8.5 cm long and broad, at margin coarsely dentate, and abaxially usually densely white-sericeous.

Reference

WANG W T, 2001. A revision of *Clematis* sect. *Aspidanthera* s. 1. (Ranunculaceae) [J]. Acta Phytotax. Sin., 42(1): 1−72, (2): 97−135.

原文刊登于《植物分类与资源学报》36 (2): 161−162，2014。
Acknowledgements: I am grateful to Mr. Sun Ying-bao for making the drawing.

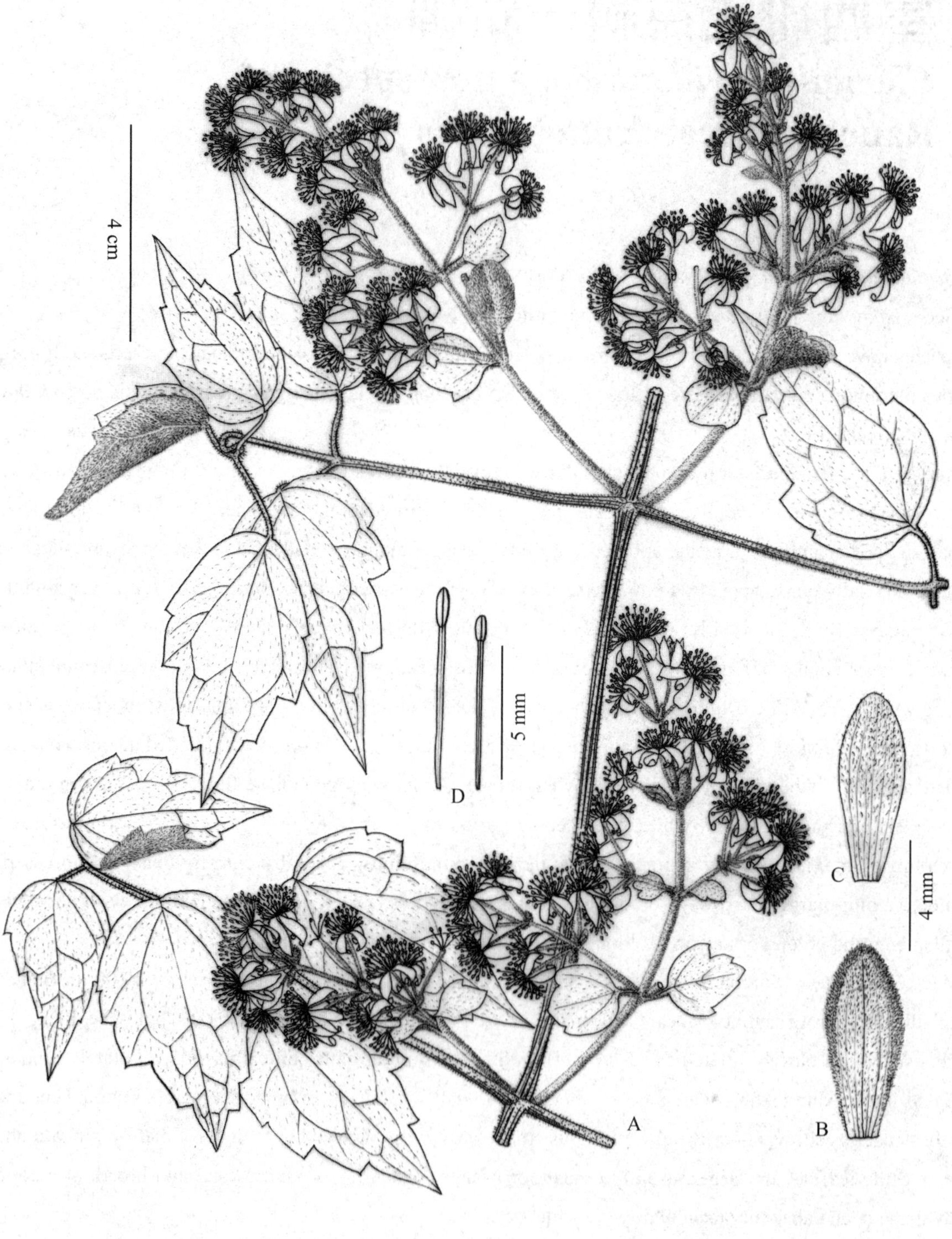

Fig. 1 **Clematis flavidonitida** A. Part of a flowering branch, with four leaves and four staminate thyrses; B. Sepal, abaxial view; C. The same as B, Abaxial view; D. Two stamens. (from holotype)

西藏乌头属二新种

Two new species of *Aconitum* (Ranunculaceae) from Xizang

Aconitum novoaxillare W. T. Wang, sp. nov. Fig. 1.

Species nova haec est arcte affinis *Aconito sinoaxillari* W. T. Wang, quod foliorum laminis 3-partitis utrinque glabris, pedicellis inferne puberulis, bracteolis multo majoribus foliaceis 1.5−1.8 cm longis 1.2−1.7 cm latis, petalis minoribus 8 mm longis, eorum unguibus 3.5 mm longis facile differt.

Tubers carrot-shaped, 2.5−4 cm long, at apex 0.9−1.8 cm across. Stem ca. 95 cm tall, near base 7−9 mm across, proximally sparsely spreading-puberulous, distally sparsely retrorse-puberulous, simple. Leaves petiolate; blades thinly papery, pentagonal, 2.5−9 cm long, 5−11 cm broad, at base cordate, 3-sect, central segment rhombic, at apex long acuminate, 3-fid or subpinnatifid, with triangular-linear lobes, lateral segments obliquely flabellate, unequally 2-parted; surfaces adaxially and abaxially sparsely appressed-puberulous; petioles 0.7−10 cm long, glabrous. Flowers borne singly in the axils of 2−4 apical leaves; pedicels 2−4 cm long, distally spreading-puberulous, below the middle or above base 2-bracteolate; bracteoles filiform, 2−4 mm long, ca. 0.12 mm across, glabrous. Sepals blue, abaxially glabrous; upper sepal navicular, ca. 1.4 cm high, 7 mm broad, shortly beaked and clawed, lower margin ca. 1.6 cm long, above concave; lateral sepals suboblate, ca. 1.4 cm long, 1.3 cm broad, adaxially sparsely puberulous; lower sepals not seen. Petals ca. 1.7 cm long, glabrous; claws ca. 1.5 cm long; limbs ca. 6.5 mm long, 2 mm broad; lips 2 mm long, slightly reflexed, at apex dilated and emarginate; spurs incurved, 1.2−1.5 mm long. Stamens glabrous; filaments 6−7 mm long, above filiform, elsewhere winged; anthers suborbicular or oblate, 0.5−0.8 mm in diam. Carpels 3, ca. 5 mm long, glabrous, with ovaries slightly longer than styles.

China. Xizang Autonomous Region: **Chayu** County, Ridong, from Qimazhala to Xizha, alt. 3 800 m, under *Abies* forest on slope, fls. blue, 26 Sept. 1982, Qinghai-Xizang Exped. 10718 (holotype & isotype, PE).

This species is closely related to *Aconitum sinoaxillare* W. T. Wang, but differs in its 3-sect puberulous leaf blades, distally puberulous pedicels, much smaller filiform bracteoles, and larger petals which are 1.7 cm long and with claws 1.5 cm long. In *A. sinoaxillare*, the leaf blades are 3-parted and glabrous, the pedicels are proximally puberulous, the bracteoles are much larger, foliaceous, 1.5−1.8 cm long, 1.2−1.7 cm broad, and the petals are very small, only 8 mm long, with claws only 3.5 mm long (Wang & Hsiao, 1965).

原文刊登于《植物分类与资源学报》36(3): 297−300，2014。
Acknowledgements: I am grateful to Mr. Sun Ying-Bao for kindly making the line drawings.

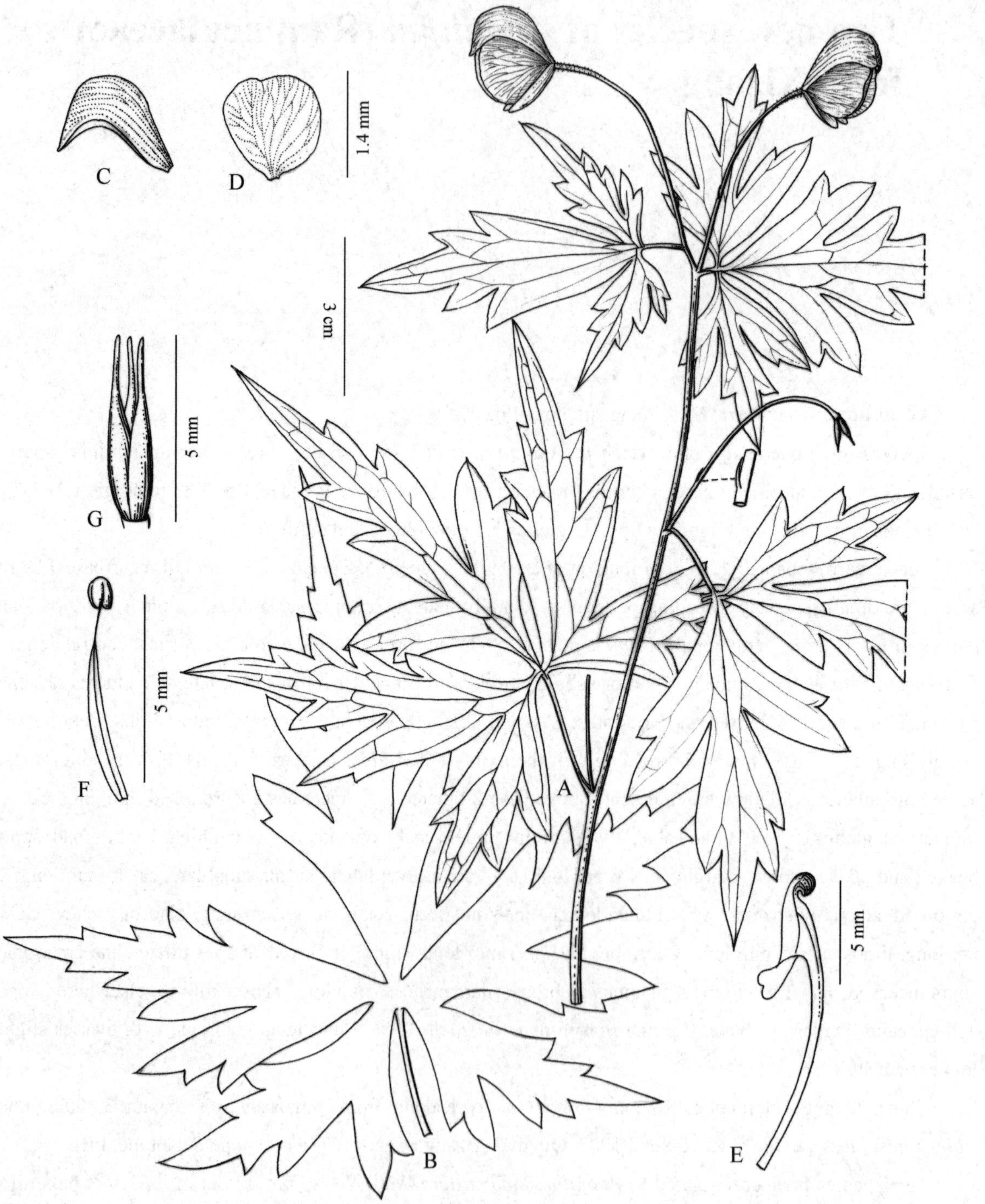

Fig. 1 **Aconitum novoaxillare** A. Upper part of flowering stem; B. Middle cauline leaf; C. Upper sepal; D. Lateral sepal; E. Petal; F. Stamen; G. Gynoecium, consisting of three carpels. (from holotype)

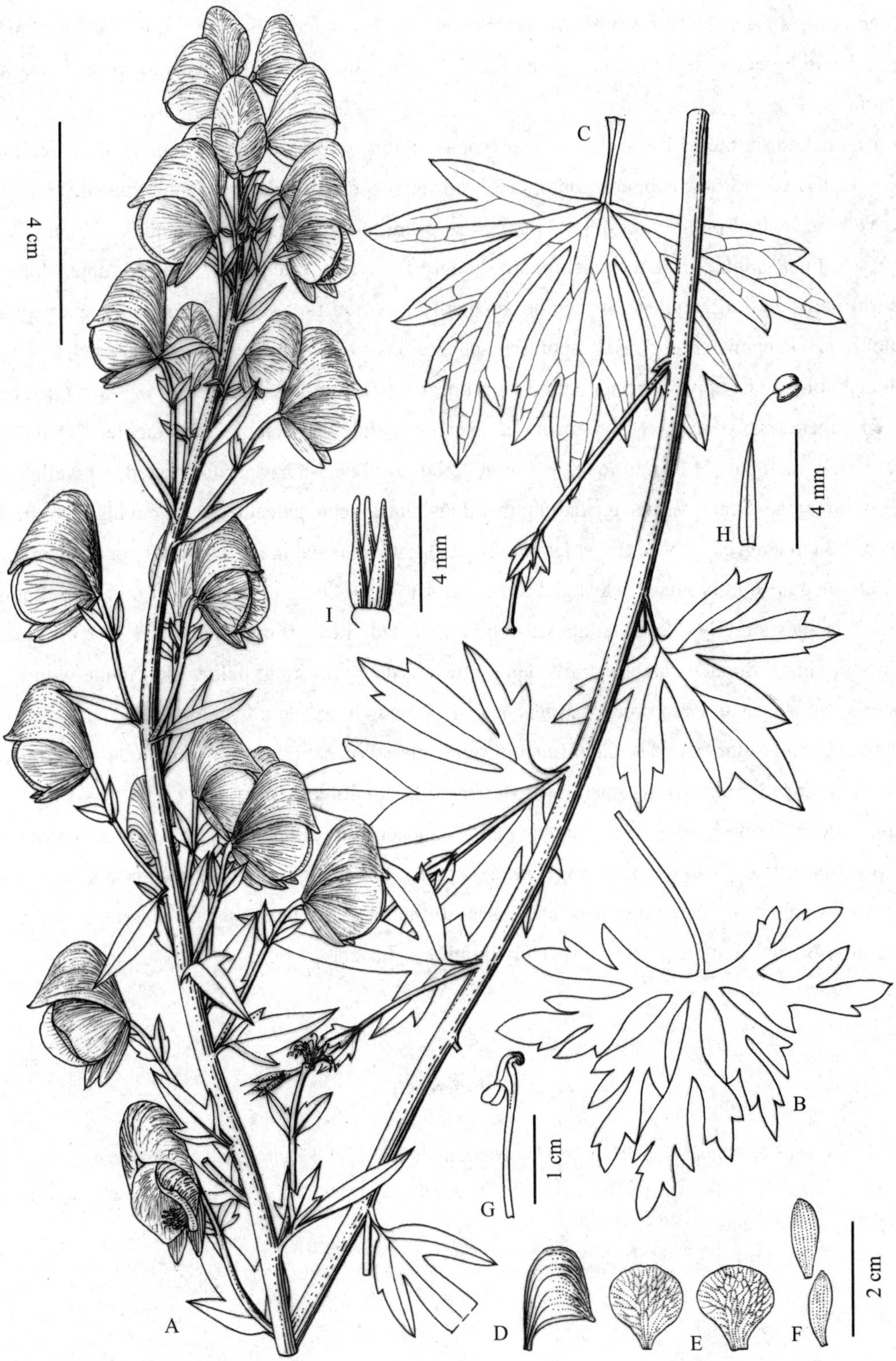

Fig. 2 **Aconitum basitruncatum** A. Terminal raceme; B. Lower cauline leaf; C. Upper cauline leaf; D. Upper sepal; E. Two lateral sepals; F. Two lower sepals; G. Petal; H. Stamen; I. Gynoecium, consisting of three carpels. (from holotype)

Aconitum basitruncatum W. T. Wang, sp. nov. Fig. 2

Species nova haec est affinis *Aconito kongboensi* Lauener, quod foliorum laminis basi profunde cordatis usque ad basin 3-sectis, sepalo supero majore 2−2.5 cm alto conspicue rostrato, petalis sparse hirtellis distinguitur.

Tubers unknown. Stems 1−1.5 m tall, near base ca. 8 mm across, retrorsely appressed- puberulous. Leaves petiolate; blades coriaceous, subpentagonal, ca. 5 cm long, 8 cm broad, at base subtruncate, 3-parted to 2−7 mm above base, central partition rhombic, 3-parted or 3-fid, the secondary lobes with 3−5 triangular, narrowly triangular or linear lobules, lateral partitions obliquely flabellate, unequally 2-parted, upper lobe similar to the central partition, but smaller, lower lobe unequally 2-parted too; surfaces adaxially sparsely appressed-puberulous, abaxially on nerves densely appressed-puberulous; petioles up to 9 cm long. Panicles ca. 50 cm long; lower bracts foliaceous, upper bracts 3-parted with linear lobes, or undivided, linear; axis with pedicels densely appressed-puberulous; pedicels 1.5−5 cm long, near the middle 2-bracteolate; bracteoles shortly petiolate or sessile, broadly rhombic, 7−10 mm long, 4−9 mm broad, 3-fid or 3-lobed, or undivided, long elliptic, 5−7 mm long, 2−4 mm broad. Sepals white, abaxially puberulous; upper sepal galeate, ca. 1.8 cm high, not beaked, lower margin ca. 1.3 cm long, slightly concave; lateral sepals slightly unequal in size, narrowly obovate or long elliptic, 1.2−1.3 cm long, 4−6 mm broad. Petals glabrous; claws 1.3−1.6 cm long; limbs 3−4 mm long; lips 1.2−3 mm long, towards apex slightly dilated, at apex 2-lobulate or undivided; spurs incurved, 1.2−2 mm long, straight or slightly circinate. Stamens glabrous; filaments filiform, 4−5 mm long, below the middle winged, edentate; anthers subquadrate, ca. 0.8 mm broad. Carpels 3(4), 4−4.5 mm long, glabrous.

China. Xizang Autonomous Region: Linzhi County, near Wuzhang, alt. 3 200 m, in bush by river, fls. white, 25 Sept. 1983, Exped. from Xizang Institute of Biology 4025 (holotype, PE).

This species is related to *Aconitum kongboense* Lauener, but differs in its leaf blades subtruncate at base and deeply 3-parted nearly to the base, upper sepal smaller, not beaked, and glabrous petals. In *A. kongboense*, the leaf blades are deeply cordate at base and 3-sect to the base, the upper sepal is larger, 2−2.5 cm high and conspicuously beaked, and the petals are sparsely hirtellous (Lauener, 1963).

References

LAUENER L A, 1963. *Aconitum* of the Himalaya [J]. Notes from the Royal Botanic Garden, Edinburgh, 25 (1): 1−30.

WANG W T (王文采), HSIAO P K (肖培根), 1965. Notulae de Ranunculaceis sinensibus II [J]. Acta Phytotax. Sin. (植物分类学报), Additamentum 1: 49−103.

西藏银莲花属三新种

Three new species of *Anemone* (Ranunculaceae) from Xizang

Anemone motuoensis W. T. Wang, sp. nov.

Fig. 1: A−D

[Sect. *Begoniifolia* (Ulbr.) Tamura]

Species nova est affinis *A. begoniifoliae* Levl. & Vant., quae foliis majoribus usque ad 8.8 cm longis ad 8.4 cm latis indivisis vel 3−5-lobatis, floribus in umbellas dispositis praeclare differt.

Small perennial herbs. Rhizome 2.5−3 cm long, 8−10 mm across, from apex putting forth 2−3 basal leaves and 1 scape. Basal leaves long petiolate; blades papery, pentagonal, 1−1.5 cm long, 1.6−2.2 cm broad, at base cordate, 3-sect, central segment rhombic, 3-lobed, secondary lobes near apex with a few teeth, lateral segments obliquely and broadly obovate, unequally 2-parted; surfaces adaxially appressed-puberulous, abaxially appressed- pubescent; petioles 1.5−3.5 cm long, with scape sparsely-pubescent. Scape 5−7 cm tall; inflorescence 1-flowered; involucre bracts 3 verticillate, sessile, unequal in size, broadly ovate or narrowly obovate, 6−7 mm long, 3−6 mm broad, 3-parted or 3-lobed (lobes 3-lobulate or undivided), adaxially apressed-puberulous, abaxially glabrous; pedicel 7−12 mm long. Sepals 5, pinkish, obovate or broadly obovate, 7.5−8 mm long, 6−7 mm broad, glabrous, apex rounded-truncate. Stamens ca. 30, glabrous; filaments filiform, 2.5−3 mm long; anthers narrowly rectangular, ca. 1 mm long. Gynoecium conical, ca. 3 mm long, 1.8 mm in diam.; carpels ca. 40, sessile, glabrous; ovaries dorsiventrally compressed, elliptic, 0.8−1 mm long, 0.3−0.7 mm broad, abaxially often inconspicuously longitudinally 1-ribbed; styles 0.1−0.2 mm long.

Xizang Autonomous Region: Motuo Xian, in the west of Lage, alt. 3 600 m, in Abies forest, herbs 5−7 cm tall, fls. pinkish, 1980-06-25, Plateau Group of Ecology Lab. 1037 (holotype, PE).

In having filiform filaments and dorsiventrally compressed and longitudinally 1-ribbed ovaries this species is related to *A. begoniifolia* Lévl. & Vant., but, differs in its smaller, 3-sect leaves and in its solitary flowers. In *A. begoniifolia*, the leaves are larger, up to 8.8 cm long, and to 8.4 cm broad, undivided or 3−5-lobed, and the flowers are arranged in umbels (Wang, 1980).

Anemone brachystema W. T. Wang, sp. nov.

Fig. 1: E−G

[Sect. *Himalayicae* (Ulbr.) Juz.]

Species nova ob staminum filamenta linearia et carpella stylis subulatis praedita ad Sect. *Himalayicae* (Ulbr.)

原文刊登于《植物分类与资源学报》36(4)：449−452，2014。
Acknowledgements: I am grateful to Prof. Z. Y. Su for rivising the Latin diagnoses, and to Mr. Sun Ying-Bao for making the line drawings.

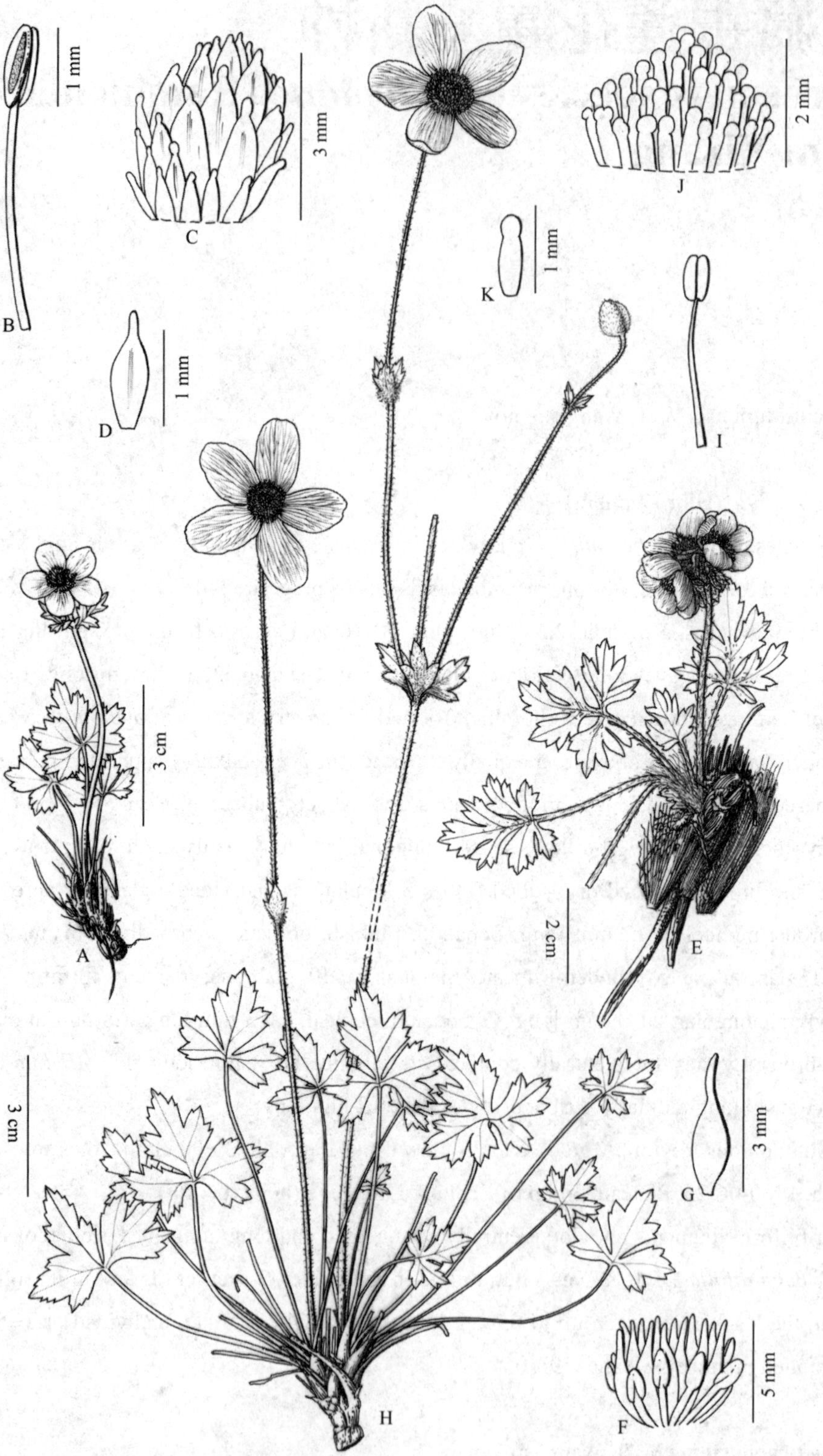

Fig. 1 A–D. **Anemone motuoensis** A. Habit; B. Stamen; C. Gynoecium; D. Carpel. (from holotype)
E–G. **A. brachystema** E. Habit; F. Androecium and gynoecium; G. Carpel. (from holotype)
H–K. **A. jiachaensis** H. Habit; I. Stamen; J. Gynoecium; K. Carpel. (from holotype)

Juz. fortasse pertinet, sed ab omnibus speciebus sectionis floribus tribus in umbellam dispositis recedit.

Small perennial herbs. Rhizome ca. 8 cm long, 3 mm across, apex surrounded by dense withered leaves. Basal leaves ca. 5; blades chartaceous, cordate-ovate, 1.6–2 cm long, 2.5–3 cm broad, at base cordate, 3-sect, central segment broadly rhombic, ca. 1.8 cm broad, 3-parted, secondary lobes 3-fid or 3-lobed, ultimate lobules ovate or deltoid, lateral segments obliquely flabellate, unequally 2-parted; surfaces adaxially with margins villous, abaxially glabrous; petioles 1.5–4 cm long, with scape villous. Scape ca. 4 cm tall; umbel 3-flowered; involucre bracts 3, verticillate, sessile, subequal in size, narrowly obovate, ca. 1.4 cm long, 1 cm broad, at base connate, 3-fid, lobes lanceolate-linear, adaxially and abaxially white-villous (hairs 2.5–4 mm long); pedicels robust, ca. 8 mm long, villous. Sepals 4–5, broadly obovate or suborbicular, ca. 8 mm long, 6–8 mm broad, adaxially and abaxially sparsely sericeous, apex rounded. Stamens 18–20, 2–3 mm long, glabrous; filaments linear, 1–2 mm long; anthers oblong-ovate or broadly elliptic, 1–1.2 mm long. Carpels ca. 15, sessile, 3–3.5 mm long, glabrous; ovaries bilaterally compressed, elliptic, ca. 2 mm long; styles subulate, 1–1.5 mm long.

Xizang Autonomous Region: Motuo Xian, in the south of Duoxiongla Shan, on alpine meadow, 1980-06-24, Plateau Group of Ecology Lab. 10319 (holotype, PE).

In having linear filaments and carpels with subulate styles this species perhaps belongs to Sect. *Himalayicae* (Ulbr.) Juz., but from all species of that section differs in its three flowers in umbel arranged. In the species of Sect. *Himalayicae*, the flowers are either singly terminal, or two in simple monochasium arranged (Wang, 1980; Tamura, 1995; Ziman *et al.*, 2007, 2008).

Anemone jiachaensis W. T. Wang, sp. nov.

Fig. 1: H–K

[Sect. *Stolonifera* (Ulbr.) Juz.]

Species nova ad Sect. *Stoloniferae* fortsse pertinet, a speciebus sinensibus ceteris sectionis foliis basalibus ca. 12 (nec nullis vel 1–3), gynoecio e carpellis ca. 70 (nec 4–16) constanti distinguitur.

Perennial herbs. Basal leaves ca. 12; blades chartaceous, pentagonal, 1–2 cm long, 1.2–3 cm broad, at base cordate, 3-sect, central segment broadly rhombic, 3-lobed, secondary lobes near apex 2–3-denticulate, lateral segments obliquely flabellate or broadly obovate, unequally 2-fid or 2-lobed; surfaces adaxially and abaxially appressed-puberulous; petioles 2–6.5 cm long, spreading-pubescent. Scapes ca. 2, 9–18 cm tall, 1–2 mm across, appressed-puberulous; cymes 1- or 3-flowered; involucre bracts 3, sessile, unequal in size, rhombic-obovate or broadly rhombic, 3-lobed or 3-fid, lobes entire or 2–3-denticulate, on both surfaces puberulous; pedicels slender, 2.5–8 cm long, appressed-puberulous. Receptacle pubescent. Sepals 5, white, obovate-oblong, 1.7–2.2 cm long, 0.9–1.2 cm broad, adaxially glabrous, abaxially near apex and base sparsely puberulous. Stamens ca. 100, glabrous; filaments filiform, 2–3.5 mm long; anthers yellow, rectangular, ca. 1 mm long. Gynoecium broadly conical, 2 mm long, 3 mm in diam.; carpels ca. 70, sessile, styleless; ovaries terete-ovoid, 0.5–0.7 mm long, glabrous; stigmata subglobose, 0.2–0.3 mm in diam.

Xizang Autonomous Region: Jiacha Xian, near city, alt. 3 400 m, on terrace in valley, herbs 25–30 cm tall, fls. white, anthers yellow, 1980-08-02, Z. C. Ni, Ci Duo & Ci Dan 2734 (holotype, PE).

This species is characterized by each plant having more (ca. 12) basal leaves and each gynoecium consisting of ca. 70 carpels, and by these two characters it can be distinguished from all other chinese species of sect. *Stolonifera*, in which each plant has (0−)1−2(−3) basal leaves, and each gynoecium consists of 4−16 carpels (Wang, 1980; Tamura, 1995).

References

TAMURA M, 1995. *Anemone* [M] // HIEPKO P (ed.). Die natürlichen Pflanzenfamilien. Zwei Aufl. Berlin: Duncker & Humblot, 17a(4): 324−349.

WANG W T (王文采), 1980. *Anemone.* Flora Republicae Popularis Sinicae (中国植物志) [M]. Beijing: Science Press, 28: 1−56.

ZIMAN S M, EHRENDORFER F, KEENER C S, et al., 2007. Revision of *Anemone* sect. *Himalayicae* (Ranunculaceae) with three new series [J]. Edinburg Journal of Botany, 64 (1): 51−99.

ZIMAN S M, BULAKH E V, KADOTA Y, et al., 2008. Modern view on the taxonomy of the genus *Anemone* L. sensu stricto (Ranunculaceae) [J]. The Journal of Japanese Botany, 83: 127−155.

短尾翠雀花，云南毛茛科一新种

Delphinium brachyurum, a new species of Ranunculaceae from Yunnan

Delphinium brachyurum W. T. Wang, sp. nov.

Fig. 1.

(Sect. *Elatopsis* Huth subsect. *Brevicalcarata* Huth)

Species nova ad sect. Elatopsem Huth subsect. Brevicalcaratam Huth pertinet, ab omnibus speciebus sinensibus subsectionis radice elongata apice scapum singulum edenti, foliis basalibus trisectis segmentis disseetis, petalis dorsiventraliter compressis longitudinaliter trinervibus praeclare differt.

Perennial herb. Root elongate, subterete, ca. 26 cm long, near apex 9 mm below 5 mm across, from apex putting forth 5 basal leaves and 1 scape. Basal leaves long petiolate, glabrous; blades coriaceous, reniform, 2.5−3 cm long, 4.5−5.5 cm broad, at base cordate, 3-sect (sometimes 2-sect), central segment broadly rhombic, ca. 1.8 cm broad, 3-fid, secondary lobes 1−2 times 2−3-fid, ultimate lobes narrowly ovate or linear, lateral segments larger, obliquely flabellate, unequally 2-parted and dissected, ultimate lobes linear-lanceolate or linear; petioles 8−9.5 cm long. Scape robust, ca. 1 cm long, 5 mm across, glabrous; receme ca. 15 cm long, glabrous, 6-flowered; rachis glabrous; lower 2 bracts leaf-like, at base shortly vaginate, the other upper bracts broadly ovate or linear, 0.8−1.4 cm long; pedicels 2−8.5 cm long, glabrous, near apex 2-bracteolate; bracteoles narrowly ovate or lanceolate, 1−1.4 cm long, 3−4.5 mm broad, on both surfaces glabrous, margins ciliolate. Sepals 5, blue, adaxially sparsely, abaxially densely puberulous; upper sepal galeate-navicular, ca. 2.6 cm long, 1.8 cm broad, spur tail-like, ca. 6 mm long; lateral sepals oblong-obovate, ca. 2.2 cm long, 1 cm broad; lower sepals navicular, ca. 2.2 cm long, 1 cm broad. Petals 2, sessile, glabrous, dorsiventrally compressed, suboblong, ca. 1.8 cm long, 4 mm broad, with 3 longitudinal nerves, apex 2-lobulate; spur subulate, ca. 1.8 cm long, below strongly reflexed. Staminodes 2; limbs brown, ovate, ca. 1.2 cm long, 6 mm broad, 2-fid, with longitudinal dark-brown nerves, above base densely yellow-barbate, margins ciliolate; claws ca. 8 mm long, glabrous. Stamens numerous; filaments ca. 9 mm long, above the middle filiform, below the middle winged and sparsely ciliolate; anthers narrowly triangular-oblong, ca. 2 mm long. Carpels 3; ovaries narrowly ovoid or narrowly oblong, ca. 8 mm long, 1.6−3 mm broad, puberulous; styles ca. 2 mm long, glabrous.

Yunnan Province: Lijiang Shi, Xiang Shan, alt. 3 400−3 600 m, on grassy slope near rivulet, fls. blue, 1992-10-01, C. J. Chen 92503 (holotype, PE).

原文刊登于《植物分类与资源学报》36(6): 788−790, 2014。
Acknowledgements: I am grateful to Prof. Z. Y. Su for revising the Latin diagnosis, and to Mr. Sun Ying-bao for making the line drawings.

Fig. 1 **Delphinium brachyurum** A. Habit; B. Petal (ventral view); C. Staminode; D. Two stamens; E. Gynoecium, consisting of three carpels. (from holotype)

In having racemose inflorescence, short sepal spur and brown staminodes, this species should belong to sect. *Elatopsis* Huth subsect. *Brevicalcarata* Huth, and from the other chinese species of this subsection it differs in its elongate root, which from the apex puts forth ca. 5, 3-sect basal leaves with dissected segments and 1 scape, and dorsiventrally compressed, trineved petals. In the other chinese species of subsect. *Brevicalcarata*, the roots are not elongate, and from the apex put forth several 3-parted not dissected leaves and foliate flowering stems, and the petals are bilaterally compressed and nerveless (Wang, 1979).

References

WANG W T (王文采), 1979. *Delphinium*. Flora Republicae Popularis Sinicae (中国植物志) [M]. Beijing: Science Press, 27: 326–462.

错那唐松草，西藏毛茛科一新种

Thalictrum cuonaense, a new species of Ranunculaceae from Xizang

Thalictrum cuonaense W. T. Wang, sp. nov., Fig. 1.

(Sect. *Tripterium* DC. ser. *Violacea* W. T. Wang & S. H. Wang)

Ob sepala majoria, staminum filamenta filiformia, antheras lineares, carpella carpophoris brevibus praedita et ovaria glanduloso-puberula species nova haec est affinis *T. reniformi* Wall., quod caulibus, foliolorum paginis abaxialibus, thyrsorum rhachidibus et pedicellis glanduloso-puberulis, sepalis roseis facile differt.

Perennial herbs. Stems 1−1.5 m tall, at the middle part ca. 9 mm across, glabrous, smooth, branched. Cauline leaves 2-pinnate, 6−25 cm long, long or shortly petiolate, glabrous; blades triangular in outline, 5−20 cm long; pinnae 3 pairs, the lowest pinna 5−7-foliolate, the upper pinnae 3-foliolate; leaflets papery, orbicular-ovate or depressed-orbicular (0.6−3.3) cm × (0.7−3.7) cm, at base subcordate, 3-lobed, lobes at apex rounded, minutely mucronate and at margin 1−2-dentate, 1−2-crenate or entire; surfaces abaxially glaucous; nervation 3−5-nerved, with nerves adaxially flat, abaxially inconspicuously prominent; petioles 0.8−18 cm long, base narrowly vaginate.

Thyrses terminal, ca. 16 cm long, multi-flowered; rachis and pedicels glabrous; bracts very shortly petiolate, glabrous, ternate, with leaflets narrowly elliptic, 1.5−5 mm long, or simple, long elliptic or lanceolate, 1−6 mm long; pedicels 0.9−1.5 cm long. Flower ca. 2.5 cm in diam. Sepals 4, white, ovate, narrowly ovate or elliptic, (10−12) mm × (3.5−7) mm, longitudinally 5−9-nerved, glabrous. Stamens ca. 18, ca. 9 mm long, glabrous; filaments filiform; anthers narrowly linear, ca. 4.2 mm long, apex mucronate. Carpels 8−11; ovaries strongly compressed, obliquely obovate, ca. 1.2 mm long, densely minutely glandular-puberulous, base narrowed into carpophores ca. 0.8 mm long; styles ca. 2.5 mm long, subglabrous, adaxially with linear stigmas.

China. Xizang Autonomous Region: Cuona Xian, Nabu Tea Plantation (那布茶场), alt. 2 650 m, bush-grassland on slope, plants 1−1.5 m tall, fls. white, 1981-10-04, Z. J. Ren (任再金) L364 (holotype, PE).

In having larger sepals, filiform filaments, linear anthers, and carpels with short carpophores and glandular-puberulous ovaries this species is related to *Thalicrtum reniforme* Wall., and differs in its glabrous stems, leaflets, thyrse rachis and pedicels and in its white sepals. In *T. reniforme*, the stems, abaxial surfaces of leaflets, thyrse rachis and pedicels are all glandular-puberulous, and the sepals are pink in colour (Wang & Wang, 1979).

Reference

WANG W T(王文采), WANG S H (王蜀秀), 1979. *Thalictrum.* Flora Reipublicae Popularis Sinicae (中国植物志) [M]. Beijing: Science Press, 27: 326−462.

原文刊登于《植物分类与资源学报》36(6): 791−792, 2014。
Acknowledgements: I am grateful to Mr. Sun Ying-bao for making the line drawings.

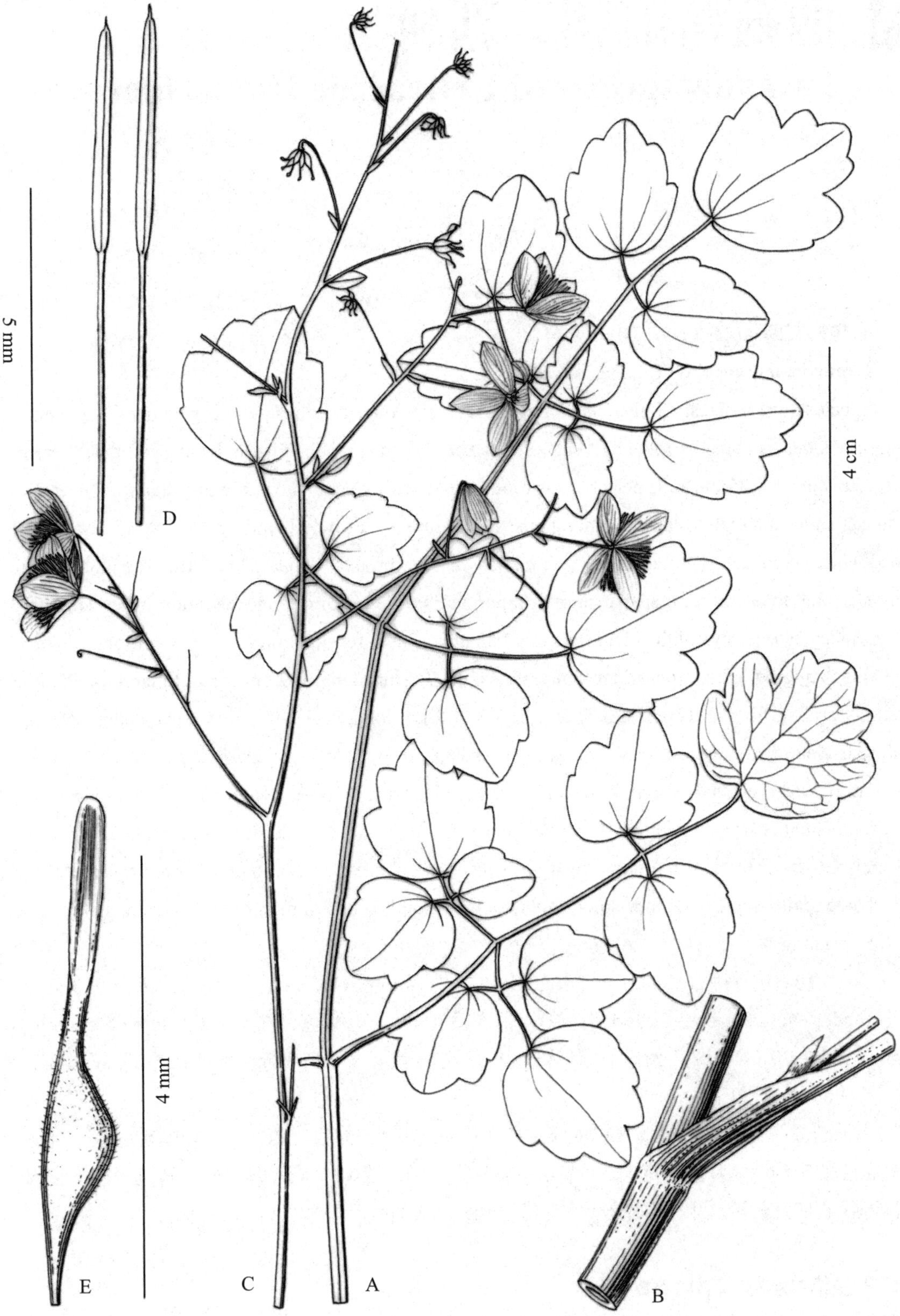

Fig. 1 **Thalictum cuonaense** A. Cauline leaf; B. Petiole base with narrow vagina; C. Thyrse; D. Two stamens; E. Carpel. (from holotype)

西藏荨麻科二新种
Two new species of Urticaceae from Tibet

1 拉格艾麻 （图 1：A–D)

Laportea lageensis W. T. Wang, sp. nov. Fig. 1: A–D.

Species nova haec est affinis *L. medogensi* C. J. Chen, quae caulibus petiolis peduncu- lisque pilis urentibus longioribus densis obtectis, foliis basi subcordatis vel truncatis, tepalis pistillatis pilosis differt. Perennial herbs. Pistillate stem ca. 25 cm tall, near base 4 mm across, with sparse short stinging hairs (0. 8–1.2 mm long), simple. Leaves alternate; blades membranous, ovate, rarely narrowly ovate, (2.3–)3.8–13 cm long, 1.7–8 cm broad, apex acuminate, with acumens 1–2-dentate at base broadly cuneate or obtuse, margins dentate;surfaces adaxially and abaxially with sparse short stinging hairs 0.8–1.5 mm long; nervation trinerved,with 3–5 pairs of secondary nerves; cystoliths inconspicuous, minutely punctiform;petioles 0.3–6.4 cm long, glabrous or with 1–3 short stinging hairs; stipules lanceolate-linear,ca. 3.5 mm long, 0.9 mm broad, glabrous. Pistillate thyrses 2, singly arising from axils of 2 apical leaves, 2.8–3.2 cm long, 1.2–2 cm broad; peduncles 2.3–4.2 cm long, with sparse short stinging hairs 0.8–1 mm long; pedicels 0–0.5 mm long, glabrous, at fruiting time not winged. Pistillate flower: tepals 4, strongly unequal in size, glabrous, 2 larger ovate, ca. 0.45 mm long, 0.4–0.6 mm broad, the smaller one deltoid, ca. 0.25 mm long, 0.4 mm broad, the smallest one subulate, ca. 0.25 mm long, 0.1 mm broad; pistil ca. 4 mm long, ovary greenish, ovate, ca. 0.5 mm long, 0.3 mm broad, glabrous, stigma red, slender, tail-like, ca. 3.5 mm long. Achene suborbicular, ca.2 mm in diam., smooth, glabrous; gynophore ca. 0.5 mm long.

西藏 (Tibet)：墨脱 (Motuo)，拉格之东 4 km 处 (4 km to the east fo Latge)，alt. 3 000 m，常绿阔叶林下 (under evergreen broad-leaved forest)，草本高 45cm，花绿色，柱头红色 (herb 45 cm tall, fls. green, stigmas red)，2012-10-17，杨永，刘冰，林秦文，赖阳均 (Y. Yang，B. Liou，Q. W. Lin & Y. J. Lai) 900(♀，holotype，PE)。

本种与墨脱艾麻 *Laportea medogensis* C. J. Chen 近缘，与后者的区别在于本种的茎、叶柄和花序梗均被稀疏的短刺毛，叶基部宽楔形或钝，雌花被片无毛。墨脱艾麻，茎、叶柄和花序梗均密被长刺毛，叶基部浅心形或楔形，雌花被片被短毛 (陈家瑞，1995)。

2 拉格冷水花 （图 1：E–G)

Pilea lageensis W. T. Wang, sp. nov. Fig. 1: E–G. (Sect. *Urticella* Miq. ser. *Moniliferae* C. J. Chen).

Ob inflorescentias pistillatas moniliformes et florem pistillatum tepalis tribus praeditum species nova haec est affinis *P. moniliferae* Hand.-Mazz., quae caulibus altioribus 50–150 cm altis glabris, foliis majoribus usque

原文刊登于《植物科学学报》32(1): 24–26，2014。
致谢：深切感谢杨永博士和刘冰博士提供标本，孙英宝先生绘图。

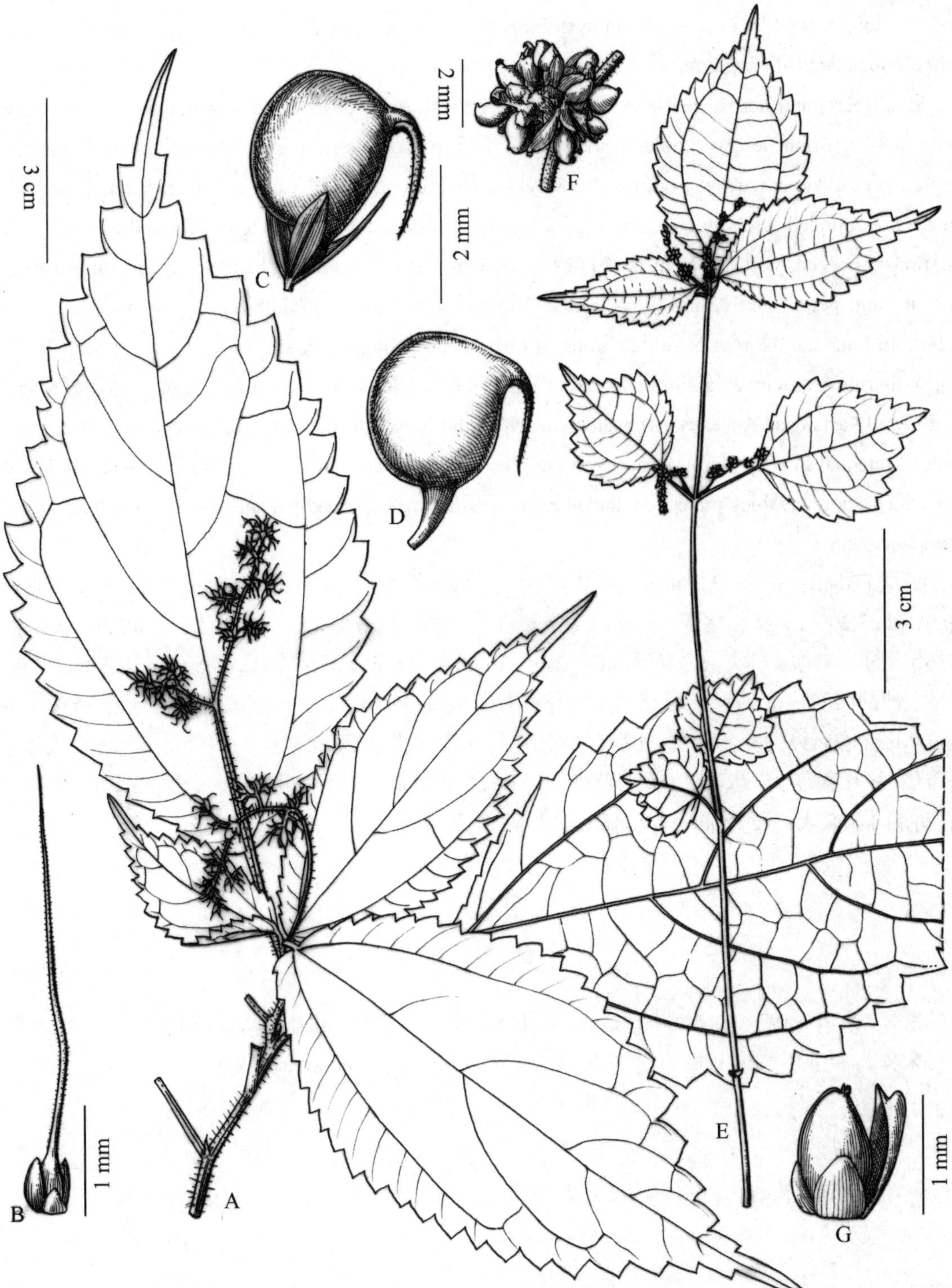

图 1　A–D. **拉格艾麻**　A. 开花雌茎顶部；B. 雌花；C. 宿存花被和瘦果；D. 瘦果。
E–G. **拉格冷水花**　E. 植株全形；F. 果簇；G. 宿存花被和瘦果。

Fig. 1 A–D. ***Laportea lageensis***　A. Apical part of flowering pistillate stem; B. Pistillate flower; C. Persistent perianth and achene; D. Achene.　E–G. ***Pilea lageensis***　E. Habit; F. Fruit glomerule; G. Persistent perianth and achene.

ad 13 cm longis et ad 7 cm latis, eorum cystolithis etiam majoribus 0.3 mm longis, tepalis pistillatis minoribus triangularibus facile distinguitur.

Small perennial herbs. Pistillate stems 10−17 cm tall, near base 0.8−1.2 mm across, above puberulous (hairs 0.1−0.15 mm long), simple. Leaves opposite, those of the same pair slightly unequal in size; blades membranous, ovate or narrowly or broadly ovate, 0.8−6 cm long, 0.9−3.4 cm broad, apex acuminate or slightly acute, base rounded, broadly cuneate or truncate, margin dentate; surfaces adaxially and abaxially glabrous; venation trinerved, with 3−7 pairs of lateral nerves; cystoliths sparse, bacilliform or punctiform, 0.02−0.1 mm long; petioles 1−12 mm long, sparsely puberulous; stipules white, narrowly ovate or linear-ovate, 2−2.5 mm long, ca. 0.8 mm broad, glabrous. Infructescences singly axillary, 1−2 cm long; peduncles 2−5 mm long, puberulous; rachises glabrous or below puberulous; glomerules 2−4, 2−3 mm in diam., along rachis moniliformly-arranged. Achenes greenish, ovate, ca. 1 mm long, 0.6−0.8 mm broad, smooth, glabrous; persistent tepals 3, unequal in size, glarous, one larger, purple, navicular, ca. 1 mm long, 0.4 mm broad, abaxially below apex with a short and thick projection, the other two smaller, white, broadly ovate, 0.4−0.5 mm long, 0.5−0.6 mm broad.

西藏 (Tibet)：墨脱 (Motuo)，多雄拉山口至拉格途中 (on the way from Duoxiongla Shan Pass to Lage)，alt. 3 200 m，冷杉林下 (under *Abies* forest)，植物高 15 cm，花紫色 (pl.15 cm tall, fls. purple)，2012-10-16，杨永、刘冰、林秦文、赖阳均 (Y. Yang，B. Liou，Q. W. Lin & Y.J. Lai) 859 (♀，holotype，PE)。

本种的雌花序念珠状，雌花具 3 枚花被片，因此与也具此二特征的念珠冷水花 *Pilea monilifera* Hand.-Mazz. 在亲缘关系上相近，与后者的区别在于本种的茎低矮，被短柔毛，叶较小，叶的钟乳体也较小，较小雌花被片宽卵形。念珠冷水花，茎高大，高 50−150 cm, 无毛，叶较大，长达 13 cm，宽达 7 cm，叶的钟乳体也较大，长 3 mm，较小雌花被片呈三角形（陈家瑞，1995）。

参 考 文 献

[1] 陈家瑞. *Laportea*. [M] // 中国植物志: 第 23 卷, 第 2 分册. 北京: 科学出版社, 1995: 31−43.

[2] 陈家瑞. *Pilea*. [M] // 中国植物志: 第 23 卷, 第 2 分册. 北京: 科学出版社, 1995: 57−156.

恢复粉红驴蹄草的种级地位及其一新近缘种

Restoration of the specific status of *Caltha rubriflora* and a new ally

最近，我在鉴定中国科学院植物研究所植物标本馆 (PE) 收藏的毛茛科驴蹄草属 (*Caltha*) 植物标本的过程中，发现了产于西藏的一新种——裂叶驴蹄草 (*Caltha lobulatifolia*)，同时还注意到此新种的近缘种粉红驴蹄草 *Caltha rubriflora* Burtt & Lauener 自 1965 年发表后遭遇的 3 次不正确的分类学处理。

Smit (1973) 将 *C. rubriflora* 归并到产于印度 Assam 北部高山地区的变种 *Caltha palustris* L. var. *purpurea* Spare & C. E. C. Fisch.[1]。驴蹄草 *C. palustris*，广布北半球，其茎高 20−48 cm，常分枝，基生叶长 2.5−5 cm，宽 3−9 cm，边缘有多数密集小牙齿，叶柄基部稍变宽，无明显的鞘，花通常 2 朵组成单歧聚伞花序，萼片黄色，雄蕊多数，长达 9 mm，心皮 5−12 枚。而 *C. rubriflora*[2] 的茎低矮，高 3−6 cm，不分枝，常无叶，基生叶很小，长 0.4−1 cm，宽 1−1.7 cm，边缘约有 14 个卵形牙齿，叶柄基部有明显的鞘，鞘顶端扩展成宽三角形膜质薄片，花单朵顶生，其萼片呈粉红色，雄蕊较少，约 11 枚，长 1−6 mm，心皮较少，3−4 枚。这些区别特征说明此种与驴蹄草 *C. palustris* 明显的区别，不应作为后者的变种，*C. rubriflora* 和 *C. palustris* 应为两个不同的种。

王文采（1979）于《中国植物志》第 27 卷中将 *C. rubriflora* 降级为细茎驴蹄草 *C. sinogracilis* W. T. Wang (萼片黄色) 的粉红花变型 [3]。最近，我再一次观察了这两个种的标本，它们在外部形态、植株等方面很相似，在亲缘关系上很近，但存在一些区别特征。如 *C. sinogracilis*，基生叶叶缘有波状浅圆齿，叶柄基部有不明显狭叶鞘，叶鞘无扩展的薄片，花的萼片呈黄色，雄蕊较多 (约 20 枚)，心皮亦较多 (5−10 枚)[1]。这些显著的区别特征说明 *C. rubriflora* 和 *C. sinogracilis* 是两个不同的种。

Li & Tamura (2001) 将 *C. rubriflora* 和 *C. sinogracilis* f. *rubriflora* 均归并到 *C. sinogracilis*[4]。如上所述，因 *C. rubriflora* 和 *C. sinogracilis* 存在叶和花等方面的显著区别特征，不应做出归并。*C. rubriflora* 应为一独立种，对其种级地位，应予以恢复。

1 粉红驴蹄草　（图 1：A−H）

Caltha rubriflora Burtt & Lauener in Not. R. Bot. Gard. Edinburgh 26 (3): 349, figs. 1−7. 1965. —— *C. sinogracilis* W. T. Wang f. *rubriflora* (Burtt & Lauener) W. T. Wang in Fl. Reip. Pop. Sin. 27: 65. 1979; et in C. Y. Wu, Fl. Xizang. 2: 9. 1985, syn. nov. Type: Xizang: Motuo Xian, Duoxiongla, alt. 4 115 m, 1938-07-14, Ludlow, Sherriff & Taylor 5263 (holotype, BM; isotype, E. non vidi). Fig. 1: A−H.

C. palustris L. var. *purpurea* Spare & C. E. C. Fisch. in Kew Bull. Misc. Inf. 1929: 248. 1929; Smit in Blumea 21(1): 141. 1973. Lectotype: India. Assam: Kaso, Delei Valley, alt. 12000 ft., Kingdon Ward 8409 (K, non vidi).

原文刊登于《植物科学学报》32(5): 446−449, 2014。
致谢：深切感谢孙英宝先生为本文绘图。

C. sinogracilis auct. non W. T. Wang: L. Q. Li & Tamura in C. Y. Wu & P. H. Raven, Fl. China 6: 136. 2001.

Species haec est arcte affinis *C. sinogracili* W. T. Wang, a qua foliorum basalium laminis margine ca. 14-dentatis, dentibus ovatis, petiolis basi conspicue vaginatis, vaginis apice in lamellas membranaceas late triangulares expansis, sepalis roseis, floris staminibus (ca. 11) et carpellis (3−4) paucioribus differt. In *C. sinogracili*, foliorum basalium laminae margine repando-crenatae, petioli basi incospicue angusteque vaginatae, vaginis lamellis carentibus, sepala flava, et floris stamina (ca. 20) et carpella (5−10) plura. A *C. palustri* L. ea caulibus humilibus simplicibus saepe efoliatis, foliorum basalium laminis multo minoribus margine ca. 14-dentatis, petiolis basi conspicue vaginatis, vaginis apice in lamellas expansis, floribus solitariis terminalibus, sepalis roseis, floris staminibus et carpellis paucioribus valde recedit.

Small perennial herbs. Stems 3−6 cm tall, glabrous, leafless or 1-leaved. Basal leaves 5−7, glabrous; blades papery, reniform or orbicular-reniform, (0.4−1) cm × (1−1.7) cm, base deeply cordate, margin with ca. 14(−20) ovate teeth; petioles 1.5−3 cm long, base vaginate, with vagina apex expanding into a membranous broadly triangular lamella. Cauline leaf small, shortly petiolate, depressed-ovate, ca. 7 mm broad, 3-lobed. Flower solitary, terminal, ca. 2.5 cm in diam. Sepals 5, pink, oblong or oblong-ovate, (1.2−1.3) cm × (0.4−0.6) cm, glabrous, longitudinally 3−4-nerved, apex obtuse. Stamens ca. 11, 3−6 mm long, glabrous; filaments linear; anthers oblong, 1.5−2 mm long. Carpels 3−4, sessile; ovaries ovoid, ca. 4 mm long, glabrous; styles 1 mm long, glabrous, at apex with depressed-capitate stigmas.

研究标本记录：西藏 (Tibet)：墨脱县 (Motuo Xian)，那格—多雄拉 (between Lage and Duoxiongla), alt. 3 900 m，山坡草地 (on grassy slope)，1974-08-01，青藏队 (Qinghai-Tibet Exped.) 74-3874(topotype, PE)。

分布于西藏墨脱和印度东部。生于山谷草坡上，海拔 3 900−4 115 m。

2 裂叶驴蹄草 （图 1：I−L）

Caltha lobulatifolia W. T. Wang, sp. nov. Type：西藏 (Xizang)：波密县 (Bomi Xian)，易贡 (Yigong)，巴那山口 (Bana Pass)，alt. 3 400−4 000 m，河谷山坡 (on slope in valley)，花粉红 (fls. pink)，1978-05-18，李渤生，倪志诚，程树志 (B. S. Li, Z. C. Ni & S. Z. Cheng) 6631 (holotype & isotype, PE)；同地 (same locality)，呷隆拉 (Xialongla), alt. 4 000 m，山坡草丛 (on grassy slope)，1980-09-06，倪志诚，汪永泽，次多，次旦 (Z. C. Ni, Y. Z. Wang, Ci Duo & Ci Dan)1466 (paratype, PE). Fig. 1: I−L.

Species nova haec est affinis *C. rubriflorae* Burtt & Lauener, a qua plantis totis siccitate nigrescentibus, caulibus altioribus, foliorum laminis majoribus margine 14−20-lobulatis, lobulis plerumque 2−3-dentatis raro integris, petiolis basi haud vaginatis, sepalis longitudinaliter 5−6-nervibus, floris staminibus et carpellis pluribus facile distinguitur. In *C. rubriflora*, plantae siccitate haud nigrescentes, caules humiliores, 3−6 cm alti, foliorum basalium laminae minores, 0.4−1 cm longae, 1−1.7 cm latae, margine dentatae haud lobulatae, petioli basi conspicue vaginati, vaginis apice in lamellas membranaceas late triangulares expansis, sepala longitudinaliter 3−4-nervia, floris stamina 11 et carpella 3−4.

Small perennial herbs, turning black while drying. Fibrous roots dense, 5−7 cm long. Stems 1−2, 8−15 cm

图 1　A–H. **粉红驴蹄草**　A. 植株全形；B. 叶；C. 叶鞘（侧面观）；D. 萼片；E. 雄蕊群和雌蕊群；F. 雄蕊；G. 雌蕊群；H. 心皮上部。　I–L. **裂叶驴蹄草**　I. 植株全形；J. 叶片；K. 雄蕊群和雌蕊群；L. 心皮。

Fig. 1　A–H. ***Caltha rubriflora***　A. Habit; B. Leaf; C. Leaf sheath (lateral view); D. Sepals; E. Androecium and gynoecium; F. Stamens; G. Gynoecium; H. Upper part of carpel.　I–L. ***Caltha lobulatifolia***　I. Habit; J. Leaf blade; K. Androecium and gynoecium; L. Carpel.

tall, glabrous, simplex or above shortly 1-branched, 1−2-leaved; branch ca. 9 mm long, with 2 small leaves. Basal leaves 4−7, glabrous; blades papery, orbicular-reniform, (0.5−1.5) cm × (1.1−3) cm, base deeply cordate, margin 14−20-lobulate, lobules rectagular or obtrapeziform, 2−3-dentate, rerely narrowly ovate and entire; petioles 3−8.5 cm long, base not vaginate. Cauline leaves similar to basal ones, but smaller, shortly petiolate; branch leaves ca. 2, subsessile, ca. 5 mm long, 2−5-lobed. Flowers 2.5−3 cm in diam., solitary and terminal, or 2 arranged in terminal simple monochasium. Sepals 5 or 7, pink, narrowly obovate or obovate-elliptic, (1−1.5) cm × (0.5−1) cm, glabrous, longitudinally 5-6-nerved, apex rounded or subtruncate. Stamens 28−32, 2.5−5.5 mm long, glabrous; filaments linear, 0.8−3.4 mm long; anthers oblong, 1−1.2 mm long. Carpels 3−10, sessile; ovaries narrowly oblong, ca. 3.8 mm long, glabrous; styles ca. 0.4 mm long, glabrous, apex with depressed-capitate stigmas.

特产西藏波密。生于山谷草坡上，海拔 3 400−4 000 m。

本种的植株低矮，萼片粉红色，与粉红驴蹄草 *C. rubriflora* 在亲缘关系上接近，但两者具明显的区别（图 1）。裂叶驴蹄草的植株在干燥时全部变为黑色，植株较高 (5−15 cm)，基生叶叶片较大，(0.5−1.5) cm × (1.1−3) cm，边缘 14−20 微裂，小裂片多具 2−3 枚牙齿，稀全缘，叶柄基部无鞘，萼片有 5−6 条纵脉，花的雄蕊 (28−32) 和心皮 (3−10) 较多。而粉红驴蹄草的植株干燥时不变黑色，茎较低矮，高 3−6 cm，基生叶叶片较小，(0.4−1) cm × (1−1.7) cm，边缘具牙齿，不微裂，叶柄基部有明显的鞘，叶鞘顶端扩展成宽三角形膜质薄片，萼片有 3−4 条纵脉，花的雄蕊（约 11 枚）和心皮 (3−4 枚) 数目较少。

本种的一个突出特征是基生叶叶片边缘 14−20 微裂，而驴蹄草属其它种的基生叶叶片均不分裂 [4]。

参 考 文 献

[1] SMIT P G. A revision of *Caltha* (Ranunculaceae) [J]. Blumea, 1973, 21(1): 119−150.

[2] BURTT B L, LAUENER L A. A red-flowered *Caltha* from Tibet [J]. Notes from the Royal Botanic Garden, Edingburgh, 1965, 26(3): 349−350.

[3] 王文采. *Caltha* [M] // 中国植物志: 第 27 卷. 北京: 科学出版社, 1979, 27: 60−67.

[4] LI L Q, TAMURA M. *Caltha* [M] // WU C Y, RAVEN P H, eds. Flora of China: Vol. 6. Beijing: Science Press; St. Louis: Missouri Botanical Garden Press, 2001: 135−136.

岳西唐松草，安徽毛茛科一新种

Thalictrum yuexiense, a new species of Ranunculaceae from Anhui Province, China

岳西唐松草 （图 1）

Thalictrum yuoxiense W. T. Wang, sp. nov. Fig. 1 (Sect. *Leptostigma* Boivin ser. *Clavata* W. T. Wang & S. H. Wang).

Species nova haec est affinis *T. acutifolio* (Hand.-Mazz.) Boivin, quod caulibus 25–65 cm altis, foliis basalibus 2-ternatis, foliolis majoribus plerumque ovatis 2.3–5 cm longis 1–3 cm latis, staminum filamentis oblanceolatis antheris latioribus, gynoecio ex carpellis 6–12 constante, acheniis plerumque anguste oblongis statim differt.

Small perennial herbs. Stems ca. 20 cm tall, above base ca. 1 mm across, glabrous, 1–3-branched. Basal leaves ca. 2, 3-ternate, long petiolate, glabrous; blades subpentagonal or broadly rhombic in outline, (2.5–5) cm × (4.5–7) cm; leaflets shortly petiolulate, papery, obovate or narrowldy obovate, rarely broadly obovate or ovate, (0.6–1.3) cm × (0.4–0.9) cm, base broadly cuneate, rarely rounded, apex 3-lobulate, 3-dentate or 3-lobed and few-dentate; nervation 3-nerved, with nerves adaxially flat, abaxially inconspicuously prominent; petioles 3–3.8 cm long, 0.8–1.2 mm acorss. Cauline leaves ca. 3, subsessile, glabrous, the uppermost one ternate, the other two 2-ternate, 1–2.5 cm long. Compound monochasia terminal to stem and branches, subcorymbiform, 5–8-flowered; bracts ternate, subsessile, glabrous, with leaflets obovate or ovate, 2.5–5 mm long, 3-denticulate or entire; bracteoles very shortly petiolate, narrowly elliptic, 1–2.5 mm long, entire, glabrous; pedicels 4–7 mm long, glabrous. Flower ca. 3.2 mm in diam. Sepals 4, cadacous, purple-red, oblong-elliptic, ca. 1.6 mm × 0.4 mm, glabrous, apex rounded, base broadly cuneate, basal nerves 3, claws ca. 0.3 mm long. Stamens 20–24, glabrous; filaments white, narrowly oblanceolate, below filiform, ca. 3 mm long, nearly as broad as anthers; anthers yellowish, oblong, 0.6–1 mm long. Carpels (2–)3–5, glabrous; carpophores 0.5–0.8 mm long; ovaries sublunate, 1.2–2 mm long; styles 0.2–0.3 mm long, at apex with depressed-capitate stigmas. Achenes purple-red, strongly bilatrally compressed, broadly lunate, ca. 3 mm × 1.1 mm, glabrous, on each side longitudinally and thinly 3-ribbed.

中国安徽省 (Anhui Province)：岳西县 (Yuexi County)，alt. 1 670 m，石缝 (in fissures of rocks)，花紫红色 (fls. purple-red)，1997-08-13，谢中稳，郑麟 (Z. W. Xie & L. Zheng) 97021 (holotype，PE)。

原文刊登于《植物科学学报》32 (6): 567–569, 2014。
致谢：深切感谢孙英宝先生为本文绘图。

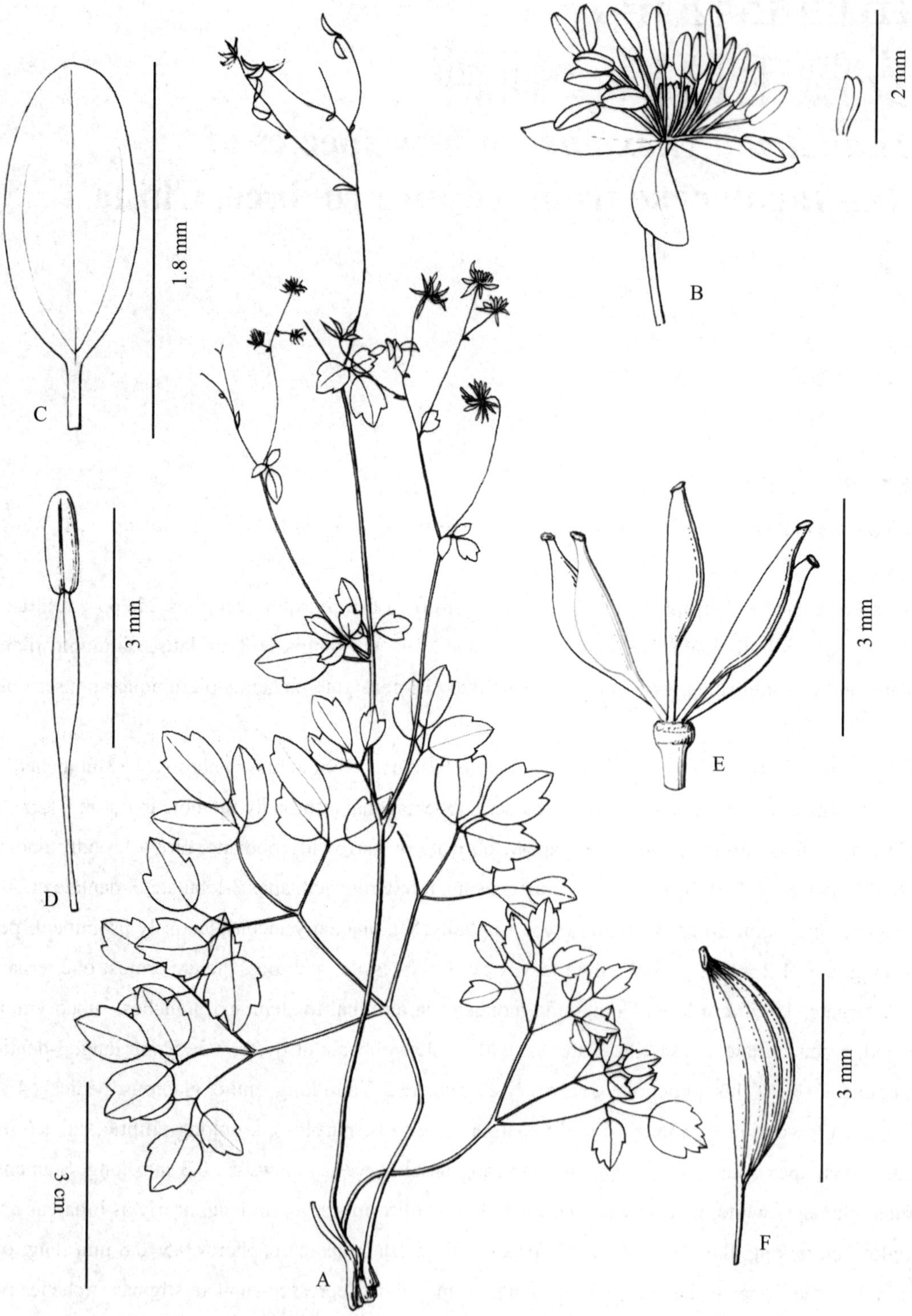

图 1　**岳西唐松草**　A. 植株全形；B. 花（具未成熟心皮）；C. 萼片；D. 雄蕊；E. 雌蕊群；F. 瘦果。

Fig. 1　***Thalictrum yuexiense***　A. Habit; B.Flower with premature carpels; C. Sepal; D. Stamen; E. Gynoecium; F. Achene.

本种在亲缘关系方面接近尖叶唐松草 *Thalictrum acutifolium* (Hand.-Mazz.) Boivin，与后者的区别在于：本种的茎较低矮，高约 20 cm，基生叶为三回三出复叶，小叶较小，多为倒卵形，长 0.6−1.3 cm，宽 4−9 mm，雄蕊花丝狭倒披针形，与花药等宽，雌蕊群由 (2−)3−5 枚心皮组成，瘦果宽新月形。尖叶唐松草的茎高 25−65 cm，基生叶为二回三出复叶，小叶较大，多呈卵形，长 2.3−5 cm，宽 1−3 cm，雄蕊花丝倒披针形，比花药宽，雌蕊群由 6−12 枚心皮组成，瘦果多呈狭长圆形[1]。

参 考 文 献

[1] 王文采, 王蜀秀. *Thalictrum*.[M] // 中国植物志: 第27卷. 北京: 科学出版社, 1979: 502−592.

叉角翠雀花，四川毛茛科一新种

Delphinium furcatocornutum, a new species of Ranunculceae from Sichuan

叉角翠雀花　图1

Delphinium furcatocornutum W. T. Wang, sp. nov. Fig. 1.

(Sect. *Delphinastrum* DC. subsect. *Poganantha* W. T. Wang)

Ob sepala extus apice vel infra apicem cornibus furcatis praedita, species nova haec est affinis *Delphinio campylocentro* Maxim., quod foliorum laminis palmatim 3-sectis subtus puberulis, floribus multis in paniculam dispositis, pedicellis luteo-glanduloso-puberulis, calcari sepalino u-forme deorsum curvato, petalis apice 2-lobulatis statim distinguitur.

Perennial herbs. Rhizome ca. 4.5 cm long, 6 mm across, putting forth dense thin and long black roots. Stem ca. 1 m tall, branched, glabrous. Upper cauline leaves long petiolate; blades thinly papery, pentagonal, 3−8.5 cm long, 5−17 cm broad, at base cordate, to 3−5−(10) mm above base 3-parted, central lobe rhombic, 2.5−7.5 cm long, 1.2−5 cm broad, at apex long acuminate, 3-fid, with margins incised-dentate, lateral lobes larger, obliquely broad-flabellate, unequally 2-parted; surfaces adaxially sparsely appressed-puberulous, abaxially glabrous; petioles 3−9 cm long, glabrous. Terminal corymb ca. 8 cm broad, 1-branched, 5-floweed, lateral axillary corymbs ca. 3.5 cm broad, 3-flowered; peduncles ca. 14 cm long, glabrous; basal bract foliaceous, ca. 4.5 cm broad, upper bracts linear or narrow-ovate, 2−3 mm long; pedicels slender, 2.5−5.7 cm long, densely white-puberulous, at or above the middle 2-bracteolate; bracteoles linear or subulate, 2−5 mm long, glabrous. Sepals blue, 1.1−1.3 cm long, adaxially glabrous, abaxially puberulous; upper sepal oblong-ovate, 6−7 mm broad, at apex corniculate, with furcate projection ca. 1.4 mm long, spur subulate, ca. 2.8 cm long, at base ca. 4.2 mm across, slightly downward curved; lateral sepals elliptic or elliptic-obovate, 6−6.5 mm broad, abaxially below apex corniculate, with furcate projections ca. 1.6 mm long; lower sepals slightly unequal in size, narrowly ovate-oblong, 2−3.5 mm broad, abaxially below apex corniculate, with projections ca. 1.5 mm long, furcate or undivided. Petals glabrous, at apex slightly obtuse, not 2-lobulate. Staminodes blue, ca. 1.1 cm long; claws slightly shorter than limbs; limbs 5.5−6 mm long, 2.7 mm broad, 2-parted into 2 lanceolate ciliate lobes, above base sparsely yellow-barbate. Stamens glabrous; filaments 5−6 mm long, below winged; anthers 1 mm long. Carpels 3, ca. 4 mm long, glabrous. Fruit unknown.

多年生草本。根状茎长约 4.5 cm，粗 6 mm，生出密集的细长黑色根。茎高约 1 m，分枝，无毛。上部茎生叶具长柄；叶片薄纸质，五角形，长 3−8.5 cm，宽 5−17 cm，基部心形，3 深裂至距基部 3−5(−

原文刊登于《植物研究》34(2): 145−147, 2014。
致谢：深切感谢孙英宝先生为本文绘图。

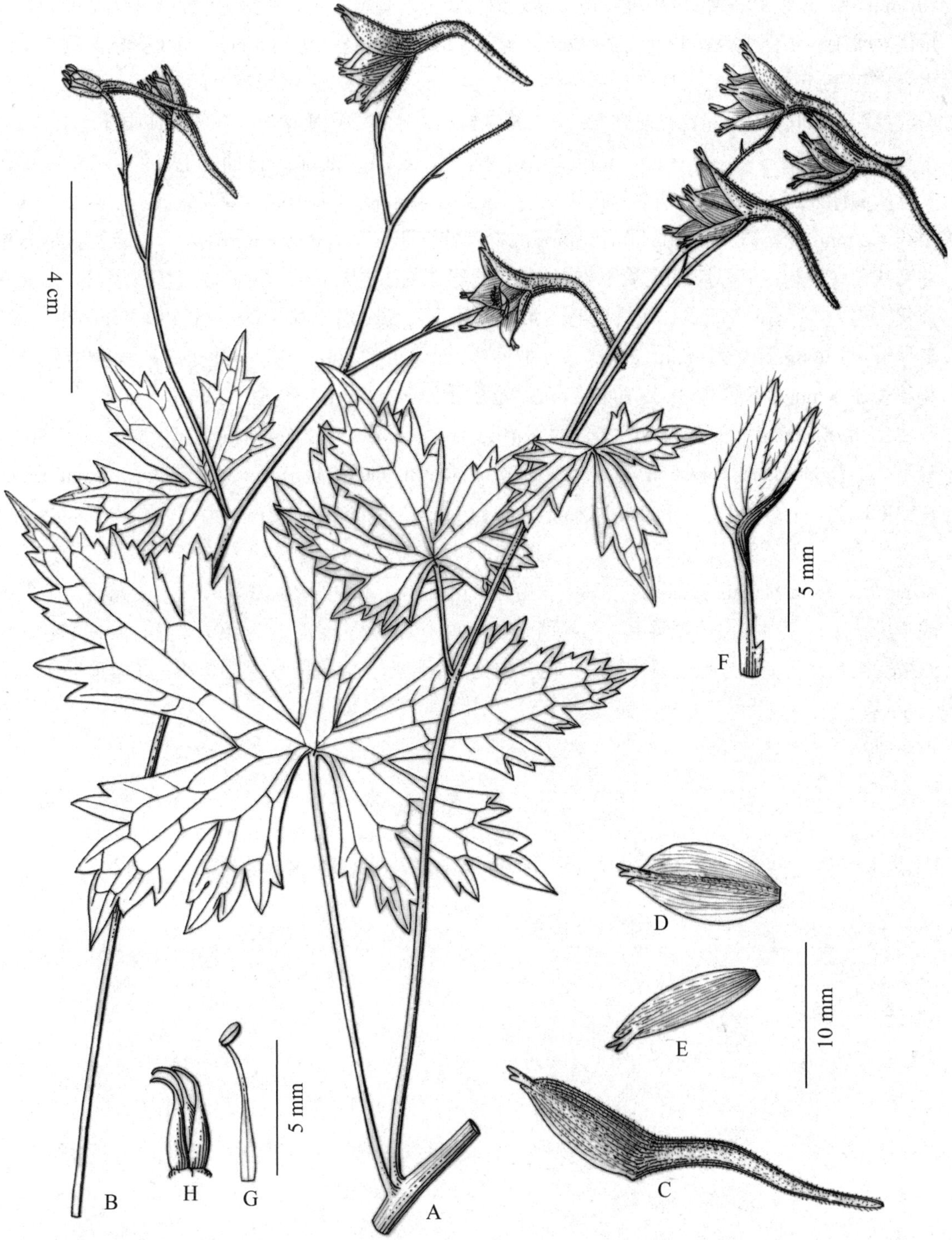

图 1 **叉角翠雀花** A. 上部茎生叶和腋生伞房花序；B. 顶生伞房花序；C. 上萼片；D. 侧萼片；E. 下萼片；F. 退化雄蕊；G. 雄蕊；H. 雌蕊群，由 3 心皮组成。

Fig. 1 ***Delphinium furcatocornutum*** A. Upper culine leaf and axillary corymb; B. Terminal corymb; C. Upper sepal; D. Lateral sepal; E. Lower sepal; F. Staminode; G. Stamen; H. Gyoecium, consisting of three carpels.

10) mm 处，顶端长渐尖，3 中裂，边缘具缺刻和牙齿，侧裂片较大，斜宽扇形，不等 2 深裂，上面疏被贴伏短柔毛，下面无毛；叶柄长 3−9 cm，无毛。顶生伞房花序宽约 8 cm，有 1 分枝，具 5 花，侧面腋生伞房花序宽约 3.5 cm，具 3 花；花序梗长约 14 cm，无毛；基生苞片叶状，宽约 4.5 cm，上部苞片条形或狭卵形，长 2−3 mm；花梗纤细，长 2.5−7.5 cm，密被白色短柔毛，在中部或中部之上具 2 小苞片；小苞片条形或钻形，长 2−5 mm，无毛。萼片蓝色，长 1.1−1.3 cm，内面无毛，外面被短柔毛；上萼片长圆状卵形，宽 6−7 mm，顶端的角状突起，长约 1.4 mm，叉状分裂，萼距钻形，长约 2.8 cm，在基部粗约 4.2 mm，稍向下弯曲；侧萼片椭圆形或椭圆状倒卵形，宽 6−6.5 mm，外面顶端之下具长约 1.6 mm 的叉状角状突起；下萼片稍不等大，狭卵状长圆形，宽 2−3.5 mm，外面顶端之下具长约 1.5 mm 的叉状角状突起，突起有时不分裂。花瓣无毛，顶端微钝，不 2 裂。退化雄蕊蓝色，长约 1.1 cm；爪比瓣片稍短；瓣片长 5.5−6 mm，宽 2.7 mm，2 深裂成 2 披针形、被缘毛的裂片，在基部之上疏被黄色髯毛。雄蕊无毛；花丝长 5−6 mm，下部具翅；花药长 1 mm。心皮 3，长约 4 mm，无毛。果未见。

四川 (Sichuan)：木里 (Muli)，913 林场 (913 Tree Farm)，向梁沟 (Xiang lianggou)，alt. 3 300 m，山坡云山林下 (under Picea forest on slope)，herbs 1 m tall，fls. blue，sepals at apex with two small projections，1983-08-27，青藏考察队 (Qinghai-Xizang Exped.) 13501 (holotype，PE)。

由于萼片具叉状角状突起，本种与萼片也具叉状角状突起的弯距翠雀花（*Delphinium campylocentrum* Maxim.）有亲缘关系，与后者的区别是：本种的叶片 3 深裂，下面无毛，花 3−5 朵排列成伞房花序，花梗被白色短柔毛，萼距稍向下弯曲，花瓣不分裂。在弯距翠雀花，叶片掌状 3 全裂，下面被短柔毛，花多数排列成圆锥花序，花梗被黄色短腺毛，萼距呈 U 字形弯曲，花瓣顶端 2 浅裂 [1]。

参 考 文 献

[1] 王文采. *Delphinium*. 中国植物志[M]. 北京: 科学出版社, 1979, 27: 326−462.

巢湖铁线莲，安徽毛茛科一新种

Clematis chaohuensis, a new species of Ranunculaceae from Anhui Province

王文采　黄璐琦

巢湖铁线莲　图 1

Clematis chaohuensis W. T. Wang & L. Q. Huang, sp. nov. Fig. 1

(Sect. *Clematis* subsect. *Clematis*)

Ob sepala patentia, stamina glabra, filamenta laevia, antheras oblongas vel anguste oblongas, caules volubiles et folia bipinnata species nova haec est fortasse affinis *C. puberulae* Hook. f. & Thoms., quae plantis siccitate nigrescentibus, foliolis papyraceis puberulis nervis planis haud reticulatis, sepalis longitudinaliter 4–5-nervibus, staminibus numerosis 6–11 mm longis, carpellis numerosis, stylis 5–7 mm longis praeclare differt.

Small lignous vines. Stems ca. 1.8 m long, ca. 3 mm across, glabrous, longtudinally and shallowly 6-sulcate, above branched; branches slender, 7–28 cm long, 0.6–1 mm across, glabrous. Leaves opposte, glabrous; cauline leaves mostly bipinnate, 10–14 cm long, each with 3 pairs of pinnae, the lowest pinnae 3-foliolate, and the others simple or 2-foliolate, lealets coriaceous, ovate, rhombic, narrowly elliptic or broadly ovate, (2–4) cm × (1.2–3) cm, apex acuminate or acute, base broadly cuneate, margin pungently serrate, undivided or 1–3-lobed, rarely unequally 2-parted; nervation trinerved, with basal nerves and secondary and tertiary nerves strongly prominent on both surfaces and forming conspicuous network; upper cauline leaves and rameal leaves smaller, odd-pinnate, 3–8.5 cm long, 5–7-foliolate, leaflets (0.3–2) cm × (0.2–2) cm, apex acute, margin 2–3-lobed or 2–3-parted or undivided, few-serrate or entire; petioles 1–4.2 cm long, longitudinally 4–6-angulate or subterete. Cymes glabrous; terminal cymes twice branched, ca. 9-flowered; bracts 2, opposite, ca. 2 cm long, slenderly petiolate, ternate, with leaflets ovate, 4.5–7.5 mm long, entire and twisted petiolules; bracteoles linear, ca. 1.8 mm long; pedicels 5–20 mm long; axillary cymes usually solitary, rarely in pairs, 1–3-flowered; peduncles 6–12 mm long, bracts 2, opposite, linear, 1–1.6 mm long, sometimes wanting; bracteoles linear, 1–1.2 mm long; pedicels 3–11 mm long. Flower small: Sepals 4, white, spreading, narrowly oblong or broadly oblanceolate, (6.5–7) mm × (1.5–1.8) mm, adaxially glabrous, abaxially along margin shortly velutinous, longitudinally 3-nerved, apex subrounded or subtruncate. Stamens ca. 14, 2.5–3 mm long, glabrous; filaments linear; anthers oblong or narrowly oblong, 1–1.2 mm long, apex obtuse. Carpels 2–3, ca. 3.8 mm long; ovaries ca. 0.7 mm long, near apex sparsely sericeous; styles ca. 3 mm long, below long sericeous, apex slightly dilated, adaxially stigmatose.

小木质藤本植物。茎长约 1.8 m，粗约 3 mm，无毛，具 6 条浅纵槽，上部分枝；枝条细，长 7–28 cm，粗 0.6–1 mm。叶对生，无毛；基生叶多为二回羽状复叶，长 10–14 cm，每叶具 3 对羽片，最下部羽片

原文刊登于《植物研究》34(3): 289–291, 2014。
致谢：深切感谢王德群教授惠赠珍贵标本，孙英宝先生为本文绘图。

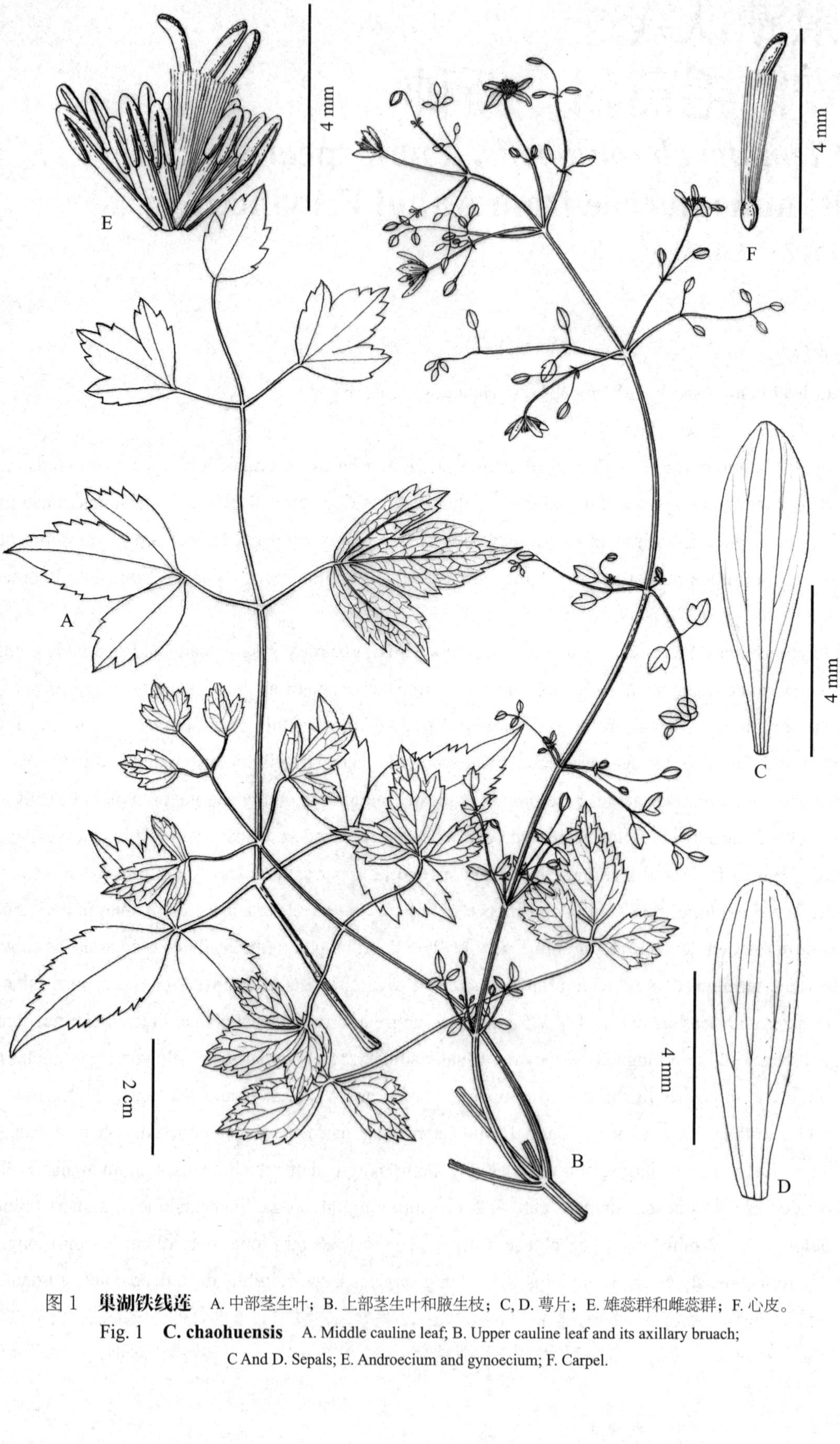

图 1 **巢湖铁线莲** A. 中部茎生叶；B. 上部茎生叶和腋生枝；C, D. 萼片；E. 雄蕊群和雌蕊群；F. 心皮。

Fig. 1 **C. chaohuensis** A. Middle cauline leaf; B. Upper cauline leaf and its axillary bruach; C And D. Sepals; E. Androecium and gynoecium; F. Carpel.

具3小叶，其他羽片简单或具2小叶，小叶革质，卵形、菱形、狭椭圆形或宽卵形，长2–4 cm，宽1.2–3 cm，顶端渐尖或急尖，基部宽楔形，边缘具锐尖锯齿，不分裂或1–3浅裂，稀不等2深裂，具三出脉，基出脉和二、三回脉两面均强烈隆起，形成明显脉网；上部茎生叶和枝生叶较小，为奇数羽状复叶，长3–8.5 cm，具5–7小叶，小叶长0.3–2 cm，宽0.2–2 cm，顶端急尖，边缘2–3浅裂或深裂，或不分裂，具少数锯齿或全缘；叶柄长1–4.2 cm，具4–6条纵棱或近圆柱形。聚伞花序无毛；顶生聚伞花序二回分枝，约有9花；苞片2，对生，长约2 cm，有细柄，为三出复叶，小叶卵形，长4.5–7.5 mm，全缘，小叶柄螺旋状弯曲；小苞片条形，长约1.8 mm；花梗长5–20 mm；腋生聚伞花序通常单生，稀成对着生，具1–3花；花序梗长6–12 mm；苞片2，对生，条形，长1–1.6 mm，有时不存在；小苞片条形，长1–1.2 mm；花梗长3–11 mm。花小：萼片4，白色，开展，狭长圆形或宽倒披针形，长6.5–7 mm，宽1.5–1.8 mm，腹面无毛，背面沿边缘被短绒毛，具3条纵脉，顶端近圆形或近截形。雄蕊约14，长2.5–3 mm，无毛；花丝条形；花药长圆形或狭长圆形，长1–1.2 mm，顶端钝。心皮2–3，长约3.8 mm；子房长约0.7 mm，近顶端疏被绢毛；花柱长约3 mm，下部密被长绢毛，顶端稍变宽，具柱头。

安徽 (Anhui)：巢湖市 (Chaohu Shi)，银屏山 (Yinping Shan)，吕婆店 (Lüpodian)，alt. 150 m，山坡林缘多石处 (on rocks at forest's edge on slope), fls. white, 1995-08-28，王德群 (D. Q. Wang) 70543 (holotype, PE); 同地 (same locality)，散兵镇 (Sanbing Zhen), alt. 200 m, 1995-05-25, 王德群 95386 (paratype, PE)。

本种的萼片开展，雄蕊无毛，花丝平滑，花药长圆形或狭长圆形，以及茎缠绕，叶为二回羽状复叶，从这些特征看，在亲缘关系方面可能接近短毛铁线莲（*Clematis puberula* Hook. f. & Thoms.），与后者的区别在于本种的植株干燥后不变黑色，小叶革质，无毛，叶脉两面隆起形成明显脉网，萼片有3条纵脉，花的雄蕊14枚，很短，长2.5–3 mm，心皮很少，只2–3枚，也很短，花柱长约3 mm。在短毛铁线莲，植株干燥后变为黑色，小叶纸质，被短柔毛，叶脉平，不形成明显脉网，萼片有4–5条纵脉，花的雄蕊多数，长6–11 mm，心皮亦为多数，花柱长5–7 mm[1]。

参考文献

[1] WANG W T. A revision of *Clematis* sect. *Clematis* (Ranunculaceae) [J]. Acta Phytotax. Sin., 2003, 41(1): 1–62.

麻栗坡荨麻，云南荨麻科一新种

Urtica malipoensis, a new species of Urticaceae from Yunnan

麻栗坡荨麻　图 1

Urtica malipoensis W. T. Wang, sp. nov. Fig. 1.

(Sect. **Ardentes** C. J. Chen)

Species nova haec est arcte affinis *U. fissae* Pritz., quae foliis late ovatis vel ambitu pentagonis vel suborbicularibus saepe palmatim 5-fidis vel 5-partitis, stipulis anguste ovatis vel oblongis differt; habitu ea est similis *U. triangulari* Hand.-Mazz., quae foliis margine tantum dentatis haud lobatis, stipulis ad quemque nodum 4 liberis recedit.

Herb, possibly dioecious. Stem ca. 45 cm tall, at the middle 2 mm across, 4-angulate, longitudinally 4-sulcate, densely puberulous and with stinging hairs. Leaves opposite, those of the same pair slightly unequal in size; blades deep-green, papery, triangular or narrowly triangular, (1.2−)2.5−9 cm long, (0.5−)1.2−5 cm broad, apex acuminate or long acuminate, base truncate, with the base itself cordate, margins at each side 5−7-lobed, lobes triangular or narrowly triangular, at margin 1−3-denticulate, often 1-lobulate; surfaces adaxially appressed-pubescent and puberulous, sometimes with a few stinging hairs as well, abaxially puberulous; venation palmately 5-nerved, with ca. 3 pairs of lateral nerves; cystoliths dense, puncticulate; petioles 0.5−2.5 cm long, with stinging hairs; stipules interpetiolar 2 connate, green, broadly ovate, 3.5−12 mm long, 3.5−6.2 mm broad, glabrous, longitudinally 7−10-nerved, apex rounded-truncate. Staminate thyrses unknown. Pistillate thyrses singly or in pairs axillary, (2.5−)3.5−10 cm long, (1−)2−4 cm broad; peduncles 0.6−2.2 cm long, with rachises and branches densely puberulous. Achene sessile, yellowish-white, strongly bilaterally compressed, suborbicular, ca. 1 mm in diam., very minutely verruculose, smooth, glabrous; persistent tepals 4, greenish, adaxially glabrous, abaxially appressed-puberulous, 2 outer tepals long elliptic, 0.3−0.4 mm long, 0.2−0.3 mm broad, apex acutish, 2 inner tepals orbicular-ovate, ca. 1 mm long and broad, apex rounded.

草本，可能雌雄异株。茎高约 45 cm，中部粗 2 mm，四棱形，有 4 条纵沟，密被短柔毛和刺毛。叶对生，同一对叶稍不等大；叶片深绿色，纸质，三角形或狭三角形，长 (1.2−)2.5−9 cm，宽 (0.5−)1.2−5 cm，顶端渐尖或长渐尖，基部楔形，基部深心形，边缘每侧有 5−7 浅裂片，裂片三角形或狭三角形，边缘有 1−3 个小牙齿，常有 1 小裂片，上面被贴伏柔毛和短柔毛，有时还有少数刺毛，下面被短柔毛，具掌状三出脉，侧脉约 3 对；钟乳体密，小点状；叶柄长 0.5−2.5 cm，具刺毛；2 叶柄间托叶合生，绿色，宽卵形，

原文刊登于《植物研究》34(4): 433−435, 2014。
致谢：深切感谢孙英宝先生为本文绘图。

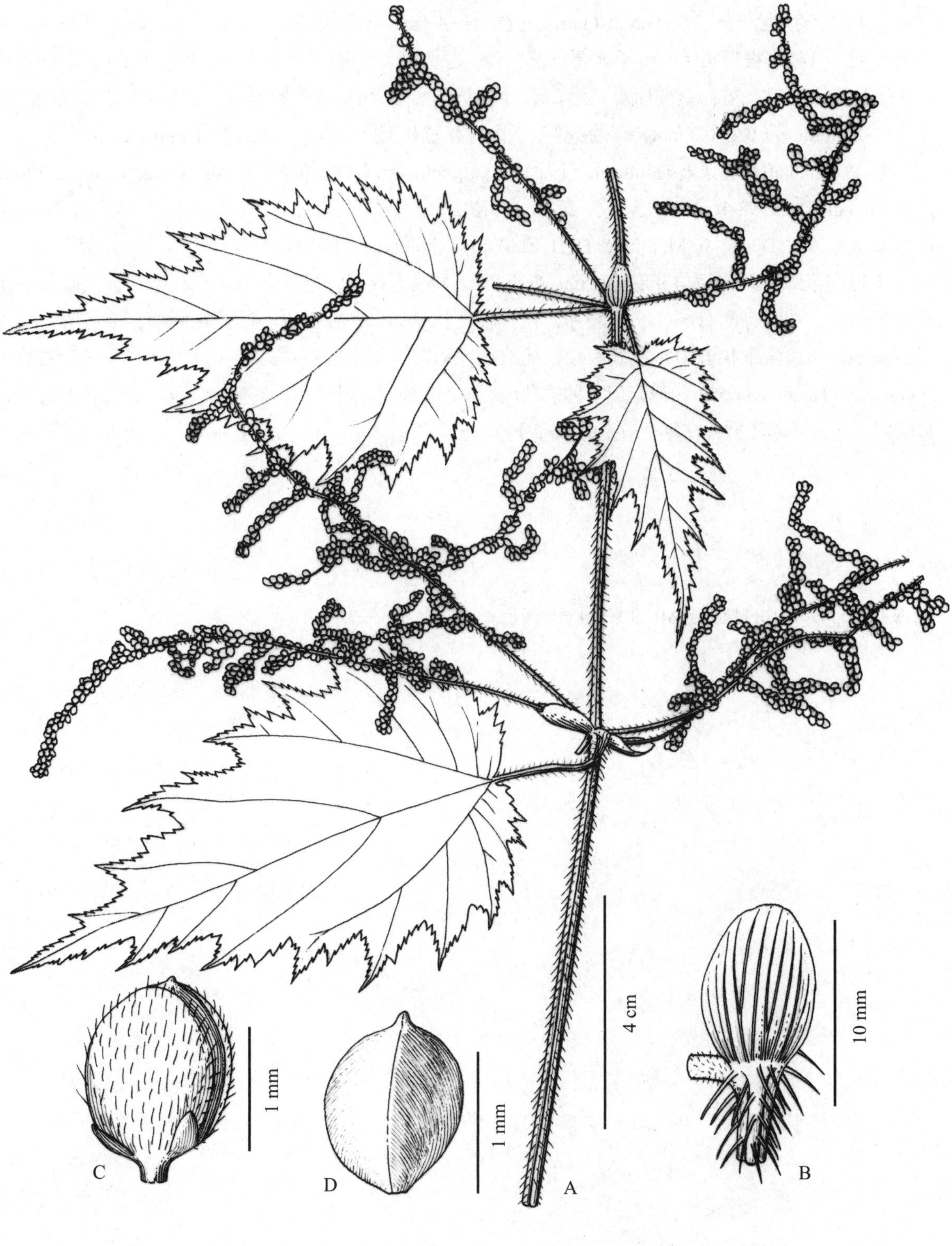

图 1 **麻栗坡荨麻** A. 结果雌茎上部；B. 托叶；C. 宿存花被和瘦果；D 瘦果。

Fig. 1 ***U. malipoensis*** A. Upper part of fruiting pistillate stem; B. Stipule; C. Persistent perianth and achene; D. Achene.

长 3.5−12 mm，宽 3.5−6.2 mm，无毛，有 7−10 条纵脉，顶端圆截形。雄聚伞圆锥花序未见。雌聚伞圆锥花序 1−2 条腋生，长 (2.5−)3.5−10 cm，宽 (1−)2−4 cm；花序梗长 0.6−2.2 cm，与轴均密被短柔毛和少数刺毛；分枝密被短柔毛。瘦果无梗，黄白色，强烈两侧扁压，近圆形，直径约 1 mm，表面光滑，有极小疣点，无毛；宿存花被片 4，淡绿色，内面无毛，外面被贴伏短柔毛，2 外方花被片长椭圆形，长 0.3−0.4 mm，宽 0.2−0.3 mm，顶端微尖，2 内方花被片圆卵形，长和宽均约 1 mm，顶端圆形。

云南 (Yunnan)：麻栗坡 (Malipo)，下金厂 (Xiajinchang)，火烧梁子 (Huoshaoliangzi)，alt. 1 700 m，山谷 (in valley)，1998-10-16，王印政，彭华，邓德山，邓云飞，税玉民，朱大海 (Y. Z. Wang，H. Peng，D. S. Deng，Y. F. Deng，Y. M. Shui & D. H. Zhu) 4048 (holotype，PE)。

本种在亲缘关系方面与荨麻（*Urtica fissa* Pritz.）很为接近，与后者的区别在于本种的叶呈三角形或狭三角形，边缘每侧有 5−7 个浅裂片，托叶长方状宽卵形。在荨麻，叶呈宽卵形，或轮廓为五角形或近圆形，边缘常掌状五中裂或五深裂，托叶狭卵形或长圆形。在体态方面，本种与三角叶荨麻（*U. triangularis* Hand.- Mazz.）相似，但本种的叶浅裂，2 叶柄间托叶合生而与后者不同。在三角叶荨麻，叶边缘只具牙齿，不浅裂，在每个节上的托叶 4 枚，分生 [1]。

参 考 文 献

[1] 陈家瑞. *Urtica*. 中国植物志[M]. 北京: 科学出版社, 1995, 23(2): 5−27.

华西南翠雀属5新种

Five new species of the genus *Delphinium* (Ranunculaceae) from Southwest China

中国科学院植物研究所陈又生博士近年来在西藏、云南、四川和青海等省、区进行植物区系考察，采集到大量毛茛科植物标本，本文作者在鉴定其中部分标本的过程中发现以下5新种。

拟毛翠雀花　图1

Delphinium trichophoroides W. T. Wang, sp. nov. Fig. 1

(Sect. *Aconitoides* W. T. Wang)

Species nova haec est arcte affinis *D. trichophoro* Franch., quod foliis basalibus et caulinis tripartitis, inflorescentiis racemosis, bracteolis apice acutis, staminodio in limbum et unguem haud conspicue differentiali facile differt.

Perennial herbs, ca. 65 cm tall. Leaves 3, all basal, long petiolate; blades papery, pentagonal, (3.5−7.5 cm × (6−12) cm, at base deeply cordate, 3-sect, central segment broadly rhombic, 3-fid, secondary lobes 2−3-lobulate and few-dentate, lateral segments larger, flabellate, unequally 2−3-parted; surfaces adaxially and abaxially appressed-puberulous; petioles 12−16.5 cm long, base not delated. Scape ca. 1 cm long, 8 mm across. Panicle terminal, consisting of 3 racemes; terminal raceme elongate, ca. 45 cm long, densely 25-flowered, lateral racemes shorter, 26−32 cm long, 5−8-flowered; bracts oblong-ovate or lanceolate, 1.5−3.6 cm long, abaxially densely puberulous; raceme peduncles with rachis and pedicels densely spreading-puberulous, with hairs 0.1−0.2 mm long; pedicels 0.6−2.5 cm long, at apex 2-bracteolate; bracteoles narrow-ovate or ovate, 0.9−1.4 cm long, apex caudate. Flower erect: Sepals blue-white, adaxially glabrous, abaxially densely puberulous, with hairs 0.2−0.4 mm long; upper sepal narrow-ovate, (2−2.2) cm × (0.7−1) cm, spur pendulous, conic-subulate, 1.6−1.9 cm long, base 3−6 mm across; lateral and lower sepals oblong-ovate, (1.4−1.7) cm × (0.6−0.8) cm. Petals 2, black, glabrous, apex 2-lobulate. Staminodes 2, black, glabrous; limbs obliquely ovate, ca. 7 mm × 4 mm, apex 2-lobulate; claws 9 m long. Stamens numerous, glabrous; filaments linear, at apex filiform, 6−7.5 mm long; anthers oblong, 2−2.5 mm long. Carpels 3; ovaries 5.5 mm long, densely puberulous; styles 0.8−1 mm long, glabrous.

四川 (Sichuan)：理塘县，君坝乡 (Litang Xian，Junba Xiang)，alt. 4 400 m，灌丛草甸 (bush-meadow)，花蓝白色 (fls. blue-white)，2009-08-22，陈又生 (Y. S. Chen) 9546 (holotype，PE)。

本种与毛翠雀花（*Delphinium trichophorum* Franch.）相近缘，与后者的区别：本种的叶均基生，掌状3全裂，花序圆锥状，由3个总状花序组成，小苞片顶端有尾状尖头，退化雄蕊分化成明显的瓣片和爪。在毛翠雀花，叶基生并茎生，掌状3深裂，花序总状，小苞片顶端急尖，无尾状尖头，退化雄蕊的瓣片和爪的分化不明显[2]。

原文刊登于《植物研究》34(5)：577−583，2014。
致谢：深切感谢陈又生博士提供毛茛科植物标本，孙英宝先生为本文绘图。

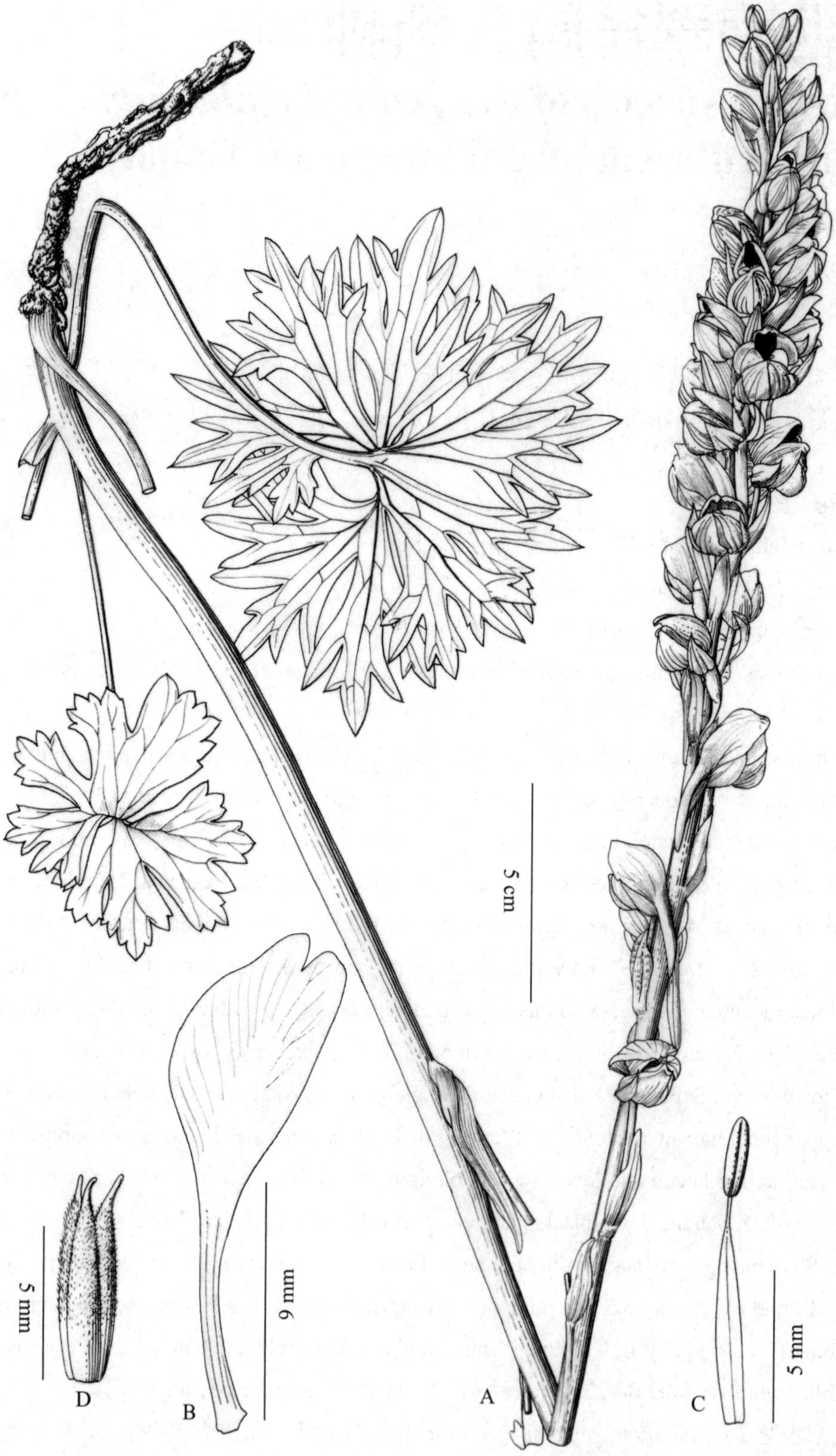

图 1　**拟毛翠雀花**　A. 植株全形；B. 退化雄蕊；C. 雄蕊；D. 雌蕊群。

Fig. 1　**D. trichophoroides**　A. Habit; B. Staminode; C. Stamen; D. Gynoecium.

作者发现的翠雀属短距翠雀花组（Sect. *Aconitoides*）[1-2] 是翠雀属的原始群，其特征是叶分裂程度较小，掌状浅裂至深裂，不少种的萼距比萼片短，呈圆锥状钻形，退化雄蕊无毛，瓣片和爪的分化不明显。此组原知有7种 (西昌翠雀花 *D. xichangense* W. T. Wang，短距翠雀花 *D. forrestii* Diels, 光叶翠雀花 *D. leiophylla* (W. T. Wang) W. T. Wang, 毛翠雀花 *D. trichophorum* Franch.，狭序翠雀花 *D. wrightii* Chen，长苞翠雀花 *D. longibracteolatum* W. T. Wang 和尖距翠雀花 *D. oxycentrum* W. T. Wang)。主要分布于四川西部、云南西北和西藏东部，只一种，毛翠雀花由西藏东部和四川西部向北达青海东部和甘肃中部 [3-4]。本种的发现使本组增至8种。本种的萼距比萼片稍短，显示出本种的原始系统地位，但叶掌状全裂，以及退化雄蕊的瓣片和爪的分化明显，却又说明本种比其他7种更为进化。

朗县翠雀花　图2：A−D

Delphinium langxianense W. T. Wang, sp. nov. Fig. 2: A−D

(Sect. *Elatopsis* Huth subsect. *Brevicalcarata* Huth)

Species nova haec est affinis *D. vestito* Wall. ex Royle, quod caulibus retrorse strigulosis et patule hispidis, foliis majoribus usque ad 5 cm longis 8.2 cm latis, sepalis caerulescenti-purpurellis, calcari sepalino tubuloso-conico 1.1−1.3 cm longo, staminodiorum limbis ventro centroque luteo-barbatis, carpellorum ovariis pubescentibus recedit.

Perennial herbs. Stems 15−45 cm tall, above base ca. 3.2 mm across, with petioles and raceme rachis spreading-puberulous, simple. Basal leaves ca. 4, and cauline leaves 1−3, long petiolate; blades subcoriaceous, reniform, (1−2) cm × (1.5−3.6) cm, at base cordate, 3-lobed not to or to the middle, central primary lobe broadly obtrapeziform, 3-lobed or 3-rounded-dentate, lateral primary lobes larger, flabellate, unequally 2-lobed, margin rounded-dentate, on both surfaces appressed-pubescent; petioles 1.2−8.5 cm long. Racemes terminal, 14−24 cm long, 7−8-flowered; basal bract foliaceous, other bracts linear, 1.2−2 cm long; pedicels 3.5−12 cm long, spreading-puberulous, at apex 2-bracteolate; bracteoles narrow-triangular or narrow-ovate, 6−7 mm long. Flower ca. 3.5 cm long: Sepals adaxially glabrous, abaxially densely sericeous, venose; upper sepal broad-ovate, (1.6−2) cm × (0.9−1.5) cm, spur subulate, 1.6−1.8 cm long, straight or slightly decurved, base 3.2−4.5 mm across; lateral sepals broad-obovate, (1.6−1.8) cm × (0.8−1.2) cm; lower sepals similar to lateral sepals, slightly smaller. Petals 2, black, glabrous, apex 2-lobulate. Staminodes 2, black; limbs ca. 10 mm long, 2-fid, adaxially sparsely yellowish-villous; claws 9 mm long, glabrous. Stamens numerous, glabrous; filaments lanceolate-linear, above filiform, 7.5−8.5 mm long; anthers oblong, 1.8−2 m long. Carpels 3, glabrous; ovaries 5 mm long; styles 2 mm long.

西藏 (Xizang)：朗县，金东乡，来义村 (Lang Xian，Jindong Xiang，Laiyi Cun)，alt. 4 620 m，杜鹃灌丛下 (under Rhododendron bush)，2012-09-10，FIPH Expedition 12−1102 (holotype and isotype，PE)。

本种与浅裂翠雀花 (*Delphinium vestitum* Wall. ex Royle) 在亲缘关系上相近，与后者的区别：本种的茎被开展短柔毛，叶较小，长达 2 cm，宽达 3.6 cm，萼片，萼距较长，钻形，长 1.6−1.8 cm，退化雄蕊的瓣片腹面疏被淡黄色长柔毛，不被髯毛，心皮无毛。在浅裂翠雀花，茎被反曲短糙伏毛和开展硬毛，叶较大，长达 5 cm，宽达 8.2 cm，萼片淡蓝紫色，萼距较短，筒状圆锥形，长 1.1−1.3 cm，退化雄蕊瓣片腹面中央被黄色髯毛，心皮子房被柔毛 [2]。

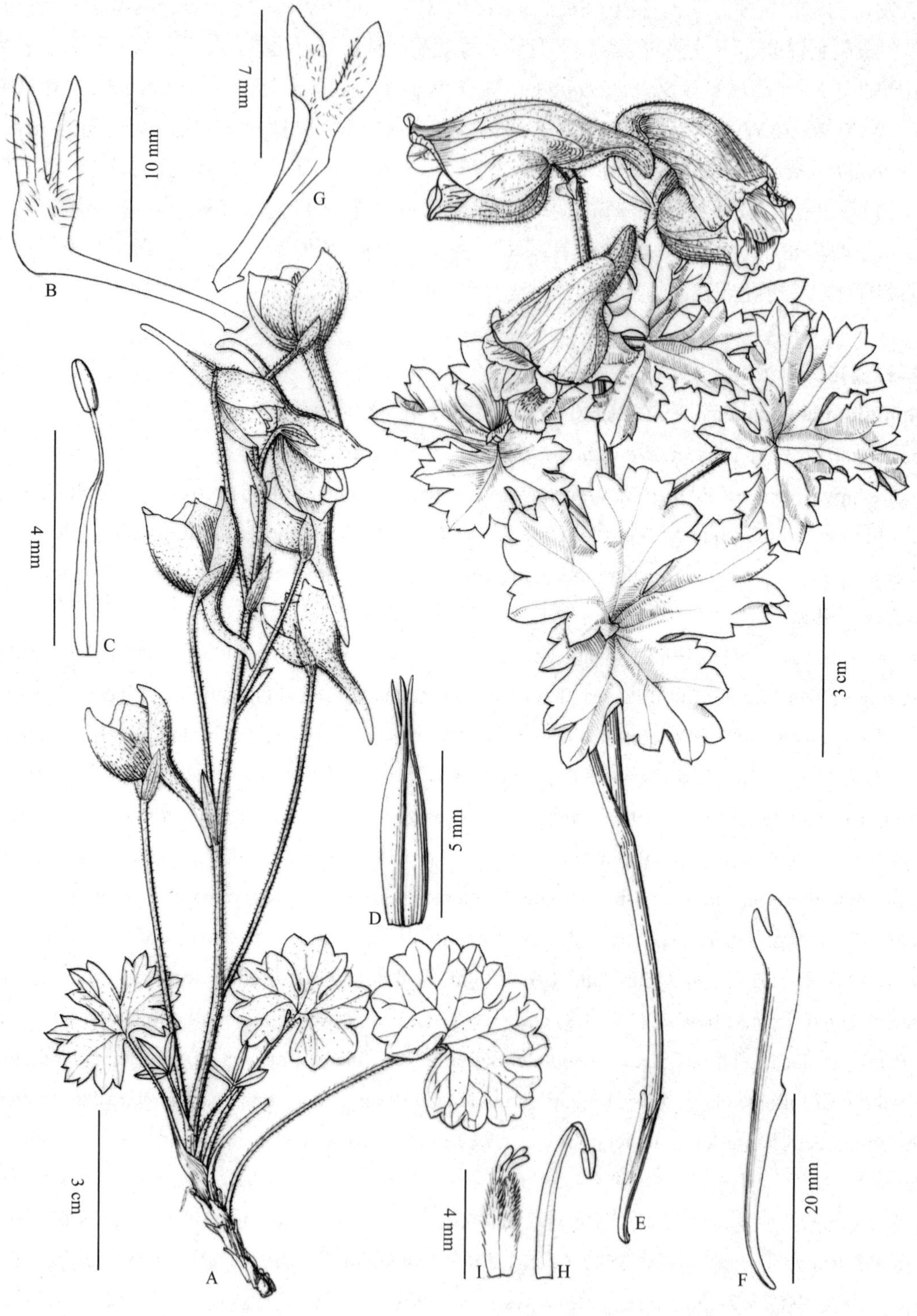

图 2　A–D. **朗县翠雀花**　A. 植株全形；B. 退化雄蕊；C. 雄蕊；D. 雌蕊群。
E–I. **灰花翠雀花**　E. 植株全形；F. 花瓣；G. 退化雄蕊；H. 雄蕊；I. 雌蕊群。

Fig. 2　A–D. **D. langxianense**　A. Habit; B. Staminode; C. Stamen; D. Gynoecium.
E–I. **D. tephranthum**　E. Habit; F. Petal; G. Staminode; H. Stamen; I. Gynoecium.

在翠雀属的大多数种，退化雄蕊辦片在腹面基部之上有一簇或密或疏的黄色或白色髯毛，这可能是适应昆虫传粉而形成的毛被产物。本种以及下面描述的灰花翠雀花和五花翠雀花的退化雄蕊的辦片不具一簇黄色或白色髯毛，而是在腹面中央从下到上疏被长柔毛或柔毛，这种现象在翠雀属罕见。

灰花翠雀花　图 2： E–I

Delphinium tephranthum W. T. Wang, sp. nov. Fig 2: E–I

(Sect. *Elatopsis* Huth subsect. *Subumbellata* Huth)

Species nova haec est arcte affinis *D. chrysotricho* Finet & Gagnep., quod caulibus foliisque puberulis, sepalis purpureis, staminodiorum limbis ventre supra basin dense luteo-barbatis praeclare abhorret.

Small peremial herbs. Stems 8–16 cm tall, above base 1.5–2 mm across, glabrous, simple. Basal leaf 1, at flowering time withered. Cauline leaves 2–3, long or slightly long petiolate, glabrous; blades subcoriaeous, reniform, (1.4–2.6) cm × (1.8–46) cm, at base cordate, 3-parted, central primary lobe cuneate-obovate, 0.9–1.6 cm broad, 3-lobed, lobules 2–3-denticulate, lateral primary lobes larger, flabellate, unequally 2-fid; petioles 2–11 cm long, at base slightly dilated. Corymbs terminal, 2–3-flowered; bracts foliaceous; pedicels 2.5–5 cm long, spreading-puberulous and glandular-puberulous, near apex 2-bracteolate; bracteoles nerrow-elliptic or obovate-oblong, (7–9) mm × 2 mm. Flower ca. 3.8 cm long: Sepals grey, blue-nerved, adaxially glabrous, abaxially densely pubescent; upper sepal broad-ovate, ca. 2.2 cm × 1.8 cm, spur conic-subulate, 1.5–2 cm long, straight, base 6–8 mm across; lateral sepals oblong-obovate, 1.8–1.3 cm; lower sepals broad-elliptic, 2 cm × 1 cm. Petals 2, black, glabrous, at apex 2-lobed. Staminodes 2; limbs black, ca. 7 mm long, 2-lobed, adaxially along inner lobe margins and above base yellowish-villous; claws 10 mm long, glabrous. Stamens numerous, glabrous; filaments lanceolate-linear, ca. 7 mm long; anthers oblong, 1.2–2 mm long. Carpels 3; ovaries 4 mm long, densely puberulous; styles 0.8–1 mm long, glabrous.

西藏 (Xizang)：昌都县，214 国道垭口之南 (Changdu Xian，in the south of the pass of high-way no. 214)，alt 4 800 m，灌丛草甸 (bush-meadow)，2010-08-08，花灰色 (fls. grey)，康藏植物考察队 (Kham Expedition) 10–1528 (holotype，PE)。

本种在亲缘关系方面与黄毛翠雀花 (*Delphinium chrysotrichum* Finet & Gagnep.) 甚为相近，与后者的区别：本种的茎和叶均无毛，萼片灰色，退化雄蕊瓣片腹面沿裂片内缘和基部之上被淡黄色长柔毛，不被黄色髯毛。在黄毛翠雀花，茎和叶均被短柔毛，萼片紫色，退化雄蕊瓣片在基部之上密被一簇黄色髯毛[2]。

五花翠雀花　图 3： A–D

Delphinium quinqueflorum W. T. Wang, sp. nov. Fig 3: A–D

(Sect. *Delphinastrum* DC. subsect. *Ceratophora* W. T. Wang)

Ob folia omnia basalia dissecta et glabra, staminodiorum limbos ventro sparse pubescentes haud luteo-barbatos species nova haec est affinis *D. sinoscaposo* W. T. Wang, quod flore solitario terminali, petalis apice emarginatis ciliatis, ovariis sparse sericeis ad suturas ventrales glabris facile distinguitur.

Perennial herbs. Leaves ca. 5, all basal, long petiolate, glabrous; blades papery, suborbicular or orbicular-pentagonal, (1.5–3.2) cm × (2.6–6.5) cm, at base deeply cordate, 3-sect, central segment broadly rhombic,

0.9–2.3 cm broad, 3-parted, secondary lobes 3-lobulate, ultimate lobules lanceolate-linear or linear, 1.2–2 mm broad, lateral segments larger, flabellate, unequally 2-parted nearly to base, secondary lobes 2 times dissected; petioles 6.5–10 cm long, base dilated. Scape ca. 13.5 cm tall, above base ca. 2 mm across, with raceme rachis and pedicels retrorsely appressed-puberulous (hairs 0.1–0.2 mm long and the hairs near base 0.5 mm long); raceme ca. 7.5 cm long, 5-flowered; basal bract ca. 3 mm long, its dark-blue vaginated petiole 3 mm long, other bracts sessile, dark-blue, linear-lanceolate, (6–7) mm × 1.2 mm, glabrous; pedicels 0.2–3.2 cm long, at apex 2-bracteolate; bracteoles dark-blue, linear, ca. 5 mm × (1.8–2) mm, glabrous. Flower 2.4–3.2 cm long: Sepals blue, adaxially galbrous, abaxially sparsely puberulous; upper sepal ovate, (1–1.1) cm × (0.6–0.8) cm, spur subulate 1.5–2.2 cm long, at base 3–4 mm across; lateral sepals oblong-ovate, (1–1.2) cm × (0.4–0.5) cm; lower sepals narrow-lanceolate, (1–1.2) cm × 0.4 cm. Petals 2, glabrous, apex slightly acute. Staminodes 2; limbs narrow-ovate, ca. 8 mm long, 2-lobed, adaxially sparsely pubescent, longitudinally 16-nerved; claws ca. 6 long, glabrous. Stamens numerous, glabrous; filaments lanceolate-linear, above filiform, 4.5 mm long; anthers oblong, ca. 1.2 mm long. Carpels 3; ovaries ca. 2.5 mm long, only on ventral sutures pilose; styles 1–1.5 mm long, glabrous.

云南 (Yunnan)：香格里拉，尼西乡，亚贡雪山 (Xianggelila, Nixi Xiang，Yagong Snow Mount), alt. 3 750 m，林缘草坡 (at forest edge on grassy slope)，花蓝色 (fls. blue)，2010-03-31，康藏植物考察队 (Kham Expedition)10-3093 (holotype，PE)。

本种的叶全部基生、细裂、无毛，退化雄蕊瓣片在腹面疏被柔毛，无黄色髯毛，因此与也具上述特征的花葶翠雀花 (*Delphinium sinoscaposum* W. T. Wang) 在亲缘关系上相近，与后者的区别在于本种的花约 5 朵组成总状花序，花瓣无毛，顶端微尖，心皮的子房只在腹缝线上有疏毛，其他部分无毛。在花葶翠雀花，花单朵顶生，花瓣顶端微凹，被缘毛，心皮子房被绢状毛，在腹缝线上无毛 [2]。

西藏 (Xizang)：昌都县，214 国道垭口之南 (Changdu Xian，in the south of the pass of high-way no. 214)，alt 4 800 m, 灌丛草甸 (bush-meadow)，2010-08-08，花灰色 (fls. grey)，康藏植物考察队 (Kham Expedition) 10–1528 (holotype，PE)。

本种在亲缘关系方面与黄毛翠雀花 (*Delphinium chrysotrichum* Finet & Gagnep.) 甚为相近，与后者的区别：本种的茎和叶均无毛，萼片灰色，退化雄蕊瓣片腹面沿裂片内缘和基部之上被淡黄色长柔毛，不被黄色髯毛。在黄毛翠雀花，茎和叶均被短柔毛，萼片紫色，退化雄蕊瓣片在基部之上密被一簇黄色髯毛 [2]。

细距翠雀花　图 3：E–H

Delphinium lagarocentrum W. T. Wang, sp. nov. Fig. 3: E–H

(Sect. *Delphinastrum* DC. subsect. *Grandiflora* W. T. Wang)

Species nova haec est affinis *D. caeruleo* Jacq. ex Camb., quod foliis minus divisis, lobulis ultimatis linearibus, calcari sepalino subulatis, staminodiorum limbis late obovatis vel suborbicularibus indivisis vel apice emarginatis distinguitur.

Perennial herbs. Stems 30–50 cm tall, above base ca. 1.8 mm across, below inconspicuously longitudinally 6-angulate and densely appressed-puberulous (hairs ca. 0.1 mm long), above glabrous, branched. Basal leaf 1, at flowering time withered. Cauline leaves ca. 4, long or shortly petiolate; blades subcoriaceous, depressed-orbicular

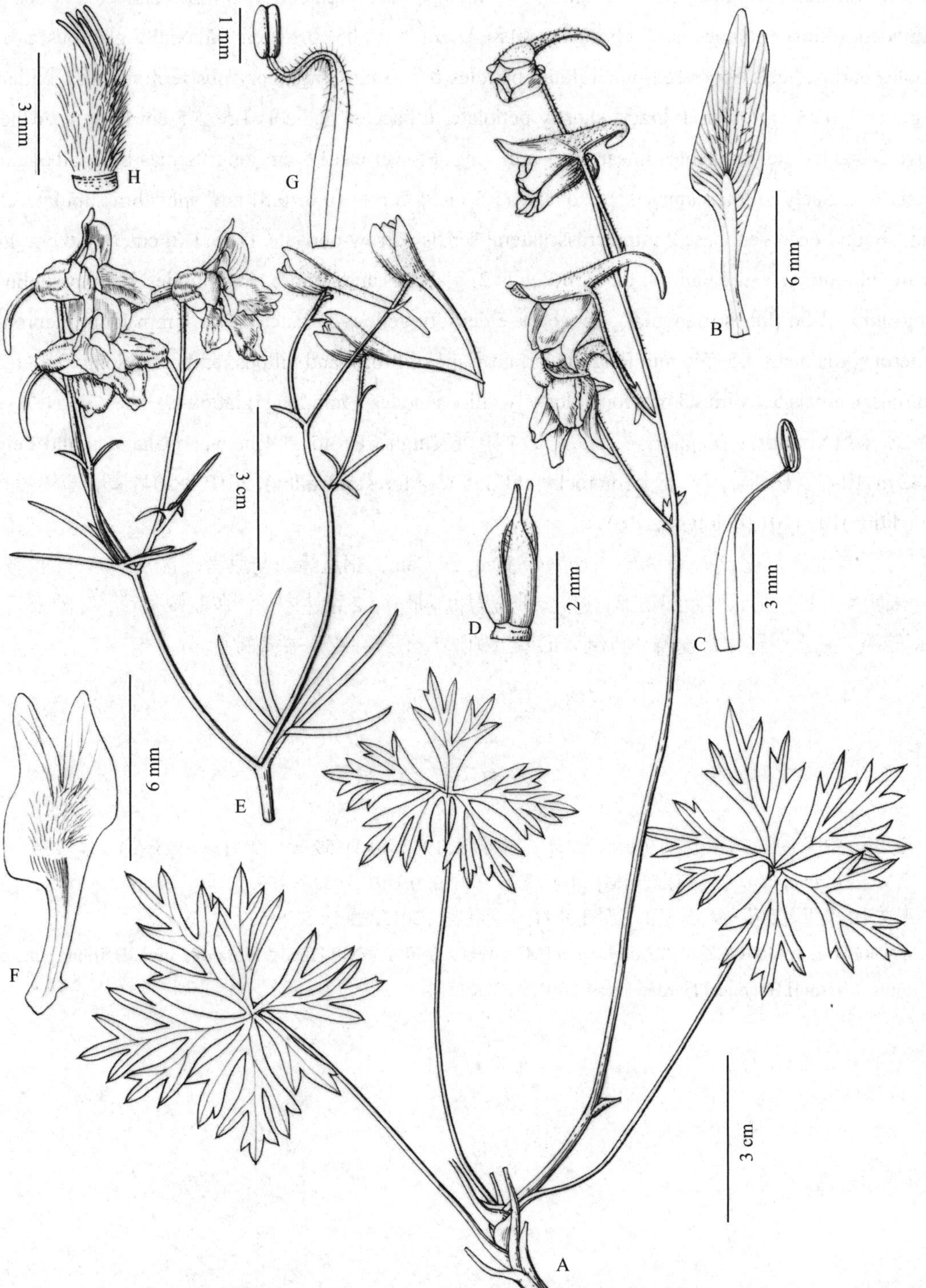

图3　A–D. **五花翠雀花**　A. 植株全形；B. 退化雄蕊；C. 雄蕊；D. 雌蕊群。
E–H. **细距翠雀花**　E. 开花茎顶部；F. 退化雄蕊；G. 雄蕊；H. 雌蕊群。

Fig. 3　A–D. **D. quinqueflorum**　A. Habit; B. Staminode; C. Stamen; D. Gynoecium.
E–H. **D. lagarocentrum**　E. Apical part of flowering stem; F. Staminode; G. Stamen; H. Gynoecium.

or semi-orbicular in outline, (2.5−4.5) cm × (4−8) cm, 3-sect, segments 1−3 times dissected or central segment undivided, ultimate lobules narrowly linear, (0.8−3) cm × (0.05−0.15) cm, adaxially glabrous, abaxially with petioles and pedicels appressed-puberulous; petioles 0.7−6 cm long. Corymbs terminal and axillary, 4−6 cm long, (1−2−)3(−5)-flowered; bracts shortly petiolate, foliaceus; pedicels 1.5−5.5 cm long, near the middle or above 2-bracteolate; bracteoles linear, 4−5 mm long. Flower ca. 3.5 cm long: Sepals blue, adaxially glabrous, abaxially densely villous; upper sepal ovate, (1.3−1.5) cm × (0.6−0.8) cm, spur thin-subulate, 2.1−2.4 cm long, slightly decurved, base 2 mm across; lateral sepals narrow-obovate, (1.2−1.6) cm × 0.6 cm; lower sepals narrow-oblong, (1.1−1.5) cm × 0.5 cm. Petals 2, glabrous,apex entire. Staminodes 2; limbs obliquely ovate, 6 mm long, 2-fid (lobes triangular), above base densely yellow-barbate; claws 4 mm long, glabrous. Stamens numerous; filaments 4.5−5.5 mm long, linear, near apex filiform and villous; anthers oblong, 0.8−1.2 mm long, glabrous. Carpels 5; ovaries 3 mm long, densely villous; styles 1 mm long, glabrous.

西藏 (Xizang)：昌都一类乌齐 214 国道 (high-way no. 214 between Changdu and Leiwuqi)，alt. 3 682 m，山谷云杉林陡坡岩石上 (on rocky cliff in Picea forest in valley)，2010-08-04，康藏植物考察队 (Kham Expedition)10−1201 (holotype，PE)。

本种与蓝翠雀花 *Delphinium caeruleum* Jacq. ex Camb. 相近缘，与后者的区别：本种的叶分裂程度较大，末回裂片狭条形，萼距细钻形，退化雄蕊瓣片斜卵形，2 裂达中部。在蓝翠雀花，叶的末回裂片条形，萼距较粗，钻形，退化雄蕊瓣片宽倒卵形或近圆形，不分裂或顶端微凹 [2]。

参考文献

[1] 王文采. 中国毛茛科翠雀属的初步研究 [J]. 植物学报, 1962, 10(1): 59−89; (2): 138−165; (3): 264−284.

[2] 王文采. *Delphinium*. 中国植物志 [M]. 北京: 科学出版社, 1979, 27: 326−462.

[3] 王文采. 华西南毛茛科六新种和二新变种 [J]. 广西植物, 2013, 33(5): 579−587.

[4] WANG W T, WARNOCK M J. *Delphinium* [M] // WU Z Y, RAVEN P H, eds. Flora of China. Beijing: Science Press; St. Louis: Missouri Botanical Garden Press, 2001, 6: 223−274.

华西南银莲花属研究随记

Notes on the genus *Anemone* (Ranunculaceae) of Southwest China

Anemone L.

Sect. **1**. *Stolonifera* (Ulbr.) Juz.

1. Anemone brevistyla Chang ex W. T. Wang in Acta Phytotax. Sin. **12**(2): 162, pl. **2**: 4–6. 1974; et in Fl. Reip. Pop. Sin. **28**: 16, pl. **3**: 4–6. 1980; W. T. Wang, Ziman & Dutton in Z. Y. Wu & P. H. Raven, Fl. China **6**: 318. 2001. Type: Sichuan: Tianquan, 1936, K. L. Chü 2419 (holotype and isotype, PE). Fig. 1 : A–C

A. baicalensis auct. non Turcz.: Ziman *et al.* in J. Jap. Bot. **79**(5): 294. 2004, p. p. quoad syn. *A. brevistyla* Chang ex W. T. Wang.

Distribution: Endemic to western Sichuan (Tianquan, Luding and Dujiangyan)

Additional specimens examined: Sichuan: Luding Xian, Moxi, Yangliupe, alt. 2 280 m, fls. white, 1983-05-30, Veget. Group. Inst. Biol. Chengdu 30824 (PE); Dujiangyan Shi, Anonymous 960073 (PE).

Sect. *Stolonifera* is characterized by sessile involucral bracts, filiform filaments, pantocolpate pollen grains and carpels with sessile or subsessile capitate stigmas. (Xi and Chang, 1964; Wang 1980; Tamura, 1995). However, in a member of this section, *Anemone bervistyla*, the carpels in structure are similar to those of many species belonging to Sect. *Anemonanthea*, having subulate styles and lacking stigmas. In the nineteen seventies after describing this new species, on the basis of its primitive carpel morphology I had surmised that *A. brevistyla* might be the primitive species of Sect. *Stolonifera*, and placed this species at the beginning position of that section in Flora Reipublicae Popularis Sinicae. (Wang, 1980) Afterwards in 2004, to my surprise, *Anemone brevistyla* was reduced to the synonymy of *A. baicalensis*. (Ziman *et al.*, 2004) In fact, *A. baicalensis* obviously differs from *A. brevistyla* in its spreading-pubescent petioles and scapes, and in its carpels with subsessile capitate or globose stigmas. In *A. brevistyla*, the petioles and scapes are sparsely appressed-pubescent, and the carpels, as mentioned above, have subulate styles and lack stigmas. Basing the distinct morphological differences just mentioned, I would restore the specific status of *Anemone brevistyla* here.

Sect. **2**. *Himalayicae* (Ulbr.) Juz.

2. Anemone liangshanica W. T. Wang in Acta Phytotax. Sin. **12**(2): 170, pl. **9**: 11. 1974; et in Fl. Reip. Pop. Sin. **28**: 44, pl. **10**: 8–10. 1980. ——*A. trullifolia* Hook. f. & Thoms. var. *liangshanica* (W. T. Wang) Ziman & Dutton in Z. Y. Wu & P. H. Raven, Fl. China **6**: 324. 2001; Ziman *et al.* in Edinb. J. Bot. **64**(1): 78, fig. 8. 2007,

原文刊登于《植物分类与资源学报》37(2): 129–133, 2015。
Acknowledgements: I am grateful to Prof. Z. Y. Su for revising the Latin diagnoses, and to Mr. Sun Ying-Bao for making the line drawings.

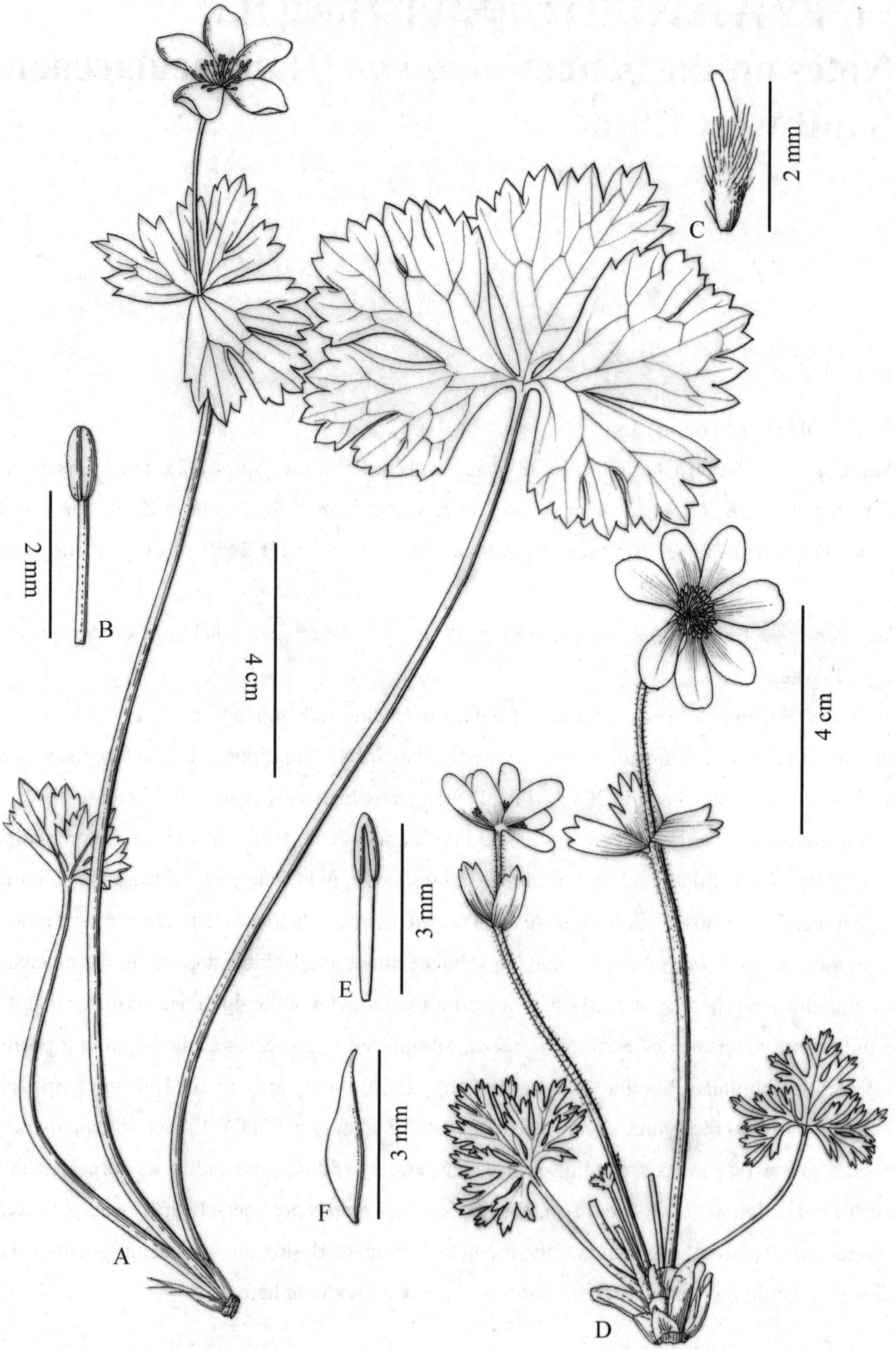

Fig. 1 A–C. **Anemone brevistyla** A. Habit; B.stamen; C. Carpel. (from isotype)
D–E. **A. rupestris** var. **latifolia** D. Habit; E. Stamen; F. Carpel. (from holotype)

syn. nov. Type: Sichuan Province: Leibo Xian, Liangshan, Huangmogeng, alt. 2 800 m, 1959-06-19, C. C. Hu *et al.* 761 (holotype and isotype, PE), 813 (paratype, PE).

2a. var. **liangshanica** Fig. 2: A−C

Staminum filamenta lineari-lanceolata. Gynoecium ex carpellis 25 constans, stylis ovariis paulo brevioribus apice recurvatis.

Distribution: Endemic to Leibo Xian.

2b. var. **rectistyla** W. T. Wang, var. nov. Fig. 2: D−F. Type: Yunnan Province: Dali Shi, Xizhou, Huadianba, alt. 2 900 m, alpine meadow, fls. white, with purple spots, 2009-07-17, X. H. Jin, Bing Liu, Bo Liu, X. Quan, J. X. Su & Y. Zhong 1594 (holotype, PE).

Staminum filamenta linearia. Gynoecium ex carpellis 5 constans, stylis ovariis 2-plo brevioribus rectis.

This variety differs from var. *liangshanica* in its linear filaments and in its styles being 2 times shorter than ovaries and straight. In var. *liangshanica*, the filaments are linear-lanceolate, and the styles are slightly shorter than ovaries and recurved at apex.

Anemone liangshanica, which was relegated to varietal rank under *A. trullifolia* in 2001, obviously differs from the latter in its spatulate, 3-parted basal leaves, and in its white sepals lacking anastomosing veins. In *A. trullifolia*, the basal leaves are broadly rhombic or rhombic-obovate in outline, 3-lobed, and the sepals are yellow in colour and have anastomosing veins. (Wang, 1980; Ziman *et al.*, 2007) With the distinct morphological differences just mentioned the specific status of *Anemone liangshanica* should be restored.

3. Anemone lutienensis W. T. Wang in Acta Phytotax. Sin. **12**(2): 172, pl. **5**: 12−14, pl. **10**: 13. 1974; in Fl. Reip. Pop. Sin. **28**: 44, pl. **12**: 12−14. 1980; in W. T. Wang et al. Vasc. Pl. Hengduan Mount. **1**: 514, 1993; et in C. Y. Wu, Fl. Yunnan. **11**: 198, pl. **57**: 16−18. 2000. —— *A. trullifolia* Hook. f. & Thoms. var. *lutienensis* (W. T. Wang) Ziman & Dutton in Z. Y. Wu & P. H. Raven, Fl. China **6**: 324. 2001; Ziman *et al.* in Edinb. J. Bot. **64**(1): 79, fig. 9. 2007, syn. nov. Type: Yunnan Province: Lijiang Shi, Ludian, 1939-05-28, R. C. Ching 20548 (holotype, PE), 20550 (paratype, PE). Fig. 2: G−I.

Distribution: Endemic to Ludian, Lijiang Shi， Yunnan.

Anemone lutienensis, which was together with *A. liangshanica* relegated to varietal rank under *A. trullifolia* in 2001, also obviously differs from the latter in its long, not winged petioles amd its subglabrous, 3-parted leaf blades, and in its white or blue sepals lacking anastomosing veins. In *A. trullifolia*, the basal leaves have short, winged petioles and densely villous, 3-lobed blades, and the sepals are yellow in colour and have anastomosing veins. (Wang, 1980; Ziman *et al.*, 2007) With the distinct morphological differences just mentioned the specific status of *Anemone lutienensis* should be reinstated.

4. Anemone rupestris Wall. ex Hook. f. & Thoms. var. **latifolia** W. T. Wang, var. nov. Fig. 1: D-F. Type: Sichuan Province: Dayi Xian, Heishuihe Nature Reserve, alt. 3 200 m, in forests, fls. white, 2007-06-06, D. H. Zhu, Z. B. Feng, C. Zhang & F. Wang 20070626 (holotype, PE).

A var. *rupestri* differt foliorum basalium laminis pentagonis, flore sepalis 7 praedito.

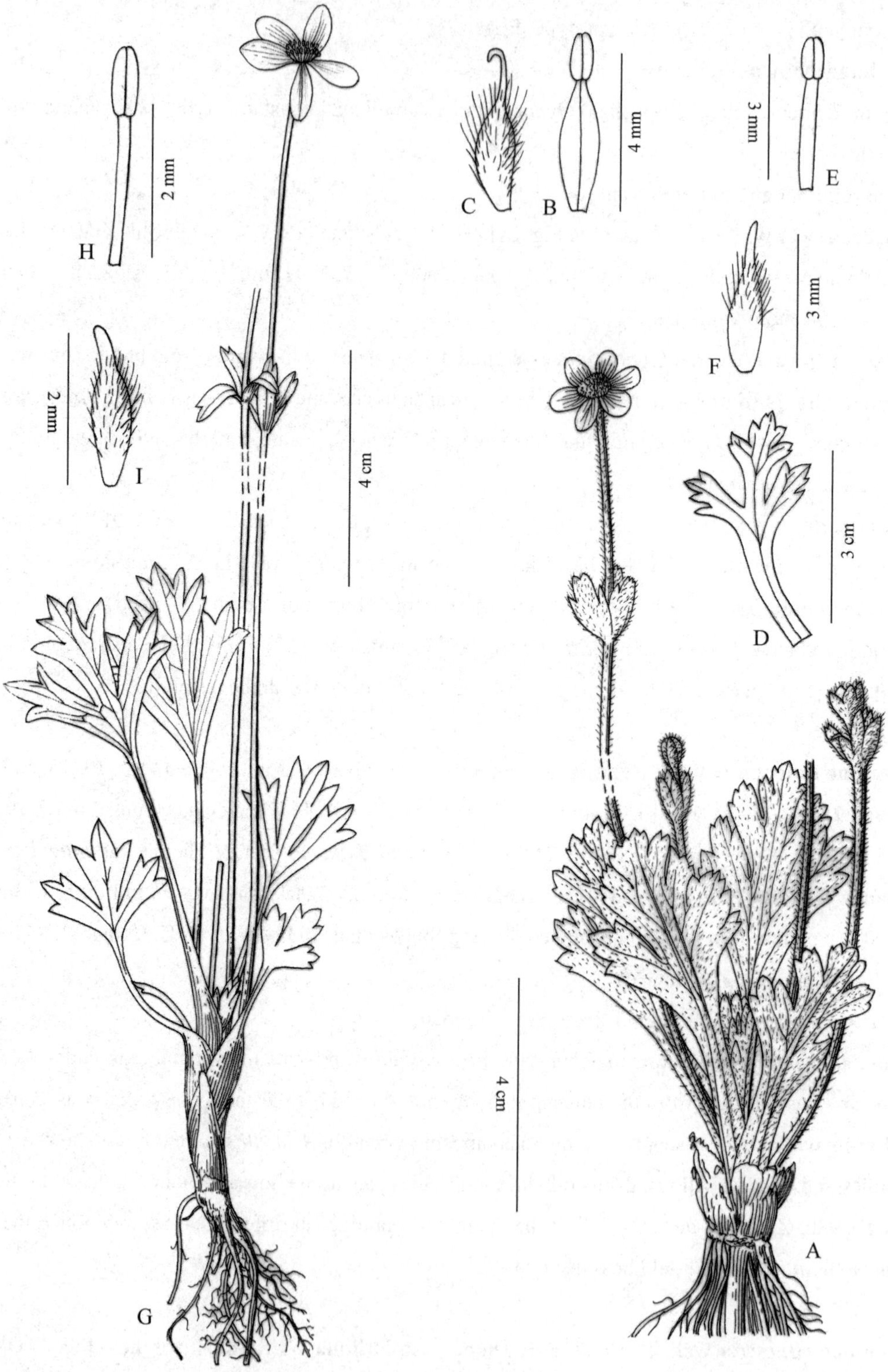

Fig. 2 A–C. **Anemone liangshanica** var. **liangshanica** A. Habit; B. stamen; C. Carpel. (after Wang, 1980).
D–F. **A. liangshanica** var. **rectistyla** D. Basal leaf; E. Stamen; F. Carpel. (from holotype)
G–I. **A. lutienensis** G. Habit; H. Stamen; I. Carpel. (from paratype)

This variety differs from var. *rupestris* in its pentagonal blades of basal leaves and in its flower with 7 sepals. In var. *rupestris*, the blades of basal leaves are triangular-ovate in outline, and the flower usually has 5, rarely 7 sepals.

References

TAMURA M, 1995. *Anemone* [M] // HIEPKO P (ed.). Die Natürlichen Pflanzenfamilien. Zwei Aufl. Berlin: Duncker & Humblot, 17a(4): 324−349.

WANG W T (王文采), 1980. *Anemone* [M] // Flora Reipublicae Popularis Sinicae (中国植物志). Beijing: Science Press, 28: 1−56.

WANG W T, ZIMAN S M, DUTTON B E, 2001. *Anemone* [M] // WU Z Y, RAVEN P H, eds. Flora of China. Beijing: Science Press; St. Louis: Missouri Botanical Garden Press, 6: 307−328.

XI Y Z (席以珍), CHANG K T (张金谈), 1964. Studies on pollen morphology of *Anemone* L. [J]. Acta Botanica Sinica (植物学报), 12(1): 19−38.

ZIMAN S N, KEENER C S, KADOTA Y, et al., 2004. A taxonomic revision of *Anemone* L. subgenus *Anemonanthea* (DC.) Juz. sensu lato (Ranunculaceae) III [J]. The Journal of Japanese Botany, 79(5): 281−310.

ZIMAN S N, EHRENDORFER F, KEENER C S, et al., 2007. Revision of *Anemone* sect. *Himalayicae* (Ranunculaceae) with three new series [J]. Edinburgh Journal of Botany, 64 (1): 51−99.

ZIMAN S N, BULAKH E V, KADOTA Y, et al., 2008. Modern view on the taxonomy of the genus *Anemone* L. sensu stricto (Ranunculaceae) [J]. The Journal of Japanese Botany, 83: 127−155.

马关铁线莲，云南毛茛科一新种

A new species of the genus *Clematis* (Ranunculaceae) from Yunnan, China

Clematis maguanensis W. T. Wang, sp. nov. Fig. 1

(Sect. *Clematis* subsect. *Rectae* Prantl ser. *Meyenianae* Tamura)

Ob sepala patentia, stamina glabra, antheras lineares apice apiculatas et achenia margine haud tumida species nova haec ad sect. *Clematidem* subsect. *Rectas* Prantl ser. *Meyenianas* Tamura pertinet, et in serie hac ea est affinis *C. finetianae* Lévl. & Vaniot, quae foliolis majoribus usque ad 10(−15) cm longis, cymis 1−5(−9)-floris, acheniis fusiformibus, et stylis persistentibus fulvo-villosis facile differt.

Woody vines. Branches of the current year green, subterete, ca. 3 mm in diam., glabrous, smooth, inconspicuously longitudinally 6-sulcate. Leaves opposite, ternate, glabrous; leaflets coriaceous, narrowly ovate or ovate, 2−7 cm long, 0.7−2.8 cm broad, at apex acuminate, at base rounded, margin entire, trinerved, with basal nerves adaxially flat, inconspicuous, abaixally slightly prominent, and with petiolules 0.4−2.4 cm long; petioles 2−6.5 cm long. Cymes singly axillary, racemiform, 8−15 cm long, 7−15-flowered, glabrous; peduncles 3−6 cm long; bracts narrowly ovate, lanceolate or linear, 2.5−8 mm long, 1−1.2 mm broad; pedicels slender, 4−16 mm long. Flower 1.2−1.8 cm in diam. Sepals 4, spreading, white, lanceolate-linear, 8−11.5 mm long, 2−2.8 mm broad, apex slightly acute, adaxially glabrous, abaxially on margin white-velutinous, trinerved. Stamens 20−22, 5−8 mm long, glabrous; filaments narrowly linear, 1−3.5 mm long; anthers linear, 3−4 mm long, apex shortly apiculate. Carpels 6−7, ca. 5 mm long; ovaries broadly ellipsoidal ca. 1 mm long, puberulous; styles ca. 4 mm long, very densely white-villous. Achenes dark-brown, strongly compressed, ovate or broadly elliptic, 4−5 mm long, ca. 3 mm broad, margin rimmed, not tumid; persistent styles slender, ca. 2.6 cm long, spreading white-villous.

China: Yunnan Province: Maguan Xian, Gulinqing, Laofangzi, alt. 1 600 m, on limestone summit, vine, fls. white, 2003-06-20, Y. M. Shui *et al.* 32178 (holotype, PE); same locality, Qinglong Mt., in the forest at the middle of limestone hill, 2002-10-15, Y. M. Shui, W. H. Chen & J. S. Sheng 31477 (fr., PE).

In having spreading sepals, glabrous stamens, linear anthers with apiculate apexes, and achenes without tumid margins this species should belong to sect. *Clematis* subsect. *Rectae* ser. *Meyenianae*. In this series, it is related to *C. finetiana*, but differs in its smaller leaflets, 7−15-flowered cymes, ovate or broadly elliptic achenes, and white-villous persistent styles. In *C. finetiana*, the leaflets are larger, up to 10(−15) cm long, the cymes are 1−5(−9)-flowered, the achenes are fusiform in outline, and the persistent styles are tawny-villous (Wang, 2003).

Reference

WANG W T, 2003. A revision of *Clematis* sect. *Clematis* (Ranunculaceae) [J]. Acta Phytotax. Sin., 41: 1−62, 97−172.

原文刊登于《植物分类与资源学报》37(2): 139−140, 2015。
Acknowledgement: I am grateful to Mr. Sun Ying-Bao for kindly making the line drawing.

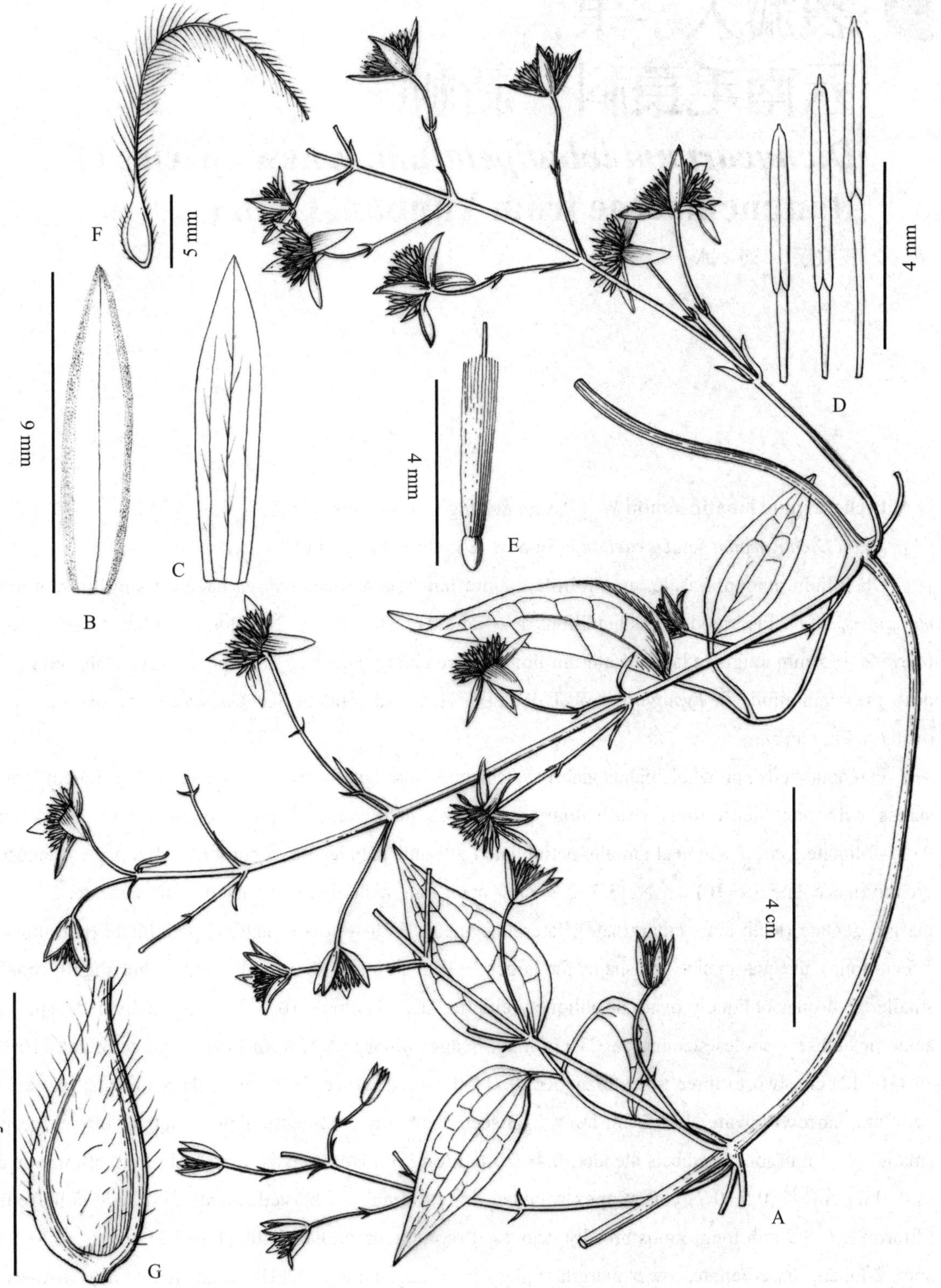

Fig. 1 **Clematis maguanensis** A. Part of flowering stem; B. Sepal, abaxial view; C. The same as B, adaxial view; D. Stamens; E. Carpel; F. Achene with persistent style; G. Achene with its persistent style removed.
(A–E from holotype; F–G from paratype)

裂瓣人字果，云南毛茛科一新种

Dichocarpum lobatipetalum, a new species of Ranunculaceae from Yunnan, China

王文采　刘 冰

Dichocarpum lobatipetalum W. T. Wang & Bing Liu, sp. nov. Fig. 1.

[Sect. *Dichocarpum* ser. *Dalzieliana* (Tamura & Lauener) D. Z. Fu]

Ob folium unicum basale, ejus foliola majora lanceolata species nova haec est simillima et affinis *D. malipoensi* D. D. Tao, quod scapis humilibus 4–6 cm altis, cymis parvis 2–3-floris, floribus parvis, sepalis albis obovatis 4–5 mm longis et latis, petalorum limbis apice emarginatis basi haud peltatis praeclare differt. Species nova est etiam affinis *D. hypoglauco* W. T. Wang & Hsiao ad eandem Ser. *Dalzieliana* pertinenti, quod foliis ovatis statim recedit.

Perennial herbs, on whole plants glabrous. Rhizome horizontally creeping, subterete, ca. 4.5 cm long, 6 mm across, with many dense roots. Leaf solitary, basal, long petiolate, pedately compound, three times branched, 9–12-foliolate; central segment simple, petiolulate (petiolule slender, ca. 4 cm long), thin-papery, lanceolate or broadly lanceolate, (9–10) cm × (3.5–3.8) cm, apex long acuminate, at base broadly cuneate, 2–3-lobulate, margin dentate (teeth apex emarginate); lateral segments 3–6-foliolate; leaflets petiolulate (petiolules 0.05–1.5 cm long), unequal in size and shape, the larger 2–3 ones similar to central segment, but slightly smaller, the smaller 2–4 ones obliquely ovate or obliquely elliptic, (1.2–4) cm × (0.9–1.7) cm, undivided, apex slightly acute or obtuse; petioles slender, ca. 27 cm long. Scape solitary, ca. 38 cm long; cyme terminal, (10–14) cm × (10–12) cm, two to three times branched, 9–14-flowered; bracts 3–4, verticillate, unequal in size, shortly petiolate, narrowly ovate, 1.2–2 cm long, 2–3-sect, segments 1–2-denticulate; bracts of branches opposite, smaller, 4–9 mm long; pedicels slender, 0.4–0.5 cm long. Flower: Sepals 5, pinkish, long elliptic or elliptic, (1.4–1.7) cm × (0.5–0.7) cm, at apex rounded, longitudinally 6-nerved. Petals 5, orange-coloured; stalks filiform, 2.8–3.5 mm long; limbs broadly depressed-rhombic or subflabellate, (1.2–1.5) mm × (1.8–2.5) mm, apex 2-lobed, base peltate, lower margin slightly involute. Stamens 20–30; filaments white, narrowly linear, 2–5.6 mm long; anthers yellow, oblong or broadly oblong, 0.7–1 mm long. 2, linear, ca. 12 mm × (2.2–3.5) mm, connate at base, with several inconspicuous obliquely transverse nerves. Seeds black-brown, strongly compressed, broadly elliptic, ca. 1 mm long, smooth.

原文刊登于《植物分类与资源学报》37(3): 275–277, 2015。
Acknowledgements: We are grateful to Mr. Sun Ying-bao for making the line drawing.

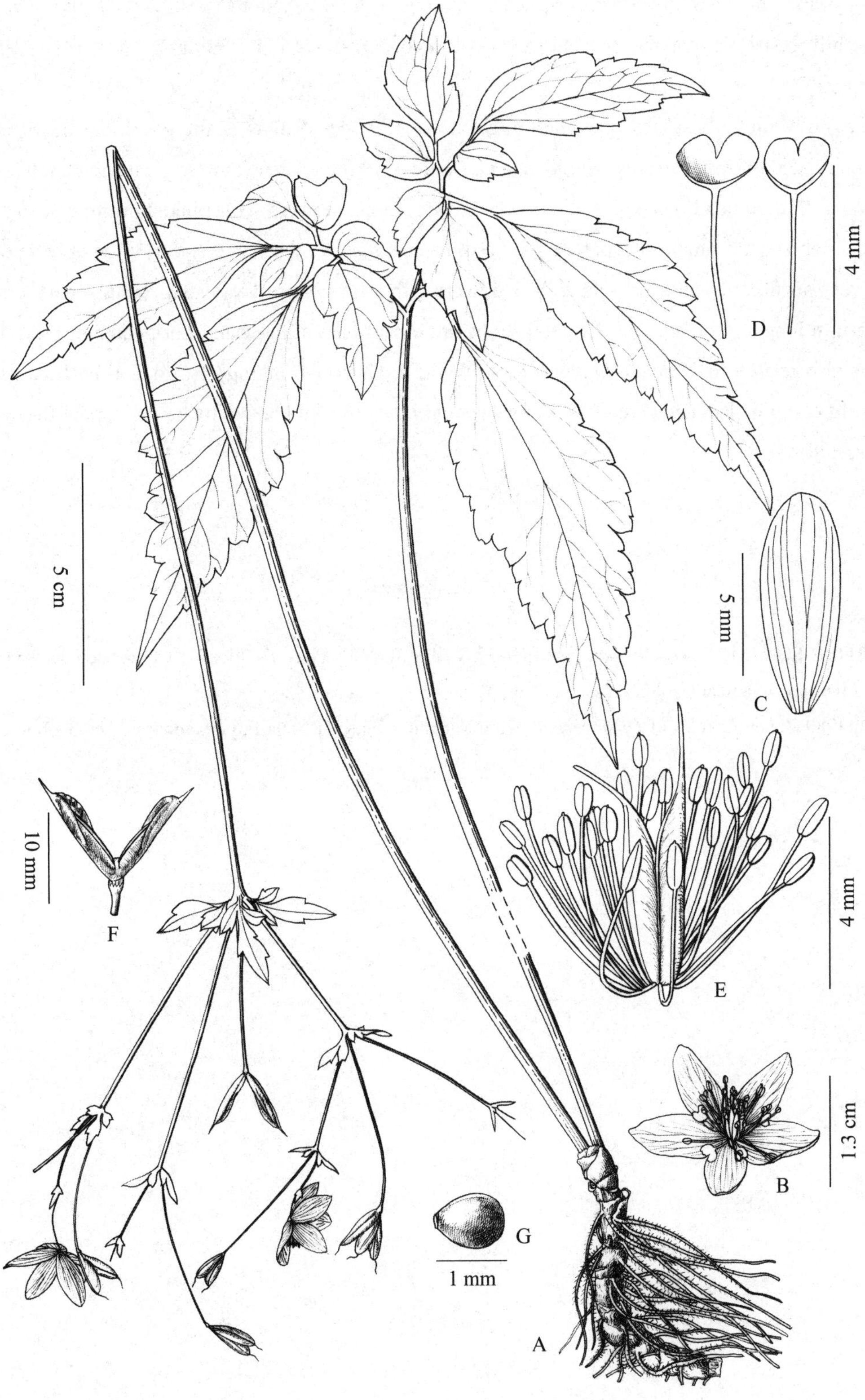

Fig. 1 **Dichocarpum lobatipetalum** A. Habit; B. Flower; C. Sepal; D. Two petals; E. Androecium and gynoecium; F. Two follicles; G. Seed. (from holotype)

Yunnan Province: **Malipo Xian**, Xiajinchang Xiang, Yunling, Daxichang Village, alt. 1 537 m, in forest in limestone hill, herbs, fls. pinkish, petals orange-coloured, 2014-04-02, Liu Bing & Yang Yong 1958 (holotype and isotype, PE).

In having a single basal leaf per plant and lanceolate larger leaflets of the basal leaf this species is quite similar and related to *Dichocarpum malipoense* D. D. Tao. From the latter it differs in its much taller scape, much larger two to three times branched 9−14-flowerd cyme, larger flowers with pinkish elliptic sepals 14−17 mm long, and 2-lobed petal limbs with peltate bases. In *D. malipoense*, the scape is very low, only 4−6 cm tall, the cyme is very small, only once branched, 2−3-flowered, the flowers are very small, with sepals white, obovate, only 4−5 mm long and broad, and the petal limbs are emarginate at apex and not peltate at base. Besides, this species is also related to *D. hypoglaucum* W. T. Wang & Hsiao belonging also to Ser. *Dalzieliana*, and from the latter differs in its lanceolate leaflets. In *D. hypoglaucum*, the leaflets are ovate in shape. (Tao, 1989; Fu and Robinson, 2001).

References

FU D Z, ROBINSON O R, 2001. *Dichocarpum* [M] // WU Z Y, RAVEN P H, eds. Flora of China. Beijing: Science Press; St. Louis: Missouri Botanical Garden Press, 6: 302−305.

TAO D D, 1989. A new species of *Dichocarpum* from Yunnan, China [J]. Acta Phytotaxonomica et Geobotanica, 40(5−6): 179−180.

平武翠雀花，四川毛茛科一新种

Delphinium pingwuense, a new species of Ranunculaceae from Sichuan Province, China

平武翠雀花 （图 1）

Delphinium pingwuense W. T. Wang, sp. nov., Fig. 1. (Sect. *Delphinastrum* DC.)

Ob inflorescentias corymbosas paucifloras, sepala caerulea et staminodia sepalis concoloria species nova haec est affinis *D. eriostylo* Lévl., quod caulibus glabris vel prope basin sparse hispidis, foliorum laminis majoribus 7−16 cm latis minus divisis, earum lobulis ultimis ovatis, pedicellis glanduloso-puberulis, petalis apice 2-lobulatis, staminodiis ventro supra basin flavo-barbatis facile differt.

Perennial herbs. Stem ca. 45 cm tall, above base ca. 2 mm across, densely spreading- pubescent, with 3 branches. Basal leaf and the lowermost cauline leaf at anthesis withered, other cauline leaves ca. 4, long or shortly petiolate; blades papery, pentagonal in outline, (2−3) cm × (4.8−6) cm, 3-parted to 3−5 mm above base, base deeply cordate, central primary lobe rhombic, ca. 2 cm broad, pinnately parted, secondary lobes linear or narrowly triangular, 1−2-denticulate, ciliate, lateral primary lobes larger, obliquely flabellate, nearly to base unequally 2-parted, secondary lobes narrowly rhombic, 3-fid; surfaces adaxially and abaxially appressed-puberulous; petioles 2−5.5 cm long, densely spreading-pubescent, base narrowly vaginate. Corymbs terminal to stem and branches, 2−4-flowered; bract shortly petiolate, 3-sect, with linear lobes, or undivided, linear, 6−9 mm long; pedicels slender, 3−7 cm long, densely appressed-puberulous, near the middle 2-bracteolate; bracteoles subulate or filiform, 2.5−4 mm long, glabrous. Sepals blue, adaxially glabrous, abaxially sparsely puberulous; upper sepal broadly ovate, ca. 1.1 cm × 1 cm, spur subulate, 2.2−2.4 cm long, decurved, base ca. 3.5 mm across; lateral sepals broadly obovate, ca. 1.1 cm × 1 cm; lower sepals long elliptic, ca. 1.5 cm × 0.8 cm. Petals glabrous, apex obtuse, undivided. Staminodes ca. 1.3 cm long; limbs blue, rectangular in outline, 8 mm long, 2-parted, adaxially above base sparsely white puberulous, lobes linear-triangular, ciliate; claws white, ca. 5.5 mm long, glabrous. Stamens ca. 6 mm long, glabrous; filaments white, lanceolate-linear; anthers dark-blue, oblong, ca. 1.8 mm long. Carpels 3, glabrous; ovaries greenish-white, 2 mm long; styles 1 mm long, above dark-blue. Young follicles narrowly oblong, ca. 1.4 cm long, glabrous.

四川省 (Sichuan Province)：平武县 (Pingwu Xian)，老河沟保护区 (Laohegou Nature Reserve)，2013-09-26，张寿洲、王忠涛、杨建芬 (S. Z. Zhang, Z. T. Wang & J. F. Yang) 1072 (holotype，PE)。

原文刊登于《植物科学学报》33(1): 33−35，2015。
致谢：深切感谢孙英宝先生为本文绘图。

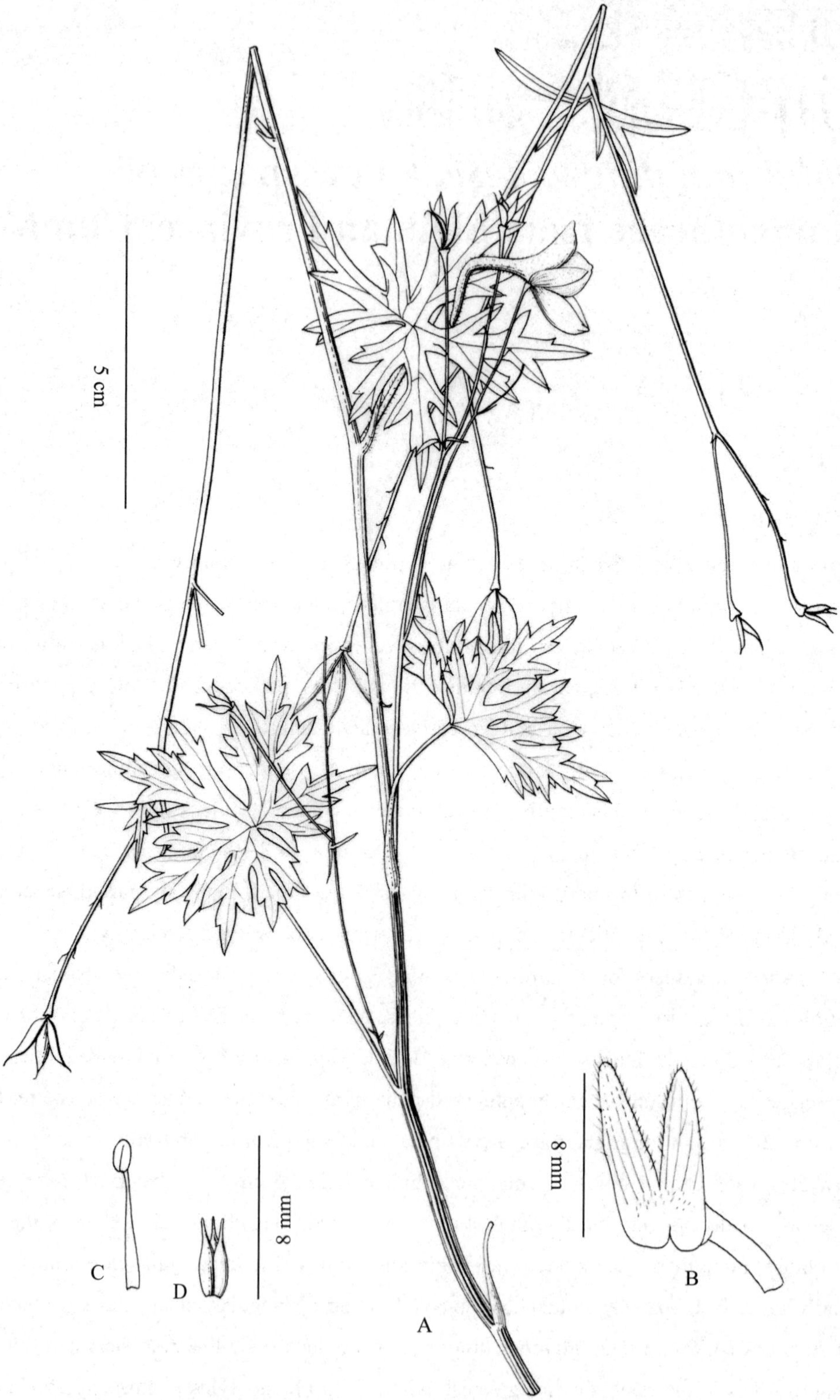

图 1 **平武翠雀花** A. 植株全形；B. 退化雄蕊；C. 雄蕊；D. 雌蕊群。

Fig. 1 **Delphinium pingwuense** A. Habit; B. Staminode; C. Stamen; D. Gynoecium.

本种的花序为具少数花的伞房花序，退化雄蕊的颜色与萼片的颜色相同，均为蓝色，从这些特征可见此种与也具这些特征的毛梗翠雀花 *Delphinium eriostylum* Lévl. 在亲缘关系上相接近，与后者的区别为：本种的茎密被柔毛，叶较小，叶片宽 4.8−6 cm，分裂程度较大，末回裂片呈条形或狭三角形，花梗密被短柔毛，花瓣顶端钝，不分裂，退化雄蕊腹面基部之上疏被白色短柔毛。在毛梗翠雀花，茎无毛或只在近基部疏被糙硬毛，叶较大，叶片宽 7−16 cm，分裂程度较小，末回裂片呈卵形，花梗被腺毛，花瓣顶端微 2 裂，退化雄蕊腹面基部之上被黄色髯毛 [1]。

参 考 文 献

[1] WANG W T, WARNOCK M J. *Delphinium* [M] // WU Z Y, RAVEN P H, eds. Flora of China: Vol. 6. Beijing: Science Press; St. Louis: Missouri Botanical Garden Press, 2001: 223−274.

栾川乌头，河南毛茛科一新种

Aconitum luanchuanense, a new species of Ranunculaceae from Henan, China

栾川乌头 （图 1：A–E）

Aconitum luanchuanense W. T. Wang, sp. nov. Fig. 1：A–E (Sect. *Aconitum* ser. *Brachypoda* W. T. Wang).

Species nova haec est affinis *A. coreano* (Lévl.) Rapaics, quod tuberibus obovoideis vel fusiformibus, petiolis longioribus 1.4–4.5 cm longis, sepalis extus dense puberulis, sepalo supero fronte infra medium constricto, petalis glabris, eorum calcaribus minoribus ca. 0.5 mm longis, flore 3-carpellato, ovariis densissime appresso-puberulis facile differt.

Tuber thinly carrot-shaped, ca. 6 cm long, 6 mm in diam. Stem ca. 54 cm tall, at base 4 mm in diam. At base densely adppressed-puberulous in the distal portion, glabrous in the proximal portion, simple. Leaves all cauline, dense, proximal ones shortly petiolate, distal ones sessile, glabrous; blades subcoriaceous broadly ovate in outline, 4–6.8 cm long, 5–7 cm broad, 3-sect, segments 2–3 times dissected, ultimate lobes linear or narrowly linear, 1–2 mm broad, apex slightly acute, margin entire; petioles 0–5(–20) mm long. Raceme terminal, ca. 10 cm long, densely 10-flowered; lower bracts foliaceous, other bracts small, 3-parted, or undivided, linear; rachis with pedicels densely adppressed-puberulous; pedicels 1–1.5 cm long, above 2-bracteolate; bracteoles linear or linear-triangular, 1–3 mm long, glabrous. Sepals 5, yellow; upper sepal navicular-galeate, 2–2.2 cm high, having flat frontal side and short rostrum, abaxially for the most part glabrous, only near rostrum pilose, adaxially sparsely puberulous, lower margin concave, ca. 2.5 cm long; lateral sepals suborbicular, ca. 1.5 cm in diam., abaxially glabrous, adaxially sparsely pubescent; lower sepals narrowly obovate, ca. 1.3 cm long, 9 mm broad, abaxially glabrous, adaxially sparsely puberulous, apex truncate-rounded. Petals 2; claws robust, ca. 1.8 cm long, 0.6 mm across, glabrous; limbs ca. 1.2 cm long, above pilose, spurs incurved, 2 mm long, with a few hairs, lips ca. 7 mm long, glabrous, at apex dilated and emarginate. Stamens numerous; filaments 6–8 mm long, below linear, 1-nerved, above filiform, sparsely ciliolate; anthers broadly oblong, ca. 1 mm long, glabrous. Carpels 5; ovaries narrowly oblong, ca. 4 mm long, on each side transversely ca. 12-nerved, only on dorsal suture sparsely puberulous; styles 2–2.2 mm long, glabrous.

河南（Henan）：栾川县，苗子龙峪湾国家森林公园，鸡角尖山（Luanchuan Xian，Miaozilongyuwan National Forest Park，Jijiao Shan），alt. 2 200 m，悬崖（on cliff），花黄色（fls. yellow），2008-08-

原文刊登于《植物科学学报》33 (2): 141–143，2015。
致谢：深切感谢孙英宝先生为本文绘图。

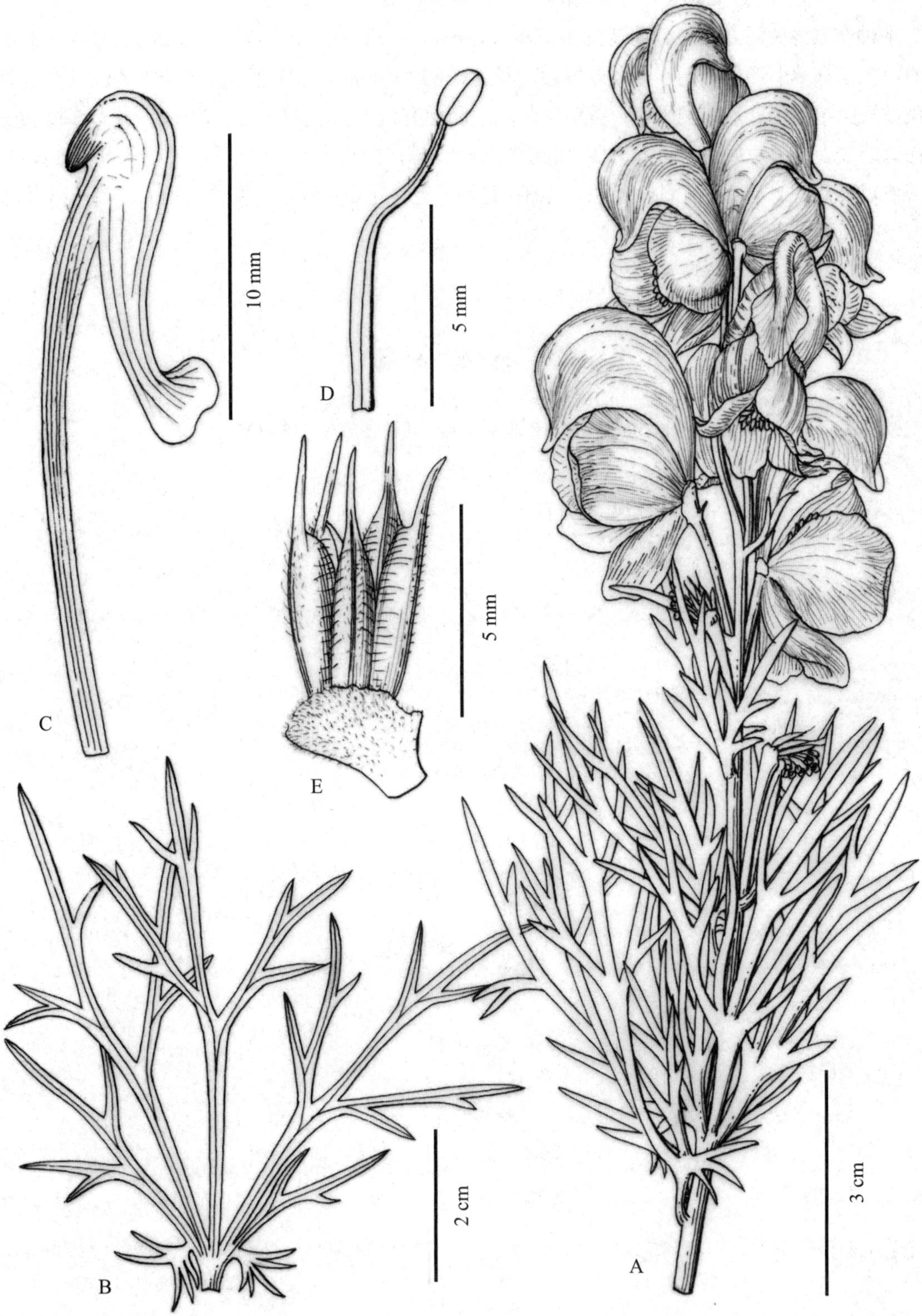

图 1　**栾川乌头**　A. 开花茎上部；B. 中部茎生叶；C. 花瓣；D. 雄蕊；E. 雌蕊群。

Fig. 1　***Aconitum luanchuanense***　A. Upper part of flowering stem; B. Middle cauline leaf; C. Petal; D. Stamen; E. Gynoecium.

19，高乞，陈又生（Q. Gao & Y. S. Chen）87（holotype，PE）。

本种在亲缘关系方面与黄花乌头 *Aconitum coreanum*（Lévl.）Rapaics 接近，与后者的区别在于：本种的块根呈细萝卜形，叶柄不存在或较短，长达 5（20） mm，萼片外面大部分无毛，只在上萼片近喙处疏被短柔毛，上萼片前侧平坦，花瓣瓣片上部和距有疏毛，距较大，长 2 mm，花有 5 枚心皮，子房只在背缝线上疏被短柔毛；而黄花乌头的块根呈倒卵球形或纺锤形，叶柄较长，长 1.4−4.5 cm，萼片外面密被短柔毛，上萼片在前侧中部之下缢缩，花瓣无毛，花瓣距较小，长约 0.5 mm，花有 3 枚心皮，子房被极密短柔毛 [1]。

参 考 文 献

[1] 王文采. *Aconitum* [M] // 中国植物志: 第27 卷. 北京: 科学出版社, 1979: 113−326.

迭部铁线莲，甘肃毛茛科一新种

Clematis diebuensis, a new species of Ranunculaceae from Gansu

迭部铁线莲　图 1

Clematis diebuensis W. T. Wang, sp. nov. Fig. 1.

(Sect. *Atragene* (L.) DC. ser. *Occidentales* W. J. Yang & L. Q. Li)

Ob staminodia linearia uninervia apice antheris sterilibus saepe praedita species nova haec est affinis *C. columbianae* (Nutt.) Torrey & Gray Americae Borealis, quae lianis ligneis, foliis biternatis, sepalis violaceo-caeruleis differt. Ob sepala flava ea est aliquanto similis *C. alpinae* (L.) Mill. ssp. *sibiricae* (Mill.) Kuntze, quae lianis ligneis, foliis biternatis, foliolis majoribus 3−6 cm longis apice acuminatis vel longe acuminatis, staminodiis spatulatis antheris sterilibus carentibus recedit. Ob folia ternata, foliola 3-partita vel 3-secta, sepala longe ovata et staminodia sublinearia ea est etiam simillima *C. sibiricae* (L.) Mill. var. *tianzhuensi* M. S. Yan & K. Sun, quae foliolorum segmentis apice plerumque acuminatis, filamentis anguste lineari-lanceolatis apice subfiliformibus, staminodiis inferne ad basin sensim angustatis distinguitur (ex figura).

Suffruticose vine. Annual branches herbaceous, ca. 2 mm across, glabrous, longitudinally 4-angulate; bud scales ovate, 3−4 mm long, 2 mm broad, glabrous or near apex densely villous. Leaves ca. 3 together with 1−2 flowers arising from an axillary bud, ternate, petiolate; leaflets thinly papery, deltoid-ovate in outline, 1−2.2 cm long, 1.7−3.2 cm broad, at base subcordate, 3-sect to base or to 1−2 mm above base, segments on both surfaces sparsely appressed-puberulous or abaxially subglabrous, central segment oblong-elliptic or narrowly elliptic-obovate, 1−2.2 cm long, 5−9 mm broad, at apex acute, at base broadly cuneate, at margin denticulate or serrulate, sometimes subentire, lateral segments smaller, obliquely and narrowly ovate, 0.8−1.8 cm long, 3.5−7 mm broad; petioles slender, 2−3.2 cm long, with petiolules pubrulous. Pedicel slender, 3.2−5.5 cm long, above spreading-puberulous. Calyx broadly campanulate, 2.2−2.5 cm in diam.; sepals 4, yellow tinged with greenish, suberect, ovate-oblong or long ovate, 1.8−2.5 cm long, 0.6−1.1 cm broad, at apex slightly acute, trinerved, abaxially puberulous, on margin densely puberulous, adaxially sparsely puberulous. Staminodes ca. 16, linear, ca. 1.2 cm long, 0.9−1.5 mm broad, sericeous-ciliate, lacking steriles anthers or at apex with sterile anthers 0.6−1 mm long. Stamens ca. 20; filaments linear-lanceolate, 3−9.5 mm long, 0.8−1 mm broad, sericeous-ciliate; anthers narrowly oblong, 1.5−2 mm long, glabrous. Carpels ca. 25; ovaries subglobose, ca. 0.5 mm in diam., apex villous; styles slender, 7−9 mm long, densely and long white-sericeous.

原文刊登于《植物研究》35 (1): 1−3, 2015。
致谢：深切感谢孙英宝先生为本文绘图。

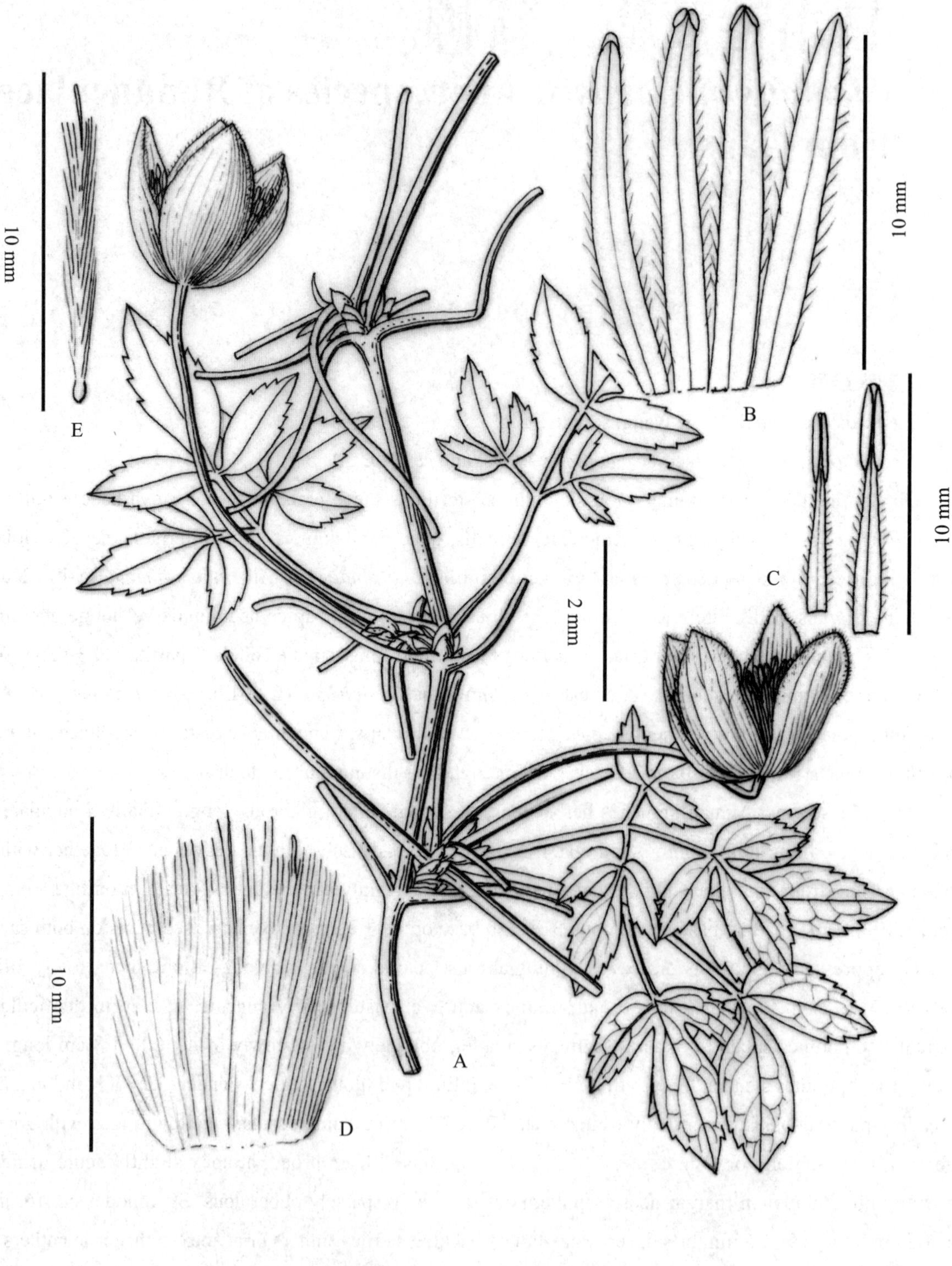

图 1　**迭部铁线莲**　A. 开花茎一部分；B.4 枚退化雄蕊；C.2 枚雄蕊；D. 雌蕊群；E. 心皮。

Fig. 1　**C. diebuensis**　A. part of flowering stem; B. 4 staminodes; C. 2 stamens; D. gynoecium; E. carpel.

甘肃 (Gansu)：迭部县，姜也沟 (Diebu Xian，Jiangyegou)，alt. 2 500 m，坡地 (on slopes)，草本，花黄色带绿 (herbs, fls. yellow tinged with greenish)，1999-06-02，白龙江调查队 (Bailongjiang Exped.)1691 (holotype，PE)。

本种的退化雄蕊呈条形，具 1 条脉，顶端常具不育花药，因而与也具上述特征、产北美州的 *Clematis columbiana* (Nutt.) Torrey & Gray 相近缘，与后者的区别在于本种为半灌木状藤本植物，枝草质，叶为三出复叶，萼片黄色带绿色。在 *C. columbiana*，为木质藤本，叶为二回三出复叶，萼片紫罗兰蓝色 [3]。

本种的萼片呈黄色，与也具黄色萼片的西伯利亚铁线莲 *C. alpina* (L.) Mill. ssp. *sibirica* (Mill.) Kuntze 有些相似，与后者的区别在于本种为半灌木状藤本，枝草质，叶为三出复叶，小叶较小，长 1−2.2 cm，顶端急尖，退化雄蕊呈条形，顶端常有小的不育花药。在西伯利亚铁线莲，为木质藤本，叶为二回三出复叶，小叶较大，长 3−6 cm，顶端渐尖或长渐尖，退化雄蕊呈匙形，无不育花药 [1,3]。

1992 年，一个产甘肃省天祝县的铁线莲属变种 *Clematis sibirica* (L.) Mill. var. *tianzhuensis* M. S. Yan & K. Sun 发表了 [2]，2009 年，此变种被归并于 *C. alpina* (L.) Mill. ssp. *sibirica* (Mill.) Kuntze[3]。本文作者未见过此变种的标本，只见到其原始文献中的一幅墨线图，了解到其叶为三出复叶，小叶 (2-)3 深裂或 3 全裂，萼片长卵形，退化雄蕊近条形，据此认为此变种与 *C. alpina* (L.) ssp. *sibirica* (Mill.) Kuntze 不同，而与本文新种很相似。在二者间存在一些区别，此变种小叶的深裂片或全裂片顶端多为渐尖，雄蕊花丝狭条状披针形，在顶端近丝形，退化雄蕊下部向基部渐变狭，而与本文新种相区别。根据这些区别特征，似可将此变种改为本文新种的变种，但此问题需经研究过其标本之后才可能解决。

参 考 文 献

[1] 方明渊. 中国植物志: 第28 卷 [M]. 北京: 科学出版社, 1980, 28: 133−139.

[2] 晏民生, 孙坤. 甘肃产芍药属及铁线莲属植物新分类群 [J]. 植物研究, 1992, 12(4): 325−329.

[3] YANG W J, LI L Q, XIE L. A revision of *Clematis* sect. *Atragene* (Ranunculaceae) [J]. Journal of Systematics and Evolution, 2009, 47(6): 552−580.

甘肃乌头属二新种

Two new species of the genus *Aconitum* (Ranunculaceae) from Gansu

合作乌头　图 1：A–D

Aconitum hezuoense W. T. Wang, sp. nov. Fig. 1: A–D

(Sect. *Aconitum* ser. *Brachypoda* W. T. Wang)

Ob folia dissecta, sepala flavida extus glabra et sepalum superum naviculare species nova haec est affinis *A. chilienshanico* W. T. Wang, quod caulibus racemi rhachidi pedicellis et petalis glabris, bracteolis linearibus indivisis, sepalo supero minore 1.5–1.9 cm longo, sepalis lateralibus et inferis glabris, gynoecio ex carpellis tribus constante statim differt.

Tubers unknown. Stem ca. 68 cm tall, at base 3 mm across, above appressed-puberulous, below subglabrous, simple. Leaves all cauline, middle leaves dense, shortly petiolate, upper leaves diminished in size, and between themselves separate, subsessile or sessile, glabrous; blades coriaceous, pentagonal in outline, (1.5–4) cm × (2.4–6.5) cm, 3-sect, segements 1–3 times dissected, ultimate lobes linear or narrowly linear, 1–2.5 mm broad, apex slightly acute, margin entire; petioles up to 4 mm long. Raceme terminal, ca. 8 cm long, 9-flowered; lower bracts foliaceous, with vagina-shaped petioles, the other bracts smaller, sessile, 3-lobed; rachis with pedicels appressed-puberulous; pedicels 2–11 mm long, near apex 2-bracteolate; bracteoles narrowly obovate, 4–8 mm long, glabrous, 3-lobed, lobes ovate-linear. Sepals 5, yellowish, abaxially glabrous; upper sepal obliquely navicular, 1.6–2.2 cm long, at the middle 4–8 mm broad, adaxially glabrous; lateral sepals broadly obovate, (1.4–1.7) cm × (0.9–1.1) cm, adaxially sparsely puberulous; lower sepals obliquely long elliptic, (0.9–1.1) cm × (0.24–0.5) cm, adaxially sparsely puberulous. Petals 2, pilose; claws robust, 1.8–2 cm long; limbs ca. 5 mm long, spurs small, 1 mm long, lips 3 mm long, at apex 2-lobed. Stamens numerous, glabrous; filaments 4–6 mm long, below linear, 1-nerved, above filiform; anthers broadly oblong, 0.8–1 mm long. Carpels 5, glabrous; ovaries oblong-ovoid, ca. 1.5 mm long; styles 1–1.2 mm long.

甘肃 (Gansu)：合作市，卡加曼乡，下卡加村 (Hezuo Shi, Kajiaman Xiang，Xiakajia Village)，35°05′16″N, 102°55′11″E，alt. 2 850 m，山坡灌木、草丛中 (among shrubs and grasses on slope)，花淡黄色 (fls. yellowish)，2008-09-05，张彩飞 (C. F. Zhang)1135 (holotype，PE)。

本种的叶细裂，萼片淡黄色，外面无毛，上萼片呈船形，因此与也具这些特征的祁连山乌头 *Aconitum chilienshanicum* W. T. Wang 有相近的亲缘关系，与后者的区别在于本种的茎、花序轴、花梗和花瓣均有毛，小苞片 3 裂，上萼片较大，长 1.6–2.2 cm，侧萼片和下萼片内面均有毛，雌蕊群具 5 心皮。在祁连山乌头，茎、花序轴、花梗和花瓣均无毛，小苞片条形，不分裂，上萼片较小，长 1.5–1.9 cm，

原文刊登于《植物研究》35(4): 481–483, 2015。
致谢：深切感谢孙英宝先生为本文绘图。

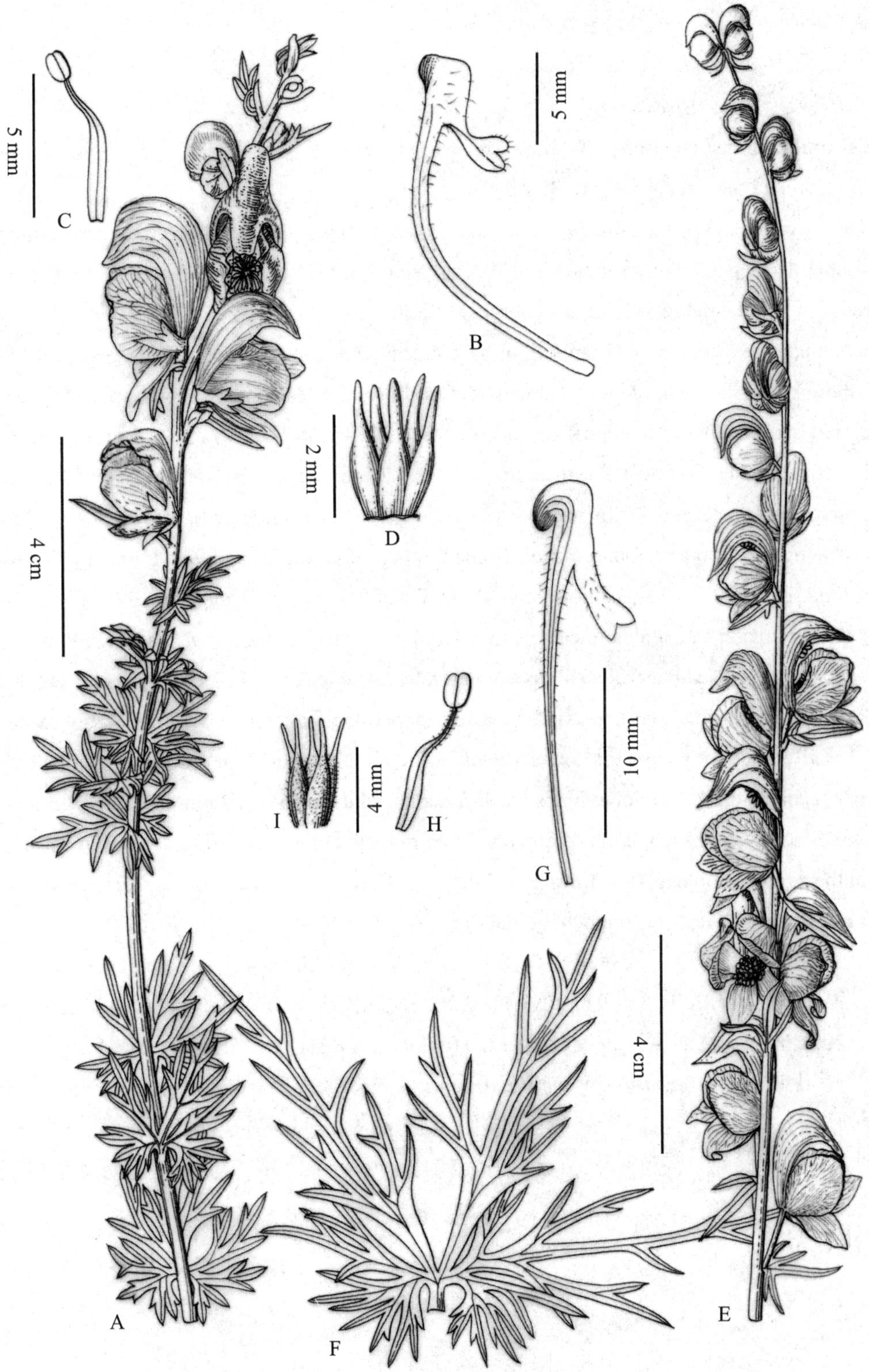

图 1　A–D. **合作乌头**　A. 开花茎上部；B. 花瓣；C. 雄蕊；D. 雌蕊群。
E–I. **莲花山乌头**　E. 总状花序；F. 茎中部叶；G. 花瓣；H. 雄蕊；I. 雌蕊群。

Fig. 1　A–D. **Aconitum hezuoense**　A. Upper part of flowering stem; B. Petal; C. Stamen; D. Gynoecium.
E–I. **A. lianhuashanicum**　E. Raceme; F. Middle cauline leaf; G. Petal; H. Stamen; I. Gynoecium.

侧萼片和下萼片内面无毛，雌蕊群具 3 心皮 [1]。

莲花山乌头　图 1：E–I

Aconitum lianhuashanicum W. T. Wang, sp. nov. Fig. 1: E–I

(Sect. *Aconitum* ser. *Brachypoda* W. T. Wang)

Species nova haec est arcte affinis *A. flavo* Hand.-Mazz., quod caulibus superne et racemorum rhachidibus appresso-puberulis, sepalis flavis vel caeruleis, sepalo supero haud vel berviter unguiculato et fronte haud vel breviter rostrato, ovariis glabris vel sparse puberulis recedit.

Tubers unknown. Stem ca. 135 cm tall, at base 4 mm across, glabrous, simple. Leaves all cauline, lower leaves withered at anthesis, middle and upper leaves more and less dense, shortly petiolate or subsessile, glabrous; blades coriaceous, pentagonal in outline, (4.8–7.5) cm × (5–10) cm, 3-sect, segments 2–3 times dissected, ultimate lobes narrowly linear or linear, 0.4–1.2 mm broad, apex pungent, margin entire; petioles 2–20 mm long. Raceme terminal, elongate, ca. 48 cm long, ca. 32-flowered, at base with 1 short thin 4-flowered branch 5 cm long; lower bracts foliaceous or 3-lobed, other upper bracts undivided, linear or linear-triangular, 0.2–2 cm long, glabrous; rachis glabrous, smooth; pedicels 0.3–1.5 cm long, sparsely appressed-puberulous, near apex 2-bracteolate; bracteoles linear or linear-triangular, 2–4.5 mm long, glabrous. Sepals 5, purplish, abaxially densely appressed-puberulous; upper sepal galeate-navicular, 1.5–2 cm high, clawed, at frontal side rostrate (rostrum ca. 3.5 mm long), adaxially sparsely puberulous; lateral sepals orbicular-obovate, 1.2 cm × 0.7 cm, adaxially sparsely pubescent; lower sepals obliquely elliptic, 9 mm × 5 mm, adaxially puberulous. Petals 2, pilose; claws ca. 1.9 cm long; limbs ca. 9 mm long, spurs incurved, 2 mm long, lips 4 mm long, at apex dilated and 2-lobed. Stamens numerous; filaments 4–6 mm long, below linear, 1-nerved, above filiform, sparsely ciliolate; anthers broadly oblong, 0.8–1 mm long, glabrous. Carpels 5; ovaries oblong, 3.2–3.5 mm long, densely appressed-puberulous; styles 1.5–2 mm long, glabrous.

甘肃 (Gansu)：莲花山，近莲花山自然保护区管理局 (Lianhua Shan，near Bureau of Lianhuashan Nature Reserve)(103°46′130″E, 34°59′659″N), alt. 2 100 m，田间沟中 (in a ditch between fields)，花淡紫色 (fls. purplish)，2008-09-08，张彩飞 (C. F. Zhang) 1226 (holotype，PE)。

本种与伏毛铁棒锤（*Aconitum flavum* Hand.-Mazz.）在亲缘关系上很相近，与后者的区别在于本种的茎和花序轴无毛，萼片淡紫色，上萼片具较长爪，前侧具喙，子房密被短柔毛。伏毛铁棒锤茎上部及花序轴均被贴伏短柔毛，萼片黄色或蓝色，上萼片无或有短爪，前侧无或有短喙，子房无毛或疏被短柔毛 [1]。

参 考 文 献

[1] 王文采. 中国植物志: 第27 卷 [M]. 北京: 科学出版社, 1979, 27: 113–326.

华西毛茛属五新种

Five new species of *Ranunculus* from West China

最近笔者鉴定了一批毛茛属植物标本，从采自我国西部的标本中发现了以下五新种，这五种均隶属毛茛属的最大亚属，毛茛亚属 Subgen. *Ranunculus* 的最大组，美丽毛茛组 Sect. *Ranunculus* [3] [Sect. *Auricomus* (Spach) Schur] [1]。

大邑毛茛　图 1：A–F

Ranunculus dayiensis W. T. Wang, sp. nov. Fig. 1: A–F

(Sect. *Ranunculus* ser. *Songorici* Ovcz.)

Species nova haec est affinis *R. hirtello* Royle, qui foliis majoribus usque ad 5 cm latis utrinque depresse puberulis, eis caulinis breviter petiolatis vel sessilibus omnibus simplicibus 3-partitis vel 3-sectis, floribus 2–3 in monochasium dispositis differt.

Small perennial herbs. Fibrous roots 4–8 cm long. Stems 4–10 cm tall, sparsely puberulous, shortly branched. Basal leaves several, long petiolate; blades papery, pentagonal, (3–8) mm × (6–14) mm, at base cordate, 3-parted nearly to base or 3-sect, central segment broadly rhombic or rhombic-obovate, at apex 3-dentate, or 3-lobed to 3-fid, lateral segments larger, obliquely flabellate, unequally 2-lobed to 2-parted; surfaces adaxially appressed-puberulous, abaxially glabrous; petioles slender, 15–30 mm long, glabrous. Lowermost cauline leaf similar to basal leaves, long petiolate, simple, 3-sect, or ternate, with petiolulate leaflets; upper cauline leaves smaller, shortly petiolate or subsessile, 3-sect, uppermost cauline leaf with linear segments. Flowers singly terminal. Receptacle sparsely puberulous. Sepals 5, greenish, on margin purple, narrowly ovate, 4 mm × (2.5–3) mm, adaxially glabrous, abaxially pubescent. Petals 5, yellow, obovate, rarely narrowly ovate, (5–7) mm × (3–5) mm, glabrous, apex rounded, nectary pits minute, claws ca. 0.5 mm long. Stamens 20–25, glabrous; filaments narrowly linear, 1–2 mm long; anthers narrowly oblong, 1–1.2 mm long. Carpels 20–50; ovaries ovoid, 0.8–1.3 mm long, sparsely puberulous; styles 0.5–1.2 mm long, glabrous.

四川 (Sichuan)：大邑县，黑水河自然保护区 (Dayi Xian, Heishuihe Nature Reserve), 2007-06-06，朱大海、冯正波、张超、王飞 (D. H. Zhu, Z. B. Feng, C. Zhang & F. Wang) 20070593 (holotype, PE); 同地 (same locality)，红石堡 (Hongshibao), alt. 2 550 m, 林下 (under forest)，草本，花黄色 (herb, fls. yellow), 2007-06-06，朱大海、冯正波、张超、王飞 20070688 (PE)。

本种与基隆毛茛 (*Ranunculus hirtellus* Royle) 在亲缘关系上相近，与后者的区别在于本种的基生叶较小，宽 6–14 mm，只在上面被短柔毛，下面无毛，最下部茎生叶具长柄，常为三出复叶，花单生茎顶端。

原文刊登于《植物研究》35(5): 641–646, 2015。
致谢：深切感谢孙英宝先生为本文绘图。

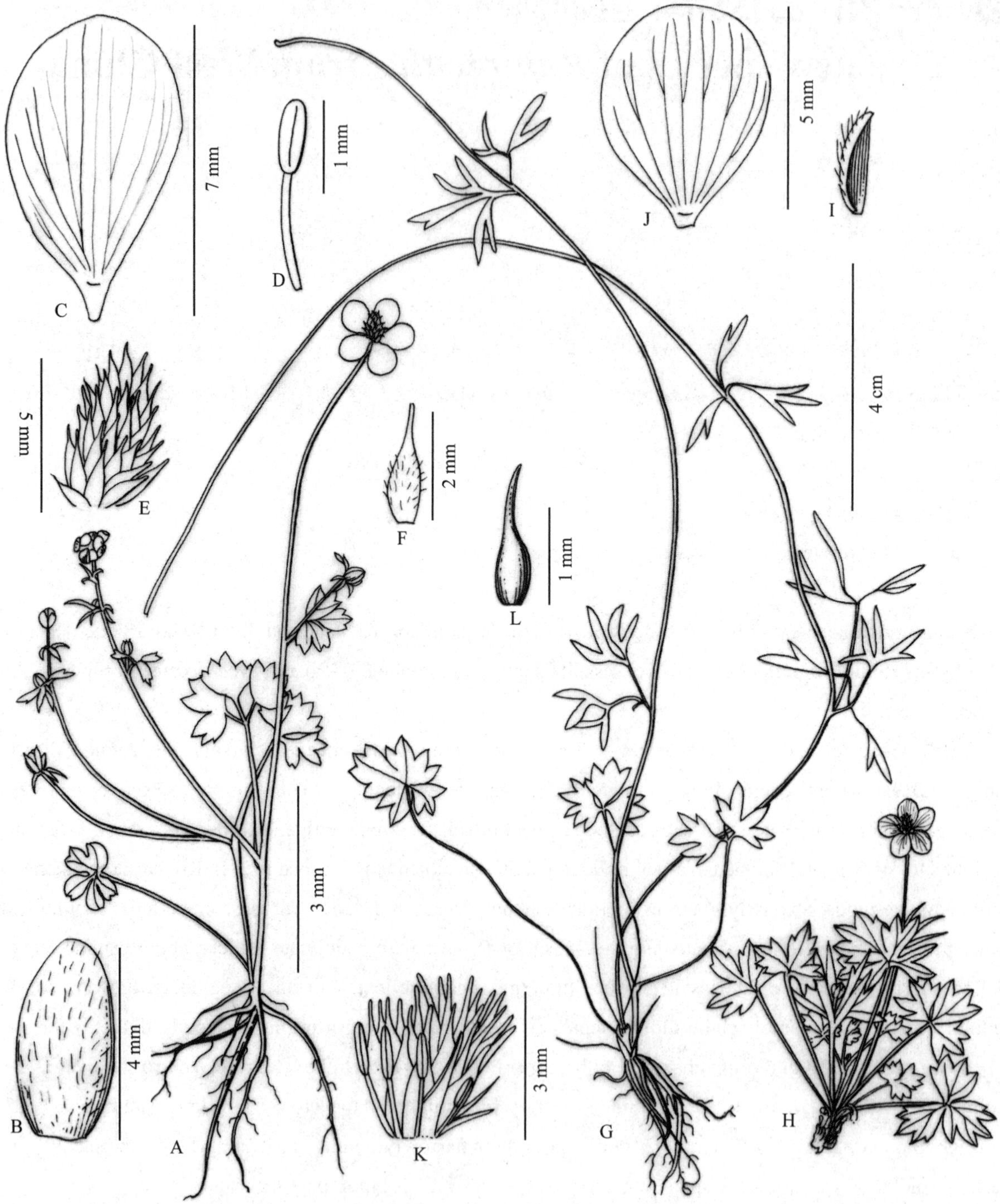

图 1　A−F. **大邑毛茛**　A. 植株全形；B. 萼片（背面观）；C. 花瓣；D. 雄蕊；E. 雌蕊群；F. 瘦果。
G−L. **铜仁毛茛**　G. 具匍匐茎的植株；H. 开花植株；I. 萼片；J. 花瓣；K. 雄蕊群和雌蕊群；L. 心皮。

Fig. 1　A−F. **R. dayiensis**　A. Habi; B. Sepal (dorsal view); C. Petal; D. Stamen; E. Gynoecium; F. Achene.
G−L. **R. tongrensiens**　G. A plant with stolons; H. A flowering plant; I. Setpal; J. Petal;
K. Androecium and gynoecium; L. Carpel.

在基隆毛茛，基生叶较大，宽达 5 cm，两面被短柔毛，茎生叶具短柄或近无柄，均为单叶，3 深裂或 3 全裂，花 2–3 朵组成单歧聚伞花序 [4]。

铜仁毛茛　图 1: G–L

Ranunculus tongrenensis W. T. Wang, sp. nov. Fig. 1: G–L

(Sect. *Ranunculus* ser. *Songorici* Ovcz.)

Species nova haec est affinis *R. petrogeitoni* Ulbr., qui caulibus puberulis, stolonibus nullis, foliorum caulinorum segmentis rhombicis 3-dentatis vel 3-lobatis, flore staminibus numberosis praedito recedit.

Small perennial herbs. Stems 1–2, 3.5–6.5 cm tall, strigillose, simple, 2-foliate. Basal leaves several, long petiolate; blades papery, pentagonal, (4–9) mm × (6–17) mm, at base cordate, 3-sect, rarely 3-parted, central segment rhombic-obovate or rhombic, 3-lobed or 3-fid, lateral segments larger, obliquely flabellate, unequally 2-lobed to 2-parted; surfaces adaxially and abaxially sparsely puberulous or subglabrous; petioles slender, 12–65 mm long, glabrous. Cauline leaves smaller, shortly petiolate or sessile, 3-sect, with linear, entire segments. Stolons sometimes present, slender, ca. 20 cm long, 0.8 mm across, sparsely appressed-puberulous, simple, 2–3-foliate; leaves ternate, lower one long petiolate, upper ones shortly petiolate or subsessile, leaflets 1–2 times dissected, with narrowly laneolate or linear lobes. Flowers singly ternminal. Receptacle glabrous. Sepals 5, navicular-elliptic, ca. 2.2 mm × 1 mm, adaxially glabrous, abaxially puberulous. Petals 5, yellow, broadly obovate, ca. 5 mm × 4.5 mm, glabrous, nectary pits minute; claws inconspicuous. Stamens ca. 6, glabrous; filaments narrowly linear, 0.5–1 mm long; anthers narrowly oblong, 0.8–1 mm long. Carpels ca. 40, glabrous; ovaries ovoid, 0.6–1 mm long; styles ca. 0.6 mm long.

青海 (Qinghai)：铜仁县 (Tongren Xian)，alt. 4 000 m，high summit, often under forest，herb，fls. Yellow，1936-09-15，王作宾 (T. P. Wang) 3204 (holotype，PE)。

本种与太白山毛茛 (*Ranunculus petrogeiton* Ulbr.) 在亲缘关系上接近，与后者的区别在于本种的茎被短糙伏毛，常具匍匐茎，茎生叶的全裂片条形，全缘，花具 6 枚雄蕊。在太白山毛茛，茎疏被短柔毛，无匍匐茎，茎生叶的全裂片菱形，具 3 齿或 3 浅裂，花具多数雄蕊 [4]。

舟曲毛茛　图 2: A–E

Ranunculus zhouquensis W. T. Wang, sp. nov. Fig. 2: A–E

(Sect. *Ranunculus* ser. *Songorici* Ovcz.)

Ob folia 3-secta, flores singulariter terminales, petala oblonga species nova haec est affinis *R. micronivali* Hand.-Mazz., qui caulibus humilibus 4–6 cm altis, foliis basalibus omnibus simplicibus minoribus usque ad 1.1 cm latis, petalis majoribus 4–5.2 mm longis, ovario stylo breviore distinguitur.

Perennial herbs. Fibrous roots ca. 6 cm long, at base 1 mm across, downwards gradually thinning. Stems 1–3, slender, 10–20 cm tall, near base 0.3–0.8 mm across, near apex sparsely puberulous, branched. Basal leaves several, with lower cauline leaves long petiolate, simple, rarely ternate; blades thin-papery, pentagonal, (0.5–1.5) cm × (1.1–2.4) cm, at base cordate, (2–)3-sect, segments sessile, rarely shortly petiolulate, central segement obovate or broadly rhombic, 0.4–1 cm broad, 3-lobed, lateral segments larger, obliquely flabellate,

图 2 A–E. **舟曲毛茛** A. 植株全形；B. 花瓣；C. 雄蕊群和雌蕊群；D. 聚合果；E. 瘦果。F–G. **崇州毛茛** F. 植株全形；G. 瘦果。 H–N. **共和毛茛** H. 植株全形；I. 基生叶叶片；J. 萼片（腹面观）；K. 花瓣；L. 雄蕊群和雌蕊群；M. 心皮；N. 瘦果。

Fig. 2 A–E. **R. zhouquensis** A. Habi; B. Petal; C. Androecium and gynoecium; D. Aggregate fruit; E. Achene. F–G. **R. chongzhouensis** F. Habit; G. Achene. H–N. **R. gongheensis** H. Habit; I. Blade of basal leaf; J. Sepal (ventral view); K. Petal; L. Androecium and gynoecium; M. Carpel; N. Achene.

unequally 2-fid; surfaces adaxially appressed-puberulous, abaxially glabrous; petioles slender, 4−10 cm long, glabrous. Upper cauline leaves smaller, shortly petolate or subsessile, with narrowly lanceolate or linear segments. Flowers singly terminal to stem and branches. Receptacle glabrous. Sepals caducous, not seen. Petals 5, oblong, ca. 3.8 mm × 1.5 mm, glabrous, trinerved, apex truncate-rounded, nectary pits small, claws ca. 0.5 mm long. Stamens ca. 7, glabrous; filaments narrowly linear, 1.2−1.7 mm long; anthers oblong, 0.5−0.6 mm long. Carpels ca. 20, glabrous; ovaries narrowly ovate, 0.8−1.5 mm long; styles 0.5−0.6 mm long. Aggregate fruit ovoid, 5 mm × (3−3.5) mm; achenes biconvex, suborbicular, (1.4−1.8) mm × (1.1−1.4) mm, glabrous; persitent styles 0.5−0.7 mm long.

甘肃 (Gansu)：舟曲县，插岗林场 (Zhouqu Xian, Chagang Tree Farm)，alt. 2 750 m，沟边 (by streams)，1998-07-21，孔宏智 (H. Z. Kong) 98-40 (holotype，PE)。

本种与窄瓣毛茛 (*Ranunculus micronivalis* Hand.-Mazz.) 在亲缘关系上相近，与后者的区别在于本种的茎高 10−20 cm，基生叶为单叶，少数为三出复叶，较大，宽达 2.4 cm，花瓣较小，长约 3.8 mm，子房比花柱长。在窄瓣毛茛，茎低矮，高 4−6 cm，基生叶均为单叶，较小，宽达 1.1 cm，花瓣较大，长 4−5.2 mm，子房比花柱短 [4]。

崇州毛茛　图 2：F−G

Ranunculus chongzhouensis W. T. Wang, sp. nov. Fig. 2: F−G

(Sect. *Ranunculus* ser. *Dongrergenses* W. T. Wang)

Species nova haec est affinis *R. menyuanensi* W. T. Wang, qui caulibus inferne sparse superne densiuscule puberulis, foliis caulinis inferis eis basalibus dissimilibus subsessilibus rhombicis 3-partitis, receptaculo puberulo abhorret.

Perennial herbs (?). Roots not seen. Stems slender, 18−23 cm tall, near base ca. 1 mm across, only near apex sparsely puberulous. Basal leaves solitary (?), long petiolate; blades papery, reniform, (1.2−1.4) cm × (1.8−2.6) cm, at base cordate, 3-lobed, central lobe shortly obtrapeziform or obovato-obtrapeziform, at apex 3-rounded-crenate, lateral lobes larger, obliquely flabellate, unequally 2-lobed, at margin rounded-crenate; surfaces adaxially glabrous, abaxially appressed-puberulous; petioles slender, 6.5−9.5 cm long, glabrous or only near apex with a few hairs. Cauline leaves 2−3, lower one similar to basal leaf, but slightly smaller, with shorter petiole and 3-sect, with segments long elliptic or narrowly lanceolate. Flowers singly terminal, not seen. Aggregate fruit ovoid, ca. 5 mm × 4 mm; receptacle glabrous; achenes ca. 24, biconvex obliquely obovate or broadly obovate, (1.2−1.8) cm × (1−1.5) cm, glabrous; persistent styles 0.5−1 mm long.

四川 (Sichuan)：崇州市，鞍子河自然保护区，鸡冠山 (Chongzhou Shi，Anzihe Nature Reserve, Jiguan Shan)，alt. 3 000 m，林下草丛 (among grasses under forest)，草本，高 0.2 m，花黄色 (herbs, 0.2 m tall, fls. yellow)，2007-07-27, 冯正波、朱大海、李小杰 (Z. B. Feng, D. H. Zhu & X. J. Li) 4171 (holotype，PE)。

本种与门源毛茛 (*Ranunculus menyuanensis* W. T. Wang) 在亲缘关系上相近，与后者的区别在于本种的茎只近顶部疏被短柔毛，下部茎生叶与基生叶相似，但稍小，具稍短叶柄，3 全裂，花托无毛。在门源毛茛，茎下部疏被、上部稍密被短柔毛，下部茎生叶与基生叶不相似，近无柄，呈菱形，3 深裂，花托被短柔毛 [4]。

共和毛茛　图 2： H–N

Ranunculus gongheensis W. T. Wang, sp. nov. Fig. 2: H–N

(Sect. *Ranunculus* ser. *Pulchelli* W. T. Wang)

Ob folium basale simplex indivisum, flores solitarios terminales, achenia puberula species nova haec est fortasse affinis *R. kunlunshanico* J. G. Liu, qui foliis basalibus 3–5 per plantam unicam ovatis apice acutis margine ciliatis utrinsecus 1–3-dentatis, acheniis majoribus 2 mm longis 1.5 mm latis praeclare distat.

Perennial herbs. Fibrous roots 2.5–5 cm long, near base 1.5–1.8 mm across, downwards gradually thinning. Stems 20–24 cm tall, puberulous, long 3-branched and 3-foliate. Basal leaf solitary, petiolate; blade papery, subquadrate, ca. 1.4 cm × 1.2 cm, at apex truncate, emarginate, at base rounded-truncate, at margin entire, glabrous; nervation trinerved, lateral basal nerves with 2–3 long secondary nerves, tertiary and quaternary nerves forming fine nets; petiole ca. 2 mm long, only near base with a few hairs. Lowermost cauline leaf petiolate (petioles 1.6–2.5 cm long), either flabellate, ca. 1.6 cm × 2 cm, 3-parted, with narrowly lanceolate entire lobes, or long elliptic, ca. 2.8 cm × 1.3 cm, pinnately lobed; the other cauline leaves shortly petiolate or sessile, 3-sect, with linear segments. Flowers singly terminal to stem and branches. Receptacle sparsely pilose. Sepals 5, navicular-elliptic-ovate, ca. 4 mm × 2 mm, adaxially glabrous, abaxially pubescent, trinerved. Petals 5, yellow, obovate or narrowly obovate, 6 mm × (2.5–3) mm, at apex rounded, glabrous, nectary pits minute, claws ca. 0.6 mm long. Stamens ca. 15, glabrous; filaments narrowly linear, 1.5–2.2 mm long; anthers narrowly oblong, 1–1.2 mm long. Carpels ca. 50; ovaries narrowly obovate, (1–1.2) mm × 0.6 mm, puberulous; styles 0.8–1 mm long, glabrous. Aggregate fruit narrowly ovoid, ca. 7 mm × 4 mm; achenes slightly biconvex, obliquely broad-obovate, 1.2 mm × 1.2 mm, puberulous, apex truncate; persistent styles 0.8 mm long.

青海 (Qinghai)：共和县，新哲茶卡沟 (Gonghe Xian，Xinzhechaka Valley), alt. 5 600 m, 阴坡草地 (on grassland of shaded slope)，花黄色 (fls. yellow), 1975-08-10，郭本兆，王为义 (B. Z. Guo & W. Y. Wang) 12031 (holotype，PE)。

本种的基生叶为单叶，不分裂，花单朵顶生，瘦果被短柔毛，因此与也具上述特征的昆仑毛茛 (*Ranunculus kunlunshanicus* J. G. Liu) 可能有亲缘关系，与后者的区别在于本种的每一植株的基生叶只 1 枚，近方形，顶端微凹，无毛，边缘全缘，瘦果较小，长和宽均为 1.2 mm。在昆仑毛茛，每一植株的基生叶 3–5 枚，卵形，顶端急尖，边缘被缘毛，每侧有 1–3 齿，瘦果较大，长 2 mm，宽 1.5 mm[2, 4]。

参 考 文 献

[1] 王文采. 中国毛茛属修订(一) [J]. 植物研究, 1995, 15(2): 138–180.

[2] 王文采. 中国毛茛属修订(二) [J]. 植物研究, 1995, 15(3): 275–329.

[3] TAMURA A. *Ranunculus* [M] // HIEPKO P. Die natürlichen Pflanzenfamilien. Zwei. Auf. Berlin: Duncker & Humblot, 1995, 17aIV: 412–435.

[4] WANG W T, GILBERT M G. *Ranunculus* [M] // WU Z Y, RAVEN P H, eds. Flora of China. Beijing: Science Press; St. Louis: Missouri Botanical Garden Press, 2001, 6: 391–431.

老河沟毛茛，四川毛茛科一新种

Ranunculus laohegouensis, a new species of Ranunculaceae from Sichuan

王文采　陈淑荣

老河沟毛茛　图 1

Ranunculus laohegouensis W. T. Wang & S. R. Chen, sp. nov. Fig. 1.

[Sect. *Auricomus* (Spach) Schur ser. *Gelidi* W. T. Wang]

Ob folia basalia ternata et flores singulariter terminales species nova haec est affinis *R. mainlingensi* W. T. Wang, qui caulibus longioribus 6.5−18 cm altis saepe ramosis 2-foliatis, petalis elliptico-obovatis, gynoecio e carpellis ca. 50 constante, stylo breviore ca. 0.6 mm longo ovario subaequilongo differt.

Small perennial herbs. Fibrous roots 2.5−4.5 cm long, nerar base 0.2−1 mm across, downwards gradually thinning. Stems solitary, slender, 2.5−4 cm tall, above base 0.3−0.5 mm across, sparsely appressed-puberulous, simple, 1-foliate. Basal leaves ca. 5, ternate, slenderly petiolate; blades broadly cordate-ovate in outline, (3.2−7) mm × (5−11) mm; terminal leaflet shortly or long petiolulate (petiolule 1−3 mm long, glabrous), broadly rhombic or semi-orbicular, (2−6) mm × (2−6) mm, at base broadly cuneate or truncate, 3-fid, central lobe ovate, entire, lateral lobes obliquely ovate, 1-denticulate; lateral leaflets shortly petiolulate (petiolules 0.2−1 mm long), obliquely subflabellate, (2−7) mm × (2.5−6) mm, uneqully 2-parted, upper lobes larger, often unequally 3-lobulate, sometimes 2−3-denticulate, lower lobes smaller, unequally 2-lobed; surfaces adaxially sparsely appressed-puberulous or subglabrous, abaxially glabrous; petioles 6−16 mm long, glabrous, at base vaginate (sheaths membranous, triangular, (3−5) mm × (2.4−4) mm, glabrous). Cauline leaf either similar to basal leaves, or simple, smaller, shortly petiolate, and with 3-sect blade. Flower solitary, terminal. Receptacle glabrous. Sepals 5, long navicular-elliptic, 4 mm × 1.5 mm, adaxially glabrous, abaxially sparsely pubescent. Petals 5, yellow, broadly oblong, (4.8−5.2) mm × (2.6−3) mm, at apex rounded, at base broadly cuneate, longitudinally 5-nerved, glabrous, pits minute, claws inconspicuous. Stamens 12−13, glabrous; filaments narrowly linear, 1−1.2 mm long; anthers broadly oblong, 0.8−1 mm long. Carpels 6−7, glabrous; ovaries narrowly ovoid, 0.7−0.8 mm long; styles 1.6−1.7 mm long, at apex slightly dilated.

四川 (Sichuan)：平武县，老河沟自然保护区，小沟 (Pingwu Xian，Laohegou Nature Reserve，Xiaogou)，alt. 1 300−1 600 m，路边，花黄色 (by road side, fls. yellow)，2014-04-21，傅德志，陈淑荣，邵毅贞 (Fu De-zhi, Chen Shu-rong & Shao Yi-zhen) 1531(holotype，PE)。

原文刊登于《植物研究》35(6)：801−802，2015。
致谢：深切感谢孙英宝先生为本文绘图。

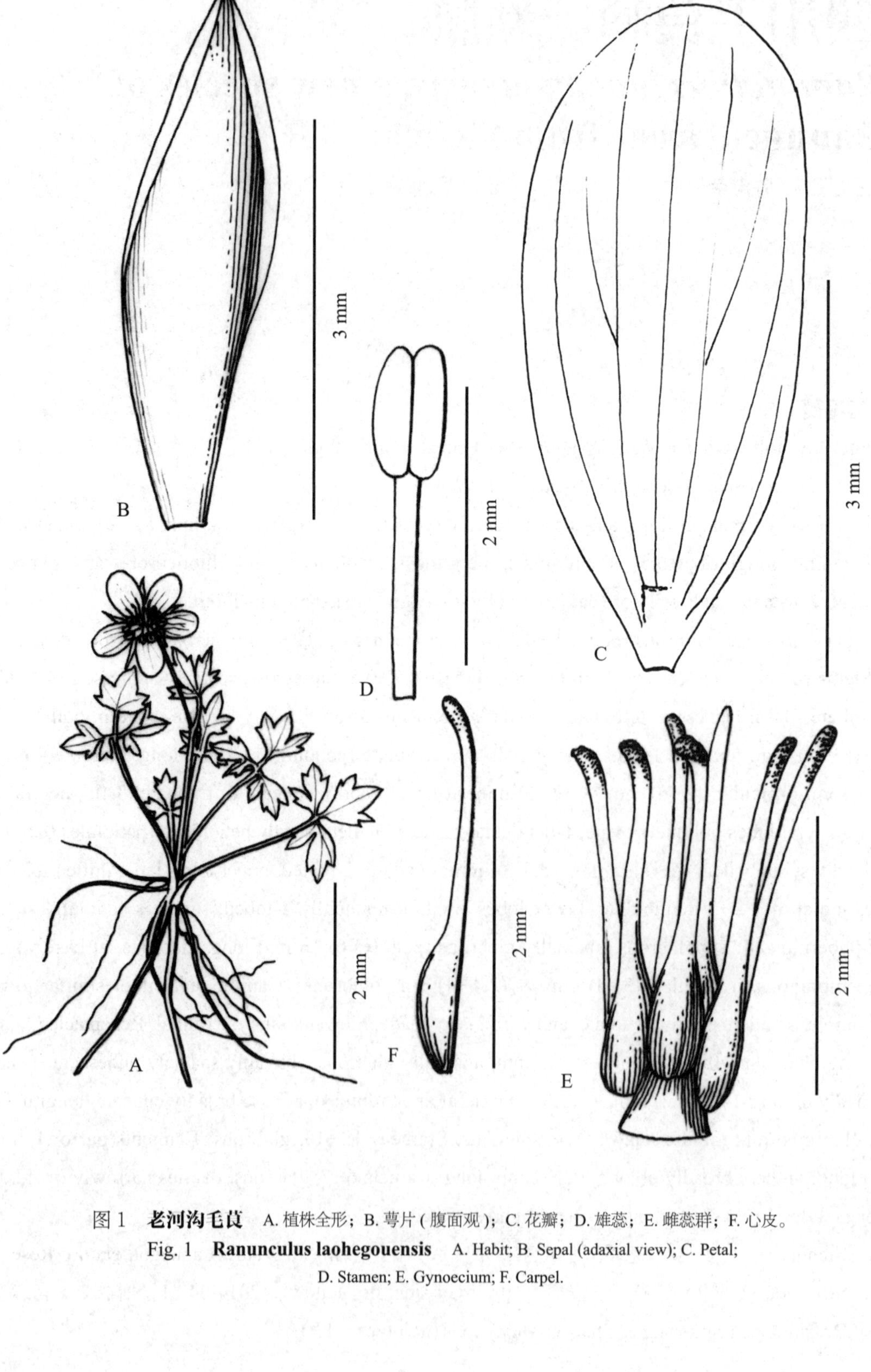

图 1　**老河沟毛茛**　A. 植株全形；B. 萼片（腹面观）；C. 花瓣；D. 雄蕊；E. 雌蕊群；F. 心皮。

Fig. 1　***Ranunculus laohegouensis***　A. Habit; B. Sepal (adaxial view); C. Petal; D. Stamen; E. Gynoecium; F. Carpel.

本种的基生叶为三出复叶，花单朵顶生，因而与也具这二特征的米林毛茛(*Ranunculus mainlingensis* W. T. Wang）在亲缘关系上相近，本种与后者的区别在于本种的茎低矮，高 2.5−4 cm，不分枝，具 1 叶，花瓣宽长圆形，雌蕊群包含 6−7 枚心皮，花柱较长，长 1.6−1.7 mm，比子房长 2 倍多 (子房长 0.7−0.8 mm)。在米林毛茛，茎较高，高 6.5−18 cm，常分枝，具 2 叶，花瓣椭圆状倒卵形，雌蕊群包含 50 枚心皮，花柱较短，长约 0.6 mm，与子房近等长 [1,2]。

参 考 文 献

[1] 王文采. 中国毛茛属修订 [J]. 植物研究, 1995, 15(2): 138−180.

[2] 王文采, 李良千. 中国毛茛科植物小志(十七) [J]. 植物分类学报, 1994, 32(5): 467−479.

2016年

Six new species of *Elatostema* (Urticaceae) from Yunnan

云南楼梯草属六新种

Wentsai Wang, Zengyuan Wu

Elatostema dentatocaudatum W. T. Wang & Zeng Y. Wu, sp. nov. Fig. 1: A–E

[Sect. *Weddellia* (H. Schröter) W. T. Wang ser. *Crenata* W. T. Wang]

Species nova haec est fortasse affinis *E. bijiangensi* W. T. Wang, quod folio apice cuspide integra et nevorum secundariorum paribus quinque praedito, capituli pistillati receptaculo majore discoideo elliptico ca. 5 mm longo, acheniis longitudinaliter 6–8-costatis, costis acheniis fere aequilongis distinguitur.

Perennial herb. Stem *ca.* 30 cm tall, *ca.* 1.2 mm diam. near base puberulous (hairs 0.1–0.2 mm long), simple, *ca.* 10-leaved. Leaves alternate, sessile; blades thinly papery, obliquely oblanceolate or oblong, (7–15) cm × (1.4–4) cm, apex caudate (tail-like apex 2–4.5 cm long, 4–8-denticulate), base at leaf narrow side obtuse, at broad side cuneate, margin dentate; surfaces adaxially sparsely strigose, abaxially glabrous; nervation penninerved, with 4 pairs of secondary nerves; cystoliths dense, inconspicuous, thinly bacilliform, 0.1–0.2 mm long; stipules membranous, greenish, narrowly lanceolate-linear, *ca.* 3 mm × 0.4 mm, glabrous. Staminate capitula and staminate flowers unknown. Pistillate capitula singularly axillary, shortly pedunculate; peduncle *ca.* 1 mm long, glabrous; receptacle small, inconspicuous, oblong, *ca.* 2 mm long, puberulous; involucral bracts ca. 16, membranous, green, narrowly triangular, 2 mm × (0.4–0.8) mm, puberulous; bracteoles numerous, dense, membranous, green, linear or spatulate, (1.2–2) mm × (0.1–0.4) mm, densely long ciliate. Pistillate flower: pedicel 0.2–0.4 mm long, glabrous; tepals 2, ovate, *ca.* 0.15 mm long, glabrous; ovary ellipsoidal, *ca.* 0.4 mm long, glabrous; stigma penicillate, *ca.* 0.15 mm long. Achenes brownish, ellipsoidal, *ca.* 0.7 mm × 0.4 mm, longitudinally 4-ribbed above the middle.Yunnan Province: **Gongshan Xian**, Dulongjiang Xiang, on the way from Kongdang to Longyuan Cun. 98°19′28.994″ E; 27°58′02.274″ N. Alt. 1 686 m. At shady places by stream. 2014-09-28. J. Liu. J. N. Lu & K. Chen GLGE 141160 (holotype, PE; isotype, KUN).

This species is probably related to *E. bijiangense* W. T. Wang, and from the latter differs in its leaves with 4–8-denticulate long tail-like apexes and four pairs of secondary nerves, in its smaller inconspicuous pistillate receptacles, and in its achenes which only on upper part are longitudinally 4-ribbed. In *E. bijiangense*, the leaves at apex have entire cusps and five pairs of secondary nerves, the pistillate receptacles are larger, conspicuous, discoid, *ca.* 5 mm long, and the achenes are longitudinally 6–8-ribbed, with the ribs nearly as long as the achene body (Wang, 2014).

原文刊登于 *Plant Diversity* (1): 19–25, 2016。

Acknowledgements: We are grateful to Dr. Liu Jie for collecting specimens, to Mr. Raymond Porter for correcting the English text and to Miss Zhong Xiao-hong for type-writing the manuscript of this paper. The present study was supported by the Ministry of Science and Technology of the People's Republic of China (2012FY110800), and The Ministry of Science and Technology, China, Basic Research Project (No. 2013FY112600).

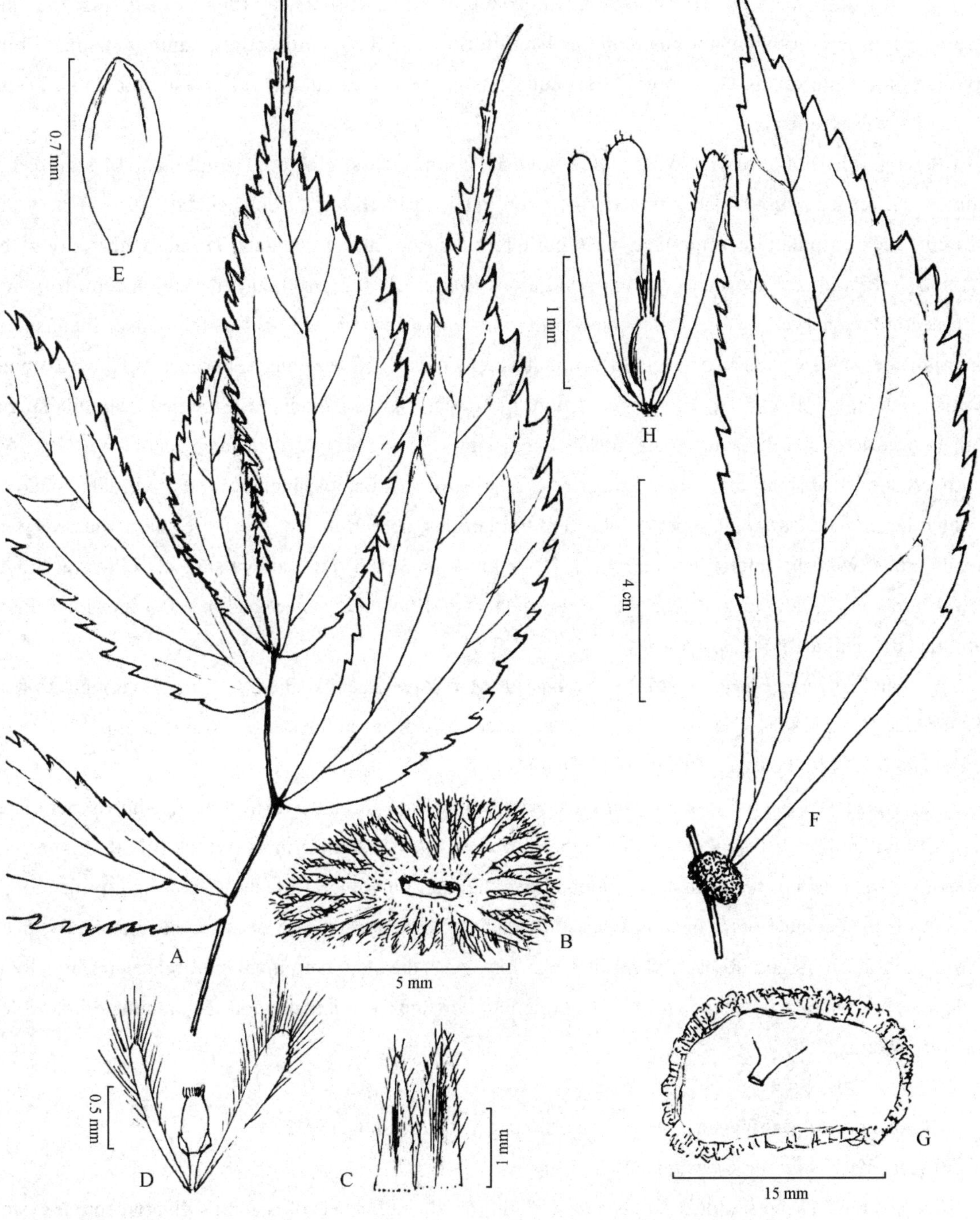

Fig. 1 A–E. **Elatostema dentatocaudatum** A. Apical part of pistillate stem; B. Pistillate capitulum, seen from beneath; C. Pistillate bracts; D. Two pistillate bracteoles and pistillate flower; E. Achene. (from holotype)

F–H. **E. baoshanense** F. Leaf and axillary staminate capitulum; G. Staminate capitulum, seen from beneath; H. Three staminate bracteoles and staminate flower bud. (from holotype)

Elatostema baoshanense W. T. Wang & Zeng Y. Wu, sp. nov. Fig. 1: F–H

(Sect. *Elatostema* ser. *Cuspidata* W. T. Wang)

Species nova haec est affinis *E. cuspidato* Wight, quod foliis sessilibus vel subsessilibus subtus glabris, eorum cystolithis majoribus omnibus bacilliformibus 0.3–0.5 mm longis, capituli staminati bracteis involucralibus late ovatis vel depresse triangularibus apice 1-corniculatis vel crasse apiculatis, bracteolis staminatis glabris differt.

Perennial herb. Stems *ca.* 35 cm tall, below *ca.* 2 mm across, glabrous, simple, *ca.* 14-leaved. Leaves alternate, shortly petiolate; blades thinly papery, obliquely long elliptic or oblanceolate, (9–18) cm × (3.2–5.2) cm, apex cuspidate or acuminate, base obliquely cuneate, margin dentate; surfaces adaxially glabrous, abaxially on basal and secondary nerves puberulous (hairs 0.1–0.2 mm long); nervation semi-triplinerved, with secondary nerves 2–4 at leaf narrow side and 3–5 at broad side; cystoliths dense, inconspicuous, punctiform or shortly bacilliform, 0.1–0.15 mm long; petioles 3–10 mm long, glabrous; stipules membranous, whitish, lanceolate-linear, *ca.* 12 mm × 2 mm, glabrous, 1-greenish-nerved. Staminate capitula singularly axillary, sessile or shortly pedunculate; peduncle *ca.* 1 mm long, glabrous; receptacle suboblong, (10–16) mm × (6–9) mm, glabrous; involucral bracts few, small, inconspicuous, membranous, whitish, transversely rectangular or subquadrate, 0.8 mm × (1–2) mm, glabrous, apex truncate; bracteoles numerous, very dense, membranous, whitish, oblong or linear, (1.5–2.5) mm × (0.3–0.8) mm, above sparsely ciliolate. Staminate flower buds ovoid, *ca.* 0.5 mm long, glabrous, apex with 4 tail-like projections 0.3–0.5 mm long. Pistillate capitula and pistillate flowers unknown.

Yunnan Province: **Baoshan Shi**, Longyang Qu, Mangkuan Zhen. Baihualing Cun, Hanlongzhai, Ertaipo. 98°46′50.28″ E; 25°18′0.13″ N. Alt. 2 233 m. In evergreen broad-leaved forest. 2012-07-01. J. Liu, Y. H. Luo & S. L. Tan GLGE 12148 (holotype, PE; isotype, KUN).

This species is related to *E. cuspidatum* Wight, and from the latter differs in its shortly petiolate and abaxially puberulous leaves with smaller punctiform or shortly bacilliform cystoliths 0.1–0.15 mm long, in its smaller transversely rectangular or subquadrate staminate involucral bracts without any projections, and in its ciliolate staminate bracteoles. In *E. cuspidatum*, the leaves are sessile or subsessile, abaxially glabrous, their cystoliths are larger, all bacilliform, 0.3–0.5 mm long, the staminate involucral bracts are broadly ovate or depressed-triangular in shape, at apex 1-corniculate, or thickly apiculate, and the staminate bracteoles are glabrous (Wang, 2014).

Elatostema cuipingfengense W. T. Wang & Zeng Y. Wu, sp. nov. Fig. 2: A–D

(Sect. *Elatostema* ser. *Cuspidata* W. T. Wang)

Species nova haec est affinis *E. cuspidato* Wight, quod caulibus et foliis subtus glabris, eorum cystolithis majoribus 0.3–0.5 mm longis, stipulis majoribus albis linearibus vel lineari-lanceolatis 5–10(–20) mm longis 2–3 mm latis glabris longitudinaliter 1-viridi-nervibus, bracteolis staminatis glabris cystolithis carentibus recedit.

Perennial herb. Stem 10–50 cm tall, *ca.* 3 mm diam. near base, near apex puberulous, elsewhere glabrous, above base 1-branched. Leaves alternate, sessile or shortly petiolate; blades thinly papery, obliquely long elliptic,

[(3.5−)8−15] cm × [(1.2−)3−5] cm, apex cuspidate or acuminate, base obliquely cuneate, margin dentate; surfaces adaxially densely strigose, abaxially on basal and secondary nerves puberulous; nervation semi-triplinerved, with *ca.* 4 pairs of secondary nerves; cystoliths not dense, bacilliform, *ca.* 0.2 mm long; petioles 0−4 mm long, puberulous or glabrous; stipules greenish, narrowly linear or subulate, (2.5−3.5) mm × *ca.* 1.5 mm, puberulous, nerveless. Staminate capitula singularly axillary, shortly pedunculate; peduncle 1−2 mm long, glabrous; receptacle broadly oblong or subquadrate, (8−10) mm × 7 mm, glabrous; involucral bracts either 6, of them 2 larger, opposite, narrowly lunulate, *ca.* 1 mm × 6mm, subglabrous, apex with a tail-like projection *ca.* 4 mm long and near apex pilose, the other 4 bracts smaller, broadly depressed-ovate, (1−1.8) mm × (4−5) mm, subglabrous, apex with a tail-like projection 3 mm long, or involucral bracts 4, broadly ovate, (1.8−2) mm × (4−5) mm, glabrous, apex with a tail-like projection *ca.* 1.5 mm long; bracteoles numerous, dense, membranous, whitish, cuneate-linear or oblong, (2−3.5) mm × (0.5−1.2) mm, above with some bacilliform cystoliths, apex rounded and sparsely ciliolate. Staminate flower buds subglobose, *ca.* 1.2 mm in diam., glabrous, apex with 4 tail-like projections 0.6−0.8 mm long. Pistillate capitula and pistillate flowers unknown.

Yunnan Province: **Jinghong Shi**, Mengla Xian, Menglun Zhen, Cuipingfeng. Alt. 557 m. 2009-08-01. Zeng Y. Wu 09257 (holotype, PE; isotype, KUN).

This species is related to *E. cuspidatum* Wight, and from the latter differs in its puberulous stem and abaxially puberulous leaves, which have smaller cystoliths *ca.* 0.2 mm long, in its smaller greenish narrowly linear or subulate puberulous and nerveless stipules only 2.5−3.5 mm long, *ca.* 1.5 mm broad, and in its ciliolate staminate bracteoles with some bacilliform cystoliths above. In *E. cuspidatum*, the stems and the leaf abaxial surfaces are glabrous, the cystoliths of leaves are larger, 0.3−0.5 mm long, the stipules are white, linear or linear-lanceolate, 5−10(−20) mm long, 2−3 mm broad, glabrous, and 1-green-nerved, and the staminate bracteoles are glabrous and lack cystoliths (Wang, 2014).

Elatostema viridicostatum W. T. Wang & Zeng Y. Wu, sp. nov. Fig. 2: E−H

(Sect. *Elatostema* ser. *Cuspidata* W. T. Wang)

Species nova haec est fortasse affinis *E. cyrtandrifolio* (Zoll. & Mor.) Miq., quod foliis apice cuspidatis vel longe acuminates supra strigosis, stipulis viridulis minoribus subulatis vel anguste lanceolatis 4 mm longis enervibus, capituli staminati bracteis involucralibus paucioribus sex 1-seriatis haud corniculatis, bracteolis staminatis dorso infra apicem nec viridi-maculatis nec viridi-costatis a specie nova diversa est.

Perennial herb. Stem *ca.* 30 cm tall, below *ca.* 2 mm across, glabrous, simple, *ca.* 10-leaved. Leaves alternate, shortly petiolate or sessile, glabrous; blades papery, obliquely oblong or oblanceolate-oblong, (6.5−11.5) cm × (2.2−4) cm, apex acuminate, base at leaf narrow side cuneate, at broad side rounded, margin denticulate; nervation semi-triplinerved, with 3−4 pairs of secondary nerves; cystoliths dense, conspicuous, bacilliform, 0.2−0.4 mm long; petioles 0−1.2 mm long; stipules membranous, whitish, narrowly triangular, *ca.* 7 mm × (1.5−2) mm, longitudinally 1-green-nerved, with numerous bacilliform cystoliths, apex acute. Staminate capitula singularly axillary, shortly pedunculate; peduncle *ca.* 0.5 mm long, glabrous; receptacle subquadrate, *ca.* 4 mm × 4 mm, glabrous, 2-lobed; involucral bracts *ca.* 10, 2-seriate, membranous, whitish, glabrous, outer bracts 2

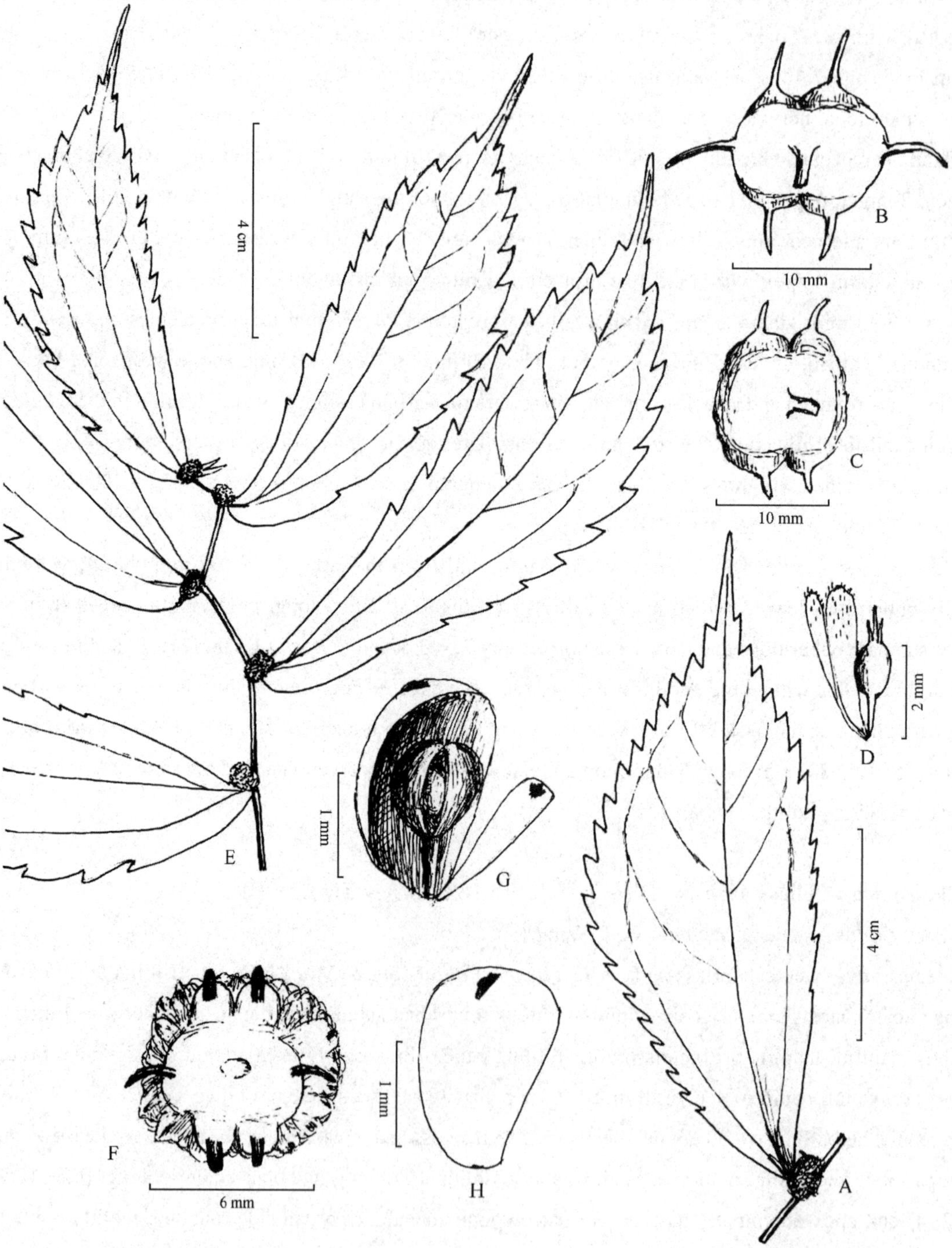

Fig. 2 A–D. **Elatostema cuipingfengense** A. Leaf and axillary staminate capitulum; B. Staminate capitulum, seen from beneath; C. Another smaller staminate capitulum; D. Two staminate bracteoles and staminate flower bud. (from holotype)

E–H. **E. viridicostatum** E. Apical part of staminate stem; F. Staminate capitulum, seen from beneath; G. Two staminate bracteoles and young staminate flower; H. A larger staminate bracteole, abaxial fiew. (from holotype)

opposite, larger, broadly depressed-ovate, *ca.* 1 mm × 3 mm, abaxially near apex longitudinally shortly 1-ribbed, with the rib projecting into a green horn-like projection 0.5−0.8 mm long, inner bracts *ca.* 8, slightly unequal in size, broadly ovate or obliquely broadly ovate, (1−1.2) mm × (1−3) mm, abaxially near apex shortly and thickly 1-green-ribbed, with the rib slightly projecting out; bracteoles numerous, dense, membranous, whitish, navicular-obovate or cuneate-linear, (1−2) mm × (0.3−1.2) mm, above sparsely ciliolate or subglabrous, abaxially below apex thickly 1-green-maculate or shortly 1-green-ribbed. Young staminate flower glabrous: pedicel *ca.* 0.5 mm long; tepals 4, broadly navicular-obovate, *ca.* 0.7 mm × 0.7 mm, abaxially below acute apex longitudinally shortly 1-green-ribbed; stamens 4. Pistillate capitula and pistillate flowers unknown.

Yunnan: **Baoshan Shi**, Longyang Qu, Mangkuan Zhen, Baihualing Cun, Huangzhu River. 98°45′22.07″ E; 25°17′59.43″ N. Alt. 2 426 m. 2013-03-17. J. Liu, Y. H. Luo, X. W. Liu, Z. G. Yang, L. B. Hong & Q. P. Zheng GLGE 13612 (holotype, PE; isotype, KUN).

This species is probably related to *E. cyrtandrifolium* (Zoll. & Mor.) Miq., and from the latter differs in its acuminate and glabrous leaves, in its larger (7 mm long) white stipules with one green nerve, in its staminate capitulum with *ca.* 10, 2-seriate and 1-corniculate involucral bracts, and in its staminate bracteoles which are 1-green-maculate or 1-green-ribbed abaxially below the apex. In *E. cyrtandrifolium*, the leaves are cuspidate or long acuminate at apex, and strigose adaxially, the stipules are green, smaller, subulate or narrowly lanceolate, only 4 mm long, and nerveless, the staminate capitulum has 6 involucral bracts, 1-seriate, and not corniculate, and the staminate bracteoles are abaxially neither green-maculate nor green-ribbed (Wang, 2014).

Elatostema flexuosicaule W. T. Wang & Zeng Y. Wu, sp. nov. Fig. 3: A−D

(Sect. *Elatostema* ser. *Cuspidata* W. T. Wang)

Species nova haec est affinis *E. pianmaensi* W. T. Wang, quod caulibus haud flexuosis superne sparse hirtellis, foliis subtus ad nervos hirtellis, stipulis majoribus lanceolato-linearibus 9−14 mm longis 2.2−2.5 mm latis dorso ad costam hirtellis, bracteolis pistillatis viridibus haud fere hyalinis, acheniis longitudinaliter 5-costatis abhorret.

Perennial herb. Stem *ca.* 25 cm tall, below 1.5 mm across, glabrous, above zigzag, simple, *ca.* 7-leaved. Leaves alternate, shortly petiolate or sessile; blades thinly papery, obliquely long elliptic or narrowly obovate, (7−12) cm × (2.5−4.5) cm, apex acuminate or cuspidate-acuminate, base at leaf narrow side cuneate and at broad side subauriculate, margin dentate; surfaces adaxially sparsely strigillose, abaxially glabrous; nervation semi-triplinerved, with *ca.* 3 pairs of secondary nerves; cystoliths dense, inconspicuous, shortly bacilliform, 0.1 mm × 0.15 mm long; petioles 0−3 mm long, glabrous; stipules cadacous, subulate, *ca.* 4.5 mm × 0.6 mm, glabrous. Staminate capitula, staminate flowers and pistillate flowers unknown. Infructescences singularly axillary, sessile; receptacle obliquely elliptic, *ca.* 7 mm × 5 mm, glabrous; involucral bracts *ca.* 20, membranous, whitish, triangular or obliquely triangular, (1−1.5) mm × (1−2) mm, sparsely ciliolate, apex acute; bracteoles numerous, dense, semihyaline, whitish, linear or spatulate, (1−1.8) mm × (0.1−0.4) mm, glabrous or on apex ciliolate. Achenes brown, ellipsoidal, *ca.* 0.9 mm × 0.5 mm, longitudinally 10−12-ribbed.

Yunnan Province: **Baoshan Shi**, Longyang Qu, Mangkuan Zhen, Baihualing Cun, near Nanzhaigongfeng.

98°44′18.06″ E; 25°17′27.94″ N. Alt. 3 109 m. Under bamboo forest in valley. 2014-10-14. J. Liu, J. N. Liu, X. W. Liu & Z. G. Yang GLGE 141533 (holotype, PE; isotype, KUN).

This species is related to *E. pianmaense* W. T. Wang, and from the latter differs in its zigzag glabrous stems, in its abaxially glabrous leaves with smaller glabrous subulate stipules *ca.* 4.5 mm long, 0.6 mm broad, in its semihyaline whitish pistillate bracteoles, and in its 10–12-ribbed achenes. In *E. pianmaense*, the stems are not zigzag, above sparsely hirtellous, the leaves are abaxially on nerves hirtellous, the stipules are larger, lanceolate-linear, 9–14 mm long, 2.2–2.5 mm broad, the pistillate bracteoles are green and not semihyaline, and the achenes are 5-ribbed (Wang, 2014).

Elatostema globosostigmatum W. T. Wang & Zeng Y. Wu, sp. nov. Fig. 3: E–L

(Sect. *Elatostema* ser. *Dissecta* W. T. Wang)

Species nova haec est affinis *E. dissecto* Wedd., quod caulibus et foliis glabris, foliorum cystolithis majoribus 0.3–0.7 mm longis, bracteis involucralibus staminatis linearibus vel anguste lanceolatis glabris, bracteis involucralibus pistillatis lineari-ovatis glabris apice nec apiculatis nec corniculatis glabris, stigmate penicillato differt.

Perennial herbs, monoecious. Stem *ca.* 30 cm tall, below *ca.* 2 mm across, on apex puberulous, elsewhere glabrous, from below to apex *ca.* 5-branched, with branches 0.9–15 cm long, glabrous. Leaves alternate, shortly petiolate or sessile; blades thinly papery, obliquely elliptic or obovate, (1.2–9) cm × (0.9–4.2) cm, apex shortly cuspidate or acuminate, rarely acute, base obliquely cuneate, margin dentate; surfaces adaxially strigillose, abaxially on nerves puberulous; nervation semi-triplinerved, with 2–4 paris of secondary nerves; cystoliths not dense, not conspicuous, shortly bacilliform, *ca.* 0.1 mm long; petioles 0–2 mm long, glabrous; stipules membranous, whitish or greenish, oblong or linear, (4–6) mm × (1–2) mm, glabrous, longitudinally 1-green-nerved, apex acute. Staminate capitula singularly axillary, long pedunculate; peduncle 0.7–2.5 cm long, glabrous; receptacle rectangular, (5–20) mm × (3.5–10) mm, glabrous, often from peduncle apex with 2 winged ribs; involucral bracts *ca.* 20, membranous, whitish, depressed-ovate, (0.5–0.6) mm × (1–2) mm, sparsely ciliolate; bracteoles numerous, dense, semihyaline, cuneate-linear, linear or narrowly linear, (1–1.8) mm × (0.1–0.8) mm, on apex ciliolate, larger bracteoles with apexes subtruncate or rounded, on the middle thickened and green. Staminate flower bud obovoid, *ca.* 1 mm long, on apex with 4 ovate pilose projections. Pistillate capitula singly, axillary, shortly pedunculate or sessile; peduncle 0–0.5 mm long, glabrous; receptacle rectangular or subquadrate, (2–4) mm × (2–9) mm, glabrous; involucral bracts 2-seriate, membranous, greenish, outer bracts 5–10, depressed-ovate, (0.5–0.8) mm × (1.2–3) mm, ciliolate, apex shortly 1-corniculate, inner bracts 15–45, triangular or broadly linear, (0.6–0.8) mm × (0.3–6) mm, densely ciliolate, apex apiculate or shortly 1-corniculate; bracteoles numerous, dense, greenish, spatulate, narrowly oblanceolate or linear, (0.8–1.2) mm × (0.1–0.3) mm, above ciliate. Pistillate flower: Pedicel thick, *ca.* 1.5 mm long, glabrous; tepals wanting; ovary long ellipsoidal, *ca.* 0.5 mm long, glabrous; stigma subglobose, *ca.* 0.5 mm in diam., glabrous. Achenes yellowish, long ellipsoidal, *ca.* 0.8 mm × 0.4 mm, longitudinally 8-ribbed.

Yunnan Province: Gongshan Xian, Dulongjiang Xiang, on the way from Kongdang to Longyuan Cun.

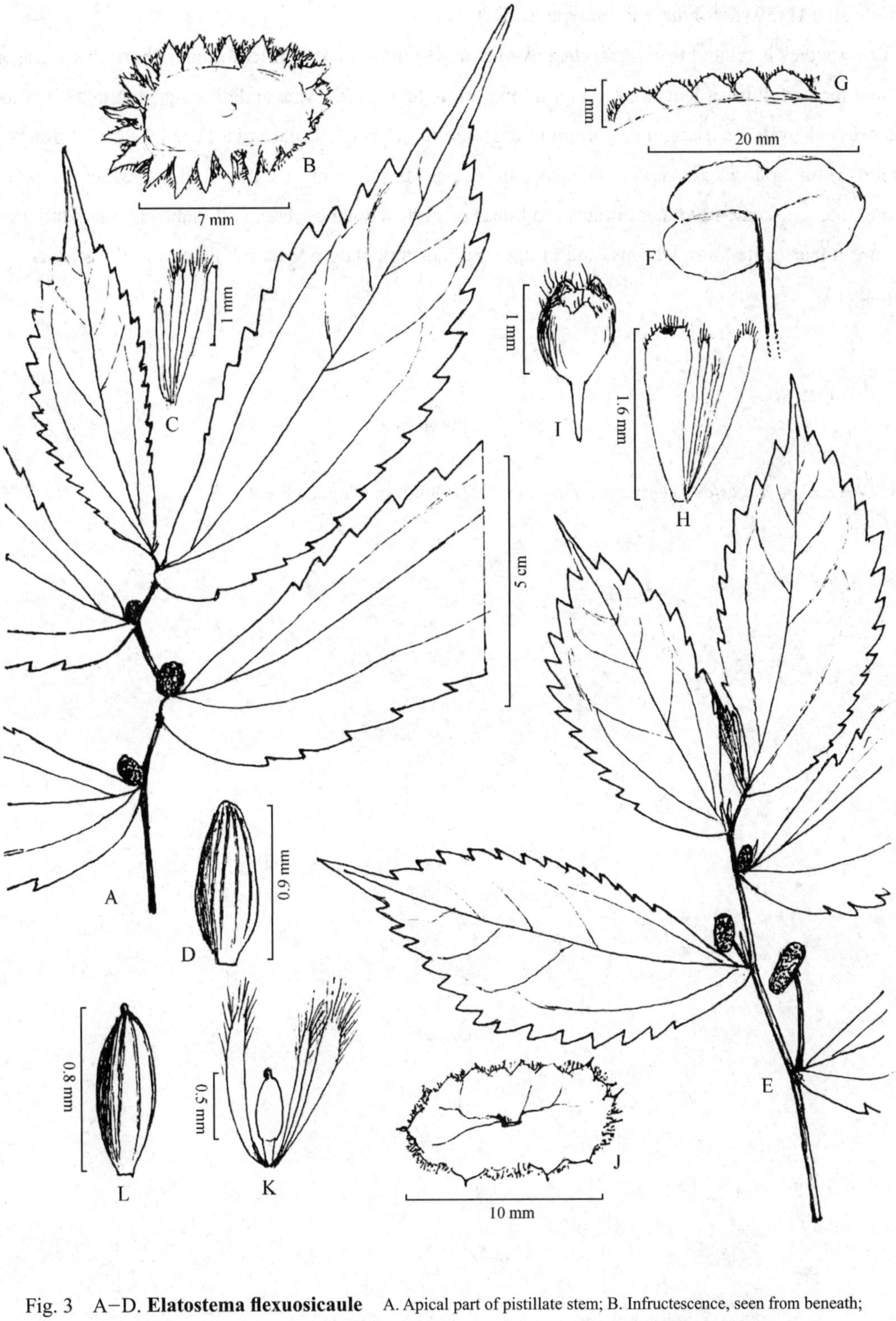

Fig. 3 A–D. **Elatostema flexuosicaule** A. Apical part of pistillate stem; B. Infructescence, seen from beneath; C. Three pistillate bracteoles; D. Achene. (from holotype) E–L. **E. globosostigmatum** E. Flowering stem' s apical part with three axillary staminate capitula; F. Staminate capitulum, seen from beneath; G. Five staminate bracts; H. Four staminate bracteoles; I. Staminate flower bud; J. Pistillate capitulum, seen from beneath; K. Three pistillate bracteoles and pistillate flower; L. Achene. (from holotype)

98°19′28.994″ E; 27°58′02.274″ N. Alt. 1 685 m. At shady places by stream. 2014-09-28. J. Liu. J. N. Liu & K. Chen GLGE 141139 (holotype, PE; isotype, KUN).

This species is related to *E. dissectum* Wedd., and from the latter differs in its puberulous stems and leaves, in its smaller cystoliths of leaves *ca*. 0.1 mm long, in its depressed-ovate and ciliolate staminate involucral bracts and depressed-ovate or triangular, corniculate or apiculate, and ciliolate pistillate involucral bracts, and in its subglobose stigma. In *E. dissectum*, the stems and leaves are glabrous, the cystoliths of leaves are larger, 0.3−0.7 mm long, the staminate involucral bracts are linear or narrowly lanceolate, and glabrous, the pistillate involucral bracts are linear-ovate and glabrous, and at apex neither apiculate nor corniculate, and the stigma is penicillate (Wang, 2014).

Reference

WANG W. T., 2014. *Elatostema* (Urticaceae) in China [M]. Qingdao: Qingdao Press.

毛茛科六新种

Six new species of Ranunculaceae from China

最近，我鉴定了一批采自我国的毛茛科植物标本，从中发现了乌头属、翠雀花属和毛茛属各一新种，以及铁线莲属三新种，现在本文中发表。

托里乌头　图1：A–E

Aconitum tuoliense W. T. Wang, sp. nov. Fig. 1: A–E

(Subg. *Aconitum* sect. *Aconitum* ser. *Ambigua* Steinb.)

Species nova haec est affinis *A. smirnovii* Steinb., a quo caule et foliis glabris, racemo ob pedicellos breviores plerumque 0.5–1cm longos floribus densissimis praedito, staminum filamentis plerumque 1–2-denticulatis differt. In *A. smirnovii*, caules superne sparse pubescentes, folia supra ad nervos appresso-pubescentia, flores in racemo haud densissimi, pedicelli 0.7–2 cm longi, et staminum filamenta omnia integra sunt.

Herb. Roots unknown. Stem ca. 50 cm tall, near base ca. 6 mm in diam., glabrous, simple, ca. 5-leaved. Lower cauline leaves long,upper cauline leaves shortly petiolate, glabrous; blades papery, pentagonal in outline, (5–8.5) cm × 10 cm, at base subtruncate, 3-sect, central segment rhombic, 2.5–4 cm broad, 3-fid, secondary lobes with 3 or 2 lanceolate-linear or linear lobules, lateral segments obliquely flabellate, unequally 2-parted, secondary lobes one or two times dissected; petioles 4–12.5 cm long. Raceme terminal, ca. 15 cm long, very densely 15-flowered; bracts subsessile, basal bract foliaceous, with narrowly linear lobes, other bracts smaller, 3-sect or undivided, linear, ciliolate; rachis with pedicels puberulous; pedicels mostly 5–10 mm long, only the lowermost pedicel 14 mm long, near apex 2-bracteolate; bracteoles linear, (4–5) mm × 0.5 mm, densely ciliolate. Flowe: Sepals 5, deeply blue, abaxially puberulous; upper sepal obliquely navicular-galeate, ca. 2 cm high, from base to apex of rostrum 1.8–2.2 cm long, above the middle broadest, at frontal side rostrate (rostrum ca. 2.5 mm long), adaxially glabrous; lateral sepals orbicular-obovate, (1.4–1.6) cm × (1–1.2) cm, adaxially above sparsely pubescent; lower sepals obliquely elliptic, (1.2–1.4) cm × (0.4–0.5) cm, adaxially sparsely pubescent. Petals 2, glabrous; claws ca. 1.9 cm long; spurs incurved, ca. 3 mm long; lips 4 mm long, at apex slightly dilated and emarginate. Stamens ca. 28, glabrous; filaments below broadly linear or linear, above filiform, mostly near the middle 1–2-denticulate, a few of them with entire margins;anthers with upper parts of filaments dark-blue, subquadrate, (1–1.2) mm × (0.8–1) mm. Carpels 3; ovaries dark-blue, ca. 5 mm long, abaxially sparsely pubescent; styles subulate, 1–1.2 mm long, glabrous.

原文刊登于《广西植物》36(11)：1013–1311，2016。
致谢：深切感谢孙英宝先生为本文绘图。

新疆（Xingjiang）：托里县，库普乡，塔斯提林场（Tuoli Xian，Kupu Xiang，Tasiti tree farm），alt. 1 810 m，石砾草坡（on gravelly grassy slope），2014-08-16，陈又生，袁慊（Y.S.Chen & Q.Yuan）141579 (holotype，PE)。

本种在亲缘关系上与阿尔泰乌头 (*Aconitum smirnovii* Steinb.) 相接近，与后者的区别在于本种的茎和叶无毛，花梗较短，多长0.5–1cm，因此总状花序的花极为密集，雄蕊花丝多具1或2小齿。在阿尔泰乌头，茎上部疏被柔毛，叶上面脉上被柔毛，花梗较长（0.7–2cm），总状花序的花不极密集，雄蕊所有花丝的边缘均全缘，无小齿（Li & Kadota, 2001）。

门源翠雀花　图 1：F–K

Delphinium menyuyanense W. T. Wang, sp. nov. Fig. 1: F–K

(Sect. *Elatopsis* Huth)

Species nova haec est affinis *D. pylzowii* Maxim., a quo caule multo breviore 5 cm longo, inflorescentia racemosa, staminodiorum limbis indivisis, carpellis 4 gynoecium formantibus facile differt. In *D. pylzowii*, caules 20–55 cm alti, inflorescentiae corymbosae, staminodiorum limbi 2-lobati,et carpella 5 vel 3 gynoecium formantia sunt.

Perennial herb. Stem ca. 5 cm long, 2mm in diam., retrorsely puberulous, ca. 2-leaved. Basal leves unknown. Cauline leaves alternate, long petiolate; blades papery, cordate-pentagonal, ca. 1.5 cm × 2.5 cm, adaxially and abaxially sparsely pubescent, glabrescent, 3-sect, central segmaent broadly rhombic, ca. 1 cm broad, 3–parted, with lobes lanceolate-linear and entire, lateral segments obliquely broad-rhombic, unequally 2-parted, with upper secondary lobe smaller, broadly linear and 1-lobulate, and lower secondary lobe larger and unequally 2-parted once again, and with 1-lobulate tertiary lobes; petioles 3–4 cm long, subglabrous. Raceme terminal, ca. 15 cm long, 10 cm broad, 3-flowered; lowest bract leaf-like; rachis with pedicels retrorsely puberulous (hairs 0.2–0.4 mm long) and subspreading-pubescent (hairs 0.5–0.8 mm long); pedicels 6.6–11 cm long, below or above the middle 2-bracteolate; bracteoles lanceolate-linear or linear, (0.6–1.8) cm × (0.1–0.2) cm, sparsely puberulous or ciliate. Sepals 5, dark-blue, adaxially glabrous; upper sepal broadly ovate, ca. 1.9 cm × 1.3 cm, at apex obtuse, abaxially appressed-pubescent, spur subulate, 2–2.2 cm long, at base ca. 3 mm in diam., sparsely pubescent; lateral sepals obovate, ca. 1.9 cm × 1.2 cm, abaxially along midrib pubescent; lower sepals obliquely long elliptic, (2–2.2) cm × (0.7–1) cm, abaxially along midrib pubescent. Petals 2, glabrous, apex obtuse. Staminodes 2; limbs brownish, suborbicular, ca. 7 mm × (7–8) mm, margin slightly erose and sparsely ciliate, adaxially above base densely yellow-barbate, longitudinnally ca. 10-nerved; claws ca. 7 mm long, puberulous. Stamens ca. 22, glabrous; filaments lanceolate-oblong, linear, above filiform, ca. 7 mm long, 1-nerved; anthers dark-blue, ca. 1.2 mm long. Carpels 4; ovaries narrowly oblong, 6–7 mm long, densely puberulous; styles 2 mm long, glabrous; stigmas small, depressed-globose. Follicle oblong, ca. 12 mm × 3.5 mm, puberulous. Seeds black, long ellipsoid, ca. 1.8 mm long, glabrous, with a peripheral narrow wing 0.4–0.8 mm broad.

青海 (Qinghai)：门源县，近仙来寺 (Menyuan Xian, near Xianlai Temple). alt. circ. 2 600 m, 1958-07-30, 中国科学院植物研究所青海队 (Qinghai Exped. Inst. Bot. CAS) 634 (holotype, PE)。

图 1　A–E. **托里乌头**　A. 下部茎生叶的叶片；B. 总状花序；C. 花瓣；D. 雄蕊；E. 雌蕊群。（来自模式标本）
F–K. **门源翠雀花**　F. 开花茎；G. 退化雄蕊；H. 雄蕊；I. 雌蕊群；J. 蓇葖；K. 种子。（来自模式标本）

Fig. 1　A–E. **Aconitum tuoliense**　A. Blade of lower cauline leaf; B. Raceme; C. Petal; D. Stamens; E.Gynoecium. (from holotype)
F–K. **Delphinium menyuanense**　F. Flowering stem; G. Staminode; H. Stamen; I. Gynoecium; J. Follicle; K. Seed. (from holotype)

本种与大通翠雀花 (*Delphinium pylzowii* Maxim.) 近缘，与后者的区别在于本种的茎很短，长约 5 cm，花序总状，退化雄蕊的瓣片不分裂，雌蕊群由 4 枚心皮形成。在大通翠雀花，茎高 20−55 cm，花序伞房状，退化雄蕊的瓣片 2 裂，雌蕊群由 5 枚或 3 枚心皮形成 (Wang & Warnock, 2001)。

云台山铁线莲　图 2： A−E

Clematis yuntaishanica W. T. Wang, sp. nov. Fig. 2: A−E

(Sect. *Clematis* subsect. *Clematis*)

Species nova haec est affinis *C. parvilobae* Gardn. & Champ., a qua foliis bipinnatis, foliolis interdum pauce denticulatis, flore minore ca. 1.8 cm in diam., sepalis ca. 0.9 cm longis, staminum filamentis in siccitate nigris subfiliformibus vel anguste linearibus nervis carentibus statim distat. In *C. parviloba*, folia biternata vel pinnata, foliola margine vulgo integra, flos major 3−4 cm in diam., sepala 1.6−2 cm longa, et staminum filamenta in siccitate haud nigra linearia longitudinaliter 1-nervia sunt.

Woody vine, more or less turning black when drying. Stems ca. 2 mm in diam., appressed- puberulous, longitudinally 4−6-angulate. Leaves opposite, bipinnate, 12−24 cm long; pinnae 3 pairs, opposite, slenderly stipitate; lower pinnae (2−)3-foliolate, leaflets shortly petiolulate, central leaflet rhombic or ovate, (3.2−5.4) cm × (1.5−2.2) cm, at apex attenuate, at base broadly cuneate or rounded, at each side of margin 1−3-denticulate, adaxially sparsely puberulous, abaxially on nerves sparsely puberulous, lateral leaflets smaller, obliquely ovate, 1.5−2.5 cm long, on margin few-dentibulate or entire, each central pinna with 2 broadly ovate leaflets unequal in size, the larger one 1-3-denticulate and unequally 2-lobed, and the smaller one 1-denticulate or entire, each upper pinna with 1 ovate entire leaflet, the terminal leaflet of leaf narrowly ovate and entire; petioles 4.4−5 cm long, with peduncles sparsely puberulous. Cymes axillary, 3−15 cm broad, 1 to 3 times branched, 3−18-flowered; peduncles 2.8−6 cm long; bracts 2, opposite, shortly petiolate, rarely sessile, ovate, elliptic or linear, 0.2−3.5 cm long, entire, rearely 1-lobulate; pedicels 0.6−2.8 cm long; glabrous. Flower ca. 1.8 cm in diam. Sepals 4, white, spreading, long elliptic, ca. 9 mm × 3 mm, at apex truncate-emarginate, adaxially glabrous, abaxially sparsely appressed-puberulous, on margin white-velutinous. Stamens 30−70, glabrous; filaments black when drying, subfiliform or narrowly linear, 4.5−6 mm long, without nerve; anthers yellowish, broadly oblong, 1−1.2 mm long. Carpels 12−15; ovaries black when drying, ca. 0.4 long, densely pubescent; styles ca. 4 mm long, densely long white-villos, at apex slightly thickened and glabrous. Achenes deep-brown, compressed, suborbicular, ca. 2 mm in diam., with yellowish margins, puberulous; persistent styles plumose, ca. 12 mm long, with dense, spreading, long hairs, near apex glabrous.

河南 (Henan)：修武县，云台山，万善寺 (Xiouwu Xian, Yuntai Shan，Wanshan Temple)，路边草丛 (among grasses by road), 2009-08-17，云台山采集队 (Yuntaishan Exped.) 1074 (fl., holotype and isotype，PE)；同地 (same locality)，山坡林下 (in forest on slope)，2008-09-21，云台山采集队 0037 (fr., paratype，PE)。

本种与裂叶铁线莲（*Clematis parviloba* Gardn. & Champ.）在亲缘关系上相近，区别特征为本种的叶为二回羽状复叶，小叶有时具少数小齿，花较小，直径为 1.8 cm，萼片长约 0.9 cm，雄蕊花丝干燥时呈黑色，近丝形或狭条形，无脉。在裂叶铁线莲，叶为二回三出复叶或羽状复叶，小叶通常全缘，雄蕊花丝干燥时不呈黑色，条形，具一条纵脉 (Wang, 2003)。

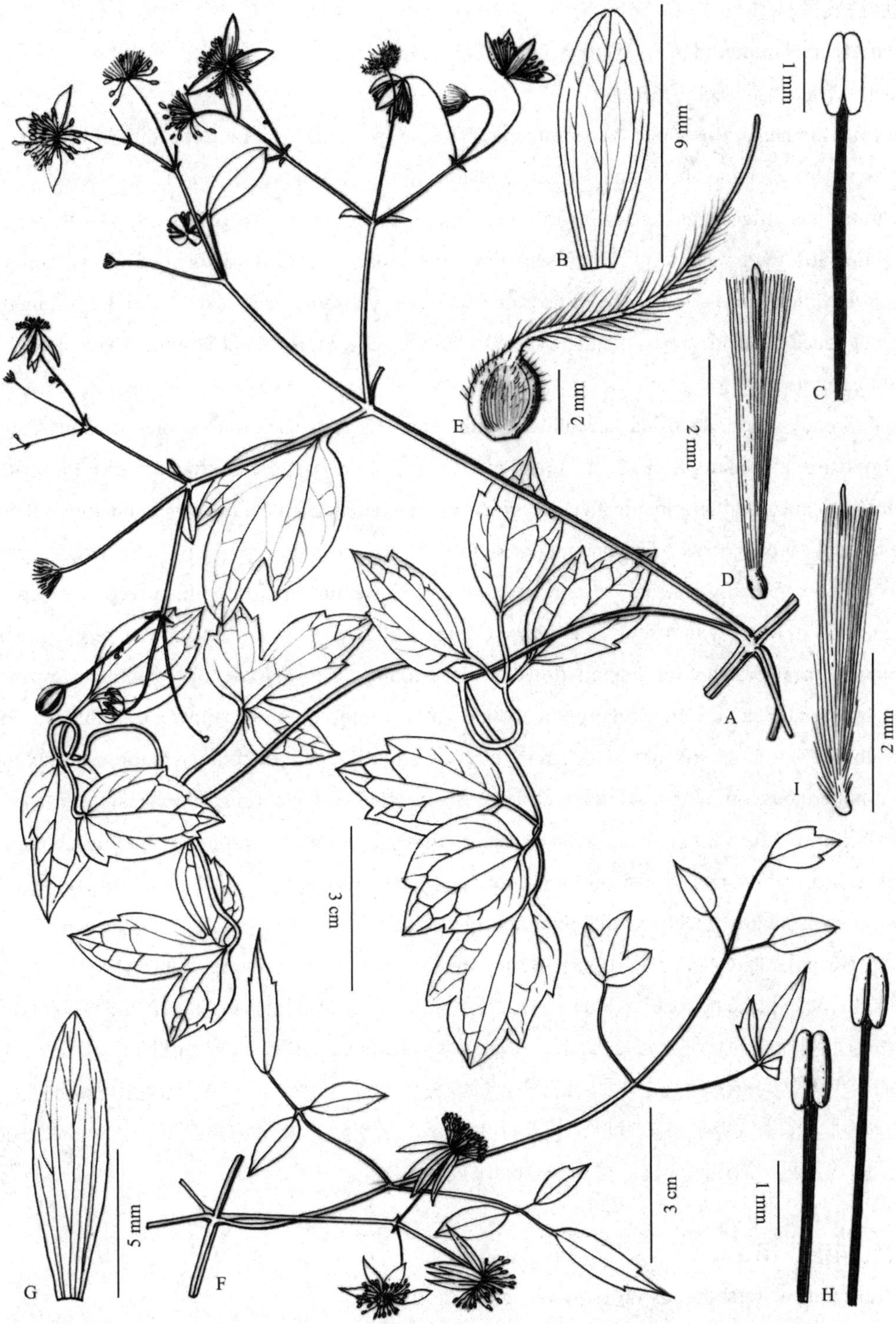

图 2　A–E. **云台山铁线莲**　A. 叶和腋生聚伞花序；B. 萼片（内面观）；C. 雄蕊；D. 心皮；E. 瘦果。（来自模式标本）
F–I. **黑丝铁线莲**　F. 叶和腋生聚伞花序；G. 萼片（内面观）；H. 雄蕊；I. 心皮。（来自模式标本）

Fig.2　A–E. ***Clematis yuntaishanica***　A. Leaf and axillary cyme; B. Sepal (adaxial view); C. Stamen; D. Carpel; E. Achene. (from holotype)　F–I. ***Clematis melanonema***　F. Leaf and axillary cyme; G. Sepal (adaxial view); H. Stamens; I. Carpel. (from holotype)

黑丝铁线莲　图 2：F−I

Clematis melanonema W. T. Wang, sp. nov. Fig. 2: F−I

(Sect. *Clematis* subsect. *Clematis*)

Ob folia bipinnata, flores parvos, staminum filamenta in siccitate nigra saepe subfiliformia nervis carentia species nova haec est arcte affinis apeciei novae insuper simul descriptae, *C. yuntaishanicae* W. T. Wang, a qua foliolis minoribus vulgo anguste ovatis vel lanceolatis 0.8−3.6 cm longis 0.4−1 cm latis vulgo integris raro pauce denticulatis, cymis minoribus vulgo semel raro bis ramosis 1.5−4 om latis 3(−4)-floris facile distinguitur. In *C. yuntaishanica*, foliola majora vulgo ovara, late ovata vel rhombica useque ad 5.4 cm longa 2.2 cm lata margine vel pauce denticulata vel integra, cymae vulgo bis vel ter raro semel ramosae vulgo 10−15 cm latae et 10−18-florae sunt.

Small woody vines. Stems ca. 1.2 mm in diam., sparsely appressed-puberulous, longitudinally 4-sulcate. Leaves opposite, bippinate, 8−12.5 cm long; pinnae 2−3 pairs, opposite, slenderly stipitate; lower pinnae 2−3-foliolate, leaflets and terminal leaflet of leaf narrowly ovate, lanceolate or ovate, undivided, those of central pinnae obliquely broadly ovate and unequally 3-lobed, (0.8−3.6) cm × [0.4−1(−1.6)] cm, at apex attenuate, at base rounded or broadly cuneate, at margin entire or 1−2-denticulate, on both surfaces sparsely puberulous; petioles 3.5−5 cm long, with a few short hairs. Cymes axillary, 1.5−4 cm broad, 1, rarely 2 times branched, 3(−4)-flowerd, near bracts with 2 small flower buds; peduncle 1.6−4.4 cm long, subglabrous; bracts sessile, narrowly lanceolate, ca. 1.5 mm long; pedicels 0.8−2.4 cm long, glabrous. Flower ca. 2 cm in diam.: Sepals 4, white, long elliptic, ca. 10 mm × 3.2 mm, at apex slightly acute, adaxially glabrous, abaxially sparsely appressed-puberulous, on margin white-velutinous. Stamens 35−40, glabrous; filaments black, narrowly linear, above subfiliform, 3.5−5.8 mm long, without nerve; anthers yellowish, oblong or broadly oblong, 1−1.5 mm long. Carpels ca. 14; ovaries ca. 0.5 mm long, densely pubescent; styles ca. 3.5 mm long, densely long white-villous, near apex slightly thickened and glabrous.

河南 (Henan)：修武县，云台山，小寨沟 (Xiouwu Xian，Yuntai Shan，Xiaozhaigou)，alt. 290−500 m, 路边石堆 (in rocky place by road)，2009-08-25，云台山采集队 (Yuntaishan Exped) 1397 (holotype，PE)。

本种与上面描述的新种云台山铁线莲 (*Clematis yuntaishanica* W. T. Wang) 同样具二回羽状复叶，较小的花和黑色无脉的雄蕊花丝，说明此二种在亲缘关系上极为相近，本种与云台山铁线莲的区别在于本种的小叶较小，多呈狭卵形或披针形，长 0.8−3.6 cm，宽 0.4−1 cm，通常全缘，稀具少数小齿，聚伞花序较小，通常一回，稀二回分枝，宽 1.5−4 cm，具 3(−4) 花。

五台山毛茛　图 3

Ranunculus wutaishanicus W. T. Wang, sp. nov. Fig. 3

(Subg. *Ranunculus* sect. *Ranunculus* ser. *Songorici* Ovcz.)

Habitu species nova haec est smilis *R. glareoso* Hand.-Mazz., a quo foliis basalibus semper 3-partitis utrinque appresso-pubescentibus, petalorum foveolis nectariferis squamis praeditis, carpellis stylis brevibus crassis et stigmatibus minutis praeditis praeclare recedit. In *R. glareoso*, folia basalia 3-partita vel 3-secta glabra, petalorum foveolae nectariferae squamis carentes, et carpella stylis plus minusve elongatis subulatis praedita et

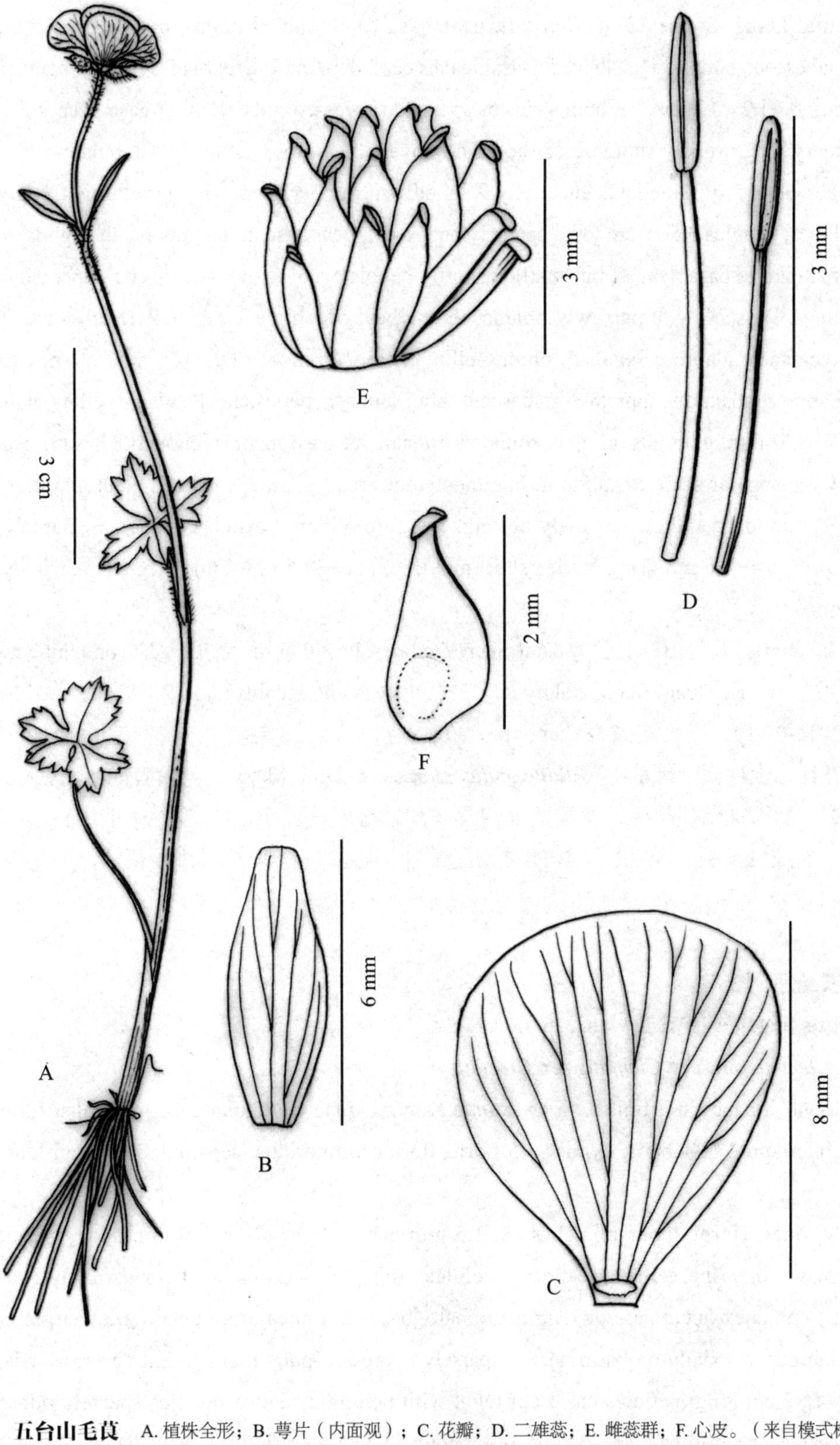

图 3　**五台山毛茛**　A. 植株全形；B. 萼片（内面观）；C. 花瓣；D. 二雄蕊；E. 雌蕊群；F. 心皮。（来自模式标本）

Fig. 3　**Ranunculus wutaishanicus**　A. Habit; B. Sepal (adaxial view); C. Petal; D. Two stamens; E. Gynoecium; F. Carpel. (from holotype)

stigmatibus carentia sunt.

Perennial herbs. Stems 13−17 cm tall, near base ca. 1 mm in diam., below sparsely above densely appressed-pubescent, simple, 1−2-leaved. Basal leaves ca. 2, long petiolate; blades papery, pentagonal in outline, (0.9−1.5) cm × (1.2−2.2) cm, on both surfaces sparsely appressed-pubescent, at base deeply cordate, 3-parted, central primary lobe broadly rhombic or rhombic-obovate, near apex obtusely 3-lobulate or 3-dentate, lateral primary lobes obliquely flabellate, unequally 2-lobed, with upper secondary lobes slightly larger than lower secondary lobes; petioles 3.5−5 cm long, sparsely pubescent, near base in narrow sheath slightly widened. Lower cauline leaf similar to basal leaves, but smaller, shortly petiolate and with blade 3-sect; upper cauline leaf sessile, and its blade (2−)3-sect, with narrowly oblanceolate lobes, which are 2-denticulate or entire. Flower solitrry, terminal: Receptacle glabros. Sepals 5, oblong-elliptic, (6−7) mm × (2.2−3.5) mm, at apex truncate-obtuse, adaxially glabrous, abaxially appressed-pubescent, after anthesis persistent. Petals 5, yellow, flabellate-obovate, 8 mm × (7−9.5) mm, glabrous, at apex rounded-truncate, at base inconspicuously clawed, nectary pit with a transversely rectangular scale ca. 0.5 mm lng and 1 mm broad. Stamens ca. 60, glabrous; filaments narrowly linear, 2.5−3 mm long; anthers narrowly oblong, 1−1.2 mm long. Carpels ca. 22, 1.6−2 mm long, glabrous; ovaries elliptic, 1.4−1.6 mm long; styles short and thick, 0.1−0.6 mm long; stigmas narrowly oblong, 0.2−0.25 mm long.

山西 (Shanxi)：五台山，北台 (Wutai Shan, Beitai), alt. 3 046 m，高山草地 (on alpine meadow), 2014-07-10，段长虹 (C. H. Duan) 0263 (holotype, PE)；同地 (same locality), alt. 2 847 m，高山草地 (on alpine meadow), 2014-07-10，段长虹 0254 (paratype，PE)。

本种在体态上相似于砾地毛茛 *Ranunculus glareosus* Hand.-Mazz.，与后者的区别在于本种的基生叶永为三深裂，两面被贴伏柔毛，花瓣的蜜槽具鳞片，心皮具短而粗的花柱和微小柱头。在砾地毛茛，基生叶三深裂或三全裂，无毛，花瓣的蜜槽无鳞片，心皮具稍伸长的钻形花柱，不具柱头。(Wang & Gilbert, 2001)

靖西铁线莲　图 4

Clematis jingxiensis W. T. Wang, sp. nov. Fig. 4

(Sect. *Clematis* subsect. *Clematis* ser. *Clematis*)

Species nova haec est affinis *C. formosanae* Kuntze, quae caulibus dense puberulis, foliolis plerumque lanceolatis interdum 2−3-lobatis, cymis 3−5-floris, floribus minoribus, sepalis 0.8−1.3 cm longis 0.3−0.4 cm latis differt.

Woody vines. Hornotinous branches ca. 1.5 mm across, sparsely puberulous, longitudinally shallowly 8-sulcate. Leaves opposite, ternate; leaflets petiolulate, thinly coriaceous, ovate or narrowly ovate, (4−7.2) cm × (2.2−3.2) cm, apex acuminate or long acuminate, base subtruncate or subcordate, margin entire; surfaces adaxially glabrous, abaxially on basal nerves sparsely appressed-puberulous; basal nerves abaxially prominent; petiolules 0.5−2 cm long; petioles ca. 4 cm long, with petiolules and peduncles sparsely puberulous. Cymes singly axillary, ca. 5 cm broad, (1−)3-flowered; peduncle 3−6.5 cm long; bracts 2, opposite, shortly petiolate, narrowly ovate, (2−4) cm × (0.8−1.3) cm; bracteoles linear, 4−5 mm long; pedicels 1.1−2.2 cm long, densely

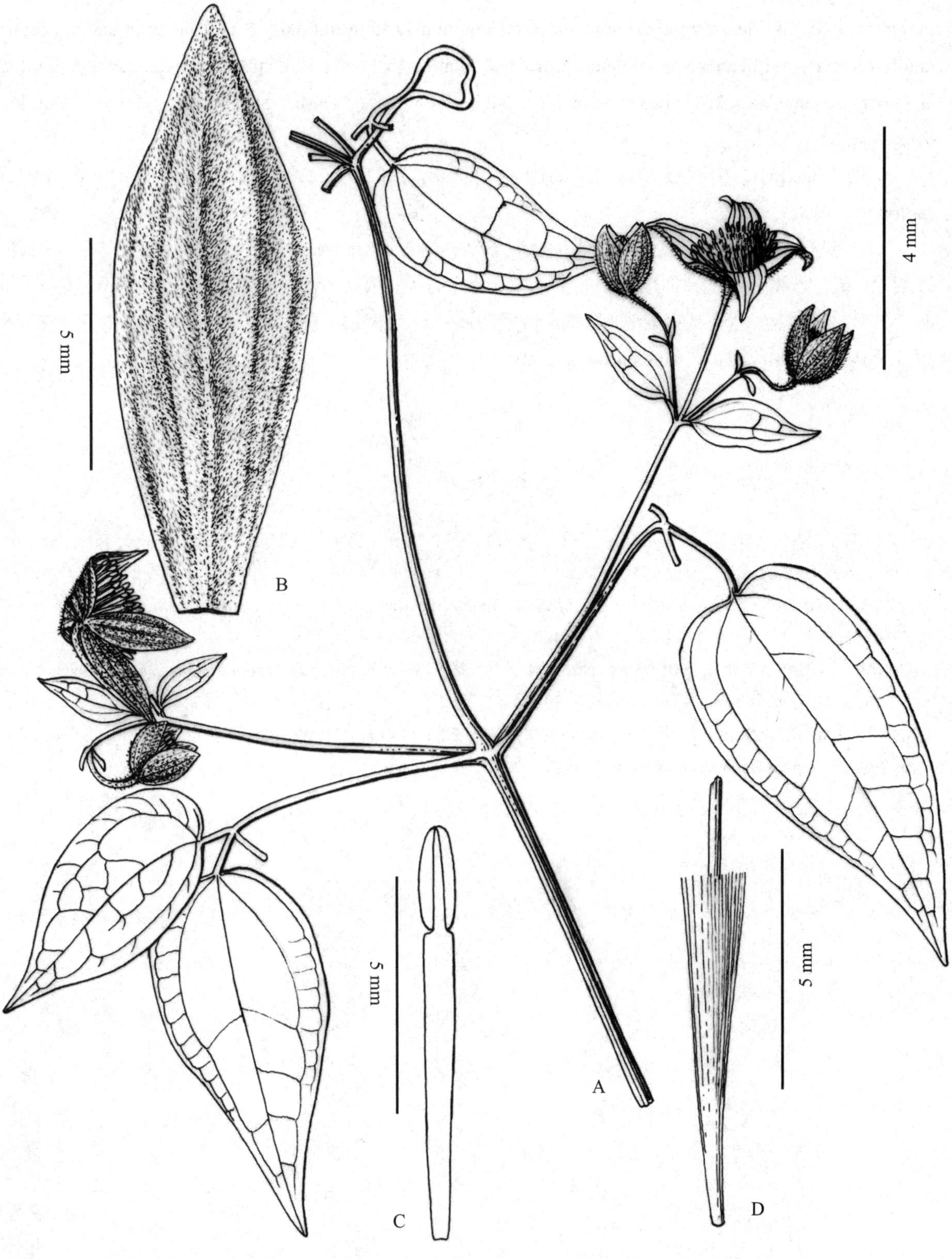

图 4　**靖西铁线莲**　A. 开花枝一段；B. 萼片（背面观）；C. 雄蕊；D. 心皮。（来自模式标本）

Fig. 4　**Clematis jingxiensis**　A. A part of flowering branch; B. Sepal (abaxial view); C. Stamen; D. Carpel. (from holotype)

appressed- puberulous. Flower: Sepals 4, spreading, oblong-elliptic, (1.7−2) cm × (0.5−0.7) cm, adaxially glabrous, abaxially densely puberulous and inconspicuously longitudinally 3-ribbed, apex acute. Stamens numerous, glabrous; filaments lanceolate-linear, (3−6.5) mm × (0.6−1) mm; anthers oblong, 1.8−2.5 mm long, apex obtuse. Carpels ca. 9; ovaries subglobose, ca. 0.3 mm in diam., densely puberulous; styles ca. 7 mm long, densely white-villous.

广西 (Guangxi)：靖西县 (Jingxi Xian)，alt. 900 m，2002-04-22，覃海宁等 (H. N. Qin et al.) 3268 (holotype，PE)。

本种在亲缘关系上接近宝岛铁线莲 (*Clematis formosana* Kuntze)，与后者的区别在于本种的茎疏被短柔毛，叶的小叶卵形或狭卵形，不分裂，聚伞花序有 1-3 花，花较大，萼片长 1.7−2 cm，宽 0.5−0.7 cm。在宝岛铁线莲，茎密被短柔毛，叶的小叶通常披针形，并常 2−3 浅裂，聚伞花序有 3−5 花，花较小，萼片长 0.8−1.3 cm，宽 0.3−0.4 cm (Wang, 2003)。

参 考 文 献

LI L Q, KADOTA Y, 2001. *Aconitum*. [M] // WU Z Y, RAVEN P H, eds. Flora of China. Beijing: Science Press; St. Louis: Missouri Botanical Gaben Press, 6: 149−222.

WANG W T, 2003. A revision of *Clamatis* sect. *Clematis* (Ranunculaceae) [J]. Acta Phytotaxonomica Sinica, 41(1): 1−62; (2): 97−172.

WANG W T, GILBERT M G, 2001. *Ranunculus*. [M] // WU Z Y, RAVEN P H, eds. Flora of China. Beijing: Science Press; St. Louis: Missouri Botanical Gaben Press, 6: 391−431.

WANG W T, WARNOCK M J, 2001. *Delphinium*. [M] // WU Z Y, RAVEN P H, eds. Flora of China. Beijing: Science Press; St. Louis: Missouri Botanical Gaben Press, 6: 223−274.

楼梯草属二新种

Two new species of *Elatostema* (Urticaceae) from China

安龙楼梯草　图1：A–F

Elatostema anlongense W. T. Wang, sp. nov. Fig. 1: A–F

[sect. *Weddellia* (H. Schröter) W. T. Wang ser. *Sublinearia* W. T. Wang]

Species nova haec est fortasse affinis *E. sublineari* W. T. Wang, a quo caulibus et foliis glabris, foliorum laminis longe ellipticis vel anguste obovatis latioribus (2.8–3.4 cm latis), bracteis staminatis haud corniculatis, bracteolis staminatis glabris, capitulis pistillatis sessilibus, eorum receptaculis inaequaliter 3–4-lobatis, bracteolis pistillatis glabris, stigmatibus penicillatis recedit. In *E. sublineari*, caules et folia pubescentia, foliorum laminae anguste oblanceolatae vel lineari-oblanceolatae 1.2–2.2 cm latae, bracteae staminatae apice corniculatae, bracteolae staminatae dense ciliatae, capitula pistillata breviter pedunculata, eorum receptacula indivisa vel 2-lobata, bracteolae pistillatae longe ciliatae, et stigmata breviter teretia sunt.

Perennial herb, monoecious. Stem ca. 36 cm tall, near base 2 mm in diam., glabrous, simple, ca. 7-leaved. Leaves alternate, sessile or shortly petiolate, glabrous; blades papery, obliquely long elliptic or narrowly obovate, (6–9.6) cm × (2.8–3.4) cm, apex acuminate, base obliquely cuneate, margin denticulate; nervation pinnate, with 5–6 pairs of inconspicuous secondary nerves; cystoliths not dense, bacilliform, 0.1–0.3 mm long; petioles 0–1 mm long; stipules white, membranous, narrowly triangular, (7–9) mm × (3–4) mm, 1-nerved. Staminate capitula singly axillary, pedunculate; peduncle white, ca. 3 mm long, glabrous; receptacle small, subquadrate, ca. 2 mm long, glabrous; bracts ca. 7, white, membranous, broadly triangular or broadly ovate, (1–2) mm × (1.2–2) mm, subglabrous; bracteoles ca. 10, white, membranous, semi-hyaline, linear, (2.5–3) mm × (0.3–0.4) mm, glabrous. Staminate flower: Pedicel white, 0.4–1.5 mm long, glabrous. Staminate flower bud subglobose, ca. 1.2 mm in diam., tetramerous, glabrous, near apex brown-puncticulate. Pistillate capitula singly axillary, sessile; receptacle subpentagonal, ca. 4 mm × 5 mm, glaobrous, unequally 3–4-lobed; bracts ca. 40, membranous, linear or narrowly triangular, (0.8–1) mm × (0.2–0.3) mm, glabrous; bracteoles numerous, dense, near apex green, narrowly linear, (0.6–1) mm × (0.1–0.2) mm, glabrous. Pistillate flower: Pedicel ca. 0.1 mm long, glabrous. Tepals wanting. Pistil ca. 4.5 mm long; ovary ellipsoid, ca. 0.25 mm long, glabrous; stigma penicillate, with dense hairs ca. 0.2 mm long.

贵州 (Guizhou)：安龙县 (Anlong Xian)，石灰岩山 (in lime-stone hill)，2010-05，韦毅刚 (Y. G. Wei) 6681 (holotype，PE)。

本种在亲缘关系上可能接近条叶楼梯草（*E. sublineare* W. T. Wang），与后者的区别在于本种的茎和叶均无毛，叶片长椭圆形或狭倒卵形，较宽（宽 2.8–3.4 cm），雄苞片无角状突起，雄小苞片无毛，雌

原文刊登于《广西植物》36(9): 1019–1022，2016。
致谢：深切感谢孙英宝先生为本文绘图。

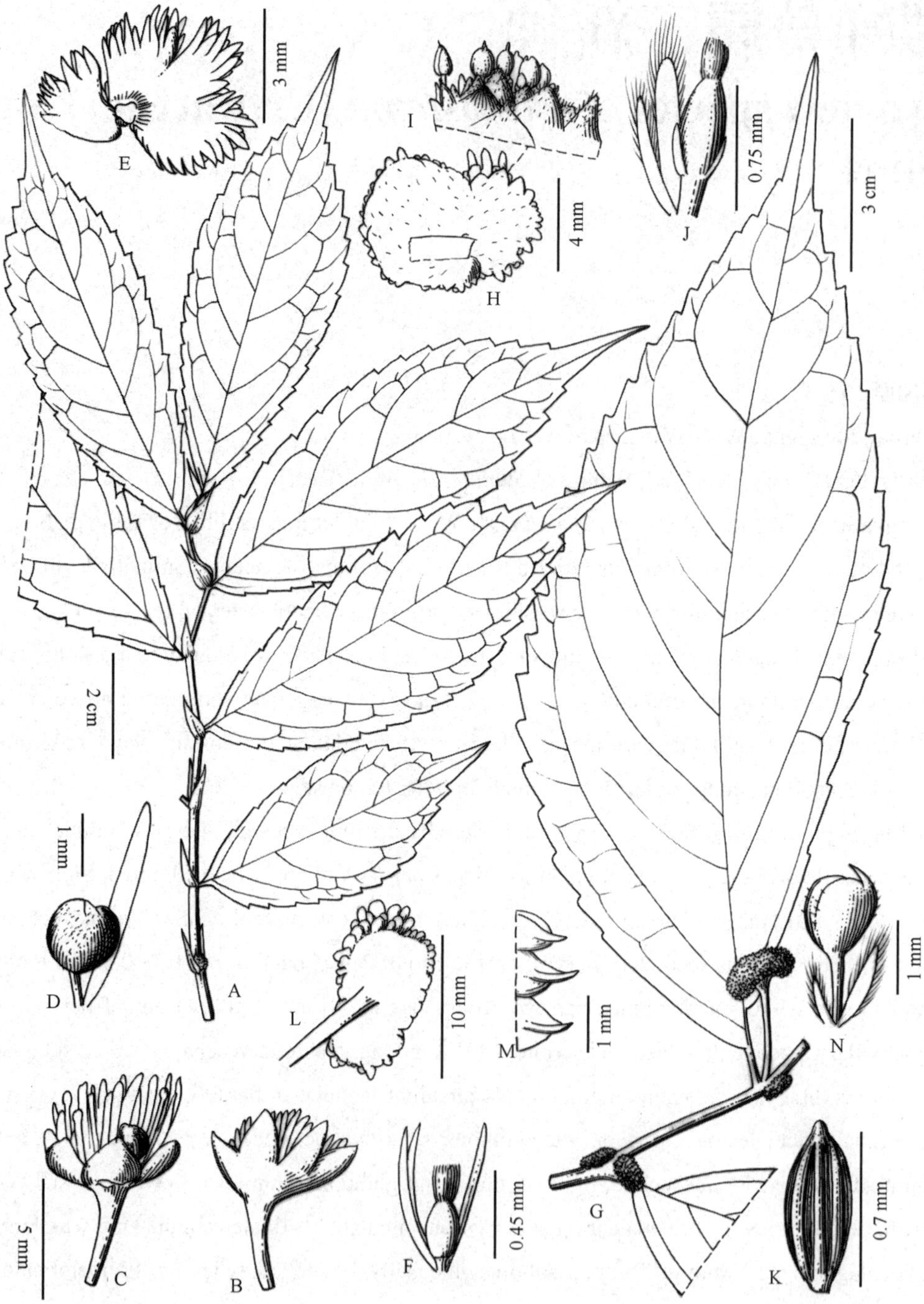

图 1　A–F. **安龙楼梯草**　A. 开花茎上部；B. 雄头状花序（侧下面观），C. 同 B，侧面观；D. 雄小苞片和雄花蕾。G–N. **厚序楼梯草**　G. 2 叶和一腋生雄头状花序以及一对腋生雌头状花序；H. 雌头状花序（下面观）；I. 外层雌苞片和 5 内层雌苞片；J. 雌小苞片和雌花；K. 瘦果；L. 雄头状花序（下面观）；M.3 雄苞片；N. 雄小苞片和雄花蕾。

Fig. 1　A–F. ***Elatostema anlongense***　A. Upper part of flowering stem; B. Staminate capitulum, seen from the lateral bottom; C. The same as B, seen from one side; D. Staminate bracteole and staminate flower bud;E. Piatillate capitulum, seen from beneath; F. Pistillate bracteoles and pistillate flower.　G–N. ***E. pachycephalum***　G. Two leaves and an axillary staminate capitulum and a pair of axillary pistillate caputula; H. Pistillate caputulum, seen from beneath; I. One outer pistillate bract and five inner pistillate bracts; J. Pistillate bracteoles and pistillate flower; K. Achene; L. Staminate capitulum, seen from beneath; M. Three staminate bracts; N. Staminate bracteoles and staminate flower bud.

头状花序无梗，其花序托不等 3–4 裂，雌小苞片无毛，柱头画笔头状。在条叶楼梯草，茎和叶均被柔毛，叶片狭倒披针形或条状倒披针形，宽 1.2–2.2 cm，雄苞片顶端具角状突起，雄小苞片密被缘毛，雌头状花序具短梗，其花序托不分裂或 2 裂，雌小苞片被长缘毛，柱头短圆柱状（王文采，2014）。

厚序楼梯草　图 1：G–N

Elatostema pachycephalum W. T. Wang, sp. nov. Fig. 1: G–N

(Sect. *Elatostema* ser. *Albopilosa* W. T. Wang)

Ob folia penninervia, capitula staminata longius pedunculata et receptaculis discoideis praedita et achenia longitudinaliter 6-costata species nova haec ad Sect. *Elatostema* ser. *Albopilosa* W. T. Wang pertinet, et in serie hac est affinis *E. fugongensi* W. T. Wang, a quo foliorum laminis tenuioribus membranaceis supra sparse strigosis, petiolis brevioribus vel nullis usque ad 2 mm longis, pedunculis staminatis teretibus 14–26 mm longis dense puberulis, involucris staminatis ex bracteis 1-seriatis apice haud corniculatis constantibus facile differt. In *E. fugongensi*, foliorum laminae papyraceae supra glabrae, petioli 3–4.5 mm longi, pedunculi staminati complanati breviores 12 mm longi glabri, et involucra staminata ex bracteis 2-seriatis apice breviter crasseque cornitulatis constantia sunt.

Perennial herbs. Stems ca. 30 cm tall, near base ca. 3.5 mm in diam., glabrous, simple, ca. 8-leaved, longitudinally shallowly 4-sulcate. Leaves alternate, shortly petiolate or sessile; blades membranous, long elliptic or oblanceolate, (15–22) cm × (4–8) cm, apex long acuminate, base obliquely cuneate, margin obtusely denticulate; surfaces adaxially sparsely strigose, abaxially glabrous; nervation pinnate, with secondary nerves ca. 5 at leaf narrow side and 7 at broad side, and with midrib abaxially prominent; cystoliths along nerves dense, bacilliform, 0.1–0.25 mm long; petioles 0–2 mm long, glabrous; stipules not seen. Staminate capitula singly arising from axils of apical leaves; pendunclе white, terete, 14–26 mm long, ca. 3 mm in diam., densely puberulous (haires ca. 0.1 mm long); receptacle subquadrate, ca. 10 mm × 10 mm, sparsely puberulous; bracts ca. 20, white, membranous, broadly ovate, ca. 1 mm long, abaxially 1-green-ribbed; bracteoles dense, membranous, linear or triangular, (0.3–0.6) mm × (0.1–0.3) mm, densely ciliate. Staminate flower buds numerous, subglobose, ca. 1 mm in diam., pilose, tetramerous, with glabrous pedicels 0.5–1.5 mm long. Pistillate capitula in pairs axillary; peduncle complanate, rectangular, ca. 1.5 mm × 2.5 mm, glabrous; receptacle thick, obliquely elliptic, ca. 5.5 mm × 4.5 mm, puberulous; bracts ca. 21, 2-seriate, white, membranous, outer bract 1, broadly triangular, ca. 0.5 mm × 1 mm, puberulous, inner bracts ca. 20, broadly triangular, deltoid or triangular, (0.4–1) mm × (0.5–1) mm, puberulous, ciliolate; bracteoles numerous, dense, membranous, linear, (0.3–0.6) mm × (0.1–0.3) mm, densely ciliate. Pistillate flower: Pedicel roubust, 0.1–0.25 mm long, glabrous. Tepals 2, linear, ca. 0.25 mm long, glabrous. Pistil ca. 0.8 mm long; ovary ovoid or narrowly ovoid, 0.3–0.5 mm long, glabrous; stigma penicillate, ca. 1.5 mm long. Achenes whitish, narrowly ellipsoid, ca. 0.7 mm long, longitudinally 6-ribbed, with ribs conspicuously prominent.

广西 (Guangxi)：那坡县，百合乡，北坎 (Napo Xian, Baihe Xiang, Beikan), alt. 600 m, 山谷湿处 (in wet places in valley)，草本直立，花白色 (herbs erect, fls. white)，2000-10-09，邓云飞等 (Y. F. Deng et al.) 15544 (holotype, PE)。

本种的叶具羽状脉，雄头状花序具较长梗和盘状花序托，瘦果具 6 条纵肋，根据这些特征应隶属骤尖楼梯草组疏毛楼梯草系（Sect. *Elatostema* ser. *Albopilosa*），在此系中与福贡楼梯草（*Elatostema fugongense* W. T. Wang）相近缘，与后者的区别在于本种的叶片质地较薄，呈膜质，上面疏被糙伏毛，叶柄较短或不存在，存在时长达 2 mm，雄花序梗圆柱形，长 14–26mm，密被短柔毛，雄总苞由一层不具角状突起的苞片组成。在福贡楼梯草，叶片纸质，上面无毛，叶柄长 3–4.5 mm，雄花序梗扁平，较短，长 12 mm，无毛，雄总苞由 2 层苞片组成，苞片顶端具短而粗的角状突起（王文采，2014）。

参 考 文 献

WANG W T, 2014. *Elatostema* (Urticaceae) in China [M]. Qingdao: Qingdao Press. [王文采, 2014. 中国楼梯草属植物[M]. 青岛: 青岛出版社.]

中国赤车属新分类

Nova classification specierum sinensium *Pelloniae* (Urticaceae)

1 植物分类学简史

1790 年，葡萄牙植物学家 J. Loureiro 在其编著的“*Flora Cochinchinensis*”中根据分布于我国和中南半岛的 *Polychroa repens* Lour. 建立了荨麻科新属 *Polychroa* Lour.，遗憾的是此新属自当时一直到 20 世纪初都遭到国际植物学界的忽视，最后竟沦为一同物异名 (synonym, 见下)。1830 年，法国植物学家 C. Gaudichaud-Beaupré 建立了荨麻科新属 *Pellionia* Gaudich. (赤车属)，其命名模式为 *P. elatostemoides* Gaudich. (Hutchinson, 1967)，此属名在 19 世纪中得到广泛接受和应用，因此被列入在 1905 年《国际植物学命名法规》规定建立的 nomina generica conservanda (保留属名) 名录中，因此比其早 40 年发表的 *Polychroa* 成为其同物异名。

1861 年，英国植物学家 G. Bentham 在其编著的“*Flora Hongkongensis*”中描述了赤车属 2 新种：*Pellionia scabra* Benth. 和 *P. brevifolia* Benth.。1868 年，另一英国植物学家 H. F. Hance 根据 C. F. M. Grijs 采自福建的一号标本描述了赤车属又 1 新种 *Pellionia grijsii* Hance。1869 年，瑞士荨麻科专家 H. A. Weddell 编写出当时的世界荨麻科植物志，此志中的冷水花族 trib. Procrideae 包括 *Pilea*, *Pellionia*, *Lecanthus*, *Procris* 和 *Elatostema* 等属。此后，Baillon (1872), Bentham & Hooker (1880), Engler (1893) 和 Hutchinson (1967) 等学者的有关荨麻科的著作中均接受了 Weddell 的 trib. Procrideae 的内容；在 *Pellionia* 属，Weddell 收载了分布于印度、中国、日本和东南亚以及大洋洲一些岛屿的 15 种。1896 年，德国植物学家 H. Hallier 不承认 *Pellionia* 和 *Procris* 的属级地位，将此二属降级作为 *Elatostema* 属的二亚属处理。1886–1905 年，英国植物学家 F. B. Forbes & W. B. Hemsley 主要根据收藏于英国皇家植物园标本馆的中国标本，编著了中国植物名录；1899 年，C. H. Wright 承担了其中的荨麻科部分，在 *Pellionia* 属中，记录了 7 种，其中包括根据湖北和四川标本描述的新种 *Pellionia viridis* C. H. Wright，和根据 A. Henry 采自云南蒙自的 4 号标本鉴定的 *P. griffithiana* Wedd.。1910 年，菲律宾荨麻科专家 C. B. Robinson 根据菲律宾、加里曼丹 (原知 Borneo) 等地区原置于 *Pellionia* 或 *Elatostema* 二属的 10 余种建立了新属 *Elatostemoides* C. B. Robinson；1935 年，德国植物学家 H. Schröter 将此新属降级作为 *Elatostema* 的一个亚属；本文中，我将其作为 *Pellionia* 的一个组处理 (见下)。1916 年，日本植物学家 B. Hayata 描述了中国台湾赤车属新种 *P. arisanensis* Hayata；1925 年，又一日本植物学家 Y. Yamamoto 描述了中国台湾赤车属 *P. chikushiensis* Yamam. 和 *P. keitaoensis* Yamam. 等新植物。1922 年，美国植物学家 E. D. Merrill 根据钟观光教授采自广西东兴的一号标本描述了新种 *Polychroa tsoongii* Merr.，他了解到 *Pellionia* 被列入保留属名的名录中后，于 1928 年将此种名和 *Polychroa repens* Lour. 一同转移到 *Pellionia* 中。1929 年，奥地利植物学家 H.

原文刊登于《广西植物》36(1): 1–29, 2016。
致谢：蒙傅德志教授，杨永博士和杨志荣博士提供一些种的模式标本照片和文献，孙英宝先生为本文绘图，作者谨表示衷心感谢。

Handel-Mazzetti 记录了中国 *Pellionia* 属 6 种，他接受 Hallier 的观点，将 *Pellionia* 归并于 *Elatostema*，在此 6 种中，他拟出一新名 *Elatostema henryanum* Hand.-Mazz. 以代替 *E. griffithianum* (Wedd.) Hall. f. (*Pellionia griffithiana* Wedd.)，并根据他在越南北部与云南河口交界的 Laogai 采集的一号标本和 A. Henry 在云南采集的二号标本描述了后者的一新变种 *E. henryanum* var. *oligodontum* Hand.-Mazz.；在 1936 年，H. Schröter 将此变种升至种级，并拟出新名 *Elatostema paucidentatum* H. Schröter；1963 年，钱崇澍教授在编写《海南植物志》荨麻科的过程中将此种从 *Elatostema* 转移到 *Pellionia* 属中。

1935–1936 年，德国植物学家 H. Schröter 发表了他编著的 *Elatostema* 属专著的前两部分。他接受 Hallier 的观点，将 *Pellionia* 作为 *Elatostema* 的一个亚属，同时将 *Elatostemoides* C. B. Robinson 也降级作为 *Elatostema* 的另一个亚属。他的概念的 *Elatostema* 属包括以下 4 亚属：

Subgen. 1. *Pellionia* (Gaudich.) Hall. f. 退化叶常存在。雄、雌花序均无花序托。雄花序多有长梗，为稀疏的聚伞花序，稀为团伞花序。雌花序无梗或有梗，为团伞花序，稀为疏散的聚伞花序。苞片小，不包住花序。雄花和雌花均为（4）5 基数。雌花被片与子房等长，常具长角状突起。瘦果有瘤状突起。

Subgen. 2. *Elatostemoides* (C. B. Robinson) H. Schröter 退化叶、雄、雌花序的特征同上亚属。雄花和雌花均 5 基数。雌花被片与子房等长，具肋或具突起，但不具长角状突起。瘦果多光滑。

Subgen. 3. *Weddellia* H. Schröter 退化叶存在。雄、雌花序均具花序托，雄花序多无梗，雌花序无梗。苞片宽，将花序多少包住。雄花 5 基数。雌花 3（4）基数。雌花被片强烈退化，极小。瘦果具纵肋。

Subgen. 4. *Euelatostema* Baillon 退化叶不存在 (*E. surculosum* 等少数种例外)。雄、雌花序均具花序托，最发育的呈盘状。苞片宽，多少包住花序。雄花（4）5 基数。雌花多为 3 基数。雌花被片极退化，或完全消失。瘦果通常具纵肋。

其专著的第一部分 (1935) 讨论了 *Elatostema* 属植物的叶、花序、花等器官的形态特征和地理分布，第二部分 (1936) 是前 3 个亚属的专著。subgen. *Pellionia*，收载 55 种 (包括我国 2 新种：*Elatostema yunnanense* H. Schröter 和 *E. incisoserratum* H. Schröter，以及前述的新名 *E. paucidentatum* H. Schröter)，subgen. *Elatostemoides*，收载 45 种，subgen. *Weddellia*，收载 6 种。对每一亚属均给出德文的分种检索表，每种都给出重要文献、拉丁文形态描述、标本引证以及与近缘种有关亲缘关系的讨论。对每亚属未给出正式的亚属下分类，只将 sugen. *Elatostemoides* 根据雄花序具梗与否等特征将此亚属的植物划分为 3 群：rostratum-Gruppe, vittatum-Gruppe 和 Weinlandii-Gruppe。此外，subgen. *Pellionia*，具三出脉的原始种 *Elatostema latifolium*, *E. tsonngii* 和 *E. heyneanum* 被放在此亚属 55 种中开始的位置，这种情况似乎说明 H. Schröter 注意到了这几个种的较低的演化水平。subgen. *Pellionia* 和 subgen. *Elatoatemtoides* 的内容加在一起实际上就是 *Pellionia* 属的专著，这为 *Pellionia* 属今后的研究提供了重要的基本资料。

1980 年，我编著了我国赤车属的第一个修订，将当时鉴定的 17 种划分为了 3 组、4 系，其中包括 4 新种：*Pellionia acutidentata* W. T. Wang, *P. retrohispida* W. T. Wang, *P. subundulata* 和具雌头状花序的 *P. cephaloidea* W. T. Wang；1 错误鉴定：将 2 号 *P. griffithiana* Wedd. 的标本误定位 *P. heteroloba* Wedd.。在赤车属中雌头状花序的出现说明 *Pellionia* 和 *Elatostema* 两个近缘属存在平行演化现象。到 1995 年，我负责编写的中国赤车属志中的种数增至 24 种，被划分为 3 组、6 系，增加的 7 种是 *Pellionia longipedunculata* W. T. Wang, *P. funingense* W. T. Wang, *P. crispulihirtella* W. T. Wang, *P. macrophylla* W. T. Wang, *P. caulialata* S. Y. Liou, *P. leiocarpa* W. T. Wang 和 *P. brachyceras* W. T. Wang。2003 年，英文版 "*Flora of China*" 的 *Pellionia* 属志由 Lin et al. 承担编写，共收载 20 种，未进行属下分类，但种的排列次序与《中

国植物志》赤车属的种的排列次序相同。这里赤车属的种数变少，是作者对 7 个种名和 3 个变种名进行了归并的缘故。这些种的归并，有的正确，有的错误 [如将具雌头状花序的 *P. cephaloidea* W. T. Wang 归并于 *P. scabra* Benth.(王文采，2011)]。近年来，又有赤车属数新种发现，由于种数的增加和错误归并需进行改正，我决定编写本文，即我国赤车属的第 4 次修订。

2　赤车属与楼梯草属的区别

赤车属和楼梯草属在亲缘关系上极为相近，具有相同的体态和雄花构造，大概由于这些相似性，一些植物学家如 H. Hallier (1896)，H. Handel-Matzetti (1929)，H. Schröter (1935−1936) 和 I. Friis (1993) 认为此二属实为一属，应将 *Pellionia* 归并于 *Elatostema*。但另一方面，如上节所述，不少植物学家则主张承认二属，因此有必要再将二属的不同特征列出来加以考虑。

2.1 赤车属

雄、雌花序均为聚伞花序，雄聚伞花序多少稀疏分枝，而雌聚散花序分枝短、密集，雌花序具短梗或无梗、极为密集，因此 H. Schröter 称雌聚散花序为团伞花序。2 种（特产湖南的 *Pellionia cephaloidea* W. T. Wang 和特产印度东北部的 *P. ambigua* Wedd.），雌花序具花序托（可能由花序密集短分枝发生愈合而成），在花序托边缘有总苞，如上所述，这是赤车属和楼梯草属二近缘属的一种平行演化现象。雌花的花被片 5 枚，稀 4 或 3 枚，比子房稍长或近等长，无任何突起或在背面顶端之下有短或长的角状突起。瘦果具瘤状突起或光滑，稀具短线纹，或具短线纹和小瘤状突起，或具纵肋和小瘤状突起 (本文首次发现，见种 32 头序赤车 *P. cephaloidea*)(在荨麻科的其他属如荨麻属 *Urtica*、艾麻属 *Laportea*、蝎子草属 *Girardinia* 和冷水花属 *Pilea*，瘦果均具瘤状突起或光滑)。

2.2 楼梯草属

雌花序均为头状花序，具花序托和总苞。绝大多数种雄花序和雌花序一样为头状花序，只在此属原始群疏伞楼梯草组 sect. *Pellioioides* 的 12 种 (特产我国西南部和南部) 为分枝的聚伞花序。雌花的花被片强烈退化，通常不存在，存在时通常为 2−3 枚，稀 4−5 枚，极小，比子房短，无任何突起 (有 2 例外，特产云南东南部的五被楼梯草 *Elatostema quinquetepalum* W. T. Wang 和长被楼梯草 *E. longitepalum* W. T. Wang 的雌花被片呈狭条形，长度超过子房)。瘦果多数种 (包括 sect. *Pellionioides* 的 12 种) 具纵肋和具纵肋小瘤状突起，少数种具瘤状突起，具短线纹或光滑。值得注意的是具纵肋及具纵肋和小瘤状突起两种类型的瘦果原知是楼梯草属所独有的，现在头序赤车 *P. cephaloidea* 也发现了具纵肋和小瘤状突起的瘦果，这是 *Pellionia* 和 *Elatostema* 二近缘属的又一个平行演化现象。

根据上述二属的区别特征，可见赤车属保留了较多的原始特征，如与冷水花属相似的聚伞花序，雌花被片和瘤状突起或光滑的瘦果。楼梯草属则出现了较多的进化特征，如头状花序，强烈退化的雌花被片，具纵肋及具纵肋和小瘤状突起的瘦果。由此可以推测赤车属 *Pellionia* 和楼梯草属 *Elatostema* 虽然都源于冷水花属 *Pilea*，在起源时间上楼梯草属可能在较近时间出现，而赤车属可能早于楼梯草属自冷水花属演化而出，并走上了一条与后者不同的演化路线 (王文采，1980，2014)。

3 属下分类

根据叶的脉序类型，退化叶的存在与否，雌花序类型，雌花被片和瘦果的形态特征，可将赤车属植物划分为下列5组。

组1. **全缘赤车组** sect. **Pileoides** W. T. Wang 叶具长柄或稍长柄，具全缘边缘，具三出脉，叶狭侧的侧生基出脉向上直展达近叶顶端处。退化叶存在。雌花序聚伞状。雌花的花被片5枚，在背面无任何突起或顶端之下具短突起，瘦果具瘤状突起。

4种，我国有2种。

组2. **喙尖赤车组** sect. **Elatostemoides** (C. B. Robinson) W. T. Wang 叶具短柄或无柄，具有齿边缘，具三出脉或半离基三出脉，叶狭侧的侧生基生脉向上直达近叶顶端处。退化叶通常存在，稀不存在。雌花序聚伞状。雌花的花被片5枚，在背面无任何突起或顶端之下有短突起。瘦果通常光滑。

45种，我国无此组植物。

组3. **赤车组** sect. **Pellionia** 叶具短柄或无柄，通常具有齿边缘，具半离基三出脉(叶狭侧的侧生基出脉向上伸展达或稍超过叶中部)，稀具羽状脉。退化叶存在或不存在(我国此组的种多无退化叶)。雌花序聚伞状。雌花的花被片5枚，稀4或3枚，通常其中(1–)2–3枚较大，成条状船形，并在背面顶端之下具长角状突起。瘦果具瘤状突起，稀具短线纹(大叶赤车 *P. macrophylla*)。

约62种。我国有22种，根据雌花被片、退化叶、托叶、脉序和瘦果的特征被划分为2亚组，5系。

组4. **羽脉赤车组** sect. **Leiolaena** W. T. Wang 叶具短柄或无柄，具有齿边缘，具羽状脉。退化叶通常不存在。雌花序聚伞状。雌花的花被片5枚，稀4或3枚，在背面通常无任何突起，稀具短突起。瘦果光滑或具小瘤状突起，稀具短线纹和小瘤状突起。

8种。我国有7种，根据瘦果类型被划分为3系。

组5. **头序赤车组** sect. **Elatostematopsis** W. T. Wang 叶无柄或有极短柄，具有齿边缘，具三出脉或半离基三出脉，叶狭侧的侧生基出脉向上伸展稍超过叶中部。退化叶存在或不存在。雌花序头状，具盘状花序托和总苞。雌花的花被片5枚，近等大，无任何突起或背面顶端之下具短突起。瘦果具瘤状突起或具纵肋和小瘤状突起。

2种，我国有1种。

从上述组、系的划分可以观察到赤车属有关形态特征的演化趋势：(1)叶对生，同一对叶中的一枚正常发育，另一枚强烈退化成一小叶片→退化叶消失，叶变为互生；(2)叶柄：长→短→不存在；(3)叶的脉序：三出脉→半离基三出脉→羽状脉；(4)托叶：狭卵形、三角形、披针形→钻形；(5)雌花序：聚伞花序→头状花序；(6)雌花被片：近等大，背面无任何突起→背面顶端之下有短突起→(1–)2–3枚较大，背面顶端之下有长角状突起；(7)瘦果：具瘤状突起或光滑→具短线纹→具短线纹和小瘤状突起→具纵肋和小瘤状突起。

根据上述有关形态特征的演化趋势，可见在赤车属的5个组中，全缘赤车组 sect. *Pileoides* 具有较多的与冷水花属相似的原始特征，如叶具较长叶柄，具三出脉，退化叶存在，雌花序聚伞状，雌花被片无任何突起或背面有短突起，瘦果具瘤状突起等。因此可以推测全缘赤车组是赤车属的原始群，其他组可能均由其演化而出，赤车属的系统发育可能如图1所示。

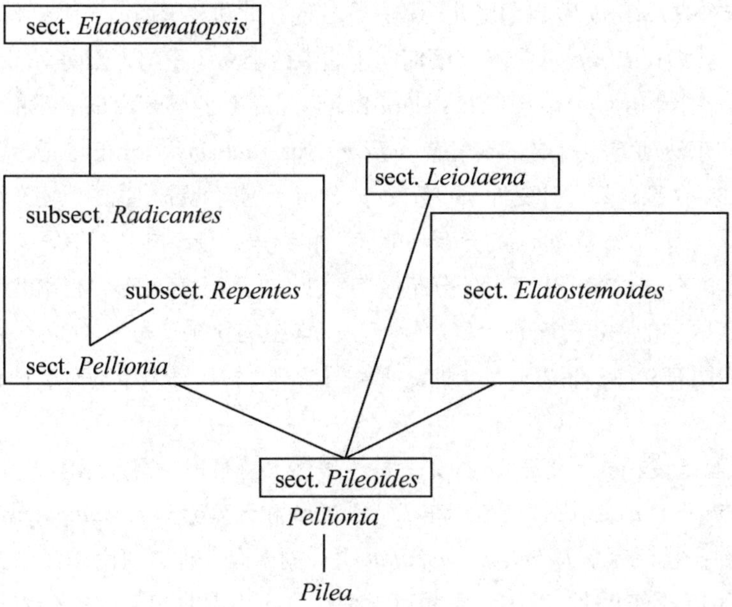

图 1　赤车属的系统发育
Fig. 1　Phylogeny of *Pellioniae*

4　地理分布

赤车属约有 120 种，广泛分布于亚洲南部和东南部和大洋洲西南部岛屿的热带地区以及亚洲东部亚热带地区。我国约有 32 种，1 亚种，7 变种 (其中有 16 特有种，6 特有变种)，广泛分布自云南和华南向北达长江中下游各省，多数种约 30 种集中分布于云南东南部和广西。各省、区的统计：云南有 21 种 1 亚种 2 变种；广西有 20 种 1 亚种 3 变种；湖南有 8 种；广东和江西均有 6 种 1 变种；福建有 6 种；四川有 5 种 1 变种；贵州有 5 种；重庆、湖北、安徽和浙江各有 4 种；台湾有 3 种；江苏和甘肃各有 2 种。分组叙述如下：

组 1. **全缘赤车组** sect. **Pileoides**　本组有 4 种。其中 *Pellionia latifolia* (Bl.) Boerl. 分布于缅甸东南部、中南半岛、马来半岛以及印度尼西亚的苏门答腊、爪哇等岛屿。全缘赤车 *P. heyneana* 分布于印度南部、斯里兰卡、柬埔寨和我国云南南部、广西西北部。长柄赤车 *P. tsoongii* 分布于我国 (云南南部、广西和海南)、柬埔寨和越南。第 4 种 *P. machaerophylla* (Hall. f.) Boerl. 特产印度尼亚苏门答腊岛。

组 2. **喙尖赤车组** sect. **Elatostemoides**　本组有 45 种，分布于东南亚热带岛屿和大洋洲西南部岛屿，分布较广的只有 1 种，*P. rostrata* (Hall. f.) Boerl.，分布于印度尼西亚的明打威群岛、苏门答腊、爪哇、马鲁古群岛等岛屿，其他种多为狭域分布，在加里曼丹 (过去称 Borneo) 有 22 种，菲律宾有 10 种，苏拉威西岛 (过去称 Celebes) 和新几内亚岛各有 2 种，新几内亚岛和所罗门岛共有 2 种，苏门答腊、所罗门岛和斐济各有 1 特有种。

组 3. **赤车组** sect. **Pellionia**　本组约有 60 种，分布自印度北部向东经缅甸、我国达日本，再自中南半岛向南达爪哇岛，向东南经菲律宾达大洋洲西南部的新几内亚岛和所罗门岛。分布较广的种不多，其中的南亚赤车 *Pellionia griffithiana* 自印度东北部向东分布达我国南部（云南、广西、广东）和中南半岛、向南达爪哇。异被赤车 *P. heteroloba* 自印度北部和东北部向东北达我国西南部（云南、贵州、湖南、四川、重庆）和中南半岛。吐烟花 *P. repens* 分布自缅甸向东达中南半岛和我国（云南南部、广西和海南），向南经马来半岛达苏门答腊和爪哇。蔓赤车 *P. scabra* 自越南北部、我国云南东南部和华南向北达长江流域中、下游地区，再向东达朝鲜和日本。赤车 *P. radicans* var. *radicans* 的分布与蔓赤车相似，只是其分布区西北部没有达到甘肃南部；其大叶变种 var. *grandis* 分布于越南北部和我国云南东南部和广西一带。短叶赤车 *P. brevifolia* 和小赤车 *P. minima* 的分布与蔓赤车和赤车的分布颇为相似，自广西、广东分布达长江中、下游地区，再向东达日本，但二者的分布区均较小，向南没有分布到越南北部，向东未达中国台湾岛，此外，在分布区中的种群分布稀疏，数目较少。本组的狭域分布种较多：新几内亚有 16 种，加里曼丹岛有 9 种，中国有 9 种，菲律宾有 4 种，所罗门岛有 3 种，马来半岛有 2 种，越南、日本、斐济各有 1 种。

我国此组有 22 种 5 变种。云南有 18 种 2 变种（包括 5 特有种：富宁赤车 *P. funingensis*, 尖齿赤车 *P. acutidentata*, 三被赤车 *P. tritepala*，灰被赤车 *P. calcifera* 和云南赤车 *P. yunnanensis*）；广西有 10 种 3 变种（包括 1 特有种：长梗赤车 *P. longipedunculata*）；湖南有 7 种；海南和江西各有 6 种 1 变种；福建有 6 种；广东和四川各有 5 种 1 变种；贵州有 5 种；重庆、湖北和安徽各有 4 种；台湾有 3 种；江苏南部和甘肃南部各有 2 种。

组 4. **羽脉赤车组** sect. **Leiolaena** 本组有 8 种。我国有 7 种，分布于云南东南部、广西和广东北部。其中广西和广东北部共有 2 种（羽脉赤车 *Pellionia incisoserrata* 和两广赤车 *P. ronganensis*），云南东南部和广西，以及越南北部共有 1 种（光果赤车 *P. leiocarpa*），其他 4 种均特产广西（龙州赤车 *P. longzhouensis* 和柔毛赤车 *P. mollissima* 均特产龙州，东兰赤车 *P. donglanensis* 特产东兰，短角赤车 *P. brachyceras* 特产广西西北部的隆林）。第 8 种，*P. procridioides* Gagnep. 特产越南北部。

组 5. **头序赤车组** sect. **Elatostematopsis** 本组有 2 种，我国有 1 种，头序赤车 *Pellionia cephaloidea*，特产湖南衡山。另 1 种，*P. ambigua* Wedd. 特产印度东北部 (Weddell, 1869; Hooker, 1888)。

赤车属的原始群全缘赤车组 sect. *Pileoides* 的 4 种中有 3 种（*P. latifolia*, *P. heyneana* 和 *P. tsoongii*) 分布于云南高原南部和中南半岛中部和北部一带。另一方面则可以看到楼梯草属 *Elatostema* 的原始群疏伞楼梯草组 sect. *Pellionioides* 的多数种（如短梗楼梯草 *E. brevipedunculatum*，硬毛楼梯草 *E. hirtellum*，三岐楼梯草 *E. trichotomum*，多岐楼梯草 *E. polystachyoides*，钝齿楼梯草 *E. obtusidentatum*，角萼楼梯草 *E. subtrichotomum* var. *corniculatum*，长圆楼梯草 *E. oblongifolium*，微齿楼梯草 *E. microdontum* ——王文采，2014）分布于云南西部和东南部、广西西部一带，与上述赤车属三原始种的分布区邻近或重叠。从上述二原始群植物的分布情况可以推测 *Pellionia* 和 *Elatostema* 二属可能起源于云南高原南部一带，*Pellionia* 沿着三条迁移路线扩展其分布区，向西沿喜马拉雅走廊达印度、斯里兰卡，向南经马来半岛达到东南亚及大洋洲西南部热带岛屿，向东则到达日本一带（王文采，1992）。

5 分类学处理

赤车属

Pellionia Gaudich. in Freyc. Voy. Bot. 494, t. 119. 1830, nom. gen. cons.; Wedd. in Arch. Mus. Hist. Nat. Paris 9 :282. 1856; et in DC. Prodr. 16 (1): 165. 1869; Baill. Hist. Pl. 3: 524. 1872; Benth. & Hook. f. Gen. Pl.

3(1): 385. 1880; Engler in Engler & Prantl, Nat. Pflanzentam. 3(1): 108. 1893; Hutch. Gen. Flow. Pl. 2: 184. 1967.——*Elatostema* Forster subgen. *Pellionia* (Gaudich.) Hall. f. in Ann. Jard. Bot. Bruitenz. 13: 303. 1896; H. Schröter in Repert. Sp. Nov. Regni Veg. Beih. 83(1): 2. 1935; (2): 1, 17. 1936. Type: *P. elatostemoides* Gaudich.

Polychroa Lour. Fl. Cochinch. 559. 1790. Type: *P. repens* Lour.

草本或亚灌木。叶二列，两侧不相等，狭侧向上，宽侧向下，具三出脉、半离基三出脉或羽状脉，通常具钟乳体，托叶 2；退化叶小，存在或不存在。花序单性，雌雄同株或异株；雄花序为聚伞花序，通常具长梗并多少稀疏分枝；雌花序通常为聚伞花序，由于分枝短而密集，多少呈球形，具密集的苞片和雌花，稀为头状花序。雄花：花被片 (4–)5；雄蕊 (4–)5；退化雄蕊小或不存在。雌花：花被片 (3–4–)5，通常比子房长，披针形，长圆形或条形，平或船形，无或有角状突起；退化雄蕊小，与花被片同数；子房椭圆球形，柱头画笔头状。瘦果具瘤状突起或光滑，稀具短线纹，具短线纹和小瘤状突起，或具纵肋和小瘤状突起。

约有 120 种，分布于亚洲热带和亚热带地区和大洋洲西南部岛屿。我国约有 32 种（包括 16 特有种），1 亚种，7 变种，自云南和华南向北达长江中、下游地区广布。

分种检索表

1. Pistillate inflorescences cymose, very densely multi-flowered, lacking receptacles and involucres; achenes ellipsoid or ovoid, tuberuculate or smooth, rarely lineolate or lineolate and minutely tuberculate.

2. Leaves long or slightly long petiolate, entire, trinerved, with lateral basal nerve at leaf narrow side extending upwards nearly to leaf apex; reduced leaves present; pistillate flower's tepals 5, lacking any projections or abaxially below apex shortly corniculate; achenes tuberculate (组 1. **全缘赤车组** sect. **Pileoides**).

3. Leaf blades (5–15) cm × (3–7.4) cm, base obliquely rounded, at leaf broad side inconspicuously auriculate, cystoliths 0.2–0.4 mm long; petioles 0.5–2 cm long; staminate cymes 1.5–3.5 cm long, with peduncles 5.5–12 cm long ······························ 1. **全缘赤车 P. heyneana**

3. Leaf blades larger, (12.5–20) cm × (5.8–11) cm, base asymmetrical, at leaf broad side with auricles 0.8–2.7 cm long, cystoliths 0.5–0.7 mm long; petioles 4–19 cm long; staminate cymes 3–4 cm broad, with peduncles 3.2–10 cm long ······························ 2. **长柄赤车 P. tsoongii**

4. Leaf blades abaxially on nerves and petioles puberulous ······························ 2a. **模式亚种** ssp. **tsoongii**

4. Leaf blades abaxially and petioles glabrous ······························ 2b. **无毛长柄赤车** ssp. **subglabra**

2. Leaves shortly petiolate or sessile, usually with dentate margins, semi-triplinerved or penninerved, with the lateral basal nerve at leaf narrow side extending upwards nearly to or slightly surpassing the leaf middle.

5. Pistillate tepals lacking any projections, or abaxially below apex shortly corniculate.

6. Leaves semi-striplinerved; reduced leaves present; normal leaves with blades obovate or elliptic, (1.8–7) cm × (1.2–3.7) cm, apex obtuse, rounded or slightly acute, margin crenate or undulate; stipules triangular, (4–8) mm × (2–5) mm; staminate cymes 0.6–3 cm broad, with peduncles 2–11 cm long; pistillate flower's tepals 5; achenes tuberculate (组 2. **赤车组，吐烟花亚组** sect. **Pellionia** subsect. **Repentes**) ······························ 3. **吐烟花 P. repens**

6. Leaves penninerved (组 3. **羽脉赤车组** sect. **Leiolaena**).

7. Achenes not smooth; pistillate tepals lacking any projections; reduced leaves absent.

8. Achenes minutely tuberculate; stems and leaves glabrous; leaf blades up to 10 cm long, with 4−10 pairs of secondary nerves nearly equal in length (系 1. **羽脉赤车系** ser. **Incisoserratae**).

9. Leaf blades elliptic or long elliptic, (4−10) cm × (1.6−3.2) cm, denticulate, apex acuminate or long acuminate, with 6−10 pairs of secondary nerves; stipules subulate, 2 mm long; staminate cymes 1.6−2.8 cm broad, with peduncles 1.5−2.5 cm long; pistillate flower's tepals 5 ································ 25. **羽脉赤车 P. incisoserrata**

9. Leaf blades long elliptic, oblanceolate or lanceolate, (1.5−10) cm × (0.5−2.6) cm, denticulate, apex long acuminate or cuspidate; stipules linear or subulote, 1−10 mm long; staminate cymes 2 cm broad, with peduncles up to 2.4 cm long; pistillate flower's tepals 4 or 5 ·· 26. **两广赤车 P. ronganensis**

8. Achenes longitudinally lineolate and minutely tuberculate; stems above and leaf blades on both surfaces densely puberulous; leaf blades larger, oblanceolate, (13−17) cm × (2−4.8) cm, denticulate, apex long acuminate, secondary nerves ca. 5 pairs, with the lowest ones much longer than the upper ones; stipules narrowly lanceolate or linear, (9−11.5) mm × (2−2.8) mm; pistillate flower's tepals 5 (系 4. **柔毛赤车系** ser. **Mollissimae**) ················ ··· 31. **柔毛赤车 P. mollissima**

7. Achenes smooth.

10. Reduced leaves present, 0.6−1.5 cm long; stems and leaves glabrous; normal leave's blade oblong, (0.5−8) cm × (1−2) cm, denticulate, apex long acuminate, secondary nerves 4−8 pairs; stipules subulate, 1.8−2.8 mm long; staminate cymes ca. 5 mm broad, with peduncles 1−1.5 cm long; pistillate flower's tepals 5, abaxially below apex with short projections (系 2. **光果赤车系** ser. **Leiocarpae**) ································ 27. **光果赤车 P. leiocarpa**

10. Reduced leaves absent (系 3. **短角赤车系** ser. **Brachycerates**).

11. Stem branches and leaves abaxially puberulous; leaf blades long elliptic, up to 5 cm long, denticulate, apex acuminate, secondary nerves 5−6 pairs; stipules subulate, 2.5−3.5 mm long; staminate cymes 3−8 mm broad, with peduncles 0.7−1.2 cm long; pistillate flower's tepals 5, abaxially pilose and below apex shortly corniculate ··· 28. **短角赤车 P. brachyceras**

11. Stems and leaves glabrous; leaf blades long elliptic, up to 7−8 cm long; pistillate flower's tepals 3−4, glabrous, lacking any projections.

12. Leaf blades (2.6−7) cm × (0.9−2.4) cm, apex long acuminate, secondary nerves 6−8 pairs; stipules subulate, 1.5−2.2 mm long; pistillate cymes ca. 2.2 mm in diam., 2−3 times branched, ca. 7-flowered, with peduncles 0.2 mm long; pistillate flower shortly pedicellate, with 3−4 tepals; achenes ellipsoid, 0.9 mm long ·············· ··· 29. **龙州赤车 P. longzhouensis**

12. Leaf blades (4−8) cm × (1.8−2.6) cm, apex long acuminate, secondary nerves 4−5 at leaf narrow side and 6−7 at broad side; stipules subulate, 1.8−3 mm long, pistillate cymes sessile, ca. 2.5 mm in diam., with very short branches, densely multi-flowered; pistillate flower sessile, with 3 tepals; achenes unknown ················· ··· 30. **东兰赤车 P. donglanensis**

5. Pistillate flower's tepals (3−)4−5, of them (1−)2−3 larger, linear-navicular, abaxially below apex long corniculate (组 2. **赤车组，赤车亚组** sect. **Pellionia** subsect. **Radicantes**).

13. Leaves semi-triplinerved; achenes tuberculate.

14. Reduced leaves present; stems prostrate, densely retrorse-hirsute (hairs 1−2.2 mm long) and densely brown-puncticulate; leaf blades obovate, (1.2−3.2) cm × (0.7−1.7) cm, crenate, apex rounded-obtuse, secondary nerves 1 at leaf narrow side and 2 at broad side; stipules ovate or lanceolate, up to (2−2.5) mm × 1 mm; pistillate cymes subglobose, ca. 2.5 mm in diam., densely multi-flowered; pistillate flower's tepals 5; achenes long ellipsoid, ca. 0.8 mm long (系 1. **婆婆纳赤车系** ser. **Veronicoides**) ······························· 4. **婆婆纳赤车 P. veronicoides**

14. Reduced leaves absent (系 2. **赤车系** ser. **Radicantes**).

15. Leaf blades with peltate base, oblong, (5−15) cm × (1.6−5) cm, crenate or subentire, glabrous, apex long acuminate; stipules subulate, ca. 3.5 mm long; stems glabrous; staminate cymes 0.8−2.2 cm long, with pednucles 0.5−1.8 cm long; pistillate flower's tepals 5 ······························· 7. **绿赤车 P. viridis**

16. Leaf base symmetrical ······························· 7a. **模式变种** var. **viridis**

16. Leaf base asymmetrical, obtuse at leaf narrow side, auriculate at broad side ······························· 7b. **斜基绿赤车** var. **basiinaequalis**

15. Leaf base not peltate.

17. Stipules lanceolate or triangular, 1−3 mm broad; stems with dense hairs.

18. Leaf blades narrowly ovate, (10−13) cm × (2.8−3.5) cm, crenate, apex long acuminate; stipules broadly lanceolate, 11 mm × 3 mm; staminate cymes ca. 1.4 cm broad, with peduncles 12 cm long ······························· 5. **长梗赤车 P. longipedunculata**

18. Leaf blades elliptic, (3.5−7.5) cm × (1.1−3.3) cm, denticulate, apex acute or shortly acuminate; stipules triangular, (3.2−6.5) mm × (1−1.8) mm; staminate cymes 0.8−1.5 cm broad, with peduncles 1−5.5 cm long ······························· 6. **曲毛赤车 P. retrohispida**

17. Stipules smaller, subulate, 0.1−0.3 mm broad.

19. Stems glabrous or very shortly puberulous, with hairs ca. 0.1 mm long.

20. Leaf blades (0.9−2) cm × (0.4−1.4) cm, broadly elliptic, broadly obovate or suborbicular, apex obtuse or rounded; stipules subulate, 1−2 mm long; staminate cymes 0.8−2 cm long, with peduncles 0.5−1.4 cm long; pistillate tepals usually glabrous ······························· 18. **小赤车 P. minima**

20. Leaf blades larger, up to 5−15 cm long, apex acute, acuminate, or caudate.

21. Apical leaves narrowly lanceolate or sublinear, margins undulate ······························· 12b. **狭叶赤车 P. subundulata** var. **angustifolia**

21. Apical leaves ovate, elliptic, or oblong.

22. Leaf margin undulate or obtusely crenate.

23. Leaf blades elliptic, (1−8) cm × (0.6−3.5) cm, apex acute, rarely shortly acuminate, with secondary nerves 2 at leaf narrow side and 3 at broad side; stipules subulate, (0.8−1) mm × 0.1 mm; pistillate flower's tepals 5, glabrous ······························· 12a. **波缘赤车 P. subundulata** var. **subundulata**

23. Leaf blades larger, long elliptic or narrowly obovate, (5−15.5) cm × (2−6.5) cm, apex cuspidate or acuminate, with secondary nerves 2−3 at leaf narrow side and 4−6 at broad side; stipules larger, subulate, 3.5−7 mm long; pistillate flower's tepals 5, with sparse short hairs ······························· 19a. **滇南赤车 P. paucidentata** var. **paucidentata**

22. Leaf margin acutely dentate or denticulate.

24. Leaf blades with cystoliths 0.4–0.7 mm long, conspicuous on adaxial and abaxial surfaces ························ 19b. **海南赤车 P. paucidentata** var. **hainanica**

24. Leaf blades with cystoliths 0.1–0.4 mm long, conspicuous only on adaxial surface.

25. Stems below repent ························ 13. **赤车 P. radicans**

26. Leaf blades [(1.2–) 2.4–5 (–8)] cm × [0.9–2(–2.7)] cm, ovate or lanceolate, denticulate, apex shortly to long acuminate, secondary nerves 2–3 at leaf narrow side and 3–4 at broad side; stipules subulate, (1–4.2) mm × 0.2 mm; staminate cymes 1–5 (–8) cm long, with peduncles 0.4–3.5 (–7) cm long; pistillate flower's tepals 5 ························ 13a. **模式变种** var. **radicans**

26. Leaf blades larger, up to (9–13) cm × (3.5–5) cm ························ 13b. **长茎赤车** var. **grandis**

25. Stems erect, glabrous, rarely with hairs ca. 0.1 mm long, usually simple; leaf blades glabrous, obliquely elliptic, ovate or oblong, [(2.5–)5–10(–14)] cm × [(1.2)2–4] cm, denticulate, apex acuminate or long acuminate, secondary nerves 1–3 at leaf narrow side and 3–4 at broad side; stipules subulate 1–3 mm long; staminate cymes 1–3.5 cm broad, with peduncles 1–8 cm long ························ 14. **异被赤车 P. heteroloba**

19. Stems with hairs (0.2–)0.3–1 mm long.

27. Leaf blades (0.5–3.2) cm × (0.4–2) cm, elliptic or obovate, denticulate, apex obtuse or rounded; stipules subulate, 1.2–2 mm long; staminate cymes 0.8–1.5 cm broad, with peduncles 0.8–4 cm long; pistillate flower's tepals 5, with spare short hairs ························ 17. **短叶赤车 P. brevifolia**

27. Leaf blades larger, up to 4.5–10 cm long, apex acute,acuminate or cuspidate.

28. Leaf apex acuminate, caudate or cuspidate.

29. Subshrubs with ramose stems; leaf blades oblanceolate or narrowly oblong, (3.2–8.5) cm × [(0.7)1.3–3.2] cm, denticulate, apex acuminate or cuspidate; stipules subulate, 1.5–3 mm long; staminate cymes up to 4.5 cm long, with peduncles 0.3–3.6 cm long; pistillate flower's tepals 4–5, glabrous ······ 8. **蔓赤车 P. scabra**

29. Perennial herbs with usually simple stems; pistillate tepals pilose.

30. Stems densely retrorse-strigillose; leaf blades elliptic, (3–7.4) cm × (1.2–3) cm, acutely denticulate, apex acuminate; stipules subulate, ca. 3 mm long; staminate cymes 3 cm long, with peduncles 8 cm long; pistillate flower's tepals 5 ························ 9. **富宁赤车 P. funingensis**

30. Stems sparsely spreading-puberulous; leaf blades larger, (5–15.5) cm × (2–6.5) cm, obtusely crenate; pistillate flower's tepals 4–5 ························ 19a. **滇南赤车 P. paucidentata** var. **paucidentata**

28. Leaf apex acute or shortly acuminate.

31. Stems encrusted by dense minute lumps of whitish lime, and leaves adaxially and abaxially encrusted by a thin layer of lime; staminate cymes singly borne on leafless nodes of lower part of branch, sessile, 2.5–4 mm in diam.; staminate flowers tetramerous; leaf blades elliptic, (2.4–7) cm × (1.4–3.5) cm, crenate, apex acute or shortly acuminate ························ 16. **灰被赤车 P. calcifera**

31. Stems and leaves without lime; staminate cymes pedunculate; staminate flowers pentamerous.

32. Stems dark-brown-puncticulate and puberulous; pistillate flower's tepals 3, glabrous, all abaxially below

apex usually long corniculate; leaf blades elliptic, or obovate, (2.5−5.5) cm × (1.5−2.5) cm, dentitulate, apex acute or shortly acuminate; stipules subulate, 1−2.5 mm long ·············· 15. **三被赤车 P. tritepala**

32. Stems not puncticulate; pistillate flower's tepals 4−5, of them 2 larger, linear-navicular, abaxially below apex long corniculate.

33. Stems densely retrorse-strigillose, with hairs white, straight, 0.4−0.8 mm long; leaf blades elliptic, (0.5−5.6) cm × (0.9−2) cm, acutely dentate, apex acute or shortly acuminate; stipules subulate, 1−2 mm long; staminate cymes 0.5−1.2 cm broad, with peduncles 0.8−2.2 cm long; pistillate flower's tepals 5, pilose ·· 10. **尖齿赤车 P. acutidentata**

33. Stems densely hirtellous, with hairs fulvous, curved, 0.15−0.4 mm long; leaf blades ovate or elliptic, (2.8−4.5) cm × (2−3.4) cm, crenate, apex acute; stipules subulate, ca. 6 mm long; pistillate flower's tepals 4−5, glabrous or pilose ·· 11. **硬毛赤车 P. crispulihirtella**

13. Leaves penninerved.

34. Achenes tuberculate.

35. Stems longitudinally winged; reduced leaves prescent; leaf blades broadly ovate, elliptic or obovate, (8−18) cm × (4.4−8.3) cm, undulate-crenate, apex acuminate, secondary nerves 5−8 pairs; stipules narrowly triangular, (6−9) mm × (1.5−2) mm; pistillate flower's tepals 5 (系 3. **翅茎赤车系** ser. **Caulialatae**) ··· 20. **翅茎赤车 P. caulialata**

35. Stems not winged; reduced leaves abscent (系 4. **南亚赤车系** ser. **Griffithianae**).

36. Stems densely hispid, with hairs 0.5−2 mm long, spreading or retrorse; cystoliths of leaves absent or present, puncticulate; leaf blads long elliptic or oblong-oblanceolate, [6−14(−18)] cm × [2.4−5(−6)] cm, crenate, apex long acuminate, secondary nerves ca. 5 pairs; stipules subulate, 4 mm long; staminate cymes 0.5−5.5 cm broad, with peduncles 1−8 cm long; pistillate flower's tepals 5, pilose ···························· 22. **华南赤车 P. grijsii**

36. Stems glabrous, strigillose, sparsely puberulous or villous; leave's cystoliths either absent or present, bacilliform.

37. Leaves lacking cystoliths; stems glabrous or near apex sparsely puberulous; leaf blades oblanceolate, (5.5−12.5) cm × (1.8−3.5) cm, dentate, apex cuspidate, secondary nerves 6−7 pairs; stipules subulate, 4−6 mm long; staminate cymes 1−2 cm broad, with peduncles 0.7−1.5 cm long; pistillate flower's tepals 4, glabrous ··· 23. **云 南 赤 车 P. yunnanensis**

37. Leaves with bacilliform cystoliths.

38. Leaf apex cuspidate, with cusps narrowly linear and entire; pistillate tepals glabrous ·· 23. **云南赤车 P. yunnanensis**

38. Leaf apex acuminate or long acuminate; pistillate tepals pilose.

39. Leaf base obliquely broadly cuneate ························ 19a. **滇南赤车 P. paucidentata** var. **paucidentata**

39. Leaf base obtuse at leaf narrow side and auriculate at broad side; leaf blades oblong or narrowly obovate, (6−15) cm × (2−6) cm, denticulate, apex acuminate or long acuminate; staminate cymes 1−3 cm broad, with peduncles 2−8 cm long; pistillate flower's tepals 5, pilose ························ 21. **滇南赤车 P. griffithiana**

40. Stems densely brownish-strigillose, with hairs 0.1−0.2 mm long; leaf blades abaxially on nerves strigose, secondary nerves 5−6 at leaf narrow side and 6−8 at broad side; stipules narrowly triangular-linear, (5.5−12) mm × (0.7−1.2) mm ··· 21a. **模式变种** var. **giriffithiana**

40. Stems not densely brownish-strigillose; stipules smaller, subulate, (2−4) mm × (0.1−0.2) mm.

41. Stems glabrous; leaf blades abaxially glabrous, secondary nerves 4 at leaf narrow side and 5−6 at broad side ·· 21b. **无毛茎南亚赤车** var. **glabricaulis**

41. Stems hairy.

42. Stems with sparse white long hairs (0.5−)1−2 mm long; leaf blades abaxially glabrous, secondary herves 3−4 at leaf narrow side and 4−6 at broad side ·············· 21c. **疏毛南亚赤车** var. **laxivillosa**

42. Stems only near apex with retrorse, white hairs 0.2−0.4 mm long; leaf blades abaxially sparsely puberulous, secondary nerves ca. 4 pairs ··························· 21d. **少脉南亚赤车** var. **paucinervis**

34. Achenes lineolate; leaf blades obovate-oblong or long elliptic, (14−25) cm × (5−8.2) cm, crenate, apex acuminate, secondary nerves 9−12 at leaf narrow side and 10−14 at broad side; stipules lanceolate-linear or subulate, (6−9) mm × (0.5−0.6) mm; staminate cymes 1.5−3 cm broad, with peduncles 1.6−4.6 cm long; pistillate flower's tepals 5, glabrous (系 5. **大叶赤车系** ser. **Macrophyllae**) ······································ 24. **大叶赤车 P. macropohylla**

1. Pistillate inflorescences capitate, with receptacles and involucres; achenes globose, longitudinally 5-ribbed and minutely tuberculate; stems ramose, branches puberulous; leaf blades long elliptic, up to 2.5 cm × 0.9 cm, denticulate, trinerved or semi-triplinerved, apex cuspidate; pistillate flower's tepals 5, all abaxially below apex shortly corniculate (组 4. **头序赤车组** sect. **Elatostematopsis**) ··· 32. **头序赤车 P. cephaloidea**

组 1. **全缘赤车组** sect. **Pileoides** W. T. Wang in Bull. Bot. Lab. N.-E. Forest. Inst. 6: 50. 1980; et in Fl. Reip. Pop. Sin. 23(2): 163. 1995; Yahara in J. Fac. Sci. Univ. Tokyo. Sect. 3, Bot. 13(4): 484. 1984; X. W. Li in Fl. Yunnan. 7: 241. 1997. Type: *P. heyneana* Wedd。

Leaves long or slightly long petiolate, with entire margins, trinerved with the lateral basal nerve at leaf narrow side extending upwards nearly to leaf apex. Reduced leaves present. Pistillate inflorescences cymose. Pistillate flower's tepals 5, abaxially lacking any projections or below apex shortly corniculate. Achenes tuberculate.

4 种，我国有 2 种。

1. 全缘赤车　图 2：A−B

Pellionia heyneana Wedd. in Arch. Mus. Hist. Nat. Paris 9: 287, 332, t. 5, 1856; et in DC. Prodr. 16(1) : 169. 1869; Hook f. Fl. Brit. Ind. 5 : 561. 1888; Gagnep. In Lecomte, Fl. Gén. Indo-Chin. 5 : 900. 1929; W. T. Wang in Bull. Bot. Lab. N.-E. Forest. Inst. 6 : 50, 1980; et in Fl. Reip. Pop. Sin. 23(2) : 164, pl. 36 :5−6. 1995; X. W. Li in Fl. Yunnan. 7 : 241, pl. 61 : 1−6, 1997; Q. Lin et al. in Fl. China 5 : 123. 2003; H. N. Qin & Y. Liu, Checklist Vasc. Pl. Guangxi 237. 2010. ——*Procris heyneana* Wall. Cat. N. 7272. 1828, nom. nud. ——*Elatostema heyneanum* (Wedd.) Hall. f. in Ann. Jard. Bot. Bruitenz. 13: 316. 1896; H. Schröter in Repert. Sp. Nov. Regni Veg. Beih. 83(2): 22. 1936. Holotype: **India** Kanara, Wallich 7272 (K. non vidi). Fig. 2: A−B

分布：我国云南南部和东南部、广西北部；柬埔寨；印度南部；斯里兰卡。

标本登录 *：云南 景洪，王启无 77557；马关，中苏考察团 3271，3273；河口，中苏考察团 2386。广西 天峨，北京队 891355。

* 本文中记录的所有标本均存 PE。

2. 长柄赤车 图 2：C−E

Pellionia tsoongii (Merr.) Merr. In Lingnan Sci. J. 6(4): 325. 1928; Fl. Hainan. 2: 405. 1965; Iconogr. Corm. Sin. 1: 513, fig. 1025. 1972; W. T. Wang in Bull. Bot. Lab. N.-E. Forest. Inst. 6: 51. 1980; in Fl. Reip. Pop. Sin. 23(2): 164, pl. 36: 4. 1995, p. p.; et in Fl. Guangxi 2: 844. 2005; Y. Z. Ruan in Pl. Guangdong 6: 78. 2005——*Polychroa tsoongii* Merr. in Philip. J. Sci. 21. 493. 1922.——*Elatostema tsoongii* (Merr.) H. Schröter in Repert. Sp. Nov. Regni Veg. Beih. 83(2): 21. 1936. Isotype：广西 东兴，1918-06-22，钟观光 1870 (PE)。

Fig. 2: C−E

P. cristulata Gagnep. in Bull. Soc. Bot. France 75: 920. 1928; et in Lecomte, Fl. Gen. Indo-Chin. 5 : 901. 1929 (fide H. Schröter, 1936). Holotype: **Vietnam** Annam, Poilane 10761 (P. non vidi). *

P. latifolia auct. non (Bl.) Boerl.: Q. Lin et al. in Fl. China 5: 123. 2003; H. N. Qin & Y. Liu, Checklist Vasc. Pl. Guangxi 237. 2010.

2a. ssp. **tsoongii**

分布：我国云南西南、广西西南部、海南；越南；柬埔寨。

标本登录：云南 沧源，王启无 73188。广西 扶绥，陈少卿 12021；巴马，李荫坤 01243。海南 澄迈，Tsang W. T. 17358，Lei C. I. 1020, 1028。

2b. **无毛长柄赤车**（**亚种**）

ssp. **subglabra** X. W. Li in Fl. Yunnan. 7: 242, pl. 61: 7−11. 1997. Type：云南 澜沧，alt. 1 300 m，1936-05，王启无 76619 (holotype，KUN；isotype，PE)；景洪，王启无 79407 (paratypes，KUN，PE)；沧源，李延辉 11524，12248 (paratypes，KUN)；耿马，李延辉 2319 (paratype，KUN)。

P. subpeltata Gagnep. in Bull. Soc. Bot. France 75: 925. 1928; et in Lecomte, Fl. Gén. Indo-Chine 5: 900. 1929. Syntypes: **Vietnam** Balansa 584 & M. Colane 2929 (P, non vidi).

分布：我国云南西南及南部，广西西南部；越南。

标本登录：我国广西 那坡，覃海宁等 279, 334。越南凉山，1965-01-17，中越考察队 1531。

全缘赤车 *Pellionia heyneana* 和 *P. latifolia* (Bl.) Boerl. 的叶相似，基部斜圆形或斜浅心形，叶宽侧基部不呈耳形或呈不明显耳形，而长柄赤车 *P. tsoongii* 的叶基部两侧强烈不对称，在宽侧呈明显耳形，耳垂部分长 0.8−2.7 cm，这是个稳定同时便于利用的形态区别特征。H. Schröter (1936) 在其 *Elatostema* 专著中用此特征在检索表中区别 *P. tsoongii* 和前二种。此外，Yahara (1984) 在其有关泰国 *Pellionia* 的文章中讨论到 *P. latifolia* 的近缘种时也指出其与 *P. tsoongii* 在叶基部的上述区别。想不到 Lin et al. (2003) 竟将 *P. tsoongii* 归并于 *P. latifolia*，造成一个分类学混淆，为了澄清此一混淆，本文将 *P. tsoongii* 的种级地位予以恢复。

组 2. **赤车组** sect. **Pellionia**. W. T. Wang in Bull. Bot. Lab. N.-E. Forest. Inst. 6: 165. 1980; et in Fl. Reip. Pop. Sin. 23(2): 165. 1995; Yahara in J. Fac. Sci. Univ. Tokyo. Sect. 3, Bot. 13(4): 485. 1984; X. W. Li in Fl. Yunnan. 7: 244. 1997. Type: *P. elatostemoides* Gaudich. (=P. sinuata *(Bl.) Boerl.*)

Leaves shortly petiolate or sessile, usually with dentate margins, semi-triplinerved, with lateral basal nerve at leaf narrow side extending upwards to or slightly surpassing the leaf middle, rarely penninerved. Reduced leaves present or absent (in most species of China absent). Pistillate inflorescences cymose. Pistillate flower's tepals 5, rarely 4 or 3, usually (1−) 2−3 larger, navicular, abaxially below apex long corniculate, rarely

* 本文中记录的所有标本均存 PE。

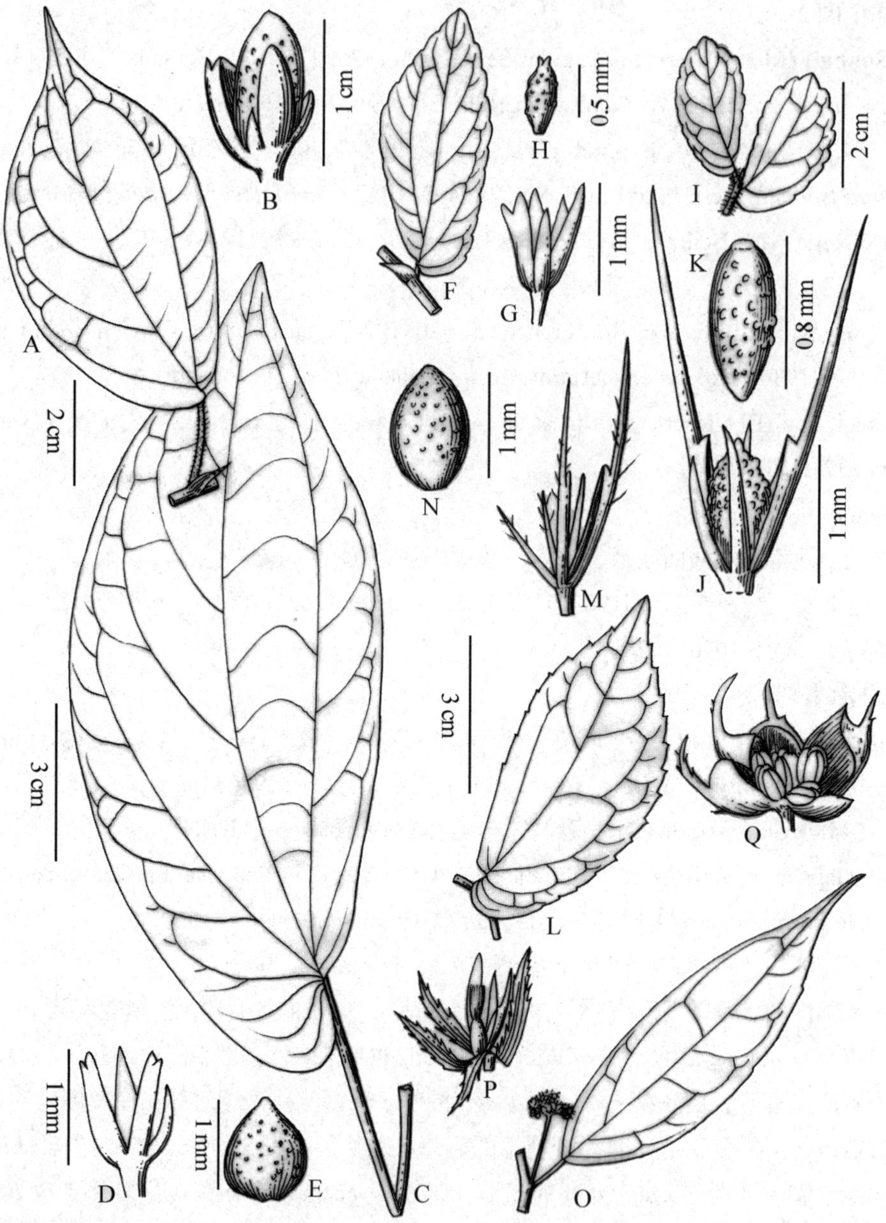

图 2　A–B. **全缘赤车**　A. 叶；B. 宿存雌花被和瘦果（据王启无 77557）。　C–E. **长柄赤车**　C. 叶；D. 宿存雌花被；E. 瘦果（据 C. I. Lei 1028）。　F–H. **吐烟花**　F. 叶；G. 宿存雌花被；H. 瘦果（据王启无 78046）。
I–K. **婆婆纳赤车**　I. 二叶；J. 宿存雌花被和瘦果；K. 瘦果（据王启无 88690）。
L–N. **曲毛赤车**　L. 叶；M. 宿存雌花被；N. 瘦果（据邵青，段林东 70）。
O–Q. **绿赤车**　O. 叶及雌聚伞花序；P. 雌花和苞片；Q. 雄花（仿王文采，1995）。

Fig. 2　A–B. **Pellionia heyneana**　A. Leaf; B. Persistent pistillate perianth and achene (from C. W. Wang 77557).
C–E. **P. tsoongii** ssp. **tsoongii**　C. Leaf; D. Persistent pistillate perianth; E. Achene (from C. I. Lei 1028).
F–H. **P. repens**　F. Leaf; G. Persistent pistillate perianth; H. Achene (from C. W. Wang 78046).
I–K. **P. veronicoides**　I. Two leaves; J. Persistent pistillate perianth and achene; K. Achene (from C. W. Wang 88690).
L–N. **P. retrohispida**　L. Leaf; M. Persistent pistillate perianth; N. Achene (from Q. Shao & L. D. Duan 70).
O–Q. **P. viridis** var. **viridis**　O. Leaf and pistillate cyme; P. Pistillate flower and bract; Q. Staminate flower (after Wang, 1995).

lacking any projections or below apex shortly corniculate (*P. repens*). Achenes tubeculate, rarely lineolate (*P. macrophylla*).

约 62 种。我国有 22 种，根据雌花被片、退化叶、脉序、托叶和瘦果等器官形态特征被划分为 2 亚组 5 系。

亚组 1. **吐烟花亚组** subsect. **Repentes** (W. T. Wang) W. T. Wang, st. et comb. nov. ——ser. *Repentes* W. T. Wang in Bull. Bot. Lab. N.-E. Forest. Inst. 6: 51. 1980, et in Fl. Reip. Sin. 23(2): 165. 1995; Yahara in J. Fac. Sci. Univ. Tokyo. Sect. 3, Bot. 13(4): 485. 1984. Type: *P. repens* (Lour.) Merr。

Pistillate flower's tepals 5, slightly unequal in size, lacking any projections or abaxially below apex shortly corniculate. Reduced leaves present. Leaves semi-triplinerved; stipules triangular. Achenes tuberculate.

1 种。

3. 吐烟花 图 2：F−H

Pellionia repens (Lour.) Merr. in Lingnan Sci. J. 6(4): 326. 1928; F. C. How, Fl. Guangzhou. 404. 1956; Fl. Hainan. 2: 406, fig. 492. 1965; W. T. Wang in Bull. Bot. Lab. N.-E. Forest. Inst. 6: 82. 1980; Yahara in J. Fac. Sci. Univ. Tokyo, Sect. 3, Bot. 13(4): 484. 1984; S. S. Chang in Fl. Guizhou. 4: 40, pl. 14: 1−2. 1989; W. T. Wang in Fl. Reip. Pop. Sin. 23(2): 165, pl. 38: 5. 1995; X. W. Li in Fl. Yunnan. 7: 244. 1997.; Q. Lin et al. in Fl. China 5: 124. 2003; Y. Z. Ruan in Fl. Guangdong 6: 78, fig. 28. 2005; F. W. Xing & F. G. Wang, Fl. Macao 154. 2005; Y. M. Shui & W. H. Chen, Seed Pl. Karst. Reg China 1: 103, fig. 256. 2006.——*Polychroa repens* Lour. Fl. Cochinch. 559. 1790. ——*Elatostema repens* (Lour.) Hall. f. in Ann. Jard. Bot. Buitenz. 13: 316. 1986; H. Schröter in Repert. Sp. Nov. Regni Veg. Beih. 83(2): 25. 1936; Backer & V. D. Brink, Fl. Java 2: 42. 1965. No type specimen designated. Fig. 2: F−H

P. pulchra Boerl. in Gard. Chron, n. ser., 18(2): 104, 1873.——*Elatostema pulchrum* (Boerl.) Hall. f. 1. c. ——*E.* repens (Lour.) Hall. f. var. *pulchrum* (Boerl.) H. Schröter l. c. 26.

P. daveauana Boerl. in Gard. Chron., n. ser., 14(2): 262. 1880; Hook. f. Fl. Brit. Ind. 5: 560. 1888; Ridley, Fl. Malay. Pen. 3: 362. 1924; Gagnep. in Lecomte, Fl. Gén. Indo-Chin. 5: 902. 1929.

分布：云南南部和东南部，海南；自缅甸向东达我国云南、海南和中南半岛，向南经马来半岛达印度尼西亚爪哇。

标本登录：云南 勐海，王启无 74644，76140；景洪，王启无 77554，78046；勐仑，热带植物园，李庆华 898；河口，采集人不明 2448。海南 保亭，侯宽昭 72546，73338；尖峰岭，236 队 3800；白沙，金效华 5048；崖县，黄志 33063；临高，曾怀德 15761。

亚组 2. **赤车亚组** subsect. **Radicantes** W. T. Wang, subsect. nov. Type: *P. radicans* (Sieb. & Zucc.) Wedd.

A subsect. *Repentibus* (W. T. Wang) W. T. Wang differt floris pistillati tepalis (3−4−)5 valde inaequimagnis (1−)2−3 majoribus navicularibus dorso sub apice longe corniculatis.

Pistillate flower's tepals 5, rarely 4 or 3, strongly unequal in size, (1−)2−3 larger, navicular, abaxially below apex long corniculate. Reduced leaves absent, rarely present. Leaves semi-triplinerved, rarely penninerved; stipules subulate, rarely ovate, triangular or lanceolate. Achenes tuberculate, rarely lineolate.

约有 59 种，我国约有 21 种。

系 1. 婆婆纳赤车系 ser. **Veronicoides** W. T. Wang, ser. nov. Type: *P. veronicoides* Gagnep.

Series nova haec est arcte affinis Ser. *Radicantibus* W. T. Wang, a qua foliis reductis praesentibus differt.——Reduced leaves present. Normal leaves semi-triplinerved; stipules lanceolate or ovate. Pistillate flower's tepals 5, of them 2 larger, linear-navicular, abaxially below apex long corniculate. Achenes tuberculate.

1 种。

4. 婆婆纳赤车　图 2： I–K

Pellionia veronicoides Gagnep. in Bull. Soc. Bot. France 75: 927. 1928; et in Lecomte, Fl. Gén. Indo-Chin. 5: 896. 1929.——*Elatostema veronicoides* (Gagnep.) H. Schröter in Repert. Sp. Nov. Regni Veg. Beih. 83(3): 28, tab. 10. 1936. Holotype: Vietnam: Tonkin: Cho-bo, 1887-11-16, Balansa 2551 (♂, P, non vidi). Fig. 2: I–K

Supplementary description to the original one, with the infructescences, persistent pistillate tepals and achenes described for the first time.: Infructescences singly axillary, shortly pedunculate, subglobose, ca. 2.5 mm in diam., densely multi-flowered; bracts numerous, whitish, narrowly triangular-linear or narrowly linear, (1–2) mm × (0.1–0.2) mm, margin nearly entire or 1–2-denticulate, glabrous. Persistent pistillate tepals 5, unequal in size, 2 larger, linear-navicular, ca. 1 mm long, abaxially below apex long corniculate, with horn-like projections ca. 1.4 mm long, smaller tepals flat, lanceolate-linear, ca. 1 mm × 0.1 mm, glabrous, lacking any projections. Achenes brown, long ellipsoid, ca. 0.8 mm long, tuberculate.

本种的 holotype 为雄株标本，所以在原始描述中缺雌花序，雌花和瘦果的描述。下引的采自云南西畴的本种标本是由著名华裔植物生态学家王启无先生于 70 多年前采到，在 2003 年才由林祁博士定名。此号标本为结果雌株，现在将果序、宿存雌花被片和瘦果描述补充如上。

分布：我国云南东南部；越南北部。

标本登录：云南 西畴，Ban-loun, alt. 800 m，山谷林中，草本植物平卧地面，1940-04-18，王启无 (C. W. Wang) 88690。

系 2. 赤车系 ser. **Radicantes** W. T. Wang in Bull. Bot. Lab. N.-E. Forest. Inst. 6: 52. 1980; et in Fl. Reip. Pop. Sin. 23(2): 167. 1995. Type: *P. radicans* (Sieb. & Zucc.) Wedd.

Ser. *Virides* W. T. Wang in Bull. Bot. Lab. N.-E. Forest. Inst. 6: 62. 1980; et in Fl. Reip. Pop. Sin. 23(2): 170. 1995. Type: *P. viridis* C. H. Wright.

Reduced leaves absent. Leaves semi-triplinerved; stipules usually subulate, rarely ovate or lanceoltae. Pistillate flower's tepals 5, rarely 4 or 3, of them (1–)2–3 larger, linear, navicular, abaxially below apex long corniculate. Achenes tuberulate.

我国约有 20 种。

5. 长梗赤车　图 3： A–B

Pellionia longipedunculata W. T. Wang in Bull. Bot. Res. Harbin 2(1): 1, pl. 1: 1-2. 1982; et in Fl. Reip. Pop. Sin. 23(2): 167, pl. 51: 1–2. 1995; Q. Lin et al. in Fl. China 5: 124. 2003, p. p. excl. syn. *P. subundulata* var. *angustifolia* W. T. Wang; W. T. Wang in Fl. Guangxi 2: 844, pl. 343: 1. 2005. Holotype：广西 上思，十万大山，

alt. 600 m, 1944-04-19, 陈少卿 4918 (♂，IBSC)。 Fig. 3: A−B

分布：广西十万大山特有种。

本种的主要特征为叶片狭卵形，托叶较大，宽披针形，长约 11 mm，宽 3 mm，雄花序梗较长 (约 12 cm)。Lin et al. (2003) 将狭叶赤车 *P. subundulata* var. *angustifolia* W. T. Wang 归并于 *P. longipedunculata*。但狭叶赤车的叶呈披针形或条状披针形，托叶呈钻形，长 2.5−3.5 mm，宽 0.4−0.8 mm。本种的雄花序尚未发现。从上述情况可见长梗赤车与狭叶赤车之间存在明显区别，说明二者不是同一种植物，也说明上述归并是错误的。

6. 曲毛赤车　图 3：L−N

Pellionia retrohispida W. T. Wang in Bull. Bot. Lab. N.-E. Forest. Inst. 6: 54, pl. 1: 4−5. 1980; et in Bull. Bot. Res. Harbin 3(3): 56. 1986; Y. Q. He in Fl. Zhejiang 2: 111, fig. 2048. 1992; W. T. Wang in Fl. Reip. Pop. Sin. 23(2): 167, pl. 50: 11. 1995; B. G. Li in Fl. Hunan 2: 288. 2000; Q. Lin et al. in Fl. China 5: 124. 2003; C. X. Yang et al. Keys Vasc. Pl. Chongqing 150. 2009. Holotype：重庆 南川，小河区，alt. 1550 m, 1957-06-09, 熊济华，周子林 91324 (PE). Paratypes：湖南 龙山，刘翰林 1741 (PE)。江西 奉新，刘守炉等 1292 (NAS)。

Fig. 3: L−N

Elatostema hirticaule W. T. Wang in Bull. Bot. Lab. N.-E. Forest. Inst. 7: 54. 1980. Holotype：四川 都江堰，汪发瓒 20538 (PE)。

E. hunanense W. T. Wang 1. c. Holotype：湖南 雪峰山，李泽棠 1685 (PE)。

分布：甘肃南部、四川、重庆、湖北西南、贵州、湖南、江西、浙江、福建。

标本登录：甘肃 文县，白水江队 4377。四川 青城山，赵志成 87−83。重庆 南川，刘正宇 4820，13361。湖北 鹤峰，李鸿均 8089。贵州 桐梓，刘正宇 70521；正安，刘正宇 20522；都匀，温放 070430A；荔波，邵青，段林东 59。湖南 永顺，北京队 01126；芷江，武陵山队 1955；雪峰山，李泽棠 1685；武冈，邓云飞 10235；宜章，肖百中 3930；衡山，李明红 6。江西 上犹，江西队 71−630；修水，谭策铭 94304。浙江 遂昌，植物资源队 26548。福建 建宁，陈家瑞等 64。

7. 绿赤车　图 2：O−Q

Pellionia viridis C. H. Wright in J. Linn. Soc. Bot. 26: 481. 1899; Iconogr. Corm. Sin. 1: 513, fig. 1026. 1972; Fl. Hupeh. 1: 171, fig. 222. 1976; W. T. Wang in Bull. Bot. Lab. N.-E. Forest. Inst. 6: 62. 1980; et in Fl. Reip. Pop. Sin. 23(2): 179, pl. 36: 1−3. 1995; X. W. Li in Fl. Yunnan. 7: 244, pl. 62: 1−2. 1997; Q. Lin et al. in Fl. China 5 : 126. 2003; C. X. Yang et al. Keys Vasc. Pl. Chongqing 150. 2009——*Elatostema viride* (C. H. Wright) Hand.-Mazz. Symb. Sin. 7: 143. 1929; H. Schröter in Repert. Sp. Nov. Regni Veg. Beih. 83(2): 84. 1936. Synteypes: 湖北 宜昌，A. Henry 4098 (K, non vidi; photo PE). 四川 Mt. Omei, Faber 439, 440 (K, non vidi).

Fig. 2: O−Q

7a. var. viridis

分布：云南东北部、四川、重庆、湖北西部。

标本登录：云南 绥江，孙必兴 0520。四川 峨眉山，方文培 2594，17487，汪发瓒 23179，杜大华 405；雅安，Harry Smith 10037；屏山，俞德浚 2979。

7b. 斜基绿赤车（变种）

var. **basiinaequalis** W. T. Wang in Bull. Bot. Lab. N.-E. Foest. Inst. 6: 62. 1980; et in Fl. Reip. Pop. Sin. 23(2): 180. 1995; Q. Lin et al. in Fl. China 5: 126. 2003. Holotype：四川 筠连，1977-06-30，四川中药所 824 (IMC). Paratypes：四川 长宁，四川中药所 138 (IMC); 敍永，四川中药所 764 (IMC)。

分布：四川南部。

8. 蔓赤车 图 3：C–D

Pellionia scabra Benth. Fl. Hongk. 330. 1861; Wedd. in DC. Prodr. 16(1): 166. 1869; C. H. Wright in J. Lin. Soc. Bot. 26: 481. 1899; Gagnep. in Lecomte, Fl. Gen. Indo-Chin. 5: 896. 1929; F. C. How, Fl. Guangzhou 404. 1956; Fl. Hainan. 2: 407. 1965; Ohwi, FL. Japan, rev. et., 390. 1965; Iconogr. Corm. Sin. 1: 514, fig. 1027. 1972; Fl. Hupeh. 1: 172. 1976; T. S. Liu & W. D. Huang in Fl. Taiwan 2: 205. 1976; W. T. Wang in Bull. Bot. Lab. N.-E. Forest. Inst. 6: 52. 1980; C. J. Zeng in Fl. Fujian. 1: 466. 1982; Fl. Jiangsu 2: 82. 1982; Z. W. Xuo in Fl. Anhui 2: 123. 1986; S. S. Chang et al. in Fl. Guizhou. 4: 42. 1989; Y. Q. He in Fl. Zhejiang 2: 112, fig. 2-149. 1992; W. T. Wang in Fl. Reip. Pop. Sin. 23(2): 168, pl. 37: 5, 44: 3–4. 1995; Yang, Shih & Liu in Fl. Taiwan, 2nd ed., 2: 231, pl. 115. 1996; Y. E. Lee, Fl. Korea 88, fig. 230. 1996; B. G. Li in Fl. Hunan 2: 289, fig. 2–214. 2000; Q. Lin et al. in Fl. China 5: 124. 2003, p. p. excl. syn. *P. cephaloidea* W. T. Wang; Y. Z. Ruan in Fl. Guangdong 6: 79. fig. 29. 2005; W. T. Wang in Fl. Guangxi 2: 844. 2005; Z. X. Peng & G. L. Zhang in Fl. Gansu 2: 237, pl. 51: 1. 2005; Tateishi in Iwatsuki et al. Fl. Japan 2a: 100, 2006; Q. M. Hu in Fl. Hong Kong 1: 124. 2007; C. X. Yang et al. Keys Vasc. Pl. Chongqing 150. 2009; Z. R. Xu in Fl. Jiangsu 2: 168, fig. 2–272. 2013.——*Elatostema scabrum* (Benth.) Hall. f. in Ann. Jard. Bott. Buitenz. 13: 316. 1896; H. Schroter in Repert. Sp. Nov. Regni Veg. Beih. 83(2): 82, tab. 25. 1936. ——*Polychora scabra* (Benth.) Hu in J. Arn. Arb. 5: 228. 1924. Syntypes 香港，Wiford 226, Hance 1095, Harland 326, Wright 447 (K. non vidi).

P. arisanensis Hayata var. *caudatifolia* Yamamoto, Suppl. Ic. Pl. Formos. 1. 12. 1925. Holoeype：台湾 in Monte Arisan，B. Hayata s. n. (non vidi).

P. scabra subvar. *pedunculata* Yamamoto, 1. c., 17. 1925. Syntypes：台湾，S. Ito s. n, B. Hayata s. n. (non vidi).

Elatostema pelliniifolium W. T. Wang in Bull. Bot. Res. Harbin 2(1): 12. 1982. Holotype：重庆 北碚，缙云山，约 1940，L. Y. Lin 4138 (IBSC).

分布：我国云南东南部、广西、海南、广东、福建、台湾、浙江、江西、湖南、贵州、四川、甘肃南部、重庆、湖北、安徽南部、江苏南部；越南；朝鲜；日本。

标本登录：云南 广南，税玉民 001487。广西 东兴，韦毅刚 0670；上思，韦毅刚 g06；靖西，韦毅刚 g052；那坡，覃海宁等 2169；龙州，韦毅刚 0642；巴马，韦毅刚 AM6483；百色，华南队 2113；田林，韦毅刚 094；天峨，北京队 890399；环江，北京队 894120；兴安，广西队 53-62；龙胜，花坪队 110673。海南 澄迈，Lei C. J. 456。广东 深圳，张寿洲，李良千 3440；增城，曾怀德 20255；平远，邓良 4294；蕉岭，邓良 4831；连平，刘娱光 00129；翁源，刘心启 25057；连州，B. C. Henry 1095。福建 泉州，钟心煊 3087；长汀，采集人不明 5130；南平，何国生 9650；崇安，236 组 2366；顺昌，李明生，李振宇 4716。台湾 台北，高瑞卿 330；新店，Y. Yamamoto s. n. 浙江 鄞县，贺贤育 1107；杭州，章绍尧 2336。江西 遂川，236 组 173；南丰，聂敏祥 2406；玉山，聂敏祥 6426；南昌，王文采 s. n.；永修，赖书绅 2200；庐山，聂敏祥 7244。湖南 新宁，罗林波 465；宜章，莽山，肖百中 4119；雪峰山，李泽棠 2063；道县，黄向旭 10043；长沙，万绍宾 1。贵州 荔波，邵青，段林东 27；罗甸，贵州队 402；望谟，贵州队 865；桐梓，蒋英 5015；剑河，温放 1053；梵净山，安明态 s. n.。重庆 南川，李国凤 60797；万州，植物所三峡队 799。安徽 休宁，植物资源队 59-2070；祁门，安徽师大生物系 89045。

9. 富宁赤车　图 3：E-F

Pellionia funingensis W. T. Wang in Bull. Bot. Res. Harbin 2(1): 2. 1982; X. W. Li in Fl. Yunnan. 7: 248. 1997; W. T. Wang in Fl. Reip. Pop. Sin. 23(2): 169. 1995. Holotype：云南 富宁，里棋，alt. 1 410 m, 1965-10-13, 文山队 137 (PE)。 Fig. 3: E-F

P. grijsii auct. non Hance: Q. Lin et al. in Fl. China 5 : 126. 2003, p. p. quoad syn. *P. funingensis* W. T. Wang; H. N. Qin & Y. Liu, Checklist Vasc. Pl. Guangxi 237. 2010. p. p. quoad syn. *P. funingensis* W. T. Wang.

分布：云南富宁特有种。

Lin et al. (2003) 将本种归并于 *P. grijsii* Hance.，但本种的叶具半离基三出脉，二级脉在叶狭侧 2 条，在宽侧 3 条，与 *P. grijsii* 叶的脉序 (为羽状脉，二级脉约 5 对) 明显不同，此外茎密被贴伏、长 0.5-0.8 mm 的短毛，托叶被短伏毛也不相同。在 *P. grijsii*，茎密被开展或反曲、长 0.5-2 mm 的硬毛，托叶无毛。

10. 尖齿赤车　图 3：G-H

Pellionia acutidentata W. T. Wang in Bull. Bot. Lab. N.-E. Forest Inst. 6: 53. 1980; in Bull. Bot. Res. Harbin 3(3): 56. 1983; et in Fl. Reip. Pop. Sin. 23(2): 169, pl. 38: 6-7. 1995; X. W. Li in Fl. Yunnan. 7: 248. 1997; Q. Lin et al. in Fl. China 5: 125. 2003. Holotype：云南 西畴，法斗，1939-12-09，王启无 85536 (PE)。 Fig. 3: G-H

分布：云南东南部。

标本登录：云南 屏边，税玉民等 10391；西畴，王启无 85514，86815；马关，古林菁，税玉民，陈文红，盛家舒 30436，31685；河口，税玉民等 10626；麻栗坡，王启无 86815；绿春，税玉民，陈文红 13813。

11. 硬毛赤车　图 3：I-K

Pellionia crispulihirtella W. T. Wang in Bull. Bot. Res. Harbin 3(3): 57, fig. 4. 1983; et in Fl. Reip. Pop. Sin. 23(2): 171, pl. 42: 7. 1995; X. W. Li in Fl. Yunnan. 7: 249. 1997. Holotype：云南 屏边，Shan-tau-chien, alt. 1 500 m, 1939-10-09, 王启无 82383 (PE). Paratype: **Vietnam** On the way from Lao-kay to Chapa, alt. 710 m, 1964-12-24, Sino-Vietnam Exped. 856 (PE)。 Fig. 3: I-K

P. veronicoides auct. non Gagnep.: Q. Lin et al. in Fl. China 5 : 125. 2003.

分布：我国云南东南部；越南北部。

Lin et al. (2003) 将本种归并于 *P. veronicoides* Gagnep.，但二种间存在一些形态区别特征：在本种，茎密被弯曲的短硬毛 (毛长 0.15-0.4 mm)，无小斑点，退化叶不存在，托叶钻形，无脉。在 *P. veronicoides*，茎密被反曲的长硬毛 (毛长 1-2.2 mm)，有密集的褐色小斑点，退化叶存在，托叶披针形

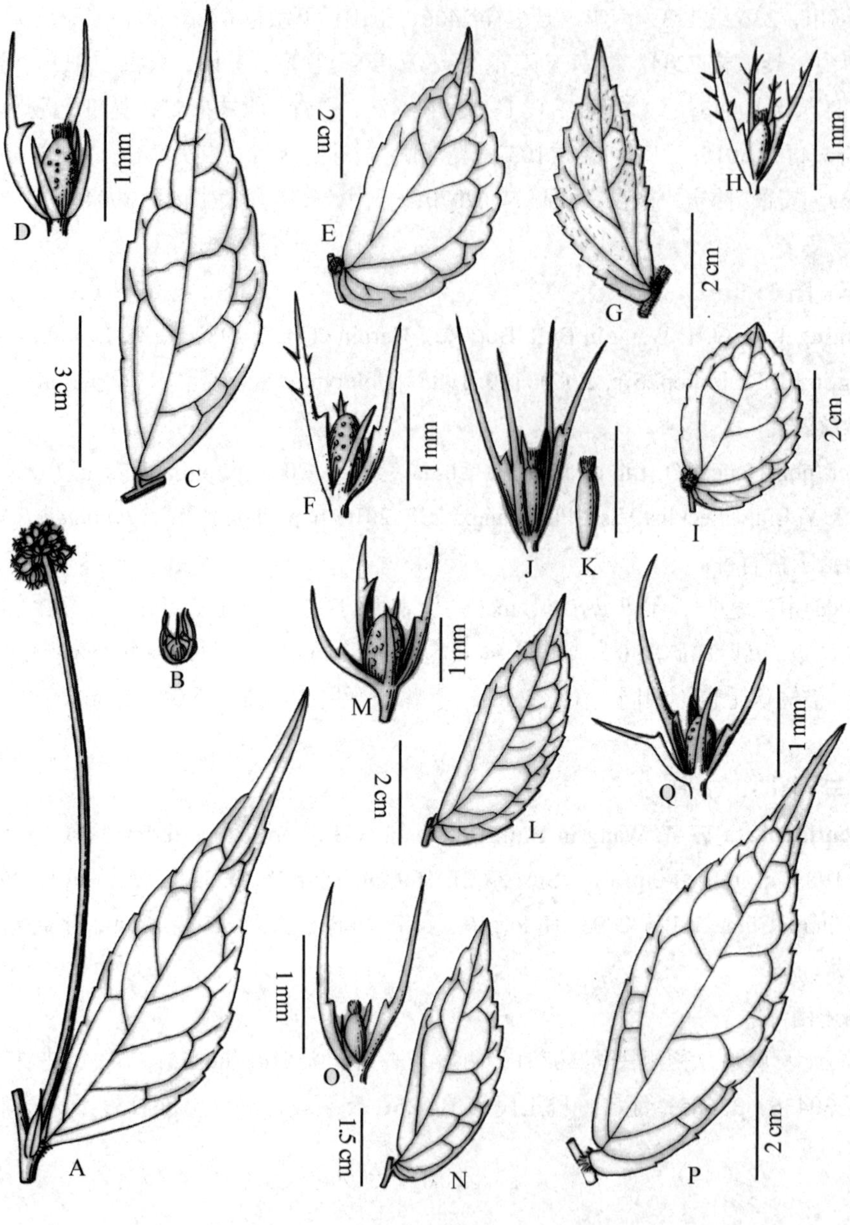

图 3　A–B. **长梗赤车**　A. 叶和雄聚伞花序；B. 雄花（仿王文采，1995）。　C–D. **蔓赤车**　C. 叶；D. 宿存雌花被和瘦果（据韦毅刚 g052）。　E–F. **富宁赤车**　E. 叶；F. 宿存雌花被和瘦果（据 holotype）。　G–H. **尖齿赤车**　G. 叶；H. 雌花（据税玉民等 10297）。　I–K. **硬毛赤车**　I. 叶；J. 雌花；K. 雌蕊（据 paratype）。　L–M. **波缘赤车**　L. 叶；M. 宿存雌花被和瘦果（据韦毅刚 07414）。　N–O. **赤车**　N. 叶；O. 雌花（据浙江植物资源队 59-25920）。　P–Q. **异被赤车**　P. 叶；Q. 雌花被和幼果（据刘正宇 4947）。

Fig. 3　A–B. ***Pellionia longipedunculata***　A. Leaf and staminate cyme; B. Staminate flower (after Wang, 1995). C–D. ***P. scabra***　C. Leaf; D. Persistent pistillate perianth and achene (from Y. G. Wei g052). E–F. ***P. funingensis***　E. Leaf; F. Persistent pistillate perianth and achene (from holotype). G–H. ***P. acutidentata***　G. Leaf; H. Pistillate flower (from Y. M. Shui et al. 10297).　I–K. ***P. crispulihirtella***　I. Leaf; J. Pistillate flower; K. Pistil (from paratype).　L–M. ***P. subundulata* var. *subundulata***　L. Leaf; M. Persistent pistillate perianth and achene (from Y. G. Wei 07414).　N–O. ***P. radicans* var. *radicans***　N. Leaf; O. Pistillate flower (from Zhejiang Pl. Resour. Exped. 59-25920).　P–Q. ***P. heteroloba***　P. Leaf; Q. Pistillate perianth and young fruit (from Z. Y. Liu 4947).

或卵形，有2条脉，根据存在退化叶和具较宽的托叶，Schröter& Winkler(1936) 认为此种与吐烟花相近缘。根据上述情况可见本种与 *P. veronicoides* 是不同的种，在本文的 *Pellionia* 分类系统中此二种分别置于不同的系中 (见上)。

12. 波缘赤车 图 3：L–M

Pellionia subundulata W. T. Wang in Bull. Bot. Lab. N.-E. Forest. Inst. 6 : 57. 1980; in Bull. Bot. Res. Harbin 3(3) : 67. 1983; et in Fl. Reip. Pop. Sin. 23(2) : 173. 1995; X. W. Lin in Fl. Yunnan. 7: 245. 1997; W. T. Wang in Fl. Guangxi 2: 846. 2005. Holotype：广西 上思，南屏，1973-04-17，方鼎 35075 (GXMI)。Paratypes：广西 横县，陈照宙 50346 (IBSC)；扶绥，陈少卿 12399 (PE)；靖西，张肇骞 15069 (IBSC)。云南 屏边，王孝等 100171 (IBSC)。

P. paucidentata auct. non (H. Schröter) Chien: Q. Lin et al. in Fl. China 5: 125. 2003, p. p. quoad syn. *P. subundulata* W. T. Wang; H. N. Qin & Y. Liu, Checklist Vasc. Pl. Guangxi 238. 2010, p. p. quoad syn. *P. subundulata* W. T. Wang.

12a. var. **subundulata**

分布：我国云南东南部、广西；越南北部。

标本登录：云南 西畴，王启无 85407，86080. 广西 上思，韦毅刚 09019，07414；罗城，韦毅刚 07121；钦州，周沛椿 80047。

Lin et al. (2003) 将本种归并于 *P. paucidentata* (H. Schröter) Chien，但本种的叶片较小，长 1–8 cm，宽 0.6–3.5 cm，顶端急尖，稀短渐尖，具半离基三出脉，二级脉在叶片狭侧 2 条，在宽侧 3 条，雌花被片无毛，而与后者不同。在 *P. paucidentata*，叶片较大，长 5–15 cm，宽 2–6 cm，顶端渐尖或骤尖，有时具半离基三出脉，二级脉在叶狭侧 2–3 条，在宽侧 4–6 条，有时具羽状脉，雌花被片有少数短毛。

12b. **狭叶赤车 (变种)**

var. **angustifolia** W. T. Wang in Bull. Bot. Lab. N.-E. Forest. Inst. 6: 58. 1980; in Bull. Bot. Res. Harbin 3(3): 57. 1983; in Fl. Reip. Pop. Sin. 23(2): 174. 1995; et in Fl. Guangxi 2: 846. 2005. Holotype：广西 隆安，1973-03-03，王鉴钧 5487 (GXMI). Paratypes：广西 扶绥，陈少卿 12054 (IBSC)；宁明，爱店，苏宏汉 6812 (IBSC)。

P. longipedunculata auct. non. W. T. Wang: Q. Lin et al. In Fl. China 5 : 124, 2003, p. p. quoad syn. *P. subundulata* var. *angustifolia* W. T. Wang; H. N. Qin & Y. Liu, Checklist Vasc. Pl. Guangxi 238. 2010, p. p. quoad syn. *P. subundulata* var. *angustifolia* W. T. Wang.

分布：我国广西南部；越南北部。

标本登录：广西 上思，十万大山，韦毅刚 0680，07414。

Lin et al. (2003) 将本变种归并于 *P. longipedunculata* W. T. Wang，关于此问题已在后者的地理分布之后进行了讨论（见上）。

13. 赤车 图 3：N–O

Pellionia radicans (Sieb. & Zucc.) Wedd. in DC. Prodr. 16(1): 167. 1869; C. H. Wright in J. Linn. Soc. Bot. 26: 481. 1899; Fl. Hainan. 2: 408. 1965; Ohwi, Fl. Japan, rev. ed., 390. 1965; Iconogr. Corm. Sin. 1: 514, fig. 1028. 1972; Fl. Hupeh. 1: 172. 1976; T. S. Liu & W. D. Huang in Fl. Taiwan 2: 204. 1976; W. T. Wang in Bull. Bot. Lab. N.-E. Forest. Inst. 6: 55. 1980; C. J. Ceng in Fl. Fujian. 1: 465. 1982; Fl. Jiangsu 2: 82. 1982; W. T. Wang in Fl. Reip. Pop. Sin. 23(2): 171, pl. 37: 6. 1995; Yang, Shih & Liu in Fl. Taiwan, 2nd ed., 2: 231, pl. 114. 1996; B. G. Li in Fl. Hunan 2: 288. 2000; Q. Lin et al. in Fl. China 5: 125. 2003, p. p. excl. syn. *P. radicans* f. *grandis* Gagnep.; Y. Z. Ruan in Fl. Guangdong 6 : 79. 2005; W. T. Wang in Fl. Guangxi 2: 844. 2005; Tateishi in Iwatsuki et al. Fl. Japan 2a: 99. 2006; Q. M. Hu in Fl. Hong Kong. 1: 123. 2007; C. X. Yang et al. Keys Vasc. Pl. Chongqing 150. 2009. ——*Procris radicans* Sieb. & Zucc. Fl. Jap. Fam. Nat. 218. 1846.——*Elatostema radicans* (Sieb. & Zucc.) Wedd. in Arch. Mus. Hist. Nat. Paris 9: 322. 1856; H. Schröter in Repert. Sp. Nov. Regni Veg. Beih. 83(2): 86. 1936. Holotype: Japan: Siebold s. n. (LD, non vidi). Fig. 3: N−O

P. cavaleriei Lévl. in Repert. Sp. Nov. Regni Veg. 12: 22. 1913. ——*Elatostema cavaleriei* (Lévl.) Hand.-Mazz. Symb. Sin. 7: 143. 1929. Holotype：贵州 Pinfa, 1902-03-18, Cavalerie 1295 (E, non vidi).

P. chikushiensis Yamamoto, Suppl. Ic. Pl. Formos. 1: 14, fig. 5. 1925. Syntypes：台湾 Mt. Chikushi, T. Soma s. n; inter Heishana et Nimandaira, B. Hayata s. n. (non vidi).

13a. var. **radicans**

分布：我国云南、广西、海南、广东、福建、台湾、浙江、江西、湖南、贵州、四川、湖北、重庆、安徽、江苏南部；越南；日本。

标本登录：云南 河口，税玉民 001401；元阳，绿春队 1722；昆明，E. E. Maire s. n. 广西 十万大山，秦仁昌 5302；武鸣，韦毅刚 07674；那坡，覃海宁等 2053；百色，华南分队 2122；西林，红水河队 89-1444；融水，陈少卿 17003；临桂，花坪队 110185；环江，北京队 891093；天峨，北京队 896350；兴安，广西队 53-62；龙胜，刘标 0637。海南 保亭，吊罗山，吊罗山队 3131。广东 鼎湖山，W. Y. Chun 6310；深圳，张寿洲，李良千 0387；英德，梁向日 61382；乳源，黄志 5812；乐昌，左景烈 20291；连县，谭沛祥 59867。福建 南平，何国生 15743；连城，王大顺 1044；崇安，王名金 3095。台湾 台北，陈家瑞 97428；宜兰，C. M. Wang 05482；新竹，黄雅怡等 814；花莲，陈添财等 12842。浙江 平阳，钟观光 152；诸暨，陈诗 98；景宁，章绍尧 5160；遂昌，植物资源队 59-25920。江西 龙南，236 组 936；遂川，236 组 648；武功山，江西队 54-314；萍乡，江西队 54-2818；铅山，陈跃东等 1129；黎川，杨祥学 650010；武宁，陈策铭 97021；庐山，胡先骕 2208。湖南 宜章，肖百中 3931；新宁，罗林波 345；芷江，武陵山队 2364；武冈，邓云飞 10428；邵阳，段林东 2556；衡山，李明红 8；长沙，关克俭 74618；永顺，北京队 958。贵州 荔波，邵青，段林东 40；雷山，简焯坡等 50153；都匀，温放 070430；黄平，韦毅刚，温放 1070；松桃，武陵山队 485；梵净山，黔北队 972；习水，毕节队 1593；赤水，安明态 32；道真，刘正宇 20516；桐梓，刘正宇 20517；遵义，川黔队 1471。四川 雷波，管中天 7819；峨边，赵子孝 64；峨眉山，关克俭等 1777；汶川，阿坝药检所 719；都江堰，傅德志等 87-1407。重庆 缙云山，黄志明 1097；涪陵，刘正宇 180979；金佛山，韦毅刚 1133；万州，植物所三峡队 0876；巫山，植物所三峡队 1366。湖北 鹤峰，李洪钧 685；宜昌，董佩萱 20；鄂州，金仁龙 324。安徽 黄山，植物所华东工作站 6494；祁门，邓樊彬 5088。

13b. **长茎赤车（变种）**

var. **grandis** (Gagnep.) W. T. Wang in Bull. Bot. Lab. N.-E. Forest. Inst. 6: 56. 1980; X. W. Li in Fl. Yunnan. 7: 247. 1997; W. T. Wang in Fl. Guangxi 2: 846. 2005. ——*P. radicans* f. *grandis* Gagnep. in Lecomte,

Fl. Gén. Indo-Chin. 5: 899. 1929; Fl. Hainan. 2: 408. 1965; C. J. Ceng in Fl. Fujian. 1: 465. 1982; W. T. Wang in Fl. Reip. Pop. Sin. 23(2): 173. 1995; Y. Z. Ruan in Fl. Guangdong 6: 79. 2005. ——*Elatostema radicans* var. grandis (Gagnep.) H. Schröter in Repert. Sp. Nov. Regni Veg. Beih. 83(2): 89. 1936. Syntypes: **Vietnam** Tonkin: prov. de Ninh-yen, Eberhardt s. n.; prov. Bac-kan et Thai-nguyen, Eberhardt s. n. (P, non vidi).

分布：我国云南东南部、广西、海南、广东；越南北部。

标本登录：广西 上思，SCNG3392。

14. 异被赤车 图 3：P–Q

Pellionia heteroloba Wedd. in Arch. Mus. Hist. Nat. Paris 9 : 283, t. 9, fig. 15. 1856; et in DC. Prodr. 16(1): 166. 1869; Hook. f. Fl. Brit. Ind. 5 : 559. 1888; Gagnep. in Lecomte, Fl. Gén. Indo-Chin. 5: 899. 1929; W. T. Wang in Fl. Reip. Pop. Sin. 23(2): 176. 1995, p. p. excl. syn. *P. griffithianum* Wedd. et *Elatostema henryanum* Hand.-Mazz.; X. W. Li in F. Yunnan. 7: 245. 1997, p. p. excl. pl. 62: 3–6. 1997; Q. Lin et al. in Fl. China 5: 126. 2003, p. p. excl. syn. *P. griffithiana* Wedd., *P. menglianense* Y. Y. Qian et *Elatostema henryanum* Hand.-Mazz. Holotype: Sikkim, J. D. Hooker & T. Thomson s. n. (K. non vidi, photo PE). Fig. 3: P–Q

P. heteroloba var. *minor* W. T. Wang in Bull. Bot. Lab. N.-E. Forest. Inst. 6: 60. 1980; S. S. Chang et al. in Fl. Guizhou. 4: 40. 1989. Holotype：贵州 习水, alt. 650 m, 1959-09-24, 毕节队 1593 (PE)。

分布：我国云南、贵州、湖南西南、重庆、四川南部；越南；印度北部和东北部。

标本登录：云南 腾冲，Gaoligong Shan Biodiv. Survey 30146；景东，哀牢山，杨国平 393；金平，周哲坤等 215；广南，王启无 87305。贵州 册亨，曹子余 1032；望谟，韦毅刚，温放 1032；荔波，邵青，段林东 60；正安，刘正宇 15594，20381；道真，刘正宇 16043；怀仁，向邦华 s. n.; 赤水，韦毅刚，温放 1142。湖南 武冈，云山，张彩飞 1709。重庆 江津，刘正宇 183073；南川，金佛山，李国凤 64319，刘正宇 4947；丰都，三峡队 2665。

最近，我看到 *Pellionia heteroloba* Wedd. 和 *P. griffithiana* Wedd. 的模式照片，并参阅了这二种的原始描述，了解到前者的茎无毛，叶较小，也无毛，具半离基三出脉，而后者的茎、叶都有毛，叶较大，具羽状脉，二者是两个不同的种。因此，H. Schröter (1936) 将 *P. heteroloba* Wedd. 和 *P. grijsii* Hance 都归并于 *P. griffithiana* 是制造了一个植物分类学混乱，对此，本文进行了改正。

15. 三被赤车 图 4：A–D

Pellionia tritepala W. T. Wang, sp. nov. Holotype：云南 屏边, Shuiweicheng, alt. 2 000 m, at water side near woods, 2000-03-27, 税玉民等 (Y. M. Shui et al.) 12136 (♀, PE)。 Fig. 4: A–D

Species nova haec est affinis *P. radicanti* (Sieb. & Zucc.) Wedd., a qua foliorum laminis apice breviter acuminatis vel acutis subtus atrobrunneo-puncticulatis, flore pistillato tepalis tribus omnibus dorso sub apice longe raro breviter corniculatis praedito differt. In *P. radicanti*, foliorum laminae apice acuminatae vel longe acuminatae subtus haud atrobrunneo-puncticulatae, et flos pistillatus tepalis quinque vulgo tribus majoribus dorso sub apice longe corniculatis ceteris minoribus haud corniculatis praeditus est.

Perennial herb. Stems 1–2, 20–28 cm tall, ca. 1 mm in diam., minutely puberulous (hairs 0.1–0.25 mm long), dark-brown-puncticulate, simple or below shortly branched. Leaves alternate, shortly petiolate; blades

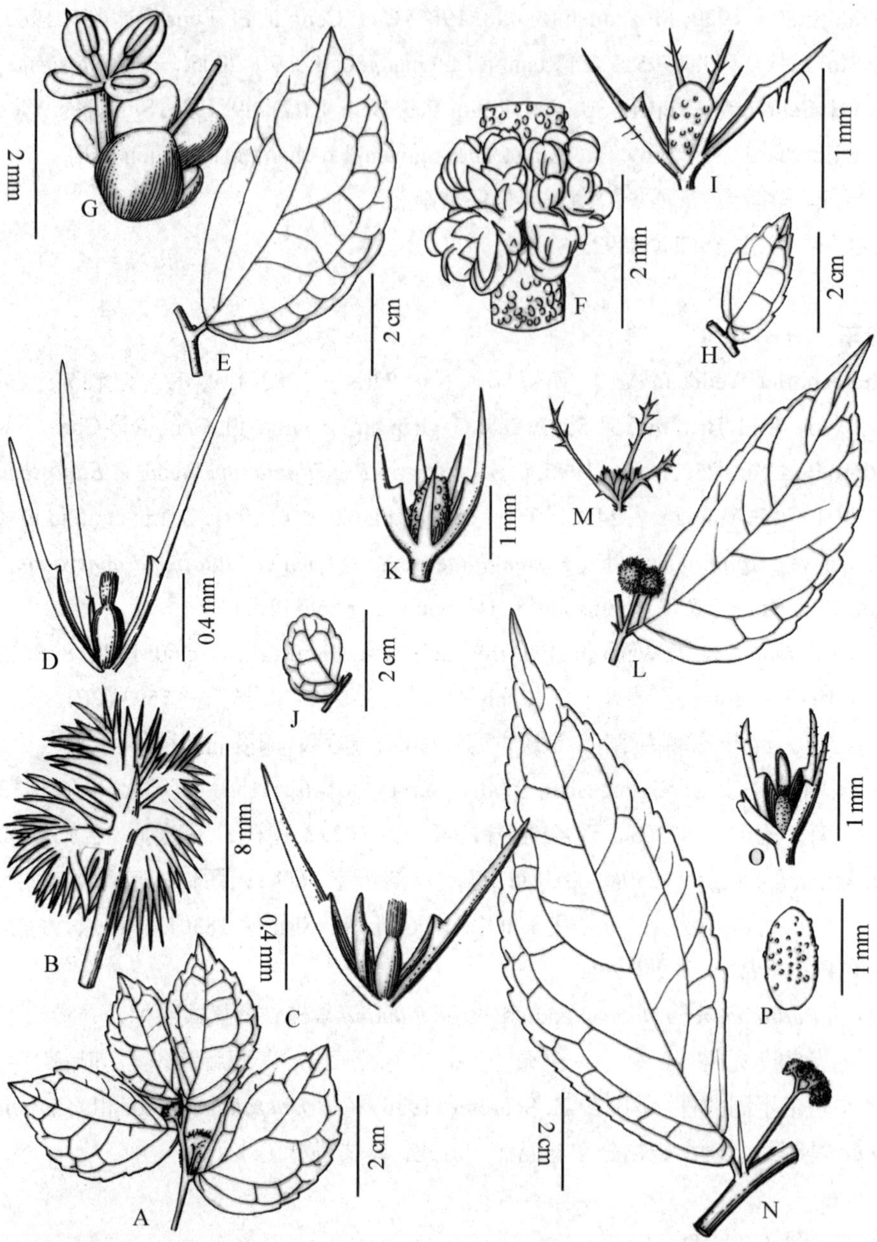

图 4　A–D. **三被赤车**　A. 开花雌茎顶部；B. 雌聚伞花序；C，D. 雌花（据 holotype）。　E–G. **灰被赤车**　E. 叶；F. 雄聚伞花序；G. 另一雄聚伞花序（据 holotype）。　H–I. **短叶赤车**　H. 叶；I. 宿存雌花被和瘦果（据厦门大学队 929）。　J–K. **小赤车**　J. 叶；K. 宿存雌花被和瘦果（据浙江植物资源队 59-25760）。　L–M. **滇南赤车**　L. 叶；M. 雌花（仿王文采，1995）。　N–P. **南亚赤车**　N. 叶和雌聚伞花序；O. 雌花；P. 瘦果（据蔡希陶 52440）。

Fig. 4　A–D. **Pellionia tritepala**　A. Apical part of flowering pistillate stem; B. Pistillate cyme; C, D. Pistillate flowers (from holotype).　E–G. **P. calcifera**　E. Leaf; F. Staminate cyme; G. Another staminate cyme (from holotype).　H–I. **P. brevifolia**　H. Leaf; I. Persistent pistillate perianth and achene (from Xiamen Univ. Exped. 929).　J–K. **P. minima**　J. Leaf; K. Persistent pistillate perianth and achene (from Zhejiang Pl. Resour. Exped. 59-25760).　L–M. **P. paucidentata** var. **paucidentata**　L. Leaf; M. Pistillate flower (after Wang, 1995).　N–P. **P. griffithiana** var. **griffithiana**　N. Leaf and pistillate cyme; O. Pistillate flower; P. Achene (from H. T. Tsai 52440).

papery, obliquely elliptic or obliquely obovate, [2.5−4.5(−5.5)] cm × (1.5−2.5) cm, apex shortly acuminate or acute, base at leaf narrow side obtuse and at broad side auriculate, margin crenate or denticulate; surfaces adaxially sparsely strigillose, abaxially subglabrous, densely dark-brown-puncticulate; nervation semi-triplinerved, with basal nerves and ca. 2 pairs of secondary nerves abaxially slightly prominent; cystoliths sparse, inconspicuous, thinly bacilliform, 0.2−0.4 mm long; petioles 1−2 mm long, glabrous; stipules subulate or narrowly linear, (1−2.5) mm × (0.1−0.3) mm, glabrous. Staminate cymes and staminate flowers unknow. Pistillate cymes singly axillary, 5−7 mm in diam., shortly 3−4-branched, densely multi−flowered; peduncle 0.5−4 mm long, glabrous; bracts numerous, white, linear, (1−1.5) mm × (0.1−0.2) mm, glabrous. Pistillate flower sessile: Tepals 3, unequal in size, white, linear-navacular, (0.3−0.8) mm × 0.25 mm, glabrous, abaxially below apex long rarely shortly corniculate, with horn-like projections (0.2−)0.5−1.5 mm long. Pistil ca. 0.4 mm long; ovary ellipsoid, 0.3−0.4 mm long, glabrous; stigma penicillate, ca. 0.15 mm long.

在赤车系 ser. *Radicantes*，多数种的雌花具 5 枚花被片，少数种（如蔓赤车 *P. scabra*，滇南赤车 *P. paucidentata*）的雌花具 4 或 5 枚花被片。本种的雌花具 3 枚花被片，在本系中是唯一的情况，因此，根据这一特征即可与本系的其他种相区别。

16. 灰被赤车　图 4：E−G

Pellionia calcifera W. T. Wang, sp. nov. Holotype：云南 麻栗坡，豆豉店 (Malipo, Douchidian), alt. 950 m，山坡 (on slope), 1998-10-30，王印政，彭华，邓云飞，税玉民，朱大海 (Y. Z. Wang, H. Peng, Y. F. Deng, Y. M. Shui & D. H. Zhu) 5155 (PE)。 Fig. 4: E−G

Species nova haec caulibus calci glebulis minutis densissimis albidis incrustatis, foliorum laminis utrinque calcis strato tenui albido incrustatis, cymis staminatis sessilibus, floribus staminatis tetrameris insignis est, et cum characteribus his a congeneribus omnibus sinensibus ceteris distat. In ejus congeneribus sinensibus, caules et foliorum laminae calce carentes, cymae staminatae pedunculatae, et flores staminati pentameri rarissime tetrameri [in *P. paucidentata* (H. Schröter) Chien] sunt.

Perennial herbs. Stems ca. 25 cm tall, branched, on branch surface encrusted by numerous very dense minute lumps of whitish lime, and on upper part of branch densely puberulous. Leaves alternate, ca. 5 borne on apical part of branch, shortly petiolate or sessile; blades papery, obliquely elliptic, (2.4−7) cm × (1.4−3.5) cm, apex shortly acuminate or acute, base at leaf narrow side cuneate and at broad side broadly cuneate, margin above the middle crenate; surfaces both adaxially and abaxially encrusted by a thin grey-whitish layer of lime, glabrous; nervation semi-triplinerved or trinerved, with basal nerves and ca. 3 pairs of secondary nerves abaxially prominent; cystoliths dense, inconspicuous, thickly bacillioform, 0.1−0.25 mm long; petioles 0−1.5 mm long; stipules subulate, ca. 2 mm × 0.2 mm, glabrous. Staminate cymes singly borne on leafless nodes of lower part of branch, sessile, 2.5−4 mm in dian., densely 10−20-flowered; bracts brown, triangular or linear, (0.6−0.8) mm × (0.3−0.5) mm, ciliolate. Staminate flower: Pedicel up to 1 mm long, glabrous. Tepals 4, free, broadly elliptic, ca. 1.2 mm × 0.7 mm, glabrous. Stamens 4, glabrous; filaments subterete, ca. 0.6 mm long; anthers oblong, ca. 0.6 mm long; pistilllode wanting. Pistillate cymes and pistillate flowers unknown.

本种的特征：茎被极为密集的白色石灰小块包着，叶片的腹面和背面均被一薄层灰白色石灰包着，雄聚伞花序无花序梗，雄花四基数。根据上述特征，本种可与我国赤车属的其他种区别开。在我国赤车属的其他种，茎和叶均无石灰，雄聚伞花序均有花序梗，雄花均为五基数，稀四基数 [滇南赤车 *P. paucidentata* (H. Schröter) Chien.]。

17. 短叶赤车 图 4：H–I

Pellionia brevifolia Benth. Fl. Hongk. 330. 1861; Wedd. in DC. Prodr. 16(1): 167. 1869; C. H. Wright in J. Linn. Soc. Bot. 26: 481. 1899; Fl. Hainan. 2: 409. 1965; W. T. Wang in Bull. Bot. Lab. N.-E. Forest. Inst. 6: 58. 1980; C. J. Ceng in Fl. Fujian. 1: 466. 1982; W. T. Wang. in Fl. Reip. Pop. Sin. 23(2): 174, pl. 38: 4. 1995; B. G. Li in Fl. Hunan 2: 289. 2000; Q. Lin. in Fl. China 5: 125. 2003, p. p. excl. syn. *P. minima* Makino; Y. Z. Ruan in Fl. Guangdong 6: 79. 2005; W. T. Wang in Fl. Guangxi 2: 846. 2005; Tateishi in Iwatsuki et al. Fl. Japan 2a: 78. 2006; Q. M. Hu in Fl. Hong Kong 1: 123. 2007. ——*Elatostema brevifolium* (Benth.) Hall. f. in Ann. Jard. Bot. Bruitenz. 8: 316. 1896; H. Schroter in Repert. Sp. Nov. Regni Veg. Beih. 83(2): 89. 1936. Holotype: 香港 , Mt. Gough and Victoria, Wilford 227 (K, non vidi; photo, PE). Fig. 4: H–I

分布：我国广西、海南、广东、福建、江西、湖南、安徽南部；越南北部；日本。

标本登录：广西 融水，元宝山队 Y1381；环江，北京队 895144；兴安，韦毅刚 0912。福建 南靖，厦门大学队 931。江西 武功山，江西队 54-442；庐山，杨穗生 262。湖南 新宁，紫云山，刘林翰 15106；桑植，八大公山，李洪钧 4371。安徽 潜山，沈保安 398。

18. 小赤车 图 4：J–K

Pellionia minima Makino in Bot. Mag. Tokyo 23: 85. 1909; Ohwi, Fl. Japan, rev. ed., 390. 1965; P. S. Hsu in Obs. Pl. Hwangshan. 109. 1965; W. T. Wang in Bull. Bot. Lab. N.-E. Forest. Inst. 6: 158. 1980; Z. W. Xiuo in Fl. Anhui 2: 122, fig. 288. 1986; Y. Q. He in Fl. Zhejiang 2: 111, fig. 2–147. 1992; W. T. Wang in Fl. Reip. Pop. Sin. 23(2): 175. 1995; Y. Z. Ruan in Fl. Guangdong 6: 178. 2005; W. T. Wang in Fl. Guangxi 2: 846. 2005; Tateishi in Iwatsuki et al. Fl. Japan 2a: 98. 2006. ——*Elatostema radicans* var. *minima* (Kakino) H. Schröter in Repert. Sp. Nov Regni Veg. Beih. 83(2): 88. 1936. ——*Pellionia radicans* var. *minima* (Makino) Hatusima in Sci. Rep. Yokosuka City Mus. n. 13: 37. 1967. Described from Japan, no type specimen designated. Fig. 4: J–K

P. brevifolium auct. non Benth.: Q. Lin et al. in Fl. China 5: 125. 2003, p. p. quoad syn. *P. minima* Makino.

分布：我国广西、广东、湖南、江西、福建、浙江、安徽；日本。

标本登录：广西 龙胜，韦毅刚 s. n. 广东 从化，曾怀德 20445；新丰，邓良 8211；丰顺，李学根 201424。湖南 浏阳，严岳鸿 5814。江西 奉新，刘守炉 1192；玉山，庐山植物园 6125；婺源，李启和 62。福建 延平，钟心煊 3580；宁化，黄锄荒 s. n.；南平，何国生 9645；建宁，陈家瑞等 79。浙江 遂昌，植物资源队 59-25760；昌化，贺贤玉 22628。安徽 黄山，植物所华东工作站 6111；祁门，钱士心 s. n.

Lin et al. (2003) 将 *Pellionia minima* Makino 归并于 *P. brevifolia* Benth，但本种的茎被长 0.1 mm 的小毛，叶呈宽椭圆形，宽倒卵形或近圆形，雌花被片无毛；而在 *P. brevifolia*，茎被长 0.3–1 mm 的较长毛，叶呈椭圆形或狭倒卵形，雌花被片疏被短毛。这些区别说明二者不是同一分类群，本文仍将 *P. minima* 作为种级分类群处理。

19. 滇南赤车 图 4：L−M

Pellionia paucidentata (H. Schröter) Chien in Acta Phytotax. Sin. 8: 354. 1963; W. T. Wang in Bull. Bot. Lab. N.-E. Forest. Inst. 6: 60. 1980; et in Fl. Reip. Pop. Sin. 23(2): 175, pl. 37: 34, pl. 39. 1995; X. W. Li in Fl. Yunnan. 7: 251, pl. 62. 1997; Q. Lin et al. in Fl. China 5 : 125. 2003, p. p. excl. syn. *P. subundulata* W. T. Wang et *P. paucidentata* var. *hainanica* Chien & S. H. Wu; Y. M. Shui & W. H. Chen, Seed Pl. Karst Reg. China 1: 103, fig. 255. 2006; H. N. Qin & Y. Li, Checklist Vasc. Pl. Guangxi 288. 2010, p. p. excl. syn. *P. subundulata* W. T. Wang.——*Elatostema henryanum* var. *oligodotum* Hand.-Mazz. Symb. Sin. 7: 144. 1929.——*E. paucidentatum* H. Schröter in Repert. Sp. Nov. Regni Veg. Beih. 83(2): 80. 1936. Syntypes: **Vietnam** Tonkin: Phomoi near Laogai, alt. 150 m, 1914-02-02, Handel-Mazzetti 10 (W. non vidi). China. Yunnan: Mengzi, A. Henry 11261 (K, non vidi); Simao, A. Henry 12678 (K, non vidi).

P. longgangensis W. T. Wang in Bull. Bot. Res. Harbin 8(4): 77. 1988. Holotype：广西 龙州，弄岗，1985-11-09，李振宇，傅德志，覃海宁 27 (PE)。

19a. var. **paucidentata**

分布：我国云南中南部和东南部、广西西南部；越南北部。

标本登录：云南 南涧，无量山，刘恩德 3534；勐腊，王启无 80685；勐仑，热带植物园，李庆华 462；孟鑫，王启无 80050；金平，武素功等 4343；河口，税玉民等 00716；马关，税玉民等 30577，31722；西畴，王启无 85235；个旧，税玉民等 14424。广西 龙州，韦毅刚 07292；防城，钟观光 2665；百色，韦毅刚百色 4 号。

19b. **海南赤车（变种）**

var. **hainanica** Chien & S. H. Wu in Acta Phytotax. Sin. 8 (4): 354, 1963; Fl. Hainan. 2: 467. 1965; W. T. Wang in Fl. Reip. Pop. Sin. 23(2): 176. 1995; Y. Z. Ruan in Fl. Guangdong 6: 80. 2005. Holotype：无准确地址，Bot. Inst. Agr. Trop. Austr.-Sin. 0011 (IBSC)。

与滇南赤车的区别：叶较小，长达 12 cm，宽达 4.2 cm，钟乳体在两面均明显。

分布：海南特有变种。

系 3. 翅茎赤车系 ser. **Caulialatae** W. T. Wang in Acta Phytotax. Sin. 30(3): 196. 1992; et in Fl. Reip. Pop. Sin. 23(2): 180. 1995. Type: *P. caulialata* S. Y. Liou.

Reduced leaves present. Stems longitudinally winged. Normal leaves penninerved; stipules narrowly triangular or narrowly lanceolate. Pistillate flower's tepals 5, of them 2 larger, abaxially below apex long corniculate. Achenes tuberculate.

1 种。

20. 翅茎赤车 图 5：A−D

Pellionia caulialata S. Y. Liou in Guihaia 3(4): 317, cun fig. 1983; W. T. Wang in Fl. Reip. Pop. Sin. 23(2): 180. 1995; Q. Lin et al. in Fl. China 5: 126. 2003. Isotype：广西 桂平，太平山，alt. 400 m，1982-12-14，刘寿养等 D00322 (PE)。 Fig. 5: A−D

分布：云南东南部、广西西部和东南部；越南北部。

标本登录：云南 马关，古林菁，税玉民，陈文红，盛家舒 30803。广西 龙州，韦毅刚 14；大新，韦毅刚 6673；靖西，韦毅刚 AM6356；凌云，华南分队 1378；东兰，税玉民，陈文红 B2004-167；天峨，北京队 897064。Vietnam: Cho Don Distr., Bac Kan Province, 2004-10-27, L. Q. Li et al. 0447。

系 4. 南亚赤车系 ser. **Griffithianae** W. T. Wang, ser. nov. Type: *P. griffithiana* Wedd.

Series nova haec est affinis ser. *Caulialatis* W. T. Wang, a qua foliis reductis absentibus, stipulis subulatis vel anguste linearibus, caulibus haud alatis differt.

Reduced leaves absent. Stems not winged. Leaves penninerved; stipules subulate or narrowly linear. Pistillate flower's tepals 5, rarely 4, of them 2−3 larger, abaxially below apex long corniculate. Achenes tuberculate.

我国有 3 种。

21. 南亚赤车　图 5：G−I

Pellionia griffithiana Wedd. in DC. Prodr. 16(1): 165. 1869; Hook. f. Fl. Brit. Ind. 5: 559. 1888; C. H. Wright in J. Linn. Soc. Bot. 26: 481. 1899; Gagnep. in Lecomte, Fl. Gén. Indo-Chin. 5: 895. 1929.——*Elatostema griffithianum* (Wedd.) Hall. f. in Ann. Jard. Bot. Bruitenz. 13: 316. 1896; H. Schroter in Repert. Sp. Nov. Regni Veg. Beih. 83(2): 76. 1936, p. p. excl, syn. *Pellionia heteroloba* Wedd. et *P. grijsii* Hance; Backer & v. d. Brink, Fl. Java 42. 1965.——*Elatostema henryanum* Hand.-Mazz. Symb. Sin. 7: 144. 1929. Holotype: 印度 India E Bengal, Palkaya, W. Griffith 4544 (K, non vidi, photo PE)。 Fig. 5: G−I

P. arisanensis Hayata, Ic. Pl. Formos. 6: 53. 1916. Holotype：台湾 Mt. Arisan, 0914-03, B. Hayata s. n. (non vidi)。

P. keitaoensis Yamamoto, Suppl. Ic. Pl. Formos. 1: 15, cum tab. 1925. Holotype：台湾 Keitao et Goshorin, 1916-04, B. Hayata s. n. (non vidi)。

P. menglianensis Y. Y. Qian in Acta Phytotax. Sin. 37(5): 523, fig. 1. 1999. Isotype：云南 孟连，alt. 2 000 m, 0992-04-29，钱义咏 2563 (PE)。

P. heteroloba auct. non Wedd.: W. T. Wang in Bull. Bot. Lab. N.-E. Forest. Inst. 6: 59. 1980, p. m. p. quoad H. T. Tsai 51824 et C. W. Wang 78418; et in Fl. Reip. Pop. Sin. 23(2) : 176. 1995, p. p. quoad syn. *Pellionia griffithiana* Wedd.; X. W. Li in Fl. Yunnan. 7 : 245. 1997, p. p. quoad pl. 62: 3−6.; Q. Lin et al. in Fl. China 5: 126. 2003, p. p. quoad syn. *Pellionia griffithiana* Wedd. et *P. menglianensis* Y. Y. Qian.

21a. var. **griffithiana**

分布：我国云南、广西、广东、台湾；越南；老挝；印度东北部、印度尼西亚（爪哇）。

标本登录：云南 贡山，独龙江队 4532；景东，哀牢山，周仕顺 1471；勐海，中苏考察团 5119；景洪，王启无 78415；蒙自，王启无 83433，A. Henry 11405；个旧，税玉民等 14388；屏边，蔡希陶 52440，61828，王启无 82942；砚山，王启无 84795；文山，蔡希陶 51824；马关，蔡希陶 51912，冯国楣 13668，税玉民等 30781，31380，31656；绿春，陶德定 313，857，税玉民等 70434；麻栗坡，王启无 86866，冯国楣 13968；河口，税玉民等 10641；金平，武素功等 3164，4448。广西 那坡，覃海宁等 2175；靖西，韦毅刚 g054；百色，百色队 1477；凌云，华南队 1573；田林，韦毅刚 0736；天峨，北京队 890335。广东 深圳，田心山，韦毅刚，温放 1120。

21b. 无毛茎南亚赤车（变种）

var. **glabricaulis** W. T. Wang, var. nov. Holotype：云南 绿春 , alt. 800 m, 2000-10-23，税玉民，陈文红等 (Y. M. Shui, W. H. Chen et al.) 14123 (PE)。

P. heteroloba auct. non Wedd.: W. T. Wang in Bull. Bot. Lab. N.-E. Forest. Inst. 6: 59. 1980, p. p. quoad L. Deng 8077.

A var. *griffithiana* differt caulibus glabris vel subglabris, foliorum laminis subtus glabris, nervis secundariis paucioribus 4 latere angustiore 5−6 latere latiore, stipulis minoribus subulatis 3−4 mm longis ca. 0.1 mm latis. In var. *griffithiana*, caules densissime minute appresso-brunneolo-puberuli, pilis 0.1−0.2 mm longis; foliorum laminae subtus ad nervos puberulae, nervis secundariis 5−6 latere angustiore et 6−8 latere latiore; et stipulae majores anguste trangulari-lineares, 5.5−12 mm longae, 0.7−1.2 mm latae sunt.

分布：云南、广西、广东。

标本登录: 云南 腾冲 , alt. 2 400 m, 1955-07-10, 吴征镒等 (C. Y. Wu et al.) 867; 景东, 无量山 (Jingdong, Wuliang Shan), alt. 2 800 m, 1956-11-12，邱炳云 (B. Y. Qiou) 53370；南涧，无量山 (Nanjian, Wuliang Shan), alt. 2 232 m, 2012-05-22，刘恩德 (E. D. Liu) 3534；绿春 (Lüchun), alt. 1 600 m，2006-03-10，税玉民，陈文红等 70298；金平 (Jinping), alt. 2 600 m, 1996-09-30，武素功等 (S. K. Wu et al.) 3693。广西 那坡，德孚保护区 (Napo, Defu nature reserve), alt. 1 400 m, 1998-11-03，覃海宁等 (H. N. Qin et al.) 2096 ；百色，大王岭 (Baise, Dawangling)，2009-03-21，韦毅刚，温放 (Y. G. Wei & F. Wen) 1186。广东 新丰 (Xinfeng), alt. 650 m, 1958-10-14，邓良 (L. Deng) 8077。

本变种的茎无毛或近无毛，叶片下面无毛，二级脉较少，在叶狭侧 4 条，在宽侧 5−6 条，托叶较小，呈钻形，长 3−4 mm，宽约 0.1 mm 而与南亚赤车不同。在南亚赤车，茎被极密而贴伏的淡褐色极短毛（毛长 0.1−0.2 mm），叶片下面在脉上被短毛，二级脉在叶狭侧 5−6 条，在宽侧 6−8 条，托叶较大，狭三角状条形，长 5.5−12 mm，宽 0.7−1.2 mm。

21c. 疏毛南亚赤车（变种）

var. **laxivillosa** W. T. Wang, var. nov. Holotype ：云南 (Yunnan) 福贡 (Fugong), alt. 2 000 m，林中 (in forest)，1934-10-21，蔡希陶 (H. T. Tsai) 58874 (PE)。

P. heteroloba auct. non Wedd.: W. T. Wang in Bull. Bot. Lab. N.-E. Forest. Inst. 6: 59. 1980, p. p. quoad H. T. Tsai 58874 et C. W. Wang 72294.

A var. *griffithana* differt caulibus pilis sparsis albis tenuibus (0.5−)1−2 mm longis obtectis, foliorum laminis subtus glabris, nervis secundariis paucioribus 3−4 latere angustiore et 4−6 latere latiore, stipulis minoribus subulatis 2−4 mm longis 0.1−0.2 mm latis.

分布：云南特有变种。

标本登录: 云南 福贡 (Fugong), alt. 2 300 m, 1934-09-17, 蔡希陶 (H. T. Tsai) 54276; Lu-se, alt. 1 750 m, 1934-03-02, 蔡希陶 (H. T. Tsai) 56382；镇康 (Zhenkang) alt. 2 200−2 700 m, 1936-03，王启无 (C. W. Wang) 72294, 72421, 72553；普文，瘴气河 (Puwne, Zhangqi River), alt. 1 060 m，密林中石上 (on rocks in dense forest), 1957-04-01，中苏考察团 (Sino-Russian Exped.) 3008。

本变种的茎疏被白色细长柔毛 [毛长 (0.5−)1.0−2 mm]，叶片下面无毛，二级脉较少，在叶狭侧 3−4

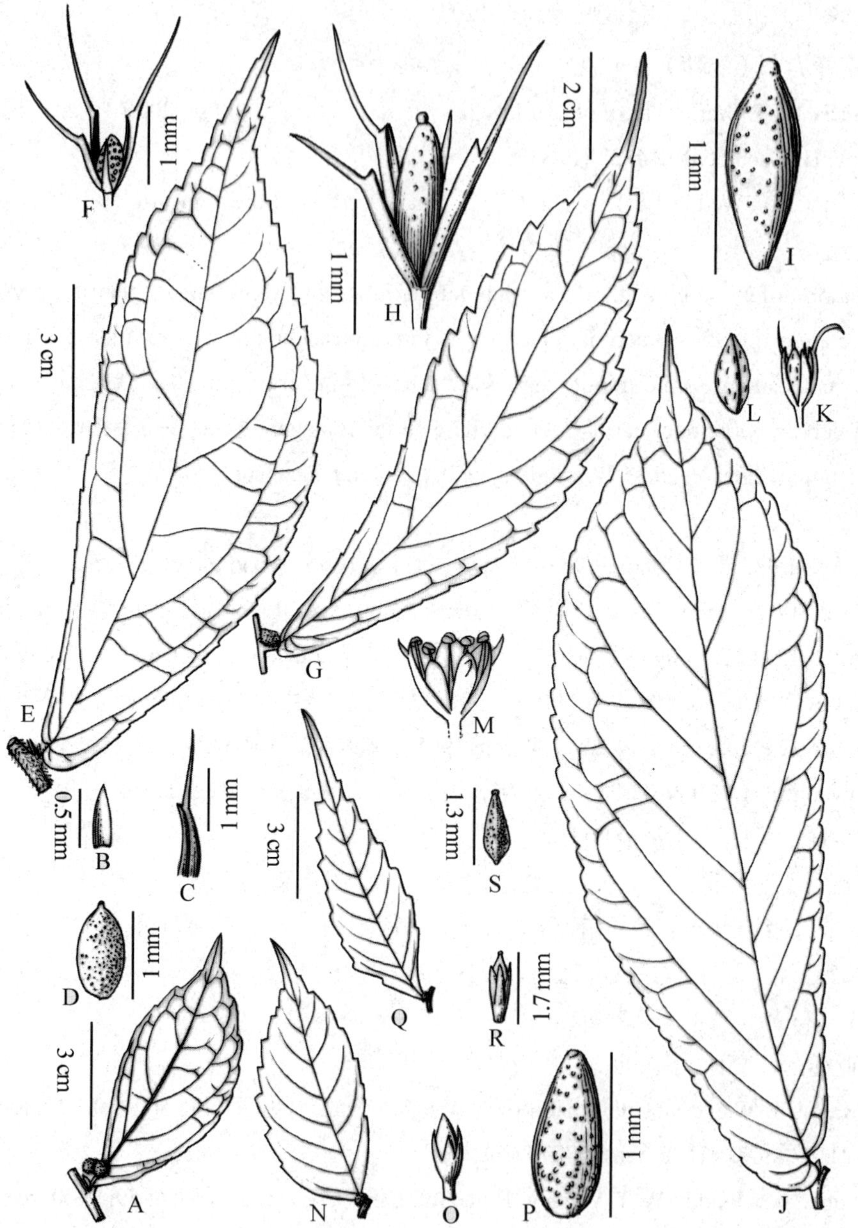

图 5　A–D. **翅茎赤车**　A. 叶和雌聚伞花序；B，C. 雌花被片；D. 瘦果（仿刘寿养，1983）。　E–F. **华南赤车**　E. 叶；F. 宿存雌花被和瘦果（据温放 070506B）。　G–I. **云南赤车**　G. 叶；H. 宿存雌花被和瘦果；I. 瘦果（税玉民等 11636）。　J–M. **大叶赤车**　J. 叶；K. 雌花；L. 瘦果；M. 雄花（仿王文采，1995）。　N–P. **羽脉赤车**　N. 叶和雌聚伞花序；O. 宿存雌花被和瘦果；P. 瘦果（据 isotype）。　Q–S. **两广赤车**　Q. 叶和雌聚伞花序；R. 宿存雌花被和瘦果；S. 瘦果（仿 Wei & Wang，2010）。

Fig. 5　A–D. ***Pellionia caulialata***　A. Leaf and pistillate cyhme; B, C. Pistillate tepals; D. Achene (after S. Y. Liu, 1983).　E–F. ***P. grijsii***　E. Leaf; F. Persistent pistillate perianth and achene (from F. Wen 070506B).　G–I. ***P. yunnanensis***　G. Leaf; H. Persistent pistillate perianth and achene (from Y. M. Shui et al. 11636).　J–M. ***P. macrophylla***　J. Leaf; K. Pistillate flower; L. Achene; M. Staminate flower (after Wang, 1995).　N–P. ***P. incisoserrata***　N. Leaf and pistillate cyme; O. Persistent pistillate perianth and achene; P. Achene (from isotype).　Q–S. ***P. ronganensis***　Q. Leaf and pistillate cyme; R. Persistent pistillate perianth and achene; S. Achene (after Wei & Wang, 2010).

条，在叶宽侧4−6条，托叶较小，呈钻形，长2−4 mm，宽0.1−0.2 mm，而与南亚赤车相区别。

21d. 少脉南亚赤车（变种）

var. **paucinervis** W. T. Wang, var. nov. Holotype：江西 上犹，陵水树木园 (Shangyou, Lingshui arboretum), alt. 300 m，竹林中 (in bamboo thicket), 2007-11-01，赣南采集队 (S. Jiangxi Exped.) 928 (PE)。

A var. *griffithiana* differt caulibus tantum prope apicem retrose albo-strigosis (pilis 0.2−0.4 mm longis), folio nervis secundariis 4-jugatis praedito, stipulis minoribus subulatis 3−4 mm longis 0.1−0.2 mm latis.

分布：江西上犹特有变种。

本变种的茎只在近顶部被白色反曲糙伏毛(毛长0.2−0.4 mm)，叶有4对二级脉，托叶较小，呈钻形，长3−4 mm，宽0.1−0.2 mm，而与南亚赤车相区别。

22. 华南赤车　图5：E−F

Pellionia grijsii Hance in J. Bot. 6: 49. 1868 et 12: 262. 1874; C. H. Wright in J. Linn. Soc. Bot. 26: 481. 1899; W. T. Wang in Bull. Bot. Lab. N.-E. Forest. Inst. 6: 61. 1980; C. J. Ceng in Fl. Fujian. 1: 467. 1982; W. T. Wang in Fl. Reip. Pop. Sin. 23(2): 178, pl. 37: 1−2. 1995; X. W. Lin in Fl. Yunnan. 7: 252. 1997; B. G. Li in Fl. Hunan 2: 289. 2000; Q. Lin et al. in Fl. China 5: 126. 2003, p. p. excl. syn. *P. funingensis* W. T. Wang; Y. Z. Ruan in Fl. Guangdong 6: 81. 2005; W. T. Wang in Fl. Guangxi 2: 846. 2005; Y. M. Shui & W. H. Chen, Seed Pl. Karst Reg. China 1: 102, fig. 255. 2006; Q. M. Hu in Fl. Hong Kong 1: 123, fig. 90. 2007. Holotype：福建 1861, C. F. M. Grijs 6704 (BM, non vidi; photo, PE)。 Fig. 5: E−F

Elatostema griffithianum auct. non (Wedd.) Hall. f.: H. Schroter in Repert. Sp. Nov Regni Veg. Beih. 83(2): 76. 1936, p. p. quoad syn. *Pellionia grijsii* Hance.

Pellionia griffithiana auct. non Wedd.: Fl. Hainan. 2: 406. 1965.

分布：云南南部和东南部、广西、海南、广东、福建、江西西部、湖南、贵州东南部。

标本登录：云南 思茅，周仕顺972；西畴，王启无35991。广西 那坡，覃海宁等556；大新，李振宇等86；扶绥，陈少卿12064；武鸣，韦毅刚AM6395；横县，陈照宙503460；金秀，覃海宁68；融水，北京队891722，温放070506B；百色，华南分队2142；临桂，花坪队H0451；环江，北京队895009。海南 保亭，吊罗山队3135；陵水，海南东队920；安定，黄志35348；白沙，海南东队632。广东 鼎湖山，钟观光1007；清远，黄志161447；增城，曾怀德20178；新丰，邓良8081；翁源，韦毅刚，温放1017；连平，卫兆芬120063，福建 南靖，厦大采集队937。江西 井冈山，熊杰3193。湖南 桂东，湖南队A183；道县，黄向旭10025；永兴，王福德s. n。贵州 荔波，邵青，段林东62。

23. 云南赤车　图5：G−I

Pellionia yunnanensis (H. Schroter) W. T. Wang in Bull. Bot. Lab. N.-E. Forest. Inst. 6: 61. 1980; et in Fl. Reip. Pop. Sin. 23(2): 179. 1995; X. W. Li in Fl. Yunnan. 7: 249, pl. 63:1−3. 1997; Q. Lin et al. in Fl. China 5: 126. 2003. ——*Elatostema yunnanense* H. Schröter in Repert. Sp. Nov. Regni Veg. Beih. 83(2): 79, tab. 29. 1936. Type: 云南 蒙自之南, alt. 1 700 m, A. Henry 9163D (holotype, B; isotypes, E, K, non vidi)。 Fig. 5: G−I

Supplenmentary description to the original one, with the infructescences, persistent pistillate tepals and achenes described for the first time.: Infructescences singly axillary, depressed-globose, 4−10 mm in diam., densely multi-flowered; peduncles 1–4 mm long, glabrous; bracts numerous, narrowly triangular-linear or narrowly linear, (1–2) mm × (0.1–0.15) mm, glabrous. Pistillate flower's tepals 4, persistent, whitish, unequal in size, glabrous, 3–4 larger, linear-navicular, 0.8–1 mm long, abaxially below apex long corniculate, with horn-like projections 0.8–1 mm long, other 1–2 tepals smaller, flat, narrowly lanceolate-linear, 0.7–1.1 mm long. Achenes brown, long ellipsoid, ca. 1 mm × 0.4 mm, minutely tuberculate (from Y. M. Shui et al. 11636).

本种的模式标本 A. Henry 9163D 为雄株，因此原始描述中缺雌花序，雌花和瘦果的描述，最近看到采自云南，河口，大围山的税玉民等 11636 号标本为雌株，遂对其果序、宿存雌花被片和瘦果做出如上补充描述。

分布：云南东南部特有种。

标本登录：云南 绿春，黄连山，武素功等 2040 (♂)；河口，万丈崖，税玉民等 10907 (♂)；河口，大围山，税玉民 11636 (♀)；马关，古林菁，税玉民等 31070 (♂)；屏边，蔡希陶 61140 (♂)，冯国楣 5108 (♂)；麻栗坡，王启无 86850 (♂)，王印政等 4840 (♂)。

系 5. 大叶赤车系 ser. **Macrophyllae** W. T. Wang, ser. nov. Type: *P. macrophylla* W. T. Wang.

Series nova haec est affinis ser. *Griffithianis* W. T. Wang, a qua acheniis longitudinaliter dense lineolatis differt.

Reduced leaves absent. Stems not winged. Leaves penninerved; stipules subulate or narrowly linear. Pistillate flower's tepals 5, of them 2–3 larger, abaxially below apex long cornitulate. Achenes longitudinally densely lineolate.

1 种。

24. 大叶赤车　图 5：J–M

Pellionia macrophylla W. T. Wang in Acta Bot. Yunnan. 5(3): 271, fig. 1. 1983; et in Fl. Reip. Pop. Sin. 23(2): 181, pl. 40. 1995; X. W. Li in Fl. Yunnan. 7: 249, pl. 63: 6–7. 1997; Q. Lin et al. in Fl. China 5: 127. 2003. Type：云南 绿春，alt. 2 000 m, 1973-10-15，陶德定 845 (holotype, KUN; isotype, PE), 857 (paratype, KUN), 1973-09-09, 141, 195 (paratypes, KUN)。 Fig. 5: J–M

分布：云南东南部、广西西部。

标本登录：云南 金平，武素功等 4301；河口，税玉民 778，1031；马关，古林菁，税玉民，陈文红，盛家舒 30763；砚山，王启无 84988。广西 那坡，覃海宁等 2270；百色，百色队 1508。

组 3. 羽脉赤车组 sect. **Leiolaena** W. T. Wang, sect. nov. Type: *P. incisoserrata* (H. Schröter) W. T. Wang.

Sectio nova haec est affinis Sect. *Elatostemoidibus* (C. B. Robinson) W. T. Wang**, a qua foliis penninervibus, foliis reductis absentibus, raro praesentibus differt.

Leaves shortly petiolate or sessile, with dentate margins, penninerved. Reduced leaves absent, rarely present. Pistillate inflorescences cymose. Pistillate flower's tepals 5, rarely 4 or 3, abaxially usually lacking any projections, rarely below apex shortly corniculate. Achenes smooth or tuberculate, rarely lineolate and minutely tuberculate.

我国有 7 种，根据瘦果和退化叶等特征被划分为 4 系。

系 1. 羽脉赤车系 ser. **Incisoserratae** W. T. Wang in Bull. Bot. Lab. N.-E. Forest. Inst. 6: 63. 1980; et in FL. Reip. Pop. Sin. 23(2): 181. 1995, p. p. excl. *P. macrophylla* W. T. Wang; Yahara in J. Fac. Sci. Univ. Tokyo, Sect. 3, Bot. 13(4): 386. 1984. Type: *P. incisoserrata* (H. Schröter) W. T. Wang.

Reduced leaves abaent. Pistillate flower's tepals 5, rarely 4, all lacking any projections. Achenes minutely tuberculate.

2 种。

25. 羽脉赤车　图 5：N–P

Pellionia incisoserrata (H. Schröter) W. T. Wang in Bull. Bot. Lab. N.-E. Forest. Inst. 6: 63. 1980; in Fl. Reip. Pop. Sin. 23(2): 183, pl. 41: 1–5. 1995; et in Fl. Guangxi 2: 847. 2005. ——*Elatostema incisoserratum* H. Schröter in Repert. Sp. Nov. Regni Veg. Beih. 83(2): 90, tab. 27. 1936. Type: 广东 乳源，1933-05-10，高锡朋 S. P. Ko 52629 (holotype, W, non vidi, photo, PE; isotype, IBSC)。 Fig. 5: N–P

分布：广西、广东北部。

标本登录：广西 巴马，甲篆，韦毅刚 AM6465；融水，温放 070505。广东 翁源，韦毅刚，温放 1015。

26. 两广赤车　图 5：Q–S

Pellionia ronganensis W. T. Wang & Y. G. Wei in Nordic. J. Bot. 28: 54, fig. 2010. Type：广西 融安，浮石镇，Shangliuliao village, alt. 200 m, 2009-04-28，韦毅刚 09185 (holotype, PE; isotype, IBK)。 Fig. 5: Q–S

P. tenuicuspis W. T. Wang, Y. G. Wei & F. Wen in Ann. Bot. Fennici 49: 190, fig. 2. 2012, syn. nov. Type：广东 乳源，Luoyang Town, Tianjingshan Mount, alt. 408 m, 2010-03-08, 韦毅刚，温放 1019 (holotype, IBK, non vidi; isotype, PE); 同地，alt. 410 m, 2011-03-10，韦毅刚，温放 1103 (paratype, IBK, non vidi)。

分布：广西北部、广东北部。

系 2. 光果赤车系 ser. **Leiocarpae** W. T. Wang in Guihaia 2(3): 115. 1982; et in Fl. Reip. Pop. Sin. 23(2): 183. 1995, p. p. excl. P. brachyceras W. T. Wang. Type: *P. leiocarpa* W. T. Wang.

Reduced leaves present. Pistillate flower's tepals 5, abaxially lacking any projections or below apex with short projections. Achenes smooth.

1 种。

27. 光果赤车　图 6：A–C

Pellionia leiocarpa W. T. Wang in Guihaia 2(3): 115, fig. 1–4. 1982; in Fl. Reip. Pop. Sin. 23(2): 183, pl. 42: 1–4. 1995; in Fl. Guangxi 2: 847, fig. 344: 1–4. 2005; et in Bull. Bot. Res. *

Harbin 26(1): 15. 2006; Q. Lin et al. in Fl. China 5: 127. 2003; Y. M. Shui & W. H. Chen, Seed Pl. Karst

---

*__Pellionia__ Gaudich. sect. **Elatostemoides** (C. B. Robinson) W. T. Wang, st. et comb. nov. ——Gen. *Elatostemoides* C. B. Robinson in Philip. J. Sci. Bot. 5(6) : 497, 1910. ——*Elatostema* Forster subgen. *Elatostemoides* (C. B. Robinson) H. Schröter in Repert. Sp. Nov. Regni Veg. Beih. 83(1): 2. 1935; (2): 2, 8, 92. 1936. Lectotype: *P. rostrata* (Hall. f.) Boerl., here designated.

Leaves shortly petiolate or sessile, usually with dentate margins, trinerved or semi-triplinerved, with lateral basal nerve at leaf narrow side extending upwards nearly to leaf apex. Redueed leaves usually present, rarely absent. Pistillate infloresecnes cymose. Pistillate flower's tepals 5, abaxially lacking any projections or below apex shortly corniculate. Achenes usually smooth.

Forty five species, wide-spread in tropical islands of SE Asia and SW Oceania.

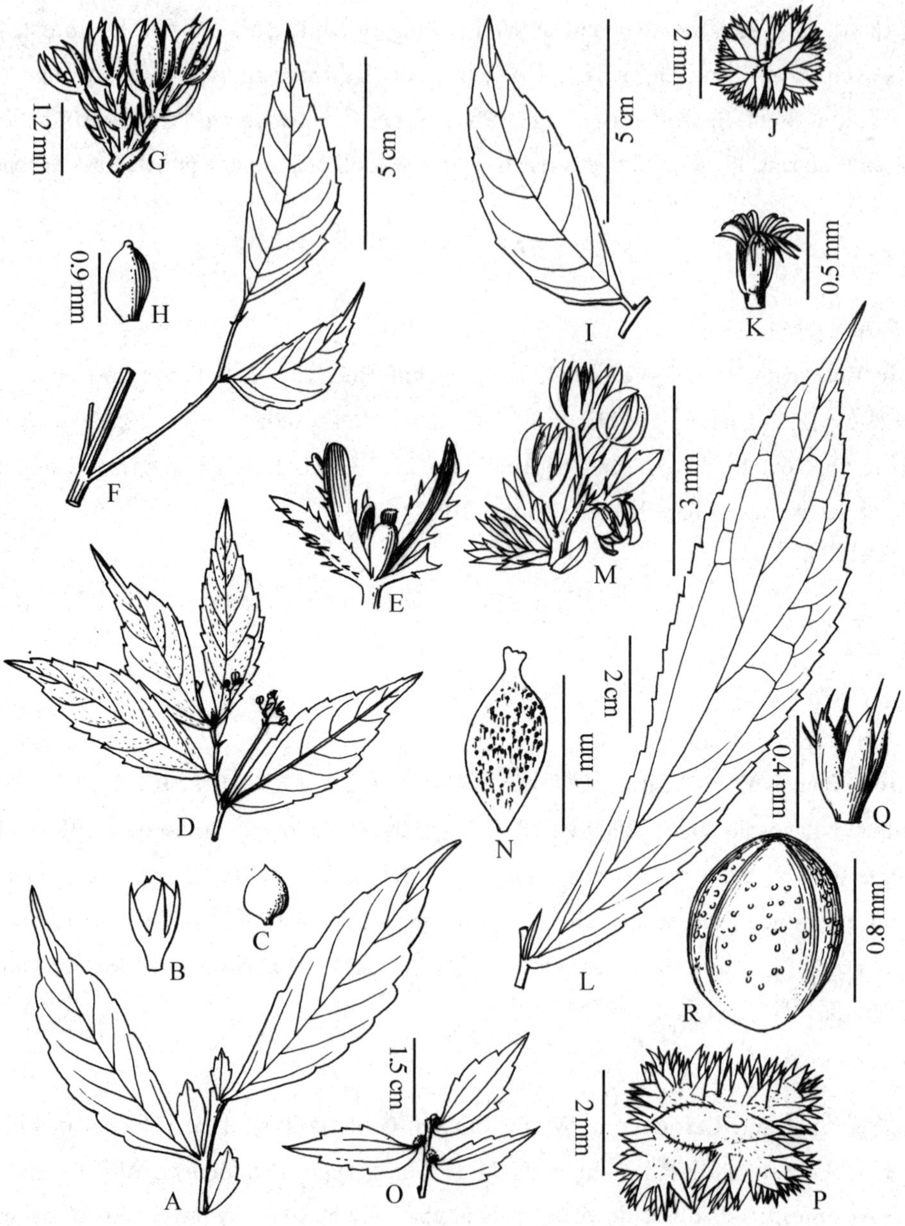

图 6　A–C. **光果赤车**　A. 茎顶部；B. 宿存雌花被和瘦果；C. 瘦果（仿王文采，1995）。　D–E. **短角赤车**　D. 开花茎顶部；E. 雌花（仿王文采，1995）。　F–H. **龙州赤车**　F. 具二叶的分枝；G. 果序；H. 瘦果（仿王文采，2010）。　I–K. **东兰赤车**　I. 叶；J. 雌聚伞花面，下面观；K. 雌花（仿王文采，2010）。　L–N. **柔毛赤车**　L. 叶；M. 果序；N. 瘦果（仿王文采，2014）。　O–R. **头序赤车**　O. 三叶和三雌头状花序；P. 雌头状花序，下面观；Q. 雌花（仿王文采，2010）；R. 瘦果（据李明红，旷月秋 841）。

Fig. 6　A–C. ***Pellionia leiocarpa***　A. Apical part of stem; B. Persistent pistillate perianth and achene; C. Achene (after Wang, 1995).　D–E. ***P. brachyceras***　D. Apical part of flowering pistillate stem; E. Pistillate flower (after Wang, 1995).　F–H. ***P. longzhouensis***　F. A branch with two leaves, G. Infructescence; H. Achene (after Wang, 2010).　I–K. ***P. donglanensis***　I. Leaf; J. Pistillate cyme, seen from beneath; K. Pistillate flower (after Wang, 2010).　L–N. ***P. mollissima***　L. Leaf; M. Infructescence; N. Achene (after Wang, 2014).　O–R. ***P. cephaloidea***　O. Three leaves and three pistillate capitula; P. Pistillate capitulum, seen from beneath; Q. Pistillate fower (after Wang, 2010); R. Achene (from M. H. Li & Y. Q. Kuang 841).

Reg. China 1: 102, fig. 253. 2006. Holotype: 广西 那坡，百都，弄花，alt. 1 100 m, 1981-08-21, 方鼎，覃德海，王振刚 25142 (GXMI)。 Fig. 6: A–C

分布：我国云南东南部、广西西部；越南北部。

标本登录：云南 河口，税玉民，陈文红等 20612；麻栗坡，税玉民，陈文红等 20376，吴增源等 10395；马关，古林菁，税玉民等 30804。广西 那坡，中植联广西队 4125；靖西，韦毅刚，温放 1171；凌云，韦毅刚 101；乐业，韦毅刚 g102。Vietnam Tam Dao 保护区，韦毅刚 v-36。

系 3. 短角赤车系 ser. **Brachycerates** W. T. Wang, ser. nov. Type: *P. brachyceras* W. T. Wang. Series nova haec est affinis ser. *Leiocarpis* W. T. Wang, a qua foliis reductis nullis differt.

Reduced leaves absent. Pistillate flower's tepals 3–5, abaxially lacking any projections, rarely with short projections. Achenes smooth.

3 种。

28. 短角赤车 图 6：D–E

Pellionia brachyceras W. T. Wang in Bull. Bot. Res. Harbin 3(3): 185, fig. 2–3. 1983; in Fl. Reip. Pop. Sin. 23(2): 185, pl. 42: 5–6. 1995; et in Fl. Guangxi 2: 846. 2005; Q. Lin et al. in Fl. China 5 : 127. 2003. Holotype：广西 隆林，大吼豹自然保护区，alt. 1 420 m, 1984-11-10，梁健英，覃民府 K0442 (IBK)。 Fig. 6: D–E

分布：广西西北部特有种。

标本登录：广西 隆林，大吼豹自然保护区，韦毅刚，温放 g081。

29. 龙州赤车 图 6：F–H

Pellionia longzhouensis W. T. Wang in Guihaia 30(1) : 3, fig. 2 : A–C, 2010. Holotype：广西 龙州，高山村，板闭，alt. 330 m, 2005-05-11，税玉民，陈文红，张美德 B2005-043 (PE)。 Fig. 6: F–H

分布：广西龙州特有种。

30. 东兰赤车 图 6：I–K

Pellionia donglanensis W. T. Wang in Guihaia 30(1): 1, fig. 1. 2010. Holotype：广西 东兰，波豪乡，alt. 300 m，石灰岩山山洞口，2004-02-18，税玉民，陈文红 B2004-434 (PE)。 Fig. 6: I–K

分布：广西东兰特有种。

系 4. 柔毛赤车系 ser. **Mollissimae** W. T. Wang, ser. nov. Type: *P. mollissima* W. T. Wang.

Series nova haec acheniis longitudinaliter dense lineolatis et minute tuberulatis a seriebus tribus ceteris sectionis *Leiolaenae* distat.

Reduced leaves absent. Pistillate flower's tepals 5, abaxially lacking any projections. Achenes longitudinally densely lineolate and minutely tuberculate.

1 种。

31. 柔毛赤车 图6：L-N

Pellionia mollissima W. T. Wang in Guihaia 34(1): 1, fig. 1. 2014. Holotype: 广西 龙州，金龙，alt. 250 m，石灰岩山林中，2003-09-15，税玉民，陈文红 B2003-038 (PE)。 Fig. 6: L-N

分布：广西龙州特有种。

组 4. **头序赤车组** sect. **Elatostematopsis** W. T. Wang in Bull. Bot. Lab. N.-E. Forest. Inst. 6: 64. 1980; in Fl. Reip. Pop. Sin. 23(2): 185. 1995; et in *Guihaia* 31(1): 2. 2011. Type: *P. cephaloidea* W. T. Wang.

Leaves sessile or very shortly petiolate, with dentate margins, trinerved vel semi-triplinerved, with lateral basal nerve at leaf narrow side extending upwards slightly surpassing the leaf middle.

Reduced leaves present or absent. Pistillate inflorescences capitate, with discoid receptacles and involucres. Pistillate flower's tepals 5, subaequal in size, longer than ovary, lanceolate or narrowly oblong, lacking any projections or abaxially below apex shortly corniculate. Achenes ellipsoid or globose, tuberculate or longitudinally ribbed and minutely tuberculate.

2 种，我国有 1 种。

32. 头序赤车 图6：O-R

Pellionia cephaloidea W. T. Wang in Bull. Bot. Lab. N.-E. Forest. Inst. 6 64. 1980; et in Fl. Reip. Pop. Sin. 23(2): 185, pl. 38: 1-3. 1995; B. G. Li in Fl. Hunan 2: 289. 2000; W. T. Wang in Guihaia 31(2): 2, fig. 1. 2011. Holotype：湖南 衡山，1925-06-08，湖南博物馆 s. n. (PE)。

*P. scabra*auct. non Benth.: Q. Lin, L. D. Duan & M. H. Li in Acta Phytotax. Sin. 40(5): 178. 2002, p. p. quoad syn. *P. cephaloidea* W. T. Wang; Q. Lin et al. in Fl. China 5: 124. 2003, p. p. quoad syn. *P. cephaloidea* W. T. Wang.

Supplementary description to the original one, with the achenes described for the first time. Achenes yellowish-white, globose, ca. 0.8 mm in diam., longitudinally 5-ribbed and minutely tuberculate (from M. H. Li & Y. Q. Kuang 841).

分布：湖南衡山特有种。

标本登录：湖南 衡山，玉板桥，alt. 350 m，1996-03-14，夏江林 59； 同地，半山亭，alt. 600 m，2003-05-03，李明红，旷月秋 841。

参 考 文 献

BAILLONH, 1872. trib. Procrideae [M]. Paris: Histoire des plantes, 3: 522-536.

BENTHAM G, HOOKER J D, 1880. trib. Urticeae [M]. London: Genera plantarum, 3(1): 381-395.

ENGLER A, 1893. Urticaceae [M] // ENGLER A, PRANTL K (eds). Die natürlichen Pflanzenfamilien. Leipzig: Verlag. von Wilhelm Engelmann, 3(1): 98-119.

FRIIS I, 1993. Urticaceae [M] // KUBIZKI K, ROHWER J G, BITR-ICH V (eds). The families and genera of vascular plants. Berlin: Springer-verlag, 2: 612-630.

GAGNEPAIN F, 1928. *Pellionia* nouveaux d'Indo-Chine [J]. Bull Soc Bot France, 75: 917−928.

GAGNEPAIN F, 1929. *Pellonia* [J]. Flore générale de L'Indo-Chine. Paris, 5: 892−912.

HALLIER H, 1896. Neue u. Bemerkenswerte Pflanzen aus d. Malayisch-Papuan Inschneer [J]. Ann Jard Bot Buitenz, 13: 300−316.

HANDEL-MAZZETTIH, 1929. *Elatostema* [J]. Symbolae Sinicae. Wien: J. Springer, 7: 143−149.

HOOKER J D, 1888. *Pellionia*. The flora of British India [J]. London: L. Reeve, 5: 559−562.

LIN Q,FRIIS I, WILMOT-DEAR C M, 2003. *Pellionia* [M] // WU Z Y, RAVEN P H, eds. Flora of China. Beijing: Science Press; St. Louis: Missouri Botanical Garden Press, 5: 122−127.

LIN Q, DUAN L D, LI M H, 2002. A new synonym of *Pellionia scabra* Benth.[J]. Acta Phytotax. Sin., 40(5): 477−479. [林祁, 段林东, 李明红, 2002. 蔓赤车的一个新异名 [J]. 植物分类学报, 40(5): 477−479.]

LIU S Y, 1983. A new species of *Pellionia* Gaud.from Guangxi [J]. Guihaia, 3(4): 317−318. [刘寿养, 1983. 广西赤车属一新种 [J]. 广西植物, 3(4): 317−318.]

ROBINSON C B. 1910. Philippine *Urticaceae* [J]. Philip J Sci Bot, 5(6): 465−543.

SCHRÖTER H, WINKLER H, 1935−1936. Monographie des *Gattung Elatostema* s.1[J]. Repert. Sp Nov Regni Veg Beih, 83(1): 1−56, 1935; (2): 1−174. 1936.

UTCHINSON H J. 1967. Order. *Urticales* [M]. The genera of flowering plants. London: Oxford University Press, 2: 144−196.

WANG W T, 1980. Classificatio specierum sinensium *Pellioniae* (Urticaceae) [C]. Northeast Forestry College Plant Laboratory Proceedings, 6: 45−46. [王文采, 1980. 中国赤车属分类 [C]. 东北林学院植物研究室汇刊, 6: 45−46.]

WANG W T, 1982. Notulae de *Pellionia Elatostemateque* guangxiensibus [J]. Guihaia, 12(3): 115−127. [王文采, 1982. 广西赤车属和楼梯草属杂记 [J]. 广西植物, 12(3): 115−127.]

WANG W T, 1982. Taxa nova *Pillioniae Elatostematisque* e Sina [J]. Bull Bot Res, 12(1): 1−31. [王文采, 1982. 赤车属和楼梯草属新分类群 [J]. 植物研究, 12(1): 1−31.]

WANG W T, 1983. Notulae de *Pellionia Elatostemateque* (Ureicaceae) [J]. Bull Bot Res, 13(2): 56−65. [王文采, 1983. 赤车属和楼梯草属小志 [J]. 植物研究, 13(2): 56−65.]

WANG W T, 1992. On some distribution patterns and some migrationroutes in the eastern Asiatic region [J]. Acta Phytotax. Sin., 30(1): 1−24; (2): 97−117. [王文采, 1992. 东亚植物区系的一些分布式样和迁移路线 [J]. 植物分类学报, 30(1): 1−24; (2): 97−117.]

WANG W T, 1995. *Pellionia* [M] // Flora Reipublicae Popularis Sinicae. Beijing: Science Press, 23(2): 160−187. [王文采, 1995. *Pellionia* [M] // 中国植物志. 北京: 科学出版社, 23(2): 160−187.]

WANG W T, 2010. New taxa of *Pellionia* and *Elatostema* (Urticaceae) from China[J]. Guihaia, 30(1): 1−12. [王文采, 2010 荨麻科赤车属和楼梯草属新分类群 [J]. 广西植物, 30(1): 1−12.]

WANG W T, 2011. *Pellionia* sect. *Elatostematopsis* and *P. cephaloidea* should be restored [J]. Guihaia, 31(1): 1−4. [王文采, 2011. 应恢复赤车属头序赤车组和头序赤车 [J]. 广西植物, 31(1): 1−4.]

WANG W T, 2014. *Elatostema* (Urticaceae) in China [M]. Qingdao: Qingdao Press. [王文采, 2014. 中国楼梯草属植物 [J]. 青岛: 青岛出版社.]

WANG W T, 2014. *Pellionia mollissima*, a new species of Urticaceae from Guangxi [J]. Guihaia, 14(1): 1−3. [王文采, 2014, 柔毛赤车, 广西荨麻科一新种 [J]. 广西植物, 14(1): 1−3.]

WEDDELL H A, 1869. Urticaceae [M] // de CANDOLLE A P(ed). Paris: Prodrumus systematis naturalis regni vegetabilis, 16(1): 32−235.

WEI Y G, F WEN, WANG W T, 2012. *Elatpstema robustipes* (Urticaceae), a new species from Guangxi, and *Pellionia tenuicuspis* (Urticaceae), a new species from Guangdong, China [J]. Ann Bot Fennici, 49: 188−192.

WEI Y G, WANG W T, 2010. *Pellionia ronganensis* sp. nov. (Urticaceae) from Guangxi, China [J]. Nordic J Bot, 28: 54–55.

WRIGHT C H. 1899. Urticaceae [M] // FORBES F B, HEMSLEY W B(eds). All the plants known from China proper, Formosa, Hainan, Corea, the Luchu Archipelago and the Island of Hongkong J Linn Soc Bot, 26: 471–492.

YAHARA T, 1984. *Pellionia* and *Elatostema* in Thailand [M]. J Fac Sci Univ Tokyo, Sect 3, Bot, 13: 483–499.

毛茛科二新种

Two new species of Ranunculaceae from China

永登翠雀花　图 1： A–D

Delphinium yongdengense W. T. Wang, sp. nov. Fig. 1: A–D

(Sect. *Delphinium* DC. ser. *Caerulea* W. T. Wang)

Species nova haec est affinis *D. caeruleo* Jacq. ex Camb., quod foliorum laminis majoribus basi cordatis, earum segmentis rhombicis vel flabellatis bis ad ter dissectis, sepalis inferis totis planis apice nec navicularibus nec corniculatis, staminodiorum limbis late obovatis vel suborbicularibus ventro flavo-barbatis, staminibus glabris praeclare differt.

Prennial herb. Stem purple, ca. 35 cm tall, below ca. 2.5 mm across, inconspicuously longitudinally 6-sulcate, densely retrorsely appressed-puberulous (hairs 0.2–0.4 mm long), from below dichotomously branched. Basal leaves not seen. Lower cauline leaf ternate (?), shortly petiolate; leaflet shortly petiolulate, its blade green, at base subtruncate, 3-sect, segments linear, (0.8–3.5) cm × (0.12–0.2) cm, at margin entire, involute, adaxially densely appressed-puberulous, abaxially on midrib pilose, midrib adaxially impressed, abaxially slightly prominent; petiole purple, linear, ca. 10 mm × 1.5 mm, densely appressed-puberulous (hairs 0.2–0.4 mm long) and mixed with a few long hairs 1–2 mm long. Upper cauline leaves simple, shortly petiolate; blades at base broadly cuneate, 3-sect, segments linear, (0.7–2) cm × (0.1–0.2) cm, entire; petioles 3.5–5 mm long. Corymbs terminal, 3–7-flowered, rarely flowers singly terminal to branches; bracts shortly petiolate or sessile, similar to upper cauline leaves, 1–3.5 cm long, either 3-sect with 3 linear segments, or undivided, linear; pedicels 5–12.5 cm long, appressed-puberulous, near the middle 2-bracteolate; bracteoles purple, narrowly lanceolate-linear, (6–10) mm × (0.4–0.6) mm, puberulous. Flower: Sepals 5, deeply blue, adaxially glabrous, abaxially densely appressed-puberulous; upper sepal narrowly ovate, (1.3–1.7) cm × (0.5–1) cm, spur subulate, 1.4–1.6 cm long, apex decurved, base 3–3.5 mm across; lateral sepals ovate-oblang, (1.3–1.7) cm × (0.3–0.6) cm; lower sepals narrowly oblong, (1.3–1.85) cm × (0.4–0.5) cm, apex navicular, sometimes shortly corniculate. Petals 2, blue, glabrous, apex entire and with white margin. Staminodes 2, blue; claws ca. 6 mm long, glabrous, above base with a small triangular appendage; limbs oblong-obovate, ca. 8 mm × 5 mm, undivided, at apex rounded, with ca. 10 longitudinal nerves, adaxially above base densely whitish-barbate. Stamens numerous; filaments 4–7 mm long, below narrowly triangular or linear-triangular, above filiform and pilose; anthers dark-blue, oblong, 1.8–2 mm long, glabrous. Carpels 5; ovaries oblong, 5–6 mm long, densely appressed-puberulous; styles ca. 2 mm long, glabrous.

甘肃 (Gansu)：永登县，连城自然保护区，沙林沟 (Yongdeng Xian, Liancheng Nature Reserve, Shalin Valley), alt. 2 475 m, 2006-08-01, 张学刚 (Zhang Xue-gang)06137(holotype, PE)。

原文刊登于《植物研究》36(1): 1–3，2016。
致谢：深切感谢孙英宝先生为本文绘图。

图 1　A–D. **永登翠雀花**　A. 开花枝条；B. 退化雄蕊；C. 雄蕊；D. 雌蕊群。
E–F. **攀枝花唐松草**　E. 开花枝条，花多凋谢，只少数花尚有雌蕊群；F. 心皮。

Fig. 1　A–D. **Delphinium yongdengense**　A. Flowering branch; B. Staminode; C. Stamen; D. Gynoecium.
E–F. **Thalictrum panzhihuaense**　E. Flowering branch, with most flowers having wilted and a few of them still bearing gynoecium; F. Carpel.

本种在亲缘关系方面与蓝翠雀花（*Delphinium caeruleum* Jacq. ex Camb.）相近，与后者的区别在于本种的茎生叶或为三出复叶或为单叶，基部近截形或宽楔形，复叶的小叶或单叶均3全裂，全裂片均呈条形，不分裂，花萼的2枚下萼片顶端呈船形，有时还具短角状突起，退化雄蕊的瓣片长圆状倒卵形，腹面基部之上被白色髯毛，雄蕊花丝上部疏被柔毛。在蓝翠雀花，叶的基部呈心形，3全裂，全裂片呈菱形或扇形，2至3回细裂，花萼的2枚下萼片平坦，顶端不呈船形，也不具角状突起，退化雄蕊的瓣片宽倒卵形或近圆形，腹面基部之上被黄色髯毛，雄蕊无毛[1]。

攀枝花唐松草　图1：E−F

Thalictrum panzhihuaense W. T. Wang, sp. nov. Fig. 1: E−F

(Sect. *Thalictrum* ser. *Virgata* W. T. Wang & S. H. Wang)

Ob caules, petiolos, foliolorum paginas adaxiales, pedicelos et ovaria glanduloso-puberula, et flores 2−4 in monochasium dispositos species nova haec est affinis *T. viscoso* C. Y. Wu ex W. T. Wang & S. H. Wang endemico in valle fluminis Jinsha partis borealium urbis Lijiang provinciae Yunnan, quod foliis caulinis 3-pinnatis 15−60-foliolatis, foliolis minoribus 0.6−1.1 cm longis et latis basi cordatis, nervis basalibus 5 subtus planis, stigmatibus anguste linearibus haud alatis facile differt.

Perennial herb. Stem ca. 30 cm tall, below ca. 1.5 mm across, with petioles, leaf rachises and pedicels all densely glandular-puberulous (hairs 0.1−0.2 mm long), much branched. Basal leaves not seen. Cauline leaves 5-foliolately pinnate or ternate, shortly petiolate; blades narrowly ovate or deltoid in outlin, (2.5−5) cm × (2.2−3.5) cm; leaflets chartaceous, petiolulate, broadly ovate or pentagonal, (0.8−1.6) cm × (0.8−2.2) cm, at base subcordate, 3-lobulate or undivided, at margin sparsely crenate or rounded-detate, adaxially densely glandular-puberulous, abaxially on nerves hirtellous; basal nerves 5, adaxially flat, abaxially prominent; petiolules slender, 0.4−1.5 cm long; petioles 0.5−0.8 cm long. Monochasia terminal, 2−4-flowered; bracts ternate or simple and similar to leaflets; pedicels slender, 0.5−1.7 cm long. Flower: Sepals and stamens not seen. Carpels 2−4; ovaries long ellipsoidal or narrowly lanceolate, (1.5−1.8) mm × 0.4 mm, densely glandular-puberulous; stigmas narrowly triangular, ca. 1 mm × 0.3 mm, glabrous, margins of membranous wings slightly erosulate.

四川 (Sichuan)：攀枝花市，苏铁山 (Panzhihua Shi, Sutie Shan), alt. 1 600−1 700 m，山坡灌丛 (in bushes on slope)，2002-09-13，张钢民 (Zhang Gangmin) 638 (holotype，PE)。

本种的茎、叶柄、小叶表面、花梗和心皮的子房均被短腺毛，花2−4朵组成单歧聚伞花序，因此与也具这些特征的粘唐松草（*Thalictrum viscosum* C. Y. Wu ex W. T. Wang & S. H. Wang）（特产云南丽江虎跳峡）在亲缘关系上相近。本种与后者的区别在于本种的茎生叶为具5小叶的一回羽状复叶或具3小叶的三出复叶，小叶较大（长2.5−5 cm，宽2.2−3.5 cm），基部近心形或近截形，其5条基出脉在下面明显隆起，心皮的柱头狭三角形，有膜质薄翅。在粘唐松草，茎生叶为三回羽状复叶，有15−60枚小叶，小叶较小，长及宽均为0.6−1.1 cm，基部心形，其5条基出脉在下面平坦，心皮的柱头狭条形，无翅[2]。

参考文献

[1] 王文采. *Delphinium*. 中国植物志 [M]. 北京: 科学出版社, 1979, 27: 326−462.

[2] 王文采, 王蜀秀. *Thalictrum*. 中国植物志 [M]. 北京: 科学出版社, 1979, 27: 502−592.

头序冷水花属，广西荨麻科一新属

Metapilea, a new genus of Urticaceae from Guangxi

头序冷水花属

Metapilea W. T. Wang, gen. nov.

(Tribe *Lecantheae* Wedd.)

Ob folia opposita, tepala pistillata libera et florem pistillatum stigmate penicillato praeditum genus novum hoc est arcte affine *Pileae* Lindl., quae inflorescentiis pistillatis cymosis vel cymoso-paniculatis receptaculis carentibus et bracteis alternatis praeditis differt. Etiam ob inflorescentias pistillatas capitatas id est affine *Lecantho* Wedd., qui capitulis pistillatis longe pedunculatis receptacula orbiculari-discoidea haud conduplicata et involucra gerentibus, tepalis pistillatis apice cucullatis dorso infra apicem saepe 1-corniculatis recedit, et cum *Lecantho* ex genere primitivo *Pilea* sine dubio simul oriundum fuit.

Herb perennial, dioecious. Stem erect, glabrous. Leaves opposite, petiolate, glabrous; blades broadly elliptic, trinerved. Staminate inflorescences and staminate flowers unknown. Pistillate inflorescences capitate, singly axillary, sessile; receptacle oblong, conduplicate, at margin lacking involucre; bracts numerous, dense, with numerous pistillate flowers borne on adaxial surface of receptacle. Pistillate flower: tepals ca. 2, lanceolate-linear, at apex neither cucullate, nor corniculate; pistil with straight, ellipsoidal or subglobose ovary and sessile, long penicillate stigma.

Type: *Metapilea jingxiensis* W. T. Wang.

Species 1, endemic to Jingxi Xian, Guangxi Autonomous Region.

本属的叶对生，雌花被片离生，雌蕊具画笔头状柱头，因此与也具这些特征的冷水花属（*Pilea*）在亲缘关系方面甚为相近，其与后者的区别在于本属的雌花序头状，具长圆形盘状花序托，多数苞片和雌花生在花序托的近轴面上；而在冷水花属，雌花序为聚伞花序或聚伞圆锥花序，无花序托，苞片互生。此外，本属的雌花序为头状花序，因此与也具此特征的假楼梯草属（*Lecanthus*）有相近的亲缘关系，其与后者的区别在于本属的雌头状花序无花序梗，具对折的长圆形花序托，花序托边缘无总苞，雌花被片顶端不呈兜状，也无角状突起；而在假楼梯草属，雌头状花序具长花序梗和圆盘状花序托，在花序托边缘具总苞，雌花被片顶端呈兜状，并在背面顶端之下常有一角状突起 [1-3]。毫无疑问，此二进化属，头序冷水花属和假楼梯草属，均是起源自原始的冷水花属 [1]。

原文刊登于《植物研究》36(2): 164–166, 2016。
致谢：深切感谢孙英宝先生为本文绘图。

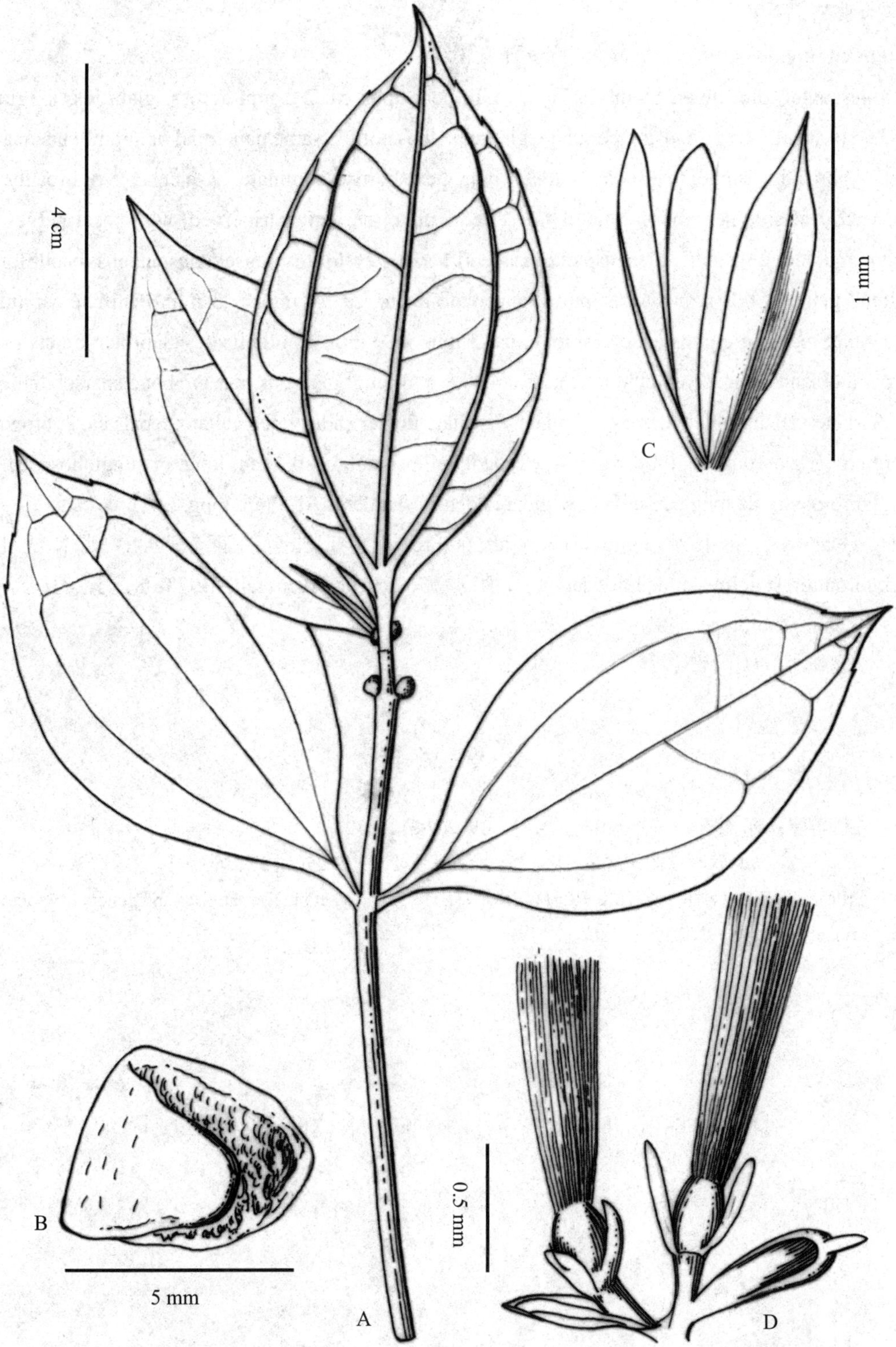

图 1　**头序冷水花**　A. 雌茎顶部；B. 雌头状花序（侧面观）；C. 3 苞片；D. 2 苞片和 2 雌花。

Fig. 1　***Metapilea jingxiensis***　A. Apical part of pistillate stem; B. Pistillate capitula (lateral view); C. 3 bracts; D. 2 bracts and 2 pistillate flowers.

头序冷水花　图 1

Metapilea jingxiensis W. T. Wang, sp. nov. Fig. 1

Herb perennial, dioecious. Stem ca. 70 cm tall, near apex ca. 2.2 mm across, glabrous, longitudinally shallowly 6-sulcate. Leaves opposite, petiolate, glabrous, those of the same pair equal or slightly unequal in size; blades papery, broadly elliptic, (6−8) cm × (3−4) cm, apex shortly acuminate, base cuneate or broadly cuneate, margin at each leaf side near apex minutely 2−3-denticulate; nervation trinerved, with basal nerves on both surfaces flat and with 2−3 pairs of incospicuous lateral nerves; cystoliths dense, conspicuous, bacilliform, 0.2−0.5 mm long; petioles 3−5 mm long; stipules lanceolate-linear, ca. 14 mm × 3 mm. Pistillate capitula singly axillary, sessile; receptacle transversely oblong, ca. 3 mm × 9 mm, conduplicate, glabrous; bracts numerous, dense, brown, oblanceolate, spathulate or linear, 0.4−0.8 mm long, glabrous, rarely above sparsely ciliolate, the larger bracts 1-nerved and often at apex apiculate. Pistillate flower shortly pedicellate; tepals ca. 2, brown, linear, 0.2−0.5 mm long, glabrous; pistil brown; ovary broadly ellipsoidal, ca. 0.4 mm long, or subglobose, ca. 0.3 mm in diam., glabrous; stigma long penicillate, with hairs dense, slender, 1−1.5 mm long.

广西 (Guangxi)：靖西县 (Jingxi Xian), alt. 600 m，县城附近，石灰岩山蚬木林下 (under Burretiodendron forest in limestone hill near city)，植物高 70 cm (pl. 70 cm tall)，1973-08，王献溥，无号 (Wang Xian-pu, sine num.) (holotype，PE)。

参 考 文 献

[1] 陈家瑞. 中国荨麻科冷水花属的研究 [J]. 植物研究, 1982, 2(3): 1−32.

[2] 陈家瑞. *Pilea* 和 *Lecanthus.* 中国植物志 [M]. 北京: 科学出版社, 1995, 23(2): 57−160.

[3] FRIIS I. Urticaceae. [M] // KUBITZKI K, ROHWER J G, BITTRICH V, et al. The families and genera of vascular plants. Berlin: Springer-Verlag, 1993, 2: 612−630.

西藏紫草科二新种

Two new species of Boraginaceae from Xizang

尾苞滇紫草　图 1：A–G

Onosma dolichoutum W. T. Wang, sp. nov. Fig. 1: A–G

Ob sepala corollae aequilonga, antheras basi cohaerentes species nova haec est fortosse affinis *O. cingulato* W. W. Smith, quod caulibus patule fulvo-hirsutis, drepaniis multis terminalibus et axillaribus in thrsum terminalem amplum ca. 40 cm longum dispositis, bracteis lanceolatis apice haud caudatis, floribus minoribus, corollis 7–9 mm longis facile differt.

Perennial herbs. Stems 32–38 cm tall, near base ca. 5 mm across, spreading white-hirsute (hairs 2–4 mm long) and densely retrorse-strigillose (hair 0.3–0.9 mm long), simple, 18–22-leaved. Basal leaves unknown. Cauline leaves sessile, chartaceous, linear-lanceolate or lanceolate, (3.5–7) cm × [(0.4–)0.7–1.4] cm, apex attenuate, base obtuse or rounded, margin entire; surfaces adaxially densely appressed-hirsute (hairs 2–3 mm long, arising from small discoid bases) and strigillose (hairs 0.5–1 mm long), abaxially very densely strigillose and on midrib hirsute; midrib adaxially flat, abaxially prominent, near base at each side with 1–2 inconspicuous lateral nerves. Drepanium terminal, ca. 4 cm × 6 cm, ca. 16–flowered, with ca. 2 branches; bracts broadly ovate or ovate, including apex (2–3.2) cm × (0.4–1.4) cm, apex very long caudate [caudate apexes (14–20) mm × (0.6–1.2) mm, densely white–hirsute]. Flower: Pedicel 2.5–6 mm long, hirsute. Sepals 5, free, as long as or slightly surpassing corolla, narrowly lanceolate-linear, (14–16.5) mm × (0.4–1) mm,densely white-hirsute. Corolla dark-purple, tubular, 13–14 mm long, near base ca. 3 mm and near apex ca. 4.5 mm across, adaxially only on base densely puberulous, elsewhere glabrous, abaxially above the middle appressed-pubescent, 5-lobed; lobes small, depressed-semiorbicular, ca. 0.7 mm × (1.5–1.8) mm. Stamens 5, included, ca. 6 mm above corolla base inserted to corolla tube, glabrous; filaments ca. 2 mm long; anthers coherent at base, linear, including sterile apexes (1 mm long) 7 mm long, base sagittate. Nectary ca. 1 mm high, with sparse hairs. Pistil included, glabrous; ovary ca. 1.6 mm high, 4-lobed; style slender, ca. 13 mm long; stigma depressed-capitate, 2-lobulate.

西藏自治区（Xizang Autonomous Region)：吉隆县，吉隆镇 (Jilong Xian，Jilong Zhen)，alt. 3 700 m，山坡灌草丛（Shrub-grassland on slope)，flowers dark purple，2013-07-22，PE 西藏队 (Xizang Expedition from PE) 3837(holotype and isotype，PE)。

本种的萼片与花冠等长（有时稍长过花冠），花药基部连着，可能与也具上述特征的昭通滇紫草（*Onosma cingulatum* W. W. Smith）有亲缘关系，与后者的区别在于本种的茎被白色长硬毛，镰状聚伞花序单生茎顶，长约 4 cm，苞片宽卵形或卵形，顶端具极长的狭披针状条形尾状尖头，花较大，花冠长 13–14 mm。在昭通滇紫草，茎被黄褐色长硬毛，镰状聚伞花序多数，顶生并腋生，组成一长约 40 cm 的顶生大聚伞圆锥花序，苞片披针形，顶端不呈尾状，花较小，长 7–9 mm[2–3]。

原文刊登于《植物研究》36(3)：321–323，2016。
致谢：深切感谢孙英宝先生为本文绘图。

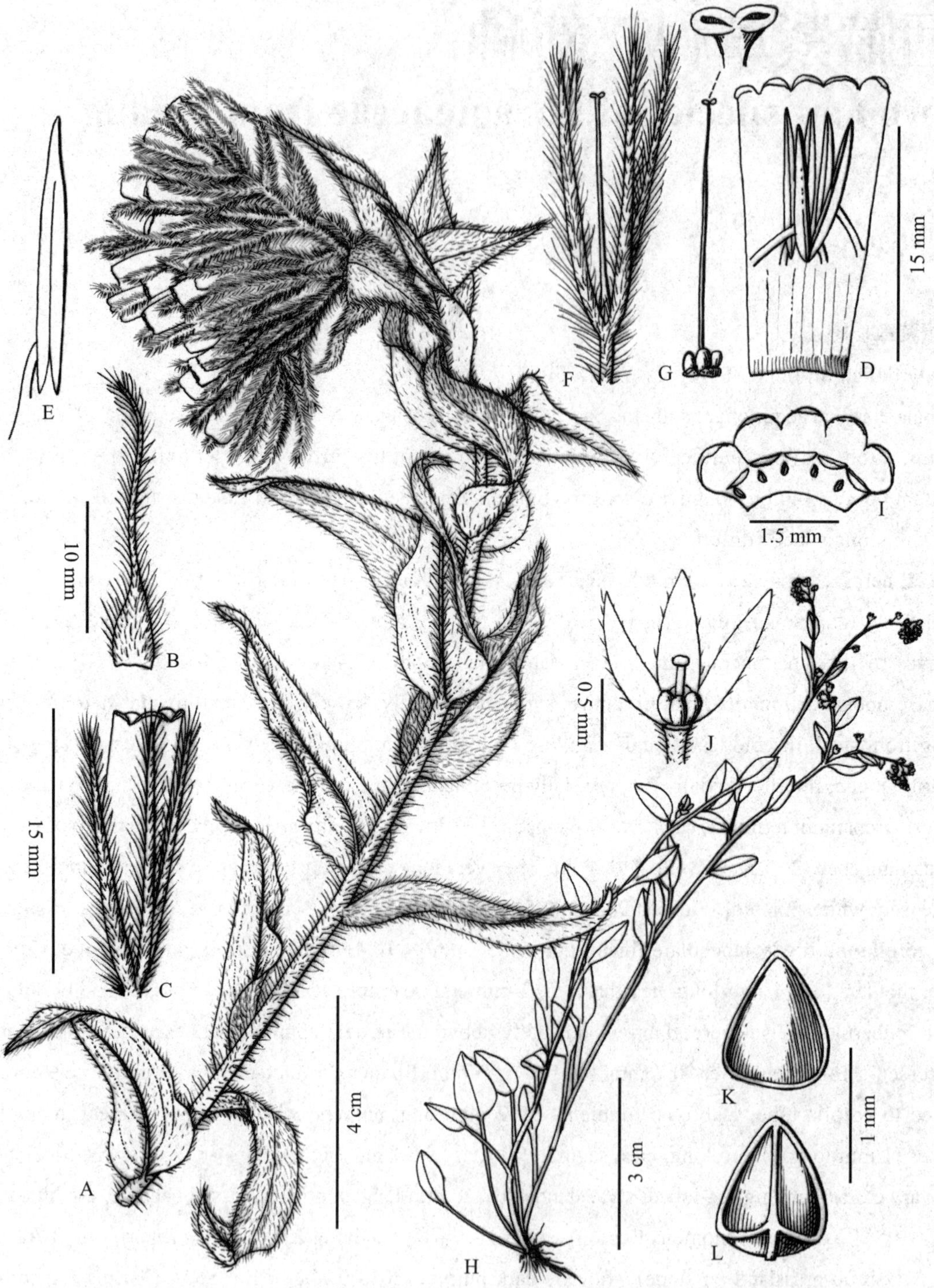

图 1　A–G. **尾苞滇紫草**　A. 开花茎上部；B. 苞片；C. 花；D. 花冠打开，示 5 基部连着的雄蕊；E. 雄蕊；F. 花萼和雌蕊；G. 腺体和雌蕊。　H–L. **定结附地菜**　H. 植株全形；I. 花冠打开，示花冠 5 附属物和 5 雄蕊；J. 花萼和雌蕊 (2 萼片切除)；K. 小坚果 (背面观)；L. 同 K，腹面观。

Fig. 1　A–G. **Onosma dolichourum**　A. Upper part of flowering stem; B. Bract; C. Flower; D. Opened corolla, showing the 5 stamens coherent at base; E. Stemen; F. Calyx and pistil; G. Glands and pistil. H–L. **Trigonotis dingjieensis**　H. Habit; I. Opened corolla, showing the five corolla appendices and five stamens; J. Calyx and pistil, with two sepals removed; K. Nutlet, dorsal view; L. The same as K, ventral view.

定结附地菜　图1：H−L

Trigonotis dingjieensis W. T. Wang, sp. nov. Fig. 1: H−L

(Sect. *Trigonotis*)

Species nova haec est arcte affinis *T. gracilipedi* Johnst., quae pedicellis longioribus usque ad 10 mm et sub fructu ad 20 mm longis, corollae appendicibus transversaliter rectangularibus 2-lobulatis glabris, nuculis sparse puberulis recedit.

Small perennial herbs. Stems 4−5 caespitose, 6−12(−22) cm tall, near base 0.8−1.2 mm across, densely antrorsely strigillose, simple or above shortly branched. Basal leaves ca. 15, caespitose, long petiolate; blades papery, ovate or oblong−ovate, (0.5−1) cm × (0.3−0.7) cm, apex acutish, base broadly cuneate or rounded, margin entire; surfaces adaxially densely strigillose or strigose, abaxially densely strigose; midrib adaxially slightly impressed, abaxially prominent; petioles 1−2.5 cm long, flattened, glabrous or with sparse hairs. Lower cauline leaves similar to basal leaves, longer or shortly petiolate, upper cauline leaves sessile, narrowly ovate, 0.8−1.4 cm long. Drepania 2.5−7 cm long, only at base 1−2-bracteate; bracts similar to upper cauline leaves, ovate or narrowly ovate, 0.3−0.8 cm long. Flower: Pedicel 0.5−2mm long, strigillose. Sepals 5, narrowly ovate, ca. 1 mm × 0.4 mm, adaxially glabrous, abaxially densely strigose. Corolla blue-purple; tube ca. 1 mm long, glabrous; limb ca. 3 mm in diam, glabrous, 5-lobed, with lobes suborbicular, ca. 1.2 mm in diam.; appendages 5, lunulate, ca. 0.4 mm × 1 mm, on margin with a few white appressed hairs. Stamens 5, inserted to the middle of corolla tube, glabrous; anthers oblong, ca. 0.3 mm long. Pistil glabrous; ovary 4-lobed, with lobes broadly ellipsoidal, ca. 0.3mm long; style 0.4 mm long; stigma yellow, depressed-globose, ca. 0.15 mm in diam. Achenes 4, greenish, shortly stipitate, tetrahedral, glabrous; dorsal surface slightly convex, deltoid-ovate, ca. 1 mm × 0.7 mm, 2 ventral surfaces obliquely triangular, ca. 0.8 mm × 0.5mm, basal surface small; stipe downward, ca. 0.2 mm long.

西藏自治区（Xizang Autonomous Region）：定结县，陈塘沟，美女湖（Dingjie Xian, Chentang Valley，Meinu Lake），alt. 4 151 m，林缘湿地（in wet places at forest margin），草本，花蓝紫色（herbs；flowers blue purple），2013-07-15，PE 西藏队 (Xizang Expedition from PE) 3489 (holotype，PE；isotypes two sheets，PE)。

本种与细梗附地菜（*Trigonotis gracilipes* Johnst.）在亲缘关系方面甚为相近，与后者的区别在于本种的花梗甚短，长仅0.5−2 mm，花冠附属物呈新月形，不分裂，在边缘有少数白色贴伏柔毛，小坚果无毛。在细梗附地菜，花梗较长，长达10 mm，果期长达20 mm，花冠附属物呈横长方形，微2裂，无毛，小坚果疏被短柔毛[1]。

参考文献

[1] 王庆瑞. *Trigonotis*. 中国植物志 [M]. 北京: 科学出版社, 1989, 64(2): 77−106.

[2] 刘玉兰. *Onosma*. 中国植物志 [M]. 北京: 科学出版社, 1989, 64(2): 45−66.

[3] JOHNSTON J M. Studies in the Boraginaceae. XXI. Sino-Indian species of Onosma [J]. Journa of the Arnold Arboretum, 1951, 32: 201−225, 344−368.

广西楼梯草属八新种

Eight new species of *Elatostema* (Urticaceae) from Guangxi

少花楼梯草　图 1：A–E

Elatostema oliganthum W. T. Wang, sp. nov. Fig. 1: A–E

[Sect. *Weddellia* (H. Schröter) W. T. Wang ser. *Monandra* W. T. Wang]

Species nova haec est similis *E. glochidioidi* W. T. Wang, quod caulibus glabris, foliis omnibus margine semper integris subtus glabris trinervibus, cystolithis majoribus 0.4–0.7 mm longis, capitulo pistillato bracteas ca. 7 patentes 1-seriatas minores 1 mm longas et flores pistillatas numerosas ferente differt.

Small perennial herbs. Stems ca. 6 caespitose, 9–16 cm tall, at base 0.8–1.2 mm across, below glabrous, near base multi-brown-verruculose, above villous, ramose. Leaves alternate, sessile or subsessile; blades papery, obliquely long elliptic or obliquely elliptic, (0.9–2) cm × (0.3–0.75) cm, apex acute, base at leaf narrow side cuneate, at broad side auriculate, margin entire or at leaf broad side 1-denticulate; surfaces both adaxially and abaxially appressed-pubescent; nervation semi-triplinerved, with lateral nerves 1–2 at leaf narrow side and 2–3 at broad side; cystoliths dense, bacilliform, 0.2–0.45 mm long; stipules membranous, greenish, lanceolate-oblong or lanceolate, (1.8–3) mm × (0.25–0.7) mm, sparsely pilose or subglabrous, with some cystoliths, margins semi-hyaline. Staminate capitula not seen. Pistillate capitula singly axillary, shortly pedunculate, ca. 7-flowered; peduncle ca. 0.15 mm long, glabrous; receptacles inconspicuous; bracts 6, erect, 2-seriate, membranous, green, sparsely villous, outer bracts 2 opposite, slightly unequal in size, lanceolate, 1.8 mm × (0.8–1) mm, the larger one abaxially below apex 1-corniculate, inner bracts 4 smaller, narrowly lanceolate, ca. 1.8 mm × 0.4 mm; bracteoles ca. 15, membranous, green, rarely white, linear, (1–1.6) mm × (0.1–0.2) mm, with few long hairs. Pistillate flowers shortly or long pedicellate; tepals wanting; ovaries yellowish, ellipsoidal, 0.2–0.4 mm long; stigmas penicillate, 0.2–0.4 mm long.

广西 (Guangxi)：那坡县，白省乡，面梁村，弄卜屯 (Napo Xian, Baisheng Xiang，Mianliang Cun, Nongbu Tun)，alt. 1 000 m, 石灰岩山山谷疏林下 (under sparse forest in valley of a limestone hill)，草本高 0.4 m，花白色 (herbs 0.4 m tall, fls. White)，2008-10-18，中植联广西队 (Guangxi Exped. Inst. Bot.) 4165 (holotype，PE)。

本种与算盘楼梯草 (*Elatostema glochidioides* W. T. Wang) 相似，与后者的区别在于本种的茎上部被长柔毛，叶边缘全缘或宽侧边缘有 1 小牙齿，两面被柔毛，具半离基三出脉，钟乳体较小，长 0.2–0.45 mm，雌头状花序有排成 2 层的 6 枚直立较大苞片（长 1.8 mm）和 7 朵雌花。在算盘楼梯草，茎无毛，全部叶均全缘，背面无毛，具三出脉，钟乳体较大，长 0.4–0.7mm，雌头状花序有约 7 枚水平开放的较小苞片（长 1mm）和多数雌花 [1]。

原文刊登于《植物研究》36(3): 324–333, 2016。
致谢：深切感谢孙英宝先生为本文绘图。

图 1　A–E. **少花楼梯草**　A. 一条茎；B. 雌头状花序；C. 2 外层苞片；D. 2 内层苞片；E. 雌小苞片和 3 雌花。
F–H. **粗柱头毛楼梯草**　F. 茎顶部；G. 雌头状花序（下面观）；H. 3 雌小苞片和雌花。

Fig. 1　A–E. **Elatostema oliganthum**　A. One stem; B. Pistillate capitulum; C. 2 outer bracts; D. 2 inner bracts; E. 4 pistillate bracteoles and 3 pistillate flowers.　F–H. **E. crassipenicillum**　F. Apical part of stem; G. Pistillate capitulum, seen from beneath; H. 3 pistillate bracteoles and pistillate flower.

隆安楼梯草　图 2

Elatostema longanense W. T. Wang, sp. nov. Fig. 2

[Sect. *Weddellia* (H. Schröter) W. T. Wang ser. *Monandra* W. T. Wang]

Species nova haec est affinis *E. pellionioidi* W. T. Wang, quod caulibus dense strigosis, foliorum laminis basi latere latiore auriculatis vel rotundatis margine conspicue denticulatis, stipulis minoribus subulatis 4 mm longis cystolithis carentibus, capitulis pistillatis singulariter axillaribus, eorum receptaculis minutis inconspicuis, bracteolis apice ciliolatis, flore pistillato tepalis carente, ovario haud lineato facile ab eo recedens.

Perrennial herb. Stem ca. 30 cm tall, near base 2 mm across, near nodes sparsely strigose, elsewhere glabrous, simple, ca. 12-leaved, with dense bacilliform and fusiform cystoliths 0.2−0.4 mm long. Leaves alternate, shortly petiolate or sessile; blades papery, obliquely and narrowly elliptic, (5−10) cm × (1.6−3.5) cm, apex acuminate or long acuminate, base obliquely cuneate, margin subentire or above undulate-crenate or repand; surfaces adaxially on basal nerves densely long strigose, abaxially glabrous; nervation semi-triplinerved, with 1−2 lateral nerves at leaf narrow side and 2−3 lateral nerves at broad side; cystoliths dense, conspicuous, bacilliform, 0.2−0.4 mm long; petioles 0−4 mm long, with dense, minute cystoliths; stipules membranous, linear, (8−11) mm × (1−1.2) mm, glabrous or sparsely ciliolate, with dense minute cystoliths. Staminate capitula not seen. Pistillate capitula 2 or 3 axillary, ca. 3 mm long; peduncle ca. 0.5 mm long; receptacle subquadrate, ca. 2 mm × 1.6 mm, glabrous, 2-lobed; bracts ca. 20, 2-seriate, membranous, outer bracts 2 opposite, depressed-deltoid, ca. 0.3 mm × 1 mm, sparsely ciliolate, inner bracts ca. 18, triangular or narrowly triangular, (0.8−1) mm × (0.3−0.5) mm, densely ciliate; bracteoles numerous, very dense, semi-hyaline, white, linear or cuneate-linear, 0.6−1.2 mm long, at apex densely long ciliate. Pistillate flower pedicellate; tepals 2, linear 0.2 mm long, at apex with 2−3 hairs; ovary narrowly oviod, ca. 0.4 mm long, longitudinally brown-lineate; stigma penicillate, ca. 0.05 mm long. Achenes brownish, oblong-ovoid, ca. 0.5 mm long, longitudinally 6-brown-ribbed and sparsely brown lineolate.

广西 (Guangxi)：隆安县，龙虎山自然保护区 (Longan Xian，Longhushan nature reserve)，alt. 200 m，石灰山山坡林下 (in forest on slope in a limeatone hill), 2008-05-11，中植联广西队 (Guangxi Exped. Inst. Bot.) 0203 (holotype，PE)。

本种与赤车楼梯草 (*Elatostema pellionioides* W. T. Wang) 在亲缘关系方面相近，与后者的区别在于本种的茎只在节附近疏被糙伏毛，其他部分无毛，叶片基部斜楔形，其边缘近全缘或上部具波状浅齿，托叶较大，条形，长 8−11 mm，有密集小钟乳体，雌头状花序 2−3 枚腋生，其花序托明显，近方形，小苞片顶端密被长缘毛，雌花有 2 枚花被片，子房有褐色线纹。在赤车楼梯草，茎密被糙伏毛，叶片基部宽侧呈耳形或圆形，其边缘具明显小牙齿，托叶较小，呈钻形，长 4 mm，无钟乳体，雌头状花序单生叶腋，其花序托极小，不明显，小苞片顶端被短缘毛，雌花无花被片，子房无线纹。

粗柱头毛楼梯草　图 1：F−H

Elatostema crassipenicillum W. T. Wang, sp. nov. Fig. 1: F−H

[Sect. *Weddellia* (H. Schröter) W. T. Wang ser. *Tenuicaudatoida* W. T. Wang]

Ob plantas suffrutescentes ramosas et folia penninervia species nova haec fortasse ad Sect. *Weddelliam* (H. Schröter) W. T. Wang ser. *Tenuicudatoida* W. T. Wang pertinet, et in serie hac ab *E. tenuicaudatoide* W. T.

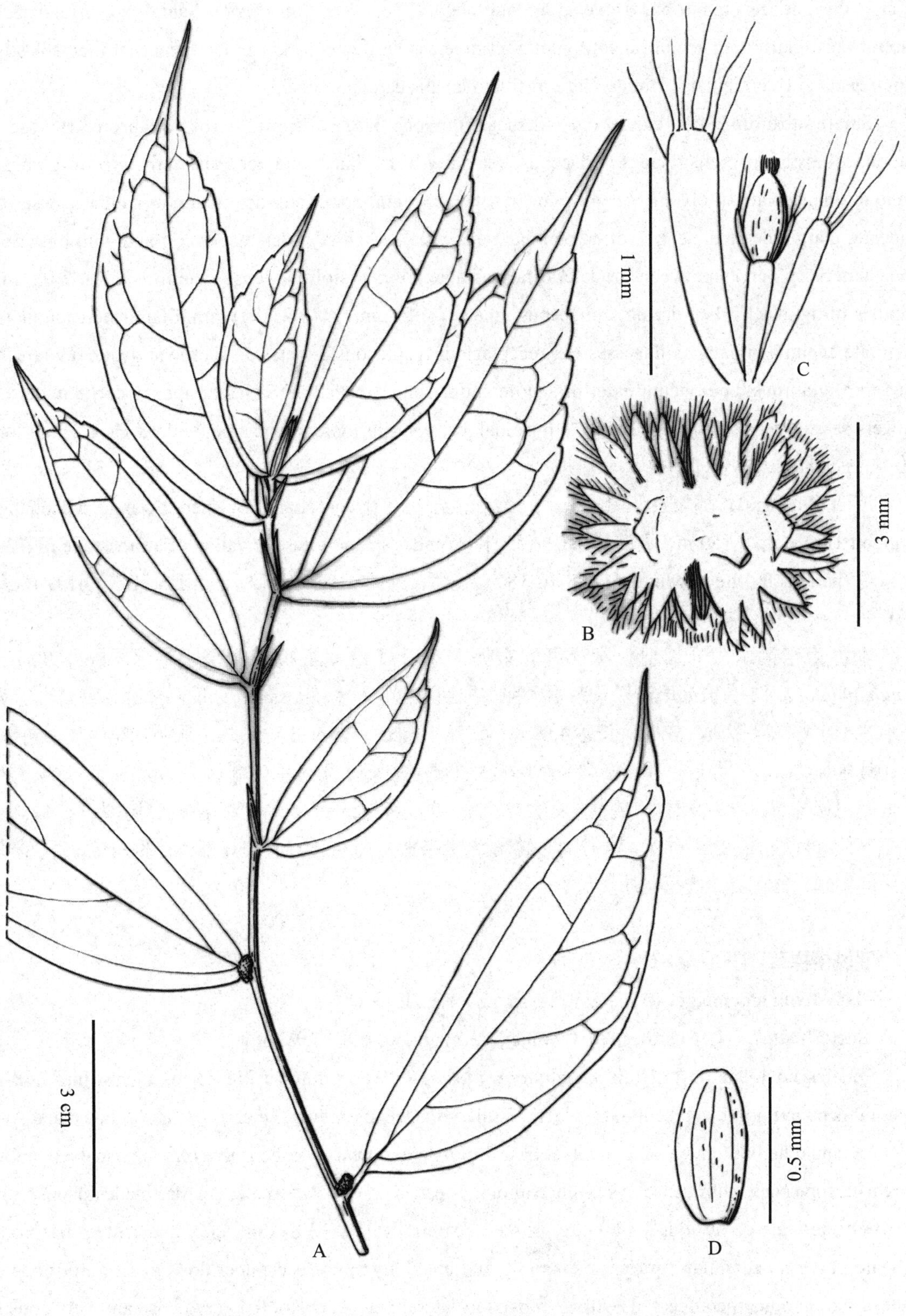

图 2　**隆安楼梯草**　A. 茎上部；B. 雌头状花序（下面观）；C. 雌小苞片和雌花；D. 瘦果。

Fig. 2　**Elatostema longanense**　A. Upper part of stem; B. Pistillate capitulum, seen from beneath; C. 2 pistillate bracteoles and pistillate flower; D. Achene.

Wang foliis coriaceis minoribus usque ad 4.8 cm longis et ad 1.4 cm latis nervos laterales 4−5-jugos ferentibus, capitulo pistillato receptaculum inconspicuum et bracteas ca. 7 ovatas apice acuminatas et bracteolas brunneas majores apice 1-corniculatas ferente, flore pistillato tepalis carente recedit.

Small subshrub. Stem ca. 20 cm tall, near ligneous base ca. 5 mm across, glabrous, ramose. Leaves alternate, sessile, glabrous; blades coriaceous, adaxially turing black and abaxially turning brown when drying, obliquely lanceolate or oblong, (2−4.8) cm × (0.6−1.4) cm, apex long acuminate or caudate, base obliquely cuneate, margin denticulate; nervation penninerved, with 4−5 pairs of lateral nerves; and with obscure tertiary and quaternary nerves between the lateral nerves abaxially; cystoliths dense, bacilliform, 0.1−0.2 mm long; stipules turing black when drying, coriaceous, linear, (1−2) mm × (0.2−0.5) mm. Staminate capitula not seen. Pistillate capitula in pairs axillary, sessile; receptacle incospicuous; bracts ca. 7, brown, ovate, 0.9 mm × (0.4−0.6) mm, glabrous, apex acuminate; bracteoles numerous, larger bracteoles at apex 1-corniculate. Pistillate flowers sessile; tepals wanting; ovaries ellipsoidal, ca. 0.4 mm long; stigmas penicillate, ca. 0.4 mm long, with ca. 16 thick hairs.

广西 (Guangxi)：那坡县，白省乡，面梁村，弄卜屯 (Napo Xian，Baisheng Xiang，Mianliang Cun，Nongbu Tun)，alt. 1 150 m，石灰岩山山谷疏林下 (under sparse forest in valley of a limestone hill)，草本，花绿色 (herbs，fls. green-white)，2008-10-18，中植联广西队 (Guangxi Exped. Inst. Bot.) 4177 (holotype，PE)。

本种为半灌木，叶具羽状脉，可能隶属于小叶楼梯草组拟细尾楼梯草系（Sect. *Weddellia* ser. *Tenuicaudatoida*），在拟细尾楼梯草系中本种与拟细尾楼梯草 (*Elatostema tenuicaudatoides* W. T. Wang) 的区别在于本种的叶革质，较小，长达 4.8 cm，宽达 1.4 cm，具 4−5 对侧脉，雌头状花序具不明显的花序托，其苞片约 7 枚，卵形，顶端渐尖，其小苞片呈褐色，较大小苞片顶端具 1 角状突起，雌花无花被片。在拟细尾楼梯草，叶薄纸质，较大，长达 18 cm，宽达 4.5 cm，具 6−9 对侧脉，雌头状花序具小但明显的花序托（直径 1.2−2.5 mm)，其苞片约 10 枚，宽条形，顶端圆截形，其小苞片呈白色，半透明，顶端无任何突起，雌花具 3 枚花被片 [1]。

罗城楼梯草　图 3： A−C

Elatostema luochengense W. T. Wang, sp. nov. Fig. 3: A−C

[Sect. *Weddellia* (H. Schröter) W. T. Wang ser. *Involucratas* W. T. Wang]

Species nova haec est affinis *E. tenuicornuto* W. T. Wang, quod folio nervis lateralibus 7−8-jugis et cystolithis punctiformibus praedito, involucri pistillati bracteis plerumque lineari- triangularibus diatat.

Perennial herb. Stem ca. 32 cm tall, at base 3 mm across, near apex densely elsewhere sparsely puberulous, brown-furfuraceous, with dense cystoliths. simple, 7-leaved. Leaves alternate, sessile; blades papery, obliquely narrowly obovate or obliquely obovate, (4.5−10.6) cm × (1.4−3.8) cm, apex acuminate, base obliquely cuneate, margin denticulate; surfaces adaxially and abaxially appressed-puberulous and on midribus densely pubescent; nervation penninerved, with 4−6 pairs of lateral nerves; cystoliths very dense and very conspicuous, thinly bacilliform, 0.3−0.7 mm long; stipules membranous, lanceolate-linear, (5−6) mm × (1−1.5) mm, above ciliolate. Staminate capitula not seen. Fruiting piatillate capitula singly axillary, shortly pedunculate; peduncle

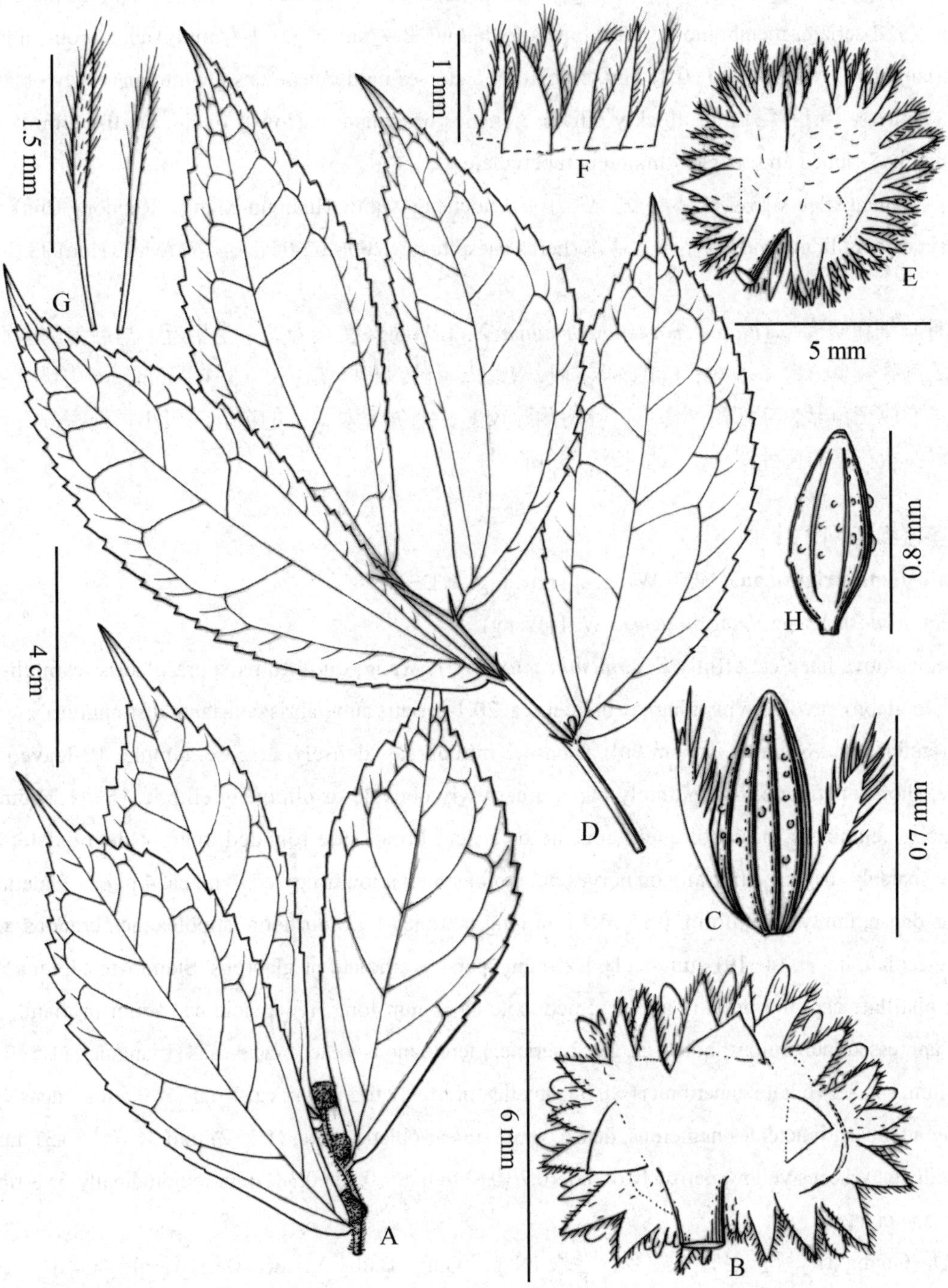

图 3　A–C. **罗城楼梯草**　A. 茎顶部；B. 雌头状花序（下面观）；C. 2 雌小苞片和瘦果。　D–H. **糙茎楼梯草**　D. 茎顶部；E. 雌头状花序（下面观）；F. 6 内层雌苞片；G. 2 雌小苞片；H. 瘦果。

Fig. 3　A–C. **Elatostema luochengense**　A. Apical part of stem; B. Pistillate capitulum, seen from beneath; C. 2 pistillate bracteoles and achene.　D–H. **E. strigosicaule**　D. Apical part of stem; E. Pistillate capitulum, seen from beneath; F. 6 inner pistillate bracts; G. 2 pistillate bracteoles; H. Achen.

ca. 1.5 mm long, glabrous; receptacle rectangular or quardrate, (3−3.5) mm × (2.5−3) mm, 4-lobed, glabrous; bracts ca. 23, 2-seriate, membranous, outer bracts 3, deltoid, 0.8 mm × (1−1.2) mm, subglabrous, inner bracts ca. 20, triangular, 1 mm × (0.4−0.4) mm, ciliolate; bracteoles numerous, dense, white, narrowly oblanceolate, (0.4−0.8) mm × (0.1−0.3) mm, thickly ciliate. Achenes brownish, narrowly ovoid, ca. 0.7 mm × 0.3 mm, longitudinally 8-ribbed and sparsely minutely tuberculate.

广西 (Guangxi)：罗城县，怀群乡，仁洞村 (Luocheng Xian，Huaiqun Xiang，Rendong Cun)，石灰岩山洞穴 (in cave of limestone hill)，丛生草本 (herbs caespitose)，2006-05-05，侯满福 (M. F. Hou) 23 (holotype，PE)。

本种与细角楼梯草 (*Elatostema tenuicornutum* W. T. Wang) 在亲缘关系上相近，与后者的区别在于本种的叶的侧脉较少，为 4−6 对，叶的钟乳体极密，极明显，细杆状，长 0.3−0.7 mm，雌头状花序的苞片呈正三角形或三角形。在细角楼梯草，叶的侧脉较多，为 7−8 对，叶的钟乳体极小，稍密，不明显，呈点状，雌头状花序的苞片狭长，多呈条状三角形 [1]。

糙茎楼梯草　图 3：D−H

Elatostema strigosicaule W. T. Wang, sp. nov. Fig. 3: D−H

(Sect. *Elatostema* ser. *Lungzhouensia* W. T. Wang)

Species nova haec est affinis *E. angustibracteo* W. T. Wang, quod foliis supra glabris, capituli pistillati receptaculo glabro, involucro pistillato ex bracteis ca. 20 1-seriatis subglabris constante distinguitur.

Perennial herb. Stem ca. 25 cm tall, at base 2 mm across, densely strigose, simple, 10-leaved. Leaves alternate, shortly petiolate; blades thinly papery, narrowly obovate or obliquely elliptic, (6−11.2) cm × (2−4) cm, apex acuminate, base obliquely cuneate or at leaf broad side rounded, margin denticulate; surfaces adaxially sparsely strigose, abaxially on nerves puberulous; nervation trinerved, with ca. 4 pairs of lateral nerves; cystoliths dense, thinly bacilliform, 0.15−0.4 mm long; petioles 1−3 mm long; stipules membranous, greenish-white, lanceolate-linear, (4−10) mm × (1−1.2) mm, sparsely ciliolate or glabrous. Staminate capitula not seen. Fruiting pistillate capitula in pairs axillary; peduncle ca. 2 mm long; receptacle ca. 3 mm in diam., 2-lobed, sparsely appressed- puberulous; bracts ca. 39, 2-seriate, membranous, outer bracts ca. 4, triangular, (1.5−2) mm × (1−1.2) mm, sparsely ciliate, inner bracts ca. 35, smaller, narrowly triangular, ca. 1 mm × 0.5 mm, densely ciliate, apex long attenuate; bracteoles numerous, dense, green, linear-oblanceolate, (1.5−2) mm × (0.1−0.3) mm, above densely ciliate. Achenes yellow, narrowly ovoid, (0.7−0.8) mm × (0.35−0.38) mm, longitudinally 6−8-ribbed and sparsely tuberculate.

广西 (Guangxi)：那坡县，百合乡，北坡 (Napo Xian，Baihe Xiang，Beipo)，alt. 600 m，山谷密林中 (under dense forest in valley)，植物直立 (plants erect)，2000-10-09，邓云飞 (Y. F. Deng) 15546 (holotype，PE)。

本种在亲缘关系上与狭苞楼梯草 (*Elatostema angustibracteum* W. T. Wang) 相近，与后者的区别在于本种的叶上面被糙伏毛，雌头状花序的花序托被贴伏短柔毛，雌总苞由排列成二层的约 39 枚苞片组成，苞片疏被或密被缘毛。在狭苞楼梯草，叶上面无毛，雌头状花序托无毛，雌总苞由排列成一层的约 20 枚近无毛的苞片组成 [1]。

三列苞楼梯草　图 4： A–E

Elatostema triseriatobracteatum W. T. Wang, sp. nov. Fig. 4: A–E

(Sect. *Elatostema* ser. *Lungzhouensia* W. T. Wang)

Species nova haec est affinis *E. angustibracteo* W. T. Wang, quod folio apice acuminato nervos laterales 3-jugos ferente, stipulis anguste triangularibus glabris, involucro pistillato ex bracteis ca. 20 1-seriatis subglabris constante, bracteolis pistillatis linearibus abhorret.

Perrenial herb. Stem ca. 30 cm tall, at base ca. 2 mm across, densely strigose, with dense cystoliths, simple, ca. 9-leaved. Leaves alternate, sessile or subsessile; blades papery, obliquely obovate or long elliptic, (6–10) cm × (1.8–3.2) cm, apex cuspidate or long acuminate, base obliquely cuneate, margin denticulate; surfaces adaxially glabrous, abaxially on midrib densely and on lateral nerves sparsely appressed-puberulous; nervation trinerved, with 4–5 pairs of lateral nerves; cystoliths dense, bacilliform, 0.15–0.4 mm long; stipules membranous, white, ovate, ca. 5 mm × 1.8 mm, sparsely ciliate, with greenish midrib. Staminate capitula not seen. Pistillate capitula singly or in pair axillary; peduncle ca. 2 mm long, glabrous; receptacle broadly rectangular, (6–9) mm × (4–7) mm, glabrous, 4-lobed; bracts ca. 97, 3-seriate, membranous, outer bracts 2, opposite, depressed-deltoid, ca. 0.6 mm × 2 mm, subglabrous, middle bracts ca. 15 deltoid, (0.4–0.6) mm × (0.6–1) mm, sparsely ciliate, apex acute, inner bracts ca. 80, triangular, 1 mm × (0.5–0.7) mm, densely ciliate, apex long acuminate or caudate; bracteoles numerous, dense, white, semi-hyaline, narrowly elliptic, broadly linear or linear, (0.5–1) mm × (0.05–0.3) mm, above ciliate. Pistillate flowers shortly pedicellate; tepals wanting; ovaries yellowish, elliptoidal, ca. 0.35 mm long; stigmas penicillate, ca. 0.15 mm long, with very dense short hairs. Achenes brown, ovoid, ca. 0.7 mm × 0.4 mm, longitudinally 6-ribbed and minutyly tuberculate.

广西 (Guangxi)：大新县，下雷自然保护区，德天片 (Daxin Xian，Xialei nature reserve，Detianpian), alt. 300 m，石灰岩山，山坡林中 (under forest on slope of a limestone hill)，草本，果绿色 (herbs，fruits green)，2008-05-20，中植联广西队 (Guangxi Exped. Inst. Bot.) 0850 (holotype，PE)。

本种在亲缘关系上与狭苞楼梯草 (*Elatostema angustibracteum* W. T. Wang) 相近，与后者的区别在于本种的叶在顶端具骤尖，有 4–5 对较多的侧脉，托叶呈卵形，疏被缘毛，雌总苞由 约 97 枚排成三层的苞片组成，多数苞片密被缘毛，雌小苞片多数呈狭椭圆形或宽条形。在狭苞楼梯草，叶在顶端渐尖，有 3 对较少侧脉，托叶呈狭三角形，无毛，雌总苞由约 20 枚排列成一层的近无毛苞片组成，雌小苞片呈条形 [1]。

基序楼梯草　图 5

Elatostema basicapitulum W. T. Wang, sp. nov. Fig. 5

(Sect. *Elatostema* ser. *Dissecta* W. T. Wang)

Species nova haec est affinis *E. dissectoidi* W. T. Wang, quod caulibus altioribus (1 m altis) glabris, foliorum cystolithis minoribus 0.1–0.2 mm longis, stipulis minoribus 3 mm longis glabris, capitulo staminato singulariter axillari, ejus bracteis plus quam 20 omnibus late ovatis utrinque glabris distinguitur.

Perennial herbs monoecious. Stems several caespitose, ca. 20 cm tall, at base 3 mm across, hispid, near apex densely hirtellous, longitudinally 4–5-angulate, simple or from base long branched. Leaves alternate,

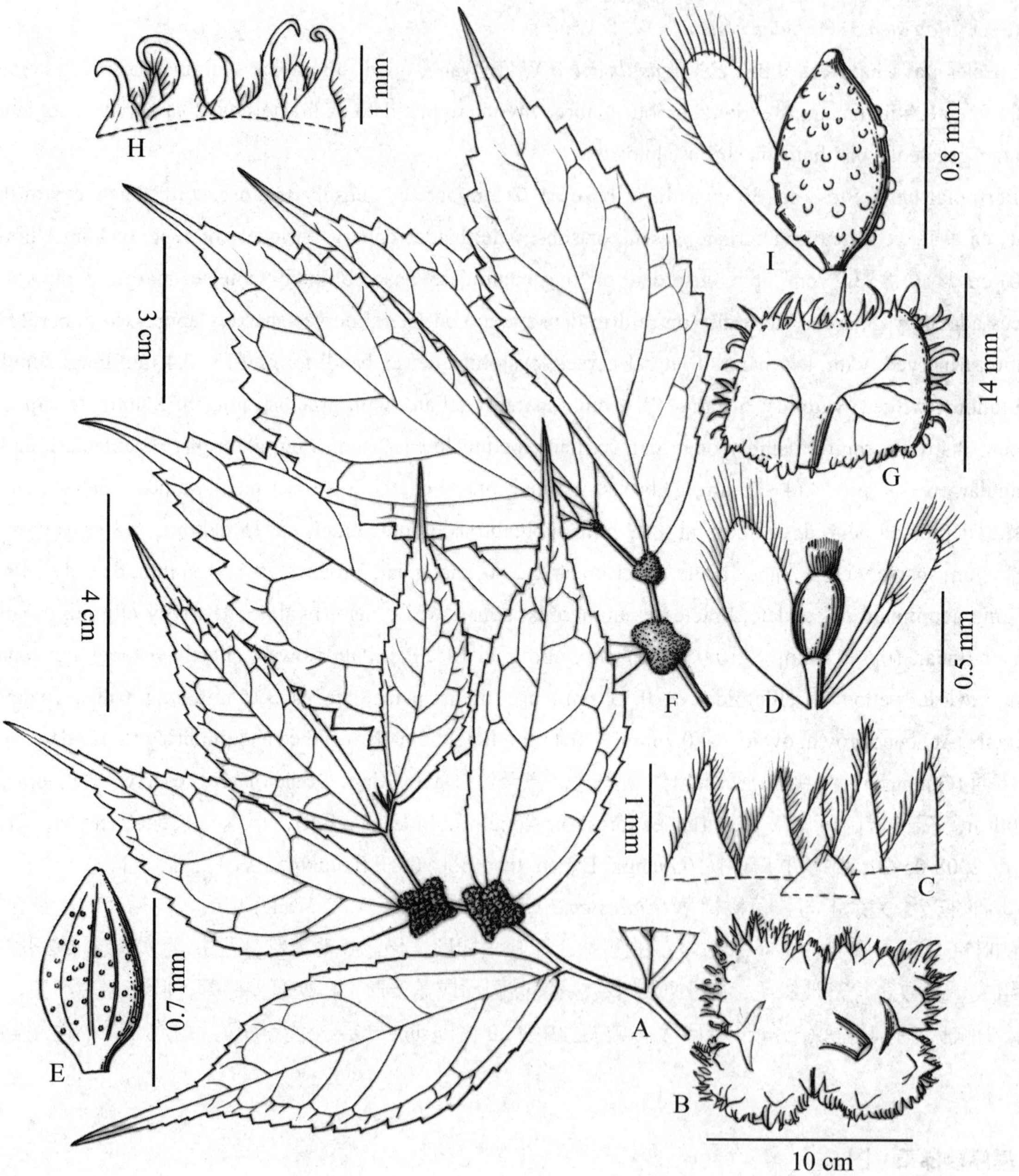

图 4　A−E. **三列苞楼梯草**　A. 茎顶部；B. 雌头状花序（下面观）；C.1 中层苞片和 6 内层苞片；D. 3 小苞片和雌花；E. 瘦果。
F−I. **黄果楼梯草**　F. 茎顶部；G. 雌头状花序（下面观）；H.7 小苞片；I. 小苞片和瘦果。

Fig. 4　A−E. ***Elatostema triseratobracteatum***　A. apical part of stem; B. Pistillate capitulum, seen from beneath; C. 1 middle bract and 6 inner bracts; D. 3 bracteoles an pistillate flower; E. Achene.　F−I. ***E. xanthocarpum***　F. Apical part of stem; G. Pistillate capitulum, seen from beneath; H. 7 bracts; I. Bracteole and achene.

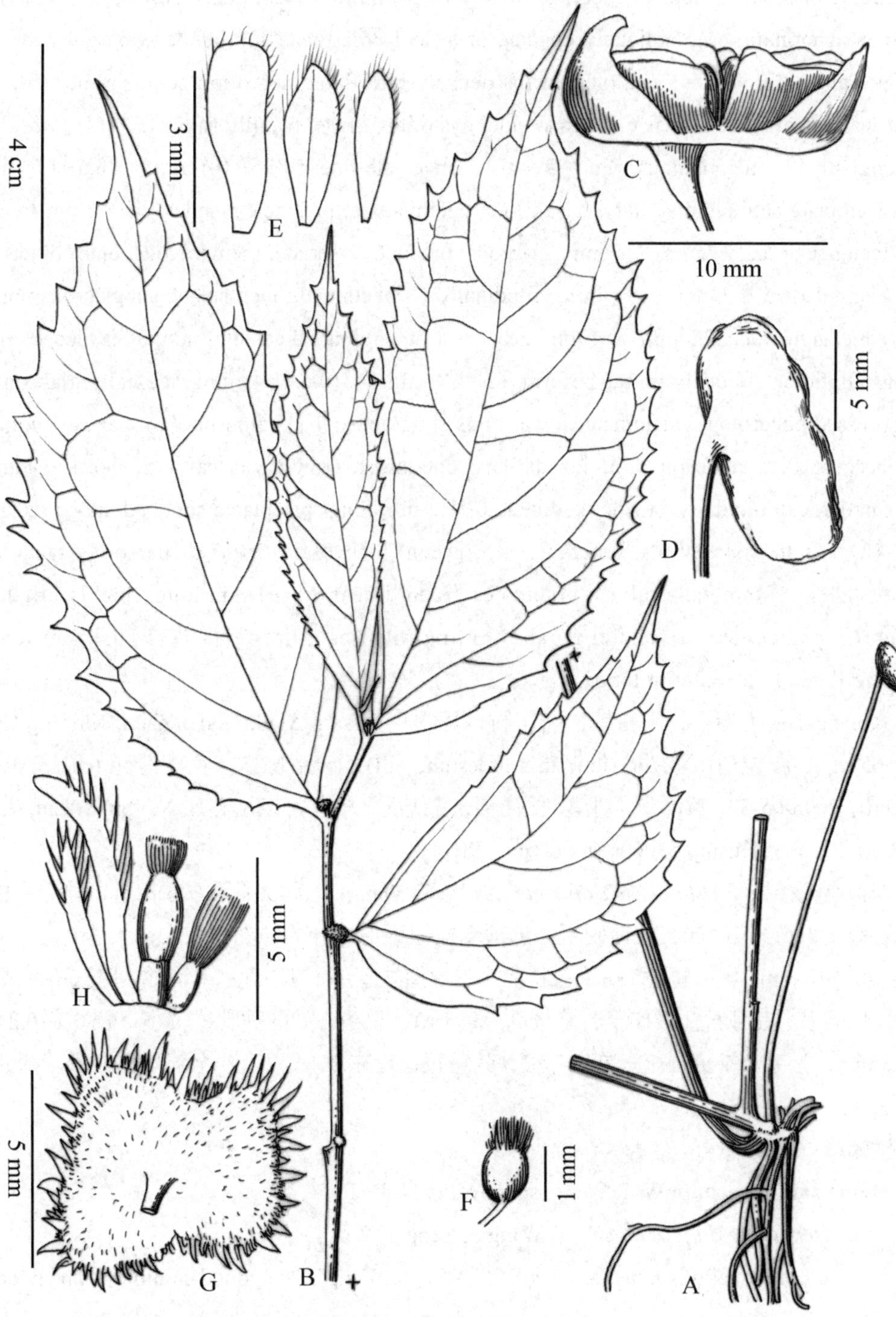

图 5　**基序楼梯草**　A. 植株基部；B. 茎顶部；C. 雄头状花序（侧面观）；D. 雄头状花序（下面观）；E. 雄小苞片；F. 雄花蕾；G. 雌头状花序（下面观）；H. 2 雌小苞片和 2 雌花。

Fig. 5　**Elatostema basicapitulum**　A. basal part of plant; B. apical part of stem; C. staminate capitulum, seen from side; D. the same as C, seen from beneath; E. staminate bracteoles; F. staminate flower bud; G. pistillate capitulum, seen from beneath; H. 2 pistillate bracteoles and 2 pistillate flowers.

shortly petiolate or sessile; blades papery, obliquely long elliptic or obliquely elliptic, (9−15) cm × (2.2−5.5) cm, apex acuminate, base obliquely cuneate or at leaf broad side subrounded, margin dentate; surfaces adaxially and abaxially strigose and on midribs densely hirtellous; nervation semitriplinerved, with lateral nerves 4 at leaf narrow side and 5−6 at broad side; cystoliths dense, bacilliform, 0.15−3(4) mm long; petioles 0−2 mm long; stipules membranous, white-greenish, lanceolate-linear, (4.5−10) mm × (0.5−1.2) mm, densely hirtellous. Staminate capitulum solitary, basal, long pedunculate; peduncle slender, ca. 8.5 cm long, glabrous; receptacle rectangular, ca. 11 mm × 5 mm, glabrous; bracts 6, 2-seriate, membranous, outer bracts 2 opposite, depressed-triangular, ca. 3.2 mm × 6 mm longitudinally 1-ribbed, margin erosulate, subglabrous, inner bracts 4, transversely rectangular, ca. 2.5 mm × 4 mm, near apex puberulous; bracteoles numerous, dense, membranous, white, long elliptic or obliquely obtrapeziform, (2−3.8) mm × (0.6−1.4) mm, adaxially glabrous, abaxially densely appressed-puberulous. Staminate flower buds subglobose, ca. 1 mm in diam., apex 4-corniculate and densely pubescent. Pistillate capitula in pair axillary, one larger, growing in leaf axil, shortly pedunculate, the other one smaller, extra-axillary, sessile; peduncle 0−1.2 mm long; receptacle subquadrate or rectangular, (3−6) mm × (2−5) mm, puberulous; bracts 20−45, green, lanceolate-linear or narrowly triangular, (0.5−0.9) mm × (0.1−0.5) mm, puberulous; bracteoles green, linear, 0.6−1 mm long, thickly ciliate. Pistillate flowers shortly pedicellate or sessile; tepals wanting; ovaries ellipsoidal, 0.15−0.3 mm long; stigmas densely penicillate, 0.15−0.3 mm long.

广西 (Guangxi)：大新县，下雷镇，新丰村，弄得屯 (Daxin Xian, Xialei Zhen, Xinfeng Cun, Nongde Tun), alt. 565 m, 石灰岩山山坡 (on slope in a limestone hill)，丛生草本，花黄绿色 (caespitose herbs, fls. yellow-green)，2006-05-30，覃海宁，刘演，侯满福，沈庆庚，许为斌，黄云 (H. N. Qin, Y. Liu, M. F. Hou, Q. G. Shen, W. B. Xu & Y. Huang) 530006 (holotype，PE)。

本种与拟盘托楼梯草 (*Elatostema dissectoides* W. T. Wang) 在亲缘关系方面相近，与后者的区别在于本种的茎较低矮，高约 20 cm，被糙硬毛，近顶端被短硬毛，叶的钟乳体较大，长达 0.3(−0.4) mm，托叶较大，长 4.5−10 mm，密被短硬毛，雄头状花序单生植株基部，其总苞苞片 6 枚，扁三角形或横长方形，近无毛或被短柔毛。在拟盘托楼梯草，茎较高 (高 1m)，无毛，叶的钟乳体较小，长 0.1−0.2 mm，托叶较小，长 3 mm，无毛，雄头状花序单生叶腋，其总苞苞片在 20 枚以上，全部呈宽卵形，两面无毛 [1]。

黄果楼梯草　图 4：F−I

Elatostema xanthocarpum W. T. Wang, sp. nov. Fig. 4: F−I

(Sect. *Elatostema* ser. *Malipoensia* W. T. Wang & Zeng Y. Wu)

Species nova haec est affinis *E. malipoensi* W. T. Wang & Zeng Y. Wu, quod caulibus prope nodos puberulis simplicibus, foliis oblongis apice cuspidatis margine denticulatis, nervis lateralibus 5−7-jugis, capituli pistillati receptaculo puberulo, involucro pistillato ex bracteis pluribus ca. 75 constante differt.

Perennial herb. Stem ca. 35 cm tall, at base ca. 3 mm across, glabrous, below 1-branched. Leaves alternate, shortly petiolate; blades papery, obliquely elliptic, [(2−)4−12.6] cm × [(1−)2.6−4.5] cm, apex acuminate, base obliquely cuneate, margin dentate; surfaces adaxially sparsely strigillose and sparsely appressed-pubescent, abaxially densely puberulous; nervation penninerved, with ca. 4 pairs of lateral nerves; cystoliths dense, bacilliform, 0.1−0.3 mm long; petioles 1−2 mm long, glabrous; stipules lanceolate-linear, (1.8−2.2) mm × 0.25 mm, densely puberulous. Staminate capitula not seen. Fruiting pistillate capitula singly axillary, shortly pedunculate; peduncle 1−4 mm long, glabrous; receptacle broadly rectangular, (7−16) mm × (5−10) mm, glabrous, with radiate nerves; bracts ca. 30, depressed-deltoid, 0.5 mm × (0.5−1) mm, ciliate, apex 1-corniculate, tail-like projections 1−2 mm long, glabrous; bracteoles numerous, dense, white, semi-hyaline, spathulate or obovate-linear, (0.8−1.2) mm × (0.2−0.4) mm, above densely ciliate. Achenes yellowish, ovoid, ca. 0.8 mm × 0.35 mm, multi- tuberulate.

广西 (Guangxi)：马山县，古零乡，弄拉自然保护区 (Mashan Xian, Guling Xiang, Nongla nature reserve), alt. 150 m，石灰岩山 (in limestone hill)，草本高 0.4 m (herbs 0.4 m tall)，2008-08-23，中植联广西队 (Guangxi Exped. Inst. Bot.) 3477 (holotype，PE)。

本种在亲缘关系上与麻栗坡楼梯草 (*Elatostema malipoense* W. T. Wang & Zeng. Y. Wu) 相近，与后者的区别在于本种的茎无毛，具分枝，叶椭圆形，在顶端渐尖，边缘具牙齿，侧脉约 4 对，雌花序托无毛，雌总苞由较少的约 30 枚苞片组成。在麻栗坡楼梯草，茎在近节处被短柔毛，不分枝，叶呈长圆形，在顶端骤尖，边缘具小牙齿，侧脉 5−7 对，雌花序托被短柔毛，雌总苞片由较多的约 75 枚苞片组成 [1]。

参 考 文 献

[1] 王文采. 中国楼梯草属植物[M]. 青岛: 青岛出版社, 2014.

荨麻科二新种

Two new species of Urticaceae from China

靖安艾麻 图 1：A–E

Laportea jinganensis W. T. Wang, sp. nov. Fig. 1: A–E

Species nova haec caulibus et foliis glabris pilis urentibus carentibus, stipulis minutis late triangularibus usque ad 1 mm longis indivisis, acheniis deltoideis laevibus intra generem *Laporteam* insignis est, et cum characteribus tribus his a congeneribus sinensibus omnibus ceteris distinguitur. In eis, caules et folia pilis urentibus obtecta, stipulae majores, plerumque lanceolatae, 3–14 mm longae, 2-lobatae, et achenia obovata vel ovata, aut si triganularia nunc verruculosa sunt.

Herbs. Underground organs and basal part of stem unknown. Stems ca. 30 cm tall, below ca. 1 mm across, glabrous, ca. 7-leaved. Leaves alternate, slenderly petiolate, glabrous; blades thinly papery, ovate, rarely broadly ovate, (4.9–9.5) cm × (1.5–5.5) cm, apex acuminate or cuspidate, base rounded or subtruncate, margin dentate; nervation trinerved, rarely penninerved, midrib with 2 pairs of secondary nerves; cystoliths dense, conspicuous, puncticulate; petioles 0.5–7.8 cm long; stipules yellow, broadly triangular, (0.5–1) mm × (0.3–0.8) mm. Staminate inflorescences and staminate flower unknown. Pistillate inflorescences spike-like, singly arising from axils of apical cauline leaves, slender, 6.5–16 cm long; rachis densely puberulous (hairs 0.05–1 mm long), with 20–50 small flower clusters; clusters 1–3 mm in diam., 3–5-flowered. Pistillate flower: Pedicel 0–0.5 mm long, glabrous; tepals 4, unequal in size and different in shape, oblong-ovate, broadly or narrowly ovate, (0.5–0.8) mm × (0.15–0.5) mm, in fruiting time slightly enlarged, abaxially on midrib sparsely puberulous, on margin ciliolate; ovary narrowly ovoid, ca. 0.9 mm long, glabrous; style tail-like, ca. 2 mm long. Achenes yellowish-white, flattened, deltoid, ca. 1.8 mm × 1.5 mm, glabrous, smooth, shortly stiped.

江西（Jiangxi）：靖安县，石境（Jingan Xian，Shijing），alt. 1 470 m，山谷林中（under forest in valley），草本高 1 m；花淡绿色（herbs 1 m tall；fls. greenish），1997-09-03，张吉华（J. H. Zhang）97056（holotype，PE）。

本种的茎和叶无毛，自然也就无刺毛（stinging hairs），托叶小，宽三角形，长达 1 mm，不分裂，瘦果正三角形，光滑，这些形态特征在艾麻属中罕见，根据上述特征即可将本种与我国艾麻属其他种区分开。在我国艾麻属其他种，茎和叶均被刺毛，托叶较大，多呈披针形，长 3–14 mm，二裂，瘦果呈倒卵形或卵形，如为三角形时，则具小疣状突起[1, 3]。

河口水麻 图 1：F–K

Debregeasia hekouensis W. T. Wang, sp. nov. Fig. 1: F–K

Species nova haec est affinis *D. longifoliae* (Burm. f.) Wedd., quae foliis subtus cinereo-albo-pannosis

原文刊登于《植物研究》36(4): 481–483, 2016。
致谢：深切感谢钟小红女士打印本文稿件。

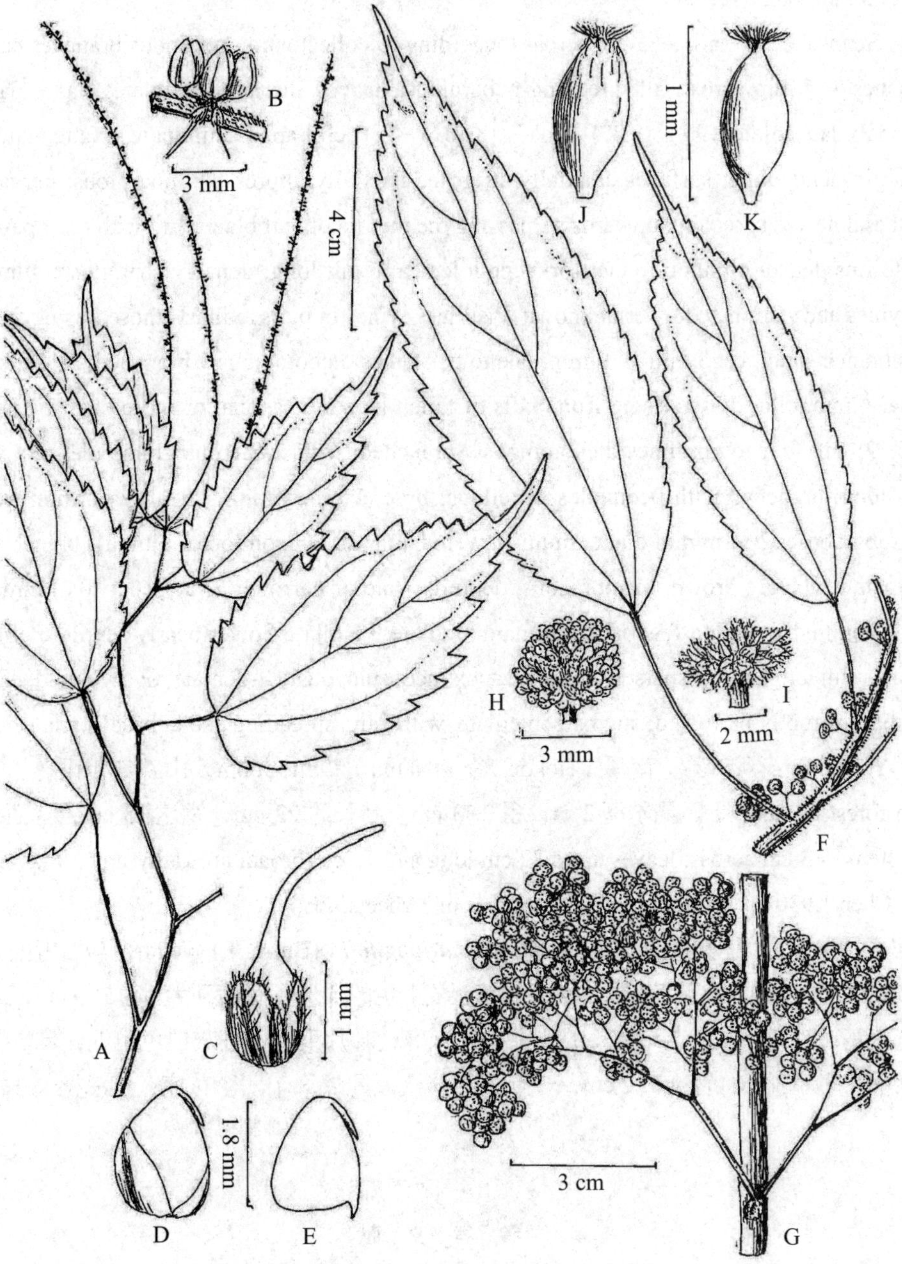

图 1　A–E. **靖安艾麻**　A. 雌茎顶部；B. 花簇，具 2 雌花和 3 瘦果；C. 雌花；D. 宿存花被和瘦果；E. 瘦果。
F–K. **河口水麻**　F. 当年生枝一段；G. 生于老枝上落叶腋部的一对雌聚伞花序；
H. 雌团伞花序；I. 雌团伞花序基部的密集苞片；J. 雌花；K. 雌蕊。

Fig. 1　A–E. ***Laportea jinganensis***　A. Apical part of pistillate stem; B. Flower cluster, with 2 pistillate flowers and 3 achenes; C. Pistillate flower; D. Persistent peranth and achene; E. Achene.　F–K. ***Derbregeasia hekouensis***　F. A part of hornotinous branch; G. A pair of pistillate cymes arsing from an axil of a fallen leaf of old branch; H. Pistillate glomerule; I. Conferted numerous bracts at base of pistillate glomerule; J. Pistillate flower; K. Pistil.

nervis secundariis 5−8-jugatis praeditis, cymis pistillatis minoribus 0.8−2 cm latis semel ad ter ramosis, earum pedunculis 1−5 mm longis recedit.

Shrubs. Stems ca. 2 m tall, 2−3 cm across (according to collector); hornotinous branches ca. 2 mm across, annual branches 3−5 mm across, all spreading-puberulous. Leaves alternate, petiolate; blades papery, narrowly ovate or broadly lanceolate, [9−18(−22)] cm × [3−6.8(−13)] cm, apex acuminate or attenuate, base broadly cuneate, margin denticulate; surfaces adaxially strigose, abaxially appressed-puberulous; nervation trinerved, with lateral basal nerves spreading upwards surpassing the middle of leaf blade, and with ca. 3 pairs of secondary nerves; cystoliths dense, minutely punctiform; petioles ca. 5 cm long, densely strigillose; stipules unknown. Staminate cymes and staminate flower unknown. Pistillate cymes in pairs axillary, those arising from leaf axils of hornotinous branch small, ca. 3 mm × 9 mm, one to two times dichotomously branched, 2−4-glomerulate, with peduncles ca. 4 mm long, those arising from axils of fallen leaves of annual or more older branches large, (3−6) cm × (5−9) cm, four to six times dichotomously branched, with numerous glomerules and with peduncles 1.5−4.5 cm long; branches with peduncles hirtellous; bract 1 or wanting, linear, ca. 2 mm long, hirtellous; glomerules subglobose, 2−4 mm in diam., multi-flowered, at base, i. e. on top of ultimate branch with numerous conferted bracts which are brown, membranous, deltoid, ovate or narrowly ovate, (0.4−0.6) mm × (0.15−0.6) mm, abaxially on midrib with a few hairs, on margin ciliate. Pistillate flower nearly sessile: Perianth brownish, urceolate, ca. 1 mm long, above sparsely strigose, apex inconspicuously 4-dentate; ovary ovoid, ca. 0.7 mm long, glabrous, at base abruptly narrowed; stigma penicillate, with hairs spreading and at base connate.

云南（Yunnan）：河口县，南溪（Hekou Xian, Nanxi），alt. 300m，山谷热带雨林边（at margin of tropical rain forest in valley），灌木高 2 m，粗 2−3 cm；叶长达 22 cm，宽达 13 cm，背面绿色（shrub 2 m tall, with stem 2−3 cm across; leaves up to 22 cm long and 13 cm broad, abaxially green），1993-11-08，陈家瑞（C. J. Chen）93073（holotype，PE；isotypes of 3 sheets, PE）。

本种在亲缘关系方面接近长叶水麻 *Debregeasia longifolia* (Burm. f.) Wedd.，与后者的区别在于本种的叶下面被短柔毛，具约 3 对二级脉，一年生枝或老枝上生的雌聚伞花序硕大，宽 5−9 cm，四至六回分枝，具多数团伞花序，其花序梗长 1.5−4.5 cm。在长叶水麻，叶片下面密被灰白色毡毛，具 5−8 对二级脉，所有的雌聚伞花序都较小，宽 0.8−2 cm，一至三回分枝，具 2−8 个团伞花序，花序梗长 1−5 mm[2, 4, 5]。

参 考 文 献

[1] 陈家瑞. *Laportea*. [M] // 王文采，陈家瑞. 中国植物志第 23 卷 2 册. 北京: 科学出版社, 1995, 23(2): 31−43.

[2] 陈家瑞. *Debregeasia*. [M] // 王文采，陈家瑞. 中国植物志第 23 卷 2 册. 北京: 科学出版社, 1995, 23(2): 388−396.

[3] CHEN C J, FRIIS I, WILMOT-DEAR C M. *Laportea*. [M] // WU Z Y, RAVEN P H, eds. Flora of China. Beijing: Science Press; St. Louis: Missouri Botanical Garden Press, 2003: 85−88.

[4] CHEN C J, FRIIS I, WILMOT-DEAR C M. *Debregeasia*. [M] // WU Z Y, RAVEN P H, eds. Flora of China. Beijing: Science Press; St. Louis: Missouri Botanical Garden Press, 2003: 185−187.

[5] WILMOT-DEAR C M, FRIIS I. *Debregeasia australis* sp. nov. (Urticaceae), with a new synopsis of and a new key to the genus [J]. Edinburgh Journal of Botany, 2012, 69(2): 301−311.

中国冷水花属研究随记

Notes on the genus *Pilea* (Urticaceae) of China

冷水花属 Pilea Lindl.

三萼组柔毛冷水花系 Sect. Urticella Miq. ser. Pubescentes C. J. Chen

1. 疣果冷水花

纤细冷水花，紫背冷水花，南川冷水花。

Pilea gracilis Hand.-Mazz. Symb. Sin. 7: 136. 1929; C. J. Chen in Bull. Bot. Res. Harbin 2(3): 87. 1982; et in Fl. Reip. Pop. Sin. 23(2): 117, pl. 24: 9. 1995; X. W. Li in Fl. Yunnan. 7: 225. 1997; C. J. Chen et al. in Novon 17(1): 26. 2007. Type: 云南：思茅，A. Henry 13352 (lectotype, designated by C. J. Chen in Bull. Bot. Res., Harbin 2(3): 87. 1982, K), 12556, 13167, 13167A (syntypes, K)。

1.1 ssp. **gracilis**

Syn. *P. verrucosa* Hand.-Mazz. l. c. 134. 1929, non Killip, 1925; S. X. Fu, Fl. Hupeh. 1: 170. 1976; C. J. Chen in Bull. Bot. Res. Harbin 2(3): 54. 1982; et in Icon. Corm. Sin. Suppl. 1: 178, fig. 8445. 1982; X. S. Zhang in Fl. Guizhou. 4: 20. 1989; C. J. Chen in Fl. Reip. Pop. Sin. 23(2): 83, pl. 15: 1-3. 1995; X. W. Li in Fl. Yunnan. 7: 207. 1997; B. G. Li in Fl. Hunan 2: 276. 2000; C. J. Chen & A. K. Monro in Fl. China 5: 100. 2003; C. J. Chen in Fl. Guangxi 2: 233. 2005; C. X. Yang et al. Keys Vasc. Pl. Chongqing 148. 2009. Type: 湖南 : 武冈 , 云山 , 1918-06-18, H. Handel-Mazzetti 12145 (lectotype, designated by C. J. Chen in Bull. Bot. Res., Harbin 2(3): 55. 1982, WU; photo, PE). 湖北 : 长阳 , 1900-05, E. H. Wilson, Veitch Exp. 696 (syntype, K)。

P. symmeria Wedd. var. *subcoriacea* Hand.-Mazz. f. *stenobasis* Hand.-Mazz. l. c. Syntypes: 云南 : 思茅 , A. Henry 12007 (K). 四川 : 峨眉山 , E. H. Wilson, Veitch Exp. 5153 (?K)。

P. purpurella C. J. Chen in Bull. Bot. Res. Harbin 2(3): 57, pl. 4: 6. 1982; et in Fl. Reip. Pop. Sin. 23(2): 88, pl. 15: 9. 1995; Y. Z. Ruan in Fl. Guangdong 6: 90. 2005. Type: 江西 : 遂川 , 1970-06-08, 236部队614 (holotype, PE); 上犹 , 1972-05-10, 江西队 1158 (paratype, PE); 武功山 , 1954-05-04, 江西队 238 (paratype, PE). 广东 : 和平 , 卫兆芬 120256 (paratype, PE)。

P. nanchuaneneis C. J. Chen in l. c. 87. 1982; et in l. c. 117. 1995; B. G. Li in Fl. Hunan 2: 283. 2000; Y. Z. Ruan in Fl. Guangdong 6: 94. 2005; C. X. Yang et al. Keys Vasc. Pl. Chongqing 149. 2009. Type：重庆：南川 , 金佛山 , 1957-05-29, 李国凤 61618 (holotype, PE). 湖南：衡山 , 1925-06-03, 湖南博物馆 s. n. (paratype, PE). 广东：蕉岭 , 1957-05-07, 邓良 4591 (paratype, PE)。

地理分布：特产我国西南至华南（云南、贵州、四川、重庆、湖北西南部、湖南、广西、广东东北部、江西西部）。

原文刊登于《植物研究》36(4)：484–490，2016。
致谢：深切感谢钟小红女士打印本文稿件。

1.2 闽北冷水花（亚种）

ssp. **fujianensis** (C. J. Chen) W. T. Wang, comb. nov. ——*P. verrucosa* Hand.-Mazz. ssp. *fujianensis* C. J. Chen in l. c. 35. 1982; et in l. c. 85. 1995; C. J. Chen & A. K. Monro in Fl. China 5: 101. 2003. Type: 福建：建宁, 1978-06-13, 李振宇 10880 (holotype, PE); 泰宁 , 1978-07-16, 李敏生 s. n. (paratype, PE)。

地理分布：特产福建西北部。

1.3 离基脉冷水花（亚种）

ssp. **subtriplinervia** (C. J. Chen) W. T. Wang, comb. nov. ——*P. verrucosa* Hand.-Mazz. ssp. *subtriplinervia* C. J. Chen in l. c. 56. 1982; et in l. c. 1995; C. J. Chen & A. K. Monro in Fl. China 5: 101. 2003; Y. Z. Ruan in Fl. Guangdong 6: 94. 2005. Type: 海南：东方 , 1956-11-27, 陈少卿 11391 (holotype, IBSC); 乐东 , 1935-01, 刘心祈 5201 (paratype, IBSC); 保亭 , 1936-10-17, 侯宽昭 73853 (paratype, IBSC)。

地理分布：海南省特有亚种。

Chen & Monro (2003) 将 *Pilea gracilis* Hand.-Mazz., *Pilea purpurella* C. J. Chen 和 *Pilea nanchuanensis* C. J. Chen 均归并于 *Pilea verrucosa* Hand.-Mazz.[4]. Chen et al. (2007) 了解到在 1925 年有南美洲秘鲁一冷水花属新种 *Pilea verrucosa* Killip 发表，于 1929 年发表的 *Pilea verrucosa* Hand.-Mazz. 实为一晚出异物同名（later homonym），应予以废弃，他们选择了 *Pilea gracilis* Hand.-Mazz. 作为疣果冷水花的学名，但对该种的 2 亚种的学名未加改变 [5]，现在本文对此 2 亚种的学名做出新组合。

2. 师宗冷水花　图 1：A−B

Pilea shizongensis A. K. Monro, C. J. Chen & Y. G. Wei in PhytoKeys 19: 59, figs. 3: c, 4−5. 2012. Type: 云南：师宗县，Feng Huang Gu gorge, alt. 1 200 m, 2010-05-14, A. K. Monro & Y. G. Wei 6727 (holotype, IBK; isotype, PE!)。

Supplementary description to the original one, with the achene and persistent perianth described for the first time.: Achene brown, biconvex, broadly ovate, [(0.5−)0.7−0.8] mm × [(0.3−)0.5] mm, sparsely verruculose, apex oblique, with residual stigma; persistent tepals 3, slightly unequal in size, glabrous, dorsal tepal dark-green, oblong, ca. 0.5 mm long, two lateral tepals whitish, linear, ca. 0.4 mm long, often deciduous (from H. N. Qin 3181).

地理分布：云南东部师宗，在广西、湖南首次记录。

标本登录：广西（Guangxi）：乐业县（Leye Xian），同乐林场，alt. 1 050 m，1989-04-30，红水河队 (Hongshuihe Exped.) 626(♂, PE)；乐业县（Leye Xian），alt. 1 400 m，2002-04-19，覃海宁 (H. N. Qin) 3181 (♀, PE)；田林县（Tianlin Xian），alt. 1 050−1 400 m，1989-04-25，红水河队 477, 572 (♀, PE)。湖南（Hunan）：衡山，上封寺（Shangfeng Temple），Anonymous 0408（veg., PE）。

本种为小多年生草本植物，叶较小，狭卵形或狭椭圆形，长达 4.4 cm，宽达 2 cm，在这些特征方面与隆脉冷水花 (*Pilea lomatogramma* Hand.-Mazz.) 相似，与后者的区别在于本种的茎、叶和花序均被短柔毛，而在隆脉冷水花，茎、叶和花序均无毛 [2, 6]。但在上引的广西田林二号标本，茎和叶片下面近无毛或无毛，只花序有疏毛，这时两种就难于区别了。

在原始文献中缺瘦果的描述 [6]，在上列广西乐业的标本中有成熟的瘦果，遂在本文中将瘦果和宿存花被的描述加以补充。

3. 隆脉冷水花

Pilea lomatogramma Hand.-Mazz. Symb. Sin. 7: 135. 1929, p. p. excl. Mell 416; S. X. Fu, Fl. Hupeh. 1: 168. 1976; C. J. Chen in Bull. Bot. Res. Harbin 2(3): 65. 1982; in Icon. Corm. Sin. Suppl. 1: 180, fig. 8447. 1982; et in Fl. Reip. Pop. Sin. 23(2): 93, pl. 17: 6. 1995; X. W. Li in Fl. Yunnan. 7: 208. 1997; C. J. Chen & A. K. Monro in Fl. China 5: 104. 2003; C. X. Yang et al. Keys Vasc. Pl. Chongqing 148. 2009. Type: 四川：峨眉山，E. H. Wilson, Veitch Exp. 5152 (lectotype, designated by C. J. Chen in Bull. Bot. Res., Harbin 2(3): 65. 1982, K), E. Faber 441 (syntype, K).

P. oxyodon auct. non Wedd.: C. H. Wright in Journ. Linn. Soc. Bot. 26: 477. 1899.

地理分布：云南东北部、四川、重庆南部、湖北西南部、福建西北部，在云南西北部和贵州东北部首次记录。

标本登录：云南（Yunnan）：贡山县（Gongshan Xian），alt. 2 800 m，1935-10，王启元 (C. W. Wang) 67153 (PE)。贵州：梵净山（Fanjing Shan），alt. 500−780 m，1964-04，张志松等（Z. S. Zhang et al.）400047, 400049, 4000380, 401018 (PE)。

本种主要分布于我国西南部，其分布东端却越过湖南和江西二省出现在福建武夷山东坡北部，遂形成一间断分布。

三萼组念珠冷水花系 Sect. Urticella Miq. ser. Moniliferae C. J. Chen

4. 罗城冷水花 图 1：C−F

Pilea luochengensis W. T. Wang, sp. nov. Holotype: 广西（Guangxi）：罗城县，长安乡，龙屯村，穿洞（Luocheng Xian, Changan Xiang, Longtun Cun, Chuandong），石上，直立草本，花淡绿色（on stones; herbs erect; fls. greenish），2006-05-04，侯满福 (M. F. Hou) 15(PE)。

Species nova haec est arcte affinis *P. microcardiae* Hand.-Mazz. endemicae necnon in Luocheng, quae caulibus humilioribus 3−8 cm altis, foliis minoribus, eorum laminis cordatis 0.6−1.5 cm longis 0.5−1.4 cm latis basi cordatis margine crenatis, cystolithis minoribus 0.2−0.3 mm longis differt.

Small perennial herbs, monoecious. Stems 7−15 cm tall, near base 0.8−1 mm across, glabrous, simple or above base 1-branched, below longitudinally shallowly 8-sulcate. Leaves glabrous, those of the same pair unequal in size; blades papery, deltoid-ovate, [(0.5−)1−3.5] cm × [(0.5−)1−3.6] cm, apex acute or shortly acuminate, base subtruncate, at the middle retuse, margin coarsely dentate, with teeth obliquely triangular in shape; nervation trinerved, with basal nerves adaxially flat, abaxially prominent and with 3−4 pairs of secondary nerves; cystoliths conspicuous, dense, bacilliform, 0.25−0.5 mm long; petioles slender, 0.4−3.2 cm long; stipules narrowly ovate or triangular, 0.5−0.8 mm long, with several bacilliform cystoliths. Staminate cymes few, singly axillary, including peduncle 4−8 mm long, 2−5 mm broad, glabrous, densely 4−10-flowered; peduncles slender, 3−6 mm long; bracts brown, narrowly ovate, ca. 0.5 mm long, apex slenderly caudate. Staminate flower ca. 2 mm in diam., glabrous; pedicel 0−0.4 mm long; tepals 4, navicular-oblong, ca. 1 mm long, slightly connate at base, abaxially below apex shortly corniculate; stamens 4, slightly surpassing tepals. Infructescences more and larger than staminate cymes, singly axillary, including peduncle 8−16 mm long, 6−9 mm broad, glabrous, sparsely branched, with 4−8 achene fascicles; peduncles slender, 4−9 mm long; bracts not seen. Achenes densely

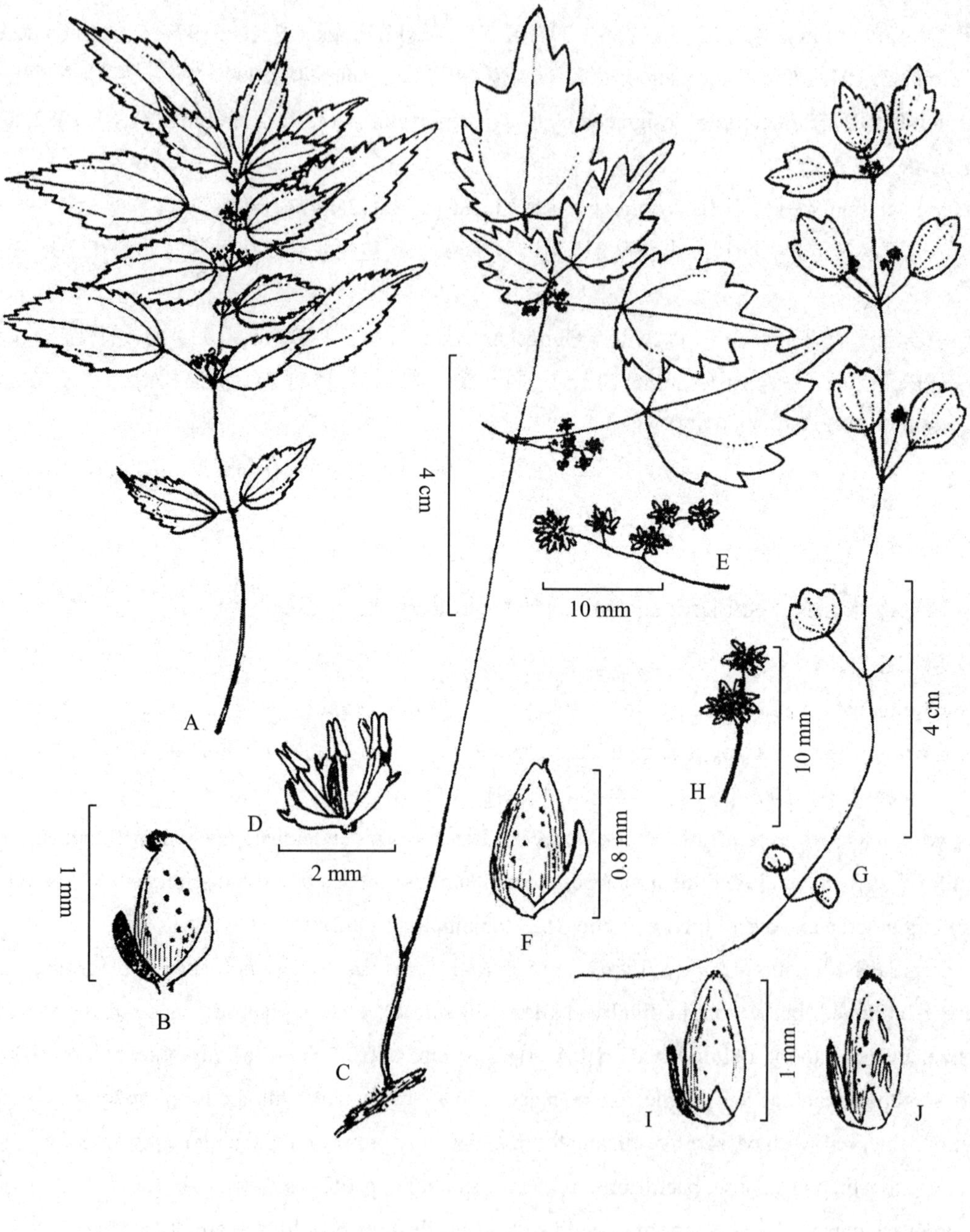

图 1　A−B. **师宗冷水花**　A. 结果茎上部；B. 瘦果和宿存花被。　C−F. **罗城冷水花**　C. 植株全形；D. 雄花；E. 果序；F. 瘦果和宿存花被。　G−J. **贡觉冷水花**　G. 植株全形；H. 果序；I. 瘦果和宿存花被；J. 另一瘦果，示具钟乳体。

Fig. 1　A−B. ***Pilea shizongensis***　A. Upper part of fruting stem; B. Achene with persistent perianth. C−F. ***P. luochengensis***　C. Habit; D. Staminate flower; E. Infructescence; F. Achene with persistent perianth. G−J. ***P. gongjueensis***　G. Habit; H. Infructescence; I. Achene with persistent perianth; J. Another achene with several bacilliform cystoliths.

fascicled, brown, biconvex, narrowly ovate, ca. 0.8 mm × 0.5 mm, smooth, sparsely minutely verruculose; persistent tepals 3, dark-green, unequal in size, glabrous, dorsal tepal larger, oblong-lanceolate, 0.5–0.6 mm long, abaxialy longitudinally thinly 3-ribbed, two lateral tepals smaller, narrowly ovate, 0.2–0.3 mm long.

本种在亲缘关系方面与也特产罗城的广西冷水花 (*Pilea microcardia* Hand.-Mazz.) 甚为相近，与后者的区别在于本种的茎较高，7–15 cm，叶较大，叶片正三角状卵形，长达 3.5 cm，宽达 3.6 cm，基部近截形，在中央微凹，边缘具斜三角形粗牙齿，钟乳体较大，长 0.25–0.5 mm。在广西冷水花，茎较低矮，高 3–8 cm，叶较小，叶片心形，长 0.6–1.5 cm，宽 0.5–1.4 cm，基部心形，边缘具浅圆齿，钟乳体较小，长 0.2–0.3 mm[1-2]。

三萼组盾叶冷水花系 Sect. Urticella Miq. ser. Peltatae C. J. Chen

5. 总状序冷水花　图 2：A–C

Pilea racemiformis C. J. Chen in Bull. Bot. Res. Harbin 2(3): 93. 1982; et in Fl. Reip. Pop. Sin. 23(2): 123, pl. 26: 4–5. 1995; C. J. Chen & A. K. Monro in Fl. China 5: 111. 2003; C. J. Chen in Fl. Guangxi 2: 840. 2005. Holotype: 广西：那坡，百合老虎跳自然保护区，alt. 1 600 m, 1977-04-18, 潘保强 2-5207(♂, GXIM)。

Supplementary description to the original one, with the leaves of pistillate plant, pistillate thyrses, pistillate flower and achenes described for the first time.: Leaves glabrous; blades papery, lanceolate or narrowly ovate, (3.6–8.5) cm × (1.3–3.2) cm, apex caudate-acuminate or long acuminate, (0.6–2.6) cm × (0.1–0.3) cm, 6–12-denticulate, base usually peltate, margin dentate; petioles 0.5–2.3 cm long; stipules triangular, ca. 3 mm × 5 mm. Pistillate thyrses singly axillary, including peduncle 5–8 cm long, glabrous, two times sparsely branched, each branchlet with sparsely arranged flower fascicles, each fascicle consisting of 3–6 flowers; peduncle 1.2–2.8 cm long; bracts linear or subulate, 0.3–0.6 mm long. Pistillate flower: pedicel 0.2–0.8 mm long, glabrous; tepals 3, unequal in size, oblong, glabrous, dorsal tepal ca. 0.25 mm long, two lateral tepals ca. 0.2 mm long; ovary ellipsoidal, ca. 0.3 mm long, glabrous; stigma penicillate, ca. 1.2 mm long, with dense thick hairs. Achenes brown, biconvex, ovate, ca. 1 mm × 0.6 mm, sparsely verruculose; persistent tepals unequal in size, oblong, 0.3–0.7 mm long, glabrous. (from H. N. Qin et al. s. n.)

地理分布：原知产广西西南部那坡，在广西北部和云南东南部首次记录。

标本登录：广西（Guangxi）：那坡县（Napo Xian），alt. 1 200 m，2012-04-24，覃海宁等（H. N. Qin et al.）s. n.（♀, PE）；环江县（Huangjiang Xian），Mulung town，alt. 550 m，1997-05-07，P. J. Cribb et al. ASBK 452（♀, PE）。云南（Yunnan）：西畴县（Xichou Xian），法斗，alt. 1 420 m，2007-12-07，税玉民，陈文红等（Y. M. Shui, W. H. Chen et al.）80869（♀, PE）。

本种是根据一号雄性植株描述的 [1]，现在收集到数号雌性植株标本，遂将雌聚伞圆锥花序、雌花和瘦果的描述加以补充。雌株的叶顶尖头较狭长，长达 2.6 cm，边缘每侧有 3–5 枚小牙齿，而与雄株不同；雄株的叶顶端尖头较短，长达 1.5 cm，边缘每侧有 1–2 枚小牙齿 [2]。

6. 卵形盾叶冷水花（变种）　图 2：D–E

Pilea peltata Hance var. **ovatifolia** C. J. Chen in Bull. Bot. Res. Harbin 2(3): 95. 1982; et in Fl. Reip. Pop. Sin. 23(2): 127. 1995; C. J. Chen & A. K. Monro in Fl. China 5: 112. 2003; Y. Z. Ruan in Fl. Guangdong 6: 90.

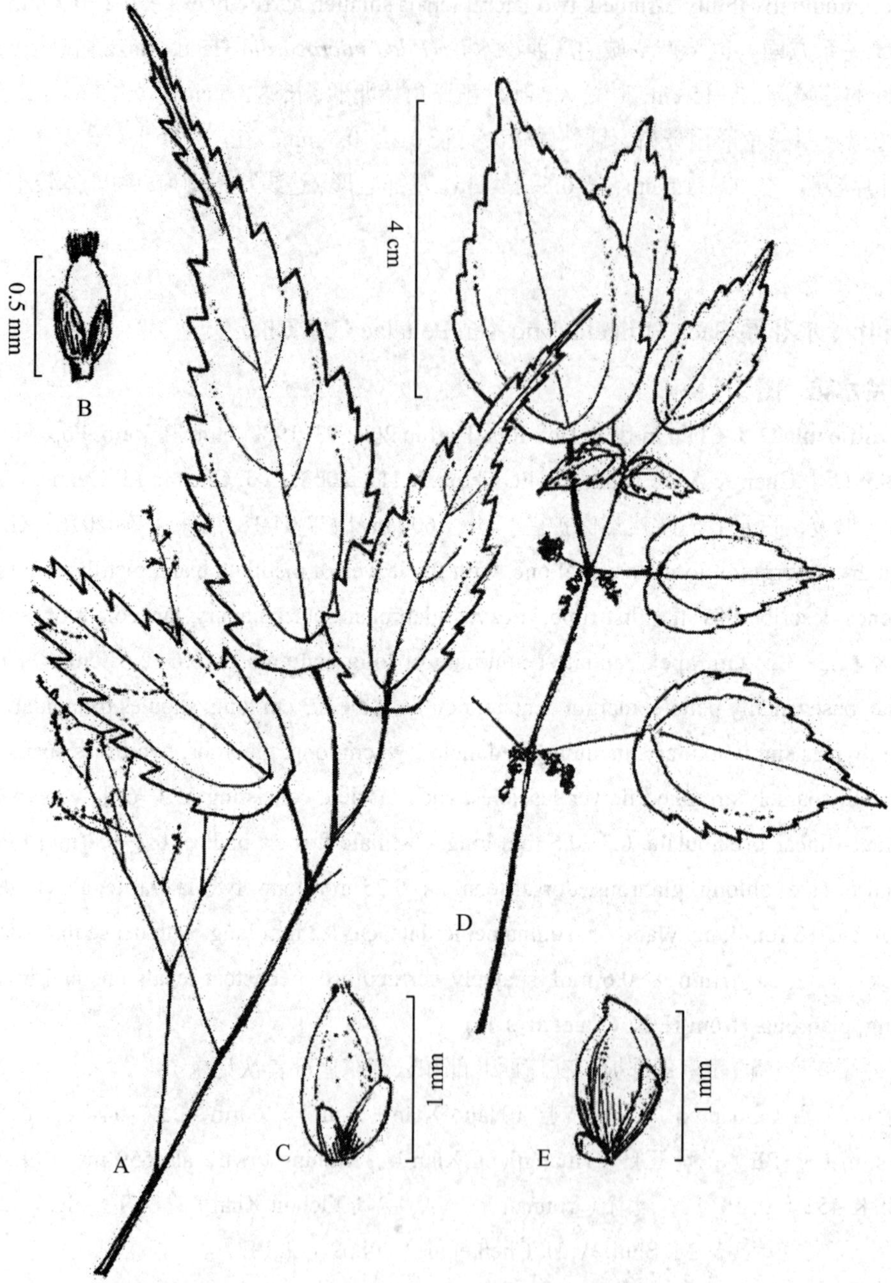

图 2　A–C. **总状序冷水花**　A. 开花雌茎枝条；B. 雌花；C. 瘦果和宿存花被。
D–E. **卵形盾叶冷水花**　D. 结果茎上部；E. 瘦果和宿存花被。

Fig. 2　A–C. **Pilea racemiformis**　A. Branch of flowering pistillate stem; B. Pistillate flower; C. Achene with persistent perianth.
D–E. **P. peltata** var. **ovatifolia**　D. Upper part of fruiting stem; E. Achene with persis tent perianth.

2005. Type: 广东 : 乳源 , alt. 300 m, 1971-04-10, 广东队 51 (holotype, IBSC); 连县 , 朱忠松 690 (paratype, IBSC); 从化 , 邓良 8465 (paratype, PE); 黄志 44066 (paratype, IBSC).

地理分布：广东中部和北部，在江西西南部首次记录。

标本登录：江西（Jiangxi）：崇义县（Chongyi Xian），聂都乡，仙鹤岩，2011-09-06，黄向旭，陈有卿，李素英（X. X. Huang, Y. Q. Chen & S. Y. Li）10838（PE）。

三萼组波缘冷水花系 Sect. Urticella Miq. ser. Cavalerianae C. J. Chen

7. 贡觉冷水花　图 1：G–J

Pilea gongjueensis W. T. Wang, sp. nov.　Holotype: 西藏 (Xizang)：贡觉县，沙东乡，阿香村 (Gongjue Xian, Shadong Xiang, Axiang Cun), alt. 3 800 m, 山谷林缘草坡 (on grassy slope at forest margin in valley), 多年生草本 (perennial herbs), 2010-08-14, 康藏植物队 (Kham Exped.) 10-1886 (PE)。

Species nova haec est arcte affinis *P. yadongensis* W. T. Wang, quae foliorum laminis majoribus usque ad 18 mm longis et latis margine in quoque latere plerumque 1–5-denticulatis, floris pistillati tepalo dorsali dorso sub apice papilliformiter projecto distinguitur.

Small herbs. Stems slender, 8–15 cm tall, near base 0.8–1 mm across, glabrous, simple, rarely 1-branched, on nodes with dense cystoliths. Leaves opposite, those of the same pair subequal in size, rarely 3 verticillate, petiolate, glabrous; blades papery, ovate or elliptic, rarely obovate, (7–15) mm × (5–10) mm, apex slightly acute or obtuse, base obtuse or subrounded, margin at each side 1–2-denticulate or entire; nervation trinerved, with basal nerves adaxially nearly flat or slightly impressed, abaxially slightly prominent, and with 1 pair of inconspicuous secondary nerves; cystoliths conspicuous, dense, bacilliform, 0.2–0.4 mm long; petioles 2–6 mm long; stipules narrowly triangular, 0.6–0.8 mm long. Staminate cymes and staminate flowers unknown. Infructescences in pairs or singly axillary, 2–4 mm broad, glabrous, shortly dichotomously branched, at each branch with dense achenes; peduncles slender, 1–11 mm long; bracts linear or deltoid, 0.2–0.5 mm long. Achenes sessile or very shortly pedicellate, greenish, biconvex, long ovate or long elliptic, ca. 1 mm × (0.5–0.6) mm, glabrous, sparsely minutely verruculose, usually on each side with 4–10 bacilliform cystoliths; persistent tepals 3, strongly unequal in size, dark-green, glabrous, dorsal tepal navicular-oblong, 0.6–0.7 mm long, abaxially without any projection, apex acuminate and with white margin, two lateral tepals triangular, ca. 0.25 mm long.

本种在亲缘关系方面与亚东冷水花（*Pilea yadongensis* W. T. Wang）甚为相近，与后者的区别在于本种的叶片较小，长达 15 mm，宽达 10 mm，边缘每侧有 1–2 小牙齿，背生花被片背面无任何突起。在亚东冷水花，叶片较大，长及宽均达 18 mm，边缘每侧有 1–5 小牙齿，背生花被片在背面顶端之下有一乳头状突起[3]。

本种的瘦果常在每侧具 4–10 枚杆状钟乳体（图 1：J），这种情况在荨麻科中罕见，是我数十年研究荨麻科植物过程中首次看到的瘦果具钟乳体现象。

参考文献

[1] 陈家瑞. 中国荨麻科冷水花属的研究[J]. 植物研究, 1982, 2(3): 1−132.

[2] 陈家瑞. *Pilea*. [M] // 王文采, 陈家瑞. 中国植物志. 北京: 科学出版社, 1995, 23(2): 57−156.

[3] 王文采. 西藏荨麻科二新种 [J]. 植物科学学报, 2014, 32(1): 24−26.

[4] CHEN C J, MONRO A K. *Pilea*. [M] // WU Z Y, RAVEN P H, eds. Flora of China. Beijing: Science Press, St. Louis: Missouri Botanical Garden Press, 2003, 5: 76−189.

[5] CHEN C J, MONRO A K, CHEN L. Name changes for *Pilea* (Urticaceae). [J] Novon, 2007, 17(1): 24-26.

[6] MONRO A K, WEI Y G, CHEN C J. Three new species of *Pilea* (Urticaceae) from limestone karst in China [J]. PhytoKeys, 2012, 19: 51-66.

中国楼梯草属研究随记

Notes on the genus *Elatostema* (Urticaceae) of China

楼梯草属 **Elatostema** J. R. & G. Forster。疏伞楼梯草组短梗楼梯草系 Sect. *Pellionioides* W. T. Wang ser. *Brevipedunculata* W. T. Wang。

1 短梗楼梯草　图 1：A–D

Elatostema brevipedunculata W. T. Wang in Bull. Bot. Lab. N.-E. Forest. Inst. 7: 22. 1980; 并于中国植物志 23(2): 211. 1995; 李锡文于云南植物志 7: 261, 图版 65: 1. 1997; Q. Lin et al. in Fl. China 5: 133. 2003; W. T. Wang in Fu et al. Paper Collection of W. T. Wang 2: 1070. 2012; 王文采, 中国楼梯草属植物 39, 图版 1: A–B. 2014. Type: 云南：腾冲，1964-05-21，武素功 6783（♂, holotype, KUN）；镇康，1936-03，王启无 72164 (♂, paratype, PE)。

Supplementary description to the original one, with the pistillate capitula, pistillate flower and achenes described for the first time.: Pistillate capitula singly axillary; peduncle robust, ca. 1 mm long, glabrous; receptacle either rectangular, ca. 2 mm × 1.6 mm, or subquadrate, ca. 1.8 mm × 1.8 mm, glabrous, deeply 2-lobed; involucral bracts ca. 21, 2-seriate, membranous, inner bract 1, semi-orbicular, ca. 0.5 mm × 0.8 mm, subglabrous, outer bracts ca. 20, above dark-green, below whitish, triangular or narrowly ovate, rarely deltoid, (0.6–0.8) mm × (0.3–0.7) mm, densely puberulous; bracteoles numerous, dense, membranous, below whitish, above brown and long ciliate, linear, (0.6–1) mm × (0.1–0.2) mm. Pistillate flower: Pedicel robust, 0.5–0.7 mm long, glabrous; tepals wanting; ovary obovoid, ca. 0.4 mm long, glabrous; stigma penicillate, ca. 0.1 mm long. Achenes whitish, ellipsoidal, ca. 0.55 mm × 0.35 mm, longitudinally 6-ribbed.

地理分布：特产云南西部。

标本登录：云南（Yunnan）：保山市，芒宽乡，百花岭（Baoshan Shi, Mangkuan Xiang, Baihualing），alt. 1 517 m，2012-07-23, 刘杰，罗亚皇，谭少林（J. Liu, Y. H. Luo & S. L. Tan） GLGE 12246 (♀, KUN. PE)；同地 (same locality)，alt. 2 426 m，2013-03-21，刘杰，罗亚皇，刘学文，杨志光，洪和斌，整飘其（J. Liu, Y. H. Luo, X. W. Liu, Z. G. Yang, H. B. Hong & P. Q. Zheng）GLGE 13623(♂, KUN, PE)。

本种的二号模式标本均为具雄聚伞花序的雄株，因此在原始形态描述中缺少雌花序、雌花和果实的描述。昆明植物研究所刘杰博士于 2012 年在云南保山市芒宽乡山区采集到本种的雌株标本，这才能在本文中写出上述器官的补充描述。本种的雌花序具花序托和总苞，是典型的有限头状花序（determinate capitulum）[1]（见图 1B），这种构造复杂的花序与本种雄株具有的 2–4 回分枝的雄聚伞花序 [2] 截然不同。更值得注意的是雌花，本种的雌花发生了强烈退化，花被片全部消失，只剩下一个单独的雌蕊（见

原文刊登于《植物研究》36(5): 641–646, 2016。
致谢：深切感谢吴增源，刘杰二博士惠赠荨麻科珍贵标本，深切感谢钟小红女士打印本文稿件。

图 1C），这与本种具 5 枚椭圆形花被片和 5 枚雄蕊的雄花 [2] 又是截然不同。同一种的雄、雌花序和雄、雌花的构造出现如此巨大的区别，是被子植物中的一个罕见现象。本种的叶具半离基三出脉，说明本种是楼梯草属原始群疏伞楼梯草组（Sect. *Pellionioides*）的原始种之一。本种和疏伞楼梯草组另一原始种疏伞楼梯草（*E. laxicymosum* W. T. Wang）的果实均具纵肋，均属于楼梯草属所独有的具肋瘦果（ribbed achene）类型（荨麻科其他所有属均无这种类型的瘦果），这个事实支持了笔者在 2014 年提出的一个关于具肋瘦果的论断，即具纵肋类型的瘦果在楼梯草属自冷水花属演化而出之后不久就很快出现了 [2]。

小叶楼梯草组渐尖楼梯草系 Sect. *Weddellia* (*H. Schröter*) W. T. Wang ser. *Acuminata* W. T. Wang。

2 少齿楼梯草（变种） 图 1：E–H

Elatostema lineolatum Wight var. **integrifolium** Hook. f., Fl. Brit Ind. 5: 565. 1888; Grierson & Long, Fl. Bhutan 1(1): 119. 1983. Type: no type specimen designated.

E. cuspidatum auct. non Wight: Wight, Icon. Pl. Ind. Or. 6: t. 2091, fig. 1. 1853.

Supplementary description to original one, with the pistillate capitula, pistillate flower and achene described for the first time: Pistillate capitula in pairs axillary, shortly pedunculate; peduncle ca. 2 mm long, glabrous; receptacle broadly rectangular, ca. 4 mm × 2 mm, glabrous, 2-lobed; involucral bracts ca. 25, triangular-linear or linear, (1–1.4) mm × (0.25–0.5) mm, strigillose; bracteoles numerous, membranous, whitish, cuneate-linear or linear, ca. 1 mm long, above longitudinally brown-lineolate, apex ciliate. Pistillate flower shortly pedicellate: tepals 4, narrowly ovate, ca. 0.2 mm long, glabrous, longitudinally brown-lineolate; ovary narrowly ellipsoidal, ca. 0.4 mm long, glabrous; stigma penicillate, 0.15–0.3 mm long. Achenes whitish, ellipsoidal, ca. 0.6 mm long, longitudinally 4-ribbed and sparsely minutely tuberculate.

Herbs ca. 45 cm tall (according to the field notes). Stem glabrous. Leaves alternate, shortly petiolate or sessile; blades papery, oblanceolate or narrowly obovate, [(4–)8–16] cm × [(1–)2–4.6] cm, apex cuspidate or acuminate, base obliquely cuneate, margin near apex with a few teeth; surfaces both adaxially and abaxially glabrous, or abaxially on midrib sparsely puberulous; nervation semi-triplinerved, with secondary nerves 2–3 at leaf narrow side and 4–5 at broad side; cystoliths dense, conspicuous, bacilliform, 0.15–0.4 mm long; petioles 0–3 mm long, glabrous; stipules membranous,greenish-white, linear-lanceolate, ca. 14 mm × (2–2.8) mm, glabrous, longitudinally 1-nerved.

地理分布：尼泊尔、不丹、印度北部和东北部，在我国西藏首次记录。

标本登录：西藏（Xizang）：聂拉木县，樟木镇（Nielamu Xian, Zhangmu Zhen）, alt. 1 750 m, 常绿阔叶林（in evergreen broad-leaved forest），草本高 30–45 cm（herbs 30–45 cm tall）, 2012-07-03, 高连明，严丽君，吴之坤（L. M. Gao, L. J. Yan & Z. K. Wu） GLM-123661 （KUN, PE）。

本变种与在我国南部广布的狭叶楼梯草 (*E. lineolatum* Wight var. *majus* Wedd.) 的区别在于本变种的茎无毛，叶片中脉的二级脉较少，在叶狭侧 2–3 条，在宽侧 4–5 条，雌头状花序总苞苞片条形，被短糙伏毛，瘦果的纵肋 4 条。在狭叶楼梯草，茎的枝条密被糙伏毛，叶狭侧和宽侧的中脉二级脉均多达 8 条，雌头状花序总苞苞片三角形，被开展缘毛，瘦果的纵肋 7 条 [2]。

本变种的原始描述非常简略，只给出了叶的描述 [3]，因此，在本文中根据上列采自西藏樟木的雌株标本写出了本变种营养和生殖器官的形态描述。

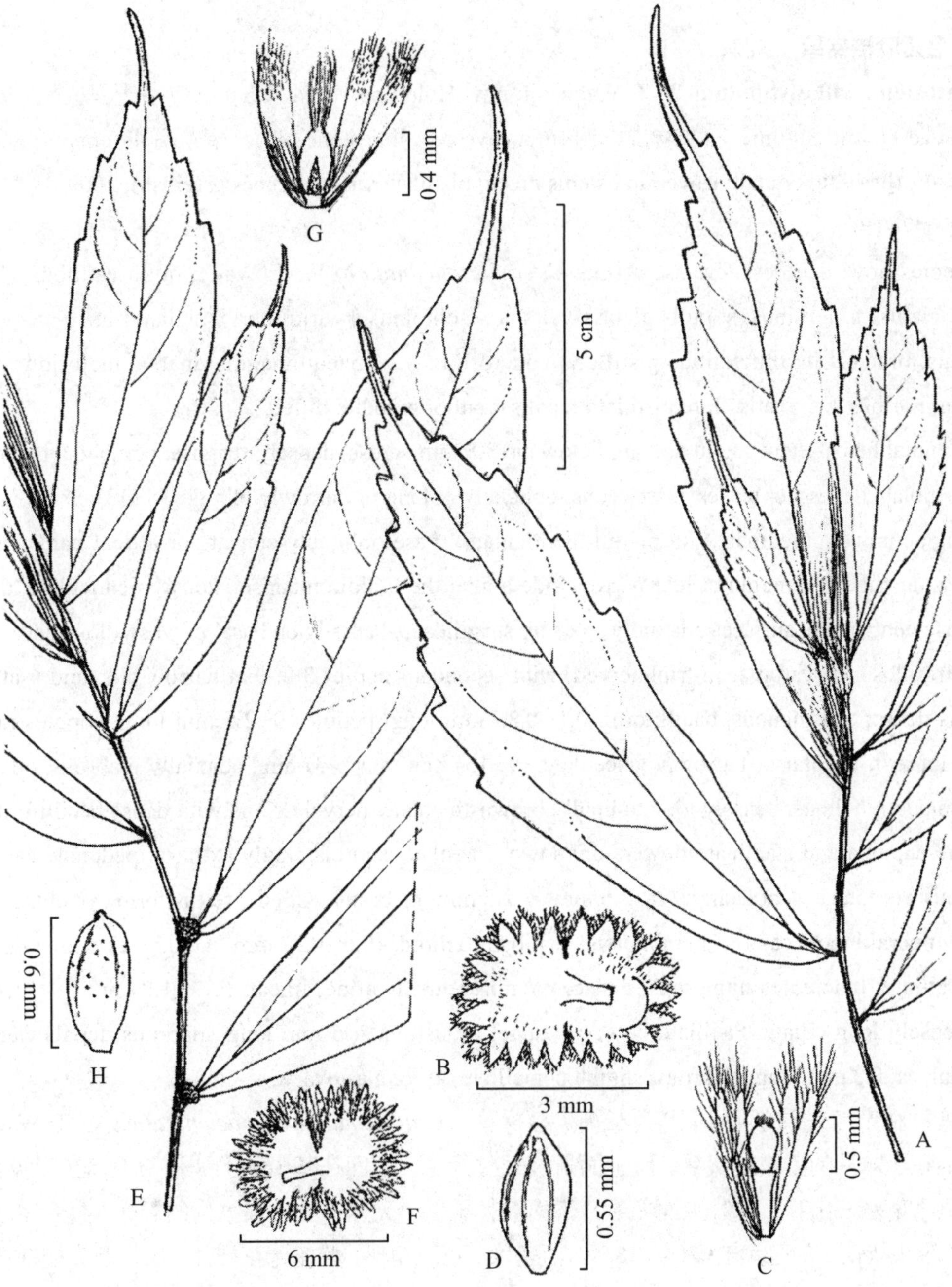

图 1　A–D. **短梗楼梯草**　A. 雌茎顶部；B. 雌头状花序（下面观）；C. 4 小苞片和雌花；D. 瘦果。
E–H. **少齿楼梯草**　E. 雌茎顶部；F. 雌头状花序（下面观）；G. 3 小苞片和雌花；H. 瘦果。

Fig. 1　A–D. **Elatostema brevipedunculatum**　A. Apical part of pistillate stem; B. Pistillate capitulum, seen from beneath; C. Four bracteoles and pistillate flower; D. Achene.

E–H. **E. lineolatum** var. **integrifolium**　E. Apical part of pistillate stem; F. Pistillate capitulum, seen from beneath; G. Three bracteoles and pistillate flower; H. Achene.

骤尖楼梯草组骤尖楼梯草系（Sect. *Elatostema* ser. *Cuspidata* W. T. Wang）。

3 毛托叶楼梯草 图 2：A–E

Elatostema villosistipulum W. T. Wang, sp. nov. Holotype: 广西（Gangxi）：巴马县，坡月（Bama Xian, Poyue），alt. 300 m，石灰岩山山洞 (in a cave of a limestone hill)，草本高 40 cm，叶和茎绿色，雌花序淡绿色 (herbs 40 cm tall; leaves and stems green; pistillate inflorescences greenish), 2009-03-03，韦毅刚（Y. G. Wei）6478 (PE)。

Species nova haec est fortasse affinis *E. caudatoacuminato* W. T. Wang, quod caulibus glabris, foliis utrinque glabris trinervibus, stipulis glabris vel sparse ciliolatis 1-viridi-nervibus haud lineolatis et cystolithis carentibus, bracteis involucralibus pistillatis paucioribus sex inaequimagnis duabus majoribus sublunulatis quatuor minoribus late ovatis, flore pistillato tepalis quatuor praedito differt.

Perennial herbs. Stem ca. 40 cm tall, below ca. 3.5 mm across, densely strigose, branched. Leaves alternate, shortly petiolate or sessile; blades chartaceous, obliquely oblong or narrowly elliptic, (8–13) cm × (2.2–3.4) cm, apex long acuminate (acumen with margin denticulate), base obliquely cuneate or at leaf narrow side obtuse, at broad side cuneate, margin at leaf narrow side above the middle inconspicuously denticulate, at broad side above base denticulate; surfaces adaxially sparsely strigillose, abaxially on basal nerves villous and on secondary nerves strigillose; nervaton semi-triplinerved, with secondary nerves 3 at leaf narrow side and 4 at broad side; cystoliths dense, conspicuous, bacilliform, 0.1–0.35 mm long; petioles 0–2.5 mm long; stipules membranous, whitish, linear-triangular or narrowly lanceolate, (9–15) mm × (2–3) mm, adaxially glabrous, on margin long ciliate, abaxially villous, densely longitudinally brown-lineolate, nerveless and with dense bacilliform cystoliths. Staminate capitula and staminate flowers unknown. Pistillate capitula singly axillary; peduncle ca. 1 mm long, puberulous; receptacle subquadrate, ca. 2.6 mm × 2.2 mm, glabrous, with dense fusiform cystoliths 0.1–0.2 mm long; involucral bracts ca. 18, membranous, whitish, deltoid, (0.6–0.8) mm × (0.8–1) mm, 1-green-nerved, densely ciliate; bracteoles numerous, dense, membranous, hyaline, linear, (0.9–1.2) mm × (0.1–0.2) mm, above densely long ciliate. Pistillate flower: Pedicel robust, ca. 1.5 mm long, glabrous; tepals wanting; ovary ellipsoidal, ca. 0.3 mm long, glabrous; stigma penicillate, as long as ovary.

本变种在亲缘关系方面可能接近长渐尖楼梯草（*Elatostema caudatoacuminatum* W. T. Wang），与后者的区别在于本种的茎被糙伏毛，叶上面疏被短糙伏毛，下面在基出脉上被长柔毛，在二级脉上被短糙伏毛，具半离基三出脉，托叶上面无毛，下面被长柔毛，无脉，具密集纵列的褐色短线纹和密集的杆状钟乳体，雌头状花序的苞片较多，约 18 枚，近等大，正三角形，雌花无花被片。在长渐尖楼梯草，茎无毛，叶两面无毛，具三出脉，托叶无毛或有稀疏短缘毛，具 1 条绿色脉，无短线纹，无钟乳体，雌头状花序的苞片较少，6 枚，不等大，2 枚较大，近新月形，4 枚较小，宽卵形，雌花具 4 枚花被片[2]。

骤尖楼梯草组麻栗坡楼梯草系 Sect. *Elatostema* ser. *Malipoensia* W. T. Wang & Zeng Y. Wu。

4 弄岗楼梯草 图 2：F–J

Elatostema longgangense W. T. Wang, sp. nov. Holotype：广西（Gnagxi）：龙州县，弄岗自然保护区（Longzhou Xian, Longgang nature reserve），alt. 180–370 m，花绿色（fls. green），2008-10-11，中植联广西队（Guangxi Exped. Inst. Bot.）3672 (PE)。

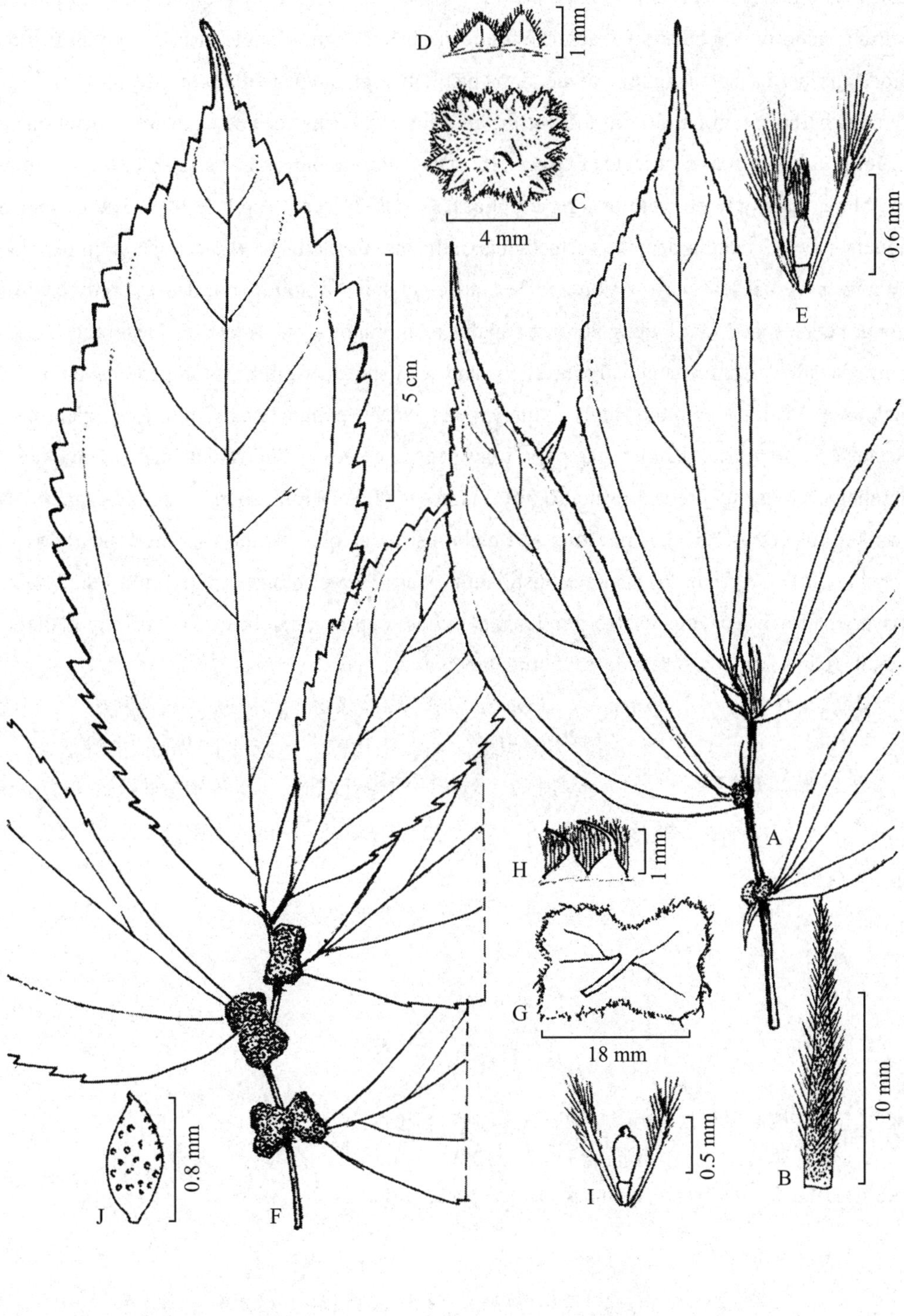

图 2　A–E. **毛托叶楼梯草**　A. 雌茎顶部；B. 托叶（背面）；C. 雌头状花序（下面观）；D. 2 苞片；E. 3 小苞片和雌花。
F–J. **弄岗楼梯草**　F. 雌茎顶部；G. 雌头状花序（下面观）；H. 2 苞片和约 10 小苞片；I. 2 小苞片和雌花；J. 瘦果。

Fig. 2　A–E. **Elatostema villosistipulum**　A. Apical part of pistillate stem; B. Stipule, abaxial view; C. Pistillate capitulum, seen from beneath; D. Two bracts; E. Three bracteoles and pistillate flower.
F–J. **E. longgangense**　F. Apical part of pistillate stem; G. Pistillate capitulum, seen from beneath; H. Two bracts and ca.ten bracteoles; I. Two bractsoles and pistillate flower; J. Achene.

Species nova haec est affinis *E. malipoensi* W. T. Wang & Zeng Y. Wu, quod foliis margine denticulatis glabris, stipulis minoribus subulatis vel anguste triangularibus 1–2 mm longis glabris, capituli pistillati bracteis ivolucralibus pluribus ca. septuaginta quinque, floris pistillati stigmate penicillato recedit.

Perennial herbs. Stem ca. 30 cm tall, at the middle ca. 2 mm across, near apex hirtellous, elsewhere glabrous, longitudinally ca. 5-sulcate. Leaves alternate, shortly petiolate or sessile; blades thinly papery, obliquely oblong, narrowly obovate or long elliptic, [(3–)11–20] cm × [(1.2–)4–7.5] cm, apex acuminate, base obliquely cuneate, margin dentate; surfaces adaxially and abaxially strigillose; nervation penninerved, with secondary nerves 3–4 at leaf narrow side and 5–6 at broad side; cystoliths not dense, thinly bacilliform, 0.1–0.3 mm long; petioles 0–2 mm long, glabrous; stipules membranous, lanceolate or linear-lanceolate, (3–5) mm × 0.6 mm, adaxially glabrous, abaxially hirtellous and with some cystoliths. Staminate capitula and staminate flowers unknown. Pistillate capitula singly axillary, pedunculate; peduncle ca. 7 mm long, glabrous; receptacle papilionaceous, ca. 18 mm × 12 mm, glabrous, from peduncle apex with 4 radiate nerves; involucral bracts ca. 14, membranous, whitish, depressed-ovate, (0.5–0.7) mm × (1.5–3) mm, sparsely ciliolate, apex 1-corniculate, with horn-like projections 1.5–2.2 mm long and glabrous; bracteoles numerous, dense, nearly hyaline, linear, (0.8–3) mm × (0.1–0.3) mm, long ciliate. Pistillate flower: Pedicel robust, ca. 0.2 mm long, glabrous; tepals wanting; ovary narrowly obovoid, ca. 0.5 mm long, glabrous; stigma subglobose, ca. 0.05 mm in diam., glabrous. Achenes white, ellipsoidal, ca. 0.8 mm × 0.5 mm, tuberculate.

本种与麻栗坡楼梯草（*Elatostema malipoense* W. T. Wang & Zeng Y. Wu）在亲缘关系上相近，与后者的区别在于本种的叶边缘具牙齿，两面均被短糙伏毛，托叶较大，披针形或条状披针形，长3–5mm，背面被短硬毛，雌头状花序的苞片较少，14枚，雌花的柱头近球形。在麻栗坡楼梯草，叶边缘具小牙齿，无毛，托叶较小，钻形或狭三角形，长1–2mm，无毛，雌头状花序的苞片较多，约75枚，雌花的柱头画笔头状[2]。

参 考 文 献

[1] 王文采. 关于一些植物学术语的中译等问题（三）[J]. 广西植物, 2009, 29(1): 1–6.

[2] 王文采. 中国楼梯草属植物 [M]. 青岛: 青岛出版社, 2014.

[3] HOOKER J D. *Elatostema*. [M] // HOOKER J D. The flora of British India. London, 1875: 562–574.

西藏荨麻科二新种
Two new species of Urticaceae from Xizang

亚东冷水花　图1： A–G

Pilea yadongensis W. T. Wang，sp. nov. Fig. 1: A–D

(Sect. *Urticella* Mig. set. *Cavalerianae* C. J. Chen)

Ob herbas humiles glabras, cymas pistillatas longe pedunculatas species nova haec est fortasse affinis *P. clarkei* Hook f. e descr., quae foliis oblongo-ovatis vel lanceolatis, stipulis late ovatis obtusis differt.

Small annual herbs. Stems slender, 8–15 cm tall, below ca. 1 mm across, glabrous, shortly branched. Leaves opposite, petiolate, glabrous, those of the same pair slightly unequal in size; blades thinly papery, broadly ovate, orbicular-ovate or ovate, [(0.2–)0.6–1.8] cm × [(0.2–)0.4–1.8] cm, apex obtuse, rounded or acute, base rounded, broadly cuneate or emarginate, margin at each side 1–5-denticulate, or entire; nervation trinerved, with a pair of inconspicuous lateral nerves; cystoliths dense, conspicuous, bacilliform, 0.1–0.25 mm long; petioles slender, 0.1–1.6 cm long; stipules narrowly triangular, ca. 0.8 mm long, apex acute. Staminate cymes unknown. Pistillate cymes in pair or singly axillary, glabrous; peduncles slender, 0.3–2 cm long, apex with dense flowers, or at apex dichotomously branched and at branch apexes with dense flowers; bracts linear, ca. 0.5 mm long. Pistillate flower shortly pedicellate or sessile: tepals 3, strongly unequal in size, glabrous, the dorsal one largest, green, navicular-oblong, ca. 0.5 mm long, with a few cystoliths, abaxially below apex with a papillose projection, the other two whitish, lanceolate-linear, ca. 0.25 mm long; pistil slightly shorter than dorsal tepal, ovary narrowly ovoid, ca. 0.4. mm long, glabrous, stigma penicillate, ca. 0.05 mm long. Achenes whitish-yellowish, biconvex, long ovate, ca. 1 mm long, smooth.

西藏自治区（Xizang Autonomous Region）：亚东县，自康布至亚东途中 (Yadong Xian, on the way from Kangbu to Yadong)，alt. 3 310–3 600 m，山坡林缘 (at forest margin on slope)，2010-08-25，PE 西藏队 (Xizang Expedition from PE) 1795 (holotype， PE)，1818 (paratype，PE)。

本种为低矮小草本，无毛，雌聚伞花序具长花序梗，在这些特征方面与克氏冷水花 (*Pilea clarkei* Hook f.) 相似，可能有亲缘关系，与后者的区别：本种的叶呈宽卵形或圆卵形，托叶呈狭三角形，顶端急尖。在克氏冷水花，叶呈长圆状卵形或披针形，托叶宽卵形，顶端钝 [2]。

定结楼梯草　图1： E–I

Elatostema dingjieense W. T. Wang, sp. nov. Fig. 1: E–I

[Sect. *Weddellia* (H. Schröter) W. T. Wang ser. *Monandra* W. T. Wang]

Ob folia trinervia, capitula staminata receptaculis inconspicuis praedita, bracteas staminatas 2-seriatas species nova haec est similis *E. duyunensi* W. T. Wang & Y. G. Wei, quod foliorum laminis minoribus usque

原文刊登于《植物研究》36(5)：647–649，2016。
致谢：深切感谢孙英宝先生为本文绘图。

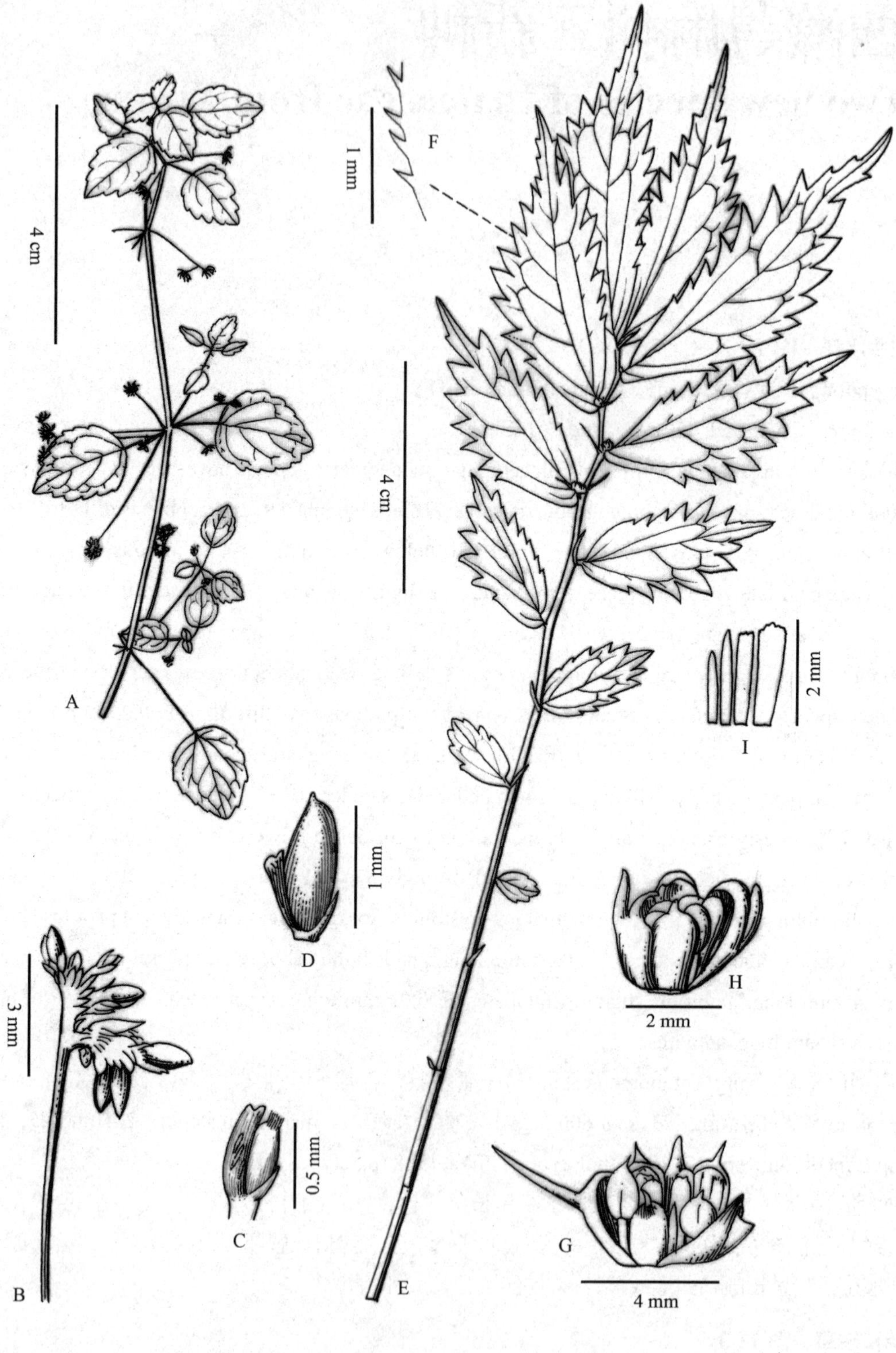

图 1　A–D. **亚东冷水花**　A. 植株全形；B. 雌聚散花序；C. 雌花；D. 瘦果和宿存花被。

E–I. **定结楼梯草**　E. 植株全形；F. 叶片边缘一部分，示三角形缘毛；G. 雄头状花序；H. 另一较小雄头状花序；I. 小苞片。

Fig. 1　A–D. **Pilea yadongensis**　A. Habit; B. Pistillate cyme; C. Pistillate flower; D. Achene with persistent perianth.

E–I. **Elatostema dingjieense**　E. Habit; F. Part ot margin of leaf blade, showing trinangular cilia;

G. Staminate capitulum; H. Another smaller capitulum; I. Bracteoles.

ad 4.5 cm longis et 1.6 cm latis margine in quoque latere 3−4-denticulatis et ciliis filiformibus haud hyalinis obtectis, capitulis staminatis binatim axillaribus breviter pedunculatis, bracteis staminatis duabus externis omnibus apice 1-corniculatis haud crestatis recedit.

Perennial herbs. Stems ca. 16 cm tall, near base 1−1.5 mm across, glabrous or above near nodes with a few short hairs, simple or from below long 2−3-branched. Leaves alternate, sessile or subsessile; blades thinly papery, obliquely oblong or elliptic, (1−7) cm × (0.5−2.4) cm, apex long to shortly acuminate, base at leaf narrow side cuneate, at broad side auriculate or rounded, margin at each leaf side 5−10-dentate and with cilia hyaline narrowly triangular, ca. 0.2 mm long, abaxially on basal nerves sparsely hirtellous or glabrous; nervation trinerved, with lateral nerves 1 at leaf narrow side and 2 at broad side; cystoliths not dense, inconspicuous, bacilliform, 0.2−0.4 mm long; stipules membranous, whitish, linear, (3−5.5) mm × (0.2−0.4) mm, glabrous, longitudinally 1-nerved. Staminate capitula singly axillary, sessile, 2−4 mm long, 3−5-flowered; receptacles inconspicuous; bracts 4−6, 2-seriate, membranous, glabrous, outer bracts 2, opposite, navicular-oblong, ca. 2.5 mm × 1.2 mm, in one of the two, abaxially below apex long or thickly 1-corniculate, and in another one, abaxially below apex longitudinally 1-crested, inner bracts 2−4, oblong-obovate, at apex slightly cucullate and shortly 1-corniculate, or broadly oblong, at apex truncate-rounded and shortly 1-corniculate, not cucullate, ca. 2 mm × 1 mm; bracteoles 7−16, dense, linear or cuneate-linear, (1.2−1.8) mm × (0.2−0.7) mm, at apex subtruncate and erose, glabrous or on apex with 1−2 short hairs. Staminate flower buds subglobose, ca. 1 mm in diam., glabrous, at apex shortly 1−2-corniculate. Pistillate capitula unknown.

西藏自治区 (Xizang Autonomous Region)：定结县，陈塘镇，嘎玛沟 (Dingjie Xian，Chentang Zhen，Gama Valley)，alt. 2 426 m，林下 (under forest)，草本，花绿色 (herbs，with green fowers)，2013-07-13，PE 西藏队 (Xizang Expedition from PE) 3219 (holotype，PE：isotypes，two sheets，PE)。

本种的叶具三出脉，雄头状花序具不明显的花序托，雄苞片排成 2 层，在这些特征方面与都匀楼梯草 (*Elatostema duyunense* W. T. Wang & Y. G. Wei) 相似，与后者的区别在于本种的叶片较大，长达 7 cm，宽达 2.4 cm，边缘每侧具 5−10 枚牙齿和狭三角形透明的短缘毛，雄头状花序单生叶腋，无花序梗，2 外层苞片的一枚苞片在背面顶端之下具 1 角状突起，另一枚苞片在背面具 1 鸡冠状突起。在都云楼梯草，叶片较小，长达 4.5 cm，宽达 1.6 cm，边缘每侧具 3−4 枚小牙齿和丝形不透明缘毛，雄头状花序成对腋生，具短花序梗，2 外层雄苞片均在顶端具 1 条角状突起，不具鸡冠状突起 [1]。

参 考 文 献

[1] 王文采. 中国楼梯草属植物 [M]. 青岛: 青岛出版社, 2014.

[2] CHEN C J, MONRO A K. *Pilea* [M] // WU Z Y, RAVEN P H, eds. Flora of China. Beijing: Sciense Press, Missouri: Missoiri Botanica Garden Press, 2003: 92−121.

[3] HOOKER J D. *Pilea* [M] // HOOKER J D. The flora of British India [M]. London: L. Reeve, 1888: 551−558.

算盘楼梯草与密枝楼梯草绝非同种

Elatostema glochidioides is decidedly unconspecific with *E. ramosissimum*

In 2011, in a paper on the genus *Elatostema* (Urticaceae)[1], Lin et al. ascertained that they "found no difference in morphological characters" between *Elatostema ramosissimum* Reinecke endemic to Savaii Island [2] of Oceania and *E. glochidioides* W. T. Wang endemic to southern China[3-4], and reduced the latter into the synonymy under of the former. Recently, I fortunately got the type specimens of *E. ramosissimum*, and can make comparisons between the two species. After my observing all the specimens available to me, I did find out that between the two species there are certain important morphological differences. *E. glochidioides*, though it really has a strong resemblance in habit to *E. ramosissimum*, certainly differs from that species in its trinerved, not ciliate leaves, with strigillose adaxial surfaces and glabrous abaxial surfaces, and with secondary nerves 1 at leaf narrow side and 2 at broad side, in its pistillate capitula with conspicuous receptacles, in its pistillate flower lacking tepals, and in its longitudinally ribbed achenes.[3-4] In *E. ramosissimum*, the leaves are ciliate at margin, adaxially glabrous and abaxially on midrib strigose, semi-triplinerved, with the lateral basal nerve at leaf narrow side near its base connate with midrib by a length of 0.8−1 mm, and in each leaf with 3 secondary nerves at leaf narrow side and 4 seondary nerves at broadside; the receptacles of pistillate capitula are very small, inconspicuous; the pistillate flower has 3(−4) tepals; and the achenes are minutely tuberculate, not ribbed. On the basis of the morphological differences just mentioned I would restore the specific status of *Elatostema glochidioides* W. T. Wang here, and provide new descriptions of the two species as follows.

Elatostema glochidioides W. T. Wang in Acta Phytotax. Sin. 31(2): 172, fig. 2: 5−7. 1993; Q. Lin et al. in Fl. China 5: 140. 2003; H. N. Qin & Y. Liu, Checklist Vasc. Pl. Guangxi 233. 2012; W. T. Wang in Fu et al. Paper Collection of W. T. Wang 2: 1091. 2012; et *Elatostema* in China 85, pl. 24: A−C. 2014. Holotype: Guizhou: Libo County, from Wengangmegon to Dongduo, alt. 800 m, 1984-04-27, Q. H. Chen et al. 2217 (HGAS) (Fig. 1: A−F).

E. ramosissimum auct. non Reinecke: Q. Lin et al. in Nordic J. Bot. 29: 591. 2011, p. p. quoad syn. *E. glochidioides* W. T. Wang et specim. Sin. cit.

Perennial herbs. Stems ca. 25 cm tall, above base 1.8 mm across, glabrous, ramous, below sparsely furfuraceous. Leaves alternate, sessile or shortly petiolate; blades papery, lanceolate, oblong-lanceolate, narrowly

原文刊登于《植物研究》36(6): 801−804, 2016。

Acknowledgements: I am grateful to the director and curator of WU for sending the type specimens of Elatostema ramosissismum on loan, to Mr. Fu Long-fei for providing the paper written by Lin et al. in 2011, to Dr. Yang Zhi-rong for arranging the loan of specimens, and to Mr. Sun Ying-bao for making the line drawings.

ovate or elliptic, [1.1−3(−4)] cm × [0.4−0.9(−1.4)] cm, apex acute or attenuate, base at leaf narrow side cuneate and at broad side obtuse, rounded or auriculate, margin entire, appressed-ciliolate; surfaces adaxially on midrib strigillose, abaxially glabrous; nervation trinerved, with inconspicuous secondary nerves 1 at leaf narrow side and 2 at broad side; cystoliths conspicuous, bacilliform, 0.4−0.7 mm long; petioles 0−0.8 mm long, glabrous; stipules narrowly triangular, ca. 0.6 mm long, glabrous. Staminate capitula unknown. Pistillate capitula singly axillary, 2.5−4 mm in diam.; peduncles ca. 0.5 mm long, glabrous; receptacles discoid, ca. 1.8 mm in diam., glabrous; bracts 10, 1-seriate, triangular or narrowly triangular, ca. 1 mm long, apex cucullate, ciliolate, or 12, 2-seriate, outer bracts 2, opposite, depressed-deltoid, ca. 0.6 mm × 1 mm, inner bracts ca. 10, triangular, (0.8−1) mm × 0.5 mm, ciliate, apex rostrate-cucullate; bracteoles numerous, dense, linear or linear-lanceolate, 0.7−1 mm long, above ciliate. Pistillate flower: tepals wanting; ovary ellipsoidal, 0.3−0.5 mm long, glabrous; stigma depressed-globose, ca. 0.1 mm in diam. Achenes yellowish, ellipsoidal, 0.6−0.9 mm long, longitudinally 7-ribbed.

Distribution: Endemic to China: Karst regions of northern Guangxi and southeastern Guizhou. Growing under forests in limestone hills.

Additional specimens examined: Guizhou: Libo Xian, Q. Lin 1036 (PE), L. D. Duan & Q. Lin 2002121 (PE), Y. G. Wei & F. Wen 1061(IBK, PE).

Elatostema ramosissimum Reinecke in Bot. Jahrb. 25: 624. 1898; Q. Lin et al. in Nordic J. Bot. 29: 591, fig. 2. 2011, p. p. excl. syn. *E. glochidioide* W. T. Wang et specium. Sin. cit. Type: Samoa. Savaii Island: Lepaega, Oct. 1894, Reinecke 610 (holotype, WU, non vidi; isotypes, two sheets, WU) (Fig. 1: G−K)

Perennial herbs. Stems 32−34 cm tall, above base 3−5 mm across, near nodes and stipules with 1−4 hairs, elsewhere glabrous, much branched, on some branches furfuraceous. Leaves alternate, sessile or very shortly petiolate; blades thinly papery, lanceolate or narrowly ovate, rarely ovate or obliquely elliptic, (0.4−2.2) cm × (0.3−0.7) cm, apex attenuate, acute or obtuse, base obliquely broadly cuneate, margin entire and ciliate; surfaces adaxially glabrous, abaxially on midrib strigose; nervation semi-triplinerved, with lateral basal nerve at leaf narrow side near its base connate with midrib by a length of 0.8−1 mm, and with secondary nerves 3 at leaf narrow side and 4 at broad side; cystoliths slightly dense, conspicuous, bacilliform, 0.15−0.4 mm long.

Petioles 0−0.5 mm long, glabrous; stipules linear, 0.8−1 mm long, glabrous. Staminate capitulum axillary, shortly pedunculate. Staminate flower: tepals 4, at base connate, below apex shortly aristate; stamens 4, with filaments slightly adnate to tepals. Pistillate capitula singly axillary, ca. 3.5 mm in diam.; peduncles ca. 0.5 mm long, glabrous; receptacles very small, inconspicuous; bracts ca. 9, 1-seriate, linear-triangular or linear, (1.6−2) mm × (0.3−0.5) mm, with thick long hairs; bracteoles numerous, linear, 1−1.2 mm long, above with thick hairs. Pistillate flower: pedicel ca. 0.4 mm long, glabrous; tepals 3(−4), linear, ca. 0.2 mm long, glabrous; ovary ellipsoidal, ca. 0.3 mm long, glabrous; stigma subglobose, ca. 0.05 mm in diam. Achenes yellowish, narrowly ovoid, ca. 0.4 mm long, minutely tuberculate.

Distribution: Endemic to Savaii Island, Oceania.

In observing the two isotypes, I failed to seek out a staminate capitulum. So, the descriptions of it and the staminate flower are translated from the original description in Latine.

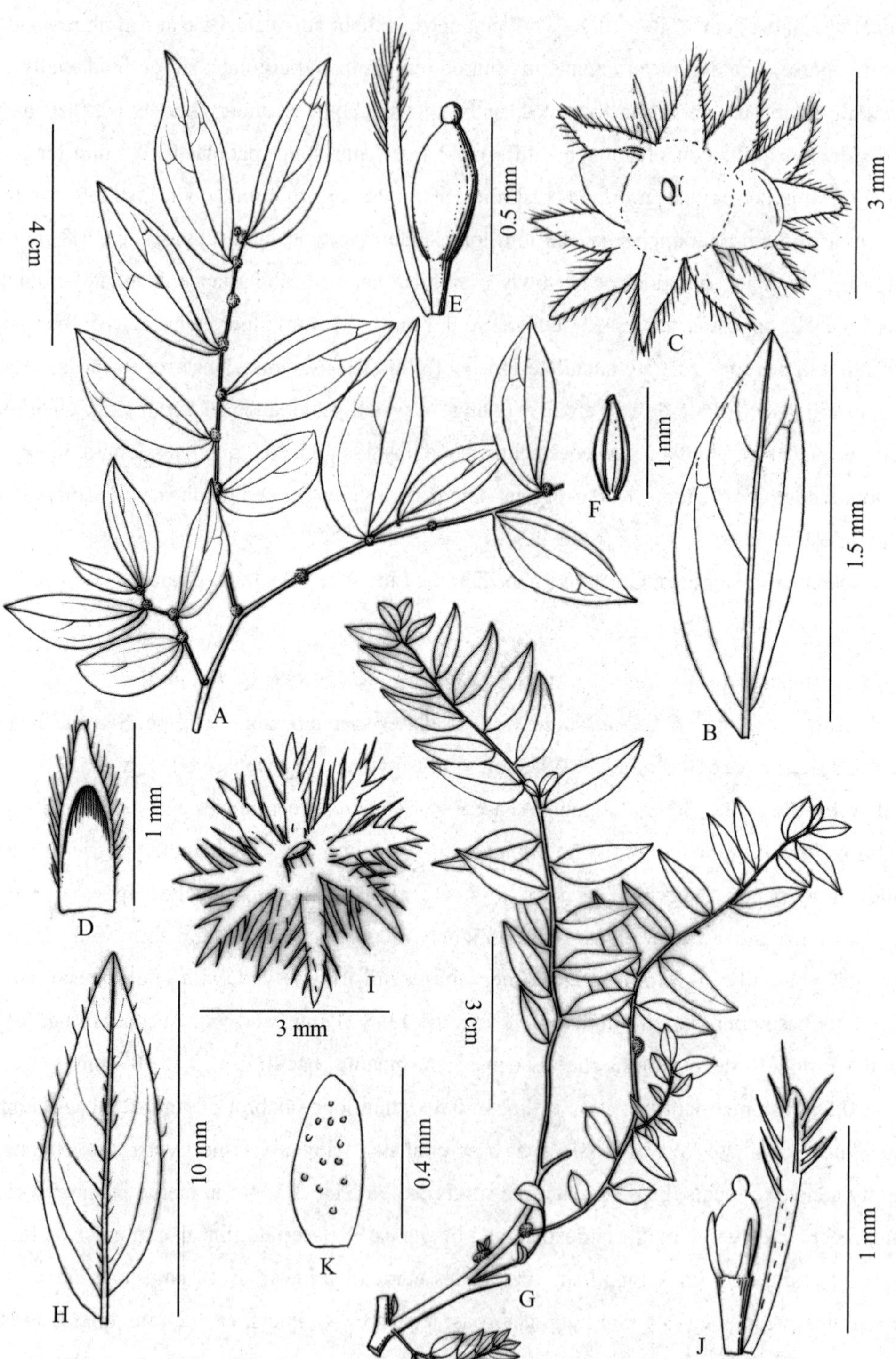

Fig. 1 A–F. **Elatostema glochidioides** A. Branch; B. leaf, abaxial view; C. Pistillate capitulum, seen from bereath; D. Inner bract; E. Pistillate bracteole and pistillate flower (from Y. G. Wei & F. Wen 1061); F. Achene. (from Wang, 1993)

G–K. **E. ramosissimum** G. Branch; H. Leaf; abaxial view; I. Pistillate capitulum, seen from beneath; J. Pistillate bracetole and pistillate flower; K. Achene. (from isotype)

References

[1] LIN Q, YANG Z R, DUAN L D, et al. Miscellaneous taxonomic notes on *Elatostema* (Urticaceae) from China and its adjacent area [J]. Nordic Journal of Botany, 2011, 29: 590−597.

[2] REINECKE A. Die flora der samoa-inseln. II [J]. Botanische Jahrbücher für Systematik, Pflanzengeschichte und Pflanzengeographie, 1898, 25: 619−626.

[3] WANG W T. Four new species of *Elatostema* (Urticaceae) from China [J]. Acta Phytotaxonomica Sinica, 1993, 31(2): 170−175.

[4] WANG W T. *Elatostema* (Urticaceae) in China [M]. Qingdao: Qingdao Press, 2014.

中国苎麻属大叶苎麻组小赤麻系修订

A revision of *Boehmeria* sect. *Duretia* ser. *Spicatae* (Urticaceae) of China

在 1981 年我编写出中国苎麻属分类学修订 [1]，参考了荷兰植物学家 C. Blume[4] 和日本植物学家 Y. Satake[7] 关于苎麻属植物分类学的重要著作，在我建立的我国苎麻属分类系统中接受了 Blume 建立的三个组：Sect. *Genuinae* Bl.（包括 *Boehmeria depauperata* Wedd.，*B. ramiflora* Jacq. 等种。此组植物的团伞花序单生叶腋，不形成穗状、复杂的团伞花序，我认为是苎麻属的原始群，其他组均由其演化而出），Sect. *Tilocnide* Bl. [包括 *B. nivea* (L. f.) Gaudich.] 和 Sect. *Duretia* (Gaudich.) Bl. [包括 *B. japonica* (L. f.) Miq.，*B. spicata* (Thunb.) Thunb. 等多数种]，以及 Satake 建立的一组，Sect. *Zollingerianae* Satake（包括 *B. zollingeriana* Wedd.）。此外，我将 Satake 建立的二组，Sect. *Longispicae* Satake [包括 *B. japonica* (L. f.) Miq.，*B. platanifolia* Franch. & Sav.，*B. holoserisea* Bl. 等种] 和 Sect. *Densiflorae* Satake（包括 *B. densiflora* Hook. & Arn. 等种）降为系级群作为 Sect. Duretia 之下的二系；同时还将他建立的另外一组 Sect. *Spicatae* Satake [包括 *B. spicata* (Thunb.) Thunb.，*B. paraspicata* Nakai 等种] 归并于 Ser. *Longispicae* (Satake) W. T. Wang。最近我在鉴定苎麻属植物标本的过程中发现一新种，横断山苎麻 (*B. hengduanshanica* W. T. Wang)，并发现其与细野麻 (*B. gracilis* C. H. Wright)，赤麻 [*B. silvestrii* (Pamp.) W. T. Wang]，小赤麻 [*B. spicata* (Thunb.) Thunb.]，密球苎麻 (*B. densiglomerata* W. T. Wang) 和异叶苎麻 (*B. allophylla* W. T. Wang) 在亲缘关系方面甚为相近，这六种拥有以下共同特征：植株被毛较少；茎细，常带红色；叶较小，叶片较薄，薄纸质或膜质，长 3−8(−10) cm，宽 2−10(−13) cm，通常被少数短毛或近无毛，边缘的牙齿较小，长 1−6(−10) mm；穗状花序不分枝，稀在基部有少数短枝，花序轴纤细，直径 0.2−0.5 mm；宿存雌花被上部被糙伏毛，常变无毛。根据这些特征可与 Ser. *Longispicae* 相区别。后者的特征：叶较大，叶片较厚，长度和宽度均达 20 cm 左右，边缘牙齿也较大，其顶端三角形牙齿长达 2(−3) cm，且常为重牙齿；穗状花序常分枝，花序轴稍粗些，直径达 1 mm；宿存雌花被顶端密被糙硬毛。根据上述我认识到应该承认 Sect. *Spicatae* Satake，但将其等级下降，作为 Sect. *Duretia* 的一个系 Ser. *Spicatae* (Satake) W. T. Wang 处理。

六种的主要形态特征和亲缘关系：（1）细野麻（*Boehmeria gracilis*）为多年生草本；叶片通常宽卵形或圆卵形，[3−7(−10)] cm × [2−6(−7.5)] cm，顶端有 1 骤尖头，基部圆形或圆截形，边缘每侧具 8−16 个不等大的牙齿，牙齿呈正三角形，宽三角形或三角形，稀呈狭三角形（如采自重庆市奉节的周洪富，粟和毅 110943 号标本），[1−5(−10)] mm × [2−5(−10)] mm；穗状花序长 2.5−13 cm，花序轴直径 0.2−0.4 mm；宿存雌花被具扁平边缘；叶片有时呈卵形，基部宽楔形，如采自重庆市酉阳的谭士贤 222、采自湖北宜昌的龙茹 090808004 和采自陕西平利的采集人不明 IV0145 等三号标本均具卵形叶而与小赤麻（*B. spicata*）甚为相似，只是叶缘的牙齿呈正三角形或宽三角形而与小赤麻（叶缘牙齿狭三角形）不同，

原文刊登于《植物研究》36(6)：805−814，2016。
致谢：深切感谢钟小红女士打印本文稿件。

上列诸号标本均是 *B. gracilis* 与 *B. spicata* 之间的中间类型的居群的代表（图 1：A–B）；（2）赤麻（*B. silvestrii*）为多年生草本；茎顶部少数叶较小，其叶片圆卵形，通常不分裂，顶端具 1 骤尖头，与 *B. gracilis* 的叶极为相似，其下方的叶较大，近五角形，[5–8(–13)] cm × [4.8–7.5(–13)] cm，顶端 3 浅裂，具 3 个长骤尖头，基部近截形或宽楔形，边缘每侧有 5–12 个不等大的牙齿，牙齿呈正三角形或三角形，[1–10(–15)] mm × (1–9) mm，顶部的牙齿较大，且常为重牙齿；穗状花序长 4–11(–20) cm，花序轴直径约 0.3 mm；宿存雌花被具扁平边缘。这里我要指出一个情况，就是采自辽宁南部凤凰山的近藤舍五 8282 号的本种标本只有茎中部的一对叶的叶片顶端具 3 骤尖头，其他茎下部至顶部的十余个叶的圆卵形叶片顶端均像 *B. gracilis* 的叶一样只有 1 个骤尖头，这个现象有力地说明 *B. silvestrii* 是由 *B. gracilis* 演化而出的种。在我国苎麻属中存在由具不分裂叶的种演化至具分裂叶的种的现象，如序叶苎麻组（Sect. *Phyllostachys* W. T. Wang）中的由具不分裂叶的白面苎麻（*B. clidemioides* Miq.）演化出具 2 裂叶的双尖苎麻（*B. bicuspis* C. J. Chen）和具 3 裂叶的阴地苎麻（*B. umbrosa* (Hand.-Mazz.) W. T. Wang）[2]。再如大叶苎麻系（Ser. *Longispicae*）中的由具不分裂叶的大叶苎麻 [*B. japonica* (L. f.) Miq.] 演化出具 3 裂叶的悬铃叶苎麻 [*B. tricuspis* (Hance) Makino] [2]。而在本系 Ser. *Spicatae* 则出现了由具不裂叶的 *B. gracilis* 演化出具 3 裂叶的 *B. silvestrii* 和具 2 裂叶的 *B. hengduanshanica* 的现象。上述情况显示了苎麻属中在物种形成方面的平行演化现象（图 1：C–D）；（3）横断山苎麻（*B. hengduanshanica*）为多年生草本或小灌木；叶片卵形或椭圆形，(3–10) cm × (1.5–5.5) cm，顶端不等 2 浅裂，具 2 不等大的骤尖头，基部圆形或宽楔形，边缘每侧具 6–13 个牙齿，牙齿呈宽三角形或三角形，(1–5) mm × (2–6) mm；雄穗状花序长 2–5.2 cm，花序轴直径约 0.2 mm。本种与 *B. gracilis* 近缘，区别主要在于叶片顶端 2 裂，可能由后者演化而出（图 2：A–C）；（4）小赤麻（*B. spicata*）为小灌木；茎具分枝；叶对生，叶片卵状菱形或宽菱形，(2.4–7.5) cm × (1.5–5) cm，顶端长骤尖，基部宽楔形，边缘每侧具 (3–)4–9(–16) 个牙齿，牙齿呈狭三角形或三角形，(1–6) mm × (0.8–6) mm；雄穗状花序长 2.5 cm，雌穗状花序长 4–10 cm，花序轴直径 0.2–0.4 mm；宿存雌花被具扁平边缘。上面介绍了在重庆酉阳、奉节，湖北宜昌和陕西平利等地出现了 *B. gracilis* 和 *B. spicata* 之间的中间类型，由此推测本种可能自 *B. gracilis* 演化而出（图 1：E–F）；（5）密球苎麻（*B. densiglomerata*）为多年生草本；叶对生，叶片圆卵形，(5–9.4) cm × (5.2–8) cm，顶端短骤尖或渐尖，基部浅心形，稀圆形，边缘每侧具 7–17 个牙齿 [牙齿呈正三角形或宽三角形，(1–5) mm × (1–6) mm]，下面疏或密被糙伏毛，有时无毛；穗状花序长 2.5–5.5 cm，花序轴直径约 0.5 mm，其上的团伞花序极为密集，彼此紧密邻接，这是本种的一个重要特征，在小赤麻系的其他种，花序轴上的团伞花序互相间均多少分离；宿存雌花被无扁平边缘，或有狭扁平边缘，或顶端部分扁平。本种根据叶片基部通常浅心形和穗状花序轴上紧密排列的团伞花序二特征可与 *B. gracilis* 区别，但这二种形态很相似，常难于区别。我曾将本种标本误定为 *B. gracilis*，因此认为二种的亲缘关系很紧密，推测本种是由 *B. gracilis* 演化而出，向南分布到华南地区的种，也可能本种与 *B. gracilis* 是由同一祖先演化而出的一对姊妹群（图 2：D–I）；（6）异叶苎麻（*B. allophylla*）为多年生草本；茎顶端叶互生，叶片椭圆形，(4–5.7) cm × (1.4–1.7) cm，不分裂，顶端短骤尖，基部宽楔形；其他下部叶对生，较大，叶片近五角形，(6–7) cm × (4–5.8) cm，顶端不等 3 微裂，不等 3 短骤尖，基部宽楔形，边缘每侧具 8–20 个牙齿，牙齿呈宽三角形或三角形，(1–2.5) mm × (1.5–4) mm；穗状花序长 3–8 cm，花序轴直径 0.3–0.5 mm。本种茎顶端互生叶形状似 *B. gracilis* 的叶，下部的对生叶具 3 骤尖头，则与 *B. silvestrii* 相似，由此推测本种可能由后二者之一演化而出（图 2：J–M）。

近年来，Ser. *Spicatae* 中所有已发表的种的种级地位遭遇到变动。2003 年，*Flora of China* Vol. 5[5] 中第二版的中国苎麻属志将 *B. gracilis* 归并于 *B. spicata*。2013 年，英国荨麻科专家 C. M. Wilmot-Dear 和丹麦荨麻科专家 I. Friis 合作发表了旧世界苎麻属的分类学修订 [9]，最近我阅读了这篇 130 多页、图文并茂的大文章，了解到旧世界苎麻属植物的情况，感到此文是荨麻科植物分类学的一个重要文献，但此文对 Ser. Spicatae 诸种的分类学处理令我甚感诧异：（1）将异叶苎麻 *B. allophylla* 与 *B. grandifolia* Wedd.、*B. longispica* Steud.、*B. tricuspis* (Hance) Makino、*B. macrophylla* (Thunb.) Sieb. & Zucc. 等多数学名一起放进 *B. japonica* (L. f.) Miq. var. *japonica* 的同物异名的长名录中。如上所述，*B. allophylla* 与 *B. gracilis* 和 *B. silvestrii* 近缘，在叶、花序等器官方面与 *B. japonica* 存在多数区别，因此，二者不可能是同一分类群。（2）将 *B. silvestrii* 恢复为变种等级，作为 *B. japonica* 的一个变种 *B. japonica* (L. f.) Miq. var. *silvestrii* (Pamp.) Friis & Wilmot-Dear。如上所述，*B. silvestrii* 由 *B. gracilis* 演化而来，而与 *B. japonica* 也存在营养和生殖器官方面的多数区别特征，但却被作为 *B. japonica* 的变种，由此，我感到在种的概念（species conception）上，我与这二位专家存在不小区别。（3）将 *B. spicata* (Thunb.) Thunb. var. *tenera* Bl.（1857，此变种名多年来被不少日本植物学家归并于 *B. spicata*）转移至 *B. japonica* 之下作为后者的一个变种：*B. japonica* (L. f.) Miq. var. *tenera* (Bl.) Friis & Wilmot-Dear，同时还将 *B. spicata* 和 *B. gracilis* 放入此变种的同物异名的名录中。如上所述，*B. gracilis* 和 *B. spicata* 在亲缘关系上极为相近，存在中间类型，但二者还是两个分类群，并不是同一分类群。此外，这两个分类群和近缘的 *B. silvestrii* 和 *B. allophylla* 一样，与 *B. japonica* 存在不少形态区别，由此说明这些分类群与 *B. japonica* 不是同一种植物。（4）将 *B. densiglomerata* 降级作为 *B. virgata* (G. Forster) Guill. 的一个变种：*B. virgata* ssp. *macrophylla* (Hornem.) Friis & Wilmot-Dear var. *densiglomerata* (W. T. Wang) Friis & Wilmot-Dear。我不了解 *B. virgata* 这种植物，从二位专家的著作中了解到这个种包括 2 亚种，14 变种，广布于亚洲东南部和南部热带地区，其中 2 变种分布于非洲热带地区，还有 1 变种分布于澳大利亚东部，只有 1 变种 var. *densiglomerata* 自我国华南北部一带向北达长江中游地区。我对 *B. virgata* 缺乏了解，但对 *B. densiglomerata* 有一定了解，如上所述，此种与 *B. gracilis* 在亲缘关系上甚为相近，有时难于区别，我曾推测此种可能在 Ser. *Spicatae* 的分布中心云贵高原北缘一带由 *B. gracilis* 分化而出，或与后者为一对姊妹群一同起源于上述 Ser. *Spicatae* 的分布中心，然后向东南分布达云南东南部和华南一带，根据这种认识，我对将 *B. densiglomerata* 作为旧世界热带分布的 *B. virgata* 的一个变种深感诧异。

地理分布。小赤麻系（Ser. *Spicatae*）是苎麻属分布于东亚植物区系 [8] 中的一个具 6 种的小群，6 种中有 3 种广泛分布于中国、朝鲜和日本，其他 3 种为我国特有种。本系的原始种细野麻 *B. gracilis* 是本系分布最广的种，西自四川横断山区东缘，南自华南北部（南岭山区）向北、向东分别达到了辽宁南部和吉林东南部，以及朝鲜和日本四岛（九州、四国、本州和北海道）[6]。第二个分布最广的种是赤麻（*B. silvestrii*），西自四川横断山区东缘，南自湖南向北经过华中、华北，朝东北方向到达黑龙江东南部，向东和细野麻一样也到达朝鲜和日本四岛 [6]。小赤麻（*B. spicata*）是本系第三个分布广的种，西自四川东部，南自贵州东南、江西北部和浙江向北比较星散地分布到山西南部和山东东北部，向东分布到朝鲜和日本三岛（九州、四国和本州）[6]，并在日本分化出一小叶变种 var. *microphylla* Nakai ex Satake[6, 7]。日本诸岛是在第三纪中新世（Miocene）与大陆分离的，可见上述三种可能在中新世或其前已在我国大陆出现了。本系第四个分布广的种是我国特有种密球苎麻（*B. densiglomerata*），在上面讨论本种的种级地位问题时曾谈到其分布情况，此种可能自云贵高原北部起源后向东南分布达华南一带以及云南东南部，这里形成 Ser. *Spicatae* 的南界。最后是特产我国的两个狭域分布种：横断山苎麻（*B. hengduanshanica*）可能是细野麻（*B. gracilis*）向西演化出的种，出现在横断山区的云南维西和西藏察隅，这里形成 Ser. Spicatae 的西界。另一种，异叶苎麻（*B. allophylla*）特产广西西北部凌云县，此种可能起源自赤麻（*B. silvestrii*），因此可能是由长江中游地区向南分布过来的。从 6 种上述分布情况看，在云贵高原北缘一带分布有细野麻（*B. gracilis*），赤麻（*B. silvestrii*），小赤麻（*B. spicata*）和密球苎麻（*B. densiglomerata*），从采集到的大量标本看到有关四种的居群在这一带大量密集分布，云贵高原北缘无疑是小赤麻系（Ser. *Spicatae*）的分布中心。

分类学处理

苎麻属 Boehmeria Jacq.

大叶苎麻组小赤麻系

Sect. **Duretia** (Gaudich.) Bl. Ser. **Spicatae** (Satake) W. T. Wang, st. et comb. nov. ——*Boehmeria* Jacq. subgen. *Duretia* (Gaudich.) Satake sect. *Spicatae* Satake in J. Fac. Sci. Univ. Tokyo, sect. 3, Bot. 4: 480. 1936; Ohba in Iwatsuki et al. Fl. Japan 2a: 102. 2006. Lectotype: *Boehmeria spicata* (Thunb.) Thunb.

Series haec est arcte affinis Ser. *Longispicis* (Satake) W. T. Wang, quae foliis majoribus crassioribus utrinque pilis pluribus obtectis margine valde grosse dentatis, dentibus apicalibus triangularibus usque ad 2(−3) cm longis saepe duplicatis, spicarum rhachidibus crassioribus usque ad 1 mm in diam., perianthiis fructiferis apice dense hispidis differt.

Perennial herbs, rarely small shrubs. Stems often reddish in colour. Leaves opposite, rarely alternate; blades usually thinly papery or membranous, [3−8(−10)] cm × [2−10(−13)] cm, usually covered with few short hairs or subglabrous, with.marginal teeth 1−6(−10) mm long. Spikes usually simple, rarely at base with a few short branches; rachis slender, 0.2−0.5 mm in diam. Persistent pistillate perianth above strigose, often glabrate.

Six species, of them three species wide-spread in China, Korea and Japan, and the other three ones endemic to China.

1. Leaf blades undivided, at apex 1-cuspidate or acuminate; leaves all opposite.
  2. Perennial herbs; stems usually simple, rarely branched; leaf blades broadly ovate or orbicular-ovate, with rounded or subcordate bases, if ovate and with broadly cuneate bases, then their margins with more, deltoid or broadly triangular teeth.
    3. Leaf blades at apex long cuspidate, at base rounded or truncate-rounded, rarely broadly cuneate; glomerules along spike rachis among themselves more or less separate; persistent pistillate perianth with lateral complanate margins ………………… 1. **B. gracilis**
    3. Leaf blades at apex shortly cuspidate or acuminate, at base subcordate, rarely rounded; glomerules along spike rachis among themselves tightly contiguous; persistent pistillate perianth without margins, or with narrow complanate margins and complanate apical part ………………… 5. **B. densiglomerata**

2. Small shrubs; stems branched; leaf blades ovate-rhombic or broadly rhombic, at apex long cuspidate, at base broadly cuneate, margin with fewer narrowly triangular teeth ······ 4. **B. spicata**

1. Leaf blades 2-3-lobed; glomerules along spike rachis among themselves more and less separate.

4. Leaf blades of all leaves 2-lobed and 2-cuspidate; leaves opposite ······ 3. **B. hengduanshanica**

4. Apical leaves with blades usually undivided, 1-cuspidate or acuminate, and the blades of other lower leaves 3-lobed or 3-lobulate and 3-cuspidate.

5. Leaves all opposite; blades of lower leaves long 3-cuspidate ······ 2. **B. silvestrii**

5. Apical leaves alternate; blades of lower leaves shortly 3-cuspidate ······ 6. **B. allophylla**

1. 细野麻　图 1：A−B

Boehmeria gracilis C. H. Wright in J. Linn. Soc. Bot. 26: 485. 1899; Hand.-Mazz. Symb. Sin. 7: 151. 1929; Fl. Econ. Pl. China 1: 98, fig. 62. 1961; Iconogr. Corm. Sin. 1: 520, fig. 1039. 1972; Fl. Tsinling. 1(2): 115, fig. 96. 1974; S. X. Fu, Fl. Hupeh. 1: 180. 1976; B. Z. Ding et al. Fl. Honan. 1: 301. 1981; W. T. Wang in Acta Bot. Yunnan. 3(4): 409. 1981; Fl. Jiangsu 2: 86, fig. 854. 1982; Fl. Dalian Distr. 1: 137, fig. 143. 1982; Z. T. Yin in Fl. Beijing, rev. ed., 1: 126. 1984; et in Fl. Hebei. 1: 290. 1986; Z. W. Xue in Fl. Anhui 2: 128, fig. 396. 1987; S. Z. Liu in Fl. Liaoning 1: 307, pl. 121. 1988; X. S. Zhang in Fl. Guizhou. 4: 70. 1989; Fl. Shandong 1: 993, fig. 655. 1992; X. Y. Yu et al. in Fl. Shanxi 1: 352, pl. 216. 1992; Y. Q. He in Fl. Zhejiang 2: 119, fig. 2−160. 1992; W. T. Wang in Fl. Reip. Pop. Sin. 23(2): 346, pl. 78: 5−6. 1995; B. G. Li in Fl. Hunan 2: 304, fig. 2-227. 2000; S. J. Fan et al. Fl. Laoshan 1: 162, fig. 148. 2003; F. L. Zhang in Fl. Tianjin 97, fig. 94. 2004; Z. X. Peng & G. L. Zhang in Fl. Gansu 2: 245. 2005; W. T. Wang in Fl. Guangxi 2: 870. 2005; Ohba in Iwatsuki et al. Fl. Japan 2a: 103. 2006; X. Z. Zi & D. C. Zhang, Fl. Dabieshan 329, fig. 459. 2006; C. X. Yang et al. Keys Vasc. Pl. Chongqing 156. 2009; Z. H. Chen in Fl. Tianmushan 1: 284, fig. 1-299. 2009; Y. Zhou, Pl. Resour. Changbai Mount. China 420, pl. 204: 5. 2010; Q. L. Gan, Fl. Zhuxi., Suppl. 176. 2011; F. Z. Li et al. Fl. Taishan 1: 314, pl. 352. 2012.　Syntypes: 湖北：巴东，A. Henry 4692（K, non vidi），4728（K, non vidi; photo, PE）; Changlo, A. Henry 6258（K, non vidi）.

B. paraspicata Nakai, Rep. Veg. Mt. Apoi 19. 1930; Satake in J. Fac. Sci. Univ. Tokyo, sect. 3, Bot. 4: 483, fig. 9−10. 1936; Kitagawa, Lineam. Fl. Manch. 171. 1939; B. S. Xu in Obs. Fl. Hwangshan. 108. 1965. Holotype: Japan: Hokkaido, Isihari Prov., 1931-08, G. Koidzumi s. n. (TI, non vidi).

B. tricuspis (Hance) Makino var. *unicuspis* Makino, Ill. Fl. Japan, rev. ed., 641. 1948, nom. subnud.; Ohwi, Fl. Japan 441. 1956 et rev. ed., 391. 1965; Y. C. Zhu in Herb. Pl. N.-E. China 2: 5, fig. 3. 1959; Satake in Satake et al. Wild Fls. Japan 2: 9, pl. 7: 2. 1982; Y. N. Lee, Fl. Korea 91. 1996.

B. spicata auct. non (Thunb.) Thunb.: Chen, Friis & Wilmot-Dear in Fl. China 5: 173. 2003, p. p. quoad syn. *B. gracilis* C. H. Wright; B. Liu, Field Guide Wild Pl. China: Shandong 292, fig. 3. 2009; J. C. Zhao et al. Fl. Xiaowutaishan 1: 176, fig. 126. 2011; Z. L. Xu in Fl. Jiangsu 2: 172, fig. 2−279. 2013, p. p.

B. japonica (L. f.) Miq. var. tenera (Bl.) Friis & Wilmot-Dear in Blumea 58(2): 193. 2013, p. p. quoad syn. *B. gracilis* C. H. Wright.

Perennial herbs. Leaves opposite; blades broadly ovate or orbicular-ovate, rarely ovate, [3−7(−10)] cm

× [2−6(−7.5)] cm, apex cuspidate, base rounded, rounded-truncate or broadly cuneate, margins on each side 8−16-dentate, with teeth deltoid or triangular, [1−5(−10)] mm × [2−5(−10)] mm. Spikes 2.5−13 cm long; rachis 0.2−0.4 mm in diam.; glomerules along rachis among themselves more or less separate. Persistent perianth with complanate margins.

地理分布：四川、贵州、广西北部、广东北部、福建、浙江、江西、湖南、湖北、重庆、甘肃南部、陕西南部、山西南部、河南、安徽、江苏东北部、山东、河北、辽宁南部和东部、吉林东南部；朝鲜、日本。

标本登录（均存 PE）：四川：宝兴，关克俭，王文采 2597。贵州：纳雍，毕节队 423；雷山，简焯坡等 51079；凯里，黔南队 1966；石阡，黔南队 2608；道真，刘正宇 20507；梵净山，黔北队 2672。广西：融水，陈少卿 12861；罗城，秦仁昌 5479。广东：乳源，粤 73 队 603。福建：南靖，叶国栋 1623；漳平，林镕 4491。浙江：天目山，贺贤育 25397；天台山，陈诗 3920。江西：上犹，江西队 71-522；井冈山，熊杰 3104；铅山，聂敏祥 4424；靖安，张吉华 97004；修水，赖书绅 2922；庐山，关克俭 74242。湖南：新宁，罗林波 317；衡南，王小溪 117；桑植，刘林翰 9246；石门，壶瓶山队 1185。湖北：咸丰，王映明 6548；鹤峰，李洪钧 6749；利川，戴伦膺 1602；宜昌，龙茹 090808004，090819018；巴东，鄂植考队 24490；神农架，鄂植考队 25249；罗田，何其果 U1。重庆：南川，金佛山，李国凤 63545；酉阳，谭士贤 170，222；武隆，刘正宇 180330；石柱，三峡队 1919；开县，巴山队 2526；奉节，周洪富，粟和毅 109229；巫溪，三峡队 290；城口，戴天伦 101149。甘肃：文县，王新 402；康县，张志英 16897。陕西：岚皋，采集人不明 I0364；紫阳，李培元 4656；平利，采集人不明 IV0145；汉中，汪劲武 376；太白山，秦岭队 1410；终南山，王作宾 2072；户县，郭本兆 674；蓝田，苏贵兴 278。山西：晋城，包士英 1763。河南：新县，植物资源队 D0917；商县，植物资源队 D0582；栾川，河南队 2028；西峡，河南队 1446；林州，经济植物队 1189。安徽：休宁，刘晓龙 279；绩溪，黄成林 1129；黄山，钱崇澍 1214；潜山，沈保安 149；岳西，刘晓龙 476；舒城，谢中瑶 97232；金寨，刘晓龙 438。山东：崂山，金维坚 s. n.。河北：内丘，刘鑫源 1283；正定，采集人不明 T36；易县，杨朝广 3227；兴隆，俞德浚 366；迁西，迁西队 467。北京：卧佛寺，卧佛寺队 476；百花山，王启无 60783；十三陵，刘继孟 643。辽宁：丹东，王薇 1181；凤凰山，J. Sato 5508。

《天目山植物志》（2009）苎麻属作者陈征海根据细野麻（*B. gracilis*）和小赤麻（*B. spicata*）在叶形、叶片顶端尾状尖头，叶缘牙齿数目等方面的区别特征明确指出细野麻“明显不同于小赤麻”，而不同意将 *B. gracilis* 归并于 *B. spicata*[3]，我对他的种的概念完全赞同。

2. 赤麻 图 1：C−D

Boehmeria silvestrii (Pamp.) W. T. Wang in Acta Phytotax. Sin. 20(2): 204. 1982; Z. T. Yin in Fl. Beijing, rev. ed. 1: 127, fig. 160. 1984; et in Fl. Hebei. 1: 291, fig. 257. 1986; Z. X. Peng & G. L. Zhang in Acta Bot. Bor.-Occ. Sin. 5(2): 130. 1985; S. Z. Liu in Fl. Liaoning 1: 308, pl. 122. 1988; Fl. Shandong 1: 993, fig. 054. 1992; J. Xing & Z. Lu in Fl. Heilongjiang 4: 180, pl. 46. 1992; W. T. Wang in Fl. Reip. Pop. Sin 23(2): 348, pl. 78: 1−2. 1995; B. G. Li in Fl. Hunan 2: 307, fig. 2−228. 2000; Chen, Friis & Wilmot-Dear in Fl. China 5: 172. 2003; S. J. Fan et al. Fl. Laoshan 1: 161, fig. 147. 2003; F. D. Zhang in Fl. Tianjin 98, fig. 95. 2004; Z. X. Peng & G. L. Zhang in Fl. Gansu 2: 246. 2005; C. X. Yang et al. Keys Vasc. Pl. Chongqing 155. 2009; Q. L. Gan, Fl. ZHuxi., Suppl. 178, fig. 207. 2011. ——*B. platanifolia* Franch. & Sav. var. *silvestrii* Pamp. in Nouv. Giorn. Bot. Ital., n.

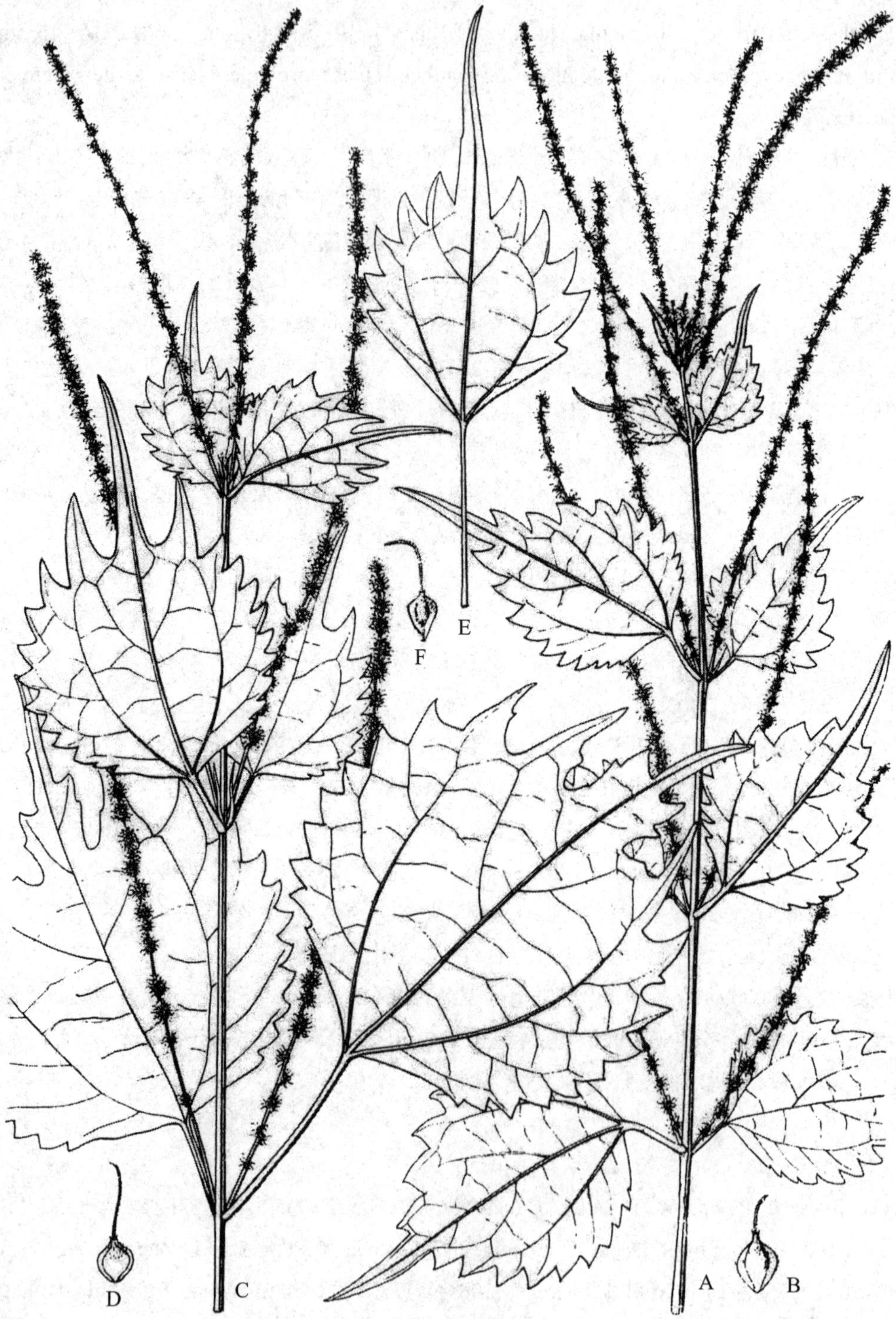

图 1　A–B. **细野麻**　A. 开花茎上部；B. 瘦果和宿存花被。　C–D. **赤麻**　C. 开花茎上部；D. 瘦果和宿存花被。
E–F. **小赤麻**　E. 叶；F. 瘦果和宿存花被。（自王文采，1995）

Fig. 1　A–B. ***Boehmeria gracilis***　A. Upper part of flowering stem; B. Achene with persistent perianth.
C–D. ***B. silverstrii***　C. Upper part of flowering stem; D. Achene with persistent perianth.
E–F. ***B. spicata***　E. Leaf; F. Achene with persistent perianth. (from Wang, 1995)

s., 22: 278. 1915. ——*B. japonica* (L. f.) Miq. var. *silvestrii* (Pamp.) Friis & Wilmot-Dear in Blumea 58(2): 191, fig. 34: g. 2013. Syntypes: 湖北西北部：P. C. Silvestri 4070 (FI, non vidi), 4070a (FI, non vidi; photo, PE).

B. tricuspis auct. non (Hance) Makino: Y. C. Zhu in Herb. Pl. N.-E. China 2: 5. 1959; Ohwi, Fl. Japan, rev. ed. 391. 1965; Iconogr. Corm. Sin. 1: 520, fig. 1040. 1972; Fl. Tsinling. 1(2): 115, fig. 97. 1974; S. X. Fu, Fl. Hupeh. 1: 182. 1976; B. Z. Ding et al. Fl. Henan. 1: 299. 1981; W. T. Wang in Acta Bot. Yunnan. 3(4): 410. 1981; Fl. Dalian Distr. 1: 137, fig. 144. 1982; Satake in Satake et al. Wild Fls. Japan 2: 9, pl. 7:1. 1982; Y. N. Lee, Fl. Korea 91. 1996; Ohba in Iwatsuki et al. Fl. Japan 2a: 103. 2006.

Perennial herbs. Leaves opposite; blades of apical leaves often undivided, those of other lower leaves 3-lobed and 3-cuspidate, broadly ovate or subpentagonal, [5−8(−13)] cm × [4.8−7.5(−13)] cm, base subtruncate or broadly cuneate, margins on each side 5−12-dentate, with teeth deltoid or triangular, apical ones often double, [1−10(−15)] mm × (1−9) mm. Spikes 4−11(−20) cm long; rachis ca. 0.3 mm in diam.; glomerules along rachis among themselves separate. Persistent pistillate perianth with complanate margins.

地理分布：四川、重庆、湖南、湖北、甘肃南部、陕西南部、河南西部、山东东部、河北、辽宁东部、吉林东南部和黑龙江东南部；朝鲜、日本。

标本登录（均存 PE）：四川：洪溪，管中天 6942；宝兴，C. S. Chang, H. Kim 等 S11120；茂县，汪发缵 22043。重庆：城口，戴天伦 101582，102442。湖北：宜昌，赵常明等 70；兴山，赵常明等 1757；神农架队 11380。甘肃：文县，陈伟烈等 8812；康县，张志英 16558；天水，张珍万 195。陕西：石泉，西北大学队 238；宁陕，孔宪武 3031；佛坪，傅坤俊 4616；太白山，王作宾 1600；商洛，王作宾 16058；蓝田，王作宾 15986；渭南，王作宾 15794；华山，郝景盛 4114。河南：卢氏，刘继孟 4571；西峡，河南队 1341。山东：青岛，周太炎 1010。河北：内丘，刘鑫源 745；涿鹿，杨朝广 160；昌黎，夏纬瑛 1929。北京：西山，王忠涛，马欣堂 124；百花山，王文采 294；延庆，陈家瑞 83015。辽宁：凤凰山，J. Sato 5506，近藤舍吾 8282。

3. 横断山苎麻　图 2：A−C

Boehmeria hengduanshanica W. T. Wang, sp. nov. Type：西藏（Xizang）：察隅县，上察隅，格容（Chayu Xian, Shangchayu, Gerong），alt. 2 200 m，山谷常绿阔叶林下（under evergreen broad-leaved forest in valley），多年生草本（perennial herbs），1973-07-01，自然资源综合考察委员会调查队（Expedition from Commission for integrated survey of natural resources）401（♂, holotype and isotype, PE）。云南（Yunnan）：维西县，白济汛，两岩瓦（Weixi Xian, Baijiwan, Liangyanwa），alt. 1 880 m；常绿阔叶林，水边（by streams under evergreen broad-leaved forest），灌木高 1 m，1981-07-10，植物所横断山队（Hengduan Shan Exped. Inst. Bot.）1257（♂, PE）。

Species nova haec est arcte affinis *B. gracilis* C. H. Wright, a qua foliis omnibus apice inaequaliter 2-lobatis et 2-cuspidatis differt.

Perennial herbs or small shrubs. Stems 40−100 cm tall, on internodes very sparsely and on nodes densely strigose. Leaves opposite, those of the same pair slightly unequal in size, the larger one with longer petiole and the smaller one with shorter petiole; blades thinly papery, ovate or elliptic, (3−10) cm × (1.5−5.5) cm, apex obliquely and unequally 2-lobed with each lobe at apex cuspidate, base rounded or broadly cuneate, margins on

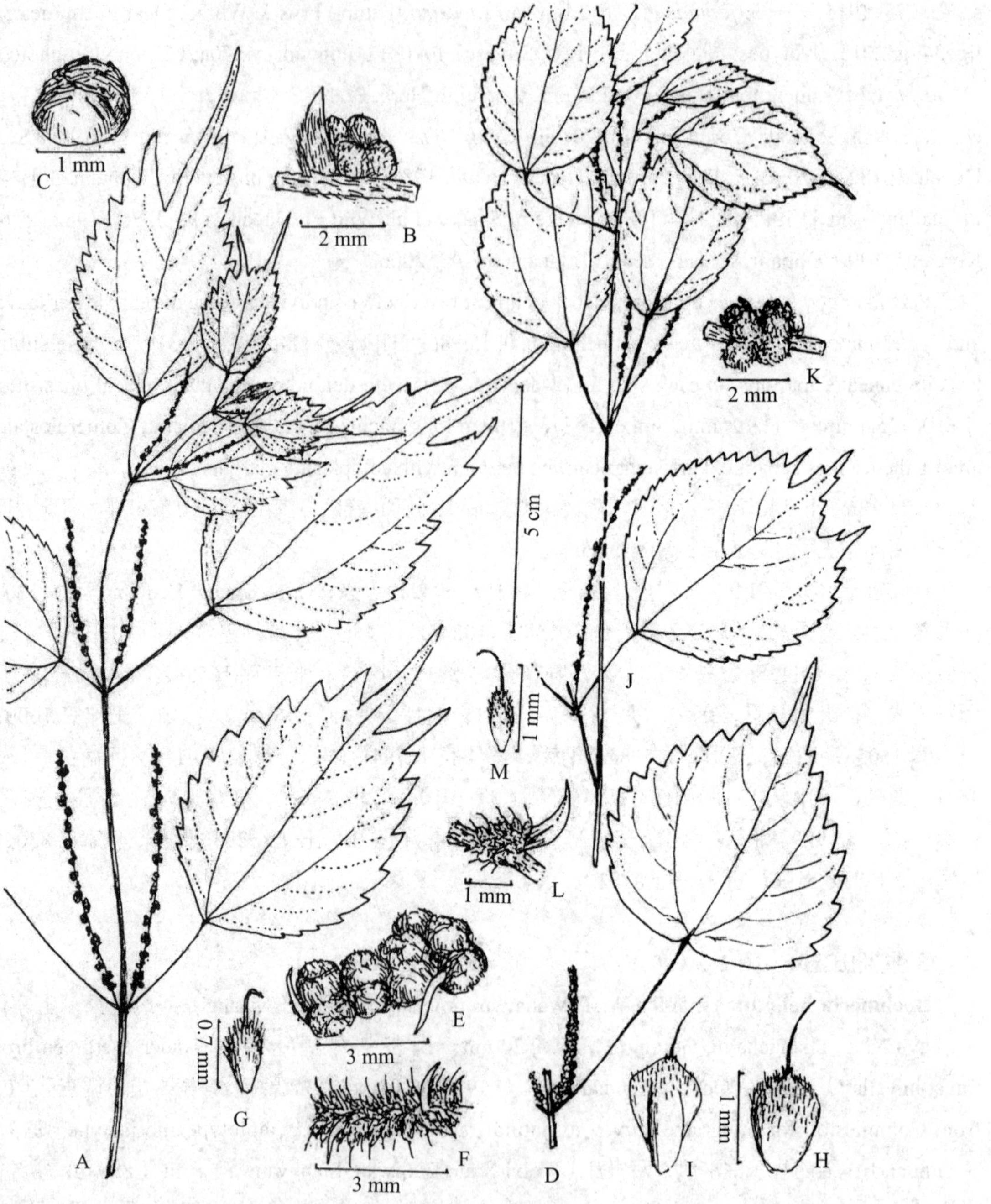

图 2　A–C. **横断山苎麻**　A. 开花雄茎上部；B. 雄团伞花序；C. 雄花蕾。（据 holotype）　D–I. **密球苎麻**　D. 叶和穗状花序；E. 2 雄团伞花序；F. 3 雌团伞花序；G. 雌花（据李洪钧 3231）；H. 瘦果和宿存花被（据曹子余，王忠涛 292）；I. 另 1 瘦果和宿存花被（据李学根 202260）。　J–M. **异叶苎麻**　J. 开花茎上部；K. 雄团伞花序；L. 雌团伞花序；M. 雌花。（据 holotype）

Fig. 2　A–C. **Boehmeria hengduanshanica**　A. Upper part of flowering staminate stem; B. Staminate glomerule; C. Staminate flower bud. (from holotype)　D–I. **B. densiglomerata**　D. Leaf and axillary spike; E. Two staminate flomerules; F. Three pistillate glomenrules; G. Pistillate flower, (from H. J. Li 3231); H. Achene with persistent perianth, (from Z. Y. Cao & Z. T. Wang 292); I. Another achene with persistent perianth. (from X. G. Li 202260)　J–M. **B. allophylla**　J. Upper part of flowering stem; K. Staminate glomerule; L. Pistillate glomerule; M. Pistillate flower. (from holotype)

each side 6−13-dentate, with teeth broadly triangular or triangular, (1−5) mm × (2−6) mm; surfaces adaxially finely strigose, abaxially on nerves strigose; nervation trinerved, with the midrib having 2−3 pairs of secondary nerves; cystoliths dense, minutely puncticulate; petioles 0.5−5 cm long, very sparsely strigose; stipules brown, narrowly lanceolate, (4.5−6) mm × (0.5−0.8) mm, adaxially glabrous, abaxially on midrib strigose. Staminate spikes singly axillary, 2−5.2 cm long, simple or below with a short branch, with 12−30 glomerules; rachis 0.5 mm in diam., strigose; bracts similar to stipules, but smaller, 1−1.8 mm long; glomerules 1−2 mm in diam., 2−5-flowered. Staminate flower bud subglobose, ca. 1 mm in diam., appressed-hispid, tetramerous. Pistillate spikes with pistillate flowers and achenes unknown.

4. 小赤麻　图 1： E−F

Boehmeria spicata (Thunb.) Thunb. In Trans. Linn. Soc. 2: 330. 1794; Bl. Mus. Bot. Lugd.-Bat. 2: 220. 1856; C. H. Wright in J. Linn. Soc. Bot. 26: 488. 1899; Chien in Contr. Biol. Lab. Sci. Soc. China 9: 270. 1934; Satake in J. Fac. Sci. Univ. Tokyo. sect. 3, Bot. 4: 482. 1936; Ohwi, Fl. Japan, rev. ed. 391. 1965; S. X. Fu, Fl. Hupeh. 1: 181. 1976; W. T. Wang in Acta Bot. Yunnan. 3(4): 411. 1981; Satake in Satake et al. Wild Fls. Japan 2: 9, pl. 7: 3. 1982; Fl. Jiangsu 2: 86, fig. 383. 1982; W. T. Wang in Iconogr. Corm. Sin., Suppl. 1: 203, fig. 8463. 1982; Yahara in J. Jap. Bot. 59: 129, fig. 1. 1984; Y. Q. He in Fl. Zhejiang 2: 119, fig. 2−159. 1992; W. T. Wang in Fl. Reip. Pop. Sin. 23(2): 350, pl. 78: 3−4. 1995; Y. N. Lee, Fl. Korea 91, fig. 237. 1996; Chen, Friis & Wilmot-Dear in Fl. China 5: 173. 2003, p. p. excl. syn. *B. gracilis* C. H. Wright, *B. paraspicata* Nakai ex Satake et *B. tricuspis* var. *unicuspis* Makino; Ohba in Iwatsuki et al. Fl. Japan 2a: 103. 2006; Z. H. Chen in Fl. Tianmushan 1: 283, fig. 1−298. 2009; Q. L. Gan, Fl. Zhuxi., Suppl. 177, fig. 206. 2011; Z. R. Xu in Fl. Jiangsu 2: 172. 2013, p. p. excl. fig. 2−279 et syn. *B. gracilis* C. H. Wright. ——*Urtica spicata* Thunb. in Murray, Syst. Veg., ed. 14, 850. 1784. Lectotype: Japan: C. P. Thunberg 22115 (UPS-fide Yahara, 1984).

B. spicata (Thunb.) Thunb. var. *akari* Bl. l. c. Type: Japan: Unknown collector s. n. (holotype, L; isotype, K. —— fide Wilmot-Dear & Friis, 2013).

B. spicata (Thunb.) Thunb. var. *tenera* Bl. l. c. ——*B. japonica* (L. f.) Miq. var. *tenera* (Bl.) Friis & Wilmot-Dear in Blumea 58(2): 193, fig. 35. 2013, p. p. excl. syn. *B. gracilis* C. H. Wright, *B. paraspicata* Nakai ex Satake et *B. tricuspis* var. *unicuspis* Makino. Holotype: Japan: Herb. Lugd.-Bat. 908186 (L-fide Yahara, 1984).

Small shrubs. Stems with branches. Leaves opposite; blades ovate-rhombic, (2.4−7.5) cm × (1.5−5) cm, apex long cuspidate, base broadly cuneate, margins on each side (3−)4−9(−16)-dentate, with teeth narrowly triangular or triangular, (1−6) mm × (0.8−6) mm. Staminate spikes ca. 2.5 cm long, pistillate spikes 4−10 cm long; rachis 0.2−0.4 mm in diam.; glomerules along rachis among themselves more or less separate. Persistent pistillate perianth with complanate margins.

地理分布：四川、重庆、贵州东南部、湖北、江西北部、浙江、江苏北部、河南西部、陕西南部、山西南部、山东东部；朝鲜、日本。

标本登录（均存 PE）：四川：万源，李培元 6115。重庆：石柱，三峡队 1920；开县，巴山队 2318；奉节，三峡队 2874；巫山，周洪富，粟和毅 109728；巫溪，三峡队 191。贵州：雷山，简焯坡等 50769。湖北：恩始，傅国勋 1431；神农架，鄂植考队 25249。江西：庐山，王名金 788。浙江：丽水，章绍尧 6078；天目山，刘慎谔 146。江苏：江阴，采集人不明 20359；云台山，刘昉勋 10792。河南：内乡，河南队 837；西峡，河南队 969；嵩县，河南队 905。陕西：宁陕，孔宪武 303；太白山，Zhu, Chen, Xu & Wang 1615。山西：垣曲，H. Smith 6373。山东：栖霞，采集人不明 179；牟平，刘慎谔，刘继孟 1199，1383。

5. 密球苎麻　图 2：D–I

Boehmeria densiglomerata W. T. Wang in Acta Bot. Yunnan. 3(4): 408, pl. 1; 1–2. 1981; Fl. Fujian. 1: 474. 1982; X. S. Zhang in Fl. Guizhou. 4: 72. 1989; W. T. Wang in Fl. Reip. Pop. Sin. 23(2): 346, pl. 77:1–2. 1995; B. G. Li in Fl. Hunan 2: 307, fig. 2–230. 2000; Chen, Friis & Wilmot-Dear in Fl. China 5: 172. 2003; Y. Z. Ruan in Fl. Guangdong 6: 102, fig. 44. 2005; W. Q. Chen in Fl. Luochang 1: 604. 2005; W. T. Wang in Fl. Guangxi 2: 870. 2005; C. X. Yang et al. Keys Vasc. Pl. Chongqing 156. 2009. ——*B. virgata* (G. Forster) Guill. ssp. *macrophylla* (Hornem.) Friis & Wilmot-Dear var. *densiglomerata* (W. T. Wang) Friis & Wilmot-Dear in Blumea 58(2): 173, fig. 29. 2013. Holotype: 广西 : 大瑶山 , 1928-06-24, 辛树帜 844 (IBSC). Paratypes: 广西：融水，陈少卿 14808（IBK，IBSC）；东兰，陈立卿 92186（IBK）。广东：连南，谭沛祥 54321；英德，黄成 163450；翁源，刘心祈 2102；乐昌，陈少卿 2551（上列标本均存 IBSC）。福建：南靖，曾沧江 417（AU）。江西：龙南，刘心祈 4619（IBSC）。贵州：兴仁，贵州队 7941（PE）。四川：峨眉山，贺贤育 5584（IBSC）；长宁，四川中药所 515（IMC）；珙县，四川中药所 275（IMC）；合江，四川中药所 260（IMC）。

Perennial herbs. Leaves opposite; blades orbicular-ovate, (5–9.4) cm × (5.2–8) cm, abaxially sparsely or densely strigose, sometimes glabrous, apex shortly cuspidate or acuminate, base subcordate, rarely rounded, margins on each side 7–17-dentate, with teeth deltoid or broadly triangular, (1–5) mm × (1–6) mm. Spikes 2.5–5.5 cm long; rachis ca. 0.5 mm in diam.; glomerules along rachis among themselves tightly contiguous. Persistent pistillate perianth without complanate margins or with narrow complanate margins, or apically complanate.

地理分布：四川、重庆、贵州、云南东南部、广西北部和西南部、广东北部和东北部、福建南部、江西西南部、湖南和湖北西南部。

标本登录（均存 PE）：四川：雷波，赵清威 117431。重庆：江津，刘正宇 183054；金佛山，刘正宇 10235；酉阳，谭士贤 255。贵州：赤水，曹子余，王忠涛 292；梵净山，武陵山队 295。云南：屏边，大围山，中苏云南考察队 3624。广西：兴安，广西队 53-947；那坡，方鼎，覃德海 79663。广东：蕉岭，李学根 202260。福建：漳平，林镕 4491。江西：崇义，赖占钧等赣 -14。湖南：新宁，罗林波 132；绥宁，席建明，万成志 81320；永顺，北京队 459。湖北：宣恩，李洪钧 3231；建始，王从荣 1010。

6. 异叶苎麻　图 2：J–M

Boehmeria allophylla W. T. Wang in Acta Bot. Yunnan. 3(4): 112, pl. 1: 7. 1981; et in Fl. Reip. Pop. Sin. 23(2): 350. 1995; Chen, Friis & Wilmot-Dear in Fl. China 5: 173. 2003; W. T. Wang in Fl. Guangxi 2: 870. 2005. Holotype: 广西：凌云，小东兰，1928-08-17，陈立卿 02643（IBK）。

B. japonica auct. non (L. f.) Miq.: Wilmot-Dear & Friis in Blumea 58(2): 189. 2013, p. p. quoad syn. *B. allophylla* W. T. Wang tantum.

Perennial herbs. Apical leaves alternate, their blades undivided, elliptic, (4−5.7) cm × (1.4−1.7) cm, apex shortly cuspidate, base broadly cuneate; other lower leaves opposite, their blades subpentagonal, (6−7) cm × (4−5.8) cm, apex unequally 3-lobulate and shortly 3-cuspidate, base broadly cuneate, margins on each side 8−20-dentate, with teeth broadly triangular or triangular, (1−2.5) mm × (1.5−4) mm. Spikes 3−8 cm long; rachis 0.3−0.5 mm in diam.; glomerules on rachis among themselves more or less separate. Achenes unknown.

地理分布：广西凌云特有种。

参考文献

[1] 王文采. 中国苎麻属校订 [J]. 云南植物研究, 1981, 3(3): 307−328.

[2] 王文采. *Boehmeria*. [M] // 王文采，陈家瑞. 中国植物志. 北京: 科学出版社, 1995, 23(2): 320−355.

[3] 陈征海. *Boehmeria*. [M] // 金水虎. 天目山植物志. 杭州: 浙江大学出版, 2009, 1: 280−285.

[4] BLUME C L. *Boehmeria*. [M] // BLUME C L. Museum Botanicum Lugduno-Batavum, Sive Stirpium Exoticarum Novarum Velminus Cognitarum ex Vivis Aut Siccis Brevis Expositio et Descripto. Leiden: Brill, 1856, 2: 193−256.

[5] CHEN C J, FRIIS I, WILMOT-DEAR C M. Urticaceae [M] // WU Z Y, RAVEN P H, eds. Flora of China. Beijing: Science Press; Missouri Botanical Garden Press, 2003, 5: 164−175.

[6] OHBA H. *Boehmeria*. [M] // IWATSUKI K., BOUFFORD D E, OHBA H, eds. Flora of Japan. Tokyo: Kodansha Ltd, 2006: 101−198.

[7] SATAKE Y. *Boehmeria japonica*. [M]. // Journal of the Faculty of Science. Tokyo: University of Tokyo, 1936: 467−542.

[8] TAKHTAJAN A L. Floristic regions of the World [M]. Berkeley: University of California Press, 1986.

[9] WILMOT-DEAR C M, FRIIS I. The old world species of *Boehmeria* (Urticaceae, tribus Boehmerieae). A taxonomic revision [J]. Blumea, 2013, 58: 85−216.

[10] YAHARA T. Notes on nomenclature and infraspecific classification of *Boehmeria japonica* (L. f.) Miq. and *B. spicata* (Thunb.) Thunb. (Urticaceae) [J]. The Journal of Japanese Botany, 1984, 59(5): 129−142.

2017年

唐松草属五新种

Five new species of *Thalictrum* (Ranunculaceae) from China

1. 小花唐松草　图 1

Thalictrum minutiflorum W. T. Wang, sp. nov. Fig. 1

Ob herbas totas glabras, flores minutos, carpellorum stylos apice uncatos et achenia lanceolata species nova haec est fortasse affinis *Thalictro ramoso* Boivin, a quo foliolis minoribus 0.3–1 cm longis et latis, staminibus paucioribus ca. 18 per florem, filamentis anguste linearibus brevioribus 1–2 mm longis antheris angustioribus facile differt; in *T. ramoso*, foliola majora 0.7–2 cm longa 0.5–1.5 cm lata, stamina plura ca. 30 per florem, filamenta longiora 3–5 mm longa superne oblanceolata 0.3–0.4 mm lata antheris fere aequilata inferne anguste linearia vel subfiliformia 0.1–0.2 mm lata sunt.

Perennial herbs, entirely glabrous. Stems ca. 3, 11–25 cm tall, near base 1–1.5 mm in diam., glabrous, simple or 1–2-branched, 1–3-leaved. Basal leaves not seen. Lower cauline leaves 3-ternate, upper cauline ones 2-ternate; blades triangular, (1.5–7) cm × (2–5) cm; leaflets thinly papery, ovate, broadly ovate or broadly rhombic, (0.3–1) cm × (0.3–1) cm, at base rounded, truncate orsubcordate, 3-lobed or 3-lobulate, with lobes and lobules entire or 1–2-denticulate at margin, 3–5-nerved with basal nerves adaxially flat and abaxially slightly prominent; petiolules slender, filiform, 1–6 mm long; petioles 1–3.5 cm long; stipules membranous, 0.2–2 mm broad. Compound monochasia terminal, 2.5–5 cm long, corymbiform, 4–8-flowered; bracts foliaceous or simple, elliptic or lanceolate, 0.5–2 cm long; pedicels filiform, 4–10 mm long. Flower fragrant: Sepals 4, white (according to field notes), elliptic, ca. 2 mm × 1 mm, apex obtuse. Stamens ca. 18, 1.8–2.8 mm long; filaments narrowly linear, 1–2 mm long, above 0.2–0.3 mm broad, narrower than anthers, below 0.15–0.2 mm broad; anthers yellowish, oblong, ca. 0.8 mm × (0.35–0.5) mm, apex obtuse. Carpels 8–14, 2–2.3 mm long; ovary subfusiform, (1.2–1.5) mm × 0.35 mm; style ca. 0.8 mm long, at apex hook-like, and adaxially near apex with an inconspicuous stigma. Achenes flattened, lanceolate, (2–3.2) mm × (0.6–1) mm, glabrous, on each side longitudinally thinly 3-ribbed; persistent styles 0.4–0.6 mm long, apex hook-like.

贵州省 (Guizhou Province)：德江县，桶井乡，高开 (Dejiang Xian，Tongjing Xiang，Gaokai)，alt. 600 m，疏林下，草本植物高 20–50 cm，花白色，香 (in sparse forest，herbs 20–50 cm tall，fls. White，fragrant)，2003-03-26，安明先 (M. X. An) 3048 (holotype，PE)。

本种的植株全部无毛，花小，心皮的花柱顶端钩状弯曲，瘦果呈披针形，因此可能与也具上述特征的多枝唐松草 (*Thalictrum ramosum* Boivin) 有亲缘关系，与后者的区别在于本种的小叶较小，长及宽均为 0.3–1 cm，雄蕊较少，每朵花约 18 枚，花丝呈狭条形，较短，长 1–2 mm，比花药窄。在多枝唐松草，

原文刊登于《广西植物》37(4): 407–416, 2017。
致谢：深切感谢孙英宝先生为本文绘制的精彩插图。

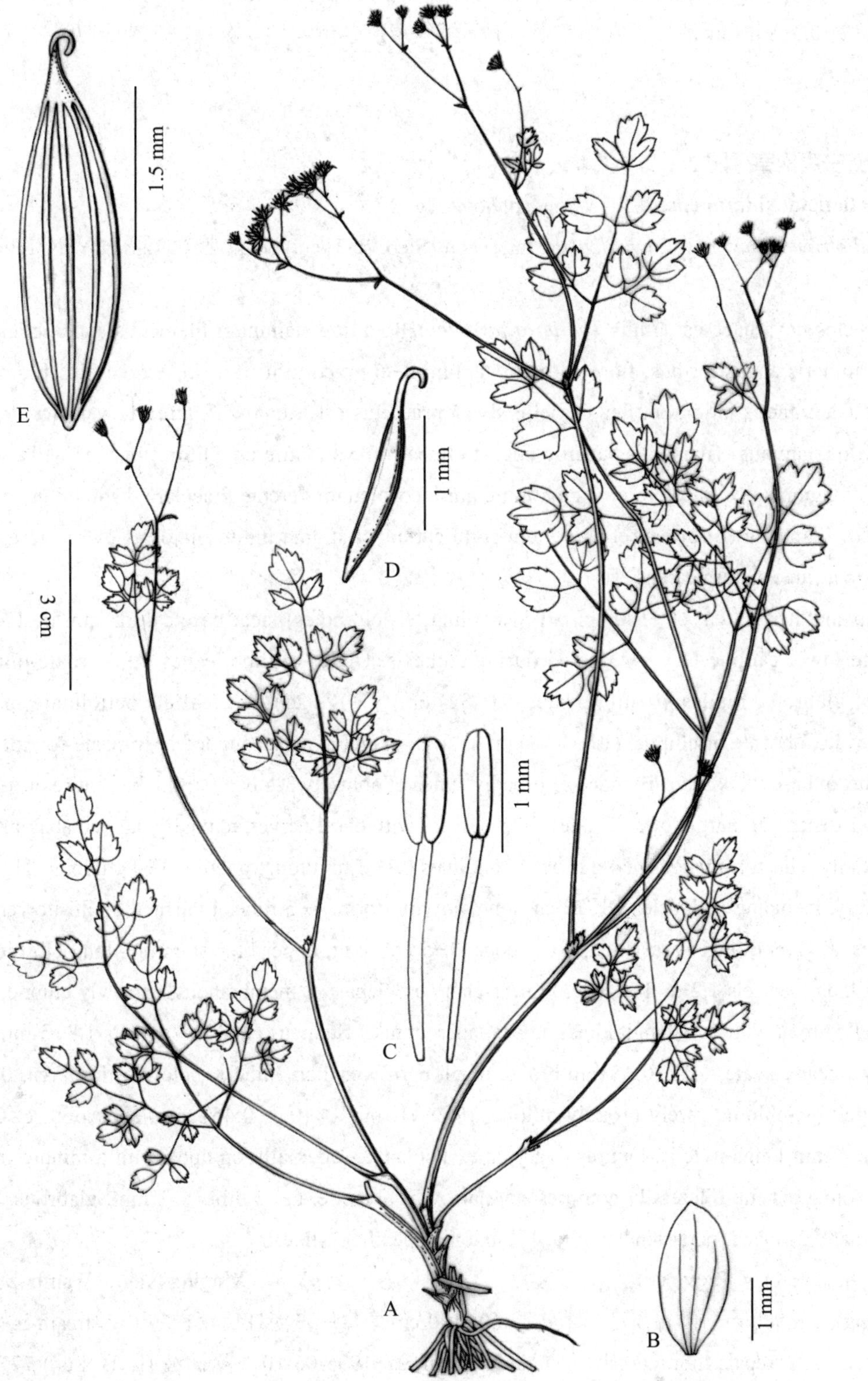

图 1　**小花唐松草**　A. 植株全形；B. 萼片；C. 2 雄蕊；D. 心皮；E. 瘦果。(来自模式标本)

Fig. 1　**Thalictrum minutiflorum**　A. Habit; B. Sepal; C. Two stamens; D. Carpel; E. Achene. (from holotype)

小叶较大，长 0.7–2 cm，宽 0.5–1.5 cm，雄蕊较多，每朵花约 30 枚，花丝较长，长 3–5 mm，上部呈倒披针形，宽 0.3–0.4 mm，与花药几等宽，下部呈狭条形或近丝形，宽 0.1–0.2 mm（王文采，王蜀秀，1979）。

2. 新宁唐松草　图 2

Thalictrum xinningense W. T. Wang, sp. nov. Fig. 2.

Thalictrum minus L. var. *hypoleucum* auct. non (Sieb. & Zucc.) Miq.: Z. C. Luo & Y. B. Luo, Pl. Xinning 142. 2008.

Species nova haec est affinis *Thalictro javanico* Bl., a quo staminum filamentis superne anguste lineari-clavatis antheris angustioribus, flore carpellis tantum 3–6 praedito differt; in *T. javanico*, filamenta superne oblanceolata antheris latiora, et flos carpellis 8–15 praeditus est. Etiam a *T. mino* L. var. *hypoleuco* (Sieb. & Zucc.) Miq. staminum filamentis superne anguste lineari-clavatis inferne filiformibus, carpello stylum ovario fere aequilongum apice uncatum et stigma minutum incospicuum gerente praeclare distinguitur; in *T. mino* var. *hypoleuco*, filamenta filiformia, et carpellum stylo carens et stigma multo majorius ovario fere aequilongum triangulare utrique alatum gerens est.

Perennial herb. Stem 60–100 cm tall (according to field notes), near base ca. 6.5 mm in diam., glabrous. Basal and lower cauline leaves withered during anthesis. Upper cauline leaves 3–4-ternate-pinnate, shortly petiolate, glabrous; blades broadly ovate, (11–32) cm × (12–25) cm; leaflets petiolulate, papery, ovate, broadly ovate, obovate or elliptic, (1.5–3.4) cm × (1.2–4) cm, at apex rounded or truncate-rounded and shortly mucronate, at base subcordate, rounded or broadly cuneate, obtusely 3-lobed (with lobes entire or the central lobe obtusely 1-dentate at margin of each side), 3–5-nerved, with basal nerves adaxially flat and abaxially prominent, and abaxially with conspicuous nervous nets; petiolules 0.1–3 mm long; petioles 1–4 cm long. Thyrses terminal and axillary, including peduncles 18–22 cm long, corymbiform, 4–5 times branched, multi-flowered, glabrous; peduncles 1–12 cm long; basal bracts foliaceous, 3–5 cm long, upper bracts simple, long elliptic or subulate, 1–3 mm long; pedicels 1.2–6 mm long. Flower glabrous: Sepals 4, membranous, narrowly elliptic, (3–3.5) mm × (0.8–1.5) mm, with 2–3 longitudinal nerves, apex obtuse. Stamens ca. 30; filaments 1.8–3 mm long, above narrowly linear-clavate, 0.15–0.25 mm broad, much narrower than anthers, below filiform, ca. 0.1 mm thick; anthers yellow, oblong, rarely broadly oblong, (0.8–)1 mm × (0.3–0.45) mm, apex obtuse. Carpels 3–6; ovary ca. 1 mm long; style as long as ovary, apex hook-like, adaxially on apex with a minute inconspicuous stigma. Young achene bilaterally compressed, narrowly obovate, ca. 2 mm × 1 mm, glabrous, on each side longitudinally 2-ribbed; persistent style ca. 1 mm long, apex hook-like.

湖南省 (Hunan Province)：新宁县，万丰林场，大水岭 (Xinning Xian，Wanfeng Tree Farm，Dashuiling), alt. 900 m，山谷溪旁，植物高 60–100 cm，萼片先淡红后淡白色 (by stream in valley, plants 60–100 cm tall，sepals first reddish, later turning white)，1995-06-10，罗林波 (L. B. Luo) 777 (holotype，PE)。

本种在亲缘关系方面与爪哇唐松草 (*Thalictrum javanicum* Bl.) 相近，区别为本种的雄蕊花丝上部为狭条状棒形，比花药窄，花只有 3–6 枚心皮。在爪哇唐松草，雄蕊花丝上部倒披针形，比花药宽，花有

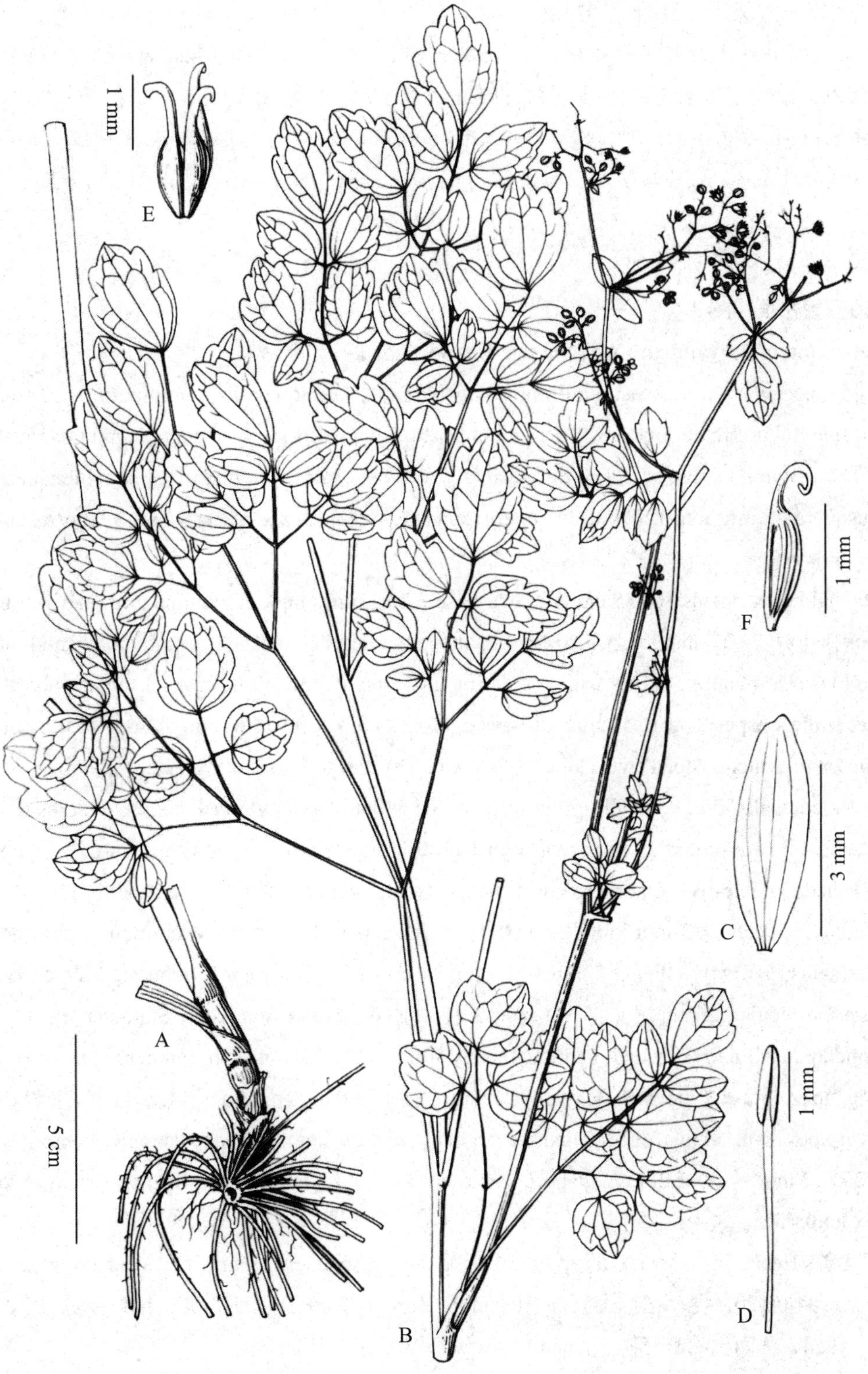

图 2　**新宁唐松草**　A. 开花植株下部；B. 开花茎上部；C. 萼片；D. 雄蕊；E. 雌蕊群；F. 瘦果。（来自模式标本）

Fig. 2　**Thalictrum xinningense**　A. Lower part of flowering plant; B. Upper part of flowering stem; C. Sepal; D. Stamen; E. Gynoecium; F. Achene. (from holotype)

8-15 枚心皮（王文采，王蜀秀，1979）。

上列本种模式标本曾被鉴定为 *Thalictrum minus* L. var. *hypoleucum* (Sieb. & Zucc.) Miq.（罗仲春，罗毅波，2008)，如上形态描述所述，此标本的雄蕊花丝上部呈狭条状棒形，下部呈丝形，其心皮的花柱与子房近等长，柱头不明显，无翅，而与 *T. minus* var. *hypoleucum* 明显不同。在 *T. minus* var. *hypoleucum*，雄蕊花丝呈丝形，心皮柱头较大，与子房近等长，呈三角形，在两侧均有翅（王文采，王蜀秀，1979）。

3. 短蕊唐松草　图 3

Thalictrum brachyandrum W. T. Wang, sp. nov. Fig. 3.

Habitu species nova haec est simillima *T. javanico* Bl., a quo caulibus cum petiolis et petiolulis sparse puberulis, staminibus brevioribus 1.8−2.2 mm longis, filamentis filiformibus, antheris multo angustioribus, flore carpellis 4−6 tantum praedito praeclare differt. In *T. javanico*, caules cum petiolis et petiolulis plerumque glabri, stamina usque ad 5 mm longa, filamenta superne anguste oblanceolata antheris multo latioria, et flos carpellis 8−15 praeditus est.

Perennial herbs. Stems 80−85 cm tall, near base 2.2−3 mm in diam., with petioles and petiolules sparsely puberulous (hairs 0.2−0.5 mm long), 5−6-leaved, above the middle branched, longitudinally and thinly 8-ribbed. Basal and lowermost cauline leaves withered during anthesis, other cauline leaves 3-ternate, shortly petiolate or subsessile; leaflets papery, ovate or orbicular-ovate, (1.6−3) cm × (1−2.6) cm, at apex acute, at base rounded, subcordate or truncate, 3-lobed (with lobes 1−2-crenate at margin), on both surfaces glabrous, 3- or 5-nerved, basal nerves adaxially flat, abaxially prominent, nervous net abaxially conspicuous; petioles 0.3−5 cm long. at base vaginate. Compound monochasia born from the apexes of stem and branches, 3−7 cm long, three times branched, panicle-like, glabrous; lower bracts ternate, upper bracts simple, small, long elliptic or linear, 1−6 mm long; pedicels 2−3 mm long. Flower glabrous.: Sepals 4, purplish (according to field notes), unequal in size, 2 smaller, narrowly elliptic, 2 mm × 1 mm, 3-nerved, at apex rounded-obtuse, 2 larger, broadly oblong or depressed-orbicular, 2 mm × (1.5−2) mm, 3−4-nerved, at apex rounded. Stamens 40−50, 1.8−2.2 mm long; filaments much narrower than anthers, thickly filiform, 1−1.2 mm long; anthers yellowish, oblong, 0.8−1 mm long, apex obtuse. Carpels 4−6; ovary 1 mm long; style 0.8−1 mm long, straight or at apex hook-shaped, ventrally at apex with a small inconspicuous stigma 0.25 mm long. Achenes sessile, compressed, narrowly elliptic, (2.5−3) mm × (1−1.2) mm, glabrous, on each side with 2 longitudinal ribs; persistent styles ca. 1.2 mm long, apex hook-like.

河南省 (Henan Province)：商城县，朝阳洞 (Shangcheng Xian，Chaoyangdong)，花紫色 (fls. purplish)，1984-06-20，河南植物资源队 (Henan Pl. Resour. Exped.) D0543 (fl.，holotype，PE)；同地 (same locality)，1954，河南植物普查队 (Henan Pl. Exped.) 1087 (fr.，PE)。

本种在体态上与爪哇唐松草 (*Thalictrum javanicum* Bl.) 十分相似，与后者的区别在于本种的茎与叶柄和小叶柄均被短柔毛，雄蕊较短，长 1.8-2.2 mm，花丝呈丝形，比花药窄甚多，花只有 4-6 枚心皮。在爪哇唐松草，茎和叶柄，小叶叶柄通常无毛，雄蕊长达 5 mm，花丝上部狭倒披针形，比花药稍宽，下部丝形，花有 8-15 枚心皮（王文采，王蜀秀，1979)。

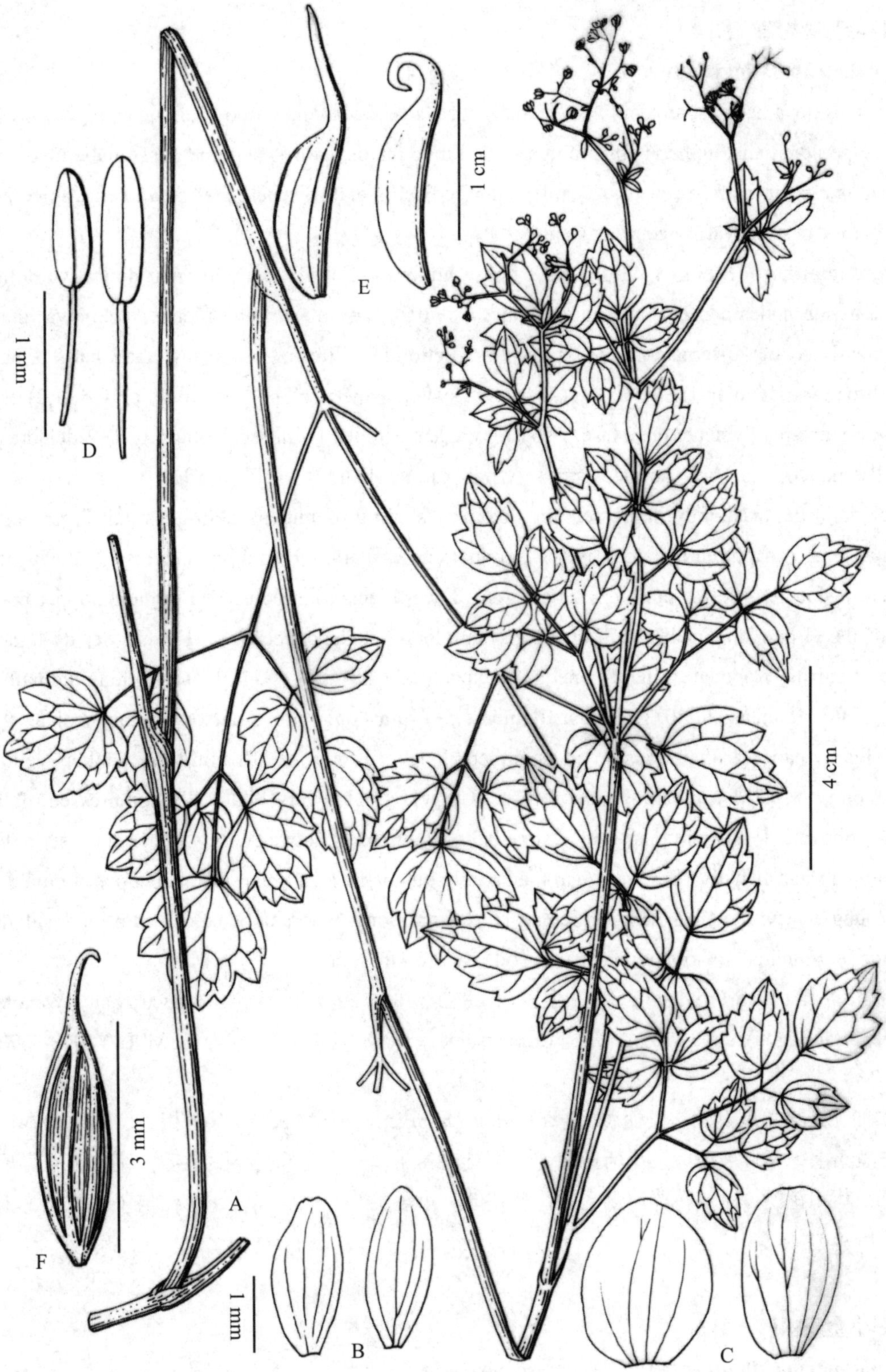

图 3 **短蕊唐松草** A. 植株全形；B, C. 一朵花的 4 枚萼片；D. 2 雄蕊；E. 2 心皮；F. 瘦果。（来自模式标本）

Fig. 3 ***Thalictrum brachyandrum*** A. Habit; B, C. Four sepals of a flower; D. Two stamens; E. Two carpels; F. Achene. (from holotype)

4. 毛蕊唐松草　图 4

Thalictrum lasiogynum W. T. Wang, sp. nov. Fig. 4.

Species nova haec est arcte affinis *Thalictro przewalskii* Maxim., a quo caulibus cum pedicellis puberulis, sepalis superne ciliatis, antheris apice obtusis haud mucronatis, ovariis superne dense puberulis, stylis ovariis brevioribus recedit. In *T. przewalskii*, caules cum pedicellis glabri, sepala glabra, antherae apice mucronatae, ovaria glabra, et styli ovariis aequilongi sunt.

Perennial herb. Stem ca. 90 cm tall, below unknown, above ca. 3 mm in diam., smooth, sparsely puberulous, on nodes densely puberulous (hairs 0.1−0.25 mm long). Lower leaves unknown; upper cauline leaves nearly sessile, 3-ternate-pinnate; rachis and petiolules filiform, with a few short hairs or subglabrous; blades broadly triangular, (5−8) cm × (4−8) cm; leaflets papery, elliptic or rhombic, (0.4−1.2) cm × (0.2−1) cm, at apex slightly acute or obtuse, at base rounded, 3-lobed (with lobes obtusely 1−2-dentate at margin), abaxially glaucous, on both surfaces sparsely puberulous (hairs 0.1−0.2 mm long), 3-nerved, with nervous nets adaxially flat or slightly impressed and abaxially slightly prominent; petiolules 0.5−7 mm long; petioles ca. 2 mm long, broadly auriculate. Thyrses terminal and axillary, including peduncles 12−21 cm long, multi-flowered; peduncles 4.5−8.5 cm long, subglabrous; lower bracts foliaceous, 1−2 cm long, upper bracts simple, subulate, 0.6−1 mm long; pedicels filiform, 5−14 mm long, sparsely puberulous. Flower: Sepals 4, membranous, elliptic or narrowly obovate, slightly unequal in size, (2.5−2.8) mm × (1−1.2) mm, longitudinally 3-nerved, above ciliate. Stamens ca. 40, glabrous; filaments 5−6 mm long, above narrowly oblanceolate, 0.25−4 mm broad, slightly narrower than or as broad as anthers, below filiform, ca. 0.1 mm thick; anthers yellow, oblong, (0.8−1) mm × (0.25−0.45) mm, apex obtusee. Carpels 7−11; ovary bilaterally compressed, obliquely and narrowly obovate, 1−1.5 mm long, with a stipe 0.5−0.7 mm long, above densely puberulous; style 0.5−0.7 mm long, subglabrous or with a few short hairs, adaxially on apex with a small inconspicuous stigma 0.2−0.3 mm long. Young achene flattened, semi-orbicular, ca. 1.5 mm long, with a stipe ca. 1.2 mm long, subglabrous, on each side longitudinally 3-ribbed; persistent style ca. 0.6 mm long.

四川省 (Sichuan Province)：平武县，王朗自然保护区，白沙沟 (Pingwu Xian，Wanglang Nature Reserve，Baishagou), alt. 3 110 m，路边 (at road side)，2008-07-19，鲁丽敏 (L. M. Lu) 2008-337 (holotype，PE)。

本种在亲缘关系方面与长柄唐松草 (*Thalictrum przewalskii* Maxim.) 甚为相近，区别为本种的茎和花梗均被短柔毛，萼片被缘毛，花药顶端钝，不具短尖头，子房上部密被短柔毛，花柱比子房短。在长柄唐松草，茎和花梗，以及花萼均无毛，花药顶端有小短尖头，子房无毛，花柱与子房等长（王文采，王蜀秀，1979）。

5. 小金唐松草　图 5

Thalinctrum xiaojinense W. T. Wang, sp. nov. Fig. 5.

Species nova haec est arcte affinis *T. leuconoto* Franch., a quo foliolis subtus ad nervos hirtellis, staminum filamentis anguste linearibus, antheris apice haud mucronatis, carpellis minoribus tantum 2.4 mm longis, stigmatibus haud alatis differt. In *T. leuconoto*, foliola glabra, staminum filamenta tantum apice anguste linearia

图 4　**毛蕊唐松草**　A. 开花茎上部；B. 2 萼片；C. 雄蕊；D. 雌蕊群；E. 幼瘦果。（来自模式标本）

Fig. 4　**Thalictrum lasiogynum**　A. Upper part of flowering stem; B. Two sepals; C. Stamen; D. Gynoecium; E. Young achene. (from holotype)

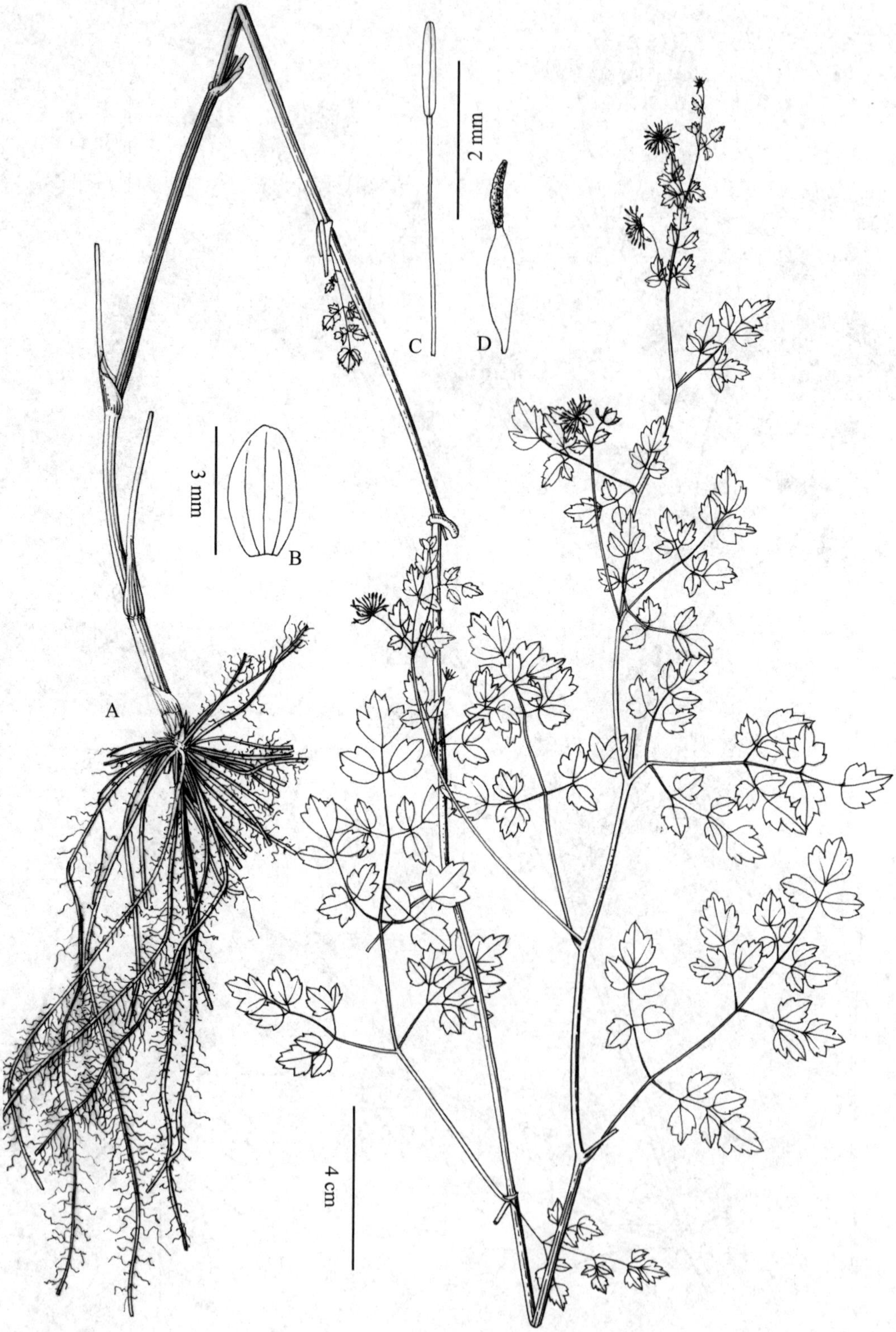

图 5 **小金唐松草** A. 植株全形；B. 萼片；C. 雄蕊；D. 心皮。（来自模式标本）

Fig. 5 **Thalictrum xiaojinense** A. Habit; B. Sepal; C. Stamen; D. Carpel. (from holotype)

alibi plerumque filiformia, antherae apice mucronibus 0.2 mm longis distincte mucronatae, carpella majora 5.5 mm longa, et stigmata utrinque distincte anguste alata sunt.

Perennial herbs. Stems 80−100 cm tall, near base ca. 3.5 mm in diam., glabrous, above the middle branched. Basal and lower cauline leaves withered during anthesis. Middle and upper cauline leaves 2−3-ternate-pinnate, shortly petiolate; blades triangular in outline, (4−13) cm × (4−10) cm, on rachis near petiolule bases sparsely puberulous (hairs 0.1−0.2 mm long); leaflets thinly papery, broadly obovate, broadly ovate, obovate or elliptic, (0.4−1.4) cm × (0.3−1.3) cm, at apesx rounded or obtuse and often mucronate, at base rounded, broadly cuneate or subcordate, 3-lobed (with lobes entire or 1−2-dentate), adaxially glabrous, abaxially on nerves hirtellous (hairs thick, 0.1−0.2 mm long), 3−5-nerved, with basal nerves adaxially flat and abaxially prominent; petiolules 0.5−7 mm long; petioles 1−10 mm long, glabrous, at base vaginate. Compound monochasia terminal, those borne on stem apex ca. 15 cm long, raceme-like, sparsely ca. 6-flowered and those borne on branch apex 4−5 cm long, ca. 2-flowered; bracts foliaceous; pedicels slender, 0.5−2 cm long, glabrous. Flower: Sepals 4, white, elliptic-ovate, (3−3.8) mm × 1.8 mm, glabrous, longitudinally 3-nerved, apex rounded. Stamens 16−24, glabrous; filaments narrowly linear, ca. 4 mm long, above 0.15 mm broad, below 0.1 mm broad; anthers yellow, narrowly oblong, ca. 1.2 mm × 0.3 mm, apex not mucronate or minutely mucronate (with muctones 0.05−0.1 mm long). Capels 8−10, ca. 2.4 mm long; ovary compressed, narrowly obovate, ca. 1.2 mm × (0.6−0.8) mm, glabrous, base with short stipe 0.2 mm long; style 1−1.2 mm long, glabrous; stigma narrowly oblong, (0.8−1) mm × (0.2−0.25) mm, not winged.

四川省 (Sichuan Province): Xiaojin Xian, NE of the city of Xiaojin, on road to pass over Jiajin Shan, 30°52′28″N, 102°37′53″E; alt. 3 350−3 400 m. Remnant *Abies* forest with *Salix*, *Rosa*, *large Rhododentron*, *Berberis*. Moist, Sphagnum abundant. Mossy slope in shade. Plant to 1 m tall; sepals creamy white; filaments creamy white; anthers yellow. 2007-07-28. D. E. Boufford, K. Fujikawa, S. L. Kelley, R. H. Ree, B. Xu, D. C. Zhang, J. W. Zhang, T. C. Zhang & D. Zhu 38515 (holotype, PE).

本种在亲缘关系上与白茎唐松草 (*Thalictrum leuconotum* Franch.) 甚为相近，区别在于本种的小叶背面被微硬毛，雄蕊花丝呈狭条形，花药不具短尖头或具极小的短尖头（长 0.05−0.1 mm），心皮较小，长只 2.4 mm，柱头无翅。在白茎唐松草，小叶无毛，雄蕊花丝只在顶部呈狭条形，其他大部呈丝形，花药顶端具 0.2 mm 长的明显短尖头，心皮较大，长 5.5 mm，柱头两侧均具明显的狭翅（王文采，王蜀秀，1979）。

参考文献

LUO Z C, LUO Y B, 2008. *Thalictrum* [M] // Plants of Xinning. Beijing: China Forestry Press: 142. [罗仲春, 罗毅波, 2008. 唐松草属[M] // 新宁植物. 北京: 中国林业出版社: 142.]

WANG W T, WANG S H, 1979. *Thalictum* [M] // Flora Reipubicae Popularis Sinicae. Beijing: Science Press, 27: 502−592. [王文采, 王蜀秀, 1979. *Thalictrum* [M] // 中国植物志. 北京: 科学出版社, 27: 502−592.]

荨麻科三新种

Three new species of Urticaceae

1. 城口荨麻　图 1

Urtica chengkouensis W. T. Wang, sp. nov. Fig. 1.

(Sect. *Urtica* ser. *Urtica*)

Ob stipulas in quoque nodo caulis 4 inter sese liberas, inflorescentias unisexuales, tepala pistillata persistentia interna acheniis fere aequilonga species nova haec est affinis *U. dioicae* L., a qua caule tantum inferne pilis urentibus paucis obtecte, foliorum laminis plerumque cordatis 4−5.5 cm latis apice cuspidatis vel caudatis, inflorescentiis staminatis pistillatisque simplicibus spiciformibus, acheniis centro leviter impressis differt. In *U. dioica*, caules pilis urentibus multis densis obtecti, foliorum laminae ovatae vel anguste ovatae, angustiores, 2.5−4 cm latae apice acuminatae, inflorescentiae staminatae pistillataeque paniculatae, et achenia centro haud impressa sunt.

Prennial herb. Stem ca. 50 cm tall, above base 2 mm in diam., only below with a few stinging hairs, inconspicuously longitudinally shallowly 4-sulcate. Leaves opposite, slenderly petiolate; blades thinly papery, mostly cordate, (6−6.5) cm × (4−5.5) cm, apex cuspidate, base cordate, margin dentate, those of apical leaves smaller, cordate-ovate or triangular, (2−6) cm × (0.6−3.5) cm, apex cuspidate or caudate, base shallowly cordate or truncate, margin dentate; surfaces adaxially sparsely strigose and with sparse appressed stinging hairs, abaxially on nerves appressed- puberulous; nervation palmately 5-nerved, with 2 pairs of secondary nerves of the midrib; cystoliths puncticulate; petioles slender, 0.8−3 cm long, sparsely appressed-puberulous and with 4−15 stinging hairs; stipules 4 per node, free, membranous whitish, lanceolate-linear, (4−4.5) mm × (0.8−1.2) mm, longitudinally 1-nerved, margin sparsely ciliate. Staminate inflorescences singly arising from axils of middle cauline leaves, spiciform, ca. 10 mm long, simple; rachis densely strigillose; persistent bracts ovate or linear, 0.6−0.8 mm long; persistent pedicels 0.2−0.5 mm long. Fruiting pistillate inflorescences singly arising fron axils of upper cauline leaves, spiciform, ca. 10 mm long, simple; rachis densely strigillose; bracts broadly ovate or deltoid, 0.2−0.3 mm long. Pistillate tepals 4; outer 2 persistent pistillate tepals linear, 0.4 − 0.5 mm long; inner 2 persistent pistillate tepals larger, broadly ovate, ca. 1 mm × 0.8 mm, adaxially glabrous, abaxially appressed-puberulous. Achenes yellowish-white, sessile or subsessile, 3−4 along rachis fasciculate, biconvex, broadly ovate, ca. 0.8 mm × 0.7 mm, smooth, very sparsely minutely verruculose, at the centre slightly impressend.

Holotypus: herbe, fleurs verter. nom chinois: tahoma. bois, hianpin, pres de Tchen Keou. alt. 1 400 m. 23 avril 1893 (草本植物，花绿色，中名：大火麻，在林中，hianpin 接近城口县城。1893 年 4 月 23 日) R. P. Farges 1277 (PE)。

原文刊登于《广西植物》37(5): 541−546, 2017。

致谢：蒙陈智娟先生为“城口荨麻，重庆荨麻科一新种”翻译新种模式标本的法文野外记录；孙英宝先生为“城口荨麻，重庆荨麻科一新种”、“来宾赤车，广西荨麻科一新种”和“克钦楼梯草，缅甸荨麻科一新种”绘图。作者谨表示衷心感谢！

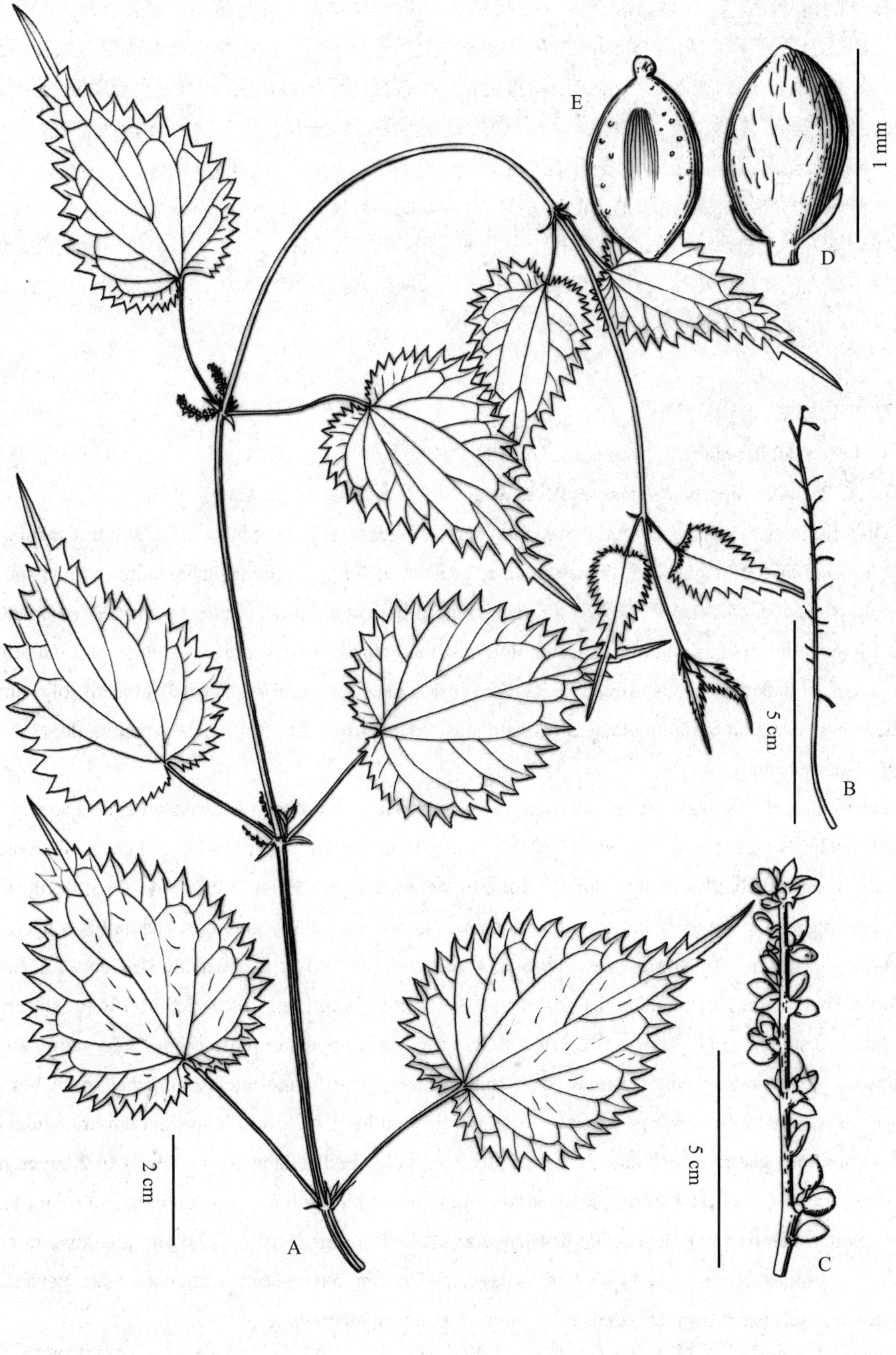

图 1　**城口荨麻**　A. 结果植株；B. 雄花序，雄花已脱落；C. 果期雌花序；D. 宿存雌花被和瘦果；E. 瘦果。（来自模式标本）

Fig. 1　**Urtica chengkouensis**　A. Fruiting plant; B. Staminate inflorescence, with staminate flowers all fallen off; C. Fruiting pistillate inflorescence; D. Persistent perianth and achene; E. Achene. (from holotype)

本种的托叶在每茎节4枚，离生，花序单性，宿存内层雌花被片与瘦果近等长，瘦果光滑，与也具上述三特征的异株荨麻 *Urtica dioica* L. 在亲缘关系上相近，与后者的区别在于本种的茎只在下部被少数刺毛，叶片多呈心形，宽4–5.5 cm，顶端骤尖或尾状，雄花序和雌花序均不分枝，似穗状花序，瘦果中央稍凹陷。在异株荨麻，茎密被刺毛，叶片卵形或狭卵形，较狭窄，宽2.5–4 cm，顶端渐尖，雄花序和雌花序均分枝呈圆锥状，瘦果中央不凹陷(陈家瑞，1995；Chen et al., 2003)。

本种模式标本的采集者R. P. Farges是法国传教士，于1892–1898年在重庆市城口县一带采集到大量植物标本，从中发现了一百余新种和一些新属(王印政等，2004)。1959年，植物所戴天伦也到城口县进行了深入的采集（王印政等，2004），但从其采到的大量植物标本中并未发现本种植物，这个情况说明本新种可能是一个具很小分布区的狭域分布种。

2. 来宾赤车　图2

Pellionia laibinensis W. T. Wang, sp. nov. Fig. 2.

(sect. *Pellionia* subsect. *Radicantes* W. T. Wang ser. *Redicantes* W. T. Wang)

Ob foliorum laminas apice longe acuminatas semi-triplinerves, folia reducta nulla, stipulas subulatas, tepala pistillata valde inaequimagna 1 vel 2 majora apice projecturis longis praedita, achenia tuberculata species nova haec est affinis *P. funingensi* W. T. Wang, a qua caule pilis patentibus vel antrorse curvatis obtecto, foliorum laminis longe ellipticis basi oblique cuneatis, flore pistillato tepalis 3 vel 4 praedito, eis 1 vel 2 majoribus dorso apice longe 1-tubulari-projectis differt. In *P. funingensi*, caules pilis retrorse curvatis obtecti, foliorum laminae ellipticae basi latere latiore auriculatae, flos pistillatus tepalis 5 praeditus, et tepela 2 majora dorso apice longe tenuiter 1-corniculata sunt.

Perennial herb. Stem ca. 25 cm tall, near base ca. 2 mm in diam., above densely below sparsely hirtellous (hairs spreading or antrorsely curved, 0.1–0.2 mm long), with a few short branches. Leaves alternate, shortly petiolate or sessile; blades papery, long elliptic or oblanceolate, (3–10.5) cm × (1.2–2.8) cm, apex long acuminate, base obliquely cuneate, margin denticulate; surfaces adaxially glabrous, abaxially on nerves densely strigillose; nervation semi-triplinerved, with secondary nerves 2–3 at leaf narrow side and 4 at broad side; cystoliths sparse, not conspicuous, bacilliform, 0.2–0.4 mm long; petioles 0–2.5 mm long; stipules linear-triangular or subulate, (1–2.5) mm × (0.2–0.3) mm, glabrous. Staminate cymes and staminate flowers unknown. Pistillate cymes singly axillary, 3–5 mm in diam., shortly and thickly branched, branches glabrous, on tops densely multi-flowered; peduncles robust, ca. 1.5 mm long, glabrous; bracts deltoid, triangular or linear, 0.4–0.6 mm long, glabrous. Pistillate flower shortly and thickly pedicellate: Tepals 3–4, 1 or 2 larger, navicular, 0.35–0.5 mm long, glabrous, each one abaxially from apex with a tubular projection 0.3–0.6 mm long, other tepals smaller, flat, narrowly lanceolate or triangular, (0.4–0.5) mm × (0.1–0.2) mm, glabrous, rarely ciliate. Pistil nearly as long as tepals; ovary long ellipsoid, 0.25–0.4 mm long, glabrous; stigma minute, penicillate, 0.1–0.2 mm long. Achenes brown, obovoid, ca. 0.5 mm × 0.4 mm, tuberculate.

广西 (**Guangxi**)：来宾市，凤凰镇 (Laibin Shi，Fenghuang Zhen)，石灰岩山山谷林下 (under forest in valley in limestone hill)，2011-04-14，韦毅刚，温放 (Y. G. Wei & F. Wen) 1155 (Holotype，PE)。

本种的叶片顶端长渐尖，具半离基三出脉，退化叶不存在，托叶钻形，雌花的花被片极不等大，1–2

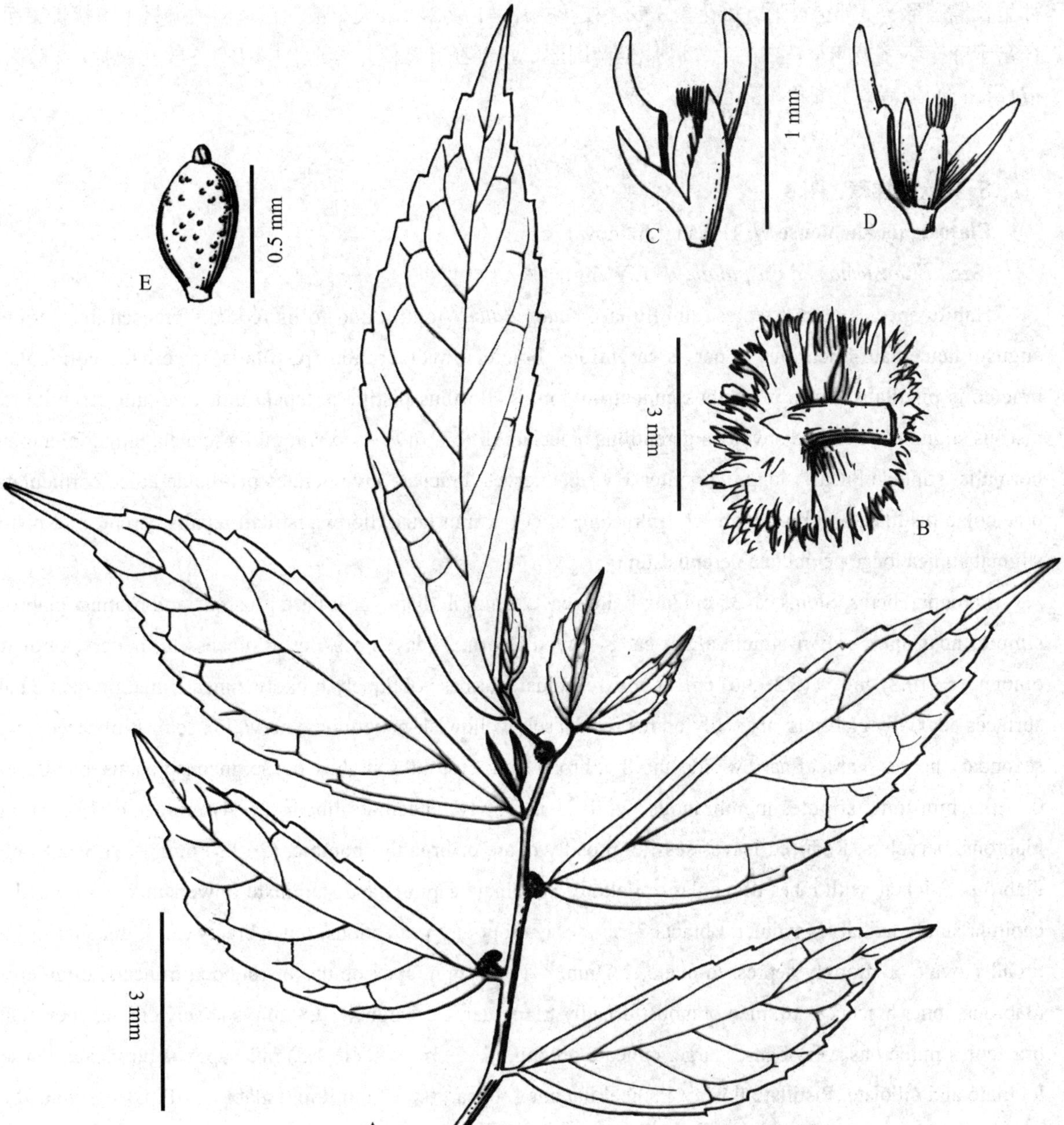

图 2 **来宾赤车** A. 开花雌茎上部；B. 雌聚伞花序（下面观）；C, D. 雌花；E. 瘦果。（来自模式标本）

Fig. 2 **Pellionia laibinensis** A. Upper part of flowering pistillate stem; B. Pistillate cyme, seen from beneath; C,D. Pistillate flowers; E. Achene. (from holoetype)

枚较大者在顶端具长突起，瘦果具瘤状突起，与也具上述形态特征的富宁赤车 *Pellionia funingensis* W. T. Wang（特产云南东南部）在亲缘关系上相接近，与后者的区别在于本种的茎被开展或向上弯曲的毛，叶片呈长椭圆形，基部斜楔形，雌花具 3 或 4 枚花被片，1 或 2 枚较大花被片在背面顶端具 1 筒状长突起。在富宁赤车，茎被向下弯曲的毛，叶片呈椭圆形，基部在叶宽侧呈耳形，雌花具 5 枚花被片，2 较大花被片在背面顶端具 1 细角状突起。

3. 克钦楼梯草　图 3

Elatostema kachiense W. T. Wang, sp. nov. Fig. 3.

(Sect. *Elaotstema* ser. *Cuspidata* W. T. Wang)

Habitu species nova haec est simillima *C. cuapidato* Wight, a quo foliis reductis praesentibus, stipulis anguste lanceolato-linearibus et nervis carentibus, bracteis involucralibus pistillatis apice haud corniculatis, bracteolis pistillatis multo majoribus cuneato-oblongis, floribus pistillatis tepala unica minuta gerentibus, et pistillis stigmata unica late obvoidea gerentibus praeclare differt. In *E. cuspidato*, folia reducta nulla, folia omnia normalia, stipulae linearia longitudinaliter 1-viridi- nerves, bracteae involucrales pistillatae apice corniculatae, bracteolae pistillatae multo minores 1.2 mm longae et 0.2 mm latae, flores pistillati tepalis carentes, et pistilla stigmata unica longe penicillata gerentia sunt.

Perennial herbs. Stems ca. 35 cm tall, below ca. 2.5 mm in diam., near base prostrate and rooting, glabrous, simple, near apex brown-puncticulate, ca. 8-leaved. Normal leaves sessile or subsessile, papery, obovate-oblong, (6−10.8) cm × (2.2−3.6) cm, at apex cuspidate, at base obliquely broadly cuneate, margin denticulate; surfaces adaxially glabrous, abaxially on nerves densely yellowish-puberulous; nervation semi-triplinerved, with secondary nerves 3 at leaf narrow side and 8 at broad side; cystoliths slightly dense, inconspicuous, bacilliform, 0.1−0.2 mm long; stipules membranous, whitish, narrowly lanceolate-linear, (3−4) mm × (0.1−0.2) mm, glabrous, nerveless. Reduced leaves sessile, broadly ovate or broadly rhombic, (2−3.5) mm × (1.8−2.8) mm, glabrous, 3-lobed, with lobes triangular or deltoid. Staminate capitula and staminate flowers unknown. Pistillate capitula singly axillary; involucral bracts 2-seriate, without any projections, outer bracts ca. 5, unequal in size, broadly ovate or strongly depressed-ovate, 1.5 mm× (1−4) mm, apex obtuse or rounded-truncate, often erose, glabrous, inner bracts ca. 10, membranous, broadly triangular, ca. 1 mm × 0.8 mm, sparsely ciliate, apex acute; bracteoles numerous, very dense, large, cuneate-oblong, (2−3) mm × (1−1.5) mm, apex subtruncate, densely lobulate and ciliolate. Pistillate flower: Pedicel flattened, linear, 0.5−2 mm long, glabrous. Tepal 1, subquadrate ca. 0.1 mm × 0.1 mm, glabrous. Pistil ca. 0.8 mm long, glabrous; ovary long ellipsoid ca. 0.7 mm long; stigma broadly obovoid, ca. 0.1 mm long. Achenes deeply brown, ovoid, ca. 0.9 mm × 0.5 mm, longitudinally 5-ribbed, with ribs yellowish.

Myanmar: **Kachin State**: Putao District, Naung Mong Township, E. of U-rein Ga road Camp on trail from Atan Ga to Ba Baw. 27°17′38″ N, 97°51′47″ E; 575 m. Disturbed broadleaved evergreen forest with tall bamboo. In wet shady area. Herbs, perennial. Leaves abaxially pale green, adaxially dark green. 7 September 2001. B. Bartholomew, D. E. Boufford & Z. L. Dao 6743 (holotype, PE).

In habit this species has an obvious resemblance to *E. cuspidatum* Wight, and from the latter differs in

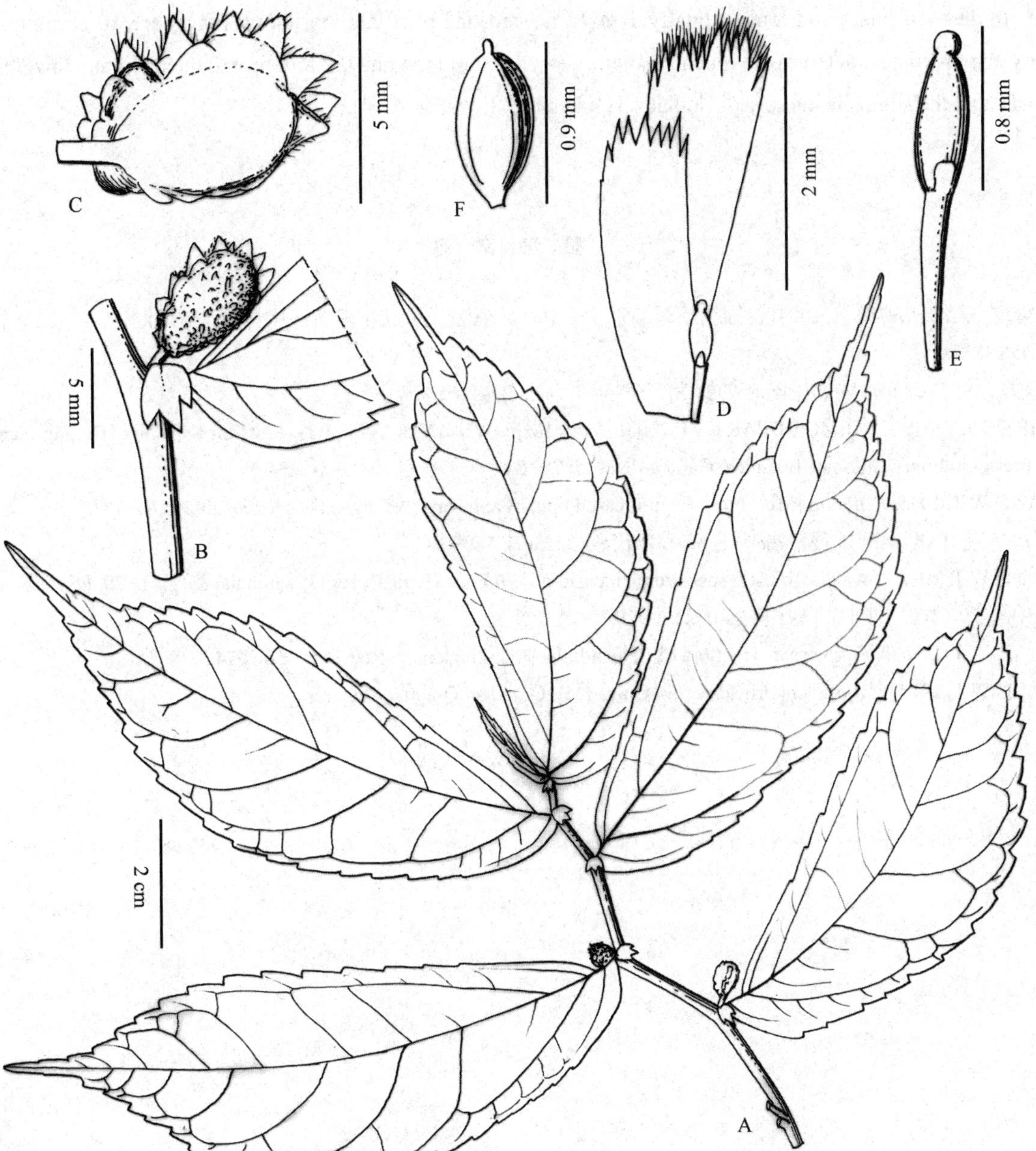

图 3　**克钦楼梯草**　A. 开花雌茎上部；B. 叶柄基部（局部叶片和腋生雌头花序）；C. 雌头状花序（下面观）；D. 二小苞叶和雌花；E. 雌花；F. 瘦果。（来自模式标本）

Fig. 3　***Elatostema kachiense***　A. Upper part of flowering pistillate stem; B. Leaf base with a reduced leaf and an axillary pistillate capitulum; C. Pistillate capitulum, seen from beneath; D. Two pistillate bracteoles and pistillate flower; E. Pistillate flower; F. Achene. (from holotype)

its stem node with a normal leaf and a small reduced leaf, narrowly lanceolate-linear and nerveless stipules, uncorniculate pistillate involucral bracts, much larger cuneate-oblong pistillate bracteoles, pistillate flower with a tepal, and the broadly obovoid stigma. In *E. cuapidatum*, the reduced leaves are absent, the leave are all normal, the stipules are linear and longitudinally 1-grren-nerved, the pistillate involucral bracts are all corniculate at apex, the pistillate bracteoles are much smaller, linear, 1.2 mm long and 0.2 mm broad, the pistillate flower has to tepals, and the stigma is densely penicillate (Hooker, 1888; Wang, 2014).

参考文献

王印政, 覃海宁, 傅德志, 2004. 中国植物采集简史 [M] // 吴征镒, 陈心启(编辑). 中国植物志. 北京: 科学出版社, 1 : 658−732.

陈家瑞, 1995. *Urtica* [M] // 中国植物志. 北京: 科学出版社, 23(2) : 5−27.

CHEN C J, FRIIS I, WILMOT-DEAR C M, 2003. *Urtica* [M] // WU Z Y, RAVEN P H, eds. Flora of China. Beijing: Science Press; St. Louis: Missouri Botanical Garden Press, 5: 78−84.

WANG W T, 1995. *Pellionia* [M] // Flora Republicase Popularis Sinicae. Beijing: Science Press, 23(2): 160−187. [王 文 采, 1995. 赤车属 [M] // 中国植物志. 北京: 科学出版社, 23(2): 160−187.]

WANG W T, 2016. Nova classificatio specierum sinensium *Pellioniae* (Urticaceae) [J]. Guihaia, 36(1): 1−29. [王文采, 2016. 中国赤车属新分类 [J]. 广西植物, 36(1): 1−29.]

HOOKER J D, 1888. *Elatostema*. The flora of British India [M]. London: L. Reeve, 5: 563−574.

WANG W T, 2014. *Elatostema* (Urticaceae) in China [M]. Qingdao: Qingdao Press.

唐松草属六新种

Six new species of *Thalictrum* (Ranunculaceae) from China

1. 大关唐松草 图 1

Thalictrum daguanense W. T. Wang, sp. nov. Fig. 1.

Ob herbam totam glabram, monochasium compositum pauci-florum corymbiforme, flores parvos, staminum filamentorum partes superas quam has inferas latiores, antheras oblongas species nova haec est arcte affinis *T. ramoso* Boivin, a quo foliolis crasssioribus papyraceis leviter majoribus usque ad 2.8 cm longis et 2.6 cm latis plerumque ovatis vel late ovatis, carpellorum stylis brevioribus 0.5 mm longis apice leviter recurvis haud circinnatis et acheniis lunatis differt.

In *T. ramoso*, foliola membranacea minora usque ad 2 cm longa et 1.5 cm lata plerumque orbiculari-ovata, carpellorum styli 0.8 mm longi apeice circinnati, et achenia anguste lanceolata sunt.

Perennial herb, with terrestial vegetative and reproductive organs all glabrous. Stem ca. 30 cm tall, near base 1.5 mm in diam., with 3 cauline leaves. Basal leaves withered at anthesis, not seen. Cauline leaves 2-ternate, long petiolate; blades (7−15) cm × (6−11) cm; leaflets papery, broadly ovate, ovate, or elliptic, (1.2−2.8) cm × (0.5−2.6) cm, at apex slightly acute, at base rounded, subtruncate or subcordate, 3-lobed, with usually central lobes obtusely 2(−3)-dentate and lateral lobes 1-denticulate or entire, 5-nerved, with nerves adaxially flat and abaxially prominent and with nervules froming conspicuous nervous nets; petiolules slender, 0.1−2.1 cm long; petioles 5.2−13.5 cm long. Compound monochasium terminal, corymbiform, ca. 2.5 cm × 2 cm, 6-flowered; bracts often caducous, subulate, ca. 4 mm long; pedicels 0.8−1.1 cm long. Flower: Sepals caducous, not seen. Stamens ca. 28, 5−6 mm long; filaments 4−5 mm long, above linear, 0.2−0.35 mm broad, below filiform, ca. 0.1 mm across; anthers oblong, (0.8−1) mm × (0.3−0.5) mm, apex obtuse. Carpels 7−11, ca. 2 mm long; ovary obliquely and narrowly obovate, ca. 1.5 mm × 0.5 mm; style 0.5 mm long, apex slightly recurved, adaxially with an inconspicuous stigma. Young achenes lunate, ca. 1.5 mm × 0.5 mm, on each side longitudinally 3-ribbed; persistent style 0.3 mm long.

云南省 (Yunnan Provine)：大关县，联合村，罩子沟 (Daguan Xian，Lianhe Cun，Zhaozigou)，alt. 1 800 m，山沟森林或灌丛；植物常见；花白色或淡紫色，花蕾紫色 (under forest or bush in valley; plants locally common；fls. white or tinged with purplish，and flower buds purple)，1973-06-17，孙必兴 (B. X. Sun) 644 (holotype，PE)。

本种的所有地上营养和生殖器官均无毛，复单歧聚伞花序具少数花，伞房花序状，花小，雄蕊花丝的上部比下部宽，花药长圆形，因此，与也具上述特征的多枝唐松草 (*Thalictrum ramosum* Boivin) 有很

原文刊登于《广西植物》37(6)：675−684，2017。
致谢：深切感谢孙英宝先生为本文绘制十分精致的插图。

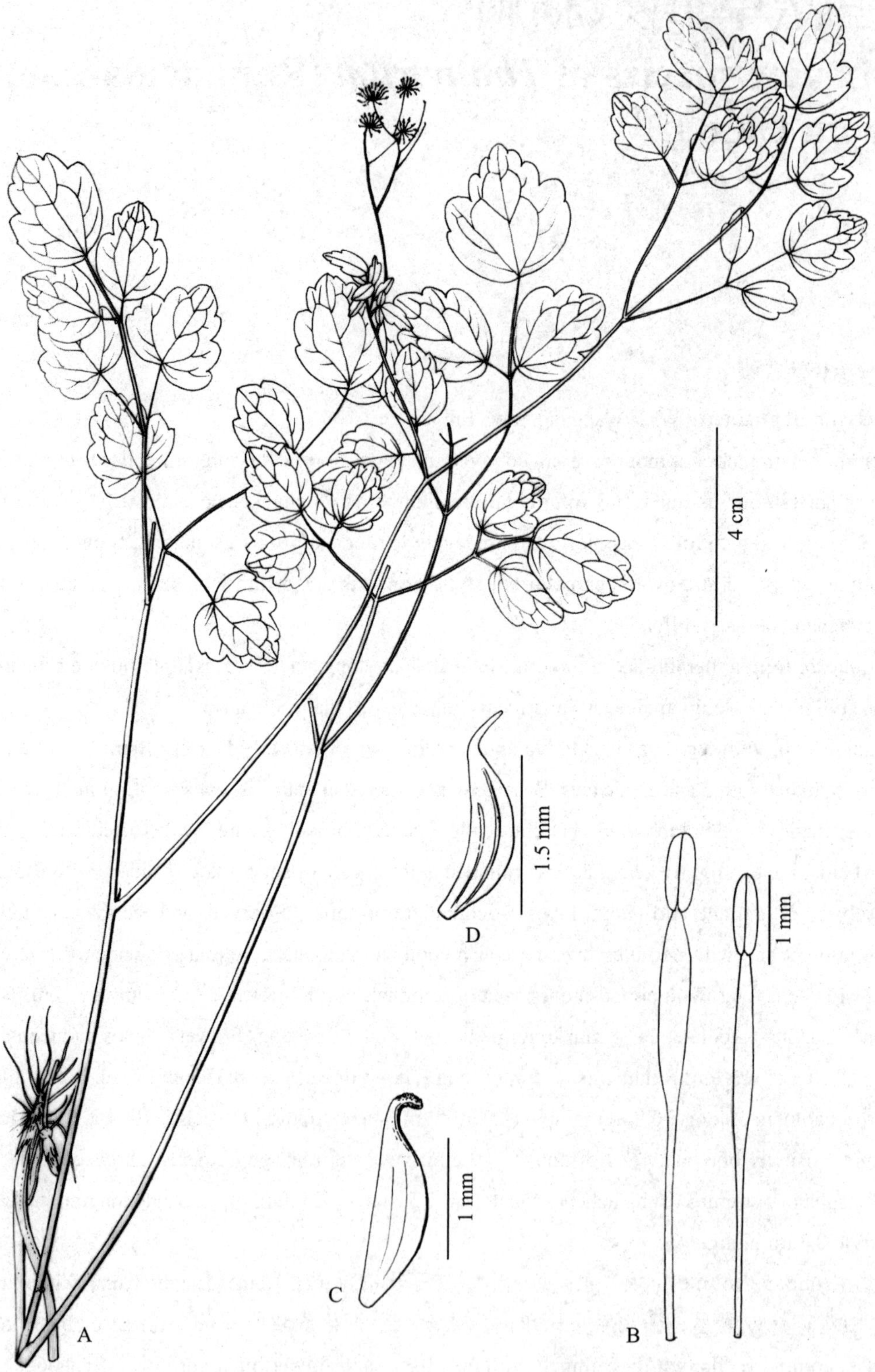

图 1　**大关唐松草**　A. 植株全形；B. 2 雄蕊；C. 心皮；D. 瘦果。（来自模式标本）

Fig. 1　**Thalictrum daguanense**　A. Habit; B. Two stamens; C. Carpel; D. Achene. (from holotype)

近的亲缘关系，与后者的区别在于本种的小叶在质地上较厚，纸质，比较大，长达2.8 cm，宽达2.6 cm，多呈卵形或宽卵形，心皮花柱较短，长0.5 mm，顶端稍向后弯曲，不拳卷，瘦果呈新月形。在多枝唐松草，小叶膜质，较小，长达2 cm，宽达1.5 cm，多呈卵圆形，心皮花柱长0.8 mm，顶端拳卷，瘦果呈狭披针形（王文采，王蜀秀，1979）。

2. 宽柱唐松草　图2

Thalictrum latistylum W. T. Wang, sp. nov. Fig. 2.

Species nova haec carpelli stylo applanato suboblongo ventro stigmate vel textura stigmatica carente insignis est, et cum characteri unico hoc a generis *Thalictri* speciebus sinensibus ceteris distinguitur. In generis *Thalictri* speciebus sinensibus ceteris, carpelli stylus vulgo graciliter subulato-teres et ventro stigmate vel textura stigmata praeditus est.

Prennial herbs. Stems ca. 50 cm tall, near base ca. 4 mm in diam., glabrous, below longitudinally shallowly 6-sulcate, above branched. Basal and lower cauline leaves withered during anthesis. Middle and upper cauline leaves 2–3-ternate, shortly petiolate; blades (2–7) cm × (4–10) cm; leaflets thinly papery, broadly obovate, suborbicular, orbroadly ovate, (0.4–1.6) cm × (0.4–2) cm, at base rounded or subcordate, obtusely 3-lobed or 3-fid, with lobes at apex obtuse or rounded, entire or obtusely 1–2-dentate, rarely 3-lobulate, adaxially glabrous, abaxially glandular-puberulous (hairs 0.1–0.2 mm long), 3–5-nerved, with nerves adaxially flat and abaxially slightly prominent; petiolules filiform, 2–4 mm long, glabrous; petioles 0.3–2 cm long, glabrous or puberulous (hairs ca. 0.2 mm long). Compound monochasia terminal, 3.5–4.5 cm long, 4–6-flowered; bracts foliaceous, ternate, 0.5–3 cm long; pedicels slender, 0.2–1.5 cm long, glabrous. Flower: Sepals 4, white, oblong-elliptic, ca. 4 mm × 2 mm, glabrous, longitudinally 3-nerved, apex rounded. Stamens 35–50, glabrous; filaments narrowly linear, 2.5–3 mm long, above 0.2–0.25 mm broad, below ca. 0.15 mm broad; anthers yellowish, oblong, (0.8–1) mm × 0.4 mm, apex obtuse. Carpels 4, glabrous; ovary obliquely narrowly obovate, ca. 1 mm × 0.5 mm, above with style longitudinally 1-nerved; style flattened, suboblong, ca. 0.8 mm × 0.35 mm, apex obtuse; stigma wanting.

甘肃省 (Gansu Province)：文县，白水江自然保护区，邱家坝 (Wen Xian, Baishuijiang Nature Reserve, Qiujiaba)，alt. 2 900 m，山顶山坡草丛，花白色 (among grasses on slope of mount summit, fls. white)，2006-06-27，白水江考察队 (Baishuijiang Exped.) 0454 (holotype，PE)。

本种的特征是心皮的花柱扁平，近长圆形，在腹面无柱头或柱头组织，根据此一特征可与我国唐松草属的其他种相区别。在我国此属的其他种，心皮的花柱呈细钻状圆柱形，在其腹面生出柱头或柱头组织（王文采，王蜀秀，1979）。

3. 六脉萼唐松草　图3

Thalictrum sexnervisepalum W. T. Wang, sp. nov. Fig. 3.

Species nova haec. est affinis *T. leuconoto* Franch., a quo caulibus prope nodos sparse puberulis, foliolis subtus granuliferis et ad nervos hirtellis, sepalis 6-nervibus, staminibus aliquibus antheras abortivas gerentibus et in staminodia mutatis, ovariis minute puberulis et stigmatibus haud alatis differt. In *T. leuconoto*, caules cum foliis glabri, folia haud granulifera, sepala 3-nervia, stamina omnia antheris fertilibus praedita, ovaria glabra, et stigmata utrinque anguste alata sunt.

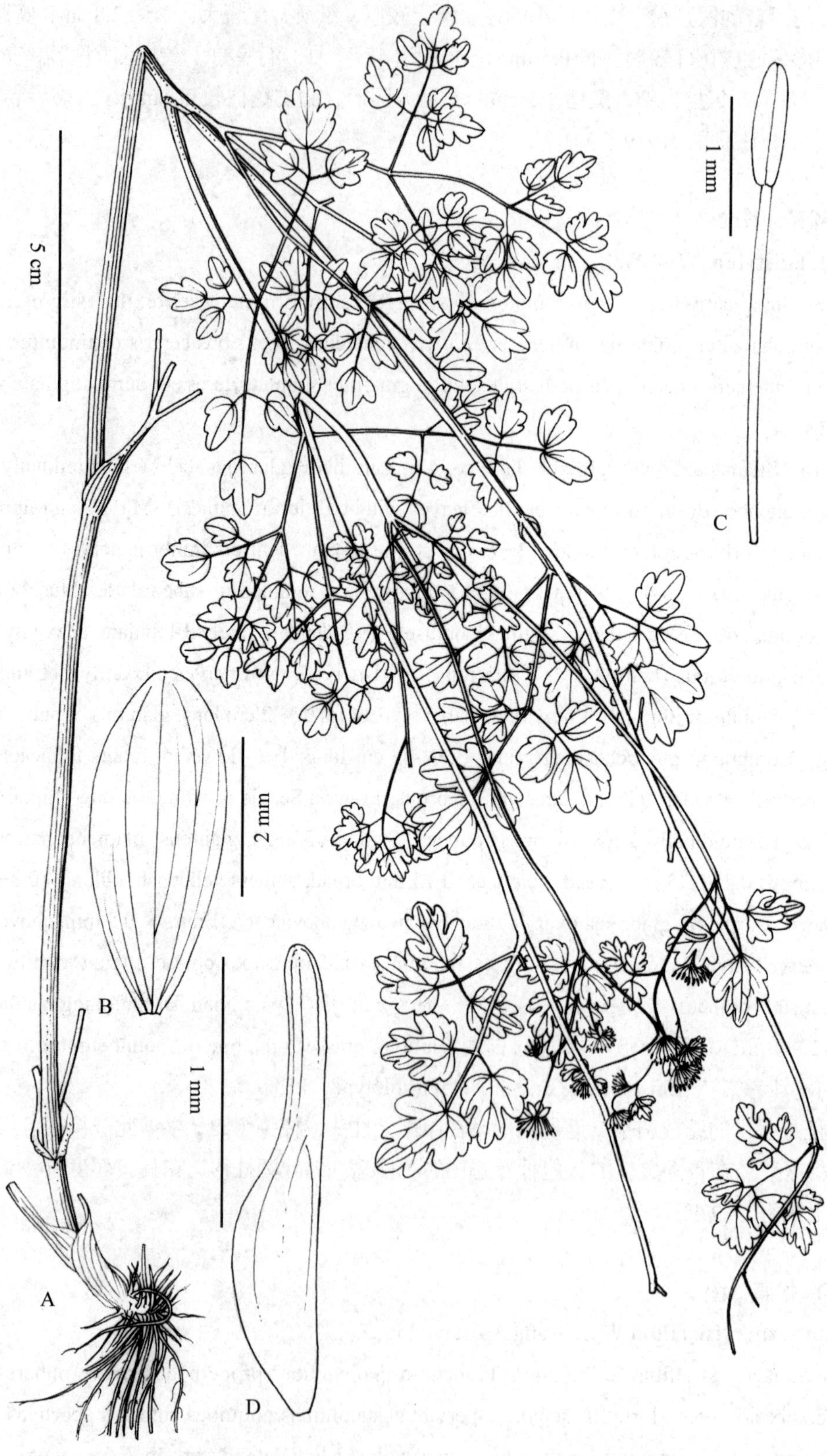

图 2　**宽柱唐松草**　A. 植株全形；B. 萼片；C. 雄蕊；D. 心皮。（来自模式标本）

Fig. 2　**Thalictrum latistylum**　A. Habit; B. Sepal; C. Stamen; D. Carpel. (from holotype)

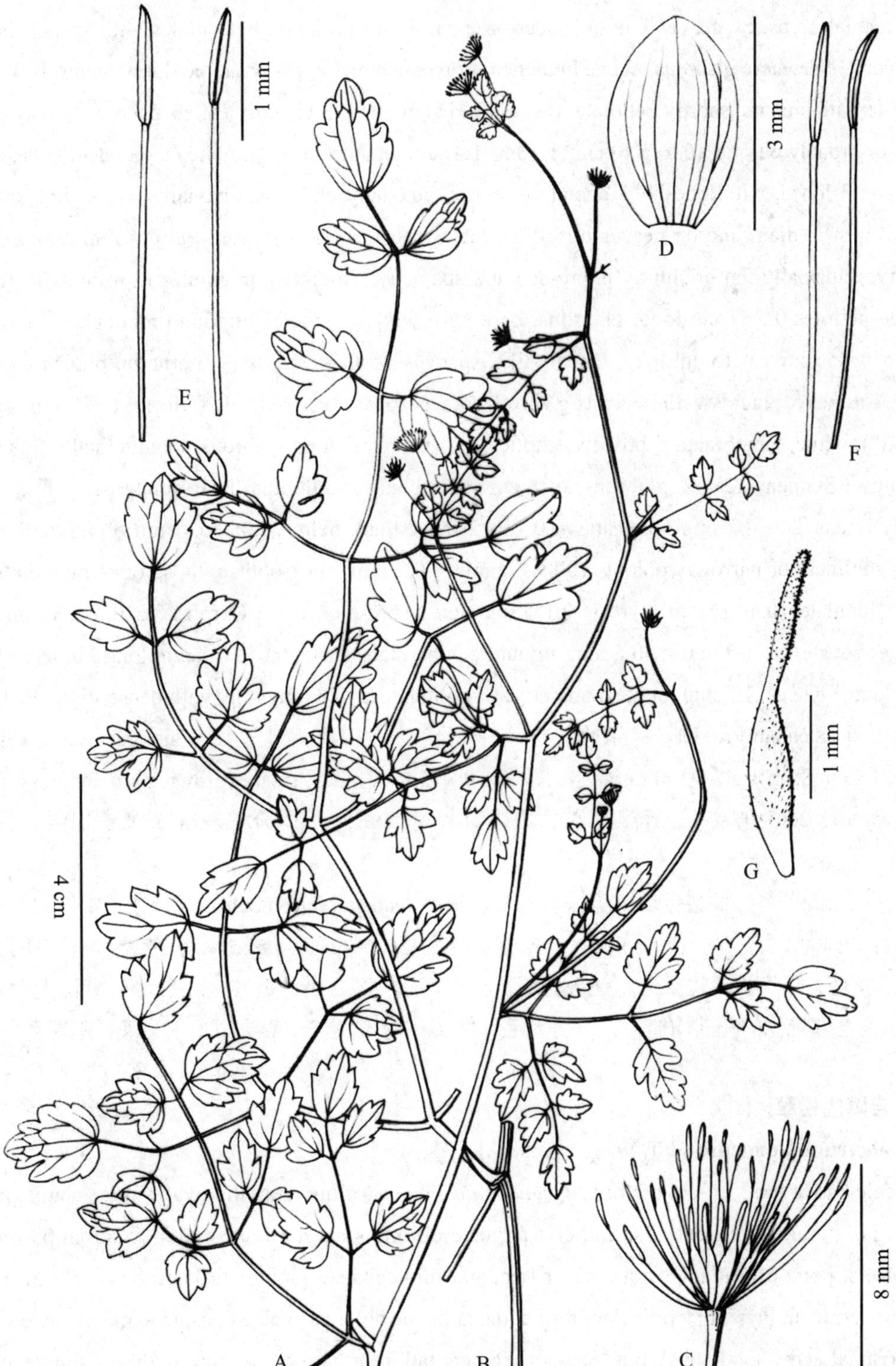

图 3　**六脉萼唐松草**　A. 开花茎上部；B. 中部茎生叶；C. 花；D. 萼片；E. 2 能育雄蕊；F. 2 不育雄蕊；G. 心皮。（来自模式标本）

Fig. 3　***Thalictrum sexnervisepalum***　A. Upper part of flowering stem; B. Middle cauline leaf; C. Flower; D. Sepal; E. Two fertile stamens; F. Two sterile stamens; G. Carpel. (from holotype)

Perennial herbs. Stems ca. 1 m tall, near base ca. 5 mm in diam., near nodes with sparse short hairs ca. 0.1 mm long, elsewhere glabrous, above branched. Lower cauline leaves withered during anthesis. Upper cauline leaves 3-ternate-pinnate, shortly petiolate; blades (7−15) cm × (7−15) cm; leaflets papery, broadly ovate, ovate, obovate or broadly elliptic, (0.6−1.6) cm × (0.5−1.4) cm, at apex slightly acute or rounded, at base rounded or subcordate, 3-lobed, with lobes 1−2-dentate or entire, adaxially glabrous, abaxially with white, small granules 0.1−0.12 mm in dian, and on nerves hirtellous (hairs short, thick, hyaline, 0.2−0.4 mm long), 3−5-nerved, with nerves adaxially flat or slithtly impressed and abaxially prominent; petiolules filiform, 0.05−1.5 cm long, glabrous; petioles 0.5−1 cm long, glabrous, base narrowly vaginate. Compound monochasia terminal, those borne on stem apex ca. 15 cm long, raceme-like, sparsely 10-flowered, those borne on branch apex 2.5−5 cm long, 3−4-flowered; rachis with pedicels glabrous; bracts foliaceous; pedicels filiform, 6−10 mm long. Flower: Sepals 4(?), white, membranous, broadly elliptic, ca. 3 mm × 2 mm, glabrous, longitudinally 6-purple-nerved, apex obtuse. Stamens 12−32, glabrous, of them some being staminodia, bearing abortive anthers; filaments narrowly linear, 2.8−4.2 mm long, above 0.1−0.2 mm broad, below 0.05−0.1 mm broad; anthers of fertile stamens sublinear or narrowly oblong, (0.8−1) mm × 0.2 mm, apex obtuse, those of staminodia sublinear or narrowly lunulate, (0.4−1) mm × (0.1−0.15) mm, apex obtuse or acute. Carples 8−10, ca. 3 mm long; ovary narrowly obovate, ca. 1.5 mm × 0.5 mm, minutely puberulous (hairs 0.05−0.1 mm long), base with a stipe ca. 0.5 mm long; style ca. 1.5 mm long; stigma narrowly oblong, ca. 0.8 mm long, with dense stigmatic tissue.

四川省 (Sichuan Province)：崇州市，鞍子河自然保护区，鸡冠山 (Chongzhou Shi, Anzihe Nature Reserve, Jiguan Shan), alt. 3 100 m, 草丛，植株高 0.8−1 m，花白色 (plants growing among grasses, 0.8−1 mm tall, fls. white)，2007-07-29，冯正波，朱大海，李小杰 (Z. B. Feng，D. H. Zhu & X. J. Li) 4214 (holotype，PE)。

本种在亲缘关系方面接近白茎唐松草 (*Thalictrum leuconotum* Franch.), 区别在于本种的茎近节处有稀疏短柔毛，小叶背面有小颗粒，并在脉上被透明短粗毛，萼片有 6 条纵脉，在雄蕊中有一些为退化雄蕊，具退化的花药，子房被极短柔毛，柱头无翅。在白茎唐松草，茎和叶均无毛，小叶背面无颗粒，萼片有 3 条纵脉，全部雄蕊的花药均能育，子房无毛，柱头在两侧各有一条狭翅（王文采，王蜀秀，1979）。

4. 吉隆唐松草　图 4

Thalictrum jilongense W. T. Wang, sp. nov. Fig. 4.

Species nova haec est arcte affinis *T. leuconoto* Franch., a quo stipellis ovatis apice acutis, monochasiis compositis lateralibus absentibus, antheris anguste oblongis apice obtusis haud mucroantis recedit. In *T. leuconoto*, stipella orbitulari-ovata apice rotundata, monochasia composita lateralia 3−5 cum monochasio composito terminali thyrsum terminalem formantia, antherae oblongae apice conspicue mucronatae sunt.

Perennial herbs, totally glabrous. Stems ca. 60 cm tall, near base ca. 2.5 mm in diam., simple, ca. 5-leaved. Basal and lowermost cauline leaves withered during anthesis, other cauline leaves 3-ternate-pinnate, long or shortly petiolate; blades broadly triangular, up to 5.8 cm × 14 cm; leaflets papery, broadly obovate or suborbicular, (0.4−1.3) cm × (0.3−0.9) cm, at apex rounded, at base rounded, broadly cuneate or subcordate, 2−3-lobed or 2−3-fid, with lobes at apex rounded or obtuse, mostly entire, rarely obtusely 1−2-denticulate,

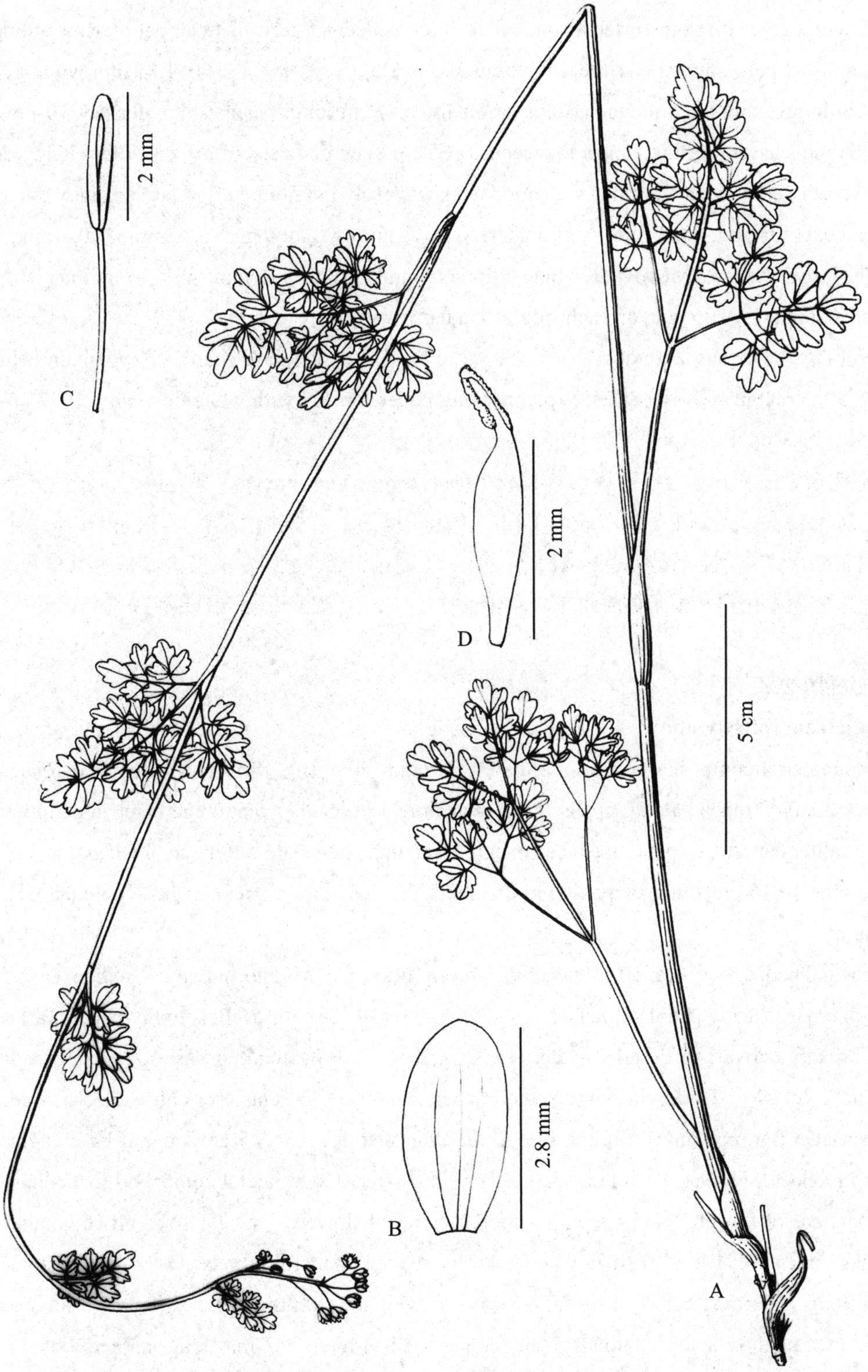

图 4　**吉隆唐松草**　A. 植株全形；B. 萼片；C. 雄蕊；D. 心皮。（来自模式标本）

Fig. 4　***Thalictrum jilongense***　A. Habit; B. Sepal; C. Stamen; D. Carpel. (from holotype)

3-nerved, with nerves on both surfaces flat, and with conspicuous nervous nets; petiolules wanting or present, 1−3 mm long; stipels opposite, white, membranous, ovate, (2−3) mm × (1−1.8) mm, apex acute; petioles 0.5−6.5 cm long. Compound monochasium terminal, ca. 4 cm long, raceme-like, densely 10-flowered, lateral compound monochasia wanting; bracts foliaceous, 1−3 cm long; pedicels filiform, 3−7 mm long. Flower: Sepals 4, white, broadly elliptic, ca. 2.8 mm × 2 mm, inconspicuously longitudinally 3-nerved, apex rounded. Stamens 7−10; filaments filiform, ca. 3 mm long; anthers yellow, narrowly oblong, ca. 2 mm × 0.4 mm, apex obtuse. Carpels 3−4; ovary narrowly obovate or long elliptic, 2 mm × (0.5−0.6) mm; style 1 mm long; stigma narrowly oblong, ca. 0.8 mm × 0.35 mm, on each side with a narrow wing.

西藏自治区 (Xizang Zizhiqu)：吉隆县，汝戈喇嘛庙山上 (Jilon Xian，on mountain behind the Ruge Temple)，alt. 3 600 m，林下，花白色 (plants being under forest，with white flowers)，1972-06-17，西藏中草药队 (Xizang Med. Pl. Exped.) 309 (holotype, PE)。

本种在亲缘关系方面与白茎唐松草 (*Thalictrum leuconotum* Franch.) 甚为接近，区别在于本种的小托叶卵形，顶端急尖，无侧生的复单歧聚伞花序（花序只具 1 条顶生似总状花序的复单歧聚伞花序），雄蕊花药呈长圆形，顶端钝，无短尖头。在白茎唐松草，小托叶圆卵形，顶端圆形，顶生聚伞圆锥花序由 3−5 条侧生复单歧聚伞花序和 1 条顶生复单歧聚伞花序组成，雄蕊花药呈长圆形，顶端具明显短尖头。

5. 螺柱唐松草　图 5

Thalictrum spiristylum W. T. Wang, sp. nov. Fig. 5.

Ob monohasia composita racemis similia et staminum filamenta filiformia species nova haec est fortasse affinis *T. leuconoto* Franch., a quo sepalis 1-nervibus, flore stamina 4−5 tantum gerente, carpellorum stylis prope apicem spiraliter curvatis, stigmatibus inconspicuis haud alatis praeclare differt. In *T. leuconoto*, sepala 3-nervia, flos staminibus 8−16 praeditus, carpellorum styli recti, et stigmata conspicua anguste oblonga utrinque anguste 1-alata sunt.

Perennial herbs. Stems ca. 60 cm tall, subglabrous, branched. Middle and upper cauline leaves 2−3-ternate-pinnate, glabrous, shortly petiolate; blades (10−15) cm × (10−18) cm; leaflets thinly papery, broadly rhombic, obovate, broadly obovate or broadly ovate, (1−3.5) cm × (0.7−3.6) cm, at base rounded, broadly cuneate or subtruncate, 3-lobed or 3-fid, with lobes acute at apex, acutely 1−2-dentate or entire, 3−5-nerved, with nerves on both surfaces flat; petiolules filiform, 0.1−2 cm long; petioles 0.3−3.5 cm long, at base vaginate. Terminal compound monochasium ca. 4 cm long, densely ca. 15-flowered, and lateral compound monochasia ca. 3, 3.5−8.5 cm long, ca. 10-flowered, at base with a short brach 1−4-flowered, subglabrous, all compound monochasia raceme-like; bracts foliaceous, with only petioles very sparsely puberulous, elsewhere glabrous; pedicels robust, ca. 1 mm long, glabrous. Flower glabrous: Sepals 4, whitish, oblong-ovate, ca. 2.2−0.8 mm, longitudinally 1-nerved, apex slightly acute. Stamens 5−6; filaments filiform, 1.5−3 mm long; anthers oblong or narrowly oblong, 0.8 mm × (0.3−0.45) mm, apex minutely mucronate (mucrones ca. 0.1 mm long), or not mucronate, slightly acute. Carpels 4−5; ovary oblong-elliptic, 2 mm × (0.6−0.7) mm; style ca. 2 mm long, near apex spirally curved, adaxially below with an inconspicuous stigma.

云南省 (Yunnan Province)：宁蒗县，宁蒗林业局，水草坝 (Ninglang Xian，Ninglang Forestry Bureau，

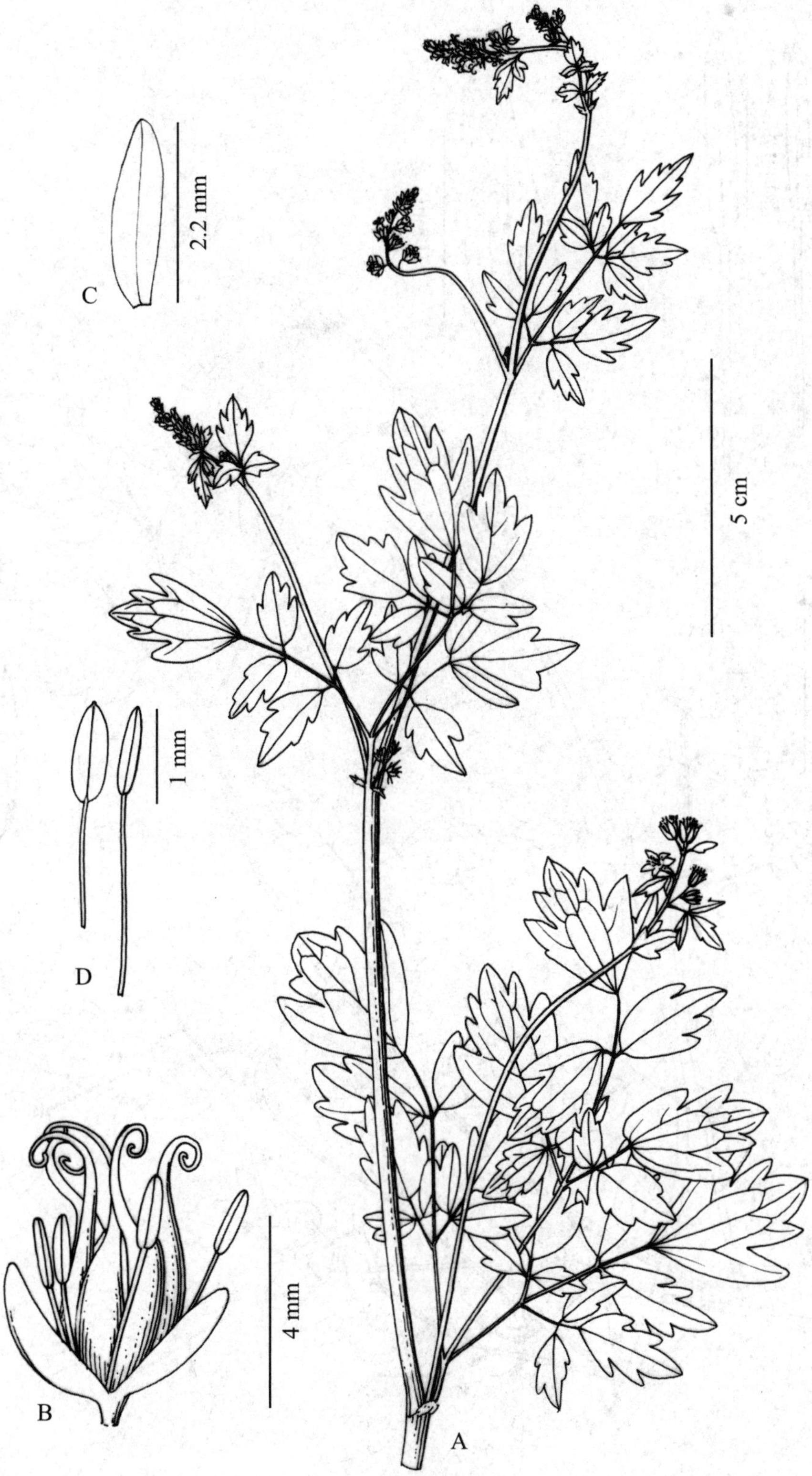

图 5　**螺柱唐松草**　A. 开花茎上部；B. 花；C. 萼片；D. 2 雄蕊。（来自模式标本）

Fig. 5　**Thalictrum spiristylum**　A. Upper part of flowering stem; B. Flower; C, Sepal; D. Two stamens. (from holotype)

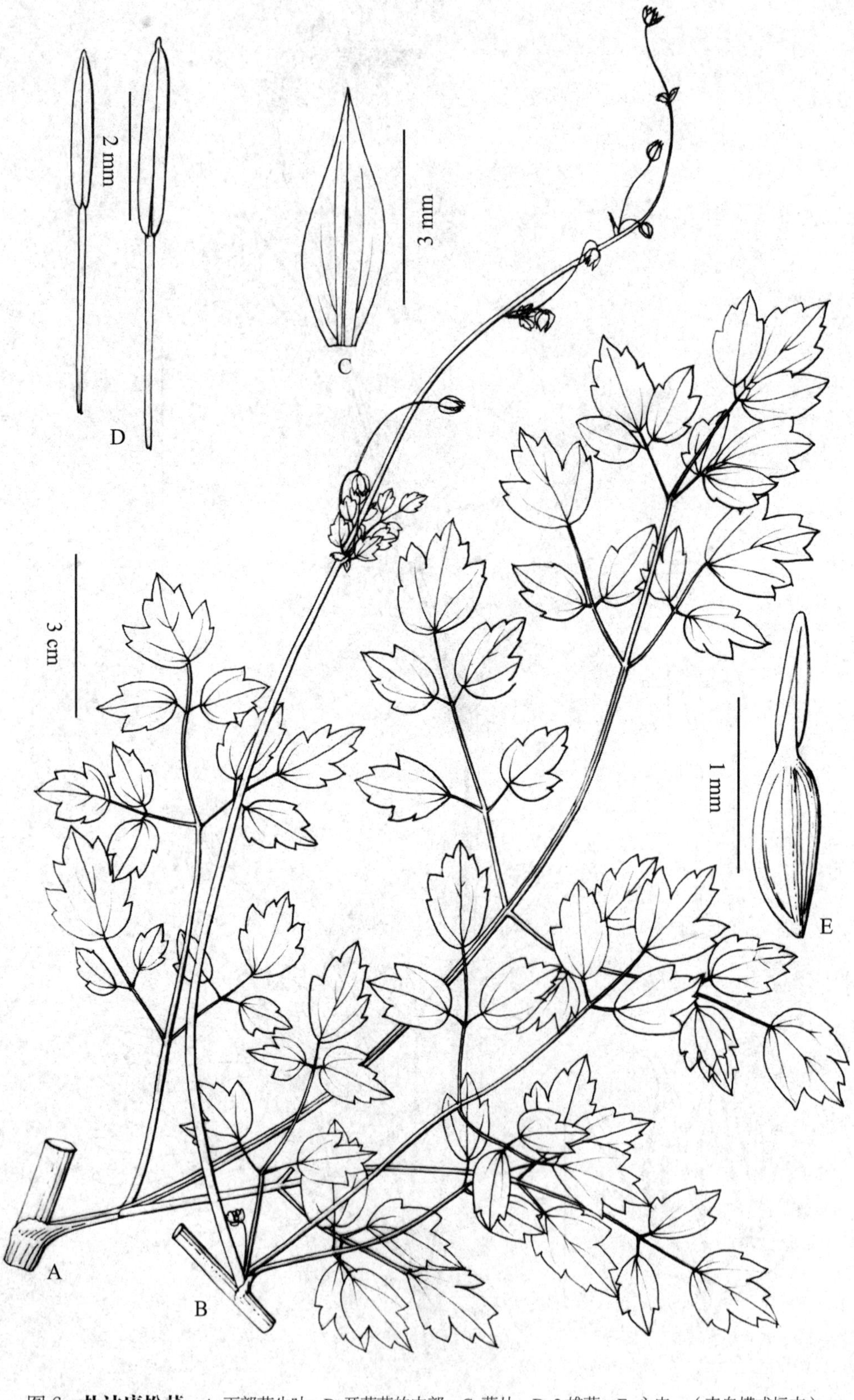

图 6　**札达唐松草**　A. 下部茎生叶；B. 开花茎的中部；C. 萼片；D. 2 雄蕊；E. 心皮。（来自模式标本）

Fig. 6　***Thalictrum zhadaense***　A. Lower cauline leaf; B. Middle part of flowering stem; C. Sepal; D. Two stamens; E. Carpel. (from holotype)

Shuicaoba), alt. 3 100 m，沟谷坡地，草本植物高 0.6 m (on slope in valley，herbs 0.6 m tall)，1981-07-10，韩裕丰，邓坤梅，陈永瑞 (Y. F. Han，K. M. Deng & Y. R. Chen) 81-1070 (holotype，PE)。

本种的复单歧聚伞花序与总状花序相似，雄蕊花丝呈丝形，因此可能与也具上述特征的白茎唐松草 (*Thalictrum leuconotum* Franch.) 有亲缘关系，与后者的区别在于本种的萼片具 1 条脉，每朵花只具 4−5 枚雄蕊，心皮花柱近顶端螺旋状弯曲，柱头不明显，无翅。在白茎唐松草，萼片具 3 条脉，每朵花具 8−16 枚雄蕊，花柱直，柱头明显，狭长圆形，每侧各有 1 条狭翅（王文采和王蜀秀，1979）。

6. 札达唐松草　图 6

Thalictrum zhadaense W. T. Wang, sp. nov. Fig. 6.

Species nova est affinis *T. folioloso* DC., a quo foliolis apice acutis margine acute dentatis, thyrsis sparse ramosis flores pauciores laxos gerentibus, sepalis anguste ovatis apice attenuatis, antheris anguste oblongis differt. In *T. folioloso*, foliola apice rotundata margine obtuse dentata, thyrsi multo ramosi flores multos densos gerentes, sepala suboblonga apice rotundata, et antherae lineares sunt.

Perennial herbs, totally glabrous. Stems ca. 90 cm tall, near the middle ca. 4 mm in diam., Upper cauline leaves 3-ternate-pinnate, shortly petiolate; blades, triangular, ca. 20 cm × 12 cm; leaflets papery, broadly obovate, obovate, broadly elliptic or subquadrate, (1−1.8) cm × (0.7−1.5) cm, at apex acute, at base rounded or truncate, 3-lobed or 3-fid, with acute lobes acutely 1−2-dentate or entire, 3−5-nerved, with nerves adaxially flat and abaxially inconspicuously slightly prominent; petiolules filiform, 0.2−2.2 cm long; petioles ca. 1.5 cm long, at base narrowly vaginate. Thyrse termional, ca. 50 cm long, its branches ca. 6, 7−15 cm long, sparsely 3−8-flowered; bracts foliaceous; pedicels filiform, 0.4−1.5 cm long. Flower: Sepals 4, narrowly ovate, (5−5.6) mm × (2.2−2.8) mm, longitudinally 3-purplish-nerved, apex attenuate. Stamens 14−20; filaments filiform, 2−2.5 mm long; anthers yellow, narrowly oblong, (1.8−2.8) mm × (0.4−0.6) mm, apex mucronate, with mucrones 0.1−0.2 mm long. Carpels 6−7; ovary obliquely elliptic, ca. 1 mm × 0.55 mm, on each side inconspicuously longitudinaly 3-ribbed; style ca. 0.7 mm long; stigma narrowly lanceolate-oblong, ca. 0.6 mm × 0.3 mm, at each side with a narrow wing.

西藏自治区 (Xizhang Zizhiqu)：札达县，马阳村 (Zhada Xian, Mayang Cun)，alt. 3 500 m，河滩 (on river bank), 1976-03-20，青藏队 (Qinghai-Xizhang Exped.) 12911 (holotype，PE)。

本种与多叶唐松草 (*Thalictrum foliolosum* DC.) 在亲缘关系上相近，区别在于本种的小叶顶端急尖，在边缘具尖牙齿，聚伞圆锥花序具少数分枝和较少并稀疏的花，萼片呈狭卵形，顶端渐狭，雄蕊花药呈狭长圆形。在多叶唐松草，小叶顶端圆形，边缘具钝牙齿，聚伞圆锥花序多次分枝，具多数密集的花，萼片近长圆形，顶端圆形，雄蕊花药呈条形（王文采和王蜀秀，1979）。

参考文献

WANG W T, WANG S H, 1979. *Thalictum* [M] // Flora Reipubicae Popularis Sinicae. Beijing: Science Press, 27: 502−592.
[王文采，王蜀秀, 1979. 唐松草属 [M] // 中国植物志. 北京: 科学出版社, 27: 502−592.]

紫堇科二新种

Two new species of Fumariaceae

宽鳞紫堇　图 1

Corydalis latilepidota W. T. Wang, sp. nov. Fig. 1.

(sect. *Fusiformes* C. Y. Wu & H. Chuang)

Ob herbas perennes parvas glabras, rhizoma breve apice squamis aliquot praeditum, folia ternata, bracteas plerumque lanceolato-lineares integras, petala caerulea, petali superni calcar tubulare limbo subaequilongum species nova haec est affinis *C. pseudoadoxae* C. Y. Wu & H. Chuang, a qua rhizomatis squamis semi-hyalinis et longitudinaliter trinervibus, caule foliis carente, petalis externis dorso haud cristatis, fasciculo stamineo anthers duabus praedito, filamento lineari et nervis carente, ovario late lineari praeclare differt. In *C. pseudoadoxa*, rhizomatis squamae haud semi-hyalinae et nervis carentes, caulis plerumque 1-foliatus, petala externa dorso cristata, fasciculus stamineus antheris tribus praeditus, filamentum anguste ovatum et longitudinaliter trinerve, et ovarium ovatum est.

Small perennial, glabrous herbs. Rhizome very short, inconspicuous, with ca. 6 terete fibrous roots 0.6–2.5 cm long, 0.2 mm in diam., and on apex with ca. 4 scales and 2 bulbils; scales semi-hyaline, orbicular-elliptic, 6.8 mm × 4 mm, longitudinally trinerved, apex shortly and thickly apiculate, margin entire; bulbils white, broadly ovoid, ca. 3 mm × 2 mm, smooth, apex caudate-cuspidate. Basal leaf possibly singular, ternate, long(?) petiolate; blade papery, broadly ovate, ca. 6 mm × 7.5 mm, central leaflet shortly petiolualate, subflabellate, ca. 4 mm × 6.5 mm, 3-parted, with lobes narrowly obovate, lateral leaflets sessile, obliquely broadly obovate, unequally 2-parted. Scapes ca. 2, 6–8.5 cm tall, 0.5–1 mm in diam., simple. Raceme terminal, 1–2.5 cm long, densely 3–8-flowered; bracts sessile, the lowermost one nearly to base 2-parted or undivided, others all undivided, linear or lanceolate-linear, rarely long elliptic, (6–10) mm × [0.2–1(–3)] mm, margin entire; pedicels slender, 6–10 mm long. Flower: Sepals caducous, unknown. Petals blue, not crested, margin entire; upper petal ca. 11 mm long, with limb navicular-ovate, 6.5 mm × 2.6 mm, at apex acute, and with spur tubular, 6.2 mm × 1.2 mm; lower petal unregularly oblong, ca. 8 mm × 2 mm, at both ends attenuate; inner petals with limb elliptic, ca. 3.6 mm × 1.8 mm, below the middle of lower margin constricted, dark-blue on upper part, abaxially longitudinally 1-ribbed, and with white claw ca. 1 mm long. Stamen bundle ca. 4 mm long; filament white, linear, ca. 3 mm × 0.3 mm, without nerves; anthers 2, yellowish, broadly oblong, ca. 0.5 mm long. Nectar filiform, straight, ca. 3.5 mm long. Pistil ca. 6 mm long; ovary green, broadly linear, ca. 3.2 mm × 0.7 mm; style 2.6 mm long; stigma lunulate, ca. 1 mm broad, with 4 papillae. Young capsule broadly linear, ca. 6 mm × 1.2 mm, with persistent style ca. 3.5 mm long.

原文刊登于《广西植物》37(9): 1083–1087, 2017。
致谢：深切感谢孙英宝先生为本文绘图。

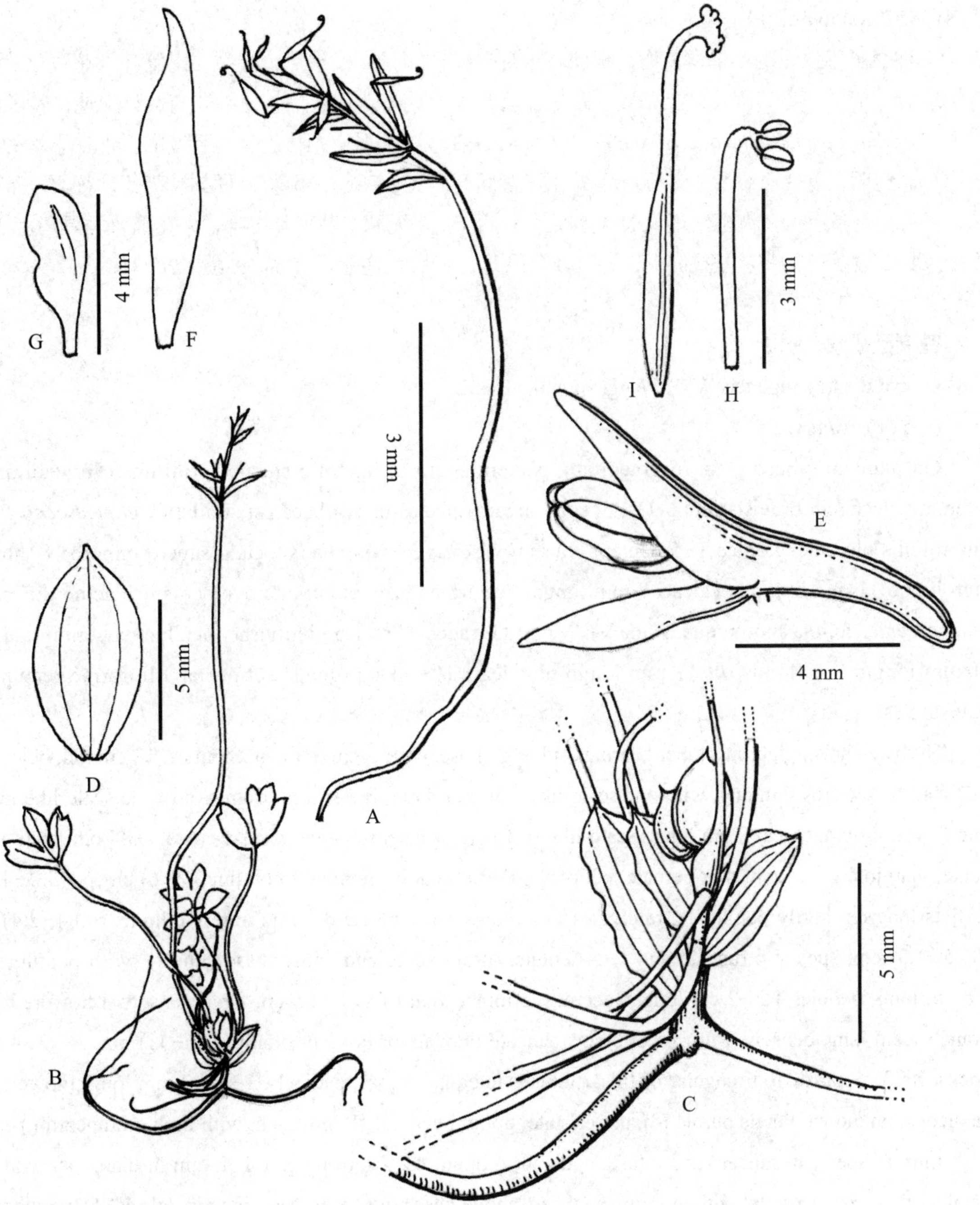

图 1　**宽鳞紫堇**　A. 结果茎；B. 结果植株；C. B 图的下部（放大）；D. 鳞片；E. 花；F. 下花瓣；G. 内花瓣；H. 雄蕊束；I. 雌蕊。

Fig. 1　***Corydalis latilepidota***　A. A fruiting stem; B. A fruiting plant; C. The lower part of B; D. Scale; E. Flower; F. Lower petal; G. Inner petal; H. Stamen bundle; I. Pistil.

云南 (Yunnan)：德钦县，永中村 (Deqin Xian, Yongzhong Cun)，alt. 4 150−4 400 m，灌丛草甸 (on scrub-meadow)，1981-08-24，中科院植物研究所横断山队 (Hengduan Mountain Exped. from Inst. of Botany, CAS) 3557 (holotype，PE)。

本种为多年生无毛小草本植物，根状茎很短，在顶端具数枚鳞片，叶为三出复叶，花序苞片多呈披针状条形，全缘，花瓣蓝色，上花瓣之距呈桶状，与上花瓣辦片近等长，因此与也具上述诸特征的波密紫堇 (*Corydalis pseudoadoxa* C. Y. Wu & H. Chuang) 在亲缘关系上相接近，与后者的区别在于本种的根状茎鳞片半透明，具 3 条纵脉，茎无叶，外花瓣背面无鸡冠状突起，雄蕊束具 2 枚花药，花丝呈条形，无脉，子房呈宽条形。在波密紫堇，根状茎鳞片不半透明，无脉，茎多具 1 叶，外花瓣背面具鸡冠状突起，雄蕊束具 3 枚花药，花丝呈狭卵形，并具 3 条纵脉，子房呈狭卵形 (Zhang et al., 2008)。

鹤岗延胡索　图 2

Corydalis hegangensis W. T. Wang, sp. nov. Fig. 2.

(sect. *Corydalis*)

Ob plantam tubere globoso praeditam, caulem supra basin folio squamiformi unico praeditum, folia biternata, nectarem brevisissimum 1−1.5 mm longum species nonva haec est similis *C. glaucescenti* Regel, a qua foliolis plerumque apice 1−5-dentatis, racemi bracteis 3−5-lobulatis, petalo supero minore 18 mm longo cum limbo 11 mm longo et calcari 7 mm longo, nectare anguste et curvate ovoideo apice acuto differt. In *C. glaucescente*, foliola plerumque 3-fida vel 3-partita, racemi bracteae indivisae, petalum superum majus 20−50 mm longum cu limbo 10−11 mm longo et calcari 10−14 mm longo, et nectar filioforme rectum apice obtusum est.

Herbs prennial, glabrous, tuber-bearing. Tuber globose, ca. 1.8 cm in diam. Stem ca. 12 cm tall, below scale-like leaf downwards thinning, with one scale-like leaf and three true leaves, from axil of the scale-like leaf with one flowering branch ca. 8 cm long. Scale-like leaf papery narrowly ovate, ca. 2 cm × 0.85 cm, apex slightly acute, margin entire. Leaves bi-bernate, petiolate; blade broadly rhombic in outline, (3−6) cm × (3.2−4.5) cm; leaflets long or shortly petolulate, rarely sessile, obovate or cuneate-obovate, rarely elliptic, (0.64−2.4) cm × (0.25−1.3) cm, apex subtruncate and 1−5-dentate, rarely acute and entire, base cuneate, with petiolules 0.1−1.8 cm long; petioles 1.2−2 cm long. Racemes terminal, that of stem 3.5 cm long, densely 8-flowered, that of branch 1 cm long, densely 4-flowered; bracts cuneate-obovate or broadly rhombic, (6−11) mm × (3−4.5) mm, apex with 3−5 narrowly triangular or linear lobules unequal in size; pedicels (2−)4−7 mm long. Flower: Sepals caducous, unknown. Petals purple (?), not cristate; upper petal ca. 18 mm long, with limb obtrapeziform, 11 mm × 5 mm, at apex subtruncate and retuse, and spur tubular, ca. 7 mm long, 1.8−2 mm in diam., straight; lower petal similar to upper petal both in shape and size, above base slightly saccate; inner petals ca. 11 mm long, with limbs coherent apically, narrowly elliptic-obovate, 6 mm × 2.2 mm, and claws slender, ca. 5mm long. Stamens with filaments thinly membranous, lanceolate-linear. ca. 8 mm × 0.8 mm, longitudinally 1-nerved and anthers yellowish, narrwly oblong, 0.6−0.8 mm long. Nectary black, narrowly ovoid, ca. 1.2 mm long, slightly curved, at apex acute. Pistil 8−9.5 mm long; ovary green, linear, (5−5.5) mm × (0.5−0.7) mm; style ca. 2.5 mm long; stigma orbicular, ca. 1.2 mm in diam., with 8 dense yellowish subglobose tubercles. Capsule unknown.

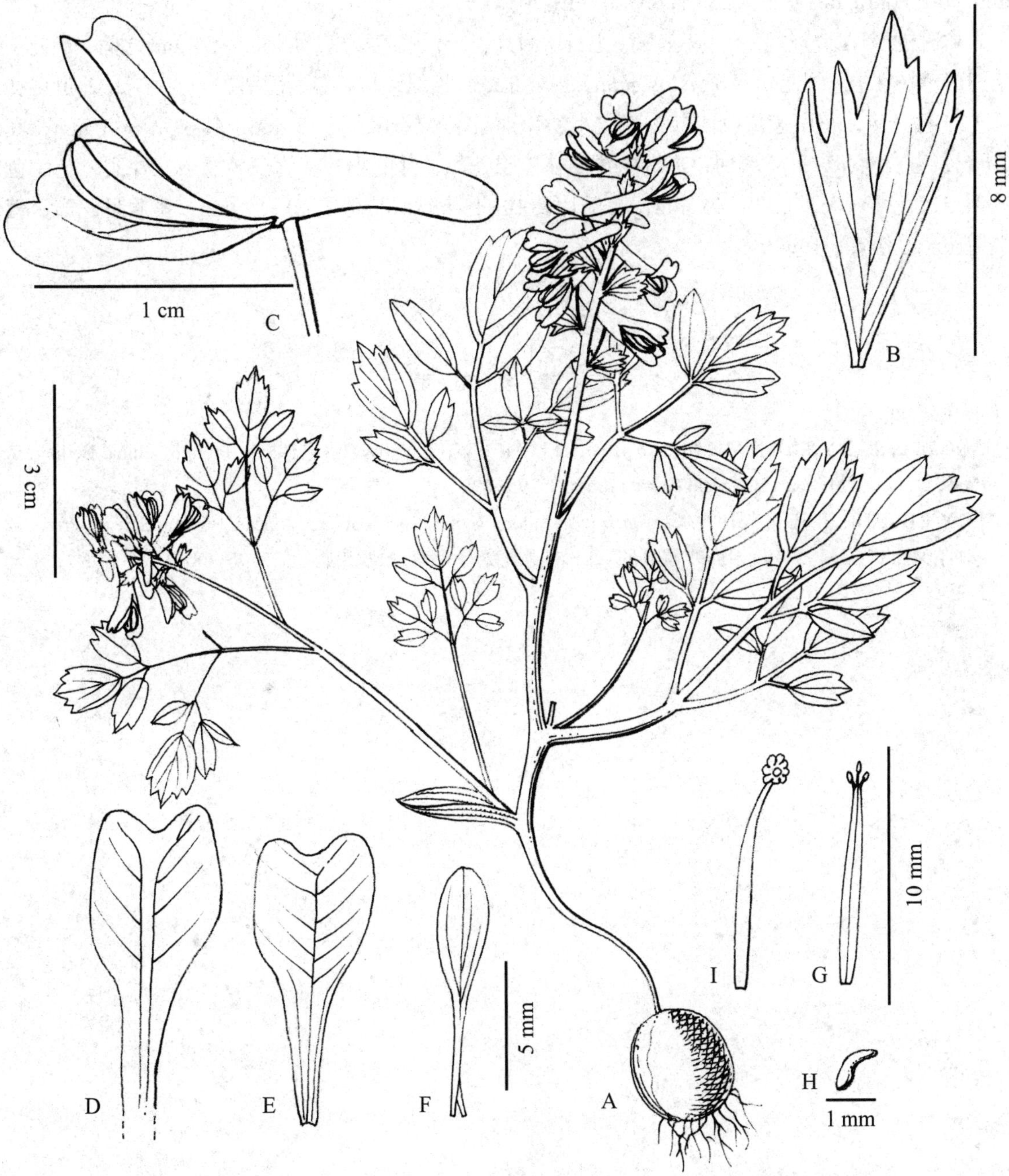

图 2　**鹤岗延胡索**　A. 植株全形；B. 苞片；C. 花；D. 上花瓣瓣片；E. 下花瓣；F. 内花瓣；G. 雄蕊束；H. 蜜腺；I. 雌蕊。（来自模式标本）

Fig. 2　**Corydalis hegangensis**　A. Habit; B. Bract; C. Flower; D. Limb of upper petal; E. Lower petal; F. Inner petals; G. Stamen bundle; H. Nectary; I. Pistil.（from holotype）

黑龙江 (Heilongjiang)：鹤岗市，鹤北 (Hegang Shi，Hebei)，鹤北林业局，北影场，河岸草地 (Hebei Forestry Bureau, Beiyingchang，in grassy place on river bank)，1995-07-15，东北植物调查队 (Pl. Exped. from N.-E Forest. Inst.) 9531023 (holotype，PE)。

本种的植株具球形块茎，茎基部之上具一鳞片状叶，蜜腺极短，长在 1−1.5 mm 之间，因此与也具上述形态特征的新疆元胡 (*Corydalis glaucescens* Regel) 相似，与后者的区别在于本种叶的小叶多在顶端具 1−5 枚牙齿，花序苞片顶端有 3−5 枚小裂片，上花瓣较小，长 18 mm，其瓣片长 11 mm，其距长 7 mm，蜜腺狭卵球形，弯曲，顶端尖锐。在新疆元胡，叶的小叶多为三中裂或三深裂，花序苞片不分裂，上花瓣较大，长 20−25 mm，其瓣片长 10−11 mm，其距长 10−14 mm，蜜腺呈丝形，直，顶端钝（吴征镒等，1999）。

参 考 文 献

ZHANG M L, SU Z Y, LIDÉN M, 2008. *Corydalis* DC. [M] // WU Z Y, RAVEN P H, eds. Flora of China. Beijing: Science Press; St. Louis: Missouri Botanical Garden Press, 7: 295−428.

WU C Y, CHUANG H, SU Z Y, 1999. *Corydalis* [M] // Flora Reipublicae Popularis Sinicae. Beijing: Science Press, 32: 96−481. [吴征镒, 庄璇, 苏志云, 1999. 紫堇属[M] // 中国植物志. 北京: 科学出版社, 32: 96−481.]

重庆赤车属一新种和楼梯草属二新种

One new species of *Pellionia* and two new species of *Elatostema* (Urticaceae) from Chongqing

赤车属 Pelionia Gaudich.

四面山赤车　图 1：A−C

Pellionia simianshanica W. T. Wang, sp. nov. Fig. 1: A−C

(Sect. *Leiolaena* W. T. Wang ser. *Incisoserratae* W. T. Wang)

Ob folia breviter petiolata penninervia, et floris pistillati tepala 2 projecturis carentia species nova haec est affinis *Pellioniae ronganensi* W. T. Wang & Y. G. Wei, a qua folio nervos secundarios pauciores gerente, floris pistillati tepalis 2 dorso sub apicem breviter corniculatis, acheniis oblongis differt. In *P. ronganensi*, folium paria 8 nervorum secundariorum gerens, floris pistillati tepala 4 omnia haud corniculata, et achenia lanceolata sunt.

Perennial herbs. Stems ca. 20 cm tall, near base ca. 2 mm in diam., above base 1-branched, near apex densely puberulous (hairs 0.05−0.1 mm long), elsewhere glabrous. Leaves alternate, glabrous, shortly petiolate; blades papery, oblanceolate or narrowly oblanceolate, (5.5−12) cm × (1.8−2.6) cm, at apex long acuminate or caudate-acuminate, at base cuneate at leaf narrow side and rounded at broad side, at margin denticulate, penninerved, secondary nerves 4 at leaf narrow side and 6 at broad side, flat on both surfaces, cystoliths dense, bacilliform, 0.1−0.4 mm long; petioles 1.5−3 mm long; stipules subulate, ca. 1.5 mm long. Infructescences singly axillary, ca. 5 mm in diam., 2 times branched, pedunculate; peduncles slender, 2−8 mm long, glabrous; bracts linear-lanceolate, (1−1.4) mm × 0.4 mm, glabrous; primary branches robust, (0.5−1) mm × 0.8 mm, densely puberulous (hairs ca. 0.5 mm long), secondary branches connate; pedicels absent. Achenes numerous, dense, sessile, oblong, (0.6−0.7) mm × (0.35−0.5) mm, tuberculate; persistent tepals 4, greenish, on apex with 1−2 short hairs or glabrous of them 2 tepals linear-lanceolate, ca. 0.7 mm × 0.35 mm, without any projections, the other 2 tepals linear-navicular, ca. 0.7 mm × 0.5 mm, at apex acute, abaxially below apex shortly corniculate, with horn-like projections 0.1−0.2 mm long. Staminate cymes and staminate flowers unknown.

重庆市（Chongqing Shi）：江津区，四面山，千砂岩（Jiangjin Qu，Simian Shan，Qianshayan），alt. 1 002 m，阔叶林下（under broad-leaved forest），2016-03-11，刘正宇，林茂祥等（Z. Y. Liu，M. X. Lin et al.）S-0590 (holotype，PE)。

原文刊登于《植物研究》37(5)：641−644，2017。
致谢：深切感谢刘正宇先生惠赠珍贵荨麻科植物标本，以及钟小红女士打印本文稿件。

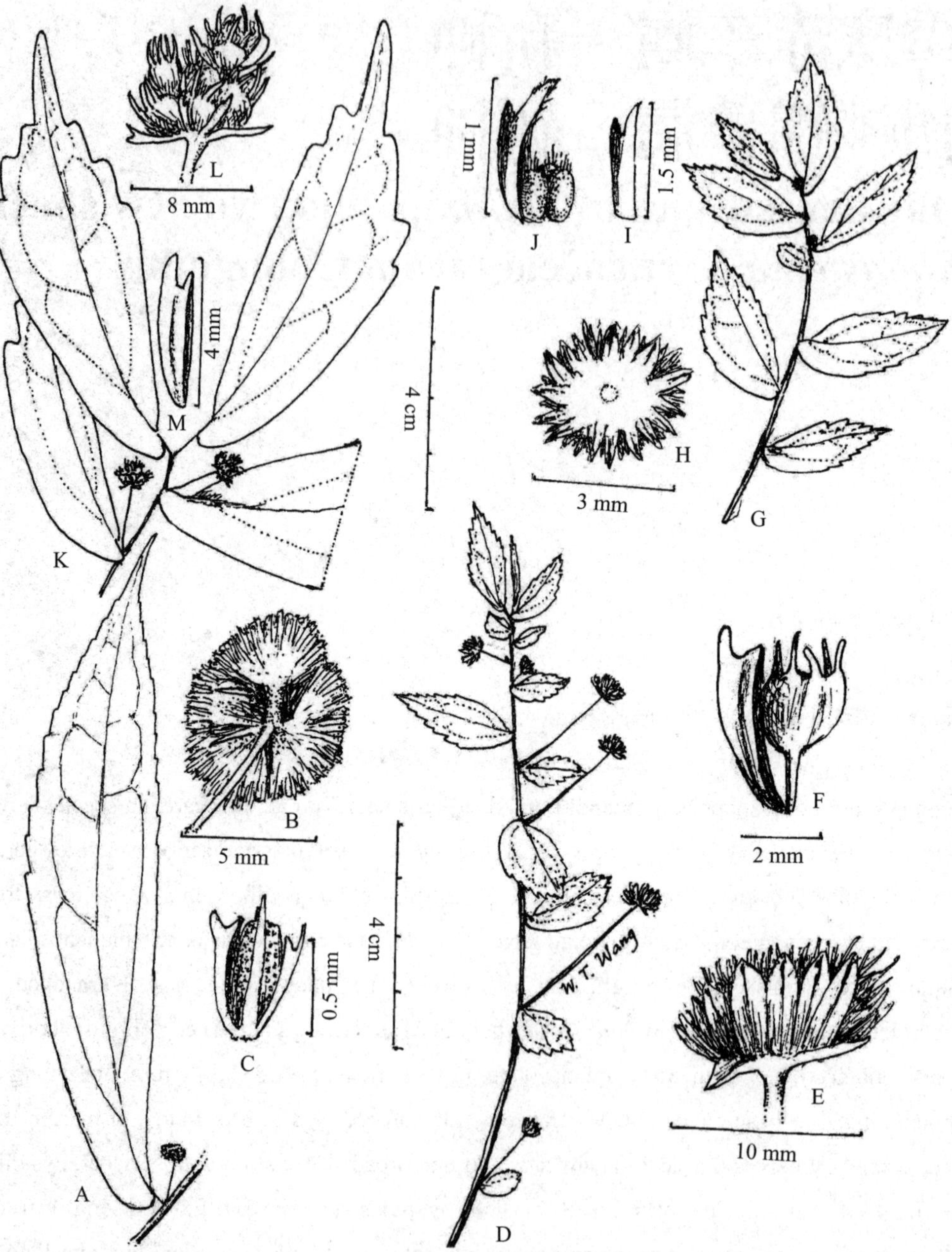

图1 A–C. **四面山赤车** A. 叶和果序；B. 果序，下面观；C. 瘦果和宿存花被片。
D–J. **稀柱毛楼梯草** D. 具雄头状花序的枝条；E. 雄头状花序；F. 雄花蕾和雄小苞片；G. 具雌头状花序的枝条；H. 雌头状花序，下面观；I. 雌总苞苞片，侧面观；J. 3 雌花和 1 雌小苞片。
K–M. **四面山楼梯草** K. 具雄头状花序的枝条上部；L. 雄头状花序；M. 雄总苞苞片。

Fig. 1 A–C. **Pellionia simianshanica** A. Leaf and infructescence; B. Infructescence, seen from beneach; C. Achene and persistent tepals. D–J. **Elatostema oligotrichum** D. Branch with staminate capitula; E. Staminate capitulum; F. Staminate flower bud and staminate bracteole; G. Branch with pistillate capitula; H. Pistillate capitulum, seen from beneach; I. Pistillate involucral bract, seen from side; J. Three pistillate flowers and one pistillate bracteole. K–M. **Elatostema simianshanicum** K. Upper part of brunch with staminate capitula; L. Staminate capitulum; M. Staminate involucral bract.

本种的叶具短柄和羽状脉，雌花的 2 花被片无任何突起，因此与融安赤车 *Pellionia ronganensis* W. T. Wang & Y. G. Wei 相近缘，区别特征在于本种叶的二级脉（侧脉）较少，在叶狭侧 4 条，在宽侧 6 条，雌花的 2 花被片在背面顶端之下有一短角状突起，瘦果呈长圆形。在融安赤车，叶有 8 对二级脉，雌花的 4 枚花被片均无角状突起，瘦果呈披针形 [2]。

楼梯草属 Elatostema J. R. & G. Forster

稀柱毛楼梯草　图 1：D–J

Elatostema oligotrichum W. T. Wang, sp. nov. Fig. 1: D–J

[Sect. *Weddellia* (H. Schröter) W. T. Wang ser. *Stipulosa* W. T. Wang]

Ob folia semi-triplinervia, capitula staminate longe pedunculata et ea pistillata sessilia species nova haec est fortasse affinis *Elatostemati nasuto* Hook. f., a quo foliis minoribus haud trinervibus, bracteis involucralibus pistillatis et bracteolis staminatis et pistillatis dorso carinatis haud corniculatis, stigmate e pilis 3–4 constante praeclare recedit. In *E. nasuto*, folia majora usque ad 15.5 cm longa et 6.5 cm lata trinervia vel semi-triplinervia, bracteae involucrales pistillatae et bracteolae staminatae et pistillatae omnes apice corniculatae haud carinatae, stigma e pilis numerosis densis constans est.

Perennial herbs. Stems 20–25 cm tall, near base 3 mm in diam., often above basc long 3-branched, subglabrous or on branches sparsely puberulous (hairs ca. 0.1 mm long). Leaves alternate, very shortly petiolate or sessile; blades papery, ovate, narrowly ovate, lanceolate, occasionally suborbicular, (1–5) cm × (0.5–1.6) cm, at apex slightly acute, obtuse, or acuminate, at base cuneate at leaf narrow side and rounded or auriculate at broad side, at margin denticulate or crenate, and ciliate (hairs 0.3–0.5 mm long), adaxially glabrous, semi-triplinerved, secondary nerves 1–2 at leaf narrow side and 3 at broad side, cystoliths slightly dense, lineolate, 0.1–0.25 mm long; petioles 0–1 mm long; stipules membranous, lanceolate-linear, ca. 1.5 mm × 0.3 mm, glabrous, apex acute. Staminate capitula singly axillary, long pedunculate, 5–7 mm broad, 5–8-flowered; peduncles 0.8–2.5 cm long, with few short hairs; receptacles inconspicuous; involucral bracts 2-seriate, glabrous or sparsely ciliate, outer bracts 2, broadly ovate, ca. 3 mm × 3 mm, inner bracts 8, oblong, (3–3.5) mm × (1.2–1.8) mm, abaxially above longitudinally 1-green-ribbed; bracteoles dense, linear-navicular, ca. 3 mm × 0.8 mm, sparsely ciliate, abaxially long 1-carinate; pedicels 1–2 mm long, glabrous. Staminate flower bud broadly obovoid, ca. 2 mm in diam., subglabrous, at apex with 5 horn-like projections ca. 0.6 mm long. Pistillate capitula singly axillary, sessile, ca. 3 mm in diam., multi-flowered; receptacle orbicular, ca. 2 mm in diam., glabrous; involucral bracts ca. 20, membranous, white, glabrous, mostly triangular, ca. 1.5 mm × 0.6 mm, abaxially 1-green-carinate, a few bracts deltoid, 1 mm × 1.5 mm; bracteoles dense, linear-navicular, ca. 1 mm × 0.4 mm, sparsely ciliate, abaxially 1-carinate. Pistillate flowers 3–5 densely fasciculate, sessile; tepals absent; ovary white, ellipsoid, ca. 0.4 mm long, on apex with 3–4 stigmatic hairs 0.2–0.3 mm long.

重庆市（Chongqing Shi）：江津区，四面山，卧龙沟（Jiangjin Qu, Simian Shan, Wolonggou）, alt. 1 009 m，阴湿岩壁上，花黄绿色（on shady wet stony cliff，fls. yellow-green），2016-03-09，刘正宇，张军等（Z. Y. Liu，J. Zhang et al.）S-0112 （holotype，PE）；同地，四面山，千砂岩（same locality，Simian Shan, Qianshayan）, alt. 1 020 m, 阔叶林下，花黄绿色（under broad-leaved forest，fls. yellow-green），2016-03-11，刘正宇，林茂祥等（Z. Y. Liu，M. X. Lin et al.）S-0628 (paratype，PE)。

本种的叶具半离基三出脉，雄头状花序具长柄，雌头状花序无柄，因此与也具上述特征的托叶楼梯草 *Elatostema nasutum* Hook. f.可能有亲缘关系，与后者的区别在于本种的叶较小，长达5 cm，宽达1.6 cm，不具三出脉，雌总苞苞片以及雄、雌小苞片均在背面具龙骨状突起，无角状突起，柱头只由3–4根柱头毛组成。在托叶楼梯草，叶较大，长达15.5 cm，宽达6.5 cm，具三出脉或离基三出脉，雌总苞苞片以及雄、雌小苞片均在顶端具角状突起，无龙骨状突起，柱头具多数密集的柱头毛[1]。

四面山楼梯草　图1：K–M

Elatostema simianshanicum W. T. Wang, sp. nov. Fig. 1: K–M

[Sect. *Weddellia* (H. Schröter) W. T. Wang ser. *Stipulosa* W. T. Wang]

Species nova haec est affinis *Elatostemati longicuspi* W. T. Wang & Y. G. Wei, a quo caulibus apice puberulis, capitulorum staminatorum pedunculis brevioribus, bracteis involucralibus staminatis lineari-navicularibus dorso 1-carinatis haud corniculatis facile distinguitur. In *E. longicuspi*, caules glabri, capitulorum staminatorum pedunculi longiores 1.5–2.3 cm longi, et bracteae involucrales staminatae oblongae dorso sub apicem breviter corniculatae haud carinatae sunt.

Perennial herbs. Stem ca. 32 cm tall, near base 2 mm in diam., above 2-branched or simple, near apex puberulous (hairs 0.1 mm long). Leaves alternate, shortly petiolate or sessile, glabrous; blades papery, obliquely oblanceolate, (3.2–10) cm × (1.2–3.2) cm, at apex cuspidate, at base cuneate at leaf narrow side and auriculate at broad side, at margin obtusely dentate, penninerved, secondary nerves 4 at leaf narrow side and 6 at broad side, adaxially flat and abaxially slightly prominent, cystoliths slightly dense, bacilliform, 0.1–0.2 mm long; petioles 0–2 mm long; stipules subulate, ca. 1.2 mm long. Staminate capitula singly axillary, ca. 5 mm × 8 mm, 4–6-flowered, glabrous, pedunculate; peduncles 4–9 mm long; receptacles inconspicuous; involucral bracts ca. 7, 1-seriate, linear-navicular, unequal in size, (1.5–3) mm × (0.5–1) mm, at apex acute, abaxially 1-carinate, with apex of carina protruding out to form a triangular projection ca. 0.5 mm long; bracteoles few, similar to involucral bracts, but smoller; pedicels 1–3 mm long. Staminate flower glabrous: Tepals 5, white, membranous, orbicular-obovate or ovate, 2 mm × (1.5–2.2) mm, on apex long corniculate, with horn-like projections ca. 2 mm long. Stamens 5, white; filaments narrowly lanceolate-linear, ca. 2 mm long; anthers oblong, ca. 0.8 mm long. Pistillode minute, subulate, ca. 0.3 mm long. Pistillate capitula and pistillate flowers unknown.

重庆市（Chongqing Shi）：江津区，四面山，和尚脑（Jiangjin Qu, Simian Shan，Heshanglao），alt. 859 m，针叶林下，花淡黄绿色（under needle-leaved forest，fls. yellowish-greenish），2016-03-09，刘正宇，林茂祥等（Z. Y. Liu，M. X. Lin et al.） S-0519 (holotype, PE)；同地，四面山，南天门（same locality, Simian Shan, Nantianmen）， alt. 714 m, 针叶林中岩壁上（on stony cliff in needle-leaved forest），2016-03-10，刘正宇，张军等（Z. Y. Liu，J. Zhang et al.） S-0178 （paratype，PE）。

本种与长尖楼梯草（*Elatostema longicuspe* W. T. Wang & Y. G. Wei）在亲缘关系上接近，与后者的区别在于本种的茎顶端被短柔毛，雄头状花序的花序梗较短，长仅4–9 mm，雄总苞苞片呈条状船形，背面具一龙骨状突起，无角状突起。在长尖楼梯草，茎无毛，雄头状花序的花序梗较长，长1.5–2.3 cm，雄总苞苞片呈长圆形，背面顶端之下有角状突起，无龙骨状突起[1]。

参 考 文 献

[1] 王文采. 中国楼梯草属植物 [M]. 青岛: 青岛出版社, 2014.
WANG W T. *Elatostema* (Urticaceae) in China [M]. Qingdao: Qingdao Press, 2014.

[2] 王文采. 中国赤车属新分类 [J]. 广西植物, 2016, 36(1): 1−29.
WANG W T. Nova classificatio specierum sinensium *Pellioniae* (Urtiaceae) [J]. Guihaia, 2016, 36(1): 1−29.

荨麻科冷水花属5新种

Five new species of the genus *Pilea* (Urticaceae) from southern China

龙州冷水花　图1：A–D

Pilea longzhouensis W. T. Wang, sp. nov. Fig. 1: A–D

(Sect. *Tetrameres* C. J. Chen ser. *Basicordatae* C. J. Chen)

Species nova haec est affinis *P. basicordatae* W. T. Wang ex C. J. Chen, quae foliorum laminis basi cordatis vel profunde cordatis, stipulis longitudinaliter 7–8-nervibus, tepalis pistillatis 2-plo brevioribus 0.5 mm longis ovato-oblongis, ovario oblongo, stigmatis penicillati pilis liberis differt.

Small perennial herb, dioecious. Stem ca. 1.4 cm tall, at base ca. 2 mm across, glabrous, simple. Leaves ca. 3 pairs conferted on apex of stem, long petiolate, glabrous; blades papery, elliptic or obovate, (5.5–8) cm × (3–4.2) cm, apex shortly acuminate or shortly cuspidate, base subrounded or broadly cuneate, sometimes minutely auriculate, margin entire; nervation triherved, with basal nerves adaxially flat, abaxially slightly prominent and with ca. 3 pairs of inconspicuous lateral nerves; cystoliths very dense, very conspicuous, bacilliform or fusiform, 0.2–0.3 mm long; petioles 4.5–7.5 cm long; stipules white, oblong, (1.2–2.4) cm × (0.32–0.6) cm, with 2 longitudinal nerves, apex rounded-obtuse. Staminate cymes and staminate flowers unknown. Pistillate cyme axillary, racemiform, ca. 6 cm long; peduncle ca. 6 cm long, glabrous; bracts membranous, navicular or triangular, (1.2–1.8) mm × (0.8–1) mm, glabrous or above sparsely ciliolate. Pistillate flower ca. 1.2 mm in diam.: pedicel robust, ca. 1.8 mm × 0.5 mm, glabrous; tepals 4, carnose, deltoid, ca. 1 mm × 0.8 mm, glabrous; staminodes wanting; pistil ca. 1.3 mm long; ovary black, broadly ovoid, ca. 1 mm long, glabrous; stigma subturbinate (the subturbinate body is resulted from the fusion of the stigmatic hairs).

广西 (Guangxi)：龙州县，鸭溪 (Longzhou Xian，Yaxi)，alt. 300 m，石灰岩山 (in limestone hill)，1966-04-??，郑慧莹，陈伟烈等，无号 (Zheng Huiying，Chen Weilie et al. sine num.) (♀，holotype，PE)。

本种在亲缘关系方面与基心叶冷水花 *Pilea basicordata* W. T. Wang ex C. J. Chen 甚为接近，与后者的区别在于本种的叶片基部近圆形、宽楔形或不明显耳形，托叶具2条纵脉，雌花被片较大，长1 mm，正三角形，子房宽卵球形，柱头近陀螺状（近陀螺状体系由柱头毛发生愈合而形成）。在基心叶冷水花，叶片基部心形或深心形，托叶具7–8条纵脉，雌花被片较短2倍，长0.5 mm，卵状长圆形，子房呈长圆形，画笔头状的柱头的毛离生[1]。

泸水冷水花　图1：E–H

Pilea lushuiensis W. T. Wang, sp. nov. Fig. 1: E–H

(Sect. *Tetrameres* C. J. Chen ser. *Spinulosae* C. J. Chen)

原文刊登于《植物研究》37(6): 801–806, 2017。
致谢：深切感谢孙英宝先生为本文绘图。

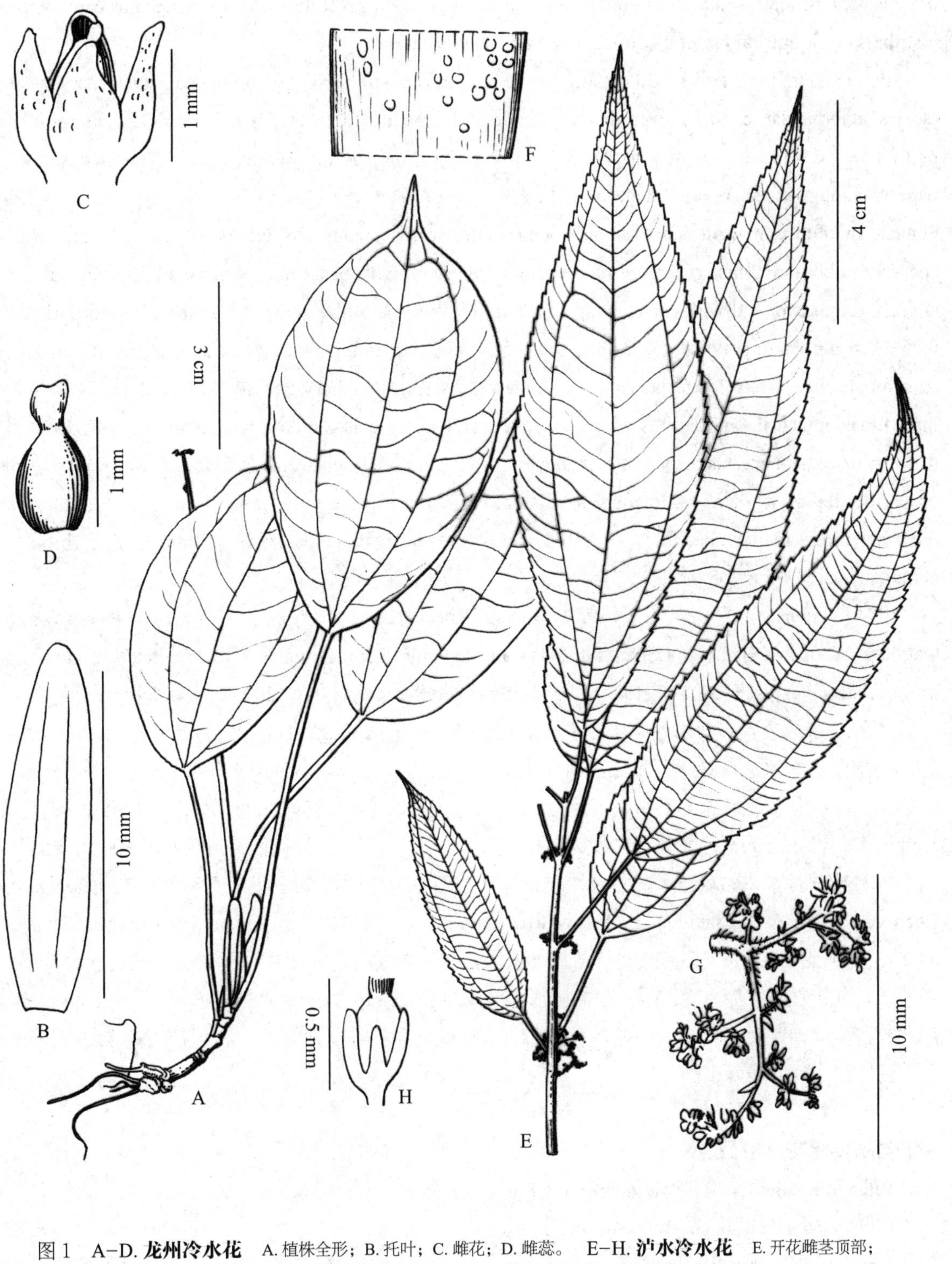

图 1　A–D. **龙州冷水花**　A. 植株全形；B. 托叶；C. 雌花；D. 雌蕊。　E–H. **泸水冷水花**　E. 开花雌茎顶部；F. 茎顶部一段，示散生的鳞片；G. 雌聚散花序；H. 雌花。

Fig. 1　A–D. ***Pilea longzhouensis***　A. Habit; B. Stipule; C. Pistillate flower; D. Pistil. E–H. ***P. lushuiensis***　E. Apical part of flowering pistillate stem; F. A portion of apical stem, showing the scattered scales; G. Pistillate cyme; H. Pistillate flower.

Species nova haec est affinis *P. dolichocarpae* C. J. Chen, quae caulibus squamis carentibus, foliorum laminis glabris, stipulis majoribus oblongis 6–7 mm longis, cymis pistillatis glabris et squamis carentibus, tepalis pistillatis prope apicem breviter corniculatis facile distinguitur.

Perennial herbs. Stems ca. 30 cm tall, above base ca. 2.5 mm across, glabrous, near apex sparsely squamate (scales suborbicular, ca. 0.1 mm in diam.), simple or 1-branched. Leaves opposite, petiolate, those of the same pair slightly unequal in size, the larger one with longer petiole and the smaller one with shorter petiole; blades papery, oblong-lanceolate or oblong, (6–12) cm × (1.6–3.4) cm, apex attenuate or shortly caudate, base broadly cuneate or obtuse, margin densely multi-denticulate; surfaces adaxially glabrous, abaxially on basal nerves sparsely puberulous, fast glabrescent; nervation trinerved, with basal nerves adaxially nearly flat, abaxially slightly prominent, and with ca. 15 pairs of lateral nerves; cystoliths dense, punctiform or shortly bacilliform, 0.05–0.15 mm long; petioles 0.7–2.1 cm long, glabrous or near apex with a few short hairs; stipules triangular or subulate, 0.8–1 mm long, glabrous. Pistillate cymes singly axillary, shortly pedunculate, 4–10 mm broad, three times branched, on branches with sparse hairs and small scales, and on branch apexes with dense pistillate flowers; bracts brown, narrowly ovate or linear, 0.4–0.8 mm long, glabrous. Pistillate flower shortly pedicellate or sessile: tepals 4, glabrous, unequal in size, at base connate, the larger one oblong, ca. 0.5 mm long, and the other three smaller ones linear, 0.3–0.4 mm long; ovary ellipsoidal, 0.4–0.5 mm long, glabrous; stigma penicillate, ca. 0.1 mm long.

云南 (Yunnan)：泸水县，片马乡 (Lushui Xian, Pianma Xiang), ca. 13 km N of Pianma on the road Ganfang, W side of Gaoligong Shan. alt. 2 150 m. Perennial herb, frequent. Flowers greenish. Growing along trail in shade, wet place. 2005-05-13. Gaoligong Shan Biodiversitly Survey 24057 (♀, holotype, PE)。

本种在亲缘关系方面接近瘤果冷水花 *Pilea dolichocarpa* C. J. Chen，与后者的区别在于本种的茎在近顶端部分具小鳞片，叶片下面在基出脉上疏被短柔毛，托叶较小，长 0.5–1 mm，呈三角形或钻形，雌聚伞花序的分枝疏被短柔毛和小鳞片，雌花被片无任何突起。在瘤果冷水花，茎无鳞片，叶片无毛，托叶较大，长 6–7 mm，呈长圆形，雌聚伞花序无毛，也无鳞片，雌花被片近顶端具短角状突起[1-2]。

本种模式标本（为雌株）的茎具稀疏小鳞片，因而与也具此特征的少鳞冷水花 *Pilea squamosa* C. J. Chen var. *sparsa* C. J. Chen（于 Bull. Bot. Res. Harbin 2(3): 73. 1982. Holotype: 云南，泸水，西贡，1960-04-15，南水北调队 8174，存 PE，为雄株）相似，与后者的区别在于本种的叶片呈长圆形，叶柄较短，长达 2.1 cm；在少鳞冷水花，叶片呈椭圆形，叶柄较长，长达 7 cm。此二模式标本均采自泸水县境内，因此有可能“南水北调队 8147”是本种的雄株，但此问题须在上述叶片形态和叶柄长度二特征的变异幅度得到了解之后方能确定。

陇瑞冷水花　图 2：A–D

Pilea longruiensis W. T. Wang, sp. nov. Fig. 2: A–D

(Sect. *Urticella* Miq. ser. *Moniliferae* C. J. Chen)

Ob cymae rhachim laxe breviterque ramosam et ad ramulos flores pistillatos dense fasciculatos, florem pistillatum tepalis 3 praeditum species nova haec ad Sect. *Urticellam* Miq. ser. *Moniliferas* C. J. Chen pertinet, et in hac serie a *P. monilifera* Hand.-Mazz. foliorum laminis coriaceis oblongis margine integris glabris, acheniis minoribus ca. 0.8 mm longis laevibus abhorret.

Perennial herb. Stem robust, ca. 30 cm tall, above base ca. 5 mm across, glabrous, simple. Leaves opposite, those of the same pair slightly unequal in size, glabrous; blades coriaceous, oblong or oblong-lanceolate, rarely obovate-oblong, (7−15) cm × (1.6−3.2) cm, apex acuminate or caudate-acuminate, base inconspicuously subauriculate, margin entire; nervation trinerved, with basal nerves adaxially slightly impressed, abaxially prominent, and with 4 pairs of incospicuous lateral nerves; cystoliths very dense, conspicuous, bacilliform, 0.1−0.5 mm long; petioles 0.4−3.5 cm long; stipules coriaceous, narrowly triangular, 1−2 mm long. Staminate cymes and staminate flowers unknown. Pistillate cymes singly borne in axils of apical leaves, ca. 3 cm long, glabrous; peduncles ca. 7 mm long; rachis ca. 3.5 cm long, sparsely and shortly branched, on branchlets with dense flower fascicles 1−2 mm in diam.; bracts triangular or navicular, ca. 0.6 mm long, glabrous. Pistillate flower sessile or subsessile; tepals 3, nearly equal or unequal in size, lanceolate-linear or triangular, 0.1−0.4 mm long, glabrous; ovary narrowly ovoid, ca. 0.45 mm long, glabrous; stigma penicillate, ca. 0.2 mm long. Achenes brown, biconvex, ovate or narrowly ovate, ca. 0.8 mm long, densely verruculose.

广西 (Guangxi)：宁明县，陇瑞自然保护区 (Ningming Xian, Longrui nature reserve), alt. 250 m，花绿白色 (fls. green-white), 2008-05-25，中植联广西队 (Guangxi Exped. Inst. Bot.) 1122 (♀, holotype, PE)。

本种的雌聚伞花序的花序轴具稀疏短分枝，在分枝上簇生密集的雌花，雌花具3枚花被片，根据这些特征本种应隶属冷水花属的三萼组念珠冷水花系 Sect. *Urticella* Miq. ser. *Moniliferae* C. J. Chen，在此系中，本种与此系的代表种念珠冷水花 *Pilea monilifera* Hand.-Mazz. 的区别在于本种的叶片革质，长圆形，边缘全缘，无毛，瘦果较小，长约 0.8 mm，有密集的小疣点。在念珠冷水花，叶片薄纸质，椭圆形或卵状椭圆形，边缘有小牙齿，上面疏被硬毛，瘦果较大，长约 1.8 mm，表面光滑，无疣点[1-2]。

小冷水花　图2：E−H

Pilea minima W. T. Wang, sp. nov. Fig. 2: E−H

(Sect. *Urticella* Miq. ser. *Cavalerianae* C. J. Chen)

Species nova haec est affinis *P. cavaleriei* Lévl., quae caulibus usque ad 30 cm altis 1.5−2.5 mm crassis ramosis, foliorum laminis usque ad 2 cm longis 1.8 cm latis, cymis staminatis sessilibus dense multi-floris, cymis pistillatis saepe bis vel ter ramosis multi-floris, floribus saepe pedicellatis differt. Etiam habitu ea est similis *P. microcardiae* Hand.-Mazz., quae foliorum laminis cordatis majoribus usque ad 15 mm longis 14 mm latis, cymis pistillatis ramosis multi-floris florum fasciculos multos ferentibus recedit.

Small annual herbs, monoecious or dioecious. Stems slender, 2−6 cm tall, 0.2−0.5 mm across, glabrous, simple, 2−3-nodose. Leaves 2−3 pairs conferted at apical part of stem, glabrous, those of the same pair slightly unequal in size, the larger one with longer petiole, the smaller one with shorter petiole; blades membranous, broadly ovate or orbicular-ovate, (2−11) mm × (2−9) mm, apex obtuse or rounded, base subcordate or rounded, margin sparsely denticulate, crenate, undulate or entire; nervation trinerved, with basal nerves and 2 pairs of lateral nerves all flat and inconspicuous; cystoliths slightly dense, bacilliform, 0.2−0.4 mm long; petioles 0−12 mm long; stipules triangular or narrowly ovate, ca. 0.5 mm long. Staminate cymes singly axillary,

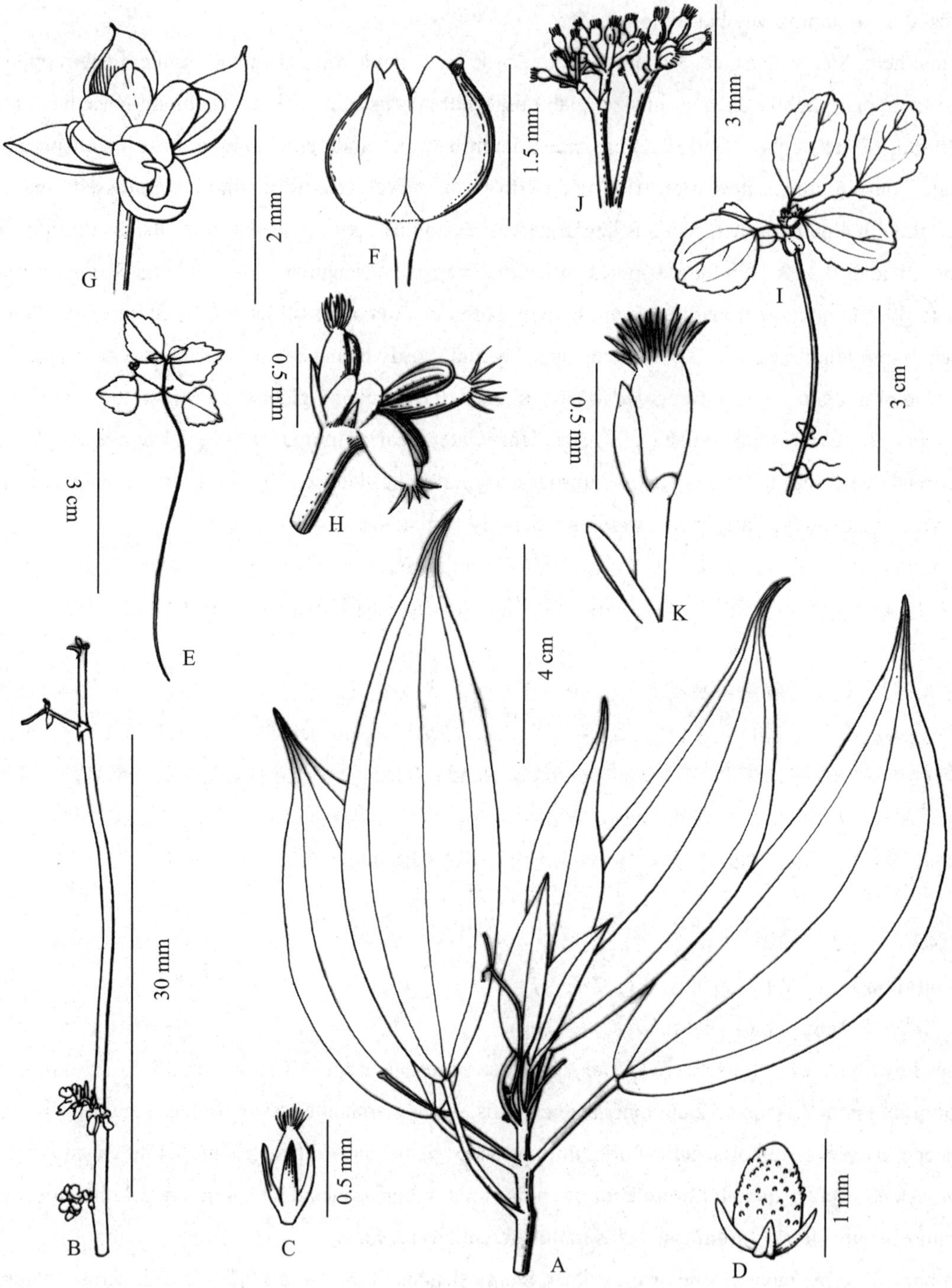

图 2　A–D. **陇瑞冷水花**　A. 开花雌茎顶部；B. 雌聚散花序；C. 雌花；D. 瘦果和宿存花被。　E–H. **小冷水花**　E. 植株全形；F. 雄花蕾；G. 雄花；H. 雌聚散花序。　I–K. **元宝山冷水花**　I. 植株全形；J. 二腋生雌聚散花序；K. 苞片和雌花。

Fig. 2　A–D. ***Pilea longruiensis***　A. Apical part of flowering pistillate stem; B. Pistillate cyme; C. Pistillate flower; D. Achene, with persistent perianth.　E–H. ***P. minima***　E. Habit; F. Staminate flower bud; G. Staminate flower; H. Pistillate cyme.　I–K. ***P. yuanbaoshanica***　I. Habit; J. Two axillary pistillate cymes; K. Bract and pistillate flower.

pedunculate, 2−4-flowered; peduncles slender, 1−12 mm long, glabrous; bracts triangular or linear, 0.25−0.4 mm long, glabrous. Staminate flower glabrous: pedicel 0.3−1.8 mm long; tepal 4, green, quadrate-ovate, ca. 1 mm long, at base connate, abaxially below apex with a short projection; stamens 4, white. Pistillate cymes singly in axils of apical leaves, 3−4-flowered; peduncles robust, 0.7−1 mm long, glabrous; bracts narrowly ovate, ca. 0.3 mm long, glabrous. Pistillate flower sessile: tepals 3, unequal in size, glabrous, the larger one green, navicular, ca. 0.4 mm long, the two smaller ones whitish, ovate or linear, 0.2−0.3 mm long; ovary greenish, narrowly ellipsoidal, ca. 0.5 mm long, glabrous; stigma penicillate, 0.2−0.3 mm long, with thick hairs.

云南 (Yunnan)：漾濞县，漾濞江乡，大花园 (Yangbi Xian, Yangbi Xiang, Dahuayuan), alt. 3 400 m，石缝中 (in stone crevices)，草本高 4 cm，花绿白色 (herbs 4 cm tall, fls. greenish-white)， 2009-07-15，金效华，刘冰，刘博，权旭，苏俊霞，钟轶 (Jin Xiaohua, Liu Bing, Liu Bo, Quan Xu, Su Zunxia & Zhong Yi) YN-ET1391 (holotype, PE)。

本种在亲缘关系方面与波缘冷水花 *Pilea cavaleriei* Lével. 相近，与后者的区别在于本种的茎低矮，高 2−6 cm，粗 0.2−0.5 mm，不分枝，叶片较小，长 2−11 mm，宽 2−9 mm，雄聚伞花序具细花序梗，有 2−4 花，雌聚伞花序不分枝，有 3−4 花，花无梗。在波缘冷水花，茎高达 30 cm，粗 1.5−2.5 mm，多分枝，叶片长达 2 cm，宽达 1.8 cm，雄聚伞花序无花序梗，具密集的多数花，雌花序常 2−3 回分枝，具多数花，花通常具梗 [1-2]。

元宝山冷水花　图 2：I−K

Pilea yuanbaoshanica W. T. Wang, sp. nov. Fig. 2: I−K

(Sect. *Urticella* Miq. ? ser. *Pumila* C. J. Chen)

Ob herbas parvas, foliorum laminas orbiculari-ovatas, cystolithos minutos, stipulas cordatas et florem pistillatum tepalis 3 magnitudine valde inaequalibus praeditum species nova haec est fortasse affinis *P. pauciflorae* C. J. Chen, quae foliorum laminis margine rotundato-crenatis supra pilis brevioribus 0.2−0.5 mm longis obtectis, cymis pistillatis singulariter axillaribus sessilibus haud ramosis ca. 5-floris, floribus pistillatis dense fasciculatis, floris pistillati tepalo centrali naviculari dorso infra apicem 1-corniculato, tepalis lateralibus triangularibus recedit.

Small perennial herbs. Stems 4−6 caespitose, ercct or ascending, 3−6.5 cm tall, above base 0.5−1 mm across, glabrous, simple. Leaves opposite, in those of the same pair often one with longer petiole and the another one with shorter petiole; blades papery, orbicular-ovate, suborbicular or broadly obovate, (0.5−2.5) cm × (0.3−1.8) cm, apex rounded, base broadly cuneate or rounded, margin obtusely crenate; surfaces adaxially covered with white semi-hyaline appressed hairs 0.6−1.5 mm long, abaxially glabrous; nervation trinerved, with basal nerves adaxially flat, abaxially prominent, and with 2−3 pairs of lateral nerves; cystoliths dense, inconspicuous, minutely punctiform; petioles 4−14 mm long, glabrous; stipules membranous, cordate, ca. 2.2 mm × 3.5 mm, glabrous. Staminate cymes and staminate flowers unknown. Pistillate cymes in pair axillary, ca. 1.5 mm long, two times branched, ca. densely 10-flowered; peduncles ca. 2 mm long, glabrous; bracts triangular or linear, 0.2−0.4 mm long, glabrous. Pistillate flower: pedicel 0.2−0.5 mm long, glabrous; tepals 3, strongly unequal in size, glabrous, the middle one larger, lanceolate-linear, ca. 0.45 mm long, the two lateral ones very small, suborbicular or orbicular-ovate, ca. 0.08 mm in diam.; pistil ca. 0.7 mm long; ovary oblong, ca. 0.5 mm long, glabrous; stigma penicillate, ca. 0.2 mm long.

广西 (Guangxi)：融水县，元宝山，白坪至白虎口 (Rongshui Xian, Yuanbaoshan, on the way from Baiping to Baihukou), alt. 1 900 m，山坡疏林中 (in sparse forest on slope), 2005-05-14，刘演，覃海宁，于胜祥，孟繁华等 (Liu Yan, Qin Haining, Yu Shengxiang, Meng Fanhua et al.) Y1101 (♀, holotype, PE)；同地 (same locality)，白坪之上，自蓝坪至老虎口途中 (above Baiping, on the way from Lanping to Lauhukou), alt. 2 000 m，山坡密林 (in dense forest on slope), 2005-05-13，刘演，覃海宁，于胜祥，孟繁华等 Y1073 (veg., PE)。

本种为低矮小草本，叶片圆卵形，具小钟乳体，托叶心形，雌花的 3 枚花被片在大小方面极不相等，与也具上述特征的少花冷水花 *Pilea pauciflora* C. J. Chen 可能有亲缘关系，与后者的区别在于本种的叶片边缘具钝浅齿，在腹面 (上面) 被长 0.6−1.5 mm 的白色半透明贴伏毛，雌聚伞花序成对腋生，具细长花序梗，约 2 回分枝，具 10 花，雌花的中央花被片披针状条形，不呈船型，背面顶端之下无突起，2 侧生花被片近圆形或圆卵形。在少花冷水花，叶片边缘具圆齿，在腹面被长 0.2−0.5 mm，不半透明的较短毛，雌聚伞花序单生叶腋，无花序梗，不分枝，具约 5 朵密集簇生的雌花，雌花的中央花被片呈船型，背面顶端之下具 1 角状突起，2 侧生花被片呈三角形 [1-2]。

参 考 文 献

[1] 陈家瑞. *Pilea*. 中国植物志 [M]. 北京: 科学出版社, 1995, 23(2): 57−156.
CHEN C J. *Pilea*. Flora Reipublicae Popularis Sinicae [M]. Beijing: Science Press, 1995, 23(2): 57−156.

[2] CHEN C J, MONRO A K. *Pilea* [M] // WU Z Y, RAVEN P H, eds. Flora of China. Beijing: Science Press; St. Louis: Missouri Botanical Garden Press, 2003, 5: 92−121.

云南楼梯草属二新种

Two new species of *Elatostema* (Urticaceae) from Yunnan

文山楼梯草 图 1： A–D

Elatostema wenshanense W. T. Wang, sp. nov.

[Sect. *Weddellia* (Schroter) W. T. Wang ser. *Shanglinensia* W. T. Wang]

Species nova haec est affinis *E. shanglinensi* W. T. Wang, a quo caulibus dense puberulis, foliorum laminis basi oblique cuneatis semi-triplinervibus, capituli pistillati receptaculo minore ca. 1.2 mm longo 1 mm lato indiviso, ejus bracteis pistillatis ca. 12 inaequimagnis tantum tribus apice corniculatis ceteris haud corniculatis differt. In *E. shanglinensi*, caules pistillati subglabri vel tantum apice sparse puberuli, foliorum laminae basi latere latiore rotundatae vel auriculatae trinerves, capituli pistillati receptaculum majus ca. 4 mm longum 2.4 mm latum medio 2-lobatum, ejus bracteae pistillatae ca. decem aequimagnae omnes apice corniculatae sunt.

Perennial herbs. Stems 3–5 caespitose, 4–12.5 cm tall, near base 0.8–1.2 mm in diam., densely puberulous (hairs 0.1–0.15 mm long), with dense bacilliform cystoliths 0.2–0.4 mm long, simple, rarely 1-branched. Leaves alternate, shortly petiolate or sessile; blades membranous, obliquely long elliptic, [(0.5–)2.2–6] cm × [(0.3–)0.8–1.4] cm, apex long acuminate, shortly cuspidate or acuminate, base obliquely cuneate, margin acutely denticulate; surfaces adaxially strigose, abaxially on nerves appressed-puberulous; nervation semi-triplinerved, with ca. 3 pairs of secondary nerves; cystoliths dense, conspicuous, bacilliform, 0.2–0.5 mm long; petioles 0–2 mm long, glabrous; stipules membranous, white, linear, (3.5–4.6) mm × (0.3–0.6) mm, glabrous, longitudinally 1-green-nerved. Staminate capitula and staminate flowers unknown. Pistillate caipitulum singly axillary, shortly pedunculate; peduncle ca. 0.5 mm long, glabrous; receptacle broadly ractangular, ca. 1.2 mm × 1 mm, subglabrous; bracts ca. 12, membranous, white, unequal in size, 2 larger, opposite, subquadrate, ca. 1 mm × 1 mm, densely ciliolate, abaxially longitudinally 1-ribbed and the rib apexes elongate into green horn-like projections 0.6–1.2 mm long, of the smaller bracts 3 ovate ca. 1 mm × 0.3 mm, with green caudate apexes, the other 7 bracts broadly oblong, (0.8–1) mm × (0.2–0.4) mm and with truncate apexes and sparse cilia; bracteoles membranous, dense, nearly hyaline, linear, (0.8–1.8) mm × (0.1–0.2) mm, apex sparsely ciliate. Pistillate flower: Pedicel ca. 0.5 mm long, glabrous. Tepals 2, nerrowly linear, ca. 0.15 mm long, glabrous. Pistil ca. 0.3 mm long; ovary ellipsoid, ca. 0.28 mm long, glabrous; stigma small, depressed-globose, ca. 0.05 mm in diam. Achenes whitish, ovoid, ca. 0.5 mm × 0.35 mm, longitudinally brown-lineolate.

云南 (Yunnan)：文山县，古木镇，田尾洞（Wenshan Xian，Gumu Zhen，Tianweidong)，alt. 1 531 m，石灰岩山，石缝（in fissures of rocks in lime-stone hill），草木直立，罕见 (herbs erect, rare)，2015-04-21，韩孟奇，黄金泉 (M. Q. Han & J. Q. Huang) 158 (holotype，PE；isotype，IBK)。

原文刊登于《广西植物》37(2): 135–138，2017。
致谢：深切感谢广西植物所标本馆惠赠标本，还深切感谢孙英宝先生为本文绘图。

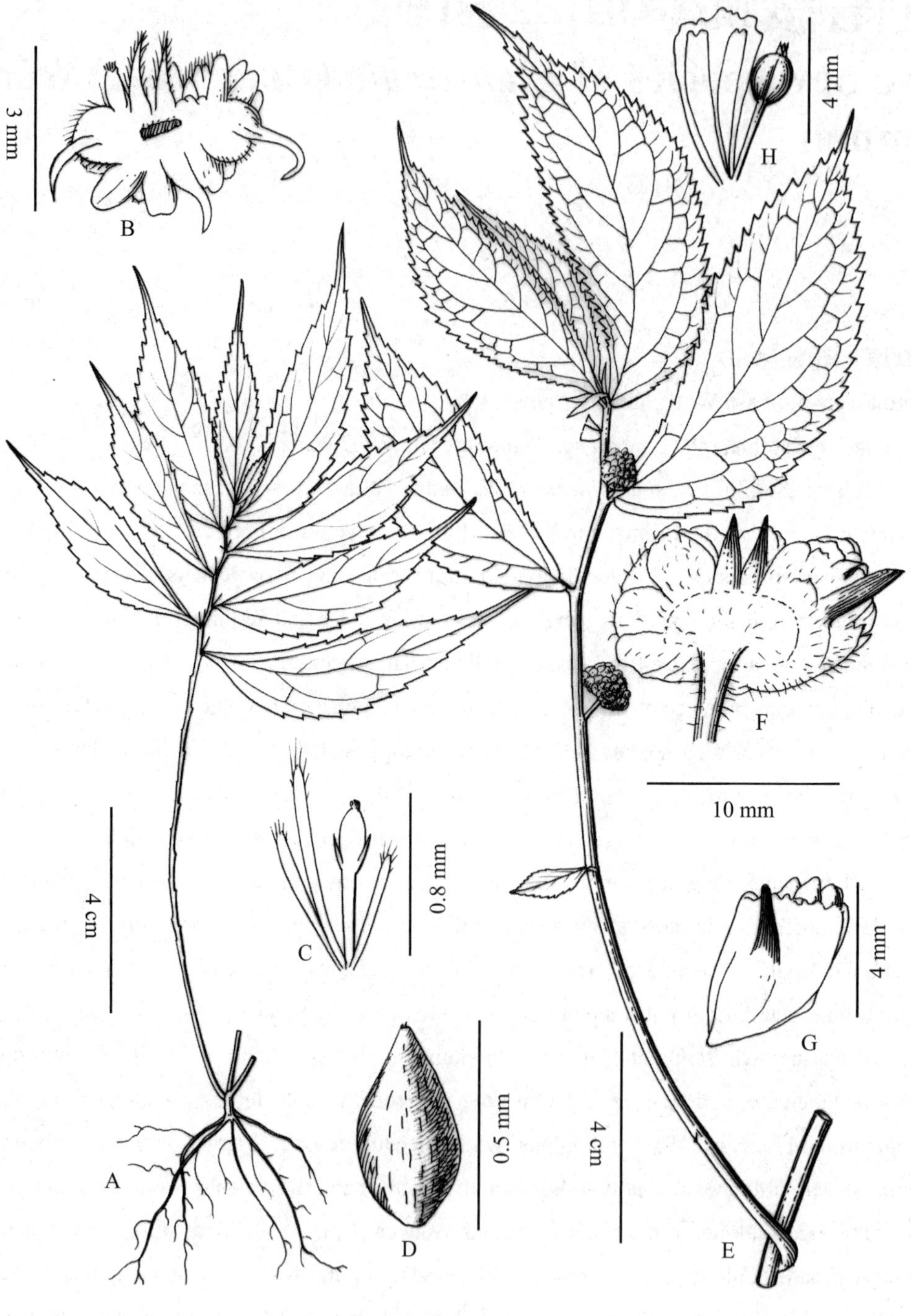

图 1　A–D. **文山楼梯草**　A. 开花雌茎；B. 雌头状花序（下面观）；C. 雌小苞片和雌花；D. 瘦果。
E–H. **绿突楼梯草**　E. 开花雄茎的一枝条；F. 雄头状花序（下面观）；
G. 一内层雄苞片；H. 雄小苞片和雄花蕾。（来自模式标本）

Fig. 1　A–D. ***Elaostema wenshanense***　A. A flowering pistillate stem; B. Pistillate capitulum, seen from beneath; C. Pistillate bracteoles and pistillate flower; D. Achene. (from holotype)

E–H. ***E. Viridicarinatum***　E. A branch of flowering staeminate stem; F. Staminate capitulum, seen from beneath; G. A inner staminate bract; H. Staminate bracteoles and staminate flower bud. (from holotype)

本种在亲缘关系上接近上林楼梯草 (*Elatostema shanglinense* W. T. Wang)，与后者的区别在于本种的茎密被短柔毛，叶片基部斜楔形，具半离基三出脉，雌头状花序的花序托较小，长约 1.2 mm，宽 1 mm，不分裂，其苞片约 12 枚，不等大，只 3 枚较大者具角状突起，其他苞片无角状突起。在上林楼梯草，雌茎近无毛或只在顶端疏被短柔毛，叶片基部宽侧呈圆形或耳形，具三出脉，雌头状花序的花序托较大，长约 4 mm，宽 2.4 mm，中部 2 浅裂，其雌苞片约 10 枚，等大，全部苞片在顶端具角状突起（王文采，2014）。

绿突楼梯草　图 1： E−H

Elatostema viridicarniatum W. T. Wang, sp. nov. Fig. 1: E−H

(Sect. *Elatostema* ser. *Nanchuanensia* W. T. Wang)

Species nova haec est fortasse affinis *E. maguanensi* W. T. Wang, a quo caulibus dense retrorse pubescentibus et dense appresse puberulis, pedunculo staminato longiore (4 mm longo), involucri staminati bracteis sex 2-seriatis duabus externis majoribus dorso longitudinaliter 1-viridi-carinatis et 4−6-viridi-costatis quatuor internis minoribus dorso prope medium 1-viridi-corniculatis recedit. In *E. maguanensi*, caules superrne tantum appresse hirtelli, pedunculus staminatus brevior 2 mm longus, involucri staminati bracteae ca. octo 1-seriatae omnes apice 1-corniculatae nec carinatae nec costatae sunt.

Perennial herbs. Stems 16−40 cm tall, near base 1.5−2 mm in diam., densely retrorsely pubescent (hairs 0.8−1.5 mm long) and densely appressed-puberulous (hairs 0.05−0.2 mm long), branched or simple. Leaves alternate, shortly petiolate or sessile; blades papery, obliquely long elliptic or narrowly obovate, [(1.5−)4−9] cm × [(0.5−)1.4−3.5] cm, apex acuminate (acumen 2−4-denticulate), base obliquely cuneate, margin densely denticulate; surfaces adaxially sparsely strigose, abaxially on nerves pubescent; nervation pinnate, with secondary nerves 4−6 at leaf narrow side and 5−7 at broad side; cystoliths dense, conspiduous, bacilliform, 0.1−0.25 mm long; petioles 0−0.15 mm long; stipules membranous, white, linear-triangular or triangular, (5−8) mm × (1.5−2) mm, glabrous, longitudinally 1-green-nerved. Staminate capitula singly axillary, pedunculate; peduncle terete, ca. 4 mm long, pilose; receptacle subquadrate, ca. 4 mm × 4 mm, pilose; bracts 6, membranous, white, 2-seriate, 2 outer bracts larger, opposite, transversely flabellate-rectangular, ca. 4 mm × 8 mm, sparsely puberulous, at apex erose, abaxially longtudinally 1-green-carinate and shortly 4−6-ribbed, with the rib apexes projecting into small spines, 4 inner bracts smaller, subquadrate, ca. 4 mm × 3 mm, subglabrous, at apex erose, abaxially near the middle thickly 1-green-corniculate, with horn-like projections ca. 2 mm long; bracteoles dense, membranous, white, cuneate- rectangular, cuneate-linear or linear, (2.5−4.8) mm × (0.2−2.2) mm, glabrous, at apex often erose. Staminate flower buds long pedicellate, broadly elliptic, ca. 1.5 mm long, glabrous. Pistillate capitula and pistillate flowers unknwn.

云南 (Yunnan)：广南县，莲城镇，里卡村，穿洞（Guangnan Xian, Liangcheng Zhen, Lika Cun, Chuandong）, alt 1 489 m, 石灰山石缝 (in fissures of rocks in lime-stone hill)，草本直立，罕见 (herbs erect, rare), 2015-04-14，韩孟奇，黄金全（M. Q. Han & J. Q. Huang) 199 (holotype, PE; isotype, IBK)；砚山县，阿舍乡，阿舍小寨 (Yanshan Xian, Ashe Xiang, Ashexiaozhai), alt. 1 574 m，石灰岩山石缝（in fissures of rocks in lime-stone hill), 2015-04-20, 韩孟奇，黄金全 115（IBK, PE)。

本种在亲缘关系方面可能与马关楼梯草 (*Elatostema maguanense* W. T. Wang) 接近，与后者的区别在于本种的茎密被反曲柔毛和贴伏短柔毛，雄花序梗较长（长 4 mm），雄总苞的苞片 6 枚，排列成 2 层，2 外层苞片较大，背面具 1 纵列绿色龙骨状突起和 4–6 条纵列绿色短肋，4 内层苞片较小，在背面近中部有 1 枚绿色角状突起。在马关楼梯草，茎只在上部被贴伏短硬毛，雄花序梗较短，长 2 mm，雄总苞的苞片 8 枚，排列成 1 层，所有苞片均在顶端具 1 枚角状突起，不具龙骨状突起和纵肋（王文采，2014）。

参 考 文 献

WANG W T, 2014. *Elatostema* (Urticaceae) in China [M]. Qingdao: Qingdao Press. [王文采, 2014. 中国楼梯草属植物[M]. 青岛: 青岛出版社.]

云南翠雀花属二新种

Two new species of *Delphinium* (Ranunculaceae) from Yunnan

短葶翠雀花　图1

Delphinium breviscaposum W. T. Wang, sp. nov. Fig. 1.

(Sect. *Delphinastrum* DC.)

Species nova haec est affinis *D. chayuensi* W. T. Wang, a quo scapis 3 fasciculatis brevibus 2.5−5 cm altis, racemi rhachide cum pedicellis glabra, bracteolis majoribus 5−20 mm longis, sepalis minoribus 9−10 mm longis, petalis apice indivisis et pilis paucis brevibus tectis, staminodiorum limbis indivisis differt. In *D. chayuensi*, scapi solitarii 8−10 cm alti, racemi rhachis cum pedicellis puberula, bracteolae minores 7−9 mm longae, sepala majora 15−18 mm longa, petala glabra apice 2-lobata, staminodiorum limbi 2-lobati sunt.

Perennial herbs. Leaves 5−8, all basal, long petiolate; blades papery, pentagonal, (1.4−4.4) cm × (1.6−6.6) cm, on both surfaces appressed-pubesent, at base deeply cordate, 3-sect, central segment narrowly rhombic, 3-lobed, with lobes 1−2-lobulate, lateral segments obliquely flabellate, unequally 2-parted, upper lobes larger and subpinnately lobed with 2 pairs of lanceolate lobules; petioles 3−6 cm long, villous. Scapes ca. 3 fasciculate, 2.5−5 cm tall, one larger, with a terminal raceme ca. 20 cm long and 7−10-flowered, another two humile, with racemes 3−5-flowered; rachis and pedicels glabrous; basal bract leaf-like, long petiolate, other bracts shortly petiolate, lanceolate-linear or linear, (2−3.3) cm × (0.3−0.5) cm, margin with one lobule or entire; pedicels 1−7 cm long, near flower 2-bracteolate; bracteoles linear or lanceolate-linear, (5−20) mm × (1−3) mm, apex acute. Flower: Sepals blue-purple, adaxially glabrous, abaxially appressed-puberulous, upper sepal broadly ovate, ca. 9 mm × 7 mm, spur subulate, 1.9−2.2 cm long, slightly recurved, at base ca. 4 mm across, lateral sepals orbicular-obovate, ca. 10 mm × 9 mm, lower sepals navicular-linear, ca. 10 mm × 3 mm. Petals 2, apex shortly cuspidate and with a few short hairs. Staminodes 2; limbs obovate-oblong, ca. 7.5 mm × 3.5 mm, at apex rounded, undivided, longitudinally 8-nerved, adaxially below the middle white-barbate, at base on each side 1-appendliculate; claws linear, ca. 6 mm × 0.8 mm, glabrous, near base not appendiculate. Stamens numerous, glabrous; filaments 4.5−5.5 mm long, lanceolate-linear, longitudinal 1-nerved, near anther filiform; anthers dark-blue, oblong, ca. 1.5 mm × 0.7 mm, apex obtuse. Carpels 3; ovaries narrowly ovoid, ca. 2.2 mm × 0.8 mm pubescent; styles 1.4 mm long, glabrous.

Yunnan（云南）:Weixi Xian, Lidiping（维西县，栗地坪）, alt. 3 100 m, in grassy places among forests, fls. blue-purple（林间草地，花蓝紫色）, 2008-07-28, Q. E. Yang & Q. Yuan（杨亲二，袁琼）2051(holotype and isotype, PE).

This species is related to *D. chayuense* W. T. Wang, and from the latter differs in its 3 fasciculate short scapes, glabrous raceme rachis and pedicels, longer bracteoles, smaller sepals, and undivided staminode limbs (Wang and Warnock, 2001).

原文刊登于《广西植物》38(8): 969−972, 2019。
Acknowledgements: I am grateful to Madam X. H. Zhong for type-writing the manuscript of this paper.

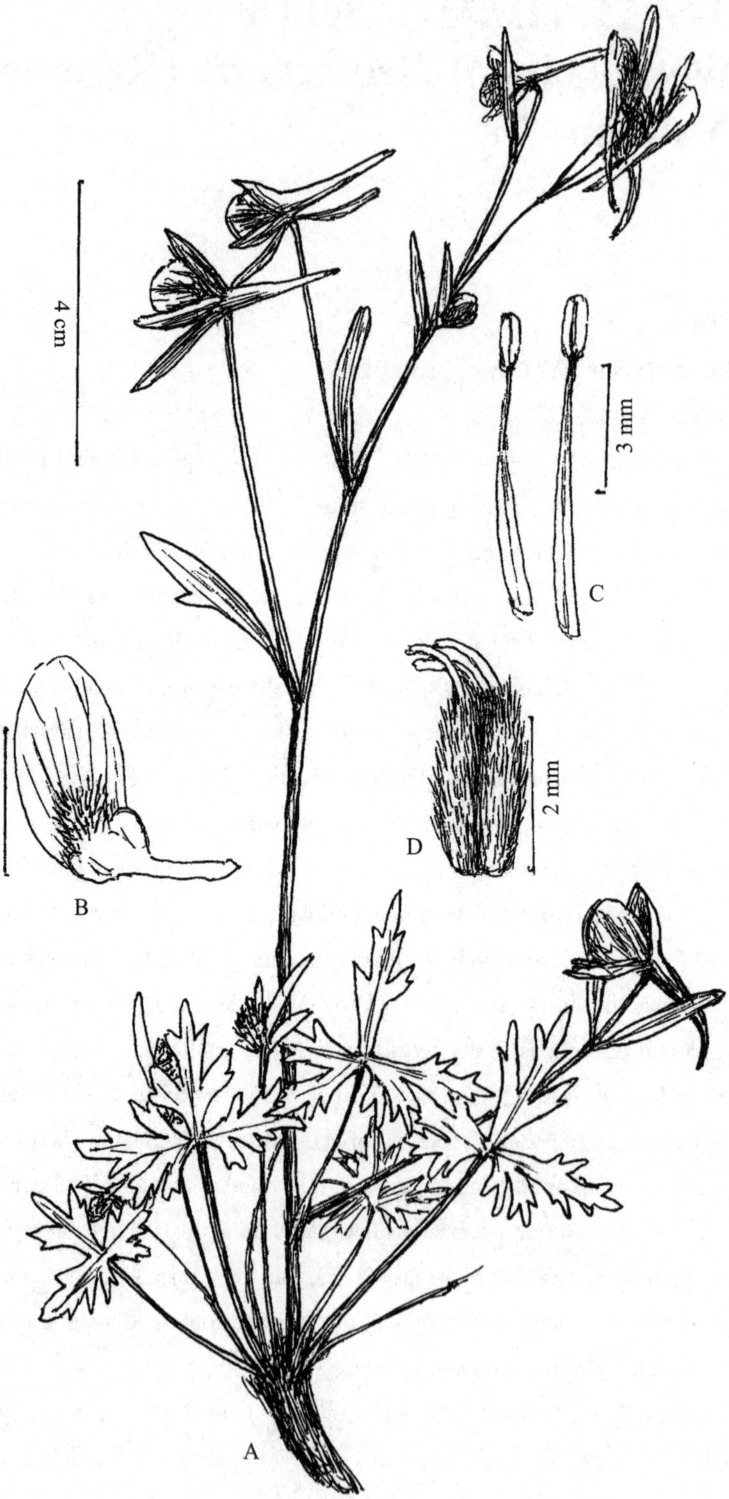

图 1 **短萼翠雀花** A. 开花植物；B. 退化雄蕊；C. 雄蕊；D. 雌蕊群。（来自模式标本）

Fig. 1 **Delphinium breviscaposum** A. Flowering plant; B. Staminode; C. Two stamens; D. Gynoecium. (from holotype)

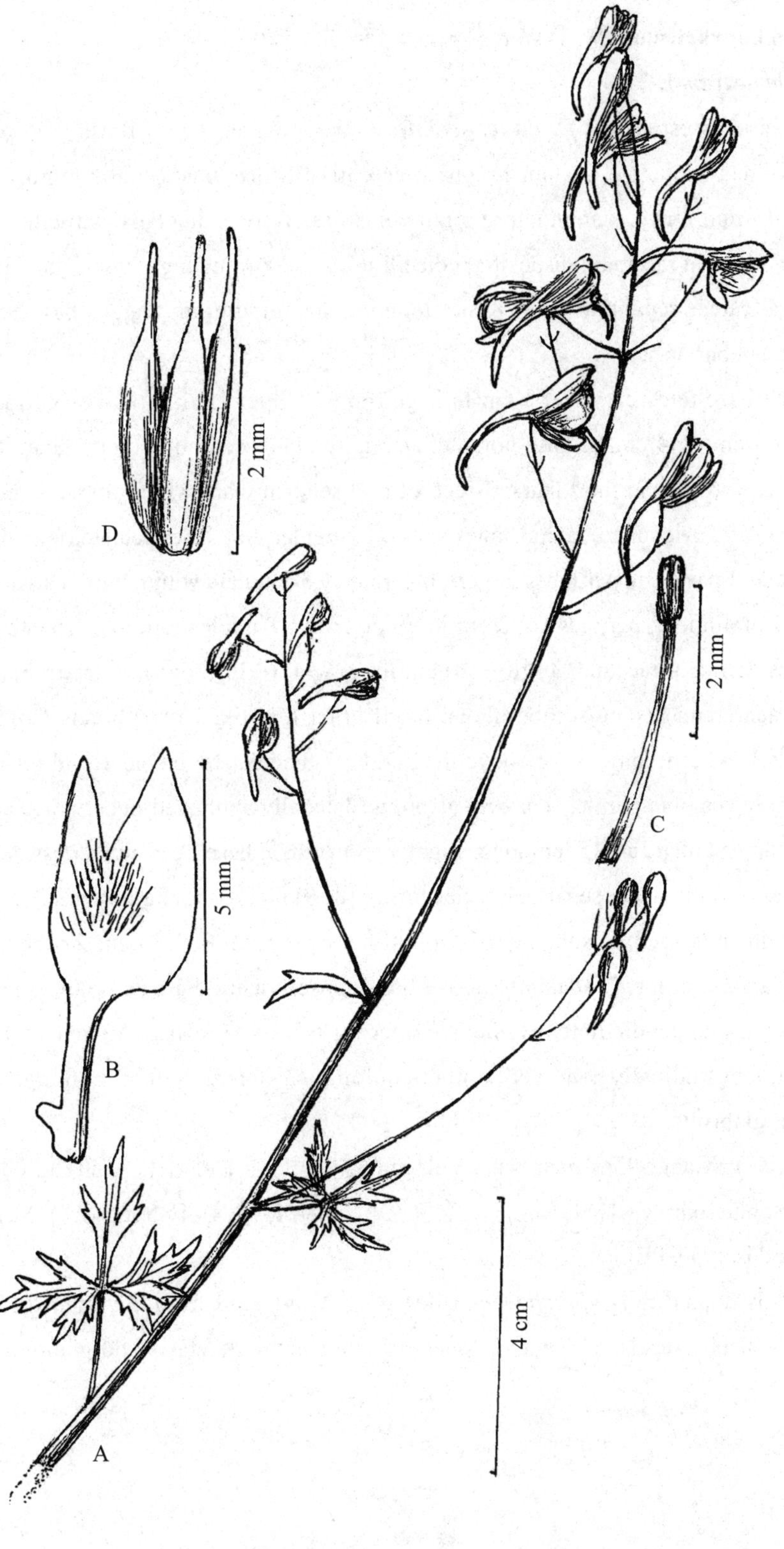

图 2　**丝苞翠雀花**　A. 开花茎干上部分；B. 退化雄蕊；C. 雌蕊群。（来自模式标本）

Fig. 2　**Delphinium filibracteolum**　A. Upper part of flowering stem; B. Staminode; C. Stamen; D. Gynoecium. (from holotype)

丝苞翠雀花　图2

Delphinium filibracteolum W. T. Wang, sp. nov. Fig. 2.

(Sect. *Delphinastrum* DC.)

Species nova haec est affinis *D. dolichocentroidi* W. T. Wang, a quo floribus in paniculam dispositis, pedicellis brevioribus usque ad 3.2 mm longis, bracteolis filiformibus, sepalis minoribus 8−9 mm longis, calcare sepalino 15 mm longo, staminodiorum unguibus basi 1-appendiculatis, carpellis glabris recedit. In *D. dolichocentroide*, flores in racemum dispositi, pedicelli usque ad 8 mm longi, bracteolae lineares, sepala majora 14−16 mm longa, calcar sepalinum 27−28 mm longum, staminodiorum ungues basi haud appendiculati, et carpellorum ovaria puberula sunt.

Perennial herbs. Stems ca. 50−80 cm tall, glabrous. Upper cauline leaves petiolate; blades papery, pentagonal, ca. 2.5 cm × 4 cm, at base cordate, adaxially appressed-puberulous (hairs 0.1−0.25 mm long), abaxially on nerves with sparse short hairs, 3-sect, central segment narrowly rhombic, at base cuneate, 3-lobed, central lobe lanceolate, 3-lobulate, lateral lobes small, triangular and 1-denticulate, lateral segments obliquely flabellate, unequally 2-parted, upper lobes larger, subpimately 5-lobulate with lobules narrowly triangular, nerves abaxially slightly prominent; petioles ca. 2 cm long, glabrous. Panicles terminal, 15−30 cm long, consisting of 2 or 3 racemes, terminal raceme 13−18(−30) cm long, 9−11(−30)-flowered, lateral racemes 6−8 cm long, 3−5-flowered; rachis and pedicels puberulous; basal bract leaf-like, other bracts filiform, 4−5 mm long, glabrous; pedicels 1−3.2 cm long, on or above the middle 2-bracteolate; bracteoles filiform, 2.5−3.5 mm long, glabrous. Flower: Sepals blue-purple, adaxially glabrous, abaxially appressed-puberulous, upper sepal ovate, ca. 9 mm × 6 mm, spur subulate, ca. 15 mm long, slightly recurved, at base ca. 3 mm across, lateral sepals obovate-oblong, ca. 9 mm × 3 mm, lower sepals navicular-linear, (8−9) mm × 0.2 mm. Petals 2, glabrous, apex obtuse. Staminodes 2; limbs blue-purple, subquadrate in outline, ca. 5 mm × 3.5 mm, 2-lobed (lobes triangular or narrowly triangular, 2 mm long), adaxially above base densely white-barbate; claws linear, ca. 3.5 0.8 mm, glabrous, near base 1-appendiculate. Stamens numerous, glabrous; filaments narrowly lanceolate-linear, ca. 3.5 mm long, longitudinally 1-nerved; anthers oblong, ca. 1 mm × 0.45 mm, apex obtuse. Carpels 3, ca. 2.5 mm long, glabrous.

Yunnan (云南): Xianggelila Xian, Napa Village (香格里拉县，那帕村), alt. 3 300 m, in grassy places among forests, fls. blue-purple (林间草地，花蓝紫色), 2008-08-15, Q. E. Yang & Q. Yuan (杨亲二，袁琼) 2258 (holotype and isotype, PE).

This species is related to *D. dolichocentroides* W. T. Wang, and from the latter differs in its flowers in panicle, shorter pedicels, sepals and spur, 1-appendiculate staminode claws and glabrous carpels (Wang and Warnock, 2001).

参 考 文 献

WANG W T, WARNOCK M J, 2001. *Delphinium* [M] // WU Z Y, RAVEN P H, eds. Flora of China. Beijing: Science Press; St. Louis: Missouri Botanical Garden Press, 6: 223−274.

尼泊尔唐松草，毛茛科一新种

Thalictrum nepalense, a new species of Ranunculaceae from Nepal

1 尼泊尔唐松草　图 1

Thalictrum nepalense W. T. Wang, sp. nov. Fig. 1.

(Subg. *Thalictrum* Sect. *Leptostigma* Boivin)

Ob plantas totas glabras, folia 3-ternata, florem carpella numerosa stylis longis apice unciformibus vel circinatis et stigmatibus inconspicuis praedita ferentem species nova haec est arcte affinis *T. saniculiformi* DC., a quo caule altiore 3-foliato et 3-ramoso, monochasiis compositis ter ramosis, tantum eorum ramis ultimis divaricatis, staminum filamentis superne clavatis inferne filiformibus, antheris apice obtusis haud apiculatis differt. In *T. saniculiformi*, caulis humilior, 1-foliatus et 1-ramosus vel nudus, monochasia composita semel vel bis divaricata, staminum filamenta anguste linearia, et antherae apice apiculatae sunt.

Perennial herb, totally glabrous. Stem ca. 35 cm tall, above base 2 mm across, 3-leaved and 3-branched, with branches 1-leaved. Basal leaves not seen. Cauline leaves 3-ternate, slightly long or shortly petiolate or sessile; blades (5−8) cm × (6−8) cm; leaflets papery, obovate, broadly ovate, broadly rhombic or subpentagonal, (0.6−1.7) cm × (0.4−1.9) cm, at apex rounded, at base broadly cuneate, subcordate or subtruncate, 3-dentate or 3-lobed, with lobes entire or 1−2-dentate, 3−5-nerved, nerves adaxially slightly prominent or subflat, abaxially prominent, with nervules forming conspicous nervous nets; petiolules filiform, 0.5−8 mm long; petioles 0−5.5 cm long, at base narrowly vaginate. Compound monochasia terminal, including peduncules 5−13 cm long, thrice branched and only ultimate branches more or less divaricate; peduncles 3−6.8 cm long; most bracts foliaceous, or ternate, uppermost ones small, simple, elliptic or obovate, and entire; pedicels 2−5.5 mm long. Flower: Sepals caducous, not seen. Stamens ca. 14; filaments 2.5−3 mm long, above clavate, as broad as anthers, below filiform; anthers yellowish, narrow-oblong, ca. 0.8 mm × 0.2 mm, at apex obtuse. Carpels 9−12, sessile; ovaries ca. 1.2 mm × 0.5 mm; styles 0.8−1.2 mm long, at apex hooked or circinate; stigmas inconspicuous. Achenes sessile, compressed, narrowly elliptic, (2.2−3) mm × (0.25−0.4) mm, on each side longitudinally and thinly 3-ribbed; persistent styles 0.8−1.2 mm long, at apex hooked.

E. Nepal: Sagarmatha Zone, Solukhumbu Distr., Sete (2 500 m). Lamjura La (3 500 m). Taktor (2 850 m) [86°26′−31′E, 27°24′N] 30 July 1997. Coll. M. Wakabayashi, M. Amano, M. Mori, K. R. Rajbhandari & K. Shinozaki No. 9720035 (holoytpe, PE).

In having totally glabrous plants, 3-ternate leaves, flower bearing numerous carpels with long styles hooked or circinate at apex and inconspicuous stigmas this new species is closely related to *T. saniculiforme* DC. also

原文刊登于《植物研究》38(5)：641−643，2018。
Acknowledgements: The author is grateful to Mr. Sun Ying-Bao for making the drawing.

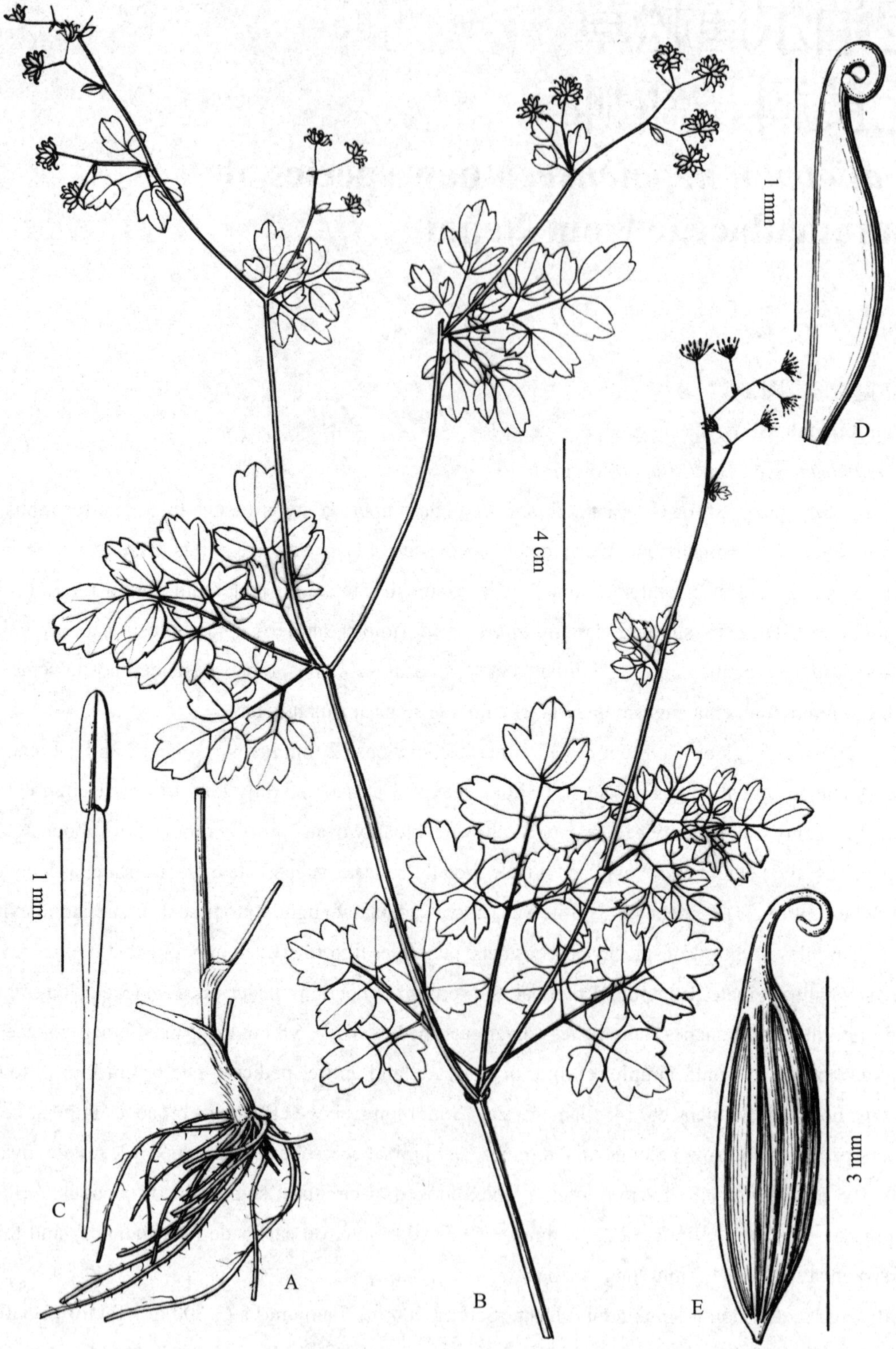

Fig. 1 **T. nepalense** A. Roots and basal part of stem; B. Upper part of flowering plant; C. Stamen; D. Carpel; E. Achene. (from holotype)

with the characters just stated above, and from the latter differs in its taller 3-leaved and 3-branched stem, thrice branched compound monochasia with only ultimate branches divaricate, above clavate and below filiform filaments of stamens, and not apiculate anthers. In *T. saniculiforme*, the stems are lower, only 1-leaved and 1-branched, or naked, the compound monochasia are once or twice divaricate, the stamen filaments are narrowly linear, and the anthers are apiculate at apex[1-3].

References

[1] FU D Z, ZHU G. *Thalictrum* [M] // WU Z Y, RAVEN P H, eds. Flora of China. Beijing: Science Press; St. Louis: Missouri Botanical Garden Press, 2001, 6: 282−302.

[2] RAU M A. *Thalictrum* [M] // SHARMA B D. Flora of India. Calcutta: Botanical Survey of India, 1993, 2: 132−143.

[3] 王文采, 王蜀秀. 唐松草属 [M] // 中国植物志. 北京: 科学出版社, 1979, 27: 502−592.
WANG W T, WANG S H. *Thalictrum* [M] // Flora Reipublicae Popularis Sinicae. Beijing: Science Press, 1979, 27: 502−592.

庐江毛茛，安徽毛茛科一新种

Ranunculus lujiangensis, a new species of Ranunculaceae from Anhui Province

庐江毛茛　图 1

Ranunculus lujiangensis W. T. Wang & D. Q. Wang, sp. nov. Fig. 1

(Subgen. *Ranunculus* sect. *Tuberifer* Tamura[1])

Ob plantas tuberibus radicalibus praeditas, folia simplicia vel ternata, petali foveam nectariferam haud squamatam et ovaria stylis leviter longiora species nova haec est arcte affinis *R. huainingensi* W. T. Wang, Z. Yang & J. Xie, a quo foliorum vel foliolorum lobis margine integris vel inconspicue crenulatis, sepalis late et cymbiformiter ellipticis haud nervatis margine 3−4-piliferis, ovariis late ovatis differt. In *R. huainingensi*, foliorum vel foliolorum lobi margine 1−3-denticulati, sepala plana anguste elliptica longitudinaliter 3-nervata glabra, et ovaria lanceolata sunt.

Perennial herb, 20−25 cm tall, with ca. 3 obconic root tubers ca. 3 mm long. Leaves ca. 4, all basal, simple or ternate, long petiolate, glaborous; blades of simple leaves membranous, sunbreniform or subpentagonal, [(0.6−) 0.8−1.2] cm × [(0.9−)1.1−1.8] cm, at apex rounded, at base shallowly cordate, 3-lobulate or 3-parted, central primary lobe undivided and entire, lateral primary lobes unequally 2-lobulate, entire or inconspicously crenulate; blades or ternate leaves larger, (1.6−2.6) cm × 2 cm, terminal leaflet long petiolulate, (petiolule 0.7−1.3 cm long), obovate, broadly obovate or suborbicular, 1 cm × 0.7−1 cm, 3-lobulate or 3-lobed, with lobes entire or 1-crenulate, lateral leaflets with short petiolules 3−4 mm long, similar to terminal leaflet or unequally 2-parted with obovate lobes at apex 2−3-lobulate; petioles slender, 6.5−10.5 cm long. Scapes 1−2, slender, 13−15 cm long, glabrous. Monochasia terminal, (1−) 2−4-flowered, glabrous; bracts 3, central one long petiolate, narrowly obovate, at each side near apex 1-denticulate, lateral ones long or shortly petiolate, 3-sect; pedicels slender, 1.8−8 cm long. Flower: Sepals 5, whitish, broadly and cymbiformly elliptic, ca. 3 mm × 2 mm, longitudinally and shortly 3-green-striate, on margin 3−4-piliferous. Petals 5, yellow, obovate, ca. 7.2 mm × 5 mm, at apex rounded, above base with a minute desquamate nectary pit, claws incospicuous. Stamens ca. 25, glabrous; filaments white, narrow-linear, 1.2−1.5 mm long; anthers yellowish, broadly ellipsoid or oblong, (1−1.2) mm × (0.5−1) mm. Gynoecium broadly ovoid, ca. 2 mm long, consisting of ca. 24 carpels; ovaries greenish, obliquely and broadly ovate, ca. 0.7 mm × 0.5 mm, glabrous; styles white, ca. 0.5 mm long.

安徽省 (Anhui Province)：庐江县，汤池 (Lujiang Xian, Tangchi)，alt. 150 m，镇边林中 (in forest near the town of Tangchi)，2018-03-19，王德群 (Wang De-Qun) W1804 (holotype and isotype，PE)。

原文刊登于《植物研究》38 (6)：801−803，2018。
致谢 深切感谢孙英宝先生为本文绘图。

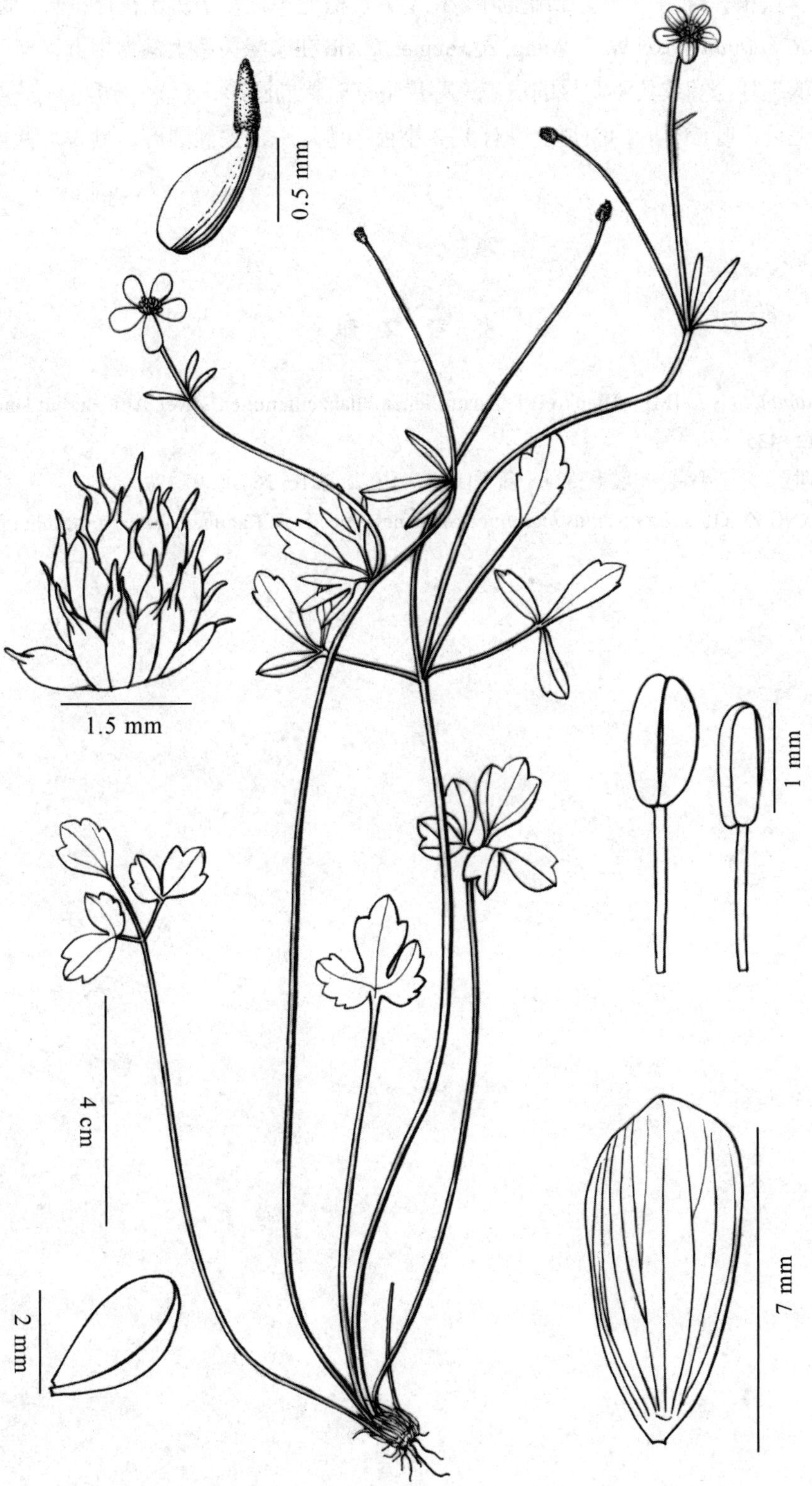

图 1　**庐江毛茛**　A. 植株全形；B. 萼片；C. 花瓣；D. 二雄蕊；E. 雌蕊群；F. 心皮。

Fig. 1　**Ranunculus lujiangensis**　A. Habit; B. Sepal; C. Petal; D. Two stamens; E. Gynoecium; F. Carpel.

本种的植株具块根，叶为单叶或三出复叶，花瓣的蜜槽无鳞片，子房比花柱稍长，因此与也具上述特征的怀宁毛茛 *R. huainingensis* W. T. Wang, Z. Yang & J. Xie 在亲缘关系上甚为相近，与后者的区别在于本种的叶或小叶的裂片全缘或具不明显的浅齿，萼片呈宽船状椭圆形，无脉，边缘有 3–4 根毛，子房呈宽卵形。在怀宁毛茛，叶或小叶的裂片边缘有 1–3 小齿，萼片平，狭椭圆形，具 3 条纵脉，子房呈披针形[2]。

参 考 文 献

[1] TAMURA M. *Ranunculus* L. [M] // Hiepko P. Die naturlichen Pflanzenfamilien, Zwei. Auf. Berlin: Duncker & Humblot, 1995, 17aIV: 412–435.

[2] 王文采, 杨俊, 谢晋. 怀宁毛茛, 安徽毛茛科一新种[J]. 广西植物, 2016, 36(SI): 97–99.
WANG W T, YANG Z, XIE J. *Ranunculus huainingensis*, a new species of Ranunculaceae from Anhui [J]. Guihaia, 2016, 36(S1): 97–99.

重庆楼梯草属一新组和三新种

One new section and three new species of *Elatostema* (Urticaceae) from Chongqing

楼梯草属 Elatostema J. R. & G. Forster

雌伞楼梯草组 Sect. **Gynosciadion** W. T. Wang, sect. nov.

Flores pistillati tepalis carentes, numerosi et densissimi in cymam ter vel quarter ramosam, receptaculo involucroque carentem dispositi. Cum his characteribus sectio nova haec a generis *Elatostematis* sectonibus ceteris omnibus praeclare distinguitur. In sectionibus ceteris. Sect. *Pellionioide* W. T. Wang, Sect. *Weddellia* (H. Schoröter) W. T. Wang, Sect. *Elatostemate* et Sect. *Androsyce* Wedd., flores pistillati plerumque numerosi in capitulum cum receptaculo involucroque et ramis carens dispositi.

Typus: *E. femineocymosum* W. T. Wang

Species unica, in Mt. Simianshan, Chongqing Shi endemica.

Etymology: gyne + sciadion: Greek for female and umbel, indicating the pistillate cymose inflorescences of *E. femineocymosum* W. T. Wang.

雌花无花被片，多数极为密集的花组成 3 或 4 回分枝的聚伞花序，此花序不具花序托和总苞。根据这些特征可将本新组与楼梯草属的所有其他组区别开；在其他组，疏伞楼梯草组 Sect. *Pellionioides* W. T. Wang（雄花序为聚伞花序），小叶楼梯草组 Sect. *Weddellia* (H. Schoröter) W. T. Wang，骤尖楼梯草组 Sect. *Elatostema* 和梨序楼梯草组 Sect. *Androsyce* Wedd., 其等的雌花组成具花序托和总苞，不具分枝的头状花序 [1-3]。

1 种，特产重庆市四面山。

雌伞楼梯草　图 1

Elatostema femineocymosum W. T. Wang, sp. nov. Fig. 1.

Perennial herb. Stem ca. 38 cm tall, above base ca. 2 mm acrass, glabrous, below the middle with 2 branches 8−13 cm long. Leaves all cauline, alternate, shortly petiolate or sessile, glabrous; blades thinly papery, lanceolate, oblong or oblanceolate, rarely ovate, [(1.5−) 4.5−11] cm × [(0.5−) 1.5−3.2] cm, at apex long acuminate, at base cuneate at leaf narrow side and auriculate at broad side, at margin densely denticulate, penninerved, secondary nerves at each side 4−6, flat, cystoliths dense, bacilliform, 0.2−0.3 mm long; petioles 0−1.2 mm long; stipules white, subulate or narrowly triangular, 2.2−3 mm long. Pistillate cymes or infructescences in pair axilliary, 5−10 mm broad, very shortly pedunculate, 3−4 times branched; branches not winged but often with white wings, the ultimate branches with very dense and numerous flowers or very dense and numerous achenes, and few small

原文刊登于《植物研究》38(6)：804−808，2018。
致谢：深切感谢刘正宇先生惠赠珍贵植物标本，以及孙英宝先生为本文绘图。

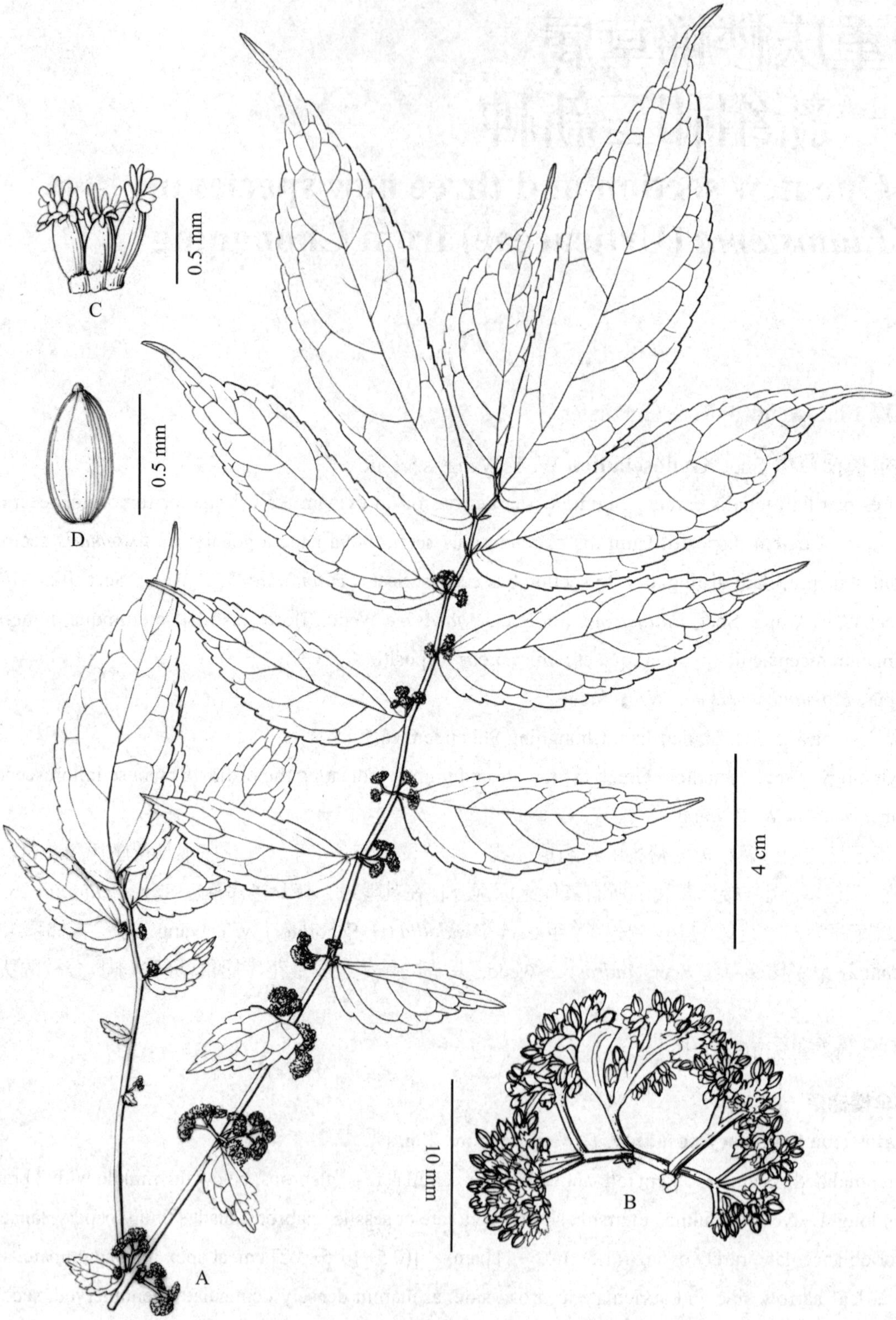

图 1　**雌伞楼梯草**　A. 开花雌茎上部；B. 雌聚伞花序；C. 3 朵雌花；D. 瘦果。

Fig. 1　**Elatostema femineocymosum**　A. Upper part of flowering pistillate stem; B. Pistillate cyme; C. Three pistillate flowers; D. Achene.

subulate bracts and hairs 0.7 mm long; pedicels very short and robust, ca. 0.1 mm long. Pistillate flower: Tepals absent; ovary white, oblong, ca. 0.4 mm long, glabrous; stigma with several white, thick and coarctate hairs 0.3 mm long. Achene white, ovoid, ca. 0.5 mm × (0.35−0.4) mm, longitudinally and thinly 6-ribbed, glabrous. Staminate inflorescences and staminate flowers unknown.

重庆市 (Chongqing Shi)：江津区，四面山，水口寺沟 (Jiangjin Qu, Simian Shan，Shuikousi Valley)，alt. 757 m，阔叶林，溪边，花序黄褐色 (by stream in broad-leaved forest，inflorescences tawny)，2017-06-08，刘正宇，张军等 (Z. Y. Liu，J. Zhang et al.) S-2201 (holotype，PE)。

小叶楼梯草组 Sect. Weddellia (H. Schoröter) W. T. Wang

圆微叶楼梯草 图 2：A−C

Elatostema gyronanophyllum W. T. Wang, sp. nov. Fig. 2: A−C

(Ser. *Parva* W. T. Wang)

Species nova haec est arcte affinis *E. sinensi* H. Schoröter, a quo foliis minoribus, eorum laminis usque ad 5 cm longis, earum nervis secundariis utrinque 2−3, foliis redactis suborbicularibus, bracteis involucralibus pistillatis ca. 12 per capitulum triangularibus, flore pistillato tepalis duobus praedito, stigmate depresso-globoso differt. In *E. sinensi*, folia majora, eorum laminae usque ad 9.5 cm longae, earum nervi secundarii folii latere angustiore 4 et latere latiore 5−7, bracteae involucrales pistillatae numerosae per capitulum et lineares, flos pistillatus tepalis carens, stigma penicillatum, et folia redacta anguste elliptica sunt.

Perennial herb. Stems ca. 5, 12−21 cm tall, above base 1.5−2 mm across, above densely hirtellous, simple. Normal leaves shortly petiolate or sessile; blades papery, obliquely elliptic or oblong, [(1−)2−5] cm × [(0.7−)1.1−1.8] cm, at apex acuminate, rarely acute, at base cuneate at leaf narrow side and rounded at broad side, at margin dentate, adaxially sparsely strigulose, abaxially on nerves puberulous, semi-triplinerved, secondary nerves at each leaf side 2−3, cystoliths dense, inconspicuous, bacilliform, 0.15−0.5 mm long; petioles 0.3 mm long; stipules white, lineari-lanceolate, 1.5−3 mm long, glabrous. Reduced leaves opposite to normal leaves, orbitular or suborbicular, 2−4 mm in diam., entire rarely 3-lobulate. Pistillate capitulum singly axillary, 2−5 mm in diam., subsessile, many-flowered; receptacle ca. 2 mm in diam., with a few hairs; involucral bracts ca. 12, greenish, membranous, triangular or narrow-triangular, 1.4 mm × (1−2) mm, ciliate, apex corniculate, with green horn-like projections 0.25−0.5 mm long; bracteoles dense, white, ovate, 1 mm × 0.6 mm, above long ciliate. Pistillate flower: Tepals 2, white, broadly ovate, 0.1 mm long, glabrous; ovary ellipsoid, 0.45 mm long, glabrous; stigma depressed-globose, ca. 0.15 mm in diam.

重庆市 (Chongqing Shi)：江津市，四面山，大窝铺 (Jiangjin Qu, Simian Shan，Dawopu)，alt. 1 085 m，阔叶林 (in broad-leaved forest)，茎多汁，花腋生，黄绿色 (stems juicy，fls. axillary, yellow-green)，2017-05-16，刘正宇，张军等 (Z. Y. Liu，J. Zhang et al.) S-1807 (holotype，PE)。

本种在亲缘关系方面与对叶楼梯草 *E. sinense* H. Schoröter 很相近，与后者的区别在于本种的叶较小，叶片长达 5 cm，每侧具 2−3 条二级脉，退化叶圆形或近圆形，雌总苞具 12 枚三角形苞片，雌花具 2 花被片，柱头扁球形。在对叶楼梯草，叶较大，叶片长达 9.5 cm，其二级脉在叶狭侧 4 条，在宽侧 5−7 条，退化叶呈狭椭圆形。雌总苞具多数条形苞片，雌花无花被片，柱头画笔头状 [1]。

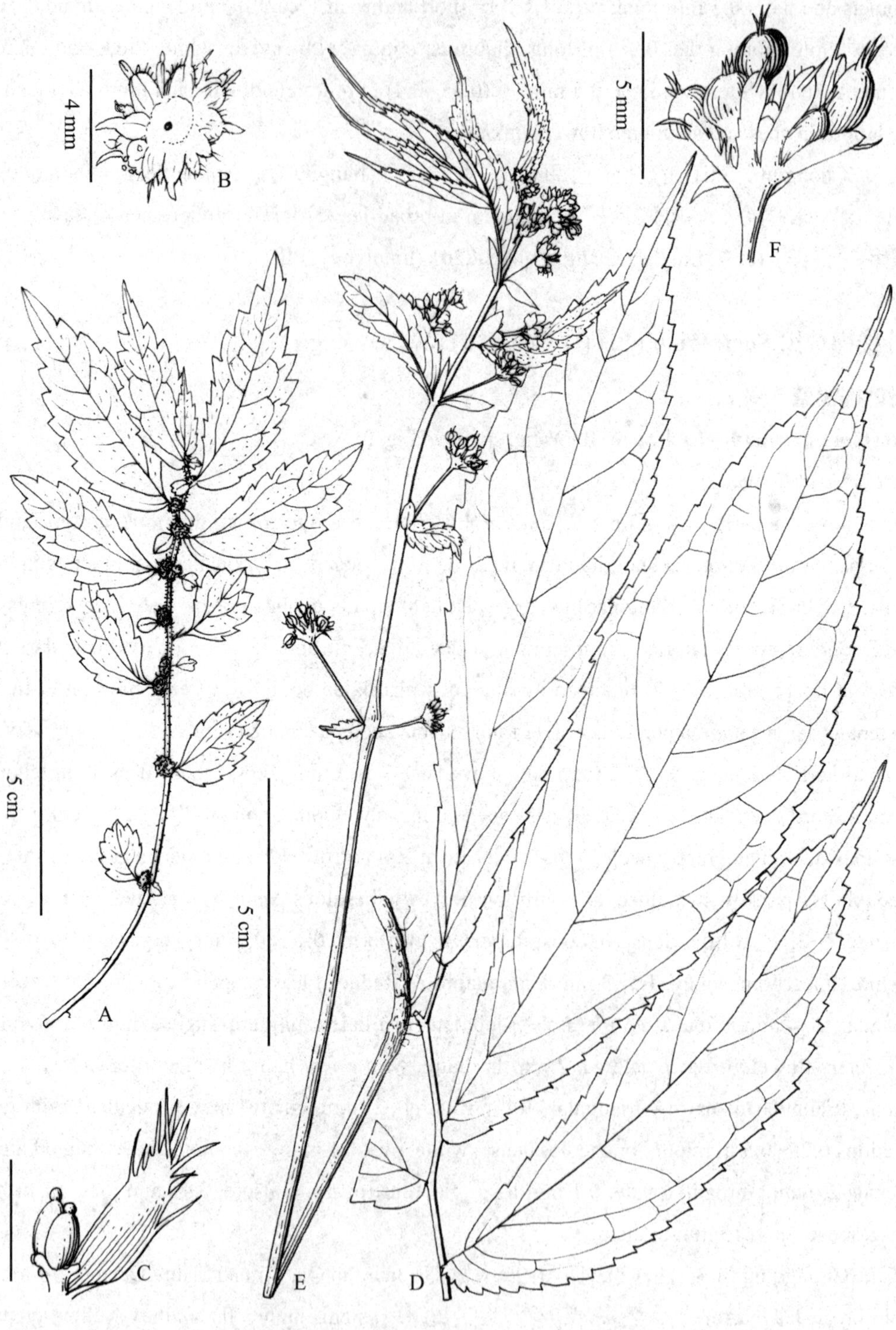

图 2　A–C. **圆微叶楼梯草**　A. 开花雌茎中部和上部；B. 雌头状花序（下面观）；C. 雌小苞片和 2 朵雌花。
D–F. **正宇楼梯草**　D. 营养茎上部；E. 开花雄茎；F. 雄头状花序。

Fig. 2　A–C. ***Elatostema gyronanophyllum***　A. Middle and upper parts of flowering pistillate stem; B. Pistillate capitulum (seen from beneath); C. Bracts and two pistillate flowers.
D–F. ***E. zhengyuanum***　D. Upper part of vegetative stem; E. Flowering staminate stem; F. Staminate capitulum.

正宇楼梯草　图 2：D–F

Elatostema zhengyuanum W. T. Wang, sp. nov. Fig. 2: D–F

(Sect. *Sublinearia* W. T. Wang)

Species nova haec est arcte affinis *E. simianshanico* W. T. Wang, a quo caulibus glabris nonnullis vegetativis, foliis normalibus praeditis nonnullis floriferis foliis minoribus praeditis, foliorum normalium laminis majoribus lanceolatis 3–9 mm longis, bracteis involucralibus staminatis oblanceolato-oblongis dorso haud carinatis recedit. In *E. simianshanico,* caules prope apicem puberuli, ei vegetativi nulli, foliorum laminae minores, usque ad 10 cm longae, cystolithi minores, 0.1–0.2 mm longi, stipulae etiam minores, subulatae, ca. 1.2 mm longae, et bracteae involucrales staminatae lineari-naviculares dorso carinatae sunt.

Perennial herbs. Stems vegetative or bearing flowers. Vegetative stem ca. 60 cm tall, above base ca. 2 mm across, glabrous, below 1-branched, above 6-leaved. Leaves of vegetative stem alternate, shortly petiolate, glabrous; blades papery, oblanceolate or oblong, (9–17) cm × (2.4–4.6) cm, at apex long acuminate or subcuspidate, at base cuneate at leaf narrow side and auriculate at broad side, at margin densely dentibulate, penninerved, secondary nerves at leaf narrow side 5 and at broad side 6, flat, cystoliths dense, bacilliform, 0.3–0.8 mm long; petioles 0.8–2 mm long; stipules green, narrowly triangular, 3 mm long. Stem with staminate flowers ca. 35 cm tall, glabrous, with alternate small leaves lanceolate, 3–4 cm long and stipules white, lanceolate, 9 mm long, and on each leaf axil with a pair of staminate capitula. Staminate capitula 7–10 mm broad, ca. 6-flowered; peduncles 8–18 mm long, glabrous; receptacles small, 2–3 mm in diam., glabrous; involucral bracts ca. 7, 1-seriate, white, membranous, oblanceolate-oblong, (2–3) mm × (1–1.5) mm, abaxially below apex long 1-corniculate, on apex sparsely ciliate; bracteoles ca. 2, narrowly linear, ca. 3 mm long, glabrous; pedicels 1.8–2.5 mm long, glabrous. Staminate flower buds bradly obovoid, 2.2–2.5 mm in diam., subglabrous, on apex 5-corinculate, with horn-like projections 1.5–2 mm long. Pistillate capitula and pistillate flowers unknown.

重庆市 (Chongqing Shi)：江津区，四面山，自朝阳关至大黄沟途中 (Jiangjin Qu，Simian Shan，on the way from Chaoyangguan to Dahuang valley)，alt. 1 026 m，阔叶林，溪边，花白色带紫红色 (by stream in broad-leaved forest，fls. White，tinged with purplish red)，2017-03-28，刘正宇，张军等 (Z. Y. Liu，J. Zhang et al.) S-1204 (holotype，PE)。

本种在亲缘关系方面很接近四面山楼梯草 (*E. simianshanicum* W. T. Wang), 与后者的区别在于本种的茎无毛，有时为营养茎，具正常叶，有时具花，具较小叶，叶片（长达 17 cm）、钟乳体（长 0.3–0.8 cm）和托叶（披针形，长 3–9 mm）均较大，雄头状花的总苞苞片倒披针状长圆形，背面无鸡冠状突起。在四面山楼梯草，茎近顶部被短柔毛，无营养茎，叶片（长达 10 cm）、钟乳体（长 0.1–0.2 mm）和托叶（钻形，长 1.2 mm）均较小，雄头状花序的总苞片条状船形，背面有 1 条鸡冠状突起 [2]。

本种以刘正宇先生的名字命名。刘正宇先生多年来在重庆市金佛山、四面山等多地采集到大量植物标本，为重庆市植物区系的研究做出重要贡献。

参 考 文 献

[1] 王文采. 中国楼梯草属植物 [M]. 青岛: 青岛出版社, 2014.

WANG W T. *Elatostema* (Urticaceae) in China [M]. Qingdao: Qingdao Press, 2014.

[2] 王文采. 重庆赤车属一新种和楼梯草属二新种 [J]. 植物研究, 2017, 27(5): 641−644.

WANG W T. One new species of *Pellionia* and two new species of *Elatostema* (Urticaceae) from Chongqing [J]. Bulletin of Botanical Research, 2017, 27(5): 641−644.

[3] FRIIS I. Urticaceae [M] // KUBIZKI K, ROHWER J G, BITRICH V. The families and genera of vascular plants. Berlin: Springer-Verlag, 1993, 2: 612−630.

西藏翠雀花属七新种

Seven new species of the genus *Delphinium* (Ranunculaceae) from Xizang autonomous region

中国科学院植物研究所标本馆(PE)派队于2017年8-9月在西藏东南部隆子县一带进行了深入采集，采集到大量植物标本，我在鉴定其中毛茛科翠雀花属(*Delphinium*)[1-6]植物标本的过程中发现了该属以下七新种。

隆子翠雀花　图1：A–F.

Delphinium longziense W. T. Wang, sp. nov. Fig. 1: A–F.

(Sect. *Elatopsis* Huth)

In Sinae Sect. *Elatopse* Huth, species circa sexaginta sepala caerulea vel purpurea habent, et eae tres, *D. pseudocandelabrum* W. T. Wang, *D. xanthanthum* W. T. Wang et *D. longziense* W. T. Wang, sepalis flavis praeditae sunt. Ob sepala flava, petala et staminoida nigra species tres hae inter sese fortasse affines sunt. In eis, *D. longziense* floribus in racemos compositos multi-floros dispositis a *D. pseudocandelabro* et *D. xanthantho*, quorum inflorescentiae corymbosae 2–3-florae sunt, praeclare differ.

Perennial herbs. Stems 5–11 cm tall, spreading or slightly retrorsely pubescent, simple, 2-leaved. Basal leaves 1–2, long petiolate; blades papery, reniform, (2–3.4) cm × (4.5–5.5) cm, at base broadly cordate, on both surfaces on nerves appressed-pubescent, 3-lobed, central lobe obovate-quadrate, 1.2–1.8 cm broad, 3-lobulate, with lobules broad-ovate entire or 1-denticulate and at apex rounded or obtuse, lateral lobes larger, subflabellate, 2.8–3.5 cm broad, unequally 3-lobed; petioles 7–8 cm long, spreading-pubescent. Cauline leaves similar to basal ones, but slightly smaller. Compound racemes terminal, 30–40 cm long; terminal raceme 10–12 cm long, 5–6-flowered and lateral ones 7–13 cm long, 2–4-flowered; rachis with pedicels densely spreading-puberulous; lower bracts foliaceous, upper ones obovate or spatulate, 0.8–1.2 cm long, undividied; pedicels 2–4.5 cm long, near apex 2-bracteolate; bracteoles narrow-oblong or narrow-elliptic, (3–6) mm × (2–2.5) mm. Flower: Sepals yellow, inside sparsely and outside slightly densely yellow-sericeous, upper sepal broad-ovate, (10–12) mm × 8 mm, spur straight or slightly decurved, subulate, 12–14 mm long, at base 3 mm across, lateral sepals obliquely obovate, 11 mm × 9 mm, lower sepals similar to lateral ones, but longer, 15 mm × 8 mm. Petals 2, black, at apex 2-lobed, lobes narrow-triangular, 1 mm long, with few long hairs. Staminodes 2, black; limbs narrow-oblong, 6.2 mm × 4 mm, 2-fid nearly to the middle of limb, adaxially long yellow-barbate, lobes long ciliate; claws 7 mm long, not appendiculate. Stamens numerous, glabrous; filaments 5 mm long, below lanceolate-linear, above filiform; anthers brownish, oblong, (1.8–2) mm × (0.8–1) mm. Carpels 3; ovaries (4.2–4.5) mm × 0.8 mm, only on ventral sutures pubescent; styles 1.6–1.8 mm long, glabrous.

原文刊登于《植物研究》38(6): 809–819, 2018。
致谢：蒙马欣堂、班勤二先生提供珍贵植物标本和彩色照片，又蒙钟小红女士打印本文稿件，作者在此表示衷心感谢。

西藏（Xizang）：隆子县，扎日乡，从桑巴村至曲桑村途中（Lhünzê Xian, Zhari Xiang, on the way from Sangba Cun to Qusang Cun），alt. 3 460 m，林边，草本植物，花淡绿黄色（at forest margin; herbs with flowers greenish-yellow），2017-09-05，PE 西藏考察队（PE Xizang Exped.）5921（02293621）（holotype, PE）。

我国翠雀花属的密花翠雀花组 Sect. *Elatopsis* Huth 有约 60 种具蓝色或紫色萼片，有 3 种，石滩翠雀花 (*D. pseudocandelabrum* W. T. Wang)，黄花翠雀花 (*D. xanthanthum* W. T. Wang) 和隆子翠雀花 (*D. longziense* W. T. Wang)，则具黄色萼片。此三种具有以下共同特征：萼片黄色，花瓣和退化雄蕊黑色，这说明三种间具有亲缘关系，其中，隆子翠雀花具多花的复总状花序，而与其他二种区别。在其他二种，花序为具 2 或 3 花的伞房花序（见下）。

黄花翠雀花　图 1：G–K.

Delphinium xanthanthum W. T. Wang, sp. nov. Fig. 1: G–K.

(Sect. *Elatopsis* Huth)

Ob sepala flava, petala et staminodia nigra, inflorescentias corymbosas 2–3-floras species nova haec est affinis *D. pseudocandelabro* W. T. Wang, a quo foliis minoribus, calcare sepalino sepalis leviter breviore vel eis subaequilongo, petalis apice 2-lobatis carpellis glabris distinguitur. In *D. pseudocandelabro*, folia majora cum laminis 3–4 cm latis, calcar sepalinum sepalis multo brevius, petala apice integra, et carpellorum ovaria pubescentia sunt.

Perennial herb. Stem 10 cm tall, simple, densely spreading-pubescent, ca. 2-leaved. Basal leaf solitary, long petiolate; blade papery, reniform, 1.2 cm × 2.5 cm, at base cordate, on both surfaces sparsely appressed-pubescent, 3-lobed, lobes among themselves contiguous, central lobe small, broadly obtrapeziform, 8 mm broad, at apex 3-dentate, lateral lobes flabellate, 2 cm broad, unequally 3-lobulate, lobules at apex 1–3-rotund-dentate; petiole 2 cm long, densely retrorse-pubescent. Cauline leaves shortly petiolate; blades pentagonal, (0.8–1) cm × (1.4–1.7) cm, 3-lobed nearly to the middle of blade, central lobe broad-ovate, lateral lobes obliquely broad-obovate, unequally 2-lobed, with secondery lobes ovate and entire; petioles 0.6–1 cm long. Corymb terminal, 3.5 cm long, 2-flowered; basal bract 5.5 mm long, 3-lobed, upper bract narrow-oblanceolate, 10 mm long, undivided; pedicels 3.5 cm long, densely spreading-puberulous, above the middle or near-flower 2-bracteolate; bracteoles linear, (4.5–6) mm × (1–2) mm. Flower: Sepals yellow, inside sparsely, outside slightly densely yellowish-sericeous, upper sepal suborbicular, 12 mm × 14 mm, spur thickly subulate, 13–14 mm long, at base 3–4 mm across, lateral sepals broad-obovate, 12 mm × 15 mm, lower sepals obovate 13 mm × 11 mm. Petals 2, black, glabrous, apex 2-lobed, lobes linear 2.2–4.5 mm long. Staminodia 2, black; limbs oblong, 10 mm × 4.6 mm, 2-fid [lobes lanceolate-linear, (5–6) mm × (1.5–1.8) mm], adaxially below lobes and on lobes long yellow-barbate; claws 7 mm long, at base 1-appendiculate, Stamens numerous, glabrous, filaments lanceolate-linear, 5.5–6 mm long; anthers dark-blue, oblong, (1.8–2) mm × (0.8–1) mm. Carpels 3, glabrous; ovaries greenish-white, at apex dark-blue, 4 mm × 0.8 mm; styles white, 1 mm long.

西藏（Xizang）：隆子县，扎日乡，纳拉山（Lhünzê Xian, Zhari Xiang, Mt. Nala），alt. 3 400 m，山坡上（on slopes），2017-09-03，PE 西藏考察队（PE Xizang Exped.）5813（02293611）（holotype, PE）。

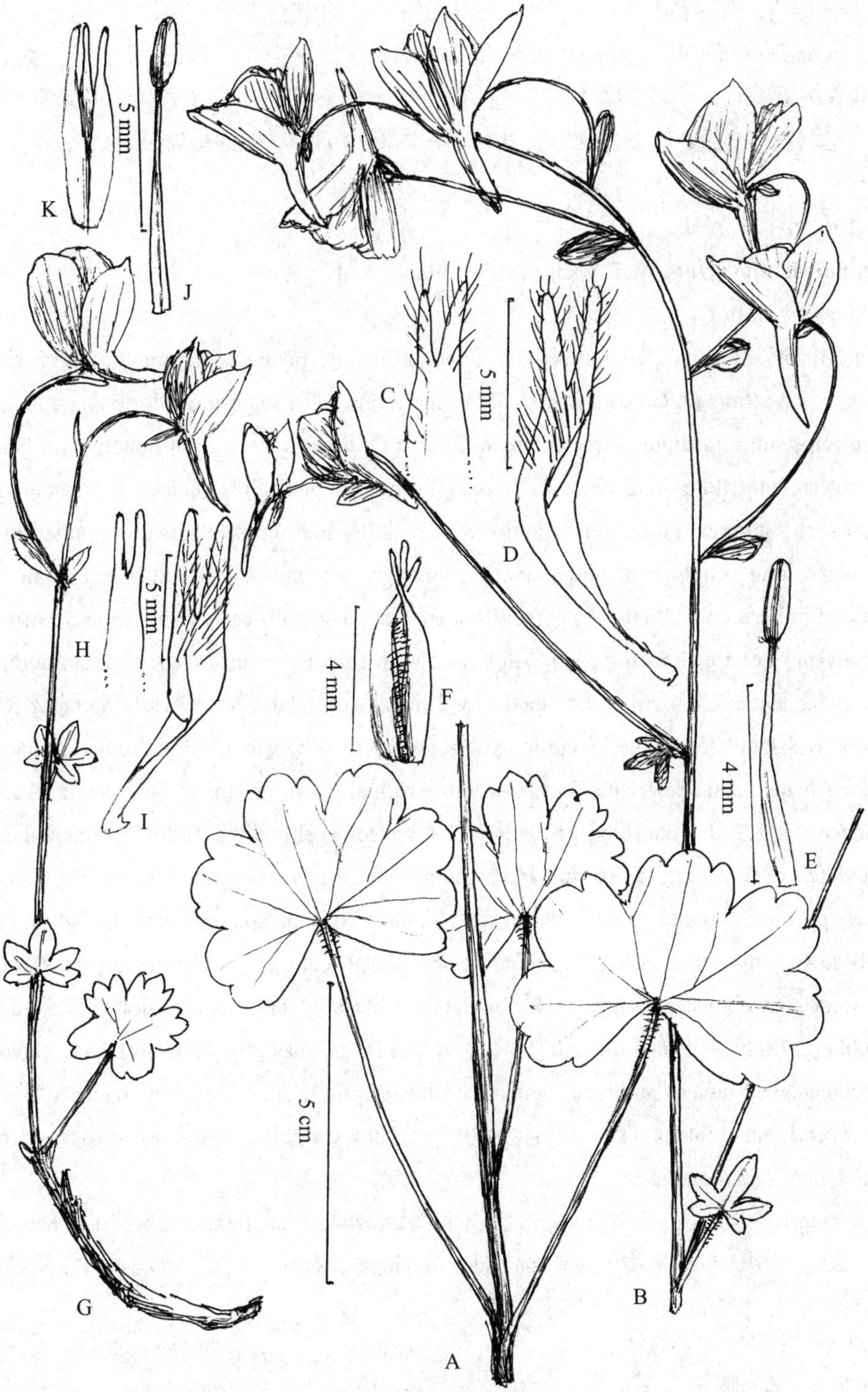

图 1　A–F. **隆子翠雀花**　A. 茎下部；B. 复总状花序；C. 花瓣顶端；D. 退化雄蕊；E. 雄蕊；F. 雌蕊群。
G–K. **黄花翠雀花**　G. 植株全形；H. 花瓣顶端；I. 退化雄蕊；J. 雄蕊；K. 雌蕊群。

Fig. 1　A–F. **Delphinium longziense**　A. Lower part of stem; B. Compound raceme; C. petal apex; D. Staminode; E. Stamen; F. Gynoecium.　G–K. **D. xanthanthum**　G. Habit; H. Petal apex; I. Staminode; J. Stamen; K. Gynoecium.

本种的萼片黄色，花瓣和退化雄蕊黑色，花组成具 2 花的伞房花序，因此与也具上述特征的石滩翠雀花 (*D. pseudocandelabrum* W. T. Wang) 相近缘，与后者的区别在于本种的叶较小，叶片宽 1.4–2.5 cm，萼距比萼片稍短或近等长，花瓣顶端 2 浅裂，心皮无毛。在石滩翠雀花，叶较大，叶片宽 3–4 cm，萼距比萼短的多，花瓣顶端全缘，心皮的子房被柔毛（王文采，1983；Wang & Warnock，2001）。

绿房翠雀花　图 2：A–E.

Delphinium viridiovarium W. T. Wang, sp. nov. Fig. 2: A–E.

(Sect. *Elatopsis* Huth)

Ob folia 3-lobata, calcar sepalinum sepalis subaequilongum, petala et staminodia nigra, carpella glabra species nova haec est affinis *D. langxianensi* W. T. Wang, a quo foliis majoribus, floribus in corymbos 3-floros dispositis, pedicellis supra medium 2-bracteolatis differt. In *D. langxianensi*, folia minora cum laminis 1–2 cm longis et 1.5–3.6 cm latis, flores in racemos 7–8-floros dispositi, et pedicelli ad apicem 2-bracteolati sunt.

Perennial herb. Stem ca. 20 cm tall, simple, with petioles and pedicels spreading-puberulous, 3-leaved. Basal leaf solitary, long petiolate; blade papery, reniform, ca. 3.8 cm × 7 cm, at base cordate, adaxially on nerves appressed-puberulous, abaxially sparsely puberulous, 3-lobed nearly to the middle of blade, central lobe obtrapeziform-obovate, 1.5 cm broad, 3-lobulate with lobules broad-ovate, 1–2-denticulate or entire, lateral lobes subflabellate, 3.5–4 cm broad, unequally 2-lobed, secondary lobes shortly obtrapeziform or broad-obovate, unequally 3-lobulate; petiole 13 cm long, at base shortly vaginate. Cauline leaves similar to basal one, but with smaller blades and shorter petioles. Corymb terminal, ca. 8 cm long, 3-flowered; bracts lanceolate or narrow-lanceolate, 1.2–1.8 cm long; pedicels 3.5–8 cm long, above the middle 2-bracteolate; bracteoles narrow-lanceolate or lanceolate, 5–10 mm long, puberulous. Flower: Sepals blue-purple, inside glabrous, outside sparsely puberulous, upper sepal broad-ovate, 13 mm × 10 mm, spur subulate, 13–14 mm long, slightly decurved, at base 4–5 mm across, lateral sepals orbicular-obovate, 11 mm × 15 mm, at apex shortly acuminate and ciliate, lower sepals obovate, 18 mm × 11 mm. Petals 2, black, glabrous, apex 2-lobed. Staminodes 2, black; limbs ovate-oblong, 7 mm × 5 mm, 2-lobed (lobes 3–4 mm long), adaxially whitish-barbate; claws 7 mm long, at base 1-appendiculate. Stamens numerous, glabrous; filaments 6–7.5 mm long, below lanceolate-linear, above filiform; anthers dark-blue, oblong, (1–1.3) mm × (0.7–1) mm. Carpels 3, glabrous; ovaries green, 4.8 mm × 0.8 mm; styles white, 2–2.4 mm long.

西藏（Xizang）：洛扎县，拉康镇，卡久寺附近（Lhozhag Xian, Lakang Zhen, near Kajiu Temple），alt. 3 934 m，山坡路边，草本植物（near roadsides on slopes, herbs），2017-09-14，PE 西藏考察队（PE Xizang Exped.）6634（02293616）（holotype, PE）。

本种的叶 3 浅裂，萼距与萼片近等长，花瓣和退化雄蕊黑色，心皮无毛，因此与也具上述特征的朗县翠雀花 (*D. langxianense* W. T. Wang) 相近缘，与后者的区别在于本种的叶较大，叶片长达 3.8 cm，宽达 7 cm，花组成具 3 花的伞房花序，花梗在中部之上具 2 小苞片。在朗县翠雀花，叶较小，叶片长 1–2 cm，宽 1.5–3.6 cm，花组成具 7–8 花的总状花序，花梗在顶端具 2 小苞片（王文采，2014）。

图 2　A–E. **绿房翠雀花**　A. 基生叶；B. 茎顶部和伞房花序；C. 退化雄蕊；D. 雄蕊；E. 雌蕊群。
F–J. **二距翠雀花**　F. 根状茎，茎基部和基生叶；G. 总状花序；H. 退化雄蕊；I. 雄蕊；J. 雌蕊群。

Fig. 2　A–E. ***Delphinium viridiovarium***　A. Basal leaf; B. Apical part of stem and corymb; C. Staminode; D. Stamen; E. Gynoecium.　F–J. ***D. dicentrum***　F. Rhizome, basal part or stem and basal leaf; G. Raceme; H. Staminode; I. Stamen; J. Gynoecium.

二距翠雀花　图 2： F−J.

Delphinium dicentrum W. T. Wang, sp. nov. Fig. 2: F−J.

(Sect. *Elatopsis* Huth)

Ob foliorum laminam lobatam et lobos inter sese contiguous, petala et staminodia nigra, pedicellos prope flores 2-bracteolatos species nova haec est similis *D. langxianensi* W. T. Wang, a quo folii basalis lamina 2-nervi et 2-lobata, sepalo infero uno basi breviter calcarato valde differ. In *D. langxianensi*, folii lamina 3-nervis et 3-lobata, et sepala infera haud calcarata sunt.

Perennial herb. Stem ca. 18 cm tall, simple, slightly retrorsely hirtellous, 2-leaved. Basal leaf solitary, long petiolate; blade papery, reniform, 2 cm × 4.6 cm, at base cordate, on both surfaces very sparsely hirtellous and below on margins ciliate, 2-lobed, with 2 primary nerves (each primary nerve above base 3-branched), lobes 3−4-lobulate, lobules among themselves contiguous, shortly obtrapeziform or broad-ovate, at apex rounded, entire or 1-rotund-denticulate; petiole 11 cm long, retrorse-hirtellous, at base narrowly vaginate. Cauline leaves not seen. Raceme terminal, ca. 20 cm long, 3-flowered; rachis with pedicels retrorse-hirtellous; bracts shortly petiolate, blades broad-triangular, (2.5−3.5) cm × (3−6.5) cm, at base subtruncate, 3-parted, central lobe obtrapeziform, at apex 3-dentate, lateral lobes larger, broad-obovate, unequally 2-lobed; pedicels 0.5−11 cm long, near flower 2-bracteolate; bracteoles linear, [10−12(−16)] mm × [1.5−2(−3)] mm. Flower: Sepals purplish, inside glabrous, outside appressed-pubescent, upper sepal broad-ovate, 20 mm × 15 mm, spur upwards spreading, rarely lecurved, thickly subulate, 13−15 mm long, at base 3−5 mm across, lateral sepals broad-elliptic, 15 mm × 10 mm, lower sepals similar to lateral ones, but larger, 20 mm × (9−12) mm, and the left lower sepal at base with a short tubular spur 4 mm long and 1.8 mm in diam. Petals 2, black, glabrous, apex 2-lobed. Staminodes 2, black; limbs oblong, 10 mm × 4 mm, 2-lobed to the middle, adaxially below lobes and on lower parts of lobes long white-barbate; claws 7 mm long, at base not appendiculate. Stamens numerous, glabrous; filaments 7.5−8 mm long, below lanceolate-linear, above filiform; anthers dark, oblong, 1.4 mm × (0.6−0.8) mm. Carpels 3; ovaries (6−8) mm × (0.8−1.8) mm, pubescent or subglabrous; styles 2.5−3 mm long, glabrous.

西藏（Xizang）：隆子县，从玉麦乡至曲桑村垭口（Lhünzê Xian, on the way from Yumai Xiang to Qusang Cun），alt. 4 398 m，高山草地上，花淡紫色（on alpine meadow, fls. light purple），2017-09-07，PE 西藏考察队（PE Xizang Exped.）6112（02293612）（holotype, PE）。

本种叶的叶片浅裂，裂片互相邻接，花瓣和退化雄蕊黑色，花梗在顶端近花处具 2 小苞片，因此与也具上述特征的朗县翠雀花 (*D. langxianense* W. T. Wang) 相似，但本种有 2 个十分独特的特征，即其叶片具 2 条一级脉，每条一级脉在基脉之上具 3 条分枝，叶片 2 浅裂，再就是花的左侧下萼片在基部具 1 短筒状距。在朗县翠雀花以及翠雀花属其他种，叶片具 1 条中脉和 2 条侧生基出脉，叶片分裂成 3 个一级裂片，花只有上萼片具 1 条距，其他的 2 侧萼片和 2 下萼片均无距。

扎囊翠雀花　图 3： A−E

Delphinium zhanangense W. T. Wang, sp. nov. Fig. 3: A−E.

(Sect. *Elatopsis* Huth)

Species nova haec est affinis *D. hillcoatiae* Munz, a quo caulibus racemorum rhachidibus et pedicellis haud flavor-glanduloso-puberulis, sepalis apice longe acuminates recedit. In *D. hillcoatiae*, caules racemorum rhachides et pedicelli patule flavor-glanduloso-puberuli et appresse albo-puberuli, sepala apice acuta sunt.

Perennial herbs. Stems 32−80 cm tall, simple or with ca. 2 short vegetative branthes, densely puberulous, 6−10-leaved. Basal leaves not seen. Cauline leaves long petiolate; blades papery, reniform or pentagonal, (3−5.2) cm × (4.5−8) cm, at base cordate, on both surfaces sparsely puberulous or subglabrous, 3-fid to the middle of blade or 3-parted, central lobe obtrapeziform, rhombic or broad-rhombic, 1.6−2 cm broad, at apex subrounded or acute, 3-dentate or 3-lobed, secondary lobes 1−4-denticulate, lateral lobes larger, flabellate, unequally 2-lobed, upper secondary lobe similar to primary central lobe, lower secondary lobe once again unequally 2-lobed; petioles 1−7.5 cm long. Racemes terminal, 20−50 cm long, 11−22-flowered; rachis with pedicels densely spreading-puberulous; lower bracts foliaceous, upper ones lanceolate or linear, 0.8−1.5 cm long, undivided; pedicels 1−6 cm long, above the middle to near flower 2-bracteolate; bracteoles narrow-oblong or narrow-spatulate, (6−15) mm × (1−2) mm, longitudinally 1-nerved. Flower: Sepals 5, upper sepal purplish, narrow-ovate, (14−18) mm × (5−7) mm, at apex long acuminate, inside glabrous, outside sparsely puberulous or subglabrous, on margin ciliolate, spur subulate, 15−18 mm long, at base 4−5 mm across, lateral and lower sepals white, tinged with blue, elliptic-ovate, (14−16) mm × (6−8) mm, at apex long acuminate, subglabrous, longtitudinally 3-blue-nerved. Petals 2, black, glabrous, apex 2-lobulate. Staminodes 2, black; limbs ovate, 6 mm × 4 mm, at apex 2-lobulate, adaxially below lobules densely yellow-barbate; claws 6 mm long, at base 1-appendiculate. Stamens numerous, glabrous; filaments 5.5−7 mm long, lanceolate-linear, near apex filiform; anthers dark, oblong, (1.2−1.8) mm × (0.6−1) mm. Carpels 3; ovaries 4 mm × 0.8 mm, puberulous; styles 2.2−2.5 mm long, glabrous.

西藏（Xizang）：扎囊县，阿扎乡（Zhanang Xian，Azha Xiang），alt. 3788 m，林中，草本植物，花淡紫色(in forest, herbs, fls. light purple), 2017-08-25, PE 西藏考察队(PE Xizang Exped.)5088(02293615)（holotype，PE）。

本种与毛茛叶翠雀花 (*D. hillcoatiae* Munz) 在亲缘关系上相近，与后者的区别在于本种的茎、总状花序轴和花梗均无黄色短腺毛，以及萼片顶端长渐尖。在毛茛叶翠雀花，茎、总状花序轴和花梗均被开展的黄色短腺毛和贴伏的白色短柔毛，萼片顶端急尖（王文采，1979；Wang & Warnock，2001）。

宽片翠雀花　图 3：F−J.

Delphinium latilimbum W. T. Wang, sp. nov. Fig. 3: F−J.

(Sect. *Delphinastrum* DC.)

Species nova haec est affinis *D. hirticauli* Franch., a quo caulibus glabris vel sparse pubescentibus, racemis 2−4-floris, pedicellis prope apicem dense puberulis, staminodiorum limbis orbiculari-obovatis, ovariis dense pubescentibus distat. In *D. hirticauli*, caules inferne hirsutis, racemi 5−10-flori, pedicelli glabri, staminodiorum limbi ovati, ovaria glabra vel subglabra sunt.

Perennial herbs. Stems 6−20 cm tall, simple or long 1−3-branched, glabrous or with very sparse hairs. Basal leaf usually solitary, long petiolate; blade papery, reniform, (3.5−5) cm × (6.5−10) cm, at base cordate,

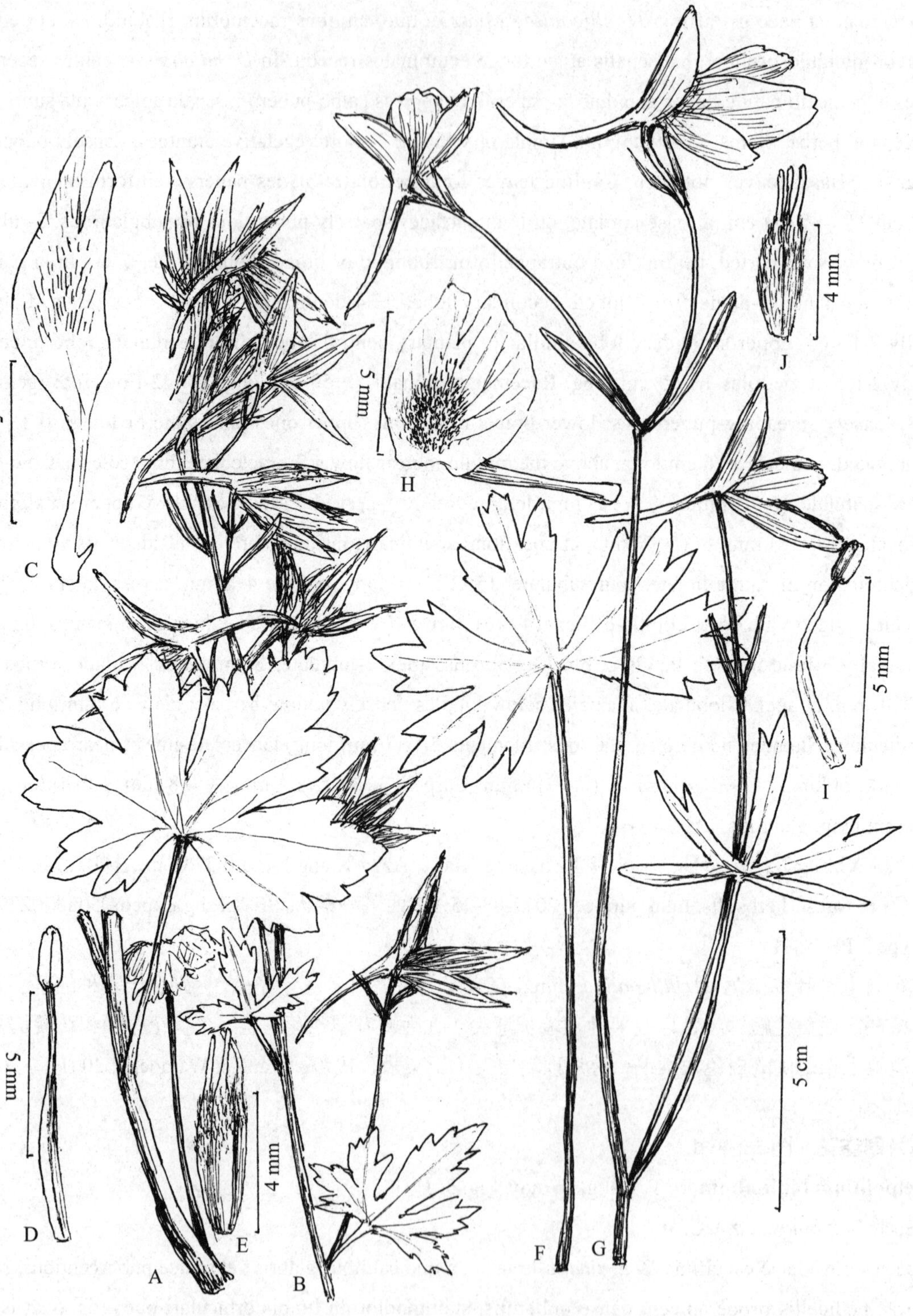

图 3　A–E. **扎囊翠雀花**　A. 茎基部，具一枯萎的最下部茎生叶；B. 总状花序；C. 退化雄蕊；D. 雄蕊；E. 雌蕊群。
F–J. **宽片翠雀花**　F. 基生叶；G. 总状花序；H. 退化雄蕊；I. 雄蕊；J. 雌蕊群。

Fig. 3　A–E. ***Delphinium zhanangense***　A. Basal part of stem, with a withered lowermost cauline leaf; B. Raceme; C. Staminode; D. Stamen; E. Gynoecium.　F–J. ***D. latilimbum***　F. Basal leaf; G. Raceme; H. Staminode; I. Stamen; J. Gynoecium.

on both surfaces with very sparse and very short appressed hairs, 3-parted, central lobe cuneate-rhombic or cuneate, 2−4 cm broad, 3-lobed, with secondary lobes lanceolate-oblong, undivided or 2−3-lobulate, at apex often mucronate, lateral lobes flabellate, 3−6.5 cm broad, unequally 2-fid; petiole slender, 8−19 cm long, glabrous, at base narrowly vaginate. Cauline leaves smilar to basal one, but smaller. Racemes terminal, 3−20 cm long, 2−4-flowered; rachis glabrous; basal bract similar to cauline leaves, petiolate, sometimes 3-sect, with linear ultimate lobes, upper bracts narrow-lanceolate or linear, 1−3 cm long; pedicels 2−14.5 cm long, near flower densely spreading-puberulous, above the middle to near flower 2-bracteolate; bracteoles linear or subulate, (7−15) mm × (0.5−2) mm, puberulous. Flower: Sepals blue, inside glabrous, only in lower sepals below with a few short hairs, outside appressed-puberulous, upper sepal broad-ovate, (15−17) mm × 10 mm, spur subulate, 18−24 mm long, straight or slightly upwards curved, at base 3−4 mm across, lateral sepals subelliptic, (15−18) mm × (7−8) mm, lower sepals similar to lateral ones, but larger, (16−20) mm × (7−10) mm. Petals 2, blue, glabrous, apex entire. Staminodes 2; limbs blue, orbicular-obovate, 6 mm × 4 mm, 2-lobed, adaxially above base densely and shortly yellow-barbate; claws white, 5 mm long, base not appendiculate. Stamens numerous, glabrous; filaments 4−6 mm long, below linear, above filiform; anthers dark-blue, oblong, (0.8−1) mm × (0.3−0.5) mm. Carpels 3; ovaries 4 mm long, densely pubescent; styles 2−2.2 mm long, glabrous.

西藏（Xizang）：错那县，自麻玛乡至县城途中（Cuona Xian，on the way from Mama Xiang to the city of Cuona Xian），alt. 3 449−4 414 m，山坡，草本植物，花蓝堇色（on slopes，herbs，fls. blue-violet），2017-09-12，PE 西藏考察队（PE Xizang Exped.）6429（02293619）（holotype, PE）。

本种与毛茎翠雀花 (*D. hirticaule* Franch.) 近缘，与后者的区别在于本种的茎无毛或有少数柔毛，总状花序具 2−4 花，花梗在顶端密被短柔毛，退化雄蕊的瓣片圆倒卵形，子房密被柔毛。在毛茎翠雀花，茎下部被长硬毛，总状花序具 5−10 花，花梗无毛，退化雄蕊的瓣片倒卵形，子房无毛或近无毛（王文采，1979；Wang & Warnock，2001）。

狭裂翠雀花　图 4

Delphinium lagarolobum W. T. Wang, sp. nov. Fig. 4.

(Sect. *Delphinastrum* DC.)

Ob folia 3-secta dissecta, eorum lobos ultimos linearibus, inflorescentias corymbosas paucifloras, calcar sepalinum subulatum seaplis longius, ovarium pilis densis tectum species nova haec est similis *D. caeruleo* Jacq. ex Camb., a quo foliis semel vel bis divisis, lobis ultimis angustioribus 1−2 mm latis, staminodiorum limbis oblongo-ovatis apice 2-lobulatis, carpellis tribus praeclare differt. In *D. caeruleo*, folia ter vel quarter divisa, eorum lobi ultimi latiores 1.5−2.5(−4) mm lati, staminodiorum limbi late obovati vel suborbiculares apice integri vel emarginati, et carpella qinque sunt.

Perennial herbs. Stems ca. 30 cm tall, with petioles retrorsely appressed-puberulous, 1−2-branched. Basal leaf solitary, long petiolate; blade papery, deltoid in outline, ca. 3 cm × 5 cm, at base subtruncate, adaxially glabrous, abaxially on nerves sparsely pubescent, 3-sect and 1−2 times divided, central segment narrow-linear, 3 cm × 0.1 cm, near the middle with a small lobule, lateral segments ca. 2.5 cm long, unequally 2-parted to near base, ultimate lobes narrow-linear, upper lobe larger, 2.4 mm × 0.1 mm, lower lobe 1.5 cm × 0.1 cm; petiole

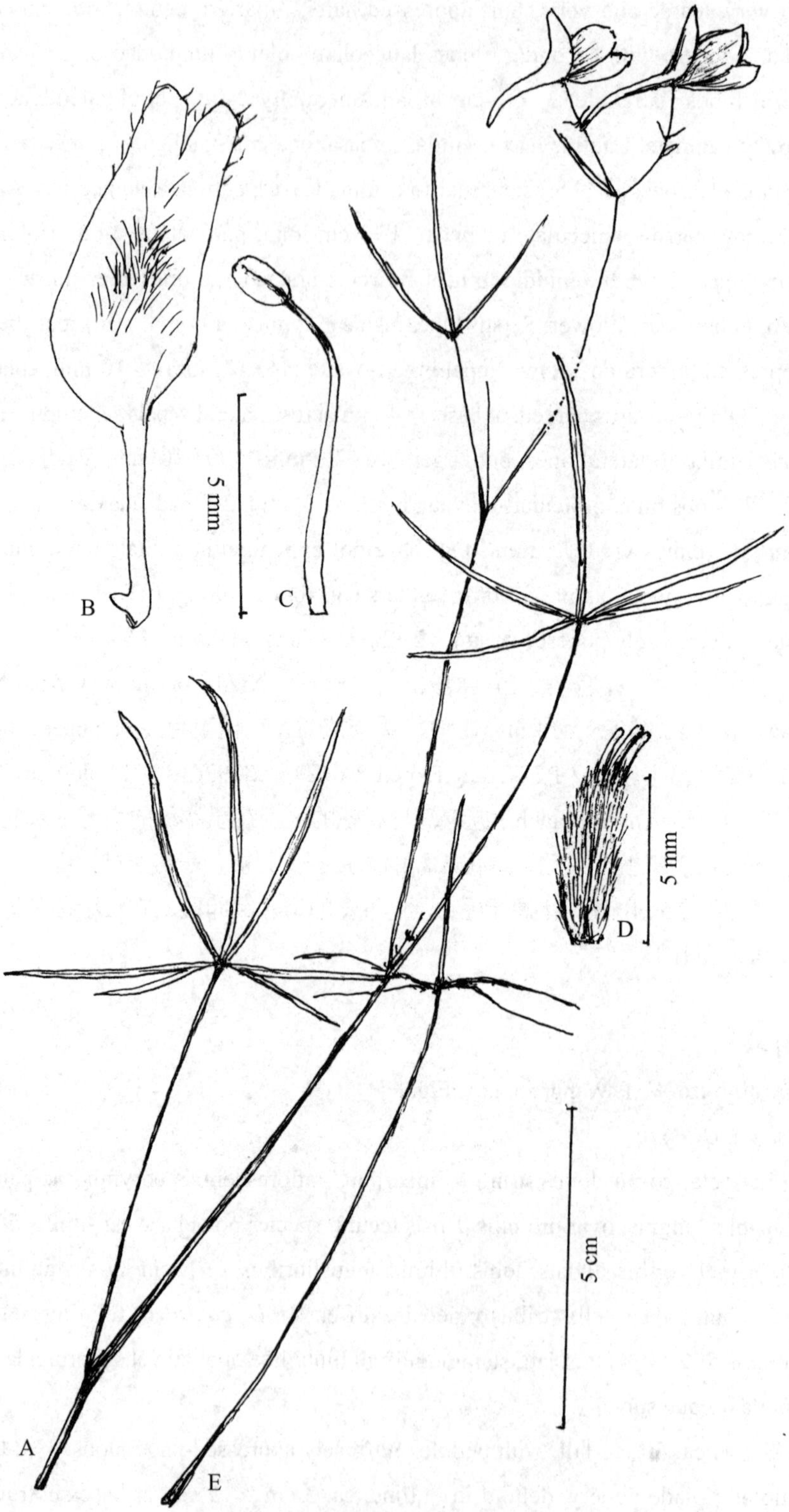

图 4 **狭裂翠雀花** A. 开花茎；B. 退化雄蕊；C. 雄蕊；D. 雌蕊群；E. 基生叶。

Fig. 4 **Delphinium lagarolobum** A. Flowering stem; B. Staminode; C. Stamen; D. Gynoecium (from holotype); E. Basal leaf.

图版Ⅰ　A. **隆子翠雀花**；B. **黄花翠雀花**；C. **扎囊翠雀花**；D. **宽片翠雀花**；E. **狭裂翠雀花**。

Plate Ⅰ　A. **Delphinium longziense** W. T. Wang; B. **Delphinium xanthanthum** W. T. Wang; C. **Delphinium zhanangense** W. T. Wang; D. **Delphinium latilimbum** W. T. Wang; E. **Delphinium lagarolobum** W. T. Wang.

10.8 cm long. Lower cauline leaves similar to basal one, upper ones with central segment and 2 lateral segments all narrow-linear, 1−2 mm broad, undivided. Corymbs terminal, 2−4.5 cm long, 2−5-flowered; bracts petiolate or sessile, 3-sect, with 3 narrow-linear segments all undivided; pedicels 2−4 cm long, densely puberulous, near or above the middle 2-bracteolate; bracteoles linear, (3−7) mm × (0.3−1) mm, puberulous. Flower: Sepals blue, inside glabrous, outside yellowish-puberulous, upper sepal broad-ovate, 14 mm × 9 mm, spur subulate, ca. 16 mm long, slightly decurved, at base 4 mm across, lateral sepals obliquely elliptic, 14 mm × 8 mm, lower sepals narrow-elliptic, 13 mm × 5 mm. Petals 2, blue, glabrous, apex entire. Staminodes 2; limbs blue, oblong-ovate, 7 mm × 3.5 mm, at apex 2-lobulate, adaxially below lobules yellow-barbate, above eiliate; claws white, 4 mm long, glabrous, at base 1-appendiculate. Stamens numerous, glabrous; filaments 4−5 mm long, narrow-linear, near apex narrowed; anthers dark-purple, oblong, 1 mm × 0.6−0.7 mm. Carpels 3; ovaries 5 mm long, densely white-pubescent; styles blue, 1 mm long.

西藏（Xizang）：隆子县，玉麦乡，玉麦雄曲山谷（Lhünzê Xian, Yumai Xiang，Yumaixiongqu Valley），alt. 2 935 m，山谷林边，草本植物，花蓝色（forest margin in valley，herbs with blue flowers），2017-09-06，PE 西藏考察队（PE Xizang Exped.）5977（02293617）（holotype，PE）。

本种的叶 3 全裂并细裂，末回裂片条形，花序伞房状，具少数花，萼距钻形，比萼片长，子房密被柔毛，因此与也具上述特征的蓝翠雀花 (*D. caeruleum*) 相似，与后者的区别在于本种的叶 1−2 回分裂，末回裂片较狭窄，宽 1−2 mm，退化雄蕊的瓣片长圆状卵形，顶端 2 微裂，心皮 3 枚。在蓝翠雀花，叶 3−4 回分裂，末回裂较宽，宽 1.5−2.5(−4) mm，退化雄蕊的瓣片宽倒卵形或近圆形，顶端全缘或微凹，心皮 5 枚（Hooker & Thomson，1872；王文采，1979; Rau，1993；Wang & Warnock，2001）。

参 考 文 献

[1] 王文采. 中国毛茛科植物小志 (七) [J]. 植物研究, 1983, 3(1): 24−38.
WANG W T. Notulae de Ranunculaceis Sinensibus (VII) [J]. Bull. Bot. Res., 1983, 3(1): 24−38.

[2] 王文采. 中国植物志: 第 27 卷 [M]. 北京: 科学出版社, 1979, 27: 326−462.
WANG W T. *Delphinium*. Flora Reipublicae Popularis Sinicae [M]. Beijing: Science Press, 1979, 27: 326−462.

[3] 王文采. 华西南翠雀属 5 新种[J]. 植物研究, 2014, 34(5): 577−583.
WANG W T. Five new species of the genus *Delphinium* (Ranunculaceae) from Southwest China [J]. Bull. Bot. Res., 2014, 34(5): 577−583.

[4] HOOKER J D, THOMSON T. *Delphinium* [M] // HOOKER J D. The flora of British India. London: L. Reeve, 1875, 1: 24−27.

[5] RAU M A. *Delphinium* [M] // SHARMA B D. Flora of India. Calcutta: Botanical Survey of India, 1993, 1: 85−102.

[6] WANG W T, WARNOCK M J. *Delphinium* [M] // WU Z Y, RAVEN P H, eds. Flora of China. Beijing: Science Press; St. Louis: Missouri Botanical Garden Press, 2001, 6: 223−274.

罂粟科绿绒蒿属三新种

Three new species of *Meconopsis* (Papaveraceae)

自 2015 年 12 月初起我开始鉴定一批绿绒蒿属未定名的标本，这时我从植物研究所图书馆借到刚购入的一本由英国植物学家 Grey-Wilson 于 2014 年编写出版的绿绒蒿属专著（Grey-Wilson,，2014）。此书收载绿绒蒿属植物 79 种，将其等划分为 4 亚属、10 组、13 系，制定出此属的一新分类系统。同时，我在此书中将原置于绿绒蒿属特产我国的 *Meconopsis chelidonifolia* Bur. & Franch. 和 *M. oliveriana* Franch. Ex Prain 二种从此属转移到另一属 *Cathacartia* Hook. f. ex Hook. 中。此书收载我国此属植物 58 种，比于 2008 年出版的 *Flora of China*（Zhang & Grey-Wilson，2008）中的绿绒蒿属志（收载 43 种）增加了 15 种。我在鉴定工作过程中发现了采自四川西北部此属植物的 2 号标本代表了 2 个新种；自青海南部发现的罂粟科绿绒蒿属 1 个新种。现在本文中予以发表。

肋蕊绿绒蒿　图 1

Meconopsis pleurogyna W. T. Wang, sp. nov. Fig. 1

[Subgen. *Cumminsia* (Prain) Grey-Wilson sect. *Racemosae* C. Y. Wu & H. Chuang]

Ob scapos et sepala setis tenuibus potius debilibus obtecta, flores vadoce crateriformes 5–7-petalatos et staminum filamenta filiformia species nova haec est fortasse affinis *Meconopsis*. *lhasaensi* Grey-Wilson, a qua foliorum laminis angustioribus anguste oblongis vel anguste ovatis margine indivisis nec undulatis nec crispatis, floribus omnibus singulariter scaposis haud in racemos dispositis, petalis saturate caeruleo-purprueis, ovariis conspicue longitudinaliterque 4-costatis plerumque glabris raro sparse setulosis praeclare differt. In *M. lhasaensi*, foliorum laminae latiores longe ellipticae margine undulatae et crispatae interdum lobulatae, flores in racemos dispositi et singularter scaposi, petala dilute caerulea, et ovaria dense setulosa haud longitudinaliterque costata sunt.

Small monocarpic herbs. Taproots dauciform, ca. 12 cm long, near apex 0.6–1 cm in diam. Leaves 9–12, all basal; blades membranous or thin-papery, narrow-oblong, narrow-ovate, or spatulate, (1.8–4.2) cm × (0.7–1.2) cm, 3-nerved, apex slightly obtuse or slightly acute, base attenuate into short or long linear petioles, margin entire; surfaces adaxially near margin densely appressed-hispid, abaxially sparsely appressed-hispid, or subglabrous; petioles flattened, 1–3 cm long, glabrous or subglabrous. Scapes 2–9, 7–14 cm tall, 1.2–2.5 mm in diam., on apex 1-flowered, from base to apex covered with dense, retrorse, yellowish, thin and rather weak bristles 1–3 mm long. Flowers solitary and terminal on scapes, lateral-facing, shallowly bowl-shaped, 4–5 cm in diam. Flower buds subglobose ca. 1 cm in diam., near apex and base with bristles 0.8–2 mm long.Sepals caduceus unknown. Petals 5–7, deep-blue-purple (from the collector), narrow-obovate, (1.8–2.4) cm × (0.9–1.5) cm, glabrous, apex rounded, entire or few-lobulate. Stamens numerous, glabrous; filaments purple, filiform, 5–9 mm long; anthers yellowish, broadly oblong or subquadrate, 1–1.5 mm long. Pistil slightly shorter than stamens;

原文刊登于《广西植物》39(1): 1–6, 2019。
致谢：深切感谢孙英宝先生为本文绘图。

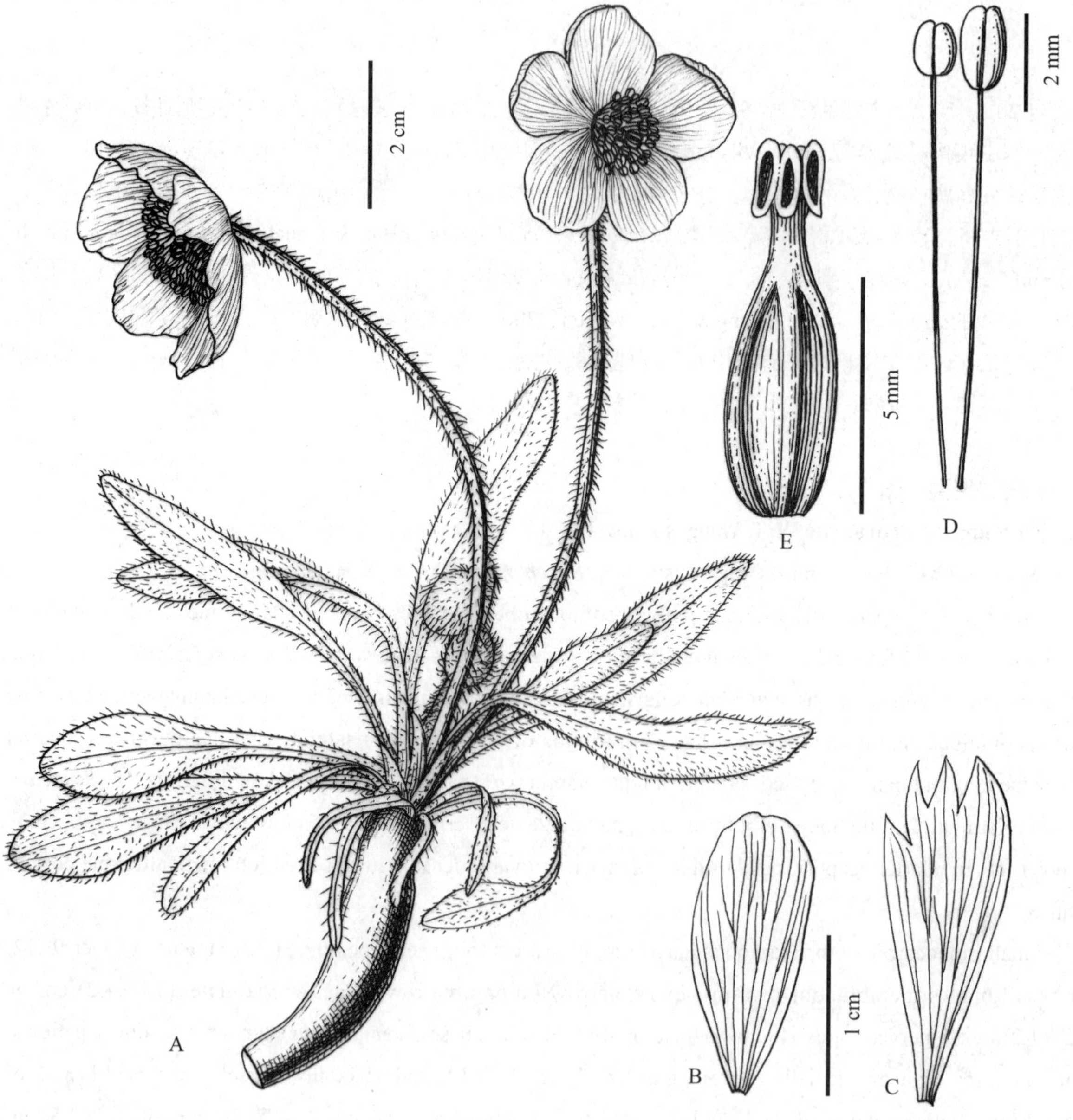

图 1　**肋蕊绿绒蒿**　A. 植株全形；B. 全缘的花瓣；C. 顶端微裂的花瓣；D. 二雄蕊；E. 雌蕊。（A，B，D 和 E 来自模式标本；C 来自等模式标本）

Fig. 1　**Meconopsis pleurogyna**　A. Habit; B. Petal with entire margin; C. Petal with apex lobulated; D. Two stamens; E. Pistil. (A, B, D and E from holotype; C from isotype) ovary compressed, whitish, oblong-ovate, (4.5−6) mm × (2.5−3) mm, conspicuously longitudinally 4-ribbed, glabrous, rarely with a few short bristles 0.4−2 mm long; style 2.5−3 mm long, glabrous; stigma 1.5 mm long, with 4 dark-brown lobes.

四川 (Sichuan)：马尔康县，梦笔山 (Maerkang Xian, Mengbi Shan), alt. 4 150 m，稀疏灌丛草甸；草本，花冠蓝紫色，花瓣顶端浅裂 (on alpine meadow with sparse bushes; herbs, with blue-purple corollas and petals irregularly lobulate at apex), 1983-06-29，汤宗孝 (Z. X. Tang) 1201 (holotype and isotypes, PE)。

本种的花葶和萼片均被纤细、颇弱的刺毛，花浅碗状，具 5−7 枚花瓣，雄蕊花丝丝形，因此与也具上述形态特征的拉萨绿绒蒿 (*Meconopsis lhasaensis* Grey-Wilson) 相似，可能有相近的亲缘关系，与后者的区别：本种的叶片较狭，呈狭长圆形或狭卵形，边缘不分裂，不呈波状和皱波状，所有花均单生花葶顶端，不组成总状花序，花瓣深蓝紫色，子房具明显 4 条纵肋，无毛，稀具少数短刺毛。而拉萨绿绒蒿叶片较宽，呈长椭圆形，边缘波状和皱波状，有时具小裂片，花组成总状花序，同时单生花葶顶端，花瓣淡蓝色，子房密被短刺毛，不具纵肋 (Grey-Wilson, 2014)。

狭瓣绿绒蒿　图 2

Meconopsis angustipetala W. T. Wang, sp. nov. Fig. 2

[Subgen. *Cummisia* (Prain) Grey-Wilson sect. *Impeditae* Grey-Wilson ser. *Hericanae* C. Y. Wu & H. Chuang]

Ob foliorum laminas lanceolatas margine integras, flores omnes singulariter scaposos, staminum filamenta supra filiformia inferne linearia species nova haec est fortasse affinis *Meconopsis henrici* Bur. & Franch., a qua foliorum laminis minoribus usque ad 3.8 cm longis et 7 mm latis glabris, petalis peculiaribus in forma intra generem Meconopsem lineari-oblanceolatis tantum 5−8 mm latis statim distinguitur. In *M. henrici*, foliorum laminae majores usque ad 14.5 cm longae et 2.3 cm latae utrinque setosae, et petala ovata vel obovata 1.4−2.6 cm lata sunt.

Small nonocarpic herb. Root subterete (?), at apex ca. 4 mm in diam. Leaves ca. 10, all basal, glabrous; blades papery, lanceolate-linear or lanceolate, rarely narrow-ovate, (1.8−3.8) cm × (0.5−0.7) cm, apex slightly obtuse, base attenuate into linear petiole, margin entire; petioles flattened, linear, (3.4−4) mm × (0.1−0.2) mm. Scapes ca. 4 per plant, up to 12 cm tall in flower, to 19 cm tall in fruit, near base 1.5−3 mm in diam., above sparsely hirsute (hairs 1−2.5 mm long), below glabrous, on apex 1-flowered. Flower slightly pentulous, ca. 4.2 cm in diam. Sepals 2, broadly elliptic, ca. 1.8 cm long, abaxially very sparsely appressed-hispid (hairs ca. 0.5 mm long). Petals 6, when drying dark-blue, linear-oblanceolate, (2.1−2.5) cm × (0.5−0.8) cm, glabrous, apex truncate-rounded. Stamens numerous, glabrous; filaments 8−11 mm long, above the middle deep blue, filiform, below the middle whitish, narrow-linear and longitudinally 1-nerved; anthers yellowish, broadly oblong, 1−1.2 mm long. Pistil as long as stamens; ovary ovoid, ca. 5 mm × 3.5 mm, sparsely appressed- fulvous-hirsute (hairs 1−2 mm long); style 5 mm long, glabrous; stigma broadly ovoid, ca. 2 mm × 2 mm.

四川 (Sichuan)：康定县，沙德县，贡嘎寺后山（Kangding Xian，Shade Xiang，in the mountain behind Gongga Temple），alt. 4 700 mm，1982-07-31，collector unknown，PE no. 1306833 (holotype，PE)。

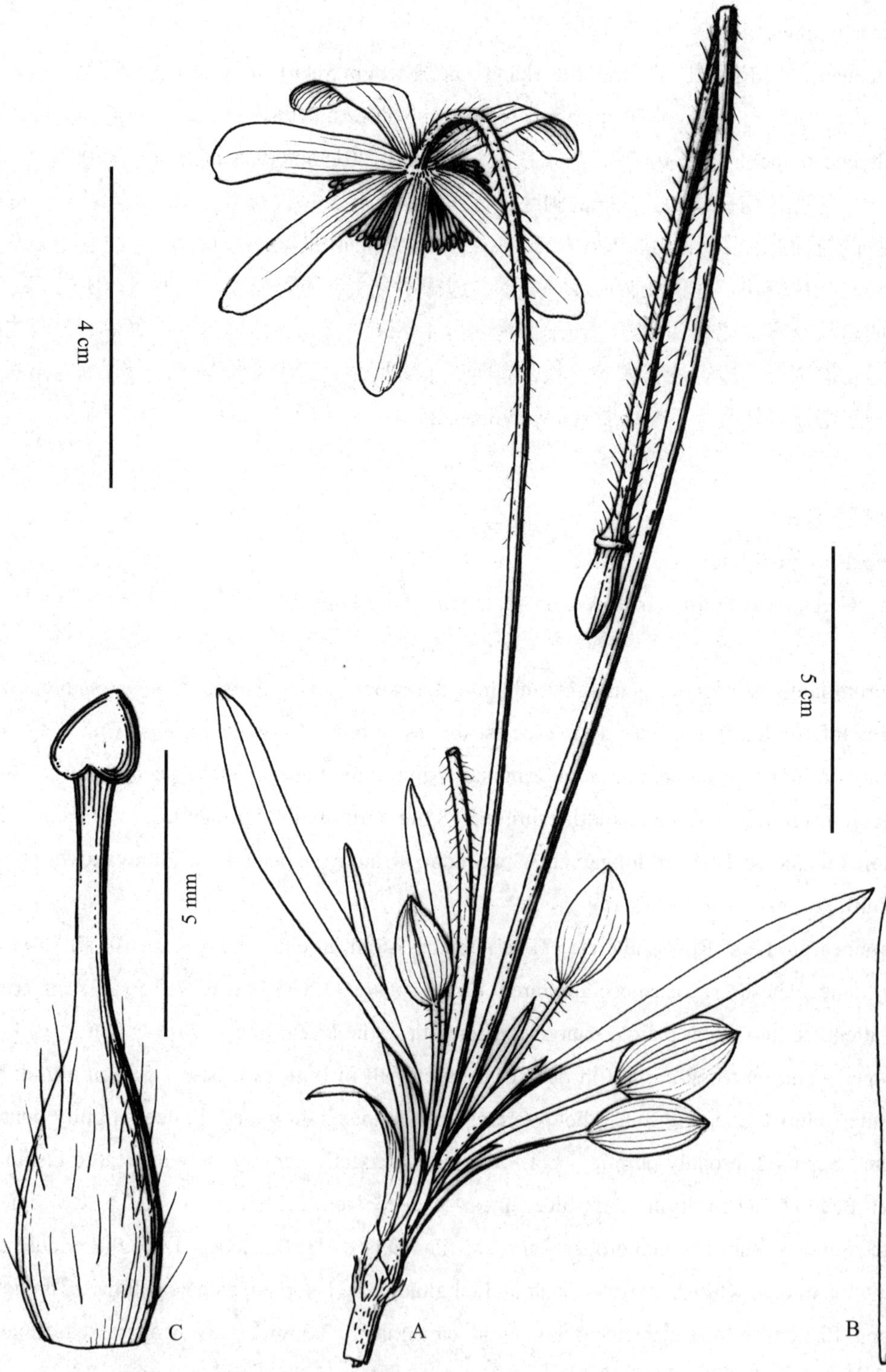

图 2　**狭瓣绿绒蒿**　A. 植株全形；B. 雄蕊；C. 雌蕊。（来自模式标本）

Fig. 2　**Meconopsis angustipetala**　A. Habit; B. Stamen; C. Pistil. (From holotype)

本种的叶片披针形，边缘全缘，花全部单生花葶上，雄蕊花丝上部呈丝形，下部呈条形，因此可能与也具上述形态特征的川西绿绒蒿 (*Meconopsis henrici* Bur. & Franch.) 有亲缘关系，与后者的区别在于本种的叶片较小，长达 3.8 cm，宽达 7 mm，无毛，花瓣的形状在绿绒蒿属中较独特，呈条状倒披针形，宽 5−8 mm。在川西绿绒蒿，叶片较大，长达 14.5 cm，宽达 2.3 cm，在两面均被刺毛，花瓣呈卵形或倒卵形，宽 1.4−2.6 cm(Grey-Wilson, 2014)。

短丝绿绒蒿　图 3

Meconopsis brachynema W. T. Wang, sp. nov. Fig. 3

[Subgen. *Cummisia* (Prain) Grey-Wilson sect. *Impeditae* Grey-Wilson ser. *Impeditae*]

Ob plantas monocarpicas, folia omnia basalia pilis simplicibus haud barbellatis tecta, foliorum rosulas parvas non sempervirentes, flores solitarios e apicibus scaporum basalium pilis simplicibus haud barbellatis tectorum nascentes, et staminum filamenta linearia species nova haec ad subgen. *Commisiam*, sect. *Ipeditas*, ser. *Impeditas* pertinet. In ser. *Impeditis*, ea petalis lanceolato-linearibus 4−7 mm latis, staminibus paucioribus minoribus, filamentis multum brevioribus 1−5 mm tantum longis, pistillo stylo carente, et ovario pilis rigidis barbellatis tecto valde insignis est, et cum his characteribus a speciebus ceteris ser. *Impeditarum* praeclare differt. In speciebus ceteris hujus seriei, petala obovata, ovata, suborbicularia vel elliptica 1.2−3.6 cm lata, stamina numerosa pistillo longiora vel eo aequilonga, filamenta 4−10 mm longa, pistillum stylo praeditum, et ovarium setis haud barbellatis tectum est.

Small monocarpic herb. Root unseen. Leaves numerous, all basal; blades thinly papery, narrow-ovate, narrow obovate or oblanceolate, (1.5−3.5) cm × (0.8−1) cm, apex acute, base attenuate into linear petiole, margin entire; surfaces adaxially and abaxially densely appressed-hirsute, with hairs simple, whitish, 2−4 mm long; midrib adaxially flat, abaxially prominent; petioles flattened, linear, 1.5−3.5 cm long, below braodened, adaxially and abaxially appressed-hirsute. Scape solitary, ca. 19 cm tall, 2 mm in diam., densely and retrorsely hirsute, with hairs simple, yellowith, 2−4.5 mm long. Flower solitary and terminal on scape apex, upwards facing, ca. 8 cm in diam. Sepals caducous, unseen. Petals 5, red-purple (according to the field notes of holotype), thinly membranous, lanceolate-linear, at base broadened, ca. 5 cm long. at base ca. 7 mm broad, and above the middle 4−7 mm broad, apex truncate-rounded. Stamens ca. 20, 3−7 mm long, glabrous; filaments whitish, linear or oblong, 1−5 mm long; anthers, oblong, (1.8−2.4) mm × (0.8−1.1) mm. Pistill slightly longer than the longest stamens; ovary depressed-globose, ca. 6 mm × 7 mm, densely appressed-hirsute, with hairs antrorse, yellowith, barbellate, 1.5−2 mm long; style absent; stigma slightly smaller than the ovary, in dried state dark-blue, subglobose, ca. 5.5 mm in diam., smooth, glabrous.

青海 (**Qinghai**)：玉树县，上巴塘，熊羌沟 (Yushu Xian，Shangbatang，Xiongqiang Valley)，alt. 4 700 m，高山草甸 (on alpine meadow)，花红紫色 (fls. red-purple)，1964-06-20，采集人名字不详 (collector's name unknown) 116 (holotype，PE)。

本种为一次结果小草本植物，叶多数全部基生，被无短毛的毛，叶丛小，不常绿，花单生于基生花葶（被无短毛的毛）的顶端，雄蕊花丝条形；根据这些特征，按照 Grey-Wilson 的绿绒蒿属分类系统，本种当隶属于琴叶绿绒蒿亚属，滇西绿绒蒿组，滇西绿绒蒿系 [subgen. *Cummisia* (Prain) Grey-Wilson,

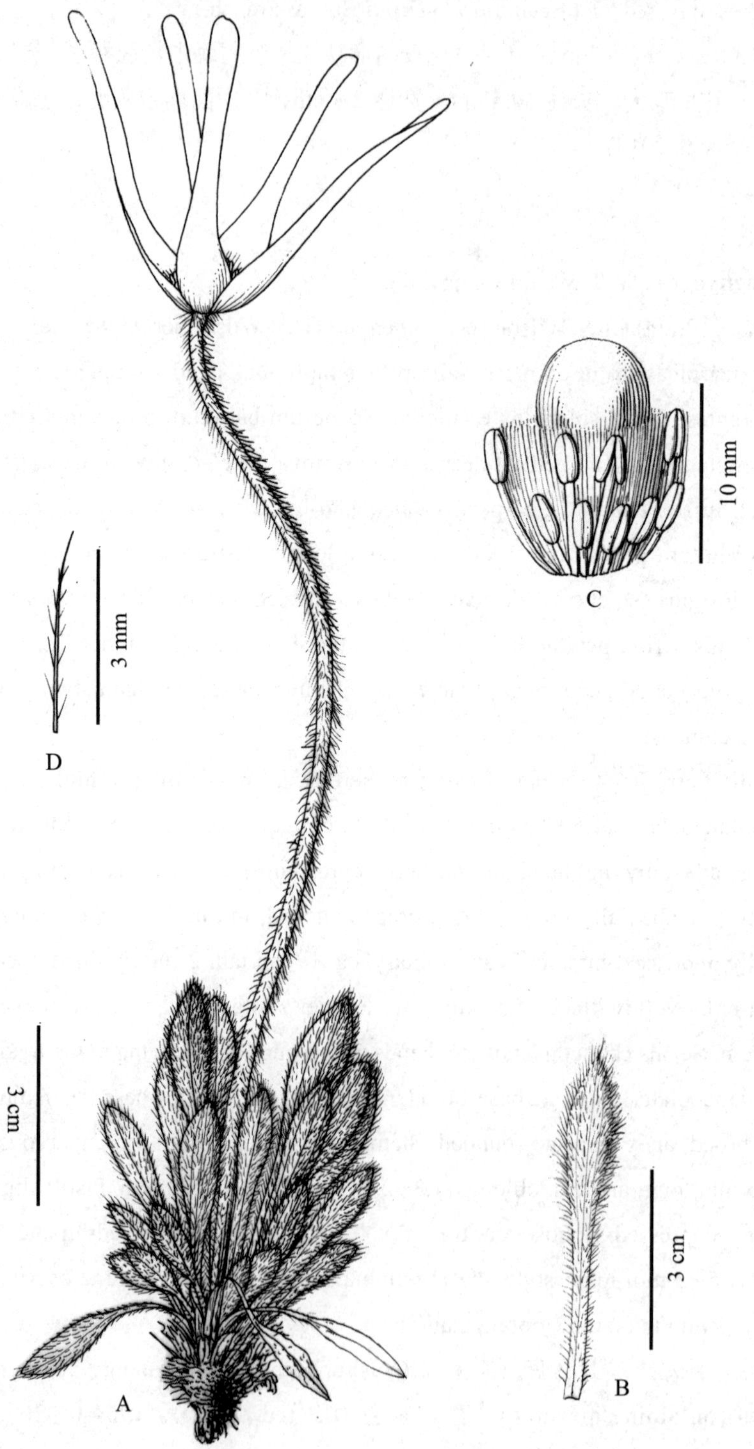

图 3 **短丝绿绒蒿** A. 植株全形；B. 叶；C. 雄蕊群和雌蕊群；D. 子房具短毛的毛。（来自模式标本）

Fig. 3 **Meconopsis brachynema** A. Habit; B. Leaf; C. Androecium and pistil; D. Barbellate hair of ovary. (From holotype)

sect. *Impeditae* Grey-Wilson, ser. *Impeditae*]。在 ser. *Impeditae* 中的本种与此系的其他种的区别在于本种的花瓣呈披针状条形、宽 4−7 mm，雄蕊数目较少（约 20），花丝较短小，长 1−5 mm，雌蕊无花柱，子房被具短毛的硬毛 (barbellate hairs)。在 ser. *Impeditae* 中的其他种，花瓣呈倒卵形、卵形、近圆形或椭圆形，宽 1.2−3.6 cm, 雄蕊比雌蕊长或等长，花丝长 4−10 mm，雌蕊具花柱，子房被无短毛的刚毛 (bristles) (Grey-Wilson, 2014)。

在 2016 年 3 月期间，当我在 PE 观察绿绒蒿属已定名的标本的过程中，发现本种的 holotype 在 1977 年被误定为 *Meconopsis napaulensis* DC.，根据 Grey-Wilson 于 2014 年所编写出版的绿绒蒿属专著，*M. napaulensis* 为特产尼泊尔，在中国不产，其叶基生并茎生，羽状全裂或羽状深裂，与茎均被具短毛的硬毛，花组成圆锥花序，每朵花具 4 片黄色呈倒卵形的花瓣，与本种大不相同。

参 考 文 献

GREY-WILSON C, 2014. The genus *Meconopsis* - Blue poppies and their relatives [M]. Royal Botanic Gardens, Kew: Kew Publishing.

ZHANG M L, GREY-WILSON C, 2008. *Meconopsis* Vig [M] // WU Z Y, RAVEN P H, eds. Flora of China. Beijing: Science Press; St. Louis: Missouri Botanical Garden Press, 7: 262−278.

2019年

云南银莲花属一新组和一新种

A new section with a new species of *Anemone* (Ranunculaceae) from Yunnan

银莲花属 Anemone L.

银莲花亚属 Subgen. **Omalocarpus** (DC.) Juz.

维西银莲花组

Sect. **Deinostigma** W. T. Wang, sect. nov.

Ob rhizoma plus minusve verticale, flores in cymam umbelliformem pauci-floram dispositos, sepala 5, filamenta filiformia section nova haec est affinis sect. *Begoniifoliis* (Ulbr.) Tamura, a qua carpellis pauciorbius ca. 11, ovariis puberulis, stigmatibus conspicuis ellipsoideis, acheniis puberulis nec compressis nec costatis apice stigmatibus persistentibus ellipsoideis praeditis differt. In sect. *Begoniifoliis*, carpella numerosa glabra, stigmata inconspicua, achenia glabra, dorso-ventraliter compressa dorso longitudinaliter 1-costata apice stigmatibus persistentibus carentia sunt.

Rhizome more or less vertical. Basal leaves simple, ca. 7, 3-sect. Cyme umbelliform, few-flowered; involucral bracts sessile, 3–4, foliaceous, 3-sect. Flower: sepals 5, white; filaments filiform; carpels ca. 11, ovaries puberulous, styles very short glabrous, stigmas conspicuous ellipsoid. Achenes broadly ellipsoid, puberulous, neither compressed nor ribbed, on apex with ellipsoid persistent stigmas.

Type: *Anemone weixiensis* W. T. Wang.

Species 1,endemic to Weixi Xian, Yunnan Province.

Etymology: deinos + stigma: Greek for curious mark or spot, indicating the conspicuous stigma of *Anemone weixiensis*.

本新组的根状茎多少垂直，聚伞花序似伞形花序，具少数花，萼片 5 枚，花丝丝形，因此，与也具上述特征的卵叶银莲花组 [sect. *Begoniifolia* (Ulbr.) Tamura] 有亲缘关系，与后者的区别在于本组的心皮数目较少，约 11 枚，子房被短柔毛，柱头明显，呈椭圆体形，瘦果被短柔毛，不扁，不具肋，在顶端具椭圆体形宿存柱头。在卵叶银莲花组 (sect. *Begoniifolia*)，心皮多数，无毛，柱头不明显，瘦果无毛，背腹扁，在背部具 1 条纵肋，在顶端无宿存柱头（Tamura, 1995; Ziman et al., 2008）。

维西银莲花　图 1

Anemone weixiensis W. T. Wang, sp. nov. Fig. 1

Perennial herbs. Rhizome more or less vertical, robust. Basal leaves ca. 7, long petiolate; blades papery,

原文刊登于《广西植物》39(1): 7–9, 2019。

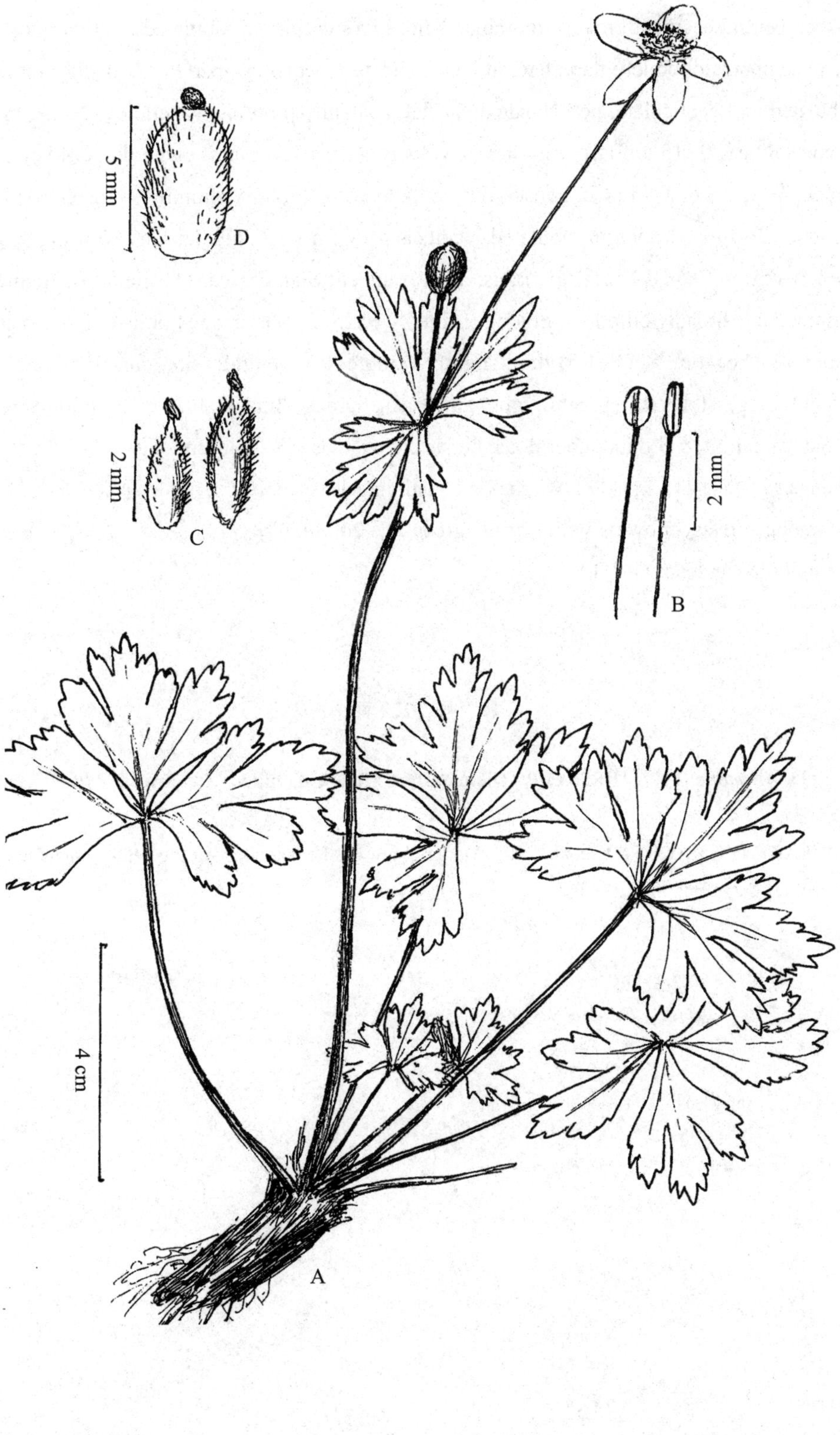

图 1 **维西银莲花** A. 开花植株；B. 二雄蕊；C. 二心皮（来自模式标本）；D. 幼瘦果。（来自等模式标本）

Fig. 1 **Anemone weixiense** A. Flowering plant; B. Two stamens; C. Two carpels (From holotype); D. Young achene. (From isotype)

pentagonal, (1.6−3.2) cm × (3−7) cm, at base cordate, adaxially subglabrous, abaxially on nerves sparsely pubescent, 3-sect, central segment broadly rhombic, 3-fid, lobes at margin lobulated, with lobules 1-denticulate or entire, lateral segments obliquely flabellate, at base cuneate, unequally2-parted, secondary lobes 2−3-lobed, on margin lobulated and denticulate, nerves adaxially flat, abaxially prominent; petioles 2−10 cm long, with a few hairs. Scape solitary, 9−15 cm tall, only near involucre with a few hairs; cyme umbel-like, 2-5-flowered; involucral bracts 3−4, unequal in size, subsessile, pentagonal or broadly rhombic, (2.2−3.5) cm × (1.4−4) cm, 3-parted, lobes 2−3-lobed, margin lobulated; pedicels 4−8 cm long, subglabrous. Flower: Sepals 5, white, oblong, (1.2−1.8) cm × (0.5−0.6) cm, glabrous, apex rounded. Stamens ca. 60, glabrous; filaments filiform, 3.5−5 mm long; anthers broadly elliptic or oblong, 1 mm × (0.25−0.8) mm, apex obtuse. Carpels ca. 11; ovaries sessile, ellipsoid, (2−2.6) mm × (1−1.5) mm, slightly compressed, ventrally and dorsally densely puberulous (hairs 0.3−0.5 mm long); styles 0.1−0.2 mm long, glabrous; stigmas ellipsoid, 0.3−0.4 mm long. Young achenes broadly ellipsoid, ca. 5 mm × 3 mm, puberulous; persistent stigmas 0.3−0.4 mm long.

云南（Yunnan）：维西县，栗地坪（Weixi Xian，Lidiping），alt. 3 100 m，林间草地，花白色，果绿色（in grassy places among forests，flowers white, fruits green），2008-07-28，杨亲二，袁琼（Q. E. Yang & Q. Yuan）2042（holotype and isotype，PE）。

参 考 文 献

TAMURA M, 1995. *Anemone* [M] // HIEPKO P. Die naturlich Pflanzenfamilien, Zwei Aufl., 17a IV. Berlin: Duncker Humblot: 324−349.

ZIMAN S M, BULAKH E V, KADOTA Y, et al., 2008. Modern view on the taxonomy of the genus *Anemone* L. sensu stricto (Ranunculaceae) [J]. J Jpn Bot, 83: 127−155.

中国翠雀花属修订（一）

A revision of the genus *Delphinium* (Ranunculaceae) of China (I)

1　分类学研究简史

1818 年，瑞士植物学家 A. P. de Candolle 对 *Delphinium* 持广义的定义，即包括 *Consolida* (DC.) S. F. Gray（飞燕草属）（一年生；花瓣 2，合生；下花瓣不存在；心皮 1），将广义的 *Delphinium* 划分为 4 组：Sect. 1. *Consolida*。Sect. 2. *Delphinellum*（一年生；上花瓣 2，分生；下花瓣 2，无毛；心皮 3）。Sect. 3. *Delphinastrum*(多年生；上花瓣 2，分生；下花瓣 2，在腹面被髯毛；心皮 3–5)。Sect. 4. *Staphysagria*(二年生；上花瓣 2，分生；下花瓣 2；心皮 3–5；果实一面鼓起；种子大)。他将位于侧萼片与雄蕊之间的二器官（具爪，无蜜腺）称为 petala inferiora（下花瓣），将位于上萼片基部、具距和蜜腺的二花瓣称为 petala superiora（上花瓣）。

1839 年，法国植物学家 E. Spach 将翠雀花植物划分为 5 属：第 1 属是将 Sect. *Delphinastrum* DC. 提升为属级群；第 2 属是将另一组 Sect. *Straphysagria* DC. 提升为属级群；第 3 属是将 *Delphinium* 一字的字母位置加以变动形成一新字 *Philedinium* 作为新属，包括 Sect. *Delphinellum* DC. 的一些种；第 4 属为 Spach 定义的 *Delphinium*, 包括 *Consolida* (DC.) S. F. *Gray*(飞燕草属)的多数种；第 5 属是 Spach 根据 *Consolida* 属的一些具拳卷状弯曲萼距的种 [如 *Consolida aconite* (L.) Lindley] 建立的新属 *Aconitella*。

1868 年，英国植物学家 H. F. Hance 根据一采自广东南部的植物标本描述了中国翠雀花属的第一种 *Delphinium anthriscifolium*(自华南至秦岭和中条山广布)。

1882–1894 年，法国植物学家 A. Franchet 描述了产自云南、四川、河北、山东等地的 26 个新种 (1882: *D. calleryi*, *D. savatieri*; 1886: *D. delavayi*, *D. ceratophorum*, *D. pycnocentrum*; 1889: *D. hamatum*, *D. lankongense*; 1893: *D. siwanense*, *D. maximowiczii*, *D. fargesii*, *D. bonvalotii*, *D. tongolense*, *D. trichophorum*, *D. mosoynense*, *D. tatsienense*, *D. chefoense*, *D. sertiferum*, *D. souliei*, *D. yunnanense*, *D. taliense*, *D. henryi*, *D. orthocentrum*, *D. sutchuenense*, *D.davidii*, *D. likiangense*; 1894: *D. hirticaule*)。

1891 年，德国毛茛科专家 K. Prantl 将他当时了解的广义 *Delphinium* 属的 120 种划分为 3 组：Sect. 1. *Staphisagria* DC.(蜜叶 2，无侧翅；退化雄蕊 2，侧生；心皮 3，稀 5)，下设 2 群即群 A. *Eustaphisagria*（一年生；退化雄蕊无毛）和群 B. *Delphinastrum*（多年生草本；退化雄蕊有毛）。Sect. 2. *Delphinellum* DC. (一年生；蜜叶 2，具侧翅；退化雄蕊 2，无毛；心皮 3)。Sect. 3. *Consolida* DC.(蜜叶 2，合生；退化雄蕊不存在；心皮 1)。他将 Sect. *Consolida* 置于末位说明他认到此组为广义 *Delphinium* 中的进化群。此外，他认识到侧萼片与雄蕊之间的具爪、无蜜腺的器官是变态的雄蕊并称为“staminode 退化雄蕊”是对翠雀花属花形态学的重要贡献。对位于上萼片基部的 2 具距和蜜腺的花瓣，他称为“Honig-blatt 蜜叶”。

原文刊登于《广西植物》39(11): 1425–1469, 2019。
致谢：蒙中国科学院植物研究所资助科研活动经费（课题号 110100PZ07）；班勤和马欣堂两位先生提供标本，韩芳桥先生提供文献，杨志荣博士提供模式照片，孙英宝先生绘图和稿件录入等，作者谨表示衷心感谢。

1892 年，英国植物学家 W. B. Hemsley 描述了产四川西部的 1 新种（*D. pachycentrum*）.

1893 年，德国植物学家 E. Huth 描述了产自四川西北部和甘肃中部的 2 新种（*D. tanguticum* 和 *D. potaninii*）。1895 年，他发表了广义 *Delphinium* 专著，将收载的 198 种划分为 4 组：Sect. 1. *Consolida* DC. (42 种)。Sect. 2. *Elatopsis* Huth（花瓣分生，黑褐色，下花瓣 2 裂，被髯毛；心皮 3 或较多；41 种，包括具短萼距的数原始种如 *D. densiflorum*, *D. brunonianum*, *D. cashmirianum*, *D. glaciale*, *D. viscosum*; Huth 也注意到 *D. trichophorum* 的下花瓣无毛，但未能认识到此种是 *Delphinium* 的原始群的成员之一）。Sect. 3. *Diedropetala* Huth（花瓣分生，淡黄色或与萼片同色，下花瓣披针形，明显 2 裂，裂片顶端尖；77 种）。Sect. 4. *Kolobopetala* Huth（花瓣颜色或淡或与萼片同色，下花瓣圆形，全缘或 2 浅裂，裂片顶端圆形或截形；37 种）。Huth 观察到花瓣和退化雄蕊的颜色在分类学上的重要意义，并据此建立了重要的新组（Sect. *Elatopsis*），因而对 *Delphinium* 分类学作出了重要贡献。对侧萼片和雄蕊之间具爪、无蜜腺的二器官，Huth 仍按照 De Candolle 的观点称之为“下花瓣”，而不接受 Prantl 给出的正确术语“退化雄蕊”。在此专著中，*D. delavayi* 和 *D. tongolense* 被放在 Sect. *Diedropetala* 中，而对此 2 种的近缘种 *D. orthocentrum* 和 *D. hirticaule* 却被放在 Sect. *Kolobopetala* 中；同样，*D. ceratophorum* 被放在 Sect. *Diedropetala* 中，但其近缘种 *D. hamatum* 和 *D. yunnanense* 却被放在 Sect. *Kolobopetala* 中；上述情况说明 Huth 建立的 Sect. *Diedropetala* 和 Sect. *Kolobopetala* 2 组都不是自然群（单系群），因此后来未被一些作者接受（王文采，1962；Tamura，1966，1995）。在此专著中，Huth 描述了产自青海、西藏、新疆和宁夏的 4 新种 (*D. densiflorum*, *D. kingianum*, *D. iliense* 和 *D. przewalskii*)。

1904 年，法国二植物学家 E. Finet 和 F. Gagnepain 发表关于东亚广义 *Delphinium* 分类学的一文，文中收载 98 种，被划分为 2 亚属：Subgen. 1. *Consolida*（25 种）和 Subgen. 2. *Delphinastrum* (71 种，其中的 37 种分布于中国)。作者将 71 种根据侧花瓣是否有毛、具距花瓣是否有侧脉（本文作者注：此二者将“退化雄蕊”称为“侧花瓣”，将位于上萼片基部具距和蜜腺的“花瓣”称为“具距花瓣”）、具距花瓣顶端是否全缘或是否截形以及茎生叶的数目是否多于 3 枚等特征划分为 7 组（均未命名），并给出分组和各组的分种检索表。由于二作者都未采用萼距长度、侧花瓣（退化雄蕊）颜色和种子等对于翠雀花属有重要意义的形态特征，上述 7 组多是不自然的群。二作者都在文中描述了产自四川一带的 5 新种 (*D. chrysotrichum*, *D. batangense*, *D. micropetalum*, *D. trifoliolatum* 和 *D. thibeticum*)。

1905 年，德国植物学家 L. Diels 描述了产自秦岭的 1 新种 (*D. giraldii*)；1907 年，又描述了产自云南西北部的 2 新种（*D. forrestii* 和 *D. bulleyanum*），他注意到 *D. forrestii* 的退化雄蕊无毛的特征，但未能了解此器官的原始形态构造，以及此种乃是 *Delphinium* 属的原始种。

1906 年，法国植物学家 H. Léveille 描述了产自贵州的 1 新种 (*D. eriostylum*)；1909 年，又描述了产自云南北部的 1 新种（*D. tenii*）。

1913 年，英国植物学家 W. W. Smith 描述了产自云南丽江的 1 新种 (*D. beesianum*)。

奥地利植物学家 H. Handel-Mazzetti 于 20 世纪初亲自到云南西北部和四川西南部考察，采集到了大量植物标本，于 1922 年描述了产自西藏察隅的 1 新种 (*D. tsarongense*)；于 1931 年描述了 6 新种（*D. pogonanthum*, *D. umbrosum*, *D. lilacinum*, *D. spirocentrum*, *D. coleopodum* 和 *D. autumnale*）；于 1939 年又描述了 5 新种（*D. smithianum*, *D. malacophyllum*, *D. monanthum*, *D. leptopogon* 和 *D. lancisepalum*）。

到了 1935 年，才有中国学者发表有关 *Delphinium* 属的文章，这年关克俭教授在一文中列出当时所知的我国翠雀花属植物 79 种的名录，并参考上述 Finet 和 Gagnepain 二法国学者写出的东亚 *Delphinium*

的分种检索表写出我国该属 44 种的检索表。

1937 年，苏联植物学家 S. A. Nevski 承担 *Flora URSS* 的 *Delphinium* 属编写任务，他是 1891 年之后第一位植物学家将侧萼片与雄蕊之间的具爪、无蜜腺器官按照 Prantl 的观点称之为“退化雄蕊”。

1948 年，陈封怀 (F. H. Chen) 教授对俞德浚教授于 1937 年和 1948 年两年在云南西北部和四川西南部采集的 *Delphinium* 属大量植物标本进行了深入的研究，写出“Contributions to the knowledge of the genus *Delphinium* of western China”一文，列出 26 种和 5 变种的名录，其中包括 7 新种 (*D. aconitioides*, *D. viride*, *D. wrightii*, *D. albo-marginatum*, *D. hui*, *D. soonmingense* 和 *D. yunum*)。

1955 年，我承担了《中国主要植物图说》（此书从 1955−1959 年出版 3 册后流产）毛茛科编写任务，鉴定了 PE 收藏的该科植物标本，发现了 *Delphinium* 属 3 新种（*D. muliense*, *D. saxatile* 和 *D. scaposum*）并于 1957 年发表。以后数年中鉴定出该属共 104 种，于 1962 年发表了中国该属植物的第一次修订，将 104 种划分为 2 亚属 5 组。Subgen. 1. *Delphinastrum*（多年生草本，叶掌状分裂，种子非球形）包括 4 组：Sect. 1. *Aconitoides* W. T. Wang（萼距短，稀长于萼片；退化雄蕊黑褐色，瓣片腹面无髯毛）；Sect. 2. *Elatopsis* Huth（萼距短于或长于萼片；退化雄蕊黑褐色，瓣片腹面被髯毛）；Sect. 3. *Pogonanthus* W. T. Wang（基生叶不存在，如存在多在花期枯萎；萼距与萼片等长或较长；退化雄蕊蓝或紫色，被髯毛；种子多密具小鳞片）；Sect. 4. *Delphinastrum* DC.（近 Sect. 3，但基生叶发育，叶片的裂片常细裂；种子多沿纵棱具狭翅。Subgen. 2. *Delphinium*（二年或一年生草本，退化雄蕊无毛，种子球形）包括 1 组，即 Sect. *Anthriscifolium* W. T. Wang（叶羽状分裂）。观察到萼距、退化雄蕊和种子三个重要形态特征的演化趋势：（1）上萼片：船形→多少展开；萼距：短于萼片，直→与萼片等长，直或稍弯曲→长于萼片，稍向下弯曲→长于萼片，呈 U 字形或螺旋状向下弯曲；（2）退化雄蕊：在 *D. forrestii* 采自云南中甸哈巴雪山的一号标本（冯国楣 2207）的花中发现一细棒状退化雄蕊（长 7 mm，上部粗 1 mm）→分化为上部的卵形瓣片（约长 4 mm，宽 2.5 mm，顶端不分裂或 2 微裂）和下部的比瓣片稍窄的条形爪（长约 7.5 mm），均无毛→瓣片稍增大（长 5−6 mm），顶端 2 微裂，腹面上部出现少数短毛，边缘也出现短毛→瓣片增大，比爪宽 3−4 倍，2 裂较深，近或稍超过瓣片中部→瓣片腹面基部之上或中部出现一簇黄色或白色髯毛。此外，瓣片的颜色由黑色或褐色演变为与萼片同色，即蓝色或紫色。我的上述观察证明 Prantl 将侧萼片与雄蕊之间的具爪、无蜜腺器官认作“退化雄蕊”是完全正确的。（3）种子：四面体形，沿纵棱具狭翅→倒圆锥状或狭倒卵球形，具横向密集的细条纹或小鳞片→球形，具同心或螺旋状排列的条形膜质翅。如图 1 所示，根据上述诸形态特征的演化趋势，我对翠雀花属的系统发育进行了推测，认为新建立的短距翠雀花组（Sect. *Aconitoides*）是翠雀花属（*Delphinium*）的原始群，由此组演化出 Sect. *Elatopsis*, Sect. *Delphinastrum* 等组，由与 Sect. *Anthriscifolium* 近缘的 Sect. *Delphinium*（花与种子的构造与 Sect. *Anthriscifolium* 的花和种子极为相似，主要区别特征是此组的叶掌状分裂，而不是羽状分裂）演化出 *Consolida*（飞燕草属）。1979 年出版的《中国植物志》的翠雀花属志是我国此属的第二次修订，其种的数目增加到 113 种，并增加 1 亚属 Subgen. *Oligophyllon*。2001 年出版的 *Flora of China* 的翠雀花属志是我和美国翠雀花属专家 M. J. Warnock 博士合作编写，是我国此属的第三次修订，种的数目增加到 173 种，被划分为 5 组：Sect. *Aconitoides*, Sect. *Elatopsis*，Sect. *Delphinastrum*，Sect. *Oligophyllon* 和 Sect. *Anthriscifolium*，第二次修订中的 Sect. *Pogonanthus* 和 Subgen. *Oligophyllon* 均被归并。

1967−1968 年，美国植物学家 P. A. Munz 发表了关于 *Delphinium* S. STR. 的一篇长文，他从欧洲和北美洲的 17 个植物标本馆借到了亚洲 *Delphinium* 属植物标本 6 000 张（包括多数模式标本），鉴定出

244种（其中120种分布于中国）。根据植物的生存时间、上花瓣是否有侧翅、下花瓣是否被毛（本文作者注：Munz仍按照De Candolle的观点将“花瓣”称为“上花瓣”，将“退化雄蕊”称为“下花瓣”）、块根是否存在、萼片的大小和具脉纹等情况、萼距的粗度和弯曲程度、花瓣颜色和叶分裂情况等形态特征，将244种划分为10群（对每群均未命名），并给出分群和各群的分种检索表、各种的原始文献引证、形态描述和多幅上下花瓣的墨线图。此文描述了产西藏的2新种（*D. hillcoatiae*和*D. sherriffii*）。在此文的标本鉴定方面出现了不少错误鉴定情况，甚至有产自于云南和四川的5种乌头属(*Aconitum*)植物标本被鉴定为*Delphinium*属的植物（王文采，1997）。

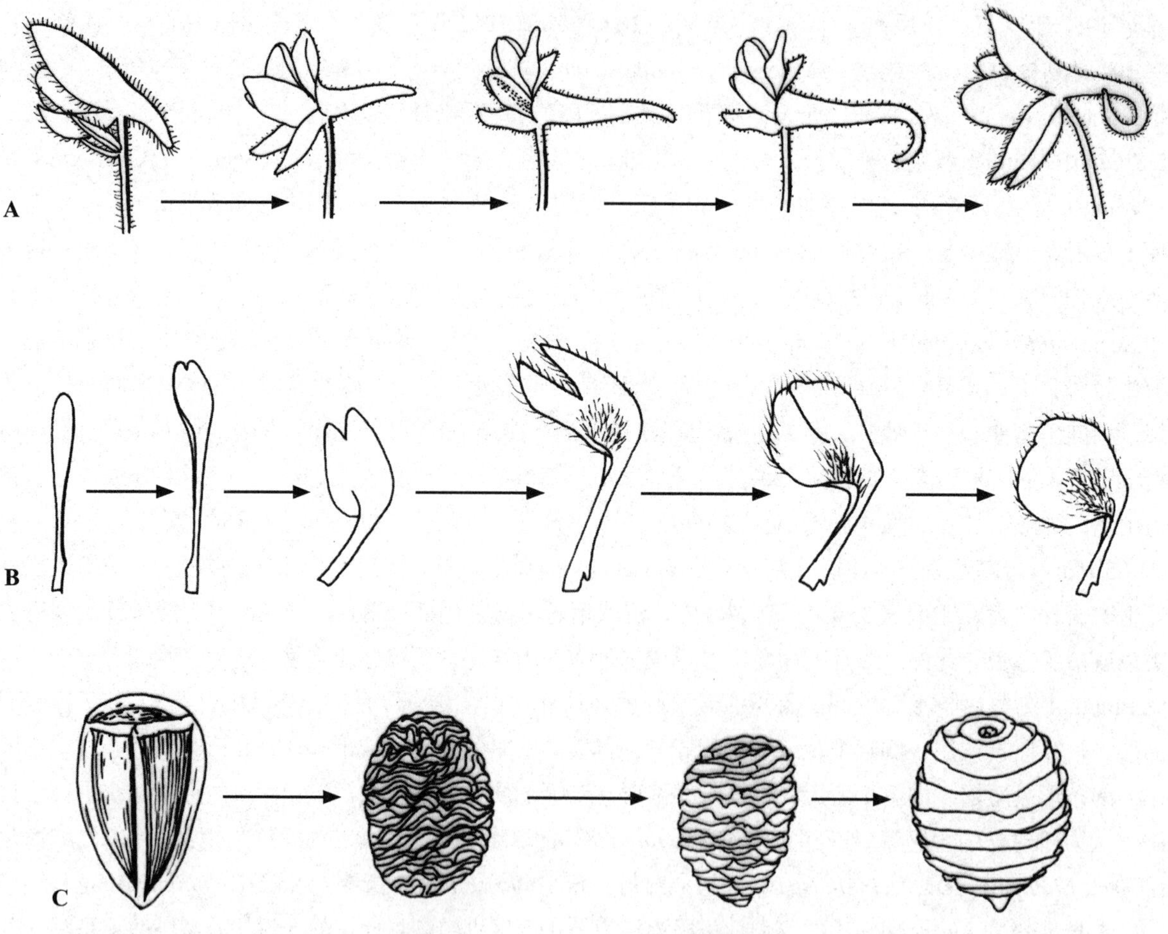

图1　**翠雀花属花萼、退化雄蕊和种子的演化趋势**　A.花萼的演化趋势图；B.退化雄蕊的演化趋势图；C.种子的演化趋势图。

Fig. 1　**Evolutionary trends in calyx, staminodes and seeds of *Delphinium***　A. Evolutionary trend in calyx; B. Evolutionary trend in staminodes; C. Evolutionary trend in seeds.

1987年，苏联植物学家N. I. Malyutin发表了*Delphinium*属一新分类系统，将该属的365种划分为4亚属，10组。Subgen. 1. *Delphinastrum* (DC.) Peterm.160余种，包括4组：Sect. 1. *Aconitoides* W. T. Wang；Sect. 2. *Kolobopetala* Huth；Sect. 3. *Delphinastrum* DC.；Sect. 4. *Grumosa* Malyutin。Subgen. 2.

Oligophyllon Dimitrova 140 余种，包括 4 组：Sect. 1. *Microcentra* Malyutin; Sect. 2. *Albocoerulea* Malyutin, Sect. 3. *Pogonanthus* W. T. Wang；Sect. 4. *Oligophyllon*。Subgen. 3. *Delphinium* 17 种，包括 2 组：Sect. 1. *Anthriscifolium* W. T. Wang；Sect. 2. *Delphinium*。Subgen. 4. *Staphisagria* (DC.) Peterm. 3 种。Malyutin 不接受 Huth 建立的重要组 Sect. *Elatopsis*，把隶属此组且具黑褐色退化雄蕊的种和具蓝或紫色退化雄蕊的种一同放进 Subgen. *Delphinastrum* 和 Subgen. *Oligophyllon* 的各组之中，这就使此二亚属都成了不自然的类群。

日本毛茛科专家 M. Tamura (1966, 1995) 对 *Delphinium* 属曾进行多年的研究，他于 1995 年发表的此属分类系统将此属的 320 种划分为 3 亚属，6 组。Subgen. 1. *Delphinastrum* (DC.) Peterm., 包括 4 组： Sect. 1. *Elatopsis* Huth (Tamura 将 Sect. *Aconitoide* W. T. Wang 降级为 Sect. *Elatopsis* 的 Subsection), Sect. 2. *Delphinastrum* DC., Sect. 3. *Oligophyllon* Dimitrora 和 Sect. 4. *Grumosa* Malyutin。Subgen. 2. *Staphisagria* (DC.) Peterm.。Subgen. 3. *Delphinium* 包括 2 组：Sect. 1. *Anthriscifolium* W. T. Wang 和 Sect. 2. *Delphinium*。Tamur 仍按照 De Candolle 的观点将位于上萼片基部具蜜腺的 2 枚 “花瓣” 称为 “上花瓣”，将位于侧萼片和雄蕊之间具爪，不具蜜腺的 2 枚 “退化雄蕊” 称为 “下花瓣”。

2 地理分布

2.1 翠雀花属地理分布简介

翠雀花属约有 365 种 (Malyutin, 1987)，主要分布于北温带，约有 270 种分布于亚洲，有 25 种分布于欧洲（Pawlowski, 1993），有 61 种分布于北美洲（Warnock, 1997），约有 12 种分布于非洲，约有 10 种分布于非洲北部，有 2 种分布于非洲热带高山地区（Huth, 1895）。

2.2 中国翠雀花地理分布

2.2.1 概况 我国翠雀花属有 232 种，接近此属种数目的三分之二，广布于我国大陆 27 省（区），而在台湾和海南二省无分布（Huang TY & Huang TC, 1996；侯宽昭和王文采，1964）。在 232 种中，特产我国的有 200 种，其中 149 种是分布于 1−2 个山头的狭域分布种。此属在大陆 27 省（区）的分布情况如表 1 所示。

从表 1 可以看到我国翠雀花属超过一半的 167 种分布于我国西南部山区，与此区形成明显对照的是在我国东南部暖温带地区（广西、广东、湖南、江西、福建、浙江、江苏南部和安徽南部）却只有 1 种 [还亮草（*Delphinium anthriscifolium*）]（表 1）。在我国西北部的新疆分布有 27 种，其中 20 种特产该省，其他 7 种与邻国俄罗斯西伯利亚西部和哈萨克斯坦分别共有。在特有种中有隶属密花翠雀花组（Sect. *Elatopsis*）具短萼距的 4 原始种：四果翠雀花（*D. tetragynum*）、塔什库尔干翠雀花（*D. taxkorganense*）、拟四果翠雀花（*D. tetrgynoides*）和叶城翠雀花（*D. yechengense*）。在我国中部（青海东部、甘肃中南部、陕西南部、河南西部）约有 21 种：毛翠雀花（*D. trichophorum*）、甘肃翠雀花（*D. kansuense*）、门源翠雀花（*D. menyanense*）、大通翠雀花（*D. pylzowii*）、美叶翠雀花（*D. calophyllum*）、单花翠雀花（*D. monanthum*）、川陕翠雀花（*D. henryi*）、白蓝翠雀花（*D. albocoeruleum*）、细须翠雀花（*D. siwanense*）、河南翠雀花（*D. honanense*）、疏花翠雀花（*D. sparsiflorum*）、宕昌翠雀花（*D. angustipaniculatum*）、秦岭翠雀花（*D. giraldii*）、弯距翠雀花（*D. campylocentrum*）、湟中翠雀花（*D. huangzhongense*）、单蕊翠雀花（*D. monogynum*）、太白翠雀花

表1　中国翠雀花属在27个省（市、自治区）分布的种和变种数目

Table 1　Numbers of species and varieties of genus *Delphinium* in 27 Provinces (Cities, Regions) of China

省（市、自治区）Province (City, Region)	种 Species	变种 Variely	特有种 Endemic species	特有变种 Endemic variely	省（市、自治区）Province (City, Region)	种 Species	变种 Variely	特有种 Endemic species	特有变种 Endemic variely
四川 Sichuan	87	21	76	20	安徽 Anhui	3	3	2	3
西藏 Tibet	61	11	50	8	宁夏 Ningxia	3	2	2	2
云南 Yunnan	57	11	53	11	山东 Shandong	3	0	2	0
新疆 Xinjiang	27	3	20	3	河北 Hebei	2	3	1	2
青海 Qinghai	23	5	19	5	辽宁 Liaoning	2	0	0	0
甘肃 Gansu	17	2	15	5	吉林 Jilin	1	0	0	0
内蒙古 Inner Mongolia	9	5	9	5	湖南 Hunan	1	2	0	2
贵州 Guizhou	8	3	7	3	江苏 Jiangsu	1	2	0	2
重庆 Chongqing	8	3	5	3	广东 Guangdong	1	1	0	1
河南 Henan	7	2	5	2	广西 Guangxi	1	1	0	1
湖北 Hubei	6	3	4	3	江西 Jiangxi	1	1	0	1
陕西 Shaanxi	6	3	6	3	浙江 Zhejiang	1	1	0	1
山西 Shanxi	4	2	2	2	福建 Fujian	1	0	0	0
黑龙江 Heilongjiang	4	0	0	0					

（*D. taipaicum*）、翠雀（*D. grandiflorum*）、永登翠雀花（*D. yongdengense*）、软毛翠雀花（*D. mollipilum*）和多枝翠雀花（*D. maximowiczii*），其中多数种都是特产此区的种，*D. trichophorum*、*D. monanthum*、*D. camphylocentrum* 和 *D. maximowiczii* 是由四川西部向北分布过来的，只有 *D. grandiflorum* 是广布种，从我国四川西部向东北经过本区以及北部和东北部分布达俄罗斯西伯利亚；本区的 *D. tricophorum* 是翠雀花属原始群短距翠雀花组（Sect. *Aconitoides*）的成员之一，其退化雄蕊无毛，在翠雀花属多年生植物甚为罕见，其他种多是演化水平中等或较高的种。最近发现的特产甘肃天祝新种单蕊翠雀花（*D. monogynum*）的雌蕊群由 1 枚心皮形成，而与飞燕草属（*Consolida*）相似，有关翠雀花属专著均报道此属的雌蕊群由 3–5 枚心皮组成（Bentham, 1862; Prantl, 1888; Tamura, 1995），在产自我国甘肃中部的 *D. monogynum*，雌蕊群所含心皮数目竟发生如此强烈缩减情况，值得研究。我国北部和东北部约有 10 种，其中有 5 种特有种，在这些种中，毓泉翠雀花（*D. yuchuanii*）和兴安翠雀花（*D. hsinganense*）起源于当地而另 3 特有种白蓝翠雀花（*D. albocoeruleum*）、细须翠雀花（*D. siwanense*）和软毛翠雀花（*D. mollipilum*）则是由中部迁移至此的种；另 4 种是与俄罗斯西伯利亚共有的种，包括翠雀（*D. grandiflorum*）、宽苞翠雀花（*D. maackianum*）、东北高翠雀花（*D. korshinskyanum*）和厚叶翠雀花（*D. crassifolium*）。在我国山东东部有 2 特有种，即烟台翠雀花（*D. chefoense*）和威海翠雀花（*D. weihaiense*）。从我国中部到东北部和山东的上述 30 余种的花的萼距都是与花萼近等长或长度超过萼片，如短距翠雀花（*D. forrrestii*）、囊距翠雀花（*D. brunonianum*）具短于萼片的萼距的现象看不到了 [在湟中翠雀花（*D. huangzhongense*）中，萼距短于萼片]。

2.2.2 分布中心　从四川西部横断山区和云南高原北部山区向西经过西藏东南部到南部的喜马拉雅山区（图 2），在这片山区中分布有翠雀花属隶属 2 亚属 4 组 9 亚组 18 系的 167 种和 35 变种（附录，图 2），其中 136 种为此山区的特有种。翠雀花属的原始群短距翠雀花组（Sect. *Aconitoides*）的 21 种中有 20 种为此山区的特有种，只有 1 种毛翠雀花模式变种（*D. trichophorum* var. *trichophorum*）的分布区自四川西部向北越过此区分布达青海东北部和甘肃中部。因此，在此山区可以看到翠雀属退化雄蕊形态演化系列的全部情况：退化雄蕊无毛，黑色，瓣片小，长 3.5–5 mm，顶端全缘或 2 微裂 [如短距翠雀花（*D. forrestii*）、昌都翠雀花（*D. changduense*）、尖距翠雀花（*D. oxycentrum*）、毛翠雀花（*D. trichophorum*）] →同前，但瓣片顶端出现缘毛 [如长苞翠雀花（*D. longibracteolatum*）、稻城翠雀花（*D. daochengense*）] →同前，但瓣片稍变大，长达 6 mm，顶端分裂程度较大，2 浅裂，被缘毛，腹面上部出现短毛 [如光叶翠雀花（*D. leiophylla*），狭序翠雀花（*D. wrightii*）] →瓣片 2 裂达中部，腹面中部以上有短毛 [如朗县翠雀花（*D. langxianense*）、隆子翠雀花（*D. longziense*）、黄花翠雀花（*D. xanthanthum*）] →同前，但瓣片 2 裂超过中部 [如二郎山翠雀花（*D.erlangshanicum*）]。在 Sect. *Elatopsis*，退化雄蕊瓣片的颜色与 Sect. *Aconitoides* 的相似，仍呈黑色或褐色，但在腹面基部之上出现了一簇黄色或白色髯毛。其他二组，翠雀组和三出翠雀花组退化雄蕊的颜色则与萼片的颜色相同或相似，即呈蓝色、紫色或黄色，在腹面基部上也有一簇黄色或蓝色髯毛。上述退化雄蕊形态从原始到进化的一系列现象都在此山区中可观察到。此外，在此山区中分布有相当多的具短萼距的原始种，如 Sect. *Aconitoides* 的 *D. forrestii*、*D. leiophyllum*、*D. changduense*、*D. longibracteolatum*、*D. xichangense*，以及 Sect. *Elatopsis* 的短尾翠雀花（*D. brachyurum*）、叠裂翠雀花（*D. nordhagenii*）、普兰翠雀花（*D. pulanense*）、浅裂翠雀花（*D. vestitum*）、紫苞翠雀花（*D. purpurascens*）、克什米尔翠雀花（*D. cashmirianum*）、塔序翠雀花（*D. pyramidale*）、粘毛翠雀花（*D. viscosum*）、囊距翠雀花（*D. brunonianum*）、定结翠雀花（*D. dingjieense*）、申扎翠雀花（*D. shenzhaense*）、拟永川翠雀花（*D. pseudoglaciale*）、察瓦龙翠雀花

（*D. tsawarongense*）、黄毛翠雀花（*D. chrysotrichum*）、珠峰翠雀花（*D. chumulangmaense*）、堆拉翠雀花（*D. wardii*）、唐古特翠雀花（*D. tanguticum*）、石滩翠雀花（*D. pseudocandelabrum*）、唐古拉翠雀花（*D. tangkulaense*）和仲巴翠雀花（*D. chungbaense*）。拥有如此众多原始种的现象，在此山区以外的其他地区是看不到的，这种现象似乎说明翠雀花属的起源中心就在此山区。翠雀花属多年生草本的萼片的进化形态是萼距长度超过萼片并向下呈U字或呈螺旋状弯曲，具这种萼距的植物有9种，且主产此山区东部，分别包括螺距翠雀花（*D. spirocentrum*）产自云南西北和四川西南部、弯距翠雀花（*D. campylocentrum*）、川黔翠雀花（*D. bonvalotii*）产自四川西部、拟螺距翠雀花（*D. bulleyanum*）产自云南西北部、茂县翠雀花（*D. maoxianense*）特产四川茂县、贡嘎翠雀花（*D. gonggaense*）特产四川贡嘎山、拟川西翠雀花（*D. pseudotongolense*）特产四川宝兴、光茎翠雀花（*D. glabricaule*）特产四川小金、钩距翠雀花（*D. hamatum*）特产云南鹤庆一带。由上述可见，此山区的物种以及其他属下分类群都显示出强度的分化，花各轮器官形态构造显示出高度多样性，这些情况说明此山区无疑是翠雀花属的分布中心。

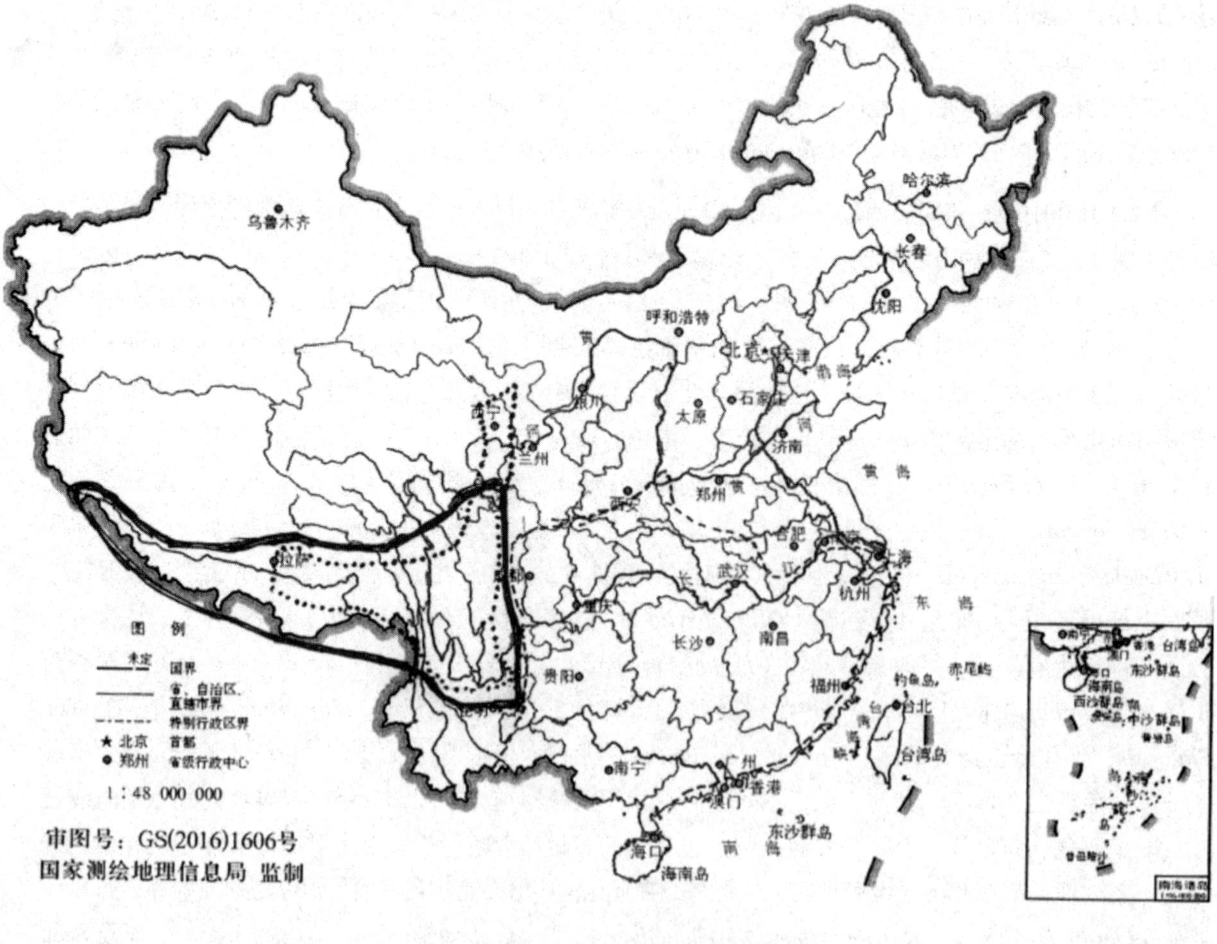

注：———翠雀花属分布中心；···········短距翠雀花组；-----------还亮草

Note：———Distribution center of *Delphinium*；···········Sect. *Aconitoides*；----------- *Delphinium anthrascifolium*

图2　翠雀花属分布中心，短距翠雀花组和还亮草的分布图

Fig. 2　Distribution center of *Delphinium* and distribution graph of Sect. *Aconitoides* and *Delphinium anthrascifolium*

附录　翠雀花属在其分布中心的植物名录

Appendix　Plant list of *Delphinium* in the distribution center

Subgen. 1. **Delphinastrum**
Sect. 1. **Aconitoides**
Subsect. 1. **Aconitoides**
Ser. 1. **Brachycentra**
1. *D. forestii* ★
var. *pilolimbum* ★
var. *viride* ★
2. *D. leiophyllum* ★
3. *D. changduense* ★
4. *D. longibracteolatum* ★
5. *D. subtubulosum* ★
6. *D. rotundilimbum* ★
7. *D. trianthophorum* ★
8. *D. wrightii* ★
var. *parvisepalum* ★
9. *D. trichophoroides* ★
10. *D. daochengense* ★
11. *D. trichophorum*
var. *subglaberrimum* ★
var. *platycentrum* ★
12. *D. oxycentrum* ★
Ser. 2. **Xichangensia**
13. *D. xichangense* ★
Ser. 3. **Tephrantha**
14. *D. tephranthum* ★
Ser. 4. **Langxianensia**
15. *D. langxianense* ★
16. *D. longziense* ★
17. *D. xanthanthum* ★
18. *D. viridiovarium* ★
Ser. 5. **Erlangshanica**
19. *D. erlangshanicum* ★
Subsect. 2. **Dicentra**
20. *D. dicentrum* ★
Sect. 2. **Elatopsis**
Subsect. 1. **Densiflora**
Ser. 1. **Densiflora**
21. *D. brachyurum* ★
22. *D. nordhagenii*
var. *acutidentatum* ★
23. *D. pulanense* ★
24. *D. vestitum*
25. *D. purpurascens* ★
26. *D. cashmirianum*
27. *D. pyramidale*
Ser. 2. **Kansuensia**
28. *D. subspathulatum* ★
29. *D. stapeliosum*
30. *D. nangziense* ★
31. *D. hillcoatiae* ★
var. *pilocarpum* ★
32. *D. motingshanicum* ★
Subsect. 2. **Metaconitoides**
Ser. 1. **Brevicalcarata**
33. *D. brunonianum*
34. *D. dingjieense* ★
35. *D. shenzhaense* ★
36. *D. pseudoglaciale* ★
37. *D. tsarongense* ★
38. *D. chrysotrichum* ★
39. *D. chumulangmaense* ★
40. *D. wardii* ★
41. *D. tanguticum* ★
42. *D. pseudocandelabrum* ★
43. *D. tangkulaense* ★
44. *D. chungbaense* ★
45. *D. nortonii*
Ser. 2. **Subumbellata**
46. *D. smithianum* ★
47. *D. pseudopulcherrimum* ★
48. *D. trigynum*
49. *D. batangense* ★
50. *D. malacophyllum* ★
51. *D. chenii* ★
52. *D. yangii* ★
53. *D. yajiangense* ★
54. *D. monanthum*
55. *D. candelabrum*
Subsect. 2. **Elata**
56. *D. tabatae*
57. *D. jilongense* ★
Sect. 3. **Delphinastrum**
Subsect. 1. **Pogonantha**
Ser. 1. **Pachycnetra**
58. *D. kingianum*
var. *eglandulosum* ★
var. *acuminatissimum* ★
59. *D. humilius* ★
60. *D. caudatolobum* ★
61. *D. pachycentrum*
var. *lancisepalum* ★
62. *D. pachycnetroides* ★
63. *D. gyalanum* ★
64. *D. latilimbum* ★
Ser. 2. **Pogonantha**
65. *D. longipedicellatum* ★
66. *D. orthocentroides* ★
67. *D. orthocentrum* ★
68. *D. micropetalum* ★
69. *D. handelianum* ★
70. *D. hirtifolium* ★
71. *D. omeiense* ★
var. *hispidium*
72. *D. pubescens* ★
73. *D. platyonychium* ★
74. *D. delavayi* ★
var. *baoshanense* ★
75. *D. pogonanthum*
var. *lasiandrum* ★
76. *D. umbrosum* ★
var. *drepanocentrum*
77. *D. zhouchengense* ★
78. *D. sherriffii* ★
79. *D. yanyuanense* ★
80. *D. zuogongense* ★
81. *D. tongolense* ★
var. *hirsutipes* ★

（续）

82. *D. altissimum*
83. *D. pingwuense* ★
84. *D. laxicymosum* ★
    var. *pilostachyum*
85. *D. furcatocornutum* ★
86. *D. sinovitifolium* ★
87. *D. maoxianense* ★
88. *D. potaninii*
    var. *latibracteolatum* ★
89. *D. bonvalotii*
90. *D. polyanthum* ★
91. *D. bulleyanum* ★
    var. *leiogynum* ★
92. *D. gonggaense* ★
93. *D. pseudotongolense* ★
94. *D. wenchuanense* ★
95. *D. spirocentrum* ★
96. *D. angusirhombicum* ★
97. *D. conaense* ★
98. *D. muliense* ★
    var. *minutibracteolatum* ★
99. *D. rangtangense* ★
100. *D. pseudocampylocentrum* ★
    var. *glabripes* ★
101. *D. giraldii*
102. *D. sutchuenense* ★
103. *D. campylocentrum*
104. *D. dazangense* ★
105. *D. glabricaule* ★

Ser. 3. **Calthifolia**

106. *D. calthifolium* ★

Subsect. 2. **Flavidilimba**

107. *D. zhengyianum* ★

Subsect. 3. **Ceratophora**

Ser. 1. **Ceratophora**

108. *D. hamatum* ★
109. *D. latirhombicum* ★
110. *D. umbrosoides* ★
111. *D. ninglongshanicum* ★
112. *D. taliense* ★
    var. *glabrum* ★
    var. *pbilocaule* ★
    var. *hirsutum* ★
    var. *platycentrum* ★
    var. *dolichocentrum* ★
113. *D. ceratophorum* ★
    var. *brevicalcaratum* ★
    var. *hirsutum* ★
    var. *robustum* ★
114. *D. ceratophoroides* ★
115. *D. brevisepalum* ★
116. *D. dolichocentroides* ★
117. *D. incisolobulatum* ★
118. *D. yanwaense* ★
119. *D. pergamenium* ★
120. *D. yongningense* ★
121. *D. weixiense* ★
122. *D. kantzeense* ★
123. *D. yunnanense* ★
124. *D. lasiantherum* ★
125. *D. coleopodum* ★
126. *D. hui* ★
    var. *lobulibundum* ★
127. D. *obcordatilimbum* ★
128. *D. pseudohamatum* ★
129. *D. yulongdhanicum* ★
130. *D. liangshanense* ★

Ser. 2. **Hueizeensia**

131. *D. hueizeeense* ★

Subsect. 4. **Grandiflora**

Ser. 1. **Likiangensia**

132. D. *likiangense* ★

Ser. 2. **Pseudotrichophora**

133. *D. souliei*

Ser. 3. **Grandiflora**

134. *D. medogense* ★
135. *D. yuanum* ★
136. *D. lankongense* ★
137. *D. pycnocentrum* ★
138. *D. filibracteolum* ★
139. *D. pseudothibeticum* ★
140. *D. chayuense* ★
141. *D. breviscaposum* ★
142. *D. majus* ★
143. *D. nangchienense* ★
144. *D. sinopentagynum* ★
145. *D. pseudomosoynense* ★
    var. *subglabrum* ★
146. *D. thibeticum* ★
147. *D. leiostachyum* ★
148. *D. kamaonense*
    var. *glabrescens*
149. *D. autumnale* ★
150. *D. mosoynense* ★
151. *D. grandiflorum*

Ser. 4. **Caerulea**

152. *D. beesianum* ★
    var. *latisectum* ★
    var. *radiatifolium* ★
153. *D. caeruleum*
    var. *obtusilobum*
    var. *crassicalcaratum* ★
154. *D. lagarocentrum* ★
155. *D. davidii* ★
156. *D. tatsienense* ★
157. *D. pumilum* ★
158. *D. grandilimbum* ★
159. *D. pomeense* ★
160. *D. sinoscaposum* ★
161. *D. saxatile* ★
162. *D. lagarolobum* ★
163. *D. lihengianum* ★

Ser. 5. **Squamata**

164. *D. tenii* ★
165. *D. maximowiczii*

Subgen. 2. **Delphinium**

Sect. 1. **Anthriscifolium**

166. *D. Anthriscifolium*
    var. *savatieri*
167. *D. ludingense* ★（补充）

注：★表示本分布区的特有种。
Note: ★ means the endemic species in this distribution center.

2.2.3 原始群 在短距翠雀花组(Sect. *Aconitoides*)的20种中有2种分布多于两个县,即短距翠雀花(*D. forrestii* ）的模式变种分布于云南西北部的丽江、香格里拉和德钦县三市、县和东北部的 Io-chan，四川西南部的木里、稻城和乡城三县，以及西藏察隅县的东南部；其变种毛瓣短距翠雀花（ var. *pilolimbum* ）特产云南香格里拉县；另一变种光茎短距翠雀花（ var. *viride* ）产自云南德钦县和西藏察隅县东南部的察瓦龙。毛翠雀花（ *D. trichophorum* ）也有 3 变种，其模式变种分布于四川西部、青海南部和东部（北达祁连县），以及甘肃南部和中部（永昌）；其变种光果毛翠雀花（ var. *subglaberrimum* ）分布于四川西部和云南香格里拉县；另一变种粗距毛翠雀花（ var. *platycentrum* ）特产四川木里县。光叶翠雀花（ *D. leiophyllum* ）分布于西藏东南部的加查和林周二县。本组除上述 3 种以外的其他种都是特产 1 个县 1–2 个山头的狭域分布种。昌都翠雀花（ *D. changduense* ）和灰花翠雀花（ *D. tephranthum* ）均特产西藏昌都县。隆子翠雀花（ *D. longziense* ）、黄花翠雀花（ *D. xanthanthum* ）和二距翠雀花（ *D. dicentrum* ）均特产西藏隆子县。长苞翠雀花（ *D. longibracteolatum* ）特产西藏江达县。朗县翠雀花（ *D. langxianense* ）特产西藏朗县。绿房翠雀花（ *D. viridiovarium* ）特产西藏洛扎县。圆瓣翠雀花（ *D. rotundilimbum* ）、三花翠雀花（ *D. trianthophorum* ）和狭序翠雀花（ *D. wrightii* ）的模式变种均特产四川木里县，狭序翠雀花的另一变种短萼狭序翠雀花（ var. *parvisepalum* ）特产四川雅江县。稻城翠雀花（ *D. daochengens* ）特产四川稻城县。拟毛翠雀花（ *D. trichophoroides* ）特产四川理塘县。光距翠雀花（ *D. oxycentrum* ）特产四川贡嘎岭。西昌翠雀花（ *D. xichangense* ）特产四川西昌市的螺吉山。二郎山翠雀花（ *D. erlangshanicum* ）特产四川二郎山。巧家翠雀花（ *D. subtubulosum* ）特产云南东北部的巧家县（图 2）。

3 经济用途

3.1 药用

翠雀花属植物含有 C_{20} - 二萜生物碱、C_{10} - 二萜生物碱、木兰花碱和 magnoflorine，以及少量三萜类、黄酮类等化学成分。此属一些种的全草和根在民间供药用，用于止痛、祛风湿、治跌打损伤、活血、流感、喘咳和定惊等症，外用用于杀虫、灭虱，以及治皮肤病和痈疮。2016 年出版的《中国药用植物志》收载此属 32 种药用植物，在本修订中，将在这些药用植物的形态描述之后写出有关药用方面的简单介绍（肖培根，1980；谢磊等，2016）。

3.2 观赏用

美国植物学家 J. H. Bailey 编著的 *Manual of cultivated plants* (1949) 收载广义的 *Delphinium* 属栽培植物 13 种，他指出其中的高翠雀花（ *D. elatum* L.）是有悠久历史的观赏植物，由此种和唇花翠雀花（ *D. cheilanthum* Fisch. ex DC.）等植物一起形成了此属丰富园艺品种和品系的基础。我在 1991 年夏季访问瑞典时，在乌普萨拉城 (Uppsala) 北部一位药学家的私人花园中看到 *D. elatum* 和引种自我国的宽萼扁翅唐松草（ *Thalictrum delavayi* Franch. var. *decorum* Franch.）栽种在一起，二植物均高约 1.8 m，当时正值花期，二植物的紫色花朵盛放，非常美丽。此书收载在我国有分布的共 4 种：翠雀（ *D. grandiflorum* L.）、克什米尔翠雀花（ *D. cashmerianum* Royle）、唇花翠雀花（ *D. cheilanthum* Fisch. ex DC.）和特产我国西南部的康定翠雀花（ *D. tatsienense* Franch.）。在我国关于观赏植物的著作中，1996 年出版的《中国野生花卉》收载翠雀花属植物 5 种，其中 4 种分布于西南部：川黔翠雀花（ *D. bonvalotii* Franch.）、单花翠雀花（*D. monanthum* Hand.-Mazz.）、盂获营翠雀花（*D. mosoynense* Franch.）和康定翠雀花（*D. tasienense* Franch），另 1 种分布于新疆西部，伊犁翠雀花（*D. iliense* Huth.）。2011 年出版的《花卉学》收载 2 种：翠雀和澜沧翠雀花（*D. thibeticum* Finet & Gagnep.）。2018 年出版的《观赏植物分类学》也收载 2 种：翠雀和高翠雀花。上述著作收录的我国翠雀花属观赏植物共计 10 种，其中，*D. elatum* L. 分布于西伯利亚和欧洲，不产我国。在其他我国有分布的 9 种中，在野外我见过 4 种（*D. grandiflorum*、*D. bonvalotii*、*D. tatsienense* 和 *D. mosynense*）；栽培的植物，我只见过 1 种，即翠雀。几百年前，不知哪一位古代园艺学家将可能产于北京某山区的 *D. grandiflorum* L. 引种到京城做观赏用，并给此种植物拟出了一个美丽响亮的动物名字。清代植物学家吴其濬在其 1848 年编写出版的名著《植物名实图考》一书中曾有简要的介绍："翠雀，京师圃中多有之，丛生，细绿茎，高三四尺，叶多花叉，如芹叶而细柔，稍端开长柄翠雀花，横翘如雀登枝，故名。" 1955 年，我在北京市地安门外大街上看到一小贩拿了几盆开花的翠雀在一商店旁叫卖。1965 年，我陪匈牙利一植物学家访问北京黄土岗花卉中心，了解到该中心曾栽植过翠雀。我在 1955 年夏到北京南口考察，在一山坡上看到几株正开花的翠雀，我向一位农民询问植物的名字，那位农民伸手指向翠雀花的蓝色退化雄蕊瓣片和黄色髯毛说，"叫猫眼"。我国翠雀花属有 229 种，其中不少种都具有美丽的花朵，如此丰富的观赏植物资源，希望园艺学家予以开发利用。

4 分类学处理

在 2001 年，*Flora of China* 的包括 173 种的翠雀花属志出版。此后，此属的新种不断被发现，到现在我国此属种的数目已经增加到 232 种，随着新种的被发现，也出现了一些新的形态特征，因此需进行一次新的修订。本次修订仍接受过去三次修订的分类方法，将本属划分为 2 亚属、5 组，在翠雀花亚属（Subgen. 1. *Delphinastrum*）下设 4 组，即短距翠雀花组（Sect. 1. *Aconitoides*）、密花翠雀花组（Sect. 2. *Elaopsis*）、翠雀组（Sect. 3. *Delphinastrum*）和三出翠雀花组（Sect. 4. *Oligophyllon*）。还亮草亚属（Subgen. 2. *Delphinium*）只包括 1 组，即还亮草组（Sect. *Anthriscifolium*）。

下面是翠雀亚属 3 个组的分类简况：

短距翠雀花组（Sect. *Aconitoides*）下设 2 亚组：Subsect. *Aconitoides* 和一单种新亚组 Subsect. *Dicentra*。Subsect. *Aconitoides* 下设 5 系 3 新系：Ser. 1. *Brachycentra*；Ser. 2. *Xichangensia*；Ser. 3. *Tephrantha*；Ser. 4. *Langxianenxia*；第 5 系是将过去的 Subsect. *Erlangshaica* 降为系级群。

密花翠雀花组（Sect. *Elatopsis*）被划分为 3 亚组，8 系。Subsect. 1. *Densiflora* 下设 3 系：Ser. 1. *Densiflora*, Ser. 2. *Kansuensia*，Ser. 3. *Menyuanensia*；Subsect. 2. *Metaconitoides* 下设 3 系：Ser. 1. *Brevicalcarata*, Ser. 2. *Subumbellata*, Ser. 3. *Albocoerulea*；Subsect. 3. *Elata* 下设 2 系：Ser. 1. *Elata* 和由 Subsect. *Trisecta* 降级而形成的系级群。

翠雀组（Sect. *Delphinastrum*）被划分为 6 亚组，12 系。Subsect. 1. *Pogonantha* 下设 4 系：Ser. 1. *Pachcantra*, Ser. 2. *Pogonantha*, Ser. 3. *Aemulantia* 和 Ser. 4. *Calthifolia*；Subsect. 2. *Huangzhouensia* 为一单种新亚组；新亚组 Subsect. 3. *Flavidilimba* 包括 2 单种系：Ser. 1. *Flavidilimba*，Ser. 2. *Flavidilimboidea*；Subsect. 4. *Ceratophora* 下设 2 系：Ser. *Ceratophora*，Ser. 2. *Hueizeensia*；Subsect. 5. *Monogyna* 亦为一单种新亚组；Subsect. 6. *Grandiflora* 下设 5 系：Ser. 1. *Likiangensia*, Ser. 2. *Pseudotrichophora*, Ser. 3. *Grandiflora*, Ser. 4. *Caerulea* 和 Ser. 5. *Squamata*。

翠雀花属（《植物研究》） **翠雀属**（《种子植物名称》）

Delphinium L. Sp. Pl. 530. 1753; DC. Syst. 1.: 340. 1818; et Prodr. 1: 51. 1824; Benth. In Benth. & Hook. f. Gen. Pl. 1: 9. 1862; Prantl in Bot. Jahrb. 9: 246. 1887; et in Engler & Prantl. Nat. Pflanzenfam. 32(4): 59. 1888; Huth in Bot. Jahrb. 20: 322. 1895; W. T. Wang in Acta Bot. Sin. 10 (1): 59. 1962; Tamura in Sci. Rep. Osaka Univ. 15: 32. 1966; Munz in J. Arn. Arb. 48: 31. 1967; Malyutin in Bot. Zhurn. 72: 685. 1987; Tamura in Hiepko, Nat. Pflanzenfam., Zwei. Aufl., 17aIV: 291. 1995; Pawlowski in Tutin et al. Fl. Europ. 1: 257. 1993; Warnock in Morin et al. Fl. N. Amer. 3: 196. 1997. Lectotype: *D. peregrinum* L (Nieuwland, 1914; Jarvis et al., 1993)。

多年生，稀二年生或一年生草本植物。茎具叶，稀无叶。叶为单叶，掌状分裂，稀为三出复叶或羽状复叶。花序总状或伞房状，或只具1花，具苞片；花梗具2小苞片。花左右对称：萼片5，花瓣状，上萼片具1距，侧萼片和下萼片成对，无距，稀1下萼片有距。花瓣2，位于上萼片基部，无柄，具1距，距伸入上萼片的距中，具蜜腺。退化雄蕊2，位于侧萼片和雄蕊之间，分化为瓣片和爪，黑色或褐色，或与萼片同色；瓣片顶端全缘或2裂，无毛或腹面基部之上被一簇黄色或白色髯毛；爪基部无或有1附属物。雄蕊通常多数；花丝下部披针状条形，具1条纵脉，上部丝形；花药通常长圆形。心皮（1-）3-5（-10），分生；子房长圆形，具较多有2层珠被的胚珠；花柱细，腹面或近顶端具不明显柱头。蓇葖多呈长圆形，无柄，具宿存花柱。种子四面体形，沿纵棱具狭翅，或倒卵球形，具横向条纹或横向密集小鳞片，或椭圆体形，周围具1狭翅，或呈球形，具横向同心或螺旋状排列的膜质条形翅。

约365种（Malyutin，1987），广泛分布于北温带地区，只10数种分布到非洲的北部和热带高山地区。我国有232种，广布于大陆27省（区）（在台湾和海南二省无分布），多数分布于西南部山区。

美国植物学家P. A. Munz (1967) 报道*D. viscosum* Hook. f. & Thoms., 还有印度植物学家M. A. Rau (1993) 报道*D. cashmirianum* Royle, *D. pyramidale* Royle和*D. stapeliosum* Bruhl ex Huth等4种均分布于我国西藏，但是我们中国科学院植物研究所植物标本馆(PE)未收藏这4种以及分布于大兴安岭的*D. crassifolium* Schrad. 的标本，因此我们从英国Kew皇家植物园和美国哈佛大学的植物标本馆借到上述5种采自我国邻国的标本，并为本修订根据这些借用的标本写出了5种的形态描述。

本文引出上述借用标本时，均写出上述标本所存放的标本馆名称的缩写。在引出存放于我们植物研究所的标本时，则均不写出标本馆的名称的缩写（即PE）。

分亚属、组、亚组、系检索表

1. 多年生草本；叶掌状分裂；花瓣顶部不展宽；退化雄蕊通常有毛，稀无毛；种子不呈球形 ………………………………………………………………………… 亚属1. 翠雀花亚属 Subgen. 1. **Delphinastrum**

2. 退化雄蕊瓣片无髯毛，黑色或褐色；心皮3 ……………………… 组1短距翠雀花组 Sect. **Aconitoides**

3. 叶片具3条脉，3浅裂至3全裂；花萼只上萼片具1距 … 亚组1. 短距翠雀花亚组 Subsect. **Aconitoides**

4. 花序总状。

5. 叶片3浅裂或3深裂，如3全裂时，全裂片不细裂，末回裂片狭卵形；退化雄蕊瓣片不分裂或在顶端微凹，稀2微裂或2半裂，无毛或在顶端被缘毛，或在腹面上部被稀疏短毛。

6. 叶片3深裂，稀3全裂；萼片比距长，稀比距短；退化雄蕊瓣片不分裂或在顶端微凹或2微裂，无毛或在腹面上部被稀疏短毛 …………………………… 系1. 短距翠雀花系 Ser. **Brachycentara** 种1-12

6. 裂片3浅裂；萼片与距近等长；退化雄蕊瓣片2半裂，在腹面中部和上部疏被短毛……………………………………………………………… 系 4. 朗县翠雀花系 Ser. **Langxianense** 种 15–18

5. 叶片 3 全裂，全裂片细裂，末回裂片条形或狭条形；退化雄蕊瓣片 2 深裂，在腹面中部和上部疏被柔毛；萼片比距短 ………………………… 系 5. 二郎山翠雀花系 Ser. **Erlangshanica** 种 19

4. 花序伞房状；萼片比距长。

7. 茎被白色短柔毛和黄色短腺毛；退化雄蕊瓣片无毛，在顶端 2 微裂，爪比瓣片短 3 倍多 ………………………………………………………………………… 系 2. 西昌翠雀花系 Ser. **Xichangensia** 种 13

7. 茎无毛；退化雄蕊瓣片 2 半裂，在腹面上部疏被短毛，爪与瓣片近等长 ………………………………………………………………………………………… 系 3. 灰花翠雀花系 Ser. **Tephrantha** 种 14

3. 叶片具 2 条脉，2 浅裂；花萼的上萼片和 1 枚下萼片均具 1 距，萼片比距长 ………………………………………………………………………………………… 亚组 2. 二距翠雀花亚组 Subsect. **Dicentra** 种 20

2. 退化雄蕊瓣片在腹面基部之上或中部被一簇黄色或白色髯毛，稀无毛（三小叶翠雀花 *D. trifoliolatum*）。

8. 花瓣和退化雄蕊黑色或褐色 ……………………………… 组 2. 密花翠雀花组 Sect. **Elatopsis**

9. 花序总状。

10. 花多较大；萼片多宿存，具脉纹 ………………… 亚组 1. 密花翠雀花亚组 Subsect. **Densiflora**

11. 种子四面体形，沿纵棱具狭翅，稀具小鳞片。

12. 萼片比距长 ……………………………………… 系 1. 密花翠雀花系 Ser. **Densiflora** 种 21–32

12. 萼片与距近等长或比距短 ……………………… 系 2. 甘肃翠雀花系 Ser. **Kansuensia** 种 33–40

11. 种子狭椭圆体形，周围有 1 狭翅 ………………… 系 3. 门源翠雀花系 Ser. **Menyuanensia** 种 41

10. 花较小；萼片脱落，无脉纹 …………………………… 亚组 3. 高翠雀花亚组 Subsect. **Elata**

13. 叶片 3 深裂 ………………………………………………… 系 1. 高翠雀花系 Ser. **Elata** 种 75–96

13. 叶片 3 全裂 …………………………………………… 系 2. 全裂翠雀花系 Ser. **Trisecta** 种 97

9. 花序伞房状，或花 1 朵顶生 ……………… 亚组 2. 囊距翠雀花亚组 Subsect. **Metaconitoides**

14. 种子四面体形，沿纵棱具狭翅。

15. 萼片比距长 …………………………………… 系 1. 囊距翠雀花系 Ser. **Brevicalcarata** 种 42–56

15. 萼片与距近等长，或比距短 ……………… 系 2. 软叶翠雀花系 Ser. **Subumbellata** 种 57–71

14. 种子具密集横向排列的小鳞片 ………………… 系 3. 蓝白翠雀花系 Ser. **Albocoerulea** 种 72–74

8. 花瓣和退化雄蕊不呈黑色或褐色。

16. 不具块根；萼片蓝色或紫色，稀白色 ………………………… 组 3. 翠雀组 Sect. 3. **Delphinastrum**

17. 花瓣和退化雄蕊淡黄色或淡黄白色。

18. 叶片 3 全裂；心皮 5；萼片比距长；退化雄蕊瓣片淡黄白色，不分裂 ………………………………………………………………… 亚组 2. 湟中翠雀花亚组 Subsect. **Huangzhongensia** 种 159

18. 叶片 3 深裂；心皮 3 或 1；退化雄蕊瓣片 2 浅裂。

19. 萼片与距近等长；心皮 3 ……………………… 亚组 3. 征镒翠雀花亚组 Subsect. **Flavidilimba**

20. 花较小，组成复总状花序；萼片长 6–7 mm，近顶端成直角向内弯曲；心皮无毛 ………………………………………………………………………… 系 1. 征镒翠雀花系 Ser. **Flavidilimba** 种 160

20. 花较大，组成简单总状花序；萼片长 14 mm，近顶端不向内弯曲；心皮与子房密被短柔毛

·· 系 2. 文采新翠雀花系 Ser. **Flavidilimboidea** 种 161

19. 萼片比距短；心皮 1，无毛 ····················· 亚组 5. 单蕊翠雀花亚组 Subsect. **Monogyna** 种 189

17. 花瓣和退化雄蕊与萼片同色，即呈蓝色或紫色，稀呈白色。

21. 基生叶不存在，如存在时，则多在花期枯萎 ··· 亚组 1. 须花翠雀花亚组 Subsect. **Pogonantha**

22. 种子沿纵棱具狭翅；心皮 3–5 ························· 系 1. 粗距翠雀花系 Ser. **Pachycnetra** 种 98–107

22. 种子具横向排列的小鳞片或条纹；心皮 3。

23. 叶片 3 深裂或 3 全裂。

24. 叶片 3 深裂或 3 全裂，全裂片不细裂 ··········· 系 2. 须花翠雀花系 Ser. **Pogonantha** 种 108–156

24. 叶片 3 全裂，全裂片细裂 ··························· 系 3. 塔城翠雀花系 Ser. **Aemulantia** 种 157

23. 叶片不分裂或不明显 3 微裂 ···························· 系 4. 心叶翠雀花系 Ser. **Calthifolia** 种 158

21. 基生叶多良好发育，稀在花期枯萎；心皮 3。

25. 叶片 3 浅裂或 3 深裂 ························· 亚组 4. 角萼翠雀花亚组 Subsect. **Ceratophora**

26. 种子沿纵棱具狭翅 ································· 系 1. 角萼翠雀花系 Ser. **Ceratophora** 种 162–187

26. 种子密具横向排列小鳞片 ··························· 系 2. 会泽翠雀花系 Ser. **Hueizeensia** 种 188

25. 叶片 3 全裂 ·· 亚组 6. 翠雀花亚组 Subsect. **Grandiflora**

27. 种子沿纵棱具狭翅。

28. 上萼片船形。

29. 叶末回裂片狭三角形或狭披针形；萼片比距长 ··································

·· 系 1. 丽江翠雀花系 Ser. **Likiangensia** 种 190

29. 叶末回裂片条形或狭条形；萼片比距短 ···

·· 系 2. 川甘翠雀花系 Ser. **Pseudotrichophora** 种 191

28. 上萼片多少展开，不呈船形。

30. 花序总状 ·· 系 3. 翠雀花系 Ser. **Grandiflora** 种 192–211

30. 花序伞房状，或花 1 朵顶生 ······················ 系 4. 蓝翠雀花系 Ser. **Caerulea** 种 212–226

27. 种子具横向条纹或小鳞片 ··························· 系 5. 多枝翠雀花系 Ser. **Squamata** 种 227–229

16. 块根存在；萼片，花瓣和退化雄蕊均呈黄色；心皮 3；种子具密集横向排列的小鳞片 ···········

·· 组 4. 三出翠雀花组 Sect. **Oligophyllon** 种 230

1. 二年生或一年生草本；叶羽状分裂；花瓣顶端展宽；退化雄蕊无毛；种子呈球形 ························

································· 亚属 2. 还亮草亚属 Subgen. **Delphinium** 还亮草组 Sect. **Anthriscifolium** 种 231

Key to subgenera, sections, subsectons and series

1. Perennial herbs; leaves palmately divided; petal apex not widened; staminode limbs usually hairy, rarely glabrous; seeds not globose ·· Subgen. 1. **Delphinastrum**

2. Staminode limbs not barbate, black or brown; carpels 3 ································ Sect. 1. **Aconitoides**

3. Leaf blades 3-nerved, and 3-lobed to 3-sect; calyx with only upper sepal 1-spurred ·························

·· Subsect. 1. **Aconitoides**

4. Inflorescences racemose.

5. Leaf blades 3-lobed or 3-parted, if 3-sect then segments not dissected, with ultimate lobes narrow-ovate; staminode limbs undivided or at apex emarginate, rarely 2-lobulate or 2-cleft, glabrous or at apex ciliate or adaxially above with sparse hairs.

6. Leaf blades 3-parted, rarely 3-sect; sepals longer, rarely shorter than spur; staminode limbs undivided or at apex emargmate or 2-lobulate, glabrous or adaxially above with sparse hairs ······ ······ Ser. 1. **Brachycentra** spp. 1–12

6. Leaf blades 3-lobed; sepals nearly as long as spur; staminode limbs 3-cleft, adaxially above with sparse hairs ······ Ser. 4. **Langxianensia** spp. 15–18

5. Leaf blades 3-sect. segments dissected, with ultimate lobes linear or narrow-linear; staminode limbs 2-parted, adaxially on the middle and above with sparse hairs; sepals shorter than spur ······ ······ Ser. 5. **Erlangshanica** sp. 19

4. Inflorescences corymbose; sepals longer than spur.

7. Stems white-puberulous and yellow-glandular-puberulous; staminode limbs glabrous, at apex 2-lobulate, claws more than 3-times shorter than limbs ······ Ser. 2. **Xichangensia** sp. 13

7. Stems glabrous; staminode limbs 2-cleft, adaxially with sparse hairs, claws nearly as long as limbs ······ Ser. 3. **Tephrantha** sp. 14

3. Leaf blades 2-nerved and 2-lobed; calyx with upper sepal and one lower sepal all 1-spurred, and with the sepals longer than spurs ······ Subsect. 2. **Dicentra** sp. 20

2. Staminode limbs adaxially above base or on the middle yellow-or white-barbate, rarely not barbate (*D. trifoliolatum*).

8. Petal and staminodes black or brown ······ Sect. 2. **Elatopsis**

9. Inflorescences racemose.

10. Flowers mostly larger; sepals mostly persistent, veiny ······ Subsect. 1. **Densiflora**

11. Seeds tetrahedral, along longitudinal edges narrow-winged, rarely squamulose.

12. Sepals longer than spur ······ Ser. 1. **Densiflora** spp. 21–32

12. Sepals nearly as long as or shorter than spur ······ Ser. 2. **Kansuensia** spp. 333–40

11. Sedds narrow-ellipsoidal, peripherally 1-narrow-wenged ······ Ser. 3. **Menyuanensia** sp. 41

10. Flowers smaller; sepals deciduous, not veiny ······ Subsect. 3. **Elata**

13. Leaf blades 3-parted ······ Ser. 1. **Elata** spp. 75–96

13. Leaf blades 3-sect ······ Ser. 2. **Trisecta** sp. 97

9. Inflorescences corymbose, or flowers solitary and terminal ······ Subsect. 2. **Metaconitoides**

14. Seeds tetrahedral, along longitudinal edges narrow-winged

15. Sepals longer than spur ······ Ser. 1. **Brevicalcarata** spp. 42–56

15. Sepals nearly as long as or shorter than spur ······ Ser. 2. **Subumbellata** spp. 57–71

14. Sedds densely transversely squamulose ······ Ser. 3. **Albocoerulea** spp. 72–74

8. Petals and staminodes not black or brown.

16. Root tubers absent; sepals blue or purple, rarely white ······ Sect. 3. **Delphinastrum**

17. Petals and staminodes yellowish or yellowish-white.

18. Leaf blades 3-sect; carpels 5; sepals longer than spur; staminode limbs yellowish-white, undivided ······ Subsect. 2. **Huangzhouensia** sp. 159

18. Leaf blades 3-parted; carpels 3 or 1; staminode limbs 2-lobed.

19. Sepals nearly as long as spur; carpels 3 ······ Subsect. 3. **Flavidilimba**

20. Flowers small, in compound raceme; sepals 6–7 mm long, near apex by right angle incurved; carpels glabrous ······ Ser. 1. **Flavidilimba** sp. 160

20. Flowers larger, in simple raceme; sepals 14 mm long near apex not invurved; carpels with ovaries densely puberulous ······ Ser. 2. **Flavidilimboidea** sp. 161

17. Petals and staminodes concolour with sepals, i. e. blue or purple, rarely white.

21. Basal leaves absent, if present, then mostly withered by anthersis ······ Subsect. 1. **Pogonantha**

22. Seeds along longitudinall edges narrow-winged; carpels 3–5 ······ Ser. 1. **Pachycentra** spp. 98–107

22. Seeds transversely squamulose or striate; carpels 3.

23. Leaf blades 3-parted or 3-sect.

24. Leaf blades 3-parted, if 3-sect then segments not dissected ······ Ser. 2. **Pogonantha** spp. 108–156

24. Leaf blades 3-sect, segments dissected ······ Ser. 3. **Aemulantia** sp. 157

23. Leaf blades undivided, or inconspicuously 3-lobulate ······ Ser. 4. **Calthifolia** sp. 158

21. Basal leaves mostly well developed, rarely withered by anthersis; carpels 3.

25. Leaf blades 3-lobed or 3-parted ······ Subsect. 4. **Ceratophora**

26. Seeds along longitudinal edges narrow-winged ······ Ser.1. **Ceratophora** spp. 162–187

26. Seeds densely transversely squamulose ······ Ser. 2. **Hueizeensia** sp. 188

25. Leaf blades 3-sect ······ Subsect. 6. **Grandiflora**

27. Seeds along longitudinal edges narrow-winged.

28. Upper sepal cymbiform.

29. Leaf ultimate lobes narrow-triangular or narrow-lanceolate; sepals longer than spur ······ Ser. 1. **Likiangensia** sp. 190

29. Leaf ultimate lobes linear or narrow-linear; sepals shorter than spur ······ Ser. 2. **Pseudotrichophora** sp. 191

28. Upper sepal more or less opened, not cymbiform.

30. Inflorescences racemose ······ Ser. 3. **Grandiflora** sp. 192–211

30. Inflorescences corymbose, or flowers solitary, terminal ······ Ser. 4. **Caerulea** sp. 212–226

27. Seeds transversely striate or squamulose ······ Ser. 5. **Squamata** sp. 227–229

16. Root tubers present; sepals, petals and staminodes all yellow in colour; carpels 3; seeds transversely squamulose ······ Sect. 4. **Oligophyllon** sp. 230

1. Annual or biennial herbs; leaves pinnatedly divided; petal apex widened; staminodes glabrous; seeds globose, with transverse membranous linear wings ······ Subgen. 2. **Delphinium** Sect. 1. **Anthriscifolium** sp. 231

亚属 1. 翠雀花亚属

Subgen. 1. **Delphinastrum** (DC.) Peterm. Deutsch. Fl. 15. 1846; W. T. Wang in Acta Bot. Sin. 10(1): 72. 1962; et in Fl. Reip. Pop. Sin. 27: 350. 1979; Tamura in Sci. Rep. Osaka Univ. 15: 33. 1966; in Acta Phytotax. Geobot. 41: 100. 1990; et in Hiepko, Nat. Pflanzenfam., Zwei. Aufl., 17aIV: 275. 1995; Malyutin in Bot. Zhurn. 12: 685. 1987. ——Sect. *Delphinastrum* DC. Syst. 1: 351. 1817. ——Gen. *Delphinastrum* (DC.) Spach, Hist. Nat. Veget. Phanerog. 7: 336. 1839.——Subsect. *Delphinastrum* (DC.) Prantl in Engler & Prantl, Nat. Pflanzenfam. 3(2): 59. 1888. Lectotype: *D. grandiflorum* L (Wang, 1962).

多年生草本植物。叶掌状分裂，稀不分裂。花瓣无翅，顶端不展宽。退化雄蕊瓣片在腹面被毛或基部之上被黄色或白色髯毛，稀无毛，在顶端 2 微裂或 2 浅裂，稀不分裂、微凹或 2 深裂。种子四面体形，沿棱具狭翅，或狭倒球形，具横向排列的条纹或小鳞片，或狭椭圆体形，周围有 1 狭翅。

约 300 种，隶属 5 组，其分布与属的分布大致相似。我国有 229 种，隶属 4 组，广布西部和北部各省（区）。

组 1. 短距翠雀花组

Sect. **Aconitoides** W. T. Wang in Acta Bot. Sin. 10(1): 72. 1962; et in Fl. Feip. Pop. Sin. 27: 350. 1979; Tamura in Sci. Rep. Osaka Univ. 15: 33. 1966; Malyutin in Bot. Zhurn. 72: 685. 1987; W. T. Wang in Fl. Yunnan. 11: 109. 2000; W. T. Wang & M. J. Warnock in Fl. China 6: 232. 2001. Type: *D. fengii* W. T. Wang (= *D. forrestii Diels*).

叶 3 浅裂或 3 深裂，稀 2 浅裂和 3 全裂。花序总状或伞房状。萼片蓝色或紫色，稀灰褐色、白色或绿色，宿存，具脉纹；上萼片常呈船形，具 1 距，稀 1 下萼片也具 1 距；距短或长于萼片。退化雄蕊瓣片黑色或褐色，无毛或在腹面中部被疏毛，无髯毛，在顶端全缘、微凹或 2 微裂，稀 2 半裂或 2 深裂；爪常比瓣片稍狭窄，条形。心皮 3。种子四面体形，沿纵棱具狭翅。

21 种，隶属 2 亚组，5 系，分布于云南北部、四川西部、西藏东部、青海南部和东部、甘肃西南部和中部。

分种和变种检索表

1. 叶片具 3 条脉，3 浅裂或 3 深裂，稀 3 全裂；花萼只上萼片具 1 距。
  2. 叶片 3 浅裂或 3 深裂，如 3 全裂则全裂片浅裂，末回裂片狭卵形至宽卵形；退化雄蕊瓣片不分裂，或在顶端微凹、2 微裂或 2 半裂，无毛或在腹面上部被疏毛；萼距比萼片短，稀与萼片等长或长度超过萼片。
    3. 花序总状。
      4. 退化雄蕊瓣片不分裂，或在顶端微凹、2 微裂、2 浅裂，不达瓣片中部，无毛或在腹面上部被疏毛。
        5. 萼距比萼片短。
          6. 叶片 3 深裂或 3 浅裂。
            7. 叶片 3 深裂。
              8. 花密集，排列成近圆柱形或近球形、宽约 4 cm 的总状花序。
                9. 茎、叶、花梗无腺毛 ……………………………………………………………… 1. 短距翠雀花 **D. forrestii**
                  10. 茎被糙伏毛；萼片蓝色、褐色或白色，长达 23 mm。

11. 退化雄蕊瓣片无毛、顶端全缘或 2 微裂 ………………………………… 1a. 模式变种 var. **forrestii**

11. 退化雄蕊瓣片腹面上部被疏毛，顶端 2 微裂 …………………… 1b. 毛瓣短距翠雀花 var. **pilolimbum**

10. 茎下部疏被柔毛，常变无毛；萼片绿色，长 7–11 mm ……………… 1c. 光茎短距翠雀花 var. **viride**

9. 茎、叶和花梗均有腺毛；退化雄蕊瓣片在腹面上部被疏毛，顶端 2 浅裂 ……………………………………………………………………………………………… 2. 光叶翠雀花 **D. leiophyllum**

8. 花不密集，组成多少伸长、宽 2 cm 的总状花序。

12. 小苞片长达 20 mm ……………………………………………………… 3. 昌都翠雀花 **D. changduense**

12. 小苞片长达 11–14 mm。

13. 茎无腺毛；萼距细圆锥形，长 12–14 mm；退化雄蕊瓣片无毛 …… 5. 巧家翠雀花 **D. subtubulosum**

13. 茎具黄色腺毛；萼距较长，钻形，长 16–20 mm；退化雄蕊瓣片在腹面上部被疏毛，在顶端被缘毛 ……………………………………………………………………… 6a. 狭序翠雀花 **D. wrightii** var. **wrightii**

7. 叶片 3 浅裂；退化雄蕊瓣片在顶端被缘毛，其他部分无毛。

14. 总状花序细长，长达 20 cm；小苞片长达 24 mm；萼片内面被疏毛；距长 13–14 mm；退化雄蕊瓣片卵形；心皮无毛 ……………………………………………… 4. 长苞翠雀花 **D. longibracteolatum**

14. 总状花序近球形，长 5 cm；小苞片长达 14 mm；萼片无毛；距长 19 mm；退化雄蕊瓣片圆形；心皮只在腹缝线上被柔毛，其他部分无毛 ……………………………… 7. 圆片翠雀花 **D. rotundilimbum**

6. 叶片 3 全裂；花序狭，长达 45 cm；萼片长 20–22 mm，距长 16–17 mm ……………………………………………………………………………………… 9. 拟毛翠雀花 **D. trichophoroides**

5. 萼距与萼片等长或长于萼片。

15. 叶片 3 浅裂；总状花序具 3 花；萼片内、外二面均无毛，比距稍短；退化雄蕊瓣片在顶端被缘毛，其他部分无毛 ………………………………………………………… 8. 三花翠雀花 **D. trianthophorum**

15. 叶片 3 深裂。

16. 萼片被毛。

17. 萼片外面被毛，内面无毛 …………………………… 6b. 短萼狭序翠雀花 **D. wrightii** var. **parvisepalum**

17. 萼片、内外二面均被毛。

18. 萼距基部粗 3–5 mm。

19. 萼片被短柔毛，距长 16–17 mm；退化雄蕊瓣片近顶端被缘毛，其他部分无毛 ……………………………………………………………………………… 10. 稻城翠雀花 **D. daochengense**

19. 萼片被糙伏毛，距长 18–24 mm；退化雄蕊瓣片无毛 ……………………………………………………………… 11a. 毛翠雀花 **D. trichophorum** var. **trichophorum**

18. 萼距基部粗 6–8 mm ………………………… 11c. 粗距毛翠雀花 **D. trichophorum** var. **platycentrum**

16. 萼片无毛。

20. 茎有稀疏毛；总状花序近球形或狭长；萼片长 12–19 mm，距长 18–24 mm ……………………………………………………… 11b. 光果翠雀花 **D. trichophorum** var. **subglaberrimum**

20. 茎无毛；总状花序近球形；花较大，萼片长 21–25 mm，距长 26–42 mm ……………………………………………………………………………………… 12. 尖距翠雀花 **D. oxycentrum**

4. 退化雄蕊瓣片 2 裂达瓣片中部，在腹面上部疏被毛；叶片 3 浅裂。

21. 萼片外面有毛，内面无毛。

22. 萼片暗黄色，距与萼片等长或比萼片稍短，长 16−18 mm ……………………… 15. 朗县翠雀花 **D. langxianense**

22. 萼片蓝紫色，距与萼片近等长，长 13−14 mm ………………………………………… 18. 绿房翠雀花 **D. viridiovarium**

21. 萼片内、外二面均有毛，黄色。

23. 总状花序复杂，有多于 10 朵的花；心皮只在腹缝线上被毛，其他部分无毛 ……………………………………………………………………………………………………… 16. 隆子翠雀花 **D. longziense**

23. 总状花序简单，有 2 花；心皮无毛 ……………………………………………… 17. 黄花翠雀花 **D. xanthanthum**

3. 花序伞房状；萼距比萼片短，细圆锥状。

24. 草本高 5−5 cm；茎被白色短柔毛和黄色短腺毛；萼距长 11 mm，在基部粗 5.5 mm；退化雄蕊瓣片卵形，长 8.5 mm，无毛，在顶端 2 微裂，爪长 2.5 mm ………………………………………… 13. 西昌翠雀花 **D. xichangense**

24. 草本高 8−16 cm；茎无毛，萼距长 15−20 mm，在基部粗 6−8 mm；退化雄蕊瓣片长 7 mm，2 裂片达中部，在腹面上部有少数黄色柔毛，爪长 10 mm …………………………………………… 14. 灰花翠雀花 **D. tephranthum**

2. 叶片 3 全裂，全裂片细裂，末回裂片条形或狭条形；退化雄蕊瓣片 2 深裂超过瓣片中部，在腹面上部被疏毛，近顶端被短缘毛；萼距比萼片长；花序总状 ……………………………………… 19. 二郎山翠雀花 **D. erlangshanicum**

1. 叶片具 2 条脉，2 浅裂；花萼的上萼片和 1 枚下萼片均具 1 距 ………………………………… 20. 二距翠雀花 **D. dicentrum**

Key to species and varieties

1. Leaf blades 3-nerved and 3-lobed or 3-parted, rarely 3-sect; calyx with only upper sepal 1-spurred.

2. Leaf blades 3-lobed or 3-parted, if 3-sect, then the segments lobed, with ultimate lobes narrowly to broadly ovate; staminode limbs undivided or at apex emarginate, 2-lobulate or 2-cleft, glabrous or adaxiallly above with sparse hairs; sepal spur shorter than sepals, rarely as long as or longer than them.

3. Inflorescences racemose.

4. Staminode limbs undivided or at apex emarginate, 2-lobulate, or 2-lobed not to the middle of limb, glabrous or adaxially above with sparse hairs.

5. Sepal spur shorter than sepals.

6. Leaf blades 3-parted or 3-lobed.

7. Leaf blades 3-parted.

8. Flowers very dense, in subteret or subglobose racemes ca. 4 cm broad.

9. Stems, leaves and pedicelslacking glandular hairs ………………………………………………………… 1. **D. forrestii**

10. Stems strigose; sepals blue, brownish or white, up to 23 mm long.

11. Staminode limbs glabrous, at apex entire or 2-lobulate ……………………………………… 1a. var. **forrestii**

11. Staminode limbs adaxially above with sparse hairs, at apex 2-lobulate ………………… 1b. var. **pilolimbum**

10. Stems below sparsely pilose, often glabrescent; sepals smaller, 7−11 mm long, green; staminodes limbs at apex 2-lobed ……………………………………………………………………………………… 1c. var. **viride**

9. Stems, leaves and pedicels with glandular hairs; staminode limbs adaxially above with sparse hairs, at apex 2-lobed ………………………………………………………………………………………………… 2. **D. leiophyllum**

8. Flowers not dense, in more or less elongate racemes ca. 2 cm broad.

12. Bracteoles up to 20 cm long; staminode glabrous, its limb at apex 2-lobulate, and its claw at base with an appendage 1 mm long ······ 3. **D. changduense**

12. Bracteoles up to 11−14 mm long.

13. Stems lacking glandular hairs; sepal spur thin-conic, 12−14 mm long; staminode limbs glabrous ······ 5. **D. subtubulosum**

13. Stems with yellow glandular hairs; sepal spur longer, subulate, 16−20 mm long; staminode limbs abaxially above with sparse hairs and at apex ciliate ······ 6a. **D. wrightii** var. **wrightii**

7. Leaf blades 3-lobed; staminode limbs at apex ciliate, elsewhere glabrous.

14. Raceme elongate, up to 20 cm long; bracteoles up to 24 mm long; sepals inside pilose, spur 13−14 mm long; staminode limbs ovate; carpels glabrous ······ 4. **D. lonibrancteolatum**

14. Raceme subglobose, 5 cm long; bracteoles up to 14 mm long; sepals glabrous, spur 19 mm long; staminode limbs orbicular; carpels ongly on ventral sutures with hairs, elsewhere glabrous ······ 7. **D. rotundilimbum**

6. Leaf blades 3-sect; raceme elongate, up to 45 cm long; sepals 20−22 mm long, spur 16−17 mm long ······ 9. **D. trichophoroides**

5. Sepal spur as long as sepals or longer than them.

15. Leaf blades 3-lobed; raceme short, 3-flowered; sepals outside and inside all glabrous, slightly shorter than spur; staminode limbs at apex ciliolate, elsewhere glabrous ······ 8. **D. trianthophorum**

15. Leaf blades 3-parted.

16. Sepals hairy.

17. Sepals outside hairy, inside glabrous ······ 6b. **D. wrightii** var. **parvisepalum**

17. Sepals outside and inside all hairy.

18. Sepal spur at base 3−5 mm across.

19. Sepals puberulous, spur 16−17 mm long; staminode limbs at apex ciliate, elsewhere glabrous ······ 10. **D. daochengense**

19. Sepals strigose, spur 18−24 mm long; staminode limbs glabrous ······ 11a. **D. trichophorum** var. **trichophorum**

18. Sepal spur at base 6−8 mm across ······ 11c. **D. trichophorum** var. **platycentrum**

16. Sepals glabrous.

20. Stems with sparse hairs; racemes subglobose or elongate; sepals 12−19 mm long, spur 18−24 mm long ······ 11b. **D. trichophorum** var. **subglaberrimum**

20. Stems glabrous; racemes subglobose; flowers larger, sepals 21−25 mm long, spur 26−42 mm long ······ 12. **D. oxycentrum**

4. Staminode limbs 2-cleft to the middle of limb, adaxially above with sparse hairs; leaf blades 3-lobed.

21. Sepals outside hairy, inside glabrous.

22. Sepals dark-yellow, spur as long as sepals or slightly shorter than them, 16−18 mm long ······ 15. **D. langxianense**

22. Sepals blue-purple, spur nearly as long as sepals, 13−14 mm long ······ 18. **D. viridiovarium**

21. Sepals outside and indide all hairy, yellow in colour.

23. Raceme compound, with more than 10 flowers; carpels only on ventral sutures hairy, elsewhere glabrous ………………………………………………………………………………… 16. **D. longziense**

23. Raceme simple, 2-flowered; carpels glabrous ………………………………… 17. **D. xanthanthum**

3. Inflorescences corymbose; sepal spur shorter than sepals, thin-conic.

24. Herbs 5.5 cm tall; stem white-puberulous and yellow-glandular-puberulous; sepal spur 11 mm long, at base 5.5 mm across; staminode limbs ovate 8.5 mm long, glabrous, at apex 2-lobulate, claws 2.5 mm long …… 13. **D. xichangense**

24. Herbs 8−16 cm tall; stem glabrous; sepal spur 15−20 mm long, at base 6−8 mm across; staminode limbs 7 mm long, 2-cleft to the middle of limb, adaxially above with sparse yellow hairs, claws 10 mm long ……… 14. **D. tephranthum**

2. Leaf blades 3-sect, segments dissected, ultimate lobes linear or narrow-linear, staminode limbs 2-parted exceeding the middle of limb, adaxially above with sparse hairs and at apex ciliolate; sepal spur longer than sepals; inflorescenses racemose ………………………………………………… 19. **D. erlangshanicum**

1. Leaf blades 2-nerved and 2-lobed; calyx with both upper sepal and 1 lower sepal all 1-spurred ………… 20. **D. dicentrum**

亚组 1. 短距翠雀花亚组

Subsect. **Aconitoides** (W. T. Wang) Tamura in Acta. Phytotax. Geobot. 41: 100. 1990; et in Hiepko, Nat. Pflanzenfam., Zwei. Aufl. 17aIV: 295. 1995. ——Sect. *Aconitoides* W. T. Wang in Acta Bot. Sin. 10(1): 1962. Type: *D. fengii* W. T. Wang (= *D. forrestii* Diels).

叶具 3 条脉，3 浅裂，3 深裂或 3 全裂。花萼只上萼片有 1 距，其他萼片无距。

20 种，隶属 5 系，分布与组的分布相同。

系 1. 短距翠雀花系

Ser. **Brachycentra** W. T. Wang in Acta. Bot. Sin. 10(1): 72. 1962. Type: *D. fengii* W. T. Wang (= *D. forrestii* Diels).

Ser. *Trichophora* W. T. Wang in I. c. 73. Type: *D. trichophorum* Franch.

Ser. *Elongata* W. T. Wang in I. c. 75. Type: *D. wrightii* Chen.

叶 3 深裂，稀 3 全裂，全裂片不细裂。花序总状，萼距比萼片短，稀比萼片长。退化雄蕊瓣片不分裂或顶端微凹或 2 微裂，无毛或腹面上部有疏毛；爪比瓣片长。

13 种，分布与组的分布相同。

1. 短距翠雀花　图版 1：1−6

Delphinium forrestii Diels in Not. Bot. Gard. Edinb. 5: 265. 1912; Hand.-Mazz. Symb. Sin. 7: 272. 1931; W. T. Wang in Acta. Bot. Sin. 10(1): 72. 1962; in Acta. Phytotax. Sin. Add. 1: 77. 1965; in Fl. Reip. Pop. Sin. 27: 350, pl. 78: 1−6. 1979; in Vasc. Pl. Hengduan Mount. 1: 479. 1993; in Guihaia 17(1): 2. 1997; et in Fl. Yunnan. 11: 112, pl. 32: 1−6. 2000; Z. Wang & W. T. Wang in High. Pl. China 3: 430, fig. 678. 2000; W. T. Wang & M. J. Warnock in Fl. China 6: 232. 2001; W. T. Wang in High. Pl. China in Colour 3: 359. 2016; L. Xie et al. in Medic. Fl. China 3: 170, with fig. & photo. 2016. Type: 云南　丽江，玉龙山，alt. 365.76 m, 草地，花蓝紫色，1906-09, G. Forrest 3030 (holotype, not seen; isotype, PE)。

图版 1　1–6. **短距翠雀花**　1. 植株全形；2. 基生叶；3. 花瓣；4. 退化雄蕊；5. 雄蕊；6. 雌蕊群。
7–8. **珠峰翠雀花**　7. 植株全形；8. 退化雄蕊。（引自《中国植物志》；张泰利绘图）

Plate 1　1–6. ***Delphinium forrestii***　1. Habit; 2. Basal leaves; 3. Petal; 4. Staminode; 5. Stamen; 6. Gynoecium.
7–8. ***D. chumulangmaense***　7. Habit; 8. Staminode. (After Fl. Reip. Pop. Sin.; drawn by T. L. Zhang)

D. mairei ulbr. in Bot. Jahrb. 48: 614, fig. 1. 1913; W. T. Wang in Acta. Bot. Sin. 10(1): 73. 1962; Munz in J. Arn. Arb. 48(4): 486. 1967; Iconogr. Corm. Sin. 1: 699, fig. 1397. 1972. Holotype: 云南　巧家，Io-chan, alt. 3 700 m, 1910-08, Bonati distrb. no. 2669, coll. E. E. Maire (not seen)。

D. aconitioides Chen in Bull. Fan. Mem. Inst. Biol., n. ser. 1: 164. 1948; W. T. Wang in Acta Bot. Sin. 10(1): 73. 1962; Munz in J. Arn. Arb. 48(4): 478. 1967. Isotype: 四川　稻城，alt. 3 800 m, 林边，1937-08-21，俞德浚 12827（PE）。

D. trichophorum auct. non Franch.: Munz in J. Arn. Arb. 48(4): 492. 1967, p. p. quoad syn. *D. forrestii* Diels et specim. Forrest 6683, 22347 et Rock 7786, 10860, 11458, 11696。

1a. var. **forrestii**

草本高 18–38cm。茎粗壮，稍密被向下斜展的糙毛。基生叶和下部茎生叶有长柄；叶片五角状肾形，(3.3–6) cm × (4.7–8) cm，3 深裂稍超过中部，中央深裂片宽菱形，3 浅裂，边缘有缺刻和牙齿，测深裂片较大，斜扇形，不等 2 或 3 中裂，两面疏被短毛；叶柄长 5–17 cm。总状花序近圆柱形或球形，长 3–15 cm，具密集的花；下部苞片叶状，其他苞片椭圆形或倒披针形；轴和花梗密被糙伏毛；花梗长 1.5–2(–5)cm，上部或顶端有 2 小苞片。花：萼片蓝色、灰褐色或白色，外面有糙伏毛，内面无毛，上萼片船状倒卵形，(18–23) cm × (14–16) cm，距比萼片稍短，圆锥状钻形，其他萼片稍小，长 12–15 mm。花瓣无毛，顶端微凹。退化雄蕊无毛；瓣片卵形，(4–5.2) mm × (2–3.2) mm，顶端全缘或 2 微裂；爪长 7.2–9 mm，雄蕊无毛。心皮 3，子房有疏柔毛或近无毛。蓇葖长圆形，长约 1.2 cm，被柔毛。种子四面体形，暗褐色，长约 2 mm，沿棱具狭翅。

分布于云南北部、四川西南部和西藏东南部（察隅）。生多石山坡，草甸或灌丛中，海拔 3 500–5 000 m。

标本登录：云南　丽江，玉龙山，吴征镒 21599；中甸，G. Forrest 11305，冯国楣 21051；德钦，王启无 69084，69633，俞德浚 10888。四川　木里，青藏队 13809，14483；稻城，四川植被队 3779，青藏队 5575；乡城，四川植被队 3170，青藏队 5010。西藏　察隅东南部，王启无 66082，青藏队 10701。

1b. 毛片短距翠雀花（变种）　图版 2：9

var. **pilolimbum** W. T. Wang, var. nov. Type: 云南 (Yunnan)　中甸，格咱，红山，(Zhongdian, Gezan, Hong shan), alt. 4 900 m，多石山坡 (rocky slope), 2003-09-10，杨亲二，袁琼 (Q. E. Yang & Q. Yuan) 121 (holotype, PE)；同地 (same locality), alt. 4 300 m, 2003-08-12, 杨亲二，袁琼 025 (PE)；同地，alt. 4 100 m，1998-09-09，杨亲二，孔宏智 (Q. E. Yang & H. Z. Kong) 98-336 (PE)。

A var. *forrestii* differt staminodiorum limbis ventere superne pilis aliquot 0.2–0.5 mm longis tectis.

本变种的退化雄蕊瓣片在腹面上部被一些长 0.2–0.5 mm 的毛而与模式变种不同。

特产云南中甸红山，生多石砾山坡，海拔 4 100–4 900 m。

1c. 光茎短距翠雀花（变种）

var. **viride** (W. T. Wang) W. T. Wang in Fl. Reip. Pop. Sin. 27: 352. 1979; in Vasc. Pl. Hengduan Mount. 1: 479. 1993; in Fl. Xizang. 2: 43. 1995; et in Fl. Yunnan. 11: 114. 2000; W. T. Wang & M. J. Warnock in Fl. China 6: 232. 2001. ——*D. viride* Chen in Bull. Fan Mem. Inst. Biol., n. Ser. 1: 165. 1948, non Watson, 1883. ——*D. mairei* Ulbr. var. *viride* W. T. Wang in Acta. Bot. Sin. 10(1): 73. 1962. Type: 云南　德钦，Yangtsa, alt. 4 100 m，林边，花淡绿色，1937-08-20，俞德浚 7670 (holotype, PE)。西藏　察隅，察瓦龙。日苏拉格达，alt. 3 100 m，溪边草地，花淡绿色，1935-08，王启无 65971 (paratype, PE)。

本变种的茎在下部被短柔毛，常变无毛，萼片淡绿色，而与模式变种不同。

分布于云南德钦和相邻的西藏察隅察瓦龙，生山谷溪边草地或林边，海拔 3 100–4 100 m。

2. 光叶翠雀花　图版 2：1–3

Delphinium leiophyllum (W. T. Wang) W. T. Wang in Bull. Bot. Lab. N.-E. Forest. Inst. 8: 23. 1980; et in Fl. Xizang. 2: 43, fig. 11: 1–3. 1985; W. T. Wang & M. J. Warnock in Fl. China 6: 232. 2001. ——*D. forrestii* Diels var. *leiophyllum* W. T. Wang in Fl. Reip. Pop. Sin. 27: 352, 611. 1979. Type: 西藏　林周，旁多，alt. 4 300 m, 山坡灌丛，花淡蓝紫色，1972-10-07，西藏中草药队 1910 (holotype, PE); 加查，alt. 4 600–4 800 m，山坡，1972-08-29，西藏中草药队 4528 (paratype, PE)。

草本高 50–70 cm. 茎下部无毛，上部疏被黄色短腺毛，不分枝。下部茎生叶具长柄；叶片近肾形，约 6 cm × 10 cm，3 裂稍超过中部，中央深裂片宽菱形，3 浅裂，边缘有不等大牙齿，测深裂片较大，斜扇形，不等 3 裂近中部，近边缘处疏被黄色短腺毛；叶柄长 23–28 cm。总状花序长 9–20 cm，上部有密集的花；基部苞片叶状，其他苞片狭披针形。轴和花梗密被黄色短腺毛；花梗长 0.8–5 cm；小苞片与花邻接，披针形。花：萼片淡蓝色，外面疏被短毛和短腺毛，上萼片船状宽卵形，长 16–24 mm，距细圆锥形，长 12–18 mm，其他萼片较少，倒卵形。花瓣顶端 2 浅裂，有疏毛。退化雄蕊黑色；瓣片狭卵形，长 6 mm，腹面上部有疏毛，顶端 2 浅裂；爪长 9 mm，基部具 1 极短附属物。雄蕊无毛。心皮 3，子房疏被短毛。

分布于西藏东南部（林周，加查）。生山坡灌丛或多石砾地，海拔 4 300–4 800 m。

3. 昌都翠雀花　图版 2：4–8

Delphinium changduense W. T. Wang, sp. nov. Holotype: 西藏 (Xizang)　昌都县，安坝区 (Changdu County, Anba Distr.), alt. 3 900 m, 山坡草地，花白色，有淡绿色或淡褐色脉纹 (at grassy places on slope, fls. white, with greenish or brownish nerves), 1976-08-07，青藏队 (Qinghai-Xizang Exped.) 12617 (PE)。

Species nova haec est affinis *D. leiophyllo* (W. T. Wang) W. T. Wang, a quo caulibus foliis pedicellis pilis glandulosis carentibus, racemis elongatis, calcari sepalino breviore 9 mm longo, staminodeis glabris, eorum unguibus basi longe 1-appendiculatis, differt.

Perennial herbs 68–75 cm tall. Stems near base 8–10 mm across, with inflorescence rachis sparsely spreading-puberulous. Basal leaves ca. 3, long petiolate; blades subreniform, (5–7) cm × (6–12) cm, 3-parted, central primary lobe flabellate-obovate, 3-lobed, on margin incised-dentate, lateral primary lobes larger, subflabellate, unequally 2–3-cleft, surfaces mostly glabrous, only near margin with sparse hairs.; petioles 8.5–16 cm long. Cauline leaves similar to basal ones, but smaller and shortly petiolate. Compound raceme terminal, consisting of 3 racemes; terminal raceme 40–50 cm long and many-flowered, and lateral racemes smaller, few-flowered; lower bracts foliaceous, other ones linear; pedicels 1–16 cm long, above densely puberulous, near peax 2-bracteolate; bracteoles narrow-lanceolate, (12–20) mm × (3–5) mm. Flower: Sepals white, outside pubescent, inside glabrous; upper sepal broad-ovate, 15 mm × 12 mm, longitudinally 7-nerved, spur thin-conic, 9 mm long, at base 5.5 mm across; lateral sepals obliquely ovate, 11 mm × 7 mm; lower sepals oblong, (10–12) mm × (4.5–6) mm. Petals black, glabrous. Staminodes black, glabrous; limbs ovate, 4 mm × 4 mm, at apex 2-lobulate; claws oblanceolate-linear, 6 mm long, at base 1-appendiculate (appendages linear, 1 mm long). Stamens 10–11 mm

图版 2　1–3. **光叶翠雀花**　1. 基生叶；2. 总状花序；3. 退化雄蕊。（据 holotype）　4–8. **昌都翠雀花**　4. 茎生叶；5. 总状花序；6. 花；7. 退化雄蕊；8. 雄蕊。　9. **毛片短距翠雀花**　9. 退化雄蕊。（据模式标本，孙英宝绘图）

Plate 2　1–3. **Delphinium leioiphyllum**　1. Basal leaves; 2. Raceme; 3. Staminode.

4–8. **D. changduense**　4. Cauline leaf (leaves); 5. Raceme; 6. Flower; 7. Staminode; 8. Stamen.

9. **D. forrestii** var. **pilolimbum**　9. Staminode. (From holotype, drawn by Y. B. Sun)

long, glabrous. Carpels 3, 4 mm long, glabrous.

特产西藏昌都县安坝区。生山坡草地，海拔 3 900 m。

本种与光叶翠雀花（*D. leiophyllum*）近缘，与后者的区别在于本种的茎、叶和花梗无腺毛，总状花序伸长，萼距较短，长 9 mm，退化雄蕊无毛，其爪在基部具 1 长附属物。

4. 长苞翠雀花　图版 3：1–4

Delphinium longibracteolatum W. T. Wang in Guihaia 33(5): 579, fig. 1. 2013 et 36, Suppl. 1: 76, fig. 2016. Type: 西藏　江达县，县城东 6 km 一峡谷，alt. 4 400–4 800 m，多石山坡，生锦鸡儿属 (Caragana) 植物灌丛中，萼片外面淡绿色，具紫色脉，内面暗紫色，2009-08-04，D. E. Boufford, B. Bartholomew et al. 41846 (holotype, PE; isotype, GH)。

草本高约 50 cm。茎下部粗 6 mm，疏被短柔毛，具 1 叶。基生叶约 4 枚，具长柄；叶片近半圆形，(7–10) cm × (12–16.8) cm，顶端圆形，基部近截形，3 浅裂，中央浅裂片倒梯形，顶部边缘有缺刻和小牙齿，侧浅裂片较大，斜扇形，不等 2–3 浅裂，两面无毛或下面基部有疏毛；叶柄长 8–17 cm。茎生叶似基生叶，但较小。顶生总状花序长 20 cm，有 12 花；苞片披针形，长 2–3 cm；轴有疏柔毛；花梗长 0.8–2.5 cm，有疏毛或近无毛；小苞片生花梗近顶端，狭披针形，长 1.4–2.4 cm。花：萼片外面淡绿色，有紫脉，有疏毛，内面暗紫色，无毛，上萼片卵形，15 mm × 7 mm，距钻形，长 13–14 mm，基部粗 4 mm；侧萼片卵状长圆形，16 mm × 6 mm；下萼片披针形，14 mm × (3–5) mm。花瓣无毛，顶端 2 微裂。退化雄蕊黑色；瓣片卵形，长 7 mm，顶端 2 微裂并疏被缘毛，两面无毛；爪长 7 mm，无毛，基部有 1 小附属物。雄蕊长 9 mm，无毛。心皮 3；子房长 5 mm，密被短柔毛；花柱长 1.5 mm，无毛。7–8 月开花。

特产西藏江达县。生多石山坡灌丛中，海拔 4 400–4 800 m。

4′. 泸定翠雀花　图版 4

Delphinium ludingense W. T. Wang, sp. nov. Holotype: 四川 (Sichuan)　泸定县，海螺沟，四号营地以上 (Luding County, Hailuogou, above camp no. 4), alt. 3 729 m，杜鹃花灌丛，花紫色 (in Rhododendron shrubbery, fls. purple), 2018-09-15, 张树仁，赵以民，张中帅 (S. R. Zhang, Y. M. Zhao & Z. S. Zhang) 1891 (PE)。

Ob foliorum laminas 3-lobatas, sepalum superum calcari sepalino longius, staminodia nigra glabra et eorum limbos 2-lobatos species nova haec est affinis *D. longibracteolato* W. T. Wang, a quo caule racemi rhachide et sepalis omnino glabris, bracteolis multo brevioribus tantum 3–4 mm longis et calcari sepalino subulato-tubulari crassiore basi 8 mm in diam. praeclare distinguitur.

Perennial herb ca. 78 cm tall. Stem below 3 mm across, glabrous, smooth, 2-branched, ca. 3-leaved. Basal leaf and lowermost cauline leaf all long petiolate, glabrous; blades papery, reniform, (5–6) cm × (10–12) cm, at base broadly cordate, 3-lobed, central primary lobe broadly obbrapeziform, ca. 4 cm broad, along upper margin incised-lobulate, lateral primary lobes larger, flabellate, ca. 8 cm broad, unequally 3-lobed, secondary lobes similar to central primary lobe and also along upper margin incised-lobulate; petioles ca. 15 cm long. Raceme terminal ca. 20 cm long, 12-flowered; lower bracts 3-parted, upper bracts undivided and smaller, obovate or ovate; rachis and pedicels glabrous; pedicels 2–10 cm long, near or on apex 2-bracteolate; bracteoles narrow-ovate, 3–4 mm long, subglabrous. Sepals purple, glabrous, upper sepal ovate, (20–22) mm × 16 mm, spur subulate-tubular, 14–15 mm long, at base 8 mm in diam., lateral sepals smaller, orbicular-ovate, ca. 12 mm long,

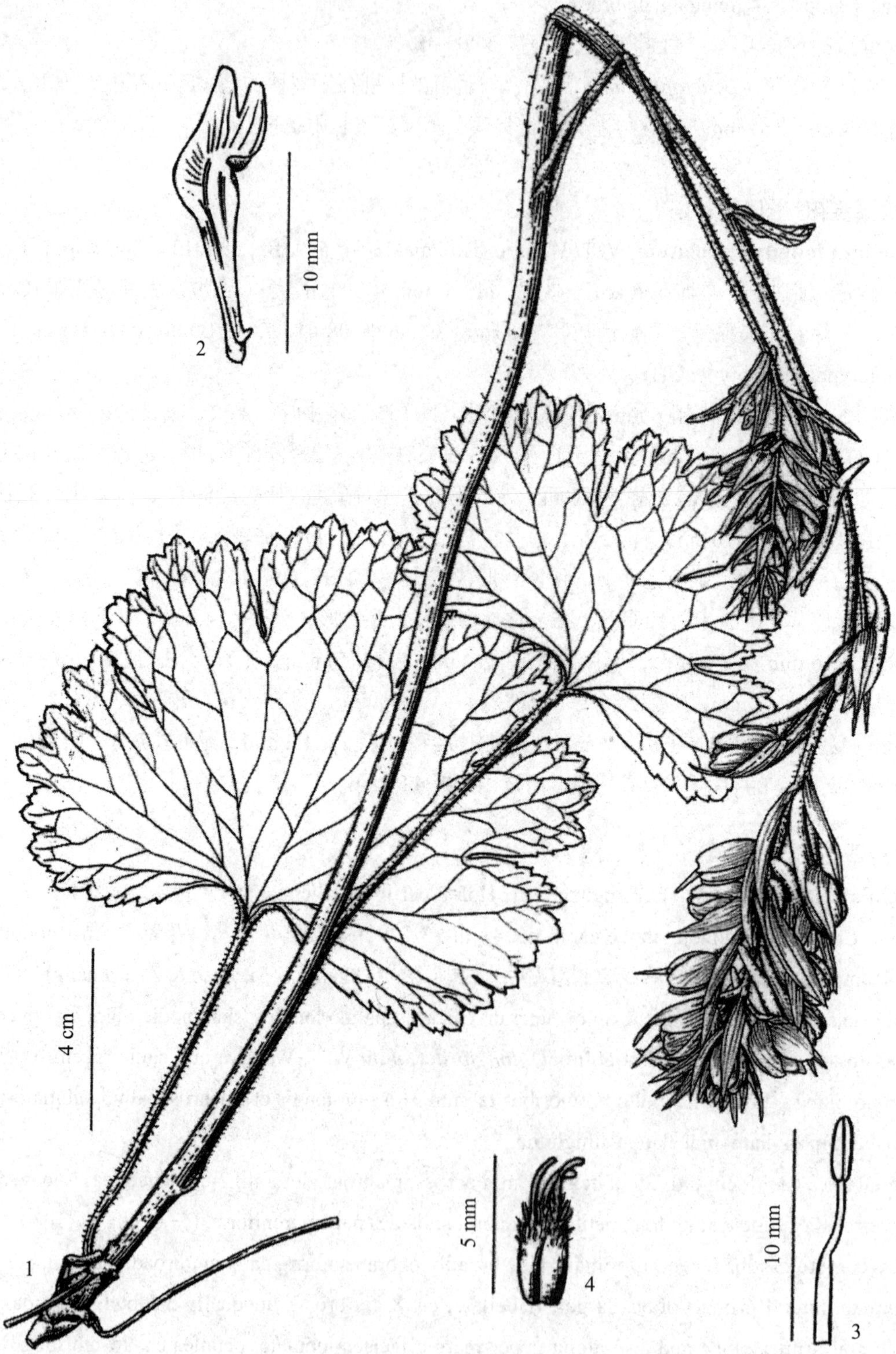

图版 3　**长苞翠雀花**　1. 植株全形；2. 退化雄蕊；3. 雄蕊；4. 雌蕊群。（引自王文采，2013；据模式标本，孙英宝绘图）

Plate 3　**Delphinium longibracteolatum**　1. Habit; 2. Staminode; 3. Stamen; 4. Gynoecium.

(After W. T. Wang, 2013; From holotype, drawn by Y. B. Sun)

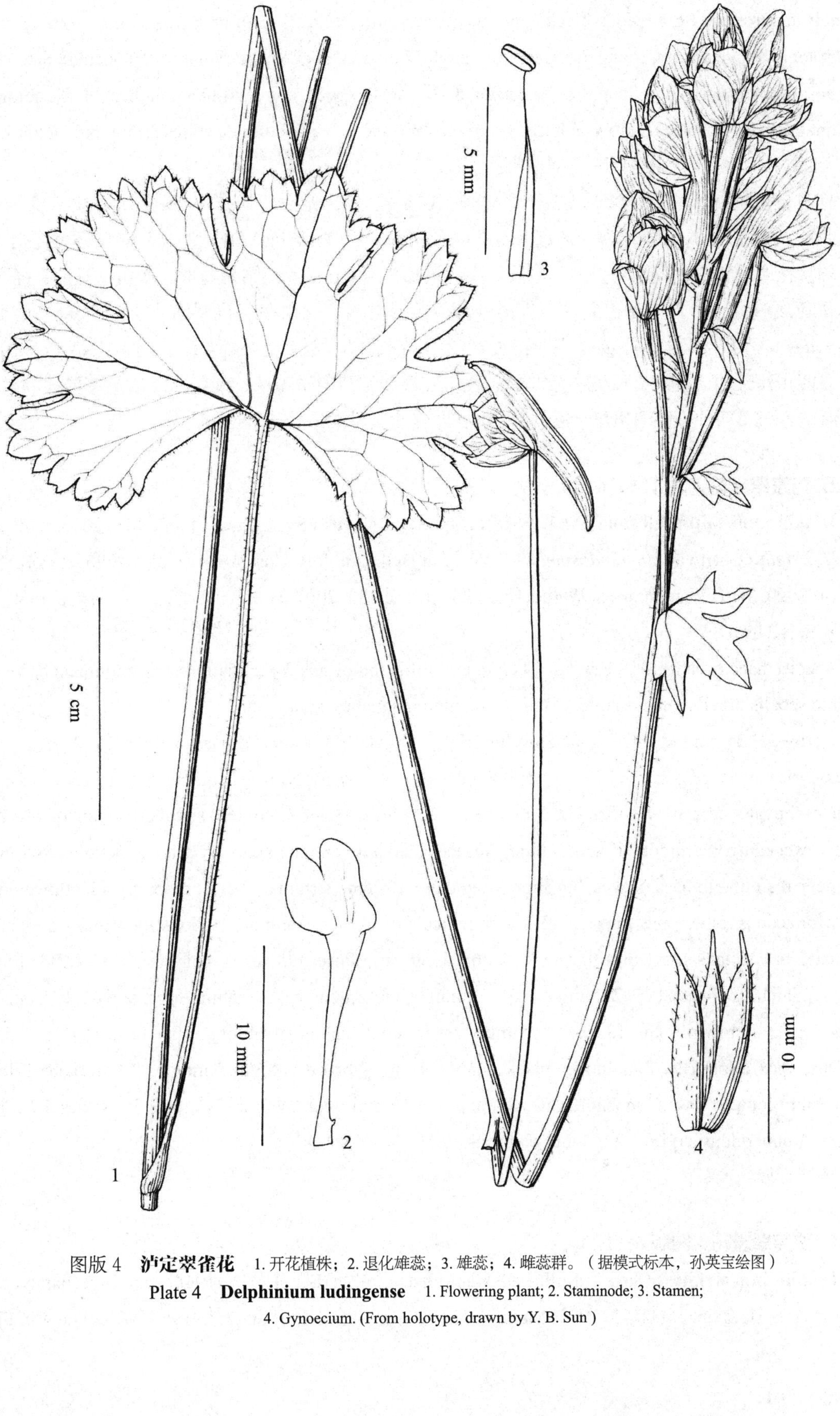

图版 4　**泸定翠雀花**　1. 开花植株；2. 退化雄蕊；3. 雄蕊；4. 雌蕊群。（据模式标本，孙英宝绘图）

Plate 4　***Delphinium ludingense***　1. Flowering plant; 2. Staminode; 3. Stamen; 4. Gynoecium. (From holotype, drawn by Y. B. Sun)

lower sepals oblong, 14−16 mm long. Petals black, glabrous; limbs narrow-spatulate, ca. 18 mm × 4 mm, apex minutely mucronate. Staminodes black, glabrous; limbs subquadrate, 4 mm × 4 mm, apex 2-lobed; claws ca. 10 mm long, above narrow-triangular, near base slightly dilated, above base minutely 1-appendiculate. Stamens glabrous; filaments ca. 7 mm long, below lanceolate-linear, 1-nerved, above filiform; anthers black, oblong, 1.2−0.5 mm. Carpels 3; ovaries narrow-oblong, 9 mm × 2 mm, sparsely puberulous; styles 2 mm long, glabrous.

产四川泸定县。生山地杜鹃花灌丛中，海拔 3 729 m。

本种的叶片 3 浅裂，上萼片比距长，退化雄蕊呈黑色，无毛，其瓣片 2 浅裂，因此在亲缘关系上与也具上述诸特征的长苞翠雀花（*D. longibracteolatum* W. T. Wang）相近；与后者的区别在于本种的茎、总状花序轴和萼片均无毛，小苞片很短小，只长 3−4 mm，萼距钻状筒形，较粗，基部直径 8 mm。本翠雀花属修订于今年 4 月初完成，其第一部分（分类简史、地理分布和第一组短距翠雀花组（Sect. *Aconitodes*）已于今年 2 月投稿《广西植物》学报。未料在 2019 年 4 月 4 日，同事在鉴定于 2017 年 9 月采自四川西部的一批毛茛科植物标本的过程中发现新种泸定翠雀花，现将此种的形态描述等内容放在其近缘的本属第四种长苞翠雀花之后，并用“4′”作为其种顺序号码。

5. 巧家翠雀花　图版 5：6−10

Delphinium subtubulosum (W. T. Wang) Luferov in Novest. Syst. Vasc. Pl. 45: 147. 2014, nom. tantum. ——*D. wrightii* Chen var. *subtubulosum* W. T. Wang in Bull. Bot. Res. Harbin 16(2): 155. 1996; et in Fl. Yunnan. 11: 114. 2000; W. T. Wang & M. J. Warnock in Fl. China 6: 233. 2001. Holotype: 云南：巧家县，1980-10，杨声智 s. n. (KUN)。

Species haec est affinis *D. wrightii* Chen, a quo foliis minoribus 3-partitis fere prope laminae basin, calcari sepalino sepalis breviore et crassiore, petalis et staminodiis glabris distingutur.

Herbs 22−35 cm tall. Stem spreading-hirtellous, simple or 1-branched. Basal leaves ca. 2, long petiolate; blades coricaceous, reniform, (1.2−2.2) cm × (2.5−5) cm, 3-parted to near blade base, central primary lobe rhombic-obovate, near apex 3-lobed or 3-dentate, lateral primary lobes larger, subflabellate, unequally 2-parted slightly exceeding the middle of lateral lobe; surfaces adaxially and abaxially strigillose; petioles 5−9 cm long. Cauline leaf similar to basal leaves, but shortly petiolate. Raceme terminal, 9−15 cm long, 5−10-flowered; lower bracts foliaceous, other ones linear; rachis and pedicels densely spreading-hirtellous; pedicels 1.5−9 cm long, on apex 2-bracteolate; bracteoles linear, 8−12 mm long, strigillose. Flower: Sepals purplish, outside hirtellous, upper sepal narrow-ovate, (15−22) mm × (6−12) mm, spur thin-conic, 12−15 mm long, at base 4−5 mm across; lateral sepals narrow-oblong, 13 mm × 5 mm; lower sepals navicular-oblong, also 13 mm × 5 mm. Petals glabrous, apex 2-lobulate. Staminodes black, glabrous; limbs broad-oblong, 5 mm × 3 mm, apex 2-lobulate; claws 8 mm long, at base 1-appendiculate. Stamens ca. 10 mm long, glabrous. Carpels 3; ovaries 3.2 mm long, appressed-puberulous; styles 1 mm long, glabrous.

特产云南巧家县。

6. 狭序翠雀花　图版 6：1−4

Delphinium wrightii Chen in Bull. Fan Mem. Inst. Biol., n. Ser. 1: 166. 1948, p. p. excl. paratypo; W. T. Wang in Acta Bot. Sin. 10(1): 75. 1962; Munz in J. Arn. Arb. 48(4): 496, fig. 7: k. 1967; W. T. Wang in Fl. Reip.

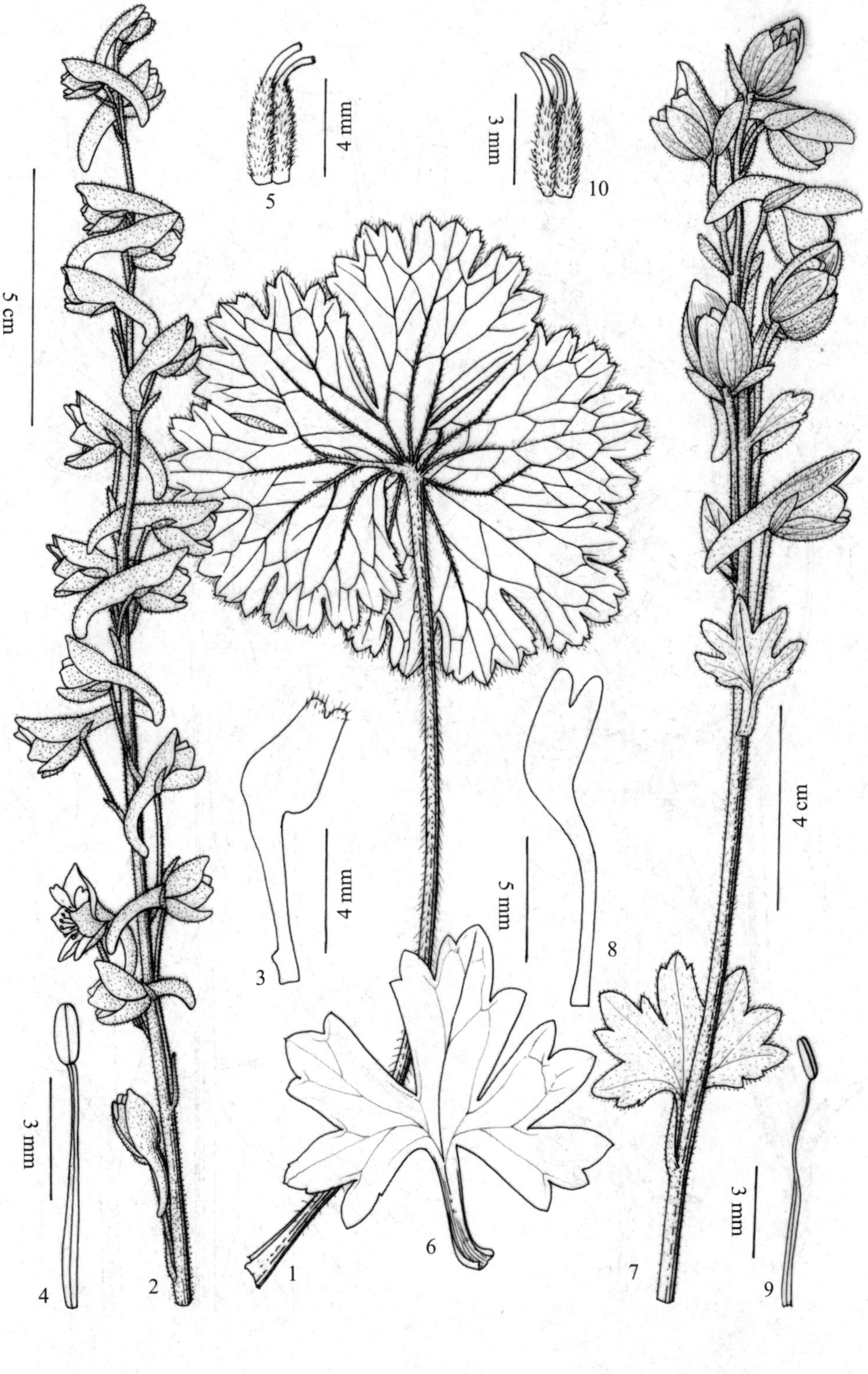

图版 5　1–5. **稻城翠雀花**　1. 基生叶；2. 总状花序；3. 退化雄蕊；4. 雄蕊；5. 雌蕊群。　6–10. **巧家翠雀花**　6. 茎生叶；7. 总状花序和最上部茎生叶；8. 退化雄蕊；9. 雄蕊；10. 雌蕊群。（据模式标本，孙英宝绘图）

Plate 5　1–5. ***Delphinium daochengense***　1. Basal leaves; 2. Raceme; 3. Staminode; 4. Stamen; 5. Gynoecium.
6–10. ***D. subtubulosum***　6. Cauline leaf (leaves); 7. Raceme and upper-most cauline leaf; 8. Staminode; 9. Stamen; 10. Gynoecium. (From holotype, drawn by Y. B. Sun)

图版 6　1–4. **狭序翠雀花**　1. 植株全形；2. 花瓣；3. 退化雄蕊；4. 雌蕊群。　5–8. **尖距翠雀花**　5. 叶；6. 开花植株上部；7. 花瓣；8. 退化雄蕊（引自《中国植物志》；张泰利绘图）

Plate 6　1–4. **Delphinium wright**　1. Habit; 2. Petal; 3. Staminode; 4. Gynoecium.　5–8. **D. oxycentrum**　5. Leaf (leaves); 6. Upper part of flowering plant; 7. Petal; 8. Staminode. (After Fl. Reip. Pop. Sin.; drawn by T. L. Zhang)

Pop. Sin. 27: 356, pl. 79: 1–4. 1979; et in Vasc. Pl. Hengduan Mount. 1: 480. 1993; W. T. Wang & M. J. Warnock in Fl. China 6: 233. 2001; W. T. Wang in High. Pl. China in Colour 3: 360. 2016. ——*C. trichophorum* Franch. var. *wrightii* (Chen) Malyutin in Bot. Zhurn. 86(8): 129. 2001. Type: 四川　木里，Shao-siang-liang-tze, alt. 3 400 m, 草坡石上，1937-08-18，俞德浚 7797 (isotype, PE)；木里，Wachin, Jinchang, 1937-10-27，俞德浚 14642 (paratype, PE)。

6a. var. wrightii

草本高 (30–)40–48(–70) cm。茎密被白色糙毛，并混有黄色短腺毛，不分枝。基生叶约 4，有长柄；叶片肾形，[2.8–4(–7)] cm × [6–7.2(10)] cm，3 浅裂，中央浅裂片较小，宽、短倒梯形，3 微裂，侧浅裂片较大，扇形，不等 2–3 浅裂片，边缘有缺刻和小牙齿，两面均被糙毛；叶柄长 5–10 cm。茎生叶 1–2，较小。总状花序狭长，疏生 10–13 花；下部苞片叶状，上部苞片狭卵形或卵形；轴和花梗均被糙毛，花梗直展；小苞片与花邻接，狭卵形。花：萼片紫色，外面被糙毛，内面无毛，上萼片船状卵形，长 18–23 mm, 距钻形，比萼片稍短或近等长，长 16–20 mm；其他萼片卵形，长 14–16 cm。花瓣顶端微凹，疏被缘毛。退化雄蕊黑色；瓣片狭卵形，长 6 mm，腹面上部有疏毛和缘毛，顶端 2 浅裂；爪长 7.5–8 mm，无毛。雄蕊无毛。心皮 3，子房密被柔毛。蓇葖长 1.5–2.2 cm。种子狭倒金字塔形，长 1.8–2.4 mm，沿纵棱有狭翅。8–9 月开花。

特产四川木里县和盐源县。生山坡灌木丛中、草坡石上或多石砾山坡，海拔 3 400–4 500 m。

标本登录：木里，青藏队 13814，14029，刘伦辉 s. n；盐源，火炉山，青藏队 12384。

6b. 短萼狭序翠雀花（变种）

var. **parvisepalum** W. T. Wang, var. nov. Holotype: 四川 (Sichuan)　雅江县，高尔寺山 (Yajiang County, Gaoersi Shan), alt. 4 000 m，路边灌丛，花深紫色 (among scrubs by road, fls. deep purple), 2001-09-01，罗艳 (Y. Luo) 377 (PE)。

A var. *wrightii* differt sepalis 15–16 mm longis calcari sepalino (18–19 mm longo) brevioribus, staminodiorum limbis apice tantum sparse ciliatis utringque glabris.

本变种与模式变种的区别在于本变种的萼片长 15–16 mm，比距（长 18–19 mm）短，退化雄蕊瓣片只在顶端有稀疏缘毛，两面无毛。

特产四川雅江县高尔寺山。生山地路边灌丛中，海拔 4 000 m。

7. 圆片翠雀花　图版 7：3–6

Delphinium rotundilimbum W. T. Wang, sp. nov. Holotype: 四川 (Sichuan)　木里县，争西牧场，吉普郎 (Muli County, Zhengxi Pasture, Jipulang), alt. 4 500–4 600 m，碎石山坡 (on scree slope)，1983-09-09，青藏队 (Qinghai-Xizang Exped.) 13818 (PE)。

Species nova haec est fortasse affinis *D. wrightii* Chen, a quo floribus 4–7 confertis in racemum subglobosum dispositis, sepalis glabris, staminodiorum limbis suborbicularibus tantum apice ciliolatis utrinque glabris praeclare distat.

Herbs ca. 10 cm tall. Stems near base 3–5 mm across, densely spreading-puberulous and glandular-puberulous, simple or 1–2-branched Basal leaves 3–4, long petiolate; blades papery, reniform or pentagonal, rarely flabellate, (2–3.5) cm × (3.5–6.5) cm, at apex rounded, 3-loed slightly exceeding the middle of blade,

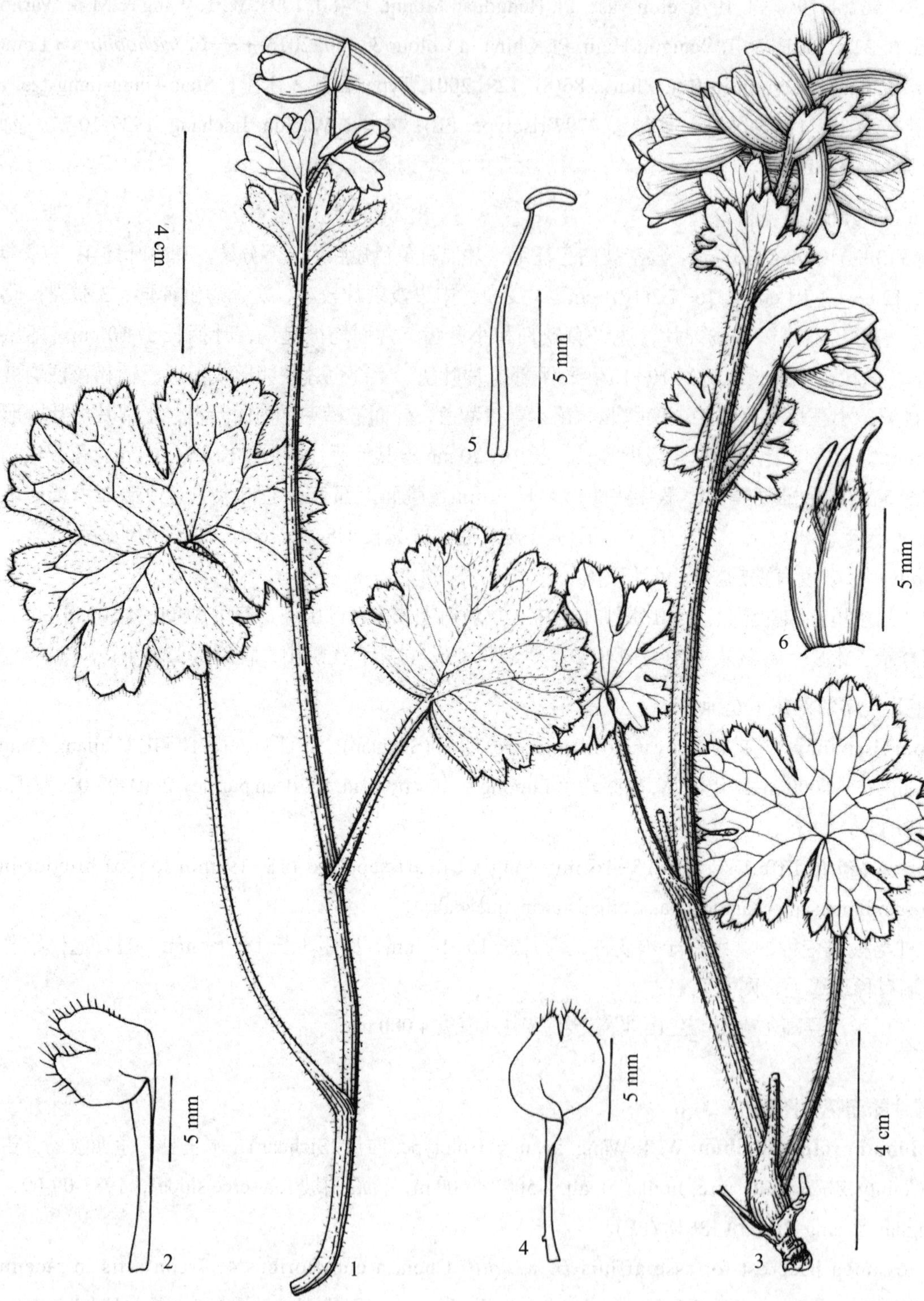

图版 7　1–2. **三花翠雀花**　1. 植株全形；2. 退化雄蕊。　3–6. **圆片翠雀花**　3. 植株全形；4. 退化雄蕊；5. 雄蕊；6. 雌蕊群。（据模式标本，孙英宝绘图）

Plate 7　1–2. **Delphinium trianthophorum**　1. Habit; 2. Staminode.　3–6. **D. rotundilimbum**　3. Habit; 4. Staminode; 5. Stamen; 6. Gynoecium. (From holotype, drawn by Y. B. Sun)

central primary lobe obtrapeziform-obovate,1.2−3 cm broad, at apex incised-dentate, lateral primary lobes larger, subflaellate, unequally 2-lobed, with upper secondary lobes similar to central primary lobe; surfaces adaxially and abaxially sparsely pubescent; petioles 6.5−9 cm long. Raceme terminal, subglobose, 4−6 cm in diam., very densely 4−7-flowered; basal bract foliaceous, upper bracts obovate, 3-lobed; rachis glabrous; pedicels 1−2 cm long, subglabrous, on apex 2-bracteolate; bracteols obovate or elliptic, 3-lobed or undivided, 1−1.4 cm long. Flower: Sepals purple, glabrous, upper sepal broad-ovate, 22 mm × 18 mm, spur thin-conic, 19 mm long, at base 9 mm across; other sepals oblong, (15−16) mm × (8−12) mm. Petals glabrous, apex entire. Staminodes black; limbs suborbicular, 6 mm × 5.5 mm, at apex 2-lobulate and ciliolate, on both surfaces glabrous; claws 8 mm long, above base minutely 1-appendiculate. Stamens 11 mm long, glabrous. Carpels 3; ovaries 5−6.5 mm long, on ventral sutures pubescent; styles 1.5−1.8 mm long, glabrous.

特产四川木里县争西牧场。生碎石山坡上，海拔为 4 500−4 600 m。

8. 三花翠雀花　图版 7：1−2

Delphinium trianthophorum W. T. Wang, sp. nov. Holotype: 四川 (Sichuan)　木里县，三区 (Muli County, the Third District), alt. 4 300 m，山坡灌丛中，花淡紫色 (among scrubs on slope, fls. purplish), 1983-09, 刘伦辉 (L. H. Liu) s. n. (PE)。

Habitu species nova haec similis *D. rotundilimbo* W. T. Wang, a quo floribus tribus haud confertis in racemum brevem dispositis, calcari sepalino sepalo supero longiore, staminodiorum limbis haud suborbicularibus, carpellis glabris facile differt.

Herbs ca. 19 cm tall. Stems below 3 mm across, densely spreading-pubecent (hairs 0.5−1 mm, rarely 1.5−2 mm long), simple, 3-leaved. Basal leaf 1, with lower cauline leaves long petiolate; blades papery, orbicular-reniform or pentagonal, (3.8−4) cm × (6.4−7.5) cm, 3-cleft to or slightly exceeding the middle of blade, central primary lobe broad-obtrapeziform, 3 cm broad, 3-lobulate, with secondary lobes broad-ovate and 1-dentate, lateral primary lobes larger, obliquely flabellate, 4.8−5 cm broad, unequally 3-lobed, with secondary lobes broad-obtrapeziform; surfaces adaxially and abaxially puberulous; petioles 10−14 cm long. Raceme ternminal, 2.5 cm long, 3-flowered; bracts obovate or ovate, 0.5−1.5 cm long, 2−4-lobulate or undivided; rachis with pedicels glabrous; pedicels 5−7 mm long, on apex 2-bracteolate; bracteoles ovate or elliptic, 7 mm long. Flower: Sepals purplish, glabrous, rarely sparsely ciliolate, upper sepal broad-ovate, (8−14) mm × (6−13) mm, spur subulae-tubular, 6−20 mm long, at base 3−8 mm across; lateral and lower sepals obovate-oblong, (7−10) mm × (3−4) mm. Petals glabrous, apex erose. Staminodes black; limbs suboblong, 5.5 mm × 4 mm, 2-lobed, on both surfaces glabrous, above sparsely ciliate; claws 7 mm long, glabrous. Stamens ca. 8 mm long, glabrous. Carpels 3, glabrous; ovaries 4 mm long; styles 1.8 long.

特产四川木里县三区。生山坡灌丛中，海拔 4 300 m。

9. 拟毛翠雀花　图版 8

Delphinium trichophoroides W. T. Wang in Bull. Bot. Res. Harbin 34(5): 577, fig. 1. 2014. Holotype: 四川　理塘县，君坝乡，alt. 4 000 m，灌丛草甸，花蓝白色，2009-08-22，陈又生 9546 (PE)。

图版 8 **拟毛翠雀花** 1. 植株全形；2. 退化雄蕊；3. 雄蕊；4. 雌蕊群。（引自王文采，2014；据模式标本，孙英宝绘图）

Plate 8 **Delphinium trichophoroides** 1. Habit; 2. Staminode; 3. Stamen; 4. Gynoecium.
(After W. T. Wang, 2014; From holotype, drawn by Y. B. Sun)

草本高约 65 cm。叶 3，均基生，具长柄；叶片纸质，五角形，(3.5–7.5) cm × (6–12) cm，3 全裂，中央全裂片宽菱形，3 半裂，2 回裂片有 2–3 枚卵形小裂片，侧全裂片较大，扇形，不等 2–3 深裂，两面被贴伏短柔毛；叶柄长 12–16.5 cm。花葶长约 10 cm，粗 8mm。复总状花序顶生，由 3 总状花序组成；顶生总状花序狭长，长约 45 cm，有 25 花，侧生总状花序长 26–32 cm，有 5–8 花；苞片长圆状卵叶或披针形，长 1.5–3.6 cm；轴和花梗密被开展短柔毛；花梗长 0.6–2.5 cm，顶端具 2 小苞片；小苞片卵形，长 0.9–1.4 cm。花：萼片蓝白色，外面密被短柔毛，内面无毛；上萼片狭卵形，(20–22) mm × (7–10) mm，距下垂，圆锥状钻形，长 16–19 mm，基部粗 3–6 mm；侧萼片和下萼片长圆状卵形，(14–17) mm × (6–8) mm。花瓣无毛，顶端 2 微裂。退化雄蕊黑色，无毛；瓣片斜卵形，长 7 mm，顶端 2 微裂；爪长 9 mm。雄蕊长约 10 mm，无毛。心皮 3；子房长 5.5 mm，密被短柔毛；花柱长 0.8–1 mm，无毛。8 月开花。

特产四川理塘县君坝乡。生高山灌丛草甸上，海拔 4 400 m。

10. 稻城翠雀花　图版 5：1–5

Delphinium daochengense W. T. Wang, sp. nov. Type: **Sichuan** Province　Daocheng County.; south of Daocheng, Chitu Xiang, edge of Axi Village along Highway S216, alt. 3 485 m. Steep slope with remnant *Picea* and mixed shrubs of *Rosa*, *Berberis*, *Ribes*, *Caragana*. Among tall herbs in open. Tepals purple. 2013-08-28, D. E. Boufford. J. F. Harber & Qia Wang no. 43289 (holotype, PE; isotype, GH).

Species nova haec est affinis *D. trichophoro* Franch., a quo bracteolis minoribus lanceolatis 3–6 mm longis, calcari sepalino subhorizontaliter patenti breviore 13–15 mm longo, petalis apicc ciliolatis, staminodeorum limbis apice ciliolatis recedit.

Herbs ca. 86 cm tall. Stem near base 4 mm across, with petioles and pedicels densely spreading-pubescent, simple, 4-leaved. Basal leaf 1, with 2 lower cauline leaves long petiolate; blades papery, orbicular-pentagonal, (4–5) cm × (8–10) cm, at base deep cordate, 3-parted, central primary lobe broad-obovate, ca. 4.5 cm broad, at apex rounded and incised-dentate, lateral primary lobes larger, flabellate, 5–7 cm broad, unequally 2–3-lobed, with secondary lobes along apical margins incised-dentate; surfaces adaxially appressed-pubescent and abaxially on nerves with spreading hairs; petioles 15.5–18 cm long. Compound raceme terminal, consisting of 2 racemes; terminal raceme 43 cm long and lateral raceme very small, only 2 cm long; lower bracts foliaceous, upper ones linear; pedicels 0.6–6.4 cm long, on apex 2-bracteolate; bracteoles lanceolate, 3–6 mm long. Flower: Sepals purple, outside and inside puberulous, upper sepal broad-ovate, 12 mm × (9–10) mm, spur subulate-tubular, 13–25 mm long, horizontally spreading, slightly recurved, at base 3–4 mm across; lateral sepals broad-elliptic, 9 mm × 6 mm; lower sepals navicular-oblong, 8 mm × 5 mm. Petals at apex 2-lobulate and ciliolate. Staminodes black; limbs ovate, 4 mm long, at apex 2-lobulate and ciliolate, elsewhere glabrous; claws 6 mm long, at base minutely 1-appendiculate. Stamens ca. 7 mm long, glabrous. Carpels 3; ovaries 4 mm long, densely puberulous; styles 2.4 mm long, glabrous.

特产四川稻城县赤土乡。生草丛中，接近云杉林边蔷薇、小檗灌丛，海拔 3 485 m。

11. 毛翠雀花　图版 9：1–6

Delphiniu trichophorum Franch. in Bull. Soc. Philom. Paris, ser. 8, 5: 166. 1893; Huth in Bot. Jahrb. 20:

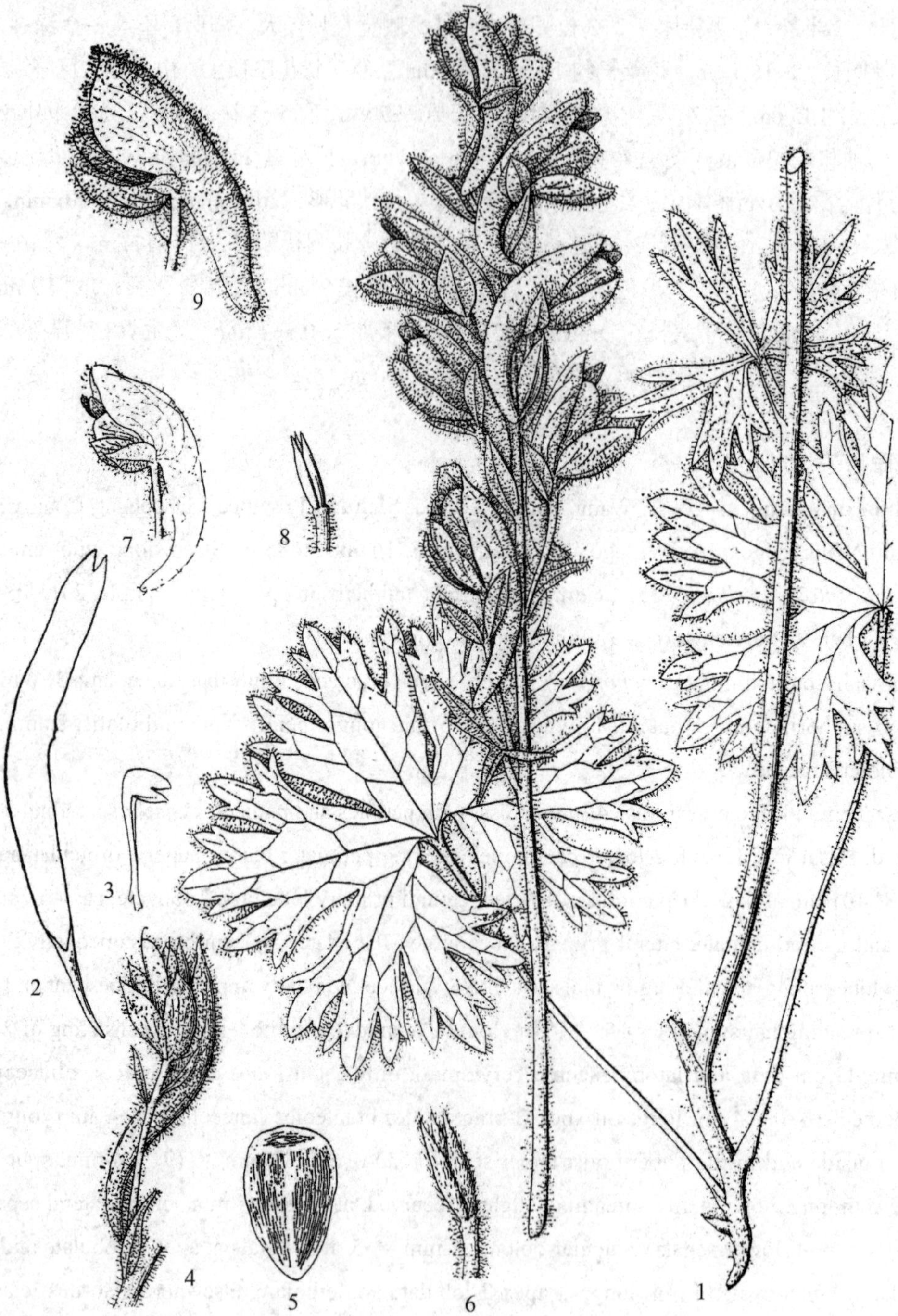

图版 9　1–6. **毛翠雀花**　1. 植株全形；2. 花瓣；3. 退化雄蕊；4. 蓇葖和宿存花萼；5. 种子；6. 雌蕊群。
7–8. **光果毛翠雀花**　7. 花；8. 雌蕊群。　9. **粗距毛翠雀花**　9. 花。（引自《中国植物志》；赵宝恒，张泰利绘图）

Plate 9　1–6. **Delphinium trichophorum** var. **trichophorum**　1. Habit; 2. Petal; 3. Staminode; 4. Follicle and persistent calyx; 5. Seeds; 6. Gynoecium.　7–8. **D. trichophorum** var. **subglabrrimum**　7. Flower; 8. Gynoecium.
9. **D. trichophorum** var. **platycentrum**　9. Flower. (After Fl. Reip. Pop. Sin; Drawn by B. H. Zhao and T. L. Zhang)

910. 1895; Finet & Gagnep. In Bull. Soc. Bot. France 51: 494. 1904; Hand.-Mazz. In Acta Hort. Gotob. 13: 48. 1939; W. T. Wang in Acta Bot. Sin. 10(1): 74. 1962; Munz in J. Arn. Arb. 48(4): 492. 1967, p. p. excl. syn. *D. forrestii* Diels; Iconogr. Corm. Sin. 1: 699, fig. 1398. 1972; W. T. Wang in Fl. Reip. Pop. Sin. 27: 354, pl.80: 1−6. 1979; in Fl. Xizang 2: 43. 1985; et in Vasc. Pl. Hengduan Mount. 1: 480. 1993; L. H. Zhou in Fl. Qinghai 1: 207, pl. 66: 1−5. 1997; Z. Wang & W. T. Wang in High. Pl. China 1: 431, fig. 679. 2000; W. T. Wang & M. J. Warnock in Fl. China 6: 233. 2001; W. T. Wang in High. Pl. China in Colour 3: 360. 2016; L. Xie et al. in Medic. Fl. China 3: 171. 2016. Syntypes: 四川　康定，Tizo 和东俄洛，1891-09，J. A. Soulie 23 (P, not seen); 康定，折多山，J. A. Soulie 359 (P, not seen)。

D. pellucidum Busch in Bull. Jarb. Bot. St. Petersb. 5: 134. 1905. Holotype: 西藏东部　River Nomu-Czu, 1900-10, Ladygin s. n. (LE, not seen)。

D. purdomii Craib in Kew Bll. 1912: 380. 1912. Holotype: 甘肃　Michu, alt. 2 400 m, Purdom 142 (K, not seen)。

11a. var. **trichophorum**

草本高 25−65 cm。茎被糙毛，近基部有 2−3 叶。基生叶和茎生叶 3−5 枚具长柄；叶片肾形，[2.8−7(−10)] cm × [4.8−13(−15)] cm，3 深裂稍超过中部，末回裂片卵形或狭三角形，常具 1 小齿，两面疏被糙伏毛；叶柄长 5−10 (−20) cm。总状花序狭长；下部苞片叶状，上部苞片披针形；轴和花梗被开展糙毛；花梗直展；小苞片贴伏萼片上，卵形或宽披针形，长 8−13 mm。花：萼片蓝紫色，内外两面均被糙毛，上萼片船状卵形，长 12−17 mm，距下垂，钻状圆筒形，长 18−24 mm, 基部粗 3−5 mm；其他萼片长 12−14 mm。花瓣无毛，顶端 2 微裂。退化雄蕊黑色，无毛；瓣片近卵形，长 3.5−4 mm，2 浅裂；爪长 7−9 mm。雄蕊无毛。心皮 3，子房密被贴短毛。蓇葖长 1.8−2.8 cm。种子四面体形，长 2 mm，沿纵棱有狭翅。8−10 月开花。

分布于四川西部、西藏东南部（海拔 3 350−4 600 m）、青海南部和东部（海拔 3 500−4 700 m，在东部门源降至 2 550−3 300 m）和甘肃西南部至中部（海拔 2 600−4 000 m）。生山坡草地、灌丛、林下、河滩或多石砾山坡。

全草用于祛风湿、止痛、感冒、疮癣痈毒等症；也用于杀虫（《中国药用植物志》，2016）。

标本登录：四川 木里，青藏队 14726，杨亲二和袁琼 343；乡城，青藏队 4899；稻城，青藏队 5094；九龙，胡文光 13179；雅江，罗艳 359，杨亲二和袁琼 281；康定，Harry Smith 4421，刘振书 1271，杨亲二和袁琼 257；道孚，Harry Smith 11704，四川植物队 5989，罗艳 346；白玉，汤宗孝 774，彭基泰 21167，D. E. Boufford, B. Bartholomew 等 37730；德格，汤宗孝 627；色达，四川植物队 6734，杨亲二和袁琼 443；小金，张秀实和任有铣 7182，罗艳 394，杨亲二和袁琼 228，530；理县，罗艳 318，D. E. Boufford, B. Bartholomew 等 37353；金川，张泽云 23719，李馨 78351，78699；刷经寺，李馨 14854；马尔康，李馨 71806，D. E. Boufford 等 39476；松潘，杨亲二和袁琼 313；阿坝，杨俊良，杨光辉 64-252；若尔盖，杨亲二 92-27。西藏 江达，杨福生 s. n.，杨亲二和袁琼 468，472；丁青，杨竞生 91-702；比如，陶德定 11375，D. E. Boufford 等 30002；巴青，陶德定 11117。青海 囊谦，杨永昌 1496，何廷农，B. Bartholomew 等 2990，杨亲二和袁琼 434；玉树，何廷农，B. Bartholomew 等 2082，杨亲二和袁琼 430；称多，何廷农，B. Bartholomew 等 1601，1646，1771，1778，杨亲二和袁琼 414；扎多，刘尚武 520；治多，周立华 371；达日，何廷农，B. Bartholomew 等 1284；马沁，何廷农，B. Bartholomew 等 501，707；泽库，杨亲二 75-21；门源，刘继孟 6870，7009，郭本兆和王为义 12153；祁连，钟补求

8659。甘肃 玛曲，朱格麟 3006；迭部，J. F. Rock 13740；夏河，J. F. Rock 14535，王作宾 5737，5869；榆中，黄河队 3586；永昌，钟补求 10133。

11b. 光果毛翠雀花（变种） **图版 9：7–8**

var. **subglaberrimum** Hand.-Mazz. In Acta Hort. Gotob. 13: 48. 1939; W. T. Wang in Acta Bot. Sin. 10(1): 74, 1962; in Fl. Reip. Pop. Sin. 27: 354, pl. 80: 7–8. 1979; et in Vasc. Pl. Hengduan Mount. 1: 480. 1993; W. T. Wang & M. J. Warnock in Fl. China 6: 234. 2001. Isotype: 四川 道孚，海子山，alt. 4 400 m，草甸 , 1934-08-31, Harry Smith 11689 (PE)。

D. wrightii Chen in Bull. Fan Mem. Inst. Biol., n. Ser. 1 166. 1948, p. p. quoad paratypum T. T. Yü 14642.

本变种的茎、花序轴和花梗近无毛，萼片无毛或只疏被缘毛，子房无毛而与模式变种相区别。

分布于四川和云南西北部（中甸）。生草甸上、灌丛中或杜鹃林边，海拔 3 700–4 500 m。

标本登录：四川 康定，刘振书 907，关克俭，王文采等 589，罗艳 385，杨亲二和袁琼 248，253，B. Bartholomew 等 34782；理塘，郎楷永，李良千，费勇 s. n.；稻城，青藏队 5513；木里，俞德浚 14642. 云南 中甸，杨亲二和孔宏智 98-282，98-329，杨亲二和袁琼 28，112。

11c. 粗距毛翠雀花（变种） 图版 9：9

var. **platycentrum** W. T. Wang in Acta. Bot. Sin. 10(1): 76. 1962; in Fl. Reip. Pop. Sin. 27: 356, pl. 80: 9. 1979; et in Vasc. Pl. Hengduan Mount. 1: 480. 1993; W. T. Wang & M. J. Warnock in Fl. China 6: 234. 2001; L. Xie in Medic. Fl. China 3: 172. 2016. ——*D. trichophorum* Franch. ssp. *platycentrum* (W. T. Wang) Luferou in Novest. Syst. Vasc. Pl. 45: 147. 2014. Holotype: 四川 木里，1959，武素功 3381(PE)。

本变种的萼距呈圆锥状钻形，基部粗 6–8 mm，而与模式变种相区别。

特产四川木里。生高山栎林边，海拔 3 900 m。

标本登录：四川 木里，青藏队 14258。

12. 尖距翠雀花 图版 6：5–8

Delphinium oxycentrum W. T. Wang in Acta. Bot. Sin. 10(1): 73. 1962; Munz in J. Arn. Arb. 49(1): 155. 1968; W. T. Wang in Fl. Reip. Pop. Sin. 27: 352, pl. 79: 5–8. 1979; et in Vasc. Pl. Hengduan Mcunt. 1: 480. 1993; W. T. Wang & M. J. Warnock in Fl. China 6: 233. 2001. ——*D. trichophorum* Franch. var. *oxycentrum* (W. T. Wang) Malyutin in Bot. Zhurn. 86(8): 129. 2001. Type: 四川 贡嘎岭，Chonadorje, alt. 4 000 m, 林边，花淡绿，有紫纹，1937-09-01，俞德浚 13129 (holotype & isotype, PE)。

草本高 45–69 cm。茎无毛，不分枝或上部有 1 分枝，有 1–2 叶。基生叶约 2，有长柄；叶片肾形，(4–6) cm × (6.8–11) cm，3 深裂，中央深裂片宽菱形，3 浅裂，边缘有缺刻和小齿，侧深裂片扇形，不等 3 裂稍超过中部，两面疏被糙伏毛或背面近无毛；叶柄长 19–24.5 cm。总状花序顶生，近球形，长 5.5–7.5 cm，有 9–12 花；苞片匙状长圆形或条形，长 9–12 mm；轴和花梗均无毛；小苞片生花梗顶端，狭披针形或条形。花：萼片淡绿色，有紫色脉，近无毛或疏被缘毛，上萼片船状圆卵形，长 21–25 mm，距钻形，长 26–42 mm，下垂，末端锐尖；侧萼片近圆形，长 14–17 mm；下萼片近长圆形，长 15–18 mm。花瓣无毛，顶端 2 微裂。退化雄蕊黑色，无毛；瓣片卵形，长 4 mm，顶端 2 微裂；爪长 9 mm。雄蕊无毛，心皮 3，无毛。8–9 月开花。

特产四川西部贡嘎岭。生林边草坡上，海拔 4 000m。

系 2. 西昌翠雀花系

Ser. **Xichangensia** W. T. Wang, Ser. nov. Type: *D. xichangense* W. T. Wang.

Floia 3-partita. Inflorescentia corymbosae, pauciflorae. Calcar sepalinum sepalis brevius. Staminodia; limbi ovati, apice 2-lobulati unguibus multo longiores.

叶 3 深裂，花序伞房状，具少数花。萼距比萼片短。退化雄蕊无毛；瓣片卵形，顶端 2 微裂，比爪长甚多。

1 种，特产四川西昌。

13. 西昌翠雀花　图 3

Delphinium xichangense W. T. Wang in Bull. Bot. Res. Harbin 6 (1): 1, pl. 1: 12. 1986; et in Vasec. Pl. Hengduan Mount. 1: 480. 1993; W. T. Wang & M. J. Warnock in Fl. China 6: 233. 2001. Type: 四川　西昌市，螺吉山，alt. 3 800 m，1984-10-18，刘照光，李永江 539 (holotype, CDBI; isotype, PE)。

草本低矮，高 5.5 cm。茎与叶均密被开展柔毛和黄色短腺毛，不分枝，有 1 叶。基生叶约 2，具长柄；叶片纸质，肾形，(1.7−2.3) cm × (2.8−4.2) cm，3 裂稍超过中部，中央深裂片扇状倒梯形，3 浅裂，浅裂片全缘或有 1 齿，侧深裂片扇形，不等 2 浅裂，两面疏被短柔毛；叶柄长 3.5−5.7 cm。伞房花序顶生，长 2.2 cm，有 4 花；基部苞片叶状，上部苞片长椭圆形，长 12 mm；轴和花梗密被柔毛和黄色短腺毛；花梗长 0.8−1.2 cm；小苞片与花邻接，披针状条形，长 8 mm。花：萼片淡紫，外面被柔毛和少数黄色短腺毛，内面无毛，上萼片船状卵形，长 19 mm，距细圆锥形，长 11 mm，基部粗 5.5 mm，其他萼片长 12 mm。花瓣无毛，顶端 2 浅裂。退化雄蕊黑色，无毛；瓣片菱状狭倒卵形，长 8 mm，顶端 2 微裂；爪长 2 mm，基部之上具一极小附属物。雄蕊无毛。心皮 3；子房长 6.5 mm，上部被柔毛；花柱长 2.5 mm，无毛。9−10 月开花。

特产四川西昌市螺吉山。生高山草地上，海拔 3 800 m。

系 3. 灰花翠雀花系

Ser. **Tephrantha** W. T. Wang, Ser. nov. Type: *D. tephrathum* W. T. Wang.

Folia 3-partita. Inflorescentiae corymbosae, pauciflorae. Calcar sepalium sepalis brevius. Staminodiorum limbi 2-fissi ventere superne pilis alquot tecti; ungues limbis longiores.

叶 3 深裂，花序伞房状，具少数花，萼距比萼片短。退化雄蕊瓣片 2 半裂，腹面上部有一些毛；爪比瓣片长。

1 种，特产西藏昌都。

14. 灰花翠雀花　图版 10：5−9

Delphinium tephranthum W. T. Wang in Bull. Bot. Res. Harbin 34 (5): 580, fig. 2: F−I. 2014. Holotype: 西藏　昌都，214 国道垭口之南，alt. 4 800 m，花灰色，2010-08-08，康藏植物考察队 10−1528（PE）。

草本高 8−16 cm。茎近基部粗 1.5−2 mm，无毛，不分枝，有 2−3 叶，基生叶 1，花期枯萎。茎生叶具长或短柄，无毛；叶片近革质，肾形，(1.4−2.6) cm × (1.8−4.6) cm，3 深裂，中央深裂片倒卵形，宽 0.9−1.6 cm，3 浅裂，浅裂片有 2−3 小齿，侧深裂片较大，扇形，不等 2 中裂；叶柄长 2−11 cm。伞房花序顶生，有 2−3 花；苞片叶状；花梗长 2.5−5 cm，被开展短柔毛和短腺毛，近顶端具 2 狭椭圆形

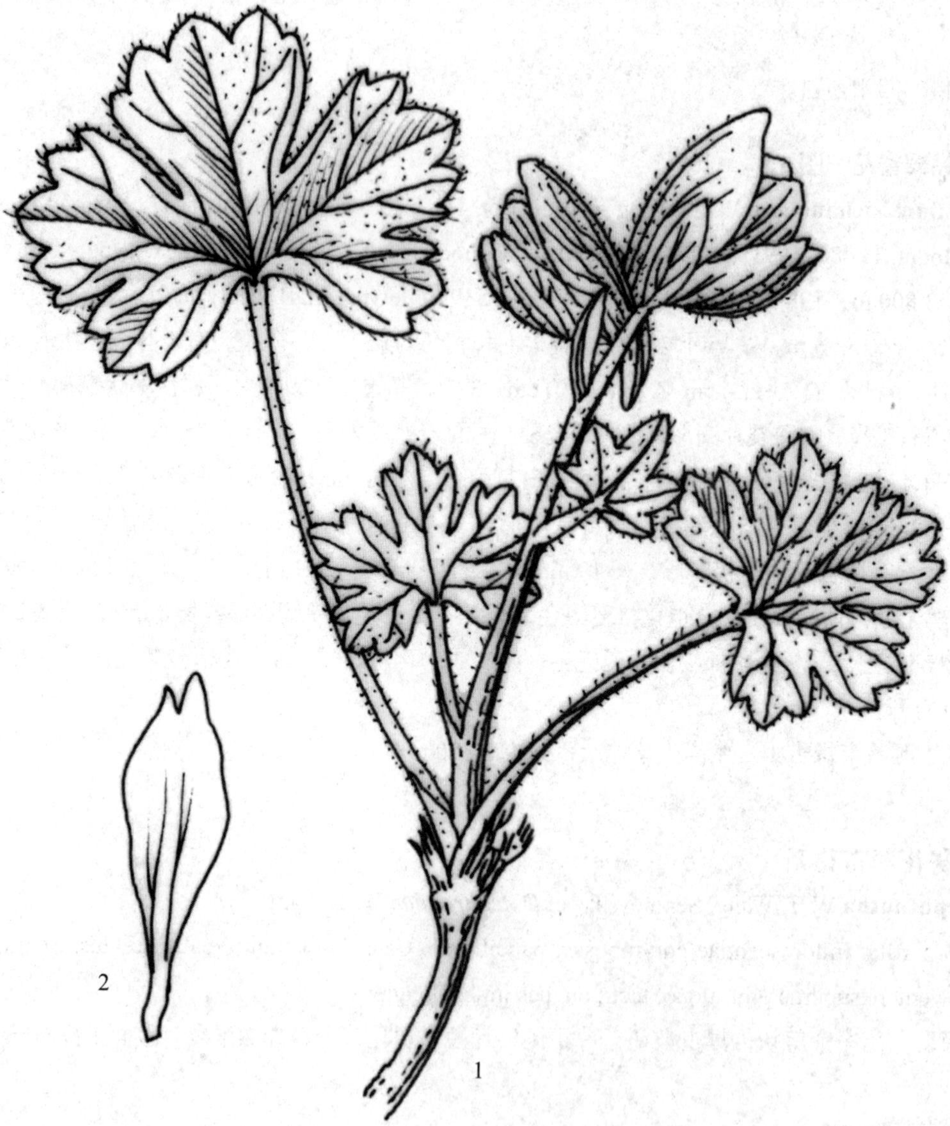

图3　**西昌翠雀花**　1. 植株全形；2. 退化雄蕊。（引自王文采，1986）
Fig. 3　**Delphinium xichangense**　1. Habit; 2. Staminode. (After W. T. Wang, 1986)

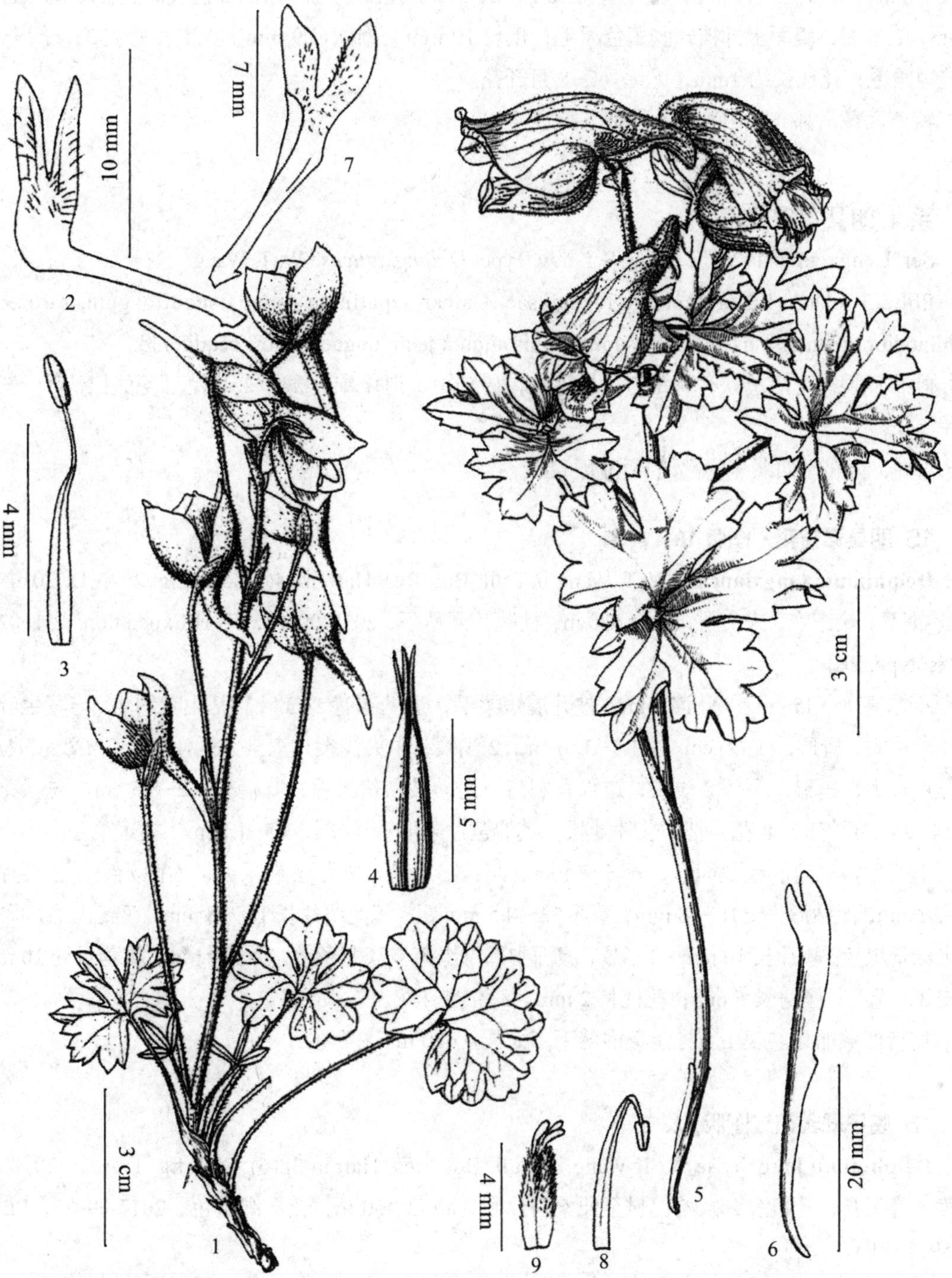

图版 10　1–4. **朗县翠雀花**　1. 植株全形；2. 退化雄蕊；3. 雄蕊；4. 雌蕊群。　5–9. **灰花翠雀花**　5. 植株全形；6. 花瓣；7. 退化雄蕊；8. 雄蕊；9. 雌蕊群。（引自王文采，2014；据模式标本，孙英宝绘图）

Plate 10　1–4. **Delphinium langxianense**　1. Habit; 2. Staminode; 3. Stamen; 4. Gynoecium.
5–9. **D. tephranthum**　5. Habit; 6. Petal; 7. Staminode; 8. Stamen;
9. Gynoecium. (After W. T. Wang, 2014; From holotype, drawn by Y. B. Sun)

小苞片。花：萼片灰色，外面密被短柔毛，内面无毛，上萼片船状宽卵形，长 22 mm，距细圆锥形，长 15–20 mm，基部粗 6–8 mm，其他萼片长 18–20 mm。花瓣无毛，顶端 2 浅裂。退化雄蕊黑色；瓣片长 7 mm，2 半裂，腹面上部被一些黄色柔毛；爪长 10 mm。雄蕊长 9 mm，无毛。心皮 3；子房长 4 mm，密被短柔毛；花柱长约 1mm，无毛。7–8 月开花。

特产西藏昌都。生山坡灌丛草甸，海拔 4 800 m。

系 4. 朗县翠雀花系

Ser. **Langxianensia** W. T. Wang, Ser. nov. Type: *D. langxianense* W. T. Wang.

Fblia 3-lobata. Inflorescentiae racemosae. Calcar sepalinum sepalis aequilongum, raro eis brevius. Staminodiorum limbi 2-fissi ventere superne pilis aliquot tecti; ungues limbis aequilongi.

叶 3 浅裂。花序总状，萼距与萼片等长，稀较短。退化雄蕊瓣片 2 半裂，腹面上部有一些毛；爪与瓣片等长。

4 种，分布于西藏东南部朗县和隆子县一带。

15. 朗县翠雀花　图版 10：1–4

Delphinium langxianense W. T. Wang in Bull. Bot. Res. Harbin 34(5): 579, fig. 2: A–D. 2014. Holotype: 西藏　朗县，金东乡，来义村，alt. 4 620 m，杜鹃花灌丛下，2012-09-10，FIPH Expedition 12-1102 (holotype and isotype, PE)。

草本高 15–45 cm。茎粗 3 mm，被开展短柔毛，近基部有 1–3 叶。基生叶约 4，与茎生叶有长柄；叶片近革质，肾形，(1–2) cm × (1.5–3.6) cm，2 浅裂，中央浅裂片宽至狭倒梯形，又 3 浅裂或具 3 圆齿，侧裂片较大，扇形，不等 2 浅裂，边缘有圆齿，两面被贴伏柔毛；叶柄长 1.2–8.5 cm。总状花序顶生，长 14–24 cm，有 7–8 花；基部苞片叶状，其他苞片条形；花梗长 3.5–12 cm，被短柔毛，顶端具 2 小苞片；小苞片狭三角形或狭卵形，长 6–7 mm。花：暗黄色，外面密被柔毛，内面无毛，上萼片卵形，长 16–20 mm，距钻形，长 16–18 mm，基部 3.2–4.5 mm 粗；其他萼片长 16–18 mm。花瓣无毛，顶端 2 微裂。退化雄蕊黑色；瓣片长 10 mm，2 半裂，腹面中部以上疏被淡黄色毛；爪长 9 mm。雄蕊长约 10 mm。无毛。心皮 3，无毛；子房长 5 mm；花柱长 2 mm。8–9 月开花。

特产西藏朗县。生山坡杜鹃花灌丛下，海拔 4 620 m。

16. 隆子翠雀花　图版 11：1–6

Delphinium longziense W. T. Wang in Bull. Bot. Res. Harbin 38(6): 809, fig. 1: A–F. 2018. Holotype: 西藏　隆子县，扎日乡，从桑巴村至曲桑村途中，alt. 3 460 m，花淡绿黄色，2017-09-05，PE 西藏考察队 5921 (PE)。

草本高 35–50 cm。茎被柔毛，不分枝，有 2 叶。基生叶 1–2，具长柄；叶片纸质，肾形，(2–3.4) cm × (5–5.5) cm，3 浅裂，中央浅裂片近方形，宽 1.2–1.8 cm，3 微裂，微裂片宽卵形，全缘或有 1 小齿，侧浅裂片较大，近扇形，宽 2.8–3.5 cm，不等 3 浅裂；2 回裂片顶部边缘具不大 2–3 圆齿，两面脉上疏被伏柔毛；叶柄长 7–8 cm。复总状花序顶生，长 30–40 cm；顶生总状花序长 10–12 cm，有 5–6 花，侧生者长 3–6 mm。花：萼片黄色，外面稍密被、内面疏被黄色绢毛，上萼片宽卵形，长 10–12 mm，距钻形，

图版 11　1–6. **隆子翠雀花**　1. 三茎生叶；2. 复总状花序；3. 花瓣顶部；4. 退化雄蕊；5. 雄蕊；6. 雌蕊群。
7–11. **黄花翠雀花**　7. 植株全形；8. 花瓣顶部；9. 退化雄蕊；10. 雄蕊；11. 雌蕊群。（据模式标本，孙英宝绘图）
Plate 11　1–6. **Delphinium longziense**　1. Three cauline leaves; 2. Compound raceme; 3. Apical part of petal; 4. Staminode; 5. Stamen; 6. Gynoecium.　7–11. ***D. xanthanthum***　7. Habit; 8. Apical part of petal; 9. Staminode; 10. Stamen; 11. Gynoecium. (From holotype, drawn by Y. B. Sun)

长 12−14 mm，基部粗 3 mm；其他萼片长 11−15 mm。花瓣顶端 2 浅裂，有疏缘毛。退化雄蕊黑色；瓣片卵状长圆形，长 6.2 mm，2 半裂，腹面中部以上被黄色柔毛；爪长 7 mm。雄蕊长约 7 mm，无毛。心皮 3；子房长约 4.5 mm，只在腹缝线上有柔毛；花柱长 1.8 mm，无毛。8−9 月开花。

特产西藏隆子县。生山坡林边，海拔 3 460 m。

17. 黄花翠雀花　图版 11：7−11

Delphinium xanthanthum W. T. Wang in Bul. Bot. Res. Harbin 38(6): 811, fig. 1: G−K. 2018. Holotype: 西藏 隆子县，扎日乡，纳拉山，alt. 3 400 m，山坡上，2017-09-03，PE 西藏考察队 5813 (PE)。

草本高 10 cm。茎密被开展柔毛，不分枝，具 2 叶。基生叶 1，具长柄；叶片纸质，肾形，1.2 cm × 2.5 cm，3 浅裂，中央 1 回裂片和侧生 1 回裂片的两个 2 回裂片均呈短倒梯形，具 2 牙齿，两面被疏柔毛；叶柄长 2 cm。伞房花序顶生，具 2 花；基部裂片 3 裂，上部苞片小，不分裂；花梗长 3.5 cm；小苞片条形，长 4.5−6 mm。花：萼片黄色，外面密被、内面疏被绢毛，上萼片近圆形，长 12 mm，距近钻形，长 13−14 mm，基部粗 3−4 mm；其他萼片倒卵形，长 12−13 mm。花瓣无毛，顶端 2 浅裂。退化雄蕊黑色；瓣片长卵形，长 10 mm，2 中裂，腹面中部以上被黄色柔毛；爪长 7 mm。雄蕊无毛。心皮 3，无毛。8−9 月开花。

特产西藏隆子县纳拉山。生高山山坡上，海拔 3 400 m。

18. 绿房翠雀花　图版 12：1−5

Delphinium viridiovarium W. T. Wang in Bull. Bot. Res. Harbin 18 (6): 812, fig. 2: A−E. 2018. Holotype: 西藏 洛扎县，拉康镇，卡久寺附近，alt. 3 934 m，山坡路边，2017-09-14，PE 西藏考察队 6634 (PE)。

草本高 20 cm。茎被开展短柔毛，不分枝，有 3 叶。茎生叶 1，具长柄；叶片纸质，肾形，3.8 cm × 7 cm，3 浅裂，中央浅裂片倒梯形，顶端约有 4 牙齿，侧浅裂片较大，近扇形，不等 2 浅裂，两面疏被贴伏短柔毛；叶柄长 13 cm。伞房花序顶生，长 8 cm，有 3 花；萼片披针形；花梗长 3.5−8 cm，被短柔毛，上部具 2 小苞片。花：萼片蓝紫色，外面疏被短毛，内面无毛，上萼片宽卵形，长 13 mm，距钻形，长 13−14 mm，基部粗 4−5 mm；其他萼片长 11−18 mm。花瓣无毛，顶端 2 浅裂。退化雄蕊黑色；瓣片卵状长圆形，长 7 mm，2 浅裂，腹面疏被柔毛；爪长 7 mm。雄蕊无毛。心皮 3，无毛，子房绿色。8−9 月开花。

特产西藏洛扎县。生山坡路边，海拔 3 934 m。

系 4. 二郎山翠雀花系

Ser. **Erlangshanica** (W. T. Wang) W. T. Wang, st. nov. ——Sect. *Elatopsis* Huth Subsect. *Erlangshanica* W. T. Wang in Acta Bot. Sin. 10(1): 86. 1962. Type: *E. erlangsnanicum* W. T. Wang.

Folia 3-secta, segmentis in lobos lineares dissectis. Inflorescentiae racemosae. Calcar sepalium sepalis longius. Staminodiorum limbi 2-partiti leviter excedentes medium limbi ventere ad medium et superne pilosi; ungues limbis leviter breviores.

叶 3 全裂，全裂片细裂成条形裂片。花序总状。萼距比萼片长。退化雄蕊瓣片 2 深裂稍超过瓣片中部，腹面中部和上部被柔毛；爪比瓣片稍短。

图版 12　1−5. **绿房翠雀花**　1. 基生叶；2. 植株上部；3. 退化雄蕊；4. 雄蕊；5. 雌蕊群。　6−10. **二距翠雀花**　6. 植株基部；7. 植株上部；8. 退化雄蕊；9. 雄蕊；10. 雌蕊群。（据模式标本，孙英宝绘图）

Plate 12　1−5. **Delphinium viridiovarium**　1. Cauline leaf (leaves); 2. Upper part of plant; 3. Staminode; 4. Stamen; 5. Gynoecium.　6−10. **D. dicentrum**　6. Basal part of plant; 7. Upper part of plant; 8. Staminode; 9. Stamen; 10. Gynoecium. (From holotype, drawn by Y. B. Sun)

1种，特产四川二郎山。

19. 二郎山翠雀花　图版25：6–8

Delphinium erlangshanicum W. T. Wang in Acta Bot. Sin. 10(1): 86. 1962; Munz in J. Arn. Arb. 49(1): 74. 1968; W. T. Wang in Fl. Reip. Pop. Sin. 27: 390, pl. 86: 6–8. 1979; W. T. Wang & M. J. Warnock in Fl. China 6: 246. 2001. Holotype: 四川　二郎山，麻柳桥，alt. 2 300 m，山岩上，1953-09-06，胡文光 37800 (PE)。

草本高约30 cm。叶约4枚，均基生，具长柄，无毛；叶片近圆形，宽6.5–9 cm，3全裂，全裂片2–3回细裂，末回裂片条形，宽1.5–2.5 mm；叶柄长14–18 cm。花葶直立，被反曲短柔毛。总状花序顶生，有1–8花；萼片披针形；轴和花梗被反曲短柔毛和少数黄色短腺毛；花梗长1.8–6 cm，顶端具2枚披针形小苞片。花：萼片淡蓝紫色，外面被短柔毛，内面五毛，上萼片卵形，长16 mm，距钻形，长19–21 mm，基部粗2.5–4 mm，其他萼片长14 mm。花瓣顶端2浅裂，并疏被缘毛。退化雄蕊黑色；瓣片长8 mm，2裂稍超过瓣片中部，腹面上部疏被柔毛和缘毛；爪长5.5 mm。雄蕊无毛。心皮3，子房密被短柔毛。8–9月开花。

特产四川天全县二郎山。生山坡多石处，海拔2 200–2 300 m。

标本登录：四川　二郎山，2004-09-05，杨亲二，袁琼238。

亚组2. 二距翠雀花亚组

Subsect. **Dicentra** W. T. Wang, Subsect. nov. Type: *D. dicentrum* W. T. Wang.

Folia 2-nervia, 2-lobata. Calyx sepalo supero et sepalo infero uno omnino 1-calcarato praeditus.

叶具2条脉，2浅裂。花萼的上萼片和1枚下萼片均具1距。

1种，特产西藏隆子县。

20. 二距翠雀花　图版12：6–10

Delphinium dicentrum W. T. Wang in Bull. Bot. Res. Harbin 38(6): 812, fig. 2: F–J. 2018. Holotype: 西藏 隆子县，从玉麦乡至曲桑村垭口，alt. 4 398 m，高山草地上，2017-09-07，PE西藏考察队6112 (PE)。

草本高38 cm。茎被反曲微硬毛，不分枝，有2叶。基生叶1，具长柄；叶片纸质，肾形，2 cm × 4.6 cm，2浅裂，具2条基生脉，浅裂片3–4微裂，2回裂片顶部边缘有1–2圆齿，两面疏被微硬毛；叶柄长11 mm。总状花序顶生，长20 cm，有3花；下部苞片3裂，上部苞片小，不分裂；花梗长0.5–11 cm，顶端有2条形小苞片。花：萼片淡紫色，外面被短毛，内面无毛，上萼片宽卵形，长20 mm，距近钻形，长13–15 mm，基部粗3–5 mm，一枚下萼片具一长4 mm的距。花瓣无毛，顶端2浅裂。退化雄蕊黑色；瓣片长10 mm，2半裂，腹面中部和上部疏被柔毛；爪长7 mm。雄蕊无毛。心皮3，子房疏被柔毛或近无毛。8–9月开花。

特产西藏隆子县。生高山草地上，海拔4 398 m。

参 考 文 献

BAILEY I H, 1949. *Delphinium* [M]. Manual of cultivated plants, rev. ed.: 397–399.

BAO M Z, 2011. Flower Science [M]. Beijing: Chinese Agriculture Press. [包满珠 , 2011. 花卉学 [M]. 北京 : 中国农业出版社.]

BENTHAM G, HOOKER J D, 1862−67. Genera plantarum, Vol. 1.

CHEN F H, 1948. Contributons to the knowledge of the genus *Delphinium* of southwestern China [J]. Bull Fan Mem Inst Biol, n. Ser. 1: 163−183.

DE CANDOLLE A P, 1817. Regni vegetabilis systema natural. I. Paris.

DIELS L, 1905. Beitrage zur Flora der Tsin Ling Shan und undere Zusätze zur Flora von Central-China [J]. Bot. Jahrb. 36: Beibl. 82: 1−138.

DIELS L, 1912. New and imperfectly known species [J]. Not. Bot. Gard. Edinb. 5: 101−308.

FINET E A, GAGNEPAIN F, 1904. *Delphinium*. Contriburions à la flore de I'Asie orientale d'après I'herbier du Muséum de Paris [J]. Bull Soc Bot France, 51: 461−537.

FINET E A, 1906. Espèces nouvelles de I'Asie orientale [J]. Bull Soc Bot France, 53: 125−127.

FRANCHET A, 1882. Sur quelques *Delphinium* de la Chine [J]. Bull Soc Linn Paris, 1: 329−330.

FRANCHET A, 1886. Plantae Yunnanenses a cl. J. M. Delavay collectas enumeravit novasque describit [J]. Bull Soc France, 33: 358−467.

FRANCHET A, 1889. Plantae Delavayanae [M]. Paris.

FRANCHET A, 1893. Exposition synoptique et description des *Delphinium* del la Chine [J]. Bull Soc Philom Paris, sèr. 8, 5: 157−187.

FRANCHET A, 1894. Plantes nouvelles de la Chine occidentale [J]. J de Bot, 8: 273−286.

HANCE H F, 1868. Description of a new Chinese Larkspur [J]. J Bot, 6: 207−208.

HANDEL-MAZZETTI, H, 1922. Plantae novae sinenses, diagnosibus brevibus discriptae a Dre [J]. Heinr. Handel-Mazzetti. Anzeig. Akad. Wiss. Wien Math Naturw, Kl, 59: 293−256.

HANDEL-MAZZETTI, H, 1931. *Ranunculaceae*. Symbolae Sinicae 7. Wien.

HANDEL-MAZZETTI, H, 1939. Plantae sinenses a Dre. H. Smith annis 1921−1922, 1924 et 1934 lectae 33. Ranunculaceae [J]. Acta Horti Gotob, 13: 327−336.

HEMSLEY W B, 1892. Observation on a botanical collection made by Mr. A. E. Pratt in western China, with descriptions of some new Chinese plants. from various collections [J]. J Linn Soc Bot, 29: 298−322.

HOW F C, WANG W T, 1964. *Ranunculaceae* [M] // Flora Hainanica. Beijing: Science Press, 1: 304−309. [侯宽昭, 王文采, 1964. 毛茛科 [M] // 海南植物志. 北京: 科学出版社, 1: 304−309.]

HUANG T Y, HUANG T C, 1996. *Ranunculaceae* [M] // Flora of Taiwan, 2nd ed. Taipei: Tah Jinw Printing Press, 2: 506−574.

HUTH E, 1893. Neue Arten der Gattung *Delphinium* [J]. Bull Herb Boiss, 1: 327−336.

HUTH E, 1895. Monographie der Gattung *Delphinium* [J]. Bot Jahrb, 20: 322−499.

JARVIS C F, BARRIE F R, ALLAN DM, REVEAL J L, 1993. A list of Linnean generic names and their types [J]. Regnum Veg. 127. Kömgstein.

KUAN K C, 1935. The species of the genus *Delphinium* in China [J]. J Bot Soc China, 1: 402−414. [关克俭 , 1935. 中国产之翠雀属 [J]. 中国植物学杂志, 1: 402−414.]

LEVEILLE H, 1906. Novitates sinenses [J]. Bull Herb Boiss., Ser. 2, 6: 504−506.

LEVEILLE H, 1909. Decades plantarum novarum 17−19. Repert. Sp. Nov. 7: 97−103.

LI S C, 1996. Wild Flowers of China [M]. Tianjin: Tianjin Education Press. [黎盛臣等, 1996. 中国野生花卉 [M]. 天津教育出版社.]

LI X Y, 2018. Taxonomy of Ornamental Plants [M]. Beijing: Science Press. [李先源, 2018. 观赏植物分类学 [M]. 北京: 科

学出版社.]

MALYUTIN N I, 1973. The phylogeny and taxonomy of the *Delphinium* genus [J]. Bot Zhurn, 58: 1710−1722.

MALYUTIN N I, 1987. The system of the genus *Delphinium* (Ranunculaceae) based on the morphological features of seeds [J]. Bot Zhurn, 72: 683−693.

MARQUAND CVB, 1929. The botanical collection made by Capt. F. Kingdon Ward in the eastern Himalaya and Tibet in 1924−1925 [J]. J Linn Soc Bot, 48: 149−229.

MAXIMOWICZ C J, 1877. Diagnoses plantarum novarum Asiaticarum 1 [J]. Bull Acad Sci St Pètersb, 23: 305−391.

MAXIMOWICZ C J, 1889. Flora Tangutica [J]. St. Petersb.

MUNZ P A, 1967−1968. A synopsis of the Asian species of *Delphinium*, sensu stricto [J]. J Arn Arb, 48: 249−302, 476−593(1967), 49: 73−259(1968).

NEVSKI S A, 1937. *Delphinium* [J]. In VL Komarov, Flora URSS, 7: 99−183. Moskwa & Leningrad.

OSTENFELD C H, PAULSEN O, 1922. A list of flowering plants from inner Asia, collected by Dr. Sven Hedin [J]. In Sven Hedin, Southern Tibet 6: 25−100.

POWLOWSKI B, 1993. *Delphinium* [M] // Fl. Europea, 2 nd ed. Cambridge: Cambridge University Press, 1: 257−260.

PRANTL K, 1888. Ranunculaceae [J]. In A Engler & K. Prantl, Die naturlichen Pflanzenfamilien, 3(2): 43−66. Leipzig.

RAU M A, 1993. *Delphinium* [M] // Flora of India. Calcutt: Botanical Survey of India, 1: 86−101.

SMITH W W, 1913. Diagnoses specierum novarum chinensium in herbario Horti Regii Botanici Edinburgensis cognotarum [J]. Not Bot Gard Edinb, 8: 105−136.

SPACH E, 1839. Histoire des naturelle vègetaux Phanèrogames 7 [M]. Paris.

TAMURA M, 1966. Morphology, ecology and phylogeny of the Ranunculaceae 6 [J]. Sci Rep Osaka Univ, 15: 13−35.

TAMURA M, 1995. Ranunculaceae: Systematic Part [M] // Hiepko P, Nat. Pflanzenfam. Zwei. Aufl., 17aIV: 224−497. Berlin: Duncker & Humblot.

WANG W T, 1957. Notulae de Ranunculaceis sinensibus [J]. Acta Phytotox Sin, 6(4): 361−391. [王文采，1957. 中国毛茛科植物小志 [J]. 植物分类学报 , 6(4): 361−391.]

WANG W T, 1962. A preliminary study of Chinese *Delphinium* [J]. Acta Bot Sci, 10(1): 59−89; (2): 138−165; (3): 264−284. [王文采，1962. 中国毛茛科翠雀属的初步研究 [J]. 植物学报, 10(1): 39−89; (2): 138−165; (3): 264−284.]

WANG W T, 1979. *Delphinium* [M] // Flora Reipublicae Popularis Sinicae [M]. Beijing: Sciense Press, 27: 326−462. [王文采，1979. 翠雀属 [M] // 中国植物志 . 北京 : 科学出版社 , 27: 326−462.]

WANG W T, 1997. Notulae de Ranunculaceis sinensibus (21) [J]. Guihaia, 17(1): 1−15. [王文采，1997. 中国毛茛科植物小志（廿一）[J]. 广西植物, 17(1): 1−15.]

WANG W T & WARNOCK M J, 2001. *Delphinium* [M] // WU Z Y, RAVEN P H, eds. Flora of China. Beijing: Science Press; St. Louis: Missouri Botanical Garden Press, 6: 223−274.

WARNOCK M J, 1997. *Delphinium* [M] // MORIN N R, et al. Flora of North America. Oxford: Oxford University Press, 3: 196−240.

XIAO P G, 1980. A preliminary study of the correlation between phylogeny, chemical constituents and pharmaceutical aspects in the taxa of Chinese Ranunculaceae [J]. Acta Phytotax. Sin., 18(2): 143−153. [肖培根，1980. 中国毛茛科植物群的亲缘关系，化学成分和疗效间相关性的初步探索 [J]. 植物分类学报 , 48(2): 143−153.]

XIE L, WANG Z T, CONG X, et al, 2016. *Delphinium* [M] // AI T M, WEI F N. Medicinal Flora of China. Beijing: Peking University Medical Press, 3: 167−205. [谢磊，王峥涛，从潇 , 2016. 翠雀属 [M] // 艾铁民 , 韦发南 . 中国药用植物志 . 北京 : 北京大学医学出版社 , 3: 167−205.]

（本文未完待续）

康马毛茛，中国西藏毛茛科一新种 *

Ranunculus kangmaensis W. T. Wang, a new species of Ranunculaceae from Tibet of China

康马毛茛　图1

Ranunculus kangmaensis W. T. Wang, sp. nov. Fig. 1.

(Sect. *Ranunculus*)

Ob herbas perennes humiles scaposas, flores solitarios terminales, petala flava anguste ovata, petalorum foveolas nectariferas squamis carentes et ad Sect. *Ranunculum* pertinentes species nova haec est affinis *R. meilixuoshanico* Kadota & Ming, a quo seapis altioribus, foliis majoribus, laminis 5−8 mm longis 6−8 mm latis 3-partitis, petiolis 2−6.2 mm longis, flore petalis 8 majoribus 7.2−7.6 mm longis et longius unguiculatis praedito differt. In *R. meilixuoshanico*, scapi minus quam 1 cm alti, folia minora, laminae 2−5 mm longae 3−6 mm latae 3-lobatae, petioli 0.7−2 cm longi, flos petalis 6 minoribus 3−4 mm longis et breviter et obscure unguiculatis praeditus est.

Dwarf perennial scapose herbs, totally glabrous. Rhizome short, with ca. 2 long and thick fibrous roots. Basal leaves 5−8, long petiolate; blades papery, pentagonal, broadly rhombic or flabellate-obovate, (5−8) mm × (6−8) mm, at apex obtuse, at base broadly cuneate or subtruncate, 3-partite, central lobe narrowly ovate or narrowly rhombic-obovate, undivided, 1−2-lobulate or 3-lobed, margin entire, lateral lobes obliquely obovate, unequally 2-lobed, secondary lobes usually entire; petioles 2−6.2 cm long, at base narrowly vaginate. Scapes ca. 2, 4.2−6 cm long. Flower solitary, terminal.: Sepals 5, greenish-white, long navicular-elliptic, (6.5−7) mm × (2−3.5) mm, apex slightly acute. Petals 8, yellow, narrowly ovate, including claws (7.2−7.6) mm × (2.5−3) mm, apex obtuse; nectary pits small, lacking scales; claws ca. 1.2 mm long. Stamens ca. 25; filaments narrowly lanceolate-linear, (2.5−3) mm × (0.2−0.3) mm, longitudinally 1-nerved; anthers oblong, ca. 0.5 mm × (0.25−0.3) mm, apex obtuse. Gynoecium broadly ovoid, ca. 2 mm × 2.4 mm; carpels ca. 20, ovaries ca. 1 mm long, styles 0.2−0.5 mm long, and stigmas terminal, very small.

中国西藏（Tibet，China）：康马县，近嘎拉区政府（Kangma Xian, near Gala District Government），alt. 4 350 m，水塘边，草本植物，花黄色（by a pond, herbs, fls. yellow），1961-07-06，西藏考察队（Tibet Exped.）1581（holotype，PE）。

康马毛茛为多年生低矮具花葶草本植物，花单朵顶生，花瓣黄色，花瓣蜜槽无鳞片，隶属美丽毛茛组（Sect. *Ranunculus*）[Sect. *Auricomus* (Spach) Schur（Tamura, 1995），与具上述形态特征，并隶属于美

*基金项目：中国科学院植物研究所系统与进化植物学国家重点实验室项目 [Supported by the Program of State Key Laboratory of Systematic and Evolutionary Botany, Institute of Botany, Chinese Academy of Sciences]。
原文刊登于《广西植物》39(3)：285−287，2019。

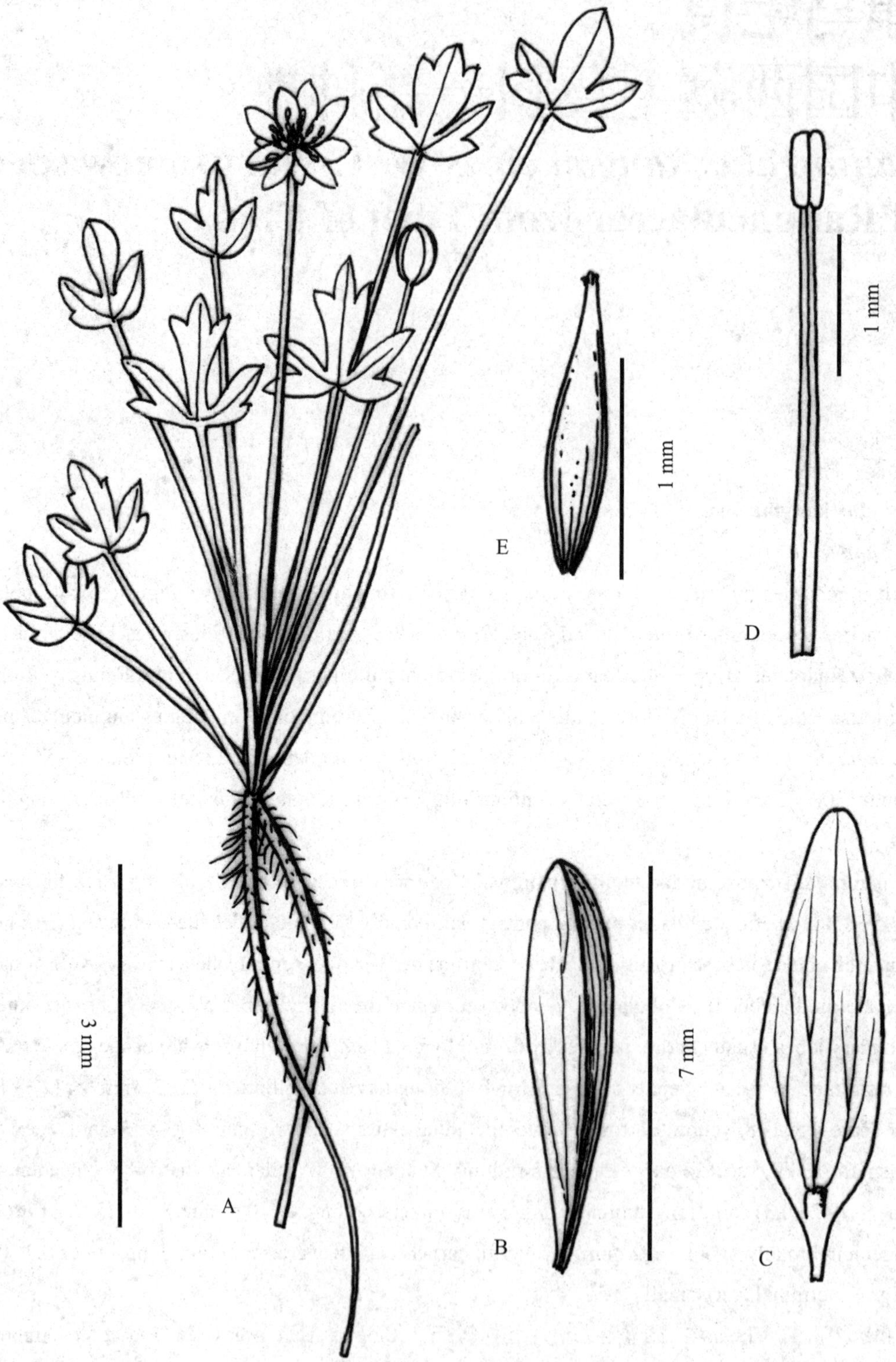

图 1　**康马毛茛**　A. 开花植株；B. 萼片；C. 花瓣；D. 雄蕊；E. 心皮。（来自模式标本）

Fig. 1　**Ranunculus kangmaensis**　A. Flowering plant; B. Sepal; C. Petal; D. Stamen; E. Carpel. (From holotype)

丽毛茛组的梅里山毛茛 (*R. meilixuoshanicus* Kadota & Ming, 1995）在亲缘上相近，两者的区别在于康马毛茛的花葶较高（高 4.2−6 cm），叶较大，叶片长 5−8 mm，宽 6−8 mm，3 深裂，叶柄长 2−2.6 cm，花具 8 枚花瓣，花瓣较大，长 7.2−7.6 mm，具较长爪；而梅里山毛茛的花葶高在 1 cm 以下，叶较小，叶片长 2−5 mm，宽 3−6 mm，3 浅裂，叶柄长 0.7−2 cm，花具 6 枚花瓣，花瓣较小，长 3−4 mm，具短而不明显的爪（Kadota & Ming, 1995）。

参 考 文 献

KADOTA Y, MING T L, 1995. *Ranunculus meilixuoshanicus* (Ranunculaceae) ——a new species from Yunnan [J]. Chin Bull Natn Sci Mus Tokyo Ser, B21(3): 111−117.

TAMURA M, 1995. *Ranunculus* P. Hiepko, Die natürlich Pflanzenfamilien, Zwei Aufl., 17a IV [M]. Berlin: Duncker & Humblot.

怀宁毛茛，安徽毛茛科一新种

Ranunculus huainingensis, a new species of Ranunculaceae from Anhui

王文采　杨 俊　谢 晋

怀宁毛茛　图 1

Ranunculus huainingensis W. T. Wang, Z. Yang & J. Xie, sp. nov.

(Subgen. *Ranunculus* sect. *Tuberifer* Tamura)

Ob tubera radicalia praesentia, folia basalia simplicia et ternata et floris structuram similem species nova est arcte affinis *R. ternato* Thunb., a quo plantis stolones filiformes tuberiferos ferentibus, foliorum basalium ternatorum foliolis lateralibus saepe etiam in foliola duo inaequimagna petiolulata divisis, carpellorum stylis ovariis leviter brevioribus vel eis aequilongis statim differt. In *R. ternato*, stolones nulli, foliorum basalium ternatorum foliola lateralia haud etiam in foliola duo divisa, et carpellorum styli ovariis ca. 5-plo breviores sunt.

Perennial herb, with 2–4 obconic root tubers 0.5–1 cm long. Stolons filiform, with internodes 0.8–3 cm long, ca. 0.1 mm in diam., glabrous, and on nodes with 1–2 tubers 0.4–0.6 cm long. Stems 1–2, 15–25 cm tall, glabrous, branched, rarely simple, few-leaved. Basal leaves ca. 6, long petiolate, simple and ternate, glabrous; blades of simple leaves thinly papery, pentagonal, (0.6–1.2) cm × (0.7–2) cm, at apex rounded-obtuse, at base subtruncate, 3-lobed to 3-parted, central lobe 3-lobulate or undivided, lateral lobes larger, unequally 2-lobulate, sometimes few-denticulate; blades of ternate leaves braodly rhombic, (1.2–4.5) cm ×(2.4–6.5) cm, leaflets long petiolulate (petiolules 0.3–3.2 cm long), either all similar to blades of simple leaves, or two laberal leaflets unequally 2-parted or even trongly unequally divided to two petiolulate undivided or unequally 2-lobed to 2-parted leaflets; petioles 5–13 cm long, at base slightly dilated. Cauline leaves 1–2, ternate, sessile, (1.6–4) cm × (2–5) cm; leaflets petiolulate, their blades 2–3-parted, with lobes obliquely narrowlyovate or sublinear, few-dentate or entire, glabrous or sparsely ciliate. Monochasia terminal, 2–4-flowered, glabrous; bracts similar to cauline leaves, but smaller; pedicels 1–5 cm long. Flowers 1–1.5 cm in diam., glabrous: Receptacle glabrous. Sepals 5, yellowish-greenish, narrowly elliptic, (3–3.4) mm ×(1.2–1.6) mm, at apex truncate, trinerved. Petals 5, yellow, obovate or broadly obovate, (5–7) mm × (3.5–5) mm, at apex rounded, above base with a minute nectary pit, claw inconspicuous. Stamens ca. 30, 2–4 mm long; filaments filiform, 1–1.8 mm long. Gynoecium ovoid, ca. 2.5 mm long, with ca. 25 carpels; carpels 1–1.5 mm long; ovaries narrowly ovoid. 0.6–0.9 mm long; styles slightly shorter than or as long as ovaries, thinly subulate, 0.3–0.8 mm long.

安徽 (Anhui)：怀宁县，石镜镇，邓林村 (Huaining Xian，Shijing Zhen，Denglin Cun)，alt. 85 m，山坡疏林 (in sparse forest on slope)，草本植物成片生长 (herbs in clumps growing)，花黄色 (fls. yellow)，

原文刊登于《广西植物》39(3): 288–290, 2019。
致谢：深切感谢王德群教授惠赠珍贵标本；孙英宝先生为本文绘图。

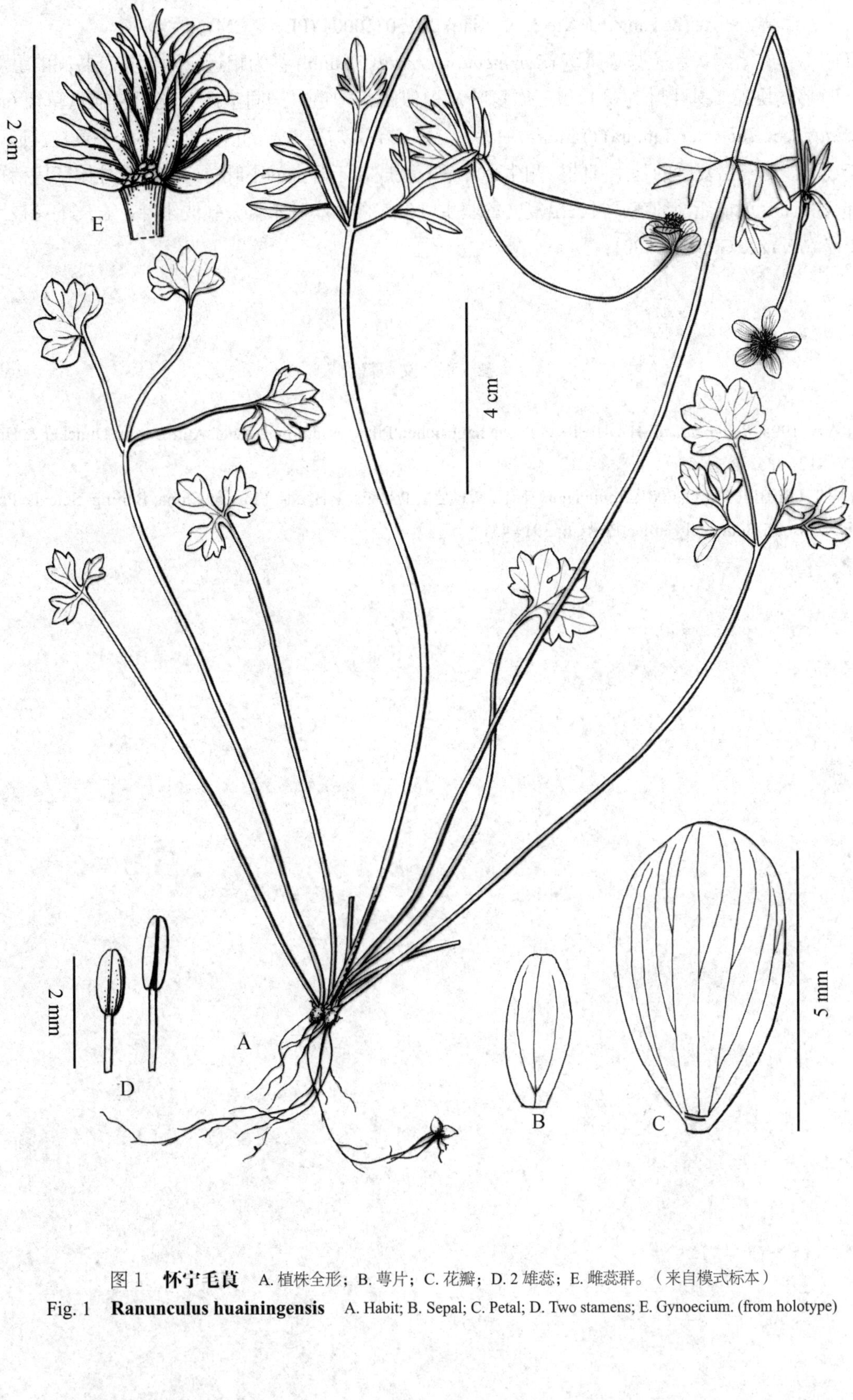

图 1 **怀宁毛茛** A. 植株全形；B. 萼片；C. 花瓣；D. 2 雄蕊；E. 雌蕊群。（来自模式标本）

Fig. 1 **Ranunculus huainingensis** A. Habit; B. Sepal; C. Petal; D. Two stamens; E. Gynoecium. (from holotype)

2015-03-29，王德群 D. Q. Wang) 150329032 (holotype，PE；isotype，ACM)；同地 (same locality)，2015-03-10，谢晋，王德群，杨俊 (J. Xie，D. Q. Wang & Z. Yang) 2015030012 (PE，ACM)；同地，2015-03-19，杨俊，谢晋，肖雄 (Z. Yang，J. Xie & X. Xiao) 20150310004 (PE；ACM)。

怀宁毛茛在亲缘关系上与猫爪草 (*Ranunculus ternatus* Thunb.) 甚为相近。两者具有共同的重要形态特征：即都具块根，基生叶为单叶和三出复叶及相似的花构造，一同隶属毛茛亚属猫爪草组 (subgen. *Ranunculus* sect. *Tuberifer* Tamura) (Tamura，1995)。怀宁毛茛与猫爪草的区别在于怀宁毛茛具丝形，有块根的匍匐茎，具三出复叶的基生叶的二侧生小叶常分裂成二不等大的小叶，心皮的花柱比子房稍短或与子房等长。而猫爪草无匍匐茎，具三出复叶的基生叶的二侧生小叶不再分裂成小叶，心皮的花柱比子房短约 5 倍 (Wang & Gilbert，2001) 。

参 考 文 献

TAMURA A, 1995. *Ranunculus* [M] // HIEPKO P. Die natürlichen Pflanzenfamilien. Zwei. Auf. Berlin: Duncker & Humblot, 17aIV: 412−435.

WANG W T, GILBERT M G, 2001. *Ranunculus* [M] // WU Z Y, RAVEN P H, eds. Flora of China. Beijing: Science Press; St. Louis: Missouri Botanical Garden Press, 6: 391−431.

江津楼梯草，重庆荨麻科一新种

Elatostema jiangjinense, a new species of Urticaceae from Chongqing City

江津楼梯草　图 1

Elatostema jiangjinense W. T. Wang, sp. nov. Fig. 1

(Sect. *Elatostema* W. T. Wang ser. *Cuspidata* W. T. Wang)

Species nova haec est affinis *E. cyrtandrifolio* (Zoll. & Mor.) Miq. a quo folio latere angusto nervos secundarios 2 gerente, stipulis ovatis vel lanceolatis, bracteis involucralibus staminatis apice longe corniculatis haud costatis differt. In *E. cyrtandrifolio*, folium latere angusto nervos secundarios 3−4 gerens, stipulae anguste lanceolatae vel subulatae, et bracteae involucrales staminatae dorso longitudinaliter 2−7-costatae haud corniculatae sunt.

Perennial herbs. Stems 18−30 cm tall, near base 1−1.5 mm in diam., glabrous, simple, ca. 7-leaved. Leaves alternate, glabrous, shortly petiolate or sessile; blades thinly papery, oblanceolate or obliquely elliptic, rarely ovate, [(1.4−)3.8−9.8] cm × [(0.9−)1.5−2.8] cm, at apex acuminate, cuspidate or acute, at base obliquely cuneate, at margin above base to apex denticulate, semi-triplinerved; secondary nerves at leaf narrow side 2 and at broad side 3−4(−5), on both surfaces flat, inconspicuous; cystoliths dense, conspicuous, bacilliform, 0.1−0.4 mm long; petioles 0−4 mm long; stipules whitish, membranous, ovate or lanceolate, (0.5−2) mm × (0.25−0.28) mm, margin entire. Staminate capitula singly axillary, sessile, 4−7 mm in diam.; receptacle suborbicular, 3−3.5 mm in diam., glabrous; involucral bracts ca. 12, whitish, membranous, broadly triangular, 1.5 mm × (1.5−2) mm, abaxially above and on horn-like projections sparsely appressed-puberulous (hairs ca. 0.1 mm long), at apex long corniculate, with horn-like projections dark-green, 1−1.5 mm long; bracteoles whitish, membranous, linear, ca. 1 mm long, glabrous, or cuneate-linear, ca. 1.5 mm long, glabrous, at apex with a horn-like projection ca. 0.5 mm long, or cymbiform-obovate, ca. 2 mm long, near apex sparsely ciliolate; pedicels ca. 0.8 mm long, glabrous. Staminate flower buds numerous, dense, depressed-globose, ca. 1 mm in diam., glabrous, at apex 4-corniculate, with horn-like projections 0.4−1 mm long. Pistillate capitula and pistillate flowers not seen.

重庆市（Chongqing City）：江津区，四面山，斑竹园，两河口（Jiangjin District, Simian Shan, Banzhuyuan, Lianghekou），生溪边崖壁上。茎直立，多汁；花黄绿色略带紫色（on cliff by stream. Stems erects, juicy; flowers yellowish-greenish, slightly tinged with purple）, 2017-03-21, 刘正宇，张军等(Z. Y. Liu, J.

原文刊登于《广西植物》39(3): 291−293, 2019。
致谢：深切感谢刘正宇先生惠赠珍贵荨麻科植物标本。

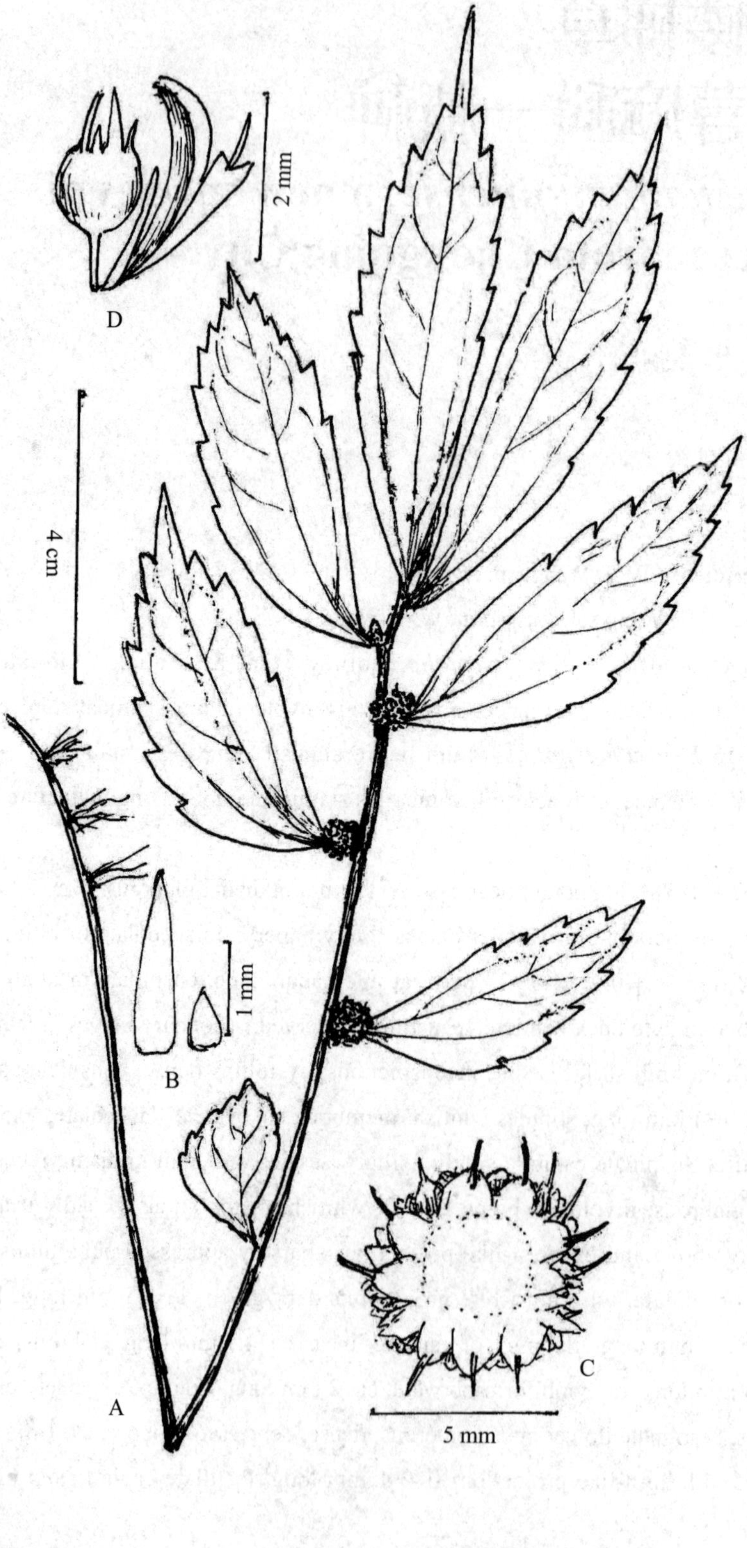

图 1 **江津楼梯草** A. 植株全形；B. 2 托叶；C. 雄头状花序，下面观；D. 雄花蕾和 3 枚小苞片。（来自模式标本）

Fig. 1 **Elatostema jiangjinens** A. Habit; B. Two stipuls; C. Staminate capitulum, seen from beneath; D. Staminate flower bud and three bracteoles. (From holotype)

Zhang et al. ）S-1214 (holotype，PE)。

江津楼梯草与锐齿楼梯草 [*Elatostema cyrtandrifolium* (Zoll. & Mor.) Miq.] 近缘，两者的区别在于江津楼梯草的叶在狭侧具 2 条二级脉，托叶呈卵形或披针形，雄总苞苞片在顶端具长角状突起，不具纵肋；而锐齿楼梯草的叶在狭侧具 3-4 条二级脉，托叶狭长，呈狭披针形或钻形，雄总苞苞片在背面有 2-7 条纵肋，无角状突起（王文采，2014）。

参 考 文 献

WANG W T, 2014. *Elatostema* (Urticaceae) in China [M]. Qingdao: Qingdao Press. [王文采, 2014. 中国楼梯草属植物 [M]. 青岛 : 青岛出版社 .]

南溪楼梯草，云南荨麻科一新种

Elatostema nanxiense, a new species of Urticaceae from Yunnan Province

王文采　吴增源

南溪楼梯草　图 1

Elatostema nanxiense W. T. Wang & Zeng Y. Wu, sp. nov. Fig. 1.

(Sect. *Elatostema* ser. *Dissecta* W. T. Wang)

Ob pedunculos capitulorum staminatorum quam receptacula leviter longiores et receptacula late rectangularia species nova haec est similis *E. tianlinense* W. T. Wang, a quo foliis margine crenatis vel obtuse denticulatis trinervibus, bracteis involucralibus staminatis paucioribus 8 1-seriatis tantum singularibus apice corniculatis differt; in *E. tianlnensi*, folia margine acute dentata, semi-triplinervia, et bracteae involucrales staminatae multiores ca. 20, 2-seriatae, 6 externae omnes apice corniculatae sunt. Etiam ab *E. dissecto* Wedd., quod una species late distributa in sect. *Elatostema* ser. *Dissectis* W. T. Wang est, caulibus strigillosis, foliis elliptcis trinervibus ventre ad nervos basales strigillosis, capitulis staminatis brevius pedunculatis (pedunculis 1−1.8 cm longis), bracteis involucralibus staminatis paucioribus 8 late ovatis vel transverse rectangularibus dorso longitudinaliter 1−3-costatis, bracteolis staminatis superne ciliatis facele recedit; in *E. dissecto*, caules glabri, folia oblique oblonga semi-triplinervia glabra, capitula staminata saepe longe pedunculata (pedunculi 1.5−8 cm longi), bracteae involucrales staminatae saepe multiores lineares vel anguste lanceolatae omnes haud costatae, bracteolae staminatae glabrae sunt.

Perennial herbs. Stem ca. 25 cm tall, below ca. 2.5 mm in diam., strigillose, simple, ca. 6-leaved. Leaves alternate; blades papery, obliquely elliptic, (11−13.5) cm × (4.2−5.8) cm, apex acuminate, base obliquely and broadly cuneate, margin crenate or obtusely denticualte; surfaces adaxially glabrous, abaxially on basal nerves strigillose; nervation trinerved, with basal nerves adaxially flat and abaxially slightly prominent, and with two pairs of secondary nerves; cysoliths numerous, dense, bacilliform, 0.25−0.5 mm long; petioles 1−3 mm long; stipules papery, broadly to narrowly triangular, (4−4.2) mm × (1.2−2.2) mm, glabrous, at apex acute, greenish and with whitish margins. Staminate capitula singly axillary, pedunculate; peduncles 1−1.8 cm long, glabrous or with a few short hairs; receptacles broadly rectangular, obscurely bilobulate, (8−10) mm × (4−5.5) mm, glabrous; involucral bracts 8, 1-seriate, membranous, glabrous, rarely on ribes with sparse short hairs, 2 opposite bracts larger, very broadly ovate, (3−4) mm × (5−7) mm, abaxially longitudinally 2−3-ribbed, in the largest bract, abaxially 3-ribbed and the apex of the central rib protruding out to form a horn-like projection ca. 0.6 mm long, the two pairs of the lateral bracts transversely rectangular, 3.2 mm × (4−5) mm, all abaxially

原文刊登于《广西植物》39(3): 294−296, 2019。
致谢：深切感谢孙英宝先生为本文绘图。

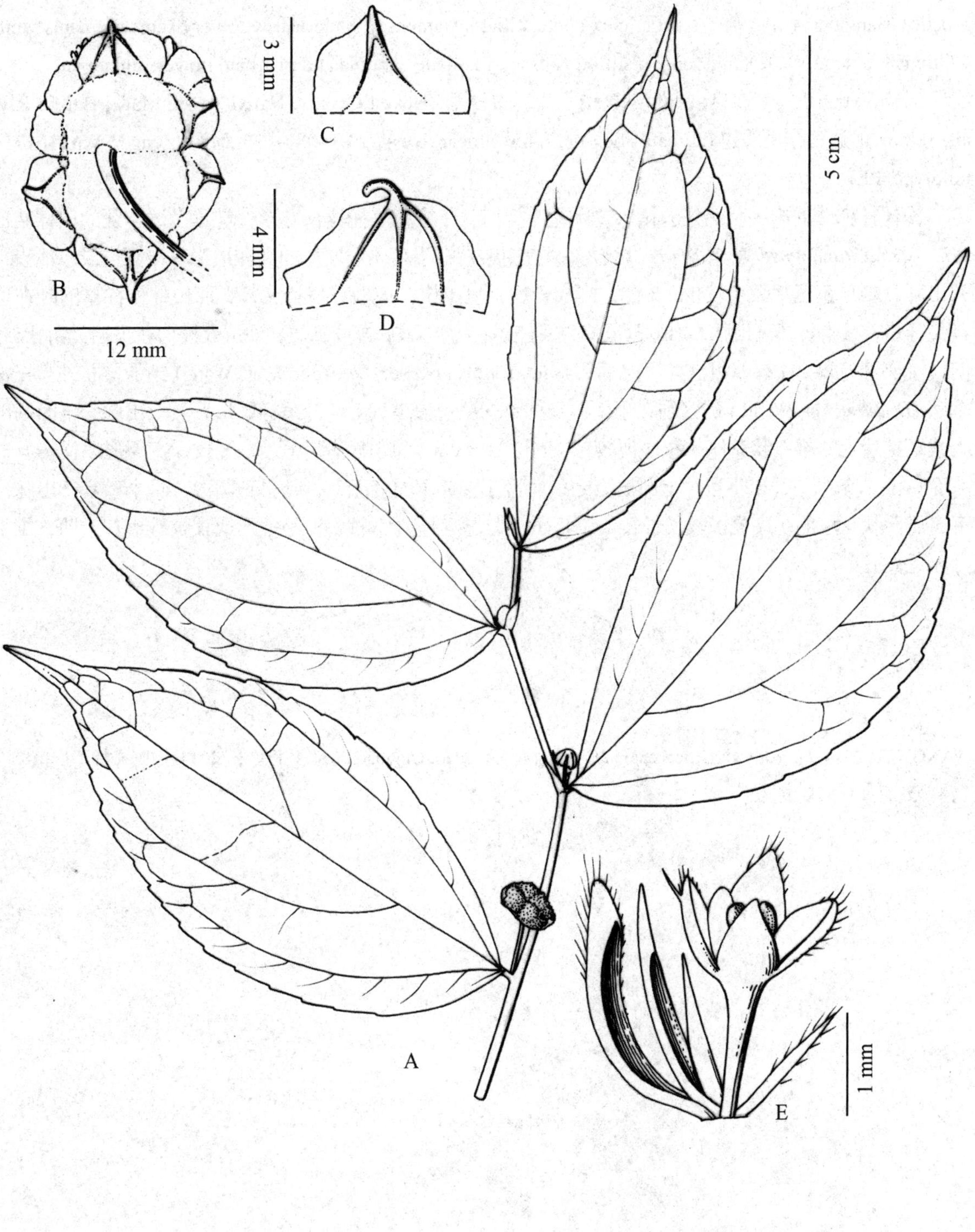

图 1　**南溪楼梯草**　A. 开花植株上部；B. 雄头状花序；C. 二对生长较大雄总苞苞片；D. 雄花及 4 雄小苞片。（来自模式标本）

Fig. 1　**Elatostema nanxiense**　A. Upper part of flowering stem; B. Staminate capitulum; C. Two opposite larger staminate bracts; D. Staminate flower and four staminate bracteoles.(From holotype)

longitudinally 1-ribbed and not corniculate; bracteoles numerous, very dense, membranous, white, linear, narrowly linear, or linear-oblanceolate, (1−2.2) mm × (0.2−1.8) mm, above and on apex ciliate. Staminate flowers numerous, very dense, pedicellate; pedicels 0.3−1 mm long, subglabrous; tepals 4, membranous, white, broadly triangular, 1 mm × 0.5 mm, apex acute, ciliate; stamens 4, glabrous, with very short filaments, anthers yellowish, oblong, ca. 0.8 mm long; pistillode absent. Pistillate capitula and pistillate flowers unknown.

云南 (Yunnan)：河口县，南溪镇，马革，白沙河 (Hekou County, Nanxi Town, Mage, Baisha River), alt. 388 m，河边雨林里路边 (at road-side in rain forest near river)，2010-08-01，吴增源 (Zeng Y. Wu) 10171 (♂, holotype, PE)。

南溪楼梯草的雄头状花序的花序梗比花序托稍长，雄花序托宽长方形，与具上述特征的田林楼梯草 (*Elatostema tianlinense* W. T. Wang) 相似。两者的区别在于南溪楼梯草的叶在边缘具浅圆齿或小钝齿，具三出脉，雄总苞苞片数目较少，8 枚，排成一层，只 1 枚在顶端具角状突起；而田林楼梯草的叶在边缘具尖牙齿，具半离基三出脉，雄总苞苞片数目较多，约 20 枚，排成二层，外层 6 枚均在顶端具角状突起。南溪楼梯草与骤尖楼梯草组盘托楼梯草系 (sect. *Elatostema* ser. *Dissecta* W. T. Wang) 中的广布种盘托楼梯草系 (*E. dissectum* Wedd.) 的区别在于南溪楼梯草的茎被短糙伏毛，叶呈椭圆形，具三出脉，下面基出脉上被短糙伏毛，雄头状花序的花序梗较短，长 1−1.8 cm，雄总苞苞片较少，8 枚，宽卵形或横长方形，背面具 1−3 条纵肋，雄小苞片上部被缘毛；而盘托楼梯草的茎无毛，叶斜长圆形，具半离基三出脉，无毛，雄头状花序的花序梗多较长，长 1.5−8 cm，雄总苞苞片常较多，呈条形或狭披针形，无肋，雄小苞片无毛 (王文采，2014)。

参 考 文 献

WANG W T, 2014. *Elatostema* (Urticaceae) in China [M]. Qingdao: Qingdao Press. [王文采, 2014. 中国楼梯草属植物 [M]. 青岛: 青岛出版社.]

西藏毛茛属二新种

Two new species of *Ranunculus* from Tibet, China

中国科学院植物研究所植物标本馆（PE）于2018年6月派考察队到西藏南部的隆子、错那等县进行了深入的植物标本采集工作，采集到了大量植物标本，在鉴定其中毛茛属过程中发现了2个种难以定名，由于中国西藏的隆子、错那等县邻近尼泊尔和印度，我首先参阅了S. K. Srivastava于2010年发表的关于印度毛茛属(*Ranunculus*)的论文，但未能找到与此2种相同或相似的植物。随后，我再查阅了本人在1995年发表的《中国毛茛属修订》一文，发现其中1种（采自中国西藏隆子县的PE考察队7063）与特产中国西藏定结县的睫毛毛茛(*R. densiciliatus* W. T. Wang)在亲缘关系上甚为相似，而另外1种（采自中国西藏错那县的PE考察队7084）则稍似特产自中国西藏聂拉木县的聂拉木毛茛（*R. nyalamensis*）。同时，我确定上述二号标本代表了毛茛属的二新种，即隆子毛茛(*Ranunculus longziensis* W. T. Wang)和单根毛茛(*R. uniradicatus* W. T. Wang)，现在本文予以发表。

隆子毛茛　图1：A–D

Ranunculus longziensis W. T. Wang, sp. nov. Fig. 1: A–D

[Subgen. *Ranunculus* sect. *Flammula* (Webb ex Spath) Schur]

Ob foliorum laminas suborbiculares vel orbiculari-ovatas margine integras, flores solitarios terminales, petala flava obovata 6–7 mm longa et carpella glabra species nova haec est arcte affinis *R. densiciliato* W. T. Wang, a quo caulibus glabris, foliis glabris, eis basalibus omnibus indivisis plerumque 5-nervibus, eis caulinis lanceolato-linearibus facile distinguitur. In *R. densicilato*, caules puberuli, folia supra puberula margine dense ciliata, ea basalia plurima indivisa 3-nervia nonnulla 3-lobata, et ea caulina ovata vel longe elliptica sunt.

Small perennial herbs. Stems ca. 2, 4–5 cm tall, glabrous, simple, ca. 2-leaved. Basal leaves ca. 10, glabrous, long petiolate; blades suborbicular, orbicular-ovate, long ovate, long elliptic, or narrow-lanceolate, (6–14) mm × (2–6) mm, at apex obtuse or slightly acute, at base broadly cuneate to attenuate, on margin entire, (3–)5-nerved or nerveless; petioles ca. 20 mm long, below long vaginate. Flower solitary and terminal: Speals 5, oblong-ovate or navicular-oblong, (4–6) mm × 2 mm, subglabrous or sparsely ciliate. Petals 5, yellow, obovate. (6–7) mm × (3.8–4.2) mm, glabrous, at base not unguiculate, above base with a small nectary pit. Stamens ca. 14, glabrous; filaments linear, 1–1.5 mm long; anthers yellowish, broad-oblong, (1–1.2) mm × (0.6–0.8) mm. Gynoecium subglobose, 3 mm × 2 mm; carpels ca. 50, glabrous, ovaris 1 mm × 0.4 mm, styles ca. 0.3 mm long.

中国西藏(Tibet，China)：隆子县，羊措拉山口，alt. 4 569 m，高山草甸，花黄色(Longzi County, on alpine meadow near pass of Yangcuola Mountain, alt. 4 569 m, fls. yellow), 2018-06-09, PE考察队(PE Exped.) 7063 (holotype and isotype, PE)。

原文刊登于《广西植物》39 (9): 1139–1142，2019。

致谢：对中国科学院植物研究所王文采院士活动经费（课题号：110100PZ07）；班勤和马欣堂两位先生提供标本等方面；杨志荣博士在借用模式标本等方面；孙英宝先生绘图和稿件录入等方面。在此，一并表示衷心的感谢！

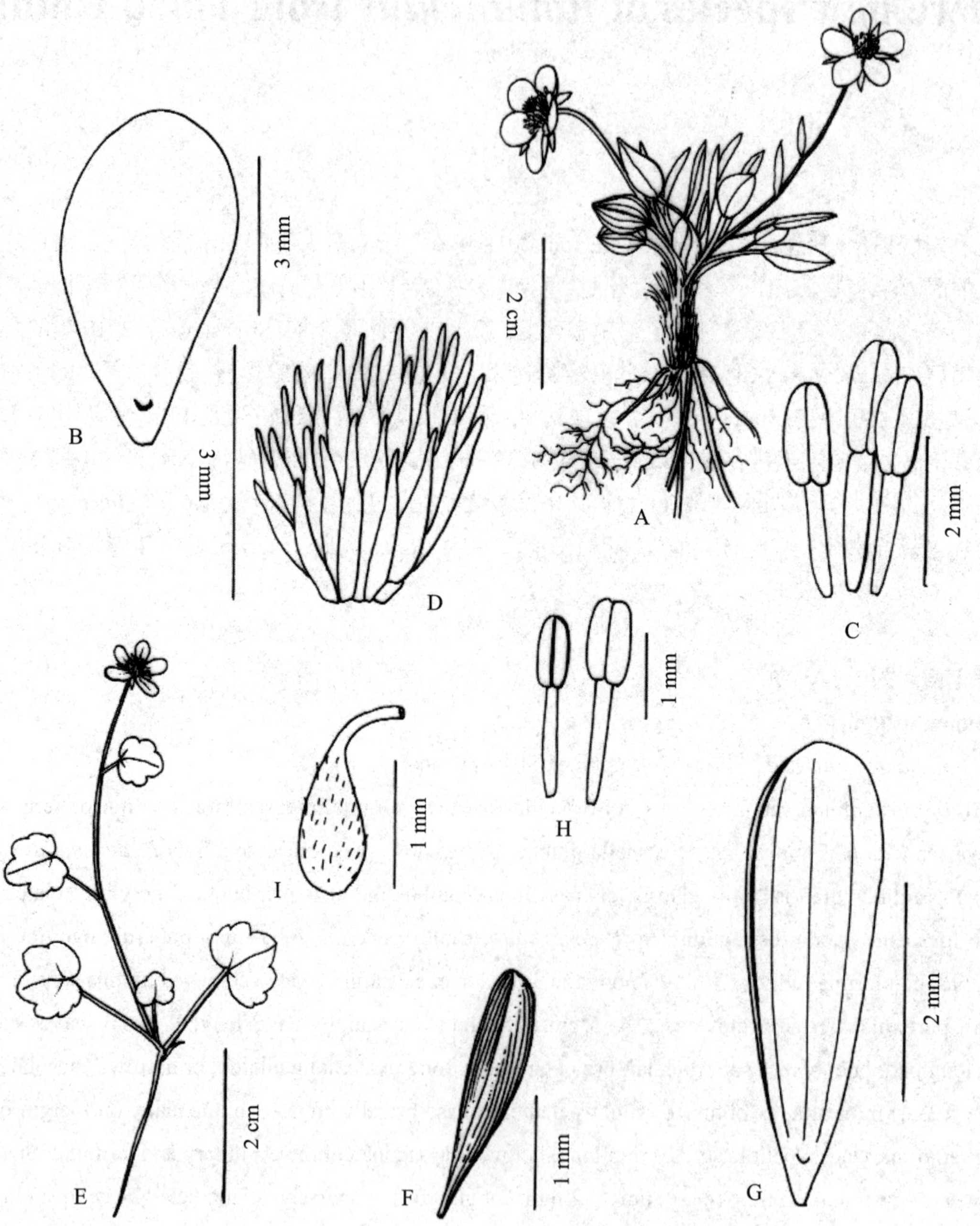

图 1　A–D. **隆子毛茛**　A. 植株全形；B. 花瓣；C. 三雄蕊；D. 雌蕊群。　E–I. **单根毛茛**　E. 植株全形；F. 萼片；G. 花瓣；H. 二雄蕊；I. 心皮。（引自 holotype）

Fig. 1　A–D. **Ranunculus longziense**　A. Habit; B. Petal; C. Three stamens; D. Gynoecium. (From holotype)　E–I. **Ranunculus uniradicatus**　E. Habit; F. Sepal; G. Petal; H. Two stamens; I. Carpel. (From holotype)

本种不具块根，叶全缘，花瓣黄色，当隶属 Subgen. *Ranunculus* Sect. *Flammula* (Webb ex Spach) Schur (Tamura, 1995)。其叶片近圆形或圆卵形，全缘，花单朵顶生，花瓣黄色，倒卵形，长 6–7 mm，心皮无毛，因此与也具上述形态特征的睫毛毛茛（*Ranunculus densiciliatus* W. T. Wang）（特产中国西藏定结县）在亲缘关系上甚为接近，两者的区别在于隆子毛茛的茎无毛，叶也无毛，基生叶全部不分裂，多具五出脉，茎生叶呈披针状条形。在睫毛毛茛，茎被短柔毛，叶上面被短柔毛，边缘密被缘毛，基生叶多数不分裂，具 3 出脉，一些基生叶 3 浅裂，茎生叶呈卵形或长椭圆形（王文采，1995）。

单根毛茛　图 1： E–I

Ranunculus uniradicatus W. T. Wang, sp. nov. Fig. 1: E–I

(Subgen. *Ranunculus* Sect. *Ranunculus*)

Ob herbas humiles, folia reniformia, flores solitarios terminales species nova haec est leviter similis *R. nyalamensi* W. T. Wang, a quo herba annua radice fibrosa singulari praedita, caulibus glabris, petalis anguste obovatis, ovariis puberulis valde differt. In *R. nyalamensi*, herba perennis radicibus fibrosis aliquot praedita, caules puberuli, petala obovata, et carpella glabra sunt.

Small annual herb, with only a single filiform fibrous root 1.5–3 cm long. Stems 4–7 cm tall, above base ca. 0.5 mm across, glabrous, simple, 2–3-leaved. Basal leaves 1–2, long petiolate; blades thinly pepery, reiniform, (6–8) mm × (8–12) mm, at base cordate, 3-lobed or 3-lobulate, central primary lobe semi-orbicular or orbicular-ovate, entire, at apex often mucronulate, lateral primary lobes unequally 2-lobed, the upper secondary lobes similar to central primary lobe, but slightly smaller, and the lower secondary lobes often once again unequally 2-lobulate; surfaces adaxially appressed-puberulous, abaxially glabrous; petioles 14–30 mm long, glabrous, at base white-vaginate. Cauline leaves similar to basal ones, but smaller; blades (3–7) mm × (5–10) mm; petioles 4–2.3 mm long. Flower solitary, terminal: Sepals 5, navicular-obovate, 2 mm × 1.2 mm, glabrous. Petals 5, yellow, narrow-obovate, ca. 4 mm × 1.8 mm, glabrous, at apex rounded, inconspicuously 3-nerved, above base with a small nectary pit, claws inconspicuous. Stamens ca. 9 mm, glabrous; filaments linear, 0.7–0.9 mm long; anthers yellowish, broad-oblong, (0.6–0.8) mm × (0.4–0.6) mm. Carpels ca. 9; ovaries ovoid, 1 mm × 0.6 mm, with short appressed hairs; styles ca. 0.6 mm long, glabrous.

中国西藏 (Tibet，China)：错那县，浪坡乡，杜鹃花海，alt. 4 281 m，山坡灌丛，花黄色 (Cuona County，Lomgpo Township, Dujuanhuahai, alt. 4 281 m, in scrubs on slope, fls. yellow), 2018-06-10，PE 考察队 (PE Exped.) 7084 (holotype and isotype，PE)。

单根毛茛不具块根，叶浅裂，花瓣黄色，当隶属 Subgen. *Ranunculus* Sect. *Ranunculus* (Tamura,1995)。单根毛茛茎低矮，叶肾形，花单朵顶生，因此与也具上述特征的聂拉木毛茛（*Ranunculus nyalamensis* W. T. Wang）（特产自中国西藏聂拉木县）有些相似，但单根毛茛为一年生草本植物，只具一条须根，茎无毛，花瓣狭倒卵形，子房被短柔毛，因而与聂拉木毛茛大不相同。聂拉木毛茛是多年生草本植物，具数条须根，茎被短柔毛，花瓣卵形，心皮无毛（王文采，1995）。

参考文献

SRIVASTAVA S K, 2010. Revision of genus *Ranunculus* L. in India [J]. Taiwania, 55(3): 237−314.

TAMURA M, 1995. *Ranunculus* [M] // HIEPKO P. Die naturlichen Pflanzenfamilien, Zwei. Aufl. Berlin: Duncker & Humblot, 17aIV: 412−435.

WANG W T, 1995. A revision of the genus *Ranunculus* in China [J]. Bull Bot Res, 15(2): 137−180; (3): 275−329. [王文采, 1995. 中国毛茛属修订 [J]. 植物研究, 15(2): 137−180; (3): 275−329.]

中国翠雀花属修订（二）*

A revision of the genus *Delphinium* (Ranunculaceae) of China (II)

组 2. 密花翠雀花组

Sect. **Elatopsis** Huth in Bull. Herb. Boiss. 1: 330. 1893; et in Bot. Jahrb. 20: 391. 1895; Nevski in Kom. Fl. URSS 7: 123. 1937; W. T. Wang in Acta Bot. Sin. 10(1): 75. 1962; et in Fl. Reip. Pop. Sin. 27: 356. 1979; Tamura in Sci. Rep. Osaka Univ. 15: 33. 1966; in Acta Phytotax. Geobot. 91: 100. 1990; et in Hiepko, Nat. Pflanzenfam., Zwei. Aufl. 17aIV: 295. 1995, p. p. excl. Subsect. *Aconitoides*; W. T. Wang & M. J. Warnock in Fl. China 6: 234. 2001. Lectotype: *Delphinium elatum* L.

Sect. *Delphinastrum* auct. non DC.: Malyutin in Bot. Zhurn. 72: 688. 1987.

叶3浅裂或3深裂，稀3全裂。花序总状或伞房状。萼片蓝色或紫色，上萼片常船形，比距长或短。花瓣呈黑色或褐色。退化雄蕊黑色或褐色；瓣片通常2浅裂，腹面基部之上被黄色，稀白色髯毛。心皮3–5(–10)。种子四面体形，沿纵棱具狭翅，稀倒卵球形，具横向排列的小鳞片或长椭圆体形，周围具1狭翅。

80余种，隶属3亚组，广布于亚洲和欧洲的温带和寒温带地区。我国有3亚组的75种，广布于西南、西北、北部和东北部。

分种和变种检索表

1. 花序总状。
  2. 萼片多宿存，较大，具明显脉纹，有较密柔毛，上萼片常具短距。
    3. 萼距比萼片短。
      4. 叶片3全裂；萼距尾形，长6 mm，粗0.6 mm ··············· 21. **短尾翠雀花 Delphinium brachyurum**
      4. 叶片非3全裂；萼距细圆锥形或近筒形，粗3–10 mm。
        5. 叶片3浅裂；萼片长14–17 mm，距筒状圆锥形，长11–13 mm ········ 28. **浅裂翠雀花 D. vestitum**
        5. 叶片3深裂。
          6. 花极密集，组成圆柱形或近球形总状花序。
            7. 茎疏被柔毛，无黄色腺毛；全部叶3深裂；总状花序有30–40朵花；萼片长28–30 mm，距长8–10 mm ························ 26. **密花翠雀花 D. densiflorum**
            7. 茎被柔毛和黄色腺毛；基生叶和下部茎生叶3深裂，上部茎生叶3全裂；花序有15花；萼片长20 mm，距长7–8 mm ························ 27. **普兰翠雀花 D. pulanense**
          6. 花不极密集，花序不呈圆柱形或近球形。

* 基金项目：中国科学院植物研究所资助王文采院士科研活动经费（110100PZ07）[Supported by the Fund for WANG Wen-tsai Academician Scientific Research of Institute of Botany, Chinese Academy of Sciences(110100PZ07)]。
原文刊登于《广西植物》40(增刊)：1–254，2020。
致谢：蒙中国科学院植物研究所资助科研活动经费（课题号110100PZ07）；班勤和马欣堂两位先生提供标本，韩芳桥先生提供文献，杨志荣博士提供模式照片，孙英宝先生绘图和稿件录入等，作者谨表示衷心感谢。

8. 复总状花序。

9. 花梗无腺毛；上萼片长 20–27 mm，距长 10–15 mm，基部粗 8–10 mm ………………………………………………………………………………… 30. **克什米尔翠雀花 D. cashmerianum**

9. 花梗有腺毛。

10. 花梗长 5–10 cm；上萼片长 26 mm，内面有毛，距长 14 mm，基部粗 8 mm；心皮 3 ………………………………………………………………………………… 29. **粘毛翠雀花 D. viscosum**

10. 花梗长 2–4 cm；上萼片 17 mm，内面无毛，距长 12–15 mm，基部粗 3.5 mm；心皮 3–4 ………………………………………………………………………………… 31. **塔序翠雀花 D. pyramidale**

8. 简单总状花序。

11. 小苞片船状披针形；心皮 3 ……………………………………………… 29. **粘毛翠雀花 D. viscosum**

11. 小苞片平，不呈船形；心皮 (3–) 4–5 (–10)。

12. 茎和花梗被柔毛和黄色腺毛；叶裂片互相覆压；子房有毛 … 22. **迭裂翠雀花 D. nordhagenii**

13. 叶牙齿宽卵形，顶端微尖 ……………………………………… 22a. 模式变种 var. **nordhagenii**

13. 叶牙齿宽三角形，顶端急尖 …………………………………… 22b. **尖齿翠雀花** var. **acutidentatum**

12. 茎和花梗无黄色腺毛；叶裂片互相邻接；心皮 4–5，无毛。

14. 花梗长 4–10 mm；萼距长 4 mm；心皮 4 ……………………… 23. **四果翠雀花 D. tetragynum**

14. 花梗长 15–75 mm；萼距长 6–15 mm；心皮 4–5。

15. 叶片和叶柄均有毛；总状花序所有苞片均叶状，轴和花梗有腺毛；萼片长 14–16 mm，距长 6–7 mm；退化雄蕊瓣片被黄色髯毛；心皮无毛 ………………………………………………………………………………… 24. **塔什库尔干翠雀花 D. taxkorganense**

15. 叶片和叶柄均无毛；总状花序基部苞片叶状，上部苞片不分裂，条形，轴和花梗无腺毛；萼片长 20–40 mm，距长 14–15 mm；退化雄蕊瓣片被白色髯毛；子房顶端被柔毛 ………………………………………………………………………………… 25. **乔戈里峰翠雀花 D.qiaogeliense**

3. 萼距与萼片近等长或比萼片长。

16. 种子近四面体形，沿纵棱具狭翅；叶片 3 深裂，稀 3 全裂；退化雄蕊裂片 2 浅裂，稀不分裂。

17. 叶片 3 深裂或 3 浅裂；退化雄蕊瓣片 2 浅裂；心皮 3。

18. 萼距与萼片近等长；花梗无腺毛。

19. 萼片披针形，顶端长渐狭；总状花序简单，长 20–25 cm …… 37. **扎囊翠雀花 D. zhanangense**

19. 萼片不呈披针形，顶端不长渐狭。

20. 复总状花序；萼片长 16–20 mm，距长 19 mm ………………… 35. **喜山翠雀花 D. stapeliosum**

20. 简单总状花序。

21. 小苞片狭长圆形或匙状长圆形，长 9–11 mm；子房被短柔毛；萼片长 12–14 mm ………………………………………………………………………………… 32. **匙苞翠雀花 D. subspathulatum**

21. 小苞片披针状条形，长 3–6 mm；心皮无毛；萼片长 14–17 mm ………………………………………………………………………………… 33. **厚叶翠雀花 D. crassifolium**

18. 萼距比萼片长。

22. 茎被腺毛；退化雄蕊瓣片被黄色髯毛。

23. 叶片 3 浅裂至叶片中部，两面被柔毛和黄色腺毛；总状花序有 8 花；萼片长 11–14 mm …………………………………………………………………………… 36. **郎孜翠雀花 D. nangziense**

23. 叶片 3 深裂超过叶片中部，两面疏短柔毛，无腺毛；总状花序有 15–20 花；萼片长 18–19 mm ………………………………………………… 38. **毛茛叶翠雀花 D. hillcoatiae**

24. 萼距长 20–25 mm；心皮无毛 ……………………………… 38a. 模式变种 var. **hillocatiae**

24. 萼距长 15–17 mm；子房被柔毛 …………………… 38b. **毛果毛茛叶翠雀花** var. **pilocarpum**

22. 茎无腺毛；退化雄蕊瓣片被白色髯毛；叶片 3 浅裂；萼片长 12 mm ……………………………………………………………………………… 34. **甘肃翠雀花 D. kansuense**

25. 花序轴和花梗被贴伏短柔毛 …………………………………… 34a. 模式变种 var. **kansuense**

25. 花序轴和花梗被开展短柔毛 ……………………… 34b. **展毛甘肃翠雀花** var. **villosiusculum**

17. 叶片 3 全裂；退化雄蕊瓣片近圆形，不分裂；心皮 4–5；萼片长 12 mm，距长 22 mm ……………………………………………………………………………… 39. **磨顶山翠雀花 D. motingshanicum**

16. 种子狭椭圆体形，长 1.8 mm，周围具一宽 0.4–0.8 mm 的狭翅；叶片 3 全裂；退化雄蕊瓣片圆扇形，不分裂 ……………………………………………………… 40. **门源翠雀花 D. menyuanense**

2. 萼片脱落，稀宿存，多较小，无脉纹，不被密毛；上萼片多与距近等长。

26. 叶片 3 深裂。

27. 小苞片船形 …………………………………………………… 87. **船苞翠雀花 D. naviculare**

28. 茎被长硬毛；花梗、萼片外面和心皮无毛 ………………… 87a. 模式变种 var. **naviculare**

28. 茎、花梗和萼片外面均被黄色短腺毛；子房被短柔毛 …… 87b. **毛果船苞翠雀花** var. **lasiocarpum**

27. 小苞片平，不呈船形。

29. 花梗无毛。

30. 茎有毛；叶片下面密被短柔毛；萼片外面被短柔毛；子房密被淡黄色短柔毛 ……………………………………………………………………………… 82. **新源翠雀花 D. mollifolium**

30. 茎有毛；叶片下面疏被短柔毛；萼片外面无毛；心皮无毛。

31. 茎下部疏被短柔毛；小苞片条状丝形；萼距长 18 mm，萼片长 12–14 mm …………………………………………………………………………… 90. **新疆高翠雀花 D. sinoelatum**

31. 茎下部被长硬毛；小苞片狭披针形或条形。

32. 总状花序具 5–12 花；萼距与萼片近等长或比萼片稍短；种子沿纵棱有狭翅 ………………………………………………………………………………… 77. **伊犁翠雀花 D. iliense**

32. 总状花序具 (12–) 18–25 花；萼距比萼片长；种子密生小鳞片 ………………………………………………………………… 96. **东北高翠雀花 D. korshinskyanum**

29. 花梗有毛。

33. 花梗有黄色腺毛或黄色腺点。

34. 花梗有黄色短腺毛。

35. 小苞片生花梗近基部，倒卵形；萼片外面无毛；心皮无毛；种子密生小鳞片 ……………………………………………………………………………… 95. **宽苞翠雀花 D. maackianum**

35. 小苞片生花梗中部或上部，披针形、条形或钻形；萼片外面有毛。

36. 心皮无毛。
37. 花序轴被短柔毛和黄色短腺毛；萼距与萼片等长 ………………………………………………………………………… 81. **绢毛翠雀花 D. elatum** var. **sericeum**
37. 花序轴无毛或只有黄色短腺毛；萼距比萼片长 ………… 89. **萨乌尔翠雀花 D. shawurense**
38. 花序轴无毛；萼片蓝色 ……………………………… 89a. 模式变种 var. **shawurense**
38. 花序轴只被黄色短腺毛；萼片白色 ………… 89b. **白花萨乌尔翠雀花** var. **albiflorum**
36. 子房密被短柔毛。
39. 植株高 30–40 cm；小苞片条形；退化雄蕊瓣片被白色髯毛 ………………………………………………………………………… 91. **昆仑翠雀花 D. kunlunshanicum**
39. 植株高 150 cm；小苞片条状钻形；退化雄蕊瓣片被黄色髯毛 ………………………………………………………… 89c. **赛塔城翠雀花 D. shawurense** var. **pseudoaemulans**
34. 花梗和萼片外面有黄色腺点。
40. 植株高 15 cm；茎疏被硬毛；萼片比距稍短 ……………… 92. **喀什翠雀花 D. kashgaricum**
40. 植株高 60 cm；茎被绒毛和黄色短腺毛；萼片与萼距等长 ………………………………………………………………………… 85. **新塔翠雀花 D. tarbagataicum**
33. 花梗无黄色腺毛或黄色腺点。
41. 茎无毛。………………………………………………… 84. **无腺翠雀花 D. eglandulosum**
41. 茎有毛。
42. 叶和花序密被开展硬毛 ………………………………………… 86. **文采翠雀花 D. wentsaii**
42. 叶和花序不密被开展硬毛。
43. 小苞片宽 2–3 mm。
44. 小苞片椭圆状卵形或卵形；种子具密集小鳞片 …… 93. **长卵苞翠雀花 D. ellipticoovatum**
44. 小苞片狭披针形、狭长圆形或披针状条形。
45. 小苞片距花 2–6 mm；雄蕊无毛；心皮 3–4 ………………… 83. **和丰翠雀花 D. sauricum**
45. 小苞片距花 1.5 mm 或与花邻接；雄蕊花丝有疏柔毛。
46. 叶的中央 1 回裂片宽菱形。
47. 茎和花梗被柔毛；萼距长 12–13 mm，基部粗 5–6 mm；雄蕊无毛 ………………………………………………………………………… 78. **吉隆翠雀花 D. jilongense**
47. 茎被硬毛；花梗被短糙伏毛和少数开展硬毛；萼距长 14 mm，基部粗 2.2 mm；雄蕊花丝有疏毛 ………………………………………………………… 79. **中尼翠雀花 D. tabatae**
46. 叶的中央 1 回裂片楔状倒梯形；花梗只被短糙伏毛；萼距钻状筒形，基部粗 3.5–4.5 mm ……………………………………………………… 80. **温泉翠雀花 D. winklerianum**
43. 小苞片宽 1.2 mm 以下，狭条形或钻形。
48. 萼片外面被短柔毛和少数黄色腺毛，比距稍长；花序轴和花梗被开展微硬毛 ………………………………………………………………………… 76. **乌恰翠雀花 D. wuqiaense**
48. 萼片外面无黄色腺毛。
49. 花序轴、花梗和萼片外面密被贴伏短柔毛 ……………… 94. **天山翠雀花 D. tianshanicum**

49. 花序轴和花梗被开展微硬毛。

50. 基生叶 1 或 3，茎生叶 4 或 6；总状花序长 3–6.5 cm，有 3 或 7 花；上萼片比距稍长。

50′. 基生叶 1，茎生叶 6，叶片上面无毛；总状花序长 3cm，有 3 花 ………………………………………………………………………………………… 74. **阿克陶翠雀花 D. actoense**

50′. 基生叶 3，茎生叶 4，叶片上面被微硬毛；总状花序长 6.5 cm，有 7 花 ………………………………………………………………………………………… 75. **昭苏翠雀花 D. zhaosuense**

50. 基生叶 6–8，茎生叶 0 或 2；总状花序长 12–28 cm，有 12 花；上萼片与距等长或比距稍短 ……………………………………………………………… 88. **镱锂翠雀花 D. zhangii**

26. 叶片 3 全裂 …………………………………………………………………… 97. **全裂翠雀花 D. trisectum**

1. 花序伞房状，或花单朵顶生。

51. 萼片比萼距长；种子近四面体形，沿纵棱具翅或无翅。

52. 心皮 4–5。

53. 叶片基部突然呈楔形；茎被柔毛和黄色腺毛；萼距基部粗 6–9 mm ………………………………………………………………………………………… 41. **囊距翠雀花 D. brunonianum**

53. 叶片基部不突然呈楔形；茎无毛。

54. 叶片 3 深裂。

55. 花序轴和花梗无黄色腺毛；心皮 4 ……………………………………… 42. **帕米尔翠雀花 D. lacostei**

55. 花序轴和花梗密被柔毛和黄色短腺毛；心皮 5 …………………… 43. **叶城翠雀花 D. yechengense**

54. 叶片 3 全裂。

56. 叶全裂片无柄；萼片蓝色或紫色。

57. 花 2–3 朵组成伞房花序；花梗被柔毛和稀疏黄色短腺毛；萼片长 17–25 mm，距长 8 mm ………………………………………………………………………………………… 44. **定结翠雀花 D. dingjieense**

57. 花单朵顶生；花梗无黄色腺毛；萼片长 16–18 mm，距长 13 mm ………………………………………………………………………………………… 47. **珠峰翠雀花 D. chumulangmaense**

56. 叶全裂片有柄。

58. 叶全裂片的柄长 1–6 mm；伞房花序有 (1–) 2–3 花；萼片蓝紫色，上萼片长 30 mm，距长 7–10 mm，基部粗 5 mm；退化雄蕊瓣片被白色髯毛，裂片宽三角形；子房无毛 ………………………………………………………………………………………… 45. **申扎翠雀花 D. shenzhaense**

58. 叶全裂的柄长 10–17 mm; 伞房花序有 1–2 花；萼片白色，上萼片长 22 mm，距长 19 mm，基部粗 4 mm；退化雄蕊瓣片被黄色髯毛，裂片狭三角形 …… 46. **拟冰川翠雀花 D. pseudoglaciale**

52. 心皮 3.

59. 叶片 3 深裂，稀 3 半裂。

60. 茎被短柔毛和黄色短腺毛 …………………… 29b. **黄粘毛翠雀花 D. viscosum** var. **chrysotrichum**

60. 茎无黄色腺毛。

61. 叶片 3 半裂；心皮只在腹缝线上有毛，其他部分无毛 ………………… 48. **堆拉翠雀花 D. wardii**

61. 叶片 3 深裂超过叶片中部；子房密被毛。

62. 茎和叶柄被贴伏短柔毛；花梗也被贴伏短柔毛，无黄色腺毛；萼距比萼片短。

63. 叶片基部心形；小苞片与花离开；叶状或宽椭圆形；上萼片船形；退化雄蕊瓣片近卵形，2 浅裂 ………………………………………………………………… 50. **察瓦龙翠雀花 D. tsarongense**

63. 叶片基部近截形；小苞片与花邻接，条状披针形；上萼片开展；退化雄蕊瓣片扁圆形，不分裂 ………………………………………………………………… 49. **唐古特翠雀花 D. tangtuticum**

62. 茎和叶柄被开展短柔毛；花梗密被开展短柔毛，疏被黄色短腺毛；萼距比萼片短或与萼片等长 ………………………………………………………………… 51. **黄毛翠雀花 D. chrysotrichum**

59. 叶片 3 全裂。

64. 花 3 朵组成伞房花序。

65. 植株高 15 cm；萼片黄色，上萼片长 19 mm，距长 12 mm，基部粗 2−5 mm；雄蕊花丝有疏毛 ……………………………………………………………… 52. **石滩翠雀花 D. pseudocandelabrum**

65. 植株高 5−10 cm；萼片紫色，上萼片长 18−25 mm，距长 10−15 mm，基部粗 2.5−5 mm；雄蕊花丝无毛 ………………………………………………………………… 55. **细茎翠雀花 D. nortonii**

64. 花单朵顶生。

66. 退化雄蕊瓣片 2 半裂；萼片长 18−27 mm。

67. 叶片下面被短柔毛；萼片内面有毛 ………………………… 53. **唐古拉翠雀花 D. tangkulaense**

68. 萼片蓝紫色 ……………………………………………………… 53a. 模式变形 f. **tangkulaense**

68. 萼片黄色 ……………………………………………………… 53b. **库塞翠雀花** f. **xanthantnum**

67. 叶片下面无毛；萼片紫色，内面无毛 ………………………………… 55. **细茎翠雀花 D. nortonii**

66. 退化雄蕊瓣片不分裂；萼片长 12−16 mm …………………………… 54. **仲巴翠雀花 D. chungbaense**

51. 萼片与距近等长或比距短。

69. 种子近四面体形，沿纵棱具狭翅或无翅。

70. 萼片与距近等长。

71. 叶片 3 深裂。

72. 植株高 10−15 cm；萼片长 23−25 mm，距长 20−23 mm；种子具不明显纵棱，无翅 …………………………………………………………………………… 56. **川滇翠雀花 D. smithianum**

72. 植株高 20−50 cm；萼片长 18−22 mm；种子具纵棱，沿棱具狭翅 …………………………………………………………………………… 57. **宽萼翠雀花 D. pseudopulcherrimum**

71. 叶片 3 全裂。

73. 植株高 (10−) 20−55 cm；花梗被柔毛和黄色腺毛；萼片长 16−24 mm，距长 21−24 mm; 心皮 5；种子沿纵棱无翅 ……………………………………………………… 58. **大通翠雀花 D. pylzowii**

73. 植株高 10 cm；花梗无黄色腺毛；萼片长 12−15 mm，距长 12−14 mm；心皮 3；种子沿纵棱具宽翅 …………………………………………………………… 60. **青海翠雀花 D. qinghaiense**

70. 萼片比距短。

74. 叶片 3 深裂。

75. 小苞片与花邻接 ……………………………………………………… 61. **巴塘翠雀花 D. batangense**

75. 小苞片与花分开。

76. 萼片长 20−22 mm，距长 35−38 mm ………………………… 62. **软叶翠雀花 D. malacophyllum**

76. 萼片长 13–19 mm，距长 16–22 (–25）mm。

77. 萼片边缘白色，长 13–17 mm，距长 16–22 mm；退化雄蕊瓣片 2 半裂，被黄色髯毛 ………………………… 63. **白缘翠雀花 D. chenii**

77. 萼片边缘不呈白色，长 17–26 mm；退化雄蕊瓣片被白色髯毛。

78. 小苞片条形，全缘或具 1 小裂片；萼距长 17–21 mm；花瓣顶端全缘；退化雄蕊瓣片全部黑色，顶端微凹 ………………………… 64. **竞生翠雀花 D. yangii**

78. 小苞片椭圆状卵形，不分裂或 3 浅裂；萼距长 25 mm；花瓣顶端微凹；退化雄蕊瓣片顶部褐色，其他部分黑色 ………………………… 65. **雪宝顶翠雀花 D. xuebaodingense**

74. 叶片 3 全裂。

79. 小苞片与花分开；植株高 6–30 cm。

80. 植株高 15–30 cm；叶片宽 2.2–4 cm。

81. 花梗密被短柔毛和短腺毛 ………………………… 59. **三果翠雀花 D. trigynum**

81. 花梗无腺毛。

82. 植株高 15 cm；伞房花序具 3 花；小苞片叶状，长 10 mm，3 全裂；萼片蓝紫色，长 14–15 mm，距长 17 mm ………………………… 66. **美叶翠雀花 D. calophyllum**

82. 植株高 28–30 cm；伞房花序有 4–5 花；小苞片不为叶状，不分裂，呈狭倒披针形或条形；萼片在边缘呈白色，长 11–12 mm，距长 20–24 mm ………… 67. **雅江翠雀花 D. yajiangense**

80. 植株高约 6 cm；叶片宽 1–2 cm。

83. 叶的末回裂片卵形；花 1 (–2) 顶生；萼片长 18–25 mm，萼距长 22–30 mm；花瓣顶端全缘 ………………………… 68. **单花翠雀花 D. monanthum**

83. 叶的末回裂片条状披针形；花 3–6 朵顶生；萼片长 15–18 mm，距长 20–21 mm；花瓣顶端微凹 ………………………… 69. **奇林翠雀花 D. candelabrum**

79. 小苞片与花邻接，椭圆形或披针形；植株高 15–40 (–70) cm；萼片长 12–15 mm，距长 15–22 mm ………………………… 70. **川陕翠雀花 D. henryi**

69. 种子具密集小鳞片。

84. 叶片 3 深裂；萼片与距近等长。

85. 花梗长 2–3.5 cm；小苞片钻形，长 2–3.5 mm；萼片长 15–22 mm，距长 17–22 mm；心皮 4–5 ………………………… 71. **灵宝翠雀花 D. lingbaoense**

85. 花梗长 3–12 cm；小苞片匙状条形，长 6–14 mm；萼片长 14–25 (–30) mm，距长 17–25 (–33) mm；心皮 3 ………………………… 72. **白蓝翠雀花 D. albocoeruleum**

86. 花梗密被短柔毛，无黄色腺毛 ………………………… 72a. 模式变种 var. **albocoeruleum**

86. 花梗密被短柔毛和黄色短腺毛 ………………………… 72b. **贺兰翠雀花** var. **przewalskii**

84. 叶片 3 全裂；萼片比距短 ………………………… 73. **细须翠雀花 D. siwanense**

87. 花梗被短柔毛和黄色短腺毛 ………………………… 73a. 模式变种 var. **siwanense**

87. 花梗只被短柔毛，无黄色腺毛 ………………………… 73b. **冀北翠雀花** var. **albopuberulum**

Key to species and varieties

1. Inflorescences racemose.
  2. Sepals mostly persistent, larger, veinous, more or less densely hairy, upper sepal often with a short spur.
    3. Sepal spur shorter than sepals.
      4. Leaf blades 3-sect; sepal spur tail-like, small, 6 mm long, 0.6 mm across …… 21. **Delphinium brachyurum**
      4. Leaf blades not 3-sect; sepal spur subulate or subtubular, 3−10 mm across.
        5. Leaf blades 3−lobed; sepals 14−17 mm long, spur tubular-conic, 11−13 mm long …… 28. **D. vestitum**
        5. Leaf blades 3-parted.
          6. Flowers very dense, in terete or subglobose racemes.
            7. Stems sparsely pubescent, lacking yellow glandular hairs; leaves all 3-parted; racemes 30−40-flowered; sepals 28−30 mm long ………………………………………………… 26. **D. densiflorum**
            7. Stems pubescent and yellow-glandular-puberulous; basal and lower cauline leaves 3-parted, upper cauline leaves 3-sect; racemes 15-flowered; sepals 20 mm long, spur 7−8 mm long … 27. **D. pulanense**
          6. Flowers not dense, and racemes not terete or subglobose.
            8. Racemes compound.
              9. Pedicels lacking glandular hairs; upper sepal 20−27 mm long, spur 10−15 mm long, at base 8−10 mm across ………………………………………………… 30. **D. cashmerianum**
              9. Pedicels with glandular hairs.
                10. Pedicels 5−10 cm long; upper sepal 26 mm long, inside hairy, spur 14 mm long, at base 8 mm across; carpels 3 ………………………………………………… 29. **D. viscosum**
                10. Pedicels 2−4 cm long; upper sepal 17 mm long, inside glabrous, spur 10−15 mm long, at base 3.5 mm across; carpels 3−4 ………………………………………… 31. **D. pyramidale**
            8. Racemes simple.
              11. Bracteoles navicular-lanceolate; carpels 3 ………………………………… 29. **D. viscosum**
              11. Bracteoles flat, not navicular; carpels (3−) 4−5 (−10).
                12. Stems and pedicels pubescent and with yellow glandular hairs; leaf lobes imbricate among themselves; carpels (3−) 5 (−10) ………………………………………… 22. **D. nordhagenii**
                  13. Leaf teeth broad-ovate, at apex slightly acute ……………………………… 22a. **nordhagenii**
                  13. Leaf teeth broad-triangular, at apex acute ……………………………… 22b. var. **acutidentatum**
                12. Stems lacking yellow glandular hairs; leaf lobes contiguous with themselves; carpels 4−5.
                  14. Pedicels 4−10 mm long; sepal spur 4 mm long; carpels 4 ……………………… 23. **D. tetragynum**
                  14. Pedicels 4−10 mm long; sepal spur 6−15 mm long; carpels 4−5.
                    15. Leaf blades and petioles hairy; raceme bracts all foliaceous, rachis and pedicels with glandular hairs; sepals 14−16 mm long, spur 6−7 mm long; staminode limbs yellow-barbate; carpels glabrous ………………………………………………… 24. **D. taxkorganense**
                    15. Leaf blades and petioles glabrous; basal bract of raceme foliaceous, other bracts undivided, linear, and rachis with pedicels lacking glandular hairs; sepals 20−24 mm long, spur 14−15 mm

long; staminode limbs white-barbate; ovaries on apex pubescent ………… 25. **D. qiaogeliense**

3. Sepal spur nearly as long as sepals or longer than them.

16. Seeds subtetrahedral, along longitudinal edges narrow-winged; leaf blades 3-parted, rarely 3-sect; staminode limbs 2-lobed; carpels 3.

17. Leaf blades 3-parted; staminode limbs 2-lobed; carpels 3.

18. Sepal spur nearly as long as sepals; pedicels lacking glandular hirs.

19. Sepals lanceolate, at apex long attenuate; racemes simple, 20–25 cm long …… 37. **D. zhanangense**

19. Sepals not lanceolate, at apex not attenuate.

20. Racemes compound; sepals 18–20 mm long, spur 19 mm long ……………… 35. **D. stapeliosum**

20. Racemes simple.

21. Bracteoles narrow-oblong or spathulate-oblong, 9–11 mm long; ovaries puberulous; sepals 12–14 mm long ………………………………………………………… 32. **D. subspathulatum**

21. Bracteoles lanceolate-linear, 3–6 mm long; carpels glabrous; sepals 14–17 mm long ……………………………………………………………………………… 33. **D. crassifolium**

18. Sepal spur longer than sepals.

22. Stems with glandular hairs; staminode limbs yellow-barbate.

23. Leaf blades 3-lobed to the middle of blade, on both surfaces pubescent and glandular-puberulous; racemes 8-flowered; sepals 11–14 mm long ………………………………… 36. **D. nangziense**

23. Leaf blades 3-parted exceeding the middle of blade, on both surfaces sparsely puberulous, lacking glandular hairs; racemes 15–20-flowered; sepals 18–19 mm long ……………… 38. **D. hillcoatiae**

24. Sepal spur 20–25 mm long; carpels glabrous ……………………………… 38a. var. **hillcoatiae**

24. Sepal spur 15–17 mm long; ovaries pubescent …………………………… 38b. var. **pilocarpum**

22. Stems lacking glandular hairs; staminode limbs white-barbate; leaf blades 3-lobed; sepals 12 mm long …………………………………………………………………………… 34. **D. kansuense**

25. Raceme rachis and pedicels appressed-puberulous ………………………… 34a. var. **kansuense**

25. Raceme rachis and pedicels spreading-puberulous ……………………… 34b. var. **villosiusculum**

17. Leaf blades 3-sect; staminode limbs suborbicular, undivided; carpls 4–5; sepals 12 mm long, spur 22 mm long ………………………………………………………………… 39. **D. motingshanicum**

16. Seeds narrow-ellipsoidal, 1.8 mm long, peripherally with a narrow wing 0.4–0.8 mm broad; leaf blades 3-sect; staminode limbs orbicular-flabellate undivided ……………………… 40. **D. menyuanense**

2. Sepals deciduous, rarely persistent, mostly smaller, not veinous, not densely hairy; upper sepal nearly as long as spur.

26. Leaf blades 3-parted.

27. Bracteoles navicular …………………………………………………………… 87. **D. naviculare**

28. Stems hirsute; pedicels, sepals and carpels glabrous ……………………… 87a. var. **naviculare**

28. Stems, pedicels and sepals abaxially yellow-glandular-puberulous; ovaries puberulous …………………………………………………………………………… 87b. var. **lasiocarpum**

27. Bracteoles flat, not navicular.

29. Pedicels glabrous.

30. Stems glabrous; leaf blades abaxially densely puberulous; sepals outside puberulous; ovaries densely yellowish-puberulous ······ 82. **D. mollifolium**

30. Stems hairy; leaf blade abaxially sparsely puberulous; sepals outside glabrous.

31. Stems below sparsely puberulous; bracteoles linear-filirorm; sepal spur 18 mm long, sepals 12–14 long ······ 90. **D. sinoelatum**

31. Stems below hirsute; bracteoles narrow-lanceolate or narrow-linear.

32. Racems 5–12-flowered; sepal spur as long as or shorter than sepals; seeds along longitudinal edges narrow-winged ······ 77. **D. iliense**

32. Racems (12–)18–25-flowered; sepal spur longer than sepals; seeds densely squamulose ······ 95. **D. korshinskyanum**

29. Pedicels hairy.

33. Pedicels with yellow glandular hairs or yellow glandular dots.

34. Pedicels yellow-glandular-puberulous.

35. Bracteoles situated near base of pedicel, obovate; sepals outside glabrous; carpels glabrous; seeds densely squamulose ······ 95. **D. maackianum**

35. Bracteoles situated on the middle or upper part of pedicel, lanceolate, linear or subulate; sepals outside hairy.

36. Carpels glabrous.

37. Raceme rachis puberulous and yellow-glandular-puberulous; sepal spur as long as sepals ······ 81. **D. elatum** var. **sericeum**

37. Raceme rashis glabrous or ongly yellow-glanduloar-puberulous; sepal spur longer than sepals ······ 89. **D. shawurense**

38. Raceme rachis glabrous; sepals blue ······ 89a. var. **shawurense**

38. Raceme rachis only yellow-glandular-puberulous; sepals white ······ 89b. var. **albiflorum**

36. Ovaries densely puberulous.

39. Herbs 30–40 cm tall; bracteoles linear; staminode limbs white-barbate ······ 91. **D. kunlunshanicum**

39. Herbs 150 cm tall; bracteoles linear-subulate; staminode limbs yellow-barbate ······ 89c. **D. shawurense** var. **pseudoaemulans**

34. Pedicels and sepals outside yellow-glandular-punctate.

40. Herbs 15 cm tall; stems sparsely hispid; sepals slightly shorter than spur ······ 92. **D. kaschgaricum**

40. Herbs 60 cm tall; stems tomentose and yellow-glandular-puberulous; sepals as long as spur ······ 85. **D. tarbagataicum**

33. Pedicels lacking yellow glandular hairs or yellow glandular dots.

41. Stems glabrous ······ 84. **D. eglandulosum**

41. Stems hairy.

42. Racemes with very dense flowers, terete or subglobose; stems, leaves and racemes all densely hispid ·· 86. **D. wentsaii**

42. Racemes not with dense flowers; leaves and racemes not densely hispid.

43. Bracteoles 2–3 mm broad.

44. Bracteoles elliptic-ovate or ovate; seeds densely squamulose ·············· 93. **D. ellipticoovatum**

44. Bracteoles narrow-lanceolate, narrow-oblong or lanceolate-linear.

45. Bracteols 2–6 mm remote from flower; stamen filaments glabrous; carpels 3–4 ·· 83. **D. sauriceum**

45. Bracteols 1.5 mm remote from flower or contiguous with flower; stamen filaments sparsely pilose.

46. Leaf primary central lobe broad-rhombic.

47. Stems and pedicels pubescent; sepal spur 12–13 mm long, at base 5–6 mm across; stamens glabrous ·· 78. **D. jilongense**

47. Stems hispid; pedicels strigillose and sparsely hispid; sepal spur 14 mm long, at base 2.2 mm across; stamen filaments sparsely pilose ·· 79. **D. tabatae**

46. Leaf primary central lobe cuneate-obtrapeziform; pedicels only strigillose; sepal spur subulate-tubular, at base 3.5–4.5 mm across ···························· 80. **D. winklerianum**

43. Bracteoles less than 1.2 mm broad, narrow-linear or subulate.

48. Sepals outside puberulous and sparsely yellow-glandular-puberulous, slightly longer than spur; raceme rachis and pedicels spreading hirtellous ···································· 76. **D. wuqianense**

48. Sepals outside not yellow-glandular-puberulous.

49. Raceme rachis, pedicels and sepals outside densely appressed-puberulous ·· 94. **D. tianshanicum**

49. Raceme rachis and pedicels spreading hirtellous.

50. Basal leaves 1 or 3, cauline leaves 4 or 6; racemes 3–6.5 cm long, 3 or 7-flowered; upper sepal slightly longer than spur.

50′. Basal leaf 1, and cauline leaves 6; blades adaxially glabrous; racemes 3 cm long, 3-flowered; bracteoles 4 mm long ·· 74. **D. actoense**

50′. Basal leaves 3, cauline leaves 4, blades adaxially hirtellous; racemes 6.5 cm long, 7-flowered; bracteoles 6–8 mm long ·· 75. **D. zhaosuense**

50. Basal leaves 6–8, cauline leaves 0 or 2; racemes 12–28 cm long, 12-flowered; upper sepals as long as or slightly shorter than spur ···································· 88. **D. zhangii**

26. Leaf blades 3-sect ·· 97. **D. trisectum**

1. Inflorescences corymbous, or flowers solitary and terminal.

51. Sepals longer than spur; seeds subtetrahedral, along longitudinal edges winged or wingless.

52. Carpels 4–5.

53. Leaf blade bases abruptly cuneate; stems pubescent and yellow-glandular-pubescent; sepal spur at base 6–9 mm across ·· 41. **D. brunonianum**

53. Leaf blade bases not abruptly cuneate; stems not yellow-glanduoar-pubescent.

54. Leaf blades 3-parted.

55. Corymb rachis and pedicels lacking yellow glandular hairs; carpels 4 ····················· 42. **D. lacostei**

55. Corymb rachis and pedicels densely pubescent and yellow-glandular-puberulous; carpels 5 ··· 43. **D. yechengense**

54. Leaf blades 3-sect.

56. Leaf segments sessile; sepals blue or purple.

57. Flowers 2–3 in orymb; pedicels pubescent and sparsely yellow-glandular-puberulous; sepals 17–25 mm long, spur 8 mm long ·· 44. **D. dingjieense**

57. Flowers solitary and terminal; pedicels lacking yellow glandular hairs; sepals 16–18 mm long, spur 13 mm long ··· 47. **D. chumulangmaense**

56. Leaf segments stipitate.

58. Segment stipes 1–6 mm long; corymbs (1–) 2–3-flowered; sepals blue-purple, upper sepal 30 mm long, spur 7–10 mm long, at base 5 mm across; staminode limbs white-barbate, lobes broad-triangular; ovaties glabrous ·· 45. **D. shenzhaense**

58. Segment stipes 10–17 mm long; corymbs 1–2-flowered; sepals white, upper sepal 22 mm long, spur 19 mm long, at base 4 mm across; staminode limbs yellow-barbate, lobes narrow-triangular ··· 46. **D. pseudoglaciale**

52. Carpels 3.

59. Leaf blades 3-parted, rarely 3-cleft.

60. Stems puberulous and yellow-glandular-puberulous ··············· 29b. **D. viscosum** var. **chrysotrichum**

60. Stems lacking yellow glandular hairs.

61. Leaf blades 3-cleft; carpels only on ventral sutures hairy ···································· 49. **D. wardii**

61. Leaf blades 3-parted exceeding the middle of blade; ovaries densely hairy.

62. Stems and petioles appressed puberulous; pedicels also appressed-puberulous, lacking yellow glandular hairs; sepals spur shorter than sepals.

63. Leaf blades at base cordate; bracteoles remote from flower, foliaceous or broad-elliptic; upper sepal cymbiform; staminode limbs subovate, 2-lobed ································· 50. **D. tsarongense**

63. Leaf blades at base subtruncate; bracteoles contiguous with flower, linear-lanceolate; upper sepal opened; staminode linbs depressed-orbicular, undivided ···························· 49. **D. tanguticum**

62. Stems and petioles spreading-puberulous; pedicels densely spreading-puberulous, sparsely yellow-glandular-puberulous; sepal spur shorter than or as long as sepals ··············· 51. **D. chrysotrichum**

59. Leaf blades 3-sect.

64. Flowers 3 in corymbs.

65. Herbs 15 cm tall; sepals yellow, upper sepal 19 mm long, spur 12 mm long, at base 2.5 mm across;

stamen filaments sparsely pilose ························ 52. **D. pseudocandelabrum**

65. Herbs 5−10 cm tall; sepals purple, upper sepal 18−25 mm long, spur 10−15 mm long at base 2.5−5 mm across; filaments glabrous ························ 55. **D. nortonii**

64. Flowers solitary and terminal

66. Staminode limbs 2-cleft; sepals 18−27 mm long.

67. Leaf blades abaxially puberulous; sepals inside hairy ························ 53. **D. tangkulaense**

68. Sepals blue-purple ························ 53a. f. **tangkulaense**

68. Sepals yellow ························ 53b. f. **xanthanthum**

67. Leaf blades abaxially glabrous; sepals inside glabrous ························ 56. **D. nortonii**

66. Staminode limbs undivided; sepals 12−16 mm long ························ 54. **D. chungbaense**

51. Sepals nearly as long as or shorter than sepals.

69. Seeds subtetrahedral, along longitudinal edges winged or wingless.

70. Sepals nearly as long as spur.

71. Leaf blades 3-parted.

72. Herbs 10−15 cm tall; sepals 23−25 mm long, spur 20−23 mm long; seeds with inconspicuous longitudinal edges, wingless ························ 56. **D. smithianim**

72. Herbs 20−50 cm tall; sepals 18−24 mm long, spur 18−22 mm long; seeds with longitudinal edges, and along edges narrow-winged ························ 57. **D. pseudopulcherrimum**

71. Leaf blades 3-sect.

73. Herbs (10−)20−55 cm tall; pedicels pubescent and yellow-glancular-pubescent; sepals 16−24 mm long, spur 21−24 mm long; carpels 5; seeds along longitudinal edges wingless ········ 58. **D. pylzowii**

73. Herbs 10 cm tall; pedicels lacking yellow glandular hairs; sepals 12−15 mm long, spur 12−14 mm long; carpels 3; seeds along longitudinal edges broad-winged ························ 60. **D. qinghaiense**

70. Sepals shorter than spur.

74. Leaf blades 3-parted.

75. Bracteoles contiguous with flower ························ 61. **D. batangense**

75. Bracteoles remote from flower.

76. Sepals 20−22 mm long, spur 35−38 mm long ························ 62. **D. malacophyllum**

76. Sepals 13−19 mm long, spur 16−22 long.

77. Sepals on margin white, 13−17 mm long, spur 16−22 mm long; staminode limbs 2-cleft, yellow-barbate ························ 63. **D. chenii**

77. Sepals on margin not white, 17−26 mm long; staminode limbs white-barbate.

78. Bracteoles linear, entire or 1-lobulate; sepal spur 17−21 mm long; petal apex entire; staminode limbs entirely black ························ 64. **D. yangii**

78. Bracteoles elliptic-ovate, undivided or 3-lobed; sepal spur 25 mm long; petal apex emarginate; staminode limbs at apex brown, elsewhere black ························ 65. **D. xuebaodingense**

74. Leaf blades 3-sect.

79. Bracteoles remote from flower; herbs 6–30 cm tall.
80. Herbs 15–30 cm tall; leaf blades 2.2–4 cm broad.
81. Pedicels densely puberulous and glandular-puberulous ································ 59. **D. trigynum**
81. Pedicels lacking glandular hairs.
82. Herbs 15 cm tall; corymbs 3-flowered; bracteoles foliaceous, 10 mm long, 3-sect; sepals on margin not white, 14–15 mm long, spur 17 mm long ································ 66. **D. calophyllum**
82. Herbs 28–30 cm tall; corymbs 4–5-flowered; bracteoles not foliaceous, undivided, narrow-oblanceolate or linear; sepals on margin white, 11–12 mm long, spur 20–24 mm long ································ 67. **D. yajiangense**
80. Herbs ca. 6 cm tall; leaf blades 1–2 cm broad.
83. Leaf ultimate lobes ovate; flowers 1(–2) terminal; sepals 18–25 mm long, spur 22–30 mm long; petal apex entire ································ 68. **D. monanthum**
83. Leaf ultimate lobes linear-lanceolate; flowers 3–6 terminal; sepals 15–18 mm long, spur 20–21 mm long; petal apex emarginate ································ 69. **D. candelabrum**
79. Bracteoles contiguous with flower, elliptic or lanceolate; herbs 15–40(–70) cm tall; sepals 12–15 mm long, spur 15–22 mm long ································ 70. **D. henryi**
69. Seeds densely squamulose.
84. Leaf blades 3-parted; sepals nearly as long as spur.
85. Pedicels 2–3.5 cm long; bracteoles subulate, 2–3.5 mm long; sepals 15–22 mm long, spur 17–22 mm long; carpels 4–5 ································ 71. **D. lingbaoense**
85. Pedicels 3–12 cm long; bracteoles spathulate-linear, 6–14 mm long; sepals 14–25(–30) mm long, spur 17–25 (–33) mm long; carpels 3 ································ 72. **D. albocoeruleum**
86. Pedicels puberulous, laking yellow glandular hairs ································ 72a. var. **albocoeruleum**
86. Pedicels puberulous and yellow-glandular-puberulous ································ 72b. var. **przewalskii**
84. Leaf blades 3-sect; sepals shorter than spur ································ 73. **D. siwanense**
87. Pedicels puberulous and yellow-glandular-puberulous ································ 73a. var. **siwanense**
87. Pedicels densely puberulous, lacking yellow glandular hairs ································ 73b. var. **albopuberulum**

亚组 1. 密花翠雀花亚组

Subsect. **Densiflora** W. T. Wang in Acta Bot. Sin. 10(1): 75. 1962. Type: *Delphinium densiflorum* Duthie ex Huth.

Tribus *Brevicalcarata* Huth in Bot. Jahrb. 20: 392. 1895, nom. inval. ——Subsect. *Brevicalcarata* Huth ex W. T. Wang in Fl. Reip. Pop. Sin. 27: 356. 1979.

叶 3 浅裂至 3 全裂。花序总状。萼片宿存或脱落，常具明显脉，比距长或稍短。

我国有 19 种，隶属于 3 系，多数种分布于西藏，少数种分布于新疆西部、青海、甘肃、内蒙古北部和云南西北部。

系 1. 密花翠雀花系

Ser. **Densiflora** W. T. Wang, ser. nov. Type: *Delphinium densiflorum* Duthie ex Huth.

Foliorum laminae 3-lobatae vel 3-partitae. Calcar sepalinum sepalis brevius. Semina subtetrahedralia, secus angulos longitudinales anguste alata.

叶片 3 浅裂或 3 深裂。萼距比萼片短。种子近四面体形，沿纵棱有狭翅。

我国有 11 种，7 种分布于西藏，在新疆有 2 种，在云南西北部和青海各有 1 种。

21. 短尾翠雀花　图版 13

Delphinium brachyurum W. T. Wang in Pl. Divers Resour. 36(6): 788, fig. 1. 2014. Holotype　云南：丽江，象山，alt. 3 400–3 600 m，溪边，花蓝色，1992-10-01，陈家瑞 92-503 (PE）。

草本高约 16 cm。叶 5，均基生，具长柄，无毛；叶片革质，五角形，(2.5–3) cm × (4.5–5.5) cm，3 全裂，中央全裂片宽菱形，3 中裂，侧全裂片较大，斜扇形，不等 2 深裂，末回裂片三角形或条状披针形；叶柄长 8–9.5 cm。花葶长 1 cm，粗 5 mm。总状花序顶生，长 15 cm，有 6 花；下部苞片叶状，上部者不分裂，卵形或条形；花梗长 2–8.5 cm，无毛，近顶有 2 枚狭卵形小苞片。萼片蓝色，两面均被短毛，上萼片船形，长 26 mm，距尾状，长 5–6 mm，粗 0.6 mm，其他萼片长 22 mm。花瓣无毛，顶端 2 微裂。退化雄蕊瓣片褐色，卵形，长 12 mm，2 深裂，腹面基部之上密被黄色髯毛；爪长 8 mm。雄蕊长 11 mm，花丝有疏毛。心皮 3，子房被短柔毛。9–10 月开花。

特产于云南丽江象山。生于溪边草地，海拔 3 400–3 600 m。

22. 迭裂翠雀花　图版 14：8–10

Delphinium nordhagenii Wendelbao in Nytt Mag. Bot. 3: 227. 1954; Munz in J. Arn. Arb. 48(4): 489. 1967; W. T. Wang in Fl. Reip. Pop. Sin. 27: 357, pl. 81: 8–10. 1979; et in Fl. Xizang 2: 45, fig. 11: 5–7. 1985; W. T. Wang & M. J. Warnock in Fl. China 6: 234. 2001. Holotype　Pakistan: Chitral, Borum Gol, Wendelbao s. n. (not seen).

D. rutoense J. T. Pan in Biol. Inst. Qinghai Prov. Rep. Invest. Fl. Fauna Ah-li Reg. Tibet 128. 1979.

22a. var. nordhagenii

草本高约 28 cm。茎疏被淡黄色腺毛和短柔毛，约有 4 叶。基生叶在花期枯萎。下部茎生叶有长柄；叶片肾形，约 4.8 cm × 9 cm，3 深裂，中央深裂片小，宽倒卵形，3 微裂，边缘有圆齿，侧深裂片扇形，不等 3 中裂，1 回和 2 回裂片互相覆压，两面疏被腺毛；叶柄长 7 cm。总状花序长约 9 cm，有 4 花；下部苞片叶状；轴和花梗有与茎相同的毛；花梗长 2.8–6.8 cm，顶端有 2 披针形小苞片。萼片蓝色，外面被短柔毛，上萼片宽卵形，长 20–23mm，距圆锥形，长 5–6 mm，其他萼片长 20 mm。退化雄蕊瓣片上部黄色，下部蓝色，狭椭圆形，长 9 mm，2 浅裂，腹面基部有黄色髯毛；爪长 6 mm。外方雄蕊花丝有疏毛。心皮 (3–）5 (–10），子房有柔毛。7 月开花。

分布于中国西藏西南部以及巴基斯坦。生于多砾石山坡，海拔 4 900–5 500 m。

标本登录　西藏：日土县，甲吾山，西北高原生物所西藏队 3581 (HNWP)。

22b. 尖齿翠雀花（变种）　图版 14：5–7

var. **acutidentatum** W. T. Wang in Fl. Reip. Pop. Sin. 27: 359, 611, pl. 81: 5–7. 1979; et in Fl. Xizang 2:

图版 13　**短尾翠雀花**　1. 植株全形；2. 上萼片；3. 花瓣；4. 退化雄蕊；5. 二雄蕊；6. 雌蕊群。
（引自王文采，2014；据 holotype；孙英宝绘）

Plate 13　**Delphinium brachyurum**　1. Habit; 2. Upper sepal; 3. Petal; 4. Staminode; 5. Two stamens; 6. Gynoecium.
(After W. T. Wang, 2014; from holotype; drawn by Y. B. Sun)

图版 14　1−4. **普兰翠雀花**　1. 开花植物上部；2. 花；3. 退化雄蕊；4. 中部茎生叶。　5−7. **尖齿翠雀花**　5. 下部茎生叶；6. 总状花序；7. 退化雄蕊。　8−10. **迭裂翠雀花**　8. 下部茎生叶；9. 总状花序；10. 退化雄蕊。（引自《中国植物志》；吴彰华绘）

Plate 14　1−4. **Delphinium pulanense**　1. Upper part of flowering plant; 2. Flower; 3. Staminode; 4. Middle cauline leaf.
5−7. **D. nordhagenii** var. **acutidentatum**　5. Lower cauline leaf; 6. Raceme; 7. Staminode.
8−10. **D. nordhagenii** var. **nordhagenii**　8. Lower cauline leaf; 9. Raceme; 10. Staminode.
(After Fl. Reip. Pop. Sin.; drawn by Z. H. Wu)

46, fig. 12: 8–10. 1985; W. T. Wang & M. J. Warnock in Fl. China 6: 234. 2001. ——*Delphinium imbricatilobum* W. T. Wang in Biol. Inst. Qinghai Prov. Reip. Invest. Fl. Fauna Ah-li Reg. Tibet 127. 1979. ——*D. acutidentatum* (W. T. Wang) Malyutin in Bot. Zhurn. 86(9): 129. 2001. Holotype 西藏：普兰，科加，alt. 4 700 m，1974-08-20，西北高原生物所西藏队 4119 (HNWP)。

本变种叶的质地较厚，近革质，牙齿较小，正三角形，顶端尖锐而与模式变种不同。

特产于西藏普兰县。生于多砾石山坡，海拔 4 700 m。

23. 四果翠雀花 图版 15：8–9

Delphinium tetragynum W. T. Wang in Bull. Bot. Res. Harbin 3(1): 26, fig. 1: 4–5. 1983; J. G. Liu in Fl. Xinjiang. 2(1): 253. 1994; W. T. Wang & M. J. Warnock in Fl. China 6: 234. 2001. Type 新疆：塔什库尔干，明铁盖大板，alt. 4 580–4 590 m，1978-07，西北植物所西藏队 1119 (holotype, PE), 1195 (paratype, PE)。

草本高 32–42 cm，茎近基部粗 4 mm，疏被开展柔毛，自下部分枝，约有 8 叶。基生叶约 4，具长柄；叶片纸质，五角形，约 2.6 cm × 5 cm，3 半裂，中央 1 回裂片宽菱形，不等 2 中裂，上面无毛，下面有疏毛；叶柄长 11–14 cm。总状花序顶生，长 3.5 cm，约有 5 花；下部苞片 3 裂，上部苞片不分裂；花梗长 4–10 mm，密被柔毛，顶端有 2 狭披针形小苞片。萼片蓝色，外面有柔毛，上萼片卵形，长约 12 mm，距圆锥形，长 4 mm，基部粗 3 mm。花瓣褐色，顶端 2 微裂，有少数缘毛。退化雄蕊长约 6 mm，瓣片 2 浅裂，被缘毛，腹面被白色髯毛。雄蕊无毛。心皮 4，无毛。6–7 月开花。

特产于新疆塔什库尔干县。生于山坡草地，海拔 4 580–4 590 m。

24. 塔什库尔干翠雀花 图 4

Delphinium taxkorganense W. T. Wang in Acta Bot. Yunnan. 15(4): 349, fig. 2: 1–2. 1993; W. T. Wang & M. J. Warnock in Fl. China 6: 235. 2001. Holotype 新疆：塔什库尔干，Honggilapu, alt. 4 700 m，近冰川石山，1989-08-12，武素功，吴玉虎，费勇 4891(KUN)。

草本高约 23 cm。茎近基部粗 3 mm，与叶柄均被开展短柔毛，分枝，有 5 叶。基生叶未见。茎生叶具长柄；叶片纸质，肾状五角形，(1.9–2.7) cm × (3.4–5) cm，3 深裂稍超过中部，深裂片互相稍覆压，中央深裂片楔状倒卵形，3 微裂，小裂片有 1–2 圆齿，测深裂片斜扇形，不等 2 浅裂，两面有疏毛；叶柄长 5–12 cm。总状花序顶生，长 9 cm，有 6 花；苞片叶状；花梗长 1.5–6.5 cm，被短柔毛和少数短腺毛，上部或顶端有 2 倒卵形或椭圆形小苞片。萼片蓝色，外面被短柔毛，上萼片船状卵形，长 15 mm，距圆锥形，长 6–7 mm，基部粗 4–5 mm，其他萼片长 14–16 mm。花瓣顶端 2 浅裂，有柔毛。退化雄蕊黑褐色；瓣片卵形，长 5.5 mm，2 中裂，腹面中部被黄色髯毛；爪长 5 mm。雄蕊无毛。心皮 4–5，无毛。7–8 月开花。

特产于新疆塔什库尔干县。生于近冰川石上，海拔 4 700 m。

25. 乔戈里峰翠雀花 图版 15：1–7

Delphinium qiaogeliense W. T. Wang, sp. nov. Holotype 新疆 (Xinjiang)：叶城县，乔戈里峰，二号营地 (Yecheng County, Qiaogelifeng, Camp no. 2), alt. 4 600 m，多砾石山坡，花蓝色 (on scree, fls. blue)，1987-09-10，李渤生，杜泽全，张百平 (B. S. Li, Z. Q. Du & B. P. Zhang) 1149 (PE)。

Species nova haec est affinis *D. tetragyno* W. T. Wang et *D. taxkorganensi* W. T. Wang, ab illo foliis

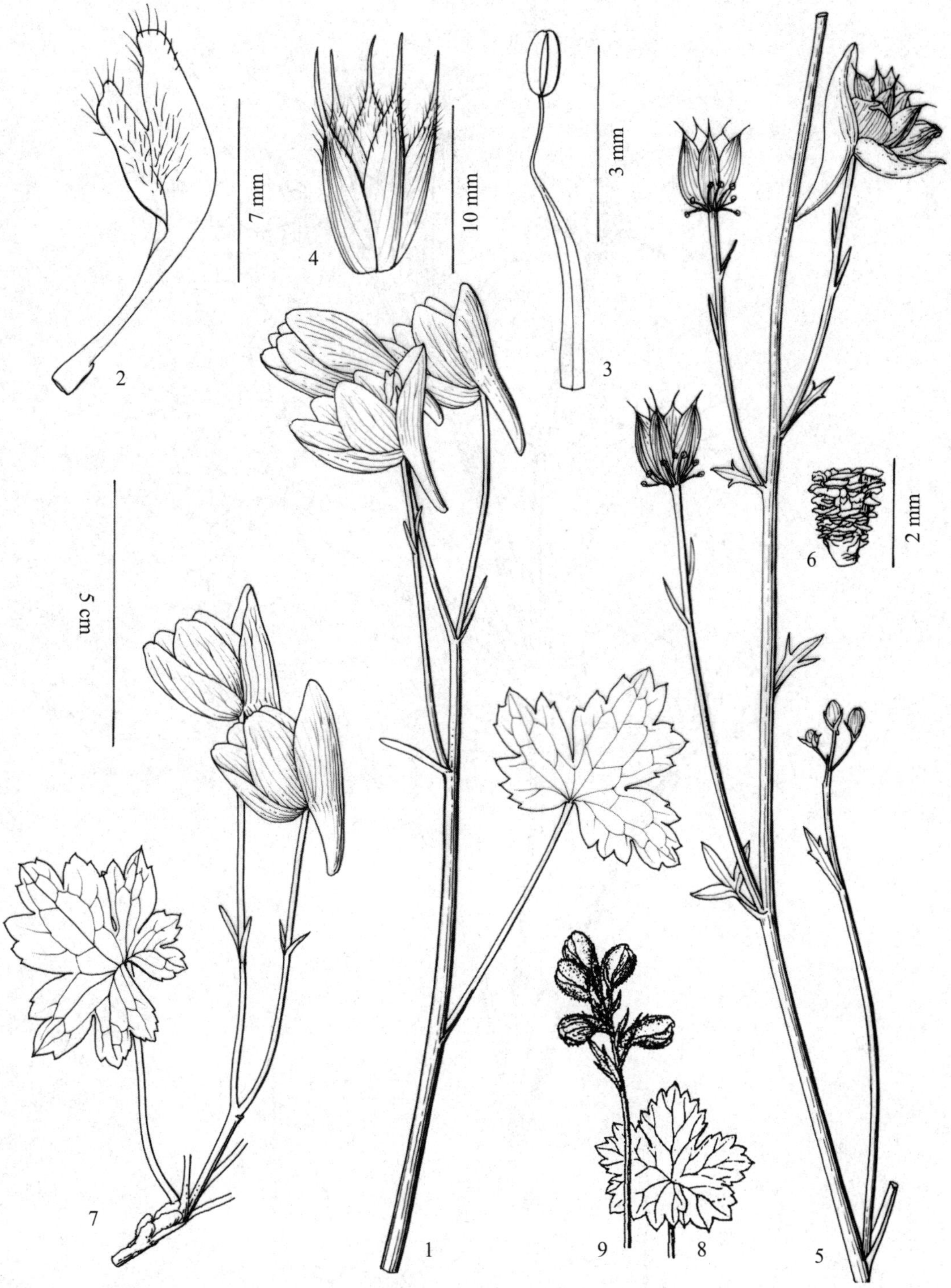

图版 15 1–7. **乔戈里峰翠雀花** 1. 开花茎上部；2. 退化雄蕊；3. 雄蕊；4. 雌蕊群；5. 一复总状花序中有 2 花结果（每花有 5 蓇葖果）；6. 种子；7. 另一矮小植株。（据 holotype；孙英宝绘图） 8–9. **四果翠雀花** 8. 叶；9. 花序。（引自王文采，1983；张泰利绘图）

Plate 15 1–7. **Delphinium qiaogeliense** 1. Upper part of flowering stem; 2. Staminode; 3. Stamen; 4. Gynoecium; 5. Two fruits in a compound raceme (Five follicles in a flower); 6. Seed; 7. The other small plant. (From holotype; drawn by Y. B. Sun)

8–9. **D. tetragynum** 8. Leaf; 9. Inflorescence. (After W. T. Wang, 1983; drawn by T. L. Zhang)

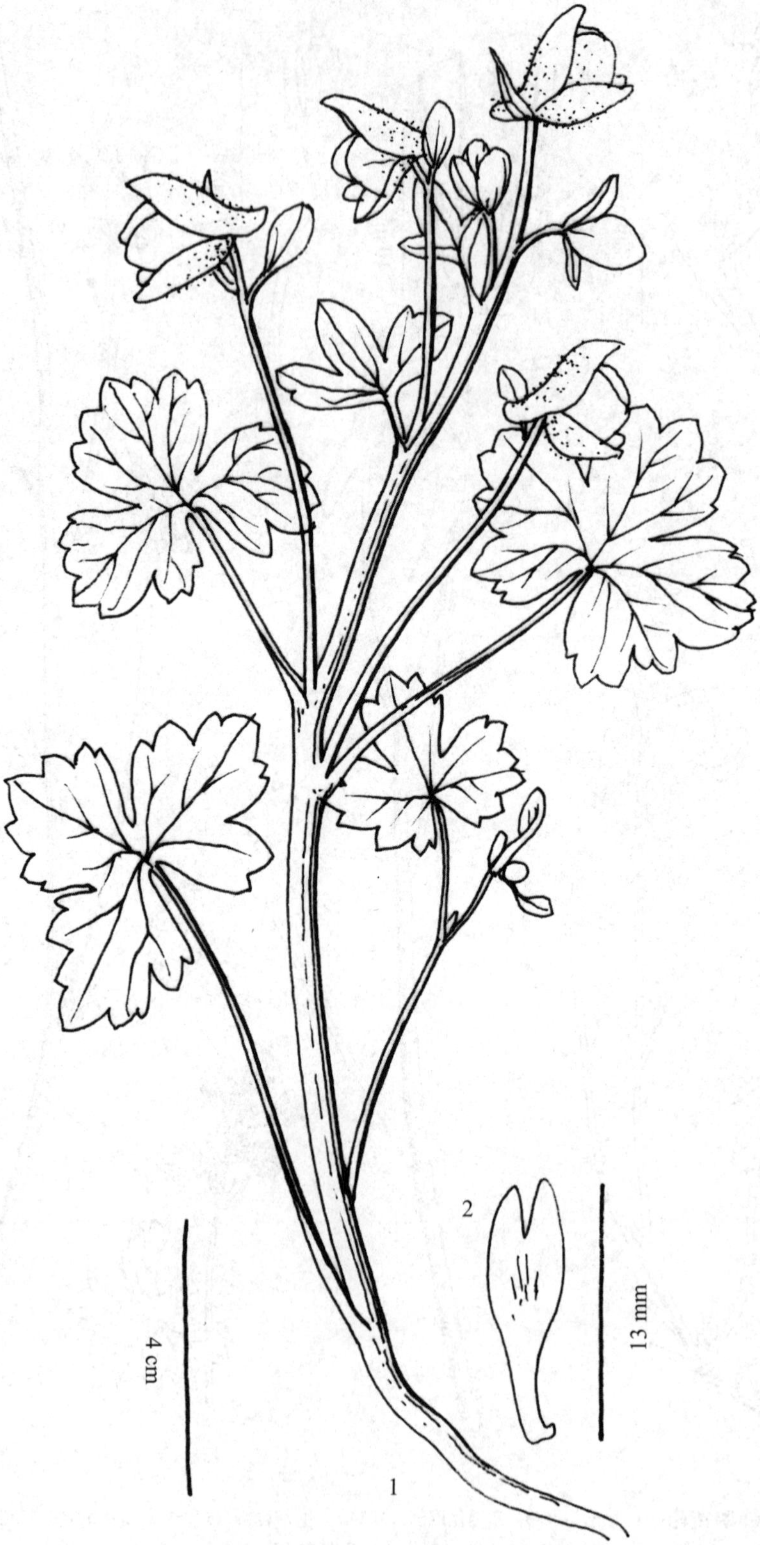

图 4 **塔什库尔干翠雀花** 1. 开花植株；2. 退化雄蕊。（引自王文采，1993）

Fig. 4 **Delphinium taxkorganense** 1.Flowering plant; 2.Staminode.(After W.T.Wang，1993)

glabris, pedicellis longioribus, calcari sepalino longiore, gynoecii capellis quatuor vel quinque differt, et a hoc foliis glabris, bracteis superis indivisis, rhachidibus et pedicellis pilis glandulosis carentibus, sepalis cum calcari longiribus, ovariis apice pubescentibus recedit.

Peremnnial herbs 10−32 cm tall. Stems near base 1.5−3 mm across, with sparse hairs 0.4−0.8 mm long, simple or below branched, 1−2-leaved or leafless. Basal leaves ca. 2, with cauline leaves glabrous and long petiolate; blades papery, reiniform, (1.5−3) cm × (3−5.2) cm, at base cordate, 3-parted, central primary lobe broad-trhombic, 1.2−2 cm broad, at apex subrounded, 3-lobulate, with lobules 1−3-denticulate, lateral primary lobes flabellate or obliquely broad-obovate, 1.6−3 cm broad, unequally 2−3-lobed, secondary lobes with 1−3 broad-ovate teeth; petioles 2−8.5 cm long, at base narrowly vaginate. Racemes terminal, 7−20 cm long, 2−5-flowered; basal bract foliaceous, upper bracts undivided, linear; rachis and pedicels wih sparse hairs 0.3−0.6 mm long; pedicels 2.8−7.5 cm long, on or above the middle 2-bracteolate; bracteoles lanceolate-linear, (7−10) mm × (1−1.1) mm, near base with short hairs. Sepals blue, on both surfaces sparsely puberulous, upper sepal broadly cymbiform-ovate, 24 mm × 16 mm, spur thin-conic, 14−15 mm long. at base 4−6 mm across, lateral sepals elliptic, 20 mm × 10 mm, lower sepals cymbiform-elliptic, 22 mm × 10 mm. Petals black, at apex 2-lobulate and with sparse hairs. Staminodes black; limbs 7 mm × 3.4 mm, unequally 2-lobed, adaxially on the middle white-barbate; claws 8 mm long. Stamens 8 mm long, glabrous. Carpels 4−5; ovaries oblong, 10 mm × 3 mm, on apex pubescent; styles 2.5−3 mm long, glabrous. Follicles oblong, 14 mm × 4 mm, glabrous. Seeds brown, subtetrahedral, 2 mm long, transversely squamulate.

特产于新疆叶城县。生于高山流石滩，海拔 4 600 m。

26. 密花翠雀花　图版 16：1−4

Delphinium densiflorum Duthie ex Huth in Bot. Jahrb. 20: 393. 1895; Bruhl in Ann. Bot. Gard. Calc. 5: 102, pl. 102. 1896; W. T. Wang in Acta Bot. Sin. 10(1): 75. 1962; Munz in J. Arn. Arb. 48(4): 483. 1967; W. T. Wang in Fl. Reip. Pop. Sin. 27: 357, pl. 84: 1−4. 1979; Rau in Sharma et al. Fl. Ind. 1: 90. 1993; L. H. Zhou in Fl. Qinghai. 1: 307, pl. 66: 6−10. 1997; W. T. Wang & M. J. Warnock in Fl. China 6: 234. 2001; W. T. Wang in High. Pl. China in Colour 3: 361. 2016. Holotype　India: Kumaon, alt. 5 500−5 600 m, Duthie 2677 (not seen).

D. brunonianum Royle var. *densa* Maxim. Fl. Tangut. 24. 1889; Franch in Bull. Soc. Philom. Paris. ser. 8, 5: 167. 1893. Holotype：唐古特地区，Amdo, Przewalski s. n. (not seen)。

草本高 30−46 cm。茎粗达 1 cm，疏被柔毛或变无毛。基生叶和下部茎生叶有长柄；叶片肾形，(3.2−3.7) cm × (6−7) cm，3 深裂，深裂片互相覆压，边缘有圆齿，上面近无毛，下面疏被短柔毛；叶柄长达 17 cm。总状花序顶生，有 30−40 朵极密集的花；花梗长 2−2.5 mm，密被反曲淡黄色腺毛，上部有 2 狭披针形小苞片。萼片淡蓝紫色，外面被柔毛，内面无毛，上萼片船状卵形，长 28−30 mm，距圆锥形，长 8−10 mm，其他萼片长 24 mm。花瓣顶端 2 微裂，被缘毛。退化雄蕊黑色；瓣片卵形，长 7 mm，2 半裂，腹面中央密被白色长髯毛；爪长 7 mm。雄蕊无毛。心皮 3，子房被柔毛。蓇葖长 1.2 cm。种子近四面体形，长 2 mm，沿纵棱有狭翅。7−8 月开花。

分布于中国青海、甘肃（天祝），以及尼泊尔和印度北部。生于山谷灌丛、河滩或冲积扇，海拔 3 300−4 500 m。

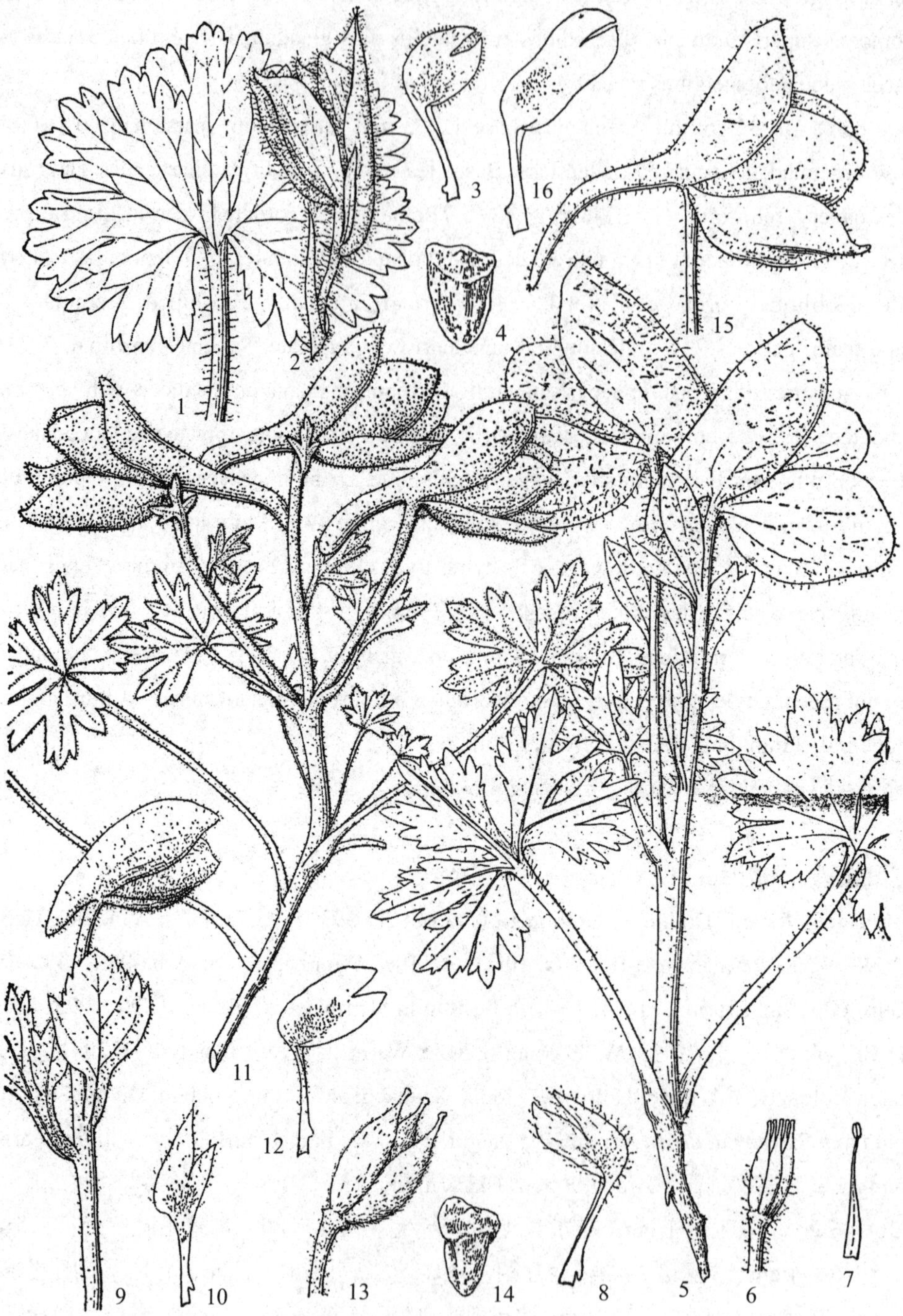

图版 16　1−4. **密花翠雀花**　1. 茎生叶；2. 花；3. 退化雄蕊；4. 种子。　5−8. **囊距翠雀花**　5. 植株全形；6. 雌蕊群；7. 雄蕊；8. 退化雄蕊。　9−10. **察瓦龙翠雀花**　9. 花；10. 退化雄蕊。　11−14. **川滇翠雀花**　11. 植株全形；12. 退化雄蕊；13. 雌蕊群；14. 种子。　15−16. **白蓝翠雀花**　15. 花；16. 退化雄蕊。（引自《中国植物志》；赵宝恒绘）

Plate 16　**1−4. Delphinium densiflorum**　1. Cauline leaf; 2. Flower; 3. Staminode; 4. Seed.　**5−8. D. brunonianum**　5. Habit; 6. Gynoecium; 7. Stamen; 8. Staminode.　**9−10. D. tsarongense**　9. Flower; 10. Staminode.　**11−14. D. smithianum**　11. Habit; 12. Staminode; 13. Gynoecium; 14. Seed.　**15−16. D. albocoeruleum**　15. Flower; 16. Staminode.

(After Fl. Reip. Pop. Sin.; drawn by B. H. Zhao)

标本登录　青海：Gonkoma，郝景盛 1070；柴达木，都兰，青甘队 1687；互助，郭本兆 9401。

27. 普兰翠雀花　图版 14：1–4

Delphinium pulanense W. T. Wang in Biol. Inst. Qinghai Prov. Rep. Invest. Fl. Fauna Ah-li Reg. Tibet 128. Apr. 1979; in Fl. Reip. Pop. Sin. 27: 360, 611, pl. 81: 1–4. Jul. 1979; et in Fl. Xizang. 2: 46, fig. 12: 14. 1985; W. T. Wang & M. J. Warnock in Fl. China 6: 235. 2001. Holotype　西藏：普兰，巴格，alt. 5 000 m，197-08-24，西北高原生物所西藏队 4217(HNWP)。

草本高约 15 cm。茎粗约 7 mm，与花序均被柔毛和黄色短腺毛。基生叶 1，与下部茎生叶均有长柄；叶片肾形，(2–4.5) cm × (4–9) cm，3 深裂近基部，中央深裂片菱状倒卵形，3 半裂，2 回裂片有狭卵形小裂片，侧深裂片扇形，不等 3 深裂，两面疏被柔毛和少数黄色腺毛；叶柄长 3.5–9.5 cm。上部茎生叶叶片长约 3.5 cm，3 全裂，全裂片细裂，末回裂片披针状条形或条形，宽 2–3 mm。总状花序长约 6 cm，有 15 朵极密集的花；苞片叶状；花梗向上直展，长达 2 cm，上部或顶端有 2 枚条形小苞片。萼片深蓝色，外面有柔毛，近椭圆形，长 20 mm，距筒状，长 7–8 mm，基部粗 3 mm。花瓣无毛，顶端微凹。退化雄蕊瓣片倒卵形，长 5 mm，2 浅裂，腹面基部被黄色髯毛；爪长 6 mm。雄蕊无毛。心皮 3，子房疏被短柔毛。7–8 月开花。

特产于西藏普兰县。生于多石砾山坡。

28. 浅裂翠雀花　图版 17：4–8

Delphinium vestitum Wall. [Cat. n. 4715. 1830] ex Royle, Illustr. Bot. Himal. 55. 1834; Hook. f. & Thoms. in Hook. f. Fl. Brit. India 1: 26. 1872; Huth in Bot. Jahrb. 20: 414. 1895; Finet & Gagnep. in Bull. Soc. Bot. France 51: 492. 1904; Munz in J. Arn. Arb. 48(4): 494. 1976; W. T. Wang in Fl. Reip. Pop. Sin. 27: 359. 1979; et in Fl. Xizang. 2: 46. 1985; Rau in Sharma et al. Fl. India 1: 101. 1993; W. T. Wang & M. J. Warnock in Fl. China 6: 235. 2001; W. T. Wang in High. Pl. China in Colour 3: 361. 2016. Holotype　India: Kumaon, N. Wallich 4715 (K, not seen; photo, PE).

草本高 26–35 cm。茎和叶柄均被反曲的短糙伏毛和开展的较长糙毛，不分枝或有 1 分枝，有 2 叶。基生叶约 2，有长柄；叶片圆肾形，(3.5–5) cm × (4.6–8.2) cm，3 浅裂，浅裂片又不明显浅裂，边缘有圆齿，两面均被糙毛；叶柄长 10–20 cm。总状花序顶生，长 8–15 cm，有 4–9 花；基部苞片叶状，其他苞片披针形；花梗被糙毛和黄色腺毛，长 1.9–2.9 cm，顶端有 2 狭披针形小苞片。萼片宿存，淡紫色，外面有短糙毛，内面疏被短毛，长 14–17 mm，距筒状圆锥形，长 11–13 mm，基部粗 5–6 mm。花瓣无毛，顶端 2 浅裂。退化雄蕊瓣片狭卵形，长 6 mm，2 半裂，腹面有黄色髯毛。雄蕊无毛或花丝有疏毛。心皮 3，子房有灰白色毛。8–9 月开花。

分布于中国西藏南部（聂拉木）以及尼泊尔、克什米尔地区、印度西北部。生于山坡林边或河边草地，海拔 3 300–3 400 m。

标本登录　西藏：聂拉木，西藏中草药队 1536，陈家瑞 92-226。

29. 粘毛翠雀花　图版 18：1–3

Delphinium viscosum Hook. f. & Thoms. Fl. India 52. 1855; et in Hook. f. Fl. Brit. India 1: 27. 1872; Huth in Bot. Jahrb. 20: 401. 1895; Finet & Gagnep. In Bull. Soc. Bot. France 51: 493. 1904; Munz in J. Arn. Arb.

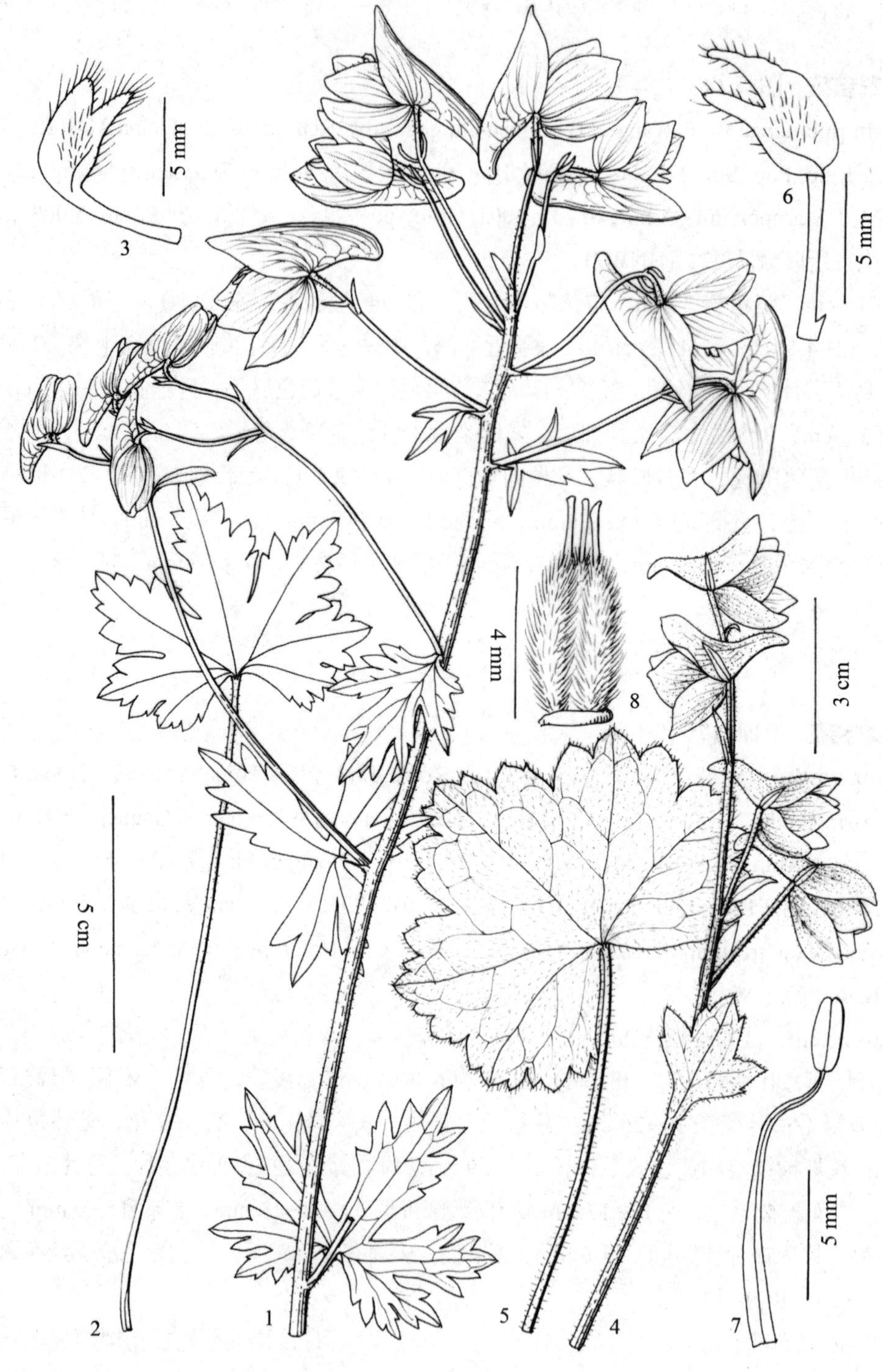

图版 17　1-3. **克什米尔翠雀花**　1. 复总状花序；2. 茎生叶；3. 退化雄蕊。（据 South ampton Univ. 13）
4-8. **浅裂翠雀花**　4. 总状花序；5. 叶；6. 退化雄蕊；7. 雄蕊；8. 雌蕊群。（据西藏中草药队 1536；孙英宝绘）

Plate 17　1-3. **Delphinium cashmerianum**　1. Compound raceme; 2. Cauline leaf; 3. Staminode. (From South ampton Univ. 13)　4-8. **D. vestitum**　4. Raceme; 5. Leaf; 6. Staminode; 7. Stamen; 8. Gynoecium. (From Xizang Medic. Exped. 1536; drawn by Y. B. Sun)

图版 18　1–3. **粘毛翠雀花**　1. 总状花序；2. 基生叶；3. 退化雄蕊。　4–6. **黄毛翠雀花**　4. 开花植株上部；5. 基生叶；6. 退化雄蕊。　7–9. **黄粘毛翠雀花**　7. 基生叶；8. 花；9. 退化雄蕊。（引自《中国植物志》；王金凤绘）

Plate 18　1–3. **Delphinium viscosum**　1. Raceme; 2. Basal leaf; 3. Staminode.
4–6. **D. chrysotrichum**　4. Upper part of flowering plant; 5. Basal leaf; 6. Staminode.
7–9. **D. viscosum** var. **chrysotrichum**　7. Basal leaf; 8. Flower; 9. Staminode.
(After Fl. Reip. Pop. Sin.; drawn by J. F. Wang)

48(4): 495. 1967; Rau in Sharma et al. Fl. India 1: 101. 1993; Q. Yuan & Q. E. Yang in Acta Phytotax. Sin. 42(2): 187. 2004. Holotype: Sikkim, alt. 15−4 877 m, J. D. Hooker s. n. (K, not seen; photo, PE).

D. purpurascens W. T. Wang. in Fl. Reip. Pop. Sin. 27：362，612. pl.83: 1-3. 1979; et in Fl. Xizang. 2: 8, fig. 13: 7−9. 1985；W. T. Wang & M. J. Warnack in Fl. China 6: 241. 2001. Holotype 西藏：聂拉木，alt. 3 800 m，山坡，1972-09-02，西藏中草药队 1731（PE）。

29a. var. **viscosum**

草本高 24−100 cm。茎被短柔毛，分枝。下部茎生叶具长柄；叶片纸质，五角形，约 8 cm × 14 cm，在基部深心形，3 裂至中部，中央 1 回裂片宽倒梯状菱形，3 浅裂，2 回裂片有缺刻和牙齿，侧生 1 回裂片较大，斜扇形，不等 2 中裂，两面疏被短柔毛；叶柄长约 20 cm。顶生总状花序 11−15 cm，有 4−9 花，侧生者具 2 花，伞房状；有时为具少花的简单总状花序；下部苞片叶状，上部者条形；花梗长 5−10 cm，密被开展短柔毛和腺毛，上部有近对生狭披针形小苞片。萼片两面均被短柔毛，上萼片宽卵形，长约 26 mm，距细圆锥形，长 14 mm，基部粗 8 mm，2 半裂，腹面下部被黄色髯毛；爪长 7 mm。雄蕊无毛。心皮 3，子房有柔毛。8−9 月开花。

分布于中国西藏南部以及尼泊尔、印度北部。生于山坡灌丛中或多石砾山坡，海拔约 3 500−4 700 m。

标本登录　Nepal: Sankhuwasabha District: Baran Kho-la, alt. 3 500 m, 1981-08-24, Grey-Wilson et al. 4185 (K)。

29b. **黄粘毛翠雀花　图版 18：7−9**

var. **chrysotrichum** Bruhl ex Huth in Bot. Jahrb. 20: 401. 1895; Brühl in Ann. Bot. Gard. Culc. 5: 104. 1896; W. T. Wang in Acta Bot. Sin. 10(1): 77. 1962; in Fl. Reip. Pop. Sin. 27: 368, pl. 83: 7−9. 1979; et in Fl. Xizang. 2: 49, fig. 11: 4−5. 1985; W. T. Wang & M. J. Warnock in Fl. China 6: 236. 2001. Holotype: Sikkim, King's collector s. n. (not seen).

本变种的花序伞房状，有 3−4 花，子房密被短柔毛，而与模式变种不同。

分布于中国西藏南部以及尼泊尔、锡金。生于山地草坡或林下，海拔 2 200−3 500 m。

标本登录　西藏：错那，资源综合考会队 75-1763；聂拉木，樟木，李渤生，李辉 14086。

30. 克什米尔翠雀花　图版 17：1−3

Delphinium cashmerianum Royle, Illustr. Bot. Himal. 55. 1834; Hook. f. Thoms. in Hook. f. Fl. Brit. India 1: 26. 1872; Huth in Bot. Jahrb. 20: 394. 1895; Finet & Gagnep. In Bull. Soc. Bot. Franch. 51: 493. 1904; Munz in J. Arn. Arb. 48(4): 481. 1967; Rau in Sharma et al. Fl. India 1: 89: 1993. Described from Kashmir.

草本高约 50 cm。茎上部疏被柔毛。基生叶数枚，与下部茎生叶具长柄；叶片五角形，约 4 cm × 6 cm，3 深裂稍超过叶中部，中央深裂片菱形，3 浅裂，边缘有齿，侧生深裂片近扇形，不等 2 浅裂，上面疏被短伏毛，下面无毛；叶柄长达 15 cm。复总状花序长达 25 cm，有 1−3 条分枝；下部苞片叶状，上部苞片变小，3 裂或不分裂，呈条形；花梗长 1−9 cm，疏被柔毛，中部之上具 2 条形小苞片。萼片紫色，两面均被伏毛，上萼片宽卵形，长 20−27 mm，距细圆锥形，长 10−15 mm，基部粗 8−10 mm，其他萼片长 18−24 mm。花瓣顶端 2 微裂无毛或有少数缘毛。退化雄蕊黑色；瓣片长 8 mm，2 半裂，腹面下部被淡黄色髯毛；爪长 9 mm。雄蕊无毛。心皮 3−7，子房上部有短毛。7−9 月开花。

分布于中国西藏南部以及尼泊尔、克什米尔地区、印度北部。

标本登录　India: Ladakh, Panichar, alt. 2 900 m, 1980, Southampton University no. 13 (K)。

31. 塔序翠雀花　图版 20：4−5

Delphinium pyramidale Royle, Illustr. Bot. Himal. 56. 1834; Munz in J. Arn. Arb. 49(1): 158. 1968; Rau in Sharma et al. Fl. India 1: 95. 1993. ——*D. speciosum* Bieb. var. *pyramidale* (Royle) Mukerjee in Rec. Bot. Surv. India 2: 293. 1961. Holotype: Peer Punjal, J. F. Royle s. n. (not seen).

D. ranunculifolium Wall. Cat. n. 4716, 1830, nom. nud.; Hook. f. & Thoms. Fl. India 51. 1855. ——*D. elatum* L. var. *ranunculifolium* (Wall.) Hook. f. & Thoms. in Hook. f. Fl. Brit. Ind. 1: 26. 1872. ——*D. speciosum* Bieb. var. *ranunculifolium* (Wall.) Huth in Bot. Jahrb. 20: 416. 1895.

草本高约 80 cm。茎无毛或几无毛，分枝。茎生叶数枚；叶片五角形，约 5 cm × 10 cm，3 深裂，中央深裂片菱形，3 浅裂，2 回裂片有 4−5 枚三角形小裂片或牙齿，测深裂片斜扇形，不等 2 中裂，两面疏被短柔毛；叶柄长约 9 cm。复总状花序顶生，长达 50 cm；下部苞片叶状；花梗长 2−4 cm，密被开展短腺毛，顶端具 2 椭圆形小苞片。萼片紫色，外面几无毛，内面无毛，上萼片椭圆形，长 17 mm，距钻形，长 12−15 mm，其他萼片长 14−16 mm。花瓣无毛，顶端微凹。退化雄蕊黑色；瓣片长 5 mm，2 裂稍超过中部，腹面中部疏被白色髯毛；爪长 6 mm。雄蕊无毛。心皮 3−4，无毛或被毛。7−8 月开花。

分布于中国西藏西南部以及克什米尔地区、巴基斯坦、尼泊尔、印度西北部。

标本登录　Nepal: Ghurchi Lekh, alt. 3 352.8 m, 1950-08-11, Polunin, Sykes & Williams 5120 (GH)。

系 2. 甘肃翠雀花系

Ser. **Kansuensia** W. T. Wang, ser. nov. Type: *Delphinium kansuense* W. T. Wang.

Foliorum laminae 3-partitae, raro 3-sectae. Calcar sepalinum sepalis fere aequilongum vel eis leviter longius. Semina subtetrahedralia, secus angulos longitudinales anguste alata.

叶片 3 深裂，稀 3 全裂。萼距与萼片近等长或比萼片稍长。种子近四面体形，沿纵棱有狭翅。

我国有 8 种，5 种分布于西藏南部，在青海东部和甘肃中部、云南西北部和内蒙古东北部各有 1 种。

32. 匙苞翠雀花　图版 19：1−4

Delphinium subspathulatum W. T. Wang in Fl. Reip. Pop. Sin. 27: 362, 612, pl. 82: 1−4. 1979; et in Fl. Xizang. 2: 48, fig. 13: 1−3. 1985; W. T. Wang & M. J. Warnock in Fl. China. 6: 241. 2001. Holotype　西藏：聂拉木，曲乡，alt. 3 800 m, 花蓝紫色，1972-08-30，西藏中草药队 1652（PE）。

草本高 42−53 cm。茎疏被开展腺毛，不分枝，有 2 叶。基生叶在花期枯萎，茎生叶具长柄；叶片圆五角形，约 4 cm × (7−10) cm，3 深裂，中央深裂片宽菱形，3 浅裂，边缘有缺刻和小齿，侧深裂片斜扇形，不等 2 深裂，两面疏被短毛；叶柄长 9−21 cm。总状花序顶生，长 13−16 cm，有 5−8 花；基部苞片叶状，其他苞片长圆形；花梗近直展，长 1.7−8 cm，被短柔毛，上部有 2 枚狭长圆形或匙状长圆形小苞片。萼片宿存，蓝紫色，上萼片宽卵形，长 14 mm，距钻状圆筒形，长 11−13 mm，其他萼片长 12 mm。花瓣无毛，顶端微凹。退化雄蕊黑色；瓣片长 4 mm，2 浅裂，腹面下部被黄色髯毛；爪长 5 mm。雄蕊花丝有疏毛。心皮 3，子房密被短毛。8−9 月开花。

特产于西藏聂拉木县。生于山地林缘，海拔 3 800 m。

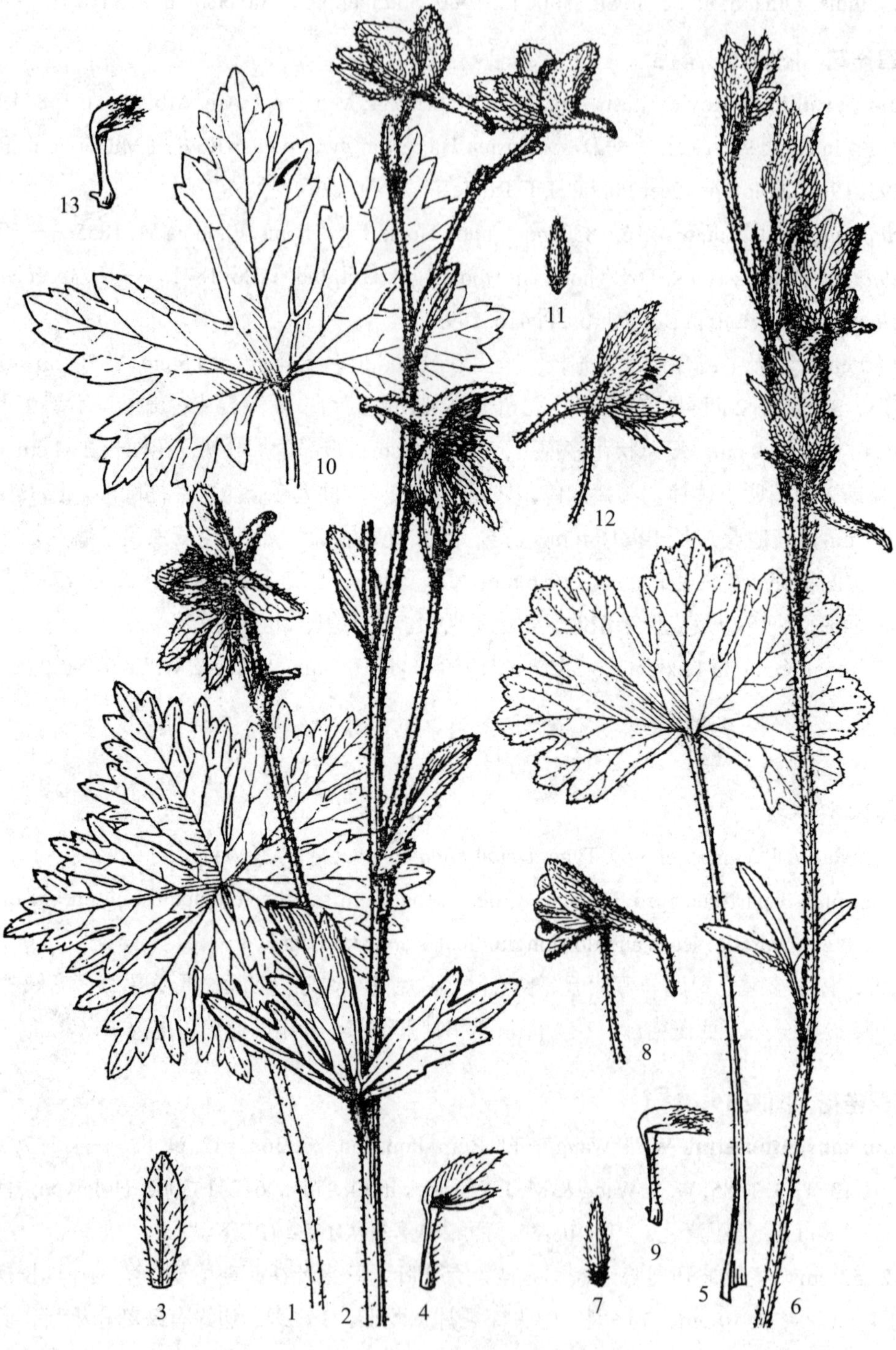

图版 19　1−4. **匙苞翠雀花**　1. 下部茎生叶；2. 总状花序；3. 小苞片；4. 退化雄蕊。　5−9. **甘肃翠雀花**　5. 基生叶；6. 总状花序；7. 小苞片；8. 花；9. 退化雄蕊。　10−13. **毛果毛茛叶翠雀花**　10. 茎生叶；11. 小苞片；12. 花；13. 退化雄蕊。（引自《中国植物志》；冯晋庸绘）

Plate 19　1−4. **Delphinium subspathulatum**　1. Lower cauline leaf; 2. Raceme; 3. Bracteole; 4. Staminode. 5−9. **D. kansuense**　5. Basal leaf; 6. Raceme; 7. Bracteole; 8. Flower; 9. Staminode. 10−13. **D. hillcoatiae** var. **pilocarpum**　10. Cauline leaf; 11. Bracteole; 12. Flower; 13. Staminode. (After Fl. Reip. Pop. Sin.; drawn by J. Y. Feng)

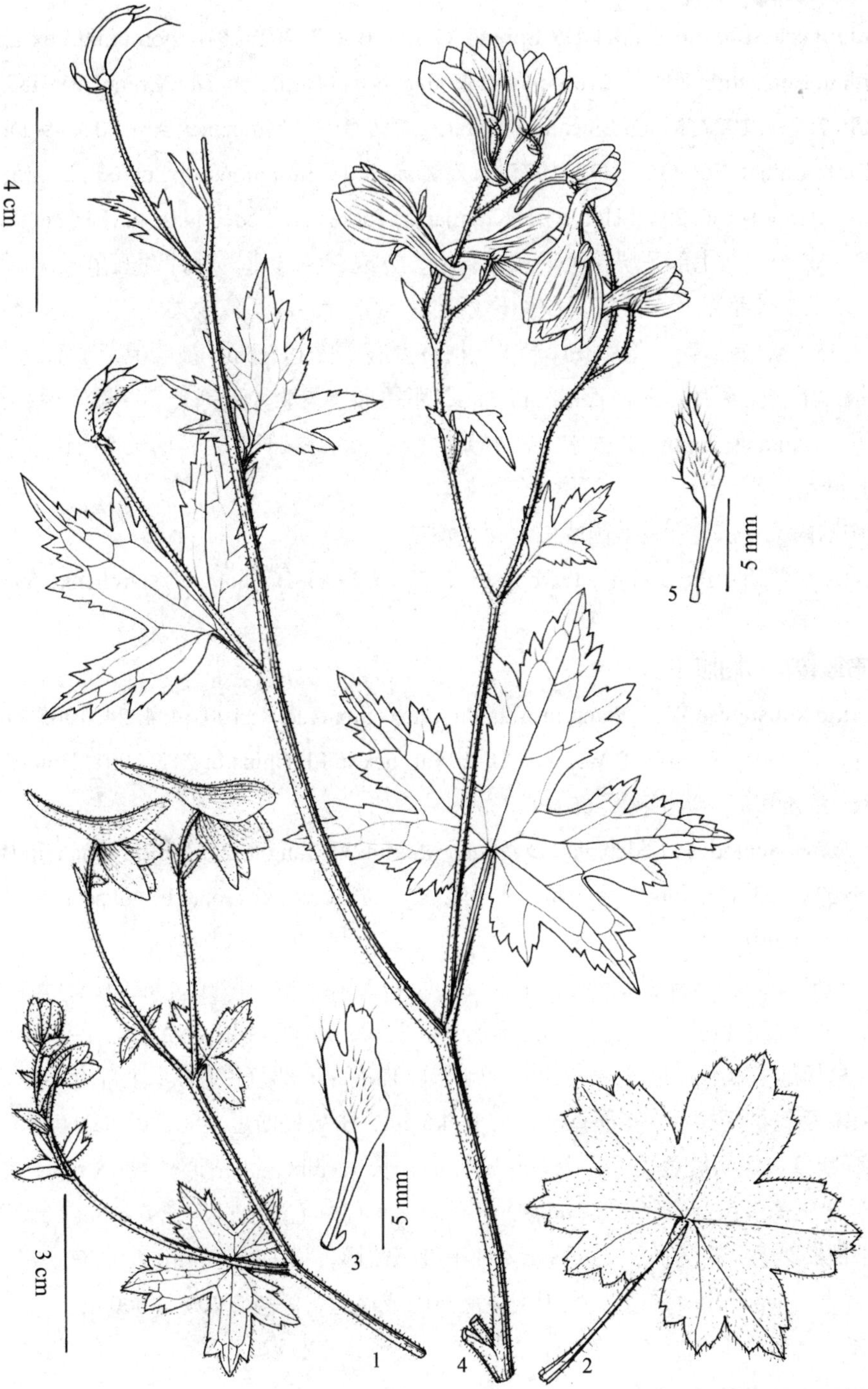

图版 20　1–3. **喜山翠雀花**　1. 开花植株上部；2. 茎生叶；3. 退化雄蕊。（据 A. D. Schiling 1075）
4–5. **塔序翠雀花**　4. 复总状花序下部；5. 退化雄蕊。（据 Polunin, Sykes & Willianms 5120；孙英宝绘）

Plate 20　1–3. **Delphinium stapeliosum**　1. Upper part of flowering plant; 2. Cauline leaf; 3. Staminode. (From A. D.Schiling 1075)
4–5. **D. pyramidale**　4. Lower part of compound raceme; 5. Staminode. (From Polunin, Sykes & Willianms 5120; drawn by Y. B. Sun)

33. 厚叶翠雀花

Delphinium crassifolium Schrad. (ex Spreng. Gesch. Bot. 2: 201. 1818, nom. nud.) ex Ledeb. Fl. Ross. 1: 62. 1841; Huth in Bot. Jahrb. 20: 401. 1895; Finet & Gagnep. in Bull. Soc. Bot. France 51: 489. 1904; Nevski in Kom. Fl. URSS 7: 154. 1937; Kitag. Lineam. Fl. Mansh. 219. 1939; Munz in J. Arn. Arb. 49(1): 135. 1968; S. H. Li in Fl. Pl. Herb. Chinae Bor.-Or. 3: 112. 1975; Y. Z. Zhao in Fl. Intramongol., 2nd ed., 2: 535, pl. 216: 5. 1991; et Vasc. Pl. Inn. Mongol. 180. 2012. Holotype: Kranijarsk, Turkestan, Ledebour s. n. (LE, not see.).

草本高达 70 cm。茎上部开展疏长毛和短腺毛，无或有 3−5 叶。叶片圆五角形，宽 5−10 cm，深裂成 5 个楔形、3 裂的 1 回裂片，边缘具狭卵形小裂片或牙齿，两面疏被柔毛；叶柄长 7−15 cm。总状花序顶生，长达 15 cm，有数花；苞片披针形；花梗直上展，长 1−5 cm，被柔毛，上部具 2 披针形小苞片。萼片蓝色，被疏毛，上萼片卵形，长 14−17 mm，距钻形，与萼片近等长。花瓣无毛，顶端全缘。退化雄蕊黑色；瓣片 4 mm × 2 mm，腹面中央密被黄色长髯毛，并被长缘毛；爪长 5 mm。雄蕊无毛。心皮 3，无毛。7−8 月开花。

分布于中国内蒙古东北部及俄国西伯利亚、蒙古。

标本登录　俄罗斯：Prov. Amur, Tawbovski, 1979-07-23, B. Boyho & V. Starchenko 5959 (GH)。

34. 甘肃翠雀花　图版 19：5−9

Delphinium kansuense W. T. Wang in Acta Phytotax. Sin. Add. 1: 100, pl. 4: 24. 1965; et in Fl. Reip. Pop. Sin. 27: 364, pl. 82: 5−9. 1979; W. T. Wang & M. J. Warnock in Fl. China 6: 241. 2001. Holotype　甘肃：莲花山，1950-08，兰州师范大学生物系 65 (PE）。

D. crassifolium Schrad. ex Ledeb. var. *tangutica* Maxim. Fl. Tangut. 22. 1889; Franch. in Bull. Soc. Philom. Poris, ser. 8, 5: 62. 1893. Holotype　唐古特：Amdo, N. M. Przewalski s. n. (LE, not seen)。

34a. var. **kansuense**

草本高 36−52 cm。茎被开展短柔毛，不分枝，有 1−2 叶。基生叶约 2，有长柄；叶片肾形，(3−3.4) cm × (5.4−6) cm，3 深裂稍超过中部，裂片互相稍分开，浅裂，边缘有圆齿，上面近无毛，下面疏被柔毛；叶柄长约 8 cm。总状花序顶生，狭，长 9−35 cm，疏生 4−10 花；下部苞片叶状，上部者不分裂，条状披针形，与小苞片均在背面密被短柔毛；花梗直展，长 1−4.5 cm，密被反曲短柔毛，近顶端有 2 狭披针形小苞片。萼片宿存，蓝紫色，外面被短柔毛，上萼片宽卵形，长 12 mm，距钻形，长 18 mm，基部粗 2.2 mm。花瓣无毛。退化雄蕊黑色；瓣片长 5 mm，2 半裂，腹面有白色髯毛；爪长 6 mm。雄蕊花丝有疏毛。心皮 3，子房密被短柔毛。蓇葖长 1.3−1.8 cm。种子近三棱形，长 1.2−2 mm，沿棱有狭翅。7−8 月开花。

分布于甘肃西南部和青海东部。生于山坡灌丛中或溪边，海拔 2 700−3 000 m。

标本登录　青海：平安，夏宗寺，杨亲二 95-23，杨亲二和袁琼 386。

34b. 展毛甘肃翠雀花（变种）

var. **villosiusculum** W. T. Wang & M. J. Warnock in Phytologia 79: 383. 1996; et in Fl. China 6: 242. 2001. Holotype　青海省东北部，大通河流域，在天堂寺与三十名之间，alt. 3 000 m, 1915-09-15, R. Farrer & W. Purdom 800 (MO)。

本变种的花序轴和花梗密被开展的柔毛，苞片和小苞片在背面有稀疏柔毛，而与模式变种不同。

特产于青海东北部大通河流域，海拔 3 000 m 山地。

35. 喜山翠雀花 图版 20：1–3

Delphinium stapeliosum Brühl ex Huth in Bot. Jahrb. 20: 419. 1895; Brühl & King in Ann. Bot. Gard. Culc. 5: 102. 1896; Munz in J. Arn. Arb. 49(1): 163, fig. 18: K. 1968; Rau in Sharma et al. Fl. India 1: 99. 1993. Lectotype India: Khasia Hills, alt. 2 000 m, J. D. Hooker & T. Thomson s. n. (K; Munz, 1968).

草本高 20–40 cm。茎被稍反曲柔毛。基生叶和下部茎生叶均被长柄；叶片五角形或肾形，(2–3.5) cm × (5–6.5) cm，3 深裂稍超过中部，中央深裂片倒梯形，3 浅裂，浅裂片具 1–2 小齿，侧深裂片较大，近扇形，不等 2 浅裂，两面疏被短柔毛；叶柄长约 6 cm。总状花序，长 14–20 cm，顶生总状花序有 2–3 花，1–2 条侧生总状花序均只有 2 花；下部苞片叶状；梗长 1–8 cm，被短柔毛，中部以上有 2 条形小苞片。萼片蓝色，外面被短柔毛，内面无毛，上萼片卵形，长 16–20 mm，距钻形，长 19 mm，其他萼片长 19–20 mm。花瓣无毛，顶端 2 微裂。退化雄蕊黑色；瓣片长 4.5 mm，2 中裂，被淡黄色髯毛；爪长 5 mm。雄蕊无毛。心皮 3，子房被柔毛。8–9 月开花。

分布于中国西藏南部以及印度北部、尼泊尔、不丹、缅甸北部。

标本登录 尼泊尔：Kathamandu 之南，alt. 2 209.8 m，1966-09-55, A. D. Schiling 1075 (K)。

36. 朗孜翠雀花 图版 21：1–3

Delphinium nangziense W. T. Wang in Acta Phytotax. Sin. 32(5): 467, fig. 1: 1–3. 1994; W. T. Wang & M. J. Warnock in Fl. China 6: 241. 2001. Holotype 西藏：拉萨西部，Nangtze, alt. 4 500 m，花蓝紫色，1943-10-05, F. Ludlow & G. Sherriff 9958 (BM)。

D. viscosum auct. non Hook. f. & Thoms.: Munz in J. Arn. Arb. 48(4): 495. 1967, p. p. quoad Ludlow & Sherriff 9958.

草本高 67 cm。茎疏被开展淡黄色短腺毛，不分枝。基生叶未见。下部基生叶具长柄；叶片肾形，(4–4.8) cm × (6–8) cm，3 深裂稍超过中部，中央深裂片倒梯状倒卵形，3 微裂，边缘有缺刻和小齿，侧深裂片较大，斜扇形，不等 2 浅裂，两面疏被短柔毛；叶柄长 4–14 cm。总状花序顶生，长 13–14.5 cm，有 4–8 花；下部苞片叶状，上部者披针状条形；花梗长 1.8–4.2 cm，被黄色短腺毛和反曲短柔毛，上部有 2 条形小苞片。萼片紫蓝色，顶部有疏毛，上萼片宽卵形，长 2.2 mm，距钻形，长 19–26 mm，基部粗 3–4 mm。花瓣顶端 2 微裂，有疏毛。退化雄蕊黑色；瓣片长 7 mm，基部之上被黄色髯毛；爪长 8 mm。雄蕊无毛。心皮 3，子房只在腹缝线上有疏毛。蓇葖长 8 mm。种子近四面体形，长 1 mm。9–10 月开花。

特产于西藏拉萨。生于山地灌丛中，海拔 4 500 m。

标本登录 西藏：拉萨（？），那木哉 s. n.

37. 扎囊翠雀花 图版 21：4–8

Delphinium zhanangense W. T. Wang in Bull. Bot. Res. Harbin 38(6): 814, fig. 3: A–E. 2018. Holotype 西藏：扎囊县，阿扎乡，alt. 3 788 m，花淡紫色，2017-08-15，PE 西藏考察队 5088 (PE）。

草本高 32–80 cm。茎密被短柔毛，有 2 短分枝和 6–10 叶。基生叶未见。茎生叶具长柄；叶片肾形或五角形，(3–5.2) cm × (4.5–8) cm，3 半裂或 3 深裂稍超过中部，中央 1 回裂片倒卵状菱形，3 浅裂，2 回裂片有 1–4 牙齿，侧生 1 回裂片较大，扇形，不等 2 浅裂，两面有疏毛或近无毛；叶柄长达 7.5 cm。总状花序顶生，长 20–50 cm；下部苞片叶状，上部者披针形；花梗长 1–6 cm，密被开展短柔毛，中部

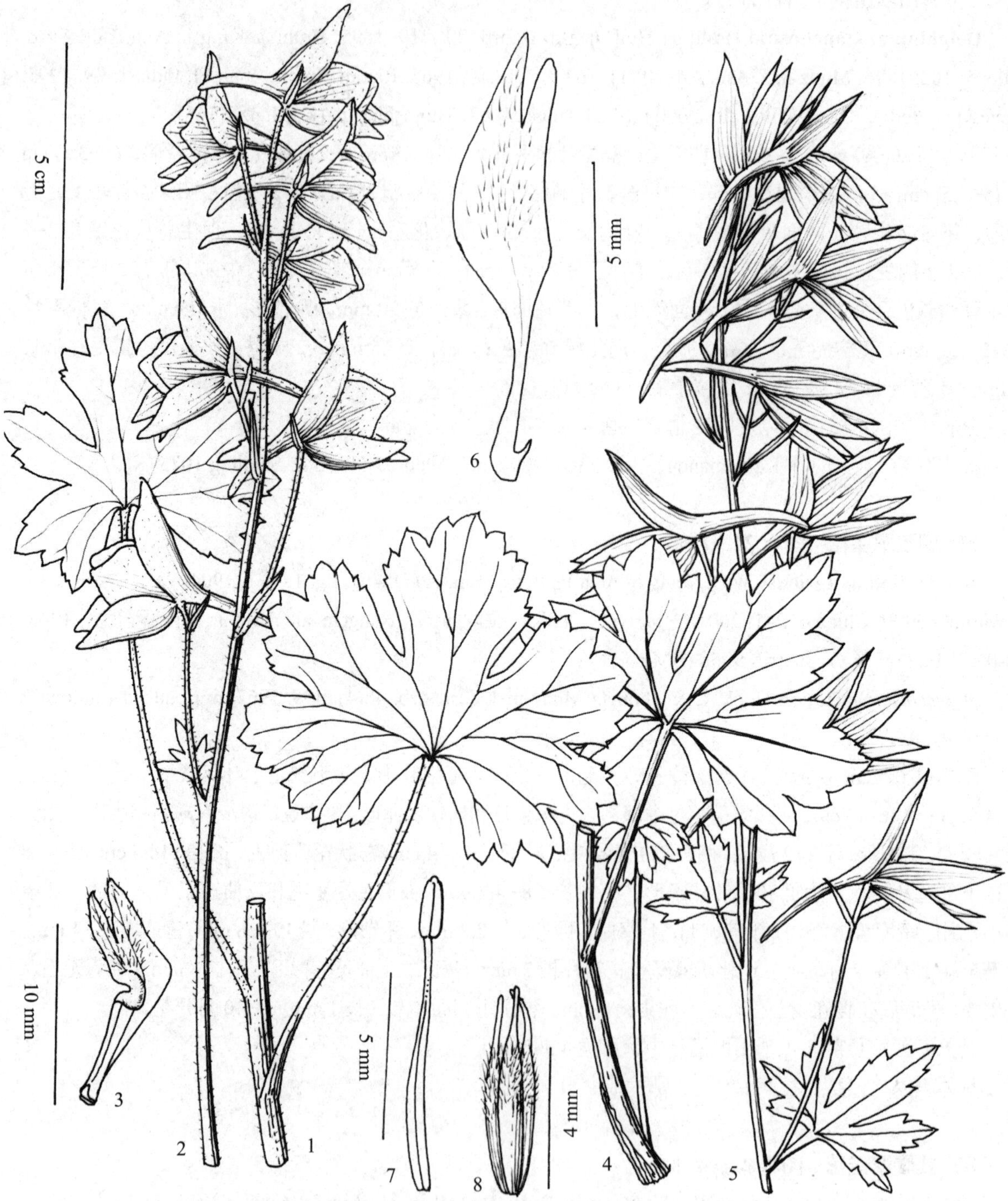

图版 21　1–3. **朗孜翠雀花**　1. 茎下部及二茎生叶；2. 花序；3. 退化雄蕊。（引自王文采，1994；孙英宝绘）
4–8. **扎囊翠雀花**　4. 茎基部，具一最下部茎生叶；5. 总状花序；6. 退化雄蕊；7. 雄蕊；8. 雌蕊群。
（引自王文采，2018；孙英宝绘）

Plate 21　1–3. ***Delphinium nangziense***　1. Lower part of stem and two cauline leaves; 2. Raceme;
3. Staminode. (After W. T. Wang, 1994; drawn by Y. B. Sun)　4–8. ***D. zhanangense***
4. Lower part of stem with a lowermost cauline leaf; 5. Raceme; 6. Staminode; 7. Stamen; 8. Gynoecium.
(After W. T. Wang, 2018; drawn by Y. B. Sun)

以上有2狭长圆形小苞片。萼片淡紫色，外面有疏毛，内面无毛，上萼片狭卵形，长14–18 mm，距钻形，长15–18 mm，基部粗4–5 mm，其他萼片披针形，长14–16 mm。花瓣无毛，顶端2微裂。退化雄蕊黑色；瓣片卵形，长6 mm，顶端2微裂，腹面下部被黄色髯毛；爪长6 mm。雄蕊无毛。心皮3，子房被短柔毛。8–9月开花。

特产于西藏扎囊县。生于山坡林中，海拔3 788 m。

38. 毛茛叶翠雀花

Delphinium hillcoatiae Munz in J. Arn. Arb. 49(1): 144. 1968. Holotype　西藏：南部，Kap, Chayul Chu, alt. 3 353m，多石砾山坡，1936-07-23，F. Ludlow & G. Sherriff 2424 (BM, not seen; photo, PE)。

38a. var. **hillocoatiae**

草本高15–50 cm。茎被开展腺毛，常分枝。茎生叶叶片肾状五角形，(2–4) cm × (4–10) cm，3深裂，中央深裂片宽菱形，3浅裂，2回裂片有少数小裂片或牙齿，侧深裂片较大，斜扇形，不等2浅裂；叶柄长2–8 cm。总状花序顶生，长10–30 cm，有4–20花；下部苞片叶状；花梗长1–5 cm，被开展腺毛，顶端有2披针状条形小苞片。萼片白绿色，上萼片卵形，长18–19 mm，距钻形，长20–25 mm，其他萼片长14–15 cm。花瓣无毛，顶端2微裂。退化雄蕊黑色；瓣片长5 mm，2半裂，腹面被髯毛；爪长5 mm。雄蕊无毛。心皮3，无毛。7–8月开花。

特产于西藏察隅一带。生于多石砾山坡，海拔3 355–3 700 m。

38b. 毛果毛茛叶翠雀花　图版19：10–13

var. **pilocarpum** Q. E. Yang & Y. Luo in Novon 13(4): 487. 2003. Holotype　西藏：曲水县，alt. 3 600 m，1975-09-25, 青藏队7983 (PE)。

Delphinium hillcoatiae auct. non Munz: W. T. Wang in Fl. Reip. Pop. Sin. 27: 360, pl. 82: 10–13. 1979; et in Fl. Xizhang. 2: 46, fig. 13: 4–6. 1985; W. T. Wang & M. J. Warnock in Fl. China 6: 242. 2001.

本变种的萼距长1.5–1.7 cm，子房被短柔毛，而与模式变种不同。

特产于西藏曲水县。生于山地阴湿处，海拔3 600 m。

39. 磨顶山翠雀花　图版22：7–8

Delphinium motingshanicum W. T. Wang & M. J. Warnock in Guihaia 17(1): 3, fig. 1: 1–2. 1997; et in Fl. China 6: 239. 2001; W. T. Wang in Fl. Yunnan.. 11: 115. 2000. Holotype　云南：德钦，Mt. Motingshan 磨顶山，alt. 4 600 m，流石滩上，花紫蓝色，1932-06，J. F. Rock 22852A (US)。

D. hamatum auct. non Franch.: Munz in J. Arn. Arb. 49: 237. 1968, p. p. quoad Rock 22852.

草本高约45 cm。茎下部密被、上部疏被贴伏短柔毛，约有4叶。基生叶和茎生叶均未见。总状花序顶生，长约25 cm（？上部未见），约有8花；下部苞片叶状，具柄，五角形，1.8–2.2 × 4 cm，3全裂，中央全裂片狭倒卵状披针形，侧全裂片斜扇形，不等2深裂近达基部，2回裂片又2深裂，末回裂片条状披针形或条形，上面密被、下面疏被贴伏短柔毛，柄长1.5–2.6 cm；轴疏被短柔毛；下部花梗长7.2–11.4 cm，下部疏被、上部密被贴伏短柔毛，上部还混生少数开展柔毛，中部以上具2小苞片；小苞片具短柄，长圆形或长椭圆形，(10–14) mm × (2–2.5) mm。腋生总状花序长5–5.5 cm，有5花；下部苞片3全裂，上部苞片不分裂，条形；花梗长1.8–7 cm，具倒披针状条形小苞片。萼片紫蓝色，外面被柔

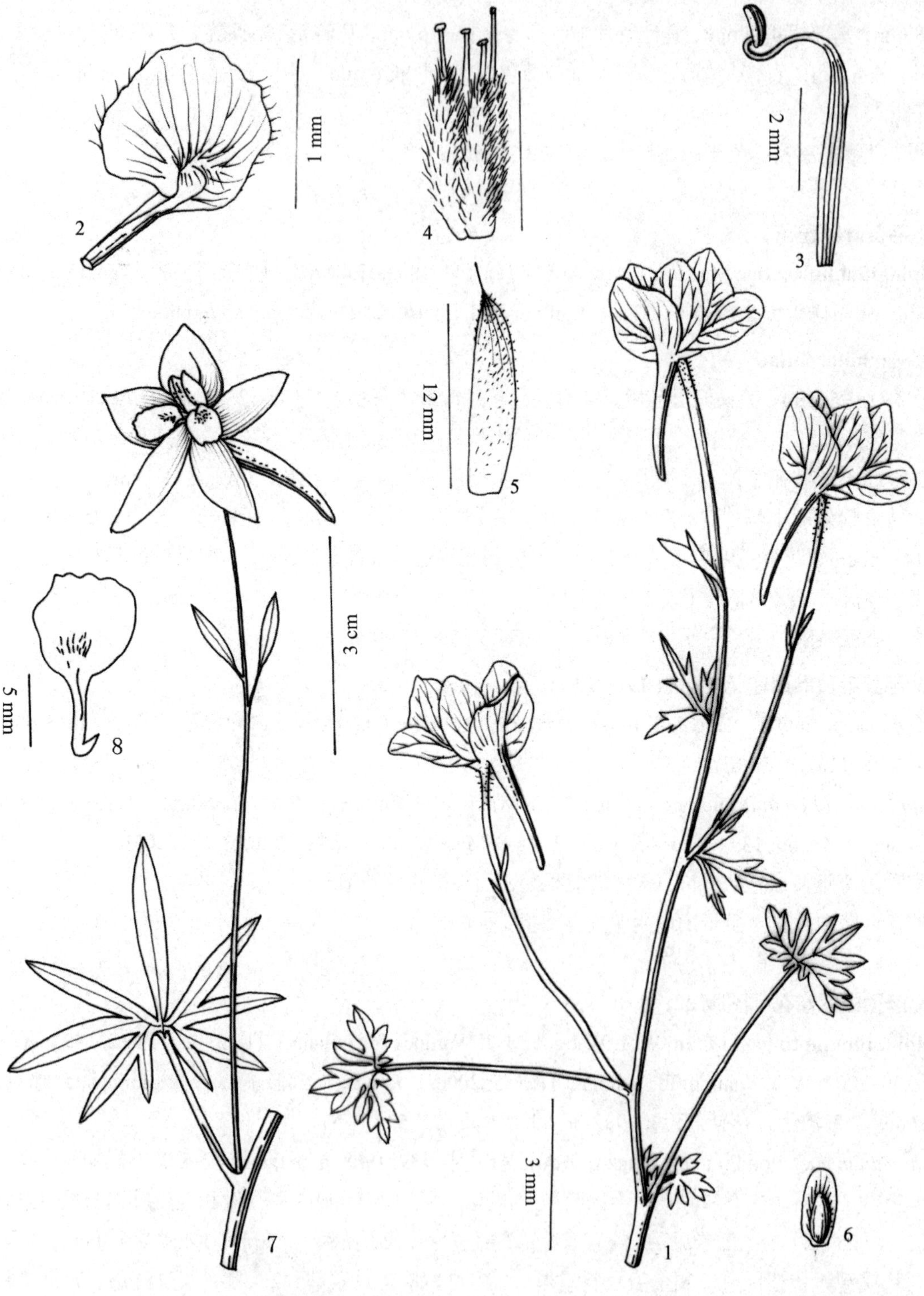

图版 22　1–6. **门源翠雀花**　1. 开花植株上部；2. 退化雄蕊；3. 雄蕊；4. 雌蕊群；5. 蓇葖果；6. 种子。（引自王文采 2016；孙英宝绘）
7–8. **磨顶山翠雀花**　7. 花序最下部的花；8. 退化雄蕊。（引自王文采，1997）

Plate 22　1–6. **Delphinium menyuanense**　1. Upper part of flowering plant; 2. Staminode; 3. Stamen; 4. Gynoecium; 5. Follicle; 6. Seed. (After W. T. Wang, 2016; drawn by Y. B. Sun)　7–8. **D. motingshanicum**　7. Lowermost flower of the raceme; 8. Staminode. (After W. T. Wang, 1997)

毛，内面无毛，上萼片长圆形，长 12 mm，距细筒状钻形，长 22 mm，基部粗 3 mm，其他萼片长 14–16 mm。花瓣无毛。退化雄蕊暗褐色；瓣片圆形，长 7 mm，腹面基部之上有黄色髯毛；爪长 5 mm。雄蕊花丝有疏毛。心皮 4–5，子房密被柔毛。6–7 月开花。

特产于云南德钦县磨顶山。生于流石滩上，海拔 4 600 m。

系 3. 门源翠雀花系

Ser. **Menyuanensia** W. T. Wang, ser. nov. Type: *Delphinium mengyuanense* W. T. Wang.

Foliorum laminae 3-sectae. Calcar sepalinm sepalis longius vel eis aequilongum. Semen anguste ellipsoidale, ala peripherali una praeditum.

叶片 3 全裂。萼距比萼片长或与萼片等长。种子狭椭圆形，周围具 1 翅。

1 种，分布于青海东北部。

40. 门源翠雀花　图版 22：1–6

Delphinium mengyuanense W. T. Wang in Guihaia 36, Suppl. 1: 90, fig. 1: F–K, et (11): 1304, fig. 1: F–K. 2016. Holotype　青海：门源县，近仙来寺，alt. 2 600 m，1958-07-30，植物研究所青海队 634 (PE)。

草本高约 20 cm。茎被反曲短柔毛。基生叶未见。茎生叶具长柄；叶片纸质，心状五角形，约 1.5 cm × 2.5 cm，3 全裂，中央全裂片宽菱形，宽约 1 cm，3 深裂，深裂片披针状条形，全缘，侧裂片斜宽菱形，不等 2 深裂，上方 2 回裂片较小，宽条型，具 1 小裂片，下方 2 回裂片较大，又不等 2 深裂，3 回裂片具 1 小裂片，两面疏被柔毛；叶柄长 3–4 cm。总状花序顶生，长 15 cm，有 3 花；基部苞片叶状；轴和花梗被反曲短柔毛和较长的近开展柔毛；花梗长 6.6–11 cm，在下部和中部之上具 2 披针状条形小苞片。萼片蓝色，外面被短柔毛，内面无毛，上萼片宽卵形，长 19 mm，距钻形，长 20–22 mm，基部粗 3 mm，其他萼片长 19–22 mm。花瓣无毛，顶端全缘。退化雄蕊褐色；瓣片扁圆形，宽 7–8 mm, 顶端稍啮蚀状，腹面基部之上被黄色髯毛；爪长 7 mm。雄蕊长 8 mm，无毛。心皮 4，子房密被短柔毛。蓇葖长圆形，长 1.2 cm。种子黑色，长椭圆体形，长 1.8 mm，无毛，平滑，周围有一宽 0.4–0.8 mm 的狭翅。6–7 月开花，7 月结果。

特产于青海门源县。生于海拔 2 600 m 的山地。

亚组 2. 囊距翠全花亚组

Subsect. **Metaconitoides** W. T. Wang in Acta Bot. Sin. 10(1): 75. 1962; Tamura in Hiepko, Nat. Pflanzenfam., Zwei. Aufl., 17aIV: 297. 1995. Type: *Delphinium brunonianum* Royle.

Subsect. *Subumbellata* Huth ex W. T. Wang in Fl. Reip. Pop. Sin. 27: 369. 1979.

叶 3 深裂，稀 3 全裂。花序伞房状，通常具少数花，或花单朵顶生。萼片多宿存，常具明显脉纹，上萼片常船形。种子四面体形，沿纵棱具狭翅，稀具密集小鳞片。

30 余种，分布于亚洲西部、喜马拉雅山区以及我国西部和北部。我国有 33 种，多数分布于西藏，少数种分布于云南西北、四川西部、青海、新疆、甘肃、陕西、河北和内蒙古西南部；隶属于三系。

系 1. 囊距翠雀花系

Ser. **Brevicalcarata** Huth ex W. T. Wang in Acta Bot. Sin. 10(1): 76. 1962 ——Tribus *Brevicalcarata* Huth in Bot. Jahrb. 20: 392. 1895, nom. inval. Lectotype: *Delphinium brunonianum* Royle.

Ser. *Chrysotricha* W. T. Wang in 1. C. Type: *Delphinium chrysotrichum* Finet & Gagnep.

Ser. *Chumulangmaensia* W. T. Wang in Acta Phytotax. Sin. Add. 1: 98. 1965. Type: *Delphinium chumulangmaense* W. T. Wang.

叶 3 浅裂、3 深裂或 3 全裂。萼距比萼片短。心皮 3–5。种子四面体形，沿纵棱有狭翅。

我国有 15 种，其中 10 种分布于西藏，其他种分布于新疆、四川西部、青海、云南北部。

41. 囊距翠雀花　图版 16：5–8

Delphinium brunonianum Royle, Illustr. Bot. Himal. 56. 1834; Hook. in Curtis, Bot. Mag. 4: t. 5461. 1864; Hook. f. & Thoms. in Hook. f. Fl. Brit. India 1: 27. 1872; Huth in Bot. Jahrb. 20: 392. 1895; Finet & Gagnep in Bull. Soc. Bot. France 51: 493. 1904; W. T. Wang in Acta Bot. Sin. 10(1) 76. 1962; Munz in J. Arn. Arb. 48(4): 478. 1967; Iconogr. Corm. Sin. 1: 700, fig. 1399. 1972; W. T. Wang in Fl. Reip. Pop. Sin. 27: 365, pl. 84: 5–8. 1979; et in Fl. Xizang. 2: 48, fig. 14: 8. 1985; Rau in Sharma et al. Fl. India 1: 86. 1993; Z. Wang & W. T. Wang in High. Pl. China 3: 431, fig. 680. 2000; W. T. Wang & M. J. Warnock in Fl. China 6: 235. 2001; W. T. Wang in High. Pl. China in Colour 3: 362. 2016; L. Xie in Medic. Fl. China 3: 173, with fig. & photo. 2016; X. T. Ma et al. Wild Flow Xizang, photo 43. 2106. Holotype: Kunawur, Kongno Pass, R. Inglis s. n. (not seen).

草本高 10–22(–34) cm。茎被开展短柔毛，并混生黄色腺毛，有时变无毛。基生叶和下部茎生叶有长柄；叶片肾形，(2.2–4.2) cm × (5.2–8.5) cm，基部突呈楔形，掌状深裂或全裂，1 回裂片彼此稍覆压或邻接，边缘有小裂片和牙齿，两面疏被短柔毛；叶柄长 3–9 cm。伞房花序有 2–4 花；花梗长 5.5–7 cm，密被短柔毛和黄色短腺毛，中部之上有 2 椭圆形小苞片。萼片宿存，蓝紫色，两面均被短柔毛，上萼片船状圆卵形，长 18–30 mm，距囊状或圆锥状，长 6–10 (–20) mm，基部粗 6–9 mm。花瓣顶端 2 浅裂，有疏毛。退化雄蕊黑色，有长爪，瓣片长 7 mm，2 深裂，腹面有黄色髯毛。雄蕊无毛。心皮 4–5，子房有疏毛。蓇葖长约 1.6 cm。种子四面体形，长 2 mm，沿棱有狭翅。6–10 月开花。

分布于中国西藏南部以及尼泊尔西部、克什米尔地区、阿富汗。生于山坡草地或多石砾山坡，海拔 4 500–6 000 m。

全草药用，用于流行性感冒、皮肤痒疹等症（《中国药用植物志》，2016）。

标本登录　西藏：拉萨，张永田，郎楷永 2415，2375，西藏中草药队 2064；申扎，王金亭 3621；雪古拉山，傅国勋 522，746；南木林，西藏中草药队 1003；林周，西藏中草药队 2003；定日，姜恕，郑度 30。

42. 帕米尔翠雀花

Delphinium lacostei Danguy in J. de Bot. ser. 2, 1: 50. 1908; Nevski in Fl. URSS 7: 124, t. 9: 2. 1937; Munz in J. Arn. Arb. 48(4): 486. 1967; W. T. Wang in Bull. Bot. Res Harbin 3(1): 28. 1983; J. G. Liu in Fl. Xinjiang. 2(1): 254, pl. 68: 1–3. 1994; W. T. Wang & M. J. Warnock in Fl. China 6: 235. 2001. Holotype　Pakistan: Pamir. Sasser La, alt. 4 950 m, 1906-09-07，Lacoste s. n. (P, not seen).

草本高 10–35 cm。茎稍密被短柔毛。基生叶与生于近茎基部的茎生叶均具长柄；叶片五角形，

(2.5−3.5) cm × [3−5(−6)] cm，在基部心形，3 深裂，中央深裂片宽菱形，3 微裂，边缘有少数小齿，侧深裂片近扇形，不等 2 半裂，两面疏被柔毛；叶柄长 5−14 cm。伞房花序顶生，有 2−5 花；基部苞片叶状，上部者条形；花梗长 2−6 cm，密被短柔毛，中部以上具 2 条形小苞片。萼片蓝色，外面密被柔毛，上萼片圆卵形，长 30 mm，距细圆锥形，长 7−12 mm。花瓣上部有疏毛。退化雄蕊褐色；瓣片长约 1 cm，2 浅裂，腹面下部被淡黄色髯毛；爪比瓣片稍长。雄蕊无毛。心皮 4，子房密被柔毛。8 月开花。

分布于中国新疆帕米尔山区以及塔吉克斯坦、阿富汗。生于山坡草地，海拔 4 300−5 350 m。

标本登录 新疆：塔什库尔干，当巴什，西北植物所新疆队 1495 (WUK)；和田，1987-08，李渤生，郑度，张百平 11146；叶城，青藏队 1465。

43. 叶城翠雀花 图版 23

Delphinium yechengense C. Y. Yang & B. Wang in Acta Phytotax. Sin. 30(1): 82, fig. 2: 1−5. 1992; J. G. Liu in Fl. Xinjiang. 2(1): 254. 1994; W. T. Wang & M. J. Warnock in Fl. China 6: 235. 2001. Holotype 新疆：叶城，科克雅尔大板，alt. 3 800 m, 1984-07-11, 阿布力米提，阿不力克木 137 (XJA)。

草本高 45−50 cm。茎疏被开展柔毛，中部之上分枝。下部茎生叶有长柄；叶片圆五角形，宽约 10 cm，基部深心形，3 深裂稍超过中部，裂片互相覆压，中央深裂片宽菱形，3 浅裂，边缘有缺刻和牙齿，侧深裂片扇形，不等 2 浅裂，上面近无毛，下面有疏毛；叶柄长约 15 cm。伞房花序顶生，有 4−6 花；下部苞片叶状，上部者披针形；花梗长 2.5−10 cm，密被短柔毛和少数淡黄色腺毛，上部有 2 披针形小苞片。萼片宿存，紫蓝色，两面均被柔毛，上萼片船状圆卵形，长 18−21 mm，距囊状圆锥形，长 11−14 mm。花瓣顶端 2 浅裂，有疏毛。退化雄蕊黑色；瓣片长 8−9 mm，2 浅裂，腹面中央被黄色髯毛；爪长 6 mm。雄蕊无毛。心皮 5，子房密被短柔毛。7−8 月开花。

特产于新疆塔什库尔干和叶城二县。生于山坡草地，海拔 3 800−4 300 m。

标本登录 新疆：塔什库尔干，1978-07-16，西北植物所新疆队 1495。

44. 定结翠雀花 图版 24：1−4

Delphinium dingjieense W. T. Wang, sp. nov. Holotype 西藏 (Xizang)：定结县，日屋乡，柯拉山 (Dingjie County, Riwu Town, Kela Shan), alt. 4 400−4 800 m，灌丛草甸 (in scrubs on alpine meadow), 1990-08-15，李渤生，李辉，多吉次旦 (B. S. Li, H. Li & Duojicidan) 13101 (PE)。

Species nova haec est arcte affinis *D. glaciali* Hook. f. & Thoms., a quo foliis minoribus, bracteolis prope vel ad apicem pediceli sitis et flori contiguis, sepalis minoribus 20−25 mm longis differt.

Herbs 8−9 cm tall. Stems ca. 4 cm long, spreading-pubescent, simple, 2-leaved. Basal leaves ca. 3, long petiolate; blades papery, ca. 1.6 cm × (2.4−2.8) cm, at base cordate, 3-sect or 3-parted to near base, central segment broad-rhombic, 3-lobed, secondary lobes with 4−5 narrow-ovate lobules, lateral segments larger, flabellate, unequally 2-parted; surfaces adaxially and abaxially sparsely puberulous; petioles ca. 3.5 cm long. Corymbs terminal, 3-flowered; bract foliaceous; pedicels 2−3 cm long, densely puberulous, near or on apex 2-bracteolate; bracteoles narrow-rhombic, 11−13 mm long, 2−3-lobed, densely ciliate. Sepals blue, outside sericeous, inside glabrous, upper sepal cymbiform-suborbicular, 25 × 24 mm, spur conic, 8 mm long, at base 6 mm ocross, other sepals 17−20 mm long. Petals at apex 2-lobulate, adaxially below lobules pilose. Staminodes

图版 23　**叶城翠雀花**　1. 植株全形；2. 花；3. 侧萼片；4. 下萼片；5. 退化雄蕊。（引自杨昌友和王兵，1992）

Plate 23　**Delphinium yechengense**　1. Habit; 2. Flower; 3. Lateral sepal; 4. Lower sepal; 5. Staminode.
(After C. Y. Yang & B. Wang, 1992)

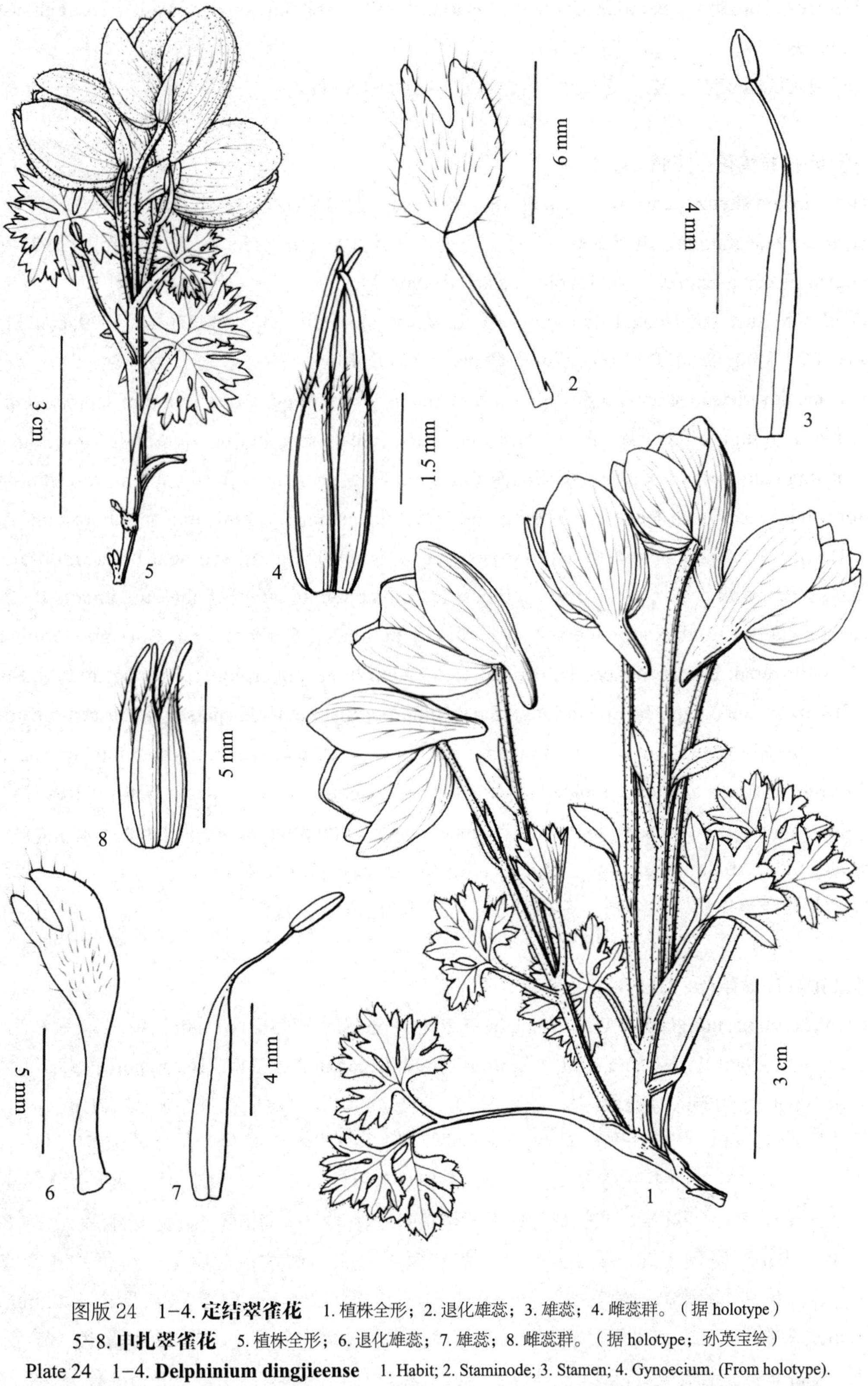

图版 24　1–4. **定结翠雀花**　1. 植株全形；2. 退化雄蕊；3. 雄蕊；4. 雌蕊群。（据 holotype）
5–8. **申扎翠雀花**　5. 植株全形；6. 退化雄蕊；7. 雄蕊；8. 雌蕊群。（据 holotype；孙英宝绘）

Plate 24　1–4. ***Delphinium dingjieense***　1. Habit; 2. Staminode; 3. Stamen; 4. Gynoecium. (From holotype).
5–8. ***D. shenzhaense***　5. Habit; 6. Staminode; 7. Stamen; 8. Gynoecium. (From holotype; drawn by Y. B. Sun)

black; limbs subquadrate, 6 mm × 4 mm, at apex 2-lobed, adaxially above base white-barbate; claws 6.5 mm long. Stamens 9 mm long, glabrous. Carpels 5; ovaries 3 mm × 0.8 mm, on apex with sparse hairs; styles 2 mm long, glabrous.

特产于西藏定结县。生于灌丛草甸上，海拔 4 400–4 800 m。

45. 申扎翠雀花　图版 24：5–8

Delphinium shenzhaense W. T. Wang, sp. nov. Type　西藏 (Xizang)：申扎县，穷布居拉附近 (Shenzha County, near Quongbujula), alt. 5 300 m，流石滩上，花蓝紫色 (on scree, fls. blue-purple), 1975-09-07, 青藏队 (Qinghai-Xizhang Exped.) 7504 (holotype and isotype, PE)。

D. glaciale auct. non Hook. f. & Thoms. : W. T. Wang in Fl. Reip. Pop. Sin. 27: 367. 1979; et in Fl. Xizang. 2: 49. 1985; W. T. Wang & M. J. Warnock in Fl. China 6: 236. 2001.

Species nova haec est arcte affinis *D. pseudoglaciali* W. T. Wang, a quo foliorum segmentorum stipitibus brevioribus 1–6 mm longis, sepalis caeruleo-purpureis, calcari sepalino breviore 7–10 mm longo, carpellis glabris distinguitur. Herbs 5–10 cm tall. Stems 1–2.5 cm long, sometimes nearly absent, spreading-puberulous, near apex 1-leaved. Basal leaves 3–4, long petiolate; blades papery, reniform or suborbiculary, (1–2) cm × (2–4) cm, 3-sect, segments stipitate (stipes 1–6 mm long), central segment broad-rhombic, 3-parted, secondary lobes with 1–2 narrow-ovate lobules, lateral segments larger, flabellate, unequally 2–3-parted; surfaces adaxially and abaxially sparsely puberulous; petioles 2.5–4 cm long. Corymbs terminal, 4–8 cm long, 2–3-flowered; bracts foliaceous; pedicels 3.6–7 cm long, puberulous, near the middle 2-bracteolate; bracteoles linear-lanceolate, 1–1.6 cm long. Sepals blue-purplish, outside sparsely pubescent, inside glabrous, upper sepal broad-ovate, 30 mm × 18 mm, spur subconic, 7–10 mm long, at base 5 mm across, other sepals 25–30 cm long. Petals at apex 2-lobulate, below lobes pilose. Staminodes black; limbs narrow-ovate, 10 mm long, 2-lobed, adaxially on the middle white-brabate; claws 8 mm long. Stamens 9 mm long, glabrous. Carpels 5; ovaries 5 mm × 0.8 mm, glabrous; styles 2 mm long, at base pilose.

特产于西藏申扎县。生于高山流石滩上，海拔 5 300 m。

46. 拟冰川翠雀花　图 5

Delphinium pseudoglaciale W. T. Wang in Fl. Reip. Pop. Sin. 27: 368, 612, fig. 19. 1979; et in Fl. Xizang. 2: 49, fig. 14: 5–7. 1985; W. T. Wang & M. J. Warnock in Fl. China 6: 236. 2001. Holotype　西藏: 南木林，仁堆，彭多，alt. 4 900–5 000 m，流石滩上，花灰白色，1975-09-02，西藏队植被组 6052 (PE)。

草本高约 10 cm。茎被开展短柔毛，自基部之上约有 2 分枝。基生叶约 2，与茎生叶均有长柄；叶片肾形，(1.5–2) cm × (2.7–3.8) cm，3 全裂，全裂片互相稍覆压，有长柄（中央的长达 17 mm，侧生的长 10–12 mm），2–3 回细裂，末回裂片狭卵形至披针状条形，两面被短柔毛；叶柄扁，长 1.8–4.8 cm。花 1–2 朵顶生；花梗直上展，长 3.5–5 cm，密被短柔毛和少数黄色短腺毛；小苞片叶状或条形，长 1 cm。萼片白色，外面密被短柔毛和黄色短腺毛，内面的毛稀疏，上萼片宽椭圆形，长 22 mm，距钻形，长 19 mm，基部粗 4 mm，其他萼片长 20 mm。花瓣顶端和内面有黄色毛。退化雄蕊黑色；瓣片长 6.5 mm，2 半裂，腹面基部之上疏被黄色髯毛；爪长 5 mm。雄蕊花丝上部有疏毛。心皮 5。蓇葖长约 1.2 cm，有

图 5　**拟冰川翠雀花**　1. 植株全形；2. 退化雄蕊。（引自《中国植物志》；刘春荣绘）

Fig. 5　**Delphinium pseudoglaciale**　1.Habit; 2.Staminode.(After Fl.Reip.Pop.Sin.; drawn by C. R. Liu)

柔毛。种子四面体形，长 2 mm，沿棱有狭翅。8–9 月开花。

特产于西藏南木林县。生于多石砾山坡，海拔 4 900–5 000 m。

47. 珠峰翠雀花　图版 1：7–8

Delphinium chumulangmaense W. T. Wang in Acta Phytotax. Sin. 10, Add. 1: 98. 1965; in Fl. Reip. Pop. Sin. 27: 369, pl. 78: 7–8. 1979; et in Fl. Xizang. 2: 50. 1985; W. T. Wang & M. J. Warnock in Fl. China 6: 237. 2001. Holotype　西藏：珠穆朗玛峰，alt. 5 000 m，多石山坡，1959-09-06，登山队 837 (PE)。

草本高约 6.5 cm。茎被开展短柔毛，不分枝，近基部生 3 叶。叶有长柄；叶片圆五角形或圆卵形，(0.6–0.9) cm × (1.2–1.5) cm，基部心形，3 全裂，全裂片互相稍覆压，中央全裂片菱形，3 浅裂，全裂片互相稍覆压，有 2 小齿，侧全裂片斜扇形，不等 2 深裂，两面均被短柔毛；叶柄长 1.4–1.8 cm。花单生茎顶端，小苞片距花 3.5 cm，条形，长 8 mm。萼片宿存，淡紫色，外面被短柔毛，内面只近边缘有疏毛，上萼片圆倒卵形，长 18 mm，距圆锥状钻形，长 13 mm，基部粗 4 mm，其他萼片长 16 mm。花瓣无毛，顶端 2 浅裂。退化雄蕊黑色；瓣片长 6 mm，2 裂稍超过中部，腹面基部之上被黄色髯毛；爪长 8.5 mm。雄蕊无毛。心皮 4，子房密被短柔毛。8–9 月开花。

特产于西藏中南部。生于多石砾山坡，海拔 5 000–5 400 m。

标本登录　西藏：定日，西藏考察队 T703；申扎，西藏队植被组 6090。

48. 堆拉翠雀花　图版 26：1–4

Delphinium wardii Marq. & Shaw in J. Linn. Soc. Bot. 48: 157. 1929; W. T. Wang in Acta Bot. Sin. 10(1): 77. 1962; Munz in J. Arn. Arb. 48(4): 496. 1967; W. T. Wang in Fl. Reip. Pop. Sin. 27: 372. 1979; et in Fl. Xizang. 2: 50. 1985; W. T. Wang & M. J. Warnock in Fl. China 6: 237. 2001. Type：西藏南部，Tang La, alt. 4 200 m，草坡，杜鹃花灌丛中，1924-09-20，F. Kingdon Ward 6193 (not seen; photo of isotype, PE)。

草本高 9–15 cm。茎被短柔毛，不分枝，无叶或有 1 叶。基生叶数个，有长柄；叶片肾形，(1.5–2) cm × (2.5–4) cm，3 裂近中部，中央 1 回裂片倒梯形，3 微裂，2 回裂片有宽卵形小裂片，侧生 1 回裂片斜扇形，不等 2–3 浅裂，两面疏被短柔毛。花 1–2 朵顶生；苞片匙形，3 裂。萼片蓝色，外面被短柔毛，上萼片近圆形，长 36–46 mm，距钻形，长 17–20 mm，基部粗 4 mm，其他萼片长约 20 mm。花瓣顶端 2 浅裂，有疏毛。退化雄蕊黑色；瓣片长 8 mm，2 浅裂，腹面有黄色髯毛；爪长 8 mm。雄蕊无毛。心皮 3，子房无毛，或只在腹缝线上有毛，其他部分无毛。9 月开花。

分布于西藏南部。

标本登录　西藏：林芝，杨亲二，袁琼 516，罗建，江书丽等 09435。

49. 唐古特翠雀花　图版 26：5–8

Delphinium tanguticum (Maxim.) Huth in Bull. Herb. Boiss. 1: 331, t. 15. 1893; et in Bot. Jahrb. 20: 407. 1895; Franch. in Bull. Soc. Philom. Paris, ser. 8, 5: 176. 1893; Finet & Gagnep. In Bull. Soc. Bot. France 51: 482. 1904. ——*D. caucasicum* C. A. Mey var. *tangutica* Maxim. Enum. Fl. Mongol. 28. 1889. Holotype　四川：北部，1885, G. N. Potanin s. n. (LE, not seen; isotype, K, photo PE)。

D. pylzowii auct. non Maxim.: Munz in J. Arn. Arb. 48(4): 532. 1967, p. p. quoad syn. *D. tanguticum*

(Maxim.) Huth.

D. albocoeruleum auct. non Maxim.: W. T. Wang in Fl. Reip. Pop. Sin. 27: 380. 1979, p. p. quoad syn. *D. tanguticum* (Maxim.) Huth.

草本高约 10 cm。茎密被贴伏短柔毛，不分枝，有 2 叶。基生叶 1，与下部茎生叶有长柄；叶片近五角形，(4−5) cm × (5−7) cm，基部近截形，3 深裂近基部，中央深裂片宽菱形，3 中裂，中央 2 回裂片近顶端 3 浅裂，侧生 2 回裂片较小，每侧有 1 三角形小裂片或牙齿，测深裂片与中央深裂片相似，但较小，两面有短伏毛；叶柄长 6−7 cm。伞房花序顶生，有 2−4 花；苞片菱形，3 裂；花梗长 4−5.6 cm，被贴伏短柔毛，顶端具 2 条状披针形小苞片。萼片蓝色，外面被短柔毛，内面无毛，上萼片椭圆形，长 30−35 mm，距钻形，长 20−24 mm。花瓣无毛，顶端全缘。退化雄蕊黑褐色；瓣片扁圆形，顶端微波状，腹面有硬毛；爪与瓣片等长。雄蕊无毛。心皮 3，子房被硬毛。

特产于四川北部。

50. 察瓦龙翠雀花　图版 16：9−10

Delphinium tsarongense Hand.-Mazz. in Anz. Akad. Wiss. Wien 59: 245. 1922; Symb. Sin. 7: 272. 1931; et in Acta Hort. Gotob. 13: 48. 1939; W. T. Wang in Acta Bot. Sin. 10(1): 76. 1962; Munz in J. Arn. Arb. 48(4): 493. 1967. ——*D. chrysotrichum* Finet & Gagnep. var. *tsarongense* (Hand.-Mazz.) W. T. Wang in Fl. Reip. Pop. Sin. 27: 367, pl. 84: 9−10. 1979; in Fl. Xizang. 2: 49. 1985; in Vasc. Pl. Hengduan Mount. 1: 481. 1993; et in Fl. Yunnan. 11: 114, pl. 34: 4−5. 2000; Z. Wang & W. T. Wang in High. Pl. China 3: 432, photo 324. 2000; W. T. Wang & M. J. Warnock in Fl. China 6: 236. 2001; W. T. Wang in High. Pl. China in Colour 3: 362. 2016. Holotype　西藏：察隅，察瓦龙，alt. 4 600 m，1915-09-17，H. Handel-Mazzetti 7934 (W, not seen; photo, PE)。

草本高 8−12 cm。茎密被贴伏短柔毛，自基部分枝。基生叶约 3，与茎生叶均具长柄；叶片纸质，圆肾形，(2.5−4) cm × (2.5−8) cm，3 深裂稍超过中部，深裂片邻接或稍覆压，中央深裂片菱状倒卵形，近顶端 3 浅裂，边缘有缺刻和小牙齿，侧深裂片较大，斜扇形，不等 2 裂至中部，2 回裂片又 3 浅裂，两面被短柔毛；叶柄长 4−8.5 cm。伞房花序顶生，有 1−2 花；苞片叶状；花梗长 2−6.5 cm，密被短柔毛；小苞片叶状，或不分裂，椭圆形或长圆形，长 10 mm。萼片蓝色，外面被柔毛，上萼片船状圆卵形，长 30 mm，距细圆锥形，长 10−18 mm，其他萼片长 20−25 mm。花瓣无毛，顶端 2 微裂。退化雄蕊黑色；瓣片长 11 mm，2 半裂，腹面基部之上被淡黄色髯毛；爪长 11 mm。雄蕊长约 10 mm，无毛。心皮 3，子房密被短柔毛。

分布于云南西北（德钦）和西藏察隅（察瓦龙）。生于山坡，海拔 3 000−4 600m。

标本登录　云南：德钦，多克拉，王启无 64959，冯国楣 6101；德钦，杨亲二和孔宏智 98-389，杨亲二和袁琼 81，89，2493。

51. 黄毛翠雀花　图版 18：4−6

Delphinium chrysotrichum Finet & Gagnep. in Bull. Soc. Bot. France 51: 488, pl. 78. 1904; Finet in J. de Bot. 21: 97. 1908; W. T. Wang in Acta Bot. Sin. 10(1): 76. 1962; Munz in J. Arn. Arb. 49(1): 74. 1968, p. p. excl. syn.; W. T. Wang in Fl. Reip. Fl. Sin. 27: 365, pl. 83: 4−6. 1979; in Fl. Xizang 2: 48. 1985; in Vasc. Pl. Hengduan

图版 25　1–2. **宽萼翠雀花**　1. 总状花序；2. 退化雄蕊。3–5. **美叶翠雀花**　3. 花；4. 基生叶；5. 退化雄蕊。6–8. **二郎山翠雀花**　6. 花，7. 基生叶；8. 退化雄蕊。（引自《中国植物志》；张泰利绘）

Plate 25　1–2. **Delphinium pseudopulcherrimum**　1. Raceme; 2. Staminode.　3–5. **D. calophyllum**　3. Flower; 4. Basal leaf; 5. Staminode.　6–8. **D. erlangshanicum**　6. Flower; 7. Basal leaf; 8. Staminode. (After Fl. Reip. Pop. Sin.; drawn by T. L. Zhang)

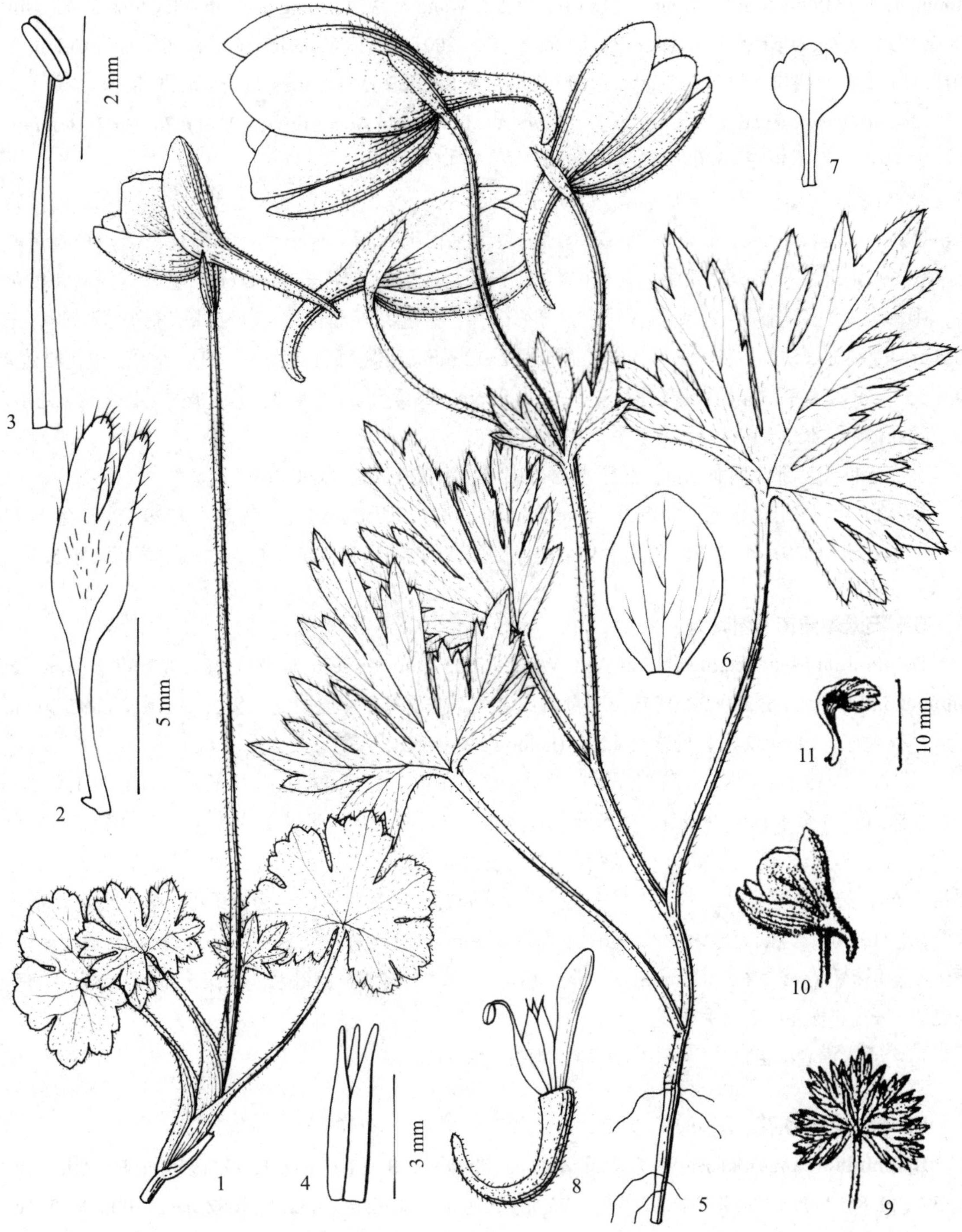

图版 26　1–4. **堆拉翠雀花**　1. 植株全形；2. 退化雄蕊；3. 雄蕊；4. 雌蕊群。（据杨亲二和袁琼 516；孙英宝绘）

5–8. **唐古特翠雀花**　5. 植株全形；6. 侧萼片；7. 退化雄蕊；8. 花瓣，雄蕊，雌蕊群。（引自 Huth, 1893）

9–11. **石滩翠雀花**　9. 叶；10. 花；11. 退化雄蕊。（引自王文采，1983；张泰利绘图）

Plate 26　1–4. **Delphinium wardii**　1. Habit; 2. Staminode; 3. Stamen; 4. Gynoecium. (From Q. E. Yang & Q. Yuan 516; drawn by Y. B. Sun)

5–8. **D. tanguticum**　5. Habit; 6. Lateral sepal; 7. Staminode; 8. Petal, stamen, gynoecium. (After Huth, 1893)

9–11. **D. pseudocandelabrum**　9. Leaf; 10. Flower; 11. Staminode. (After W. T. Wang, 1983; drawn by T. L. Zhang)

Mount. 1: 481. 1993; et in Fl. Yunnan. 11: 14. 2000; Z. Wang & W. T. Wang in High. Pl. China 3: 432, fig. 681. 2000; W. T. Wang & M. J. Warnock in Fl. China 6: 236. 2001; W. T. Wang in High. Pl. China in Colour 3: 362. 2016. Holotype 四川：巴塘，Zambala, 1903-08, J. A. Soulie 3039 (P, not seen; photo, PE)。

D. tsarongense Hand.-Mazz. var. *patentipilum* W. T. Wang in Acta Bot. Sin. 10(1): 76. 1962. Holotype 四川：大炮山，alt. 4 300–4 800 m, 1934-08-21，刘振书 1256 (PE)。

草本高 1–20 cm。茎疏被短柔毛，不分枝或有 1–2 分枝。基生叶和下部茎生叶有长柄；叶片肾形，(1.6–3.2) cm × (2.9–5.2) cm，3 深裂近基部，裂片互相稍覆压，有小裂片和牙齿，两面疏被短柔毛；叶柄长 6–11 cm。伞房花序顶生，有 2 (–4) 花；苞片 3 裂；花梗长 3.4–8 cm，被开展柔毛和黄色短腺毛，中部以上有 2 苞片状或条形小苞片。萼片宿存，紫色，外面被柔毛，上萼片船状圆卵形，长 20–30 mm，距圆锥状钻形，长 15–24 mm，基部粗 7–12 mm。花瓣顶端 2 浅裂，有或无毛。退化雄蕊黑色；瓣片长 7 mm，2 深裂，腹面有黄色髯毛；爪长 6–9 mm。雄蕊无毛。心皮 3，子房被柔毛。蓇葖长约 1.7 cm。种子四面体形，长 2 mm，沿棱有宽翅。8–9 月开花。

分布于四川西部、西藏东部。生于多石砾山坡，海拔 4 200–5 000 m。

标本登录 四川：康定，大炮山，Harry Smith 11321，西藏：八宿，青藏队 1229，李渤生等 7345；左贡，青藏队 11029；类乌齐，杨竞生 91-743；比如，陶德定 11156；朗县，西藏中草药队 4452。

52. 石滩翠雀花 图版 26：9–11

Delphinium pseudocandelabrum W. T. Wang in Bull. Bot. Res. Harbin 3(1): 28. 1983; W. T. Wang & M. J. Warnock in Fl. China 6: 240. 2001. Type 青海：囊谦，古及赛乡，巴曲河，大公桥当山，alt. 5 000 m，流石滩，花黄色，1965-07-21，杨永昌 1297 (holotype & isotype, PE)。

草本高约 15 cm。茎上部疏被开展短柔毛和密集的叶。叶具长柄；叶片纸质，肾形，(1.4–2) cm × (3.2–3.5) cm，3 全裂，中央浅裂片宽菱形或近楔形，3 中裂，2 回裂片 2 或 3 裂，末回裂片狭三角形或条形，侧全裂片斜扇形，不等 2 或 3 深裂，两面被短柔毛；叶柄长达 7 cm。伞房花序顶生，有 3 花；花梗长 7 cm，被开展短柔毛，中部之上有 2 枚 3 裂小苞片。萼片黄色，外面被柔毛，内面无毛，上萼片狭卵形，长 19 mm，距圆筒形，长 12 mm，基部粗 2.5 mm，其他萼片长 19–20 mm。花瓣无毛，顶端全缘。退化雄蕊黑褐色；瓣片 6.5 × 3 mm，2 浅裂，腹面基部之上被淡黄色髯毛；爪长 5 mm。雄蕊花丝有疏毛。心皮 3，子房被柔毛。7–8 月开花。

特产于青海囊谦县。生于高山流石滩，海拔 5 000 m。

53. 唐古拉翠雀花 图版 30：1–2

Delphinium tangkulaense W. T. Wang in Acta Phytotax. Sin. 10, Add. 1: 99, 1965; in Fl. Reip. Pop. Sin. 27: 371, pl. 85: 1–2. 1979; Z. Wang & W. T. Wang in High. Pl. China 3: 432, fig. 682: 1–2. 2000; W. T. Wang & M. J. Warnock in Fl. China 6: 237. 2001; W. T. Wang in High. Pl. China in Colour 3: 363. 2016. Type 西藏：唐古拉山，1963，堪义睿 18 (holotype, PE)；土门格拉，alt. 2 950 m，杨金祥 2390 (paratype, WUK)。

D. chrysotrichum Finet & Gagnep. var. *pygmaeum* Ostf. in Hedin, South. Tibet. 6(2): 79, pl. 2: 1. 1922. Holotype: Tibet, Sven Hedin s. n. (not seen).

53a. f. **tangkulaense**

草本高 4.8–10 cm。茎被短柔毛，下部生数叶，不分枝或有 1 分枝。基生叶 2–4，有长柄；叶片圆肾形，(0.8−1.5) cm × (1.6−3) cm，3 全裂达或近基部，中央全裂片宽倒卵形，3 浅裂，浅裂片有 1−2 宽卵形牙齿，侧全裂片斜扇形，不等 2 深裂，裂片互相稍覆压；叶柄长 2−4 cm。花单朵顶生；花梗被短柔毛，有时混生黄色短腺毛；小苞片披针形，有时不存在。萼片宿存，蓝紫色，两面被短柔毛，上萼片宽卵形，长 19−24 mm，距细圆筒形，长 9−13 mm，基部粗 3.5−5 mm，其他萼片长 19−22 mm。花瓣顶端 2 微裂，有疏毛。退化雄蕊黑色；瓣片近卵形，2 半裂，腹面被黄色髯毛。雄蕊无毛。心皮 3，有短柔毛。7−9 月开花。

分布于西藏和青海西南部。生于流石滩、山坡、河滩，海拔 4 430−5 400 m。

标本登录　西藏：仲巴，青藏队 6726；拉萨，秦志业 10320；申扎，青藏队植被组 12455；双湖，郎楷永 9609、9879、9893、10028、10030；无人区，马衣岗冰川，甘肃农大队 533。青海：玛多，何廷农，B. Bartholomew 等 1702，杨亲二和袁琼 409；玉树，周欣欣和杨宗宗 18-001。

53b. 库塞翠雀花　（变型）

f. **xanthanthum** W. T. Wang & S. K. Wu in Acta Bot. Yunnan. 15 (4): 50. 1993. Holotype　青海：可可西里，库塞湖，alt. 4 750 m，湖边，1990-08-13，武素功，黄荣福，杨永平 K492(KUN)。

本变型的萼片黄色，而与模式标本不同。

特产于青海可可西里库塞湖。生于湖岸沙砾地上，海拔 4 750 m。

54. 仲巴翠雀花　图 6

Delphinium chungbaense W. T. Wang in Fl. Reip. Pop. Sin. 27: 371, 612, fig. 20. 1979; et in Fl. Xizang 2: 50, fig. 14: 3−4. 1985; W. T. Wang & M. J. Warnock in Fl. China 6: 237. 2001. Holotype　西藏：仲巴，龙格尔，彭措拉山，alt. 5 600 m，岩屑山坡，花淡青色，1975-08-06，青藏队 6677 (PE)。

草本高 8−12 cm。茎短，无毛或上部有短柔毛，不分枝或有 1 分枝。基生叶有长柄；茎生叶似基生叶；叶片圆肾形，(6−9) mm × (14−19) mm，3 全裂，全裂片 2−3 回细裂，末回裂片披针状长圆形或狭长圆形，裂片互相邻接；叶柄长 1.5−4.2 cm。花单朵顶生；花梗有短柔毛，下部有叶状小苞片。萼片淡蓝紫色，外面有短柔毛，内面无毛，上萼片宽椭圆形，长 16 mm，距细圆筒形，长 9−14 mm，基部粗 3 mm。花瓣无毛，不分裂。退化雄蕊黑色；瓣片狭椭圆形，长 6 mm，不分裂，腹面被黄色髯毛；爪基部有 1 小附属物。雄蕊无毛。心皮 3，子房有疏毛。蓇葖长 1.8 cm。种子四面体形，长 1.2 mm，沿棱有狭翅。7−8 月开花。

特产于西藏仲巴县。生于多石砾山坡，海拔 5 600 m。

55. 细茎翠雀花　图 7

Delphinium nortonii Dunn in Bull. Misc. Inf. Kew 1927: 247. 1927; Munz in J. Arn. Arb. 48(4): 528, fig. 10: E. 1967; Rau in Sharma et al. Fl. India 1: 97: 1993. Holotype　西藏：Kampa Dzong (Sikkim 之北 19.3 km)，alt. 500 m，1922-06-17, E. F. Norton 369 (K, not seen; photo PE)。

草本高 5−10 cm。茎 1−3 条丛生，被短柔毛，有 1−4 叶。基生叶 1−3，有长柄；叶片肉质，圆肾形，(0.3−1) cm × (0.6−2.4) cm，3 全裂或 3 深裂近基部，中央全裂片宽倒卵形，1−2 回 3 裂，小裂片互相邻接，侧全裂片扇形，不等 2 深裂，上方 2 回裂片似中央全裂片；叶柄长 2−4 cm。伞房花序顶生，有 1（−3）花；苞片叶状；花梗长 2.5−6 cm，密被短柔毛，中部或下部有小苞片。萼片紫色，外面被短柔毛，内面无毛，上萼片宽卵形，长 18−25 mm，距细筒形，长 10−15 mm，基部粗 2.5−5 mm，其他萼片长 14−20 mm。

图 6 **仲巴翠雀花** 1. 植株全形；2. 退化雄蕊。（引自《中国植物志》；刘春荣绘）
Fig. 6 **Delphinium chungbaense** 1.Habit; 2.Staminode.(After Fl. Reip. Pop. Sin.; drawn by C. R. Liu)

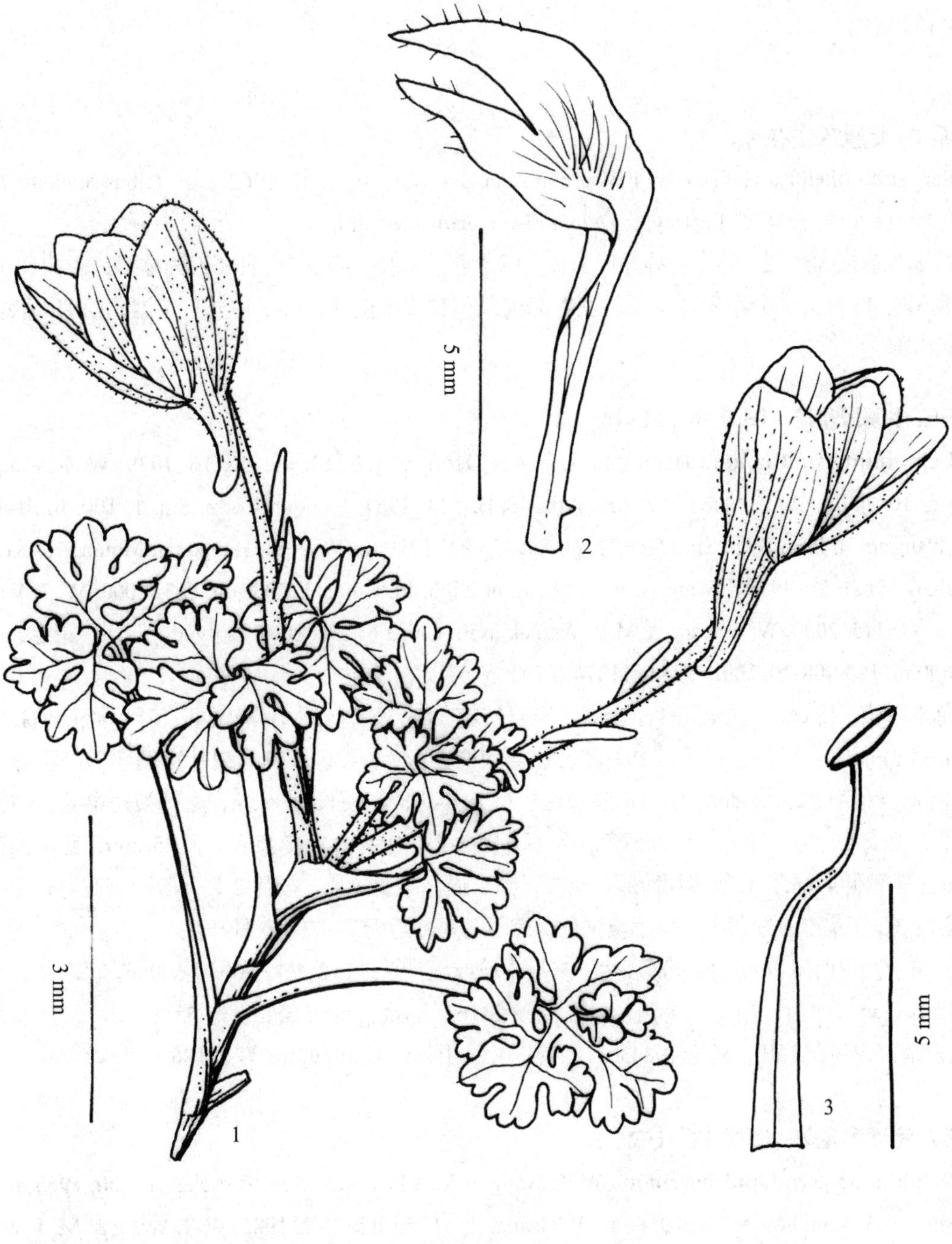

图 7 **细茎翠雀花** 1. 植株全形；2. 退化雄蕊；3.雄蕊。（据 Sven Hedin s.n.；孙英宝绘）

Fig. 7 **Delphinium nortonii** 1.Habit; 2.Staminode; 3.Stamen.(From Sven Hedin s. n.; drawn by Y. B. Sun)

花瓣无毛。退化雄蕊黑色；瓣片 6 × 3 mm，不等 2 中裂，腹面下部被淡黄色髯毛；爪长 6 mm。雄蕊长 7 mm，无毛。心皮 3，子房被短柔毛。7–9 月开花。

分布于中国西藏以及尼泊尔、印度北部。生于高山山坡，海拔 5 000 m。

标本登录　西藏：可可西里，1896-09-08, Sven Hedin s. n. (K); Top of pass, alt. 5 200 m, 1891-08, W. Y. Thorold 116 (K)。

系 2. 大通翠雀花系

Ser. **Subumbellata** Huth ex W. T. Wang in Acta Bot. Sin. 10(1): 77. 1962. ——Tribus *Subumbellata* Huth in Bot. Jahrb. 20: 407. 1895. Lectotype: *Delphinium pylzowii* Maxim.

叶 3 深裂或 3 全裂。萼距与萼片近等长，或比萼片稍长。心皮 3。种子四面体形，沿棱具狭翅。

我国有 15 种，多分布于西南部以及青海东部和甘肃中南部，仅 1 种分布于湖北西部、陕西南部和河南西南部。

56. 川滇翠雀花　图版 16：11–14

Delphinium smithianum Hand.-Mazz. in Acta Hort. Gotob. 13: 49, fig. 16. 1939; W. T. Wang in Acta Bot. Sin. 10(1): 77. 1962; Munz in J. Arn. Arb. 48(4): 534. 1967; Iconogr. Corm. Sin. 1: 100, fig. 1400. 1972; W. T. Wang in Fl. Reip. Pop. Sin. 27: 372, pl. 84: 11–14. 1979; in Vasc. Pl. Hengduan Mount. 1: 481. 1993; et in Guihaia 17(1): 6. 1997; Z. Wang & W. T. Wang in High. Pl. China 3: 433, fig. 683. 2000; W. T. Wang in Fl. Yunnan. 11: 115. 2000; W. T. Wang & M. J. Warnck in Fl. China 6: 237. 2001. Isotype　四川：康定，大炮山，alt. 4 600 m, 1934-08-20, Harry Smith 11374 (PE)。

草本高 10–15 cm。茎被反曲短柔毛，不分枝或有 1 分枝。叶约 5，有长柄；叶片肾形，(1.2–2.3) cm × (2.8–4.8) cm，3 深裂近基部，中央深裂片菱状倒卵形，3 浅裂，侧深裂片宽倒卵形，不等 2 深裂稍超过中部；叶柄长 2–8.8 cm。伞房花序顶生，有 2–4 花；花梗长 3–8 cm，上部被短柔毛，中部或下部有 2 枚 3 裂或披针形小苞片。萼片蓝色，外面有短柔毛，上萼片宽椭圆形，长 25 mm，距细圆筒形，长 23 mm，基部粗 4 mm，其他萼片卵形。花瓣无毛。退化雄蕊黑色，瓣片 2 裂，腹面有黄色髯毛。雄蕊无毛。心皮 3，子房密被短柔毛。种子淡褐色，棱不明显，近无翅。7–10 月开花。

分布于四川西部和云南西北部。生于多石山坡或灌丛草地，海拔 3 500–4 600 m。

标本登录　四川：康定，金汤乡，俞德浚 2416；小金，杨亲二，袁琼 531；汶川，杨亲二，袁琼 221。云南：中甸，东旺，杨竞生 8436；中甸，大雪山，D. E. Boufford 等 29186。

57. 宽萼翠雀花　图版 25：1–2

Delphinium pseudopulcherrimum W. T. Wang in Acta Phytotax. Sin. 10, Achel. 1: 100, 1965; in Fl. Reip. Pop. Sin. 27: 374, pl. 86: 1–2. 1979; et in Fl. Xizang. 2: 51, fig. 15: 1–2. 1985; W. T. Wang & M. J. Warnock in Fl. China 6: 238. 2001; W. T. Wang in High. Pl. China in Colour 3: 364. 2016; L. Xie in Medic. Fl. China 3: 175, with fig. & photo. 2016. Type　西藏：拉萨，察日坝，alt. 4 000 m，1961-09-01，肖培根，夏光成 1884 (holotype, IMD; isotype, PE)。

草本高 20–50 cm。茎疏被反曲短柔毛，中部以上分枝。中部茎生叶具稍长柄；叶片五角形，(2.5–

4.2) cm × (4−6) cm，3 深裂近基部，中央深裂片宽菱形，近羽状深裂，小裂片稀疏，条状披针形，侧深裂片斜扇形，不等 2 深裂；叶柄长 4−7 cm。伞房花序顶生，有 (1−) 2−5 花；苞片叶状；花梗长 1.4−5.5 cm，密被短柔毛，中部或上部具条形小苞片。萼片宿存，蓝紫色，外面被柔毛，上萼片近圆形，长 18−20 mm，距钻形，长 18−22 mm，基部粗 3 mm，侧萼片长 20 mm，下萼片长 20−24 mm。退化雄蕊黑色；瓣片长 8 mm，2 浅裂，腹面被黄色髯毛；爪长 8 mm。花丝无毛或有疏毛。心皮 3，子房密被短柔毛。蓇葖长 1.7 cm。种子三棱形，长 1.5 mm，沿棱有狭翅。8−9 月开花。

产于西藏拉萨一带。生于山地草坡，海拔 4 000−5 000 m。

标本登录　西藏：拉萨，张永田，郎楷永 1907，1982，2132；达孜，张永田，郎楷永 2409。

58. 大通翠雀花　图版 27

Delphinium pylzowii Maxim. in Bull. Acad. Sci. St. Petersb. 9: 709. 1876; Fl. Tangut. 21, pl. 3. 1889; Franch. in Bull. Soc. Philom. Paris, ser. 8, 5: 176. 1893; Huth in Bot. Jahrb. 20: 408. 1895; Finet & Gagnep. in Bull. Soc. Bot. France 51: 495. 1904; Stapf in Curtis. Bot. Mag. 145: t. 8813. 1919; Hand.-Mazz. in Acta Hort. Gotob. 13: 52. 1939; W. T. Wang in Acta Bot. Sin. 10(1): 78. 1962; Munz in J. Arn. Arb. 48(4): 532. 1967, p. p. excl. syn. *D. tanguticum* (Maxim.) Huth; Iconogr. Corm. Sin. 1: 701, fig. 1401. 1972; W. T. Wang in Fl. Reip. Pop. Sin. 27: 376. 1979; L. H. Zhou in Fl. Qinghai. 1: 309. pl. 67: 6−8. 1997; Z. Wang & W. T. Wang in High. Pl. China 3: 434, fig. 684. 2000; W. T. Wang & M. J. Warnock in Fl. China 6: 239. 2001; L. Xie in Medic. Fl. China 3: 176, with fig. 2016.Type　甘肃：大通河，1872，N. M. Przewalski s. n. (holotype, LE, not seen; isotype, PE)。

58a. var. **pylzowii**

草本高 (10−) 20−55 cm。茎被反曲短柔毛，不分枝或下部分枝。基部叶在花期多枯萎，下部叶具长柄；叶片圆五角形，(1−2.8) cm × (2.5−5) cm，3 全裂，中央全裂片常 1−3 回羽状分裂，小裂片狭披针形至条形，侧全裂片较大，不等 2 深裂，两面有疏柔毛；叶柄长 3.5−7.5 cm。伞房花序顶生，有 2−6 花；基部苞片叶状，上部者钻形；花梗长 4.5−9 cm，密被短柔毛，并混生黄色腺毛，中部有条形或钻形小苞片。萼片宿存，蓝紫色，外面被柔毛，内面无毛，卵形，长 16−18 (−24) mm，距钻形，长 21−24 mm，基部粗 3 mm。退化雄蕊黑褐色；瓣片长 6−9 mm，2 半裂，腹面被黄色髯毛。雄蕊无毛。心皮 5，子房密被柔毛。蓇葖长 1.8 cm。种子四面体形，长 1 mm，沿棱无翅。7−8 月开花。

分布于青海东部和甘肃中部。生于山地草坡，海拔 2 350−3 700 m。

标本登录　青海：大通，刘继孟 6434，杨亲二 9531；门源，刘继孟 6730，6748，钟补求 8966；西宁，郝景盛 792；循化，郭本兆 9469，杨亲二 9511；互助，杨亲二 9524；湟源，刘更喜，田玉英 s. n.；贵德，何廷农，B. Bartholomew 等 9。

58b. **光果大通翠雀花（变种）**

var. **leiogynum** W. T. Wang, var. nov. Holotype　青海 (Qinghai)：湟中县，群加林场 (Huangzhong County, Qunjia Tree Farm), alt. 3 400 m, 灌丛中，花蓝紫色 (in scrub, fls. blue-purple), 1989-07-20, 刘尚武 (S. W. Liu) 2986 (PE)。

A var. *pylzowii* differt carpellis glabris.

本变种的心皮无毛，而与模式标本变种不同。

产于青海东部。生于山地灌丛中，海拔 3 400 m。

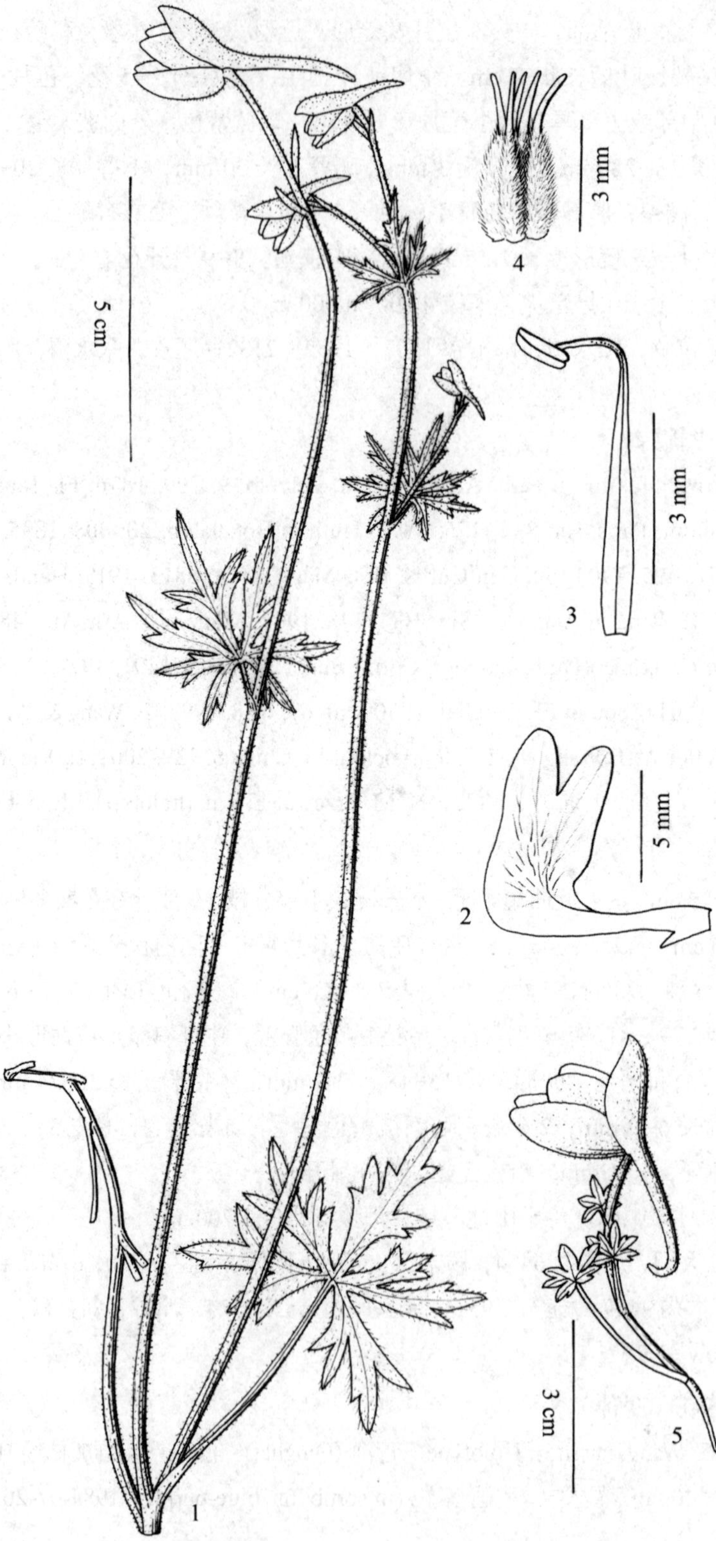

图版 27　**大通翠雀花**　1. 植株全形；2. 退化雄蕊；3. 雄蕊；4. 雌蕊群。（据钟补求 8966）5. 一矮小植株（据杨亲二 9513；孙英宝绘）

Plate 27　**Delphinium pylzowii**　1. Habit; 2. Staminode; 3. Stamen; 4. Gynoecium. (From B. Q. Zhong 8966) 5. A small plant. (From Q. E. Yang 9513; drawn by Y. B. Sun)

59. 三果翠雀花　图版 28：1–5

Delphinium trigynum (W. T. Wang) W. T. Wang, st. nov. ——*D. pylzowii* Maxim. var. *trigynum* W. T. Wang in Acta Bot. Sin. 10(1): 78. 1962; Iconogr. Med. Pl. Qinghai-Xizang Plant. 1: 172, fig. 74. 1972; W. T. Wang in Fl. Reip. Pop. Sin. 27: 377, pl. 87: 1–5. 1979; in Fl. Xizang. 2: 52, fig. 15: 3–4. 1985; et in Vasc. Pl. Hengduan Mount. 1: 481. 1993; L. H. Zhou in Fl. Qinghai. 1: 311. 1997; Z. Wang & W. T. Wang in High. Pl. China 3: 434, fig. 685. 2000; W. T. Wang & M. J. Warnock in Fl. China 6: 239. 2001; L. Xie in Medic. Fl. China 3: 177, with photo. 2016. Holotype　甘肃：夏河，Kotsuik, alt. 4 500 m，草坡，1937-06-19，傅坤俊 1487 (PE)。

D. labrungense Ulbr. ex Rehd. & Kobuski in J. Arn. Arb. 14: 11. 1933, nom. nud.

D. albocoeruleum auct. non Maxim.: Rehd. & Kobuski in l. c., p. p. quoad Rock 13194 et 14501.

D. henryi auct. non Franch.: Rehd. & Kobuski in l. c., p. p. quoad Rock 13154 et 14547.

Species nova haec est affinis *D. pylzowii* Maxim., a quo caulibus saepe ramulosis, corymbis terminalibus et lateralibus saepe corymbum compositum majorem formantibus, sepalis calcari brevioribus, gynoecii carpellis tribus praeclare differt.

Permnnial herbs 10–60 cm tall. Stems near base 2–6 mm across, puberulous, usually with more branches. Basal leaves and lower cauline leaves long petiolate; blades orbicular-ovate in outline, (1.5–3.5) cm × (3.5–5) cm, 3-sect, central segment rhombic, twice or thrice dissected, lateral segments obliquely flabellate, unequally 2-parted, secondary lobes also twice or thrice dissected, with ultimate lobes narrow-triangular, narrow-ovate or linear; surfaces adaxially and abaxially sparsely puberulous; petioles 4–10 cm long. Corymbs 2–6-flowered, terminal and leteral often forming larger compound corymb; bracts foliaceous; pedicels 2.5–7 cm long, densely puberulous and glandular-puberulous, near apex 2-bracteolate; bracteoles linear, 3–8 mm long. Sepals blue-purple, outside puberulous, inside glabrous, upper sepal ovate, (13–17) mm × (8–12) mm, spur sublate, 16–20 mm long, at base 2–3 mm across, other sepals narrow-ovbovate or oblong, 17–20 mm long. Petals at apex emarginate, with sparse hairs. Staminodes black; limbs 8 mm long, 2-lobed, adaxially above base yellowish-barbate; claws 8 mm long. Stamens 5–7 mm long, glabrous. Capels 3, with ovaries densely pubescent. Follicles oblong, 1–2 cm long. Seeds dark-brown, tetrahedral, 1.5–2 mm long, wingless.

分布于四川西北部、西藏东南部、青海南部和东南部、甘肃西南部。生于草甸或多石砾山坡，海拔 3 500–4 800 m。

全草用于散寒止痛、泄泻等症 (《中国药用植物志》，2016）。

标本登录　四川：甘孜，姜恕 2411，孟千万 s. n., D. E. Boufford, B. Bartholomew 等 41079；色达，李秋痕 6723，D. E. Boufford 等 33580，33694，33737；德格，杨亲二，袁琼 444，448；石渠，刘照光 7573，王清泉 7628。西藏：江达，崔友文 5313，D. E. Boufford 等 31411，杨亲二和袁琼 474；昌都，钟补求 5039，青藏队 12618，D. E. Boufford 等 31805；夏古拉山，钟补求 5401；惹垭至汤布，崔友文 5531；类乌齐，D. E. Boufford 等 31836，31901，32107，杨亲二和袁琼 482，D. E. Boufford, B. Bartholomew 等 41024；丁青，杨竞生 91-685；巴青，D. E. Boufford 等 29990。青海：囊谦，杨永昌 1998；玉树，何廷农，B. Bartholomew 等 1841；杂多，刘尚武 323；曲麻莱，黄荣福 90；玛多，杨亲二和袁琼 399，405；达日，何廷农，B. Bartholomew 等 1272；玛沁，何廷农，B. Bartholomew 等 581；泽库，杨亲二 95-22；兴海，何廷农 337；贵德，何廷农，B. Bartholomew 等 959。甘肃：岷山，王作宾 7531；

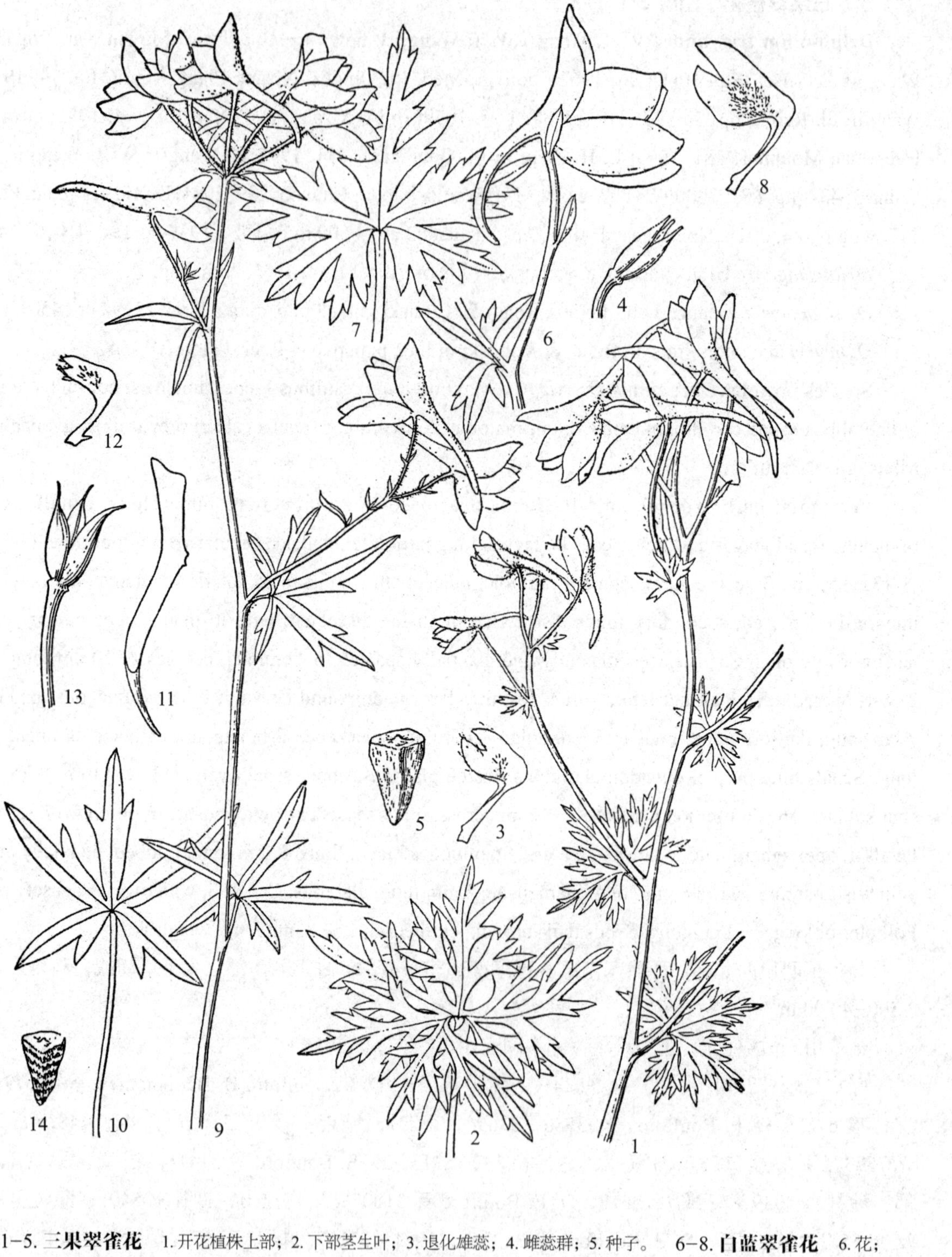

图版 28　1–5. **三果翠雀花**　1. 开花植株上部；2. 下部茎生叶；3. 退化雄蕊；4. 雌蕊群；5. 种子。　6–8. **白蓝翠雀花**　6. 花；7. 叶；8. 退化雄蕊。　9–14. **细须翠雀花**　9. 开花植株上部；10. 下部茎生叶；11. 花瓣；12. 退化雄蕊；13. 蓇葖；14. 种子。（引自《中国植物志》；赵宝恒和张泰利绘）

Plate 28　1–5. ***Delphinium trigynum***　1. Upper part of flowering plant; 2. Lower cauline leaf; 3. Staminode; 4. Gynoecium; 5. Seed.　6–8. ***D. albocoeruleum***　6. Flower; 7. Leaf; 8. Staminode.　9–14. ***D. siwanense* var. *siwanense***　9. Upper part of flowering plant; 10. Lower cauline leaf; 11. Petal; 12. Staminode; 13. Follicles; 14. Seed. (After Fl. Reip. Pop. Sin.; drawn by B. H. Zhao & T. L. Zhang)

卓尼，王作宾 5477；洮河，J. F. Rock 13154，13194，王作宾 5646；夏河，J. F. Rock 14501，14504，14505，14547，傅坤俊 1246，王庆瑞 10642。

60. 青海翠雀花　图版 29

Delphinium qinghaiense W. T. Wang in Acta Phytotax. Sin. 29(5): 458, fig. 1. 1991; W. T. Wang & M. J. Warnock in Fl. China 6: 237. 2001. Holotype　青海：格尔木，近小南川，alt. 4 650 m，山坡上，1988-09-06，郑度，郭柯 12592 (PE)。

草本高 6−10 cm。茎被短柔毛，自下部分枝。基生叶在花期枯萎。茎生叶聚生于茎下部，具长柄；叶片革质，五角形，(0.8−1.1) cm × (1.2−1.6) cm，3 全裂，中央全裂片菱形，1−2 回 3 裂，侧全裂片斜扇形，不等 2 深裂近基部，2 回裂片细裂，末回裂片狭卵形或条形，两面有疏毛；叶柄长 2.2−3.5 cm。伞房花序顶生，具 (1−) 2−3 花；苞片叶状；花梗长 3.5−6 cm，被短柔毛，中部有 2 叶状或条形小苞片。萼片蓝色，外面被短柔毛，椭圆状卵形，长 12−15 mm，距钻形，长 12−14 mm，基部粗 3 mm。花瓣无毛。退化雄蕊黑色；瓣片 5 × 5 mm，2 浅裂，腹面基部之上被黄色髯毛；爪长 5−6 mm。雄蕊无毛。心皮 3，子房被短柔毛。蓇葖长 1.5 cm。种子近四面体形，长 2 mm，沿纵棱有翅。8−9 月开花。

特产于青海格尔木市。生于山坡上，海拔 4 650 m。

61. 巴塘翠雀花　图版 30：6−7

Delphinium batangense Finet & Gagnep. in Bull. Soc. Bot. France 51: 478, pl. 5: B. 1904; W. T. Wang in Acta Bot. Sin. 10(1): 77. 1962; Munz in J. Arn. Arb. 48(4): 505. 1967; W. T. Wang in Fl. Reip. Pop. Sin. 27: 374, pl. 85: 6−7. 1979; in Vasc. Pl. Hengduan Mount. 1: 481. 1993; et in Fl. Yunnan. 11: 116, pl. 33: 1−2. 2000; Z. Wang & W. T. Wang in High. Pl. China 3: 433, fig. 682: 6−7. 2000; W. T. Wang & M. J. Warnock in Fl. China 6: 238. 2001. Syntype　四川：巴塘，在 Zambala 与 Yargong 之间，1903，J. A. Soulie 3040 (P, not seen; photo, PE)。

D. pulcherrimum W. T. Wang in Acta Phytotax. Sin. 6(4): 370. 1957; et in Acta Bot. Sin. 10(1): 78. 1962; Munz in J. Arn. Arb. 48(4): 531. 1967. Type　云南：德钦，白马雪山，alt. 4 240 m,1937-08-03，俞德浚 9330 (holotype, PE)；同地，alt. 3 400 m，草坡，1935-09，王启无 69533 (paratype, PE)。

草本高 15−30 (−50) cm。茎被反曲短柔毛或变无毛，常有 1 分枝。下部茎生叶有长柄；叶片五角形，宽 3−4 cm，3 全裂近基部，中央全裂片菱形，长渐尖，侧全裂片斜扇形，不等 2 或 3 深裂，2 回裂片细裂，末回裂片狭卵形或披针状条形，两面有短柔毛；叶柄长 1.5−7(−9.5) cm。伞房花序顶生，有 2−4 花；苞片叶状；花梗长 4−8 cm。被短柔毛，顶端有 2 披针形小苞片。萼片蓝紫色，外面被短柔毛，近圆形或宽椭圆形，长 17−22 mm，距钻形，长 21−24 mm。花瓣无毛。退化雄蕊黑褐色；瓣片 2 裂，腹面有黄色髯毛。雄蕊无毛。心皮 3，子房密被柔毛。8−9 月开花。

分布于云南西北部和四川西南部。生于山地草坡或多石砾山坡，海拔 4 000−5 200 m。

标本登录　云南：中甸，杨竞生 8332，88-65，杨亲二，孔宏智 98-321，杨亲二，袁琼 26；德钦，杨亲二，袁琼 77，87。四川：稻城，罗艳 410；乡城，四川植物队 1189，罗艳 417。

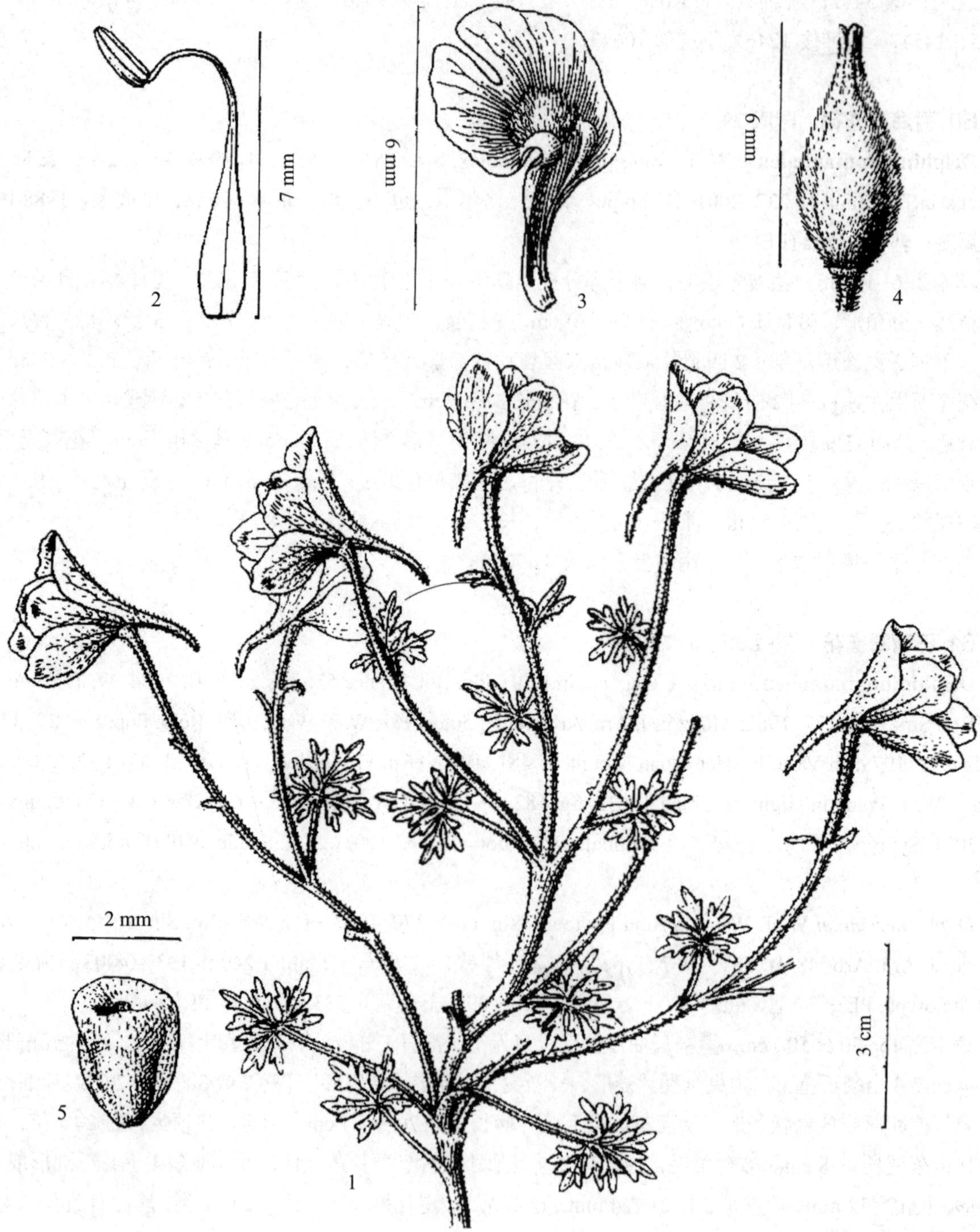

图版 29 **青海翠雀花** 1. 植株全形；2. 雄蕊；3. 退化雄蕊；4. 雌蕊群；5. 种子。（引自王文采，1991；据 holotype；孙英宝绘）

Plate 29 **Delphinium qinghaiense** 1. Habit; 2. Stamen; 3. Staminode; 4. Gynoecium; 5. Seed.

(After W. T. Wang, 1991; from holotype; drawn by Y. B. Sun)

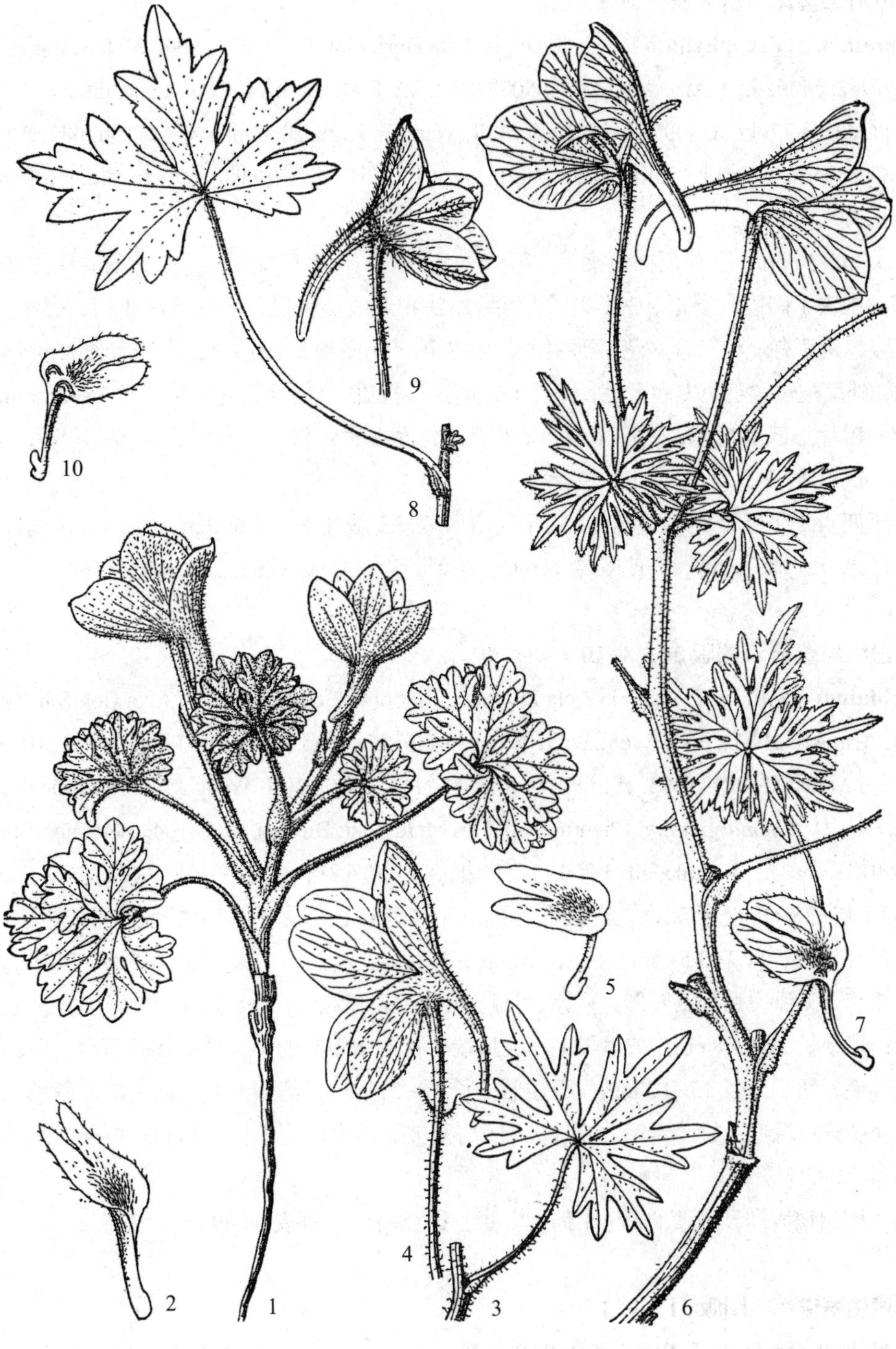

图版 30　1–2. **唐古拉翠雀花**　1. 植株全形；2. 退化雄蕊。　3–5. **软叶翠雀花**　3. 下部茎生叶；4. 花；5. 退化雄蕊。6–7. **巴塘翠雀花**　6. 植株全形；7. 退化雄蕊。　8–10. **白缘翠雀花**　8. 下部基生叶；9. 花；10. 退化雄蕊。（引自《中国植物志》；刘春荣绘）

Plate 30　1–2. **Delphinium tangkulaense**　1. Habit; 2. Staminode.　3–5. **D. malacophyllum**　3. Lower cauline leaf; 4. Flower; 5. Staminode.　6–7. **D. batangense**　6. Habit; 7. Staminode.　8–10. **D. chenii**　8. Lower cauline leaf; 9. Flower; 10. Staminode. (After Fl. Reip. Pop. Sin.; drawn by C. R. Liu)

62. 软叶翠雀花　图版 30：3–5

Delphinium malacophyllum Hand.-Mazz. in Acta Hort. Gotob. 13: 52. 1939; W. T. Wang in Acta Bot. Sin. 10(1): 77. 1962; Munz in J. Arn. Arb. 48(4): 503. 1967; W. T. Wang in Fl. Reip. Pop. Sin. 27: 373, pl. 85: 3–5. 1979; et in Guihaia 17(1): 6. 1997; Z. Wang & W. T. Wang in High. Pl. China 3: 433, fig. 682: 3–5. 2000; W. T. Wang & M. J. Warnock in Fl. China 6: 238. 2001. Isotype　四川北部：Hsioch Shan, alt. 4 300 m, 1932-08-11, Harry Smith 3385 (PE)。

草本高 10–30 cm。茎被反曲短柔毛，不分枝或分枝。叶片五角形，(2–2.5) cm × (2–6) cm，3 裂近或达基部，中央 1 回裂片菱形，3 半裂，2 回裂片狭卵形或披针形，全缘或有 1 齿，侧 1 回裂片较大，不等 2 深裂，两面有疏毛。伞房花序顶生，有 2–7 花；花梗长 2.5–7 cm，中部有长 4 mm 的小苞片。萼片深蓝色，外面被短柔毛，内面无毛，宽卵形或卵形，长 20–22 mm，距钻形，长 35–38 mm。花瓣无毛。退化雄蕊的瓣片下部黑褐色，上部蓝色，2 半裂，腹面被黄色髯毛。花丝无毛或有疏毛。心皮 3，子房密被柔毛。7–8 月开花。

分布于四川西北部和甘肃西南部。生于高山草地，海拔 4 000–4 300 m。

标本登录　甘肃：迭部，J. F. Rock 13092；洮河，Kwang Ko Shan, J. F. Rock 14644。

63. 白缘翠雀花　图版 30：8–10

Delphinium chenii W. T. Wang in Acta Phytotax. Sin. 6(4): 369. 1957; et in Acta Bot. Sin. 10(1): 78. 1962; Munz in J. Arn. Arb. 49(1): 131. 1968; W. T. Wang in Fl. Reip. Pop. Sin. 27: 373, pl. 85: 8–10. 1979; in Vasc. Pl. Hengduan Mount. 1: 481. 1993; et in Fl. Yunnan. 11: 116. 2000; W. T. Wang & M. J. Warnock in Fl. China 6: 238. 2001. ——*D. albomarginatum* Chen in Bull. Fan Mem. Inst. Biol., n. s., 1: 164. 1948, non Simonova, 1924. Isotype　四川：稻城，Wontula, alt. 3 900 m，林边，1937-08-21，俞德浚 12809 (PE)。

草本高 14–38 cm。茎被反曲短柔毛，下部有时变无毛。最下部茎生叶在花期枯萎，其他下部也有长柄；叶片肾形，(1.3–3.5) cm × (2.2–5) cm，3 深裂近基部，中央深裂片菱形，3 裂，2 回裂片全缘或有 1–2 小齿，侧深裂片宽倒卵形。不等 2 裂稍超过中部；叶柄长 6–8.5 cm。伞房花序顶生，有 2–4 花；苞片叶状；花梗长 2.4–3.8 cm，被短柔毛，近顶端有长 4–6 mm 的小苞片。萼片宿存，蓝色，边缘白色，外面有疏柔毛，卵形，长 15–17 mm，距钻形，长 16–22 mm。花瓣无毛。退化雄蕊黑色，瓣片卵形，2 半裂，腹面被黄色髯毛。雄蕊无毛。心皮 3，子房密被短柔毛。蓇葖长 1.7 cm。种子三棱形，长 1 mm，沿棱有狭翅。7–8 月开花。

分布于四川稻城和云南西北部（中甸）。生于山坡路边，海拔 3 900 m。

64. 竞生翠雀花　图版 31：1–3

Delphinium yangii W. T. Wang in Bull. Bot. Res. Harbin 6(1): 3, pl. 2: 6–8. 1986; in Vasc. Pl. Hengduan Mount. 1: 481. 1993; et in Fl. Yunnan. 11: 116, pl. 32: 7–9. 2000; W. T. Wang & M. J. Warnock in Fl. China 6: 238. 2001. Type　云南：中甸，东旺，麦洛牛场，alt. 4 200–4 500 m，1976-08-05，杨竞生 8436 (holotype, KUN)；中甸，新联，马拉雪山，1976-09-06，杨竞生 8945 (paratype, KUN)。

草本高约 9 cm。茎被贴伏短柔毛，自下部分枝。下部茎生叶具长柄；叶片革质，五角形，(1.5–2) cm × (2.2–3.4) cm，基部心形，3 深裂近基部，中央深裂片宽菱形，3 浅裂，浅裂片有 1–2 齿或

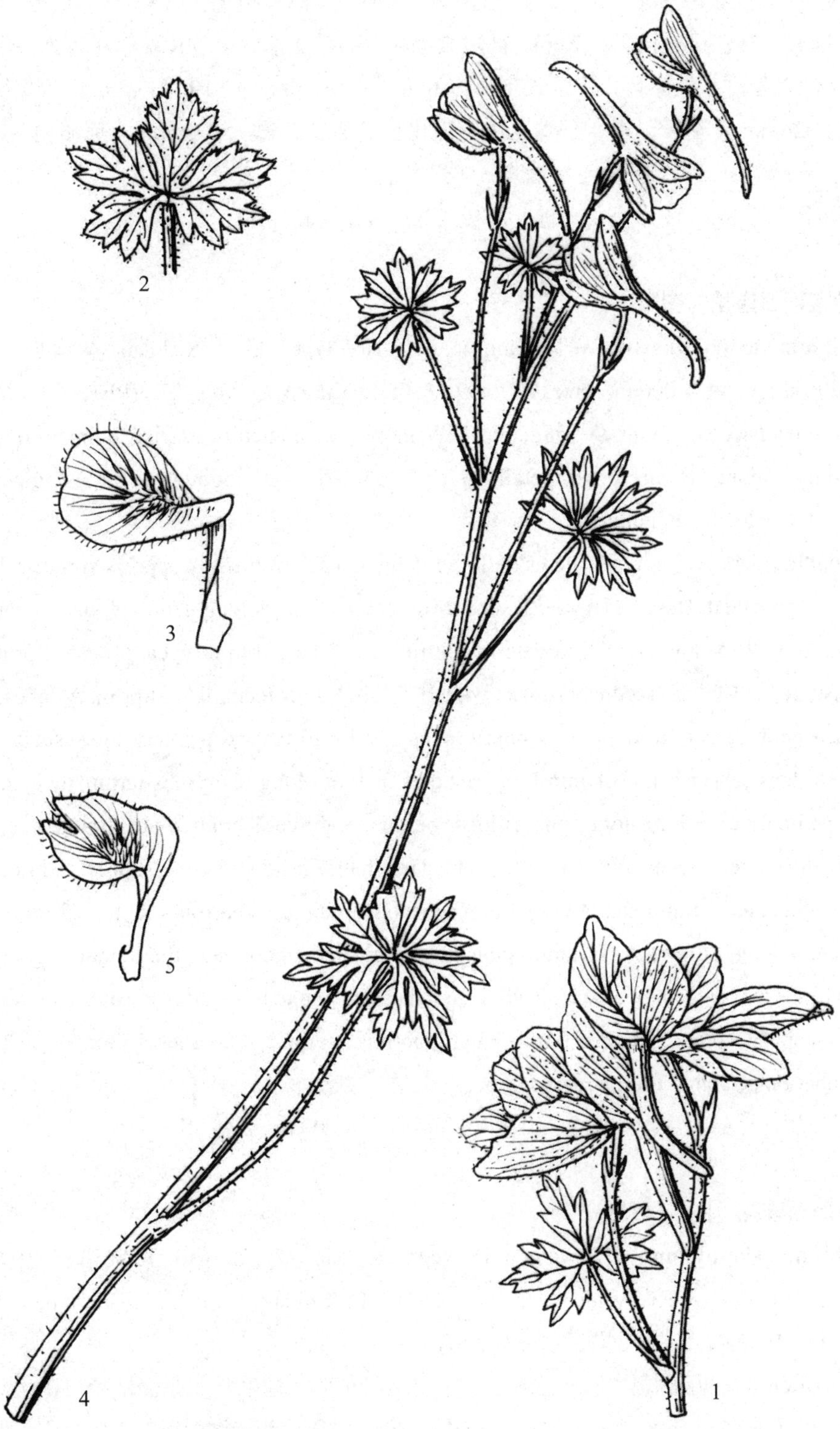

图版 31　1–3. **竞生翠雀花**　1. 花序；2. 叶；3. 退化雄蕊。　4–5. **雅江翠雀花**　4. 植株上部；5. 退化雄蕊。（引自王文采，1986）

Plate 31　1–3. **Delphinium yangii**　1. Inflorescence; 2. Leaf; 3. Staminode.
4–5. **D. yajiangense**　4. Upper part of flowering plant; 5. Staminode. (After W. T. Wang, 1986)

全缘，侧深裂片斜扇形，不等 2 深裂，上面密被短伏毛，下面有疏毛；叶柄长达 6 cm。伞房花序顶生，有 1–3 花；苞片叶状；花梗长 3.2–7 cm，被短柔毛，上部有 2 条形小苞片。萼片蓝色，外面密被短柔毛，内面近顶端有疏毛，上萼片圆卵形，长 17–19 mm，距细筒形，长 19–21 mm，基部粗 3–4.5 mm，其他萼片长 21–26 mm。花瓣无毛，顶端全缘。退化雄蕊黑色；瓣片长 9 mm，顶端微凹，腹面基部之上被白色髯毛；爪长 7 mm。雄蕊无毛。心皮 3，子房密被短柔毛。8–9 月开花。

特产于云南中甸县。生于高山草地，海拔 4 200–4 500 m。

65. 雪宝顶翠雀花　图版 32

Delphinium xuebaodingense W. T. Wang, sp. nov. Holotype　四川 (Sichuan): 松潘县，雪宝顶 (Songpan County, Xuebaoding), alt. 4 000 m, scree, 2004-09-16, Q. E. Yang & Q. Yuan 312 (PE)。

Species nova haec est affinis *D. yangii* W. T. Wang, a quo bracteolis indirisis elliptico-ovatis vel 3-lobatis, calcari sepalino majore 25 mm longo, petalis apice 2-lobulatis, staminodiorum limbis apice brunneolis alibi nigris apice 2-lobulatis distinguuitur.

Perennial herbs 4.5–14 cm tall. Stems 3–11 cm long, densely retrorsely appressed-puberulous, branched or simple, 2-or more-leaved. Basal leaves 1–2, with lower cauline leaves long petiolate; blades papery, pentagonal, (1.8–2.6) cm × (2.2–5) cm, at base cordate or subtruncate, 3-parted to near base, central primary lobe broad-rhombic, 3-parted or 3-lobed, secondary lobes with 1–2 lobules or teeth, lateral primary lobes larger, obliquely flabellate, unequally 2-parted, upper secondary lobes similar to central primary lobe; surfaces adaxially and abaxially with dense short hairs 0.1 mm long; petioles 3–9 cm long. Corymbs terminal, 1–2-flowered; bracts foliaceous; pedicels 2.5–5 cm long, puberulous, below to above 2-bracteolate; bracteoles 6–10 mm long, elliptic-ovate or 3-lobed. Sepals blue, outside with sparse hairs, inside glabrous, upper sepal elliptic, 18 mm × 10 mm, spur subulate, 25 mm long, at base 4 mm across, lateral sepals narrow-elliptic, 22 mm × 12 mm, lower sepals obovate-oblong, 26 mm × 11 mm. Petals glabrous, apex emarginate. Staminodes mostly black, on apex brownish; limbs 9 mm × 6 mm, at apex 2-lobulate, adaxially above base shortly white-barbate; claws glabrous, above base 1-appendeculate. Stamens 9 mm long, glabrous. Carpels 3; ovaries 4 mm × (1–1.2) mm, densely appressed-puberulous; styles 3 mm long, glabrous.

特产于四川松潘县雪宝顶。生于高山流石滩，海拔 4 000 m。

66. 美叶翠雀花　图版 25: 3–5

Delphinium calophyllum W. T. Wang in Fl. Reip. Pop. Sin. 27: 379, 613, pl. 86: 3–5. 1979; L. H. Zhou in Fl. Qinghai. 1: 311. 1997; W. T. Wang & M. J. Warnock in Fl. China 6: 240. 2001. Holotype　青海：河南，外司乡，阿米山，1972-07-10，郭本兆 9876 (HNWP)。

草本高 15 cm。茎疏被短柔毛，上部有 1 分枝，有 9 叶。基生叶在花期枯萎。茎生叶有长柄；叶片薄革质，肾形，(1.4–2) cm × (2.8–4) cm，3 全裂，中央全裂片菱状楔形，2–3 回分裂，侧全裂片较大，扇形，细裂，末回裂片狭披针形至披针状条形；叶柄长 4–9 cm。伞房花序顶生，有 3 花；花梗长 2.2–4 cm，密被短柔毛，中部之上有 2 叶状小苞片。萼片蓝紫色，长 14–15 mm，外面被柔毛，上萼片狭卵形，距近圆筒形，长 17 mm，其他萼片狭椭圆形。花瓣无毛。退化雄蕊黑褐色；瓣片圆卵形，长 7 mm，顶端 2

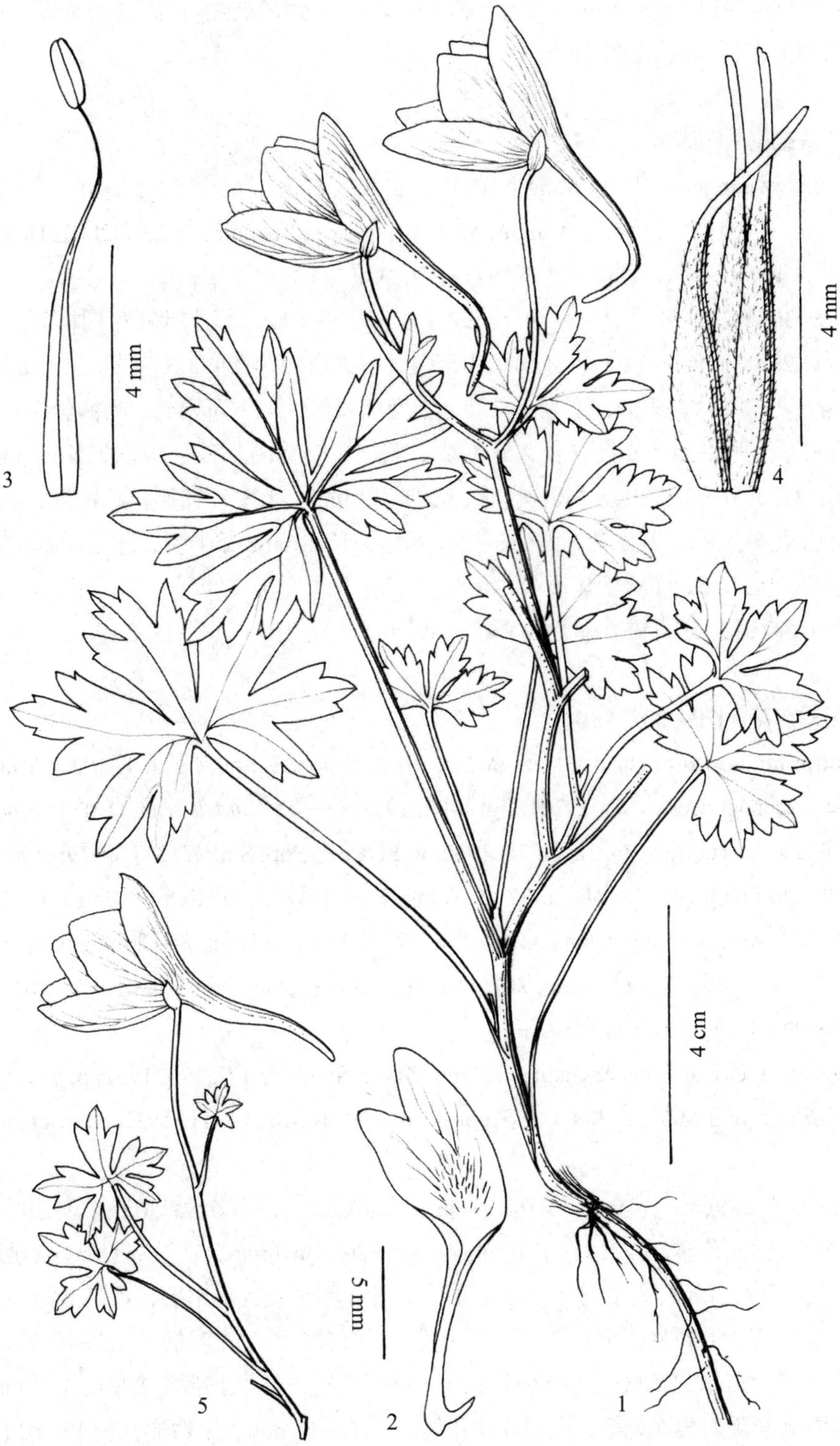

图版 32　雪宝顶翠雀花　1. 植株全形；2. 退化雄蕊；3. 雄蕊；4. 雌蕊群；5. 另一矮小植株。（据 holotype；孙英宝绘）

Plate 32　**Delphinium xuebaodingense**　1. Habit; 2. Staminode; 3. Stamen; 4. Gynoecium; 5. The other small plant. (From holotype; drawn by Y. B. Sun)

微裂，腹面被黄色髯毛；爪长 4 mm。雄蕊无毛。心皮 3，子房疏被短柔毛。7 月开花。

特产于青海河南县。生于高山地带。

67. 雅江翠雀花 图版 31：4–5

Delphinium yajiangense W. T. Wang in Bull. Bot. Res. Harbin 6(1): 5, pl. 2: 4–5. 1986; et in Vasc. Pl. Hengduan Mount. 1: 481. 1993; W. T. Wang & M. J. Warnock in Fl. China 6: 238. 2001. Holotype 四川：雅江，海子，alt. 4 400 m，高山草地，1976-08-18，？ 349 (KUN).。

草本高 28–30 cm。茎被短柔毛，不分枝或分枝，有 4–6 叶。基生叶在花期枯萎。茎生叶具长柄；叶片五角形，(1.2–1.7) cm × (2.2–3.2) cm，3 全裂，中央全裂片菱形，3 深裂，二回裂片有少数小裂片或有 1–3 牙齿，侧全裂片斜扇形，不等 2 深裂，上面被短伏毛，下面无毛；叶柄长 3.4–8.5 cm。伞房花序顶生，有 4–5 花；苞片叶状；花梗长 2.5–7 cm，密被短柔毛，上部有 2 枚长 2.6–3 mm 的小苞片。萼片蓝色，边缘白色，外面被柔毛，内面无毛，长 11–12 mm，上萼片卵形，距钻形，长 20–24 mm，其他萼片椭圆形。花瓣无毛。退化雄蕊黑色；瓣片卵形，长 4 mm，2 半裂，腹面中部被黄色髯毛；爪长 5 mm。雄蕊无毛。心皮 3，子房密被短柔毛。8 月开花。

特产于四川雅江县。生于高山草地，海拔 4 400 m。

68. 单花翠雀花 图版 33：1–4

Delphinium monanthum Hand.-Mazz. in Acta Hort. Gotob. 13: 50, fig. I: 1. 1939; Munz in J. Arn. Arb. 48(4): 526. 1967; Iconogr. Corm. Sin. 1: 701, fig. 1402. 1972. ——*D. candelabrum* Ostf. var. *monanthum* (Hand.-Mazz.) W. T. Wang in Acta Bot. Sin. 10(1): 78. 1962; in Fl. Reip. Pop. Sin. 27: 377. 1979; et in Fl. Xizang. 2: 52. 1985; L. H. Zhou in Fl. Qinghai. 1: 311. 1997; Z. Wang & W. T. Wang in High Pl. China 3: 434, fig. 685. 2000; W. T. Wang & M. J. Warnock in Fl. China 6:240. 2001; W. T. Wang in High. Pl. China in Colour 3: 364. 2016; L. Xie in Medic. Fl. China 3: 177, with photo. 2016. Isotyp 四川：Dongrergo（近松潘），alt. 4 800 m，多石砾山坡，1922-08-09，Harry Smith 3132 (PE)。

D. batangense auct. non Finet & Gagnep.: Hand.-Mazz. Symb. Sin. 7: 275. 1931, p. p.

D. pylzowiiauct. non Maxim.: Rehd. & Kobuski in J. Arn. Arb. 14: 11. 1933, p. p. quoad Rock 13024 & 13185.

草本高 3–14 (–28) cm。茎长 1.5–6 (–19) cm，疏被短柔毛，不分枝或分枝。基生叶 1–3，与下部茎生叶有长柄；叶片圆五角形，[4–10 (–23)] mm × [10–20(–36)] mm，在基部心形，3 全裂，中央全裂片宽菱形，3 深裂，深裂片不分裂或有 1–2 狭卵形小裂片，侧全裂片斜扇形，不等 2 深裂，上方 2 回裂片似中央全裂片，下方 2 回裂片较小，又不等 2 深裂，两面有短柔毛；叶柄长 1.5–4(–7) cm。伞房花序顶生，有 1–2 花；苞片叶状；花梗长 2–9 (–12) cm，被短柔毛，中或上部有 2 枚长 5–7 mm 的小苞片。萼片蓝色，外面被短柔毛，内面无毛，上萼片狭卵形，长 14–17 mm，距钻形，长 17–20 (–22) mm，其他萼片长 17–22 mm。花瓣无毛。退化雄蕊黑色；瓣片 9 × 7.5 mm，2 浅裂或微凹，腹面下部被淡黄色髯毛；爪长 7 mm。雄蕊无毛。心皮 3，子房密被柔毛。7–9 月开花。

分布于四川西部、西藏东南部、青海南部和东部、甘肃中南部。生于高山草甸或多石砾山坡，海拔 3 300–5 300 m。

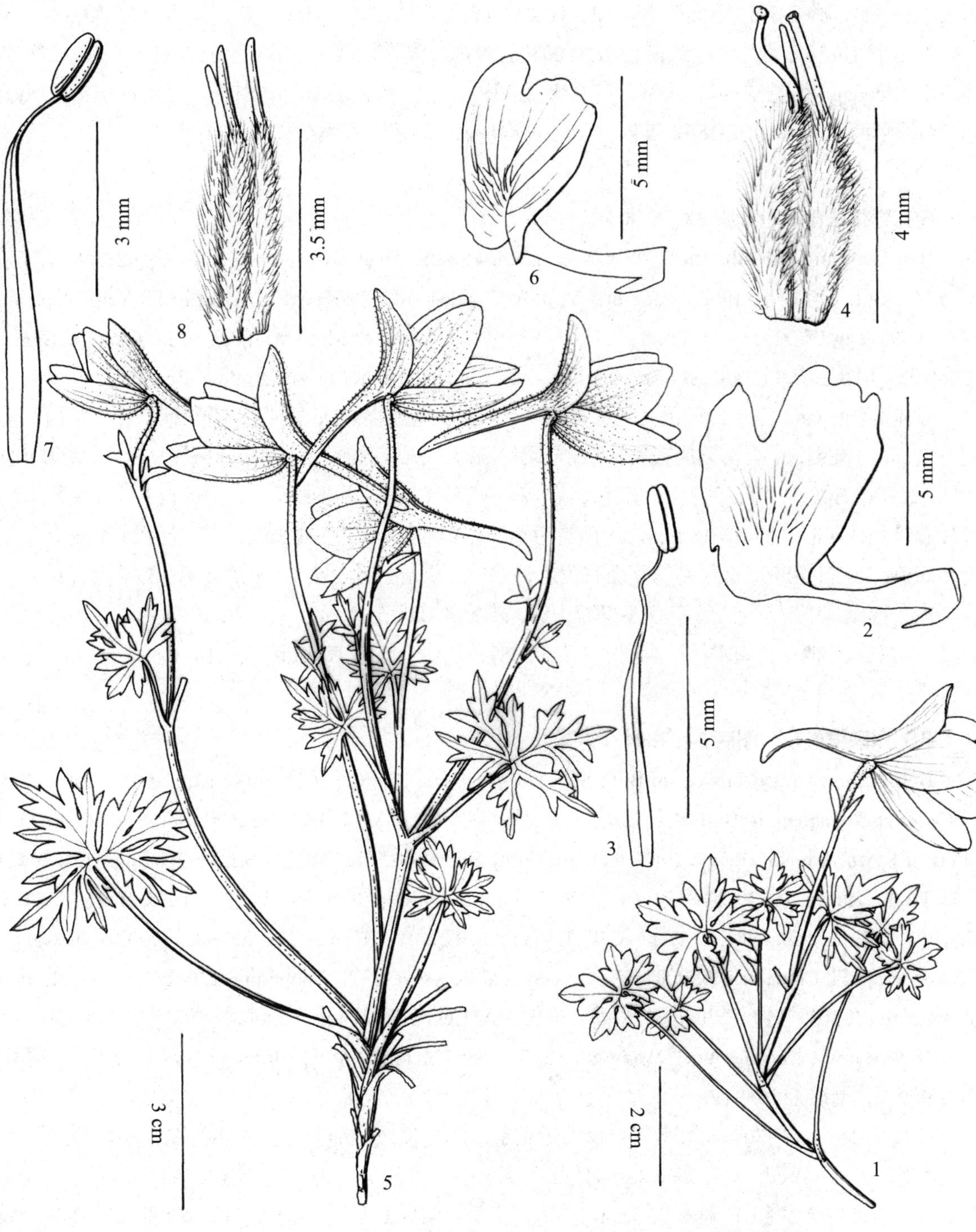

图版 33　1–4. **单花翠雀花**　1. 植株全形；2. 退化雄蕊；3. 雄蕊；4. 雌蕊群。（据杨亲二和袁琼 403）
5–8. **奇林翠雀花**　5. 植株全形；6. 退化雄蕊；7. 雄蕊；8. 雌蕊群。（据 D. E. Boufford 等 3144；孙英宝绘）

Plate 33　1–4. **Delphinium monanthum**　1. Habit; 2. Staminode; 3. Stamen; 4. Gynoecium. (From Q. E. Yang & Q. Yuan 403)
5–8. **D. candelabrum**　5. Habit; 6. Staminode; 7. Stamen; 8. Gynoecium. (From D. E. Boufford et al. 3144; drawn by Y. B. Sun)

标本登录　四川：德格，孟千万 s. n. 西藏：昌都，D. E. Bouford, B. Bartholomew 等 41407；当雄，董浩华 1-093；类乌齐，杨竞生 91-752；比如，陶德定 11151，11390；安多，陶德定 10812；土门格拉，秦志业 10136；申扎，西藏队植被组 6089。青海：囊谦，西藏中草药队 1113；玛多，杨亲二，袁琼 403；Selgen，郝景盛 943；大通，张珍万 2443；祁连，钟补求 8605，8716。甘肃：迭部，J. F. Rock 13024；洮河，J. F. Rock 13185；武威，P. Licent 4686；肃南，河西队 218，384。

69. 奇林翠雀花　图版 33：5–8

Delphinium candelabrum Ostf. in Sven Hedin, South. Tibet 6(3): 80, pl. 2: 2–3. 1922; W. T. Wang in Acta Bot. Sin. 10(1): 78. 1962; Munz in J. Arn. Arb. 48(4): 509. 1967; W. T. Wang in Fl. Reip. Pop. Sin. 27: 377. 1979; et in Fl. Xizang. 2: 52, fig. 11: 6. 1985; W. T. Wang & M. J. Warnock in Fl. China 6: 239. 2001. Holotype　西藏：东部，alt. 5 127 m, 1901-08-09, Sven Hedin s. n. (not seen; photo, PE)。

草本高约 6 cm。茎下部无毛，上部有短柔毛。叶在茎露出地面处丛生，有长柄；叶片肾状五角形，宽 1–2 cm，3 全裂，中央全裂片宽菱形，侧全裂片扇形，1–2 回细裂，末回裂片条状披针形，疏被短柔毛；叶柄长 2–3.5 cm。伞房花序顶生，有 3–6 花；花梗长 6–7 cm，上部被柔毛，中部有 2 枚 3 裂的小苞片。萼片蓝紫色，卵形，长 16–18 mm，外面有短柔毛，距钻形，长约 21 mm。花瓣无毛或有疏毛。退化雄蕊黑褐色；瓣片近圆形，2 微裂，腹面有黄色髯毛。雄蕊无毛。心皮 3，子房被毛。7–8 月开花。

产于西藏东南部。生于草甸和多砾石山坡，海拔 4 400–5 300 m。

标本登录　西藏：南木林，西藏中草药队 959；江达，D. E. Boufford 等 31411。

70. 川陕翠雀花　图版 34：1–4

Delphinium henryi Franch. in Bull. Soc. Philom. Paris, ser. 8, 5: 177. 1893; Huth in Bot. Jahrb. 20: 408. 1895; Finet & Gagnep. in Bull. Soc. Bot. France 51: 477. 1904; W. T. Wang in Acta Bot. Sin. 10(1): 79. 1962; Munz in J. Arn. Arb. 48(4): 519. 1967; Iconogr, Corm. Sin. 1: 702, fig. 1403. 1972; Fl. Tsinling. 1(2): 264. 1974; S. H. Fu, Fl. Hupeh. 1: 339, fig. 470. 1976; W. T. Wang in Fl. Reip. Pop. Sin. 27: 379. 1979; B. Z. Ding et al. Fl. Henan 1: 435, fig. 550. 1981; Z. Wang & W. T. Wang in High. Pl. China 3: 435, fig. 686. 2000; W. T. Wang & M. J. Warnock in Fl. China 6: 240. 2001; C. X. Yang et al. Keys Vasc. Pl. Chongqing 220. 2009; X. D. Li et al. Pl. Shennongjia 1: 303. 2017. Holotype　湖北：兴山，A. Henry 6932 (not seen; photo, PE)。

D. henryi var. *concolor* W. T. Wang in Acta Bot. Sin. 10(1): 79. 1962. Holotype　河南：卢氏，老君山，alt. 1 420 m，刘继孟 5089 (PE)。

草本高 15–40 (–70) cm。茎密被反曲短柔毛，不分枝或上部分枝。基生叶在花期枯萎。茎生叶叶片五角形，(1.8–4) cm × [2.8–6.4 (–7)] cm，3 全裂，裂片 1–2 回多少细裂，末回裂片狭卵形至条状披针形，两面有疏柔毛；叶柄长大 6 cm。伞房花序顶生，有 2–4 花；苞片叶状；花梗长 1.7–3.4 (–5) cm，密被短柔毛。顶端有 2 枚长 8–10 mm 的小苞片。萼片宿存，蓝紫色，卵形，长 12–15 mm，外面有短柔毛，距钻形，长 15–22 mm。花瓣无毛。退化雄蕊褐色，有时蓝紫色；瓣片 2 半裂，腹面有黄色髯毛。雄蕊无毛。心皮 3，子房密被短柔毛。蓇葖长约 1 cm。种子四面体形，长 1.5 mm，沿棱有极狭的翅。8–9 月开花。

分布于重庆、湖北西部、陕西南部、河南西部。生于山地草坡上，海拔 1 400–2 800 m。

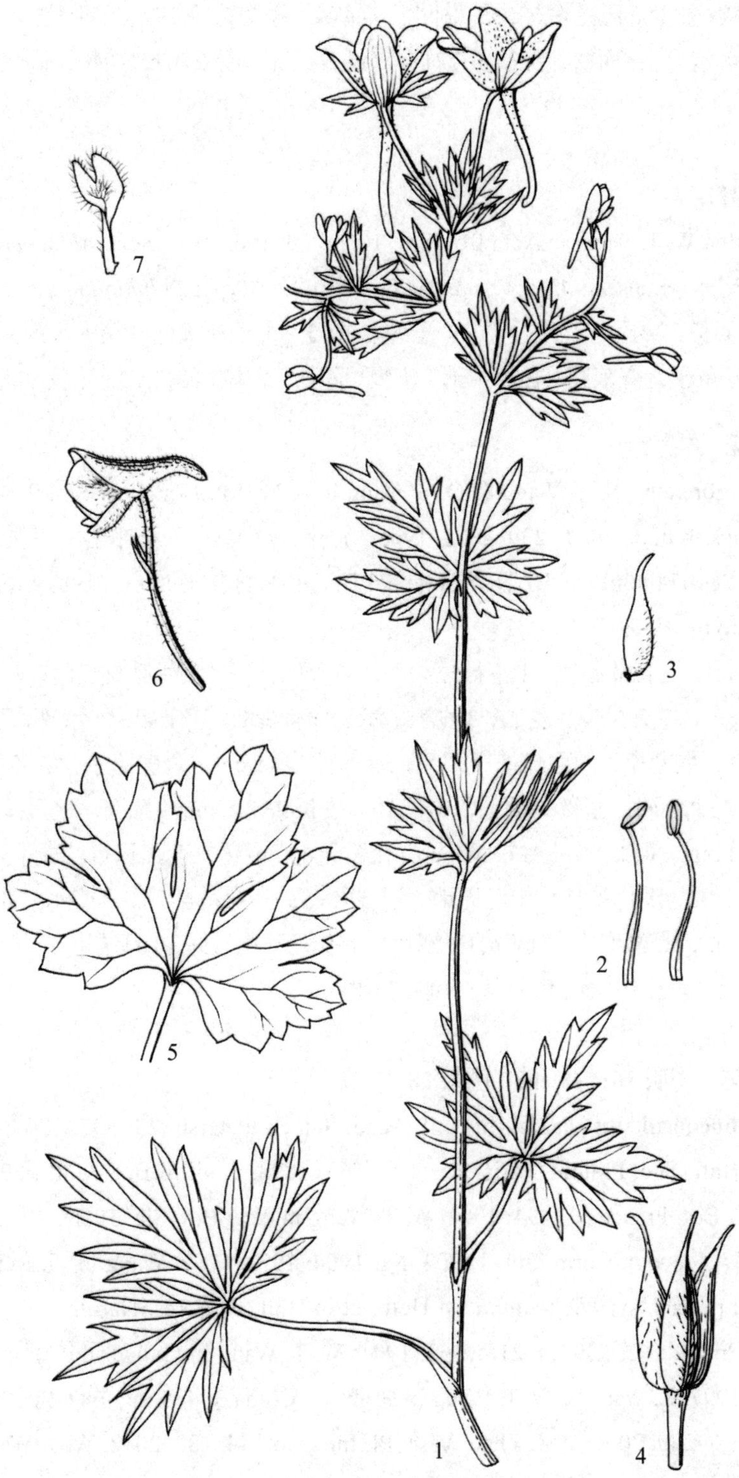

图版 34　1–4 **川陕翠雀花**　1. 植株上部；2. 雄蕊；3. 雌蕊；4. 蓇葖。（引自《中国高等植物图鉴》）
5–7 **乌恰翠雀花**　5. 叶；6. 花枝；7. 退化雄蕊。（引自王文采，1983；张泰利绘图）

Plate 34　1–4. **Delphinium henryi**　1. Flowering plant; 2. Stamen; 3. Pistil; 4. Follicles. (After Iconogr. Corm. Sin.)
5–7. **D. wuqiaense**　5. Leaf; 6. Flower; 7. Staminode. (After W. T. Wang, 1983; drawn by T. L. Zhang)

标本登录　重庆：巫溪，杨光辉 65383。湖北：神农架，喻勋林等 79。陕西：宁陕，郭本兆 1104；西安，秦岭，P. Licent 2760。河南：西峡，陈祖贤 721；嵩县，关克俭等 2163；栾川，高乞，陈又生 99。

系 3. 白蓝翠雀花系

Ser. **Albocoerulea** W. T. Wang in Acta Bot. Sin. 10(1): 79. 1962. ——Sect. *Albocoerulea* Malyutin in Bot. Zhurn. 72: 689. 1987. ——Subsect. *Albocoerulea* Malyutin in I. c. Type: *Delphinium albocoeruleum* Maxim.

叶 3 深裂或 3 全裂。萼距与萼片近等长。心皮 3 或 5。种子有横向密集的小鳞片。

我国有 3 种，分布于青海东部、甘肃中部、宁夏、陕西、河南西部、山西、河北北部、内蒙古西南部。

71. 灵宝翠雀花

Delphinium lingbaoense S. Y. Wang & Q. S. Yang in Acta Bot. Bor.-Occ. Sin. 9: 42, fig. 1. 1989; W. T. Wang & M. J. Warnock in Fl. China 6: 239. 2001. Type　河南：灵宝县，西安长岔，海拔 2 010 m，生灌丛中，1988-09-22，杨秋生 88007 (holotype, HANU; isotype, PE)；同地，海拔 1 700 m，1987-08-20，王遂义，杨秋生，王印政 870176 (paratype, HANU)。

草本高约 140 cm。茎下部无毛，上部被短柔毛，有分枝。下部茎生叶具长柄；叶片五角形，(6−7) cm × (10−12) cm，3 深裂，中央深裂片菱形，3 浅裂，浅裂片有少数三角形小裂片，侧深裂片不等 2−3 深裂，2 回裂片斜菱形，有少数牙齿，两面疏被短柔毛；叶柄长达 16 cm。伞房花序有 2−5 花，数个生茎顶部；苞片叶状；花梗长 2−3.5 cm，密被短柔毛，中部具 2 枚长 2−3.5 mm 的钻形小苞片。萼片蓝紫色，卵形或椭圆形，长 15−22 mm，距钻形，长 17−22 mm。花瓣无毛。退化雄蕊黑褐色；瓣片长 5−10 mm，2 半裂，腹面有黄白色髯毛；爪与瓣片等长。雄蕊无毛。心皮 4−5，子房被柔毛。蓇葖长 1.5 cm。种子褐色，近倒卵球形，长 1−2 mm，具密集横向排列的小鳞片。8−9 月开花，9−10 月结果。

特产于河南灵宝市。生于山坡灌丛中，海拔 2 010 m。

72. 白蓝翠雀花　图版 16：15−16；图版 28：6−8

Delphinium albocoeruleum Maxim. in Bull. Acad. Sci. St. Petersb. 23: 307. 1877; et Fl. Tangut. 28, pl. 4. 1889; Franch. in Bull. Soc. Philom. Paris, ser. 8, 5: 163. 1893; Huth in Bot. Jahrb. 20: 409. 1895; Finet & Gagnep. in Bull. Soc. Bot. France 51: 494. 1904; W. T. Wang in Acta Bot. Sin. 10(1): 79. 1962; Munz in J. Arn. Arb. 48(4): 503. 1967; Iconogr. Corm. Sin. 1: 702, fig. 1404. 1972; W. T. Wang in Fl. Reip. Pop. Sin. 27: 380, pl. 87: 6−8. 1979, p. p. excl. syn. *D. tanguticum* Huth; et in Bull. Bot. Res. Harbin 3(1): 30. 1983; Y. Z. Zhao in Fl. Intramongol., 2nd ed., 2: 539, pl. 218: 1−2. 1991; W. T. Wang in Guihaia 17(1): 6. 1997; L. H. Zhou in Fl. Qinghai. 1: 312. 1997; Z. Wang & W. T. Wang in High. Pl. China 3: 435, fig. 687. 2000; W. T. Wang & M. J. Warnock in Fl. China 6: 240. 2001; Y. Z. Zhao, Vasc. Pl. Inn. Mongol. 180. 2012; W. T. Wang in High. Pl. China in Colour 3: 365. 2016; L. Xie in Medic. Fl. China 3: 178, with fig. & photo. 2016. Type　甘肃：Regio Tangut prope Amdo, 1872, N. M. Przewalski s. n. (holotype, LE; isotype, PE)。

D. albocoeruleum Maxim. var. *pumilum* Huth in Bot. Jahrb. 20: 409. 1895; W. T. Wang in Acta Bot. Sin. 10(1): 79. 1962. Holotype　西藏：北部，Ladronam 河岸，1884, N. M. Przewalski s. n. (LE, not seen)。

D. rockii Munz in J. Arn. Arb. 48(4): 533. 1967. Holotype　甘肃：夏河，Valley of Kachiassu, alt. 3 000 m,

1926-08-05, J. F. Rock 14543 (GH, not seen; photo, PE)。

D. beesianum auct. non W. W. Smith: Munz in J. Arn. Arb. 48(4): 506. 1967, p. p. quoad Rock 14640.

D. Pylzowii auct. non Maxim.: Munz in 1. c. 532, p. p. quoad Rock 13033, 13041, 13088, Harry Smith 2961, 3384.

72a. var. albocoeruleum

草本高 (10−)40−60(−100) cm。茎被反曲短柔毛。基生叶在花期仍存在或枯萎，与下部茎生叶有长柄；叶片五角形，(1.4−) 3.5−5.8 × (2−)5.5−10 cm，3 深裂近基部，深裂片通常 1−2 回深裂，末回裂片狭卵形至狭披针形，常有 1−2 小齿，两面有疏毛；叶柄长 3.5−13 cm。伞房花序顶生，有 3−7 花；下部苞片叶状；花梗长 3−12 cm；被短柔毛，顶端有匙状条形小苞片。萼片宿存，蓝紫色或蓝白色，长 20−25 (−30) mm，上萼片圆卵形，其他萼片椭圆形，距钻形，长 17−25(−33)mm。花瓣无毛。退化雄蕊黑褐色；瓣片卵形，2 浅裂或 2 半裂，腹面有黄色髯毛。花丝有疏毛。心皮 3，子房密被短柔毛。蓇葖长约 1.4 cm。种子四面体形，长 1.5 mm，有横向排列的小鳞片。7−9 月开花。

分布于四川西北、西藏东南、青海东部、甘肃、内蒙古西南部。生于山地草坡上、灌丛中或林下，海拔 3 230−4 700 m。

全草有清热解毒、祛湿除热之效，用于肠炎、泄泻等症。全草含翠雀灵 (delphiline)、白蓝翠雀芬碱 (urapline)、高翠雀碱 (delelatine) 等生物碱 (《中国药用植物志》，2016）。

标本登录　四川：西北部：Dongrego, alt. 4 700 m, Harry Smith 3133。青海：河南，吴玉虎等 7408；乐都，吴玉虎等 4297；共和，郭本兆 12050；Mingke, 郝景盛 1003；柴达木，都兰寺，青甘队 639；柴达木，查日德，青甘队 1232；德令哈，杨亲二和袁琼 520；祁连，钟补求 9013，郭本兆 12494。甘肃：迭部，J. F. Rock 16088；岷县，王作宾 7570；贺岗山，黄河队 8920；洮河，J. F. Rock 14641；莲花山，？ 502；肃南，钟补求 9145，河西队 188，430。内蒙古：贺兰山，陈又生 14111。

72b. 贺兰翠雀花（变种）

var. **przewalskii** (Huth) W. T. Wang in Fl. Reip. Pop. Sin. 27: 381. 1979; Y. Z. Zhao in Fl. Intramongol., 2nd 2, 2: 539, pl. 218: 3−4. 1991; W. T. Wang in Guihaia 17(1): 7. 1997; W. T. Wang & M. J. Warnock in Fl. China 6: 240. 2001; Y. Z. Zhao, Vasc. Pl. Inn. Mongol. 180. 2012; L. Xie in Medic. Fl. China 3: 179. 2016. —— *D. przewalskii* Huth in Bot. Jahrb. 20: 407. 1895; Munz in J. Arn. Arb. 48(4): 529. 1967. Syntypes: Montes Alashan, 1871 et 1873, N. M. Przewalski s. n. (LE, not seen).

D. pulcherrimum auct. non W. T. Wang: Munz in l. c. 531, p. p. quoad Ching 1123.

本变种的茎和花梗除了白色短柔毛以外还有淡黄色的腺毛，而与模式变种不同。萼片紫蓝色，长 14−20 (−28）mm，距钻形，长 17−20 mm。

特产于宁夏贺兰山。生于海拔 1 500−2 000 m 的山地。

全草可杀虫、灭虱。有毒 (《中国药用植物志》，2016）。

标本登录　宁夏：贺兰山，宁夏药检所 A057，192，329。

72c. 宽裂白蓝翠雀花（变种）

var. **latilobum** Y. Z. Zhao in Acta Sci. Nat. Univ. Intramongol. 19(4): 676. 1988; in Fl. Intramongol., 2nd ed., 2: 539, pl. 218: 5. 1991; et Vasc. Pl. Inn. Mongol. 180. 2012. Holotype　内蒙古：贺兰山，哈拉乌北沟，alt. 2 500−2 600 m，林中，1980-08-31，赵一之等 24796 (HIMC)。

本变种的茎和花序疏被开展长柔毛，茎生叶的深裂片1回深裂或不分裂，小裂片椭圆形，宽5−10 mm，而与模式变种不同。

特产于内蒙古贺兰山。生于山地林中，海拔2 500−2 600 m。

73. 细须翠雀花　图版28：9−14

Delphinium siwanense Franch. in Bull. Soc. Philom. Paris, ser. 8, 5: 162. 1893; Huth in Bot. Jahrb. 20:410. 1895; Finet & Gagnep. in Bull. Soc. Bot. France 51: 483. 1904; Munz in J. Arn. Arb. 48(4): 491. 1967; W. T. Wang in Acta Phytotax. Sin. 31(3): 208. 1994; Z. Wang & W. T. Wang in High. Pl. China 3: 436, fig. 688. 2000; W. T. Wang & M. J. Warnock in Fl. China 6: 241. 2001. Holotype　河北：Siwan, 1862-09, A. David s. n. (P)。

D. leptopogon Hand.-Mazz. in Acta Hort. Gotob. 13: 58. 1939; W. T. Wang in Acta Bot. Sin. 10(1): 80. 1962; Munz in J. Arn. Arb. 49(1): 149. 1958; Iconogr. Corm. Sin. 1: 703, fig. 1405. 1972; Fl. Tsinling. 1(2): 265. 1974. ——*D. siwanense* var. *leptopogon* (Hand.-Mazz.) W. T. Wang in Fl. Reip. Pop. Sin. 27: 381. 1979; Y. Z. Zhao in Fl. Intramongol., ed. 2, 2: 537, pl. 217: 4. 1991; X. Y. Yu et al. in Fl. Shanxi. 1: 580, pl. 367. 1992. Isotype　山西：交城，Pa-shui-ko, alt. 1 900 m，灌丛中，1924-09-04，Harry Smith 7109 (PE)。

73a. var. **siwanense**

草本高约1 m。茎无毛，多分枝。中部茎生叶叶片五角形，(2.8−8) cm × (4.8−13) cm，3全裂，中央全裂片3裂或不分裂，侧全裂片扇形，不等2深裂，2回裂片不等2至3裂，末回裂片披针形至条形，两面被短伏毛；叶柄长4.5−10 cm。伞房花序顶生，有2−7花；苞片3裂或不分裂；花梗长1.4−3 cm，密被短柔毛和黄色短腺毛，中部有2枚长2.5−5 mm的小苞片。萼片宿存，蓝紫色，椭圆状卵形，长12−17 mm，外面有短柔毛，距钻形，长16−18 mm。花瓣无毛。退化雄蕊黑褐色；瓣片2浅裂，腹面有淡黄色髯毛。雄蕊无毛。心皮3，子房被短柔毛。蓇葖长1.2 cm。种子暗褐色，圆锥形，长1.5 mm，有密集横向排列的小鳞片。8−9月开花。

分布于甘肃、陕西南部、宁夏、山西、河北北部、内蒙古西南部。生于山坡草地、灌丛中或林中，海拔1 800−3 200 m。

标本登录　甘肃：卓尼，王作宾5270；莲花山，张彩飞1188，1217；榆中，黄河队3077，5994，何业琪5452，5797；新集，仲士奇170。陕西：太白山，刘慎谔，钟补求786，1209。宁夏：宁武，刘继孟1727，1729，1893，1928。内蒙古：凉城，马毓泉46；大青山，吴庆如10，陶郅24。

73b. 冀北翠雀花（变种）

var. **albopuberulum** W. T. Wang in Acta Phytotax. Sin. 31(3): 208. 1993; W. T. Wang & M. J. Warnock in Fl. China 6: 241. 2001. Type　河北：龙关，大海陀，alt. 2 100 m，阴坡，1959-09-12，黄秀兰，周根生7408 (holotype, PE)；同地，镇安堡，alt. 1 250 m，黄秀兰，周根生4078 (paratype, PE)；同地，老棚子，alt. 1 300 m，黄秀兰，周根生4588 (pratype, PE)。

D. siwanense auct. non Franch: W. T. Wang in Fl. Reip. Pop. Sin. 27: 381. 1979, p. p.; J. W. Wang in Fl. Hebei 1: 454. 1986; Y. Z. Zhao in Fl. Intramongol., ed. 2, 2: 337, pl. 217: 1−3. 1991, p. p.; J. C. Zhao et al. Fl. Xiaowutai Mount 1: 275. 2011; L. Xie in Medic. Fl. China 3: 180. 2016.

本变种的花梗密被白色短柔毛，但无黄色腺毛，而与模式变种不同。

产于河北北部和内蒙古西南部。生于山坡上或河滩灌丛，海拔1 250−2 100 m。

亚组 3. 高翠雀花亚组

Subsect. **Elata** W. T. Wang in Acta Bot. Sin. 10(1): 81. 1962; Tamura in Hiepko. Nat. Pflanzenfam., Zwei. Aufl. 17aIV: 298. 1995, p. p. Type: *Delphinium elatum* L.

Subsect. *Psilocarpa* Huth ex W. T. Wang in Fl. Reip. Pop. Sin. 27: 582. 1979. ——Tribus *Psilocarpa* Huth in Bot. Jahrb. 20: 398. 1985, nom inval.

叶 3 深裂或 3 全裂。花序总状。花较小。萼片脱落，稀宿存，无明显脉纹；距多与萼片近等长。心皮 3 (−4）。

约 50 种，分布于亚洲西南部、喜马拉雅山区、中国、西伯利亚和欧洲。我国约有 23 种，多种分布于新疆，少数分布于西藏南部、东北、湖北北部、河南南部。

系 1. 高翠雀花系

Ser. **Elata** Pawl in Bull. Inst. Acad. Polon Sci. Cl. Math., ser. Bl. Bot. 1933: 91. 1934; Nevski in Kom. Fl. URSS 7: 147. 1937; W. T. Wang in Acta Bot. Sin. 10(1): 81. 1962; Tamura in Hiepko, Nat. Pflanzenfam., Zwei. Aufl. 17a(V: 298. 1995, p. p. Type: *Delphinium elatum* L.

Ser. *Latibracteata* Nevski ex W. T. Wang in Acta. Bot. Sin. 10(1): 82. 1962; Tamura in Hiepko, Nat. Pflanzenfam., Zwei. Aufl. 17aIV: 299. 1995. Type: *Delphinium maackianum* Regel.

Ser. *Navicularia* W. T. Wang in l. c. Type: *Delphinium naviculare* W. T. Wang.

Ser. *Elliptico-ovata* W. T. Wang in l. c. 83. Type: *Delphinium elliptic-ovatum* W. T. Wang.

叶 3 深裂。

约 50 种，我国约有 22 种，分布与亚组的分布相同。

74. 阿克陶翠雀花

Delphinium actoense W. T. Wang in Acta Phytotax. Sin. 37(3): 216, fig. 2: 5−7. 1999; W. T. Wang & M. J. Warnock in Fl. China 6: 242. 2001. Holotype　新疆：阿克陶，奥衣塔克，西玩儿，alt. 2 800−3 000 m，1998-08-05，Ubbo Wüendisch 902 (PE)。

草本高 44 cm。茎被开展微硬毛，不分枝，中部以下有 6 叶。茎生叶具长柄；叶片五角形，(3−7) cm × (5.5−11) cm，3 深裂稍超过中部，中央深裂片倒梯状倒卵形，3 浅裂，有少数牙齿，侧深裂片较大，斜扇形，不等 2 浅裂，上面无毛，下面有疏毛；叶柄长 16−24 cm。总状花序顶生，有 3 花；苞片条状披针形；花梗长 0.9−1.7 mm，有微硬毛，近顶部有长 4 mm 的小苞片。上萼片卵形，长 15 mm，外面有疏毛，距钻形，长 13 mm，其他萼片长 12−13 mm。花瓣顶端 2 浅裂，有疏毛。退化雄蕊黑色；瓣片长 4 mm，2 浅裂，有黄色髯毛。雄蕊无毛。心皮 3，子房被短柔毛。7−8 月开花。

特产于新疆阿克陶县。生于海拔 2 800−3 000 m 的山地。

75. 昭苏翠雀花　图版 35

Delphinium zhaosuense W. T. Wang & J. C. Chi，sp. nov. Holotype　新疆（Xinjiang）：昭苏县，阿合牙子沟（Zhaosu County，Aheyazigou）alt. 2 000 m，云杉林林缘，亚高山草甸（at *Picea* Forest Margin，on subalpine meadow），2019-07-30，迟建才（J.C.Chi）s. n.（PE）。

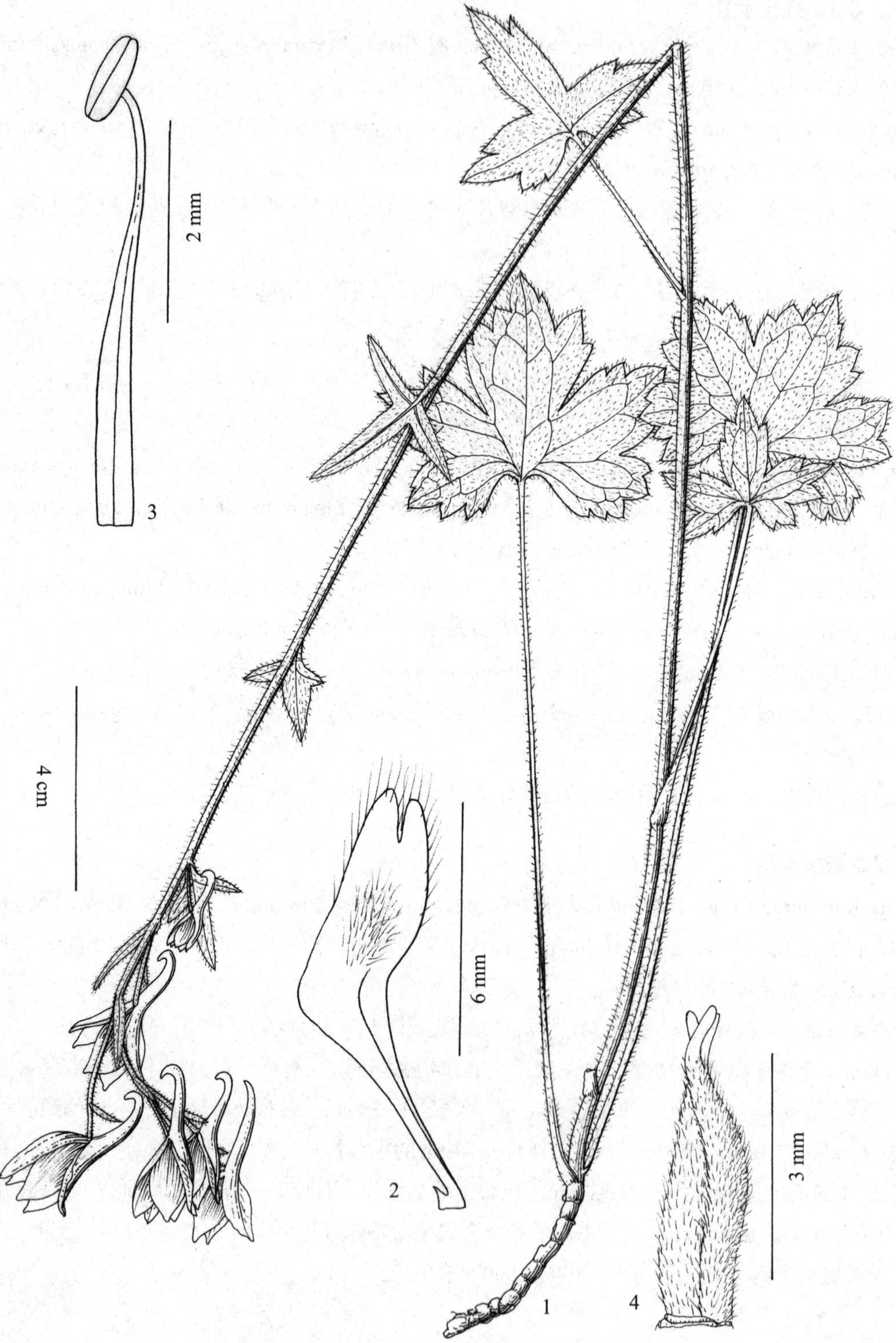

图版 35　**昭苏翠雀花**　1. 植株全形；2. 退化雄蕊；3. 雄蕊；4. 雌蕊群。

Plate 35　**Delphinium zhaosuense**　1. Habit; 2. Staminode; 3. Stamen; 4. Gynoecium.

Species nova haec est affinis *D. actoensi* W.T.Wang, a quo foliis basalibus 3, eis caulinis 4,foliorum laminis supra hirtellis, racemis 6.5 cm longis 7-floris, bracteolis 6−8 mm longis recedit.

Basal leaves ca.3, long petiolate; blades chartaceous, cordate-pentagonol, (2.7−4) cm × (5−6) cm, 3-parted slightly exceeding the middle of blade, central primary lobe broadly rhombic or broadly obovate, 2−2.7 cm broad, inconspicuously3-lobed, with the secondary lobes 1−2-dentate, lateral primary lobes slightly larger, obliquiely flabellate, 2.5−3 cm broad, unequally 2-lobed or 2-cleft, with the secondary lobes obliquely obtrapeziform and apically 2−4-dentate; surfaces adaxially appressed-hirtellous and abaxially only on nerves sparsely hirtellous; petioles slender, 12.5−15 cm long. Two lower cauline leaves with petioles 4−4.6 cm long, and with blades similar to those of basal leaves, but smaller, (2.2−2.5) cm × (3.5−3.7) cm; two upper ones with petioles 4−6 mm long, and with blades (1.4−2.4) cm × (1.6−3.2) cm, with primary lobes lanceolate-linear or narrow-oblanceolate 2 −5 mm broad. Raceme terminal, 6.5 cm long, densely 7-flowered; bracts lanceolate-linear, 14 mm × (1.2−2) mm, hirtellous; pedicels 3−20 mm long, near apex 2-bracteolate; bracteoles linear, (6−8) mm × 1 mm, densely hirtellous. Flower: Sepals blue-purple, adaxially glabrous, abaxially sparsely hirtellous; upper sepal ovate, ca. 14 mm × 9 mm, its spur subu-late, 9−13 mm long, at base 3 mm across, at apex decurved; lateral sepals narrow-obovate, 14 mm × 9 mm, apex obtuse; lower sepals obliquely obovate, 12 mm × 5 mm. Staminodes 13 mm long; limbs narrow-ovate, 6 mm × 3.8 mm, 2-lobed, long ciliate, below the lobe base densely white-barbate; claws 7 mm long, at base 1-appendiculate. Stamens numerous, glabrous; filaments 5 mm long, below lanceolate-linear, above filiform; anthers dark-blue, oblong, 1 mm long. Carpels 3; ovaries narrow-oblong, 3 mm × 0.5 mm, densely puberulous; styles 1 mm long, glabrous.

特产于新疆昭苏，生于亚高山草甸上，海拔 2 000 m。

76. 乌恰翠雀花　图版 34：5−7

Delphinium wuqiaense W. T. Wang in Bull. Bot. Res. Harbin 3(1): 32, pl. 1: 6−8. 1983; J. G. Liu in Fl. Xinjiang. 2(1): 251. 1994; W. T. Wang & M. J. Warnock in Fl. China 6: 244. 2001. Holotype　新疆：乌恰县，苏约克，alt. 3 300 m，山坡，花蓝紫色，1978-08-24，西北植物所新疆队 1923 (PE)。

草本高约 36 cm。茎被硬毛，不分枝，有 2 叶。基生叶约 4，有长柄；叶片五角形，(2−4.2) cm × (5−6.5) cm，3 深裂，形状与分裂情况似阿克陶翠雀花的叶，两面疏被微硬毛；叶柄长 4.5−11 cm。总状花序顶生，约有 10 花；基部苞片 3 裂；花梗长 1.2−4.5 cm，被开展微硬毛，上部有长 4−6 mm 的小苞片。萼片蓝紫色，外面被短柔毛和少数黄色短腺毛，上萼片卵形，长 12 mm，距钻形，长 11−13 mm，侧萼片狭倒卵形，下萼片长圆形。花瓣 2 浅裂，有疏毛。退化雄蕊黑色；瓣片长 4 mm，2 裂稍超过中部，腹面有黄色髯毛。花丝有疏毛。心皮 3，子房密被短柔毛。8−9 月开花。

特产于新疆乌恰县。生于山坡上，海拔 3 300 m。

77. 伊犁翠雀花　图版 37：1−4

Delphinium iliense Huth in Bot. Jahrb. 20: 402. 1895; Nevskl in Kom. Fl. URSS 7: 155, t. 916. 1937; W. T. Wang in Acta Bot. Sin. 10(1): 81. 1962; et in Fl. Reip. Pop. Sin. 27: 382, pl. 89: 1−4. 1979; J. G. Liu in Fl. Xinjiang. 2(1): 247. 1994; S. C. Li et al. Wild. Flow. China 35. 1996; W. T. Wang & M. J. Warnock in Fl. China 6:

242. 2001. Described from Turkestan.

D. longiciliatum W. T. Wang in Acta Bot. Sin. 10(1): 84. 1962; Munz in J. Arn. Arb. 49(1): 149. 1968. Holotype 新疆：伊犁，察布查尔，1957-08-08，关克俭 3209 (PE)。

草本高 22–80 cm。茎疏被硬毛，通常不分枝，有 1–4 叶。茎生叶叶片五角形，3–6.5 × 5.5–11 cm，3 深裂稍超过中部，中央深裂片菱形，3 浅裂，有少数牙齿，侧深裂片斜扇形，不等 2 中裂，两面疏被糙毛；叶柄长达 12 cm。总状花序狭，有 5–12 花；基部苞片 3 裂或披针形；轴无毛或下部有疏糙毛；花梗长 1–3.2 cm，无毛，上部有长 7 mm 的小苞片。萼片蓝紫色，上萼片卵形，其他萼片倒卵形，长 12–17 mm，距钻形，与萼片近等长或稍短。花瓣无毛。退化雄蕊黑色；瓣片长 4 mm，2 微裂，腹面有黄色髯毛。雄蕊无毛。心皮 3，近无毛。种子只沿棱有狭翅。7–8 月开花。

分布于中国新疆西部以及哈萨克斯坦。生于山地草坡或多石砾山坡，海拔 2 000–3 000 m。

标本登录 新疆：和硕，李安仁，朱家柟 7186。

78. 吉隆翠雀花 图版 36：1–5

Delphinium jilongense W. T. Wang, sp. nov. Holotype 西藏 (Xizang)：吉隆 (Jilong), alt. 3 760 m, 沟谷山坡，花紫色 (on slop in valley, fls. purple), 2010-08-08, PE 西藏考察队 (PE Xizang Exped.) 447 (PE)。

Species nova haec est affinis *D. tabatae* Tamura, a quo caulibus et pedicellis pubescentibus, calcari sepalino leviter breviore et basi crassiore, staminibus glabris differt.

Perennial herb 15–17 cm tall. Stem spreading or retrorsely pubescent, simple, with one leaf. Basal leaf 1, with cauline leaf long petiolate; blades papery, pentagonal, (2.5–3.5) cm × (4–6) cm, at base cordate, 3-lobed, secondary lobs 1–4-loulate or 1–4-dentate, lateral primary lobes larger, flabellate, 2.1–4.2 cm broad, unequally 2-parted, with the upper secondary lobes similar to the central primary lobe; surfaces adaxially and abaxially appressed-pubescent; petioles 3.5–10 cm long. Raceme terminal, 7–16 cm long, 3–9-flowered; basal bract foliaceous, other bracts mostly undivided, lanceolate or oblanceolate, 0.6–1.6 cm long; rachis and pedicels retrorsely pubescent, on apex 2-bracteolate; bracteoles oblong or narrow-oblong, 8–9 mm long. Sepals purple, outside appressed-pubescent, inside glabrous, upper sepal broad-ovate, 10 mm × 14 mm, spur subulate, 12–13 mm long, at base 5–6 mm across, lateral sepals broad-elliptic, 12 mm × 7 mm, lower sepals elliptic, 13 mm × 7 mm. Petals black, apex 2-lobulate, ciliate. Staminodes also black; limbs suboblong, 6 mm × 3 mm, 2-cleft, adaxially on the middle long white-barbate; claws 6.5 mm long, glabrous. Stamens ca. 6 mm long, glabrous. Carpels 3; ovaries 3 mm long, sparsely puberulous; styles 1.2 mm long, with few hairs.

特产于西藏吉隆县。生于沟谷山坡上，海拔 3 760 m。

79. 中尼翠雀花

Delphinium tabatae Tamura in Acta Phytotax. Geobot. 37 (n. 4–6): 156. 1986; W. T. Wang in Bull. Bot. Res. Harbin 16(2): 155. 1996; W. T. Wang & M. J. Warnock in Fl. China 6: 246. 2001. Holotype Nepal: Rukum Distr., Pelma, alt. 2 760 m, 1976-09-19, H. Tabata et al. 3782 (KYO).

草本高 34–80 cm。茎被反曲硬毛，不分枝或有 1 分枝。叶片五角形，宽 7–13 cm，在基部心形，3 深裂，中央深裂片宽菱形，顶端急尖，3 裂，上部具披针形末回裂片或牙齿，侧深裂片较大，斜扇形，不等 2 裂。

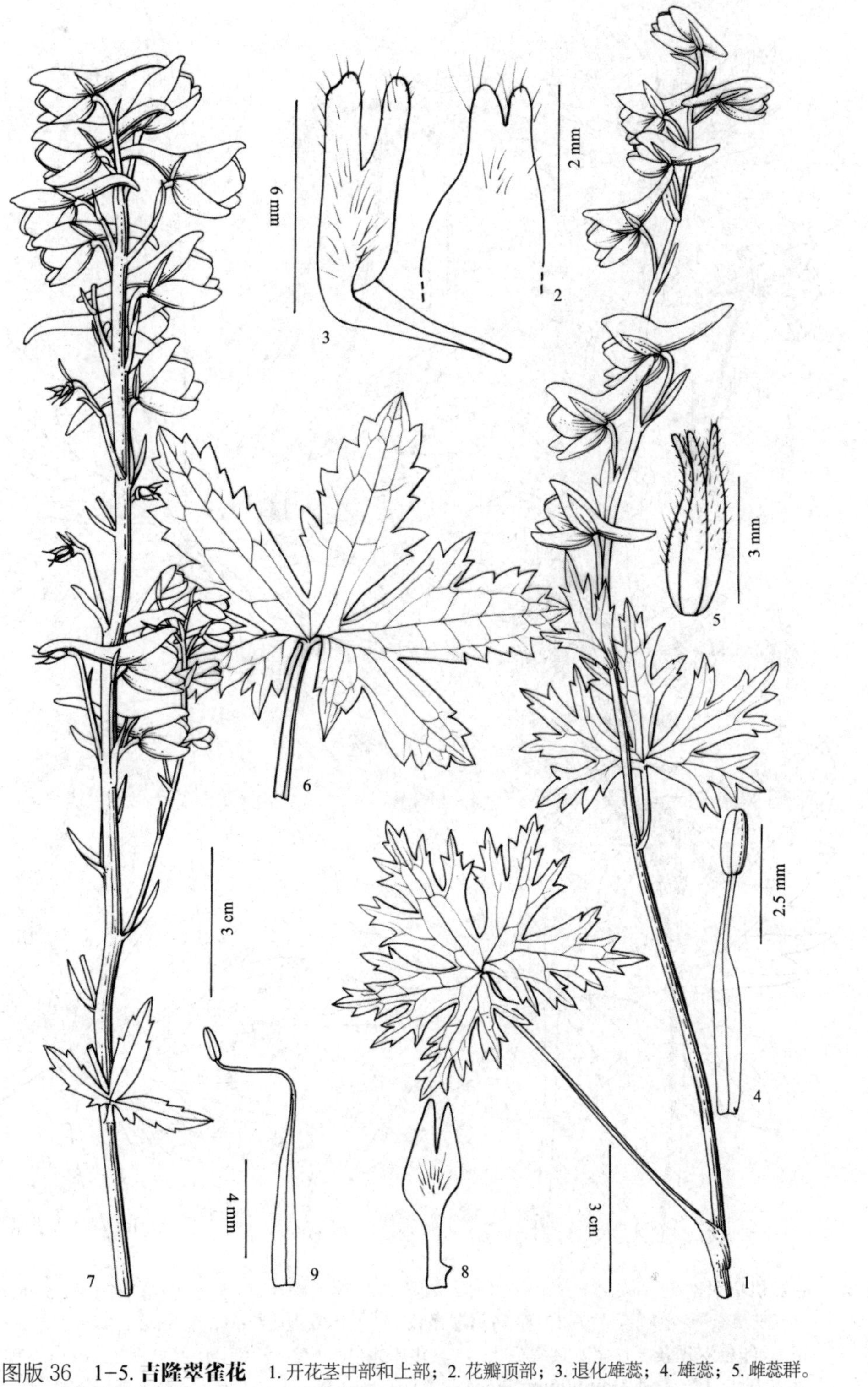

图版 36　1–5. **吉隆翠雀花**　1. 开花茎中部和上部；2. 花瓣顶部；3. 退化雄蕊；4. 雄蕊；5. 雌蕊群。
6–9. 绢毛高翠雀花　6. 叶；7. 复总状花序；8. 退化雄蕊；9. 雌蕊。（据 holotype；孙英宝绘）

Plate 36　1–5. **Delphinium jilongense**　1. Middle and upper parts of flowering plant; 2. Apical part of petal; 3. Staminode; 4. Stamen; 5. Gynoecium.　6–9. D. **elatum** var. **sericeum**　6. Leaf; 7. Compound raceme; 8. Staminode; 9. Stamen. (From holotypes; drawn by Y. B. Sun)

图版 37　1–4. **伊犁翠雀花**　1. 总状花序；2. 基生叶；3. 退化雄蕊；4. 小苞片。　5–8. **船苞翠雀花**　5. 花；6. 基生叶；7. 退化雄蕊；8. 小苞片。　9–12. **萨乌尔翠雀花**　9. 花；10. 基生叶；11. 退化雄蕊；12. 小苞片。　13–15. **长卵苞翠雀花**　13. 花；14. 基生叶；15. 退化雄蕊；16. 小苞片。（引自《中国植物志》；张泰利绘）

Plate 37　1–4. **Delphinium iliense**　1. Raceme; 2. Basal leaf; 3. Staminode; 4. Bracteole.

5–8. **D. naviculare** var. **naviculare**　5. Flower; 6. Basal leaf; 7. Staminode; 8. Bracteole.

9–12. **D. shawurense** var. **shawurense**　9. Flower; 10. Basal leaf; 11. Staminode; 12. Bracteole.

13–15. **D. ellipticoovatum**　13. Flower; 14. Basal leaf; 15. Staminode; 16. Bracteole.

(After Fl. Reip. Pop. Sin.; drawn by T. L. Zhang)

总状花序长 10–20 cm，有 6–12 花；下部苞片叶状，3 深裂，其他苞片不分裂，条形；轴有黄色腺毛；花梗长 2–3.5 cm，密被短糙伏毛，并有少数开展硬毛；小苞片位于花梗上部，与花邻接，披针状条形，长 7–12 mm。萼片淡蓝色，外面被短伏毛，长 13–16 mm，距筒状钻形，长 14 mm，直，基部粗 2.2 mm。花瓣不分裂，无毛。退化雄蕊黑色；瓣片狭卵形，长 4–5 mm，2 裂，腹面被黄色髯毛。雄蕊花丝有疏毛。心皮 3，子房密被短柔毛。8–9 月开花。

分布于中国西藏南部（吉隆）以及尼泊尔。生于海拔 3 500 m 山地。

标本登录　西藏：吉隆，李渤生等 13676。

80. 温泉翠雀花

Delphinium winklerianum Huth in Bot. Jahrb. 20: 419. 1895; Munz in J. Arn. Arb. 49(1): 165. 1968; W. T. Wang in Fl. Reip. Pop. Sin. 27: 387. 1979; J. G. Liu in Fl. Xinjiang. 2(1): 250. 1994; W. T. Wang & M. J. Warnock in Fl. China 6: 243. 2001. Holotype　Turkestan: Kasch, 1881-06-04, C. Winkler 7230 (LE, not seen).

D. kuanii W. T. Wang in Acta Bot. Sin. 10(1): 84. 1962; Munz in J. Arn. Arb. 49(1): 147. 1968. Holotype　新疆：温泉，阿拉套山，1957-08-27，关克俭 4698 (PE)。

草本高 50–80 cm。茎被短硬毛，分枝。基生叶和下部茎生叶有长柄；叶片近肾形，约 5.5 cm × 10 cm，3 深裂，中央深裂片楔状倒梯形，上部 3 浅裂，有牙齿，侧深裂片宽楔形，不等 2 裂近中部，两面疏被糙毛；叶柄长过叶片 2 倍。总状花序顶生，长达 30 cm；基部苞片 3 裂，其他苞片不分裂，条形；轴疏被短柔毛；花梗长 1–10 cm，被短糙伏毛，近顶部或在顶部具披针形小苞片。萼片蓝紫色，卵形或椭圆形，长 12–18 mm，距钻状圆筒形，长 12–17 mm，基部粗 3.5–4.5 mm。花瓣无毛。退化雄蕊黑色；瓣片 2 浅裂，腹面有淡黄色髯毛。雄蕊花丝有疏毛。心皮 3，子房有短毛。7–8 月开花。

产于新疆西部。生于山坡上。

81. 绢毛高翠雀花（变种）　图版 36：6–9

Delphinium elatum L. var. **sericeum** W. T. Wang in Acta Bot. Sin. 10(1): 81. 1962; et in Fl. Reip. Pop. Sin. 27: 382. 1979; J. G. Liu in Fl. Xinjiang. 2(1): 247. 1994; W. T. Wang & M. J. Warnock in Fl. China 6: 243. 2001; Q. Lin et al. in Kew Bull. 64: 573. 2009. Type　新疆：福海，额尔色斯，alt. 1 890 m，1957-08-04，何巨忠，李石磷 550 (holotype, PE)；福海，阿伏拜，alt. 2 080 m，1957-07-11，陈舜礼 184 (paratype, PE)。

草本高 70–130 cm。茎下部疏被短毛，上部近无毛，分枝。下部叶在花期枯萎，中部茎生叶有稍长柄；叶片五角状肾形，宽约 10 cm，3 深裂近基部，中央深裂片宽菱形，3 深裂，2 回裂片有少数三角形小裂片，侧深裂片斜扇形，不等 2 深裂，两面疏被短柔毛；叶柄与叶片近等长。总状花序长达 20 cm，有密集的花；苞片条形；轴和花梗被柔毛和黄色短腺毛；花梗长 1–1.5 cm，顶端有狭披针形小苞片。萼片紫蓝色，卵形或狭倒卵形，长 12–15 mm，外面疏被黄色短腺毛和短柔毛，距圆筒状钻形，与萼片近等长。花瓣无毛。退化雄蕊褐色；瓣片长 4 mm，2 浅裂，有淡黄色髯毛。雄蕊无毛。心皮 3，无毛。7–8 月开花。

特产于新疆福海县。生于山地草坡，海拔 890–2 100 m。

82. 新源翠雀花

Delphinium mollifolium W. T. Wang in Bull. Bot. Res. Harbin 3(1): 31, pl. 2: 1–4. 1983; J. G. Lin in Fl.

Xinjiang. 2(1): 248. 1994; W. T. Wang & M. J. Warnock in Fl. China 6: 245. 2001. Type 新疆：新源，乌拉斯台林场，alt. 1 700 m，1974-07-06，杨昌友，尤努斯 74-0686 (holotype, XJA; isotype, PE)。

草本高约 1.5 m。茎中部粗约 1 cm，中空，无毛，多分枝。中部茎生叶具长柄；叶片五角形，约 10 × 18 cm，3 深裂，中央深裂片近菱形，宽约 6 cm，在中部 3 裂，2 回裂片有少数三角形小裂片，侧深裂片斜扇形，不等 2–3 裂，两面，尤其下面，密被短柔毛；叶柄长 15 cm，无毛。顶生复总状花序长约 55 cm; 下部苞片多叶状，其他苞片狭条形或钻形; 轴和花梗均无毛; 花梗长 0.6–3 cm，近顶部有长 4–6 mm 的小苞片。萼片蓝色，外面被短柔毛，内面无毛，狭卵形或狭椭圆形，长 10–12 mm，距细圆形，与萼片近等长，基部粗 3–4 mm。花瓣无毛。退化雄蕊黑色；瓣片长 4 mm，顶端 2 微裂，被黄色髯毛；爪长 5 mm，雄蕊无毛。心皮 3，子房密被短柔毛。6–7 月开花。

特产于新疆新源、巩留二县。生于山坡草地或林下，海拔 1 700 m。

83. 和丰翠雀花

Delphinium sauricum Schischk. in Animadvers. Syst. ex Herb. Univ. Tomsk. 8: 1. 1936; Nevski in Kom. Fl. URSS 7: 130. 1937; Munz in J. Arn. Arb. 49(1): 161. 1968; J. G. Liu in Fl. Xinjiang. 2(1): 256, pl. 69. 1994. Holotype: Motes Saur. in jugo Mus-tao toward head of Ulkun-obo River, in alpine meadow, 1914-07-26, W. Saposhnikov s. n. (LE, not seen).

草本高 30–80 cm。茎粗 3–6 mm，被短糙伏毛。基生叶和茎生叶均具长柄；叶片圆肾形或五角形，(6–9) cm × (9–14) cm，3 深裂近基部，中央深裂片近倒卵形或菱形，3 浅或深裂，有卵形或三角形小裂片，侧深裂片较大，近扇形，不等 2 深裂，两面有短毛；叶柄与叶片近等长。总状花序约有 10 花；苞片条形或钻形；轴无毛；花梗长 1.5–3.5 cm，只在顶部有短伏毛，上部有长 2.5–3.5 mm 的小苞片。萼片蓝紫色，外面密被短柔毛，上萼片宽卵形，距钻形，比萼片稍长，长 15 mm，其他萼片椭圆形或椭圆状卵形。花瓣无毛。退化雄蕊褐色；瓣片长 5 mm，2 浅裂，腹面有淡黄色髯毛。雄蕊无毛。心皮 3–4，子房密被短柔毛。

分布于中国新疆和布克赛尔 (萨乌尔山) 以及哈萨克斯坦。生于山坡草地，海拔 1 700–2 100 m。

84. 无腺翠雀花 图版 38

Delphinium eglandulosum C. Y. Yang & B. Wang in Acta Phytotax. Sin. 30(1): 85, fig. 2: 1–6. 1992; J. G. Liu in Fl. Xinjiang 2(1): 248. 1994; W. T. Wang & M. J. Warnock in Fl. China 6: 245. 2001. Type 新疆：布尔津，毕留迪，阿尔泰山，alt. 1 300 m，林边，1988-07-06， 刘霞 88-0174 (holotype, not seen; isotype, PE)。

草本高 70–100 cm。茎无毛，不分枝，等距地生叶。叶片五角状肾形，宽 9–11 cm，3 深裂近基部，中央深裂片菱形，又 3 深裂，具三角形小裂片，侧深裂片斜扇形，不等 2–3 裂，两面疏被伏毛。总状花序长约 28 cm，有多花；基部苞片 3 裂，其他苞片条形；轴和花梗密被短柔毛；花梗长 1–3.5 cm，上部具长 8 mm 的小苞片。萼片紫色，外面密被短柔毛，内面无毛，长 12–14 mm，上萼片宽卵形，距钻形，与上萼片近等长或稍长，基部粗 2.5–3.5 mm。花瓣无毛。退化雄蕊褐色，瓣片 2 半裂，腹面有黄色髯毛。雄蕊无毛。心皮 3，无毛。7–8 月开花。

特产于新疆布尔津县。生于林缘草地，海拔 1 300 m。

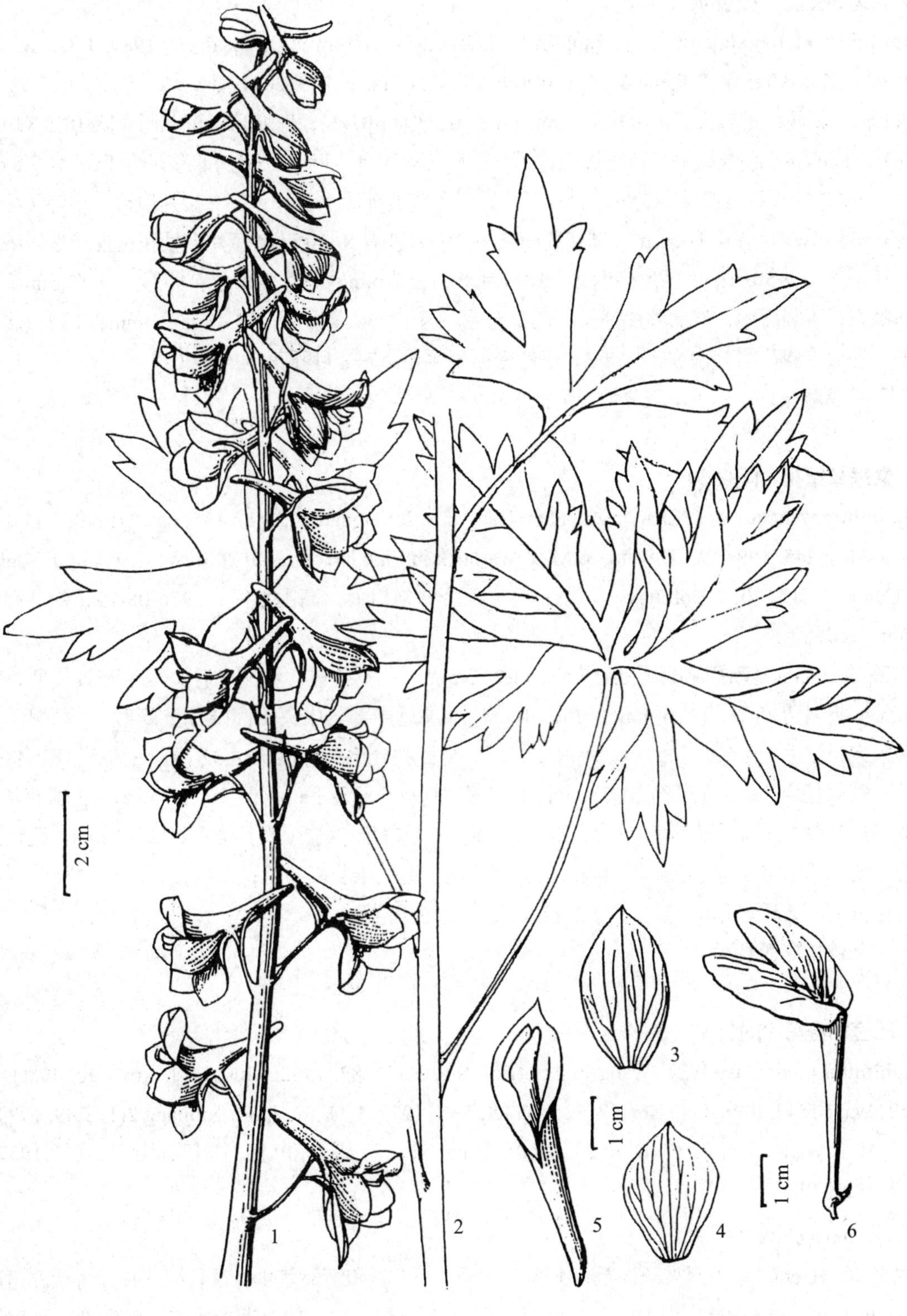

图版 38　**无腺翠雀花**　1. 总状花序；2. 植株下部；3. 下萼片；4. 侧萼片；5. 上萼片；6. 退化雄蕊。（引自杨昌友和王兵，1992）

Plate 38　**Delphinium eglandulosum**　1. Raceme; 2. Lower part of plant; 3. Lower sepal;4. Lateral sepal; 5. Upper sepal; 6. Staminode. (After C. Y. Yang & B. Wang, 1992)

85. 新塔翠雀花 图版 40

Delphinium tarbagataicum C. Y. Yang in Bull. Bot. Res. Harbin 9(1): 24, fig. 2. 1989; J. G. Liu in Fl. Xinjiang. 2(1): 253. 1994; W. T. Wang & M. J. Warnock in Fl. China 6: 243. 2001.

Holotype 新疆：塔城县，孟布拉克，alt. 1 800 m，1985-07-20，塔城草场资源调查队 187 (XJA)。

草本高约 60 cm。茎被绒毛和黄色腺毛，不分枝，等距生叶。叶片五角状肾形，约 4 cm × 7.5 cm，3 深裂近基部，中央深裂片菱形，3 浅裂，浅裂片具三角状披针形小裂片，侧深裂片扇形，不等 2 深裂，两面脉上有疏柔毛；叶柄长 1–5 cm。总状花序长 7–10 cm，有 8–10 花；苞片、轴和花梗均被短绒毛和黄腺点；花梗长 1–1.5 cm；小苞片接近花，狭披针形，长 7 mm。萼片蓝紫色，卵形，长 13 mm，外面被柔毛和腺点，距圆筒形，与上萼片等长。花瓣无毛。退化雄蕊黑褐色；瓣片长约 7 mm，2 裂，腹面有黄色髯毛。外层雄蕊花丝有疏毛。心皮 3，子房密被短柔毛。7–8 月开花。

特产于新疆塔城县。生于山坡草地，海拔 1 800 m。

86. 文采翠雀花 图版 39

Delphinium wentsaii Y. Z. Zhao in Acta Sci. Nat. Univ. Intramongol. 21(1): 135, fig. 1. 1990; J. G. Liu in Fl. Xinjiang 2(1): 245. 1994; W. T. Wang & M. J. Warnock in Fl. China 6: 245. 2001; W. T. Wang in High. Pl. China in Colour 3: 365. 2016. Holotype 新疆：特克斯，穷格斯太，高山地区，1976-08-23，刘书润 s. n. (NMU, not. seen)。

草本高约 20 cm。茎密被开展硬毛（毛长 1.2–2 mm），不分枝，约有 3 叶。基生叶具长柄，茎生叶的柄较短；叶片五角形，(3–6) cm × (5–10) cm，3 裂近中部，中央 1 回裂片宽菱形，3 浅裂，边缘有宽卵形粗齿，侧生 1 回裂片斜扇形，不等 2 浅裂，两面被硬毛；叶柄长达 32 cm。总状花序顶生并腋生，多花；基部苞片叶状，上部苞片披针形；轴和花梗密被开展硬毛；花梗长 1–1. 5 cm，上部有长 11–13 mm 的条形小苞片。萼片蓝紫色，外面密被开展硬毛，内面无毛，上萼片卵形，长 12 mm，距钻形，与萼片近等长，其他萼片卵形或卵状椭圆形。花瓣无毛。退化雄蕊黑褐色；瓣片长 5 mm，2 半裂，腹面下部被白色髯毛。雄蕊无毛。心皮 3，子房被柔毛。8–9 月开花。

特产于新疆特克斯县。

87. 船苞翠雀花 图版 37：5–8

Delphinium naviculare W. T. Wang in Acta Bot. Sin. 10(1): 82. 1962; Munz in J. Arn. Arb. 49(1): 153. 1968; W. T. Wang in Fl. Reip. Pop. Sin. 27: 385, pl. 89: 5–8. 1979; J. G. Liu in Fl. Xinjiang 2(1): 249. 1994; W. T. Wang & M. J. Warnock in Fl. China 6: 242. 2001. Holotype 新疆：昭苏县，马厂，山间盆地，1957-08-11，关克俭 3229 (PE)。

87a. var. naviculare

草本高 40–70 cm。茎下部被长硬毛，上部变无毛。基生叶和下部茎生叶具长柄；叶片肾状五角形，(3.3–4.3) cm × (5.2–5.6) cm，3 深裂，中深裂片菱形，3 浅裂，浅裂片有卵形粗齿，侧深裂片斜扇形，不等 2 裂近中部，两面被糙毛；叶柄长达 16 cm。总状花序长 30 cm，狭；下部苞片 3 裂，其他苞片船状卵形；轴和花梗无毛；花梗长 1–3 cm；小苞片与花邻接，船状卵形，长 4–5 mm。萼片紫色，上萼片宽椭圆形，长 12 mm，无毛或顶端有疏缘毛，距钻形，长 12–13 mm。花瓣无毛。退化雄蕊黑褐色；瓣

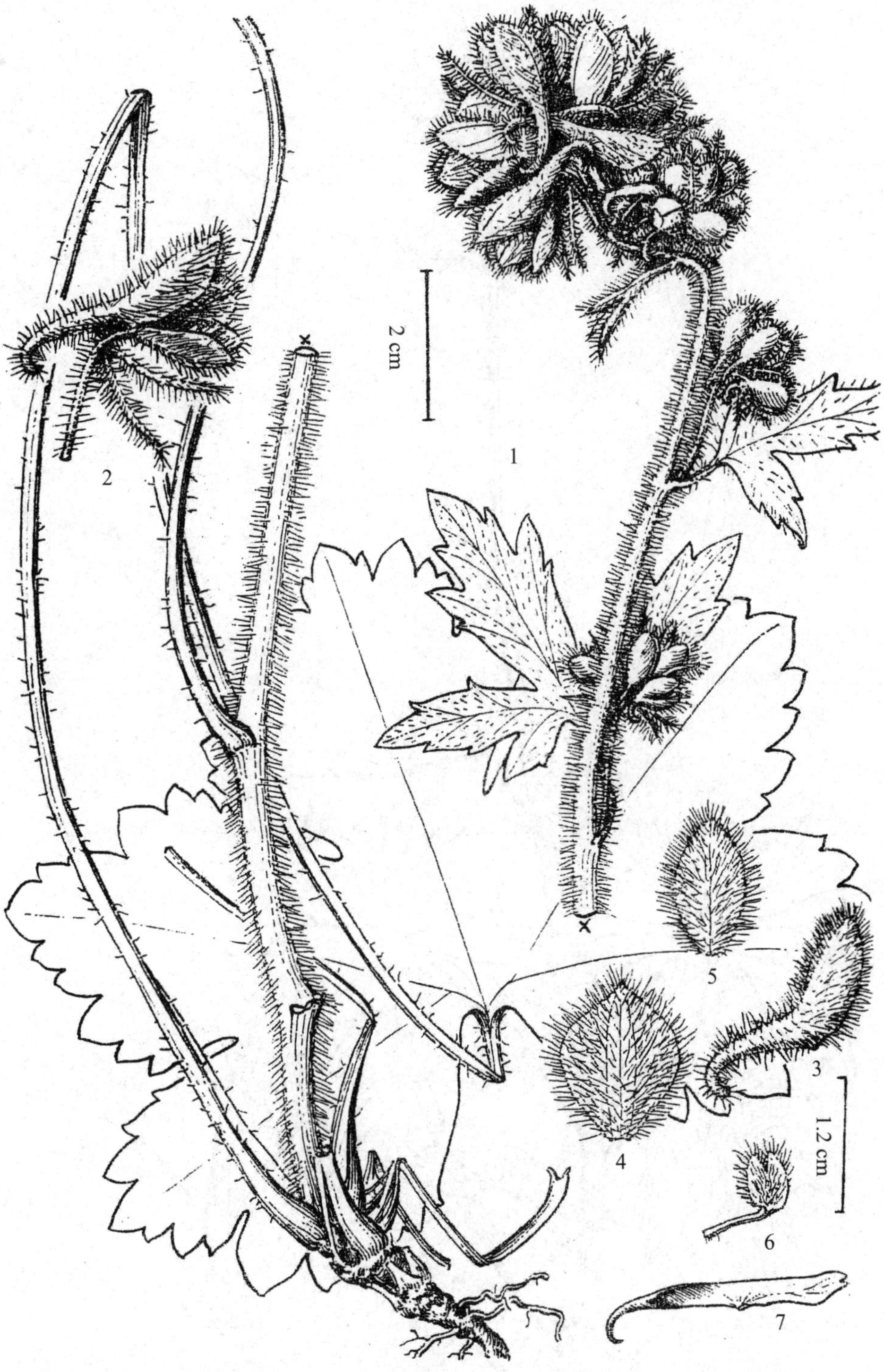

图版 39 **文采翠雀花** 1. 开花植株上部；2. 开花植株下部；3. 上萼片；4. 侧萼片；5. 下萼片；6. 退化雄蕊；7. 花瓣。（引自赵一之，1990；马平绘）

Plate 39 **Delphinium wentsaii** 1. Upper part of flowering plant; 2. Lower part of flowering plant; 3. Upper sepal; 4. Lateral sepal; 5. Lower sepal; 6. Staminode; 7. Petal. (After Y. Z. Zhao, 1990; drawn by P. Ma)

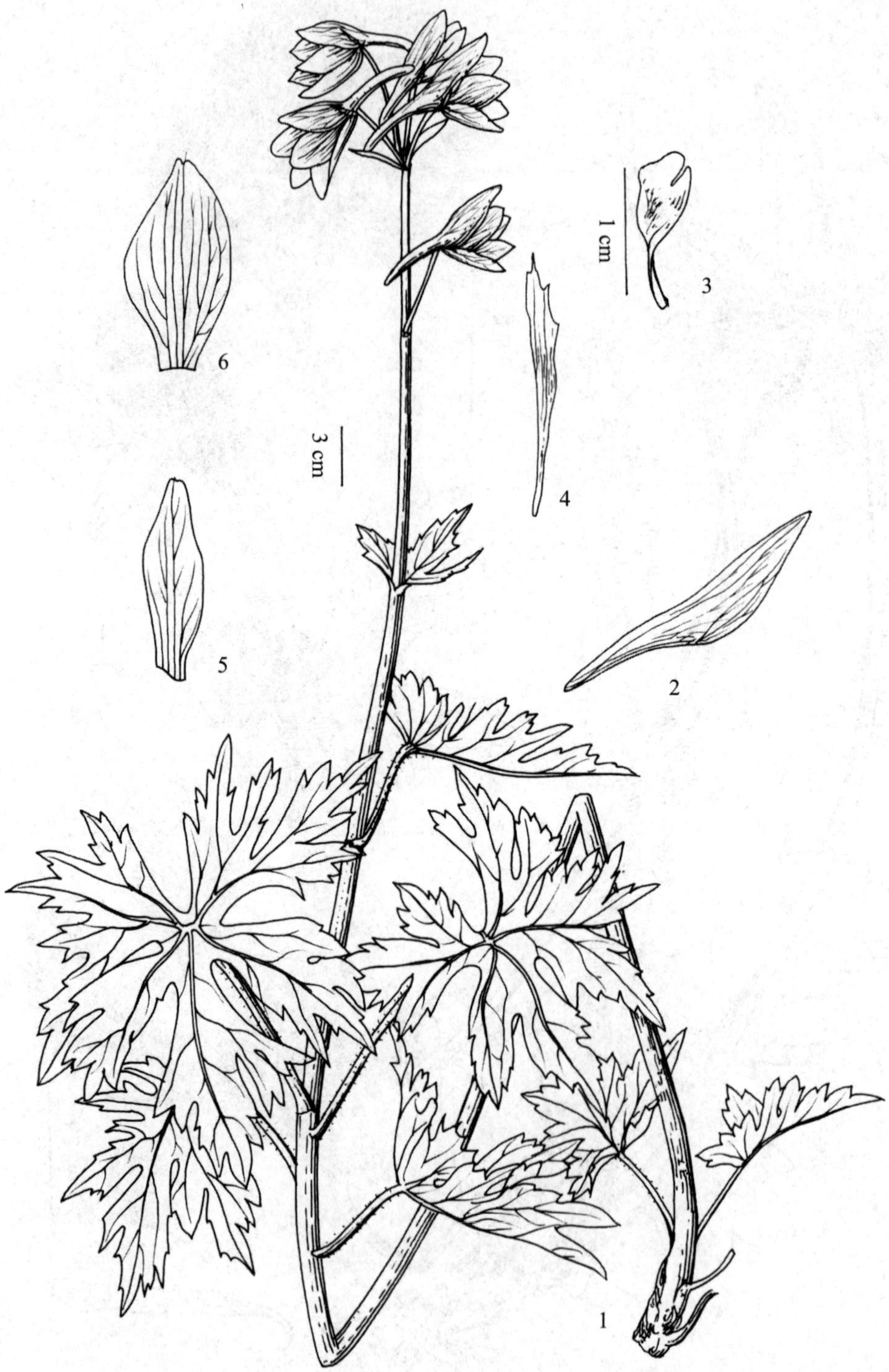

图版 40　**新塔翠雀花**　1. 植株；2. 上萼片；3. 退化雄蕊；4. 花瓣；5. 下萼片；6. 侧萼片。（引自杨昌友和王兵；1989）

Plate 40　**Delphinium tarbagataicum**　1. Plant; 2. Upper sepal; 3. Staminode; 4. Petal; 5. Lower sepal; 6. Lateral sepal. (After C. Y. Yang & B. Wang, 1989)

片长圆形，2 半裂，腹面有淡黄色髯毛。雄蕊无毛。心皮 3，无毛。7–8 月开花。

分布于新疆巩留、特克斯、昭苏等县。生于山坡草地，海拔 1 700 m。

87b. 毛果船苞翠雀花（变种）

var. **lasiocarpum** W. T. Wang in Acta Bot. Sin. 10(1): 83. 1962; et in Fl. Reip. Pop. Sin. 27: 387. 1979; J. G. Liu in Fl. Xinjiang. 29(1): 250. 1994; W. T. Wang & W. T. Warnock in Fl. China 6: 243. 2001. Type 新疆：巩留，济文顶，alt. 1 700 m，云杉林下，1957-08-10，林业部调查队 521 (lectotype, here designated, PE)；托里、阿巴嗒金山，1957-08-06，关克俭 2559 (syntype, PE)。

本变种的茎、花梗和萼片外面均被黄色短腺毛，子房疏被短柔毛，而与模式变种不同。

分布于新疆托里、巩留、特克斯等县。生于山地云杉林下，海拔 1 600–1 700 m。

88. 镱锂翠雀花 图版 41

Delphinium zhangii W. T. Wang in Acta Phytotax. Sin. 37(3): 214, fig. 1: 1–3. 1999; W. T. Wang & M. J. Warnock in Fl. China 6: 244. 2001. Type 新疆：阿克陶，奥衣塔克，木吉，恰特，alt. 3 500–3 700 m，山坡溪边，1998-08-16，张镱锂 800 (holotype, PE), Ubbo Wüendisch 102 (paratype, PE)。

草本高约 40 cm。茎被开展微硬毛，不分枝，无叶或下部具 2 小退化叶。基生叶 6–8，具长柄；叶片革质，五角形，(3–4) cm × (5–6) cm，3 深裂，中央深裂片菱状倒卵形或宽菱形，3 浅裂，浅裂片有 1–2 三角形小裂片或牙齿，侧深裂片斜扇形，不等 2 中裂，两面疏被短毛；叶柄长 5.5–8 cm。总状花序顶生，长 22–28 cm；基部苞片 3 裂，其他苞片条状披针形；花梗长 2–5 cm，被微硬毛，上部有长 4–6 mm 的小苞片。萼片紫蓝色，上萼片宽卵形，长 12–14 mm，距钻形，长 13–15 mm，其他萼片长 13–14 mm。花瓣无毛。退化雄蕊黑色；瓣片长 4 mm，2 浅裂，腹面被淡黄色髯毛。雄蕊无毛。心皮 3，子房密被短柔毛。7–8 月开花。

特产于新疆阿克陶县。生于山坡溪边，海拔 3 500–3 700 m。

89. 萨乌尔翠雀花 图版 37：9–12

Delphinium shawurense W. T. Wang in Fl. Reip. Pop. Sin. 27: 383. 613, pl. 89: 9–12. 1979; J. G. Liu in Fl. Xinjiang. 2(1): 249. 1994; W. T. Wang & M. J. Warnock in Fl. China 6: 245. 2001. Holotype 新疆：和布克赛尔，萨乌尔山，alt. 2 240 m，山坡松林中，1968-07-31，新疆生物所队 1282 (XJBI)。

89a. var. shawurense

草本高 80–120 cm。茎下部疏被开展短糙毛，上部无毛，分枝。下部叶在花期枯萎；中部茎生叶有长柄；叶片五角形，约 7 cm × 14 cm，3 深裂近基部，中央深裂片菱形，长渐尖，3 裂，2 回裂片有不等大的狭三角形小裂片，侧深裂片斜扇形，不等 2–3 裂，两面疏被短柔毛；叶柄长达 16 cm。总状花序顶生，长约 26 cm，有 20 花；下部苞片叶状，其他苞片钻形；轴无毛；花梗长 3–7.2 cm，上部有黄色短腺毛，并有钻形小苞片。萼片蓝色，外面疏被腺毛，内面无毛，上萼片狭卵形，其他萼片狭椭圆形，长 16.5–19 mm，距钻形，长 19–21 mm，基部粗 2.8 mm。花瓣无毛。退化雄蕊黑色；瓣片长 5.5 mm，2 浅裂，腹面有黄色髯毛。雄蕊无毛。心皮 3，无毛。7–8 月开花。

特产于新疆和布克赛尔县萨乌尔山。生于山坡松林下，海拔 2 240 m。

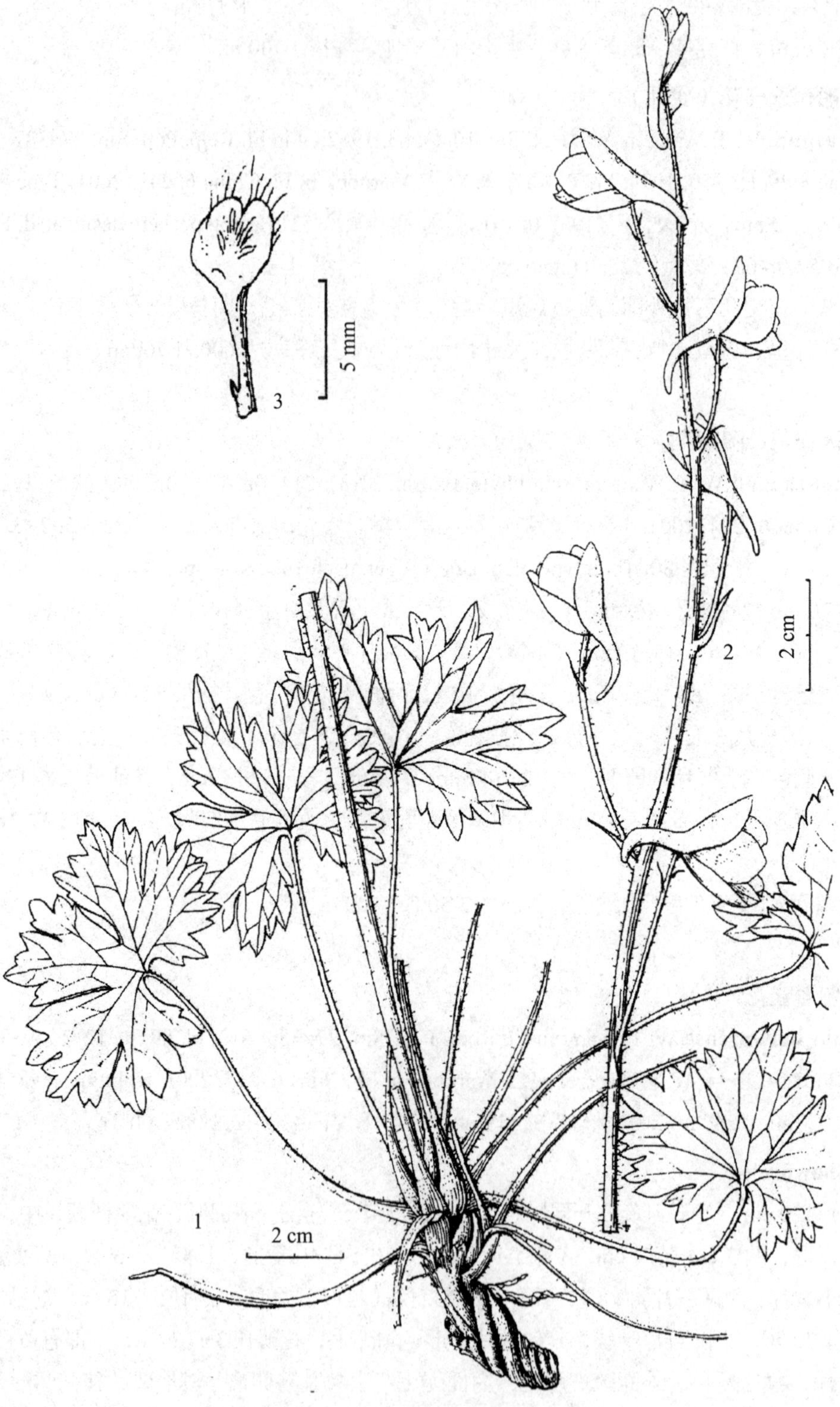

图版 41 **镱锂翠雀花** 1. 植株下部，2. 花序，3. 退化雄蕊。（引自王文采，1999；孙英宝绘）

Plate 41 **Delphinium zhangii** 1. Lower part of plant; 2. Raceme; 3. Staminode.

(After W. T. Wang, 1999; drawn by Y. B. Sun)

89b. 白花萨乌尔翠雀花（变种）

var. **albiflorum** C. Y. Yang & B. Wang in Acta Phytotax. Sin. 30(1): 91. 1992; J. G. Liu in Fl. Xinjiang. 2(1): 249. 1994; W. T. Wang & M. J. Warnock in Fl. China 6: 245. 2001. Type 新疆：和布克赛尔，萨乌尔山，alt. 1 900 m，山谷草地，花白色，1989-07-30，王兵 89-04 (holotype, XJA; isotype, PE)；同地，alt. 1 800−1 900 m，1983-07-31，杨昌友，王兵 He83-1439 (paratype, XJA, not seen)。

本变种的萼片白色，下部茎生叶的叶片肾形，上部茎生叶的叶片五角形，而与模式变种不同。

特产于新疆和布克塞尔县萨乌尔山。生于山谷草地，海拔 1 800−1 900 m。

89c. 赛塔城翠雀花（变种）　图版 43

var. **pseudoaemulans** (C. Y. Yang & B. Wang) W. T. Wang in Phytologia 79: 384. 1996; W. T. Wang & M. J. Warnock in Fl. China 6: 245. 2001. ——*D. pseudoaemulans* C. Y. Yang & B. Wang in Acta Phytotax. Sin. 30(1): 86, fig. 1: 7−12. 1992; J. G. Liu in Fl. Xinjiang 2(1): 253. 1994. Type 新疆：和布克赛尔县，萨乌尔山，齐拜尔沟，alt. 1 900 m，林边灌丛，1989-07-30，王兵 89-06 (holotype, XJA; isotype, PE)。

本变种的茎下部被硬毛，上部被短柔毛，而与模式变种不同。萼片紫蓝色。

特产于新疆和布克赛尔县萨乌尔山。生于山坡草地灌丛中，海拔 1 900 m。

90. 新疆高翠雀花　图版 42

Delphinium sinoelatum C. Y. Yang & B. Wang in Acta Phytotax. Sin. 30(1): 88, fig. 3: 1−7. 1992; J. G. Liu in Fl. Xinjiang. 2(1): 248. 1994; W. T. Wang & M. J. Warnock in Fl. China 6: 244. 2001. Type 新疆：和布克赛尔县，萨乌尔山，松树沟，alt. 1 940 m，草坡林边，1969-07-20，尹立冬 69-033 (holotype, XJA; isotype, PE)。

草本高 60−80 cm。茎下部疏被短柔毛，上部无毛，不分枝，等距生叶。叶片五角状肾形，(5−6) cm × (6.5−8.5) cm，3 深裂近基部，中央深裂片菱形，顶端长渐尖，3 裂，2 回裂片有少数狭三角形小裂片。侧深裂片近扇形，不等 3 深裂，上面无毛，下面有疏毛；叶柄与叶近等长或稍长。总状花序顶生，长约 15 cm，有 16 朵密集的花；基部苞片叶状，其他苞片近丝形；花梗长 1.5−2 cm，无毛，上部有长 3−5 mm 近丝形小苞片。萼片蓝紫色，椭圆形，长 12−14 mm，无毛，距钻形，长 18 mm，基部粗 3 mm。花瓣无毛。退化雄蕊黑褐色；瓣片长 5 mm，2 中裂，腹面有黄色髯毛。雄蕊无毛。心皮 3，无毛。7−8 月开花。

特产于新疆和布克赛尔县萨乌尔山。生于山坡草地或林缘，海拔 1 940 m。

91. 昆仑翠雀花　图版 44

Delphinium kunlunshanicum C. Y. Yang & B. Wang in Bull. Bot. Res. Harbin 9(1): 21, fig. 2. 1989; J. G. Liu in Fl. Xinjiang. 2(1): 252. 1994; W. T. Wang & M. J. Warnock in Fl. China 6: 244. 2001. Holotype 新疆：叶城县，科克雅尔大板，alt. 3 800 m，草坡，1984-08-01，阿布力米提，阿不力克木 144 (XJA)。

草本高 30−40 cm。茎疏被开展长硬毛，不分枝。基生叶约 5，具长柄；叶片肾形，(3.5−5.5) cm × (7.5−10) cm，3 深裂稍超过中部，中央深裂片宽菱形，3 浅裂，浅裂片具少数卵形粗齿，侧深裂片斜扇形，不等 2 中裂，两面疏被短硬毛；叶柄长 8−10 cm。总状花序顶生，长 22 cm，有 10 花；基部苞片叶状，其他苞片不分裂，狭披针形；花梗被短柔毛和淡黄色腺毛，上部具长 5−7 mm 的条形小苞片。萼片蓝紫色，外面有黄色腺点和短硬毛，长 15 mm，上萼片卵形，侧萼片倒卵形，下萼片船状卵形，距钻形，长 15−

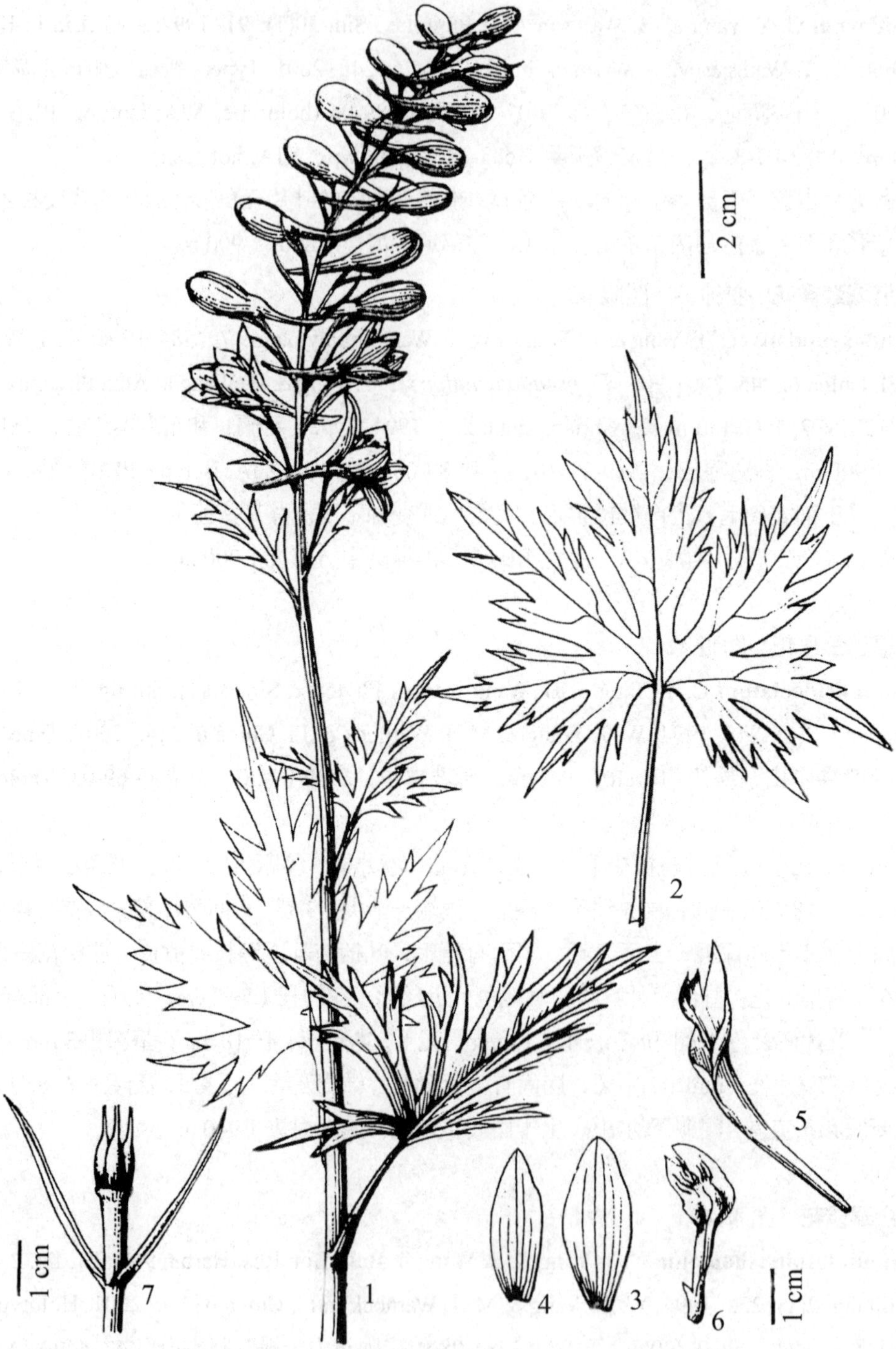

图版 42　**新疆高翠雀花**　1. 开花植株上部；2. 茎生叶；3. 下萼片；4. 侧萼片；5. 上萼片；6. 退化雄蕊；7. 小苞片与雌蕊群。（引自杨昌友和王兵，1992）

Plate 42　**Delphinium sinoelatum**　1. Upper part of flowering plant; 2. Cauline leaf; 3. Lower sepal; 4. Lateral sepal; 5. Upper sepal; 6. Staminode; 7. Branteoles and gynoecium. (After C. Y. Yang & B. Wang, 1992)

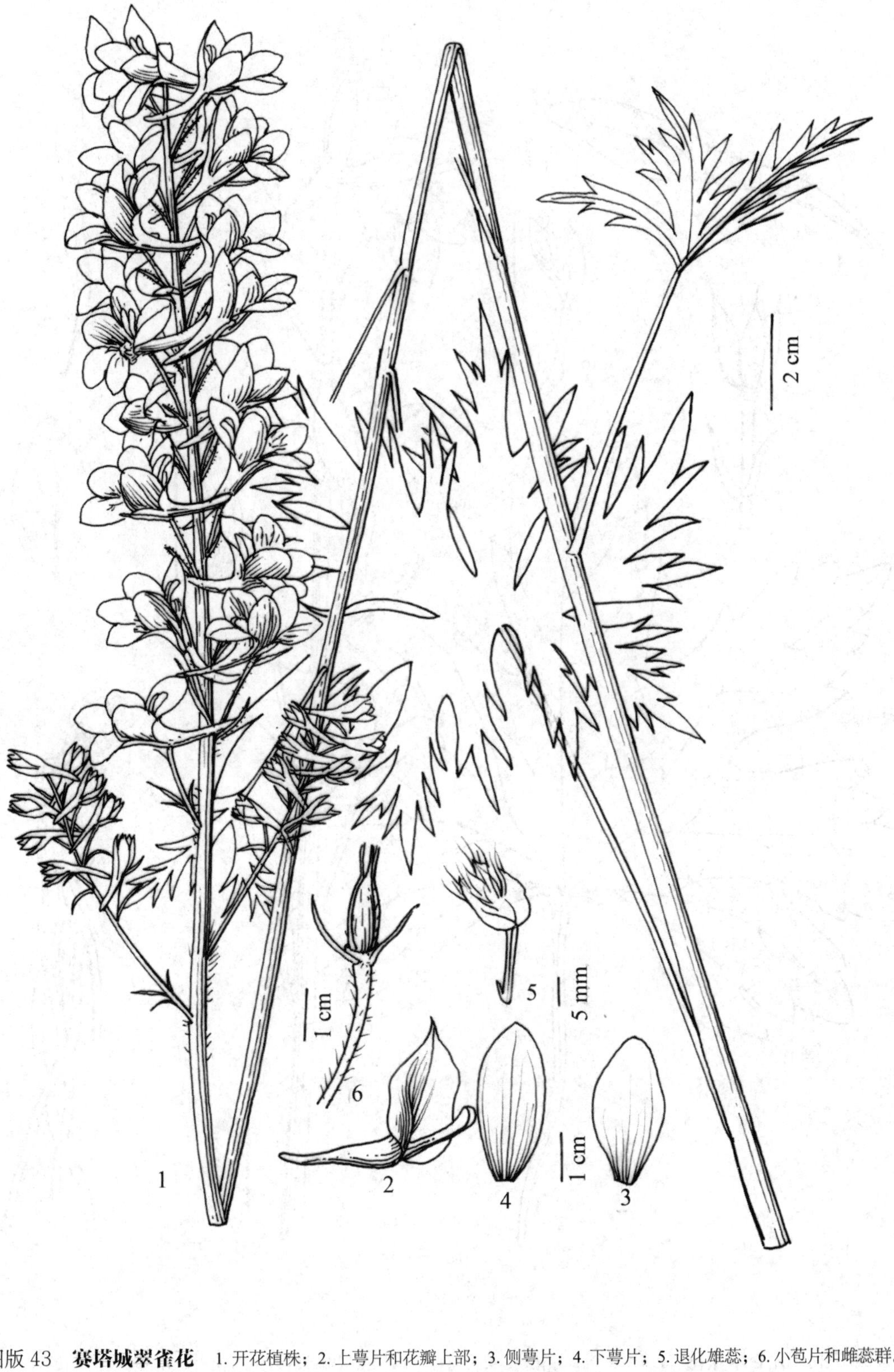

图版 43　**赛塔城翠雀花**　1. 开花植株；2. 上萼片和花瓣上部；3. 侧萼片；4. 下萼片；5. 退化雄蕊；6. 小苞片和雌蕊群。（引自杨昌友和王兵，1992）

Plate 43　**Delphinium shawurense** var. **pseudoaemulans**　1. Flowering plant; 2. Upper sepal and upper part of petal; 3. Lateral sepal; 4. Lower sepal; 5. Staminode; 6. Bracteoles and gynoecium. (After C. Y. Yang & B. Wang, 1992)

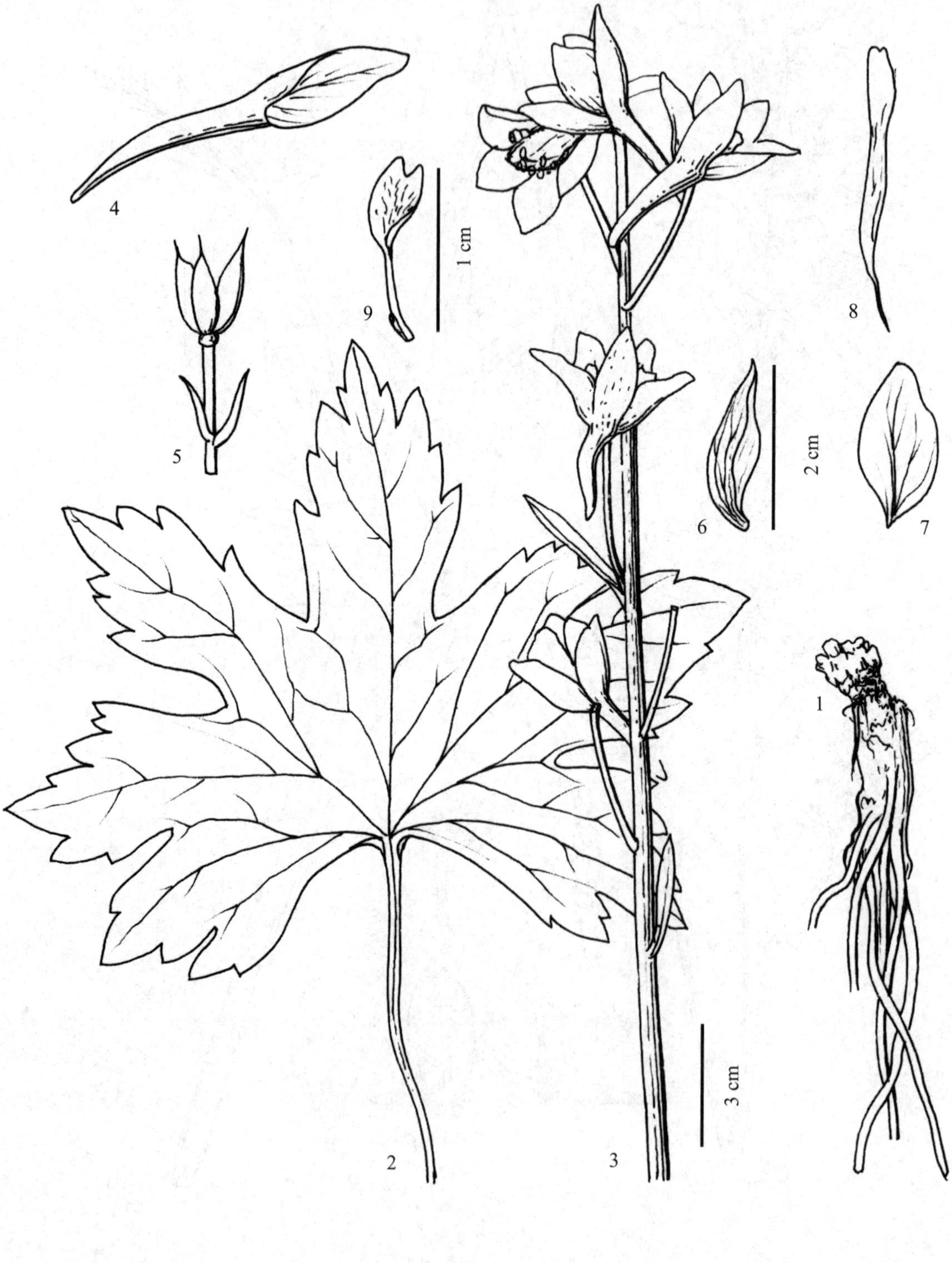

图版 44　**昆仑翠雀花**　1. 根；2. 叶；3. 花枝；4. 上萼片；5. 小苞片和雌蕊群；6. 下萼片；7. 侧萼片；8. 花瓣；9. 退化雄蕊。（引自杨昌友和王兵，1989）

Plate 44　**Delphinium kunlunshanicum**　1. Root; 2. Leaf; 3. Spray; 4. Upper sepal; 5. Bracteoles and gynoecium; 6. Lower sepal; 7. Lateral sepal; 8. Petal; 9. Staminode. (After C. Y. Yang & B. Wang, 1989)

20 mm，基部粗 2.5−3 mm，花瓣无毛。退化雄蕊黑色；瓣片长 4 mm，顶端 2 微裂，有白色髯毛。雄蕊花丝下部有疏毛。心皮 3，子房密被短柔毛。7−8 月开花。

特产于新疆叶城县昆仑山。生于山坡草地或云杉林边，海拔 3 000−3 800 m。

标本登录　新疆：叶城，青藏队 87-794，87-996。

92. 喀什翠雀花　图版 45

Delphinium kaschgaricum C. Y. Yang & B. Wang in Bull. Bot. Res. Harbin 9(1): 21, fig. 1. 1989; J. G. Liu in Fl. Xinjiang. 2(1): 252. 1994; W. T. Wang & M. J. Warnock in Fl. China 6: 244. 2001. Holotype　新疆：阿图什县，山坡，1981-08-05，张清斌 1089 (XJA)。

草本高约 15 cm。花葶疏被向下斜展的糙毛。叶约 3 枚，均基生，有稍长柄；叶片五角状肾形，(1.7−2) cm × (3−3.2) cm，3 深裂稍超过中部，中央深裂片菱形，顶端急尖，3 浅裂，浅裂片宽卵形，全缘或有 1 小齿，侧深裂片斜扇形，不等 2 浅裂，两面疏被糙毛；叶柄长 2.5−3.5 cm。总状花序顶生，长 4 cm，有 2−3 花；苞片狭披针形；轴和花梗被开展短毛和少数淡黄色腺点；花梗长 2−2.5 cm，上部具 2 枚长 4 mm 的狭条形小苞片。萼片蓝紫色，外面被糙毛和腺点，上萼片卵形，其他萼片倒卵形，长约 12 mm，距钻形，稍长于萼片。花瓣顶端微凹，有短缘毛。退化雄蕊淡黄色；瓣片 8 mm × 2.5 mm，2 裂，腹面中部有黄色髯毛；爪长 6 mm。心皮 3，子房上部有疏毛。7−8 月开花。

特产于新疆阿图什市天山南坡。生于山坡草地，海拔 3 300 m。

93. 长卵苞翠雀花　图版 37：13−15

Delphinium ellipticoovatum W. T. Wang in Acta Bot. Sin. 10(1): 83. 1962; Munz in J. Arn. Arb. 49(1): 141. 1968; W. T. Wang in Fl. Reip. Pop. Sin. 27: 387, pl. 89: 13−15. 1979; J. G. Liu in Fl. Xinjiang. 2(1): 250. 1994; W. T. Wang & M. J. Warnock in Fl. China 6: 243. 2001. Holotype　新疆：温泉，乌拉丝台，山坡，1957-08-28，关克俭 3858 (PE)。

草本高约 70 cm。茎被稍向下斜展的硬毛，等距生叶。中部茎生叶有稍长柄；叶片五角形，约 5.7 cm × 8 cm，3 深裂至距基部 8 mm 处，中央深裂片菱形，3 裂，2 回裂片有 1−2 三角形小齿，侧深裂片斜扇形，不等 2 中裂，两面被糙伏毛；叶柄比叶片稍长。总状花序顶生，有 7−8 花；基部苞片 3 裂，其他苞片狭卵形；轴疏被糙毛；花梗长 1−2.7 cm，密被短伏毛；小苞片距花 1−7 mm，椭圆状卵形或卵形，(5.5−7) mm × (2−3) mm。萼片蓝紫色，椭圆形或椭圆状倒卵形，长 10−13 mm，外面有短伏毛，距钻形，长 12−13 mm，基部粗 2−2.5 mm。花瓣上部内面有疏毛。退化雄蕊黑色；瓣片 2 微裂，腹面被淡黄色髯毛。雄蕊无毛。心皮 3，无毛或子房有疏毛。蓇葖长约 9 mm。种子倒圆锥状四面体形，长 1.5 mm，密生横向排列的小鳞片。8−9 月开花。

产于新疆精河、温泉等县。生于山坡草地，海拔 1 900 m。

94. 天山翠雀花　图版 46：10−13

Delphinium tianshanicum W. T. Wang in Acta Bot. Sin. 10(1): 85. 1962; Munz in J. Arn. Arb. 49(1): 163. 1968; W. T. Wang in Fl. Reip. Pop. Sin. 27: 338, pl. 88: 10−13. 1979; J. G. Liu in Fl. Xinjiang. 2(1): 251. 1994; W. T. Wang & M. J. Warnock in Fl. China 6: 244. 2001; L. Xie in Medic. Fl. China 3: 181. 2016. Holotype　新疆：

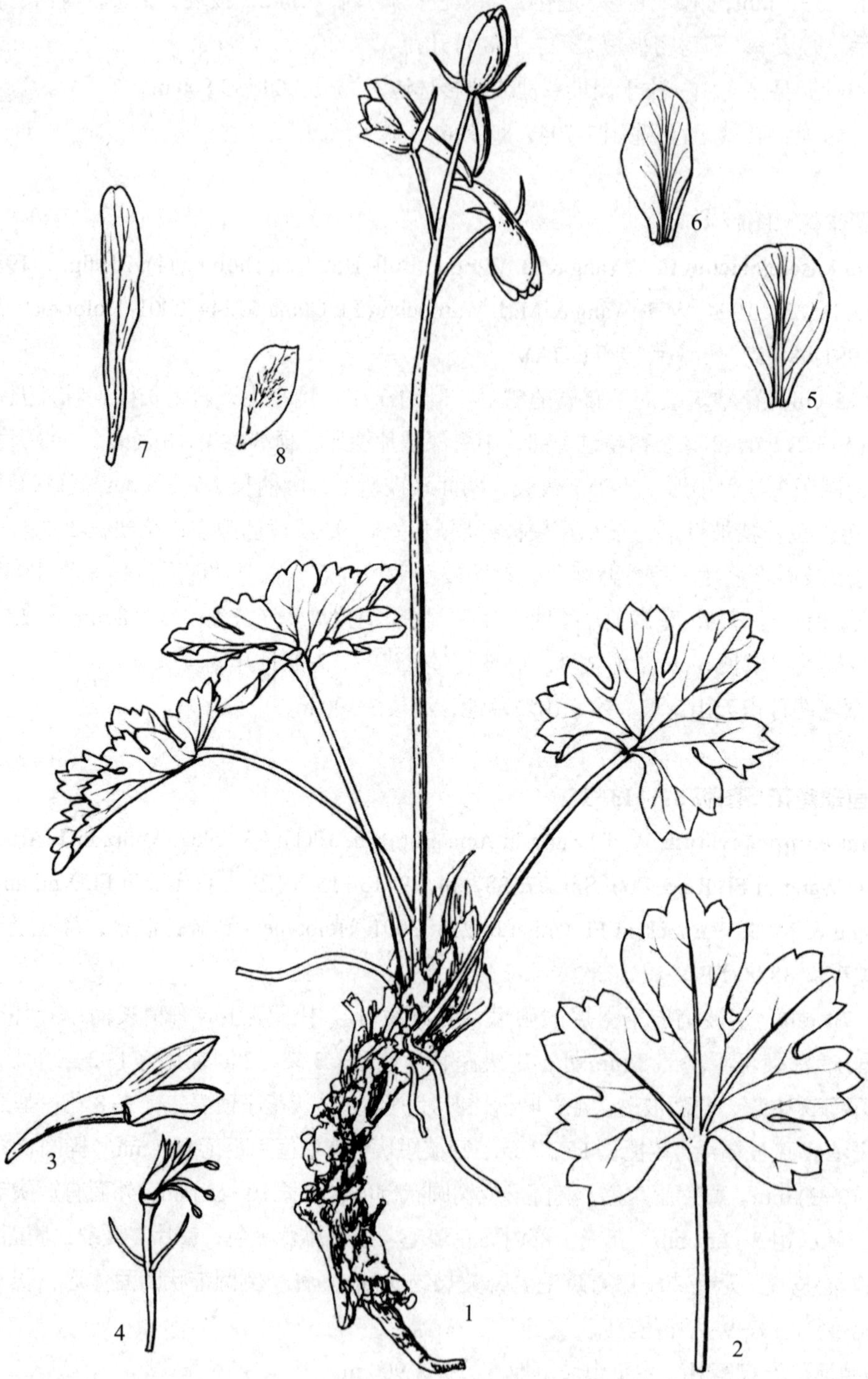

图版 45 **喀什翠雀花** 1. 植株；2. 叶；3. 上萼片；4. 花柄、雄蕊与雌蕊群；5. 侧萼片；6. 下萼片；7. 花瓣；8. 退化雄蕊。（引自杨昌友和王兵，1989）

Plate 45 **Delphinium kaschgaricum** 1. Plant; 2. Leaf; 3. Upper sepal; 4. Pedicel, stamen and gynoecium; 5. Lateral sepal; 6. Lower sepal; 7. Petal; 8. Staminode. (After C. Y. Yang & B. Wang, 1989)

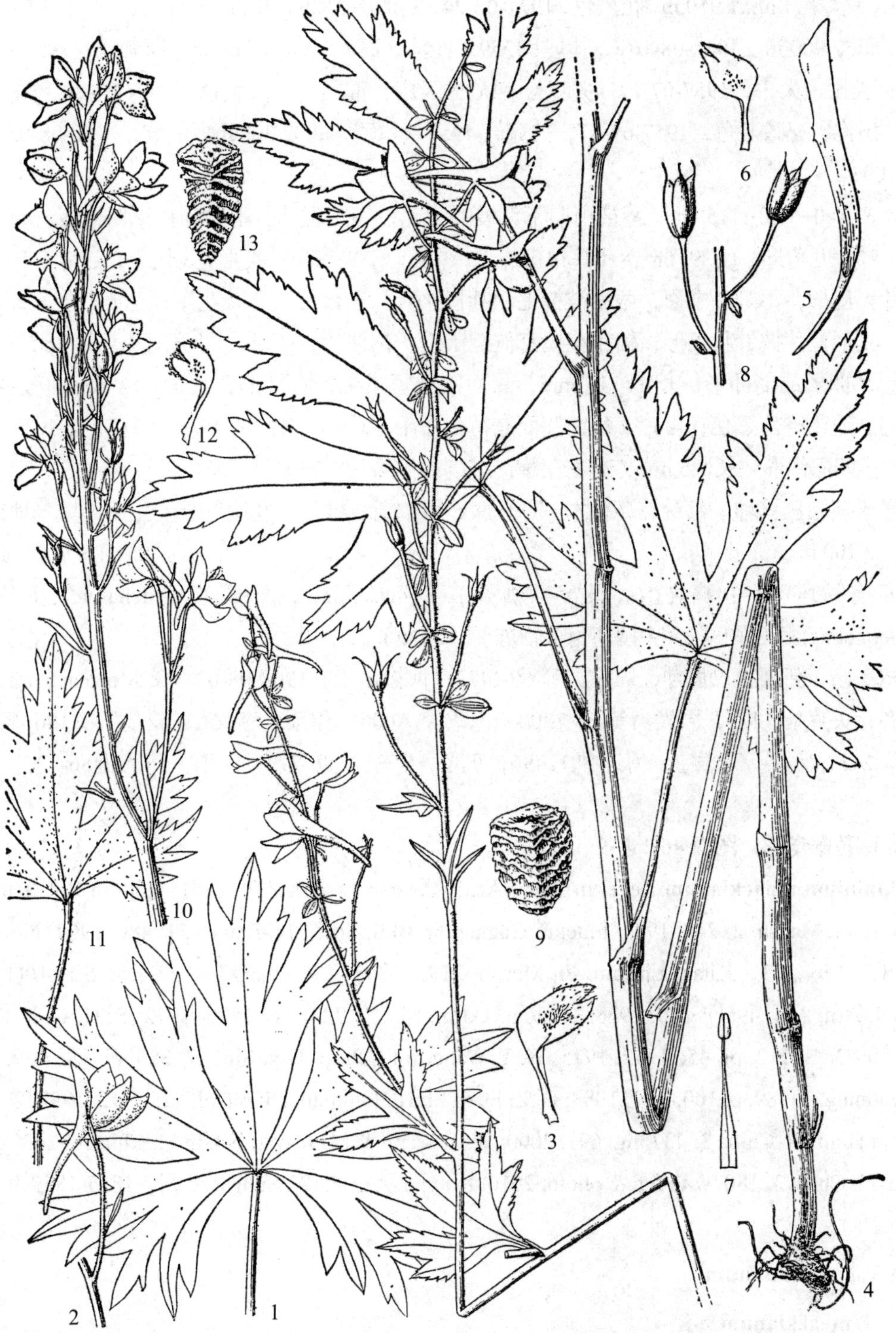

图版 46　1−3. **全裂翠雀花**　1. 叶；2. 花；3. 退化雄蕊。　4−9. **宽苞翠雀花**　4. 植株全形；5. 花瓣；6. 退化雄蕊；7. 雄蕊；8. 蓇葖；9. 种子。　10−13. **天山翠雀花**　10. 总状花序；11. 叶；12. 退化雄蕊；13. 种子。

（引自《中国植物志》；赵宝恒和张泰利绘）

Plate 46　1−3. **Delphinium trisectum**　1. Leaf; 2. Flower; 3. Staminode.　4−9. **D. maackianum**　4. Habit; 5. Petal; 6. Staminode; 7. Stamen; 8. Follicles; 9. Seed.　10−13. **D. tianshanicum**　10. Raceme; 11. Leaf; 12. Staminode; 13. Seed. (After Fl. Reip. Pop. Sin.; drawn by B. H. Zhao & T. L. Zhang)

博格达山，达摩殿，alt. 1 950 m，花蓝色，1931-08-24，刘慎谔 3620 (PE). Paratypes (全部存 PE)：博格达山，福寿寺，alt. 2 000 m，1931-08-16，刘慎谔 3259；沙湾，石厂，alt. 1 700 m，花紫色，1957-07-26，关克俭 2290；天山，大牛，1957-07-17，关克俭 1463；天山，灌丛中，花紫色，1957-07-29，关克俭 1798；巴立坤，山沟，花暗蓝色，1957-09-27，关克俭 4951；和硕，alt. 2 300 m，山坡，1958-08-03，李安仁，朱家柟 7003。

草本高 (40–) 60–115 cm。茎被稍向下斜展的硬毛，等距生叶。基生叶在花期枯萎，与下部茎生叶有长柄；叶片五角形，(6–9) cm × (9–14) cm，3 深裂，中央深裂片菱形，3 浅裂，边缘有三角形牙齿，侧深裂片斜扇形，不等 2 中裂，两面被糙毛；叶柄比叶片长数倍。总状花序顶生，有 8–15 花；基部苞片 3 裂，其他苞片披针状条形；轴和花梗密被糙伏毛；花梗长 2–6 cm；小苞片条形，长 5.5–9 mm。萼片蓝紫色，卵形或倒卵形，长 11–15 mm，外面密被短柔毛，距钻形，长 11–14 mm，基部粗 3 mm。花瓣无毛。退化雄蕊黑色；瓣片 2 裂，腹面有黄色髯毛。雄蕊无毛。心皮 3，子房密被短毛。蓇葖长约 1 cm。种子四面体形，长 1.5 mm，有密集横向排列的小鳞片。7–8 月开花。

分布于新疆巴里坤、奇台、乌鲁木齐、阜康、玛纳斯、沙湾、和硕等县。生于山坡草地或林缘，海拔 1 700–2 700 m。

全草有祛风湿、止痛之效。根含半须翠雀明 (delsemine)、翠雀它灵 (deltaline)、6-乙酰翠雀灵 (6-acytylepheline) 等生物碱 (《中国药用植物志》，2016) 。

标本登录　新疆：巴里坤，周太炎等 65-1472；博格达山，1908-08-02，G. Merzbacher 1304 (GH)；乌鲁木齐，关克俭 1463，周太炎等 65-1200，谭政炎 A005；和硕，李安仁，朱家柟 7186；石河子，新疆学院队 203；新源，李振宇，傅连中 12496；巩留，陈家瑞 86-279；博乐，陈家瑞 86-237。

95. 宽苞翠雀花　图版 46：4–9

Delphinium maackianum Regel in Mem. Acad. Petersb., ser. 7, 7: 9. 1861; Huth in Bot. Jahrb. 20: 100. 1895; Kom. Fl. Mansh. 2: 248. 1903; Finet & Gagnep. in Bull. Soc. Bot. France 51: 480. 1904; Nevski in Kom. Fl. URSS 7: 156. 1937; Kitag. Lineam. Fl. Mansh. 219. 1939; W. T. Wang in Acta Bot. Sin. 10(1): 82. 1962; Munz in J. Arn. Arb. 49(1): 150. 1968; Iconogr. Corm. Sin. 1: 703, fig. 1406. 1972; S. H. Li in Fl. Pl. Herb. Chinae Bor.-Or. 3: 112, pl. 45: 8–12. 1975; W. T. Wang in Fl. Reip. Pop. Sin. 27: 383, pl. 88: 4–9. 1979; S. H. Li, Fl. Liaoning. 1: 189, p. 100: 3–7. 1988; D. Z. Fu in Fl. Heilongjiang. 5: 69, pl. 22: 8–12. 1992; Z. Wang & W. T. Wang in High. Pl. China 3: 437, fig. 691. 2000; W. T. Wang & M. J. Warnock in Fl. China 6: 243. 2001; L. Xie in Medic. Fl. China 3: 180, with fig. & photo. 2016. Isotype 黑龙江 (?), Sungacha 河，1855-1859， R. Maack s. n. (photo, PE)。

95a. var. **maackianum**

95ai. f. **maackianum**

草本高 1.1–1.4 m。茎下部被稍向下斜展的短糙毛，上部常变无毛。下部叶在花期多枯萎；叶片五角形，(7.2–11) cm × (8–18) cm，3 深裂，中央深裂片菱形，3 浅裂，浅裂片有少数小裂片和三角形牙齿，侧深裂片斜扇形，不等 2 深裂，两面疏被短毛；叶柄长约 10 cm。总状花序狭长，有多数花；基部苞片叶状，其他苞片狭倒卵形；轴和花梗密被黄色腺毛；花梗长 1.3–3.8 cm；小苞片生花梗下部，倒卵形，长 4–8.5 mm。萼片紫蓝色，卵形或狭倒卵形，长 10–14 mm，外面无毛，距钻形，长 16–

17 mm。花瓣无毛。退化雄蕊黑褐色，瓣片卵形，2 浅裂，腹面有黄色髯毛。雄蕊无毛。蓇葖长 1.4 cm。种子四面体形，长 2 mm，有密集横向排列的小鳞片。7–8 月开花。

分布于中国辽宁（恒仁）、吉林和黑龙江东部，以及朝鲜、俄罗斯远东地区。生于山地林边草坡上。

根可供药用，用于跌打损伤、流行性感冒等症（《中国药用植物志》，2016）。

标本登录 黑龙江：伊春，刘慎谔等 3324，中德队 7820；带岭，王薇等 752；宁安，俞德浚，陆玲娣等 75-258；铁力，东北队 420。

95aii. 白花宽苞翠雀花（变型）

f. **albiflorum** S. H. Li & Z. F. Fang in Fl. Pl. Herb. Chinae Bor.-Or. 3: 114, 229. 1975. Holotype 吉林：安图县，长白山，1963-08-10，王薇 2566 (IFP, not seen）。

本变型的萼片呈白色，而与模式变型不同。

特产于吉林安图县长白山。

95b. 毛果宽苞翠雀花（变种）

var. **lasiocarpum** Regel in Mem. Acad. Petersb., ser. 7, 7: 9. 1861; S. H. Li in Fl. Pl. Herb. Chinae Bor.-Or. 3: 114. 1975. Holotype: Coast of Manshuria, 1857, C. Wilford s. n. (not seen).

本变种的果实有毛，而与模式变种不同。

产于辽宁沿海地区。

96. 东北高翠雀花

Delphinium korshinskyanum Nevski in Kom. Fl. URSS 7: 153, 724. 1937; Popov, Fl. Centr. Siberia 1: 236. 1957; W. T. Wang in Acta Bot. Sin. 10(1): 85. 1962; S. H. Li in Fl. Pl. Herb. Chinae Bor.-Or. 3: 114, pl. 45: 1–7. 1975; W. T. Wang in Fl. Reip. Pop. Sin. 27: 388. 1979; Y. Z. Zhao in Fl. Intramongol., ed. 2, 2: 535, pl. 216: 1–3. 1991; D. Z. Fu in Fl. Heilongjiang. 5: 69, pl. 22: 1–7. 1992; Z. Wang & W. T. Wang in High. Pl. China 3: 365. 2000; W. T. Wang & M. J. Warnock in Fl. China 6: 246. 2001; Y. Z. Zhao, Vasc. Pl. Inn. Mongol. 180. 2012. Holotype 俄罗斯：Inter fl. Zeja e Boreja prope Ivavovskoje, 1891-07-11, Korshinsky s. n. (LE, not seen)。

草本高 55–90 cm。茎下部被开展稍向下斜展的长硬毛，上部无毛，等距生叶。基生叶和下部茎生叶有长柄；叶片肾状五角形，(4.5–7) cm × (7.5–13) cm，3 深裂近基部，中央深裂片菱形，3 裂，2 回裂片有三角形小裂片和锐齿，侧深裂片斜扇形，不等 2 深裂，两面疏被糙毛；叶柄长达 18 cm。总装花序狭长，有 (12–）18–25 花；苞片披针状条形；轴及花梗无毛；花梗长 0.8–3.5 cm；小苞片与花邻接，披针形或披针状条形，长 4–5 mm。萼片蓝紫色，椭圆状卵形，长 10–13 mm，距钻形，长 13–16 (–19）mm。花瓣无毛。退化雄蕊黑褐色；瓣片卵形，2 浅裂，腹面有黄色髯毛。雄蕊无毛。心皮 3，无毛。蓇葖长 1–1.3 cm。种子四面体形，长 2 mm，有密集横向排列的小鳞片。7–8 月开花。

分布于中国内蒙古东北部、黑龙江北部，以及俄罗斯西伯利亚中部和远东地区。生于山地草甸、灌丛或林间草地，海拔 370–750 m。

标本登录　内蒙古: 额尔古纳旗，古纳附近，王战等 1613; 额尔古纳旗，大农拉根，王战等 1507; 根河，中德队 2720；伊勒科特，1928-07-24，J. Sato 3049。黑龙江：呼玛，陈舜礼 s. n.。

系 2. 全裂翠雀花系

Ser. **Trisecta** (W. T. Wang) W. T. Wang, st. nov. ——Sect. *Elatopsis* Huth subsect. *Trisecta* W. T. Wang in Acta Bot. Sin. 10(1): 80. 1962; et in Fl. Reip. Pop. Sin. 27: 389. 1979. Type: *Delphinium trisectum* W. T. Wang.

叶 3 全裂。

1 种，分布于湖北东北部和东部、河南东南部、安徽西南部。

97. 全裂翠雀花　图版 46：1–3

Delphinium trisectum W. T. Wang in Acta Bot. Sin. 10(1): 80. 1962; Munz in J. Arn. Arb. 48(4): 539. 1967; S. H. Fu, Fl. Hupeh. 1: 338, fig. 469. 1976; W. T. Wang in Fl. Reip. Pop. Sin. 27: 389, pl. 88: 1–3. 1979; B. Z. Ding, Fl. Henan. 1: 435, fig. 551. 1981; X. W. Wang in Fl. Anhui 2: 304. 1987; Z. Wang & W. T. Wang in High. Pl. China 3: 437, fig. 692. 2000; W. T. Wang & M. J. Warnock in Fl. China 6: 246. 2001; W. T. Wang in High. Pl. China in Colour 3: 366. 2016. Type　河南：商城，里罗城，alt. 400 m, 1959-04-19，河南队 149 (holotype, PE)；商城，景岗台，子盆沟，alt. 840 m, 1959-04-17，河南队 64 (paratype, PE)。

草本高 45–50 cm。茎被反曲短柔毛，不分枝或有 1 分枝。最下部叶在花期枯萎，其他下部茎生叶有长柄；叶片肾状五角形，[(2.8–)4.5–6.8] cm × [(5.2)7.5–12] cm，3 全裂，中央全裂片菱形，3 深裂，2 回深裂片又深裂，末回裂片卵形至狭三角形，侧全裂片较大，斜扇形，不等 2 深裂，两面疏被短毛；叶柄长达 17 cm。总状花序顶生，有 (5–)10–14 花；下部苞片叶状，其他苞片条形；轴和花梗密被短柔毛；花梗长 2–7.5 cm，上部具条型或钻形小苞片。萼片蓝紫色，卵形或狭倒卵形，长 14–17 mm，距钻形，长 16–21 mm。花瓣无毛。退化雄蕊黑褐色；瓣片 2 浅裂，腹面有淡黄色髯毛。雄蕊无毛。心皮 3，子房被短柔毛。4–5 月开花。

分布于系的分布相同。生于山坡草地、溪边、林缘或林中，海拔 350–840 m。

标本登录　湖北：随州，植物资源队 D01546；大悟山，祝耀清 63；麻城，湖北药检所 54。河南：信阳，植物资源队 D013；鸡公山，中德队 911；罗山，植物资源队 D0133，杨亲二和袁琼 384；新县，植物资源队 D0176；商城，植物资源队 D058。安徽：金寨，王德群等 5621；铜陵，高金川 s. n.; 石台，赵鑫磊 2016-014。

组 3. 翠雀花组

Sect. **Delphinastrum** DC. Syst. 1: 351. 1818; et Prodr. 1: 53. 1824; W. T. Wang in Acta Bot. Sin. 10(1): 155. 1962; Tamura in Sei. Rep. Osaka Univ. 15: 33. 1966; et in Hiepko, Nat. Pflanzenfam., Zwei. Aufl., 17aIV: 299. 1995; W. T. Wang & M. J. Warnock in Fl. China 6: 246. 2001. Lectotype: *Delphinium grandiflorum L.* (Wang. 1962).

Sect. *Schizopetala* Huth in Bull. Herb. Boiss. 1: 333. 1893.

Sect. *Diedropetala* Huth in Bot. Jahrb. 20: 420. 1895. ——Gen. *Diedropetala* (Huth) Galushko in Novost. Syst. Pl. Vasc. 15: 251. 1976.

Sect. *Kalobopetala* Huth in l. c. 458

Sect. *Homochroäe* Bruhl in Ann. Bot. Gard. Calc. 5: 91. 1896.

Sect. *Isocheilae* Bruhl in l. c., p. p.

不具块根。叶 3 浅裂至 3 全裂。花序总状或伞房状，或花单朵项生。萼片脱落，蓝色或紫色，稀白色，多少展开，稀上萼片船形；距与萼片近等长或比萼片长，稀比萼片短。花瓣与萼片同色，稀淡黄色或黄白色。退化雄蕊瓣片，也与萼片同色，稀淡黄色或黄白色，2 浅裂或 2 半裂，稀不分裂，腹面基部之上被黄色或白色髯毛。心皮 3，稀 5。种子四面体形，沿纵棱具狭翅或无翅，或狭倒卵球形，具密集横向排列的小鳞片。

约 190 种，隶属于 6 亚组，广布于亚洲、欧洲东北部、非洲和北美洲。我国有 6 亚组约 132 种，多数种分布于西南部的四川、云南、西藏、青海诸省（区），西部、北部和东北部诸省各有 4 种至 1 种。

分种和变种检索表

1. 花瓣和退化雄蕊淡黄色或淡黄白色；萼片蓝色或紫色。
  2. 叶片 3 全裂；花单朵顶生；萼片比距长；花瓣淡黄白色；退化雄蕊瓣片淡黄白色，不分裂；心皮 5 ……………………………………………………………… 159. **湟中翠雀花 Delphinium huangzhongense**
  2. 叶片 3 深裂；花组成总状花序；退化雄蕊瓣片 2 浅裂；心皮 3 或 1。
    3. 萼片与距近等长；花瓣和退化雄蕊淡黄色；心皮 3。
      4. 花较小，组成复总状花序；萼片长 6–7 mm，顶端以直角向内弯曲；心皮无毛 ……………………………………………………………… 160. **征镒翠雀花 D. zhengyianum**
      4. 花较大，组成简单总状花序；萼片长 14 mm，不弯曲；子房被短柔毛 ……………………………………………………………… 161. **文采新翠雀花 D. neowentsaii**
    3. 萼片比距短；花瓣和退化雄蕊黄白色；心皮 1，无毛 ……………… 189. **单蕊翠雀花 D. monugynum**
1. 花瓣和退化雄蕊与萼片同色，即呈蓝色或紫色，稀白色。
  5. 基生叶多不存在，或存在，则在花期枯萎。
    6. 种子具 3 纵棱，沿棱具狭翅。
      7. 心皮 4–6
        8. 叶片 3 全裂；心皮 5 ……………………………………… 98. **密叶翠雀花 D. kingianum**
          9. 茎有毛；叶全裂片顶端急尖。
            10. 茎密被白色短柔毛，和黄色短腺毛。
              11. 子房密被短柔毛 ……………………………………… 98a. 模式变种 var. **kingianum**
              11. 子房只在腹缝线上有毛，其他部分无毛 ……………… 98b. **光果密叶翠雀花** var. **leiocarpum**
            10. 茎密被白色短柔毛，具少数黄色腺毛 ……………… 98c. **少腺密叶翠雀花** var. **eglandulosum**
          9. 茎无毛；叶全裂片顶端长渐尖 ……………… 98d. **尖裂密叶翠雀花** var. **acuminatissimum**
        8. 叶片 3 深裂；心皮 4–6 ……………………………………… 99. **乡城翠雀花 D. humilius**
      7. 心皮 3。
        12. 叶片 3 全裂；萼片比距长 ……………………………… 100. **尾裂翠雀花 D. caudatolobum**
        12. 叶片 3 深裂；萼片与距近等长，或比距短。
          13. 总状花序轴和花梗被白色短柔毛和黄色短腺毛 ……………… 103. **拉萨翟雀花 D. gyalanum**
          13. 总状花序轴和花梗无黄色腺毛。
            14. 总状花序轴和茎无毛。

15. 植株高达 140 cm；萼片长 14−15 mm；退化雄蕊瓣片 2 浅裂 …………………………………… 106. **唇花翠雀花 D. cheilanthum**

16. 花梗被白色反曲短柔毛 …………………………………… 106a. 模式变种 var. **cheilanthum**

16. 花梗被黄色伸展短毛 …………………………………… 106b. **展毛唇花翠雀花** var. **pubescens**

15. 植株高达 20−30 cm；萼片长 15−20 mm。

17. 叶侧生 1 回裂片 2 半裂；萼片长 15−20 mm，距长 18−24 mm；退化雄蕊瓣片近圆形，2 浅裂 …………………………………… 104. **宽片翠雀花 D. latilimbum**

17. 叶侧生 1 回裂片 2 深裂超过叶片中部；萼片长 15−18 mm，距长 20 mm；退化雄蕊瓣片宽椭圆形，顶端微凹 …………………………………… 107. **毓泉翠雀花 D. yuchuanii**

14. 花梗和茎有毛，稀茎近无毛（*D. hsinganense*）

18. 萼片两面均有毛，与距等长或稍长 …………………………………… 101. **粗距翠雀花 D. pachycentrum**

19. 萼片长圆形 …………………………………… 101a. 模式变种 var. **pachycentrum**

19. 萼片披针形 …………………………………… 101b. **狭萼粗距翠雀花** var. **lancisepalum**

18. 萼片内面无毛。

20. 花序复总状；小苞片贴伏于花上，狭披针形，长 6−11 mm；萼片长 13 mm；退化雄蕊瓣片倒卵状长圆形，有白色髯毛 …………………………………… 102. **拟粗距翠雀花 D. pachycentroides**

20. 花序简单总状；小苞片与花离开，钻形，长 3−5 mm；萼片长 14−17 mm；退化雄蕊瓣片圆卵形，有黄色髯毛 …………………………………… 105. **兴安翠雀花 D. hsinganense**

6. 种子具密集横向排列的小鳞片或横波状条纹。

21. 叶片宽心形，不分裂或不明显 3 浅裂 …………………………………… 158. **心叶翠雀花 D. calthifolium**

21. 叶片五角形或肾形，3 浅裂，3 深裂或 3 全裂。

22. 叶片 3 浅裂或 3 深裂。

23. 叶片 3 浅裂，分裂不超过叶片中部。

24. 叶片 3 浅裂不达叶片中部，浅裂片互相不覆压；总状花序长 10 cm；花梗被白色柔毛和黄色腺毛 …………………………………… 135. **葡萄叶翠雀花 D. sinovitifolium**

24. 叶片 3 浅裂达叶片中部，浅裂片互相覆压；伞房花序长 6 cm；花梗无毛 …………………………………… 134. **茂县翠雀花 D. maoxianense**

23. 叶片 3 深裂超过中部，达近基部。

25. 花序伞房状。

26. 茎无毛。

27. 萼片背面顶端之下具角状突起 …………………………………… 133. **叉角翠雀花 D. furcatocornutum**

27. 萼片无角状突起。

28. 萼距螺旋状弯曲 …………………………………… 137. **川黔翠雀花 D. bonvalotii**

28. 萼距稍向下弯曲 …………………………………… 130. **毛梗翠雀花 D. eriostylum**

26. 茎有毛。

29. 茎被短柔毛；叶片宽达 6 cm …………………………………… 131. **平武翠雀花 D. pingwuense**

29. 茎被糙硬毛；叶片宽达 12 cm。

30. 花梗有黄色腺毛 ………………………………………………… 130. **毛梗翠雀花 D. eriostylum**
31. 花梗只被黄色腺毛；子房疏被柔毛 ……………………… 130a. 模式变种 var. **eriostylum**
31. 花梗被黄色短腺毛和白色短柔毛；心皮无毛 ……… 130b. **糙叶毛梗翠雀花** var. **hispidum**
30. 花梗无黄色腺毛 ……………………………………………… 132. **疏伞翠雀花 D. laxicymosum**
32. 花梗无毛；萼距长 23–27 mm ……………………………… 132a. 模式变种 var. **laxicymosum**
32. 花梗被短柔毛；萼距长 20 mm …………………… 132b. **毛序疏伞翠雀花** var. **pilostachyum**
25. 花序总状。
33. 萼距直，稍向下弯曲，或成直角向下弯曲。
34. 萼片比距长；花梗长 5–9 cm ……………………………… 108. **长梗翠雀花 D. longipedicellatum**
34. 萼片与距近等长或较短。
35. 萼片与距近等长。
36. 萼距向斜上方伸展，长 10–13 mm ……………………… 110. **直距翠雀花 D. orthocentrum**
36. 萼距不向上方伸展。
37. 茎被短柔毛；萼距水平方向伸展，长 12–16 mm。
38. 花梗有少数黄色腺毛；萼片长 12–18 mm，距长 10–16 mm；子房被短柔毛 …………………………………………………………………… 111. **小瓣翠雀花 D. micropetalum**
38. 花梗无黄色腺毛；萼片长 12 mm，距长 9–12 mm；心皮无毛 ……………………………………………………………… 109. **拟直距翠雀花 D. orthocentroides**
37. 茎被长硬毛；萼距稍向下弯曲，长 20 mm …………………… 112. **毛茎翠雀花 D. hirticaule**
39. 花梗无毛 ………………………………………………………… 112a. 模式变种 var. **hirticaule**
39. 花梗有黄色腺毛 ……………………………………… 112b. **腺毛毛茎翠雀花** var. **mollipes**
35. 萼片比距短。
40. 小苞片与花邻接或近邻接，并贴伏于花上。
41. 小苞片狭条形 ………………………………………………… 122. **阴地翠雀花 D. umbrosum**
42. 小苞片宽 0.5–1.1 mm。
43. 茎高达 110 cm，被短糙伏毛；小苞片宽 0.5–0.6 mm … 122a. 模式变种 var. **umbrosum**
43. 茎高达 70 cm，被开展硬毛；小苞片宽 0.6–1.1 mm ……………………………………………………………… 122b. **展毛阴地翠雀花** var. **hispidum**
42. 小苞片宽 1.5–1.8 mm ………………………… 122c. **宽苞阴地翠雀花** var. **drepanocentrum**
41. 小苞片条状披针形。
44. 茎被短糙伏毛；萼片外面被短柔毛 …………………………… 120. **滇川翠雀花 D. delavayi**
45. 花梗被白色短糙伏毛和黄色短腺毛 ……………………… 120a. 模式变种 var. **delavayi**
45. 花梗只被白色短糙伏毛 ……………………………… 120b. **保山翠雀花** var. **baoshanense**
44. 茎密被开展糙硬毛；萼片外面疏被糙硬毛 ………… 121. **须花翠雀花 D. pogonanthum**
46. 雄蕊无毛 ……………………………………………………… 121a. 模式变种 var. **pogonanthum**
46. 雄蕊花丝每侧有 1–2 根毛 ………………………… 121b. **毛蕊须花翠雀花** var. **lasiandrum**
40. 小苞片多少与花分离，不贴伏花上。

47. 叶中央裂片不明显 3 浅裂或不分裂。
48. 叶中央裂片菱形，边缘中部之上具牙齿，中部之下全缘。
49. 萼片长 9 mm，距长 17 mm；茎被糙伏毛或无毛 … 113. **淡紫翠雀花 D. handelianum**
49. 萼片长 15–16 mm，距长 20–21 mm；茎无毛 ········ 114. **河南翠雀花 D. honanense**
50. 花梗被白色短柔毛和黄色短腺毛 ······················ 114a. 模式变种 var. **honanense**
50. 花梗无黄色腺毛 ·· 114b. **毛梗河南翠雀花** var. **piliferum**
48. 叶中央裂片披针形，自基部之上至顶端有密集牙齿 … 115. **毛叶翠雀花 D. hirtifolium**
47. 叶中央裂片菱形，近中部明显 3 浅裂，稀 3 深裂。
51. 叶中央裂片宽菱形，3 深裂近中脉 ·········· 129. **假深蓝翠雀花 D. pseudocyananthum**
51. 叶中央裂片菱形，3 浅裂。
52. 茎无毛。
53. 花梗无毛 ·· 136. **黑水翠雀花 D. potaninii**
54. 心皮无毛；蓇葖直，长圆形，长 1.4–1.7 cm。
55. 小苞片宽 0.2–0.3 mm ································ 136a. 模式变种 var. **potaninii**
55. 小苞片宽 1–1.2 mm ················· 136b. **宽苞黑水翠雀花** var. **latibracteolatum**
54. 心皮有疏毛；蓇葖新月形，长 0.5–1 cm … 136c. **九峰山翠雀花** var. **jiufengshanense**
53. 花梗有毛。
56. 花梗密被黄色短腺毛
57. 总状花序复杂；心皮无毛。
58. 草本高 1.5–2 m；花梗被白色短糙伏毛和黄色短腺毛；萼片长 11 mm，距长 18 mm；退化雄蕊瓣片 2 裂超过其中部 ·········· 125. **多花翠雀花 D. polyanthum**
58. 草本高约 80 cm；花梗只被黄色短腺毛；萼片长 7–10 mm，距长 11–12 mm；退化雄蕊瓣片顶端微凹 ·························· 126. **左贡翠雀花 D. zuogongense**
57. 总状花序简单；子房被柔毛 ·························· 127. **川西翠雀花 D. tongolense**
59. 叶柄无毛 ·· 127a. 模式变种 var. **tongolense**
59. 叶柄被长硬毛 ·························· 127b. **毛柄川西翠雀花** var. **hirsutipes**
56. 花梗只被白色短柔毛，无黄色腺毛；总状花序复杂；草本高约 1 m ················ ·· 128. **高茎翠雀花 D. altissimum**
52. 茎有毛。
60. 茎和花梗被白色短柔毛和黄色短腺毛 ···················· 123. **米林翠雀花 D. sherriffii**
60. 茎和花梗无黄色腺毛。
61. 茎被开展糙硬毛；退化雄蕊瓣片被黄色髯毛。
62. 总状花序简单；萼片外面被白色短柔毛和黄色短腺毛；退化雄蕊的爪细，比瓣狭约 5 倍 ·· 116. **峨眉翠雀花 D. omeiense**
63. 萼片长 12–16 mm，距长 20–26 mm ····················· 116a. 模式变种 var. **omeiense**
63. 萼片长 4–8 mm，距长 7–18 mm ········ 116b. **小花峨眉翠雀花** var. **micranthum**
62. 总状花序复杂；萼片外面只疏被黄色腺毛，无白色毛，长 10 mm，距长

20 mm；退化雄蕊的爪条形，比瓣片稍狭 …… 119. **宽爪翠雀花 D. platyonychium**

61. 茎被柔毛。

64. 茎被开展柔毛；总状花序复杂；萼距长 23 mm ……………………………………………………… 124. **盐源翠雀花 D. yanyuanense**

64. 茎被反曲短柔毛；总状花序简单；萼距长 17–18 mm.

65. 叶片 3 深裂至距基部 2–4 mm 处；上萼片狭卵形，13 mm × 6 mm；退化雄蕊瓣片被黄色髯毛 ………………………………………… 117. **柔毛翠雀花 D. pubescens**

65. 叶片 3 深裂至距基部 6–7 mm 处；上萼片宽卵形，10 mm × 7 mm；退化雄蕊瓣片被白色髯毛 ………………………………………… 118. **周城翠雀花 D. zhouchengense**

33. 萼距向下成 U 字形或螺旋状弯曲。

66. 茎无毛。

67. 花梗无毛 ……………………………………………………………… 136. **黑水翠雀花 D. potaninii**

67. 花梗有毛。

68. 花梗只被黄色短腺毛；叶片宽达 16 cm，3 深裂稍超过中部；小苞片条形 ……………………………………………………………… 141. **汶川翠雀花 D. wenchuanense**

68. 花梗被白色短柔毛和黄色短腺毛；叶片宽达 12 cm，3 深裂至近基部；小苞片丝形。

69. 小苞片长 4.5–7 mm；萼距长 12–21 mm ……… 140. **拟川西翠雀花 D. pseudotongolense**

69. 小苞片长 1.5–4 mm；萼距长 18–24 mm …………… 138. **拟螺距翠雀花 D. bulleyanum**

70. 子房疏被柔毛 ……………………………………… 138a. 模式变种 var. **bulleyanum**

70. 心皮无毛 ……………………………… 138b. **光果拟螺距翠雀花** var. **leiogyunum**

66. 茎有毛。

71. 心皮无毛 ……………………………………………………… 139. **贡嘎翠雀花 D. gonggaense**

71. 子房有毛。

72. 茎被开展硬毛；叶片宽达 10(–14) cm；萼片长 15–18 mm ……………………………………………………………… 142. **螺距翠雀花 D. spirocentrum**

72. 茎被开展短柔毛；叶片宽达 5.4 cm；萼片长 12–13 mm ……………………………………………………… 143. **狭菱形翠雀花 D. angustirhombicum**

22. 叶片 3 全裂。

73. 叶全裂片细裂，末回裂片条状披针形 ……………………… 157. **塔城翠雀花 D. aemulans**

73. 叶全裂片不细裂，末回裂片卵形或三角形。

74. 萼距长 15 mm 以下。

75. 茎、花梗和心皮均无毛 ……………………………… 144. **疏花翠雀花 D. sparsiflorum**

75. 茎和花梗有毛。

76. 草本高约 100 cm；总状花序复杂；萼距长 8–9 mm ……………………………………………………… 145. **狭序翠雀花 D. angustipaniculatum**

76. 草本高达 60–80 cm；总状花序简单；萼距长 12–15 mm。

77. 叶中央裂片菱形，在中部 3 浅裂，或近羽状分裂；子房被柔毛 … 146. **错那翠雀花 D. conaense**

77. 叶中央裂片宽菱形，在中部之下 3 深裂；心皮无毛 …………… 147. **秀丽翠雀花 D. wangii**

74. 萼距长 20−28 mm。

78. 茎无毛。

79. 萼片无角状突起。

80. 花梗无毛。

81. 草本高达 110 (−150) cm；叶片宽达 20 cm；总状花序复杂；小苞片长 2.5−3.5 mm；萼距直或向下弯曲 …………………………………………………… 151. **秦岭翠雀花 D. giraldii**

81. 草本高达 70 cm；叶片宽达 8 cm；总状花序简单；小苞片长 4−5 mm；萼距螺旋状弯曲 ………………………………………………………………… 152. **光茎翠雀花 D. glabricaule**

80. 花梗有毛。

82. 花梗被白色短柔毛和黄色短腺毛；总状花序简单 ………… 148. **木里翠雀花 D. muliense**

83. 小苞片披针形或披针状条形，(8−13) mm × (1.2−2) mm … 148a. 模式变种 var. **muliense**

83. 小苞片近丝形，(3.5−4) mm × 0.2 mm … 148b. **小苞木里翠雀花** var. **minutibracteolatum**

82. 花梗只被白色短柔毛，无黄色腺毛；总状花序复杂 … 153. **松潘翠雀花 D. sutchuanense**

79. 萼片外回顶端之下具角状突起。

84. 花梗被白色短柔毛；萼片角状突起极小，不明显，距水平伸展或稍向下弯曲；心皮 3 …… ……………………………………………………………… 153. **松潘翠雀花 D. sutchuanense**

84. 花梗被黄色短腺毛；萼片角状突起明显，长 2.5−3.5，距呈 U 字形或螺旋状弯曲；心皮 3(−4) ……………………………………………………… 154. **弯距翠雀花 D. campylocentrum**

78. 茎有毛。

85. 花梗无毛。

86. 叶片下面无毛；萼片无毛，距长 28 mm …………………… 156. **大藏翠雀花 D. dazangense**

86. 叶片下面有毛；萼片有毛，距长 20 mm。

87. 茎下部被黄色硬毛；萼片内面无毛 ……………………… 149. **壤塘翠雀花 D. rangtangense**

87. 茎下部被白色硬毛；萼片内面有疏毛 …………………………………………………………… ………………………… 150b. **光序拟弯距翠雀花 D. pseudocampylocentrum** var. **glabripes**

85. 花梗有毛。

88. 草本高 50 cm；花梗疏被黄色短腺毛；小苞片与花分开；萼距长 17−22 mm；子房有疏毛 ……………… 150a. **拟弯距翠雀花 D. pseudocampylocentrum** var. **pseudocampylocentrum**

88. 草本高 50−90(−100) cm；花梗密被白色短柔毛；小苞片与花邻接；萼距长 22−25 mm；心皮无毛 …………………………………………………… 155. **三小叶翠雀花 D. trifoliolatum**

5. 基生叶发育，稀不存在，或存在时在花期枯萎。

89. 叶片 3 浅裂或 3 深裂。

90. 种子近四面体形，沿纵棱具翅。

91. 萼片外面顶端之下具角状突起。

92. 叶片 3 裂稍超过中部，末回裂片卵形或宽三角，稀狭披针或披针状条形。

93. 叶一回中央裂片 3 次分裂 ………………………………………… 166. **大理翠雀花 D. taliense**

94. 叶末回裂片卵形或三角形。
95. 萼距基部粗 2–3 mm。
96. 萼片外面被短柔毛。
97. 茎无毛。
98. 心皮无毛 ………………………………………………………………… 166a. 模式变种 var. **taliense**
98. 子房有毛 …………………………………………………… 166b. **毛蕊大理翠雀花** var. **glabrum**
97. 茎下部密被短柔毛 ………………………………………… 166c. **毛茎大理翠雀花** var. **pubicaule**
96. 萼片外面被长硬毛 ………………………………………… 166d. **硬毛大理翠雀花** var. **hirsutum**
95. 萼距基部粗 4–5 mm ……………………………………… 166e. **粗距大理翠雀花** var. **platycentrum**
94. 叶末回裂片狭披针或披针状条形；萼距比萼片长 2 倍 ……………………………………………………
……………………………………………………………… 166f. **长距大理翠举花** var. **dolichocentrum**
93. 叶的 1 回中央裂片 1–2 次分裂 ………………………………… 167. **角萼翠雀花 D. ceratophorum**
99. 萼片角状突起长 1–2 mm.
100. 叶片宽达 10 cm，末回裂片卵形或宽三角形。
101. 萼片外面疏被短糙伏毛（毛长约 0.4 mm），角状突起长 1.5–2 mm ………………………………
……………………………………………………………………… 167a. 模式变种 var. **ceratophoram**
101. 萼片外面被长硬毛（毛长约 2 mm），角状突起长 1–1.5 mm ……………………………………
…………………………………………………………………… 167c. **毛角萼翠雀花** var. **hirsutum**
100. 叶片宽 8–19 cm，末回裂片条状披针形；萼片角状突起长 1.5–2 mm ………………………………
………………………………………………………………… 167d. **粗壮角萼翠雀花** var. **robustum**
99. 萼片角状突起长在 1 mm 以下 ……………………… 167b. **短角萼翠雀花** var. **brevicorniculatum**
92. 叶片 3 深裂至近叶片基部处。
102. 花梗上部被黄色短腺毛和白色硬毛；萼片长 10–12 mm；退化雄蕊瓣片被白色髯毛 ………
……………………………………………………………………… 169. **短萼翠雀花 D. brevisepalum**
102. 花梗无毛；萼片长 14–22 mm；退化雄蕊瓣片被黄色髯毛。
103. 茎无毛；萼片长 18–22 mm，角状突起长 1 mm，距长 24 mm ……………………………………
…………………………………………………………………… 168. **拟角萼翠雀花 D. ceratophoroides**
103. 茎下部被糙伏毛；萼片长 14–16 mm，角状突起长 1–1.5 mm，距长 27–28 mm …………
………………………………………………………………… 170. **拟长距翠雀花 D. dolichocentroides**
91. 萼片无角状突起。
104. 叶片 3 裂达或稍超过中部。
105. 花梗无毛 ……………………………………………………………… 162. **钩距翠雀花 D. hamatum**
105. 花梗被白色短柔毛和黄色短腺毛。
106. 茎近顶部被黄色短腺毛；萼片长 9 mm，距长 14–17 mm；心皮无毛 …………………………
…………………………………………………………………… 163. **宽菱形翠雀花 D. latirhombicum**
106. 茎无毛；萼片长 15–19 mm，距长 20–22 mm；子房被柔毛 ……………………………………
………………………………………………………………… 165. **宁朗山翠雀花 D. ninglangshanicum**

104. 叶片3深裂至近基部处。
107. 萼片长13–19 mm。
108. 花梗无黄色腺毛。
109. 花梗上部具2小苞片。
110. 总状花序长2–6.5(–16) cm；子房密被柔毛。
111. 总状花序长16 cm；花梗长3.5–10 cm …………………… 174. **岩瓦翠雀花 D. yanwaense**
111. 总状花序长2–6.5 cm；花梗长1.4–3.2 cm。
112. 萼距长25–27 mm；退化雄蕊瓣片2半裂，被白色髯毛 … 172. **维西翠雀花 D. weixiense**
112. 萼距长18 mm；退化雄蕊瓣片顶端微凹，被黄色髯毛 ……………………………………………………………………………………………… 186. **洱源翠雀花 D. lankangense**
110. 总状花序长10–26 mm；子房只腹缝线有毛，其他部分无毛 ……………………………………………………………………………………………… 187. **密距翠雀花 D. pycnocentrum**
109. 花梗在顶端具2条形小苞片 ………………………… 164. **拟阴地翠雀花 D. umbrosoides**
108. 花梗被黄色短腺毛和白色短柔毛；萼距长16–18 mm。
113. 茎无毛；雄蕊花丝有毛。
113′. 总状花序长22 cm；退化雄蕊瓣片倒心形，宽7 mm；花药无毛 ……………………………………………………………………………………… 182. **倒心片翠雀花 D. obcordatilimbum**
113′. 总状花序长12–15 cm；退化雄蕊瓣片长圆形，宽3 mm；花药背面有毛 ……………………………………………………………………………………… 179. **毛药翠雀花 D. lasiantherum**
113. 茎有毛，花丝无毛。
113″. 茎被短柔毛，有1叶，基生叶约7；退化雄蕊瓣片2裂稍超过中部，被白色髯毛；子房被短柔毛 ……………………………………………… 171. **缺刻翠雀花 D. incisolobulatum**
113″. 茎被糙伏毛，有数叶，基生叶在花期枯萎；退化雄蕊瓣片不分裂或2微裂，被黄色髯毛；心皮无毛 ……………………………………………… 173. **甘孜翠雀花 D. kantzeense**
107. 萼片长20–30 mm
114. 叶柄鞘发育良好，宽8–15 mm ……………………………… 180. **鞘柄翠雀花 D. coleopodum**
114. 叶柄鞘很狭窄或不存在。
115. 花梗无毛。
116. 茎被短柔毛；萼片长9–14 mm，距长17–24 mm；退化雄蕊瓣片2半裂 ……………………………………………………………………………………… 178. **云南翠雀花 D. yunnanense**
116. 茎无毛；萼片长18 mm，距长26–30 mm；退化雄蕊瓣片不分裂 ……………………………………………………………………………………… 185. **凉山翠雀花 D. liangshanense**
115. 花梗有毛。
117. 花梗有黄色腺毛。
118. 茎被硬毛；叶片两面疏被糙伏毛；萼距长17–20 mm ……………………………………………………………………………………… 175. **永宁翠雀花 D. yongningense**
118. 茎被短柔毛；叶片无毛；萼距长22 mm ……………… 176. **纸叶翠雀花 D. pergameneum**

117. 花梗无黄色腺毛。

119. 草本高 3–8 cm；花梗被白色短柔毛；萼片长 15–16 mm，距长 25 mm ……………………………………………………………………………… 181. **先骕翠雀花 D. hui**

120. 叶片的中裂片具 3 齿；茎顶端具 1–2 花 ………………………… 181a. 模式变种 var. **hui**

120. 叶片的中裂片具 3–5 齿；茎顶端具 1–5(–10) 花 …………………………………………………………………………………… 181b. **多裂叶翠雀花** var. **lobulibundum**

119. 草本高 11–18 cm；花梗被黄色短柔毛；萼距长 28–29 mm。

121. 茎下部疏被开展短柔毛；小苞片长 5 mm；退化雄蕊瓣片顶端圆形，不分裂，全缘 ……………………………………………………………… 183. **宁蒗翠雀花 D. pseudohamatum**

121. 茎被反曲短柔毛；小苞片长 (5–)7.5–9 mm；退化雄蕊瓣片顶端微凹或 2 微裂 ……………………………………………………………… 184. **玉龙山翠雀花 D. yulongshanicum**

90. 种子具密集横向排列的小鳞片；叶片 3 裂稍超过中部；萼片长 13–15 mm，距长 20–22 mm …………………………………………………………………………… 188. **会泽翠雀花 D. hueizeense**

89. 叶片 3 全裂。

122. 种子近四面体形，沿纵棱具狭翅。

123. 花序总状。

124. 上萼片船形。

125. 叶片基部深心形，末回裂片三角形或狭披针形；萼距比萼片短，筒状钻形，长 11–18 mm …………………………………………………………………………… 90. **丽江翠雀花 D. likiangense**

125. 叶片基部近截形，末回裂片条形；萼距比萼片长，近筒形，长 21–27(–30) mm …………………………………………………………………………… 191. **川甘翠雀花 D. souliei**

124. 上萼片多少展开，不呈船形。

126. 叶的末回裂片卵形，三角形或狭披针形。

127. 萼片比距长或与距近等长。

128. 茎和花梗被短柔毛；萼片比距长，长 17–23 mm 距长 12–16 mm …………………………………………………………………………… 192. **墨脱翠雀花 D. medogense**

128. 茎和花梗无毛；萼片和距均长 10–12 m ………………………… 193. **德浚翠雀花 D. yuanum**

127. 萼片比距短。

129. 茎密被开展短柔毛 ………………………………………… 210. **威海翠雀花 D. weihaiense**

129. 茎被贴伏短柔毛或硬毛，或无毛。

130. 花梗被黄色短腺毛和白色短柔毛 …… 204b. **锐裂翠雀花 D. thibeticum** var. **laceratilobum**

130. 花梗无黄色腺毛。

131. 花梗无毛；叶均基生 …………………………… 199. **短莛翠雀花 D. breviscaposum**

131. 花梗有毛。

132. 茎和心皮无毛；萼距长 15 mm ……………………… 194. **丝苞翠雀花 D. filibracteolatum**

132. 茎和心皮有毛。

133. 退化雄蕊瓣片不分裂。

134. 萼距长 24–28 mm；退化雄蕊瓣片顶端啮蚀状 … 201. **囊谦翠雀花 D. nangchienense**
134. 萼距长 16–24 mm；退化雄蕊瓣片顶端微凹。
135. 小苞片狭长圆形，长 11–18 mm；萼距长达 19 mm ………………………………………… 195. **威宁翠雀花 D. weiningense**
135. 小苞片狭条形或钻形，长 2.5–6 mm；萼距长达 24 mm ………………………………………… 200. **金沙翠雀花 D. majus**
133. 退化雄蕊瓣片 2 裂。
136. 叶均基生，中央全裂片近楔形，1 回分裂，近顶端 2 浅裂或具 3 牙齿 ………………………………………… 198. **察隅翠雀花 D. chayuense**
136. 叶基生并茎生，中央全裂片 2 回分裂。
137. 茎被反曲短柔毛；叶中央全裂片楔状菱形；小苞片长圆形，长 9–12 mm；萼片长 15–18 mm，距长 14–20 mm ………………………… 196. **太白山翠雀花 D. taipaicum**
137. 茎被开展硬毛；叶中央全裂片菱形；小苞片条形，长 7–8 mm；萼片长 10–14 mm，距长 20–24 mm ……………………… 197. **拟澜沧翠雀花 D. pseudothibeticum**
126. 叶的全裂片细裂，末回裂片披针状条形、条形或狭条形。
138. 心皮 5。
139. 花序轴和花梗被反曲短柔毛，无黄色腺毛；萼片长 9 mm，距长 12 mm；退化雄蕊瓣片顶端微凹；心皮无毛 ………………………………………… 202. **五果翠雀花 D. sinopentagynum**
139. 花序轴和花梗有黄色腺毛；萼片长 15 mm，距长 20–24 mm；退化雄蕊瓣片 2 微裂；子房被柔毛 ………………………………………… 203. **条裂翠雀花 D. pseudomosoynense**
140. 花序轴和花梗被白色短柔毛和黄色短腺毛；上萼片外面顶端之下有 1 小角状突起，距长 20 mm；花瓣顶端被缘毛 …………………………… 203a. 模式变种 var. **pseudomosoynense**
140. 花序轴和花梗只被黄色短腺毛，无白色短柔毛；上萼片无角状突起，距长 21–24 mm；花瓣无毛 ………………………………… 203b. **疏毛条裂翠雀花** var. **subglabrum**
138. 心皮 3。
141. 退化雄蕊瓣片长圆形成倒卵状长圆形。
142. 花序轴和花梗无毛。
143. 叶末回裂片宽 6 mm；总状花序长 25–45 cm；萼距长 13–15 mm；退化雄蕊瓣片长 4.6 mm，2 半裂 ………………………………… 177. **拟云南翠雀花 D. pseudoyunnanense**
143. 叶末回裂片宽 1.6–3 mm；总状花序长 10–20 cm；萼距长 25–28 mm；退化雄蕊长 8 mm，2 微裂 ………………………………………… 205. **光轴翠雀花 D. leiostachyum**
142. 花序轴和花梗有毛。
144. 花序轴和花梗只被白色短柔毛；小苞片与花分开 … 208. **孟获营翠雀花 D. mosoynense**
144. 花序轴和花梗被白色短柔毛和黄色短腺毛；小苞片与花邻接 ………………………………………… 204a. **澜沧翠雀花 D. thibeticum** var. **thibeticum**
141. 退化雄蕊瓣片宽倒卵形或近圆形。
145. 茎和花梗被短柔毛和短腺毛。

146. 茎和花梗密被开展白色短柔毛和白色短腺毛 …………… 211. **烟台翠雀花 D. chefoense**
146. 茎和花梗密被贴伏白色短腺毛和黄色开展短腺毛。
147. 子房被短柔毛 ……………………… 209d. **腺毛翠雀花 D. grandiflorum** var. **glandulosum**
147. 心皮无毛 ……………………………… 209e. **光果翠雀花 D. grandiflorum** var. **leiocarpum**
145. 茎和花梗只被柔毛，无腺毛。
148. 花序轴和花梗近无毛或有极稀疏毛。
149. 茎无毛或下部有稀疏硬毛；萼片与距近等长 …………… 207. **秋翠雀花 D. autumnale**
149. 茎被极稀疏开展短柔毛 …………………………………… 206. **光序翠雀花 D. kamaonense**
150. 萼距比萼片稍短，长 12–16 mm …………………… 206a. 模式变种 var. **kamaonense**
150. 萼距比萼片长，长 18–25 mm ………………… 206b. **展毛光序翠雀花** var. **glabrescens**
148. 花序轴和花梗密被柔毛 …………………………………………… 209. **翠雀 D. grandiflorum**
151. 茎和花梗只密被贴伏短柔毛。
152. 子房密被短柔毛 ………………………………………… 209a. 模式变种 var. **grandiflorum**
152. 心皮无毛 ………………………………………………… 209c. **安泽翠雀花** var. **deinocarpum**
151. 茎和花梗密被贴伏短柔毛，此外还有开展长柔毛 …… 209b. **疏毛翠雀花** var. **pilosum**
123. 花序伞房状，或花单朵顶生。
153. 心皮 5。
154. 萼片比距短，下萼片不呈船形，不具角状突起；退化雄蕊瓣片被黄色髯毛。
155. 萼距近筒形。
156. 茎只被白色短柔毛，无黄色腺毛 ……………………………… 212. **宽距翠雀花 D. beesianum**
157. 叶的中央全裂片和侧全裂片的 2 回裂片均有小裂片。
158. 叶的末回裂片宽 2–3.5 mm ……………………………………… 212a. 模式变种 var. **beesianum**
158. 叶的末回裂片宽 3–7 mm ………………………… 212b. **粗裂宽距翠雀花** var. **latisectum**
157. 叶的中央全裂片和侧全裂片的 2 回裂片均无小裂片 ………………………………………………………………………………… 212c. **幅裂宽距翠雀花** var. **radiatifolium**
156. 茎被白色短柔毛和黄色短腺毛 … 213d. **粗距蓝翠雀花 D. caeruleum** var. **crassicalcaratum**
155. 萼距钻形。
159. 叶的末回裂片宽 1.5–2.5（–4）mm；萼距基部粗 3 mm；退化雄蕊瓣片宽倒卵形或近圆形，顶端全缘或微凹 ………………………………………………… 213. **蓝翠雀花 D. caeruleum**
160. 茎和叶柄被贴伏短柔毛。
161. 叶片宽达 5cm ………………………………………………… 213a. 模式变种 var. **caeruleum**
161. 叶片宽达 12cm ………………………………………………… 213b. **大叶蓝翠雀花** var. **majus**
160. 茎和叶柄被开展短柔毛 ………………………………… 213c. **钝裂蓝翠雀花** var. **obtusilobum**
159. 叶的末回裂片宽 0.5–1.5 mm；萼距基部粗 2 mm；退化雄蕊片斜卵形，2 半裂 ……………………………………………………………………………………… 215. **细距翠雀花 D. lagarocentrum**
154. 萼片与距近等长；下萼片近顶端呈船形，有时具小角状突起；退化雄蕊瓣片被白色髯毛 ………………………………………………………………………… 214. **永登翠雀花 D. yongdengense**

153. 心皮 3。

162. 花梗被白色短柔毛和黄色短腺毛。

163. 花梗全部被白色短柔毛和黄色短腺毛；退化雄蕊瓣片宽倒卵形。

164. 草本高 30–80 cm；茎被贴伏短柔毛；伞房花序有 3–12 花；萼距长 20–25 mm …………………………………………………………………………… 217. **康定翠雀花 D. tatsienense**

165. 叶末回裂片宽 1.5–2.5（–4）mm；萼片内面无毛 ……… 217a. 模式变种 var. **tatsienense**

165. 叶末回裂片宽 0.5–1.5 mm；萼片内面有短毛 ……… 217b. **班玛翠雀花** var. **chinghaiense**

164. 草本高 10–16.5 cm；茎被开展短柔毛；伞房花序有（1–）2（–3）花；萼距长 33–38 mm …………………………………………………………………………… 218. **矮翠雀花 D. pumilum**

163. 花梗只在顶端被白色短柔毛和黄色短腺毛，其他部分无毛；退化雄蕊瓣片宽长圆形，长 13 mm ………………………………………………… 219. **硕片翠雀花 D. grandilimbum**

162. 花梗无黄色腺毛。

166. 退化雄蕊的爪狭楔形，比瓣片短，比瓣片窄 2 倍 …………… 220. **波密翠雀花 D. pomeense**

166. 退化雄蕊的爪细，与萼片近等长，比瓣片窄 5–6 倍。

167. 叶基生并茎生。

168. 叶片分裂程度小，末回裂片三角形或狭卵形；种子椭圆体形，其纵棱不明显，无翅 …… …………………………………………………………………………… 216. **谷地翠雀花 D. davidii**

168. 叶片强度分裂，全裂片细裂，末回裂片披针状条形、条形或狭条形。

169. 草本高 90–100 cm；叶末回裂片狭条形，宽 1.5–1.8 mm；伞房花序有 2–5 花 ………… ………………………………………………………… 221. **拟蓝翠花 D. pseudocaeruleum**

169. 草本高达 22–40 cm。

170. 茎和花梗被开展短柔毛；叶的末回裂片宽 3.5 mm；萼距长 25 mm；伞房花序有 2 花 … …………………………………………………………… 222. **软毛翠雀花 D. mollipilum**

170. 茎和花梗被贴伏短柔毛

171. 草本高 30–40 cm；花组成具 2–3 花的伞房花序。

172. 叶片宽达 9.5 cm，侧全裂片 3 回细裂，末回条形裂片宽 2.5–4 mm；退化雄蕊瓣片顶端微凹 ……………………… 209f. **房山翠雀花 D. grandiflorum var. fangshanense**

172. 叶片宽达 5cm，侧全裂片 1 回深裂，末回条形裂片宽 1–2 mm；退化雄蕊瓣片顶端 2 微裂 ……………………………………………… 225. **狭裂翠雀花 D. lagarolobum**

171. 草本高 12–22 cm；花单朵顶生；退化雄蕊瓣片 2 半裂 ……………………………… ……………………………………………………… 226. **李恒翠雀花 D. lihengianum**

167. 叶全部基生。

173. 花葶被短柔毛，顶端有 1(–2)花；萼片长 16 mm，距长 22–24 mm；退化雄蕊瓣片 2 浅裂，被白色髯毛 ……………………………………… 223. **花葶翠雀花 D. sinoscaposum**

173. 花葶被硬毛，顶端有 1 花；萼片长 23–24 mm，距长 27 mm；退化雄蕊瓣片 2 深裂稍超过中部，被黄色髯毛 ……………………………………… 224. **岩生翠雀花 D. saxatile**

122. 种子具横向的条纹或小鳞片，萼距长达 25 mm。

174. 种子近四面体形，具横向的条纹；叶片 3 深裂至近基部处；总状或近伞房状花序，具少数花，轴和花梗无毛 ………………………………………………………………… 227. **长距翠雀花 D. tenii**

174. 种子倒卵球形，具横向排列的小鳞片。

175. 草本高约 100 cm；茎无毛；花序近伞房状，有 2−3 花，花梗无毛；心皮无毛 ……………………………………………………………………………… 228. **水城翠雀花 D. shuichengense**

175. 草本高约 60 cm；茎被贴伏短柔毛；花序伞房状，有 2 花，花梗被贴伏短柔毛；子房密被短柔毛 ……………………………………………………………… 229. **多枝翠雀花 D. maximowiczii**

Key to species and varieties

1. Petals and staminodes yellowish or yellowish-white; sepals blue or purple.

2. Leaf blades 3-sect; flowers solitary and terminal; sepals longer than spur; petals yellowish-white; staminode limbs yellowish-white, undivided; carpels 5 ……………………………… 159. **Delphinium huangzhongense**

2. Leaf blades 3-parted; flowers in racemes; staminode limbs 2-lobed; carpels 3 or 1.

3. Sepals nearly as long as spur; petals and staminodes yellowish; carpels 3.

4. Flowers smaller, in compound racemes; sepals 6−7 mm long, with apexes by right angle incurved; carpels glabrous ……………………………………………………………… 160. **D. zhengyianum**

4. Flowers larger, in simple racemes; sepals 14 mm long, not incurved; ovaries puberulous ……………………………………………………………………………… 161. **D. neowentsaii**

3. Sepals shorter than spur; petals and staminodes yellowish-white; carpel l, glabrous … 189. **D. monogynum**

1. Petals and staminodes concolour with sepals, i. e. blue and purple, rarely white.

5. Basal leaves absent, or present, then withered by anthesis.

6. Seed with 3 longitudinal edges and along edges narrow-winged.

7. Carpels 4−6.

8. Leaf blades 3-sect; carpels 5 ……………………………………………………… 98. **D. kingianum**

9. Stems hairy; leaf segments at apex acute.

10. Stens densely white-puberulous and yellow-glandular-puberulous.

11. Ovaries densely puberulous ……………………………………………… 98a. var. **kingianum**

11. Ovaries only on ventral sutures hairy, elsewhere glabrous …………………… 98b. var. **leiocarpum**

10. Stems densely white-puberulous and mixed with a few yellow glandular hairs ……………………………………………………………………………… 98c. var. **eglandulosum**

9. Stems glabrous; leaf segments at apex long acuminate ……………………… 98d. var. **acuminatissimum**

8. Leaf blades 3-parted; carpels 4−6 ………………………………………………… 99. **D. humilius**

7. Carpels 3.

12. Leaf blades 3-sect; sepals longer than spur ………………………………………… 100. **D. caudatolobum**

12. Leaf blades 3-parted; sepals nearly as long as spur or shorter than it.

13. Raceme rachis and pedicels white-puberulous and yellow-glandular-puberulous … 103. **D. gyalanum**

13. Raceme rachis and pedicels laching yellow glandular hairs.

14. Stems and pedicels glabrous.

15. Herbs up to 140 cm tall; sepals 14–15 mm long; staminode limbs 2-lobed ··· 106. **D. cheilanthum**

16. Pedicels retrorsely white-puberulous ·································· 106a. var. **cheilanthum**

16. Pedicels spreadingly yellow-puberulous ································ 106b. var. **pubescens**

15. Herbs up to 20–30 cm tall; sepals 15–20 mm long.

17. Leaf primary lateral lobes 2-cleft; sepals 15–20 mm long, spur 18–24 mm long; staminode limbs suborbicular, 2-lobed ·· 104. **D. latilimbum**

17. Leaf primary lateral lobes 2-parted exceeding the middle of lobe; sepals 15–18 mm long, spur 20 mm long; staminode limbs broad-elliptic, at apex emarginate ················· 107. **D. yuchuanii**

14. Stems and pedicels hairy, rarely stems subglabrous (*D. hsinganense*).

18. Sepals on both surfaces hairy, nearly as long as spur or slightly longer than it ······················ ··· 101. **D. pachycentrum**

19. Sepals oblong ·· 101a. var. **pachycentrum**

19. Sepals lanceolate ··· 101b. var. **lancisepalum**

18. Sepals inside glabrous.

20. Compound racemes; bracteoles appressed on flower, narrow-lanceolate, 6–11 mm long; sepals 13 mm long; staminode limbs obovate-oblong, white-barbate ·············· 102. **D. pachycentroides**

20. Simple racemes; bracteoles remote from flower, subulate, 3–5 mm long; sepals 14–17 mm long; staminode limbs orbicular-ovate, yellow-barbate ···························· 105. **D. hsinganense**

6. Seeds densely transversely squamulose or striate.

21. Leaf blades broad-cordate, undivided or inconspicuously 3-lobulate ················· 158. **D. calthifolium**

21. Leaf blades pentagonal or reniform, 3-lobed, 3-parted or 3-sect.

22. Leaf blades 3-lobed or 3-parted.

23. Leaf blades 3-lobed not exceeding the middle of blade.

24. Leaf blades 3-lobed not to the middle of blade, lobes not imbricate among themselves; inflorescences racemose, 10 cm long; pedicels white-puberulous and yellow-glandular-puberulous ·················· ··· 135. **D. sinovitifolium**

24. Leaf blades 3-cleft to the middle of blade, with lobes imbricate among themselves; inflorescences corymbose, 6 cm long; pedicels glabrous ··································· 134. **D. maoxianense**

23. Leaf blades 3-parted exceeding the middle of blades.

25. Inflorescences corymbose.

26. Stems glabrous.

27. Sepals abaxially below apex corniculate ··································· 133. **D. furcatocornutum**

27. Sepals not corniculate.

28. Sepal spur spirally curved ··· 137. **D. bonvalotii**

28.Sepal spur slightly recurved ··· 130. **D. eriostylum**

26. Stems hairy.

29. Stems puberulous; leaf blades up to 6 cm broad ································ 131. **D. pingwuense**

29. Stems hispid; leaf blades up to 12 cm broad.

30. Pedicels with yellow glandular hairs ·· 130. **D. eriostylum**

31. Pedicels only yellow-glandular-puberulous; ovaries sparsely pubescent ··························
·· 130a. var. **eriostylum**

31. Pedicels white-puberulous and yellow-glandular–puberulous; carpels glabrous ·················
·· 130b. var. **hispidum**

30. Pedicels lacking yellow-glandular hairs ·· 132. **D. laxicymosum**

32. Pedicels glabrous; sepal spur 23–27 mm long ··························· 132a. var. **laxicymosum**

32. Pedicels puberulous; sepal spur 20 mm long ···························· 132b. var. **pilostachyum**

25. Inflorescences racemose.

33. Sepal spur straight, slightly or by right angle recurved.

34. Sepals longer than spur; pedicels 5–9 cm long ························ 108. **D. longipedicellatum**

34. Sepals nearly as long as or shorter than spur.

35. Sepals nearly as long as spur.

36. Sepal spur upwards spreading, 10–13 mm long ························· 110. **D. orthocentrum**

36. Sepal spur not upwards spreading.

37. Stems puberulous; sepal spur horizontally spreading, 12–16 mm long.

38. Pedicels with few yellow glandular hairs; sepals 12–18 mm long, spur 10–16 mm long; ovaries puberulous ··· 111. **D. micropetalum**

38. Pedicels lacking yellow glandular hairs; sepals 12 mm long, spur 9–12 mm long; carpels glabrous ··· 109. **D. orthocentroides**

37. Stems hispid; sepal spur slightly recurved, 20 mm long ························ 112. **D. hirticaule**

39. Pedicels glabrous ··· 112a. var. **hirticaule**

39. Pedicels with yellow glandular hairs ··· 112b. var. **mollipes**

35. Sepals shorter than spur.

40. Bracteoles contiguous or nearly contiguous to the flower and appressed to it.

41. Bracteoles narrow-linear ··· 122. **D. umbrosum**

42. Bractaoles 0.5–1.1 mm broad.

43. Stems up to 110 cm tall, strigillose; bracteoles 0.5–0.6 mm broa ··· 122a. var. **umbrosum**

43. Stems up to 70 cm tall, hispid; bracteoles 0.6–1.1 mm broad ········ 122b. var. **hispidum**

42. Bracteoles 1.5–1.8 mm broad ··· 122c. var. **drepanocentrum**

41. Bracteoles linear-lanceolate.

44. Stems strigillose; sepals outside puberulous ·································· 120. **D. delavayi**

45. Pedicels white-strigillose and yellow-glandular-puberulous ············ 120a. var. **delavayi**

45. Pedicels only white-strigillose ··· 120b. var. **baoshanense**

44. Stems hispid; sepals outside sparsely hispid ·························· 121.**D. pogonanthum**

46. Stamens glabrous ·· 121a. var. **pogonanthum**

46. Stamen filaments at each side on margin with 1−2 hairs ·············· 121b. var. **lasiandrum**

40. Bracteoles remote from flower and not appressed to it.

47. Leaf central lobe inconspicuously 3-lobed or undivided.

48. Leaf central lobe rhombic, on margin above the middle densely dentate and below the middle entire.

49. Sepals 9 mm long, spur 17 mm long; stems strigose or glabrous ······ 113.**D. handelianum**

49. Sepals 15−16 mm long, spur 20−21 mm long; stems glabrous ········· 114. **D. honanense**

50. Pedicels white-puberulous and yellow-glandular-puberulous ······ 114a. var. **honanense**

50. Pedicels only white-puberulous ··································· 114b. var. **piliferum**

48. Leaf central lobe lanceolate, on margin from above base to apex densely dentate ·· 115. **D. hirtifolium**

47. Leaf central lobe rhombic, near the middle conspicuously 3-lobed, rarely 3-parted.

51. Leaf central lobe wide rhombic, near midrib 3-parted ··········· 129.**D. pseudocyananthum**

51. Leaf central lobe rhombic, 3-lobed.

52. Stems glabrous.

53. Pedicels glabrous ··· 136. **D. potaninii**

54. Carpels glabrous; follicles straight, oblong, 1.4−1.7 cm long.

55. Bracteoles 0.2−0.3 mm broad ·· 136a.var. **potaninii**

55. Bracteoles 1−1.2 mm broad ································ 136b. var. **latibracteolatum**

54. Carpels with sparse hairs; follicles lunated, 0.5−1 cm long ·· 136c. var. **jiufengshanense**

53. Pedicels hairy.

56. Pedicels densely yellow-glandular-puberulous.

57. Racemes compound; carpels glabrous.

58. Herbs 1.5−2 m tall; pedicels white-strigillose and yellow-glandular-puberulous; sepals 11 mm long, spur 18 mm long; staminode limbs 2-parted exceeding the middle of limb ··· 125. **D. polyanthum**

58. Herbs ca. 80 cm tall; pedicels only yellow-glandular-puberulous; sepals 7−10 mm long, spur 11−13 mm long; staminode limbs at apex emarginate ·· 126. **D. zuogongense**

57. Racemes simple; ovaries pubescent ···································· 127. **D. tongolense**

59. Petioles glabrous ·· 127a. var. **tongolense**

59. Petioles hirsute ··· 127b. var. **hirsutipes**

56. Pedicels only white-puberulous, laching yellow glandular hairs; racemes compound; herbs ca. 1 m tall ·· 128. **D. altissimum**

52. Stems hairy.

60. Stems and pedicels white-puberulous and yellow-glandular-puberulous ································· 123. **D. sherriffii**

60. Stems and pedicels lacking yellow glandular hairs.

61. Stems hispid; staminode limbs yellow-barbate.

62. Racemes simple; sepals outside white-puberulous and yellow-glandular-puberulous; staminode claws slender, ca. 5 times narrower than limbs ·············· 116. **D. omeiense**

63. Sepals 12–16 mm long, spur 20–26 mm long ····················· 116a. var. **omeiense**

63. Sepals 4–8 mm long, spur 7–18 mm long ···················· 116b. var. **micranthum**

62. Racemes compound; sepals outside only with yellow glandular hairs, 10 mm long, spur 20 mm long; staminode claws linear, slightly narrower than limbs ································· 119. **D. platyonichium**

61. Stems pubescent.

64. Stems spreading-pubescent; racemes compound; sepal spur 23 mm long ································· 124. **D. yanyuanense**

64. Stems retrorsely puberulous; racemse simple; sepal spur 17–18 mm long.

65. Leaf blades 3-parted to 2–4 mm above base; upper sepal narrow-ovate, 13 mm × 6 mm; staminode limbs yellow-barbate ································· 117. **D. pubescens**

65. Leaf blades 3-parted to 6–7 mm above base; upper sepal broud-ovate, 10 mm × 7 mm; staminode limbs white-barbate ························· 118. **D. zhouchengense**

33. Sepal spur by U-form or spirally recurved.

66. Stems glabrous.

67. Pedicels glabrous ································· 136. **D. potaninii**

67. Pedicels hairy.

68. Pedicels only yellow-glandular-puberulous; leaf blades up to 16 cm broad, 3-parted slightly exceeding the middle of blade; bracteoles linear ····························· 141. **D. wenchuanense**

68. Pedicels white-puberulous and yellow-glandular-puberulous; leaf blades up to 12 cm broad, 3-parted to near the base of blade; bracteoles filiform.

69. Bracteoles 4.5–7 mm long; sepal spur 12–21 mm long ··········· 140. **D. pseudotongolense**

69. Bracteoles 1.5–4 mm long; sepal spur 18–24 mm long ···················· 138. **D. bulleyanum**

70. Ovaries spasely pubescent ································· 138a. var. **bulleyanum**

70. Carpels glabrous ································· 138b. var. **leiogynum**

66. Stems hairy.

71. Carpels glabrous ································· 139. **D. gonggaense**

71. Ovaries hairy.

72. Stems hispid; leaf blades up to 10(–14) cm broad; sepals 15–18 mm long ································· 142. **D. spirocentrum**

72. Stems spreading-puberulous; leaf blade up to 5.4 cm broad; sepals 12−13 mm long ············ ·· 143. **D. angustirhombicum**

22. Leaf blades 3-sect.

73. Leaf segments dissected, with ultimate lobes linear-lanceolate ························ 157. **D. aemulans**

73. Leaf segments not dissected, with ultimate lobes ovate or triangular.

74. Sepal spur less than 15 mm.

75. Stems,pedicels and carpels glabrous ··· 144. **D. sparsiflorum**

75. Stems and pedicels hairy.

76. Herbs ca. 100 cm tall; racemes compound; sepal spur 8−9 mm long ································ ·· 145. **D. angustipaniculatum**

76. Herbs 60−80 cm tall; racemes simple; sepal spur 12−15 mm long.

77. Leaf central lobe rhombic, at the middle 3-lobed or subpinnately divided; ovaries pubescent ··· ·· 146. **D. conaense**

77. Leaf central broad-rhombic, below the middle 3-parted; carpels glabrous ········· 147. **D. wangii**

74. Sepal spur 20−28 mm long.

78. Stems glabrous.

79. Sepals not corniculate.

80. Pedicels glabrous.

81. Herbs up to 110(−150) cm tall; leaf blades up to 20 cm broad; racemes compound; bracteoles 2.5−3.5 mm long; sepal spur straight or recurved ····································· 151. **D. giraldii**

81. Herbs up to 70 cm tall; leaf blades up to 8 cm broad; racemes simple; bracteoles 4−5 mm long; sepal spur spirally recurved ·· 152. **D. glabricaule**

80. Pedicels hairy.

82. Pedicels white-puberulous and yellow-glandular-puberulous; racemes simple ···················· ·· 148. **D. muliense**

83. Bracteoles lanceolate or lanceolate-linear, (8−13) mm × (1.2−2) mm ··· 148a. var. **muliense**

83. Bracteoles subfiliform, (3.5−4) mm × 0.2 mm ·············· 148b. var. **minutibracteolatum**

82. Pedicels only white-puberulous; racemes compound ························ 153. **D. sutchuenense**

79. Sepals outside below apex corniculate.

84. Pedicels white-puberulous; sepal horn-like projections minute, inconspicuous; spur horizontally spreading or slightly recurved ·· 153. **D. sutchuenense**

84. Pedicels yellow-glandular-puberulous; sepals with conspicuous horn-like projections 2.5−3.5 mm long, spur by U-form or spirally recurved ························ 154. **D. campylocentrum**

78. Stems hairy.

85. Pedicels glabrous.

86. Leaf blades abaxially glabrous; sepals glabrous, spur 28 mm long ············ 156. **D. dazangense**

86. Leaf blades abaxially hairy; sepals hairy, spur 20 mm long.

87. Stems below yellow-hispid; sepals inside glabrous ························ 149. **D. rangtangense**

87. Stems below white-hispid; sepals inside with sparse hairs ·· 150b. **D. pseudocampylocentrum** var. **glabripes**

85. Pedicels hairy.

88. Herbs ca. 50 cm tall; pedicels sparsely yellow-glandular-puberulous; bracteoles remote from flower; sepal spur 17–22 mm long; staminode limbs yellow-barbate; ovaries with sparse hairs ··· ···································· 150a. **D. pseudocampylocentrum** var. **pseudocampylocentrum**

88. Herbs 50–90 (–100) cm tall; pedicels densely white-puberulous; bracteoles contiguous to flower; sepal spur 22–25 mm long; staminode limbs not barbate; carpels glabrous ················ ··· 155. **D. trifoliolatum**

5. Basal leaves well developed, rarely absent or present but withered by anthesis.

89. Leaf blades 3-lobed or 3-parted.

90. Seeds subtetrahedral, along edges narrow-winged.

91. Sepals outside below apex corniculate.

92. Leaf blades 3-parted slightly exceeding the middle of blade,with ultimate lobes ovate or broad-triangular, rarely narrow-lanceolate or lanceolate-linear.

93. Leaf central lobe thrice divided ··· 166. **D. taliense**

94. Leaf ultimate lobes ovate or triangular.

95. Sepal spur at base 2–3 mm across.

96. Sepals outside puberulous.

97. Stem glabrous.

98. Carpels glabrous ··· 166a. var. **taliense**

98. Ovaries puberulous ·· 166b. var. **glabrum**

97. Stems below densely puberulous ·· 166c.var. **pubicaule**

96. Sepals outside hirsute ·· 166d. var. **hirsutum**

95. Sepal spur at base 4–5 mm across ·· 166e. var. **platycentrum**

94. Leaf ultimate lobes narrow-lanceolate or lanceolate-linear; sepal spur 2 times longer than sepals ··· ··· 166f. var. **dolichocentrum**

93. Leaf central lobe once or twice divided ··· 167. **D. ceratophorum**

99. Sepals with horn-like projections 1–2 mm long.

100. Leaf blades up to 10 cm broad, ultimate lobes ovate or triangular.

101. Sepal outside sparsely strigillose (hairs ca. 0.4 mm long), with horn-like projections 1.5–2 mm long ··· 167a. var. **ceratophorum**

101. Sepals outside hirsute (hairs ca. 2 mm long), with horn-like projections 1–1.5 mm long ········ ·· 167c. var. **hirsutum**

100. Leaf blades 8–19 cm broad, ultimate lobes linear-lanceolate; sepal horn-like projections 1.5–2 mm long ·· 167d. var. **robustum**

99. Sepal horn-like projections less than 1 mm long ························ 167b. var. **brevicorniculatum**

92. Leaf blades 3-parted to near the base of blade.

102. Pedicels above yellow-glandular-puberulous and white−hispid; sepals 10−12 mm long; staminode limbs white−barbate ························ 169. **D. brevisepalum**

102. Pedicels glabrous; sepals 14−22 mm long; staminode limbs yellow-barbate.

103. Stems glabrous; sepals 18−22 mm long, horn-like projections 1 mm long, spur 24 mm long ························ 168. **D. ceratophoroides**

103. Stems below strigose; sepals 14−16 mm long, horn-like projections 1−1.5 mm long, spur 27−28 mm long ························ 170. **D. dolichocentroides**

91. Sepals not corniculate.

104. Leaf blades 3-cleft or 3-parted slightly exceeding the middle of blade.

105. Pedicels glabrous ························ 162. **D. hamatum**

105. Pedicels white-puberulous and yellow-glandular-puberulous.

106. Stems near apex yellow-glandular-puberulous; sepals 9 mm long, spur 14−17 mm long; carpels glabrous ························ 163. **D. latirhombicum**

106. Stems glabrous; sepals 15−19 mm long; ovaries pubescent ························ 165. **D. ninglangshanicum**

104. Leaf blades 3-parted to near the base of blade.

107. Sepals 13−19 mm long.

108. Pedicels lacking yellow glandular hairs.

109. Pedicels above 2-bracteolate.

110. Racemes 2−6.5(−16) cm long; ovaries densely pubescent.

111. Racemes 16 cm long; pedicels 3.5−10 cm long ························ 174. **D. yanwaense**

111. Racemes 2−6.5 cm long; pedicels 1.4−3.2 cm long.

112. Sepal spur 25−27 mm long; staminode limbs 2-cleft, white-barbate ······ 172. **D. weixiense**

112. Sepal spur 18 mm long; staminode limbs at apex emarginate, yellow-barbate ························ 186. **D. lankongense**

110. Racemes 10−26 cm long; ovaries only on ventral sutures hairy, elsewher glabrous ························ 187. **D. pycnocentrum**

109. Pedicels on apex 2-bracteolate (bracteoles linear) ························ 164. **D. umbrosoides**

108. Pedicels yellow-glandular-puberulous and white-puberulous; sepal spur 16−18 mm long.

113. Stems glabrous; stamen filaments hairy.

113′. Racemes 22 cm long; staminode limbs obcordate, 7 mm broad; anthers glabrous ························ 182. **D. obcordatilimbum**

113′. Racemes 12 -15 cm long; staminode limbs oblong, 3 mm broad; anthers abaxially hair ························ 179. **D. lasiantherum**

113. Stems hary; filaments glabrous.

113″. Stems puberulous, 1-leaved; basal leaves ca. 7; staminode limbs 2-parted slightly exceeding the middle of limb, white-barbate; ovaries puberulous ······················ 171. **D. incisolobulatum**

113″. Stems strigose, several-leaved; basal leaves withered by anthesis; staminode limbs undivided or at apex 2-lobulate, yellow-barbate; carpels glabrous ························· 173. **D. kantzeense**

107. Sepals 20–30 mm long.

114. Leaf sheaths well developed, 8–15 mm broad ································ 180. **D. coleopodum**

114. Leaf sheaths narrow or absent.

115. Pedicels glabrous.

116. Stems puberulous; sepals 9–14 mm long, spur 17–24 mm long; staminode limbs 2–cleft ······ ·· 178. **D. yunnanense**

116. Stens glabrous; sepals 18 mm long, spur 26–30 mm long; staminode limbs undivided ·· 185. **D. liangshanense**

115. Pedicels hairy.

117. Pedicels with yellow glamdular hairs.

118. Stems hispid; leaf blades on both surfaces sparsely strigose; sepal spur 17–26 mm long ······ ·· 175. **D. yongningense**

118. Stems puberulous; leaf blades glabrous; sepal spur 22 mm long ······ 176. **D. pergameneum**

117. Pedicels lacking yellow glandular hairs.

119. Herbs 3–8 cm tall; pedicels white-puberulous; sepals 15–16 mm long, spur 25 mm long ······ ·· 181. **D. hui**

120. Leaf blade with central lobe 3-dentate; stem apex 1–2-flowered ·············· 181a. var. **hui**

120. Leaf blade with central lobe 3–5-dentate; stem apex 1–5(–10)-flowered ························ ·· 181b. var. **lobulibundum**

119. Herbs 11–18cm tall; pedicels yellow-puberulous; sepal spur 28–29 mm long.

121. Stems below sparsely spreading-puberulous; bracteoles 5 mm long; staminode limbs at apex rounded and entire ··· 183. **D. pseudohamatum**

121. Stems retrorse-puberulous; bracteoles (5–)7.5–9 mm long; staminode limbs at apex emarginate or 2-lobulate ··· 184. **D. yulongshanicum**

90. Seeds densely transversely squamulose; leaf blades 3-parted slightly exceeding the middle of blade; sepals 13–15 mm long, spur 20–22 mm long ·· 188. **D. hueizeense**

89. Leaf blades 3-sect.

122. Seeds subtetrahedral, along longitudinal edges narrow-winged.

123. Inflorescences racemose.

124. Upper sepal eymbiform.

125. Leaf blades at base deep-cordate, ultimate lobes triangular or narrow-lanceolate; sepal spur shorter than sepals, tubular-subulate, 11–18 mm long ·································· 190. **D. likiangense**

125. Leaf blades at base subtruncate, ultimate lobes linear; sepal spur longer than sepals, subtubular, 21–27(–30) mm long ·· 191. **D. souliei**

124. Upper sepal more or less flat, not cymbiform.

126. Leaf ultimate lobes ovate, triangular or narrow-lanceolate.

127. Sepals longer than spur or nearly as long as it.

128. Stems and pedicels puberulous; sepals longer than spur, 17–23 mm long; spur 12–16 mm long ······························ 192. **D. medogense**

128. Stems and pedicels glabrous; sepals and spur 10–12 mm long ··················· 193. **D. yuanum**

127. Sepals shorter than spur.

129. Stems densely spreading-puberulous ··· 210. **D. weihaiense**

129. Stems appressed-puberulous, hispid or glabrous.

130. Pedicels yellow-glandular-puberulous and white-puberulous ······························ 204b. **D. thibeticum** var. **laceratilobum**

130. Pedicels lacking yellow glandular hairs.

131. Pedicels glabrous; leaves all basal ·· 199. **D. breviscaposum**

131. Pedicels hairy.

132. Stems and carpels glabrous; sepal spur 15 mm long ················· 194. **D. filibracteolatum**

132. Stems and carpels hairy.

133. Staminode limbs undivided.

134. Sepal spur 24–28 mm long; staminode limbs at apex erose ······ 201. **D. nangchienense**

134. Sepal spur 16–24 mm long; staminode limbs at apex emarginate.

135. Bracteoles narrow-oblong, 11–18 mm long; sepal spur up to 19 mm long ······························ 195. **D. weiningense**

135. Bracteoles narrow-linear or subulate, 2.5–6 mm long; sepal spur up to 24 mm long ······························ 200. **D. majus**

133. Staminode limbs 2-lobed.

136. Leaves all basal, central segment subcuneate, once divided, near apex 3-lobed or 3-dentate ······························ 198. **D. chayuense**

136. Leaves basal and cauline, central segment thrice divided.

137. Stems retrorse-puberulous; leaf central segment cuneate-rhombic; bracteoles oblong, 9–12 mm long; sepals 15–18 mm long, spur 14–20 mm long ········ 196. **D. taipaicum**

137. Stems spreading-hispid; leaf central segment rhombic; bracteoles linear, 7–8 mm long; sepals 10–14 mm long, spur 20–24 mm long ··················· 197. **D. pseudothibeticum**

126. Leaf segments dissected, with ultimate lobes lanceolate-linear, linear or narrow-linear.

138. Carpels 5.

139. Raceme rachis and pedicels retrorse-puberulous, lacking yellow glandular hairs; sepals 9 mm long, spur 12 mm long; staminode limbs at apex emarginate; carpels glabrous ······························ 202. **D. sinopentagynum**

139. Raceme rachis and pedicels with yellow glandular hairs; sepals 15 mm long, spur 20–24 mm

long; staminode limbs at apex 2-lobulate; ovaries pubescent ………… 203. **D. pseudomosoynense**

140. Raceme rachis and pedicels white-puberulous and yellow-glandular-puberulous; upper sepal outside below apex with a small horn-like projection, spur 20 mm long; petals at apex ciliate …………………………………………………………………………… 203a. var. **pseudomosoynense**

140. Raceme rachis and pedicels only yellow-glandular-puberulous, lacking white hairs; upper sepal lacking horn-like projection, spur 21−24 mm long; petals glabrous ……… 203b. var. **subglabrum**

138. Carpels 3.

141. Staminode limbs oblong or obovate-oblong.

142. Raceme rachis and pedicels glabrous.

143. Leaf ultimate lobes 6 mm broad; racemes 25−45 cm long; sepal spur 13−15 mm long; staminode limbs 4.6 mm long, 2-cleft ……………………………… 177. **D. pseudoyunnanense**

143. Leaf ultimate lobes 1.6−3 mm broad; racemes 10−20 cm long; sepal spur 25−28 mm long; staminode limbs 8 mm long, 2-lobulate ……………………………… 205. **D. leiostachyum**

142. Raceme rachis and pedicels hairy.

144. Raceme rachis and pedicels only white-puberulous; bracteoles remote from flower ………………………………………………………………………………………… 208. **D. mosoynense**

144. Raceme rachis and pedicels white-puberalous and yellow-glandular-puberulous; bracteoles contiguous to flower ……………………………………… 204a. **D. thibeticum** var. **thibeticum**

141. Staminode limbs broad-obovate or suborbicular.

145. Stems and pedicels puberulous and glandular-puberulous.

146. Stems and pedicels densely spreading-white-puberulous and white-glandular-puberulous ………………………………………………………………………………………… 211. **D. chefoense**

146. Stems and pedicels densely appressed-white-puberulous and spreading-yellow-puberulous.

147. Ovaries puberulous ……………………………… 209d. **D. grandiflorum** var. **glandulosum**

147. Carpels glabrous ……………………………………… 209e. **D. grandiflorum** var. **leiocarpum**

145. Stems and pedicels only puberulous, not glandular-puberulous.

148. Raceme rachis and pedicels subglabrous or with very sparse hairs.

149. Stems glabrous or below sparsely hispid; sepals nearly as long as spur … 207. **D. autumnale**

149. Stems with very sparse spreading hairs ……………………………… 206. **D. kamaonense**

150. Sepal spur slightly shorter than sepals, 12−16 mm long ………… 206a. var. **kamaonense**

150. Sepal spur longer than sepals, 18−25 mm long ……………………… 206b. var. **glabrescens**

148. Raceme rachis and pedicels with dense hairs ………………………… 209. **D. grandiflorum**

151. Stems and pedicels only densely puberulous.

152. Ovaries densely appressed-puberulous ……………………………… 209a. var. **grandiflorum**

152. Carpels glabrous ……………………………………………………… 209c.var. **deinocarpum**

151. Stems and pedicels densely appressed-puberulous, and with some spreading longer hairs ………………………………………………………………………………………… 209b. var. **pilosum**

123. Inflorescences corymbose, or flowers solitary and terminal.

153. Carpels 5.

154. Sepals shorter than spur, lower sepal not, not corniculate; staminode limbs yellow-barbate.

155. Sepal spur subtubular.

156. Stems only white-puberulous, lacking yellow glandular hairs ················ 212. **D. beesianum**

157. Leaf central segment and secondary lobes of lateral segments all with lobules.

158. Leaf ultimate lobes 2–3.5 mm broad ···································· 212a. var. **beesianum**

158. Leaf ultimate lobes 3–7 mm broad ······································ 212b. var. **latisectum**

157. Leaf central segment and secondary lobes of lateral segments all lacking lobules ·· 212c. var. **radiatifolium**

156. Stems white-puberulous and yellow-glandular-puberulous ··· 213d. **D. caeruleum** var. **crassicalcaratum**

155. Sepal spur subulate.

159. Leaf ultimate lobes 1.5–2.5(–4) mm broad; sepal spur at base 3 mm across; staminode limbs broad-obovate or suborbicular, at apex entire or emarginate ······················· 213. **D. caeruleum**

160. Stems and petioles appressed-puberulous.

161. Leaf blades up to 5 cm broad ·· 213a. var. **caeruleum**

161. Leaf blades up to 12 cm broad ·· 213c. var. **majus.**

160. Stems and petioles spreading-puberulous ································ 213b. var. **obtusilobum.**

159. Leaf ultimate lobes 0.5–1.5 mm broad; sepal spur at base 2 mm across; staminode limbs white-barbate ·· 215. **D. lagarocentrum**

154. Sepals nearly as long as spur; lower sepals near apex cymbiform, sometimes minutely 1-corniculate; staminode limbs white-barbate ·· 214. **D. yongdengense**

153. Carpels 3.

162. Pedicels white-puberulous and yellow-glandular-puberulous.

163. Pedicels totally white-puberulous and yellowe-glandular-puberulous; staminode limbs broad-obovate.

164. Herbs 30–80 cm tall; stems appressed-puberulous; corymbs 3–12-flowered; sepal spur 20–25 mm long ·· 217. **D. tatsienense**

165. Leaf ultimate lobes 1.5–2.5(–4) mm broad; sepals inside glabrous ······ 217a. var. **tatsienense**

165. Leaf ultimate lobes 0.5–1.5 mm broad; sepals inside with short hairs ··· 217b. var. **chinghaiense**

164. Herbs 10–16.5 cm tall; stems spreading-puberulous; corymbs (1–)2(–3)-flowered; sepal spur 33–38 mm long ·· 218. **D. pumilum**

163. Pedicels only on apex white-puberulous and yellow-glandular-puberulous, elsewhere glabrous; staminode limbs broad-oblong, 13 mm long ··· 219. **D. grandilimbum**

162. Pedicels lacking yellow glandular hairs.

166. Staminode claws narrow-cuneate, shorter than limbs and two times narrower than limbs ········

·· 220. **D. pomeense**

166. Staminode claws slender, nearly as long as limbs and 5−6 times narrower than them.

167. Leaves basal and cauline.

168. Leaf blades weakly divided, with ultimate lobes triangular or narrow ovate; seeds ellipsoidal, with inconspicuous longitudinal edges and not winged ································ 216. D. **davidii**

168. Leaf blades strongly divided, with segments dissected and ultimate lobes lanceolate-linear, linear or narrow-linear.

169. Herbs 90−100 cm tall; Leaf ultimate lobes narrow-linear, 1.5−1.8 mm broad; corymbs 2−5-flowered ··· 221. **D. pseudocaeruleum**

169. Herbs up to 22−40 cm tall.

170. Stems and pedicels spreading-puberulous; leaf ultimate lobes 3.5 mm broad; sepal spur 25 mm long; corymbs 2-flowered ··· 222. **D. mollipilum**

170. Stems and pedicels appressed-puberulous.

171. Herbs 30−40 cm tall; flowers in 2−3-flowered corymbs.

172. Leaf blades up to 9.5 cm broad, lateral segments thrice dissected, with ultimate lobes 2.5−4 mm broad; staminode limbs at apex emarginate ································· ·· 209f. **D. grandiflorum** var. **fangshanense**

172. Leaf blades up to 5 cm broud, lateral segments once parted, with ultimate lobes 1−2 mm broad; staminode limbs at apex 2-lobulated ······························ 225. **D. lagarolobum**

171. Herbs 12−22 cm tall; flowers solitary and terminal; staminode limbs 2-cleft ················ ·· 226. **D. lihengianum**

167. Leaves all basal.

173. Scapes puberulous, on apex 1(−2)-flowered; sepals 16 mm long, spur 22−24 mm long; staminode limbs 2-lobed ··· 223. **D. sinoscaposum**

173. Scapes hispid, on apex 1-flowered; sepals 23−24 mm long, spur 27 mm long; staminode limbs 2-parted slightly exceeding the middle of limb ································· 224. **D. saxatile**

122. Seeds transversely striate or squamulose.

174. Seed subtetrahedral, transversely striate; leaf blades 3-parted to near base of blade; racemes subcorymbose, few-flowered ··· 227. **D. tenii**

174. Seeds obovoid, transversely squamulose.

175. Herbs ca.100 cm tall; stems glabrous; inflorescences subcorymbose, 2−3-flowered, pedicels glabrous; carpels glabrous ··· 228. **D. shuichengense**

175. Herbs ca. 60 cm tall, appressed-puberulous; inflorescences corymbose 2-flowered, pedicels appressed-puberuous; ovaries puberulous ·· 229. **D. maxinowiczii**

亚组 1. 须花翠雀花亚组

Subsect. **Pogonantha** W.T.Wang in Acta Bot Sin. 10(2): 141. 1962; et in F1. Reip. Pop. Sin 27: 398. 1979; Malyutin in Bot. Zhurn. 72: 690.1987; Tamura in Hiepko, Nat. Pflanzenfam., Zwei. Auf1. 17aIV: 300. 1995. ——Sect. *Pongonanthus* W. T. Wang in Acta Bot. Sin. 10(2): 137. 1962; et in Fl. Reip. Pop. Sin. 27: 390. 1979. Type: *Delphinium pogonanthum* Hand.-Mazz.

基生叶不存在，或存在时在花期枯萎；茎生叶 3 深裂或 3 全裂片（全裂片浅裂），下部茎生叶常在花期枯萎。花序总状或伞房状。萼片蓝色或紫色，稀白色。花瓣和退化雄蕊与萼片同色。心皮 3，稀 5。种子倒卵球形，具密集并横向排列的小鳞片，稀具横向条纹，或近四面体形，沿纵棱具狭翅或无翅。

我国有 31 种，隶属于 4 系。其中，四川有 34 种，云南和西藏各有 9 种，甘肃有 5 种，新疆有 4 种，贵州、河南、内蒙古各有 3 种，青海、重庆、湖北各有 2 种，陕西、宁夏各有 1 种。

系 1. 粗距翠雀花系

Ser. **Pachycentra** W. T. Wang in Acta Bot. Sin. 10(2): 139.1962; Tamura in Hiepko, Nat. Pflanzenfam., Zwei. Auf1. 17aIV: 301. 1995. ——Subsect. *Pachycentra* W. T. Wang in Acta Bot. Sin. 10(2): 137. 1962; et in F1. Reip Pop. Sin. 27: 190. 1979. Type: *Delphinium pachycentrum* Hemsl.

Ser. *Kingiana* W. T. Wang in Acta Bot. Sin. 10(2): 137. 1962. Type: *Delphinium kingianum* Bruhl ex Huth.

Ser. *Angulatoalata* W. T. Wang in 1. c. 141. 1962. Type: *Delphinium kawaguchii* Tamura.

叶片 3 深裂或 3 全裂（全裂片不细裂）。花序总状。退化雄蕊瓣片多呈宽倒卵形，不分裂或顶端 2 微裂或 2 浅裂。心皮 3 或 5。种子近四面体形，沿棱具狭翅或无翅。

我国有 10 种，其中，四川有 4 种，西藏和内蒙古各有 8 种，云南和青海各有 1 种。

98. 密叶翠雀花　图版 47：1–2

Delphimum kingianum Bruh1 ex Huth in Bot. Jahrb. 20: 469. 1895; W. T. Wang in Acta Bot. Sin. 10(2): 137. 1962; Munz in J. Arn. Arb. 49(1): 100. 1968; W. T. Wang in F1. Reip. Pop. Sin. 27: 391, p1. 90: 1–12. 1979; et in F1. Xizang. 2: 52. 1985; W. T. Wang & M. J. Warnock in F1. China 6: 246. 2001. Holotype　西藏：拉萨之南，King's collector s. n. (not seen)。

D. pachycentrum ssp. *tsangense* Bruh1 var. *dasycarpum* Bruh1 in Ann. Bot. Gard. Cula. 5(2): 108, p1. 128: B. 1896.

98a. var. **kingianum**

草本高 22–35 cm。茎密被白色反曲短柔毛和黄色开展短腺毛，不分枝。基生叶在花期枯萎；茎生叶相当稠密排列，叶片五角形，(1.8–3.7) cm × (3–5.4) cm，2 全裂达距基部 1–1.5 mm 处，中央全裂片菱形，渐失，3 深裂，侧全裂片斜扇形，不等 2 深裂，末回裂片三角形或狭披针形，上面疏被短柔毛，下面疏被短腺毛；下部叶柄较长，上部的变短。总状花序长 4–14 cm，有较密集的花；轴和花梗密被短腺毛和少数短柔毛；花梗长 2.2–4.8 cm，上部有 2 狭条形小苞片。萼片蓝色，长圆形或倒卵状长圆形，长 16–21 mm，距比萼片稍短，钻形，长 11–15 mm。花瓣无毛，顶端圆形。退化雄蕊瓣片蓝色，宽倒卵形，顶端微凹，有白色髯毛。雄蕊花丝疏被短毛。心皮 3，子房密被短柔毛。7–8 月开花。

产于西藏南部。生于山坡草地，海拔 4 000–4 800 m。

标本登录　西藏，隆子，alt. 4 000 m，傅国勋 567；错那，青藏队植被组 75-1488；错美，alt. 4 500m，

图版 47　1–2. **密叶翠雀花**　1. 植株全形；2. 退化雄蕊。　3–6. **粗距翠雀花**　3. 茎生叶；4. 花序；5. 退化雄蕊；6. 种子。
7–11. **唇花翠雀花**　7. 叶；8. 蓇葖；9. 上萼片和花瓣；10. 退化雄蕊；11. 种子。
（引自《中国植物志》；赵宝恒和张泰利绘）

Plate 47　1–2. ***Delphinium kingianum***　1. Flowering plant; 2. Staminode.　3–6. ***D. pachycentrum***　3. Basal leaf; 4. Raceme; 5. Staminode; 6. Seed.　7–11. ***D. cheilanthum***　7. Leaf; 8. Follicele; 9. Upper sepal and petals; 10. Staminode; 11. Seed. (After Fl. Reip. Pop. Sin.; drawn by B. H. Zhao et T. Li Zhang)

任再金 1141；拿日雍湖，alt. 4 740 m，吴征镒，陈书坤等 75-806；改则，alt. 4 800 m，李发重 39。

98b. **光果密叶翠雀花（变种）**

var. **leiocarpum** Bruhl ex Huth in Bot. Jahrb. 20: 469. 1875; W. T. Wang in Acta Bot. Sin. 10(2): 138. 1962; in Fl. Reip. Pop. Sin. 27: 391. 1979; et in Fl. Xizang. 2: 53. 1985; W. T. Wang & M. J. Warnock in Fl. China 6: 247. 2001. ——*D. pachycentra* Hemsl. ssp. *tsangense* Bruhl var. *leiocarpum* Bruhl. in Ann. Bot. Gard. Calc. 5(2): 108. 1896. Described from southern Tibet.

本变种的心皮无毛或只在腹缝线上有毛而与模式标本变种不同。特产于西藏南部。

98c. **少腺密叶翠雀花（变种）**

var. **eglandulosum** W. T. Wang in Acta Bot. Sin. 10(2): 138. 1962; in F1. Reip. Pop. Sin. 27: 391. 1979; et in F1. Xizang. 2: 53. 1985; W. T. Wang & M. J. Warnock in F1. China 6: 247. 2001. Holotype 西藏：章喀错拉山，山坡，1953-09-25，钟补求 6165（PE）。

本变种的茎和花序轴和花梗均密被白色短柔毛，混生少数黄色短腺毛而与模式变种不同。

特产于西藏章喀错那山。

98d. **尖裂密叶翠雀花（变种）**

var. **acuminatissimum** (W. T. Wang) W. T. Wang in Fl. Reip. Pop. Sin. 27: 393. 1979; et in F1. Xizang 2: 53. 1985; W. T. Wang & M. J. Warnock in Fl. China 6: 247. 2001. ——*D. acuminatissimum* W. T. Wang in Acta Bot. Sin. 10(2): 138. 1962; Munz in J. Arn. Arb. 49(1): 86. 1968. Holotype 西藏：隆子，姆拉，alt. 4 700 m, 1960-08-20，傅国勋 1146（PE）。

本变种的茎无毛，叶的全裂片顶端长渐尖或长渐狭，而与模式变种不同。

产于西藏南部。生于山地草坡或灌丛中，海拔 4 500–5 000 m。

标本登录 西藏：朗县，西藏中草药队 4490；林周，西藏中草药队 1950；萨噶，alt. 5 000 m，青藏队 7091；申北，郎楷永 103600；改则，alt. 4 700m，郎楷永 10160。

99. 乡城翠雀花

Delphinium humilius (W. T. Wang) W. T. Wang in Bull. Bot. Res. Harbin 16(2): 156. 1996; et in Fl. Yunnan. 11: 128. 2000; W. T. Wang & M. J. Warnock in Fl. China 6: 247. 2001. —— *D. pachycentrum* Hemsl. var. *humilius* W. T. Wang in Fl. Reip. Pop. Sin.27: 394, 613. 1979; et in Vase. Pl. Hengduan Mount. 1: 482. 1993; Y. Lin et al. in Bull. Bot. Res. Harbin 39 (2): 312, fig. 6b. 2019. Holotype 四川：乡城，滑山，alt. 4 800 m，砾石山坡，花蓝色，1973-08-17，四川植被队 3173（PE）。

草本高 20–28 cm。根状茎长达 25 cm，粗 2.5–6 mm。茎被贴伏短柔毛，不分枝或有 1–2 条分枝，有 4–6 叶。基生叶不存在，茎生叶具长或稍长柄；叶片革质，五角形，(2.7–4) cm × (4–7) cm，3 深裂，中央深裂片狭菱形或菱形，3 浅裂，边缘有深裂片，有密集牙齿，侧深裂片斜扇形，不等 2 深裂，两面疏被短柔毛；叶柄长 3–9 cm。总状花序长 3.5–8 cm，有 3–6 花；下部苞片叶状，上部苞片条形；轴和花梗被白色贴伏短柔毛和黄色短腺毛；花梗长 1.5–4.2 cm，近顶端具 2 条形小苞片。萼片紫蓝色，外面被柔毛，内面无毛，上萼片长圆状卵形，(15–20) mm × 9 mm，距细筒形，长 15–18 mm，基部粗 3–3.5 mm，其他萼片长 15–17 mm。花瓣无毛，顶端 2 浅裂。退化雄蕊瓣片倒心形，长 7–9 mm，2 深裂稍超过中部，被黄色髯毛；爪长 4–5 mm。雄蕊无毛或花丝有疏毛。心皮 4–6，子房被淡黄色柔毛。7–9 月开花。

图版 48　1-4. **尾裂翠雀花**　1. 叶；2. 花；3. 小苞片；4. 退化雄蕊。　5-8. **直距翠雀花**　5. 叶；6. 花；7. 小苞片；8. 退化雄蕊。
9-12. **阴地翠雀花**　9. 花序；10. 叶；11. 小苞片；12. 退化雄蕊。（引自《中国植物志》；张泰利绘）

Plate 48　1-4. **Delphinium caudatolotum**　1. Leaf; 2. Flower; 3. Bracteole; 4. Staminode.　5-8. **D. orthocentrum**　5. Leaf; 6. Flower; 7. Bracteole; 8. Staminode.　9-12. **D. umbrosum**　9. Raceme; 10. Leaf; 11. Bracteole; 12. Staminode.
(After Fl. Reip. Pop. Sin.; drawn by T. L. Zhang)

分布于四川西南（乡城、雅江）和云南西北部（中甸）。生于草甸上或多石砾山坡上，海拔 4 400–4 800 m。

标本登录 四川：乡城，青藏队。4062；雅江，罗艳 360，杨亲二和袁琼 282。云南：中甸，东旺，杨竞生 670，8331。

100. 尾裂翠雀花 图版 48：1–4

Delphinium caudatolobum W. T. Wang in Fl. Reip. Pop. Sin. 27: 394, 613, pl. 92: 9–12. 1979; et in Vasc. Pl. Hengduan Mount. 1: 482.1993; W. T. Wang & M. J. Warnock in Fl. China 6: 248. 2001; L. Xie in Medic. Fl. China 3: 182, with fig. 2016. Holotype 四川：甘孜，座达山，alt. 4 600 m，草坡上，1965-09-09，傅坤俊 16551（WUK）。

草本高约 60 cm。茎被反曲贴伏短柔毛，等距生叶，不分枝。下部茎生叶有长柄，上部的具短柄；叶片近五角形，(3.5–5.5) cm × (5–9) cm，3 全裂，中央全裂片披针状菱形。顶端长渐尖或尾状渐尖，近羽状缺刻状浅裂，末回裂片卵形，侧全裂片较大扇形，不等 2 深裂近基部，上方 2 回裂片较大，与中央全裂片相似，两面疏被短柔毛；叶柄长 1.5–4.7 cm。总状花序长约 15 cm，有约 24 朵花；下部苞片叶状；轴和花梗被贴伏短柔毛；花梗长 1.5–2 cm，上部具 2 披针形小苞片。萼片蓝紫色，卵状狭椭圆形，长 11–13 mm，外面有疏毛，内面无毛，距钻形，长 9–10 mm，基部粗 2.5–3 mm。花瓣无毛，顶端全缘。退化雄蕊瓣片紫色，长 4 mm，2 裂稍超过中部，被黄色髯毛。雄蕊无毛。心皮 3，无毛。7–9 月开花。

分布于四川西部（甘孜、德格、石渠）。生于草坡上或多石砾山坡上，海拔 4 475–4 800m。

标本登录 四川：德格，2006–08016，D. E. Boufford, B. Bartholomew 等 36645，36586；石渠，2005-07-29，D. E. Boufford 等 33736。

101. 粗距翠雀花 图版 47：3–6

Delphinium pachycentrum Hemsl. in J. Linn. Soc. Bot. 29: 301. 1892; Franch. in Bull. Soc. Philom. Paris, ser. 8, 5: 177. 1893; Huth in Bot. Jahrb. 20: 460. 1895; Finet & Gagnep. in Bull. Soc. Bot. France 51: 493.1904; W. T. Wang in Acta Bot. Sin. 10(2): 139. 1962; Munz in J. Arn. Arb. 49(1): 112. 1968; W. T. Wang in Fl. Reip. Pop. Sin. 27: 393. pl. 90: 3–6. 1979; et in Vasc. Pl. Hengduan Mount. 1: 482, 1993; L. H. Zhou in Fl. Qinghai. 1: 312. 1997; Z. Wang & W. T. Wang in High. Pl. China 3: 438, fig. 693. 2000; W. T. Wang & M. J. Wainock in Fl. Ching 6: 247. 2001; W. T. Wang in High. Pl. China in Colour 3: 366. 2016——*D. pachycentrum* ssp. *Hemsleyi* Bruhl in Ann. Bot. Gard. Calc. 5(2): 108, pl. 128: A. 1896. Holotype 四川：康定，A. E. Pratt 462 (K; photo, PE)。

D. setiferum Franch. in Bull. Soc. Philom. Paris, ser. 8, 5: 171. 1893; Finet & Gagnep. in Bull. Soc. Bot. France 51: 493. 1904; Hand–Mazz. in Acta Hort. Gotob. 13: 57. 1939. Holotype 四川：康定，折多山，1891-07，R. P. Soulie 24 (P, not seen)。

D. pachycentrum var. *lobatum* W. T. Wang in Acta Bot. Sin. 10(2): 140. 1962. Holotype 四川：马尔康，1958-07-03，吴中伦 32672（PE）。

101a. var. **pachycentrum**

草本高 20–50 cm。茎与花梗均密被反曲短柔毛，通常不分枝。下部茎生叶在花期枯萎，中部叶有稍长柄；叶片五角形，(3.7–5.5) cm × (5.5–7.5) cm，3 深裂至近基部处或 3 全裂，裂片互相稍覆压，中央 1 回裂片菱形或狭菱形，长渐尖，3 裂，末回裂片三角形，侧生 1 回裂片斜扇形，不等 2 深裂，两面疏被短伏毛；叶柄与叶片近等长。总状花序有 5–12 花；下部苞片叶状，其他苞片条形；花梗长 1.5–5 cm，上部具 2 条形小苞片。萼片紫蓝色，上萼片卵形，其他萼片长圆形或长圆状披针形，长 17–22 mm，两面均被短柔毛，距细圆筒形，与萼片等长或稍短。花瓣无毛，顶端全缘。退化雄蕊瓣片蓝色，宽倒卵形或宽椭圆形，顶端全缘、微凹或 2 半裂，被黄色髯毛。雄蕊无毛。心皮 3，子房密被短柔毛，蓇荚长 2.5 cm。种子黑色，狭倒圆锥状，长 1.8 mm，沿 3 纵棱具白色翅。7–8 月开花。

分布于四川西部和青海东南部（达日、久治）。生于多石砾山坡或灌丛草地，海拔 3 900–4 500 m。

标本登录　四川：理县，鹧鸪山，罗艳 311；九龙，D. E. Boufford 等 33241；康定，Harry Smith 11051，刘振书 1023，蒋兴麐 36286，36598，关克俭，王文采 1082，1150，郎楷永，李良千，费勇 960，D. E. Boufford 等 34834，42522；小金，张秀实，任有铣 6557；道孚，Harry Smith 12376，罗艳 349；德格，杨亲二，袁琼 451，452；马尔康，D. E. Boufford 等 39728；刷经寺，李馨 74123；红原，杨亲二，袁琼 301。青海：达日，alt. 4 200–4 600m，何廷农，B. Bartholomew 等 1214。

101b. **狭萼粗距翠雀花（变种）**

var. **lancisepalum** (Hand.Mazz) W. T. Wang in Acta. Bot. Sin. 10(2): 140. 1962; in Fl. Reip. Pop. Sin. 27: 393.1979; et in Vasc. Pl. Hengduan Mount. 1: 482.1993; W. T. Wang & M. J. Warnock in Fl. China 6: 248. 2001——*D. lancisepalum* Hand.–Mazz. in Acta Hort. Gotob. 13: 55, fig. 20. 1939; Munz in J. Arn. Arb. 49(1): 101. 1968. Isotype　四川：康定，大炮山，alt. 4 500 m，1934-08-20，Harry Smith 11248 (PE)。

D. pachycentrum var. *pseudolancisepalum* W. T. Wang in Acta. Bot. Sin. 10(2): 140. 1962. Type　四川：康定，大炮山，alt. 4 260 m，1934-08-21，刘振书 1263（holotype, PE)，1262（paratype, PE)；同地，1951-08-12，胡文光，何铸 10793（paratype, PE)。

本变种的萼片披针形而与模式变种不同。退化雄蕊瓣片顶端全缘，2 半裂或 2 裂稍超过中部。

分布于四川西部。生于草地上、灌丛中或多石砾山坡，海拔 4 200–4 600 m。

标本登录　四川：康定，刘振书 1267；道孚，罗艳 348；雅江，D. E. Boufford 等 42373；小金，张秀实，任有铣 6912，四川植物队 9727；大金，李馨 77964，78175。

102. 拟粗距翠雀花　图版 49

Delphinium pachycentroides W. T. Wang in Guihaia 28(5): 569, fig. 1. 2008; et 36, Suppl. 1: 58, fig. 1. 2016. Holotype　四川：雅江县，318 国道，alt 4 330–4 400m，多石砾山坡，2006-08-07，D. E. Boufford, B. Bartholomew 等 36002（PE）。

草本高约 65 cm。茎粗约 4 mm，被反曲或近开展短柔毛，不分枝，约有 12 叶。下部茎生叶在花期枯萎；中部和上部茎生叶有长或稍长柄；叶片纸质，五角形，(2.5–4.5) cm × (4–6) cm，基部心形，3 深裂至距部约 2.5 mm 处，中央深裂片菱状卵形，在中部 3 浅裂，边缘有牙齿，侧深斜菱形，不等 2 半裂，两面脉上疏被短伏毛；叶柄长 2.5–8 cm。复总状花序长约 23 cm，顶生总状花序长约 19 cm，有 12 花；基部苞片叶状；其他苞片条形；轴和花梗密被短柔毛，混生少数短腺毛；花梗毛 1.4–4.4 cm，近顶端有 2 披针状条形小苞片。萼片蓝紫色，外面被短柔毛，内面无毛，上萼片卵形，约 13 mm × 6 mm，距钻形，长 14–16 mm，基部粗 3–4 mm，其他萼片较大，长 15–16 mm。花瓣无毛，顶端全缘，退化雄蕊瓣片蓝紫色，倒卵状长圆形，长 7 mm，顶端微凹，被白色髯毛；爪长 7 mm。雄蕊无毛，心皮 3，

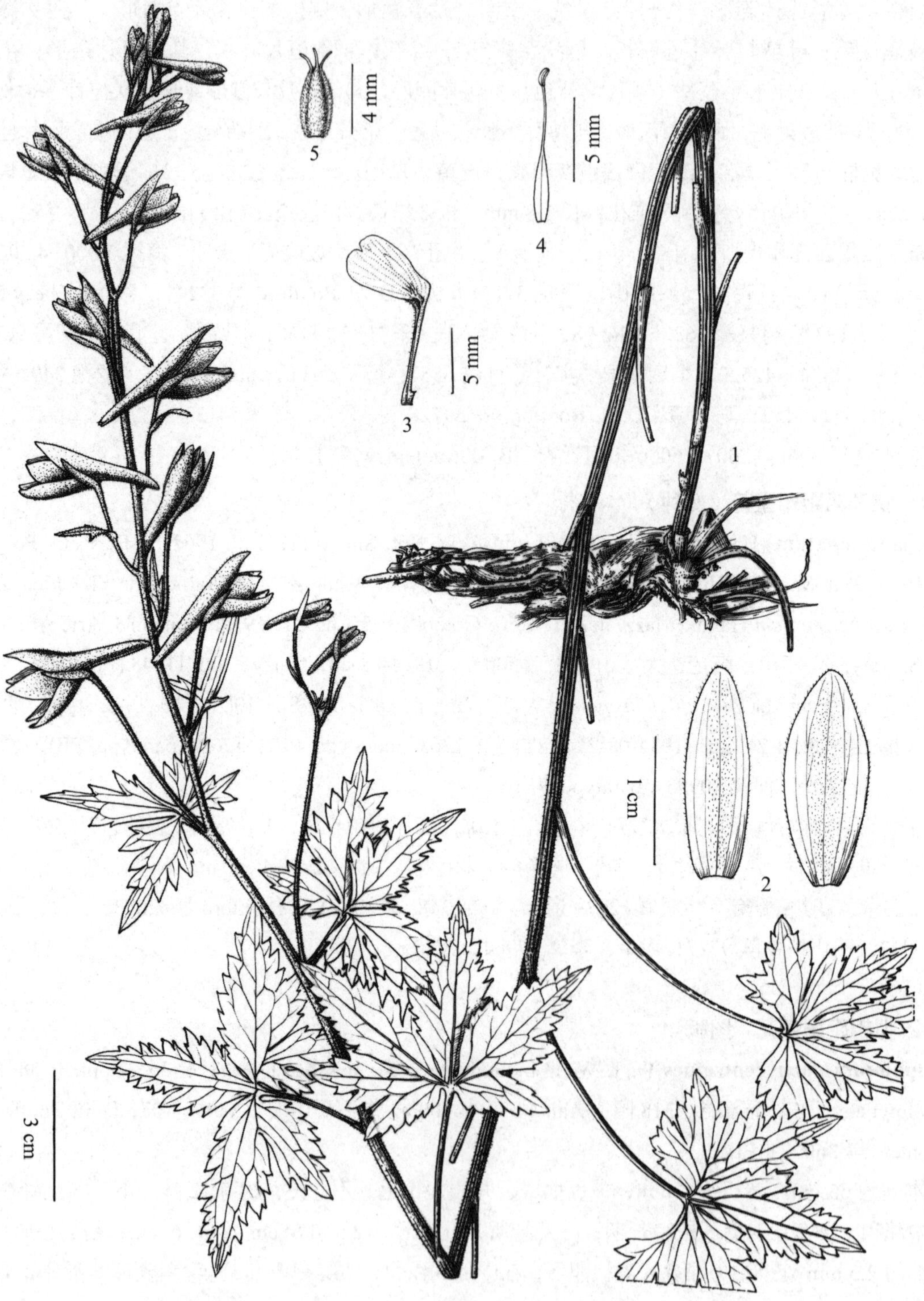

图版 49 **拟粗距翠雀花** 1. 植株全形；2. 侧萼片与下萼片；3. 退化雄蕊；4. 雄蕊；5. 雌蕊群。（据 holotype；孙英宝绘）

Plate 49 **Delphinium pachycentroides** 1. Habit; 2. Laterala and lower sepals; 3. Staminode; 4. Stamen; 5. Gynoecium. (From holotype; drawn by Y. B. Sun)

子房密被短柔毛。7–8 月开花。

特产于四川雅江县。生于多石砾山坡上，海拔 4 330–4 400 m。

103. 拉萨翠雀花 图 8

Delphinium gyalanum Maq. & Shaw in J. Linn. Soc. Bot. 48: 156. 1929; Munz in J. Arn. Arb. 49(1): 97. 1968; W. T. Wang in FI. Reip. Pop. Sin. 27:394. fig. 21. 1979; W. T. Wang & M. J. Warnock in Fl. China 6: 248. 2001; W. T. Wang in High. Pl. China in Colour 3: 366. 2016; L. Xie in Medic. Fl. China 3: 182, with fig. & photo. 2016. Holotype　西藏：南部，雅鲁藏布江河谷。1924-07-21，F. Kingdon Ward 5969 (K; photo, PE)。

D. kawaguchii Tamura in Acta Phytotax. Geobot. 15: 194, fig. 2. 1954; W. T. Wang in Acta. Bot. Sin. 10(2): 142. 1962; Munz in J. Arn. Arb. 49(1): 147, 1968; Iconogr. Corm. Sin. 1: 704, fig. 1407. 1972. Holotype　西藏：near Shigatse, Linbun rivulet, July 29, Kitamura 103908 (KYO, not seen)。

D. lasiocarpum Tamura in 1. c. 196, fig. 3; Munz in 1. c. 102.

草本高 55–110 cm。茎疏被反曲短柔毛，分枝，有 5–7 叶。基生叶和下部茎生叶有长柄；叶片近五角形，(6–9) cm × [9–16 (–23)] cm，基部心形，3 深裂，中央深裂片菱形，3 裂，2 回裂片有不整齐小裂片和牙齿，侧深裂片斜扇形，不等 2 裂，两面疏被短伏毛，叶柄长 12–23 cm。总状花序长 20–35cm，有多数花；下部苞片叶状，上部苞片条形；轴和花梗被黄色短腺毛和白色反曲短柔毛；花梗长 2.5–3.5cm，中部以上有 2 近条形小苞片。萼片蓝紫色，卵形或椭圆形，长 14–17 mm，外面有短毛，内面无毛，距钻形，长 12–18 mm，基部粗 3–4.5 mm。花瓣无毛。退化雄蕊瓣片紫色，卵形，2 浅裂，有黄色髯毛。雄蕊无毛或花丝有疏毛。心皮 3，子房密被柔毛。蓇荚长约 1cm。种子褐色，四面体形，长 2 mm，沿棱有狭翅。7–9 月开花。

分布于西藏南部和东南部。生于草坡或灌丛中，海拔 3 000–4 500 m。

本种的根供药用，有祛风除湿之效，可作乌头的代用品。根含一些生物碱：拉萨翠雀碱（gyalanine)，兰须翠雀碱（delsemine)，狼毒乌头碱（lycoctonine）（《中国药用植物志》，2016）。

标本登录　西藏：林芝，吴征镒等 1145；米林，西藏中草药队 3678，3957，4218，青藏队 74-4636，倪志诚等 22783，3103；工布江达，杨亲二，袁琼 509；章喀错拉山，钟补求 6165；郎县，任再金 197；拉萨，张永田，郎楷永 1617，2233，2578，杨亲二，袁琼 499；浪卡子，吴征镒等 750；江孜，傅国勋 509；羊八井，杨亲二，袁琼 488；林周，杨竞生 s.n；南木林，青藏队 75-7545；昂仁，张经炜 2700；Nugarze, Yangzhuoyongcuo，杨亲二，袁琼 490，492；亚东，青藏队 75-7557。

104. 宽片翠雀花

Delphinium latilimbum W. T. Wang in Bull. Bot. Res. Harbin 38(6): 815, fig. 3: F–J. 2018. Holotype　西藏：错那县，自麻玛乡至县城途中，alt. 3 449–4 414 m，山坡上，2017-09-12，PE 西藏考察队 6429（PE）。

草本高 6–20 cm。茎无毛或有极少数毛，不分枝或有 1–3 条分枝。基生叶 1；叶片纸质，五角形，3.5–5 × 6.5–10 cm，基部宽心形，3 深裂，中央深裂片近楔形，宽 2–4 cm，3 浅裂，2 回裂片不分裂或有 1–2 小齿，侧深裂片扇状倒卵形，宽 3–6.5 cm，不等 2 半裂，两面疏被短伏毛；叶柄长 8–19 cm。茎生叶似基生叶，但较小。总状花序长 3–20cm，有 2–4 花；基部苞片叶状，上部苞片条形；轴无毛；花梗长 2–14.5 cm，只在顶端密被开展短柔毛，中部以上有 2 条形或钻形小苞片。萼片蓝色，上萼片宽卵形，

图 8　**拉萨翠雀花**（引自《中国高等植物图鉴》）

Fig. 8　**Delphinium gyalanum** (After Iconogr. Corm. Sin.)

(15−17) mm × 10 mm，外面被短柔毛，内面无毛，距钻形，长 18−24 mm，基部粗 3−4 mm，其他萼片长 15−20 mm。花瓣无毛，顶端全缘。退化雄蕊瓣片蓝色，圆倒卵形，6 mm × 4 mm，2 浅裂，有黄色髯毛；爪长 5 mm。雄蕊无毛。心皮 3，子房密被柔毛。蓇葖长 1.5 cm。种子黑色，近四体形，长 2 mm，表面皱，有不明显 3 纵棱，无翅。8−9 月开花。

特产于西藏错那县。生于山坡上，海拔 3 449−4 414 m。

105. 兴安翠雀花

Delphinium hsinganense S. H. Li & Z. F. Fang in Fl. Pl. Herb. Chinae Bor.-or. 3: 114, 229, p1. 45a. 1975; W. T. Wang in Fl. Reip. Pop. Sin. 27: 395. 1979; Y. Z. Zhao in Fl. Intramongol, 2nd ed. 2: 541, Pl. 219: 1−4. 1991; W. T. Wang & Warnock in Fl. China 6: 248. 2001; Y. Z. Zhao, Vasc. Pl. Inn. Mongol. 181. 2012; W. T. Wang in High. Pl. China in Colour 3: 367. 2016. Holotype 内蒙古：呼伦贝尔盟，牙克石市（喜桂图旗），1954-07-14，王光正 2602（IFP，not seen）。

草本高 75−95 cm。茎基部疏被反曲短柔毛或近无毛，上部有少数分枝，等距生叶。基生叶和下部茎生叶在花期枯萎。中部茎生叶具稍长柄；叶片五角形，(4.5−5.5) cm × (6.5−10) cm，基部心形，3 深裂至距基部 4−5 mm 处，中央深裂片菱形，3 浅裂，浅裂片有不等大的牙齿，侧深裂片斜扇状倒卵形，不等 2 裂，两面疏被短柔毛；叶柄长 3.5−7.5 cm。复总状花序长约 20 cm，有 9 花；下部苞片叶状，上部的长圆形至钻形；轴和花梗被短柔毛；花梗长 2.5−7 cm，中部或上部具 2 钻形小苞片。萼片蓝色，狭卵形或长圆形，长 14−17 mm，外面被短柔毛，距钻形，长 16−18 mm，基部粗 3−4 mm。花瓣无毛。退化雄蕊瓣片宽卵形，长 5 mm，顶端微凹，被淡黄色髯毛；爪长 6 mm。雄蕊无毛或花丝有疏毛。心皮 3，子房密被淡褐色短柔毛。蓇葖长约 2 cm。种子近四面体形，长 1.5−2 mm，沿棱具翅。6−7 月开花。

特产于内蒙古牙克石市，生于河边林缘。

106. 唇花翠雀花 图版 47：7−11

Delphinium cheilanthum Fisch. ex DC. Syst. 1: 352. 1818; et Prodr. 1: 53. 1824; Huth in Bot. Jahrb. 20: 466, 1895; Finet & Gagnep. in Bull. Soc. Bot. Franc. 51: 483. 1904; Nevski in Kom. F1. URSS 7: 152. 1937; Kitag. in J. Jap. Bot. 19: 67. 1943; W. T. Wang in Acta Bot. Sin. 10(2): 141. 1962; Munz in J. Arn. Arb. 48(4): 511. 1967; S. H. Li in Fl. Pl. Herb. Chinae Bor. Or. 3: 114. Pl. 46: 3−9. 1975; W. T. Wang in Fl. Reip. Pop. Sin. 27: 396, Pl. 90: 7−11. 1979; Y. Z. Zhao in Fl. Intramongol. 2nd ed, 2: 541, pl. 219: 5. 1991; J. G. Li in Fl. Xinjiang. 2(1): 256. 1994; W. T. Wang & M. J. Warnock in Fl. China 6: 248. 2001. Holotype: Dauria circa Doroninsk, Vlassof s. n. (LE, not seen).

106a. var. **cheilanthum**

草本高约 140 cm。茎无毛，不分枝或在花序之下有 1−2 分枝，等距生叶。下部茎生叶在花期枯萎；中部茎生叶有长柄；叶片五角形，约 6.6 cm × (9−10) cm，基部心形，3 深裂近基部，中央深裂片狭菱形，3 浅裂，浅裂片不分裂或有少数小裂片，侧深裂片斜扇形，不等 2 深裂，两面疏被短毛；叶柄与叶片近等长。总状花序约有 10 花；下部苞片叶状，上部苞片条形或钻形；轴无毛；花梗长 1.5−3.5 cm，只在近顶端有短伏毛上外面被短柔毛，距钻形，长 21−22 mm。花瓣无毛，顶端全缘。退化雄蕊瓣片蓝色，倒卵形，长 6−8 mm，顶端 2 微裂，被淡黄色髯毛。雄蕊无毛。心皮 3，子房密被短伏毛。蓇荚长 1.3–1.4 cm。种子近四面体形，长 2 mm，沿 3 条纵棱有狭翅。7–8 月开花。

分布于中国内蒙古东北部、新疆北部以及蒙古、俄罗斯西伯利亚地区。

标本登录　内蒙古：额尔古纳旗，王战 1553；四大了克河，alt. 775m，朱有昌，赵大昌等 246；克什克腾旗，alt. 1 323 m，孙英宝，刘永等 2063。新疆：和布克赛尔，alt. 1 900 m，王兵 89-01。

106b. 展毛唇花翠雀花（变种）

var. **pubescens** Y. Z. Zhao in Fl. Intramongol., 2nd ed., 2: 541. 1991; et Vasc. Pl. Inn. Mongol. 181. 2012. Holotype　内蒙古：呼伦贝尔盟，额尔古纳右旗，奇乾，1986-07-15，达丽 929A（H1MC. not seen）。

本变种的花梗被黄色开展短柔毛，而与模式变种不同。

特产于内蒙古额尔古纳右旗。

107. 毓泉翠雀花　图版 50

Delphinium yuchuanii Y. Z. Zhao in Acta Sci. Nat. Univ. Intramongol. 20: 248, t. 1. 1989; et in F1. Intramongol., 2nd 2, 2: 543, Pl. 220. 1991; W. T. Wang & M. J. Warnock in Fl. China 6: 248. 2001; Y. Z. Zhao in Vasc. Pl. Inn. Mongol 181. 2012. Holotype　内蒙古：赤峰，克什克腾旗，Baiyinaobao，河边，1969-08-05，刘书润 s. n. (NMU, not seen)。

草本高达 30 cm。茎被短毛，不分枝约有 6 叶。下部茎生叶在花期枯萎，上部叶具柄；叶片五角形，(2.5–3.5) cm × (4–6) cm，基部宽心形，3 深裂近基部，中央深裂片狭菱形，3 裂，2 回裂片有 1–2 齿，侧深裂片斜扇形或斜倒卵形，不等 2 深裂，上方 2 回裂片似中央深裂片，下方 2 回裂片较小，两面疏被短毛；叶柄长 1–3 cm。总状花序顶生，长 5 cm，有 4 花；基部苞片 3 全裂，具条形裂片，上部苞片条形；轴无毛；花梗长 1–2 cm，上部被反曲短伏毛，并具 2 条形小苞片。萼片蓝色，狭卵形或椭圆形，(15–20) mm × (8–9) mm，两面均被短柔毛，距钻形，长约 20 mm，基部粗 3 mm。花瓣无毛，全缘。退化雄蕊瓣片蓝紫色，宽椭圆形，长约 7 mm，顶端 2 微裂，被黄色髯毛；爪长 3 mm。雄蕊花丝下部密被短缘毛。心皮 3，子房密被短伏毛。7–8 月开花。

特产于内蒙古克什克腾旗。生于河边。

系 2. 须花翠雀花系

Ser. **Pogonantha** W. T. Wang in Acta Bot. Sin. 10(2): 143. 1962; Tamura in Hiepko, Nat. Pflanzenfam., Zwei. Aufl. 17aIV: 301. 1995. Type: *Delphinium pogonanthum* Hand.-Mazz.

叶片 3 浅裂，3 深裂或 3 全裂（全裂片不细裂）。花序总状，稀伞房状。退化雄蕊瓣片狭卵形或长圆形，常 2 半裂。心皮 3。种子倒卵球形，具密集、横向的小鳞片或条纹。

我国有 49 种。其中四川有 30 种，云南有 10 种，西藏有 5 种，甘肃有 4 种，贵州和河南各有 3 种，新疆有 2 种，重庆、陕西和宁夏各有 1 种。

108. 长梗翠雀花

Delphinium longipedicellatum W. T. Wang in F1. Reip. Pop. Sin. 27: 407, 614, pl. 94: 8–10. 1979; et in Fl. Xizang. 5: 54. 1985; W. T. Wang & M. J. Warnock in Fl. China 6: 252. 2001. Holotype　西藏：波密，古乡，alt. 3 800 m，云杉林下，1965-08-20，应俊生，洪德元 1221（PE）。

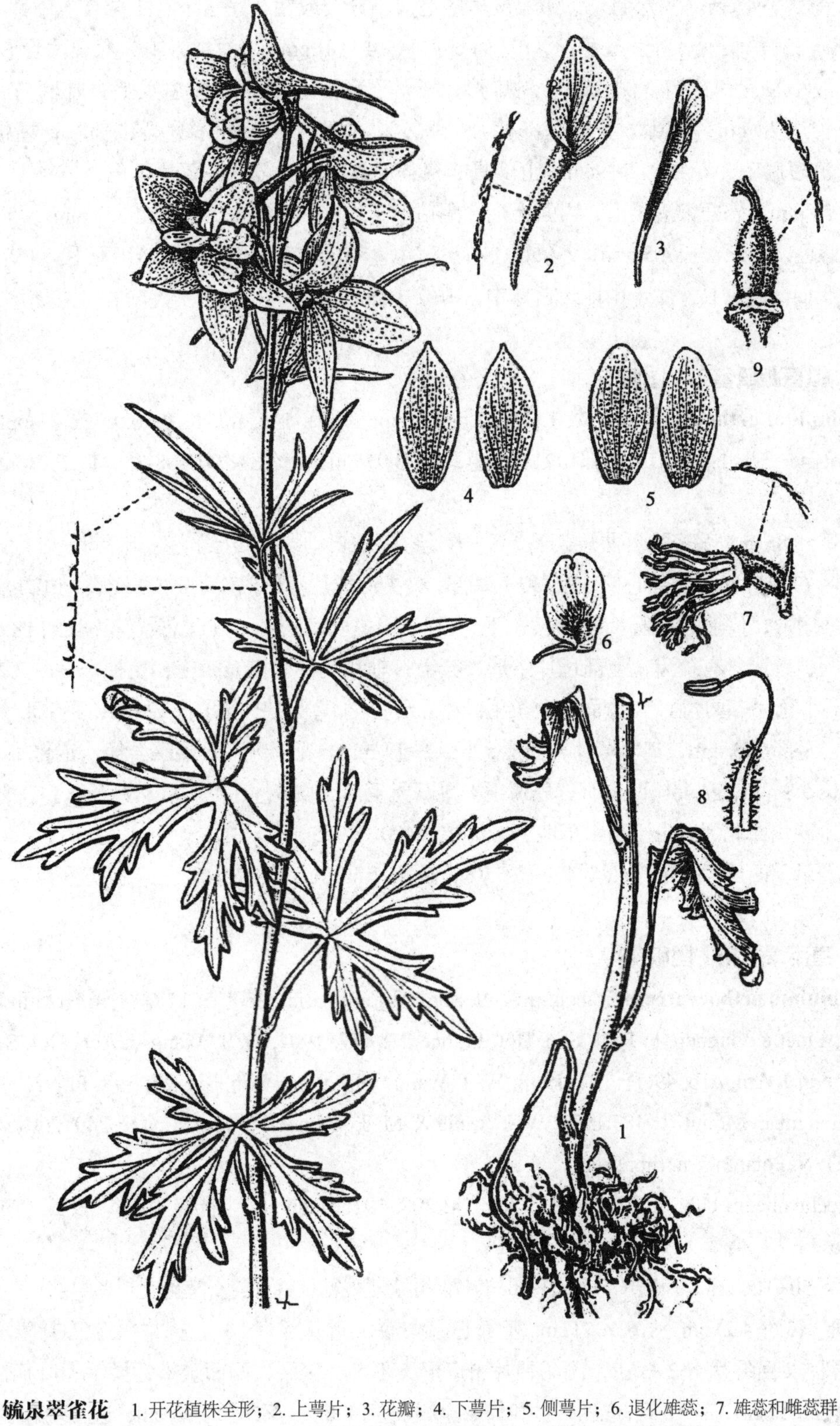

图版 50　**毓泉翠雀花**　1. 开花植株全形；2. 上萼片；3. 花瓣；4. 下萼片；5. 侧萼片；6. 退化雄蕊；7. 雄蕊和雌蕊群；8. 雄蕊；9. 雌蕊群。（引自赵一之，1989）

Plate 50　**Delphinium yuchuanii**　1.Flowering plant; 2.Upper sepal; 3. Petal; 4. Lower sepals; 5. Lateral sepals; 6. Staminode; 7. Androecium gynoecium; 8. Stamen; 9. Gynoecium. (After Y. Z. Zhao, 1989)

草本高 77−94 cm。茎无毛或下部疏被短糙毛，不分枝或在花序之下有 1 分枝。下部茎生叶在花期枯萎；中部叶有稍长柄；叶片五角形，(7−9) cm × (14−18) cm，3 深裂，中央深裂片菱形，3 裂，2 回裂片有少数小裂片和牙齿，侧深裂片斜扇形，不等 2 深裂，两面疏被短柔毛；叶柄与叶片近等长。总状花序长达 24 cm，疏生 6 花；基部苞片叶状；其他苞片 3 裂或不分裂；轴和花梗被白色反曲短柔毛和黄色短腺毛；花梗长 5−9cm，上部具 2 狭条形或丝形小苞片。萼片蓝色，披针形，(18−20) mm × (5.5−6.5) mm，外面被短柔毛，内面无毛，距钻形，长 13−14 mm，基部粗 3.5 mm。花瓣无毛。退化雄蕊瓣片蓝色，卵形，长 4.5 mm，2 深裂，被淡黄色髯毛。雄蕊无毛。心皮 3，无毛。8−9 月开花。

特产于西藏波密县。生于山地云杉林中，海拔 3 800 m。

109. 拟直距翠雀花　图版 51

Delphinium orthocentroides W. T. Wang in Guihaia 30(2): 145, fig. 1. 2010, et 36, Suppl. 1: 64, fig. 1. 2016. Holotype　四川：若尔盖东部，213 国道，alt. 3 975 m，草甸，2007-08-22，D. E. Boufford 等 40254（PE）。

草本高约 85 cm。茎密被反曲短柔毛，不分枝，约有 15 叶。中部和上部茎生叶有柄；叶片纸质，五角形，(5−7) cm × (7−11) cm，基部心形，3 深裂近基部，中央深裂片菱形或狭菱形，3 浅裂，边缘有缺刻和牙齿，侧深裂片斜扇形，不等 2 深裂，上面疏被短毛，下面无毛；叶柄长 1−6 cm。总状花序长约 18 cm，有 26 花；下部苞片狭披针形，有疏齿，上部苞片条形，全缘；轴和花梗密被短柔毛；花梗长 0.6−2.2 cm，近顶端有 2 狭条形小苞片。萼片蓝色，外面被短柔毛；内面无毛，上萼片狭卵形，长 12 mm，距钻形，长 9−12 mm，水平开展，基部粗 3 mm，其他萼片长圆形，长 12−14 mm。花瓣无毛，顶端全缘。退化雄蕊瓣片蓝色，倒卵形，长 5.8 mm，顶端微凹，有黄色髯毛。雄蕊无毛。心皮 3，无毛。8−9 月开花。

特产于四川西北部。生于高山草地上，海拔 3 490−3 975 m。

标本登录　四川：道孚。alt. 3 490−3 550 m, D. E. Boufford 等 27710。

110. 直距翠雀花　图版 48：5−8

Delphinium orthocentrum Franch. in Bull. Soc. Philom. Paris, ser. 8, 5: 178. 1893; Huth in Bot. Jahrb. 20: 458. 1895; Finet & Gagnep. in Bull. Soc. Bot. France 51: 477. 1904; W. T. Wang in Acta Bot. Sin. 10(2): 142. 1962; Munz in J. Arn. Arb. 49(1): 107. 1968; W. T. Wang in F1. Reip. Pop. Sin. 27: 398, Pl. 92: 5−8. 1979; et in Vasc. Pl. Hengduan Mount. 1: 483.1993; W. T. wang & M. J. Warnock in Fl. China 6: 249. 2001. Holotype　四川北部，G. N. Potanin s. n. (not seen)。

D. szechuanieum Ulbr. in Repert. Sp. Nov. 14: 298. 1916. Isotype　四川：西部，E. H. Wilson 1088 (not seen; photo, PE)。

草本高 50−100 cm。茎下部无毛，上部与叶柄和花梗被贴伏短柔毛，等距生叶。中部茎生叶有稍长柄；叶片五角形，(3.6−4.2) cm × (6.2−7) cm，基部心形，3 深裂近基部，稀 3 全裂，中央深裂片菱形，下部全缘，近中部 3 裂，2 回裂片有 2−3 齿，侧深裂片斜扇形，不等 2 深裂，两面疏被短柔毛；叶柄比叶片稍长。总状花序长约 12 cm，有 10 花；基部苞片叶状，其他苞片钻形；花梗长 1−3 cm，近顶端有 2 钻形小苞片。萼片蓝紫色，倒卵形，长 10−13 mm，外面密被短柔毛，距细筒形，与萼片近等长，向上方弯曲。花瓣无毛，顶端 2 浅裂。退化雄蕊瓣片紫色，近长圆形，2 半裂，有黄色髯毛。雄蕊无毛。心皮 3，子房疏被短柔毛。

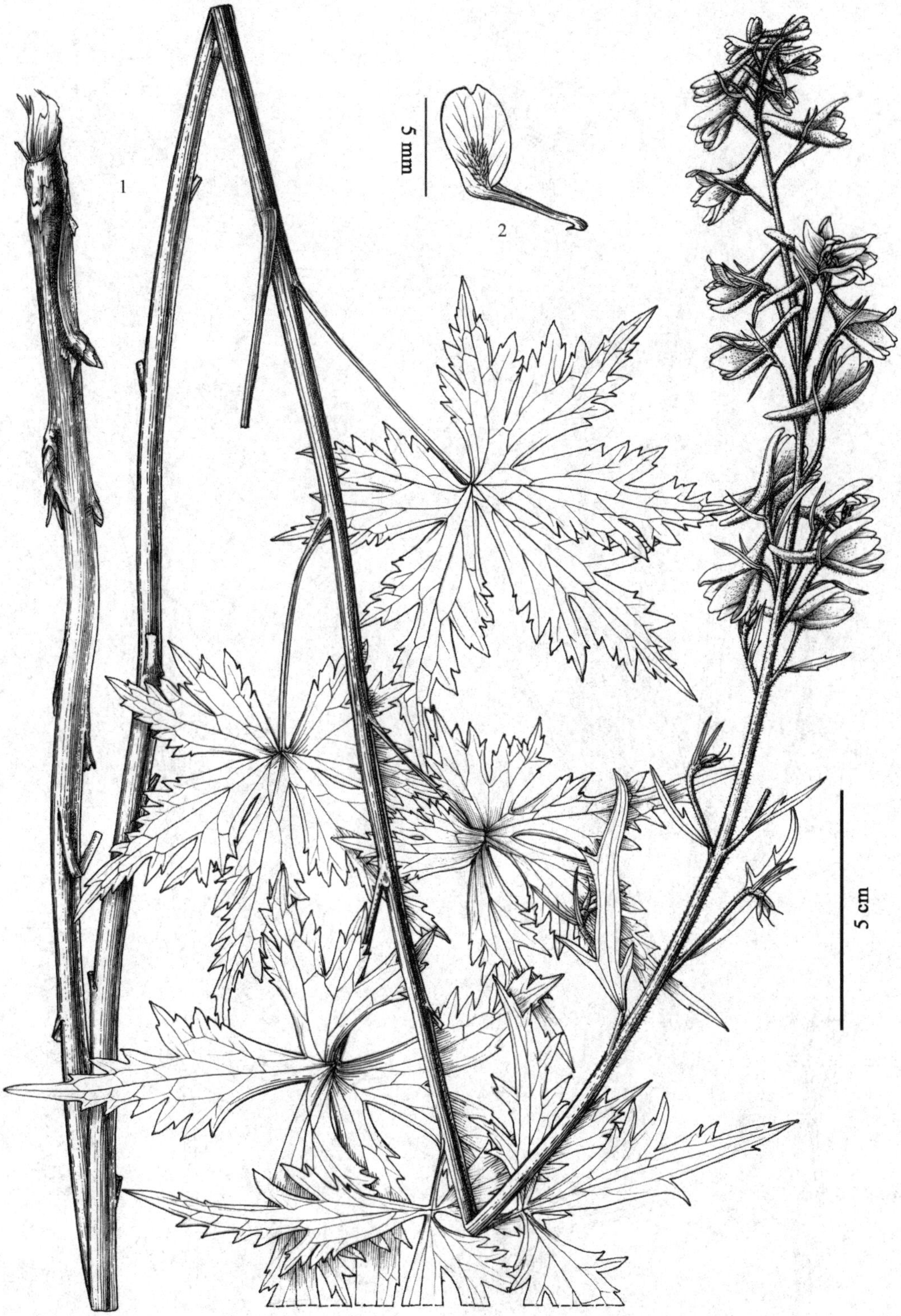

图版 51　**拟直距翠雀花**　1. 植株全形；2. 退化雄蕊。（据 holotype；孙英宝绘）

Plate 51　**Delphinium orthocentroide**　1. Flowering plant; 2. Staminode. (From holotype; drawn by Y. B. Sun)

图版 52　1–5. **小瓣翠雀花**　1. 花序；2. 叶；3. 退化雄蕊；4. 蓇葖；5. 种子。　6–9. **滇川翠雀花**　6. 植株全形；7. 退化雄蕊；8. 蓇葖；9. 种子。（引自《中国植物志》；张泰利绘）

Plate 52　1–5. **Delphinium micropetalum**　1. Raceme; 2. Leaf; 3. Staminode; 4. Follicle; 5. Seed.　6–9. **D. delavayi**　6. Habit; 7. Staminode; 8. Follicle; 9. Seed. (After Fl. Reip. Pop. Sin; drawn by T. L. Zhang)

蓇荚长 1cm。种子深褐色，长椭圆体形，1.5−0.7 mm，周围的翅淡褐色，宽约 0.6 mm。7−8 月开花。

分布于四川松潘、理县一带。生于草坡灌丛中或云杉林边，海拔 3 410−3 700 m。

标本登录　四川：松潘，方文培 4037，陈伟烈，陈家瑞等 8458，杨亲二和袁琼 314，D. E. Boufford 等 40478；理县，罗艳 323。

111. 小瓣翠雀花　图版 52：1−5

Delphinium micropetalum Finet & Gangep. in Bull. Bot. France 51: 479, pl. 5: A. 1904; W. T. Wang in Acta. Bot. Sin. 10(2): 142. 1962; Munz in J. Arn. Arb. 49(1): 107. 1968; W. T. Wang in Fl. Reip. Pop. Sin. 27: 398, pl. 91: 5−9. 1979; et in Vasc. pl. Hengduan Mount 1: 482. 1993; Z. Wang & W. T. Wang in High. Pl. China 3: 438, fig. 694.2000; W. T. Wang in Fl. Yunnan. 11: 128, Pl. 35: 5−9.2000; W. T. Wang & M. J. Wrnock in Fl. China 6: 249. 2001. Holotype　云南：贡山，茨开（Tse-Kou），1895-04，R. P. Soulie 1098 (P, not seen)。

D. jugorum Hand. Mazz. Symb. Sin. 7: 273. 1931; F. H. Chen in Bull. Fan. Meem. Inst. Biol., n.s, 1: 167. 1948. Holotype 云南：澜沧江怒江分水岭，Handel−Mazzatti 9712 (photo, PE)。

D. micropetalum f. *album* W. T. Wang in Acta Bot. Sin. 10(2): 143. 1962. Holotype　云南：怒江及俅江分水岭，alt. 31−3 400 m,1938-09-17，俞德浚 20370（PE）。

草本高 45−60 cm。茎被反曲短糙毛，不分枝或上部分枝。基生叶和下部茎生叶有长柄；叶片肾形，(4−9) cm × (6.8−15) cm，3 深裂，裂片互相稍覆压，中央深裂片宽菱形，3 浅裂，边缘有小裂片和牙齿，侧深裂片斜扇形，不等 3 裂，两面疏被糙伏毛；叶柄长 19−26（−30）cm。总状花序狭长，有 8−13 花；下部苞片叶状，其他苞片披针形或长圆形；轴和花梗密被白色反曲柔毛和黄色开展腺毛；花梗长 1.5−6 cm，近顶部有 2 披针形小苞片。萼片蓝紫色，稀白色，倒卵形，长 10−18 mm，外面有短柔毛，距宽钻形，长 10−16 mm，基部粗 3−4 mm。花瓣无毛。退化雄蕊瓣片蓝色，卵形，顶端全缘或微凹，被黄色髯毛。雄蕊无毛。心皮 3，子房密被短毛，蓇荚长 1.2−1.5 cm。种子暗褐色，倒卵状四面体形，长 2 mm，具密集横狭翅。8−10 月开花。

分布于中国云南西北部以及缅甸北部。生于草坡或多石山坡，海拔 3 300−4 200 m。

标本登录　云南：福贡，高黎贡山队 28710，罗艳和陈又生 485；维西，杨亲二和袁琼 60；贡山，俞德浚 20639，20685，20783，22320，22390，22793，冯国楣 7698，8330，高黎贡山队 31238，31389，32089，32214，32832；德钦，冯国楣 6659。

112. 毛茎翠雀花

Delphinium hirticaule Franch in J. de Bot. 8: 275. 1894; Huth in Bot. Jahrb. 20: 468. 1895; Finet & Gagnep. in Bull. Soc. Bot. France 51: 485. 1904; W. T. Wang in Acta. Bot. Sin. 10(2): 146. 1962; Munz in J. Arn. Arb. 49(1): 97. 1968; W. T. Wang in Fl. Reip. Pop. Sin. 27: 408. 1979; et in Bull. Bot. Res. Harbin 3(1): 36. 1983; Z. Wang & W. T. Wang in High. Pl. China 3: 440, fig. 698. 2000; W. T. Wang & M. J. Warnock in Fl. China 6: 253. 2001; C. X. Yang et al. Keys Vasc. P1. Chongqing 220. 2009. Holotype　重庆：城口，R. P. Farges 630 bis (P; photo. PE)。

D. coelestinum Franch. in l. c. 276. 1894. ——*D. hirticaule* var. *coelestinum* (Franch.) Finet & Gagnep. in 1. c. 486. 1904. Type　重庆：城口，R. P. Farges 630 ter (P; isotype, PE)。

D. hirticaule var. *micranthum* Finet & Gagnep. in l. c. 485. Holotype　重庆：城口，R. P. Farges 630bis, p. p. (P, not seen)。

D. wilsonii Munz in J. Arn. Arb. 48(4): 542. 1967; S. H. Fu, Fl. Hupeh. 1: 341. 1976. Holotype　湖北：西部，1901-07，E. H. Wilson 2396 (NY, not seen; photo, PE)。

112a. var. **hirticaule**

草本高约 70 cm。茎下部疏被开展硬毛，上部无毛，在花序之下有 1 分枝。基生叶在花期枯萎；茎生叶约 5 枚，下部的有长柄；叶片五角形，(4.8–5.6) cm × (8.5–9.5) cm，基部心形，3 深裂，中央深裂片宽菱形，下部全缘，在中部 3 裂，2 回裂片有数个狭卵表或狭披针形小裂片，侧深裂片斜扇形，不等 2 深裂，两面疏被糙毛；叶柄长达 15 cm。总状花序狭长，有 5–10 花；苞片条形；花梗长 1.5–3 cm，无毛，下部具 2 近钻形小苞片。萼片蓝紫色，椭圆形，长 12–20 mm，外面疏被短柔毛，距钻形，长 17–20 mm。花瓣无毛，顶端全缘。退化雄蕊瓣片蓝色，倒卵形，顶端微凹或 2 裂，有黄色髯毛。雄蕊无毛。心皮 3，无毛或近无毛。蓇荚长 1–1.3cm。种子倒卵球形，长 1.2–1.4 mm，具密集横向小鳞片。

分布于重庆中北部、湖北西部和陕西南部（安康）。生于山地草坡，海拔 1 350–2 900 m。

标本登录　重庆：巫溪，曲桂龄 2031，陈跃东 248，植物所三峡队 505；城口，戴天伦 101803。

112b. **腺梗毛茎翠雀花（变种）**

var. **mollipes** W. T. Wang in Acta Bot. Sin. 10(2): 146. 1962; et in Fl. Reip. Pop. Sin. 27: 409. 1979; W. T. Wang & M. J. Warnock in Fl. China 6: 253. 2001; C. X. Yang et al. Keys Vasc. Pl. Chongqing 220. 2009. Type　重庆：巫溪，双河乡，alt. 1 200–2 600 m，1958 年 6–7 月，杨光辉 58941（holotype, PE），58629，58862（paratypes, PE)。

本变种的花序轴和花梗有黄色腺毛，而与模式变种不同。

分布于重庆市巫溪、巫山一带。生于草坡上或河边，海拔 1 200–2 600 m。

标本登录　重庆：巫溪，植物所三峡队 505；巫山，alt. 1 800 m，周洪富 108979，109948。

113. 淡紫翠雀花

Delphinium handelianum W. T. Wang in Acta Phytotax. Sin. 6(1): 365. 1957; in Fl. Reip. Pop. Sin. 27: 402. 1979; in Vasc. Pl. Hengduan Mount. 1: 483. 1993; et in Fl. Yunnan. 11: 123. 2000; W. T. Wang & M. J. Warnock in Fl. China 6: 251. 2001 ——*D. lilacinum* Hand.-Mazz. Symb. Sin. 7: 277. 1931, non Willd. ex Huth, 1895; Munz in J. Arn. Arb. 49(1): 104. 1968. Holotype　云南：Beyendjing, forests near Guti, 1919-08-29, Ten 1292 (not seen; photo, PE)。

草本高 50–78 cm。茎被糙毛或无毛，分枝。基生叶和下部茎生叶长柄；叶片五角形，(5–7) cm × (7–12) cm，基部心形，3 深裂，中央深裂片菱形，下部全缘，不分裂或不明显 3 裂，上部边缘有牙齿，侧深裂片斜扇形，不等 2 裂近中部，上面有糙伏毛，下面近无毛；叶柄长达 17 cm。总状花序狭长，有 6–16 花；基部苞片叶状，其他苞片披针形或钻形；轴和花梗被白色反曲短毛和黄色开展腺毛；花梗长 1–7 cm，中部以上有 2 披针条形小苞片。萼片紫色，宽卵形，长约 9 mm，外面有短毛，距钻形，长 17 mm。花瓣顶端 2 浅裂，有疏缘毛。退化雄蕊瓣片紫色，2 裂近中部或稍超过中部，有白色或淡黄色髯毛。雄蕊无毛。心皮 3，无毛或子房有伏毛。7–8 月开花。

分布于云南大姚县蓝丰和永胜县一带。生于山地林缘，海拔 2 900 m。

标本登录　云南：永胜县，松坪，1976-08-05，吴征镒等 4099（KUN）。

114. 河南翠雀花　图版 53：1–3

Delphinium honanense W. T. Wang in Acta Bot. Sin. 10(2): 146. 1962; Munz in J. Ann. Arb. 49(1): 100. 1968; W. T. Wang in Fl. Reip. Pop. Sin. 27: 403. Pl. 93: 6–7. 1979; B. Z. Ding et al. Fl. Henan. 1: 433. 1981; Z. Wang & W. T. Wang in High. Pl. China 3: 440, fig. 696: 5–7. 2000; W. T. Wang & M. J. Warnock in Fl. China 6: 251. 2001. Holotype　河南：西峡，太平镇，细辛，二道沟，alt.1 300 m，1959-05-14，河南队 534（PE）。

114a. var. honanense

草本高 45–58 cm。茎无毛，不分枝，等距生叶。基生叶在花期枯萎。下部及中部茎生叶有长柄；叶片五角形，(6–7) cm × (7–10) cm，基部心形，3 深裂，中央深裂片菱形，中部以下全缘，中部之上的边缘有三角形牙齿，不分裂或不明显 3 裂，侧深裂片斜扇形，不等 2 深裂，上方 2 回裂片较大，似中央深裂片，两面疏被糙伏毛；叶柄长为叶片的 1.5–2 倍。总状花序长 8–11 cm，有 10 花；下部苞片 3 裂，上部苞片披针状条形；轴和花梗被白色反曲短柔毛和黄色开展短腺毛；花梗长 0.8–2.6 cm，中部或下部有 2 条形小苞片。萼片紫色，椭圆状卵形，长 15–16 mm，外面疏被短柔毛，距钻形，长 20–21 mm，基部粗 3 mm。花瓣无毛。退化雄蕊瓣片紫色，近方形，2 深裂，有黄色髯毛。雄蕊无毛。心皮 3，无毛。5 月开花。

特产于河南西峡。生于山地林下，海拔 600–1 900 m。

114b. 毛梗河南翠雀花（变种）

var. **piliferum** W. T. Wang in Fl. Tsinling. 1(2): 261. 1974; et in Fl. Reip. Pop. Sin. 27: 403. 1979; B. Z. Ding et al. Fl. Henan. 1: 433. 1981; W. T. Wang & M. J. Warnock in Fl. China 6: 251. 2001. Holotype　陕西：山阳县，鱼洞，alt. 1 100 m, 1964-06-05，杨金祥，梁一民 2851（WUK）。

本变种的植株高 1 m 左右，上部分枝，花梗无黄色腺毛，只被白色柔毛，而与模式变种不同。

特产于陕西省山阳县。生于山地草坡。海拔 1 100 m。

根供药用，治头痛、腰背痛等症（《陕西中草药》，此书将本变种误定为 *Delphinium giraldii* Diels）。

115. 毛叶翠雀花　图 9

Delphinium hirtifolium W. T. Wang in Acta. Bot. Yunnan. 6(4): 374, fig. 5: 8–10. 1984; et in Vasc. Pl. Hengduan Mount. 1: 484. 1993; W. T. Wang & M. J. Warnock in Fl. China 6: 252. 2001. Holotype　四川：木里，蚂蝗沟，alt. 2 500 m, 1978-07-26，赵清盛，杨亚滨等 6774（CDBI）。

草本高约 80 cm。茎无毛，上部分枝。中部茎生叶具稍长柄；叶片五角形，约 6.8 cm × 7.5 cm，基部心形，3 深裂近基部，中央深裂片披针形，边缘自基部之上起到顶端每侧约 10 枚密集牙齿，不分裂或在中部之下不明显 3 裂，侧深裂片斜扇形，不等 2 深裂，上方 2 回裂片较大，似中央深裂片，但较小，上面疏被微硬毛，下面无毛；叶柄长约 2.5 cm。总状花序长 27–40 cm，有 18–35 花；下部苞片叶状，常 3 全裂，其他苞片条形；轴和花梗被黄色开展腺毛和白色反曲短柔毛；花梗长 0.5 –5 cm，在中部或下部有 2 条形小苞片。萼片蓝紫色，上萼片卵形，其他萼片椭圆形或狭椭圆形，长 10–12 mm，距钻形，长 15–20 mm。退化雄蕊瓣片卵形，长 6 mm，2 深裂，有长缘毛，腹面被白色髯毛；爪长 4 mm。雄蕊无毛。心皮 3，子房有淡黄色柔毛。7–8 月开花。

特产于四川木里县。生于山谷路边，海拔 2 500 m。

图版 53　1–3. **河南翠雀花**　1. 叶；2. 花；3. 退化雄蕊。　4–7. **峨眉翠雀花**　4. 植株全形；5. 退化雄蕊；6. 蓇葖；7. 种子。　8–11. **黑水翠雀花**　8. 腋生花序；9. 退化雄蕊；10. 蓇葖；11. 种子。（引自《中国植物志》；赵宝恒和张泰利绘）

Plate 53　1–3. **Delphinium honanense**　1. Leaf; 2. Flower; 3. Staminode.　4–7. **D. omeiense**　4. Habit; 5. Staminode; 6. Follicle; 7. Seed.　8–11. **D. potaninii**　8. Axillary raceme; 9. Stamnode; 10. Follicle; 11. Seed.
(After Fl. Reip. Pop. Sin.; drawn by B. H. Zhao and T. L. Zhang)

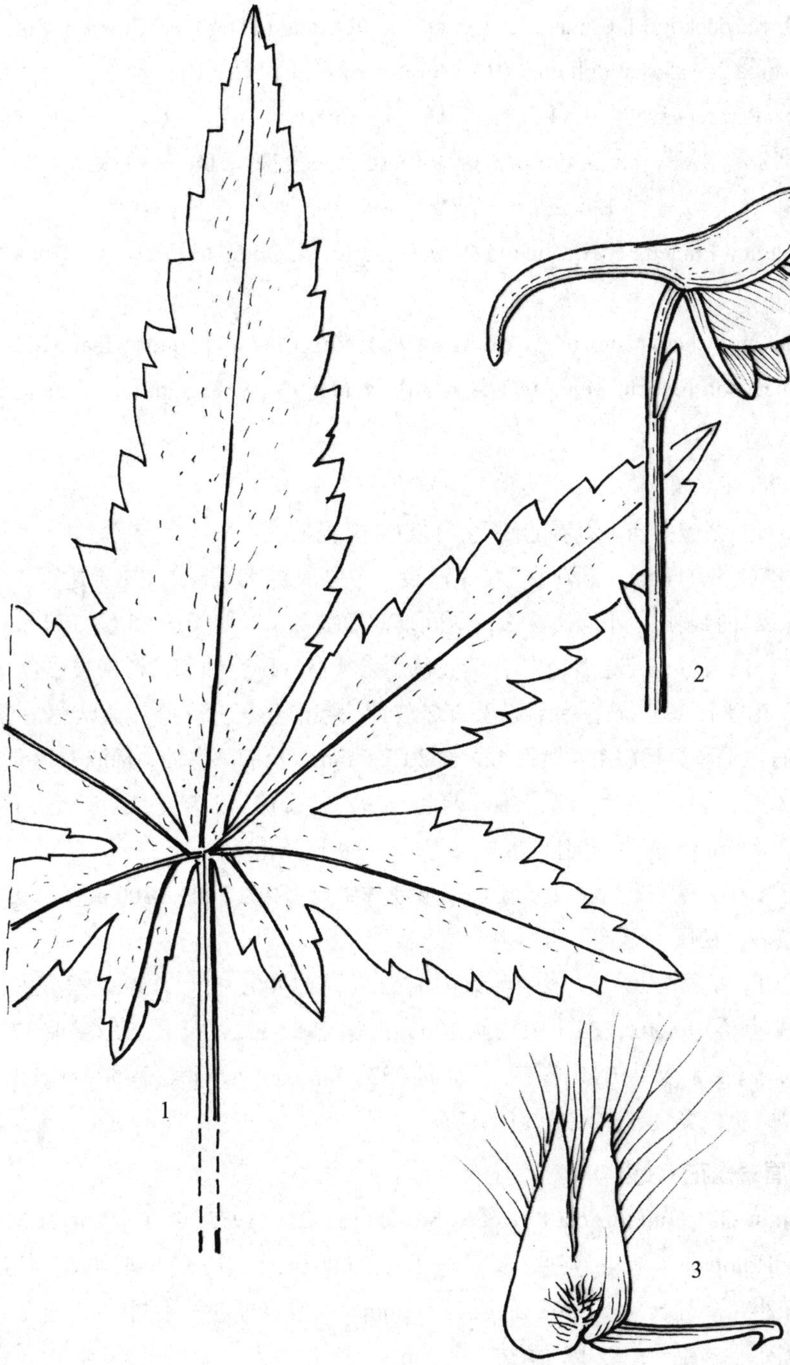

图 9　**毛叶翠雀花**　1. 上部茎生叶；2. 花；3. 退化雄蕊。（引自王文采，1984；张泰利绘）

Fig. 9　**Delphinium hirtifolium**　1.Upper cauline leaf; 2. Flower; 3. Stamonode. (After W. T. Wang, 1984; drawn by T. L. Zhang)

116. 峨眉翠雀花　图版 53：4–7

Delphinium omeiense W. T. Wang in Fl. Reip. Pop. Sin. 27: 403,613, pl. 93: 1–4. 1979; in Acta Bot. Yunnan. 6(4): 375. 1984; et in Fl. Yunnan. 11: 124. 2000; Z. Wang & W. J. Wang in High. Pl. China 3: 439. 2000; W. T. Wang & M. J. warnock in Fl. China 6: 251. 2001; W. T. Wang in High. Pl. China in Colour 3: 367. 2016; L. Xie in Medic. Fl. China 3: 185, with photo. 2016. Holotype　四川：峨眉山，金顶，alt. 3 100 m, 1957-09-30, 杨光辉 57444 (PE). Paratypes　四川：峨眉山，杨光辉 56561，关克俭 4002；雷波，alt. 2 500 m，1959-06-24，川经凉队 988；洪溪，alt. 3 400 m，1959-08-05，川经凉队 1607；美姑，1959-08-03，川经凉队 1985（均存 PE）。

D. davidii auct. non Franch.: F. H. Chen in W. P. Fang, Ic. Pl. Omei. 61. 1944; W. T. Wang in Acta Bot. Sin. 10(2): 145. 1962.

D. wrightii auct. not Chen: Munz in J. Arn. Arb. 49(4): 496. 1967, p. p. quoad Tsai 52020.

D. delavayi auct. non Franch: Munz in J. Arn. Arb. 49(1): 93. 1968, p. pl quoad Fang 2944 et T. C. Peng 145.

116a. var. **omeiense**

草本高 60–95 cm。茎被稍向下斜展的硬毛，分枝或不分枝，有 4–6 叶。下部茎生叶有长柄；叶片五角形，[5–6.4(–9.5)] cm × (7.5–11) cm，基部心形，3 深裂，中央深裂片菱形，在中部之下 3 裂，2 回裂片有小裂片和牙齿，侧深裂片斜扇形，不等 2 深裂，两面疏被短糙毛；叶柄长达 25（–30）cm。总状花序狭长，长 12–30 cm，有 8–12 花；基部苞片叶状，其他苞片条状披针形；轴和花梗密被白色或淡黄色反曲糙毛和黄色开展腺毛；花梗长 1–4 cm，中部以上有 2 披针状条形小苞片。萼片蓝紫色，椭圆状倒卵形，长 12–16 mm，外面有短毛和黄色腺毛，距钻形，长 20–26 mm，稍向下弯曲，稀成 U 字形弯曲。花瓣无毛。退化雄蕊瓣片紫色，2 浅裂，有黄色髯毛。雄蕊无毛。心皮 3，子房有短糙毛或近无毛。蓇荚长 1.6–1.8 cm。种子倒卵球形，长 1.5 mm，密生横向排列的小鳞片。7–8 月开花。

分布于四川西部和云南东北部。生于山地草坡或林中，海拔 2 500–3 300 m。

根药用，触镇痛，祛风除湿（《四川中药志》）。

标本登录　四川：峨眉山，方文培 2944，20418，汪发缵 23400，杜大华 592，熊济华等 21800，邢公侠，郎楷永 50，55，关克俭等 4002，四川植物队 106，傅德志 83-112，杨亲二，袁琼 373；雷波，俞德浚 3749，3780；木里，罗艳，陈又生 584，杨亲二，袁琼 333，346。云南：巧家，蔡希陶（H.T.Tsai)52020(GH)；会泽，东大 061；禄劝，吴金亮 2745（YUNU）。

116b. 小花峨眉翠雀花（变种）

var. **micranthum** G. F. Tao in Acta Phytotax. Sin. 23 (3): 219. 1985; W. T. Wang & M. J. Warnock in Fl. China 6: 251. 2001. Holotype　湖北：建始，矿厂坪，alt. 2 000 m，山坡，1976-07-08，刘启宏 718（WUBI）。

本变种的花较小，萼片长 4–8 mm，距长 7–18 mm，而与模式变种不同。

特产于湖北建始县。生于山坡上，海拔 2 000 m。

117. 柔毛翠雀花　图版 54：6–10

Delphinium pubescens (W. T. Wang) W. T. Wang, st. nov. ——*D. omeiense* W. T. Wang var. *pubescens* W. T. Wang in Fl. Reip. Pop. Sin. 27: 405, 614. 1979; et in Vase. Pl. Heng duan Mount. 1: 484. 1993; W. T. Wang &

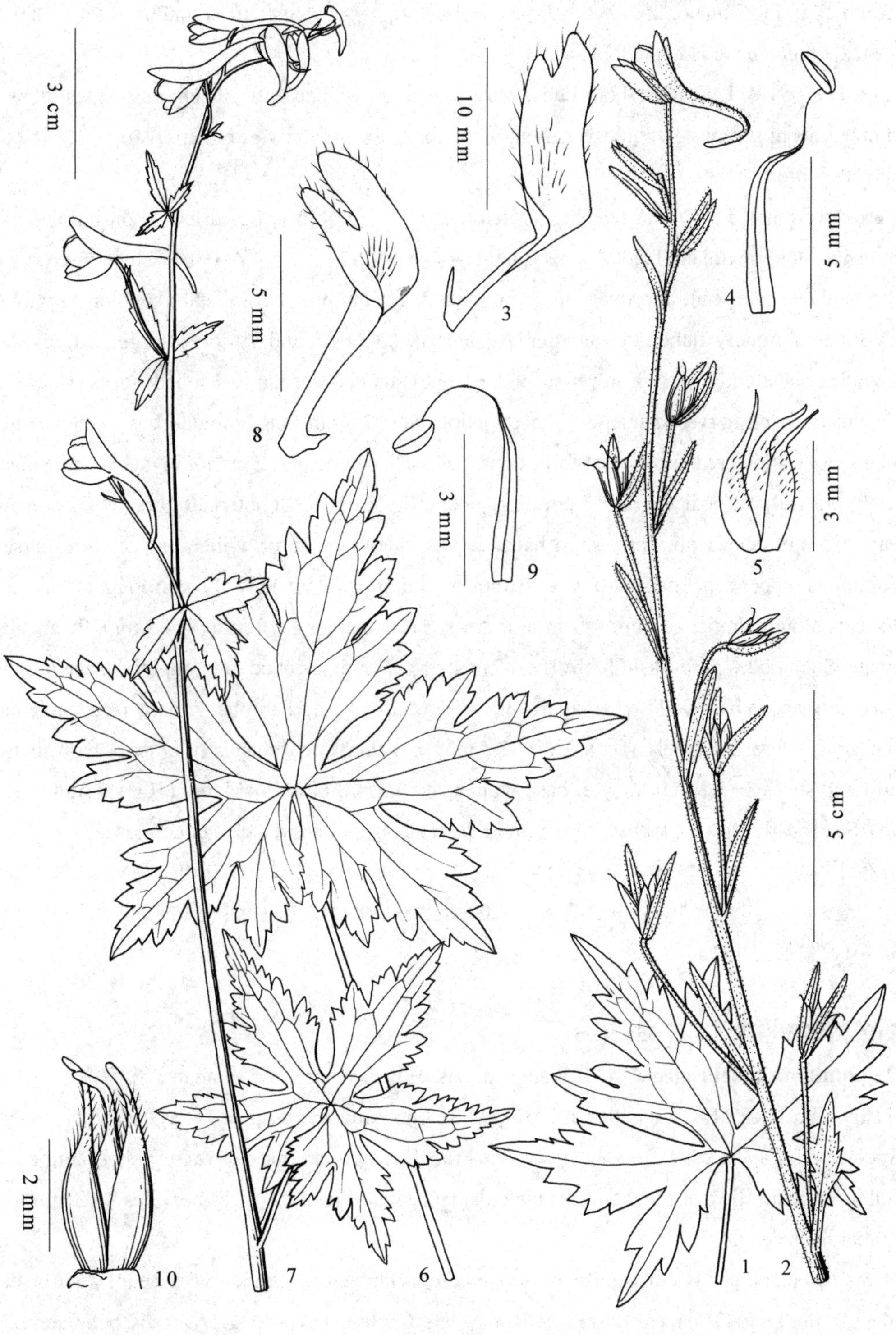

图版 54　1-5. **展毛阴地翠雀花**　1. 叶；2. 总苞花序；3. 退化雄蕊；4. 雄蕊；5. 雌蕊群。（据杨亲二和袁琼 355）
6-10. **柔毛翠雀花**　6. 叶；7. 开花茎上部；8. 退化雄蕊；9. 雄蕊；10. 雌蕊群。（据 isotype；孙英宝绘）

Plate 54　**Delphinium omeiense** var. **hispidum**　1.Leaf; 2. Raceme; 3. Staminode; 4. Stemen; 5. Gynoecium. (From Q. E. Yang & Q. Yuan 355)　6-10. **D. pubescens**　6. Leaf; 7. Upper part of flowering plant; 8. Staminode; 9. Stamen; 10. Gynoecium. (From isotype; drawn by Y. B. Sun)

M. J. Warnock in Fl. China 6: 252. 2001. Type 四川：木里县，woosi, alt. 2 600 m，林边，1937-08-19，俞德浚 14022（holotype & isotype, PE)。

A *D. omeiensi* W.T.Wang caulibus dense retrorse et appresse puberulis, racemorum rhachidibus et pedicellis tantum puberulis pilis flavis glandulosis carentibus, calcari sepalino breviore 17 mm longo, seminibus globosis 1 mm diametro differt.

Herbs perennial, 55−70 cm tall. Stems below 2.5−5 mm across. Basal leaves during anthesis withered. Cauline leaves long-petiolate; blades papery, pentagonal, (4−6.5) cm × (6.5−10) cm,at base cordate, 3-parted to 2−4 mm above base, central primary lobe rhombic, 2−3.5 cm broad, 3-lobed or subpinnately lobulate, lateral primary lobes obliquely flabellate, unequally 2-parted, upper secondary lobes larger and similar to central primary lobe., but slightly smaller, lower secondary lobes smaller, unequally 2-lobed; surfaces adaxially sparsely strigose, abaxially on nerves sparsely strigose; petioles 4−17.8 cm long, subglabrous. Racemes terminal, 12−15 cm long, 6−12-flowered; basal bract foliaceous, but mach smaller, ca. 2 cm long; rachis with pedicels sparsely or densely puberulous; pedicels 0.7−2 cm long, above the middle 2-bracteolate; bracteoles narrow-lanceolate or linear, 3−5 mm long, with sparse short hairs. Sepals blue, purplish or white, outside with sparse short hairs, inside glabrous, upper sepal narrow-ovate, 13 mm × 6 mm, spur subulate, 17 mm long, at base 3 mm across, lateral sepals broud-elliptic, 10 mm × 7 mm, lower sepals suboblong, 10 mm × 4.5 mm. Petals glabrous, apex emarginate. Staminodes purpurlish; limbs (5−7.2) mm × 2.8 mm, 2-lobed to or slightly exceeding the middle of limb, adaxially above base yellow-barbate; claws 4.5−5.5 mm long, glabrous. at base 1-appendiculate. Stamens 5−6 mm long, glabrous. Carpels 3; ovaries ca. 2.5 mm × 1 mm, only on apex or on back with sparse hairs 0.5−0.7 mm long; styles 1−1.2 mm long, at base with sparse hairs. Follicles oblong, (10−11) mm × 2.8−3.5 mm, glabrous. Seeds dark-brown, globose, ca. 1 mm in diam., densely transversely squamulose.

分布于四川西南部（木里、盐源、西昌）。生于山地草丛、灌丛或林边，海拔 1 200−2 600 m。

标本登录　四川：盐源，白灵山，alt. 1 200 m, 2002-08-28，罗艳，陈又生 507；西昌，alt. 2 200 m，1932-08-01，俞德浚 1216。

118. 周城翠雀花　图版 55：1−5

Delphinium zhouchengense W. T. Wang, sp. nov. Holotype 云南（Yunnan）：大理市，周城乡，溪边（Dali City, Zhoucheng Town, by strem), 1983-09-13, Sino-American Exped. 145 (GH)。

Species nova haec est affinis *D. hirticauli* Franch.,a quo caulibus retrorse pubescentibus, racemorum rhachidibus et pedicellis dense puberulis, bracteolis lanceolato-linearibus vel linearibus 4−7 mm longis, ovarlis dense puberulis recedit.

Herbs perennial, ca. 34 cm tall. Stems above base 2 mm across, simple, with petioles retrorsely pubescent (hairs 1−1.2 mm long), 2-leaved. Basal leaves not seen. Cauline leaves long or shortly petiolate; blades papery, pentagonal, (3.5−5.6) cm × (6.7−8.5) cm, at base cordate, 3-parted to 6−7 mm above blade base, central primary lobe rhombic, 2.2−3 mm broad, at apex acute, on the middle 3-lobed, with secondary lobes incised-denticulate, lateral primary lobes larger, subflabellate, 3−6 cm broad, unequally 2-parted slightly exceeding the middle, with the upper secondary lobes similar to the central primary lobe, but slightly smaller and oblique;

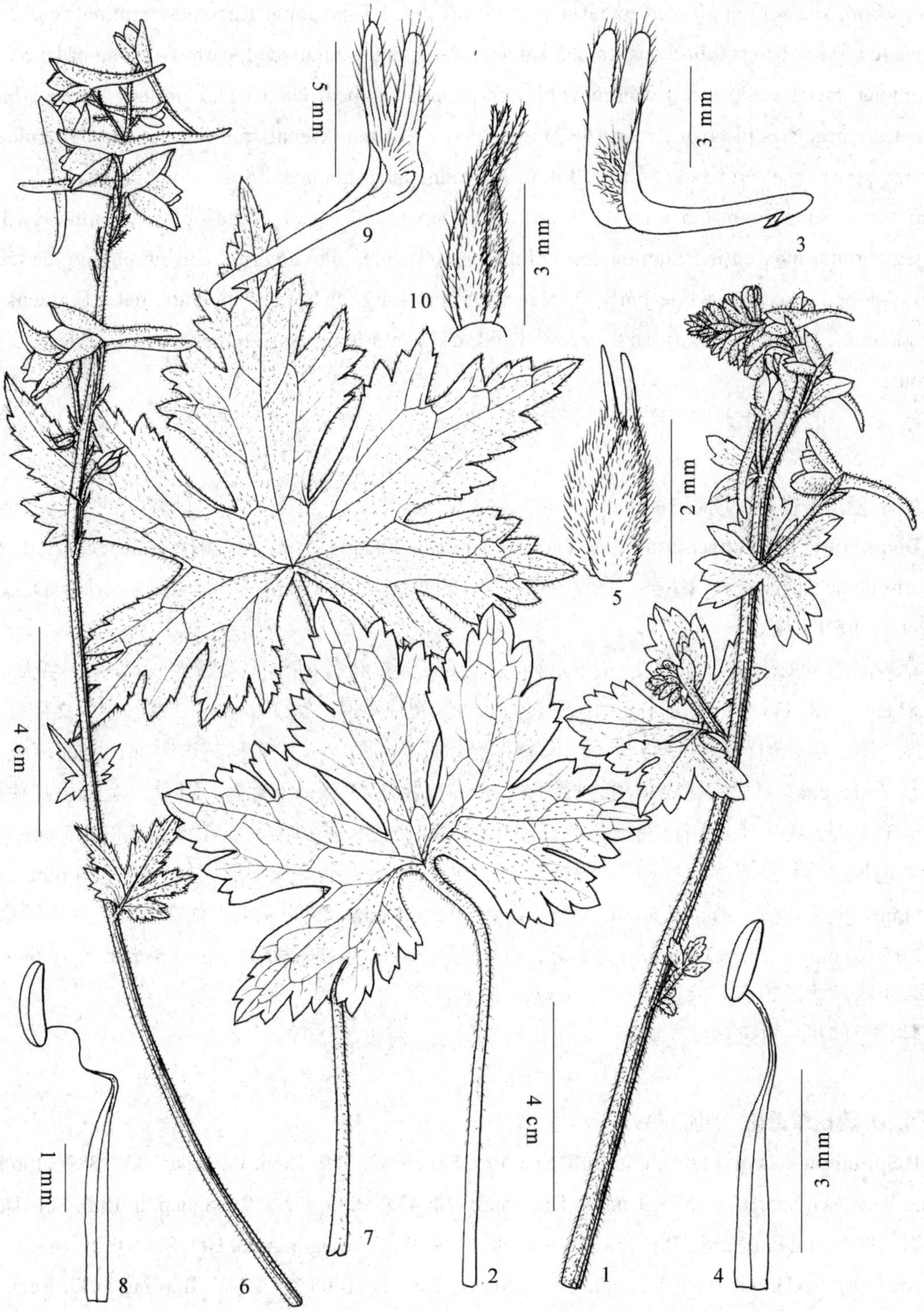

图版 55　1–5. **周城翠雀花**　1. 总状花序；2. 叶；3. 退化雄蕊；4. 雄蕊；5. 雌蕊群。　6–10. **盐源翠雀花**　6. 开花茎上部；7. 叶；8. 雄蕊；9. 退化雄蕊；雌蕊群。（据 holotype；孙英宝绘）

Plate 55　1–5. **Delphinium zhouchengense**　1. Raceme; 2. Leaf; 3. Staminode; 4. Stamen; 5. Gynoecium.
6–10. **D. yanyuanense**　6. Upper part of flowering plant; 7. Leaf; 8. Stamen; 9. Staminode; 10. Gynoecium.
(From holotype; drawn by Y. B. Sun)

surfaces both sparsely appressed-pubescent; petioles 2−14.5 cm long. Racemes terminal, ca.12 cm long, 10-flowered; lower bracts foliaceous, ca. 2.5 cm long, other bracts undivided, narrow-oblong or lanceolate, 3.5−11 mm long; rachis and pedicels densely appressed-puberulous; pedicels 0.3−3.5 cm long, above 2-bracteolate; bracteoles lanceolate-linear or linear, (4−7) mm × (1−1.8) mm. Sepals purple, outside puberulous, inside glabrous, upper sepal broad-ovate, ca. 10 mm × 7 mm, spur subulate, 18 mm long, at base 2.5 mm across, lateral sepals suboblong, 6.5 mm × 2 mm, lower sepals oblong or broad-oblong, 8 mm × (3−5) mm. Petals glabrous, apex entire. Staminodes 2; limbs below blue, above white, narrow-oblong, ca. 5.5 mm × 2 mm, 2-lobed adaxially white-barbate; claws 5.5 mm long, at base 1-appendiculate. Stamens 6−8 mm long, glabrous. Carpels 2−3; ovaries narrow-ovoid, ca. 2 mm long, densely puberulous; styles 0.8 mm long, glabrous.

特产于云南大理市北部洱海西岸的周城乡。生于山地溪边。

119. 宽爪翠雀花 图版 56

Delphinium platyonychium W. T. Wang in Guihaia 30(2): 147, fig. 2. 2010 et 36, Supp1. 1: 66, fig. 2. 2016. Holotype 四川：马尔康县，卓克基镇， Lazhu Cun, alt. 3 350 m, 草甸，2007-08-14，D. E. Boufford 等 39605（PE）。

草本高约 80 cm。茎下部分枝，被开展硬毛，上部无毛，约有 6 叶。基生叶有长柄；叶片纸质，五角形，(6−7.8) cm × (8−11) cm，基部心形，3 深裂，中央深裂片菱形，宽 3−4 cm，3 裂，中央 2 回裂片有缺刻和牙齿，侧 2 回裂片有 2−3(−4) 齿，侧深裂片斜扇形，不等 2(−3) 裂稍超过中部，两面疏被糙伏毛；叶柄长 7−15 cm。复总状花序顶生，长约 35 cm，有稀疏 15 花；下部苞片叶状，上部苞片狭披针形或条形；轴下部无毛，上部和花梗被黄色开展短腺毛和白色反曲短柔毛；花梗长 2.8−6.5 cm，中部有 2 钻形小苞片。萼片蓝紫色，外面疏被黄色腺毛，内面无毛，上萼片卵形，10 × (7−9) mm，距钻形，长 20 mm，向下弯曲，基部粗 5 mm，其他萼片长 12−14 mm。花瓣无毛，顶端全缘。退化雄蕊 2；瓣片蓝色，(5−6) mm × (2.2−3.2) mm，2 半裂，有淡黄色髯毛；爪狭长圆形，(3−3.5) mm × (0.6−1.2) mm，基部具 1 附属物。雄蕊无毛。心皮 3，无毛。7−8 月开花。

特产于四川马尔康县卓克基镇。生于山地草甸上，海拔 3 350 m。

120. 滇川翠雀花 图版 52：6−9

Delphinium delavayi Franch. in Bull. Soc. Bot. France 33: 379. 1886; Pl. Delav. 22. 1889; et in Bull. Soc. Philon. Paris, ser. 8, 5: 165. 1893; Huth in Bot. Jahrb. 20: 435. 1895; Finet & Gagnep. in Bull. Soc. Bot. France 51: 481. 1904; Sealy in Curtis, Bot. Mag. 146: t. 68. 1949; W. T. Wang in Acta. Bot. Sin. 10(2): 143. 1962; Munz in J. Arn. Arb. 49(1): 93. 1968; Iconogr. Corm. Sin. 1: 709, fig. 1408. 1972; W. T. Wang in Fl. Reip. Pop. Sin. 27: 400, Pl. 91: 1−4, 1979; Y. K. Li in Fl. Guizhou. 3: 23, pl. 9: 4−9.1990; W. T. Wang in Vasc. Pl. Hengduan Mount. 1: 483. 1993; et in Fl. Yunnan. 11: 118. 2000; Z. Wang & W. T. Wang in High. Pl. China 3: 439, fig. 695. 2000; W. T. Wang in & M. J. Warnock Fl. China 6: 249.2001; W. T. Wang in High. Pl. China in Colour 3: 367. 2016; L. Xie in Medic. Fl. China 3: 183, with fig. 2016. Holotype 云南：大理之北，San Kong, 1883-11-08, J. M. Delavay 22 (P, not seen)。

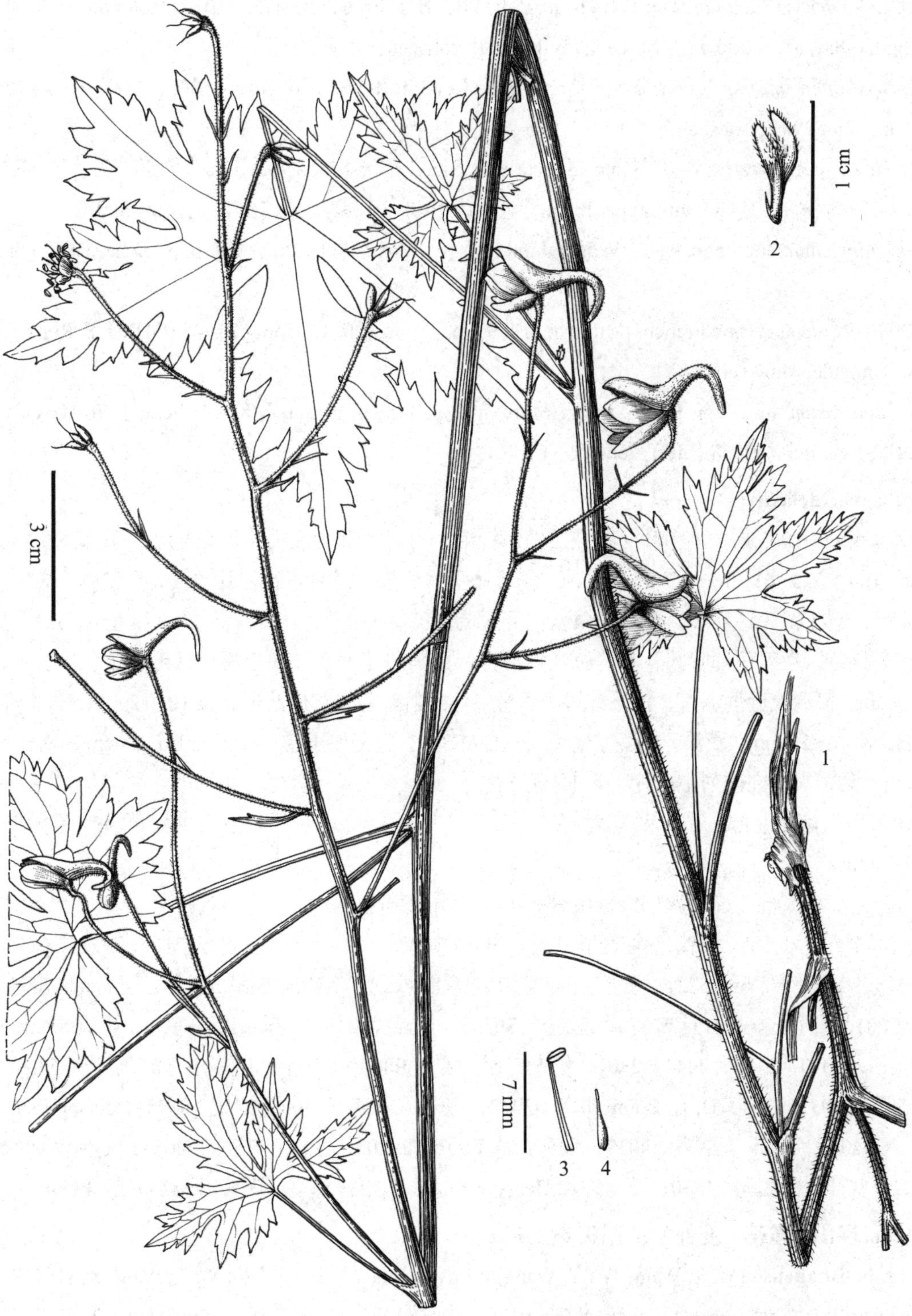

图版 56 **宽爪翠雀花** 1. 植株全形；2. 退化雄蕊；3. 雄蕊；4. 心皮。（据 holotype；孙英宝绘图）

Plate 56 ***Delphinium platyonychium*** 1. Habit; 2. Stamonode; 3. Stamen; 4. Carpel.

(From holotype; drawn by Y. B. Sun)

D. delavayi var. *acuminatum* Franch. in Bull. Soc. Bot. France 33: 367. 2016; Holotype　云南：洱源，Mt.Yeng tze-hay, alt. 3 000 m, J. M. Delavay 1896 (P, not seen)。

D. trichophorum var. *brevistylum* f. *breviangue* Levl. in Repert. Sp. Nov. 7: 102. 1909. Holotype　云南：San Chan, Ten 579 (E, not seen)。

D. delavayi f. *aureum* W. T. Wang in Acta Bot. Sin. 10(2): 144. 1962. Type　云南：中甸，alt. 3 100 m, 1937-07-31, 俞德浚 12548（holotype, PE); 同地，1939-08-10，冯国楣 1967（paratype, PE)。

D. glabricaule auct. non W. T. Wang: Munz in J. Arn. Arb. 49(1): 96. 1968. p. p. quoad R. C. Ching 21418 (GH).

D. hirticaule auct. non Franch,: Munz in 1. c. 97. p. p. quoad R. C. Ching 21945 (GH), J. F. Rock 6305, (GH, US) C. Schneider 1867 (GH).

D. umbrosum aunt. non Hand.-Mazz: Munz in l. c. 119, p. p. quoad K. M. Feng 1776 (GH), G. Forrest 25052 (US), A. Henry 9668 (MO), 9668 (US).

120a. var. **delavayi**

草本高 60−100 cm。茎和叶柄密被反曲短糙毛，有时下部变无毛，等距生叶。下部茎生叶具长柄；叶片五角形，(4.5−6) cm × (7.5−11) cm，基部心形，3 深裂，中央深裂片菱形，3 浅裂，浅裂片有缺刻和小牙齿，侧深裂片斜扇形，不等 2 深裂，两面疏被糙伏毛；叶柄长为叶片的 2−3 倍。总状花序狭长，通常有多数花；基部苞片叶状，其他苞片狭披针形；轴和花梗密被白色短糙伏毛和黄色短腺毛；花梗长 1.2−3.5 cm，顶端或近顶端有 2 狭披针形小苞片。萼片蓝紫色，宽椭圆形，长 10−12 mm，外面有短柔毛，距钻形，长 16−21 mm。花瓣无毛。雄蕊无毛。心皮 3，子房密被柔毛。蓇荚长 1.6−2.4cm。种子倒卵球形，长 2 mm，具密集横向排列小鳞片。7−11 月开花。

分布于云南（北部、中部及东南部）、四川西南部和贵州西部。生于山地草坡或疏林中，海拔 2 600−3 600 m。

根药用，治风湿疼痛、癫痫、蛔虫等症（《云南中草药》）。

标本登录　云南：德钦，金效华，刘永 94；中甸，植物所横断山队 2716，田效文 769，汤宗孝 769，杨亲二和孔宏智 98-522，杨亲二和袁琼 107；维西，蔡希陶 54039，59571，王启无 67864，杨亲二和袁琼 2016；丽江，王启无 71376，赵致光 30535，赵裕章 21456，秦仁昌 30938，冯国楣 21287，植物所横断山队 2019，2387，2444，2701，杨亲二和孔宏智 98-488，罗艳和陈又生 501，杨亲二和袁琼 148，158，谢磊 LJ05；宁蒗，D. E. Boufford 等 43443，杨亲二和袁琼 360；鹤庆，J. M. Delavay s. n.，秦仁昌 23386，24404；兰坪，蔡希陶 54039；大理，G. Forrest 28202，王汉臣 1562，4061，刘慎谔 20983，杨亲二 9421；宾川，刘慎谔 21880；蒙自，A. Henry 9668A。四川：木里，D. E. Boufford 等 42796。

120b. **保山翠雀花（变种）　图版 69：3−6**

var. **baoshanense** (W. T. Wang)W. T. Wang in Phytologia 79: 384. 1996; W. T. Wang & M. J. Warnock in Fl. China 6: 250. 2001. ——*D. baoshanense* W. T. Wang in Bull. Bot. Res. Harbin 6(1): 12, pl. 3: 3−5. 1986. Holotype　云南：保山，清河，alt. 2 000−2 400 m, 草地，1962-09-02，熊若莉 62-0022（MY）。

本变种的花序轴和花梗只密被白色短糙伏毛，无黄色短腺毛，而与模式变种不同；此外，本变种的叶片的中央一回深裂片和侧生一回深裂片的 2 回裂片均呈狭菱形，也与模式变种不同。

特产于云南保山县。生于山坡草地上。

121. 须花翠雀花

Delphinium pogonanthum Hand.-Mazz. Symb. Sin. 7: 279. 1931; W. T. Wang in Acta Bot. Sin. 10 (2): 144. 1962; Munz in J. Arn. Arb. 49(1): 113. 1968; Y. K. Li in Fl. Guizhou. 3: 23. 1990. ——*D. delavayi* Franch. var. *pogonanthum* (Hand.-Mazz) W. T. Wang in Fl. Reip. Pop. Sin. 27: 401. 1979; in Vasc. Pl. Hengduan Mount. 1: 483. 1993; et in Fl. Yunnan. 11: 119. 2000; W. T. Wang & M. J. Warnock in Fl. China 6: 250. 2001; W. T. Wang in High. Pl. China in Colour 3: 367. 2016; L. Xie in Medic. Fl. China 3: 184. 2016. Holotype 云南：中甸，在 Peti 与 Alo 之间，alt. 3 600−4 025 m, 1914-08, H. Handel.-Mazzetti 4576 (not seen; photo, PE)。

121a. var. **pogonanthum** **图版 57：1−5**

草本高 22−60 cm。茎基部之上粗 1.8−5 mm，密被开展硬毛（毛长 1−2 mm），不分枝或有 1−4 条分枝。基生叶约 3，有时在花期枯萎，与下部茎生叶有长柄；叶片纸质，五角形，(3−6) cm × (5−10) cm, 基部心形，3 深裂，中央深裂片菱形，宽 1.5−3.8 cm，顶端渐尖，在中部 3 裂，边缘有缺刻状小裂片和牙齿，侧深裂片斜扇形，不等 2 深裂，上方 2 回裂片较大，似中央深裂片，两面疏被短毛；叶柄长 8−27 cm，被开展硬毛。总状花序长 7−40 cm，有 7−25 花；基部苞片叶状，其他苞片不分裂，披针形至条形；轴和花梗密被开展短毛；花梗长 0.5−2.5 cm，近顶端具 2 披针形小苞片。萼片蓝色或蓝紫色，外面被短硬毛，内面无毛，上萼片卵形，长 16−19 mm，距钻形，长 17−23 mm，基部粗 3.5−4 mm，其他萼片长 10−13 mm。花瓣无毛，全缘。退化雄蕊瓣片紫色，有时带黑色，卵形，长 5 mm，2 浅裂，疏被白色短髯毛；爪长 6.5 mm。雄蕊无毛，心皮 3，子房密被短柔毛。蓇荚狭长圆形，长 1.2 cm。种子淡褐白色，狭倒卵球形，长 2 mm，有密集横向狭翅。

分布于云南北部、四川西南部、贵州西部。生于山坡草地、灌丛，林缘或冷杉林中，海拔 2 200−3 600 m。

根药用，治风湿关节疼痛，水泻等症。全草含一些生物碱：地不容碱（delavaine)，翠雀他明（deltamine)，半须翠雀明（delsemine）等（《中国药用植物志》，2016）。

标本登录　云南：中甸，俞德浚 13824，冯国楣 2115，中甸队 62-873，62-1114，杨亲二 9493，杨亲二和袁琼 14，104；丽江，玉龙山，G. Forrest 2861，冯国楣 21288，植物所横断队山 2106，2387a，杨亲二和袁琼 159，171；洱源，San-tcha-ho，1889-08-10，J. M. Delavay 4109；禄劝，乌蒙山，张英伯 646；嵩明，邱炳云 55215；东川，E. E. Maire s. n.；巧家，蔡希陶 52020；永善，滇东北队 430；镇雄，滇东北队 1076。四川：稻城，青藏队 5991；贡嘎岭，俞德浚 13270；木里，俞德浚 14367，14456，青藏队 13062，杨亲二 93021，D. E. Boufford 等 43479；盐源，青藏队 12653，12751；冕宁，武素功 2217，朱水法 20475。贵州：盘县，安顺队 923，1151；水城，钟补勤 1778；威宁，蒋英 9114，寒明兰 40，80-003。

121b. 毛蕊须花翠雀花（变种）　图版 57：6−10

var. **lasiandrum** (W. T. Wang) W. T. Wang. comb. nov. ——*D. delavayi* Franch. var. *lasiandrum* W. T. Wang in Bull. Bot. Res. Harbin 6(1): 14. 1986; in Vasc. Pl. Hengduan Mount. 1: 483. 1993; et in Fl. Yunnan. 11: 119. 2000; W. T. Wang & M. J. Warnock in Fl. China 6: 250. 2001. Holotype 云南：丽江，玉龙山，黑雪山，alt. 3 500−3 700 m，高山草地，1981-07-29，植物所横断山队 2233（PE）。Paratypes（均存 PE）：丽江，玉龙山，1937-09-09，俞德浚 15543；同地，1955-09-01，冯国楣 21288，同地，1981-07，植物所横断山队 2106，2387。

本变种的退化雄蕊瓣片顶端 2 微裂，雄蕊花丝在中部每侧边缘有 1−4 根微硬毛，子房无毛或顶部与

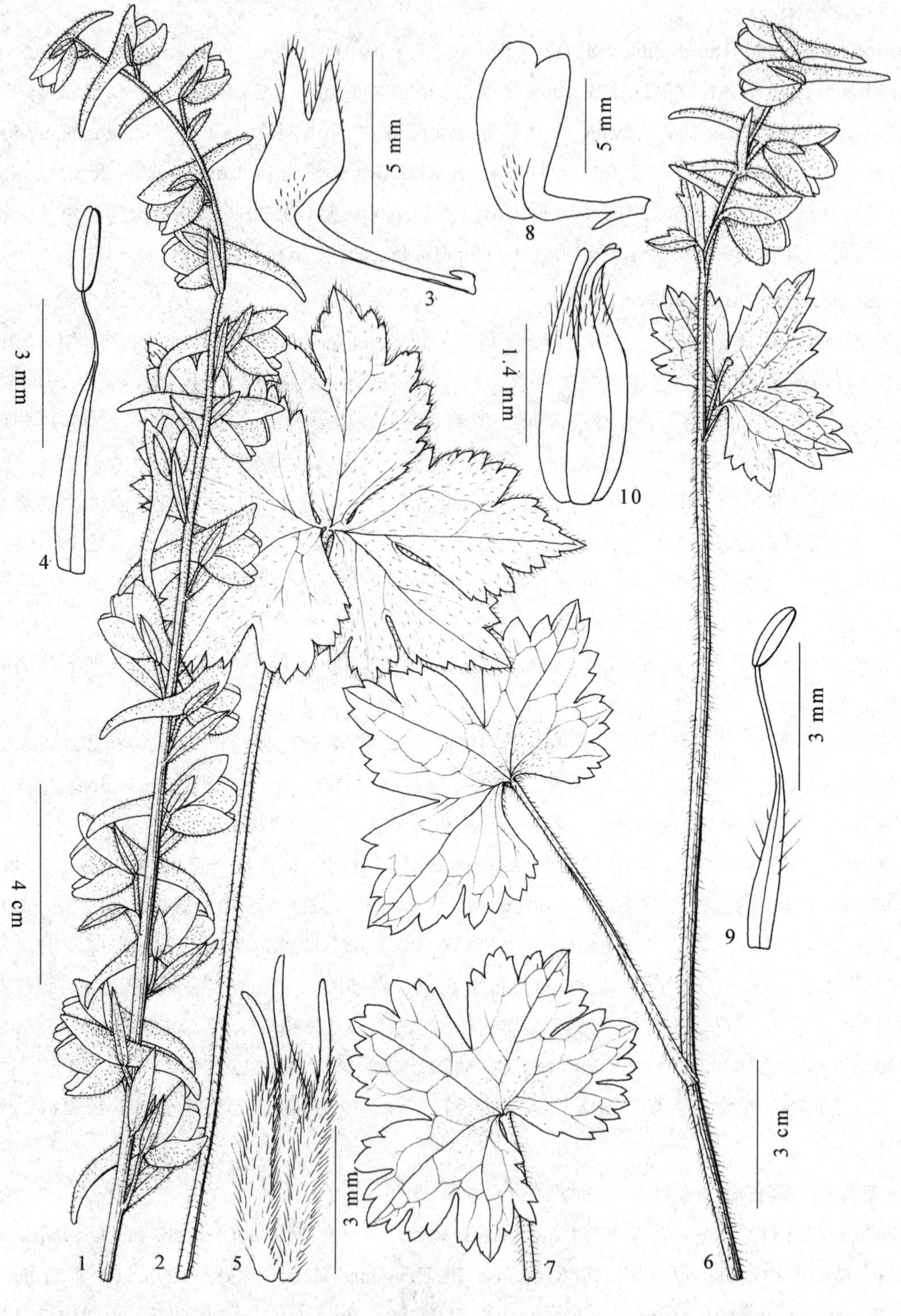

图版 57　**须花翠雀花**　1–5. **模式变种**　1. 总状花序；2. 叶；3. 退化雄蕊；4. 雄蕊；5. 雌蕊群。（据 D. E. Bouffourd 等 43479）6–10. **毛蕊须花翠雀花**　6. 开花茎上部；7. 叶；8. 退化雄蕊；9. 雄蕊；10. 雌蕊群。（据植物所横断山队 2106；孙英宝绘）

Plate 57　**Delphinium pogonanthum**　1–5. var. **pogonanthum**　1. Raceme; 2. Leaf; 3. Staminode; 4. Stamen; 5. Gynoecium. (From D. E. Boufford et al. 43479)　6–10. var. **lasiandrum**　6. Upper part of flowering plant; 7. Leaf; 8. Staminode; 9. Stamen; 10. Gynoecium. (From Hengduanshan Exped. Bot. Inst. 2016; drawn by Y. B. Sun)

花柱下部被贴伏柔毛，而与模式变种不同。此外，叶片的中央深裂片常呈长方形，顶端急尖，稀呈菱形。

特产于云南丽江玉龙山。生于山坡草地或冷杉林边，海拔 3 250−3 800 m。

122. 阴地翠雀花　图版 48：9−12

Delphinium umbrosum Hand.- Mazz. Symb. Sin. 7: 278, Abb. 4: 7−9. 1931; W. T. Wang in Acta Bot. Sin. 10(2): 144. 1962, p. p. excl. pl. Sichuan; Munz in Arn. Arb. 49(1): 119. 1968; W. T. Wang in Fl. Reip. Pop. Sin. 27: 401, Pl. 92: 1−4. 1979; in Vasc. Pl. Hengduan Mount. 1: 483. 1993; in Bull. Bot. Res. Harbin 17(1): 5. 1997; et in Fl. Yunnan. 11: 122, pl. 36: 1−4. 2000; W. T. Wang & M. J. Warnock in Fl. China 6: 250. 2001. Holotype 云南：Nguka-la，在中甸城与 Djitsung 之间，alt. 3 750−3 800 m, H. Handel-mazzett. 7809 (not seen; photo PE)。

D. delavayi auct. not Franch.: Munz in J. Arn. Arb. 49(1): 93. 1968, p. p. quoad J. F. Rock 6149.

122a. var. **umbrosum**

草本高 60−110 cm。茎基部粗 5−12 mm，被反曲短糙伏毛（毛长 0.1−0.9 mm），等距生叶。中部茎生叶有较长柄；叶片五角形，长达 10.5 cm，宽达 20 cm，基部心形，3 深裂，中央深裂片菱形，顶端长渐尖，近羽状浅裂，有小牙齿，侧深裂片近斜扇形，不等 2 裂稍超过中部；叶柄比叶片稍长。总状花序狭长，具 10−15 或更多的花；基部苞片叶状，其他苞片较小，条形；轴和花梗密被白色反曲短糙毛和黄色开展短腺毛；下部花梗长 6−8.5 cm，近顶端有 2 狭条形小苞片，宽 0.5−0.6 mm，萼片蓝紫色，倒卵形或宽卵形，长 8−16 mm，外面密被短毛，距钻形，长 20−24 mm，稍向下弯曲，有时呈 U 字形弯曲。花瓣无毛。退化雄蕊瓣片蓝紫色，2 半裂，被白色髯毛。雄蕊无毛。心皮 3，子房疏被短毛。蓇荚长约 2.4 cm。种子倒卵球形，长 1 mm，密生成层排列的横翅。8−9 月开花，10 月结果。

分布于云南西北部（大理至德钦）。生于山坡草地或灌丛、竹林、冷杉林中，海拔 3 200−3 900 m。

标本登录　云南：大理，花甸，杨亲二 9419，杨亲二和袁琼 2564；维西，蔡希陶 59689，59749；中甸，哈巴山，中甸队 62-1426；德钦，王启无 69050，69052。

122b. **展毛阴地翠雀花（变种）　图版 54：1−5**

var. **hispidum** W. T. Wang in Acta Phytotax. Sin. Add. 1: 102. 1965; et in F1. Reip. Pop. Sin. 27: 401. 1979; W. T. Wang & M. J. Wrnock in Fl. China 6: 250. 2001. Holotype　四川：洪溪，alt. 3 400 m，1959-08-05，胡嘉琪等 1607（PE）。Paratypes（均存 PE）四川：雷波，1934-07-16，俞德浚 3417；洪溪，alt. 2 100 m, 1959-07-20，胡嘉琪等 1132；越西，俞德浚 979，胡嘉琪等 3824；甘洛， alt. 2 000 m ，1959-07-21，胡嘉琪等 4248。

本变种植株较矮、较细。高 30−60(−70) cm，粗 2−3.5 mm，下部疏被开展长 1−2 mm 的硬毛，小苞片较宽，宽 0.6−1.1 mm，而与模式变种不同。

本变种的茎被开展硬毛，而与峨眉翠雀花（*D. omeiense*）相似，但本变种的小苞片呈狭条形，生花梗顶端贴伏于花萼上而与峨眉翠雀花不同。从上述茎毛被与小苞片的着生位置和形态可见，本变种是阴地翠雀花（*D. umbrosum*）和峨眉翠雀花之间的中间类型。

分布于四川西南部和云南东北部。生于山地草坡、灌丛、溪边或林下，海拔 2 000−3 400 m。

标本登录　四川：盐边，金效华等 164，高信芬 3346，3561；米易，金效华等 310；盐源，杨亲二和袁琼 353，355；越西，川经西队 3589，任再金 3852，杨亲二，袁琼 328；峨边，四川植物队 13168；洪溪，川经西队 1554；冕宁，罗艳，陈又生 453。云南：东川，蓝顺彬 158；Io chan, E. E. Maire s.n.

122c. 宽苞阴地翠雀花（变种）

var. **drepanocentrum** (Bruhl ex Huth) W. T. Wang & M. J. Warnock in Phytologia 79: 384. 1993; et in Fl. China 6: 250. 2001. ——*D. altissimum* wall. var. *drepanocentrum* Bruhl ex Huth in Bot. Jahrb. 20: 419. 1895. ——*D. altissimum* ssp. *drepanocentrum* Bruhl in Ann. Bot. Gard. Calc. 5: 101. 1896. ——*D. umbrosum* Hand.-Mazz. ssp. *drepanocentrum* (Bruhl) Chowdhury ex Mukerjee in Bull. Bot. Surv. India 2: 293. 1961; W. T. Wang in Fl. Reip. Pop. Sin. 27: 402. 1979; et in Fl. Xizang. 2: 53. 1995. ——*D. drepanocentrum* (Bruhl) Munz in J. Arn. Arb. 49(1): 94. 1968; Tamura in Acta Phytotax. Geobot. 23: 100. 1968. Holotype: Sikkim, near Wallanchun, King's collector s. n (not seen).

本变种的茎下部被开展的硬毛（毛长 1.2 mm），小苞片宽 1.5−1.8 mm，而与模式变种不同。

分布于中国西藏南部以及尼泊尔、锡金。生于海拔 2 300−3 800 m 之间的山地。

标本登录　西藏：错那，西藏补点队 75-1642，75-1720；聂拉木，西藏中草药队 1554。

123. 米林翠雀花

Delphinium sherriffii Munz in J. Arn. Arb. 49(1): 115. 1968; W. T. Wang in Fl. Reip. Pop. Sin. 27: 407, pl. 94: 5−7. 1979; et in Fl. Xizang. 2: 54, fig. 15: 5−7. 1995; W. T. Wang & M. J. Warnock in Fl. China 6: 368. 2001. Holotype　西藏东南部，Tsanang La, alt. 3 200 m, 1938-07-15, F. Ludlow & G. Sherriff　5833 (BM, not seen; photo, PE)。

草本高（60−）100−160 cm。茎被白色开展短柔毛和黄色腺毛，等距生叶，上部分枝。下部茎生叶在花期枯萎，中部茎生叶有长柄；叶片五角形，宽约达 10 cm，3 深裂，中央深裂片菱形，3 裂，2 回裂片有少数三角形小裂片或牙齿，侧深裂片斜扇形，不等 2 深裂，两面疏被短柔毛；叶柄长 6−10 cm，被开展短柔毛。复总状花序长达 40 cm，有多数稀疏的花；基部苞片叶状，其他苞片小，丝形；轴和花梗被黄色开展短腺毛；花梗长 1.5−4 cm，中部之上有 2 丝形小苞片。萼片蓝紫色，椭圆状卵形，长 10−12 mm，外面疏被短柔毛，距钻形，长 20−22 mm。花瓣无毛，顶端 2 浅裂。退化雄蕊瓣片紫色，2 裂稍超过中部，被淡黄色短髯毛。雄蕊无毛。心皮 3，无毛或子房有伏毛。

分布于西藏东南部（林芝至朗县一带）。生于山坡草地、灌丛、溪边或林下，海拔 3 000−4 200 m。

标本登录　西藏：林芝，鲁朗，青藏队补点组 75-1265；米林，西藏中草药队 3576，4106，倪志诚等 3142；朗县，任再金 L197。

124. 盐源翠雀花　图版 55：6−10

Delphinium yanyuanense W. T. Wang, sp. nov. Holotype　云南（yunnan): 盐源县，白灵山（Yanyuan County, Bailing Shan), alt. 3 200 m, 路过草丛，花深紫色 (among grasses by road, fls. deep purple). 2002-08-28，罗艳，陈又生（Y. Luo & Y. S. Chen) 507 (PE)。

Species nova haec est affinis *D. sherriffii* Munz, a quo racemorum bracteis superis lineari-lanceolatis haud filiformibus, pedicellis puberulis pilis flavis glandulosis carentibus, calcari sepalino recto haud decurvato, petalis apice integris distinguitur.

Herbs perennial, ca. 80 cm tall. Stems above base 7 mm across, densely pubescent. with hairs white, spreading, 0.4−1.8 mm long. Basal leaves ca. 3, with lower cauline leaves long petiolate; blades papery, pentagonal, (5−8) cm × (9−12) cm, at base cordate, 3-parted to 9−14 mm above base, central primary lobe rhombic, 3−4 cm broad, at apex attenuate, 3-lobed, with secondary lobes on margin incised-dentate, lateral primary lobes subflabellate, unequally 2-parted, with the upper secondary lobes larger and similar to the central primary lobe but oblique; surfaces adaxially sparsely appressed-puberulous, and abaxially on nerves with sparse short hairs; petioles 9−14 cm long, densely puberulous, at base slightly dilated. Racemes terminal and axillary, 8−10 cm long, 8−10-flowered; peduncles 19−24 cm long; basal bract foliaceous, other bracts linear-lanceolate, 5−8 mm long; rachis and pedicels densely puberulous; pedicels 0.8−2 cm long, above the middle 2-bracteolate; bracteoles nearly opposite, narrow-linear, 3−4 mm long long. Sepals deep purple, outside appressed−puberulous, inside glabrous, upper sepal ovate, ca. 12 mm × 8 mm, spur subulate, 23 mm long, straight, horizontally spreading, not decuved, lateral sepals oblong-obovate, 10 mm × 6 mm, lower sepals lanceolate, 11 mm × 3.5 mm. Petal at apex blue and entire, elsewhere white, glabrous. Staminodes 2; limbs dark blue, suboblong in outline, 6 mm × 2.2 mm, 2-parted slightly exceeding the middle, long ciliate, adaxially above base white-barbate; claws also 6 mm long, at base minutely 1-appendiculate. Stamens 7−7.5 mm long, glabrous. Carpels 3, ovaries ca. 3 mm × 1 mm, densely pubescent; styles ca. 1 mm long, puberulous.

特产于四川盐源县白灵山。生于山地路边草丛中，海拔 3 200 m。

125. 多花翠雀花　图版 62：5−10

Delphinium polyanthum W. T. Wang in Acta Bot. Sin. 10(2): 145. 1962; Munz in J. Arn. ARB. 49(2): 238. 1968. Holotype　云南：德钦，白马山，alt. 3 500 m, 山坡。1935-09，王启无 69805（PE）。

D. bulleyanum auct. non Forrest ex Diels: W. T. Wang in Fl. Reip. Pop. Sin. 27: 414. 1979; et in Fl. Yunnan. 11: 127. 2000; W. T. Wang & M. J. Warnock in Fl. China 6: 225. 2001, p. p. quoad syn. *D. polyanthum* W. T. Wang.

草本高 1.5−2 m。茎基部粗 8 mm，无毛，分枝。中部茎生叶具稍长柄；叶片纸质，五角形，约 6.5 cm × 10 cm，基部心形，3 深裂至距基部 6−8 mm 处，中央深裂片菱形，宽约 3 cm，在中部 3 浅裂，2 回裂片具 1−4 个三角形小裂片，侧深裂片斜扇形，不等 2 深裂，上方 2 回裂片较大，侧中央深裂片，但稍斜，两面疏被短糙毛；叶片稍长于叶片，无毛。复总状花序顶生，长约 34 cm；总状花序 6 条，长 15−20 cm；基部苞片叶状；轴和花梗被白色糙伏毛，混色黄色开展短腺毛；花梗长 1.5−3 cm，中部之上具 2 钻形小苞片。萼片蓝色，外面疏被短柔毛，内面无毛，上萼片卵形，11 mm × 8 mm，距钻形，长 18 mm，稍向下弯曲，侧萼片和下萼片狭椭圆形，10 mm × 4.5 mm。花瓣无毛，顶端微凹。退化雄蕊瓣片蓝色，5 mm × 3.2 mm，2 裂稍超过中部，被黄色短髯毛；爪长 5.2 mm。雄蕊长约 7 mm，无毛。心皮 3，无毛。蓇荚长圆形，长 0.8−1.1 cm，种子褐色，近四面体形，有横向排列的小鳞片。8−9 月开花，9 月结果。

特产于云南德钦县白马山。生于山坡上，海拔 3 500 m。

126. 左贡翠雀花　图版 58

Delphinium zuogongense W. T. Wang in Guihaia 33(5): 581, fig. 2: A−E. 2013 et 36, Suppl. 1: 78, fig. 2: A−E. 2016. Holotype　西藏：左贡，玉曲河边，alt. 4 000−4 100 m，冷杉林边，2009-07-18，D. E. Boufford, B. Bartholomew 等 40721（PE）。

图版 58 **左贡翠雀花** 1. 带叶茎一段；2. 总状花序；3. 退化雄蕊；4. 雄蕊；5. 雌蕊群。（据 holotype；孙英宝绘）

Plate 58 ***Delphinium zuogongense*** 1. A part of stem with one leaf; 2. Raceme; 3. Staminode; 4. Stamen; 5. Gynoecium. (From holotype; drawn by Y. B. Sun)

草本高约 80 cm。茎下部粗 7 mm，无毛。下部茎生叶具长柄；叶片纸质，五角形，(4–5.8) cm × (8–9) cm, 基部心形，3 深裂近基部，中央深裂片狭菱形，宽 1.8–2 cm，中部以上边缘约 2 对小裂片和少数牙齿，侧深裂片斜扇形，不等 2 深裂，上方 2 回裂片较大，似中央深裂片，稍狭，两面疏被短毛；叶柄长 7–12 cm。复总状花序顶生，长约 34 cm；下部苞片叶状，上部苞片狭披针形；轴只在顶端被淡黄色短腺毛，其他部分无毛；花梗长 1–4 cm，近顶端被淡黄色短腺毛和 2 条形小苞片。萼片紫色，外面疏被淡黄色短腺毛，内面无毛，上萼片卵形，长 7–10 mm，距钻形，长 11–13 mm，基部粗 3–4 mm，其他萼片长 7–9 mm。花瓣无毛，顶端全缘。退化雄蕊瓣片蓝色，近方形，长 4 mm，2 浅裂，被白色髯毛；爪长 4 mm。雄蕊长 5 mm，无毛。心皮 3，无毛。7–8 月开花。

特产于西藏左贡县。生于山地冷杉林边，海拔 4 000–4 100 m。

127. 川西翠雀花

Delphinium tongolense Franch. in Bull. Soc. Philom. Paris, ser. 8, 5: 166. 1893; Finet & Gagnep. in Bull. Soc. Bot. France 51: 485. 1904; W. T. Wang in Acta Bot. Sin. 10(2): 147. 1962; Munz in J. Arn. Arb. 49(2): 241. 1968; W. T. Wang in Fl. Reip. Pop. Sin. 27: 405, pl. 94: 1–4. 1979; et in Vasc. Pl. Hengduan Mount. 1: 484. 1993; Z. Wang & W. T. Wang in High. Pl. China 3: 440, fig. 697. 2000; W. T. Wang & M. J. Warnock in Fl. China 6: 252. 2001; W. T. Wang in High. Pl. China in Colour 3: 368. 2016. Holotype 四川：康定，东俄洛，Olong-chan, 1892-08-12, R. P. Soulie 396 (P; photo, PE)。

D. delavayi auct. non Franch: Munz in J. Arn. Arb. 49(1): 93. 1968. p. p. quoad J. F. Rock 18324.

D. muliense auct. non W. T. Wang: Munz in l. c. 109. p. p. quoad J. F. Rock 18224.

127a. var. **tongolense**

草本高 50–160 cm。茎无毛，上部分枝，等距生叶。下部茎生叶在花期枯萎。中部叶有稍长柄；叶片五角形，(7–19) cm × (8–12) cm，基部心形，3 深裂，中央深裂片菱形，3 裂，边缘有小裂片和牙齿，侧深裂片斜扇形，不等 2 深裂，两面疏被短糙毛或近无毛；叶柄与叶片近等长，无毛或近无毛。总状花序具 10 数花；下部苞片叶状，其他苞片条形或丝形；花梗长 1.8–7 cm，与轴密被黄色开展腺毛，上部有 2 丝形小苞片。萼片蓝紫色，外面疏被短毛，上萼片宽椭圆形，长 13–17 mm，距钻形，长 15–24 mm，花瓣无毛。退化雄蕊瓣片蓝紫色，近方形，2 半裂，被黄色髯毛；爪基部有 1 附属物。雄蕊无毛。心皮 3，子房疏被短毛。蓇荚长 1.4–2.1 cm。种子黑褐色，倒卵球形，长 1.5 mm，密生横狭翅。7–9 月开花，8–9 月结果。

分布于四川西部和云南北部。生于山地草坡、灌丛、沟边、林边或林中，海拔 2 200–4 500 m。

标本登录　四川：木里，青藏队 83-14095；得荣，青藏队 81–3204；乡城，青藏队 81–4740，D. E. Boufforol 等 30800；巴塘，四川植物队 1625，郎楷永，李良千，费勇 2371；雅江，郎楷永，李良千，费勇 2895，2911，横断山植被组 4978，罗艳 366，杨亲二，袁琼 279，D. E. Boufford, B. Bartholomew 等 35880，35922；理塘，D. E. Boufford, B. Bartholomew 等 36116；泸定，罗艳 387，J. I. Jeon 等 S11337；康定，刘振书 831，881，胡文光 10760，关克俭，王文采 1251，杨亲二，袁琼 246；都江堰，龙池，王文采 s. n.; 小金，张秀实，任有铣 5939，杨亲二，袁琼 298；金川，李馨 78113，罗艳 343；道孚，Harry Smith 11340, 12403, 胡文光 109541，应俊生 4660，9583，罗艳 350；白玉，D. E. Boufford, B. Bartholomew 等 37066。云南：嵩明，邱炳云 54991，杨亲二，袁琼 193。

127b. 毛柄川西翠雀花（变种）

var. **hirsutipes** W. T. Wang. var. nov. Holotype 四川(Sichuan): 白玉县，自沙马乡至盖玉乡途中(Baiyu County, on the way from Shama Town to Gaiyu Town), alt. 3 274 m, 山谷草坡，花蓝紫色（on grassy slape in valley, fls. Blue-purple), 2010-07-24，康藏植物考察队（Kham Exped.) 10-539 (PE)。

A var. *tongolensi* differt petiolis patule hirsutis.

本变种的叶柄被开展长硬毛，而与模式变种不同。

特产于四川白玉县。生于山谷草坡上，海拔 3 274 m。

128. 高茎翠雀花

Delphinium altissimum Wall. (Cat. n. 1718. 1830, nom. nud.) Pl. As. Rar. 2: 25, tab. 128. 1831; Hook. f. & Thoms. Fl. Ind. 51. 1855; et in Hook. f. Fl. Brit. Ind. 1: 26. 1872; Munz in J. Arn. Arb. 49(1): 87. 1968; W. T. Wang in Acta Bot. Yunnan. 5(2): 156. 1983; W. T. Wang & M. J. Warnock in Fl. China 6: 249. 2001. The type specimen was collected by N. Wallich from Nepal.

草本高约 1 m。茎无毛或几无毛，分枝。基生叶约 1，与下部茎生叶具长柄；叶片五角形，宽 10–15 cm，基部心形，3 深裂，中央深裂片宽菱形，下部全缘，在中部 3 裂，2 回裂片有 2–3 个宽三角形牙齿，侧深裂片较大，斜扇形，不等 2–3 裂近中部，上面近无毛，下面脉上有短伏毛；叶柄长约 20 cm。复总状花序顶生，长约 40 cm；苞片 3 裂；轴近无毛；花梗长 1.2–2.2 cm，密被贴伏短柔毛，中部之上有钻形小苞片。萼片蓝色，长约 14 mm，外面疏被短柔毛，内面无毛，上萼片狭卵形，距细筒形，长 18 mm，侧萼片椭圆形，下萼片长圆形。花瓣无毛，全缘。退化雄蕊瓣片蓝色，长 6 mm，2 裂稍超过中部，腹面疏被白色髯毛；爪长 6 mm。雄蕊无毛。心皮 3，子房腹面被柔毛。8–9 月开花。

产于中国西藏南部以及尼泊尔、不丹、印度东北部。生于林边草地，海拔 2 300–2 600 m。

标本登录 西藏：吉隆，倪志诚，次多，次旦，廖世荣 2305。

129. 假深蓝翠雀花

Delphinium pseudocyananthum C. Y. Yang & B. Wang in Acta Phytotax. Sin. 30(1): 83, fig. 2: 6–12. 1992; J. G. Li in Fl. Xinjiang. 2(1): 258.1994; W. T. Wang & M. J. Warnock in Fl. China 6: 252. 2001. Holotype 新疆：哈巴河县，边防站，alt. 950 m, 1984-07，刘霞 116（XIA）。

草本高约 90 cm。茎下部密被贴伏短柔毛，上部无毛，等距生叶。叶均茎生；叶片五角形，宽 5.5–7 cm，基部心形。3 深裂，中央深裂片宽菱形或菱形，3 裂，2 回裂片边缘有小裂片和牙齿，侧深裂片斜扇形，不等 3 裂，两面被短伏毛。顶生总状花序长 18–22 cm，有多数密集的花；基部苞片叶状，其他苞片不分裂；轴和花梗密被短柔毛；花梗长 5–10 mm，近顶端具 2 条形小苞片。萼片蓝紫色，倒卵形，长 10–13 mm，外面密被短毛，距钻形，比上萼片稍长，长 13–15 mm。花瓣无毛，顶端 2 浅裂。退化雄蕊瓣片卵形，长 5–7 mm，2 浅裂，被黄色髯毛；爪长 6 mm。雄蕊无毛。心皮 3，子房密被短柔毛。7 月开花。

特产于新疆哈巴河县。生于山谷草地，海拔 950 m。

130. 毛梗翠雀花

Delphinium eriostylum Levl. in Bull. Herb. Boiss, ser. 3. 6: 505. 1906; W. T. Wang in Acta Bot. Sin.

10(2): 147. 1962; Munz in J. Arn. Arb. 49(2): 237. 1868; Y. K. Li in Fl. Guizhou. 3: 22. 1990; W. T. Wang & M. J. Warnock in Fl. China 6: 253. 2001; C. X. Yang etal. Keys Vasc. Pl. Chongqing 21. 2009; L. Q. Li et al. Wild Pl. Huangjing Forest Gulin Xian Sichuan Prov. 163. 2015; W. T. Wang in High. Pl. China in Colour 3: 369. 2016. ——*D. bonvalotii* Franch. var. *eriostylum* (Levl.) W. T. Wang in Fl. Reip. Pop. Sin. 27: 410. 1979. Holotype 贵州：Ta-tsong, Koug-hoa, H. J. Esquirol 141 CD. not seen; photo, PE)。

130a. var. **eriostylum**

草本高 40–70 cm。茎基部或下部有极稀疏短柔毛，其他部分无毛，中部之上分枝。叶均茎生，中部叶有稍长柄；叶片五角形，(4.5–6) cm × (7–17) cm，基部心形，3 深裂，中央深裂片宽菱形，下部全缘，中部 3 裂，中央 2 回裂片 3 浅裂，有疏齿，侧生 2 回裂片较小，具 1–2 牙齿，侧深裂片斜扇形，不等 2 深裂，两面疏被短伏毛；叶柄长 5–9 cm。伞房花序顶生，长 7–10 cm，有 2–6 花；基部苞片叶状，其他苞片条形；花梗长 2–5 cm，疏被黄色短腺毛，中部之上具 2 钻形小苞片。萼片紫蓝色，长 14–17 mm，外面疏被短柔毛，内面无毛，上萼片狭卵形，距钻形，长 20 mm，其他萼片长圆形。花瓣无毛。退化雄蕊瓣片蓝色，长 9 mm，2 裂稍超过中部，腹面被淡黄色髯毛。雄蕊无毛。心皮 3，子房疏被短柔毛。蓇荚长 1.5 cm。种子狭倒卵球形，长 2.5 mm，具密集横向排列的鳞片。3–7 月开花。

分布于贵州、四川南部和重庆南部。生于草地或溪边，海拔 500–1 700m。

标本登录　贵州：清镇，邓世伟 90121（IBSC），中药普查队 86383；石阡，钟补勤 573。四川：古蔺，PE 古蔺考察队 0233，张文锦等 s. n。重庆：南川，金佛山，四川中药所标本组 70-75，刘正宇等 1009。

130b. **糙叶毛梗翠雀花（变种）**

var. **hispidum** (W. T. Wang) W. T. Wang in Bull. Bot. Res. Harbin 16(2): 157. 1996; W. T. Wang & M. J. Warnock 6: 254. 2001. ——*D. bonvalotii* Franch. var. *hispidum* W. T. Wang in Fl. Reip. Pop. Sin. 27. 412, 617. 1979. Holotype 贵州：望谟，云上公社，alt. 1 200 m，山谷草地，1960-04-19，贵州队 1027（PE）。

本变种的基生叶存在（约 3 枚），叶片被硬毛，心皮无毛，而与模式变种不同。

特产于贵州望谟县。生于山谷草地，海拔 1 200 m。

131. 平武翠雀花　图版 59

Delphinium pingwuense W. T. Wang in Pl. Sei. J. 33(1): 33, fig. 1. 2015. Holotype 四川：平武县，老河沟自然保护区，2013-09-26，张寿洲，王忠涛，杨建芬 1072（PE）。

草本高约 45 cm。茎近基部粗 2 mm，密被开展短柔毛，有 3 条分枝。基生叶和最下部茎生叶在花期枯萎，其他茎生叶具稍长柄或短柄；叶片纸质，五角形，(2–3) cm × (4.8–6) cm，基部心形，3 深裂近基部，中央深片菱形，宽 2 cm，羽状分裂，2 回裂片近条形或狭三角形，有 1–2 小齿，侧深裂片斜扇形，不等 2 深裂，两面疏被短柔毛；叶柄长 2–5.5 cm。伞房花序生茎和分枝顶端，有 2–4 花；苞片 3 裂或不分裂，呈条形；花梗长 3–7 cm，密被贴伏短柔毛，中部具 2 丝形小苞片。萼片蓝色，外面疏被短柔毛，内面无毛，上萼片宽卵形，11 mm × 10 mm，距钻形，长 22–24 mm，基部粗 3.5 mm，其他萼片长 11–15 mm。花瓣无毛，顶端全缘。退化雄蕊瓣片蓝色，轮廓长圆形，长 8 mm，2 深裂，疏被白色髯毛；爪长 5.5 mm。雄蕊无毛。心皮 3，无毛。9 月开花。

特产于四川平武县。

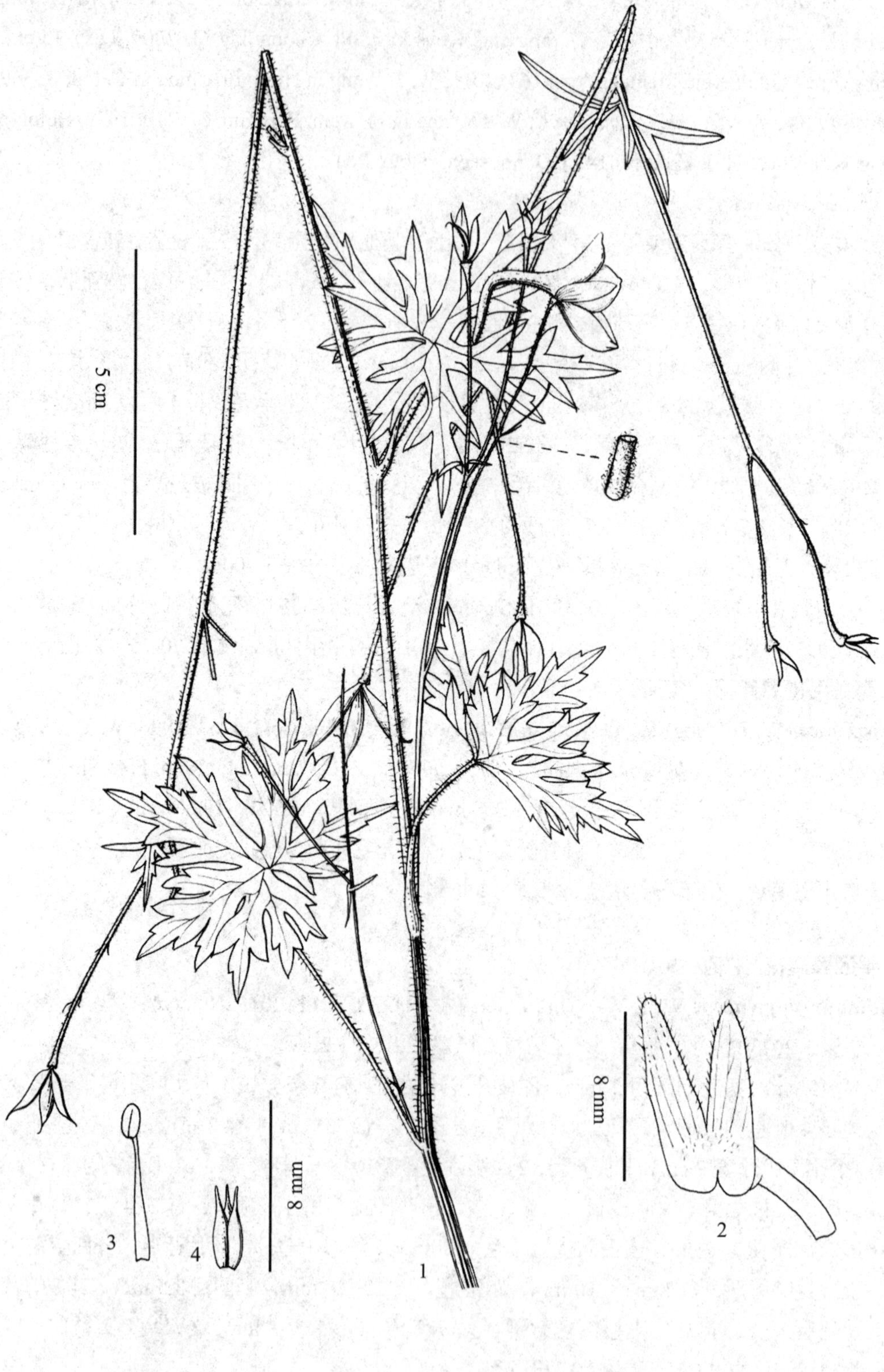

图版 59　**平武翠雀花**　1. 开花植株全形；2. 退化雄蕊；3. 雄蕊；4. 雌蕊群。（引自王文采，2015；孙英宝绘）

Plate 59　**Delphinium pingwuense**　1. Flowering plant; 2. Staminode; 3. Stamen; 4. Gynoecium.

(After W. T. Wang, 2015; drawn by Y. B. Sun)

132. 聚伞翠雀花

Delphinium laxicymosum W. T. Wang in Acta Bot. Sin. 10(2): 148. 1962; Munz in J. Arn. Arb. 49(1): 102. 1968; W. T. Wang in Fl. Reip. Pop. Sin. 27: 412. 1979; et in Vasc. Pl. Hengduan Mount. 1: 485. 1993; W. T. Wang & M. J. Warnock in Fl. China 6: 254. 2001. Holotype　四川：汶川，alt. 3 100 m, 1930-07-20，汪发缵 21767（PE）。

132a. var. **laxicymosum**

草本高 50–75 cm。茎近基部疏被开展白色长糙毛，上部无毛，分枝，等距生叶。下部茎生叶有长柄；叶片五角形，(4–8) cm × (6–12.5) cm，基部心形，3 深裂近基部，中央深裂片菱形，3 深裂，2 回裂片有少数狭披针小裂片或牙齿，侧深裂片斜扇形，不等 2 深裂，两面被短糙毛；叶柄长为叶片的 1.5–3 倍。伞房花序顶生，有 3–5 花；基部苞片常 3 裂，基他苞片丝形；轴无毛；花梗长 2–7 cm，无毛，中部有 2 丝形小苞片。萼片蓝色，椭圆状倒卵形或椭圆形，长约 14 mm，外面有短柔毛，内面无毛，距钻形，长 23–27 mm。花瓣无毛。退化雄蕊瓣片蓝色，长方形，2 裂稍超过中部，被黄色髯毛。雄蕊无毛。心皮 3，无毛。7 月开花。

特产于四川汶川县。生于山坡灌丛中，海拔 3 100 m。

132b. **毛序聚伞翠雀花（变种）**

var. **pilostachyum** W. T. Wang in Fl. Reip. Pop. Sin. 27: 412, 614. 1979; W. T. Wang & M. J. Warnock in Fl. China 6: 254. 2001. Type　四川：青川，青溪，阳平山，alt. 1 300 m，山谷沟边，1965-06-10，四川中药研究所 2313（holotype, IMC)；同地，老林中，1965-06-19，四川中药研究所 2334（paratype, IMC）。

本变种的茎全部均被开展糙毛，伞房花序轴和花梗均被反曲短柔毛，花较小，萼片长 12 mm，距长 20 mm，而与模式变种不同。

特产于四川青川县。生于山谷沟边或林中，海拔 1 300 m。

133. 叉角翠雀花　图版 60

Delphinium furcatocornutum W. T. Wang in Bull. Bot. Res. Harbin 34(2): 145, fig. 1. 2014. Holotype　四川：木里县，913 林场，向梁沟，alt. 3 300 m，林边草地，2007-07-24，D. E. Boufford 等 38028（PE）。

草本高约 1 m。茎无毛，分枝，等距生叶。上部茎生叶具长柄；叶片纸质，五角形，(3–8.5) cm × (5–17) cm，基部心形，3 深裂近基部，中央深裂片菱形，在中部 3 裂，2 回裂片具缺刻和牙齿或具 1–3 小齿，侧深裂片斜扇形，不等 2 深裂，上方 2 回裂片较大，似中央深裂片，上面疏被短毛，下面无毛；叶柄长 3–9 cm。顶生伞房花序长 8 cm，具 5 花，侧生伞房花序长 3.5 cm，有 3 花；基生苞片叶状，上部苞片条形；花梗长 2.5–7.5 cm，密被短柔毛，中部有 2 钻形小苞片。萼片蓝色，卵形或椭圆形，长 11–13 mm，外面有短柔毛，内面无毛，外面顶端之下有长 1.4–1.6 mm，顶端分叉的角状突起，距钻形，长 28 mm。花瓣无毛。退化雄蕊瓣片蓝色，长 5.5–6 mm，2 深裂，被黄色髯毛。雄蕊无毛。心皮 3，无毛。7 月开花。

特产于四川木里县。生于山地林边草地，海拔 3 300 m。

134. 茂县翠雀花　图版 65：14–16

Delphinium maoxianense W. T. Wang in Acta Phytotax. Sin. 31(3): 209. 1993; W. T. Wang & M. J.

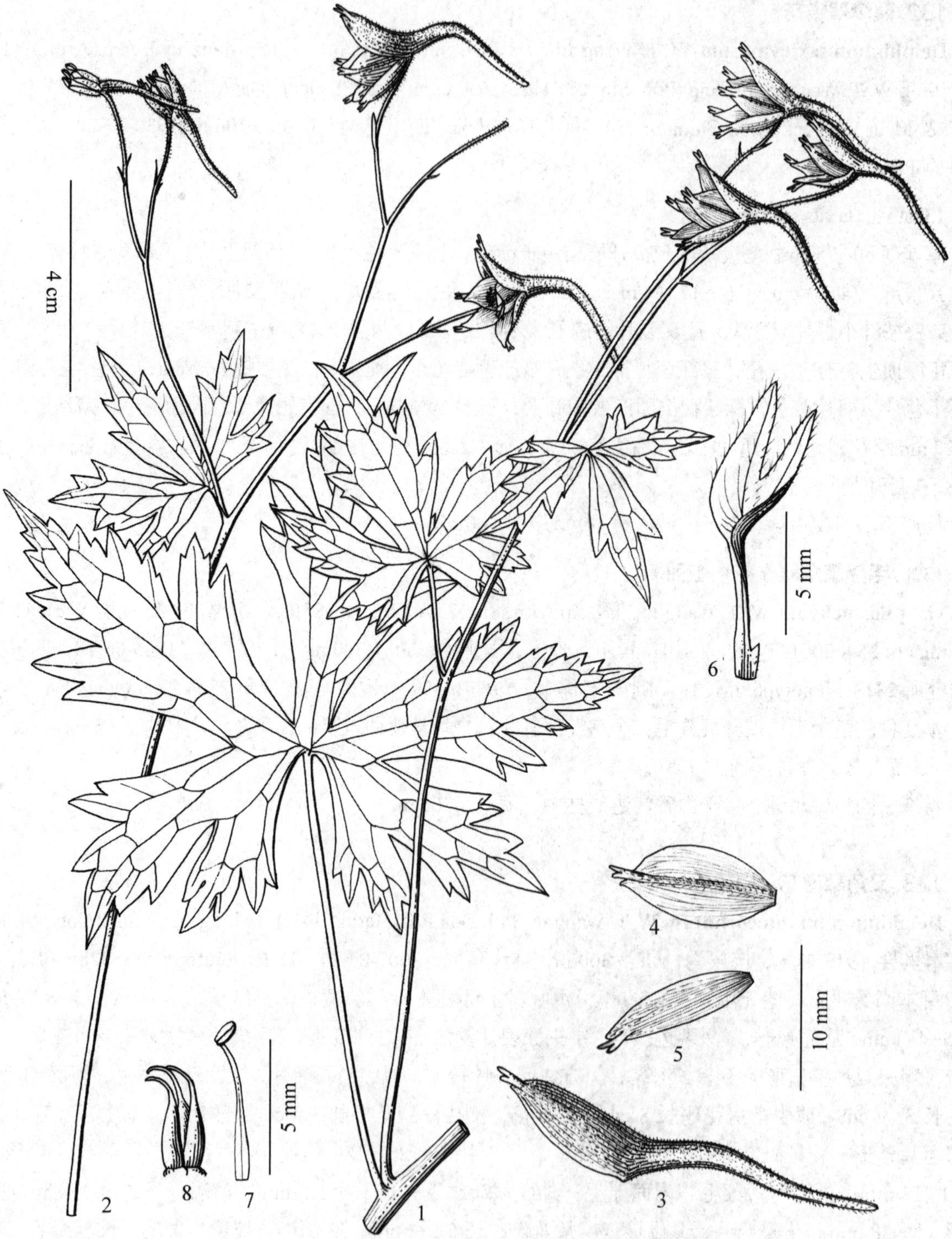

图版 60　**叉角翠雀花**　1. 茎上部茎生叶和腋生伞房花序；2. 顶生伞房花序；3. 上萼片；4. 侧萼片；5. 下萼片；6. 退化雄蕊；7. 雄蕊；8. 雌蕊群。（引自王文采，2014；孙英宝绘）

Plate 60　**Delphinium furcatocornutum**　1. A upper cauline leaf and its axillary corymb; 2. Terminal corymb; 3. Upper sepal; 4. Lateral sepal; 5. Lower sepal; 6. Staminode; 7. Stamen; 8. Gynoecium.

(After W. T. Wang, 2014; drawn by Y. B. Sun)

Warnock in Fl. China 6: 254. 2001. ——*D. sinovitifolium* W. T. Wang in Acta Bot. Sin. 10(2): 152.1962, p. p. excl. nom. specific. quoad specim.cit.; et in Fl. Reip. Pop. Sin. 27: 412, pl. 47: 14–16. 1979, p. p. excl. nom. specific., quoad descr. et fig. Holotype 四川：茂县，1952，何铸，周手林 16386（PE）。

草本高约 27 cm。茎下部被白色开展长硬毛，上部无毛，有 3 叶。基生叶未见。下部茎生叶有长柄，上部的具短柄；叶片五角形，(3.5–4.2) cm × (6–7) cm，基部心形，3 裂至中部，1 回裂片相互覆压，中央 1 回裂片宽菱形，3 浅裂，浅裂片有缺刻和牙齿，侧 1 回裂片斜扇形，不等 2 浅裂，两面疏被糙伏毛；叶柄长 2.5–12 cm。伞房花序长 6 cm，有 4 花；苞片 2，叶状；花梗长 3.5–5.5 cm，无毛，中部具 2 条形小苞片。萼片蓝紫色，狭椭圆形或狭倒卵形，长 13–16 mm，外面被短柔毛，距钻形，长 18–22 mm，螺旋状弯曲。花瓣无毛，顶端全缘。退化雄蕊瓣片淡蓝色，倒卵形，长 7 mm，2 半裂，被黄色髯毛；爪长 7 mm。雄蕊无毛。心皮 3，无毛。

特产于四川茂县。

135. 葡萄叶翠雀花

Delphinium sinovitifolium W. T. Wang in Acta Bot. Sin. 10(2): 152.1962, p. p. quoad nom, specific. tantum, excl. specim. cit.; Munz in J. Arn. Arb. 49(2): 240. 1968; W. T. Wang in Acta Phytotax. Sin. 31(3): 208. 1993; W. T. Wang & M. J. Warnock in Fl. China 6: 254. 2001. ——*D. vitifolium* Finet & Gagnep in Bull. Soc. Bot. France 53: 126.1906, non Willd., 1840. Holotype 四川：无准确地点，E. H. Wilson 3088 (p, photo, PE)。

草本高 30–40 cm。茎被开展糙硬毛，不分枝，有 2–3 叶。基生叶未见；下部茎生叶有稍长柄，上部叶具短柄；叶片肾形，(2–3) cm × (4–6) cm，基部宽心形，3 浅裂，中央浅裂片宽卵形，顶端急尖，具 3 圆齿，侧浅裂片较大，斜宽倒卵形，不等 2 浅裂，2 回裂片也均有 3 圆齿，两面疏被短柔毛；叶柄长 1–6 cm。总状花序顶生，长 5–12 cm，有 3–5 花；基部苞片叶状，其他苞片条形；轴被开展短柔毛；花梗长 2–4.5 cm，被短柔毛和少数腺毛；小苞片钻形，长 3–5 mm。萼片蓝色，外面被短柔毛，上萼片圆卵形，长 10 mm，短钻形，长 22–25 mm，末端马蹄形弯曲，侧萼片椭圆形，长 10 mm，下萼片长椭圆形，长 12 mm。花瓣无毛，全缘。退化雄蕊瓣片斜卵形，2 浅裂，腹面被黄色髯毛。雄蕊无毛。心皮 3，无毛。

产于四川西部。

136. 黑水翠雀花 图版 53：8–11

Delphinium potaninii Huth in Bull. Herb. Boiss. 1: 332, pl. 14. 1893; et in Bot. Jahrb. 20: 404. 1895; Franch. in Bull. Soc. Philom. Paris, ser. 8, 5: 174. 1893; W. T. Wang in Acta Bot. Sin. 10(2): 147. 1962; Munz in J. Arn. Arb. 49(2): 239. 1968, p. p.; W. T. Wang in Fl. Reip. Pop. Sin. 27: 409, pl. 93: 8–11. 1979; et in Vasc. Pl. Hengduan Mount. 1: 484. 1993; Z. Wang & W. T. Wang in High. Pl. China 3: 440, fig. 699. 2000; W. T. Wang & M. J. Warnock in Fl. China 6: 253. 2001; W. T. Wang in High. Pl. China in Colour 3: 369. 2016; L. Xie in Medic. Fl. China 3: 187, with fig. & photo. 2016. ——*D. grandiflourm* L. var. *potaninii* (Huth) Bruhl in Ann. Bot. Gard. Calc. 5: 98. 1896. Holotype 甘肃：1885，G. N. Potanin s. n. (not seen)。

D. fargesii Franch. in Bull. Soc. Philom Paris, ser. 8, 5: 164. 1893; Finet & Gagnep. in Bull. Soc. Bot. France 51: 480. 1904. Holotype 重庆：城口，P. Farges 630. (P. not seen)。

D.campylocentrum auct. non Maxim: Fl. Tsinling. 1(2): 266, fig. 226. 1974.

136a. var. **potaninii**

草本高 60−120 cm。茎无毛，不分枝或分枝，等距生叶。中部茎生叶具稍长柄；叶片五角形，(7−8.5) cm × (10−15) cm，基部心形，3 深裂，中央深裂片菱形，在中部 3 裂，2 回裂片有三角形牙齿，侧深裂片斜扇形，不等 2 深裂，两面疏被糙伏毛；叶柄比叶片稍长，无毛。总状花序长 20−30 cm，有多数花；基部苞片叶状，上部苞片小，丝形；轴和花梗无毛；花梗长 2−9 cm，下或上部有 2 丝形，宽 0.2−0.3 mm 的小苞片。萼片蓝紫色，倒卵形或椭圆状卵形，长 10−18 mm，外面有短柔毛，内面无毛，距钻形，长 (16−)22−26(−30) mm，稍向下弯曲至马蹄形弯曲。花瓣无毛。退化雄蕊瓣片紫色，2 裂至中部，密被黄色髯毛。雄蕊无毛。心皮 3，无毛。蓇荚长 1.4−1.7 cm。种子倒卵球形，长 1.5 mm，密生横狭翅。8−9 月开花。

分布于四川中部、东北和东南部以及贵州、重庆、湖北西部、甘肃和陕西南部。生于山地草甸、灌丛、林边或林中，海拔 850−3 600m。

本种供药用。根可用于风湿筋骨痛、跌打损伤等症。全草用于镇痛、祛风、除湿等症。根含一些生物碱：黑水翠雀辛（potanisine）、黑水翠雀宁（potanine)、白花瓜叶乌头定 (leucandine)、狼毒乌头碱（lycoctonine) 等（《中国药用植物志》，2016）。

标本登录　四川：冕宁、武素功 2123；石棉，谢朝俊 41246；洪雅，张超 07-1001；都江堰，冯正波 07-89；理县，何铸，周子林 13341，李馨 74146；米亚罗，罗毅波 58；汶川，姜恕 639；绰斯甲，李谱雄 10427；刷经寺，张泽云 23710，四川植物队 23640，罗艳 335；黑水，李馨 73311，73779，73822，73910；松潘，调查设计局第 3 队 221；九寨沟，陈伟烈，陈家瑞等 8503；平武，蒋兴麐 10646；旺苍，巴山队 5061，5084；南江，巴山队 5396；万源，李培元 4453。贵州：威宁，李毓星 672；大方，毕节队 1118，高乞 226；叙永，钟明芳 432（SM）；德江，罗毅波 884；雷山，简焯坡等 50480。重庆：巫溪，杨光辉 59246，王叔强 11；城口，戴天伦 101194，101290；巴山队 1669，2057。湖北：竹溪，甘启良 s.n。甘肃：文县，白水江队 0422，1188，4235，4341，4832。陕西：兰皋，巴山队 1547，1863。

136b. 宽苞黑水翠雀花（变种）

var. **latibracteolatum** W. T. Wang in Acta Bot. Sin. 10(2): 147. 1962; in Fl. Reip. Pop. Sin. 27: 409. 1979; et in Vasc. Pl. Hengduan Mount. 1: 484.1993; W. T. Wang & M. J. Warnock in Fl. China 6: 253. 2001. Holotype 四川：茂县，alt. 2 300 m，草地，1930-07-31，汪发缵 22014（PE）。

本变种的小苞片条形或披针状条形，宽 1−1.2 mm，而与模式变种不同。

特产于四川茂县。生于山坡草地，海拔 2 300 m。

136. 九峰山翠雀花（变种）

var. **jiufengshanense** W. J. Zhang & G. H. Chen, in Acta Phytotax. Sin. 39(1): 88. 2001. Holotyp　四川：彭州市，大宝镇，九峰山，alt. 2 300 m，1998-07-24，牟怀本，98-7-1b (PE)。

本变种的心皮有疏毛，蓇葖果呈新月形，较短，长 0.5−1 cm，而与模式变种不同。

特产于四川彭州、九峰山。生于山地，海拔 2 300 m。

137. 川黔翠雀花　图版 61：1−5

Delphinium bonvalotii Franch. in Bull. Soc. Philom. Raris, ser. 8, 5: 185. 1893; Huth in Bot. Jahrb. 20:

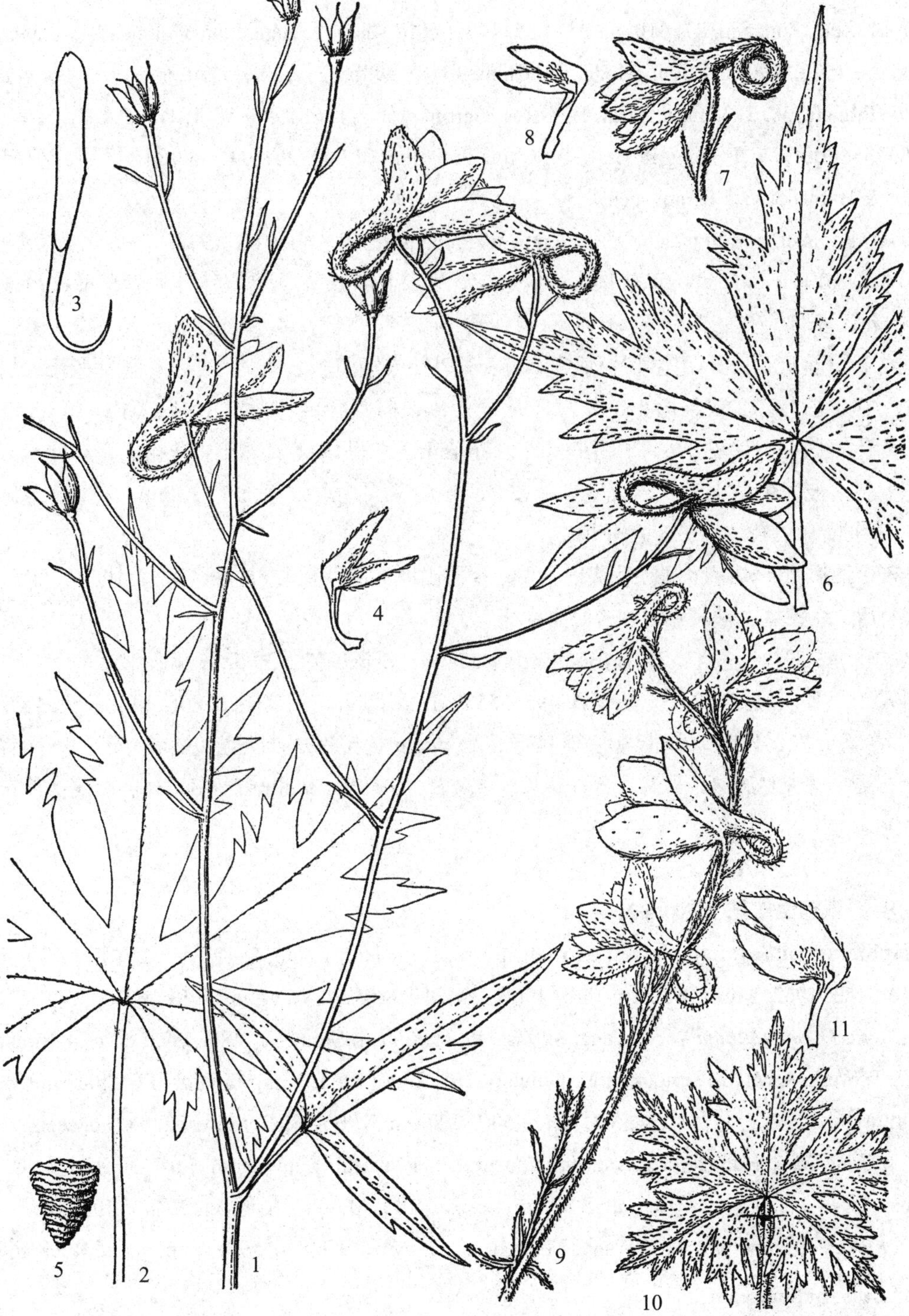

图版 61　1–5. **川黔翠雀花**　1. 开花茎上部；2. 茎生叶；3. 花瓣；4. 退化雄蕊；5. 种子。　6–8. **拟川西翠雀花**　6. 叶；7. 花；8. 退化雄蕊。　9–11. **螺距翠雀花**　9. 花序上部；10. 叶；11. 退化雄蕊。（引自《中国植物志》；赵宝恒绘）

Plate 61　1–5. **Delphinium bonvalotii**　1. Upper part of flowering plant; 2. Cauline leaf; 3. Petal; 4. Staminode; 5. Seed.　6–8. **D. pseudotongolense**　6. Leaf; 7. Flower; 8. Staminode.　9–11. **D. spirocentrum**　9. Upper part of raceme; 10. Leaf; 11. Staminode. (After Fl. Reip. Pop. Sin.; drawn by B. H. Zhao)

434. 1895; Finet & Gagnep, in Bull. Soc. Bot. France 51: 479. 1904; W. T. Wang in Acta Bot. Sin. 10(2): 164. 1962; in Fl. Reip. Pop. Sin. 27: 410, pl. 95: 1–5. 1979; et in Vasc. Pl. Hengduan Mount. 1: 484.1993; Y. K. Li in Fl. Guizhou. 3: 22.1990; L. Xie in Medic. Fl. China 3: 188, with fig. & photo. 2016. ——*D. potaninii* Huth var. *bovalotii* (Franch.) W. T. Wang in Bull. Bot. Res. Harbin. 16( ): 156. 1996; W. T. Wang & M. J. Warnock in Fl. China 6: 253. 2001; W. T. Wang in High. Pl. China in Colour 3: 369. 2016. Holotype 四川：康定，Prince H. d'Orleans & Bonvalot s. n. (P. not seen)。

D. fargesii auct. non Franch.: F. H. Chen in W. P. Fang, Ic. PL Omei. 62. 1944.

草本高 50–70 cm。茎和花序轴，花梗均无毛，上部分枝，茎生叶叶片五角形，(4.5–9) cm × (7–12) cm，基部心形，3 深裂，中央深裂片菱形，3 裂，侧深裂片斜扇形，不等 2 深裂，两面疏被短糙毛或下面近无毛；叶柄比叶片稍长。花序伞房状或短总状，有 4–11 花；苞片条形；花梗长 2.2–4.5 cm，中部之上有 2 狭条形小苞片。萼片蓝紫色，椭圆状倒卵形，（14–）17–20 mm，外面有短伏毛和黄色短腺毛，距钻形，长（19–）22–26 mm，常呈螺旋状弯曲。花瓣无毛。退化雄蕊瓣片紫色，之半裂，被黄色髯毛。雄蕊无毛。心皮 3，子房有柔毛。蓇荚长 1–1.4cm。种子近倒卵球形，长 1 mm，密生横向小鳞片。6–8 月开花。

分布于四川西部和南部、贵州和湖北西部。生于山地灌丛、林边或林中，海拔 1 100–2 800(–3 700)m。

根药用，可镇痛、祛风除湿（《四川中药志》）。

标本登录　四川：冕宁，D. E. Boufford 等 32800；汉源，刘振书 589；峨眉山，杜大华 177，214，彭章柏 6125，中苏队 2042，杨光辉 55495，55517；二郎山，胡文光 87808，蒋兴麐 34422，24606，37725，姜恕 1872，1892，郎楷永，李良千，费勇 s.n.；宝兴，曲桂龄 3246；理县，何铸、周子林 12973；茂县，李永红 013；平武，蒋兴麐 10857；炉霍，D. E. Boufford 等 34236。湖北：神农架，高乞，陈又生 96。

138. 拟螺距翠雀花　图版 62：1–4

Delphinium bulleyanum Forrest ex Diels in Not. Bot. Gard. Edinb. 5: 125. 1912; W. T. Wang in Acta Bot. Sin. 10(2): 153. 1962; Munz in J. Arn. Arb. 49(2): 234. 1968; W. T. Wang in Fl. Reip. Rop. Sin. 27: 414. 1979, p. p. exd. syn. *D. polyanthum* W. T. Wang; in Vasc. Pl. Hengduan Mount. 1: 485. 1993; et in Fl. Yunnan. 11: 127. 2000; W. T. Wang & M. J. Warnock in Fl. China 6: 255. 2001; W. T. Wang in High. Pl. China in Colour 3: 370. 2016. Holotype 云南：丽江，玉龙山，alt. 3 500–3 800 m, 1906-08, G. Forrest 2694 (not seen)。

D. spirocentrum Hand.-Mazz. var. *pauciflorum* Chen in Bull. Fan. Mem. Inst. Biorl, n. s., 1: 170. 1948. Holotype 云南：丽江，玉龙山，alt. 2 800 m，草坡，1937-09-08，俞德浚 15544（PE）。

D. glabricaule auct. non W. T. Wang: Munz in J. Arn. Arb. 49(1): 96. 1968, p. p. quoad Rock 16830 (US).

138a. var. **bulleyanum**

草本高 65–180 cm。茎无毛或近无毛，不分枝或分枝，等距生叶。基生叶在花期枯萎。中部茎生叶有稍长柄；叶片五角形，(4.8–7.2) cm × (7.5–12) cm，3 深裂，中央深裂片菱形，3 裂，2 回裂片有少数小裂片和牙齿，侧深裂片斜扇形，不等 2 深裂，两面疏被短伏毛；叶柄与叶片近等长。总状花序狭长，有 6–16 花；基部苞片叶状，其他苞片条形或丝形；花梗长 1–4.8 cm，与轴均被反曲短柔毛和黄色短腺毛，上部有 2 枚长 1.5–4 mm 的小苞片。萼片蓝色，椭圆形，长 10–15 mm，外面有短毛，内面无毛，

图版 62　1−4. **拟螺距翠雀花**　1. 总状花序；2. 退化雄蕊；3. 雄蕊；4. 雌蕊群。（据冯国楣 21281）
5−10. **多花翠雀花**　5. 复总状花序一分枝；6. 叶；7. 退化雄蕊；8. 雄蕊；9. 雌蕊群；10. 种子。（据 holotype；孙英宝绘）

Plate 62　1−4. **Delphinium bulleyanum**　1. Raceme; 2. Staminode; 3. Stamen; 4. Gynoecium. (From K. M. Feng 21281)
5−10. **D. polyanthum**　5. A branch of a compound raceme; 6. Leaf; 7. Staminode; 8. Stamen; 9. Gynoecium; 10. Seed. (From holotype; drawn by Y. B. Sun)

距钻形，长 18−24 mm，螺旋状弯曲。花瓣无毛，顶端 2 浅裂。退化雄蕊瓣片蓝色，2 深裂，被黄色髯毛。雄蕊无毛。心皮 3，子房有疏毛。蓇葖长 1−2 cm。种子倒金字塔形，长 1−1.5 mm，具密集小鳞片。8−9 月开花。

分布于云南西北部、四川西南、西藏东南部。生于山地草坡、林边或林下，海拔 2 800−4 120 m。

标本登录　云南：丽江，秦仁昌 30924，冯国楣 21281，21295，杨亲二 94119，罗艳，陈又生 496，杨亲二，袁琼 160；中甸，冯国楣 2001，中甸队 62-2085，植物所横断山队 3108，3154，杨亲二，孔宏智 98-258，杨亲二，袁琼 19，30；维西，王启元 68390，德钦，俞德浚 9699。四川：木里，青藏队 14492。西藏：察隅，日东，青藏队 10806

138b. 光果拟螺距翠雀花（变种）

var. **leiogynum** W. T. Wang in Guihaia 33(5): 582, fig. 2: F−G. 2013, et 36, Suppl. 1: 79, fig. 2: F−G. 2016. Holotype　四川：丹八县东南，303 国道。alt. 2 800−2 950 m，林边，2007-07-24，D. E. Boufford 等 38028（PE）。

本变种的心皮无毛，而与模式变种不同。

特产于四川丹八县，生于山地林边，海拔 2 800−2 950 m。

139. 贡嘎翠雀花　图 10

Delphinium gonggaense W. T. Wang in Acta Bot. Yunnan. 6(4): 375, fig. 5: 5−7. 1984; W. T. Wang & M. J. Warnock in Fl. China 6: 255. 2001. Holotype　康定：贡嘎山，alt. 3 600 m，高山栎林下，1979-07-23，刘照光 20813（CDBI）。

草本高 53−69 cm。茎被开展和反曲的微硬毛，不分枝，有 6 叶。下部茎生叶具条柄；叶片心状五角形，约 7 cm × 10 cm，3 深裂，中央深裂片菱形，3 裂，2 回裂片有少数小裂片和牙齿，侧深裂片斜扇形，不等 2 裂稍超过中部，两面疏被糙毛；叶柄长 18−20 cm。总状花序长 22 cm，有 10 花；基部苞片叶状，其他苞片披针形；花梗与轴均被反曲短柔毛和黄色短腺毛，上部有 2 条形小苞片。萼片蓝紫色长约 11 mm，外面有毛，上萼片卵形，距钻形，长 19 mm，螺旋状弯曲，其他弯片长圆形。退化雄蕊瓣片长 5，2 半裂，被淡黄色髯毛。雄蕊无毛。心皮 3，无毛。7−8 月开花。

产于四川康定县贡嘎山和九龙县北部的汤古乡。

标本登录　四川：九龙县，汤古乡，alt. 3 340−3 650 m, 2008-07-19, D. E. Boufford 等 33152。

140. 拟川西翠雀花　图版 61：6−8

Delphinium pseudotongolense W. T. Wang in Acta Bot. Sin. 10(2): 153. 1962; Munz in J. Arn. Arb. 49(2): 240. 1968; W. T. Wang in Fl. Reip. Pop. Sin. 27: 414, pl. 95: 6−8. 1979; W. T. Wang & M. J. Warnock in Fl. China 6: 256. 2001. Type　四川：宝兴，1954，宋滋圃 38915（holotype, PE), 38839, 38912 (paratypes, PE)。

草本高 60−100 cm。茎无毛，常分枝，等距生叶。中部茎生叶有稍长柄；叶片五角形，约 7 cm × (11−12) cm，3 深裂，中央深裂片菱状卵形，在中部 3 浅裂，2 回裂片有少数不等大牙齿，侧深裂片斜扇形，不等 2 深裂，两面疏被短糙毛；叶柄与叶片近等长。总状花序长（5−）12−18 cm，顶生并腋生，组成复总状花序；苞片条形或丝形；轴和花梗密被黄色开展腺毛，混生少数白色反曲短柔毛；花梗长 0.7−3 cm，中部有 2 丝形小苞片。萼片蓝紫色，长圆形或狭倒卵形，长 12−19 mm，外面被短柔毛，距钻形，

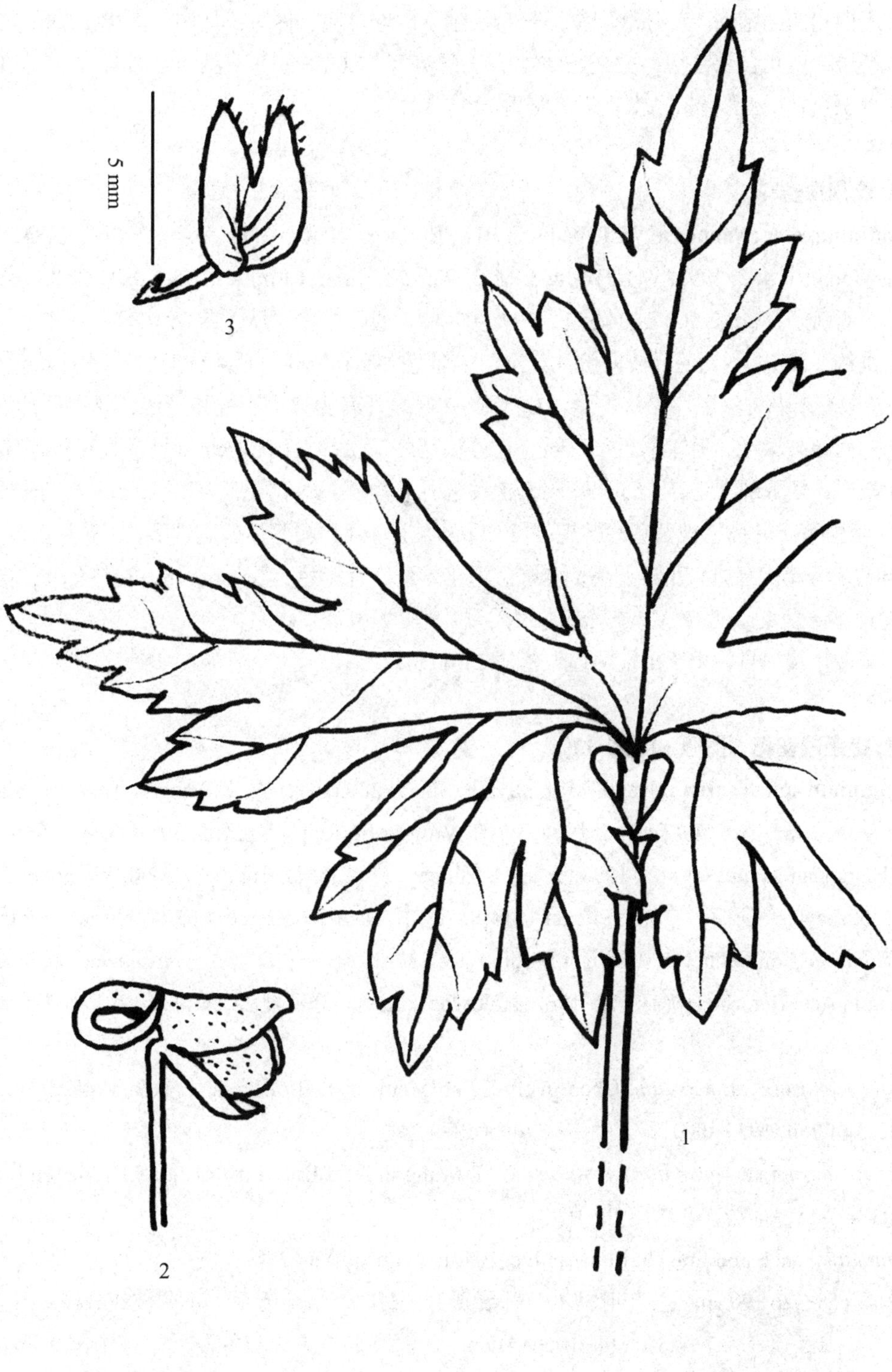

图 10　**贡嘎翠雀花**　1. 下部茎生叶；2. 花；3. 退化雄蕊。（引自王文采，1984；张泰利绘）

Fig. 10　***Delphinium gonggaense***　1. Lower cauline leaf; 2. Flower; 3. Staminode.
(After W. T. Wang, 1984; drawn by T. L. Zhang)

与萼片等长或比萼片长，螺旋状弯曲。花瓣无毛。退化雄蕊瓣片蓝色，卵形，2 半裂，被黄色髯毛，爪与瓣片等长。雄蕊无毛。心皮 3，无毛，或在子房上部有少数毛。7−8 月开花。

分布于四川西部宝兴、都江堰、汶川一带。生于山坡草地、林边或林中，海拔 1 800−3 200 m。

标本登录　四川：都江堰，方文培 2241，王中涛等 87-0203，陈明洪 98-1474，覃海宁 17211，杨亲二，袁琼 205；汶川，郎楷永、李良千、费勇 212，1277。

141. 汶川翠雀花

Delphinium wenchuanense W. T. Wang in Bull. Bot. Res. Harbin 3(1): 34, pl. 2: 5−7. 1983; et in Vasc. Pl. Hengduan Mount. 1: 485. 1993; W. T. Wang & M. J. Warnock in Fl. China 6: 255. 2001. Holotype　四川：汶川，卧龙，新店子，alt. 2 500 m，路边，1975-07-13，成都生物所队 8282（PE）。

草本高约 2.5 m。茎无毛，被白粉，分枝。中部茎生叶具长柄；叶片五角形，约 11 cm × 16 cm，基部心形，3 深裂，中央深裂片梯状菱形，3 浅裂，2 回裂片有少数小裂片和牙齿，侧深裂片斜扇形，3 裂近中部，两面疏被柔毛；叶柄长约 20 cm。复总状花序顶生，长约 32 cm，具多数花；基部苞片叶状，其他苞片条形；轴下部无毛，上部与花梗密被黄色开展短腺毛；花梗长 0.6−4.5 cm，近顶部有 2 条形小苞片。萼片蓝紫色，外面密被黄色短腺毛，长 12 mm，上萼片和侧萼片近椭圆形，下萼片长圆形，距钻形，长约 20 mm，马蹄状弯曲。花瓣无毛，全缘。退化雄蕊瓣片紫色，长 8.5 mm，2 浅裂，疏被白色髯毛，爪长 5 mm。雄蕊无毛。心皮 3，子房密被短柔毛。6−7 月开花。

特产于四川汶川县。生于山地路边，海拔 2 500 m。

142. 螺距翠雀花　图版 61：9−11

Delphinium spirocentrum Hand.-Mazz. Symb. Sin. 7: 280. 1931; W. T. Wang in Acta Bot. Sin. 10(2): 162. 1962; Munz in J. Arn. Arb. 49(2): 241. 1968; W. T. Wang in Fl. Reip. Pop. Sin. 27: 413, pl. 95: 9−11. 1979; in Vasc. pl. Hengduan Mount. 1: 485. 1993; et in Fl. Yunnan. 11: 125, pl. 36: 5−7. 2000; Warnock in Fl. China 6: 255. 2001. Holotype　云南：中甸，Piepun,1914-08-11; H. Handel-Mazzetti 465 6(not seen; photo, PE)。

D. pediforme Comber in Not. Bot. Gard. Edinb. 18: 237. 1934. ——*D. spirocentrum* var. *pediforme* (Comber) W. T. Wang in Acta Bot. Sin. 10(2): 152. 1962. Holotype　云南：怒江河谷，G. Forrest 17187 (not seen; photo, PE)。

D. spirocentrum var. *hirsutum* Chen in Bull. Fan Mem. Inst. Biol., n. s. 1: 169. 1948. Holotype　四川：木里，alt. 3 600 m, 1937-08-17，俞德浚 7769（PE）。

D. spirocentrum var. *grandibracteolatum* W. T. Wang in Acta Bot. Sin. 10(2): 153.1962. Holotype　云南：维西，1937-07-15，俞德浚 9018（PE）。

D. hamatum auct. non Franch: Munz in l. c. 207, p. p. quoad Yu 12702.

草本高 (16−)26−90 cm。茎与叶柄均被开展硬毛，有时下部变无毛，不分枝或分枝。叶多生茎下部，有长柄；叶片五角形，2.7−4.8 × [4−10(−14)]cm，3 深裂，中央深裂片菱形，在中部 3 裂，2 回裂片有缺刻状小裂片和牙齿，侧深裂片斜扇形，不等 2 深裂，两面均被短糙毛；叶柄长 10−24 cm。总状花序狭长，有 4−25 花；基部苞片叶状，其他苞片条形或钻形；花梗长 1.5−5.5 cm，与轴均密被白色糙毛和黄色腺毛，在下至上部有 2 条形小苞片。萼片蓝紫色，椭圆形，长 15−18 mm，外面有短毛，距钻形，长 23 mm，螺旋状弯曲。花瓣无毛。退化雄蕊瓣片蓝色，顶端微凹至 2 半裂，被黄色髯毛。雄蕊无毛。心皮 3，子房被黄色髯毛。7–8 月开花。

分布于云南西北部和四川西南部。生于山地草坡、河边、灌丛、林边和林中，海拔 2 500–4 200 m。

标本登录　云南：中甸，俞德浚 12211，12702，中甸队 62-1435，62-1715，植物所横断山队 2804，2843，杨亲二，孔宏智 98-335，杨亲二，袁琼 22，27，115；维西，王启无 64594，68543，68635，杨亲二，袁琼 55；贡山，俞德浚 22461，23215；德钦，冯国楣 6462。四川：乡城，四川植被队 3124，青藏队 3818，4748，郎楷永，李良千，费勇 2594，2646，4859，罗艳 415；稻城，四川植被队 2159，2185；Konkaling，俞德浚 13007；木里，俞德浚 7769，14114，14432，14577，罗艳，陈又生 541；九龙，俞德浚 6852，6944。

143. 狭菱形翠雀花　图版 63：1–3

Delphinium angustirhombicum W. T. Wang in Bull. Bot. Res. Harbin 6(1): 9, pl. 2: 1–3. 1986; in Vasc. Pl. Hengduan Mount. 1: 485. 1993; et in Fl. Yunnan. 71: 125, pl. 33: 3–5. 2000; W. T. Wang & M. J. Warnock in Fl. China 6: 255. 2001. Holotype　云南：中甸，东旺，1984-07，杨竞生 s. n. (PE)。

草本高约 42 cm。茎被极稀疏的开展短柔毛，下部有腋生不育枝，约有 6 叶。基生叶在花期枯萎。茎生叶有长柄；叶片坚纸质，五角形，约 3.5 cm × 5.4 cm，基部心形，3 深裂近基部，中央深裂片狭菱形，3 浅裂，2 回裂片有少数到 1 个牙齿，侧深裂片斜扇形，不等 2 深裂，两面疏被短伏毛；叶柄长 5–7 cm。总状花序长约 29 cm，有 19 花；下部苞片叶状，上部苞片条形；轴下部无毛，上部和花梗均被白色反曲短柔毛和黄色开展短腺毛；花梗长 1.5–5.8 cm，上部有 2 条形小苞片。萼片紫蓝色，外面被短毛，内面无毛，上萼片卵形，长 12–13 mm，距钻形，长 19–22 mm，呈马蹄形弯曲，侧萼片和下萼片长圆形。花瓣无毛，顶端 2 浅裂。退化雄蕊瓣片蓝色，长 4.5 mm，2 裂超过中部，被黄色髯毛。雄蕊无毛。心皮 3，子房上部被短柔毛。7 月开花。

特产于云南中甸县。

144. 疏花翠雀花　图版 65：8–10

Delphinium sparsiflorum Maxim. in Bun. Acad. Sci. St. Petersb. 23: 307. 1877; Fl. Tangut. 23, pl. 5. 1889; Franch in Bull. Soc. Philom. Paris, ser. 8: 5. 182. 1893; Huth in Bot. Jahrb. 20: 421. 1895; W. T. Wang in Acta Bot. Sin. 10(2): 151. 1962; Munz in J. Arn. Arb. 49(1): 116. 1968; W. T. Wang in Fl. Reip. Pop. Sin. 27: 420. pl. 97: 8–10. 1979; W. T. Wang & M. J. Warnock in Fl. China 6: 257. 2001. Type　甘肃：唐古特地区，1872 年 6–7 月，N. M. Przewalski s. n. (Holotype, LE; isotype, PE)。

草本高达 1.2 m。茎与叶柄、花序轴和花梗均无毛，上部少数分枝。中部茎生叶的叶片 (7.5–11.5) cm × (11–14) cm，3 全裂，中央全裂片菱状卵形，近羽状分裂，2 回裂片有 1 牙齿或全缘，侧全裂片斜扇形，不等 2 深裂。复总状花序有稀疏的花；花梗长 1.8–3.8 cm，中部或中部以上有 2 钻形小苞片。萼片蓝色或淡粉红色，卵形或椭圆形，长 9–10 mm，上萼片顶端有时具短角状突起，外面有短毛，距圆锥形，长 6–11 mm。花瓣无毛，顶端 2 浅裂。退化雄蕊瓣片 2 裂稍超过中部，被黄色髯毛。雄蕊无毛。心皮 3，无毛。

分布于青海东部、甘肃中部和南部、陕西南部、宁夏南部。生于山地草坡、林边或林中，海拔 1 900–2 800 m。

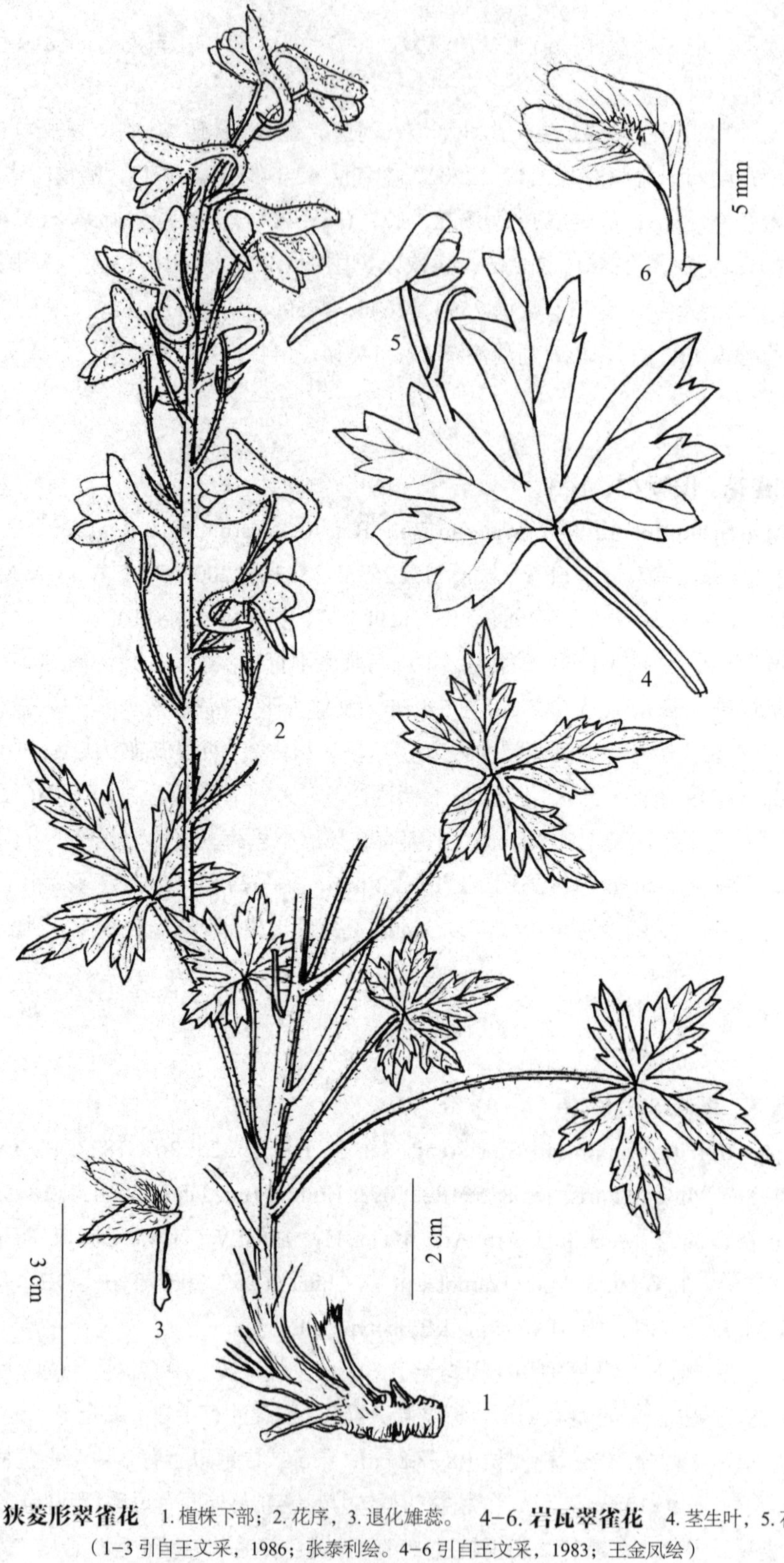

图版 63　1–3. **狭菱形翠雀花**　1. 植株下部；2. 花序，3. 退化雄蕊。　4–6. **岩瓦翠雀花**　4. 茎生叶，5. 花，6. 退化雄蕊。
（1–3 引自王文采，1986；张泰利绘。4–6 引自王文采，1983；王金凤绘）

Plate 63　1–3. **Delphinium angustirhombicum**　1. Lower part of flowering plant; 2. Raceme; 3. Staminode.
4–6. **D. yanwanense**　4. Cauline leaf; 5. Flower; 6. Staminode.
(1–3 after W. T. Wang, 1986; drawn by T. L. Zhang. 4–6 after W. T. Wang, 1983; drawn by J. F. Wang)

标全登录　青海：乐都，吴玉虎等 4247；大通，刘继孟 6592；门源，钟补求 10009。甘肃：卓尼，王作宾 5320；肃南，祁连山，何叶祺 3548；山丹，青甘队 3350。陕西：太白山，秦岭队 10693。宁夏：译源，王作宾 17098。

145. 狭序翠雀花

Delphinium angustipaniculatum W. T. Wang in Acta Phytotax. Sin. 29(5): 456. 1991; W. T. Wang & M. J. Warnock in Fl. China 6: 258. 2001. Holotype　甘肃：Ardijuan，近宕昌，山坡灌丛，1930-10-08，D. Hummel 5108(S)。

草本高约 1 m。茎基部之上粗 8 mm。下部密被灰白色短柔毛（毛长 0.1–0.3 mm），其他部分无毛。最下部茎生叶在花期枯萎，其他下部和中部茎生叶具长柄；叶片五角形约 6.5 cm × 14 cm，3 全裂，中央全裂片菱形，在中部 3 裂，2 回裂片缺刻状浅裂，具狭三角形小裂片，侧全裂片斜扇形，不等 2 深裂，两面疏被短柔毛；叶柄长红 11 cm。复总状花序狭金字塔形，27 cm × 7 cm；苞片叶状；轴无毛，约有 8 条分枝，分枝长 2.5–7 cm，有 4–6 花；花梗长 4–8 cm，密被短伏毛，中部有 2 条形小苞片。萼片蓝色，长 7–8 mm，上萼片宽卵形，侧萼片卵状椭圆形，下萼片长圆形，距圆锥状钻形，长 8–9 mm。花瓣无毛。退化雄蕊瓣片卵形，长 3.8 mm，2 半裂，被黄色髯毛。雄蕊无毛。心皮 3，子房疏被短柔毛。蓇葖长 1 cm。种子扁卵球形，长 2 mm，具横向排列的小鳞片。9–10 月开花。

特产于甘肃南部 Ardijuan。生于山坡灌丛中。

146. 错那翠雀花

Delphinium conaense W. T. Wang in Acta Phytotax. Sin. 25(1): 34. pl. 4: 1. 1987; W. T. Wang & M. J. Warnock in Fl. China 6: 257. 2001. Holotype　西藏：错那，波山，alt. 3 400–3 500 m，林下，1975-09-10，青藏队 1959（PE）。

草本高约 60 cm。茎与叶柄及花梗均密被贴伏短柔毛，不分枝，约有 5 叶。基生叶和最下部茎生叶在花期枯萎。其他茎生叶具长柄；叶片五角形，(3.6–4) cm × (4.8–6) cm，3 全裂，中央全裂片菱形，近羽状深裂，2 回裂片狭长三角形，有 1 小齿或全缘，侧全裂片斜扇形，不等 2 深裂，两面疏被短柔毛；叶柄长 4.2–10 cm。总状花序顶生，有 2 至较多花；苞片条形；花梗长约 1 cm，有 2 长 3.5–4.5 mm 的小苞片。萼片淡蓝色，外面被短柔毛，内面无毛，上萼片近圆形，直径 9 mm，距钻形，长 15 mm，侧萼片和下萼片倒卵形，长 9–12 mm。花瓣无毛，顶端微凹。退化雄蕊瓣片淡蓝色，倒卵状方形，长 6 mm，2 浅裂，被淡黄色髯毛；爪长 5 mm。雄蕊花丝有疏毛。心皮 3，子房被柔毛，8–9 月开花。

特产于西藏错那县。生于山地林下，海拔 2 488–3 500 m。

标本登录　西藏：错那，勒多勒布沟，alt. 2 488–2 994 m，2017-09-14， PE 西藏考察队 6212。

147. 秀丽翠雀花

Delphinium wangii M. J. Warnock in Fl. China 6: 258. 2001. ——*D. amabile* C. Y. Yang & B. Wang in Acta Phytotax. Sin. 30(1): 89, fig. 3: 8–14. 1992, non Tidestrum, 1925; J. G. Liu in Fl. Xinjiang. 2(1): 258. 1994. Holotype　新疆：和布克赛尔县，萨乌尔山，alt. 2 250 m, 林边灌丛，1987-07-17，尹立东 87-363（XJA）。

草本高 70–80 cm。茎下部密被反曲硬毛，中部被短柔毛，不分枝或有 1–2 短分枝。基生叶在花期枯萎，

图版 64　1–2. **松潘翠雀花**　1. 上部茎生叶和花序；2. 退化雄蕊。　3–5. **木里翠雀花**　3. 茎生叶；4. 花；5. 退化雄蕊。
6–8. **拟弯距翠雀花**　6. 茎生叶；7. 花；8. 退化雄蕊。（引自《中国植物志》；王金凤绘）

Plate 64　1–2. **Delphinium sutchuenense**　1. Upper cauline leaf and raceme; 2. Stamen.　3–5. **D. muliense**　3. Cauline leaf; 4. Flower; 5. Staminode.　6–8. **D. pseudocampylocentrum**　6. Cauline leaf; 7. Flower; 8. Staminode.
(After Fl. Reip. Pop. Sin.; drawn by J. F. Wang)

茎生叶有稍长柄；叶片五角形，约 9.5 cm × 16 cm，基部心形，3 全裂，中央全裂片菱形，3 裂，2 回裂片有 1−2 小裂片，侧全裂片斜扇形，不等 3 深裂，上面近无毛，下面被短柔毛；叶柄长约 12 cm。总状花序长 10−16 cm，花密集；下部苞片叶状，其他苞片条形；花梗长 0.8−1.2 cm，无腺毛，近顶端具 2 狭条形小苞片。萼片蓝色，上萼片椭圆状卵形，其他萼片圆卵形或宽卵形，长 10−12 mm，外面被短毛，距钻形，长 12−15 mm。花瓣无毛，顶端全缘。退化雄蕊瓣片蓝色，长 5 mm，2 半裂，被黄色髯毛；爪长约 5 mm。雄蕊无毛。心皮 3，无毛。7 月开花。

特产于新疆萨乌尔山。生于山地林边灌丛中，海拔 2 250 m。

148. 木里翠雀花　图版 64：3−5

Delphinium muliense W. T. Wang in Acta Phytotax. Sin. 6(4): 365. 1957; et in Acta Bot. Sin. 10(2): 149. 1962; Munz in J. Arn. Arb. 49(1): 109.1968; W. T. Wang in Fl. Reip. Pop. Sin. 27: 415, pl. 96: 3−5. 1979; et in Vasc. Pl. Hengduan Mount. 1: 486. 1993; W. T. Wang & M. J. Warnock in Fl. China 6: 256. 2001. Type　四川：木里，Ha-lin, alt. 3 500m，林中，1937-07-11，俞德浚 6989（holotype & isotype, PE)；木里，Hwa-to, alt. 3 900m，林边，1937-07-28，俞德浚 7427（paratype, PE）。

D. pachycentrum Hemsl. var. *tenuicaule* Chen in Bull. Fan Men. Inst. Biol. n. ser., 1: 168. 1948. Holotype 四川：木里，俞德浚 6989（PE）。

D. spirocentrum auct. non Hand.-Mazz.: Munz in J. Arn. Arb. 49(2): 241. 1968, p. p. quoad T. T. Yu 7427, J. F. Rock 16637 (US), 16694 (GH, NY, US), 18015 (US).

148a. var. **muliense**

草本高 60−70 cm。茎无毛，不分枝或分枝，等距生叶。基生叶在花期枯萎。茎生叶有长柄；叶片五角形，(2.6−5.5) cm × (4−7) cm，基部心形，3 全裂，中央全裂片菱形，在中部 3 裂，2 回裂片有不等大的小裂片和牙齿，侧全裂片斜扇形，不等 2 深裂，两面疏被短柔毛；叶柄长 4−14 cm，无毛，鞘宽 4−9 mm。总状花序长 6−19 cm；下部苞片叶状，上部苞片条形；轴和花梗密被白色反曲短毛和黄色腺毛；花梗长 1.2−5 cm，上部有 2 披针形小苞片 [(8−13) mm × (1−1.2) mm]。萼片蓝紫色，上萼片倒卵形，其他萼片长圆状倒卵形，长 14−18 mm，距钻形，长 20−22 mm。花瓣无毛，顶端全缘。退化雄蕊瓣片蓝色，卵形，2 半裂，被黄色髯毛。雄蕊无毛。心皮 3，只在腹缝线上有少数毛。蓇葖长 1.6−2.2 cm。种子近倒卵球形，长 1.2−1.5 mm，有较密集的横狭翅。

分布于四川西南部（木里、盐源）和云南西北部（中甸）。生于山坡草丛、林边或杜鹃花林下或冷杉林下，海拔 3 400−4 100 m。

标本登录　四川：木里，G. Forrest 30044，青藏队 13093，13782；盐源，火炉山，青藏队 12333，刘伦辉 s. n。云南：中甸，格咱，红山，杨亲二，孔宏智 98-335，杨亲二，袁琼 29。

148b. **小苞木里翠雀花（变种）**

var. **minutibracteolatum** W. T. Wang in Acta Bot. Sin. 10(2): 149. 1962; in Fl. Reip. Pop. Sin. 27: 415. 1979; et in Vasc. Pl. Hengduan Mount. 1: 486. 1993; W. T. Wang & M. J. Warnock in Fl. China 6: 256. 2001. —— *D. minutibracteolatum* (W. T. Wang) Luferov in Novest. Syst. Vasc. Pl. 45: 146. 2014. Holotype　四川：木里，Pai-li-mi, alt. 3 300 m, 溪边草地，1937-09-25，俞德浚 14371（PE）。

D. potaninii auct. non Huth: Munz in J. Arn. Arb. 49(2): 239. 1968, p. p. quoad J. F. Rock 16743 (GH, US).
本变种的叶柄无鞘，小苞片较小，近丝形，(3.5−4.5) mm × 0.2 mm，而与模式变种不同。

特产于四川木里。生于山地溪边草丛中，海拔 3 300 m。

149. 壤塘翠雀花

Delphinium rangtangense W. T. Wang in Acta Bot. Yunnan. 8(3): 262, fig. 1: 1−3. 1986; et in Vasc. Pl. Hengduan Mount. 1: 486. 1993; W. T. Wang & M. J. Warnock in Fl. China 6: 257. 2001. Holotype 四川：壤塘，河南，alt. 3 300 m，冷杉林中，1984-07-08，陈伟烈，陈家瑞，郭柯，闫建平 7433（PE）。

草本高 70−100 cm。茎近基部粗 4−7 mm，下部疏被开展黄色硬毛，上部无毛，有 12 叶，不分枝。叶均茎生，具长柄；叶片心状五角形，(3.8−8) cm × (7−11) cm，基本心形，3 全裂，中央全裂片狭菱形或菱形，顶端长渐尖，在中部 3 深裂，中央 2 回裂片狭菱形。有数牙齿或有缺刻和牙齿，侧深裂狭三角形，有 1 或数牙齿，侧全裂片斜扇形，不等 2 深裂，两面疏被短糙伏毛；叶柄长 3.5−8.5 cm。总状花序简单或复杂；下部苞片叶状或条形，上部苞片较小，钻形；轴和花梗无毛；下部花梗近平展，长 7.5−8.5 cm，上部的渐变短，上部有 2 长 1.5−3 mm 的小苞片。萼片蓝紫色，长圆形或卵状长圆形，长 9−10 mm，外面疏被短毛，内面无毛，距钻形，长 20 mm。花瓣疏被缘毛。退化雄蕊瓣片卵形，长 4 mm，2 裂稍超过中部，被黄色髯毛；爪长 4.5 mm。雄蕊通常无毛。心皮 3，无毛。7−8 月开花。

特产于四川壤塘县。生于山地冷杉林中，海拔 3 300 m。

150. 拟弯距翠雀花 图版 64：6−8

Delphinium pseudocampylocentrum W. T. Wang in Acta Bot. Sin. 10(2): 150. 1962; Munz in J. Arn. Arb. 49(1): 113. 1968, p. p. excl. syn. *D. hirticaule* Franch. var. *mollipes* W. T. Wang; W. T. Wang in Fl. Reip. Pop. Sin. 27: 419, pl. 96: 6−8. 1979; W. T. Wang & M. J. Warnock in Fl. China 6: 257. 2001. Holotype 四川：金川，喇嘛沟，alt. 4 400 m，1959-08-05，李馨 78358（PE）。

150a. var. **pseudocampylocentrum**

草本高约 50 cm。茎下部疏被白色开展长糙毛，上部无毛，常有 1 分枝。中部茎生叶有稍长柄；叶片五角形，(3.8−4.5) cm × (4.5−6.5) cm，基部心形，3 全裂，中央全裂片菱形，中部以上近羽状分裂，小羽片狭卵形，侧全裂片斜扇形，不等 2 深裂，两面被微硬毛；叶柄比叶片稍长，被开展糙毛。总状花序有 4−9 花；基部苞片叶状，上部苞片小，条形或钻形；轴上部和花梗被黄色开展短腺毛；花梗长 2.2−4 cm，中部之上有 2 枚长 2.3−6.5 mm 的小苞片。萼片蓝色，狭椭圆形或狭卵形，长 11−15 mm，距钻形，长 17−22 mm。花瓣无毛，顶端微凹。退化雄蕊瓣片蓝色，卵形，2 浅裂，被黄色髯毛。雄蕊无毛。心皮 3，子房上部密被短柔毛。

特产于四川金川县。生于山地草坡，海拔 4 400 m。

150b. 光序拟弯距翠雀花（变种）

var. **glabripes** W. T. Wang in Bull. Bot. Res. Harbin 16(2): 158. 1996; W. T. Wang & M. J. Warnock in Fl. China 6: 257. 2001. Holotype 四川：阿坝，alt. 3 400 m，云杉林中，1984-07-18，陈伟烈，陈家瑞等 7984（PE）。

本变种的花序轴、花梗和心皮均无毛，而与模式变种不同。

特产于四川阿坝县。生于云杉林或冷杉林中或草甸上，海拔 3 400–3 830 m。

标本登录　四川：阿坝，alt. 3 830 m，冷杉林或草甸，2007-08-10，D. E. Boufford 等 39442。

151. 秦岭翠雀花　图 11

Delphinium giraldii Diels in Bot. Jahrb. 36, Beibl. 32: 39. 1905; Hand.-Mazz. in Acta Hort. Gotob. 13: 54.1939; W. T. Wang in Acta Bot. Sin. 10(2): 161. 1962; Munz in J. Arn. Arb. 49(1): 95. 1968; Iconogr. Corm. Sin. 1: 706, fig. 706. 1972; Fl. Tsinling. 1(2): 266. 1974; B. Z. Ding et al. Fl. Henan. 1: 433, fig. 548. 1981; W. T. Wang in Fl. Reip. Pop. Sin. 27: 419, fig. 22. 1979; Z. Wang & W. T. Wang in High. Pl. China 3: 442, fig. 702. 2000; W. T. Wang & M. J. Warnock in Fl. China 6: 257. 2001; W. T. Wang in High. Pl. China in Colour 3: 370. 2016; L. Xie in Medic. Fl. China 3: 190, with fig. & photo. 2016. Holotype　陕西：秦岭，1897-08，P. Giraldi s. n. (not seen)。

草本高 55–110(–150) cm。茎与叶柄、花序轴和花梗均无毛，等距生叶，上部分枝。下部茎生叶有稍长柄；叶片五角形，(6.5–10) cm × (12–20) cm，基部心形，3 全裂，中央全裂片多呈菱形，在中部 3 裂，2 回裂片有 1–3 牙齿，侧全裂片斜扇形，不等 2 深裂，两面疏被短柔毛；叶柄长约为叶片的 1.5 倍。复总状花序顶生；花梗长 1.5–3 cm，中部有 2 枚钻形小苞片。萼片蓝色紫色，卵形或椭圆形，长 10–13 mm，外面有短柔毛，距钻形，长 16–20 mm。花瓣无毛或疏被缘毛，顶端 2 浅裂。退化雄蕊瓣片蓝色，2 裂稍超过中部，被黄色髯毛。雄蕊无毛。心皮 3，无毛。蓇葖长约 1.4 cm。种子倒卵球球，长 2.5–3 mm，有密集波状横狭翅。7–8 月开花。

分布于四川西北部、甘肃东南部、宁夏南部（泾源）、陕西南部、湖北西部（兴山）、河南西部、山西南部。生于山地草坡、灌丛或林中，海拔 960–3 900 m。

标本登录　四川：马尔康，alt. 3 900m，四川药源队 22768（NAS）；平武，alt. 2 868m，鲁丽敏 350。甘肃：天水，alt. 1 800–2 100 m, 夏纬瑛 5500，李全喜 362。陕西：太白山 , alt. 1 000–3 000 m，王作宾 6779，刘慎谔，钟补求 1968，秦岭队 56-403，58-10028，应俊生等 426，460（均存 GH），Zhu, Chen, Xu & Wang 1268，杨亲二，袁琼 378；眉县，alt. 1 920m，武振海等 123；佛坪，alt. 1 900 m，郭本兆 1376；宁陕，孔宪武 3216。河南：卢氏，alt. 960–1 600 m，刘继孟 4671，？ 34548。山西：垣曲，包士英 622，2232；历山，alt. 2 094m，孔冬梅 K0461。

152. 光茎翠雀花

Delphinium glabricaule W. T. Wang in Acta Bot. Sin. 10(2): 154. 1962; Munz in J. Arn. Arb. 49(1): 96. 1968; W. T. Wang in Fl. Reip. Pop. Sin. 27: 421, pl. 102: 1–2. 1979; et in Vasc. Pl. Hengduan Mount. 1: 487. 1993; W. T. Wang & M. J. Warnock in Fl. China 6: 258. 2001. Holotype　四川：小金，梭罗沟，1958-07-23，张秀实，任有铣 6099（PE）。

草本高约 70 cm。茎无毛，不分枝，等距生叶。下部茎生叶的叶片五角形，(5–6) cm × (7.2–8) cm，基部心形，3 全裂，中央裂片菱形，在中部 3 裂，2 回裂片有缺刻状小裂片和疏牙齿，侧全裂片近扇形，不等 2 深裂，两面疏被短伏毛；叶柄长 6.5–9.2 cm，无毛。总状花序长约 36 cm，疏生约 8 花；基部苞片披针形，其他苞片较小，条形或丝形；轴和花梗无毛；花梗长 3.5–9 cm，中部或以上有 2 钻形小苞片。

图 11　**秦岭翠雀花**（引自《中国高等植物图鉴》）
Fig. 11　**Delphinium giraldii** (After Iconogr. Corm. Sin.)

萼片蓝色，倒卵形，长约 11 mm，外面疏被短毛，距钻形，长 18–20 mm，螺旋状弯曲。花瓣无毛，顶端微凹。退化雄蕊瓣片蓝色，2 裂稍超过中部，被黄色髯毛。雄蕊无毛。心皮 3，无毛。7–9 月开花。

分布于四川西部小金、壤塘一带。生于沟边草地或林间草地，海拔 3 400–4 100 m。

标本登录　四川：小金，alt. 3 400 m，张秀实，任有铣 6148，罗艳 397，杨亲二，袁琼 226；壤塘，alt. 3 720–4 100 m，D. E. Boufford 等 39234。

153. 松潘翠雀花　图版 64：1–2

Delphinium satchuenense Franch. in Bull. Soc. Philom. Paris, ser. 8, 5: 178. 1893; Huth in Bot. Jahrb. 20: 458. 1895; Finet & Gagnep.in Bull. Soc. Bot. France 51: 477. 1904; Munz in J. Arn. Arb. 48(4): 535. 1967; W. T. Wang in Fl. Reip. Pop. Sin. 27: 417, pl. 96: 1–3. 1979; et in Vasc. Pl. Hengduan Mount. 1: 486. 1993; W. T. Wang & M. J. Warnock in Fl. China 6: 256. 2001. Holotype　四川：北部，1885，G. N. Potanin s. n. (P, not seen)。

D. sungpanense W. T. Wang in Acta Bot. Sin. 10(2): 149. 1962. Holotype　四川：松潘，1928-08-08，方文培 4038（PE）。

草本高 50–100 cm。茎无毛，等距生叶，上部分枝。中部茎生叶有稍长柄；叶片五角形，约 6.5 cm × 10 cm，3 全裂，中央全裂片菱形，在中部 3 裂，2 回裂片有 1–3 小裂片或牙齿，侧全裂片斜宽倒卵形，不等 2 深裂，两面疏被短毛；叶柄与叶片近等长，无毛。复总状花序顶生；下部苞片 3 全裂或条形，其他苞片条形或钻形；花梗长 1.5–5 cm，密被贴伏短柔毛，上部有 2 钻形小苞片。萼片蓝紫色，长圆状倒卵形，长 9–15 mm，距钻形，长 13–22 mm。花瓣无毛。退化雄蕊瓣片紫色，2 半裂，被黄色髯毛，爪与瓣片近等长。雄蕊无毛。心皮 3，无毛或子房上部疏被短柔毛。7–9 月开花。

分布于四川西北部和甘肃南部。生于山地草坡、多石砾山坡或林中，海拔 2 000–4 500 m。

标本登录　四川：马尔康，alt. 4 100–4 400 m，D. E. Boufford 等 27999，39837；壤塘 .alt. 4 250–4 500 m，D. E. Boufford 等 39188。甘肃：舟曲，alt. 2 000–2 800 m，郭本兆 5544（WUK），杨亲二，孔宏智 98-04。

154. 弯距翠雀花　图版 65：1–7

Delphinium campylocentrum Maxim. in Acta Hort. Petrop. 11: 31. 1890; Franch. in Bull. Soc. Philom. Paris, ser. 8, 5: 182. 1893; Huth in Bot. Jahrb. 20: 421. 1895; W. T. Wang in Acta Bot. Sin. 10(2): 149.1962; Munz in J. Arn. Arb. 49(2): 235.1968; Iconogr. Corm. Sin. 1: 705, fig. 1410. 1972; W. T. Wang in Fl. Reip. Pop. Sin. 27. 417, pl. 97: 1–7. 1979; et in Vasc. Pl. Hengduan Mount. 1: 486. 1993; Z. Wang & W. T. Wang in High. Pl. China 3: 442, fig. 701. 2000; W. T. Wang & M. J. Warnock in Fl. China 6: 256. 2001; W. T. Wang in High. Pl. China in Colour 3: 370, 2016. Holotype　四川：西北部，黑河流域，1885-07-24，G. N. Potanin s. n. (LE, not seen; photo, PE)。

D. tongolense auct. Franch.: Rehd. & Kobuski in J. Arn. Arb. 14: 11. 1933, p. p.

草本高 75–100 cm。茎无毛，上部有少数分枝，等距生叶。中部茎生叶最大，有稍长柄；叶片五角形，(7–8.4) cm × (10–14) cm，基部心形，3 全裂，中央全裂片菱形，在中部 3 裂，2 回裂片有少数小裂片和牙齿，侧全裂片斜扇形，不等 2 深裂，两面疏被短毛；叶柄稍长于叶片。复总状花序顶生；轴和花梗

图版 65　1-7. **弯距翠雀花**　1. 开花植株上部；2. 上萼片；3. 侧萼片；4. 下萼片；5. 退化雄蕊；6. 蓇葖；7. 种子。
8-10. **疏花翠雀花**　8. 叶；9. 花序上部；10. 退化雄蕊。　11-13. **三小叶翠雀花**　11. 花序；12. 叶；13. 退化雄蕊。
14-16. **茂县翠雀花**　14. 花序；15. 叶；16. 退化雄蕊。（引自《中国植物志》；赵宝恒和张泰利绘）

Plate 65　1-7. **Delphinium campylocentrum**　1. Upper part of flowering plant; 2. Upper sepal; 3. Lateral sepal; 4. Lower sepal; 5. Staminode; 6. Follicles; 7. Seed.　8-10. **D. sparsiflorum**　8. Leaf; 9. Upper part of raceme; 10. Staminode.
11-13. **D. trifoliolatum**　11. Raceme; 12. Leaf; 13. Staminode.
14-16. **D. maoxianense**　14. Raceme; 15. Leaf; 16. Staminode.
(After Fl. Reip. Pop. Sin.; drawn by B. H. Zhao and T. L. Zhang)

被黄色短腺毛；花梗长 2.2–6 cm，在中或上部有 2 枚钻形小苞片。萼片蓝紫色，卵形或倒卵形，长 10–14 mm，外面有少数腺毛，在顶端之下具长 2.5–3.5 mm 的角状突起，距钻形，长 18–20 mm，呈马蹄形弯曲。花瓣无毛。雄蕊无毛。心皮 3（–4），无毛。蓇葖长 1–1.4 cm。种子倒卵状四面体形，长 1.8 mm，有波状横皱。7–8 月开花。

分布于四川西北部和甘肃南部。生于山地冷杉林、云杉林中或草坡上，海拔 2 500–3 900 m。

标本登录　四川：小金，alt. 3 500m，张秀实，任有铣 6089，6209；理县，2 500 m，吴中伦 33254，罗艳 329；鹧鸪山，alt. 3 500–3 700 m，张泽云 22406，李馨 74397；杨亲二，袁琼 302；绰斯甲，李谱雄 10136，10549；马尔康，吴中伦 32721，李谱雄 10824；刷经寺，alt. 3 500m，四川植物队 23529，李馨 74095，74614；黑水，alt. 3 650 m，D. E. Boufford 等 40121；Karlong, alt. 3 600 m, Harry Smith 4138；龙日坝，李馨 72104；红原，赵清盛 227。甘肃：迭部，J. F. Rock 13109；洮河流域。J. F. Rock 13161；玛曲，郎木寺，alt. 3 400 m，朱格麟 1908；舟曲，alt. 2 700 m，王作宾 14748；Lamokungpa，近岷山，alt. 3 700 m，王作宾 7626，傅坤俊 1649；Lichapulak Shan, alt. 3 900 m，傅坤俊 1550。

155. 三小叶翠雀花　图版 65：11–13

Delphinium trifoliolatum Finet & Gagnep. in Bull. Soc. Bot. France 51: 481, pl. 6: A. 1904; W. T. Wang in Acta Bot. Sin. 10(2): 151. 1962; Munz in J. Arn Arb. 49(1): 119. 1968; S. H. Fu, Fl. Hupeh. 1: 346. 1976; W. T. Wang in Fl. Reip. Pop. Sin. 27: 421, pl. 97: 11–13. 1979; X. W. Wang in Fl. Anhui 2: 304, fig. 602. 1987; W. T. Wang & M. J. Warnock in Fl. China 6: 258. 2001; C. X. Yang et al. Keys Vasc. Pl. Chongqing 220. 2009; L. Xie in Medic. Fl. China 3: 191, with fig. 2016. Holotype　湖北：西部。1901-07，E. H. Wilson 2496 (not seen)。

草本高 50–90(–120) cm。茎疏被反曲短柔毛，下部变无毛，分枝。基生叶和下部茎生叶在花期枯萎；中部茎生叶有长柄；叶片五角形，(5.2–8.2) cm × (7–12) cm，3 全裂，中央全裂片菱形或狭椭圆形，在中部 3 裂，2 回裂片边缘有少数牙齿，侧全裂片斜扇形，不等 2 深裂，两面疏被短伏毛；叶柄与叶片近等长。总状花序顶生，有 3–8 花；下部苞片叶状，其他苞片椭圆形；花梗长 0.9–2 cm，与轴均密被反曲短柔毛，上部或顶端具 2 条形小苞片。萼片紫色，椭圆形，长 10–12 mm，外面有短毛，内面无毛，距钻形，长 22–25 mm。花瓣无毛。退化雄蕊瓣片紫色，卵形，2 裂稍超过中部，疏被髯毛。雄蕊无毛。心皮 3，无毛。蓇葖长 7–9 mm。种子倒卵状四面体形，长 2 mm，有密集横狭翅。7–8 月开花。

分布于重庆市南部、湖北西部、安徽西南部。生于山地林下或林边草地，海拔 1 580–1 600 m。

根供药用，用于中风、周身疼痛、跌打损伤等症。全草含一些生物碱：三小叶翠雀碱（trifoliolasine），狼毒乌头碱（lycoctonine），半须翠雀明（delsemine)（《中国药用植物志》，2016）。

标本登录　重庆：南川，金佛山，alt. 1 580–1 600 m，熊济华，周子林 91909，92371，94027，李国凤 62980，63169。安徽：岳西，王学文 623。

156. 大藏翠雀花　图版 66

Delphinium dazangense W. T. Wang in Guihaia 30(2): 549, fig. 3. 2010, et 36, suppl. 1: 69, fig. 3. 2016. Holotype　四川：马尔康县，大藏乡，alt. 3 975 m，冷杉林边，2007-08-16，D. E. Boufford 等 39854（PE）。

草本高约 48 cm。茎基部粗 2 mm，下部被开展硬毛，上部无毛，不分枝，有 8 叶。茎生叶片五角形，[(5–)6.8–9.4] cm × [(5–)8–11.5] cm，基部心形，3 全裂，中央全裂片菱形，在中部 3 裂，2 回裂片有少

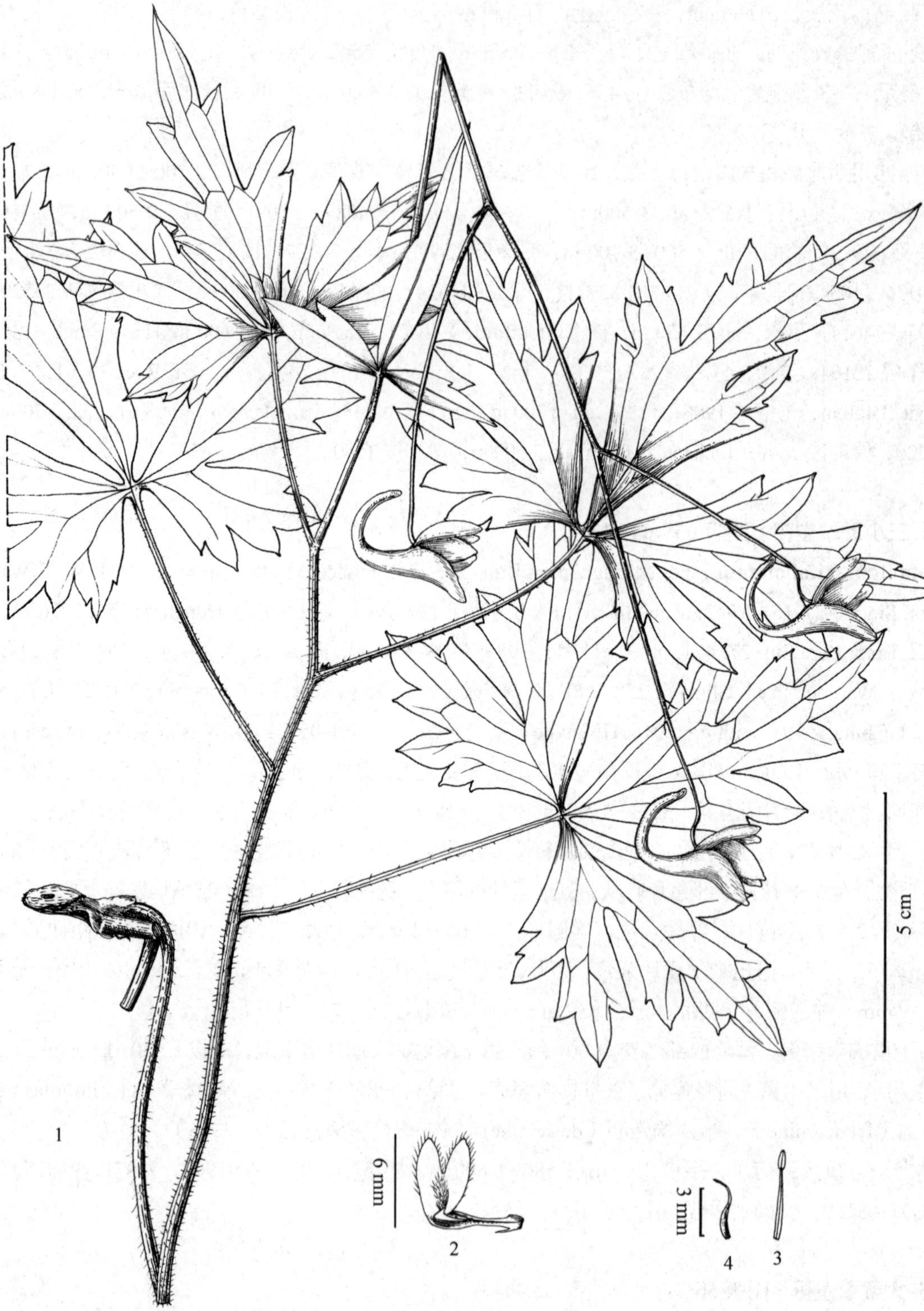

图版 66　**大藏翠雀花**　1. 植株全形；2. 退化雄蕊；3. 雄蕊；4. 心皮。（引自王文采，2010；孙英宝绘）

Plate 66　***Delphinium dazangense***　1. Habit; 2. Staminode; 3. Stamen; 4. Carpel.

(After W. T. Wang, 2010; drawn by Y. B. Sun)

图 12　**塔城翠雀花**　1. 开花植株上部；2. 退化雄蕊。（引自《新疆植物志》）

Fig. 12　**Delphinium aemulans**　1. Upper part of flowering plant; 2. Staminode. (After Fl. Xinjiang)

数牙齿。侧全裂片斜扇形，不等 2 深裂稍超过中部，上面疏被短伏毛，下面无毛。叶柄长 (0.8–)4–7 cm。总状花序顶生，长 13 cm，有稀疏 3 花；苞片小，钻形；轴和花梗无毛；花梗长 5.2–8 cm，中或上部有 2 钻形小苞片。萼片蓝紫色，两面无毛，上萼片圆卵形，长 14 mm，距钻形，长 28 mm，呈 U 字形弯曲，其他萼片长 12–13 mm。花瓣无毛，顶端全缘。退化雄蕊瓣片蓝色，倒卵形，长 5.5 mm，2 半裂，被黄色髯毛；爪长 5 mm。雄蕊无毛。心皮 3，无毛。8 月开花。

特产于四川马尔康县大藏乡。生于山地冷杉林边，海拔 3 975 m。

系 3. 塔城翠雀花系

Ser. **Aemulantia** Nevski in Kom. Fl. URSS 7: 161. 1937. Type: *D. aemulans* Nevski.

叶片 3 全裂，全裂片细裂。花序有黄色腺毛。萼距长于萼片。退化雄蕊瓣片近方形，2 半裂。

2 种，分布于哈萨克斯坦、俄罗斯西伯利亚西部以及中国新疆西北部。我国有 1 种。

157. 塔城翠雀花　图 12

Delphinium aemulans Nevski in Kom. Fl. URSS 7: 161, 726. 1937; Munz in J. Arn. Arb. 48(4): 502. 1967; W. T. Wang in Fl. Reip. Pop. Sin. 27: 422. 1979; J. G. Liu in Fl. Xinjiang. 2(1): 256, pl. 68: 4–5.1994; W. T. Wang & M. J. Warnock in Fl. China 6: 258. 2001. Holotype　哈萨克斯坦：Zaissan,Monrak Mts.,1930-07-22, Gontscharvov & Borissova s. n. (LE, not seen; photo, PE)。

草本高 70–100 cm。茎下部被反曲短柔毛，上部变无毛，不分枝或分枝，等距生叶。中部茎生叶有长柄；叶片五角形，(7–12) cm × (13–18) cm，基部宽心形，3 全裂，中全裂片菱形，侧全裂片斜扇形，所有全裂片均细裂，末回裂片狭披针形或披针状条形，两面疏被短柔毛；叶柄比叶片稍长。总状花序长达 20 cm，花密集；苞片条状丝形；轴和花梗密被黄色开展腺毛和少数白色反曲短柔毛；花梗长 0.7–1.1 cm，近顶端具 2 枚钻形小苞片。萼片蓝紫色，椭圆状倒卵形，长 12–14 mm，外面被短腺毛，距钻形，长 12–13(–17) mm，稍向下弯曲或近拳卷。

花瓣无毛，全缘。退化雄蕊瓣片紫色，近方形，2 半裂，被淡黄色髯毛。雄蕊花丝有疏毛。心皮 3，子房有短毛。7–8 月开花。

分布于中国新疆西北部以及哈萨克斯坦。生于山坡上，海拔 1 400–1 900 m。

标本登录　托里：关克俭 2700；塔城，alt. 1 400 m，李安仁，朱家柟 10856；和布克赛尔，alt. 1 900 m，王兵 89-05。

系 4. 心叶翠雀花系

Ser. **Calthifolia** W. T. Wang, ser. nov. Type: *D. caltifolium* Q. E. Yang & Y. Luo.

A Ser. *Pogonanthis* W. T. Wang differt foliorum laminis cordatis indivisis vel inconspicue 3-lobulatis. Inflorescentiae racemosae. Sepala caerulea, calcari sepalino breviora. Staminodiorum limbi caerulei apice 2-lobulati, ventere luteolo-barbati. Semina late ellipsoidea, dense et transversaliter undulato-rugosa.

叶片心形，不分裂或不明显 3 微裂。花序总状。萼片蓝色，比距短。退化雄蕊瓣片蓝色，顶端 2 微裂，腹面被淡黄色髯毛。种子宽椭圆体形，有密集横向波状皱纹。

1 种，特产于四川北川县。

158. 心叶翠雀花 图版 67

Delphinium calthifolium Q. E. Yang & Y. Luo in Novon 11: 370, fig. 1. 2001; W. T. Wang & M. J. Warnock in Fl. China 6: 260. 2001. Holotype 四川：北川，坝底乡，西口，alt. 2 300 m，林中，1984-09，唐昌林等 647（CDBI）。

草本高 25–40 cm。茎稍密被开展微硬毛，不分枝。基生叶 1，具长柄；叶片纸质，宽心形，约 7 cm × 6 cm，边缘具浅圆齿（齿顶端有小尖头），无毛；叶柄长 13 cm，基部稍增宽。茎生叶 1，似基生叶，但具较短柄（叶柄长 1–5 cm），有时不明显 3 浅裂，两面无毛或上面疏被微硬毛。总状花序顶生，长 5–12 cm，有稀疏 3–6 花；基部苞片有的 3 裂，其他苞片不分裂，披针形或钻形，长 5–10 mm，全缘，密被贴伏微硬毛；轴和花梗均被贴伏微硬毛；花梗长 2–5 cm；小苞片位花梗中部，披针形，长 2–5 mm，密被微硬毛。萼片蓝色，外面被短毛，内面无毛，上萼片宽卵形，长 14 mm，距钻形，长 25 mm，基部粗 3 mm，其他萼片宽卵形，长 12–13 mm。花瓣无毛，顶端急尖。退化雄蕊瓣片蓝色，卵形，长 7 mm，顶端 2 微裂，被黄色髯毛；爪长 5 mm。雄蕊无毛。心皮 2–3，无毛。蓇葖无毛。种子宽椭圆体形，长 1 mm，有密横向波状皱纹。8–9 月开花。

特产于四川北川县坝底乡。生于山地林中，海拔 2 300 m。

亚组 2. 湟中翠雀花亚组

Subsect. **Huangzhongensia** W. T. Wang, subsect. nova. Type: *Delphinium huangzhongense* W. T. Wang.

A subsect. *Pogonanthis* W. T. Wang differt floribus solitariis et terminalibus, staminodiorum limbis flavido-albis indivisis unguibus linearibus longioribus. Foliorum laminae 3-sectae. Sepala cinereo-caerulea, calcari sepalino longiora. Gynoecium ex carpellis quinque constans.

叶片 3 全裂。花单朵顶生。萼片灰蓝色，比距长。退化雄蕊淡黄白色；瓣片不分裂，比条形爪长。雌蕊群由 5 心皮组成。

1 种，特产青海东部。

159. 湟中翠雀花 图 13

Delphinium huangzhongense W. T. Wang in Acta Phytotax. Sin. 37(3): 216, fig. 1: 4–5. 1999; W. T. Wang & M. J. Warnock in Fl. China 6: 271. 2001. Holotype 青海：湟中，群加，alt. 1 900 m，灌丛，1989-07-22，刘尚武 3149 (PE)。

多年生小草本植物。根状茎垂直，长 1–2 cm，粗 1–2 mm。茎高 7.4–8.6 cm，粗约 1 mm，被反曲贴伏短柔毛，在顶端花下密被较长淡黄色反曲柔毛，不分枝，有 4–5 叶。基生叶 1，与下部茎生叶有长柄；叶片近革质，五角形，(0.8–1.8) cm × (1.3–3.1) cm，基部心形，3 全裂，中央全裂片宽菱形，近中部 3 裂，2 回裂片狭长圆形或狭卵形，全缘或有 1–2 小齿，侧全裂片斜扇形，不等 2 深裂，两面疏被短伏毛；叶柄长 1.5–2.6 cm。花单朵顶生。萼片灰蓝色，披针形，长 12.5–14 mm，外面密被短伏毛，距近钻形，长 5–7 mm。花瓣淡黄白色，无毛，全缘。退化雄蕊淡黄白色；瓣片斜卵形，长 3.8 mm，顶端钝，不分裂，疏被缘毛，腹面疏被白色髯毛，基部楔形；爪条形，长约 2 mm。雄蕊无毛。心皮 5，无毛。7 月开花。

特产于青海湟中县。生于山地灌丛中，海拔 1 900 m。

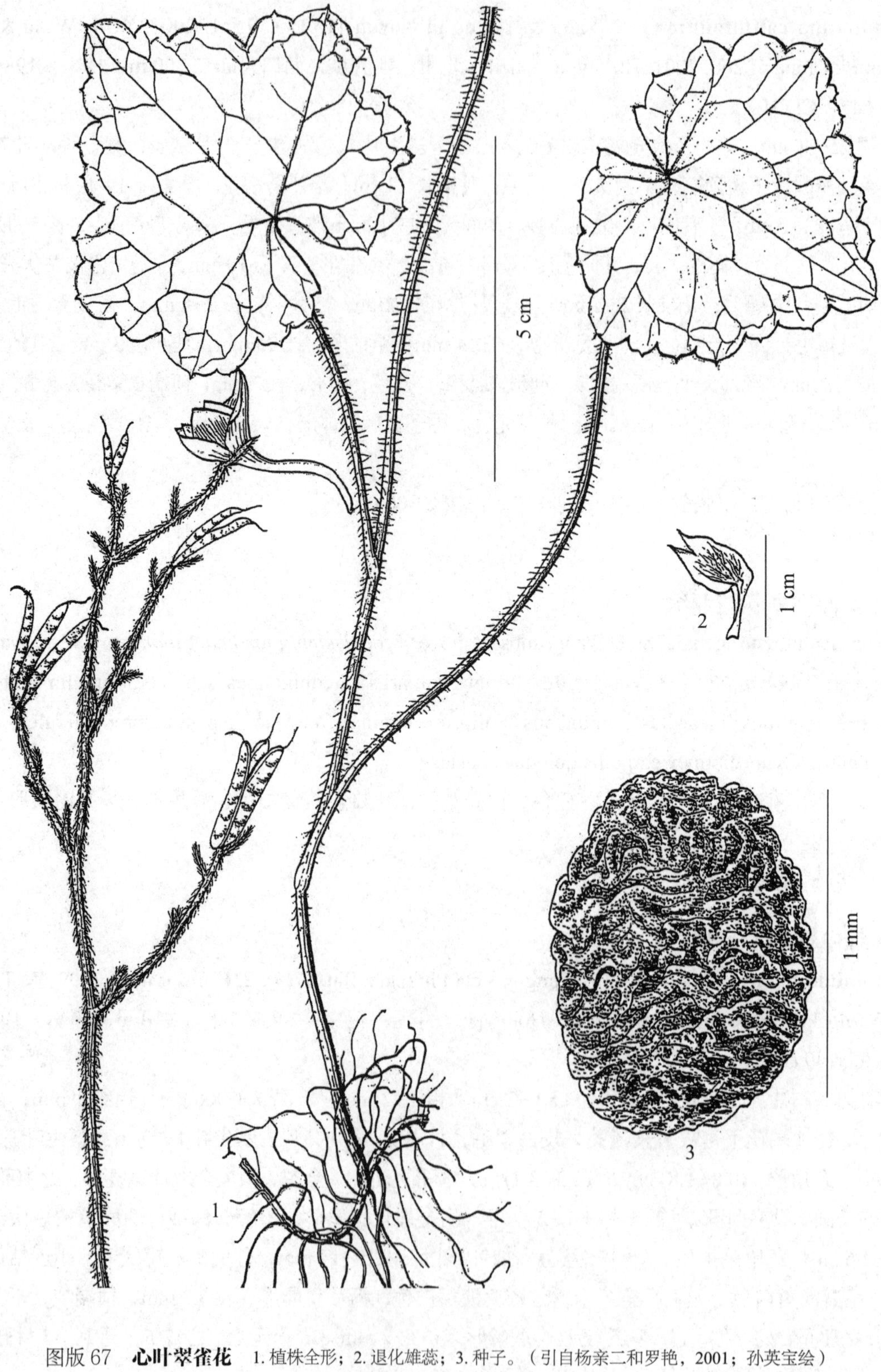

图版 67 **心叶翠雀花** 1. 植株全形；2. 退化雄蕊；3. 种子。（引自杨亲二和罗艳，2001；孙英宝绘）

Plate 67 **Delphinim caltifolium** 1. Flowering plant; 2. Staminode; 3. Seed.

(After Q. E. Yang & J. Luo, 2001; drawn by Y. B. Sun)

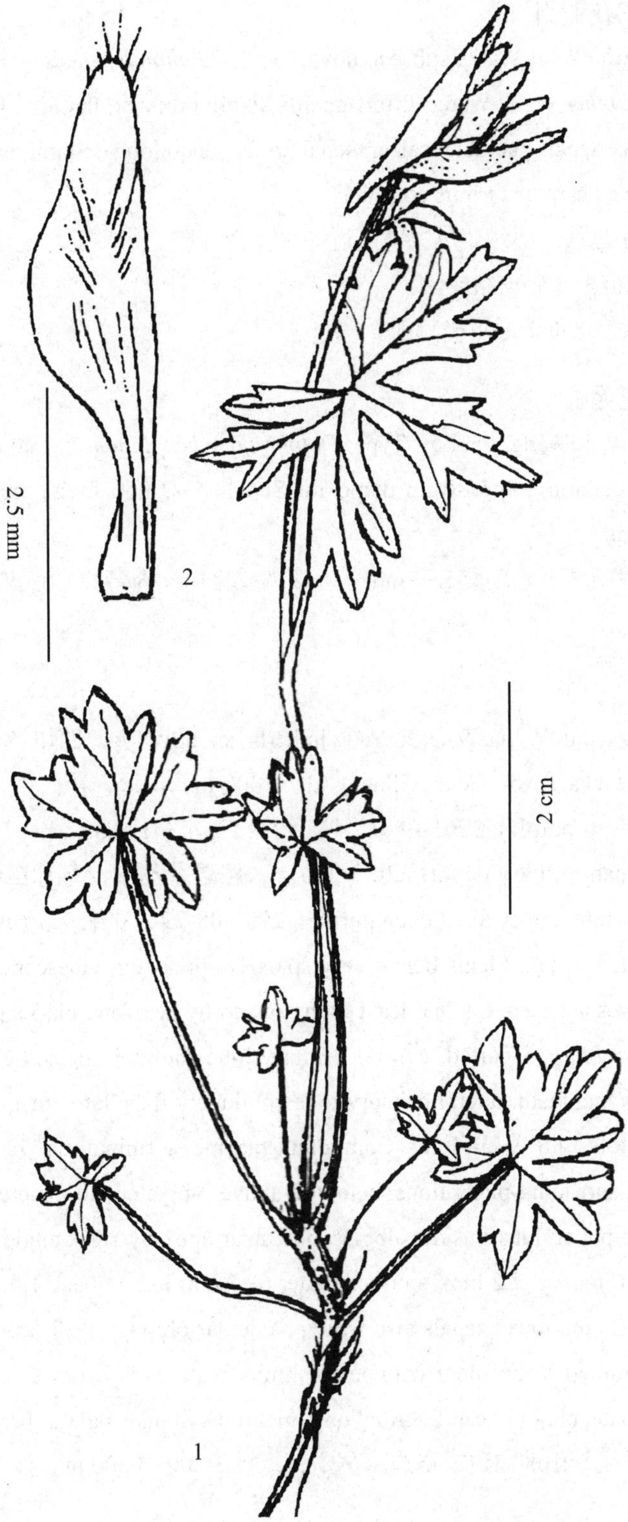

图 13　**湟中翠雀花**　1. 开花植株全形；2. 退化雄蕊。（引自王文采，1999；孙英宝绘）

Fig.13　**Delphinium huangzhongense**　1.Flowering plant; 2.Staminode. (After W. T. Wang, 1999; drawn by Y. B. Sun)

亚组 3. 黄片翠雀花亚组

Subsect. **Flavidilimba** W. T. Wang, subsect. nova. Type: *Delphinium zhengyianum* Y. Luo & Q. E. Yang.

A Subsect. *Pogonanthis* W. T. Wang differt petalis staminodiisque flavidis. Foliorum laminae 3-partitae. Inforescentiae racemosae. Sepala caerulae, calcari sepalino fere aequilonga. Staminodiorum limbi apice 2-lobulati vel 2-lobati. Gynoecium ex carpellis tribus constans.

叶片 3 深裂。花序总状。萼片蓝色，与距近等长。花瓣和退化雄蕊均呈淡黄色。退化雄蕊瓣片顶端 2 微裂或 2 浅裂。雌蕊群由 3 心皮组成。

2 种。隶属于 2 系，分布于四川和新疆。

系 1. 征镒翠雀花系

Ser. **Flavidilimba** W. T. Wang, ser. nov. Type: *Delphinium zhenyianum* Y. Luo & Q. E. Yang.

Flores parvi, in racemum compositum dispositi. Sepala 5–7 mm longa, prope apicem sub angulo 45° incurvata. Carpella glabra.

花小，组成复总状花序。萼片长 5–7 mm，近顶端成直角向内弯曲。心皮无毛。

1 种，产于四川西部。

160. 征镒翠雀花

Delphinium zhengyianum Y. Luo & Q. E. Yang in herb., sp. nov. Type 四川 (Sichuan)：道孚县，各卡乡，各卡村 (Daofu County, Geka Town, Geka Village), alt. 3 300 m，沟边，花白色，上萼片深紫色 (by stream, fls. white, upper sepal deep purple), 2001-08-02, 罗艳 (Y. Luo) 351 (holotype, PE)；雅江县，剪子弯兵站 (Yajiang County, Jianziuan military depot), alt. 3 200 m，路边草丛中，萼片白色，上萼片深紫色 (among grasses by road, sepals white, upper sepal deep purple), 2001-08-29，罗艳 357 (paratype, PE)。

Herbs perennial, ca. 1 m tall. Stems below very sparsely spreading-pubescent, above subglabrous, simple, several-leaved. Basal leaves not seen. Cauline leaves long or shortly petiolate; blades papery, pentagonal, (6–7) cm × (8–11) cm, at base cordate, 3-parted, central primary lobe rhombic, near the middle 3-lobed, secondary lobes with a few lobules and teeth, lateral primary lobes obliquely flabellate, unequally 2-parted; surfaces both densely puberulous; petioles 4.6–9 cm long. Compound racemes terminal, ca. 32 cm long; bracts foliaceous; pedicels 5–13 mm long, spreading-puberulous, below to above 2-bracteolate; bracteoles filiform, 3–5 mm long, glabrous. Sepals outside puberulous, inside subglabrous, near apex by right angle incurved, upper sepal deep purple, navicular-ovate, 6 mm × 2.2 mm, spur subulate, 6–7 mm lng, at base 1.5–2 mm across, lateral sepals white, oblong, 6 mm × 2 mm, lower sepals also white, navicular-oblong, (6–7) mm × 2 mm. Petals yellowith, glabrous, undivided. Staminodes concolour with petals; limbs ovate, 3 × 2 mm, 2-lobed, above ciliate, adaxially on the middle white-barbate; claws linear, 2.8 mm long, glabrous. Stamens glabrous. Carpels 3, glabrous.

特产于四川西部。生于山地沟边或路边草丛中，海拔 3 200–3 300 m。

系 2. 文采新翠雀花系

Ser. **Flavidilimboida** W. T. Wang, ser. nov. Type: *Delphinium neowentsaii* C. Y. Yang.

Flores majores, in racemum simplicem dispositi. Sepala ca. 12 mm long, not incurved. Carpellorum ovaria dense puberula.

花较大，组成简单总状花序。萼片长约 12 mm，不向内弯曲。心皮子房密被短柔毛。

1 种，产于新疆乌鲁木齐县。

161. 文采新翠雀花

Delphinium neowentsai C. Y. Yang in Acta Phytotax. Sin. 43(1): 68, fig. 1. 2005. Type 新疆：乌鲁木齐县，天山，水西沟，alt. 2 750 m，林缘，2001-08-18，杨宗宗 0431 (holotype, XJA; isotype, PE).

草本高约 30 cm。茎下部密被反曲糙伏毛，中部以上被短柔毛或无毛，等距生叶。基生叶具长柄；叶片五角形，约 4 cm × 7 cm，基部深心形，3 深裂，中央深裂片宽菱形，在中部 3 裂，2 回裂片又 3 裂，末回裂片狭卵形，全缘或有 1–2 小齿，侧深裂片斜扇形，不等 2 深裂，两面疏被短伏毛。茎生叶的叶柄渐变短，叶片基部不呈深心形，而是宽心形或近截形。总状花序顶生，有 4–5 花；下部苞片 3 全裂，上部苞片不分裂，近条形；轴密被贴伏短柔毛；花梗长 1–3 cm，下部疏被、上部密被短柔毛，近顶端有 2 条心形小苞片。萼片蓝色，外面被短柔毛，长约 12 mm，上萼片宽卵形，距钻形，长 13–15 mm，侧萼片卵状椭圆形，下萼片倒卵状长圆形。花瓣无毛。退化雄蕊瓣片淡黄色，圆卵形，长 6 mm，2 微裂，被黄色髯毛；爪长 4 mm。雄蕊无毛。心皮 3，子房密被短柔毛。8 月开花。

特产于新疆乌鲁木齐县天山。生于山地雪岭云杉 (*Picea schrenkiana* Fisch. & Mey.) 林缘陡坡上，海拔 2 750 m。

亚组 4. 角萼翠雀花亚组

Subsect. **Ceratophora** W. T. Wang in Acta Bot. Sin. 10(2): 156. 1962; et in Fl. Reip. Pop. Sin. 27: 422. 1979. Type: *Delphinium ceratophorum* Franch.

叶基生并茎生；叶片 3 深裂，稀 3 浅裂或 3 全裂，一回裂片浅裂至细裂，花序总状。萼片与距近等长或短于距。退化雄蕊瓣片多稍狭长，2 浅裂。心皮 3。种子近四面体形，沿纵棱具狭翅，稀密具横向排列的小鳞片。

约 27 种。主要分布于云南（19 种）和四川（11 种）；此外西藏有 4 种，贵州 1 种。

系 1. 角萼翠雀花系

Ser. **Ceratophora** W. T. Wang in Acta Bot. Sin. 10(2): 156. 1962. Type: *Delphinium ceratophorum* Franch.

种子近四面体形，沿纵棱具狭翅。

我国有 26 种，分布情况与上述亚组的分布相似。

162. 钩距翠雀花

Delphinium hamatum Franch. Pl. Delav. 28, pl. 7. 1889; et in Bull. Soc. Philom. Paris, ser. 8, 5: 172. 1893; Huth in Bot. Jahrb. 20: 467. 1895; Finet & Gagnep in Bull. Soc. Bot. France 51: 487. 1904; W. T. Wang in Acta Bot. Sin. 10(2): 156. 1962; Munz in J. Arn. Arb. 49(2): 237. 1968, p. p. excl. syn. *D. ceratophorum* Franch. var. *brevicalcaratum* W. T. Wang; W. T. Wang in Fl. Reip. Pop. Sin. 27: 426. 1979; in Vasc. Pl. Hengduan Mount. 1: 487. 1993; et in Fl. Yunnan. 11: 129, pl. 38: 1–2. 2000; W. T. Wang & M. J. Warnock in Fl. China 6: 260. 2001. Type 云南：洱源县，放羊场，alt. 3 200 m, 1887-10-14, J. M. Delavay s. n. (holotype, P; isotype, PE)。

草本高 10−32 cm。茎下部被开展糙毛，中部以上无毛，分枝或不分枝。叶约 5，均基生或其中 1−2 枚生于茎近基部处，有长柄；叶片五角形，[(1.4−)2.6−3] cm × [(2.8−)5−5.4] cm，3 裂至中部或稍超过中部，中央 1 回裂片楔形或菱状楔形，3 浅裂，边缘有少数牙齿，侧 1 回裂片斜扇形，不等 2 裂近中部，两面疏被短毛；叶柄长 6−13 cm。总状花序顶生，有 1−5 花；苞片条形，长 3−5.5 mm；花梗长 1.5−5 cm，无毛，上部有 2 钻形小苞片。萼片蓝紫色，椭圆状倒卵形，长 12−15 mm，外面有疏毛，内面无毛，距钻形，长约 20 mm。花瓣无毛。退化雄蕊瓣片紫色，倒卵形，顶端微凹或 2 浅裂，被黄色髯毛。雄蕊无毛或花丝有疏毛。心皮 3，子房密被柔毛。种子小，沿纵棱具翅。9−10 月开花。

产于云南洱源至鹤庆一带。生于山地草坡或多石山坡，海拔 3 200−3 800 m。

标本登录　云南：鹤庆，马耳山，alt. 3 800 m，1940-10-11，秦仁昌 24145。

163. 宽菱形翠雀花　图版 72：4−6

Delphinium latirhombicum W. T. Wang in Bull. Bot. Res. Harbin 6(1): 7, pl. 1: 3−5. 1986; in Vasc. Pl. Hengduan Mount. 1: 484. 1993; et in Fl. Yunnan. 11: 123, pl. 34: 1−3. 2000; W. T. Wang & M. J. Warnook in Fl. China 6: 250. 2001. Holotype　云南：洱源，孟获营，洋芋山，alt. 2 900 m，林边，1963-07-29，金沙江队 63-6200 (PE)。

草本高 54−65 cm。茎下部无毛，在花序之下疏被黄色短腺毛，有 1 分枝和 2 叶。基生叶约 5，有长柄；叶片革质，五角形，(2−8) cm × (6−13) cm，基部心形，3 深裂，中央深裂片宽菱形，在中部 3 浅裂，2 回裂片有缺刻和少数牙齿，侧深裂片斜扇形，不等 2 裂近中部，上面被短伏毛，下面近无毛；叶柄长 7−22 cm。总状花序顶生并腋生，长 5−24 cm，有 5−15 花；基部苞片叶状，其他苞片呈条状；轴和花梗被白色短柔毛和黄色腺毛；花梗长 0.6−2.5 cm，上部有 2 狭披针形小苞片。萼片紫色，外面有短腺毛，内面无毛，长约 9 mm，上萼片卵形，距钻形，长 14−17 mm，其他萼片长圆状倒卵形。花瓣无毛，顶端 2 浅裂。退化雄蕊瓣片紫色，长 4.8 mm，2 半裂，被淡黄色髯毛；爪长 4.5 mm。雄蕊无毛。心皮 3，无毛。7−8 月开花。

特产于云南洱源县。生于山地林边，海拔 2 900 m。

164. 拟阴地翠雀花　图版 68

Delphinium umbrosoides W. T. Wang, sp. nov. Holotype　西藏 (Xizang)：定结县，陈塘沟，美女湖 (Dingjie County, Chentanggou, Meinühu), alt. 4 151 m, 林缘湿地，花蓝色 (wet places at forest margin, fls. blue), 2013-07-15, PE 西藏考察队 (PE Xizang Exped.) 3526 (PE)。

Ob folia 3-partita, inflorescentias racemosas, bracteolas floribus contiguas lineares, sepala calcari sepalino breviora species nova haec est similis *D. umbroso* Hand.-Mazz., a quo herbis 11−16 cm altis, foliis 3−4 omnibus basalibus valde differt. In *D. umbroso*, herbae 60−110 cm altae, et folia basalia sub anthesi emarcida sunt.

Herbs perennial, 11−16 cm tall. Scapes with petioles densely spreading-hispid. Leaves 3−4, all basal, long petiolate; blades papery, pentagonal, (2.5−4) cm × (4−7) cm, at base cordate, 3-parted, central primary lobe rhombic, 1.4−2.5 cm broad, near the midele 3-lobed, with the secondary lobes incised-lobulate, lateral primary lobes obliquely flabellate, unequally 2-cleft, with the upper secondary lobes similar to central primary lobe; surfaces both sparsely strigose; petioles 4−8.5 cm long. Raceme terminal, up to 12 cm long, 4−8-flowered; basal

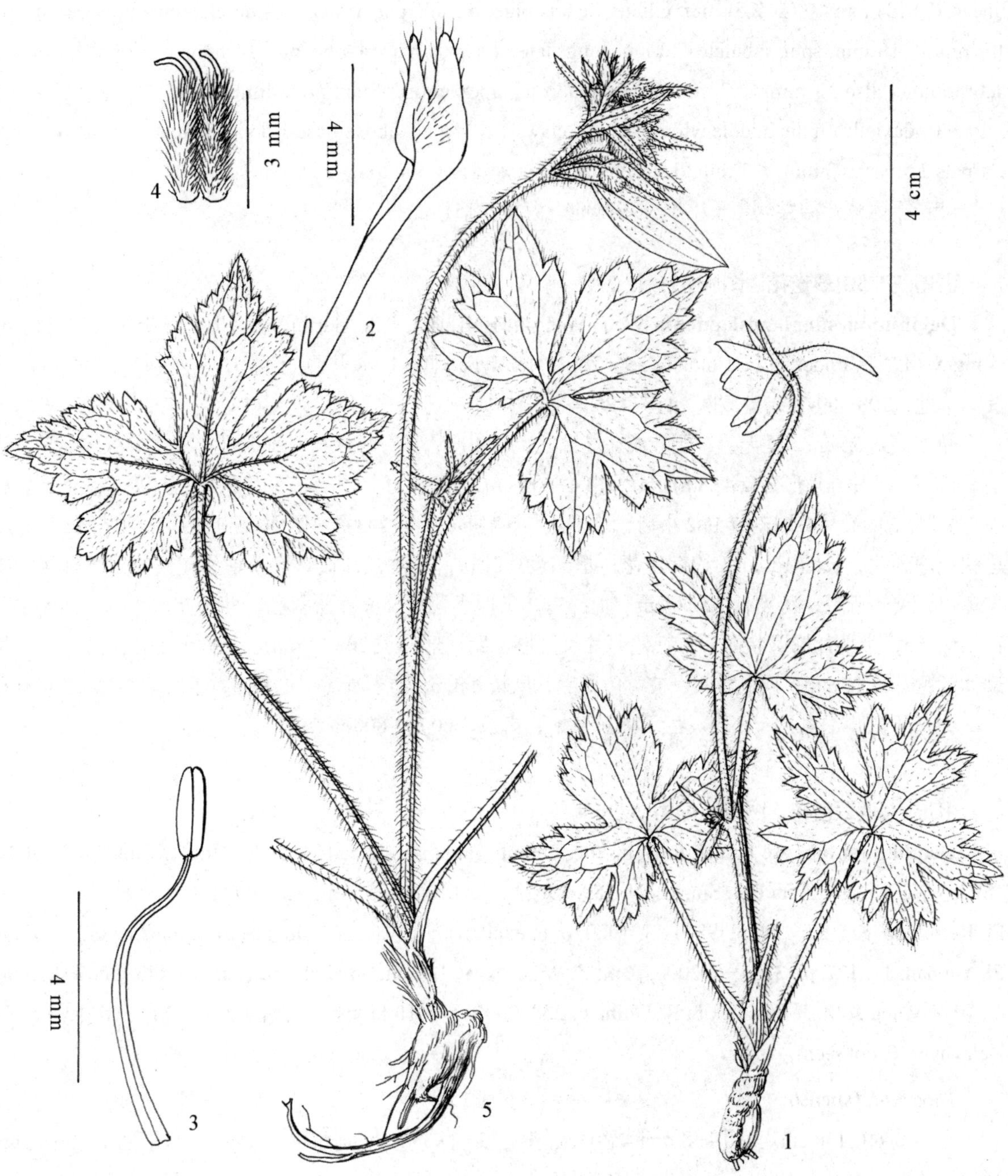

图版 68　**拟阴地翠雀花**　1. 一畸形植株全形，其总状花序的基部花梗强烈伸长（花序的其他部分发育强烈缩减）顶端具一开放的花；2. 退化雄蕊；3. 雄蕊；4. 雌蕊群；（据 holotype）5. 一发育正常的植株，其总状花序的花尚在花蕾时期。（据 isotype；孙英宝绘）

Plate 68　**Delphinium umbrosoides**　1. An abnormal plant; its raceme with the basal pedicel strongly elongate and the other parts strongly abbreviated; 2. Staminode; 3. Stamen; 4. Gynoecium; (from holotype)
5. A normally developed plant, with the raceme containing flower buds. (From isotypes; drawn by Y. B. Sun)

bract foliaceous, other bracts lanceolate, 8 cm long, densely hispid, pedicels on apex 2-bracteolate; bracteoles linear, (7−13) mm × (1−2.5) mm, ciliate. Sepals blue, outside puberulous, inside glabrous, upper sepal ovate, 17 mm × 10 mm, spur subulate, 20 mm long, lateral sepals narrow-obovate, 13 mm × 7 mm, lower sepals subrhombic, also 13 mm × 7 mm. Petals glabrous, apex entire. Staminode limbs blue, 3.6 mm × 1.8 mm, 2-lobed, adaxially on the middle white-barbate; claws 7 mm long, above base 1-appendiculate. Stamens glabrous. Carpels 3; ovaries 3 mm × 1 mm, densely pubescent; styles 1 mm long, glabrous.

特产于西藏定结县。生于山地林缘湿地，海拔 4 151 m。

165. 宁郎山翠雀花　图版 69：1−2

Delphinium ninglangshanicum W. T. Wang in Bull. Bot. Res. Harbin 6(1): 10, pl. 3: 1−2. 1986; W. T. Wang & M. J. Warnock in Fl. China 6: 256. 2001. Holotype　四川: 木里县，宁郎山，卡尔，alt. 3 600−3 800 m，灌丛草地，1983-09-23，青藏队 14187 (PE)。

草本高约 25 cm。茎无毛，无叶或在基部之上有 1 叶，不分枝或自基部分枝。基生叶数枚，与茎生叶均具长柄；叶片五角形，(2.4−3.8) cm × (4.4−6.8) cm，基部心形，3 深裂，中央深裂片菱形或楔形，在中部 3 浅裂，2 回裂片有缺刻或 1−2 小齿，侧深裂片斜扇形，不等 2 深裂，两面疏被糙伏毛；叶柄长 7−14 cm。总状花序顶生，长约 15 cm，约有 4 花；基部苞片叶状，其他苞片披针形；轴和花梗被白色贴伏短柔毛和黄色开展短腺毛；花梗长 2.5−6 cm，上部有 2 条形小苞片。萼片蓝紫色，外面被短毛，内面无毛，长 15−19 mm，上萼片椭圆状卵形，其他萼片长圆形，距钻形，长 20−22 mm。花瓣无毛，全缘。退化雄蕊瓣片紫色，长 11 mm，顶端微凹，被黄色髯毛；爪长 6 mm。雄蕊无毛。心皮 3，子房被柔毛。9 月开花。

特产于四川木里县宁郎山。生于灌丛草地，海拔 3 600−3 800 m。

166. 大理翠雀花　图版 70：1−3

Delphinium taliense Franch in Bull. Soc. Philom. Paris, ser. 8, 5: 174. 1893; Huth in Bot. Jahrb. 20: 466. 1895; W. T. Wang in Acta Bot. Sin. 10(2): 159. 1962, p. p.; Munz in J. Arn. Arb. 49(1): 117. 1968; W. T. Wang in Fl. Reip. Pop. Sin. 27: 424, pl. 98: 1−3. 1979, p. p. excl. syn.; in Vasc. Pl. Hengduan Mount. 1: 487. 1993; et in Fl. Yunnan. 11: 127, pl. 37: 3−5. 2000, p. p.; Z. Wang & W. T. Wang in High. Pl. China 3: 443, fig. 703. 2000, p. p.; W. T. Wang & M. J. Warnock in Fl. China 6: 258. 2001, p. p. Holotype　云南：大理，Mt. Pen-gay-tze, J. M. Delavay 9 (P, not seen)。

166a. var. **taliense**

草本高 60−130 cm。茎粗 4−8 mm，无毛，通常分枝，有 3−5 叶。基生叶 1 或较多，与下部茎生叶有长柄；叶片五角形，宽 6.6−10 cm，3 深裂，中央深裂片宽菱形，在中部 3 裂，2 回裂片有少数缺刻和牙齿，侧深裂片斜扇形，不等 2 裂稍超过中部，两面疏被伏毛；叶柄长达 25 cm。总状花序顶生，有 6−12(−17) 花；基部苞片 3 裂或不分裂呈条形；轴无毛；花梗长 2.5−7 cm，只近顶部有短毛，中部以上有 2 钻形小苞片。萼片紫蓝色，椭圆状倒卵形或椭圆形，长 14(−20) mm，在外面顶端之下有短角状突起，距钻形，长 18−21(−25) mm，基部粗 2−3 mm。退化雄蕊瓣片蓝色，2 半裂，稀微凹，被黄色髯毛。雄蕊无毛。心皮 3，无毛。蓇葖长约 1.5 cm。种子近四面体形，长 1−1.5 mm，沿纵棱有狭翅。8−10 月开花。

分布于云南西北部和四川西南部。生于山地草坡、灌丛或林边，海拔 2 500−3 000 m。

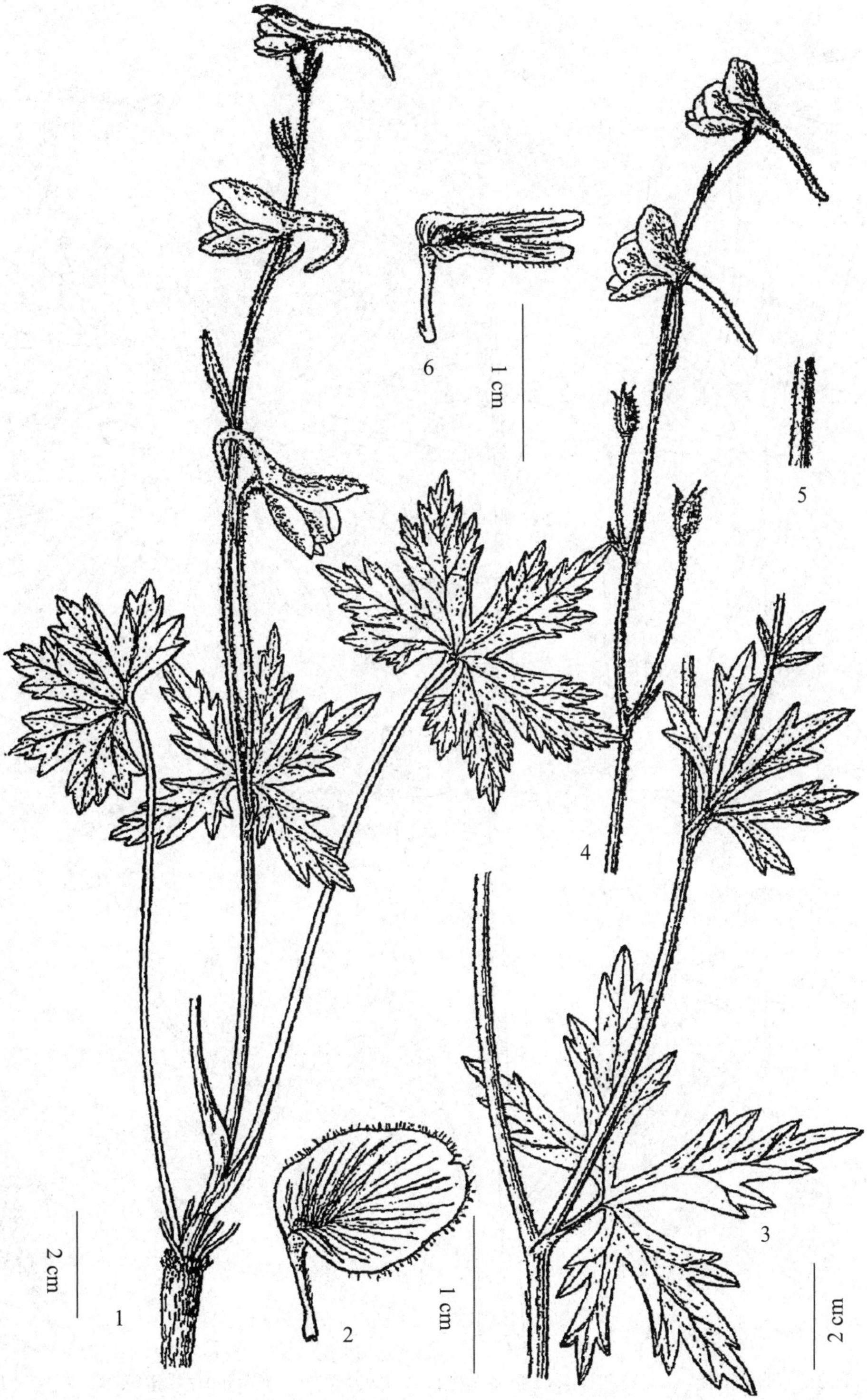

图版 69　1–2. **宁朗山翠雀花**　1. 开花植株全形；2. 退化雄蕊。　3–6. **保山翠雀花**　3. 茎中部；4. 花序；5. 花序轴一段；6. 退化雄蕊。（引自王文采，1986；张泰利绘）

Plate 69　1–2. **Delphinium ninglangshanicum**　1. Flowering plant; 2. Staminode.　3–6. **D. delavayi** var. **baoshanense**　3. Middle part of stem; 4. Raceme; 5. A part of raceme rachis; 6. Staminode. (After W. T. Wang, 1986; drawn by T. L. Zhang)

图版 70　1–3. **大理翠雀花**　1. 开花茎上部；2. 下部茎生叶；3. 退化雄蕊。　4–6. **凉山翠雀花**　4. 花；5. 下部茎生叶；6. 退化雄蕊。　7–8. **先骕翠雀花**　7. 植株全形；8. 退化雄蕊。　9–11. **拟角萼翠雀花**　9. 花；10. 下部茎生叶；11. 退化雄蕊。（引自《中国植物志》；王金凤绘）

Plate 70　1–3. **Delphinium taliense**　1. Upper part of flowering plant; 2. Lower cauline leaf; 3. Staminode.　4–6. **D. liangshanense**　4. Flower; 5. Lower cauline leaf; 6. Staminode.　7–8. **D. hui**　7. Habit; 8. Staminode.　9–11. **D. ceratophoroides**　9. Flower; 10. Lower cauline leaf; 11. Staminode. (After Fl. Reip. Pop. Sin; drawn by J. F. Wang)

标本登录 云南：丽江，玉龙山，杨亲二 94-129。四川：木里，杨亲二 97-011；普格，经济植物队 59-5499。

166b. 毛蕊大理翠雀花（变种）

var. **glabrum** W. T. Wang in Acta Bot. Sin. 10(2): 159. 1962. Holotype 四川：木里，洼儿寨，alt. 2 900 m, 1937-10-11, 俞德俊 14490 (PE)。

D. georgei Comber in Not. Bot. Gard. Edinb. 18: 236. 1934; Munz in J. Arn. Arb. 49(1): 96. 1968. Holotype 云南：丽江，金沙江拐弯处的 Tong Shan, alt. 3 600–3 900 m, 1913-09, G. Forrest 11353 (E; photo, PE)。

D. mitzugense Ulbr. in Notizbl. Bot. Gart. Berl. 12: 538. 1935; Munz in I. c. 108. 1968. Isotype 四川：木里，Mt. Mitzuga, alt. 4 300 m, 1929-09, J. F. Rock 18137 (GH; photo, PE)。

本变种的子房被柔毛，而与模式变种不同。茎无毛。

分布于云南西北部和四川西南部。生于山地草坡、多石山坡、林边或林下，海拔 2 400–4 300 m。

标本登录 云南：大理，J. M. Delavay 6515，刘慎谔 21311；丽江，杨亲二，袁琼 150。四川：木里，西昌经济植物队 3985，四川植物队 11715，杨亲二 93-022，杨亲二，袁琼 349；米易，金效华，王立松等 531。

166c. 毛茎大理翠雀花（变种）

var. **pubicaule** W. T. Wang, var. nov. Holotype 云南 (Yunnan): 禄劝县，鹅毛乡，单干山 (Luquan County, Emao Town, Dangan Shan), alt. 2 800 m, 1952-11-01，毛品一 (P. Y. Mao) 1564 (PE)。Paratypes (均存 PE) 云南：禄劝，Ta-ti, alt. 3 500 m, 1940-11-07，张英伯 (Y. P. Chang) 706；富民县，永定镇，老青山 (Fumin County, Yongding Zhen, Naoqing Shan), alt. 2 800 m, 1959-06-24, 邱炳云 (B. Y. Qiu) 6034。四川 (Sichuan)： On the way from Yanyuan (盐源) to Guabie, alt. 3 000 m, 2004-09-27, 杨亲二，袁琼 (Q. E. Yang & Q. Yuan) 351; 会理 (hui li), Longzhou Shan, alt. 2 100 m, 2004-10-02, 杨亲二，袁琼 366。

A var. *taliensi* differt caulibus inferne dense strigulosis, et ovariis puberulis.

本变种的茎下部密被短糙伏毛，子房被短柔毛，而与模式变种不同。

分布于云南中北部和四川西南部。生于山坡上、石上或林中，海拔 2 100–3 500 m。

166d. 硬毛大理翠雀花（变种）

var. **hirsutum** W. T. Wang in Acta Bot. Sin. 10(2): 159. 1962; et in Fl. Reip. Pop. Sin. 27: 424. 1979; W. T. Wang & M. J. Warnock in Fl. China 6: 259. 2001. Holotype 四川：会理，1932-09-17，俞德俊 1598 (PE)。

本变种的茎下部有开展的糙毛，萼片外面有长硬毛，子房密被柔毛而与模式变种不同。

特产于四川会理县。生于山地草坡， 海拔 2 300 m。

标本登录 四川：会理，龙帚山，alt. 2 300 m, 2007-09-24，谈成万，张文锦，陈光后 s. n.

166e. 粗距大理翠雀花（变种）

var. **platycentrum** W. T. Wang in Fl. Reip. Pop. Sin. 27: 425, 614. 1979; W. T. Wang & M J. Warnock in Fl. China 6: 259: 2001. Holotype 四川：布托，朱七大山，alt. 3 500 m，石上，1960-08-04，四川药源普查队 25168 (NAS)。

本种的茎下部疏被开展糙毛，萼距呈圆筒状钻形，长 25 mm，基部粗 4–5 mm，子房密被柔毛而与模式变种不同。

特产于四川布拖县。生于山地林中石上，海拔 3 500 m。

166f. 长距大理翠雀花（变种）

var. **dolichocentrum** W. T. Wang in Fl. Reip Pop. Sin. 27: 425, 615. 1979; W. T. Wang & M. J. Warnock in Fl. China 6: 259. 2001. Holotype 四川：会东，淌塘乡，郭家山，alt. 2 750 m，林下，1961-09-30，四川中药所队 11962 (IMC)。

本变种的植株较矮，高 45 cm，茎细，粗达 2 mm，叶分裂程度较大，1 回裂片 2–3 回细裂，末回裂片狭披针形或披针状条形，萼距长度为萼片（长 12–15 mm）的 1.5–2 倍，长 26 mm，子房密被柔毛，而与模式变型不同。

特产于四川会东县。生于山地林下，海拔 2 750 m。

167. 角萼翠雀花 图版 71：1–3

Delphinium ceratophorum Franch. in Bull. Soc. Bot. France 33: 377. 1886; et in Bull. Soc. Philom. Paris, ser. 8, 5: 181, 1893; Huth in Bot. Jahrb. 20: 128. 1895; Finet & Gagenep. in Bull. Soc. Bot. France 51: 489. 1904; W. T. Wang in Acta Bot. Sin. 10(2): 157. 1962; Munz in J. Arn. Arb. 49(1): 91. 1968; W. T. Wang in Fl. Reip. Pop. Sin. 27: 427, pl. 59: 1–3. 1979; et in High. Pl. China 3: 943, fig. 704. 2000; W. T. Wang & M. J. Warnock in Fl. China 6: 261, 2001; W. T. Wang in High. Pl. China in Colour 3: 311. 2016; L. Xie in Medic. Fl. China 3: 191, with fig. 2016. Holotype 云南：洱源县，黑山门，3 200 m, J. M. Delavay 967 (P, not seen)。

167a. var. ceratophorum

草本高 30–65 cm。茎下部被开展糙毛，中部以上无毛，常自下部分枝。基生叶约 5，有长柄；叶片五角形，(3–6.5) cm × (3.2–10) cm，基部心形，3 深裂，中央深裂片菱形或菱状楔形，3 浅裂，2 回裂片卵形或宽三角形，有 1–2 小齿或全缘，侧深裂片斜扇形，不等 2 深裂，两面疏被糙伏毛；叶柄长 10–33 cm。茎生叶 1–2(–3)。总状花序有 5–10 花；下部苞片 3 裂，其他苞片长圆形至条形；轴无毛；花梗长 1.7–8 cm，通常无毛，近或在顶端有 2 长 5–10 mm 的小苞片。萼片蓝紫色，倒卵形，长 16–18 mm，外面疏被短毛，内面无毛，外面顶端之下有 1.5–2 mm 的角状突起，距钻形，长 22–25 mm。花瓣无毛。退化雄蕊瓣片紫色，2 浅裂，被黄色髯毛。雄蕊无毛。心皮 3，子房被柔毛。蓇葖长 1–1.2 cm。种子近四面体形，长 2.5–3 mm，沿纵棱有翅。8–10 月开花。

产于云南西北部和四川西南部。生于山地草坡或林边草地，海拔 2 800–3 600 m。

标本登录 云南：大理，潘福根 1 (KUN)；鹤庆，秦仁昌 24032；丽江，玉龙山，G. Forrest 6403，10976，俞德俊 15468，冯国楣 8956，9028，21217，杨亲二，孔宏智 94-122， 98-467，罗艳，陈又生 502，杨亲二，袁琼 141，156；维西，杨亲二，孔宏智 98-198，98-439；贡山，俞德俊 22611。四川：盐源，杨亲二，袁琼 359。

167b. 短角萼翠雀花（变种）

var. **brevicorniculatum** W. T. Wang in Acta Bot. Sin. 10(2): 157. 1962; in Fl. Reip. Pop. Sin. 27: 429. 1979; in Vasc. Pl. Hengduan Mount. 1: 488. 1993; et in Fl. Yunnan. 11: 132. 2000; W. T. Wang & M. J. Warnock in Fl. China 6: 261. 2001. Type 云南：德钦，alt. 3 900–4 150 m, 1937-08，俞德俊 9598 (holotype, PE), 9309,

图版 71　1–3. **角萼翠雀花**　1. 开花植株全形；2. 退化雄蕊；3. 种子。　4–5. **鞘柄翠雀花**　4. 茎生叶；5. 花。
6–8. **云南翠雀花**　6. 开花植株上部；7. 退化雄蕊；8. 种子。（引自《中国植物志》；赵宝恒和张泰利绘）

Plate 71　1–3. **Delphinium ceratophorum**　1.Flowering plant; 2.Staminode; 3.Seed.　4–5. **D. coleopodum**　4.Cauline leaf; 5. Flower.　6–8. **D. yunnanense**　6. Upper part of flowering plant; 7. Staminode; 8.Seed.
(After Fl. Reip. Pop. Sin.; drawn by B. H. Zhao and T. L. Zhang)

9356, 9832 (paratypes, PE)。

本变种的萼片角状突起长在 1 mm 以下，而与模式变种不同。退化雄蕊的瓣片顶端通常微凹，有时 2 裂达中部。

特产于云南德钦。生于山地草坡或林下，海拔 3 900–4 150 m。

标本登录　云南：德钦，白马山，王启无 69547，杨亲二，袁琼 73。

167c. 毛角萼翠雀花（变种）

var. **hirsutum** W. T. Wang in Acta Bot. Sin. 10(2): 158. 1962; in Fl. Reip. Pop. Sin. 37: 429. 1979; in Vasc. Pl. Hengduan Mount. 1: 488. 1993; et in Fl. Yunnan. 11: 133. 2000; W. T. Wang & M. J. Warnock in Fl. China 6: 261. 2001. Holotype　云南：维西，叶枝，alt. 3 600 m, 1935-08，王启无 68340 (PE)。

本变种的萼片外面被长硬毛，退化雄蕊瓣片顶端微凹，而与模式变种不同。

特产于云南维西县。生于山坡上，海拔 3 600 m。

167d. 粗壮角萼翠雀花（变种）

var. **roubustum** W. T. Wang in Fl. Reip. Pop. Sin. 2: 429, 615. 1979; in Vasc. Pl. Hengduan Mount. 1: 488. 1993; et in Fl. Yunnan. 11: 133. 2000; W. T. Wang & M. J. Warnock in Fl. China 6: 127. 2001. Type　云南：中甸，哈巴山，龙王边，alt. 2 800 m, 1962-09-01, 中甸队 1857 (holotype, PE)；同地，拜子多，alt. 3 000 m，松栎林下石上，1962-09-18，中甸队 2159 (paratype, PE)。

本变种的叶较大，分裂程度较大，叶片 (4.5–10) cm × (8–19) cm，中央深裂片 3 深裂超过中部，2 回裂片狭披针形或条状披针形，而与模式变种不同。

特产于云南中甸哈巴山。生于山地松栎林石上，海拔 2 800–3 000 m。

168. 拟角萼翠雀花　图版 70：9–11

Delphinium ceratophoroides W. T. Wang in Acta Bot. Sin. 10(2): 158. 1962; Munz in J. Arn. Arb. 49(1): 90. 1968; W. T. Wang in FL. Reip. Pop. Sin. 27: 426, pl. 98: 9–11. 1979; in Fl. Xizang. 2: 54. 1985; et in Vasc. Pl. Hengduan Mount. 1: 487. 1993; W. T. Wang & M. J. Warnock in Fl. China 6: 260. 2001. Holotype　西藏：察隅、察瓦龙、折梅，1935-08，王启无 65706 (PE)。

草本高 28–30 cm。茎无毛，不分枝或分枝，约有 3 叶。基生叶和最下部茎生叶在花期枯萎，其他茎生叶有长柄；叶片五角形，(2.5–3.9) cm × (3.6–7) cm，基部心形，3 深裂近基部，中央深裂片菱形，在中部又 3 裂，2 回裂片有 2–3 个三角形具 1–2 小齿或全缘的小裂片，侧深裂片斜扇形，不等 2 深裂，两面疏被糙毛；叶柄长 5–11.5 cm。总状花序有稀疏 3 花；基部苞片 3 裂或条形；轴和花梗无毛；花梗长 4–5.5 cm，上部有 2 条形小苞片。萼片蓝色，椭圆形，长 18–22 mm，外面被短毛，顶端之下有短角状突起，距钻形，长 25 mm。花瓣无毛，顶端微凹。退化雄蕊瓣片蓝色，近长方形，2 裂稍超过中部，被黄色髯毛。花丝有疏毛。心皮 3，子房密被短毛。8–9 月开花。

特产于西藏察隅县。生于高山草地或冷杉林边，海拔 3 200–3 700 m。

标本登录　西藏：察隅，青藏队 10404，10609。

169. 短萼翠雀花　图版 72：1–3

Delphinium brevisepalum W. T. Wang in Bull. Bot. Res. Harbin 6(1): 22, pl. 5: 1–3. 1986; in Vasc. Pl.

Hengduan Mount. 1: 489. 1993; et in Fl. Yunnan. 11: 133, pl. 39: 1–3. 2000; W. T. Wang & M. J. Warnock in Fl. China 6: 263. 2001. Holotype　云南：丽江市，以支，1939-10-20, 秦仁昌，赵裕章 21945 (PE)。

草本高约 28 cm。茎基部疏被反曲短糙伏毛，其他部分无毛，分枝，下部有少数叶。基生叶和茎生叶均具长柄；叶片五角形，(2.5–4.5) cm × (4.8–6) cm，基部心形，3 深裂近基部，中央深裂片菱形，在中部之下又 3 裂或近羽状深裂，2 回裂片有 1–2 狭三角形小裂片或牙齿，侧深裂片斜扇形，不等 2 深裂，两面疏被糙毛；叶柄长 6.5–9.5 cm。总状花序顶生，有 3–4 花；基部苞片叶状，其他苞片狭长圆形；轴无毛；花梗长 1–5.8 cm，上部被黄色开展腺毛和白色反曲糙毛，顶端有 2 条形小苞片。萼片蓝色，外面被短毛，顶端之下有极短角状突起，内面无毛，上萼片宽卵形，长 7–12 mm，距钻形，长 24–26 mm。花瓣顶端全缘。退化雄蕊瓣片蓝色，宽长圆形，长 6 mm，2 浅裂，被白色髯毛；爪基部有 1 钩状附属物。雄蕊无毛。心皮 3，子房密被短柔毛。9–10 月开花。

特产于云南丽江市以支。生于山地林中。

170. 拟长距翠雀花　图版 78：4–6

Delphinium dolichocentroides W. T. Wang in Acta. Bot. Sin. 10(2): 159. 1962; Munz in J. Arn. Arb. 48(4): 517. 1967; W. T. Wang in Fl. Reip. Pop. Sin. 27: 431, pl. 100: 4–6. 1979; et in Vasc. Pl. Hengduan Mount. 1: 488. 1993; W. T. Wang & M. J. Warnock in Fl. China 6: 262. 2001. Holotype　四川：木里，alt. 3 400 m，1937-08-19，俞德俊 14008 (PE)。

D. dolichocentroides var. *parvifolium* W. T. Wang in Bull. Bot. Res. Harbin 7(2): 96. 1987. Holotype　四川：木里，alt. 3 000 m，1983-09-23，刘伦辉 s. n. (PE)。

170a. var. **dolichocentroids**

草本高 30–50 cm。茎下部疏被开展糙毛，上部无毛，不分枝，有 1–2 叶。基生叶 2–3，有长柄；叶片五角形，(2.5–5.5) cm × (4.5–8) cm，基部心形，3 深裂近基部，中央深裂片菱形，近中部 3 裂，2 回裂片有 2–3 三角形至狭三角形小裂片，侧深裂片斜扇形，不等 2 深裂近基部，两面疏被糙毛；叶柄长 14–17 cm。总状花序顶生，长 6–24 cm，疏生 3–6 花；基部苞片 3 裂，其他苞片条形；花梗长 2–8 cm，无毛，中部之上具 2 条形小苞片。萼片蓝紫色，椭圆状卵形，长 14–16 mm，外面有短毛，顶端之下有短角状突起，距钻形，长 27–28 mm。花瓣无毛，顶端微凹。退化雄蕊瓣片蓝紫色，椭圆形，2 浅裂，被黄色髯毛。雄蕊无毛。心皮 3，子房密被短柔毛。蓇葖长约 1 cm。种子暗褐色，倒卵状四面体形，长约 1 mm，沿 2 纵棱有狭翅。8–10 月开花。

分布于四川西南部和云南西北部。生于山地草坡多石坡、灌丛或林边，海拔 2 500–3 800 m。

标本登录　四川：稻城，青藏队 4306；木里，青藏队 14188；米易，龙盘山，罗艳，陈又生 551；普格，螺髻山，罗艳，陈又生 443。云南：宁蒗，杨亲二，袁琼 361，363。

170b. 基苞翠雀花（变种）

var. **leiogynum** W. T. Wang in Acta Bot. Yunnan, 8(3): 263. 1986; et in Vasc. Pl. Hengduan Mount. 1: 488. 1993; W. T. Wang & M. J. Warnock in Fl. China 6: 262. 2001. Holotype　四川：木里，喇嘛厂，alt. 2 900 m，多石砾山坡灌丛中，1939-08-29，冯国楣 2841 (PE)。

本变种的花梗在近基部处生 2 枚小苞片，退化雄蕊瓣片 2 裂至中部之下，心皮无毛，而与模式标本不同。

特产于四川木里县。生于多石砾山坡灌丛中，海拔 1 900 m。

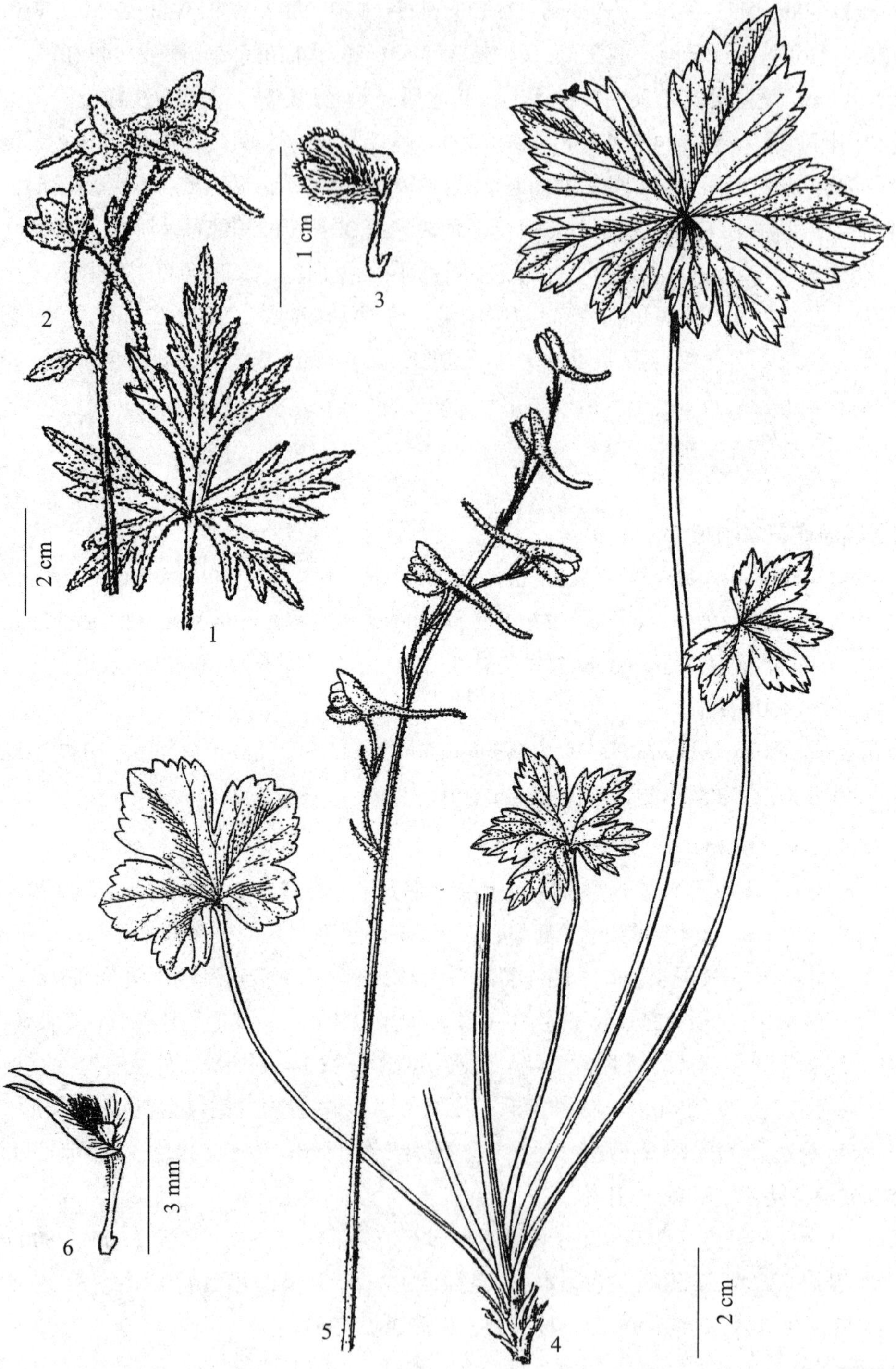

图版 72　1–3. **短萼翠雀花**　1. 下部茎生叶的叶片；2. 花序；3. 退化雄蕊。　4–6. **宽菱形翠雀花**　4. 植株下部；5. 花序；6. 退化雄蕊。（引自王文采，1986；张泰利绘）

Plate 72　1–3. **Delphinium breviscpalum**　1. Leaf blade of lower cauline leaf; 2. Raceme; 3. Staminode.
4–6. **D. latirhombicum**　4. Lower part of flowering plant; 5. Raceme; 6. Staminode.
(After W. T. Wang, 1986; drawn by T. L. Zhang)

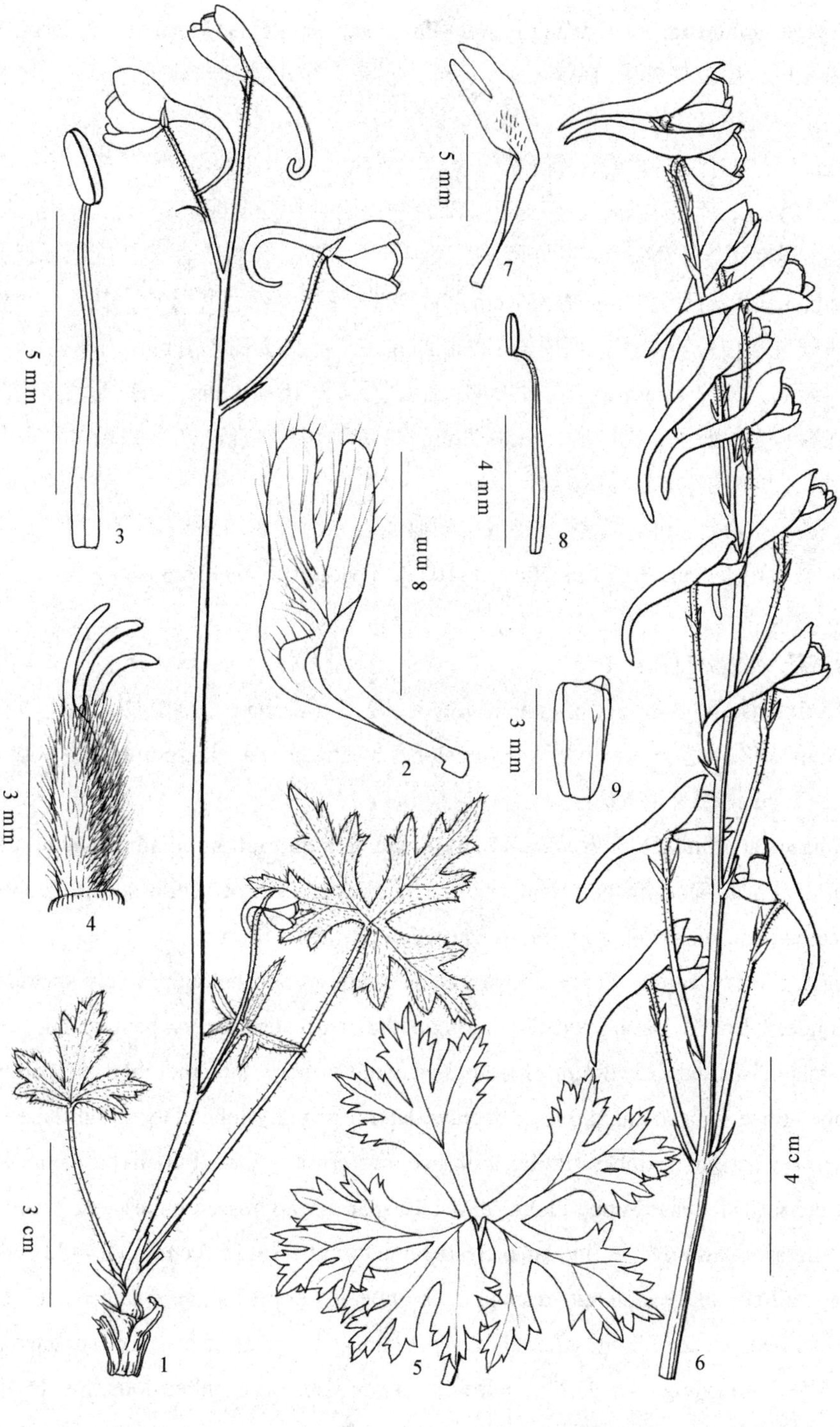

图版 73　1–4. **维西翠雀花**　1. 植株全形；2. 退化雄蕊；3. 雄蕊；4. 雌蕊群。（据 holotype）　5–9. **缺刻翠雀花**　5. 叶；6. 总状花序；7. 退化雄蕊；8. 雄蕊；9. 种子。（据 D. E. Boufford 等 32413；孙英宝绘）

Plate 73　1–4. **Delphinium weixiense**　1. Habit; 2. Staminode; 3. Stamen; 4. Gynoecium.(From holotype)
5–9. **D. incisolobulatum**　5. Leaf; 6. Raceme; 7. Staminode; 8. Stamen; 9. Seed.
(From D. E. Boufford et al 32413; drawn by Y. B. Sun)

171. 缺刻翠雀花　图版 73：5–9

Delphinium incisolobulatum W. T. Wang in Acta Phytotax. Sin. 25(1): 35, pl. 4: 12. 1987; W. T. Wang & M. J. Warnock in Fl. China 6: 265. 2001. Holotype　西藏：昌都，位于吉塘与业拉之间，云杉林边灌丛中，1976-08-27，吴征镒等 5136 (PE)。

草本高约 70 cm。茎被开展短柔毛，常自基部分枝，有 1 叶。基生叶约 7，有长柄；叶片革质，五角形，(2.7–6) cm × (4.6–10) cm，基部心形，3 深裂近基部，中央深裂片菱形或宽菱形，在中部之上 3 浅裂，2 回裂片缺刻状浅裂，末回小裂片卵形或狭卵形，侧深裂片斜扇形，不等 2 深裂，上面无毛，下面疏被柔毛；叶柄长 4–9 cm。总状花序顶生，长 9–37 cm，有 5–12 花；基部苞片叶状，其他苞片披针形；轴和花梗被黄色开展短腺毛和白色短柔毛；花梗长 1.2–6.2 cm，上部具 2 长 4–6 mm 的小苞片。萼片蓝紫色，外面被短毛，内面无毛，长约 13 mm，上萼片卵形，距钻形，长 16–18 mm, 其他萼片椭圆形。花瓣无毛，顶端 2 微裂。退化雄蕊瓣片蓝色，倒梯形，长 6–7 mm，2 裂稍超过中部，疏被白色髯毛；爪长 6.5 mm。雄蕊无毛。心皮 3，子房密被短柔毛。8 月开花。

特产于西藏昌都县。生于云杉林边灌丛中或多石砾山坡，海拔 3 675 m。

标本登录　西藏：昌都，alt. 3 675 m, 2004-08-10, D. E. Boufford 等 32413。

172. 维西翠雀花　图版 73：1–4

Delphinium weixiense W. T. Wang, sp. nov. Holotype　云南 (Yunnan)：维西县，栗地坪 (Weixi County, Lidiping), alt. 3 000 m, 峡谷溪边坡地，花蓝紫色 (on slopes by stream, fls. blue-purple), 2008-09-11, 杨亲二，袁琼 (Q. E. Yang & Q. Yuan) 2545 (PE)。

Species nova haec est affinis *D. incisolobulato* W. T. Wang, a quo foliorum laminis supra dense appresso-puberulis, lobis ultimis lineari-lanceolatis, racemorum rhachidibus glabris, pedicellis superne pubescentibus pilis flavis glandulosis carentibus, staminodiorum limbis ad medium 2-fissis differt.

Herbs perennial, 22–26 cm tall. Stems above base 1.2 mm across, below sparsely spreading-pubescent, above glabrous, simple, 1-leaved. Basal leaves 3–4, long pediolate; blades papery, pentagonal, (2–3) cm × (3–5.2) cm, at base cordate, 3-parted to 2–3 mm above base, central primary lobe rhombic, 1–2 cm broad, 3-lobed, with secondary lobes linear-lanceolate and 1–2-dentate, lateral primary lobes larger, subflabellate, unequally 2-parted, with the upper secondary lobes similar to the central primary lobe, but slightly smaller and oblique; surfaces adaxially densely appressed-puberulous, abaxially sparsely appressed-pubescent; petioles 3.5–9.5 cm long. Cauline leaf smilar to basal leaves, but smaller. Raceme terminal, ca. 6.5 cm long, 4-flowered; basal bract linear, 10 mm long, entire or above base with a small linear lobe, upper bracts linear-lannceolate, entire, 6–8 mm long; rachis glabrous; pedicels 2–3.2 cm long, above spreading-pubescent, near apex 2-bracteolate; bracteoles linear-lanceolate, 3.5–5 mm long. Sepals blue-purple, outside appressed-puberulous, inside glabrous, upper sepal brouad-ovate, (12–14) mm × (9–11) mm, spur subulate, 25–27 mm long, more or less U-form decurved, at base 3–3.5 mm across, lateral sepals oblong-obovate, 16 mm × 8 mm, lower sepals oblong-elliptic, 14 mm × 5.5 mm. Petals purplish, glabrous, apex entire. Staminode limbs purple, oblong, 8 mm × 4 mm, 2-cleft, adaxially above base long white-barbate; claws white, 6.5 mm long, at base minutely 1-appendiculate. Stamens ca. 7 mm long, glabrous. Carpels 3; ovaries 3 mm × 1 mm, densely pubescent; styles 1.5 mm long, glabrous.

产于云南维西县。生于山谷溪岸坡地，海拔 3 000 m。

173. 甘孜翠雀花 图版 78：7−9

Delphinium kantzeense W. T. Wang in Acta Bot. Sin. 10(2): 161. 1962; Munz in J. Arn. Arb. 48(4): 521. 1967; W. T. Wang in Fl. Reip. Pop. Sin. 27: 435, pl. 100: 7−9. 1979; et in Vasc. Pl. Hengduan Mount. 1: 490. 1993; W. T. Wang & M. J. Warnock in Fl. China 6: 264. 2001. Holotype 四川：甘孜，1951-07-08，崔友文 4303 (PE)。

草本高约 1m。茎疏被开展糙毛，上部分枝，等距生叶。中部茎生叶有稍长柄；叶片五角形，约 5.5 cm × 7.5 cm，3 深裂至距基部 3−4 mm 处，中央深裂片菱形，在中部又 3 深裂，2 回裂片狭长，有 1−2 三角形小裂片或牙齿，侧深裂片斜扇形，不等 2 深裂，两面疏被糙毛；叶柄比叶片稍长。顶生总状花序有 14 花，分枝的花序有 3−5 花；基部苞片 3 裂，其他苞片条形；轴和花梗被白色反曲短毛和黄色开展短腺毛；花梗长 2−5 cm，上部有 2 条形小苞片。萼片灰蓝色，长圆状倒卵形或狭椭圆形，长 10−11 mm，外面被短毛，距钻形，长 16−18 mm，花瓣无毛，全缘。退化雄蕊瓣片蓝色，卵形，顶端全缘或微凹，被黄色髯毛。雄蕊无毛。心皮 3，无毛。7 月开花。

特产于四川甘孜县。

174. 岩瓦翠雀花

Delphinium yanwaense W. T. Wang in Acta Bot. Yannan. 5(2): 157, fig. 1: 7−9. 1983; in Vasc. Pl. Hengduan Mount. 1: 489. 1993; et in Fl. Yunnan. 11: 124. 2000; W. T. Wang & M. J. Warnock in Fl. China 6: 252. 2001. Holotype 云南：维西，岩瓦，碧洛山，阿尼村，alt. 2 700 m，石上，1981-07-11，郎楷永，李渤生，李良千 1325 (PE)。

草本高约 30 cm。茎下部密被反曲短柔毛，其他部分无毛，自下部或中部有长分枝，有 3 叶。基生叶约 3，与下部茎生叶均有长柄；叶片五角形，(3.5−4.5) cm × (4.5−5.5) cm，基部宽心形，3 深裂，中央深裂片菱形，在中部之上 3 浅裂，浅裂片卵形，有 1−2 小齿，侧深裂片近斜扇形，不等 2 裂近中部，两面疏被短毛；叶柄长 6−9 cm。总状花序顶生，长约 16 cm，有 3−5 花；下部苞片叶状，上部苞片狭长圆形；轴无毛；花梗长 3.5−10 cm，只近顶端被短柔毛，上部有 2 条形小苞片。萼片蓝紫色，外面被短毛，上萼片圆卵形，约 9 mm × 5.5 mm，距钻形，长 19 mm，侧萼片椭圆形，下萼片长圆形。花瓣顶端 2 浅裂，有短缘毛。退化雄蕊瓣片蓝色，近方形，长 5 mm，2 半裂，被黄色髯毛。雄蕊花丝有疏毛。心皮 3，子房被短柔毛。7 月开花。

特产于云南维西县岩瓦（康普之南）。生于山地石上，海拔 2 700 m。

175. 永宁翠雀花 图 14

Delphinium yongningense W. T. Wang & M. J. Warnock in Guihaia 17(1): 7, fig. 1: 3−5. 1997; et in Fl. China 6: 261. 2001. Holotype 云南：宁蒗县，在永宁和永北之间（近木里），1922 年 5−6 月，J. F. Rock 5176 (US)。

草本高 54−80 cm。茎被开展硬毛，不分枝或有 1 分枝，有 1−3 叶。基生叶约 4，有长柄；叶片纸质，五角形，ca. 3.5 cm × 7 cm，基部心形，3 深裂之距基部 2.5 mm 处，中央深裂片菱形，在中部又 3

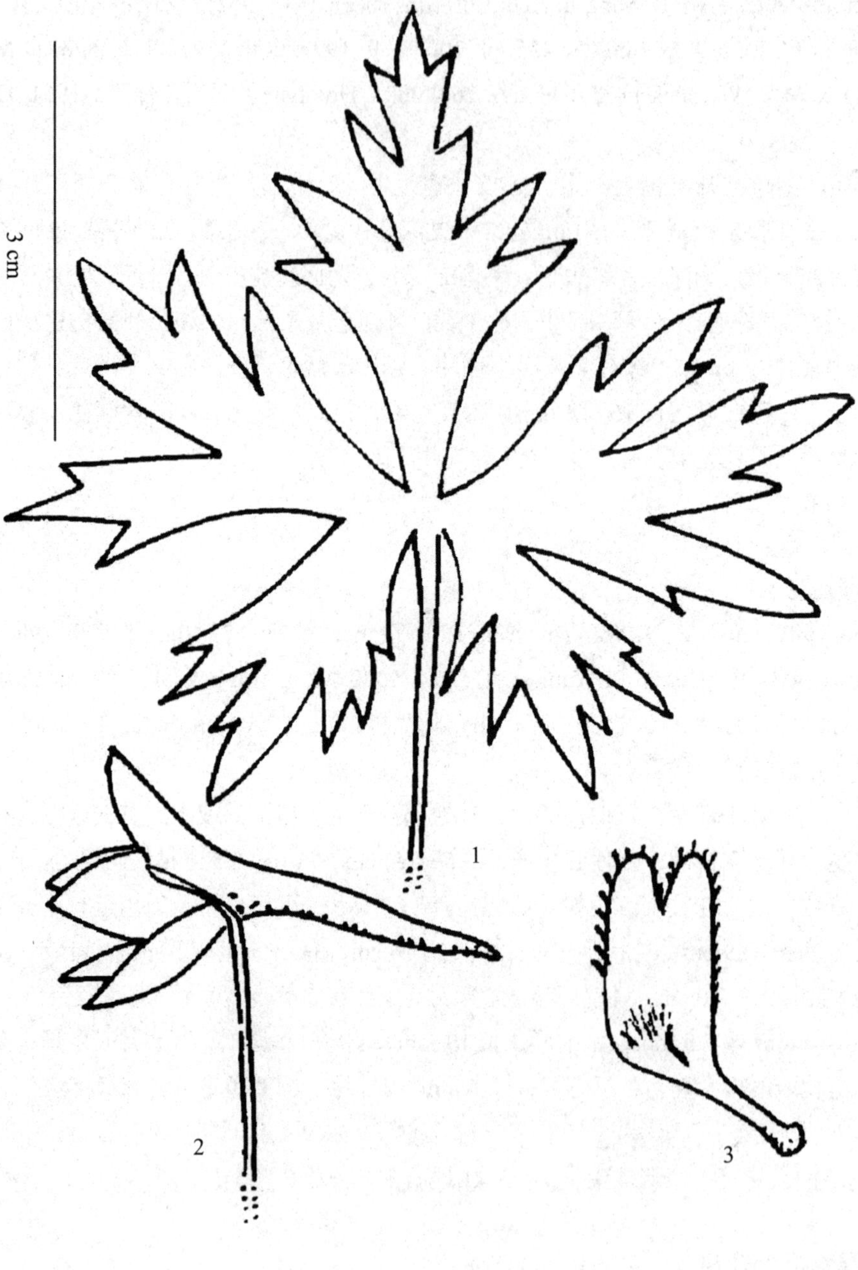

图 14　**永宁翠雀花**　1. 基生叶；2. 花；3. 退化雄蕊。（引自王文采，1997）

Fig. 14　**Delphinium Yongningense**　1. Basal leaf; 2. Flower; 3. Staminode. (After W. T. Wang, 1997)

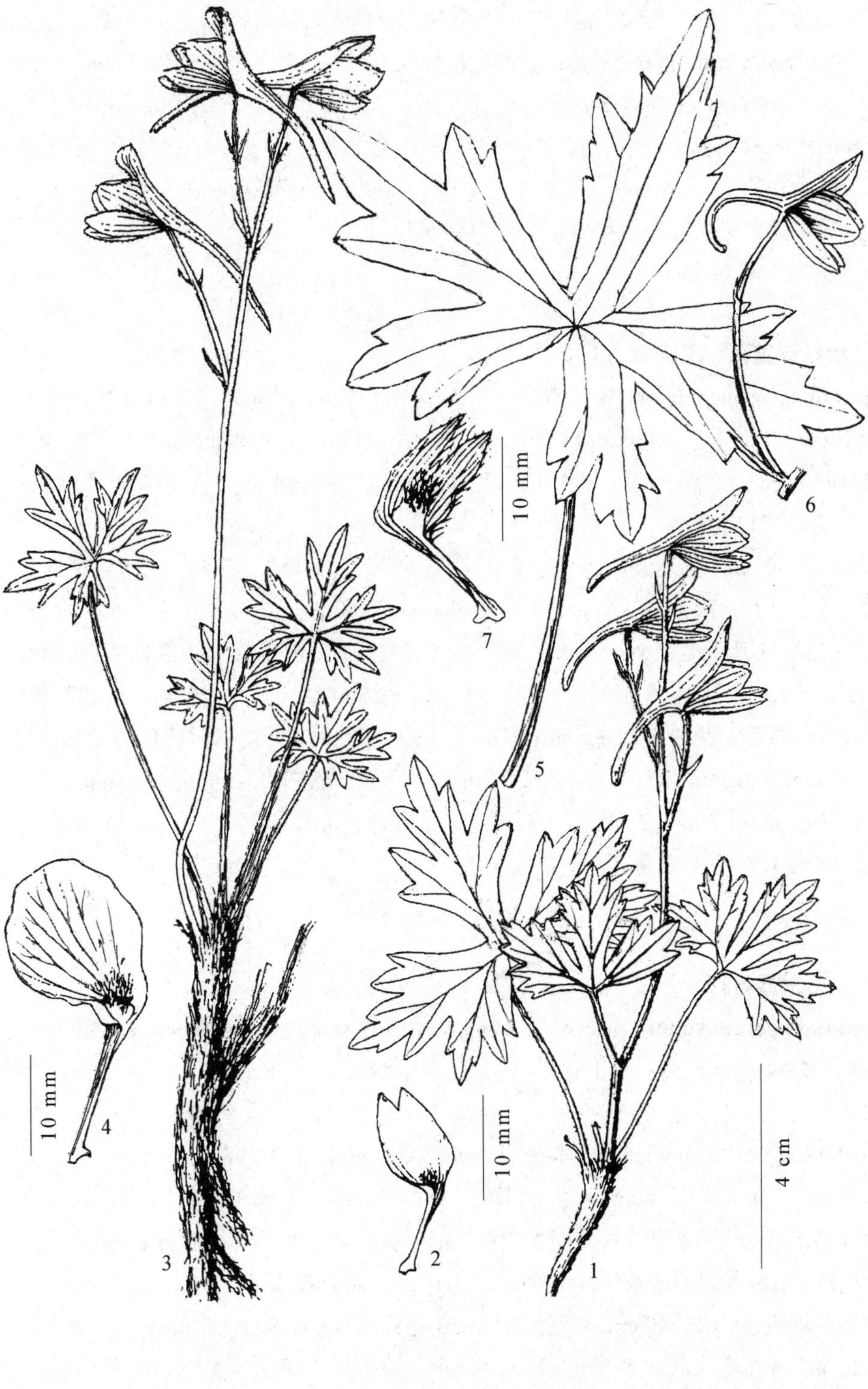

图版 74 1–2. **纸叶翠雀花** 1. 开花植株全形；2. 退化雄蕊。 3–4. **宁蒗翠雀花** 3. 开花植株全形；4. 退化雄蕊。 5–7. **毛药翠雀花** 5. 基生叶；6. 花；7. 退化雄蕊。（引自王文采，1983；王金凤绘）

Plate 74 1–2. **Delphinium pergameneum** 1. Flowering plant; 2. Staminode. 3–4. **D. pseudohamatum** 3. Flowering plant; 4. Staminode. 5–7. **D. lasiantherum** 5. Basal leaf; 6. Flower; 7. Staminode. (After W. T. Wang, 1983; drawn by J. F. Wang)

深裂，中央 2 回裂片较长，有 4 狭三角形或三角形小裂片，侧 2 回裂片只有 1 小裂片，侧深裂片近扇形，不等 2 深裂，上方 2 回裂片较大，似中央 1 回深裂片，两面疏被短毛；叶柄长 10–12.5 cm。总状花序顶生，狭长，长 38–68 cm，有 6–22 花；下部苞片叶状，上部苞片条形；轴和花梗被反曲硬毛和黄色短腺毛；花梗长 0.6–12 cm，顶端有 2 条形小苞片。萼片紫色，外面疏被糙伏毛，内面无毛，上萼片卵形，(13–18) mm × (8–10) mm，距钻形，长 17–20 mm，其他萼片长圆形，长 13–17 mm。花瓣无毛，全缘。退化雄蕊瓣片长圆形，长 6 mm，顶端 2 微裂，被短缘毛，腹面基部之上被黄色髯毛；爪长 4 mm。雄蕊无毛。心皮 3，子房被黄色柔毛。5–6 月开花。

特产于云南宁蒗县北部。

176. 纸叶翠雀花　图版 74：1–2

Delphinium pergameneum W. T. Wang in Acta Bot. Yunnan. 5(2): 158, fig. 2: 3–4. 1983; in Vasc. Pl. Hengduan Mount. 1: 488. 1993; et in Fl. Yunnan. 11: 131. 2000; W. T. Wang & M. J. Warnock in Fl. China 6: 261. 2001. Holotype　云南：德钦，云岭镇，明永，alt. 3 100–3 600 m，林中草地，1981-08-23，郎楷永，李渤生，李良千 3712 (PE)。

草本高 11–30 cm。茎被近开展的短柔毛，不分枝或上部分枝。有 1 叶。基生叶约 4，具长柄；叶片坚纸质或近革质，五角形，(2–3.8) cm × (3.6–6.5) cm，基部心形，3 深裂近基部，中央深裂片菱形或菱状楔形，3 浅裂，2 回裂片有 1–2 牙齿，侧深裂片斜扇形，不等 2 裂近中部，两面无毛，边缘有缘毛；叶柄长 3.5–5.5 cm。总状花序顶生，长 6.5–16 cm，有 3–4 花；苞片披针形；轴和花梗被黄色开展短腺毛和白色反曲短柔毛；花梗长 2.5–5 cm，中部之上有 2 条形小苞片。萼片蓝色，外面被短毛，上萼片长卵形，约 17 mm × 7 mm，距细筒形，长 22 mm，侧萼片椭圆形，15 mm × 7 mm，下萼片狭长圆形，15 mm × 3.5 mm。花瓣顶端 2 浅裂，有疏缘毛。退化雄蕊瓣片蓝色，狭卵形，2 浅裂，被白色髯毛。花丝有疏毛。心皮 3，子房密被短柔毛。8 月开花。

特产于云南德钦县云岭镇。生于林中草地，海拔 3 100–3 600 m。

177. 拟云南翠雀花

Delphinium pseudoyunnanense W. T. Wang & M. J. Warnock in Phytologia 7: 382. 1996; et in Fl. China 6: 263. 2001. Holotype　云南：位于腾冲与龙陵之间，Nan Kao Chai，花淡紫色，1922-09-15，J. F. Rock 6551 (GH)。

D. yunnanense auct. non Franch.: Munz in J. Arn. Arb. 48(4): 543. 1967, p. p. quoad J. F. Rock 6551.

草本高约 1.5 mm。茎下部未见，上部无毛，分枝。上部茎生叶具稍长或短柄；叶片薄革质，五角形，ca. 7.5 cm × 7.5 cm，基部心形，3 全裂，中央全裂片披针状条形，宽 6.5 mm，侧全裂片不等 2 深裂，深裂片披针状条形，狭披针形或条形，约 6 cm × 0.6 cm，两面疏被短柔毛；叶柄长 1.4–7.8 cm，无毛。总状花序顶生并腋生，长 25–45 cm，有密集 18–30 花；苞片披针形条状行或钻形；轴和花梗无毛；花梗长 0.25–30 cm，上部有 2 长 5–9 mm 的小苞片。萼片紫色，外面被短柔毛，内面无毛，上萼片椭圆状倒卵形，长 11–14 mm，距钻形，长 13–15 mm，其他萼片长圆形，长 10–12 mm。花瓣顶端 2 浅裂，被缘毛。退化雄蕊瓣片长圆形，长 4.6 mm，2 半裂，被黄色髯毛；爪长 4 mm。花丝有疏毛。心皮 3，子房疏被短柔毛。蓇葖长 1.2–1.6 cm。种子褐色，四面体形，长 1.2 mm，沿纵棱有狭翅。8–9 月开花。

特产于云南西部腾冲及龙陵之间。

178. 云南翠雀花　月下参（《植物名实图考》）　图版 71：6-8

Delphinium yunnanense (Franch.) Franch. in Bull. Soc. Philom. Paris, ser. 8, 5: 173. 1893; Huth in Bot. Jahrb. 20: 465. 1895; Finet & Gagnep. in Bull. Soc. Bot. France 51: 477. 1904; W. T. Wang in Acta Bot. Sin. 10(2): 160. 1962; Munz in J. Arn. Arb. 48(4): 543. 1967; Iconogr. Corm. Sin. 1: 706, fig. 1412. 1972; W. T. Wang in Fl. Reip. Pop. Sin. 27: 433, pl. 99: 6−8. 1979; Y. K. Li in Fl. Guihzou. 3: 23. 1990; W. T. Wang in Vasc. Pl. Hengduan Mount. 1: 488. 1993; et in Fl. Yunnan. 11: 135, pl. 40: 6−9. 2000; Z. Wang & W. T. Wang in High. Pl. China 3: 444, fig. 706. 2000; W. T. Wang & M. J. Warnock in Fl. China 6: 263. 2001; L. Xie in Medic. Fl. China 3: 192, with fig. & photo. 2016. ——*D. denudatum* Wall. var. *yunnanense* Franch. in Bull. Soc. Bot. France 33: 378. 1886; et Pl. Delav. 25. 1889. Holotype　云南：洱源，孟获营，1886-08-31，J. M. Delavay 967bis (P, not seen)。

D. yunnanense var. *laxum* et *strictum* Huth in Bot. Jahrb. 20: 465. 1895.

D. esquirolii Lévl. & Van. In Bull. Herb. Bioss., ser. 2, 6: 505. 1906. Syntypes　贵州，H. J. Esquirol 150, 153 (E, not seen)。

草本高（40−）60−90 cm。茎下部被反曲短柔毛，上部无毛，分枝，有 4−6 叶。最下部茎生叶在花期枯萎；其他下部叶有长柄；叶片五角形，(3.6−5.8) cm × (5.5−10) cm，3 深裂近基部，中央深裂片近菱形，又 3 深裂，2 回裂片狭三角形或狭披针形，有 1−2 小裂片或全缘，侧深裂片不等 2 深裂，两面疏被短毛；叶柄长 8.8−13 cm。上部茎生叶变小，深裂片常全缘，披针状条形。总状花序狭长，疏生 3−10 花；基部苞片叶状，其他苞片小，钻形；花梗长 1.2−5.5 cm，无毛。萼片蓝紫色，椭圆状倒卵形，长 9−14 mm，外面有疏毛，距钻形，长 17−24 mm。花瓣无毛。退化雄蕊瓣片紫色，倒卵形，2 半裂，被黄色髯毛。花丝无毛或有缘毛。心皮 3，子房密被短伏毛。蓇葖长 1.8 cm。种子小，金字塔形，沿棱有狭翅。8−10 月开花。

分布于云南、四川中部和南部、贵州西部。生于山地草坡、多石坡、灌丛或林中，海拔 1 000−3 300 m。

根药用，用于肺结核、小儿肺炎、风湿关节痛等症。全草含一些生物碱：翠雀它灵 (deltaline)，云南翠雀碱 (yunnanenseine)，黑夜翠雀碱 (blacknine)，甲基狼毒乌头亭 (methyllycaconitine)（《中国药用植物志》，2016）。

标本登录　云南：鹤庆，松桂，1958-10，王文采 s. n.；洱源，孟获营，1887-10，J. M. Delavay s. n.；大理，Yo-lin-chan, 1891-08, J. M. Delavay 6515；大理，花甸，alt. 3 300 m，杨亲二，袁琼 2598；镇康，alt. 1 800 m，俞德浚 12325；澜沧，alt. 1 900 m，钱义咏 2646；景东，无量山，邱炳云 53146；Yo-Cew-chan，1911，F. Ducloux 6811；楚雄，李明冈 301；昆明，钟观光 2123，刘慎谔 14209，16690，16985，19730，20156，20183，邱炳云 55076，冯国楣 10221，10282，杨亲二 94-61，杨亲二，袁琼 94-61；嵩明，alt. 2 300 m，张英伯 146，毛品一 95，99；石林，税玉民等 64342，64542，64797，65029；东川，alt. 2 700 m, E. E. Maire s. n.；砚山，alt. 1 000−1 200 m，王启无 84008，84313；文山，冯国楣 11095，吉占和 430，李家美 2627。四川：会理，俞德浚 1400；布拖，凉山经济植物队 59-5779；彭县，冯正波，朱大海 07-526。贵州：盘县，钟补勤 1736；兴义，alt. 1 300 m，张志松，张永田 7140；兴仁，张志松，张永田 7582，罗毅波 126。

179. 毛药翠雀花 图版 74：5−7

Delphinium lasiantherum W. T. Wang in Acta Bot. Yunnan. 5(2): 160, fig. 2: 5−7. 1983; et in Vasc. Pl. Hengduan Mount. 1: 487. 1993; W. T. Wang & M. J. Warnock in Fl. China 6: 259. 2001. Holotype 四川：稻城，日瓦乡，呷拥，alt. 3 200 m，山谷灌丛，1981-08-24，青藏队 4250 (PE)。

D. taliense Franch. var. *pubipes* W. T. Wang in Acta Bot. Sin. 10(2): 159. 1962; in Fl. Reip. Pop. Sin. 27: 425. 1979. Holotype 四川：稻城，日瓦乡，贡嘎沟，alt. 2 900−3 400 m，疏林下，花紫色，1959-11-03，武素功 2923 (PE)。

草本高 60−80 cm。茎无毛或近无毛，约有 3 叶，中部之上有 1 分枝。基生叶约 3，具长柄；叶片五角形，(4.8−7) cm × (9−13) cm，基部心形，3 深裂，中央深裂片菱形，3 浅裂，浅裂片有 1−2 小齿，侧深裂片斜扇形，不等 2 深裂，两面疏被短毛；叶柄长 10−16 cm。总状花序顶生，长 11−15 cm，有 5−6 花；苞片条形；轴和花梗被黄色开展短腺毛；花梗长 1.8−4.5 cm，上部具 2 钻形小苞片。萼片深紫色，外面有短毛，上萼片狭椭圆形，长 12−15 mm，距钻形，长 22−25 mm，侧萼片和下萼片均长圆形。花瓣顶端 2 裂，疏被缘毛。退化雄蕊瓣片蓝色，近长圆形，长 6 mm，2 深裂，被黄色髯毛；爪长 5 mm。雄蕊花丝有疏毛，花药背面有短毛。心皮 3，子房密被柔毛。

特产于四川稻城县日瓦乡。生于山坡上、沟边或林下，海拔 2 900−3 400 m。

标本登录 四川：稻城，日瓦乡，四川植被队 2477，青藏队 4306。

180. 鞘柄翠雀花 图版 71：4−5

Delphinium coleopodum Hand.−Mazz. Symb. Sin. 7: 276, pl. : 6. 1931; W. T. Wang in Acta Bot. Sin. 10(2):162. 1962; Munz in J. Arn. Arb. 48(4): 512. 1967; W. T. Wang in Fl. Reip. Pop. Sin. 27: 434, po. 99: 4−5. 1979; in Vasc. Pl. Hengduan Mount 1: 489. 1993; et in Fl. Yunnan. 11: 17, pl. 40: 4−5. 2000; W. T. Wang & M. J. Warnock in Fl. China 6: 264. 2001. Holotype 云南：丽江，H. Handel-Mazzetti 41-5 (not seen)。

草本高 20−35 cm。茎下部稍密被反曲并贴伏的短柔毛，上部变无毛，不分枝或分枝，有少数叶。基生叶约 1，有长柄；叶片五角形，(3.5−5) cm × (6−10) cm，3 深裂片近基部，深裂片互相稍覆压，中央深裂片菱形，又 3 裂，2 回裂片披针形，有 1−2 三角形小裂片或全缘，侧深裂片斜扇形，不等 2 深裂，上面密被短伏毛，下面有短柔毛；叶柄长 18−27 cm，基部有狭鞘。茎生叶叶柄有宽鞘；鞘抱茎，船形，(3−6) cm × [0.8−1.2(−1.5)] cm。总状花序顶生，长 10−20 cm，有 3−7 花；苞片披针形至丝形；轴近无毛；花梗长 1.5−4 cm，上部疏被开展柔毛，并具 2 长 4.5−7 mm 的小苞片。萼片蓝色，狭椭圆形，长 20−32 mm，距钻形，长 20−25 mm。花瓣无毛。退化雄蕊瓣片蓝色，宽倒卵形，顶端全缘或微凹，被黄色髯毛。花丝有疏毛。心皮 3，子房密被柔毛。蓇葖长 1.5−1.8 cm。种子长 1 mm，沿纵棱有狭翅。9−10 月开花。

分布于云南西北部和四川西南部。生于山地草坡，海拔 3 000−3 700 m。

标本登录 云南：丽江，玉龙山，G. Forrest 22362, 30693，俞德浚 15592，杨亲二 94-116，杨亲二，孔宏智 98-483，罗艳，陈又生 498，杨亲二，袁琼 157；大理，苍山，陈家瑞 92-476。四川：木里，1930-08，G. Forrest 28380。

181. 先骕翠雀花 图版 70：7−8

Delphinium hui Chen in Bull. Fan Mem. Inst. Biol., n. s., 1: 173. 1948; W. T. Wang in Acta Bot. Sin.

10(2): 157. 1962; Munz in J. Arn. Arb. 49(1): 75. 1968; W. T. Wang in Fl. Reip. Pop. Sin. 27: 429, pl. 98: 7–8. 1979; et in Vasc. Pl. Hengduan Mount.1: 488. 1993; W. T. Wang & M. J. Warnock in Fl. China 6: 262. 2001. Holotype 四川：稻城，贡嘎岭，Chanadorjo, alt. 4 500 m，山坡，1937-08-31，俞德浚 13101 (PE)。

181a. var. **hui**

草本高 3–8 cm。茎密被开展或向下斜展的柔毛，不分枝，有 1–2 叶。基生叶多达 10 枚，有长柄；叶片五角形，(0.8–1.3) cm × (1.5–2.7) cm，基部心形，3 深裂近基部，中央深裂片楔形或楔状倒卵形，中部之上 3 浅裂（浅裂片全缘）或具 3 牙齿，侧深裂片斜扇形，不等 2 裂超过中部，有 5 小裂片，上面稍密被短伏毛，下面有疏柔毛；叶柄长 7–10 cm。花序有 1–2 花；花梗长 3–4.5 cm，被短柔毛，上部有 2 匙形小苞片。萼片紫色，宽椭圆形，长 15–16 mm, 外面有柔毛，内面无毛，距钻形，长约 25 mm。花瓣无毛，顶端 2 浅裂。退化雄蕊瓣片紫色，倒卵形，2 浅裂，疏被黄色髯毛。花丝无毛或有疏毛。心皮 3，子房被短柔毛。

分布于四川西南部和云南西北部。生于多石砾山坡，海拔 4 400–4 600 m。

标本登录 四川：稻城，贡嘎岭，青藏队 5570。云南：中甸，格咱，红山，杨亲二，袁琼 122。

181b. **多裂叶翠雀花（变种）**

var. **lobulibundum** W. T. Wang, var. nov. Type 四川 (Sichuan)：稻城县，桑堆乡，海子山 (Daocheng County, Sangdui Town, Haizi Shan) alt. 4 500 m, 山坡灌丛中，花紫色 (among scrubs on slope, fls. purple), 2001-09-18，罗艳 (Y. Luo) 409 (holotype and two isotypes, PE); 乡城县，无名山 (Xiangcheng County, a mount without name), alt. 4 500 m, 草地，花紫色 (un alpine meadow, fls. purple), 2001-09-20, 罗艳 418 (paratype, PE)。

A var. *hui* differt folii lobo primario mediano 3–5-lobulato et lobis primariis lateralibus 5–10-lobulatis, racemis 1–5(–10)-floris.

本变种叶的中央 1 回裂片有 3–5 小裂片，侧生 1 回裂片有 5–10 小裂片，总状花序有 1–5（–10）花，而与模式变种不同。

分布于四川西南部的稻城县和乡城县一带。生于高山草甸上或山坡灌丛中，海拔 4 500 m。

182. 倒心片翠雀花

Delphinium obcordatilimbum W. T. Wang in Fl. Reip. Pop. Sin. 27: 444, 616, fig. 23. 1979; et in Fl. Xizang. 2: 56. 1985; W. T. Wang & M. J. Warnock in Fl. China 6: 267. 2001. Holotype 西藏：类乌齐，alt. 3 850 m，草地，1976-07-21，青藏队植被组 9213 (PE)。

草本高约 70 cm。茎无毛或几无毛，自下部分枝。基生叶和下部茎生叶有长柄；叶片圆五角形，(2.3–4.5) cm × (5–9) cm，基部心形，3 深裂近基部，中央深裂片菱形，2 回深裂，侧深裂片斜扇形，3 回深裂，末回裂片狭三角形至条状披针形，两面疏被短毛；叶柄长 9–15 cm。上部基生叶 3 全裂，末回裂片条形。总状花序顶生，狭长，长达 22 cm，约有 8 花；苞片条形；轴无毛；花梗长 0.8–8.5 cm，只顶部有短柔毛和少数黄色腺毛，上部有 2 钻形小苞片。萼片蓝色，外面有疏柔毛，内面无毛，椭圆形，上萼片长 13–16 mm，下萼片较大，长 18–20 mm，距钻形，长 23–25 mm。退化雄蕊瓣片倒心形，宽 7 mm，密被黄色髯毛；爪长 6 mm。花丝有疏毛。心皮 3，子房被短柔毛。7 月开花。

特产于西藏类乌齐县。生于高山草地，海拔 3 850 m。

183. 宁蒗翠雀花　图版 74：3–4

Delphinium pseudohamatum W. T. Wang in Acta Bot. Yunnan. 5(2): 161, fig. 2: 1–2. 1984; in Vasc. Pl. Hengduan Mount 1: 488. 1993; et in Fl. Yunnan. 11: 131, pl. 38: 3–4. 2000; W. T. Wang & M, J. Warnock in Fl. China 6: 260. 2001. Holotype　云南：宁蒗，上单槛檀，alt. 3 790 m，草甸，1981-09-08，田效文等97 (6) (PE)。

草本高 11–18 cm，茎下部疏被开展柔毛，其他部分无毛，不分枝，有 1 叶。基生叶约 4，具长柄；叶片五角形，(1–2.2) cm × (2.2–3.5) cm，基部心形，3 深裂近基部，中央深裂片宽菱形或菱形，在中部 3 裂，2 回裂片有 1 齿或全缘，侧深裂片斜扇形，不等 2 深裂，两面疏被短毛；叶柄长 4.2–9 cm。总状花序有 1–3 花；萼片 3 全裂或不分裂，呈条形；花梗长约 3.5 cm, 只在顶部有黄色短柔毛，中部有狭条形小苞片。萼片蓝色，外面被黄色短毛，上萼片狭椭圆形，16 mm × 5 mm，距钻形，长 28 mm，其他萼片也呈狭椭圆形。花瓣顶端全缘，有疏缘毛。退化雄蕊瓣片蓝色，宽倒卵形，约 10 mm × 7 mm，顶端全缘，被黄色髯毛；爪长 6 mm。花丝有疏毛。心皮 3，子房密被柔毛。8–9 月开花。

特产于云南宁蒗县。生于高山草地上，海拔 2 790 m。

184. 玉龙山翠雀花　图 15

Delphinium yulongshanicum W. T. Wang in Bull. Bot. Res. Harbin 6(1): 15, pl. 5: 4–5. 1986; in Vasc. Pl. Hengduan Mount. 1: 497. 1993; et in Fl. Yunnan 11: 133, pl. 39: 4–5. 2000; W. T. Wang & M. J. Warnock in Fl. China 6: 262. 2001. Type　云南：丽江，玉龙山，文海，alt. 3 700 m，1963-09-10，包成章 63-20455 (holotype, KUN)；同地，乌头地，1970-10-08，俞绍文 s. n. (paratype, KUN)。

草本高 15–17 cm。茎基部被反曲短柔毛，其他部分疏被短柔毛，不分枝。基生叶约 4，与下部茎生叶具长柄；叶片革质，五角形，(1.1–2.2) cm × (2.7–4) cm，基部心形，3 深裂近基部，中央深裂片宽菱形，在中部 3 裂，2 回裂片有 1–2 小齿，侧深裂片斜扇形，不等 2 深裂，两面被糙伏毛；叶柄长 7.5–11.8 cm。总状花序顶生，有 2–5 花；基部苞片叶状，其他苞片条形；花梗长 (2–)3–10 cm，被开展淡黄色柔毛，上部有 2 狭条形小苞片。萼片紫蓝色，外面被短毛，内面无毛，长圆形，长 18–21 mm，距钻形，长 (16–) 22–29 mm。花瓣无毛，顶端微凹或 2 浅裂，被黄色髯毛；爪基部有钩状附属物。花丝被疏毛。心皮 3，子房密被柔毛。9–10 月开花。

特产于云南丽江市玉龙山。生于海拔 3 700 m 一带山地。

185. 凉山翠雀花　图版 70：4–6

Delphinium liangshanense W. T. Wang in Fl. Reip. Pop. Sin. 27: 425, 615, pl. 98: 4–5. 1979; W. T. Wang & M. J. Warnock in Fl. China 6: 259. 2001. Type　四川：越西，碧鸡山，alt. 3 000 m，草坡，1960-10-04，四川药源普查队 26197 (holotype, NAS)；越西，大瑞乡，南青，alt. 3 000 m，阴坡草丛，1960-07-23，四川药源普查队 26766 (paratype, NAS)。

草本高 28–54 cm。茎无毛，分枝，有 3–4 叶。基生叶在花期枯萎。下部茎生叶有长柄；叶片五角形，(2.6–4.8) cm × (4.4–9) cm，基部心形，3 深裂近基部，中央深裂片菱形，在中部之下又 3 深裂，2 回裂片狭卵形或披针状条形，有 1 小裂片或全缘，侧深裂片斜扇形，3 回细裂，末回裂片狭三角形至披针状条形，两面疏被短毛；叶柄长 2.5–19 cm。总状花序顶生，有 5–6 花，无毛；苞片条形；花梗长 2.5–8 cm，下部或中部有 2 钻形或丝形小苞片。萼片紫色，卵形，长约 18 mm，外面被短毛，内面无毛，距钻形，长

图 15　**玉龙山翠雀花**　1. 开花植株全形；2. 退化雄蕊。

（引自王文采，1986；张泰利绘）

Fig. 15　**Delphinium yulongshanicum**　1. Flowering plant; 2. Staminode.

(After W. T. Wang, 1986; drawn by T. L. Zhang)

图版 75　1–5. **密距翠雀花**　1. 总状花序；2. 叶；3. 退化雄蕊；4. 雄蕊；5. 雌蕊群。（据杨亲二，袁琼 180）
6–9. **洱源翠雀花**　6. 植株全形；7. 退化雄蕊；8. 雄蕊；9. 雌蕊群。（据 isotype；孙英宝绘）

Plate 75　1–5. ***Delphinium pycnocentrum***　1. Raceme; 2. Leaf; 3. Staminode; 4. Stamen; 5. Gynoecium. (From Q. E. Yang & Q. Yuan 180)　6–9. ***D. lankongense***　6. Habit; 7. Staminode; 8. Stamen; 9. Gynoecium. (From isotype; drawn by Y. B. Sun)

26–30 mm。花瓣无毛，顶端全缘。退化雄蕊瓣片紫色，狭倒卵形，长 11 mm，顶端全缘，被黄色髯毛；爪长 6 mm。雄蕊无毛。心皮 3，子房密被柔毛。7–10 月开花。

特产于四川越西县。生于山地草坡，海拔 3 000 m。

186. 洱源翠雀花　图版 75：6–9

Delphinium lankongense Franch. in Bull. Soc. Bot. France 33:378. 1886; Pl. Delav. 26. 1889; et in Bull. Soc. Philom. Paris, ser. 8, 5: 180. 1893; Finet & Gagnep. in Bull. Soc. Bot. France 51: 487. 1904. ——*D. pycnocentrum* Franch. var. *lankongense* (Franch.) Huth in Bot. Jahrb. 20: 465, 1895; W. T. Wang in Acta Bot. Sin. 10(2): 163. 1962. Type　云南：洱源，Hee-chan-men, alt. 3 000 m, 1885-10-12, M. J. Delavay 1844(holotype, p; isotype, PE)。

D. pycnocentrum auct. non Franch.: Munz in J. Arn. Arb. 49(1): 78. 1968; W. T. Wang in Fl. Reip. Pop. Sin. 27: 485. 1979; in Vasc. Pl. Hengduan Mount. 1: 490. 1993; et in Fl. Yunnan. 11: 138. 2000; W. T. Wang & M. J. Wainock in Fl. China 6: 264. 2001.

草本高 15–18 cm。茎基部密被开展或贴伏的微硬毛，中部以上有少数开展的毛，不分枝，近基部有 2 叶。基生叶约 3，有长柄；叶片五角形，(1.2–2.4) cm × (2.4–3) cm，基部心形，3 深裂近基部，中央深裂片宽菱形，又 3 深裂，中央 2 回裂片狭菱形，中部之上有 3 小裂片，侧生 2 回裂片 2 深裂近基部，侧深裂片斜扇形，3 回细裂，末回裂片狭三角形至近条形，宽 1–3 mm，上面被短伏毛，下面近无毛；叶柄长 6–12 cm。总状花序顶生，长 2–6 cm，有 2–5 花；苞片条形；轴和花梗疏被短毛；花梗长 1.4–2 cm，中部之上有 2 狭条形小苞片。萼片蓝色，外面被短毛，内面无毛，上萼片宽卵形，12 mm × 8 mm，距钻形，长 18 mm，其他萼片狭椭圆形。花瓣无毛，顶端微凹。退化雄蕊瓣片近长方形，长 6 mm，顶端微凹，被黄色髯毛；爪长 6 mm，基部有 1 钩状附属物。花丝有疏毛。心皮 3，子房密被柔毛。9–10 月开花。

特产于云南洱源县。生于海拔 3 000 m 山地。

187. 密距翠雀花　图版 75：1–5

Delphinium pycnocentrum Franch. in Bull. Soc. Bot. France 33: 379. 1886; Pl. Delav. 26. 1889; et in Bull. Soc. Philom. Paris, ser. 8, 5: 175. 1893; Huth in Bot. Jahrb. 20: 464. 1895; Finet & Gagnep. in Bull. Soc. Bot. France 51: 487. 1904; W. T. Wang in Acta Bot. Sin. 10(2): 163. 1962; Munz in J. Arb. 49(1): 78. 1968, p. p. excl. syn.; W. T. Wang in Fl. Reip. Pop. Sin. 27: 436. 1979, p. p. excl. syn.; in Vasc. Pl. Hengoluan Mount. 1: 490. 1993, p. p. excl. syn.; et in Fl. Yunnan. 11: 138. 2000, p. p. excl. syn. Holotype　云南：洱源，洋芋山，alt. 3 000m，1884-10-08，J. M. Delavay 993 (P. not seen; photo, PE)。

草本高 40–100 cm。茎基部密被反曲并贴伏的短毛（毛长 0.3–0.5 mm）和一些较长反曲毛（毛长 1.2 mm），上部变无毛，不分枝或分枝，有 4–5 叶。基生叶 2–3，与下部茎生叶有长柄；叶片五角形，(4–8) cm × (6–13) cm，基部心形，3 深裂近基部，稀 3 全裂，中央 1 回裂片宽菱形，2–3 回细裂，侧生 1 回裂片斜扇形，不等 2 深裂，2 回裂片也 2–3 回细裂，末回裂片披针状条形至条形，宽 1–4.5 mm，上面被短伏毛，下面近无毛；叶柄长达 20 cm。顶生总状花序，狭长，长 10–26 cm，有 4–18 花；侧生总状花序有 4–5 花；苞片披针形；轴和花梗无毛或疏被短毛；花梗向上直展，长 1–3.5 cm，上部具 2 长

3–6 mm 的小苞片。萼片蓝色，外面被短毛，内面无毛，上萼片狭卵形，12–14 × 6 mm，距钻形，长 16–18 mm，其他萼片椭圆形。花瓣无毛，全缘。退化雄蕊瓣片狭倒卵形，长 7 mm，顶端 2 微裂，被黄色髯毛；爪长 5 mm，雄蕊无毛。心皮 3，子房只在腹缝线上有短毛。8–10 月开花。

分布于云南洱源至大理一带。生于海拔 2 600–3 000 m 一带的山地。

标本登录　云南：洱源，黑山门，J. M. Delavay s.n.；大理，苍山，王汉臣 4559，陈家瑞 92-500，杨亲二 94-10，杨亲二，袁琼 180。

系 2. 会泽翠雀花系

Ser. **Hueizeensia** W. T. Wang, ser. nov. Type: *D. hueizeense* W. T. Wang.

Semimia inconspicue obconica, dense transversaliterque squamulosa.

种子不明显倒圆锥形，具密集横向排列的小鳞片。

1 种，产于云南东北部。

188. 会泽翠雀花　图版 76：1–2

Delphinium hueizeense W. T. Wang in Bull. Bot. Res. Harbin 6(1): 18, pl. 5: 6–8. 1986; et in Fl. Yunnan. 11: 129, pl. 39: 6–8. 2000; W. T. Wang & M. J. Warnock in Fl. China 6: 260. 2001. Type　云南：会泽，大海，横山，alt. 3 350 m，溪边竹林边，1963-09-26，东川队 63-101（holotype, KUN）；同地，滴水岩，alt. 3 380 m，草地，1963-09-26，东川队 63-039（paratype, KUN）。

草本高 12–20 cm。茎被反曲硬毛，不分枝，有 1 叶。基生叶数枚，具长柄；叶片五角形，(2–5.2) cm × (3.8–8.2) cm，基部心形，3 裂稍超过中部，中央 1 回裂片宽菱形或菱形，3 浅裂，浅裂片有 1–2 牙齿，侧生 1 回裂片斜扇形，不等 2 裂近中部，两面疏被短毛；叶柄长 7–15 cm。总状花序顶生，长约 17 cm，有 6 花；下部苞片叶状，上部苞片条形；轴和花梗被白色反曲短毛和黄色开展短腺毛；花梗长 2–7 cm，上部具 2 狭条形小苞片。萼片紫蓝色，外面被短毛，内面无毛，长 13–15 mm，上萼片宽卵形，距钻形，长 20–22 mm，其他萼片狭椭圆形。花瓣顶端 2 浅裂，无毛。退化雄蕊瓣片蓝色，长圆形，长 8 mm，2 浅裂，被黄色髯毛；爪长 5.6 mm。雄蕊无毛。心皮 3，子房被柔毛。蓇葖长 1.7–2.2 cm。种子褐色，不明显倒圆锥形，长 1.5 mm，具密集横向排列的小鳞片，8–9 月开花。

特产于云南会泽县。生于山地竹林边或草地上，海拔 3 350–3 380 m。

亚组 5. 单蕊翠雀花亚组

Subsect. **Monogyna** W. T. Wang, subsect. nov. Type: *Delphinium monogynum* W. T. Wang.

A Subsect. *Ceratophoris* W. T. Wang differt petalis staminodiisque flavido-albis et gynoecio ex carpello uno costanti. Folia basalia et caulina, laminis 3-partitis. Inflorescentiae racemosae. Sepala purpurea, calcari sepalino breviora. Petala flavido-alba, apice integra. Staminodia petalis concoloria, limbis 2-lobatis ventere supra basin albo-barbatis. Gynoecium ex carpello uno constans.

叶基生并茎生，叶片 3 深裂。花序总状。萼片紫色，比距短，花瓣淡黄白色，顶端全缘。退化雄蕊与花瓣同色；瓣片 2 浅裂，在腹面基部之上被白色髯毛。雌蕊群由 1 枚心皮组成。

1 种，产于甘肃中南部。

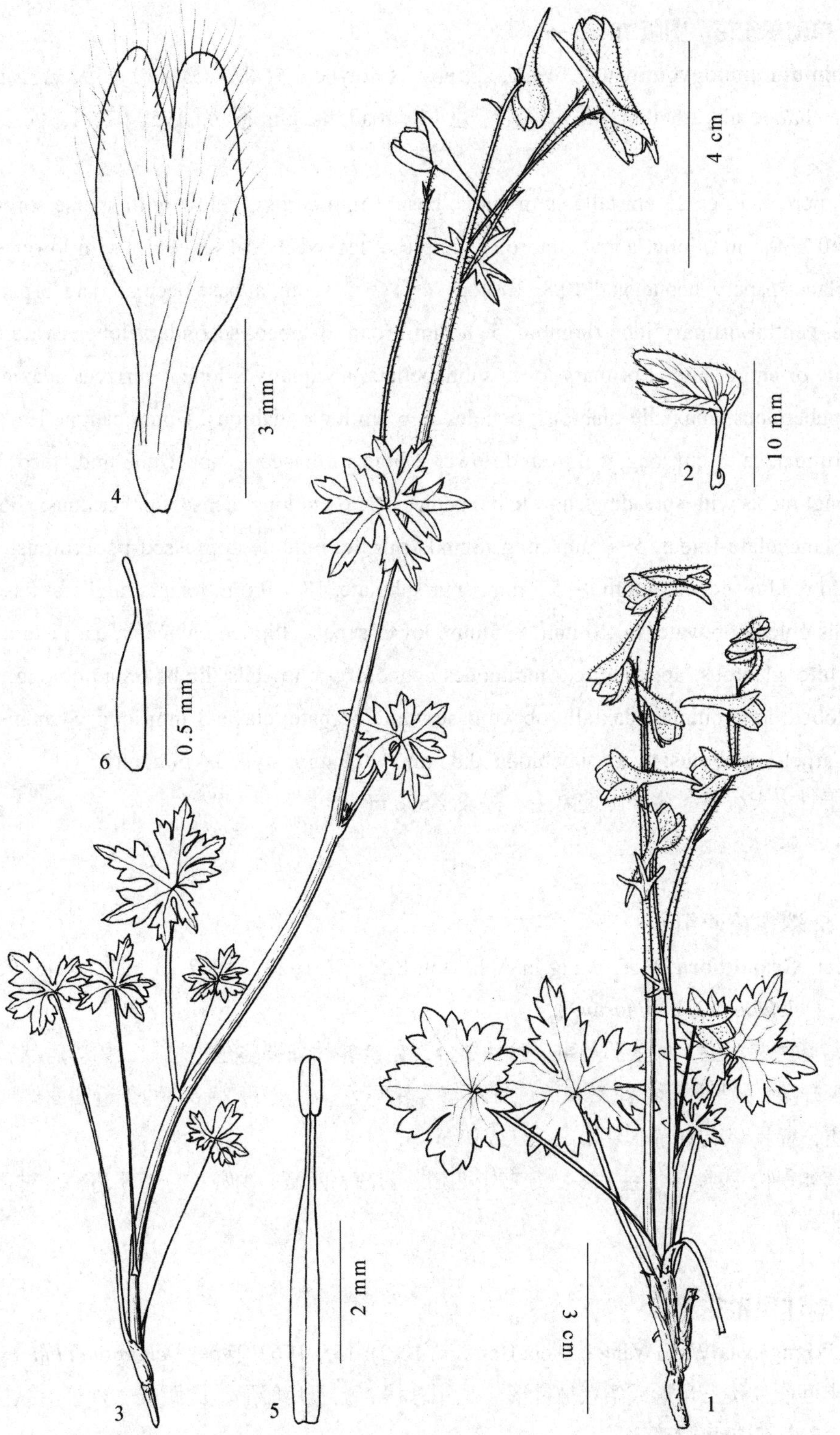

图版 76　1–2. **会泽翠雀花**　1. 植株全形；2. 退化雄蕊。（据 holotype）　3–6. **单蕊翠雀花**　3. 植株全形；4. 退化雄蕊；5. 雄蕊；6. 心皮。（据 holotype；孙英宝绘）

Plate 76　1–2. **Delphinium hueizeense**　1. Habit; 2. Staminode.　3–6. **D. monogynum**　3. Habit; 4. Staminode; 5. Stamen; 6. Carpel. (From holotype; drawn by Y. B. Sun)

189. 单蕊翠雀花　图版 76：3−6

Delphimum monogynum W. T. Wang, sp. nov. Holotype　甘肃（Gansu）：天祝县，竹岔（Tianzhu County, Zhucha），alt. 2 500 m，路边，花紫色（by road, fls. purple），1959-07-14，何业祺（Y. G. HE）4873（PE）。

Herbs perennial, ca.25 cm tall. Stem above base 2 mm across, below with sparse spreading or retrorse short hairs 0.2−0.5 mm long, above glabrous, simple, 2-leaved. Basal leaves 3, with lower cauline leaf long petiolate; blades papery, pentagonal, (0.8−1.8) cm × (1.2−2.5) cm, at base deep cordate, 3-parted to 0.8−2 mm above base, central primary lobe rhombic, 5−8 mm broad, 3-lobed, secondary lobes ovate or narrow-ovate. 1-denticulate or entire, lateral primary lobes subflabellate, unequally 2-lobed; surfaces adaxially very sparsely appressed-puberulous, abaxially glabrous; petioles 3−6 cm long, glabrous. Upper cauline leaf shortly petiolate. Raceme terminal, ca. 8 cm long, 4-flowered; lower 2 bracts foliaceous, upper one undivided, lanceolate-linear, ca. 1 cm long; rachis with spreading short hairs; pedicels 3−6 cm long, densely puberulous, above 2-bracteolate; bracteoles lanceolate-linear, 5−8 mm long. Sepals purple, outside appressed-puberulous, inside glabrous, upper sepal broad-ovate, ca. 9 mm × 5.5 mm, spur subulate, 18−19 mm long, straight, at base 2.8 mm across, lateral sepals oblong-obovate, ca. 10 mm × 5 mm, lower sepals elliptico-navicular, ca. 11 mm × 4 mm. Petals yellowis-white, glabrous, apex entire. Staminodes concolor with petals; limbs broad-oblong, 5 mm × 3 mm, at apex 2-lobed, long ciliate, adaxially obave base white-barbate; claws 3 mm long. Stamens ca. 5 mm long, glabrous. Carpel 1, glabrous; ovary suboblong, 0.8 mm × 0.3 mm; style 0.4 mm long.

特产于甘肃天祝县。生于山地路边，海拔 2 500 m。

亚组 6. 翠雀花亚组

Subsect. **Grandiflora** W. T. Wang in Acta Bot. Sin. 10(3): 271. 1962; et in Fl. Reip. Pop. Sin. 27: 441. 1979. Type: *Delphinium grandiflorum* L.

叶通常基生并茎生，稀全部基生；叶片 3 全裂，全裂片细裂。花序总状，稀伞房状，萼片蓝或紫色，上萼片多少开展，稀呈船形。花瓣和退化雄蕊与萼片同色。心皮 3，稀 5。种子近四面体形或倒金字塔形，沿纵棱具翅，稀具密集横向小鳞片，条纹或狭翅。

我国有 40 种，隶属于 5 系，多数分布于四川、云南、西藏，少数种分布于青海、甘肃、陕西、山东、华北和东北。

系 1. 丽江翠雀花系

Ser. **Likiangensia** W. T. Wang in Acta Bot. Sin. 10(2): 155. 1962. Type: *Delphinium likiangense* Franch.

叶的末回裂片狭三角形或条状披针形。花序总状。上萼片船形，比距长。种子沿纵棱具翅。

1 种，产于云南西北部。

190. 丽江翠雀花　图版 77：1−2

Delphinium likiangense Franch. in Bull. Soc. Philom Paris, ser. 8, 5: 180. 1893; Huth in Bot. Jabrb. 20: 459. 1895; Finet & Gagnep. in Bull. Soc. Bot. France 51: 489. 1904; W. T. Wang in Acta Bot. Sin. 10(2): 155.

图版 77　1−2. **丽江翠雀花**　1. 开花植株全形；2. 退化雄蕊。　3−4. **川甘翠雀花**　3. 开花植株全形；4. 退化雄蕊。
（引自《中国植物志》；赵宝恒和张泰利绘）

Plate 77　1−2. **Delphinium likiangense**　1. Flowering plant; 2. Staminode.　3−4. **D. souliei**　3. Flowering plant; 4. Staminode.
(After Fl. Reip. Pop. Sin.; drawn by B. H. Zhao & T. L. Zhang)

1962; Munz in J. Arn. Arb. 49(1): 75. 1968; W. T. Wang in Fl. Reip. Pop. Sin. 27: 441, pl. 102: 3–4. 1979; in Vasc. Pl. Hengduan Mount. 1: 491. 1993; et in Fl. Yunnan. 11: 140, pl. 37: 1–2. 2000; W. T. Wang & M. J. Warnock in Fl. China 6: 266. 2001. ——*D. oliganthum* Franch. Pl. Delav. 29, pl. 8.1889, non Boiss., 1869. Syntypes 云南：丽江，玉龙山，alt. 4 000 m, J. M. Delavay 2201, 2484 (P)。

草本高 10–25（–50）cm。茎被反曲短柔毛，中部有时变无毛，不分枝。叶 5–7 生于茎基部或近基部处，有长柄；叶片圆五角形，直径 4.5–6 cm，基部心形，3 全裂（有时分裂未达基部），全裂片细裂，末回裂片狭三角形至条状披针形，两面无毛或近无毛；叶柄长 6–13 cm。总状花序有 1–4 花；基部苞片叶状，上部苞片条形；花梗长 2.6–10 cm，密被反曲短伏毛，上部或顶端有 2 披针形小苞片。萼片蓝色，长 20–25 mm，外面被短毛，上萼片船形，其他萼片宽卵形或宽椭圆形，距细筒形，长 11–18 mm。花瓣无毛，全缘。退化雄蕊瓣片蓝色，2 浅裂，被黄色髯毛。雄蕊无毛。心皮 3，子房密被短柔毛。蓇葖长 1.2–1.4 cm。种子灰褐色，近球形，长 2–2.5 mm，沿纵棱有翅。8–9 月开花。

分布于云南丽江玉龙山和中甸哈巴山。生于山地多石砾山坡或草坡，海拔 3 400–4 500 m。

标本登录 云南：丽江，玉龙山，G. Forrest 6634，22291，30016，30673，俞德浚 15417，赵致光 30572，冯国楣 21262，杨亲二，袁琼 174；中甸，哈巴山，alt. 4 000–4 350 m，中甸队 62-2083。

系 2. 川甘翠雀花系

Ser. **Pseudotrichophora** W. T. Wang in Acta Bot. Sin. 10(2): 156. 1962. Type: *Delphinium souliei* Franch.

叶的末回裂片条形或狭条形。花序总状。上萼片船形，比距短。种子沿纵棱具翅。

1 种，分布于四川西北部、青海东南部和甘肃南部。

191. 川甘翠雀花 图版 77：3–4

Delphinium souliei Franch. in Bull. Soc. Philom. Paris. ser. 8, 5: 172. 1893; Huth in Bot. Jahrb. 20: 463. 1895; Finet & Gagnep. in Bull. Soc. Bot. France 51: 492. 1904; Hand.-Mazz. in Acta Hort. Gotob. 13: 59. 1939; W. T. Wang in Acta Bot. Sin. 10(2): 156.1962; Munz in J. Arn. Arb. 49(1): 80. 1968; Iconogr. Corm. Sin. 1: 707, fig. 1413. 1972; W. T. Wang in Fl. Reip. Pop. Sin. 27: 439, pl. 102: 5–6. 1979; et in Vasc. Pl. Hengduan Mount. 1: 490. 1993. L. H. Zhou in Fl. Qinghai. 1: 313, pl. 68: 1–4. 1997; Wang & M. J. Warnock in Fl. China 6: 266. 2001; L. Xie in Medic. Fl. China 3: 193, with fig. 2016. Syntypes 四川：康定，折多山，Tizou, 1891-09, R. P. Soulie 364 (P)；康定，东俄洛，R. P. Soulie 395 (P)。

草本高 9–60 cm。茎疏被开展柔毛，下部常变无毛，不分枝，有 1–2（–3）叶。基生叶约 5，无毛，有长柄；叶片半圆形或扇形，(2–3.8) cm × (2.8–8.4) cm，基部近截形或宽楔形，3 全裂，全裂片有短柄或近无柄，细裂，末回裂片条形或狭条形，宽 0.5–1.5 mm，叶柄长 5–11 mm。总状花序顶生，有 2–25 花；基部苞片叶状，其他苞片披针形；花梗长 3–14 cm，被短柔毛，上部或顶端有 2 披针状条形小苞片。萼片蓝紫色，卵形，上萼片船形，长 14–19 mm，外面有疏毛，内面无毛，距钻状筒形，长 21–27（–30）mm。花瓣无毛，顶端微凹。退化雄蕊瓣片蓝色，卵形，长 7.5 mm，2 浅裂，腹面上部被短毛。花丝有疏毛。心皮 3，子房密被短柔毛。种子小，沿纵棱有翅。8–9 月开花。

分布于四川西部、青海东南和甘肃南部。生于草地、荒坡或沼泽中，海拔 3 100–4 600 m。

标本登录 四川：乡城，alt. 4 600 m，罗艳 414；康定，刘振书 1249，Harry Smith 11732，杨亲二，

袁琼 285；八美，杨亲二，袁琼 532，张超 05-603；道孚，四川植物队 5985；小金，张秀实，任有铣 6551；刷经寺，李馨 74926；马尔康，李馨 74723，D. E. Boufford 等 39552；松潘，汤宗孝 679；龙日，李馨 72077；红源，汤宗孝 598，杨亲二，袁琼 306；阿坝，汤宗孝 832；若尔盖，四川植物队 10335，汤宗孝 340，D. E. Boufford 等 40157。甘肃：拉木寺，刘继孟 1596。

系 3. 翠雀花系

Ser. **Grandiflora** Nevski in Kom. Fl. URSS 7: 164. 1937; W. T. Wang in Fl. Reip. Pop. Sin. 27: 441. 1979. Type: *Delphinium grandiflorum* L.

叶的全裂片细裂，末回裂片狭三角形，狭披针形，条形或狭条形。花序总状。种子沿纵棱有翅。

我国有 20 种，其中较多种分布于云南、四川、西藏三省（区），少数种分布于贵州、青海、甘肃、陕西、山东以及华北地区和东北地区。

192. 墨脱翠雀花　图版 80：3–5

Delphinium medogense W. T. Wang in Bull. Bot. Res. Harbin 6(1): 20, pl. 4: 3–5.1986; W. T. Wang & M. J. Warnock in Fl. China 6: 264. 2001. Holotype　西藏：墨脱，金珠拉山，金珠提琴，alt. 3 500–3 700 m，灌丛草甸，1982-09-05，李渤生，程树志 620（PE）。

草本高 23–43 cm。茎被反曲柔毛，不分枝或有 1 分枝，有 1–3 叶。基生叶约 3，有长柄；叶片革质，五角形，(4.6–6) cm × (8–11) cm，基部心形，3 全裂，稀 3 深裂，中央全裂片菱形，在中部 3 裂，2 回裂片有 6–7 个牙齿，侧全裂片斜扇形，不等 2 深裂，两面被疏毛；叶柄长 14–27 cm。总状花序顶生，长 8–15 cm，有 7–10 花；下部苞片叶状，其他苞片条形；轴和花梗密被贴伏短柔毛；花梗长 1–5.5 cm，顶端有 2 条形小苞片。萼片紫色，外面有短毛，内面无毛，椭圆形或狭卵形，长 17–23 mm，距钻形，长 12–16 mm。花瓣顶端 2 浅裂，其下有短毛。退化雄蕊瓣片紫色，倒卵形，长 7 mm，2 浅裂，被淡黄色髯毛；爪长 6 mm。花丝有稀疏短毛。心皮 3，子房密被柔毛。8–9 月开花。

特产于西藏墨脱县。生于山地灌丛草甸或林边，海拔 3 500–3 800 m。

标本登录　西藏：墨脱，金珠拉山，alt. 3 800 m, 1980-09-02，生态室高原组 14711。

193. 德浚翠雀花　图版 78：1–3

Delphinium yuanum Chen in Bull. Fan Men. Inst. Biol., n. s., 1: 176. 1948; W. T. Wang in Acta Bot. Sin. 10(2): 163. 1962; Munz in J. Arn. Arb. 48(4): 543. 1967; W. T. Wang in Fl. Reip. Pop. Sin. 27: 434, pl. 100: 1–3. 1979; in Vasc. Pl. Hengduan Mount. 1: 489. 1993; et in Fl. Yunnan. 11: 137. 2000; W. T. Wang & M. J. Warnock in Fl. China 6: 263. 2001. Holotype　云南：中甸（近县城），alt. 3 000 m，草地，1937-07-27，俞德浚 12490（PE）。

草本高约 80 cm。茎无毛或近无毛，中部之上分枝，等距生叶。基生叶和下部茎生叶有长柄；叶片五角形，宽 5–7 cm，基部心形，3 全裂，中央全裂片宽菱形，近羽状深裂，羽片 3 对，最下羽片 1–2 回分裂，末回裂片狭卵形至条状披针形，侧全裂片斜扇形，不等 2–3 深裂，两面被短柔毛或下面近无毛；叶柄长 19–24 cm。顶生总状花序长 14–22 cm，有 12–15 花；基部苞片叶状，上部苞片条形；花梗长 2.5–6 cm，无毛，近顶端有 2 长 4–6 mm 的小苞片。萼片蓝色，宽卵形或椭圆形，长 10–12 mm，外面

图版 78　1–3. **德浚翠雀花**　1. 基生叶；2. 花序；3. 退化雄蕊。　4–6. **拟长距翠雀花**　4. 基生叶；5. 花；6. 退化雄蕊。
7–9. **甘孜翠雀花**　7. 基生叶；8. 花；9. 退化雄蕊。　10–12. **锐裂翠雀花**　10. 基生叶；11. 花序下部；
12. 退化雄蕊。（引自《中国植物志》；张泰利绘）

Plate 78　1–3. **Delphinium yuanum**　1. Basal leaf; 2. Raceme; 3. Staminode.　4–6. **D. dolichocentroides**　4. Basal leaf;
5. Flower; 6. Staminode.　7–9. **D. kantzeense**　7. Basal leaf; 8. Flower; 9. Staminode.
10–12. **D. thibeticum** var. **laceratilobum**　10. Basal leaf;
11. Lower part of raceme; 12. Staminode. (After Fl. Reip. Pop. Sin.; drawn by T. L. Zhang)

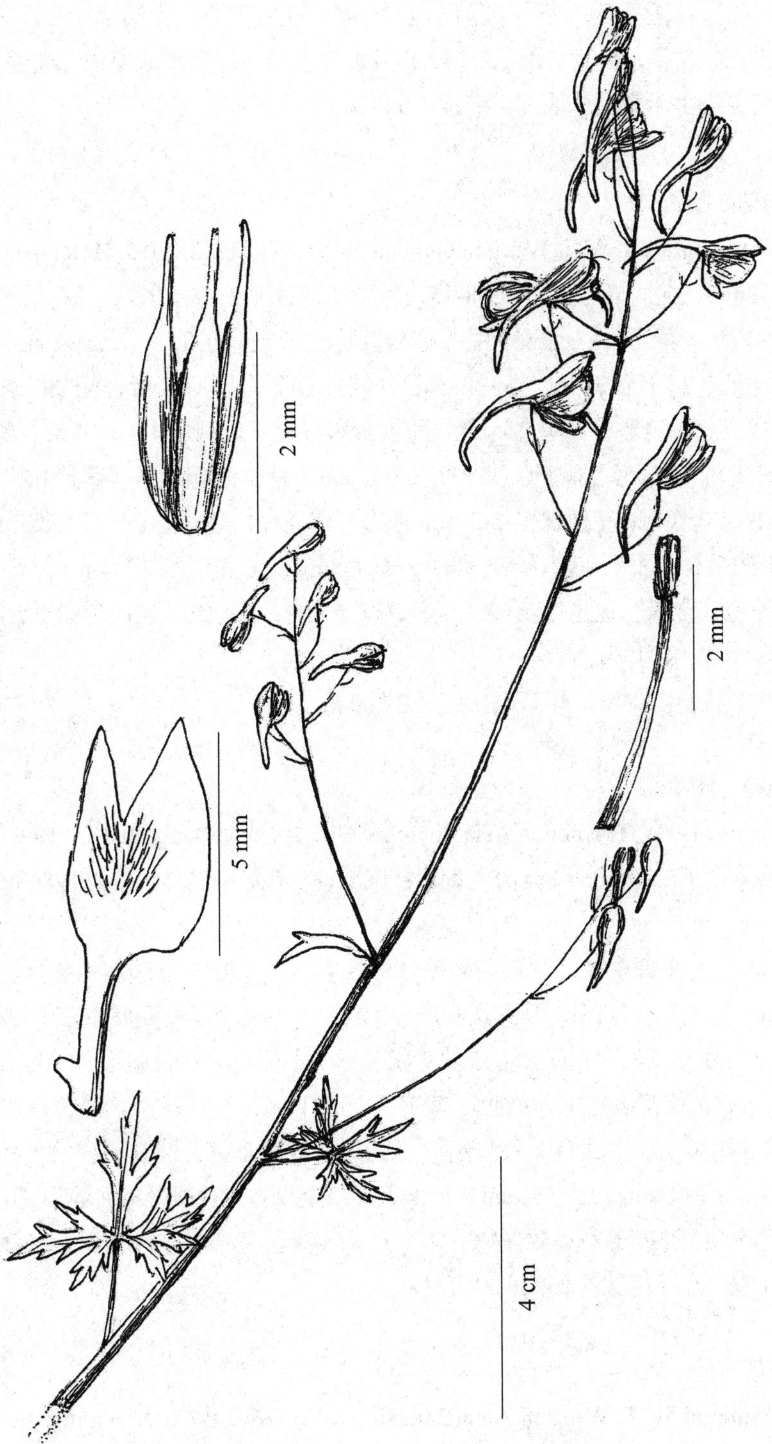

图版 79 **丝苞翠雀花** 1. 开花植株上部；2. 退化雄蕊；3. 雄蕊；
4. 雌蕊群。（引自王文采，2018）

Plate 79 **Delphinium filibracteolatum** 1. Upper part of flowering plant; 2. Staminode; 3. Stamen;
4. Gynoecium. (After W. T. Wang, 2018)

被短柔毛，距钻形，与萼片近等长，直，常稍向上方开展。花瓣无毛，顶端全缘。退化雄蕊瓣片蓝色，宽倒卵形，顶端微凹或2浅裂，被黄色髯毛。雄蕊无毛。心皮3，子房被疏毛或几无毛。7月开花。

特产于云南中甸县。生于高山草地上，海拔3 000 m。

194. 丝苞翠雀花　图版79

Delphinium filibracteolatum W. T. Wang in Guihaia 38(8): 971, fig. 2. 2018. Holotype　云南：香格里拉县，那帕村，alt. 3 300 m，林间草地，2008-08-15，杨亲二，袁琼2258（PE）。

草本高约50–80 cm。茎无毛。上部茎生叶具柄；叶片纸质，五角形，2.5–4 cm，基部心形，3全裂。中央全裂片狭菱形，在中部3裂，中央2回裂片狭披针形，具1–2齿，侧2回裂片较小，狭三角形。有1小齿，侧全裂片斜扇形，不等2深裂，两面疏被短柔毛；叶柄长约2 cm。复总状花序顶生，长15–30 cm，有9–11（–30）花，侧生总状花序长6–8 cm，有3–5花；基部苞片叶状，其他苞片丝形，长4–5 mm；轴和花梗被短柔毛；花梗长1–3.2 cm；小苞片生花梗中部之上，丝形，长2.5–3.5 mm，无毛。萼片蓝紫色，外面被短毛，内面无毛，上萼片卵形，长9 mm，距钻形，长15 mm，侧萼片倒卵状长圆形，下萼片条形。花瓣无毛，全缘。退化雄蕊瓣片紫色，长5 mm，2浅裂，被白色髯毛；爪长3.5 mm。雄蕊无毛。心皮3，无毛。7–8月开花。

特产于云南香格里拉县。生于林间草地，海拔3 300 m。

195. 威宁翠雀花　图16

Dephinium weiningense W. T. Wang in Acta Phytotax. Sin. 29(5): 459, fig. 2: 4–5. 1991; W. T. Wang & M. J. Warnock in Fl. China 6: 267. 2001. Holotype　贵州：威宁，马教，alt. 2 100 m，1986-08-26，尹成书224（GZTM）。

草本高45–90 cm。茎下部密被，上部疏被贴伏短柔毛。基生叶和下部茎生叶具长柄；叶片纸质，五角形，(2.5–4.2) cm × (2.5–6.5) cm，基部宽心形，3全裂，中央全裂片菱形，在中部稍下处3深裂，2回裂片通常具2–3小裂片（三角形、狭卵形或披针状条形），侧全裂片斜扇形，不等2深裂，两面疏被短毛；叶柄长2–6 cm。总状花序顶生并腋生，有3–5花；下部苞片叶状，其他苞片条形；花梗长5.5–10 cm，与轴均被贴伏短柔毛，中部有2狭长圆形小苞片。萼片蓝色，椭圆形或倒卵状椭圆形，长12–14 mm，外面被短毛，距钻形，长16–19 mm。花瓣无毛，全缘。退化雄蕊瓣片宽倒卵形，长5 mm，顶端微凹，腹面被黄色髯毛；爪基部有小附属物。雄蕊无毛或花丝有疏毛。心皮3，子房密被短柔毛。

特产于贵州威宁县。生于海拔2 100 m的山地。

196. 太白翠雀花

Delphinium taipaicum W. T. Wang in Acta Bot. Sin. 10(2): 164. 1962; Munz in J. Arn. Arb. 49(1): 80. 1968; Fl. Tsinling. 1(2). 267, fig. 227. 1974; W. T. Wang in Fl. Reip. Pop. Sin. 27: 437. 1979; W. T. Wang & M. J. Warnock in Fl. China 6: 265. 2001; W. T. Wang in High. Pl. China in Colour 3: 372. 2016. Holotype　陕西：太白山，八仙台，alt. 3 900 m, 1937-09-15，刘慎谔，钟补求986（PE）。

草本高22–30 cm。茎被反曲短柔毛，常变无毛，不分枝，下部有1叶。基生叶约4，与茎生叶均具长柄；叶片五角形，宽4–8 cm，基部心形，3全裂，中央全裂片菱状楔形，3深裂，2回裂片不分裂或再分裂，

图 16　**威宁翠雀花**　1. 总状花序下部；2. 退化雄蕊。（引自王文采，1994；冀朝祯绘）

Fig. 16　**Delphinium weiningense**　1. Lower part of raceme; 2. Staminode. (After W. T. Wang, 1994; drawn by C. Z. Ji)

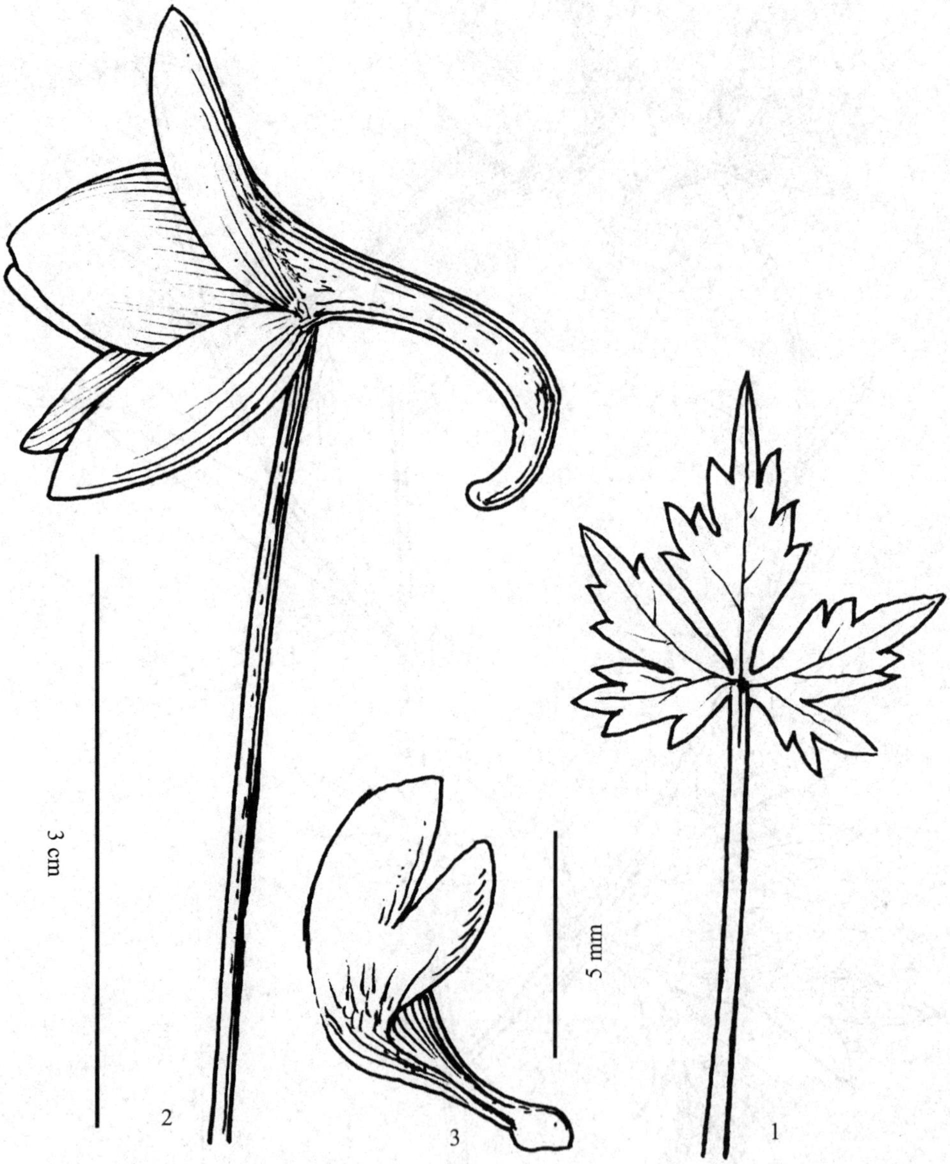

图 17 **拟澜沧翠雀花** 1. 基生叶；2. 花；3. 退化雄蕊。（引自王文采，1997）

Fig. 17 **Delphinium pseudothibeticum** 1.Basal leaf; 2.Flower; 3.Staminode. (After W. T. Wang, 1997)

末回裂片狭卵形至披针状条形，侧全裂片斜扇形，不等 2 深裂，上面稍密被短伏毛，下面疏被柔毛；叶柄长 7.5–14 cm。总状花序顶生，长 4–10 cm，有 2–4 花； 基部苞片叶状，上部苞片披针形；花梗长 1.5–4cm，被反曲短柔毛，近顶端或在顶端具 2 披针形小苞片。萼片紫色，倒卵形，长 15–18 mm，外面疏被短毛，距钻形，长 14–20 mm。花瓣无毛，顶端微凹。退化雄蕊瓣片紫色，狭倒卵形，2 浅裂，被黄色髯毛。雄蕊无毛。心皮 3，子房密被柔毛。蓇葖长 1.5 cm。种子倒卵状四面体形，长 2 mm，沿纵棱有狭翅。8–9 月开花。

特产于陕西太白山。生于山地草坡，海拔 3 600–3 900 m。

197. 拟澜沧翠雀花　图 17

Delphinium pseudothibeticum W. T. Wang & M. J. Warnock in Guihaia 17(1): 8, fig. 1: 9–11.1997; et in Fl. China 6: 265. 2001. Holotype　云南：德钦，Moting Shan, alt. 4 600 m, 流石滩上，1932-06，J. F. Rock 22852 (US)。

草本高约 13（？）cm。茎被开展硬毛，不分枝，有少数叶。基生叶约 4，具长柄（长达 18 cm），在花期枯萎，茎生叶具长柄；叶片五角形，约 1.2 cm × 2.2 cm，基部心形，3 全裂，中央全裂片菱形，下部全缘，中部 3 浅裂，2 回裂片具 1–2 三角形小裂片或牙齿，侧全裂片斜扇形，不等 2 裂稍超过中部，两面被糙伏毛；叶柄长约 5.5 cm。总状花序顶生，长 2.5–13 cm，有（1–）3–7 花；苞片或 3 全裂，或不分裂呈条形；花梗长 1–3 cm，与轴均被短硬毛；小苞片生花梗近顶端处，条形，长 7–8 mm。萼片紫蓝色，外面被糙毛，内面无毛，上萼片卵形，长 10–14 mm，距钻形，长 20–24 mm，其他萼片长 16–17 mm。花瓣无毛，全缘。退化雄蕊瓣片倒卵形，长 6.5 mm，2 浅裂，被黄色髯毛；爪长 4 mm。雄蕊无毛。心皮 3，子房密被柔毛。6 月开花。

特产于云南德钦磨顶山（Moting Shan）。生于高山流石滩上，海拔 4 600 m。

198. 察隅翠雀花　图版 80：1–2

Delphinium chayuense W. T. Wang in Bull. Bot. Res. Harbin 6(1): 16, pl. 4: 1–2. 1986; et in Vasc. Pl. Hengduan Mount. 1: 490. 1993; W. T. Wang & M. J. Warnock in Fl. China 6: 265. 2001. Type　西藏：察隅，日东，拉扎至西扎，alt. 4 000 m，冷杉林缘草地，1982-09-26，青藏队 10671（holotype, PE; isotype, KUN）。

草本高 7–20 cm。叶全部基生，具长柄；叶片五角形，(1.8–2) cm × (3.5–4.2) cm，基部宽心形，3 全裂，中央全裂片楔形，在上部 3 浅裂，浅裂片三角形，全缘，侧全裂片斜宽倒卵形，2 裂至中部，两面被短柔毛；叶柄长 4.2–6 cm。花葶高 1–10 cm，被反曲贴伏柔毛，不分枝。总状花序顶生，长 4–10 cm，有 3–4 花；下部苞片叶状，上部苞片条形；轴和花梗被反曲短柔毛；花梗长 2.3–8.2 cm，近顶部有 2 条形小苞片。萼片蓝色，外面被短毛，长 15–18 mm，上萼片倒卵形，距钻形，长 20–22 mm，其他萼片倒卵状椭圆形或长圆形。花瓣无毛，全缘。退化雄蕊瓣片蓝色，狭倒卵形，长 8–9 mm，顶端 2 微裂，腹面被黄色髯毛；爪长 8 mm。雄蕊无毛。心皮 3，子房密被柔毛。9 月开花。

特产于西藏察隅县东南部的日东村。生于冷杉林缘草地，海拔 4 000 m。

199. 短葶翠雀花　图版 81

Delphinium breviscaposum W. T. Wang in Guihaia 38(8): 969, fig. 1. 2018. Holotype　云南：维西，栗

图版 80 1-2. **察隅翠雀花** 1. 开花植株全形；2. 退化雄蕊。 3-5. **墨脱翠雀花** 3. 植株下部；4. 花序；5. 退化雄蕊。（引自王文采，1986；张泰利绘）

Plate 80 1-2. **Delphinium chayuense** 1. Flowering plant; 2. Staminode. 3-5. **D. medogense** 3. Lower part of flowering plant; 4. Raceme; 5. Staminode. (After W. T. Wang, 1986; drawn by T. L. Zhang)

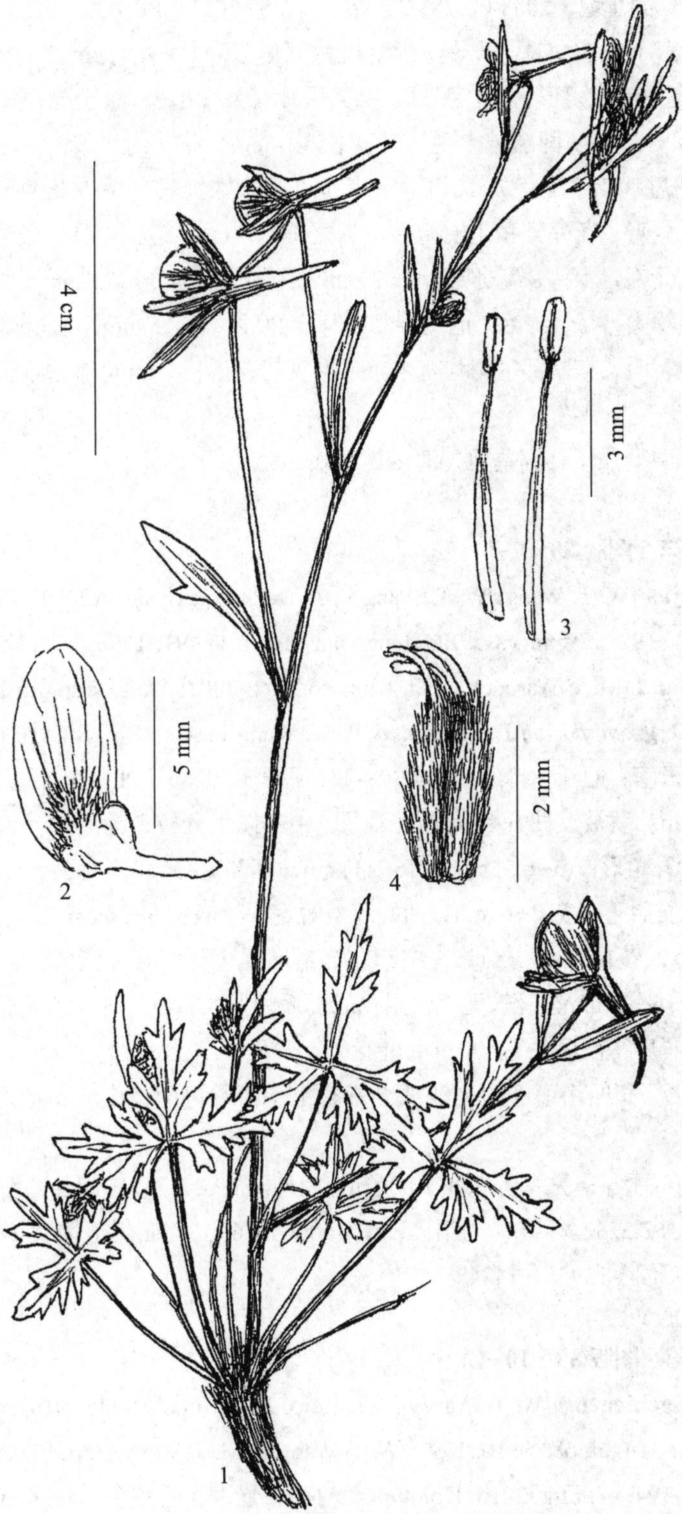

图版 81　**短葶翠雀花**　1. 开花植株全形；2. 退化雄蕊；3. 雄蕊；4. 雌蕊群。（引自王文采，2018）

Plate 81　**Delphinium breviscaposum**　1. Flowering plant; 2. Staminode; 3. Stamen; 4. Gynoecium. (After W. T. Wang, 2018)

地坪，alt. 3 100 m，林间草地，2008-07-28，杨亲二，袁琼 2051（PE）。

草本高达 25 cm。叶 5−8，均基生，具长柄；叶片五角形，(1.4−4.4) cm × (1.6−6.6) cm，基部宽心形，3 全裂，中央全裂片菱形或狭菱形，在中部 3 裂，2 回裂片有 1−2 小齿，稀全缘，侧全裂片斜扇形或斜菱形，不等 2 深裂或近羽状分裂，两面疏被柔毛；叶柄长 3−6 cm。花葶约 3 条，簇生，长 2.5−5 cm，其中 1 条顶端具长 20 cm 的总状花序（有 7−10 花），其他 2 条顶端则具有 3−5 花的短花序；基部苞片叶状，其他苞片狭长圆形或条形；花序轴和花梗无毛；花梗长 1−7 cm，近顶端具 2 条形小苞片。萼片蓝紫色，外面被短柔毛，内面无毛，上萼片宽卵形，长 9 mm，距钻形，长 19−22 mm，侧萼片圆倒卵形，下萼片船状条形。花瓣顶端骤尖，有疏缘毛。退化雄蕊瓣片椭圆形，长 7.5 mm，顶端圆形，全缘，有 8 条纵脉，腹面基部之上被白色髯毛，在基部每侧均有 1 新月形突起；爪长 6 mm。雄蕊无毛。心皮 3，子房密被柔毛。7−8 月开花。

特产于云南维西县。生于林间草地，海拔 3 100 m。

200. 金沙翠雀花　图版 88：7−9

Delphinium majus (W. T. Wang) W. T. Wang in Acta Phytotax. Sin. Add. 1: 102.1965; in Fl. Reip. Pop. Sin. 27: 442, Pl. 103: 7−9. 1979; in Vasc. Pl. Hengduan Mount.1: 491. 1993; et in Fl. Yunnan. 11: 140. pl. 43: 4−5. 2000; W. T. Wang & M. J. Warnock in Fl. China 6: 267. 2001; W. T. Wang in High. Pl. China in Colour 3: 373. 2016. ——*D. grandiflorum* L. var. *majus* W. T. Wang in Acta Bot. Sin. 10 (3): 273. 1962, p. p. excl. paratypo. Holotype　云南：丽江，打鼓，1942-08-27，冯国楣 9286（PE）。

草本高 26−65 cm。茎被反曲并贴伏的短柔毛，中部以上分枝，等距生叶。基生叶 1−3，多在花期枯萎，有长柄；叶片五角形，(3−6.5) cm × (6−11) cm，基部宽心形，3 全裂，全裂片 2−3 回细裂，末回裂片狭三角形至条状披针形，宽 2−6 mm，两面疏被短毛；叶柄长 6−26 cm。总状花序顶生，有 4−7 花；轴和花梗密被短柔毛；花梗长 3−5.5 cm，中部有 2 钻形小苞片。萼片紫蓝色，卵形或椭圆形，长 11−16 mm，距钻形，长 16−24 mm。花瓣无毛。退化雄蕊瓣片蓝色，倒卵形，顶端微凹，腹面有黄色髯毛。雄蕊无毛。心皮 3，子房密被短柔毛。8−9 月开花。

分布于云南西北部和四川南部的金沙江一带。生于河谷河岸或山坡草地或灌丛中，海拔 1 700−2 760 m。

标本登录　云南：丽江，虎跳峡，alt. 1 800 m，中甸队 62-2218；中甸县东南部，alt. 1 750−1 800 m，冯国楣 s. n.，中甸队 62-2232。四川：金阳，alt. 1 600−2 760 m，四川植物队 249，13493；越西，alt. 1 600−1 800 m，四川植物队 13955，14247。

201. 囊谦翠雀花　图版 88：10−12

Delphinium nangchienense W. T. Wang in Fl. Reip. Pop. Sin. 27: 445, 616, pl. 103: 1−2. 1979; L. H. Zhou in Fl. Qinghai. 1: 314, pl. 68: 5−10. 1997; W. T. Wang & M. J. Warnock in Fl. China 6: 267. 2001; L. Xie in Medic. Fl. China 3: 194, with fig. 2016. Holotype　青海：囊谦，毛庄乡，alt. 4 200 m，阳坡林边，1965-08-17，杨永昌 1445（HNWP）。

草本高约 55 cm。茎密被反曲并贴伏的短柔毛，不分枝，基生叶在花期枯萎。茎生叶约 5 枚，下部茎生叶具长柄；叶片五角形，(3.5−5.6) cm × (4.2−8) cm，基部心形，3 全裂，全裂片 2−3 回细裂，末回裂片稀疏，狭三角形至条形，上面密被短伏毛，下面有疏柔毛；叶柄长达 21 cm。总状花序顶生，长 12–15.5 cm，有 5–9 花；下部苞片叶状，上部苞片条形；花梗长 3.3–4.4 cm，密被贴伏短柔毛，顶部还有开展淡黄色较长柔毛，上部有 2 钻形小苞片。萼片蓝色，上萼片圆卵形，其他萼片椭圆形，长 14 mm，外面有贴伏短柔毛和开展较长柔毛，内面无毛，距钻状细筒形，长 24–28 mm。花瓣顶端全缘，疏被缘毛。退化雄蕊瓣片蓝色，狭倒卵形，长 7–9 mm，顶端啮蚀状，腹面被黄色髯毛；爪长 7 mm。花丝有疏毛。心皮 3，子房密被短柔毛。

分布于青海南部、西藏东南部。生于草坡上或灌丛中，海拔 3 560–3 700 m。

标本登录　青海：囊谦，何廷农，B. Bartholomew 等 2277，2885，杨亲二，袁琼 433；玉树，？0513。西藏：江达，D. E. Boufford 等 32571，杨亲二，袁琼 470。

202. 五果翠雀花

Delphinium sinopentagynum W. T. Wang in Acta Phytotax. Sin. 12(2): 159, pl. 45: 3. 1974; et in Fl. Reip. Pop. Sin. 27: 442. 1979; L. H. Zhou in Fl. Qinghai 1: 314. 1997; W. T. Wang & M. J. Warnock in Fl. China 6: 266. 2001. Holotype　四川：若尔盖，铁布，alt. 2 800 m, 1960-08-13，四川药源普查队，20572（IMD）。

草本高约 34 cm。茎被反曲短柔毛，分枝或不分枝，约有 4 叶。基生叶约 3，有长柄；叶片五角形，(3–4) cm × (4–7) cm，基部心形，3 全裂，全裂片 1–2 回细裂，末回裂片披针状条形或狭条形，宽 1.8–4 mm，上面疏被短柔毛，下面疏被较长柔毛；叶柄长 5.5–10.5 cm。总状花序顶生，长约 11 cm，有 8 花；轴和花梗密被反曲短柔毛；花梗长达 4.2 cm，上部有 2 狭披针形小苞片。萼片蓝色，近圆形或倒卵形，长 9 mm，外面有短柔毛，距钻形，长 12 mm。花瓣无毛。退化雄蕊瓣片近圆形，3 mm × 4 mm，顶端微凹，腹面被黄色髯毛。花丝有疏毛。心皮 5，无毛。8 月开花。

产于四川若尔盖县和青海东南部。生于海拔 2 800 m 一带山地。

203. 条裂翠雀花　图 18

Delphinium pseudomosoynense W. T. Wang in Acta Bot. Yunnan. 15(4): 350, fig. 2: 3–5. 1993; W. T. Wang & M. J. Warnock in Fl. China 6: 267. 2001. Holotype　四川：巴塘，Yargong，山坡灌丛，1903 年 7–9 月，R. P. Soulie 3045 (P)。

D. mosoynense auct. non Franch.: Finet & Gagnep. In Bull. Soc. Bot. France 51: 483.1904, p. p.

203a. var. pseudomosoynense

草本高约 62 cm。茎被反曲贴伏短柔毛，分枝，约具 5 叶。基生叶未见。下部茎生叶具长柄；叶片圆五角形，(4–5.4) cm × (7–9.5) cm，基部深心形，3 全裂，全裂片 2–3 回细裂，末回裂片条状披针形至狭条形，宽 1.5–2.2 mm，两面疏被短伏毛；叶柄长 12–17.5 cm。总状花序顶生，狭长，长约 17 cm，有 8 花；下部苞片叶状，上部苞片条形；轴和花梗被淡黄色短腺毛和白色短柔毛；花梗长 2.8–4.5 cm，上部具 2 条形小苞片。萼片紫蓝色，长约 15 mm，上萼片卵形，外面被短毛，在顶端之下具小角状突起，侧萼片狭倒卵形，下萼片狭长圆形，距钻形，长 20 mm。花瓣顶端不分裂，有疏缘毛。退化雄蕊瓣片倒卵状长圆形，长 6 mm，顶端 2 微裂，腹面被黄色髯毛；爪长 5 mm。花丝有疏毛。心皮 5，子房有淡黄色柔毛。7–9 月开花。

特产于四川巴塘。生于山坡灌丛中。

图 18　**条裂翠雀花**　1. 基生叶；2. 总状花序；3. 退化雄蕊。(引自王文采，1993；张春方绘)

Fig. 18　**Delphinium pseudomosoynense**　1. Basal leaf; 2. Raceme; 3. Staminode. (After W. T. Wang, 1993; drawn by C. F. Zhang)

203b. **疏毛条裂翠雀花（变种）**

var. **subglabrum** W. T. Wang in Acta Bot. Yunnan. 15(4): 351. 1993; W. T. Wang & M. J. Warnock in Fl. China 6: 267. 2001. Holotype 四川：雅江，1904-08，R. P. Soulie 3900a (P)。

本变种的茎只在基部被短柔毛，其他部分无毛；花序轴和花梗只被黄色腺毛，无白色柔毛；上萼片无角状突起，距较长，长 21−24 mm，而与模式变种不同。

特产于四川雅江县。

204. 澜沧翠雀花 图版 82：1−3

Delphinium thibeticum Finet & Gagnep. in Bull. Soc. Bot. France 51: 489, pl. 7: A. 1904; W. T. Wang in Acta Bot. Sin. 10(2): 158. 1962; Munz in J. Arb. 49(1): 81. 1968; W. T. Wang in Fl. Reip. Pop. Sin. 27: 436, pl. 101: 4−6. 1979; et in Vasc. Pl. Hengduan Mount. 1: 490. 1993; Z. Wang & W. T. Wang in High. Pl. China 3: 445. 2000; W. T. Wang & M. J. Warnock in Fl. China 6: 264. 2001; W. T. Wang in High. Pl. China in Colour 3: 372. 2016. Holotype 四川：巴塘，Yargong, R. P. Soulie 3049 (P)。

D. thibeticum var. *subintegrum* Finet & Gagnep, in l. c. Holotype 四川：巴塘，在 Zambala et Yargong 之间，1903 年 7−9 月，R. P. Soulie 3044. (P)。

D. thibeticum var. *schizophyllum* Hand.-Mazz. Symb. Sin. 7: 275. 1931. Holotype 云南：丽江，1914−1916，H. Handel-Mazzetti 4100 (not seen)。

D. pycnocentroides W. T. Wang in Acta Bot. Sin. 10 (2): 163. 1962; Munz in J. Arn. Arb. 49 (1): 77. 1968. Holotype 云南：丽江，刘欧谷，alt. 3 600 m, 1942-08-15，冯国楣 9033（PE）. Paratypes（均存 PE）云南：丽江，俞德浚 15504，冯国楣 21402；中甸，俞德浚 13822，13583，冯国楣 2125。

D. pycnocentroides var. *latisectum* W. T. Wang in l. c. 164. Holotype 西藏：察隅，察瓦龙，1935-09，王启元 66226（PE）。

D. quinqueflorum W. T. Wang in Bull. Bot. Res. Harbin 34(5): 581, fig. 3: A−D. 2014. Holotype 云南：香格里拉，2010-03-31，康藏植物队 10-3093（PE）。

204a. var. **thibeticum**

草本高 28−70(−85) cm。茎被反曲短柔毛，有时下部变无毛，通常不分枝，约有 1 叶。基生叶约 3 枚，有长柄；叶片肾形，宽 8−12(−20) cm，基部宽心形，3 全裂，中央全裂片宽菱形，在中部 3 深裂，2 回裂片约 2 回细裂，末回裂片狭三角形，狭披针形至披针状条形，宽 1.4−6 mm，侧全裂片斜扇形，不等 2 深裂，深裂片 2−3 回细裂，上面有疏毛，下面近无毛；叶柄长 8−18(−24) cm。总状花序狭长，有 5 至多朵花；苞片披针形；轴和花梗密被白色反曲短柔毛，混生少数黄色腺毛；花梗长 2−6 cm，顶端有 2 披针形小苞片。萼片蓝紫色，狭卵形或倒卵形，长 12−14 mm，外被短柔毛，距钻形，长 19−22(−25) mm。花瓣无毛。退化雄蕊瓣片蓝色，狭卵形，2 半裂，腹面被黄色髯毛。花丝无毛或有疏毛。心皮 3，子房上部有疏毛。蓇葖长 1.2−1.4 cm。种子倒卵状四面体形，长 1.5−2.5 mm，沿纵棱有翅。8−9 月开花。

分布于云南西北部、四川西部和西藏东部。生于高山草地、灌丛、多石砾山坡、溪边、林边或林下，海拔 2 800−4 500 m。

标本登录 云南：丽江，alt. 2 800−3 100 m, G. Forrest 27909，俞德浚 15504，赵致光 30566，冯国楣 21402，杨亲二 94-124，杨亲二，袁琼 151，2664；中甸，alt. 3 300−3 700 m，中甸队 62-1334，杨亲二，

图版 82　1–3. **澜沧翠雀花**　1. 开花植株全形；2. 退化雄蕊；3. 种子。　4–6. **长距翠雀花**　4. 开花植株全形；5. 退化雄蕊；6. 种子。（引自《中国植物志》；赵宝恒和张泰利绘）

Plate 82　1–3. **Delphinium thibeticum**　1. Flowering plant; 2. Staminode; 3. Seed.　4–6. **D. tenii**　4. Flowering plant; 5. Staminode; 6. Seed. (After Fl. Reip. Pop. Sin.; drawn by B. H. Zhao & T. L. Zhang)

孔宏智 98-301，杨亲二，袁琼 018；德钦，4 500 m，杨亲二，袁琼 085；贡山，alt. 3 200 m，王启无 67341（GH）。四川：木里，alt. 4 000 m，青藏队 14013；得荣，alt. 3 400 m, D. E. Boufford 等 30825；乡城，alt. 3 400−3 900 m，四川植物队 1270，3211，3256，3513，青藏队 4645，4761，D. E. Boufford 等 28959；炉霍，alt. 3 200 m，D. E. Boufford 等 27757。西藏：察隅，察瓦龙，王启无 66286；昌都，alt. 3 700−3 900 m, D. E. Boufford, B. Bartholow 等 41308。

204b. 锐裂翠雀花（变种）　图版 78：10−12

var. **laceratilobum** W. T. Wang in Fl. Reip. Pop. Sin. 27: 437, 615, pl. 100: 10−12. 1979; et in Vasc. Pl. Hengduan Mount. 1: 490. 1993; W. T. Wang & M. J. Warnock in Fl. China 6: 265. 2001; W. T. Wang in High. Pl. China in Colour 3: 372. 2016. Type　西藏：江达，alt. 3 700 m，河谷石上，1976-08-25，青藏队植被组 9752（holotype, PE)。四川：德格，1951-09-07，贾慎修 252（paratype, PE）。

本变种的叶的全裂片分裂程度很大，有多数密集小裂片，小裂片狭三角形至披针状条形，顶端锐尖，花序轴和花梗被开展柔毛而与模式变种不同。

分布于四川西北部和西藏东部。生于山地草坡、多石砾山坡或废田中，海拔 3 210−4 200 m。

标本登录　四川：新龙，alt. 3 210 m, D. E. Boufford, B. Bartholomew 等 37285；德格，alt. 3 600 m，汤宗孝 600，孟千万等 s. n。西藏：江达，alt. 3 300−3 500 m，青藏队 12549，D. E. Boufford 等 31571，杨亲二，袁琼 458；昌都，alt. 3 675 m, D. E. Boufford 等 32413；贡觉，alt. 3 700−4 200 m，杨竞生 91-523，D. E. Boufford, B. Bartholomew 等 41445。

205. 光轴翠雀花

Delphinium leiostachyum W. T. Wang in Bull. Bot. Res. Harbin 7(2): 96, pl. 1: 2. 1987; et in Vasc. Pl. Hengduan Mount. 1: 490. 1993; W. T. Wang & M. J. Warnock in Fl. China 6: 262. 2001. Holotype　四川：木里，康多梁子，alt. 3 000 m，灌丛，1983-08-21，刘伦辉 s. n. (PE)。

草本高约 1 m。茎基部被贴伏短柔毛，其他部分无毛，中部之上分枝，约有 6 叶。基生叶和最下部茎生叶在花期枯萎，其他茎生叶具长柄；叶片五角形，(4.5−5.5) cm × (7−9) cm，基部深心形，3 全裂，全裂片细裂，末回裂片披针状条形或条形，宽 1.5−3 mm，上面被短糙伏毛，下面疏被硬毛；叶柄长 8−29 cm。总状花序顶生并腋生，长 10−20 cm，有 3−10 花；苞片条状钻形；轴和花梗无毛；花梗长 1.2−5.2 cm，上部有 2 钻形小苞片。萼片蓝色，长约 14 mm，上萼片和侧萼片宽椭圆形，下萼片斜长圆形，外面被短柔毛，内面无毛，距钻形，长 25−28 mm。花瓣无毛，顶端有少数小齿。退化雄蕊瓣片斜倒卵形，长 6 mm，2 浅裂，腹面被黄色髯毛；爪长 4−5 mm。花丝有疏毛。心皮 3，子房密被柔毛。8 月开花。

特产于四川木里县。生于山地灌丛中，海拔 3 000−3 500 m。

标本登录　四川：木里，康坞，alt. 3 500 m，青藏队 13215。

206. 光序翠雀花

Delphinium kamaonense Huth in Bull. Herb. Boiss. 1: 333. 1893; et in Bot. Jahrb. 20: 460. 1895; Munz in J. Arn. Arb. 48(4): 521. 1967; W. T. Wang in Fl. Reip. Pop. Sin. 27: 448. 1979; et in Fl. Xizang. 2: 56. 1985; W. T. Wang & M. J. Warnock in Fl. China 6: 269. 2001; W. T. Wang in High. Pl. China in Colour 3: 373. 2016. Holotype　印度西北部：Kamaon, Nipshang Valley in Darma, alt. 4 300−4 600 m, 1884-08-31, J. F. Duthie

2675 (not seen)。

206a. var. **kamaonense**

草本高约35 cm。茎基部之上稍密被柔毛，其他部分只极疏被开展柔毛。基生叶和近茎基部叶有稍长柄；叶片圆五角形，宽5–6.5 cm，基部心形，3全裂，中央全裂片楔状菱形，3深裂，2回裂片有1–2个狭卵形或条状披针形小裂片，侧全裂片斜扇形，不等2深裂，深裂片又2回细裂，两面疏被柔毛；叶柄长8–12 cm。其他茎生叶细裂，末回裂片条形或狭条形，宽2–3 mm。复总状花序有多数花；基部苞片叶状，其他苞片条形；轴有极少开展柔毛或近无毛；花梗长1.5–5 cm，近无毛或顶端有较密短柔毛，上部有2钻形小苞片。萼片蓝色，椭圆形或狭倒卵形，长11–18 mm，距钻形，长12–16 mm，常比萼片稍短。花瓣无毛，全缘。退化雄蕊瓣片蓝色，宽倒卵形，顶端微凹，腹面被黄色髯毛。花丝有疏毛。心皮3，子房密被柔毛。蓇葖长1 cm。种子四面体形，长2 mm，沿纵棱有狭翅。6–8月开花。

分布于中国西藏南部和四川西部，以及尼泊尔、印度西北部。生于高山草地、沟边或林边，海拔2 800–4 690m。

标本登录　西藏：江达，alt. 3 850 m, D. E. Boufford 等 31231，31258；昌都，D. E. Boufford 等 32532；错那，alt. 2 900 m, 青藏队 1795；聂拉木，alt. 4 200–4 690 m, PE 西藏队 1587，4478，4499；曲乡—聂拉木，西藏中草药队 1685，1688；吉隆，alt. 2 800–4 150 m，青藏队 7084，PE 西藏队 401，779，3820；普兰，alt. 3 600 m，青藏队 8488。四川：巴塘，D. E. Boufford, B. Bartholomew 等 35550；小金，杨亲二，袁琼 292。

206b. **展毛光序翠雀花（变种）　图版 84：6–9**

var. **glabrescens** (W. T. Wang) W. T. Wang in Fl. Reip. Pop. Sin. 27: 449, Pl. 104: 6–9. 1979; in Fl. Xizang. 2: 58, fig. 17: 5–7. 1985; et in Vasc. Pl. Hengduan Mount. 1: 492. 1993; L. H. Zhou in Fl. Qinghai 1: 316. 1997; W. T. Wang in Fl. Yunnan. 11: 144. 2000; Z. Wang & W. T. Wang in High. Pl. China 3: 447, fig. 711. 2000; W. T. Wang & M. J. Warnock in Fl. China 6: 269. 2001; W. T. Wang in High. Pl. China in Colour 3: 374. 2016; L. Xie in Medic. Fl. China 3: 198, with photo. 2016. ——*D. pseudograndiflorum* W. T. Wang var. *glabrescens* W. T. Wang in Acta Bot. Sin. 10(3): 273. 1962. Type　西藏：波密，竹瓦根。alt. 3 200 m, 1960-07-24，夏光成，米泰康（holotype, IMD）；波密，alt. 3 000 m，1960-07-18，夏光成 518（paratype, IMD）。

D. sordidecaerulescens Ulbr. in Notizbl. Bot. Gart. Berl. 12: 356. 1935; Munz in J. Arn. Arb. 48 (4): 534. 1967. ——*D. tatsienense* Franch. var. *sordidecaerulescens* (Ulbr.) Hand.-Mazz. in Acta Hort. Gotob. 13: 61. 1939. Holotype　四川：西北部，黄镇关，alt. 3 400 m, Harry Smith 3983 (not seen)。

D. pseudograndiflorum W. T. Wang in Acta Bot. Sin.10 (3): 275. 1962; Munz in J. Arn. Arb. 48(4): 530. 1967. Holotype　四川：黑水，alt. 2 440–3 300 m, 1957 年 7–8 月，李馨 74016（PE）。Paratypes（均存 PE）　四川：黑水，李馨 73446，73654；马尔康，李馨 71757，72254；小金，张秀实，任有铣 6039，6259，6462；道孚，姜恕 9601；甘孜，崔友文 4942，胡文光 13106；阿坝，李馨 72042。西藏：江达，崔友文 5289。

D. pseudograndiflorum var. *lobatum* W. T. Wang in l. c. 276. Holotype　西藏；额，1951-08-11，崔友文 5224（PE）。

本变种的萼距比萼片（长 9–18 mm）长，长 18–25 mm，雄蕊花丝无毛，而与模式变种不同。

分布于四川西部、云南西北部、西藏东部、青海南部和东南部、甘肃南部。生于高山草地，海拔 2 500–4 600 m。

根和全草药用，治疗发热、风寒湿痹、关节疼痛等症。根含一些生物碱，如康定翠雀碱（tatsiensine）和展毛翠雀碱（glabredelphinine）（《中国药用植物志》，2016）。

标本登录　四川：乡城，alt. 3 500 m, D. E. Boufford, B. Bartholomew 等 28847；理塘，横断山植被组 4954，D. E. Boufford 等 92258；巴塘，四川植物队 1667，郎楷永，李良千，费勇 2392；白玉，叶华盛 s. n.， D. E. Boufford, B. Bartholomew 等 37004；德格，四川植物队 7345，汤宗孝 609；甘孜，崔友文 4942，应俊生 4545；色达，四川植物队 6708；壤塘，D. E. Boufford 等 38916，39038，39084；新龙，孟千万 s.n.；道孚，四川植物队 5871；乾宁，四川植物队 5689，5789；小金，张秀实，任有铣 6039，6259，杨亲二，袁琼 296；金川，李馨 28262；理县，赵清盛 1241；二郎山，蒋兴麐 1734；平武，鲁丽敏 358；马尔康，四川植物队 9528；刷经寺，四川植物队 23636；阿坝，D. E. Boufford 等 39432；龙日，李馨 72101；红原，汤彦承 20，杨亲二，袁琼 307；若尔盖，四川植物队 10276。云南：德钦，白马雪山，杨亲二，袁琼 2520。西藏：卡松多，张永田，郎楷永 2745；江达，青藏队 12486；贡觉，D. E. Boufford, B. Bartholomew 等 41538；察雅，青藏队 13003；昌都，D. E. Boufford 等 29552，32462；类乌齐，青藏队 12923；丁青，杨竞生 91-823；巴青，青藏队 11076；索县，陶德定 10930；左贡，综考会队 591；八宿，综考会队 929；波密，应俊生，洪德元 356，1114，张永田，郎楷永 463；鲁朗，张永田，郎楷永 953；林芝，张永田，郎楷永 1223，西藏中草药队 3541；米林，青藏队 3725，4629；工布江达，杨竞生 89-059。青海：囊谦，杨永昌 1189；玉树，何廷农，B. Bartholomew 等 1972，2044，2264，2575；称多，何廷农，B. Bartholomew 等 1720；久治，D. E. Boufford 等 39466；马沁，何廷农，B. Bartholomew 等 437；同仁，杨亲二 95-16。甘肃：洮河，J. F. Rock 13178；夏河，傅坤俊 1486，王庆瑞 10643；穷沙，王作宾 5572。

207. 秋翠雀花　图版 83：1–4

Delphinium autumnale Hand. -Mazz. Symb. Sin. 7: 276, t. 5: 5. 1931; W. T. Wang in Acta Bot. Sin. 10(3): 274. 1962; Munz in J. Arn. Arb. 48(4): 503. 1967; W. T. Wang in Vasc. Pl. Hengduan Mount.1: 489. 1993; et in Fl. Yunnan. 11: 131. 2000; W. T. Wang & M. J. Warnock in Fl. China 6: 260. 2001. ——*D. kamaonense* Huth var. *autumnale* (Hand. -Mazz.) W. T. Wang in Fl. Reip. Pop. Sin. 27: 449. 1979. Holotype　四川：Hwangliangdse，在盐源县与Kwapi之间，alt. 3 600–3 900 m, 石灰山上，1914-10-05， H. Handel-Mazzetti 5495 (not seen; photo, PE)。

草本高 14–60 cm。茎被开展或稍向下斜展并稍弯曲的毛，有时近无毛，分枝或不分枝，有 1–3 叶。基生叶约 3，与下部茎生叶均具长柄；叶片革质，圆五角形，(1.8–3.8) cm × (3.2–5.5) cm，基部深心形，3 全裂，中央全裂片菱形，2 回细裂，侧全裂片斜扇形，不等 2 深裂近基部，2 回裂片约 3 回细裂，末回裂片狭三角形至狭条形，宽 1–3 mm，上面密被短伏毛，下面有疏柔毛；叶柄长 6–16 cm。总状花序长 3–15 cm，有 2–9 花；基部苞片叶状，其他苞片条形；轴无毛或近无毛；花梗长 2–5 cm，无毛或在顶端有疏毛，下部或上部有 2 钻形小苞片。萼片蓝色，外面疏被短柔毛，内面无毛，上萼片椭圆状倒卵形，长 16–18 mm，距钻形，长 15–18 mm，其他萼片椭圆形。花瓣顶端全缘，无毛或疏被缘毛。退化雄蕊瓣片圆倒卵形，狭倒卵形或近长方形，顶端全缘、微凹或 2 微裂，腹面被黄色髯毛。花丝无毛或有疏毛。心皮 3，子房密被柔毛。蓇葖长约 1 cm。种子扁四面体形，长 1.2 mm，沿 2 纵棱具宽 0.4–0.5 mm 的膜质翅。

分布于四川西南部和云南西北部（宁蒗）。生于灌丛草甸、草坡或多石草坡，海拔 3 200–3 900 m。

标本登录　四川：盐源，白灵山，alt. 3 900 m, 罗艳，陈又生 510；木里，alt. 3 200–3 800 m，武素功 3373，杨亲二，袁琼 337，339。云南：宁蒗，alt. 3 800 m，田效文 103-10。

图版 83　1–4. **秋翠雀花**　1. 花序；2. 叶；3. 退化雄蕊；4. 雌蕊群。（据杨亲二和袁琼 337）
5–8. **孟获营翠雀花**　5. 植株全形；6. 退化雄蕊；7. 雄蕊；8. 雌蕊群。（据刘慎谔 14212；孙英宝绘）

Plate 83　1–4. **Delphinium autumnale**　1. Compound raceme; 2. Leaf; 3. Staminode; 4. Gynoecium. (From Q. E. Yang & Q. Yuan 337)　5–8. **D. monsoynense**　5. Habit; 6. Staminode; 7. Stamen; 8. Gynoecium. (From T. N. Liou 14212; drawn by Y. B. Sun)

208. 孟获营翠雀花 图版 83：5–8

Delphinium mosoynense Franch. in Bull. Soc. Philom. Paris, ser. 8, 5: 168. 1893; Finet & Gagnep. in Bull. Soc. France 51: 483. 1904; Munz in J. Arn. Arb. 48 (4): 527. 1967. ——*D. grandiflorum* L. var. *mosoynense* (Franch.) Huth in Bot. Jahrb. 20: 461. 1895; W. T. Wang in Fl. Reip. Pop. Sin. 27: 447. 1979; in Vasc. Pl. Hengduan Mount. 1: 491. 1993; in Guihaia 17 (1): 11. 1997; et in Fl. Yunnan. 11: 143, pl. 43: 1–3. 2000; W. T. Wang & M. J. Warnock in Fl. China 6: 268. 2001. Holotype 云南：洱源，孟获营（Mosoyn), Pee-cha-ko, 1884-08-31, J. M. Delavay 717 (P; photo, PE)。

D. grandiflorum L. var. *majus* W. T. Wang in Acta Bot. Sin. 10 (3): 273. 1962, p. p. quoad paratypum.

D. grandiflorum var. *robustum* W. T. Wang in Acta Phytotax. Sin. Add. 1: 103. 1965; et in Fl. Reip. Pop. Sin. 27: 447. 1979, syn. nov. Holotype 云南：中甸，安南厂，开阔山地，1939-08-07，冯国楣 2059（PE）。

D. grandiflorum L. var. *villosum* W. T. Wang in Acta Phytotax. Sin. Add. 1: 103. 1965; et in Fl. Reip. Pop. Sin. 27: 447. 1979. syn. nov. Type 云南：丽江，黄哨山，alt. 2 900–3 300 m, 1939-09-04, 和鸣昌 21372（holotype, PE)；同地，雪松村，山坡草地，1937 年 9–10 月，俞德浚 5049（paratype, PE)。

D. grandiflorum auct. non L.: W. T. Wang in Acta Bot. Sin. 10(3): 271. 1962, p. p. quoad specim. yunnanensia.

D. chefoense auct. non Franch.: Munz in J. Arn. Arb. 48 (4): 510. 1967, p. p. quoad K. M. Feng 2714.

D. pseudograndiflorum auct. non. W. T. Wang : Munz in 1. c. 530, p. p. quoad G. Forrest 6538 et C. Schneider 3250.

D. tatsienense auct. non Franch.: Munz in l. c. 537, p. p. quoad G. Forrest 22378, J. F. Rock 10686 et 18485, et C. Schneider 2739.

208a. var. **mosoynense**

草本高 20–50（–65）cm。茎密被反曲并贴伏短柔毛（毛长 0.2–0.5 mm），和少数、稀较多开展或稍向下方斜展的直或弯曲较长柔毛（毛长 1–2 mm），分枝。基生叶数枚，与下部基生叶均具长柄；叶片纸质，圆五角形，[2.2–5(–7)] cm × [4–8(–12)] cm，基部心形，3 全裂，中央全裂片菱形，1–2 回 3 裂近中脉，侧全裂片斜扇形，不等 2 深裂，深裂片 2 回细裂，末回裂片狭披针形或条形，宽 1–3(–4) mm，两面疏被短柔毛或近无毛；叶柄长 5–18 cm。总状花序顶生，长 5–20 cm，有 3–10 花，有时为复总状花序；下部苞片叶状，其他苞片条形；轴和花梗被反曲并贴伏短柔毛；花梗长 1.5–4 cm，中或上部有 2 钻形小苞片。萼片蓝色，外面被短柔毛，内面无毛，上萼片卵形，长 10–16 mm，距钻形，长 15–20 mm，其他萼片长 10–19 mm。花瓣无毛，全缘。退化雄蕊瓣片蓝色，倒卵形或宽倒卵形，长 5–7 mm，顶端微凹或 2 浅裂，腹面基部被黄色髯毛；爪长约 5 mm。花丝无毛，稀有疏毛。心皮 3，子房密被短柔毛。蓇葖长约 9 mm。种子暗褐色，近四面体形，长 2 mm，沿纵棱有狭翅。8–11 月开花。

分布于云南西北部、西部和中北部以及四川西南部。生于山坡草地、灌丛中或废田中，海拔 1 900–3 200m。

标本登录 云南：中甸，alt. 2 200–3 200 m, 中甸队 62-1067，62-2156，杨亲二，孔宏智 98-159，98-222；丽江，alt. 2 400–3 000 m，G. Forrest 28466, 28930, 王文采（1962-09-26）s. n., 综考会队 83116，杨亲二，袁琼 140. 149；鹤庆，秦仁昌 23669；洱源，alt. 2 265 m, D. E. Boufford 等 43555；大理，苍山，陈家瑞 92-471；宾川，鸡足山，1922-09-8，钟观光 2426；同地，1946，10–11 月，刘慎谔 21534，

22164；武定，李恒等 1084；昆明，西山，alt. 2 100 m, 刘慎谔 13998，14212。四川：木里，G. Forrest 28386, 青藏队 14851； 盐源，alt. 2 400–3 000 m, 杨亲二 93-07，93-013，杨亲二，袁琼 358。

208b. 腺毛孟获营翠雀花（变种）

var. **heterotrichum** (W. T. Wang) W. T. Wang. st. nov. ——*D. grandiflorum* L. var. *villosum* W. T. Wang f. *heterotrichum* W. T. Wang in Acta Phytotax. Sin. Add. 1: 103. 1965. Type 云南：丽江，玉龙山，干海子，alt. 3 100 m, 冲积扇，1962-09-25，王文采 s. n. (holotype, PE)；同地，alt. 2 800 m, 1937-09-15, 俞德浚 15594（paratype,PE)；同地，赵致光 30609（paratype, PE)。

D. grandiflorum L. var. *robustum* W. T. Wang f. *glanduliferum* W. T. Wang in l. c. Holotype 云南：中甸哈巴山，呼卢巴，alt. 2 600 m, 1962-09-05，中甸调查队 1871（PE）。

本变种的花序轴和花梗除了密被白色反曲短柔毛以外，还被淡黄色开展短腺毛，而与模式变种不同。

分布于云南丽江市玉龙山和郊区以及中甸东南部哈巴山。生于山地草坡、高山栎间草地或平原草地，海拔 2 000–3 000 m。

标本登录 云南：丽江，G. Forrest 11449, 27872, 田孝文等 904，杨亲二，孔宏智 94-123，98-515，谢磊 LJ03，杨亲二，袁琼 2665。

209. 翠雀（北京；《植物名实图考》） 图版 84：1–5

Delphinium grandiflorum L. Sp. Pl. 531. 1753; Sims in Curtis, Bot. Mag. 41: t. 1686. 1814; DC. Syst. 1: 351. 1818; et Prodr. 1: 53. 1824; C. A. Mey. in Ledeb. Fl. Alt. 2: 289. 1830; Maxim. Prim. Fl. Amur. 24. 1859; Forb. & Hemsl. in J. Linn. Soc. Bot. 23: 19. 1886; Huth in Bot. Jahrb. 20: 461. 1895; Kom. Fl. Mansh. 2: 247. 1903; Finet & Gagnep. in Bull. Soc. Bot. France 51: 482. 1904; Nevski in Kom. Fl. URSS 7: 164. 1937; W. T. Wang in Acta Bot. Sin. 10 (3): 271. 1962; Munz in J. Arn. Arb. 48 (4): 517.1967; Iconogr. Corm. Sin. 1: 708, fig. 1416. 1972; Fl. Herb. Pl. Chinae Bor. Or. 3: 116, pl. 46: 1–2. 1975; W. T. Wang in Fl. Reip. Pop. Sin.27: 445, pl.104: 1–5. 1979; B. Z. Ding et al. Fl. Henan. 1: 434. 1981; J. W. Wang in Fl. Hebei 1: 454, fig. 455. 1986; Y. Z. Zhao in Fl. Intramongol., 2nd ed., 2: 543, pl. 221: 1–4. 1991; X. Y. Yu et al. in Fl. Shanxi. 1: 583, pl. 369. 1992; D. Z. Fu in Fl. Heilongjiang 5: 67. pl. 8: 7–8. 1992; L. H. Zhou in Fl. Qinghai. 1: 314. 1997; Z. Wang & W. T. Wang in High. Pl. China 3: 446. 2000; W. T. Wang & M. J. Warnock in Fl. China 6: 268. 2001; W. T. Wang in High. Pl. China in Colour 3: 373. 2016; L. Xie in Medic. Fl. China 3: 195, with fig. & photo. 2016. Described from Siberia.

D. chinense Fisch. Cat. Hort. Gorenk. 1808.

D. grandiflorum L. var. *chinense* Fisch. ex DC. Syst. 1: 351. 1818.

D. Bonatii Levl. in Repert. Sp. Nov. 7: 99.1909.

D. grandiflorum L. var. *tigridium* Kitag. in Reip. Jst Sci. Exped. Manch., Sect. 4, 4: 17, 83, t. 2. 1936.

Chienia honanensis W. T. Wang in Acta Phytotax. Sin. 9: 104. 1964.

209a. var. grandiflorum

草本高 35–65 cm。茎密被反曲并贴伏短柔毛，上部有时变无毛，分枝，等距生叶。基生叶和下部茎生叶均有长柄；叶片五角形，(2.2–6) cm × (4–8.5) cm，3 全裂，中央全裂片菱形，1–2 回 3 裂近中脉，侧全裂片斜扇形，不等 2 深裂近基部，深裂片细裂，所有末回裂片条状披针形或条形。总状花序顶生，

图版 84　1−5. **翠雀**　1. 开花植株全形；2. 花序一段放大；3. 退化雄蕊；4. 蓇葖；5. 种子。　6−9. **展毛光序翠雀花**　6. 花；7. 花序轴一段放大；8−9. 退化雄蕊。（引自《中国植物志》；赵宝恒和张泰利绘）

Plate 84　1−5. **Delphinium grandiflorum**　1. Flowering plant; 2. A part of raceme; 3. Staminode; 4. Follicle; 5. Seed. 6−9. **D. kamaonense** var. **glabrescens**　6. Flower; 7. A part of raceme rachis; 8−9. Staminodes. (After Fl. Reip. Pop. Sin.; drawn by B. H. Zhao & T. L. Zhang)

有 3−15 花；下部苞片叶状，其他苞片条形；花梗长 1.5−3.8 cm，与轴密被贴伏短柔毛，中或上部有 2 狭条形或丝形小苞片。萼片蓝色，椭圆形或宽椭圆形，长 12−18 mm，外面被短柔毛，距钻形，长 17−20(−23) mm。花瓣无毛，全缘。退化雄蕊瓣片蓝色，近圆形或宽倒卵形，顶端全缘或微凹，腹面基部被黄色髯毛。雄蕊无毛。心皮 3，子房密被贴伏短柔毛。蓇葖长 1.4−1.9 cm。种子倒卵状四面体形，长约 2 mm，沿纵棱有翅。

分布于中国四川西北、青海东部、宁夏、陕西南部、山西、河南、山东、河北、内蒙古、辽宁、吉林和黑龙江，以及蒙古、俄罗斯西伯利亚地区。生于山地草坡或丘陵草地或沙地，海拔 200−2 800(−4 200) m。

本种的全草和根供药用，用于风热牙痛，外敷用于疥癣、脚气病等症，也可用于灭蝇，灭蛆。根含一些生物碱：半须翠雀明（delsemine），翠雀亭（delphatine），异塔拉乌头定（isotalatizidine），大花飞燕草定（delgrandine）（《中国药用植物志》，2016）。

标本登录　四川：道孚，alt. 3 000−4 200 m，姜恕，金存礼 2293，罗艳 347；炉霍，D. E. Boufford 等 27819；金川，李馨 75912；米亚罗，罗毅波 61；若尔盖，alt. 3 300 m，汤宗孝 904。陕西：户县，吴建勇，吴振海 215；凤县，傅坤俊 17552。宁夏：贺兰山，夏纬瑛 3908。山西：阳城，包世英 2200；沁水，？ 029；隰县，王作宾 3073；灵空山，关克俭，陈艺林 937；交城，刘心源 21398；灵石，刘继孟 1173；芦芽山，夏纬瑛 1641；宁武，刘继孟 1651；五寨，王文中 237；繁峙，段长虹 570；平鲁，山西队 486；五台山，夏纬瑛 1356。山东：海阳，赵鑫磊 2016-73。河北：内丘，刘瑛，13341；赞皇，刘心源 962；平山，？ 1133；灵寿，石硕 4226；阜平，阜平队 165；涞源，刘继孟 2766；易县，PE 调查队 2753；小五台山，刘瑛 12418；涿鹿，夏纬瑛 2436；张家口，黄秀兰等 4871；雾灵山，刘慎谔等 4771；围场，杨福生 s.n.; 龙关，黄秀兰等 6595；赤城，？ 4376。北京：西山，刘慎谔 1405；妙峰山，PE 考察队 2725；百花山，夏纬瑛 2584。内蒙古：贺兰山，于兆英 2141；乌拉特箭旗，陈又生 1238；乌拉山，夏纬瑛 3159；凉城，蛮汉山，陈又生 746；宁城，王朝品 87；兴和，赵一之 50；大青山，乌毓泉 106；多伦，察省农林处 782；克什克腾旗，陈又生 580；呼盟左旗，姜恕 462。辽宁：宁城，张玉良等 661。吉林：镇赉，关克俭 15538；大赉，白城组 182；阿里河，祝建成 G62。黑龙江：泰赉，张玉良等 970。

209b. **疏毛翠雀花（变种）**

var. **pilosum** Y. Z. Zhao in Acta Univ. Nei. Mongol. 19(4): 677. 1988; in Fl. Intramgongol., 2nd ed., 2: 545, t. 221: 5. 1990; et Class. Distr. Vasc. Pl. Inn. Mongol. 181. 2012. Dscribed from eastern Neimenggu.

本变种的茎、花序轴和花梗被反曲短柔毛和开展长柔毛，而与模式变种不同。

特产于内蒙古的克什克腾旗。生于山区沙地上，海拔 1 480 m。

209c. **安泽翠雀花（变种）**

var. **deinocarpum** W. T. Wang in Acta Phytotax. Sin. 32(5): 469. 1994; W. T. Wang & M. J. Warnock in Fl. China 6: 268. 2001. Holotype　山西：安泽县，吴寨，1915-06-27，E. Licent 1305 (TIE).

本变种的心皮无毛，而与模式变种不同。花序轴和花梗只被反曲贴伏的短柔毛，无黄色腺毛。

特产于山西安泽县。

209d. **腺毛翠雀花（变种）**

var. **glandulosum** W. T. Wang in Acta Bot. Sin. 10 (3): 273. 1962; Fl. Tsinling. 1(2): 268, fig. 229. 1974; W.

T. Wang in Fl. Reip. Pop. Sin. 27: 446. 1979; B. Z. Ding et al. Fl. Henan. 1: 434, fig. 549. 1981; J. W. Wang in Fl. Hebei 1: 455. 1986; X. W. Wang in Fl. Anhui. 2: 305, fig. 603. 1987; L. H. Zhou in Fl. Qinghai. 1: 316. 1997. Holotype　陕西：周至，1938-05-02， S. T. Wang s. n. (PE). Paratypes（均存 PE） 陕西：眉县，傅坤俊 4404；终南山，孔宪武 2693；南五台山，刘慎谔，钟补求 56；华阴，夏纬瑛 176；西安，王大龄 s. n.，甘肃：天水，王作宾 4309；会宁，黄河队 5781；固原，甘肃队 2377；靖远，黄河队 5418。山西：阳城，包士英，严生俊 2200；沁源，关克俭，陈艺林 937。

D. grandiflorum L. var. *gilgianum* auct. non (Piler) Finet & Gagnep.: W. T. Wang in Bull. Bot. Res. Harbin 16 (2): 157. 1996. p. p. tantum quoad syn. *D. grandiflorum* L. var. *glandulosum*.

本变种的花序轴和花梗除了密被白色反曲并贴伏的短柔毛以外，还有淡黄色开展腺毛，而与模式变种不同。

分布于四川西部、青海东部、甘肃、宁夏、陕西南部、湖北中北部、安徽、河南西部、山西和河北西南部。生于山地或平原草地，溪边，田边或林下，海拔 103−1 900(−2 950 m)。

标本登录　四川：丹八，alt. 2 800−2 950 m, D. E. Boufford 等 38040。甘肃：临夏，傅坤俊 8370。宁夏：同心，于兆英 1869。陕西：临潼，黄河队 6805。湖北：枣阳，冯海龙 85。安徽：全椒，王德群 5667；淮北，淮北药材公司 s.n.，河南：灵宝，郭仰山 168。山西：永济，刘天慰 13；灵石，刘继孟 1173；解州，黄河队 331。河北：内丘，刘心源 137；井径，？ 45，138。

209e. 光果翠雀花（变种）

var. **leiocarpum** W. T. Wang in Acta Bot. Sin. 10(3): 274. 1962; et in Fl. Reip. Pop. Sin. 27: 446. 1979; W. T. Wang & M. J. Warnock in Fl. China 6: 268. 2001; L. Xie in Medic. Fl. China 3: 197. 2016. Holotype　陕西：清涧，alt. 680 m，1953-10-02，傅坤俊 3203。Paratypes（均有 PE）　陕西：安寨，傅坤俊 7578；绥德，傅坤俊 6621，6659，夏纬瑛 3442；吴堡，陕甘队 10069；靖边，傅坤俊 7421。甘肃：正宇，仲世奇，杨平礼 260；西峰，王作宾，17469；泾川，侯昌 13。

本变种的花序轴和花梗除密被白色反曲并贴伏短柔毛以外，还有黄色开展腺毛，心皮无毛，而与模式变种不同。

分布于宁夏、甘肃东部、陕西 [自黄龙（石堡）至靖边、吴堡一带]、山西（灵石）。生于海拔 680−1 800 m 之间的山地。

209f. 房山翠雀花（变种）

var. **fangshanense** (W. T. Wang) W. T. Wang in Fl. Reip. Pop. Sin. 27: 447. 1979; J. W. Wang in Fl. Hebei 1: 455. 1986; W. T. Wang & M. J. Warnock in Fl. China 6: 269. 2001. ——*D. fangshanense* W. T. Wang in Acta Bot. Sin. 10(3): 269. 1962. Type　北京：房山区，上方山，斗率寺，alt. 600 m, 1934-10-03，刘慎谔 8258（holotype, PE）；同地，刘继孟 1018，夏玮瑛 3241（paratypes, PE）。

本变种的花序为具少数花的伞房花序，而与模式变种不同。

分布于北京市西部和北部、陕西（太白县）。生于山地草坡或河坝上，海拔 400−2 300 m。

标本登录　北京市：房山区，上方山，斗率寺，PE 考察队 56-3490；门头沟区，东灵山，alt. 2 300 m, ?127；西灵山，？ 7067；百花山，alt. 1 980 m，陈灵芝，鲍显诚 987；海淀区，西山，刘慎谔 1406；昌平区，马跑泉，alt. 980 m，陈灵芝，鲍显诚 940。陕西：太白县，近人民公社，alt. 1 600 m，杨金祥 1167。

图版 85　1–5. **烟台翠雀花**　1. 总状花序；2. 叶；3. 退化雄蕊；4. 雄蕊；5. 雌蕊群。（据 F. H. Sha 117）
6–10. **威海翠雀花**　6. 总状花序；7. 叶；8. 退化雄蕊；9. 雄蕊；10. 雌蕊群。
（据 holotype；孙英宝绘）

Plate 85　1–5. **Delphinium chefoense**　1. Raceme; 2. Leaf; 3. Staminode; 4. Stamen; 5. Gynoecium. (From F. H. Sha 117)
6–10. **D. weihaiense**　6. Raceme; 7. Leaf; 8. Staminode; 9. Stamen; 10. Gynoecium.
(From holotype; drawn by Y. B. Sun)

210. 威海翠雀花 图版 85：6−10

Delphinium weihaiense W. T. Wang, sp. nov. Type 山东（Shandong）：威海市，牙山，草庵庙附近，溪旁阴湿地，花紫色（Weihai City, Ya Shan, near Caoan Temple, wet shady places by stream, fls, purple），1959-05-30，周太炎等（T. Y. Chou et al.）4046 (holotype, PE)；同地，正棋山，竹鱼界，山坡田梗（same locality, Zhengqi Shan, Zhuyujie, field margin on slope），1959-05-31, 周太炎等 2012（paratype, PE）。

Species nova haec est arcte affinis *D. chefoensi* Franch., a quo foliorum laminis subtus glabris, eorum lobis ultimis lineari-lanceolatis vel anguste triangularibus 3−8 mm latis, calcari sepalino longiore 22 mm longo differt.

Herbs perennial. ca. 40 cm tall. Stems densely spreading-puberulous (hairs 0.1−0.3 mm long), not leafy or near base 1-leaved. Basal leaves ca. 4, with cauline leaf long petiolate; blades papery, suborbicular, (5−10) cm × (9−17) cm, at base deeply cordate, 3-sect, central segment broad-rhombic, lateral segnents obliquely flabellate, all three times dissected, with the ultimate lobes linear-lanceolate or narrow-triangular 3−8 mm broad; surfaces adaxially on nerves puberulous and abaxially glabrous; petioles 10−23 cm long. Racemes terminal, sometimes also lateral, 6−15 cm long, 4−8-flowered; bracts linear-lanceolate, 4−14 mm long; rachis and pedicels densely spreading-puberulous and mixed with a few white glandular hairs; pedicels 0.6−2.2 cm long, above the middle 2-bracteolate; bracteoles linear, 3−4 mm long. Sepals blue, outside densely puberulous, inside glabrous, upper sepal broad-ovate, 14 mm × 10 mm, spur subulate, 22 mm long, other sepals narrow-obovate. Petals glabrous. apex entire. Staminodes blue; limbs orbioular-obovate, 7 mm × 6.8 mm, at apex 2-lobulate, adaxially on the middle densely white-barbate and at base with 2 lunate projections; claws 5 mm long, glabrous, above base 1-appendiculate. Stamens glabrous. Carpels 3; ovaries densely puberulous.

产于山东威海市。生于山坡上或溪边。

211. 烟台翠雀花 图版 85：1−5；图版 88：4−6

Delphinium chefoense Franch. in Bull. Soc. Philom. Paris, ser. 8,5: 170. 1893; Huth in Bot. Jahrb. 20: 465. 1895; W. T. Wang in Acta Bot. Sin. 10(3): 276. 1962; Munz in J. Arn. Arb. 48(4): 510. 1967.; W. T. Wang in Fl. Reip. Pop. Sin. 27: 448. 1979; Y. J. Zheng in Fl. Shandong 2: 15, fig.10. 1997. Holotype 山东：烟台，1881，M. Fauvel s. n. (P; photo, PE)。

D. gilgianum Pilger ex Gilg & Loes. in Bot. Jahrb. 34, Beibl, 75: 33.1904. ——*D. grandiflorum* L. var. *gilgianum* (Pilger) Finet & Gagnep. in Bull. Soc. Bot. France 51: 483. 1904; W. T. Wang in Bull. Bot. Res. Harbin 16 (2): 157. 1996, p. p. excl. syn. *D. grandiflorum* var. *glandulosum* W. T. Wang; W. T. Wang & M. J. Warnock in Fl. China 6: 268. 2001. Holotype 山东：胶州，1900-05，Zimmermann 192 (not seen)。

草本高 40−60 cm。茎密被开展白色短柔毛和短腺毛，不分枝，有 3−4 叶。基生叶和下部茎生叶具长柄；叶片纸质，五角形，(3−4) cm × (4.5−6) cm，基部心形，3 全裂，中央全裂片狭菱形，在中部 3 裂，2 回裂片狭披针形，全缘，侧全裂片斜扇形，不等 2 深裂近基部，2 回裂片又 2−3 回细裂，末回裂片狭披针形或披针状条形，宽 1.5−3 mm，两面均被短伏毛；叶柄长约 10cm。总状花序顶生，长约 8cm，有 5 花，或下部具 1−2 条分枝成长 20cm 的复总状花序；苞片钻形；轴和花梗密被开展白色短柔毛和腺毛；花梗长 2−3cm，中部之上具 2 条形小苞片。萼片蓝色，外面被短毛，内面无毛，上萼片宽卵形，长 13−15 mm，距钻形，长 17 mm，其他萼片倒卵形。花瓣无毛，全缘。退化雄蕊瓣片蓝色，扁圆形，宽 8 mm，顶端 2

微裂，腹面被白色髯毛；爪长 5 mm。雄蕊无毛。心皮 3，子房密被短柔毛。蓇葖长 1.8 cm。种子倒卵状四面体形，长 3 mm，沿纵棱具狭翅。

分布于山东半岛东部沿海山地。

标本登录　山东：烟台，塔尔顶，1929-07-16，Liu, Chen & Heng 19；青岛，太平山，1932-06-08，F. H. Sha 117。

系 4. 蓝翠雀花系

Ser. **Caerulea** W. T. Wang in Acta Bot. Sin. 10 (3): 264. 1962; et in Fl. Reip. Sin. 27: 451. 1979; Tamura in Hiepko, Nat. Pflanzenfam., Zwei. Aufl., 17alV: 301. 1995. p. p. ——Subsect. *Caerulea* W. T. Wang in Acta Bot. Sin. 10(3): 264. 1962. Type: *Delphinium caeruleum* Jacq. ex Camb.

本系与上系 Ser. *Grandiflora* 极为相近，与后者的区别只在于本系的花序为伞房花序或花单朵顶生。

我国有 15 种，其中，四川有 6 种，西藏有 5 种，甘肃有 3 种，云南有 2 种，青海有 1 种。

212. 宽距翠雀花　图版 86：1–4

Delphinium beesianum W. W. Smith in Not. Bot. Gard. Edinb. 8: 130. 1913; W. T. Wang in Acta Bot. Sin. 10(3): 264. 1962; Munz in J. Arn. Arb. 48 (4): 506. 1967; p. p.; W. T. Wang in Fl. Reip. Pop. Sin. 27: 451, pl. 105: 1–4. 1979; in Vasc. Pl. Hengduan Mount. 1: 492. 1993; et in Fl.Yunnan. 11: 144, pl. 42: 5–7. 2000; W. T. Wang & M. J. Warnock in Fl. China 6: 269. 2001; W. T. Wang in High. Pl. China in Colour 3: 374. 2016. Holotype　云南：丽江，玉龙山，alt. 4 500 m, 1910-09, G. Forrest 6694 (E, not seen; isotype, PE)。

D. calcicola W. W. Smith in l. c. ——*D. beesianum* f. *calcicola* (W. W. Smith) W. T. Wang in Acta Bot. Sin. 10 (3): 205. 1962. Holotype　云南：丽江，玉龙山，G. forrest 6364 (E；photo, PE)。

D. mosoynense auct. non Franch.: Munz in J. Arn. Arb. 48 (4): 527. 1967, p. p. quoad K. M. Feng 2514.

212a. var. beesianum

草本高 8–28 cm。茎密被反曲短柔毛，并混生少数较长柔毛，分枝或不分枝。基生叶有长柄；叶片五角形，宽 3.3–5.8 cm，基部心形，3 全裂，中央全裂片在中部 3 裂，2 回裂片条形，全缘，侧全裂片较大，2–3 回细裂，末回裂片条形，宽 2–3.5 mm，两面疏被短伏毛；叶柄长 7–13 cm。伞房花序有 1–5 花；苞片叶状；花梗长 3–6 cm，密被贴伏短柔毛，中部有 2 披针形小苞片。萼片蓝色，倒卵状椭圆形，长 20–25 mm，外面被短柔毛，距钻状圆筒形，长 24–28（–34）mm，基部粗 3–4.5 mm。花瓣无毛，全缘。退化雄蕊瓣片蓝色，狭倒卵形，顶端啮蚀状，微凹或 2 浅裂，腹面被黄色髯毛。花丝有疏毛。心皮 5，子房被柔毛。9–11 月开花。

分布于云南西北、四川西部、西藏东部。生于山地草坡、灌丛中或多石砾山坡，海拔 3 050–4 700 m。

标本登录　云南：丽江，G. Forrest 11276, 27882，冯国楣 2514，秦仁昌 31053，杨亲二 94-117，杨亲二，孔宏智 98-475，杨亲二，袁琼 169，172；中甸，俞德浚 13049，冯国楣 2395，中甸队 62-1052，杨竞生 88-1，杨亲二，孔宏智 98-325；德钦，王启无 69466，69525，69662，70145，青藏队 11187，陈家瑞 92-379，杨亲二 94-80，杨亲二，孔宏智 98-399，杨亲二，袁琼 76，86-2500。四川：木里，陈昌后山，青藏队 14034；小金，周德，吴文元 132；康定，刘振书 1521；贡噶岭，俞德浚 13140。西藏：左贡，青藏队 13037。

图版 86　1–4. **宽距翠雀花**　1. 开花植株全形；2. 基生叶；3–4. 退化雄蕊。　5–6. **辐裂宽距翠雀花**　5. 开花植株全形；6. 退化雄蕊。（引自《中国植物志》；张泰利绘）

Plate 86　1–4. **Delphinium beesianum**　1. Flowering plant; 2. Basal leaf; 3–4. Staminodes.　5–6. var. **radiatifolium** 5. Flowering plant; 6. Staminode. (After Fl. Reip. Pop. Sin.; drawn by T. L. Zhang)

212b. 粗裂宽距翠雀花（变种）

var. **latisectum** W. T. Wang in Acta Bot. Sin. 12 (3): 263. 1962; in Fl. Reip. Pop. Sin. 27: 451. 1979; in Fl. Xizang. 2: 58. 1985; in Vasc. Pl. Hengduan Mount. 1: 492. 1993; et in Fl. Yunnan. 11: 145. 2000; W. T. Wang & M. J. Warnock in Fl. China 6: 270. 2001. Type 云南：贡山，多克拉，alt. 3 500 m, 1935-08, 王启无 64995 (lectotype, designated here, PE), 64923 (syntype, PE)。

本变种的叶末回裂片狭条形或披针形，宽 3−7 mm，而与模式变种不同。

产于云南（贡山）和西藏（昌都）。生于海拔 3 500−4 700 m 之间的山地。

212c. 辐裂宽距翠雀花（变种） 图版 86：5−6

var. **radiatifolium** (Hand.- Mazz.) W. T. Wang in Acta Bot. Sin. 10 (3): 262. 1962; in Fl. Reip. Pop. Sin. 27: 253, pl. 105: 5−6. 1979; in Fl. Xizang. 2: 58. 1985; et in Vasc. Pl. Hengduan Mount. 1: 492. 1993; W. T. Wang & M. J. Warnock in Fl. China 6: 270. 2001. ——*D. beesianum* var. *malacotrichum* f. *radiatifolium* Hand.−Mazz in Acta Hort. Gotob.13: 60.1939. Type 四川：Zungkung La, alt. 4 500 m, 草甸，1934-09-07，Harry Smith 11939 (holotype; isotype, PE)；在泰宁与毛牛之间，Laja Gaba La, 1934-09-30, Harry Smith 12619 (paratypes, PE)；道孚，Dongbo La. alt. 4 200 m, 1934-09-24, Harry Smith12421 (paratype, PE)。

D. beesianum var. *radiatifolium* f. *ramosum* W. T. Wang in Acta Bot. Sin. 10 (3): 265. 1962. Holotype 西藏：昌都，扎喜打藏至澜沧江边，1951-10-11，崔友文 5887（PE）。

本变种的叶的中央全裂片和侧全裂片的 2 回裂片均呈条形，不分裂（稀有 1−2 小裂片），萼片基部密被长柔毛，而与模式变种不同。

分布于四川西部和西藏东部。生于高山草地，海拔 3 700−4 800 m。

标本登录 四川：康定，大炮山，alt. 3 700−4 600 m，刘振书 1450；小金，alt. 4 300 m，四川植物队 9846。

213. 蓝翠雀花 图版 87：1−4

Delphinium caeruleum Jacq. ex Camb. in Jacq. Voy. Bot. 4: 7, t. 6. 1844; Huth in Bot. Jahrb. 20: 463. 1895; Finet & Gagnep. in Bull. Soc. Bot. France. 51: 494. 1904; W. T. Wang in Acta Bot. Sin. 10 (3): 265. 1962; Munz in J. Arn. Arb. 48 (4): 508. 1967; Iconogr. Corm. Sin. 1: 707, fig. 1414. 1972; W. T. Wang in Fl. Reip. Pop. Sin. 27: 453, pl. 106: 1−4. 1979; in Fl. Xizang. 2: 58, fig. 17: 1−4. 1985; et in Vasc. Pl. Hengduan Mount 1: 492.1993; L. H. Zhou in Fl. Qinghai. 1: 317, pl. 69: 1−6. 1997; W. T. Wang in Fl. Yunnan. 11: 145. 2000; Z. Wang & W. T. Wang in High. Pl. China 3: 447, fig. 712. 2000; W. T. Wang & M. J. Warnock in Fl. China 6: 270. 2001; W. T. Wang in High. Pl. China in Colour 3: 374. 2016; L. Xie in Medic. Fl. China 3: 199, with fig & photo. 2016. Holotype: "……inter Hookis Ghat et Doabling Kunaweer", Jacquenomt Cat. No. 1896 (P, not seen).

D. grandifbrum L. var. *tsangense* Bruhl in Ann. Bot. Gard. Culc. 5 (2): 99, pl. 118: 3, 6i, 8d, 9, lle. 1896.

D. beesianum W. W. Smith var. *malacotrichum* Hand.-Mazz. in Acta Hort. Gotob. 13: 60. 1939. Type 四川：西北；Tsipula, alt. 4 100 m, 草甸，1922-08, 31, Harry Smith 2985 (holotype; isotype, PE), 2978 (paratype); Merge, 1922-08-31, Harry Smith 4243 (paratype, PE)；木里，Mt. Mitzuga, alt. 4 300 m, J. F. Rock 18316 (paratype, PE). 甘肃：夏河，J. F. Rock 14502 (paratype, PE)。

D. caeruleum f. *album* W. T. Wang in Acta Bot. Sin. 10(3): 266. 1962. Holotype 青海：门源，班国寺，

图版 87　1–4. **蓝翠雀花**　1. 开花植株全形；2. 退化雄蕊；3. 蓇葖；4. 种子。　5–8. **康定翠雀花**　5. 植株上部；6. 基生叶；7. 退化雄蕊；8. 种子。　9–10. **软毛翠雀花**　9. 伞房花序；10. 退化雄蕊。（引自《中国植物志》；赵宝恒和张泰利绘）

Plate 87　1–4. **Delphinium caeruleum**　1. Flowering plant; 2. Staminode; 3. Follicle; 4. Seed.　5–8. **D. tatsienense**　5. Upper part of flowering plant; 6. Basal leaf; 7. Staminode; 8. Seed.　9–10. **D. mollipilum**　9. Corymb; 10. Staminode.
(After Fl. Reip. Pop. Sin.; drawn by B. H. Zhao & T. L. Zhang)

1936-08-24，刘继孟 6792（PE）。

D. grandiflorum auct. non L.: Munz in J. Arn. Arb. 48 (4): 517. 1967, p. p. quoad J. F. Rock 13361.

D. pseudograndiflorum auct. non. W. T. Wang: Munz in l. c. 530, p. p. quoad J. F. Rock 14538.

213a. var. **caeruleum**

草本高 8-60(-90)cm。茎密被反曲短柔毛，常自下部分枝，等距生叶。基生叶具长柄；叶片圆五角形，宽 1.8-5 cm，3 全裂，全裂片 2-3 回细裂，末回裂片条形，宽 1.5-2.5（-4）mm，两面被短糙伏毛；叶柄长 3.5-14 cm。伞房花序有 1-7 花；下部苞片叶状，其他苞片条形；花梗长 5-8 cm，密被反曲短柔毛，有时混生较长柔毛和黄色短腺毛，中部有 2 披针形小苞片。萼片蓝色，稀白色，椭圆状倒卵形或椭圆形，长 15-18（-25）mm，距钻形，长 18-28 mm，基部粗 2-3 mm。花瓣无毛。退化雄蕊瓣片蓝色，宽倒卵形或近圆形，顶端不分裂或微凹，腹面被黄色髯毛。花丝无毛或有疏毛。心皮 3，子房密被短柔毛。蓇葖长 1.1-1.3 cm。种子倒卵状四面体形，长 1.5 mm，沿纵棱有狭翅。7-9 月开花。

分布于中国四川西部、云南西北部（中甸）、西藏、青海南部和东部、甘肃南部，以及尼泊尔、不丹、印度北部。生于高山草地、河滩、多石砾山坡或林下，海拔 2 100-5 450 m。

本种可供药用：根、花用于白痢；地上部分用于肠热腹泻，肝胆疾病。全草含一些生物碱：蓝翠雀素（caeruine），大理翠雀碱乙（talitine B），翠雀灵（delpleline），翠雀宁（delbrunine）（《中国药用植物志》，2016）。

标本登录 四川：乡城，alt. 3 800m，四川植被队 3254；巴塘，四川植被队 4322；康定，中谷，alt. 4 500 m，杨亲二，袁琼 252，259；新龙，D. E. Boufford, B. Bartholomew 等 36914；白玉，钟补求 5740；石渠，D. E. Boufford, B. Bartholomew 等 33611，杨亲二，袁琼 490；甘孜，D. E. Boufford, B. Bartholomew 等 37235；马尔康，李馨 74992；刷经寺，李馨 74973；松潘，杨亲二，袁琼 311；红原，杨亲二，袁琼 305；若尔盖，alt. 3 500-4 300 m，杨亲二 92-26，92-29；D. E. Boufford 等 40256，40354。云南：中甸，东旺，杨竞生 84-698（KUN）。西藏：比如，陶德定 11182；安多，陶德定 107565；工布江达，覃海宁等 84；墨竹工卡，吴征镒等 75-1208，杨亲二，袁琼 502；达孜，张永田，郎楷永 2390；拉萨，alt. 4 100-5 450 m，张永田，郎楷永 498，1766，2008，2277，2317，2600；林周，西藏中草药队 1375，2008，2021；羊八井，杨亲二，袁琼 489；南木林，西藏中草药队 844，青藏队 7415；浪卡子，青藏队 2059，康马，西藏中草药队 1850；日喀则，傅国勋 185，378；萨迦，傅国勋 826，西藏队 1670；珠穆朗玛峰，登山队 612；吉隆，alt. 3 800-4 800 m，青藏队 6248，李渤生 13854；仲巴，青藏队 6534；普兰，青藏队 8240；札达，青藏队 8192；噶尔，青藏队 8340。青海：囊谦，杨永昌 1189；玉树，alt. 4 700 m，何廷农，B. Bartholomew 等 2069；称多，杨亲二，袁琼 415；治多，周立华 350；玛多，何廷农，B. Bartholomew 等 1463；泽库，吴玉虎 7354；乌兰，杨亲二，袁琼 521；青海湖，俞德浚，陆玲弟等 30；共和，郭本兆 11884；贵德，刘尚武 3336；西宁，杨永昌 4286；互助，郭本兆 6689；大通，张志和 4302；湟源，关克俭 77262；门源，alt. 2 100 m，刘继孟 2793；天峻，alt. 3 400 m，青甘队 1145。甘肃：莲花山，？ 518；夏河，J. F. Rock 14520，王作宾 5784，刘继孟 392，7482；天祝，杨竞生 846。

213b. **钝裂蓝翠雀花（变种）**

var. **obtusilobum** Bruhl ex Huth in Bot. Jahrb. 20: 463. 1895; W. T. Wang in Acta Bot. Sin. 10 (3): 266. 1962; in Fl. Reip. Pop. Sin. 27: 455. 1979; et in Fl. Xizang 2: 59. 1985; W. T. Wang & M. J. Warnock in Fl. China

6: 270. 2001. ——*D. grandiflorum* L. var. *obtusilobum* Bruhl in Ann. Bot. Gard, 5(2): 99, pl. 118: 2, 66. 1896. Syntypes 西藏：亚东，春丕，King's collector s. n. (not seen); 印度北部，King's collector s. n. (not seen)。

D. tsoongii W. T. Wang in Acta Phytotax. Sin. 6 (4): 368, pl. 58: 4.1957. Holotype 西藏：自察卡至乔多路上，1953-08-09，钟补求 6073（PE）。

本变种的茎和叶柄稍密被开展短柔毛，叶片表面密被短柔毛，而与模式变种不同。植株高 6–9 cm。叶的末回裂片宽约 2 mm。

分布于中国西藏东部和南部，以及锡金。生于高山草地或灌丛中，海拔 4 300–4 900 m。

标本登录 西藏：八宿，倪志诚等 1205；亚东，青藏队 2653，7338；定日，姜恕，郑度 1；萨迦，王金亭 3522；聂拉木，综考会队 823。

213c. 大叶蓝翠雀花（变种）

var. **majus** W. T. Wang in Acta Bot. Sin. 10 (3): 266. 1962; et in Fl. Reip. Pop. Sin. 27: 455. 1979; W. T. Wang & M. J. Warnock in Fl. China 6: 270. 2001. Type 甘肃：拉莫贡巴，alt. 3 000 m，傅坤俊 1622（holotype, PE）; Mt. Kwang kei, alt. 3 300 m, J. F. Rock 13730 (paratype, PE)。

本变种的叶较大，叶片宽达 12 cm，其末回裂片宽 (1.5–)2.5–5 mm，而与模式变种不同。

产于甘肃南部。生于山地草坡，海拔 3 300–3 600 m。

213d. 粗距蓝翠雀花（变种）

var. **crassicalcaratum** W. T. Wang & M. J. Warnock in Guihaia 17 (1): 10. 1997; et in Fl. China 6: 271. 2001. Holotype 云南：德钦，Moting Shan, alt. 4 600 m，生流石滩上，1932-06，J. F. Rock 22852 (US)。

D. hamatum auct. non Franch.: Munz in J. Arn. Arb.49 (1): 257.1968, p. p. quoad J. F. Rock 22852.

本变种的茎除被反曲短柔毛以外还有较长柔毛和黄色腺毛，叶较小，叶片宽 1.5–1.9 cm，萼距圆筒状钻形，基部粗 3–4 mm，而与模式变种不同。

特产云南德钦县 Moting Shan。生于高山流石滩上，海拔 4 600 m。

214. 永登翠雀花 图 19

Delphinium yongdengense W. T. Wang in Bull. Bot. Res. Harbin 36 (1): 1, fig. 1: A–D. 2016. Holotype 甘肃：永登县，连城自然保护区，沙林沟，alt. 2 475 m, 2006-08-01，张学刚 06-137（PE）。

草本高约 35 cm。茎密被反曲贴伏短柔毛（毛长 0.2–0.4 mm），有不明显 6 条纵棱，自下部二歧状分枝。基生叶未见。下部茎生叶为三出复叶，具短柄；小叶具短柄，基部近截形，3 全裂，全裂片条形，长 0.8–3.5 cm，宽 1.2–2 mm，全缘，上面密被贴伏短柔毛，下面在中脉上有疏毛；叶柄条形，长 10 mm，宽 1.5 mm，密被短柔毛（毛长 0.2–0.4 mm），并混生少数长 1–2 mm 的柔毛。上部茎生叶为单叶，具短柄；叶片基部宽楔形，3 全裂，全裂片条形，长 0.7–2 cm，宽 1–2 mm，全缘；叶柄长 3.5–5 mm。伞房花序顶生，有 (1–)3–7 花；下部苞片叶状，上部苞片条形；花梗长 5–12.5 cm，被贴伏短柔毛，近中部有 2 狭条形小苞片。萼片蓝色，外面被短柔毛，内面无毛，上萼片狭卵形，长 13–17 mm，距钻形，长 14–16 mm，侧萼片卵状长圆形，下萼片狭长圆形，顶部船形。花瓣无毛，全缘。退化雄蕊瓣片蓝色，倒卵形，长 8 mm，不分裂，顶端圆形，腹面被白色髯毛。花丝有疏毛。心皮 5，子房密被短柔毛。7–8 月开花。

特产于甘肃永登县连城自然保护区。生于海拔 2 475 m 的山地。

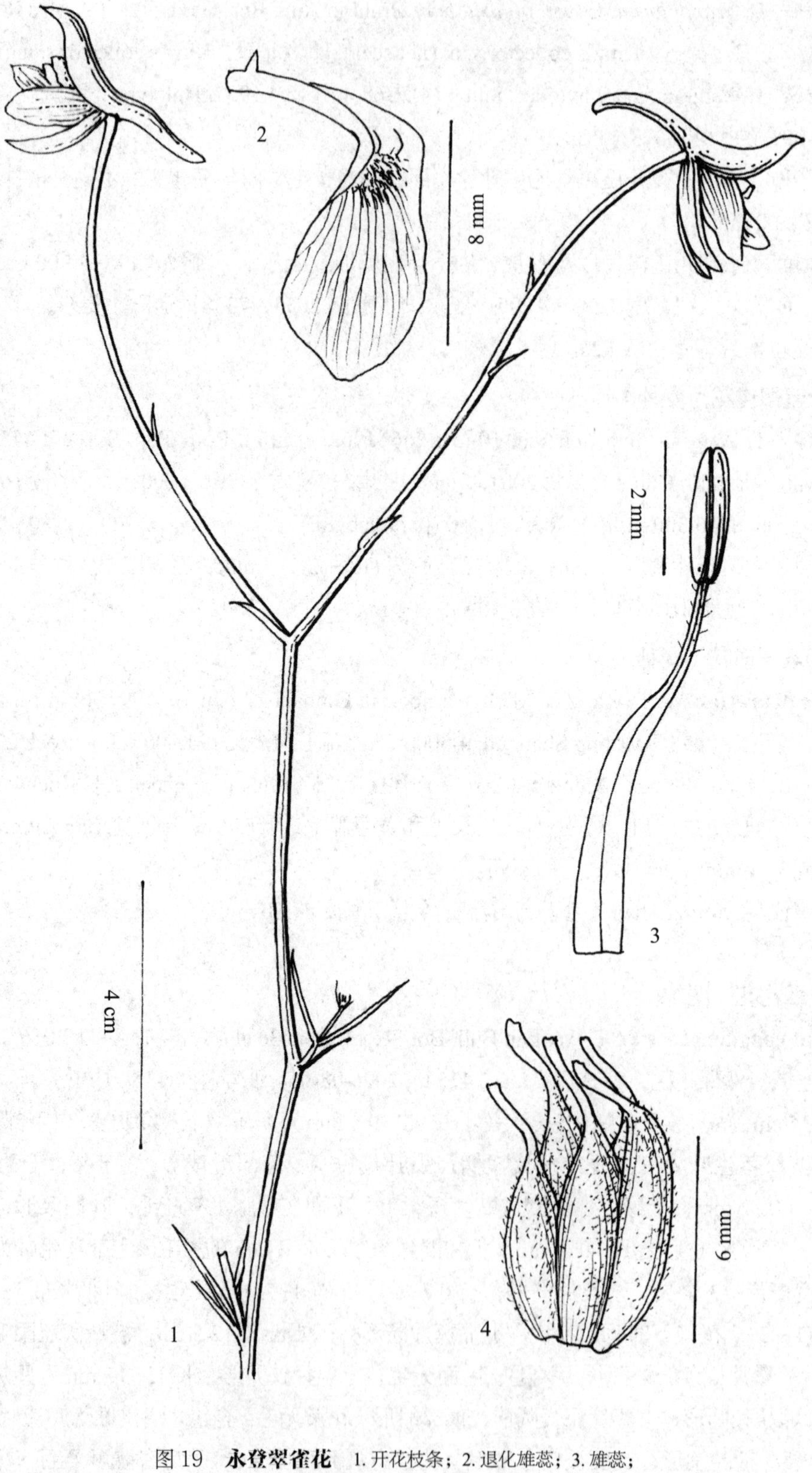

图 19 **永登翠雀花** 1. 开花枝条；2. 退化雄蕊；3. 雄蕊；
4. 雌蕊群。（引自王文采，2016）

Fig. 19 **Delphinium yongdengense** 1. Flowering branch; 2. Staminode;
3. Stamen; 4. Gynoecium. (After W. T. Wang, 2016)

215. 细距翠雀花　图 20

Delphinium largarocentrum W. T. Wang in Bull. Bot. Res. Harbin 34 (5): 583, fig. 3: E–H. 2014; et in High. Pl. China in Colour 3: 374. 2016. Holotype　西藏：昌都—类乌齐 314 国道，alt. 3 682 m，山谷云杉林陡坡石上，2010-08-04，康藏植物考察队 10-1201（PE）。

草本高 30–50 cm。茎下部有不明显 6 条纵棱，密被贴伏短柔毛（毛长 0.1 mm），上部无毛。基生叶 1，在花期枯萎。茎生叶 4，有长或短柄；叶片近圆形或半圆形，(2.5–4.5) cm × (4–8) cm，3 全裂，全裂片 1–3 回细裂或中央全裂片不分裂，末回裂片狭条形，长 0.8–3 cm，宽 0.5–1.5 mm，上面无毛，下面被短柔毛；叶柄长 0.7–6 cm。伞房花序长 4–6 cm，有 (1–) 3 (–5) 花；苞片叶状；花梗长 1.5–5.5 cm，被短柔毛，中部或以上有 2 条形小苞片。萼片蓝色，外面被柔毛，内面无毛，上萼片卵形，长 13–15 mm，距细钻形，长 21–24 mm，基部粗 2 mm，其他萼片狭倒卵形。花瓣无毛，全缘。退化雄蕊瓣片斜卵形，长 6 mm，2 半裂，腹面被黄色髯毛；爪长 4 mm。花丝近顶端被短毛。心皮 5，子房密被柔毛。7–8 月开花。

特产于西藏昌都与类乌齐之间的山地。生于山谷云杉林陡坡岩石上，海拔 3 682 m。

216. 谷地翠雀花　图版 88：1–3

Delphinium davidii Franch. in Bull. Soc. Philom. Paris, ser. 8, 5: 178. 1893; Huth in Bot. Jahrb, 20: 464. 1895; Finet & Gagnep. in Bull. Soc. Bot. France 51: 484. 1904; Munz in J. Arn. Arb. 49 (1): 92. 1968; W. T. Wang in Fl. Reip. Pop. Sin. 27: 455, pl. 103: 1–3. 1979; W. T Wang & M. J. Warnock in Fl. China 6: 271. 2001; L. Xie in Medic. Fl. China 3: 199, with fig. 2016. ——*D. longipes* Franch. in Nouv. Arch. Mus. Paris, ser. 2, 8: 192. 1885, non Moris, 1837. ——*D. grandiflorum* L. var. *davidii* (Franch.) Bruhl in Ann. Bot. Gard. Culc. 5 (2): 98. 1896. Holotype　四川：宝兴，1869-07， A. David s. n. (P, not seen)。

D. sutchuenense auct. non Franch.: W. T. Wang in Acta Bot. Sin. 10 (3): 267. 1962.

草本高 28–70 cm。茎疏被反曲短柔毛，上部分枝，有少数叶。基生叶数个，与下部茎生叶有长柄；叶片五角形，(4–7) cm × (6–9) cm，基部宽心形，3 全裂，中央全裂片菱形，下部全缘，中部 3 裂，2 回裂片有狭卵形或狭三角形小裂片，侧全裂片斜扇形或斜宽倒卵形，不等 2 深裂，两面疏被短毛；叶柄长达 40 cm。伞房花序有 2–5 花；苞片叶状；花梗长 3.5–10 cm，密被贴伏短柔毛，下部具 2 条形小苞片。萼片蓝色，椭圆状倒卵形或狭椭圆形，长（10–）15–25 mm，外面被短柔毛，内面无毛，距钻形，长（15–）18–25 mm。花瓣无毛，顶端微凹。退化雄蕊瓣片倒卵形，顶端微凹或 2 裂近中部，腹面被黄色髯毛。雄蕊无毛。心皮 3，子房密被短柔毛。蓇葖长 2 cm。种子淡褐色，扁椭圆球形，具不明显 3 纵棱，无翅。8–10 月开花。

分布于四川中南部。生于草坡、灌丛、林边或林下，海拔 1 200–2 500 m。

标本登录　四川：攀枝花，张钢民 622；金阳，杜大华 4450；汉源，陈文锦等 s.n.；泸定，关克俭，王文采等 1713；宝兴，曲桂龄 3127，3803，宋滋圃 39128，39375，张秀实，任有铣 7612，姜恕 10185，关克俭，王文采 2691。

217. 康定翠雀花　图版 87：5–8

Delphinium tatsienense Franch. in Bull. Soc. Philom. Paris, ser. 8, 5: 169. 1893; Huth in Bot. Jahrb. 20: 463. 1895; W. T. Wang in Acta Bot. Sin. 10 (3): 267. 1962; Munz in J. Arn. Arb. 48 (4): 537. 1967, p. p. excl.

图 20 **细距翠雀花** 1. 花序；2. 退化雄蕊；3. 雄蕊；
4. 雌蕊群。（引自王文采，2014）

Fig. 20 **Delphinium lagarocentrum** 1. Corymbs; 2. Staminode; 3. Stamen;
4. Gynoecium. (After W. T. Wang, 2014)

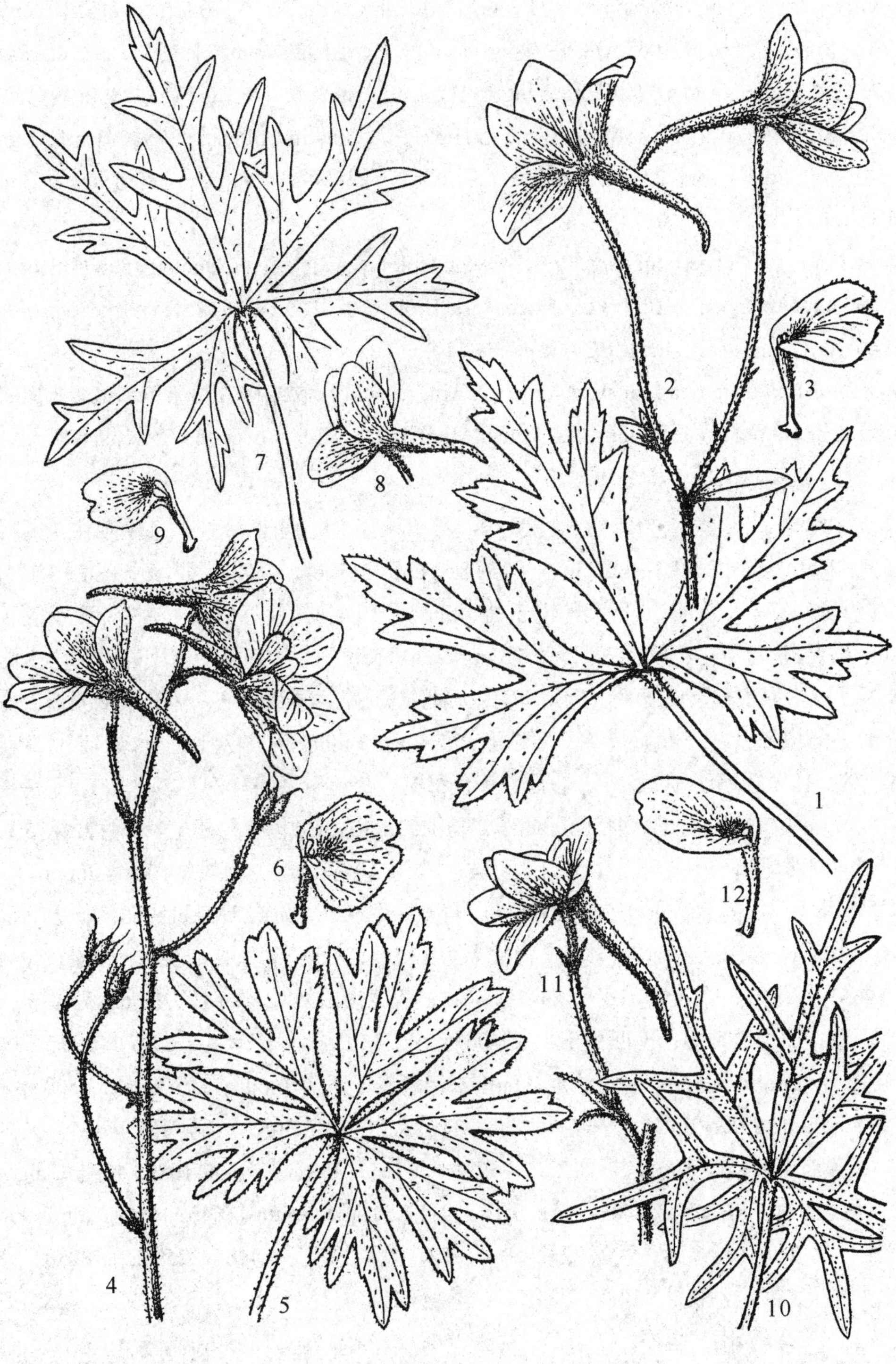

图版 88　1–3. **谷地翠雀花**　1. 基生叶；2. 花序；3. 退化雄蕊。　4–6. **烟台翠雀花**　4. 花序上部；5. 基生叶；6. 退化雄蕊。　7–9. **金沙翠雀花**　7. 基生叶；8. 花；9. 退化雄蕊。　10–12. **囊谦翠雀花**　10. 基生叶；11. 花；12. 退化雄蕊。
（引自《中国植物志》；吴樟桦绘）

Plate 88　1–3. **Delphinium davidii**　1. Basal leaf; 2. Corymb; 3. Staminode.　4–6. **D. chefoense**　4. Upper part of raceme; 5. Basal leaf; 6. Staminode.　7–9. **D. majus**　7. Basal leaf; 8. Flower; 9. Staminode.　10–12. **D. nangchienense**　10. Basal leaf; 11. Flower; 12. Staminode. (After Fl. Reip. Pop. Sin.; drawn by Z. H. Wu)

syn. *D. pycnocentroides* var. *latisectum* W. T. Wang; Iconogr. Corm. Sin. 1: 708, fig. 1415. 1972; W. T. Wang in Fl. Reip. Pop. Sin. 27: 156, pl. 106: 5−8. 1979; in Vasc. Pl. Hengduan Mount. 1: 493. 1993; et in Fl. Yunnan. 11: 146, pl. 42: 1−4. 2000; Z. Wang & W. T. Wang in High. Pl. China 3: 448, fig. 713. 2000; W. T. Wang & M. J. Warnock in Fl. China 6: 271. 2001; W. T. Wang in High. Pl. China in Colour 3: 375. 2016; L. Xie in Medic. Fl. China 3: 201, with fig & photo. 2016. Holotype　四川：康定，1890-07-29，Henri d'Orleans & Bonvalot s. n. (P; photo, PE)。

D. bonatii Levl. in Repert. Sp. Nov. 7: 9. 9. 1909. Holotype　云南：F. Ducloux 596 (D. not seen)。

D. soonmingense Chen in Bull. Fan Mem. Inst. Biol., n. s., 1: 175. 1948. Holotype　云南：禄劝，alt. 2 800 m, 1940-10-29，张英伯 0460（PE）。

D. maximowiczii auct. non Franch.: Munz in J. Arn. Ar. 48 (4): 524.1967, p. p. quoad J. F. Rock 18327.

D. pseudograndiflorum auct. non W. T. Wang: Munz in l. c. 520, p. p. quoad Stevens 458.

217a. var. **tatsienense**

草本高 30−80 cm。茎密被反曲并贴伏短柔毛，等距生叶，上部分枝。基生叶在花期枯萎；下部茎生叶有长柄；叶片五角形，(3.2−6.2) cm × (4.5−8.5) cm，3 全裂，中央全裂片菱形，2−3 回近羽状细裂，侧全裂片斜扇形，不等 2 深裂，2 回裂片也 2−3 回细裂，末回裂片狭三角形，狭披针形或条形，宽 1.5−2.5（−4）mm，两面疏被柔毛；叶柄长 5.5−17.5 cm。伞房花序有 3−12 花；苞片条形；花梗长 3−7.5 cm，被反曲短柔毛，常混生开展的腺毛，近中部有 2 钻形小苞片。萼片蓝色，椭圆状倒卵形或宽椭圆形，长 10−12 mm，外面被短柔毛，内面无毛，距钻形，长 20−25 mm。花瓣无毛，全缘。退化雄蕊瓣片圆椭圆形，顶端全缘，微凹或不明显 2 微裂，腹面被黄色髯毛。花丝无毛或有疏毛。心皮 3，子房密被短柔毛。蓇葖长 1.2 cm。种子暗褐色，倒卵状四面体形，长 1.5 mm，沿纵棱有狭翅。7−9 月开花。

分布于四川西部和云南北部。生于山地草坡、灌丛或多石山坡，海拔 2 100−4 700 m。

标本登录　四川：盐源，alt. 2 500−3 000 m，青藏队 12555，杨亲二，袁琼 350；米易，张文锦等 s. n.；美姑，alt. 2 100 m，植被组 12977；冕宁，武素功 2325，2329；木里，俞德浚 14084，14413，14527，青藏队 13966，郎楷永，李良千，费勇 2995；稻城，俞德浚 12941，青藏队 4356，郎楷永，李良千，费勇 2531；理塘，alt. 4 200 m，横断山植被组 4964；雅江，郎楷永，李良千，费勇 2995，杨亲二，袁琼 271，275，D. E. Boufford 等 35836；泸定，郎楷永，李良千，费勇 606；康定，alt. 2 500−3 750 m，刘振书 811，984，Harry Smith 10798，胡文光，何铸 11073，胡文光 36859，蒋兴麐 36464，关克俭，王文采 454，1473，横断山植被组 5004，杨亲二，袁琼 245，265，289，张超 07-1080；白玉，alt. 4 300 m，汤宗孝 770；色达，D. E. Boufford 等 34304；道孚，泰宁，Harry Smith 11846；小金，alt. 2 900−3 300 m，张秀实，任有铣 7035，杨亲二，袁琼 223，291，294；金川，李馨 75485，75912，78238，78262；理县，何铸 3488；汶川，四川植物队 11080；马尔康，李馨 72746；刷经寺，李馨 74992；黑水，李馨 73627；松潘，方文培 4376。云南：华坪，杨亲二，袁琼 364；Pelong. Tsin, E. E. Maire s. n.；嵩明，alt. 2 200 m，杨亲二，袁琼 192；富民，邱炳云 596132；东川，alt. 2 300−2 550 m，蔡希陶 51974，E. E. Maire s. n.，蓝顺彬 180；Io-chan, E. E. Maire s. n.。

217b. **班玛翠雀花（变种）**

var. **chinghaiense** W. T. Wang in Acta Phytotax. Sin. 12 (2): 159. 1974; et in Fl. Reip. Pop. Sin. 27: 457. 1979; L. H. Zhou in Fl. Qinghai 1: 317. 1997; W. T. Wang & M. J. Warnock in Fl. China 6: 271. 2001.

Holotype 青海：班玛，alt. 4 000m, 1960-07-18，陈实 60104（WUK）。

本变种的叶的末回裂片较狭，宽 0.5−1.5 mm，萼片内、外两面均有柔毛，而与模式变种不同。

特产于青海东南部班玛县。生于海拔 4 000 m 一带的山地。

218. 矮翠雀花

Delphinium pumilum W. T. Wang in Acta Bot. Sin. 10 (3): 268. 1962; Munz in J. Arn. Arb. 48 (4): 531.1967; W. T. Wang in Fl. Reip. Pop. Sin. 27: 457. 1979; et in Vast. Pl. Hengduan Mount, 1: 493. 1993; W. T. Wang & M. J. Warnock in Fl. China 6: 272. 2001. Holotype 四川：木里，裴家沟山，alt. 3 900 m, 1959-09-14，武素功 2662（KUN）。

草本高 9−16.5 cm。茎疏被开展柔毛，不分枝，在基部之上有 1 叶。基生叶 3−4，有长柄；叶片五角状肾形，(0.7−1.4) cm × (1.3−2.4) cm，3 全裂，中央全裂片菱状倒卵形，3 深裂，深裂片披针状条形，宽 1−2 mm，全缘，有时侧深裂片有 1 小裂片，侧全裂片扇形，不等 2 深裂近基部，两面疏被短毛；叶柄长 2−6 cm。伞房花序有（1−）2（−3）花；苞片叶状或条形；花梗长 2−9 cm，被柔毛和黄色腺毛，中部具 2 钻形小苞片。萼片蓝色，椭圆形或椭圆状倒卵形，长 12−14 mm，距钻形，长 33−38 mm。花瓣无毛，顶端微凹。退化雄蕊瓣片蓝色，宽倒卵形，长 6 mm，顶端微凹，腹面被黄色髯毛。雄蕊无毛。心皮 3，子房有短柔毛。8−9 月开花。

特产于四川木里县。生于草坡、多石草坡或灌丛草地，海拔 3 700−4 000 m。

标本登录 四川：木里，青藏队 13761，14630，杨亲二 93.025，罗艳，陈又生 533，杨亲二，袁琼 340。

219. 硕片翠雀花 图 21

Delphinium grandilimbum W. T. Wang & M. J. Warnock in Guihaia 17 (1): 101, fig. 1: 6−8. 1997; et in Fl. China 6: 272. 2001. Type 云南：丽江， Mt. Dyinaloko, Muang-tze-to, 草甸，1923-09-19，J. F. Rock 10817 (holotype and isotype, US)。

D. beesianum auct. non W. W. Smith: Munz in J. Arn. Arb. 48 (4): 506.1967, p. p. quoad J. F. Rock 10817.

草本高 12−22 cm。茎基部被反曲柔毛，其他部分无毛，不分枝，有 1−2 叶，基生叶 1−2，有长柄；叶片薄草质，五角形，(1.5−2.7) cm × (3−5.4) cm，基部心形，3 全裂；中央全裂片宽菱形，下部全缘，中部 3 深裂，深裂片狭长，有 1−2 锐齿，侧全裂片斜扇形，不等 2 深裂，深裂片 2 回分裂，末回裂片狭三角形或披针状条形，两面疏被短毛；叶柄长 3−13 cm。伞房花序顶生，有 1−2 花；苞片披针形，长 7−9 mm；花梗长 2−6 cm，近顶部被柔毛和黄色短腺毛，中部之上有 2 钻形小苞片。萼片紫蓝色，狭卵形，外面有柔毛，内面无毛，上萼片长 20−30 mm，距钻形，长 25−31 mm，其他萼片长 24−36 mm。花瓣无毛，全缘。退化雄蕊瓣片斜宽椭圆形，13 mm × 10 mm，顶端微凹，腹面基部之上密被黄色髯毛；爪长 8 mm。花丝有疏毛。心皮 3，子房密被淡黄色柔毛。9 月开花。

特产于云南丽江市 Mt. Dyinaloko。生于山地草甸上。

220. 波密翠雀花

Delphinium pomeense W. T. Wang in Acta Phytotax. Sin. 12 (2): 158. 1974; in Fl. Reip. Pop. Sin. 27: 438, pl. 108: 1−3. 1979; et in Fl. Xizang. 2: 56, fig. 16: 6−7. 1985; W. T. Wang & M. J. Warnock in Fl. China 6: 265.

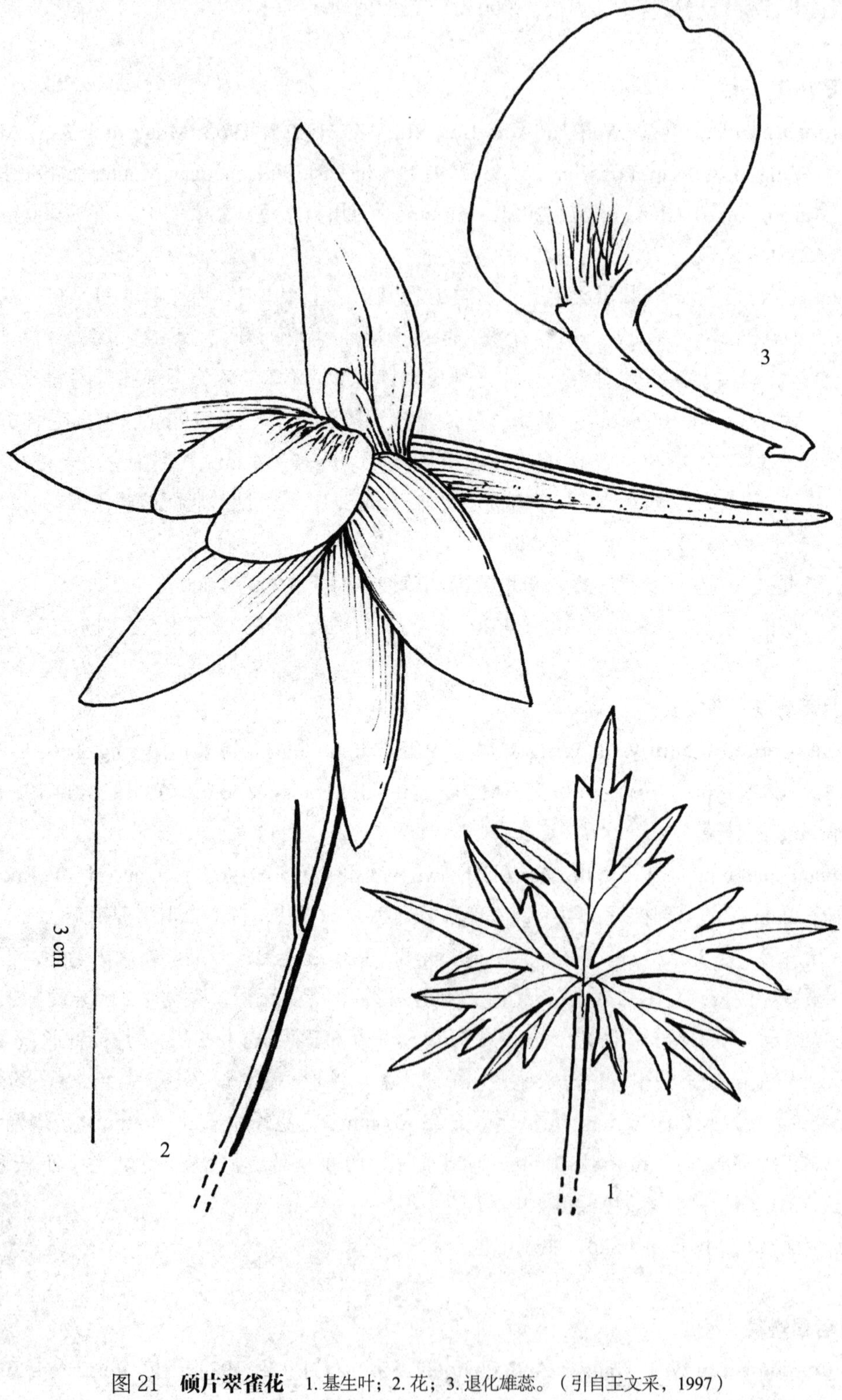

图 21　**硕片翠雀花**　1. 基生叶；2. 花；3. 退化雄蕊。（引自王文采，1997）
Fig. 21　***Delphinium grandilimbum***　1. Basal leaf; 2. Flower; 3. Staminode. (After W. T. Wang, 1997)

2001. Type　西藏：波密，山谷，alt. 3 800 m, 1965-08-03，应俊生，洪德元 878（holotype, PE）；同地，alt. 4 000 m, 1965-08-22，应俊生，洪德元 988（paratype，PE）。

草本高 10−25 cm。茎被反曲短柔毛，不分枝，有 2 枚叶。基生叶 3−4，有长柄；叶片五角形，(1.6−5.4) cm × (2.7−9) cm，基部心形，3 全裂，中央全裂片宽菱形，下部全缘，在中部 3 裂，2 回裂片有 1−2 小裂片或牙齿，或全缘，侧全裂片斜扇形，不等 2 深裂，深裂片 1(−2) 回细裂，末回裂片狭三角形或披针状条形，上面近无毛，下面有疏毛；叶柄长 2−13.5 cm。伞房花序长 3−10 cm，有 2−5 花；苞片披针形；花梗长 0.8−8.5 cm，被反曲短柔毛，近顶端有 2 披针形小苞片。萼片蓝紫色，狭卵形，长 16−20 mm，距钻形，长 17−21 mm。花瓣无毛。退化雄蕊瓣片紫色，2 半裂，腹面基部被黄色髯毛；爪比瓣片短，狭倒三角形。花丝无毛或有疏毛。心皮 3，无毛。7−8 月开花。

特产于西藏波密县。生于山地冷杉林中，海拔 3 800−4 000 m。

221. 拟蓝翠雀花

Delphinium pseudocaeruleum W. T. Wang in Acta Bot. Sin. 10 (3): 269. 1962; Munz in J. Arn. Arb. 48 (4): 529. 1967; Fl. Tsinling. 1(2): 267, fig. 228. 1974; W. T. Wang in Fl. Reip. Pop. Sin. 27: 458. 1979; W. T. Wang & M. J. Warnock in Fl. China 6: 272. 2001. Type　甘肃：舟曲，大海沟，alt. 2 500 m, 山坡林地，1951-07-29，王作宾 14658（holotype and isotype，PE）。

草本高 70−100 cm。茎下部被反曲并短伏的短柔毛，上部无毛，分枝，等距生叶。下部茎生叶有长柄，上部者有短柄；叶片似蓝翠雀花的叶片，圆五角形，宽达 8 cm，3 全裂，全裂片细裂，末回裂片狭条形，宽 1.5−1.8 mm，上面近无毛，下面中脉上有短毛；叶柄长达 7.5 cm。伞房花序有 2−5 花；基部苞片 3 裂，其他苞片条形；花梗长 3.3−7.5 cm，被反曲短柔毛，中部有 2 条形小苞片。萼片蓝色，长圆状倒卵形或狭椭圆形，长 15−16 mm，距钻形，长 20−22 mm。花瓣无毛，顶端微凹。退化雄蕊瓣片蓝色，椭圆形，2 半裂，腹面有黄色髯毛。雄蕊无毛。心皮 3，子房密被贴伏短柔毛。

分布于甘肃南部。生于山地草坡，海拔 1 200−2 600 m。

标本登录　甘肃：文县，杨金祥 3441；舟曲，何叶祺 521，杨亲二，孔宏智 98-21；临潭，莲花山，廉永善 96-629。

222. 软毛翠雀花　图版 87：9−10

Delphinium mollipilum W. T. Wang in Acta Bot. Sin. 10(3): 268. 1962; Munz in J. Arn. Arb. 48 (4): 529. 1967; W. T. Wang in Fl. Reip. Pop. Sin. 27: 457, pl. 106: 9−10, 1979; Y. Z. Zhao in Fl. Intrumongol., 2nd ed., 2: 545, pl. 221. 6−7. 1991; W. T. Wang & M. J. Warnock in Fl. China 6: 272. 2001; Y. Z. Zhao. Vasc. Pl. Inn. Mongol. 182. 2012；L. M. Ren & X. L. Chen in Bull. Bot. Res. Harbin 40 (1)：16. 2020. Holotype　宁夏：贺兰山，兔儿坑，山坡路边，1956-09-24，黄河队 8928 (PE)。

草本高约 35 cm。茎被开展或向下斜展的柔毛，不分枝，等距生叶。中部茎生叶有长柄；叶片五角形，长约 3.3 cm，宽约 6 cm，3 全裂，全裂片 1−3 回细裂，末回裂片条形，宽约 3.5 mm，上面几无毛，下面疏被柔毛；叶柄与叶片近等长。伞房花序顶生，有 2 花；基部苞片叶状；花梗长 3−3.6 cm，被开展柔毛，中部有 2 条形小苞片。萼片紫蓝色，长圆状倒卵形或长圆形，长 16−17 mm，距钻形，长 25 mm。花瓣无毛，顶端微凹。退化雄蕊瓣片蓝色，圆倒卵形，顶端微凹，腹面被黄色髯毛；爪比瓣片短。雄蕊无毛。心皮 3，子房在上部疏被柔毛。7–9 月开花。

分布于宁夏贺兰山和内蒙古贺兰山（fide Ren et Chen，2020）。生于山谷草坡，海拔 2 100–2 400 m。

标本登录　内蒙古：贺兰山，南寺沟，陈又生等 14-1126。

223. 花葶翠雀花　图版 89：1–3

Delphilium sinoscaposum W. T. Wang in Acta Bot. Sin. 10(2): 165. 1962; Munz in J. Arn. Arb. 49 (1): 79. 1968; W. T. Wang in Fl. Reip. Pop. Sin. 27: 438. 1979; W. T. Wang & M. J. Warnock in Fl. China 6: 266. 2001. ——*D. scaposum* W. T. Wang in Acta Phytotax. Sin. 6 (4): 364, pl. 58: 2. 1957, non Greene, 1881. Holotype　四川：宝兴，赶羊沟，alt. 3 500 m，草地，1936-08-15，曲桂龄 3606（PE）。

草本高 11–17 cm。叶数枚，均基生，无毛，有长柄；叶片五角状肾形，(1.5–3.5) cm × (2–6) cm，基部心形，3 全裂，中央全裂片菱状倒卵形，3 深裂，深裂片不分裂或再疏裂，侧全裂片斜扇形，不等 2 深裂近基部，深裂片细裂，末回裂片狭披针形至条形，宽 1.2–3 mm；叶柄长 2.3–10 cm。花葶被短柔毛，有 1（–2）花；苞片 3 裂或不分裂，披针形；小苞片与花邻接，披针形，长 11 mm。萼片紫色，宽椭圆形，长 16 mm，外面疏被短柔毛，距钻形，长 22–24 mm。花瓣顶端微凹，疏被缘毛。退化雄蕊瓣片紫色，卵形，2 浅裂，腹面疏被白色短毛，上部被长缘毛。雄蕊无毛。心皮 3，子房被短柔毛。8 月开花。

特产于四川宝兴具。生于高山草地，海拔 3 500 m。

224. 岩生翠雀花　图版 89：4–6

Delphinium saxatile W. T. Wang in Acta Phytotax. Sin. 6 (4): 367, pl. 58: 3. 1957; et in Acta Bot. Sin. 10 (3): 267. 1962; W. T. Wang & M. J. Warnock in Fl. China 6: 271. 2001. ——*D. davidii* Franch. var. *saxatile* (W. T. Wang) W. T. Wang in Fl. Reip. Pop. Sin. 27: 456. 1979. Type　四川：宝兴，锅巴岩，alt. 2 100 m，路边岩石上，1933-08-07，杜大华 4366（holotype and isotype, PE）。

草本高约 27 cm。叶约 6 枚，均基生，有长柄；叶片心状五角形，(2.5–6.9) cm × (3.5–7.5) cm，3 全裂，中央全裂片菱形，在中部之下 3 深裂，深裂片狭披针形至条形，有 1–2 狭三角形或条形小裂片，或全缘，无小裂片，侧全裂片斜扇形，比中央全裂片稍短，2 回 2 深裂近基部，深裂片 2 或 3 裂，末回裂片条形，两面疏被糙毛；叶柄长 10–22 cm。花葶具 2 花，高 27 cm，下部疏被开展糙毛或无毛，上部被反曲并贴伏短柔毛；苞片叶状；小苞片 2，对生，条形，长 5 mm。萼片蓝色，长卵形。上萼片和侧萼片长 23–24 mm，下萼片长 28 mm，距钻形，长 27 mm，基部粗 2 mm。花瓣顶端微凹，疏被缘毛。退化雄蕊瓣片长 6 mm，2 半裂，腹面基部之上被黄色髯毛；爪长 6 mm，基部有 1 钩状突起。雄蕊无毛。心皮 3，子房密被短柔毛。7–8 月开花。

特产于四川宝兴县。生于山坡石上，海拔 2 100 m。

225. 狭裂翠雀花　图版 90

Delphinium lagarolobum W. T. Wang in Bull. Bot. Res. Harbin 38 (6): 817, fig. 4. 2018. Holotype　西藏：隆子县，玉麦乡，玉麦雄曲山谷，alt. 2 935 m，山谷林边，2017-09-06，PE 西藏考察队 5977（PE）。

草本高约 30 cm。茎被反曲并贴伏短柔毛，具 1–2 分枝和 3 叶。基生叶 1，有长柄；叶片正三角形，约 3 cm × 5 cm，基部近截形，3 全裂，1–2 回分裂，中央全裂片狭条形，30 mm × 1 mm，在中部有 1 小

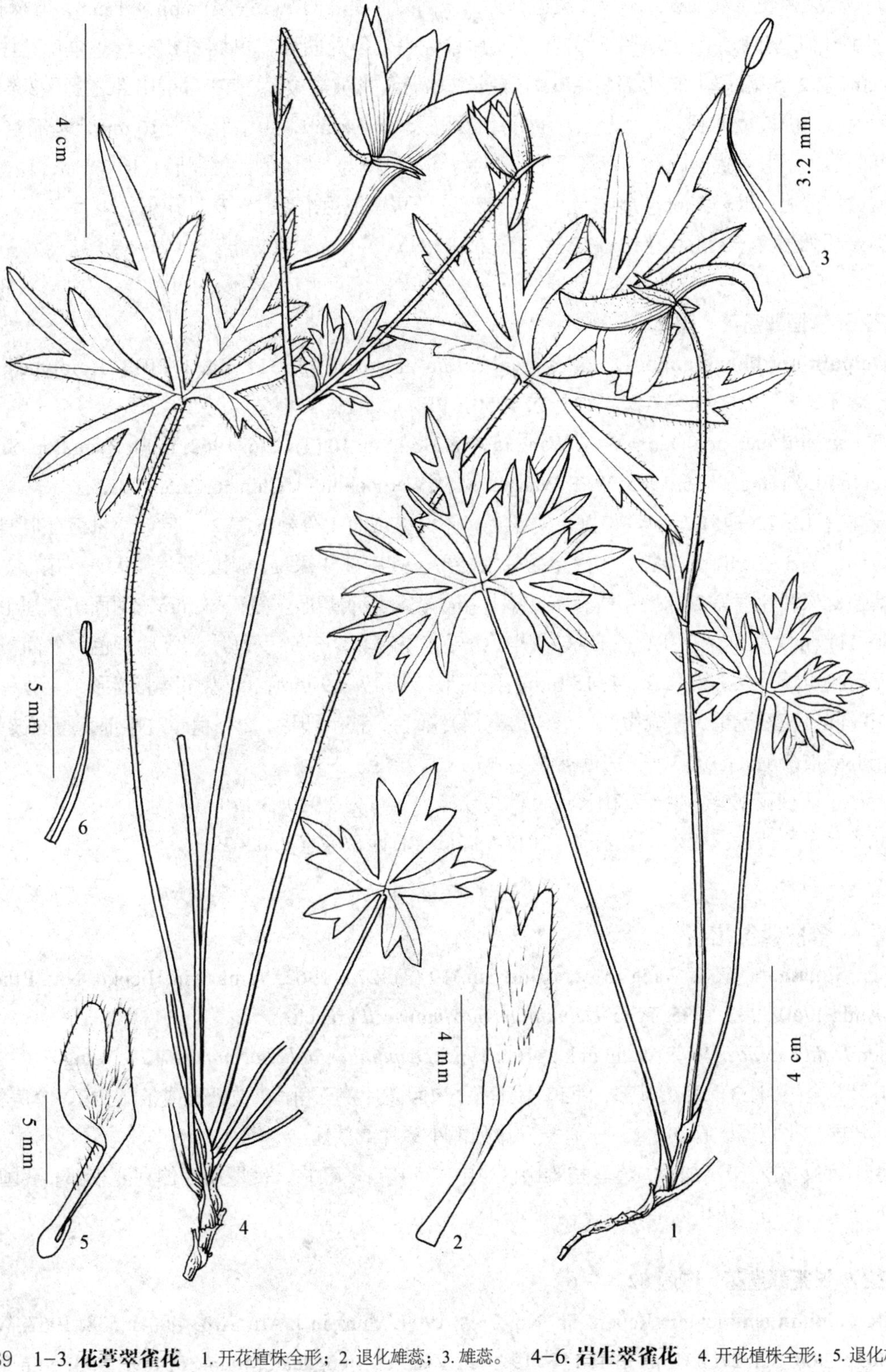

图版 89　1–3. **花葶翠雀花**　1. 开花植株全形；2. 退化雄蕊；3. 雄蕊。　4–6. **岩生翠雀花**　4. 开花植株全形；5. 退化雄蕊；6. 雄蕊。（据 holotype；孙英宝绘）

Plate 89　1–3. **Delphinium sinoscaposum**　1. Flowering plant; 2. Staminode; 3. Stamen.
4–6. **D. saxatile**　4. Flowering plant; 5. Staminode; 6. Stamen. (From holotype; drawn by Y. B. Sun)

裂片，侧全裂片长约 25 mm，不等 2 裂近基部，末回裂片狭条形，(15−24) mm × 1 mm；叶柄长 11 cm。下部茎生叶似基生叶，上部基生叶的侧全裂片和中央全裂片同样，也均呈狭条形。伞房花序顶生，长 2−4.5 cm，有 2−5 花；苞片似上部茎生叶；花梗长 2−4 cm，密被短柔毛，在中部或中部之上具 2 条形小苞片。萼片蓝色，外面被短柔毛，内面无毛，上萼片宽卵形，长 14 mm，距钻形，长 16 mm，基部粗 4 mm，侧萼片椭圆形，下萼片狭椭圆形。花瓣无毛，全缘。退化雄蕊瓣片蓝色，狭卵形，长 7 mm，顶端 2 微裂，腹面被黄色髯毛；爪长 4 mm。雄蕊无毛。心皮 3，子房密被短柔毛。8−9 月开花。

特产于西藏隆子县。生于山谷林边，海拔 2 935 m。

226. 李恒翠雀花　图 22

Delphinium lihengianam Q. E. Yang & Y. Luo in Novon 13: 311, fig. 1. 2013. Holotype　西藏：亚东县，春丕，林中，1952-07-27，钟补求 5950（PE）。

D. nortonii auct. non Dunn: W. T. Wang in Acta Bot. Sin. 10 (3): 276. 1962; in Fl. Reip. Pop. Sin. 27: 439. 1979; et in Fl. Xizang. 2: 56. 1985; W. T. Wang & M. J. Warnock in Fl. China 6: 266. 2001.

草本高 12−22(−45) cm。茎被贴伏短柔毛，不分枝或有 1 分枝，有 2−3 叶。下部茎生叶具条柄；叶片五角形，宽 3−5 cm，3 全裂，中央全裂片狭菱形，在中部 3 深裂，侧全裂片较大，斜扇形，不等 2 深裂近基部，深裂片不等 2−3 裂，所有末回裂片条状披针形或条形。宽 1−3 mm，两面疏被短毛；叶柄长 3.2−5(−11) cm。花单朵顶生；花梗被贴伏短柔毛，下部具 2 条形小苞片。萼片蓝色，外面被短柔毛，内面无毛，上萼片狭卵形，长 14−18 mm，距钻形，长 17−19 mm，侧萼片宽椭圆形，下萼片椭圆形，均长 20 mm。花瓣无毛，顶端微凹。退化雄蕊瓣片蓝色，狭倒卵形，2 裂稍超过中部，腹面被黄色髯毛。花丝无毛或被疏毛。心皮 3，子房密被柔毛。7−8 月开花。

特产于西藏亚东县。生于高山溪边、林边或林中，海拔 2 930−3 170 m。

标本登录　西藏：亚东，下亚东。2018-08-26，PE 西藏考察队 02039。

系 5. 多枝翠雀花系

Ser. **Squamata** W. T. Wang in Acta Bot. Sin. 10 (3): 270. 1962; Tamura in Hiepko, Nat. Pflanzenfam., Zwei. Aufl., 17alV: 302. 1995. Type: *Delphinium maxlmowiczii* Franch.

Ser. *Dolichocentra*. W. T. Wang in l. c. 162. Type: *Delphinium dolichocentrum* W. T. Wang.

叶片 3 全裂，稀 3 深裂近基部，1 回裂片细裂，末回裂片狭三角形，披针形或条形。花序伞房状或总状。上萼片开展，比距短。心皮 3。种子有横向排列的小鳞片或狭翅。

约 10 种，分布于高加索、喜马拉雅山区、中国西南部、蒙古、俄罗斯西伯利亚东部。我国有 3 种，分布于云南、贵州、四川西部和甘肃南部。

227. 长距翠雀花　图版 82：4−6

Delphinium tenii levl. in Repert. Sp. Nov.7: 98.1909; Munz in J. Arn. Arb. 48 (4): 538. 1967; W. T. Wang in Fl. Reip. Pop. Sin. 27: 431, pl. 101: 1−3. 1979; in Vasc. Pl. Hengduan Mount. 1: 489. 1993; et in Fl. Yunnan. 11: 135, pl. 41: 1−3. 2000; Z. Wang & W. T. Wang in High Pl. China 3: 444. 2000; W. T. Wang & M. J. Warnock in Fl. China 6: 263. 2001; W. T. Wang in High. Pl. China in Colour 3: 372. 2016. Holotype　云南：东川，

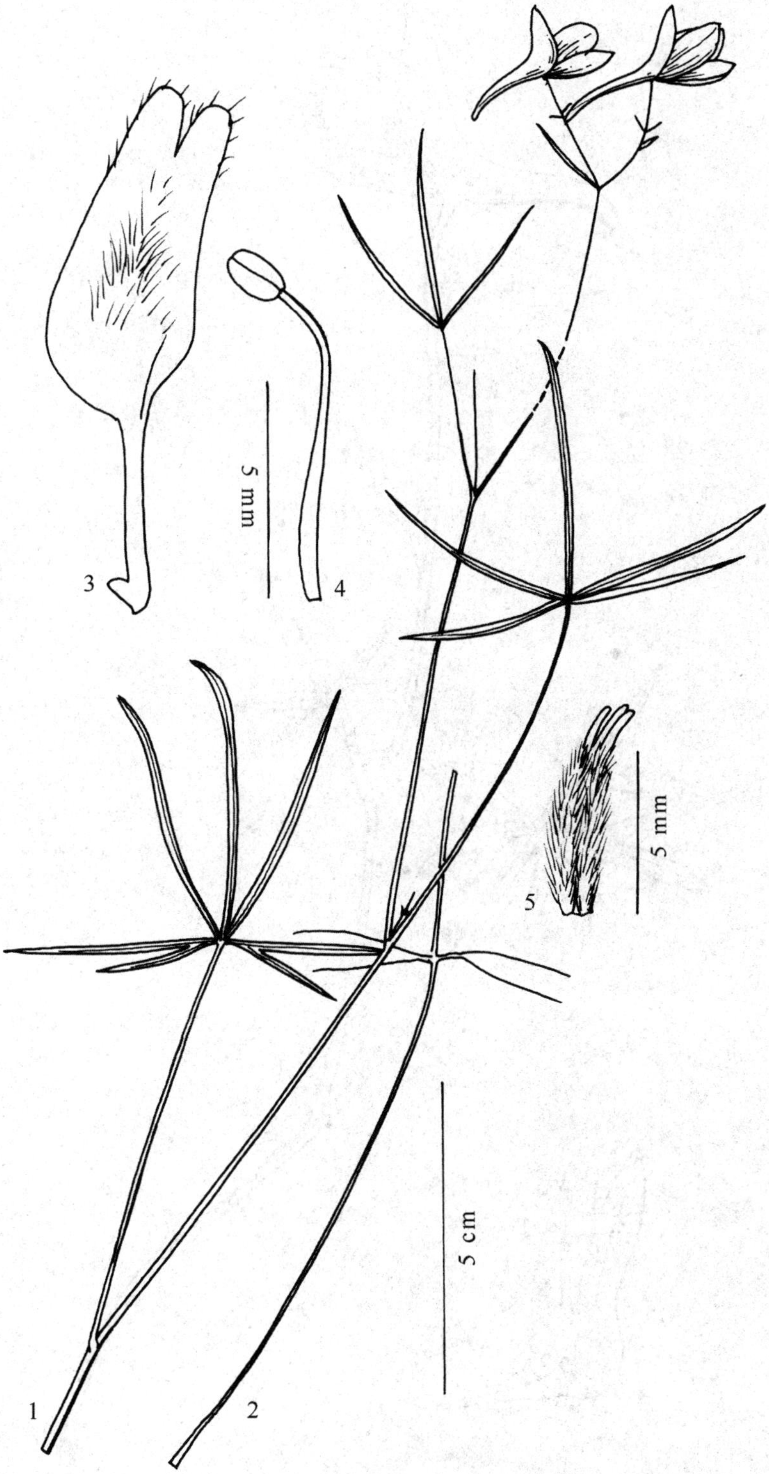

图版 90 **狭裂翠雀花** 1. 开花茎；2. 基生叶；3. 退化雄蕊；4. 雄蕊；5. 雌蕊群。
（引自王文采，2018；孙英宝绘）

Plate 90 **Delphinium lagarolobum** 1. Flowering stem; 2. Basal leaf; 3. Staminode; 4. Stamen; 5. Gynoecium. (After W. T. Wang, 2018; drawn by Y. B. Sun)

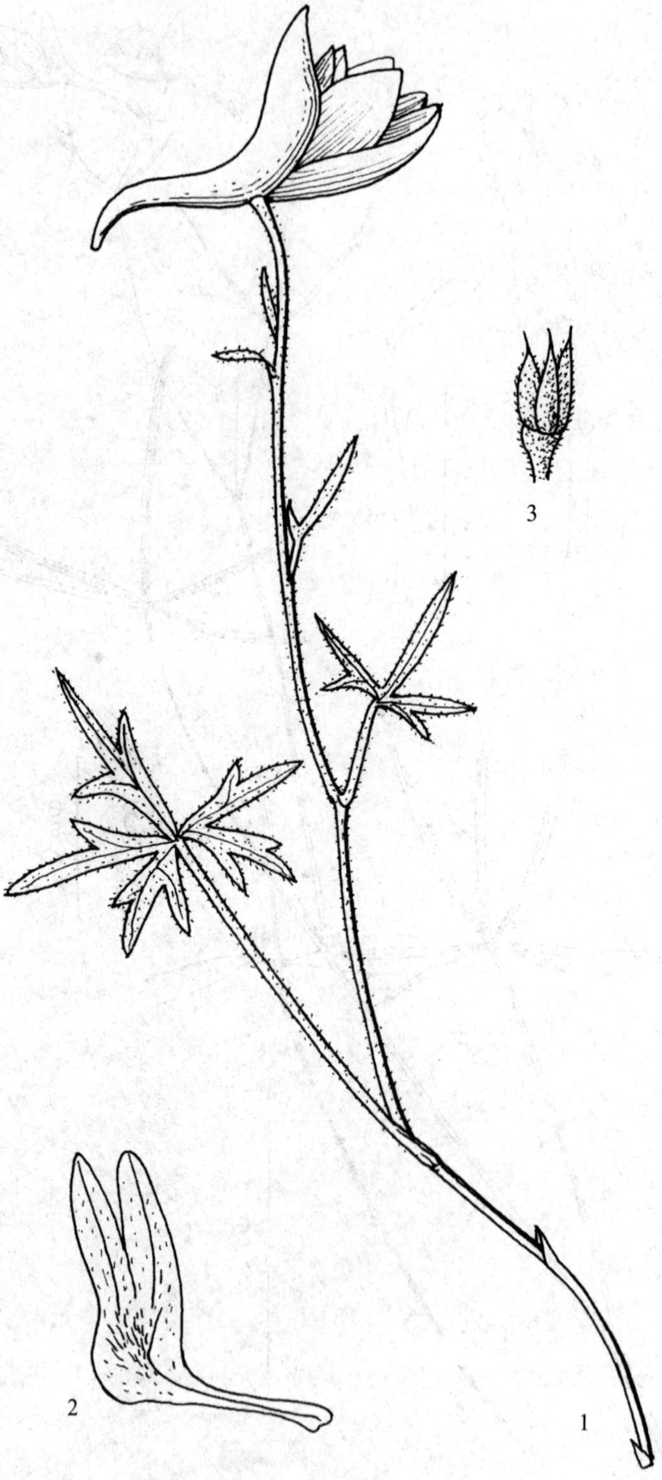

图 22　**李恒翠雀花**　1. 开花植株全形；2. 退化雄蕊；3. 雌蕊群。
（引自 Y. Luo, Q. E. Yang & G. H. Zhu, 2013；孙英宝绘）

Fig. 22　**Delphinium lihengianum**　1. Flowering plant; 2. Staminode; 3. Gynoecium.
(After Y. Luo, Q. E. Yang & G. H. Zhu, 2013; drawn by Y. B. Sun)

Lou-fou, 1906-06, Simeon Ten 581 (E. not seen)。

D. dolichocentrum W. T. Wang in Acta Bot. Sin. 10 (2): 162. 1962. Holotype 云南：德钦，alt. 3 100 m，1937-08-28，俞德浚 9885（PE）。Paratypes（均存 PE） 云南：兰坪，蔡希陶 56240；维西，王启无 68051，冯国楣 4980；德钦，俞德浚 10303，10432，10504，王启无 64707，64733，69117，69174，69397，冯国楣 5725。

D. maximowiczii auch. non Franch.: Munz in J. Arn. Arb. 48 (4): 524. 1987, p. p. quoad T. T. Yu 10504 et J. F. Rock 23243.

草本高 (25–)40–75 cm。茎无毛，分枝，等距生叶。基生叶数枚，与下部茎生叶有长柄；叶片五角形，宽 4–6(–8) cm，基部心形，3 深裂近基部或近 3 全裂，中央 1 回裂片菱形，下部全缘，在中部 3 深裂，2 回裂片狭三角形或条形，全缘或有 1 小裂片，侧 1 回裂片斜扇形，不等 2 深裂，深裂片又 2 回细裂，末回裂片狭三角形或披针状条形，两面疏被短柔毛；叶柄长 3.5–7 cm，无毛。总状花序顶生，有少数花；基部苞片叶状，其他苞片条形；轴和花梗无毛；花梗长 2.5–9.5 cm，上部具 2 钻形小苞片。萼片蓝色，椭圆形或狭椭圆形，长 10–14 mm，外面有短毛，距钻形，长 18–25 mm，花瓣无毛。退化雄蕊瓣片蓝色，倒卵形，顶端微凹或 2 浅裂，腹面被黄色髯毛。雄蕊无毛。心皮 3，子房密被开展柔毛。蓇葖长 1.2–1.4 cm。种子倒卵状四面体形，长 2 mm，密生横狭翅。7–10 月开花。

分布于云南西北部和东北部（东川）、四川西南部（乡城）、西藏东部。

标本登录 云南：丽江，alt. 3 100–3 300 m, G. Forrest 27909, 杨亲二，袁琼 151，2664；中甸，alt. 3 300–3 600 m, ? 23213，杨亲二，孔宏智 98-209，98-301，杨亲二，袁琼 018，1879；德钦，alt. 2 500–4 500 m, 俞德浚 10221，王启无 69174，青藏队 2940，3616，植物所横断山队 3722，谢磊 D03，D04，D05，杨亲二，袁琼 085。四川：乡城，alt. 2 600–2 700 m，俞德浚 13336，D. E. Boufford, B. Bartholomew 等 28550，29062。西藏：昌都，alt. 3 700–3 900 m，D. E. Boufford. B. Bartholomew 等 41308；察隅，察瓦龙，alt. 3 500 m，王启无 66286。

228. 水城翠雀花 图 23

Delphinium shuichengense W. T. Wang in Acta Phytotax, Sin. 29 (5): 461, fig. 2: 1–3. 1991; W. T. Wang & M. J. Warnock in Fl. China 6: 263. 2001. Holotype 贵州：水城县，alt. 1 800 m，山谷灌丛，1964-07-27，贵州生物研究所调查队 554（HGAS）。

草本高约 1m。茎无毛，分枝。基生叶和下部茎生叶未见；上部茎生叶具稍长柄；叶片五角形，约 7 cm × 10 cm，基部宽心形，3 全裂或近 3 全裂，中央全裂片菱形，下部全缘，在中部 3 深裂，2 回裂片近条形，具 1–2 近三角形小裂片，侧全裂片比中央全裂片稍短，倒宽三角形，不等 2 深裂，2 回裂片 1–2 回细裂，末回裂片狭三角形，三角形，披针状条形或条形，两面疏被短毛；叶柄长 6.5 cm，无毛。总状花序顶生并腋生，约有 5 花；下部苞片叶状，上部苞片条形；轴和花梗无毛；花梗长 1.6–5.8 cm，中部或中部之上有 2 条形小苞片。萼片蓝紫色，椭圆形，长 7–9 mm，距钻形，长 15–16 mm。花瓣无毛。退化雄蕊瓣片近方形，长 4 mm，2 半裂，腹面中央被黄色短髯毛；爪长 4.5 mm。雄蕊无毛。心皮 3，无毛。蓇葖长 7–8 mm。种子倒卵球形，长 2 mm，有密集横向排列的小鳞片。7 月开花。

特产于贵州西部水城县。生于山谷灌丛中，海拔 1 800 m。

图 23 **水城翠雀花** 1. 中部茎生叶；2. 花序；3. 退化雄蕊。（引自王文采，1994；冀朝祯绘）

Fig. 23 **Delphinium shuichengense** 1. A middle cauline leaf; 2. Raceme; 3. Staminode. (After W. T. Wang, 1994; drawn by C. Z. Ji)

229. 多枝翠雀花

Delphinium maximowiczii Franch. in Bull. Soc. Philom. Paris, ser. 8, 5: 164. 1893; Huth in Bot. Jahrb. 20: 436. 1895; Finet & Gagnep. in Bull. Soc. Bot. France 51: 484. 1904; W. T. Wang in Acta Bot. Sin. 10 (3): 270. 1962; Munz in J. Arn. Arb. 68 (4): 524. 1967; W. T. Wang in Fl. Reip. Pop. Sin. 27: 458. 1979; W. T. Wang & M. J. Warnock in Fl. China 6: 272. 2001. ——*D. grandiflorum* L. var. *latisectum* Maxim. in Acta Hort. Petrop. 11: 30. 1890. Holotype 甘肃：Fyn-shan-ling Mts., 1885-09-09, G. N. Potanin s. n. (P; photo, PE)。

草本高约 60 cm。茎密被反曲并贴伏短柔毛，自下部或中部 1–3 回分枝。枝条斜上方开展。基生叶有长柄，在花期常枯萎；茎生叶具短柄；叶片圆五角形，似翠雀的叶，宽约 6 cm，3 全裂，全裂片细裂，末回裂片狭披针形至条形，宽 1.5–3.5 mm，两面被贴伏短柔毛。伞房花序顶生。通常有 2 花；苞片叶状；花梗长 1.5–5.5 cm，密被贴伏短柔毛，在中或上部有 2 条形小苞片。萼片蓝色，倒卵形或椭圆形，长 12–16 mm，外面被短柔毛，距钻形，长 20–22 mm。花瓣无毛，全缘。退化雄蕊瓣片蓝色，倒卵形，2 浅裂或 2 半裂，腹面被黄色髯毛。雄蕊无毛，心皮 3，子房密被短柔毛。种子小，有密集横向排列的小鳞片。7–8 月开花。

分布于四川北部和甘肃南部。生于山地草坡上，海拔 1 395–2 440 m。

标本登录　四川：九寨沟，alt. 1 500 m，李全喜，赵兴存 2731。甘肃：文县，alt. 1 395 m，白水江队 2284；舟曲，alt. 1 900 m，郭本兆 5520（WUK）；岷县，alt. 2 440 m，杨亲二 92-03。

组 4. 三出翠雀花组

Sect. **Oligophyllon** Dimitrova in Nov. Syst. Pl. Vasc. 6: 66. 1970; Malyutin in Bot. Zhurn. 72: 689. 1987, p. p.; Tamura in Hiepko, Nat. Pflanzenfam. Zwei. Aufl. 17alV: 304. 1995; W. T. Wang & M. J. Warnock in Fl. China 6: 272. 2001. ——Subgen. *Oligophyllon* Dimitrova in l. c. 65.; W. T. Wang in Fl. Reip. Pop. Sin. 27: 458. 1979. Type: *Delphinium hirsutum* Pers.

Ser. *Ochroleuca* Nevski in Kom. Fl. URSS 7: 180. 1937. ——Subsect. *Ochroleuca* W. T. Wang in Acta Bot. Sin. 10 (3): 276. 1962. Type: *Delphinium ochroleucem* Stev. ex DC.

多年生草本具块根。叶片 3 深裂或 3 全裂，1 回裂片细裂。花序总状；花梗短。花小；萼片开展，黄色，蓝色或紫色，具钻形距。花瓣和退化雄蕊与萼片同色。种子具横向排列的小鳞片。

约 55 种，分布于欧洲南部、非洲北部、亚洲（西南部、中亚和喜马拉雅山区）和北美洲。我国有 1 种，分布于新疆西部。

230. 三出翠雀花　图 24

Delphinium biternatum Huth in Bot. Jahrb. 20: 422. 1895; Nevski in Kom. Fl. URSS 7: 182, t. 10: 2. 1937; W. T. Wang in Acta Bot. Sin. 10 (3): 376. 1962; Munz in J. Arn. Arb. 48 (3): 271. 1967; W. T. Wang in Fl. Reip. Pop. Sin. 27: 459. 1979; J. G. Li in Fl. Xinjiang. 2 (1): 245, pl. 67: 1–3. 1994; W. T. Wang & M. J. Warnock in Fl. China 6: 272. 2001. Lectotype: Turkestan, Kuh-i-Frusch Mts., alt. 2 133 m, 1883-06, E. V. Regel s. n. (LE, not seen).

草本高 68–70 cm。须根密集，长约 2 cm，基部变粗呈块根状。茎基部变粗，直径约 10 mm，被反曲并贴伏短柔毛，不分枝或有 1 分枝，等距生叶。叶片近圆形，3 全裂，全裂片具细柄，细裂，末回裂

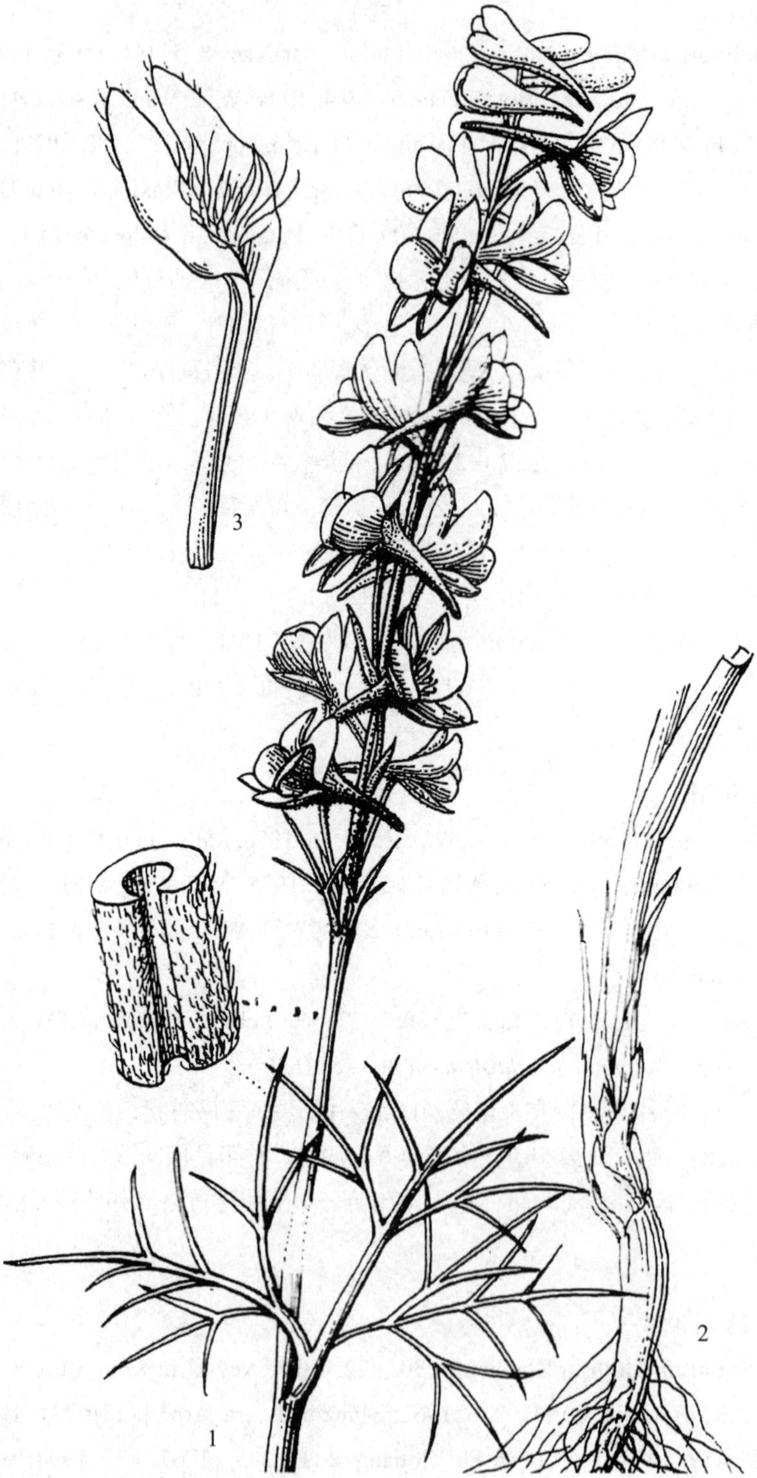

图 24　**三出翠雀花**　1. 植株上部；2. 植株下部；3. 退化雄蕊。（引自《新疆植物志》）

Fig. 24　**Delphinium biternatum**　1.Upper part of flowering plant; 2. Lower part of flowering plant; 3. Staminode. (After Fl. Xinjiang)

片条形，宽 2.5−5 mm，被短伏毛或变无毛。总状花序狭长，长达 35 cm，有多数密集的花；苞片披针形；花梗长 9−11 mm，密被反曲短柔毛，在上部有黄色开展腺毛，中部之上有 2 披针形小苞片。萼片黄色，椭圆状倒卵形或卵形，长 8−10 mm，外面密被短伏毛，距钻形，长 11−13 mm。花瓣无毛，顶端 2 浅裂。退化雄蕊瓣片黄色，卵形，2 半裂，腹面被黄色长髯毛。雄蕊无毛。心皮 3，子房密被短伏毛。蓇葖长 6−7 mm。种子倒卵状四面体形，长 1.2 mm，有密集横向排列的小鳞片。7−8 月开花。

分布于中国新疆伊犁一带以及中亚、伊朗。生于山坡上，海拔约 1 500 m。

标本登录　新疆：伊犁，加克丝太矿区，1957-08-07。关克俭 3151；昭苏，阿克达拉，2019-06-29，迟建才 19561。

亚属 2. 还亮草亚属

Subgen. **Delphinium**. W. T. Wang in Acta Bot. Sin. 10 (3): 277. 1962; et in Fl. Reip. Pop. Sin. 27: 459. 1979; Tamura in Sci. Rep. Osaka Univ. 15: 33. 1966; et in Hiepko, Nat. Pflanzenfam., Zwei. Aufl., 17alV: 306. 1995; Malyutin in Bot. Zhurn. 72: 691. 1987. Lectotype: *Delphinium peregrinum* L.

草本通常一年或二年生。花序总状。萼片脱落，多呈蓝色或堇色，与距近等长或比距短。花瓣与萼片同色。退化雄蕊无毛。心皮 3。种子近球形。

约 16 种，隶属 2 组。其中：还亮草组（Sect. *Anthriscifolium*）有 1 种，广布于中国中条山和秦岭以南多数省（区），以及越南北部；Sect. *Delphinium* 约有 1 种，分布于欧洲南部、非洲北部和亚洲西南部。

组 1. 还亮草组

Sect. **Anthriscifolium** W. T. Wang in Acta Bot. Sin. 10 (3): 277. 1962; et in Fl. Reip. Pop. Sin. 27: 460. 1979; Tamura in Sei. Rep. Osaka Univ. 15: 33. 1996; et in Hiepko, Nat. Pflanzenfam., Zwei. Aufl. 17alV: 306. 1995; Malyutin in Bot. Zhurn.72: 691. 1987; W. T. Wang & M. J. Warnock in Fl. China 6: 273. 2001. ——Subgen. *Anthriscilolium* (W. T. Wang) W. Wang in Taxon 66 (3): 562. 2017. Type: *Delphinium anthriscifolium* Hance.

二年生或一年生草本植物。叶为羽状复叶；羽片具短柄，羽状深裂至全裂。萼片与距近等长，或比距稍短。花瓣上部扇状增宽。退化雄蕊瓣片 2 微裂至 2 深裂。种子球形，下部有同心条形横膜质翅，上部有螺旋状排列的条形膜质翅。

1 种，广布于中国中条山和秦岭以南大陆各省（区），以及越南北部。

231. 还亮草（《植物名实图考》）　图版 91

Delphinium anthriscifolium Hance in J. Bot. 6: 207. 1868; S. Moore in J. Bot. 16: 137. 1878; Franch in Bull. Soc. Linn. Paris 1: 329. 1882; Forbes & Hemsl. in J. Linn. Soc. Bot. 23: 19. 1886; Franch. in Bull. Soc. Philom. Paris, ser. 8, 5: 160. 1893; Huth in Bot. Jahrb. 20: 422. 1895; Finet & Gagnep. in Bull. Soc. Bot. France 51: 471. 1904; Manual Sperm. Pl. S. Jiangsu 275, fig. 433. 1951; W. T. Wang in Acta Bot. Sin. 10 (3): 277. 1962; Munz in J. Arn. Arb. 48 (4): 260. 1967; Iconogr. Corm. Sin. 1: 709, fig. 1417. 1972; W. T. Wang in Fl. Reip. Pop. Sin. 27: 460, pl. 107: 1−6. 1979; B. Z. Ding et al. Fl. Henan 1: 432. 1981; Fl. Jiangsu 2: 182, fig. 1014. 1982; S. R.

图版 91 **还亮草** 1–6. **模式变种** 1. 植株下部；2. 植株上部；3. 花瓣；4. 退化雄蕊；5. 蓇葖；6. 种子。7–8. **大花还亮草** 7. 花；8. 退化雄蕊。 9–12. **卵瓣还亮草** 9–11. 退化雄蕊；12. 果序。

（引自《中国植物志》；赵宝恒和张泰利绘）

Plate 91 **Delphinium anthriscifolium** 1–6. var. **anthriscifolium** 1. Lower part of flowering plant; 2. Upper part of flowering plant; 3. Petal; 4. Staminode; 5. Folliches; 6. Seed. 7–8. var. **majus** 7. Flower; 8. Staminode. 9–12. var. **savatieri** 9–11. Staminodes; 12. Infructescence. (After Fl. Reip. Pop. Sin.; drawn by B. H. Zhao and T. L. Zhang)

Lin & X. Z. Zhao in Fl. Fujian. 2: 12, fig. 9. 1985; X. W. Wang in Fl. Anhui. 2: 305, fig. 604. 1987; W. T. Wang in Fl. Guangxi 1: 270. 1991; Z. H. Lin in Fl. Zhejiang 2: 261, fig. 2−346. 1992; X. Y. Yu et al. in Fl. Shanxi. 1: 586, pl. 370. 1992; W. T. Wang in Acta Phytotax. Sin. 31 (3): 210. 1993; K. M. Liu, Fl. Hunan 2: 633, fig. 2−488. 2000; Z. Wang & W. T. Wang in High. Pl. China 3: 448, fig. 714−1−6. 2000; W. T. Wang in Fl. Yunnan. 11: 146. 2000; et in Fl. Jiangxi 2: 152, fig.152. 2001; R. J. Wang in Fl. Guangdong 5: 4.2003; W. T. Wang & M. J. Warnock in Fl. China 6: 273. 2001. Holotype 广东：Kai-Kun-Shek, 1867-06, collected by T. Sampson, Hance no. 10125 (K; photo, PE)。

D. calleryi Franch. in Bull. Soc. Linn. Paris 1: 329. 1882; et in Bull. Soc. Philom. Paris, ser. 8, 5: 161. 1893; Huth in Bot. Jahrb. 20: 423. 1895. ——*D. anthriscifolium* var. *calleryi* (Franch.) Finet & Gagnep, in Bull. Soc. Bot. France 51: 471. 1904; Munz in J. Arn. Arb. 48 (4): 260. 1987, excl. syn. Syntype 澳门，J. M. Callery 6 (photo, PE)。

D. cavaleriense Levl. & Vaniot in Bull. Acad. Intern. Geogr. Bot. 11: 49. 1902; Finet & Gagnep, in l. c. 472. Holotype 贵州：Pin-fa du Lofou, J. P. Cavalerie 2344 (E, not seen)。

D. cerefolium Levl. & Vaniot in l. c. Holotype 贵州：Mont du college, 1898-06-02, Chaffanjon s. n. (E, not seen)。

D. anthriscifolium var. *latilobulatum* W. T. Wang in Acta Phytotax. Sin. 10 (3): 279. 1962. Holotype 湖南：雪峰山，1954，李泽常 2371（PE）。

231a. var. **anthriscifolium**

草本高 (12−)30−78 cm。茎无毛或上部疏被反曲短柔毛，分枝，等距生叶。叶为 2−3 回羽状复叶，间或为三出复叶，有较长或短柄，最下部茎生叶在花期枯萎；叶片菱状卵形或三角状卵形，(5−11) cm × (4.5−8) cm，羽片 2−4 对，对生，稀互生，下部羽片有柄，长渐尖，深裂达中脉，末回裂片狭卵形或披针形，通常宽 2−4 mm，有疏齿，上面疏被短毛，下面近无毛；叶柄长 2.5−6 cm。总状花序有 2−15 花；轴和花梗被反曲短柔毛；花梗长 0.4−1.2 cm，中部有 2 近丝形小苞片。萼片蓝色或紫色，椭圆形或长圆形，长 6−9(−11) mm，外面有疏毛，距钻形，长 5−9(−15) mm。花瓣无毛，上部增宽。退化雄蕊瓣片蓝或紫色，斧形，2 深裂近基部。雄蕊无毛。心皮 3，子房疏被短柔毛或近无毛。蓇葖长 1.1−1.6 cm。种子扁球形，直径 2−2.5 mm，上部有螺旋状生长的横膜翅，下部有 5 条同心的横膜翅。3−5 月开花。

分布于广东、广西、云南东南部、贵州、四川、重庆、湖南、江西、福建、浙江、江苏、安徽、湖北、甘肃、陕西南部、河南、山西南部。生于丘陵或低山的山坡草丛或溪边，海拔 200−1 200 m。

可供药用，全草用于湿痹痛、中风、食积腹胀等症；外用可用于痈疮癣癞，肿毒瘷痢。有毒（《中国药用植物志》，2016）。

P. A. Munz (1967−1968) 在他关于亚洲翠雀花属植物论文最后介绍了他在研究飞燕草属 [*Consolida* (DC.) S. F. Gray] 和翠雀花属二属植物的过程中看到的 3 个种花无距的现象，这 3 种是（1）凸脉飞燕草 [*Consolida rugulosa* (Boiss.) Schröd.]（分布于中亚，向东达我国新疆西部）；（2）*Delphinium macrocentron* Oliver（分布于非洲）；（3）分布于我国的还亮草（*Delphinium anthriscifolium* Hance），他看到的是 H. B. Morse 采自湖北和广西龙州的两号标本（均存 NY），二号标本的花均无距。Munz 认为上述植物由于发生了突变（mutation），因而导致了具无距花的畸形植物的形成。1981，王遂义等二学者根据在河南南部采到的花无距的标本描述了，“无距还亮草（*Delphinium ecalcaratum* S. Y. Wang & Z.

K. Zhao）"［见《河南植物志（Flora of Henan）1: 432, fig. 546. 1981]，此植物是在河南发现的还亮草的第三个花无距畸形植物。

标本登录 广西：武鸣，广西队 53-88；天峨，贵州队 64；雁山，李光照 13747；阳朔，单人骅 740。云南：文山，税玉民 1703。贵州：安龙，贵州队 4204；罗甸，黔南队 342；Pin-fa, J. P. Cavalerie s. n.; Ouy-liu, H. J. Esquirol 359; 德江，罗毅波 885。四川：青城山，邓其祥 151；都江堰，杨亲二等 2007-27；北川，姜恕 7031。重庆：渝北，刘正宇 183999；南川，陈心启 2083；武隆，刘正宇 182241；万州，植物所三峡队 636；奉节，周洪富 107546；巫山，植物所三陕队 1314；城口，R. P. Farges 837,1441. 湖南：新宁，罗仲春 535；衡山，教育会博物馆 s. n.; 衡东，俞德浚 s. n.; 长沙，钟观光 184；壶瓶山，壶瓶山队 17。江西：上犹，江西队 72-1150；遂川，236 组 793；泰和，江西师院生物系 20769；南丰，聂敏祥 2130；奉新，刘守炉 1071；武宁，谭策铭 96-6005；庐山，熊跃国 1101；南昌，熊杰 3328；彭泽，覃海宁 18698；婺源，李启和 254。福建：南平，？ 624；建阳，？ 41。浙江：丽水，钟观光 D45；遂昌，植物资源队 26387；淳安，植物资源队 27325；昌化，贺贤育 23894；天目山，贺贤育 20954；孝丰，贺贤育 24294。江苏：南京，关克俭 133。安徽：休宁，刘晓龙 419；歙县，关克俭 15123；宣城，刘森 60055；桃岭，钟观光 184；九华山，叶文才 88-73；铜陵，刘晓龙 571；金寨，王德群 5584。湖北：建始，王江荣 130；宜昌，郑重 40；神农架，236-6 队 2407；鄂州，万光荣 30。甘肃：文县，白水江队 947，3250，D. E. Boufford 等 37444。陕西：洋县，Zhu, Chen, Xu & Wang 1065；佛坪，孔宏智 1014；太白山，傅坤俊 2979；眉县，洪德元 85-50；长安，周光华 9350；山阳，张志英 15805。河南：信阳，南方山区队 D0021；罗山，植物资源队 264；内乡，D. E. Boufford 等 26055；西峡，河南队 484；嵩县，植物资源队 L0027。山西：永济，刘天慰 121。

231b. 卵瓣还亮草（变种） 图版 91：9–12

var. **savatieri** (Franch.) Munz in J. Arn. Arb. 48 (4): 261.1967; W. T. Wang in Acta Phytotax. Sin. 31 (3): 210. 1993; et in Fl. Yunnan. 11: 148, fig. 44: 6–7. 2000; K. M. Li in Fl. Hunan 2: 633, fig. 2–489. 2000; W. T. Wang & M. J. Warnock in Fl. China 6: 273. 2001; R. J. Wang in Fl. Guangdong 5: 4. 2003. ——*D. savatieri* Franch in Bull. Soc. Linn. Paris 1: 330. 1882; et in Bull. Soc. Philom. Paris, ser. 8, 5: 162. 1893; Forbes & Hemsl. in J. Linn. Soc. Bot. 23: 19. 1886; Huth in Bot. Jahrb. 20: 423. 1895; Finet & Gagnep. in Bull. Soc. Bot. France 51: 471. 1904. Holotype 浙江：绍兴，1863-05，Lud. Savatier s. n. (P; photo, PE)。

D. exiguum Pritz. ex Diels in Bot. Jahrb. 29: 327. 1900. Holotype 重庆：南川，1891， A. V. Rosthorn 2022 (not seen)。

D. robertianum Lévl. & Vaniot in Bull. Acad. Intern. Geogr. Bot. 11: 49. 1902. Holotype 广东：Kong yang, 1897-09-12, E. M. Bodinier s. n. (E, not seen)。

D. minutum Lévl. & Vaniot in Bull. Herb. Boiss., ser. 2, 6: 505. 1906. Holotype 贵州，H. J. Esquirol 24 (E, not seen)。

D. kweichouense W. T. Wang in Acta Bot. Sin. 10 (3): 283. 1962. Holotype 贵州：惠水，1930-07-18，蒋英 8571（PE）。

D. anthriscifolium var. *calleryi* auct. non (Franch.) Finet & Gagnep.: Gagnep. in Suppl. Fl. Gen. Indo-China 1: 15.1938; Lauener & Green in Not. Bot. Gard. Edinb. 23(4): 584. 1961; W. T. Wang in Acta Bot. Sin. 10 (3): 277. 1962; Fl. Tsinling. 1 (2): 269, fig. 230. 1974; S. H. Fu, Fl. Hupeh. 1: 339. 1976; W. T. Wang in Fl. Reip.

Pop. Sin. 27: 460, pl. 107: 9−12. 1979; B. Z. Ding et al. Fl. Henan. 1: 433. 1981; Fl. Jiangsu 2: 182. 1982; Y. K. Li in Fl. Guizhou. 3: 22. 1986; X. W. Wang in Fl. Anhui 2: 306. 1987; W. T. Wang in Fl. Guangxi 1: 271. 1991; Z. H. Lin in Fl. Zhejiang 2: 262. 1992; W. T. Wang in Fl. Jiangxi 2: 153. 2004.

本变种退化雄蕊的瓣片卵形，顶端微凹或 2 微裂（稀不分裂或 2 裂达中部），而与模式变种不同。花的大小与模式变种相同。

分布于中国的云南东部、广西、广东、贵州、四川、重庆、湖北西部、江西、浙江、江苏南部、安徽南部、陕西、河南的南部，以及越南北部。生于丘陵、低山山地的林边、灌丛中或草坡上，海拔 30−1 550 m。

全草药用，用于便秘、痈疮肿毒、跌打损伤等症。全草含一些生物碱：还亮草碱 (anthriscifolcine)、还亮草定 (anthriscifoldine)、还亮草明 (anthriscifolmine)、伞花翠雀碱 (delconine)、囊距翠雀醇 (delbrunine)。

标本登录　云南：广南，王启无 87870；盐津，蔡希陶 50809。广西：天峨，黄志 43288（IBSC）。贵州：望谟，张志松，张永田 1355，2120。四川：峨眉山，关克俭等 644；都江堰，汪发瓒 20450，重庆：北碚，俞德浚 2854；重庆，方文培 758；南川，熊济华，周子林 90390；开县，？ 100368；巫山，王作宾 10324。湖南：雪峰山，李泽棠 1903。湖北：兴山，刘瑛 54。江西：婺源，李启和 53。江苏：南京，刘方勋 911；苏州，H. T. Feng 112, 左景烈 802。安徽：铜陵，刘晓龙 571。陕西：勉县，傅坤俊 3568；平利，刘慎谔 8432；周至，S.T.Wang 433；太白山，王作宾 6672；终南山，孔宪武 2697；南五台山，刘慎谔 67；长安，黄河队甘肃一队 33。河南：信阳，关克俭 371。N. Vietnam（越南北部）：Boo-kan, Eberhardt 4670 (P)。

231c. 大花还亮草（变种）　图版 91：7−8

var. **majus** Pamp. in Nuov. Giorn. Bot. Ital., n. s., 22: 288. 1915; W. T. Wang in Acta Bot. Sin. 10 (3): 279. 1962; et in Fl. Reip. Pop. Sin. 27: 462, pl. 107: 7−8. 1979; S. H. Fu. Fl. Hupeh. 1: 340, fig. 472. 1976; X. W. Wang in Fl. Anhui. 2: 306. 1987; K. M. Liu, Fl. Hunan 2: 635, fig. 2−490. 2000; W. T. Wang & M. J. Warnock in Fl. China 6: 273. 2001. Holotype　湖北：西部，Silvestri 3917 (not seen)。

本变种的花较大，长 2.3−3.4 cm，萼距长 17−24 mm，退化雄蕊瓣片卵形，顶端 2 微裂至 2 半裂，而与模式变种不同。

分布于贵州（剑河）、湖南西北、重庆、陕西南部、湖北西部、安徽西部。生于山坡或林边，海拔 450−1 740 m。

可供药用，全草用于风湿痹痛，泄泻等症。全草含还亮草碱 A (anthriscifolcine A) 等生物碱（《中国药用植物志》，2016）。

标本登录　湖南：沅陵，张桂方 402。重庆：武隆，刘正宇 182678；云阳，植物所三峡队 980；巫山，周洪富 109727；巫溪，杨光辉 58211。陕西：平利，乔英林 1194，于海 30054；镇平，乔英林 1270。湖北：宜昌，董佩萱 60，赵常明 0461；巴东，周鹤昌 89，陈权龙等 1930；兴山，李洪钧 10；神农架，236-6 队 2335。安徽：金寨，？ 226。

231d. 不了解的一变种

Delphinium anthriseifolium Hance var. **ramosum** Pamp. in Nuov. Giorn. Bot. Ital., n. s., 22: 288. 1915. Syntypes　湖北：西部，1912-02-03，Silvestri 3914, 3914a, 3915 (not seen)。

参考文献

BAILEY I H, 1949. *Delphinium* [M]. Manual of cultivated plants, rev. ed.: 397−399.

BAO M Z, 2011. Flower Science [M]. Beijing: Chinese Agriculture Press. [包满珠 , 2011. 花卉学 [M]. 北京 : 中国农业出版社 .]

BENTHAM G, HOOKER J D, 1862. Genera plantarum, Vol. 1. [M]. London.

CHEN F H, 1948. Contributons to the knowledge of the genus *Delphinium* of southwestern China [J]. Bull Fan Mem Inst Biol, n. Ser. 1: 163−183.

DE CANDOLLE A P, 1817. Regni vegetabilis systema natural. I. [M]. Paris.

DIELS L, 1905. Beitrage zur Flora der Tsin Ling Shan undere Zusätze zur Flora von Central-China [J]. Bot Jahrb, 36: Beibl, 82: 1−138.

DIELS L, 1912. New and imperfectly known species [J]. Not Bot Gard Edinb, 5: 101−308.

FINET E A, GAGNEPAIN F, 1904. *Delphinium*. Contriburions à la flore de I'Asie orientale d'après I'herbier du Muséum de Paris [J]. Bull Soc Bot France, 51: 461−537.

FINET E A, 1906. Espèces nouvelles de I'Asie orientale [J]. Bull Soc Bot France, 53: 125−127.

FRANCHET A, 1882. Sur quelques *Delphinium* de la Chine [J]. Bull Soc Linn Paris, 1: 329−330.

FRANCHET A, 1886. Plantae Yunnanenses a cl. J. M. Delavay collectas enumeravit novasque describit [J]. Bull Soc Bot France, 33: 358−467.

FRANCHET A, 1889. Plantae Delavayanae [M]. Paris.

FRANCHET A, 1893. Exposition synoptique et description *Delphinium* del la Chine [J]. Bull Soc Philom Paris, sèr. 8, 5: 157−187.

FRANCHET A, 1894. Plantes nouvelles de la Chine occidentale [J]. J de Bot, 8: 273−286.

HANCE H F, 1868. Description of a new Chinese Larkspur [J]. J Bot, 6: 207−208.

HANDEL-MAZZETTI H, 1922. Plantae novae sinenses, diagnosibus brevibus discriptae a Dre [J]. Heinr. Handel-Mazzetti. Anzeig. Akad. Wiss. Wien Math Naturw, KI, 59: 293−256.

HANDEL-MAZZETTI H, 1931. Ranunculaceae [J]. Symbolae Sinicae 7. Wien.

HANDEL-MAZZETTI H, 1939. Plantae sinenses a Dre. H. Smith annis 1921−1922, 1924 et 1934 lectae 33. Ranunculaceae [J]. Acta Hortic Gotob, 13: 327−336.

HEMSLEY W B, 1892. Observation on a botanical collection made by Mr. A. E. Pratt in western China, with descriptions of some new Chinese plants from various collections [J]. J Linn Soc Bot, 29: 298−322.

HOW F C, WANG W T, 1964. Ranunculaceae [M] // Flora Hainanica. Beijing: Science Press, 1: 304−309. [侯宽昭 , 王文采 , 1964. 毛茛科 [M] // 海南植物志 . 北京 : 科学出版社 , 1: 304−309.]

HUANG T Y, HUANG T C, 1996. Ranunculaceae [M] // Flora of Taiwan. 2nd ed. Taipei: Tah Jinw Printing Press, 2: 506−574.

HUTH E, 1893. Neue Arten der Gattung *Delphinium* [J]. Bull Herb Boiss, 1: 327−336.

HUTH E, 1895. Monographie der Gattung *Delphinium* [J]. Bot Jahrb, 20: 322−499.

JARVIS C F, BARRIE F R. ALLAN D M, REVEAL J L, 1993. A list of Linnean generic names and their types [J]. Regnum Veg, 127. Kömgstein.

KUAN K C, 1935. The species of the genus *Delphinium* in China [J]. J Bot Soc China, 1: 402−414. [关克俭 , 1935. 中国产之翠雀属 [J]. 中国植物学杂志 , 1: 402−414.]

LEVEILLE H, 1906. Novitates sinenses [J]. Bull Herb Boiss., Ser. 2, 6: 504−506.

LEVEILLE H, 1909. Decades plantarum novarum 17−19 [J]. Repert Sp Nov, 7: 97−103.

LI SC, 1996. Wild Flowers of China [M]. Tianjin: Tianjin Education Press. [黎盛臣 , 1996. 中国野生花卉 [M]. 天津 : 天津教育出版社 .]

LI XY, 2018. Taxonomy of Ornamental Plants [M]. Beijing: Science Press. [李先源 , 2018. 观赏植物分类学 [M]. 北京 : 科学出版社 .]

MALYUTIN N I, 1973. The phylogeny and taxonomy of the *Delphinium* genus [J]. Bot Zhurn, 58: 1710−1722.

MALYUTIN N I, 1987. The system of the genus *Delphinium*(Ranunculaceae)based on the morphological features of seeds [J]. Bot Zhurn, 72: 683−693.

MARQUAND CVB, 1929. The botanical collection made by Capt. F. Kingdon Ward in the eastern Himalaya and Tibet in 1924−1925 [J]. J Linn Soc Bot, 48: 149−229.

MAXIMOWICZ C J, 1877. Diagnoses plantarum novarum Asiaticarum 1 [J]. Bull Acad Sci St Petersb, 23: 305−391.

MAXIMOWICZ C J, 1889. Flora Tangutica [J]. St. Petersb.

MUNZ P A, 1967−1968. A synopsis of the Asian species of *Delphinium*, sensu stricto [J]. J Arn Arb, 48: 249−302, 476−593 (1967), 49: 73−259(1968).

NEVSKI S A, 1937. *Delphinium* [M] // KOMAROV VL (Ed.) Flora URSS Moskwa & Leningrad, 7: 99−183.

OSTENFELD C H, PAULSEN O, 1922. A list of flowering plants from inner Asia, collected by Dr. Sven Hedin [J]. In Sven Hedin, Southern Tibet, 6: 25−100.

POWLOWSKI B, 1993. *Delphinium* [M] // Fl. Europea. 2nd ed. Cambridge: Cambridge University Press, 1: 257−260.

PRANTL K, 1888. Ranunculaceae [M] // ENGLER A PRANTL K(eds.) Die naturlichen Pflanzenfamilien, 3(2): 43−66. Leipzig.

RAU M A, 1993. *Delphinium* [M] // Flora of India. Calcutt: Botanical Survey of India, 1: 86−101.

SMITH W W, 1913. Diagnoses specierum novarum chinensium in herbario Horti Regii Botanici Edinburgensis cognotarum [J]. Not Bot Gard Edinb, 8: 105−136.

SPACH E, 1839. Histoire des naturelle vègetaux Phanèrogames 7 [M]. Paris.

TAMURA M, 1966. Morphology, ecology and phylogeny of the Ranunculaceae 6 [J]. Sci Rep Osaka Univ, 15: 13−35.

TAMURA M, 1995. Ranunculaceae: Systematic Part [M] // HIEPKO P. Nat. Pflanzenfam. Zwei. Aufl., 17alV: 224−497. Berlin: Duncker & Humblot.

WANG W T, 1957. Notulae de Ranunculaceis sinensibus [J]. Acta Phytotax. Sin., 6(4): 361−391. [王文采 , 1957. 中国毛茛科植物小志 [J]. 植物分类学报 , 6(4): 361−391.]

WANG W T, 1962. A preliminary study of Chinese *Delphinium* [J]. Acta Bot Sci, 10(1): 59−89; (2): 138−165; (3): 264−284. [王文采 , 1962. 中国毛茛科翠雀属的初步研究 [J]. 植物学报 , 10(1): 39−89; (2): 138−165; (3): 264−284.]

WANG W T, 1979. *Delphinium* [M] // Flora Reipublicae Popularis Sinicae. Beijing: Sciense Press, 27: 326−462. [王文采 , 1979. 翠雀属 [M] // 中国植物志 . 北京 : 科学出版社 , 27: 326−462.]

WANG W T, 1997. Notulae de Ranunculaceis sinensibus(21) [J]. Guihaia, 17(1): 1−15. [王文采 , 1997. 中国毛茛科植物小志 (廿一) [J]. 广西植物 , 17(1): 1−15.]

WANG W T, WARNOCK M J, 2001. *Delphinium* [M] // WU Z Y, RAVEN P H, eds. Flora of China. Beijing: Science Press; St. Louis: Missouri Botanical Garden Press, 6: 223−274.

WARNOCK M J, 1997. *Delphinium* [M] //MORIN N R, et al. Flora of North America. Oxford: Oxford University Press, 3: 196−240.

XIAO P G, 1980. A preliminary study of the correlation between phylogeny, chemical constituents and pharmaceutical aspects in the taxa of Chinese Ranunculaceae[J]. Acta Phytotax. Sin., 18(2): 143−153. [肖培根 , 1980. 中国毛茛科植物群的亲缘关系 , 化学成分和疗效间相关性的初步探索 [J]. 植物分类学报 , 18(2): 143−153.]

XIE L, WANG Z T, CONG X, et al., 2016. *Delphinium* [M] // AI T M, WEI F N. Medicinal Flora of China. Beijing: Peking University Medical Press, 3: 167−205. [谢磊 , 王峥涛 , 从潇 , 2016, 翠雀属 [M] // 艾铁民 , 韦发南 . 中国药用植物志 . 北京 : 北京大学医学出版社 , 3: 167−205.]

四川乌头属二新种

Two new species of *Aconitum* (Ranunculaceae) from Sichuan

作者近日在鉴定同事朱相云、张树仁等先生于2018年在四川横断山采集的毛茛科植物标本的过程中，发现了以下乌头属二新种。

细盔乌头　图1

Aconitum tenuigaleatum W. T. Wang, sp, nov. Fig. 1

[Subg. *Lycoctonum* (DC.) Peterm.]

Species nova haec est affinis *A. chrysotricho* W. T. Wang, a quo foliorum basalium petiolis longioribus (14−20 cm longis), eorum laminarum lobis centralibus apice 3-dentatis, sepalis extus albo-puberulis, sepalo supero superne tubulare 2−3 mm in diam., petalorum limbis minute calcaratis et apice 2-lobatis differt. In *A. chrysotricho*, foliorum basalium petioli 3−7.5 cm longi, eorum laminarum lobi centrales 3-lobati cum lobis 1−2-dentatis, sepala extus flavo-puberula, sepalum superum superne crasse tububare 3.5 mm in diam., et petalorum limbi haud calcarati et apice indivisi sunt.

Perennial herb ca. 50 cm tall. Tap root ca 7 cm long, 5 mm across. Stem ca. 37 cm long, 3 mm across, glabrous, 1-leaved. Basal leaves ca. 5, long petiolate; blades papery, reniform, 2.6−4 cm long, 5−8 cm broad, 3-parted slightly exceeding the middle of blade, central primary lobe obtrapeziform, 1.5−2.5 cm broad, on upper margin obtusely 3-dentate, lateral primary lobes larger, flabellate, 3−6 cm broad, unequally 2-lobed, secondary lobes similar to central primary lobe; surfaces adaxially densely appressed-puberulous, abaxially glabrous; petioles 14−20 cm long. Cauline leaf smaller, shortly petiolate. Terminal raceme 8 cm long, 12-flowered, lateral raceme 3.5 cm long, 6-flowered; basal bract foliaceous, 1−2 cm long, other bracts 3-sect or undivided, linear, 5−6 mm long; rachis with pedicels densely spreading-puberulous; pedicels 1−2 cm long, near base minutely 2-bracteolate. Flower: Sepals blue-pruple; upper sepal high-galeate, outside puberulous, inside glabrous, at base cymbiform-ovate, 8−11 mm long, 5 mm broad, above tubular, 8−10 mm long, 2−3 mm in diam.; lateral sepals orbicular-obovate, 8 mm long, 5 mm broad, inside near apex with a few long hairs; lower sepals navicular-oblong, 7 mm long, 3 mm broad. Petals 2, glabrous; claws 9 mm long; limbs broad-linear, 3 mm long, minutely calcarate, at apex 2-lobed. Stamens ca. 15, glabrous; filaments ca. 5 mm long, lanceolate-linear, near apex filirorm; anthers suborbicular, ca. 1 mm diam. Carpels 3; ovaries narrow-oblong, ca. 3 mm long, puberulous; styles ca. 1 mm long, glabrous.

四川 (Sichuan)：九龙县，汤古乡，猎塔湖 (Jiulong Xian，Tanggu Xiang, Lietahu), alt. 4 128 m, 溪边湿地，花蓝紫色 (in wet places by stream, fls. blue-purple), 2018-09-10, 张树仁，赵以民，张中帅 (S. R. Zhang, Y. M. Zhao & Z. S. Zhang) 1682 (holotype, PE，标本条形码号 02293704)。

原文刊登于《植物研究》40(1): 1−4, 2020。
致谢：蒙朱相云教授提供标本，孙英宝先生绘图并打印稿件，作者在此表示衷心感谢。

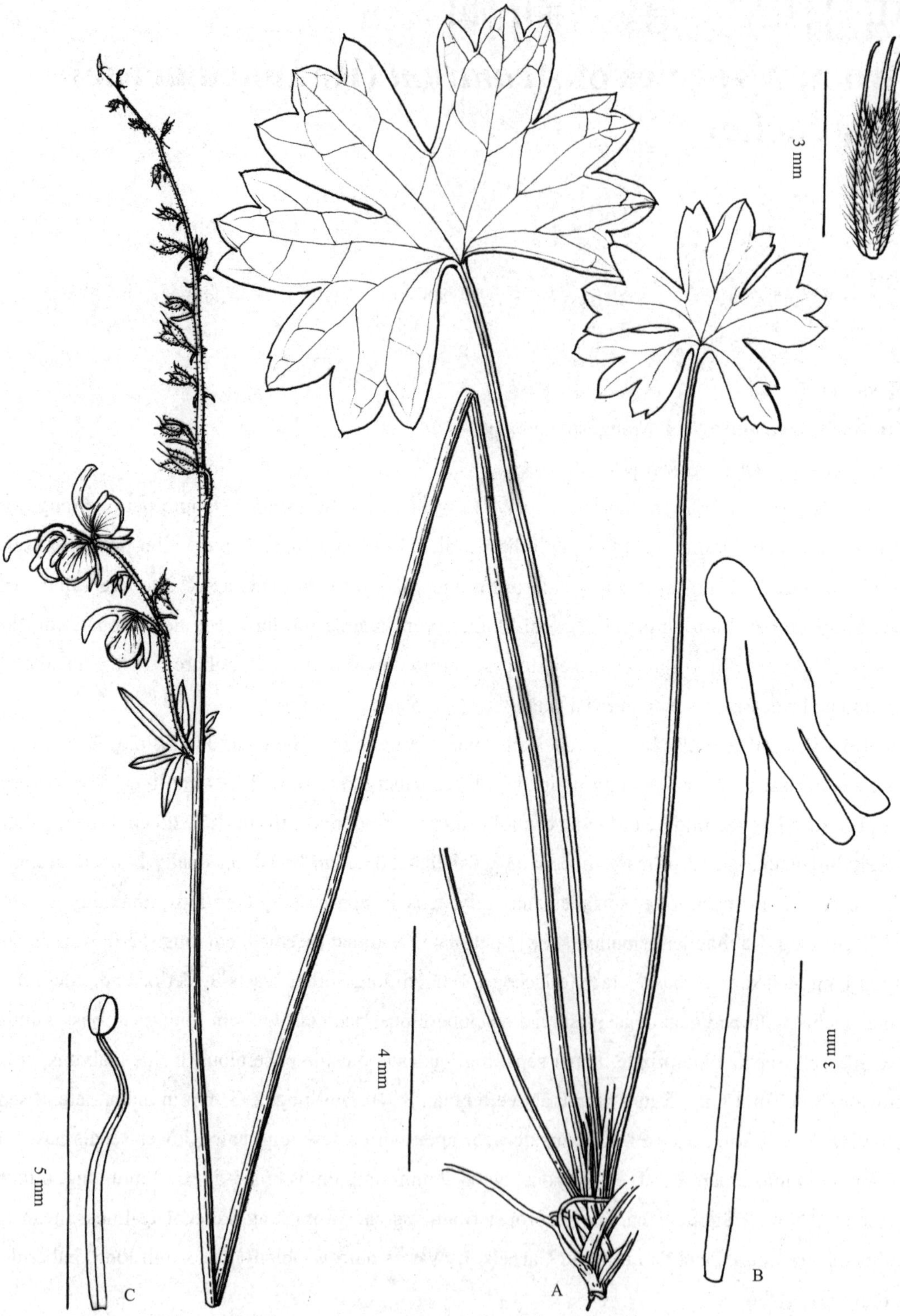

图 1 **细盔乌头** A. 植株全形；B. 花瓣；C. 雄蕊；D. 雌蕊群。

Fig. 1 **Aconitum tenuigaleatum** A. Habit; B. Petal; C. Stamen; D. Gynoecium.

本种与黄毛乌头 (*A. chrysotrichum* W. T. Wang) 在亲缘关系上相近，与后者的区别在于本种的基生叶叶柄较长（长 14–20 cm），其叶片的中央裂片在顶端具 3 牙齿。萼片外面被白色短柔毛，上萼片上部筒状，直径 2–3 mm，花瓣瓣片具很小的距，顶端 2 浅裂。在黄毛乌头，基生叶的叶柄较短，长 3–7.5 cm，其叶片的中央裂片 3 浅裂，浅裂片具 1–2 齿，萼片外面被黄色短柔毛，上萼片上部筒状部分较粗，直径 3.5 mm，花瓣无距，在顶端不分裂 [1,2]。

疏叶乌头　图 2

Aconitum laxifoliatum W. T. Wang, sp. nov. Fig. 2

(Subg. *Aconitum*)

Ob foliorum laminias 3-sectas, earum segmenta dissecta, sepalum superum naviculare species nova haec est affinis *A. tongolensi* Ulbr., a quo foliis secus caulem laxe dispositis, eorum laminis minoribus 1–2.2 cm longis et 1.2–2.4 cm latis, caule glabro, racemo 5-floro, gynoecio ex carpellis 5 constante recedit. In *A. tongolensi*, folia secus caulem plus minusve dense disposita, eorum laminae majors 7–7.5 cm longae et 5–10 cm latae, caulis puberulus, racemus multi-florus, et gynoecium ex carpellis 3–4 constans est.

Herb ca. 60 cm tall. Root tuber and basal leaves not seen. Stem slender, 53 cm long, 2 mm across, below glabrous, above sparsely puberulous, simple, 6-leaved. Lower cauline leaves long, upper ones shortly petiolate; blades papery, orbicular-pentagonal, 1–2.2 cm long, 1.2–2.4 cm broad, at base deep cordate, 3-sect, central segment broad-rhombic, 3-parted, secondary lobes once or twice dissected, lateral segments larger, flabellate, unequally 2-parted, secondary lobes twice or thrice dissected, all ultimate lobes lanceolate-linear or linear, 0.5–1.2 mm broad; surfaces adaxially only near margin sparsely puberulous, abaxially glabrous; petioles 0.4–7 cm long. Raceme terminal, 8 cm long, 5-flowered; lower bracts foliaceous, upper bracts linear; rachis above and pedicels sparsely puberulous; pedicels 0.3–2 cm long, near apex minutely 2-bracteolate. Flower: Sepals blue-purple, glabrous; upper sepal navicular, from base to apex 15 mm long, slightlhy concave, at the middle 4.5 mm broad; lateral sepals obovate, 10 mm long, 5 mm broad; lower sepals oblanceolate, ca. 6 mm long. Petals 2, glabrous; claws 16 mm long; limbs 5 mm long, ca 1 mm broad, at apex truncate, with spurs ca. 2 mm long. Stamens ca. 12, glabrous; filaments 6 mm long, below lanceolate-linear, above filiform; anthers suborbicular, 1 mm in diam.Carpels 5; ovaries narrow-oblang, 2.5 mm long, 1 mm broad, sparsely puberulous; styles 1.5–1.8 mm long, glabrous.

四川 (Sichuan)：康定县，折多山，康定机场路 (Kangding Xian, Zheduo Shan, Kangding Air port Road), alt. 4 187 m, 灌丛，花蓝紫色 (in shrubbery, fls. blue-purple), 2018-09-11, 张树仁，赵以民，王继旋 (S. R. Zhang, Y. M. Zhao & J. X. Wang) 1766 (holotype, PE，标本条形码号 02293706)。

本种的叶片 3 全裂，全裂片细裂，上萼片船形，因此与也具上述特征的东俄洛乌头 (*A. tongolense* Ulbr.) 在亲缘关系上相近，与后者的区别在于本种的叶沿茎稀疏排列，叶片较小，长 1–2.2 cm，宽 1.2–2.4 cm，茎无毛，总状花序具 5 花，雌蕊群由 5 心皮组成。在东俄洛乌头，叶沿茎多少密集，叶片较大，长 5–7.5 cm，宽 5–10 cm，茎被短柔毛，总状花序具多数毛，雌蕊群由 3–4 心皮组成 [1-2]。

图 2　**疏叶乌头**　A. 植株全形；B. 花；D. 雄蕊；E. 雌蕊群。

Fig. 2　**Aconitum laxifoliatum**　A. Habit; B. Flower; C. Petal; D. Stamen; E. Gynoecium.

参 考 文 献

[1] Li L Q, KADOTA Y. *Aconitum* [M] // WU Z Y, RAVEN P H, eds. Flora of China. Beijing: Science Press; St. Louis: Missouri Botanical Garden Press, 2001, b: 149−222.

[2] 罗艳，杨亲二 . 四川乌头属的修订 [J]. 植物分类学报，2005, 43(4): 289−386.
LUO Y, YANG Q E. Taxonomic revision of *Aconitum* (Ranunculaceae) from Sichuan, China[J]. Acta Phytotax. Sin., 2005, 43(4): 289−386.

四川唐松草属三新种

Three new species of *Thalictrum* (Ranunculaceae) from Sichuan Province

同事朱相云、张树仁、杨永诸先生带领他们的学生于2018年春至秋季到四川横断山区的康定、泸定和九龙3个县，考察那里丰富、复杂的植物区系，采集了大量植物标本。最近，我在鉴定其中毛茛科植物标本的过程中，发现上述3个县各有一唐松草属新种，下面予以描述。

康定唐松草　图1

Thalictrum kangdingense W. T. Wang, sp, nov. Fig. 1

(Sect. *Leptostigma* B. Boivin)

Ob herbam totam glabram, staminum filamenta tenuiter clavata et carpellorum stylos uncinatos species nova haec est affinis *T. xinningensi* W. T. Wang, a quo foliolis conspicue 3-lobatis, thyrsis minoribus ca. 3.5 cm longis, sepalis anguste obovatis apice acutis, flore staminibus ca. 11 praedito differt. In *T. xinningensi*, foliola indivisa vel inconspicue 3-lobulata, thyrsi majores 6−10 cm longi, sepala anguste elliptica apice obtusa, et flos staminibus ca. 30 praeditus est.

Herbs perennial, ca. 1.2 m tall, totally glabrous. Stems above branched. Upper cauline leaves 2−3-ternate, shortly petiolate; blades broadly ovate, 6−8 cm long, 6−10 cm broad; leaflets petiolulate, papery, broad-rhombic, broad-ovate, ovate or obovate, 1.5−3 cm long, 1.2−3.2 cm broad, at base rounded or truncate, 3-lobed, central lobe obtusely 3-lobulate or 3-dentate, lateral lobes broad-ovate, below 1-lobulate or undivided; nerves adaxially nearly flat, abaxially slightly prominent; petiolules 0.1−1.8 cm long; petioles 0.5−2.5 cm long. Thyrses terminal and axillary, ca. 3.5 cm long, 8−15-flowered; peduncles slender, 4−11.5 cm long; lower bracts 3-sect or 3-lobed, 5−7 mm long, upper bracts undivided, linear or subulate, 0.8−1.5 mm long; pedicels filiform, 1.5−10 mm long. Flower: Sepals 3, narrow-obovate, 2−2.2 mm long, 1 mm broad, apex shortly acuminate; each sepal with 3 basal nerves (midrib once dichotomizing, and 2 lateral nerves simple). Stamens ca. 11; filaments 4−4.5 mm long, above oblanceolate-linear, narrower than anther, below filiform; anthers oblong, 1−1.2 mm long, 0.5 mm broad, apex obtuse. Carpels 4−6; ovaries ellipsoid, ca. 2.5 mm long, 1.2 mm broad; styles ca. 1.5 mm long, above hooked.

四川 (Sichuan)：康定县，巴王海 (Kangding Xian, Bawanghai), alt. 3 137 m, 林下 (in forest)，2018-07-17, 朱相云，蒋勇，祖奎玲，张若鹏 (X. Y. Zhu, Y. Jiang, K. L. Zu & R. P. Zhang) GG226 (holotype, PE,02293701)。

本种植株全部无毛，雄蕊花丝细棒状，心皮花柱钩状弯曲，因此与也具上述形态特征的新宁唐松草(*T. xinningense* W. T. Wang)在亲缘关系上相近，与后者的区别在于本种的小叶明显3浅裂，聚伞圆锥花序较小，长3.5 cm，萼片狭倒卵形，顶端急尖，花具约11枚雄蕊。在新宁唐松草，小叶不分裂或不明显3微裂，

原文刊登于《植物研究》40(1): 5−9, 2020。
致谢：蒙朱相云教授提供标本，孙英宝先生绘图并打印稿件，作者在此表示衷心感谢。

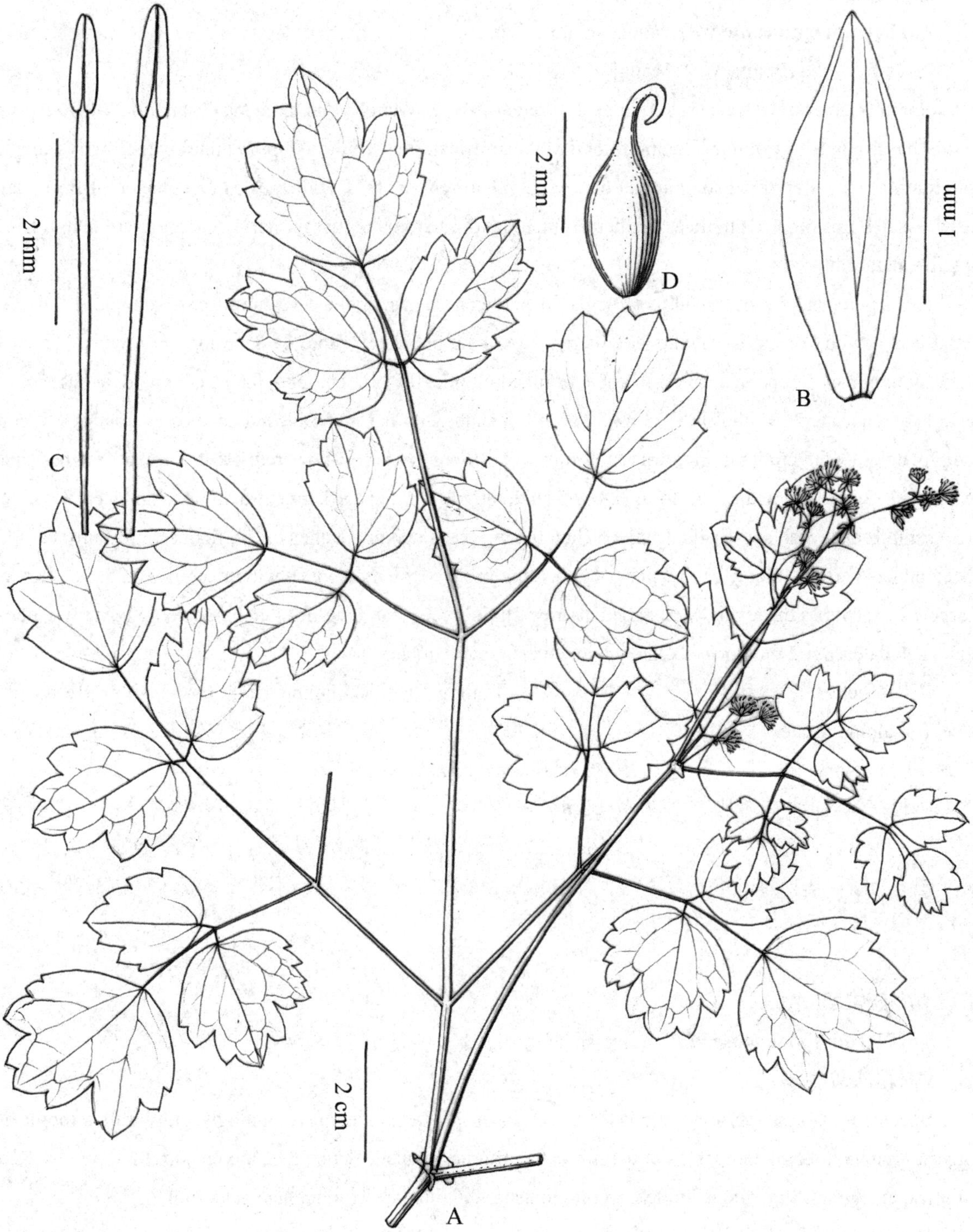

图 1 **康定唐松草** A. 上部茎生叶和腋生聚伞圆锥花序；B. 萼片；C. 二雄蕊；D. 心皮。

Fig. 1 **Thalictrum kangdingense** A. Upper cauline leaf and axillary thyrsi; B. Sepal; C. Two stamens; D. Carpel.

聚伞圆锥花序较大，长 6–10 cm，萼片狭椭圆形，顶端钝，花具约 30 枚雄蕊[1]。

细茎唐松草　图 2

Thalictrum tenuicaule W. T. Wang, sp. nov. Fig. 2

[Sect. *Rutifolia* (Prantl) W. T. Wang]

Habitu species nova haec est simillima *T. jilongensi* W. T. Wang, a quo monohasiis tantum 2–4-floris, sepali nervis basalibus tribus omnibus semel dichotomo-ramificantibus, antheris apice mucronatis, ovariis utrinque longitudinaliter 1-nervibus, stigmatibus haud alatis distinguitur, In *T. jilongensi*, monochasia 10-flora, sepali nervi basales tres omnes simplices, antherae apice haud mucronatae, ovaria nervis carentia, stigmata utrinque anguste alata sunt.

Herbs perennial, ca. 65 cm tall, totally glabrous. Stems slender, above base 2 mm across, simple, ca. 4-leaved. Basal leaf 1, with lowermost cauline leaf 3-ternate and long petiolate; blades 4–6 cm long, below 5–7 cm broad; leaflets thinly papery, obovate, broad-rhombic or broad-elliptic, 0.6–1.2 cm long, 0.5–1 cm broad, at base rounded or broadly cuneate, 2–3-lobulate, 2–3-lobed or 2-3-dentate, with flat inconspicuous nerves; petiolules 0.5–5 mm long; petioles 4–5.5 cm long. Monochasia terminal, 2–10 cm long, 2–4-flowered; bracts similar to upper cauline leaves, 0.7–2 cm long; pedicels filiform, 0.8–2.5 cm long. Flower: Sepals 4, greenish-white, elliptic, ca. 3 mm long, 1.5–2 mm broad; each sepal with 3 once dichotomizing basal nerves. Stamens 6–9; filaments filiform, ca. 4 mm long; anthers narrow-oblong, ca. 2.2 mm long, 0.4 mm broad, apex mucronate, with mucrones 0.25–1.4 mm long. Carpels 2–3; ovaries bilaterally compressed, narrow-elliptic, ca. 3 mm long, 1.2 mm broad, longitudinally 1-nerved; styles subulate, ca. 1.2 mm long, abaxially with thin stigmatic tissue.

四川 (Sichuan)：泸定县，海螺沟，4 号营地 (Luding Xian, Hailuogou, camp no. 4), alt. 3 715 m，高山草甸 (on alpine meadow), 2018-07-15，杨永，李海文，杨智，王宇 (Y. Yang, H. W. Li, Z. Yang & Y. Wang) GGS181 (holotype, PE，条形码号 02293705；isotype, PE, 02293702)。

本种在体态上与吉隆唐松草 (*T. jilongense* W. T. Wang) 极为相似，与后者的区别在于本种的单歧聚散花序只有 2–4 花，萼片的 3 条基出脉均 1 回二岐分枝，花药顶端具小尖头，子房两侧各有 1 条纵脉，柱头无翅。在吉隆唐松草，单歧聚伞花序有 10 花，萼片的 3 条基出脉均不分枝，花药顶端不具小尖头，子房无脉，柱头两侧各有 1 狭翅[1]。

九龙唐松草　图 3

Thalictrum jiulongense W. T. Wang, sp. nov. Fig. 3

(Sect. *Thalictrum*)

Species nova haec est arcte affinis *T. minori* L., a quo sepalis anguste oblongis, stigmatibus longioribus anguste triangularibus 1 mm longis et 0.4 mm latis utrinque anguste alatis praeclare recedit. In *T. minore*, sepala elliptica, et stigmata breviora deltoidea 0.5 mm longa et 0.6 mm lata utrinque late alata sunt.

Herbs perennial, ca. 65 cm tall, totally glabrous. Stems above base 5 mm across, above 4-branched, 4-leaved. Central cauline leaves 3–4-ternate, shortly petiolate; blades ca. 9 cm long, below 6 cm broad; leaflets chartaceous, broad-rhombic, obovate or obliquely elliptic, 0.5–1.2 cm long, 0.4–1.2 cm broad, at base usually broadly cuneate, 3-lobed (lobes 1–3-dentate or entire) or 3-dentate, with nerves adaxially slightly impressed and

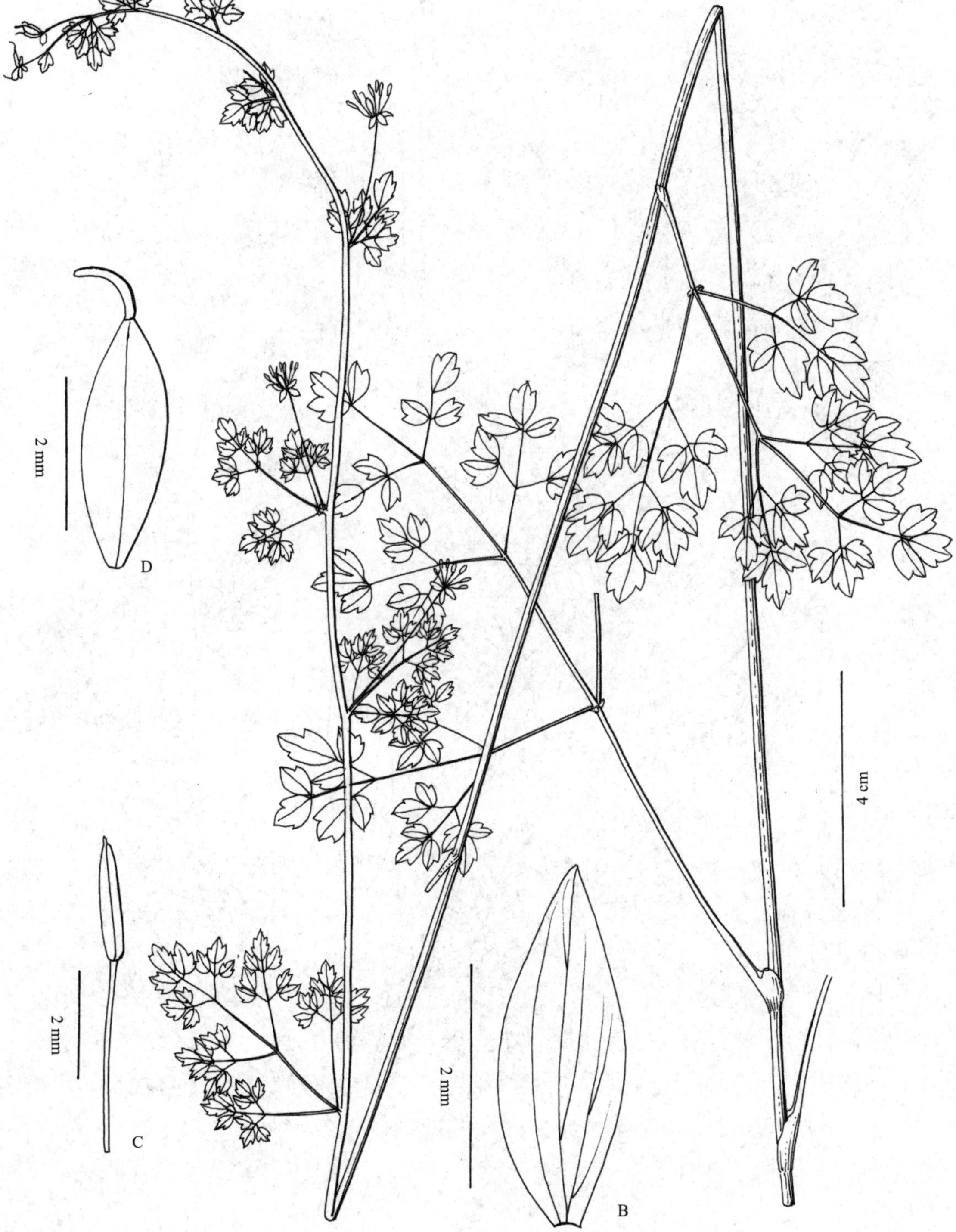

图 2　**细茎唐松草**　A. 植株全形；B. 萼片；C. 雄蕊；D. 心皮。

Fig. 2　**Thalictrum tenuicaule**　A. Habit; B. Sepal; C. Stamen; D. Carpel.

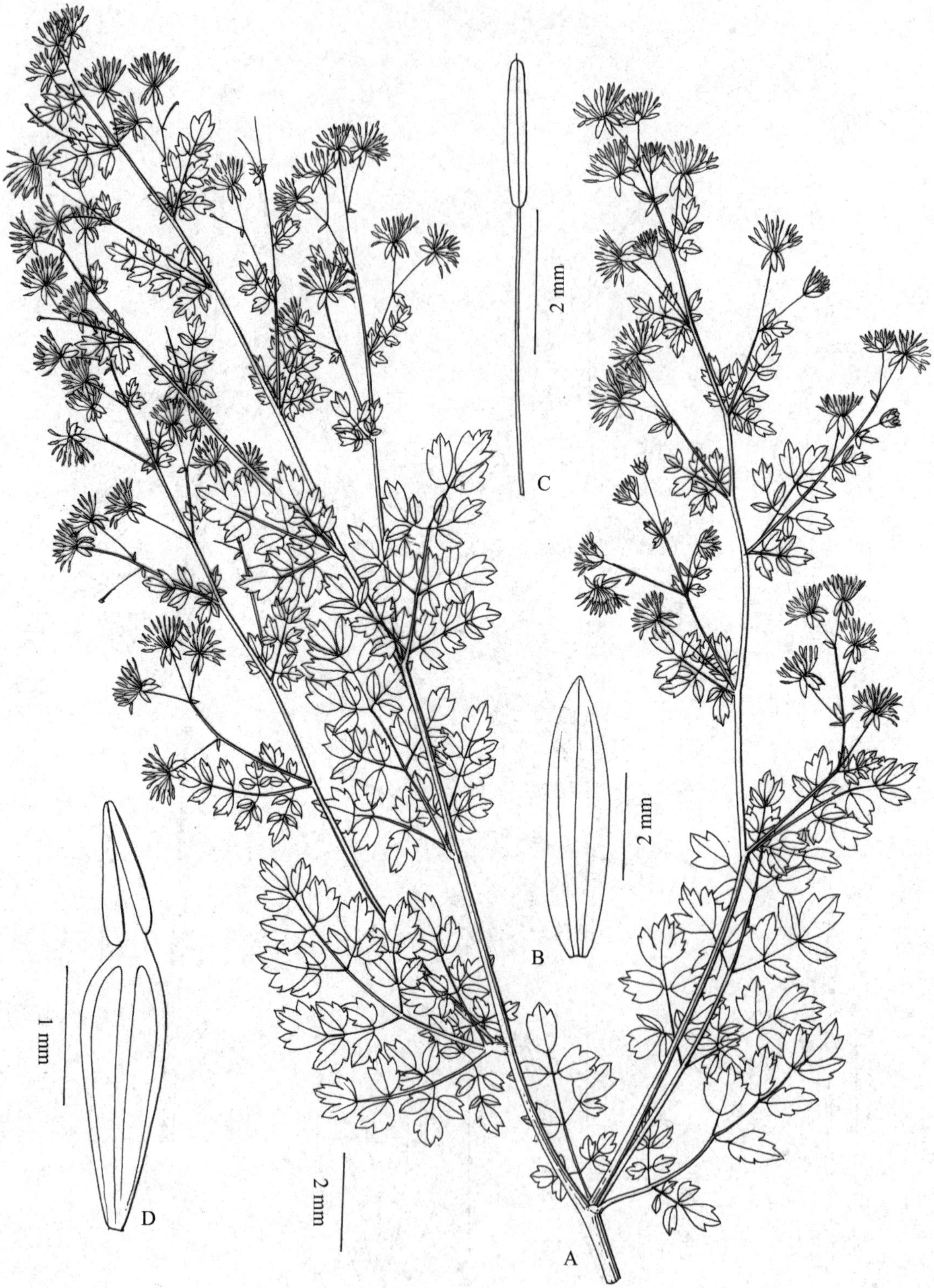

图 3　**九龙唐松草**　A. 开花植株上部；B. 萼片；C. 雄蕊；D. 心皮。

Fig. 3　**Thalictrum jiulongense**　A. Upper part of flowering plant; B. Sepal; C. Stamen; D. Carpel.

abaxially prominent; petiolules 0.1−1.5 cm long; petioles ca. 1 cm long. Thyrses terminal, 10−14 cm long, below 5−8 cm broad, densely many-flowered; bracts foliaceous; pedicels filiform, 0.6−3 cm long. Flower: Sepals 4, whitish, narrow-oblong, ca. 5 mm long, 1.5 mm broad, at apex acute; each sepal with 3 simple basal nerves. Stamens ca. 15; filaments filirorm, (2−) 5−6 mm long; anthers narrow-oblong, 3.2−3.5 mm long, 0.6−0.8 mm broad, apex minlutely mucronate, with mucrones ca. 0.1 mm long. Carpels ca. 6; ovaries bilaterally compressed, obovate, ca. 2 mm long, 0.7 mm broad, on each side inconspicuously and longitudinally 1-nerved; styles ca. 1 mm long; stigmas narrow-triangular, ca. 1 mm long, on each side with a narrow wing ca. 0.2 mm broad.

四川 (Sichuan)：九龙县，纳布厂，磨子沟 (Jiulong Xian, Nabuchang, Mozigou) alt. 3 836 m, 山坡 (on slope), 2018-07-20, 张树仁，杨杰，张薇 (S. R. Zhang, J. Yang & W. Zhang) GGS10362 (holotype, PE，条形码号 02293703)。

本种与亚欧唐松草 (*T. minus* L.) 在亲缘关系上颇为相近，与后者的区别在于本种的萼片呈狭长圆形，柱头较长，呈狭三角形，长 1 mm，宽 0.4 mm，在两侧各有 1 条狭翅。在欧亚唐松草，萼片呈椭圆形，柱头较短，呈正三角形，长 0.5 mm，宽 0.6 mm，在两侧各有 1 条宽翅 [1]。

参 考 文 献

[1] 王文采 . 中国唐松草属植物 [M]. 北京：北京大学出版社 , 2018.
WANG W T. *Thalictrum* (Ranunculaceae) in China [M]. Beijing: Peking University Press, 2018.

新疆翠雀花属二新种

Two new species of *Delphinium* from Xinjiang

王文采　杨宗宗

腺梗翠雀花　图 1

Delphinium adenopodum W. T. Wang & Z. Z. Yang, sp. nov. Fig. 1.

(Sect. *Elatopsis* Huth subsect. *Metaconitoides* W. T. Wang)

Ob inflorescentias corymbosas, calcar sepalinum sepalis brevius, petala et staminodia omnia nigra species nova haec est affinis *D. yechengensi* C. Y. Yang & B. Wang, a quo plantis humilioribus 9−18 cm altis, foliis minoribus, eorum laminis usque ad 4 cm latis, calcari sepalino breviore 9−11 mm longo, gynoecio ex carpellis quatuor constante differt. In *D. yechengensi*, plantae 45−50 cm altae, calcar sepalinum 11−14 mm longum, et gynoecium ex carpellis quinque constans est.

Perennial herbs 9−15 cm tall. Rhizomes ca. 7 cm long, at apex ca. 8 mm in diam. Stems paberulous, 2−3-branched or simple, 2−4-leaved. Basal leaves ca. 3, long petiolate; blades subcoriaceous, reniform, (1.5−2.8) cm × (2.8−4) cm, at base cordate, 3-parted, central lobe cuneate-obovate or rhombic-obovate, on apex or above incised-dentate, lateral lobes larger, obliquely flabellate, unequally 2-lobulate to 2-cleft, on apex incised-dentate; surfaces adaxially and abaxially covered with very short appressed hairs 0.1−0.5 mm long, sometimes mixed with sparse short glandular hairs; petioles 4−8 cm long, sparsely puberulous. Cauline leaves similar to basal ones, but upper ones smaller. Corymbs terminal and axillary, 2−4-flowered; basal bract similar to cauline leaves but small, or undivided, with narrowly elliptic blade, and upper bracts sessile, narrow-spatulate or linear, 1−2 cm long, glabrous; pedicels 1−6.5 cm long, densely white-pubescent and yellow-glandular-pubescent, above 2-bracteolate; bracteoles linear, (4−12) mm × (1−1.2) mm, glabrous. Flower: Sepals blue-purple, purple or purplish, on both sides with sparse hairs and on out side also mixed with a few glandular hairs; upper sepal broadly ovate, (16−22) mm × (17−20) mm, spur narrow-conical, 9-11 mm long, at base 6.5−7 mm in diam.; lateral sepals orbicular-ovate, 18 mm × (11−18) mm; and lower sepals broadly obovate, (12−20) mm × (15−16) mm. Petals 2, black, apex 2-lobulate and pilose. Staminodes 2, black; limbs suboblong or narrow-ovate, ca. 8 mm × 3 mm, 2-lobed, adaxially below the middle densely yellowish-barbate; claws ca. 7 mm long, abaxially obove puberulous. Stamens ca. 35; filaments ca. 8 mm long, 1-blue-nerved, above narrow-linear, below linear-lanceolate, glabrous or above the middle on each side with 1 or 2 hairs; anthers oblong, 1 mm × 0.6 mm, glabrous. Carpels 4; ovaries green, linear, (4−4.6) mm × 0.8 mm, densely pubescent; styles whitish, 0.7−1 mm long, glabrous.

原文刊登于《植物研究》40(6): 801−804, 2020。
致谢：深切感谢孙英宝先生为本文绘图和打印稿件。

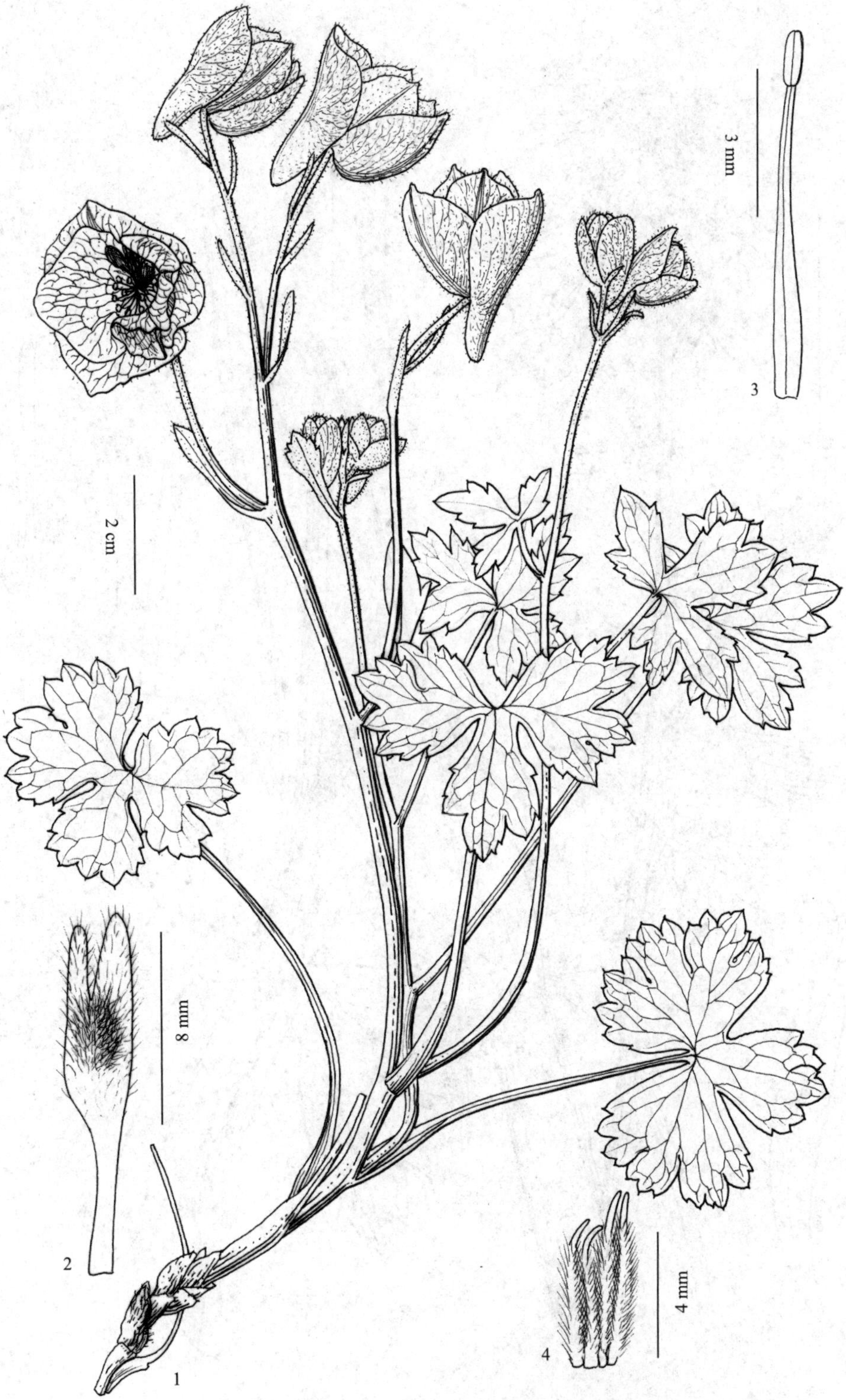

图 1　**腺梗翠雀花**　1. 植株全形；2. 退化雄蕊；3. 雄蕊；4. 雌蕊群。

Fig. 1　**Delphinium adenopodum**　1. Habit; 2. Staminode; 3. Stamen; 4. Gynoecium.

图 2　**巩留翠雀花**　1. 植株全形；2. 小苞片；3. 退化雄蕊；4. 雄蕊；5. 雌蕊群。

Fig. 2　**Delphinium gongliuense**　1. Habit; 2. Bracteole; 3. Staminode; 4. Stamen; 5. Gynoecium.

新疆 (Xinjiang)：塔什库尔干县 (Tashikurgan Xian), alt. 4 400 m，多石砾草坡，花紫色，花梗被白色柔毛和黄色腺毛 (on rocky grassy slope, fls. purple, pedicels covered with white hairs and yellow glandular hairs), 2019-08-03，杨宗宗 (Z. Z. Yang) 7659 (holotype, PE)；同地，同一日 (same locality and on same day), alt. 4 430 m，多石砾草坡，花蓝紫色 (on rocky grassy slope, fls. blue-purple), 杨宗宗 7661 (PE)；同地，同一日，alt. 4 560 m，石砾山坡，花粉紫色（on rocky slope, fls. pink-purplish），杨宗宗 7238 (PE，条形码号：02331415)。

本种的花序伞房状，萼距比萼片短，花瓣和退化雄蕊均呈黑色，因此与也具上述特征的叶城翠雀（*Delphinium yechengense* C. Y. Yang & B. Wang）花在亲缘关系上相近，与后者的区别在于本种的植株均较低，高 9−15 cm，萼距较短，长 9−11 mm，雌蕊群由 4 枚心皮构成。在叶城翠雀花，植株高 45−50 cm，萼距长 11−14 mm，雌蕊群由 5 枚心皮构成 [1,3]。

巩留翠雀花　图 2

Delphinium gongliuense W. T. Wang & Z. Z. Yang, sp. nov. Fig. 2.

(Sect. *Elatopsis* Huth subsect. *Elata* W. T. Wang)

Ob folia 3-partita, sepalum superum calcari leviter longius, staminodia nigra, carpella 3 species nova haec est affinis *D. actoensi* W. T. Wang, a quo foliorum laminis utrinque hirtellis, racemis compositis, bracteolis linearibus 8−9.5 mm longis apice longe apiculatis recedit. In *D. actoensi*, foliorum laminae supra glabrae, racemi simplices, et bracteolae subulatae, 4 mm longae, enerves, apice haud apiculatae sunt.

Perennial herbs 43−53 cm tall. Stems simple, with petioles spreading-hirtellous, 4−5-leaved. Basal leaf 1, long petiolate; blades papery, petagonal, ca. 7 mm × 10.5 cm, at base shallowly cordate, 3-parted slightly exceeding the middle of blade, on both surfaces appressed-hirtellous, central primary lobe trapezoidal-rhombic, ca. 3.5 cm broad, 3-lobed, with secondary lobes 3-lobulate or 2-denticulate, lateral primary lobes larger, obliquely flabellate, unequally 2-lobed, upper secondary lobes 3-lobulate and lower secondary lobes 2-lobulate; petioles ca. 25 cm long. Cauline leaves similar to basal one, but smaller, and upper ones shortly petiolate. Compound raceme terminal, ca. 9 cm long, terminal raceme 5−7 cm long, densely 14-flowered, lateral racemes 2−3, 3−5 cm long, densely 4−6-flowered; lower bracts similar to upper cauline leaves, but smaller; rachis spreading-hirtelous; pedicels 0.6−1.6 cm long, densely spreading-hirtellous, near apex 2-bracteolate; bracteoles linear, (8−9.5) mm × (1−1.6) mm, hirtellous, at apex long apiculate. Flower: Sepals blue-pruple, abaxially appressed-hirtellous, adaxially with a few hairs; upper sepal ovate, (14−16) mm × 7 mm; lateral sepals obliquely broad-obovate, ca. 14 mm × 9 mm; lower sepals obliquely broad-oblanceolate, ca. 17 mm × 7 mm. Petals 2, black, glabrous. Staminodes 2, black; limbs trapezoidal, (6−6.5) mm × (2−3.5) mm, 2-lobed, on margin above long ciliate, below lobes densely white-barbate; claws 6 mm long, at base minutely 1-appendiculate. Stamens ca. 20, glabrous; filaments 5−6 mm long, below lanceolate-linear, 1-nerved, above filiform; anthers dark-blue, oblong, 1 mm × (0.35−0.5) mm. Carpels 3; ovaries oblong, 3 mm × 1.2 mm, puberulous; styles 1.6 mm long, glabrous.

新疆 (Xinjiang)：巩留县，恰西 (Gongliu Xian, Qiaxi), alt. 2 680 m，山坡草地，花蓝紫色 (in grassy place on slope, fls. blue-purple)，2018-07-28，杨宗宗 (Z. Z. Yang) 0817 (holotype, PE, 条形码号：02331415; isoteype, PE.)。

本种的叶3深裂，上萼片比距稍长，退化雄蕊黑色，心皮3，因此与也具上述特征的阿克陶翠雀花(*D. actoense* W. T. Wang)在亲缘关系上相近，与后者的区别在于本种的叶片两面均被微硬毛，花序为复总状花序，小苞片条形，长8−9.5 mm，顶端有长尖头。在阿克陶翠雀花，叶片上面无毛，花序为简单总状花序，小苞片钻形，长4 mm，无尖头[2]。

参 考 文 献

[1] 刘建国. 翠雀花属. 新疆植物志 [M]. 乌鲁木齐: 新疆科技出版社, 1994, 2 (1): 242−259.
LIU J G. *Delphinium*. Flora Xinjiangensis [M]. Wulumuqi: Xinjiang science and technology press, 1994, 2 (1): 242−259.

[2] 王文采, 李良千, 王筝. 中国毛茛科植物小志(廿三) [J]. 植物分类学报, 1999, 37(3): 209−219.
WANG W T, LI L Q, WANG Z. Notulae de *Ranunculaceis sinensibus* XXIII [J]. Acta Phytotax. Sin., 1999, 37(3): 209−219.

[3] 杨昌友, 王兵. 新疆翠雀花属新植物 [J]. 植物分类学报, 1992, 30 (1): 82−91.
YANG C Y, WANG B. Taxa nova *Delphiniorum xinjiangenium* [J]. Acta Phytotax. Sin., 1992, 30(1): 82−91.

西藏东南部发现桐庐铁线莲*

Discovery of *Clematis tongluensis* (Ranunculaceae) from Southeast Tibet of China

中国科学院植物研究所植物标本馆(PE)于2019年夏天派队到西藏东南部进行植物学考察，采集到大量植物标本。最近，我在鉴定其中毛茛科植物标本的过程中，发现一号采自米林县的铁线莲属(*Clematis*)植物标本是原知广布于喜马拉雅山区的桐庐铁线莲，该种首次发现于我国。现将该种有关文献、形态描述、凭证标本以及亲缘关系等方面进行描述。

桐庐铁线莲

Clematis tongluensis (Brühl) Tamura in Acta Phytotax. Geobot. 19(2–3): 77. 1956; Kapoor in Bull. Nat. Bot. Gard. Lucknow 124: 73. 1966; Naitani, Flow. Pl. Ind. Nepal & Bhutan 9, 1991; Rau in Sharma et al. Fl. Ind. 1: 78. 1993; M. Johnson, Klematis 404. 1997; Grey-Wils. Clematis 80, fig. 9: 3–4. 2002. ——*C. montana* Buch.-Ham. ex DC. var. *tongluensis* Brühl in Ann. Bot. Gard. Calc. 5(2): 74, pl. 103, fig. 11. 1896. Syntypes: Sikkim: Tonglu, T. Thomson s. n., Gamble s. n., King's collector s. n.; Rungbul, King's collector s. n. (all syntypes not seen).

var. ***tongluensis***

木质藤本。老枝暗褐色，近圆柱形，直径4 mm，光滑，疏被短柔毛；芽单生落叶叶腋，具约10枚革质鳞片（披针形，长12mm），自芽生出4叶和2–4花。叶为三出复叶，具长柄；中央小叶具长2–10 mm的柄，纸质，卵形或菱状卵形，(4–7) cm × (2–4) cm，在顶端长渐尖，在基部宽楔形或圆形，在中部3浅裂，边缘有稀疏尖牙齿，表面疏被贴伏短柔毛，背面只在脉上被短毛，侧生小叶较小，稍斜，具长1–5 mm的柄；叶柄细，长4–9 cm，被疏毛。花：花梗细，长11–16 cm，被疏毛。萼片4，白色，水平开展，长圆形，(3–6) cm × (0.8–1.8) cm，有5条纵脉，顶端尾状渐尖，表面在脉上背贴伏短柔毛，被面无毛。雄蕊多数，长10–14 mm，无毛；花丝狭条形，长5–11 mm；花药淡黄色，条形，长3.5–4.5 mm，顶端钝。心皮约25；子房暗褐色，扁球形，直径约1 mm，无毛；花柱细，长约8 mm，密被白色绵毛。

凭证标本　西藏：米林县，米林镇，东多村，雪卡沟，alt. 3 300 m，高山草甸，2019-07-01，PE西藏考察队9903（PE）。

*基金项目：中国科学院植物研究所资助王文采院士科研活动经费项目（110100PZ07）[Supported by the Fund for WANG Wen-tsai Academician Scientific Research of Institute of Botany, Chinese Academy of Sciences（110100PZ07）]。
原文刊登于《广西植物》41(1): 1–3, 2021。
致谢：深切感谢班勤、马欣堂二先生提供标本和彩色照片，孙英宝先生绘图，并打印稿件。

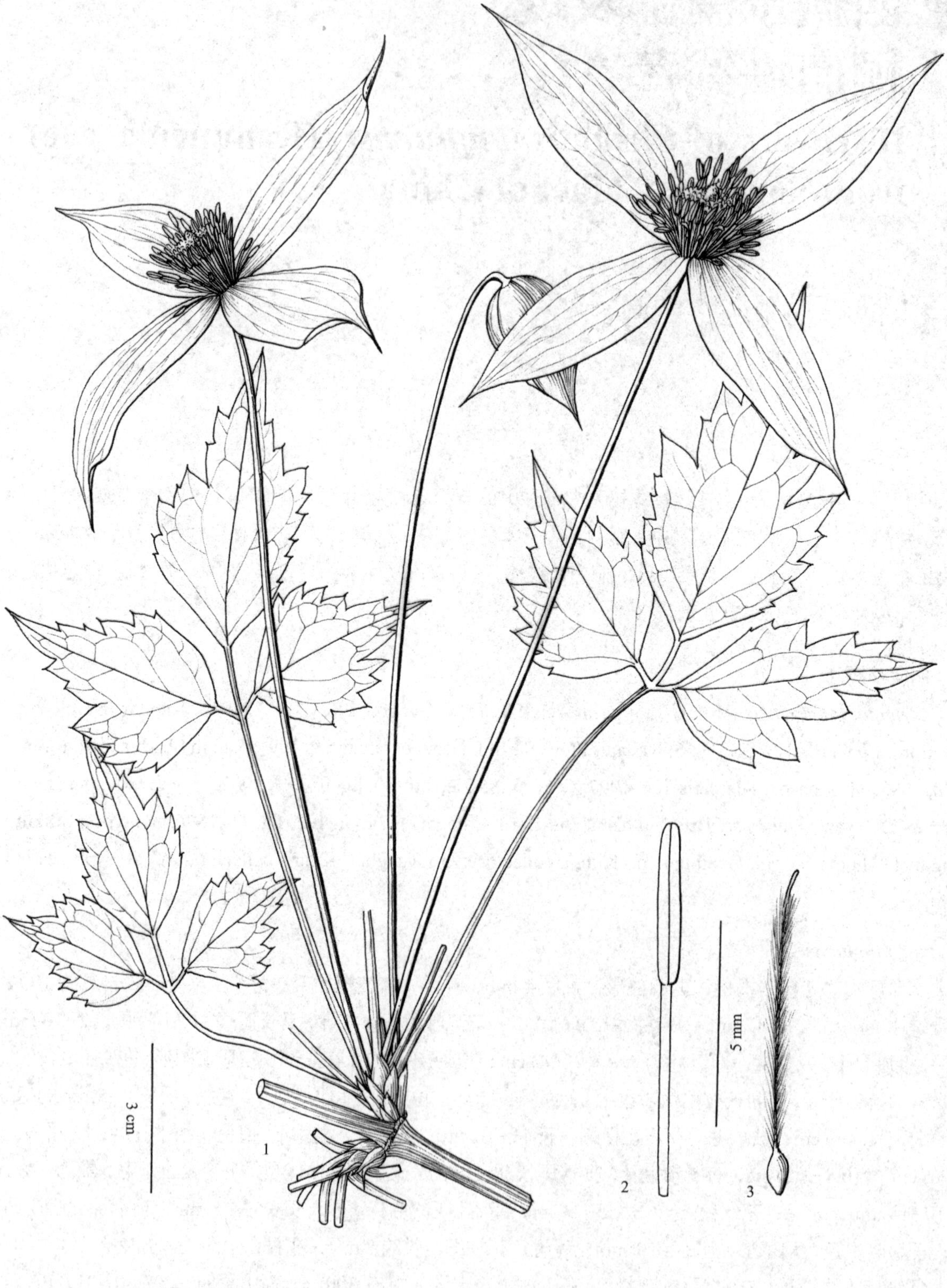

图 1　**桐庐铁线莲**　1. 开花枝条一段；2. 雄蕊；3. 心皮。（据 PE 西藏考察队 9903）

Fig. 1　***Clematis tongluensis***　1. Part of flowering branch; 2. Stamen; 3. Carpel. (From PE Xizang Exped. 9903)

桐庐铁线莲隶属铁线莲属的绣球藤组绣球藤亚组桐庐铁线莲系 (Sect. *Cheiropsis* DC. Subsect. *Montanae* Schneid. Ser. *Tongluenses* W. T. Wang). 绣球藤亚组 (Subsect. *Montanae*) 特征：木质藤本；叶为三出复叶，边缘通常有牙齿；花具 4 枚水平开展的萼片。有 12 种，分布于喜马拉雅山区，向东经过我国秦岭以南亚热带地区到达台湾省，多数种分布于我国西南部和喜马拉雅山区东部。根据萼片的形状，此亚组又被划分为 2 系，即系 1. 绣球藤系 [Ser. *Montanae* (Schneid.) Rehd. & Wils] 的萼片倒卵形，顶端圆形或圆钝；有 6 种，其中：4 种特产我国西南部；1 种为广布种，即绣球藤（*C. montana*），萼片表面无毛，背面被贴伏柔毛，广布自喜马拉雅东至我国台湾省；1 种，深裂铁线莲（*C. tripartita* W. T. Wang），分布于中国西藏南部和尼泊尔。系 2. 桐庐铁线莲系（Ser. *Tongluenses*）的萼片长圆形，顶端渐尖；也有 6 种，其中 3 种分别特产于印度北部或印度东北部和缅甸，其一变种，桐庐铁线莲模式变种（*Clematis tongluensis* var. *tongluensis*）（特征是萼片表面被伏毛，而此系其他 5 种，萼片表面无毛；此模式变种的萼片背面无毛）分布最广，原知分布于尼泊尔东部、不丹、印度北部和孟加拉，现在西藏东南部米林县被发现；其另一变种，软萼铁线莲 (*C. tongluensis* var. *mollisepala* W. T. Wang)（萼片背面密被贴伏短柔毛），特产于我国西藏米林县之西的朗县；另外 2 种，糙毛铁线莲 [*C. laxistrigosa* (W. T. Wang & M. C. Chang) W. T. Wang] 特产于四川西南部，以及文山铁线莲（*C. wenshanensis* W. T. Wang）特产云南东南部的文山县（Wang，2002）。

参考文献

WANG W T, 2002. A revision of *Clematis* sect. *Cheiropsis* (Ranunculaceae) [J]. Acta Phytotax. Sin., 40(3): 193−241.

新疆翠雀花属三新种

Three new species of *Delphinium* L. (Ranunculaceae) from Xinjiang

王文采　杨宗宗

布尔津翠雀花　图 1

Delphinium buerjinense W. T. Wang & Z. Z. Yang, sp. nov. Fig. 1

(Sect. *Elatopsis* Huth subsect. *Elata* W. T. Wang)

Ob racemos floribus 10−20 densissimis praeditos species nova haec est similis *Delphinium gongliuensi* W. T. Wang, a quo caulibus puberulis, foliorum laminis prope basin 3-partitis, racemis simplicibus, bracteolis anguste linearibus apice haud apiculatis, carpellis glabris praeclare differt. In *D. gongliuensi*, caules hirtelli, foliorum laminae leviter ultra medium 3-partitae, racemi compositi, bracteolae lineares apice longe apiculatae, et carpellorum ovaria puberula sunt.

Perennial herbs, 29−40 cm tall. Stems simple, puberulous, above base 4−5 mm across. Basal leaves 1−2; blades papery, pentagonal, 3 cm × (4.5−6) cm, at base depply cordate, 3-parted to near base, central primary lobe obovate-rhombic, 3-lobed, with secondary lobes 1−2-lobulate, lateral primary lobes flabellate, unequally 3-parted, on both surfaces sparsely puberulous and mixed with glandular hairs; petioles 5−6 cm long. Cauline leaves similar to basal leaves, but larger, (4−6) cm × (9−10) cm, with central lobes rhombic or narrowly rhombic, and with petioles 2−7 cm long. Raceme terminal, 4−8 cm long, very densely 10−20-flowered; bracts linear, ca. 1 cm long; pedicels 0.3−1 cm long, with rachis and bracteoles densely puberulous and mixed with glandular hairs, above with narrow-linear bracteoles 5−7 mm long. Flower: Sepals blue-purple, adaxially glabrous, abaxially puberulous and mixed with short glandular hairs, limb of upper sepal narrow-ovate, 14 mm × 6 mm, spur subulate, 14−15 mm long, lateral sepals long elliptic, 15 mm × 6 mm, lower sepals obliquely obovate, 13 mm × 8 mm. Petals 2, black, glabrous. Staminodes 2, black; limbs oblong-elliptic, 6 mm × 3.5 mm, 2-lobed, on the middle densely barbate; claws 6 mm long. Stamens numerous, glabrous; filaments 6 mm long, below narrow-triangular, above filiform; anthers 1.5 mm × 0.8 mm. Carpels 3, glabrous; ovaries 2 mm × 0.8 mm, with inconspicuous netted nerves; styles 1.1−1.5 mm long.

新疆 (Xinjiang): 布尔津县，喀纳斯湖 (Buerjin Xian, Kanas Lake), alt. 1 820 m，山坡草地，萼片蓝紫色，有腺毛 (in grassy place on slope, sepals blue-purple, with glandular hairs), 2020-07-06, 杨宗宗 (Yang Zong-zong) 3191 (holotype, PE; isotype, Yang's Herbarium)；同地 (same locality), alt. 1 820 m, 山坡草地，萼片近紫色 (in grassy place on slope, sepals subpurple), 2020-07-06，杨宗宗 3190 (paratype, Yang's Herbarium)。

原文刊登于《广西植物》41(3): 327−333, 2021。
致谢：翠雀花属的上萼片由瓣片 (limb) 和距 (spur) 组成，但在本文第一作者编写的我国翠雀花属分类学著作 (王文采, 1962, 1979, 2019-2020; Wang & Warnock 2001) 中均将上萼片的瓣片误称上萼片，最近，苏志云教授指出这一错误描述，对他的指正，在此仅表示深切的感谢；深切感谢孙英宝先生为本文绘图，并打印稿件。

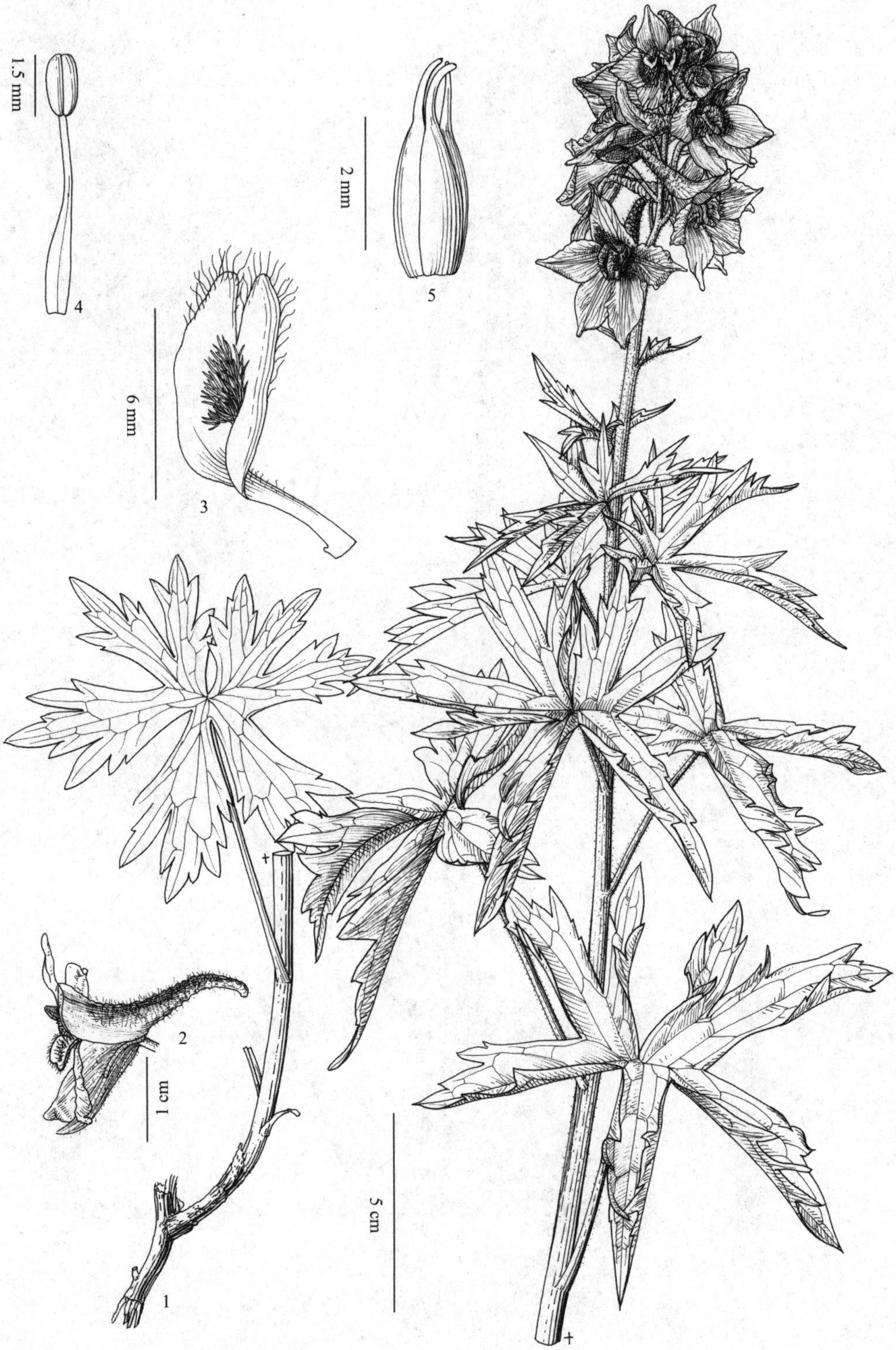

图 1　**布尔津翠雀花**　1. 开花植株；2. 花；3. 退化雄蕊；4. 雄蕊；5. 雌蕊群。（据 holotype；孙英宝绘图）

Fig. 1　***Delphinium buerjinense***　1. Flowering plant; 2. Flower; 3. Staminode; 4. Stamen; 5. Gynoecium. (From holotype; drawn by Y. B. Sun)

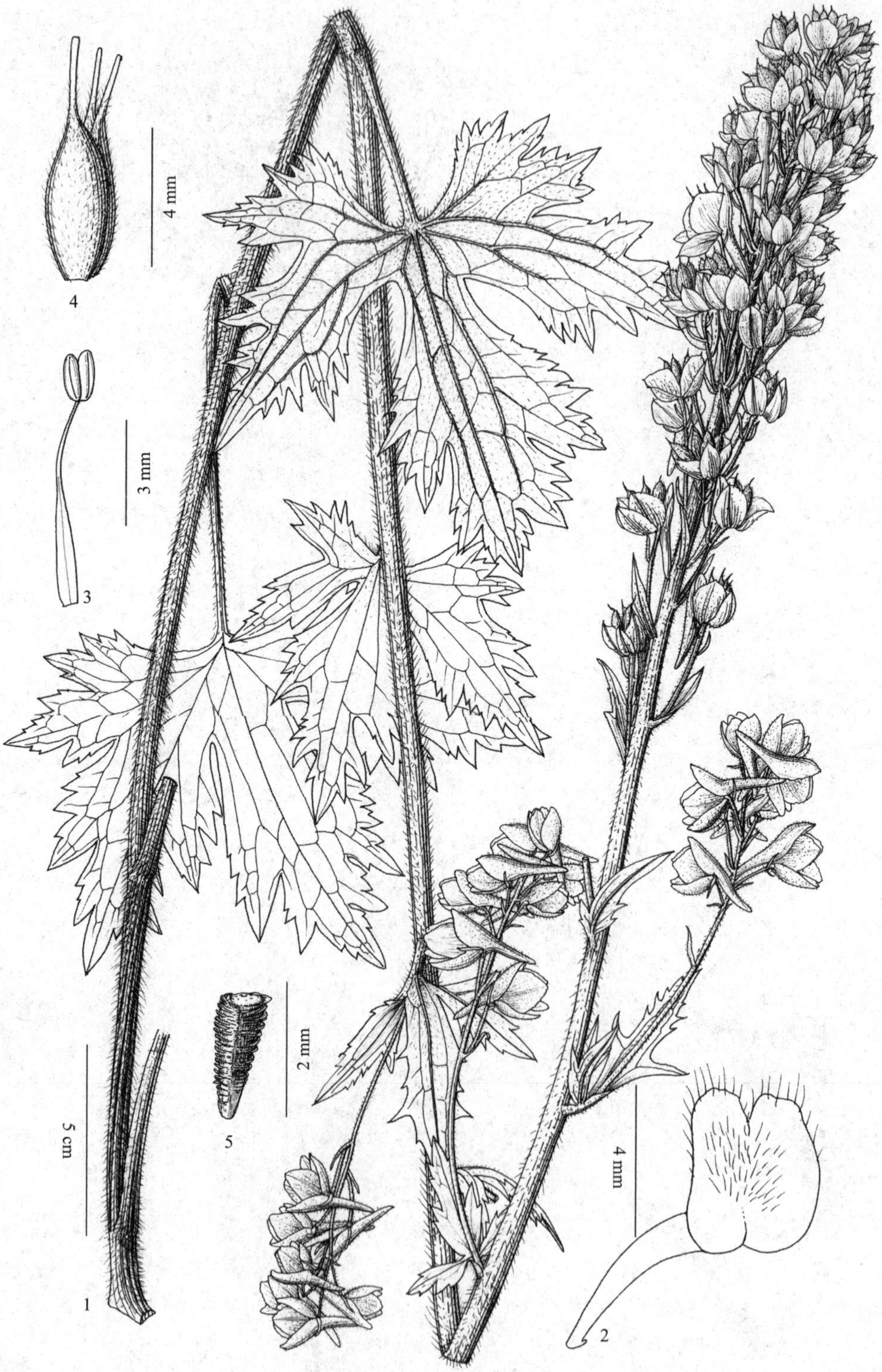

图 2　**尼勒克翠雀花**　1. 开花植株；2. 退化雄蕊；3. 雄蕊；4. 雌蕊群；5. 种子。（据 holotype；孙英宝绘图）

Fig. 2　***Delphinium nilekeense***　1. Flowering plant; 2. Staminode; 3. Stamen; 4. Gynoecium; 5. Seed. (From holotype; drawn by Y. B. Sun)

此种的总状花序有10–20朵极为密集的花，因此与也具此特征的巩留翠雀花（*Delphinium gongliuense* W. T. Wang & Z. Z. Yang）相似，与后者的区别在于此种的茎被短柔毛，叶片3深裂达近基部，总状花序简单，小苞片狭条形，顶端不具细尖头，心皮无毛。在巩留翠雀花，茎被微硬毛，叶片3深裂稍超过中部，总状花序复杂，小苞片条形，顶端具长细尖头，心皮子房被短柔毛（王文采和杨宗宗，2020）。

尼勒克翠雀花　图2

Delphinium nilekeense W. T. Wang & Z. Z. Yang, sp. nov. Fig. 2

(Sect. *Elatopsis* Huth subsect. *Elata* W. T. Wang)

Ob foliorum laminarum forma, staminodii limbum nigrum subquadratum 4 mm longum apice 2-lobulatum species nova haec est affinis *Delphinium iliensi* Huth, a quo caulibus dense hispidis, racemis compositis, pedicellis dense puberulis, sepalis persistentibus, carpellorum ovariis dense puberulis, seminibus dense transversaliter anguste lamellatis distinguitur. In *D. iliense*, caules sparse hispidi, racemi simplices, pedicelli glabri, carpellorum ovaria subglabra, semina tantum ad angulos anguste alata sunt.

Perennial herbs, 90–108 cm tall. Stems simple, above base 6–10 mm across, densely spreading-hispid. Basal leaves 1–2, long petiolate; blades papery, pentagonal, ca. 9 cm × 15 cm 3-parted to 2 cm above base, central primary lobe rhombic, 4.5 cm broad, secondary lobes with few triangular lobules and acute teeth, lateral primary lobes obliquely flabellate, ca. 9 cm broad, unequally 2-cleft; surfaces adaxially and abaxially appressed-puberulous and mixed with glandular hairs; petioles 15–24 cm long. Lower cauline leaves similar to basal ones, and upper cauline leaves smaller and shortly petiolate. Compound raceme terminal, 24–38 cm long, terminal raceme 14–20 cm long, 14–28-flowered, lateral racemes 3–4, 7–10 cm long, densely 6–10-flowered; lower bracts similar to upper cauline leaves, upper bracts smaller, 3-sect, with entire narrow-lanceolate segments; pedicels 0.4–2.8 cm long, with rachis and bracteoles densely puberulous and mixed with yellow glandular hairs, above or near apex with linear bracteoles 4–6 mm long. Flower: Sepals blue-purple, persistent, adaxially glabrous, abaxially densely appressed- puberulous and mixed with glandular hairs, limb of upper sepal broad-ovate, ca. (11–12) mm × 8.5 mm, spur subulate, 11–12 mm long, lateral sepals orbicular-ovate, ca. 13 mm × 9 mm, lower sepals broad-elliptic, ca. 12 mm × 7.5 mm. Petals 2, black, glabrous. Staminodes 2; limbs black, subquadrate, ca. 4 mm × 3.5 mm, on apex 2-lobulate, on the middle densely barbate, on above margin long ciliate; claws whitish, ca. 5 mm long. Stamens numerous, glabrous; filaments 7 mm long, below narrow-triangular, above filiform; anthers ca. 1.2 mm × 1 mm. Carpels 3; ovaries ellipsoidal, 4 mm × 2 mm, densely puberulous; styles 2.5 mm long, glabrous. Follicles narrow-ovoid, ca. 11 mm × 4 mm, densely puberulous; persistent styles 3 mm long, glabrous. Seeds black, inconspicuously cuneate- tetrahedral, 2 mm long, densely trangsversely narrow-lamellate.

新疆 (Xinjiang)：尼勒克县，独库公路，乔尔玛 (Nileke Xian, Du-Ku high-way, Qiaoerma), alt. 2 420 m，山坡草地，萼片蓝紫色，宿存，有黄色腺毛 (in grassy place on slope, sepals blue-purple, persistent, with yellow glandular hairs), 2019-08-07，杨宗宗 (Yang Zong-zong) 2531 (holotype, PE; isotype, Yang's Herbarium)；同地 (same locality), alt. 2 380 m，山坡，萼片蓝紫色，混生腺毛 (on slope, sepals blue-purple, mixed with glandular hairs). 2019-08-07，杨宗宗 2538(paratype, Yang's Herbarium)。

此种的叶片五角形，3 深裂，退化雄蕊瓣片黑色，近方形，顶端 2 微裂，因此与也具上述特征的伊犁翠雀花 (*D. iliense* Huth) 在亲缘关系上相近；与后者的区别在于此种的茎密被糙硬毛，总状花序复杂，花梗密被短柔毛，萼片宿存，心皮子房也密被短柔毛，种子具横向密集的狭片。在伊犁翠雀花，茎疏被糙硬毛，总状花序简单，花梗无毛，萼片脱落，心皮子房近无毛，种子只沿棱有狭翅（王文采，2019-2020）。

哈巴河翠雀花　图 3

Delphinium habaheense W. T. Wang & Z. Z. Yang, sp. nov. Fig. 3.

(Sect. *Delphinastrum* DC. subsect. *Pogonantha* W. T. Wang)

Ob foliorum laminas 3-partitas, pedicellos pilis flavis glandulosis obtectos prope vel ad apicem 2-bracteolatos, bracteolas anguste lineares, petala et staminodia caerulea, gynoecium ex carpellis tribus constans species nova haec est affinis *D. umbroso* Hand.-Mazz., a quo racemis compositis, calcari sepalino limbo sepali superi levissime longiore, staminodiorum limbis apice 2-lobatis, carpellis glabris differt. In *D. umbroso*, racemi simplices, calcar sepalinum limbo sepali superi multo longius, staminodiorum limbi apice ad dimidium 2-fidi, carpellorum ovaria pilis brevibus praedita sunt.

Perennial herbs ca. 100 cm tall. Stems simple, below glabrous, above with very sparse short hairs. Basal leaf small; blade broad-ovate, ca. 2.5 cm × 2.8 cm, 3-parted; petiole 6 cm long. Lower cauline leaves long petiolate; blades papery, pentagonal, (6.5−7) cm × (11−13) cm, at base deeply cordate, 3-parted to 1 cm above base, central primary lobe broad-rhombic, ca. 4.4 cm broad, 3-lobed, secondary lobes with lobules narrow-ovate or linear-lanceolate and at apex mostly slightly obtuse, lateral primary lobes larger, flabellate, ca. 9 cm broad, unequally 3- or 2-parted, with upper secondary lobes similar to central primary lobe, other secondary lobes smaller, on both surfaces puberulous and mixed with glandular hairs; petioles ca. 13 cm long. Upper cauline leaves similar to lower ones, but smaller, and with lobules linear-lanceolate at apex long attenuate. Compoud racemes terminal, 18−40 cm long, terminal racemes 12−17 cm long, densely 30−60-flowered, lateral racemes 2−4, ca. 5 cm long, 7−10-flowered; bracts similar to upper cauline leaves; pedicels 3−10 mm long, with rachis densely appressed-puberulous and mixed with dense yellow glandular hairs, near or on apex with narrow-linear bracteoles 4−8 mm long. Flower: Sepals blue-purple, adaxially glabrous, abaxially puberulous and mixed with dense short glandular hairs, limb of upper sepal broad-ovat, (10−13) mm × 10 mm, spur subulate, 11−14 mm long, lateral sepals obovate, 14 mm × 8 mm, lower sepals also obovate, 12 mm × 7 mm. Petals 2, yellowish, glabrous. Staminodes 2, blue (sometimes blue-white); limbs subelliptic, ca. 7 mm × 3.8 mm, at apex 2-lobed, above base densely barbate, on above margin ciliate; claws as long as limbs. Stamens numerous; filiments 6 mm long, with a few short hairs, below narrow-triangular, above filiform; anthers broad-oblong, 0.8 mm × 0.4 mm, glabrous. Carpels 3, glabrous; ovaries ovate-oblong, 2.5−0.8 mm; styles 1.2−1.4 mm long.

新疆 (Xinjiang)：哈巴河县，哈龙沟 (Habahe Xian, Halonggou), alt. 1 530 m，灌丛草地，叶绿色，有腺毛，萼片蓝紫色，密被腺毛 (on bush-meadow, leaves green, with glandular hairs, sepals blue-purple, with dense glandular hairs), 2020-06-09，杨宗宗，刘爱民 (Yang Zong-zong & Liu Ai-min) 2977 (holotype, PE);

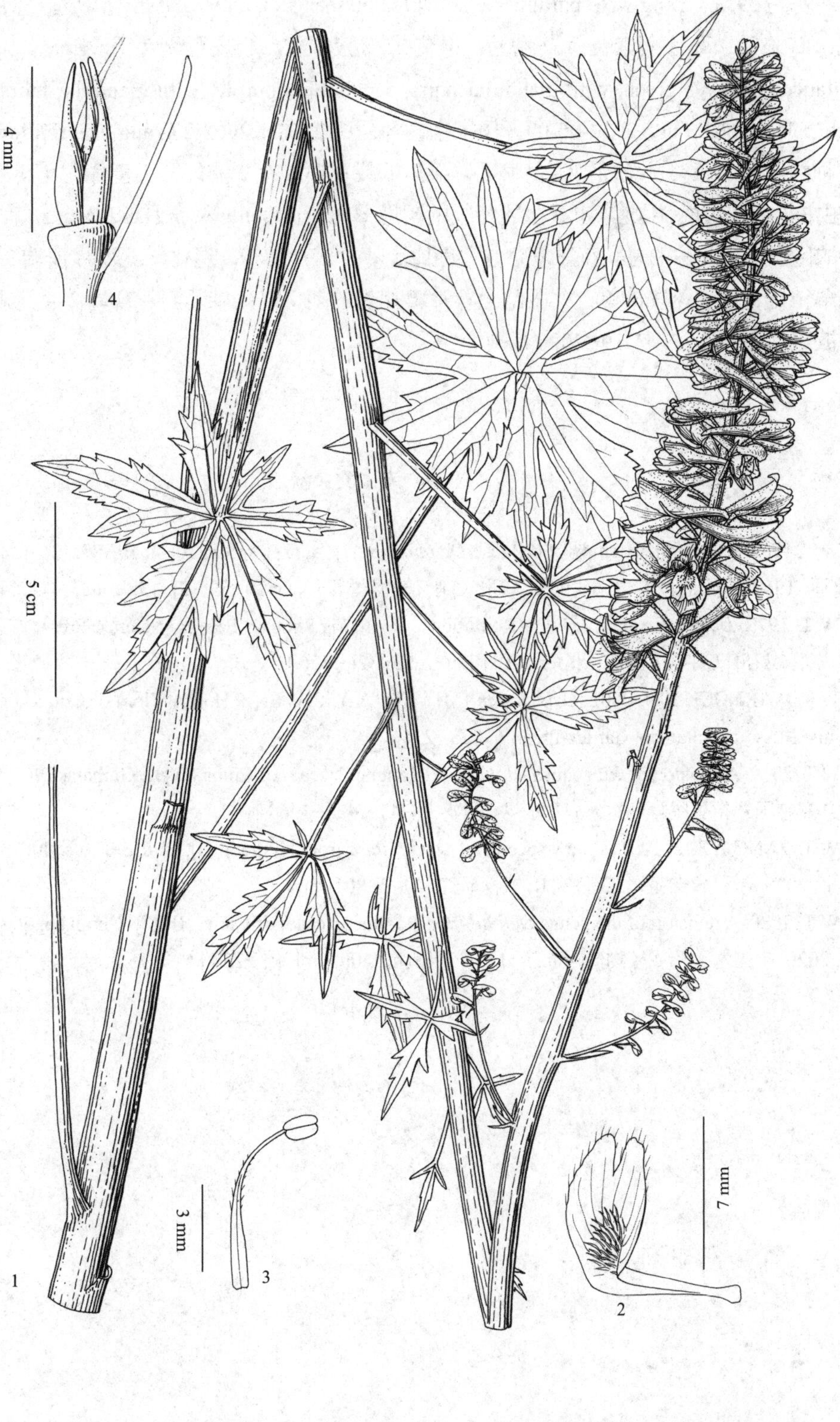

图 3　**哈巴河翠雀花**　1. 开花植株；2. 退化雄蕊；3. 雄蕊；4. 小苞片和雌蕊群。（据 holotype；孙英宝绘图）

Fig. 3　**Delphinium habaheense**　1. Flowering plant; 2. Staminode; 3. Stamen; 4. Bracteoles and gynoecium. (From holotype; drawn by Y. B. Sun)

同地 (same locality), alt. 1 530 m，灌丛草地，叶绿色，有腺毛，萼片蓝紫色，密被腺毛，2020-06-09，杨宗宗，刘爱民 2973（Yang's Herbarium）；同地 (same locality), alt. 1 550 m，山坡草地，茎上部有白霜，叶绿色，有腺毛，萼片蓝紫色，有腺毛，退化雄蕊蓝白色，心皮近无毛 (in grassy place on slope, stem above glaucous, leaves green, with glandular hairs, sepals blue-purple, with glandular hairs, staminodes blue-white, carpels sugblabrous), 2020-06-09，杨宗宗，刘爱民 2962-1,2962-2 (Yang's Herbarium)。

此种的叶片 3 深裂，花梗被黄色腺毛，近顶端或在顶端有 2 狭条形小苞片，花瓣和退化雄蕊蓝色，雌蕊群由 3 枚心皮组成，因此与也具上述特征的阴地翠雀花 (*D. unbrosum* Hand.-Mazz.) 有相近的亲缘关系；与后者的区别在于此种的总状花序复杂，萼距比上萼片瓣片稍长，退化雄蕊瓣片顶端 2 浅裂，心皮无毛。在阴地翠雀花，总状花序简单，萼距比上萼片瓣片长的多，退化雄蕊瓣片顶端 2 裂达瓣片的一半，心皮的子房被短毛（王文采，2019−2020）。

参 考 文 献

WANG W T, 1962. A preliminary study of Chinese *Delphinium* [J]. Acta Bot. Sin, 10(1): 59−89; (2): 138−165; (3): 264−284. [王文采, 1962. 中国毛茛科翠雀属的初步研究 [J]. 植物学报, 10(1): 39−89; (2): 138−165; (3): 264−284.]

WANG W T, 1979. *Delphinium* [M] // Flora Reipublicae Popularis Sinicae. Beijing: Science Press, 27: 326−462. [王文采, 1979. 翠雀属 [M] // 中国植物志. 北京: 科学出版社, 27: 326−426.]

WANG W T, WARNOCK M J, 2001. *Delphinium* [M] // WU Z Y, RAVEN P H, eds. Flora of China. Beijing: Science Press; st. Louis: Missouri Botanical Garden Press, 6: 223−274.

WANG W T, 2019. A revision of the genus *Delphinium* (Ranunculaceae) of China (I) [J]. Guihaia, 39(11): 1452−1469. [王文采, 2019. 中国翠雀花属修订 (一) [J]. 广西植物, 39(11): 1425−1469.]

WANG W T, YANG Z Z, 2020. Two new species of *Delphinium* from Xinjiang [J]. Bull Bot Res, 40(6): 801−804. [王文采, 杨宗宗, 2020. 新疆翠雀花属二新种 [J]. 植物研究, 40(6): 801−804.]

WANG W T, 2020. A revision of the genus *Delphinium* (Ranunculaceae) of China (II) [J]. Chuihaia, 40 (Suppl.): 1−254. [王文采, 2020. 中国翠雀花属植物修订 (二) [J]. 广西植物, 40(增刊): 1−254.]

中国银莲花属新分类

A new classification of *Anemone* (Ranunculaceae) of China

《中国植物志》的中国银莲花属（*Anemone* L.）（Wang，1980）收载的53种被划分为8组，即西南银莲花组（Sect. *Anemonanthea*）（12种）、鹅掌草组（Sect. *Stolonifera*）（8种）、草玉梅组（Sect. *Rivularidium*）（2种）、卵叶银莲花组（Sect. *Begoniifolia*）（4种）、打破碗花花组（Sect. *Anemone*）（8种）、钝裂银莲花组（Sect. *Himalayicae*）（9种）、银莲花组（Sect. *Omalocarpus*）（9种）和二歧银莲花组（Sect. *Anemonidium*）（1种）。当时，我只认识到具扁平瘦果的2组银莲花组（Sect. *Omalocarpus*）和二歧银莲花组（Sect. *Anemonidium*）是此属的进化群，将此2组放在分类系统中的最后位置。后来，我看到日本植物学家M. Tamura（田村道夫）教授的此属分类系统将心皮和瘦果数目多、密被长绵毛的打破碗花花组（Sect. *Anemone*）放在其系统的最后位置（Tamura，1995），我赞同他的处理。此外，在研究了此属植物花的构造后，我还认识到鹅掌草组（Sect. *Stolonifera*）[心皮花柱极短或不存在，柱头发育，呈球形、卵球形等形状，花粉具4–10沟（Xi & Chang，1964）]和卵叶银莲花组（Sect. *Begoniifolia*）[心皮具短花柱和相当发育的椭圆体形柱头，瘦果具4条纵肋，卵叶银莲花（*A. begoniifolia*）的花粉具13–18个散孔（Xi & Chang，1964；Zhang et al.，2015）]2组均具明显进化特征，也是此属的进化群。Hoot et al.（1994）一方面认为卵叶银莲花（*A. begoniifolia*）和*A. glaucifolia*应放在分布于非洲的*A. caffra*群中；另一方面又认为在瘦果形态上则与草玉梅（*A. rivularis*）群极为相似。而Tamura（1995）却将卵叶银莲花组（Sect. *Begoniifolia*）放在Subgen. *Omalocarpus*中的钝裂银莲花组（Sect. *Himalayica*）和银莲花组（Sect. *Omalocarpus*）2组之前。其他3组，即草玉梅组（Sect. *Rivularidium*）、西南银莲花组（Sect. *Anemonanthea*）、钝裂银莲花组（Sect. *Himalayicae*）则均比上述5组原始，它们既有一些原始特征，又有一些进化特征。Tamura (1995) 认为草玉梅组（Sect. *Rivularidium*）无特化特征，是银莲花属的原始群，并且将此组放在其银莲花属分类系统的首位；Tamura的观点得到Ehrendorfer & Samuel (2001) 分子系统学研究的赞同。此组的总苞苞片具柄，心皮的柱头不明显，这些的确均是原始特征，但此组的心皮的花柱较长，并钩状弯曲，到果期变硬，可能是适应动物传播果实的结果。此外，小花草玉梅（*Anemone barbulata*）和草玉梅（*A. rivularis*）的花粉均具12条散沟，是高度进化现象（Xi & Chang，1964）。另一组，西南银莲花组（Sect. *Anemonanthea*），此组的总苞苞片具柄，心皮的花柱通常比子房稍短，直或稍弯曲，这些都是原始特征，在此组多数种中，心皮具明显柱头，则是进化的特征。关于钝裂银莲花组（Sect. *Himalayicae*），此组雄蕊花丝条形，心皮的花柱比子房稍短、直，柱头通常不明显，这些均是原始特征，但此组的总苞苞片的柄完全消失，显示出高度的退化现象，其染色体基数x=7也是一次生现象。此外，关于短柱银莲花（*A. brevistyla*），此种的心皮构造与上述钝裂银莲花组（Sect. *Himalayicae*）的心皮十分相似，花柱直，比子房稍短，柱头不明显，其植株体态（habit）和雄蕊花丝丝形以及花粉具6–7条沟的情况，与鹅掌草组（Sect. *Stolonifera*）相同。在《中国植物志》中，我将此种置于鹅掌草组（Sect. *Stolonifera*）中作为第一个种，认为此种是此组的原始种。但鹅掌草组（Sect.

原文刊登于《广西植物》41(增刊1): 1–118，2021。

致谢：深切感谢傅德志教授提供银莲花属（*Anemone*）全部植物名录；谢磊博士、刘冰博士、韩芳桥先生提供文献；班勤、马欣堂二先生提供标本；孙英宝先生为本文绘图，并录入、打印稿件。

Stolonifera）植物的心皮花柱极短或不存在，柱头极为发育，呈球形、卵球形等形状，这种心皮构造与短柱银莲花（*A. brevistyla*）的心皮构造大相径庭。最近，我发现产自四川贡嘎山的一新种，即贡嘎银莲花（*A. gonggaensis*），其心皮构造与短柱银莲花（*A. brevistyla*）的心皮构造近似，区别在于其心皮花柱顶端具一小但明显的柱头。我根据此 2 种建立一新组，名为短柱银莲花组（Sect. *Brachycladus*），此新组的花构造较原始，但短柱银莲花（*A. brevistyla*）的花粉具 6–7 沟，则是进化的特征 [在银莲花属中，多数种均具三沟花粉（Xi & Chang，1964）]。此外，提到直果银莲花（*A. orthocarpa*）（产自贵州兴义），Handel-Mazzetti 在 1939 年发表此新种时将此种与草玉梅（*A. rivularis*）作比较，但此种心皮的钻形花柱不呈钩状弯曲，其瘦果具 4 条肋，花粉具 6 沟，因此与草玉梅（*A. rivularis*）有明显区别。在《中国植物志》中，我将此种放在心皮无毛，瘦果也具 4 条肋的卵叶银莲花组（Sect. *Begoniifolia*）中，如前所述，卵叶银莲花组（Sect. *Begoniifolia*）的心皮的花柱极短或不存在，柱头较发育，呈椭圆体形，这与直果银莲花（*A. orthocarpa*）的心皮构造（花柱较长，呈钻形，柱头不明显）大不相同。最近，我发现特产贵州兴义的兴义银莲花（*A. xingyiensis*）的心皮具短但明显的花柱，柱头不明显，瘦果具肋，在这些特征方面与直果银莲花（*A. orthocarpa*）相似，于是根据此 2 种建立另一新组，名之为直果银莲花组（Sect. *Pleurocarpus*），此组的心皮形态显示出原始特征，但在具肋瘦果方面则显示出进化特征。目前，中国银莲花属的种数已增至 86 种，在本文中被划分为 10 组，其中草玉梅组（Sect. *Rivularidium*）、西南银莲花组（Sect. *Anemonanthea*）、钝裂银莲花组（Sect. *Himalayicae*）、短柱银莲花组（Sect. *Brachycladus*）和直果银莲花组（Sect. *Pleurocarpus*）5 组既有原始特征，又有进化特征，是具中等演化水平的分类群；其余 5 组，即银莲花组（Sect. *Omalocarpus*）、鹅掌草组（Sect. *Stolonifera*）、卵叶银莲花组（Sect. *Begoniifolia*）、二歧银莲花组（Sect. *Anemonidium*）和打破碗花花组（Sect. *Anomone*）则均是具高度演化水平的分类群。最近，我看到一篇关于银莲花属卵叶银莲花组的分子系统学文章（Zhang et al，2015），该文将瘦果被绵毛，以野棉花（*A. vitifolia*）为代表的 Subsect. *Vitifoliae* 和以岩生银莲花（*A. rupicola*）为代表的 Subsect. *Rupicolae*，以及心皮无毛、花柱短、柱头明显、瘦果具 4 条纵肋的卵叶银莲花组（Sect. *Begoniifolia*）等 3 分类群作为 3 亚组置于心皮无毛、花柱钩状弯曲、瘦果无肋的草玉梅组（Sect. *Rivularidium*）中。这与上述根据心皮和瘦果的形态特征划分组级分类群等的情况大不相同。

银莲花属

Anemone L. Sp. Pl. 528. 1753; DC. Syst. 1: 188. 1817; et Prodr. 1: 16. 1824; Spach, Hist. Nat. Veg. Phan. 7: 242. 1839; Hook. f. & Thoms. Fl. Ind. 19. 1855; Prantl in Bot. Jahrb. 9: 224. 1887; Jancz. in Rev. Gén. 4: 241. 1892; Finet & Gagnep. in Bull. Soc. Bot. France 51: 56. 1904; Ulbr. in Bot. Jahrb. 37: 172. 1905; Juz. in Fl. URSS 7: 236. 1937; W. T. Wang in Fl. Reip. Pop. Sin. 28: 1. 1980; Tamura in Acta Phytotax. Geobot. 12: 178. 1991; et in Hiepko, Nat. Pflanzenfam., Zwei. Aufl. 17aIV: 324. 1995; Ziman et al. in J. Jap. Bot. 83(3): 127. 2008. Lectotype: *A. coronaria* L. (Britton & Brown, 1913; Javis et al., 1993)

多年生草本植物。根状茎通常圆柱形，粗或细，具密集或疏离的节，稀呈块状。茎无叶，为花葶。叶均基生，少数或十数枚，稀不存在，为单叶，掌状分裂，稀不分裂，稀为三出复叶或羽状复叶（此时叶脉仍为掌状）。聚伞花序顶生，不分枝或 1–4 回分枝；总苞苞片 3，稀 2，4 或更多，有柄或无柄。花萼片 (4–) 5–6 (–15–20)，花瓣状，花瓣不存在；雄蕊多数，通常无毛，花丝丝形或条形，花药内向或侧向；心皮少数至多数，子房被柔毛，有时无毛，花柱通常无毛，短或长，有时不存在，柱头不明显或明显，呈球形、卵球形或椭圆形、稀长圆形。瘦果无柄或有柄，不扁，呈卵球形等形状，有时两侧扁，甚至扁平，且在每侧具翅，通常无肋，稀具 1 条或 4 条肋；宿存花柱直或弯曲，或不明显。染色体基数 x=8 或 7。

本属有 170 余种，广布于世界各大洲，但多数种分布于亚洲，尤其是东亚。中国约有 86 种（包括 59 特有种），除在海南省没有分布外，广布于其他各省、区，多数种（约 60 种）分布于西南山区，在甘肃、陕西一带有 10–15 种，在新疆和内蒙古各有 5–6 种，在东北有 13 种，在湖南、湖北各有 5–7 种，向东种数逐渐减少，在华东沿海诸省和台湾地区，各有 1–2（–3）种，在福建只有 1 变种（*A. hupehensis* var. *japonica*）。

本文中，为了节省篇幅，只对刚恢复种级分类群的小花草玉梅（*A. barbulata*）、新提升到种级分类群的条叶银莲花（*A. sino-linearis*）和 12 新种写出形态描述，对其他 71 种（过去发表的种）则未写出形态描述。

Anemone glaucifolia Franch. (Franchet，1886) 的叶羽状分裂，且具羽状脉，以及花的形状和颜色均与罂粟科植物十分相似。其花粉较大，具 12 条散沟和刺状纹饰，是高度特化特征（Xi & Chang，1964）。在银莲花属的羽裂银莲花（*A. subpinnata* W. T. Wang），以及毛茛科其他属如白头翁属的细叶白头翁（*Pulsatilla turczaninovii* Kryl. & Serg.）(Wang，1980)，铁线莲属的钝萼铁线莲（*Clematis peterae* Hand.-Mazz.）（Wang，2003），毛茛属的宽翅毛茛（*Ranunculus platyspermus* Fisch.）（Wang，1995）等诸种的叶均为羽状复叶，但叶脉却是掌状三出脉，不是羽状脉。银莲花属植物的花粉较小，多具 3 沟，只有 3 种 [小花草玉梅（*A. barbulata*）、草玉梅（*A. rivularis*）和 *A. griffithii*] 的花粉具 12 条散沟，但无刺状纹饰 (Xi & Chang，1964)，而与 *A. glaucifolia* 的花粉不同。由于 *A. glaucifolia* 具有上述诸特化形态特征，显示出与银莲花属存在重要区别，因此我将 Franchet 根据 *A. glaucifolia* 建立的单种组 Sect. *Anemoclema* (Franchet，1886) 提升为属级群，即罂粟莲花属 [*Anemoclema* (Franch.) W. T. Wang]。此属可能是在从毛茛科演化出罂粟科的漫长地质历史时期中出现的一个分类群。此单种属包含的植物即为罂粟莲花 [*Anemoclema glaucifolium* (Franch.) W. T. Wang] (Wang，1980)。如前所述，Hoot et al. (1994) 认为 *A. glaucifolia* 和 *A. begoniifolia* 与分布于非洲的 *A. caffra* 群的植物在亲缘关系上极为相近。最近，我还看到一篇关于银莲花族（Trib. *Anemoneae*）的分子系统学文章（Liu et al.，2018)，在此文的树系图中，*Anemoclema glaucifolium* 不是与银莲花属（*Anemone*）植物在同一演化分枝上相聚集，而是与铁线莲属（*Clematis*）和锡兰莲属（*Naravelia*）2 属植物在同一分枝上聚在一起；而银莲花属（*Anemone*）植物则与獐耳细辛属（*Hepatica*）植物和白头翁属（*Pulsatilla*）植物分别在另外 2 分枝上相聚集。根据上述，本文认为 *Anemoclema* 是隶属铁线莲亚族（Subtrid. *Clematidinae*）的一个成员。

中国银莲花属有 20 余种可供药用，如鹅掌草（*Anemone flaccida*）具有镇痛、抗炎、抗动脉粥样硬化和抗肿瘤作用；多被银莲花（*A. raddeana*）具有镇静、抗菌、抗肿瘤和抗氧化作用；西南银莲花（*A. davidii*）具有抗菌和抗肿瘤作用；这些植物的活性成分为皂苷类化合物（Xie et al.，2016）。银莲花属多数植物有美丽的花，可供观赏，像秋牡丹（*A. hupehensis* var. *japonica*）在中国长江流域及以南的省、区广泛栽培，供观赏，其他种类如打破碗花花（*A. hupehensis*）、大火草（*A. tomentosa*）、草玉梅（*A. rivularis*）、卵叶银莲花（*A. begoniifolia*）、多被银莲花（*A. raddeana*）、展毛银莲花（*A. demissa*）等均具美丽的花，都值得引种栽培。

区分组、系、种和种下分类群检索表

1. 心皮和瘦果数枚或 10–40 枚，多达 80 枚，无毛，被柔毛或微硬毛。
  2. 总苞苞片具柄；雄蕊花丝丝形。
    3. 心皮无毛，稀子房有毛，具较长钩状花柱，柱头不明显；叶片 3 全裂 ………………………………………………………………………………… 组 1. **草玉梅组** Sect. **Rivularidium**
      4. 叶全裂片不细裂，末回裂片卵形或三角形；总苞苞片 3(–4)；萼片 5–8(–10–20)。
        5. 心皮无毛；叶片心状五角形。
          6. 萼片 5，[5.5–8(–9)] mm × (2.5–4) mm ………………………… 1. **小花草玉梅 Anemone barbulata**
          6. 萼片 (6–)7–20，(9–14) mm × (5–10) mm ……………………………………… 2. **草玉梅 A. rivularis**
            7. 萼片白色或黄色，(6–)7–8(–10–12) ………………………………………… 2a. 模式变种 var. **rivularis**
              8. 萼片白色 …………………………………………………………………… 2ai. 模式变型 f. **rivularis**
              8. 萼片黄色 …………………………………………………………………… 2aii. **黄花草玉梅** f. **lutea**
            7. 萼片淡红色，14–20 ……………………………………………………… 2b. **大理草玉梅** var. **daliensis**
        5. 子房被柔毛；叶片卵形 ………………………………………………………… 3. **九龙银莲花 A. jiulongensis**
      4. 叶全裂片 2–4 回高度细裂，末回裂片狭条状披针形或狭条形，宽 0.8–1 mm；总苞苞片 2；萼片 4 ……………………………………………………………………………………………… 4. **细裂银莲花 A. filisecta**
    3. 心皮被柔毛，稀无毛，花柱较短，直或稍弯曲，柱头明显，稀不明显；基生叶多为单叶，具 3 全裂叶片，只在 2 种为三出复叶 ……………………………………… 组 2. **西南银莲花组** Sect. **Anemonanthea**
      9. 萼片水平开展，稀向上开展，倒卵形、椭圆形、狭长圆形或条形 ……………………………………………………………………………………………… 系 1. **西南银莲花系** Ser. **Hylalectron**
        10. 基生叶和总苞苞片均为单叶（在 *A. stolonifera*，基生叶有时为三出复叶）。
          11. 心皮无毛；萼片 5。
            12. 基生叶叶片宽达 18 cm；聚伞花序具 1–3 花；心皮 45–70 …………… 5. **西南银莲花 A. davidii**
            12. 基生叶叶片宽为 4.5–6.5 cm；聚伞花序具 1 花。
              13. 基生叶叶片约 6.5 cm × 6.5 cm；心皮 14 ……………………… 6. **糙叶银莲花 A. scabriuscula**
              13. 基生叶叶片 2 cm × 4.5 cm；心皮 70 ……………………… 7. **柏枝山银莲花 A. baizhishanica**
          11. 心皮具被毛子房和无毛花柱。
            14. 萼片 5。
              15. 总苞苞片 3 深裂；柱头明显 ……………………………………………… 9. **小银莲花 A. exigua**
                16. 萼片白色；心皮 5–10 ……………………………………………………… 9a. 模式变种 var. **exigua**
                16. 萼片黄色；心皮 10–20 ……………………………………… 9b. **山西银莲花** var. **shanxiensis**
              15. 总苞苞片 3 全裂；柱头不明显。
                17. 聚伞花序具 2 花；总苞苞片中央全裂片 3 深裂；基生叶叶片 3 全裂，有时三出状分裂 ……………………………………………………………………………… 8. **匐枝银莲花 A. stolonifera**
                17. 聚伞花序具 1 花；总苞苞片中央全裂片 3 浅裂或不分裂；基生叶叶片 3 全裂。
                  18. 总苞苞片中央全裂片倒卵形，不分裂；花柱比子房长 ………… 10. **乌德银莲花 A. udensis**
                  18. 总苞苞片中央全裂片菱形，3 浅裂；花柱比子房稍短 ……… 11. **阴地银莲花 A. umbrosa**

14. 萼片 6−9 (−10−15)。

19. 植株高 2.5−10 cm；萼片 6，(4−4.5) mm × (1−1.5) mm；雄蕊 9，长 0.8−2 mm ………………………………………………………………… 12. **狭萼银莲花 A. stenosepala**

19. 植株高 10−30 cm；萼片 6−9(−15)，(12−20) mm × (2.2−7) mm；雄蕊多数，长 4−8 mm。

20. 总苞苞片中央全裂片狭倒卵形或近长圆形，顶端具齿或微裂；萼片 9−15 ………………………………………………………………… 15. **多被银莲花 A. raddeana**

21. 叶柄无毛或近无毛；总苞苞片中央全裂片顶端有 3 小齿或 3 小裂片 ………………………………………………………………… 15a. 模式变种 var. **raddeana**

21. 叶柄被长柔毛；总苞苞片中央全裂片顶端有较多小齿或较多小裂片 ………………………………………………………………… 15b. **龙王山银莲花** var. **lacerata**

20. 总苞苞片中央全裂片菱形，近中部 3 浅裂。

22. 苞片柄扁平，有狭翅；萼片 5−7(−10) ……………… 13. **黑水银莲花 A. amurensis**

22. 苞片无翅；萼片 8−9(−15) ……………………………… 14. **阿尔泰银莲花 A. altaica**

10. 基生叶和总苞苞片均为三出复叶 (在粗柱银莲花，基生叶叶片尚不了解)；萼片 5；心皮无毛。

23. 聚伞花序简单，长约 10 cm，具 1−2 花；萼片白色；心皮具卵球形子房，直而短的花柱，在花柱顶端有 1 小柱头 ……………………………………………… 16. **三出银莲花 A. griffithii**

23. 聚伞花序复杂，长约 30 cm，2−3 回分枝，约有 10 花；萼片紫红色；心皮具 1 斜倒卵球形子房，和 1 粗壮花柱，后者从基部以直角向下弯曲，伏在子房顶部，柱头不明显 ………………………………………………………………… 17. **粗柱银莲花 A. robustostylosa**

9. 萼片 5 或 7，反折，条形，具 1 脉 ……………………… 系 2. **反萼银莲花系** Ser. **Reflexae**

18. **反萼银莲花 A. reflexa**

2. 总苞苞片无柄。

24. 雄蕊花丝条形。

25. 心皮具被毛子房，稀无毛，具通常稍短于子房的直花柱，柱头不明显；瘦果卵球形，稀扁，但不扁平，不具翅 ……………………………………… 组 3. **钝裂银莲花组** Sect. **Himalayicae**

26. 基生叶具长柄；叶片在基部心形、近心形、近截形或圆形。

27. 瘦果卵球形，不扁，或稍扁，但不具肋 ……………… 系 1. **钝裂银莲花系** Ser. **Obtusilobae**

28. 基生叶为单叶。

29. 叶片 3 全裂或 3 深裂。

30. 叶片 3 全裂。

31. 心皮花柱钩状弯曲。

32. 叶片 2 回三全裂；萼片 5（−7），白色；心皮 40−80 ……… 22. **多果银莲花 A. polycarpa**

32. 叶片 1 回三全裂；萼片 5；心皮 9−16。

33. 植株高 4−6 cm; 叶片背面无毛；萼片白色；心皮有毛 …… 23. **波密银莲花 A. bomiensis**

33. 植株高 3.5−17 cm；叶片背面有疏毛；萼片紫色或蓝色；心皮无毛 ………………………………………………………………… 24. **米林银莲花 A. milinensis**

31. 心皮花柱直。

34. 叶片心状五角形或肾形，中央全裂片与侧全裂片近等大或稍大；聚伞花序具 1 花。

35. 叶片基部心形，但在花梗顶端处突然变为楔形 ……………… 21. **天全银莲花 A. patula**

36. 植株高 10–25 cm；叶片宽 1.4–3.7 cm；萼片 5（–6），长 8–12 mm ……………………………………………………………………………………… 21a. 模式变种 var. **patula**

36. 植株高 8–12 cm; 叶片宽 1.1–1.6 cm；萼片 5，长 3.5–5.5 mm ……………………………………………………………………………… 21b. **鸡足叶银莲花** var. **minor**

35. 叶片基部心形，在花梗顶端不呈楔形。

37. 聚伞花序具 1–3 花。

38. 植株高 12–15 cm；聚伞花序具 1–3 花，具长 0.5–3 cm 的花梗；萼片 5，无毛；心皮 9–15，子房密被柔毛，花柱顶端有长 0.5 mm 的明显柱头 ………………………………………………………………… 27. **嘎隆拉山银莲花 A. galonglashanica**

38. 植株高 5 cm；聚伞花序具 3 花，花梗长 8 mm；萼片 4–5，两面均有疏毛；心皮 15，无毛，柱头不明显 ……………………………… 28. **短蕊银莲花 A. brachystema**

37. 聚伞花序具 1(–2) 花；柱头不明显。

39. 总苞苞片 3 深裂 ……………………………………… 19. **钝裂银莲花 A. obtusiloba**

40. 叶柄长达 12 cm；萼片 5(–8)，白色，蓝色或黄色，背面有疏毛，心皮约 8 ……………………………………………………………………… 19a. 模式变种 var. **obtusiloba**

40. 叶柄长达 29 cm；萼片 5，白色或紫色，无毛；心皮 14–20 ……………………………………………………………… 19b. **长柄钝裂银莲花** ssp. **dolichopoda**

39. 总苞苞片 3 半裂、3 浅裂或不分裂。

41. 萼片 5(–7) 或 5，白色。

42. 心皮无毛；植株高 10 cm 以下，萼片 5 ……………………………………………………………… 19aii. **光房银莲花 A. obtusiloba** var. **leiovaria**

42. 子房被柔毛；植株高 14 cm 或超过 14 cm 高。

43. 叶片背面无毛；萼片 5（–7）；雄蕊花丝条状披针形 …………………………………………………………… 19c. **光叶银莲花 A. obtusiloba** ssp. **leiophylla**

43. 叶片背面被柔毛；萼片 5；雄蕊花丝条形 ……… 20. **泸定银莲花 A. ludingensis**

41. 萼片 6–9；雄蕊花丝条形；叶片无毛，或在表面有疏毛 … 25. **岷山银莲花 A. rockii**

44. 叶片的裂片互相覆压；萼片 7–8，白色；心皮无毛 …… 25a. 模式变种 var. **rockii**

44. 叶片的裂片互相分开；子房密被柔毛。

45. 萼片 6，蓝色或白色 ……………………………… 25b. **多茎银莲花** var. **multicaulis**

45. 萼片 8–9，白色 …………………………………… 25c. **巫溪银莲花** var. **pilocarpa**

34. 叶片卵形，基部心形，中央全裂片比侧全裂片长 2 倍；聚伞花序有 1 花；总苞苞片 3 浅裂或不分裂；萼片 5，白色、蓝色或黄色；心皮 20–30，子房密被柔毛，柱头不明显 ……………………………………………………………………… 26. **疏齿银莲花 A. geum**

30. 叶片 3 深裂。

46. 叶片宽 4.5–10 cm，基部深心形，3 深裂近基部，裂片互相覆压；聚伞花序有 2 花；总苞苞片 3 深裂；萼片 5，紫色 ………………… 19d. **镇康银莲花 A. obtusiloba** ssp. **megaphylla**

46. 叶片宽 3.6−5.8 cm，3 深裂稍超过叶片中部，裂片互相分开，稀 3 全裂；聚伞花序有 1 花；总苞苞片 3 浅裂或不分裂 ……………………………… 29. **玉龙山银莲花 A. yulongshanica**

47. 萼片 5 或 6。

48. 叶柄和花葶被柔毛，叶片基部近心形或近楔形。

49. 叶片宽达 5.5 cm；花葶长 9−15 cm；萼片 6，白色；子房条状披针形 ……………………………………………………………………………… 29a. 模式变种 var. **yulongshanica**

49. 叶片宽达 3.8 cm；花葶长 2−8 cm；萼片 5(−6)，白色，蓝色或黄色；子房披针形 ……………………………………………………………………………… 29b. **截基银莲花** var. **truncata**

48. 叶柄和花葶（长 5.5−21 cm）无毛；叶片宽达 4 cm，基部心形；萼片 5，蓝色或白色 ……………………………………………………………………………… 29c. **鹿马登银莲花** var. **glabrescens**

47. 萼片 6−8，白色或蓝紫色；叶片宽达 2.8 cm，基部近截形或截状心形，有时 3 全裂；植株高 4.5−8 cm ……………………………………………… 29d. **叶枝银莲花** var. **polysepala**

29. 叶片卵形，基部圆形，不分裂或 3 微裂，边缘有疏齿；萼片 5，白色；心皮 10−22，子房密被柔毛，柱头不明显 …………………………………………… 30. **微裂银莲花 A. subindivisa**

28. 基生叶为复叶，花序有 1 花；萼片 5；子房密被柔毛，柱头不明显。

50. 基生叶为三出复叶；小叶约 3.5 cm × 3 cm；萼片白色；心皮 9 ……………………………………………………………………………… 31. **三小叶银莲花 A. trifoliolata**

50. 基生叶为具 5 小叶的羽状复叶，小叶 (3−6) mm × (4−7) mm；萼片白色或淡蓝色；心皮 10−11 ……………………………………………………………… 32. **羽裂银莲花 A. subpinnata**

27. 瘦果明显扁，并具肋；基生叶 2 回 3 全裂；聚伞花序有 1 花；萼片 5(−7) ……………………………………………………………………………… 系 2. **湿地银莲花系** Ser. **Rupestres**

33. **湿地银莲花 A. neorupestris**

51. 植株高 10−25 cm；萼片 5(−7)，(7−11) mm × (4−6) mm；心皮 5−12 ……………………………………………………………………………… 33a. 模式亚种 ssp. **neorupestris**

52. 叶片卵形；萼片 5(−7) ……………………………………… 33ai 模式变种 var. **neorupestris**

52. 叶片宽卵形；萼片 7 ……………………………… 33aii. **宽叶湿地银莲花** var. **latifolia**

51. 植株高 5−14 cm；萼片 8，(5−7) mm × (3−4) mm；心皮 25−40 … 33b. **冻地银莲花** ssp. **gelida**

26. 基生叶具短柄或无柄，稀具长柄；叶片 3 深裂，3 浅裂到不分裂，基部宽楔形、楔形或渐狭；聚伞花序有 1 花 ……………………………………… 系 3. **黄花银莲花系** Ser. **Trullifoliae**

53. 叶片宽菱形，基部宽楔形。

54. 基生叶具长柄，叶片 3 深裂，表面近无毛，背面无毛；萼片 5，白色或蓝色 ……………………………………………………………………………… 34. **鲁甸银莲花 A. lutienensis**

54. 基生叶具短柄，叶片 3 浅裂，两面均被长柔毛；萼片 5(−7)，黄色 ……………………………………………………………………………… 35. **黄花银莲花 A. trullifolia**

53. 叶片倒卵形、椭圆形或倒披针状条形。

55. 基生叶具短柄，叶片倒卵形或匙形，3 半裂或 3 浅裂。

56. 叶片菱状倒卵形，3 半裂；萼片 6 ………………………… 36. **凉山银莲花 A. liangshanica**

57. 雄蕊花丝条状披针形；花柱比子房稍短，顶端钩状弯曲 … 36a. 模式变种 var. **liangshanica**

57. 雄蕊花丝条形；花柱比子房短 2 倍，直 ……………………… 36b. **大理银莲花** var. **rectistyla**

56. 叶片倒卵形或匙形，3 浅裂；萼片 5 ……………………………… 37. **匙叶银莲花 A. coelestina**

55. 基生叶无柄，稀有短柄，叶片不分裂。

58. 基生叶无柄，叶片倒卵形或椭圆形，边缘上部有 1–2 小齿 ………………………………………………………………………… 38. **折多山银莲花 A. zheduoshanica**

59. 萼片白色，倒卵形或椭圆状倒卵形，顶端圆形 ………… 38a. 模式变种 var. **zheduoshanica**

59. 萼片暗紫色，宽倒卵形或倒卵形，顶端近截形或圆形 ………………………………………………………………………… 38b. **暗紫折多山银莲花** var. **atropurpurea**

58. 基生叶无柄，稀具柄，叶片倒披针状条形，顶端具齿 ……… 39. **条叶银莲花 A. sino-linearis**

60. 叶片顶端具 3(–6) 尖齿 ……………………………………… 39a. 模式变种 var. **sino-linearis**

60. 叶片顶端具 5–9 扁圆齿或钝齿 ……………………… 39b. **钝齿条叶银莲花** var. **holophylla**

25. 心皮无毛，稀子房有毛，柱头不明显，稀明显；瘦果扁平，每侧具翅 ………………………………………………………………………… 组 4. **银莲花组** Sect. **Omalocarpus**

61. 伞状聚伞花序简单，具 1–11 花，不分枝 ……………………… 系 1. **银莲花系** Ser. **Involucratae**

62. 子房和瘦果有毛。

63. 叶柄和花葶被疏毛或近无毛；花梗直立 ………… 44b. **毛蕊银莲花 A. cathayensis** var. **hispida**

63. 叶柄和花葶密被长柔毛；花梗向下弯曲 ……………………… 48. **垂花银莲花 A. nutantiflora**

62. 心皮和瘦果无毛。

64. 叶片 1 或 2 回 3 全裂，稀 3 深裂；萼片白色，稀蓝色、紫色或黄色。

65. 叶片 1 回，稀 2 回 3 全裂；萼片白色，稀蓝色，紫色或黄色。

66. 叶柄和花葶近无毛或无毛。

67. 花葶高 60–115 cm；聚伞花序具 5–11 花；花梗长 5–12.5 cm … 42. **粗壮银莲花 A. robusta**

67. 花葶高达 35 cm；聚伞花序有 1–5 花；花梗长 3–5 cm。

68. 花葶高 10–35 cm；叶片宽 5–9 cm，裂片互相覆压，两面有疏毛；聚伞花序有 2–5 花；总苞苞片 5；萼片 5–6（–10），长 10–18 mm ………………………………………………………………………… 44a. **银莲花 A. cathayensis** var. **cathayensis**

68. 花葶高 6–7 cm；叶片宽 2–3.5 cm，裂片互相分开，两面无毛；聚伞花序有 1 花；总苞苞片 3；萼片 5–6，长 4–6 mm ……………………… 45. **小五台银莲花 A. xiaowutaishanica**

66. 叶柄和花葶多少密被柔毛。

69. 叶柄和花葶被短柔毛，毛长 0.8–1.2 mm ……………………… 43. **太白银莲花** A. **taipaiensis**

69. 叶柄和花葶被长柔毛，毛长 1.5–5.5 mm。

70. 叶柄和花葶被贴伏柔毛

71. 植株高 29–37 cm；叶柄长 10–20 cm … 40a. **伏毛银莲花 A. narcissiflora** var. **protracta**

71. 植株高 11 cm；叶柄长 1–2.6 cm ………… 41b. **矮展毛银莲花 A. demissa** var. **humilis**

70. 叶柄和花葶被开展柔毛。

72. 叶片卵形或狭卵形。

73. 叶片卵形，宽 2.5–3.5 cm，1 回 3 全裂，裂片不互相覆压；聚伞花序有 1–5 花；萼片 5–6（–8），蓝色或白色 ························ 41a. **展毛银莲花 A. demissa** var. **demissa**

73. 叶片狭卵形，宽 1.1–2.2 cm，2 回 3 全裂，裂片互相覆压；聚伞花序有 1 花；萼片 5–9，白色、紫色或暗紫色 ··· 49. **迭裂银莲花 A. imbricata**

72. 叶片心状五角形或心状圆形，1 回 3 全裂。

74. 叶柄、花葶和叶片背面密被黄色柔毛 ······ 41d. **密毛银莲花 A. demissa** var. **villosissima**

74. 叶柄、花葶和叶片背面被白色柔毛。

75. 萼片顶端圆形或钝。

76. 叶片干时变黑色，宽达 10 cm，末回小裂片多狭卵形；心皮花柱顶端有 1 明显小柱头 ··· 41c. **宽叶展毛银莲花 A. demissa** var. **major**

76. 叶片干时不变黑，宽达 6–7.5 cm；柱头不明 ······ 40a. **伏毛银莲花 A. narcissiflora**

77. 萼片 5。

78. 叶片分裂程度较小，末回小裂片卵形、三角形或披针形。

79. 叶片末回小裂片多卵形 ·· 40b. **卵裂银莲花** var. **sibirica**

79. 叶片末回小裂片狭卵形或披针形 ··············· 40c. **天山银莲花** var. **turkestanica**

78. 叶片分裂程度较大，末回小裂片披针形或条形 ······ 40d. **长毛银莲花** var. **crinita**

77. 萼片 6–7；叶片末回小裂片卵形 ·················· 40e. **贺兰山银莲花** var. **alaschanica**

75. 萼片顶端急尖。

80. 叶片宽 9–10 cm；总苞苞片宽 4–5.5 cm；萼片 5，倒卵形，基部楔形；雄蕊花丝白色；柱头条形，长 0.8 mm ························· 46. **宝兴银莲花 A. baoxingensis**

80. 叶片宽 4.5–6 cm；总苞苞片宽 1.3–2.6 cm；萼片 5–7，狭卵形，基部不呈楔形；雄蕊花丝紫色；柱头不明显 ························· 47. **腾冲银莲花 A. tengchongensis**

65. 叶片 3 深裂；萼片 5，紫红色或粉红色 ································ 50. **红萼银莲花 A. smithiana**

64. 叶片 3 回 3 全裂；萼片 5，黄色 ···································· 51. **多裂银莲花 A. multilobulata**

61. 伞状花序复杂，有 (4–) 7–15 花 ································ 系 2. **复伞银莲花系** Ser. **Involucellatae**

81. 萼片 4 或 5，水平开展；瘦果无毛，有直的宿存花柱。

82. 萼片 4 或 5，基部不呈楔形。

83. 叶柄有毛；花葶只上部被短柔毛，毛长 0.2–1 mm；萼片长 13–19 mm；花药绿色 ··· 52. **复伞银莲花 A. tetrasepala**

83. 叶柄和花葶全疏被长柔毛，毛长 1–2.2 mm；萼片长 6–10 mm；花药黄色 ··· 53. **山东银莲花 A. sikokiana**

82. 萼片 5，长 12–20 mm，基部楔形 ·· 54. **柄萼银莲花 A. elongata**

81. 萼片 5–10，反折；瘦果有疏毛和弯曲的宿存花柱 ··············· 55. **多花银莲花 A. polyanthes**

24. 雄蕊花丝丝形。

84. 聚伞花序具 1–7 花，不分枝；瘦果不扁平，不具翅。

85. 瘦果无肋；心皮子房密被柔毛，稀无毛；花粉具 4–10 沟。

86. 心皮具明显的、比子房稍短的直花柱，柱头不明显，或明显，小，位于花柱顶端；聚伞花序具 1 花；萼片 5 或 6，白色 ………………………………… 组 5. **短柱银莲花组** Sect. **Brachycladus**

87. 基生叶约 2，为单叶，3 全裂；总苞苞片 3；萼片 5，背面有疏毛；雄蕊约 35；心皮 8，柱头不明显 ……………………………………………………………………… 56. **短柱银莲花** ***A. brevistyla***

87. 基生叶 3–4，为三出复叶；总苞苞片 2；萼片 6，无毛；雄蕊约 100；心皮 20–30，在花柱顶端具 1 小柱头 ……………………………………………………………… 57. **贡嘎银莲花** ***A. gonggaensis***

86. 心皮的花柱极短或不存在，柱头明显，球形、卵球形或陀螺形，稀长圆形 …………………………………………………………………………………………… 组 6. **鹅掌草组** Sect. **Stolonifera**

88. 基生叶 1–3(–7)。

89. 花药顶端钝。

90. 根状茎不生出匍匐茎；叶片 3 全裂 ………………………………… 系 1. **鹅掌草系** Ser. **Flaccidae**

91. 柱头球形、卵球形或陀螺形。

92. 根状茎多少粗壮，具密集的节。

93. 根状茎近水平或斜，具密集的节；基生叶 1–2。

94. 植株高 15–40 cm；根状茎粗（2.5–）5–10 mm；基生叶叶片宽达 14 cm；聚伞花序具 2–5 花；萼片 5 ………………………………………………………………… 58. **鹅掌草** ***A. flaccida***

95. 叶柄和花葶无毛或近无毛；叶片较薄，背面脉平；聚伞花序具 2–3 花 ……………………………………………………………………………………… 58a. 模式变种 var. **flaccida**

95. 叶柄和花葶被开展微硬毛；叶片较厚，背面脉隆起；聚伞花序具 5 花 ……………………………………………………………………………… 58b. **展毛鹅掌草** var. **hirtella**

94. 植株高 10–30 cm；根状茎粗 3–7 mm；基生叶宽达 3.5–5.5 cm；聚伞花序具 1–2 花。

96. 根状茎粗 5–7 mm；基生叶叶片宽达 5.5 cm；聚伞花序具 1–2 花；萼片 5 ……………………………………………………………………… 65a. **川西银莲花** ***A. prattii*** var. **prattii**

96. 根状茎粗 3–4 mm；基生叶叶片宽达 3.5 cm；聚伞花序有 1 花；萼片 5(–7) ……………………………………………………………………………… 59. **细茎银莲花** ***A. rossii***

93. 根状茎斜或近垂直，长约 3 cm，粗 1.2 cm，节不明显；基生叶 7；聚伞花序有 2 花；萼片 5 ……………………………………………………………… 60. **维西银莲花** ***A. weixiensis***

92. 根状茎细长，节间明显，节互相疏离；聚伞花序具 1 花。

97. 植株高 25–35 cm；基生叶 2，叶片宽达 10 cm；萼片 5(–7)，长 15 mm ……………………………………………………………………… 61. **芹叶银莲花** ***A. saniculiformis***

97. 植株高 7–20 cm；基生叶不存在或 1，叶片宽达 5.5 cm；萼片 5 ……………………………………………………………………………… 62. **滇川银莲花** ***A. delavayi***

91. 柱头长圆形；植株高 5–12 cm；基生叶 1–2，叶片宽达 3.5–3.7 cm；聚伞花序有 1 花；萼片 5 ……………………………………………………………… 63. **福贡银莲花** ***A. fugongensis***

98. 萼片白色；子房密被柔毛 ………………………………… 63a. 模式变种 var. **fugongensis**

98. 萼片淡紫色；子房无毛 ……………………………………… 63b. **泸水银莲花** var. **lushuiensis**

90. 根状茎短，生出 1 条细长匍匐茎 ………………………… 系 2. **毛果银莲花系** Ser. **Baicalenses**

99. 叶片 3 全裂；聚伞花序具 1–2 花；萼片 5(–6)。

100. 根状茎生出 1 条地下的细长匍匐茎；基生叶 1–2；萼片 5 (–6) ……………………………………………………………………………… 64. **毛果银莲花 A. baicalensis**

101. 子房密被柔毛。

102. 叶柄和花葶被开展柔毛 ……………………………… 64a. 模式变种 var. **baicalensis**

102. 叶柄和花葶被贴伏柔毛 ……………………………… 64b. **甘肃银莲花** var. **kansuensis**

101. 心皮无毛 ……………………………………………… 64c. **光果银莲花** var. **glabrata**

100. 根状茎生出 1 条地上的细长根状茎；基生叶 1–2 (–3)；萼片 5 ……………………………………………………………………………… 65. **川西银莲花 A. prattii**

103. 根状茎圆柱形。

104. 匍匐茎具 1 块茎；子房密被短柔毛，毛长 0.3 mm ………… 65a. 模式变种 var. **prattii**

104. 匍匐茎无块茎；子房疏被短柔毛，毛长 0.1 mm ……………………………………………………………………………… 65b. **疏毛川西银莲花** var. **sparsipilifera**

103. 根状茎卵球形或近圆柱形，长 1–1.8 cm，生出 1 条细长、具 2–10 块茎的匍匐茎 ……………………………………………………………………………… 65c. **涪陵银莲花** var. **fulingensis**

99. 叶片 3 半裂；聚伞花序有 1 花；萼片 6–8 ……………… 66. **红叶银莲花 A. erythrophylla**

89. 花药顶端具小尖头；叶片 3 全裂 ……………………… 系 3. **鹤峰银莲花系** Ser. **Hofengenses**

105. 植株高达 60 cm；基生叶 2–4，叶片宽达 15 cm；聚伞花序有 3–6 花；花梗长 4–10 cm；萼片 5，白色 ……………………………………………… 67. **鹤峰银莲花 A. hofengensis**

105. 植株高达 25 cm；基生叶 1，叶片宽达 9 cm；聚伞花序有 2 花；花梗长 1 cm；萼片 4–8，红紫色 ……………………………………………… 68. **安徽银莲花 A. anhuiensis**

88. 基生叶 12，叶片宽 1.2–3 cm，3 全裂；聚伞花序有 1–3 花；萼片 5，白色；雄蕊约 100；心皮约 70，无毛，无花柱，柱头近球形，位于子房顶端 …… 系 4. **加查银莲花系** Ser. **Jiachaenses**

69. 加查银莲花 **A. jiachaensis**

85. 瘦果具 1 或 4 条纵肋；心皮无毛。

106. 心皮的花柱短或较长，明显，柱头不明显；聚伞花序具 1 花；萼片 5 ……………………………………………………………………………… 组 7. **直果银莲花组** Sect. **Pleurocarpus**

107. 基生叶 9–20，叶片椭圆形，基部楔形，不分裂或不明显 3 微裂；花粉具散孔；心皮花柱短；瘦果具 1 条纵肋 ……………………………………… 系 1. **兴义银莲花系** Ser. **Xingyienses**

70. 兴义银莲花 **A. xingyiensis**

107. 基生叶 4–6，叶片五角形，基部浅心形，5 深裂；花粉具 6 沟；心皮花柱较长，钻形，直或顶端弯曲；瘦果具 4 条纵肋 ……………………… 系 2. **直果银莲花系** Ser. **Orthocarpae**

71. 直果银莲花 **A. orthocarpa**

106. 心皮具不明显、极短的花柱和明显、椭圆体形的柱头；基生叶 2–9；聚伞花序有（1–）3–7 花；萼片 5；瘦果具 4 条纵肋（墨脱银莲花和盘蕊银莲花的瘦果尚不了解）……………………………………………………………………………… 组 8. **卵叶银莲花组** Sect. **Begoniifolia**

108. 叶片不分裂或 3–5 微裂。

109. 基生叶 3–9；聚伞花序有 3–7 花；总苞苞片 3；萼片白色；花粉具散孔 ………………………………………………………………… 72. **卵叶银莲花 A. begoniifolia**

109. 基生叶 2；聚伞花序有 4–5 花；总苞苞片 9；萼片紫色；花粉具 6 沟 ………………………………………………………………… 73. **河口银莲花 A. hokouensis**

108. 叶片 3 浅裂或 3 全裂，有时为三出复叶。

110. 植株高 20–45 cm；叶 3 浅裂或为三出复叶；聚伞花序有 2–5 花。

111. 叶均为单叶，3 浅裂；萼片 10 mm × 7 mm；心皮 10–15，互相多少分开，不形成盘状 ………………………………………………………………… 74. **拟卵叶银莲花 A. howellii**

111. 叶为单叶，3 浅裂，或为有 2–3 小叶的复叶；萼片 (19–25) mm × (9–19) mm；心皮约 200，紧密聚集，形成一盘状构造 ………………………… 75. **盘蕊银莲花 A. discoideogyna**

110. 植株高 6–8 cm；叶均为单叶；3 全裂；聚伞花序有 1 花 …… 76. **墨脱银莲花 A. motuoensis**

84. 聚伞花序 2–3 回二歧状分枝；总苞苞片 2，3 深裂；萼片 5，有时 4，6 或 8，白色；瘦果扁平，每侧具翅 ……………………………………………………… 组 9. **二歧银莲花组** Sect. **Anemonidium**

77. 二歧银莲花 **A. dichotoma**

1. 心皮和瘦果常数目极多，密被长绵毛 …………………………………… 组 10. **打破碗花花组** Sect. **Anemone**

112. 根状茎不呈块状。

113. 瘦果无柄或具短柄；聚伞花序有 1–2 花；心皮 50–240 ………… 系 1. **岩生银莲花系** Ser. **Rupicolae**

114. 基生叶叶片 3 全裂。

115. 总苞苞片具柄。

116. 基生叶 3–9；总苞苞片 3，柄长达 3 cm；聚伞花序有 1 花；萼片 5 (–6)；心皮 180–240 ……………………………………………………………………… 78. **大花银莲花 A. sylvestris**

116. 基生叶 3–4；总苞苞片 2(–3)，柄长 2–3 mm；聚伞花序有 1(–2) 花；萼片 5；心皮 90–120 ……………………………………………………………………… 79. **岩 生 银 莲 花 A. rupicola**

115. 总苞苞片无柄。

117. 叶片和总苞苞片边缘的齿顶端急尖；总苞苞片 2(–3)；心皮 90–120 ……………………………………………………………………… 79. **岩生银莲花 A. rupicola**

117. 叶片和总苞苞片边缘的齿顶端锐尖；聚伞花序有 1 花；总苞苞片 3；心皮约 50 ……………………………………………………………………… 80. **锐裂银莲花 A. laceratoincisa**

114. 基生叶约 9，叶片 3 深裂至近基部；聚伞花序有 2 花；萼片 5；心皮约 50 ……………………………………………………………………… 81. **西藏银莲花 A. tibetica**

113. 瘦果具长柄；聚伞花序 2–4 回分枝；心皮 400–500 ……… 系 2. **打破碗花花系** Ser. **Anemospermos**

118. 基生叶为三出复叶；聚伞花序 2–3 回分枝。

119. 叶片背面疏被糙毛 ………………………………………… 82. **打破碗花花 A. hupehensis**

120. 花单瓣，具 5 萼片 ………………………………………… 82a. 模式变种 var. **hupehensis**

121. 萼片紫红色或粉红色 ………………………………………… 82ai. 模式变型 f. **hupehensis**

121. 萼片白色 ………………………………………………………… 82aii. **水棉花** f. **alba**

120. 花重瓣，具约 20 紫色或紫红色萼片 ………………………… 82b. **秋牡丹** var. **japonica**

119. 叶片背面密被白色绒毛 ………………………………………………………… 83. **大火草 A. tomentosa**

118. 基生叶为单叶，叶片心状五角形；聚伞花序 2–4 回分枝；萼片白色或带粉红色 ……………………………………………………………………………………………… 84. **野棉花 A. vitifolia**

122. 叶片背面密被白色绒毛 ………………………………………………… 84a. 模式变种 var. **vitifolia**

122. 叶片背面在脉上密被柔毛，呈灰绿色 ……………………… 84b. **绿叶野棉花** var. **subtomentosa**

112. 根状茎呈块状 ……………………………………………………………… 系 3. **块茎银莲花系** Ser. **Anemone**

植株高 2.5–8.5 cm；块茎长 0.8–1.8 cm；基生叶 2–4，叶片 3 全裂；聚伞花序有 1 花；萼片 5，黄色；心皮 35 ……………………………………………………………………… 85. **块茎银莲花 A. gortschakowii**

Key to sections, series, species and infraspecific taxa

1. Carpels and achenes several, 10–40, or up to 80 per flower, glabrous or with ovaries pubescent or hirtellous.

2. Involucral bracts petiolate; stamen filaments filiform.

3. Carpels glabrous, rarely with pubescent ovaries, with more or less long and unciform styles, stigmas inconspicuous; leaf blades 3-sect ……………………………………………… Sect. 1. **Rivularidium**

4. Leaf segments not dissected, with ultimate lobes ovate or triangular; involucral bracts 3(–4); sepals 5–8 (–10–20).

5. Carpels glabrous; leaf blades pentagonal.

6. Sepals 5, [5.5–8(–9)] mm × (2.5–4) mm ……………………………………………… 1. **A. barbulata**

6. Sepals (6–)7–20, (9–14) mm × (5–10) mm ………………………………………………… 2. **A. rivularis**

7. Sepals white or yellow, (6–)7–8(–10–12) ……………………………………… 2a. var. **rivularis**

8. Sepals white ……………………………………………………………………………… 2ai. f. **rivulatis**

8. Sepals yellow ……………………………………………………………………………… 2aii. f. **lutea**

7. Sepals reddish, 14–20 …………………………………………………………………… 2b. var. **daliensis**

5. Ovaries pubescent; leaf blades ovate ………………………………………………… 3. **A. jiulongensis**

4. Leaf segments 2–4 times dissected, with ultimate lobes narrow-linear-lanceolate or narrow-linear, 0.8–1 mm broad; involucral bracts 2; sepals 4 carpels glabrous ……………………………… 4. **A. filisecta**

3. Carpels hairy, rarely glabrous, with styles shorter, straight or slightly curved, and stigmas most conspicuous, rarely inconspicuous; basal leaves mostly simple, with blades 3-sect, only in two species ternate ……………………………………………………………………………………… Sect. 2. **Anemonanthea**

9. Sepals horizontal, rarely ascending ………………………………………………… Ser. 1. **Hylalectron**

10. Basal leaves and involucral bracts all simple (in *A. stolonifera*, basal leaves sometimes ternate).

11. Carpels glabrous; sepals 5.

12. Basal leaf blades up to 18 cm broad; cymes 1–3-flowered; carpels 45–70 …………… 5. **A. davidii**

12. Basal leaf blades up to 4.5–6.5 cm broad; cymes 1-flowered.

13. Basal leaf blades ca. 6.5 cm × 6.5 cm; carpels 14 ……………………………… 6. **A. scabriuscula**

13. Basal leaf blades ca. 2 cm × 4.5 cm; carpels 70 ……………………………… 7. **A. baizhishanica**

11. Carpels with pubescent ovaries and glabrous styles.

14. Spals 5.

15. Involucral bracts 3-parted; stigmas conspicuous ············ 9. **A. exigua**

16. Sepals white; carpels 5−10 ············ 9a. var. **exigua**

16. Sepals yellow; carpels 10−20 ············ 9b. var. **shanxiensis**

15. Involucral bracts 3-sect; stigmas inconspicuous.

17. Cymes 2-flowered; involucral bract central segment 3-parted; basal leaf blades 3-sect, sometimes ternately divided ············ 8. **A. stolonifera**

17. Cymes 1-flowered; involucral bract central segment 3-lobed or undivided; basal leaf blades 3-sect.

18. Involucral bract central segment obovate, undivided; styles longer than ovaries ··· 10. **A. udensis**

18. Involucral bract central segment rhombic, 3-lobed; styles slightly shorter than ovaries ············ 11. **A. umbrosa**

14. Sepals 6−9 (−10−15).

19. Herbs 2.5−10 cm tall; sepals 6, (4−4.5) mm × (1−1.5) mm; stamens 9, 0.8−2 mm long ············ 12. **A. stenosepala**

19. Herbs 10−30 cm tall; sepals 6−9(−15), (12−20) mm × (2.2−7) mm; stamens numerous, 4−8 mm long.

20. Involucral bract central segment narrow-obovate or suboblong, on apex with teeth or lobules ············ 15. **A. raddeana**

21. Petioles glabrous or subglabrous; involucral bract central segment on apex 3-denticulate or 3-lobulate ············ 15a. var. **raddeana**

21. Petioles villous; involucral bract central segment on apex with more teeth or more lobules ············ 15b. var. **lacerata**

20. Involucral bract central segment rhombic, near middle 3-lobed.

22. Bract petioles flattened and narrowly winged; sepals 5−7 (−10) ············ 13. **A. amurensis**

22. Bract petioles not winged; sepals 8−9(−15) ············ 14. **A. altaica**

10. Basal leaves and involucral bracts all ternate (in *A. robustostylosa*, the basal leaf blades have not been seen); sepals 5; carpels glabrous.

23. Cymes simple, ca. 10 cm long, 1−2-flowered; sepals white; carpel with ovoid ovary and short and straight style, and on style apex with a small stigma ············ 16. **A. griffithii**

23. Cymes compound, ca. 30 cm long, 2−3 times branched, ca. 10-flowered; sepals purple-red; carpel with obliquely obovoid ovary and robust style recurved by right angle and situated on ovary apex; stigma inconspicuous ············ 17. **A. robustostylosa**

9. Sepals 6 or 7, reflexed, linear, 1-nerved ············ Ser. 2. **Reflexae**

18. **A. reflexa**

2. Involucral bracts sessile.

24. Stamen filaments linear.

25. Carpels with hairy ovaries, rarely glabrous, and with straight glabrous styles; stigmas inconspicuous; achenes ovoid, rarely compressed, then not flattened and not winged ············ Sect. 3. **Himalayicae**

26. Basal leaves long petiolate; leaf blades at base cordate, subcordate, subtruncate or rounded.
27. Achenes ovoid, not compressed or slightly compressed, not ribbed ················ Ser. 1. **Obtusilobae**
28. Basal leaves simple.
29. Basal leaves 3-sect or 3-parted.
30. Basal leaves 3-sect.
31. Carpel styles hooked.
32. Leaf blades twice 3-sect; sepals 5(−7), white; carpels 40−80 ················ 22. **A. polycarpa**
32. Leaf blades once 3-sect; sepals 5; carpels 9−16.
33. Herbs 4−6 cm tall, leaf blades abaxially glabrous; sepals white; carpels hairy ·· 23. **A. bomiensis**
33. Herbs 3.5−17 cm tall; leaf blades abaxially sparsely pubescent; sepals purple or blue; carpels glabrous ·· 24. **A. milinensis**
31. Carpel styles straight.
34. Leaf blades cordate-pentagonol or reniform, with central segment equal to lateral segments in size or slightly larger than them; cymes 1-flowered.
35. Leaf blades at base cordate, but on petiole apex abruptly cuneate ················ 21. **A. patula**
36. Herbs 10−25 cm tall; leaf blades 1.4−3.7 cm broad; sepals 5(−6), 8−12 mm long ·· 21a. var. **patula**
36. Herbs 8−12 cm tall; leaf blades 1.1−1.6 cm broad; sepals 5, 3.5−5.5 mm long ·· 21b. var. **minor**
35. Leaf blades at base cordate, on petiole apex not cuneate.
37. Cymes 1−3-flowered.
38. Herbs 12−15 cm tall; cymes 1−3-flowered, with pedicels 0.5−3 cm long; sepals 5, glabrous; carpels 9−15, with densely pubescent ovaries, and on style apex with conspicuous stigmas 0.5 mm long ·· 27. **A. galonglashanica**
38. Herbs 5 cm tall; cymes 3-flowered, with pedicels 8 mm long; sepals 4−5, on both surfaces with sparse hairs; carpels 15, glabrous, stigmas inconspicuous ········ 28. **A. brachystema**
37. Cymes 1(−2)-flowered; stigmas inconspicuous.
39. Involucral bracts 3-parted ·· 19. **A. obtusiloba**
40. Leaf petioles up to 12 cm long; sepals 5(−8), white, blue or yellow, abaxially with sparse hairs; carpels ca. 8 ·· 19a. ssp. **obtusiloba**
40. Leaf petioles up to 29 cm long; sepals 5, white or purple, glabrous; carpels 14−20 ·· 19b. ssp. **dolichopoda**
39. Involucral bracts 3-cleft, 3-lobd or undivided.
41. Sepals 5 or 5(−7), white.
42. Carpels glabrous; plants less than 10 cm tall; sepals 5 ···19aii. **A. obtusiloba** var. **leiovaria**
42. Ovaries hairy; plants 14 cm or more than 14 cm tall.

43. Leaf blades abaxially glabrous; sepals 5(−7); stamen filaments linear-lanceolate ······ ······ 19c. **A. obtusiloba** ssp. **leiophylla**

43. Leaf blades abaxially pubescent; sepals 5; stamen filaments linear ······ ······ 20. **A. ludingensis**

41. Sepals 6−9; stamen filaments linear; leaf blades glabrous or abaxially with sparse hairs ··· ······ 25. **A. rockii**

44. Leaf blades with lobes imbricate among themselves; sepals 7−8, white; carpels glabrous ······ 25a. var. **rockii**

44. Leaf lobes remote from each other; carpels with densely pubescent ovaries.

45. Sepals 6, blue or white ······ 25b. var. **multicaulis**

45. Sepals 8−9, white ······ 25c. var. **pilocarpa**

34. Leaf blades ovate, at base subcordate, with the central segment 2 times longer than lateral segments; cymes 1-flowered; involucral bracts 3-lobed or undivided; sepals 5, white, blue or yellow; carpels 20−30, with densely pubescent ovaries, stigmas inconspicuous ··· 26. **A. geum**

30. Leaf blades 3-parted.

46. Leaf blades 4.5−10 cm broad, at base deep-cordate, 3-parted to near base, with lobes imbricate among themselves; cymes 2-flowered; involucral bracts 3-parted; sepals 5, blue ······ ······ 19d. **A. obtusiloba** ssp. **megaphylla**

46. Leaf blades 3.6−5.8 cm broad, 3-parted slightly exceeding the middle of blade, rarely 3-sect; cymes 1-flowered; involucral bracts 3-lobed or undivided ······ 29. **A. yulongshanica**

47. Spals 5 or 5(−6).

48. Leaf petioles and scapes pubescent; leaf blades at base subcordate or subtruncate.

49. Leaf blades up to 5.5 cm broad; scapes 9−15 cm long; sepals 6, white; ovaries linear-lanceolate ······ 29a. var. **yulongshanica**

49. Leaf blades up to 3.8 cm broad; scapes 2−8 cm long; sepals 5(−6), white, blue or yellow ··· ······ 29b. var. **truncata**

48. Leaf petioles and scapes (5.5−21 cm long) glabrous; leaf blades up to 4 cm broad, at base cordate ······ 29c. var. **glabrescens**

47. Sepals 6−8, white or blue-purple; leaf blades up to 2−8 cm broad, at base subtruncate, sometimes 3-sect; scapes 4.5−8 cm long ······ 29d. var. **polysepala**

29. Leaf blades ovate, at base rounded, undivided or 3-lobulate, on margin sparsely dentate; sepals 5, white; carpels 10−22, with ovaries densely pubescent, stigmas inconspicuous ··· 30. **A. subindivisa**

28. Basal leaves compound; cymes 1-flowered; sepals 5; ovaries densely pubescent, stigmas inconspicuous.

50. Basal leaves ternate; leaflets up to 3.5 cm × 3 cm; sepals white; carpels 9 ······ 31. **A. trifoliolata**

50. Basal leaves 5-foliolately pinnate; leaflets up to (3−6) mm × (4−7) mm; sepals white or bluish; carpels 10−11 ······ 32. **A. subpinnata**

27. Achenes distinctly compressed and ribbed; basal leaves twice 3-sect; cymes 1-flowered; sepals 5(−8) ··· ·· Ser. 2. **Rupestres**

33. **A. neorupestris**

51. Herbs 10−25 cm tall; sepals 5(−7), (7−11) mm × (4−6) mm; carpels 5−12 ··· 33a. ssp. **neorupestris**

52. Leaf blades ovate; sepals 5(−7) ·· 33ai. var. **neorupestris**

52. Leaf blades broadly ovate; sepals 7 ·· 33aii. var. **latifolia**

51. Herbs 5−14 cm tall; sepals 8, (5−7) mm × (3−4) mm; carpels 25−40 ·················· 33b. ssp. **gelida**

26. Basal leaves shortly petiolate or sessile, rarely long petiolate; leaf blades 3-parted, 3-lobed or undivided, at base broadly cuneate, cuneate or attenuate; cymes 1-flowered ············ Ser. 3. **Trullifoliae**

53. Leaf blades broadly rhombic, at base broadly cuneate.

54. Basal leaves long petiolate, blades 3-parted, adaxially subglabrous, abaxially glabrous; sepals 5, white or blue ·· 34. **A. lutienensis**

54. Basal leaves shortly petiolate, blades 3-lobed, on both surfaces villous; sepals 5(−7), yellow ········ ·· 35. **A. trullifolia**

53. Leaf blades obovate, elliptic or oblanceolate-linear.

55. Basal leaves shortly petiolate, blades obovate or spatulate, 3-cleft or 3-lobed.

56. Leaf blades rhombic-obovate, 3-cleft; sepals 6 ···································· 36. **A. liangshanica**

57. Stamen filaments linear-lanceolate; styles slightly shorter than ovaries, near apex hooked ·· 36a. var. **liangshanica**

57. Stamen filaments linear; styles two times shorter than ovaries, straight ········ 36b. var. **rectistyla**

56. Leaf blades obovate or spatulate, 3-lobed; sepals 5 ·· 37. **A. coelestina**

55. Basal leaves sessile, rarely shortly petiolate, blades undivided.

58. Basal leaves sessile, blades obovate or elliptic, on margin above 1−2-denticulate ····················· ·· 38. **A. zheduoshanica**

59. Sepals white, obovate or elliptic-obovate, apex rounded ················· 38a. var. **zheduoshanica**

59. Sepals dark-purple, broadly obovate or obovate, apex subtruncate or rounded ······················ ·· 38b. var. **atropurpurea**

58. Basal leaves sessile, rarely petiolate, blades oblanceolate-linear ················ 39. **A. sino-linearis**

60. Leaf blades at apex acutely 3(−6)-dentate ··· 39a. var. **sino-linearis**

60. Leaf blades at apex broadly 5−9-crenate ··· 39b. var. **holophylla**

25. Carpels glabrous, rarely ovaries hairy, stigmas usually inconspicuous; achenes flattened, on each side winged ·· Sect. 4. **Omalocarpus**

61. Umbelliform cymes simple, 1−11-flowered, not branched ························· Ser. 1. **Involucratae**

62. Ovaries and achenes hairy.

63. Petioles and scapes sparsely hairy or glabrous; pedicels erect ········ 44b. **A. cathaynsis** var. **hispida**

63. Petioles and scapes densely villous; pedicels pendulous ································ 48. **A. nutantiflora**

62. Carpels and achenes glabrous.

64. Leaf blades once or twice 3-sect, rarely 3-parted; sepals white, rarely blue, purple or yellow.
65. Leaf blades once, rarely twice 3-sect; sepals white, rarely blue, purple or yellow.
66. Petioles and scapes subglabrous or glabrous.
67. Scapes 60–115 cm tall; cymes 5–11-flowered; pedicels 5–12.5 cm long ········ 42. **A. robusta**
67. Scapes up to 35 cm tall; cymes 1–5-flowered; pedicels 3–5 cm long.
68. Scapes 10–35 cm tall; leaf blades 5–9 cm broad, with lobes imbricate among themselves, on both surfaces with sparse hairs; cymes 2–5-flowered; involucral bracts 5; sepals 5–6(–10), 10–18 mm long ·· 44a. **A. cathayensis** var. **cathayensis**
68. Scapes 6–7 cm tall; leaf blades 2–3.5 cm broad, with lobes remote from each other, on both surfaces glabrous; cymes 1-flowered; involucral bracts 3; sepals 5–6, 4–6 mm long ·· 45. **A. xiaowutaishanica**
66. Pedioles and scapes more or less densely puberulous or villous.
69. Petioles and scapes puberulous, with hairs 0.8–1.2 mm long ····················· 43. **A. taipaiensis**
69. Petioles and scapes villous, with hairs 1.5–5.5 mm long.
70. Petioles and scapes with appressed hairs.
71. Plants 29–37 cm tall; leaf petioles 10–20 cm long ······ 40a. **A. narcissiflora** var. **protracta**
71. Plants 11 cm tall; leaf petioles 1–2.6 cm long ····················· 41b. **A. demissa** var. **humilis**
70. Petioles and scapes with spreading hairs.
72. Leaf blades ovate or narrow-ovate.
73. Leaf blades ovate, 2.5–3.5 cm broad, once 3-sect, with lobes not imbricate among themselves; cymes 1–5-flowered; sepals 5–6(–8), blue or white ··· 41a. **A. demissa** var. **demissa**
73. Leaf blades narrow-ovate, 1.1–2.2 mm broad, twice 3-sect, with lobes imbricate among themselves; cymes 1-flowered; sepals 5–9, white, purple of dark-purple ··· 49. **A. imbricata**
72. Leaf blades cordate-pentagonal or cordate-orbicular, 3-sect.
74. Petioles, scapes and leaf blades abaxially densely yellow-vilous ··· 41d. **A. demissa** var. **villosissima**
74. Petioles, scapes and leaf blades abaxially white-villous.
75. Sepals at apex rounded or obtuse.
76. Leaf blades while drying becoming black, up to 10 cm broad, with ultimate lobules mostly narrow-ovate; carpel on style apex with a small stigma ··· 41c. **A. demissa** var. **major**
76. Leaf blades while drying not becoming black, up to 6–7.5 cm broad; stigmas inconspicuous ··· 40. **A. narcissiflora**
77. Sepals 5.
78. Leaf blades less divided, with ultimate lobules ovate, triangular or lanceolate.
79. Leaf ultimate lolubes mostly ovate ······························· 40b. var. **sibirica**

79. Leaf ultimate lobules narrow-ovate or lanceolate ·············· 40c. var. **turkestanica**

78. Leaf blades more strongly divided, with ultimate lobules narrow-lanceolate or linear ···
·· 40d. var. **crinita**

77. Sepals 6–7; leaf ultimate lobules ovate ·························· 40e. var. **alaschanica**

75. Sepals at apex acute.

80. Leaf blades 9–10 cm broad; involucral bracts 4–5.5 cm broad; sepals 5, obovate, base cuneate; stamen filaments white; stigmas conspicuous, linear, 0.8 mm long ·················
·· 46. **A. baoxingensis**

80. Leaf blades 4.5–6 cm broad; involucral bracts 1.3–2.6 cm broad; sepals 5–7, narrow-ovate, base not cuneate; filaments purple; stigmas inconspicuous ··· 47. **A. tengchongensis**

65. Leaf blades 3-parted; sepals 5, purple-red or pink ································ 50. **A. smithiana**

64. Leaf blades thrice 3-sect; sepals 5, yellow ······································ 51. **A. multilobulata**

61. Umbelliform cymes compound, (4–)7–15-flowered ···························· Ser. 2. **Involucellatae**

81. Sepals 4 or 5, horizontal; achenes glabrous, with straight persistent styles.

82. Sepals 4 or 5, base not cuneate.

83. Petioles glabrous, scapes only above puberulous, with hairs 0.2–1 mm long; sepals 13–19 mm long; anthers green ·· 52. **A. tetrasepala**

83. Petioles and scapes entirely sparsely pubescent, with hairs 1–2.2 mm long; sepals 6–10 mm long; anthers yellow ·· 53. **A. sikokiana**

82. Sepals 5, 12–20 mm long, base cuneate ·································· 54. **A. elongata**

81. Sepals 5–10, reflexed; achenes with sparse hairs and curved persistent styles ······ 55. **A. polyanthes**

24. Stamen filaments filiform.

84. Cymes 1–7-flowered, not branched; achenes not flattened and not winged.

85. Achenes not ribbed; carpels with ovaries densely pubescent, rarely glabrous; pollen grains 4–10-colpate.

86. Carpes with conspicuous styles slightly shorter than ovaries; stigmas inconspicuous, sometimes conspicuous, then small, situated on style apexes; cymes 1-flowered; sepals 5 or 6, white ·············
·· Sect. 5. **Brachycladus**

87. Basal leaves ca. 2, simple, 3-sect; involucral bracts 3; sepals 5, abaxially with sparse hairs; stamens ca. 35; carpels 8, stigmas inconspicuous ·································· 56. **A. brevistyla**

87. Basal leaves 3–4, ternate; involucral bracts 2; sepals 6, glabrous; stamens ca. 100; carpels 20–30, on style apexes minutely 1-stigmatiferous ······································ 57. **A. gonggaensis**

86. Carpels with very short styles or styles abscent, stigmas conspicuous, globose, ovoid or turbinate, rarely oblong ·· Sect. 6. **Stolonifera**

88. Basal leaves 1–3(–7).

89. Anthers at apex obtuse.

90. Rhizome not putting forth a stonlon; leaf blades 3-sect ·························· Ser. 1. **Flaccidae**

91. Stigmas globose, ovoid or turbinate.

92. Rhizomes more or less robust, with dense nodes.

93. Rhizomes subhorizontal or oblique, with dense nodes; basal leaves 1–2.

94. Herbs 15–40 cm tall; rhizomes (2.5–)5–10 mm across; basal leaf blades up to 14 cm broad; cymes 2–5-flowered; sepals 5 ························ 58. **A. flaccida**

95. Petioles and scapes glabrous or subglabrous; leaf blades thinner, with nerves abaxially flat; cymes 2–3-flowered ························ 58a. var. **flaccida**

95. Petioles and scapes spreading-hirtellous; leaf blades thicker, with nerves abaxially prominent; cymes 5-flowered ························ 58b. var. **hirtella**

94. Herbs 10–30 cm tall; rhizomes 3–7 mm across; basal leaf blades up to 3.5–5.5 cm broad; cymes 1–2-flowered.

96. Rhizomes 5–7 mm across; basal leaf blades up to 5.5 cm broad; cymes 1–2-flowered; sepals 5 ························ 65a. **A. prattii** var. **prattii**

96. Rhizomes 3–4 mm across; basal leaf blades up tu 3.5 cm broad; cymes 1-flowered; sepals 5(–7) ························ 59. **A. rossii**

93. Rhizomes oblique or nearly vertical, ca. 3 cm long, 1.2 cm across, nodes inconspicuous; basal leaves 7; cymes 2-flowered; sepals 5 ························ 60. **A. weixiensis**

92. Rhizomes slender, with conspicuous internodes and nodes separated from each other; cymes 1-flowered.

97. Herbs 25–35 cm tall; basal leaves 2, blades up to 10 cm broad; sepals 5(–7) ························ 61. **A. saniculiformis**

97. Herbs 7–20 cm tall; basal leaf absent or 1, blades up to 5.5 cm broad; sepals 5 ························ 62. **A. delavayi**

91. Stigmas oblong; herbs 5–12 cm tall; basal leaves 1–2, blades up to 3.5–3.7 cm broad; sepals 5 ························ 63. **A. fugongensis**

98. Sepals white; ovaries densely pubescent ························ 63a. var. **fugongensis**

98. Sepals purplish; ovaries glabrous ························ 63b. var. **lushuiensis**

90. Rhizome short, putting forth a slender stolon ························ Ser. 2. **Baicalenses**

99. Leaf blades 3-sect; cymes 1–2-flwoered; sepals 5(–6).

100. Rhizome putting forth an underground stolon; basal leaves 1(–2); sepals 5(–6) ························ 64. **A. baicalensis**

101. Ovaries densely pubescent.

102. Petioles and scapes spreading-pubescent ························ 64a. var. **baicalensis**

102. Petioles and scapes appressed-pubescent ························ 64b. var. **kansuensis**

101. Carpels glabrous ························ 64c. var. **glabrata**

100. Rhizome putting forth an above-ground stonlon; basal leaves 1–2(–3); sepals 5 ························ 65. A. **prattii**

103. Rhizomes terete.

104. Stolons 1-tuberiferous; ovaries densely puberulous, with hairs ca. 0.3 mm long ································ 65a. var. **prattii**

104. Stolons with no tubers; ovaries sparsely puberulous, with hairs ca. 0.1 mm long ································ 65b. var. **sparsipilifera**

103. Rhizome ovoid or subterete, 1−1.8 cm long, putting forth a slender, 2−10-tuberiferous stolon ································ 65c. var. **fulingensis**

99. Leaf blades 3-cleft; cymes 1-flowered; sepals 6−8 ································ 66. **A. erythrophylla**

89. Anthers at apex minutely mucronate; leaf blades 3-sect ································ Ser. 3. **Hofengenses**

105. Herbs up to 60 cm tall; basal leaves 2−4, blades up to 15 cm broad; cymes 3−6-flowered; pedicels 4−10 cm long; sepals 5, white ································ 67. **A. hofengensis**

105. Herbs up to 25 cm tall; basal leaves 1, blade up to 9 cm broad; cymes 2-flowered; pedicels 1 cm long; sepals 4−8, red-purple ································ 68. **A. anhuiensis**

88. Basal leaves 12, blades 1.2−3 cm broad, 3-sect; cymes 1−3-flowered; sepals 5, white; stamens ca. 100; carpels ca. 70, glabrous, lacking styles, stigmas globose ································ Ser. 4. **Jiachaenses**

69. **A. jiachaensis**

85. Achenes longitudinally 1- or 4-ribbed; carpels glabrous.

106. Carpels style short or longer, conspicuous, stigma inconspicuous; cymes 1-flowered; sepals 5 ································ Sect. 7. **Pleurocarpus**

107. Basal leaves 9−20, blades elliptic, at base cuneate, undivided or inconspicousely 3- lobulate; pollen grains pantoporate; carpel style short; achenes longitudinally 1-ribbed ································ Ser. 1. **Xingyienses**

70. **A. xingyiensis**

107. Basal leaves 4−6, blades pentagonal, at base shallowly cordate, 3-parted; pollen grains 6-colpate; carpel style longer, subulate, straight or on apex curved; achenes longitudinglly 4- ribbed ································ Ser. 2. **Orthocarpae**

71. **A. orthocarpa**

106. Carpel with inconspicuous, short style and conspicuous ellipsoid stigma; basal leaves 2−9; cymes (1−)3−7-flowered; sepals 5; achenes longitudinally 4-ribbed (achenes of *A. motuoensis* and *A. discoideogyna* unknown) ································ Sect. 8. **Begoniifolia**

108. Leaf blades undivided or 3−5-lobulate.

109. Basal leaves 3−9; cymes 3−7-flowered; involucral bracts 3; sepals white; pollen grains pantoporate ································ 72. **A. begoniifolia**

109. Basal leaves 2; cymes 4−5-flowered; involucral bracts 9; sepals purple; pollen grains 6-colpate ································ 73. **A. hokouensis**

108. Leaves 3-lobed or 3-sect, sometimes ternate.

110. Plants 20−45 cm tall; leaves 3-lobed or ternate; cymes 2−5-flowered.

111. Leaves all simple, 3-lobed; sepals 10 mm × 7 mm; carpels 10−15, among themselves more or less separate, not forming a disc-like structure ································ 74. **A. howellii**

111. Leaves or simple, 3-lobed, or compound, 2–3-foliolate; sepals (19–25) mm × (9–19) mm; carpels ca. 200, compactly conferted to form a disc-like structure ………… 75. **A. discoideogyna**

110. Plants 6–8 cm tall; leaves all simple, 3-sect; cymes 1-flowered ……………… 76. **A. motuoensis**

84. Cymes twice to thrice dichotomously branched; involucral bracts 2, 3-parted; sepals 5, white; achenes flattened, on each side winged ……………………………………………………… Sect. 8. **Anemonidium**

77. **A. dichotoma**

1. Carpels and achenes often very numerous, densely lanate ………………………………… Sect. 10. **Anemone**

112. Rhizomes not tuberous.

113. Achenes sessile or shortly stipitate; cymes 1–2-flowered; carpels 50–240 …………… Ser. 1. **Rupicolae**

114. Basal leaf blades 3-sect.

115. Involucral bracts petiolate.

116. Basal leaves 3–9; involucral bracts 3, with petioles up to 3 cm long; cymes 1-flowered; sepals 5(–6); carpels 180–240 …………………………………………………………………… 78. **A. sylvestris**

116. Basal leaves 3–4; involucral bracts 2(–3), with petioles 2–3 mm long; cymes 1(–2)-flowered; sepals 5; carpels 90–120 ………………………………………………………………………… 79. **A. rupicola**

115. Involucral bracts sessile.

117. Leaf blades and involucral bracts on margin with acute teeth; involucral bracts 2(–3); carpels 90–120 …………………………………………………………………………………… 79. **A. rupicola**

117. Leaf blades and involucral bracts on margin with pungently acute teeth; cymes 1-flowered; involucral bracts 3; carpels ca. 50 ………………………………………………………… 80. **A. laceratoincisa**

114. Basal leaves ca. 9, with blades 3-parted to near base; cyems 2-flowered; sepals 5; carpels ca. 50 ……… ……………………………………………………………………………………… 81. **A. tibetica**

113. Achenes long stipitate; cymes 2–4 times branched; sepals 5; carpels 400–500 …… Ser. 2. **Anemospermos**

118. Basal leaves ternate; cyems 2–3 times branched.

119. Leaf blades abaxially sparsely strigose ……………………………………………… 82. **A. hupehensis**

120. Flower simple, with 5 sepals ……………………………………………………… 82a. var. **hupehensis**

121. Sepals purple-red or pink ……………………………………………………… 82ai. f. **hupehensis**

121. Sepals white ………………………………………………………………………………… 82aii. f. **alba**

120. Flower double, with ca. 20 purple or purple-red sepals ………………………… 82b. var. **japonica**

119. Leaf blades abaxially white-tomentose ………………………………………………… 81. **A. tomentosa**

118. Basal leaves simple, with cordate-pentagonal blades; cyems 2–4 times branched; sepals white or tinged with pink ………………………………………………………………………………… 84. **A. vitifolia**

122. Leaf blades abaxially white-tomentose ………………………………………………… 84a. var. **vitifolia**

122. Leaf blades abaxially only on nerves densely pubescent, gray-green ………… 84b. var. **subtomentosa**

112. Rhizomes tuberous ……………………………………………………………………………… Ser. 3. **Anemone**

Herbs 2.5–8.5 cm tall; tubers 0.8–1.8 cm long; basal leaves 2–4, with 3-sect blades; cyems 1-flowered; sepals 5, yellow; carpels 35 ………………………………………………………… 85. **A. gortschakowii**

组 1. 草玉梅组

Sect. **Rivularidium** Jancz. in Rev. Gen. de Bot. 4: 251. 1892; Ulbr. in Bot. Jahrb. 37: 196. 1905; Tamura in Sci. Rep. Osaka Univ. 16(2): 26. 1967; et in Hiepko. Nat. Pflanzenfam., Zwei. Aufl. 17aIV: 29. 1995; W. T. Wang in Fl. Reip. Pop. Sin. 28: 22. 1980; Ziman et al. in J. Jap. Bot. 53(3): 148. 2008; Q. E. Yang in Plant Syst. Evol. 301: 421. 2015, p. p. excl. Subsect. *Vitifoliis*, Subsect. *Rupicolis* et Subsect. *Begoniifoliis*. Lectotype**:** *A. rivularis* Buch.-Ham. ex DC.

基生叶数枚，具长柄，通常 3 全裂或 3 深裂。萼片 5−8 (−16)。雄蕊花丝通常丝形；花粉多具 12 条散沟（中国植物）。心皮和瘦果多数，无毛，稀子房被柔毛，具较长弯曲或钩状花柱。染色体基数通常 x=8。

约 13 种，分布于东亚、中美洲和南美洲。我国有 3 种，广布于西部和北部。

1. 小花草玉梅 图版 1：1−4

Anemone barbulata Turcz. in Bull. Soc. Imp. Nat. Mosc. 10(6−8): 149. 1837; Forbes & Hemsl. in J. Linn. Soc. Bot. 23: 10. 1886.——*A. rivularis* Buch.-Ham. ex DC. var. *barbulata* Turcz. ex Maxim. in Acta Hort. Petrop. 11: 21. 1890; Fedts. in Bull. Peking Soc. Nat. Hist. 2(3): 94. 1928; W. T. Wang in Acta Phytotax. Sin. 12(2): 109. 1974. ——*A. rivularis* ssp. *barbulata* (Turcz.) Ulbr. in Bot. Jahrb. 37: 234. 1905. Holotype 河北：1830−1840, P. Kirilow s. n. (LE, non vidi).

Ranunculus mollendorffii Hance in J. Bot. 17: 7. 1879. Holotype 北京：百花山，alt. 5−6 000 ft., 1875-08-19, O. Moellendoff s. n. (non vidi).

Anemone rivularis var. *flore-minore* Maxim. Fl. Tangut. 6. 1889; Fl. Tsinling 1(2): 281, fig. 242. 1974; Fl. Pl. Herb.Chinae Bor. Or. 3: 158. 1975; W. T. Wang in Fl. Reip. Pop. Sin. 28: 24. 1980; S. Y. He, Fl. Beijing, rev. ed., 1: 243, fig. 306. 1984; J. W. Wang in Fl. Hebei 1: 463. 1986; D. Z. Ma & H. L. Liu, Fl. Ningxia 1: 191. 1986; Y. Z. Zhao in Fl. Intramongol., 2nd ed., 2: 465, pl. 188: 3−4. 1991; X. Y. Yu, B. L. Li & Y. M. Li in Fl. Shanxi. 1: 613, pl. 390.1992; J. G. Liu in Fl. Xinjiang. 2(1): 279. 1994; L. H. Zhou in Fl. Qinghai.1: 339. 1997; Wang, Ziman & Dutton in Fl. China 6: 316. 2001; X. D. Li, Y. Y. Zan & S. Huang in Fl. Shenongjia 285. 2017; J. Q. Fu in Fl. Loess.-plat. Sin. 1: 424, pl. 84: 1−4. 2000. ——*A. flore-minore* (Maxim.) Y. Z. Zhao, Class. Distr. Vasc. Pl. Inn. Mongol. 162. 2012. Described from Kansu, Shaanxi and Hebei Provinces, no specimen cided.

A. rivularis auct. non Buch.-Ham. ex DC.: Franch. in Nouv. Arch. Mus. Hist. Nat. Paris, ser. 2, 5: 170. 1883; X. W. Kung, Fl. Lanzhou. 251, fig. 186. 1962.

多年生草本，高 (20−) 40−125 cm。基生叶 5−10，具长柄；叶片纸质，五角形，(2−8) cm × (4−12) cm，基部心形，3 全裂，中央全裂片宽菱形，3 半裂，边缘有小裂片和牙齿，侧全裂片斜扇形或斜倒卵形，不等 2 深裂，两面疏被伏毛；叶柄长 5−16 cm，只近顶端有疏毛。花葶通常 1 条，无毛；聚伞花序或具 1 花，长 3−10 cm，或具 3−4 条分枝，同时 1−2 回分枝，长达 38 cm，具 10 余花；总苞苞片 3，具短柄，宽菱形，长 (1.5) 4−7 cm，3 全裂，全裂片狭披针形，边缘具小齿，有时 2−3 浅裂；花梗长 1.5−14 cm。花：萼片 5(−6)，白色，椭圆形或狭倒卵形，稀狭卵形，[5.5−8(−9)] mm × (2.5−4) mm，顶端圆形或钝，内面无毛，外面顶端和基部被短柔毛，有 3 条基生脉。雄蕊约 20，无毛；花丝狭条形，(1−3) mm × 0.18 mm；花药淡黄色，长圆形，(1−1.2) mm × (0.5−0.6) mm。心皮 12−32，无毛；子房狭长圆形，

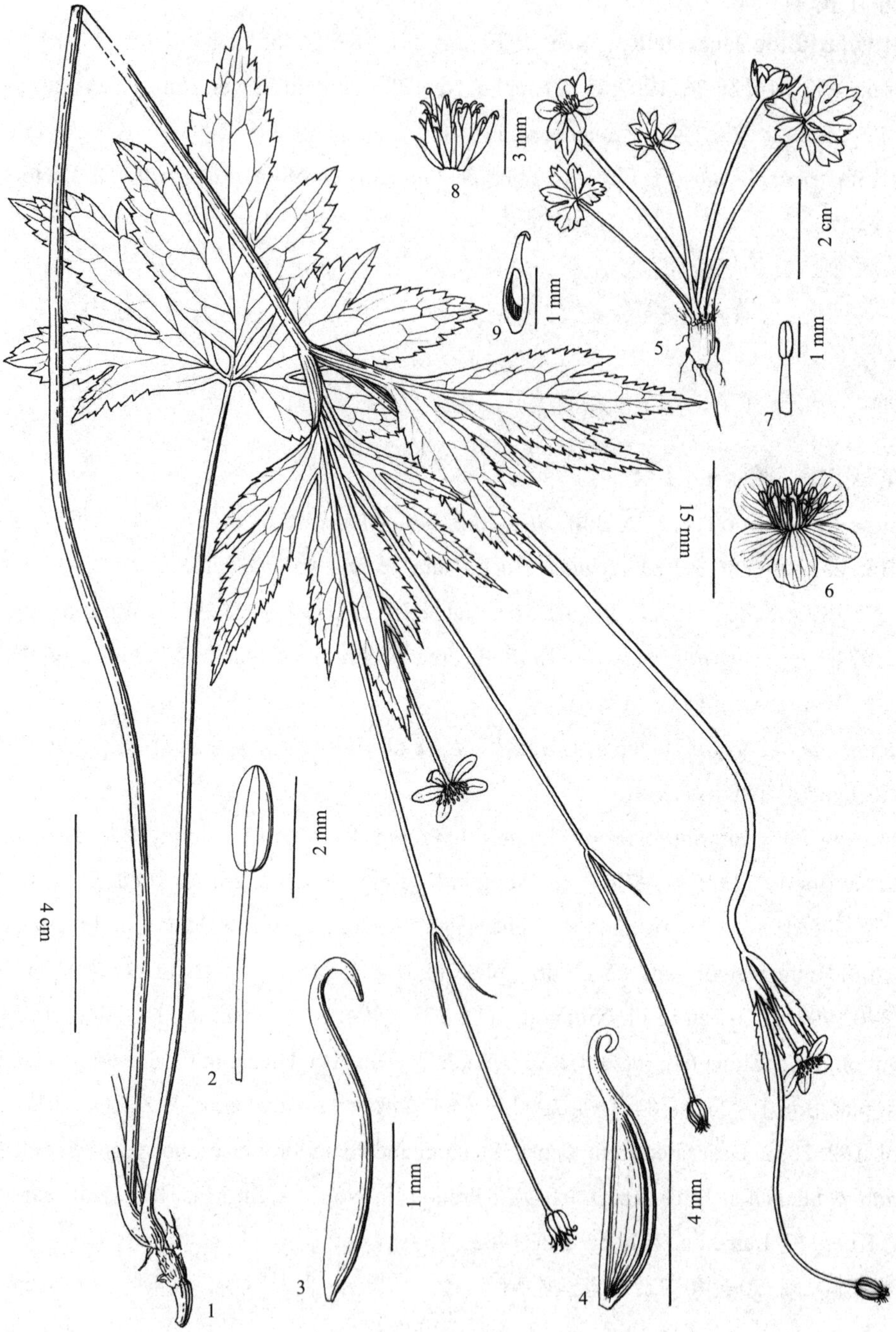

图版 1　1–4. **小花草玉梅**　1. 开花植株；2. 雄蕊；3. 心皮；4. 瘦果。（1–3. 据黄秀兰等 5384；4. 据黄河二队 2657）

5–9. **米林银莲花**　5. 开花植株；6. 花；7. 雄蕊；8. 雌蕊群；9. 心皮纵切面。（据李渤生和程树志 5517）

Plate 1　1–4. **Anemone barbulata**　1. Flowering plant; 2. Stamen; 3. Carpel; 4. Achene (1–3. from X. L. Huang et al. 5384; 4. from Huanghe 2nd Group 2657)

5–9. **A. milinensis**　5. Flowering plant; 6. Flower; 7. Stamen; 8. Gynoecium; 9. Longitudinal section of carpel. (From B. S. Li & S. Z. Cheng 5517)

2 mm × 0.5 mm；花柱长约 1.5 mm，钩状弯曲。瘦果扁，近长圆形，4 mm × 0.6 mm，无毛；宿存花柱长约 2 mm，钩状弯曲。花期 6 月至 9 月。

分布于重庆、湖北西部、四川、青海东部、新疆西部、甘肃、陕西、宁夏、山西、河北西部和北部、内蒙古西南部。生于山地草坡、灌丛或林边，在四川和甘肃南部海拔 1 800–3 600 m，在陕西、山西一带海拔 1 200–3 000 m，在河北西部海拔 500–1 600 m。

在银莲花属，以及毛茛科的其他多数属，花均具 5 枚萼片，花具多于 5 枚萼片乃是后来发生的进化现象。因此，花具 5 枚萼片，特产中国的小花草玉梅（*A. barbulata*）在演化水平上要比草玉梅（*A. rivularis*）原始；后者的花通常具 7–8 枚萼片，可能是从小花草玉梅衍生出的一种植物，自中国西南部山区向西南方向分布达印度半岛和斯里兰卡岛。

本种的根、根状茎和全草可供药用，有健胃消食、散瘀消结之效，用于肝炎、筋骨痛、牙痛等症（谢磊等，2016）。

标本登录 重庆：巫溪，陈跃东 2220；城口，戴天伦 101091。湖北：神农架，神农架队 31378。四川：石棉，谢朝俊 42563；小金，张秀实，任有铣 6033；金川，李馨 75087；德格，崔友文 4481；甘孜，崔友文 4291；茂县，何铸，周子林 13196；汶川，方文培 1467；阿坝，汤宗孝 1391；红原，郎楷永，李良千，费勇 2018。青海：湟中，何廷农 952；民和，刘尚武 2767；大通，张志和 4338。新疆：特克斯，周太炎等 65-658。甘肃：文县，白水江队 534；舟曲，王作宾 7458；武山，黄河队甘一队 2078；榆中，黄河队 3224；天祝，何业祺 4504；山丹，青甘队 3326；肃南，祁连山，何业祺 3572。陕西：凤县，王作宾 96-22；太白山，杨金祥 940；佛坪，郭本兆 1458；宁陕，孔宪武 3010；岚皋，巴山队 1816。宁夏：同心，于兆英 1632；海源，黄河队 5577。山西：垣曲，包世英 272；霍州，黄河队 846；交城，夏纬瑛 1076；兴县，王作宾 3061；芦芽山，Harry Smith 8154；宁武，山西队 356；五台山，关克俭，陈艺林 1410；应县，段长虹 304。河北：武安，关克俭 5772；内丘，刘心源 571；阜平，阜平队 74；涞源，刘继孟 3027；易县，刘继孟 255；小五台山，黄秀兰等 5384；涿鹿，杨朝广 1554；平泉，王忠涛等 140487；围场，承德队 202。北京：百花山，金德福 514；东灵山，北京草药队 555。内蒙古：兴和，赵一之 77-11；凉城，内大第 1 组 51。

2. 草玉梅 图版 2：1–5

Anemone rivularis Buch.-Ham.ex DC. Syst. 1: 211. 1817; et Prodr. 1: 21. 1824; Hook. f. & Thoms. Fl. Ind. 23. 1855; et in Hook. f. Fl. Brit. Ind. 1: 9. 1872; Franch. in Bull. Soc. Bot. France 33: 366. 1886; et Pl. Delav. 10. 1887; Maxim. in Acta Hort. Petrop. 11: 20. 1890; Finet & Gagnep. in Bull. Soc. Bot. France 51: 72. 1904; Ulbr. in Bot. Jahrb. 37: 234. 1905; Hand.-Mazz. in Acta Hort. Gotob. 13: 176. 1939, p. p. excl. syn. *A. barbulata* Turcz.; Iconogr. Corm. Sin. 1: 727, fig. 1453. 1972; Fl. Tsinling. 1(2): 72. 1974, p. p.; W. T. Wang in Fl. Reip. Pop. Sin. 28: 22. 1980; et in Fl. Xizang. 2: 78. 1985; Y. K. Li in Fl. Guizhou. 3: 76, pl. 31: 7–9. 1990; W. T. Wang, Vasc. Pl. Hengduan Mount. 1: 510. 1993; L. H. Zhou in Fl. Qinghai. 1: 339. 1997; W. T. Wang in Fl. Yunnan. 11: 189. 2000; et in High. Pl. China 3: 492, fig. 785. 2000; Wang, Ziman & Dutton in Fl. China 6: 316. 2001; S. H. Fu, Fl. Hubei.1: 351. 2001; Ziman et al. in J. Jap. Bot. 53(3): 149. 2008; L. Xie in Medic. Fl. China. 3: 317. 2016. ——*A. rivularis* ssp. *eurivularis* Ulbr. in Bot. Jahrb. 37: 234. 1905. Holotype Nepal: Chitong, F. Buchanan s. n. (non vidi).

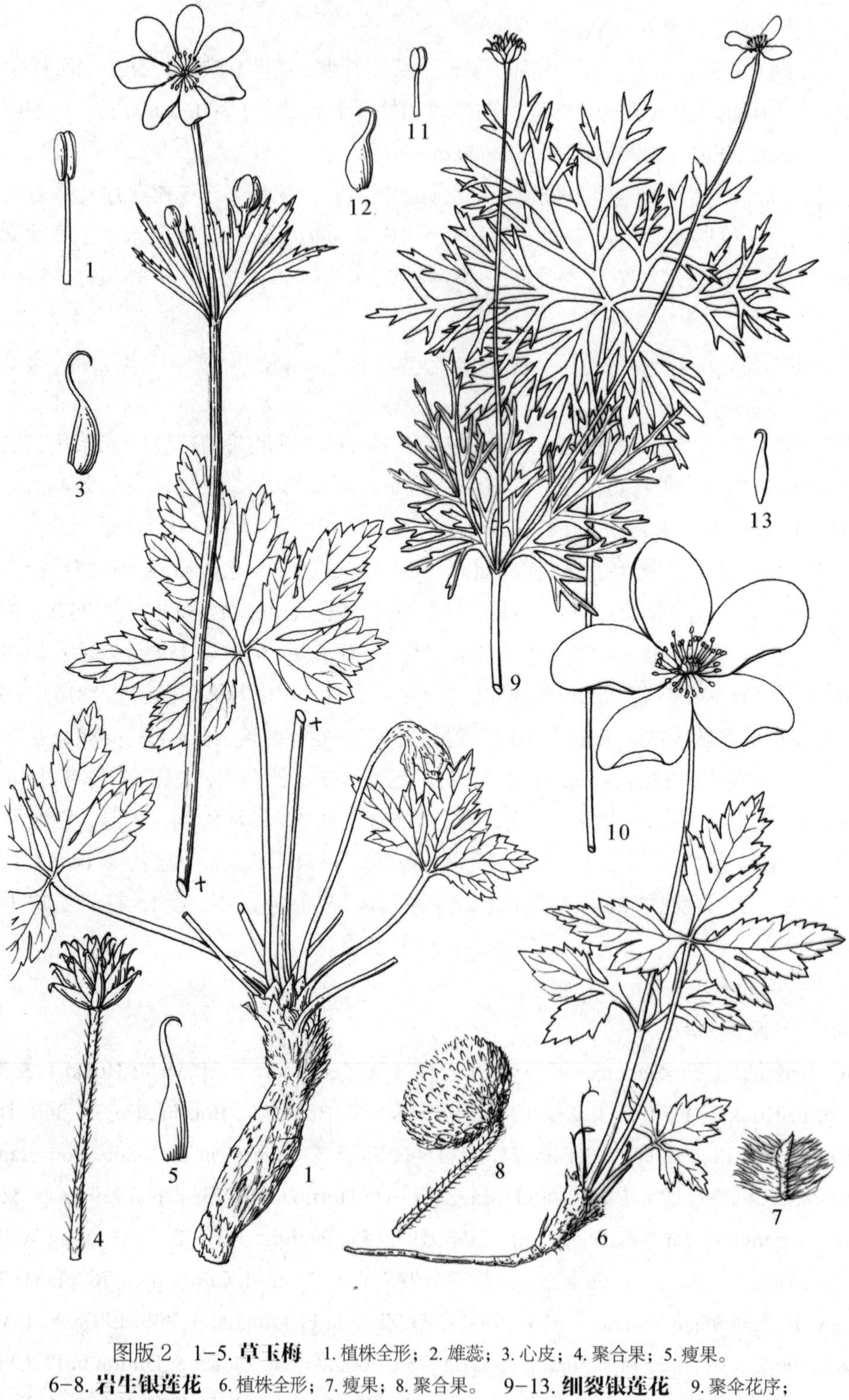

图版 2　1–5. **草玉梅**　1. 植株全形；2. 雄蕊；3. 心皮；4. 聚合果；5. 瘦果。
6–8. **岩生银莲花**　6. 植株全形；7. 瘦果；8. 聚合果。　9–13. **细裂银莲花**　9. 聚伞花序；
10. 基生叶；11. 雄蕊；12. 心皮；13. 瘦果。（引自《中国植物志》；赵宝恒绘）

Plate 2　1–5. **Anemone rivularis**　1. Habit; 2. Stamen; 3. Carpel; 4. Aggregate fruit; 5. Achene.
6–8. **A. rupicola**　6. Habit; 7. Achene; 8. Aggregate fruit.　9–13. **A. filisecta**　9. Cyme; 10. Basal leaf;
11. Stamen; 12. Carpel; 13. Achene. (After Fl. Reip. Pop. Sin.; drawn by B. H. Zhao)

A. leveillei Ulbr. in Bot. Jahrb. 36, Beibl. 80: 5, fig. 6−9. 1905.

A. saniculifolia Lévl. in Repert. Sp. Nov. 7: 383. 1909.

A. esquirolii Lévl. & Van. in l. c. 8: 88. 1910.

A. longipes Tamura in Acta Phytotax. Geobot. 15: 192. 1954.

A. rivularis var. *pilosisepala* W. T. Wang in Guihaia 33(5): 585. 2013. Holotype 西藏：米林，多雄拉山，alt. 4 200 m，2012-07-30，杨永，刘冰等 281(PE)。

2a. var. **rivularis**

2ai. f. **rivularis**

分布于西藏南部（海拔 2 700−3 900 m）、云南（1 600−4 000 m）、广西西部（920−2 000 m）、贵州（850−1 300 m)、湖北西部（1 400 m）、重庆，四川（1 200−3 000）、青海东南部（2 600−3 700 m）、甘肃西南部，以及不丹、尼泊尔、印度、斯里兰卡。生于山地草坡、灌丛、河滩、溪边、林边或林下。

本种的全草可供药用，有清热解毒、活血舒筋、止咳祛痰之效，用于咽喉肿痛、咳嗽痰多、瘰疬结核、疟疾、牙痛、慢性肝炎等症；有毒（谢磊，2016）。

标本登录 西藏：普兰，青藏队 8489；聂拉木，青藏队 5737；亚东，张经炜 2486；曲水，付国勋 83；工布江达，覃海宁 161；林芝，西藏中草药队 3058；米林，李勃生，程树志 5583；波密，应俊生，洪德元 65-25；江达，青藏队 11940。云南：德钦，俞德浚 8347；中甸，俞德浚 11815；维西，王启无 64064；丽江，俞德浚 15038；剑川，秦仁昌 23065；兰坪，蔡希陶 53783；洱源，汤宗孝 291；大理，王启无 63119；镇康，俞德浚 17215；景东，周仕顺 1452；昆明，钟观光 2025；东川，蓝顺彬 99；昭通，蔡希陶 50870；巧家，孙必兴 918；建水，蔡希陶 57137；文山，蔡希陶 51742。广西：那坡，中植联广西队 1674。贵州：兴义，贵州队 6970；安龙，张志松，张永田 5120；贵阳，安明态 5086；雷山，简焯坡等 50792；遵义，A. N. Steward, 焦启源 48。湖北：神农架，236-6 队 2513。重庆：南川：金佛山，李国凤 62667；巫山，杨光辉 59001；巫溪，杨光辉 58848；城口，戴天伦 101177。四川：攀枝花，杨永等 209；普格，管中天 8076；西昌，赵良能 2188；盐源，姜恕 5907；木里，俞德浚 5790；稻城，四川植物队 1414；得荣，青藏队 1716；巴塘，郎楷永，李良千，费勇 2315；雅江，应俊生 3043；九龙，应俊生 3908；雷波，俞德浚 3863；屏山，俞德浚 3366；汉源，刘振书 498；大祥岭，Harry Smith 10205；石棉，谢朝俊 41495；天全，胡文光，何铸 10156；泸定，张永田，郎楷永 27；康定，关克俭，王文采 512；宝兴，俞德浚 2294；小金，经济植物队 59-195；丹八，D. E. Boufford 等 37950；甘孜，胡文光 13019；德格，崔友文 4494；金川，李馨 77285；马尔康，李馨 70594；黑水，经济植物队 59-1394；若尔盖，四川植物队 10246；汶川，汪发瓒 21098；松潘，经济植物队 59-1612；平武，鲁丽敏 342；茂县，何铸，周子林 12651。青海：囊谦，藏药队 1184；玉树，？ 214；兴海，何廷农 148；西宁，钟补求 8142；门源，青藏队 2547。甘肃：天祝，？ 556。

2aii. 黄花草玉梅（变型）

f. **lutea** Ulbr. ex Hand.-Mazz. in Acta Hort. Gotob. 13: 176. 1939. Type 四川：松潘，alt. 3 000−3 100 m, Harry Smith 2218 (holotype), 2659 (paratype)(non vidi)。

本变型的萼片黄色，而与具白色萼片的模式变型不同。

特产于中国四川松潘。生于海拔 3 000−3 100 m 山区。

2b. 大理草玉梅（变种）

var. **daliensis** X. D. Dong & L. Yang in Bull. Bot. Res. Harbin 20(3): 248. 2000. Type 云南：大理，alt. 2 900 m, 1998-05-20, 杨林 980011 (holotype, non vidi), 980010 (paratype, non vidi)。

本变种的花具 14−20 枚淡红色萼片，而与模式变种不同。

特产于中国云南大理。生于海拔 2 900 m 一带山地。

3. 九龙银莲花 图版 3

Anemone jiulongensis W. T. Wang, sp. nov. Type 四川（Sichuan）：九龙县，纳布厂，磨子沟（Jiulong Xian，Nabuchang，Mezi Valley），alt. 3 817 m，山坡，花白色（on slope，fls. white），2018-07-20，张树仁，杨杰，张薇（S. R. Zhang，J. Yang & W. Zhang）GGS 10336（holotype and isotype）。

Perennial herbs 16−25 cm tall. Basal leaves 5−6, long petiolate; blades papery, ovate (1.4−3.4) cm × (1.8−3.6) cm, at base shallowly cordate or subtruncate, 3-sect, central segment rhombic, 3-lobed, with lobes 2−3-lobulate, lateral segments smaller, flabellate-rhombic, unequally 3-lobulate, with lobules 2−3-dentate or 2−3-denticulate, adaxially appressed-puberulous, abaxially on prominent nerves with short hairs; petioles 3−9 cm long. Scapes 5−6, 9−15 cm long, sparsely puberulous; cymes terminal, 1-flowered; involucral bracts 3, lanceolate, 1 cm long, entire, undivided, rarely 2-parted; pedicels (0.8−)2.5−11 cm long, appressed-puberulous. Flower: Sepals 5, white, obovate or broad-oblanceolate, (8−10) mm × (4−6) mm, apex rounded. Stamens ca. 30, white, glabrous; filaments linear ca. 2.6 mm × 0.4 mm. 1-nerved; anthers elliptic, ca. 1 mm × 0.4 mm; carpels ca. 3.6 mm long, ovaries ca. 2 mm long, densely villous, styles ca. 1.6 mm long, glabrous, apex recurved.

特产于中国四川九龙。生于山坡上，海拔 3 817 m。

4. 细裂银莲花 图版 2：9−13

Anemone filisecta C. Y. Wu & W. T. Wang in Acta Phytotax. Sin. 12(2): 165. 1974; W. T. Wang in Fl. Reip. Pop. Sin. 28: 24, pl. 9: 9−13. 1980; et in Fl. Yunnan. 11: 189. 2000; Wang, Ziman & Dutton in Fl. China 6: 316. 2001; Ziman et al in J. Jap. Bot. 83(3): 149. 2008. ——*Anemonidium filisectum* (C. Y. Wu & W. T. Wang) Starod. in Vetren itsy Sist. Evo. 1. 119. 1991. Holotype 云南：景洪，alt. 750 m，河岸，1936-11，王启无 80898 (PE)。

特产于中国云南景洪。生于山地河岸，海拔 750 m。

组 2. 西南银莲花组

Sect. **Anemonanthea** DC. Syst. 1: 196. 1817; et Prodr. 1: 18. 1824; Prantl in Bot. Jahrb. 9: 247. 1887; Ulbr. in Bot. Jahrb. 37: 191. 1905; W. T. Wang in Fl. Reip. Pop. Sin. 28: 8. 1980; Tamura in Hiepko, Nat. Pflanzenfam., Zwei Aufl. 17aIV: 338. 1995; Ziman et al. in J. Jap. Bot. 79(1): 46. 2004, et 83(3): 144. 2008. Lectotype: *A. nemorosa* L.

Sect. *Sylvia* Gaudin, Fl. Helvet. 3: 490. 1828.

Anemonoides sect. *Umbrosa* Starod. in Bot. Zhurn. 74: 1346. 1989. Type: *A. umbrosa* (C. A. Mey.) Holub.

Sect. *Rosulantes* Ziman & Kadota in J. Jap. Bot. 79(1): 48 et (3): 203. 2004. Type: *A. stolonifera* Maxim.

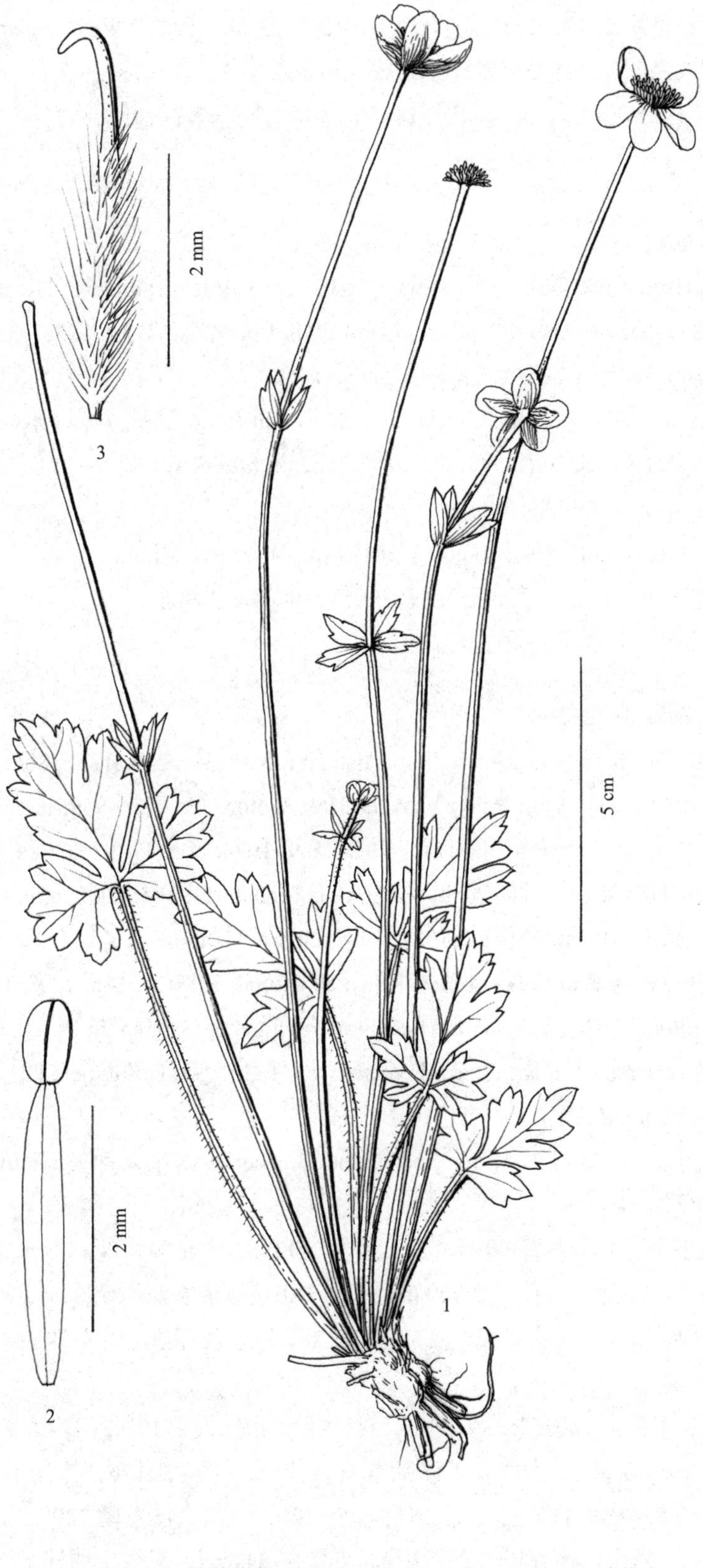

图版 3　**九龙银莲花**　1. 植株全形；2. 雄蕊；3. 心皮。（据主模式）

Plate 3　**Anemone jiulongensis**　1. Habit; 2. Stamen; 3. Carpel.（From holotype）

基生叶1-5，稀不存在，通常为单叶，3全裂，稀为三出复叶。聚伞花序有1-3 (-4) 花；总苞苞片具柄，3全裂或为三出复叶。萼片5-15。雄蕊花丝丝形；花粉具3沟，稀具散沟（*A. griffithii*）。心皮无柄，花柱比子房稍短，柱头常明显。瘦果通常不扁。染色体基数x=8。

约有32种，广布于北温带地区。中国有14种，多数分布于西南地区，数种分布于东北，在陕西一带只有2种。

系1. 西南银莲花系

Ser. **Hylalectron** (Irmisch) Ulbr. in Bot. Jahrb. 37: 193, 213. 1905; Tamura in Hiepko, Nat. Pflanzenfam., Zwei. Aufl. 17aIV: 338. 1995.——Sect. *Hylalectron* Irmisch in Bot. Zeit. 14: 19. 1856. ——Ser. *Anemonanthea*. Ziman et al. in J. Jap. Bot. 79(1): 47. 2004. Type: *A. nemorosa* L.

Anemonoides sect. *Anemonoides* subsect. *Altaicae* Starod. in Bot. Zhurn. 74: 1346. 1989.——Ser. *Altaicae* (Starod.) Ziman et al. in J. Jap. Bot. 79(1): 47, 65. 2004. Type: *A. altaica* (C. A. Mey.) Holub.

Ser. *Rosulantes*. Ziman et al. in l. c. 48.

Ser. *Exiguae* Ziman et al. in l. c. (1): 48 et (5): 281. Type: *A. exigua* Maxim.

萼片5-15，水平开展，白色，有时蓝色或粉红色。雄蕊花丝丝形。

约30种。同组分布。中国有13种。

5. 西南银莲花　图版4：1-3

Anemone davidii Franch. in Nouv. Arch. Mus. Hist. Nat. Paris, ser. 2, 8: 185. 1886; Pl. David. 2: 3. 1888; Ulbr. in Bot. Jahrb. 37: 233. 1905; Hand.-Mazz. in Acta. Hort. Gotob. 13: 175. 1939; Iconogr. Corm. Sin. 1: 724, fig. 1447. 1972; W. T. Wang in Acta Phytotax. Sin. 12(2): 109. 1974; et in Fl. Reip. Pop. Sin. 28: 8, pl. 1: 1-3. 1980; Y. K. Li in Fl. Guizhou. 3: 78, 1990; W. T. Wang in Fl. Yunnan. 11: 185. 2000; et in High. Pl. China 3: 488, fig. 777. 2000; K. M. Liu, Fl. Hunan 2: 658. 2000; Wang, Ziman & Dutton in Fl. China 6: 513. 2001; S. X. Fu, Fl. Hupeh. 1: 349. 2001; Ziman et al in J. Jap. Bot. 79(3): 204. 2004, et 83(3): 146. 2008; L. Xie in Medic. Fl. Pl. 3: 304. 2016. ——*A. stolonifera* Maxim. var. *davidii* (Franch.) Finet & Gagnep. in Bull. Soc. Bot. France 51: 72. 1904. ——*Anemonoides davidii* (Franch.) Starrod, Ventrenysty 123. 1991. Holotype　四川：宝兴，1869-04, A. David s. n. (P, non vidi; photo, PE)。

A. petiolulata Pei in Contr. Biol. Lab. Sci. Soc. China. Bot. ser. 9: 2, fig. 1. 1933. Holotype　四川：南川，1930-05-27, H. F. Chang 273 (NAS)。

分布于中国西藏东南部（海拔2 300 m）、云南（1 400-3 500 m）、四川（1 000-3 000 m）、重庆、贵州（600-2 500 m）和湖北西部（650-2 000 m）。生于山坡草地、灌丛或林中。

本种的根状茎可供药用，有活血止痛，祛瘀消肿之效，用于跌打损伤、风湿疼痛、腰肌劳损等症（谢磊等，2016）。

标本登录　西藏：墨脱县，青藏队3976。云南：中甸，俞德浚11193；维西，王启无64619；怒江，澜沧江分水岭，G. Forrest 26368；大理，王汉臣4036；彝良，董洪进176；墨江，费德罗夫等147。四川：金阳，经济植物队59-3059；筠连，经济植物队59-129；马边，汪发瓒22973；峨边，俞德浚831；石棉，谢朝俊40308；峨眉山，杜大华234；荥经，傅德志84-285；天全，曲桂龄2437；都江堰，汪发瓒20843；安县，朱大海3731。重庆：南川，金佛山，李国凤60947；酉阳，西师生物系2461；武隆，

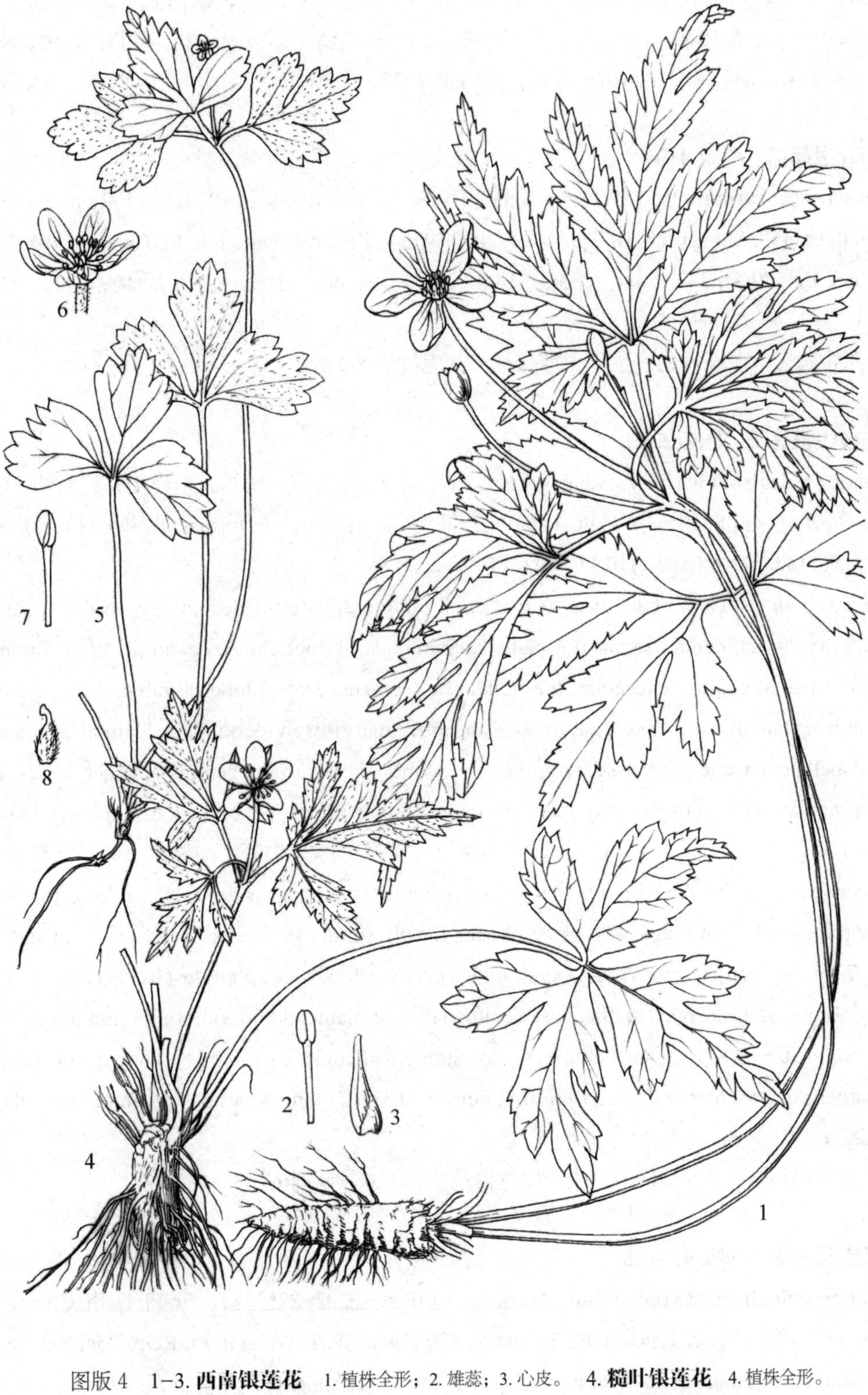

图版 4　1−3. **西南银莲花**　1. 植株全形；2. 雄蕊；3. 心皮。　4. **糙叶银莲花**　4. 植株全形。
5−8. **小银莲花**　5. 植株全形；6. 花；7. 雄蕊；8. 心皮。（引自《中国植物志》；赵宝恒绘）

Plate 4　1−3. ***Anemone davidii***　1. Habit; 2. Stamen; 3. Carpel.　4. ***A. scabriuscula***　4. Habit.
5−8. ***A. exigua***　5. Habit; 6. Flower; 7. Stamen; 8. Carpel.
(After Fl. Reip. Pop. Sin.; drawn by B. H. Zhao)

易思荣 154；奉节，三峡队 2841；城口，戴天伦 105133。贵州：凯里，黔南队 1221；江口，武陵山队 1329；梵净山，黔北队 1014。湖南：新宁，罗仲春 1854；桑植，刘林翰 910。湖北：兴山，蒋祖德，陶光复 210；神农架，神农架队 20816；竹溪，甘启良 2775。

6. 糙叶银莲花　图版 4：4

Anemone scabriuscula W. T. Wang in Acta Phytotax. Sin. 12(2): 160. 1974; in Fl. Reip. Pop. Sin. 28: 10, pl. 1: 4. 1980; et in Fl. Yunnan 11: 187, pl. 54: 4. 2000; Wang, Ziman & Dutton in Fl. China 6: 314. 2001; Ziman et al. in J. Jap. Bot. 79(5): 283. 2004, et 83(3): 146. 2008. Holotype　云南：丽江，巨甸，新竹，alt. 2 900 m, 1958-09-11，王文采 3123（PE）。

特产于中国云南丽江巨甸。生于山地疏林下，海拔 2 900 m。

7. 柏枝山银莲花　图版 5：1–3

Anemone baizhishanica W. T. Wang, sp. nov. Holotype　重庆市：南川，柏枝山，三河坝（Chongqing: Nanchuan, Baizhi Shan, Sanheba），alt. 1 950 m，灌丛中，花白色（in bushes, fls. white），1986-05-09，金佛山考察队 (Jinfo Shan Exped.) 0147(PE)。

Perennial herb ca. 16 cm tall. Basal leaves ca. 2, long petiolate; blades papery, cordate-pentagonal, ca. 2 cm × 4.5 cm, 3-sect, central segment broadly rhombic, shortly petiolulate (petiolule ca. 1.5 mm long), ca. 2 cm broad, 3-parted slightly exceeding the middle of segment, central lobe rhombic, 3-lobed, with lobules 3–5-denticulate, lateral lobes obliquely ovate, on upper margin few-denticulate, lateral segments sessile, obliquely flabellate, unequely 2-parted, with the upper lobes similar to the central segment, lower lobes much smaller; surfaces adaxially and abaxially sparsely appressed-puberulous; petioles ca. 6.5 cm long, only near apex puberulous.

Scape singular, ca. 9.5 cm long, only near apex puberulous; monochasium ca. 7 cm long; involucral bracts 3, petiolate (petioles 1.7 cm long), with blades 3-sect, mostly similar to those of basal leaves in size and shape; pedicels 2–7 cm long, densely appressed-puberulous. Flower: Sepals 5, white, obovate, (18–19) mm × (11–12) mm, 9-nerved, glabrous, at apex rounded. Stamens ca. 40, glabrous; filaments filiform, 3–3.5 mm long; anther broad-oblong, 1 mm × (0.6–0.8) mm, apex obtuse. Gynoecium broad-conic, ca. 4 mm × 4.8 mm, consisting of ca. 70 glabrous carpels; ovaries narrow-ovoid, (0.6–0.8) mm × (0.3–0.5) mm; styles 0.3–0.5 mm long, adaxially with stigmatic tissue.

特产于中国重庆南川区柏枝山。生于山地灌丛中，海拔 1 950 m。

8. 匐枝银莲花　图版 9：4–5

Anemone stolonifera Maxim. in Bull. Acad. Sci. St.-Petersb. 22: 225. 1876; Fl. Pl. Herb. Chinae Bor.-Or. 3: 154, pl. 65: 6–7. 1975; Liu & Hsieh in Fl. Taiwan 2: 480. 1976; W. T. Wang in Fl. Reip. Pop. Sin. 28: 10. 1980; Tamura & Shmizu in Satake et al. Wild Flow. Japan 2: 69. 1982; Yang & Huang in Fl. Taiwan, 2nd ed., 2: 511, pl. 237. 1996; Wang, Ziman & Dutton in Fl. China 6: 512. 2001; Ziman et al. in J. Jap. Bot. 79(3): 203. 2004, et 83(3): 146. 2008. ——*Anemonoides stolonifera* (Maxim.) Holub in Folia Geobot. Phytotax. Praha 8: 156. 1973. Holotype　日本：Nambu, 1865, Tchonosky s. n. (LE, non vidi).

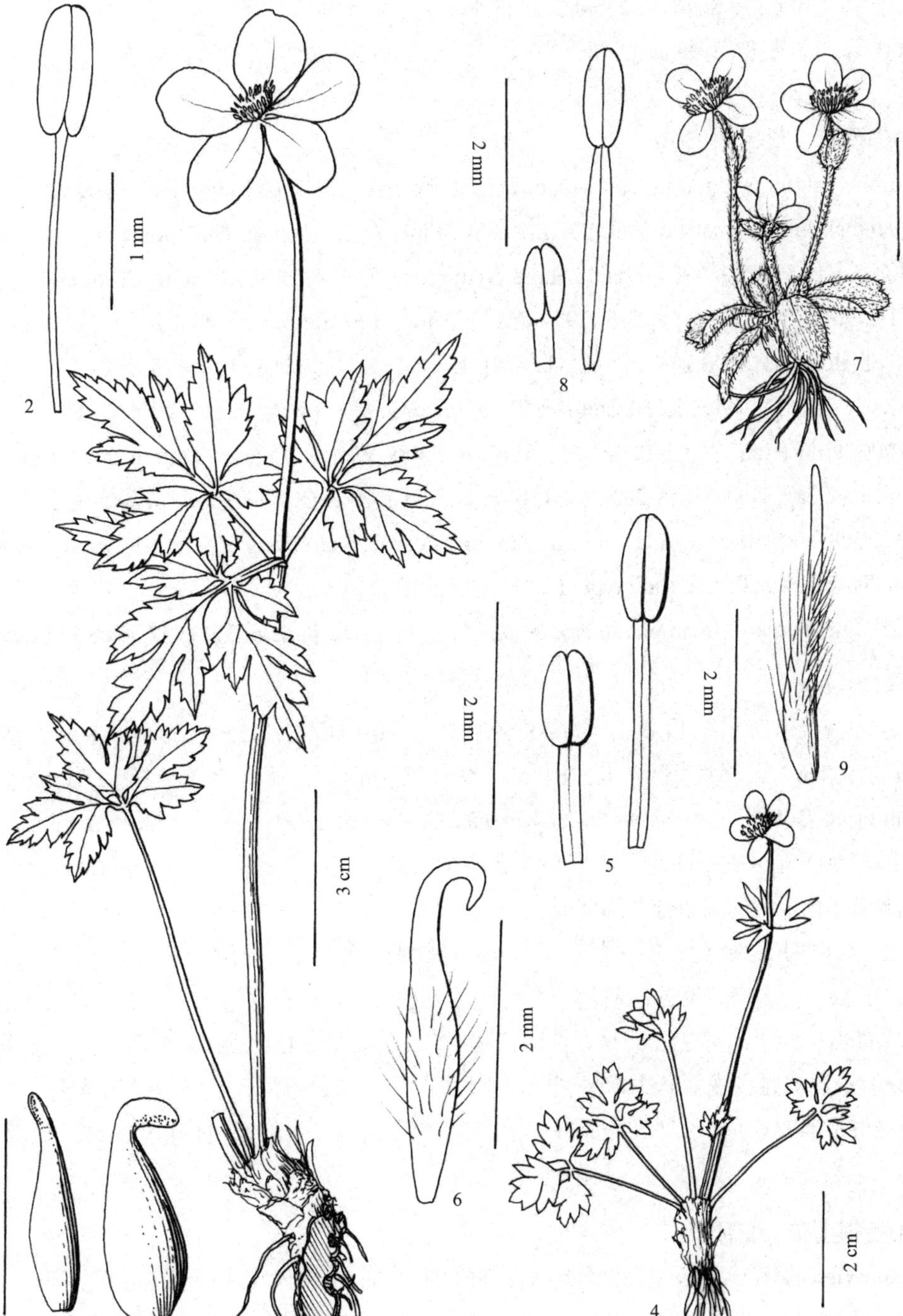

图版 5　1−3. **柏枝山银莲花**　1. 开花植株；2. 雄蕊；3. 二心皮。　4−6. **波密银莲花**　4. 开花植株；5. 二雄蕊；6. 心皮。
7−9. **折多山银莲花**　7. 开花植株；8. 二雄蕊；9. 心皮。（据主模式）

Plate 5　1−3. ***Anemone baizhishanica***　1. Flowering plant; 2. Stamen; 3. Two carpels.
4−6. ***A. bomiensis***　4. Flowering plant; 5. Two staemns; 6. Carpel.
7−9. ***A. zheduoshanica***　7. Flowering plant; 8. Two stamens; 9. Carpel. (from holotypes)

A. siuzevi Kom. in Acta Hort. Petrop. 22: 262. 1903.

分布于中国黑龙江、台湾，以及朝鲜、日本。生于山地阔叶林下。

标本登录　黑龙江：黑河，？ 68；尚志，王光正 s. n.（IFP）；台湾：台中，杨宗愈等 5646。

9. 小银莲花　图版 4：5–8

Anemone exigua Maxim. in Bull. Acad. Sci. St.-Petersb. 23: 306. 1877; et Fl. Tangut. 9, t.2: 7–15. 1889; Forbes & Hemsl. in J. Linn. Soc. Bot. 23: 11. 1886; Finet & Gagnep. in Bull. Soc. Bot. France 51: 65. 1904; Ulbr. in Bot. Jahrb. 37: 233. 1905; Hand.-Mazz. Symb. Sin. 7: 314. 1931; Iconogr. Corm. Sin. 1: 724, fig. 1448. 1972; Fl. Tsingling. 1(2): 278, fig. 239. 1974; W. T. Wang in Fl. Reip. Pop. Sin. 28: 11, pl. 1: 5–8. 1980; B. Z. Ding et al. Fl. Henan. 1: 478. 1981; D. Z. Ma & H. L. Liu, Fl. Ningxia 1: 191. 1986; X. Y. Yu, B. L. Li & Y. M. Li in Fl. Shanxi. 1: 611. 1992; L. H. Zhou in Fl. Qinghai. 1: 338, pl. 74: 5–8. 1997; W. T. Wang in Fl. Yunnan. 11: 187. 2000; et in High. Pl. China 3: 489, fig. 778. 2000; Wang, Ziman & Dutton in Fl. China 6: 313. 2001; Ziman et al. in J. Jap. Bot. 79(5): 281. 2004, p. p. excl syn. *A. exigua* var. *shanxiensis* B. L. Li & X. Y. Yu, et 83(3): 146. 2008. ——*Anemonoides exigua* (Maxim.) Starod, Vetrenytsy 123. 1991. Type　甘肃：大通河，1873-05, N. M. Przewalski s. n. (holotype, LE; isotype, PE)。

A. takasagomontana Masamune in Not. Syst. Mus. Hist. Nat. Paris 6: 37. 1937. (fide Ziman et al., 2004)

9a. var. **exigua**

分布于中国云南西北部（丽江，海拔 3 500 m）、四川西部（2 550–3 600 m）、青海东部、甘肃南部（1 600–3 500 m）、陕西南部（太白山，2 300–2 700 m）、山西中部（灵石，2 100 m）和台湾。

Ziman et al. (2004) 将 *Anemone takasagomontana* Masamune 归并于 *A. exigua* Maxim.，于是形成本种在中国西部与台湾地区的一间断分布现象。在中国银莲花属中，水棉花（*A. hupehensis* f. *alba*）的分布区也有与小银莲花相似的间断分布的情况。

标本登录　四川：康定，折多塘，T. Naito，郎楷永等 523；金川，李谱雄 10536；马尔康，吴中伦 32528；理县，？ 872；茂县，何铸，周子林 12663；九寨沟，韩裕丰等 82-415；大邑，朱大海等 20070689。青海：大通，刘继孟 6534。甘肃：文县，白水江队 445，5376；成县，王庆瑞 11528；舟曲，王作宾 14337；玛曲，白龙江队 1602；迭部，白龙江队 1834；卓尼，1885 年，3–6 月，G. N. Potanin s. n.；洮河，1886 年 5–6 月，G. N. Potanin s. n. 陕西：太白山，刘慎谔，钟补求 2647。山西：灵石，唐进 934。

9b. **山西银莲花（变种）**

var. **shanxiensis** B. L. Li & X. Y. Yu in Acta Phytotax. Sin. 27: 152. 1989, et in Fl. Shanxi. 1: 613, pl. 388. 1992; Wang, Ziman & Dutton in Fl. China 6: 313. 2001. Type　山西：灵石，太岳山，马和乡，红岩底村，alt. 2 100 m, 1987-05-28，余湘云 87216（holotype, SXY），87215 (paratype, PE)；同地，1987-05-28，李腊红 87213（paratype, PE）。

特产于中国山西灵石。生于山地桦树林下，海拔 2 100 m。

10. 乌德银莲花　图版 6：13–15

Anemone udensis Trautv. & C. A. Mey. Fl. Ochot. 6, t. 26. 1847; Maxim. Prim. Fl. Amur. 17. 1859; Finet

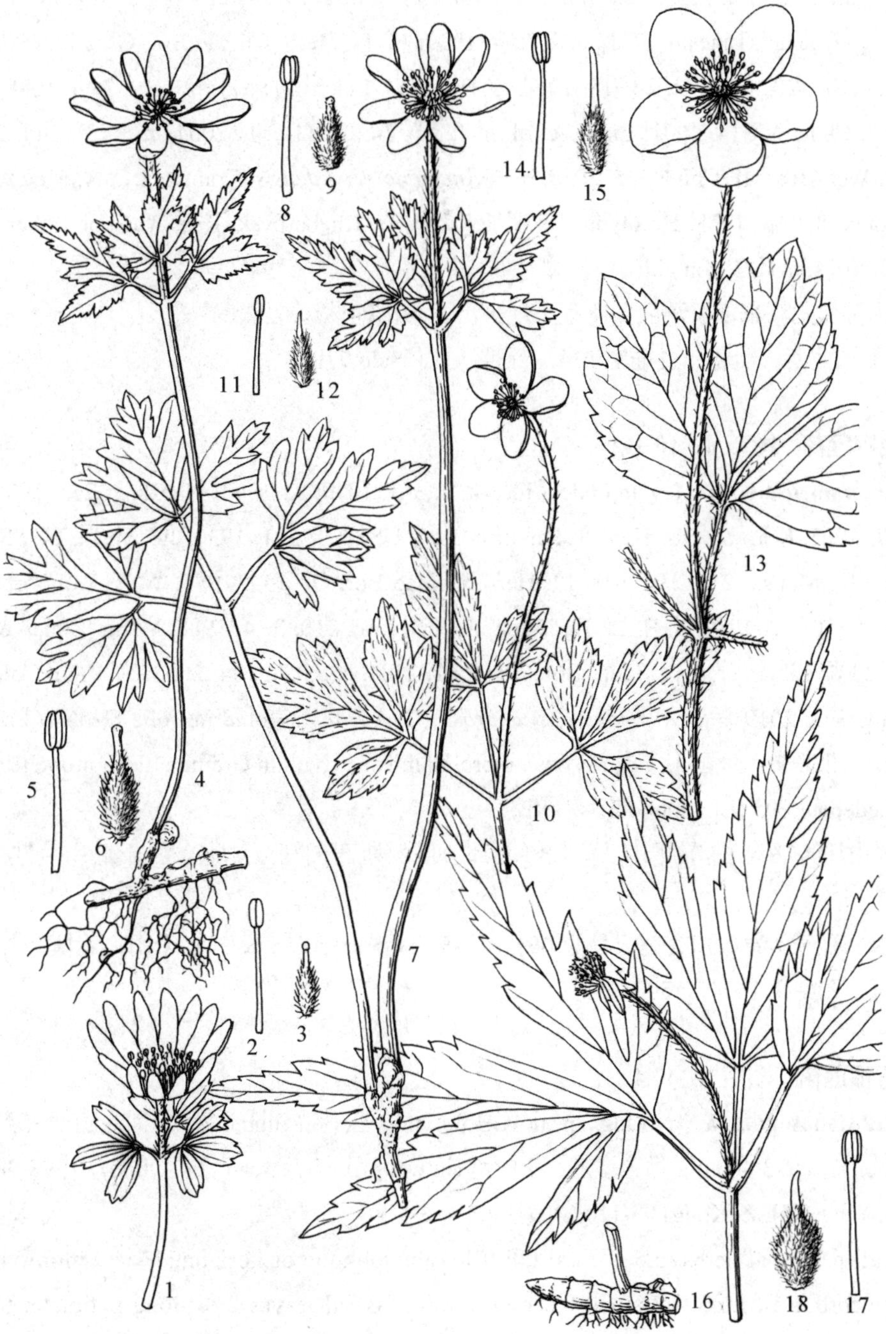

图版 6　1−3. **多被银莲花**　1. 植株上部；2. 雄蕊；3. 心皮。　4−6. **阿尔泰银莲花**　4. 植株全形；5. 雄蕊；6. 心皮。
7−9. **黑水银莲花**　7. 植株全形；8. 雄蕊；9. 心皮。　10−12. **阴地银莲花**　10. 植株上部；11. 雄蕊；12. 心皮。
13−15. **乌德银莲花**　13. 植株上部；14. 雄蕊；15. 心皮。　16−18. **反萼银莲花**　16. 根状茎和植株上部；
17. 雄蕊；18. 心皮。（引自《中国植物志》；赵宝恒绘）

Plate 6　1−3. **Anemone raddeana**　1. Upper part of plant; 2. Stamen; 3. Carpel.　4−6. **A. altaica**　4. Habit; 5. Stamen; 6. Carpel.
7−9. **A. amurensis**　7. Habit,; 8. Stamen; 9. Carpel.　10−12. **A. umbrosa**　10. Upper part of plant; 11. Stamen; 12. Carpel.
13−15. **A. udensis**　13. Upper part of plant; 14. Stamen; 15. Carpel.　16−18. **A. reflexa**　16. Rhizome and upper part of plant;
17. Stamen; 18. Carpel. (After Fl. Reip. Pop. Sin.; drawn by B. H. Zhao)

& Gagnep. in Bull. Soc. Bot. France 51: 63. 1904; Ulbr. in Bot. Jahrb. 37: 221. 1905; Juz. in Fl. URSS 7: 250, pl. 15: 5a, b. 1937; Kitag. Lineam. Fl. Mansh. 214. 1939; Fl. Pl. Herb. Chinae Bor.-Or. 152. 1975; W. T. Wang in Fl. Reip. Pop. Sin. 28: 14, pl. 2: 13−15. 1980; S. H. Li, Fl. Liaonig 1: 511, pl. 210: 3−4. 1988; Wang, Ziman & Dutton in Fl. China 6: 314. 2001; Ziman et al. in J. Jap. Bot. 79(1): 59. 2004, et 83(3): 144. 2008; Y. Zhou, Colour. Ill. Pl. Wet Area. NE China 345. 2019. ——*Anemonoides udensis* (Trautv. & C. A. Mey.) Holub in Folia Geobot. Phytotax. 8: 166. 1973. Holotype 俄罗斯 (俄国)：Khabarovski Reg., Udshoe, Siberi orient., 1844-06-18, Middendorf s. n. (LE, non vidi).

分布于中国黑龙江东部以及俄罗斯远东地区。生于山地林边或灌丛中。

标本登录 黑龙江：伊春，吴征镒 134；牡丹江，J. Sato 7787。

11. 阴地银莲花 图版 6：10−12

Anemone umbrosa C. A. Mey. in Ledeb. Fl. Alt. 2: 361. 1830; Kom. Fl. Mansh. 2: 263. 1903; Ulbr. in Bot. Jahrb. 37: 227. 1905; Kom & Alis. Key Pl. Far East. Reg. USSR 1: 541. 1931; Juz. in Fl. URSS 7: 248. 1937; Kitag. Lineam. Fl. Mansh. 214. 1939; Fl. Pl. Herb. Chinae Bor.-Or. 152. 1975; W. T. Wang in Fl. Reip. Pop. Sin. 28: 14, pl. 2: 10−12. 1980; S. H. Li, Fl. Liaoning 1: 511, pl. 210: 3−4. 1988; Wang, Ziman & Dutton in Fl. China 6: 315. 2001; Ziman et al. in J. Jap. Bot. 79(1): 62. 2004, et 83(3): 144. 2008; Y. Zhou, Colour Ill. Pl. Wet Area. NE China 343. 2019. ——*Anemonoides umbrosa* (C. A. Mey.) Holud in Folia Geobot. Phytotax. 8: 166. 1973. Holotype 俄罗斯 (俄国)："In sylvis umbrosissimis ad rivulum Grammatucha prope Riddersk Sibiriae altaicae"，Ledebour 795 (LE, non vidi).

分布于中国辽宁和吉林东部，以及朝鲜北部、俄罗斯西伯利亚地区。生于低山草地或林下，海拔 200−600 m。

标本登录 辽宁：草河口，赵大昌等 601；丹东，鸡冠山，J. Sato 93；千山，刘慎谔等 605。吉林：敦化，黄泥河，孔宪武 1444，1507。

12. 狭萼银莲花 图版 7：1−4

Anemone stenosepala W. T. Wang, sp. nov. Holotype 云南 (Yunnan)：中甸，近仙人洞 (Zhongdian, near Xianrendong)，alt. 3 400 m，沟边湿地，花白色 (in wet place by stream, fls. white)，1998-08-24，杨亲二，孔宏智 (Q. E. Yang & H. Z. Kong) 98-110 (PE)。

Very small perennial herbs, 2.5−10 cm tall. Rhizome oblique or horizontal, 6−9 mm long, ca. 2.5 mm across, putting forth a filiform stolon ca. 0.5 mm in diam. Basal leaves 2−3, long petiolate; blades cordate-pentagonal, (0.8−1.4) cm × (1.1−2) cm, 3-sect, central segment broadly rhombic, 0.6−1 cm broad, 3-lobed or 3-cleft, lobes 2−3-dentate, lateral segments slightly larger than central segment, also broadly rhombic, but oblique, unequally 2-cleft or 2-lobed; surfaces adaxially and abaxially appressed-pubescent; petioles 1−3.2 cm long, subglabrous. Scapes solitary, 1−7.5 cm long, above pubescent; cymes 1-flowered; involucral bracts 3, unequal in size and shape, petiolate, broadly triangular, rhombic or obliquely narrow-ovate, (4−5) mm × (2.5−5) mm, 3-parted or unequally 2-lobed, lobes 1−2-dentate or entire, with petioles 2−3 mm long; pedicel 0.8−2 cm long, appressed-pubescent. Flower: Sepals 6, white, oblong, (4−4.5) mm × (1−1.5) mm, at apex slightly obtuse, 3-nerved, adaxially glabrous, abaxially with sparse short hairs. Stamens ca. 9, glabrous; filaments filiform, 0.3−

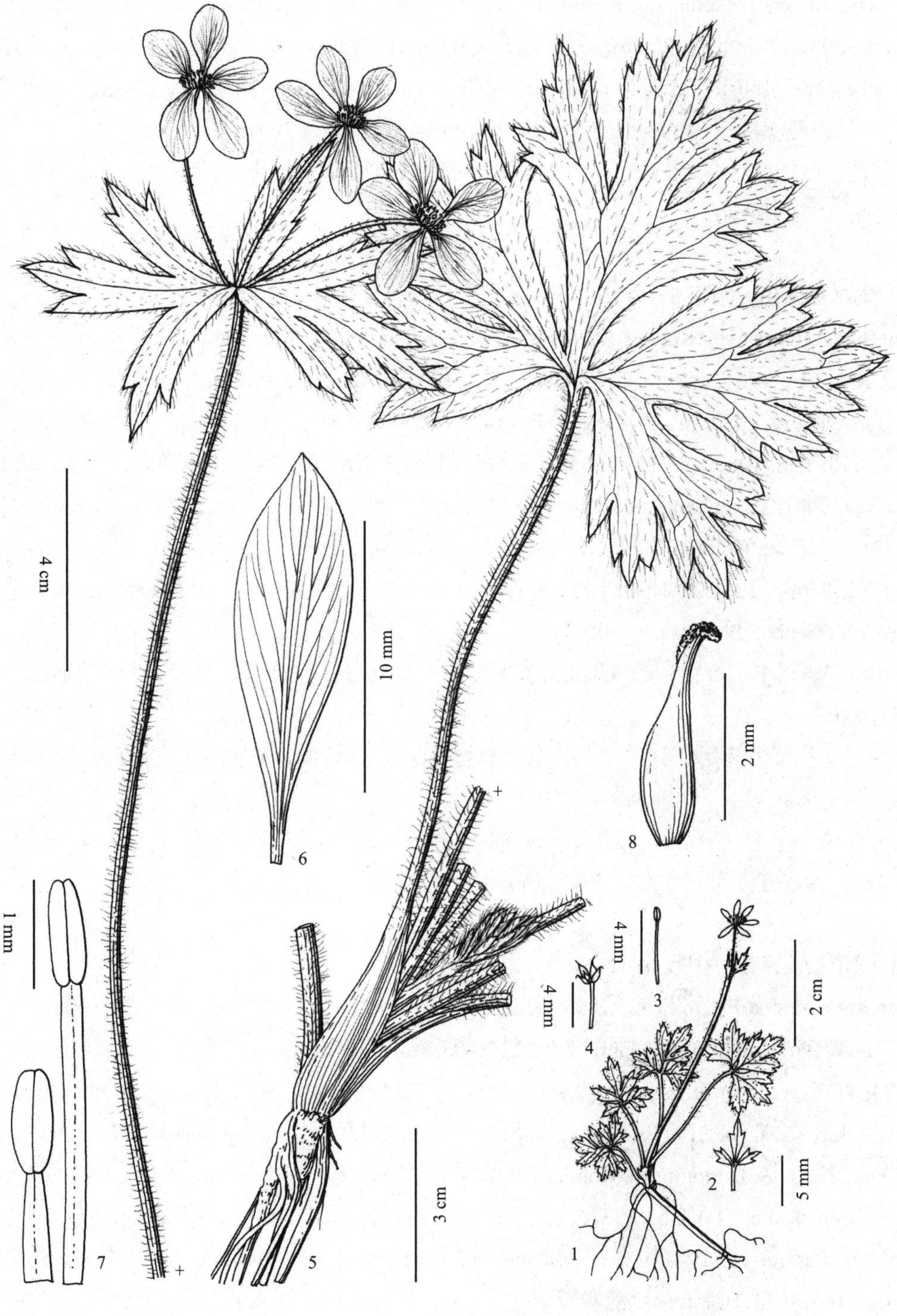

图版 7　1–4. **狭萼银莲花**　1. 植株全形；2. 总苞苞片；3. 雄蕊；4. 雌蕊群。　5–8. **宝兴银莲花**　5. 植株下部绘出一基生叶和一花葶；6. 萼片；7. 2 雄蕊；8. 心皮。（据 2 种的主模式；孙英宝绘）

Plate 7　1–4. **Anemone stenosepala**　1. Habit; 2. Involucral bract; 3. Stamen; 4. Gynoecium.
5–8. **A. baoxingensis**　5. Lower part of the holotype, with a basal leaf and a scape illustrated; 6. Sepal; 7. Two stamens; 8. Carpel. (From holotypes of the two species; drawn by Y. B. Sun)

1.5 mm long; anthers suborbicular, 0.5 mm × 0.7 mm, apex obtuse. Carpels 6−10, ca. 0.8 mm long, glabrous; ovaries long elliptic, 0.5 mm × 0.2 mm; styles 0.3 mm long. Achenes narrow-ovoid, (1−1.8) mm × (0.3−0.5) mm, densely pubescent; persistent styles straight or slightly recurved or nearly hooked, glabrous.

特产于中国云南香格里拉县仙人洞。生于溪边湿地，海拔 3 400 m。

本种最小的植株只高 2.5 cm。花极小，6 枚白色长圆形萼片极小，长 4−4.5 mm，宽 1−1.5 mm，是中国银莲花属中最小的花。

13. 黑水银莲花　图版 6：7−9

Anemone amurensis (Korsh.) Kom. in Acta. Hort. Petrop. 22: 262. 1903; Kom. & Alis. Key Pl. Far East. Reg. USSR 1: 541. 1931; Juz. in Fl. URSS 7: 247. 1937; Kitag. Lineam. Fl. Mansh. 212. 1939; Fl. Pl. Herb. Chinae Bor.-Or. 150. 1975; W. T. Wang in Fl. Reip. Pop. Sin. 28: 15, pl. 2: 7−9. 1980; S. H. Li, Fl. Liaoning 1: 511, pl. 210: 1−2. 1988; W. T. Wang in High. Pl. China 3: 490, fig. 781. 2000; Wang, Ziman & Dutton in Fl. China 6: 314. 2001; Ziman et al. in J. Jap. Bot. 79(1): 55. 2004, et 83(3): 144. 2008; L. Xie in Medic. Fl. China 3: 310. 2016; Y. Zhou, Colour. Ill. Pl. Wet Area. NE China 340. 2019. ——*A. nemorosa* L. ssp. *amurensis* Korsh. in Acta Hort. Petrop. 12: 292. 1892; Ulbr. in Bot. Jahrb. 37: 225. 1905. ——*Anemonoides amurensis* (Korsh.) Holub in Folia Geobot. Phytotax. 8: 105. 1973.

分布于中国辽宁、吉林东部和黑龙江东部，以及朝鲜、俄罗斯远东地区。生于山地灌丛中或林下，海拔 552−810 m。

本种的全草可供药用，有发汗、强肝补肾之效，用于麻痹、胃痛、痛风、百日咳等症（谢磊等，2016）。

标本登录　辽宁：桓仁，陈法东，胡清如 87−05。吉林：敦化，傅德志 83−09；长白山，方振富 1331，1351。黑龙江：小兴安岭，宋朝枢 36。

14. 阿尔泰银莲花　图版 6：4−6

Anemone altaica Fisch. ex C. A. Mey. in Ledeb. Fl. Alt. 2: 362. 1830; Finet & Gagnep. in Bull. Soc. Bot. France 51: 64. 1904; Ulbr. in Bot. Jahrb. 37: 222. 1905; Juz. in Fl. URSS 7: 248. 1937; Fl. Tsiling. 1(2): 279, fig. 240. 1974; W. T. Wang in Fl. Reip. Pop. Sin. 28: 12, pl. 2: 4−6. 1980; B. Z. Ding et al. Fl. Henan. 1: 76. 1981; X. Y. Yu, B. L. Li & Y. M. Li in Fl. Shanxi. 1: 613, pl. 389. 1992; W. T. Wang in High. Pl. China 3: 489, fig. 779. 2000; Wang, Ziman & Dutton in Fl. China 6: 316. 2001; Ziman et al. J. Jap. Bot. 79(1): 65. 2004, et 83(3): 145. 2008; L. Xie in Medic. Fl. China 3: 306. 2016. ——*A. nemorosa* L. ssp. *altaica* (Fisch. ex C. A. Mey.) Korsh. in Acta Hort. Petrop. 12: 29. 1892.——*Anemonoides altaica* (Fisch. ex C. A. Mey.) Holub in Folia Geobot. Phytotax. 8: 166. 1973. Holotype　俄罗斯（俄国）：“In montibus altaicis”, Schangin s. n. (LE, non vidi).

分布于中国陕西南部、河南西部、山西南部和新疆，广布于亚洲北部和欧洲东部。生于山地灌丛、沟边或林下，海拔 1 200−2 000 m。

本种的根状茎可供药用，有化痰开窍，安神、祛风化湿等效，用于热痛神昏、癫痫、气闷耳聋、胸闷腹胀等症（谢磊等，2016）。

标本登录　陕西：太白山，王作宾 6399，傅坤俊 2849；华阴，西安药检所生药室 s. n.；华山，夏纬瑛，王振华 105。河南：卢氏，朱长山 2009；陕县，1959-05，？ 0629。山西：永济，刘天慰 65；运城，黄河队 423；垣曲，刘心源 20066；阳城，包士英，严生俊 171；翼城，黄河队 23。新疆：尼勒克，1977-04-26，？ 517。

15. 多被银莲花　图版 6：1−3

Anemone raddeana Regel in Bull. Soc. Nat. Mosc. 34: 16. 1861; Forbes & Hemsl in J. Linn. Soc. Bot. 23: 12. 1886; Finet & Gagnep. in Bull. Soc. Bot. France 51: 67. 1904; Ulbr. in Bot. Jahrb. 37: 220. 1905; Juz. in Fl. URSS 7: 249. 1937; Kitag, Lineam. Fl. Mansh. 213. 1939; Fl. Pl. Herb. Chinae Bor.-Or. 152. 1975; W. T. Wang in Fl. Reip. Pop. Sin 28: 12, pl. 2: 1−3. 1980; S. H. Li, Fl. Liaoning. 1: 509. 1988; Y. J. Zheng in Fl. Shandong 1: 35, fig. 27. 1997; W. T. Wang in High. Pl. China 3: 490, fig. 780. 2000; Wang, Ziman & Dutton in Fl. China 6: 315. 2001; Ziman et al. in J. Jap. Bot. 79(1): 68. 2004, p. p. excl. syn. *A. raddeana* var. *lacerata* Y. L. Xu, et 83 (3): 145. 2008; L. Xie in Medic. Fl. China 3: 308. 2016; Y. Zhou, Colour. Ill. Pl. Wet Area. NE China 336. 2019. ——*Anemonoides raddeana* (Regel) Holub in Folia Geobot. Phytotax 8: 166. 1973. Holotype　Mandshuria ad fl. Amur montes Burejae, 1858-04, G. Radde s. n. (LE, non vidi).

15a. var. **raddeana**

分布于中国山东东部、辽宁、吉林和黑龙江，以及俄罗斯远东地区、朝鲜和日本。生于山地林边、林下，多石山坡或河滩上，海拔约 800 m。

本种的根状茎可供药用，有祛风湿、消痈肿之效，用于风寒湿痹、四肢拘挛、风湿腰腿痛、关节疼痛、风寒或感冒等症（谢磊等，2016）。

标本登录　山东：昆嵛山，山东野生植物普查队 0578。辽宁：宽甸，李冀云等 1189；草河口，J. Sato 94。吉林：敦化，傅德志 83-03；长白山，alt. 810 m，方振富 1399；浩良河，丁托娅 83-176。黑龙江：尚志，帽儿山，林大 96 级实习队 96-02。

15b. **龙王山银莲花（变种）**

var. **lacerata** Y. L. Xu in Bull. Bot. Res. Harbin 13(2): 121. 1993; Wang, Ziman & Dutton in Fl. China 6: 315. 2001. Holotype　浙江：安吉，龙王山，alt. 950 m，阔叶林下，1991-04-04，徐耀良 0879 (non vidi)。

特产于中国浙江安吉龙王山。生于山地阔叶林下，海拔 950 m。

16. 三出银莲花　图版 8：1−4；16：9−11

Anemone griffithii Hook. f. & Thoms. Fl. Ind. 21. 1855; et in Hook. f. Fl. Brit. Ind. 1: 8. 1872; Bruhl. in Ann. Bot. Gard. Culc. 5: 75, t. 105A. 1896; Finet & Gagnep. in Bull. Soc. Bot. France 51: 71. 1904; W. T. Wang in Fl. Reip. Pop. Sin. 28: 11, pl. 11: 9−11. 1980; et in Fl. Xizang. 2: 78. 1985; Wang, Ziman & Dutton in Fl. China 6: 313. 2001; Ziman et al. in J. Jap. Bot. 79(5): 282. 2004, et 83(3): 146. 2008. ——*Anemonoides griffithii* (Hook. f. & Thoms.) Holub in Folia Geobot. Phytotax. 8: 272. 1973. Holotype　Bhutan: near Chuka, alt. 6 000 ft. and Mishimi Hills, 1838, W. Griffith 1420 (K, non vidi).

A. nanchuanensis W. T. Wang in Acta Phytotax. Sin. 12(2): 161, pl. 8: 1. 1974. Holotype　重庆：南川，小河乡，alt. 1 650 m, 1957-05-08，熊济华，周子林 90728 (PE)。

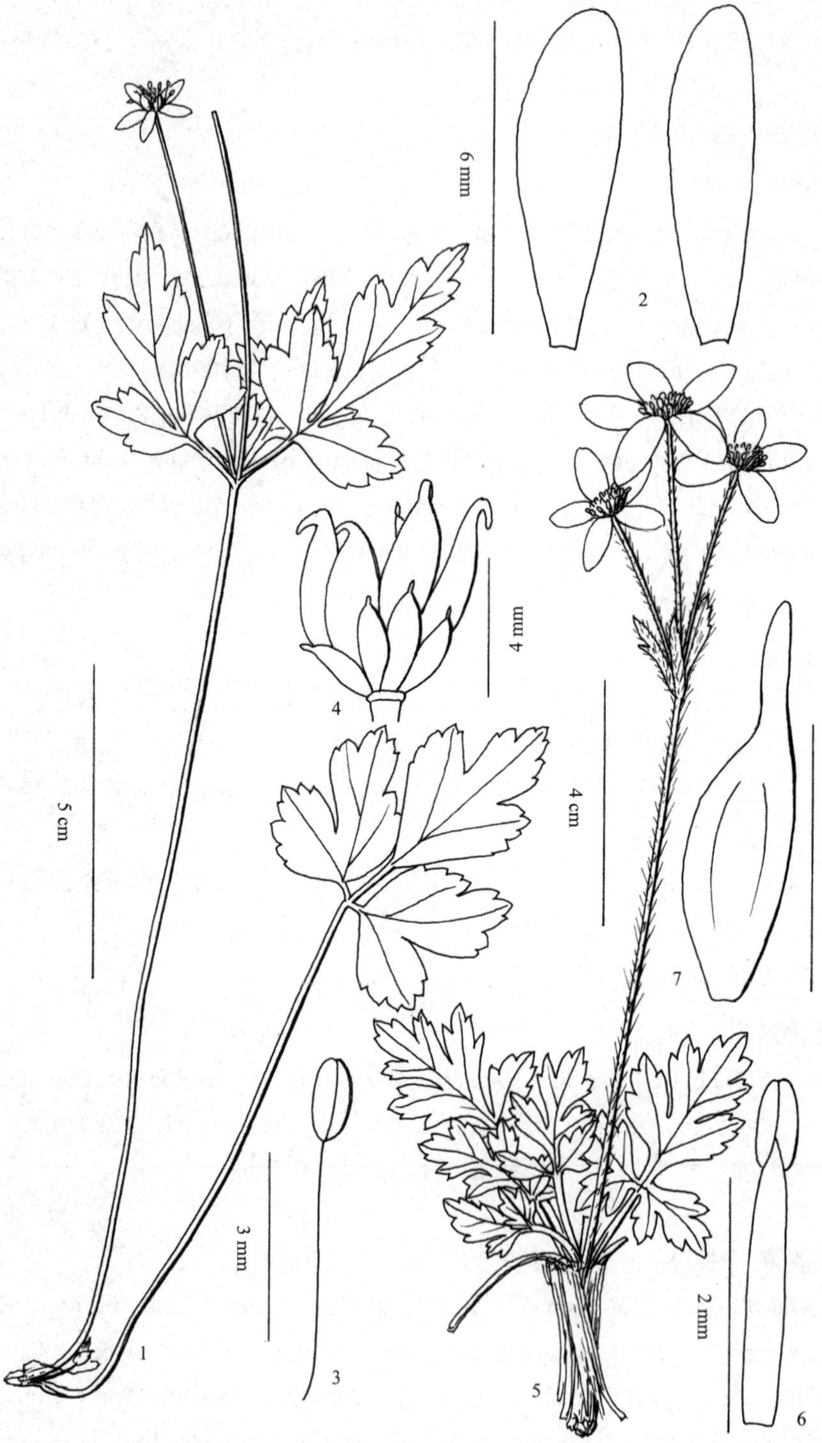

图版 8　1–4. **三出银莲花**　1. 开花植株；2. 二萼片；3. 雄藏；4. 雌蕊群。（据张树仁等 2785）
5–7. **矮展毛银莲花**　5. 开花植株；6. 雄蕊；7. 心皮。（据主模式；孙英宝绘图）

Plate 8　1–4. **Anemone griffithii**　1. Flowering plant; 2. Two speals; 3. Stamen; 4. Gynoecium. (from S. R. Zhang et al. 2785)
5–7. **A.demissa** var. **humilis**　5. Flowering plant; 6. Stamen; 7. Carpel. (from holotypes; drawn by Y. B. Sun)

分布于中国西藏南部(海拔 2 500−3 000 m)、四川中部(1 800−2 400 m)和重庆南部(1 800−1 950 m)，以及不丹、尼泊尔和印度北部。生于山地林下、山坡草地或陡崖上。

标本登录 西藏：聂拉木，樟木，张永田，郎楷永 3412，3514；亚东，青藏补点队 75-99。四川：都江堰，陈道纯 30031；彭县，冯正波，朱大海 2007-429；石棉，张树仁等 2785。重庆：南川，金佛山，刘正宇 5181，金佛山队 149，182。

17. 粗柱银莲花

Anemone robustostylosa Miao in Acta Sci. Nat. Univ. Sunyats. 32(4): 56. 1993. Holotype 广西：乐业，雅长林场，alt. 950 m，路边，花紫色带红，1989-08-30，钟业聪 890811 (SYS; photo, PE)。

特产于中国广西乐业县雅长乡。生于低山路边，海拔 950 m。

系 2. 反萼银莲花系

Ser. **Reflexae** Ulbr. in Bot. Jahrb. 37: 194, 228. 1905; Tamura in Hiepko, Nat. Pflanzenfam., Zwei. Aufl. 17aIV: 339. 1995; Ziman et al. in J. Jap. Bot. 79(1): 47. 2004. ——Subsect. *Reflexa* (Ulbr.) Juz. in Fl. URSS 7: 250. 1937. ——*Anemonoides* subsect. *Reflexae* (Ulbr.) Starod. Syst. & Evol. 123. 1991. Type: *A. reflexa* Steph.

聚伞花序有 1 花。萼片 5（−7），反折，绿白色，条形。雄蕊花丝狭条形。心皮子房密被柔毛。

1 种，分布于中国陕西（眉县、太白山、蓝田）、河南西部（嵩县）和吉林东部，以及朝鲜北部、俄罗斯远东和西伯利亚地区、蒙古和欧洲东部。

18. 反萼银莲花 图版 6：16−18

Anemone reflexa Steph. ex Willd. Sp. Pl. 2: 1282. 1797; Finet & Gagnep. in Bull. Soc. Bot. France 51: 61. 1904; Ulbr. in Bot. Jahrb. 37: 228. 1905; Juz. in Fl. URSS 7: 250, t. 15: 6. 1937; Fl. Tsinling. 1(2): 280. 1974; W. T. Wang in Acta Phytotax. Sin. 12(2): 109. 1974; Fl. Pl. Herb. Bor.-Or. 158. 1975; W. T. Wang in Fl. Reip. Pop. Sin. 28: 15, pl. 2: 16−18. 1980; in Acta Phytotax. Sin. 29(5): 162. 1991; et in High. Pl. China 3: 491, fig. 782. 2000; Wang, Ziman & Dutton in Fl. China 6: 315. 2001; Ziman et al. in J. Jap. Bot. 79(3): 197. 2004, et 83(3): 145, 2008; L. Xie in Medic. Fl. China 3: 312. 2016.——*Anemonoides reflexa* (Steph. ex Willd.) Holub in Folia Geobot. Phytotax. 8: 66. 1973. Lectotype 俄罗斯(俄国)：“In Sibiriae regionibus Baicalensibus, Irkutsk”, Staphan & Laxmann s. n. (LE; Ziman et al., 2004)。

同系分布。生于山谷灌丛中或河边湿地，在太白山分布于海拔 1 200−1 400 m 一带山地。

标本登录 陕西：眉县，Zhu, Chen, Xu & Wang 2366; 太白山，王作宾 6492，傅坤俊 2849，杨金祥 35。吉林：长白山，敖志文 4108；集安，吉金祥 633。

组 3. 钝裂银莲花组

Sect. **Himalayicae** (Ulbr.) Juz. in Fl. URSS 7: 256. 1937; W. T. Wang in Fl. Reip. Pop. Sin. 28: 34. 1980; Tamura in Acta Phytotax. Geobot. 43: 179. 1991; et in Hiepko, Nat. Pflanzenfam., Zwei. Aufl. 17aIV: 335. 1995; Ziman et al. in Edinb. J. Bot. 64(1): 51. 2007; et in J. Jap. Bot. 83(3): 138. 2008.——Sect. *Pulsatilloides* subsect. *Brevistylae* Ulbr. ser. *Himalayicae* Ulbr. in Bot. Jahrb. 37: 201. 1905. ——Sect. *Omalocarpus* subsect.

Himalayicae (Ulbr.) Tamura in Sci. Reip. Osaka Univ. 16(2): 27. 1967. ——*Pulsatilloides* sect. *Himalayica* Starod. Syst. & Evol. 124. 1991. ——*Anemonastrum* Holub sect. *Anemonastrum* subsect. *Himalayicae* (Ulbr.) Mosyaki in Phytoneuron 55: 6. 2018. Lectotype: *A. obtusiloba* D. Don (Tamura, 1995)

根状茎垂直。基生叶多为单叶，稀为三出复叶或羽状复叶；单叶叶片3全裂、深裂、浅裂或不分裂。聚伞花序多有1–2花；总苞苞片3，无柄。萼片5–8，白色，蓝色或黄色。雄蕊花丝条形；花粉具3沟。心皮子房密被柔毛，稀无毛，花柱稍短于子房，直，柱头不明显，稀明显。染色体基数x=7。

约21种，分布于中国西部、北部和喜马拉雅山区，以及阿富汗和吉尔吉斯坦。

系1. 钝裂银莲花系

Ser. **Obtusilobae** Ziman, Ehrendorfer & Bulakh in Edinb. J. Bot. 64(1): 56. 2007; et in J. Jap. Bot. 83(3): 147. 2008. Type: *A. obtusiloba* D. Don.

基生叶具长柄，叶片心状五角形，3全裂，稀3深裂，稀卵形，不分裂，基部圆形。瘦果不扁或稍扁，无肋。

约14种。

19. 钝裂银莲花　图版9：1–3；12：11

Anemone obtusiloba D. Don, Prodr. Fl. Nep. 194. 1825; Hook. f. & Thoms. Fl. Ind. 22. 1855; et in Hook. f. Fl. Brit. Ind. 1: 8. 1872; Franch. in Bull. Soc. Bot. France 33: 365. 1886; Finet & Gagnep in Bull. Soc. Bot. France 51: 62. 1904; Ulbr. in Bot. Jahrb. 37: 241. 1905; Lauener in Not. Bot. Gard. Edinb. 23: 181. 1960; W. T. Wang in Fl. Reip. Pop. Sin. 28:36. 1980; in Fl. Xizang. 2: 80, fig. 23: 3. 1985; et in Fl. Yunnan 11: 193. 2000; Wang, Ziman & Dutton in Fl. China 6: 326. 2001; Ziman et al. in Edinb. J. Bot. 64(1): 59, fig. 1. 2007; et in J. Jap. Bot. 83(3): 147. 2008; L. Xie in Medic. Fl. China 3: 328. 2016. ——*A. obtusiloba* ssp. *obtusiloba* Bruhl in Ann. Bot. Gard. Culc. 5: 78. 1896. ——*A. obtusiloba* ssp. *genuina* Ulbr. in Bot. Jahrb. 37: 242. 1905. ——*Anemonastrum obtusilobum* (D. Don) Mosyokin in Phytoneuron 55: 7. 2018. Lectotype　Nepal: Gosainqsthan, Wallich s. n. (Ziman & Mosunkin, 2007).

A. obtusiloba var. *chrysantha* Ulbr. in Bot. Jahrb. 37: 242. 1906. Holotype　西藏：Kandang, Hans s. n. (non vidi)。

A. obtusiloba var. *villosa* Marq. & Shaw in J. Linn. Soc. Bot. 48(321): 154. 1929. Holotype　西藏 : Nyima La, alt. 3 960–4 270 m，杜鹃花灌丛，1924-06-22, F. Kingdon Ward 5821 (non vidi)。

19a. ssp. **obtusiloba**

19ai. var. **obtusiloba**

分布于中国西藏南部、云南西北部、四川西部、甘肃南部和新疆西部，以及尼泊尔、印度北部、巴基斯坦和中亚。生于高山草地或林下，海拔2 900–4 800 m。

标本登录　西藏：吉隆，综考会队75-336；聂拉木，张永田，郎楷永3512；米林，西藏中草药队4029；昌都，青藏队1263。云南：中甸，1981-06-21，？ 67。四川：木里，郎楷永，李良千，费勇8；康定，折多山，郎楷永，李良千，费勇1063；二郎山，蒋兴麐 s. n.；宝兴，C. S. Chang, H. Kim 等S10968；小金，覃海宁17013；道孚，林学系队01；金川，李馨77467；茂县，何铸，周子林30231；刷经寺，四川植物队9046。

图版 9　1–3. **钝裂银莲花**　1. 植株全形；2. 雄蕊；3. 心皮。（据张永田，郎楷永 3512）
4–5. **匐枝银莲花**　4. 植株全形；5. 心皮。（引自《东北草本植物志》，1975；孙英宝绘）

Plate 9　1–3. **Anemone obtusiloba**　1. Habit; 2. Stamen; 3. Carpel. (From Y. T. Zhang & K. Y. Lang 3512)
4–5. **A. stolonifera**　4. Habit; 5. Carpel. (After Fl. Pl. Herb. Chin. Bor.-Or., 1975; drawn by Y. B. Sun)

19aii. 光房银莲花（变种）　图 1

var. **leiovaria** J. Q. Fu in Fl. Loess-plat. Sin. 1: 426, 611, pl. 84: 5. 2000. Type　青海：共和县，椏稍沟，alt. 3 560 m, 1963-06-30，张振万 1913 (holotype, WUK, non vidi)。山西：五台山，龙泉寺，alt. 3 000 m, 1983-07-07，黄土高原植物考察队 1413,1483 (paratypes, WUK, non vidi)。

本变种的植株低矮，总苞苞片长圆形，不分裂，子房无毛，而与模式变种不同。

分布于中国青海东部和山西五台山。生于海拔 3 000–3 560 m 山地一带。

19b. 长柄钝裂银莲花（亚种）

ssp. **dolichopoda** W. T. Wang, ssp. nov. Type　西藏 (Xizang)：吉隆县，伦当 (?) (Jilong Xian, Lundang ?) alt. 3 500 m, 山坡，花白色 (on slope, fls. white), 1975-07-16，青藏队草原组 (Prairie Group, Qinghai-Xizang Exped.) 6953 (holotype, PE)；吉隆县至邦兴 (on the way from Jilong to Bangxing), alt. 2 800 m，花紫色 (fls. purple), 1975-07-13，西藏队植被组 (Vegetation Group, Xizang Exped.) 5233 (PE)。

A ssp. *obtusiloba* differt plantis 36–60 cm altis, petiolis usque ad 29 cm longis, sepalis albis vel prupureis. Basal leaves ca. 2; blades cordate-pentagonal, up to 3.8 cm × 5 cm, 3-sect, adaxially glabrous, abaxially appressed-pubescent. Scapes 2–4, 26–50 cm long, sparsely pubescent; cymes 1–2-flowered; involucral bracts 3, sessile broad-rhombic, ca. 2 cm × 2 cm, 3-parted to near base; pedicels 4–10 cm long, with sparse hairs. Sepals white or purple, obovate, ca. 12 mm × 7 mm. Stamens 4–5 mm long, glabrous; filaments linear. Carpels 14–20; ovaries ellipsoid, 1.8–3 mm long, densely pubescent; styles 1–1.2 mm long, glabrous; stigmas inconspicuous.

产于中国西藏吉隆。生于海拔 2 800 m 山地一带。

19c. 光叶银莲花（亚种）　图版 12：8

ssp. **leiophylla** W. T. Wang in Fl. Reip. Pop. Sin. 28: 36, 350. 1980; Wang, Ziman & Dutton in Fl. China 6: 326. 2001. ——*A. obtusiloba* var. *leiophylla* (W. T. Wang) Ziman et al. in Edinb. J. Bot. 64(1): 64. 2007. Holotype　云南：贡山，alt. 3 000 m，草甸，1937-07-12，俞德浚 22076(PE)。

分布于中国云南贡山和西藏墨脱。生于山地草坡、灌丛中、林边或沟边。海拔 3 000–3 600 m。

标本登录　云南：贡山，昆明植物所队 9033，10025，青藏队 8478，8484。西藏：墨脱，自那格至多雄拉，青藏队 8362。

19d. 镇康银莲花（亚种）　图版 12：7

ssp. **megaphylla** W. T. Wang in Fl. Reip. Pop. Sin. 28: 36, 350. 1980; Wang, Ziman & Dutton in Fl. China 6: 326. 2001; Ziman et al. in Edinb. J. Bot. 64(1): 65. 2007. Holotype　云南：镇康，雪山草坡，alt. 3 400 m, 1938-07-24，俞德浚 16956（PE）。

特产于中国云南镇康。生于山地草坡，海拔 3 400 m。

20. 泸定银莲花　图版 10：1–3

Anemone ludingensis W. T. Wang, sp. nov. Holotype　四川 (Sichuan)：泸定县，海螺沟，4 号营地 (Luding Xian, Hailuogou, Camp no. 4), alt. 3 738 m, 高山草甸 (on alpine meadow), 2018-07-15，杨永，李海文，杨智，王宇 (Y. Yang, H. W. Li, Z. Yang & Y. Wang) GGS 161 (PE)。

Perennial herbs ca. 14 cm tall. Basal leaves ca. 5, long petiolate; blades papery, cordate-pentagonal, rarely suborbicular or broad-ovate, (1.4–2.5) cm × (2.2–4.5) cm, 3-sect, central segment broad-rhombic, 3-parted,

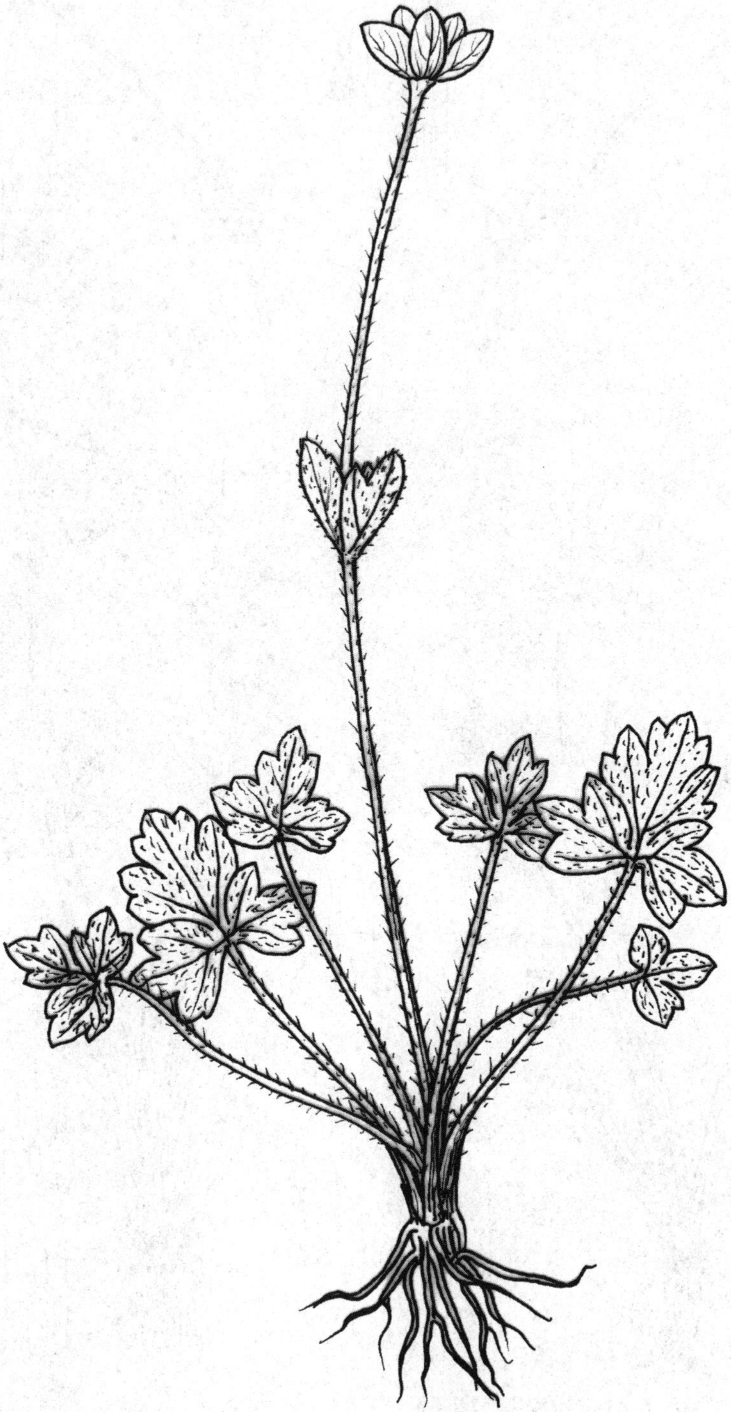

图 1　**光房银莲花**　植株全形（引自黄土高原植物志，2000）

Fig. 1　***Anemone obtusiloba* var. *leiovaria***　Habit.（After Fl. Loess-plat. Sin.，2000）

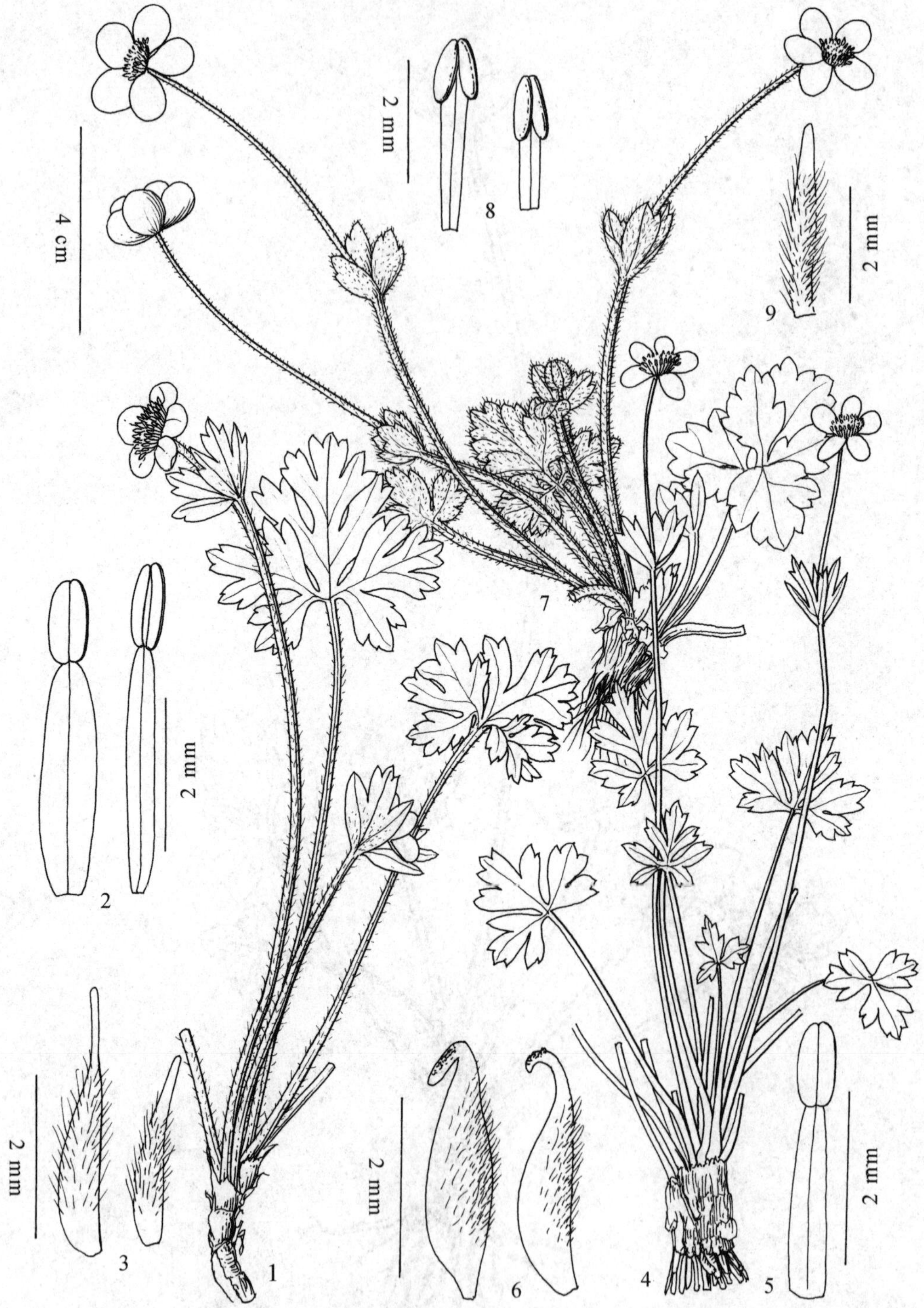

图版 10 1–3. **泸定银莲花** 1. 开花植株；2. 二雄蕊；3. 二心皮。

4–6. **嘎隆拉山银莲花** 4. 开花植株；5. 雄蕊；6. 二心皮。

7–9. **三小叶银莲花** 7. 开花植株；8. 二雄蕊；9. 心皮。（据主模式）

Plate 10 1–3. **Anemone ludingensis** 1. Flowering plant; 2. Two stamens; 3. Two carpels.

4–6. **A. galonglashanica** 4. Flowering plant; 5. Stamen; 6. Two carpels.

7–9. **A. trifoliolata** 7. Flowering plant; 8. Two stamens; 9. Carpel. (from holotypes)

lobes few-lobulate or few-denticulate, lateral segments obliquely flabellate, unequally 2-parted, with lobes lobulate and sparsely denticulate; surfaces both sparsely puberulous; petioles slender, 3.5−11 cm long, only near apex with sparse short hairs. Scapes slender, 5−12.5 cm long, subglabrous; cymes 1-flowered; involucral bracts 3, sessile, 1 larger, broad-rhombic, ca. 1.4 cm long and broad, 3-lobed, the second one similar to the first one, but smaller, ca. 1 cm long, the third one cuneate, ca. 1 cm long, unequally 2-lobed; pedicels ca. 3.2 cm long, puberulous. Flower: Sepals 5, white, elliptic or obovate. (8−10) mm × 6 mm, glabrous, 5−6-nerved, apex rounded. Stamens ca. 40, 3−4 mm long, glabrous; filaments lanceolate-linear, (2.2−3.2) mm × (0.3−0.8) mm, 1-nerved; anthers yellowish, broad-oblong, (0.8−1) mm × (0.5−0.7) mm, apex obtuse. Carpels ca. 25; ovaries narrowly ovoid, (1−2) mm × (0.5−1) mm, densely pubescent; styles 1−1.4 mm long, glabrous; stigmas inconspicuous.

产于中国四川泸定。生于高山草甸上，海拔 3 738 m。

21. 天全银莲花　图版 11：1−3

Anemone patula Chang ex W. T. Wang in Acta Phytotax. Sin. 12(2): 169, pl. 9: 10. 1974; in Fl. Reip. Pop. Sin. 28: 40, pl. 10: 1−3. 1980; et in Vasc. Pl. Hengduan Mount. 1: 513. 1993; Wang, Ziman & Dutton in Fl. China 6: 526. 2001; Ziman et al. in Edinb. J. Bot. 64(1): 65, fig. 2. 2007; et in J. Jap. Bot. 83(3): 147. 2008. —— *Anemonastrum patulum* (W. T. Wang) Mosyakin in Phytoneruon 55: 7. 2018. Holotype　四川：天全，1936，曲桂龄 2796 (PE)。

21a. var. **patula**

分布于中国四川西部。生于高山草地、灌丛中或冷杉林下，海拔 3 600−4 350 m。

标本登录　四川：金川，空卡山，第八森林调查队 5022；松潘，大王山，alt. 4 000 m，成都生物所植被组 30023；理县，大板昭，胡文光 53-175，邓德之 1215（均存 SZ）。

21b. **鸡足叶银莲花（变种）　图版 11：4**

var. **minor** W. T. Wang in Fl. Reip. Pop. Sin. 28: 41, 350, pl. 10: 4. 1980; et in Vasc. Pl. Hengduan Mount. 1: 513. 1993; Wang, Ziman & Dutton in Fl. China 6: 327. 2001; Ziman et al. in Edinb. J. Bot. 64(1): 67. 2004. Type　四川：宝兴，邓池沟，alt. 3 530 m，1933-06-26，杜大华 4293 (holotype, PE)；金川，卡萨，alt. 3 950 m，高山灌丛，1958-07-31，第八森林调查队 8835 (paratype, PE)。

分布于中国四川西部。生于山地灌丛或草地上，海拔 3 500−4 000 m。

标本登录　四川：马尔康，吴中伦 32375；泸定，磨西，alt. 4 000 m，成都生物所植被组 31254。

22. 多果银莲花　图版 14：3−6

Anemone polycarpa W. E. Evans in Not. Bot. Gard. Edinb. 13: 154. 1921; Wang, Ziman & Dutton in Fl. China 6: 323. 2001; Ziman et al. in Edinb. J. Bot. 64(1): 67, fig. 3. 2007; et in J. Jap. Bot. 83(3): 138. 2008. ——*A. rupestris* Hook. f. & Thoms. ssp. *polycarpa* (W. E. Evans) W. T. Wang in Fl. Reip. Pop. Sin. 28: 43, pl. 11: 3−6. 1980; in Vasc. Pl. Hengduan Mount. 1: 513. 1993; et in Fl. Yunnan. 11: 198, pl. 58: 4−7. 2000. —— *Anemonastrum polycarpum* (W. E. Evans) Mosyakin in Phytoneuron 55: 7. 2018. Holotype　云南：怒江，澜沧江分水岭，alt. 12 000 ft., 1914-09-11, G. Forrest 13320 (E, non vidi)。

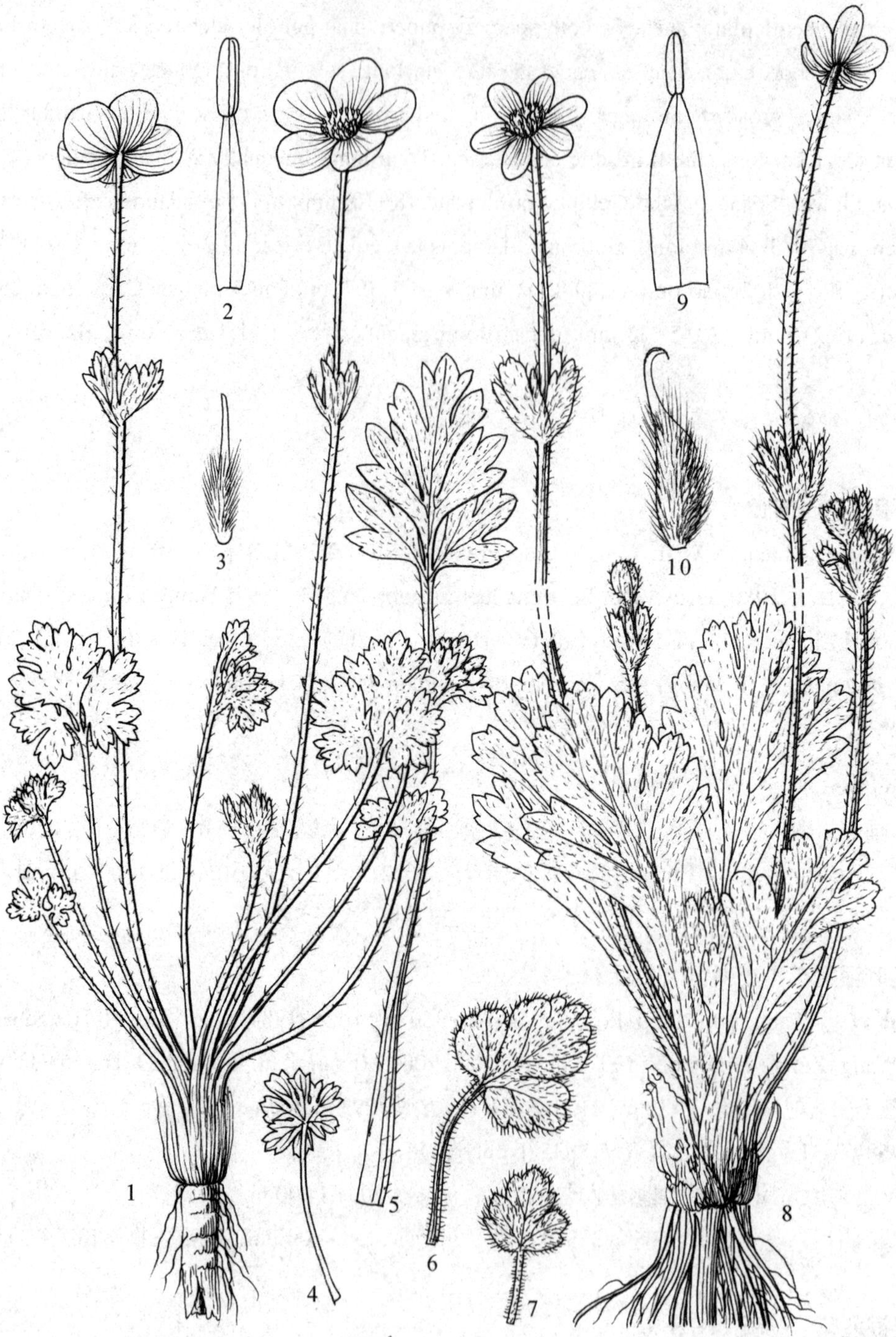

图版 11　1–3. **天全银莲花**　1. 植株全形；2. 雄蕊；3. 心皮。　4. **鸡足叶银莲花**　4. 基生叶。
5. **疏齿银莲花**　5. 基生叶。　6–7. **截基银莲花**　6–7. 基生叶。　8–10. **凉山银莲花**　8. 植株全形；
9. 雄蕊；10. 心皮。（引自《中国植物志》；刘春荣绘）

Plate 11　1–3. **Anemone patula**　1. Habit; 2. Stamen; 3. Carpel.　4. **A. patula** var. **minor**　4. Basal leaf.
5. **A. geum**　5. Basal leaf.　6–7. **A. yulongshanica** var. **turncata**　6–7. Basal leaves.
8–10. **A. liangshanica**　8. Habit; 9. Stamen; 10. Carpel. (After Fl. Reip. Pop. Sin.; drawn by C. R. Liu)

分布于中国西藏东南部、云南西北部，以及不丹、尼泊尔、印度北部 (fide Ziman et al., 2007)。生于高山草甸上，海拔 3 600–4 800 m。

标本登录　西藏：米林，西藏中草药队 4029，李渤生，程树志 5509，5530，5803；林芝，张经纬，王金亭 190；波密，应俊生，洪德元 65-846，生态室草原组 14819。云南：贡山，俞德浚 22236, 22374, 22585, 22678；俅江河谷，俞德浚 19858；德钦，冯国楣 5092, 5233, 6086, 6120, 6670。

23. 波密银莲花　图版 5：4–6

Anemone bomiensis W. T. Wang, sp. nov. Holotype　西藏 (Xizang)：波密县，嘎隆拉雪山 (Bomi Xian, Galongla Snow Mountain), alt. 3 734 m，高山草甸 (on alpine meadow), 2019-06-21, PE 西藏考察队 (PE Xizang Exped.) 9195 (PE)。

Small perennial herbs 4–6 cm tall. Basal leaves 3–4, long petiolate; blades chartaceous, cordate-pentagonal, (0.9–1.2) cm × (1.4–2) cm, 3-sect, central segment broadly rhombic, 3-cleft or 3-parted slightly exceeding the middle of segment, lobes once again 3-cleft, with lobules narrow-ovate, lateral segments similar to central segment, but slightly oblique and unequally 3-parted, with lobes 3-lobed; surfaces adaxially appressed-pubescent, abaxially glabrous; petioles 1.6–2 cm long, subglabrous. Scapes 1–2, 3–5.5 cm long, subglabrous; cymes 1-flowered; involucral bracts 3, sessile, unequal, 6–10 mm long, 2 larger, broadly rhombic, 3-parted, 1 smaller, oblong, unequally 2-lobed or undivided; pedicels 0.8–1.5 cm long, above with sparse hairs. Flower: Sepals 5, white, obovate, rarely narrow-elliptic, (4–6) mm × (2–4) mm, glabrous, apex rounded. Stamens ca. 12, glabrous; filaments white, linear, 1–2 mm long; anthers deep blue, broad-oblong, 0.8–1 mm long, apex obtuse. Carpels ca. 14; ovaries oblong-oblanceolate, 2 mm × 0.6 mm, on middle part pubescent; styles 1.2–1.3 mm long, glabrous, apex hooked; stigmas inconspicuous.

产于中国西藏波密嘎隆拉山北麓。生于高山草甸上，海拔 3 734 m。

24. 米林银莲花　图版 1：5–9

Anemone milinensis W. T. Wang in Guihaia 33(5): 584, fig. 3: F–K. 2013, et 36, Suppl. 1: 80, fig. 3: F–K. 2016; et in High. Pl. China in Colour 3: 401. 2016. Holotype　西藏：米林，派区，多雄拉山，alt. 4 200 m，高山草地，花淡蓝紫色，2012-07-30，杨永，刘冰，林秦文，欧阳均，冯涛 319 (PE)。

产于中国西藏米林和墨脱间的多雄拉山。生于高山草地或垫状灌丛草甸中，海拔 3 900–4 200 m。

标本登录　西藏：米林，派区，多雄拉山北坡，4 200 m，高山草甸中，1983-07-13，程树志，李渤生 5517 (topotype)；墨脱，那格，多雄拉山，alt. 3 900 m, 1974-08-01, 青藏队 3879。

25. 岷山银莲花　图版 12：1–3

Anemone rockii Ulbr. in Notizbl. Bot. Gart. Berl. 10: 876. 1929; Fl. Tsinling. 1(2): 284. 1974; W. T. Wang in Fl. Reip. Pop. Sin. 28: 40, pl. 8: 1–3. 1980; Wang, Ziman & Dutton in Fl. China 6: 327. 2001; Ziman et al. in Edinb. J. Bot. 64(1): 69, fig. 10. 2007; et in J. Jap. Bot. 83(3): 148. 2008. —— *Anemonastrum rockii* (Ulbr.) Mosyakin in Phytoneuron 55: 7. 2018. Type　甘肃：迭部，shimen 之南，alt. 10 600 ft., 1925-06, J. F. Rock 12520 (lectotype, Ziman et al., 2007; isolectotype, PE)；同地，Shimen, alt. 12 000 ft., 1925-07, J. F. Rock 13061 (syntype)。

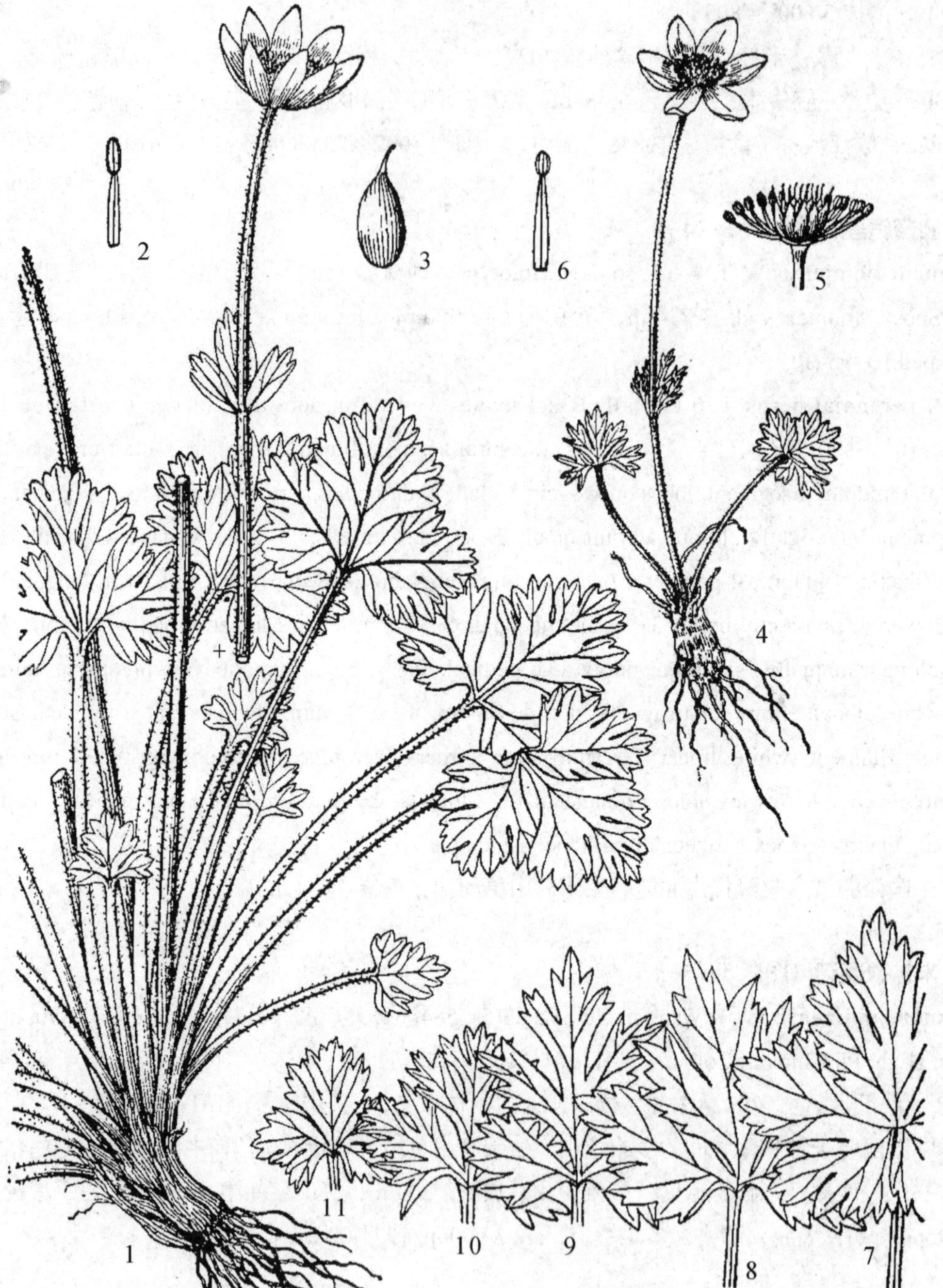

图版 12　1–3. **岷山银莲花**　1. 植株全形；2. 雄蕊；3. 瘦果。　4–6. **块根银莲花**　4. 植株全形；5. 雄蕊群和雌蕊群；6. 雄蕊。　7–11. **基生叶叶片**　7. 镇康银莲花；8. 光叶银莲花；9. 多茎银莲花；10. 巫溪银莲花；11. 钝裂银莲花。（引自《中国植物志》；王金凤绘）

Plate 12　1–3. **Anemone rockii**　1. Habit; 2. Stamen; 3. Achene.　4–6. **A. gortschakowii**　4. Habit; 5. Androecium and gynoecium; 6. Stamen.　7–11. **Basal leaf blades**　7. **A. obtusiloba** ssp. **megaphylla**; 8. **A. obtusiloba** ssp. **leiophylla**; 9. **A. rockii** var. **multicaulis**; 10. **A. rockii** var. **pilocarpa**; 11. **A. obtusiloba** ssp. **obtusiloba**. (After Fl. Reip. Pop. Sin.; drawn by J. F. Wang)

25a. var. **rockii**

分布于中国西藏东部、云南西北、四川西北和甘肃南部以及尼泊尔 (fide Ziman et al., 2007)。

25b. **多茎银莲花（变种）　图版 12：9**

var. **multicaulis** W. T. Wang in Fl. Reip. Pop. Sin. 28: 40, 350. 1980; et in Vasc. Pl. Hengduan Mount. 1: 513. 1993; Wang, Ziman & Dutton in Fl. China 6: 327. 2001; Ziman et al. in Edinb. J. Bot. 64(1): 72. 2007. Type　四川：西昌，alt. 2 900−3 100 m, 草地，1932-08-10，俞德浚 1312 (holotype, PE), 1304 (paratype, PE)。

特产于中国四川西昌。生于高山草地上，海拔 2 900−3 100 m。

25c. **巫溪银莲花（变种）　图版 12：10**

var. **pilocarpa** W. T. Wang in Fl. Reip. Pop. Sin. 28: 40, 350. 1980; Wang, Ziman & Dutton in Fl. China 6: 327. 2001; Ziman et al. in Edinb. J. Bot. 64(1): 71. 2007. Type　重庆：巫溪，alt. 2 300 m，草地，1935-08-27，曲桂龄 2064 (holotype, PE)；城口，alt. 2 100−2 500 m，1958-06，戴天伦 100327,100797 (paratypes, PE)。

产于中国重庆市北部。生于山地草坡，海拔 2 100−2 500 m。

26. 疏齿银莲花　图版 13：1−3

Anemone geum Lévl. in Bull. Acad. Geogr. Bor. 25: 25. 1915; Hand.-Mazz. in Acta Hort. Gotob. 13: 177. 1939; Iconogr. Corm. Sin. 1: 729, fig. 1458. 1972; S. Y. He, Fl. Beijing, rev. ed., 1: 243, fig. 305. 1984; Wang, Ziman & Dutton in Fl. China 6: 327. 2001; Ziman et al. in Edinb. J. Bot. 64(1): 72, fig. 6. 2007; et in J. Jap. Bot. 83(3): 148. 2008. ——*A. bonatiana* Lévl. var. *geum* (Lévl.) Lévl. Cat. Pl. Yunnan 219. 1917. ——*Anemonastrum geum* (Lévl.) Mosyakin in Phytoneuron 55: 7. 2018. Holotype　云南：Ta-hai-Tze, alt. 1 200 m, 1912-05, E. E. Maire s. n. (E; photo, PE).

A. obtusiloba D. Don ssp. *ovalifolia* Brühl in Ann. Bot. Gard. Culc. 5: 78., pl. 108B: 23, 27−30. 1896; Lauener in Not. Bot. Gard. Edinb. 23: 189. 1960; Fl. Tsinling. 1(2): 283, fig. 244. 1974; W. T. Wang in Fl. Reip. Pop. Sin. 28: 36, pl. 9: 1−3. 1980; et in Fl. Xizang. 2: 82. 1985; J. W. Wang in Fl. Hebei. 1: 465, fig. 468. 1986; D. Z. Ma & H. L. Liu, Fl. Ningxia. 1: 192. 1986; Y. Z. Zhao in Fl. Intramongol., 2nd ed., 2: 467, pl. 188: 1−2. 1991; X. Y. Yu, B. L. Li & Y. M. Li in Fl. Shanxi. 1: 620, pl. 393. 1992; J. G. Liu in Fl. Xinjiang. 2(1): 277, pl. 75: 1−3. 1994; L. H. Zhou in Fl. Qinghai 1: 340, pl. 74: 9−12. 1997; W. T. Wang in Fl. Yunnan. 11: 194. 2000.——*A. ovalifolia* (Bruhl.) Hand.-Mazz. Symb. Sin. 7: 315. 1931. ——*A. geum* Lévl, ssp. *ovalifolia* (Brühl.) Chaudhary in Bot. Zhurn. 73: 1188. 1988; L. Xie in Medic. Fl. China 3: 337. 2016. Based on var. *geocharis* Brühl and var. *orthocaula* Brühl.

A. obtusiloba var. *geocharis* Brühl in Ann. Bot. Gard. Culc. 5: 78. 1896. Syntypes　甘肃：G. N. Potanin s. n. 四川：康定，A. E. Pratt 176。西藏北部 , N. M. Przewalski s. n. (non vidi.)。

A. wardii Marq. & Shaw in J. Linn. Soc. Bot. 48: 154. 1929. Holotype　西 藏：Doshong La. Pemako, 1924-10-25, F. Kingdon Ward 6262 (K, non vidi)。

A. rupestris var. *pilosa* Marq. & Shaw in J. Linn. Soc. Bot. 48: 154. 1929. Holotype　西藏：Temo La, alt. 4 270 m, 1924-06-06, F. Kingdon Ward 5747 (K, non vidi)。

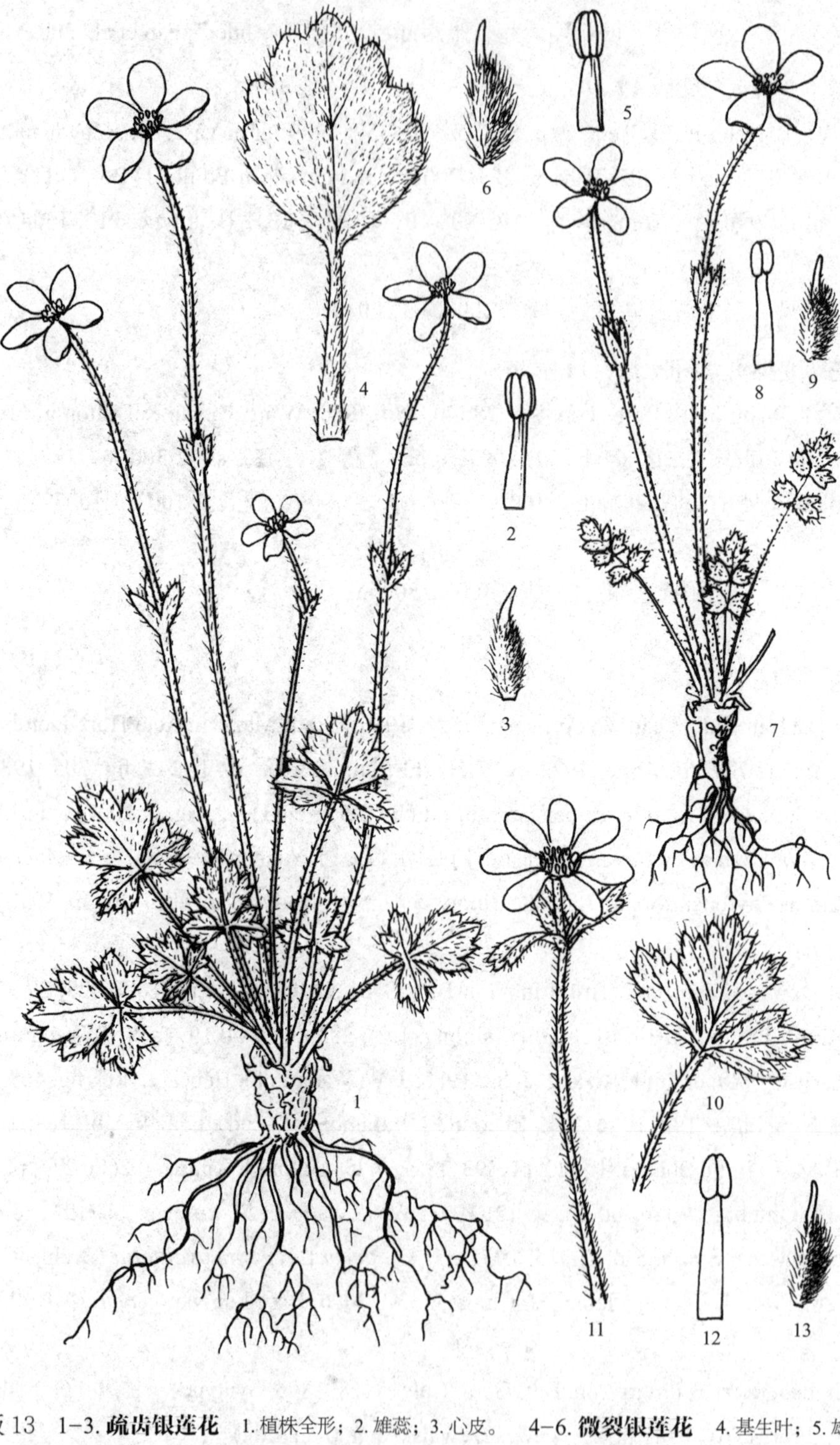

图版 13　1−3. **疏齿银莲花**　1. 植株全形；2. 雄蕊；3. 心皮。　4−6. **微裂银莲花**　4. 基生叶；5. 雄蕊；6. 心皮。
7−9. **羽裂银莲花**　7. 植株全形；8. 雄蕊；9. 心皮。　10−13. **叶枝银莲花**　10. 基生叶；11. 花葶；
12. 雄蕊；13. 心皮。（引自《中国植物志》；赵宝恒绘）

Plate 13　1−3. **Anemone geum**　1. Habit; 2. Stamen; 3. Carpel.　4−6. **A. subindivisa**　4. Basal leaf; 5. Stamen; 6. Carpel.
7−9. **A. subpinnata**　7. Habit; 8. Stamen; 9. Carpel.　10−13. **A. yulongshanica** var. **polysepala**　10. Basal leaf;
11. Scape; 12. Stamen; 13. Carpel. (After Fl. Reip. Pop. Sin.; drawn by B. H. Zhao)

A. obtusiloba ssp. *ovalifolia* Bruhl var. *angustilimba* W. T. Wang in Fl. Reip. Pop. Sin. 28: 37, 350, pl. 10: 5. 1980. Holotype 四川：雷波，黄毛梗，alt. 2 800 m, 1959-06-19, 四川经济植物队 59-760 (PE)。

分布于中国西藏南部和东部（海拔 3 500–5 000 m）、云南北部（2 600–3 900 m）、四川西部（1 700–4 700 m）、青海、新疆中部和南部（4 200 m）、甘肃、宁夏（贺兰山，2 800 m），陕西（陇县，1 900–2 300 m）、山西、河北北部（1 900–2 800 m），以及尼泊尔，印度北部（fide Ziman et al., 2007）。生于高山草地或灌丛中。

本种的叶、花、果实及全草可供药用：叶、花和果实用于病后体温低、淋症、关节积液、黄水疮、咳嗽痰喘；全草用于止血（谢磊等，2016）。

标本登录 西藏：普兰，青藏队 8454；萨嘎，青藏队 7107；仲巴，青藏队 6536；吉隆，青藏队植被组 5747；聂拉木，青藏队植被组 4254，5647；定日，朱家柟 21；亚东，青藏队 2586；帕里，钟补求 5774；拉萨，张永田，郎楷永 1943；林周，傅国勋 213；申扎，王金亭 3607；班戈，陶德定 10607；当雄，董洁华 240；安多，陶德定 10706；那曲，陶德定 10538；索县，王金亭 3210；嘉黎，陶德定 10463；波密，应俊生，洪德元 65-846；林芝，西藏中草药队 3212；察隅，青藏队 10580；芒康，青藏队 11841；左贡，青藏队 12137， D. E. Boufford, B. Bartholomew 等 40664，40706；八宿，青藏队 12231；察雅，Boufford & Bartholomew 等 41233；类乌齐，Boufford 等 31995；昌都，综考会队 76-55；贡觉，青藏队 12556；江达，青藏队 12462。云南：维西：王启无 63858，64644，冯国楣 4778；中甸，青藏队 1259；洱源，金沙江队 6323。四川：盐源，姜恕 5997；得荣，D. E. Boufford 等 30944；木里，俞德浚 5651,14589；乡城，D. E. Boufford 等 30425，30660；稻城，四川植物队 1842；金阳，经济植物队 59-3156；越西，俞德浚 969；雷波，管中天 8535；西昌，陈伟烈，陈家瑞 5251；冕宁，西师生物系 11932；Minya Konka 雪山，J. F. Rock 17676；泸定，四川植物队 6836；康定，方文培 3553， Harry Smith 10462; 胡文光，何铸 10482,11316；雅江，姜恕 5140；理塘，姜恕 5231；二郎山，经济植物队 59-875；宝兴，俞德浚 2376；张秀实，任有铣 5494；金川，李馨 77284，77816；道孚，张永田，郎楷永 87；新龙，四川植物队 6384；炉霍，D. E. Boufford 等 34708；甘孜，胡文光，何铸 13020,13141；德格，四川植物队 7256；色达，应俊生 9076；壤塘，姜恕 8945；阿坝，汤宗孝 1407；马尔康，李馨 70244，70596，70824，李谱雄 10594；米亚罗，姜恕 7153；理县，姜恕 1164；茂县，何铸，周子林 12710；巴朗山，汪发瓒 21230；松潘，方文培 4063，Harry Smith 2561，2682；若尔盖，四川植物队 10005，谭仲明 93-34。青海：玉树，藏药队 1215；德令哈，青甘队 932；贵德，刘尚武 3327；民和，何廷农 781；共和，郭本兆，王遂义 11921,12034；青海湖，关克俭 77215；湟中，何廷农 753；互助，郭本兆 9328；海晏，钟补求 8286；大通，张荣祖 4467；门源，钟补求 10086；新疆：乌鲁木齐，杨昌友 214。甘肃：肃南，祁连山，何叶祺 3656。山西：沁源，刘继孟 1281。河北：小五台山，王作宾 595；东陵，段俊西 s. n.。

27. 嘎隆拉山银莲花 图版 10：4–6

Anemone galonglashanica W. T. Wang, sp. nov. Holotype 西藏 (Xizang)：墨脱县，嘎隆拉山之南 (Motuo Xian, in the south of Galongla Shan), alt. 4 150 m，灌丛草甸中，花白色 (in scrub-meadow, fls. white), 1982-08-14, 程树志，李渤生 (S. Z. Cheng & B. S. Li) 33 (PE)。

Perennial herbs 12–15 cm tall. Basal leaves 4–10, 3–9.5 cm long, long petiolate, glabrous, rarely with lobes sparsely ciliolate; blades of larger leaves (with petioles 4–6.5 cm long) broadly ovate or cordate-pentagonal, (0.9−1.8) cm × (1.5−2.7) cm, at base cordate, 3-sect, segments shortly petiolulate or sessile, central segment broad-rhombic, 3-parted, with lobes 2−3-lobulate, 2−3-lobed or undivided, lateral segments obliquely flabellate, obliquely obovate or broad-rhombic, unequally 2-cleft or 2−3-lobed, with lobes 1−3-denticulate or entire, and blades of small leaves (with petioles 1.6−2.5 cm long) mostly broad-rhombic, (0.16−0.7) cm ×(0.25−0.8) cm, 3-sect, with segments narrow-elliptic or linear, and 0.2−1.5 mm broad, entire. Scapes 4−7, 3.5−14 cm long, glabrous or near apex with a few hairs; cymes 1−3-flowered; involucral bracts 3, rarely 2, sessile, unequal, narrow-obovate, rhombic-obovate or obliquely oblong, (0.9−1.6) cm × (0.3−1) cm, 2−3-lobed or 2−3-cleft, rarely 3-parted, with entire narrow-ovate lobes, glabrous, rarely on some lobes sparsely ciliolate; pedicels 0.5−3 cm long, near apex with a few hairs. Flower: Sepals 5, white, narrow-obovate or obovate, (5−9) mm × (2.8−4.5) mm, glabrous, 5-nerved, apex truncate-rounded. Stamens ca. 40, glabrous; filaments linear, ca. 2.2 mm × (0.5−0.6) mm, 1-nerved; anthers broad-oblong, ca. 1 mm long, apex obtuse. Carpels 9−15; ovaries narrow-ovoid, ca. 2 mm long, abaxally densely pubescent; styles 0.2−1 mm long, glabrous, apex arcuate and adaxially with stigmas 0.2−0.5 mm long.

产于中国西藏墨脱嘎隆拉山南麓。生于山地灌丛草甸中，海拔 4 150 m。

28. 短蕊银莲花　图版 25：5−7

Anemone brachystema W. T. Wang in Pl. Divers. Resour. 36(4): 450, fig. 1: E−G. 2014. Holotype　西藏：墨脱，多雄拉山之南，高山草甸，1980-06-24，生态室高原组 10319 (PE)。

特产于中国西藏墨脱多雄拉山南部高山草甸上。

29. 玉龙山银莲花　图 2

Anemone yulongshanica W. T. Wang in Bull. Bot. Res. Harbin 16(2): 159, fig. 1: 1−4. 1996; et in Fl. Yunnan.11: 196. 2000; Wang, Ziman & Dutton in Fl. China 6: 325. 2001; Ziman et al. in Edinb. J. Bot. 64(1): 84, fig. 14. 2007; et in J. Jap. Bot. 83(3): 148. 2008. ——*Anemonastrum yulongshanicum* (W. T. Wang) Mosyakin in Phytoneuron 55: 8. 2018. Holotype　云南：丽江，玉龙雪山，母猪沟，溪边石上，1962-07-03，丽江植物园队 10333 (KUN; photo, PE)。

29a. var. **yulongshaica**

特产于中国云南丽江玉龙雪山。生于山地溪边石上。

29b. **截基银莲花（变种）　图版 11：6−7**

var. **truncata** (Comber) W. T. Wang in Bull. Bot. Res. Harbin 16(2): 159. 1996; Wang, Ziman & Dutton in Fl. China 6: 325. 2001; Ziman et al. in Edib. J. Bot. 64(1): 86, fig. 15. 2007. ——*A. coelestina* Franch. var. *truncata* Comber in Not. Bot. Gard. Edinb. 18: 226. 1934.　——*A. obtusiloba* ssp. *ovalifolia* var. *truncata* (Comber) W. T. Wang in Fl. Reip. Pop. Sin. 28: 37, pl. 10: 6−7. 1980; in Vasc. Pl. Hengduan Mount. 1: 512. 1993; et in Fl. Yunnan 11: 196. 2000. Holotype　云南：丽江，玉龙雪山，alt. 11 000 ft., 1910-05, G. Forrest 5640 (E, non vidi; photo, PE)。

产于中国云南丽江玉龙雪山和四川西南部（木里，美姑）。生于山地草坡或冷杉林下，海拔 2 600−3 900 m。

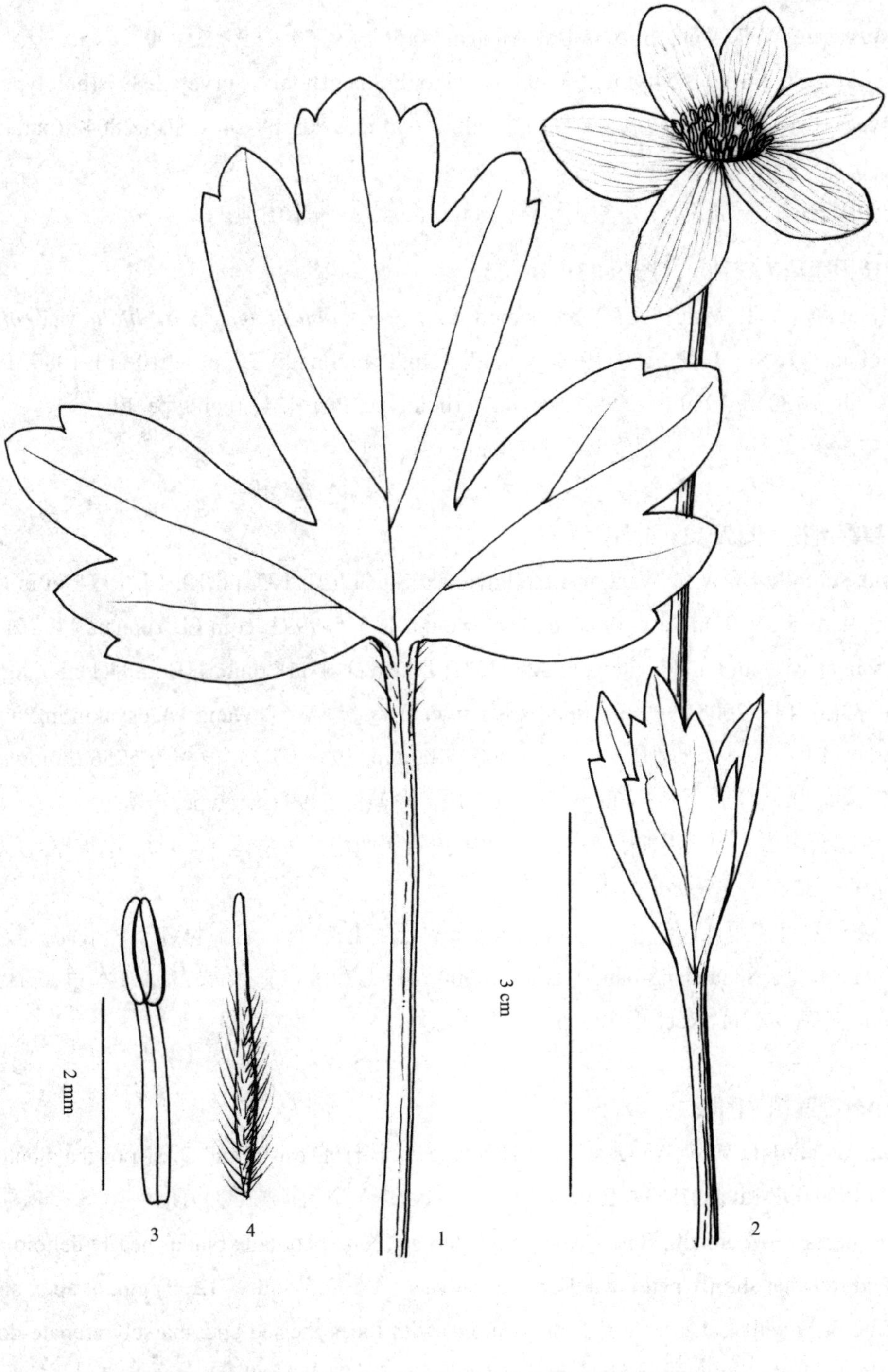

图 2　**玉龙山银莲花**　1. 基生叶；2. 聚伞花序；3. 雄蕊；4. 心皮。（引自王文采，1996）

Fig. 2　***Anemone yulongshanica***　1.Basal leaf; 2.Cyme; 3.Stamen; 4.Carpel. (After W. T. Wang, 1996)

标本登录　云南：丽江，玉龙雪山，王启无 71002，俞德浚 15178，15595，赵致光 30265。四川：木里，Ka-bu, alt. 3 900 m, 1937-05, 俞德浚 5485；美姑，四川经济植物队 59-1634。

29c. 鹿马登银莲花（变种）

var. **glabrescens** W. T. Wang in Acta Bot. Yunnan 30(5): 519, fig. 1: A−C. 2008. Type　云南：福贡，鹿马登乡，亚坪村，alt. 3 600−3 640 m, 2005-08, Gaoligong Shan Biodiv. Survey 26397 (holotype, PE), 26453, 28024 (paratypes, CAS & PE)；同地，利沙底，alt. 3 640 m, 2005-08-24, GSBS 28042 (paratypes, CAS & PE)。

特产于中国云南福贡高黎贡山。生于海拔 3 600−3 640 m 一带山地。

29d. 叶枝银莲花（变种）　图版 13：10−13

var. **polysepala** (W. T. Wang) W. T. Wang, comb. nov. ——*A. obtusiloba* ssp. *ovalifolia* var. *polysepala* W. T. Wang in Acta Photoyax Sin. 12(2): 169. 1974; et in Fl. Reip. Pop. Sin. 28: 37, pl. 9: 10−13. 1980. Type　云南：维西，叶枝，alt. 3 780 m, 1940-05-29, 冯国楣 4270 (holotype, PE), 4247 (paratype, PE)。

特产于中国云南维西叶枝。生于海拔 3 780 m 一带山地。

30. 微裂银莲花　图版 13：4−6

Anemone subindivisa W. T. Wang in Acta Phytotax. Sin. 12(2): 173, pl. 10: 14. 1974; et in Fl. Reip. Pop. Sin. 28: 47, pl. 9: 4−6. 1980; in Vasc. Pl. Hengduan Mount. 1: 515. 1993; et in Fl. Yunnan. 11: 201, pl. 56: 7−8. 2000; Wang, Ziman & Dutton in Fl. China 6: 325. 2001; Ziman et al. in Edinb. J. Bot. 64(1): 83, fig. 13. 2007; et in J. Jap. Bot. 83(3): 148. 2008. ——*Anemonastrum subindivisum* (W. T. Wang) Mosyakin in Phytoneuron 55: 7. 2018. Type　四川：木里，米足嘎山，alt. 3 700−4 000 m, 1937-05-23, 俞德浚 5756 (holotype, PE), 5635 (paratype, PE)；同地，格布，alt. 3 400 m, 1937-05-19，俞德浚 5499 (paratype, PE)。

分布于中国云南西北部（洱源、丽江、中甸）和四川西南部（木里）。生于山坡草地以及冷杉林或云南松林下，海拔 2 880−3 900 m。

标本登录　云南：丽江，铁甲山，alt. 2 880 m，云南松林下，青藏队 175；中甸，牧场上，冯国楣 931。四川：木里，Shau-siang-liang-tze, alt. 3 900 m, 1937-08，俞德浚 7753；木里，米足嘎山，alt. 3 050−4 800 m, 1928-06, J. F. Rock 16206, p. p.

31. 三小叶银莲花　图版 10：7−9

Anemone trifoliolata W. T. Wang, sp. nov. Holotype　四川：Djesi-La and Djesi-Longba, South of Tatsienlu, Fls. white, July 1929, J. F. Rock 17543 (PE)。

Perennial herbs 7−14 cm tall. Basal leaves ca. 5, ternate, long petiolate; blades nearly deltoid, (2−3) cm × (2−4) cm; central leaflet shortly petiolulate, orbicular-ovate, (1.5−2.5) cm × (2−3) cm, at apex subrounded, at base subcordate or broadly cuneate, 3-cleft or 3-parted, with lobes incised and sparsely crenate-dentate, lateral leaflets slightly smaller, shortly petiolulate or sessile, unequally 3-cleft, all lobes and lobules imbricate among themselves, on both surfaces appressed-pubescent; petioles 2.5−4.5 cm long, densely spreading-villous. Scapes 2−6, 3−11 cm long, densely spreading-villous; cymes 1-flowered; involucral bracts 3, sessile, unequal, narrow-obovate, narrow-lanceolate or ovate, (0.7−1.2) cm × (0.2−0.5) cm, entire, rarely on apex 3-denticulate; pedicels

2–7 cm long, densely appressed-pubescent. Flower: Sepals 5, white, of them 4 obovate and 1 broadly ovate, (9–12) mm × (6–8) mm, at apex rounded or obtuse, adaxially glabrous, abaxially sparsely appressed-pubescent. Stamens ca. 40, glabrous; filaments linear, 1–2 mm long. 1-nerved; anthers oblong, ca. 1 mm long, apex obtuse. Carpels ca. 9; ovaries narrow-oblong, 2 mm long, densely villous; styles 1.2 mm long, glabrous; stigmas inconspicuous.

产于中国四川康定之南的 Djesi-La。

32. 羽裂银莲花　图版 13：7–9

Anemone subpinnata W. T. Wang in Acta Phytotax. Sin. 12(2): 170, pl. 6: 7–9. 1974; in Fl. Reip. Pop. Sin. 28: 43, pl. 9: 7–9. 1980; et in Vasc. Pl. Hengduan Mount. 1: 514. 1993; Wang, Ziman & Dutton in Fl. China 6: 326. 2001; Ziman et al. in Edinb. J. Bot. 69(1): 68, fig. 4. 2007; et in J. Jap. Bot. 83(3): 147. 2008. ——*Anemonastrum subpinnatum* (W. T. Wang) Mosyakin in Phytoneuron 55: 8. 2018. Type　四川：木里，瓦钦，alt. 3 750 m，山坡草地，1937-06-21，俞德浚 6513 (holotype, PE), 6512 (paratype, PE)。

产于中国四川西南部（木里、稻城）。生于山坡草地或灌丛中，海拔 3 750–3 870 m。

标本登录　四川：稻城，Bowa 山，alt. 3 870 m, 1998-07-04, D. E. Boufford, B. Bartholomew 等 28260。

系 2. 湿地银莲花系

Ser. **Rupestres** Ziman, Ehrendorfer & Bulakh in Edinb. J. Bot. 64(1): 56. 2007.; et in J. Jap. Bot. 83(3): 147. 2008. Type: *A. rupestris* Hook. f. & Thoms.

与 Ser. *Obtusilobae* 在亲缘关系方面极为相近，与后者的区别在于本系的瘦果两侧扁，并具肋。

1 种，分布见下。

33. 湿地银莲花　图版 14：7–9

Anemone neorupestris W. T. Wang, nom. nov. ——*A. rupestris* Hook. f. & Thoms. Fl. Ind. 21. 1855, non *A. rupestris* Jacquem. ex Camb. 1844; et in Hook. f. Fl. Brit. Ind. 1: 9. 1872; Franch in Bull. Soc. Bot. France 33: 365. 1886; Forbes & Hemsl. in J. Linn. Soc. Bot. 23: 11. 1886; Ulbr. in Bot. Jahrb. 37: 242. 1905; Lauener in Not. Bot. Gard. Edinb. 23: 198. 1960; W. T. Wang in Fl. Reip. Pop. Sin. 28: 41, pl. 11: 7–9. 1980; in Vasc. Pl. Hengduan Mount. 1: 513. 1993; in Fl. Yunnan. 11: 198, pl. 58: 1–3. 2000; et in High. Pl. China 3: 496, fig. 793. 2000; Wang, Ziman & Dutton in Fl. China 6: 323. 2001; Ziman et al. in Edinb. J. Bot. 64(1): 86, fig. 16. 2007; et in J. Jap. Bot. 83(3): 148. 2008. ——*Anemonastrum rupestre* (Wall. ex Hook. f. & Thoms) Mosyakin in Phytoneuron 55: 7. 2018. Holotype　Sikkim, alt. 4 570 m, J. D. Hooker s. n. (K, non vidi).

33a. ssp. **neorupestris**

33ai. var. **neorupestris**

从傅德志教授的银莲花属（*Anemone*）植物名录和 *Index Kewensis* (Jackson, 1895)，我得知于 1844 年发表了一银莲花属植物，名为 *Anemone rupestris* Jacquem. ex Camb. (in v. Jacquemont, Voyage dans l’Inde 4: 5. 1844)。因此，在 1855 年发表的 *Anemone rupestris* Hook. f. & Thoms. 是一晚出异物同名（later

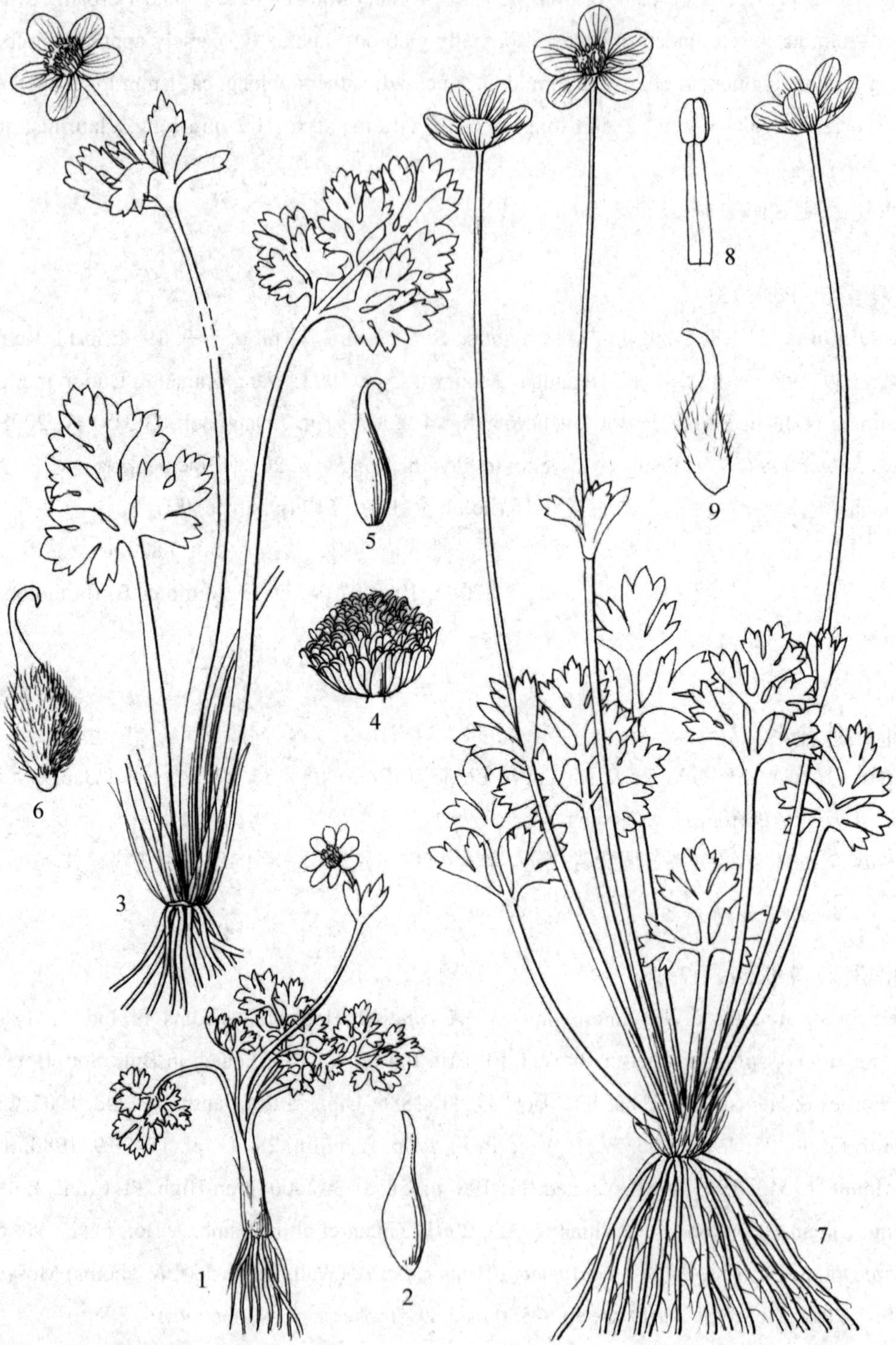

图版 14　1–2. **冻地银莲花**　1. 植株全形；2. 心皮。　3–6. **多果银莲花**　3. 植株全形；4. 雄蕊群和雌蕊群；5–6. 心皮。
7–9. **湿地银莲花**　7. 植株全形；8. 雄蕊；9. 心皮。（引自《中国植物志》；刘春荣绘）

Plate 14　1–2. ***Anemone neorupestris*** ssp. ***gelida***　1. Habit; 2. Carpel.　3–6. ***A. polycarpa***　3. Habit; 4. Androecium and gynoecium; 5–6. Carpels.　7–9. ***A. neorupestris***　7. Habit; 8. Stamen; 9. Carpel. (After Fl. Reip. Pop. Sin.; drawn by C. R. Liu)

homonym），根据《国际植物命名法规》（朱光华，2001）有关条文的规定是不合法的名称。本文将此晚出异物同名的种加词‘*rupestris*’改为‘*neorupestris*’。

分布于中国西藏东南部（海拔 3 700–4 200 m）、云南北部（2 700–4 600 m）和四川西部，以及不丹、尼泊尔和印度东北部。生于山地草坡、灌丛或溪边，海拔 2 700–4 600 m。

标本登录　西藏：米林，李渤生，程树志 5604；波密，姚淦 3273（NAS）。云南：德钦，杨亲二 98-395；中甸，俞德浚 12544，青藏队 999，1259；丽江，王启无 70522，71603，俞绍文 65059；洱源，金沙江队 6328；东川，蓝顺彬 634。四川：松潘，汤宗孝 634。

33aii. 宽叶湿地银莲花（变种）

var. **latifolia** (W. T. Wang) W. T. Wang, comb. nov. ——*A. rupestris* Hook. f. & Thoms. var. *latifolia* W. T. Wang in Pl. Divers. Resour. 37(2): 133, fig. 1: D–F. 2015. Holotype　四川：大邑，黑水河，alt. 3 200 m，林中。2007-06-06，朱大海，冯正波等 20070626（PE）。

特产于中国四川大邑。生于山地林中，海拔 3 200 m。

33b. 冻地银莲花（亚种）　图版 14：1–2

ssp. **gelida** (Maxim.) W. T. Wang, st. et comb. nov. ——*A. gelida* Maxim. in Acta. Hort. Petrop. 11: 21. 1890; Finet & Gagnep. in Bull. Soc. Bot. France 51: 74. 1904; Ulbr. in Bot. Jahrb. 37: 232. 1905; Hand-Mazz. Symb. Sin. 7: 314. 1931; et in Acta Hort. Gotob. 13: 177. 1939. ——*A. rupestris* Hook. f. & Thoms. ssp. *gelida* (Maxim) Lauener in Not. Bot. Gard. Edinb. 23: 199. 1960; W. T. Wang in Fl. Reip. Pop. Sin. 28: 43, pl. 58: 8–9. 1980; in Vasc. Pl. Hengduan Mount. 1: 513. 1993; et in Fl. Yunnan. 11: 198, pl. 58: 8–9. 2000; Wang, Ziman & Dutton in Fl. China 6: 323. 2001; Ziman et al. in Edinb. J. Bot. 64(1): 89, fig. 17. 2007. ——*Anemonastrum rupestre* ssp. *gelidum* (Maxim.) Mosyakin in Phytoneuron 55: 7. 2018. Type　四川：valle fl. Kserntso alpe Süye-shan, ad limitem nivis aeternae, 1885-08-11, G. N. Potanin s. n. (holotype, LE; isotype, PE).

分布于中国四川北部和云南西北部（中甸）。生于高山草甸，海拔 4 800–5 000 m。

标本登录　四川：Dongrergo（近松潘），1922-07，Harry Smith 3262; 理县，龙溪乡，1952-06，何铸 12702（SZ）。云南：中甸，石膏雪山，1937-07，冯国楣 1599 (KUN)。

系 3. 黄花银莲花系

Ser. **Trullifoliae** Ziman, Ehrendorfer & Bullakh in Edinb. J. Bot. 64(1): 56. 2007; et in J. Jap. Bot. 83(3): 147. 2008. Type: *A. trullifolia* Hook. f. & Thoms.

本系植物的叶片基部呈宽楔形，楔形或渐狭，是与以上二系的主要区别特征。毛茛科的叶由单叶演化为复叶，在单叶时，叶片由不分裂演化为掌状浅裂、掌状深裂到掌状全裂。从本系植物中可以看到，叶片先由掌状深裂演化为掌状浅裂，最后演化到不分裂的情况，这与上述毛茛科叶分裂的演化趋势完全相反，是毛茛科植物中罕见的现象。

6 种，主要分布于中国四川西部、云南、西藏诸省区，其中数种分布到喜马拉雅山区。

34. 鲁甸银莲花　图版 15：12–14

Anemone lutienensis W. T. Wang in Acta Phytotax. Sin. 12(2): 172, pl. 10: 11. 1974; in Fl. Reip. Pop. Sin. 28: 44, pl. 12: 12–14. 1980; in Vasc. Pl. Hengduan Mount. 1: 514. 1993; in Pl. Divers. Resour 37(2): 131, fig. 2:

G–I. 2015; et in Fl. Yunnan. 11: 198, pl. 57: 16–18. 2000.——*A. trullifolia* Hook. f. & Thoms var. *lutienensis* (W. T. Wang) Ziman & Dutton in Fl. China 6: 324. 2001; Ziman et al. in Edinb. J. Bot. 64(1): 79, fig. 9. 2007. Type 云南：丽江，鲁甸，1939-05-08，秦仁昌 20548 (holotype, PE), 20550 (paratype, PE)。

分布于中国云南西北部（泸水、大理、丽江）。生于高山草甸上，海拔 2 800–3 150 m。

标本登录　云南：泸水，志奔山，汤宗孝，田效文 104；大理，苍山，杨亲二 94-33。

35. 黄花银莲花　图版 15：18

Anemone trullifolia Hook. f. & Thoms. Fl. Ind. 22. 1855; et in Hook. f. Fl. Brit. Ind. 1: 9. 1872; Finet & Gagnep. in Bull. Soc. Bot. France 51: 61. 1904; Ulbr. in Bot. Jahrb. 37: 243. 1905; W. T. Wang in Fl. Reip. Pop. Sin. 28: 44, pl. 12: 18. 1980; in Vasc. Pl. Hengduan Mount. 1: 514. 1993; in Fl. Yunnan. 11: 200, pl. 57: 6–9. 2000; Wang, Ziman & Dutton in Fl. China 6: 323. 2001; Ziman et al. in Edinb. J. Bot. 64(1): 75, fig. 7. 2007; et in J. Jap. Bot. 83(3): 148. 2008. ——*A. obtusiloba* D. Don. ssp. *trullifolia* (Hook. f. & Thoms.) Bruhl in Ann. Bot. Gard. Culc. 5: 78. 1896. ——*A. trullifolia* var. *typica* Finet & Gagnep. in l. c. ——*Anemonastrum trullifolium* (Hook f. & Thoms.) Mosyakin in Phytoneuron 55: 8. 2018. Holotype: Sikkim, alt. 11–15 000 ft., 1849-07-14, J. D. Hooker s. n. (K, non vidi).

A. chumulangmaensis W. T. Wang in Acta Phytotax. Sin. 12(2): 171. 1974. Holotype　西藏：珠穆朗玛峰，卡马，alt. 4 380 m，1959-06-15，珠峰考察队 269(PE)。

分布于中国西藏南部、四川西南部和云南西北部（fide Ziman et al., 2007），以及不丹、尼泊尔和印度北部。生于山地草坡、河边沙地或林中，海拔 4 000–5 000 m。

标本登录　西藏：亚东，张经纬 2465，青藏补点队 75-234；定结，青藏队 5463，青藏队植被组 3881。四川：稻城，无名山，四川植被队 2702。

36. 凉山银莲花　图版 11：8–10

Anemone liangshanica W. T. Wang in Acta Phytotax. Sin. 12(2): 170, pl. 9: 11. 1974; in Fl. Reip. Pop. Sin. 28: 44, pl. 10: 8–10. 1980; et in Pl. Divers. Resour. 37(2): 131, fig. 2: A–C. 2015. ——*A. trullifolia* Hook. f. & Thoms. var. *liangshanica* (W. T. Wang) Ziman & Dutton in Fl. China 6: 324. 2001; Ziman et al. in Edinb. J. Bot. 64(1): 78, fig. 8. 2007. Type　四川：雷波，凉山，黄毛梗，alt. 2 800 m, 1959-06-19, 胡嘉琪等 761（holotype, PE），813（paratype, PE）。

36a. var. **liangshanica**

产于中国四川南部（布施、雷波、洪溪）。生于山地草甸、灌丛，海拔 2 800–3 800 m。

标本登录　四川：布拖，乌科牧场，成都生物所植被组 13808；雷波，黄毛梗，1973-05，四川大学生物系 110687 (SZ)。

36b. **大理银莲花（变种）**

var. **rectistyla** W. T. Wang in Pl. Divers. Resour. 37(2): 131, fig. 2: D–F. 2015. Holotype　云南：大理，喜州镇，花甸坝，alt. 2 900 m，高山草甸，2009-07-17，金效华，刘冰等 1594 (PE)。

特产于中国云南大理。生于高山草甸上，海拔 2 900 m。

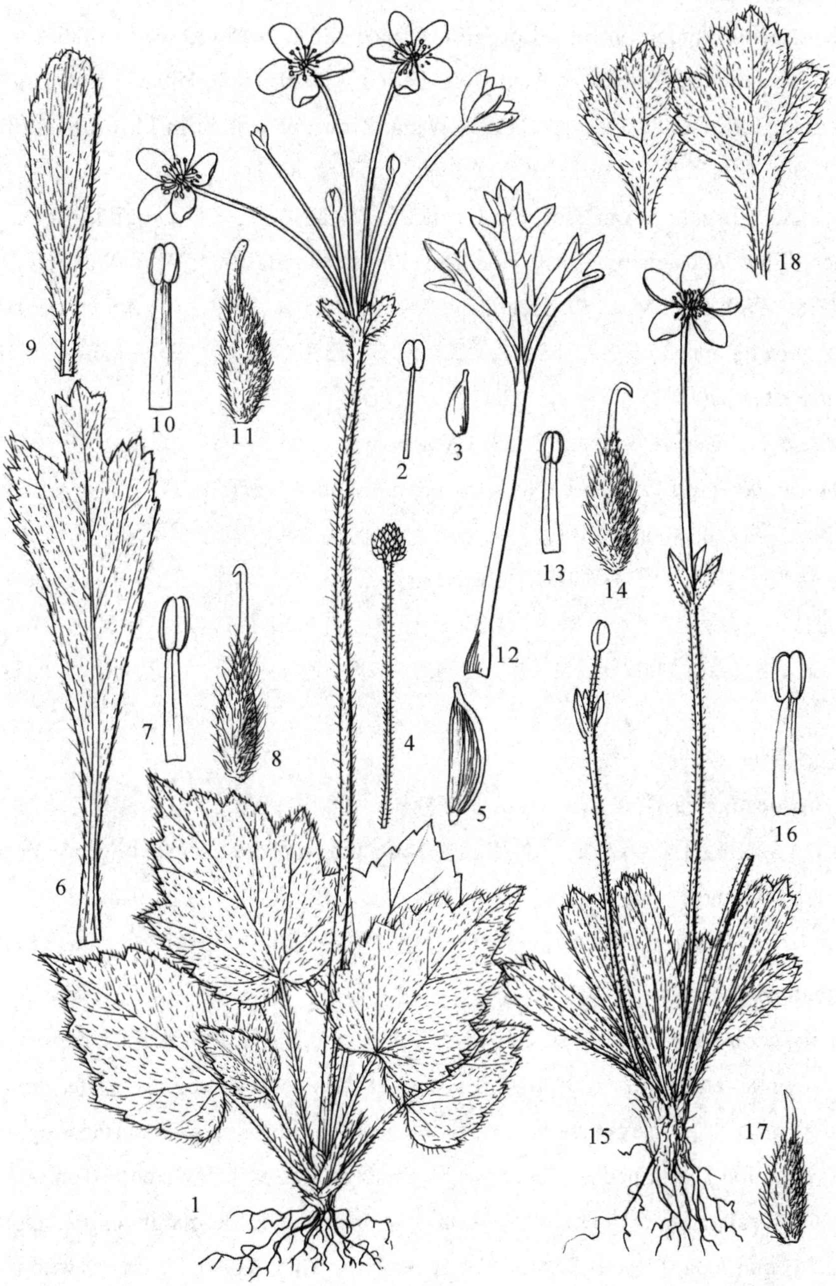

图版 15　1−5. **卵叶银莲花**　1. 植株全形；2. 雄蕊；3. 心皮；4. 聚合果；5. 瘦果。　6−8. **匙叶银莲花**　6. 基生叶；7. 雄蕊；8. 心皮。　9−11. **钝齿条叶银莲花**　9. 基生叶；10. 雄蕊；11. 心皮。　12−14. **鲁甸银莲花**　12. 基生叶；13. 雄蕊；14. 心皮。　15−17. **条叶银莲花**　15. 植株全形；16. 雄蕊；17. 心皮。　18. **黄花银莲花**　18. 基生叶。

（引自《中国植物志》；赵宝恒、张泰利绘）

Plate 15　1−5. **Anemone begoniifolia**　1. Habit; 2. Stamen; 3. Carpel; 4. Aggregate fruit; 5. Achene.　6−8. **A. coelestina**　6. Basal leaf; 7. Stamen; 8. Carpel.　9−11. **A. sino-linearis** var. **holophylla**　9. Basal leaf; 10. Stamen; 11. Carpel.　12−14. **A. lutienensis**　12. Basal leaf; 13. Stamen; 14. Carpel.　15−17. **A. sino-linearis**　15. Habit; 16. Stamen; 17. Carpel.　18. **A. trullifolia**　18. Basal leaves. (After Fl. Reip. Pop. Sin.; drawn by B. H. Zhao and T. L. Zhang)

37. 匙叶银莲花 图版 15：6–8

Anemone coelestina Franch. in Bull. Soc. Bot. France 32: 4. 1885, 33: 365. 1886; Forbes & Hemsl. in J. Linn. Soc. Bot. 23: 11. 1886; Maxim in Acta Hort. Petrop. 11: 20. 1890; Ulbr. in Bot. Jahrb. 37: 243. 1905; Hand.-Mazz. in Acta Hort. Gotob. 123: 178. 1939; Wang, Ziman & Dutton in Fl. China 6: 324. 2001; Ziman et al. in Edinb. J. Bot. 64(1): 79, fig. 10. 2007; et in J. Jap. Bot. 83(3): 148. 2008. ——*A. obtusiloba* D. Don ssp. *coelestina* (Franch.) Brühl. in Ann. Bot. Gard. Culc. 5: 78. 1896. ——*A. trullifolia* Hook. f. & Thoms. var. *coelestina* (Franch.) Finet & Gagnep. in Bull. Soc. Bot. France 51: 61. 1904; W. T. Wang in Fl. Reip. Pop. Sin. 28: 46, pl. 12: 6–8. 1980; et in Vasc. Pl. Hengduan Mount. 1: 514. 1993. ——*Anemonastrum coelestinum* (Franch.) Mosyakin in Phytoneuron 55: 7. 2018. Lectotype 云南：洱源，Hee-chan-men, 1884-06-02, J. M. Delavay 3 (P, Ziman et al., 2007).

A. bonatiana Lévl. in Repert. Sp. Nov. 7: 98. 1909.

A. coelestina var. *polygyna* Comber in Not. Bot. Gard. Edinb. 18: 226. 1934.

分布于中国云南西北部和四川西南部。生于山地草坡、灌丛、沟边或湖边，海拔 2 500–4 150 m。

标本登录 云南：泸水，汤宗孝 104；云龙，杨亲二 93-43；洱源，Hee-chan-men，约 1886， J. M. Delavay 1034；剑川，乔后，罗平山，秦仁昌 23086；丽江，王启无 71429；中甸，中甸队 1911。四川：盐源，元宝区，火炉山，alt. 4 000 m，青藏队 12242；木里，米足嘎山，1928-06，J. F. Rock 16206, p. p.

38. 折多山银莲花 图版 5：7–9

Anemone zheduoshanica W. T. Wang, sp. nov. Type 四川（Sichuan）：康定，折多山 (Kangding, Zheduo Shan), alt. 4 323 m，高山草甸，萼片带紫色 (on alpine meadow, sepals tinged with purple), 2018-05-17，贡嘎山考察队 (Gongga Shan Exped.) 0734 (holotype, PE)；同地，省道 (same locality, Province high-way), alt. 3 284 m，路旁草甸 (on meadow by high-way), 2018-05-16, 贡嘎山考察队 0642 (paratype, PE)。

38a. var. zheduoshanica

Small perennial herbs 4.5–7 cm tall. Basal leaves 5–7, sessile; blades chartaceous, narrow-obovate, obovate, elliptic or narrow-elliptic, (1.5–2.6) cm × (0.6–1.2) cm, at apex acute or slightly acute, rarely obtuse, at base cuneate or broadly cuneate, on margin above 1–2-denticulate or entire, on both surfaces appressed-pubescent. Scapes 1–2, 1.5–3 cm long, with pedicels appressed-pubescent; cymes 1-flowered; involucral bracts 3, sessile, narrow-ovate or oblanceolate, (6–10) mm × (2–4) mm, at apex obtuse, on margin entire, appressed-pubescent; pedicels 7–20 (–25) mm long. Flower: Sepals 4 or 5, rarely 6, white, abaxially tinged with purple, obovate or elliptic-obovate, rarely broadly obovate, (8–12) mm × (4–9) mm, at apex rounded, adaxially glabrous, abaxially minutely puberulous. Stamens ca. 32, glabrous; filaments linear, (0.5–3.6) mm × (0.4–0.7) mm, 1-nerved; anthers yellowish, broad-oblong, (1.3–1.5) mm × (0.8–1) mm, apex obtuse. Carpels ca. 10; ovaries narrow-ovoid, 2 mm × 0.5 mm, densely pubescent; styles 1.2 mm long, glabrous; stygmas inconspicuous.

特产于中国四川康定折多山。生于高山草甸上，海拔 3 284–4 323 m。

38b. 暗紫折多山银莲花（变种）

var. **atropurpurea** W. T. Wang, var. nov. Holotype 四川 (Sichuan)：康定，折多山，省道路旁草甸 (Kangding, Zheduo Shan, on meadow by Province high-way), 2018-05-16，贡嘎山考察队 (Gongga Shan

Exped.) 0629 (PE)。

A var. *zheduoshanica* differt sepalis atropurpureis, late obovatis vel obovatis, apice subtruncatis vel rotundatis.

特产于中国四川康定折多山。生于高山草甸上。

39. 条叶银莲花　图版 15：15–17

Anemone sino-linearis W. T. Wang, nom. et sp. nov., non *A. linearis* Schlechtd. ex Pritz., 1841. ——*A. obtusiloba* D. Don ssp. *trullifolia* (Hook. f. & Thoms.) Bruhl. var. *linearis* Brühl in Ann. Bot. Gard. Culc. 5: 77. 1896. ——*A. trullifolia* Hook. f. & Thoms. var. *linaris* (Bruhl.) Hand.-Mazz. in Acta Hort. Gtob. 13: 178. 1939; Lauener in Not. Bot. Gard. Edinb. 23: 196. 1960; Iconogr. Corm. Sin. 1: 730, fig. 1459. 1972; W. T. Wang in Fl. Reip. Pop. Sin. 28: 46, pl. 12: 15–17. 1980; in Fl. Xizang. 2: 82. 1985; in High. Pl. China 3: 497. 2000; et in Fl. Yunnan. 11: 200, pl. 57: 13–15. 2000. ——*A. coelestina* Franch. var. *linearis* (Bruhl) Ziman & Dutton in Fl. China 6: 325. 2001; Ziman et al. in Edinb. J. Bot. 64(1): 81, fig. 11. 2007. Holotype　四川: 康定, 1890-07, A. E. Pratt 493 (non vidi)。

A. trullifolia Hook. f. & Thoms. var. *souliei* Finet & Gagnep. in Bull. Soc. Bot. France 51: 62. 1904. Syntypes (均存 P)　四川：康定，东俄洛，1891-07，Soulie 9, 17；同地，1892，Soulie 385；同地，1893-07-23，Soulie 688；巴塘与理塘间，1890-06-13，H. d' Orleans s. n. (non vidi)。

39a. var. **sino-linearis**

Perennial herbs. Rhizomes vertical, short and thick. Basal leaves 4–6, sessile, rarely petiolate; blades papery, broadly oblanceolate-linear or spatulate-oblanceolate, (3–12) cm × (0.7–2) cm, at apex 3(–6)-dentate, rarely entire, adaxially appressed-puberulous, abaxially appressed-villous. Scapes 1–3(–7), 8–30 cm tall, puberulous; cymes 1-flowered; involucral bracts 3, sessile, lanceolate, 0.7–1.5(–2.2) cm long, entire, rarely apically 3-denticulate; pedicels sparsely puberulous. Flower: Sepals 5(–6), white, blue or yellow, obovate, [10–13(–16)] mm × [5–7.5(–9)] mm. Stamens numerous, 1.5–5 mm long, glabrous; filaments linear; anthers broadly oblong. Carpels 13–20; ovaries densely pubescent; styles short, glabrous; stigmas inconspicuous.

从傅德志教授的银莲花属（*Anemone*）植物名录和 *Index Kewensis* (Jackson，1895)，我得知于 1841 年发表一银莲花属植物，学名为 *Anemone linearis* Schlechtd. ex Pritz. (in Linnaea 15: 661. 1841.)，因此，如果将 *A. obtusiloba* ssp. *trullifolia* var. *linearis* Bruhl 提升为种级分类群，并根据此变种加词形成的种名必定是一不合法的晚出异物同名 (later homonym)。于是，本文将种名的种加词拟为“sino-linearis”。

分布于中国云南西北部、四川西部、甘肃南部、青海南部和西藏东部和南部以及不丹 (fide Ziman et al. 2007)。生于高山草地或灌丛中，海拔 3 500–5 000 m。

本种的全草、花和根可供药用：全草用于背部及脊椎骨痛；花和根用于慢性气管炎、末梢神经麻痹（谢磊等，2016）。

标本登录　云南: 中甸，俞德浚 12092，冯国楣 1556; 德钦，姜恕 9491。四川: 稻城，D. E. Boufford, B. Bartholomew 等 28049，28161；乡城，D. E. Boufford, B. Bartholomew 等 28668；巴塘，D. E. Boufford, B. Bartholomew 等 36100；理塘，郎楷永，李良千，费勇 2774；雅江，郎楷永，李良千，费勇 2840；康定，郎楷永，李良千，费勇 953，1014，关克俭，王文采 603，1012；乾宁，四川植物队 5391；泰宁，胡文

光，何铸 10886；道孚，姜恕 2234；德格，四川植物队 7156；色达，姜恕 9077；金川，姜恕 1118；马尔康，郎楷永，李良千，费勇 2234；理县，姜恕 1451；松潘，汤宗孝 828；红原，姜恕 7212；阿坝，汤宗孝 1358。甘肃：玛曲，朱格麟 4140；迭部，白龙江队 1748；夏河，王作宾 5726，7289；榆中，黄河队甘一队 1712。青海：囊谦，杨永昌 1100；玉树，1964-07，？ 302；同德，何廷农，B. Bartholomew 等 172。西藏：昌都，D. E. Boufford, B. Bartholomew 等 41128；芒康，青藏队 11849；八宿，青藏队 12241；林芝，吴征镒 75-1162；米拉山，张永田，郎楷永 1454；拉萨，张永田，郎楷永 1941；羊八井，傅国勋 173；南木林，西藏中草药队 897；错那，吴征镒等 75-913；帕里，钟补求 5787；聂拉木，青藏队 5738。

39b. 钝齿条叶银莲花（变种）　图版 15：9–11

var. **holophylla** (Diels) W. T. Wang, comb. nov. ——*A. trullifolia* Hook. f. & Thoms. var. *holophylla* Diels in Not. Bot. Gard. Edinb. 5:263. 1912; Lauener in 1. c. 23: 197. 1960; W. T. Wang in Fl. Reip. Pop. Sin. 28: 47, pl. 12: 9–11. 1980; et in Fl. Yunnan. 11: 200, pl. 57: 10–12. 2000. ——*A. coelestina* Franch var. *polygyna* Comb. f. *holophylla* (Diels) Comb. in Not. Bot. Gard. Edinb. 27: 226. 1924. ——*A. coelestina* Franch. var. *holophylla* (Diels) Ziman & Dutton in Fl. China 6: 325. 2001; Ziman et al. in Edinb. J. Bot. 64(1): 82, fig. 12. 2007. Holotype　云南：丽江，玉龙山，alt. 3 050–3 350 m, 1906-05, G. Forrest 2166 (E, non vidi)。

分布于中国云南丽江、四川木里和西藏东南部，以及尼泊尔和印度东北部 (fide Ziman et al., 2007)。生于山地草坡或沟边，海拔 2 400–3 900 m。

标本登录　云南：丽江，玉龙山，王启无 71087，71602，俞德浚 15208，青藏队 304。四川：木里，俞德浚 7248。

组 4. 银莲花组

Sect. **Omalocarpus** DC. Syst. 1: 212. 1817; et Prodr. 1: 21. 1824; Hook. f. & Thoms. Fl. Ind. 23. 1855; Prantl in Bot. Jahrb. 9: 248. 1887; Ulbr. in Bot. Jahrb. 37: 209. 1905; W. T. Wang in Fl. Reip. Pop. Sin. 28: 47. 1980; Tamura in Hiepko, Nat. Pflanzenfam., Zwei. Aufl. 17aIV: 336. 1995; Ziman et al. in J. Jap. Bot. 80 (5): 269. 2005, et 83(3): 137, 150. 2008. Lectotype: *A. narcissiflora* L.

Anemonastrum Holub in Folia Geobot. Phytotax. 8: 158. 1973.

Anemonastrum sect. *Imbricata* Starod. in Bot. Zhurn. 74: 1346. 1989. Type: *A. imbricata* (Maxim.) Holub.

Sect. *Leptothece* W. T. Wang & Bing Liu in J. Syst. Evo. 46(5): 738. 2008. Type: *A. xiaowutaishanica* W. T. Wang & Bing Liu.

根状茎垂直。基生叶 3 全裂或 3 深裂，稀为三出复叶。聚伞花序伞状，简单或复杂；总苞苞片无柄，3 裂。萼片 5 或 6，白色，蓝或紫色，稀黄色。雄蕊花丝条形。心皮花柱通常短，柱头不明显，稀明显。瘦果扁平，在每侧具翅；宿存花柱短。染色体基数 x=7。

约 20 种，分布于亚洲、欧洲和北美洲西部温带地区。中国有 16 种，广布于西部、北部和东北，多数种（11 种）分布于西南山区。

系 1. 银莲花系

Ser. **Involucratae** Ulbr. in Bot. Jahrb. 37: 209, 263. 1905–1906; Tamura in Sci. Rep. Osaka Univ. 16: 27.

1967; Ziman et al. in J. Jap. Bot. 80(5): 289. 2005. Type: *A. narcissiflora* L.

伞状聚伞花序简单，有时只具 1 花。

中国有 12 种。

40a. 伏毛银莲花（变种）

Anemone narcissiflora L. var. **protracta** Ulbr. in Bot. Jahrb. 37: 266. 1906; W. T. Wang in Fl. Reip. Pop. Pop. 28: 47. 1980; J. G. Liu in Fl. Xinjiang 2(1): 279, pl. 74: 5, 1994; Ziman et al. in J. Jap. Bot. 80(5): 295. 2005. Described from Turkestan and no specimen cited.

分布于中国新疆西部，以及哈萨克斯坦和塔吉克斯坦。生于山地草坡或云杉林中，海拔 1 850–2 800 m。

标本登录　新疆：昭苏，关克俭 3472，李安仁，朱家柟 10552，周太炎 65-805.

40b. 卵裂银莲花（变种）

Anemone narcissiflora L. var. **sibirica** (L.) Tamura in Acta Phytotax. Geobot. 17: 115. 1958; W. T. Wang in Fl. Reip. Pop. Sin. 28: 48. 1980; J. G. Liu in Fl. Xinjiang 2(1): 280, pl. 74: 4. 1994. ——*A. sibirica* L. Sp. pl. 541. 1753; DC. Prodr. 1: 22. 1824; Y. Z. Zhao in Fl. Intramongol., 2nd ed., 2: 468, pl. 189: 4–5. 1991; et Class. Distr. Pl. Inn. Mongol. 163. 2012. Described from Altai.

分布于中国新疆、内蒙古，以及蒙古和俄罗斯西伯利亚地区。生于山地草坡，海拔 2 500–2 700 m。

标本登录　新疆：乌鲁木齐，王治奎 186；吐鲁番，李安仁，朱家柟 5783。

40c. 天山银莲花（变种）　图版 16：1–3

Anemone narcissiflora L. var. **turkestanica** Schipcz. in Acta Hort. Bot. Univ. Jurjev. 13: 101. 1912; W. T. Wang in Fl. Reip. Pop. Sin. 28: 48, pl. 13: 1–3. 1980; J. G. Liu in Fl. Xinjiang 2(1): 280, pl. 74: 3. 1994. Described from Turkestan.

分布于中国新疆西部以及中亚地区。生于山地草坡，海拔 1 900 m。

标本登录　新疆：托里，关克俭 2621，新疆师大队 73152；乌鲁木齐，王多勤 108，邹克荣 140。

40d. 长毛银莲花（变种）　图版 16：8

Anemone narcissiflora L. var. **crinita** (Juz.) Tamura in Acta Phytotax. Geobot. 17: 115. 1958; Fl. Pl. Herb. Chinae Bor.-Or. 3: 158. 1975; W. T. Wang in Fl. Reip. Pop. Sin. 28: 48, pl. 13: 8. 1980; S. Y. He, Fl. Beijing, rev. ed., 1: 245. 1984; J. G. Liu in Fl. Xinjiang 2(1): 279. 1994; Ziman et al. in J. Jap. Bot. 80(5): 295. 2005. ——*A. crinita* Juz. in Fl. URSS 7: 274. 1937; J. W. Wang in Fl. Hebei. 1: 465. 1986; Y. Z. Zhao in Fl. Intramongol., 2nd ed., 2: 468, pl. 188: 6, 8. 1991; et Class. Distr. Vasc. Pl. Inn. Mongol. 163. 2012. ——*A. narcissiflora* L. ssp. *crinita* (Juz.) Kitag. Lineam. Fl. Mansh. 213. 1939. Lectotype: "Habitat in Sibira. Gmelin no. 71018 (Zimen et al., 2005).

分布于中国河北北部、辽宁西部、内蒙古和新疆，以及蒙古、俄罗斯西伯利亚和远东地区。生于山坡草地、灌丛、林边或林下，海拔 650–1 800 m。

标本选录　北京：百花山，金德福 151；灵山，杨朝广 1542，1713。河北：赤城，大海坨山，陈岩，宋书银 33；平泉，王忠涛等 14-380；围场，李良千，王忠涛等 49。内蒙古：克什克腾旗，杨雅玲等 563；巴林右旗，翟秀丽，孙英宝 2-019；巴林左旗，傅德志等 81；乌兰浩特，傅德志等 42；昭盟，

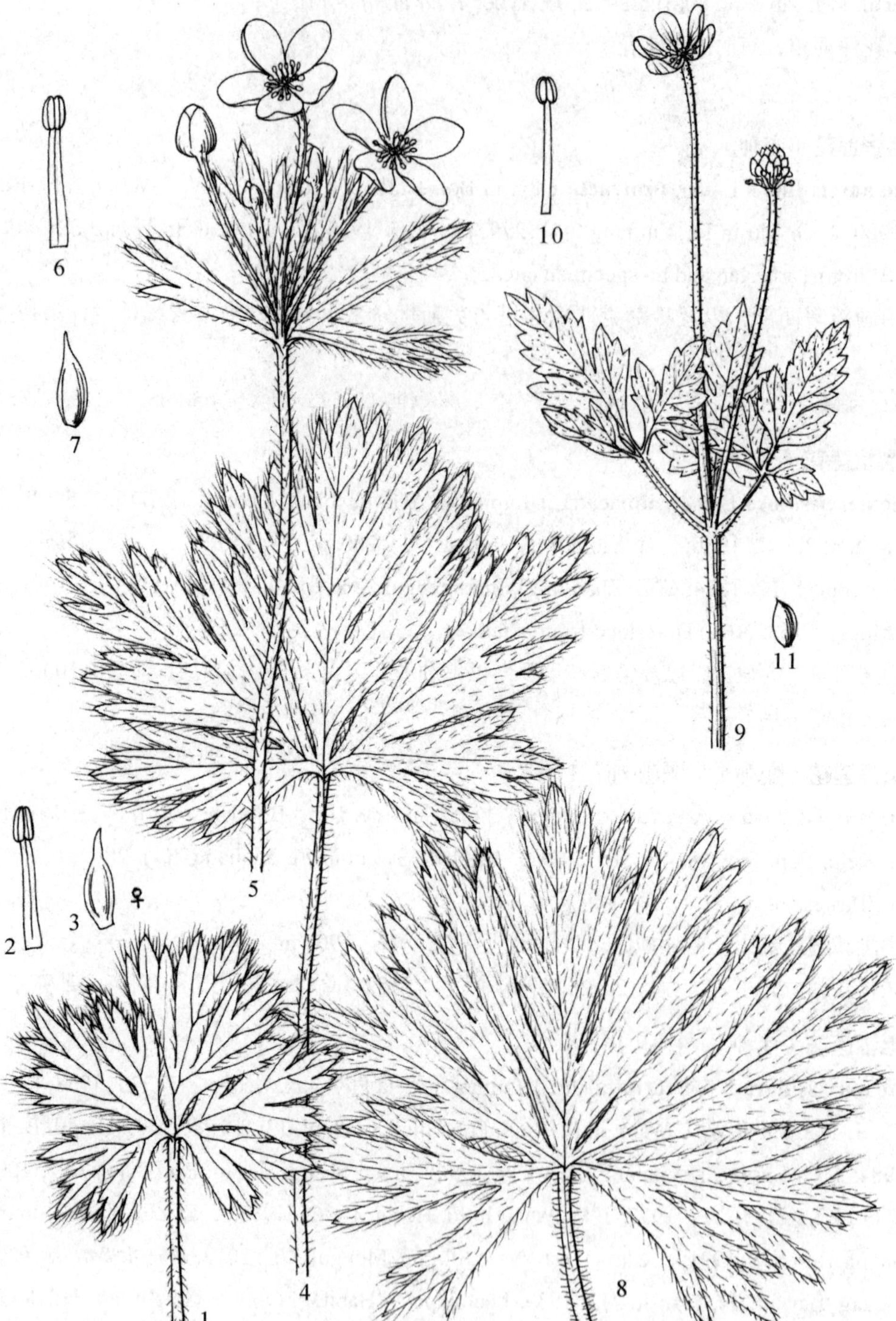

图版 16　1-3. **天山银莲花**　1. 基生叶；2. 雄蕊；3. 心皮。　4-7. **宽叶展毛银莲花**　4. 基生叶；5. 伞状聚伞花序；6. 雄蕊；7. 心皮。　8. **长毛银莲花**　8. 基生叶片。　9-11. **三出银莲花**　9. 聚伞花序；10. 雄蕊；11. 心皮。（引自《中国植物志》；张泰利绘）

Plate 16　1-3. **Anemone narcissiflora** var. **turkestanica**　1. Basal leaf; 2. Stamen; 3. Carpel. 4-7. **A. demissa** var. **major**　4. Basal leaf; 5. Umbelliform cyme; 6. Stamen; 7. Carpel. 8. **A. narcissiflora** var. **crinita**　8. Basal leaf blade.　9-11. **A. griffithii**　9. Cyme; 10. Stamen; 11. Carpel. (After Fl. Reip. Pop. Sin.; drawn by T. L. Zhang)

蒙宁队 473；牙克石，林学院队 86-18；额尔古纳，王战 1614；大兴安岭，J. Sato 86。

40e. 贺兰山银莲花（变种）

var. **alashanica** Schipcz. in Acta Hort. Bot. Univ. Jurjev. 13(2): 100. 1912. ——*A. alashanica* (Schipcz.) Borod.-Grabovsk. in Pl. Centr. Asia 12: 61, t. 5: 1−2. 2001; Y. Z. Zhao, Class. Distr. Vasc. Pl. Inn. Mongol. 163. 2012. Decribed from Helan Shan, Inn. Mongol.

分布于中国内蒙古贺兰山和甘肃南部。生于山坡上或林下，海拔 2 200−3 000 m。

标本登录　内蒙古：贺兰山，何业祺 2310，1860，阳文静，张彩飞 90。甘肃：临潭，莲花山，黄河队洮河分队 3411。

41. 展毛银莲花　图版 17：4−6；18：1−2

Anemone demissa Hook. f. & Thoms. Fl. Ind. 23. 1855; et in Hook. f. Fl. Brit. Ind. 1: 9. 1872; Franch. in Bull. Soc. Bot. France 33: 367. 1886; Bruhl in Ann. Bot. Gard. Culc. 5: 81, t. 107. 1896; Ulbr. in Bot. Jahrb. 37: 267. 1906; Hand.-Mazz. in Acta Hort. Gotob. 13: 180. 1939; W. T. Wang in Fl. Reip. Pop. Sin. 28: 48, pl. 14: 4−6. 1980; in Fl. Xizang. 2: 82, fig. 22: 1. 1985; Y. Z. Zhao in Fl. Intramongol. 2nd ed., 2: 468, pl. 189: 1−3. 1991; L. H. Zhou in Fl. Qinghai. 1: 341. 1997; W. T. Wang in Fl. Yunnan. 11: 201. 2000; et in High. Pl. China 3: 497, fig. 796. 2000; Wang, Ziman & Dutton in Fl. China 6: 321. 2001; Ziman et al in J. Jap. Bot. 81(1): 1. 2006, et 83(3): 151. 2008. ——*A. narcissifolia* L. var. *demissa* (Hook. f. & Thoms.) Finet & Gagnep. in Bull. Soc. Bot. Bot. France 51: 74. 1904. ——*Anemonastrum demissum* (Hook. f. & Thoms.) Holub in Folia Geobot. Phytotax. 8: 105. 1973. Holotype: Sikkim: Lama Gingra, Sarnclery, alt. 16 000 ft., 1849-07-15, J. D. Hooker s. n. (K, non vidi).

A. demissa var. *yunnanensis* Franch in Bull. Soc. Bot. France 33: 367. 1886; Pl. Delav. 10. 1889; W. T. Wang in Fl. Reip. Pop. Sin. 28: 51. 1980; et in Fl. Yunnan 11: 201, pl. 59: 1−2. 2000; Wang, Ziman & Dutton in Fl. China 6: 322. 2001; Ziman et al. in J. Jap. Bot. 81(1): 4. 2006. Syntypes　云南：大理，苍山，alt. 3 000−3 500 m, 1884-06, J. M. Delavay 154 (P; photo, PE), 989 (P, non vidi)。

A. demissa var. *grandiflora* Marq. & Shaw in J. Linn. Soc. Bot. 48(321): 154. 1929.

41a. var. demissa

分布于中国云南西北部、四川西北部、甘肃西南部、青海南部、西藏东部和南部，以及不丹、尼泊尔和印度北部。生于山地草坡或疏林中，海拔 3 200−4 600 m。

本种的根状茎、叶和果实可供药用：根状茎用于疟疾、恶疮；叶和果实用于祛风除湿、防腐杀菌（谢磊等，2016）。

标本登录　云南：德钦，王启无 69430，70112；中甸，汤宗孝 511；丽江，汤宗孝 449。四川：木里，韩裕丰 83-109；乡城，四川植被队 953，3260；稻城，四川植被队 1709；九龙，应俊生 3806；雷波，管中天 8532；泸定，朱大海 3897；康定，Harry Smith 10610，关克俭，王文采 1102；理塘，郎楷永，李良千，费勇 2803；巴塘，D. E. Boufford，B. Bartholomew 等 36097；德格，四川植被队 7129；甘孜，姜恕 2418；壤塘，应俊生 9010；宝兴，俞德浚 2318；小金，张秀实，任有铣 6197；金川，李馨 77765；马尔康，李馨 71611；茂县，汤宗孝 91；黑水，姜恕 1454；阿坝，汤宗孝 56；红原，四川植物队 9089；若尔盖，谭仲明 93-36。青海：玉树，？ 374。西藏：江达，青藏队 76-12491；察隅，青藏队

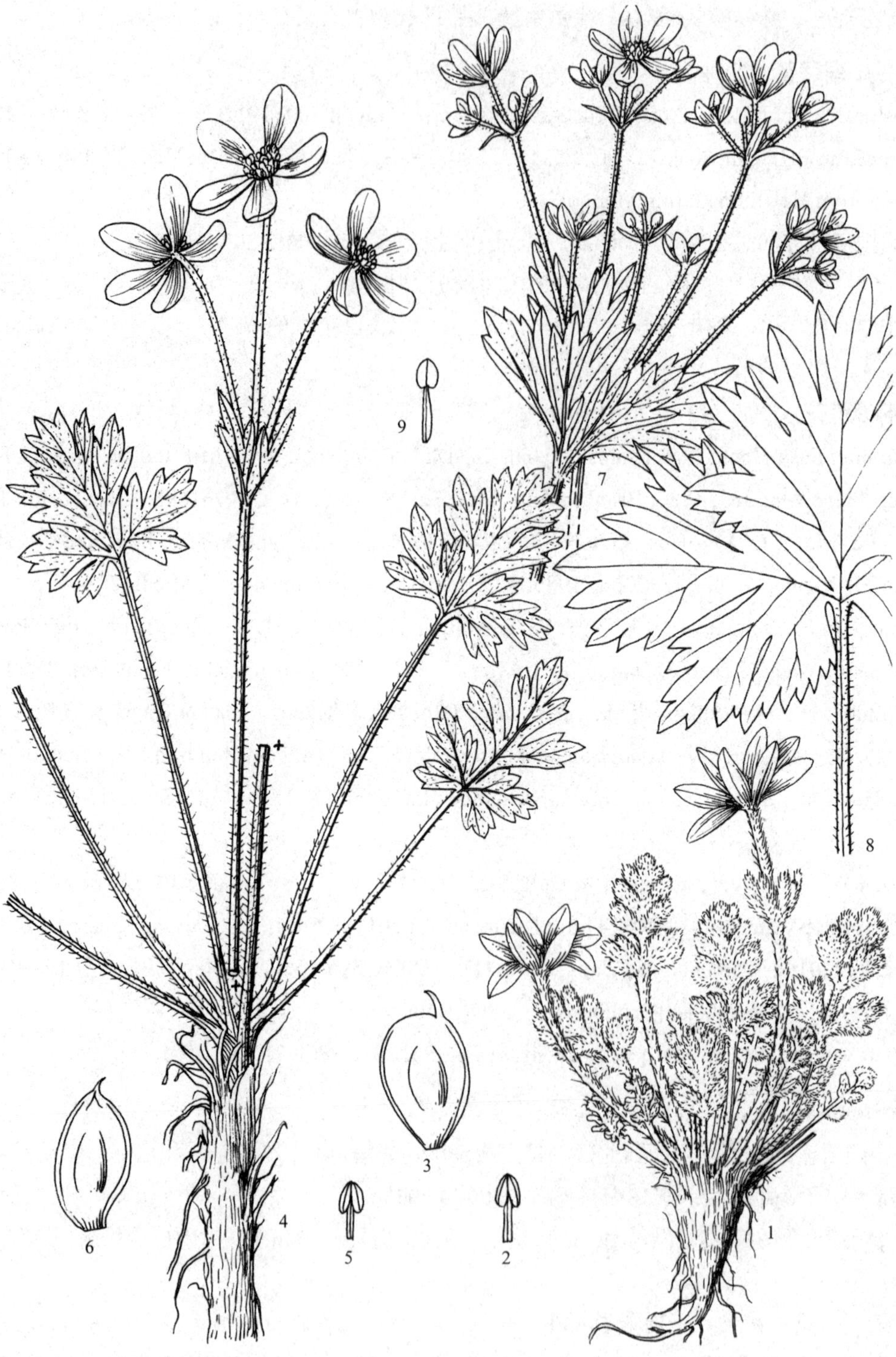

图版 17　1–3. **迭裂银莲花**　1. 植株全形；2. 雄蕊；3. 瘦果。　4–6. **展毛银莲花**　4. 植株全形；5. 雄蕊；6. 瘦果。
7–9. **山东银莲花**　7. 复伞状聚伞花序；8. 基生叶；9. 雄蕊。（引自《中国植物志》；王金凤绘）

Plate 17　**1–3. Anemone imbricata**　1. Habit; 2. Staemen; 3. Achene.　**4–6. A. demissa**　4. Habit; 5. Stamen; 6. Achene.
7–9. A. sikockiana　7. Compound umbelliform cyme; 8. Basal leaf; 9. Stamen. (After Fl. Reip. Pop. Sin.; drawn by J. F. Wang)

73-467；贡觉，D. E. Boufford，B. Bartholomew 等 41076；芒康，青藏队 11850；八宿，李渤生等 7360；昌都，青藏队 3608；类乌齐，杨竞生 91-624；墨竹工卡，倪志诚 6；米林，西藏中草药队 3795；林芝，西藏中草药队 3204；拉萨，张永田，郎楷永 2024；朗县，西藏中草药队 4466；聂拉木，张永田，郎楷永 3978；吉隆，西藏中草药队 664。

41b. 矮展毛银莲花（新变种）　图版 8：5–7

var. **humilis** W. T. Wang，var. nov. Holotype　四川（Sichuan）：九龙县，汤古乡，扎拖沟（Jiulong Xian，Tanggu Xiang，Katuo Valley）alt. 3 854 m，沼泽中，花白色（in swamp，fls.white），2018-09-10，陈文俐，蒋善文，王继旋（W. L. Chen，S. W. Jiang & J. X. Wang）1588（holotype，PE）。

A var. *demissa* differt plantis humilibus ca.11 cm altis, foliorum petiolis multo brevioribus 1–2.6 cm longis cum scapis appresso-villosis, et sepalis albis. In var. *demissa*, plantae vulgo 20–45 cm altae, foliorum petioli 9–15 cm longi cum scapis patule villosi, et sepala caerulea vel purpurea, raro alba sunt.

此变种的植株矮，高约 11 cm，叶柄短得多，长 1–2.6 cm，与花葶均被贴伏长柔毛，萼片白色，而与模式变种不同。在模式变种，植株通常高 20–45 cm，叶柄长 9–15 cm，与花葶均被开展长柔毛，萼片呈蓝色或紫色，稀呈白色。

特产于中国四川九龙。生于山地沼泽地，海拔 3 845m。

41c. 宽叶展毛银莲花（变种）　图版 16：4–7

var. **major** W. T. Wang in Fl. Reip. Pop. Sin. 28: 51, 351, pl. 13: 4–7. 1980; in Fl. Xizang 2: 83. 1985; in Vasc. Pl. Hengduan Mount. 1: 515. 1993; et in Fl. Yunnan 11: 203, pl. 59: 3. 2000; Wang, Ziman & Dutton in Fl. China 6: 322. 2001; Ziman et al. in J. Jap. Bot. 81(1): 5. 2006. Holotype　云南：维西，东竹岭，alt. 4 000 m，山坡，花淡蓝，1937-07-11，俞德浚 8908 (PE). Paratypes（均存 PE）　云南：维西，王启无 63823，64472；德钦，俞德浚 8735，8745，9842；中甸，俞德浚 11745。四川：木里，俞德浚 5657，7076；冕宁，武素功 2229；雷波，四川经济植物队 843；鹧鸪山，李馨 71687；绰斯甲，李谱雄 10504。

分布于中国云南西部至东北部、西藏东部、四川西部和北部、甘肃西南部。生于山地草坡或疏林中，海拔 2 300–4 700 m。

标本登录　云南：贡山，青藏队 8637；丽江，毛品一 139，杨亲二，孔宏智 98-477；宁蒗，汤宗孝 1061；兰坪，1960-07，？ 9807；镇康，alt. 3 400 m，俞德浚 117198；巧家，alt. 3 000 m，孙必兴 1020。西藏：墨脱，alt. 3 200 m，综考会队 76-332；米林，alt. 4 000 m，倪志诚等 3023；错那，资源考察队 1697。四川：美姑，经济植物队 59-1622；九龙，应俊生 3812；乡城，青藏队 4089，D. E. Boufford，B. Bartholomew 等 28630；理塘，郎楷永，李良千，费勇 2803；金川，田效文 1010；黑水，经济植物队 59-1345；松潘，1928-08，方文培 4041；南江，光雾山，alt. 2 300 m，巴山队 5685。甘肃：文县，alt. 3 300 m，白水江队 5111。

41d. 密毛银莲花（变种）

var. **villosissima** Bruhl in Ann. Bot. Gard. Culc. 5: 81. 1896; Hand.-Mazz. in Acta. Hort. Gotob. 13: 180. 1939; W. T. Wang in Fl. Reip. Pop. Sin. 28: 51. 1980; in Fl. Xizang 2: 83. 1985, et in Fl. Yunnan 11: 203. 2000; Wang, Ziman & Dutton in Fl. China 6: 322. 2001; Ziman et al. in J. Jap. Bot. 81(1): 4. 2006. ——*A. demissa* ssp. *villosissima* (Bruhl) Chaudkhary in Bot. Zhurn. 73(8): 196. 1988. Holotype Sikkim: Jogri, alt. 13 000 ft, 1892-06-22, Gammie 195 (non vidi).

A. demissa var. *villosa* Ulbr. in Bot. Jahrb. 37: 209. 1906.

分布于中国云南西北部、西藏南部、四川西部、甘肃南部，以及尼泊尔、印度北部 (fide Ziman et al., 2006)。生于山地草坡、灌丛中或林中，海拔 2 500−4 450 m。

标本登录　云南：泸水，赵祖义 120；福贡，Gaoligong Shan Biodiv. Survey 26430；德钦，王启无 64972；中甸，冯国楣 1248；丽江，俞德浚 15055，王启无 71592；大理，王启无 63189。四川：木里，俞德浚 5657，14759；雷波，四川经济植物队 59-9251；马边，汪发瓒 22034；九龙，俞德浚 6829；宝兴，张秀实，任有铣 5532；金川，李馨 77550；茂县，何铸，周子林 12721；都江堰，汪发瓒 20900。甘肃：舟曲，王作宾 14828；临潭，黄河队 3411。

42. 粗壮银莲花

Anemone robusta W. T. Wang in Acta Phytotax. Sin. 12(2): 173, pl. 10: 15. 1974; in Fl. Reip. Pop. Sin. 28: 53. 1980; in Vasc. Pl. Hengduan Mount. 1: 516. 1993; et in Fl. Yunnan. 11: 203. 2000; Wang, Ziman & Dutton in Fl. China 6: 320. 2001; Ziman et al. in J. Jap. Bot. 81(1): 5. 2006, et 83(3): 151. 2008. Type　云南：维西，alt. 2 500−3 000 m, 1935 年 6−9 月，王启无 67852 (holotype, PE), 63778 (paratype, PE)。

分布于中国云南西北部（维西、中甸、德钦）和四川西南部（木里）。生于高山草甸上或灌丛中，海拔 2 500−4 600 m。

标本登录　云南: 中甸，大雪山丫口，alt. 4 300 m，杨亲二，孔宏智 98-273; 德钦，换夫坪，alt. 3 600 m，王启无 69018。四川：木里，三区，alt. 4 600 m, 青藏队 14473。

43. 太白银莲花　图版 18：3−4

Anemone taipaiensis W. T. Wang in Acta Phytotax. Sin. 12(2): 174, pl. 10: 16. 1974; Fl. Tsinling. 1(2): 284. 1974; W. T. Wang in Fl. Reip. Pop. Sin. 28: 53, pl. 15: 3−4. 1980; Wang, Ziman & Dutton in Fl. China 6: 322. 2001; Ziman et al. in J. Jap. Bot. 81(1): 5. 2006; et 83(3): 151. 2008. Holotype　陕西：太白山，放羊寺，alt. 3 200−3 600 m，1937-09，刘慎谔，钟补求 958 (PE)。

产于中国陕西南部秦岭山区（太白山，宝鸡）。生于高山草地、多石山坡或陡崖上，海拔 2 900−3 700 m。

标本登录　陕西：太白山，alt. 2 900−3 700 m，王作宾 1777，刘慎谔，钟补求 839，汪发瓒 182，秦岭队 10383，杨金祥 910，Zhu- Chen-Xu-Wang 1380,2474；宝鸡，陕西中医研究所 1978。

44. 银莲花　图版 18：5−9

Anemone cathayensis Kitag. Lineam. Fl. Mansh. 213. 1939; Tamura in Acta Phtotax Geobot. 17: 114. 1958; Iconogr. Gorm. Sin. 1: 730, fig. 1460. 1972; W. T. Wang in Fl. Reip. Pop. Sin. 28: 54, pl. 15: 5−9. 1980; S. Y. He, Fl. Beijing, rev. ed., 1: 241, fig. 306. 1984; J. W. Wang in Fl. Hebei. 1: 466, fig. 469. 1986; X. Y. Yu, B. L. Li & Y. M. Li in Fl. Shanxi. 1: 620, pl. 394. 1992; W. T. Wang in High. Pl. China 3: 498. Fig. 797. 2000; Wang, Ziman & Dutton in Fl. China 6: 321. 2001; Ziman et al. in J. Jap. Bot. 81(1): 7. 2006, p. p. excl. syn. *A. cathayensis* var. *hispida* Tamura et 83(3): 151. 2008; J. C. Zhao et al. Fl. Xiaowutaishan 1: 315, fig. 286. 2011; L. Xie in Medic. Fl. China 3: 334. 2016. Holotype　河北：小五台山，1914, Y. Nagai 48(TI, non vidi)。

A. demissa Hook. f. & Thoms. var. *glabrescens* Ulbr. in Bot. Jahrb. 37: 209. 1906; Hand.-Mazz. in Acta Hort. Gotob. 13: 181. 1939.

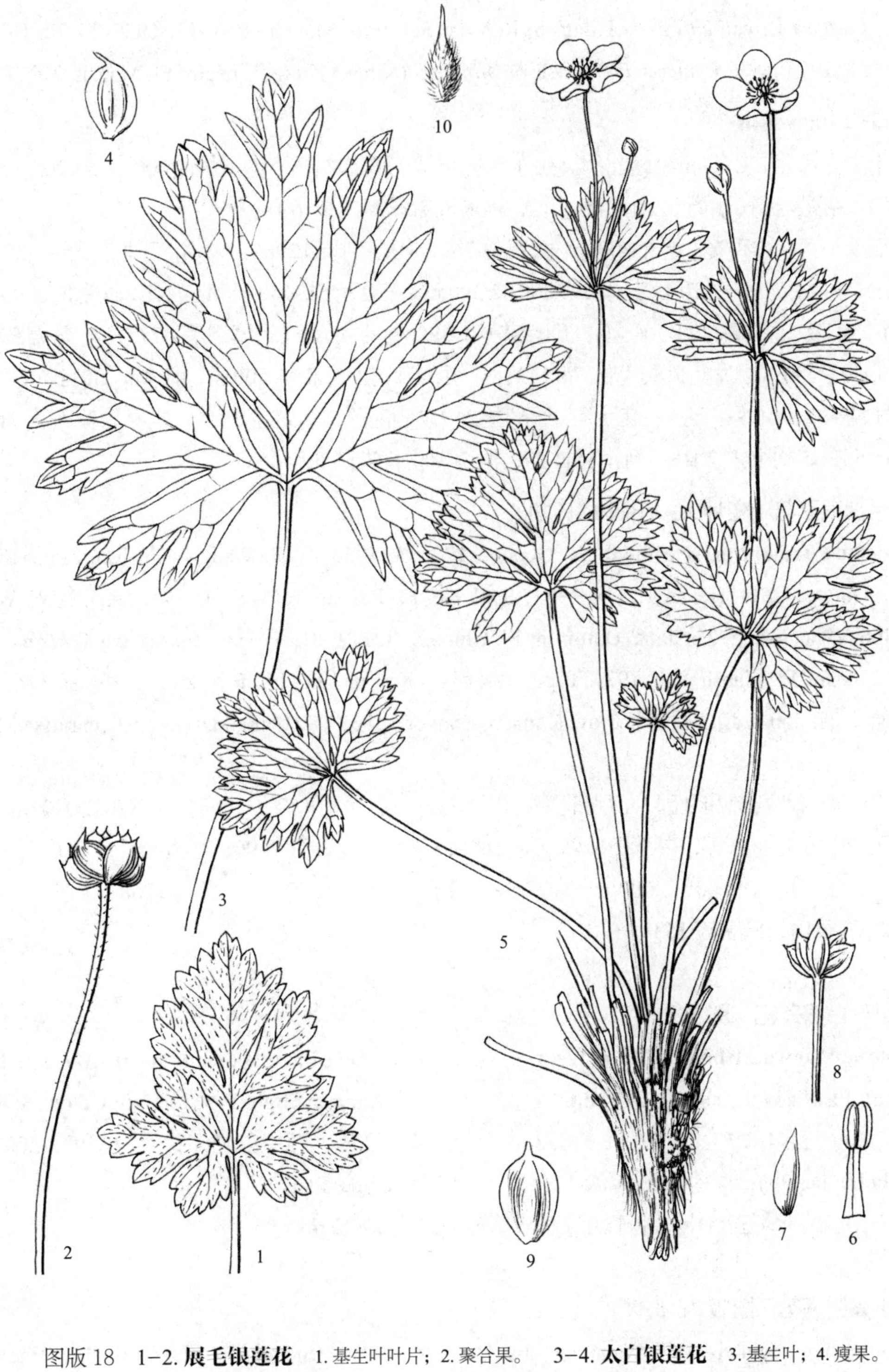

图版 18　1–2. **展毛银莲花**　1. 基生叶叶片；2. 聚合果。　3–4. **太白银莲花**　3. 基生叶；4. 瘦果。
5–9. **银莲花**　5. 植株全形；6. 雄蕊；7. 心皮；8. 聚合果；9. 瘦果。
10. **毛蕊银莲花**　10. 心皮。（引自《中国植物志》；赵宝恒、张泰利绘）

Plate 18　1–2. **A. demissa** var. **demissa**　1. Basal leaf blade; 2. Aggregate fruit.　3–4. **A. taipaiensis**　3. Basal leaf; 4. Achene.　5–9. **A. cathayensis**　5. Habit; 6. Stamen; 7. Carpel; 8. Aggregate fruit; 9. Achene.
10. **A. cathayensis** var. **hispida**　10. Carpel. (After Fl. Reip. Pop. Sin.; drawn by B. H. Zhao and T. L. Zhang)

A. narcissiflora L. var. *pekinensis* Schipcz. in Acta Hort. Bot. Univ. Jurejev. 13: 101. 1912.

A. narcissiflora L. var. *chinensis* Kitag. in Rep. Ist Sci. Exp. Manch. 4(4): 17. 1935; Fl. Pl. Herb. Chinae Bor.-Or. 3: 158. 1975. ——*A. narcissiflora* L. ssp. *chinensis* (Kitag.) Kitag. Lineam. Fl. Mansh. 213. 1939.

44a. var. **cathayensis**

分布于中国河北、山西和河南北部。生于山区草地、灌丛或林下，海拔 1 000–2 500 m。

本种的根可供药用，用于止血除湿、清热解毒（谢磊等，2016）。

标本登录　河北：武安，alt. 1 400 m，关克俭 76；内丘，刘瑛 12965；涞源，河北农大队 12357；涞水，alt. 1 000 m，刘继孟 2190；小五台山，alt. 2 000–2 390 m，王启无 61344，杨朝广 406，段俊喜 5290；杨家坪，刘瑛 10376；东陵，唐进 2208；青龙，王忠涛等 14-296；雾灵山，刘慎谔等 4775，刘继孟 59。北京：百花山，刘冰等 686；小龙门，关克俭 74-142；怀柔，海坨山，alt. 1 500 m，怀柔队 391；东灵山，alt. 2 020 m，段俊喜 92。山西：凌川，包士英，严生俊 1332；沁源，刘继孟 1416；霍县，黄河队 710；介休，Harry Smith 5891，刘继孟 2025。河南：林县，河南植物普查队 59-4068。

44b. **毛蕊银莲花（变种）　图版 18：10**

var. **hispida** Tamura in Acta Phytotax. Geobot. 17: 114. 1958; W. T. Wang in Fl. Reip. Pop. Sin. 28: 54. 1980; B. Z. Ding et al. Fl. Henan 1: 478. 1981; S. Y. He, Fl. Beijing, rev. ed., 1: 244. 1984; J. W. Wang in Fl. Hebei. 1: 466. 1986; Wang, Ziman & Dutton in Fl. China 6: 321. 2001. ——*A. cathayensis* f. *hispida* (Tamura) Kitag. Neo-Lineam. Fl. Mansh. 290. 1979. Type　热河省，Koryu, 1933-08, T. Nakai, M. Honda & M. Kitagawa s. n. (holotype, TI, non vidi)。朝鲜：Prov. Kannan, Shokori, 1933-07, G. Koidzumi s. n. (paratype, KYO, non vidi)。

分布于中国河北西部和北部、河南北部，以及朝鲜。生于山地草坡，海拔 1 000–2 000 m。

标本登录　河北：涞源，白石山，刘继孟 1628；涞水，刘继孟 2190；小五台山，王启无 61341；涿鹿，杨朝广 826；雾灵山，alt. 1 500 m，刘慎谔，傅沛云等 4776；东陵，唐进 1768；承德，南开大学队 127。北京：西灵山，杨朝广 1531。

45. 小五台银莲花　图 3

Anemone xiaowutaishanica W. T. Wang & Bing Liu in Acta Phytotax. Sin. 46(5): 739, fig. 1. 2008; J. C. Zhao et al. Fl. Xiaowutaishan 1: 319, fig. 291. 2011; W. T. Wang in High. Pl. China in Colour 3: 405. 2016. Type　河北：小五台山，山涧口，alt. 1 692 m，山谷石边草丛，萼片白色，背面淡紫色，2007-09-15，刘冰 983 (holotype, PE)；同地，2006-09-03，刘冰 415 (paratype, PE)。

特产于中国河北小五台山。生于山谷石边草丛，海拔 1 692 m。

46. 宝兴银莲花　图版 7：5–8

Anemone baoxingensis W. T. Wang, sp. nov. Holotype　四川 (Sichuan)：宝兴，邓池沟 (Baoxing Xian, Dengchigou), alt. 3 360 m，林下，花白色 (in forest, fls. white), 1933-06-26，杜大华 (D. H. Du) 4305 (PE)。

Perennial herb ca. 28 cm tall. Rhizome vertical, ca. 1.8 cm long, 1 cm across. Basal leaves ca. 5, long petiolate; blades papery, cordate-pentagonal, (5–8.5) cm × (9–10) cm, 3-sect, central segment broadly rhombic, 4.5–6 cm broad, 3-cleft, lobes 3-lobed and with lobules narrowly ovate and 1–2-dentate or entire, lateral

图 3　**小五台银莲花**　A. 植株全形；B. 花（据主模式）；C. 基生叶；D. 花；E. 一外轮雄蕊（右）和一内轮雄蕊（左）；F. 心皮（据副模式）。（引自王文采、刘冰，2008；孙英宝绘）

Fig. 3　**Anemone xiaowutaishanica**　A. Habit; B. Flower (From holotype); C. Basal leaf; D. Flower; E. Two stamens, one outer (right) and the other inner (left); F. Carpe. (From paratype). (After W. T. Wang & B. Liu, 2008; drawn by Y. B. Sun)

segments obliquely and broadly rhombic, unequally 2-parted, with upper lobes somewhat similar to central segment; surfaces adaxially appressed-pubescent, abaxially on nerves sparsely pubescent; petioles 14–16 cm long, at base narrowly vaginate, with scapes spreading-villous (hairs 3–5 mm long). Scapes ca. 3, 21–27 cm long; cymes umbelliform, 3-flowered; involucral bracts 3, sessile, unequal, broadly rhombic, (4.5–5.5) cm × (4–5.5) cm, 3-parted, somewhat similar to the central segment of basal leaf, rarely rhombic or narrow-rhombic, 1–2.5 cm broad; pedicels slender, 3.5–4.5 cm long, with sparse hairs. Flower: Sepals 5, white, spatulate, (14–18) mm × (5–6.5) mm, at apex acute, at base attenuate, glabrous, 5-nerved. Stamens ca. 30, glabrous, filaments linear, rarely lanceolate-linear, 1.2–3 mm long; anthers dark-blue, broadly oblong, 1 mm × (0.4–0.6) mm, apex obtuse. Carpels 6–9, glabrous; ovaries compressed, elliptic, 2.2 mm × 1 mm; styles 0.8–1 mm long, straight or slightly recurved; stigmas linear, ca. 0.8 mm long.

特产于中国四川宝兴。生于山谷林下，海拔 3 360 m。

47. 腾冲银莲花　图 4

Anemone tengchongensis W. T. Wang in Bull. Bot. Res. Harbin 167(2): 160, fig. 1: 5–8. 1996. Holotype 云南：腾冲，狼牙山，alt. 3 900–4 000 m, 山坡竹林，花白色，1964-06-07，武素功 7070 (KUN)。

A. narcissiflora L. ssp. *crinita* auct. non (Juz.) Kitag.: Ziman in Fl. China 6: 321. 2001.

A. narcissiflora auct. non L. : Ziman et al. in J. Jap. Bot. 80(5): 284. 2005.

特产于中国云南腾冲。生于山地竹林中，海拔 3 900–4 000 m。

48. 垂花银莲花　图版 19：1–2

Anemone nutantiflora W. T. Wang & L. Q. Li in Acta Bot. Yunnan. 8(3): 265, fig. 2: 1–2. 1986; W. T. Wang in Fl. Yunnan 11: 203. 2000. Type　云南：泸水，片马丫口，alt. 3 200 m，竹林下，1978-08-03，刘伦辉 s. n. (holotype, KUN; isotype, PE)。

特产于中国云南泸水。生于山地竹林中，海拔 3 200 m。

49. 迭裂银莲花　图版 17：1–3

Anemone imbricata Maxim. Fl. Tangut. 8, t. 22: 1–6. 1889; Hemsl. & Pearson in J. Linn. Soc. Bot. 35: 162. 1902; Finet & Gagnep. in Bull. Soc. Bot. France 51: 73. 1904; Ulbr. in Bot. Jahrb. 37: 243. 1905; Hand.-Mazz. in Acta Hort. Gotob. 13: 178. 1939; Lauener in Not. Bot. Gard. Edinb. 23: 193. 1959; Iconogr. Corm. Sin. 1: 731, fig. 1462. 1972; W. T. Wang in Fl. Reip. Pop. Sin. 28: 55, pl. 14: 1–3. 1980; et in Fl. Xizang. 2: 83. 1985; L. H. Zhou in Fl. Qinghai. 1: 341, pl. 74: 13–15. 1997; W. T. Wang in High. Pl. China 3: 498, fig. 798. 2000; Wang, Ziman & Dutton in Fl. China 6: 322. 2001; Ziman et al. in Edinb. J. Bot. 64(1): 90. 2007; et in J. Jap. Bot. 83(3): 150. 2008. ——*A. obtusiloba* D. Don ssp. *imbricata* (Maxim.) Bruhl in Ann. Bot. Gard. Culc. 5: 78. 1896. ——*Anemonastrum imbricatum* (Maxim.) Holub in Folia Geobot. Phytotax. 8: 158. 1973. Type　西藏北部：Yangtze 河，1884-06，N. M. Przewalski s. n. (holotype, LE; isotype, PE)。

分布于中国四川西部（海拔 4 000–4 700 m）、甘肃（2 500–3 800 m）、青海南部和东部（3 800–4 800 m）、西藏（3 800–5 300 m）。生于山坡草地、灌丛、多石山坡或林中。

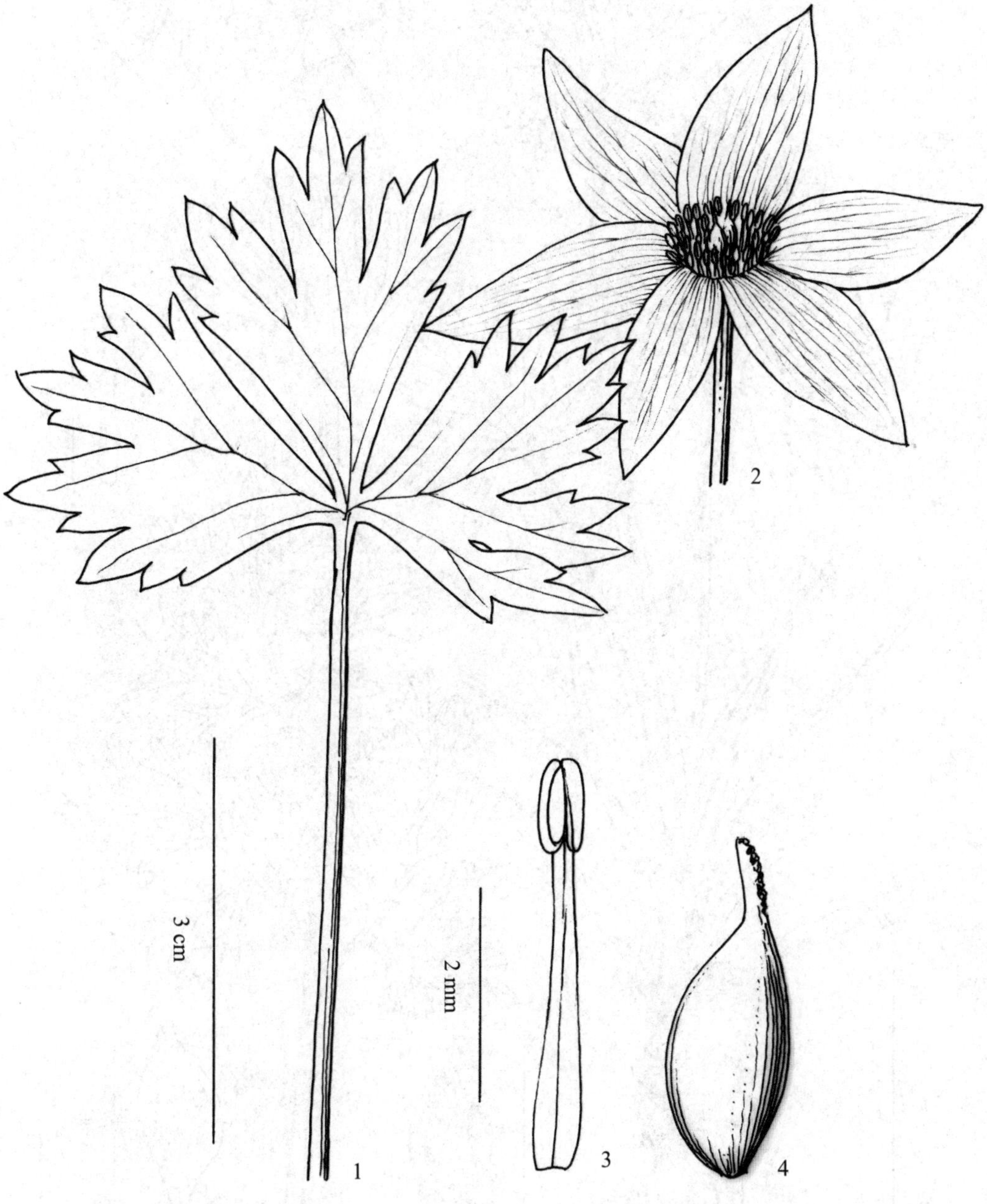

图 4 **腾冲银莲花** 1. 基生叶；2. 花；3. 雄蕊；4. 心皮。（引自王文采，1996）

Fig. 4 ***Anemone tengchongensis*** 1. Basal leaf; 2. Flower; 3. Stamen; 4. Carpel. (After W. T. Wang, 1996)

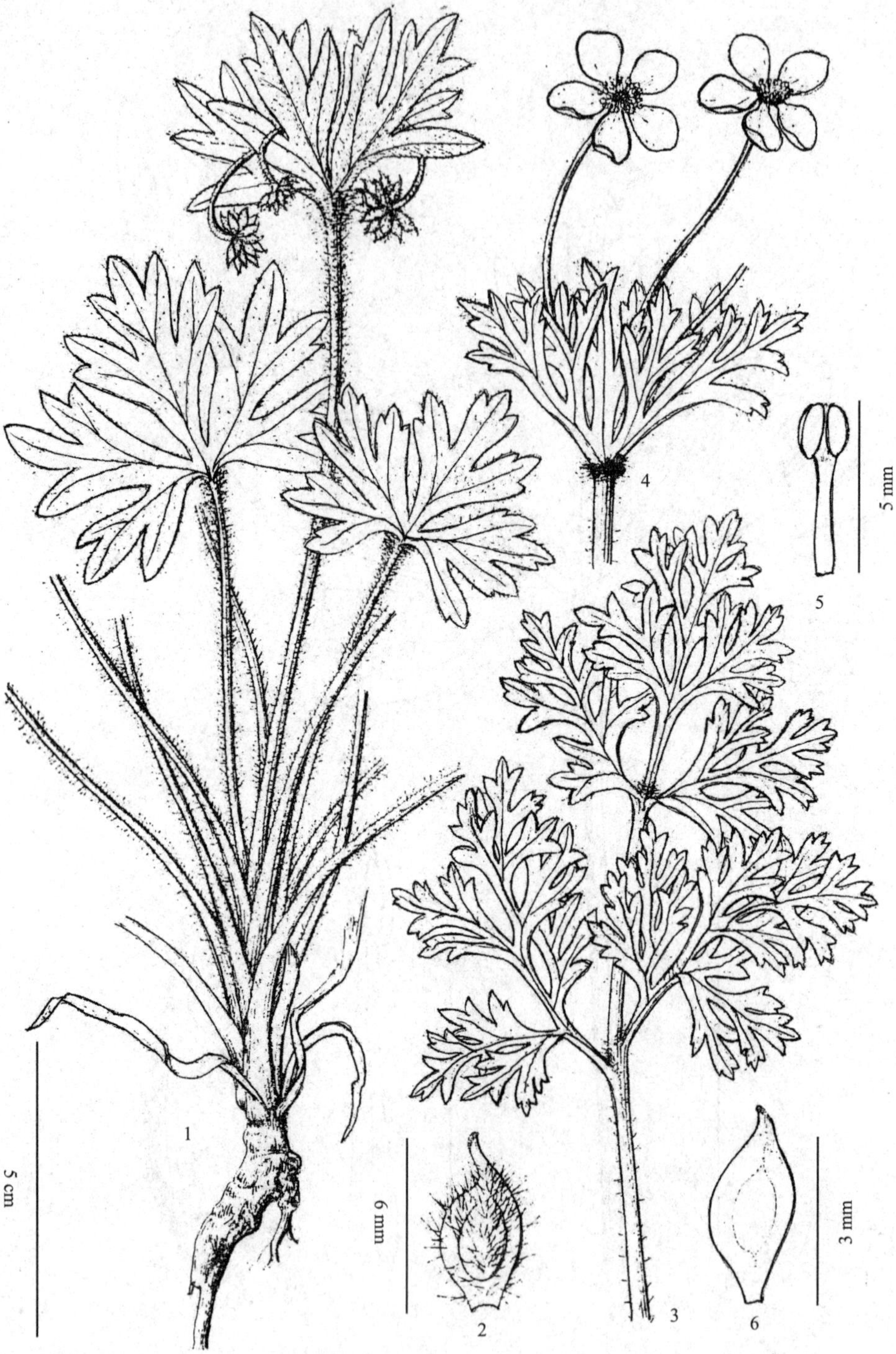

图版 19　1–2. **垂花银莲花**　1. 结果植株；2. 幼瘦果。　3–6. **多裂银莲花**　3. 基生叶；4. 花序；5. 雄蕊；6. 瘦果。（引自王文采、李良千，1986；张春芳绘）

Plate 19　1–2. ***Anemone nutantiflora***　1. Fruiting plant; 2. Young achene.　3–6. ***A. multilobulata***　3. Basal leaf; 4. Inflorescence; 5. Stamen; 6. Achene. (After W. T. Wang & L. Q. Li, 1986; drawn by C. F. Zhang)

标本登录 四川：乡城，alt. 4 700 m，青藏队 3905；雅江，姜恕 5083；康定，折多山，alt. 4300 m，杨竞生 91-117；大炮山，alt. 4 700 m，Harry Smith 11512；金川，李馨 77951；壤塘，姜恕 9029；德格，崔友文 4960；石渠，alt. 4 000 m，姜恕 9249。甘肃：迭部，alt. 2 500 m，白龙江队 1868；天祝，alt. 3 200 m，河西队 236；肃南，河西队 350。青海：可可西里，alt. 4 800 m，武素功 692A (KUN)；治多，alt. 4 300 m，周立华 51；玉树，何廷农，B. Bartholomew 等 2059；玛沁，何廷农 688；同德，吴玉虎 5518；大通，alt. 3 800 m，杨亲二 95-35；祁连，青甘队 2811。西藏：江达，alt. 3 800 m，青藏队 33；昌都，青藏队 3609；左贡。alt. 5 100−5 300 m, D. E. Boufford 等 29459；索县，王金亭 3300；比如，陶德定 11380，安多，alt. 4 650 m，王金亭 3722；帕里，alt. 5 300 m，陶德定 10807；班戈，郎楷永 9428；土门格拉，杨金祥 1939；吉隆，alt. 4 900 m，青藏队植被组 5050。

50. 红萼银莲花

Anemone smithiana Lauener & Panigrahi in Not. Bot. Gard. Edinb. 33: 491. 1975; W. T. Wang in Fl. Reip. Pop. Sin. 28: 53. 1980; et in Fl. Xizang. 2: 83. 1985; Wang, Ziman & Dutton in Fl. China 6: 322. 2001; Ziman et al. in J. Jap. Bot. 81(1): 5. 2006, et 83(3): 151. 2008. Holotype Nepal: Telley, alt. 15 000 ft., 1930, Lall Dhwoj 460 (E; photo, PE).

分布于中国西藏南部，以及不丹和尼泊尔。生于多石山坡或灌丛中，海拔 3 800−4 150 m。

标本登录 西藏：吉隆，西藏中草药队 595，693；聂拉木，青藏队 5749，青藏队植被组 4246。

51. 多裂银莲花 图版 19：3−6

Anemone multilobulata W. T. Wang & L. Q. Li in Acta Bot. Yunnan. 8(3): 264, fig. 2: 3−6. 1986; W. T. Wang in Fl. Yunnan 11: 204. 2000. Type 云南：碧江，高黎贡山，28 分界碑，alt. 3 600 m，花黄色，1978-07-14，碧江队 1134（holotype, KUN）；同地，渣拉河左侧主峰，1978-07-13，碧江队 10800 (paratype, KUN); 同地，1978-07-12，刘伦辉 s. n. (paratype, KUN)。

A. narcissiflora L. ssp. *protracta* auct. non (Ulbr.) Ziman & Pedor: Ziman in Fl. China 6: 321. 2001.

A. narcissiflora auct. non L.: Ziman et al. in J. Jap. Bot. 80(5): 284. 2005.

特产于中国云南福贡和碧江高黎贡山。生于海拔 3 600−3 800 m 一带山地。

标本登录 云南：福贡，高黎贡山，1978-07-12，？ s. n.; 碧江，海拔 3 800 m，1978-07-13，？ s. n.

系 2. 复伞银莲花系

Ser. **Involucellatae** Ulbr. in Bot. Jahrb. 37: 209, 267. 1906; Tamura in Sci. Rep. Osaka Univ. 16: 22. 1961; Ziman et al. in J. Jap. Bot. 80(5): 289. 2005. Type: *A. polyanthes* D. Don.

伞状复伞花序复杂，具较多花。

4 种，分布于喜马拉雅山区、中国华北东部和日本，在中国均有分布。

52. 复伞银莲花

Anemone tetrasepala Royle, Ill. Bot. Himal. 53: 1839; Hook. f. & Thoms. in Hook. f. Fl. Brit Ind. 1: 10. 1872; Ulbr. in Bot. Jahrb. 37: 268. 1906; W. T. Wang in Fl. Reip. Pop. Sin. 28: 55. 1980; et in Fl. Xizang. 2: 84.

1985; Wang, Ziman & Dutton in Fl. China 6: 319. 2001; Ziman et al in J. Jap. Bot. 81(1) 10. 2006, et 83(3): 151. 2008. Holotype　Kashmir: Jum Boo. 1828, J. F. Royle s. n. (non vidi).

分布于中国西藏南部，以及克什米尔、巴基斯坦和阿富汗。生于山地林间草地或林下，海拔 2 900–3 100 m。

标本登录　西藏：吉隆，青藏队 7013；聂拉木，樟木，张永田，郎楷永 4501。

53. 山东银莲花　图版 17：7–9

Anemone sikokiana (Makino) Makino in Bot. Mag. Tokyo 27: 116. 1913; Tamura & Shimizu in Satake et al. Wild Flow. Japan 2: 68. 1982; Ziman et al. in J. Jap. Bot. 81(1): 13. 2006, et 83(3): 151. 2008; W. T. Wang in High. Pl. China in Colour 3: 403. 2016; L. Xie in Medic. Fl. China 3: 336. 2016. ——*A. narcissiflora* L. var. *shikokiana* Makino (in Bot. Mag. Tokyo 8: 172. 1894, nom. nud.) in Bot. Mag. Tokyo 16: 58. 1902. ——*Anemonastrum sikokianum* (Makino) Holub in Folia Geobot. Phytotax. 8: 58. 1973. Syntype　日本：Prov. Iyo, Mt. Ishizuchi, 1891-08, L. Doi s. n. (RI, non vidi).

A. chosenicola Ohwi in Acta Phytotax. Geobot. 7: 47. 1938.

A. schatungensis Hand.-Mazz. in Acta Hort. Gotob. 13: 181. 1939; W. T. Wang in Acta Phytotax. Sin. 12(2): 112. 1974. ——*A. chosenicola* Ohwi var. *schantungensis* (Hand.-Mazz.) Tamura in Acta Phytotax. Geobot. 16: 110. 1958; W. T. Wang in Fl. Reip. Pop. Sin. 28: 55, pl. 14: 7–9. 1980.

分布于中国山东东部、河北北部以及日本。生于山地草丛，海拔 600–1 100 m。

标本登录　山东：昆嵛山，alt. 900–960 m，刘慎谔，刘继孟 1489，刘继孟 550，PE 考察队 56-2994，刘长江 141；青岛，白云洞，F. H. Sha 544；崂山，焦启元 2768，P. Licent 13390，周太炎 1290。河北：小五台山，？ 7118。

54. 柄萼银莲花

Anemone elongata D. Don, Prodr. Fl. Nepal. 194. 1825; Hook f. & Thoms. in Hook. f. Fl. Brit. Ind. 1: 10. 1872; Ulbr. in Bot. Jahrb. 37: 268. 1906; Wang, Ziman & Dutten in Fl. China 6: 320. 2001; Ziman et al. in J. Jap. Bot. 81(1): 12. 2006, et 83(3): 151. 2008. ——*Anemonastrum elongatum* (D. Don) Holub in Folia Geobot. Phytotax 8: 165. 1973. Holotype: Nepal, 1821, Wallich 4692 (non vidi; photo, PE).

分布于中国西藏，以及尼泊尔、印度西北部 (fide Ziman et al., 2006)。

标本登录　西藏：Lende Khola, alt. 9 500 ft., 1939-07-11, Polunin 861 (BM, non vidi, fide Ziman et al., 2006)。

55. 多花银莲花

Anemone polyanthes D. Don, Prodr. Fl. Nepal. 194. 1825; Hook. f. & Thoms. in Hook. f. Fl. Brit. Ind. 1: 9. 1872; Franch. in Bull. Soc. Bot. France 33: 367. 1886; Forbes & Hemsl. in J. Linn. Soc. Bot. 23: 12. 1886; Ulbr. in Bot. Jahrb. 37: 267. 1906; Ziman et al. in Jap. Bot. 81(1): 9. 2006, et 83(3): 151. 2008. ——*A. narcissiflora* L. var. *polyanthes* (D. Don) Finet & Gagnep. in Bull. Soc. Bot. France 51: 56. 1904. ——*Anemonastum polyanthes* (D. Don) Holub in Folia Geobot. Phytotax. 8: 165. 1973. Holotype: Himalaya, Wallich 4691b (non vidi).

分布于中国云南西北部（洱源，fide A. Franchet, 1886, et Ziman et al., 2006），以及巴基斯坦、尼泊尔、不丹、印度北部和缅甸。

标本登录　云南：洱源，Mt. Hee-chan-men prope Kan-hay-tze, alt. 2 800 m, 1884-05, J. M. Delavay 1110 (photo, PE); 同地，Mt. Hee-chan-men, Hyra Yangkong, 1887-05-06, J. M. Delavay 110 (K, fide Ziman et al., 2006)。

组 5. 短柱银莲花组

Sect. **Brachycladus** W. T. Wang, sect. nov. Type: *A. brevistyla* Chang ex W. T. Wang

Ob habitus, sepala 5 vel 6 alba, staminum filamenta filiformia et pollinis grana 6−7-colpata sectio nova haec est arcte affinis Sect. *Stoloniferae* (Ulbr.) Juz., a qua carpellorum stylis conspicuis rectis ovariis leviter brevioribus, stigmatibus inconspicuis vel conspicuis minutis differt.

Rhizomes subhorizontal or vertical. Basal leaves 2−4, long petiolate, simple and 3-sect or ternate. Cymes 1-flowered; involucral bracts three or two, sessile, 3-parted. Sepals 5 or 6, white. Stamen filaments filiform. Carpels with ovaries densely pubescent and straight styles slightly shorter than ovaries and glabrous; stigmas inconspicuous or conspicuous, but small.

Two species, distributed in western Sichuan Province.

根状茎近水平或垂直。基生叶 2−4，具长柄，为单叶，3 全裂或为三出复叶。聚伞花序有 1 花；总苞苞片 3 或 2，无柄，3 深裂。萼片 5 或 6，白色。雄蕊花丝丝形；花粉具 6−7 条沟（贡嘎山的花粉尚不了解）。心皮的子房密被柔毛，花柱直，比子房稍短，无毛；柱头不明显或明显，小。

2 种，分布于四川西部。

56. 短柱银莲花　图版 20：4−6

Anemone brevistyla Chang ex W. T. Wang in Acta. Phytotax. Sin. 12(2): 162, pl. 2: 4−6. 1974; et in Fl. Reip. Pop. Sin. 28: 16, pl. 3: 4−6. 1980; Wang, Ziman & Dutton in Fl. China 6: 318. 2001. Holotype　四川：天全，1936，曲桂龄 2419 (PE)。

A. baicalensis auct. non Turcz.: Ziman et al. in J. Jap. Bot. 79(5): 296. 2004.

特产于中国四川西部（天全、泸定、都江堰）。生于山地林边，海拔约 2 200 m。

标本登录　四川：泸定，磨西镇，alt. 2 280 m，成都生物所植被组 30284；都江堰，？ 960073。

57. 贡嘎银莲花　图版 21：11−13

Anemone gonggaensis W. T. Wang, sp. nov. Holotype　四川 (Sichuan)：康定，贡嘎山，贡嘎寺 (Kangding，Gongga Shan，Gongga Temple), alt. 3 720 m，林缘，花白色 (forest margin, fls. white), 2018-07-18，杨永，李海文，杨智，王宇 (Y. Yang, H. W. Li, Z. Yang & Y. Wang) GGS316 (PE)。

Perennial herbs 16−19 cm tall. Rhizomes vertical, ca. 1.2 cm long, at apex 5 mm across. Basal leaves 3−4, ternate, long petiolate; blades (2.5−5.5) cm × (2.5−6.5) cm; central leaflet with petiolule 1−10 mm long, broadly rhombic, 2−3 cm broad, 3-parted slightly exceeding the middle of leaflet, central primary lobe rhombic, at apex acute, 3-lobed, central secondary lobe also rhombic and 3-lobed, lateral primary lobes oblique,

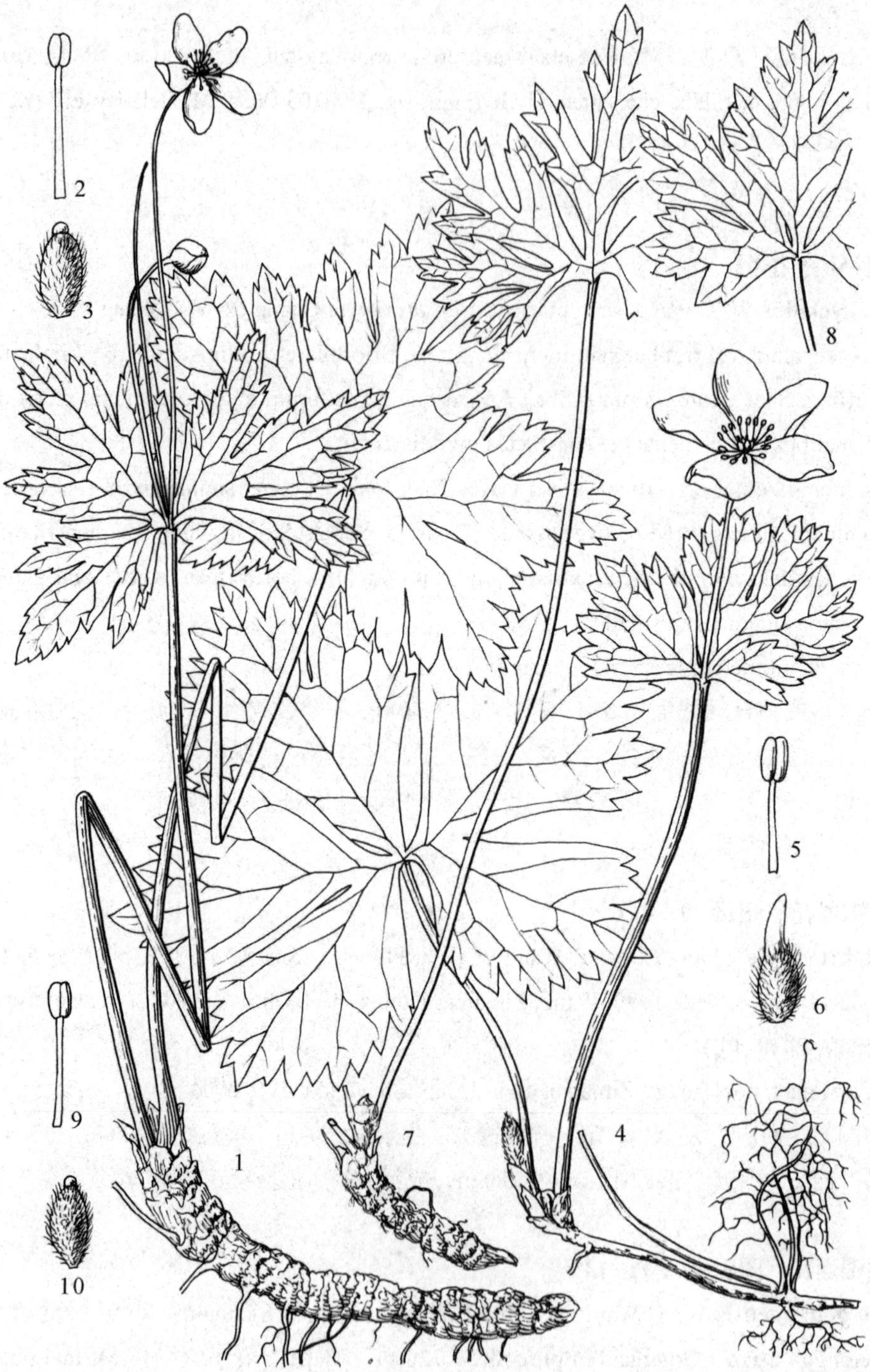

图版 20　1-3. **鹅掌草**　1. 植株全形；2. 雄蕊；3. 心皮。　4-6. **短柱银莲花**　4. 植株全形；5. 雄蕊；6. 心皮。
7-10. **川西银莲花**　7. 根状茎和基生叶；8. 基生叶；9. 雄蕊；10. 心皮。（引自《中国植物志》；赵宝恒绘）

Plate 20　1-3. ***Anemone flaccida***　1. Habit; 2. Stamen; 3. Carpel.　4-6. ***A. brevistyla***　4. Habit; 5. Stamen; 6. Carpel.
7-10. ***A. prattii***　7. Rhizome and basal leaf; 8. Basal leaf; 9. Stamen; 10. Carpel.
(After Fl. Reip. Pop. Sin.; drawn by B. H. Zhao)

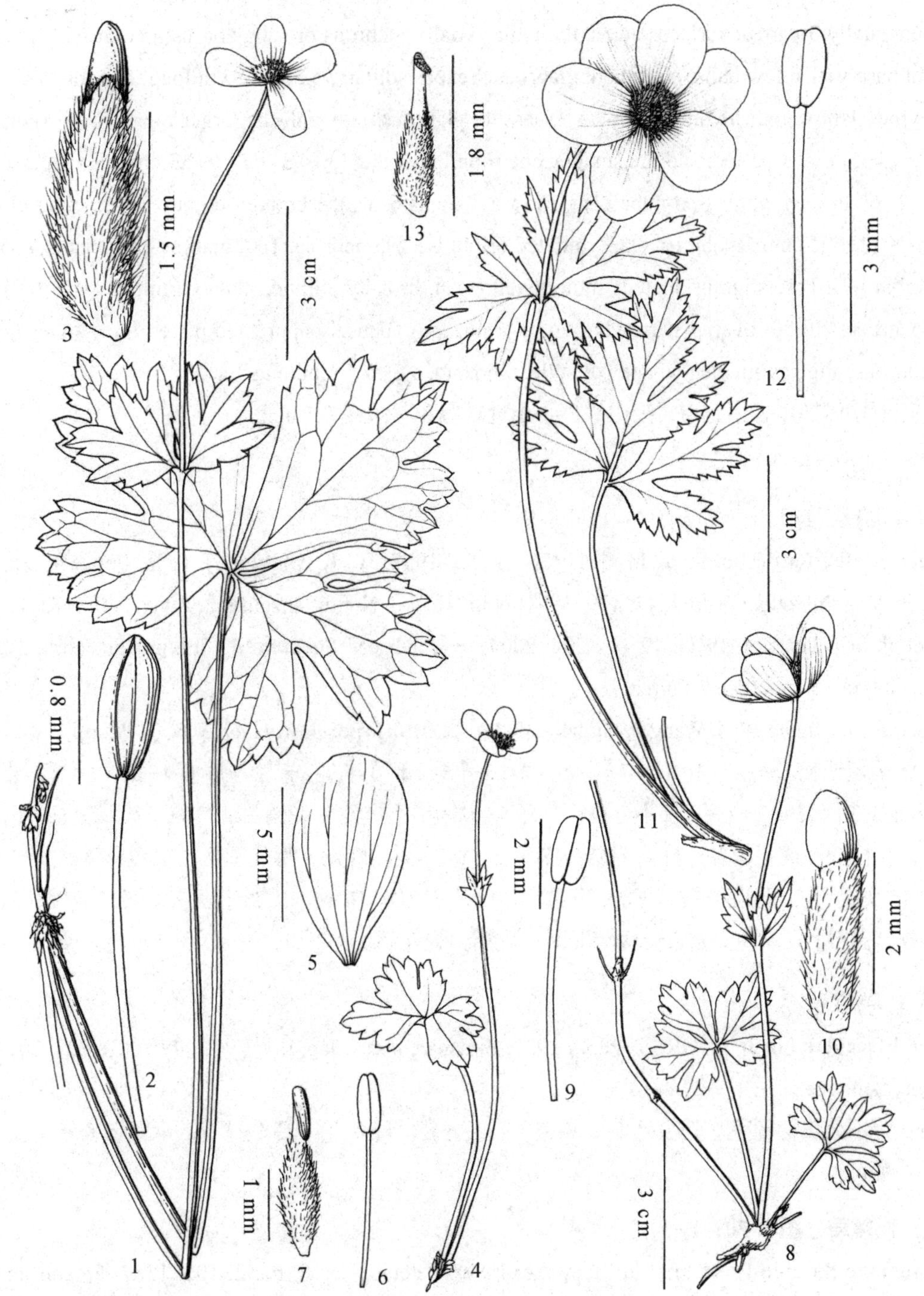

图版 21　1−3. **芹叶银莲花**　1. 植株全形；2. 雄蕊；3. 心皮。（据张秀实、任有铣 5305）　4−7. **福贡银莲花**　4. 植株全形；5. 萼片；6. 雄蕊；7. 心皮。（据主模式）　8−10. **疏毛川西银莲花**　8. 植株全形；9. 雄蕊；10. 心皮。（据主模式）　11−13. **贡嘎银莲花**　11. 植株全形；12. 雄蕊；13. 心皮。（据主模式；孙英宝绘）

Plate 21　1−3. **Anemone saniculiformis**　1. Habit; 2. Stamen; 3. Carpel. (Based on X. S. Zhang & Y. X. Ren 5305)
4−7. **A. fugongensis**　4. Habit; 5. Sepal; 6. Stamen; 7. Carpel. (From holotype)
8−10. **A. prattii** var. **sparsipilifera**　8. Habit; 9. Stamen; 10. Carpel. (From holotype)
11−13. **A. gonggaensis**　11. Habit; 12. Stamen; 13. Carpel. (From holotype; drawn by Y. B. Sun)

2−5-denticulate, lateral leaflets with petiolules 1−5 mm long or sessile, obliquely rhombic, (2−3.6) cm × (1.4−3) cm, unequally 3-parted; surfaces adaxially and abaxially glabrous or subglabrous; petioles 5−15 cm long, on apex and base with a few hairs, elsewhere glabrous. Scapes solitary, 5.5−12.5 cm long, only on apex with a few hairs; cymes 1-flowered; involucral bracts 2, sessile, glabrous, unequal, the larger one broadly rhombic, (3.2−5) cm × (3−5) cm, 3-parted, and the smaller one rhombic-ovate, (3−4.3) cm × 2.3 cm, also 3-parted; pedicels slender, 4−6 cm long, appressed-pubescent. Flower: Sepals 6, white, broadly elliptic or orbicular-elliptic, (20−25) mm × (11−15) mm, glabrous, apex rounded or obtuse. Stamens ca. 100, glabrous; filaments 4−5 mm long, filiform, but near base slightly dilated; anthers yellowish, broadly elliptic, (0.8−1) mm × (0.5−0.8) mm, apex obtuse. Carpels 20−30; ovaries narrowly ovoid, 1 mm long, densely appressed-puberulous; styles 0.6−0.8 mm long, glabrous; stigmas situated on apex of style, ellipsoid, 0.3−0.4 mm long.

特产于中国四川省康定市贡嘎山。生于山地林缘，海拔 3 721 m。

组 6. 鹅掌草组

Sect. **Stolonifera** (Ulbr.) Juz. In Fl. URSS 7: 252. 1937; W. T. Wang in Fl. Reip. Pop. Sin. 28: 15. 1980; Tamura in Acta Phytotax. Geobot. 42: 179. 1991; et in Hiepko, Nat. Pflanzenfam., Zwei. Aufl. 17aIV: 341. 1995; Ziman et al. in J. Jap. Bot. 79(1): 49, (5): 294. 2004. ——Subsect. *Stolonifera* Ulbr. in Bot. Jahrb. 37: 195, 230. 1905. Lectotype: *A. baicalensis* Turcz.

Sect. *Deinostigma* W. T. Wang in Guihaia 39(1): 7. 2019. Type: *A. weixiensis* W. T. Wang.

根状茎短或长。基生叶 1−3（−7），稀较多，3 全裂，稀 3 半裂。聚伞花序有 1−3（−6）花；总苞苞片 3，稀 2，无柄，3 深裂或 3 浅裂，稀不分裂。萼片 5。雄蕊花丝丝形；花粉具 4−10 条沟。心皮的子房被柔毛，稀无毛；花柱极短或不存在；柱头明显，球形，卵球形或陀螺形，稀长圆形。染色体基数 x=7。

约 15 种，分布于亚洲东部温带和暖温带地区。中国有 10 种。广布于西南、长江流域、秦岭山区和东北诸省，多数种（6 种）分布于西南山区；可划分为 4 系。

系 1. 鹅掌草系

Ser. **Flaccidae** Juz. In Fl. URSS 7: 252. 1937; Ziman et al in J. Jap. Bot. 79(1): 49 et (5): 297. 2004. Type: *A. flaccida* F. Schmidt.

根状茎不生出匍匐茎。基生叶 1−3（−7），3 全裂。聚伞花序具 1−5 花。萼片 5（−8）。

约 6 种。

58. 鹅掌草　图版 20：1−3

Anemone flaccida F. Schmidt in Mem. Acad. Sci. Petersb., ser. 7, no. 2: 103. 1868; Franch. in Bull. Soc. Bot. France 33: 366. 1886; Forbes & Hemsl. in J. Linn. Soc. Bot. 23: 11. 1886; Finet & Gagnep. in Bull. Soc. Bot. France 51: 70. 1904; Pei in Contr. Biol. Lab. Sci. Soc. China, Bot. ser., 9(1): 3. 1933; Iconogr. Corm. Sin. 1: 726, fig. 1451. 1972; Fl. Tsinling. 1(2): 280. 1974; W. T. Wang in Fl. Reip. Pop. Sin. 28: 16, pl. 3: 1−3. 1980; B. Z. Ding et al. Fl. Henan. 1: 478. 1981; X. W. Wang in Fl. Anhui. 2: 327, fig. 632. 1987; Y. K. Li in Fl. Guizhou. 3: 80, pl. 32: 4−7. 1990; Z. H. Lin in Fl Zhejiang. 2: 279, fig. 2−371. 1992; W. T. Wang in Fl. Yunnan. 11: 187. 2000; et in High. Pl. China 3: 491, fig. 783. 2000; K. M. Liu, Fl. Hunan. 2: 658, fig. 2−515. 2000; S. H. Fu, Fl.

Hupeh. 1: 351, fig. 490. 2001; Wang, Ziman & Dutton in Fl. China 6: 310. 2001; W. T. Wang in Fl. Jiangxi 2: 159. 2004; Ziman et al. In J. Jap. Bot. 79(5): 277. 2004, et 83(3): 147. 2008; M. B. Deng & K. Ye in Fl. Jiangsu 2: 87, fig. 2: 140. 2013; L. Xie in Medic. Fl. China 3: 312. 2016. ——*Anemonoides flaccida* (F. Schmidt) Holub in Folia Geobot. Phytotax. 8: 166. 1973. ——*Arsenjevia flaccida* (F. Schmidt) Starod. Vetrenytry 123. 1991. ——*Anemonastrum flaccidum* (F. Schmidt) Mosyakin in Phytoneuron 55: 5. 2018. Holotype 俄罗斯(俄国)："Due and the village of Mgachi in Sakhalin, Augustinowicz s. n." (LE, non vidi)。

A. baicalensis Turcz. var. *laevigata* Gray in Perry, Narret. Exp. Ch. Jap. 2: 306. 1857; Hand.-Mazz. in Acta Hort. Gotob. 13: 175. 1939. ——*A. laevigata* (Gray) Koidz. in Bot. Mag. Tokyo 43: 395. 1929.

58a. var. **flaccida**

分布于中国云南西北（海拔 2 800−3 600 m）、四川（1 500−2 500 m）、贵州（650−1 800 m）、湖北西部、甘肃南部（1 600−2 700 m）、陕西南部（1 100−2 200 m）、湖南（1 000−1 200 m）、江西和安徽南部（930−1 500 m）、江苏南部和浙江西北部（800 m），以及俄罗斯（俄国）远东地区和日本。生于山地林下、草坡或灌丛中。

本种的根状茎可供药用，有祛风除湿，强壮筋骨之效，用于跌打损伤、风湿痛等症（谢磊等，2016）。

标本登录　云南：维西，王启无 63633，冯国楣 3814，杨亲二，孔宏智 98-437；丽江，秦仁昌 20961；鹤庆，秦仁昌 23465；兰坪，蔡希陶 53799；大理，杨亲二 93-70。四川：峨眉山，关克俭 373；宝兴，杜大华 4867；崇州，冯正波 4352；都江堰，冯正波 2007-4；安县，朱大海 3733；平武，川大生物系 10839。重庆：金佛山，李国凤 61060；武隆，植物资源队 59-148；彭水，植物资源队 59-2904；奉节，周洪富 110986；巫山，杨光辉 57987。贵州：遵义，黔北队 284；梵净山，张志松等 401686；凯里，黔南队 1105。湖北：利川，罗毅波，向巧萍 202；宜昌，龙茹 09-42。甘肃：夏河，王作宾 1173；舟曲，姜恕 407；成县，王庆瑞 11526；天水，王庆瑞 11360。陕西：凤县，罗毅波 10；佛坪，郭本兆 1411；太白山，alt. 1 100−1 300 m，王作宾 6510，傅坤俊 2536。湖南：新宁，罗仲春 1767；衡山，李明江 739。江西：安福，武功山，1929-04-10，钟观光 s. n. 安徽：金寨，邓懋彬，郎楷永 93-005；岳西，资源植物队 59-46；绩溪，黄成林 932。江苏：镇江，H. Migo s. n.；苏州，凌苹苹，孙三省 66。浙江：天目山，贺贤育 20942；安吉，俞立鹏，邓懋彬 97-69。

58b. **展毛鹅掌草（变种）**

var. **hirtella** W. T. Wang in Fl. Reip. Pop. Sin. 28: 18, 349. 1980; Wang, Ziman & Dutton in Fl. China 6: 311. 2001; Ziman et al. in J. Jap. Bot. 79(5): 298. 2004. Holotype　湖北：利川，alt. 1 000 m，溪边，1946-09-04，郑万钧，华敬灿 871 (PE)。

特产于中国湖北利川。生于山地溪边，海拔 1 000 m。

59. 细茎银莲花　图版 28：5

Anemone rossii S. Moore in J. Linn. Soc. Bot. 17: 376, t. 16: 1−2. 1879; Forbes & Hemsl. in l. c. 23: 11. 1886; Kom. in Acta. Hort. Petrop. 22: 264. 1902; Fl. Pl. Herb. Chinae Bor.-Or. 3: 154. 1975; W. T. Wang in Fl. Reip. Pop. Sin. 28: 18, pl. 16: 5. 1980; S. H. Li, Fl. Liaoning 1: 511, pl. 211: 3−4. 1988; Y. Zhou, Colour. Ill. Pl. Wet Area. NE China 347. 2019. ——*A. baicalensis* ssp. *glabrata* var. *rossii* (S. Moore) Kitag. In Rep. Inst. Sci.

Res. Manch. 4(7): 81. 1940; Wang, Ziman & Dutton in Fl. China 6: 312. 2001. —— *Anemonoides rossii* (S. Moore) Holub in Folia Geobot. Phytotax. 8: 155. 1973. ——*Arsenjevia rossii* (S. Moore) Starod. Vetrenytsy 122. 1991. Described from Fengcheng, Liaoning Province.

A. baicalensis auct. non Turcz. : Ziman et al. J. Jap. Bot. 79(5): 294. 2004.

分布于中国辽宁（凤城）、吉林东部以及朝鲜北部。生于山地草坡或林下。

标本登录　吉林：安图，长白山，1958-05-04，？ 4128；长白山，方振富等 1289，1350；桦甸，钓鱼台，马 XX 323 (IFP)。

60. 维西银莲花　图版 22

Anemone weixiensis W. T. Wang in Guihaia 39(1): 9, fig. 1. 2019. Holotype　云南：维西，栗地坪，alt. 3 100 m，林间草地，花白色，2008-07-28，杨亲二，袁琼 2042 (PE)。

特产于中国云南维西。生于山地林间草地，海拔 3 100 m。

61. 芹叶银莲花　图版 21：1–3

Anemone saniculiformis C. Y. Wu ex W. T. Wang in Acta Phytotax. Sin. 12(2): 164, pl. 8: 7. 1974; et in Fl Reip. Pop. Sin. 28: 19. 1980. —— *A. baicalensis* Turcz. var. *saniculiformis* (C. Y. Wu ex W. T. Wang) Ziman & Dutton in Fl. China 6: 312. 2001; Ziman et al. in J. Jap. Bot. 79 (5): 296. 2004. Type: 宝兴，1954，宋滋圃 38347 (holotype, KUN)；同地，蒲溪沟，alt. 2 300 m, 1959-05-02，四川经济植物队 59-245 (paratype, NAS)。

特产于中国四川宝兴。生于山地路边林中，海拔 2 300–2 400 m。

标本登录　四川：宝兴，小灯笼沟，alt. 2 400 m, 1958-06，张秀实，任有铣 5305。

62. 滇川银莲花　图版 23：10–12

Anemone delavayi Franch. in Bull. Soc. Bot. France 33: 366. 1886; Pl. Delav. 9. 1889; Finet & Gagnep. in Bull. Soc. Bot. France 51: 66. 1904; Ulbr. in Bot. Jahrb. 37: 233. 1905; Hand.-Mazz. in Acta Hort. Gotob. 13: 175. 1939; Iconogr. Corm. Sin. 1: 726, fig. 1452. 1972; W. T. Wang in Fl. Reip. Pop. Sin. 28: 22, pl. 4: 10–12. 1980; et in Fl. Yunnan. 11: 188, pl. 55: 7–9. 2000; Wang, Ziman & Dutton in Fl. China 6: 311. 2001; Ziman et al. in J. Jap. Bot. 79(5): 299. 2004, et 83(3): 147. 2008; L. Xie in Medic. Fl. China 3: 316. 2016. Holotype　云南：Mao-kon-tchang prope Ta-pin-tze, alt. 2 200 m, 1885-05-18, J. M. Delavay 1504 (P, non vidi; photo, PE)。

A. oligocarpa Pei in Contr. Biol. Lab. Sci. Soc. China 9: 3, fig. 1. 1933. ——*A. delavayi* var. *oligocarpa* (Pei) Ziman & Dutton in Fl. China 6: 311. 2001; Ziman et al. in J. Jap. Bot. 79(5): 299. 2004. Holotype　四川：九龙，alt. 3 000 m，山谷阴地，1939-05-23，郑万钧 988 (non vidi)。

分布于中国云南西北部、西藏东南部（察隅）和四川西南部（九龙）。生于山地林下、草坡或溪边，海拔 2 200–3 000 m。

标本登录　云南：贡山，昆明工作站 9335；怒江，澜沧江分水岭，俞德浚 19076；怒江，俅江分水岭，俞德浚 19291；中甸，alt. 2 400–2 700 m，俞德浚 11411，11557；维西，王启无 64559，67814；丽江，王启无 71390，秦仁昌 20538。西藏：察瓦龙，松塔雪山，alt. 3 000 m，青藏队 7742。

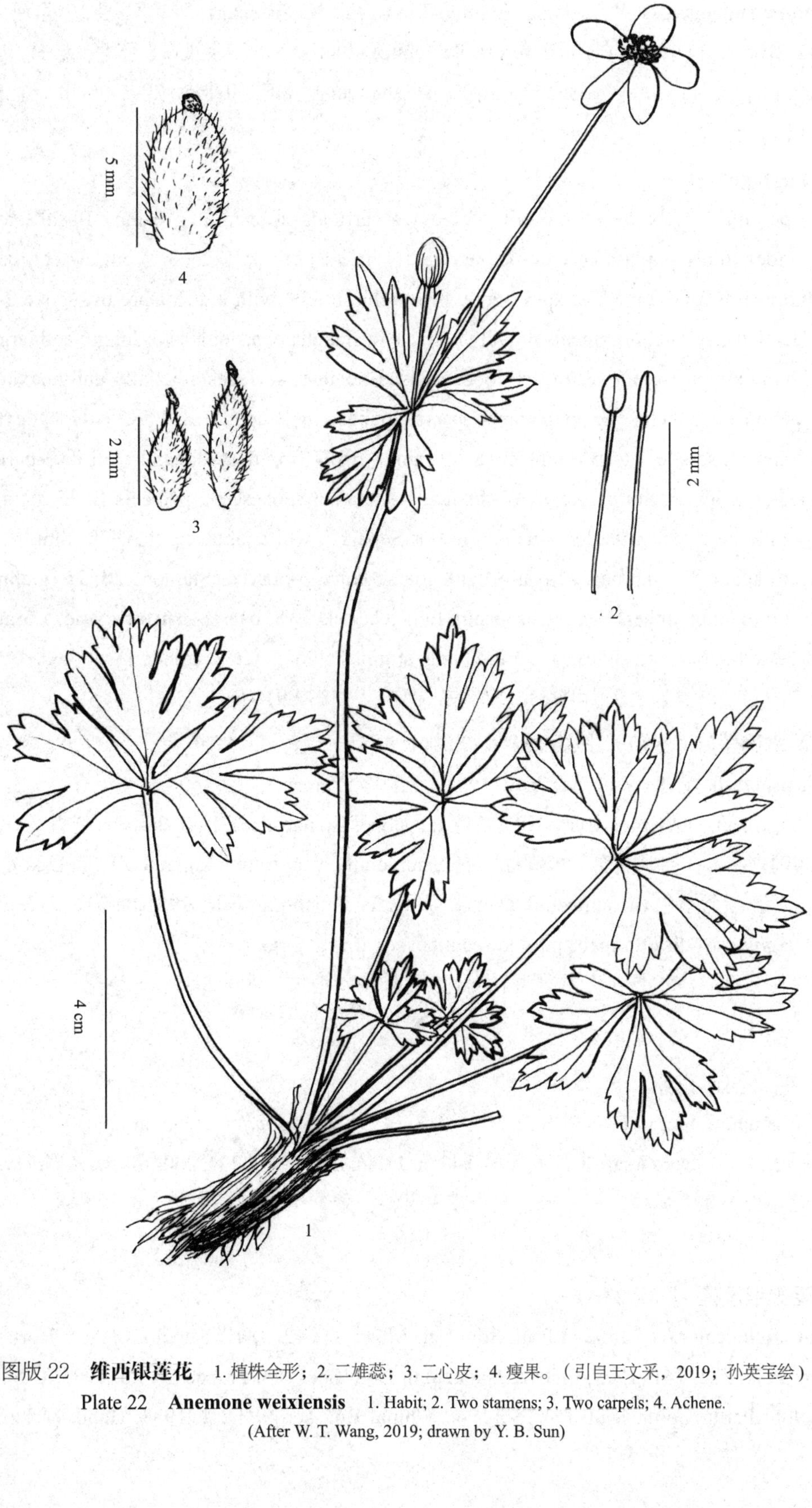

图版 22　**维西银莲花**　1. 植株全形；2. 二雄蕊；3. 二心皮；4. 瘦果。（引自王文采，2019；孙英宝绘）
Plate 22　***Anemone weixiensis***　1. Habit; 2. Two stamens; 3. Two carpels; 4. Achene.
(After W. T. Wang, 2019; drawn by Y. B. Sun)

63. 福贡银莲花　图版 21：4-7

Anemone fugongensis W. T. Wang, sp. nov. Type　云南 (Yunnan)：福贡县，匹河 (Fugong Xian, Pihe), alt. 2 910 m，林中，花白色 (in forest, fls. white), 2008-05-15，金效华，张亭 (X. H. Jin & T. Zhang) 61(holotype, PE)；福贡县，鹿马登 (Fugong Xian, Lumadeng), alt. 2 078 m, 2008-05-14，金效华，张亭 46 (paratype, PE)。

63a. var. **fugongensis**

Small perennial herbs 5−9.5 cm tall. Rhizomes vertical, ca. 5 mm × 3 mm. Basal leaves 1−2, long petiolate; blades thinly papery, cordate-pentagonal, (1.7−3.2) cm × (2.5−3.7) cm, 3-sect, central segment broad-rhombic, 1.5−2 cm broad, at apex acute, below the middle with entire margins, above 3-lobulate, with lobes 2−4-denticulate, lateral segments broadly obovate or flabellate, as long as or longer and larger than central segment, 2-lobulate or 2-cleft, secondary lobes incised-dentate; surfaces adaxially and abaxially appressed-pubescent; petioles 2−5.8 cm long, with scapes sparsely pubescent. Scapes 1−2, 3.5−7 cm long; cymes 1-flowerd; involucral bracts 3, sessile, broad-rhombic, (5−8) mm × (5−15) mm, 3-lobed, 3-cleft or 3-parted, with lobes ovate, triangular or linear, entire, rarely 1−2-denticulate, sparsely pubescent; pedicels 1.5−3.5 cm long, sparsely pubescent, rarely near apex with dense hairs. Flower: Sepals 5, white, obovate, (5.5−10) mm × (4−7) mm, on apex rounded, adaxially glabrous, abaxially with sparse hairs, 5-nerved. Stamens 20−25, glabrous; filaments filiform, 2−4 mm long; anthers oblong, ca. 1 mm long. Carpels 5−8; ovaries narrow-ovoid, 1.5 mm × 0.7 mm, densely appressed-pubescent; styles ca. 0.5 mm long; stigmas oblong, 0.6−1 mm long.

产于中国云南福贡。生于山地林中或林边，海拔 2 078−2 910 m。

63b. **泸水银莲花（变种）　图版 28：6−7**

var. **lushuiensis** W. T. Wang, var. nov. Type　云南 (Yunnan)：泸水县，高黎贡山 (Lushui Xian, Gaoligong Shan), alt. 3 000 m，山坡，花淡紫色 (on slope, fls. purplish), 1981-06-03，赵魁义 (K. Y. Zhao) 148 (holotype, PE)；泸水，自片马至竹节湖途中 (Lushui, on the way from Pianma to Zhujie Lake), alt. 3 500 m，山坡竹林中，花淡蓝紫色 (in bamboo thicket on slope, fls. bluish-purplish), 1981-05-31，赵魁义 103 (PE)。

A var. *fugongensi* differt sepalis purpurascentibus, ovariis glabris.

产于中国云南省泸水县。生于山地山坡上或竹林中，海拔 3 000−3 500 m。

系 2. 毛果银莲花系

Ser. **baicalenses** Juz. in Fl. URSS 7: 250. 1937. ——Ser. *Stoloniferae* Ziman et al. J. Jap. Bot. 79(1): 49. 2004. ——Ser. *Stolonifera* Ziman, Kadota & Bulakh in J. Jap. Bot. 79(5): 294. 2004. Type: *A. baicalensis* Turcz.

根状茎生出一条匍匐茎。基生叶 3 全裂或 3 半裂。聚伞花序有 1−2 花。萼片 5−8。

3 种。

64. 毛果银莲花　图版 23：1−6

Anemone baicalensis Turcz. in Bull. Soc. Nat. Mosc. 15: 42. 1842; Maxim. in Acta Hort. Perop. 11. 22. 1890; Kom. in l. c. 22: 261. 1903; Finet & Gagnep. in Bull. Soc. Bot. France 51: 70. 1904; Ulbr. in Bot. Jahrb. 37: 230. 1905; Pei in Contr. Biol. Lab. Sci. Soc. China, Bot. ser., 9(1): 2. 1933; Hand.-Mazz. in Acta Hort.

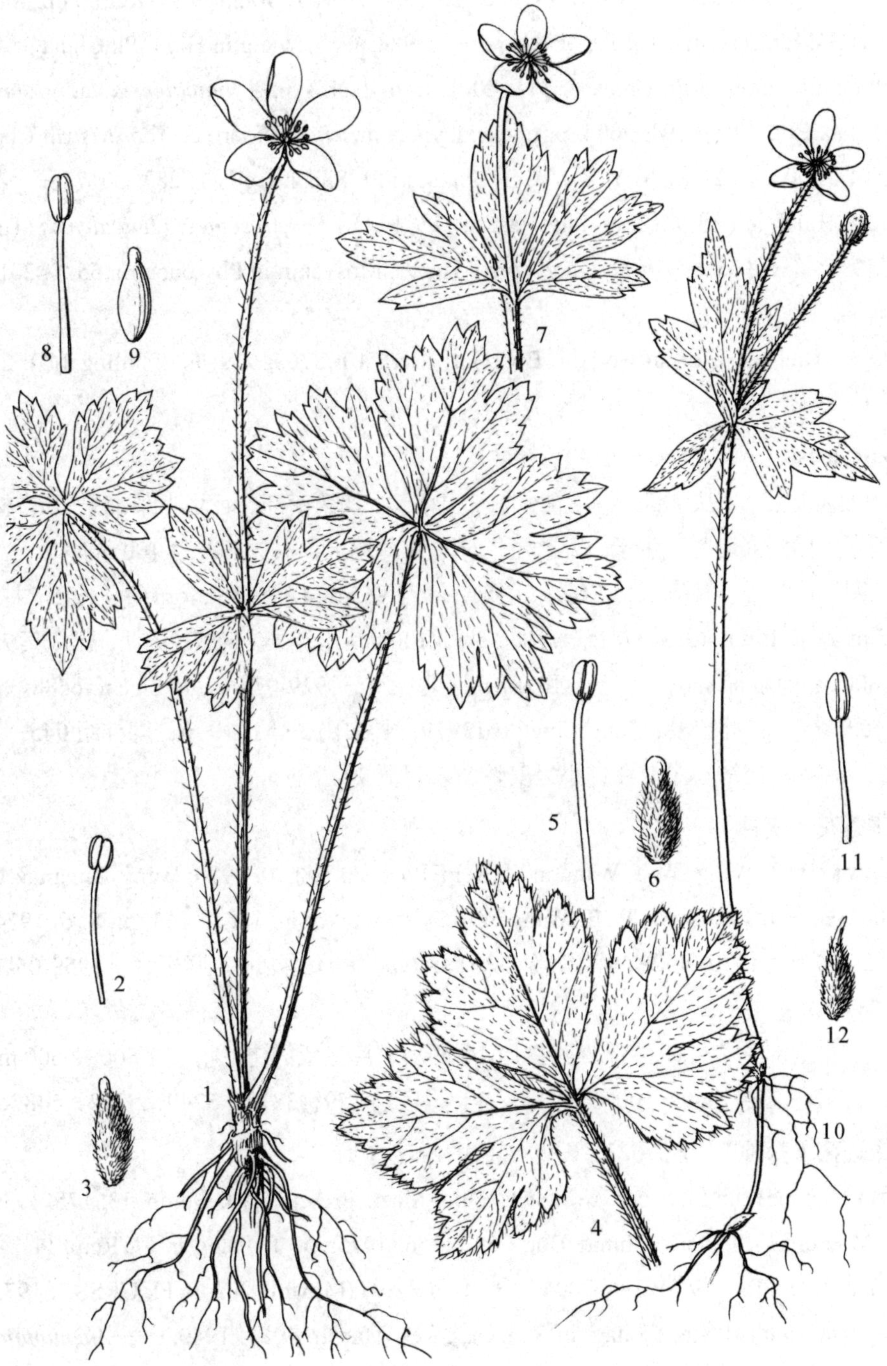

图版 23　1−6. **毛果银莲花**　1. 植株全形；2. 雄蕊；3. 心皮（据吉林标本）；4. 基生叶；5. 雄蕊；6. 心皮（据陕西标本）。
7−9. **光果银莲花**　7. 聚伞花序；8. 雄蕊；9. 心皮。　10−12. **滇川银莲花**　10. 植株全形；11. 雄蕊；12. 心皮。
（引自《中国植物志》；赵宝恒绘）

Plate 23　1−6. ***Anemone baicalensis* var. *baicalensis***　1. Habit; 2. Stamen; 3. Carpel (based on specimen collected from Jilin Province); 4. Basal leaf; 5. Stamen; 6. Carpel (Based on specimen collected from Shaanxi Province).
7−9. ***A. baicalensis* var. *glabrata***　7. Cyme; 8. Stamen; 9. Carpel.　10−12. ***A. delavayi***　10. Habit; 11. Stamen; 12. Carpel. (After Fl. Reip. Pop. Sin.; drawn by B. H. Zhao)

Gotob. 13: 174. 1939; Fl. Pl. Herb. Chinae Bor.-Or. 3: 154. 1975; W. T. Wang in Fl. Reip. Pop. Sin. 28: 20, pl. 4: 1–6. 1980; S. H. Li, Fl. Liaoning. 1: 513, pl. 211: 1–2. 1988; W. T. Wang in High. Pl. China 3: 492, fig. 784. 2000; Wang, Ziman & Dutton in Fl. China 6: 311. 2001, p. p. excl. syn. *A. baicalensis* var. *glabrata* Maxim.; Ziman et al. in J. Jap. Bot. 79(5): 294. 2004, p. p. excl. syn. *A. rossii* S. Moore et *A. brevistyla* Chang ex W. T. Wang, et 83(3): 147. 2008; X. D. Li, Y. Y. Zan & S. Huang in Fl. Shennongjia 1: 283. 2017. ——*Anemonoides baicalensis* (Turcz.) Holub in Folia Geobot. Phytotax. 8: 115. 1973. ——*Aresenjevia baicalensis* (Turcz.) Starod. Vetrenytsy 122. 1991. ——*Anemonastrum baicalense* (Turcz.) Mosyakin in Phytoneuron 55: 8. 2018. Discribed from central Siberia.

A. ulbrischiana Diels ex Ulbr. in Notizbl. Bot. Gart. Berl. 10: 876. 1929; Fl. Tsinling 1(2): 281, fig. 241. 1974.

64a. var. **baicalensis**

分布于中国四川北部、重庆北部、湖北西部、甘肃南部、陕西南部、河北北部、辽宁、吉林和黑龙江，以及朝鲜和俄罗斯西伯利亚地区。生于山地林下、林边或草坡上，海拔 500–3 100 m。

标本登录　四川：理县，何铸 12617(SZ)；阿坝，alt. 2 965 m, D. E. Boufford 等 43645。甘肃：文县，alt. 2 170–2 425 m, D. E. Boufford 等 37815；舟曲，alt. 3 100 m，王作宾 14437；夏河，王作宾 7260。陕西：太白山，alt. 2 800 m, 杨金祥 858，秦岭队 10257。河北：？，1929-07-06，P. Licent. 6688。辽宁：草河口，赵大昌等 602。吉林：静宁县，Tang Ling-yu 12979；长白山，alt. 910 m，森林组 045；抚松，通化组 236；威虎岭，孔宪武 1539。黑龙江：小兴安岭，宋朝枢 90。

64b. **甘肃银莲花（变种）**

var. **kansuensis** (W. T. Wang) W. T. Wang in Fl. Reip. Pop. Sin. 28: 20. 1980; Wang, Ziman & Dutton in Fl. China 6: 312. 2001. ——*A. kansuensis* W. T. Wang in Acta Phytotax. Sin. 12(2): 163, pl. 8: 6. 1974. Type　甘肃：武都，alt. 2 500 m，1930-06-29，郝景盛 432 (holotype, PE)；同地，麻柳片，1959-05-14，张志英 1447 (paratype, WUK)。

特产于中国甘肃南部（文县、武都）。生于山地林下、草丛或沟边，海拔 1 600–2 600 m。

标本登录　甘肃：文县，alt. 1 600–2 600 m，白水江队 0179，3812，5240，5312，5487，5765。

64c. **光果银莲花（变种）　图版 23：7–9**

var. **glabrata** Maxim. Prim Fl. Amur. 18. 1859; Hand.-Mazz. in Acta Hort. Gotob. 13: 175. 1939. p. p. excl. syn. *A. rossii* S. Moore; Fl. Pl. Herb. Chinae Bor.-Or. 3: 156. 1975; W. T. Wang in Fl. Reip. Pop. Sin. 28: 20. 1980; Ziman et al. in J. Jap. Bot. 79(5): 296. 2004. ——*A. glabrata* (Maxim.) Juz. In Fl. URSS 7: 197. 1937. ——*A. baicalensis* ssp. *glabrata* (Maxim.) Kitag. in Rep. Inst. Res. Manch. 4: 81. 1940. ——*Anemonoides glabrata* (Maxim.) Starod. Vetrenystsy 122. 1991. Holotype: "Amur River, near the village of Daiso, C. Maximowicz s. n. (LE, nov vidi).

分布于中国吉林和黑龙江以及俄罗斯远东地区。生于山地云杉林或红松林边。

标本登录　黑龙江：伊春，中德队 7877，吴征镒 128。

65. 川西银莲花　图版 20：7–10

Anemone prattii Huth ex Ulbr. in Bot. Jahrb. 36, Beibl. 80: 4, fig. 1–2. 1905 et in l. c. 37: 232. 1905;

Hand.-Mazz. in Acta Hort. Gotob. 13: 175. 1939; W. T. Wang in Fl. Reip. Pop. Sin. 28: 18, pl. 3: 7−10. 1980; et in Fl. Yunnan. 11: 188. 2000; Wang, Ziman & Dutton in Fl. China 6: 312. 2001; Ziman et al. in J. Jap. Bot. 79(5): 296. 2004. ——*Anemonastrum prattii* (Huth ex Ulbr.) Mosyakin in Phytoneuron 55: 5. 2018. Holotype　四川：康定，alt. 3 000 m, A. E. Pratt 773 (non vidi)。

65a. var. **prattii**

分布于中国四川西部和云南北部（茨开，巧家）。生于山地草坡、林边或林下，海拔 1 700−3 000 m。

标本登录　四川：石棉，谢朝俊 39734，40035，40059；天全，蒋兴麐 33722；二郎山，alt. 1 700 m, T. Naito，郎楷永等 153；峨眉山，俞德浚 361，461，656，杨光辉 54210，54266，关克俭 440；马边，方文培 457；宝兴，alt. 2 300 m，经济植物队 59-247；都江堰，alt. 1 740−2 230 m, 汪发瓒 20845，杨亲二 95-028。

在上列 15 号标本中，只有谢朝俊 39734 和关克俭 440 二号标本的根状茎均生出一条具 1 枚小块茎的细长匍匐茎，其他 13 号标本均无匍匐茎。

65b. **疏毛川西银莲花（变种）　图版 21：8−10**

var. **sparsipilifera** W. T. Wang, var. nov. Holotype 四川 (Sichuan): 泸定县，磨西，小河子沟 (Luding Xian, Moxi, Xiaohezigou), alt. 2 460 m, 路边林下（in forest by road），2018-05-10，贡嘎山采集队 (Gongga Shan Exped.) 0412 (PE)。

A var. *prattii* differt stolone haud tuberifero, ovariis pilis sparsis 0.1 mm longis obtectis.

特产于中国四川省泸定县磨西镇。生于山地林下，海拔 2 460 m。

65c. **涪陵银莲花（变种）　图版 24**

var. **fulingensis** (W. T. Wang & Z. Y. Liu) W. T. Wang, st. nov ——*A. fulingensis* W. T. Wang & Z. Y. Liu in Acta Phytotax. Sin. 45(3): 290. fig. 1. 2007. Type　重庆：涪陵，大木乡，猫儿沟，alt. 1 420 m, 2006-04-22, 刘正宇，任明波 2060366 (holotype, PE)；同地，2001-05-06，刘正宇 2050007 (paratype，PE)。

特产于中国重庆涪陵。生海拔 1 420 m 一带山地。

66. 红叶银莲花　图 5

Anemone erythrophylla Finet & Gagnep. in Bull. Soc. Bot. France 53: 125. 1906; W. T. Wang in Fl. Reip. Pop. Sin. 28: 19. 1980; et in Acta Bot. Yunnan. 6(4): 378. 1984; Wang, Ziman & Dutton in Fl. China 6: 311. 2001. ——*A. wilsonii* Hemsl. in Kew Bull. 1906: 149. 1906, non Ulbr., 1905. Holotype　四川：无准确地点，alt. 7−9 000 ft., 1904, E. H. Wilson 3038 (K，photo，PE)。

产于中国四川西部。生于山地阴湿处或石上，海拔 1 850−2 700 m。

标本登录　四川：天全，二郎山，alt. 1 850 m，杨亚滨 21839。

系 3. 鹤峰银莲花系

Ser. **Hofengenses** W. T. Wang, ser. nov. Type: *A. hofengensis* W. T. Wang

A sectionis hujus seriebus ceteris differt antheris apice minute mucronatis. In seriebus ceteris, antherae apice obtusae, haud mucronatae sunt.

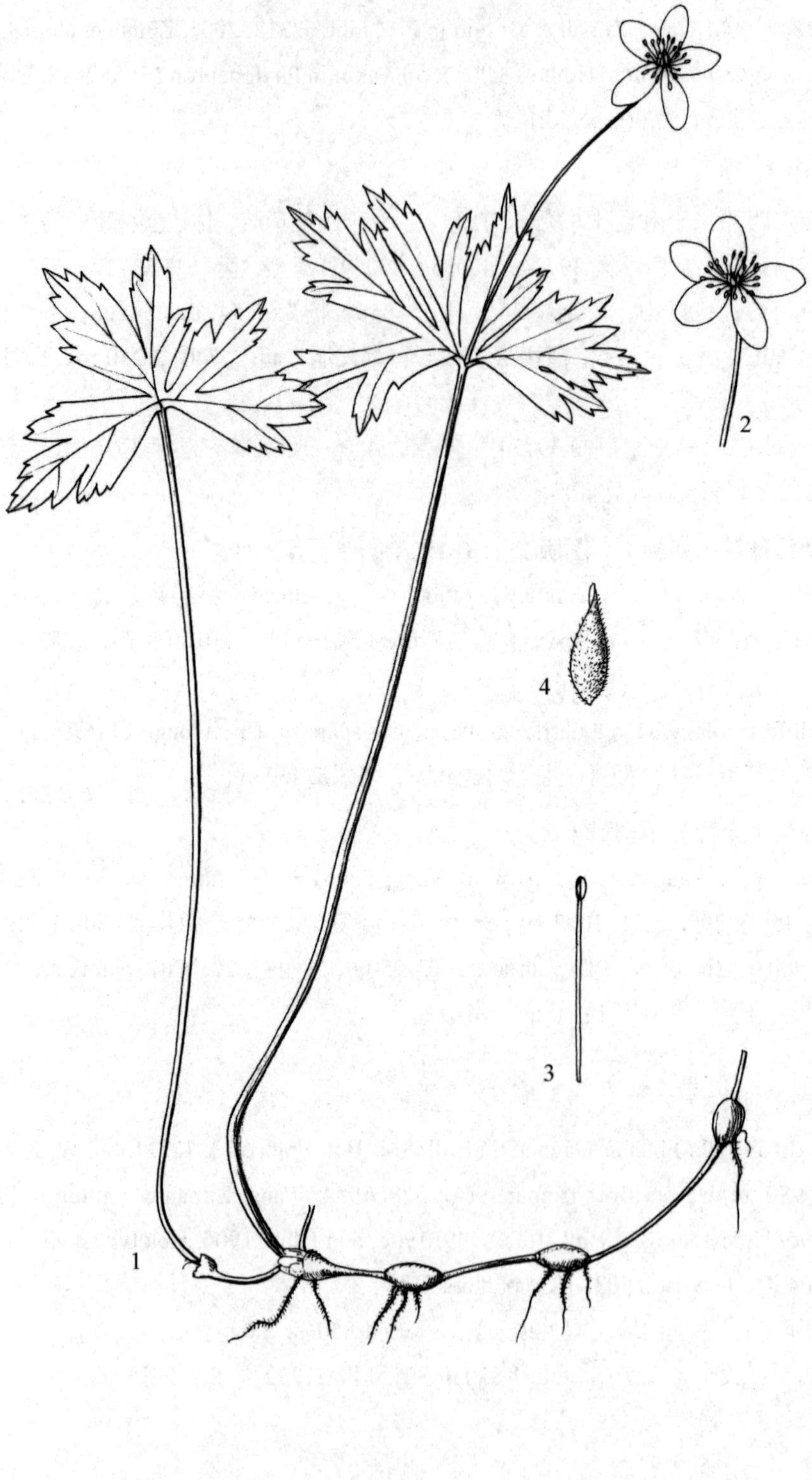

图版 24 **涪陵银莲花** 1. 植株全形；2. 花；3. 雄蕊；4. 心皮。（引自王文采、刘正宇、谢磊，2007；孙英宝绘）

Plate 24 **Anemone prattii** var. **fulingensis** 1. Habit; 2. Flower; 3. Stamen; 4. Carpel.

(After W. T. Wang, Z. Y. Liu & L. Xie, 2007; drawn by Y. B. Sun)

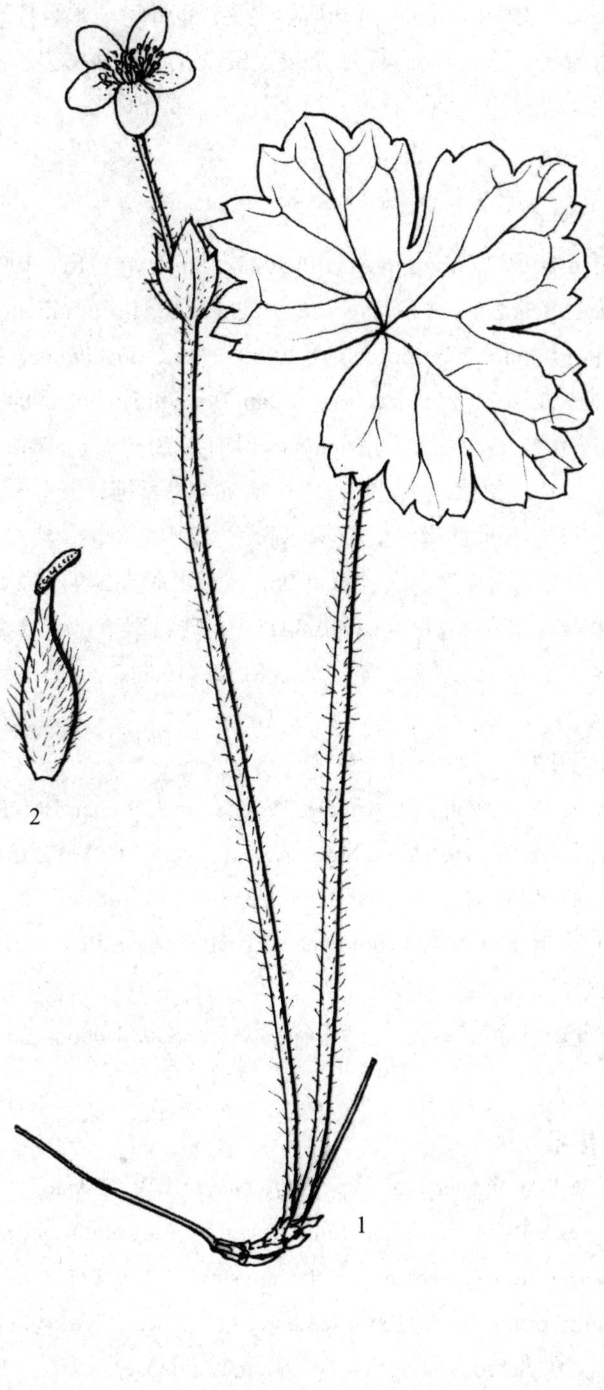

图 5 **红叶银莲花** 1. 植株全形；2. 心皮。（据杨亚滨 21839；孙英宝绘）

Fig. 5 ***Anemone erythrophylla*** 1. Habit; 2. Carpel. (From Y. B. Yang, 21839; drawn by Y. B. Sun)

Rhizome not putting forth a stolon. Basal leaves 1−4, 3-sect. Cymes 2−6-flowered. Sepals 5. Anthers on apex minutely mucronate. Carpels 9−19; ovaries hairy; styles very short or absent; stigmas turbinate or ovoid.

本系的花药顶端具直径约 0.1 mm 的近球形小尖头，据此可与本组其他系区别。

根状茎不生出匍匐茎。基生叶 1-4，3 全裂。聚伞花序有 2-6 花。萼片 5，花药顶端具小尖头。心皮 9-19；子房有毛；花柱极短或不存在；柱头陀螺形或卵球形。

2 种。

67. 鹤峰银莲花　图 6

Anemone hofengensis W. T. Wang in Acta Phytotax. Sin. 29(5): 163. 1991; K. M. Liu, Fl. Hunan 2: 660. 2000. —— *A. flaccida* F. Schmidt var. *hofengensis* Wuzhi in S. H. Fu, Fl. Hupeh. 1: 352, fig. 491. 1976, nom seminud; W. T. Wang in Fl. Reip. Pop. Sin. 28: 18. 1980. ——*A. flaccida* var. *hofengensis* (W. T. Wang) Ziman & Dutton in Fl. China 6: 311. 2001; Ziman et al. in J. Jap. Bot. 79(5): 298. 2004. Holotype　湖北：鹤峰，小坪，花白色，1958-08-15，李洪钧 6122（PE）。Paratypes (均存 PE)：湖北：鹤峰，芹草坪，李洪钧 6804；恩施，枚桥，方明渊 24828。湖南：桑植，沙地坪，刘林翰 9044；桑植，天平山，李丙贵，万绍宾 750001。

分布于中国湖南西北、湖北西南和重庆东北部。生于山地草坡、沟边或林边，海拔 800−1 800 m。

标本登录　湖南：桑植，八大公山，alt. 1 250 m，北京队 2494。湖北：鹤峰，alt. 800 m，彭辅松 1077；恩施，alt. 1 600 m，周洪富，粟和毅 108025。重庆：奉节，alt. 1 280−1 800 m，方明渊 24203，24248，张泽荣 25046，25325，周洪富，粟和毅 108132，108347。

68. 安徽银莲花　图 7

Anemone anhuiensis Y. K. Yang, N. Wang & W. C.Ye in J. Wuhan Bot. Res. 7(4): 327, fig. 1. 1989. —— *A. flaccida* F. Schmidt var. *anhuiensis* (Y. K. Yang, N. Wang & W. C. Ye) Ziman & Dutton in Fl. China 6: 311. 2001; Ziman et al. in J. Jap. Bot. 79 (5): 298. 2004. Type：安徽，青阳，九华山，天台，alt. 1 000 m，山谷松林下，1987-04-16，叶文才 87103 (holotype, WUBI; isotype, PE), 87101, 87102, 87114, 87125, 87126, 87127 (paratype, WUBI)。

特产于中国安徽省青阳县九华山。生于山谷松林下，海拔 1 000 m。

系 4. 加查银莲花系

Ser. **Jiachaenses** W. T. Wang, ser. nov. Type: *A. jiachaensis* W. T. Wang.

A sectionis hujus seriebus ceteris differt foliis basalibus duodecium per plantam. In seriebus ceteris, folia basalia unum ad tria, raro quatuor ad septem per plantam sunt.

Rhizome not putting forth a stolon. Basal leaves ca. 12, 3-sect. Cymes 1−3-flowered. Sepals 5. Anthers on apex obtuse. Carpels ca. 70, glabrous; styles absent; stigmas globose.

本系的每一株具约 12 枚基生叶，而与本组其他系不同。

根状茎不生出匍匐茎。基生叶约 12，3 全裂。聚伞花序有 1-3 花。萼片 5。花药顶端钝。心皮约 70，无毛；花柱不存在；柱头球形。

1 种。

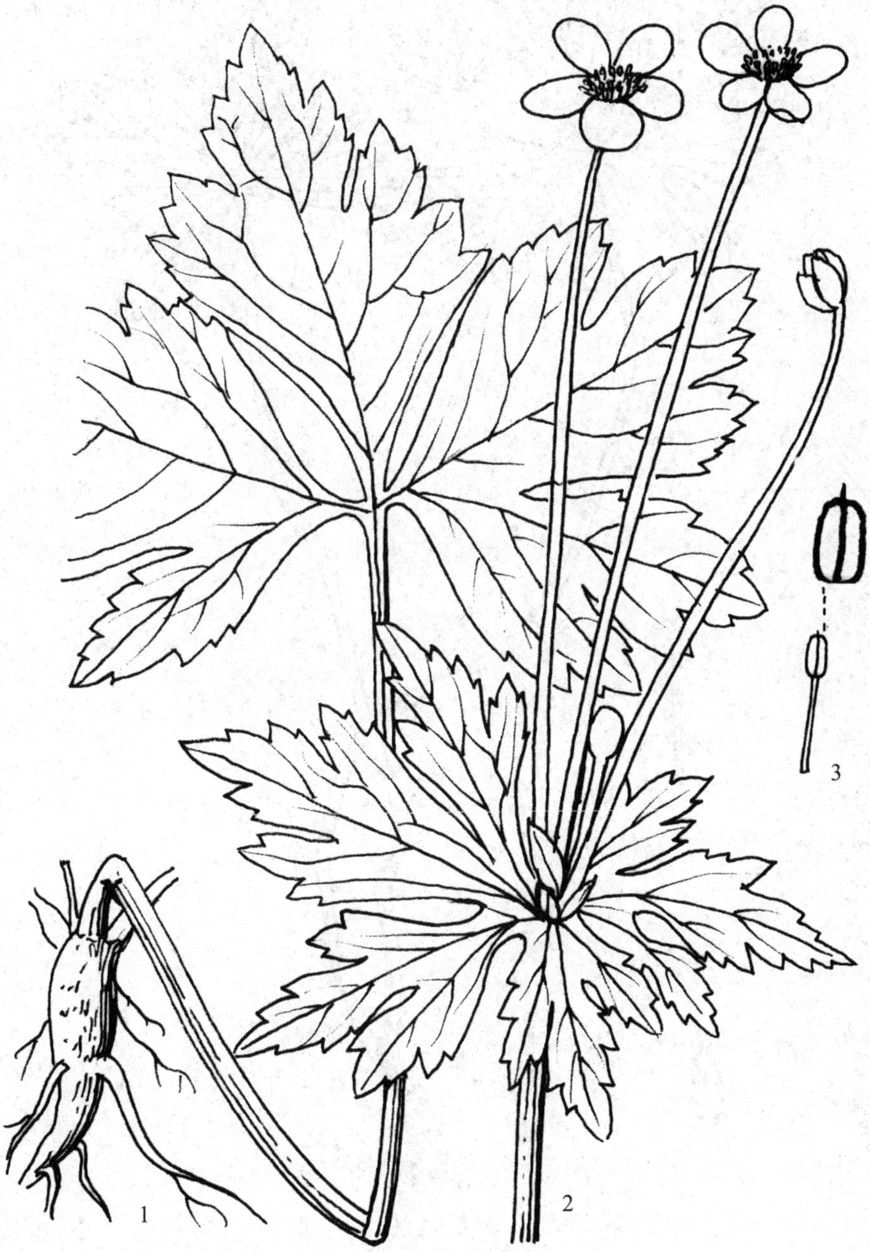

图 6　**鹤峰银莲花**　1. 根状茎和基生叶；2. 聚伞花序；3. 雄蕊。（引自湖北植物志，1976）

Fig. 6　**Anemone hofengensis**　1.Rhizome and basal leaf; 2.Cyme; 3.Stamen.（After Fl. Hupeh., 1976）

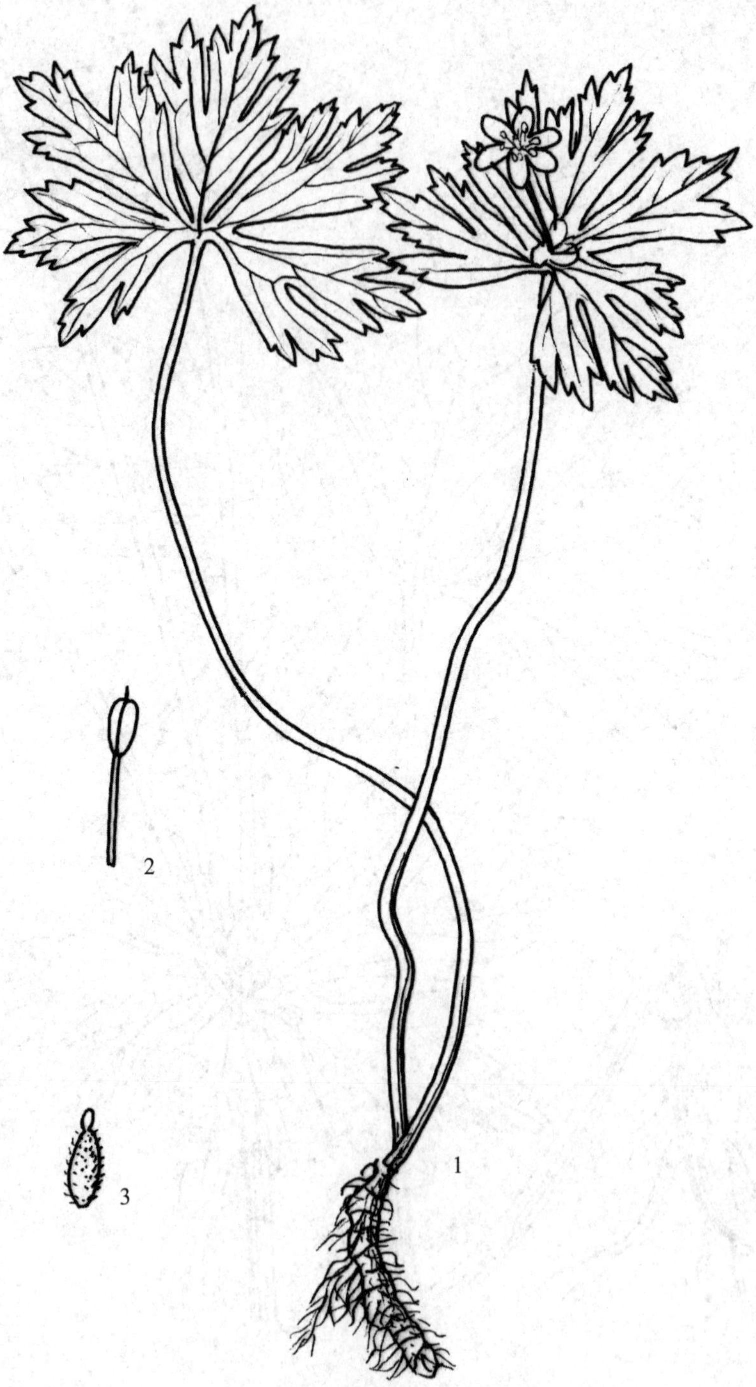

图 7　**安徽银莲花**　1. 植株全形；2. 雌蕊；3. 心皮。（引自叶文才等，1989）

Fig. 7　**Anemone anhuiensis**　1.Habit; 2.Stamen; 3.Carpel.（After W.C.Ye et al.，1989）

69. 加查银莲花　图版 25：8−11

Anemone jiachaensis W. T. Wang in Pl. Divers. Resour. 36(4): 450, fig. 1: H−K. 2014. Holotype　西藏：加查，近县城，alt. 3 400 m，山谷阶地，花白色，1980-08-02，倪志诚，次多，次旦 2734 (PE)。

特产于中国西藏加查。生于山谷阶地上，海拔 3 400 m。

组 7. 直果银莲花组

Sect. **Pleurocarpus** W. T. Wang, sect. nov Type: *A. orthocarpa* Hand.-Mazz.

Ob achenia glabra 1-vel 4-costata sectio nova haec est similis Sect. *Begoniifoliae* Tamura, a qua carpellorum stylis brevioribus vel longioribus conspicuis, stigmatibus inconspicuis differt.

Rhizomes subvertical, short and thick. Leaf blades undivided, 3-lobulate or 3-parted. Cymes1-flowered. Sepals 5, white. Stamen filaments filiform; pollen grains 6-colpate or pantoporate. Carpels glabrous; styles or short, or longer, conspicuous; stigmas inconspicuous. Achenes longitudinally 1- or 4-ribbed. Chromosome basic number x=8.

此组的瘦果无毛，具 1 条或 4 条肋，而与卵叶银莲花组（Sect. *Begoniifolia*）相似，但本组的心皮具明显的短或较长花柱，柱头不明显，而与卵叶银莲花组不同。

根状茎近垂直，短，粗。叶片不分裂，3 微裂或 3 深裂。聚伞花序具 1 花。萼片 5，白色。雄蕊花丝丝形；花粉具 6 沟或具散孔。心皮无毛；花柱短或较长，明显；柱头不明显。瘦果具 1 条或 4 条纵肋。染色体基数 =8（Zhang et al., 2015）。

2 种。

系 1. 兴义银莲花系

Ser. **Xingyienses** W. T. Wang, ser. nov. Type: *A. xingyiensis* Q. Yuan & Q. E. Yang.

Folia basalia 9−20; laminae ellipticae, basi cuneatae, indivisae vel inconspicue 3-lobulatae. Pollinis grana pantoporata. (Zhang et al., 2015) Carpellorum styli breves. Achenia longitudinaliter 1-costata.

1 种。

70. 兴义银莲花　图版 26

Anemone xingyiensis Q. Yuan & Q. E. Yang in Bot. Stud. Taipei 50: 493, figs. 1−2. 2009; Q. E. Yang in Plant Syst. Evol. 301: 421 et 422. 2015. Type　贵州：兴义，Malinghe，山谷，alt. 1 000 m，喀斯特陡崖湿处，2007-03-25，袁琼，杨亲二 1077 (holotype, IBSC, non vidi)；同地，2007-04-21，袁琼，杨亲二，刘英 678 (paratype, IBSC, non vidi)。

特产于中国贵州省兴义市。生于石灰岩山峭壁上湿处，海拔 1 000 m。

系 2. 直果银莲花系

Ser. **Orthocarpae** W. T. Wang, ser. nov. Type: *A. orthocarpa* Hand.-Mazz.

Folia basalia 4−6; laminae pentagonae, basi vadose cordatae, 3-partitae. Pollinis grana 6-colpata. (Zhang et al., 2015) Carpellorum styli longiores, subulati, recti vel apice curvati. Achenia longitudinaliter 4-costatae.

1 种。

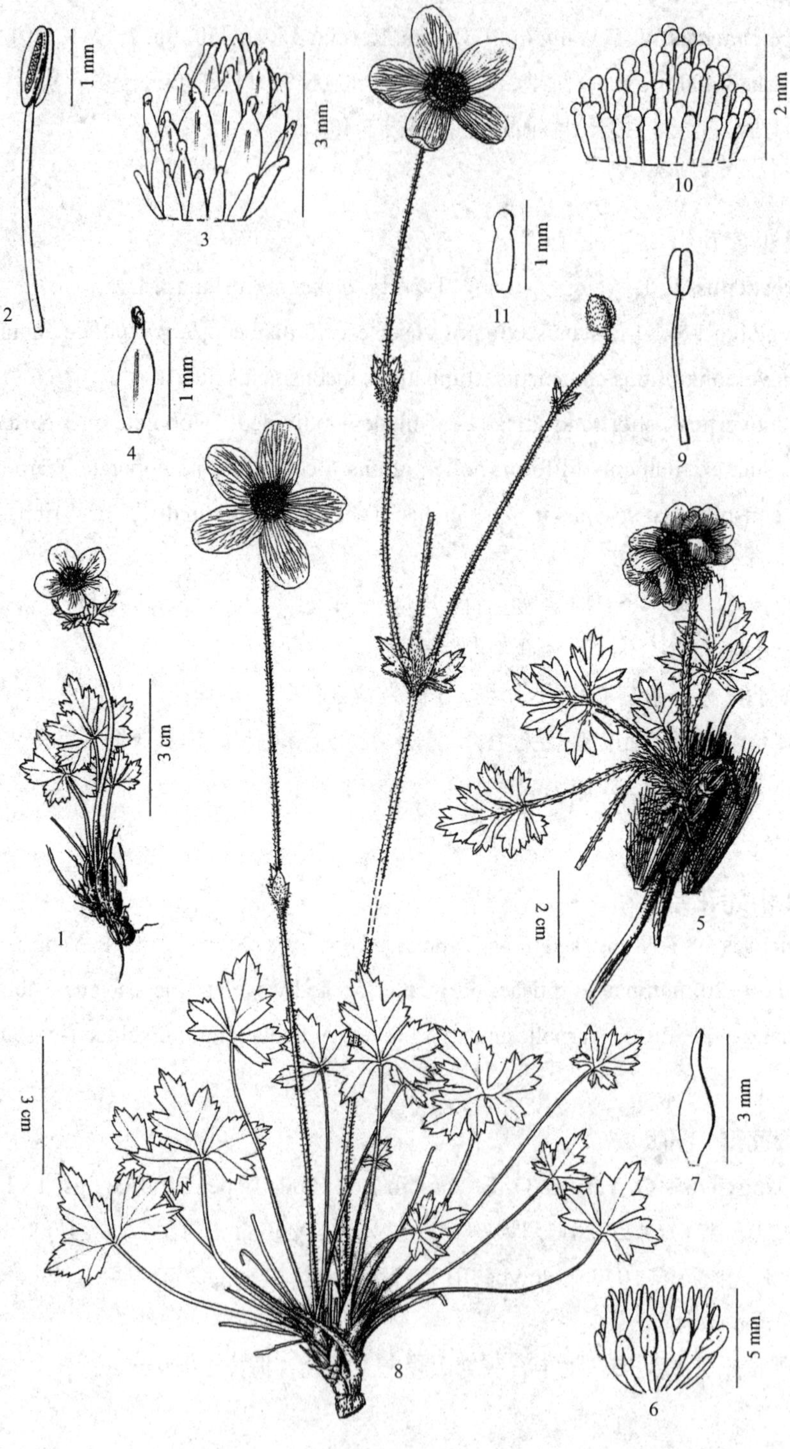

图版 25 1-4. **墨脱银莲花** 1. 植株全形；2. 雄蕊；3. 雌蕊群；4. 心皮。 5-7. **短蕊银莲花** 5. 植株全形；6. 雄蕊群和雌蕊群；7. 心皮。 8-11. **加查银莲花** 8. 植株全形；9. 雄蕊；10. 雌蕊群；11. 心皮。（引自王文采，2014；孙英宝绘）

Plate 25 1-4. ***Anemone motuoensis*** 1. Habit; 2. Stamen; 3. Gynoecium; 4. Carpel. 5-7. ***A. brachystema*** 5. Habit; 6. Androecium and gynoecium; 7. Carpel. 8-11. ***A. jiachaensis*** 8. Habit; 9. Stamen; 10. Gynoecium; 11. Carpel. (After W. T. Wang, 2014; drawn byY. B. Sun)

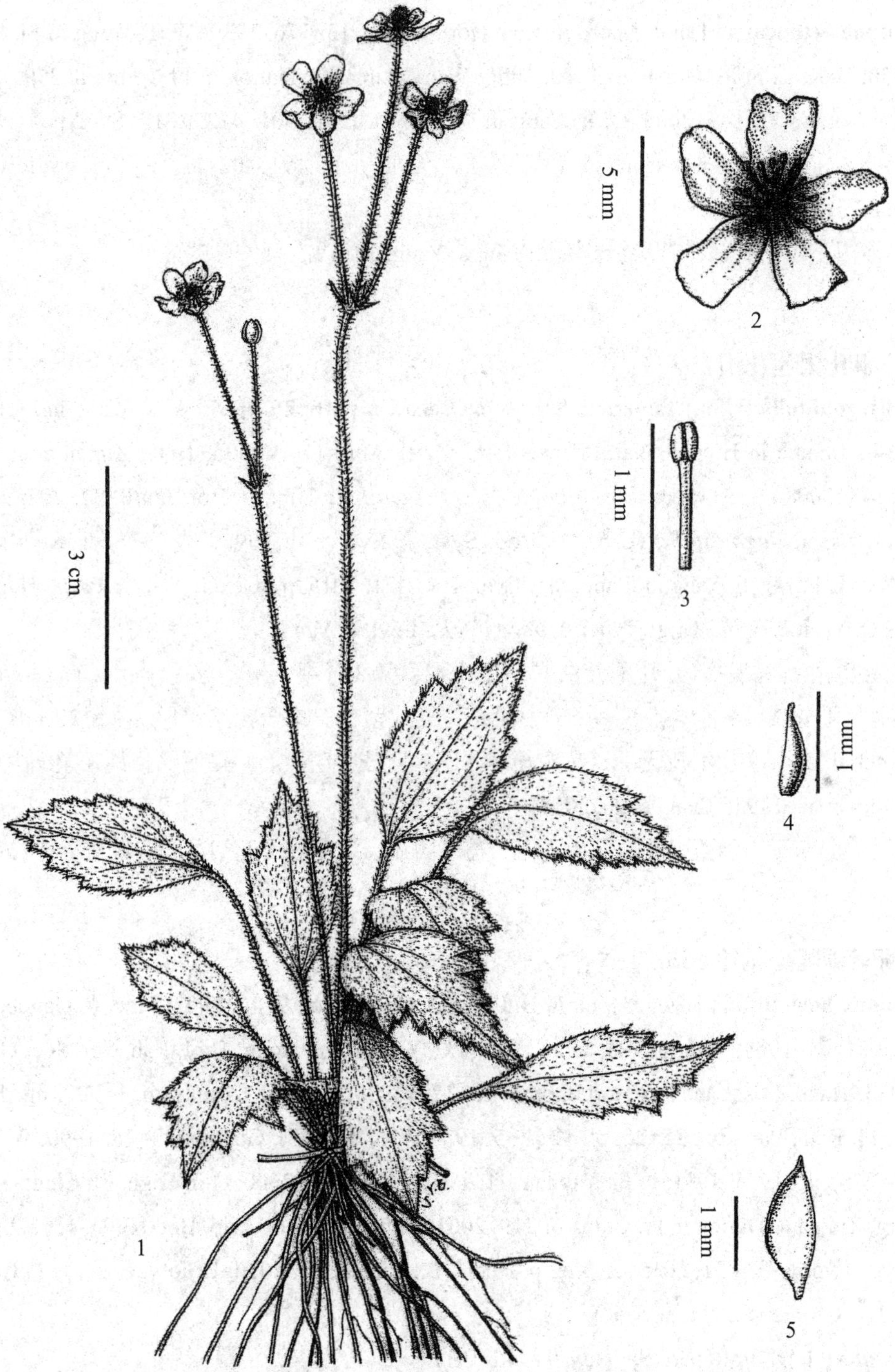

图版 26　**兴义银莲花**　1. 植株全形；2. 花；3. 雄蕊；4. 心皮；5. 瘦果。（引自袁琼，杨亲二，2009；孙英宝绘）

Plate 26　***Anemone xingyiensis***　1. Habit; 2. Flower; 3. Stamen; 4. Carpel; 5. Achene.

(After Q. Yuan & Q. E. Yang, 2009; drawn by Y. B. Sun)

71. 直果银莲花　图 8

Anemone orthocarpa Hand.-Mazz. in Acta Hort. Gotob. 13: 176. 1939; W. T. Wang in Fl. Reip. Pop. Sin. 28: 26. 1980; Y. K. Li in Fl. Guizhou. 3: 80. 1990; Wang, Ziman & Dutton in Fl. China 6: 319. 2001; Ziman et al. in J. Jap. Bot. 83(3): 149. 2008; Q. E. Yang in Plant Syst. Evol. 301: 422. 2015. Syntypes　贵州西南部：兴义，Hoang-tsao-pa, Tien-hsin-chiao（黄草坝，天仙桥），1915-02-27，J. P. Carvalerie 4599 (P, K; isosyntype, PE)。

分布于中国贵州省兴义市以及越南（Zhang & Yang, 2014）。

组 8. 卵叶银莲花组

Sect. **Begoniifolia** (Ulbr.) Tamura in Sci. Rep. Osaka Univ. 16: 26. 1967; W. T. Wang in Fl. Reip. Pop. Sin. 28. 25. 1980; Tamura in Hiepko, Nat. Pflanzenfam., Zwei. Aufl. 17aIV: 335. 1995; Ziman et al. in J. Jap. Bot. 83(3): 18, 148. 2008. ——Sect. *Pulsatilloides* ser. *Begoniifolia* Ulbr. in Bot. Jahrb. 37: 202, 243. 1906.——*Pulsatilloides* sect. *Begoniifolia* (Ulbr.) Starod. Syst. & Evo. 124. 1991. ——Sect. *Rivularium* subsect. *Begoniifoliae* (Ulbr.) Q. E. Yang in Plant Syst. Evol. 301: 421. 2015, p. p. excl. *A. orthocarpa* Hand.-Mazz. et *A. xingyiensis* Q. Yuan & Q. E. Yang. Type: *A. begoniifolia* Lévl. & Van.

根状茎近垂直。基生叶叶片不分裂或 3–5 浅裂，稀 3 全裂。聚伞花序伞状，有 1–7 花；总苞苞片无柄或有柄，不分裂或 3 全裂。萼片 5，白色，粉红或紫色。雄蕊花丝丝形；花粉具 3 或 6 沟，或具散孔（Zhang et al., 2015）。心皮无毛；花柱短，不明显；柱头明显。瘦果无毛，具 4 条细纵肋。染色体基数 x=8（Hoot et al., 1994; Zhang et al., 2015）。

约 6 种。分布于中国西南部，以及缅甸、马来西亚、印度尼西亚的苏门答腊岛。中国有 4 种，分布于西南山区。

72. 卵叶银莲花　图版 15：1–5

Anemone begoniifolia Lévl. & Van. in Bull. Acad. Geogr. Bot. 9: 46. 1902; Finet & Gagnep. in Bull. Soc. Bot. France 51: 71. 1904; Ulbr. in Bot. Jahrb. 37: 243. 1905; Pei in Contr. Biol. Lab. Sci. Soc. China, Bot. ser., 9(1): 5. 1933; Hand.-Mazz. in Acta Hort. Gotob. 13: 179. 1939; Iconogr. Corm. Sin. 1: 727, fig. 1454. 1972; W. T. Wang in Fl. Reip. Pop. Sin. 25: 25, pl. 12: 1–5. 1980; Y. K. Li in Fl. Guizhou. 3: 78. 1990; W. T. Wang in Fl. Guangxi 1: 278, pl. 119. 5. 1991; in Fl. Yunnan. 11: 190, pl. 57: 1–5. 2000; et in High. Pl. China 3: 493, fig. 786. 2000; Wang, Ziman & Dutton in Fl. China 6: 319. 2001; Ziman et al. in J. Jap. Bot. 83(3): 150. 2008; Q. E. Yang in Plant Syst. Evol. 301: 421. 2015; L. Xie in Medic. Fl. China 321. 2016. Holotype　贵州：Touchan 独山，1899-04，J. P. Cavalerie 2600 (non vidi)。

A. esquirolii Lévl. in Repert. Sp. Nov. 9: 446. 1911.

分布于中国云南东南部（海拔 1 000–1 800 m）、广西、贵州（550–1 260 m）、四川东南、重庆南部（300–780 m）。生于山地草坡、陡崖上或林中，海拔 300–1 800 m。

本种的根可供药用，有消肿接骨、止血生肌之效，用于风湿关节痛、疮毒等症（谢磊等，2016）。

标本登录　云南：富宁，王启元 87126，88707；文山，蔡希陶 51762；麻栗坡，王启元 86254，税玉民，陈文红 20311，金效华，刘冰等 1017。广西：？ 297。贵州：安龙，张志松，张永田 2523；绥阳，钟补

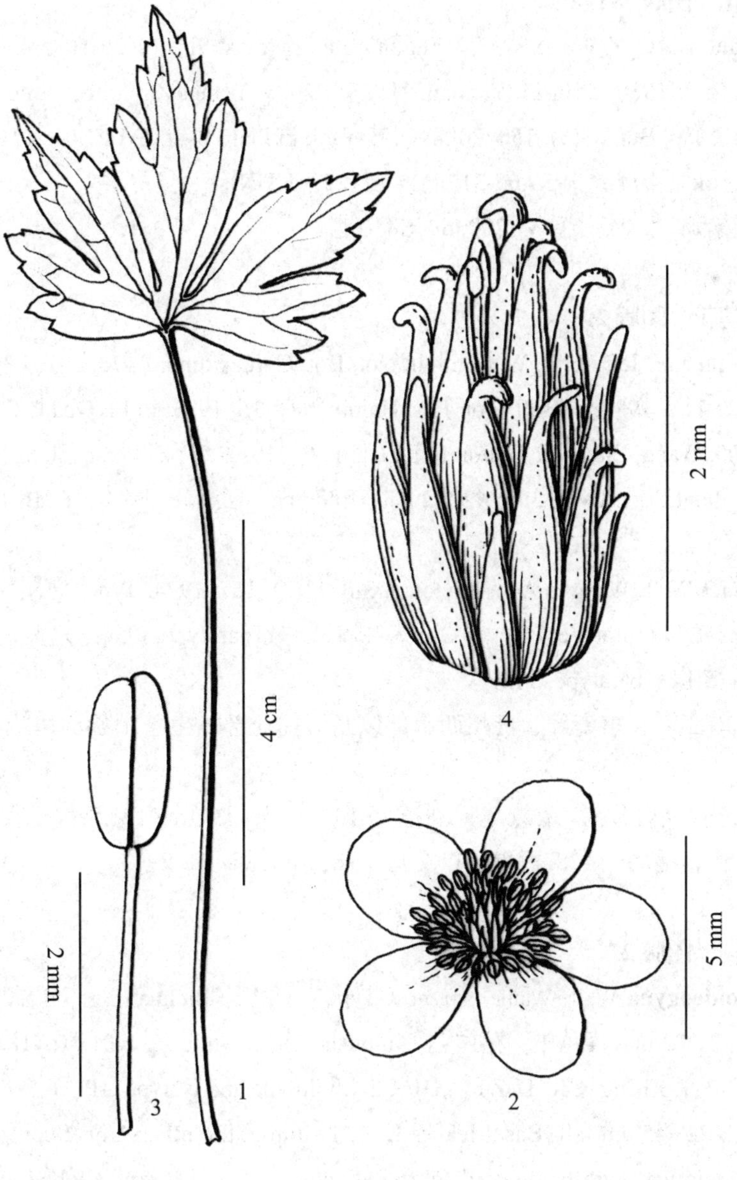

图 8　**直果银莲花**　1. 基生叶；2. 花；3. 雄蕊；4. 雌蕊群。（据等合模式；孙英宝绘）

Fig. 8　**Anemone orthocarpa**　1.Basal leaf; 2.Flower; 3.Stamen; 4.Gynoecium.

（From isosyntype；drawn by Y.B.Sun）

勤 417；德江，罗毅波 502。四川：筠连，傅德志 84-331。重庆：南川，曲桂龄 1685，熊济华，周子林 90099，李国凤 60322，傅德志 84-03；武隆，刘正宇 182536。

73. 河口银莲花　图版 29：8

Anemone hokouensis C. Y. Wu ex W. T. Wang in Acta Phytotax. Sin. 12(2): 168, pl. 9: 9. 1974; in Fl. Reip. Pop. Sin. 28: 26, pl. 7: 9: 1980; et in Fl. Yunnan. 11: 190. 2000; Wang, Ziman & Dutton in Fl. China 6: 319. 2001; Ziman et al. in J. Jap. Bot. 83(3): 150. 2008; Q. E. Yang in Plant Syst. Evol. 301: 421. 2015. Holotype　云南：河口，薄竹箐，alt. 1 200 m, 1953-05-31, 阙再旦 1237 (KUN)。

特产于中国云南河口。生于海拔 1 200 m 一带山地。

74. 拟卵叶银莲花　图版 29：4–7

Anemone howellii J. F. Jeff. & W. W. Smith in Not. Bot. Gard. Edinb. 8: 78. 1916; W. T. Wang in Fl. Reip. Pop. Sin. 28: 25, pl. 7: 4–7. 1980; in Bull. Bot. Res. Haibin 3(1): 36. 1983; in Fl. Guangxi 1: 278. 1991; et in Fl. Yunnan. 11: 189. 2000; Wang, Ziman & Dutton in Fl. China 6: 319. 2001; Ziman et al. in J. Jap. Bot. 83(3): 150. 2008; Q. E. Yang in Plant Syst. Evol. 301: 422. 2015. Holotype　云南：腾冲，E. B. Howell 111 (E; photo, PE)。

A. begoniifolioides W. T. Wang in Acta Phytotax. Sin. 12(2): 167. 1974. Type　云南：文山，alt. 2 300 m, 1947-08-17, 冯国楣 17299 (holotype, PE); 马关，蔡希陶 57874 (paratype, PE); 屏边，王孝 100238 (paratype, IBSC)；河口，胡月英 143 (paratype, YIM)。

分布于中国云南西部和东南部、贵州西南部以及缅甸北部。生于山谷沟边或林中，海拔 1 200–2 300 m。

标本登录　云南：麻栗坡，金效华，刘冰等 1017，王印政等 4177，税玉民，方瑞征，陈文红 21218；屏边，瑶山区，毛品一 4287。贵州：安龙，张志松，张永田 2913。

75. 盘蕊银莲花　图版 27

Anemone discoideogyna W. T. Wang，sp. nov. Type　四川（Sichuan）：石棉县，金窝（Shimian Xian，Jinwo），alt. 2 179 m，灌丛中，花白色（in bushes，fls. white），2018-07-18，朱相云，张若鹏，祖奎玲（X. Y. Zhu，R. P. Zhang & K. L. Zu）G10222（holotype and isotype，PE）。

Herbs perennial, 34–45 cm tall. Basal leaves 2–3, 1 simple, the other 1 or 2 compound, 2–3-leafletted, all long petiolate; simple leaf with blade cordate, (6–11) cm × (5.4–12) cm, 3-lobed, on margin denticulate, adaxially appressed-puberulous, abaxially on nerves with sparse short hairs, and with petiole 7.4–10.5 cm long; compound leaves ternate or 2-leafletted, with lateral leaflets smaller than terminal one, broadly and obliquely ovate, and with petioles 5.5–8 cm long. Scapes 2, 15–21 cm long, with petioles densely puberulous; cymes terminal, 2–7-flowered; involucral bracts 2, shortly petiolate, deltoid-ovate, (2–3) cm × (2–3) cm, often 3-lobed, on margin denticulate; pedicels 4–14cm long, densely appressed-puberulous. Besides, a single flower with its pedicel ca. 24 cm long, directly arising from the rhizome apex. Flower: Sepals 5, white, broadly obovate or obovate, (1.9–2.5) cm × (0.9–1.9) cm, at apex rounded, adaxially glabrous, abaxially densely puberulous.

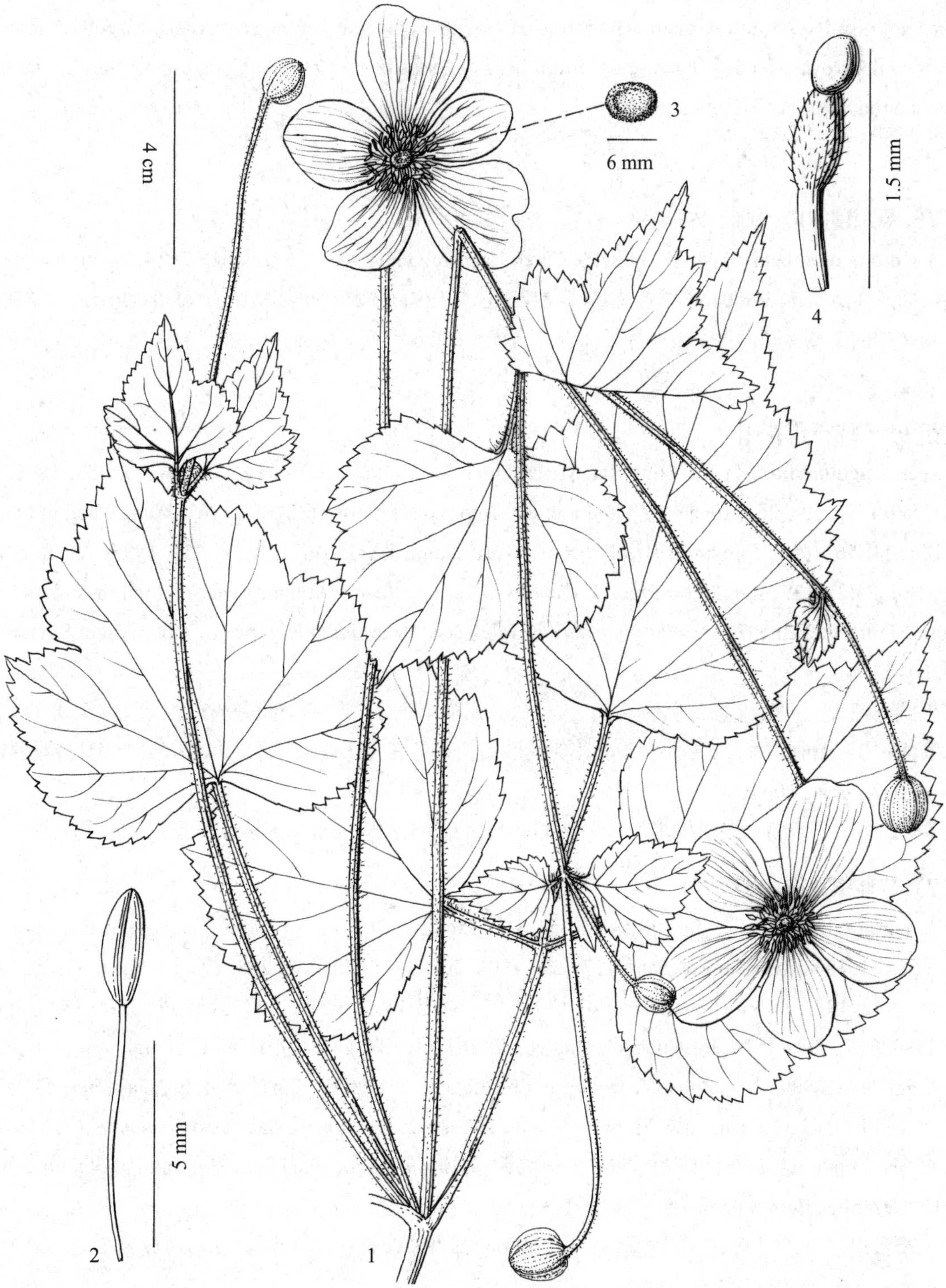

图版 27　**盘蕊银莲花**　1. 开花植株；2. 雄蕊；3. 雌蕊群；4. 心皮。（据主模式）

Plate 27　**Anemone discoideogyna**　1. Flowering plant; 2. Stamen; 3. Gynoecium; 4. Carpel.（From holotype）

Stamens ca. 240, glabrous; filaments filiform, 2−7 mm long; anthers oblong, (1.5−2) mm × (0.5−0.8) mm. Gynoecium disc-like, 6 mm in diam., consisting of ca. 200 compactly aggregate carpels; carpel 1.5 mm long, with puberulous ovary broad-elliptic, ca. 0.5 mm long and sessile subglobose stigma ca. 0.4 mm in diam., and with a glabrous stipe ca. 0.6 mm long.

特产于中国四川石棉。生于山地灌丛中，海拔 2 179 m。

76. 墨脱银莲花　图版 25：1−4

Anemone motuoenis W. T. Wang in Pl. Divers. Resour. 36(4): 449, fig. 1: A−D. 2014. Holotype　西藏：墨脱，那格之西，alt. 3 600 m，冷杉林中。花粉红色，1980-06-25，青藏高原组 10307 (PE)。

特产中国西藏墨脱。生于山地冷杉林中，海拔 3 600 m。

组 9. 二歧银莲花组

Sect. **Anemonidium** Spach, Hist. Nat. Veget. Phan. 7. 1839; Jancz. in Rev. Gen. Bot. 4: 253. 1892; Ulbr. in Bot. Jahrb. 37: 206, 261. 1905−06; Tamura in Sci. Rep. Osaka Univ. 16(2): 27. 1967; W. T. Wang in Fl. Reip. Pop. Sin. 28: 56. 1980; Tamura in Hiepko, Nat. Pflanzenfam., Zwei. Aufl. 17AIV: 333. 1995; Ziman et al. in J. Jap. Bot. 83(3): 139, 150. 2008. Type: *A. dichotoma* L. ——*Anemonidium* (Spach) Holub in Folia Geobot, Phytotax. Praha 9: 272. 1974. ——*Anemonastrum* Holub sect. *Anemonidium* (Spach) Mosyakin in Phytoneuron 79: 4. 2016.

根状茎细长。基生叶 1−2 或不存在，具长柄。聚伞花序 2−3 回二歧状分枝；总苞苞片 2 或 3，无柄，小总苞苞片 2，无柄。萼片 5 或 6。雄蕊花丝丝形；花粉具 3 沟。瘦果扁平，每侧具翅。染色体基数 x=7（Ehrendorfer et al., 2001）。

2 种，分布于亚洲、欧洲和北美洲温带地区。中国有 1 种，分布于吉林、黑龙江和内蒙古。

77. 二歧银莲花　图版 28：1−4

Anemone dichotoma L. Sp. Pl. 540. 1753; DC. Prodr. 1: 20. 1824; Finet & Gagnep. in Bull. Soc. Bot. France 51: 73. 1904; Ulbr. in Bot. Jahrb. 37: 261. 1906; Juz. in Fl. URSS 7: 268. 1937; Iconogr. Corm, Sin. 1: 731, fig. 1462. 1972; Fl. Pl. Herb. China Bor.-Or. 3: 156. 1975; W. T. Wang in Fl. Reip. Pop. Sin. 28: 56, pl. 16: 1−4. 1980; Y. Z. Zhao in Fl. Intramongol., 2nd ed., 2: 463, pl. 187: 1−2. 1991; W. T. Wang in High. Pl. China 3: 499, fig. 799. 2000; Wang, Ziman & Dutton in Fl. China 6: 310. 2001; Ziman et al. in J. Jap. Bot. 83(3): 150. 2008; Y. Z. Zhao, Class. Distr. Vasc. Pl. Inn. Mongol. 162. 2012. ——*Anemonastrum dichotomum* (L.) Holub in Folia Geobot. Phytotax. Praha 9: 272. 1974. ——*Anemonastrum dichotomum* (L.) Mosyakin in Phytoneuron 79: 4, 2016. Described from Siberia.

分布于中国吉林、黑龙江和内蒙古，以及亚洲北部和欧洲。生于丘陵或低山山坡湿草地、河边、沼泽中或林中，海拔 450−980 m。

本种的根状茎可供药用，有舒筋活血、清热解毒、止痢之效，用于跌打损伤、风湿性关节炎、痢疾等症（谢磊等，2016）。

标本登录　吉林：和龙，延边二组 563；敦化，孔宪武 1620。黑龙江：镜泊湖，安部坚太 9793；尚志，P. Licent 8879；哈尔滨，王薇等 518；呼兰，P. Licent 8898；北安，东北队 267；伊春，中德队 7708；富锦，

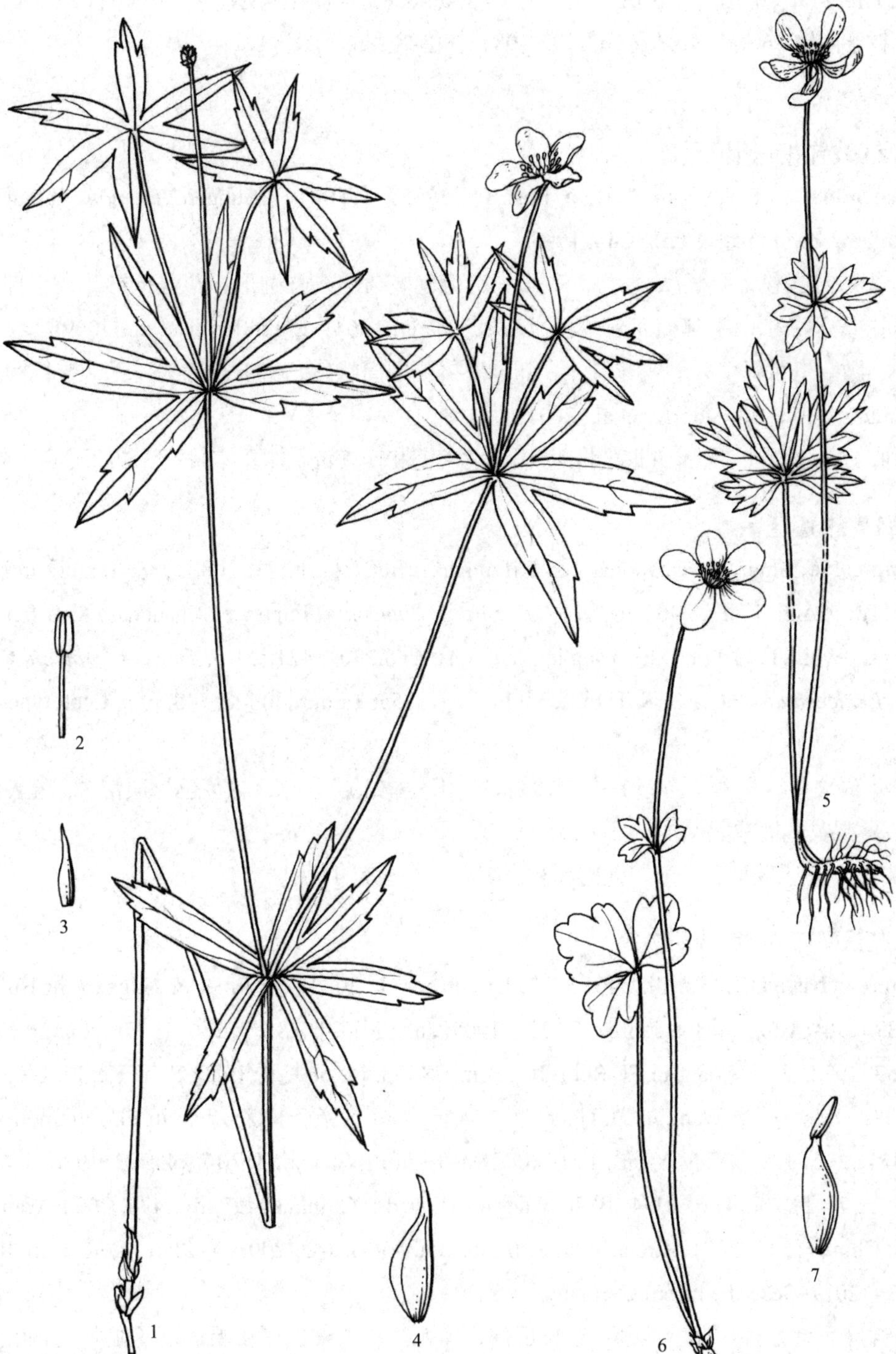

图版 28　1–4. **二歧银莲花**　1. 植株全形；2. 雄蕊；3. 心皮；4. 瘦果。　5. **细茎银莲花**　5. 植株全形。（1–5. 引自《中国植物志》，1980）　6–7. **泸水银莲花**　6. 植株全形；7. 心皮。（据主模式；孙英宝绘）

Plate 28　1–4. ***Anemone dichotoma***　1. Habit; 2. Stamen; 3. Carpel; 4. Achene.　5. ***A. rossii***　5. Habit. (1–5 from Fl. Reip. Pop. Sin., 1980)　6–7. ***A. fugongensis*** var. ***lushuiensis***　6. Habit; 7. Carpel. (From holotype; drawn by Y. B. Sun)

二龙山，张玉良 1635。内蒙古：乌兰浩特，叶建飞 09-62811；呼伦贝尔，王战等 641，傅沛云 1898；牙克石，东北林学院队 86-23；大兴安岭，1954-08，林型组 s. n.

组 10. 打破碗花花组

Sect. **Anemone** W. T. Wang in Fl. Reip. Pop. Sin. 28: 27. 1980. ——Subgen. *Anemone* Tamura in Hiepko, Nat. Pflanzenfam., Zwei. Aufl. 17aIV: 344. 1995.

基生叶少数或数枚，具长柄。萼片 5−10。花药宽椭圆形或长圆形；花丝丝形，或下部稍宽；花粉具 3 沟具散孔或具散沟，稀具螺旋状萌发孔 (Xi & Chang, 1964；Ehrendorfer et al., 2009)。心皮数目常极多。瘦果小，数目也常极多，形成球形体、卵球形体或圆筒状体，密被长绵毛，无柄或具柄。染色体基数 x=8（Tamura 1995；Ehrendorfer et al., 2001）。

约 40 种，分布于亚洲、欧洲和非洲北部，以及北美洲和南美洲。中国有 8 种，广布于西部、中部和东北。

系 1. 岩生银莲花系

Ser. **Rupicolae** Tamura ex Chaudhary & Trifonova in Bot. Zhurn. 73: 808. 1988; Tamura in Hiepko, Nat. Pflanzenfam., Zwei. Aufl. 17aIV: 346. 1995. ——*A.* subsect. *Rupicolae* (Tamura ex Chaudhary & Trifonova) Starod., Anemone: Syst. Evol. 119. 1991; Q. E. Yang in Plant Syst. Evol. 301: 421. 2015. Type**:** *A. rupicola* Camb.

A. sect. *Eriocephalus* Hook. f. & Thoms. Fl. Ind. 20. 1855; Tamura in l. c. 345, p. p. Leptotype**:** *A. rupicola* Camb.

根状茎不成块状。聚伞花序有 1−7 花，简单，不分枝，或分枝；总苞苞片通常 3，与基生叶相似。萼片 5−10。瘦果具短柄或无柄。

约 16 种。分布于亚洲、欧洲、北美洲和南美洲。中国有 4 种。

78. 大花银莲花　图版 30：7−9

Anemone sylvestris L. Sp. Pl. 540. 1753; DC. Prodr. 1: 20. 1824; Finet & Gagnep. in Bull. Soc. Bot. France 51: 89. 1904; Ulbr. in Bot. Jahrb. 37: 254. 1905; Juz. in Fl. URSS 7: 266. 1937; Iconogr. Corm. Sin. 1: 729, fig. 1957. 1972; W. T. Wang in Fl. Reip. Pop. Sin. 28: 33, pl. 6: 7−9. 1980; S. Y. He, Fl. Beijing, rev. ed., 1: 617, fig. 392. 1984; J. W. Wang in Fl. Hebei. 1: 464, fig. 466. 1986; Y. Z. Zhao in Fl. Intramongol., 2nd ed., 2: 685, pl. 187: 3−5. 1991; X. Y. Yu, B. L. Li & Y. M. Li in Fl. Shanxi. 1: 617, pl. 392. 1992; J. G. Liu in Fl. Xinjiang 2(1): 277, pl. 75: 4−6. 1994; W. T. Wang in High. Pl. China 3: 495, fig. 490. 2000; Wang, Ziman & Dutton in Fl. China 6: 317. 2001; Ziman et al. in J. Jap. Bot. 83(3): 142. 2008; Y. Zhou, Colour. Ill. Pl. Wet Area. NE China 334. 2019. Described from Germany.

分布于中国河北北部、辽宁西部、吉林西部、黑龙江、内蒙古和新疆，以及亚洲北部和欧洲。生于草原、山地草坡、林边或多沙坡地，海拔 580−2 000 m。

标本登录　河北：张家口，1972-06，乌兴曾 s. n.；围场，傅国勋 36。北京：延庆，1971-06，延庆队 158。内蒙古：大青山，马毓泉，吴庆如 131；克什克腾旗，杨雅玲 277，陈又生 14-656；索伦，刘慎谔 8249；阿尔山，张玉良 350；博客图，J. Sato 90；呼伦贝尔，王战等 543，770。新疆：哈密，林型组队 16；富蕴，新疆队 10387；博格达山，新疆学院植物队 208；乌鲁木齐，西北植物所新疆队 147；天山，天池，王忠涛 29；阜康，洪德元等 186；沙湾，关克俭 1278，2302；托里，许小纯 93-127；绥定，周太炎等 65-856；霍城，李安仁，朱家柟 10418。

79. 岩生银莲花 图版 2：6−8

Anemone rupicola Camb. in Jacq. Voy. 4: 5, fig. 2. 1838; Hook. f. & Thoms. in Hook. f. Fl. Brit. Ind. 1: 8, 1872; Franch in Bull. Soc. Bot. France 33: 364. 1886; et Pl. Delav. 7: 1889; Finet & Gagnep. in Bull. Soc. Bot. France 51: 65. 1904; Ulbr. in Bot. Jahrb. 37: 256. 1905; Pei in Contr. Biol. Lab. Sci. Soc. China, Bot. Ser., 9(1): 1933; Hand.-Mazz. in Acta Hort. Gotob. 13: 179. 1939; W. T. Wang in Fl. Reip. Pop. Sin. 28: 11, pl. 5: 6−8. 1980; in Fl. Xizang. 2: 80, fig. 22: 3. 1985; in Fl. Yunnan. 11: 193. 2000; et in High. Pl. China 3: 494, fig. 789. 2000; Wang, Ziman & Dutton in Fl. China 6: 318. 2001; Ziman et al. in J. Jap. Bot. 83(3): 142. 2008. Described from the Himalayan region.

分布于中国云南西北部、四川西部、西藏东部和南部，以及不丹、尼泊尔和印度北部。生于山地多石砾山坡、草地、灌丛或林下，海拔 2 400−4 600 m。

标本登录 云南：德钦，alt. 2 800−4 500 m，王启无 69463，俞德浚 8441，8743，9069，9354，青藏队 2750；中甸，俞德浚 11574，12323，冯国楣 1254；丽江，俞德浚 8724，15207，秦仁昌 31002。四川：木里，俞德浚 5831，6447，青藏队 14306；乡城，周仕顺 6065；得荣，D. E. Boufford 等 30830；冕宁，武素功 2268；康定，刘振书 1504；Minya Konka 雪山，alt. 4 600 m，1909-06，J. F. Rock 17677；宝兴，俞德浚 2285，曲桂龄 3572，张秀实，任有铣 5483。西藏：察隅，青藏队 271，1085；波密，应俊生，洪德元 5853；聂拉木，张永田，郎楷永 3885，3925，4252；吉隆，吴征镒等 75-674，西藏中草药队 533，685。

80. 锐裂银莲花 图 9

Anemone laceratoincisa W. T. Wang in Fl. Reip. Pop. Sin. 28: 33, 349, fig. l. 1980; Wang, Ziman & Dutton in Fl. China 6: 318. 2001; Ziman et al. in J. Jap. Bot. 83(3): 142. 2008. ——*A. rupicola* Camb. ssp. *laceratoincisa* (W. T. Wang) Chaudhary in Bot. Zhurn. 72(6): 824. 1987, et 73(8): 1200. 1988. Holotype 甘肃：文县，燕子牙，? 125 (CMMI, photo, PE)。

特产于中国甘肃文县。

81. 西藏银莲花 图版 29：1−3

Anemone tibetica W. T. Wang in Fl. Reip. Pop. Sin. 28: 32, 349, pl. 7: 1−3. 1980; et in Fl. Xizang. 2: 80, fig. 23: 1−2. 1985; Wang, Ziman & Dutton in Fl. China 6: 38. 2001; Ziman et al. in J. Jap. Bot. 83(3): 142. 2008; W. T. Wang in High. Pl. China in Colour 3: 404. 2016. Holotype 西藏：朗县，泵村，alt. 3 100 m，沟边，1972-08-18，西藏中草药队 4423 (PE)。

特产于中国西藏朗县。生于山谷沟边，海拔 3 100 m。

系 2. 打破碗花花系

Ser. **Anemospermos** DC. ex Ulbr. in Bot. Jahrb. 37: 205. 1905; Chaudhary & Trifonova in Bot. Zhurn. 73: 808. 1988. **Lectolype:** *A. vitifolia* Buch.-Ham. ex DC.

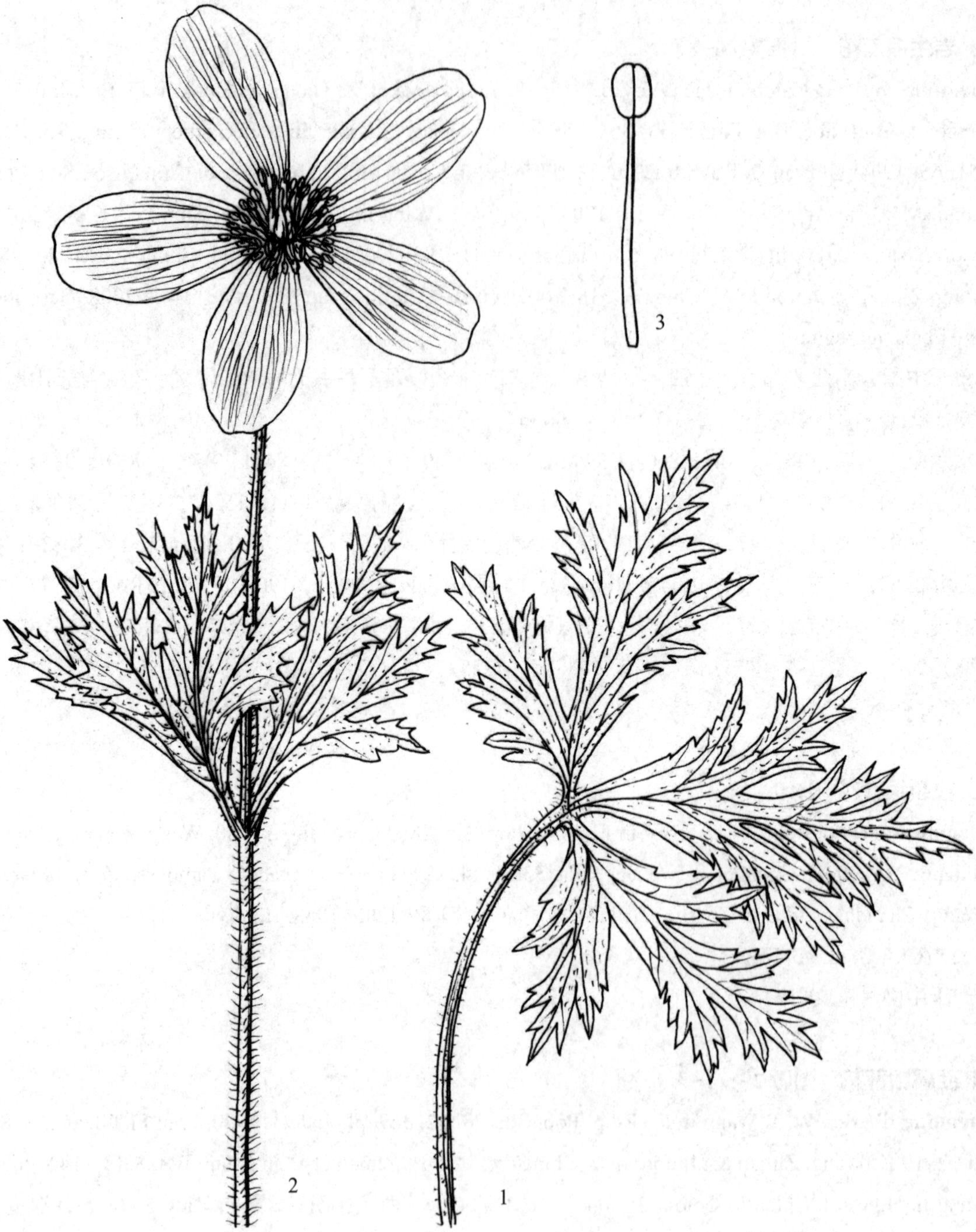

图 9　**锐裂银莲花**　1. 基生叶；2. 花序；3. 雄蕊。(引自《中国植物志》；刘春荣绘)

Fig. 9　**Anemone laceratoincisa**　1. Basal leaf; 2. Inflorescence; 3. Stamen.

(After Fl. Reip. Pop. Sin.; drawn by C. R. Liu)

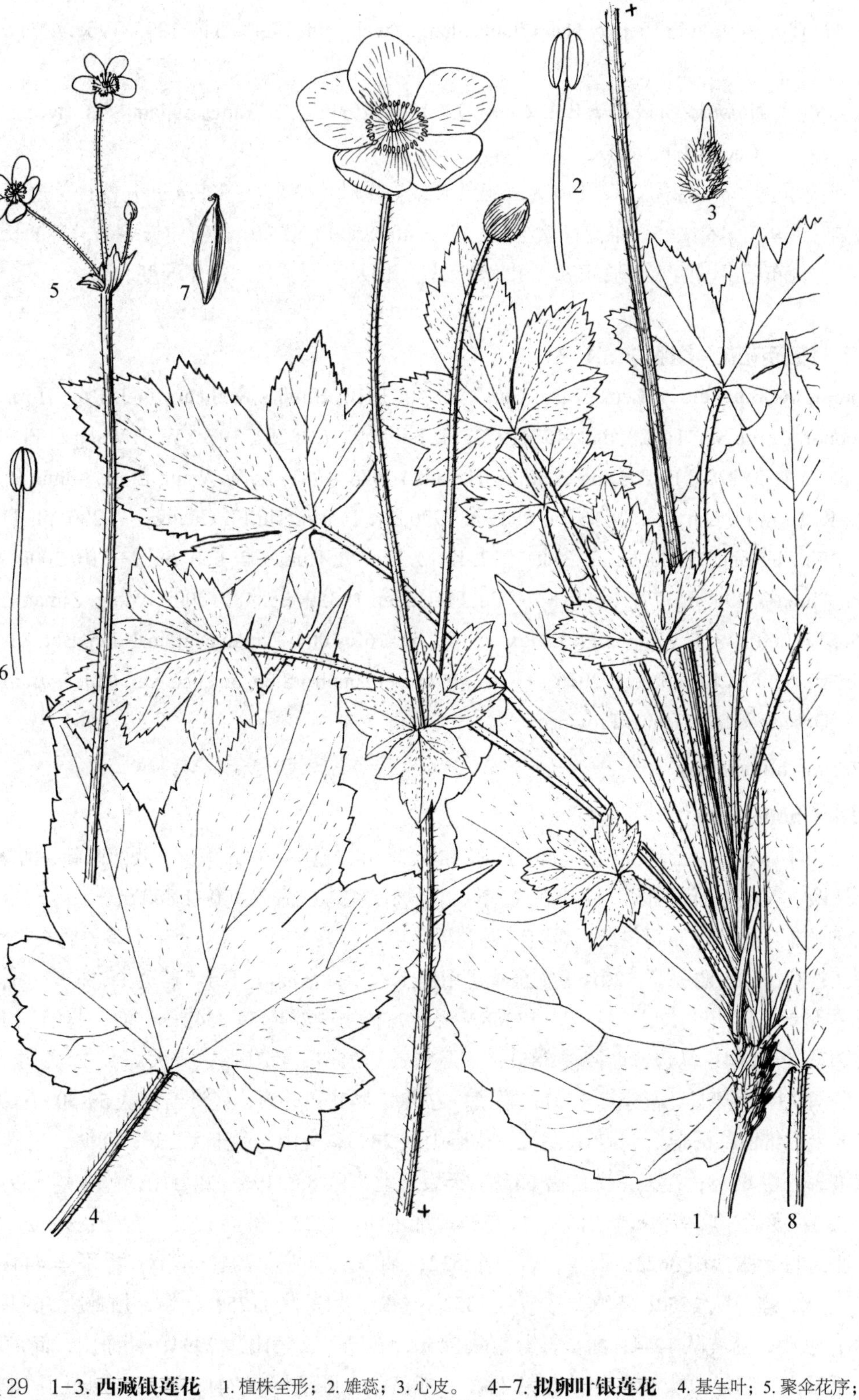

图版 29　1−3. **西藏银莲花**　1. 植株全形；2. 雄蕊；3. 心皮。　4−7. **拟卵叶银莲花**　4. 基生叶；5. 聚伞花序；6. 雄蕊；7. 瘦果。　8. **河口银莲花**　8. 基生叶。（引自《中国植物志》；吴樟桦绘）

Plate 29　1−3. **Anemone tibetica**　1. Habit; 2. Stamen; 3. Carpel.　4−7. **A. howellii**　4. Basal leaf; 5. Cyme; 6. Stamen; 7. Achene.　8. **A. hokouensis**　8. Basal leaf. (After Fl. Reip. Pop. Sin.; drawn by Z. H. Wu)

Eriocapitella Nakai in J. Jap. Bot. 17: 267. 1941. ——*A.* sect. *Eriocapitella* (Nakai) Tamura in Acta Phytotax. Geobot. 42: 180, 1991; et in Hiepko, Nat. Pflanzenfam., Zwei. Aufl. 17aIV: 344. 1995. Type: *E. japonica* (Thunb.) Nakai.

A. subsect. *Vitifoliae* Starod. in Bot. Zhurn. 74: 1345. 1989; Q. E. Yang in Plant Syst. Evol. 301: 421. 2015. Type: *A. vitifolia* Buch.-Ham. ex DC.

根状茎垂直，不成块状。基生叶为三出复叶或为单叶。聚伞花序 2-4 回分枝；总苞苞片 3，具柄，为三出复叶或单叶。萼片 5。雄蕊花丝丝形。心皮 400-500。瘦果小，密被长绵毛，有细长柄。

3 种。分布于中国西南、长江流域和北部诸省，以及尼泊尔、缅甸和印度北部。

82. 打破碗花花　图版 30：1-3

Anemone hupehensis (Lem.) Lem. Cat. 176: 40. 1910; Bowles & Stearn in J. Roy. Hort. Soc. 72: 261. 1947; Icongr. Corm. Sin. 1: 728, fig. 1455. 1972; Fl. Tsinling. 1(2): 282. 1974; W. T. Wang in Fl. Reip. Pop. Sin. 28: 27, pl. 6: 1-3. 1980; B. Z. Ding et al. Fl. Henan. 1: 476. 1981; X. W. Wang in Fl. Anhui. 2: 327, fig. 631. 1987; Y. K. Li in Fl. Guizhou. 3: 76, pl. 3: 1-6. 1990; W. T. Wang in Fl. Guangxi 1: 280, pl. 119. 5. 1991; Z. H. Lin in Fl. Zhejiang 2: 280, fig. 2-371. 1992; K. M. Liu, Fl. Hunan. 2: 660, fig. 2-516. 2000; W. T. Wang in High. Pl. China 3: 493, fig. 787. 2000; S. H. Fu, Fl. Hubei. 1: 350, fig. 487. 2001; Wang, Ziman & Dutton in Fl. China 6: 317. 2001; W. T. Wang in Fl. Jiangxi 2: 160, fig. 160. 2004; Ziman et al. in J. Jap. Bot. 83(3): 141. 2008; L. Xie in Medic. Fl. China 3: 322. 2016. ——*A. japonica* (Thunb.) Sieb. & Zucc. var. *hupehensis* Lem. Cat. 170: 42. 1908. Described from Hubei Province.

82a. var. **hupehensis**

82ai. f. **hupehensis**

分布于中国四川、云南、广西北部、广东北部、贵州、重庆、甘肃南部、陕西南部、河南南部、湖北、湖南、江西、安徽南部和浙江。生于丘陵或低山草坡或沟边，海拔 400-1 800 m。

本种的根状茎和全草可供药用，有消肿利湿、消肿散瘀之效，用于消化不良、肠炎、痢疾、疟疾、瘰疬等症；有小毒（谢磊等，2016）。全草可用作土农药，水浸液可防治稻苞虫、稻螟、棉蚜、蝇蛆等。

标本登录　四川：木里，青藏队 13308；普格，植物资源队 59-5542；雷波，赵清盛 1483；美姑，植物资源队 59-1364；马边，俞德浚 5861；峨眉山，？ 2561；都江堰，朱大海 952；汶川，郎楷永，李良千，费勇 1372；茂县，汤宗孝 1507；平武，方文培 4438；苍溪，经济植物队 59-5030；万源，李培元 4426。云南：维西，杨亲二 94-70；丽江，横断山队 2685；文山，税玉民 336；西畴，冯国楣 11983。广西：那坡，王洪 6588；凌云，秦仁昌 6838；天娥，北京队 83-3196；九万山，陈少卿 15911；兴安，李光照 15325；龙胜，广福林区队 1076。广东：地址不明，1928，蒋英 1327。贵州：兴义，安顺队 650；安龙，张志松，张永田 3622；册亨，曹子余 532；纳雍，毕节队 304；毕节，禹平华 444；金沙，黄昌洪 58；习水，毕节队 1550；赤水，毕节队 1352；遵义，川黔队 1175；清镇，川黔队 1694；贵阳，安明态 5288；独山，荔波队 1444；凯里，黔南队 3450；石阡，武陵山队 2994；梵净山，简焯坡等 30355。重庆：缙云山，缙云山队 171；南川，金佛山，熊济华，周子林 92741；武隆，刘正宇 181309；酉阳，赵佐成 2853；开县，巴山队 2551；奉节，周洪富，粟和毅 110866；巫山，周洪富 109857；巫溪，杨光辉 59265；城口，戴天伦 105896。甘肃：文县，何业祺 911；康县，张志英 16743。陕西：略阳，傅坤

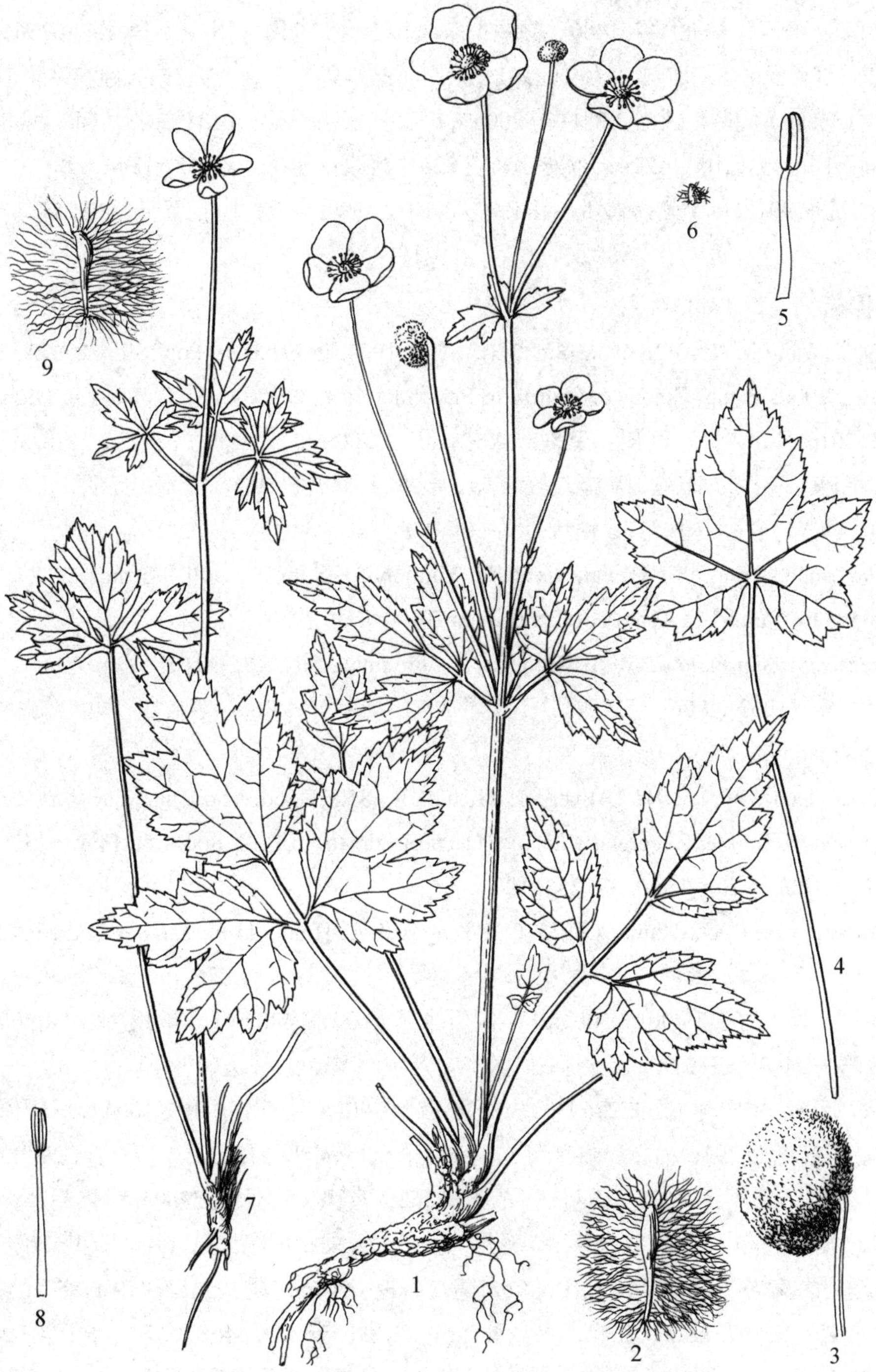

图版 30　1–3. **打破碗花花**　1. 植株全形；2. 心皮；3. 聚合果。　4–6. **野棉花**　4. 基生叶；5. 雄蕊；6. 心皮。
7–9. **大花银莲花**　7. 植株全形；8. 雄蕊；9. 瘦果。（引自《中国植物志》；赵宝恒绘）

Plate 30　1–3. ***Anemone hupehensis***　1. Habit; 2. Carpel; 3. Aggregate fruit.　4–6. ***A. vitifolia***　4. Basal leaf; 5. Stamen; 6. Carpel.　7–9. ***A. sylvestris***　7. Habit; 8. Stamen; 9. Achene. (After Fl. Reip. Pop. Sin.; drawn by B. H. Zhao)

俊 6042；勉县，傅坤俊 3890；洋县，郭本兆 1844；紫阳，李培元 4911；平利，刘继孟 8476；周至，刘继孟 8740。河南：淅川，林业厅队 1460。湖北：来凤，李洪钧 7197；鹤峰，李洪钧 6356；利川，傅国勋 1572；巴东，陈权龙 878；秭归，赵常明 931；兴山，王作宾 11967；神农架，神农架队 11405。湖南：新宁，刘林翰 152111；武冈，云山，刘林翰 20069；芷江，武陵山队 2013；永顺，刘林翰 9508；桑植，北京队 4358；石门，壶瓶山队 A214；东安，刘瑛 826。江西：莲花，杨祥学 1344；武功山，江西队 54-992；修水，熊济水 99-12。安徽：绩溪，叶文才 88-101。浙江：天台山，贺贤育 28254；开化，丁炳扬 1250。

82aii. **水棉花**

f. **alba** W. T. Wang in Acta Phytotax. Sin. 12(2): 166. 1974; in Fl. Reip. Pop. Sin. 28: 228. 1980; et in Fl. Yunnan. 11: 191. 2000; Wang, Ziman & Dutton in Fl. China 6: 317. 2001; W. T. Wang in High. Pl. China in Colour 3: 402. 2016. Holotype　四川：宝兴，盐井，alt. 1 300 m, 1963-09, 关克俭，王文采 13111 (PE)。Paratypes (均存 PE)　四川：布拖，胡嘉琪等 5529；会理，俞德浚 1366。云南：昆明，毛品一 77；大理，蔡希陶 58390；德钦，俞德浚 10577；镇雄，禹平华 978。

A. vitifolia Buch.-Ham. ex DC. var. *matsudai* Yamamoto, Suppl. Tc. Pl. Formos. 3: 27. 1906. ——*A. matsudai* (Yamamoto) Tamura in Acta Phototax Geobot. 16(4): 110. 1956.

A. hupehensis var. *simplicifolia* W. T. Wang in Acta Phytotax. Sin. 12(2): 167. 1974. Type　四川：宝兴，硗碛，alt. 2 400 m，1963-09-06，关克俭，王文采 3071 (holotype, PE)；峨眉山，九老洞，1952-09-01，熊济华等 32288 (paratype, PE)。

? *A. elegans* Decne. in Rev. Hort. 4 ser., 1: 41, tab. 3. 1852; Hand.-Mazz. in Acta Hort. Gotob. 13: 179. 1939. ——*A. japonica* Sieb. & Zucc. var. *elegans* (Decne.) Franch. in Bull. Soc. Bot. France. 33: 364. 1886; et Pl. Delav. 9. 1890; Ulbr. in Bot. Jahrb. 37: 253. 1905.

A. vitifolia auct. non Buch.-Ham. ex DC.: T. Y. Yang & T. C. Huang in Fl. Taiwan, 2nd ed., 2: 509, pl. 236. 1996.

分布于中国云南（海拔 1 400−3 500 m）、四川西部（900−2 400 m）、贵州西部（1 500−1 980 m）、重庆南部和台湾（1 400−2 300 m）。生于山地草坡、灌丛、沟边、林边或林下。

标本登录　云南：贡山，俞德浚 22693；德钦，王启无 69127；中甸，俞德浚 10942，冯国楣 2053；维西，蔡希陶 57863，王启无 58292；福贡，蔡希陶 57079；丽江，秦仁昌 21261；鹤庆，秦仁昌 23367；漾濞，金效华 1339；大理，王汉臣 1415；禄劝，毛品一 1562；富民，邱炳云 596018；昆明，钟观光 2128，刘慎谔 14893；屏边，王启无 82117；东川，蓝顺彬 253；大关，滇东北队 484。四川：峨眉山，杜大华 648；石棉，赵佐成 3273；泸定，D. E. Boufford 等 27409；天全，胡文光，何铸 11857。贵州：兴义，安顺队 650；盘县，安顺队 1222；关岭，王文采 s. n.；纳雍，毕节队 446；大方，毕节队 921；黔西，蒋英 8827。重庆：南川，金佛山，熊济华，周子林 93745。台湾：南投，C. M. Wang et al. 3309；花莲，D. E. Boufford 等 19285，杨宗愈 2183；桃园，杨宗愈 6251。

82b. **秋牡丹（变种）**

var. **japonica** (Thunb.) Bowles & Stearn in J. Roy. Hort. Soc. 72: 265. 1947; W. T. Wang in Fl. Reip. Pop. Sin. 28: 28. 1980; X. R. Lin & X. Z. Zhao in Fl. Fujian. 2: 21. 1985; X. W. Wang in Fl. Anhui 2: 327. 1987; W. T. Wang in Fl. Guangxi 1: 280. 1991; Z. H. Lin in Fl. Zhejiang 2: 280, fig. 2−372. 1992; K. M. Liu, Fl. Hunan 2: 660.

2000; Wang, Ziman & Dutton in Fl. China 6: 317. 2001; R. J. Wang in Fl. Guangdong 5: 17. 2004; W. T. Wang in Fl. Jiangxi 2: 160. 2004; M. B. Deng & K. Ye in Fl. Jiangsu 2: 87, fig. 2: 141. 2013. ——*Atragene japonica* Thunb. Fl. Jap. 239. 1784. ——*Anemone japonica* (Thunb.) Sieb. & Zucc. Fl. Jap. 1: 15. 1885, non Houtt, 1778; Forbes & Hemsl. in J. Linn. Soc. Bot. 23: 11. 1886; Ulbr. in Bot. Jahrb. 37: 252. 1905; Chun in Sunyatsenia 1: 228. 1934, p. p. ——*A. vitifolia* var. *japonica* (Thunb.) Finet & Gagnep. in Bull. Soc. Bot. France 51: 68. 1904. ——*Eriocapitella japonica* (Thunb.) Nakai in J. Jap. Bot. 17: 268. 1941. Described from Japan.

A. scabiosa Lévl. & Van. in Bull. Acad. Geogr. Bot. 11: 47. 1902.

为一栽培品种，在中国长江流域及以南诸省区广泛栽培，有时逸出呈野生状。在日本也有。

83. 大火草

Anemone tomentosa (Maxim.) Pei in Contr. Biol. Lab. Sci. Soc. China, Bot. Ser., 9: 2. 1933; et Icon. Chin. Medic. Pl. 1: fig. 17. 1955; X. W. Kung, Fl. Lanzhou 252, fig. 187. 1962; Iconogr. Corm. Sin. 1: 728, fig. 1456. 1972; Fl. Tsinling 1(2): 283, fig. 243. 1974; J. W. Wang in Fl. Hebei 1: 464, fig. 467. 1986; D. Z. Ma & H. L. Liu, Fl. Ningxia 1: 191. 1986; X. Y. Yu, B. L. Li & Y. M. Li in Fl. Shanxi 1: 617, fig. 391. 1992; L. H. Zhou in Fl. Qinghai. 1: 339. 1997; S. H. Fu, Fl. Hubei. 1: 350, fig. 488. 2001; Wang, Ziman & Dutton in Fl. China 6: 317. 2001; Ziman et al. in J. Jap. Bot. 83(3): 141. 2008; L. Xie in Medic. Fl. China 3: 324. 2016. ——*A. japonica* var. *tomentosa* Maxim. Fl. Tangut. 7. 1889; et in Acta Hort. Petrop. 11: 20. 1890; Ulbr. in Bot. Jahrb. 37: 253. 1905. ——*A. vitifolia* var. *tomentosa* (Maxim.) Finet & Gagnep. in Bull. Soc. Bot. France 51: 69. 1904. ——*A. elegans* Decne. var. *tomentosa* (Maxim.) Hand.-Mazz. in Acta Hort. Gotob. 13: 179. 1939. ——*Eriocapitella vitifolia* var. *tomentosa* (Maxim.) Nakai in J. Jap. Bot. 17: 270. 1941. Syntypes: 甘肃，1875，P. J. Piasetski s. n. (non vidi)；同地，1885, G. N. Potanin s. n. (LE, non vidi, photo, PE)。

分布于中国四川西部（康定以北，海拔 2 000–3 400 m）、重庆（1 700–1 750 m）、湖北西部（500–2 200 m）、青海东部（1 900–2 500 m）、甘肃南部（1 350–1 800 m）、陕西（780–1 800 m）、河南西部（360–2 000 m）、山西（1 100–1 800 m)和河北西部（700–800 m）。生于山地草坡、灌丛、河滩、林边或林下。

本种的根可供药用，有化痰、散瘀、消食化积之效，用于劳伤咳喘、跌打损伤、小儿疳积、痢疾等症；有小毒（谢磊等，2016）。

标本登录　四川：雅江，姜恕 2673；康定，方文培 3637；二郎山，关克俭 1875；宝兴，张秀实，任有铣 6772；小金，郎楷永，李良千，费勇 1526；金川，李馨 76135；丹八，D. E. Boufford 等 37947；马尔康，李馨 71929；理县，赵清盛 252；平武，鲁丽敏 2008-365；松潘，傅坤俊 1768；九寨沟，李沛琼 57；若尔盖，朱大海 4411。重庆：开县，戴天伦 101753；巫溪，曲桂龄 1738；城口，戴天伦 101285。湖北：巴东，傅国勋，张志松 891；神农架，236-6 队 2905。青海：循化，周立华 s. n.；民和，何廷农 825；互助，郭本兆 9505。甘肃：文县，郝景盛 374；康县，廉永善 96-398；舟曲，何业祺 688；临潭，王作宾 6138；兰州，何业祺 4945；武山，黄河队 4615；天水，刘继孟 10450；华亭，王作宾 16939；平凉，陕甘队 10110。陕西：洋县，杨金祥 769；宁陕，傅坤俊 17622；佛坪，傅坤俊 4950；太白山，王作宾 1503；终南山，白银元 1171；蓝田，苏贵兴 122；华山，郝景盛 4176；黄龙山，傅坤俊 3092；延安，傅坤俊 8149；志丹县，崔友文 10821；靖边，黄河队 8035。河南：固始，刘继孟 4723；内乡，关克俭 882；西峡，关克俭 1007；栾川，马成功 367；卢氏，河南队 34483；嵩县，植物资源队 15；登封，普查队 54501；林县，普查队 4025。山西：芮城，包世英，严生俊 1548；夏县，刘天慰 447，陵川，刘继孟 7630；霍州，黄河队 851；灵石，刘鑫源 21136；中阳，黄河队 2090；交城，刘鑫源 21358；兴县，黄河队 2638；芦芽山，Harry Smith 8157；五台，关克俭，陈艺林 1989；繁峙，段长虹 402。河北：涉县，关克俭 5685；武安，关克俭 5800；内丘，刘鑫源 545；井经，刘继孟 3917；平山，1971-07，？ 497；阜平，刘继孟 3262。

84. 野棉花　图版 30：4-6

Anemone vitifolia Buch.-Ham. ex DC. Syst. 1: 211. 1817; et Prodr. 1: 21. 1824; Franch. Pl. Delav. 9. 1890; Finet & Gagnep. in Bull. Soc. Bot. France 51: 68. 1904; Ulbr. in Bot. Jahrb. 37: 252. 1905; Pei & Chou, Icon. Chin. Medic. Pl. 1: fig. 15. 1955; W. T. Wang in Fl. Reip. Pop. Sin. 28: 29, Pl. 6: 4−6. 1980; in Fl. Xizang. 2: 80. 1985; in Fl. Guangxi 1: 278. 1991; et in Fl. Yunnan. 11: 199, pl 55: 4−6. 2000; Y. K. Li in Fl. Guizhou. 3: 76. 1990; Wang, Ziman & Dutton in Fl. China 6: 317. 2001; Ziman et al. in J. Jap. Bot. 83(3): 141. 2008; L. Xie in Medic. Fl. China 3: 326. 2016. Holotype: Nepal: Lamba, F. Buchuan s. n. (non vidi).

A. vitifolia var. *tomentosa* Ulbr. in 1. c. Syntypes: Yunnan, Delavay 2818bis; Sikkim, J. D. Hooker s. n. (non vidi).

84a. var. **vitifolia**

分布于云南西部和中部（海拔 1 500−2 700 m）、广西西部、贵州南部（1 300 m）、四川（2 400−4 000 m）、西藏（2 030−3 000 m），以及不丹、尼泊尔和印度北部。生于山地草坡、沟边或林中。

本种的根状茎可供药用，有止咳止血、理气杀虫、祛风除湿之效，用于风湿骨痛、胃寒痛、跌打损伤、蛔虫病、小儿疳积等症；有毒（谢磊等，2016）。

标本登录　云南：贡山，俞德浚 19495；福贡，高黎贡山队 27294；大理，苍山，滇西北分队 10555；景东，李鸣冈 2298；昆明，刘慎谔 20230。广西：那坡，中植联广西队 4280。贵州：兴仁，张志松，张永田 7679。四川：理塘，李文华等 81-2041；九寨沟，李文华等 82-457。西藏：察隅，王启无 65455；通麦，张永田，郎楷永 704；易贡，应俊生，洪德元 65-713；墨脱，青藏队 1833；隆子，青藏补点队 75-542；错那，任再金 369；吉隆，姜恕 344。

84b. 绿叶野棉花（变种）

var. **subtomentosa** Ulbr. in l. c. Syntypes: Northwestern Himalaya, T. Thomson s. n.; Sikkim, Choongthang, 1903-09, D. Prain s. n. (non vidi).

分布于中国云南（海拔 1 350−2 300 m）、西藏东南部（2 000−2 500 m），以及喜马拉雅山区西北部和印度北部。生于山地草坡、林边或林下。

标本登录　云南：贡山，青藏队 9209；德钦，俞德浚 10386；福贡，蔡希陶 56629；维西，蔡希陶 63076；漾濞，刘慎谔 22850；楚雄，李鸣冈 84；景东，刘炳云 53471；澜沧，钱义咏 3308；石林，税玉民等 64191；屏边，蔡希陶 62597；文山，冯国楣 11360；砚山，王启无 84154；马关，税玉民等 31593。

系 3. 块茎银莲花系

Ser. **Anemone**——Sect. *Anemone* Tamura in Acta Phytotax. Geobot. 42: 180. 1991; et in Hiepko, Nat. Pflanzenfam., Zwei. Aufl. 17aIV: 347. 1995; Ehrendorfer, Ziman, Konig et al. in Bot. J. Linn. Soc. 160: 312. 2009.

根状茎块状。基生叶为单叶，3 深裂或 3 全裂，或为三出复叶。聚伞花序简单，具 1 花，或分枝，具 2–3 花；总苞苞片（2–）3。萼片 5–20。瘦果多数，小，无柄，被绵毛。

约 20 种，分布于地中海地区、中亚地区和喜马拉雅山区，以及南美洲和北美洲。中国有 1 种，分布于新疆西部。

85. 块茎银莲花　图版 12：4–6

Anemone gortschakowii Kar. & Kir, in Bull. Soc. Nat. Mosc. 15: 131. 1842; Juz. in Fl. URSS 7: 200, t. 16: 3. 1937; W. T. Wang in Fl. Reip. Pop. Sin. 28: 34, pl. 8: 4–6. 1980; J. G. Liu in Fl. Xinjiang. 2(1): 275, pl. 74: 1–2. 1994; Wang, Ziman & Dutton in Fl. China 6: 318. 2001. —— *A. biflora* DC. var. *gortschakowii* (Kar. & Kir.) Sinno in Bot. J. Linn. Soc. 153: 434. 2007; Ehrendorfer, Ziman, Konig et al. in l. c. 160: 327, fig. 5: G. 2009. Described from Alatau, no specimen cited.

分布于中国新疆西部和西南部以及哈萨克斯坦。生于山地草坡或多石砾山坡，海拔 1 400–3 200 m。

标本登录　新疆：新源，alt. 1 400 m，周太炎 65-102；乌恰，alt. 3 200 m，青藏队 87-0048。

一个不了解的杂种：

Anemone wilsonli Ulbr. hybrid. Nova (*A. altaica* Fisch. × *baicalensis* Turcz.) in Bot. Jahrb. 36. Beibl. 80: 2. 1905. Holotype：湖北西部，1904-05，E. H. Wilson 1853, p. p. (non vidi).

从此杂种的形态描述了解到此杂种的花序总苞苞片 3 枚，有长柄，叶片 3–5 深裂，这种形态与分布于湖北、四川等省，隶属西南银莲花组（Sect. *Anemonanthea*）的西南银莲花（*A. davidii*）的总苞十分相似。此外，还了解到其花序有 1–2 花，花直径 2 cm，萼片 5 枚，白色，雄蕊花丝丝形，心皮的花柱极短或不存在，柱头无柄或近无柄，上述花序和花的构造与分布于湖北、四川等省，隶属鹅掌草组（Sect. *Stolonifera*）的鹅掌草（*A. flaccida*）的花序和花的构造颇为相似。在 1905 年，E. Ulbrich 发现此杂种，至今已过去 114 年，在此时期中，此变种一直未能第二次被发现，可能已经灭绝。

新发现的 1 新种：道孚银莲花，在本文完成后 1 个月，我在一批标本中又发现银莲花属特产四川西部的 1 个新种。

道孚银莲花　图 10

Anemone daofuensis W. T. Wang, sp. nov.

Holotype　四川（Sichuan）：道孚县，扎拖乡，鲜水河（Daofu Xian，Zhatuo Xiang，Xianshui River），alt. 2 990 m，山坡灌丛，花紫红色（in bushes on slope，fls. purple-red），2019-04-24，张树仁，李邦泽，林东亮（S. R. Zhang，B. Z. Li & D. L. Lin）3201（PE）。

[Sect. *Himalayicae*（Ulbr.）Juz.]

Species nova haec est affinis *A. obtusilobae* D. Don, a qua plantis humilioribus 9–10 cm altis, cymis 1-floris, bracteis involucralibus 2–3-lobatis vel indivisis, sepalis 5, purpureo-rubris, gynoecio ex carpellis 3–4 constanti

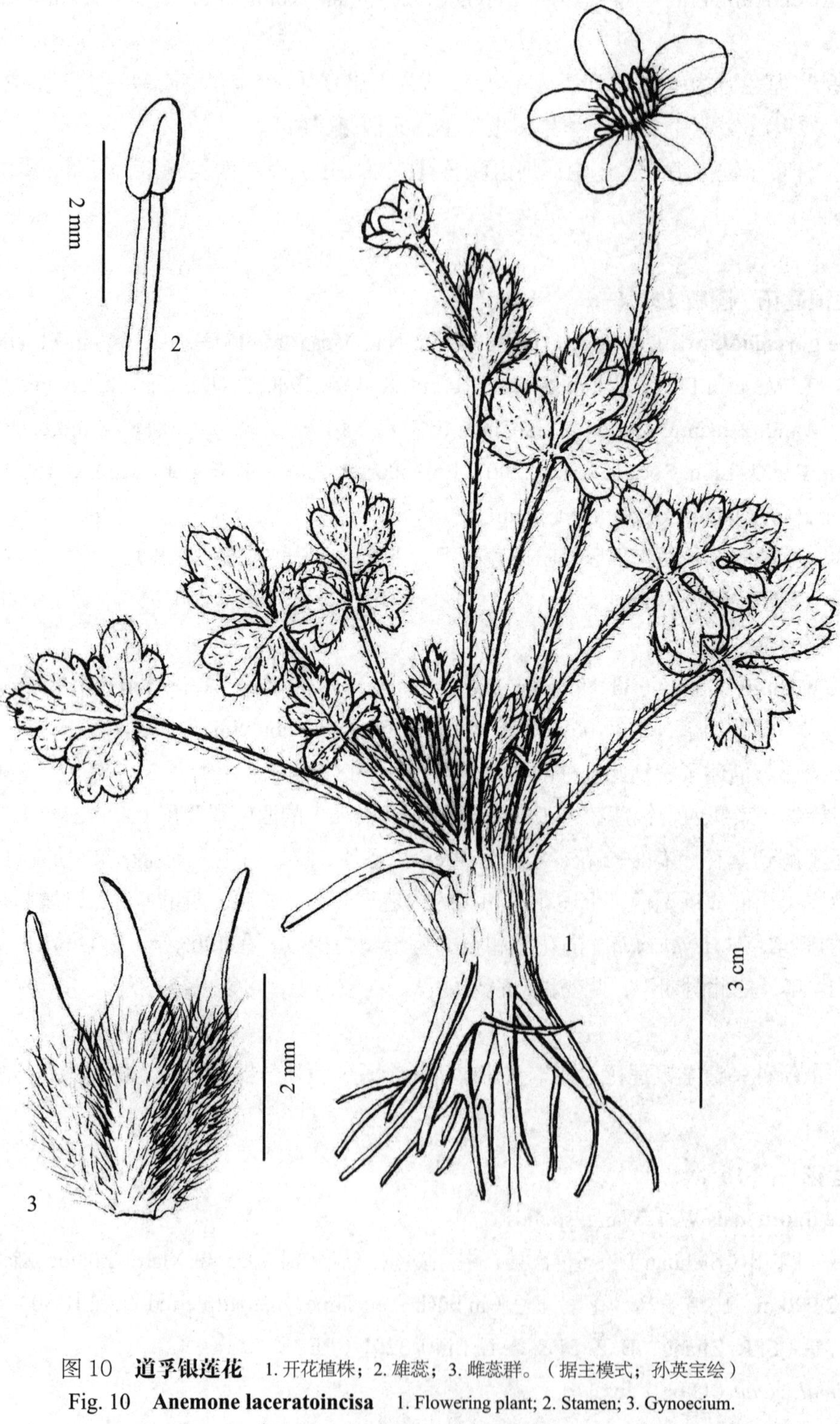

图 10　**道孚银莲花**　1. 开花植株；2. 雄蕊；3. 雌蕊群。（据主模式；孙英宝绘）
Fig. 10　**Anemone laceratoincisa**　1. Flowering plant; 2. Stamen; 3. Gynoecium.
（From holotype; drawn by Y. B. Sun）

differt. In *A. obtusiloba*, plantae 10−30 cm altae, cymae 1(2)-florae, sepala 5(−8) alba caerulea vel lutea, et gynoecium ex carpellis 8 constans est.

Small perennial herbs, 9−10 cm tall. Basal leaves ca. 10, long petiolate; blades papery, broad-ovate, [1.1−1.5(−2.4)] cm × [1.6−1.9(−2.6)] cm, at base cordate, 3-sect, central segment broad-rhombic, 3-lobed, with lobes rotundly 1−3-dentate or entire, lateral segments slightly smaller, slightly obliquelly broad-rhombic or subflabellate 3-lobed, on both surfaces appressed-pubescent; blades of a few small leaves or broad-ovate, (0.5−0.7) cm × (0.7−1) cm, at base subtruncate, 3-sect, with rhombic 2-denticulate central segment and narrow-obovate undivided lateral segments, or broad-rhombic, 0.7 cm × 0.8 cm, at base broadly cuneate, 3-parted; petioles 2.2−4 cm long, pubescent. Scapes 2−3, 4−5.5 cm long, densely pubescent, 1-flowered; involucral bracts 3, 0.8−1.1 cm long, pubescent, or one larger cuneate, unequally 3-lobed, two smaller obliquely oblanceolate, equally 2-lobed, or one larger obliquely cuneate, unequally 2-lobed, with the small lobe narrow-ovate, entire and with the larger lobe 3-lobulate; pedicel 4.5−6 cm long, densely appressed-puberulous. Flower: Sepals 5, purple-red (according to field notes), obovate, broad-elliptic or narrow-obovate, (9−12) mm × (5−7) mm at apex rounded or obtuse, inconspicuously 7-nerved, adaxially glabrous, abaxially appressed-pubescent. Stamens ca. 30, glabrous; filaments linear, (0.6−1.5) mm × 0.5 mm; anthers broad-elliptic, (1−1.2) mm × 1 mm. Carpels 3−4; ovaries ca. 2 mm long, densely pubescent; styles 1−1.2 mm long, glabrous.

特产于中国四川道孚。生于山坡灌丛中，海拔 2 990 m。

参 考 文 献

CAMBESSEDES J, DECAISNE J, 1844. Plantae rariores, quas in Indiaorientali collegit Victor Jaquemont [M] // V. Jaquemont, Voyage dans l'Inde 4: 1−183.

EHRENDORFER F, 1995. Evolutionary trends and patterns in the Anemoninae [J]. Plant Syst Evol, 9 (Suppl.): 283−293.

EHRENDORFER F, SAMUEL R, 2001. Contributions to a molecular phylogeny and systematics of *Anemone* and related genera (Ranunculaceae-Anemoninae) [J]. Acta Phytotax. Sin., 39(4): 293−307.

EHRENDORFER F, ZIMAN S N, KONIG C, et al., 2009. Taxonomic revision, phylogenetics and transcontinental distribution of *Anemone* section *Anemone* [J]. Bot J Linn Soc. 160: 312−354.

FRANCHET A, 1886. Plantae Yunnanenses [J]. Bulletin de la Société botanique de France, 33: 363−367.

FU D Z, 2011. *Anemone*. Vascular Plants of the World [M]. 2nd ed. Qingdao: Qingdao Press, Vol. 5: 651−689.

HANDEL-MAZZETTI H, 1939. Plantae sinenses a Dre. H. Smith annis 1921−1922, 1924 et 1934 lectae. XXXIII. Ranunculaceae [M]. Acta Hort Gotoburg, 13: 37−219.

HOOT S B, REZNICEK A A, PALMER J D, 1994. Phylogenetic relationships in *Anemone* (Ranunculaceae) based on morphology and chloroplast DNA [J]. Syst Bot, 19(1): 169−200.

JACKSON D D, 1895. Index Kewensis Plantarum Phanerogamarum [M]. Oxford: The Clarendon Press: Vol. 1.

LIU H J, HE J, DING C H, et al., 2018. Comparative analysis of complete chloroplast genomes of *Anemoclema*, *Anemone*, *Pulsatilla*, and *Hepatica* revealing structural variations among genera in Tribe Anemoneae (Ranunculaceae) [J]. Front Plant Sci, 9: Article 1097.

MOSYAKIN S I, 2018. Further new combinations in *Anemonastrum* (Ranunculaceae) for Asian and American taxa [J]. Phytoneuron, 55: 1−11.

PRITZEL G A, 1841. *Anemonarum* revisio [J]. Linnaea, 15: 561−698.

TAMURA M, 1995. *Anemone* [M] // HIEPKO P (ed.). Die naturlichen Pflanzenfamilien, Zwei Aufl. Berlin: Dunker & Humblot, 17aIV: 324−349.

ULBRICH E, 1905−1906. Über die systematische Gliederung und geographische Verbretung der Gattung *Anemone* L. [J]. Botanische Jahrbucher, 37: 172−256. 1905; 257−334. 1906.

WANG W T, 1980. *Anemone*, *Anemoclema*, *Pulsatilla* [M] // Flora Reipublicae Popularis Sinicae. Beijing: Science Press, 28: 1−56, 60−72. [王文采, 1980. 银莲花属, 罂粟莲花属, 白头翁属 [M] // 中国植物志, 北京: 科学出版社, 28: 1−56, 60−72.]

WANG W T, 1995. A revision of the genus *Ranunculus* in China [J]. Bull Bot Res, 15(2): 137−180, (3): 275−329. [王文采,1995. 中国毛茛属修订 [J]. 植物研究,15(2): 137−180; (3):257−329.]

WANG W T, 2003. A revision of *Clematis* sect. *Clematis* (Ranunculaceae) [J]. Acta Phytotax. Sin., 41 (1): 1−62.

WANG W T, 2014. Three new species of *Anemone* (Ranunculaceae) from Xizang [J]. Plant Divers Resour, 36(4): 449−452. [王文采, 2014. 西藏银莲花属三新种 [J]. 植物分类与资源学报, 36(4): 449−452.]

WANG W T, 2019. A new section with a new species of *Anemone* (Ranunculaceae) from Yunnan [J]. Guihaia, 39(1): 7−9. [王文采, 2019. 云南银莲花属一新组和一新种 [J]. 广西植物, 39(1): 7−9.]

XI Y Z, CHANG K T, 1964. Studies on pollen morphology of *Anemone* L. [J]. Acta Bot Sin, 12(1): 19−38. [席以珍, 张金谈, 1964. 银莲花属花粉形态的研究 [J]. 植物学报 12(1): 19−38.]

XIE L, WANG Z T, CONG X, et al., 2016. *Anemone* [M] // Medicinal Flora of China. Beijing: Peking University Medicinal Press, 3: 302−337. [谢磊, 王峥涛, 从潇, 等, 2016 银莲花属 [M] // 中国药用植物志. 北京: 北京大学医学出版社, 3: 302−337.]

YE W C, WANG Y, YANG Y K, et al., 1989. A new species of *Anemone* from Anhui Province [J]. Wuhan Bot Res, 7(4): 327−328. [叶文才, 王宇, 杨永康, 等, 1989. 安徽银莲花属一新种 [J]. 武汉植物学研究. 7(4): 327−328.]

YUAN Q, YANG Q E, 2009. *Anemone xingyiensis* (Ranunculaceae), a new species from Guizhou, China [J]. Bot Stud, 50: 493−498.

ZHANG Y, HONG Y, REN C, et al., 2015. Palynology, cytology and molecular systematics of *Anemone* sect. *Begoniifolia* (Ranunculaceae) [J]. Plant Syst Evol, 301: 411−424.

ZHANG Y, YANG Q E, 2014. Confirmation of the occurrence of *Anemone orthocarpa* (Ranunculaceae) in Vietnam [J]. J Trop Subtrop Bot, 22: 221−224.

ZHU G H (translator), 2001. International Code of Botanical Nomenclature (St. Louis Code), Chinese edition [M]. Beijing: Science Press; St. Louis: Missouri Botanical Garden Press. [朱光华 (译者), 2001. 国际植物命名法规 (圣路易斯法规), 中文版 [M]. 北京: 科学出版社; 圣路易斯: 密苏里植物园出版社.]

ZIMAN S, KEENER C S, KADOTA Y, et al., 2004. A. taxonomic revision of *Anemone* L. subgenus *Anemonanthea* (DC.) Juz. sensu lato (Ranunculaceae) [J]. J Jpn Bot, 79(1): 43−71; (3): 196−206; (5): 281−310.

ZIMAN S, EHRENDORFER F, KADOTA Y, et al., 2005−2006. A taxonomic revision of *Anemone* L. section *Omalocarpus* DC. sensu lato (Ranunculaceae) [J]. J Jpn Bot, 80(5): 282−302. 2005; 81(1): 1−19. 2006.

ZIMAN S, EHRENDORFER F, KEENER C S, et al., 2007. Revision of *Anemone* sect. *Himalayicae* (Ranunculaceae), with three new series [J]. Edinburgh J Bot, 64(1): 51−99.

ZIMAN S, BULAKH E V, KADOTA Y, et al., 2008. Modern view on the taxonomy of the genus *Anemone* L. sensu lato (Ranunculaceae) [J]. J Jpn Bot, 83(3): 127−155.

翠雀花属一新种和一新变种

A new species and a new variety of *Delphinium* (Ranunculaceae) from China

最近，作者在整理毛茛科植物标本过程中，发现了翠雀花属一新种和一新变种。

毛梗伊犁翠雀花（新变种）

Delphinium iliense Huth var. **pubipes** W. T. Wang, var. nov.

A var. *iliensi* differt pedicellis pubescentibus. In var. *iliensi*. pedicelli glabri sunt.

新疆（Xinjiang）：昭苏县，康苏沟 (Zhaosu Xian, Kangsugou), alt. 2 200 m, 花蓝色 (fls. blue), 1985-07-30，徐文友等 (W. Y. Xu et al.) 466 (holotype, PE，标本条形码号 00500379)；同地 (same locality)，铁里木克山，马克希，alt. 2 410 m，山坡，花蓝紫色 (on slope, fls. blue-purple), 1974-07-28，林有润 (Y. R. Lin) 74-507 (PE，标本条形码号 00500377）；同地 (same locality)，苦都 (Kudu), alt. 1 680 m，干山坡，花紫色 (on dry slope, fls. purple), 1974-08-02，林有润 74-698（PE，标本条形码号 00500382）。

此变种与模式变种的区别只在于其花梗被柔毛。在模式变种，花梗无毛 [1,2]。

华山翠雀花　图 1

Delphinium huashanicum W. T. Wang, sp. nov. Fig. 1

(Sect. *Delphinastrum* DC. subsect. *Grandiflora* W. T. Wang)

Ob caules simplices, folia basalia nonnulla praescentia 3-secta, inflorescentias racemosas, sepala calcari sepalino longiora species nova haec est affinis *D. pseudothibetico* W. T. Wang & M. J. Warnock, a quo caulibus et foliorum laminis utrinque puberulis, staminodiorum limbis suborbicularibus apice 2-lobulatis ventre albo-barbatis differt. In *D. pseudothibetico*, caules patule hispidi, foliorum laminae strigosae, et staminodiorum limbi obovati 2-lobati ventre flavo-barbati sunt.

Perennial herb, ca. 55 cm tall. Stem near base 2 mm across, simple, densely retrorse-appressed-puberulous (with hairs 0.1−0.25 mm long), 2-leaved. Basal leaves ca. 5, long petiolate; blades papery, cordate-pentagonal, (1−4.5) cm × (1.6−7) cm, 3-sect, central segment rhombic or narrow-rhombic, 3-lobed to 3-parted, with lobes lobulate or dentate, lateral segments flabellate, unequally 2-parted, with lobes twice lobed and with ultimate lobes triangular or narrow-ovate; surfaces adaxially and abaxially densely minutely puberulous (with hairs less than 1 mm long); petioles 6−19 cm long. Cauline leaves similar to basal ones; lower cauline leaf with petiole 4 cm long and blade 3 cm broad; upper cauline leaf subsessile, with blade 3 cm broad. Raceme terminal, ca. 22 cm

原文刊登于《植物研究》41(2): 161−163, 2021。
致谢：衷心感谢孙英宝先生为本文绘图，并打印稿件。

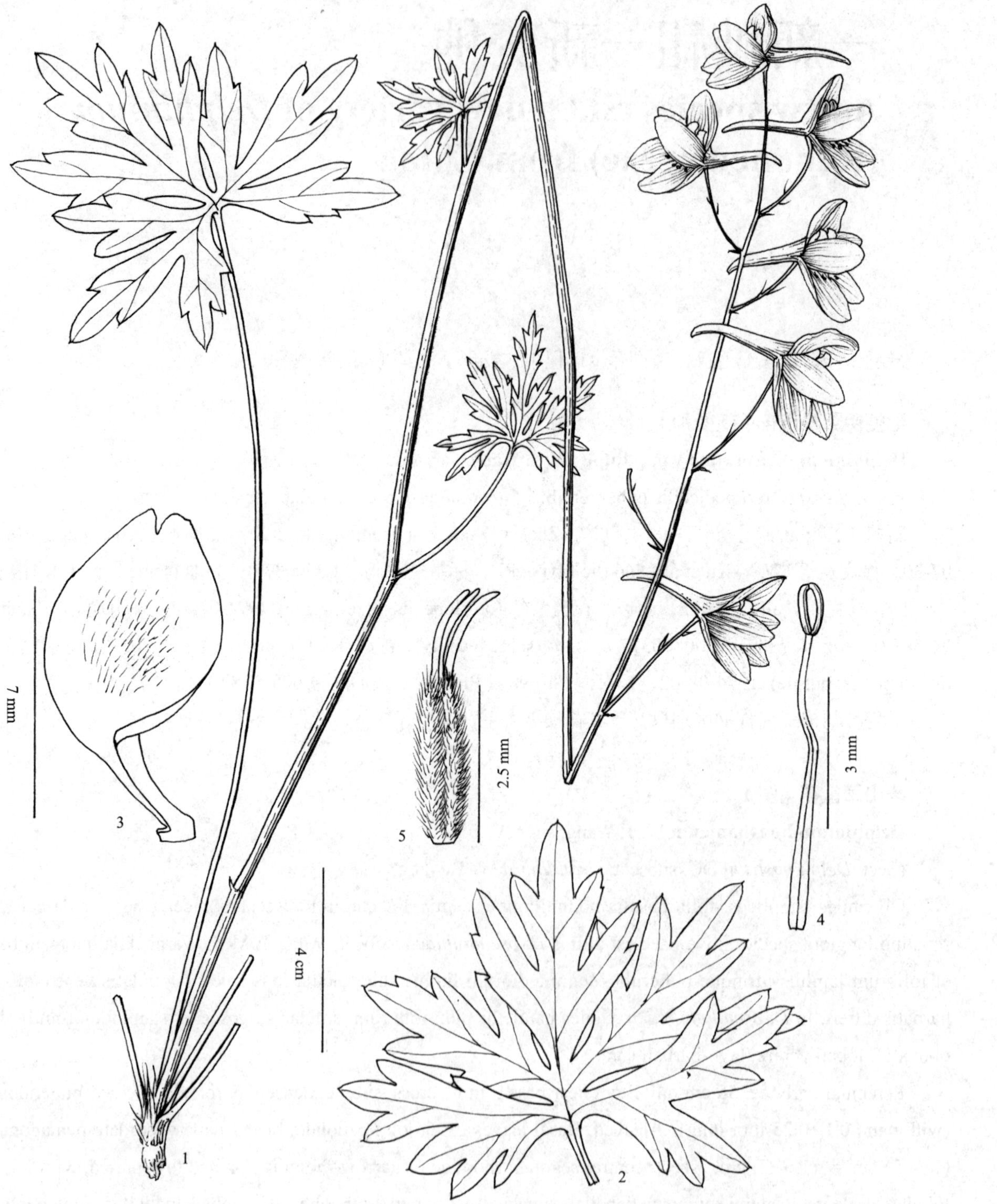

图 1　**华山翠雀花**　1. 植株全形；2. 基生叶；3. 退化雄蕊；4. 雄蕊；5. 雌蕊群。

Fig. 1　**Delphinium huashanicum**　1. Habit; 2. Basal leaf; 3. Staminode; 4. Stamen; 5. Gynoecium.

long, 8-flowered; basal bract with petiole 2 mm long, and with blade 2 mm × 2 mm, 3-sect, with lobers linear, puberulous, other bracts sessile, lanceolate-linear or narrow-linear, (2.5−3) mm × (0.2−0.5) mm, puberulous, undivided or near apex 1-lobulate; pedicels 1.5−4 cm long, densely puberulous, below or above 2-bracteolate; bracteoles alternate, linear, (2−2.5) mm × 0.3 mm, puberulous. Flower: Sepals blue, adaxially glabrous, abaxially sparsely puberulous, upper sepal broad-ovate, 14 mm × 10 mm, spur subulate, near apex slightly recurved, 12−14 mm long, at base 3−3.5 mm across, densely puberulous, lateral sepals elliptic, 16 mm × 8 mm, lower sepals obovate or narrow-obovate, (12−14) mm × (5−7) mm. Petals 2, yellowish, glabrous, apex obtuse. Staminodes 2; limbs along margin blue, else-where white, suborbicular, ca. 7 mm × 6.2 mm, on apex 2-lobulate, on the middle densely and long white-barbate; claws white, 5.5 mm long, at base minutely 1-appendiculate. Stamens ca. 25, glabrous; anthers dark-blue or brown, broad-elliptic, 1 mm × (0.5−0.6) mm; filaments white, 5−6 mm long, below lanceolate-linear, above filiform. Carpels 3; ovaries narrow-oblong, 2.5 mm × 0.8 mm, densely appressed-puberulous; styles 1.5−1.8 mm long, glabrous.

陕西 (Shaanxi)：华阴市（Huayin Shi），华山，青柯坪之下，山坡 (Hua Shan, below Qingkeping, on slope), 1952-09-22，王献溥 (X. P. Wang) 20564 (Holotype, PE, 标本条形码号 01566868）。

本种的茎不分枝，具数枚 3 全裂基生叶，花序总状，萼片比萼距稍长，因此也与具上述形态特征的拟澜沧翠雀花 (*D. pseudothibeticum* W. T. Wang & M. J. Warnock) 有相近的亲缘关系；与后者的区别在于本种的茎和叶片两面均被短柔毛，退化雄蕊瓣片近圆形，顶端 2 微裂，腹面被白色髯毛。在拟澜沧翠雀花，茎被开展糙硬毛，叶片两面均被糙伏毛，退化雄蕊瓣片倒卵形，2 浅裂，腹面被黄色髯毛 [1]。

参 考 文 献

[1] HUTH E. Monographie der Gattung *Delphinium* [J]. Botanische Jahrbücher, 1895, 20: 322−499.

[2] WANG W T, WARNOCK M J. *Delphinium*. L. [M] // WU Z Y, RAVEN P H, eds. Flora of China. Beijing: Science Press; St. Louis: Missouri Botanical Garden Press, 2001, 6: 223−274.

2022年

四川毛茛属五新种和一新变种，其中一新种代表一新组*

Five new species and one new variety of *Ranunculus* (Ranunculaceae) from Sichuan, with one new section represented by one of these species

最近，我在鉴定同事朱相云、张树仁先生近年来自四川西部采集到的大量毛茛科植物标本的过程中，发现了以下毛茛属五新种和一新变种，其中一新种，即丝茎毛茛代表一新组。

毛茛属

Ranunculus L.

美丽毛茛组

Sect. **Auricomus** (Spach) Schur

石棉毛茛　图1：1–4

Raniinculus shimianensis W. T. Wang, sp. nov.

Habitu species nova haec est aliquantum similis *R. hetianensi* L. Liou, a quo caulibus humilibus 3–6 cm altis, fbliis caulinis indivisis, carpellis stylos brevissimos ferentibus valde differt. In *R. hetianensi*, caules 20 cm alti, folia caulina 3-secta, carpela stylos subulatos ferentes sunt.

Small perennial herbs. Stems 1–3, 3–6 cm tall, glabrous, simple or above base with a short branch, 2–4-leaved and above 2-flowered, the other one or two stems shorter, vegetative, only 2-leaved. Basal leaves 3–5, long petiolate, glabrous; blades papery, deltoid, broad-ovate, rhombic or rotund-ovate, (4–7) mm × (4–8.5) mm at base truncate or broodly cuneate, at apex obtuse, on each margin obtusely or rotundly 1–3-dentate, inconspicuously 3-nerved; petioles 0.7–2 cm long, at base vaginate. Cauline leaves mostly similar to basal ones, glabrous, only the upper-most ones lanceolate or linear, and often on margin sparsely ciliate. Flower opposite to upper cauline leaf, with pedicel 3–13 mm long. Sepals 5, broad-ovate, ca. 1.5 mm long. Petals 5, yellow, oblong-ovate, ca. 3 mm × 2 mm, glabrous, at apex rounded, abaxially above base with a small nectariferouspit lacking a scale. Stamens ca. 12, glabrous; filamentslinear, 1 mm long; anthers broad-elliptic, ca. 0.8 mm × 0.5 mm. Carpels ca. 7, glabrous; ovaries 1 mm long; styles ca. 0.3 mm long; stigmas narrow-linear, ca. 0.2 mm long.

*基金项目：中国科学院植物研究所资助王文采院士科研活动经费(110100PZ07) [Supported by the Fund for WANG Wen-tsai Academician Scientific Research of Institute of Botany, Chinese Academy of Sciences (110100PZ07)]。
原文刊登于《广西植物》42(1): 1–9, 2022。
致谢：衷心感谢朱相云、张树仁、班勤先生提供珍贵标本；孙英宝先生为本文绘图，并打印文稿。

图 1　1–4. **石棉毛茛**　1. 开花植株；2. 花瓣；3. 雄蕊；4. 雌蕊群。
5. **叉裂叶云生毛茛**　5. 开花植株。(据模式标本，孙英宝绘)

Fig. 1　1–4. **Ranunculus shimianensis**　1. Flowering plant; 2. Petal; 3. Stamen; 4. Gynoecium.
5. **R. nephelogenes** var. **furcatilobatus**　5. Flowering plant. (From holotypes, drawn by Y. B. Sun)

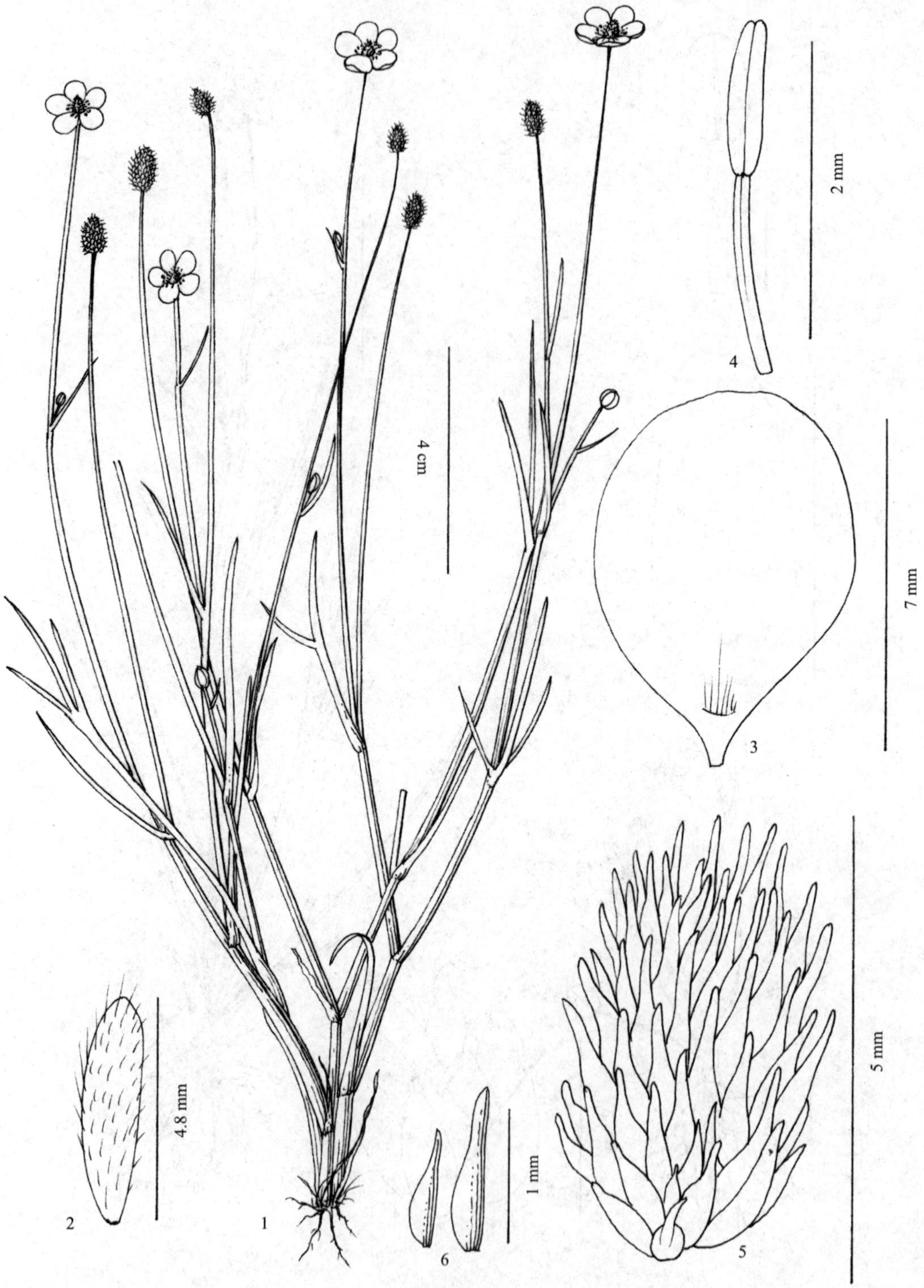

图 2 **细叉叶毛茛** 1. 开花植株；2. 萼片；3. 花瓣；4. 雄蕊；5. 雌蕊群；6. 二瘦果。（据模式标本，孙英宝绘）

Fig. 2 ***Ranunculus tenuifurcatus*** 1. Flowering plant; 2. Sepal; 3. Petal; 4. Stamen; 5. Gynoecium; 6. Two achenes. (From holotype, drawn by Y. B. Sun)

四川 (Sichuan)：石棉县，栗子坪乡，孟获新村，孟获城 (Shimian Xian，Liziping Xiang，Menghuoxin Cun，Menghuocheng)，alt. 2 580 m，草原，花黄色 (grassland，fls. yellow)，2019-04-18，张树仁，李邦泽，林东亮 (S. R. Zhang，B. Z. Li & D. L. Lin) 3102 (holotype and isotype，PE)。

石棉毛茛在体态方面与和田毛茛 (*R. hetianensis* L. Liou) 有些相似，两者的区别在于石棉毛茛的茎低矮，高 3−6 cm，茎生叶不分裂，心皮具极短花柱而明显不同。而和田毛茛，茎高 20 cm，茎生叶 3 全裂，心皮具钻形花柱 (刘亮，1980)。

叉裂叶云生毛茛　新变种　图 1：5

Ranunculus nephelogenes Edgew. var. **furcatilobatus** W. T. Wang, var. nov.

A var. *nephelongeni* differt foliorum basalium laminis furcate 3-lobatis. In var. *nephelongeni*, foliorum basalium laminae indivisae et integrae sunt.

此变种的基生叶叶片叉状 3 浅裂，与模式变种不同。而模式变种，基生叶叶片不分裂且全缘 (刘亮，1980)。

四川 (Sichuan)：九龙县，汤古乡，伍须海 (Jiulong Xian，Tanggu Xiang，Wuxuhai)，alt. 3 707 m，湖边湿地，花黄色 (lake front wetland，fls. yellow)，2019-07-11，张树仁，单章建，李邦泽 (S. R. Zhang，Z. J. Shan & B. Z. Li) 2944 (holotype，PE)。云南 (Yunnan)：中甸，天义 (Zhongdian,Tianyi)，1998-08-25，杨亲二，孔宏智 (Q. E. Yang & H. Z. Kong)98−153(PE)；同地 same location)，碧塔海附近 (near Bitahai)，1998-09-03，杨亲二，孔宏智 98−239(PE)。西藏 (Xizang)：Markam Xian，Hong La just on N side of pass，S of Markam. Alt. 4 083−4 145 m. Mixed forest of *Picea*，*Abies*，*Quercus*，*Juniperus*，*Salix*. Seepage in open with various species other of *Ranunculus* and *Veronica*，2000-07-12. D. E. Boufford，S. L. Kelley，R. H. Ree & S. K. Wu 29406(PE)。

细叉叶毛茛　图 2：1−5

Ranunculus tenuifurcatus W. T. Wang, sp. nov.

Ob folia basalia fiircato-divisa, flores solitarios, petala 5, eorum foveolas nectariferas squamis carentes, carpella glabra, stigmata inconspicua species nova haec est affinis *R. furcatifido* W. T. Wang, a quo foliorum basalium laminis ambitu suboblongis,eorum lobis anguste linearibus margine intergris, petalis majoribus orbiculari- obovatis vel late obovatis 4.5−6 mm latis praeclare recedit. In *R. furcatifido*, foliorum basalium laminae ambitu late rhombicae, earum lobi oblongo-oblanceolati, lineares vel anguste lanceolati vulgo 1−2-lobulati, petala anguste obovata 2−3 mm lata sunt.

Perennial herbs. Stems 2, ca. 16 cm tall, from above base with long branches, appressed-pubescent. Basal leaves ca. 2, long petiolate; blades papery, suboblong in outline, (3−4) cm × (0.8−1.5) cm, furcately 3-parted, central lobe lanceolatee-linear, (2−2.4) cm × (0.1−0.2) cm, lateral lobes narrow-linear, (0.09−2) cm × 0.09 cm, adaxially glabrous, abaxially with sparse hairs; petioles 5−6 cm long, at base with narrow membranous sheaths. Cauline leaves narrow-linear, (1−4.8) cm × (0.02−0.12) cm, subglabrous, in lower ones at base with narrow sheaths. Flowers solitary, tenninal to stem and upper short branches or only terminal to stem. Sepals (4−)5, greenish, suboblong, ca. 4.8 mm × 1.1 mm, adaxially glabrous, abaxially appressed-pubescent. Petals 5, yellow, orbicular-obovate or broad-obovate, (6−7) mm × (4.5−6) mm, at base shortly unguiculate, above base with a small nectriferous pit lacking a scale. Stamens ca. 10, glabrous; filaments narrow-linear, 1.2 mm long; anthers oblong ca. 1 mm × 0.3 mm. Gynoecium ovoid, ca. 4.5 mm × 3 mm;carpels ca. 80, glabrous; ovaries narow-ovate, (0.5−0.8) mm × (0.3−0.4) mm; styles 0.3−0.6 mm long, abaxially with inconspicuous stigma tissuue. Aggregate fruits narrowellipsoidal, ca. 6 mm × 4.8 mm; achenes ellipsoidal, ca. 1 mm × 0.8 mm, glabrous; persistent styles 0.6−0.8 mm long.

四川 (Sichuan)：康定市，吊海子 (Kangding Shi, Diaohaizi)，alt. 4 038 m，高山草甸 (on alpine meadow)，2017-07-21，朱相云，蒋勇，祖奎玲，张若鹏 (X. Y. Zhu, Y. Jiang, K. L. Zu & R. P. Zhang) GG117 (holotype，PE)。

细叉叶毛茛的基生叶叉状分裂，花单生，花瓣 5 枚，其蜜槽无鳞片，心皮无毛，柱头不明显，与具上述形态特征的叉裂毛茛（*R. furcatifidus* W. T. Wang) 在亲缘关系上相近，两者的区别在于细叉叶毛茛的基生叶叶片轮廓呈近长圆形，其裂片呈狭条形，边缘全缘，花瓣较大，呈圆倒卵形或宽倒卵形，宽 4.5−6 mm。而叉裂毛茛，基生叶叶片轮廓呈宽菱形，其裂片呈长圆状倒披针形、条形或狭披 针形，通常有 1−2 小裂片，花瓣呈狭倒卵形，宽 2−3 mm (王文采，1994)。

细裂叶毛茛　图 3：1−5

Ranunculus perdissectus W. T. Wang, sp. nov.

Ob foliorum laminas vulgo ter divisas, petala quinque, eorum foveolas nectariferas squamis carentes species nova haec est aliquantum similis *R. tangutico* (Maxim.) Ovcz., a quo foliorum laminis pinnatim divisis, floribus in mochasium dispositis valde diflert. In *R. tangutico*, foliorum laminae 3-sectae, flores solitarii ad apicem caulis vel ramorum tenninales sunt.

Perennial herb. Stems 2, ca. 17 cm tall, from above base long 1−2-branched, appressed-puberulous, below with a few leaves. Basal leaves ca. 5, long petiolate; blades papery, broad-ovate or deltoid, (1−2.2) cm × (2−3.2) cm, pinnately divided, pinnae 2 pairs,shortly stipitate or sessile, twice or thrice dissected, ultimate lobes narrow-lanceolate-linear, narrow-linear or subfilifbrm, (2−9) mm × (0.2−1) mm, subglabrous or abaxially with sparse hairs; petioles ca. 4 cm long, puberulous. Cauline leaves similar to small basal leaves. Monochasium terminal, 4−6-flowered; bracts sessile, 2−3-sect, with lobes narrow-linear, 10−15 mm long; pedicels 1−6 cm long, appressed-puberulous. Flower: Sepals 5, narrow-elliptic, ca. 3 mm × 1.6 mm, adaxially glabrous, abaxially puberulous. Petals 5, yellow, broad-obovate or obovate, 6.6 mm × 3−4.5 mm, glabrous, 7-nerved, nectariferous pits lacking scales. Stamens 15−20, glabrous; filaments narrow-linear, ca. 1.2 mm long; anthers oblong, ca. 1 mm × 0.3 mm. Gynoecium ovoid, ca. 1.8 mm × 1 mm; carpels ca. 30, ovaries ca. 0.7 mm long, styles 0.3 mm long, glabrous. Aggregate fruits suboblong, ca. 5 mm × 2.5 mm; achenes obovoid or narrow-obovoid, 1.2 mm × (0.8−1) mm, appressed-puberulous; persistent styles 0.3 mm long.

Sichuan: Kangding Shi，Waze Xiang，Huojiazhong，Zheduo Shan (康定市，瓦泽乡，火荚仲，折多山)，alt. 3 648 m，alpine timber-line covered with *Rhododentron*，*Sorbus*，*Salix* species，2010-08-10，J. I. Jeon，H. S. Lee，H. J. Eom，Y. I. Park & B. Liu SI 1332 (holotype，PE)。

细裂叶毛茛的叶片通常 3 回分裂，花瓣 5，其蜜槽无鳞片，与具上述特征的高原毛茛 [*R. tanguticus*

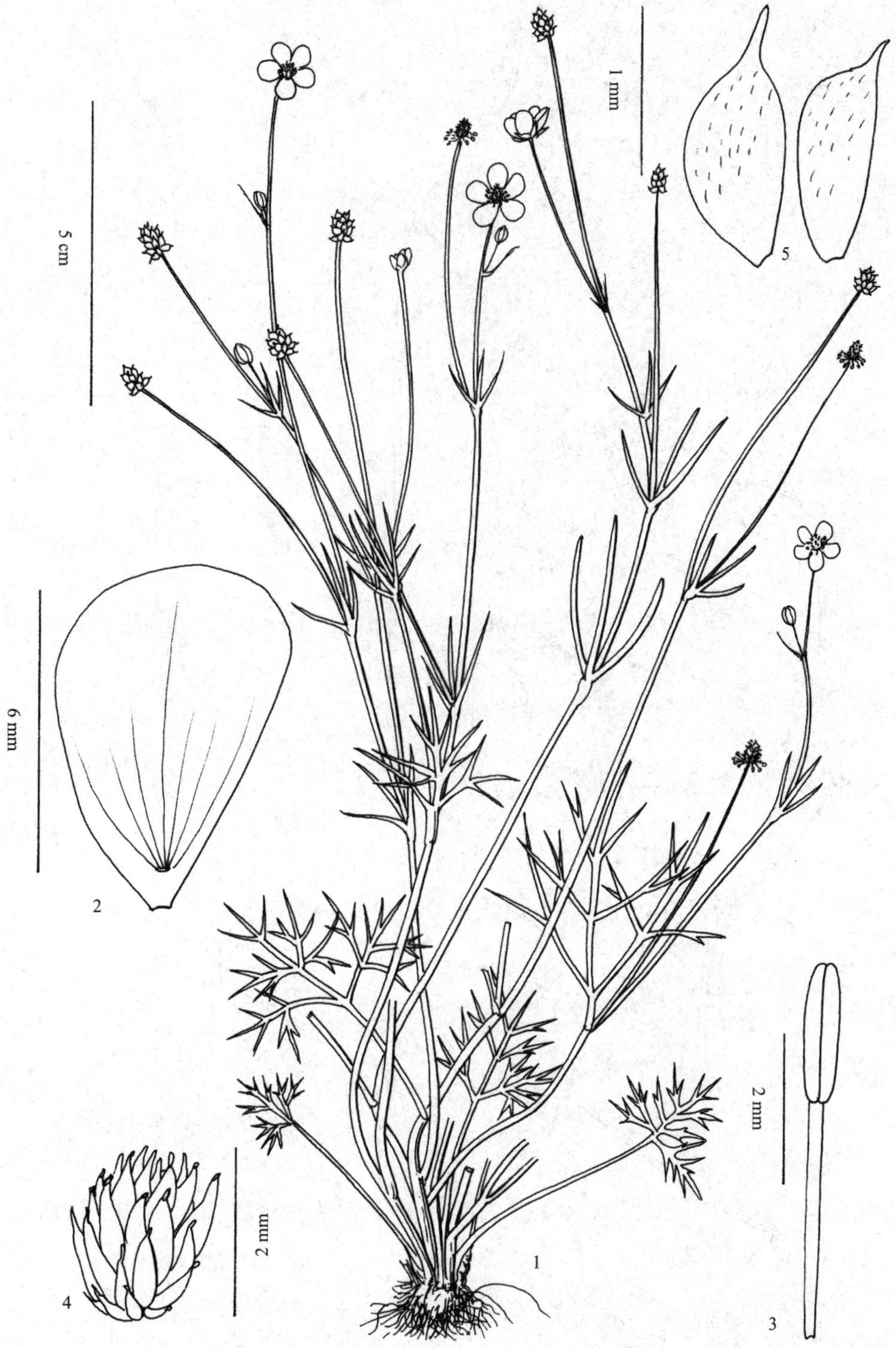

图 3　**细裂叶毛茛**　1. 开花并结果植株；2. 花瓣；3. 雄蕊；4. 雌蕊群；5. 二瘦果。(据模式标本，孙英宝绘)

Fig. 3　**Ranunculus perdissectus**　1. Flowering and fruiting plant; 2. Petal; 3. Stamen; 4.Gynoecium; 5. Two achenes. (From holotype, drawn by Y. B. Sun)

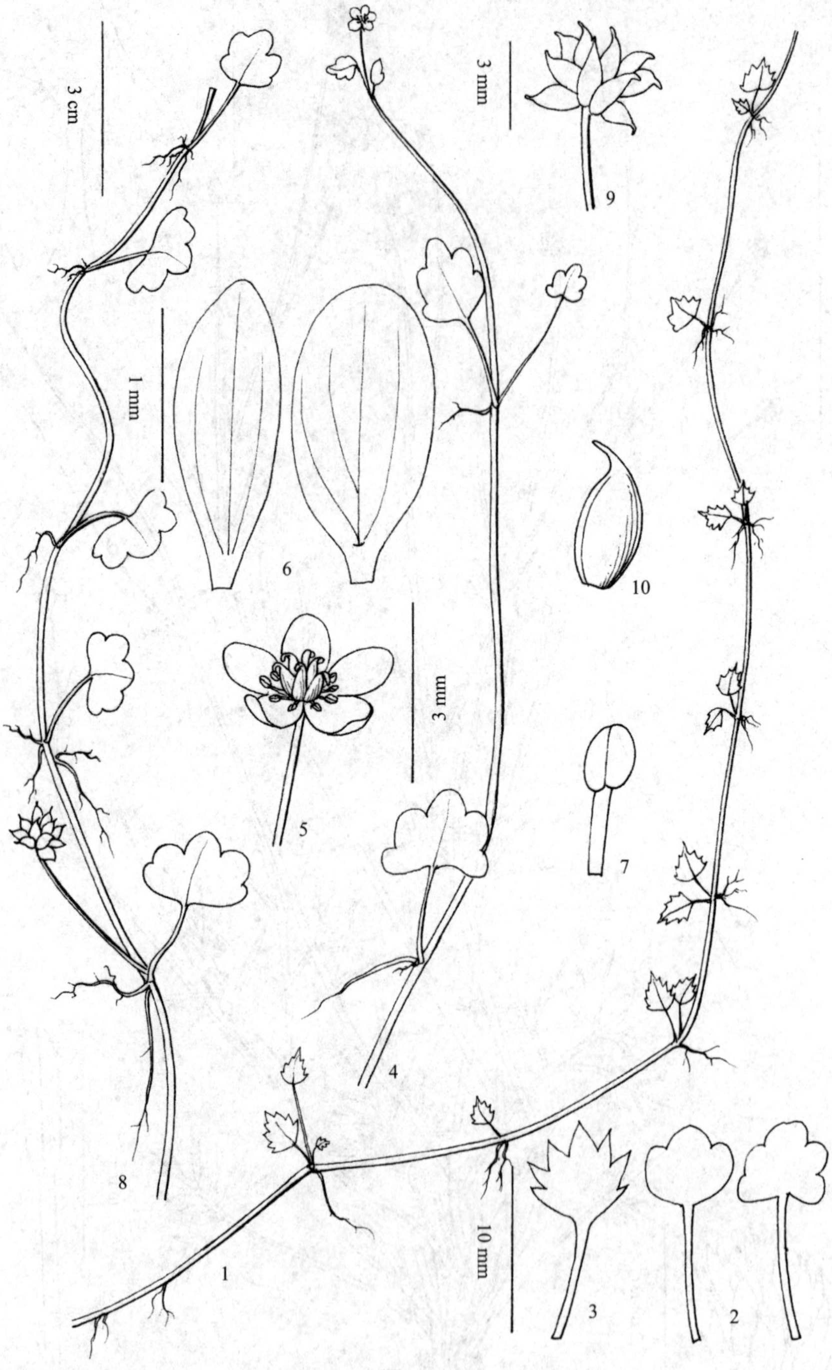

图 4　**丝茎毛茛**　1. 营养匍匐茎；2. 二具圆齿匍匐茎叶；3. 具尖齿匍匐茎叶；4. 开花匍匐茎的一部分，具一朵顶生花；5 花；6. 二花瓣；7. 雄蕊；8. 结果匍匐茎一部分，具一腋生的聚合果；9. 聚合果；10. 瘦果。(据模式标本，孙英宝绘)

Fig. 4　**Ranunculus filistolonifer**　1. Vegetative stolon; 2. Two stolon leaves with rotund teeth; 3.Stolon leaf with acute teeth; 4. Part of a flowering stolon, with a terminal flower; 5. Flower; 6. Two petals; 7. Stamen; 8. Part of a fruiting stolon, with an axillary aggregate fruit; 9. Aggregate fruit; 10. Achene. (From holotype, drawn by Y. B. Sun)

(Maxim.) Ovcz.] 有些相似，两者的区别在于细裂叶毛茛的叶片羽状分裂，花数朵组成单岐聚伞花序而显然不同。而高原毛茛，叶片 3 全裂，花一朵在茎或枝条顶端顶生 (刘亮，1980)。

丝茎毛茛组

Sect. **Nematocladium** W. T. Wang, sect. nov. Type: *R. filistolonifer* W. T. Wang.

Herbae pemnes, prostratae. Stolones decern vel plus, filiformes, ex fasciculo foliorum basalium nascentes, et radiatim extrinsecus expansi, ad nodos folia vulgo unum vel duo et radices unam vel duas emittentes. Floris petala tria, et ejus stamina duo. Secundum hos characters section nova haec ex generis *Ranunculi* sectionibus sinensibus ceteris distinguitur.

Species unica, in Shimian Xian Provinciae Sichuan habitat.

多年生草本，平卧。匍匐茎 10 条或更多条自一丛基生叶中生出，并向各方向辐射状展出，丝形，在节上通常生 1–2 叶和 1–2 条根。花的花瓣 2 片，雄蕊 2 枚。按照这些特征，此新组可与毛茛属的中国其他组相区别（Tamura，1995；王文采，1995）。

1 种，产于四川省石棉县。

丝茎毛茛　图 4：1–10

Ranunculus filistolonifer W. T. Wang, sp. nov.

Perennial herbs, prostrate. Stolons ten or more arising from the fascicle of basal leaves and radiately in various directions spreading out,filiform, 10–25 cm long, 0.5(–1) mm across, near leaves with sparse hairs, with inemodes 1.6–6 cm long, on each node putting forth 1(–3) leaf and 1 (–2) root. Basal leaves ca. 5, long petiolate,glabrous; blades papery, renifom-ovate or subsemiorbicular, (3–5) mm × (5–7) mm, at base cordate-truncate or truncate, 3–5-rotund-dentate; petioles 8–10 mm long. There are two kinds of stolon leaves: most stolon leaves similar to basal leaves, but slightly smaller, with blades (1.5–4) mm × (3–7) mm, sometimes some upper stolon leaves being rhombic or obovate in shape; some stolon leaves even more smaller, shortly petiolate or subsessile, rhombic or broad-ovate, on each margin with 3–4 triangular acute teeth. Flower solitary, terminal or axillary, glabrous. Sepals 3, green, triangular-ovate, ca. (1.2 × 0.8) mm. Petals 3, yellow, elliptic or broad-elliptic, 1.5 mm × (0.6–1.2) mm, at apex rounded, 3-nerved, nectariferous pit lacking a scale. Stamens 2; filaments linear, ca. 0.5 mm long; anthers broad-elliptic, also 0.5 mm long. Carpels 7–10; ovaries elliptic, ca. 0.8 mm long; styles ca. 0.2 mm long. Achenes ellipsoidal, slightly compressed, ca. 1.2 mm × 0.9 mm, glabrous; persistent styles ca. 0.4 mm long, often slightly hooked.

四川 (Sichuan): 石棉县，田湾乡，湾东河 (Shimian Xian，Tianwan Xiang，Wandong River)，alt. 2 147 m，林下，花黄色 (in forest, fls. yellow)，2019-07-07，张树仁，单章建，李邦泽 (S. R. Zhang，Z. J. Shan & B. Z. Li) 2780 (holotype and isotype，PE)。

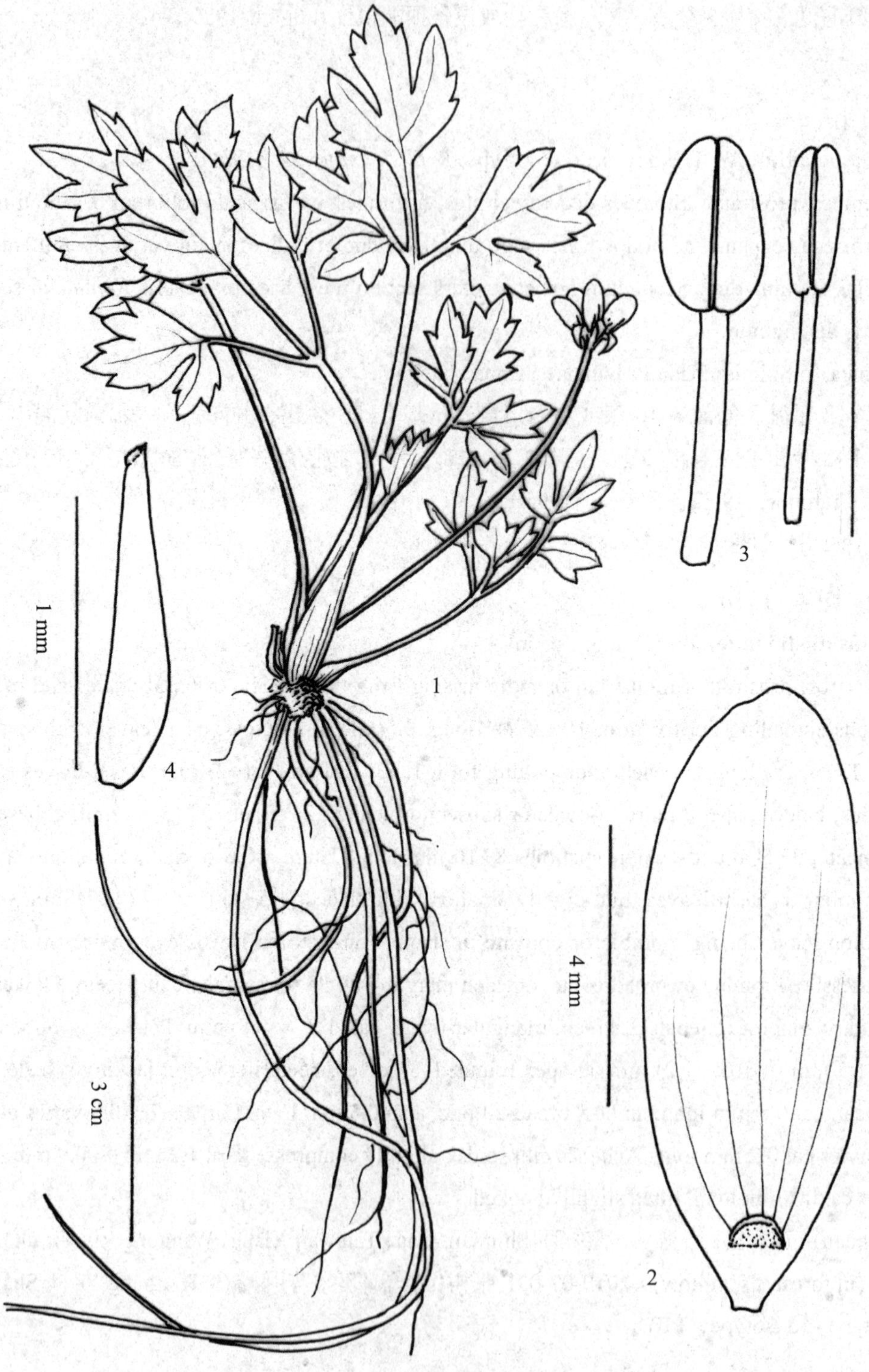

图 5　**泸定毛茛**　1. 开花植株；2. 花瓣；3. 二雄蕊；4. 心皮。（据模式标本，孙英宝绘）

Fig. 5　**Ranunculus ludingensis**　1. Flowering plant; 2. Petal; 3. Two stamens; 4. Carpel. (From holotype, drawn by Y. B. Sun)

毛茛组

Sect. **Ranunculus**

泸定毛茛　图 5：1−4

Ranunculus ludingensis W. T. Wang, sp. nov.

Ob folia ternata, sepala reflexa, petalorum foveolas nectariferas squamas ferentes carpella glabra species nova haec est affinis *R. sinovasginato* W. T. Wang, a quo plantis scaposis, foliolis longius petiolulatis, petalis haud unguiculatis, carpellis stylos breves ferentibus differt. In *R. sinovaginato*, plantae caulibus foliatis praeditae, foliola breviter petioluata vel sessilia, petala basi unguiculata, carpella stylos subulatos ferentia sunt.

Small perennial herbs, 3−6 cm tall. Leaves 3−6, all basal, ternate, long petiolate; blades papery, cordate-pentagonal, (0.9−2.5) cm × (1−3.8) cm; central leaflet with petiolule up to 1 cm long, broad-rhombic, up to 1.5 cm broad, 3-cleft to 3-parted, with lobes 1−2-dentate or entire, lateral leaflets with petiolules up to 5 mm long, obliquely broad-ovate, unequally 2-parted, adaxially appressed-puberulous, abaxially with sparsehairs; petioles 1−4.5 cm long, subglabrous. Scape solitary, 2.5−5 cm tall, glabrous, on apex 1-flowered. Flower: Sepals 5, reflexed, narrow-triangular, (4.5−5) mm × 2 mm glabrous. Petals 5, yellow, suboblong, ca. 8 mm × 3.2 mm at base not unguiculate, inconspicuously 5-nerved, apex rounded, nectariferous pit with a semiorbicular scale. Stamens ca. 20, glabrous; filaments linear, rarely narrow-linear, ca. 1.2 mm long; anthers broad-ellirtic, ca. 1.3 mm × 0.8 mm, rarely oblong, ca. 0.8 mm × 0.4 mm. Carpels ca. 9, glabrous; ovaries narrow-ovate, ca. 2 mm long; styles very short; stigmas 0.25 mm long.

四川 (Sichuang)：泸定县，新兴乡，草坪子村，雅家梗 (Luding Xian，Xinxing Xiang，Caopingzi Cun， Yajiageng)，alt. 2 622 m，山坡草地，花黄色 (in grassy place on slope，fls, yellow)，2019-04-20，张树仁，李邦泽，林东亮 (S. R. Zhang, B. Z. Li & D. L. Lin) 3161 (holotype and isotype PE)。

泸定毛茛的叶为三出复叶，萼片反折，花瓣蜜槽具鳞片，心皮无毛，与具上述特征的褐鞘毛茛 (*R. sinovaginatus* W. T. Wang) 有相近的亲缘关系， 两者的区别在于泸定毛茛具无叶的花葶，小叶具较长小叶柄，花瓣无爪，心皮花柱极短而不同。而褐鞘毛茛，植株的茎具叶，小叶具短柄或无柄，花瓣有爪，心皮具钻状花柱 (刘亮，1980)。

参 考 文 献

LIOU L, 1980. *Ranunculus* [M] // Flora Reipublicae Popularis Sinicae. Beijing: Science Press, 28: 255−331. [刘亮, 1980. 毛茛属 [M] // 中国植物志. 北京: 科学出版社, 28: 255−331.]

TAMURA M, 1995. Ranunculaceae: Systematic Part. HIEPKO P, Nat. Pflanzenfam., Zwei. Aufl., 17a IV: 224−497. Berlin: Duncker & Humblot.

WANG W T, 1994. Notulae de *Ranunculaceis* Sinensibus (XVII) [J]. Acta Phytotax. Sin., 32(5): 467−479. [王文采, 1994. 中国毛茛科植物小志 (十七) [J]. 植物分类学报, 32(5): 467−479.]

WANG W T, 1995. A revision of the genus *Ranunculus* in China [J]. Bull Bot Res, 15(2): 137−180; (3): 275−329. [王文采, 1995. 中国毛茛属修订 [J]. 植物研究, 15(2): 137−180; (3): 275−329.]

四川毛茛科二新种——乌头属一新种和唐松草属一新种 *

Two new species of *Aconitum* and *Thalictrum* (Ranunculaceae) from Sichuan

在2018年和2019年两年中，同事张树仁先生率队到四川横断山区，考察那里丰富、复杂的植物区系，采集到大量植物标本。我在鉴定其中毛茛科标本的过程中，发现毛茛科二新种：乌头属新种，即泸定乌头；唐松草属一新种，即狭药唐松草。

泸定乌头　图1：1−11

Aconitum ludingense W. T. Wang，sp. nov. Fig. 1

Ob foliadissecta, flores interdum solitarios species nova haec est aliquantum similis *A. monantho* Nakai, a quo caulibus multo brevioribus 3 m longis, foliorum basalium petiolis etiam multo brevioribus 0.9−2.2 cm longis, sepalo supero galeoto-naviculari haud rostrato, gynoecio ex carpellis quinque dense sericeis constanti valde differt. In *A. monantho*, caules 14−30 cm longi, foliorum basalium petioli 5−20 cm longi, sepalum superum alte galeatum et rostratum, et gynoecium ex carpellis tribus glabris constans est.

Small biennial herbs 3−5 cm tall. Root tubers 2, small, ellipsoidal or conic, (7−9) mm × 3 mm. Stem very short, 3 mm long, 2 mm across, glabrous, near base 1−2-leaved, apex with a short raceme. Basal leaves ca. 4, glabrous; blades subcoriaceous, cordate-pentagonal, or reniform, (0.4−1.2) cm × (1−2.5) cm, 3-parted to 0.5−1 mm above base, central lobe smaller, broad-rhombic, 0.4−0.7cm broad, 3-lobed, with lobules linear-ovate entire or 1−2-denticulate, lateral lobes larger, obliquely flabellate, 0.5−1.7 cm broad, unequally 2-parted, with secondary lobules 2−3-lobed or 2-parted; petioles 0.9−2.2 cm long. Cauline leaves similar to basal ones. Racemes terminal, 3−3.5 cm long, 1−3-flowered; bracts foliaceous, shortly petiolate; pedicels robust, 2−2.4 cm long, with dense spreading short hairs 0.1−0.2 mm long, below or above 2-bracteolate; bracteoles linear, (2−6) mm × (0.4−1) mm, glabrous. Flower: Sepals blue, membranous upper sepal 13 mm long, apex galeate ca. 5 mm broad, else-where navicular, ca. 3 mm broad, adaxially glabrous, abaxially above with sparse hairs and ciliate; lateral sepals obliquely flabellate, ca. 10 mm × 11 mm, apex slightly undulate, adaxially and abaxially on the middle with sparse short hairs; lower sepals broad-elliptic, ca. 6 mm × 4 mm adaxially glabrous, abaxially near apex puberulous, apex rounded. Stamens ca. 30, glabrous; filaments white, lanceolate-linear, (3.5−5) mm × 0.6 mm; anthers black, ca. 0.8 mm × 1 mm. Carpels 5; ovaries linear, (3.5−4) mm × 0.8 mm, densely sericeous; styles 0.8−1 mm, glabrous. Follicles narrow-oblong 10 mm × (3−4) mm, with sparse hairs and transverse nerves,

* 基金项目：中国科学院植物研究所资助王文采院士科研活动经费（110100P207）[Supported by the Fund for WANG Wen-tsai Academician Scientific Research of Institute of Botany, Chinese Academy of Sciences（110100PZ07）]。
原文刊登于《广西植物》42(1)：10−13，2022。
致谢：深切感谢张树仁、陈文俐、班勤等先生提供珍贵标本，孙英宝先生绘图并打印文稿。

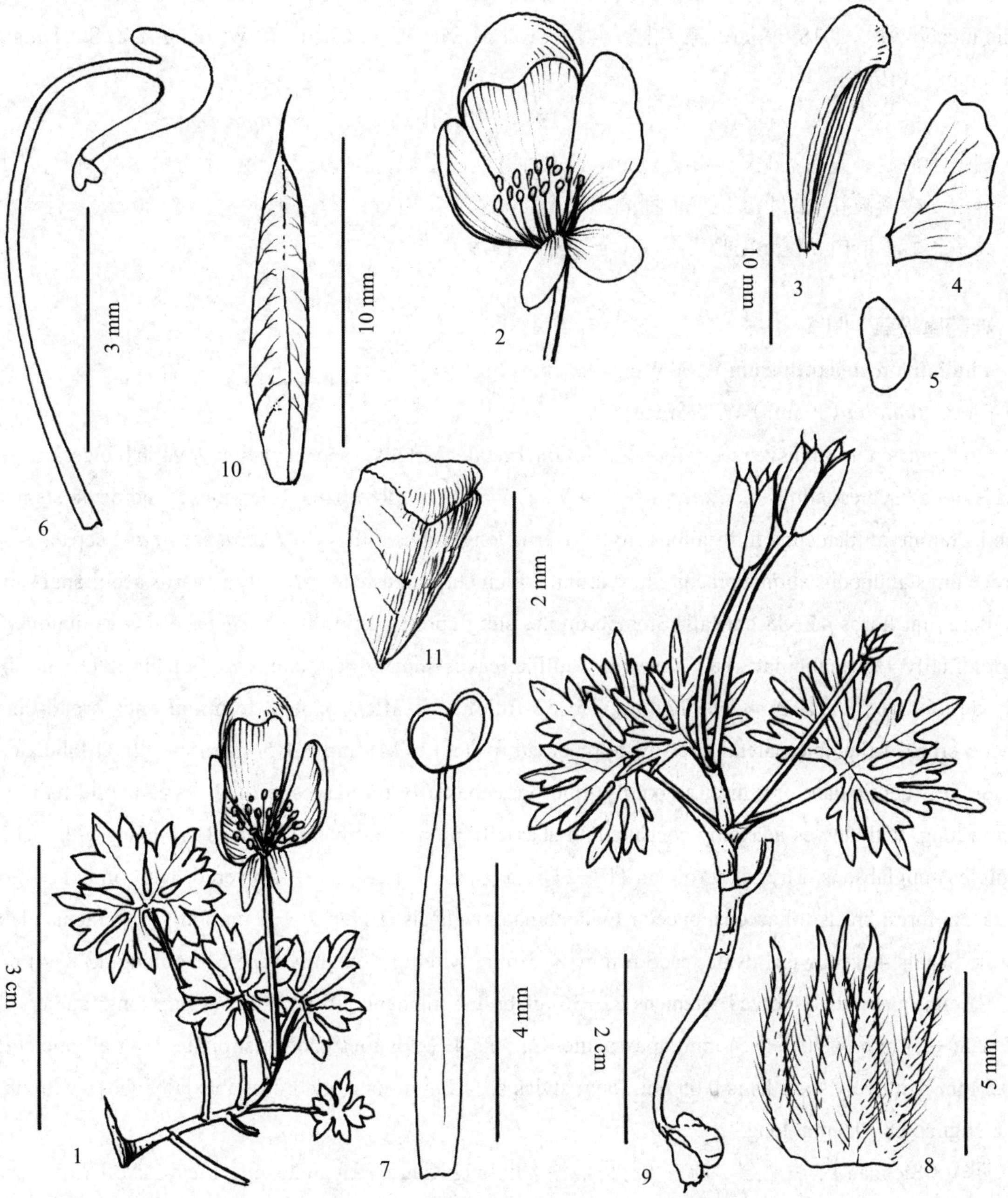

图 1 **泸定乌头** 1. 开花植株，其总状花序具 1 花；2. 花；3. 上萼片；4. 侧萼片；5. 下萼片；6. 花瓣；7. 雄蕊；8. 雌蕊群；9. 具蓇葖植株；10. 蓇葖；11. 种子。（据模式标本，孙英宝绘图）

Fig. 1 ***Aconitum ludingense*** 1. Flowering plant with a 1-flowered raceme; 2. Flower; 3. Upper sepal; 4. Lateral sepal; 5. Lower sepal; 6. Petal; 7. Stamen; 8. Gynoecium; 9. A plant with follicles; 10. Follicle; 11. Seed. (From holotype, drawn by Y. B. Sun)

persistent styles 2 mm long. Seeds whitish, compressed-tetrahedral, ca. 2 mm long.

四川（Sichuan）：泸定县，雅家梗山口（Luding Xian，Yajiageng Pass），alt.3 950 m，高山草甸（on alpine meadow），2018-09-06，陈文俐，蒋善文，张中帅（W. L. Chen，S. W. Jiang & Z. S. Zhang）912（holotype，PE）。

泸定乌头的叶细裂，花有时单生，与具上述特征的高山乌头（*A. monantum* Nakai）有些相似，两者的区别在于泸定乌头的茎很短，长仅 3 mm，基生叶叶柄也很短，长 0.9−2.2 cm，上萼片盔状船形，不具喙，雌蕊群由 5 枚密被卷毛的心皮组成。而高山乌头，茎长 14~30 cm，基生叶叶柄长 5−20 cm，上萼片高盔形，具喙，雌蕊群由 3 枚无毛心皮组成（王文采，1979）。

狭药唐松草　图 2：1−5

Thalictrum stenantherum W. T. Wang，sp. nov. Fig. 2

[Sect. *Rutifolia*（Prantl）W. T. Wang]

Ob thyrsos plus minusve racemiformes，foliola breviter hirtella，sepala glabra，ovaria brevissime pilifera species nova haec est affinis *T. sexnerruisepalo* W. T. Wang，a quo sepalis 3-nervibus，androecio staminodiis carenti, staminum filamentis filiformibus, stylis ovariis longioribus differt. In *T. sexnervisepalo*, sepala 6-nervia, androecium staminodiis aliquot praeditum, staminum filamenta anguste linearia, styli ovariis aequilongi sunt.

Peremial herbs 45−88 cm tall. Stems simple, subglabrous, smooth, above base inconspicuously and longitudinally 15-canaliculate, ca. 7-leaved. Cauline leaves shortly petiolate, twice or thrice ternate; blades nerly deltoid, (6.5−11) cm × (6−13) cm, 15−52-foliolate; leaflets papery, terminal ones broad-obovate, obovate orbroad-rhombic, lateral ones ovate or broad-ovate, (5−14) mm × (5−15) mm, (2−)3-lobulate, with lobules 1−3-denticulate or entire, adaxially glabrous, abaxially on nerves with short and rigid hairs 0.05−0.1 mm long, with nerves adaxially concave and abaxially prominent; petioles 0.5−3 cm long, with rachis and petiolules subglabsous. Thyrses terminal, (10−23) cm × (3−11) cm, 5−30-flowered, with branches more or less racemiform; bracts foliaceous, once or twice ternate; pedicels slender, 0.3−2 cm long, with rachis glabrous. Flower: Sepals 4, yellowish, ovate, ca. 3.6 mm × 3 mm, with apex slightly acute, or oblong, (3.8−4) mm × (1.2−2) mm, glabrous, 3-nerved. Stamens 22−36, glabrous; filaments filiform, 2.5−4 mm long; anthers linear, [2.2−2.8(−3)] mm × (0.3−0.5) mm, apex acute. Carpels 4−6; ovaries shortly stipitate, long elliptic, 1.2 mm × 0.5 mm, with very short hairs 0.05 mm long; styles ca. 1.6 mm long, glabrous, abaxially above with narrow-linear stigma 0.8−0.9 mm long.

四川（Sichuan）：九龙县，汤古乡，猎塔湖（Jiulong Xian，Tanggu Xiang，Lieta Lake），alt.3 752 m，B 边，花黄色（roadside，fls. yellow），2019-07-10，张树仁，单章建，李邦泽（S. R. Zhang，Z. J. Shan & B. Z. Li）2880（holotype and isotype；PE）。

狭药唐松草的聚伞圆锥花序多少成总状花序状，小叶下面被短微硬毛，萼片无毛，子房有短毛，与具上述特征的六脉萼唐松草（*T. sexnervisepalum* W. T. Wang）（产四川崇州）有相近的亲缘关系，两者的区别在于狭药唐松草的萼片有 3 条脉，雄蕊群无退化雄蕊，雄蕊花丝丝形，花柱长度大过子房。而六脉萼唐松草，萼片有 6 条脉，雄蕊群有些退化雄蕊，雄蕊花丝呈狭条形，花柱与子房等长（王文采，2018）。

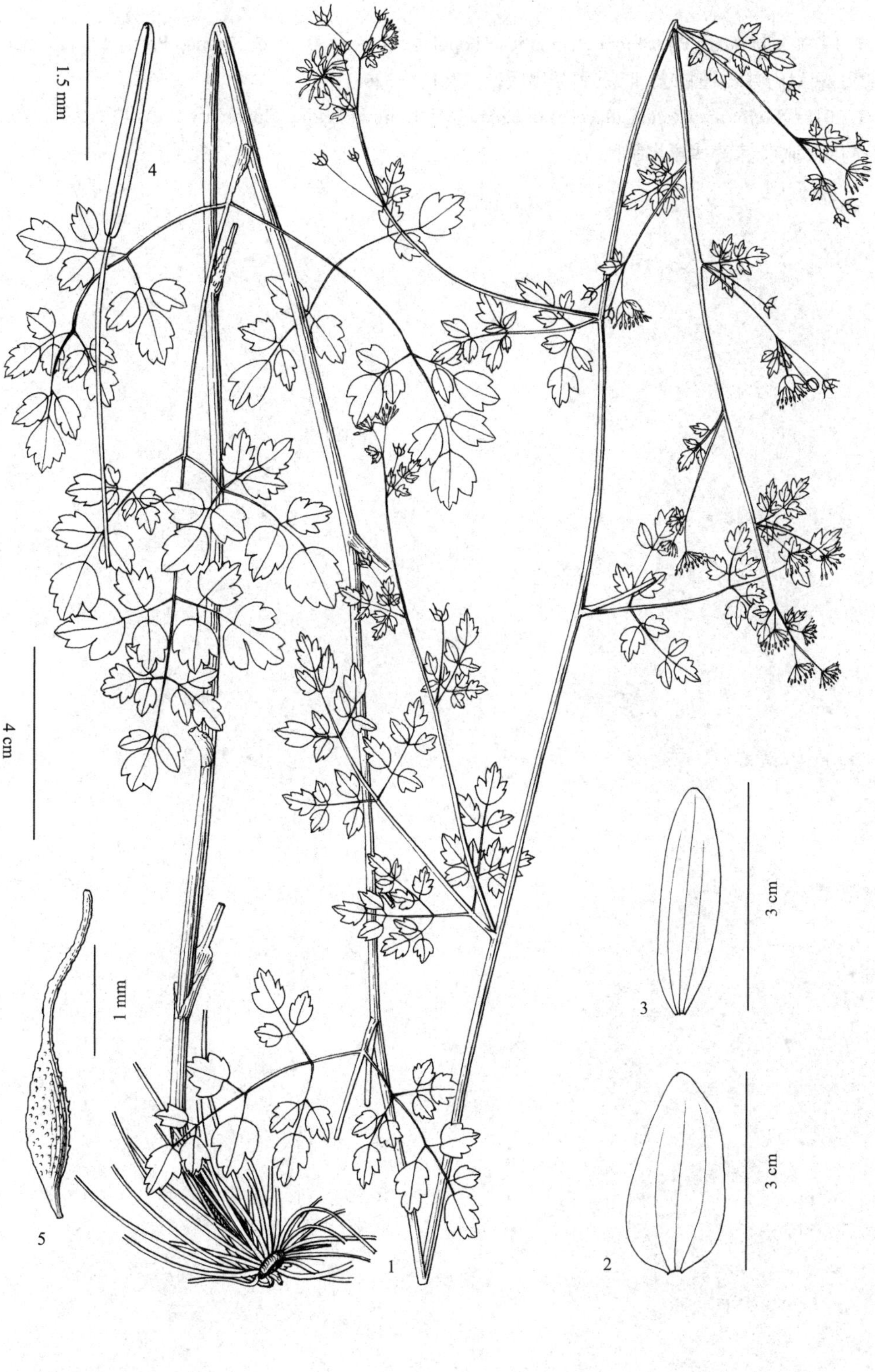

图 2　**狭药唐松草**　1. 开花植株；2，3. 萼片；4. 雄蕊；5. 心皮。（据模式标本，孙英宝绘图）

Fig. 2　***Thalictrum stenantherum***　1. Flowering plant; 2, 3. Sepals; 4. Stamen; 5. Carpel. (From holotype, drawn by Y. B. Sun)

参 考 文 献

WANG W T, 1979. *Aconitum* [M] // Flora Reipublicae Popularis Sinicae. Beijing: Science Press, 27: 113−326. [王 文 采, 1979. 乌头属 [M] // 中国植物志. 北京: 科学出版社, 27: 113−326.]

WANG W T, 2018. *Thalictrum* (Ranunculaceae) in China [M]. Beijing: Peking University Press. [王文采, 2018. 中国唐松草属植物 [M]. 北京: 北京大学出版社.]

补　遗

中国齿缘草属的研究

A study of the genus *Eritrichium* from China

王文采　廉永善　王镜泉

在编写《中国植物志》紫草科的过程中，我们系统地研究和整理了我国的齿缘草属 (*Eritrichium*) 和假鹤虱属 (*Hackelia*) 的标本，发现这两个属界线不明，难以区分，从而对它们进行了合并，选用其中较早的属名——齿缘草属 (*Eritichium*) 作为合并后的属名。本文拟对合并后的齿缘草属 (*Eritriphium*) 的范围以及国产该属植物的系统和新分类群作一报道。

一、属的范围

齿缘草属 (*Eritrichium*) 是 H. A. Schrader 1820 年以采于欧洲阿尔卑斯山的 *E. nanum* (Vill.) Schrad. 作为模式建立的；假鹤虱属 (*Hackelia*) 是 Opiz 1839 年以采于挪威的 *H. deflexa* (Wahl.). Opiz 为模式建立的一个单种属，到 1923 年 I. M. Johnston 把原放在鹤虱属 (*Lappula*) 的二年生和多年生种组入 *Hackelia*，从而使 Opiz 建立的单种属成了多种属。

Benth et Hook. f. (1876)、C. B. Clarke (1883)、I. M. Johnston (1923)、A. Brand (1931)、M. Pop. (1953)、Kazmi (1970) 等都曾对这两个属作过研究，其中 I. M. Johnston 的研究较为深入和全面，他论及了齿缘草属、假鹤虱属和鹤虱属间的相互关系，认为齿缘草属和假鹤虱属的关系更为密切，但仍认为它们是两个独立的属，其主要依据是：齿缘草属植物体低矮，高 20 厘米以下；茎多数，密集丛生；叶狭小而坚硬，淡灰色或银白色；花梗果期直立或近直立；小坚果棱缘具翘或齿，通常先端无锚钩，分布中心在亚洲。假鹤虱属植物体高大，高 20−100 厘米；叶大而薄，绿色；花梗果期下弯或反折；小坚果棱缘具扁平近钻形、三角形或披针形的刺，先端具锚钩；分布中心在北美西部。

我们借助我国标本对上述二属也进行了研究整理，结果发现 L. M. Johnston 作为分属所依据的每一个特征，不仅在不同种之间会形成一个连续的系列，而且其性状组合交错；有些种明显介于二属之间，很难判断其归属，如青海产的异果齿缘草 *E. heterocarpum* Lian et J. Q. Wang，有二种类型的小坚果；棱缘翅宽而翅缘齿状者，先端无锚钩；棱缘翅窄而翅缘刺状者，先端有锚钩。西藏高海拔地区产的许多种，植物体低矮，丛垫状，高不过 10 厘米，若按 I. M. Johnst. 的意见，应放在齿缘草属内，但它们的花梗果

原文刊登于《东北林学院植物研究室汇刊》(9): 31−52, 1980。

本文所引模式标本的存放地用下列符号表示：
HP——中国科学院植物研究所标本室 (Herb. Inst. Bot. Acad. Sin., Peking).
HPE——中国科学院植物研究所生态研究室标本室 (Herb. Pl. Eco. Inst. Bot. Acad. Sin., Peking).
HNW——中国科学院西北植物研究所标本室 (Herb. North-West Inst. Bot. Acad. Sin., Wugong).
HQX——中国科学院高原生物研究所标本室 (Herb. North-West Plateau Inst. Biol. Acad. Sin., Xining).
HXU——中国科学院新疆生物土壤沙漠研究所标本室 (Herb. Xinjiang Inst. Biol. Soil. Desert Acad. Sin., Urumqi).
HAU——新疆八一农学院标本室 (Herb. Xinjiang Angust-1 Agric. Coll., Urumqi).

期多弓曲至下垂，小坚果棱缘的刺有不具锚钩的，也有具锚钩的，叶面被毛情况差异甚大，因而叶色很不一致。青海和甘肃（天祝）产的矮齿缘草 *E. humillium* W. T. Wang，体高不及 10 厘米，丛垫状；果梗下弯；小坚果棱缘无刺，只具一圈膜质翅，翅缘呈啮蚀状。

另外，I. M. Johnston 本人在采于我国云南的一张标本上定名时写着《Eritrichium echinocaryum Johnst.》，但后来他却把它放在 *Hackelia* 属内发表了。M. Pop. 在研究苏联紫草科植物时，在齿缘草属内设立了一个 Sect. *Pseudohackelia*，但他仅仅指出这个 Sect. 和 *Hackelia* 的区别在于花为白色。A. Brand 又曾把 M. Pop. 放在齿缘草属内的几个种组入假鹤虱属中设立了 Sect. *Eritrichiastrum*.

鉴于上述齿缘草属和假鹤虱属的界线不明，并易于引起混乱，我们认为它们没有独立并存的必要，因此在我们的研究中对其加以合并，选用其中较早的名称——齿缘草属 (*Eritrichium*) 作为合并后的属名。

经我们整理，我国齿缘草属 (*Eritribhium*) 植物现有 41 种 1 亚种 2 变种。

二、系统及新分类群

齿缘草属

Eritrichium Schrad. in Comm. Gotting, 4: 186. 1820.

属的模式种：*E. nanum* (Vill.) Schrad.

亚属 I. 假鹤虱亚属

Subgen. **Hackelia** (Opiz) Lian et J. Q. Wang, stat. nov. ——*Hackelia* Opiz in Berchtold, Oek. ——techn. Fl. Bohmens 2 (2): 147. 1839, pro gen. ——*Eritrichium* sect. *Pseudohackelia* M. Pop, in Fl. URSS 19: 707. 1953, excl. Ser. Himalaica M. Pop.

Pediceli longiores, sub fructu saepe curvi. Calycis segmenta sub fructu horizontaliter patentia vel reflexa. Nuculae dorsi-ventraliter compressae vel dorsi-ventraliter bificiales, aculeis apice saepe glochidiatis.

花梗较长，果期通常弓曲；花萼在果期平展至反折；小坚果背腹压扁或背腹两面体型，棱缘的刺先端常具锚钩。

本亚属我国有 32 种 1 亚种 2 变种；主要分布于西藏、青海和新疆。

组 1. 大叶假鹤虱组

Sect. 1. **Macrophylla** Lian et J. Q. Wang, sect. nov.

Plantae ultra 40 cm altae. Folia cordata, ovate vel late elliptica, 2.5−5 cm lata. Flores. majores, gynobasibus conice pyramidalibus 2−3 mm latibus. Nuculae majores, cicatrice ovata, aculeis glochidiatis lanceolatis (1) 1.5−3.5 mm longis.

植株高达 40 厘米以上，叶心形、卵形或阔椭圆形，宽 2.5−5 厘米；花较大，雌蕊基圆锥状金字塔形，高 2−3 毫米；小坚果大，着生面卵形，锚刺披针形，长 (1) 1.5−3.5 毫米。

本组我国产 3 种；分布于西藏、云南、四川和甘肃。

1. 卵萼假鹤虱　西藏假鹤虱（中国高等植物图鉴）

Eritrichium uncinatum (Benth.) Lian et J. Q. Wang, comb. nov. ——*Cynoglossum uncinatum* Benth. in

Royle, Illustr. Bot. Himal. Mount. 1: 305, 1836. ——*Hackelia uncinata* (Benth.) C. E. C. Fisch. in Kew Bull. 1932: 298. 1932, syn. nov.

2. 大叶假鹤虱

Eritrichium brachytubum (Diels) Lian et J. Q. Wang, comb. nov. ——*Paracaryum brachytubum* Diels, Notes Royal Bot. Gard. Edinb. 5: 168. 1912. ——*Hackelia brachytuba* (Diels) Jonst. In Journ. Arn. Arb. 18: 25. 1937, syn. nov.

3. 异型假鹤虱

Eritrichium difforme Lian et J. Q. Wang in Acta Phytotax. Sin. 18(4) : 515. 1980。

组 2. 假鹤虱组

Sect. 2. **Eritrichiastrum** Brand in Fedde, Rep. 22: 104. 1925. ——Sect. *Eu-Hackelia* Brand I. c. 104. excl. sp. Macrophylla. ——*Eritrichium* sect. *Pseudohackelia* M. Pop. In Fl. URSS 19: 707. 1953, excl. Ser. Himalaica.

植物低矮或较低矮，一般高不逾 40 厘米；叶片较小，形状多样，但不为心形，宽不达 2 厘米；花小，雌蕊基矮金字塔状或半球状，高不逾 1 毫米；小坚果长不逾 3 毫米，着生面近圆形，棱缘的刺长不逾 1.5 毫米。

本组我国有 29 种 1 亚种 2 变种；由西南绕黄河以北至黑龙江等省区均有分布，西藏、新疆和青海种类较多，分 3 系。

系 1. 白花系

Ser. 1. **Albiflora** (M. Pop.) Lian et J. Q. Wang, comb. nov. ——*Eritrichium* sect. *pseudohackelia* ser. *Albiflora* M. Pop. in Fl. URSS 19: 707. 1953.

Herba perennis erecta, pubibus patentibus vel hemi-patentibus, in sp. nonnullis strigolosis. Caules nonnullii laxe caespitosi. Folia oblonga usque ad oblongo-lanceolata, in sp. nonnullis ovata. Corolla alba, campanulato-rotata.

Typus seriei: *E. latifolium* Kar. et Kir.

多年生直立草本，植物体被开展或半开展的柔毛，少数种被短伏毛；茎数条形成疏丛；叶矩圆形或矩圆披针形，少数种为卵形；花冠白色，钟状辐形。

我国有 7 种，分布帕米尔至天山。

4. 帕米尔齿缘草

Eritrichium pamircum B. Fedtsh. in Act. Hort. Petrop. 21: 385. 1903.

5. 宽叶假鹤虱

Eritrichium latifolium Kar. et Kir. in Bull. Soc. Nat. Mosc. 15 : 403. 1842.

6. 对生叶齿缘草

Eritrichium pseudolatifolium M. Pop. in Fl. URSS 19: 708. 494, 400. Tab. 19. f. 1. 1953.

7. 密花齿缘草　新种　图版 I：1

Eritrichium confetiflorum W. T. Wang, sp. nov.

Herba perennis, 8−12cm alta. Radix valida obscure brunnea, circ. 0.8 cm crassa. Caules graciles, simplices, erecti, ascendentes vel diffusi, dense strigulosi, nonnulli caespitosi, basi reliquiis foliorum emortuorum vestiti. Folia basalia numerusa, petiolis 2−4 (5) cm longis laminis ovato-lanceolatis vel ovato-ellipticis 1.5−3 (4.5) cm longis, 0.5−1.2 cm latis, apice acuminatis vel acutis, basi late cuneatis, utrinque dense strigulosis, costis conspicuis; folia caulina 3−5 (6), inferiora petiolata, superiora subsessilia, juxta basin inflorescentiae duo opposita involucriformia. Cymae 2−3 ad apicem caulis terminales, 1−3 (4) cm longae, 3−10-florae, pedicellis gracilibus 0.5−1 mm longis pilosis sub fructu arcuatis vel revolutis. Calycis segmenta lincaria vel lineari-lanceolata, 2−2.5 mm longa, 0.3−0.5mm lata, extus strigosa. intus parce breviter strigulosa, sub anthesi erecta sub fructu paullo amplificata erecta vel oblique patentia. Corolla alba campanulato-rotata, limbo circ. 6 mm diam., lobis obovatis circ. 2.5 mm longis circ. 2 mm latis, fornicibus trapezoideis centro distincte tuberculatis e fauce exsertis circ. 1 mm altis circ. 0.8 mm latis. Antherae ellipticae, 1 mm lonsae, 0.5 mm latae. Gynobasis circ. 0.5 mm alta. Stylus saepe obliquus propter evolutionem nuculae unius tantum. Nuculae dorsi-ventraliter bificiales, circ. 2.5 mm longae, l.5 mrn latae, facie dorisali ovato-triangulari, paullo convexa glabra vel pilosa, costa distincta, ala paullo ascendenti sub medium dentibus triangularibus apice haud glochidiatis praedita, facie ventrali glabra vel pilosa supra medium cicatrice ovata vel subrotunda circ. 1 mm longa ornata.

Species affinis *E. latifolio* Kar. et Kir. et *E. pseudolatifolio* M. Pop, sed herba humiliore, foliis utrinque brevi-strigosis, ala nuculae paullo ascendenti sub medium dentibus triangularisi apice hand glochidiatis praedita facile distinguitur.

新疆 (Xinjiang)：乌鲁木齐南山 (Urumqi Nan Shan)，高山石缝，海拔 2 200 米，1970 年 8 月 15 日，杨昌友 700422 (模式标本 Typus ! 存 HP)。

本种与宽叶齿缘草 *E. latifolium* Kar. et kir. 和对生叶齿缘草 *E. pseudolatifolium* M. Pop. 相近，但植株较低矮；叶片两面密被短伏毛；小坚果棱缘稍稍升起，常在中下部有数枚三角形粗齿，先端无锚钩，易于识别。

8. 垂果齿缘草　新种　图版 I：2

Eritrichium pendulifructum Lian et J. Q. Wang, sp. nov.

Harba perennis, 20−50 cm alta. Caules leviter flexuosi, ascendentes, 2−3 mm diam., dense pubescentes, simplices vel tantum superne in inflorescentiam dichotoml. Folia basalia petiolata, petiolis 2−3 cm longis; folia caulina petiolis sursum sensisn breviscentibus, suprema sissilia, laminis ovato-lanceolatis usque ellipticis, 2−3 cm longis, 0.6−1.2 cm latis, apice acuminatis usque acutis, basi cuneatis usque late cuneatis, utrinque pubescentibus. Inflorescentiae binae, terminales, sub fructu usque 25 cm longae, pauci-vel multiflorae; pedicelli graciles, sub anthesi 0.5−1 cm longi, sub fructu 2−3 (4) cm longi, penduli, pubescentes; calycis segmenta linearia vel lanceolata, sub anthesi circ. 1.5 mm longa, circ 0.5 mm lata, erecta, sub fructu circ. 3 mm longa circ. 1 mm lata, patentia usque deflexa, extus puberula, intus sparse puberula; corolla alba, campanulato-rotata, tubo circ. 1.5 mm longo limbo 5−6 mm diam.， lobis obovatis circ. 2.5 mm longis circ. 1.8 mm latis, fornicibus humile trapezoideis circ. 0.3 mm altis e fauce leviter exsertis; anthirae oblongae, circ. 1 mm longae, circ. 0.5 mm latae; gynobasis circ. 0.5 mm alta, stylo circ. 1 mm longo. Nuculae dorsi-ventraliter bificiales. circ. 2.5 mm longae, circ. 1.5 mm latae, dense hispidae; facie dorsali ovata vel triangulari-ovata leviter convexa, ea ventrali

convexae, ventre sub medium cicatrice in stipitem ad 0.8 mm longum eminenti praedita supra eam carinata, margine tantum prominentiis minutis ornatae, haud aculeatae.

Species pedicellis gracilibus sub fructu ad 2−3(4) cm lohgis pendulis, nuculis margine tantum prominentiis minutis praeditis sed haud aculeatis ventre sub medium cicatrice in Stipitem eminentibus insignis.

新疆 (Xinjiang)：和硕 (Hoxud)，海拔 2 300 米，山脚坡地，1958 年 8 月 3 日，中国科学院新疆综考队 (Xinjiang Exped. Acad. Sin.)7001 (模式标本 Typus！ 存 HXU)。

本种花梗纤细，果期长可达 2−3 (4) 厘米，强烈向下弯垂，小坚果棱缘仅具细小突起而无刺，着生面位于腹面中部以下，隆起而呈柄状，易于识别。

9. 疏刺齿缘草　新种　图版 I：3

Eritrichium oligocanthum Lian et J. Q. Wang, sp. nov.

Herba perennis; 30−40 cm alta. Caules ultra 10 casepitosi, erecti vel ascendentes, circ. 3 mm crassa, simplices, pubescetes, basi reliquiis foliorum emortuorum vistiti. Folia basalia crassiuscula, ovata vel elliptica, 2.5−4.5 cm longa, 1.5−2 cm lata, utrinque albo-pubescentia, apice acuta obtusaque, basi rotundata vel angustata, petiolo longiore 2.3−4 cm longo; folia caulina oblonga vel lanceolata, pilosa, apicem versus sensim diminuta, breviter petiolata vel sessilia. Inflorescentiae 2−3 terminales, 2−6 cm longae, vix ultra vel ultra 10-florae, interdum flores 2−3(4) fasciculati, haud bracteata; pedicelli breviores crassioresque 3−5 mm longi, pilosi, sub anthesi erecti sub fructu saepe penduli. Calycis segmenta ovata vet anguste ovata, circ. 1.5 mm longa, circ. 0.4 mm lata, extus dense albo-puberula, intus breviter parceque puberula, sub anthesi erecta sub fructu paullo amplificata, horizontaliter patentia. Corolla alba, campanulatorotata, tubo circ. 1.5 mm longo, lobis obovatis vel subrotundis 1.5−2 mm longis latisque, fornicibus humiliter trapezoideis centro distincte tuberculatis e fauce exsertis circ. 0.5 mm altis circ. 0.7 mm latis; Antherae oblongae circ. 0.5 mm longae, circ. 0.2 mm latae. Gynobasis circ. 1 mm alata. Stylus circ. 1 mm longus. Nuculae dorsi-ventraliter bificiales, praeter aculeos alae circ. 2.5 mm longae, circ. 2 mm latae, facie dorisali late ovata, pubescentes, aculeis brevibus 0.3−0.5 mm longis apice glochidiatis basi remotis, facie ventrali convexa pubescentibus vel interdum tuberculatis, medio cicatrice ovata praedita.

Species foliis crasiusculis albo-pubescentibus inflorescentia haud bracteata, pedicellis brevioribus crassioribusque sub fructu paullo elongatis sed vix ultra 1 cm longis, aculeis nucularum brevibus laxis vel obsucuris ab speciebus ceteris facile distin-guitur.

新疆 (Xinjiang)：和静 (Hejing)，土地，海拔 2 750 米，1973 年 7 月 11 日，采集人不详 (Collector ignotus) 8351 (模式标本 Typus！ 存 HXU)。

本种叶片较肥厚，被短的白柔毛；苞片缺如；花梗短粗，果期稍有伸长，但不超过 1 厘米，小坚果棱缘的锚刺短而稀疏或不明显，易和其它种相区别。

10. 三角刺齿缘草　新种　图版 I：4

Eritrichium deltodentum Lian et J. Q. Wang, sp. nov.

Herba perennis, 20−30 cm alta. Radix valida. Caules nonnulli caespitosi, erecti vel ascendentes, 1−2 mm crassi, dense hispidi, simplices vel superne ramosi, ramulis tenuibus, basi religuiis foliorum emortuorum vestiti. Folia basalia lanceolata vel oblanceolata, 2−3 (4) cm longa, circ. 1 cm lata, apice acuta, basi angustata, utrinque dense albo-hispida, petiolis 2−3 cm longis albo-pubescentibus; folia caulina elliptica vel ovata, (0.7−) 1−2 cm longa, 0.4−1 cm lata, sessilia vel fere sessilia, dense albo-hispida. Inflorescentiae ad caules ramulosque terminales, ultra 10-florae, sub fructu elongatac, racemiformes, ultra 10 cm longae, pedicellis tenuibus pubescentibus sub anthesi 0.3−0.5 cm longis erectis vel curvatis, sub fructu 0.9−1.5 cm longis declinatis. Calycis segmenta linearia, circ. 2 mm longa, circ. 1 mm lata, extus dense albo-puberula, intus breviter parceque puberula, sub anthesi erecta, sub fructu paullo amplificata, horizontaliter patentia vel reflexa. Corolla alba, campanulato-rotata, tubo circ. 1.5 mm longo, lobis subrotundis circ. 2 mm diam., fornicibus transversaliter oblongis 0.3−0.4 mm altis, circ. 0.7 mm latis, e fauce exsertis. Antherae ovatae, circ. 0.5 mm longae, circ. 0.3 mm latae. Gynobasis circ. 1 mm alta. Stylus 0.7−1 mm longus. Nuculae dorsi-ventraliter bificiales, prater aculeos alarum circ. 2.5 mm longae, circ. 1.5 mm latae, facie dorisali triangulari-ovata paullo convexa dense pubcscenti, aculeis alarum praeter glochidia saepiuscule deltoideis 0.2−0.5 mm longis basi liberis vel connatis, facie ventrali pubescenti tuberculataque medio vel sub medium cicatrice vel subrotunda circ. 0.8 mm diam, breviter protuberanti praedita.

Species plantis patenter albo-hispidis, pedicellis tenuibus sub fructu 1−1.5 cm longis, aculeis nucularum praeter glochidia saepiuscule deltoideis ab affinibus facile distinguitur.

新疆 (Xinjiang)：巴仑台至乌拉斯台 (Balguntay ad Ulastay)，河谷草地，1962 年 7 月 25 日，采集人不详 (Collector ignotus) 5011 (模式标本 Typus！ 存 HXU)。

本种植物体被开展的白色糙毛；花梗纤细，果期长 1−1.5 厘米；小坚果棱缘的刺除先端锚钩外，几为正三角形，易与近缘种相区别。

系 2. 青藏系

Ser. 2. **Qing-zangnica** Lian et J. Q. Wang, ser. nov.

Herba perennis pumila saepe pulvinata, saepe strigosa, raro villosa. Folia spathulata, elliptico-lanceolata vel oblanceolata. Corolla coerulea vel dilute coerulea, campanulato- rotata.

Typus seriei: *E. laxum* Johnst.

多年生矮小草本，多丛垫状；植物体多被短伏毛，极少数种被较长的柔毛；叶片匙形，椭圆状披针形或倒披针形；花冠蓝色或淡蓝色，钟状辐形。

我国约有 14 种 2 变种；分布青藏高原的高海拔地区，少数种分布到帕米尔山区。

系的选定模式种：*E. laxum* Johnst.

11. 具柄齿缘草

Eritrichium petiolare W. T. Wang, in Acta Phytotax. Sin. 18 (4): 516. 1980.

11a. 陀果齿缘草

var. **subturbinatum** W. T. Wang, in Acta Phytotax. Sin. 18(4): 516. 1980.

11b. 柔毛齿缘草

var. **villosum** W. T. Wang, in Acta Phytotax. Sin. 18(4): 516. 1980.

12. 长梗齿缘草　新种

Eritrichium longipes Lian et J. Q. Wang, sp. nov.

Herba perennis, 15−25 cm alta. Caules nonnulli caespitosi, erecti vel ascendentes, simplices vel superne pauciramosi, strigulosi, basi reliquiis foliorum emortuorum vestiti. Folia basalia petiolis 1−3 cm longis; folia caulina, petiolis sursum sensin breviscentibus, suprema sissilia, ovato-lanceolata vel elliptico-lanceolata, 1.5−2.5 mm longa, 0.5−1 cm lata, sursum sensin diminuta, apice acumineta usque acuta, basi cuneata vel angustata, utrinque breve tenuiterque strigulosa. Flores terminales et superne axillares vel extraaxillares; pedicelli gracili, strigulosi, sub anthesi erecti, sub fructu infimi ad 1.5−2 cm longi recurvi usque penduli; calysis segmenta lanceolata usque lineares, extus dense strigulosa, intus sparse strigulosa, sub anthesi circ. 2 mm longa, circ. 0.5 mm lata, sub fructu leviter prolongata et patentes; corolla dilute coerulea, campanulato-rotata, tubo circ. 2 mm longo, limbo circ. 6 mm diam., lobis suborbicularibus 2.5−3 mm longis circ. 2.5 mm latis, fornicibus humile trapezoideis e fauce leviter exsertis circ. 6 mm altis basi circ. 2.5 mm latis; antherae ellipticae, circ. 1 mm longae, circ. 0.5 mm latae; gynobasis sub fructu circ. 0.5 mm alta. Nuculae dorsi-ventraliter bificiales, aculeis exceptis 1−1.5 mm longae, circ. 0.7 mm latae, facie dorsali ovata leviter convexa, dense breve hispida, ea ventrali convexa, strigulosa supra medium cicatrice praedita, margine aculeis tenuibus, apice glochidiatis basi liberis praeditae.

Affine *E. medicarpo* Lian et J. Q. Wang, a quo differt foliis caulinis ovato-lanceolatis vel elliptico-lanceolatis; basi in petiolum manifestum abrupte contractis, nuculis ventre supra medium cicatrice praeclitis.

青海 (Qinghai)：玉树 (Yushu)，海拔 3 650 米，山地阴坡岩石上，1964 年 7 月 16 日，采集人不详 402 号 (模式标本 Typus! 存 HPE；同号标本 Isotypus! 存 HP)。

本种与青海齿缘草 (*E. medicarpum*) 相近，但叶具明显的叶柄，果梗长 1−1.5(2) 厘米，小坚果的着生面位于腹面中部以上。

13. 青海假鹤虱　新种

Eritrichium medicarpum Lian et J. Q. Wang, sp. nov.

Herba perennis, 10−40 cm alta. Caules erecti, simplices vel nonnulli caespitosi, dense strigosi, basi reliquiis caulum et foliorum emortuorum vestiti. Folia basalia petiolata, petiolis 3− 4 cm longis, laminis oblanceolatis 2−4 cm longis 4−6 mm latis utrinque dense strigosis; folia caulina sessilia, oblanceolata usque lineares, (1)2−4 cm longa, 3−7 mm lata, sursum sensim diminuta, utrinque dense strigosa. Inflorescentiae terminales et axillares, racemiformes, multiflorae, floribus saepe extraaxillaribus; pedicelli 0.3−1 cm longi, strigulosi; calycis segmenta linearia circ. 2 mm longa, circ. 0.6 mm lata, extus dense strigulosa, intus sparse hispidula; corolla coerulea vel lilacina, campanulato-rotata, tubo circ. 1.5 mm long, limbo 7−8 mm diam., lobis obovatis vel suborbicularibus circ. 2.5 mm longis circ. 3 mm latis, fornicibus humile trapezoideis vel subquadratis e fauce exsertis, circ. 0.5 mm altis; stamina medio tubi corollae inserta, antheris ovatis circ. 0.5 mm longis; gynobasis circ. 0.8 mm alta, basi circ. 1.4 mm diam., stylo l mm longo; Nuculae dorsiventraliter bificiales, aculeis exceptis 2.5−3 mm longae, circ. 1.2 mm latae, hispidulae, facie dorsali leviter convexa, ea ventrali convexa sub medium cicatrice praedita, aculeis ad 1.9 mm longis apice glochidiatis basi liberis.

Affine *E. acicularo* Lian et J. Q. Wang, a quo differt herba perenni, fornicibus corollarum e fauce exsertis, humile trapezoideis vel subquadratis, centro conspicuo tuberculatis.

青海 (Qinghai)：都兰 (香日德) (Dulan), 海拔 3 690 米，中科院青甘调查队 (Chinghai-Kansu Exped.

Acad. Sin.) 1253(模式标本 Typus! 存 HP)；德令哈 (Delingha)，中科院青甘调查队 855 号；共和 (Gonghe)，郭本兆、王为义 12036 号；青海湖 (Chinghai Heu) 东边，钟补求 8442 号，8455 号。

本种与针刺齿缘草 (*E. acicularum*) 相近，但为多年生草本，花冠附属物明显突出喉部，呈矮梯形或近方形，中心具疣突。

14. 无梗齿缘草　新种

Eritrichium sessilifructum Lian et J. Q. Wang, sp, nov.

Herba annua, 15−20 cm alta. Caulis gracilis, tortuosus, ascendens, albo-pubescens, juxta basin 2 ramosus. Folia oblonga vel lineari-oblanceolata, 0.5−2 cm longa, 0.2−0.3 cm lata, apice obtusa, basi agustata, utrinque strigosa, inferiora petiolata, petiolis 0.3−0.5 cm longis, superiora sessilia vel fere sessilia. Flos singularis axillaris vel extra-axillaris, pedicellis circ. 1 mm longis strigosis, sub fructu non elongatis; calycis segmenta lanceolata, tubo corollae aequilonga vel paullo longiora, circ. 0.7 mm longa, circ. 0.2 mm lata, Sub anthesi erecta, sub fructu paullo amplificata, ad l mm longa, circ. 0.5 mm lata, horizontaliter patentia; corolla campanulato-tubulosa, 1−1.2 mm lata, tubo 0.5−0.7 mm longo, lobis subrotundis circ. 0.5 mm diam., fornicibus obscuris; Antherae parvae. Nuculae sub turbinatae, facie dorsali ovato-triangulari circ. 1.5 mm longa circ. 1 mm lata pubescenti, aculeis glochidiatis strictis circ. 1.2 mm longis basi distinctis, latere pubescentes, ventre medio, cicatrice anguste ovate pracdita.

Species planta gracili, flore minore campanulato tubulosa axillari vel extra-axillari, pedicello brevissimo (circ. 1 mm longo) sub fructu non elongato ab affinibus facile distinguitur.

新疆 (Xinjiang)：和田 (Hotan)，生草原、河边石旁，海拔 2 000 米，杨昌友 750676 (模式标本 Typus! 存 HBU)。

本种植株柔弱，花小，钟状筒形，单生叶腋或腋外，花梗极短 (约 1 毫米长)，且果期不伸长，易和近缘种相区别。

15. 阿克陶齿缘草　新种

Eritrichium aktonense Lian et J. Q. Wang, sp. nov.

Herba perennis pulviniformis, 5−15 cm alta, basi ramosissima; rami erecti vel ascendentes, albo-strigoi, supra simplices inferne reliquiis pullatis foliorum emortuorum vistiti. Folia oblanceolata vel lineari-oblonga, 1−1.5 cm longa, 0.2−0.3 cm lata, apice obtusa, basi angustata, utrinque strigosa, basilaria petiolata, caulina sessilia vel sub sessilia. Inflorescentiae terminales, bracteatae, vix ultra vel ultra 10-florae, axillares vel extra-axillares, sub fructu elongatae, ad 10 cm longae, racemiformes; pedicelli strigosi, sub anthesi erecti, 0.3−0.5 cm longi, sub fructu divaricati vel penduli. Calycis segmenta oblanceolata, sub anthesi erecta, circ. 1.5 mm longa, circ. 0.5 mm lata, extus strigosa, intus parce strigosa, sub fructu paullo amplificata, aliquanto patentia. Corolla dilute caerulea; campanulato-rotata, circ. 4 mm longa, tubo circ. 1.5 mm longo, limbo circ. 6 mm diam., lobis obovatis circ. 2.5 mm longis circ. 2 mm latis, fornicibus papilliformibus circ. 0.5 mm diam. Antherae minores, ellipticae, circ. 0.5 mm longae, circ. 0.3 mm latae. Nuculae dorsi-ventraliter bificiales, praeter aculeos circ. 2.5 mm longae, circ. 1.5 mm latae, facie dorisali ovata convexa dense breviter hispida, aculeis ovato-triangularibus circ. 0.3 mm longis apice glochidiatis basi in alam connatis, ventre glabrae vel parce strigosae carinatae, medio cicatrice alba ovata vel lata ovata circ. 0.5 mm longa medio cavitata praeditae.

Species valde affinis *E. sub-jacquemontii* M. Pop., sed nuculis ventre saepe glabris, aculeis basi connatis bene distinguitur.

新疆 (Xinjiang)：阿克陶布伦口至塔什库尔干 (Akto Bulunkou ad tashkurgan)，山坡岩石上，海拔 3 580 米，1978 年 6 月 29 日，西北植物所新疆队 (Exped. Xinjiang Northwest Inst. Bot.) 751 (模式标本 Typus! 存 HNW)。

本种和新疆齿缘草 *E.sub-jacquemontii* M. Pop. 极近但小坚果腹面常无毛，缘刺基部靠合，易于识别。

16. 新疆齿缘草

Eritrichium sub-jacquemontii M. Pop, in Fl. URSS 19: 709. 497. 1953.

17. 疏花齿缘草

Eritrichium laxum Johnst. in Journ. Arn. Arb. 33: 66. 1952.

18. 小果齿缘草

Eritrichium microcarpum W. T. Wang, in Acta Phytotax. Sin. 18(4): 517. 1980.

19. 篦毛齿缘草

Eritrichium pectinato-ciliatum Lian et J. Q. Wang, in Acta Phytotax. Sin. 18 (4): 518. 1980.

20. 狭叶齿缘草

Eritrichium angustifolium Lian et J. Q. Wang, in Acta Phytotax. Sin. 18(4): 516. 1980.

21. 矮齿缘草　新种

Eritrichium humillimum W. T. Wang, sp. nov.

Herba perennis, pulviniformis, 2−3 cm alta. Caules graciles, sparse strigulosi. Folia basalia petiolata, petiolis 1−2 cm longis, laminis oblongis vel longe ellipticis 0.3−1.2 cm longis 2−4 mm latis supra sparse strigulosis subtus glabris vel subglabris; folia caulina 1−2. Inflorescentiae terminales, racemiformes, 1−1.5 cm longae, 2−5-florae; pedicelli 3−7 mm longi, strigulosi; calycis segmenta lanceolato-linearia, 1.5−2 mm longa, 0.7−1 mm lata, extus strigulosa, intus subglabra; corolla lilacina, campanulato-rotata, lobis late ovatis vel suborbicularibus circ. 2 mm longis 1.5−2 mm latis, fornicibus e fauce exsertis transversalibus oblongis, tubo circ. 1.2 mm longo; antherae oblongae. Nuculae dorsiventraliter bificialaes, aculeis exceptis 2 mm longae, 1 mm latae, ventro supra medium cicatrice praeditae, facie dorsali leviter convexa ovato-triangulari, sparse hispidula, ea ventrali carinata glabra, margine alatae, ala minute puberula erosula.

Species planta pulviniformi, caulibus gracilibus saepe nudis e foliorum caespite exsertis, nuculae facie dorisali ovato-triangulari, ala membranacea erosula ab affinibus bene distinguitur.

青海 (Qinghai)：治多 (Zhidoi)，山地沙石滩，海拔 4 900 米，1966 年 8 月 13 日，周立华 (L. H. Zhou) 306 (模式标本 Typus! 存 HQX)。

本种植株呈丛垫状；茎纤细，常从叶丛中露出；小坚果背盘卵状三角形，棱缘翅膜质，啮蚀状，易和近缘种相区别。

22. 毛果齿缘草

Eritrichium lasiocarpum W. T. Wang, in Acta Phytotax. Sin. 18(4): 517. 1980.

23. 珠峰齿缘草

Eritrichium qofengense Lian et J. Q. Wang, in Acta Phytotax. Sin. 18(4): 518.1980.

24. 半球齿缘草

Eritrichium hemisphaericum W. T. Wang, in Acta Phytotax. Sin. 18(4): 519. 1980.

系 3. 假鹤虱系

Ser. 3. **Deflexa** Tian et J. Q. Wang, ser. nov.

Herba annua vel biennis, albo-pubescens vel strigosa. Caules multe ramosi. Folia saepe oblongo-linearia. Pedicelli brevioces. Corolla dilute coerulea, campanulato-rotata vel campanulato-tuba, fornicibus parvis vel obscuris. Nuculae saepe dimorphae.

Typus seriei: *E. deflexum* (Wahl.) Lian et J. Q. Wang.

一年生或越年生草本，植物体被柔毛或糙伏毛；茎分枝多；叶片多为矩圆状条形。花梗较短，花冠浅蓝色，钟状辐形或钟状筒形，附属物较小或不明显，常有异形小坚果。

我国有 7 种 1 亚种，分布地区广，由西南绕黄河以北直至黑龙江均有。

25. 反折假鹤虱

Eritrichium deflexum (Wahl.) Lian et J. Q. Wang, comb. nov. ——*Myosotis deflexa* Wahi. in Sv. Vet-Akad. Handl. 31: 113. 1810. ——*Hackelia deflexa* (Wahl.) Opiz in Bercht. Oek. ——techn. Fl. Bohmens 2(2): 147. 1839, syn. nov.

26. 异果齿缘草　新种

Eritrichium heterocarpum Lian et J. Q. Wang, sp. nov.

Herba annua vel biennis, 15−40 cm alta. Caules erecti, nonnulli caespitosi, dense albo-pubescentes, tenuiter ramosi. Folia lineari-oblonga, 0.5−1.5 cm longa, 2−5 mm lata, utrinque pubescentia. Inflorescentiae terminales, racemiformes, ad 10 cm longae, floribus remotis; pedicelli 2−3(5) mm longi, pubescentes; calycis segmenta oblonga vel ovato-lanceolata, circ. 1.5 mm longa, 0.2−0.3 mm lata, utrinque puberula; corolla coerulea, campanulato-rotata, tubo 1.1−1.3 mm longo, lobis oblongis 1.1−1.3 mm longis circ. 0.8 mm latis, fornicibus humile semiorbiculato-trapezoideis e fauce leviter exsertis circ. 0.2 mm altis; stamina infra medium tubi corollae inserta, antheris breve oblongis. Nuculae dimorphae, ventre convexae, cicatrice prominente praeditae, margine aculeis glochidiatis; nuculae majores margine late alatae, facie dorsali et ventrali glabra vel tantum breve strigulosa; nuculae minores margine anguste alatae, facie dorsali et ventrali dense hispiciula.

Habitu nuculis dimorphis; *E. thymifolio* simillimum, sed floribus ultra 2 mm longis, corollis campanulato-rotatis, formicibus manifestis e fauce leviter exserts differt.

青海 (Qinghai)：同仁 (Tongren)，1964 年，魏振铎 (Z. D. Wei) 麦 499 号 (模式标本 Typus! 存 HNW)；地址不详，付坤俊 1272 号。

本种与假鹤虱 (*E. thymifolium*) 体态相似，且都有异型果；但本种花长 2 毫米以上，花冠钟状辐形，附属物明显，微突出喉部，且其下方还另有一小疣突，易于识别。

27. 云南齿缘草

Eritrichium echinocaryum (Johnst.) Lian et J. Q. Wang, comb. nov. ——*Hackelia echinocarya* Johnst. in Journ. Arn. Arb. 21: 54. 1940, syn. nov.

28. 假鹤虱

Eritrichium thymifoliym (DC.) Lian et J. Q. Wang, comb. Nov. ——*Echinospermum thymifolium* DC. Prodr. 10: 136. 1846. ——*Hackelia thymifolia* (DC.) Johnst. in Journ. Arn. Arb. 21: 54. 1940, syn. nov.

28a. 宽叶假鹤虱

Eritrichium thymifolium (DC.) Lian et J. Q. Wang ssp. **latialatum** Lian et J. Q. Wang, in Acta Phytotax. Sin. 18(4): 519. 1980.

29. 针刺齿缘草　新种

Eritrichium acicularum Lian et J.Q. Wang, sp. nov.

Herba biennis 15−30 cm alta. Caules erecti, multe ramosi, sparse breveque strigosi. Folia basalia spathulata usque oblanceolata, petiolata, tandem vulgo languescentia; folia caulina oblanceolata usque linearia, 1−3.5 cm longa, 0.2−0.4 cm lata, utrinque tenui-strigosa, sessilia. Elores singulatim extraaxilliares, apicem versus ob foliis diminutis in racemum laxum dispositi; pedicelli 0.3−1 cm longi breve strigosi; calycis segmenta ovata vel ovato-oblonga, 1−2.5 mm longa, 0.5−1 mm lata extus strigulosa, intus breve spaseque strigulosa; corolla coerulea, campanulato-tuba, tubo 1−1.2 mm longo, lobis oblongis, 1−1.2 mm longis, circ. 1 mm latis fornicibus lunulatis vel suborbicularibus; antherae ovatae. Nuculae dorsi-ventraliter bificiales, hispidulae, aculeis exceptis 2−2.5 mm longae, circ. 1 mm latae; facie dorsali leviter convexa, ea ventrali convexa, supra medium cicatrice praedita, aculeis tenuibus acicularibus basi liberis.

Affine *E. medicarpo* Lian et J. Q. Mang, a quo herba bienni, floribus haud ultra 3 mm longis, corollae tubo lobis subaequi-longo, nuculis margine aculeis acicularibus ornatis differt.

甘肃 (Kansn)：肃南 (Sunan)，滩地，海拔 2 200 米，何叶其 (Y. Q. He) 3639 号 (模式标本 Typus! 存 HP)；山丹 (Shandan)，何叶其 3945 号。

青海 (Qinghai)：湟源 (Huangyan)，钟补求 8947 号。

本种与青海假鹤虱 (*E. medicarpum*) 相似，但为越年生草本，花不长逾 3 毫米，花冠筒和花冠裂片近等长，小坚果棱缘的刺针状。

30. 唐古拉齿缘草

Eritrichium tangkulaese W. T. Wang，in Acta Phytotax. Sin.18(4): 519. 1980.

31. 腋花齿缘草

Eritrichium axillare W. T. Wang, in Acta Phytotax. Sin. 18 (4): 519. 1980.

亚属 II. 齿缘草亚属

Subgen. **Eritrichium** Lian et J. Q. Wang, subgen. nov. ——*Eritrichium* Schrad. in Comm. Gotting 4: 186. 1820, pro gen.; M. Pop. in Fl. URSS 19: 513. 1953, excl. Sect. *pseudohackelia* ser. *Albiflora*.

Pedicelli breviores, sub fructu saepe erecti vel oblique patentes, calycis segmenta sub fructu erecta usque patentia. Nuculae turbinatae vel sub-turbinatae, aculeis dentatis vel diminutis et paucis apice saepe aglochidiatis.

Typus subgeneris: *E. villosum* (Ledeb.) Bge.

花梗较短，在果期通常直立或斜升；花萼在果期直立至叉开；小坚果陀螺状或近陀螺状，棱缘的刺齿状或退化而变得很小很少，先端通常无锚钩。

本亚属我国约有 10 种，主要分布在西藏、华北和东北。分二组。

组 3 密从组

Sect. 3. **Coloboma** DC. Prodr. 10: 126. 1864; M. Pop. in Fl. URSS 19: 501. 1953.

根状茎的分枝短而粗，茎数至 10 数条形成疏丛或密丛。植物体密被绢伏毛或灰白色伏毛；叶片条形、窄条形、条状披针形或倒披针形。

我国约有 9 种，分布于西藏、华北和东北，分 3 系。

系 4. 喜马拉雅系

Ser. 4. **Himalaica** (M. Pop.) Lian et J. Q. Wang, comb. nov. ——Sect. *pseudohackelia* ser. *Himalaica* M. Pop. in Fl. URSS. **19**: 495. 1953.

Rhizoma ascendens, superne ramosis; Caules nunnulli caes-pitosi. pedicelli graciles. longique. Nuculae sub-turbinatae.

Ser. affinis Sect. *Hackliae* ser. *Qing-zangnicae* nunnullis non pulvinatis speciebus in Himalaia habitato sed pedicellis manifeste erectis, nuculis sub-turbinatis.

根状茎上升，上部多分枝。花梗细长；小坚果近陀螺状。

我国有 4 种，产喜马拉雅。

本系近假鹤虱组内青藏系中产喜马拉雅的几个非垫状的种，但花梗明显直立，小坚果近陀螺状。

32. 匙叶齿缘草

Eritrichium spathulatum (Benth.) Clarke in Hook. f. Fl. Brit. India 4: 164. 1883.

33. 小灌状齿缘草

Eritrichium fruticulosum Klotzsch Reis. Prinz. Wald. Bot. 96. 1862.

34. 灰毛齿缘草

Eritrichium canum (Benth.) Kitamura Act. Phytotax. Geobot. **19**: 103. 1963.

35. 条叶齿缘草

Eritrichium gracile W. T. Wang; in Acta Phytotax. Sin. 18 (4): 520. 1980.

系 5. 钝叶齿缘草系

Ser. 5. **Pectinata** M. Pop. in Fl. URSS **19**: 506. 1953.

根状茎粗状直立，上部不分枝；茎数条形成疏丛；花梗细长；小坚果陀螺状。

我国约有 2 种，产内蒙古至黑龙江。

系的模式种：*E. pectinatum* (Pall.) DC.

36. 钝叶齿缘草

Eritrichium incanum (Turcz.) DC. Prodr. 10: 127. 1846.

系 6. 密丛系

Ser. 6. **Rupestria** M. Pop. in Fl. URSS **19**: 501. 1953.

根状茎粗壮直立，上部不分枝；茎多条形成密丛。花梗粗短；小坚果陀螺状。

我国有 3 种，产甘肃以东，经内蒙古、山西、河北至东北。

系的模式种：*E. rupestre* (Pall.) Bge.

37. 北齿缘草

Eritrichium borealisinense Kitag. in Journ. Jap. Bot. 38(10): 301 t. 1. 1963.

38. 石生齿缘草

Eritrichium rupestre (Pall.) Bge. Suppl. Fl. Alt. 14. 1836.

39. 东北齿缘草

Eritrichium mandshuricum M. Pop. in Fl. URSS 19: 505. 711. 1953.

组 4 齿缘草组

Sect. 4. **Eritrichium** ——sect. *Eritrichium* DC. Prodr. 10: 124. 1846; Ldb. Fl. Ross 3:149, non Brand in Engl. Pflanzenr. IV. 252 (Heft 97): 187, 188. 1931; M. Pop. in Fl. URSS 19: 513. 1953.

基生叶莲座状，茎葶立于叶丛之中；植物体被长疏柔毛。总状花序短，果梗亦短；小坚果棱缘具鸡冠状皮刺或膜片，先端无锚钩。

分布于高纬度地区，我国现有 1 种，产新疆；东北有记载但我们没有见到标本。

40. 长毛齿缘草

Eritrichium villosum (Ledeb.) Bge. Verzeichn. Altaigebirg. Pflanzen. 14. 1836.

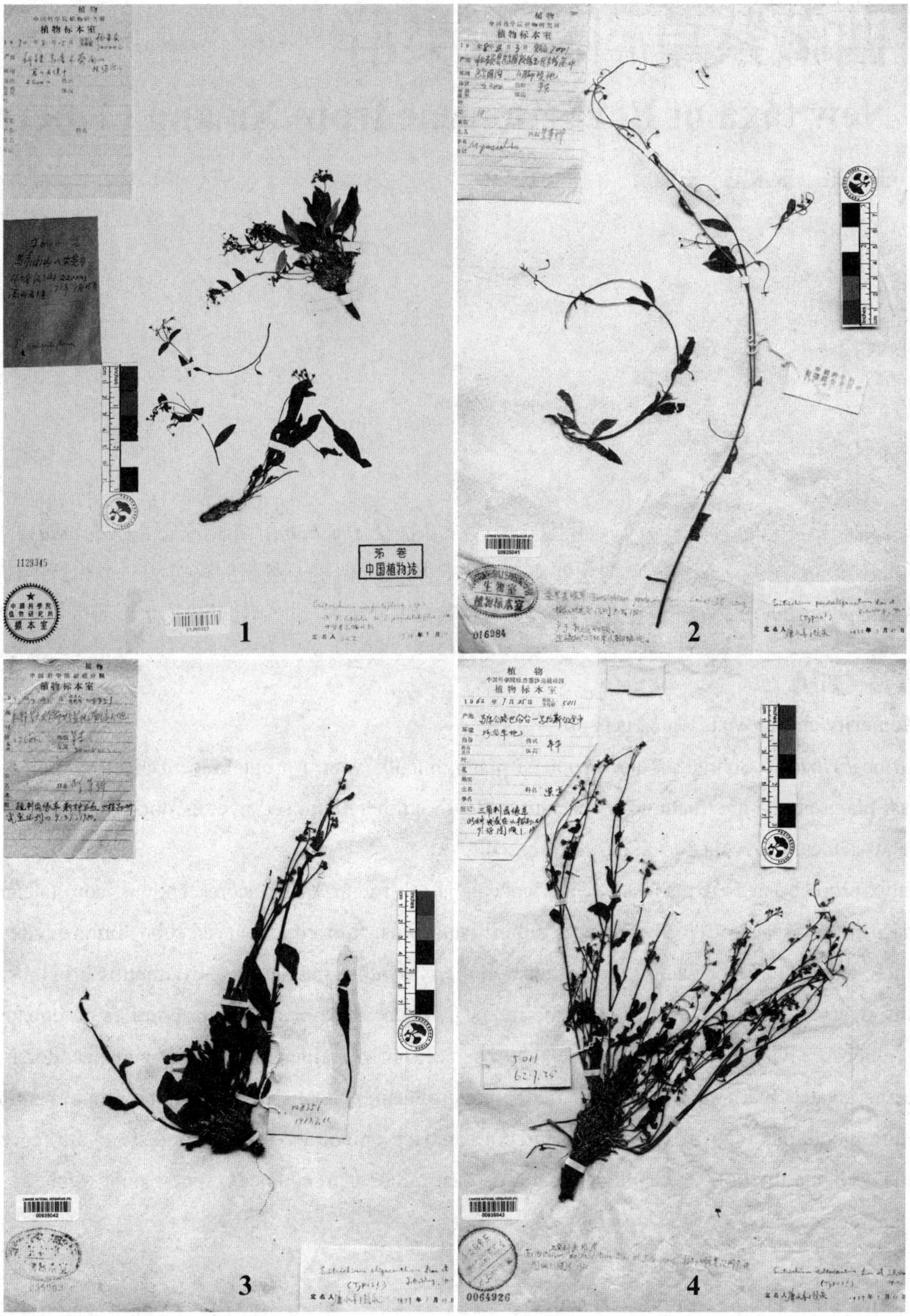

图版Ⅰ

1. 密花齿缘草 E. confertiflorum W. T. Wang;

2. 垂果齿缘草 E. pendulifructum Lian et J. Q. Wang;

3. 疏刺齿缘草 E. oligacanthum Lian et J. Q. Wang;

4. 三角刺齿缘草 E. deltodentum Lian et J. Q. Wang.

注：原文图版Ⅱ、图版Ⅲ略。

西藏紫草科新分类群

New taxa of Boraginaceae from Xizang (Tibet)

王文采　廉永善　王镜泉

结合中国植物志的编写，我们对我国原属齿缘草属 (*Eritrichium*) 和假鹤虱属 (*Hackelia*) 的植物标本进行了比较全面地分析、研究，认为两属应予合并，同时发现了一些新的种类和一个相近的属——颈果草属 (*Metaeritrichium*)。本文仅就西藏产的 1 个新属、12 个新种、1 个新亚种及 2 个新变种予以报道。

颈果草属　新属

Metaeritrichium W. T. Wang, gen. nov.

Affine *Eritrichio* Schrad., a quo gynobasi plana, nuculis ventro prope apicem cicatrice praeditis differt. Gynobasi plana pollinum structuraque *Microulae* Benth. affine etiam, sed nueulis dorsi-ventraliter compressis glochidiato-aculeatis foveola dorsali destitutis recedit.

Calyx prope basin 5-partitus, seginentis lanceolatis sub fructu leviter accrescentibus, corolla campanulato-tubulosa, limbo 5-partito, lebis imbricatis suborbicularibus, fornicibus parvis, tubo limbo leviter longiore. Stamina 5, medio tubi corollae affixa, inclusa, antheris ovatotriangularibus, filamentis brevibus. Pistillum inclusum, ovario ad basin 4-lobato in quoque lobo 1-ovulato, stylo medium tubi corollae attingente, stigmate depress globoso. Gynobasis plana. Nuculae 4, a gynobasi horizontaliter radiatimque patentes, dorsi-ventraliter compressae, ovatae, margine aculeis glochidiatis in alam latam connatis, ventre inferne prope marginem pauce minuteque glochidiato-aculeolatae, prope apicem cicatrice praeditae. Semina anguste ovata, cotyledonibus subplanis, radicula inferiori. Herba annua, parva, a basi ramosa, procumbens, sparse pubescens. Folia alterna, spathulata, integerrima. Flores 1−2, axillares.

Typus: *Metaeritrichium microuloides* W. T. Wang

Species unica. in Sina austro-occidentali crescens.

本属有一种，产我国西藏和青海。

从花部构造和小坚果的形状以及小坚果棱缘的刺看，本属与齿缘草属（*Eritrichium*）近缘；但雌蕊基平坦，小坚果自雌蕊基向外辐射状展开，着生面位于小坚果腹面近顶端处，区别于齿缘草属。从植物体外观状态，雌蕊基平坦和花粉粒的外形看，该属又与微孔草属（*Microula*）相近，但小坚果背腹扁，棱缘具锚状刺，无背孔，而与微孔草属不同（图 1）。

原文刊登于《植物分类学报》18(4): 514−520, 1980。

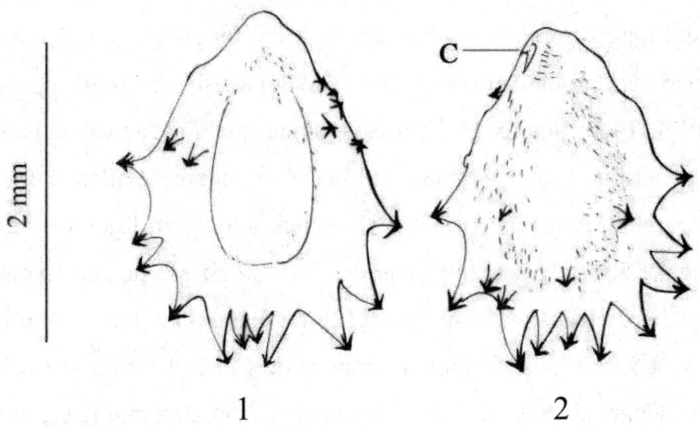

图 1　颈果草 **Metaeritrichium microuloides** W. T. Wang

小坚果　1. 背面观；2. 腹面观；c. 着生面。（自秦志业 10459）

颈果草　新种

Metaeritrichium microuloides W. T. Wang, sp. nov.

Herba annua. Caules a basi radiatim ramosi, procumbentes, 3−5 cm longi, ad 3 mm crassi, canosi, sparse pubessentes. Folia spathulata, late elliptica vel obovato-oblanceolata, 1−2 cm longa, 5−8 mm lata, apice rotundata, basi in petiolum 1−1.5 cm longum attenuata, subtus sparse strigulosa, supra subglabra. Flores singulares, axillares vel extraaxillares; pedicelli sub fructu elongati, ad 2 cm longi; calycis segmenta coeruleoviridia, lanceolata, circ. 1.5 mm longa. 0.5 mm lata, sub fructu leviter accrescentia, ad 2 mm longa, 1.2 mm lata, intus superne strigulosa, extus sparse strigulosa vel subglabra; corolla purpureo-coerulea, lobis subo bicularibus circ. 0.5 mm longis, fornicibus transversalibus semielliptícis circ, 0.4 mm latis 0.1 mm altis, tubo 0.8−1 mm longo; antherae ovato-triangulares, circ. 0.3 mm longae. Nuculae ovatae, aculeis exceptis circ. 2 mm longae, 1.2 mm latae, utrinque minute puberulae vel subglabrae, margine aculeis circ. 10 triangularibus 0.8−1 mm longis in alam membranaceam 0.5−0.6 mm latam connatis praeditae, ventro inferne prope marginem aculeis minutis paucis 0.1−0.2 mm longis glochidiatis ornatae.

Xizang: Amdo (安多), alt. 4 960m. Z. Y. Qin (秦志业)10459 (Typus in Herb. Northwest Plat. Inst. Biol. Acad. Sin. conservatur), 10448, 10463, 10141; Baingoin (班戈), D. D. Tao (陶德定)10619。

Qinghai: Xinghai (兴海), T. N. He (何廷农) 00278; Zhidoi (治多), L. H. Zhou (周立华)299; Yushu (玉树), coll. ign. 475。

本种体态相似微孔草属（*Microula*）的某些种，但小坚果差异很大，有缘刺。茎平铺地面，花梗粗壮、肉质而扁压，小坚果着生面位于腹面顶端，极易识别。

异型齿缘草　新种

Eritrichium difforme Lian et J. Q. Wang, sp. nov.

Species affine *E. brachytubo* (Diels) Lian et J. Q. Wang et *E. uncimato* (Benth.) Lian et J. Q. Wang, a quibus differt nuculis dimorphis insignia.

Harba perennis, 30−120 cm alta. Caulis erectus, superne multo ramosus, sparse puberulus. Folia basalia petiolata, petiolis 15−22 cm longis, inminis cordatis (5) 8−9 cm longis (2.5) 5−6 cm latis apice acutis, basi cordatis, utrinque sparse puberulis; folia caulina, petiolis sursum sensim abbreviatis, suprema sissilia, laminis ovatis usque anguste ovatis 4−14 cm longis 2−7 cm latis, apice acutis usque caudatis, basi rotundatis vel late cuncatis, utrinque sparse puberulis. Inflorescentiae terminales et superne axillares, 1−2-dichotomae, ramulis medium vel inferne bracteatis 4−10-floris; pedicelli graciles 0.5−1 cm longi, puberuli; calycis segmenta lanceolata, circ. 6 mm longa, 1.5 mm lata, extus puberula, sub anthesi erecta, sub fructu saepe reflexa; corolla lilacina, circ. 6 mm longa, campanulato-rotata, limbo 9−12 mm diam., tubo circ. 3 mm longo, lobis orbiculato-ovatis circ. 5 mm longis 3−4.5 mm latis, fornicibus trapezoideis circ. 1.5 mm altis circ. 1.2 mm latis apice margineque dense puberulis; antherae oblongae, circ. 1 mm longae. circ. 0.5 mm latae; gynobasis sub fructu circ. 3 mm alta, basi 1.5−2 mm lata. Nuculae dimorphae, dorsi-ventraliter compressae, aculeis exceptis circ. 4. mm longae, circ. 3 mm latae, facie dorsali leviter convexa breve hispidula vel glabra interdum ad costam aculeis nonnullis praedita, ea ventrali glabra, ventre medium cicatrice ovato-triangulata circ. 2.5 mm longa circ. 1 mm lata praeditae; nuculae breve aculeatae 1(−2), aculeis circ. 1 mm longis basi liberis praeditae; nuculae longe aculeatae 3(−2), aculeis 3−3.5 mm longis basi latis et leviter connatis praeditae.

Sichuan: Leibo（雷波）, T. T. Yü 3842（Typus, HP）; Exped. Pl. Econom. Sichuan, 746; Hongxi（洪溪）, Z. T Guan（管中天）9148。

Yunnan: Weixi（维西）, C. W. Wang 63926。

Xizang: Luling-Shejila Shan（鲁郎 - 舍季拉山）, Y. T. Chang（张永田）et K. Y. Lang（郎楷永）998。

本种极近卵萼假鹤虱[*E. uncinatum*（Benth.）Lian et J. Q. Wang]和大叶假鹤虱[*E. brachytubum*（Diels）Lian et J. Q. Wang]，但可以异型小坚果（有长刺型和短刺型两类）与之相区别。

具柄齿缘草　新种

Eritrichium petiolare W. T. Wang, sp. nov.

Species plantis 10−20 cm altis, inflorescetiis circ. 10 cm longis, nuculae aculeis basi in alam latam connatis ab affinibus distincta.

Herba perennis, 10−20 cm alta. Rhizoma robustum, atrobrunneum, ad 5 mm crassum, ascendens, superne ramosum, reliquiis foliorum emortuorum vestitum. Caules nonnulli caespitosi, simplices vel superne pauce ramosi, sparse strigulosi. Folia basalia oblanceolata vel anguste oblonga, 2−8 cm longa, 0.3−1 cm lata, apice obtusa, basi in petiolum attenuata, utrinque sparse strigulosa; folia caulina lineari-oblonga ovato-oblonga vel oblonga, 1−2.5 cm longa, 3−7 mm lata, sessilia val subsessilia, utrinque sparse strigulosa. Inflorescentiae terminales, racemiformes, ad 10 cm longae, pauci-vel multiflorae; pedicelli saepe secundi, infimi sub fructu ad 1.3 cm longi; calycis segmenta ovata vel longe ovata. 2−2.5 mm longa, 1−1.2 mm lata, extus strigulosa, intus supra medium sparse strigulosa; corolla coerulea, campanulato-rotata, fornicibus e fauce leviter exsertis humile trapezoideis vel obcordatis apice margineque puberulis; stamina ad medium tubi corollae inserta, antheris oblongis 0.6 mm longis; gynobasis circ. 0.5−0.7 mm alta, stylo subaequilonga. Nuculae turbinatae, aculeis exceptis circ. 2.5 mm longae, 2 mm latae, ventro prope medium cicatrice praeditae, glabrae vel dorso sparse hispidulae, aculeis saepe caerulescentibus apice raro glochidiatis basi in alam latam connatis.

Xizang: Gar (噶尔), alt. 4 800 m, 10. VIII. 1976, Qing-Zang. Exped. 76-8631 (Typus, HP); Qing-zang. Veg. Exped. 13444; Rutog (日土), Qing-zang. Exped. 76-8360.

本种植株较大（高 10−20 厘米），花序长约 10 厘米， 小坚果棱缘刺的基部连合形成宽翅，易和相近种区别。

陀果齿缘草　新变种

Eritrichium petiolare var. **subturbinatum** W. T. Wang. var. nov.

A var. *petiolari* differt planta nana haud ultra 10 cm alta, foliis angustioribus 0.2−0.4 cm latis densius, strigulosis, inflorescentiis brevioribus 1−3 cm longis.

Xizang: Burang (普兰), alt. 5 100m, 24. VIII 1974, Qing-zang. Exped. of Qinghai Inst. Biol. 4242 (Typus, HP); ibid, Qing-Zang Veg. Exped. 13077; Nyingchi (林芝), Xizang Medic. Pl. Exped. 3055.

本变种与原种区别在于植株矮小，高不过 10 厘米；叶较窄，宽 0.2−0.4 厘米，被毛较密；花序较短，长 1−3 厘米。

柔毛齿缘草　新变种

Eritrichium petiolare var. **villosum** W. T. Wang, var. nov.

A var. *petiolari* et var. *subturbinanto* W. T. Wang planta patente villosa differt；etiam ab illo inflorescentiis brevioribus circ. 5 cm longis, ala nuculae margine denticulis multis spiniformibus apice saepe glochidiatis ornata, ab hoc planta altiore, foliis latioribus recedit.

Xizang: Gar (噶尔), alt. 5 000 m, 29. VII. 1976, Qing-Zang Exped. 76-8326. (Typus, HP); Zanda (扎达), Qing-Zang Exped. 76-8036.

本变种与原种和陀果齿缘草（*E. petiolare* var. *subturbinatum* W. T. Wang）不同在于植株被开展的长柔毛。而又以花序较短（长约 5 厘米），小坚果之翅缘具多而细的刺状齿， 齿尖多有锚钩区别于前者，以植株较高，叶较宽不同于后者。

狭叶齿缘草　新种

Eritrichium angustifolium Lian et J. Q. Wang, sp. nov.

Species foliis anguste ellipticis, apice breve acuminatis, utrinque patenter albo-pubescentibus; nuculis margine aculeis brevibus inaequalibus apice haud glochidiatis praeditis ab affinibus distincta.

Herba perennis, 6−10 cm alta. Caules graciles multi dense caespitosi, puberuli, basi reliquiis caulum et foliorum emortuorum vestiti. Folia basalia petiolata, petiolis 1−2.5 cm longis, laminis 0.5−1.5 cm longis 3−5 mm latis, utrinque patenter albo-puberula; folia caulina anguste elliptica, sessilia. Flores inferiores singulares axillares vel extraaxillares, pedicellis ad 3 cm longis, superiores 3−5 inflorescentiam formantes, pedicellis 3−5 mm longis; calycis segmenta linearia usque anguste elliptica, 2−2.5 mm longa, circ. 1 mm lata, utrinque strigulosa, margine densse et longe ciliata; corolla coerulea, campanulato-rotata, tubo circ. 2 mm longo, lobis ellipticis circ. 2.5 mm long is 1.5−2 mm latis, fornicibus obcordatis; stamina medio tubi corollae inserta, antheris suborbicularibus, circ. 0.5 mm longis. Nuculae dorsi-ventraliter bificiales, aculeis exceptis circ. 2 mm longae, circ. 1 mm latae, facie dorsali ovata sparse hispidula, ventre carinatae medio cicatrice praeditae, margine anguste alatae.

Xizang: Gyirong (吉隆), alt. 4 500−4 600m, Xizang Medic. Pl. Exped. 651 (Typus in Herb. Lab. Ecol. Inst. Bot. Acad. Sin. Conservatur); Gyaca (加查), Xizang Medic. Pl. Exped. 4371.

本种叶狭椭圆形，先端短渐尖，两面被开展的白色柔毛；小坚果棱缘具长短和宽窄不等的短刺，先端无锚钩，易于和相近种区别。

小果齿缘草　新种

Eritrichium microcarpum W. T. Wang, sp. nov.

Species foliis utrinque albo-pubescentibus, corolla campanulato-rotata, fornicibus lunulatis, tubo infra fornices tuberculo parvo praedito, nuculis hispidulis, aculeis basi liberis vel subliberis ab affinibus distincta.

Herba perennis, 3−5 cm alta, pulviniformis. Rhizoma superne ramosum, reliquiis foliorum emortuorum atro-brunneorum vestitum. Caules multi dense caespitosi. Folia spathulata. 1−2 cm longa, 2−4 mm lata, sursum diminuta, apice obtusa vel acuta, basi attenuata, utrinque dense albo-pubescentia, margine ciliata. Inflorescentiae terminales racemiformes, 1−1.5 cm longae, 3−5-florae; pedicelli graciles, 2−6 mm longi, pubescentes; calycis segmenta lanceolato-linearia vel ovato-lanceolata, 1.5−2 mm longa, 0.2−4 mm lata, extus puberula, intus supra medium puberula; corolla dilute coerulea, campanulato-rotata, lobis ovatis vel subrotundis 2−2.5 mm longis 1.8−2 mm latais, fornicibus lunulatis, tubo 1.5−1.8 mm longo infra fornices tuberculo parvo praedito; antherae ovatae vel ellipticae, circ. 0.5 mm longae; gynobasis humilis pyramidalis; stylus circ. 0.6 mm altus, nuculis brevior. Nuculae dorsi-ventraliter bificiales, aculeis exceptis 1.5−1.7 mm longae, circ. 1 mm latae, hispidulae, ventre sub medium cicatrice praeditae, facie dorsali leviter convexa, ea ventrali convexa, aculeis glochidiatis sparsis basi liberis vel subliberis.

Xizang: Nagarze (浪卡子), alt. 5 200m, 1.VIII. I960, K. H. Fu (傅国勋) 505 (Typus, HP.).

本种以叶两面密被白色柔毛，花冠钟状辐形，附属物新月形，其下还有小疣突，小坚果表面生微毛，缘刺基部离生或近离生，而与近缘种相区别。

毛果齿缘草　新种

Eritrichium lasiocarpum W. T. Wang, sp. nov.

Affine *E. tangkulaensi* W. T. Wang et *E. laxo* Johnst., abillo planta perenni, foliis basalibus conspicue petiolatis, corolla coerulea vel dilute coerulea, tubo lobis leviter breviore vel eis subaequilongo, antheris suborbicularibus, aculeis nucularum basi liberis vel in alam angustam connatis differt, ab hoc nuculis dorsi-ventraliter compressis hispidis, aculeis conspicuis inferne triangulari-ovatis recedit.

Herba perennis caespitosa, 5−10 cm alta. Caules nonnulli ad multi fasciculati, graciles, erecti vel ascendentes, strigosi. Folia busalia petiolata, laminis oblanceolatis 0.7−1.5 cm longis 2−5 mm latis utrinque albo-strigosis, petiolis 1−2.5 cm longis; folia caulina minora, breviter petiolata vel sessilia. Inflorescentiae terminales, racemiformes, 1−4 cm longae, 3−10-florae; flores parvi, extraaxillares; bracteae foliis conformes, sursum abrupte diminutae, vel nullae; pedicelli graciles, strigosi; calycis segmenta anguste oblonga, 1−1.5 mm longa, 0.2−0.3 mm lata, extus strigose, intus sparse strigosa vel glabra; corolla dilute coerulea, lobis orbicularibus vel suborbicularibus suberectis 0.5−1.3 mm longis 0.5−1 mm latis, fornicibus e tuberculo superiore majore et eo inferiore minore constantibus, tubo 1−1.2 mm longo; stamina sub medium tubi corollae inserta, anthetis minutis suborbicularibus. Nuculae dorsi-ventraliter compressae, aculeis exceptis 1−1.2 mm longae, 1 mm latae, ventre supra medium cicatrice praeditae, facie dorsali dense hispidae, ea ventrali sparse hispidae, aculeis glochidiatis circ. 0.4 mm longis ciliatis basi liberis vel in alam angustam connatis.

Xizang: Shuanghuyu (双湖), alt. 4 850m, 27. VII. 1976. K. Y. Lang （郎楷永)10404 (Typus, HP); Saga (萨嘎) ad Sangsang (桑桑), Qing-Zang Exped. 6781.

本种与唐古拉齿缘草 *E. tangkulaense* W. T. Wang 和疏花齿缘草 *E. laxum* Johnst. 相似， 但与前者的不同点在于其为多年生，基部叶明显具柄，花冠蓝色或淡蓝色，花冠筒比裂片稍短或近等长，花药近圆形，棱刺基部离生或稍连合形成窄翅；与后者的不同在于小坚果明显背腹压扁，生短硬毛；棱翅明显，其下部呈三角状卵形。

篦毛齿缘草　新种

Eritrichium pectinato-ciliatum Lian et J. Q. Wang, sp. nov.

Affine *E. microcarpo* W. T. Wang, a quo differt nuculis ventre medio vel supra medium cica trice praeditis, margine pectinate et ciliatis haud glochidiatis.

Herba perennis, 3−7 cm alta. Caules multi dense caespitosi, simplices, dense strigulosi, basi reliquiis caulum et foliorum emortuorum vestiti. Folia basalia spathulata, longe petiolata; folia caulina spathulata, (0.6−)1−1.5 cm longa, 3−4 mm lata, utrinque albo-strigulosa. Flores inferiores singulares axillares vel extraaxillares, pedicellis ad 1.2 cm longis, superiores 3−8 inflorescentiam formantes, pedicellis 2−5 mm longis; calycis segmenta lanceolata usque ad elliptico-lanceolata, circ. 1.5 mm longa, circ. 0.4 mm lata, extus dense strigulosa, intus glabra vel subglabra; corolla lilacina vel coerulea, campanulato-rotata, tubo circ. 1.2 mm longo, lobis suborbiculatis, limbo circ. 2 mm diam., fornicibus transversalibus oblongis, infra fornices tuberulo parvo praedita; antherae suborbiculatae, 0.3−4 mm longae. Nuculae dorsi-ventraliter bificiales, aculeis exceptis circ. 1 mm longae, facie dorsali ovata sparse hispidula, ea ventrali convexa, ventre supra medium vel medio cicatrice praeditae, margine peetinatae et ciliatae.

Qinghai: Zhidoi （治多), alt. 4 100 m, 25. VI. 1966, L. H. Zhou (周立华)528 (Typus in Herb. Inst. Biol. Qinghai. conservatur).

Xizang: Amdo (安多), Qing-Zang Solum glaciale Exped. 61.

本种近小果齿缘草 *E. microcarpum* W. T. Wang，但小坚果着生面位于腹面中部或稍靠上， 其边缘具篦齿和硬毛而无锚钩。

珠峰齿缘草　新种

Eritrichium qofengense Lian et J. Q. Wang, sp. nov.

Species affinis *E, lasiocarpo* W. T. Wang, sed plantis pilosis, inflorescentia vulgo 1−2(−4)-flora, calycis segmentis sub fructu omnino reflexis, nuculis majoribus 1.8−2 mm longis, aculeis brevibus gracilibusque, infra medium in alam latam connatis differt.

Herba perennis pulviniformis, 2−5 cm alta. Caules graciles, pilosi, saepe folia rosularia paullo superantes. Folia basilaria oblonga, late elliptica vel obovata, 3−6 mm longa, 2−4 mm lata, apice obtusa vel acuta, basi late cuneata, utrinque patenter pilosa, petiolis 1−1.5 cm longis. Inflorescentiae terminales, 1−2(−4)-florae, bracteis foliaceis; pedicelli graciles, 3−5 mm longi, pilosi; calysis segmenta lanceolata sub fructu circ. 2 mm longa, reflexa, extus dense strigosa, intus parce breviterque strigosa; corolla indigotica, campanulato-tubulosa, tubo circ. 1.2 mm longo, lobis obovatis vel breviter oblongis circ. 0.8 mm longis 0.5 mm latis oblique patentibus, fornicibus papilliformibus obtriangularibus vel obcordatis; stamina tubi medio inserta, antheris subrotundis circ. 0.2 mm diam.; gynobasis sub fructu hemisphaerica, circ. 0.5 mm alta, circ. 0.7 mm diam.; stylus brevior. Nuculae dorsi-ventraliter bificiales, ovatae, praeter aculeos 1.8−2 mm longae, circ. 1 mm latae, facie dorisali paullo convexa parce strigosa, ea ventrali convexa carinata supra medium cicatrice praedita, aculeis strigosis apice glochidiatis, infra medium in alam latam connatis.

Xizang: Qomolangma Feng (珠穆朗玛峰), alt. 5 480m, 9. VII. 1959, Qomolangma Exped. 651 (Typus, HP); Gegya (革吉), Qing-Zang Exped. 76-8664.

本种与毛果齿缘草 *E. lasiocarpum* W. T. Wang 相近，但植物体被柔毛，花序通常仅有 1 或 2（4）花，花萼裂片果期完全反折，小坚果较大，长 1.8−2 毫米（毛果齿缘草的小坚果仅 1−1.2 毫米长），锚刺短而细，中部以下结合形成宽翅。

半球齿缘草　新种

Eritrichum hemisphaericum W. T. Wang, sp. nov.

Simile *E. microcarpo* W. T. Wang et *E. lasiocarpo* W. T. Wang, a quibus planta dense pulvinata hemisphaerica, foliis subtus glabris vel apice tantum puberulis differt.

Herba perennis. Radix 5−8 cm longa, 1−3 mm crassa, atro-brunnea. Caules multi dense caespitosi, pulvinum parvum hemisphaericum 1−3 cm altum formantes, inferne reliquiis foliorum emortuorum atro-brunneorum vestiti. Folia longe spathulata vel obovato-oblonga, 1−2 cm longa, 2−4 mm lata, inferne in petiolum 1−1.5 cm longum basi dilatatum vaginiformem. attenuata, supra dense albo-pubescentia, subtus prope apicem sparse puberula, margine ciliata. Flores 1−2 terminales; calycis segmenta ovate vel late ovata, 0.7−1 mm longa, 0.3−0.4 mm lata, extus dense puberula, intus subglabra, margine dense ciliata; corolla coerulea, campanulato-tubulosa, circ. 2 mm longa, lobis suborbicularibus vel orbicularlbus circ. 0.7 mm longis 0.5−0.7 mm latis, fornicibus inconspicuis vel tubeculiformibus, tubo lobis duplo longiore; stamina medio tubi corollae inserta, antheris parvis oblongis; gynobasis hemisphaerica, 0.5 mm alta, stylo subaequilonga. Nuculae dorsi-ventraliter bificiales, ala excepta 1.2−1.5 mm longae, 0.8−1 mm latae, ventro medio cicatrice praeditae, facie dorsali ovata costa distancta praedita hispidula, ea ventrali carinata glabra, aculeis leviter reflexis apice acutis haud glochidiatis basi in alam latam connatis, margine irregulariter spinulosis.

Xizang: Rutog (日土), alt. 5 300m, 13. VIII. 1976, Qing-Zang Exped. 76-9037 (Typus, HP).

本种与小果齿缘草 *E. microcarpum* W. T. Wang 和毛果齿缘草 *E. lasiocarpum* W. T. Wang 相似，但植物体半球状，叶片下面无毛或仅先端生短毛，易于识别。

宽翅齿缘草　新亚种

Eritrichium thymifolium ssp. **latialatum** Lian et J. Q. Wang, ssp. nov.

A ssp. *thymifolio* differ planta humiliore haud ultra 20 cm alta, nuculis majoribus ad 2.5 mm longis, aculeis basi in alam latam connatis.

Xizang: Gar (噶尔), alt. 4 800m, Qing-Zang Exped. 76-8330 (Typus, HP).

本亚种与原亚种主要区别，在于植株高不及 20 厘米，小坚果较大，除棱缘的刺外， 长 2.5 毫米，棱缘刺的基部结合形成宽翅。

唐古拉齿缘草　新种

Eritrichium tangkulaense W. T. Wang, sp. nov.

Simile *E. lasiocarpo* W. T. Wang, a quo differt herba annua vel bienni, nuculis ventre submedium cicatrice praeditis, aculeis basi in alam latam connatis.

Herba annua vel biennis, 5−15 cm alta. Caules nonnulli caespitosi, graciles, e basi ramosi, erecti vel ascendentes, strigosi. Folia basalia oblanceolato-spathulata, 1−2 cm longa, 2−3 mm lata, utrinque strigosa; folia caulina ovato-oblonga, sessilia. Inflorescentiae terminales, racemiformes, 5−10-florae, haud vel basi bracteatae; pedicelli 3−5 mm longi, strigosi; calycis segmenta lineari-oblonga vel oblonga, sub fructu 1−2 mm longa, 0.3−0.4 mm lata, extus dense strigosa, intus apice sparse strigosa; corolla dilute coerulea vel lilacina, lobis subrotundis vel ovatis 0.5−0.7 mm longis 0.4−0.5mm latis, fornicibus minimis inconspicuis, tubo lobis circ. 2-plo longiore; antherae ovatae, 0.2−0.3 mm longae; gynobasis circ. 0.5 mm alta. Nuculae dorsi-ventraliter compressae, 1−1.2 mm longae, circ. 0.8 mm latae, minute puberulae vel subglabrae, ventre sub medium cicatrice ovata praeditae, facie dorsali plana vel leviter convexa, costa ventrali carinata supra cicatricem aliformi, aculeis lanceolato-triangularibus apice glochidiatis basi in alam latam connatis.

Xizang: Amdo (安多), alt. 4 600m, 3. VIII. 1976, D. D. Tao (陶德定)10749 (Typus, HP); ibid. J. T. Wang (王金亭)3705, Z. Y. Qin (秦志业)10482, 10152, J. X. Yang (杨金祥) 2222.

Gansu: Jiuquan, J. He et Z. B. Wang 12492.

本种与毛果齿缘草 *E. lasiocarpum* W. T. Wang 相似，但为一年生或越年生，小坚果着生面位于腹面中部以下，棱缘刺的基部连合形成宽翅。

腋花齿缘草　新种

Eritrichium axillare W. T. Wang, sp. nov.

Species herba diffusa, caulibus flaccidis procumbentibus, floribus axillaribus vel extraaxillaribus, corolla alba campanulato-tubulosa insignis.

Herba annua (?), diffusa. Caules 5−13 cm longi, 1 mm crassi, dense strigosi. Folia subsessilia vet sessilia, lanceolato-oblonga vel ovato-oblonga, 0.6−1.5 cm longa, 0.3−0.5 cm lata, utrinque strigosa. Inflorescentiae racemiformes; flores axillares vel extraaxillares; pedicelli 2−4 mm longi, strigosi; calycis segmenta ovata, ovato-oblonga, vel obovato-lanceolata, 2−3 mm longa, circ. 1 mm lata, extus strigosa, intus glabra vel superne tantum sparse strigosa; corolla alba, campanulato-tubulosa, lobis oblongis circ. 0.7 mm longis, tubo circ. 1 mm longo;

gynobasis circ. 0.7 mm alta, basi 1.5 mm diam. Nuculae dorsi-ventraliter bificales, aculeis exceptis 2.4−2.8 mm longae, 1.5−1.8 mm latae, hispidulae, ventre prope vel leviter sub medium cicatrice praeditae, facie dorsali triangulari-ovata plana vel leviter convexa, ea ventrali convexa, aculeis lanceolatis 1−1.8 mm longis puberulis basi subliberis vel in alam angustam connatis.

Xizang: Biru （比如）, alt. 4 500−4 800m, 6. IX. 1976, D. D. Tao (陶德定) 11265 (Typus, HP).

本种系披散草本，茎萎软状而仰卧地面，花腋生或腋外生，花冠白色，钟状筒形，易于识别。

条叶齿缘草　新种

Eritrichum gracile W. T. Wang, sp. nov.

Affine *E. patenti* Decne., a quo differt lobis corollae subobovatis, nuculis turbinatis.

Herba perennis, 15−25 cm alta. Caules multi caespitosi, simplices, 1−1.5 mm diam., dense strigosi, inferne saepe lignescentes, basi reliquiis cauliun et foliorum emortuorum vestiti. Folia basalia longe petiolata (petiolo ad 2 cm longo), laminis lincaribus circ. 2 cm longis 2−4 mm latis utrinque dense strigosis; folia caulina basalibus conformia, 2−4 cm longa, sessilia. Inflorescentiae binae, terminales, multiflorae, initio subglobosae, deinde sensim elongatae et racemiformes; pedicelli 3−5 mm longi, sub fructu leviter curvati; calycis segmenta lanceolato-linearia, 1.5−2 mm longa. circ. 0.5 mm lata, extus dense albostrigosa, intus glabra vel sparsissime strigosa; corolla dilute coerulea rotata, tubo 1.5−2 mm longo, lobis subobovatis circ. 2 mm longis 1.5 mm latis, fornicibus humile trapezoideis centro distincte tuberculatis, tubo calyci aequilongo. Nuculae turbinatae, circ. 1 mm altae, basi cicatrice praeditae, facie dorsali plana vel leviter convexa, eis lateralibus glabris vel tuberculatis, aculeis leviter reflexis lanceolato-triangularibus apice haud glochidiatis basi liberis vel subconnatis.

Xizang: Zanda (札达) ad Polin (波林), alt. 4 650 m, Qing-Zang Veg. Exped. 12683 (Typus in Herb. Lab. Eco. Inst. Bot. Acad. Sin. conservatur); ibid, Qing-Zang Exped. 76-7807.

本种极近 *E. patens* Decne，但花冠裂片近倒卵形，小坚果陀螺形，而后者据记载花冠裂片卵形，小坚果基部圆，上部较尖，背面凸起，通常有疣突。

注：原文图版略。

被子植物分类系统选介（I）

被子植物是植物界中演化水平最高的大群，据古植物学的研究，早在白垩纪中期之后（距今约1亿年），就在世界植被中占据了优势地位。以后，被子植物的进一步发展对动物界（如昆虫、鸟类、哺乳动物）的发展，以及对人类的发展都起了不小的作用。所以，对被子植物亲缘关系及分类系统等的研究，不论在理论上还是在应用上都有重要的意义。从十八世纪以来到现在，不少学者在这方面作出了努力，制定了不少被子植物的分类系统，现在本文选择其中影响比较大的六个系统作一简单介绍。

林奈系统

著名的瑞典博物学家林奈 C. Linnaeus 在1753年发表了《植物种志》（Species Plantarum）一书，记载了当时世界上已知的植物约7 300种，其中主要是被子植物，林奈以雄蕊的数目作为主要特征，将这些植物分为24纲：

l. Monandria（雄蕊1）；2. Diandria（雄蕊2）；3. Triandria（雄蕊3）；4. Tetrandria （雄蕊4）；5. Pentandria（雄蕊5）； 6. Hexandria（雄蕊6）；7. Heptandria（雄蕊7）；8. Octandria（雄蕊8）；9. Enneandria （雄蕊9）；10. Decandria（雄蕊10）；11. Dodecandria （雄蕊12）；12. Icosandria （雄蕊多于12，生于花萼上）；13. Polyandria （雄蕊多于12，生于花托上）；14. Didynamia （雄蕊二强）；15. Tetradynamia （雄蕊四强）；16. Monadelphia（雄蕊单体）；17. Diadelphia （雄蕊二体）；18. Polyadelphia （雄蕊多体）；19. Syngenesia （花药合生）；20. Gynandria（雄蕊与雌蕊愈合）；21. Monoecia（植物雌雄同株）；22. Dioecia（植物雌雄异株）；23. Polygamia（植物杂性）；24. Cryptogamra（隐花植物）。

在每个纲，又按照雌蕊的花柱数目进行分类。按照这个系统，不少在亲缘关系上距离较远的植物被放在一个纲中，例如：有4个雄蕊的地榆 *Sanguisorba officinalis*（蔷薇科），车前 *Plantago major*（车前科）和菹草 *Potamogeton crispus*（眼子菜科）等均放在 Tetrandria 纲中，有10个雄蕊的苦豆子 *Sophora alopecuroides*（豆科），蒺藜 *Tribulus terrestris*（蒺藜科）和鹿蹄草 *Pyrola rotundifolia*（鹿蹄草科）等都放在 Decandria 纲中。所以，林奈系统是人为的系统。但是，按照这个系统，一个植物只要有花，就可根据雄蕊数目和花柱数目查到这个植物的学名和系统位置，应用比较方便，因此，林奈系统发表后在当时的欧洲等地受到欢迎和广泛的应用。在《植物种志》一书中，每一种植物的拉丁科学名称均由一个属名和一个种加词构成，这就是二名命名法。这种命名的方法一方面确定了每种植物的名称，为植物学交流奠定了基础，另一方面，也在一定程度上反映了每种植物的系统地位，所以，对以后植物分类学以及植物学各分支学科的发展起了重要促进作用。此外，林奈的《植物种志》一书还被现代的《国际植物命名法规》规定作为在种子植物及蕨类植物方面实施命名优先律的起点著作。

原文刊登于《植物学通报》2(5): 11–17, 1984。

边沁 - 虎克系统

英国学者边沁 G. Bentham 和虎克 J. D. Hooker 合作经过二十多年的努力，在 1862 年至 1883 年发表了三卷的巨著《植物属志》(Genera Plantarum)。此书包括种子植物约 200 科，7569 属。科和属的特征都是根据植物标本观察描述的，所以描述精确是本书的特点。这两位作者将被子植物依次分为双子叶植物和单子叶植物，但误将裸子植物放在这两大群之间。各群的排列及分类方法的大致情况如下：

Ⅰ. 双子叶植物

A. 离瓣植物 Polypetalae　花瓣分生。

1. 托花群 Thalamiflorae　花瓣和雄蕊下位，常多数或定数；花盘不存在。（包括毛茛目、侧膜胎座目、远志目、石竹目、藤黄目、锦葵目）
2. 盘花群 Disciflorae　雄蕊通常定数，下位；花盘存在。（包括牻牛儿苗目、铁青树目、卫矛目、无患子目等）
3. 萼花群 Calyciflorae　花瓣和雄蕊周位或上位；子房被萼筒包围或为下位。（包括蔷薇目、桃金娘目、西番莲目、番杏目、伞形目）

B. 合瓣植物 Gamopetalae　花瓣合生。

1. 下位群 Inferae　子房下位；雄蕊与花冠裂片同数，稀较少。（包括忍冬目、菊目、桔梗目）
2. 异基数群 Heteromerae　子房多为上位；雄蕊与花冠裂片同数或较多，与花冠合生或分生；心皮数目多于 2 枚。（包括杜鹃花目、报春花目、柿树目）
3. 双心皮群 Bicarpellatae　子房上位；雄蕊与花冠裂片同数或较少，与花冠合生；心皮通常 2 枚。（包括龙胆目、花葱目、玄参目、唇形目）

C. 单被植物 Monochlamydeae　花瓣不存在。

1. 弯胚群 Curvembryeae　胚弯曲；胚珠 1 颗。（包括藜科、苋科、紫茉莉科、蓼科等）
2. 多胚珠 - 水生群 Multiovulatae aquaticae　水生植物；心皮合生；胚珠多数。（河苔草科）
3. 多胚珠 - 陆生群 Multiovulatae terrestres　陆生植物；心皮合生；胚珠多数。（包括猪笼草科、马兜铃科等）
4. 微胚群 Micrembryeae　胚极小，埋在胚乳中；心皮分生或合生；胚珠通常 1 颗。（包括胡椒科、金粟兰科、肉豆蔻科等）
5. 瑞香群 Daphanales　心皮 1 枚；胚珠 1 或 2 颗；花被萼片状，1 或 2 层。（包括樟科、山龙眼科、瑞香科、胡颓子科）
6. 无种皮系 Achlamydosporeae　子房 1 室，有 1−3 颗不明显的胚珠；种子没有种皮；常为寄生植物。（包括桑寄生科、檀香科、蛇菰科等）
7. 单性系 Unisexuales　花单性；心皮 1 枚，或数枚合生；胚珠 1 或 2 颗。（包括大戟科、荨麻科、法国梧桐科、胡桃科、杨梅科、木麻黄科、桦木科、壳斗科等）
8. 位置不定群 Ordines anomali　花常单性；可能与第 7 群有亲缘关系（包括杨柳科、岩高兰科、金鱼藻科等）

Ⅱ. 裸子植物（包括买麻藤科、松科、苏铁科等）

Ⅲ. 单子叶植物

1. 微子群 Microspermae　至少内轮花被花瓣状；子房下位，1 室，有 3 个侧膜胎座；种子极小，极

多，无胚乳。（包括水鳖科、水玉簪科、兰科）

2. 上位花群 Epigynae　至少内轮花被花瓣状；子房通常下位；种子大，有胚乳。（包括凤梨科、鸢尾科、石蒜科、蒟蒻薯科、薯蓣科）

3. 冠状群 Coronarieae　至少内轮花被花瓣状，有颜色；子房上位；胚乳存在。（包括百合科、雨久花科、鸭跖草科等）

4. 萼状群 Calycinae　花被小，萼片状，淡绿色；子房上位；胚乳存在。（包括灯心草科、棕榈科）

5. 裸花群 Nudiflorae　花被不存在或退化为鳞片状；子房上位，心皮合生或单生，有 1 至多数胚珠；胚乳通常存在。（包括露兜树科、香蒲科、天南星科、浮萍科等）

6. 分生心皮群 Apocarpeae　花被 1 或 2 层，或不存在；子房上位，心皮多于 1 枚，分生；子房上位；胚乳不存在。（包括霉草科、泽泻科、茨藻科）

7. 颖花群 Glumaceae　花头状或组成小穗，有明显的苞片；花被小，鳞片状或不存在；子房有 1 胚珠或每室 1 胚珠；胚乳存在。（包括谷精草科、莎草科、禾本科等）

这个系统利用了花各部分的较多特征进行分类，多数亲缘关系相近的群被归在一起，因此被认为是自然的系统。这个系统发表后一直到现在，在英国及有关国家和地区受到广泛应用。十九世纪下半叶，边沁编著的《香港植物志》(Flora HongKongensis) 和虎克主编的《英属印度植物志》(The Flora of British India) 都采用了这个系统，这两部著作是研究我国西藏、云南、华南以及台湾等省区植物区系的重要参考著作。此外，如上所述，由于《植物属志》中科、属描述的精确，这部巨著在现在仍是研究被子植物有关科属的重要参考文献。

恩格勒系统

德国学者恩格勒 A. Engler 和另一学者柏兰特 K. Prantl 合作，于 1887-1909 年间出版了二十三卷的植物分类学方面的空前巨著《植物自然科志》(Die Natürlichen Pflanzenfamilien)，本书包括了植物界的所有的大群，所有的科均包括形态、解剖、 地理分布、经济用途、科和属的特征、分科和分属检索表等部分，以及众多的精美插图。其中，被子植物各群的排列情况如下：

I. **单子叶植物纲** Monocotyledoneae（11 目，45 科）

1. 露兜树目（香蒲科、露兜树科、黑三棱科），2. 沼生目（水蕹科、眼子菜科、茨藻科、Scheuchzeriaceae、泽泻科、花蔺科、水鳖科），3. 霉草目（霉草科），4. 颖花目（禾本科、莎草科），5. 棕榈目（ 棕榈科），6. 环花目（环花科），7. 佛焰花目（天南星科、浮萍科），8. 粉质胚乳目（ 须叶藤科、 帚灯草科、Mayaceae、黄眼草科、谷精草科、Thurniaceae、Rapateaceae、凤梨科、鸭跖草科、雨久花科、Cyanastraceae、田葱科），9. 百合目（灯心草科、百部科、百合科、Haemodoraceae、石蒜科、Velloziaceae，蒟蒻薯科、薯蓣科、鸢尾科），10. 芭蕉目（芭蕉科、姜科、美人蕉科、竹芋科），11. 微子目（水玉簪科、兰科）。

II. **双子叶植物纲** Dicotyledoneae（44 目，259 科）

A. **原始花被亚纲** Archichlamydeae

1. 木麻黄目（木麻黄科），2. 胡椒目（三白草科、胡椒科、金粟兰科），3. Hydrostachyales（Hydrostachyaceae），4. 杨柳目（杨柳科），5.Garryales（Garryaceae），6. 杨梅目（杨梅科），7.Balanopsidales（Balanopsidaceae），8. Leitneriales（Leitneriaceae），9. 胡桃目（胡桃科），10.Julianiales（Julianiaceae），

11. Batidales（Batidaceae），12. 壳斗目（桦木科、壳斗科），13. 榆目（榆科、马尾树科、桑科、荨麻科），14. 河苔草目（河苔草科），15. 山龙眼目（山龙眼科），16. 檀香目（铁青树科、山柚子科、Octoknemataceae、Grrubiaceae、檀香科、Myzodendraceae、桑寄生科），17. 马兜铃目（马兜铃科、大花草科、Hydnoraceae），18. 蛇菰目（蛇菰科），19. 蓼目（蓼科），20. 中子目（藜科、苋科、紫茉莉科、商陆科、Gyrostemonaceae、Achatocarpaceae、番杏科、马齿苋科、落葵科、石竹科），21. 毛茛目（睡莲科、金鱼藻科、昆栏树科、连香树科、毛茛科、木通科、小檗科、防已科、木兰科、Himantandraceae、蜡梅科、Lactoridaceae、番荔枝科、Eupomatiaceae、肉豆蔻科、Gomortegaceae、Monimiaceae、樟科、莲叶桐科），22. 罂粟目（罂粟科、白花菜科、十字花科、Tovariaceae、木犀草科、辣木科、钟萼木科），23.Sarraceniales（Sarraceniaceae、猪笼草科、茅膏菜科），24. 蔷薇目（景天科、Cephalotaceae、虎克草科、 海桐花科、Byblidaceae、Brunelliaceae、Cunoniaceae、Myrothamnaceae、Bruniaceae、金缕梅科、Roridulaceae、杜仲科、法国梧桐科、Crossosomataceae、蔷薇科、牛栓藤科、豆科），25. Pandales（Pandaceae）； 26. 牻牛儿苗目（酢浆草科、牻牛儿苗科、旱金莲科、亚麻科、古柯科、 蒺藜科、Cneoraceae、芸香科、苦木科、橄榄科、楝科、Akariaceae、金虎尾科、Trigoniaceae、Vochysiaceae、Tremandraceae、远志科、毒鼠子科、大戟科、交让木科、水马齿科），27. 无患子目（黄杨科、岩高兰科、马桑科、Limnanthaceae、漆树科、Cyrillaceae、五列木科、Corynocarpaceae、冬青科、卫矛科、翅子藤科、刺茉莉科、Stackhousiaceae、省沽油科、茶茱萸科、Aextoxicaceae、槭树科、七叶树科、无患子科、清风藤科、Melianthaceae、Didiereaceae、凤仙花科），28. 鼠李目（鼠李科、葡萄科），29. 锦葵目（杜英科、Chlaenaceae、椴树科、锦葵科、木棉科、梧桐科、Scytopetalaceae），30. 侧膜胎座目（五桠果科、猕猴桃科、Eucryphiaceae、Medusagynaceae、金莲木科、Strasburgeriaceae、Caryocaraceae、Marcgraviaceae、Quiinaceae、茶科、藤黄科、龙脑香科、沟繁缕科、瓣鳞花科、柽柳科、半日花科、红木科、Cochlospermaceae、Canellaceae、堇菜科、大凤子科、旌节花科、Turneraceae、Malesherbiaceae、西番莲科、Achariaceae、番木瓜科、Loasaceae、四数木科、秋海棠科、钩枝藤科），31. 仙人掌目（仙人掌科），32. 桃金娘目（Geissolomataceae、Penaeaceae、Oliniaceae、瑞香科、胡颓子科、千屈菜科、Heteropyxidaceae、海桑科、隐翼科、石榴科、玉蕊科、红树科、蓝果树科、八角枫科、使君子科、桃金娘科、野牡丹科、菱科、柳叶菜科、小二仙草科、杉叶藻科、假牛繁缕科、锁阳科），33. 伞形目（五加科、伞形科、山茱萸科）。

B. 后生花被亚纲 Metachlamydeae

1. 岩梅目（岩梅科），2. 杜鹃花目（山柳科、鹿蹄草科、杜鹃花科、Epacridaceae），3. 报春花目（Theophrastaceae、紫金牛科、报春花科），4. 白花丹目（白花丹科），5. 柿树目（山榄科、Hoplestigmataceae、柿树科、Diclidantheraceae、山矾科、野茉莉科、Lissocarpaceae），6. 捩花目（木犀科、Desfontaineaceae、马钱科、龙胆科、夹竹桃科、萝摩科），7. 管花目（旋花科、花葱科、Fouquieraceae、Lennoaceae、田基麻科、紫草科、马鞭草科、唇形科、Nolanaceae、茄科、玄参科、紫葳科、胡麻科、角胡麻科、 列当科、苦苣苔科、Collumelliaceae、狸藻科、Globulariaceae、爵床科、苦槛蓝科、透骨草科），8. 车前目（车前科），9. 茜草目（茜草科、忍冬科、五福花科、败酱科、川续断科），10. 葫芦目（葫芦科），11. 桔梗目（桔梗科、草海桐科、Brunoniaceae、花柱草科、Calyceraceae、菊科）。

恩格勒认为单子叶植物和双子叶植物分别起源于未知的已绝灭的裸子植物，并认为双子叶植物也是自裸子植物以多元起源的。无论在单子叶植物或在双子叶植物，具单性的、无花被的或具一层花被的通常营风媒传粉的群被放在最前面，这些群之后为具二层花被，常分化为花萼和花冠的群。在双子叶植物，不具花被的、具一层花被和具离瓣花冠的群构成原始花被亚纲；具合瓣花冠的群则都放在后生花被亚纲中（但恩格勒认为这亚纲并不是自然的群，认为具合瓣花冠的群来自不同的具离瓣花冠的植物群）。恩格勒系统的这种按照花构造由简单到复杂的方向排列各群植物的方式与现代多数植物学者的看法相反，像木麻黄目、杨柳目、壳斗目、荨麻目等，根据木材解剖及花粉等方面的研究，乃是很特化的群，他们的构造简单的单性花是由更为复杂的两性花演化而来。恩格勒系统在多数情况下将亲缘关系相近的科归在一起，大多数的目是自然的或比较自然的。其中，有些目，如牻牛儿苗目和无患子目，内容比较庞杂。此外，葫芦科（胚珠具二层珠被和厚珠心）在本系统中被放在后生花被亚纲（胚珠多具一层珠被和薄珠心）的茜草目和桔梗目之间是错误的。由于《植物自然科志》这部巨著内容的丰富、全面，对植物学界发生了很大影响，在被子植物方面，世界上大多数国家（除英国以外），一直到现在都采用恩格勒系统。在我国也是这样，我国的多数植物研究所和大学生物系的植物标本馆和出版的分类学著作（如《中国植物志》《中国树木分类学》《东北植物检索表》《东北草本植物志》《北京植物志》《江苏南部种子植物手册》《江苏植物志》《秦岭植物志》《湖北植物志》《内蒙古植物志》《四川植物志》《贵州植物志》《西藏植物志》《河北植物志》《中国高等植物图鉴》等）都采用了这个系统。

柏施系统

美国学者 C. E. Bessey 在 1910 年前后在几篇论文中发表了一个被子植物系统，认为被子植物可能起源于裸子植物中具两性孢子叶球的本勒苏铁类 Bennettitales，并认为花各部分的成员分生并常螺旋状排列的毛茛目是被子植物中最原始的群，从这群衍生出其他的双子叶植物和单子叶植物（图 1）。这种认为被子植物起源于本勒苏铁类的看法，被称为孢子叶球学说（Strobiloid theory）。柏施在论文中拟定出一系统有关演化的重要原则及被子植物的主要演化趋势：

1. 一般原则　（1）演化不是永远向上发展的，而常常包括退化现象。（2）一般说来，同形的（homogenous）构造（具有多数、相似的部分）较低级，而异形的（heterogenous）构造（具有少数、不相同的部分）较高级。（3）演化在某一时期中不同时涉及植物所有的器官；一种器官可能进化，而另一种可能退化。（4）向上发展的演化有时通过一种器官或一组器官的复杂化而实现，有时则通过简化而实现。（5）演化通常是一致的，当某一前进或某一后退开始，演化就一直进行到这一个门（phylum）的结束。（6）在任何一个门，自养的（holophytic）（具叶绿素的）植物发生在无色的植物之先，后者由前者衍生而出。（7）植物亲缘关系乃循系统路线或升或降，遂形成系统发育分类学的结构。

2. 演化趋势　（1）具圆筒状外韧维管束的茎比具散生维管束的茎为原始，后者由前者衍生而出。（2）木质茎比草质茎为原始，草本植物系由乔木衍生而出。（3）不分枝的茎是早期的类型，自此衍生出分枝的茎。（4）茎上的对生叶发生在螺旋状排列叶之前（柏施的这个观点与现代的看法相反）。（5）在演化过程中，单叶出现在复叶之前。（6）在演化过程中，叶最初宿存（常绿），后来脱落。（7）叶的网状脉是正常的构造，某些叶子的平行脉是自此衍生的特殊变化。（8）多基数（polymerous）花的构造发生在前，寡基数（oligomerous）花的构造由其衍生而来，与此同时伴随以孢子叶的前进的不育现象。（9）花瓣存在(petaly) 是正常的花被构造，花瓣不存在（apetaly）是花被退化的结果。（10）离瓣（apochlamydeous）花被发生较早，合瓣（gamochlamydeous）花被乃系由于花被轮成员的愈合而由其衍生而来。（11）辐射对称（actinomorphy）比左右对称（zygomorphy）为早，后者系由花被轮的成员的相似与不相似生长发生改变所致。（12）下位花是更原始的，以后自其衍生出上位花。（13）分生心皮（apocarpy）是原始的构造，自其衍生出合生心皮（syncarpy）。（14）多心皮现象（polycarpy）是较早的情况，寡心皮现象（oligocarpy）是由其以后衍生的。（15）有胚乳的种子是原始的，而无胚乳的种子是衍生的。（16）具有较小胚（埋在胚乳中）的种子比具大个胚（胚乳少量或不存在）的种子为原始。（17）在较早的（原始的）花中，雄蕊数目多（polystemonous），在后来的花，雄蕊的数目较少（oligostemonous ）。（18）原始的花的雄蕊是分生的（apostemonous），而衍生花的雄蕊则常合生（synstemonous）。（19）粉状花粉的情况比合生的或成块状花粉的情况为原始。（20）具有雄蕊和心皮（monoclinous）的花发生在雄蕊和心皮出现于不同的花（diclinous）之前。（21）在雌雄异花（diclinous）的植物，雌雄同株（monoecious）的情况较早，而雌雄异株（dioecious）的情况较晚。柏施将双子叶植物分为两大支：一支是毛茛支（Subcl. Strobiloideae），从毛茛目到具合瓣花的玄参目和唇形目，这支的主要特征是具下位花；另一支是蔷薇支（Subcl. Cotyloideae），从蔷薇目到具合瓣花的茜草目以及菊目，这支的主要特征是具周位花或上位花。柏施认为不同的合瓣植物起源于不同的离瓣植物，遂将过去建立的合瓣植物群（如恩格勒系统的后生花被亚纲）打破。在毛茛支中，柏施将昆栏树科、连香树科、三白草科、胡椒科、金粟兰科，以及五桠果科和木兰科、番荔枝科、Winteraceae 等科一起放入毛茛目中。在单子叶植物中，柏施认为泽泻目最原始，从这群演化出其他的单子叶植物各群。柏施建立的双子叶植物两大群不是自然的群，因为不同的具周位花的和具上位花的群是由不同的具下位花的群演化而出的。柏施看出了被子植物在营养器官和生殖器官所表现出来的许多重要的演化趋势，并首先确认广义的毛茛类为被子植物的原始群，他据此制定的分类系统在一定程度上反映了被子植物系统发育的情况，因此，他的系统是一个有影响的系统。但是，在发表后没有得到广泛的采用。

在柏施同时期，德国学者哈列尔 H. Hallier 研究被子植物的系统发育，得到了与柏施相似的观点，也认为被子植物起源于本勒苏铁类，以及木兰类是被子植物的原始群，并建立了一个被子植物系统。

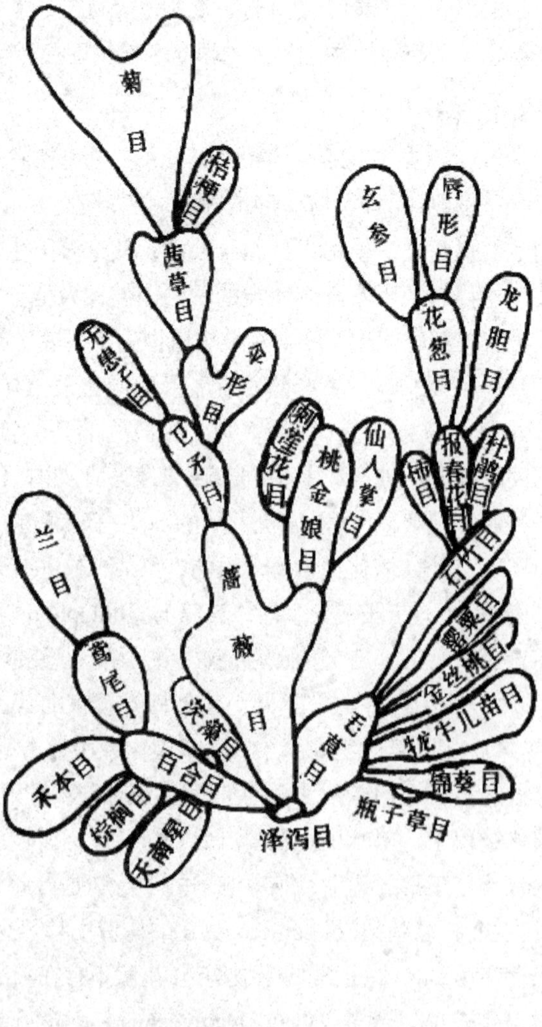

图 1　柏施系统

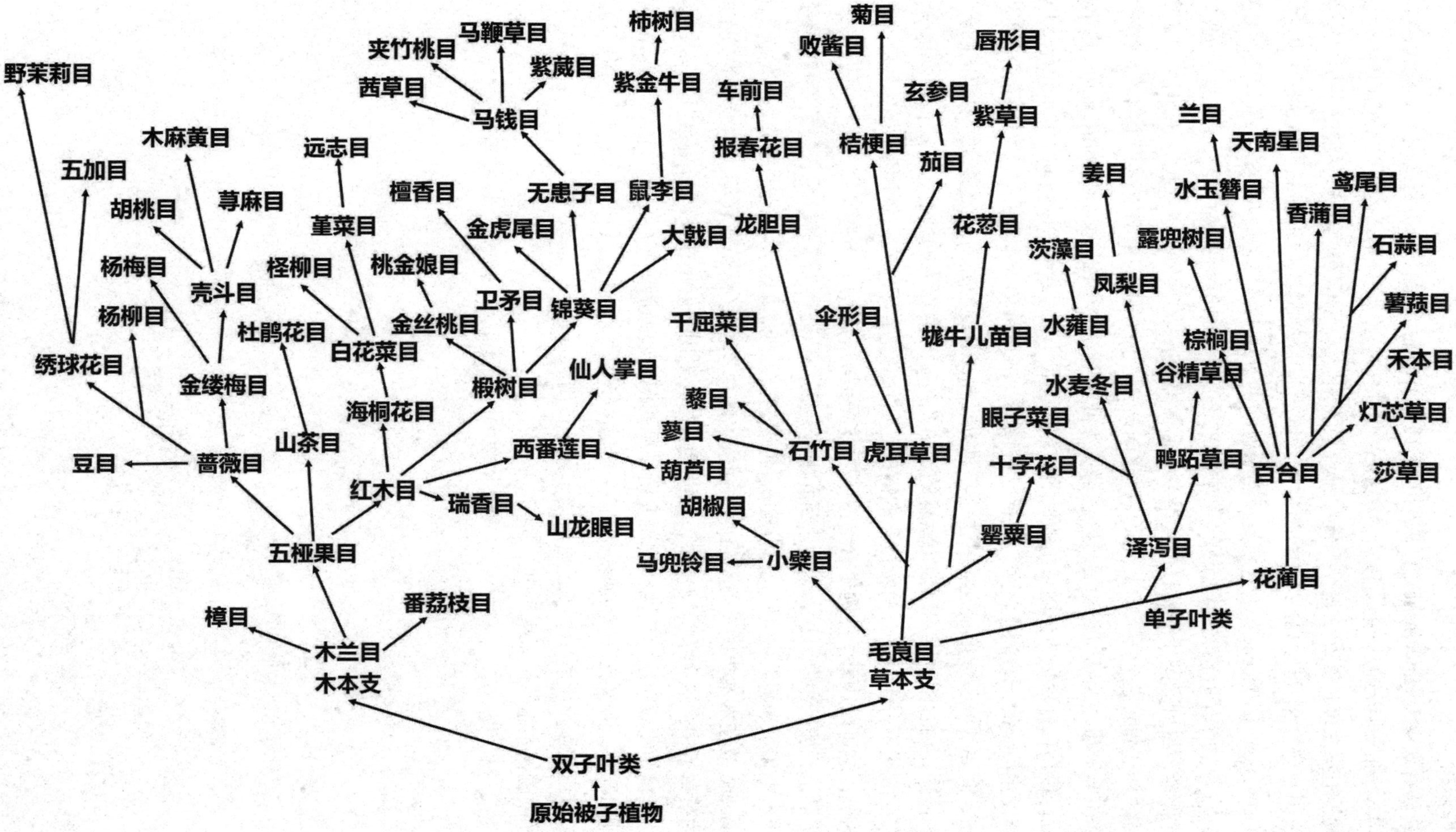
野茉莉目
五加目
木麻黄目
胡桃目
荨麻目
杨梅目
壳斗目
杨柳目
绣球花目
金缕梅目
豆目
蔷薇目
杜鹃花目
山茶目
五桠果目
樟目
木兰目
木本支
番荔枝目
远志目
堇菜目
柽柳目
白花菜目
海桐花目
桃金娘目
金丝桃目
檀香目
卫矛目
椴树目
红木目
瑞香目
山龙眼目
西番莲目
仙人掌目
葫芦目
马鞭草目
夹竹桃目
茜草目
紫葳目
马钱目
无患子目
金虎尾目
锦葵目
柿树目
紫金牛目
鼠李目
大戟目
车前目
报春花目
龙胆目
千屈菜目
藜目
蓼目
石竹目
胡椒目
马兜铃目
小檗目
毛茛目
草本支
双子叶类
原始被子植物
菊目
败酱目
桔梗目
玄参目
茄目
伞形目
虎耳草目
唇形目
紫草目
花荵目
拢牛儿苗目
罂粟目
十字花目
眼子菜目
茨藻目
水蕹目
水麦冬目
姜目
凤梨目
露兜树目
谷精草目
鸭跖草目
泽泻目
单子叶类
花蔺目
兰目
水玉簪目
天南星目
香蒲目
棕榈目
百合目
鸢尾目
石蒜目
薯蓣目
禾本目
灯芯草目
莎草目

图2 哈钦森系统

哈钦森系统

英国学者哈钦森 J. Hutchinson 在 1926 年和 1934 年先后出版了包括两卷的《有花植物科志》（The families of flowering plants）一书，以后，在 1959 年和 1973 年又分别出版了第二版和第三版，在书中发表了他的被子植物系统（图 2），这个系统和柏施系统相似，也属于孢子叶球学说的系统，其特点是：（1）把双子叶植物（包括 82 目，342 科）分为由木兰目起源的木本类（Division Lignosae）和由毛茛目起源的草本类（Division Herbaceae）（这两类相当于亚纲的等级），认为这两类均由假设的原始被子植物演化而来。（2）认为单子叶植物起源于双子叶植物的毛茛科，推断花蔺科可能源于毛茛科的菁葖果类（金莲花类），而泽泻科可能源于毛茛科的瘦果类（毛茛类）。（3）将单子叶植物（包括 29 目，69 科）主要按照花被的特征分为三个群：（Ⅰ）萼花类（Division Calyciferae）的花被分化为花萼和花冠，包括心皮分生的泽泻目，以及鸭跖草目到姜目的各群；（Ⅱ）冠花类（Division Corolliferae）的花被不分化为花萼和花冠，包括自百合目、棕榈目至兰目的各群；（Ⅲ）颖花类（Division Glumiflorae）是由百合目导出的、花发生简化的一条演化路线，包括灯心草科、莎草科和禾本科。在本书中有分科检索表，各科的特征描述、简要的地理分布和经济用途等方面的情况，有的科还附有分属检索表和科的分布区地图，每科都有一插图，内容相当丰富。但哈钦森的这个系统存在有很大的缺点，就是他建立的双子叶植物的木本和草本两大类不符合双子叶植物演化的情况，实际上，并不存在这样两条演化路线，因而这两大类都是人为的群，这可以从下面的例子看出：按照这两大类的划分，一些亲缘关系很接近的目（如白花菜目和十字花目，五加目和伞形目，紫金牛目和报春花目，马鞭草目和唇形目，紫葳目和玄参目）被分别放在不同的木本和草本两大类中；甚至同一科也被这样处理，如紫草科的原始的木本群被分出成立为厚壳科 Ehretiaceae 放在木本类的马鞭草目中，而进化的草本群（紫草亚科等）则被作为狭义的紫草科放在草本类的紫草目中。这个系统发表后，在世界上甚少采用，但是在我国却受到相当的重视，如北京大学生物系、华南植物研究所、广西植物研究所和昆明植物研究所等单位的被子植物标本馆都采用了这个系统进行排列标本，由这三个研究所分别编写出版的分类学著作，如《广州植物志》《海南植物志》《广西植物志》（正在印刷出版中）《云南植物志》（已出版三卷），以及中国林业科学院编写并于最近开始出版的《中国树木志》都采用了这个系统。

（待续）

被子植物分类系统选介（续）

柯朗奎斯特系统

美国学者 A. Cronquist 在 1968 年出版的《有花植物的演化和分类 The evolution and classification of flowering plants》一书中，发表了他的被子植物新系统。在 1980 年他又出版了《有花植物—综合分类系统 An integrated system of classification of flowering plants》一书，对其 1968 年的系统作了一些修正，同时对被子植物的所有科做出了详细的特征描述（内部形态特征及化学成分均包括进来）并附有多数精致的插图。柯朗奎斯特系统也是属于孢子叶球学说的系统，是在参考了有关形态学（包括外部和内部形态学）、植物化学、古植物学等方面大量文献制定的。本系统将双子叶植物分为 6 亚纲，62 目，317 科，将单子叶植物分为 5 亚纲，19 目，61 科（图 3）：

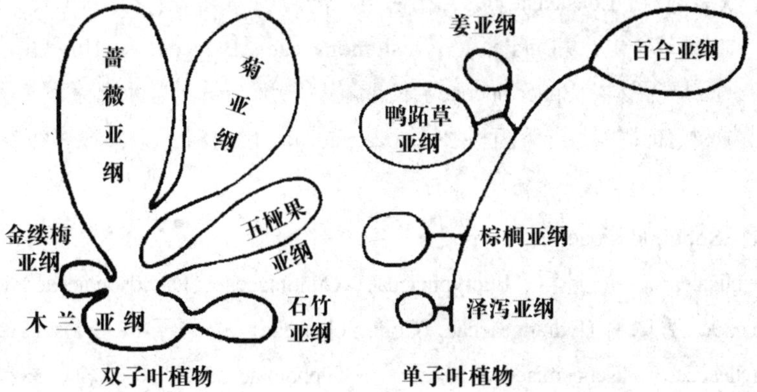

图 3　柯朗奎斯特系统：双子叶植物及单子叶植物各亚纲亲缘关系图

I. **双子叶植物**（在本系统中被命名为木兰纲 Cl. Magnoliopsida）

（I）**木兰亚纲** Subcl. Magnoliidae

1. 木兰目（Winteraceae、Degeneriaceae、Himantandraceae、Eupomatiaceae、Austrobaileyaceae、木兰科、Lactoridaceae、番荔枝科、肉豆蔻科、Canellaceae），2 樟目（Amborellaceae、Trimeniaceae、Monimiaceae、Gomortegaceae、蜡梅科、Idiospermaceae、樟科、莲叶桐科），3. 胡椒目（金粟兰科、三白草科、胡椒科），4. 马兜铃目（马兜铃科），5. 八角目（八角科、五味子科），6. 睡莲目（莲科 Nelumbonaceae、睡莲科、Barclayaceae、莼科 Cabombaceae、金鱼藻科），7. 毛茛目（毛茛科、星叶草科、小檗科、大血藤科、木通科、防己科、马桑科、青风藤科），8. 罂粟目（罂粟科、荷包牡丹科）。

原文刊登于《植物学通报》2(6): 15–20, 1984。

（Ⅱ）**金缕梅亚纲** Subcl. Hamamelidae

1. 昆栏树目（水青树科、昆栏树科），2. 金缕梅目（连香树科、领春木科、法国梧桐科、金缕梅科、Myrothamnaceae），3. 交让木目（交让木科），4. Didymelales（Didymelaceae），5. 杜仲目（杜仲科），6. 荨麻目（Barbeyaceae、榆科、大麻科、桑科、Cecropiaceae、荨麻科），7. Leitneriales（Leitnericeae），8. 胡桃目（胡桃科），9. 杨梅目（杨梅科），10. 壳斗目（Balanopaceae、壳斗科、桦木科），11. 木麻黄目（木麻黄科）。

（Ⅲ）**石竹亚纲** Subcl. Caryophyllidae

1. 石竹目（商陆科、Achatocarpaceae、紫茉莉科、番杏科、Didiereaceae、仙人掌科、藜科、苋科、马齿苋科、落葵科、粟米草科、石竹科），2. 蓼目（蓼科），3. 白花丹目（白花丹科）。

（Ⅳ）**五桠果亚纲** Subcl. Dilleniidae

1. 五桠果目（五桠果科、芍药科），2. 茶目（金莲木科、Sphaerosepalaceae、Sarcolaenaceae、龙脑香科、Caryocaraceae、茶科、猕猴桃科、Scytopetalaceae、五列木科、Tetramaristaceae、Pellicieraceae、Oncothecaceae、Marcgraviaceae、Quiinaceae、沟繁缕科、Paracryphiace、Medusagynaceae、Clusiaceae），3. 锦葵目（杜英科、椴树科、梧桐科、木棉科、锦葵科），4. 玉蕊目（玉蕊科），5. 猪笼草目（瓶子草科、猪笼草科、茅膏菜科），6. 堇菜目（大风子科、Peridiscaceae、黄杨科、半日花科、Huaceae、Lacistemataceae、Scyphostegiaceae、旌节花科、堇菜科、柽柳科、瓣鳞花科、Dioncophyllaceae、钩枝藤科、Turneraceae、Malesherbiaceae、西番莲科、Achariaceae、番木瓜科、Fouquieriaceae、Hoplestigmataceae、葫芦科、四数木科、秋海棠科、Loasaceae），7. 杨柳目（杨柳科），8. 白花菜目（Tovariaceae、白花菜科、十字花科、辣木科、木犀草科），9.Batales（Gyrostemonaceae、Bataceae），10. 杜鹃花目（Cyrillaceae、山柳科、Grubbiaceae、岩高兰科、Epacridaceae、杜鹃花科、鹿蹄草科、水晶兰科），11. 岩梅目（岩梅科），12. 柿树目（山榄科、柿树科、野茉莉科、Lissocarpaceae、山矾科），13. 报春花目（Theophrastaceae、紫金牛科、报春花科）。

（Ⅴ）**蔷薇亚纲**　Subcl. Rosidae

1. 蔷薇目（Brunelliaceae、牛栓藤科、Eucryphiaceae、Cunoniaceae、Davidsoniaceae、Dialypetalanthaceae、海桐花科、Byblidaceae、绣球科 Hydrangeaceae、Collumelliaceae、茶藨子科 Grossulariaceae、 Greyiaceae、Bruniaceae、Anisophylleaceae、Alseuosmiaceae、景天科、Cephalotaceae、虎耳草科、蔷薇科、Neuradaceae、Crossosomataceae、Chrysobalanaceae、Surianaceae、Rhabdodendraceae），2. 豆目（含羞草科、苏木科、豆科），3. 山龙眼目（胡颓子科、山龙眼科），4. 河苔草目（河苔草科），5. 小二仙草目（小二仙草科、Gunneraceae），6. 桃金娘目（海桑科、千屈菜科、Penaeaceae、隐翼科、瑞香科、菱科、桃金娘科、石榴科、柳叶菜科、Oliniaceae、野牡丹科、使君子科），7. 红树目（红树科），8. 山茱萸目（八角枫科、 蓝果树科、山茱萸科、Garryaceae），9. 檀香目（Medusandraceae、十齿花科 Dipentodontaceae、铁青树科、山柚子科、檀香科、Misodendraceae、桑寄生科、槲寄生科 Viscaceae、Eremolepidaceae、蛇菰科），10. 大花草目（Hudnoraceae、帽蕊草科 Mitrastemonaceae、大花草科），11. 卫矛目（Geissolomataceae、卫矛科、翅子藤科、Stackhousiaceae、刺茉莉科、冬青科、茶茱萸科、Aextoxicaceae、心翼果科 Cardiopteridaceae、Corynocarpaceae、毒鼠子科），12. 大戟目（黄杨科、Simmondsiaceae、Pandaceae、大戟科），13. 鼠李目（鼠李科、火筒树科 Leeaceae、葡萄科），14. 亚麻目（古珂科、Humiriaceae、粘木科 Ixonanthaceae、Hugoniaceae、亚麻科），15. 远志目（金虎尾科、Vochysiaceae、Trigoniaceae、Tremandraceae、远志科、黄叶

树科 Xanthophyllaceae、Krameriaceae），16. 无患子目（省沽油科、Melianthaceae、钟萼木科、Akaniaceae、无患子科、七叶树科、槭树科、橄榄科、漆树科、Julianiaceae、苦木科、Cneoraceae、楝科、芸香科、蒺藜科），17. 牻牛儿苗目（酢浆草科、牻牛儿苗科、Limnanthaceae、旱金莲科、凤仙花科），18. 伞形目（五加科、伞形科）。

（VI）**菊亚纲** Subcl. Asteridae

1. 龙胆目（马钱科、Retziaceae、龙胆科、Saccifoliaceae、夹竹桃科、萝藦科），2. 茄目（Duckeodendraceae、Nolanaceae、茄科、旋花科、菟丝子科、睡菜科 Menyanthaceae、花荵科、田基麻科），3. 唇形目（Lennoaceae、紫草科、马鞭草科、唇形科），4. 水马齿目（杉叶藻科、水马齿科、Hydrostachyaceae），5. 车前目（车前科），6. 玄参目（醉鱼草科 Buddlejaceae、木犀科、玄参科、Globulariaceae、苦槛蓝科、列当科、苦苣苔科、爵床科、胡麻科、紫葳科、Mendonciaceae、狸藻科），7. 桔梗藻目（五膜草科 Pentaphragmataceae、尖瓣花科 Sphenocleaceae、桔梗科、花柱草科、Donatiaceae、Brunoniaceae、草海桐科），8. 茜草目（茜草科、假牛繁缕科），9. 川续断目（忍冬科、五福花科、败酱科、川续断科），10.Calycerales（Calyceraceae），11. 菊目（菊科）。

Ⅱ. 单子叶植物（在本系统中被名为百合纲 Cl. Lilipsida）

（I）**泽泻亚纲** Subcl. Alismatidae

1. 泽泻目（花蔺科、Limnocharitaceae、泽泻科），2. 水鳖目（水鳖科），3. 茨藻目（水蕹科、冰沼草科、Juncaginaceae、眼子菜科、川蔓藻科 Ruppiaceae、茨藻科、角果藻科 Zannicheliaceae、Posidoniaceae、Cymodoceaceae、大叶藻科 Zosteraceae），4. 霉草目（无叶莲科 Petrosaviaceae、霉草科）。

（II）**棕榈亚纲** Subcl. Arecidae

1. 棕榈目（棕榈科），2. 环花目（环花科），3. 露兜树目（露兜树科）,4. 天南星目（天南星科、浮萍科）。

（III）**鸭跖草亚纲** Subcl. Commelinidae

1. 鸭跖草目（Rapateaceae、黄眼草科、Mayacaceae、鸭跖草科），2. 谷精草目（谷精草科），3. 帚灯草目（须叶藤科、Joinvilleaceae、帚灯草科、刺鳞草科），4. 灯心草目（灯心草科、Thurniaceae），5. 莎草目（莎草科、禾本科），6.Hydatellales（Hydatellaceae），香蒲目（黑三棱科、香蒲科）。

（VI）**姜亚纲** Subcl. Zingiberidae

1. 凤梨目（凤梨科），2. 姜目（Strelitziaceae、Heliconiaceae、芭蕉科、兰花蕉科 Lowiaceae、姜科、闭鞘姜科 Costaceae、竹芋科）。

（V）**百合亚纲** Subcl. Liliidae

1. 百合目（田葱科、雨久花科、Haemodoraceae、Cyanastraceae、百合科、鸢尾科、Velloziaceae、芦荟科 Aloeaceae、龙舌兰科 Agavaceae、Xanthorrhoeaceae、Hanguanaceae、蒟蒻薯科、百部科、菝葜科 Smilacaceae、薯蓣科），2. 兰目（Geosiridaceae、水玉簪科、Corsiaceae 、兰科）。

本系统在对各级分类群的安排等方面有不少特点，现择其要点叙述如下：（1）认为被子植物可能起源于种子蕨，而排除了起源于其他裸子植物（包括本勒苏铁类）的可能性。（2）把绝大多数现存的原始双子叶植物放在第一个亚纲，木兰亚纲中，这个亚纲也就成了被子植物最原始的群，并认为被子植物其他的群都从这群衍生而出。这个亚纲包含有以下被子植物原始的特征：在木质部中没有导管

（Winteraceae、Amborellaceae、金粟兰科的草珊瑚属 *Saracandra*、睡莲科、莼菜科），花各部数目不定、分生并螺旋状排列（木兰科、番荔枝科、毛茛科等）； 雄蕊呈片状，具三条纵脉，不分化为花药和花丝（Degeneriaceae、木兰科），向心发育；花粉有一个萌发孔 [木兰目、胡椒目、马兜铃目（马蹄香属 Sauruma）、睡莲科、莼科]，具 2 核；心皮没有明显的花柱和柱头，柱头组沿腹缝线分布，在少数情况下，在腹缝线没有愈合（Winteraceae、Degeneriaceae），胚珠有二层珠被和厚珠心；果实为蓇葖（木兰目、八角科、毛茛科等）；种子有丰富的胚乳，胚很小；有精油细胞（ethereal oilcells）（木兰目、樟目、八角目、胡椒目、马兜铃目）和特有的化学成分，苄基异喹啉生物碱（benzylisoquinoline alkaloids）（木兰目、樟目、毛茛目、罂粟目）。（3）马桑科过去被放在无患子科附近，柯朗奎斯特根据这科在木材解剖构造、花粉构造以及分生心皮等特征与无患子科不同，并根据花部、茎解剖构造以及化学成分等特征，把这科放在毛茛目中。清风藤科过去被放在防己科附近或放在无患子目中，柯朗奎斯特在其系统中暂时把这科也放在毛茛目中。（4）认为金缕梅亚纲是被子植物早期特化路线的残余。这亚纲多数目的花趋向简化，多为单性，具一层花被或无花被，常组成柔荑花序，是适应风媒传粉的演化路线，不具导管的昆栏树目被认为是本亚纲中最原始的群。领春木科和连香树科被放在本亚纲金缕梅目中。（5）选择雄蕊发育方向作为区分双子叶植物各亚纲的重要特征之一，在五桠果亚纲和石竹亚纲，雄蕊在多数时，其发育方向是离心的，即花里面的雄蕊先发育，而其他四个亚纲的雄蕊在多数时则是向心发育的，即花外面的雄蕊先发育。（6）石竹亚纲包括石竹目（相当于恩格勒系统的中子目）、蓼目和合瓣的白花丹目。本亚纲的特征：花粉有三核；胚珠有二层珠被和厚珠心，在石竹目常为弯生；胎座为特立中央胎座或基底胎座；雄蕊在多数时为离心发育；在石竹目，多数科含有本亚纲特有的化学成分，甜菜拉因 betalain。柯朗奎斯特猜测本亚纲的祖先可能在毛茛科附近（花粉构造相近： 蓼科和毛茛科同有三基数花）。（7）认为五桠果亚纲可能源于木兰亚纲，将心皮分生的五桠果目看作是木兰亚纲和五桠果亚纲的联系环节。并认为茶目一方面可能直接源于五桠果目，另一方面，本亚纲的其他各目可能直接或间接地源于茶目。在五桠果亚纲，花粉多具二核（十字花科等少数科具三核），胚珠多具二层珠被，有厚或薄珠心。（8）芍药属过去常被放在毛茛科中，在本系统中，根据本属植物在木质部有原始的梯纹导管分子，花瓣由萼片演变而来，多数雄蕊离心发育，在雄蕊之内存在花盘等特征，将本属独立成芍药科并放到五桠果亚纲的五桠果目中。（9）将只包含杨柳科的杨柳目放在五桠果亚纲中也具侧膜胎座的堇菜目之后，并根据杨柳科和堇菜目大风子科的山桐子属 Idesia 均含有水杨苷（salicin）（其他被子植物各科不含此种化学成分），均为一些近缘锈菌的寄主，推测杨柳科源于大风子科，同时还猜测也可能源于旌节花科。（10）白花菜目（包括白花菜科、十字花科等 5 科）的雄蕊在多数时离心发育，含有黑芥子硫苷酸（myrosin）等化学成分，罂粟目的雄蕊在多数时向心发育，常含有苄基异喹啉生物碱。过去这二目常根据侧膜胎座的特征被放在一个目中，在本系统中主要根据这两群的区别特征被分别放在五桠果亚纲和木兰亚纲中。（11）本系统的蔷薇亚纲包括 18 目，58 000 种，是被子植物中仅次于菊亚纲的大群，柯朗奎斯特认为本亚纲是与五桠果亚纲平行发展的群，二者不易区分。在本亚纲，雄蕊在多数时向心发育，花多具离瓣花冠、花盘和中轴胎座，许多目具复叶。在五桠果亚纲，雄蕊在多数时离心发育，有 1/3 以上的种具侧膜胎座，有大约 1/3 的种具合瓣花冠，叶多为单叶，花很少具花盘。柯朗奎斯特根据化石记录和比较形态学的研究推测本亚纲源出于木兰亚纲，并根据拟无患子 Sapindopsis 化石的发现，推测本亚纲大约在下白垩纪的 Albian 中期自木兰亚纲的原始群分化而出，那时本亚纲的原始群具三沟花粉和羽状复叶。（12）根据胡颓子科和山龙眼科的一些共有特征（维管束具内生韧皮部，托叶不存在，花四基数，无花冠），将这二科组成山龙眼目，但同时，柯朗奎斯特又认为这二科并不很相近。红树科过去被放在桃金娘目中，柯朗奎斯特根据这科无内生韧皮部、存在螺纹导管、发育的叶柄间托叶，以及发育的胚乳，而把这科从桃金娘目（具内生韧皮部、导管具单穿孔，不存在明显的托叶，种子具少量胚乳或无胚乳）中分出独成一目，红树目，放在桃金娘目之后。此外，将分布于我国西南部及缅甸北部的单种科，十齿花科 Dipentodontaceae，根据其雌蕊构造，按照德国学者舒尔茨莫特 W. Schultze-Motel 的处理方法放在蔷薇亚纲的檀香目中。（13）菊亚纲包含 11 目 60 000 种，是被子植物中最大的亚纲，并被认为是双子叶植物中最进化的大群，可能是在最近地质时期中演化而出的。规定菊亚纲的主要特征：花冠合瓣；雄蕊的数目与花冠裂片的数目相同，并与后者互生，或少于花冠裂片；胚珠多有一层珠被和薄珠心；在化学成分方面，常含有环烯醚萜类化合物 iridoid compounds，而没有苄基异喹啉生物碱、芥子油、甜菜拉因等化合物。根据本亚纲的不少特征（如具有环烯醚萜类化台物，合瓣花冠，雄蕊与花冠裂片数目相等并与之互生，合生的心皮具中轴胎座和多数胚珠，胚珠有一层珠被和薄珠心等，在蔷薇亚纲的原始群，蔷薇目中也均可发现，柯朗奎斯特推测本亚纲的祖先很可能是蔷薇目。（14）根据胚胎学（胚珠构造等）方面及化学方面（含有环烯醚萜类化合物）的研究，本系统将蚁塔科、水马齿科和 Hydrostachyaceae（分布于热带非洲）组成水马齿目放在菊亚纲唇形目之后，并认为这一群由于水生生长环境而发生了营养体及花部的简化。过去，蚁塔科常被放在小二仙草科附近，水马齿科则常被放在黄杨科附近。（15）奥地利学者 R.Wunderlich 于 1971 年发表"假牛繁缕属 Theligonum 的系统位置"一文，指出假牛繁缕属与茜草科有不少重要的共同特征 [如单叶具叶柄间托叶，托叶内面有腺附属物（colleters），平列型气孔，下位子房，核型胚乳，染色体数目 n=10，11]，并认为假牛繁缕科 Theligonaceae 应降级作为茜草科的一个族。柯朗奎斯特主要根据此文，将假牛繁缕科放在茜草科之后，由这二科组成茜草目，并认为茜草目是桔梗目与川续断目之间的联系环节。过去，假牛繁缕科被不同学者放在苋科或小二仙草科的附近。（16）认为单子叶植物起源于原始的双子叶植物，其祖先可能与现代的睡莲类植物相似，为草本植物，具有活动能力较小的形成层、不太特化的花被、具单萌发孔的花粉、分生的心皮和片状的（laminar）胎座。（17）规定鸭跖草亚纲的主要特征是：所有营养器官中都含有导管，气孔有两个或较多个副卫细胞，花被分化为花萼和花冠，胚乳含淀粉（香蒲目例外），并根据这些特征把过去放在百合类中的灯心草科和香蒲科移到鸭跖草亚纲中。认为姜亚纲接近鸭跖草亚纲，指出姜亚纲的区别特征为：花多左右对称，并具蜜腺，子房常下位。（18）规定百合亚纲的主要特征是：全部或多数导管分布于根部（菝葜科例外），气孔通常没有副卫细胞，花被两层均呈花瓣状，胚乳含有纤维素、脂肪和蛋白质，少有含淀粉，但在兰科，无胚乳或存在少量胚乳。（19）柯朗奎斯特认为以子房上位或下位和花序类型等特征不能区分百合科和石蒜科，遂将后者归并于前者之中。

苏联学者塔赫他间 A. Takhtajan 的被子植物系统也是现代著名的被子植物系统之一，与柯朗奎斯特的系统颇为相似，可以说是大同小异，在 1980 年，他在一篇文章中绘制了一个新的被子植物系统树图，（见图 4）。

二百多年来，经过多数植物学者的努力，被子植物的多数属、科、目等分类群的范围已被自然或比较自然地划分清楚，他们之间的亲缘关系和一些演化路线也被揭示得越来越清楚了，从上述的六个不同时期发表的系统可大致看出这种进展的情况。但是，由于有关学科的研究不够充分，还有不少群的范围，亲缘关系和系统位置仍然不明确，尤其是由于缺少被子植物发展最初阶段的化石资料等，许多在被子植物系统发育方面重要的问题，例如，被子植物的祖先是什么，最原始的被子植物是什么，被子植物特有的花（包括花的各部成员）是如何演化而成的，以及最原始的被子植物出现后发生的分化和演化初期阶段形成的各条演化路线等问题到现在还都没有得到了解。现在，不少发达国家的植物学者们正针对这些重要而困难的问题进行着研究工作。可以预料，对上述诸问题中的任何一个问题的解决，都定会给予被子植物系统的改进以重要的影响。

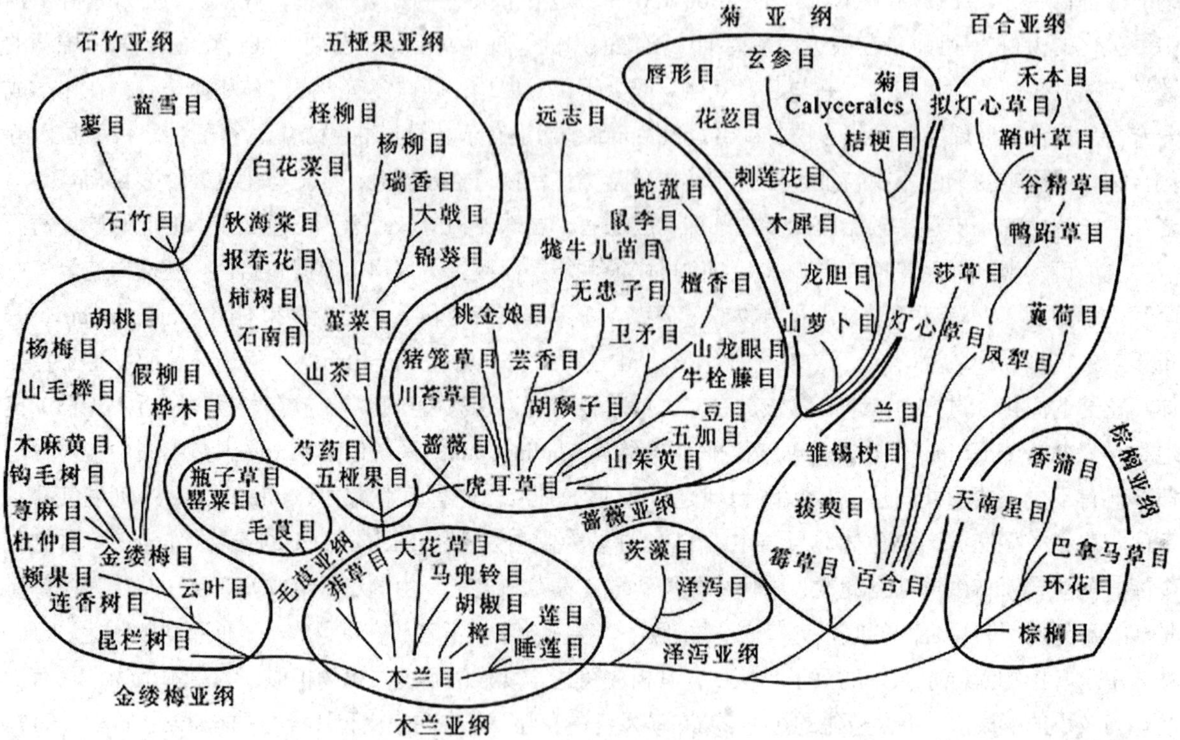

图 4 塔赫他间系统

当代四被子植物分类系统简介（一）

An introduction to four important current systems of classification of the Angiosperms (I)

在 19 世纪末及 20 世纪初，在欧美出现了 C. E. Bessey（美）、H. Hallier（德）及 K. J. Gobi（苏联）等新被子植物分类系统[9,14,3]，以及 Arber 和 Parkin[5] 等学者关于被子植物系统发育的论文，掀起了一个被子植物研究的高潮。这些学者一致否定了 A. W. Eichler 和 H. G. A. Engler 关于被子植物的原始群是具简单构造花的原始花被群 Archichlamydeae，而一致认为木兰类是被子植物的原始群。从那时以后，有关被子植物研究的势头一直保持着，不时出现重要的研究工作。进入 60 年代，在 1964 年，H. Melchior 等德国学者[10] 对著名的 Engler 系统进行了修订，此后，从 1968 年起，出现了 Cronquist（美，1968）、Thorne（美、1968）、Dahlgren（丹麦，1975）（见后引文献）、Stebbins（美，1974）[12] 和田村道夫（日本，1974）[4] 等学者发表的五个新系统。在同一时期，著名的苏联 Takhtajan 系统不断进行修改（见后引文献），另一著名的英国 Hutchinson 系统出了第三版（1973）[7]、匈牙利的 Soó 系统也进行了修改[11]。从 60 年代起，与被子植物系统发育及分类学有关的形态学、解剖学、孢粉学、胚胎学、细胞学、植物化学、古植物学及植物地理学等学科的研究工作蓬勃发展，出现了大量重要工作和多种新观点，1981 年 Cronquist 出版的著作（见后列文献）中引出的近三千篇文献就是这一被子植物研究新高潮的反映。可以说，上述诸系统就是有关学者在综合、分析了上述各学科的新工作以及前人工作之后而形成的产物。本文现将其中四个比较重要的系统，即 Takhtajan、Cronquist、Thorne 及 Dahlgren 的系统作一简单介绍。

Takhtajan 系统

A.Takhtajan(A.Тахтаджян) 自 40 年代起发表有关被子植物系统发育的论著，在 50 年代正式发表新系统，以后至今不断进行修改，其重要著作：

1942　Структурные типы гинецея и плацентация семезачатков. Изв. Армянск. Фил. АН СССР, 3–4; 91–112.

1954　Происхождение покрытосеменных растений. Москва.
被子植物的起源，朱澂，汪劲武译，科学出版社（1955 年）。

1954　Вопросы эволюционной морфологии растений. Ленинград.
植物演化形态学问题，匡可任，石铸译，青海省科学技术学会（1979 年）。

原文刊登于《植物学通报》7(2): 1–17, 1990。

1959 Die Evolution der Angiospermen. Jena.
1966 Система и филогения цветковых растений. Москва.
1969 Flowering Plants, Origin and dispersal. Edinburgh.
1974 The chemical approach to plant classification with special reference to the higher taxa of Magnoliophyta. In G. Bendz and J. Santesson (eds.): Chemistry in botanical classification, pp. 17–28. New York; London.
1980 Происхождение цветковых растений. Жизнь растений 5(1): 103−112. Москва.
1980 Outline of the classification of flowering plants (Magnoliophyta). *Bot. Rev.*, 46(3): 225−359. 有花植物（木兰植物）分类大纲，黄云晖译，中山大学出版社（1986 年）。
1986 Floristic regions of the world. Berkeley.
1987 Система магнолиофитов. Ленинград.
1987 Flowering plant origin and dispersal: the cradle of the angiosperms revisited. In T. C. Whitemore (ed.): Biogeographical evolution of the Malay Archipelago. Oxford.

Takhtajan 在对裸子植物各群进行了深入分析之后，认为只有种子蕨可能是被 子植物的祖先，否定了所有现存裸子植物各群以及绝灭的本勒苏铁类和苛得苏铁类是其祖先的可能性。根据被子植物极为简化的雄、雌配子体，独特的、一致的双受精现象等特征，认为被子植物以单元自裸子植物起源，反对多元起源的观点。根据对现在被子植物各原始群分布区的分析，认为自印度东北部到南太平洋的斐济（Fiji）岛这一区域可能是被子植物的起源地。

Takhtajan 在 50 年代初期制定的系统，好像是综合了 Hallier、Hutchinson 等各家之长而形成的。在 50 年代末，他自广义的木兰目分出八角目、昆栏树目（二目的花粉均具三沟）等群，自睡莲目（狭义的睡莲目的花粉具一萌发孔）分出莲目（花粉具三沟），将山茶目分为五桠果目（心皮分生）和狭义的山茶目，将广义的蔷薇目加以细分，并对单子叶植物各群进行了重新排列。在 1964 及 1966 年修订中，Takhtajan 系统的独特风格形成了，将双子叶植物分为 7 亚纲，将单子叶植物分为 3 亚纲，在亚纲和目之间插入了“超目 Superorder”一级。以后一直到 1980 年，对其系统进行数次修改，但变化不是太大，1980 年修改的系统共包括 10 亚纲，28 超目，92 目，410 科。在 1986 和 1987 年的二次修改中，发生较多变化，不少科的位 置发生改变，有些是接受了 Thorne、Dahlgren 和 Cronquist 的观点而进行改动的，同时增加了 2 亚纲（自菊亚纲分出唇形亚纲，自百合亚纲分出霉草亚纲），至于超目、目和科的数目，均大为增加，结果，1987 年新修改的系统包括 12 亚纲，53 超目，166 目，533 科，其主要内容如下（图 1）。

（一）双子叶植物纲 Magnoliopsida

1. 木兰亚纲 Magnoliidae （1）木兰超目：木兰目（Degeneriaceae，Himantandraceae，木兰科），Eupomatiales（Eupomatiaceae），番荔枝目（番荔枝科，Canellaceae，肉豆蔻科），Winterales（Winteraceae），八角目（八角科，五味子科），Austrobaileyales（Austrobaileyaceae），樟目（Amborellaceae，Trimeniaceae，Monimiaceae，Atherospermataceae，Siparunaceae，Gomortegaceae，莲叶桐科，蜡梅科，Idiospermaceae，樟科，Gyrocarpaceae），Lactoridales（Lactoridaceae），金粟兰目（金粟兰科），胡椒目（三白草科，胡椒科），马兜铃目（马兜铃科）；（2）大花草超目：Hydnorales（Hydnoraceae），大花草目（大花草科，Apodanthaceae，帽蕊草科，Cytinaceae），蛇菰目（Dactylanthaceae，

Sarcophytaceae，Lophophytaceae，蛇菰科）；（3）猪笼草超目（猪笼草科）；（4）睡莲超目：睡莲目（Cabombaceae，睡莲科，Barclayaceae），金鱼藻目（金鱼藻科）；（5）莲超目（莲科）。

2. 毛莨亚纲 Ranunculidae （1）毛莨超目：毛莨目（木通科，大血藤科，防己科，毛莨科，星叶草科，Hydrastidaceae，小檗科，南天竹科 Nandinaceae），白根葵目 Glaucidiales （白根葵科 Glaucidiaceae），芍药目（芍药科），罂粟目（罂粟科，角茴香科 Hypecoaceae，紫堇科）。

3. 石竹亚纲 Caryophyllaceae （1）石竹超目：（商陆科，Achatocarpaceae，Barbeuiaceae，紫茉莉科，番杏科，Tetragoniaceae，粟米草科，Stegnospermataceae，马齿苋科，Hectorellaceae，落葵科，Halophytaceae，仙人掌科，Didieraceae，石竹科，苋科，藜科）；（2）蓼超目（蓼科）；（3）白花丹超目（白花丹科）。

4. 金缕梅亚纲 Hamamelididae（1）昆栏超目：昆栏树目（昆栏树科，水青树科），连香树目（连香树科），领春木目（领春木科）；（2）杜仲超目（杜仲科）；（3）金缕梅超目：金缕梅目（金缕梅科，红苞木科 Rhodoleiaceae，蕈树科 Altingiaceae，法国梧桐科），交让木目（交让木科），Balanopales (Balanopalaceae)，Didymelales (Didymelaceae)，Myrothamnales (Myrothamnaceae)，黄杨目（黄杨科，Stylocerataceae），Simmondsiales (Simmondsiaceae)，木麻黄目（木麻黄科），壳斗目（壳斗科），桦木目（桦目科）；（4）胡桃超目：杨梅目（杨梅科），马尾树目（马尾树科），胡桃目（胡桃科）。

5. 五桠果亚纲 Dilleniidae （1）五桠果超目（五桠果科）；（2）山茶超目：猕猴桃目（猕猴桃科），Paracryphiales （Paracryphiaceae），山茶目（旌节花科， 山茶科，毒药树科，Oncothecaceae，Marcgraviaceae，五列木科，Tetrameristaceae，山矾科，Caryocaraceae，Asteropeiaceae，Pellicieraceae，Bonnetiaceae，藤花科），Medusagynales（Medusagynaceae），金莲木目（金莲木科， Lophiraceae，Sauvagesiaceae，Diegodendraceae，Strasburgeriaceae，Quiinaceae，Scytopetalaceae），钩枝藤目（钩枝藤科），沟繁缕目（沟繁缕科）；（3）玉蕊超目（玉蕊科）；（4）瓶子草超目（瓶子草科）；（5）杜鹃花超目：杜鹃花目（山柳科、杜鹃花科， Epacridaceae，Cyrillaceae，岩高兰科，Grubbiaceae），岩梅目（岩梅科），柿树目（安息香科，Lissocarpaceae，柿树科），山榄目（山榄科），报春花目（Theophrastaceae，紫金牛科，桐花树科 Aegicerataceae，报春花科）；（6）堇菜超目：堇菜目（Berberidopsidaceae，Aphloiaceae，大风子科，Kiggelariaceae，Lacistemataceae，Peridiscaceae，堇菜科， 十齿花科 Dipentodontaceae， Scyphostegiaceae，西番莲科， Tuneraceae，Malesherbiaceae，Achariaceae，番木瓜科）， 柽柳目（柽柳科，瓣鳞花科），Fouquieriales（Fouquieriaceae），杨柳目（杨柳科），Dioncophyllales（Dioncophyllaceae），葫芦目（葫芦科），秋海棠目（四数木科，秋海棠科），白花菜目（白花菜科，十字花科，Tovariaceae），木犀草目（木犀草科），辣木目（辣木科），Batales（Gyrostemonaceae，Bataceae）；（7）锦葵超目：红木目（红木科，Cochlospermaceae，半日花科），锦葵目（杜英科，Plagiopteraceae，椴树科，Monotaceae，龙脑香科，Sarcolaenaceae，Rhopalocarpaceae，梧桐科，木棉科，锦葵科，Huaceae）；（8）荨麻超目：荨麻目（榆科，桑科，大麻科，Cecropiaceae，荨麻科），Barbeyale（Barbeyaceae）；（9）大戟超目：大戟目（大戟科，Pandaceae，毒鼠子科，Aextoxicaceae），瑞香目（瑞香科）。

6. 蔷薇亚纲 Rosidae （1）蔷薇超目：Cunoniales（Cunoniaceae，Baueraceae，Davidsoniaceae，Eucryphiaceae， Brunelliaceae），Bruniles （Bruniaceae），Geissolomatales（Geissolomataceae）， 虎耳草目（扯根菜科 Penthoraceae，景天科， Cephalotaceae，虎耳草科，醋梨科 Grossulariaceae，鼠刺科 Iteaceae，Vahliaceae，Eremosynaceae，Rousseaceae，Greyiaceae, Frankoaceae，梅花草科 Parnassiaceae，

Lepropetalaceae），茅膏菜目（茅膏菜科），Gunnerales（Gunneraceae），蔷薇目（蔷薇科，Chrysobalanaceae, Neuradaceae），Crossosomatales（Crossosomataceae），川苔草目（川苔草科）；（2）桃金娘超目：红树目（Anisophyllaceae，红树科），桃金娘目（Psiloxylaceae，Heteropyxidaceae，桃金娘科，Alzateaceae，Rhynchocalycaceae，Penaeaceae，Oliniaceae，使君子科，隐翼科，野牡丹科，千屈菜科，石榴科，八宝树科 Duabangaceae，海桑科，柳叶菜科，菱科），小二仙草目（小二仙草科）；（3）豆超目（豆科）；（4）芸香超目：牛栓藤目（牛栓藤科），无患子目（省沽油科，银雀树科 Tapisciaceae，无患子科，槭树科，七叶树科，钟萼树科，Melianthaceae，Akaniaceae，Stilobsiaceae，Emblingiaceae，清风藤科，Physenaceae），芸香目（芸香科，Rhabdodendraceae，Tetradiclidaceae，Cneoraceae，苦木科，Irvingiaceae，Surianaceae，蒺藜科，白刺科 Nitrariaceae，Balanitaceae，骆驼蓬科 Peganaceae，楝科，Kirkiaceae，Ptaeroxylaceae，Tupeianthaceae，橄榄科，漆树科），Leitneriales（Leitneriaceae），马桑目（马桑科），亚麻目（Hugoniaceae，亚麻科，Ctenolophonaceae，Ixonanthaceae, Humiriaceae，古柯科），牻牛儿苗目（酢浆草科，Lepidobotryaceae，Hypseocharitaceae，薰倒牛科 Biebersteiniaceae，牻牛儿苗科，Dirachmaceae，Ledocarpaceae，Rhynchothecaceae，Vivianiaceae），凤仙花目（凤仙花科），旱金莲目（旱金莲科），Limnanthales（Limnanthaceae），远志目（金虎尾科，Trigoniaceae，Vochysiaceae，远志科，Krameriaceae，Tremandraceae）；（5）卫矛超目：卫矛目（冬青科，Phellinaceae，茶茱萸科，Sphenostemonaceae，心翼果科 Cardiopteridaceae，Brexiaceae，卫矛科，Goupiaceae，Lophopyxidaceae，Stackhousiaceae，刺茉莉科，Corynocarpaceae），檀香目（铁青树科，山柚子科，Octoknemaceae，Medusandraceae，檀香科，Misodendraceae，桑寄生科，槲寄生科，Eremolepidaceae）；（6）鼠李超目：鼠李目（鼠李科），胡颓子目（胡颓子科）；（7）山龙眼超目（山龙眼科）；（8）葡萄超目（葡萄科，火筒树科）；（9）山茱萸超目：绣球目（Tetracarpaeaceae，Escalloniaceae，Agrophyllaceae，Griseliniaceae，Carpodetaceae，Polyosmataceae，Montiniaceae，Melanophyllaceae，Columelliaceae，Alseuosmiaceae，Dulongiaceae，Tribelaceae，绣球科 Hydrangeaceae，Roridulaceae，Pottingeriaceae，Pterostemonaceae），山茱萸目（珙桐科，蓝果树科，山茱萸科，Curtisiaceae，Mastixiaceae，桃叶珊瑚科 Aucubaceae，Garryaceae，八角枫科），Aralidiales（Aralidiaceae），鞘柄木目（鞘柄木科 Toricelliaceae），伞形目（青荚叶科 Helwingiaceae，五加科，伞形科），海桐花目（海桐花科），Byblidales（Byblidaceae），川续断目（忍冬科，荚蒾科 Viburnaceae，接骨木科 Sambucaceae，五福花科，败酱科，双参科 Triplostegiaceae，川续断科，刺续断科 Morinaceae），锁阳目（锁阳科）。

7. 唇形亚纲 Lamiidae （1）龙胆超目：龙胆目（Desfontainiaceae，马钱科，Spigeliaceae，茜草科，假繁缕科 Theligonaceae，Carlemanniaceae，Dialypetalanthaceae，龙胆科，Saccifoliaceae，睡菜科 Manyanthaceae，Plocospermataceae，夹竹桃科，萝藦科），木犀目（木犀科）；（2）刺莲花超目（刺莲花科 Loasaceae）；（3）茄超目：茄目（茄科，Nolanaceae，Duckeodendraceae，Scleropyllaceae，Goetzeaceae），旋花目（旋花科，菟丝子科），花荵目（Cobaeaceae，花荵科），紫草目（田基麻科，Lennoaceae, Hoplestigmataceae，厚壳树科 Ehretiaceae，破布木科 Cordiaceae，紫草科，Wellstediaceae）；（4）唇形超目：玄参目（醉鱼草科 Buddlejaceae，玄参科，Globulariaceae，Retziaceae，Stilbaceae，紫葳科，胡麻科，茶菱科 Trapellaceae，角胡麻科，苦苣苔科，车前科，狸藻科，苦槛蓝科，Spielmanniaceae，爵床科，老鸭咀科 Thunbergiaceae，Mendonciaceae），杉藻目（杉藻科），唇形目（马鞭草科，唇形科，水马齿科），Hydrostachyales（Hydrostachyaceae）。

8. 菊亚纲 Asteridae （1）桔梗超目：桔梗目（五膜草科 Pentaphragmataceae，尖瓣花科，Sphenocleaceae，桔梗科，Cyphiaceae，Nemacladaceae，半边莲科 Lobeliaceae，Cyphocarpaceae），花柱草目（Donatiaceae，花柱草科），草海桐目（草海桐科，Brunoniaceae），Calycerales（Calyceraceae）；（2）菊超目（菊科）。

（二）单子叶植物纲 Liliopsida

1. 泽泻亚纲 Alismatidae （1）花蔺超目：花蔺目（花蔺科），水鳖目（水鳖科，Thalassiaceae，Halophilaceae）；（2）泽泻超目（沼兰科 Limnocharitaceae，泽泻科）；（3）茨藻超目：水蕹目（水蕹科），芝菜目（芝菜科），水麦冬目（水麦冬科，Lilaeaceae，Maundiaceae），眼子菜目（眼子菜科，川蔓藻科），Posidoniales（Posidoniaceae），大叶藻目（大叶藻科），丝粉藻目（角果藻科，丝粉藻科 Cymodoceaceae），茨藻目（茨藻科）。

2. 霉草亚纲 Triurididae（霉草科）。

3. 百合亚纲 Liliidae （1）百合超目：百合目（藜芦科 Melanthiaceae，Calochortaceae，鸢尾科，Geosiridaceae，Tecophilaeaceae，Cyanastraceae，Eriospermaeae，Medeolaceae，百合科），水玉簪目（水玉簪科，Corsiaceae），石蒜目（Asphodelaceae，Xanthorrhoeaceae，Dasypogonaceae，Aphyllanthaceae，风信子科 Hyacinthaceae，葱科 Alliaceae，Hesperocallidaceae，Funkiaceae，龙舌兰科 Agavaceae，萱草科 Hemerocallidaceae，Phormiaceae，Blandfordiaceae，Doryanthaceae，石蒜科，Ixioliriaceae），天门冬目（铃兰科 Convallariaceae，假叶树科 Ruscaceae，天门冬科 Asparagaceae，龙血树科 Dracaenaceae，Nolinaceae，Herreriaceae，Asteliaceae，Hanguanaceae），菝葜目（Luzuriagaceae，Philesiaceae，Petermanniaceae, Ripogonaceae，菝葜科），薯蓣目（毛足薯科 Trichopodaceae，Stenomeridaceae，薯蓣科，百部科，重楼科 Trilliaceae），蒟蒻薯目（蒟蒻薯科），Alstroemeriaes（Alstomeriaceae），Haemodorales（Haemodoraceae，Conostylidaceae，仙茅科 Hypoxidaceae），兰目（兰科）；（2）雨久花超目：雨久花目（雨久花科），田葱目（田葱科）；（3）凤梨超目：凤梨目（凤梨科），Velloziales（Velloziaceae）；（4）姜超目：姜目（旅人蕉科 Strelitziaceae，芭蕉科，Heliiconiaceae，兰花蕉科，姜科，闭鞘姜科 Coetaceae，美人蕉科，苳叶科）；（5）灯心草超目：灯心草目（灯心草科，Thurniaceae），莎草目（莎草科）；（6）Hydatellanae 超目（Hydatellaceae）；（7）鸭跖草超目：鸭跖草目（鸭跖草科，Mayacaceae，黄眼草科，Rapateaceae，谷精草科），帚灯草目（鞭藤科 Flagellariaceae，Joinvilleaceae，帚灯草科 Restionaceae，Anarthriaceae，Ecdeiocoleaceae，刺鳞草科 Centrolepidaceae），禾本目（禾本科）。

4. 棕榈亚纲 Arecidae （1）棕榈超目（棕榈科）；（2）环花超目 Cyclanthanae 超目（环花科 Cyclanthaceae）；（3）露兜树超目（露兜树科）；（4）天南星超目（天南星科，浮萍科）；（5）香蒲超目（黑三棱科，香蒲科）。

本系统将双子叶植物中具有原始特征（如具精油细胞；木质部中无导管；导管分子细长，具梯状斜穿孔板；叶具托叶和羽状脉；气孔平列型；花单独顶生或组成聚伞花序；花的各部成员分生、螺旋状排列；雄蕊向心发育，未分化成花丝和花药，常具三条纵脉；花粉具二核，有一萌发孔，外壁未分化；心皮未分化出花柱和柱头，或有时腹缝线未完全闭合，或有时具侧生层状胎座，胚珠多数，倒生，有二层珠被和厚珠心；果实为蓇葖果；种子有丰富胚乳，具分化程度弱的小胚）的绝大多数群放在第一个亚纲，木兰亚纲及第二个亚纲，毛茛亚纲中。

在1980年之前，木兰亚纲的第一目木兰目包含8科，木兰科居首位，特产斐济（Fiji）岛的Degeneriaceae（雄蕊片状，具3条脉，花粉具1条远极沟，外壁外层无结构，心皮来分化出花柱和柱头，种子有3或4子叶）居第二位，无导管、有与Degeneriaceae同样心皮的Winteraceae排在第八位。在1980年，赞同Hallier，Parkin和Stebbins关于原始被子植物是小乔木或灌木、具中等大的花的观点，将木兰科移到第五位，将Winteraceae移到首位。在1987年，将上述8科分为4目，第一目木兰目的第一科为Degeneriaceae，木兰科位居第三。将Winteraceae成立第四目，认为这科亲缘关系很孤立，只与Degeneriaceae表现出一些亲缘关系。在1984年，Walker等[13]研究了木兰亚纲原始科的形态、花粉等特征，认为木兰科和Degeneriaceae是这亚纲最原始的群，认为Winteraceae，有不少进化特征：（叶无托叶，花序聚伞状，花被分化为花萼和花冠，花粉为四合花粉，具远极孔，有明显的网状纹饰，果实为浆果），不是这亚纲的最原始群，而将其置于八角目附近。Walker的这个工作可能对本系统的上述变动有所影响。在1980年及以前，Austrobaileyaceae（特产澳大利亚东北部，有原始的韧皮部，不分化的花被，近片状雄蕊等原始特征）和Lactoridaceae（特产南美，花三基数，花粉为四合花粉，有一条远极沟）被放在樟目中，在1987年，各作为一单型目放在樟目附近。在1980年及以前，认为金粟兰科接近Austrobaileyaceae和Trimeniaceae，将此科放在樟目中，在1987年，认为此科相当孤立，仅与Trimeniaceae和胡椒目表现出一些疏远关系，遂将这科成立一目，金粟兰目，放在樟目、Lactoridales和胡椒目之间。认为马兜铃科接近番荔枝科和肉豆蔻科，可能与这二科有共同起源；认为特产中国的古老属，马蹄香属Saruma（花粉具1沟，心皮6，只基部分生，受精后形成蓇葖果）可能是中间的联系环节。认为Hydnoraceae（*Hydnora*的花粉具1条沟）和大花草科接近马兜铃科（尤其是细辛属*Asarum*），但彼此间关系相当远。认为蛇菰目与Hydnorales目及大花草目同源，而将这目从过去的卫矛超目中迁出移至本亚纲的大花草超目中。同时也认为猪笼草目接近马兜铃目，而将其从原来的蔷薇亚纲中移至本亚纲的大花草超目之后作为一超目处理。

认为特产日本的白根葵科Glaucidiaceae的系统位置介于毛茛目和芍药目之间。在1980年及以前，将芍药科作为一目放在五桠果亚纲的五桠果目之后，在1987年，根据与五桠果科的区别特征（叶为三出复叶，无黄酮类化合物和鞣花酸等，在幼茎薄壁细胞中有分泌细胞，导管分子小，心皮外围有花盘，心皮壁厚，柱头大，外珠被厚等，染色体长等）在毛茛目中尤其是小檗科、Glaucidiaceae和Hydrastidaceae）均可发现。此外，芍药科的种皮也与五桠果科的不同（Corner，1976），而将芍药目移回毛茛亚纲，放在毛茛目之后。

在石竹亚纲中认为商陆科最原始，可能与毛茛目的木通科、防己科同自八角目的古老类型起源。认为蓼目与石竹目（尤其是紫茉莉科）有一定亲缘关系。根据Friedrich（1956）关于白花丹科的研究（这位学者认为白花丹科直接源于商陆科；Takhtajan指出白花丹科不含甜菜拉因（betalains），筛分子质体含淀粉而与商陆科不同），认为白花丹科可能与石竹目有共同起源。

认为金缕梅亚纲是很古老的群，源出于古老的木兰类，在本亚纲中，昆栏树目（无导管）、连香树目和领春木目是最古老的群，而昆栏树目在许多方面占据本亚纲和木兰亚纲之间的位置。认为杜仲科在本亚纲中很孤立，与其他目有一系列区别特征[如含环烯醚萜类化合物（iridoid compounds），有乳汁管，假单基数的雌蕊，胚珠具一层珠被]，在一些特征上（主要是花粉外壁构造）与连香树科相似，但二者的亲缘关系很远。认为金缕梅目是昆栏树目与壳斗目及木麻黄目等目的联系环节。根据木材解剖，叶无托叶，花粉构造，种子构造等特征，赞同Hallier，Hutchinson等学者的意见，认为交让木科与金缕梅科，而不是与大戟科有亲缘关系。根据花粉形态 (Croizat，1960) 和种皮构造 (Corner，1976) 方面的特征，认为黄杨科稍近金缕梅科，但其亲缘关系仍不明确。认为胡桃目与杨梅目及壳斗目均有许多共同特征，明显源于共同的金缕梅群祖先。

认为五桠果亚纲在系统发育方面占有中心群之一的地位，其原始群是本亚纲与木兰亚纲及蔷薇亚纲之间的联系环节。认为五桠果目是本亚纲中最古老的群。在 1987 年，Takhtajan 将他过去放在杜鹃花目中首位的猕猴桃科移至山茶目之前作为一单型目，认为占有五桠果目与山茶目之间的位置；并说明如在山茶目，猕猴科将很孤立，因此将其作为一目处理。赞同 Hallier 的意见，认为山矾科接近山茶科，二者有不少共同特征，特别是雄蕊的构造。同意 Cronquist 的意见，认为玉蕊科不应属于蔷薇亚纲桃金娘目，而应移至五桠果亚纲，但不放在锦葵目之后，而放在山茶目之后，同时称这科系统位置尚未充分明确。认为杜鹃花目、柿树目、山榄目及报春花目均共同源于山茶目。认为堇菜目中最原始科 Berberidopsidaceae 接近五桠果科，并认为本目与近缘的山茶目共同起源于五桠果科的祖先类型；在本目中，认为大风子科居于关键地位，本目其他的科均由其演化而出。赞同 Hallier，Gobi 等的意见，认为杨柳科可能源于大风子科的山桐子族 Idesinae。赞同 Bessey，Thorne 等的关于荨麻目与锦葵目近缘的意见 (见后 Thorne 系统)，将他在 1980 年及以前放在金缕梅目之后的荨麻目移至五桠果亚纲中锦葵目之后。

认为蔷薇亚纲与五桠果亚纲共同起源自木兰超目。认为 Cunoniales 是蔷薇亚纲中最原始的群，认为虎耳草目和蔷薇目 (通过蔷薇科的绣线菊亚科) 与 Cunoniales 有共同起源。在 1987 年将红树科自桃金娘目中分出成立一目 (这点与 Cronquist 相同)。根据 Corner 关于种子解剖学的研究，认为豆科与蔷薇目亲缘关系并不近，根据 Dickison 的意见认为豆科接近牛栓藤科和无患子科，并将豆科作为超目放在芸香超目之前，并认为这二超目共同起源于蔷薇超目。根据形态学、解剖学、胚胎学及化学的资料，认为系统位置难于确定的马桑科仍接近芸香目，在 1987 年将过去放在芸香目中的这科分出作为一目放在芸香目之后。根据葡萄科有非常原始的种子 (有复杂的肉质种皮和复杂的木质内种皮，珠心厚，胚乳丰富、油质，Corner，1976)，其筛分子质体含蛋白质 (Behnke，1975) 等特征，Takhtajan 在 1987 年采取了和 Thorne (1976) 一样的处理方法，将这科从鼠李目移出，与火筒树科组成一超目，放在鼠李超目及山龙眼超目之后，山茱萸超目之前，认为与山茱萸超目有共同起源。近年来，绣球科的一些独特特征 (胚珠有一层珠被，薄珠心，存在珠被绒毡层，胚乳细胞型，植物含有环烯醚萜类化合物) 被发现，Takhtajan 在 1987 年采取了和 Dahlgren(1980) 相同处理方式，将这科及其近缘科从虎耳草目移出，放在山茱萸超目之首，认为起源自 Cunoniales。根据青荚叶属 *Helwingia* 的花部解剖构造（Eyde，1967），不含环烯醚萜类化合物，叶无托叶等特征，赞同 Thorne（1983）的意见，将此属建立单型科，自山茱萸目中移出，迁至五加目中。根据 Van Tieghem（1906，存在裂生分泌沟）及 Metcalfe 和 Chalk（1950，有隔膜纤维和傍管薄壁组织）的解剖学研究及 Hegnauer（1969）的化学研究和他们的观点，在 1987 年将海桐花科自原来的虎耳草目中移出，并成立一目，迁至五加目之后。近年来，Grund 和 Jensen（1981）的血清学研究说明川续断目接近绣球目，再结合形态学研究，在 1987 年，接受上述观点，将原放在龙胆目之后的川续断目移至山茱萸超目中。根据雌蕊、胚珠和花粉构造的区别，认为锁阳科与蛇菰科无亲缘关系，因此不应将二者放在一起，同时也认为锁阳科的系统位置尚不清楚，但应属于蔷薇亚纲，遂暂时将这科放在亚纲最后的位置存疑。

认为唇形亚纲起源于蔷薇亚纲绣球目，本亚纲的龙胆目（尤其是最古老科 Desfontainiaceae）与绣球目最为接近。认为茄目及玄参目都接近龙胆目，尤其是马钱科。认为刺莲花科的系统关系不明，形态学及化学研究说明这科接近龙胆超目及唇形超目。认为杉藻科系统位置孤立，化学研究（Hegnaur 1969，本科含有与玄参科相同的环烯醚萜类化合物）说明可能接近玄参科。

认为菊亚纲起源于山茱萸超目(可能是绣球科植物)。认为桔梗目通过五膜草科及桔梗科的蓝钟花属 *Cyananthus* 与接近绣球目 Escalloniaceae 科的植物相联系。认为菊科源于桔梗超目，而不同意源于川续断科 (Bessey，1915) 或茜草科 (Cronquist 1968，1981) 的观点。

根据睡莲目的水生习性，无导管，花三基数，花粉具一萌发孔等特征，认为这目和单子叶植物有共同的祖先，共同起源于一个具分生心皮、具单沟花粉、无导管、具根状茎的草本原始双子叶植物的祖先。而否定单子叶植物起源于毛茛科、小檗科或木通科等(具三沟花粉)的可能性。

认为泽泻亚纲是单子叶植物中最古老的群之一，但由于这亚纲的一些进化特征(种子无胚乳，花粉具三核)，不能视为祖先群，而是原始单子叶植物的一条演化侧枝。

认为霉草科既接近泽泻超目，也接近百合超目，曾被他先放于泽泻亚纲 (1966)，后又放入百合亚纲 (1969，1980)。在 1987 年，将本科成立一亚纲置于上述二亚纲之间。

在百合亚纲中认为最原始的群为藜芦科 Melanthiaceae, 这科具有很原始的特征，如心皮分生，种子有丰富胚乳，认为水玉簪目、石蒜目及天门冬目均源于藜芦科。认为菝葜科接近天门冬目(特别是铃兰科)，并可能从后者演化而出。认为薯蓣目接近菝葜目(尤其是 Ripogonaceae)，二者有共同起源。同意 Lotsy (1911) 关于蒟蒻薯科与蜘蛛抱蛋属 (*Aspidistra*) 有亲缘关系的观点(二者有相似构造的花)，认为蒟蒻薯属可能源自铃兰科蜘蛛抱蛋族。认为兰科与 Haemodorales 目的仙茅科有许多相似点而紧密联系 [如仙茅 (*Curculigo orchidoides*) 很像兰科植物，二科的染色体很相似 (Sharma，1969)]，赞同 Lindley (1853)，Garay (1960) 等，认为兰科的原始亚科 Apostasioideae 是这二科的联系环节。认为凤梨目接近百合超目(尤其是龙舌兰科)[共同特征：存在针晶体和黄酮类等化学成分，根部导管有梯状穿孔，有隔膜蜜腺 (Septal nectaries)，胚乳沾生型]，并认为凤梨目与龙舌兰科及近缘科可能有共同起源。认为姜目与百合超目及凤梨超目有案缘关系，可能与凤梨目一同由百合超目的祖先演化而出。同意 Hallier (1912)，Rendle (1930) 等的观点，认为灯心草目源于百合超目。认为莎草目源于最原始的灯心草目植物。认为鸭跖草目与近缘的凤梨目共同源于百合超目。认为禾本科很近帚灯草目，可能源于后者 Joinvillea 属的古老代表；根据禾本科有独特的胚和花粉独特的外壁间沟 intra-exinous channels(Linder 和 Ferguson，1985)，不赞成 Dahlgren 等 (1985) 将禾本科与帚灯草目合并成一目。

认为棕榈亚纲与泽泻亚纲和百合亚纲有共同起源，但与后者更为相近。根据棕榈科有 10 余属具分生的心皮，有些植物的心皮属于原始类型，甚至比百合目的心皮还原始：心皮为对折的，具柄，缝线未闭合，有层状（laminal）或近层状胎座，在棕榈（*Trachycarpus fortunei*）其未闭合的腹缝线之内有与原始木兰目植物相似的毛（Uhl 和 Moore，1971），认为棕榈目不可能起源于任何现代的单子叶植物。认为环花目和露兜树目与棕榈目可能有共同起源。认为香蒲目与露兜树目亲缘关系相近，并有共同起源；认为与后者的主要区别为气孔平列型（在露兜树目为四细胞型）。

Takhtajan 根据近数十年来有关形态、解剖学研究工作，对本世纪初 Bessey 拟定的被子植物演化趋势[1]做出了重要补充：（1）原始的被子植物可能是小木本植物，大乔木及草本是后来出现的。（2）具羽状脉，不分裂的单叶是原始的，羽状分裂叶以及掌状脉序是后来出现的。（3）在双子叶植物中平列型气孔原始，其他类型的气孔都是衍生的；在单子叶植物中，周生的无规则型气孔原始。（4）节的构造：具 3 或 5 叶隙的节原始，具更多叶隙或 1 叶隙的节都是衍生的。（5）导管：原始的具梯纹，端壁斜并有较多梯

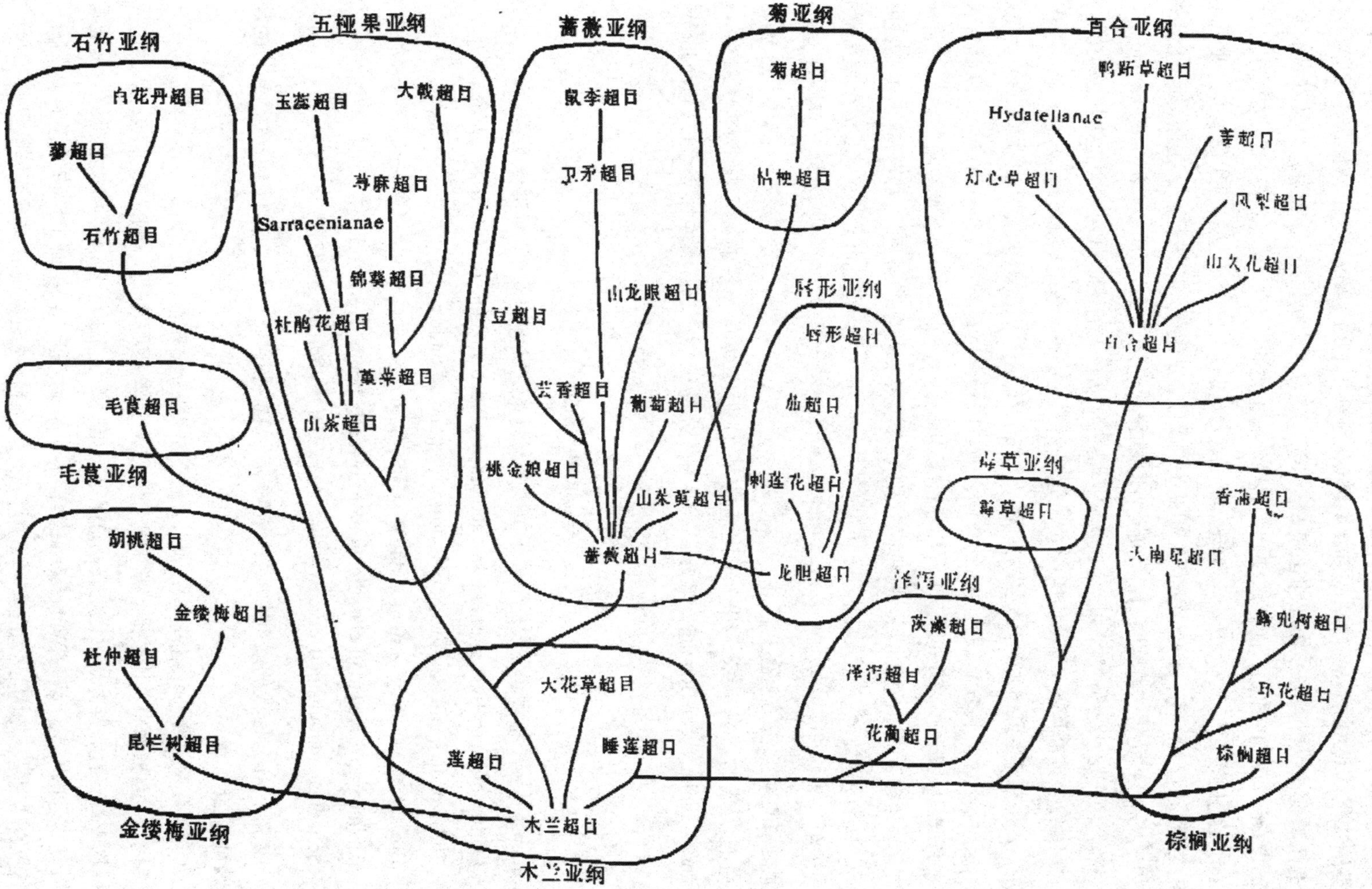

图1　Takhtajan系统图

状穿孔的穿孔板，其他类型的导管进化。（6）花序：顶生具少数花并具叶的聚伞花序原始，从这种简单的花序通过重复分枝形成复聚伞花序、聚伞状圆锥花序等花序，从复聚伞花序演化出总状花序，以及总状花序类的特化类型，如伞形花序，菊科的头状花序等。（7）中等大的花，其花托适度伸长，花各部成员分生，螺旋状排列，这样构造的花原始。（8）雄蕊：片状，未 分化为花丝及花药，具三条脉（*Degeneria*，*Magnolia*）的原始，而有这种分化的雄蕊是进化的。（9）花粉：有一条远极沟，表面光滑，外壁不发生分化的原始，有 3 沟、3 孔、散沟、散孔或无孔，外壁分化为柱状层和覆盖层，或成网状等纹饰的为进化类型。（10）心 皮：未分化出花柱和柱头的原始，发生分化的进化；分生的原始，合生的进化；在心皮合生时，具分生花柱的雌蕊原始，具合生花柱的雌蕊进化。（11）胎座：侧生层状（laterallaminal）胎座原始，其他散布层状胎座、中轴胎座、侧膜胎座、特立中央胎座、基层胎座是进化的类型。（12）胚珠：具二层珠被，珠心厚是原始的现象，具一层珠被，珠心薄（珠心仅有一层细胞）则是进化的；倒生胚珠原始，直生、弯生或横生等其他类型进化。（13）传粉：被子植物的演化过程中最先是虫媒传粉，以后发生风媒传粉及水媒传粉；在虫媒传粉方面，最早的传粉者是具短口器的甲虫类，以后出现具长口器的昆虫（蜜蜂、蝴蝶），以及小的风鸟、蝙蝠等昆虫以外的动物。（14）雄配子体：具二细胞原始，具三细胞进化。（15） 雌配子体：蓼型单孢子八核类型原始，其他类型进化，四分孢子类型最进化；珠孔受精原始，中部受精及合点受精均是进化类型。（16）种子：具丰富的胚乳，胚小，分化程度小的原始，胚乳减少或消失，胚大而分化程度大的是进化的。（17）果实：有多数蓇葖的果实（蓇葖群 follicetum）原始，其他类型的果实均为进化的。

本系统是当代的著名系统，1987 年出版的第 31 版，世界著名的普通植物学教科书，德国的《Strasburger's Lehrbuch der Botanik，31 Auflage》中在被子植物一章，奥地利学者 F. Ehrendorfer 就采用了本系统。

Cronquist 系统

A. Cronquist 从五十年代起发表关于被子植物分类及系统发育的著作，其重要著作：

1975 Outline of a new system of families and orders of dicotyledons. *Bull. Jard. Bot. L'Etat*. 27(1): 13−40.

1968 The evolution and classification of flowering plants. London.

1969 Broad features of the system of angiosperms. *Taxon* 18: 188−193.

1981 An integrated system of classification of flowering plants. New York.

1983 Some realignments in the dicotyledons. *Nord. Journ. Bot*. 3: 75−83.

Cronquist 在 1981 年修改的系统中将被子植物分为 11 亚纲，81 目，378 科（未采用超目的等级），其系统图 [8] 见图 2。

在 1984 年，我曾简要地介绍过本系统 [1]，现在再作些补充如下。

根据现代木兰目植物有关比较形态学的研究，以及白垩纪微化石和大化石的研究，认为这目肯定是现存被子植物中最古老的群。化石记录表明最早被子植物的花粉具一条远极沟；全缘的、具低级结构羽状脉的单叶是古老的类型。认为 Winteraceae 具有不少原始特征（包括叶的结构低级的羽状脉），但也有进化的特征，特别是花粉为四合花粉，具网状纹饰。认为 Degeneriaceae 虽有原始的雄蕊、心皮及胎座，但心皮只有 1 个，却是比 Winteraceae 和木兰科进化的，因而，这科代表了一条演化的盲枝。认为木兰科同时具有原始的和进化的特征，而不可能是任何其他科的祖先。在 1981 年，接受了 Stebbins，Doyle 等

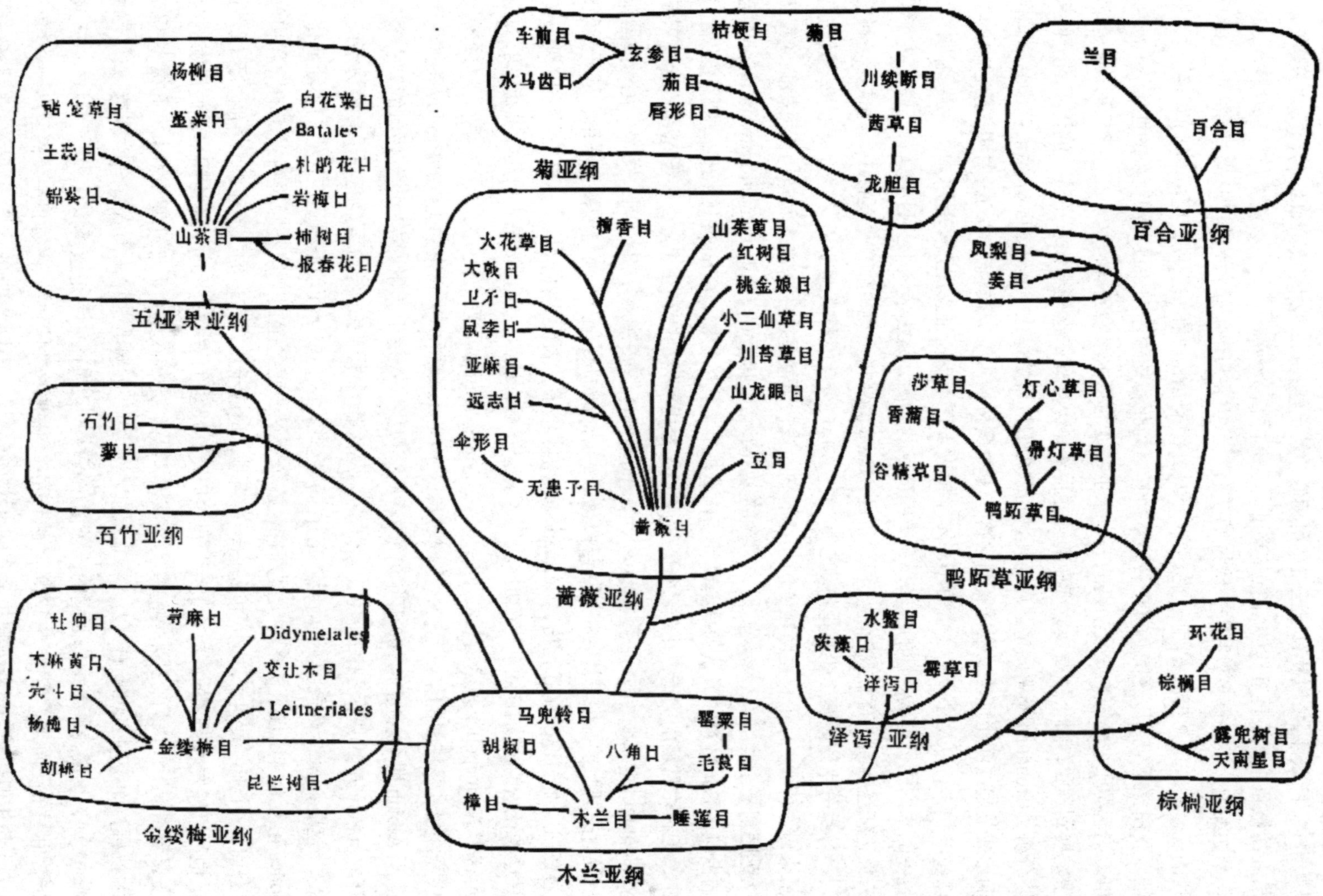

图 2　Cronquist 系统图

学者的观点，认为最早的被子植物是灌木，而不是乔木，遂将他原来木兰目的第一科木兰科移后到第六位，将原来放在后面的 Winteraceae，Degeneriaceae 分别提到第一和第二的位置。根据金粟兰科的叶具托叶，花极退化，胚珠直生，以及有与三白草科相似的解剖学特征，他不同意 Takhtajan 将此科放在樟目中，而主张放在胡椒目中。根据马兜铃科的古老属，马蹄香属 *Saruma* 具分生心皮（仅基部合生），形成蓇葖群，含精油细胞，子房具多数胚珠，认为马兜铃科的祖先只可能是木兰目。同意现在关于八角目起源于木兰目的观点，并认为与后者的区别主要在于具三沟的花粉（在木兰目，花粉具 1 萌发孔）。根据形态学特征以及白垩纪初期以来的有关化石，认为具单沟花粉的睡莲类和具三沟花粉的莲属 *Nelumbo* 都是古老的群，均起源于被子植物发展初期的一个水生并变为草本植物的群，这个群分化后形成两条演化路线，一条发展到莲科，另一条发展成现在的睡莲目 4 科，现代的这些科代表了这个演化干的一些盲枝；根据上述分析，Cronquist 不赞同将莲属与睡莲目的相似性说成是由于居于相同水生环境，受相同自然选择压力而形成的趋同演化现象。根据解剖学构造（毛茛科的木本成员具有宽的髓射线，防己科的茎有不正常的次生加粗），以及小檗科（含有不少木本植物）在不少特征上比基本是草本的毛茛科进化，而认为毛茛目中的木本成员是次生性的木本；关于毛茛目的起源，认为应从木兰目中具有三萌发孔花粉的木本群中去找，在这方面，有可能性的只有八角目。Cronquist 将马桑科放在毛茛目中，是根据这科的花下位，轮列，萼片分生，雄蕊 2 轮，花粉具 3 萌发孔，心皮分生，柱头组织沿花柱全长生长，胚珠有 2 层珠被，厚珠心等特征，此外，茎具粗的髓和宽的髓射线，可能是次生木本，而与毛茛科相似，其花小，组成总状花序则与小檗属 *Berberis* 相似，所含的类倍半萜苦味素 (sesquiterpenoid bitter principle) 与防己科含有的相似，Corner (1976) 认为马桑科种子构造与毛茛科的相似；Cronquist 指出，这科过去常放在无患子科中，但在木材解剖构造，花瓣特征，以及心皮分生等特征上存在矛盾。根据罂粟科含有节基异喹啉 benzyl-isoquinoline 和阿朴芬异喹啉 aporphine-ispquinoline 等生物碱，雄蕊向心发育，花粉类型源于毛茛目，以及有关胚胎学特征，认为将这目与白花菜目 Capparales 分开，而与毛茛目联系，是毫无疑问的。

认为在白垩纪出现的化石花粉，Normapolles 粉体积小，表面光滑，具孔，显然是适应风媒传粉的产物，具这类花粉的植物在上白垩纪初期获得了显著发展；认为现在金缕梅亚纲具柔荑花序群的祖先很可能就是这个 Normapolles 复合群，在上白垩纪的 Maestrichtian 后期 (距今约 9 千万年)，已经发现可鉴定为现代壳斗目和胡桃目的化石花粉；根据 Hickey，Doyle 等古植物学家的工作，Cronquist 推测金缕梅亚纲起源于 Albian 期 (距今约 1100 万年前)，适应于风媒，花发生简化，当时的气候可能有干湿交替的季节，在此气候下并出现了落叶的习性，花的简化及落叶习性二者的结合可能有利于金缕梅纲向温暖地区的扩展，这时，其他被子植物群尚无力充分占领这些地区，由于花粉向着适应风媒的不断演化，就像 Normapolles 粉复合群所展现的多种类型那样，这个亚纲一直到上白垩纪不断得到兴盛的发展和分化，在那时以后，这个亚纲衰退了，这可能是由于在当时，适应于虫媒传粉的蔷薇亚纲 (可能和五桠果亚纲) 也在同一地区繁盛发展起来的缘故，最后，昆虫以及喜昆虫的被子植物的继续协同演化使风媒的金缕梅亚纲的发展受到挫折。认为交让木科的果实为核果，导管是梯纹的，无珠孔塞和种阜，胚极小等特征，不接近大戟科，而赞同 Hallier (1912)，将本科放在金缕梅亚纲中，并认为本科与木麻黄属、杜仲属和 Didymeles 一样，也代表了金缕梅亚纲的一条演化盲枝。认为杜仲目是金缕梅目和荨麻目之间的演化环节。根据荨麻目的花简化，榆科一些属的叶脉与壳斗科和桦木科相似，花粉和金缕梅亚纲一些群一样与 Normapolles 粉相似，解剖学特征则与金缕梅目接近等情况，不同意 Thorne 把荨麻目放在锦葵目附近的观点，认为仍应放在金缕梅亚纲中。根据胡桃目的导管具梯状穿孔，有与杨梅科，桦木科及壳斗科相同的具松脂的芳香多细胞盾状毛，有与杨梅目、壳斗目及木麻黄目一样的与Normapolles粉相似的花粉（一些学者据此推测这些目起源于上白垩纪早期）等方面的特征均与漆树科不相一致，此外，在血清研究方面，胡桃科与杨梅科及壳斗科有相似的反映， 根据上述，不同意Thorne的观点，认为胡桃科不接近芸香目的漆树科，而仍应放在金缕梅亚纲中。

仙人掌科在Engler系统中被置于侧膜胎座目中，Cronquist指出近年来的研究证明这科含石竹目的特有化学成分，甜菜拉因（betalains)，有石竹目特有的具蛋白质丝的筛分子质体，以及这目特有的胚胎学特征（三核花粉、弯生胚珠具二层珠被，厚珠心，种子具外胚乳），遂认为这些特征肯定了仙人掌科属于石竹目的系统位置。根据血清学研究，以及花粉无内孔等特征，Cronquist不赞同将白花丹科（蓝雪科）放在五桠果亚纲的报春花目附近，而赞同Friedrich (1956)对白花丹科的研究结果，将这科放在石竹目附近；最近， Corner (1976)指出从种皮的解剖学构造支持这科与石竹科有亲缘关系的观点；Cronquist同时还指出，白花丹科含花青素，不含甜菜拉因，筛分子质体含淀粉而无蛋白质，花瓣合生，有不同的花粉和胚胎学特征，而与石竹目有着不小的区别。

认为具分生心皮的五桠果科是木兰亚纲及五桠果亚纲之间的联系环节；八角科可能接近五桠果科的祖先，但这二科的亲缘关系并不很紧密。认为山茶目是五桠果亚纲的中心群，这亚纲的玉蕊目、堇菜目、白花菜目、猪笼草目及杜鹃花目等均自山茶目演化而出。根据地理分布、次生代谢物质及花粉等方面的情况，Cronquist推断五桠果亚纲与金缕梅亚纲及蔷薇亚纲大约同时在上白垩纪初期自木兰亚纲起源。根据玉蕊科的叶互生，无内生韧皮部，胚珠有二层珠被，薄珠心和其他胚胎学特征，认为这科不应属于蔷薇亚纲的桃金娘目；根据山茶目、报春花目、柿树目均普遍有与玉蕊科同样类型的胚珠，玉蕊科的雄蕊离心发育特征在五桠果亚纲中甚普遍，此外，玉蕊科的成层韧皮部及楔形韧皮部射线在锦葵目及山茶目也均较普遍存在等情况，认为玉蕊科应自桃金娘目中分出建立一单型目，移至五桠果亚纲中的锦葵目之后。认为分布于南、北美洲的刺莲花科Loasaceae的亲缘关系不易确定，从其含环烯醚萜类化合物，胚珠具一层珠被，薄珠心，以及具合点吸器和珠孔吸器等特征，认为不应放在五桠果亚纲中，而应放在菊亚纲中，但在后者中时，这科的多数雄蕊，和花瓣通常分生等特征又有矛盾；因此，他暂时将这科放在五桠果亚纲堇菜目中，等待进一步的工作解决此问题。

根据古植物学研究，推断蔷薇亚纲在下白垩纪之末自木兰亚纲演化而出，其古老群具三沟花粉和羽状分裂的叶，并认为化石群，木患Sapindopsis，就代表了这个原始群，同时赞同Hickey，Doyle等学者的意见，认为在蔷薇亚纲中，羽状复叶是基本的，具单叶的群都有具复叶的祖先。将豆目放在蔷薇目之后，认为二目有密切的亲缘关系。认为海桐花科的一些特征，如具分泌沟，含聚乙炔，胚珠有一层珠被，薄珠心，花瓣常多少合生，而表现出相当孤立的亲缘关系，只可能接近Byblidaceae，对Dahlgren认为这科与五加科（ 也含聚乙炔，胚珠也有一层珠被及薄珠心）有亲缘关系的观点，表示不赞同；Cronquist认为五加科位于蔷薇亚纲中具复叶演化路线的终点，因此具单叶的海桐花科（具下位花，花萼发育，子房有多数胚珠等特征也与五加科不同）不可能接近五加科的祖先群，并认为上述化学，胚胎学上的相似性是在被子植物中普遍存在的平行演化现象的一种反映。认为小二仙草目（包括小二仙草科和南半球的Gunneraceae）的雌蕊的花柱分生，种子有发育的胚乳，无内生韧皮部，而与桃金娘目不同。根据外部形态学、木材解剖，孢粉学及化学证据，认为山茱萸目直接源于蔷薇目，在绣球科和醋栗科Grossulariaceae附近（认为山茱萸科的*Corokia*属是现存的联系环节，这属可与醋栗科的*Argophyllum*属相比较）；Cronquist的山茱萸科仍具传统概念的范围，包括桃叶珊瑚科、青荚叶科及鞘柄木科。根据大花草科是寄生植物，强烈特化，且不具精油细胞，不具中轴胎座（具侧膜或顶生胎座）等情况，不赞同这科与马兜铃科近缘的观点，而认为与檀香目相近；近年来，大花草目的 Hydnoraceae 的 *Hydnora* 的花粉被发现具单沟，Cronquist 认为在大花目的情况下，不见得是原始的特征，鉴于被子植物各演化趋势均有逆转的现象，进一步认为这也可能是由于寄生习性发生整个植物构造全面简化而促成的一种逆转现象。认为大戟科的雌蕊及花盘的特征较稳定，在这些方面，大戟科可与卫矛目及无患子目相比较，而在五桠果亚纲中这样的雌蕊不普遍，其少数具类似雌蕊的群则具有其他特化特征而与大戟科无亲缘关系；此外，锦葵目的雌蕊与大戟科多少一致，但这二群的蜜腺完全不同；根据上述情况，Cronquist 不赞同 Thorne 等学者关于大戟科接近锦葵目的观点，将包括大戟科的大戟目放在蔷薇亚纲的卫矛目之后；认为在大戟科中，单叶特征是基本的，因此认为这科接近卫矛目，其次是无患子目；将黄杨科放在大戟目中。对 Thorne 将鼠李科与葡萄科分开，以及在葡萄科中发现含蛋白质的筛分子质体等，均未作评论，仍将这二科放在一起，保持传统的鼠李目的内容。认为无患子目和卫矛目共源于蔷薇目。认为五加科通过无患子目源于蔷薇目；认为在五加科中，花多基数的现象（如多蕊木属 *Tupidanthus* 的多数雄蕊和多数心皮）并不是原始的，而是次生的。

根据化石记录（夹竹桃科的化石花粉可追溯到古新世，大花石到始新世，马钱科的大花石发现于始新世，萝藦科的化石花粉及大化石均发现于渐新世，龙胆科的大化石发现于中新世），Cronquist 推断龙胆目的出现不早于第三纪。又根据化石记录（茄科大化石发现于始新世及最近，旋花科化石花粉可回溯至始新世，花荵科花粉在中新世发现，茄目其他科的化石在中新世以后出现），Cronquist 推断茄目的出现也不早于第三纪。根据睡菜科的叶互生，具珠被绒毡层，胚乳细胞型，花冠裂片镊合状排列，无内生韧皮部，不含龙胆苦甙（gentiopicroside）等与龙胆科的区别特征，不管这科含有环烯醚萜类化合物（在龙胆科中普遍存在，在茄科中不存在），将这科自龙胆目移到茄目中。认为紫草科（广义的，包括木本的厚壳树等亚科及草本的紫草亚科）的古老热带木本群与马鞭草科的古老热带木本群很相似，因此将这科自田基麻科附近移至含马鞭草科的唇形目中。由于醉鱼草科 Buddlejaceae 和木犀科无内生韧皮部，具珠被绒毡层，及具细胞型胚乳等特征，Cronquist 将此二科从龙胆目移至玄参目中。认为桔梗目源于茄目或其附近。认为龙胆目的马钱科接近茜草科的祖先。赞同川续断目接近茜草目的观点；根据川续断目多为草本植物，气孔通常为无规则型，叶通常无托叶，无 Colleters 腺体，花冠常不规则，雄蕊数目常少于花冠裂片，细胞型胚乳等与茜草目的区别特征，认为这目比茜草目进化；认为这目的原始科，忍冬科（化石花粉可追溯至始新世中期）可能源于具五心皮的茜草科植物。根据菊科科内亲缘关系的式样，Cronquist 推断菊科的祖先可能是灌木或小乔木，具对生叶和聚伞花序，同时根据这种考虑，以及有关形态学及胚胎学特征，排除了桔梗科（主要为草本植物，叶互生），川续断科（为草本植物，胚珠在子房中顶生）及忍冬科（胚乳核型）为菊科祖先的可能性，而认为菊科的起源可能在茜草科附近；Cronquist 认为菊科植物所以能在演化过程中获得空前成功，化学方面比形态学方面更为重要，此外，还推断菊科植物能最初取得成功，是由于能在其他群之前获得了聚乙炔（polyacetylenes）及倍半萜内脂（sesquiterpene lactones）这两种化学成分共同形成的有效防御。

认为霉草科 Triuridaceae 的系统位置很孤立；根据这科具三核花粉，多数分生心皮等特征，将这科放在泽泻亚纲中，但注意到在陆生习性，菌根营养的习性，及种子有发育的胚乳等方面又与这亚纲不一致；根据 Stant 的解剖学工作和意见，将无叶莲科 Petrosaviaceae 与霉草科放在一起。

根据鸭跖草亚纲的化石记录（这亚纲的单孔，光滑的花粉发现于上白垩纪中期之后，禾草的化石可追溯到古新世或甚至到白垩纪末期），Cronquist 推断这亚纲出现于白垩纪末期之前。认为谷精草科（作为独立目）在体态上，具有丛生基生叶，总状花序呈头状，生于长花葶顶端等特征上极似黄眼草科 Xyridaceae，并认为可能从后者或与后者一起从一具 6 枚能育雄蕊的类似祖先群演化而出。认为过去将灯心草科看作是百合科花简化的后裔的观点是表面的，并指出这二科有重要区别（在灯心草科，所有营养器官均有导管，气孔为平列型，种子含淀粉；在百合科，导管只限于根部，气孔为无规则型，种子含蛋白质、油或半纤维素），根据这些特征，认为灯心草科与典型的鸭跖草亚纲植物相似，灯心草目的另一科 Thurniaceae 含有矽质体，在鸭跖草亚纲的 Rapataceae, 帚灯草科和一些莎草科植物也有类似矽质体，在禾本科有稍不同的矽质体，而在百合亚纲完全不存在这种矽质体，根据上述情况，认为灯心草科以及莎草科和禾本科三科与帚灯草均源于鸭跖草亚纲。根据形态学、解剖学及化学等资料，认为莎草科与禾本科有密切亲缘关系，将此二科仍按传统处理方法放在一个目中。认为香蒲目系统位置很孤立；由于一种锈菌 *Uromyces sparganii* 可寄生于一种黑三棱 *Sparganium eurycarpum* 和菖蒲属 *Acorus* 植物上，同时二者在体态上相似，有人认为可能反映二者有亲缘关系，但 Cronquist 指出天南星科的胚乳不含淀粉，只在根部有导管，而显然与香蒲科不同；过去香蒲科常被放在露兜树科中，但后者为木本植物，有螺旋状生长样式 spiral growth-pattern, 气孔多为四细胞型，胚乳不含淀粉，而与香蒲科不同；根据香蒲科具适应风媒传粉而发生简化的花，气孔为平列型，所有营养器官均有导管， 以及粉质具淀粉的胚乳，Cronquist 将香蒲科放在鸭跖草亚纲中。

Cronquist 指出凤梨目和姜目与百合亚纲相似，同时与鸭跖草科亚纲相区别的特征为具隔膜蜜腺，导管通常限于根部；另外与鸭跖草亚纲相似、同时与百合亚纲不同的特征为胚乳含淀粉(有复杂的淀粉粒)，花萼与花冠分化明显；还指出这二目与百合亚纲和鸭跖草亚纲的区别特征为气孔的副卫细胞是 4 个或更多，花序有大而美丽的苞片；根据上述情况，他决定将凤梨目和姜目组成一亚纲。

本系统的百合目共有 15 科，其中包括蒟蒻薯科、百部科、薯蓣科等科；本系统的百合科也是近于广义的，包括了葱科、萱草科、风信子科、天门冬科、铃兰科、假叶树科、藜芦科、仙茅科，甚至石蒜科和重楼科；这样的分类处理方式与 Takhtajan 和 Dahlgren 二系统相比迥然不同。Cronquist 认为在百合目中，具平行脉的窄叶是原始的特征，在胚乳特征方面，认为肉质的或软骨质的胚乳，并含有蛋白质、油或一些淀粉，但不含半纤维素，这样的胚乳是原始的，认为含大量淀粉或含有丰富半纤维素的坚硬胚乳是进化的。认为菝葜科源于百合科，但也与百部科和薯蓣科相似。

本系统发表后受到普遍重视和一些学者的采用。在美国高等院校的植物分类学教学上多采用此系统。在我国，华东师范大学等编写的高等师范院校用的植物学教科书[2]采用了本系统，辽宁大学生物系和浙江林学院的植物标本室和植物分类学教学也采用了本系统。

参 考 文 献

[1] 王文采. 被子植物分类系统选介（I）, 被子植物分类系统选介（续）[J]. 植物学通报, 1984, 2(5): 15−16; (6): 15−20.

[2] 华东师范大学, 东北师范大学. 植物学 , 下册 [M]. 北京: 高等教育出版社, 1984: 179−339.

[3] 胡先骕. 植物分类学简编 [M]. 北京: 科学技术出版社, 1958.

[4] 田村道夫. 被子植物の系統 [M]. 东京: 三省堂, 1974.

[5] ARBER EAN, PARKIN J. On the origin of angiosperms [J]. Linn Soc Bot, 1907, 38: 29−80.

[6] HEYWOOD, V H (ed.). Flowering plants of the world [M]. New York: Mayflower Books, 1978.

[7] HUTCHINSON J. The families of flowering plants, 3rd ed. [M]. New York: Oxford, 1973.

[8] JONES S B, LUCHSINGER A E. Plant systematics, 2nd ed. [M]. New York: Oxford, 1986.

[9] LAWRANCE GHM. Taxonomy of vascular plants [M]. New York: Macmillan Co, 1951.

[10] MELCHIOR H. Angiospermae, In Engler's Syllabus der pflanzenfamilien, Band. II, 12th ed. [M]. Berlin-Nikolassee: Gebrüder Borntraeger, 1964.

[11] SOÓ R. A review of the new classification systems of flowering plants (angiospermatophyta, magnoliophytina) [J]. Taxon, 1975, 24(5−6): 585−592.

[12] STEBBINS G L. Flowering Plants, Evolution above the Species Level [M]. London: Belknap Press of Harvard University Press, 1974.

[13] WALKER J W, WALKED A G. Ultrastructure of lower cretaceous angiosperm pollen and the origin and early evolution of flowering plants [J]. Ann Missouri Bot Gard, 1984, 71: 464−521.

[14] ГРОССГЕЙМ А А. Оьзор Новейшх Сцстем Цветковых растений [С]. Тбилисский: Мецниереба, 1966.

当代四被子植物分类系统简介(二)

An introduction to four important current systems of classification of the Angiosperms (II)

Thorne 系统

R. F. Thorne 自 50 年代起至今不断发表有关被子植物系统发育及分类的著作，1986 年发表一被子植物系统，以后数次修改，其重要著作如下：

1958 Some guiding Principles of angiosperm phylogeny, *Brittonia*, 10: 72−77.

1968 Synopsis of a putatively phylogenetic classification of the flowering plants, *Aliso*, 6 (4): 57−66.

1973 Inclusion of the Apiaceae (Umbelliferae)in the Araliaceae, *Not. Bot, Gard, Edinb*, 32: 161−165.

1974 The “Amentiferae” or Hamamelidae as an artificial group; a summary statement., *Brittonia*, 25: 395−405.

1974 A phylogenetic classification of the Annoniflorae, *Aliso*, 8: 147−209.

1976 A phylogenetic classification of the Angiospermae, *Evol, Boil*, 9: 35−106.

1977 Some realignments in the Angiospermae, Plant Syst. *Evol., Suppl.*, 1: 299−319.

1981 A synopsis of the class Angiospermae (Annonopsida), In D. A. Young and D. S. Seigler (eds.): Phytochemistry and angiosperm phylogeny, New York, 227−295.

1983 Proposed new realinments in the angiosperms, *Nord Journ Bot.*, 3(1): 85−117.

1987 关于被子植物重新组合的新观点，张金泉译，生物科学参考资料 22: 185−210, 科学出版社 .

Thorne 也认为被子植物以单元起源于种子蕨类植物。猜测最原始的已绝灭的被子植物 Proangiosperms 为小乔木或大灌木，其叶为单叶，互生，常绿，全缘，具羽状脉，无托叶，有并列型气孔；木质部不分化，导管不存在或类似管胞，梯纹，端壁斜，有多数穿孔，花两性，辐射对称，花被分化程度小，花各部多数，分生；雄蕊宽，不分化成花丝及花药，花粉具一条远极沟；心皮无花柱，有边缘胎座；胚珠有二层珠被，厚珠心，胚囊发育为单孢子蓼型；果实为蓇葖；种子多数，胚小，埋于丰富的胚乳中。并指出这些原始特征均可在其番荔枝超目 [大致相当于 Takhtajan(1980)和 Cronquist 的木兰目和樟目——本文作者] 中找到，大多数特征可在他认为最原始的 Winteraceae 中找到。认为上述的最初被子植物生于中生温暖的高地，从高地很快分布到地球全部陆地和浅水地区，在此分布过程中，很快分化出大量分类群，其中最原始的群及其他不少群早已绝灭了。

原文刊登于《植物学通报》7(3): 1−18, 1990。

Thorne 制定了指导关于进行被子植物各群间的亲缘关系和系统发育研究工作的 16 条原则，以及指导进行具体分类处理工作的 9 条原则，阐述了许多在进行系统分类工作中的重要观点。对划分类群工作方面，他在一条中指出“要避免将自然的群分裂和分类群级别的提升，除非能搜集到可证实做出分裂或提升的坚实无疑的证据”。在另一条中指出“利用 super-（超）或 sub-（亚） 等级可避免分裂自然群。当允许强调区别特征时，用‘superorder’（超目）和包含的科，这样就可把互相近缘的群归在一起；同样，利用‘suborder’（亚目），‘subfamily’（亚科），可以使我们看出近缘群的区别，同时又可避免增加不必要的目或科的数目”。在各群的分类处理中，Thorne 都是按照上述观点做的，例如，他认为夹竹桃科和萝藦科极为相似，不宜分为二科，而将二科合并。在 1973 年（见上引文献），他发现五加科中特产新喀里多尼亚 New Caledonia 的这科木本植物 *Myodocarpus* 的雌蕊由 2 心皮形成，结果时变成干燥的 2 分果，这样五加科与伞形科就难以区分了，遂将这二科进行了合并。由此二例可见 Thorne 的科其范围相当大，他的虎耳草科、百合科等科都包含了不少亚科。但是另一方面，也可看到他在掌握了他所说的坚定无疑的证据时，就果断地进行划分，例如他看到 Nowicke（1981）关于小檗科的孢粉学工作，就毫不犹疑地赞同 Meacham（1981）的分类处理方法，将南天竹属 *Nandina* 自小檗科分出作为独立的单型科。

本系统将双子叶植物及单子叶植物进行划分的第一级群为 superorder 超目，而未采用亚纲的等级。在超目之下为目，其多数目的范围很大，常下设 suborder 亚目，并对多数科列出所包含的亚科。关于系统图的绘制方法是用树冠的横切面表示，近中央的是原始群，远离中央的是进化群（见下面的系统图）。本系统将被子植物划分为 28 超目，350 科，各超目，科的排列情况如下（图 3）：

（一）双子叶植物亚纲 *:

1. 番荔枝超目：番荔枝目（Winterineae: Winteraceae；八角亚目：八角科，五味子科；番荔枝亚目：木兰科，Degeneriaceae，Himantandraceae，Austrobaileyaceae，Eupomatiaceae，番荔枝科，肉豆蔻科，Canellaceae；马兜铃亚目：马兜铃科；樟亚目：Amborellaceae，Trimeniaceae，金粟兰科，Lactoridaceae，Monimiaceae，Gomortegaceae，蜡梅科，樟科，莲叶桐科；胡椒亚目：三白草科，胡椒科），莲目（莲科，金鱼藻科），芍药目（芍药科，白根葵科，Glaucidiaceae），小檗目（小檗亚目：木通科，大血藤科，防己科，南天竹科，小檗科，毛茛科，星叶草科；罂粟亚目：罂粟科（包含 7 亚科）。

2. 睡莲超目（Cabombaceae，睡莲科）。

3. 大花草超目（大花草科，Hydnoraceae）。

4. 山茶超目: 山茶目 [五桠果亚目: 五桠果科; 山茶亚目: 猕猴桃科, Paracryphiaceae, 旌节花科, 山茶科，山矾科，Caryocaraceae，Oncothecaceae，冬青科，Phellinaceae，茶茱萸科， Sphenostemonaceae，心翼果科，Marcgraviaceae；山柳亚目：五列木科，山柳科，Cyrillaceae；瓶子草亚目：瓶子草科；金莲木亚目：金莲木科， Quiinaceae，Scytopetalaceae，Sphaerosepalaceae，Medusagynaceae，Strasburgeraceae，钩枝藤科，Dioncophyllaceae；猪笼草亚目：猪笼草科；藤黄亚目：藤黄科（包含 5 亚科），沟繁缕科；玉蕊亚目：玉蕊科]，杜鹃花目（杜鹃花科，Epacridaceae，岩高兰科），柿树目（柿树亚目：柿树科，Lissocarpaceae，山榄科；野茉莉亚目：野茉莉科），报春花目（报春花亚目：紫金牛科，报春花科；白花丹亚目：白花丹科），蓼目（蓼科）。

5. 藜超目：藜目（藜亚目：商陆科，Barbeuiaceae，Achatocarpaceae，Stegnospermataceae，番杏科（包含 7 亚科，其中包括粟米草科），石竹科，Halophytaceae，紫茉莉科，藜科，苋科；马齿苋亚目：马齿苋科，

* Thorne 将被子植物这个大群作为纲看待，而与 Takhtajan 和 Cronquist 不同，后二学者给被子植物以门的等级。

落葵科，Didiereaceae，仙人掌科）。

6. 牻牛儿苗超目：牻牛儿苗目[亚麻亚目：Houmiriaceae，Ctenolophonaceae，亚麻科，古珂科，蒺藜科（包括7亚科）；牻牛儿苗亚目：酢浆草科，牻牛儿苗科，Vivianiaceae，Ledocarpaceae，凤仙花科，旱金莲科，Limnanthaceae；远志亚目：金虎尾科，远志科，Krameriaceae，Trigoniaceae，Vochysiaceae]。

7. 檀香超目：卫矛目[卫矛科（包含5亚科，其中包括希藤科），Lophopyxidaceae，Stackhousiaceae]，檀香目（铁青树科，Medusandraceae，檀香科，Eremolepidaceae，Misodendraceae，桑寄生科，槲寄生科），蛇菰目（蛇菰科，锁阳科）。

8. 堇菜超目：堇菜目（堇菜亚目：大风子科，十齿花科 Didentodontaceae，peridiscaceae，Scyphostegiaceae，堇菜科，西番莲科，Turneraceae，Malesherbiaceae，Achariaceae，番木瓜科；杨柳亚目：杨柳科；柽柳亚目：柽柳科，Frankeniaceae；葫芦亚目：葫芦科；秋海棠亚目：秋海棠科，四数木科），白花菜目（辣木科，木犀草科，白花菜科，十字花科）。

9. 锦葵超目：锦葵目（梧桐科，Huaceae，杜英科，Plagiopteraceae，椴树科，龙脑香科，Sarcolaenaceae，红木科，Cochlospermaceae，半日花科，木棉科，锦葵科），荨麻目[榆科，荨麻科（包括桑科），大麻科]，鼠李目（鼠李科，胡颓子科），大戟目（大戟科，Pandaceae，Simmondsiaceae，Aextoxicaceae，毒鼠子科，瑞香科）。

10. 芸香超目：芸香目（芸香亚目：芸香科，Cneoraceae，苦木科，Tepuianthaceae，楝科，橄榄科，漆树科，Leitneriaceae；胡桃亚目：马尾树科，胡桃科；杨梅亚目：杨梅科；马桑亚目：马桑科；无患子亚目：无患子科，Gyrostemonaceae，Bataceae，清风藤科，Melianthaceae，Akaniaceae，槭树科，七叶树科，钟萼木科；豆亚目：Surianaceae，牛栓藤科，豆科）。

11. 山龙眼超目（山龙眼科）。

12. 金缕梅超目：金缕梅目（昆栏树亚目：昆栏树科，水青树科，领春木科，连香树科；杜仲亚目：杜仲科；金缕梅亚目：金缕梅科，法国梧桐科），木麻黄目（木麻黄科），壳斗目（壳斗科，桦木科）。

13. 蔷薇超目：蔷薇目[蔷薇亚目：蔷薇科，Chrysobalanaceae，Crossosomataceae；虎耳草亚目：景天科，Cephalotaceae，虎耳草科（包含13亚科），梅花草科，Stylidiaceae，茅膏菜科，Greyiaceae，川苔草科，岩梅科；省沽油亚目：Cunoniaceae，Baueraceae，Davidsoniaceae，Brunelliaceae，Eucryphiaceae，省沽油科，Corynocarpaceae]，海桐花目（黄杨亚目：黄杨科，Didymelaceae，交让木科，Balanopaceae；海桐花亚目：海桐花科，Byblidaceae，Tremandraceae；Brunineae：Roridulaceae，Bruniaceae，Geissolomataceae，Grubbiaceae，Myrothamnaceae，Hydrostachyaceae）。

14. 刺莲花超目（刺莲花科 Losaceae）。

15. 桃金娘超目：桃金娘目（千屈菜亚目：千屈菜科，Rhynchocalycaceae，Penaeaceae，菱科，Oliniaceae，隐翼科，野牡丹科，使君子科；柳叶菜亚目：柳叶菜科；桃金娘亚目：桃金娘科）。

16. 龙胆超目：木犀目（刺茉莉科，木犀科），龙胆目[马钱科，醉鱼草科，茜草科（包括假繁缕科），夹竹桃科（包含6亚科，其中包括萝藦科），龙胆科，睡菜科]，紫葳目[紫葳科，胡麻科，角胡麻科，苦槛蓝科，玄参科（包括列当科），车前科，狸藻科，爵床科，苦苣苔科]，唇形目[马鞭草科（包含9亚科，其中包括透骨草科 Phrymataceae），唇形科，水马齿科]。

17. 茄超目：茄目（紫草亚目：田基麻科，紫草科，Lennoaceae；茄亚目：茄科，旋花科；花荵亚目：花荵科；Fouquieriineae：Fouquieriaceae），桔梗目（五膜草科，桔梗科，草海桐科）。

18. 山茱萸超目：山茱萸目（红树亚目：红树科；葡萄亚目：葡萄科；小二仙草亚目：小二仙草科，Gunneraceae，杉藻科；山茱萸亚目：蓝果树科，山茱萸科，八角枫科，Garryaceae，桃叶珊瑚科〉，五加目 [青荚叶科，鞘柄木科，五加科（包括伞形科）]，川续断目 [忍冬科，五福花科（含 2 亚科），败酱科，川续断科，Calyceraceae]。

19. 菊超目（菊科）。

（二）单子叶植物亚纲

1. 百合超目：百合目 [百合亚目：百合科（含有 18 亚科，其中包括石蒜科等）；薯蓣亚目：Philesiaceae，菝葜科，百部科，薯蓣科，毛足薯科 Trichopodaceae，蒟蒻薯科；鸢尾亚目：鸢尾科，水玉簪科；兰亚目：兰科]。

2. 霉草超目（霉草科）。

3. 泽泻超目：泽泻目（花蔺科，泽泻科，水鳖科），大叶藻目（水蕹亚目：水蕹科；眼子菜亚目：水麦冬科，眼子菜科，Posidoniaceae，角果藻科，Cymodoceaceae；大叶藻亚目：大叶藻科），茨藻目（茨藻科）。

4. 天南星超目：天南星目 [天南星科（含 9 亚科），浮萍科]。

5. 环花超目 Cyclanthiflorae （环花科 Cyclanthaceae）。

6. 露兜树超目（露兜树科）。

7. 棕榈超目（棕榈科）。

8. 香蒲超目（香蒲科）。

9. 鸭跖草超目：鸭跖草目（凤梨亚目：凤梨科，Rapateaceae，黄眼草科，Velloziieae：Velloziaceae）；雨久花亚目：雨久花科，田葱科，Haemodoraceae；灯心草亚目：灯心草科，莎草科；鸭跖草亚目：鸭跖草科，Mayacaceae；谷精草亚目：谷精草科；鞭藤亚目：鞭藤科，帚灯草科，刺鳞草科；禾本亚目：禾本科），姜目（芭蕉亚目：芭蕉科，旅人蕉科，Heliconiaceae，兰花蕉科；姜亚目：姜科，闭鞘姜科，美人蕉科，苳叶科）。

Thorne 对被子植物中许多群的亲缘关系和分类处理有不少创见，以下数例颇为突出：根据胡桃科和马尾树科的叶（互生，为羽状复叶，无托叶，芳香，具无规则型气孔和分泌树脂的盾状腺体），茎解剖构造（有分泌细胞和簇生晶体，有环孔木质部，导管中等大，多具单穿孔），雌蕊构造等持征与多数漆树科、橄榄科、无患子科和楝科植物相似，此外胡桃科和杨梅科具有与漆树科相同的染色体基数（x=16），遂将胡桃科、马尾树科、杨梅科三科自原来靠近壳斗目、桦木目等的位置移到芸香目中。根据荨麻目的有关特征：叶互生，具掌状脉，斜，有托叶，含黏液细胞，茎及叶有簇生晶体，韧皮部的纤维层与非纤维层互生，染色体基数为 10 或 14，而认为不与壳斗目等相近，应与锦葵目近缘，遂将这目自原来接近金缕梅目、壳斗目的位置移到锦葵目之后。根据冬青科的有关特征：茎和叶的特征，雌雄异株现象，花被片覆瓦状排列，花瓣基部合生，雄蕊 5 或 4，雌蕊有中轴胎座，花柱单一，果为浆果，认为此科接近山茶科（尤其是山茶科的进化群），而将这科从卫矛目移至山茶目。据鼠李科的有关特征：雄蕊与花瓣同数并与之对生，气孔为无规则型，花托有黏液，韧皮部纤维发达，有簇晶体、相同的导管和鳞状毛被，均含肽生物碱 piptide alkaloids，认为这科应与锦葵目有亲缘关系，遂将这科放在锦葵目之后。认为葡萄科在一系列特征（花萼不发育；有发育的雄蕊间花盘；胚小，直，有丰富嚼烂状的胚乳）方面与山茱萸目接近，而不接近鼠李科，遂将葡萄科与鼠李科分开，移到山茱萸目中，这样，有百余年历史的传统的鼠李目解体了。

认为 Winteraceae 原始（见前），将其作为单型亚目放在其番荔枝目中的最前面。和 Takhtajan 一样，把金粟兰科与樟科等放在一个群中。在 1981 年，认为芍药科与 Tamura（1972）建立的日本特有科，白根葵科有许多共同特征，将二科组成芍药目，放在小檗目（相当于 Takhtajan 和 Cronquist 的毛茛目——本文作者）之前，认为比后者稍古老；在此以前，他和 Takhtajan 及 Cronquist 一样，将芍药科放在山茶超目的五桠果科之后。在 1983 年，将原放在番荔枝超目中的睡莲目除去莲科（具三沟花粉）和金鱼藻科（花粉无萌发孔），并升为单型睡莲超目；莲科与金鱼藻科组成莲目，仍留在番荔枝超目中。在 1983 年，将原放在檀香超目之后的大花草超目向前移至新建立的睡莲超目之后。

认为山茶目与杜鹃花目之间的联系环节，山柳科，更接近于山茶目，遂将过去放在杜鹃花目的山柳科迁至山茶目中。认为玉蕊科在叶大，互生，无内生韧皮部和附物纹孔 vestured pitting，雄蕊离心发育等特征方面，不应属于桃金娘目，此外再考虑到其他特征，如花瓣大而明显，覆瓦状排列，雄蕊多数，则应接近山茶科，但由于玉蕊科的萼片镊合状排列，花常有由一个退化雄蕊形成的副花冠，子房下位或半下位，果实大，浆果状或木质，不开裂或盖裂状，种子无胚乳等特征，将这科作为一亚目放在山茶目的最后。

在 1981 年 Hartley 和 Harris 发现藜目（相当于 Takhtajan 和 Cronquist 的石竹目及 Engler 的中子目——本文作者）中 10 个科植物的细胞壁均含有酚类的阿魏酸 ferulic acid，而蓼目、白花丹目和报春花目的细胞壁不含这种成分。这大概是 Thorne 于 1983 年把原放在藜超目中的蓼目迁至山茶超目的原因。认为藜目最原始的科，商陆科，与山茶目有许多相同特征，二者可能有共同的祖先。

将蛇菰科和锁阳科二科组成一目放在檀香超目的檀香目之后，但认为可能并不接近檀香目。

认为鼠李科与胡颓子科相近（共同特征：灌木或藤本，常具刺，花小，绿色，常无花瓣，单性，雄蕊与萼片互生，插生在雄蕊间花盘的基部，子房通常有 2 渐升胚珠或 1 颗生于基底胎座上），将此二科组成一目，放在锦葵超目中。

在 1976 年，认为具分生心皮的马桑科接近芸香科；在 1983 年，根据 Gary（1981）的孢粉学工作，以及 Bohm 和 Ornduff（1981） 对马桑科叶的黄酮类的研究，将马桑科作为一亚目，放在芸香亚目和无患子亚目之间。根据豆科及橄榄科、漆树科和七叶树科均有具条纹的花粉（Baksi 和 Deb 1981），以及其他方面的工作，将原放在蔷薇超目蔷薇目中的豆科移到芸香超目中。

认为蔷薇超目处于其他双子叶植物各超目的中心位置，具有许多与番荔枝超目和金缕梅超目相同的原始特征，可能与金缕梅超目更为相近，三者可能在早白垩纪时有共同祖先。将省沽油科放在蔷薇目中心皮多分生的木本群 Cunoniineae 中，认为这科不应放在无患子科附近。将交让木科及黄杨科等均放在海桐花目中。

认为龙胆超目中原始的热带木本群与桃金娘超目有一些共同持征（叶为单叶，对生，全缘，均具内生韧皮部，维管束间附物纹孔，和隔膜纤维），可能此二超目有共同起源。认为车前科接近玄参科，区别是这科为风媒传粉植物。将透骨草科 Phrymataceae 降级作为马鞭草科的亚科。

根据桔梗目的一些特征（主为草本植物，叶为单叶，互生，无托叶，花两性，辐射对称，具合瓣的钟状花冠，雄蕊与花冠裂片互生，花粉常有刺，子房具中轴胎座）与茄目相似，而将此目放在茄目之后。根据五膜草属 Pentaphragma 有与桔梗科不同的特征（花粉不同，胚小，叶不对称，肉质，韧皮部有少数或没有乳汁管，导管分子较原始，具棱角，有侧面梯状穿孔和穿孔板），将这属作为独立的科。

认为山茱萸超目与蔷薇目的虎耳草亚目和 Cunoniineae 亚目以及海桐花目有不少共同特征（木本，木质部不特化，花辐射对称，两性，花被二层，五基数，花瓣分生，种子的胚不发育，埋于丰富的胚乳中）而相近，认为这超目与桃金娘超目和龙胆超目无亲缘关系。根据木质部不特化，以及花、果实的特征，认为红树科不应放在桃金娘目中，而作为亚目放在山茱萸目中；认为这科具大的萼片，花药 4 室，子房偶尔上位，每室有 2 胚珠等特征，要比山茱萸目其他群原始。将杉藻科放在小二仙草亚目中，但认为与小二仙草科的相似是趋同演化现象，其亲缘关系尚待确定。认为川续断目与山茱萸目有许多共同特征：基本为木本植物，木质部不特化，叶无托叶，花多两性，四轮，有二层花被，花萼与子房贴生，裂片极退化或发育时间晚，子房之上有肉质花盘，心皮数目少于花瓣，每心皮有 1 个倒生、下垂的胚珠，种子的胚小，埋于丰富的胚乳中，均有变为草本植物的趋势，叶细裂，花组成密集，具苞片的头状花序，心皮成熟时形成干燥、不开裂，具 1 种子的果实。1975 年以来 Rertsma 等学者的孢粉学研究说明五福花 *Adoxa moschatellina* 与接骨木属 *Sambacus* 和荚蒾属 *Viburnm* 非常相近，这三属在形态学和化学方面也有许多相似特征，Thorne 根据这些工作，将五福花属，近年发现的我国特有属，华福花属 *Sinodoxa* 和四福花属 *Tetradoxa*，以及接骨木属组成五福花亚科，根据荚蒾属建立五福花科的另一亚科，荚蒾亚科；这样，在 Thorne 系统，二百多年来有一属一种的五福花科大为改观。

Thorne 认为单子叶植物以单元起源自早白垩纪双子叶植物的祖先，并推测最早的单子叶植物（他称为 Promonocots）为：陆生草本，具根状茎，叶为单叶，宽披针形，全缘，具平行脉，有宽鞘；花两性，下位，三基数，虫媒传粉，雄蕊 3+3，花粉有单沟，心皮 3，分生。认为孑遗的大科，百合科，在现存单子叶植物中保留一些最原始类型，因此，在单子叶植物，Thorne 把百合超目放在开始的位置。

认为百合类中的各群之间的“间隙”狭窄，不应作为科级，而应作为亚科级处理，他的百合科包含 18 亚科，其中包括石蒜科、仙茅科等。根据兰科的第一个亚科 Apostasioideae 是兰科及百合类的过渡环节，认为不应该给予兰科以目的等级，而给以亚目等级。

认为泽泻目、大叶藻目及茨藻目三个水生目是一个自然群，可能与热带雨林的霉草目有共同起源，这三目相当进化，不可能如某些学者认为的是睡莲目或小檗目（即毛茛目——本文作者）与其他单子叶植物之间的演化干；认为由某些学者列出的有关双方的相似点，可能是由于在相同水生环境中发生的趋同演化现象。

认为天南星科中不特化的成员保留许多上述最早单子叶植物的特征；认为这科的进化群，水生的大漂属 *Pistia* 为向浮萍科过渡的类型。

赞同 Muller Doblies 将香蒲科和黑三棱科合并成一个科的主张，但根据二属的区别特征，将二者各作为亚科处理；在 1976 年以前，将广义的香蒲科作为一亚目放在天南星目中，在 1983 年，根据 P. J. Harris 和 R. D. Hartley 的研究，由于这科细胞壁含酚类化合物 phenolics，而将这科自天南星超目（不含酚类化合物）迁出另成立一单型超目，并认为与细胞壁也含酚类化合物的鸭跖草超目和棕榈目相接近。

认为棕榈科中不特化的成员也接近上述的最早单子叶植物。在 1976 年以前，将这科以及环花科 Cyclanthaceae 和露兜树科组成一超目。在 1983 年，根据 Harris 和 Hartley 的研究，由于棕榈科细胞壁中含酚类化合物，而露兜树科和环花科不含，遂将后二者分出，各成立一超目。

在鸭跖草超目，由于不特化的成员保留有上述最早单子叶植物的许多特征，而认为这超目与单子叶其他超目有共同起源。在 I976 年以前，Thorne 将 Haemoderaceae 作为亚科放在百合科中，在 1983 年，根据这科含有草酸盐针晶体，细胞壁含有酚类化合物（百合超目不含此类化合物），而将这科从百合超

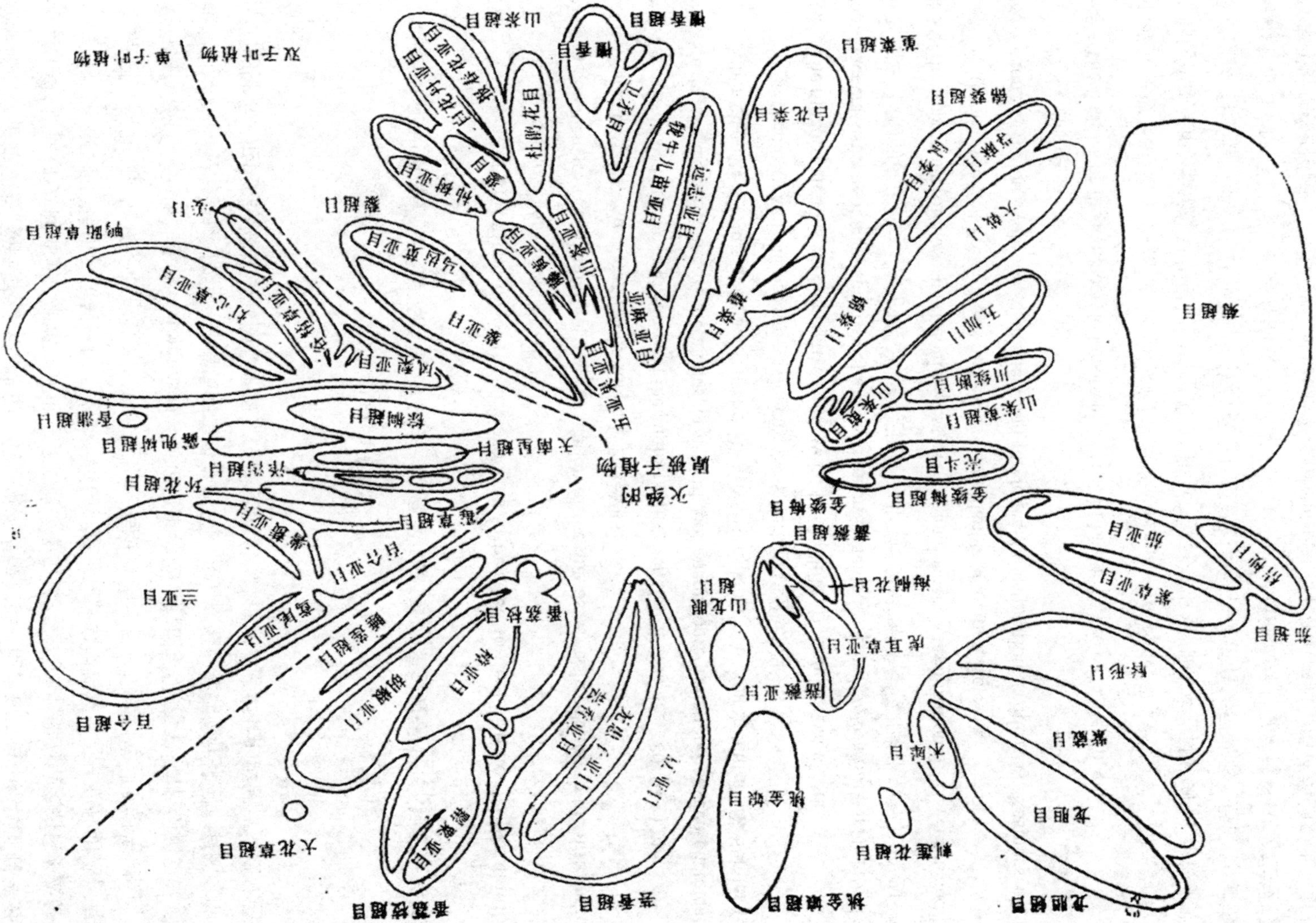

图 3 Thorne 系统图

目移至鸭跖草超目的雨久花亚目中，认为与雨久花科和田葱科 Philydraceae 相近。根据禾本科的生长习性，气孔，原始类型的花，花粉，种子等特征，将此科放在雨久花目中，又根据禾本科的子房一室，有一胚珠生于侧壁上，种子的胚生于角质或粉质胚乳的一侧，果实为颖果等特征，在本目中给以亚目等级。认为姜目与鸭跖草目有不少共同特征，如花有五轮，三基数，子房 3 室，成熟时变为室裂的具多数种子的蒴果，尤其与鸭跖花目的原始群，凤梨科相近（共有特征：花上位，鸟媒传粉，花序苞片明显，有隔膜蜜腺，胚珠倒生，蒴果，胚圆筒状，有相似的花演化趋势），据此认为姜目与凤梨科有共同祖先。根据 D. E. Stone 等（1981）孢粉学的研究和 P. B. Tomlinson （1962）的形态、解剖学研究，赞同将闭鞘姜属 *Costus* 及 3 近缘属自姜科分出作为独立的科，并指出与姜科等 7 科的区别特征：叶螺旋状排列，有闭合的筒状叶鞘，不同的叶舌，退化雄蕊侧生，具隔膜蜜腺，花粉有醋酸水解抗性，茎和叶的解剖特征以及毛的构造等特征。

Dahlgren 系统 [1, 3]

R. Dahlgren 在 1975 年发表一被子植物分类系统，以后至 1985 年发表多数著作，不断改进其系统，其主要著作如下：

1975　A system of classification of the angiosperms to be used to demonstrate the distribution of characters, *Pot. Notis.*, 128: 119−174.

1977　A commentary on a diagrammatic presentation of the angiosperms in relation to the distribution of character states, *Plant Syst. Evol.*, Suppl. 1: 253−283.

1980　A revised system of classification of the angiosperms, *Bot, Journ Linn Soc.*, 80: 91−124.

1981　A revised classification of the angiosperms with comments on correlation between chemical and other characters (with S. R. Jensen and B. J. Nielson). In D. A. Young and D. S. Seigler (eds): Phytochemistry and angiosperm phylogeny, New York, pp 149−199.

1982　The monocotyledons: a comparative study (with H. T. Clifford). London; New York.

1983　General aspects of angiosperm evolution and macrosystematics, *Nord. Journ. Bot.*, 3(1): 119−149.

1987　被子植物的进化和大系统的概况，张芝玉译，生物科学参考资料，科学出版社，22: 21−53.

1983　The importance of modern serological research for angiosperm classification. In U. Jenson and D. E. Fairbrothers (eds.): Proteins and nucleic acids in Plant systematics, Betc.

1983　Monocotyledon evolution: characters and phylogenetic estimation, (with F. N. Rasmussen), *Evgl Biol.*, 16: 255−395.

1985　The families of the monocotyledons (with H. T. Clifford, P. F. Yeo etc.). Berlin, etc.

Dahlgren 在被子植物的可能祖先问题上的看法与 Takhtajan，Cronquist 等大致相同，即认为可能是种子蕨，同时也主张单元起源。认为最初的被子植物可能有中等大的花（即非木兰科植物），花被不明显，雄蕊和心皮的数目不是很多。认为单子叶植物与双子叶植物的一些古老群有密切关系，是被子植物发展早期双子叶祖先干的一条分枝。在现存的双子叶植物中，认为 Lactoridaceae，番荔枝科，金粟兰科及马兜铃科像单子叶植物的祖先，而不赞同 Takhtajan 及 Cronquist 的单子叶植物源于睡莲类的观点。其理由是：睡莲目的种子有丰富的外胚乳及发育的胚乳，而泽泻目的种子无外胚乳和胚乳；睡莲目的筛分子质体无蛋白质，而泽泻目和全部单子叶植物的筛分子质体均有蚕白质的三角形拟晶体；现在的睡莲目含有鞣花单宁 ellagitannin，而单子叶植物无此化学成分。

Dahlgren 的分类方法（给被子植物以纲的等级，用 superorder 超目作为双子叶植物及单子叶植物中的最高等级的群）和系统图（图 4）的绘制方法与 Thorne 大致相同。利用系统图表示形态学、解剖学、孢粉学、胚胎学、化学等各方面特征在被子植物中分布的情况，是本系统的创举；Dahlgren 对大量的特征分布图进行了深入、细致的分析，从中得出不少新现点。在其 1983 年修改的系统中，将被子植物划分为 33 超目，108 目，369 科。其中单子叶植物为 8 超目，22 目，91 科。在 1985 年的单子叶植物专著中，对单子叶植物的分类做出多处重要变动，制定一新系统，将单子叶植物划分为 23 超目，23 目，102 科。全部名录如下：

（一）双子叶植物

1. 木兰超目：番荔枝目（番荔枝科，肉豆蔻科，Eupomatiaceae，Austrobaileyaceae，Cannellaceae），马兜铃目（马兜铃科），大花草目（大花草科，Hydnoraceae），木兰目（Winteraceae，Degeneriaceae，Himantandraceae，木兰科），Lactoridales（Lactoridaceae），金粟兰目（金粟兰科），八角目（八角科，五味子科），樟目 [Amborellaceae，Trimeniaceae，Monimiaceae，Gomortegaceae，蜡梅科，樟科（包括莲叶桐科）]，莲目（莲科 Nelumbonaceae）。

2. 睡莲超目：胡椒目（三白草科，胡椒科），睡莲目（Cabombaceae，金鱼藻科，睡莲科）。

3. 毛茛超目：毛茛目（木通科，大血藤科，防己科，独叶草科 Kingdoniaceae，星叶草科，毛茛科，小檗科，白葵根科 Glaucidiaceae），罂粟目（罂粟科，紫堇科）。

4. 石竹超目（商陆科，落葵科，马齿苋科，Stegnospermataceae，紫茉莉科，番杏科，Halophytaceae，Didiereaceae，仙人掌科，Hectorellaceae，藜科、苋科，粟米草科，石竹科）。

5. 蓼超目（蓼科）。

6. 白花丹超目（补血草科 Limoniaceae，白花丹科）。

7. 锦葵超目：锦葵目（梧桐科，杜英科，Plagiopteraceae，红木科，Cochlospermaceae，半日花科，Sphaerosepalaceae，Sarcolaenaceae，Huaceae，椴树科，龙脑香科，锦葵科，木棉科），荨麻目（榆科，桑科，Cecropiaceae，Barbeyaceae，大麻科，荨麻科），大戟目（大戟科，Simmondsiaceae，Pandaceae，Aextoxicaceae，毒鼠子科），瑞香目（瑞香科，Gonystylidaceae），鼠李目（鼠李科），胡颓子目（胡颓子科）。

8. 堇菜超目：堇菜目（大风子科，西番莲科，十齿花科，Peridiscaceae，Scyphostegiaceae，堇菜科，Turneraceae，Malesherbiaceae，Achariaceae，番木瓜科），葫芦目（四数木科，秋海棠科，葫芦科），杨柳目（杨柳科），柽柳目（柽柳科，瓣鳞花科），白花菜目（白花菜科，十字花科，Tovariaceae，木樨草科，Gyrostemonaceae，Batidaceae，辣木科），刺茉莉目（刺茉莉科）。

9. 山茶超目：五桠果目（五桠果科），芍药目（芍药科），山茶目（旌节花科，五列木科，Marcgraviaceae，Quiinaceae，钩枝藤科，Dioncophyllaceae，猪笼草科，Medusagynaceae，Caryocaraceae；Strasburgeriaceae，金莲木科，Oncothecaceae，Scytopetalaceae，玉蕊科，山茶科，Bonnetiaceae，藤黄科，沟繁缕科）。

10. 报春花超目：报春花目（紫金牛科，桐花树科 Aegicerataceae，Theophrastaceae，报春花科，破布木科 Cordiaceae），柿树目（山榄科，安息香科，Lissocarpaceae，柿树科）。

11. 蔷薇超目：昆栏树目（昆栏树科，水青树科），连香树目（连香树科，领春木科），金缕梅目（金缕梅科，法国梧桐科，Myrothamnaceae），Geissolomatales（Geissolomataceae），Balanopales（Balanopaceae），壳斗目（壳斗科，榛科，桦木科），胡桃目（马尾树科，胡桃科），杨梅目（杨梅科），木麻黄目（木麻黄科），黄杨目（黄杨科，Didymelaceae，交让木科），Cunoniales（Cunoniaceae，Baueraceae，Brunelliaceae，Davidsoniaceae，Eucryphiaceae，Bruniaceae，Grubbiaceae），虎耳草目（虎耳草科，Brexiaceae，醋栗科，Greyiaceae，鼠刺科 Iteaceae，Cephalothaceae，景天科），茅膏菜目（茅膏菜科，Lepuropetalaceae，梅花草科），Gunnerales（Gunneraceae），蔷薇目（蔷薇科，Neuradaceae，苹果科 Malaceae，桃科 Amygdalaceae，Crossosomataceae，Surianaceae，Rhabdodendraceae）。

12. 川苔草超目（川苔草科）。

13. 山龙眼超目（山龙眼科）。

14. 桃金娘超目：小二仙草目（小二仙草科），红树目（红树科），桃金娘目 [Psiloxylaceae，Heteropyxidaceae，桃金娘科，柳叶菜科，菱科，千屈菜科（包括海桑科和石榴科），使君子科，野牡丹科，谷木科 Memecylaceae，隐翼科，Oliniaceae，Penaeaceae，Rhynchocalycaceae，Alzateaceae]，Chrysobalanales（Chrysobalanaceae）。

15. 豆超目（含羞草科，云实科，豆科）。

16. 芸香超目：无患子目（马桑科，漆树科，Leitneriaceae，Podoaceae，无患子科，七叶树科，槭树科，Akaniaceae，钟萼木科，Emblingiaceae，省沽油科，Melianthaceae，青风藤科，沧花树科 Meliosmaceae，牛栓藤科），芸香目（芸香科，Ptaeroxylaceae，Cneoraceae，苦木科，Tepuianthaceae，橄榄科，楝科），远志目（金虎尾科，Trigoniaceae，Vochysiaceae，远志科，Krameriaceae），牻牛儿苗目（蒺藜科，白刺科 Nitrariaceae，骆驼蓬科 Peganaceae，Balanitaceae，古柯科，Humiriaceae，亚麻科，Ctenolophonaceae，Ixonanthaceae，Lepidobotryaceae，酢浆草科，牻牛儿苗科，Vivianiaceae，Ledocarpaceae，熏倒牛科 Biebersteiniaceae，Dirachmaceae），凤仙花目（凤仙花科），旱金莲目（Limnanthaceae，旱金莲科）。

17. 檀香超目：卫矛目 [卫矛科（包括希藤科），Stackhousiaceae，Lophopyxidaceae，心翼果科 Cardiopteridaceae，Corynocarpaceae]，葡萄目（葡萄科），檀香目（铁青树科，山柚子科，桑寄生科，Misodendraceae，Eremolepidaceae，檀香科，槲寄生科）。

18. 蛇菰超目（锁阳科，蛇菰科）。

19. 五加超目：海桐花目（海桐花科，Tremandraceae，Byblidaceae），五加目（五加科，伞形科）。

20. 菊超目：桔梗目（五膜草科，桔梗科，半边莲科），菊目（菊科）。

21. 茄超目：茄目（茄科，Sclerophylaceae，Goetzeaceae，旋花科，菟丝子科，Cobaeaceae，花荵科），紫草目（田基麻科，厚壳树科 Ehretiaceae，紫草科，Lennoaceae，Hoplestigmataceae）。

22. 山茱萸超目：Fouquieriales（Fouquieriaceae），杜鹃花目（猕猴桃科，山柳科，Cyrillaceae，杜鹃花科，岩高兰科，水晶兰科，鹿蹄草科，Epacridaceae，Roridulaceae，岩梅科），杜仲目（杜仲科），Sarraceniales（Sarraceniaceae），山茱萸目（Garryaceae，八角枫科，蓝果树科，山茱萸科，珙桐科，Escalloniaceae，青荚叶科 Helwingiaceae，鞘柄木科 Torricelliaceae，桃叶珊瑚科 Aucubaceae，Aralidiaceae，Phellinaceae，冬青科，Paracryphiaceae，Sphenostemonaceae，山矾科，茶茱萸科，Montiniaceae，Columelliaceae，丝滴草科，Stylidiaceae，Alseuosmiaceae，Anisophyllaceae，绣球科 Hydrangeaceae，接骨木科 Sambacaceae，忍冬科，荚蒾科 Viburnaceae，五福花科），川续断目（败酱科，

双参科 Triplostegiaceae，川续断科，刺续断科 Morinaceae，Calyceraceae）。

23. 刺莲花超目（刺莲花科 Loasaceae）。

24. 龙胆超目：草海桐目（草海桐科），木樨目（木樨科），龙胆目（Desfontainiaceae，马钱科，Dialypetalanthaceae，茜草科，假繁缕科，睡菜科，龙胆科，Saccifoliaceae，夹竹桃科，萝藦科）。

25. 唇形超目：玄参目 [紫葳科，苦槛蓝科，苦苣苔科，醉鱼草科 Buddlejaceae，玄参科（包括列当科），Globulariaceae，Selaginaceae，Stibaceae，Retziaceae，车前科，狸藻科，胡麻科，茶菱科，Trapellaceae，角胡麻科，爵床科]，杉藻目（杉藻科），唇形目 [马鞭草科（包括透骨草科），唇形科，水马齿科），Hydrostachyales（Hydrostachyaceae）]。

（二）单子叶植物

1. 百合超目：薯蓣目（毛足薯科 Trichopodaceae，薯蓣科，蒟蒻薯科，百部科，重楼科 Trilliaceae，菝葜科，Petermanniaceae），天门冬目（Philesiaceae，Luzuriagaceae，铃兰科 Convallariaceae，天门冬科 Asparagaceae，假叶树科 Ruscaceae，龙血树科 Dracaenaceae，Nolinaceae，Asteliaceae，Hanguanaceae，Dasypogonaceae，Calectasiaceae，Blandfordiaceae，Xanthorrhoeaceae，龙舌兰科 Agavaceae，仙茅科 Hypoxidaceae，Tecophilaeaceae，Cyanastraceae，Eriospermaceae，Ixioliriaceae，Phormiaceae，Doryanthaceae，萱草科 Hemerocallidaceae，Asphodelaceae，Anthericaceae，Aphyllanthaceae，Funkiaceae，风信子科 Hyacinthaceae，葱科 Alliaceae，石蒜科），藜芦目 Melanthiales（藜芦科 Melanthiaceae，Campynemaceae），水玉簪目（水玉簪科，Thismiaceae，Corsiaceae），百合目（Alstromeriaceae，Colchicaceae，Uvulariaceae，Calochortaceae，百合科，Geosiridaceae，鸢尾科，假兰科 Apostasiaceae，杓兰科 Cypripediaceae，兰科）。

2. 天南星超目（天南星科，浮萍科）。

3. 霉草超目（霉草科）。

4. 泽泻超目：泽泻目（水蕹科，花蔺科，Limnocharitaceae，泽泻科，水鳖科），茨藻目（Scheuchzeraceae，水麦冬科，Juncaginaceae，眼子菜科，Posidoniaceae，大叶藻科 Zosteraceae，角果藻科 Zannichelliaceae，丝粉藻科 Cymodoceaceae，茨藻科）。

5. 凤梨超目：Velloziales（Velloziaceae），凤梨目（凤梨科），田葱目（田葱科），Haemodorales（Haemodoraceae），雨久花目（雨久花科），香蒲目（黑三棱科，香蒲科）。

6. 姜超目：姜目（兰花蕉科，芭蕉科，Heliconiaceae，旅人蕉科 Strelitziaceae，姜科，闭鞘姜科 Costaceae，美人蕉科，苳叶科）。

7. 鸭跖草超目：鸭跖草目（鸭跖草科，Mayaceae，黄眼草科 Xyridaceae，Rapateaceae，谷精草科），Hydatellales（Hydatellaceae），莎草目（灯心草科，Thurniaceae，莎草科），禾本目（鞭藤科，Joinvilleaceae，禾本科，Ecdeiocoleaceae，Anarthriaceae，帚灯草科 Restionaceae，刺鳞草科）。

8. 环花超目（环花科 Cyclanthaceae）。

9. 棕榈超目（棕榈科）。

10. 露兜树超目（露兜树科）。

Dahlgren 根据对被子植物各方面特征的全面分析，对各群的亲缘关系及分类处理等形成了许多创见，例如，在双子叶植物中：关于胡椒目和睡莲目有含丰富外胚乳及胚乳的种子（在其他木兰超目及毛茛超目，种子只有胚乳，无外胚乳），认为这种现象不会是由于趋同演化的结果，此外再加上这二目的筛分子质体含淀粉（S- 型），花粉具单沟，有相似的叶等共同特征，认为这二目为姊妹群 sister groups，将二者组成一超目，放在原始的木兰超目之后。赞同植物化学家 Hegnaur（1969）的意见，根据海桐花目（原放在蔷薇科或虎耳草科附近）和五加目均有树脂道，均含聚乙炔 Polyacetylenes, 有相似构造的花，将此二目放在一起组成一超目。根据含有环烯醚萜类化合物 iridoid compounds，胚珠有 1 层珠被及薄珠心等特征，将过去放在荨麻目或金缕梅目附近的杜仲目，和 Tahktajan、Cronquist 及 Thorne 放在山茶目附近的杜鹃花目，均移至山茱萸目附近，将过去放在虎耳草科附近的绣球科，过去放在卫矛科附近的冬青科、茶茱萸科（均子房上位）等科，以及合瓣的山矾科、忍冬科、接骨木科、丝滴草科等科均移至山茱萸目中。

本系统的头两个超目，木兰超目和睡莲超目，与 Takhtajan 的木兰亚纲基本相同。认为在原始的木兰超目中广泛分布的特征为：原始的木材；筛分子质体含蛋白质（P- 型）；叶互生，无托叶；叶有精油细胞；含苄基异喹啉生物碱；花被有时有三基数的趋势；雄蕊扁，叶状，小孢子囊生于雄蕊顶端之下，花粉具沟，有 2 核；雌蕊群有分生心皮或具 1 心皮；胚乳细胞型。

本系统的第 4–6 超目，石竹超目，蓼超目及白花丹超目，与 Takhtajan 及 Cronquist 的石竹亚纲基本相同。

认为锦葵目的演化趋势：原来的外轮对萼雄蕊失去一轮雄蕊，其他的一轮变成多数并离心发育，常成束，或全部合生成柱；其花粉与石竹目的相似，多变异，但趋向多孔类型；心皮有时发生次生性数目的增加。与 Thorne 相同，将荨麻目，大戟目、鼠李科（与葡萄科分开）、胡颓子科以及瑞香科与锦葵目放在一超目中，但认为后三科的亲缘关系尚不明确，需作进一步的研究。本系统的锦葵超目、堇菜超目、山茶超目及报春花超目等 4 超目大致与 Takhtajan 的五桠果亚纲相当，主要区别在于根据化学成分及胚珠特征，杜鹃花目被迁至山茱萸目附近（见上）。

指出昆栏树科、水青树科、连香树科和领春木科具有无导管、心皮分生或近于分生，胚乳细胞型等原始特征而接近木兰超目，并指出这 4 科的系统位置非常孤立。赞同 Petersen 和 Faribrother（1979）根据血清学研究提出的应把杨梅目和胡桃目与壳斗目放在一起的观点。认为金缕梅目通过法国梧桐科和 Myrothamnaceae 等与壳斗目和桦木目相连接。指出 Cunoniales 具有一些很原始的特征：导管常有梯状穿孔板，花下位，心皮分生或近于分生，胚小，埋于丰富的胚乳中，认为这个群把金缕梅目与虎耳草目和蔷薇目连接起来。根据蔷薇目的花常具托杯 hypanthiun，种子通常无胚乳，以及有关胚胎学和化学特征，认为这目与桃金娘目相近。根据 Dickison（1981）等学者的工作，将豆目自蔷薇超目分出，但不放在无患子科和牛栓藤科附近，而是成立一独立超目，放在芸香超目之前。根据 Chrysobalanaceae 的雌蕊由合生心皮形成，具一基生花柱，胚珠直立，花通常左右对称，气孔平列型，含有矽质，叶具石细胞，以及其他花粉和解剖学特征与蔷薇目不同，以及与桃金娘目均有单叶，托杯和其他相似特征，而将这科自蔷薇目移出迁至桃金娘目之后作为一独立目。

赞同 Raven 等（1981）对桃金娘目的划分范围及特征：具双韧维管束和附物纹孔，这二特征常与托杯特征相联系；叶常有不发育的多裂托叶；胚珠具二层珠被和厚珠心，胚乳核型，常含有鞣花单宁。根据桃金娘目的上述定义，认为小二仙草科和红树科均不应属于这目。

指出其芸香超目的特征为：花基本上是下位的，具五轮，五基数，雄蕊外轮对瓣到外轮对萼或具单轮；胚珠通常具二层珠被，厚珠心，胚乳核型，种子无胚乳；普遍具树脂。根据马桑科具分生心皮和富含单宁，认为这科与漆树科有密切亲缘关系。根据凤仙花科的以下特征：不含糖醇酯 glucosinolates，含单酸结晶和多酚化合物 polyphenolic acids，花左右对称，内珠被仅在珠孔部分存在，胚乳细胞型，有顶生的胚乳吸器，认为是一个孤立的科，将其作为一单型目处理。将含糖醇酯的旱金莲科和 Limnanthaceae 组成一个目。

认为根据葡萄科的所有特征，以及其含蛋白质的筛分子质体（在檀香超目、芸香超目、锦葵目等多数目均含淀粉），认为此科的系统位置难以确定。认为蛇菰科及锁阳科的亲缘关系也不清楚。

根据五加目和菊目的共有特征：花的基本构造，相似的胚胎学特征，花粉具三核，叶无托叶，节具多叶隙，含聚乙炔和倍半萜内脂 sesquiterpene lactones，认为这二目有亲缘关系。

规定桔梗目和菊目的化学特征是含有聚乙炔和菊粉 inulin，而不含环烯醚萜类物质。据此将草海桐科（迁至龙胆超目）、丝滴草科（迁至山茱萸目）、Calyceraceae （迁至川续断目）3 科移出菊超目。

本系统的茄超目既不含菊超目的聚乙炔，也不含唇形超目和龙胆超目的环烯醚萜类化合 物，而含多种其他有毒物质。

分布于南美洲的刺莲花科（花瓣多分生，雄蕊常多数，子房下位，有一室，具侧膜胎座）过去放在堇菜目等群中，本系统根据其胚胎学特征（胚珠有一层珠被，薄珠心，胚乳细胞型，有顶生胚乳吸器）和化学特征（含闭联环烯醚萜类物质 seco-iridoids）而认为其接近山茱萸超目和龙胆超目，遂根据这科成立单型超目，放在这二超目之间。

与龙胆超目（含闭联环稀醚萜类物质）不同，唇形超目含碳环的环烯醚萜类 carbocyclic iridoids 物质。根据胚胎学特征和化学特征，将原放在小二仙草目的杉藻科移至唇形超目中，认为可能与玄参目的车前科相近，将这科作为单型目，放在玄参目之后。

Dahlgren 通过特征分析，发现在单子叶植物中，薯蓣目植物具有最多的双子叶植物特征，遂认为这个群是单子叶植物中比较原始的，并推断最初的单子叶植物的形态：草本，具短而粗的茎或根状茎；叶片宽，有明显叶柄，无叶鞘，具网状脉；花下位，三基数，花被不明显，雄蕊稍扁，小孢子囊位于雄蕊顶部之下，花粉有单沟，心皮分生，胚乳嚼烂状 ruminate，丰富，胚小，胚芽近顶生。他指出，这种最初的单子叶植物早已绝灭了。在现在的单子叶植物中，认为分布于东南亚热带的毛足薯属 Trichopus 最接近他想象的上述原始植物。毛足薯属的心皮合生，并且花上位，具下位子房，与上述植物不符，另一方面，其花三基数，小孢子囊位于雄蕊顶端之下，种子有丰富的嚼烂状胚乳，这些特征都与木兰类的番荔枝科相似，可能代表了祖先的特征。这样，薯蓣目在本系统中成了单子叶植物的中心群，但 Dahlgren 指出，现在的这个目并不相当于假设的祖先。

认为从上述的与薯蓣目近似的单子叶植物祖先群可能朝几个方向演化。一些演化枝演化出百合复合群，天门冬目、百合目、水玉簪目和藜芦目可能代表了四条平行的演化枝。第二条演化主枝可能演化出天南星超目、霉草超目和泽泻超目。第三条主枝上出现的群为凤梨目、姜目和鸭跖草目，三者可能共同起源于最初的单子叶植物。至于棕榈目、环花目和露兜树目，他们的亲缘关系不清楚；环花目可能从前薯蓣目 - 前天南星目演化路线的早期衍生而出；棕榈目和露兜树目、凤梨目等可能有共同祖先。

根据对所有特征的分析，认为蒟蒻薯科与薯蓣科的 *Stenomeris*，毛足薯科和百部科的金刚大属 *Croomia* 和 *Pentastemona* 二属相近。根据叶的形态和花的构造，认为过去放在天门冬目中的菝葜科和 *Petermanniaceae* 放在薯蓣目中较好，认为这二科是这二目的联系环节。

天门冬目的果实和种子很特殊，在具蒴果的成员及一些具浆果的成员（如天门冬属 *Asparagus*，山菅兰属 *Dianella*，*Geitonoplesium*），外珠被 testa 的外表皮有植物黑素（Phytomelan）层（在其他单子叶植物无此物质），其内表皮无小油滴，本目的种皮的内珠被 tegmen 在种子成熟时解体，形成一薄膜。根据这些特征，认为天门冬目为单元的群。本目（一些浆果科除外）的花通常有隔膜蜜腺，花被片无斑点，

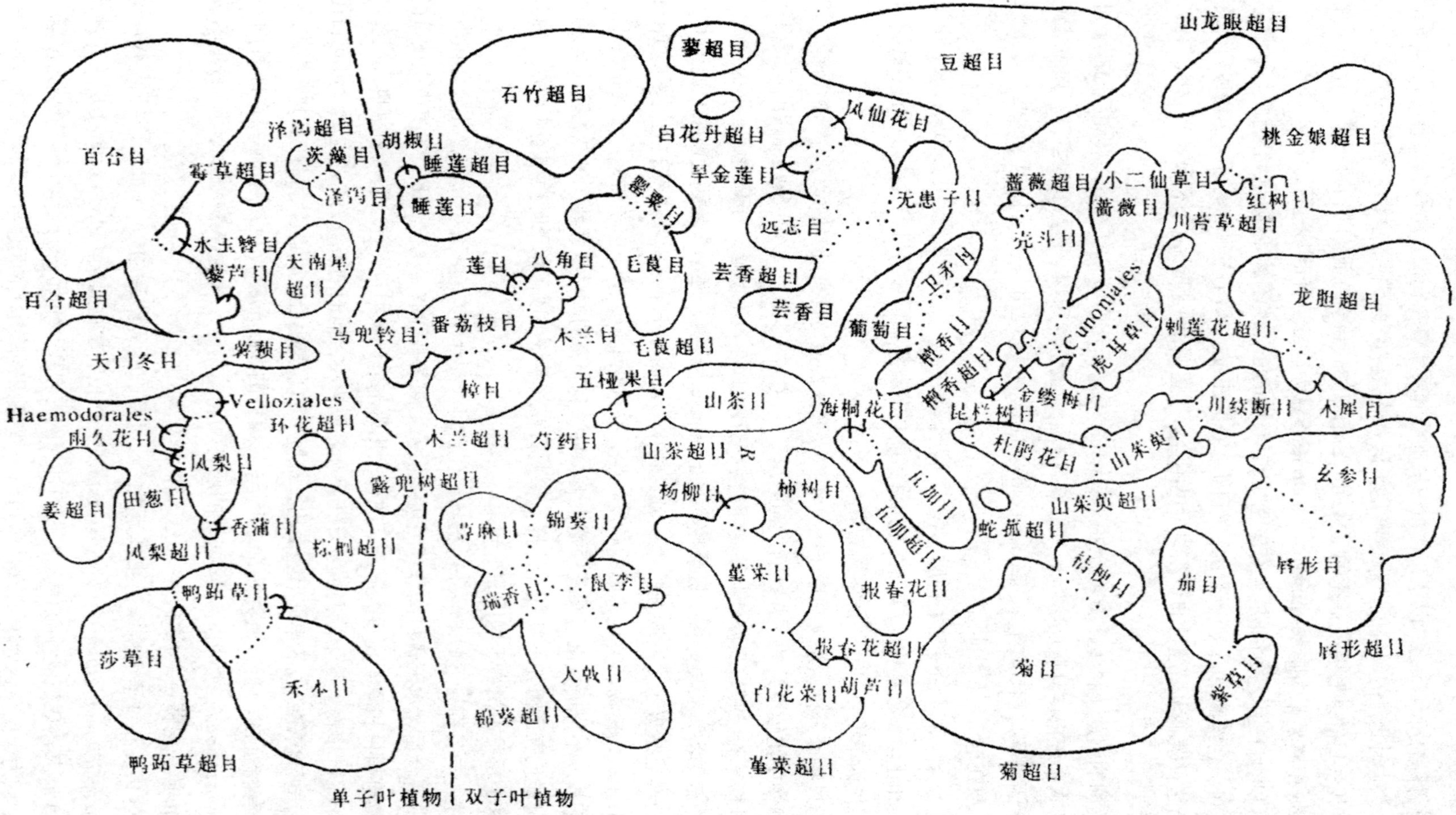

图 4 Dahlgren 系统图

花柱通常不分枝。认为天门冬目的 Philesiaceae（有花被蜜腺 Perigonal nectaries，花被片有斑点）是这目和百合目之间的中间环节。根据百合目的共同特征：有花被蜜腺体（无隔膜蜜腺），花被片有斑点，胚乳核型，认为本目是单元的群。根据上述特征，将兰类的三个科放在百合目中，而不认为这三科与水玉簪目有密切的亲缘关系，同时认为兰类三科是在百合目中演化的，遂将传统的兰目包括在百合目中，也就是说取消了兰目。指出水玉簪目的胚乳沼生型，花被片无斑点，有隔膜蜜腺或子房壁分泌花蜜等特征，而与百合目相区别。本系统的天门冬目及百合目的范围主要按照 Huber（1969）的系统。

根据天南星超目、霉草超目及泽泻超目的共同特征：花药外向，有变形绒毡层，胚胎发生为石竹型（合子的顶生细胞横裂），胚主为 Urginea 型，认为这三超目复合体为单元群。

指出天南星超目与泽泻超目的相同特征：茎无导管；叶片与叶柄分化明显，叶有叶鞘内鳞片；花序穗状，有佛焰苞（如水麦冬科、水蕹科）；有乳汁管；花药外向；有变形绒毡层及石竹型胚胎发育。天南星超目与薯蓣科的相似特征：攀援习性；叶的叶片及叶柄分化明显，有网状脉；不特化的穗状花序。根据上述推测天南星超目与原始的百合超目有共同的祖先，而泽泻超目可能是其姊妹群。根据香蒲目以下特征：茎有导管，气孔平列型，花粉具远极孔，珠心组织有 1 周缘细胞 Parietal cell，胚乳沼生型，胚囊发育柳叶菜型，果实为核果或蓇葖，与天南星超目不同，因此不同意天南星超目与香蒲目有亲缘关系的观点。不认为天南星科的大薸属 *Pistia*（种子无胚乳）是天南星科与浮萍科（种子有胚乳）的联系环节。

根据泽泻超目的进化特征：根毛细胞比其他根表皮细胞短，叶有叶鞘内鳞片，种子无胚乳，认为这超目为单元群。赞同 Singh 和 Sattler（1977）关于一种北美慈姑 *Sagittaria cuneata* 花发生的研究结论，即慈姑的多数雄蕊和多数分生心皮均系由 3 个原基通过多次分裂形成的，因而是次生的现象，同时认为泽泻科不是原始群。

指出凤梨超目、姜超目和鸭跖草超目的共同特征：胚乳含淀粉，角质层上蜡为望鹤兰型 strelitzia type，细胞壁上有紫外荧光有机酸 Uv-fluorescent organic acid，气孔有 2，4（−6）个副卫细胞。根据香蒲目的特征，沼泽生，叶二列，茎的导管有梯状穿孔板，含有草酸针晶体，气孔为平列型，花完全（黑三棱科），胚乳沼生型。含淀粉，认为这目接近田葱目 Philydrales 和雨久花目。根据姜超目的不特化特征（叶具叶柄，叶片有羽状脉，花有隔膜蜜腺，含草酸针晶体，花有 5（−6）枚能育雄蕊，种子的胚乳发育，含淀粉，细胞壁上有紫外荧光有机酸），认为姜目与凤梨超目的雨久花目等相接近，认为鸭跖草超目与姜超目有密切的亲缘关系。

R. Dahlgren 十数年来，发表了大量著作，对被子植物系统发育及分类等方面的研究，做出重要贡献，但是，十分可惜的是，在 1987 年春季，不幸因车祸遇难身亡。现在他的夫人 G. Dahlgren 正继续他的研究工作，并已发表了数篇论文 [2]。

如本文开始所述，近二十多年来，被子植物研究工作大量涌现，系统学家、分类学家，以及孢粉学家、化学家、古植物学家等有关学科的专家们纷纷对有关被子植物系统发育或分类的各种问题提出新观点，呈现出一派“百花齐放，百家争鸣”的兴盛景象，被子植物的研究出现了一个空前高潮。在此期间，一些科的亲缘关系得到了明确，例如：假繁缕科 Theligonaceae，过去被放在桃金娘目（Engler 系统）或藜科附近（Hutchinson 系统），通过 Wunderlich （1971）[4] 的胚胎学研究，揭示出这个科原来与合瓣的茜草科有紧密的亲缘关系，遂被移至茜草科之后；杨柳科过去曾被放在胡桃科、壳斗科附近（Engler 系统）或金缕梅科附近（Hutchinson 系统），近年来根据化学（与大风子科的山桐子属 *Idesia* 均含水杨苷 salicin，在其他被子植物无此物质），寄生真菌（栅锈菌 Melampsora 同时可寄生于杨柳科植物及山桐子属植物上），及具花被的畸形花等研究工作（Takhtajan l980，Cronquist 1981），这科起源于大风子科的问题相当圆满地解决了；Didieraceae （分布于非洲马达加斯加岛）过去曾被放在几个目中（Cronquist 1981），仙人掌科在 Engler 系统中作为一独立的目放在侧膜胎座目附近，近年来这二科的化学特征（均含有石竹目特有的甜菜拉因，而不含花青素，二科的筛分子质体均有石竹目特有的蛋白质丝）得到了解，再加上与石竹目相同的胚胎学特征，这二科应是属于石竹目的植物就毫无疑问了。另外有不少科（如原放在桃金娘目小二仙草科附近的杉藻科 Hippuridaceae，原放在桃金娘目中的玉蕊科 Lecythidaceae，原放在蔷薇科附近的豆科），通过近年来有关形态学、孢粉学、化学等方面的工作，了解到这些科的系统位置放错了，但应迁入哪些目中，应与何科近缘，目前还多少存在争论。在本文的介绍中可看到，四个系统的作者通过对近年来以及过去的工作进行分析研究之后，在不少方面取得了一致或近于一致的意见，如对被子植物以单元起源于种子蕨，对被子植物的原始群（木兰亚纲）的认识，以及对石竹群（中子目、石竹目或藜目），蔷薇群、五桠果 - 山茶群、堇菜群、泽泻群、百合群、鸭跖草群等大群范围的划定，对由虫媒的金缕梅目到风媒的壳斗目，木麻黄目的古老演化路线的认识等。但是另一方面，对许多群的亲缘关系和分类处理等问题出现分歧，如对胡桃目、荨麻目、杜仲目、大戟科、黄杨科、马桑科、青风藤科、鼠李科、葡萄科，蛇菰科、锁阳科、檀香目、锈球科、海桐花科、川续断目、杜鹃花目、蒟蒻薯科、香蒲目等群的系统位置等问题，以及单子叶植物的起源及单子叶植物的原始群等问题。有时对一些群的亲缘关系问题上，根据同样的特征，竟得出截然相反的对立的解释，例如：对大花草目的 Hydnoraceae 的具单沟的花粉，Takhtajan 认为是原始特征，这大概是他把大花草目放在最原始的木兰亚纲中的主要原因之一，而 Cronquist 则认为可能是由于强烈的寄生习性引起的一种演化上的逆转现象；Dahlgren 根据化学（含聚乙炔）等特征，将海桐花科从蔷薇目移至五加目，而 Cronquist 认为，在这里，化学特征的相似乃是充斥于被子植物中的平行演化的反映；Dahlgren 根据化学（含环烯醚萜类化合物）、胚胎学（胚珠具一层珠被及薄珠心）等特征，将冬青科、茶茱萸科、锈球科、山矾科、忍冬科、五福花科、丝滴草科等不少科从其他目中移到山茱萸目中，而 Takhtajan（1987，见前列文献）则认为含如此内容的山茱萸目是个异质的 heterogenous 群。考虑到庞大的被子植物群在地球上经历了一亿多年的演化，分化出多数演化枝和多种多样的群，其中多数演化枝的祖先恐早已绝灭，或中间联系环节早已丧失，我们现在看到的各生存下来的群多是这些演化枝的末端，在无充分化石证据的情况下，再加上在被子植物中普遍存在趋同演化现象，要追溯出各群遥远历史中的演化问题是极为困难的，因此，当前在大量特征被发现后仍出现各种分歧，是不奇怪的，同时，从上述情况也可看到，关于被子植物的研究，要将其系统发育、亲缘关系，以及分类等方面的问题均搞清楚，绝非短期所能做到，定还需要长时间的继续努力。

参 考 文 献

[1] 路安民 . 诺 · 达格瑞 (R. Dahlgren) 被子植物分类系统介绍和评注 [J]. 植物分类学报 , 1984, 22(6) : 497−508.
LU A M. Introduction and notes to R. Dahlgren's system of classification of the angiosperms [J]. Acta Phytotax. Sin., 1984, 22(6) : 497−508.

[2] DAHLGREN G. An updated angiosperm classification [J]. Bot Journ Linn Soc, 1989, 100: 197−203.

[3] LU A M. Explanatory notes on R. Dahlgren’s system of classification of the angiosperms [J]. Cathaya, 1989, 1: 149−160.

[4] WUNDERLICH R. Die systematische Stellung von Theligonum [J]. Öesterr Bot Zeitschr, 1971, 119: 329−394.

跋

AFTERWORD BY KANG LE

我知道王文采院士的大名是在 20 世纪 80 年代，当时我正在中国科学院攻读博士研究生，王文采先生主编的《中国高等植物图鉴》成为我鉴定蝗虫寄主植物的主要参考书。因为我研究工作的实验地在中国科学院植物研究所主持的内蒙古草原生态系统定位研究站，所以我与许多植物研究所的科研人员成了好朋友。忙完了一天的取样工作，晚饭后就是我们各单位在站工作的科研人员围在院子中间的花坛、顶着满天繁星的闲谈时间，也是一天中最放松的时光。在我们天南海北的聊天时，我多次听到王文采先生的一些精彩故事。后来，我留在中国科学院动物研究所从事科研工作，又在中国科学院生命科学与生物技术局任职，就与王文采院士相识并有过多次接触。非常荣幸的是，王文采院士还作为我的院士提名人给我以巨大的鼓舞和支持。王文采院士是植物分类学界享有盛誉的代表人物之一，他淡泊名利，醉心于植物分类学研究七十余载。在半个多世纪的潜心治学中，王先生为中国植物分类学研究做出了巨大的贡献，得到了学术界的广泛尊敬。最近，《掇菁撷芳——王文采院士论文增编》出版之际，编委会希望我为此书写序，作为后学晚辈，学浅待精，序言之责，不敢担当。王先生形象在我心中仰之弥高，书此读后感就正各位读者，谈一谈我心中的王文采先生。

个人兴趣与国家需求的结合是事业成功的坦途。王先生大学期间就对植物分类学产生了浓厚的兴趣，毕业后，在胡先骕先生推荐下，进入中国科学院植物研究所从事植物分类学研究工作。探明中国植物资源，编写《中国植物志》是中国几代植物学家多年的夙愿。为了积累编志经验，《中国主要植物图说》先期开展工作，王先生承担了其中豆科 Leguminosae 部分属以及山龙眼科 Proteaceae 等的编写任务并发表了他的第一篇分类学论文《中国山龙眼属和假山龙眼属的初步研究》，从而真正走上了学术研究之路。20 世纪 70 年代，由于中草药普及运动的开展，不能定名的植物标本甚多，引起植物研究所的重视。自 1972 年开始，由王先生主持编研的《中国高等植物图鉴》及《中国高等植物科属检索表》，至 1983 年全部出版完毕。王先生承担了《中国高等植物图鉴》的荨麻科 Urticaceae、山龙眼科、毛茛科 Ranunculaceae、罂粟科 Papaveraceae、虎耳草科 Saxifragaceae、牻牛儿苗科 Geraniaceae、葡萄科 Vitaceae、紫草科 Boraginaceae 和苦苣苔科 Gesneriaceae 等十余科的编写工作。1987 年，王先生作为该著作的第一主持人荣获国家自然科学奖一等奖。《中国植物志》的编研是中国植物分类研究的里程碑。历经 40 余年，2004 年《中国植物志》126 卷册全部出版。王先生主持了其中毛茛科和苦苣苔科的编研，并与孔宪武先生合作完成紫草科、与陈家瑞先生合作完成荨麻科等类群的编研。2009 年，王先生作为主要获奖人之一的《中国植物志》的编研荣获国家自然科学奖一等奖。纵观国家自然科学一等奖的历届获奖人，两次得奖经历，也是极其罕见的，这正是王先生将兴趣与国家需求相结合的真实体现。

长期坚守、艰苦奋斗是科研的基石。植物分类学研究离不开标本与文献的支撑，中国幅员辽阔，高山深谷，地形复杂。王先生不畏辛苦，在野外工作时，亦怡然自得，甚至在西双版纳野外工作时，身染恶性疟疾，生命垂危，但在身体恢复健康后，依然上高山、进雨林，风餐露宿，乐此不疲。20 世纪 90 年代初，王先生离休之后，为了拓展国际视野，不顾年事已高，出国访学，访问了欧洲一些国家的标本馆，带回了多份模式标本，与国际友人建立了良好的学术交往关系。不少国外著名的研究机构精制的书橱或图书馆中都陈列全套《中国植物志》，中国植物分类学研究已在世界上占据一席之地，彻底改变了中国植物由外国人命名的历史。我想王先生一定会感到欣慰和高兴。

回顾往昔，王先生发表的论文于 2011 年已出版了《王文采院士论文集》厚厚两本，最近 10 年又发表了 70 余篇学术论文，并有《中国楼梯草属植物》和《中国唐松草属植物》等著作问世。近些年，王先生的眼睛出了毛病，但我得知王先生依然每周乘坐班车到标本馆鉴定研究标本，不时在学术刊物上发表新发现、新见解，身体力行为中国植物分类学发展而不懈努力，很是感动。王先生对于学问的追寻，正如先生忠告做人与治学之言：“贤者有言，一个人到处分心，就一处也得不到美满的结果；这样的人若遇事不顺意，岂足为怪？就好比航海远行的人，必先定个目的地，中途的指针，总是指着这个方向走。当目标越接近，困难也就越增加，要把每一步骤看作目标，使它作为步骤而起作用。但愿每一个人都能从容地不断沿着既定的目标走完自己的路程。”言语平淡，所谓良多，后学当奉为圭臬。

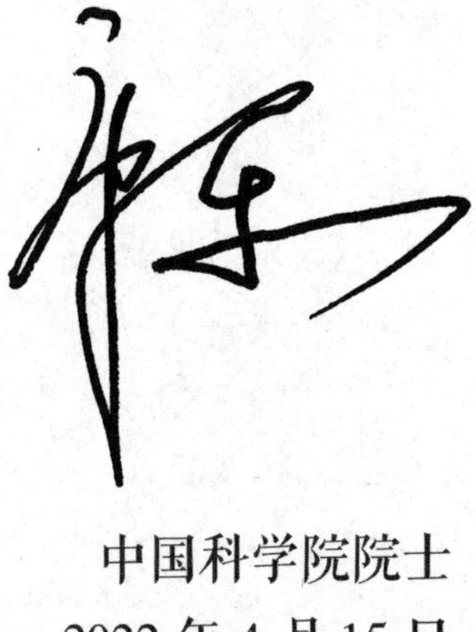

中国科学院院士

2022 年 4 月 15 日